HANDBUCH DER NORMALEN UND PATHOLOGISCHEN PHYSIOLOGIE

MIT BERÜCKSICHTIGUNG DER EXPERIMENTELLEN PHARMAKOLOGIE

HERAUSGEGEBEN VON

A. BETHE · G. v. BERGMANN
FRANKFURT A. M.   BERLIN

G. EMBDEN · A. ELLINGER †
FRANKFURT A. M.

ACHTZEHNTER BAND

NACHTRÄGE UND GENERALREGISTER
ZU BAND I—XVIII

SPRINGER-VERLAG BERLIN HEIDELBERG GMBH

1932

NACHTRÄGE UND GENERALREGISTER

ZU BAND I–XVIII

MIT 7 ABBILDUNGEN

SPRINGER-VERLAG BERLIN HEIDELBERG GMBH

1932

ISBN 978-3-642-89168-7   ISBN 978-3-642-91024-1 (eBook)
DOI 10.1007/978-3-642-91024-1

Geleitwort zum letzten Bande.

Vor zehn Jahren wurde dies Werk begonnen; jetzt ist es beendet. Pessimisten hatten uns prophezeit, wir würden den Abschluß nicht erleben. Im Grunde behielten sie recht, denn der erzielte Abschluß ist doch nur äußerlicher Natur. Was vor zehn Jahren — ja, in einigen Kapiteln vor einem Jahr — geschrieben wurde, ist jetzt schon unvollständig und überholt oder erscheint manchmal sogar falsch. Wir könnten heute von neuem beginnen!

Ein unverzerrtes Bild der Kenntnisse und des wissenschaftlichen Glaubens einer bestimmten Epoche zu geben, ist angesichts des raschen Fortschreitens der Forschungen und des damit verbundenen unaufhörlichen Wechsels der Anschauungen unmöglich. Aber wenigstens annähernd wäre dies Ziel zu erreichen gewesen, wenn wir unsere Absicht hätten verwirklichen können, den ganzen Plan dieses Handbuchs in drei oder höchstens vier Jahren durchzuführen. Wenn dies nicht gelang, so scheiterte es im wesentlichen an der eigentümlichen Einstellung und der Wesensart so mancher unserer Mitarbeiter. Die meisten von diesen haben schließlich ihre Beiträge doch abgeliefert, einige Allzusäumige konnten nach jahrelangem vergeblichem Warten noch durch neue, hilfsbereitere Mitarbeiter ersetzt werden. So liegen denn jetzt alle vorgesehenen Abschnitte bis auf einige wenige, auf deren Bearbeitung wir verzichten mußten, fertig vor. Allen, die dazu verholfen haben, sei hier nochmals gedankt.

Um das Handbuch einigermaßen auf den Stand unserer Wissenschaft zur Zeit des Erscheinens des letzten Bandes zu bringen, hatten wir vor einigen Monaten an unsere Mitarbeiter die Bitte gerichtet, falls sie es für notwendig oder möglich hielten, kurze Nachträge zu ihren früheren Beiträgen für diesen Ergänzungs- und Registerband zu schreiben. Nur ein Teil der Aufgeforderten ist unserer Einladung nachgekommen. Wohl die meisten der nicht in den Ergänzungen vertretenen Autoren waren der Ansicht, daß auf ihrem Gebiet so viel Wichtiges und grundlegend Neues geleistet sei, daß sie den ganzen, früher bearbeiteten Abschnitt von Anfang bis zu Ende neu schreiben müßten. Ein Handbuch in perpetuum konnten wir aber weder den Autoren noch dem Verleger, der uns schon in so vielem entgegenkam, und am wenigsten den Abnehmern zumuten.

Für die Aufnahme, die unser Handbuch in der öffentlichen Kritik gefunden hat, können wir nur dankbar sein. Sie war vielfach besser, als wir erwartet hatten, denn die Aufgabe, die uns gestellt war, erschien uns oft von nicht zu bewältigender Größe. Trotz der notwendig gewordenen starken Unterteilung des Stoffes, welche die Heranziehung einer sehr großen Zahl von Autoren mit sich brachte, ist die Einheitlichkeit, wie uns scheint, einigermaßen gewahrt worden. Wir glauben auch in der Wahl der Mitarbeiter im allgemeinen das Richtige getroffen zu haben. Die besten Sachkenner sind freilich durchaus nicht immer die besten Referenten. Vor allem ist unser Wunsch, in den Correlationsbänden aus dem Wust der Spezialarbeiten heraus wieder zu einer Synthese der großen Zusammenhänge zu kommen, nicht überall in Erfüllung gegangen. Vielleicht war es auf manchen der behandelten Gebiete zu früh, bereits eine Überwindung der Einzelheiten und eine allgemeinere Betrachtungsweise zu erwarten.

Blickt man auf frühere Perioden unserer Wissenschaft zurück und vergleicht man das jetzt vollendete Handbuch mit den von HERMANN und von NAGEL redigierten Zusammenfassungen oder mit noch weiter zurückgelegenen physiologischen Sammelwerken, so tritt das eine mit unverkennbarer Deutlichkeit in Erscheinung: Die Masse der Einzeltatsachen ist gewaltig gestiegen, ebenso die Zahl der vermuteten und wirklich aufgedeckten Zusammenhänge; aber fast auf keinem Gebiet sind wir zu einer größeren Klarheit über die Lebensvorgänge gekommen. Je mehr man in die Einzelheiten eindrang, um so komplizierter gestalteten sich die Dinge und, was den Zeitgenossen DU BOIS REYMONDS, CLAUDE BERNARDS, FOSTERS und LUDWIGS noch dicht vor der vollkommenen Aufklärung zu stehen schien, erscheint uns jetzt wieder weit davon entfernt. Dieses Gefühl der Ungeklärtheit unserer Kenntnisse und der fast unentwirrbaren Kompliziertheit aller eigentlichen Lebensvorgänge durchzieht, wenn oft auch unausgesprochen, eine große Reihe gerade der besten Beiträge dieser Bände. Wir können hierin keinen Grund zum Pessimismus erblicken, denn es erscheint uns nur als die natürliche Folge des immer tieferen Eindringens in die Teilvorgänge des vitalen Geschehens!

Die Natur enthüllt nicht so leicht ihre Geheimnisse. Nirgends drängen sie sich auf so kleinem Raum zusammen wie in den Lebewesen, aber gerade der Versuch, diese Schleier zu lüften, macht uns die Biologie so außerordentlich reizvoll. Wieder einmal zu sehen, was wir wissen, und noch mehr, was wir nicht wissen, war zur Weiterarbeit notwendig. Wenn unser Handbuch auch nur zu einem Teil diese Aufgabe erfüllt, dann war unsere Arbeit und die unserer vielen Mitarbeiter nicht umsonst getan.

Frankfurt a. M. und Berlin, im April 1932.

A. BETHE. G. v. BERGMANN. G. EMBDEN.

Schon in den ersten fünf Jahren unserer Handbucharbeiten hatte der Tod zwanzig Forscher aus dem Kreise unserer Mitarbeiter herausgerissen. Ihre Namen wurden im ersten Band genannt. Seitdem haben wir von neuem schwere Verluste zu beklagen. Es starben:

A. BORNSTEIN, Hamburg.
C. VON ECONOMO, Wien.
W. FELIX, Zürich.
M. VON FREY, Würzburg.
R. GEIGEL, Würzburg.
W. KOLMER, Wien.
A. KREIDL, Wien.
J. VON KRIES, Freiburg.
W. KÜMMEL, Heidelberg.
R. MEYER-BISCH, Dortmund.
A. PÜTTER, Heidelberg.
H. RHESE, Königsberg.
M. RUBNER, Berlin.
K. SPIRO, Basel.
P. TRENDELENBURG, Berlin.
J. WIESEL, Wien.
W. WIECHOWSKY, Prag.
H. WINTERBERG, Wien.
C. ZARNIKO, Hamburg.
H. ZWAARDEMAKER, Utrecht.

Frankfurt a. M. und Berlin, im April 1932.

DIE HERAUSGEBER.

Inhaltsverzeichnis.

	Seite
Geleitwort zum letzten Bande	V
Liste der durch den Tod ausgeschiedenen Mitarbeiter	VII
Übersicht der großen Abschnitte des Handbuches	XV
Nachträge zu Band I—XVII	1

Band I:

Die Fermente. Von Professor Dr. P. Rona-Berlin 1

Die Narkose und ihre allgemeine Theorie. Von Hofrat Geheimrat Professor Dr. H. H. Meyer-Wien 2

Band II:

Die Physiologie der Luftwege. Von Professor Dr. E. v. Skramlik-Jena 5

Regulation der Atmung. Von Professor Dr. G. Bayer-Innsbruck 8

  I. Das Atemzentrum 8

  II. Die chemische Regulation der Atmung 9

    Reflektorische Atmungsregulation S. 10 — Trigeminusreflexe S. 11 — Zum Hering-Breuerschen Reflex S. 12 — Kardiale Dyspnoe S. 13 — Stenosendyspnoe S. 14 — Apnoe S. 14.

Pathologische Physiologie der Atmung. Von Privatdozent Dr. L. Hofbauer-Wien. Mit 1 Abbildung 14

Pharmakologie der Atmung. Von Professor Dr. G. Bayer-Innsbruck 18

  I. Pharmakologie des Atemzentrums 18

  II. Pharmakologische Beeinflussung der Bronchialmuskulatur 19

  III. Pharmakologische Beeinflussung der Expektoration 20

Band III:

Einige vergleichend-physiologische Probleme der Verdauung bei Metazoen ... 21

I. Bemerkungen zur intraplasmatischen Verdauung und zu den Enzymen Wirbelloser. Von Professor Dr. H. J. Jordan-Utrecht 21

II. Die reaktive Sekretion und ihr Arbeitsrhythmus. Von Dr. G. Chr. Hirsch-Utrecht 23

  A. Die celluläre Restitution 23

  B. Die Bedeutung der Zusammenarbeit der partiellen Systeme während der Restitution. Rhythmen 25

Chemie der Kohlehydrate. Von Professor Dr. M. Bergmann-Dresden 26

  Monosaccharide S. 27 — Aldehyd- und Ketosäuren S. 29 — Hexosephosphorsäuren S. 29 — Di- und Trisaccharide S. 29 — Stickstoffhaltige Zucker S. 30 — Komplexe Kohlehydrate S. 31.

Schlucken. Von Privatdozent Dr. J. Palugyay-Wien 32

Pathologie des Schluckaktes. Von Privatdozent Dr. J. Palugyay-Wien 35

Das Wiederkauen. Von Professor Dr. Fr. W. Krzywanek-Leipzig. Mit 3 Abbildungen 36

  A. Einleitung 36

  B. Bau des Wiederkäuermagens 37

  C. Mechanismus der Wiederkäuermägen bei Aufnahme fester Nahrung 37

    a) Die Bewegungen der Vormägen S. 37 — b) Der Wiederkauakt S. 39 — c) Übertritt des Inhalts der beiden ersten Vormägen in den dritten Magen S. 43.

  D. Flüssigkeitstransport 43

  E. Der Ructus 44

Der Brechakt. Von Professor Dr. Ph. Klee-Wuppertal-Elberfeld 44

Darmbewegung. Von Professor Dr. F. Verzár-Basel 47

Seite

Funktionelle Anatomie und Histophysiologie der Verdauungsdrüsen. Von Professor
Dr. Fr. Groebbels-Hamburg 54

**Physikalische Eigenschaften und chemische Zusammensetzung der Verdauungssäfte
unter normalen und abnormen Bedingungen.** Von Professor Dr. R. Rosemann-
Münster i. W.. 58
    1. Speichel S. 58 — 2. Magensaft S. 59 — 3. Darmsaft S. 65 — 4. Pankreassaft S. 65.

Fermente der Verdauung. Von Professor Dr. P. Rona-Berlin und Dr. H. H. Weber-
Berlin (s. Nachtrag unter Bd. I) 1

Pathologische Physiologie der Speicheldrüsen. Von Dr. H. Full-Erfurt 67

Pharmakologie der Verdauungsdrüsen. Von Professor Dr. M. Kochmann-Halle . . 72
    Speicheldrüsen S. 72 — Magen S. 73 — Leber S. 76.

Band IV:

Die Resorption aus dem Darm. Von Professor Dr. F. Verzár-Basel 78

Resorption durch die Haut. Von Professor Dr. St. Rothman-Budapest 85

**Die Absonderung des Harns unter verschiedenen Bedingungen, einschließlich ihrer
nervösen Beeinflussung und der Pharmakologie und Toxikologie der Niere.** Von
Professor Dr. Ph. Ellinger-Düsseldorf 92

Theorien der Harnabsonderung. Von Professor Dr. Ph. Ellinger-Düsseldorf . . . 112

Band V:

Die Nucleine und der Nucleinstoffwechsel. Von Professor Dr. S. J. Thannhauser und
Dr. F. Bielschowsky-Freiburg i. Br. 121
    Chemie der Thymusnucleinsäure S. 121 — Verdauung und Resorption der Nuclein-
säuren S. 123 — Fermentchemie S. 123 — Chemie der Muskeladenylsäure S. 123 —
Physiologie der Muskeladenylsäure S. 124 — Adenylpyrophosphorsäure S. 125.

Die Vitamine. Übersicht über die Ergebnisse der Vitaminforschung in den Jahren 1926
bis 1931. Von Professor Dr. W. Stepp und Dr. J. Kühnau-Breslau 126
    I. Fettlösliche Vitamine 126
    II. Wasserlösliche Vitamine 126
        Vitamin A (antixerophthalmisches Vitamin) S. 127 — Wasserlösliche B-Fak-
toren S. 130 — Wachstumsvitamine des B-Komplexes S. 133 — Vitamin C
(antiskorbutisches Vitamin) S. 134 — Vitamin D (antirachitisches Vitamin) S. 135
— Vitamin E (Antisterilitätsvitamin) S. 138 — Vitamin H (Hautfaktor) S. 140 —
Fettlösliches Wachstumsvitamin S. 140 — Avitaminoseartige Krankheitserscheinungen unbekannter Ätiologie S. 141 — Wechselbeziehungen zwischen einzelnen
Vitaminen und Avitaminosen S. 141.

Band VI, 1:

Die körperlichen Bestandteile des Blutes. Von Professor Dr. K. Bürker-Gießen . 142

Der normale rote Blutfarbstoff. Von Professor Dr. G. Barkan-Dorpat 143

Das Kohlenoxydhämoglobin und das Problem der Kohlenoxydvergiftung. Von
Professor Dr. G. Barkan-Dorpat 146

**Die Konstitution der eiweißfreien Farbstoffkomponenten und ihrer Derivate (Chloro-
phyll).** Von Geheimrat Professor Dr. H. Fischer-München 148
    I. Über die Konstitution des Hämins 148
        Über Chlorophyll S. 150 — Über das biologische Schicksal des Chlorophylls
S. 153 — Über Chlorophyll b S. 153 — Über Spirographis- und Kryptohämin
S. 154.
    II. Über die Konstitution des Gallenfarbstoffes 155

Die Physiologie und die Pathologie der Blutgerinnung. Von Privatdozent Dr. A. Fonio-
Bern 156

Hämolyse. Von Professor Dr. R. Brinkman-Groningen 170

Band VI, 2:

Über die Gesamtblutmenge. Von Professor Dr. W. Griesbach-Hamburg 171
    Methodik S. 171 — Normalwerte S. 172 — Kreislauforgane S. 172 — Nierenkrank-
heiten S. 174 — Blutkrankheiten S. 174 — Verschiedenes S. 175 — Infektionskrankheiten S. 175 — Pharmakologie S. 176.

Band VII, 1:

Physiologie und Pathologie der Herzklappen. Von Geheimrat Professor Dr. Fr. Moritz-
Köln (Rhein) 177

Intrakardiales Nervensystem. Von Professor Dr. L. Asher-Bern 179
    Die extrakardiale Innervation S. 179.

Seite
Die Frequenz des Herzschlages. Von Professor Dr. J. Rihl-Prag 181
Reflektorische Beeinflussung des Herzschlages S. 181.
Allgemeine Physiologie des Herzens. Von Professor Dr. C. J. Rothberger-Wien . 182
I. Normale Physiologie 182
II. Pathologische Physiologie 184
Pharmakologie des Herzens. (Ergänzung der gleichnamigen Arbeit von Professor
Dr. B. Kisch.) Von Dr. H. Mies-Köln 190
I. Ionenwirkung auf das Herz 190
II. Die Chinonwirkung 191
III. Die Frage des Herzhormones 191

Band VII, 2:
Die Pharmakologie der Gefäße und des Kreislaufes. Von Dr. R. Rigler-Frank-
furt a. M.-Höchst und Professor Dr. C. J. Rothberger-Wien 193
Das Schlagvolumen und das Zeitvolumen einer Herzabteilung. (Ergänzung der
gleichnamigen Arbeit von Professor Dr. B. Kisch.) Von Dr. H. Mies-Köln 198
Neuere Verfahren zur Bestimmung von Schlag- und Zeitvolumen S. 198 — Ver-
halten des Schlag- und Zeitvolumens unter normalen und abnormen Bedingungen S. 200.
Stromgeschwindigkeit und Kreislaufzeit des Blutes. (Ergänzung der gleichnamigen
Arbeit von Professor Dr. B. Kisch.) Von Dr. H. Mies-Köln 203
Neuere Verfahren zur Bestimmung der Kreislaufzeit S. 203 — Das Verhalten der
Stromgeschwindigkeit und Kreislaufzeit unter normalen und abnormen Verhältnissen
S. 204.
Pathologie des arteriellen Blutdruckes. Von Professor Dr. Fr. Kauffmann-Berlin . 205

Band VIII, 1:
Histologische Struktur und optische Eigenschaften des Muskels. Von Geheimrat
Professor Dr. K. Hürthle-Tübingen 211
**Die mechanischen Eigenschaften des Muskels und der zeitliche Verlauf der Muskel-
kontraktion.** Von Dr. W. O. Fenn-Rochester N. Y. 213
I. Viscosität und Elastizität des Muskels 213
a) Skeletmuskel S. 213 — b) Glatte Muskeln S. 216.
II. Zur Mechanik menschlicher Muskeln 217
III. Volumenverminderung durch Kontraktion 219
IV. Wirkung des hydrostatischen Druckes 219
V. Das Alles-oder-Nichts-Gesetz beim Muskel 219
VI. Reizung 220
Elektrodiagnostik und Elektrotherapie der Muskeln. Von Professor Dr. F. Kramer-
Berlin 221

Band VIII, 2:
Ruhe und Aktionsströme der Muskeln und Nerven. Von Professor Dr. P. Hoffmann-
Freiburg i. Br. 223
Sekundäre Wirkungen der Elektrizität. Von Privatdozent Dr. H. Rosenberg-Berlin 226
Einleitung (trophische Einflüsse und Elektronarkose) S. 226 — Atmosphärische
Elektrizität und unipolar geladene Luft S. 227 — Kurze und ultrakurze Wellen S. 230
— Elektrothermie (Elektrokoagulation usw. außer Diathermie) S. 232 — Elektrischer
Shock (Schädigungen durch Gleich- und Wechselstrom) S. 233.
Die Aktionsströme des Herzens (Elektrokardiogramm). (Ergänzung der gleich-
namigen Arbeit von Professor Dr. W. Einthoven †.) Von Dr. A. Schott-Bad Nau-
heim und Frankfurt a. M. 236

Band IX:
Erregungsgesetze des Nerven. Von Professor Dr. M. Cremer-Berlin 241
Elektrodiagnostik und Elektrotherapie der Nerven. Von Professor Dr. F. Kramer-
Berlin (s. Nachtrag unter Bd. VIII/2) 221
Der Stoffwechsel des peripheren und zentralen Nervensystems. Von Professor
Dr. H. Winterstein-Breslau 246
I. Der Einfluß des Sauerstoffs auf die Funktion 246
II. Der Ruhestoffwechsel 249
A. Gaswechsel 249
B. Kohlehydratumsatz und Milchsäurebildung 253
C. Der Umsatz an N- und P-haltigen Substanzen und Ionen 257
III. Der Erregungsumsatz 258
IV. Wärmebildung 264
Tonus. Von Professor Dr. E. A. Spiegel-Philadelphia 265

Seite

Band X:

Die Reaktionszeiten. Von Professor Dr. W. Wirth-Leipzig 269

Band XI:

Vergleichende Physiologie der Tangoreceptoren bei Tieren. Stereotaxis, Stereotropismus, Rheotaxis und Anemotaxis bei Tieren. Von Dr. K. Herter-Berlin . 271
 1. Tangoreceptoren, Stereotaxis und Stereotropismus S. 271 — 2. Rheotaxis und Anemotaxis S. 275.

Temperatursinn des Menschen. Von Geheimrat Professor Dr. A. Goldscheider und Dr. H. Hahn-Berlin 276

Thermotaxis und Hydrotaxis bei Tieren. Von Dr. K. Herter-Berlin 280
 1. Thermotaxis S. 280 — 2. Hydrotaxis S. 282.

Chemotropismus, Chemonastie und Chemotaxie bei Pflanzen. Von Dr. A. Seybold-Köln a. Rh. 282
 Chemotropismus der Wurzeln S. 283 — Chemotropismus der Pilzhyphen S. 283 — Aerotropismus S. 284 — Chemonastie S. 284 — Chemodinese des Protoplasmas S. 284.

Physiologie des Geschmackssinns. Von Professor Dr. E. v. Skramlik-Jena 285

Das räumliche Hören. Von Professor Dr. E. M. v. Hornbostel-Berlin 286

Pathologische Physiologie des Labyrinthes und der Cochlearisbahn. Von Professor Dr. H. Rhese †-Harzburg 289
 I. Die Erkrankungen der Labyrinthmembranen 289
 II. Die Erkrankungen des peripheren Neurons 292
 III. Die Stammerkrankungen 293
 IV. Die Erkrankungen der zentralen Hörbahn. 294

Hörtheorien. Von Professor Dr. E. Waetzmann-Breslau 295

Die Pharmakologie und Toxikologie des Ohres. Von Professor Dr. H. Rhese †-Harzburg 296
 I. Heilmittel des Ohres 296
 II. Stoffe, die das Ohr schädigen können, ohne zur Zeit als Heilmittel des Ohres zu gelten 296

Die Funktion des Vestibularapparates (der Bogengänge und Otolithen) bei Fischen, Amphibien, Reptilien und Vögeln. Von Professor Dr. M. H. Fischer-Berlin-Buch 296

Funktion des Bogengangs- und Otolithenapparats bei Säugern. Von Professor Dr. R. Magnus † und Professor Dr. A. de Kleyn-Utrecht 300

Die Funktion des Bogengangsapparates und der Statolithen beim Menschen. Von Professor Dr. K. Grahe-Frankfurt a. M. 302
 Zur Methodik S. 302 — Nystagmus S. 303 — Vorbeizeigen S. 303 — Dreherregung S. 304.
  a) Reaktionen während der Drehung S. 304 — b) Drehnachreaktionen S. 304.
 Progressivreaktionen S. 306 — Lagereaktionen S. 306 — Calorische Erregung S. 307 — Galvanische Reaktionen S. 308 — Vasomotorische Einflüsse S. 309.

Band XII, 1:

Phototropismus und Phototaxis der Pflanzen. Von Dr. E. Nuernbergk-Utrecht . 310

Photochemisches zur Theorie des Farbensehens. Von Professor Dr. Fr. Weigert-Leipzig. 314

Band XIII:

Antifermente und Fermente des Blutes. Von Professor Dr. M. Jacoby-Berlin . . 317

Biologische Spezifität. Von Privatdozent Dr. E. Witebsky-Heidelberg. Mit 1 Abbildung 319

Immunität. Von Regierungsrat Professor Dr. H. Schlossberger-Berlin 324

Band XIV, 1:

Zeit- und Ursächlichkeitsverhältnis zwischen Ovulation und Menstruation. Von Professor Dr. L. Fraenkel-Breslau 335

Kastration bei wirbellosen Tieren. Von Professor Dr. J. W. Harms-Tübingen . . 337

Keimdrüsentransplantation bei wirbellosen Tieren. Von Professor Dr. J. W. Harms-Tübingen 338

Die Kastration bei Wirbeltieren und die Frage von den Sexualhormonen. Von Professor Dr. K. Sand-Kopenhagen 339

Transplantation der Keimdrüsen bei Wirbeltieren. Von Professor Dr. K. Sand-Kopenhagen 343

Inhaltsverzeichnis. **XIII**

Seite

Der Hermaphroditismus bei Wirbeltieren in experimenteller Beleuchtung. Von Professor Dr. K. Sand-Kopenhagen 352

Die Keimdrüsen und das experimentelle Restitutionsproblem bei Wirbeltieren. Endokrine Regeneration, sog. Verjüngung. Von Professor Dr. K. Sand-Kopenhagen 363
    I. Symptomatologie und Mechanismus. 363
    II. Neue Methoden 364

Die Keimdrüsenextrakte.. Von Professor Dr. A. Biedl-Prag 366
    Das Ovarialbrunsthormon S. 366 — Die physikalischen Eigenschaften des Brunsthormons S. 367 — Darstellungsprinzipien des Ovarialbrunsthormons S. 368 — Chemie des Brunsthormons S. 370 — Physiologische Wirkungen des Brunsthormons S. 370 — Das Corpus-luteum-Hormon S. 371 — Das Hodenhormon S. 372.

Die Schwangerschaftsveränderungen. Von Geheimrat Professor Dr. L. Seitz-Frankfurt a. M. Mit 1 Abbildung 374

Schwangerschaftstoxikosen. Von Geheimrat Professor Dr. L. Seitz-Frankfurt a. M. 378

Gewebezüchtung. Von Professor Dr. Rhoda Erdmann und Dr. Fr. Demuth-Berlin 381

Band XIV, 2:

Neubildungen am Pflanzenkörper. Von Professor Dr. E. Küster-Gießen 387

Band XV, 1:

Körpergewicht, Gleichgewicht und Bewegung bei Säugern. Von Professor Dr. A. Magnus † und A. de Kleyn-Utrecht (s. Nachtrag unter Bd. XI) 300

Körperstellung und Körperhaltung bei Fischen, Amphibien, Reptilien und Vögeln. Von Professor Dr. M. H. Fischer-Berlin-Buch 390

Ergänzung zu Band XV, 1 und 2:

Abschnitt: Physiologie der körperlichen Arbeit I.

Morphologische und chemische Veränderungen des Blutes bei körperlicher Arbeit. Von Dr. E. Hansen-Kopenhagen 391
    Morphologische Veränderungen S. 392 — Chemische Veränderungen S. 394.

Band XV, 2:

1. Anpassungsfähigkeit (Plastizität) des Nervensystems. Von Geheimrat Professor Dr. A. Bethe und Privatdozent Dr. E. Fischer-Frankfurt a. M.. 399

2. Plastizität und Zentrenlehre. Von Geheimrat Professor Dr. A. Bethe-Frankfurt a. M. 399
    Zur Reflexlehre S. 399 — Zur Zentrenhypothese S. 401 — Umstellung der Koordination nach verändernden Eingriffen im Körperbestand S. 403 — Der Funktionswandel im receptorischen Gebiet S. 403 — Die Dominantenlehre S. 405 — Die Resonanzhypothese S. 405 — Die Isochronie S. 405.

Band XVI, 1:

Physiologie der Schilddrüse. Von Professor Dr. I. Abelin-Bern 408
    1. Die hormonale Regulation. Schilddrüse und Hypophysenvorderlappen 408
    2. Chemisch-hormonale Regulation. Dijodtyrosin 410
    3. Alimentäre Regulation der Schilddrüsenwirkung 411
    4. Mechanismus der Schilddrüsenwirkung 412
        a) Verarbeitung des Thyreoideahormons durch den Tierkörper S. 412 — b) Zentrale und periphere Wirkung des Schilddrüsenhormons S. 413.

Die Epithelkörperchen (Glandulae parathyreoideae). Von Professor Dr. Fr. Pineles-Wien 416

Thymus. Von Dr. J. Kretz-Linz a. D. 421

Nebennieren. Von Dr. J. Kretz-Linz a. D. 423

Der Einfluß der inkretorischen Drüsen und des Nervensystems auf Wachstum und Differenzierung. Von Privatdozent Dr. W. Schulze-München 427

Die Verdauung als Ganzes. Von Professor Dr. O. Kestner-Hamburg 441

Die Ernährung des Menschen als Ganzes. Von Professor Dr. O. Kestner-Hamburg 441

Band XVII:

Physiologie des Wasserhaushaltes. Von Professor Dr. R. Siebeck-Heidelberg . . . 443
    III. Der Wasserhaushalt bei Wasseraufnahme 443
    VI. und VII. Der Wasserhaushalt unter hormonalen und nervösen Einflüssen. . 443

Physiologische Wirkungen des Klimas. Von Professor Dr. O. Kestner-Hamburg . 445

Hypnotica. Von Hofrat Geheimrat Professor Dr. H. H. Meyer und Professor Dr. E. P. Pick-Wien. 446

Seite

Der Traum. Von Geheimrat Professor Dr. A. Hoche-Freiburg i. Br. 448

Tagesperiodische Erscheinungen bei Pflanzen. Von Professor Dr. Rose Stoppel-Hamburg. Mit 1 Abbildung 448

Hypnose und Suggestion beim Menschen. Von Professor Dr. I. H. Schultz-Berlin 453

Die reflektorischen Immobilisationszustände im Tierreich. Von Professor Dr. R. W. Hoffmann-Göttingen 454

Das Altern und Sterben des Menschen vom Standpunkt seiner normalen und pathologischen Leistung. Von Dr. S. Hirsch-Frankfurt a. M. 458

    I. Alternstheorien, Altern und Wachstum 458

    II. Die Lebensdauer des Menschen 459

    III. Bedingungen des Alterns 460

    IV. Altersschätzung, Altersmerkmale des Menschen 461

    V. Änderungen der Organstruktur unter dem Einfluß des Alterns 461

    VI. Die sog. Organleistungen in Abhängigkeit vom Alternszustand 463

    VII. Altern und Krankheit 466

    VIII. Zur Physiologie des Todes 466

    IX. Über Todesursachen 467

    X. Mechanismus des Todes 467

Erblichkeitslehre im allgemeinen und beim Menschen im besonderen. Von Professor Dr. Fr. Lenz-München 469

    Fortschritte der Erblehre (Genetik) 469

Mitarbeiterverzeichnis 475

Generalregister 487

Übersicht der großen Abschnitte des Handbuches.

		Band	Jahr des Erscheinens
A. Allgemeine Physiologie	. . . .	I	1927
B. Stoffaustausch und seine Organe.			
B. I.	Atmung (Aufnahme und Abgabe gasförmiger Stoffe)	II	1925
B. II.	Verdauung und Verdauungsapparat	III	1927
B. III.	Resorption und Ablagerung	IV	1929
B. IV.	Exkretion	IV	1929
B. V.	Gesamt-Stoff- und Energiewechsel	V	1928
B. VI.	Physiologie und Pathologie des intermediären Stoffwechsels.	V	1928
B. VII.	Salzstoffwechsel und Mineralstoffgehalt	XVI, 2	1931
C. Vermittlungssysteme des Stoffaustausches.			
C. I.	Blut	VI, 1	1928
		VI, 2	1928
C. II.	Lymphsystem	VI, 2	1928
	Anhang: Wasserhaushalt der Pflanzen . . .	VI, 2	1928
C. III.	Blutzirkulation.		
	C. III. 1. Herz	VII, 1	1926
	C. III. 2. Blutgefäße und Kreislauf	VII, 2	1927
D. Spezielle Organe und Einrichtungen des Energieumsatzes.			
D. I.	Mechanische Energie	VIII, 1	1925
D. II.	Elektrische Energie	VIII, 2	1928
D. III.	Lichtenergie	VIII, 2	1928
E. Auslösungseinrichtungen.			
E. I.	Reizleitung bei Pflanzen	IX	1929
E. II.	Nervensystem.		
	E. II. 1. Periphere Nerven	IX	1929
	E. II. 2. Zentren.		
	Allgemeine und vergleichende Physiologie der Zentren	IX	1929
	Spezielle Physiologie der Zentren der Wirbeltiere	X	1927
E. III.	Receptoren.		
	E. III. 1—5. Tangoreceptoren, Thermoreceptoren, Chemoreceptoren, Phonoreceptoren und statische Apparate . . .	XI	1926
	E. III. 6. Photoreceptoren	XII, 1	1929
		XII, 2	1931

		Band	Jahr des Erscheinens
F. Schutz- und Angriffseinrichtungen		XIII	1929
G. Reaktionen auf Schädigungen		XIII	1929
H. Fortpflanzung, Entwicklung und Wachstum	{ XIV, 1 XIV, 2	1926 1927
J. Correlationen.			
J. I.	Bewegung und Gleichgewicht	XV, 1	1930
J. II.	Physiologie der körperlichen Arbeit	{ XV, 1 XV, 2	1930 1931
J. III.	Die Orientierung zu bestimmten Stellen im Raum	XV, 2	1931
J. IV.	Der sensorische Apparat	} fehlen	
J. V.	Der motorische Apparat		
J. VI.	Die Anpassungsfähigkeit des Nervensystems (Plastizität)	XV, 2	1931
J. VII.	Stimme und Sprache	XV, 2	1931
J. VIII.	Hormonorgane	XVI, 1	1930
J. IX.	Regulation von Wachstum und Entwicklung.	XVI, 1	1930
J. X.	Die korrelativen Funktionen des autonomen Nervensystems	{ XVI, 1 XVI, 2	1930 1931
J. XI.	Der Verdauungsapparat als Ganzes	XVI, 1	1930
J. XII.	Die Ernährung des Menschen als Ganzes . .	XVI, 1	1930
J. XIII.	Correlationen des Zirkulationssystems . . .	XVI, 2	1931
J. XIV.	Regulierung der Wasserstoffionenkonzentration	XVI, 1	1930
J. XV.	Regulation des organischen Stoffwechsels . .	XVI, 2	1931
J. XVI.	Wärmeregulation	XVII	1926
J. XVII.	Wasserhaushalt . . . . , ...	XVII	1926
J. XVIII.	Physiologische Wirkungen physikalischer Umweltsfaktoren	XVII	1926
J. XIX.	Schlaf und schlafähnliche Zustände	XVII	1926
J. XX.	Altern und Sterben	XVII	1926
J. XXI.	Konstitution und Vererbung	XVII	1926
Nachträge		XVIII	1932
Generalregister		XVIII	1932

Die Fermente
(S. 68—90).

Von
P. RONA – Berlin.

Fermente der Verdauung
(S. 910—964).

Von
P. RONA und H. H. WEBER – Berlin.

Von Werken, die über die weiteren Fortschritte der Fermentforschung seit dem Erscheinen unserer Artikel in diesem Handbuch orientieren, seien die folgenden erwähnt:

Zusammenfassende Darstellungen.

WILLSTÄTTER, R.: Untersuchungen über Enzyme. Berlin 1928. — HALDANE, J. B. S.: Enzymes. London u. New York 1930. — HALDANE, J. B. S., u. K. G. STERN: Allgemeine Chemie der Enzyme. Dresden u. Leipzig 1932. — FODOR, A.: Das Fermentproblem. 2. Aufl. 1929 — Mechanismus der Enzymwirkung. Erg. der Enzymforschung, S. 39. 1932. — v. EULER u. A. OLANDER: Homogene Katalyse — Nichtenzymatische Katalysen. Berlin 1931. — MYRBÄCK, K.: Homogene Katalyse — Enzymatische Katalysen. Berlin 1931. — GRASSMANN: Neue Methoden und Ergebnisse der Enzymforschung. Erg. Physiol. **27** (München 1928). — FRANKENBURGER u. DÜRR: Katalyse. Berlin: Urban & Schwarzenberg 1930. — SCHWAB: Katalyse vom Standpunkt der Reaktionskinetik. Berlin: Julius Springer 1931. — WOKER, G.: Die Katalyse. Stuttgart 1931. — OPPENHEIMER, C., u. L. PINCUSSEN: Methodik der Fermente. Leipzig 1929. — ABDERHALDEN, E.: Handb. der biologischen Arbeitsmethoden. Abtlg. Fermentforschung. Berlin-Wien 1925—1931. — RONA, P.: Fermentmethoden. 2. Aufl. Berlin 1931.

Teildarstellungen.

AMMON, R.: Die stereochemische Spezifität der Esterasen. Fermentforschg **11**, 459 (1930). — BAMANN, E.: Über Asymmetrieproblem in der Biochemie. Arch. Pharmaz. **1931**, 356. — DIXON, M.: Oxidation mechanisms in animal tissues Biol. Rev. **4**, 352 (1929). — THUNBERG, T.: Der jetzige Stand der Lehre vom biologischen Oxydationsmechanismus, in Oppenheimers Handb. der Biochemie. 2. Aufl., Erg.-Bd., S. 245. 1930. — HOPKINS, F. S.: The problem of specificity in biochemical catalysis. Oxford Univers. press. 1931. — WARBURG, O.: Über die katalytischen Wirkungen der lebendigen Substanz. Berlin 1928. — The enzyme problem and biological oxidations. Bull. of the Johns Hopkins Hospital. XLVI, 341, 1930. — Das sauerstoffübertragende Ferment der Atmung. Nobelvortrag. Z. angew. Chem. **45**, 1 (1932). — WIELAND, H.: Neuere Anschauungen über die biologische Oxydation. Z. angew. Chem. **44**, 579 (1931). — Recent researches on biological oxidation. J. chem. Soc. Lond., May 1931. — REID, A.: Das sauerstoffübertragende Ferment der Atmung, in Erg. der Enzymforschung, S. 325. Leipzig 1932. — FULMER, ELLIS L.: Thermodynamics of Cell reactions. Erg. der Enzymforschung, S. 1. 1932. — MICHAELIS, L.: Oxydations-Reduktions-Potentiale. Berlin: Julius Springer 1929. — WURMSER, RENÉ: Signification des potentiels

d'oxydo-reduction pour les reaction enzymatiques. Erg. der Enzymforschung, S. 21. 1932 —
Oxydations et reductions. Paris 1930. — THUNBERG, T.: Die biologischen Reduktions-Oxyda-
tions-Potentiale, in Oppenheimers Handb. der Biochemie. Erg.-Bd., S. 213. 1930 — Studies on
Oxydation-Reduction.Hygienic Laboratory Bulletin Nr 151. Washington 1928.— BORSOOK, H.,
u. H. F. SCHOTT: The rôle of the enzyme in the succinate-enzym-fumarate equilibrium.
Journ. of biologic. chemistry. XCII, 535. 1931. — HARDEN, A.: Alcoholic Fermentation. London 1923 — Alcoholic Fermentation. The early stages of fermentation in
the yeast cell. Erg. der Enzymforschung, S. 117. 1932. — SCHOEN-HIND: The Problem
of fermentation. London 1928. — NORD, F. F.: Physikalisch-chemische Vorgänge bei Enzym-
reaktionen. Erg. der Enzymforschung, S. 77. 1932 — Chemical processes in fermentations.
Chem. Rew. **3**, 41 (1926) — Mechanism of enzym action and associated cell phenomena. The
Williams and Wilkins Company Baltimors 1929. — NEUBERG, C.: Die Wege des Zuckerzerfalls
bei der alkoholischen Gärung. Jb. d. Vers. u. Lehranst. f. Brauerei **21**, 208 (1930).— NEUBERG, C.,
u. M. KOBEL: Die vierte und fünfte Vergärungsform des Zuckers. Naturwiss. **18**, 427 (1930).
— MEYERHOF, O.: Die chemischen Vorgänge im Muskel. Berlin 1930. — NEEDHAM, D. M.:
The biochemistry of muscle. London 1932. — WALDSCHMIDT-LEITZ, E.: Vorträge aus dem
Gebiete der Eiweißchemie. Leipzig 1931. — WASTENEYS u. H. BORSOOK: The enzymatic
synthesis of protein. Physiologic. Rev. **10**, 110 (1930). — GRASSMANN: Proteolytische Enzyme
des Tier- und Pflanzenreiches. Erg. der Enzymforschung, S. 129. 1932. — WALDSCHMIDT-
LEITZ, E.: The mode of action and differentiation of proteolytic enzymes. Physiologic. Rev.
11, 358 (1931). — GRASSMANN: Proteasen, in Oppenheimers Handb. der Biochemie. Erg.-Bd.
S. 175. 1930. — SUMNER, J. B.: Crystalline Urease. Erg. der Enzymforschung, S. 295. 1932.
— NORTHROP, J. H.: Crystalline Pepsin. Erg. der Enzymforschung, S. 302. — WEIDEN-
HAGEN, R.: Spezifität und Wirkungsmechanismus der Karbohydrasen. Erg. der Enzym-
forschung, S. 168. 1932. — ROBISON, R.: Bone Phosphatase. Erg. der Enzymforschung,
S. 280. 1932. — RAPER, H. S.: Tyrosinase. Erg. der Enzymforschung, S. 270. 1932.

Bd. I.
Die Narkose und ihre allgemeine Theorie
(S. 531—549).
Von
H. H. MEYER[1] – Wien.

Zu S. 531: „Zusammenfassende Darstellungen." Eine sehr klare, alle
Theorien kritisch behandelnde Übersicht gibt V. E. HENDERSON[2].

Zu S. 534: „Ärztliche Brauchbarkeit" und zu S. *545:* RICHETS „Regel".
Dazu ist folgendes nachzutragen:

Die praktisch entscheidende, für die chirurgische Narkose erforderliche
Konzentration des Narkoticums in den Nervenzellen wird im Ausgleich mit
dem speisenden Blut um so *schneller* erreicht werden, je größere Mengen des
Narkoticums im kreisenden Blut gelöst sind und somit zur Verfügung stehen.
Anderseits aber wird das Blut aus der gegebenen Chloroform-Luft-Mischung in
den Lungenalveolen um so *langsamer* seinen zur allgemeinen Narkose erforder-
lichen Sättigungsanteil erreichen, je größer sein eigenes Lösungsvermögen für
das betreffende Narkoticum ist; denn um so längerdauernde Atmung wird es
brauchen, bis die Atemmischung mit der Spannung im Blut ins Gleichgewicht
kommt. Also: löst das Blut nur wenig Narkoticum, so brauchen die Nervenzellen
lange, löst es viel, so braucht das Blut selbst lange zur entsprechenden Sättigung.
In diesem Widerstreit ist entscheidend die im Vergleich zu den Nervenzellen
große *Masse* des Blutes, so daß die *Geschwindigkeit*, mit der das gewünschte
beständige Verteilungsverhältnis des Narkoticums zwischen Atemmischung und

---

[1] Abgeschlossen Januar 1932.
[2] HENDERSON, V. E.: Physiologic. Rev. **10**, Nr 2, 171—220 (1930).

Nervengewebe erreicht wird, fast ganz vom Grade seiner *Löslichkeit im Blut* bedingt wird. Die Blutlöslichkeit ist zwar nicht gleich, aber ähnlich gestuft wie die *Wasserlöslichkeit*, so daß im groben gilt: je *weniger wasserlöslich* das Narkoticum ist, um so *schneller* wird der für die Dauernarkose erforderliche Endausgleich eintreten können. Die folgende Tabelle gibt die *Löslichkeitskoeffizienten* in Wasser und Blut[1].

	In Wasser von 30°	In Blut von 37°		In Wasser von 30°	In Blut von 37°
Äther	20,0	15,0	Acetylengas	0,8	0,73
Chloroform	4,2	10,3	Stickoxydul	0,5	
Bromäthyl	2,5	3,0	Prophylen.	0,2	
Chloräthyl	2,0	2,5	Äthylen.	0,1	

Mit wachsender *Geschwindigkeit* des Ausgleichs zwischen Hirnzellen und Atemgemisch *vermindert sich die Gefahr* der chirurgischen Narkose, weil bei sehr raschem Ausgleich die sonst kaum vermeidbare und immer bedenkliche „Überdosierung" im Beginn des Betäubungsverfahrens überflüssig ist, und sofort mit der Zufuhr der für die Dauernarkose richtig bemessenen Mischung begonnen werden kann. Deshalb sind die Narkosen mit den *wenig wasserlöslichen Gasen* verhältnismäßig *ungefährlich*.

Diese Beziehung der Wasserlöslichkeit zur Geschwindigkeit des Narkoseneintritts gilt natürlich nicht für Narkoseprüfungen an schwimmenden Tieren.

Zu S. 539: Zu Mansfelds „Alles-oder-Nichts-Gesetz" der Narkose der Nervenzellen sind auf Wintersteins ablehnende Kritik[2] die späteren Arbeiten Mansfelds und Mitarbeiter[3] mit, wie mir scheint, stichhaltiger experimenteller Begründung und Sicherstellung des „Alles-oder-Nichts-Gesetzes" zu erwähnen.

Zu S. 545ff.: „Wärmenarkose." Mansfeld und Hecht[4] haben gefunden, daß die Wärmenarkose bei Fröschen, wenn sie bis zum völligen Erlöschen des Cornealreflexes in $1/2$- bis mehrstündiger Dauer unterhalten wird, ausnahmslos tödlich ist; sie sei daher grundsätzlich von einer „Narkose" verschieden. Das erscheint aber keineswegs stichhaltig: Narkosen mit eben zureichender Konzentration, z. B. von Methylalkohol oder Bromäthyl oder selbst Chloroform u. a. m., sind bei *genügender Dauer* auch tödlich, infolge von sekundären oder überhaupt gar nicht narkotischen Nebenwirkungen; trotzdem bleiben es echte Narkosen ebenso wie die kurze und reversible Wärmenarkose; vgl. dazu Wärmenarkose am Froschherz[5], am Warmbl.-Herz[6], am Froschkopf[7].

Zu S. 548: Zur eigentlichen Narkosetheorie, d. h. der Erklärung der Lipoidänderung als Grund der Narkoseerscheinungen, ist die neuere Theorie R. Beutners[8] zu erwähnen, wonach die für die normalen Lebensvorgänge wesentlichen *elektrischen Potentialdifferenzen* an den Grenzflächen von wässerigen und lipoiden

---

[1] Vgl. die Angaben bei K. H. Meyer und H. Gottlieb-Billroth u. H. Hopf: In Hoppe-Seylers Z. **112** u. **126** (1920/23) — Trendelenburg, P.: Narkose und Anästhesie **2** (1929).

[2] Winterstein: Die Narkose **1926** — Narkose und Anästhesie **1929**, Nr 2.

[3] Mansfeld u. Mitarbeiter: Arch. f exper. Path. **131** u. **144** (1928/29).

[4] Mansfeld u. Hecht: Arch. f. exper. Path. **113** (1926).

[5] Mangold u. Kitamura: Pflügers Arch. **1923**, 201.

[6] Meltzer u. Kaoru: Pflügers Arch. **1928**, 219.

[7] Rétif: C. r. Soc. Biol. Paris **1927**, 97.

[8] Beutner, R.: Anesthesia and Analgesia. März/April 1929.

Phasen durch die Lösung der Narkotica in den Lipoiden und die dadurch veränderte Ionenverteilung entsprechend beeinflußt (sc. gemindert) werden. Einigermaßen verwandt damit scheint nun auch die neue von TRAUBE[1] gebrachte Oberflächentheorie, die er auf Grund der Arbeiten REHBINDERS[2] entwickelt und als „Grenzflächenspannungstheorie" bezeichnet: danach bestimmen die zwischen lipoiden und lipophoben Phasen bestehenden Grenzflächenspannungen die „Haftintensität" der Narkotica, indem zugleich für die vom Narkoticum beeinflußte Grenzflächenspannung die Löslichkeit desselben in den beiden Phasen (sc. sein Teilungskoeffizient) maßgebend ist. Das sich an den Grenzflächen anreichernde Narkoticum verdrängt Ionen und hemmt so die normalen Lebensvorgänge an den Zellgrenzflächen.

[1] TRAUBE: Pflügers Arch. **218** (1928).
[2] REHBINDER u. OKUNEFF: Biochem. Z. **180** (1927).

Die Physiologie der Luftwege

(S. 128—229).

Von

EMIL V. SKRAMLIK – Jena.

In den letzten Jahren hat die Untersuchung der *Nasenatmung* einen besonderen Aufschwung genommen, wobei man hauptsächlich darauf ausging, die Vorteile herauszuarbeiten, die gegenüber der Mundatmung bestehen (vgl. vor allem WORMS und BOLOTTE[1]).

Auf diesem Gebiete hat sich auch die Entwicklung der Technik in der Aerodynamik sehr günstig ausgewirkt. SAUTER[2] hat einen Apparat konstruiert, mit dessen Hilfe die *Durchgängigkeit der Nase* geprüft werden kann. Man ist damit imstande, Druckmessungen im Naseneingang, im Innern der Nase, im Nasenrachenraum und in den Kieferhöhlen vorzunehmen und auf diese Weise die Strömungsverhältnisse der Luft einer näheren Untersuchung zu unterziehen. Diese Versuche laufen im Prinzip auch darauf hinaus, uns einen Aufschluß über die Wege zu geben, welche die Luft beim Durchstreichen durch die Nasenhöhlen nimmt. HELLMANN[3] hat sich hier die von PRANDTL ausgebildeten Methoden zunutze gemacht und an Leichen unter Anwendung von Lycopodiumpulver die Wirbelbildungen in den Nasenhöhlen bei der Ein- und Ausatmung studiert. Diese sind abhängig von der Nasenform und von der Stärke des Luftstroms.

Über die Beteiligung der *Nasenflügel* an der Atmung berichtet eine Arbeit von GLAVADANOVIČ und PICK[4]. Es wurden vor allem die zeitlichen Unterschiede zwischen dem Einsetzen der Nasenflügelatmung und der Thoraxbewegung gemessen und dabei Werte von etwa 0,03 Sekunden gefunden.

Welche Bedeutung die Atmungsvorgänge für die Ausbildung der *Form* und die *Leistungen* der *Nasenhöhlen* haben, geht aus den Untersuchungen von CONGDON[5] und STERNBERG[6] hervor. Nach operativer Ausschaltung der physi-

---

[1] WORMS, G., u. M. BOLOTTE: L'insuffisance respiratoire nasale, 317 S. Paris: Amédée Legrand 1928.

[2] SAUTER, M.: Praktische Funktionsprüfung der Nasendurchgängigkeit. Ein Beitrag zur Physiologie der Nase als Atemweg und zur Aerodynamik der Atmung. Z. Hals- usw. Heilk. **25**, 325 (1930).

[3] HELLMANN: Untersuchungen über die Nase als Luftweg. Z. Hals- usw. Heilk. **15**, 354 (1926).

[4] GLAVADANOVIČ, V., u. F. PICK: Über die Nasenflügelatmung. Z. klin. Med. **104**, 809 (1926).

[5] CONGDON, E. D.: Abnormal development of the nasal cavity of dogs due to interruption of the respiratory current. Proc. Soc. exper. Biol. a. Med. **22**, 566 (1925).

[6] STERNBERG, H.: Beiträge zur Physiologie und Pathologie der Schleimhaut der Luftwege. I. Die Veränderungen der Nasenschleimhaut bei ausgeschalteter Nasenatmung. Z. Hals- usw. Heilk. **7**, 432 (1924).

kalischen Wirkung des Luftstroms stellte Congdon an neugeborenen Hunden eine merkliche *Entwicklungsstörung der Nase* fest. Nach Sternberg führt eine Ausschaltung der Nasenatmung zu einer *Inaktivitätsatrophie* der Nasenschleimhaut.

Einer besonderen Prüfung wurde die *Beschaffenheit der Luft* in bezug auf ihre Temperatur und ihren Feuchtigkeitsgehalt in ihrer Wirkung auf die Nasenschleimhaut unterzogen.

Nach Heetderks[1] bestehen die günstigsten Bedingungen für die Leistungsfähigkeit der Schleimhaut, wenn die Luft eine Temperatur von 13—18° C und eine relative Feuchtigkeit von 50—60% besitzt. Unter diesen Verhältnissen ist die Absonderung der Schleimhaut sehr gleichmäßig, vor allem sehr gering. In trockener, warmer Luft erweisen sich die Nasenmuscheln stark geschwollen. Kalte und feuchte Luft wirkt am ungünstigsten. Sie führt zu einer starken Abgabe von Sekret. Nach den Befunden von Sternberg[2] ist die Temperatur der Nasenschleimhaut $1^1/_2$—4° C geringer als die des Körpers bei Messung der Körpertemperatur an den üblichen Stellen.

In meinem früheren Aufsatz habe ich auf Grund eines unzureichenden Zahlenmaterials nur ungenügende Aufschlüsse über die Erwärmung der Luft beim Durchstreichen der oberen Nasenhöhle und ihrer Sättigung mit Wasserdampf geben können. Einen wesentlichen Fortschritt auf diesem Gebiete bringen zwei Arbeiten von Perwitzschky[3,4]. Im Nasenraum wird nach seinen Messungen die Atmungsluft auf 32° C, im Kehlkopf auf 34° C, in der Luftröhre auf 36° C erwärmt, so daß sie an dieser Stelle bereits nahezu auf Körpertemperatur gebracht ist. Die relative Feuchtigkeit der Atmungsluft nimmt vom Naseneingang bis zur Lunge ununterbrochen zu. Sie beträgt 79% in der Nase, 95% im Kehlkopf und 98% in der Trachea. Bei Tracheotomierten weist die Atmungsluft, die in die Lungen kommt, eine merklich tiefere Temperatur auf, als bei normalen Individuen an der gleichen Stelle. In seiner zweiten Arbeit hat Perwitzschky die Temperatur- und Feuchtigkeitsverhältnisse der Luft an verschiedenen Stellen der oberen Atemwege unter wechselnden klimatischen Bedingungen untersucht. Vor allem wurde der Einfluß niedriger Wintertemperaturen bei geringem Wassergehalt der Atmosphäre geprüft. Im Gegensatz dazu wurden auch Untersuchungen bei Verwendung von warmer Luft verschiedenen Feuchtigkeitsgehalts angestellt. Bei sehr niedriger Außentemperatur (bis —16° C) wird die Luft schon in der Nasenhöhle im besonderen Maße vorgewärmt. Die Wirksamkeit dieses Organs erweist sich also offenbar um so größer, je niedriger die Außentemperatur ist. Atmet das betreffende Individuum durch den Mund, so ist die Anwärmung geringer, bei niedrigen Außentemperaturen aber verhältnismäßig stärker als bei höheren. Die Nasenatmung verdient nicht allein den Vorzug durch die bessere Anwärmung der Luft, sondern durch deren stärkere Sättigung mit Wasserdampf.

---

[1] Heetderks, D. R.: Observations on the reaction of normal nasal mucous membrane. Amer. J. med. Sci. **174**, 231 (1927).

[2] Sternberg, H.: Beiträge zur Physiologie und Pathologie der Schleimhaut der Luftwege. IV. Über die Befeuchtung der Schleimhautoberfläche unter normalen und pathologischen Verhältnissen, besonders bei funktionellen Störungen wie Rhinitis vasomotoria, Asthma bronchiale usw. Z. Hals- usw. Heil. **19**, 104 (1927).

[3] Perwitzschky, R.: Die Temperatur- und Feuchtigkeitsverhältnisse der Atemluft in den Luftwegen. Arch. Ohr- usw. Heilk. **117**, 1 (1927).

[4] Perwitzschky, R.: Die Temperatur- und Feuchtigkeitsverhältnisse der Atemluft in den Luftwegen. II. Mitteilung B. Untersuchungen bei Wintertemperatur und niedrigen Feuchtigkeitsverhältnissen sowie bei zentralgeheizter, wasserarmer Luft bei normaler Atemgröße, am ruhenden Menschen. Arch. Ohr- usw. Heilk. **125**, 1 (1930).

Die *Nasennebenhöhlen* werden während der Atmung ununterbrochen ventiliert. Das ergibt sich aus den Druckveränderungen bei der Atmung, die Calamida[1] im Sinus frontalis und maxillaris festgestellt hat.

Einen Aufschluß über die *Sensibilität* der *Nasen-* und *Rachenschleimhaut* erhalten wir durch die Untersuchungen von Schriever und Strughold[2]. Sie konnten mit Hilfe einwandfreier Experimentierverfahren feststellen, daß die Sensibilität dieser Körpergegend sich von der der Haut weitgehend unterscheidet. Nur an den wenigsten Stellen sind 4 Empfindungsqualitäten nachweisbar: Druck-, Schmerz-, Kalt- und Warmempfindung. Die Kaltempfindlichkeit geht kaum über den hinteren Gaumenbogen hinaus. Druck- und Warmempfindungen sind schon an weiter vorn gelegenen Gegenden nicht mehr auslösbar. In der hinteren Rachenwand ist der *Schmerzsinn* recht gut ausgebildet. Die Spitze des Zäpfchens scheint überhaupt unempfindlich zu sein. Für die Nasenschleimhaut gilt die Regel, daß an allen Stellen, die vom Naseneingang mehr als 1—2 cm entfernt sind, nur noch Schmerzempfindungen ausgelöst werden können.

Beobachtungen von Negus[3] vergleichend-anatomischer und pathologischer Art weisen darauf hin, daß die *Epiglottis* weder für den Schluckakt noch für die Atmung von besonderer Bedeutung ist. Durch die vorliegende Untersuchung ist allerdings die Frage nach der Bedeutung der Epiglottis noch nicht als abgeschlossen zu betrachten.

Eine Bereicherung unserer Kenntnisse über die *Physiologie der Flimmerbewegung* des respiratorischen Epithels bringen die Untersuchungen von L. Hill[4]. Er experimentierte an der überlebenden Luftröhre verschiedener Säugetiere. Die Luftröhre des Pferdes zeigte noch 4 Tage nach der Herausnahme sehr gute Flimmerbewegungen. Aufgestreutes Pulver wird mit einer Geschwindigkeit von 0,015—0,03 cm/sec voranbewegt. Die Flimmerbewegung kann durch Aufbringen verschiedener Stoffe, wie Alkohol, Äther und Chloroform, gehemmt, durch Ammoniak *vernichtet* werden.

Zanni[5] weist auf die Eigenbewegungen des respiratorischen Apparates hin. Besonders ausgiebig scheinen diese an der Luftröhre zu sein. Aber auch die Bronchien und Bronchiolen zeigen Schwankungen des Lumens bei tiefer Atmung, und zwar in dem Sinne, daß dieses am Ende der Einatmung am weitesten, am Ende der Ausatmung am engsten ist. Zanni läßt offen, ob die Veränderungen des Lumens aktiv oder passiv erfolgen.

---

[1] Calamida, U.: Sulla respirazione dei seni frontale e mascellare. XIX. Congr. Atti Soc. ital. otol. ecc. **2**, 301 (Mailand 1923).

[2] Schriever, H., u. H. Strughold: Über die der Nasen- und Rachenschleimhaut eigentümlichen Empfindungsqualitäten. Z. Biol. **84**, 193 (1926).

[3] Negus, V. E.: The function of the epiglottis. J. of Anat. **62**, 1 (1927).

[4] Hill, L.: The ciliary movement of the trachea studied in vitro. A measure of toxicity. Lancet **1928 II**, 802.

[5] Zanni, G.: La trachée a-t-elle des mouvements actifs? Recherches d'anatomie et de physiologie sur la trachée et le muscle trachéal en particulier. Arch. ital. de Biol. (Pisa) **78**, 18 (1927).

Bd. II.

Regulation der Atmung

(S. 230—284).

Von

GUSTAV BAYER – Innsbruck.

Neuere zusammenfassende Darstellungen.

DAUTREBANDE, L.: Erg. inn. Med. **40**, 336—603 (1931). — GESELL, R.: Erg. Physiol. **28**, 340—442 (1929). — HESS, W. R.: Die Regulation der Atmung. Leipzig 1930.

I. Das Atemzentrum.

Histologische Untersuchungen der recht vielgestaltigen Ganglienzellen der Formatio reticularis führten L. R. MÜLLER und GAGEL[1] aus. — Die Angaben LUMSDENS[2] haben im allgemeinen eine ablehnende Kritik erfahren, besonders durch W. R. HESS[3]: Zentrale Funktionen stellten nicht eine arithmetische Summe einzelner Zentralstellen dar, sondern seien nur dynamisch erfaßbar. Bei Herausnahme eines Abschnittes aus dem Zusammenhang könne der Funktionsausfall nicht einfach durch ein Subtraktionsverfahren auf den abgetragenen Hirnteil bezogen werden, weil man mit Hemmungseinflüssen und vikariierenden Funktionsübernahmen rechnen müsse. Auch zeigt TEREGULOW[4], daß die Durchschneidungsergebnisse keineswegs so typisch sind, wie man es nach LUMSDENS Angaben vermuten könnte, und mannigfache Verhältnisse, z. B. Zirkulationsstörungen in der Oblongata und reflektorische Einflüsse (KELLER[5]), für ihre Entstehung eine Rolle spielen. HENDERSON und SWEET[6] kommen zu dem Schlusse, daß die „apneustische" Atmung LUMSDENS durch Abtrennung des Atemzentrums von dem allgemein tonushemmenden Nucleus ruber zustande komme; so bestehe kein Grund, ein besonderes apneustisches Zentrum und ein höheres pneumotaktisches Zentrum anzunehmen. Auch das Keuchzentrum LUMSDENS lassen die Autoren nicht gelten; Keuchatmung komme immer zustande, wenn das Atemzentrum kräftigere Impulse als gewöhnlich den normalerweise bei der Atmung nichttätigen Auxiliärmuskeln irradiierend zusende.

Das *spinale Atemzentrum* hat insofern an Betrachtung gewonnen, als die von FLEISCH[7] so genau studierten Eigenreflexe der Atemmuskulatur offenbar ohne Vermittlung des bulbären Atemzentrums zustande kommen und im Rückenmark selbst ihre Umschaltstellen besitzen. — Die willkürliche Hemmbarkeit der spinalen Kerne der Atemmuskeln scheint eine verschiedene zu sein, denn CONDORELLI und RECHNITZER[8] beobachteten, daß bei forciertem Atemstillstand häufig zunächst nur die diaphragmale Atmung wieder beginnt. — Eine große Selbständigkeit besitzt nach den Untersuchungen SWINDLES[9] das spinale Atem-

---

[1] MÜLLER, L. R., u. O. GAGEL: Verh. dtsch. Ges. inn. Med. **1929**, 167.

[2] LUMSDENS: J. of Physiol. **57** (1923); **58** (1924).

[3] HESS, W. R.: Die Regulation der Atmung. Leipzig 1930.

[4] TEREGULOW, A. G.: Pflügers Arch. **221**, 286 (1929).

[5] KELLER, ALLEN D.: Amer. J. Physiol. **96**, 59 (1931).

[6] HENDERSON, V. E., u. T. A. SWEET: Amer. J. Physiol. **91**, 94 (1930).

[7] FLEISCH, A.: Pflügers Arch. **219**, 706 (1928); **223**, 509 (1929).

[8] CONDORELLI u. RECHNITZER: Wien. Arch. inn. Med. **14**, 49 (1927).

[9] SWINDLE, P. F.: Amer. J. Physiol. **79**, 188 (1926/27).

zentrum bei amphibisch lebenden Säugetieren; bei Moschusratten und Seelöwen wird die Atmung durch Dekapitierung nur sehr wenig geändert.

Exspirationszentrum. Teregulow[1] betrachtet seine auf Mislawskys Veranlassung angestellten galvanischen Reizungsversuche bei vagotomierten Tieren, bei welchen je nach der Lage der negativen Elektrode an der Spitze oder an der Basis des Calamus scriptorius inspiratorische oder exspiratorische Erfolge auftreten, als einen Beweis für die Berechtigung einer Sonderung des Atemzentrums in ein Inspirations- und Exspirationszentrum.

II. Die chemische Regulation der Atmung.

Gesell[2] sucht im Rahmen seiner Arbeitshypothese, daß die Neuronenmembran des Atemzentrums ein pulsierendes Oxydoreduktionssystem, vergleichbar dem Hg-H_2O_2-System Antropoffs sei, die Automatie, ihren Antrieb durch das lokale p_H und die Differenz in der Wirksamkeit von O_2-Mangel und CO_2-Anhäufung auf die Atmung zu erklären.

In letzter Zeit ist wieder die Vorstellung einer spezifischen Bedeutung der Kohlensäure für die Atemregulation gegenüber der durch die Reaktionstheorie (auch in ihrer neueren Fassung, Winterstein 1921) gelehrten atmungslenkenden Funktion der Wasserstoffionenkonzentration von Hess in den Vordergrund gerückt worden: besonders „wird die zentrale Stellung der Kohlensäure hervorgehoben, wenn wir die äußerst mangelhafte Aktivierung des Atmungsbetriebes selbst bei stärkster Anoxämie dem fein dosierten und ausgiebig betätigten Ansprechen bei Verschiebungen des Kohlensäurespiegels im Körper gegenüberstellen".

Für die Vorstellung, daß bei Sauerstoffmangel eine zentrale Acidosis des Atmungszentrums dieses nicht ausreichend erregt, weil eine der Kohlensäure für die Atmungsaktivierung zufallende Rolle nicht entsprechend zum Spielen kommt, führt Hess die Tatsache an, daß eine *unvermittelte* Herabsetzung des Sauerstoffgehaltes der Atmungsluft eine *sehr viel stärkere* Hyperpnoe in Erscheinung ruft als einschleichender O_2-Mangel, vielleicht dadurch, daß bei plötzlich einsetzender Anoxämie die entstehenden sauren Produkte im Gewebe einen größeren Vorrat von gebundener Kohlensäure plötzlich in Freiheit setzen[3]. „In dieser, die quantitativen Verhältnisse berücksichtigenden Deutung würde also die zentrogene Hyperpnoe geradezu zum Argument *gegen* die Reaktionstheorie."

Die ausgezeichnete Rolle der Kohlensäure gegenüber den anderen Säuren im Organismus hängt wohl mit ihrem *besonderen transcellulären Diffusionsvermögen* zusammen, das kürzlich Wehrli-Hegner neuerlich dadurch demonstriert hat, daß er die durch Reaktionsänderungen auftretende elektrische Potentialverschiebungen an einer Antimonelektrode verfolgte, welche mit einem feinwandigen Blutgefäß (Vena abdominalis des Frosches) überzogen war. Es ergab sich, daß diese Elektrode Reaktionsverschiebungen, welche durch Kohlensäure herbeigeführt worden waren, gut anzeigte, während durch HCl oder H_2SO_4

---

[1] Teregulow: A. G.: Pflügers Arch. **221**, 286 (1929).

[2] Gesell, R.: Proc. Soc. exper. Biol. a. Med. **24**, 263 (1926).

[3] Freilich kann diese Tatsache auch anders erklärt werden: „Wir brauchen nur anzunehmen, daß Sauerstoffmangel zweierlei Wirkung auf das Atemzentrum hat, eine schädigende Wirkung auf die vegetative Funktion und eine erregende auf die Tätigkeit des Zentrums. Da die Tätigkeit des Zentrums zweifellos ein energieverbrauchender Prozeß sein muß, muß er im großen Maße von der Störung der vegetativen Funktion abhängen, welche die Energie liefert. Das stimmt sehr gut mit der allgemeinen Beobachtung von Loevenhart überein, daß, je besser der Zustand des Zentrums ist, um so leichter sich die Reizungsphase mit Sauerstoffmangel nachweisen läßt." (Mellanby, zitiert bei Gesell S. 434.)

hervorgerufene Reaktionsverschiebungen nicht durch die die Elektrode umhüllende Gefäßmembran innerhalb der Versuchszeit hindurchzuwirken vermochten.

Immerhin ist auch heute noch die Streitfrage nach dem chemischen Atemreiz unentschieden. „Zusammenfassend kann man sagen, daß bis heute noch keine Versuche gemacht worden sind, die endgültig beweisen, daß der Reiz für das Atemzentrum *nicht* das p_H ist" (DAUTREBANDE[1]).

Reflektorische Atmungsregulation.

Lebhaft weitergegangen ist die Diskussion über die alte, zuerst von VOLKMANN und von TRAUBE bejahte Frage, ob der chemische Atmungsreiz außer seiner unbestrittenen führenden Bedeutung für das Atmungszentrum auch noch andere, periphere Angriffspunkte hat, insbesondere ob afferente Nerven durch die Kohlensäure der Alveolarluft oder der Gewebe erregt werden und die Tätigkeit des Atmungszentrums auf Grund solcher chemischer Reize zu steuern vermögen. Insbesondere bedeutsam sind hier die Versuche von C. HEYMANS am Hunde, dessen von einem Spenderhund durchströmter Kopf nur durch die Vagi mit der von einem zweiten Spenderhunde durchflossenen Lunge zusammenhing. Wurde nun dieser zweite Spenderhund dyspnoisch gemacht, der Lunge des Versuchshundes also Dyspnoeblut zugeleitet, so hatte das auf die Atmung keinen Einfluß, d. h. die Vagi wurde durch die Steigerung der alveolaren CO_2 nicht erregt. Auch die Versuche von BRASSFIELD[2] und von NACK und WULP[3], in welchen die Infusion von Natriumcyanid oder Natriumcarbonat bei normalen und vagotomierten (und sympathektomierten) Tieren keinen Unterschied in bezug auf ihre fördernde Atemwirkung weder im Hinblick auf deren Stärke noch hinsichtlich der Latenz erkennen ließen, sprechen gegen die besonders von PI SUNER[4] eifrig vertretene Auffassung, daß die Lunge eine die Ventilationsgröße regulierende Sensibilität besitze. Auch das Dyspnoe*gefühl* scheint nicht mit dem CO_2-Reichtum der Alveolarluft in Zusammenhang zu stehen, denn die Füllung *einer* Lunge mit stark kohlensäurehaltiger Luft, ja mit reiner Kohlensäure, wird nicht empfunden (GOLDSCHEIDER, JOACHIMOGLU und ROST jun.[5]). Hingegen mag sich doch die Kohlensäure, *peripher* an den Bronchien angreifend, durch ihre bronchodilatierende Wirkung (LÖHR[6]) mittelbar regulatorisch betätigen, auf dem Wege über bronchomotorisch bedingte Änderungen der Lungenfüllung in die nervös reflektorische Atemregulierung eingreifen. SRIBNER[7] glaubt aus seinen Versuchen mit intravenöser Injektion gasförmiger Kohlensäure schließen zu dürfen, daß diese eine Erweiterung der Strombahn des kleinen Kreislaufes bewirke, und sieht hierin einen Faktor, welcher regulatorisch die Entfernung der CO_2 fördere.

Wenn somit von den Alveolen ausgehende reflektorische Einflüsse der Kohlensäure auf die Atmungsregulation zweifelhaft sind, bewiesen andererseits I. F. und C. HEYMANS[8] Beeinflussungen der Respiration durch chemische am *Zirkulationssystem* angreifende Reize. Die genannten Forscher haben bewiesen, daß bei einem Versuchstier I, dessen Kopf nur durch den Vagus mit dem übrigen

---

[1] DAUTREBANDE: l. c. S. 603.

[2] BRASSFIELD, CH. R.: Proc. Soc. exper. Biol. a. Med. **26**, 833 (1929).

[3] NACK, A., u. G. WULP: Amer. J. Physiol. **89**, 315 (1929).

[4] PI SUNER: Abstracts internat. Congress of Physiol. Boston 1929.

[5] GOLDSCHEIDER, JOACHIMOGLU u. ROST jun.: Med. Klin. **1926**, 281.

[6] LÖHR, HANS: Z. exper. Med. **39**, 67 (1924).

[7] SRIBNER, J. M.: Z. exper. Med. **74**, 96 (1930).

[8] HEYMANS, I. F., u. C. HEYMANS: Arch. internat. Pharmacodynamie **33**, 273 (1927).

Tier zusammenhängt und von einem anderen Spendertier II durchströmt wird, Hyperpnoe auftritt, wenn dem (künstlich durchspülten) Herzen des Versuchstieres I Asphyxieblut zugeleitet wird. In gleicher Weise kann auch von dem Sinus caroticus, der unter Schonung seiner Innervation zirkulatorisch vom übrigen Tiere isoliert wurde, Hyperpnoe ausgelöst werden, wenn er mit asphyktischem Blut oder mit schwächer alkalischer Ringerlösung in Berührung kommt, und umgekehrt kann durch Durchspülung unter stärkerer Alkalescenz Apnoe hervorgerufen werden. Und es konnte gezeigt werden, daß im wesentlichen die Kohlensäure und nicht das p_H den reflexauslösenden Faktor vorstellt[1]. Nach den Versuchen von Heymans und Mitarbeitern ist sogar die Empfindlichkeit des vasosensiblen Apparates der Carotis für chemische Reize größer als die des Atemzentrums. Ja, sie meinen, daß das Atemzentrum durch Sauerstoffmangel überhaupt nicht direkt chemisch erregt werde, sondern nur durch die afferenten Impulse von der Carotis und Aorta her. Ferner hat sich ergeben, daß auch Blutdrucksteigerungen in der Aorta und im Herzen sowie im isolierten Carotissinus atmungshemmend wirken (H. E. Hering, Heymans und Boukaert, Koch und Mark[1]). Danielopolu[3] und Mitarbeiter fanden den auch bei mechanischer Reizung des Sinus caroticus von außen oder von innen (durch Druckerhöhung, zuerst Moiseff[4]) auslösbaren respiratorischen Reflex durch Vagotomie enorm verstärkt und unabhängig vom zirkulatorischen Carotis-Sinus-Reflex. C. F. Schmidt[5] sowie Gollwitzer-Meier und Schulte[6] schätzen auf Grund mannigfacher negativer Ergebnisse bei der Wiederholung der Heymansschen Versuche die Bedeutung der pressorischen und chemischen Reflexe seitens der vasosensiblen Zonen viel geringer ein. Hierzu Gegenäußerung von Heymans, Boukaert und Dautrebande[7]. — Hering hat ferner auch beobachtet, daß durch Druck auf den Carotissinus auch die Weite der Bronchien reflektorisch beeinflußt wird.

Trigeminusreflexe.

Sehr interessant sind die Beobachtungen von Magne, André Mayer und Plantefol[8], denen zufolge die bei Einwirkung reizender Gase von der Nasenschleimhaut aus vermittelten Atemhemmungen von einer Verminderung der Gewebsatmung begleitet sind, was sie daraus schließen, daß eine dem Atmungsstillstand entsprechende Änderung des Gasgehaltes des Blutes nicht eintritt und nach Wiederingangkommen der Atmung keine Vermehrung der Sauerstoffaufnahme und der Kohlensäureausscheidung erfolgt. Diese Stoffwechselhemmung bleibt nach Ausschaltung der Nebennieren oder nach Splanchnicusdurchschneidung aus. Hingegen ist die reflektorische Apnoe bei tauchenden Enten nicht mit einer Stoffwechselhemmung verknüpft (Lombroso und Artom[9]). Auch für die Hemmung der Atmung, wie sie beim Untertauchen von Katzen, auch

---

[1] Koch, E., u. R. E. Mark: Z. Kreislaufforsch. **23**, 319 (1931). (Hier auch die ältere Literatur).

[2] Heymans, C., J.-J. Boukaert u. L. Dautrebande: C. r. Soc. Biol. Paris **105**, 881 (1930) — Arch. internat. Pharmacodynamie **39**, 400 (1930).

[3] Danielopolu, D., J. Marku, G. G. Proca u. E. Manescu: Z. exper. Med. **70**, 268 (1930).

[4] Moiseff, E.: Z. exper. Med. **53**, 606 (1926).

[5] Schmidt, C. F.: Proc. Soc. exper. Biol. a. Med. **29**, 88 (1931).

[6] Gollwitzer-Meier, Kl., u. H. Schulte: Pflügers Arch. **229**, 251 (1931).

[7] Heymans, C. H., J.-J. Boukaert u. L. Dautrebande: C. r. Soc. Biol. Paris **109**, Nr 7, 566 (1932).

[8] Magne, André Mayer u. Plantefol: Ann. de Physiol. **1**, 394 (1925).

[9] Lombroso, U., u. C. Artom: Arch. Farmacol. sper. **49**, 147 (1930) — Ber. Physiol. **59**, 100.

bei der Thalamuskatze zustande kommt, scheinen Zuleitungen durch den Trigeminus auslösend zu sein (GIORGIO und SIMONELLI[1]).

Zum HERING-BREUERschen Reflex.

W. R. HESS führt den Nachweis, daß sich die Regulierung der Atemfrequenz und -tiefe unabhängig von den Atembewegungen durch eine von der Lunge und von den Rippengelenken ausgehende *Tonisierung des Atmungszentrums* vollzieht. Schon HERING und BREUER hatten beobachtet, daß die Vagi *unabhängig von Atemexkursionen* der Lunge, nämlich auch beim *Durchblasen* von Luft durch die Lunge (die durch eine Stichöffnung in der Lungenperipherie entweichen konnte), einen Einfluß auf die Atemfrequenz haben, indem diese nach Vagotomie von 20 auf 12 sank. HESS zeigt, daß auch während einer Überventilationsapnoe, also auch wenn die rhythmische Reizaussendung des Atmungszentrums ruht, Änderungen des Füllungszustandes der Lunge mit *Tonus*änderungen des Zwerchfelles beantwortet werden; da die Tonuslage die Amplitude der Zwerchfellbewegungen begrenzt, und jedem Tonuszustand des Zwerchfells eine bestimmte Atemfrequenz zugeordnet ist, kommen jene Wirkungen zustande, die bisher als Umschaltungs-, Steuerungsreflexe im Sinne von HERING und BREUER gedeutet wurden, in Wirklichkeit aber tonisch wirkende Stellreflexe sind.

Auch H. E. HERING[2] kommt zu der Überzeugung, „daß die Atemregulation nicht, wie BREUER meinte, dadurch erfolge, daß die natürliche Inspiration durch Lungendehnung eine Exspiration auslöse. Vielmehr löst ein Atemreiz eine Inspiration aus wie ein Herzreiz eine Systole, und wie sich an diese eine Diastole anschließt, so bei der Atmung die normale Exspirationsphase". Und dem Atemzentrum strömen von der Lunge her auf dem Wege der zentripetalen Vagusfasern tonisch fördernde (nämlich frequenzfördernde) Erregungen zu. Daß im Vagus tonisch frequenzfördernde Reflexe ihren Ursprung nehmen, ergibt sich zufolge HERING schon aus Versuchen von BREUER selbst und von A. LOEWY[3]: Dauerdehnung der Lunge durch Luftdurchblasung ruft einen Beschleunigungsreflex im Vagus hervor, Kollabierung der Lunge (durch beiderseitigen Pneumothorax) wirke verlangsamend wie Vagusausschaltung; von einer atelektatischen Lunge gehen keine, nach Aufhebung der Atelektase wieder normale frequenzfördernde Vagusreflexe auf die Atmung (LOEWY); die Kohlensäureatmung wirkt nach Vagotomie nicht mehr frequenzfördernd. Daß das unphysiologische Aufblasen der Lunge einen exspiratorischen Reflex auslösen könne, ist nach HERING zweifellos richtig; dieser sei aber wie alle von den Atemwegen auslösbaren Reflexe nicht ein Regulations-, sondern ein Schutzreflex.

Auf atmungssteuernde Reflexe von den Rippen und der Thoraxwand aus weisen die Beobachtungen über Verschärfung des Vagotomieerfolges infolge von Durchschneidung der thorakalen Hinterwurzeln und die nach letztgenanntem Eingriffe eintretenden Veränderungen der Zwerchfellfunktion (PIKE und COOMBS[4], COOMBS und PIKE[5]); HESS zeigt, daß bei eröffnetem Thorax am vagotomierten künstlich geatmeten Tier eine Auseinanderdrängung der Rippenstümpfe (= mechanische Thoraxerweiterung) zur Verlangsamung der Atmung führe, also ein Reflex eintrete, der dem von der Lunge aus bei Blähung derselben hervorrufbaren durchaus ähnlich ist (vgl. auch CLEMENTI[6]). — Auf reflektorische Beeinflussung

[1] GIORGIO, A. DI, u. G. SIMONELLI: Arch. di Fisiol. **23**, 443 (1925).
[2] HERING, H. E.: Med. Klin. **27**, Nr 15, 523 (1931).
[3] LOEWY, A.: Pflügers Arch. **42**, 273 (1888).
[4] PIKE, F. H., u. H. C. COOMBS: Amer. J. Physiol. **59**, 472 (1922).
[5] COOMBS, H. C., u. F. H. PIKE: Amer. J. Physiol. **95**, 681 (1930).
[6] CLEMENTI, A.: Boll. Soc. Biol. sper. **4**, 786 (1929) — Ref. Ber. Physiol. **54**, 760.

des Atemzentrums durch Änderungen der Blutströmungsverhältnisse in den Lungencapillaren glauben Binger, Boys und Moore[1] schließen zu dürfen auf Grund der Atmungsänderungen, die nach multiplen Embolien in Lungenarteriolen und -capillaren eintreten, welche an sich für den Gasaustausch keine Bedeutung haben. Hingegen scheint der Gasgehalt des Blutes nicht wesentlich auf die Weite der Lungengefäße und auf die Lungenfüllung mit Blut zurückzuwirken (Drucker und E. D. Churchill[2]).

Über reflektorische Atmungshemmung von der Pleura aus vgl. Richet fils und Dublineau[3].

Kardiale Dyspnoe.

Mehr als es zur Zeit der Abfassung des Artikels, auf welchen sich diese Zeilen als Nachtrag beziehen, der Fall war, wird jetzt wieder pulmonalen Verhältnissen ein Anteil an der Atemnot Herzkranker zugesprochen: der Lungenstauung und der Lungenstarre, der Verminderung der Vitalkapazität, der mangelhaften Durchmischung der eingeatmeten Luft in der Lunge (Siebeck[4]), einer Austauschstörung des Sauerstoffes in der Lunge („Pneumonose" Brauers, Krötz[5], Schön und Derra[6]). H. Straubs[7] Abhandlung beleuchtet diesen Standpunkt. — Immerhin aber steht die zentrogene, anoxämische Auffassung der kardialen Dyspnoe auch jetzt noch an erster Stelle, wobei allerdings außer den zentralen Durchblutungsänderungen auch das pulmonal bedingte O_2-Spannungsdefizit des Blutes wesentlich berücksichtigt wird.

Auch für die Erklärung des Zustandekommens des *Asthma cardiale* steht heute die Vorstellung einer Durchblutungsstörung des Atemzentrums im Vordergrunde, welche Störung entweder als unmittelbarer und erster Ausdruck einer Insuffizienz des linken Ventrikels („Großkreislaufdyspnoe" Wassermanns[8]) oder als örtlich vasoconstrictorische Störung (im Bulbus cerebri oder in den Coronariae mit dadurch bedingter Verminderung der Herzkraft, H. Straub) gedacht wird. Dieser Auffassung steht nach Ansicht des Referenten die Tatsache gegenüber, daß eine durch (allgemeinen oder lokal zentralen) Sauerstoffmangel bedingte Erregung des Atemzentrums im allgemeinen nur gering ist und die subjektive Dyspnoe dabei sehr in den Hintergrund tritt und dabei niemals jene Grade erreicht, welche für das Asthma cardiale kennzeichnend sind. (Daß das allerdings bei sehr plötzlich eintretendem O_2-Mangel anders sein kann, darauf wurde höher oben hingewiesen.) H. E. Hering[9] betont, daß die Erklärungsversuche des Asthmas einer Revision bedürfen vom Gesichtspunkte der Atemreflexe aus, die ihren Ausgang von den vasosensiblen Gefäßwandstellen nehmen.

Besonders beschäftigt alle Asthma cardiale-Forscher das Paradoxon des häufigen Vorkommens der Asthmaanfälle bei scheinbar entlastetem Kreislauf, vor allem im Schlafe. Besondere Bedeutung wird der Zunahme des Parasympathicustonus im Schlafe (R. Bauer), Änderungen der Rückflußverhältnisse des Blutes, etwa durch Erregung der Venomotorik, Entleerung von Blutdepots, Vermehrung des Flüssigkeitseinstromes in die Blutbahn (Volhard) beigemessen.

---

[1] Binger, C. A. L., Douglas Boys u. Richmond L. Moore: J. exper. Med. **45**, 643 (1927).

[2] Drucker, C. K., u. E. D. Churchill: Trans. Assoc. amer. Physicians **41**, 291, 299 (1926) — Ref. Ber. Physiol. **41**, 218.

[3] Richet fils, Ch., u. Dublineau: Arch. internat. Physiol. **33**, 173 (1930).

[4] Siebeck, R.: Arch. klin. Med. **102**, 390 (1911); **107**, 252 (1912) — Klin. Wschr. 8, Nr 46, 2121 (1929).

[5] Krötz, Chr.: Klin. Wschr. **9**, 51, 2376 (1930).

[6] Schön, R., u. E. Derra: Dtsch. Arch. klin. Med. **168**, 52, 176 (1930).

[7] Straub, H.: Z. ärztl. Fortbildg **28**, 16, 513 (1931).

[8] Wassermann, S.: Wien. Arch. inn. Med. **12**, 1 (1926) — Ther. Gegenw. **32**, 150, 203 (1930).

[9] Hering, H. E.: Med. Klin. **27**, Nr 15, 523 (1931).

Stenosendyspnoe.

Hier wäre auf die Untersuchungen von MOORE und BINGER[1] zu verweisen, welche bei nur in der Inspirationsphase wirkender Stenose Steigerung, bei nur exspiratorischer Stenose Herabsetzung der Atmungsfrequenz fanden. Der Mechanismus der unmittelbar nach rasch einsetzender Widerstandsveränderung in der Strombahn der Respirationsluft auftretenden Beeinflussung der Atemkräfte ist durch die pneumotachygraphischen Untersuchungen von FLEISCH[2] geklärt worden. Es handelt sich um propriozeptive Reflexe, welche durch Spannungsänderungen in der Atemmuskulatur ausgelöst werden. Diese Reflexe entsprechen hinsichtlich ihrer Reflexzeit ($^2/_{100}$ Sekunden) und durch ihre Unbeeinflußbarkeit durch Strychnin sowie durch das gelegentliche Vorkommen von sog. „Rückschlagreflexen" den Eigenreflexen der Extremitätenmuskulatur (P. HOFFMANN), von denen sie sich nur dadurch unterscheiden, daß sie nicht wie diese in der Narkose erlöschen. — Über die Reaktion der Atmung auf langsam steigende Drosselung berichtete kürzlich SCHNEYER[3].

Apnoe.

Während man bisher die Adrenalinapnoe meistens durch Änderung der Durchblutung der Oblongata erklärt hatte (FROEHLICH und PICK sowie ROBERTS durch Anämisierung, KUNO[4] durch verstärkte Durchblutung und dadurch bedingte Kohlensäureausschwemmung aus dem Atemzentrum), konnten HEYMANS und BOUKAERT[5] den Nachweis erbringen, daß es sich um eine reflektorische Hemmung vom Sinus caroticus aus handle. Dasselbe gilt nach S. WRIGHT[6] auch für die Apnoe nach Tyramin und Ephedrin.

Bd. II.

Pathologische Physiologie der Atmung
(S. 337—440).

Von

LUDWIG HOFBAUER – Wien.

Mit einer Abbildung.

Zusammenfassende Darstellungen.

HESS, W. R.: Die Regulierung der Atmung. Leipzig: G. Thieme 1931. — HEYMANS: Physiologie und Pharmakologie des Herz-Vagus-Zentrums. Erg. Physiol. **28** — Verh. dtsch. Ges. Kreislaufforschg **1928**. — HOFBAUER: Asthma. Wien: Julius Springer 1928. — MÜLLER, L. R.: Die Lebensnerven. 2. Aufl.

Seit dem Erscheinen des gleichnamigen Abschnittes im Band „Atmung" wurden grundlegende Tatsachen durch experimentelle Forschung sichergestellt, welche nicht bloß theoretisch wertvoll, sondern auch für den Praktiker bedeutsam sind. Durch dieselben erfährt das Zustandekommen schwerer Krankheits-

---

[1] MOORE u. BINGER: J. of exper. Med. **45**, 1065 (1927).

[2] FLEISCH, A.: Pflügers Arch. **219**, 705 (1928); **222**, 12 (1929); **223**, 509 (1929) — Amer. J. Physiol. **90**, 346 (1929).

[3] SCHNEYER, K.: Z. klin. Med. **114**, 579 (1930).

[4] KUNO: J. of Physiol. **60** (1925).

[5] HEYMANS, C., u. J. J. BOUKAERT: J. of Physiol. **69**, 254 (1930).

[6] WRIGHT, S.: J. of Physiol. **70**, 497 (1930).

zustände weitgehende Klärung, wird die Verhütung und Bekämpfung derselben wesentlich erleichtert. Sie betreffen vor allem die Wechselbeziehungen zwischen Atem- und Kreislaufapparat sowie die nervösen Regulationsmechanismen zwischen den verschiedenen Teilen des Atemapparates.

Für das *vegetative Nervensystem*, das in den letzten Jahren immer steigender Bearbeitung sich erfreut, stetig größeren Aktionsradius zugeschrieben erhält, ließ sich ein neuer Anteil seines cephalen Ausbreitungsgebietes nachweisen mit detaillierter Angabe seiner Funktion. Freilich fand er in den seither erschienenen zusammenfassenden Darstellungen dieses Gebietes (L. R. Müller, W. R. Hess) nicht die entsprechende Berücksichtigung. Es ist dies das *G. sphenopalatinum*.

Demselben kommt vermittels seines Einflusses auf die Füllung der Corpora cavernosa nasi gemäß den vorliegenden Untersuchungen ein weitgehender regulatorischer Einfluß auf die Breite des inspiratorisch der Lunge zugeführten Luftstromes, auf das in die tieferen Luftwege einfließende Luftquantum zu. Diese Einwirkung wird ermöglicht durch die Verbindung mit dem Nervus petrosus profundus einerseits, dem N. intermedius andererseits als Wurzeln. Der N. petrosus profundus bezieht seine Fasern vom Plexus caroticus internus und wissen wir heute dank den genialen Tierversuchen von Heymans und seinen Mitarbeitern, daß diese Nerven einen weitgehenden Einfluß nicht bloß auf den Kreislauf, sondern ebensosehr auf die Atmung besitzen. Im Canalis vidianus nun schließt sich der aus marklosen Fasern zusammengesetzte N. petrosus profundus dem N. petrosus superficialis major an und wird so der dem Ganglion sphenopalatinum zufließende N. vidianus gebildet.

Dieses Nerven weiße Wurzel, der N. petrosus superficialis major, entstammt dem Stamme des N. facialis intermedius und bildet als Ramus communicans albus die Verbindungsbahn zwischen der Medulla oblongata und dem vegetativen Ganglion sphenopalatinum (s. Abb.). Er tritt aus dem Stamme des Facialis intermedius an der Stelle, wo dieser Doppelnerv das Knie im Felsenbein bildet und zieht zuerst von dort oberflächlich und dann im Canalis vidianus. Anscheinend besteht ja eine Schwierigkeit, diesen Nerven als weiße Wurzel zu betrachten, weil er dort aus dem Nerven austritt, wo derselbe das Ganglion geniculi bildet. Doch treten die breiten, markhaltigen Nervenfasern des N. petros. superfic. major mit den Zellen des Ganglion geniculi nicht in Beziehung (v. Lenhossek), sondern durchsetzen dasselbe nur, um sich centripetal umzuwenden und im Anschluß an den N. facialis hirnwärts zu ziehen.

Das G. sphenopalatinum setzt sich ausschließlich aus Zellen zusammen, welche viele Dendriten aufweisen, dient mithin wie jedes andere Ganglion des vegetativen Systems Funktionen, auf welche unser Wille keinen Einfluß besitzt. Es beherrscht die Schleimdrüsen des Nasen-Rachenraumes vermittels der Nn. nasales posteriores und Nn. palatini. Die Schwellkörper der Nase werden versorgt vermittels der Nn. nasal. poster. sup. turbin., und zwar kommen die Vasoconstrictoren von dem obersten Halsganglion, die Vasodilatatoren von der Medulla oblongata (s. Abb.).

Durch die Änderung in der Füllung der Corpora cavernosa wird die Breite des inspiratorisch der Lunge zuströmenden Luftstromes vergrößert und verkleinert je nach den dem Ganglion zufließenden afferenten Sigalen von den tieferen Atemwegen. Die nasalen Schwellkörper als getreue Begleiter des inspiratorischen Atemweges in der Nase sorgen nicht so sehr für die Erwärmung der Einatmungsluft als vielmehr für die Regulation ihrer *Menge*. Dieser Einfluß geht parallel dem von Heymans und seinen Mitarbeitern experimentell erhobenen auf dem Wege über die Nervi carotici geleiteten Einfluß auf die Atem*bewegung*. Eine weitere tiefgreifende Veränderung der Atembewegung: lange Atempausen

abwechselnd mit einzelnen überaus tiefen Einatmungen und verstärkter Ausatmung konnte HOFBAUER durch Ausschaltung des nasalen Atemweges am
Versuchstiere regelmäßig erzielen.

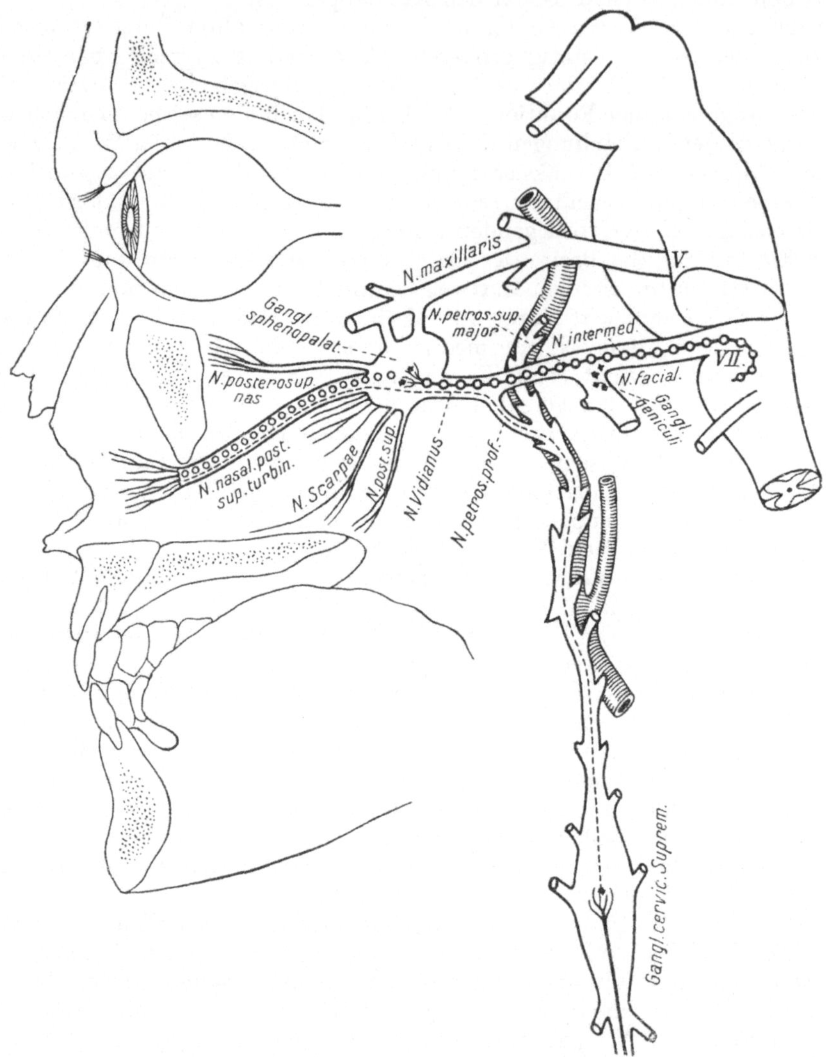

Abb. 1. Ursprung und Verlauf der Nerven für die nasalen Schwellkörper. (Nach HOFBAUER).
———— Vasokonstriktoren, o—o—o Vasodilatatoren.

Die Regulation vermittels der nasalen Schwellkörper tritt in Erscheinung
bei Apnoe infolge Überventilation in Form einer Einengung des Luftstromes,
bei Asphyxie als eine Erweiterung des Strombettes infolge einer Verkleinerung
der Schwellkörper.

Bedeutet in den vorerwähnten Beziehungen zwischen Blutgefäßsystem und
Atmung das erstere den Regulator für Menge und Bewegung der Atemluft, welche
der Lunge zugeführt wird, so zeigt in den folgenden Erörterungen sich eine um-

gekehrt wirksame: der Einfluß der Atembewegung auf Blutdruck und -gefäße. Hatte Hofbauer[1] schon 1921 auf die therapeutische Bedeutung verstärkter Abdominalatmung bei der mit Hochdruck einhergehenden Stase in den Abdominalorganen, dem kardiointestinalen Syndrom (Kisch[2]) hingewiesen, so konnten seither Mirtl[3], Tirala[4], Rappaport[5], Raab[6] eine Herabsetzung des pathologisch gesteigerten Blutdruckes bei essentieller Hypertonie vermittels gesteigerter, möglichst tiefer langsamer Ein- und Ausatmung als gesetzmäßige Erscheinung dartun.

Hingegen ist nicht ohne weiteres gutzuheißen die Vorstellung: „passive Aortengymnastik" vermittels „tiefer diaphragmatisch-abdominaler Atmung mit dem Zwerchfell" vornehmen zu können (Römheld[7]). Eine solche Annahme entbehrt jedweder entsprechenden physikalischen Grundlage. Die dickwandige Aorta läßt sich durch die Druckschwankungen im Bauchraum, welche die Atembewegung zur Folge hat, gewiß so gut wie gar nicht beeinflussen. Damit soll aber gewiß nichts weniger als geleugnet werden, daß entsprechend geregelte, vertiefte respiratorische Betätigung der abdominalen Atemkräfte in weitem Ausmaße befähigt ist, den Kreislauf in der unteren Körperhälfte wohltätig zu unterstützen (Hofbauer[8]). Diese Unterstützung beruht aber nicht auf einer Einwirkung auf die Aorta, sondern auf einer Verbesserung des rückläufigen venösen Anteiles des Blutkreislaufes.

Wie notwendig es ist, bei allen solchen Bemühungen einer verstärkten abdominalen Respirationsbetätigung unter allen Bedingungen jede unphysiologische Muskelanstrengung zu verhüten, die Aktivierung der überaus bedenklichen „Preßatmung" mit ihrem so schädlichen Einfluß unmöglich zu machen, geht aus den Untersuchungen von Bürger[9] neuerdings hervor. Aber auch die Vorstellung Römhelds[7], daß die physikalische Behandlung bei tiefer diaphragmatisch-abdominalen Atmung, „bei der Einatmung in einer Drehbewegung sowie in einer Streckung des Herzens und der Aorta, bei der Ausatmung in einer Drehbewegung im umgekehrten Sinne und einer Stauchung der Organe des Mittelschattens besteht", ermangelt jeder physikalischen Grundlage. Es mangelt der Platz, um die tatsächlichen Veränderungen statisch-kinetischer Natur zu erörtern. Soviel aber sei kurz erwähnt: Ganz im Sinne der Ausführungen von F. Kisch[10] muß betont werden: „Wo Erkrankungen der Aorta bzw. der Coronararterien bzw. des Herzmuskels bestehen, dünkt uns dieses Verfahren *nicht* angezeigt." Durch Verwendung der Atemtherapie an unrichtiger Stelle oder in unrichtiger Ausführung könnte der ganzen Richtung schwerer Schaden erwachsen, welche durch wissenschaftliche Analyse der empirisch gewonnenen Erfahrungen nicht nur den erfolgreichen Kampf gegen laienhaftes Kurpfuschertum ermöglicht, sondern auch die *kausale* Verhütung und Bekämpfung „unheilbarer" Leiden, wie etwa des Lungenemphysems oder der Rippenfellverschwartung.

---

[1] Hofbauer: Atmungspathologie und -therapie. 1921.
[2] Kisch: Med. Klin. **1922**, Nr 46.
[3] Mirtl: Münch. med. Wschr. **1928**.
[4] Tirala: Wien. klin. Wschr. **1929**, Nr 5.
[5] Rappaport: J. amer. med. Assoc. April 6 **1929**.
[6] Raab: Z. exper. Med. **68**, 337 (1929).
[7] Römheld: Kongr. f. inn. Med. **1931** — Münch. med. Wschr. **1931**, 611.
[8] Hofbauer: Berl. klin. Wschr. **1913**, Nr 49, Med. Klin. **1913**, Nr 28.
[9] Bürger: Klin. Wschr. **1926**.
[10] Kisch: Med. Welt. **1932**.

Bd. II.

Pharmakologie der Atmung
(S. 455—472).

Von

GUSTAV BAYER – Innsbruck.

I. Pharmakologie des Atemzentrums.

Eine neue Methode der Prüfung der pharmakologischen Beeinflussung des Erregbarkeitszustandes des Atemzentrums durch Beobachtung des respiratorischen Quotienten in kurzfristigen Versuchen in möglichst kurzen Einzelperioden vor und nach der Verabfolgung des zu prüfenden Stoffes erdachte PULEWKA[1] (zur Prüfung der Erregbarkeitsänderung des Atmungszentrums bei der Maus); sie beruht darauf, daß bei der Bestimmung des respiratorischen Quotienten unter dem Einfluß eines die Erregbarkeit steigernden Giftes zuerst durch vermehrte Kohlensäureausschwemmung eine Steigerung des respiratorischen Quotienten, bei erregbarkeitsvermindernden Giften durch anfängliche Zurückhaltung von CO_2 eine Verminderung des respiratorischen Quotienten eintritt. — Von TATUM[2] werden zur Untersuchung der Erregbarkeit des Atemzentrums intrapulmonale Luftdruckänderungen benutzt, wobei von der Trachealkanüle aus der Druck gemessen wird, der zur Hemmung (positiver Druck) oder Verstärkung (negativer Druck) der Atmung jeweils notwendig ist. Bei veränderter Erregbarkeit des Atemzentrums entsteht z. B. Apnoe bei geringerem positiven Druck, Hyperpnoe erst bei stärkerem negativen Druck, bei der Anwendung atmungserregender Mittel verhalten sich die Drucke umgekehrt.

Morphin. Nach SCHÖN[3] ist die atmungslähmende Wirkung des Morphins nach Entfernung der Hemisphären und des Striatums ein wenig, nach Entfernung des Thalamus stark abgeschwächt. Umgekehrt ist seine erregende Wirkung bei Thalamustieren und besonders bei Mittelhirntieren ungemein gefördert. Nach Abtragung des Mittelhirns wirkt das Morphin nicht mehr erregend. „Die Wirkung des Morphins auf die Atmung wird daher nicht durch den bulbären Angriffspunkt bestimmt, sondern durch die übergeordneten Angriffspunkte." Auch die Tatsache, daß die Morphinlähmung durch bulbär erregende Mittel (CO_2, Lobelin, Cardiazol) so besonders gut beeinflußt wird (viel besser als die Chloralhydrat- oder Avertinnarkose des Atemzentrums [TIEMANN[4]]), betrachtet SCHÖN als einen weiteren Hinweis darauf, daß das Morphin an einem höheren Angriffsorte wirke. Die bei Morphin auftretende periodische Atmung sei bedingt durch seinen Einfluß am Großhirn und Thalamus und geht nach Entfernung dieser Hirnteile in regelmäßige Atmung über. — Im Gegensatz zu GOTTLIEB[5], der aus seinen Versuchen auf eine Gewöhnung des Atemzentrums an Morphin schloß, kamen DONGEN[6] und GRÜNINGER[7] zu einem negativen Ergebnis. GRÜNINGER fand, daß

---

[1] PULEWKA: Arch. f. exper. Path. **123**, 259 (1927).
[2] TATUM, A. L.: J. of Pharmacol. **39**, 263 (1930).
[3] SCHÖN, R.: Arch. f. exper. Path. **135**, 155 (1928).
[4] TIEMANN, FR.: Arch. f. exper. Path. **135**, 213 (1928).
[5] GOTTLIEB, R.: Münch. med. Wschr. **73**, 15, 595 (1926).
[6] VAN DONGEN: Pflügers Arch. **162**, 54 (1915).
[7] GRÜNINGER, U.: Arch. f. exper. Path. **126**, 77 (1927).

im allgemeinen mit einer Morphindosis (beim Kaninchen) eine stärkere Atemwirkung zu erreichen ist, wenn sie, in mehrere kleinere Gaben verteilt, innerhalb $^1/_2$—2 Stunden dargereicht wird.

Atropin. Tiemann bezweifelt, daß das Atropin überhaupt auf das Atemzentrum wirke, und denkt daran, daß sein Atemeffekt nur durch die krampfauslösende Wirkung bzw. durch die dadurch bedingte Vermehrung der Kohlensäurebildung im tätigen Muskel bedingt sei. — H. E. Hering[1] spricht die Vermutung aus, daß das Atropin die Zunahme der Atemfrequenz wahrscheinlich durch Ausschaltung des Tonus der vom Carotissinus aus wirkenden Atemzügler bewirke.

Histamin wirkt in großen Dosen depressiv auf das Atemzentrum (Feldberg und Schilf[2]). Subcutan injiziert brachte es bei mehreren Patienten in den Versuchen von Kisch[3] Cheyne-Stockessche Atmung zum Verschwinden. — Im frisch defibrinierten Kaninchenblut ist ein histaminähnlicher Stoff vorhanden, der in kleinen Dosen eine Vermehrung der Atmungsfrequenz und -tiefe, in großen Dosen Lähmung der Atmung bedingt (Zipf und Wagenfeld[4]).

Oxanthin (Dioxyaceton) hat eine spezifisch atmungsfördernde Wirkung, wahrscheinlich unmittelbar auf die Ganglienzellen, insbesondere bei schwergeschädigtem Atemzentrum, und vermag dadurch die Atemlähmung durch Blausäure oder Morphin und Chloroform hintanzuhalten (Forst[5], Ruickoldt[6]).

Zum Schluß sei hier noch kurz auf die Untersuchungen Luisadas[7] zur *Pharmakotherapie des Lungenödems* verwiesen, denen zufolge die Ausbildung des Adrenalinlungenödems beim Kaninchen durch Vorbehandlung mit Mitteln, welche das Atemzentrum beruhigen (Morphin, Dinatriumphosphat), vermindert, durch Stoffe, welche das Atemzentrum erregen (Cardiazol, Narkotin, Coffein), beschleunigt wird. Auch Hirnstammittel wirken dem Lungenödem entgegen. Schließlich beeinflussen natürlich auch solche Stoffe die Lungenödementstehung, welche die Capillarpermeabilität ändern, wie hypotonische Zuckerlösung und Calciumchlorid.

II. Pharmakologische Beeinflussung der Bronchialmuskulatur.

Diese prüft mit neuer Methode Tiefensee[8] am Gesamttiere (dekapitierte Katze) im Zusammenhang mit willkürlich gesetzten Veränderungen der Blutzusammensetzung (primäre Phosphate, Natriumbicarbonat, Kohlensäureatmung), indem er mit einer Pumpe ein konstantes Luftvolumen teils der Lunge, teils einem dem Organe parallelgeschalteten Spirometer zuführt (Exspiration spontan durch die elastischen Kräfte der Lunge); jede Änderung der Lungenkapazität ist durch Veränderungen der Exkursion des Spirometers erkennbar und aus dieser berechenbar. Tiefensee sah, daß der Pilocarpinkrampf der Bronchien durch Verschiebung der aktuellen Reaktion des Blutes nach der alkalischen Seite verstärkt und umgekehrt durch die Verschiebung nach der sauern Seite abgeschwächt oder aufgehoben wird. — Ephedrin wirkt bronchodilatierend,

---

[1] Hering, H. E.: Med. Klin. **27**, 523 (1931).
[2] Feldberg u. Schilf: Histamin. Berlin: Julius Springer 1930 — S. 398.
[3] Kisch, Fr.: Klin. Wschr. **8**, 1534 (1929).
[4] Zipf, K., u. E. Wagenfeld: Arch. f. exper. Path. **150**, 70 (1930).
[5] Forst, A. W.: Arch. f. exper. Path. **128**, 1 (1928).
[6] Ruickoldt, E.: Arch. f. exper. Path. **146**, 162 (1929).
[7] Luisada: Arch. f. exper. Path. **132**, 313 (1928).
[8] Tiefensee: Arch. f. exper. Path. **139**, 139 (1929).

offenbar schwächer als Adrenalin (BARLOW und FRYE[1], SWANSON und WEBSTER[2]). Die größtenteils periphere (zum Teil nach WEBER[3] auch zentrale, aber nicht über den Vagus verlaufende [HOUSSAY und CRUCIANI[4]]), bronchoconstrictorische Wirkung des Histamins, die gegen die größeren Bronchien und die Trachea zu abnimmt (FELDBERG und SCHILF[5]), scheint beim Menschen nur wenig zum Ausdruck zu kommen (WEISS, ELLIS und ROBB[6]). Die Histaminbronchokonstriktion wird durch Säuerung des Blutes vermindert oder aufgehoben; bei der Histamingewöhnung tritt p_H-Verminderung auf (EICHLER und MÜGGE[7]).

III. Pharmakologische Beeinflussung der Expektoration.

Zahlreiche Untersuchungen der letzten Jahre beschäftigen sich mit der Frage der Beeinflussung der Flimmerbewegung, besonders in der Trachea (DI GIORGIO[8], HACH[9], CORNET[10], MENDENHALL und CATE[11], GRAY[12], HILL[13], KOCHMANN[14]). Die Flimmerbewegung scheint in der Tat durch verschiedene Expektorantien in solchen Konzentrationen, welche bei therapeutischer Verabreichung in Betracht kommen, gefördert zu werden.

Mit einer neuen Methode suchen GORDONOFF und MERZ[15] die pharmakologische Beeinflussung der Expektoration zu studieren; sie injizieren Kaninchen 0,2—0,5 ccm 40proz. Lipiodols oder Jodipins durch Tracheotomiewunde mittels Katheter in den Bronchialbaum, die im Röntgenbilde einen kompakten Schatten geben, der durch Expektorantien entweder oralwärts gehoben (wie die Verff. meinen durch verstärkte Bronchomotorik [Ammoniumchlorid]) oder ohne Hinaufschiebung bis zum Verschwinden aufgehellt wird (sekretorisch wirksame Expektorantien [Saponindrogen]), und HESSE, MÜLLER und NAGEL[16] füllen bei Hunden in Narkose mittels Bronchialsonde kleine Mengen von Bariumsulfatbrei in die Lunge ein und beobachten einerseits direkt dessen Aushustung und verfolgen andererseits den Restgehalt der Lunge an Barium quantitativ chemisch, ohne und mit Verabfolgung von Expektorantien.

---

[1] BARLOW, O. W., u. J. F. FRYE: Arch. int. Med. **45**, 538 (1930).
[2] SWANSON, E. E., u. R. K. WEBSTER: J. of Pharmacol. **38**, 327 (1930).
[3] WEBER, E.: Arch. f. Anat. **1914**, 63.
[4] HOUSSAY, B. A. u. J. CRUCIANI: C. r. Soc. Biol. Paris **101**, 246 (1929).
[5] FELDBERG u. SCHILF: l. c. S. 181.
[6] WEISS, S., L. B. ELLIS u. G. P. ROBB: Amer. J. Physiol. **90**, 551 (1929).
[7] EICHLER, O., u. H. MÜGGE: Arch. f. exper. Path. **159**, 633 (1931).
[8] DI GIORGIO: Arch. di Fisiol. **22**, 429 (1925).
[9] HACH, I. W.: Z. exper. Med. **46**, 558 (1925).
[10] CORNET: Verh. dtsch. Ges. inn. Med. **38**, 342 (1926).
[11] MENDENHALL, W. L., u. MILDRED CATE: J. of Pharmacol. **31**, 222 (1927).
[12] GRAY, J.: Ciliary Movement. Cambridge 1928.
[13] HILL, L.: Lancet: **1928**, Nr. 2, 802.
[14] KOCHMANN, M.: Arch. f. exper. Path. **150**, 23 (1930).
[15] GORDONOFF, T., u. H. MERZ: Klin. Wschr. **10**, 20, 928 (1931).
[16] HESSE, E., H. MÜLLER u. R. NAGEL: Med. Klin. **28**, 5, 144 (1932).

Einige vergleichend-physiologische Probleme der Verdauung bei Metazoen

(S. 24—101).

I. Bemerkungen zur intraplasmatischen Verdauung und zu den Enzymen Wirbelloser *(S. 65 und 90).*

Von

H. J. JORDAN – Utrecht.

Durch Untersuchungen von SVEN HÖRSTADIUS (noch nicht veröffentlicht) wurde bestätigt, daß (wie schon B. J. KRIJGSMAN[1] angibt) die *Lungenschnecken nicht phagocytieren*, wenigstens im strengen Wortsinne. Die Carminfütterung ist keine zuverlässige Methode, da Carmin sich im Darmkanale zu einem gewissen Prozentsatze löst, resorbiert wird und innerhalb der Zellen aggregiert wird oder auch gewisse Granula färbt. KRIJGSMAN bot Tusche bekannter Größe den Zellen vergeblich an; HÖRSTADIUS hat mit Goldsolen bestimmter Teilchengröße gearbeitet; in beiden Fällen wird nicht phagocytiert, auch wenn die Teile in geronnenem Eiweiß eingeschlossen sind. Bei Pleurobranchea dagegen nehmen die Zellen der Mitteldarmdrüse Goldkörnchen aus verfüttertem Goldsolfibrin überreichlich auf.

Durch Titrierung hatte E. GRAETZ[2] gezeigt, daß der Kropfsaft von Pulmonaten Eiweiß angreift, da der Säuretiter bei Alkoholtitration zunimmt. Frau G. HÖRSTADIUS-KJELLSTRÖM hat die Protease im Schneckensafte weitergehend untersucht (unveröffentlicht, vorläufige Mitteilung von H. J. VONK[3]): Die proteolytische Wirkung des Kropfsaftes ist sehr schwach (schwächer als bei Maja und Astacus), während die kohlehydratspaltende Wirkung ebenso stark ist wie bei Astacus. B. ROSÉN[4] ist der Meinung, daß im Magensaft (Kropfsaft) von Helix pomatia und Vivipara vivipara nicht in merkbarem Maße Protease vorkommt (Bestimmung der Leitfähigkeit nach NORTHROP). Dahingegen zeigt auch bei

---

[1] KRIJGSMAN, B. J.: Der Arbeitsrhythmus der Verdauungsdrüsen bei Helix pomatia. II. Teil: Sekretion, Resorption und Phagocytose. Z. vergl. Physiol. 8, 187 (1928).

[2] GRAETZ, E.: Über einige Verdauungsfermente im Kropfsafte einheimischer Pulmonaten. Hoppe-Seylers Z. 180, 305 — Zool. Jb. Abtlg. allg. Zool., Physiol. 46, 375 (1929). — KRÜGER, PAUL, u. E. GRAETZ: Über die Eiweißfermente des Flußkrebses. Hoppe-Seylers Z. 166, 128 (1927) — Über die lipatischen Fermente des Flußkrebses. Sitzgsber. Ges. naturforsch. Freunde Berl. 1927 — Die Fermente des Flußkrebs-Magensaftes. Zool. Jb. Abt. allg. Zool., Physiol. 45, 463 (1928).

[3] VONK, H. J., J. J. MANSOUR-BEK u. G. HÖRSTADIUS-KJELLSTRÖM: Adsorptionsversuche mit den Proteasen von Maja squinado und Helix pomatia. Verh. Deutsch. zool. Ges. 1931, 205.

[4] ROSÉN, B.: Die Proteolyse bei Helix pomatia und Vivipara vivipara. Z. vergl. Physiol. 12, 774 (1930). (Resultate mittlerweile z. T. widerrufen. Anm. b. d. Korr.)

dieser Methode ein Glycerinextrakt der Mitteldarmdrüse ausgesprochen proteolytische Wirkung. Rosén schließt daher auf „Phagocytose". E. Graetz und Frau Hörstadius fanden auch höhere Proteolysewerte (Alkoholtitration) bei Extrakten, als im Kropfsaft. Daß innerhalb des Darmkanals geronnenes Eiweiß bis zu einem gewissen Grade zerfällt, konnte Sven Hörstadius an Präparaten direkt sehen, nachdem er die Tiere mit geronnenem Eiweiß mit darin gebetteten Goldsolen gefüttert hatte: die Solkörner wurden durch die Verdauung isoliert. Die eigentliche Endspaltung findet intraplasmatisch statt (E. Graetz): das Enzymkraftverhältnis nämlich zwischen Kropfsaft und Mitteldarmdrüsenextrakt ist für den Abbau von Fibrin, Casein und Pepton 2:1, für Dipeptide 5:1. Aus all dem kann man schließen, daß Helix wahrscheinlich eine Art *Übergang zwischen intra- und extraplasmatischer Verdauung* bildet, wobei zwar feste Körper nicht in die Zellen eindringen, die Verdauung dagegen intraplasmatisch beendet wird. Die Tatsache, daß Fibrinflocken im Kropfsafte nicht zerfallen, findet zunächst keine biologische Erklärung.

Die schwerwiegende Frage, ob die *Säfte der Wirbellosen eine einheitliche Protease* enthalten oder ob trotz ihrer räumlichen Einheit die Proteolyse durch ein Enzymgemisch zuwegegebracht wird, ist jetzt durch Frau J. J. Mansour-Bek[1] gelöst worden; es gelang ihr, die Teilenzyme durch die Adsorptionsmethode voneinander zu trennen (Maja squinado). Proteinase, Carboxypolypeptidase, Aminopolypeptidase und Dipeptidase sind vorhanden. Die Proteinase hat verschiedene Eigenschaften, die sie mit dem Trypsin der Wirbeltiere identisch erscheinen lassen. Sie spaltet auch Pepton und Clupeinsulfat, ein für Trypsin typisches Verhalten. Nach Reinigung ist diese Majaproteinase durch Enterokinase aktivierbar; vermutlich ist sie also im Magen des Tieres mit Kinase verbunden. Das p_H-Optimum des gereinigten Enzyms ist 7,4 (Casein) und 8,1 (Gelatine; im Rohextrakt sind diese Werte 6,0 und entsprechend 6,1). Nach Versuchen von Frau Hörstadius ist es wahrscheinlich, daß auch bei Helix verschiedene Enzyme für höhere und niedere Eiweißspaltungsprodukte vorkommen. Somit ist auch die Auffassung von Waldschmidt-Leitz, daß die Teilenzyme des Wirbeltierdarmes nicht lediglich in Abhängigkeit von der topographischen Verteilung der sie bereitenden Drüsen auftreten, bestätigt, auch für einige Wirbellose, bei denen diese Verteilung fehlt. Die Meinung, daß die Teilenzyme spezifischen Bindungsformen des Eiweißmoleküls entsprechen, gewinnt dadurch an Gewißheit.

---

[1] Mansour-Bek, J. J.: Analyse der proteolytischen Enzyme von Maja squinado durch die Adsorptionsmethode. Proc. R. Acad. Amsterdam **33**, 858 (1930). Im Erscheinen: Z. vergl. Physiol. 1932.

Bd. III.

Einige vergleichend-physiologische Probleme der Verdauung bei Metazoen

(S. 24—101).

II. Die reaktive Sekretion und ihr Arbeitsrhythmus *(S. 81).*

Von

Gottwalt Christian Hirsch – Utrecht.

A. Die celluläre Restitution.

Die Untersuchungen der letzten Jahre haben das Bild, welches 1927 im Handbuch gegeben wurde, so verändert, daß eine Ergänzung notwendig ist. Dabei beschränke ich mich ausschließlich auf das Problem der reaktiven Sekretion: und zwar auf die Frage der cellulären Prozesse und die der Organarbeit[1].

Bei den Vorgängen in der Zelle sprechen wir hier nur von den Restitutionsvorgängen: d. h. von denjenigen Vorgängen, welche den Wiederersatz der ausgestoßenen Stoffe zuwegebringen; wir sehen also ab von dem Modus der Ausstoßung (Extrusion).

Die Kooptation. Die Aufnahme von Rohstoffen in die Zellen wurde 1931 näher untersucht beim Pankreas[2]; die Permeabilität der Zelle ist während des Hungerns gering, kurz nach dem Reize jedoch sehr hoch, um dann langsam binnen 14 Stunden wieder abzuklingen. Der Beweis hierfür wurde zahlenmäßig gegeben.

Die 7 Reihen von Untersuchungen, welche schließlich zu diesem Ergebnis führten, können hier nur kurz angedeutet werden: Neutralrot und Janusgrün färben dieselben Granula; doch finden sich starke zeitliche Unterschiede; diese werden dadurch erklärt, daß Janusgrün immer eindringt, Neutralrot aber nur, wenn die Zelle selbst geöffnet ist gegen das Blut. Diese Ansicht wurde bestätigt durch die wechselnde Reihenfolge von Pilocarpinreizung, Sekretinwirkung, Blockierung mit Atropin, alles im Zusammenhang mit Neutralrotfärbung.

Der Wiederaufbau des Sekretes. Die Restitution ist zum ersten Male an einer lebenden Drüse 20 Stunden lang unter physiologischen Bedingungen beobachtet worden[3,4] und zwar am Pankreas der weißen Maus.

Die primären Granula erscheinen erst an der Oberfläche der Mitochondrien, verbleiben dort etwa 10—17 Minuten, wobei mehrere Granula an einem Mitochondrium entstehen können. In irgend einem kleinen Felde an der Basis, das man durch besondere Beachtung herausschneidet, entstehen so binnen 3 Stunden 10—40 Granula. 4,5 Stunden nach Reizung ist das Beobachtungsfeld wiederum leer. 30—40% der Granula verschwinden wieder. Der Rest bewegt sich zunächst innerhalb des Feldes langsam hin und her mit einer Geschwindigkeit von 6—8 Minuten per μ. Dann wandern die Granula zum Golgifelde mit einer Geschwindigkeit von 7—13 Minuten per μ. Während dieser Wanderung verändern die Granula;

---

[1] Hirsch, G. C.: The Theory of Fields of Restitution, with special Reference to the Phenomena of Secretion. Biol. Rev. Cambridge philos. Soc. **6**, 88 (1931).

[2] Hirsch, G. C.: Die wechselnde Permeabilität der Pankreaszelle als limitierender Faktor der vitalen Neutralrotfärbung. Z. Zellforschg **14**, 517 (1931).

[3] Hirsch, G. C.: Die Restitution des Sekretmaterials im Pankreas. Verh. dtsch. Zool. Ges. **1931** — Zool. Anz. Suppl.-Bd. **5**, 302.

[4] Hirsch, G. C.: Die Lebendbeobachtung der Restitution des Sekretes im Pankreas. I. Restitution der Granula. Z. Zellforschg **15**, 36 (1932).

die Veränderung nimmt etwa 1,5 Stunde in Anspruch: sie werden etwa 6mal vergrößert, heller und verlieren allmählich ihre Adsorptionsfähigkeit für bestimmte Vitalfarbstoffe. Oxydo-Reduktionserscheinungen an der Oberfläche der Granula sind zu beobachten. Der weitere Umsatz findet in topographischer Verbindung mit dem Golgifelde statt und dauert etwa 8—9 Stunden: die Granula werden kleiner, dichter, in den Bewegungen langsamer; sie liegen dann nicht mehr in Verbindung mit der Golgisubstanz, sondern wandern zum Apex der Zelle. Hier werden sie gespeichert. Die Dauer der Genese eines Granulum vom Sichtbarwerden bis zur Reife im Apex beträgt etwa 10—13 Stunden, für die zuletzt entstehenden Granula aber länger.

Diese genetische Reihenfolge der Granula konnte noch durch zeitweise Ausschaltung der Mitochondrien bewiesen werden[1]. Die Mitochondrien wurden durch Röntgenstrahlen vernichtet; damit ist der Restitutionsprozeß für 3 Stunden unterbrochen. Daraufhin setzt doch wieder eine neue Restitution ein: dies liegt daran, daß neue Mitochondrien gebildet werden, welche aufs neue imstande sind, Granula mit entstehen zu lassen.

Die Beteiligung des Golgifeldes an der Bildung der Granula wurde genau ermittelt in den Zellen der Mitteldarmdrüse von Astacus[2].

Es wurde zunächst statistisch die Reihenfolge der ablaufenden Strukturen festgelegt[3]; und erst als dieses gesichert war, wurde die Genese der Granula verfolgt[4]. Hierbei ergab sich: die endgültigen Granula entstehen durch Umwandelung der Golgisubstanz; in gleichem Maße wie die Golgisubstanz von innen nach außen verschwindet, bildet sich das Granulum, wobei bis zu drei Golgifelder an der Bildung eines Granulum sich beteiligen können. — Über die anderen Fälle von einer offensichtlichen Mitwirkung des Golgifeldes an der Bildung der Granula ist eine Zusammenfassung von BOWEN[5] erschienen. In all diesen Fällen jedoch ist von der Genese der Granula nur ein einziges Stadium aufgedeckt worden; es ist aber sehr wahrscheinlich, daß die Genese viel komplizierter verläuft, selbst innerhalb der Grenze des mikroskopisch Wahrnehmbaren[6].

Schließlich wurde bei Astacus[7,8] nachgewiesen, daß während der Restitution im Fibrillenfelde sich Oxydo-Reduktionsprozesse in einer bestimmten Reihenfolge abspielen: erst tritt eine Oxydo-Redukase des Leukomethylenblau auf, dann eine Peroxydase und schließlich eine Nadioxydase. Diese Umsetzungen sind gebunden an fibrilläre Strukturen.

Als allgemeine Gesichtspunkte haben sich ergeben: Der Restitutionsprozeß durchläuft zahlreiche Phasen, welche in einer bestimmten Weise gerichtet sind, z. B. a→b→c→d→e→n[9]. Dabei wirken von außen auf diese Umformungsprozesse bestimmte Faktoren ein, welche im Zusammenhang stehen mit den Mitochondrien, dem Plasma, der Golgisubstanz, mit Fibrillensystemen usw. Vergleichsmäßig wurde auf eine „Arbeit am laufenden Bande" hingewiesen[6]. Der Prozeß steht still, wenn die Endform erreicht ist. Er ist irreversibel. Gerade diese Irreversibilität ist das eigentliche Problem der Restitution, denn trotzdem der Prozeß sich weder rückwärts noch zirkelförmig wiederholen kann, findet er immer aufs neue statt[9].

---

[1] HIRSCH, G. C.: Analyse der Restitution des Sekretmaterials im Pankreas mittels Röntgenstrahlen. Roux' Arch. **123**, 792 (1931).

[2] JACOBS, W.: Cytologie der Sekretbildung in der Mitteldarmdrüse von Astacus leptodactylus. Z. Zellforschg **8**, 1 (1928).

[3] HIRSCH, G. C., u. W. JACOBS: Der Arbeitsrhythmus der Verdauungsdrüsen von Astacus leptodactylus. Teil I. Z. vergl. Physiol. **8**, 102 (1928).

[4] JACOBS, W.: Siehe Fußnote 2.

[5] BOWEN, R. H.: The Cytology of Glandular Secretion. Quart. Rev. Biol. **4**, 484 (1929).

[6] HIRSCH, G. C.: Zitiert auf S. 23, Fußnote 3.

[7] HIRSCH, G. C., u. W. JACOBS: Der Arbeitsrhythmus von Astacus leptodactylus. II. Z. vergl. Physiol. **12**, 524 (1930).

[8] HIRSCH, G. C., u. W. BUCHMANN: Beiträge zur Analyse der Rongalitweißreaktion. Nachweis einer intracellulären Oxydo-Redukase LM. Z. Zellforschg **11**, 255 (1930).

[9] HIRSCH, G. C.: Dynamik organischer Strukturen. Roux' Arch. **117**, 511—561 (1929).

B. Die Bedeutung der Zusammenarbeit der partiellen Systeme während der Restitution. Rhythmen.

An der Restitution, als Ganzes gesehen, sind verschiedene partielle Systeme beteiligt: Welche Teile des Ganzen gehen verloren, welche Teile sorgen für den Ersatz, an welche Einheiten ist der Ersatz gebunden? Und schließlich: Welches ist der Restitutionsreiz, welche Faktoren regeln den Ersatz und wie wird die Planmäßigkeit des Ersatzes garantiert?

1. *Die Arbeitsweise der Mikronensysteme.* Die Frage ist: Was geht z. B. an Golgisubstanz verloren oder an Mitochondrien und woher findet der Ersatz statt? Hinsichtlich der Golgisubstanz leugnete man einen größeren Verlust; doch ergibt sich aus den Untersuchungen wenigstens ein gewisser Abbau; quantitative Ergebnisse liegen aber noch nicht vor. Hinsichtlich der Mitochondrien ist zu sagen: nach Ausschaltung durch Röntgenstrahlen werden sie in etwa 2 Stunden in einer äußeren Schicht des Zellplasmas, parallel den Zellgrenzen, neu gebildet (beim Pankreas der weißen Maus). Auch unter normalen Umständen ist ein Verlust an Mitochondrien sehr wahrscheinlich; sie müßten also demnach stets ersetzt werden.

2. *Die Arbeitsweise der cellulären Systeme.* Die erste Frage hinsichtlich der Zelle lautet: Wie oft arbeitet sie? *Monophasisch* arbeitende Zellen[1] wurden diejenigen genannt, welche nur ein einziges Mal das Sekret aufbauen können. Die Untersuchungen bei Astacus[2,3] haben einen solchen monophasischen Prozeß genau beschrieben. Von den *polyphasisch* arbeitenden Sekretionszellen wurden genauer die Speicheldrüse von Helix[4] und das Pankreas der weißen Maus untersucht. Das Pankreas zeigt sehr wenig Plasmaverlust[5], Helix dagegen großen, so daß hier nicht nur das Problem der Restitution des Sekretes entsteht, sondern auch des Protoplasmas.

In den polyphasisch arbeitenden Zellen wurde der *Sekretionsquotient* festgestellt[1], d. h. $\frac{\text{Zeit der Extrusion}}{\text{Zeit der Restitution}}$. Er beträgt bei Helix nach Fütterungsreiz $^1/_9$, beim Pankreas nach einer bestimmten Pilocarpindosis $^1/_6$, nach Sekretin jedoch $^1/_2 - ^1/_1$. Daraus ergibt sich, daß in den meisten Fällen die polyphasisch arbeitenden Zellen rhythmisch arbeiten; sie sind refraktär während der langen Restitutionszeit.

3. *Die Arbeitsweise des Organsystems.* Das Organ dient in jedem Falle dazu, durch polyphasische Arbeit die Restitution zu unterhalten. Dieses wird erreicht entweder durch polyphasisch arbeitende Zellen; oder durch geregelt mitotischen Zellersatz; oder durch ein Gemisch von beiden Prozessen. So wurde bei Helix[4] und am Pankreas[6,7] gefunden, daß polyphasische Zellen sich teilen können und während der Mitose keine Granula restituieren. Im Gegensatz dazu restituiert in der Mitteldarmdrüse von Astacus das Organ auch den Wiederersatz der monophasisch arbeitenden Zellen, und zwar durch mitotische Organrestitution. Hier tritt also wieder das Problem eines planmäßigen Wachstums bei der Restitution des Sekretes auf. Quantitativ konnte bei Astacus fest-

---

[1] Hirsch, G. C.: Zitiert auf S. 24, Fußnote 9.

[2] Hirsch, G. C., u. W. Jacobs: Zitiert auf S. 24, Fußnote 3.

[3] Hirsch, G. C., u. W. Jacobs: Zitiert auf S. 24, Fußnote 7.

[4] Krijgsman, B. J.: Der Arbeitsrhythmus der Verdauungsdrüsen bei Helix. I. Z. vergl. Physiol. **2**, 264 (1925). II. Ebenda **8**, 188 (1928).

[5] Covell, W. P.: A microscopic study of pancreatic secretion in the living animal. Anat. Rec. **40**, 213 (1928).

[6] Peter, K.: Zellteilung und Zelltätigkeit. Z. Anat. **75** (1925).

[7] Pollister, A. W.: Cell-division in the pancreas of the dogfish. Anat. Rec. **44**, 29 (1929).

gestellt werden, daß die Organrestitution durch mitotische Zellteilungen am blinden Ende der Röhren stattfindet[1].

Wie wird die Organrestitution eingeordnet in die Zeit? Dabei taucht die erste Frage auf, ob die Zellen eines Organs asynchron, hemisynchron oder synchron arbeiten[2]. Welches sind dann die Faktoren, welche ein solches Zusammenarbeiten bewirken? Man kann auch hier einen *Sekretionsquotient der Organarbeit* bilden, indem man die Zeit der Extrusion dividiert durch die Zeit der Restitution. Wenn der Organquotient kleiner ist als 1, ist die Arbeit *rhythmisch*. Eine solche rhythmische Arbeit wurde zuerst bei Pleurobranchaea festgestellt und dann ausführlicher an der Mitteldarmdrüse und Speicheldrüse von Helix[3]; hier arbeiten die Zellen während des Hungerns asynchron, während der Freßzeit hemisynchron.

Die Ursache dieser Umschaltung von der asynchronen zu der hemisynchronen Arbeit wurde bei Helix genauer analysiert[3]: durch den Fütterungsreiz wird der Ablauf der gleichen Prozesse in allen Zellen beschleunigt, und zwar um so mehr, je jünger die Prozesse in den Zellen sind; auf diese Weise werden die Zellen ungleichmäßig beschleunigt der Extrusion zugetrieben und arbeiten dadurch später synchron.

Bei Astacus[4,5] arbeiten die monophasischen Zellen vermutlich während des Hungerns asynchron, während der Freßzeit hemisynchron. Die Organarbeit ist rhythmisch. Die Ursache ist zu suchen in rhythmisch auftretenden Zellteilungen, welche am Ende des Restitutionsprozesses die Enzyme rhythmisch hervorgehen lassen[5].

Am Pankreas[2] arbeiten die Zellen eines bestimmten Acinus während des Hungerns synchron; die Acini untereinander aber hemisynchron. Nach Setzung des Pilocarpinreizes arbeiten die Zellen eines Acinus weiterhin synchron; die Arbeit aller Acini aber wird durch den Reiz synchron, um dann allmählich in eine hemisynchrone Arbeitsweise überzugehen. Es entsteht also beim Pankreas ein besonderes partielles System synchroner Arbeit durch die Bildung von Acini; während z. B. bei Helix gerade dieses partielle System fehlt. Die Autonomie und Heteronomie dieser sich schachtelförmig umgreifenden partiellen Systeme garantiert den geregelten Ablauf[6].

Bd. III.
Chemie der Kohlenhydrate
(S. 113—159).

Von

M. BERGMANN – Dresden.

Zusammenfassende Darstellung.

EULER, H. v.: Biokatalysatoren. Stuttgart 1930. — HAWORTH, W. N.: The Constitution of Sugars. London 1929. — HESS, K.: Die Chemie der Cellulose. Leipzig 1928. — KARRER, P.: Polymere Kohlehydrate. Leipzig 1925. — MEYER, K. H., u. H. MARK: Der Aufbau der hochpolymeren organischen Naturstoffe. Leipzig 1930. — OHLE, H.: Die Chemie der Monosaccharide und der Glykolyse. München 1931. — PRINGSHEIM, H.: Zuckerchemie. Leipzig 1925 — Die Polysaccharide. Berlin 1931.

Eine Übersicht über neue Ergebnisse in der Zuckerchemie bringen:

LEHMANN, E.: Z. angew. Chem. **1930**, 47, 64. — PRINGSHEIM, H.: Ebenda **1931**, 677.

Die grundlegenden Fortschritte, die in den letzten Jahren auf dem Gebiete der Zuckerchemie gemacht worden sind, lassen es als notwendig erscheinen, das Kapitel „Chemie der Kohlenhydrate" in den wichtigsten Punkten zu ergänzen und zu berichtigen.

---

[1] HIRSCH, G. C., u. W. JACOBS: Zitiert auf S. 24, Fußnote 7.

[2] HIRSCH, G. C.: Die Lebendbeobachtung der Restitution im Pankreas. IV. Z. Zellforschg **15**, 290 (1932).

[3] KRIJGSMAN, B. J.: Zitiert auf S. 25.

[4] HIRSCH, G. C., u. W. JACOBS: Zitiert auf S. 24, Fußnote 3.

[5] HIRSCH, G. C., u. W. JACOBS: Zitiert auf S. 24, Fußnote 7.

[6] HIRSCH, G. C.: Structuur. „Leerboek der Algemeene Dierkunde", herausgegeben von JHLE u. NIERSTRASZ S. 109. Utrecht 1929.

Monosaccharide.

Während man früher auf Grund der Anschauungen über die Ringspannung annahm, daß der Lactolring der stabilen Formen der Hexosen und Pentosen einen Fünfring darstellt, kann heute — vor allem durch die Arbeiten von W. N. Haworth[1] — als sicherstehend betrachtet werden, daß diese Stoffe Pyranosestruktur besitzen, d. h. daß ihr Lactolring einen Sechsring (Pyranring) bildet. Der Weg, auf welchem Haworth dieser Nachweis gelang, sei wegen seiner prinzipiellen Bedeutung am Beispiel des α-Methyl-d-glucosids kurz beschrieben. α-Methyl-d-glucosid wird nach der Methode von Purdie und Irvine erschöpfend methyliert. Das glykosidisch gebundene Methyl am C-Atom 1 wird durch milde Verseifung wieder abgespalten und der entstandene Glucose-tetramethyläther mit Salpetersäure oxydiert. Da bei der Oxydation als Hauptprodukt eine Trimethoxyglutarsäure entsteht, müssen im Glucose-tetramethyläther drei Methoxylgruppen an benachbarten C-Atomen haften, und zwar an den C-Atomen 2, 3 und 4, weil die so erhaltene Trimethoxyglutarsäure optisch inaktiv ist. Also muß die Sauerstoffbrücke im α-Methyl-d-glucosid die C-Atome 1 und 5 miteinander verknüpfen.

$$
\begin{array}{cccc}
\begin{array}{c}
\text{CH}_3\text{O—C—H} \\
\text{H—C—OH} \\
\text{HO—C—H} \\
\text{H—C—OH} \\
\text{H C———} \\
\text{CH}_2\text{OH}
\end{array}\!\Big]\text{O}
&
\xrightarrow{}
\begin{array}{c}
\text{CH}_3\text{O—C—H} \\
\text{H—C—OCH}_3 \\
\text{CH}_3\text{O—C—H} \\
\text{H—C—OCH}_3 \\
\text{H C} \\
\text{CH}_2\text{OCH}_3
\end{array}\!\Big]\text{O}
&
\xrightarrow{}
\begin{array}{c}
\text{HO—C—H} \\
\text{H—C—OCH}_3 \\
\text{CH}_3\text{O—C—H} \\
\text{H—C—OCH}_3 \\
\text{H C} \\
\text{CH}_2\text{OCH}_3
\end{array}\!\Big]\text{O}
&
\xrightarrow{[\text{HNO}_3]}
\begin{array}{c}
\text{COOH} \\
\text{H—C—OCH}_3 \\
\text{CH}_3\text{O—C—H} \\
\text{H—C—OCH}_3 \\
\text{COOH}
\end{array}
\end{array}
$$

α-Methyl-d-glucosid α-Methyl-tetramethyl-d-glucosid   Tetramethyl-d-glucose   Trimethoxyglutarsäure

Theoretisch denkbar ist auch die Entstehung einer Trimethoxyglutarsäure, wenn die Sauerstoffbrücke die C-Atome 1 und 2 des Methylglucosids verbindet. In diesem Falle müßte jedoch die entstandene Trimethoxyglutarsäure optisch aktiv sein.

Würde in der Glucose ein Fünfring (Furanring) vorliegen, so müßte die Oxydation zu einer Dimethoxybernsteinsäure als Hauptprodukt führen.

In analoger Weise ist bei den glykosidischen Verbindungen anderer Pentosen und Hexosen der Beweis für die Pyranosestruktur ihrer stabilen Formen erbracht worden.

Schließlich haben B. Helferich und E. Himmen[2], M. Bergmann und W. Freudenberg[3] und K. Maurer[4] auf anderen Wegen die Ergebnisse von Haworth bestätigen können, indem sie die Pyranosestruktur von glykosidischen Verbindungen bzw. Acylverbindungen von Glucalen bewiesen, welche ihrerseits wiederum in festgelegten Beziehungen zu den entsprechenden gesättigten Monosaccharidderivaten stehen.

Strenggenommen gelten alle diese Beweise nur für die Pyranosestruktur der glykosidischen Verbindungen der normalen Zucker. Ganz allgemein formuliert man jedoch heute auch die stabilen Formen der freien Zucker pyroid, da weder

---

[1] Zusammenfassende Darstellung: Haworth, W. N.: The Constitution of Sugars. London 1929.

[2] Helferich, B., u. E. Himmen: Ber. dtsch. chem. Ges. **61**, 1825 (1928).

[3] Bergmann, M., u. W. Freudenberg: Ber. dtsch. chem. Ges. **63**, 25, 2069 (1930).

[4] Maurer, K.: Ber. dtsch. chem. Ges. **62**, 2783 (1929).

theoretisch noch experimentell begründete Einwände gegen diese Übertragung vorliegen.

Zur besseren Darstellung des räumlichen Aufbaus schlägt HAWORTH vor, statt der üblichen Kettenformeln Ringformeln zu verwenden, also z. B. statt

$$
\begin{array}{l}
\text{H—C—OH} \\
\text{H—C—OH} \\
\text{HO—C—H} \quad \text{O} \\
\text{H—C—OH} \\
\text{HO} \cdot \text{CH}_2\text{—C—H}
\end{array}
$$

α-Glucose

für β-Glucose und α-Fructose entsprechend

β-Glucose   α-Fructose

Derartige Symbole eignen sich vor allem für die Darstellung des räumlichen Aufbaus von Polysaccharidmodellen.

Bei der Glucosidierung von Glucose mit Methylalkohol fand E. FISCHER[1] neben α- und β-Methylglucosid ein γ-Methylglucosid. Solche γ-Derivate sind heute auch von Galaktose, Mannose, Fructose usw. zum Teil in krystallisierter Form bekannt[2]. Sie besitzen Furanosestruktur, die man früher den normalen Zuckern zuschrieb, und man bezeichnet sie deshalb als Furanoside. Die Darstellung der α-Methyl-mannofuranose z. B. erfolgt durch die alkalische Verseifung ihres Dicarbonats, in welchem die O-Brücke nur zwischen den C-Atomen 1 und 4 liegen kann:

$$
\begin{array}{l}
\text{CH}_3\text{O—CH} \\
\text{OC} \begin{array}{l} \text{O—C} \\ \text{O—C} \end{array} \text{O} \\
\text{H—C} \\
\text{H—C—O} \\
\text{H}_2\text{—C—O} \end{array} \text{CO}
\quad \rightarrow \quad
\begin{array}{l}
\text{CH}_3\text{O—C—H} \\
\text{HO—C—H} \\
\text{HO—C—H} \quad \text{O} \\
\text{H—C} \\
\text{H—C—OH} \\
\text{H}_2\text{—C—OH}
\end{array}
$$

Die Furanoside unterscheiden sich von den Pyranosiden vor allem durch ihr Verhalten gegen verdünnte Mineralsäuren; Furanoside werden von ihnen sehr viel leichter hydrolysiert. In allen natürlich vorkommenden Zuckern, wie z. B. Rohrzucker, Turanose, Raffinose und Melizitose, besitzt die Fructosekomponente Furanosestruktur.

---

[1] FISCHER, E.: Ber. dtsch. chem. Ges. **47**, 1980 (1914) — s. auch S. 135.
[2] HAWORTH: J. chem. Soc. Lond. **1930**, 649, 651. — SCHLUBACH: Ber. dtsch. chem. Ges. **60**, 1487 (1927).

Aldehyd- und Ketosäuren (s. III. Bd. S. 148).

Der speziellen Beschreibung dieses Gebietes ist vor allem hinzuzufügen, daß es gelungen ist, freie nichtlactonisierte d-Glucuronsäure und freie d-Galakturonsäure[1] in krystallisierter Form darzustellen.

d-Glucuronsäure krystallisiert in farblosen, nadelförmigen Krystallen vom Schmpt. 154°. In wässeriger Lösung zeigt sie eine von $[\alpha]_D^{24} = +12°$ bis $36,3°$ ansteigende Mutarotation. Ihre Pyranosestruktur ist exakt bewiesen[2].

d-Galakturonsäure wurde sowohl als α- wie auch als β-Form krystallisiert erhalten.

Die α-Form von der Zusammensetzung $C_6H_{10}O_9 \cdot H_2O$ schmilzt bei $156-159°$ und zeigt eine Anfangsdrehung von $[\alpha]_D^{20} = +107,1°$ (bezogen auf wasserfreie Substanz).

Die β-Form von der Zusammensetzung $C_6H_{10}O_9$ schmilzt bei 160° und hat eine Anfangsdrehung von $[\alpha]_D^{20} = +27°$. α- und β-Form lassen sich gegenseitig ineinander überführen. Im Lösungsgleichgewicht beträgt die Drehung $[\alpha]_D^{20} = +55,6°$.

Außer d-Glucuron- und d-Galakturonsäure ist noch die isomere d-Mannuronsäure als Baustein von Naturstoffen, allerdings bisher noch nicht in krystallisiertem Zustande, erhalten worden[3].

Hexosephosphorsäuren (s. III. Bd. S. 120).

Durch die Arbeiten von A. HARDEN, W. J. YOUNG, H. VON EULER, C. NEUBERG, G. EMDEN, O. MEYERHOF, R. ROBISON u. a. kann es als erwiesen gelten, daß die Bildung von Hexosephosphorsäuren — wahrscheinlich in einer sehr labilen und reaktionsfähigen Form — den ersten Angriff auf das Hexosemolekül bei den verschiedenen fermentativen Abbauvorgängen darstellt. Von den wichtigsten dieser Hexosephosphorsäureester seien angeführt der Harden-Young-Ester (Zymodiphosphat, γ-Fructose-1, 6-diphosphorsäure) und der Robison-Ester (Glucose-monophosphorsäure), welche die alkoholische Gärung vermitteln, und das Lactacidogen, eine Hexosemonophosphorsäure, welche dieselbe Aufgabe beim Abbau der Kohlenhydrate im tierischen Muskel übernimmt. Unter geeigneten Bedingungen der alkoholischen Gärung, z. B. bei Verwendung von Hefepreßsäften und Zusatz von anorganischen Phosphaten, häufen sich diese Hexosephosphorsäuren, Harden-Young-Ester, Robison-Ester u. a., an und lassen sich isolieren.

Di- und Trisaccharide.

Zur Konstitutionsermittlung der Di- und Oligosaccharide wird ähnlich wie bei den Monosacchariden vor allem die erschöpfende Methylierung mit nachfolgender Hydrolyse und oxydativem Abbau zu identifizierbaren Produkten (HAWORTH) benutzt.

Zur Ermittlung der Haftstelle der zweiten Zuckerkomponente bei Disacchariden baut G. ZEMPLÉN[4] nach dem Verfahren von WOHL die Kette einer Aldobiose von der freien, endständigen Aldehydgruppe aus so lange ab, bis eine Aldobiose entsteht, die nur ein Hydrazon, aber kein Osazon mehr bildet, d. h.

---

[1] EHRLICH, F., u. K. REHORST: Ber. dtsch. chem. Ges. **58**, 1989 (1925). — EHRLICH, F. u. Mitarbeiter: Chem. Ztg **41**, 197 (1917) — Ber. dtsch. chem. Ges. **58**, 2585 (1925); **62**, 1974 (1929) — Biochem. Z. **212**, 162 (1929).

[2] ROBERTSON, A., u. R. B. WATERS: J. chem. Soc. Lond. **1931**, 1709. — PRYDE, J., u. R. T. WILLIAMS: Nature (Lond.) **128**, 187 (1931).

[3] NELSON, W. L., u. L. H. CRETCHER: Amer. Soc. **51**, 1914 (1929); **52**, 2130 (1930).

[4] ZEMPLÉN, G.: Ber. dtsch. chem. Ges. **59**, 1254 (1926).

daß dann in dem abgebauten Zucker die Aldehydgruppe neben dem C-Atom steht, mit welchem die zweite Zuckerkomponente glykosidisch verknüpft ist.

P. A. Levene[1] und Haworth[2] schließen aus der Lactonisierungsgeschwindigkeit bzw. dem umgekehrten Vorgange, der Lactonhydrolyse der durch milde Oxydation erhaltenen Aldobionsäuren, auf die Haftstelle der zweiten Komponente.

Die zuverlässigste Konstitutionsermittlung von Di- und Oligosacchariden bildet natürlich ihre planmäßige Synthese, wie sie vor allem von B. Helferich[3] von den Tritylzuckern, K. Freudenberg von den Acetonzuckern und M. Bergmann von den Glucalen ausgehend durchgeführt worden ist.

In folgender Übersicht ist die Struktur der wichtigsten Di- und Trisaccharide wiedergegeben, deren Konstitution mit Hilfe der angedeuteten Methoden sichergestellt wurde:

Maltose
1←————→4
α-Glucosido⟨1,5⟩-glucose⟨1,5⟩

Gentiobiose
1←————→6
β-Glucosido⟨1,5⟩-glucose⟨1,5⟩

Cellobiose
1←————→4
β-Glucosido⟨1,5⟩-glucose⟨1,5⟩

Melibiose
1←————→6
α-Glucosido⟨1,5⟩-glucose⟨1,5⟩

Milchzucker (Lactose)
1←————→4
β-Galaktosido⟨1,5⟩-glucose⟨1,5⟩

Turanose
1←————→6
α-Glucosido⟨1,5⟩-fructose⟨2,5⟩

Vicianose
1←————→6
β-Xylosido⟨1,5⟩-glucose⟨1,5⟩

Primverose
1←————→6
β-Xylosido⟨1,5⟩-glucose⟨1,5⟩

Trehalose
1←————→1
α-Glucosido⟨1,5⟩-α-glucosid⟨1,5⟩

Rohrzucker (Saccharose)
1←————→2
α-Glucosido⟨1,5⟩-?fructosid⟨2,5⟩

Raffinose
1←————→6　1←————→2
α-Galaktosido⟨1,5⟩-α-glucosido⟨1,5⟩-?fructosid⟨2,5⟩

Melizitose
1←————→6　2←————→1
α-Glucosido⟨1,5⟩-?fructosido⟨2,5⟩-α-glucosid⟨1,5⟩

Stickstoffhaltige Zucker (s. III. Bd. S. 146).

Auf diesem Gebiete ist vor allem zu erwähnen, daß es neuerdings M. Bergmann, L. Zervas und E. Silberkweit[4] und L. Zechmeister und G. Tóth[5] gelungen ist, Chitin acetolytisch bzw. hydrolytisch zu spalten und Chitobiose in Form ihres Octacetylderivats und Chitotriose[6] in Form ihres Undecaacetyl-

---

[1] Levene, P. A.: J. of biol. Chem. **65**, 31 (1925); **68**, 737 (1926); **71**, 471 (1927).

[2] Haworth: J. chem. Soc. Lond. **1926**, 89; **1927**, 1237.

[3] Helferich, B.: Zusammenfassendes Referat: Z. angew. Chem. **41**, 871 (1928).

[4] Bergmann, M., L. Zervas u. E. Silberkweit: Naturwiss. **19**, 20 (1931) — Ber. dtsch. chem. Ges. **64**, 2436 (1931).

[5] Zechmeister, L., u. G. Tóth: Ber. dtsch. chem. Ges. **64**, 2028 (1931).

[6] Zechmeister, L., u. G. Tóth: Ber. dtsch. chem. Ges. **65**, 161 (1932).

derivats zu isolieren. Der Chitobiose kommt nach Bergmann folgende Konstitution zu:

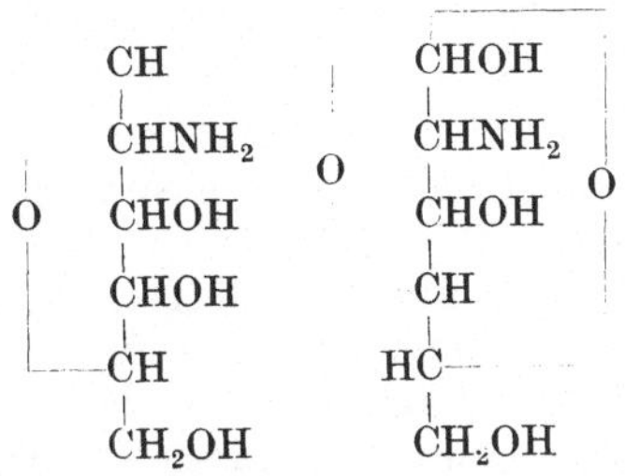

$$
\begin{array}{ccc}
& \text{CH} & \text{CHOH} \\
& \text{CHNH}_2 & \text{CHNH}_2 \\
\text{O} & \text{CHOH} \quad \text{O} & \text{CHOH} \quad \text{O} \\
& \text{CHOH} & \text{CH} \\
& \text{CH} & \text{HC} \\
& \text{CH}_2\text{OH} & \text{CH}_2\text{OH}
\end{array}
$$

Komplexe Kohlenhydrate (s. III. Bd. S. 151).

Die Erscheinung, daß die einfachen Oxyaldehyde, wie Glykolaldehyd, Acetol (Oxyaceton), Acetoin (Dimethylketol) usw. sowie deren Lactolide in Lösung das doppelte Molekulargewicht zeigen, wurde früher von M. Bergmann als Assoziation angesprochen (s. Bd. III, S. 130) und als wesentlich für das Verständnis der höheren, nichtzuckerähnlichen Polysaccharide gehalten. Dieser Annahme ist jedoch die experimentelle Grundlage entzogen worden. M. Bergmann und A. Miekeley[1] konnten zeigen, daß hier keine durch Restvalenzen zusammengehaltenen Assoziate vorliegen, sondern daß die Verknüpfung zweier Moleküle durch Hauptvalenzen stattfindet:

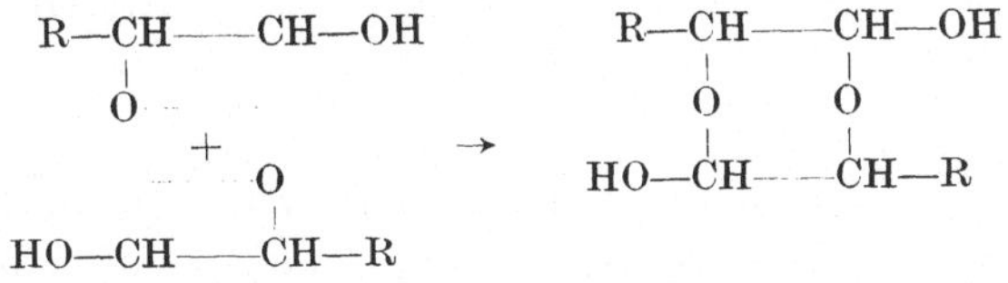

$$
\begin{array}{ccc}
\text{R--CH----CH--OH} & & \text{R--CH----CH--OH} \\
\text{O} & & \text{O} \quad\; \text{O} \\
\quad + \quad & \rightarrow & \text{HO--CH----CH--R} \\
\text{O} & & \\
\text{HO--CH----CH--R} & &
\end{array}
$$

Unsere heutigen Kenntnisse über den Aufbau der hochpolymeren Kohlenhydrate, speziell der Cellulose, verdanken wir besonders den Arbeiten von O. L. Sponsler, R. O. Herzog, R. Willstätter, K. Freudenberg, K. H. Meyer und H. Mark, H. Staudinger und M. Bergmann.

Auf Grund röntgenographischer Untersuchungen kamen O. L. Sponsler[2] und K. H. Meyer und H. Mark[3] zu dem Schluß, daß Cellulose und auch alle anderen hochpolymeren Kohlenhydrate aus Monosaccharidresten bestehen, die durch Hauptvalenzen miteinander verkettet sind. Die beobachtete röntgenographische Identitätsperiode der Cellulose stimmt überein mit der aus den Atomradien für zwei Glucosemoleküle berechneten, weil die Glucoseringe in der Richtung der Kette eine digonale Schraubachse bilden. Meyer und Mark formulieren Cellulose folgendermaßen:

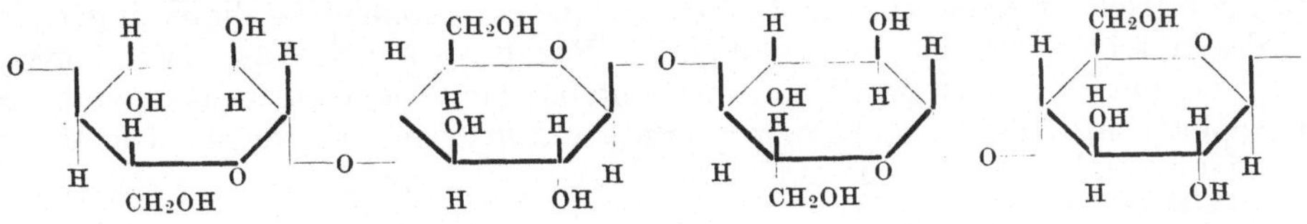

Es liegt ihr also danach das gleiche Bauprinzip zugrunde wie der Cellobiose, eine fortlaufende β-glykosidische Verknüpfung von Glucosebausteinen am C-Atom 4.

[1] Bergmann, M., u. A. Miekeley: Ber. dtsch. chem. Ges. 62, 2297 (1929).
[2] Sponsler, O. L. u. Dore: Colloid. Sympos. Monogr. 1926, 174.
[3] Meyer, K. H., u. H. Mark: Der Aufbau der hochpolymeren organischen Naturstoffe. Leipzig 1930.

Diese Anschauung wird durch rein chemische Befunde bestätigt. So konnten R. WILLSTÄTTER und L. ZECHMEISTER[1] bei der hydrolytischen Spaltung von Cellulose nicht nur Cellobiose, sondern auch krystallisierte Cellotriose, Cellotetraose und Cellohexaose isolieren. M. BERGMANN und H. MACHEMER[2] zeigten, daß Cellulose bei der Acetolyse oder Hydrolyse je nach der Dauer der Einwirkung in mehr oder minder große Bruchstücke gespalten wird, deren endständige Aldehydgruppen sich in alkalischer Lösung durch Jod oxydieren lassen. Die Bestimmung der „Jodzahl" erlaubt bei einigermaßen einheitlichen Cellulose-Abbauprodukten eine einfache chemische Bestimmung des Molekulargewichts. K. FREUDENBERG und E. BRAUN[3] konnten entscheidend beweisen, daß Cellulose nicht ein aggregiertes Glucoseanhydrid darstellt, indem sie nachwiesen, daß 2, 3, 6-Trimethyl-glucoseanhydrid nicht mit 2, 3, 6-Trimethylcellulose identisch ist. Auch die Arbeiten von H. STAUDINGER über die chemischen und physikalischen Eigenschaften von synthetischen polymeren Modellsubstanzen sprechen für das Vorliegen einer hauptvalenzmäßigen Verkettung der Elementarbausteine in den hochpolymeren Naturstoffen.

Das Chitin ist nach M. BERGMANN, L. ZERVAS und E. SILBERKWEIT[4] analog der Cellulose zu formulieren, nur daß in jedem Glucoserest am C-Atom 2 die Stelle der Hydroxylgruppe von einer Acetylaminogruppe eingenommen wird.

Weiterhin halten verschiedene Forscher ein analoges Bauprinzip bei Lichenin (aus Glucoseresten), Inulin (aus γ-Fructoseresten, wahrscheinlich unterbrochen durch Glucosereste; doch ist noch nicht aufgeklärt, ob Glucose ein integrierender Bestandteil oder nur eine Verunreinigung ist), Xylan, Araban und Mannanen für sehr wahrscheinlich.

Die Auffassung, daß Stärke und Glykogen eine fortlaufende Kette von α-glykosidisch am C-Atom 4 verknüpften Glucoseresten darstellt, also daß die Stärke zur Maltose in demselben Verhältnis wie die Cellulose zur Cellobiose steht, ist zwar sehr wahrscheinlich, aber experimentell noch nicht genügend gesichert.

Bd. III.

Schlucken

(S. 348—366).

Von

JOSEF PALUGYAY – Wien.

Nach neueren Untersuchungen kommt REICH[5] zu dem Ergebnisse, daß die physiologische Kardia zur Gänze in den Hiatus oesophageus diaphragmatis zu verlegen sei, wobei der Verschluß nach REICH vermutlich aus zwei Anteilen besteht; einem glatten Schließmuskel, entsprechend dem Stratum circulare der Oesophagusmuskulatur und einem quergestreiften Sphincter, welcher von Muskelbündeln des Zwerchfells gebildet wird. Den subdiaphragmalen Abschnitt der

[1] WILLSTÄTTER, R., u. L. ZECHMEISTER: Ber. dtsch. chem. Ges. **62**, 722 (1929). — Siehe auch L. ZECHMEISTER: Ebenda **64**, 854 (1931).

[2] BERGMANN, M., u. H. MACHEMER: Ber. dtsch. chem. Ges. **63**, 316, 2304 (1930).

[3] FREUDENBERG, K., u. E. BRAUN: Liebigs Ann. **460**, 288 (1927).

[4] BERGMANN, M., L. ZERVAS u. E. SILBERKWEIT: Ber. dtsch. chem. Ges. **64**, 2436 (1931).

[5] REICH, L.: Mitt. Grenzgeb. Med. u. Chir. **1927**. — PALUGYAY, J.: Röntgenuntersuchung und Strahlenbehandlung der Speiseröhre. Wien: Julius Springer 1931.

Speiseröhre bezeichnet Reich als zum Magen gehörend, läßt ihn mit diesem funktionell ein Ganzes bilden und sieht das Ende des Oesophagus im Zwerchfellschlitz.

Die Behauptung, daß die physiologische Kardia in der Höhe des Hiatus zu verlegen ist, begründet Reich folgendermaßen: Beobachtet man den Schluckakt vor dem Röntgenschirm, so sieht man ungefähr folgendes:

Der verschluckte Bissen gleitet ziemlich gleichmäßig durch die Speiseröhre, macht evtl. in der Bifurkationsenge einen kurzen Halt; gleitet aber dann weiter und stockt erst ungefähr in Zwerchfellhöhe. Dieser Aufenthalt dauert aber normalerweise auch nur ganz kurze Zeit, dann öffnet sich die „Kardia", und die Ingesta des Oesophagus ergießen sich in breitem Strom in den Magen.

Läßt man nun die Versuchsperson in dem Moment, in welchem die Ingesta aus der Speiseröhre in den Magen übertreten, eine tiefe Inspiration machen, so wird auf der Höhe der Einatmungsbewegung der Speisestrom dort abgeschnürt, wo der Oesophagus aus dem fast vertikalen Verlauf stärker nach links abbiegt; und solange die Versuchsperson in der Inspirationsstellung verharrt, gelangt nichts oder nur sehr wenig in den Magen. Läßt man dann wieder ausatmen, so passiert der Speiseröhreninhalt sofort wieder in breitem Strome die eben noch versperrte Stelle.

War die Füllung des Oesophagus genügend reichlich, so kann man dieses Spiel mehrmals wiederholen, bevor er sich völlig entleert hat.

Bei diesen Versuchen läßt sich noch weiters feststellen, daß jene Stelle, an welcher der Bissen zuerst haltgemacht hat, identisch ist mit jener, an welcher er bei der tiefen Inspiration entzweigeschnürt wurde, ferner, daß sich diese Stelle, die wir der Einfachheit halber „Kardia" nennen wollen, respiratorisch mit dem Zwerchfell verschiebt und nicht wesentlich geringere Exkursionen als die Zwerchfellkuppeln macht, schließlich, daß der Oesophagus, der ja bekanntlich in seinem untersten thorakalen Abschnitt in leicht nach rechts konvexem Bogen verläuft, sich bei der Inspiration streckt, so daß er nun in gerader Richtung senkrecht nach abwärts, manchmal sogar schräg von rechts oben nach links unten zieht. An jener Wegstrecke, welche die Speisen noch zurückzulegen haben, um von der oben „Kardia" genannten Stelle bis in den Magen zu gelangen, konnte Reich während der Respiration keine Änderung ihrer Lagebeziehung zu Magen und Zwerchfell beobachten; sie erscheint im Röntgenbild ungefähr 1—2 cm lang.

Während der inspiratorischen Passagehemmung schwillt das unterste supraphrenische Stück der Speiseröhre kugelig an; besonders dann, wenn der verschluckte Bissen groß und die Oesophagusperistaltik kräftig war; bei vielfach angestellten Beobachtungen gewann Reich den Eindruck, daß dieses von Hasse[1] und Strecker[2] „Ampulla phrenica" genannte Stück bei älteren Leuten dehnungsfähiger sei als bei Kindern.

Nach Reich ist anzunehmen, daß die inspiratorische Abschnürung der Speiseröhre an der Grenze zwischen ihrem thorakalen und abdominalen Verlaufstück, mit anderen Worten an der Zwerchfellenge des Oesophagus, erfolgt. Naheliegend sei auch die Vermutung, daß diese Abschnürung durch Kontraktion des Zwerchfells bewirkt wird, wenn wir uns erinnern, daß Muskelbündel bogenförmig den Hiatus oesophageus des Zwerchfells umgreifen.

Auf diese Weise wird der Oesophagus mit einer doppelten Muskelzwinge gefaßt, etwa so, wie ein vorsichtiger Chirurg vorgehen würde, wenn er eine Darmfistel kontinent machen will.

Daß es sich also hier um die Zwerchfellenge bzw. um die Zwerchfellmuskulatur handeln dürfte, erscheint recht wahrscheinlich, ist aber nach dem Röntgenbilde allein nicht mit Sicherheit zu behaupten. Wohl hat man in einigen Fällen den Eindruck, daß diese Entzweischnürung des Bissens an der bzw. knapp vor der Durchtrittsstelle des Oesophagus durch das Zwerchfell erfolgt, in der Mehrzahl der Fälle findet sich aber die fragliche Stelle unterhalb des Zwerchfellkonturs.

Dieser Umstand spreche jedoch keineswegs gegen die Annahme, daß diese Stelle den Hiatus oesophageus diaphragmatis entspricht; die im Röntgenbild sichtbare Kontur des Zwerchfells entspricht ja lediglich der Zwerchfellsilhouette; die wahre Form der Zwerchfell-

---

[1] Hasse: Zitiert nach Reich.   [2] Strecker: Zitiert nach Reich.

oberfläche ist aber eine ziemlich kompliziert gebaute Sattelfläche, die in transversaler Richtung zwischen zwei kuppelförmigen Erhebungen eine mehr oder weniger flache Rinne zeigt, in sagittaler Richtung aber derart gewölbt ist, daß die vordere Hälfte flach, fast horizontal oder leicht nach rückwärts ansteigend, die rückwärtige Hälfte mehr oder weniger steil nach hinten unten abfallend verläuft.

Der Hiatus oesophageus findet sich nun in der flachen zentralen Rinne, und zwar in der hinteren Hälfte, also bereits jenseits des höchsten Punktes der Einsattelung. In jeder Durchleuchtungsrichtung wird er daher — mit Ausnahme von ganz flachen ptotischen Zwerchfellen — unterhalb der Zwerchfellkontur erscheinen müssen.

Um nun den Beweis zu erbringen, daß die inspiratorische Blockade der Kardia durch Zwerchfellkontraktionen bewirkt werde, versuchte REICH, während die Kardiapassage vor dem Röntgenschirm kontrolliert wurde, den Nervus phrenicus am Halse faradisch zu reizen und auf diese Weise die entsprechende Zwerchfellhälfte zur Kontraktion zu bringen.

Tatsächlich zeigt es sich, daß die Reizung nur eines Nervus phrenicus und die Kontraktion nur einer Zwerchfellhälfte, gleichgültig ob der rechte oder der linke, vollkommen genügte, um die Passage der Ingesta durch die Kardia für die Dauer der Zwerchfellkontraktion zu blockieren.

Auch andere Untersuchungsmethoden sollen die Vermutung nahelegen, daß die funktionelle Kardia im Zwerchfellschlitz zu suchen sei. So sollen die ösophagoskopischen Beobachtungen einstimmig dafür sprechen, daß die Speiseröhre subdiaphragmal offen steht.

Dieselben Schlußfolgerungen sollen auch Untersuchungen über die Druckverhältnisse im Magen und Oesophagus gestatten, wie sie z. B. von SCHLIPPE[1] mit der Ballonsonde und einem Manometer vorgenommen wurden. Im subphrenischen Oesophagusabschnitt fand dieser noch Überdruck und dieselben Druckschwankungen wie im Magen, wenn auch Druck und Schwankungen kleiner als im Magen waren; Unterdruck und die charakteristischen Oesophagusdruckschwankungen fand er erst oberhalb des Zwerchfelles.

Abgesehen von derartigen experimentellen Untersuchungen gehe die Einflußnahme der Respirationsphase auf die Kardiapassage aus der Beobachtung des physiologischen Schluckaktes hervor:

Beobachten wir nun einen trinkenden Menschen, so werden wir feststellen können, daß er in exspiratorischem Atemstillstand trinkt; besonders leicht ist diese Feststellung dann, wenn die Atmung nicht ruhig und flach, sondern vertieft ist. Es empfiehlt sich also, evtl. uns selbst, zuerst in Dyspnoe zu versetzen, etwa durch einen raschen Lauf oder sonstige schwere Muskelarbeit und dann in der Dyspnoe rasch ein großes Glas Wasser trinken zu lassen.

Ausnahmslos werden wir finden, daß der Lufthunger die Versuchsperson zwingt, nach wenigen Sekunden mit dem Trinken innezuhalten, und nun folgt eine tiefe evtl. seufzende Inspiration. Nach 2—3 Atemzügen hat der Mensch sein Sauerstoffbedürfnis so weit befriedigt, daß er den Atem wieder einige Zeit anhalten kann; dann atmet er aus und trinkt wieder weiter.

Andere Leute sind nicht zu bewegen, rasch zu trinken, wenn sie dyspnoisch sind; bei diesen finden wir folgendes: Sie setzen das Glas an, atmen aus, trinken 3—4 Schluck Wasser, atmen ein, atmen aus, schlucken ein paarmal, atmen wieder ein, atmen aus, trinken und so fort, bis das Glas leer ist.

Niemals konnte REICH beobachten, daß ein Mensch spontan im inspiratorischen Atemstillstand trinkt.

Versucht man im inspiratorischen Atemstillstand zu trinken, so stellen sich diesem Unterfangen zunächst ungeahnte Schwierigkeiten entgegen; vor allem gerät man in Gefahr, die Flüssigkeit zu aspirieren. Nach einigen Versuchen gelingt es aber ohne besondere Mühe, auch inspiratorisch zu trinken. Nimmt man nun nach einer maximalen Inspiration einen großen oder mehrere kleine Schlucke kalten Wassers, so stellt sich unmittelbar darauf ein Spannungs- und Kältegefühl

---

[1] SCHLIPPE: Zitiert nach REICH.

unter dem Sternum ein, das mehrere Sekunden andauern kann; man spürt offenbar die Dehnung des Oesophagus oberhalb des Zwerchfells, welches in kontrahiertem Zustand die Flüssigkeit nicht passieren läßt; weiteres spürt man mehr oder weniger deutlich, wie die Flüssigkeit während des nächsten Exspiriums in den Magen abfließt.

Alle diese Versuche und Beobachtungen zeigen, daß die Kardia während der Inspiration verschlossen ist. Dies werde auch durch die Erfahrungstatsache illustriert, daß Brechreiz, ja selbst bisweilen Erbrechen durch tiefe Inspiration sich unterdrücken lassen.

Dafür, daß der Verschluß zwischen Speiseröhre und Magen nicht allein im Hiatus lokalisiert ist, vielmehr dafür, daß sich der Verschluß auch aktiv subdiaphragmal abspielt, und zwar in variabler Breite von der anatomischen Kardia bis nahe an den oder bis zum Zwerchfellschlitz, sprechen eine Reihe von Beobachtungen. Als wesentlicher Beweis dienen die Fälle, bei welchen durch unblutige oder blutige Dehnung der Kardia ein Offenstehen derselben beobachtet werden kann (Schlesinger[1]), jedoch nur bei erschlafftem Zwerchfell, während bei Kontraktion desselben ein Verschluß zwischen Oesophagus und Magen auftritt. Auch im Wege der Endoskopie durch eine Gastrostomiefistel lassen sich die aktiven Kontraktionen der Kardia direkt beobachten und das distale Ende des Verschlusses an der anatomischen Kardia feststellen (Palugyay[2]).

Bd. III.

Pathologie des Schluckaktes
(S. 367—378).

Von
Josef Palugyay — Wien.

In der Speiseröhre treten in seltenen Fällen intermittierende, zirkulär spastische Einschnürungen, meist an mehreren Stellen zu gleicher Zeit, auf. Die Abschnürung ist aber dabei keine komplette. Oberhalb der Einschnürung kommt es gleichzeitig zu einer Erschlaffung der Speiseröhrenwand, wodurch es zwischen zwei solchen Spasmen zu einer scheinbaren Ausstülpung kommt. Diese Spasmen treten meist in der aboralen Hälfte des thorakalen Abschnittes auf und wechseln meist unter heftiger motorischer Unruhe des Oesophagus ihre Kontraktionsstärke, bisweilen auch ihre Lokalisation.

Das Krankheitsbild wurde zuerst von Gregoire[3] im Jahre 1926 beschrieben und als „Falsche Divertikel" bezeichnet. Zu gleicher Zeit wurden ähnliche Beobachtungen, wie sie Gregoire auf röntgenologischem Wege machte, auch von Barsony und später von Barsony und Polgar[4] beschrieben, letztere Autoren benannten diese Veränderung „funktionelle Divertikel". Nach diesen beiden Autoren erfolgt die Ausstülpung der Oesophaguswand oberhalb einer ringförmigen, inkompletten spastischen Einschnürung, nicht allein durch die Erschlaffung der Wand, wie dies Gregoire annimmt, sondern es kommt durch den Druck der Ingesta zu einer lokalen Dehnung der Wand, so daß der oberhalb

---

[1] Schlesinger: Zitiert nach Reich.   [2] Palugyay: Zitiert auf S. 32.
[3] Gregoire, R.: Arch. des Mal. Appar. digest. **16**, Nr 2, 257 (1926).
[4] Barsony u. Polgar: Fortschr. Röntgenstr. **36**, H. 3, 593 (1927).

der Einschnürung gelegene Sack als wirkliches Divertikel anzusehen sei. Von einem wirklichen Divertikel unterscheidet sich diese Veränderung aber dadurch, daß sie nur vorübergehend nachweisbar ist und beim Nachlassen der Spasmen verschwindet.

Nach Barsony und Polgar dürfte dieses Krankheitsbild durch Innervationsstörungen hervorgerufen werden, welche eine umschriebene Relaxation der Muskulatur verursachen. Im Zeitpunkt der Drucksteigerung innerhalb des betreffenden Abschnittes wird die erschlaffte Stelle vorgewölbt. Es könne diese Muskelerschlaffung als reflektorische Fernwirkung bei Magen- und Darmerkrankungen auftreten; doch könne auch eine andere organische Erkrankung der Nachbarorgane als auslösendes Moment wirken. In einzelnen dieser Fälle konnten die genannten Autoren auch eine allgemeine Hypotonie der Speiseröhrenmuskulatur als Zeichen einer Innervationsstörung beobachten; in manchen Fällen wieder gleichzeitig das typische Bild der idiopathischen Speiseröhrendilatation.

Das Krankheitsbild der spastischen Pseudodivertikelbildung geht in der Regel mit Beschwerden in Form von Schlingbeschwerden, vom gleichen Typus wie beim intermittierenden Oesophagospasmus, einher.

Bd. III.

Das Wiederkauen
(S. 379—397).

Von
Fr. W. Krzywanek – Leipzig.

Mit 3 Abbildungen.

A. Einleitung.

Wohl selten ist ein Handbuchartikel zu einer Zeit geschrieben worden, die für die Abfassung eines solchen so ungünstig war, wie der Artikel von Scheunert über das Wiederkauen im Bd. III dieses Handbuches, und wohl selten hat ein Gebiet der Physiologie in kurzer Zeit so eingehende Bearbeitung, aber auch so verschiedene Auslegung erfahren. Wenn Scheunert in seinem Artikel auf S. 381 schreibt: „Eine abschließende Darstellung ist deshalb auch gegenwärtig ebensowenig möglich, wie es früher der Fall war", Mangold[1] dagegen in seiner ausführlichen Darstellung der Verdauung der Wiederkäuer bei der Besprechung des Mechanismus des Wiederkauaktes auf S. 202 schreibt: „Auch ich bin wieder in der Lage, eine neuartige Darstellung des Wiederkauaktes hinsichtlich der Rejektion geben zu müssen ... Ich glaube aber dabei das Glück zu haben, daß diese Arbeiten ... so einwandfreie Beobachtungen bringen, daß meine Beschreibung nicht zu ebenso ephemärer Vergänglichkeit verurteilt zu werden braucht, wie es den Darstellungen zahlreicher verdienstvoller Forscher ergangen ist" und trotzdem eine heut zu gebende Darstellung auch wieder *erhebliche Abweichungen* bringt, so beleuchtet dies in aller Schärfe die Schwierigkeiten, die sich nicht nur dem Arbeiten auf diesem Gebiet entgegenstellen, sondern die auch einer einigermaßen dauernden Darstellung der hier zugrunde liegenden Ver-

---

[1] Mangold, E.: Die Verdauung der Wiederkäuer, in Mangolds Handb. der Ernährung und des Stoffwechsels der landw. Nutztiere **2**. Berlin: Julius Springer 1929.

hältnisse im Wege stehen. Wenn ich es daher unternehme, in ganz kurzen Zügen die Änderungen anzugeben, die sich in unseren Anschauungen über den Ablauf des Wiederkauaktes seit der Abfassung des Scheunertschen Artikels ergeben haben, so bin ich mir darüber klar, daß auch diese Darstellung noch keine endgültige sein kann, weil immer noch einige Fragen ungeklärt erscheinen und weil anzunehmen ist, daß der eine oder andere Vorgang in absehbarer Zeit doch wieder eine andere Beleuchtung erfahren wird.

Da die folgenden Ausführungen als eine *Ergänzung der* Scheunert*schen Abhandlung* gedacht sind, soll die Einteilung von Scheunert beibehalten werden, und nur diejenigen Kapitel sollen eine Vervollständigung erfahren, hinsichtlich deren wesentlich neue Kenntnisse gefunden worden sind. Da über den anatomischen

B. Bau des Wiederkäuermagens

in der Zwischenzeit nichts Neues bekannt geworden ist, erfährt dieses Kapitel eine weitere Ergänzung nicht. Es ist nur darauf hinzuweisen, daß in dieser Zeit die *Monographie* von Lagerlöf[1] über die *Topographie der Bauchorgane beim Rind* erschienen ist. Aus den zahlreichen, ausgezeichneten Abbildungen dieser Arbeit nach Seriengefrierschnitten geht hervor, daß die bisherige anatomische Betrachtung der Lage der einzelnen Abteilungen der Wiederkäuermägen einer gewissen Revision zu unterziehen ist, und daß man über einzelne Vorgänge eher und besser unterrichtet wäre, wenn die Kenntnisse über die Topographie beim lebenden Tier bessere gewesen wären. Schon in dieser Richtung liegt die überragende *Wichtigkeit der röntgenologischen Untersuchungen* von Czepa und Stigler[2]; wir kommen später hierauf noch einmal zurück.

C. Mechanismus der Wiederkäuermägen bei Aufnahme fester Nahrung.

a) Die Bewegungen der Vormägen.

Bei der Darstellung der *Bewegungen des Pansens* lagen bei der Abfassung des Scheunertschen Artikels von neueren Untersuchungen die von Wester[3] und die erste Mitteilung von Czepa und Stigler[2] vor. Die von diesen Autoren entwickelten Anschauungen stellte Scheunert in seiner Darstellung gegenüber, ohne sich für die eine oder andere zu entscheiden. Mangold[4] machte sich dagegen in seiner Darstellung die Ansicht von Czepa und Stigler zu eigen (S. 140), während er die Westersche Darstellung ablehnt. Kurze Zeit darauf wandte sich Wester[5] in sehr temperamentvoller Weise gegen die Einwände, die von den verschiedenen Forschern gegen seine Ausführungen erhoben worden sind, und lehnte seinerseits die Anschauung von Czepa und Stigler schroff ab. Er bezeichnet überhaupt die *Röntgenmethode als ungeeignet* zum Erkennen der wirklichen Vorgänge, geht aber dabei entschieden zu weit. Denn wenn auch Stigler[6] selbst in seiner letzten Arbeit die Schwierigkeiten der röntgenologischen Analyse schnell ablaufender Bewegungen zugibt, so wird doch gerade der erfahrene Röntgenbeobachter, der sich dieser Schwierigkeiten bewußt ist, für manche Zwecke und in mancher Beziehung die Röntgenmethode der Fistelmethode mit Recht vorziehen.

Im übrigen erscheint die Anschauung von Czepa und Stigler schon aus dem Grunde wahrscheinlicher, weil der von Wester angenommene *Mechanismus von Peristaltik und Antiperistaltik* an dem ganzen Vormagensystem einen Vorgang darstellt, der in der Physiologie einzig dasteht und schon aus diesem Grunde Zweifel hervorzurufen geeignet ist. Auch Schalk und Amadon[7], deren Anschauungen in vieler Richtung mit denen Westers übereinstimmen und von diesem gewissermaßen als Kronzeugen benannt werden, sprechen stets *nur von einer peristaltischen Bewegung des Pansens.*

---

[1] Lagerlöf, N.: Untersuchungen über die Topographie der Bauchorgane beim Rinde usw. Jena: G. Fischer 1930.

[2] Czepa, A., u. R. Stigler: I. Mitt. Pflügers Arch. **212**, 300 (1926) — II. Mitt. Fortschr. naturwiss. Forschg, N. F. H. 6 (1929).

[3] Wester, J.: Die Physiologie und Pathologie der Vormägen beim Rinde. Berlin: R. Schötz 1926.

[4] Mangold: Zitiert auf S. 36.

[5] Wester, J.: Berl. tierärztl. Wschr. **46**, 895 (1930).

[6] Stigler, R.: Wiss. Arch. Landwirtsch. **4**, 613 (1931).

[7] Schalk, A. F., u. R. S. Amadon: Agricultural Experiment Station. North Dakota Agricultural College Fargo, Bull. **216** (1928).

Auch hinsichtlich der *Bewegungen der Haube* kamen CZEPA und STIGLER und auch MANGOLD und KLEIN[1] zu anderen Anschauungen wie WESTER, wie auch aus der Darstellung von SCHEUNERT hervorgeht. Während die ersteren stets von einer *Kontraktion der Haube* sprechen, schrieb WESTER auf S. 18 seiner Monographie: „Man kann daher diese schnell aufeinanderfolgenden Haubenkontraktionen als eine hin- (peristaltische) und rücklaufende (antiperistaltische) Welle auffassen." In seiner letzten Arbeit dagegen schreibt WESTER[2] auf S. 897, daß dieser Satz anscheinend mißverstanden worden sei. Seine Ansicht über die Haubenbewegungen sei so aufzufassen, daß es sich wohl um eine *Kontraktion* handelt, daß diese aber keine Ausnahme von dem Grundsatz der Peristaltik und Antiperistaltik bildet, welcher nach ihm die Bewegungen der Vormägen beherrscht. Danach dürfte also über diese Differenz Klarheit geschaffen sein, und es bleibt nur noch die Frage zu entscheiden, ob diese in der Regel in zwei Zeiten verlaufende Kontraktion eine zweizeitige Kontraktion ohne dazwischen liegende Erschlaffung (CZEPA und STIGLER) oder eine doppelte Kontraktion mit dazwischenliegender vollkommener Erschlaffung (WESTER und SCHALK und AMADON) oder nicht vollkommener Erschlaffung darstellt (MANGOLD und KLEIN); diese Frage erscheint jedoch nur von sekundärer Bedeutung.

Die Bewegungen des Vorhofs. Große Unklarheit herrscht über die Abgrenzung einer Magenabteilung, die zwischen Haube und Pansen in der Gegend der Einmündung des Oesophagus gelegen ist, nicht zum wenigsten deshalb, weil jeder Anatom und Physiologe, der sich mit dem Wiederkäuermagen befaßte, dieser Abteilung einen anderen Namen gegeben hat. Nach den Untersuchungen von WESTER und CZEPA und STIGLER dürfen wir wohl heute annehmen, daß der in der Gegend der Einmündungsstelle der Speiseröhre, also an der kraniodorsalen Begrenzung von Haube und Pansen gelegenen Gegend jede physiologische Funktion abzusprechen ist. Diese Gegend wird von den Anatomen als der „Magenvorhof, Atrium ventriculi, gemeinsamer Hauben-Pansen-Vorhof" bezeichnet (vgl. die Abb. 89, S. 381 bei SCHEUNERT, in der er mit *c* bezeichnet ist, und Abb. 1*c*). Anders verhält es sich aber mit dem als „Pansenvorhof, Atrium ruminis, Vestibulum reticuli und Saccus caecus cranialis dorsalis" bezeichneten Magenabschnitt (Abb. 1*b* u. 2*A*), der durch die Beobachtungen von MANGOLD und KLEIN und CZEPA und STIGLER als funktionell selbständige Magenabteilung erkannt worden ist. Nach den Untersuchungen der ersteren hat dieser Vorhof eine *eigene Innervation*, nach den Untersuchungen der letzteren eine *eigene Bewegungsform*, die für ihn durchaus

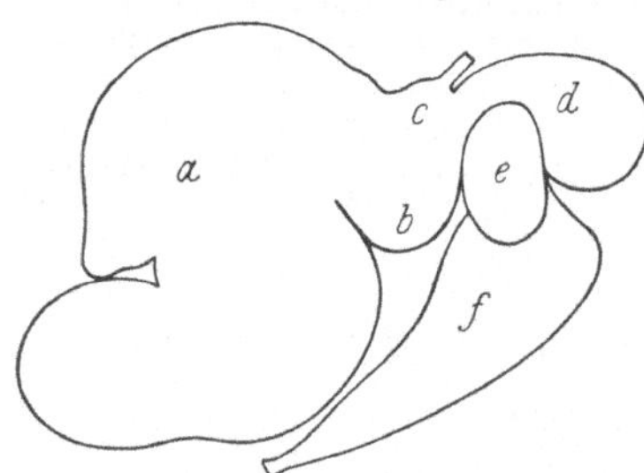

Abb. 1. Schematische Darstellung der Abteilungen des Wiederkäuermagens. *a* Pansen, *b* Pansenvorhof (Schleudermagen), *c* Magenvorhof der Anatomen, *d* Haube, *e* Psalter, *f* Labmagen.

charakteristisch ist. Da die Tätigkeit dieser Magenabteilung in besonderer Beziehung zur Haubentätigkeit steht, glaubt MANGOLD[3], ihn funktionell zur Haube rechnen zu müssen, während er nach dem bisherigen Brauch immer als Teil des Pansens betrachtet wurde, zu dem er rein anatomisch nach der Struktur seiner Schleimhaut gehört; er schlägt daher für ihn die Bezeichnung „Hauben-Pansen-Vorhof" vor. Dieser ist weiter nichts als der von COLIN[4] S. 706 „vestibule merycique" benannte Magenabschnitt, der nach ihm bei der Rejektion insofern eine Rolle spielen sollte, als er durch eine gleichzeitige Kontraktion von Haube und Pansen vor der Rejektion mit Inhalt gefüllt wird, der nun in den Oesophagus gedrückt werden sollte.

Nach den Röntgenuntersuchungen von CZEPA und STIGLER besteht ein *koordinierter Mechanismus zwischen Haube und Vorhof*, durch den sich diese beiden Magenabteilungen ihren Inhalt wechselseitig zuschleudern und der durch folgende Phasen gekennzeichnet ist: 1. Kontraktion der Haube bei erschlafftem Vorhof, 2. Kontraktion des Vorhofs bei erschlaffter Haube, 3. Pause unter gleichzeitiger Erschlaffung beider Abteilungen. Da dieser Mechanismus im Röntgenbilde die weitaus auffallendste Bewegungserscheinung am Wiederkäuermagen darstellt (vgl. Abb. 2), haben CZEPA und STIGLER vorgeschlagen, dem Vorhof den Namen „Schleudermagen" zu geben. Besonders hervorzuheben ist die Tatsache, daß dieses Wechselspiel einmal mit dem Akt der Rejektion nichts zu tun hat, weiter aber auch, daß es *unabhängig von den Pansenbewegungen* ablaufen soll, also den Anschauungen von WESTER widerspricht, welcher ja bekanntlich den ganzen Mechanismus der Bewegungen der einzelnen Vormägen auf eine gemeinsame Formel gebracht hat, also eine enge Verknüpfung aller

---

[1] MANGOLD, E., u. W. KLEIN: Bewegungen und Innervation des Wiederkäuermagens. Leipzig: G. Thieme 1927.

[2] WESTER: Zitiert auf S. 37.   [3] MANGOLD, E.: S. 127. Zitiert auf S. 36.

[4] COLIN, G.: Traité de Physiologie comparée des Animaux. 3. Aufl., 1. Paris: Baillière et Fils 1886.

Bewegungen der einzelnen Magenabteilungen miteinander annimmt. Demgemäß wendet sich Wester[1] in seiner letzten Arbeit auch gegen diese von Czepa und Stigler erkannte Bewegungsform mit der Begründung, daß die Kontraktion des Vorhofs in Wirklichkeit der Beginn der peristaltischen Bewegung des kranialen Pansensackes darstellt, bei der sich auch der Pansenboden erhebt und der größte Teil der hier vorhandenen Flüssigkeit in die Haube zurückfließt. Man wird aber hierin Wester kaum folgen können, besonders wegen der Tatsache, daß nach Mangold und Klein die Innervation des Vorhofs durch einen besonderen Nerven erfolgt, bei dessen Reizung der Vorhof starke tetanische Kontraktionen, aber keine peristaltischen Bewegungen zeigt und somit der anatomische Beweis für eine *von den Pansenbewegungen verschiedene und unabhängige Tätigkeit* dieses Organs erbracht ist.

Hinsichtlich der *Bewegungen des Psalters* herrschen auch heute noch die gleichen Unklarheiten wie zur Zeit der Abfassung des Scheunertschen Beitrages. Wester hat seine Theorie, daß der Psalter den Inhalt der beiden ersten Vormägen *ansaugt*, auch in seiner letzten Mitteilung aufrechterhalten. Unterstützt wird er hierin von Schalk und Amadon[2], welche nach den von ihnen gewonnenen Kurven ebenfalls eine Erweiterung des Psalters in regelmäßigem Wechsel annehmen. Die anderen Untersucher lehnen aber eine derartige aktive Erweiterung des Psalters mit dem Hinweis ab, daß seine Wand viel zu schwach sei, um eine Saugwirkung zu entfalten; aber auch sie können keine andere, durch Versuche gestützte und befriedigende Erklärung für den Eintritt von Inhalt aus der Haube in den Psalter geben. Diese Frage muß demnach heute noch offengelassen werden, doch ist darauf hinzuweisen, daß die Vermutung von Czepa und Stigler, daß der Psalter auf die Weiterbeförderung des Futterbreies überhaupt *keinen direkten Einfluß* ausübt, der vorhandenen Schwierigkeiten am besten Herr wird. Nach ihnen würde der Psalter nur als ein Filter wirken, welches die in ihn eintretenden festen Nahrungsbestandteile zurückzuhalten hat. Sie stehen in dieser Beziehung also auf einem ähnlichen

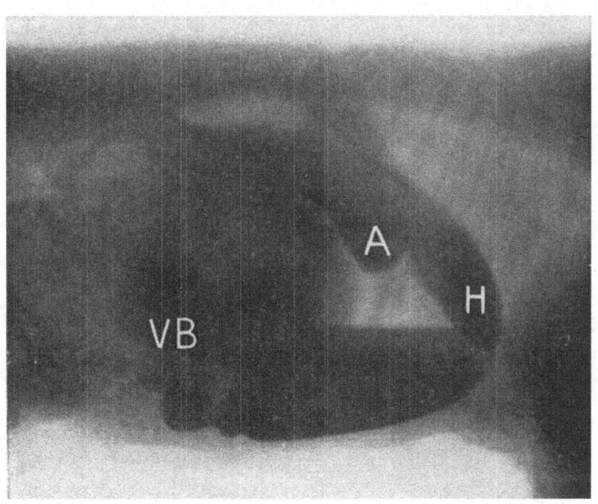

Abb. 2. Röntgenaufnahme einer 24 Tage alten Ziege. *H* Haube im Beginn der Kontraktion, *A* Vorhof (Schleudermagen) deutlich gegen Haube und Pansen abgesetzt (im Beginn der Erschlaffung), *VB* ventraler Pansenblindsack. Unter *A* die Luftblase des Labmagens. (Nach Czepa und Stigler.)

Standpunkt wie Scheunert, welcher eine solche Funktion von den Psalterblättern und den Lippen der Schlundrinne an der Haubenpsalteröffnung auch immer angenommen hat. Anatomisch stehen einem solchen Übergang ohne Mitwirkung des Psalters bei offener Haubenpsalteröffnung keine Widerstände entgegen; denn die Haubenpsalteröffnung dürfte unter normalen Verhältnissen stets unter dem Flüssigkeitsspiegel von Pansen und Haube liegen, der hydrostatische Druck also für einen solchen Übergang ausreichen.

b) Der Wiederkauakt.

Während die im vorstehenden dargelegten neuen Ansichten von den bisherigen kaum in einschneidender Weise abweichen, ist durch eine ausführliche Bearbeitung der Wiederkauakt durch Stigler[3] in allerneuester Zeit in eine ganz neue Beleuchtung gerückt worden. Während die Westersche Theorie in vielen Punkten noch nicht befriedigte (Scheunert schrieb auf S. 391 seiner Abhandlung: „Zweifellos bietet die Westersche Theorie noch mancherlei Schwierigkeiten dar"), scheinen nach gründlichem Studium dieser neuen Arbeit von Stigler schwerwiegende Einwände gegen seine Theorie kaum möglich.

Auf dem Boden der zuerst von Chauveau ausgesprochenen Ansicht, daß die Wiederkaumasse in die Speiseröhre *gesogen* und *nicht gedrückt* wird, die Wester ebenfalls übernommen, aber anders erklärt hat, stehen heute ausnahmslos alle Bearbeiter der Vorgänge bei der Rejektion, auch Stigler in seiner neuen Arbeit; verschieden sind nur die Meinungen über die *Ursache dieses Ansaugens*. Während Wester, wie bei Scheunert nachzulesen ist,

---

[1] Wester: Zitiert auf S. 37.   [2] Schalk u. Amadon: Zitiert auf S. 37.
[3] Stigler, R.: Wiss. Arch. Landwirtsch. 4, 613 (1931).

die Bildung eines luftverdünnten Raumes durch eine *aktive Kontraktion der Längsmuskulatur der Speiseröhre* und dadurch erfolgender Bildung eines Trichters an der Kardia annimmt, ist MANGOLD[1] der Meinung[2], daß wegen des normalerweise stets über der Kardia stehenden Flüssigkeitsniveaus der Vormägen die Annahme der *Bildung eines Druckgefälles* zwischen Vormägen und Speiseröhre zunächst *gar nicht nötig ist.* Nach ihm müßte die Öffnung der Kardia genügen, um die Speiseröhre wegen ihrer verhältnismäßig tiefen Einmündung mit Inhalt zu füllen, wobei das hierzu nötige Druckgefälle durch den hydrostatischen Druck des Vormageninhalts gegeben ist (vgl. Abb. 3). Dieser Ansicht von MANGOLD schließt sich allerdings STIGLER[3] nicht an. Nach seinen Versuchen, die er zur Prüfung der Berechtigung dieser an sich bestechend einfachen Ansicht vornahm (S. 622), kommt er zu der Überzeugung, daß bei Öffnung der Kardia wohl ein Übertritt von Inhalt aus den Vormägen in diese stattfinden kann, daß dies aber so langsam und in so geringem Ausmaße erfolgt, daß unbedingt *noch eine weitere Kraft* angenommen werden muß, um die große Geschwindigkeit zu erklären, mit der auf dem Röntgenbilde die Wiederkaumasse durch den Brustoesophagus bis zum Halsoesophagus emporschießt.

Es ist interessant, daß erst MANGOLD auf Grund der Röntgenaufnahmen von CZEPA und STIGLER auf die Tatsache hingewiesen hat, daß beim lebenden Tier *die Einmündung des Oesophagus unter dem Inhaltsniveau der Vormägen* liegt. Nach der bisherigen anatomischen

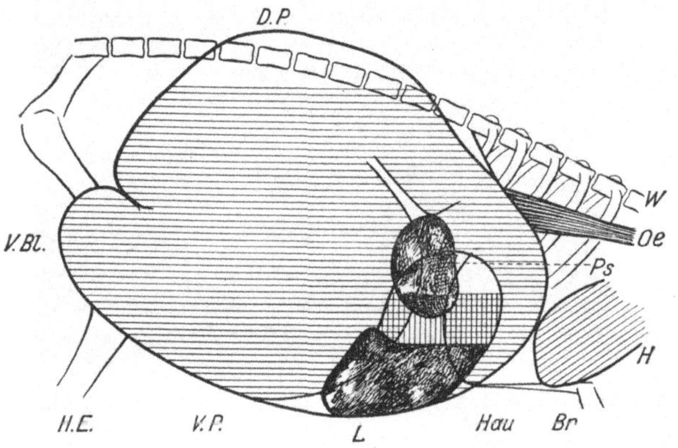

Abb. 3. Röntgenpause des Wiederkäuermagens. *W* Wirbelsäule, *Oe* Oesophagus, *H* Herz, *Br* Brustbein, *HE* hintere Extremität, *VP* ventraler, *DP* dorsaler Pansensack mit Luftblase, *VBl* ventraler Blindsack des Pansens, *Hau* Haube, *L* Labmagen mit Luftblase, über dieser der Psalter *Ps.* (Nach CZEPA und STIGLER.) Man beachte, wie hoch der Spiegel des Panseninhalts über der Kardia liegt.

Betrachtungsweise war diese Annahme nicht gegeben — man vgl. die Abb. 3 mit der Abb. 89 auf S. 381 des Artikels von SCHEUNERT —, trotzdem, wie MANGOLD S. 209 hervorhebt, auch eine ganze Anzahl Abbildungen aus anatomischen Werken den wirklichen Lageverhältnissen gerecht werden. In dieser Richtung liegt für den Physiologen auch der Hauptwert der Gefrierschnitte von LAGERLÖF[4]. Hätte man den wirklichen Lageverhältnissen schon früher Beachtung geschenkt, dann hätte man die vielen Mutmaßungen über die *Beteiligung der einzelnen Vormägen an der Rejektion,* durch die der Inhalt nach der Speiseröhreneinmündung hochgehoben werden sollte, sparen können; der Streit hierüber hat viel zur Verwirrung und Verdunkelung der tatsächlichen Verhältnisse beigetragen. Uns selbst erscheint diese Unkenntnis der älteren Untersucher besonders deshalb erstaunlich, weil wir uns an unseren Schafen mit Pansenfisteln recht bald davon überzeugen konnten, daß der Panseninhalt bei normaler Fütterung stets so beträchtlich ist, daß bei Einführung einer Lampe in den Pansen die Einmündungsstelle des Oesophagus nie zu sehen ist. Um diese sichtbar zu machen, mußten wir entweder den *Pansen ausräumen* oder das *kraniodorsale Pansendach anheben.* Wir haben über die entsprechenden Verhältnisse bei Kühen keine eigenen Erfahrungen, doch dürften hier keine Unterschiede bestehen; denn die älteren Autoren haben stets den Pansen zur Inspektion ausgeräumt, und auch WESTER schreibt auf S. 17 seiner Monographie: „In dem durch die Magenfistel entleerten Pansen kann man ... sehr schön die Kontraktionen der Schlundrinne, des Netzmagens und des Pansens studieren." Wieweit allerdings eine solche Entleerung des Pansens den wirklichen Ablauf der Bewegungen beeinflußt, ist schwer zu entscheiden; auch hierin liegt jedenfalls ein Nachteil der Fistelmethode gegenüber der Röntgenmethode.

An der Tatsache, daß im Augenblick der Rejektion ein *erhebliches Ansaugen* stattfindet, ist wohl nicht mehr zu zweifeln, und man kann sich hiervon in Versuchen oft überzeugen.

---

[1] MANGOLD: S. 209. Zitiert auf S. 36.

[2] Diese Ansicht MANGOLDs ist eine von ihm ausgesprochene *Hypothese,* um die vorhandenen Erklärungsschwierigkeiten zu umgehen; sie gründet sich also nicht auf Versuchsergebnisse.

[3] STIGLER, R.: Zitiert auf S. 39.   [4] LAGERLÖF: Zitiert auf S. 37.

Bergman und Dukes[1] *hörten* bei ihrer Pansenfistelkuh, wenn das Niveau des Panseninhalts unter der Kardia lag, öfter ein starkes Geräusch der bei der Rejektion *angesaugten Luft.* Auch wir selbst konnten uns bei unseren Schafen mit Pansenfisteln öfters von dieser Tatsache überzeugen. Gingen wir bei ausgeräumtem Pansen mit dem nassen Arm in diesen ein, so hörten wir beim Wiederkauen oft in großer Stärke das schlürfende Geräusch der eingesaugten Luft und bemerkten sogar an der Stelle, wo der Unterarm in der Fistelöffnung lag, infolge der vorbeiströmenden Luft und der Schwingungen der Fistelränder ein *Kitzelgefühl.* Es ist immerhin in dem Wirrwarr der verschiedenen Meinungen eine erfreuliche Tatsache, daß die *Ansaugung der Wiederkaumasse heute so gut fundiert erscheint,* daß nicht anzunehmen ist, daß hier die Ansichten wieder eine Änderung erfahren werden.

Im Gegensatz zu den beiden erwähnten Theorien über das Zustandekommen der Füllung des Oesophagus von Mangold und Wester steht nun Stigler in seiner letzten Arbeit auf dem Standpunkt, den schon vor reichlich 55 Jahren Chauveau eingenommen hat und durch Versuche von Toussaint[2] hat belegen lassen, nämlich, daß die *Ansaugung der Wiederkaumasse durch die passive Erweiterung des Oesophagus während der tiefen Inspiration* hervorgerufen wird, welche der Rejektion vorangeht. In dieser Arbeit befaßt sich Stigler eingehend mit den bisherigen Theorien der Rejektion und widerlegt vor allem methodisch die von verschiedenen Forschern (Colin[3], Foà[4] und Wester) gegen die Theorie von Chauveau und Toussaint vorgebrachten Einwände. Es würde zu weit führen und den Rahmen dieser Ergänzung bei weitem überschreiten, ausführlich auf diese Verhältnisse einzugehen. Wir müssen uns an dieser Stelle darauf beschränken, in ganz kurzen Zügen den Ablauf der Rejektion zu skizzieren, wie er sich nach der letzten Mitteilung von Stigler darstellt.

Die Rejektion der Wiederkaumasse erfolgt danach *in zwei Phasen,* einer Ansaugungs- und einer Auspressungsphase. Sie beginnt, wie Wester zuerst beschrieben hat, mit dem Abschlucken von Speichel, das nach Stigler den Zweck hat, die Speiseröhre schlüpfrig und dadurch leichter durchgängig zu machen. Nach diesem Abschlucken *schließt sich die Glottis* und es beginnt die *Ansaugungsphase der Rejektion* mit einer ruckartigen *inspiratorischen Bewegung des Zwerchfells*; durch den Glottisschluß ist diese nur gering, doch genügt sie nach den Berechnungen von Stigler zu einer kräftigen Erniedrigung des intrathorakalen Druckes und umfangreicher Entfaltung des Oesophagus. Im gleichen Augenblick bemerkt man äußerlich oft eine *Dorsalflektion von Kopf und Hals,* wahrscheinlich zu dem Zweck, den Halsoesophagus besser zu schließen und eine eventuelle Ansaugung von Luft aus der Mundhöhle in den Brustoesophagus zu verhindern. In dem gleichen Augenblick *öffnet sich* reflektorisch *die Kardia,* nicht in Form eines Trichters, wie Wester beschrieben hat, sondern annähernd zylindrisch. Durch den negativen Druck im Brustoesophagus wird der in der Gegend der Kardia befindliche dünnbreiige Vormageninhalt, in manchen Fällen aber auch nur Luft *angesaugt.* Die Wiederkaumasse schießt in den Brustoesophagus und füllt ihn in der Regel bis zum Hals in Gestalt einer *breiigflüssigen Wurst.* Es findet also an keiner Stelle eine *Formung eines Wiederkaubissens* statt, wie viele der älteren Autoren angenommen hatten; auch für diese Formung wurden bisher die verschiedensten Stellen der Vormägen verantwortlich gemacht; die Feststellung, daß *keine Bissenbildung* erfolgt, ist also ebenfalls danach angetan, die Verhältnisse zu vereinfachen. Allerdings waren schon vor Stigler eine Reihe älterer Autoren der gleichen Ansicht (Lit. bei Stigler); doch ist Stigler der erste gewesen, der die Art der Füllung der Speiseröhre wirklich gesehen hat.

Im Gegensatz hierzu scheint Wester noch anderer Meinung zu sein; allerdings drückt er sich über diese Frage nicht sehr klar aus. Auf S. 895 seiner letzten Arbeit schreibt er zu der Behauptung, daß kein Bolus gebildet wird: „Dies ist praktisch zum Teil richtig. Denn von einem abgerundeten Bolus kann bei der großen Menge der (besonders beim Rinde) beim Wiederkäuen aufgesaugten Flüssigkeit, worin die Futterteile schweben, eigentlich keine Rede sein. Prinzipiell kann jedoch von Bildung eines Bolus gesprochen werden. Denn sogleich nach dem Saugen wird der hinterste Teil der dort erweiterten Speiseröhre dadurch abgeschlossen, daß die Kardia sich schließt."

Mit der Füllung des Brustoesophagus, die also in ganz ähnlicher Weise momentan erfolgt wie beim Erbrechen dünnflüssigen Mageninhaltes bei den Nichtwiederkäuern, ist die Ansaugungsphase der Rejektion beendet und es beginnt ohne Pause die *Auspressungsphase der Rejektion* mit dem *Schließen der Kardia.* Dieser Schluß ist aber nur locker; denn ein Rückfluß der angesaugten Wiederkaumasse wird außerdem durch die gleichzeitig beginnende *Antiperistaltik der Speiseröhre* verhindert. In dem gleichen Augenblick *erschlafft auch das Zwerch-*

---

[1] Bergman, H. D., u. H. H. Dukes: J. amer. med. Assoc. **69**, 600 (1926) — Iowa State Coll. of Agricult. a. Mechan. Arts. Official Public. **25**, Nr 6 (1926).

[2] Toussaint, H.: Arch. phys. norm. et pathol. **7**, 141 (1875).

[3] Colin: Zitiert auf S. 38.

[4] Foà, C.: Pflügers Arch. **133**, 171 (1910).

fell und es findet *eine Exspirationsbewegung der ganzen Thoraxwand bei weiter geschlossener Glottis* statt. Nicht immer, aber oft kontrahiert sich jetzt die *Bauchmuskulatur*, wodurch der Inhalt der Bauchhöhle gegen das erschlaffte Zwerchfell gedrückt und wegen des noch anhaltenden Glottisschlusses der Druck nicht nur in der Bauchhöhle, sondern auch im Thorax erhöht wird. Durch diese doppelte *Drucksteigerung im Thorax* wird auch der Inhalt des Brustoesophagus unter Druck gesetzt, und da er wegen des Schlusses der Kardia und der einsetzenden antiperistaltischen Welle nicht caudal ausweichen kann, wird er nach der Mundhöhle zu getrieben. Die Drucksteigerung im Thorax und der Schluß der Kardia dauern so lange an, bis die antiperistaltische Welle in annähernd gleicher, beträchtlicher Geschwindigkeit die Wiederkaumasse ohne Pause und ohne Abschnürung in die Mundhöhle gedrückt hat. Zu diesem Zeitpunkt ist die Auspressungsphase beendet.

Nach dem Eintritt der Wiederkaumasse in die Mundhöhle läuft eine *peristaltische Schluckwelle* über den Oesophagus ab, welche namentlich flüssigen Inhalt in die Vormägen zurückbefördert. Die *Kardia öffnet* sich zum ersten Male seit ihrem Schluß zu Beginn der Auspressungsphase bei der Ankunft dieser Welle. Die *Glottis öffnet* sich erst wieder nach dem Ende der Auspressungsperiode, manchmal sogar erst nach dem ersten Schluckakt.

Diese *lange Dauer des Glottisschlusses* ist ebenfalls zuerst von STIGLER ausgewertet worden, obwohl schon aus den Abbildungen bei TOUSSAINT und BERGMAN und DUKES hervorgeht, daß der Glottisschluß zwischen $2^1/_5$ und 5 Sekunden anhält, den eigentlichen Akt der Rejektion also wesentlich überdauert. Er dient also nicht nur der Erniedrigung des intrathorakalen Druckes während der Ansaugungsphase, sondern auch der Erhöhung des Druckes während der Auspressungsphase.

Diese Schilderung des Aktes der Rejektion von STIGLER enthält keinerlei Unklarheiten und Erklärungsschwierigkeiten mehr und bietet vor allem Erklärungen für Tatsachen, die bisher stets mit einzelnen Vorgängen im Widerspruch standen. So ist nach den obigen Ausführungen irgendeine *spezifische Tätigkeit einer bestimmten Magenabteilung* für den Ablauf der Rejektion nicht erforderlich, das Wiederkauen also auch nach Stillegung der Vormägen nicht unterbunden; ebenso ist eine *Mitbeteiligung der Schlundrinne* bei der Rejektion nicht nötig und auch nicht vorhanden.

Dagegen ist anzunehmen, daß bei *Ausschaltung des Glottisschlusses*, also z. B. beim tracheotomierten Tier, der physiologische Ablauf des Wiederkauaktes gestört sein wird. Dies ist tatsächlich der Fall, wie schon lange bekannt ist; doch hilft sich ein solches Tier in der Weise, daß die Inspiration vor der Rejektion *besonders tief und so rasch* vorgenommen wird, daß trotz der offenen Trachea für den kurzen Augenblick, der bis zum erfolgten Druckausgleich vergeht, ein Unterdruck im Thorax und dem Oesophagus entsteht, der für das Ansaugen genügt. Dies geht mit aller wünschenswerten Deutlichkeit aus den bei einer tracheotomierten Ziege gewonnenen Kurven von STIGLER (Abb. 11, S. 673) hervor.

Eine weitere Erschwerung der normalen Rejektion geschieht durch die *Ausschaltung des Zwerchfells*; es ist ebenfalls bekannt, daß hierdurch das Wiederkauen mit großem Kraftaufwand erfolgt und dem Erbrechen ähnlich wird. Aus Versuchen von SCHUHECKER[1] an Katzen mit doppelseitiger Phrenicusausschaltung geht aber hervor, daß bei diesen Tieren nach der Operation noch $^1/_6 - ^1/_2$ der ursprünglichen Inspirationskraft übrigbleibt, also durch die anderen Inspirationsmuskeln geliefert wird, so daß STIGLER annimmt, daß auch unter diesen Verhältnissen bei geschlossener Glottis ein *hinlängliches Druckgefälle* erzeugt werden kann.

Der Haupteinwand gegen die Theorie von CHAUVEAU wurde bisher in der Tatsache erblickt, daß auch bei *beiderseitigem Pneumothorax* das Wiederkauen möglich ist. Diese Behauptung der Literatur stützt sich auf einen einzigen Versuch von FOÀ[2], dem aber STIGLER jede Glaubwürdigkeit abspricht. Eine Ziege STIGLERS mit einseitigem Pneumothorax machte jedenfalls die größten Anstrengungen, wiederzukauen; trotzdem gelang ihr das in keinem Falle. Die Ziege konnte erst nach vollkommenem Verheilen der Thoraxwunde (Rippenresektion) wieder mit Erfolg rejizieren. Dieser Versuch ist deshalb so wichtig, weil er beweist, *daß Oesophagus und Zwerchfell zusammen* allein nicht imstande sind, eine Rejektion zu bewirken; dies ist einer der Haupteinwände STIGLERS gegen die Theorie von WESTER der aktiven Beteiligung der Speiseröhre.

Wichtig ist auch die *Rolle der Bauchpresse* bei der Rejektion; man weiß schon lange, daß auch ohne Bauchpresse Wiederkauen möglich ist, und daß sie bei der normalen Rejektion in wechselndem Ausmaße herangezogen wird. STIGLER hat nun ihre Rolle dahin bestimmt,

---

[1] SCHUHECKER, K.: Z. Biol. **87**, 175 (1928).
[2] FOÀ: S. 177. Zitiert auf S. 41.

daß sie mit der Füllung des Oesophagus nichts zu tun hat, sondern erst *an seiner Entleerung* beteiligt ist. Exspiration bei geschlossener Glottis und geschlossener Kardia, Antiperistaltik des Oesophagus und Bauchpresse wirken zusammen bei der Beförderung des Inhalts aus der Speiseröhre in die Mundhöhle. Bei Ausfall oder Insuffizienz einer dieser Funktionen werden die anderen verstärkt an der Entleerung mitwirken; daher wird beim tracheotomierten Tier oder einem solchen, bei dem die Antiperistaltik des Oesophagus nicht kräftig genug arbeitet, die Bauchpresse zur Entleerung des Oesophagus *in verstärktem Maße* herangezogen werden.

Die Tatsache einer wirklichen *antiperistaltischen Bewegung* des Oesophagus ist ebenfalls erstmalig von Stigler durch gleichzeitige Registrierung des Druckes im Oesophagus von 2 Stellen aus bewiesen worden.

Aus den vorstehenden Ausführungen geht hervor, daß die Hoffnung nicht allzu gewagt erscheint, daß nunmehr *der Akt der Rejektion eine allseitig befriedigende Erklärung gefunden hat.* Was den

c) Übertritt des Inhalts der beiden ersten Vormägen in den dritten Magen

betrifft, so sind in der Zwischenzeit neue Gesichtspunkte nicht entwickelt worden, so daß die Ausführungen von Scheunert noch Geltung haben dürften. Jedenfalls hat auch Mangold seiner Darstellung die gleichen Verhältnisse zugrunde gelegt.

D. Flüssigkeitstransport.

Auch hinsichtlich des Flüssigkeitstransportes durch das komplizierte Vormagensystem sind einschneidende neue Gesichtspunkte nicht aufgetreten. Wie schon Scheunert ausgeführt hat, sind die vielen Unstimmigkeiten früherer Untersucher von Wester dadurch aufgeklärt worden, daß er zeigen konnte, daß bei jungen noch saugenden Tieren ein sog. „Schlundrinnenreflex" besteht; bei diesen Tieren formt sich also beim Abschlucken von Flüssigkeiten die Schlundrinne zu einem *geschlossenen Rohr*, welches eine *direkte Verbindung* zwischen Oesophagus und Psalter bzw. Labmagen bildet. Der Schluß wird *reflektorisch durch den Schluckakt* ausgelöst, fällt also z. B. bei direkter Füllung des Oesophagus durch eine Schlundsonde aus; diese Vorgänge wurden von Stigler bestätigt. In einer weiteren Mitteilung konnte nun Wester[1] darlegen, daß bei der Auslösung dieses Reflexes die *Natur der aufgenommenen Flüssigkeit* eine Rolle spielt insofern, als z. B. Milch den Reflex auch noch bei einem älteren Tiere auslösen kann, während Wasser dies zu der Zeit nicht mehr tut. Wester hat eine ganze Reihe von Stoffen daraufhin untersucht, wie sie sich in dieser Beziehung verhalten, und gefunden, daß neben Milch auch Lösungen von Hühnereiweiß, Blutserum, getrocknetem Albumin aus Blut und verschiedenen Salzen diesen Reflex beim älteren, unter Umständen sogar beim erwachsenen Tier auslösen. Es ist also danach z. B. möglich, Medikamente entweder in den Psalter und Labmagen oder in Pansen und Haube zu bringen je nach der Transportflüssigkeit, in der sie gelöst sind.

Die Frage des Flüssigkeitstransportes hat weiter vor kurzem Krzywanek[2] teilweise mit Lampe mit einer für diese Zwecke neuartigen Methode zu lösen versucht. Dabei wurde so vorgegangen, daß kleine *Thermoelemente* durch eine entsprechende Pansenfistel an verschiedenen Abschnitten der Vormägen befestigt wurden und an den nach dem Trinken kalter Flüssigkeit eintretenden *Temperaturänderungen der Weg der Flüssigkeit verfolgt wurde*. Besonders lehrreich waren die Versuche, in denen 2 Thermoelemente eingeführt wurden, wobei das eine stets im Pansen, das andere wechselweise in der Haube, dem Psalter oder dem Labmagen lag. Auch mit dieser Methode wurde gefunden, daß beim erwachsenen Tier getrunkene Flüssigkeit fast immer in Haube und Pansen gelangt, und daß nur in seltenen Fällen ein *direkter Übergang in den Labmagen* beobachtet wird. In dem einzigen Versuche, in dem ein solcher Übergang zweimal mit Sicherheit und in größerem Ausmaße stattfand, war der Inhalt von Haube und Pansen durch voraufgegangene Flüssigkeitsaufnahmen besonders *wasserreich*, so daß der Verlauf dieses Versuches für die von Scheunert zuerst ausgesprochene und auch in seinem Artikel S. 394 ausgeführte Ansicht spricht, daß der *Weitertransport getrunkener Flüssigkeit vom Füllungsgrad und Flüssigkeitsgehalt der beiden ersten Vormägen abhängt*. Eine volle Aufklärung der näheren Bedingungen ist allerdings erst aus weiteren Versuchen zu erhoffen.

---

[1] Wester, J.: Berl. tierärztl. Wschr. **46**, 397 (1930).
[2] Krzywanek, Fr. W.: Pflügers Arch. **222**, 89 (1929). — Lampe, W.: Die Temperaturverhältnisse in den Vormägen und dem Labmagen des Schafes mit Hinweisen auf den Weg, den bei diesem Tier getrunkene Flüssigkeit nimmt. Vet.-Med. Inaug.-Dissert. Leipzig 1931. — Krzywanek, Fr. W., u. W. Lampe: Dtsch. tierärztl. Wschr. **40**, 289 (1932).

E. Der Ructus.

Über die Entleerung der sich bei den Pansengärungen ansammelnden Gase mit Hilfe des Ructus sind neue Vorstellungen nicht bekannt geworden. Es ist aber daran zu erinnern, daß nach den obigen Ausführungen stets ein dünnflüssiger Inhalt in der Gegend der Kardia zu erwarten ist. Dadurch ist die *Annahme einer speziellen Tätigkeit* notwendig geworden, durch welche statt der Flüssigkeit das im Pansen über derselben stehende Gas an die Einmündungsstelle der Speiseröhre gebracht wird. Da diese Überlegung meines Wissens bisher noch nicht gemacht worden ist, fehlen Äußerungen und Versuche hierüber in der Literatur. Auch MANGOLD, welcher ja mit besonderem Nachdruck auf die Tatsache hinweist, daß das Flüssigkeitsniveau der Vormägen stets über der Kardia liegt, erwähnt bei der Besprechung des Ructus diese naheliegende Schwierigkeit nicht. Zu ihrer Lösung sind also neue dementsprechend angestellte Versuche nötig.

Bd. III.

Der Brechakt
(S. 441—451).

Von
PHILIPP KLEE — Elberfeld.

Neuere Zusammenfassungen über Erbrechen.

NOORDEN, C. v., u. H. SALOMON: Handb. d. Ernährungslehre **2** I. Magen. Berlin: Julius Springer 1929. — SCHOTT, E.: Über das Erbrechen. Jkurse ärztl. Fortbildg. März 1931. — KLEE, PH.: Übelkeit und Erbrechen. Karlsbad. ärztl. Vortr. **13**. Jena: Fischer 1931.

Wie es scheint, sind die Untersuchungen über die *Dynamik* des Brechaktes zu einem gewissen Abschluß gelangt. GOLD und HATCHER[1] konnten die noch bestehenden Unklarheiten über das Verhalten des Zwerchfells, der in- und exspiratorischen Kräfte und des Glottisschlusses in Versuchen an Hunden und Katzen aufklären. Danach erfolgt der Glottisschluß erst am Ende der vorbereitenden Exspiration. Das Zwerchfell verbleibt in exspiratorischer Stellung, doch kontrahiert es sich in den Würgbewegungen bei geschlossener Glottis gleichzeitig mit den Kontraktionen der Bauchmuskulatur. Ähnlich spielt sich der Mechanismus der Rumination ab, wie R. STIGLER[2] in eingehenden Untersuchungen nachwies. Die starke Erweiterung der Speiseröhre, die sich beim Erbrechen im Röntgenbild zeigt, wird durch Versuche von WEITZ und VOLLERS[3] mit der Ballonmethode bestätigt. Wenn die Autoren allerdings aus ihren Kurven den Schluß ziehen, daß die Entleerung des Magens nicht durch die Magenmuskulatur, sondern durch die Bauchpresse geschieht, so mag diese Auffassung zwar für ihre besondere Versuchsanordnung richtig sein, Allgemeingültigkeit hat sie aber kaum, da Art und Stärke des Reizes und vor allem die Geschwindigkeit, mit der sich die Entleerung vollzieht, den ganzen Vorgang sehr verschieden gestalten können (vgl. Bd. III/2 ds. Handb. S. 447).

In der Frage der *Innervation* des Brechaktes ist kaum etwas Neues hinzugekommen. WALTIN, MOORE und GRAHAM[4] stellen fest, daß Tiere mit bakterieller Peritonitis nach Durchschneidung der Vagi *oder* der Splanchnici noch erbrechen können, aber nicht nach Resektion beider Nerven. Sie bestätigen

---

[1] GOLD u. HATCHER: J. of Pharmacol. **28**, 209 (1926).
[2] STIGLER, R.: Wiss. Arch. Landw. **4**, 613 (1931).
[3] WEITZ u. VOLLERS: Z. exper. Med. **54**, 152 (1927).
[4] WALTIN, MOORE and GRAHAM: Proc. Soc. exper. Biol. a. Med. **27**, 712 (1930).

damit die schon früher bekannte Tatsache, daß eine der beiden Nervenbahnen für das Zustandekommen des Erbrechens genügt.

Unser Wissen von der Wirkungsweise der *Brechmittel*[1] wurde in einigen Punkten ergänzt. Kratinow und Sack[2] kommen auf Grund ihrer Versuche an dezerebrierten Katzen zu dem Ergebnis, daß das Apomorphin außer an seinem zentralen Angriffspunkt auch peripher und unmittelbar am neuromuskulären Apparat des Verdauungskanals angreift. Damit wird die allgemein anerkannte Auffassung des Apomorphins als zentral wirkendes Brechmittel natürlich nicht erschüttert. Schon vor dem eigentlichen Brechakt ruft Apomorphin am Darm rhythmische Segmentationen hervor. Daß das narkotisierte Brechzentrum durch Cardiazol für den Angriff des Apomorphins sensibilisiert werden kann, zeigte A. Schwarz[3] an veronalvergifteten Hunden. Die von Hatcher und Weiss[4] zuerst ausgesprochene Ansicht, daß das Erbrechen nach Strophanthin und Digitalis vom Herzen ausgehe, wobei Vagus- und Sympathicusfasern als afferente Reizwege dienten, wurde von Dresbach und Albany[5] in Versuchen an Katzen nicht bestätigt. K-Strophanthin, Ouabain, Digitoxin und Digitalisextrakt greifen unmittelbar am Brechzentrum an.

Entsprechend den klinischen Bedürfnissen wurde in einer Reihe von Arbeiten untersucht, wieweit das *Brechzentrum* durch pharmakologische Mittel *gehemmt* werden kann. So konnte H. Molitor[6] das Apomorphinerbrechen bei Hunden aufheben, wenn er den Hunden $^1/_2$—1 Stunde vor der Apomorphininjektion Chloreton (Trichlorisobutylalkohol) gab. Auch Luminal hemmt in Dosen, die noch nicht schlafmachend wirken, die Zentren des Brechaktes. In ähnlicher Weise scheinen auch andere Hypnotica der Barbitursäurereihe zu wirken, z. B. Veronal und Somnifen[7]. Beruhigend auf das Brechzentrum wirkt ferner die Camphersäureverbindung von 1-Hyoscyamin und 1-Scopolamin, die von Starkenstein und von M. H. Fischer in die Therapie der *Seekrankheit* eingeführt wurde[8]. Die brechenhemmende Wirkung bestimmter Ceriumverbindungen scheint für die Anwendung beim Menschen kaum in Betracht zu kommen[9].

Eingehendere Bearbeitung fanden in den letzten Jahren die *chemischen Veränderungen* im Blut und den Ausscheidungen, die das Erbrechen begleiten[10]. Langdauerndes Erbrechen kann durch den Verlust von Magensalzsäure trotz Eintretens der Atmungs- und Nierenregulation zu beträchtlichen Störungen des Säurebasengleichgewichtes führen. Kl. Gollwitzer-Meier[11] fand bei Pylorospasmus mit täglichem Erbrechen (Magentetanie) hochgradige Hyper-

---

[1] Vgl. die Zusammenfassungen von R. Magnus: Handb. d. exp. Pharm. **2 I**, 430. Berlin: Julius Springer 1920. — Meyer, H. H., u. Gottlieb: Exp. Pharm. Berlin: Urban & Schwarzenberg.

[2] Kratinow u. Sack: Pflügers Arch. **216**, 753 (1927).

[3] Schwarz, A.: C. r. Soc. Biol. Paris **99**, 222 (1928).

[4] Hatcher u. Weiss: J. of Pharmacol. **22**, 139 (1924).

[5] Dresbach, N., and N. Y. Albany: 12. Intern. Physiol. Kongr. Stockholm **3**, 8 (1926) — J. of Pharmacol. **27**, 9 (1926).

[6] Molitor, H.: Arch. f. exper. Path. **113**, 102 (1926).

[7] Averbuck, S. H.: Arch. f. exper. Path. **157**, 342 (1930).

[8] Starkenstein: Pharmakotherapie d. Seekrankheit. Med. Klin. **23**, 1437 (1927). — Fischer, N. H.: Z. exper. Med. **61**, 608 (1928) — Klin. Wschr. **7**, 1079 (1928). — Zur Frage der Seekrankheit s. auch: Payne and Poulton: J. of Physiol. **65**, 157 (1928). — Crodel: Klin. Wschr. **5**, 224 (1926). — Ferner H. Abels: Die Seekrankheit. Handb. d. Neurolog. d. Ohres. Von Alexander-Warburg. Berlin: Urban & Schwarzenberg 1926.

[9] Umezawa: Z. exper. Med. **44**, 404 (1925). — Joachimoglu: Ebenda **45**, 743 (1925).

[10] Mainzer: Chem. Patholog. d. Erbrechens. Klin. Wschr. **1928**, Nr 29, 1353.

[11] Gollwitzer-Meier, Kl.: Z. exper. Med. **40**, 83 (1924). — Vgl. auch Hartmann and Smyth: Amer. J. Dis. Childr. **32**, 1 (1926).

kapnie, Hyperchlorämie und Alkalose im Blut, erhöhten Rest-N, niedrigen' Na-Gehalt, normalen K- und Ca-Gehalt des Serums und verminderte NaCl-Ausscheidung im Urin. Jedoch blieb bei einfacher Supersekretion mit gelegentlichem Erbrechen, ebenso bei Pylorusstenose mit Erbrechen nichtsauren Mageninhaltes die Blutzusammensetzung normal. MUN[1] sah bei Hunden nach den verschiedensten Brechmitteln Absinken des Blutzuckers, vielleicht durch Einwirkung dieser Mittel auf die regulierenden Stoffwechselzentren. Beträchtliche Mengen von Ammoniumverbindungen können mit dem Erbrechen durch den Magen ausgeschieden werden[2]. Die Bedeutung dieses von BLISS an Hunden näher untersuchten Vorganges für das urämische Erbrechen liegt auf der Hand. Besondere Aufmerksamkeit hat die Klinik der Anhäufung von Ketonkörpern im Blut und ihrer Ausscheidung im Harn bei bestimmten Formen des Erbrechens zugewandt. Das hauptsächlich bei Kindern vor der Pubertät, aber auch bei Erwachsenen beobachtete, anfallsweise auftretende und mit hochgradigem Gewichtsverlust verbundene, periodisch wiederkehrende, acetonämische Erbrechen ist auch heute noch in seinen letzten Ursachen trotz zahlreicher Arbeiten nicht geklärt[3]. Bei einigen tödlichen Fällen fand von MEYENBURG[4] regelmäßig starke Verfettung der Leber. Die Leber scheint an Glykogen zu verarmen und in ihrer Funktion gestört zu sein. Auch beim Erbrechen der Schwangeren wird der Störung der Leberfunktion erhöhte Bedeutung zugemessen[5]. Ob aber die Sensibilisierung des Brechzentrums bei diesen Symptomenbildern die Folge einer durch die Leber bedingten Stoffwechselstörung ist oder ob beide nur als Reaktionen auf eine andersgeartete primäre Veränderung, vielleicht in den Funktionen nervöser Zentralorgane aufzufassen sind, wobei an die Beziehungen des Erbrechens mit und ohne Ketonausscheidung zum Migräneanfall gedacht werden muß, kann vorläufig noch nicht entschieden werden. Besonders hingewiesen sei in diesem Zusammenhang auf kürzlich erschienene Mitteilungen von F. HOFFMANN und ANSELMINO[6] über ein Fettstoffwechselhormon des Hypophysenvorderlappons, dessen Überproduktion zu Acetonämie führen soll.

---

[1] MUN, MOKKIN: Fol. jap. pharmacol. **2**, 5 (1930) — Ref. Ber. Physiol. **57**, 671 (1931).

[2] BLISS: J. of biol. Chem. **67**, 109 (1926) — siehe auch BENEDICT and NASH jun.: Ebenda **69**, 381 (1926).

[3] SALOMONSEN: Periodisches Erbrechen und Ketonämie bei Kindern usw. Uppsala: Almquist u. Wiksells Boktr. Aktiebolag 1929 — Ref. Zbl. inn. Med. **56**, 778 (1930) — Klin. Wschr. **1932**, Nr 14, 581. — SCHLOSS: Acetonäm. Erbr. bei Erwachsenen. Dtsch. Arch. klin. Med. **168**, 347 (1930). — HEYMANN: Z. Kinderheilk. **48**, 230 (1929) (dort ältere Literatur). — CAMERON: Arch. Dis. Childh. **2**, 55 (1927). — DAVIS: Ebenda **3**, 49 (1928). — SECKEL: Klin. Wschr. **1927**, Nr 49, 2316.

[4] MEYENBURG, H. v.: Zur path. Anat. d. period. acet. Erbrechens. Beitr. path. Anat. **83**, 235 (1929).

[5] HEYNEMANN, TH.: Über Wesen u. Behandlung der Hyperemesis gravidarum. Klin. Wschr. **7**, 1813 (1928). — Vgl. auch L. SEITZ: Therap. d. Gegenwart **68**, 19 (1927). — BOKELMANN u. BOCK: Z. Geburtsh. **92**, 184 (1927).

[6] HOFFMANN, F. u. ANSELMINO: Klin. Wschr. **1931**, Nr 52, 2383.

Bd. III.

Darmbewegung
(S. 452—471).

Von

Paul Trendelenburg † — Berlin.

Nachtrag von **F. Verzár** — Basel.

Die Bewegungen des Dünndarmes sind seit Abschluß des diesbezüglichen Referates von Paul Trendelenburg (Bd. III, S. 452) noch vielfach Gegenstand von Untersuchungen gewesen. An Stelle der Analyse trat mehr und mehr der Wunsch einer Synthese der zahlreichen einzelnen Beobachtungen.

In engem Zusammenhang mit dem Problem der Resorption stehen die Bewegungen der Muscularis mucosae und speziell die der *Darmzotten.* Schon 1841 waren letztere durch Gruby und Delafond gesehen, aber nur kurz erwähnt worden. Brücke hatte sie mit der in den Zotten von ihm nachgewiesenen glatten Muskulatur in Zusammenhang gebracht. Die erste klare Beschreibung, daß die Zotten pumpende Bewegungen machen, findet man in einer kurzen Bemerkung von Hambleton, ausführlich ist aber der ganze Vorgang erst von King und Arnold und Verzár und Kokas beschrieben worden[1].

Das Zentrum der automatischen, rhythmischen Zottenpumpbewegungen ist der Meissnersche Plexus. Die Beweise dafür, daß sie von diesem und nicht vom Auerbach-Plexus ausgehen, sind die folgenden:

Acetylcholin, welches eine intensive Wirkung auf die vom Auerbach-Plexus gesteuerten automatischen Bewegungen des Dünndarms hat, ist unwirksam auf die Zottenbewegungen. Dagegen werden rhythmische Zottenbewegungen durch Physostigmin, sowie durch eine Reihe von Extraktivstoffen usw. ausgelöst. — Ein mechanischer Druck mit einem Tasthaar auf die Zottenbasis gibt eine Kontraktion der nächsten Zotten, die sich von hier diffus auf die Nachbarzotten weiterverbreitet. — Im Gegensatz zu den übrigen Darmbewegungen ist die Zottenbewegung sehr empfindlich gegenüber Sauerstoffmangel, Blutverlust, Anämie. — Allerdings gelingt es gelegentlich auch nach dem Tode, für einige Minuten die Zottenbewegungen noch zu sehen. — Die Reize für die Zottenbewegung sind nach Untersuchung von Verzár und Kokas[1], Kokas[2], Kokas und Ludány[3] wohl in erster Reihe chemische Reize. Zottenbewegungen fehlen bei dem hungernden Tier und sind nur in jenen Darmschlingen zu sehen, in welchen auch Chymus vorhanden ist. Die Zottenbewegungen werden nicht durch allgemeine, sondern durch lokale Reize ausgelöst. King glaubt, daß der Reiz für die Zottenkontraktion die Druckerhöhung im zentralen Lymphraum sei, was auch in Betracht kommen kann.

[1] Literatur s. auch ds. Handb. **4**, 22.

[2] Kokas, E. v.: Vergleichend physiologische Untersuchungen über die Bewegung der Darmzotten. Pflügers Arch. **225**, 416—420 (1930).

[3] Kokas, E. v., u. G. v. Ludány: Weitere Untersuchungen über die Bewegung der Darmzotten. Pflügers Arch. **225**, 421—428 (1930).

Der Zottenkörper enthält zahlreiche Nervenfasern. Nach den Untersuchungen von Oshima[1] sind jedoch im Zottenkörper keine Nervenzellen vorhanden und ebensowenig freie Nervenendigungen zwischen den Epithelzellen, wohl aber ein dichtes Nervennetz, das vom Meißner-Plexus aufsteigt. Dieses ist besonders eng in den Zottenknospen. — An dieser Stelle ist die Zotte auch chemisch am leichtesten reizbar.

Die Verlängerung der Zotten geht auch an blutleeren Darmstücken noch vor sich und kann also nicht eine Erektion durch die Blutfüllung sein, sondern ist eine Folge der Elastizität des Zottenkörpers.

Bei Hunden, Katzen und Füchsen sind handschuhförmige Zotten vorhanden, ebenso bei fleischfressenden Vögeln, z. B. beim Adler. Ihre Kontraktion verläuft in derselben Weise. Beim Kaninchen, Meerschweinchen, Ratte sind blattförmige Zotten vorhanden. Diese kontrahieren sich nach einem ganz anderen Prinzip. Die Entleerung der in ihnen enthaltenen, oft mehrfachen Lymphräume geschieht so, daß zirkuläre Kontraktionen der Muscularis mucosae entstehen, wobei die Zotten in querer Richtung zusammengepreßt werden. Bei manchen Tierarten, z. B. beim Igel, sind beide Zottentypen und dementsprechend auch beide Formen der Zottenentleerung vorhanden. Im Kapitel Resorption wird ausgeführt, daß die Zottenbewegung ein Geschwindigkeitsfaktor der Resorption ist.

Bei der Untersuchung der *Darmbewegungen* hat man sich neuerdings bemüht, mehr auf den Darm als Ganzes zu achten. Auf jene Periode der Forschung, die besonders die einzelnen Teilfunktionen beobachtete, ist eine Forschungsrichtung gefolgt, die den Darm einheitlich in Betracht zieht. Das hat besonders auch Katsch[2] hervorgehoben. Es ist hauptsächlich eine Reihe von Arbeiten von Alvarez, aus welchen hervorgeht, daß die automatische Motilität des Gesamtdarmes das physiologisch Wesentliche ist. Nicht die einzelnen Bewegungsarten sind selbständig, sondern die Gesamtmotilität der Peristaltik des Magendarmkanals ist etwas Einheitliches. Die Kontraktionen des Magens gehen über den Pylorus auf den Dünndarm über und setzen sich über den ganzen Dünndarm entlang fort. An manchen Stellen kommen die Kontraktionen allerdings kaum bemerkbar klein an; ist aber an einer Stelle der Darm gedehnt, dann wirkt sich dort die Kontraktionswelle um so stärker aus. Nach Alvarez[3] untersucht man die Bewegungen des Kaninchendarms in seiner ganzen Länge, indem man das Tier mit geöffneter Bauchhöhle in ein Bad von warmer Ringerlösung bringt, wie das übrigens schon vor langer Zeit gemacht wurde und sich speziell für das Studium der Bewegungen des Gesamtdarms eignet[4]. Die Erregbarkeit des Dünndarms nimmt vom Magen bis zum Ileum allmählich zu. Das ist für den normalen Ablauf der peristaltischen Wellen von Wichtigkeit[5]. Setzt man irgendwo eine Verletzung im Dünndarm, so treten oberhalb dieser die peristaltischen Wellen auf und die Reizbarkeit kann sich geradezu umkehren. Wird irgendeine Stelle des Darmes durch Reizung zu höherer Erregbarkeit gebracht, so kann die Nahrung bis zu dieser langsamer, von dieser an rascher

<hr>

[1] Oshima: Über die Innervation des Darmes. Z. Anat. **90**, 725—767 (1929).

[2] Katsch: Verh. Ges. Verdgskrkh. **7** (1927).

[3] Alvarez, W. C., Kiyoshi Hosoi, Albon Overgard and Hugo Ascanio: Der Einfluß der Nervendegeneration auf den Verdauungstractus nach Durchschneidung von Vagus und Splanchnicus. Amer. J. Physiol. **90**, 631—655 (1929).

[4] Alvarez, W. C., and Kiyoshi Hosoi: Die Reizbarkeit des Dünndarms. Amer. J. Physiol. **89**, 182—186 (1929).

[5] Alvarez, W. C., and Kiyoshi Hosoi: Die experimentelle Umkehrung der Zunahme der Reizbarkeit des Dünndarms (Amer. J. Physiol. **89**, 187—200 (1929).

befördert werden[1]. Mit der Reizbarkeit hängt zusammen, daß auch die Latenz im Duodenum kürzer, im Dünndarm dagegen länger ist. Für tetanische Reizung beträgt sie etwa 0,2 Sekunden[2]. Bei Kaninchen, deren Rückenmark durchschnitten war, zeigte sich, daß die Peristaltikwellen nach einer lokalen tetanischen Reizung sich in beiden Richtungen, sowohl oral- wie analwärts, fortsetzten. Auf größere Entfernungen geht die Bewegungswelle über Mesenterialnerven, die sehr langsam leiten.

Die Untersuchungen von Cowie[3] haben auch gezeigt, daß die Kontraktionsform von Darmstückchen aus verschiedenen Teilen des Kaninchendarms verschieden ist. Die Zahl der automatischen Kontraktionen nimmt von oben nach unten ab, ebenso Amplitudengröße und Tonus.

Von dem Bulbus duodeni wird auf Grund röntgenologischer Untersuchungen am Menschen betont[4], daß seine Funktion mehr zum Magen als zum Darm gehört. Er ist als ein Reservoir zu betrachten und führt auch unter physiologischen Bedingungen antiperistaltische Bewegungen aus.

Dem Wunsche, die Darmbewegung unter möglichst normalen Bedingungen untersuchen zu können, entsprang auch der Versuch von Barcroft und Robinson[5], die eine Darmschlinge unter die Haut brachten, die Hautmuskelwunde unter der Darmschlinge schlossen und die Darmschlinge mit steriler Vaseline und einem durchsichtigen Fenster bedeckten. Dabei blieben die Darmbewegungen noch lange normal. Die Nahrung wird durch dieses Darmstück weitertransportiert. Die Methode eignet sich zu mancherlei Beobachtungen.

Über die *Wirkung verschiedener Nerven* auf die Darmbewegung hat ebenfalls Alvarez schöne Untersuchungen ausgeführt. Beim Kaninchen sieht man bei Durchschneidung der Vagi sehr gesteigerte Peristaltik. Nach Durchschneidung der Splanchnici ist die Darmbewegung bei den wenigen Tieren, die diese Operation länger überleben, auch gesteigert. Entgegen der herrschenden Auffassung wirken also beide Nerven in gleicher Richtung regulierend und hemmend. Ein Antagonismus ist nur bezüglich künstlicher Reize vorhanden, wobei der Vagus diese Bewegungen hemmt und der Splanchnicus sie fördert. Finklemann[6] zeigt, daß, wenn man durch Reizung der Mesenterialnerven den Dünndarm hemmt, die Hemmungswirkung von diesem Darmstück humoral auf ein anderes übertragen werden kann, so daß angenommen wird, daß im Darm eine adrenalinähnliche, hemmende Substanz entsteht.

Fleisch[7] zeigt, daß am isolierten Dünndarm des Meerschweinchens durch mechanische Reizung ein „Verkürzungsreflex" entsteht, eine oral und anal sich ausbreitende Längskontraktion. Nach Mulzer[8] wird nach Durchschneidung der postganglionären Fasern zum Pylorus und Duodenum der Pylorusreflex zwar

---

[1] Alvarez, W. C., and Kiyoshi Hosoi: Die Latenzperiode der Darmmuskulatur. Amer. J. Physiol. **89**, 201—212 (1929).

[2] Alvarez, W. C., Kiyoshi Hosoi, Mildred Foster and E. C. Woolley: Reizleitung in verschiedenen Dünndarmabschnitten. Amer. J. Physiol. **94**, 448—458 (1930).

[3] Cowie, D. M., John P. Parsons and F. H. Lashmet: Untersuchungen über die Funktion der Darmmuskulatur. Amer. J. Physiol. **88**, 363—368 (1929).

[4] Salmond, R. W. A.: Beobachtungen über die Bewegungen des Duodenalinhaltes mit besonderer Berücksichtigung der Antiperistaltik und der Pylorusregurgitation. Radiology **11**, 453—457 (1928).

[5] Barcroft, J., u. C. S. Robinson: A study of some factors influencing intestinal movements. J. of Physiol. **67**, 211 (1929).

[6] Finklemann, B.: Beobachtungen über Darmlähmungen. J. of Physiol. **70**, VI—VII (1930).

[7] Fleisch, A.: Der Verkürzungsreflex des Darmes. Pflügers Arch. **220**, 512—523 (1928).

[8] Mulzer, H.: Die Tätigkeit des Verdauungskanals nach Durchschneidung der zuführenden Nerven. Pflügers Arch. **222**, 400—408 (1929).

abgeschwächt, aber nicht ganz aufgehoben. Eine ausführliche Analyse des Pylorusreflexes verdanken wir BRAUCH[1], nach Versuchen an Menschen. Fett im Duodenum gibt keinen Pylorusschluß. Vom Duodenum aus wird immer die Motilität des ganzen Magens beeinflußt. — Auf Grund von histologischen Untersuchungen schließt WADDELL auf Reflexbögen innerhalb der Darmwand[2] (s. auch Fußnote [3]). Nach Nicotin und Apocodein sollen in den Nervenzellen des Auerbach-Plexus morphologische Änderungen entstehen. Mit Toluidinblau lassen sich in ihnen Körnchen färben[4]. Die Wirkung von Vagus und Splanchnicus auf den Darm kann durch intravenöse Injektion von K- und Ca-Salzen erhöht, abgeschwächt oder umgekehrt werden[5].

Die Wirkung von psychischen Reizen, Zorn, Erregung, die sich in Hemmung, — Hunger, der sich in Mischbewegung äußert, sind mit der Bauchfenstermethode von HUKUHARA[6] kinematographisch aufgenommen worden. — An einer eingeheilten Thiery-Vella-Fistel beobachteten DRURY und FLOREY[7] bei verschiedenen Reizen die Änderung der Durchblutung, insbesondere auch Gefäßreaktionen beim Schreck.

Nach der Beschreibung von KATSCH[8] kommen am *Dickdarm* Gesamtkontraktionen vor, die einen tonischen Charakter haben und sich mit der Röntgenmethode, z. B. bei der Defäkation klar nachweisen lassen. Kolik ist Vermehrung dieser Kontraktionsform. Auf Grund von Röntgenuntersuchungen hält er Antiperistaltik für eine physiologische Bewegungsform des Dickdarms. OPPENHEIMER[9] gibt mit der Röntgenmethode Beschreibungen der Dickdarmbewegung beim Menschen. Reizung des Colons hat am Magen reflektorische Peristaltik und Antiperistaltik zur Folge[10]. Ebenso Reizung des Appendix oder der Gallenblase[11]. Röntgenologische Beobachtungen an hungernden Ratten von MENVILLE[12] ergaben bei diesen eine deutliche Hypermotilität. Andererseits soll aber der Dickdarm keinen Anteil an den periodischen Funktionen des Magendarmtraktes nehmen. Die Behauptung von GRÜTZNER, daß Lycopodiumkörner durch Antiperistaltik vom Dickdarm bis in den Magen gelangen können, scheint nun endgültig widerlegt zu sein[13].

---

[1] BRAUCH, F.: Pylorusreflexe beim Menschen. Pflügers Arch. **229**, 694 (1932).

[2] WADDELL, M. C.: Nachweis intramuraler Reflexbögen in der Darmwand nach Degeneration der präganglionären Fasern. Proc. Soc. exper. Biol. a. Med. **26**, 867—869 (1929).

[3] ESVELD, L. W. VAN: Über die nervösen Elemente in der Darmwand. Z. mikrosk.-anat. Forsch. **15**, 1—42 (1928).

[4] YOSHIZUMI, Y.: Über die Beziehungen des Auerbachschen Plexus zur Peristaltik. Fukuoka-Ikwadaigaku-Zasshi **22**, dtsch. Zusammenfassung 86—88 (1929). (Japanisch.)

[5] BRANDHENDLER, W.: Über die Umkehr der Wirkung des N. vagus und N. splanchnicus auf die Darmbewegungen unter dem Einflusse von Kalium und Calcium. Naunyn-Schmiedebergs Arch. **138**, 219—227 (1928).

[6] HUKUHARA, T.: Die normale Dünndarmbewegung. (Mit Hilfe der Bauchfenstermethode und Kinematographie.) Pflügers Arch. **226**, 518 (1931)

[7] DRURY, A. N., H. FLOREY and M. E. FLOREY: Die Gefäßreaktionen der Colonschleimhaut beim Erschrecken des Hundes. J. of Physiol. **68**, 173—180 (1929).

[8] KATSCH: Zitiert auf S. 48.

[9] OPPENHEIMER, A.: Physiologie der Dickdarmmotorik. Klin. Wschr. **1931 I**, 201.

[10] SINEL'NIKOW, E.: Zur Frage des Anteils des Dickdarms an der periodischen Tätigkeit des Magendarmtraktes. Russk. fiziol. Ž. **14**, 192—196 (1931). (Russisch.)

[11] SMITH, FRED. M., and GEORGE H. MILLER: Eine Untersuchung über den reflektorischen Einfluß des Colons, des Appendix und der Gallenblase auf den Magen. Amer. J. Physiol. **90**, 518—519 (1929).

[12] MENVILLE, LEON, J., J. N. ANÉ u. S. N. BLACKBERG: Beobachtungen über die Bewegungen des Magendarmkanales hungernder Ratten. Proc. Soc. exper. Biol. a. Med. **28**, 249 (1930).

[13] MALEY, OTTO: Zur Frage des retrograden Transports aus dem Dickdarm in höher gelegene Dünndarmabschnitte. Naunyn-Schmiedebergs Arch. **139**, 38—46 (1929).

Mit den Bewegungen des *embryonalen Darmes* befaßte sich Machii[1]. Bis zum 6. Brütungstage ist der Darm des Hühnerembryos bewegungslos. Dann aber beginnen verschiedene komplizierte Bewegungen. Vom 5. Tage an wirkt Barium schon erregend, vom 6. Tage an Nicotin, vom 7.—8. Tage an hemmt Pilocarpin[2,3]. Am embryonalen Darm wirken Acetylcholin, Atropin, Adrenalin, Physostigmin, Pilocarpin gleichartig.

Sehr merkwürdig ist der Darm der *Schleie* (Tinca vulgaris). Er hat neben einer glatten, eine stark entwickelte quergestreifte Muskulatur. Schon E. Weber, Langendorff und Mahn haben sich mit seiner Physiologie beschäftigt. Neuerdings beschrieben Méhes und Wolsky[4] seine Funktion. Der Darm wird vom Vagus innerviert und zeigt nach Vagusreizung rasche Zuckungen, bzw. Tetanus der quergestreiften und danach langsame tonische Kontraktionen der glatten Muskulatur. Diese bewegen sich bei künstlicher Reizung mit einer Geschwindigkeit von 2 m pro Sek. über den Darm. Unter physiologischen Bedingungen ist die Darmbewegung dagegen sehr langsam. Curare lähmt die Vagusendigungen der quergestreiften, Atropin jene der glatten Muskulatur. Acetylcholin erregt beide Muskelsysteme. Diese sind trotz der gleichen autonomen Innervation funktionell und pharmakologisch gerade so verschieden, wie es für sie typisch ist. Die biologische Bedeutung dieser starken, über den ganzen Darm verteilten quergestreiften Muskulatur ist noch gar nicht geklärt.

Verschiedentlich hat man nun auch die Bewegung des *Darmes vom Menschen* untersucht. Die Bewegungen isolierter, in Ringer-Lösung überlebender Stückchen sind nach Alvarez[5] durchaus ähnlich wie bei dem Hund. Mit der Ballonmethode lassen sich bei Menschen mit Fisteln psychische Wirkungen auf den Tonus des Darmes leicht nachweisen[6,7]. Die Hungerperistaltik geht bei normalen Menschen vom Magen kontinuierlich auf das Duodenum über. Insulin hat ebenso wie auf den Magen, so auch auf das Duodenum eine Wirkung, die in einer Vermehrung und Verlängerung der Kontraktionen besteht, aber diese Insulinreaktion beginnt bereits 15 Minuten vor der Magenreaktion. Die Insulinwirkung wird durch Atropin gehemmt. Übrigens bewirkt Insulin auch am Colon häufigere und stärkere automatische Kontraktionen[8]. Auch die Wirkung verschiedener Substanzen auf die Darmbewegung des Menschen ist mit der Ballonsondenmethode ausführlich untersucht worden. Subcutane Injektionen von Ephetonin mit Paranephrin zusammen gaben Tonusabnahme der Magenmuskulatur. — Der überlebende Appendix des

---

[1] Machii, H.: Physiologische Untersuchungen am embryonalen Hühnerdarm. Fol. jap. pharmacol. **10**, dtsch. Zusammenfassung 10—11 (1930).

[2] Machii, H.: Pharmakologische Untersuchungen am embryonalen Hühnerdarm. Fol. jap. pharmacol. **10**, dtsch. Zusammenfassung 11—12 (1930).

[3] Suma, K.: Über die Beziehung zwischen der Wirkung verschiedener Pharmaca auf den Darm von Hühnerembryo sowie vom neuausgebrüteten Küchlein und der Entwicklungsstufen des Darmes. I. Mitt. Fol. jap. pharmacol. **12**, H. 1, dtsch. Zusammenfassung 2 (1931).

[4] J. Méhes u. A. Wolszky: Untersuchungen an der quergestreiften Muskulatur des Darmes der Schleie. (Tinca vulg.) Arb. d. Ung. Biol. Forschungsinstitutes **5** (1932); siehe dort auch die ältere Literatur.

[5] Ascanio, H., and W. C. Alvarez: Untersuchungen am Darmmuskel des Menschen. Amer. J. Physiol. **90**, 607—610 (1929).

[6] Alvarez, W. C.: Physiologische Untersuchungen über die motorische Tätigkeit des Magens und Darmes des Mannes. Amer. J. Physiol. **88**, 650—662 (1929).

[7] Quigley, J. P., and E. I. Solomon: Wirkung des Insulins auf die Motilität des Gastrointestinaltraktes. V a) Wirkung auf das menschliche Duodenum. b) Wirkung auf das Colon des Hundes. Amer. J. Physiol. **91**, 488—495 (1930).

[8] Herforth, Tilla: Über die Beeinflussung des Magentonus durch Cholin, Ephetonin und Ephedralin. Z. exper. Med. **76**, 463—466 (1931).

Menschen macht rhythmische Bewegungen, hat jedoch keine Peristaltik[1]. (Über Pylorusreflexe und Dickdarmbewegung s. oben.)

Vielfach untersucht sind immer noch die Bewegungen von einzelnen *isolierten Darmstückchen* und ihre Reaktion auf verschiedene Substanzen. Die drei verschiedenen Typen der Kontraktion werden z. B. von COWIE[2] an der Längsmuskulatur des Dünndarms des Kaninchens beschrieben. Auch MAGEE und ANDERSON[3] besprechen die drei verschiedenen Bewegungsformen und heben hervor, daß sie bei zu Skorbut führender Ernährung gleichzeitig mit der Erregbarkeit des Darmes sich ändern.

Sehr zu beachten ist, daß in Bestätigung eines älteren Befundes von GAYDA nach HOCKETT[4] am Meerschweinchendarm die Rings- und Längsmuskelschicht sich gegenüber Adrenalin verschieden verhält. Während die Ringsmuskelschicht erschlafft, zeigt der Längsmuskel das nicht.

Eine Reihe von neuen Untersuchungen beschäftigt sich mit den Bedingungen der normalen Bewegung von isolierten Dünndarmstücken nach der Methode von MAGNUS. Ihr Optimum sei nach einer Angabe[5] bei p_H 9,1, und verschiedene Alkaloidwirkungen würden sich erklären durch Änderung der Wasserstoffionenkonzentration. Glaubhafter ist, was auch angegeben wird, daß p_H 7,3 das Optimum sei. Die Wirkung von verschiedenen Substanzen hängt weitgehend von der Reaktion ab. Bei alkalischer Reaktion wirkt Adrenalin bedeutend stärker. Nach McCALLUM und MAGEE[6] hat Bicarbonat und Phosphat in der Speiseflüssigkeit nicht nur Puffer, sondern spezifische Wirkungen. Auch SOLLMANN[7] u. M. zeigen, daß Na-Bicarbonat eine spezifische, nicht von der Reaktionsänderung abhängige Tonus- und Peristaltikvermehrung macht. Eine neue Idee bringen in diese Reizfragen MAGEE und SOUTHGATE[8], indem sie die Wirkung von Salzlösung auf die Bewegung von isolierten Darmstücken so prüfen, daß die verschiedenen Salzlösungen in das Innere des Darmstückes gebracht werden. Gegen diese Anwendung sind die Därme weitgehend unempfindlich. Tötet man aber die Schleimhaut ab, dann beobachtet man bald infolge der jetzt beschleunigten Diffusion, Änderungen der Muskelbewegung als Reizwirkungen.

Methodisch interessant ist die Beobachtung von ALVAREZ[9], daß man beim getöteten Kaninchen recht lange die Därme aufbewahren kann, wenn man die

---

[1] RAGNOTTI, E.: Experimentelle Untersuchungen über die motorische Funktion des Wurmfortsatzes unter normalen und pathologischen Bedingungen. Arch. ital. Chir. **28**, 209 (1931).

[2] COWIE, D. M., and F. H. LASHMET: Untersuchungen über die Funktion der Darmmuskulatur. II. Längsmuskulatur des Kaninchens. Analyse von Kurven mit Kontraktionen von ausgeschnittenen Segmenten in sauerstoffgesättigter Lockelösung. Amer. J. Physiol. **88**, 369—385 (1929).

[3] MAGEE, H. E., WM. ANDERSON and J. McCALLUM: Einige Fernwirkungen ungenügender Nahrung auf die rhythmischen Bewegungen des isolierten Darmes. Quart. J. exper. Physiol. **19**, 171—179 (1928).

[4] HOCKETT, A. J.: Die reziproke Reaktion der Muskelschichten des Meerschweinchendarms. Proc. Soc. exper. Biol. a. Med. **26**, 813—814 (1929).

[5] SUCKOW, G. R., and G. E. BURGET: Die Rolle der isolierten Streifenpräparate von Darm und Uterus auf Adrenalin bei verschiedener p_H der Badflüssigkeit. Amer. J. Physiol. **88**, 143—150 (1929).

[6] McCALLUM, J. W., and H. E. MAGEE: Der Einfluß von Bicarbonat und Phosphat auf die Bewegungen des überlebenden Darmes. Quart. J. exper. Physiol. **20**, 21—28 (1930).

[7] SOLLMANN, T., W. F. v. OETTINGEN and Y. ISHIKAWA: Die Einwirkungen von Bicarbonatpuffern und von CO_2 auf die motorischen Funktionen des überlebenden Kaninchendünndarmes. Amer. J. Physiol. **86**, 661—674 (1928).

[8] MAGEE, H. E., and B. A. SOUTHGATE: Beeinflussung der Darmbewegung durch Elektrolyte im Inneren isolierter Abschnitte. J. of Physiol. **68**, 67—79 (1929).

[9] ASCANIO, H., and W. C. ALVAREZ: Faktoren, die die Erhaltung der Eingeweiderhythmen nach dem Tode beeinflussen. Amer. J. Physiol. **90**, 611—616 (1929).

Bauchhöhle mit eisgekühlter Locke-Lösung füllt und die Tiere dann im Eiskasten aufhebt. Füllt man die Bauchhöhle nicht, dann hören die Darmbewegungen durch Bildung von toxischen Substanzen bald endgültig auf. Zur Vorsicht bei der Untersuchung von Darmbewegungen mahnen auch die Untersuchungen von Kratinov[1], der zeigt, daß das sonst sehr wirksame Cholin in Äther- und Chloroformnarkose unwirksam auf die Darmbewegung ist[2,3,4]. Bezüglich der Wirkung verschiedener Substanzen sei noch erwähnt, daß hypertonische Salzlösung peristaltische Bewegung hervorruft, welche nur zum Teil durch erhöhte Wandspannung infolge vermehrter Wassersekretion erklärbar ist[5]. Kochsalzinjektionen[6] geben am ganzen Dünndarm, weniger ausgesprochen am Dickdarm, kleine, sich beständig vergrößernde Kontraktionen. Auch ein durch Atropin oder Chloroform gelähmter Darm kann durch 10 ccm 20proz. NaCl wieder zur Bewegung gebracht werden. Eine Analyse der Hg-Wirkung[7] zeigt, daß dieses im Dünndarm erregend auf den Parasympathicus und hemmend auf den Auerbach-Plexus wirkt. Quaternäre Ammoniumbasen[8] steigern die Darmbewegung durch Wirkung auf die parasympathischen Nervenendigungen und auch auf die Ganglien. Histamin[9] gibt zuerst Kontraktion, dann Hemmung am Darm.

Diese letzteren Arbeiten pharmakologischen Inhalts zeigen wieder, daß es in Zukunft von größter Wichtigkeit sein wird, die Analysen einer Wirkung nicht nur am isolierten Präparat, sondern immer auch am Gesamtdarm zu machen[10].

---

[1] Kratinoff, A. G., u. M. A. Novikowa: Über den Einfluß des Cholins auf die Bewegungen des Verdauungstraktes. Z. exper. Med. **65**, 427—440 (1929).

[2] Babsky, E., u. M. Eidinowa: Beiträge zum Studium der motorischen Tätigkeit des Dünndarms. II. Mitt. Über den Einfluß des Dünndarmsaftes auf die motorische Funktion des Dünndarms. Pflügers Arch. **222**, 649—655 (1929).

[3] Babsky, E., u. M. Eidinowa: Beiträge zum Studium der motorischen Tätigkeit des Dünndarms. III. Mitt. Über den Cholineinfluß auf die motorische Funktion des Dünndarms. Pflügers Arch. **222**, 656—661 (1929).

[4] Hamne, B.: Untersuchungen über die Motalität des überlebenden Darmes bei Fiebertemperaturen. (Mit einer Bemerkung über Antiperistaltik.) Uppsala Läk.för. Förh. **34**, 731 bis 767 (1928).

[5] Dreyer, N. B.: Der Einfluß salinischer Abführmittel auf den Dünndarm. Arch. internat. Pharmacodynamie **36**, 435—448 (1930).

[6] Bouisset, L., et P. Fabre: Wirkung hypertonischer Kochsalzlösungen auf die Darmtätigkeit. C. r. Soc. Biol. Paris **104**, 462—465 (1930).

[7] Salant, W., and K. Brodman: Die Wirkung des Quecksilbers auf die Darmbewegungen. J. of Pharmacol. **37**, 55—66 (1929).

[8] Provinciali, C.: Über die pharmakologische Wirkung der quaternären Ammoniumbasen. Die Wirkung auf Organe mit glatten Muskeln. Arch. Ist. biochim. ital. **2**, 367—398 (1930).

[9] MacKay: Motorische Reaktionen des Dünndarmes auf Histamin. Trans. roy. Soc. Canada **24**, 197 (1930).

[10] Waucomont, R.: Untersuchungen über die allgemeine Pharmakodynamik des Darmes. Arch. internat. Pharmacodynamie **36**, 285—386 (1929).

Bd. III.

Funktionelle Anatomie und Histophysiologie der Verdauungsdrüsen

(S. 547—681).

Von

FRANZ GROEBBELS — Hamburg.

Aus den Arbeiten, die über die funktionelle Anatomie und Histophysiologie der Verdauungsdrüsen seit 1926 erschienen sind, sind folgende Befunde besonders erwähnenswert. Im Oesophagus der Nagetiere ist die Muscularis mucosae im allgemeinen dünner als bei Insektivoren und beginnt mit Ausnahme von Myoxus glis erst etwas unterhalb des oberen Oesophagusabschnittes. Bei Myoxus reichen Belegzellen des Magens in den kardialen Abschnitt der Speiseröhre hinein[1]. Die *Oesophagusdrüsen* entstehen beim Hühnerembryo am 16. Tage zunächst als solide Epithelzapfen, die sich zu Hohlräumen umwandeln, die mit seröser Flüssigkeit gefüllt sind. Am 19. Tage der Bebrütung reißen diese Hohlräume nach innen durch und es beginnt die Schleimsekretion. In keinem Stadium der Entwicklung läßt sich in der Speiseröhre des Huhnes Flimmerepithel nachweisen[2]. Die histologischen Veränderungen, die bei Tauben beiderlei Geschlechts zur Brutzeit zur Bildung der Kropfmilch führen, dauern 35 Tage, vom 8. Bruttage bis zum 26. Tage nach dem Schlüpfen. Sie bestehen in einer Verdickung des Epithels um das 7—8fache gegenüber dem Ruhestadium, einer fettigen Degeneration und Abstoßung der Epithelzellen der inneren Schichten und einer stärkeren Vascularisierung, namentlich der Keimschicht. Die Chondriosomen vergrößern sich bei dem Prozeß, gehen aber nicht in die Fetttropfen über, das GOLGIsche Binnennetz der Epithelzellen wird weitmaschiger[3].

Im Pylorus von Acipenser ruthenus fehlen Magendrüsen ganz, in der Kardia sind neben Flimmerzellen, die sich in Schleimzellen umwandeln können, acidophil gekörnte Becherzellen, basophil gekörnte Schleimzellen und auch echte gelbe Zellen vorhanden[4]. Der Magen der Kolibris besitzt nach eigenen Untersuchungen einen abweichenden Bau, indem am Übergang von Drüsen- in Muskelmagen ein besonderer Magenraum beigeschaltet ist, dessen Innenwandung aus geschichtetem Plattenepithel mit spärlichen Schleimdrüsenalveolen besteht. Es dürfte dieser Raum der Verarbeitung der Insekten dienen, die bekanntlich den Kolibris neben dem Blütennektar als Nahrung dienen. Im Muskelmagen wird bei Hühnerembryonen am 9. Bebrütungstage eine Schicht fermenthaltigen Sekretes gebildet, die wieder schwindet. Am 12. bis 14. Tage hebt sich diese Schicht vom Cuticularsaum des Epithels durch einen Spalt ab und wird bis zum 19. Tage vollständig aufgelöst. Um diese Zeit beginnen die Drüsenschläuche zu sezer-

---

[1] STEINITZ, E.: Anat. Anz. **72**, 433 (1931).
[2] SCHUMACHER, S.: Anat. Anz. **60**, Erg.-H., 58 (1925).
[3] LITWER, G.: Z. Zellforschg **3**, 695 (1926).
[4] ROGOSINA, MARIE: Z. mikrosk.-anat. Forschg **20**, 298 (1930).

nieren, und beim ausgeschlüpften Hühnchen ist die Cuticula vollständig fertig vorhanden[1].

In der *Magenstraße des Säugetiermagens* fehlt die Korpusschleimhaut bei Maulwurf, Kaninchen und Ratte vollständig oder ist wie bei anderen Säugern nur an bestimmten Stellen vorhanden. Eine von Hauptzellen freie Intermediärzone fehlt bei Maulwurf, Hase, Reh und Ziege[2]. Oberflächenepithel und Grübchenzellen im Magen von Rind, Schaf und Pferd besitzen einen Stäbchensaum[3]. Die Magenschleimhaut des Menschen vergrößert sich vom 6. Fetalmonat bis zur Geburt um das 54,46fache, von der Geburt bis zur Pubertät um das 13,42fache[4]. Die Belegzellen werden als Fermentbildner bezeichnet[5].

Bei Hund, Katze und Kaninchen finden sich in den Belegzellen oxyphile Granula, die sich bei der Sekretion an der Zellperipherie anhäufen, während um den Kern basophile Substanz als Sekret auftritt. Die Granula der Belegzellen nehmen bei der Sekretion nicht merklich ab, es läßt sich eine Umwandlung von Körnchen in Fädchen beobachten, besonders bei Erschöpfung der Zelle. In den Hauptzellen werden die Granula mit der Sekretion zahlreicher und wandeln sich zu Fädchen um, während sie in Ruhe wieder abnehmen[6]. Der Golgiapparat ist in beiden Zellarten an der Sekretion beteiligt. In der tätigen Belegzelle erscheint er in Körnchen osmophiler Substanz zerfallen, in den Hauptzellen zerfällt er bei der Sekretausstoßung gleichfalls. Die Substanz des Golgiapparates soll der lipoide Anteil der Plasmosomen sein. Er ist auch in den Zellen des Pylorus und des Oberflächenepithels nachweisbar[7]. Bei Katze und Kaninchen erscheint er im Hunger in den Hauptzellen verkleinert, nach Pilocarpininjektion vergrößert, nach Atropin geschrumpft. Im Oberflächenepithel erleidet er bei der Sekretion keine Veränderungen[8].

In der *Leber* des Kaninchens überwiegen die zweikernigen Zellen, es kommen auch drei-, vier- und sogar fünfkernige Zellen vor. Die Umwandlung von zweikernigen in einkernige Zellen geschieht durch Zerfall eines der beiden Kerne[9]. Für das gespeicherte Eiweiß schlägt Berg[10] die Bezeichnung Stalagmoid vor. Das Leberglykogen erscheint beim Kaninchenembryo am 21. Tage erst in den Gefäßwänden, später auch in den Leberzellen und vermehrt sich dann bis zum Ende der Tragzeit[11]. Fett findet sich bei Haustieren oft in den Sternzellen und auch in den Gallengangepithelien[12]. Es wird durch die Sternzellen übernommen und von dort an die Leberzellen weiter gegeben[13]. Nach Cholesterinverfütterung konnte das Leberfett beim Hunde eine Zunahme erfahren[14]. Die Plasmosomen sind an der Fettablagerung beteiligt. Nach Injektion von Triolein trat in den Leberzellen zunächst ein Phosphatid auf, nach einigen Stunden reichlich Fettsäure, nach 12—24 Stunden Neutralfett. Injizierte Cholesterinemulsionen ließen

[1] Cornselius, C.: Morph. Jb. **54**, 507 (1925).
[2] Billenkamp, H.: Beitr. path. Anat. **82**, 475 (1929).
[3] Tehver, J.: Anat. Anz. **68**, 255 (1929).
[4] Scott, G. H.: Anat. Rec. **43**, 131 (1929).
[5] Laroche, N. et R.: Archives d'Anat. **6**, 187 (1926).
[6] Lim, R. K. S., and W. C. Ma: Quart. J. exper. Physiol. **16**, 87 (1926).
[7] Ma, Wen Chao, R. K. S. Lim and An-Chéang Liu: Chin. J. Physiol. **1**, 305 (1927). — Ling, Liu and Lim: Ebenda **2**, 305 (1927).
[8] Aoyama, F.: Z. Zellforschg **12**, 179 (1930).
[9] Clara, M.: Z. mikrosk.-anat. Forschg **26**, 45 (1931).
[10] Berg, W.: Z. mikrosk.-anat. Forschg **12**, 1 (1927).
[11] Maruyama, J.: Okayama-Igakkai-Zasshi (jap.) **39**, 998 (1927).
[12] Sysak, N., u. W. Borowskyi: Arch. Tierheilk. **53**, 478 (1926).
[13] Jaffé and Berman: Arch. of Path. **5**, 1020 (1928).
[14] Arndt u. Müller: Z. exper. Med. **54**, 391 (1927).

sich zuerst als Ester und später als Lipoid und Neutralfett nachweisen[1]. Die in gefärbten Präparaten der Froschleber nachweisbaren Granula sind mit denen im unfixierten Präparat identisch[2]. In der Kaninchenleber[3] und auch in der Leber des Menschen[4] steht die Zahl der Mitochondrien in umgekehrten Verhältnis zum Glykogengehalt der Leberzelle. In glykogenhaltigen Zellen ist die Zahl geringer. Beim hungernden Kaninchen erscheinen sehr kleine und gleichmäßig verteilte Stäbchen, nach Gallengangunterbindung werden sie zu Kügelchen[3]. Nach Injektion von gefäßkontrahierenden Mitteln zerfällt der Golgiapparat der Leberzellen in Körnchen[5], nach Traubenzuckerinjektion erscheint er als Ausdruck einer Beteiligung an der Zuckerassimilation vergrößert[6]. Unter verschiedenen Laboratoriumstieren besaßen Ratte und Kaninchen die größten, Schwein und Meerschweinchen die wenigsten Sternzellen[7]. Die Sternzellen eines gesunden Mannes erschienen im intermediären und zentralen Teil der Leberläppchen mehr langgestreckt, im Randgebiet mehr sternförmig. Sie lagen immer der Capillarwandung an, enthielten phagocytierte weiße Blutelemente, aber nie Erythrocyten[8]. Injizierte Tusche[9], Eisenzucker und Trypanblau[10] wurden zunächst in ihnen gespeichert und gingen von dort auf die Leberzellen über. Die Speicherung von Tusche und Eisen zugleich blockierte sich nicht gegenseitig. Die Speicherung des Eisens war bei eiweißreicher Kost in den Leberzellen geringer, bei Unterernährung größer[11]. Bei menschlichen Feten war das Maximum an Eisen am Ende des 5. und Anfang des 6. Monats nachzuweisen, die Eisenspeicherung nahm dann wieder ab, um vor der Geburt aufs neue anzusteigen[12]. Wenig Eisenablagerung fand sich in der Leber des Rindes, bei Pferdefeten waren Spuren von Eisen in den Sternzellen nachweisbar, bei ausgewachsenen Pferden ließ sich Eisen in Sternzellen und Leberzellen, bei alten Pferden auch in den Gallengängen nachweisen. Beim Schwein war fetal und nach der Geburt Eisen in den Sternzellen vorhanden, aber selten in den Leberzellen selber, beim ausgewachsenen Schaf fehlte Eisen in der Leber überhaupt[13].

Das *Pankreas* entsteht aus Epithelverdickungen des Mitteldarmes in einer dorsalen und zwei ventralen Anlagen[14,15]. Beim Vogel ist neben dem dorsalen und ventralen Hauptlappen ein dritter kleinerer Lappen, der Lobus juxtasplenicus oder das Milzsegment vorhanden[16]. Die Beobachtung der lebenden Drüse von Kaninchen, Maus und Frosch unter dem Mikroskop ergab eine Ausscheidung von Zymogenkörnchen und Flüssigkeitstropfen durch die Zellen der Endstücke in das Lumen. Intracelluläre Vakuolen schienen die Zymogenkörnchen zu verflüssigen. Pilocarpin und Sekretin steigerte die Vorgänge[17]. Beim Murmeltier war das Pankreas im Winterschlaf verkleinert, glykogenärmer, der Komplex der LANGERHANSschen Inseln vergrößert[18].

---

[1] KIM, CH.: Trans. jap. path. Soc. **19**, 128 (1929).
[2] NOLL, A.: Z. Zellforschg **9**, 281 (1929).
[3] OKUSHI, J.: Trans. jap. path. Soc. **18**, 145 (1929).
[4] TANIGUCHI, K.: Trans. jap. path. Soc. **18**, 140 (1929).
[5] KOBAJASHI, H.: Okayama-Igakkai-Zasshi **42**, 2108 (1930).
[6] SHIRASAKI, M., u. H. KOBAJASHI: Okayama-Igakkai-Zasshi **42**, 1959 (1930).
[7] HIGGINS, G. M., and G. T. MURPHY: Anat. Rec. **40**, 15 (1928).
[8] PFUHL, W.: Z. mikrosk.-anat. Forschg **10**, 207 (1927).
[9] KOSUKI, T., and CH. KIM: Trans. jap. path. Soc. **18**, 378 (1929).
[10] RADT, P.: Z. exper. Med. **69**, 721 (1930).
[11] SCHWARZ: Virchows Arch. **269**, 638 (1928).
[12] BOECKER, P.: Zbl. Path. **41**, 193 (1927).   [13] SYSAK u. BOROWSKYI: Zitiert auf S. 55.
[14] STURE A. SIVE: Morph. Jb. **57**, 84 (1927).
[15] MURAYAMA, T.: Okayama-Igakkai-Zasshi **42**, 2746 (1930).
[16] CLARA, M.: Monit. zool. ital. **39**, 120 (1928) — Anat. Anz. **57**, 257 (1924).
[17] COVELL, W. P.: Anat. Rec. **40**, 213 (1928).
[18] BIERRY, H., et M. KOLLMANN: C. r. Sioc. Biol. Paris **99**, 456 (1928).

In den Drüsen der Ausführungsgänge des Vogelpankreas sind zweierlei Arten von Sekretion vorhanden, Bildung von Mucin und Bildung einer unbekannten chemischen Substanz. Das Sekret kann hier nach dem Typus der blasenförmigen Sekretion die Zelle verlassen[1]. Nach Unterbindung oder Resektion der Ausführungsgänge schwanden beim Kaninchen die Zymogenkörnchen unter Atrophie der Acinuszellen am 33. Tage[2], bei Affe und Hund wandelten sich die Epithelzellen unter vorausgehender Hyperplasie und Hypertrophie in reticuläres Gewebe um, das dann degenerierte[3].

Die Zellen der Brunner*schen Drüsen* des Säugetierdarmes wurden aufs neue als selbständige Zellart bestätigt[4,5]. Bei Hühnerembryonen ließ sich Glykogen am 7. Bebrütungstage im Darmepithel nachweisen und schwand später wieder, im Darmrohr früher als in der Leber[6]. Es war bei diesen Embryonen in der Mitte der Embryonalperiode vor allem im Colon vorhanden, am Ende der Entwicklung hingegen in Duodenum und Coecum[7]. Beim Meerschweinchen, das eine langsame Entwicklung hat, nahm es im Embryonalleben im Darme zu, bei Hund und Kaninchen hingegen, deren Entwicklung schneller erfolgt, nahm es im Laufe des Embryonallebens ab[8]. Daß die in der Schleimhaut nachweisbare Substanz auch aus dem Blutzucker aufgebaut werden kann, wurde durch ihre Bildung im beiderseits abgebundenen Coecum des Kaninchens nach enteraler Zuckerzufuhr bewiesen[9]. Wurden Fledermäuse nach dem Winterschlaf mit Fett gefüttert, so trat es innerhalb von 10—15 Minuten zuerst in den Zottenspitzen auf. Die maximale Füllung der Darmepithelzellen mit Fett war bei diesen Tieren nach $1^1/_2$—2 Stunden erreicht, bei der Maus 4—5 Stunden, beim Sommerfrosch 24 Stunden nach der Fütterung. Färberisch ließ sich nachweisen, daß entgegen der zumeist noch herrschenden Auffassung Fettsäuren direkt durch den Cuticularsaum in die Zelle treten, diese durchwandern und ohne Synthese sofort in die Chylusbahn übergehen. Die Synthese der Spaltungskomponenten zu Neutralfett ist nur eine begleitende Erscheinung. Der Golgiapparat erfährt bei der Fettresorption eine Anreicherung mit Lipoiden, eine Verkürzung und Lageänderung[10]. Bei Maus[11] und Meerschweinchen[12] tritt nach längerem Hungern eine Abstoßung und Degeneration der Zellen der Zottenspitzen ein. Die basalgekörnten oder enterochromaffinen Zellen des Darmes wurden in ihrem Vorkommen weiter verfolgt und für den Darm der Fische[13], vieler Reptilien[14], des Frosches, des Salamanders, der Schildkröte und des Krokodils nachgewiesen[15]. Auf Pilocarpin schwanden die Granula dieser Zellen zuerst basal[16]. Paneth*sche Zellen wurden im Darm der Schlangen vermißt[14].

[1] Clara, M.: Arch. ital. Anat. **27**, 195 (1929).
[2] Ukai, S.: Mitt. Path. (Sendai) **3**, 27 (1926).
[3] Retterer, Ed.: C. r. Soc. Biol. Paris **96**, 22, 98 (1927).
[4] Tschassownikow, N.: Anat. Anz. **65**, 28 (1928).
[5] Nagele, V.: Anat. Anz. **68**, 181 (1929).
[6] Jordan, P.: Z. Zellforschg **6**, 558 (1927).
[7] Maruyama, J.: Okayama-Igakkai-Zasshi (jap.) **41**, 1147 (1929).
[8] Maruyama, J.: Okayama-Igakkai-Zasshi (jap.) **40**, 1296 (1928).
[9] Yoshida, H.: Trans. jap. path. Soc. **14**, 221 (1924).
[10] Wiener, P.: Z. mikrosk.-anat. Forschg **13**, 197 (1928).
[11] Tsung Pang Sun: Chin. J. Physiol. **1**, 1 (1927).
[12] Frazzetto, S.: Atti Soc. cult. Sci. Med. e Nat. Cagliari **32**, 129 (1930).
[13] Filippi, P. de: Boll. Soc. med.-chir. Pavia **44**, 441 (1930).
[14] Vialli, M.: Archives de Biol. **39**, 527 (1929).
[15] Törö, Imre: Magy. orv. Arch. **30**, 231 (1929) — Z. Anat. **94**, 1 (1931).
[16] Cordier, R.: Archives de Biol. **36**, 427 (1926).

Bd. III.

Physikalische Eigenschaften und chemische Zusammensetzung der Verdauungssäfte unter normalen und abnormen Bedingungen.

(S. 819—875).

Von

R. ROSEMANN — Münster i. W.

1. Speichel.

Zu S. 822: Bei der Durchspülung einer isolierten Speicheldrüse, deren Nerven degeneriert sind, bewirkt Steigerung des $CaCl_2$-Gehaltes der Durchströmungsflüssigkeit starke Vermehrung, Steigerung des KCl-Gehaltes Verminderung der Absonderung (NIKOLAJEV[1]). Zahlreiche Angaben über die Wirkung von Säuren und Salzen auf die Speichelabsonderung finden sich bei EDDY[2]. *Acetylcholin* (ANOCHIN und ANOCHINA-IVANOVA[3]) und *Histamin* (KLEITMAN[4], MACKEY[5]) wirken vermehrend. *Atropin*, das im allgemeinen die Speichelabsonderung aufhebt, erregt in sehr kleinen Gaben von der Schleimhaut der Zunge aus starken Speichelfluß (BLUME[6]).

Zu S. 824: RICH[7] fand p_H des Speichels bei 57 Personen zu durchschnittlich 6,82 (5,92—7,38), MAYR[8] zu 5,0—8,5.

Zu S. 825: Nach HENDERSON und MILLET[9] sinkt p_H des Speichels nach den Mahlzeiten, steigt in der Zeit zwischen den Mahlzeiten und erreicht den Neutralitätspunkt, wenn keine Nahrung genommen wird; $p_H = 6,0—7,4$.

Zu S. 826: Über die starken Schwankungen in der Zusammensetzung des Speichels vgl. CLARK und LEVINE[10].

Zu S. 827: Zahlreiche Angaben über den P-Gehalt des Speichels s. bei ENTIN und GEIKIN[11].

---

[1] NIKOLAJEV, O. W.: Über d. Wirk. v. K- und Ca-Ionen auf d. Funktion der isolierten Speicheldrüse. Pflügers Arch. **226**, 689 (1931).

[2] EDDY, N. B.: The effect upon salivary secretion of the intravenous administration of sodium bicarbonate, sodium carbonate, sodium hydroxide, sodium chloride, sodium sulphate etc. Quart. J. exper. Physiol. **20**, 313 (1930).

[3] ANOCHIN, P., u. A. ANOCHINA-IVANOVA: Üb. d. vasomotor. u. sekretor. Reaktion d. Speicheldrüse auf Einführ. v. Acetylcholin. Pflügers Arch. **222**, 478 (1929).

[4] KLEITMAN, N.: Effect of histamine upon the salivary flow induced by pilocarpine. Proc. Soc. exper. Biol. a. Med. **28**, 134 (1930).

[5] MACKEY, M. E.: Histamine a. salivary secretion. Amer. J. Physiol. **82**, 546 (1927).

[6] BLUME, W.: Üb. eine erregende Wirk. d. Atropins auf d. Speicheldrüsen. Arch. f. exper. Path. **127**, 153 (1928).

[7] RICH, G. J.: The reaction of human mixed saliva. Quart. J. exper. Physiol. **17**, 53 (1927).

[8] MAYR, J. K.: Unters. z. Funktion d. Speichels. Klin. Wschr. **1931**, 1257.

[9] HENDERSON, M., u. J. A. P. MILLET: On the hydrogen ion determination of normal saliva. J. of biol. Chem. **75**, 559 (1927).

[10] CLARK, G. W., u. L. LEVINE: Inorganic constituents of human saliva. Amer. J. Physiol. **81**, 264 (1927).

[11] ENTIN, A. D., u. M. K. GEIKIN: Üb. d. Phosphorgehalt im Speichel. Dtsch. Mschr. Zahnheilk. **46**, 867 (1928).

Zu S. 830: Das *Mucin* des Speichels untersuchte Inouye[1]. *Cholin* wies Uchida[2], *Lipoide* und *Phosphatide* Weber[3] nach.

Zu S. 831: Den *Rhodangehalt* des Speichels fand Singelnstein[4] bei Männern 0,0084, bei Frauen 0,0042, bei Kindern 0,0036, bei Schwangeren 0,00507, bei Luetikerinnen 0,00729%.

Zu S. 835: Über den NH_3-*Gehalt* des Speichels vgl. Frank[5], über die *Harnstoff*ausscheidung bei Gesunden und bei Nierenkranken Simmel und Küntscher[6], Falkenheim[7], Gosmann[8].

Zu S. 837: Nach Jeangros[9] treten *Glykose* und die anderen *Zucker* auch nach Erzeugung einer hydrämischen Plethora durch Einspritzung von 0,9% Kochsalzlösung und Anregung der Absonderung durch Pilocarpin *nicht* in den Speichel über. Entin und Schmidt[10] fanden im menschlichen Speichel zwar etwas reduzierende Substanz, aber keinen gärenden Zucker. Hirayama[11] fand auch beim Hunde keinen Einfluß des Phlorrhizins auf die Zuckerausscheidung im Speichel. *Hypophysenvorderlappenhormon* und *Follikelhormon* wird nach Trancu-Rainer[12] im Speichel während der Schwangerschaft ausgeschieden.

2. Magensaft.

Zu S. 841: Stary und Mahler[13] fanden bei 2 Versuchspersonen, daß das in 12 Stunden vom Magen ausgeschiedene Wasser 30 bzw. 60% des gesamten Blutwassers, das ausgeschiedene Chlorid 31 bzw. 66% des gesamten Blutchlors, die ausgeschiedene Salzsäure 4 bzw. 7,4% des gesamten Blutchlors betrug.

Zu S. 843: Die *Viscosität* des Magensaftes nach Probefrühstück fand Klawansky[14] zu 1,2—1,85, die des nüchternen Magensaftes zu 1,28—12,8; die letzte Zahl dürfte wohl auf starke Schleimbeimengung zu beziehen sein. Über das polarimetrische Verhalten normaler und krankhafter Magensäfte s. Delhougne[15].

Hollander[16] fand p_H des Hundemagensaftes in Übereinstimmung mit meinen Befunden = 0,90.

---

[1] Inouye, J. M.: Biochem. studies of salivary mucin. J. dent. Res. **10**, 7 (1930) — zitiert nach Ber. Physiol. **56**, 241.

[2] Uchida, K.: Einfl. d. vegetat. Nerven auf d. Cholingehalt d. Speichels. Z. exper. Med. **62**, 671 (1928).

[3] Weber, R.: Üb. d. Phosphorsäure d. Speichels. Z. Stomat. **28**, 223 (1930) — zitiert nach Ber. Physiol. **56**, 307.

[4] Singelnstein, J.: Ein Beitr. z. Lösung d. Rhodanfrage. Erg. Zahnheilk. **7**, 142 (1923). — Vgl. Schmeink: Inaug.-Dissert. Münster 1932 (im Erscheinen).

[5] Frank, R.: Üb. d. Ammoniakgehalt d. Speichels. Dtsch. Mschr. Zahnheilk. **47**, 657 (1929).

[6] Simmel, H., u. G. Küntscher: Die Prüf. d. Nierenfunktion d. Bestimm. d. Harnstoffs im Speichel. Dtsch. med. Wschr. **1925**, Nr 46.

[7] Falkenheim, C.: Der Speichelharnstoffgehalt unter norm. Verhältn. Z. Kinderheilk. **41**, 530 (1926).

[8] Gosmann, W.: Üb. Ergebn. d. Speichelharnstoffbelastung. Dtsch. Arch. klin. Med. **162**, 108 (1928).

[9] Jeangros, J.: Zur Frage d. Ausscheid. d. Zuckerarten durch d. Speicheldrüsen. Biochem. Z. **200**, 367 (1928).

[10] Entin, D. A., u. A. A. Schmidt: Üb. d. Glykosegehalt d. menschl. Speichels. Dtsch. Mschr. Zahnheilk. **45**, 710 (1927).

[11] Hirayama, S.: Zuckergehalt d. Verdauungssäfte bei d. mit Phlorrhizin vergift. Hunde. Tohoku J. exper. Med. **6**, 168 (1925).

[12] Trancu-Rainer: Üb. d. Gehalt d. Speichels an Hypophysenvorderlappenhormon. Zbl. Gynäk. **1931**, 1971 — C. r. Soc. Biol. Paris **106**, 1001 (1931).

[13] Stary, Z., u. P. Mahler: Bestimm. d. Tagesmengen d. Wasser-, Säure- und Chloridsekretion. Acta med. scand. (Stockh.) **68**, 32 (1928).

[14] Klawansky, G.: Die Viscosität d. Magensaftes im gesunden u. kranken Magen. Arch. Verdgskrkh. **31**, 23 (1923).

[15] Delhougne, F.: Üb. d. polarimetr. Verhalten verschied. Magensäfte. Dtsch. Arch. klin. Med. **169**, 247 (1930).

[16] Hollander, F.: The nature of gastric juice of constant maximum acidity. Proc. Soc. exper. Biol. a. Med. **25**, 486 (1928).

Zu S. 844: GRIMBERT und FLEURY[1] geben die folgende Analyse der Asche von zwei Hundemagensäften:

	1	2
Cl	0,853	0,982
PO_4	0,191	0,146
Na	0,356	0,234
K	0,566	0,685
Ca	0,028	0,033
Mg	Spuren	Spuren
Summe	1,994	2,091

Der höhere Gehalt an PO_4 und Ca, gegenüber meinen Analysen, dürfte auf verschluckten Speichel zurückzuführen sein. Im Mittel aus 4 Versuchen fanden sie 0,637% Trockensubstanz, 0,245% Asche, 0,391% organische Substanz, 0,1025% Cl in der Asche, 0,334% Eiweißkörper (aus N berechnet), 0,0625% übrige organische Bestandteile.

HOESCH[2] gibt an, daß auch im reinen Magensafte *Phosphate* vorhanden seien.

Zu S. 846: Nach INATSUGU[3] sind *Harnsäure* und *Allantoin* normale Bestandteile des Magensaftes, im Hundemagensafte fand er 0,09—0,22 mg% Harnsäure und 2—4,6 mg% Allantoin; nach intravenöser Harnsäureinjektion steigt der Gehalt des Magensaftes an Allantoin, nicht an Harnsäure.

Zu S. 847: Über den *Schleim* des Magensaftes vgl. WEBSTER[4]. LING und Mitarbeiter[5] wiesen *Lipoide* im Magensafte nach. DELHOUGNE[6] fand im normalen Magensaft 2—4 mg% *Phosphor*, bei schweren Veränderungen der Magenschleimhaut mit Subacidität bis zu 20 mg%, meist organischer Herkunft.

Zahlreiche Angaben über den Gehalt des *menschlichen* Magensaftes an *Chloriden* und *Salzsäure* finden sich in der klinischen Literatur (BOENHEIM[7], HEILMEYER[8], DELHOUGNE[9], HOLLER und BLÖCH[10], STARY und MAHLER[11], STEINITZ[12]). Sie stimmen alle mit meiner Vorstellung gut überein, daß die Speicherung

---

[1] GRIMBERT, L., u. P. FLEURY: Sur la composition chimique des sucs gastriques d'histamine. C. r. Soc. Biol. Paris **100**, 244, 312, 404 (1929) — J. Pharmacie **9**, 241, 321 (1929) — Bull. Soc. Chim. biol. Paris **11**, 1105 (1929).

[2] HOESCH, K.: Üb. d. Phosphate im reinen Magensaft. Dtsch. Arch. klin. Med. **165**, 201 (1929).

[3] INATSUGU, Y.: On uric acid a. allantoin in gastric juice. J. of Biochem. **13**, 1 (1931).

[4] WEBSTER, D. R.: The mucus of the gastric juice. Trans. roy. Soc. Canada V. Biol. Sci., s. **24**, 199 (1930) —zitiert nach Ber. Physiol. **61**, 84.

[5] LING, S. M. u. Mitarbeiter: The lipoid metabolism of the stomach. Chin. J. Physiol. **2**, 305 (1928).

[6] DELHOUGNE, F.: Üb. d. Gehalt d. Magensaftes an phosphorhaltigen Substanzen. Dtsch. Arch. klin. Med. **170**, 609 (1931).

[7] BOENHEIM, F.: Beitr. z. Kenntnis d. Chlorstoffwechsels. Z. exper. Med. **12**, 295, 302, 317 (1921).

[8] HEILMEYER, L.: Klin. Beitr. z. Physiol. u. Pathol. d. Magensekretion. Dtsch. Arch. klin. Med. **148**, 273 (1925).

[9] DELHOUGNE, F.: Üb. Salzsäure- u. Chlorkonzentration im reinen Magensaft. Dtsch. Arch. klin. Med. **150**, 70 (1926) — Klin. u. exp. Studien z. verminderten Salzsäure- u. Fermentabscheid. d. Magens. Arch. Verdgskrkh. **45**, 294 (1929).

[10] HOLLER, G., u. J. BLÖCH: Unters. üb. d. Chlorstoffwechsel bei Sekretionsstörungen d. Magens. Arch. Verdgskrkh. **38**, 351, 359 (1926); **39**, 388, 406 (1926) — Wien. klin. Wschr. **39**, Nr 50—51 (1926) — Wien. Arch. inn. Med. **12**, 515 (1926) — Chlorstoffwechsel bei Sekretionsstörungen. Z. klin. Med. **104**, 412 (1926).

[11] STARY, Z., u. P. MAHLER: Üb. d. physiol. Variationsbreite d. Magensaftkonzentration. Z. exper. Med. **58**, 306 (1927) — Zur quant. Bestimm. d. Magenfunktion. Arch. Verdgskrkh. **41**, 355 (1927). — MAHLER, P.: Beitr. z. Chemie d. menschl. Magensaftes. Wien. Arch. inn. Med. **19**, 413 (1930).

[12] STEINITZ, H.: Die Chlorabscheidung d. menschl. Magens. Arch. Verdgskrkh. **42**, 57 (1928).

der Chloride in der Magenschleimhaut und die Abspaltung der Salzsäure aus ihnen zwei getrennte Vorgänge sind, die daher auch unter krankhaften Verhältnissen verschieden beeinflußt werden können. Die Säureabspaltung ist der leichter zu beeinflussende Vorgang, bei Herabsetzung des Säuregehalts des Magensaftes kann der Gesamtchloridgehalt unverändert sein. Die Chloridspeicherung erfolgt aus den Chloriden des Blutes, dem aber sogleich zur Konstanterhaltung seiner Zusammensetzung Chloride aus den Geweben zufließen; infolgedessen zeigt der Chlorgehalt des Blutes während der Magensaftabsonderung eine nachweisbare, aber schnell vorübergehende Abnahme (Schober[1], Sindler[2], Lim und Ni[3], Holler und Blöch[4], Ferger[5]). Die Chlorspeicherung in der Magenschleimhaut ist durch den osmotischen Druck begrenzt, die Säureabspaltung hängt von der Stärke des Absonderungsreizes ab und kann daher in ziemlich weiten Grenzen schwanken.

Die von Heidenhain und Pawlow ausgesprochene *Vermutung*, daß der Magensaft ursprünglich immer mit einer konstanten Acidität abgesondert wird, die beobachteten Schwankungen im Säuregehalt aber auf eine nachträgliche Neutralisation zurückzuführen seien (neuerdings noch von Hollander und Cowgill[6] verteidigt), ist in Übereinstimmung mit meinen Ausführungen von zahlreichen Forschern als nicht zutreffend aufgegeben worden. Daß bei stärkstem Absonderungsreiz, wie er in der ersten Zeit der Nahrungsaufnahme, aber auch bei künstlichen Reizmitteln, so besonders bei Einspritzung von Histamin vorhanden ist, fast die gesamten gespeicherten Chloride in Salzsäure gespalten werden und der maximale Salzsäuregehalt des Magensaftes mit 0,6% erreicht wird, ist ja danach selbstverständlich. Die Speicherung von Cl in der Magenschleimhaut zeigten Hou und Mitarbeiter[7] am lebend durchströmten Magen, nach Histamin steigt sie auf das 2—15fache. Wird Chlor dem Körper auf anderem Wege in erheblicher Menge entzogen, z. B. durch Schwitzen (Talbert und Rosenberg[8]), durch Einspritzung von Novasurol in eine Vene, wodurch eine starke Cl-Ausscheidung im Harn bewirkt wird (Heilig[9]), so nimmt der Salzsäuregehalt des Magensaftes stark ab. Daß durch eine *kochsalzarme Ernährung* keine erhebliche Cl-Verarmung des Körpers herbeigeführt wird, wie ich immer hervorgehoben habe, und daß daher durch eine derartige, selbst längere Zeit fortgesetzte Ernährung auch kein Einfluß auf die Magensaftabsonderung ausgeübt werden kann, ist auch von klinischer Seite mehrfach betont worden (Cohen[10], Eimer[11],

---

[1] Schober, W.: Die Schwankungen d. Chlorspiegels im Gesamtblut u. im Blutserum d. Säuglings in ihrer Abhängigkeit v. d. Magensekretion. Mschr. Kinderheilk. **26**, 297.

[2] Sindler, A.: Üb. d. Chlorspiegel d. Blutes. Z. exper. Med. **47**, 156 (1925).

[3] Lim, R. K. S., u. T. G. Ni: Changes in the blood constituents accompanying gastric secretion. I. Chloride. Amer. J. Physiol. **75**, 475 (1926).

[4] Holler, G., u. J. Blöch: Stud. üb. d. gegenseit. Bezieh. d. Magenvorganges zur Reaktion d. Blutes. Wien. klin. Wschr. **40**, 1221, 1247, 1249 (1927).

[5] Ferger, O.: Magensaftsekretion u. Chlormobilisation. Z. klin. Med. **114**, 161 (1930).

[6] Hollander, F., u. G. R. Cowgill: Gastric juice of constant acidity. J. of biol. Chem. **91**, 151 (1931). — Hollander, F.: Evidence in refutation of the Rosemann theory of hydrochloric acid formation. Amer. J. Physiol. **98**, 551 (1931).

[7] Hou, C. L. u. Mitarbeiter: The chlorid metabolism of the viviperfused stomach. Chin. J. Physiol. **2**, 299 (1928).

[8] Talbert, G. A., u. J. Rosenberg: The simultaneous study of the constituents of the sweat, urine a. blood, also gastric acidity resulting from sweating. Amer. J. Physiol. **84**, 520 (1928).

[9] Heilig, R.: Üb. d. Wirkung einiger Diuretica auf d. Magensekretion. Z. exper. Med. **40**, 427 (1924).

[10] Cohen, H.: Üb. d. Einfl. d. salzarmen Ernährung auf d. Magensekretion. Med. Klin. **1930**, 1369.

[11] Eimer, K.: Kochsalzarme Ernährung u. Magensekretion. Dtsch. med. Wschr. **1930**, 997.

LANGHANS und SOMMER[1]). Dauernder Verlust des Magensaftes führt, wie ich gezeigt habe, zu einer Cl-Verarmung des Körpers mit Aufhebung der Magensaftabsonderung, DRAGSTEDT und ELLIS[2] beobachteten die dadurch bedingte Kachexie, die schließlich zum Tode führt. STEINITZ[3] führt die Tetanie bei Magenerkrankungen auf hochgradige Cl-Verarmung des Körpers zurück.

Zu S. 851: Die von mir geäußerte Vermutung, daß vielleicht auch regulatorische Einflüsse, ausgehend von der Beschaffenheit des Mageninhalts, die Acidität des abgesonderten Saftes beeinflussen und den augenblicklichen Verhältnissen anpassen, ist von MACLEAN und GRIFFITHS[4] als zutreffend erwiesen worden: die Anwesenheit einer bestimmten Säuremenge im Magen hemmt die weitere Absonderung von Säure, so daß ein neutraler Saft, der Chloride enthält, abgesondert und durch seine Beimengung zum Mageninhalte der Gehalt an Säure herabgesetzt wird.

Zu S. 852: Einen wesentlichen Fortschritt in dem klinischen Untersuchungsverfahren der Magenstörungen bedeutet der Übergang von der früheren einmaligen Entnahme des Mageninhaltes nach Probefrühstück oder Probemittagsmahlzeit zu der Anwendung der *Verweilsonde*: eine dünne Sonde wird in den Magen eingeführt und bleibt hier für längere Zeit liegen, in regelmäßigen Zeitabständen wird Mageninhalt zur Untersuchung entnommen; so gelingt es, ein Bild von dem *Verlauf* der Absonderung des Magensaftes zu gewinnen. Zur Anregung der Magentätigkeit dient an Stelle der früher verwandten Probemahlzeit, deren Bestandteile durch ihre Vermischung mit dem Magensafte die Untersuchung der Zusammensetzung des Magensaftes selbst unmöglich machten, eine eiweiß- und salzfreie Lösung: eine 5proz. Alkohollösung oder eine Lösung von 0,2 g Coffeinum purum auf 300 ccm Wasser oder eine Einspritzung von 0,5 mg Histamin unter die Haut (EHRMANN[5], KATSCH und KALK[6], LEDDIG[7]).

STARY und MAHLER[8] haben Formeln angegeben zur Volumbestimmung des Mageninhalts, zur Berechnung des Abflusses, des Zuflusses (Sekretmenge), des Sekretrestes, des Gehalts des unverdünnten Magensekretes an Chloriden und freier HCl, der Gesamtmenge der ausgeschiedenen Chloride und der freien HCl.

Nach Einspritzung von *Neutralrot* (5 ccm 1proz. Lösung) in die Muskeln wird unter normalen Verhältnissen der Farbstoff nach 15—20 Minuten im Magensaft ausgeschieden, bei Fällen mit verringerter oder ganz aufgehobener Salz-

[1] LANGHANS, J., u. K. SOMMER: Üb. d. Möglichk. einer maximalen Kochsalzentziehung durch kochsalzarme Diät. Klin. Wschr. **1930,** 977.

[2] DRAGSTEDT, L. R., u. J. C. ELLIS: Fatal effect of total loss of gastric juice. Proc. Soc. exper. Biol. a. Med. **26,** 305 (1929).

[3] STEINITZ, H.: Üb. chloroprive Tetanie b. Magenerkrank. Z. klin. Med. **107,** 560 (1928).

[4] MACLEAN, H., u. W. J. GRIFFITHS: The automatic regulation of gastric acidity. J. of Physiol. **66,** 356 (1928).

[5] EHRMANN: Berl. klin. Wschr. **1914,** Nr 14.

[6] KATSCH, G., u. H. KALK: Statik u. Kinetik d. Magenchemismus. Arch. Verdgskrkh. **32,** 201 (1924) — Zum Ausbau d. kinetischen Methode f. d. Unters. d. Magenchemismus. Klin. Wschr. 4, 2190 (1925) — Klinische Methode f. d. Unters. d. Magenchemismus. Ebenda **5,** 1119 (1926) — Die Chloride d. Magensaftes. Ebenda **5,** 881 (1926). — KATSCH, G.: Üb. reinen Magensaft u. Magenchemismus. Münch. med. Wschr. **1924,** 1308 — Ergebn. neuerer funktioneller Untersuchungsmethoden d. Magens u. Duodenums. Verh. 39. Kongr. inn. Med. **1927,** 264.

[7] LEDDIG, K.: Beitr. z. Frage d. Einwirkung d. Alkohols auf d. Magentätigkeit. Dtsch. Arch. klin. Med. **150,** 232 (1926).

[8] STARY, Z., u. P. MAHLER: Zur quantitativen Bestimmung d. Magensekretion. Z. klin. Med. **104,** 446 (1926). — Vgl. A. E. LEWIN: Die prakt. Durchführ. d. absoluten Bewert. d. Magenfunktion. Arch. Verdgskrkh. **44,** 257 (1928).

säureabsonderung verlangsamt, zuweilen erst nach Stunden (Glaessner und Wittgenstein[1]).

Zu S. 853: Die *Milchsäurebildung* im Magen des Carcinomkranken ist nach Mendel und Engel[2] auf ein glykolytisches Ferment der Krebszellen zurückzuführen, dies wird jedoch von Ehrmann[3] bestritten. Nach Delhougne[4] kann aber auch die gastritisch veränderte Magenschleimhaut unter gewissen Bedingungen Milchsäure bilden.

Zu S. 862: Über die Einwirkung *chemischer Substanzen* auf die Absonderung des Magensaftes liegen zahlreiche neuere Mitteilungen vor, von denen hier die folgenden kurz aufgeführt sein mögen. Die bekannte erregende Wirkung der *Fleischextraktivstoffe* wird von Krimberg[5] auf die Carnosinfraktion bezogen, von Rasenkow[6] wird dies bestritten. Auch zahlreiche *pflanzliche Nahrungsmittel* enthalten die Absonderung stark erregende Stoffe, die Wirkung kann sogar die der Fleischextraktivstoffe übertreffen, so z. B. Kompotte, Früchte und Beeren (Grünberg[7]), Gemüse (Orlowski[8]), so besonders Spinat (Haug[9]), Pilze, Hefe. *Natriumbicarbonat* hat in mäßigen Mengen überhaupt keine Wirkung (Boyd[10], Babsky[11]). Die stark anregende Wirkung des *Alkohols*, auch vom Mastdarm aus, wurde von Steinitz und Schereschewsky[12] bestätigt, der Alkohol konnte dabei im Magensafte nachgewiesen werden. Die Wirkung zahlreicher *Aminosäuren*, *Amine* und anderer Substanzen wurde von *Ivy* und *Javois*[13] untersucht. Nach Walawski[14] wirkt das *Sekretin* des Darmes auch stark erregend auf die Magensaftabsonderung. Die hemmende Wirkung des *Atropins* (Rall[15], Kalk und Siebert[16]) kommt auch dem *Homatropin* und Homatropin-Methylnitrat in

[1] Glaessner, K., u. H. Wittgenstein: Neue Funktionsprüfung d. Magens. Arch. Verdgskrkh. **34**, 303 (1925). — Vgl. G. Katsch u. H. Kalk: Zum Ausbau d. kinetischen Methode f. d. Untersuchung d. Magenchemismus. Klin. Wschr. **5**, 1119 (1926).

[2] Mendel, B., u. W. Engel: Üb. d. Milchsäurebildner beim Magencarcinom. Arch. Verdgskrkh. **34**, 370 (1925).

[3] Ehrmann,. R.: Üb. d. Entstehung u. Bedeutung d. Milchsäure im Magen. Arch. f. exper. Path. **115**, 45 (1926).

[4] Delhougne, F.: Unters. üb. d. Milchsäurebild. im Magen. Arch. f. exper. Path. **152**, 160 (1930). — Vgl. E. C. Dodds u. J. D. Robertson: The origin and occurrence of lactic acid in human gastric contents with special reference to malignant and non malignant conditions. Quarterly j. of medic. **23**, 175 (1930).

[5] Krimberg, R., u. S. A. Komarow: Üb. d. Einfluß des Carnosins auf d. Sekretionsarbeit d. Magendrüsen. Biochem. Z. **176**, 467 (1926) — Unters. üb. d. Einfluß einiger basischen Fraktionen d. Fleischextrakts auf d. Sekretion d. Magendrüsen. Ebenda **194**, 410 (1928).

[6] Rasenkow, J. P. u. Mitarbeiter: Zur Frage nach d. Carnosinwirk. auf d. Magensaftsekretion. Hoppe-Seylers Z. **162**, 95 (1926).

[7] Grünberg, H. J.: Einfl. frischer Früchte u. Beeren auf d. Sekretionstätigkeit d. Magens. Arch. Verdgskrkh. **44**, 123 (1928).

[8] Orlowski, W.: Beitr. z. Untersuch. d. Sekretionstätig. d. Magendrüsen. Arch. Verdgskrkh. **45**, 163 (1929).

[9] Haug, K.: Üb. d. Einfl. d. Spinats auf d. Magensekretion. Arch. Verdgskrkh. **45**, 20 (1929).

[10] Boyd, T. E.: The effect of the prolonged administration of sodium bicarbonate a. calcium carbonate. Amer. J. Physiol. **71**, 455 (1925) — The influence of sodium bicarbonate on the gastric response to histamine. Ebenda **81**, 465 (1927).

[11] Babsky, E.: Exp. Untersuch. z. Frage d. Sodaeinflusses auf d. sekretor. Tätigk. d. Magendrüsen. Arch. Verdgskrkh. **44**, 182 (1928).

[12] Steinitz, H., u. R. Schereschewsky: Die Wirkung rectaler Alkoholzufuhr auf d. Magensaftsekretion. Arch. Verdgskrkh. **42**, 520 (1928).

[13] Ivy, A. C., u. A. J. Javois: The stimulation of gastric secretion by amino acids, amines a. other substances. Amer. J. Physiol. **71**, 591, 604 (1925).

[14] Walawski, I.: La sécrétion intestinale, excitant de la sécrétion des glandes stomacales. C. r. Soc. Biol. Paris **98**, 1371, 1373, 1374 (1928).

[15] Rall, T.: Üb. d. Einfluß d. Atropins auf d. sekret. u. motor. Funktionen d. gesund. Magens. Z. exper. Med. **52**, 752 (1926).

[16] Kalk, H., u. P. Siebert: Unters. üb. d. Wirkung v. Atropin u. Belladonna (Bellafolin) auf d. Magenfunktion. Arch. Verdgskrkh. **40**, 313 (1927).

größeren Gaben zu (TENNENBAUM[1]). *Histamin* wirkt bei Einspritzung unter die Haut, in die Haut oder in die Muskeln (nicht bei Einspritzung in den Kreislauf oder bei unmittelbarer Zufuhr in den Magen) stark erregend, es ist vielleicht diejenige Substanz, die überhaupt am kräftigsten auf die Magensaftabsonderung einwirkt. Danach ist sowohl der Gehalt des Magensaftes an Gesamtchloriden wie besonders der an freier Salzsäure vermehrt, die auf Kosten der neutralen Chloride zunimmt (MAHLER und STARY[2], DUTHIE[3]). Das Histamin ist noch stark wirksam in so kleinen Gaben (0,25 mg), daß die Allgemeinerscheinungen fast völlig fehlen (GOMPERTZ und COHEN[4]), es kann daher für diagnostische Zwecke benutzt werden. *Phlorrhizin* führt in manchen Fällen zu einer deutlichen Steigerung der Säure- und Chlorwerte (DÜNNER und KRONENBERGER[5]). *Insulin* vermehrt sowohl die Saftmenge wie die freie Salzsäure und die Gesamtacidität, entsprechend der Senkung des Blutzuckers (MEYER[6], LA BARRE und DE CESPÉDÈS[7]), *Adrenalin* wirkt ebenfalls vermehrend (V. SIROTININ[8]). Nach KRIMBERG[9] enthält der *Magensaft* selbst Stoffe, die stark erregend auf die Magensaftabsonderung wirken. Fütterung mit *Schilddrüsenextrakt* verringert (TRUESDELL[10]), *Schilddrüsenexstirpation* erhöht die Magensaftabsonderung (CHANG[11]).

Zu S. 864: Bei Niereninsuffizienz findet eine Ausscheidung N-haltiger Schlacken durch die Magendrüsen statt, der Rest-N-Gehalt des Magensaftes kann dabei den des Blutes erheblich übersteigen (STEINITZ[12]). *Harnsäure* im Magensafte fand LUCKE[13] bei Hyperurikämie in vermehrter Menge.

HIRAYAMA[14] fand, daß durch *Phlorrhizin* die reduzierende Substanz des Magensaftes nicht vermehrt wurde. Die J-Ausscheidung durch die Magendrüsen bestätigten HEILMEYER und STURM[15]. In den Mastdarm eingeführter *Alkohol* wird im Magen ausgeschieden (STEINITZ

[1] TENNENBAUM, M.: Üb. d. Einwirkung v. Homatropin-Methylnitrat auf d. Magensaftsekretion. Arch. f. exper. Path. **153**, 325 (1930).

[2] MAHLER, P., u. Z. STARY: Zur quantitat. Bestimm. d. Magenfunktion. Wien. Arch. inn. Med. **14**, 491 (1927).

[3] DUTHIE, R. J.: The action of histamine on the chloride content of the stomach. Quart. J. Med. **23**, 447 (1930).

[4] GOMPERTZ, L. M., u. W. COHEN: The effect of smaller doses of histamin in stimulating human gastric secretion. Amer. J. med. Sci. **177**, 59 (1929).

[5] DÜNNER, L., u. F. KRONENBERGER: Üb. d. Einfluß d. Phlorrhizins auf d. Magensekretion. Klin. Wschr. **1930**, 1256.

[6] MEYER, P. F.: Üb. d. Wirkung d. Insulins auf d. Magensekretion. Klin. Wschr. **1930**, 1578.

[7] LA BARRE, J., u. C. DE CESPÉDÈS: Les variations de la sécrétion gastrique au cours de l'hypoglycémie insulinique. C. r. Soc. Biol. Paris **106**, 480, 482 (1931).

[8] SIROTININ, G. W. v.: Üb. d. Wirkung d. Adrenalins auf d. Sekretion d. Magensaftes. Z. exper. Med. **40**, 90 (1924).

[9] KRIMBERG, E.: Üb. d. autosekretor. Eigensch. d. Magensaftes. Pflügers Arch. **226**, 816 (1931).

[10] TRUESDELL, CH.: The effect of feeding thyroid extract on gastric secretion. Amer. J. Physiol. **76**, 20 (1926).

[11] CHANG, H. C.: The inhibitory influence of the thyroid gland on gastric secretion activity. Chin. J. Physiol. **4**, 247 (1930).

[12] STEINITZ, H.: Zur Frage d. N-Exkretion in d. Magen u. d. Duodenum. Klin. Wschr. **1928**, 1267 — Der Magen als vikariierend. Exkretionsorgan bei Niereninsuffizienz. Ebenda **6**, 949 (1927). — Vgl. D. SIMINICI u. Mitarbeiter: Recherches sur l'urée et l'ammoniac des liquides gastriques. C. r. Soc. Biol. Paris **101**, 199 (1929). — VLADESCO, R. u. Mitarbeiter: Une nouvelle fonction de l'estomac. C. r. Acad. Sci. Paris **192**, 308 (1931).

[13] LUCKE, H.: Der Harnsäuregehalt des Magensaftes. Z. exper. Med. **70**, 468, 483 (1930).

[14] HIRAYAMA, S.: Zitiert auf S. 59, Nr. 11.

[15] HEILMEYER, L., u. A. STURM: Üb. d. J-Ausscheidung durch d. Magendrüsen. Klin. Wschr. **1928**, 2381.

und Schereschewsky[1], Lukas[2]). Über die Ausscheidung von *Methylenblau* vgl. Ramond und Popovici[3], von *Neutralrot* Henning und Jürgens[4].

3. Darmsaft.

Zu S. 867: Hermann und Ribière[5] gewannen von einem Kranken mit Darmfistel aus einem 95 cm langen Stück des Ileums in 13 Tagen 427 ccm Darmsaft (Tagesmenge 27—63 ccm) von folgenden Eigenschaften: Spez. Gew. 1005, Gefrierpunktserniedrigung 0,46°, Viscosität 1,03, p_H 7,4—7,6. Prozentische Zusammensetzung: Wasser 98,144, Trockensubstanz 1,856, nämlich anorgan. Substanz 1,044 ($NaCl$ 0,6204, Na_2CO_3 0,4116, P_2O_5 0,012, Sulfate in Spuren), organische Substanz 0,812 (Albumin 0,575, Harnstoff 0,052, reduzierende Substanz 0,024, Cholesterin 0,082, Mucin, Gallenbestandteile in Spuren).

Die Angaben über die Wirkung von *Insulin* und *Adrenalin* auf die Absonderung des Darmsaftes lauten widersprechend (Schazillo[6], Matsubara[7]). *Histamin* wirkt stark erregend auf die Absonderung des Darmsaftes (Koskowski[8]), ebenso *Methylguanidin* in kleinen Gaben und *Carnosin* (Komarow[9]). Hirayama[10] fand nach *Phlorrhizin* eine Vermehrung der reduzierenden Kraft des Darmsaftes, aber keine Vermehrung der ausgeschiedenen Menge der reduzierenden Substanz.

4. Pankreassaft.

Zu S. 870: Still und Barlow[11] geben für die Zusammensetzung des Pankreassaftes des Hundes nach verschiedenartiger Anregung der Absonderung folgende Werte: Spez. Gew. 1015—1026, p_H 7,85—8,3, Alkalescenz 113—135 ccm $n/_{10}$-NaOH für 100 ccm.

Zu S. 873: In dem Pankreassaft von Hunden mit Pankreasfistel ist die Summe von *Bicarbonat-* und *Chloridgehalt* nahezu konstant, bei rascher Ausscheidung wird der Saft alkalischer und enthält große Mengen Bicarbonat und kleine Mengen Chlorid, bei langsamer Ausscheidung wird er weniger alkalisch und hat hohen Chlorid-, niedrigen Bicarbonatgehalt (Ball[12]). Dauernder Verlust

---

[1] Steinitz, H., u. R. Schereschewsky: Zitiert auf S. 63, Nr. 12.

[2] Lukas, A.: Über Alkoholausscheidung im Magensaft. Arch. Verdgskrkh. **48**, 332 (1930).

[3] Ramond, F., u. D. Popovici: Le pouvoir excréteur du tube digestif. C. r. Soc. Biol. Paris **106**, 1146 (1931).

[4] Henning, N., u. R. Jürgen: Beziehungen d. Farbstoffexkretion z. Sekretion u. Morphologie d. kranken Magens. Münch. med. Wschr. **1930**, 1961.

[5] Hermann, H., u. M. Ribière: Quelques données relatives au suc intestinal de l'homme. C. r. Soc. Biol. Paris **107**, 821 (1931).

[6] Schazillo, B. A.: Die Wirkung v. Adrenalin u. Insulin auf die Sekretion d. Dünndarmsaftes. Arch. Verdgskrkh. **45**, 264 (1929).

[7] Matsubara, M.: Üb. d. Einfluß d. Insulins u. d. Adrenalins auf d. Dünndarmsekretion. Proc. imp. Acad. Tokyo **7**, 208 (1931) — zitiert nach Ber. Physiol. **63**, 637.

[8] Koskowski, W.: The influence of histamine on the intestinal secretion of the dog. J. of Pharmacol. **26**, 413 (1926).

[9] Komarow, S. A.: Üb. d. Einwirkung d. Methylguanidins u. einiger ihm verwandter Stoffe auf d. Darmsekretion. Biochem. Z. **147**, 221 (1924) — Üb. d. Einwirkung d. Carnosins auf d. Darmsekretion. Ebenda **151**, 467 (1924).

[10] Hirayama, S.: Zitiert auf S. 59, Nr. 11.

[11] Still, E. U., u. O. W. Barlow: The effect of some secretagogues on the chemical composition of the pancreatic juice. Amer. J. Physiol. **81**, 341 (1927).

[12] Ball, E. G. u. Mitarbeiter: A comparison of the composition of pancreatic juice a. of blood serum under exp. conditions. Amer. J. Physiol. **90**, 272 (1929) — The composition of pancreatic juice a. blood serum as influenced by the injection of acid, base a. inorganic salts. J. of biol. Chem. **86**, 433, 449 (1930) — Variations in inorganic constituents of the pancreatic juice during constant drainage of the pancreatic ducts. Ebenda **86**, 643 (1930). — Vgl. J. L. Gamble u. M. A. McIver: Acid base composition of pancreatic juice and bile. J. of exper. Med. **48**, 849 (1928).

des Pankreassaftes führt schließlich zum Tode durch Wasserverlust und zunehmende Acidose des Blutes (GAMBLE und Mitarbeiter[1]).

Zu S. 874: Nach MEYER-BISCH[2] erhöht Einspritzung von NaCl und von $NaHCO_3$ in eine Vene den Cl-Gehalt des Pankreassaftes, *Alanin, Glykokoll* und *Cystin* wirken hemmend. *Suprarenin* und *Ephedrin* wirken hemmend, *Insulin* vermehrend, falls eine deutliche *Hypoglykämie* auftritt (OKADA[3], FONSECA und TRINCAO[4], COLLAZO und DOBREFF[5]). *Acetylcholin* wirkt stark erregend (VILLARET und Mitarbeiter[6]), *Methylguanidin* ebenso (KRIMBERG und KOMAROW[7]). SCHIMIZU[8] wies im *Spinat,* in der *Brennessel* und *Zwiebel* Sekretine für die Pankreassaftabsonderung nach.

Zu S. 875: DÜNNER und BLUME[9] fanden nach Phlorrhizin eine Vermehrung der Menge des Pankreassaftes und seiner Fermente. Nach HIRAYAMA[10] wird die reduzierende Substanz des Pankreassaftes durch Phlorrhizin verringert.

Zu S. 875: Von *Farbstoffen* gehen nach Einspritzung in die Venen in den Pankreassaft über: Methylorange, Fuchsin, Säurefuchsin, Rhodamin B, Fluorescin, Safranin O, Safranin, extra, bläulich, Methylenblau, ebenso Natriumrhodanid, dagegen nicht Natriumjodid und Pyridin. Der Gehalt des Pankreassaftes an Farbstoff ist dabei geringer als der Gehalt der Körperflüssigkeiten (CRANDALL und Mitarbeiter[11]).

Bd. III.

Fermente der Verdauung

(S. 910—964).

Von

P. RONA und H. H. WEBER — Berlin.

Nachtrag siehe unter Bd. I (S. 1).

---

[1] GAMBLE, J. L. u. Mitarbeiter: Body fluid changes due to continued loss of the external secretion of the pancreas. J. of exper. Med. **48**, 859 (1928).

[2] MEYER-BISCH, R.: Üb. d. Regulation d. Pankreassekretion durch d. Blut. Verh. dtsch. Ges. inn. Med. (40. Kongr.) **1928**, 254.

[3] OKADA, S. u. Mitarbeiter: The humoroneural regulation of the gastric, pancreatic a. biliary secretions. Arch. int. Med. **43**, 446 (1929) — zitiert nach Ber. Physiol. **52**, 420.

[4] FONSECA, F., u. C. TRINCAO: Action de l'insuline sur la sécrétion externe du pancréas. C. r. Soc. Biol. Paris **99**, 1532 (1928).

[5] COLLAZO, J. A., u. M. DOBREFF: Die Beeinflussung d. äußeren Sekretion d. Pankreas durch Insulin. Biochem. Z. **165**, 352 (1925).

[6] VILLARET, M. u. Mitarbeiter: Effets de l'acétylcholine sur la sécrétion pancréatique. C. r. Soc. Biol. Paris **101**, 7 (1929).

[7] KRIMBERG, R., u. S. A. KOMAROW: Üb. d. Einwirkung des Methylguanidins auf d. Absonderung d. Pankreassaftes u. d. Galle. Biochem. Z. **176**, 73 (1926); **184**, 442 (1927).

[8] SCHIMIZU, K.: Zur Kenntnis d. Wirkung v. Pflanzensekretinen auf d. Pankreas. Biochem. Z. **149**, 556 (1924).

[9] DÜNNER, L., u. H. BLUME: Üb. d. Einfluß d. Phlorrhizins auf d. Sekretion d. Pankreas. Klin. Wschr. **1931**, 445.

[10] HIRAYAMA, S.: Zitiert auf S. 59, Nr. 11.

[11] CRANDALL, L. A. u. Mitarbeiter: The elimination of dyes in the external secretion of the pancreas. Amer. J. Physiol. **89**, 223 (1929).

Bd. III.

Pathologische Physiologie der Speicheldrüsen

(S. 1105—1117).

Von

H. Full – Erfurt.

Die Leistung der Speicheldrüsen und ihrer Sekrete hat in den letzten Jahren eine sehr vielseitige Bearbeitung gefunden. Das hat seinen Grund vor allem darin, daß sie die am leichtesten zugänglichen Verdauungsdrüsen sind und sich infolgedessen zu Modellversuchen für die Leistungen anderer Verdauungsdrüsen verwenden lassen. Besonders in Rußland hat sich im Verfolg der von Pawlow ausgehenden Gedankenrichtung eine große Reihe von Forschern mit solchen Versuchen befaßt, deren Ergebnisse zum großen Teil in den Bereich der normalen physiologischen Leistungen fallen und in dem entsprechenden Abschnitt dieses Handbuches ihre Darstellung finden. Von ganz besonderem Interesse für die Klinik war die wieder zur Aussprache gestellte Frage, ob eine innere Sekretion der Speicheldrüse anzunehmen sei.

Es lag diesen Gedankengängen die Idee einer analogen Leistung der Speicheldrüsen, wie sie bei der Bauchspeicheldrüse nachgewiesen war, vor.

Die ersten Anfänge dieser Fragestellung gehen auf die Zeit zurück, in der von Mering und Minkowski[1] der Pankreasdiabetes entdeckt wurde. Im Jahre 1890 wurde von de Renzi und Reale[2] die Beobachtung mitgeteilt, daß nach Entfernung des Duodenums und der Speicheldrüsen bei Hunden Glykosurie auftrat. Die beiden Untersucher schlossen aus dieser Feststellung auf eine besondere Funktion dieser Organe im Kohlehydratstoffwechsel. Minkowski widersprach dieser Auslegung, da nach seiner Feststellung die nach der Entfernung der Speicheldrüsen auftretende Zuckerausscheidung nur vorübergehend und in so geringem Maße in Erscheinung trat, daß sie mit dem Grade der Zuckerausscheidung nach Entfernung der Pankreasdrüse nicht verglichen werden könne. Italia[3] berichtete 1906, daß nach experimenteller Herbeiführung einer Pankreasatrophie die Parotisdrüse hypertrophiere. Der Gedanke, bei den Speicheldrüsen eine ähnliche Leistungsfähigkeit anzunehmen wie beim Pankreas, fand noch eine Stütze in Goljanitzkis[4] Befunden. Nach einseitiger Unterbindung des Ausführungsganges der Parotisdrüse stellte er auffallende Veränderungen im Drüsengewebe fest. Er kam zunächst zu einer ödematösen Durchtränkung des Gewebes und einer Infiltration mit lymphoiden Zellen. Es bildeten sich dann einzelne nekrotische Herde, und die Epithelzellen wurden kleiner. Der auffallendste Befund war aber in der Membrana propria, dort waren nämlich große rundliche schwach gefärbte Zellen mit umfangreichen schwach konturierten Kernen festzustellen. Aber auch auf der entgegengesetzten „gesunden Seite" waren in allen Fällen erhebliche krankhafte Veränderungen bis zu nekrotischen Herden vorhanden, während die interstitiellen Zellen mehr in den Vordergrund traten.

Goljanitzki glaubt nun die an der Membrana propria beobachteten Zellen als inkretorische Zellen bezeichnen zu dürfen. Derselbe Autor stellte in einer späteren Arbeit fest, daß die Unterbindung des Speicheldrüsenausführungsganges eine merkliche Herabsetzung des Blutzuckers hervorruft, eine Beobachtung,

---

[1] v. Mering u. Minkowski: Zbl. klin. Med. **1889**, Nr 23.

[2] de Renzi u. Reale: Verh. d. X. internat. med. Kongr. Berlin **1890** — Berl. klin. Wschr. **1892**, Nr 23 (zitiert nach S. Seelig).

[3] Italia: Policlinico sez. chir. **1906** (zitiert nach S. Seelig).

[4] Goljanitzki: Arch. klin. Chir. **130**, H. 4.

die auch schon Seelig[1] gemacht hatte. Goljanitzki[2] gibt außerdem noch an, daß er die zuckerspeichernde Wirkung des Speicheldrüsenextraktes auch bei subcutaner Injektion bestätigt gefunden habe. Ferner hat er in Fällen von Marasmus die Unterbindung des Speicheldrüsenganges vorgenommen, um dadurch die Innensekretion anzuregen. Er hat dabei auch in einem Falle einer diabetischen Gangrän im rechten Bein eine merkliche Beeinflussung sowohl des Diabetes als auch der Gangrän gefunden. Im übrigen drückt sich der Autor über die praktische Verwertbarkeit der Unterbindung des Stenonschen Ganges zur Diabetesbehandlung zurückhaltend, aber optimistisch aus.

S. Seelig[1] von der v. Bergmannschen Klinik befaßt sich eingehend mit dieser Frage und weist u. a. auch auf eine Feststellung von Routh hin, der auf dem Höhepunkt von epidemischer Parotitis Acetosis und Glykosurie fand. Ebenso erwähnt er eine Mitteilung von Cheinisse, der bei Mumps häufig eine gutartig verlaufende Pankreatitis mit gelegentlicher Zuckerausscheidung nachwies. Diese Beobachtung ist durchaus nicht neuen Datums. Schon der bekannte Philosoph und Arzt Hermann Lotze[3] erwähnt in einem in den vierziger Jahren erschienenem Buche über „Allgemeine Pathologie und Therapie als Naturwissenschaft" dieses Zusammentreffen von Parotitis und Pankreatitis. In den letzten Jahren häufen sich derartige Beobachtungen, da man auf dieses gelegentliche Zusammentreffen aufmerksam geworden ist (Freund und Neurath, Friedjung). Man kann natürlich auch nicht verschweigen, daß diese gleichzeitige Erkrankung von Parotis und Pankreas bei Infektionskrankheit mit der innersekretorischen Leistung nichts zu tun zu haben braucht, ebensowenig etwa wie das Zusammentreffen von Angina und Appendicitis. Die dabei festgestellte Zuckerausscheidung ist durch die Erkrankung der Pankreasdrüse hinreichend erklärt, und es wäre gekünstelt, sie mit der Parotiserkrankung in Zusammenhang zu bringen. Jedenfalls sind diese Feststellungen für die Lösung der obigen Frage nur mit Vorsicht zu verwenden.

Utimura[4] berichtet 1927 von einer Blutzuckerverminderung nach Entfernung der Parotiden. Diese Erscheinung trat aber nicht auf, wenn auch gleichzeitig die Submaxillardrüsen entfernt wurden. Nach Entfernung der Parotiden trat eine auffallende Vergrößerung und Vermehrung der Langerhansschen Inseln auf. Bei gleichzeitiger Entfernung der Submaxillardrüsen war eine Wirkung auf die Inseln nicht zu beobachten. Seelig kam auf Grund mehrerer Versuchsreihen zu folgenden Ergebnissen: Durch Unterbindung der Speicheldrüsenausführungsgänge gelingt es tatsächlich, den Blutzuckerspiegel auf einem dauernd erniedrigten Niveau zu halten. Er befindet sich hierin in Übereinstimmung mit Goljanitzki, Mannsfeld und Utimura. Es gelingt nach seiner Feststellung aber nicht, pankreasdiabetische Hunde durch diesen Eingriff in ihrer Hyperglykämie deutlich zu beeinflussen oder sie vor der Kachexie des Pankreasdiabetes zu retten. Wurde die Unterbindung des Ausführungsganges der Parotisdrüse bei den Versuchstieren zuerst gemacht und dann das Pankreas entfernt, so nahm die Hyperglykämie nicht so extreme Formen an und der Zustand verschlechterte sich auch nicht so schnell.

Auf Grund der experimentellen Erfahrungen wurde auf Seeligs Veranlassung bei 10 Fällen von Diabetes mellitus mittelschwerer und schwerer Art die Unterbindung der Parotisausführungsgänge durchgeführt. 7 von diesen Kranken schienen günstig beeinflußt

[1] Seelig, S.: Klin. Wschr. 1928, Nr 26.
[2] Goljanitzki: Dtsch. Z. Chir. 191, H. 1/2 — Erg. Med. 13.
[3] Nach Rössle: Dtsch. med. Wschr. 1932, Nr 5.
[4] Utimura: Jap. J. med. Sci., Trans. 8 — Int. Med. etc. 1, 481 (zitiert nach Seelig).

zu sein, 3 offenbar gar nicht. Auch Goljanitzki und Smirnowa[1], ebenso Sussi[2] beschreiben eine therapeutische Wirkung solcher Eingriffe.

Es darf nicht unerwähnt bleiben, daß einige italienische Autoren auf Grund ihrer Untersuchungen eine innersekretorische Tätigkeit der Speicheldrüsen vollkommen ablehnen. So kommt Caccuri[3] zu dem Ergebnis, daß eine Änderung der Kohlehydrattoleranz nach Entfernung der Speicheldrüsen nicht eintritt. Bono[4] kommt auf Grund einer sehr gründlichen experimentellen Arbeit zu der Ansicht, daß eine Entfernung aller Speicheldrüsen überhaupt nicht möglich sei. Auch er lehnt innersekretorische Leistungen der Speicheldrüsen ab. Auch Grassi[5] widerspricht in seiner Endokrinologia der Annahme einer innersekretorischen Tätigkeit der Speicheldrüsen, und zwar prüfte er die von verschiedenen Seiten behaupteten Beziehungen zwischen Keimdrüsen und Speicheldrüsen an 50 Tieren, Kälbern, Ochsen, Schafen, Kaninchen und weißen Mäusen. Kastration bewirkte keine Veränderung makro- und mikroskopischer Art in den Speicheldrüsen. Ebensowenig ergab einseitige Entfernung der Speicheldrüsen bei Kaninchen und Mäusen irgendeinen Anhaltspunkt für innersekretorische Tätigkeit der Speicheldrüsen.

Unter dem Gesichtspunkt, die Magenerkrankungen nicht nur als rein lokale Erkrankungen, sondern vielmehr als Ausdruck einer Allgemeinstörung des Verdauungsapparates zu betrachten, hat sich die Klinik in den letzten Jahren auch mit der Frage beschäftigt, ob sich nicht bei Magenerkrankungen, besonders beim Ulcus, Störungen der Speichelsekretion nachweisen lassen.

Delhougne[6] kam zu folgenden Feststellungen: Bei Kranken mit Subacidität besteht häufig eine verminderte Ptyalinabscheidung, und zwar besteht zwischen Salzsäure und Ptyalinproduktion ein gewisser Parallelismus, dabei handelt es sich nicht um Hemmungen der Ptyalinwirkung durch saure Reaktion des Speichels. Die Rhodanwerte sind bei Subaciden sehr schwankend, allerdings fand er, daß die Rhodankaliumwerte bei gesunden Versuchspersonen an verschiedenen Tagen völlig inkonstant sind, schon deshalb kommt dem Rhodannachweis für die Pathologie keine größere Bedeutung zu. Die Rhodanwerte zeigten bei den untersuchten Subaciden die größten Schwankungen, hohe und geringe Werte kamen fast gleich häufig vor. *Mucin* und Globulin waren bei den Untersuchten im Speichel immer nachweisbar.

Bei den Superaciden ergaben die Untersuchungen keine deutliche Abweichung von der Norm, nur eines fiel auf: die durch Reiz erzielbare Ptyalinwirkung war bei allen Superaciden sehr stark. Wie beim Superaciden die Magendrüsenzelle schon auf einen geringen Reiz mit höchsten Salzsäurekonzentrationen reagiert, so beantwortet die Speicheldrüse bei einem Superaciden geringe Reize mit starker Ptyalinabsonderung. Auf Pilocarpin trat sowohl beim Gesunden wie beim Subaciden eine lebhafte Sekretion ein, die Ptyalinkonzentration war aber ziemlich gering, was sich in der Verringerung der Maltosereaktion zeigte. Der abgesonderte Speichel war ziemlich stark verdünnt, was sich auch in dem ziemlich niedrigen spezifischen Gewicht (1002 gegen sonst 1004—1006) äußerte. Bei der Erklärung dieser verminderten Ptyalinabscheidung bei Subacidität, wie sie bei Kranken mit Tuberkulose, Anämie, mit Störungen im vegetativen Nervensystem, vorkommen, liegt wohl die Annahme nahe, daß Subacidität und verminderte Ptyalinabscheidung nur Ausdruck einer allgemeinen Störung, beispielsweise einer toxischen Schädigung bei Tuberkulose, sind.

Auch Zotti[7] befaßte sich mit der Frage der Beziehung der Magensekretion zum Ptyalingehalt des Speichels und fand bei den Gesunden einen ziemlich konstanten Verlauf der Ptyalinkurve mit geringen individuellen Schwankungen. Bei Hyperaciden fand auch er die Höhe des Ptyalingehaltes im allgemeinen in normalen Grenzen mit leichter Neigung zu Vermehrung; Subacide, aber nicht Tumorkranke, zeigten wechselnde Ergebnisse. Bei Tumoren, auch wenn sie nicht im Magen lokalisiert waren, fanden sich manchmal recht niedrige Ptyalinwerte. Die Menge des Speichels war nur bei kachektischen Kranken deutlich reduziert. Die Reaktion des Speichels verhielt sich im allgemeinen dem Acidiätsgrad des Magensaftes entgegengesetzt. Ein deutlicher Parallelismus der Veränderungen im Speichel und Magensaft konnte

[1] Goljanitzki u. Smirnowa: Z. klin. Med. **105**, H. 5/6.
[2] Sussi: Arch. Sci. med. **54** (1930).   [3] Caccuri: Arch. Pat. e Clin. med. **8**.
[4] Bono: Arch. Sci. med. **49**.   [5] Grassi: Endocrinologia **5** (1930).
[6] Delhougne: Klin. Wschr. **1926**, Nr 52.   [7] Zotti: Riforma med. **1929 I.**

nicht festgestellt werden. Unter dem Gesichtspunkt einer reflektorischen Beeinflussung der Speichelsekretion vom Magen her untersuchte HISADA die Wirkung der Aufblähung des Magens mit Luft oder Füllung mit 38—55 Grad warmer physiologischer Kochsalzlösung. Die Speichelmenge stieg auf das Zehnfache, und zwar stand die Speichelmenge zu Volumen und Innendruck des Magens in bestimmtem Verhältnis. Die Sekretionssteigerung blieb aus nach Vagus- und Chordadurchschneidung, gleichzeitig mit dem Sekretionsanstieg wuchs die Menge des zirkulierenden Blutes in der Arteris submaxillaris um das Zwei- bis Vierfache. Der Reflexspeichel war arm an Wasser und reich an Trockensubstanz und organischen Bestandteilen. Durch Reizung der Magenschleimhaut mit Sand oder Vogelfeder wurde die Speichelsekretion nicht beeinflußt; wurde die Reizung des Magens mit kaltem Wasser vorgenommen, so verringerte sich die Speichelsekretion oder schwand vollständig. Der abgesonderte Speichel war reich an Wasser und arm an Trockensubstanz. Nach einseitiger Chordadurchschneidung trat die vermehrte Speichelsekretion auf dieser Seite nach Magenaufblähung nicht mehr ein, dagegen auf der „gesunden" Seite. HISADA nimmt das Bestehen eines Reflexbogens mit Vagus als zentripetaler und Chorda als zentrifugaler Bahn an.

DEMEL[1] machte bei 15 Hunden die Feststellung, daß Verletzungen der Magenschleimhaut, wenn bei den Versuchstieren die Speicheldrüsen entfernt waren, noch nach 14 Tagen als Geschwüre bestanden, während bei 5 Hunden mit unversehrten Speicheldrüsen die Verletzungen der Schleimhaut des Magens nach 8 Tagen fast ganz verheilt waren, nach 14 Tagen nur noch eine feine Narbe sichtbar war. Die Untersuchung der Speichelzusammensetzung bei 20 Magengesunden und 20 Ulcuskranken ergab folgende Resultate: Der *Rhodangehalt ist bei Ulcuskranken deutlich erhöht; der Speichel der Ulcuskranken ist alkalischer als der der Normalen; die Diastasekonzentration ist bei Ulcuskranken sehr niedrig.*

Auch bei anderen Krankheiten, bei denen eine Gesamtbeteiligung des Körpers angenommen werden konnte, wurde von MAYR[2] der Speichel auf seine Zusammensetzung untersucht. Die beim normalen Speichel vorhandene saure Reaktion ist beim Diabetiker noch ausgesprochener, und der Autor konnte feststellen, „daß ein enger Zusammenhang zwischen Höhe und Intensität der diabetischen Erkrankung und Intensität der sauren Speichelwerte besteht". Auch beim Ikterischen findet sich eine Verschiebung nach der sauren Seite. Im Fieber zeigt der Speichel noch stärker saure Reaktion. Die Resorption saurer Zerfallsprodukte bewirkt eine stark saure Reaktion des Speichels, ebenso findet sich bei Morphinisten eine stärkere Säuerung des Speichels infolge vermehrter Acetonausscheidung.

Da die Reaktion des Speichels eine ziemlich weitgehende Abhängigkeit von der Tageszeit aufweist, die mit der Nahrungsaufnahme zusammenhängt, ist mit Einzelwerten nach Ansicht MAYRS nicht allzuviel anzufangen, sondern nur die Errechnung des Schwankungstypes ist beim Vergleich verwertbar. Die vergleichende Untersuchung der Ausscheidung von aufgenommenem Alkali durch Speichel und Urin ergibt, daß auch der Speichel zur Ausscheidung alkalischer Valenzen herangezogen wird, und zwar konnte MAYR feststellen, daß bei Störungen der Nierenfunktion die Ausscheidung durch den Speichel erheblich schneller ansteigt als die durch den Urin. MAYR untersuchte auch die Ausscheidungen von Harnstoff im Speichel. Er konnte im Gegensatz zu anderen Autoren das regelmäßige Vorhandensein von Harnstoff nachweisen, und zwar in Mengen von 8—20 mg%. Er verabfolgte dann bei 8 Versuchspersonen 15 g Harnstoff in Substanz, schon nach einer Stunde trat eine deutliche Steigerung der Harnstoffausscheidung im Speichel auf, um nach 2 Stunden wieder abzufallen.

Die Stickstoffausscheidung im Speichel wurde von ALPERN und LINDENBAUM[3] eingehend untersucht, und zwar stellten sie fest, daß der Quotient $\dfrac{\text{Rest-N}}{\text{Gesamt-N}}$ ziemlich geringen Schwankungen unterworfen ist. Nach Pilocarpininjektion tritt eine Änderung in der Weise ein, daß der Reststickstoff ansteigt und der Gesamtstickstoff sich vermindert. Nach Entfernung des Gangl. cerv.

---

[1] DEMEL: Arch. klin. Chir. **143** (1926).   [2] MAYR: Klin. Wschr. **1931**, Nr 27.
[3] ALPERN u. LINDENBAUM: Biochem. Z. **176** (1926).

sup. ist der Gesamt-N. im Speichel häufiger etwas erhöht, oft unverändert oder
selbst um ein Geringes vermehrt. Der Rest-N geht stets um mehr als die Hälfte
zurück. Nach $CaCl_2$-Injektion bei Hunden mit desympathisierten Drüsen kommt
es schon in der vierten Minute nach der Injektion zu einem Anwachsen des
Rest-N bis fast zur Norm. Nach Durchschneiden der Chorda ist sowohl der
Gesamt-N als auch der Rest-N im Speichel vermehrt, es tritt aber nach der
Choradurchschneidung eine Atrophie der Drüse ein.

Die beiden Autoren stellten fest, daß bei Belastung des Organismus mit Harnstoff das
Sekret der normalen Drüse eine erheblich stärkere Vermehrung des Rest-N aufwies als das
Sekret der ihrer sympathischen Innervation beraubten Drüse. Der sympathische Nerv wirkt
also auf den Chemismus des von der Drüse erzeugten Sekrets durch Regulation der Permeabilität des Gewebes. Gosmann[1] untersuchte die Zeit der Harnstoffausscheidung nach Zufuhr
von 20 g Harnstoff bei Gesunden, und zwar setzte er den Harnstoffgehalt des Speichels als
Maßstab für den Gehalt der Gewebe an Harnstoff ein. Es trat nach der Aufnahme des Harnstoffs ein Anstieg des Gewebsharnstoffs um 50% und mehr ein, obwohl innerhalb der gleichen
Zeit bereits ein Viertel bis ein Drittel der Harnstoffmenge ausgeschieden war. Erst nach
24 Stunden war der Anfangswert des Speichels wieder erreicht, obwohl schon nach 12 Stunden
der gesamte zugeführte Harnstoff ausgeschieden war. Bei Nephritikern war der Gewebs-
harnstoff noch nach 24 Stunden deutlich erhöht. Nach Barnett und Bramkamp[2] richtet
sich der Harnstoffgehalt des Speichels nach der Sekretionsart. Bei langsamer Absonderung
ohne besonderen Sekretionsreiz enthielt der Speichel 44,9 mg% Harnstoff. Bei rascher Absonderung durch Kauen von Paraffin war der Harnstoffgehalt des Speichels 22,7 mg%.
Es enthielt bei langsamer Absonderung der Speichel 122 mg% des Blutharnstoffs, bei rascher
Absonderung 76 mg%.

Hinsichtlich der Benutzung des U-N-Gehaltes des Speichels zur Berechnung
des U-N-Gehaltes des Blutes prüfte Stealy die Methode von Hench und Aldrich
bei 75 Personen nach. Bei Gesunden reicht die Methode recht gut aus. In krankhaften Fällen aber, z. B. bei Diabetes, Prostatahypertrophie, Nephritis und
Myokarditis, ergab die Berechnung fehlerhafte Abweichungen von der direkten
Blutuntersuchung in Höhe bis zu 200%, so daß die Methode als unbrauchbar
abgelehnt wird. Bemerkenswert ist auch die Feststellung von Vladesco und
Popesco, die nach Pilocarpineinspritzung Harnstoff im Speichel nachwiesen,
während sie unter normalen Verhältnissen im Speichel nur Ammoniumsalze
fanden. Sie nehmen eine Umwandlung des Harnstoffes in Ammoniak als Funktion
der Speicheldrüsen unter normalen Verhältnissen an, wodurch den Drüsen eine
Aufrechterhaltung der Alkalireserve zukäme. Sie sind der Ansicht, daß bei der
Speichelsekretion Säuren, die im Stoffwechsel entstehen, durch aus Harnstoff
gebildetes Ammoniak neutralisiert werden. Auf diese Weise würde der fixe
Basenbestand nicht angegriffen. Peluffo beobachtete bei pankreasdiabetischen
Hunden, daß p_H im Speichel nahezu konstant blieb. Insulin wirkt auf p_H nur
schwach, und zwar im Sinne der Zunahme. Die Alkalireserve des Speichels wurde
durch Insulin erhöht.

[1] Gosmann: Dtsch. Arch. klin. Med. 43, 479.
[2] Barnett u. Bramkamp: Proc. Soc. exper. Biol. a. Med. 27 (1929).

Bd. III.

Pharmakologie der Verdauungsdrüsen

(S. 1429—1470).

Von

M. KOCHMANN – Halle.

Speicheldrüsen.

NIKOLAJEV[1] hat an der isolierten Unterkieferspeicheldrüse des Hundes festgestellt, daß bei der Durchströmung mit Ringer-Locke-Lösung unter Zusatz von 6—7% Gummi arabicum bei Zimmertemperatur oder besser bei 37° nur wenig Speichel abgesondert wird. Bei elektrischer Reizung der Chorda, deren Erregbarkeit 5—6 Stunden bestehen bleibt, wird die Speichelabsonderung gesteigert. Zusatz kleiner Chlorcalciummengen fördert die Speichelsekretion, während größere Mengen von Natrium-, Kalium- und Magnesiumchlorid die Absonderung hemmen. Die Drüsengefäße werden durch Zusatz von Calciumchlorid und Salzsäure verengert, während sie durch Natriumchlorid erweitert werden. Magnesiumchlorid zeigt in dieser Beziehung ein wechselndes Verhalten.

Am Speichelzentrum haben POPOW und Mitarbeiter[2] den Einfluß der Reizung des Nervus lingualis und von *Calcium-* und *Magnesiumchlorid* bei parenteraler Darreichung untersucht. Magnesiumchlorid hemmt zuerst die Tätigkeit des Speichelzentrums, während die Reizung des Nervus lingualis und die Injektion von Calciumchlorid anfangs eine Erregung des Zentrums bedingen, alsdann wechseln Erregung und Hemmung miteinander ab. Nach diesen Untersuchungen scheinen Calcium und Magnesium die gleichen Wirkungen in der Peripherie und im Zentrum auszuüben.

Der Einfluß des *Acetylcholins* auf die Submaxillaris besteht nach Versuchen von ANOCHIN und ANOCHINA-IVANOVA[3] am Hunde darin, daß der Blutstrom durch die Speicheldrüse vermindert und die Sekretion vermehrt wird. Der fördernde Einfluß wird aber erst sichtbar, wenn die Senkung des Blutdruckes vorüber ist. Dabei ist es gleichgültig, ob die Speicheldrüse entnervt ist oder nicht. Auch die Sympathicusreizung, die zu einer Gefäßverengerung führt, verändert die Acetylcholinwirkung nicht. Die Wirkung kleiner Dosen von *Pilocarpin* wird durch Acetylcholin verstärkt. Dagegen wird die Speichelsekretion, die nach großen Gaben von Pilocarpin (5 mg bei einem 14 kg schweren Hunde) eintritt, durch Acetylcholin gehemmt. Die Durchströmung der Speicheldrüse in situ von der Art. facialis aus mit 1,5 mg% Acetylcholinlösung ruft aber immer eine beträchtliche Steigerung der Speichelsekretion hervor. Die Versuche sprechen für eine direkt erregende Wirkung des Acetylcholins auf die Drüsenzelle.

Anmerkung: Die meisten ausländischen Arbeiten waren im Originial nicht zugänglich und sind deshalb nach dem Kongreßzbl. inn. Med. zitiert.

[1] NIKOLAJEV, O.: Die Rolle der Ionen und Elektrolyte im Prozesse der Speichelsekretion. Pflügers Arch. **223**, 95 (1929).

[2] POPOW, N. A., DESSINOW u. KUDRJAWZEW: Über den Einfluß der Magnesiumionen auf das Speichelzentrum des Hundes. Arch. f. exper. Path. **151**, 161 (1930).

[3] ANOCHIN, P., u. A. ANOCHINA-IVANOVA: Über die vasomotorische und sekretorische Funktion der Speicheldrüse nach Einführung von Acetylcholin. Pflügers Arch. **222**, 478 (1929).

Magen.

Alkohol. Der Alkohol ist als safttreibendes Mittel bekannt und wird in Gestalt des Ehrmannschen Probetrunkes in der Magendiagnostik häufig verwendet. Dieser durch Alkohol abgesonderte Saft ist reich an Säure, während der Pepsingehalt niemals vergrößert gefunden wurde. Franzen[1] hat nach Aufnahme des Alkohols in Gestalt von Wein die Steigerung der Acidität, die besonders in den Werten für die freie Salzsäure zum Ausdruck kommt, bestätigen können. In den beiden Alkoholversuchen erreicht die Menge der abgesonderten Salzsäure das Doppelte im Vergleich zu den alkoholfreien Versuchen. Es zeigte sich ferner, daß, wenn auch die Menge des Pepsins nicht vermehrt war, so doch seine Wirksamkeit durch den Alkohol ebenso wie bei künstlichen Verdauungsversuchen in vitro erhöht war. Für die Alkoholversuche wurden 100 ccm Sherry peroral verwendet.

Bickel[2] vertritt die Auffassung, daß der Angriffspunkt des Alkohols die parasympathische Zwischensubstanz der Magendrüsenzelle sei. Im übrigen befindet sich Franzen in Übereinstimmung mit Bickel, der nach einem Genuß von Bier mit einem Gehalt von 3,5—5,9% Alkohol die Saftbildung vergrößert sah, während höher konzentrierte Alkohollösungen gesteigerte Schleimbildung und Lähmung der Magendrüsen bewirken. Diese Einwirkung ist auch, obwohl geringeren Grades, noch festzustellen, wenn das Bier von Kohlensäure befreit ist.

Parasympathicus- und Sympathicusgifte. Über die Wirkungen des *Pilocarpins* scheinen die Ansichten vollkommen geklärt zu sein[3], doch sind auch abweichende Ansichten vorhanden. So behauptet z. B. Mitrovitch[4], daß Pilocarpin die gleiche Wirkung wie das Atropin habe und daß ein Antagonismus zum Atropin bezüglich der Saftsekretion nicht bestände. Da die Versuche am Menschen angestellt worden sind, so können hierbei die verschiedensten Anlässe dazu beigetragen haben, um dieses merkwürdige Ergebnis zu zeitigen.

Die hemmende Wirkung des *Atropins* ist von neuem mehrfach[5,6] bestätigt worden; besonders wenn durch irgendwelche Eingriffe eine vermehrte Absonderung des Magensaftes eingetreten war, ist die Wirkung deutlich. So fand Polland[7] eine Hemmung der Acidität und der Pepsinabsonderung durch Atropin bei gleichzeitiger Darreichung von Histamin. Auch die durch Adrenalin hervorgerufene Acidität kann nach den Versuchen von Petrovic[8] gehemmt werden.

Nathanson[9] konnte zwar eine Beeinflussung der Histaminwirkung durch intravenöse Atropininjektion nicht feststellen, doch trat die Atropinhemmung zutage, wenn gleichzeitig Alkohol per os verabreicht wurde.

---

[1] Franzen, G.: Untersuchungen über den Alkohol. VII. Alkoholwirkungen auf die Magenverdauung. Arch. f. exper. Path. **134**, 129 (1928).

[2] Bickel, A.: Über die Angriffspunkte von Histamin und Alkohol an der Magendrüsenzelle. Klin. Wschr. **1927**, 208. — Bickel, A., u. A. Elkeles: Über den Einfluß des Alkohols und einiger alkoholischer Getränke auf Saftabsonderung und den Angriffspunkt des Alkohols am Sekretionsmechanismus des Magens. Arch. Verdgskrkh. **39**, 349 (1926).

[3] Amantea, G.: Die Wirkung des Pilocarpins, des Durstes und der experimentellen Blockierung der Vagusnerven auf die Magensekretion. Arch. di Fisiol. **22**, 211 (1924).

[4] Mitrovitch, L.: Wirkung des Atropins auf die Funktion des menschlichen Magens. C. r. Soc. Biol. Paris **94**, 223 (1926).

[5] Kellermann, E.: Untersuchungen mit der fraktionierten Magenausheberung. Die Wirkung des Atropins auf die Magensekretion. Arch. Verdgskrkh. **45**, 67 (1929).

[6] Rall, T.: Über den Einfluß des Atropins auf die sekretorische und motorische Funktion des gesunden Magens. Z. exper. Med. **5**, 752 (1926).

[7] Polland, Sc.: Die Wirkung von Atropin auf die Magensekretion nach Histaminreiz. J. clin. Invest. **9**, 319 (1930).

[8] Petrovic, A.: Über die Wirkung von Calcium chloratum auf die Magensekretion beim Menschen. Arch. Verdgskrkh. **39**, 372 (1926).

[9] Nathanson, A.: Zur Wirkungsweise des Histamins auf die Magensekretion. Verh. dtsch. Ges. inn. Med. **1926**, 462.

LIBEROPULO[1] stellte bei seinen Versuchspersonen fest, daß die Wirkung des Atropins auch bei demselben Individuum wechselt. Die im allgemeinen sekretionshemmende Wirkung des Atropins kann nach einer anderen Mahlzeit auch in das Gegenteil umschlagen.

Wie bei allen Giftwirkungen kann die „Qualität" wie „Quantität" des Einflusses verschieden sein: Größe der Giftmenge, Reaktionsfähigkeit der Organe und ihr Tätigkeitszustand spielen neben vielen anderen Faktoren eine entscheidende Rolle.

Daß das sympathische Reizgift Adrenalin die Magensaftsekretion, insbesondere die Salzsäureproduktion, stark fördert, ist bekannt und wird durch zahlreiche Versuche an Mensch und Tier, z. B. PETROVIC, von neuem bestätigt. Immerhin sind auch andere Versuchsergebnisse erzielt worden, so z. B. SCIMONE[2], der nach Adrenalin die Magensaft*menge* unverändert, aber die freie Salzsäure und die Gesamtacidität in 13 von 18 Fällen vermehrt fand. Nach MAHLER[3], der gleichzeitig Blutdruck und Nüchternsekretion des Magens nach subcutaner Adrenalininjektion untersuchte, ist die Wirkung des sympathischen Reizgiftes verschieden, je nachdem es sich um Menschen mit sympathicotoner oder vagotoner Blutdruckkurve handelt. Bei den ersteren tritt anfangs Hemmung und nachfolgende Steigerung der Sekretmenge ein, denen die Säurewerte vielfach parallel verlaufen; bei Vagotonikern überwiegt ein gleichmäßiger Sekretionsverlauf.

Hormone. Von anderen Organpräparaten sei nur noch erwähnt, daß NAKAYAMA und TACHIBANA[4] bei Pawlow-Hunden, denen Oophorin, Ovoglandol und Luteoglandol injiziert war, eine geringe Vermehrung der Sekretmenge und eine beträchtliche Einschränkung der freien Salzsäure feststellen konnten, während die Gesamtacidität nicht wesentlich verändert war. Auch die Pepsinsekretion war bei den Tieren geringer. Aus den Versuchen ziehen Verff. den Schluß, daß das Ovarialhormon zum vegetativen Nervensystem in engen Beziehungen stünde. Insulin vermag in der Mehrzahl der Fälle die Magensaftsekretion anzuregen, wie sich nach den Angaben von CORBINI[5] aus dem Schrifttum ergibt.

Histamin. Die Einwirkung des *Histamins* auf die Magen- und Darmsekretion ist vielfach Gegenstand der Untersuchungen gewesen. Sowohl beim Tier wie beim Menschen konnte festgestellt werden, daß es die Magensaftsekretion in hohem Maße steigert. So konnten z. B. MOGENA und LÉPEZ FERNANDEZ[6] die starke Wirkung der Histamininjektion auf Menge und Konzentration der Säureausscheidung von neuem feststellen. Bei perniziöser Anämie war aber die Histaminreaktion nicht zu erhalten. POLLAND fand nach 0,1 mg pro 10 kg Mensch ebenfalls sowohl bei Gesunden wie bei Ulcuskranken eine starke Erregung der Saftsekretion. KOSKOWSKI und KUBIKOWSKI[7] schließen aus ihren Versuchen

---

[1] LIPEROPULO, E.: Experimentelle Untersuchungen über die Funktion des Magenchemismus bei den verschiedenen Nahrungsmitteltypen, über den Einfluß des Abkochens und die durch Adrenalin, Atropin und Strychnin hervorgerufenen Veränderungen. Arch. Mal. Appar. digest. **15**, 238 (1925).

[2] SCIMONE, V.: Wirkung einiger Pharmaca auf die Magensekretion. Probl. Nutriz. **1**, 412 (1924).

[3] MAHLER, P.: Die Adrenalinmagensaftreaktion. Z. exper. Med. **51**, 267 (1926) — Med. Klin. **1929 II**, 1498.

[4] NAKAYAMA, G., u. T. TACHIBANA: Der Einfluß von Ovarialextrakt auf die Magensekretion. Jap. J. Obstetr. **13**, 66 (1930).

[5] CORBINI, G.: Über die Insulinwirkung auf die Magenfunktion. Pathologica (Genova) **21**, 392 (1929).

[6] MOGENA, H. G., u. A. LÉPEZ-FERNANDEZ: Über die Wirkung des Histamins auf die Sekretion des Magensaftes. Arch. Verdgskrkh. **42**, 104 (1928).

[7] KOSKOWSKI, W., u. P. KUBIKOWSKI: Die Magensekretion nach Histamininjektion und die Anwesenheit des Histamins im Blute. C. r. Soc. Biol. Paris **100**, 292 (1929).

am Hund, daß die Magensaftsekretion etwa so lange anhält, als Histamin im Blut nachweisbar ist. Die Art der Einführung des Histamins ist für die Wirkung insofern gleichgültig, als sowohl nach parenteraler wie peroraler Darreichung die Saftsekretion gesteigert wird. Daß die Beeinflussung der Magensaftsekretion nach Histamin bei pathologischem Zustand des Magens verschieden sein kann, geht aus einer Arbeit von Dobson[1] hervor.

Der Angriffspunkt des Histamins wird von Bickel in dem Drüsenzelleib und nicht in die nervöse Zwischensubstanz verlegt.

Unter den Substanzen der Extraktivstoffe des Fleisches sind Kreatin, Kreatinin, Carnitin und Methylguanidin Erreger der Sekretion der Verdauungsdrüsen im allgemeinen. Auch dem Carnosin, das ein Derivat des Histidin-β-Alanins ist, kommt, besonders bei Herstellung aus frischem Fleisch, eine starke magensaftsekretionsfördernde Wirkung zu (Krimberg[2]).

Bittermittel. Im allgemeinen wird angenommen, daß die Bittermittel nur auf reflektorischem Wege von der Mundschleimhaut aus wirken. Mahler[3] zeigt aber, daß Amara aus Achillea millefl. und Menyanthes trifol., in Gestalt der Tannoide und in Oblaten gegeben, bei magengesunden Menschen die Sekretionskurve im Sinne einer Förderung verändern, indem der Hauptsekretionsgipfel erhöht und die Nachsekretion verstärkt wird. Im Gegensatz dazu war durch die analogen Verbindungen aus Kamillenblüten eine Verstärkung der Sekretion nicht mit Sicherheit zu erzielen.

Atophan. Durch das Cholereticum Atophan läßt sich bei normalen, subaciden und hyperaciden Magensaftverhältnissen eine Steigerung der Säuresekretion hervorrufen. Ebenso wie die gallentreibende Wirkung wird die Wirkung des Atophans auf die Zellen der Magenschleimhaut durch eine Reizung der Zelle selbst und nicht des Vagus erklärt (Kindermann und Schechter[4]).

Opium. Alius[5] beschäftigt sich nicht nur mit der Motilität des Magens unter den verschiedensten Gaben des Opiums, sondern untersucht in derselben Weise die Magensaftsekretion im Selbstversuch. Sie findet, daß kleine Gaben der Opiumtinktur die Höhe der Gesamtacidität und der freien Salzsäure gelegentlich verstärken können. Gaben über 20 Tropfen setzen die Salzsäureabsonderung für kürzere, über 30 Tropfen für längere Zeit herab. Subcutan verabreichtes Pantopon erwies sich als besonders stark salzsäuresekretionshemmend. Auch die Nachsekretion konnte durch Opium so stark gehindert werden, daß selbst am nächstfolgenden Tage noch eine Hemmung der Nüchternsekretion vorhanden war.

Nitrite. Die *Nitrite*, gleichgültig ob sie eingeatmet, Amylnitrit, oder wie Nitroglycerin in 1proz. alkoholischer Lösung oder Natriumnitritt in 10proz. Lösung injiziert werden, bewirken ähnlich wie das Histamin eine recht beträcht-

---

[1] Dobson, H.: Die Wirkung des Histamins auf die Magensekretion mit besonderer Berücksichtigung der Achlorhydrie. J. amer. med. Assoc. **84**, 158 (1925).

[2] Krimberg, R., u. G. A. Komarow: Weitere Untersuchung über den Einfluß der sog. Carnosinfraktion des Fleischextraktes auf die Sekretion der Magendrüsen. Biochem. Z. **171**, 169 (1926) — Über den Einfluß des Carnosins auf die Sekretionsarbeit der Magendrüsen. Ebenda **174**, 467 (1926).

[3] Mahler. P.: Zur Wirkung der Bittermittel auf die Magensaftsekretion. Z. exper. Med. **51**, 267 (1926).

[4] Kindermann, K., u. M. Schechter: Über die Einwirkung des Atophans auf die Magensaftsekretion. Z. klin. Med. **103**, 558 (1926).

[5] Alius, L.: Über die Wirkung von Opiumpräparaten auf die motorische und sekretorische Funktion des Magens. Z. exper. Med. **51**, 91 (1926).

liche Steigerung der Magensaftsekretion, so daß Menge, freie und gebundene Salzsäure, vermehrt sind (MIADOVEANU[1]).

Alkalien. Von anorganischen Substanzen sei erwähnt, daß die *Alkalien* bei Hunden mit kleinem Magen nach PAWLOW oder HEIDENHAIN keine Veränderung der Magensaftsekretion hervorrufen. Wird allerdings Natriumbicarbonat mit Calciumcarbonat in großen Gaben gegeben, so tritt eine Verminderung der Sekretion auf (BOYD[2]). Die hemmende Wirkung wird auf eine Verarmung des Plasmas an Chloriden oder auf eine Reflexhemmung vom Duodenum zurückgeführt. Kleine Gaben des Natriumbicarbonats allein sind imstande, eine Vermehrung der Sekretion herbeizuführen, was zum Teil auf die sich im Magen entwickelnde Kohlensäure und das Natriumchlorid zurückgeführt wird, die auch nach BICKEL u. a. die Saftsekretion anregt. Vom sympathicomimetischen Calciumion sollte man annehmen, daß es in demselben Sinne wie Adrenalin sekretsteigernd wirkt. Doch konnten COWGILL und RAKIETEN[3] an Hunden keine Veränderung des Magensekrets durch Injektion von 0,1 g pro Kilogramm Calciumlactat erzielen. Im Gegensatz dazu stellte PETROVIC beim Menschen eine Vermehrung der Magensekretion nach Probefrühstück fest,. wenn Calciumchlorid gleichzeitig gegeben wurde.

Die Unterschiede in den Ergebnissen dürften auf die Wahl des Versuchsobjektes und die Verschiedenheit der experimentellen Bedingungen zurückzuführen sein.

Bitterwässer. Die hemmende Wirkung der Bitterwässer auf die Magensaftsekretion wird durch LORIÉ[4] bestätigt. Auch die peptische Kraft des Magensaftes zeigt in der Mehrzahl der Fälle eine Verminderung. Der Verf. schreibt die Wirkung dem Magnesiumion zu und der Veränderung des Verhältnisses Calcium/Natrium, während andere die Hemmungswirkung auf das Sulfation beziehen, was übrigens mit den Ergebnissen der Versuche über die Beeinflussung der Gallensekretion besser übereinstimmt.

Leber.

Magnesiumsulfat und -chlorid. CHABROL und MAXIMIM[5] finden nach intravenöser Injektion von Magnesiumsulfat (0,15 g pro Kilogramm Hund) die Gallensekretion beträchtlich vermindert. Die abgesonderte Galle ist viel stärker gefärbt als sonst und sieht wie Blasengalle aus. Die hemmende Wirkung des Magnesiumsulfates ist noch nach 4 Stunden vorhanden, da der choleretische Einfluß der Gallensäuren und des Atophans nach dieser Zeit noch unterbrochen ist. Aber auch bei peroraler Darreichung des Magnesiumsulfats durch Magen- oder Duodenalsonde ist eine gallentreibende Wirkung des Magnesiumsulfats beim Hund nicht vorhanden (GANNT[6]). Interessant ist es nun, daß nach BAUMANN[7] das *Magnesiumchlorid* eine cholagoge Wirkung besitzt und beim Menschen schon Gaben von 10—50 cg wirksam sind.

---

[1] MIADOVEANU, M. C.: Die Wirkung der Nitrite auf die Magensekretion. C. r. Soc. Biol. Paris **99**, 606 (1928).

[2] BOYD, TH. E.: Der Einfluß von Alkalien auf die Sekretion und Zusammensetzung des Magensaftes. Amer. J. Physiol. **71**, 455, 464 (1925).

[3] COWGILL, G. R. u. RAKIETEN: Die Wirkung der intravenösen Injektion von Calcium lacticum auf die Magensekretion. Amer. J. Physiol. **94**, 165 (1930).

[4] LORIÉ, J.: Zur Frage der Einwirkung der Bitterwässer auf die Magensekretion. Arch. Verdgskrkh. **34**, 25 (1924).

[5] CHABROL, E., u. M. MAXIMIM: Die hemmende Wirkung des Magnesiumsulfates auf die Gallensekretion der Leber. Bull. Soc. méd. Hôp. Paris **44**, 1693 (1928).

[6] GANNT, W. H.: Der Einfluß des Magnesiumsulfates auf die sekretorische Tätigkeit der Verdauungsdrüsen. Amer. J. med. Sci. **179**, 380 (1930).

[7] BAUMANN, J.: Magnesiumchlorid. Progr. méd. **1931 I**, 105.

Von anderen anorganischen Substanzen soll nach Lebduska[1] dem Thiosulfat, unmittelbar in das Duodenum eingeführt, ein fördernder Einfluß auf die Gallensekretion zukommen.

Morphin. Der Einfluß des *Morphins* auf die Gallensekretion ist von Pavel und Mitarbeitern[2] von neuem untersucht worden. Er konnte bei Hunden nach Injektion von 10—20 mg Morphin. hydrochlor. nur eine Abnahme der Gallenmenge feststellen, die sich in qualitativer Hinsicht durch ihren starken Gehalt an Mucin und Gallenfarbstoffen auszeichnet.

Hormone. Erbsen und Damm[3] haben bei Kaninchen und Hunden die Wirkung verschiedener Substanzen, unter anderem auch von Hormonen, auf die Gallensekretion untersucht. Sie konnten eine hemmende Wirkung des Pituitrins und des Adrenalins feststellen, während Thyroxin und Insulin sich als unwirksam erwiesen. Nach Adlersberg und Noothoven van Goor[4] wird auch die durch Gallensäuren hervorgerufene Cholerese durch Pituitrin unterbrochen. Die Vagotomie hat keinen Einfluß auf die Pituitrinhemmung, ebensowenig wie die Narkotica der Hirnrinde, z. B. Urethan. Im Gegensatz dazu vermochten Luminal und Chloreton, die nach Pick zu den Hirnstammnarkotica gehören, die Pitruitinhemmung aufzuheben. Eine wichtige Schlußfolgerung der Versuche wäre die, daß die Gallensekretion in funktioneller Beziehung zu den Hirnstammganglien steht.

Pankreas. Hier sind wesentliche neue Ergebnisse nicht zu verzeichnen. Die fördernde Pilocarpinwirkung wird von Sandi-Nazim und Boukardt[5] bestätigt und ebenso die hemmende Wirkung des Atropins auf die Fütterungssekretion (Farrell und Ivy[6]). Insulin soll nach La Barre und Destrée[7] die durch Sekretin hervorgerufene Absonderung stark vermindern, eine Wirkung, die unter Vermittlung des Vagus vor sich geht.

Die vielfach angeschnittene Frage, ob Bitterwässer die Pankreassekretion beeinflussen können, wird auch von Gannt und Volbarth[8] nicht entschieden, da sie bei ihren Versuchen am Hund höchstens eine geringe Zunahme des Pankreassekretes nach Magnesiumsulfat feststellen konnten. Eine Entionisierung des Kalkes im Blute scheint auf die Pankreassekretion kaum einen Einfluß auszuüben (Sandi-Nazim und Boukardt).

---

[1] Lebdusca, J.: Der Einfluß des Natriumthiosulfats auf die Harn- und Gallensekretion. C. r. Soc. Biol. Paris **98**, 1171 (1928).

[2] Pavel, J. u. Mitarbeiter: Über den Einfluß des Morphins auf die Gallensekretion. C. r. Soc. Biol. Paris **100**, 913 (1929).

[3] Erbsen, H., u. E. Damm: Untersuchungen über die Beeinflussung der Lebersekretion durch Hormone. Z. exper. Med. **55**, 757 (1927).

[4] Adlersberg, D., u. Noothooven van Goor: Experimentelle Untersuchungen über die Einwirkung des Pituitrins auf Gallensekretion und Entleerung und die Wirkung von Narkoticis auf dieselbe. Verh. dtsch. Ges. inn. Med. **1924**, 401.

[5] Sandi-Nazim u. J. J. Boukardt: Die äußere Pankreassekretion nach Einspritzung calciumfällender Salze. C. r. Soc. Biol. Paris **97**, 567 (1927).

[6] Farell, J. L., u. A. C. Ivy: Beiträge zur Physiologie des Pankreas. II. Beweis des humoralen Mechanismus der äußeren Sekretion des Pankreas. Amer. J. Physiol. **78**, 325 (1926).

[7] La Barre, J., u. P. Destrée: Insulin und äußere Sekretion des Pankreas. C. r. Soc. Biol. Paris **98**, 1237 (1928).

[8] Gannt, W. H., u. G. V. Volbarth: Der Einfluß von Magnesiumsulfat auf die sekretorische Tätigkeit der Verdauungsdrüsen. Amer. J. med. Sci. **179**, 375 (1930).

Die Resorption aus dem Darm

(S. 3—81).

Von

F. VERZÁR – Basel.

Seit der Drucklegung meines Artikels in ds. Handb. sind zwei zusammenfassende Darstellungen dieses Problems erschienen[1]. Auch sonst ist auf diesem Gebiete lebhaft gearbeitet worden, weil es nicht nur bezüglich der Verhältnisse im Darm, sondern überhaupt bezüglich des Aus- und Eintretens von Substanzen in die Zelle Aufklärung gibt.

Methodisch bewährt hat sich besonders die Methode von CORI[2] bei Ratten, bei welcher allerdings die Faktoren, deren Wirkung untersucht wird, recht komplex sind. Man gibt Ratten die Substanz mit Magensonde ein oder läßt sie spontan fressen und untersucht nach einer bestimmten Zeit den Inhalt des gesamten Magen-Darmkanals. Wenn diese Methode zwar einerseits unter ganz physiologischen Bedingungen arbeitet, so spielt andererseits die Bewegung des Magens und Darms eine wesentliche Rolle bei dem Ergebnis. — Auch sonst sind verschiedentlich Versuche gemacht worden, die Methodik zu verbessern. So hat MARTZLOFF und BURGETT[3] mit End-zu-End-Anastomose eine geschlossene Darmschlinge unter die Haut verlagert, die man für Resorptionsversuche benutzen kann. ROESE[4] versuchte am künstlich durchbluteten isolierten Säugerdarm die Resorption zu beobachten. Mit seiner Methodik kann man auch den Stoffwechsel des isolierten Darmes bestimmen, und er findet z. B. einen hohen Zuckerverbrauch (bis zu 2 g pro kg und Stunde), ferner eine bedeutende Ammoniakbildung. Auch gibt er mit dieser Methodik an, daß Harnstoff von der Darmwand retiniert, und daß Glykokoll nicht desaminiert werde. Eine Reihe von Resorptionsversuchen sind auch an in Ringerlösung überlebenden Darmstücken gemacht worden, welche allerdings, wie MAGEE[5] ausführt, nur in der ersten halben Stunde für lebend betrachtet werden können. Dabei wird besonders auch darauf aufmerksam gemacht, daß verschiedene Darmteile mit recht verschiedener Geschwindigkeit resorbieren.

Über die Bedeutung der *Zottenkontraktionen* ist im Kapitel über Darmbewegung (S. 47) das Nötige gesagt. Diese Pumpbewegungen sind ein Geschwindigkeitsfaktor der Resorption. Das läßt sich auch direkt beweisen, wie KOKAS

---

[1] MAGEE, H. E.: Physiologic. Rev. **10**, Nr 3 (1930). — VERZÁR, F.: Erg. Physiol. **32**, 392—471 (1931).

[2] CORI: Proc. Soc. exper. Biol. a. Med. **22**, 495 (1925); **23**, 122 (1925) — J. of biol. Chem. **66**, 691 (1925); **76**, 755 (1928).

[3] MARTZLOFF, K. H., u. G. E. BURGETT: Arch. Surg. **23**, 26 (1931).

[4] ROESE, H. F.: Pflügers Arch. **226**, 171 (1930).

[5] MAGEE, H. E.: Zitiert in Fußnote 1.

und Gál[1] gezeigt haben. Sie untersuchten die Resorptionsgeschwindigkeit von Traubenzucker und Pepton, wenn 1% Hefeextrakt hinzugesetzt wurde und ohne dieses. Hefeextrakt beschleunigt die Zottenbewegungen, und tatsächlich zeigte sich auch bei allen Hefeversuchen eine Beschleunigung der Resorption.

Bezüglich der Diffusionskräfte, die zur Erklärung der Resorption herangezogen werden, bedeuten die Arbeiten von Schreinemakers[2] einen besonderen Fortschritt. Sie zeigen, daß praktisch jede Art der Bewegung durch Membranen mit künstlichen Modellen nachgeahmt und auf Grund bekannter physikalisch-chemischer Gesetze erklärt werden kann, so daß die zahllosen Diffusionstypen in pflanzlichen und tierischen Geweben nicht auf analogielose „vitale Kräfte" zurückgeführt werden müssen. Er hebt besonders die Bedeutung der kolloidalen Natur der Membranen hervor.

Ein zweiter Faktor, welcher in der Physiologie der Resorption bisher gar nicht beachtet war, ist das Prinzip der *Hydrotropie* (Neuberg[3]; Verzár und Kúthy[4]). Eine große Menge von verschiedenen Substanzen, z. B. Salze der aromatischen Säuren, gallensaure Salze usw. können verschiedene wasserunlösliche oder schwer lösliche Körper in eine in Wasser gut lösliche Form überführen und sie dadurch auch diffusibel machen. Speziell die Gallensäuren können außer Fettsäuren noch eine Reihe anderer Substanzen diffusibel machen. Die chemische Technik kennt zahlreiche derartige, die Löslichkeit fördernde Substanzen. Natriumphenylacetat bewirkt eine sehr starke Löslichkeitszunahme für Chinolin oder Natriumsalycilat löst $CaCO_3$. Außer den Gallensäuren lassen sich aus den Organen noch andere Substanzen extrahieren, die wasserunlösliche Substanzen diffusibel machen. Speziell in Darmschleim kann man solche hydrotrope Substanzen nachweisen. Nicht alle so gelöste Substanz ist in echter Lösung. Nur ein Teil davon ist diffusibel. Den gep. Gallensäuren kommt bezüglich der Fettresorption noch besonders die Bedeutung zu, daß sie die Lösung der Fettsäuren auch bei saurer Reaktion möglich machen, wie sie im Darm meist vorherrscht. Auch das hydrotrop gelöste Calcium wird diffusibel. Ebenso Benzoesäure und Brucin in hydrotroper Lösung. Bei der Theorie der Wirkung der hydrotropen Substanzen wurde besonders auf die Bedeutung der Oberflächenspannung verwiesen (Freundlich und Slottmann[5] und Krüger[6], Verzár und Kúthy[7] usw.). Nach Kúthy[8] besteht die Rolle der hydrotropen Substanzen darin, daß sie die Grenzflächenspannungen zwischen Dispersionsmittel und dispergierter Phase erniedrigen. Neuberg und Weinmann[9] geben keine einheitliche Erklärung der hydrotropen Lösung und für gewisse Fälle eine strukturchemische Erklärung.

Die hydrotrope Lösung spielt besonders bezüglich der Resorption der Fette eine Rolle. Aber auch sonst hat sie sicherlich große Bedeutung. Insbesondere Langecker[10] hat die Beeinflussung der Resorption verschiedener Substanzen durch Galle untersucht. Sie zeigte, daß Gallensäuren bzw. ihre Salze und Galle selbst die Resorption von zahlreichen verschiedenen Substanzen erhöht, was

---

[1] Kokas, E. u. Gál: Biochem. Z. **205**, 180 (1929).

[2] Schreinemakers: J. gen. Physiol. **11**, 701 (1928); **12**, 555 (1929); **13**, 335 (1930) — Proc. Akad. Wetensch. Amsterd. **27**, 701 usw.

[3] Neuberg: Biochem. Z. **76**, 105 (1916).

[4] Verzár u. Kúthy: Biochem. Z. **225**, 267 (1930).

[5] Freundlich u. Slottmann: Biochem. Z. **188**, 101 (1927).

[6] Freundlich u. Krüger: Biochem. Z. **205**, 186 (1929).

[7] Verzár, F., u. A. v. Kúthy: Biochem. Z. **210**, 265, 281 (1929).

[8] Kúthy, A. v.: Dissert. Debrecen 1930.

[9] Neuberg, C., u. F. Weinmann: Biochem. Z. **229**, 467 (1930).

[10] Langecker, H.: Naunyn-Schmiedebergs Arch. **154**, 1 (1930).

einesteils mit hydrotropischer Löslichkeitsvermehrung, andererseits durch Änderung der Adsorptionsverhältnisse zu erklären ist. Ebenso wie mit Fettsäuren, so bilden sie mit einer Reihe von Alkaloiden Komplexe. Kongorubinlösung ändert durch Gallensäure ihre Farbe nach rot. Harzsäuren lösen sich in Gallensäuren. Auch die Froschhautmembran wird durch Gallensäure für Methylenblau, Adrenalin und Morphin permeabler. Wahrscheinlich gehört in diese Gruppe der hydrotropen Wirkungen auch die des Saponins. Auch dieses begünstigt die Resorption von Calcium[1], wogegen allerdings auch bemerkt wird[2], daß die resorptionsfördernde Wirkung nur auf einer Verbesserung der Resorptionsbedingungen durch Vermehrung der Sekretion von Verdauungssäften beruhe.

Bei der Resorption des Ca spielt die hydrotrope Lösung eine große Rolle, wie das aus den Untersuchungen von KLINKE[3] hervorgeht. Im Darm ist das Ca meistens in fettsaurer Lösung vorhanden. Diese werden durch die gallensauren Salze gelöst, wobei Phosphat und Carbonat mit den Fettsäuren konkurrieren. Eine 0,01 m-Desoxycholsäure löst ultrafiltrabel 7,75 mg% Ca. Die praktischen Erfahrungen zeigen ebenfalls, daß es ein optimales Verhältnis von Phosphaten und Fettsäuren gibt (HICKMANS[4]). Auch im Blutserum ist das Ca noch zum Teil in einer kolloidalen Form mit negativer Ladung vorhanden (KLINKE[5], BEZNÁK[6], KÚTHY und BANGA[7]).

Viele ältere Resorptionsversuche haben außer acht gelassen, daß die *Darmschleimhaut* sehr empfindlich ist, und daß die Resorptionsverhältnisse sich sogleich ändern, wenn sie abstirbt. Insbesondere MAGEE und MACLEOD[8] betonen sehr ausdrücklich die Differenzen der Diffusion durch lebende und abgetötete Schleimhaut.

Unter ähnlichen Gesichtspunkten untersucht SCHREIBER[9] den Darm von Holothurien. Dieser soll, gegenüber älteren Angaben, Wasser und gelöste Substanzen nur dann in beiden Richtungen durchlassen, wenn er bereits geschädigt ist.

Ein anderer Faktor, der in Zukunft noch mehr beachtet werden muß, ist die *Sekretion der Darmschleimhaut.* Im Dünndarm findet man immer die verschiedenen Ionen des Blutplasmas[10]. Sie stammen aus dem Dünndarmsaft, der in großen Quantitäten gebildet wird. Diese Sekretion wird angeregt durch Na und K, gehemmt durch Ca und Mg. Bromsalze von Na und K haben in großen Konzentrationen auch eine hemmende Wirkung.

Besonders kompliziert wird durch das Ineinanderspielen dieser beiden Vorgänge die Beurteilung der Resorption von *Schwermetallsalzen.* Alle Teile des ganzen Darm resorbieren und sekretieren Eisen[11]. Man sieht zwar in histologischen Präparaten das Eisen in den Epithelzellen, kann aber aus den histologischen Bildern nichts darüber aussagen, ob es sekretiert oder resorbiert wird. Die Schleimhautzellen der Magenschleimhaut[12] scheinen jedoch die zwei verschiedenen Funktionen nicht auf einmal, sondern nur in verschiedenen Perioden ausführen zu können. Nach LINTZEL[13] wird das Eisen aus Hämoglobin und Ferrocyankalium

[1] KOFLER, L., u. R. FISCHER: Naunyn-Schmiedebergs Arch. **149**, 326 (1930).
[2] PETSCHACHER, L., u. P. FELDER: Naunyn-Schmiedebergs Arch. **134**, 212 (1928).
[3] KLINKE, K.: Erg. Physiol. **26**, 235 (1928).
[4] HICKMANS: Biochemic. J. **18**, 925 (1924).
[5] KLINKE, K.: Erg. Physiol. **26**, 235 (1928).
[6] BEZNÁK, A.: Biochem. Z. **225**, 295, 306 (1930).
[7] KÚTHY, A. v. u. BANGA: Biochem. Z. **230**, 458 (1931).
[8] MAGEE, H. E., u. J. J. R. MACLEOD: J. of Physiol. **67**, XVII (1929). — AUCHANICHIE, D. W., J. J. MACLEOD u. H. E. MAGEE: Ebenda **69**, 185 (1930).
[9] SCHREIBER, B.: Publ. Staz. zool. Napoli **10**, 235 (1930).
[10] BAJANDUROV, B.: Trudy tomsk. med. Inst. **2**, 90 (1931).
[11] WALLBACH, G.: Naunyn-Schmiedebergs Arch. **157**, 132 (1930).
[12] DELHOUGNE, F.: Naunyn-Schmiedebergs Arch. **159**, 128 (1931).
[13] LINTZEL, W.: Z. Züchtg B **17**, 245 (1930).

nicht, jedoch aus Ferrosulfat und -chlorid, Ferrichlorid, Ferro- und Ferrilactat und -citrat resorbiert. Ähnlich liegen die Verhältnisse für Wismut[1]. Bleiresorption soll[2] durch Diffusionsvorgänge voll erklärbar sein.

Auch Harnstoff wird von der Darmschleimhaut sowohl resorbiert als sekretiert und Watanabe[3] demonstriert, daß je nachdem die Harnstoffkrystalle auf zwei verschiedene Weisen in der Schleimhaut gelagert sind.

Ob Resorption oder Ausscheidung stattfindet, hängt jedenfalls auch von der relativen Konzentration der entsprechenden Substanzen im Blutserum ab. So steht z. B. die Alkaliausscheidung des Darmes im Zusammenhang mit der Regulation des Basen-Säuren-Gleichgewichtes, wie an Thiery-Vella-Fisteln gezeigt wurde (Cytronberg[4]). Hierzu kommt noch als wichtiger Faktor die Frage der Reaktionsverhältnisse im Dünndarm sowie auch die Anwesenheit anderer Substanzen im Darm, mit welchen unlösliche Verbindungen entstehen können, wie z. B. bei der Resorption des Ca.

Immer wieder besprochen wird die Wirkung von *Hormonen* auf die Resorption. Wieder ist nachgewiesen worden[5], daß das Pankreas keine innersekretorische Wirkung auf die Resorption der Fette und Fettsäuren hat. Neu ist die Angabe[6], daß der Darm nach Exstirpation der Nebenschilddrüsen für Cholin durchgängiger werde. Diese Permeabilitätsänderung beziehe sich aber nicht nur auf die Resorption, sondern auch umgekehrt auf die Ausscheidung in den Darm. Nach Exstirpation der Nebenschilddrüsen wird bei den tetaniekranken Tieren von injiziertem $CaCl_2$ noch einmal soviel in den Darm ausgeschieden, wie bei normalen. Die Resorption von Ca wird vermehrt durch Parathyreoidin, Thyroxin und Adrenalin[7].

Das D-Vitamin beeinflußt nach Peola und Guassardo[8] die Kalkresorption nicht. Auch das Verhältnis der Resorption von Kalk und Phosphor ändert sich höchstens im Spätstadium. Die Verminderung des Phosphatgehaltes des Blutes bei Rachitis ist nicht die Folge einer Resorptionsstörung. Bei verschiedenen *Avitaminosen* zeigen sich deutliche Änderungen der Darmpermeabilität. So wird beim experimentellen Skorbut[9] der Darm durchlässiger für Guanidin, Curare, Cholin usw. Diese haben nun Giftwirkungen, während sie bei normalen Tieren vom Darm aus nicht wirken. Allerdings wäre es möglich, daß diese vermehrte Permeabilität einfach auf Epitheldefekten beruht, die beim Skorbut nachgewiesen sind. So ist auch eine entzündlich geschädigte Schleimhaut[10] im Gegensatz zur normalen für Jodionen durchlässig.

Der Mangel an Vitamin B vermindert die Resorption[11]. In Versuchen von Gál war bei Ratten die Resorption von Glykose auf ein Drittel, die von Pepton auf die Hälfte vermindert. Durch Komplettierung der Nahrung mit Vitamin B stellte sich die normale Resorption wieder her. Allerdings war in diesen Versuchen die Cori-Methode angewendet worden und röntgenologisch ließ sich eine verlangsamte Magenentleerung nachweisen, was zu diesem Resultat beitragen kann.

---

[1] Hanzlik, P. J., H. G. Mehrtens u. D. C. Marshall: Arch. of Dermat. **22**, 861 (1930).

[2] Miyasaki, S.: Naunyn-Schmiedebergs Arch. **150**, 39 (1930).

[3] Watanabe, K.: Trans. jap. path. Soc. **19**, 120 (1929).

[4] Cytronberg, S.: Bull. internat. Acad. pol. Sci., Cl. méd. **4**, 323 (1930).

[5] Nothmann, M., u. H. Wendt: Naunyn-Schmiedebergs Arch. **164**, 266 (1932).

[6] Bellucci, L.: Amer. J. Physiol. **90**, 279 (1929).

[7] Taylor, N. B., u. A. Fine: Amer. J. Physiol. **90**, 539 (1929).

[8] Peola, F., u. G. Guassardo: Riv. Clin. pediatr. **28**, 583 (1930) — Pathologica (Genova) **22**, 455 (1930).

[9] Domini, G.: Arch. di Fisiol. **28**, 395 (1930).

[10] Henning, H.: Dtsch. Arch. klin. Med. **166**, 205 (1930).

[11] Gál, G.: Biochem. Z. **225**, 286 (1930). — Never, H. E.: Pflügers Arch. **219**, 554 (1928); **224**, 787 (1930).

Auch bei Säuglingsintoxikationen wird eine vermehrte Permeabilität des Dünndarms behauptet. PAFFRATH[1] bestimmt sie mittels der Schwellenwertkonzentration von Cholinchlorid auf die Dünndarmbewegung. Bei vermehrter Permeabilität wirkt das Cholin des Dünndarminhaltes lokal erregend.

Die *Resorption von Fett* wird immer noch viel bearbeitet. YAMAKAWA[2] sowie J. MELLANBY[3] glaubten, wieder zeigen zu können, daß sie in Form einer Emulsion des Neutralfettes erfolge. Aber ihre Versuche sind nicht bestätigt worden. In Untersuchungen von VERZÁR und KÚTHY[4] zeigte sich wieder sehr deutlich, daß nur gespaltenes Fett und auch dieses nur in Gegenwart von Gallensäure resorbiert wird.

Die Rolle der Gallensäuren ist die, daß sie mit den Fettsäuren Komplexverbindungen bilden entsprechend dem Choleinsäureprinzip von WIELAND. Physiologisch wichtig ist, daß diese mit Glykocholsäure oder Taurocholsäure gebildeten wasserlöslichen und diffusiblen Verbindungen bis zu einer sauren Reaktion von p_H 6,2 stabil sind. Bei den meisten Tierarten ist — wie schon früher erwähnt — die Reaktion im Dünndarm gewöhnlich sauer, z. B. bei Katzen immer unter p_H 7,5[5]. Die Lösung der Fettsäuren in Gallensäure gehört unter die hydrotropen Lösungen; ihre physikalisch chemische Untersuchung ist Gegenstand einer Reihe von Arbeiten gewesen[6].

VERZÁR und KÚTHY[7] haben darauf hingewiesen, daß im Darm viel weniger Gallensäure vorhanden ist, als in vitro nötig wäre, um die täglich resorbierte Quantität von Fettsäuren diffusibel zu machen. Daß tatsächlich das Verhältnis ein ganz ungünstiges ist, haben FÜRTH und MINIBECK[8] experimentell bewiesen. Nach ihren Bestimmungen ist das Verhältnis von Gallensäure zur Fettsäure im Dünndarm 1:2 bis 1:24, was viel zu wenig ist, um alles Fett hydrotrop zu lösen. VERZÁR und KÚTHY[7] haben nun gezeigt, daß, wenn man in eine isolierte Darmschlinge eine gewisse Menge Fettsäure einführt, zu ihrer Resorption viel weniger Gallensäure nötig ist als in vitro. Es genügte hier schon ein Drittel, während in vitro die fünffache Menge nötig war, um die Fettsäure diffusibel zu machen. Sie erklären diesen Versuch so, daß die Gallensäure in der Schleimhaut zurückgehalten wird und die Choleinsäureverbindungen an der Oberfläche der Epithelzellen sich bilden und dadurch die Gallensäuren dort immer wieder für neue Fettsäuremengen zur Verfügung stehen.

Eine andere Erklärung haben FÜRTH und SCHOLL[9] gegeben. Nach ihnen fördert das in der Galle befindliche Lecithin die Lösungsfähigkeit der Gallensäuren für die Fettsäuren. Dadurch könnte durch die im Darm vorhandenen Gallensäuren viel mehr Fett gelöst werden. Die Löslichkeitssteigerung durch Lecithin konnte aber durch SZÖRÉNYI[10] sowie durch MÜLLER[11] nicht erhalten werden. Lecithin fördert allerdings entsprechend den Untersuchungen von FÜRTH und SCHOLL die Dispersität der in Gallensäure gelösten Fettsäure, ohne sie aber diffusibel zu machen. Im obenerwähnten Versuch von VERZÁR und KÚTHY, in welchem die Gallensäuren bedeutend größere Fettsäuremengen zur Resorption brachten als sie in vitro lösten, war kein Lecithin in der Darmschlinge vor-

[1] PAFFRATH, H.: Abh. Kinderheilk. **1931**, H. 28.
[2] YAMAKAWA, S. u. FUJINAGA: Tohoku J. exper. Med. **14**, 265 (1929).
[3] MELLANBY, J.: J. of Physiol. **64**, 5, 33 (1928).
[4] KÚTHY, A. v.: Pflügers Arch. **225**, 567 (1930).
[5] McLAUGHLIN, A. E.: Science (N. Y.) **1** (1931).
[6] VERZÁR, F., u. A. v. KÚTHY: Biochem. Z. **205**, 369 (1929); **210**, 265, 281 (1929).
[7] VERZÁR, F., u. A. v. KÚTHY: Biochem. Z. **230**, 451 (1931).
[8] FÜRTH, O., u. H. MINIBECK: Biochem. Z. **237**, 139 (1931).
[9] FÜRTH, O., u. R. SCHOLL: Biochem. Z. **222**, 430 (1930).
[10] SZÖRÉNYI, E.: Biochem. Z. **249**, 182 (1932).
[11] MÜLLER, A.: Biochem. Z. **249**, 189 (1932).

handen, so daß man der Annahme nicht entgehen kann, daß die Gallensäuren eine lokale Wirkung auf der Schleimhaut ausüben.

In neueren histologischen Arbeiten zeigt Weiner[1], daß in den Epithelzellen der Schleimhaut während der Fettresorption niemals Seifen, sondern nur Fettsäuren nachweisbar sind. Schon in den Epithelzellen erscheint auch Neutralfett. Es soll jedoch auch noch in den Chylusgefäßen Fettsäuren geben.

Bei der Fettverdauung dürften auch ungesättigte Fettsäuren, aber wahrscheinlich nur in geringen Mengen, entstehen[2]. Ihre Resorption dürfte für die Gesamtresorption der Fette deshalb keine Bedeutung haben. Auch hat man keine Ursache, an eine unbekannte Wirkung des Pankreas zu denken[3]. Beim pankreaslosen Hund sind im Darminhalt noch mehr flüchtige Fettsäuren als beim normalen vorhanden[4]. Das Fett wird nicht nur durch die Lymphwege, sondern, wohl nur in geringen Mengen, durch die Portalvene resorbiert[5]. Andererseits scheidet der Darm, wie viele andere, so auch fettartige Substanzen aus, die wohl hauptsächlich von Epithelien und Bakterien stammen[6].

Im Zusammenhang mit der Frage der Resorption von Neutralfetten in emulgiertem Zustand wird immer wieder auch die Resorption von *ungelösten Substanzen* untersucht. In abgebundene Darmschlingen injizierte Tusche[7] wird in kurzer Zeit in den Lymphgefäßen aller Schichten der Darmwand zum Teil in Leukocyten, zum Teil aber auch frei gefunden.

Sehr merkwürdig liegen derzeit die Verhältnisse bzw. der *Resorption der Sterine*, die besonders von Schönheimer[8] eingehend untersucht wurde. Bei der Resorption von Cholesterin entsteht bei verschiedenen Tierarten eine sahnenartige Lipämie (Neisser und Breuning[9], Yuasa[10]). Trotz weitgehender Ähnlichkeit werden die pflanzlichen Sterine, z. B. Sitosterin[11], ebenso Koprosterin[12] sowie Dehydrocholesterin[8] nicht resorbiert. Letzteres wird dagegen in den Organen gebildet und in abgeschlossene Darmschlingen sezerniert. Bei Fütterung mit Gemischen dieser Sterine enthält die Lymphe des Ductus thoracicus zwar Cholesterin, aber z. B. kein Dihydrocholesterin. Bei der Resorption des Cholesterins könnte eine hydrotrope Lösung durch Gallensäuren in Betracht kommen. Auch das durch die Galle in den Darm sekretierte Cholesterin wird wieder resorbiert. Dagegen werden auch bei Fütterung mit Gallensäuren Dihydrositosterin, Stigmasterin, Brassicasterin, Agnosterin, Lanosterin, Cholesteanol, Pseudokoprosterin nicht resorbiert.

Die *Resorption von Kohlehydraten* ist neuerdings besonders eingehend von Magee und Southgate[13] sowie Auchinachie und Macleod[14] untersucht worden. Magee hat seine Befunde besonders dafür verwendet, um zu zeigen, daß bei der Resorption auch „vitale“ Faktoren eine Rolle spielen. Wie frühere Autoren, so fand auch er, daß Galaktose und Glykose rascher resorbiert werden als Xylose

[1] Weiner: Jb. mikrosk.-anat. Forsch. **13**, 197 (1928).
[2] Tangl, H. u. Berend: Biochem. Z. **220**, 234, **226**, 180, **229**, 323 (1930).
[3] Nothmann, M., u. H. Wendt: Naunyn-Schmiedebergs Arch. **164**, 266 (1932).
[4] Gherardini u. Brasi: Arch. Pat. e Clin. med. **10**, 127 (1930).
[5] Cantoni, O.: Boll. Soc. ital. Biol. sper. **3**, 1278 (1928).
[6] Angevine, R. W.: J. of biol. Chem. **82**, 559 (1929). — Burget, G. E., u. K. Martzloff: Amer. J. Physiol. **90**, 303 (1929).
[7] Tychowski, W. Z.: C. r. Soc. Biol. Paris **104**, 538 (1930).
[8] Schönheimer, R. v., H. Behring, R. Hummel u. L. Schindel: Hoppe-Seylers Z. **73**, 86, 93, 97 (1930).
[9] Neisser u. Breuning: Z. exper. Path. u. Ther. **4** (1904).
[10] Yuasa: Beitr. path. Anat. **80**, 570 (1928).
[11] Yuasa, D.: Hoppe-Seylers Z. **185**, 116 (1929).
[12] Bischoff, G.: Biochem. Z. **227**, 230 (1930).
[13] Magee, H. E., u. B. A. Southgate: J. of Physiol. **68**, 67 (1929).
[14] Auchinachie, Macleod u. Magee: J. of Physiol. **69**, 185 (1930).

und Arabinose. Er findet aber die interessante Tatsache, daß diese Beschleunigung nur bei Körpertemperatur und nicht mehr am abgekühlten Darm zu beobachten ist. Auch das Abtöten der Schleimhaut durch Gifte oder ihr spontanes Absterben bei überlebenden Darmschlingen, in O_2-gesättigter Tyrode-Lösung nach 30 Minuten, bringt die Bevorzugung der Glykoseresorption zum verschwinden. Ferner wird beobachtet, daß eine $^3/_4$ m-Glykoselösung am raschesten resorbiert wird, während für Xylose keine solche optimale Konzentration besteht. MAGEE und REID[1] finden, daß auch NaH_2PO_4 eine optimale Konzentration hat (0,2%), bei welcher am meisten resorbiert wird. Im lebenden Tier habe Phosphat einen deutlichen fördernden Einfluß auf die Resorption von Glykose, dagegen keinen auf Xylose. Die optimale Konzentration von $^3/_4$ m-Dextrose gilt für Ratte, Kaninchen und Katze. Konzentriertere Lösungen werden bis zu diesem Wert verdünnt. Vielleicht steht damit in Zusammenhang, daß $^3/_4$ m-Glykose, Sucrose, Maltose und Lactose die Zottenbewegung beschleunigen, nicht aber ebenso konzentrierte Xylose, Arabinose und Mannose.

MAGEE und SEN[2] teilen auch mit, daß aus dem überlebenden Kaninchendarm der Zucker in eine normale, Ca-haltige Ringer-Lösung rascher diffundiert, als in eine Ca-freie Lösung. Auch diese Differenz fehlt am abgekühlten und erscheint wieder am auf Körpertemperatur erwärmten Darm. Wenn kein Ca in der Lösung ist, dann fehlt auch die selektive Bevorzugung der Glykose gegenüber der Xylose.

Über die verschiedene Resorptionsgeschwindigkeit von verschiedenen Zuckerarten liegen auch Beobachtungen von MACLEOD[3], ferner auch beim Menschen von McCANCE und MADDERS[4] vor. Letztere fanden die folgenden Resorptionsgeschwindigkeiten: Rhamnose 1, Arabinose 2,33, Xylose 3,6.

Ich habe schon früher darauf hingewiesen, daß die besonders rasche Resorption der Glykose darauf beruhen kann, daß diese vielleicht schon im Epithel der Darmschleimhaut umgebaut wird, wodurch es beständig zu einer Erhöhung des Diffusionsgefälles kommen würde. Welcher Art dieser Umbau sei, ist noch nicht geklärt. LANG[5] gibt an, daß während der Resorption von Glykose im Pfortaderblut eine Zunahme von Glykogen zu finden ist. Bekanntlich sind Xylose und Arabinose keine Glykogenbilder, und deshalb wird für diese keine solche Begünstigung bestehen. Wenn diese unsere Erklärung zu Recht besteht, dann besitzt also der Darm nicht eine Fähigkeit zur selektiven Auswahl, sondern eine spezifische Fähigkeit zur Synthese von Kohlehydraten, ebenso wie für Fette. Diese ist es, welche die Resorption beeinflußt[6].

Nach CORI[7] hemmen Milchsäure und Zucker gegenseitig ihre Resorption. Wenig Äthylalkohol fördert sie nicht[8]. Aus dem Colon wird Dextrose nicht in nennenswerten Mengen resorbiert, wohl aber H_2O und NaCl. Durch letzteres kann auch die Dextroseresorption vermehrt werden. $NaHCO_3$ hat keine solche Wirkung[9].

Die *Eiweißresorption* läßt sich nach KÚTHY[10] verfolgen, indem man entweder das Verschwinden des verfütterten Eiweißes aus dem Magendarmkanal mißt

---

[1] MAGEE, H. E., u. E. J. REID: J. of Physiol. **73**, 163 (1931).

[2] MAGEE, H. E., u. K. CH. SEN: Biochemic. J. **25**, 643 (1931).

[3] MACLEOD, J. J. R., H. E. MAGEE u. C. B. PURVES: J. of Physiol. **70**, 404 (1930).

[4] McCANCE, R. A., u. K. MADDERS: Biochemic. J. **24**, 795 (1930).

[5] LANG: Biochem. Z. **200**, 90 (1928).

[6] *Anmerkung bei der Korrektur:* WILLBRANDT und LASZT haben soeben in unserem Institut nachgewiesen, daß es sich um eine Hexosephosphorsäurebildung in der Schleimhaut handelt. Jodessigsäure hemmt diese und bringt die Bevorzugung der Dextroseresorption zum Verschwinden.

[7] CORI, G.: J. of biol. Chem. **87**, 13 (1930).   [8] CORI, G.: J. of Biochem. **87**, 19 (1930).

[9] McNEALY, R. W., u. J. DANIEL WILLEMS: Arch. Surg. **22**, 649 (1931).

[10] KÚTHY, A. v.: Pflügers Arch. **225**, 567 (1930).

oder aber die Zunahme des NH_2-N im Blut bestimmt, das mit dem vorigen durchaus parallel verläuft. Drittens geht auch die Zunahme des O_2-Verbrauches nach Eiweißnahrung, die spez. dynamische Wirkung, beim normalen Tier parallel mit der Resorption und gibt ein Bild derselben.

Auch die Resorptionsgeschwindigkeit von Aminosäuren[1] ist mit der Cori-Methode bei Ratten untersucht worden. Sie ist unabhängig von der absoluten Menge der Aminosäuren im Darm und scheint auch vom NH_2-N-Gehalt des Blutes abzuhängen.

Bekanntlich wird auch ungespaltenes Eiweiß in geringen Mengen resorbiert. Zu den älteren Beispielen reiht sich neuerdings noch Thyreoglobulin (Hektoen[2]) und Gewebsfibrinogen (Mills[3]). Diese Resorption scheint aber nicht ein seltener Zufall zu sein, sondern kommt wohl bei der Mehrzahl der Menschen vor. Wenn man nämlich Personen mit dem Blutserum von überempfindlichen Personen sensibilisiert, dann erhält man bei Einnahme der entsprechenden Substanzen (Ei, Fisch) fast immer Überempfindlichkeitserscheinungen (Süssmann[4], Brunner[5]). — Andererseits soll wiederholte Fütterung mit einem artfremden Eiweiß den Darm abdichten, so daß es nun zu keiner Resorption mehr kommt. Man könnte an lokal wirkende Präcipitation denken. Nach Oide[6] soll das artfremde Eiweiß durch die Lymphbahnen resorbiert werden. Druckerhöhung im Innern des Darmes erleichtert die Resorption nativen Eiweißes (Hettwer[7] und Kritz). — Follikelhormon wird vom Darm resorbiert[8], Diastase dagegen nicht[9].

Bd. IV.

Resorption durch die Haut[10]
(S. 107—151).

Von

Stephan Rothman — Budapest.

Über die *Durchlässigkeit der Froschhaut* hat Amson[11] einen in physiologischer Beziehung wichtigen Beitrag geliefert. Er zeigt, daß die irreziproke Permeabilität der Froschhaut (S. *124*), geprüft am Beispiel des Methylenblaus, mit den vitalen Hautströmen nichts zu tun hat und mit dem Tode nicht erlischt. Die Undurchlässigkeit für Methylenblau von außen nach innen bleibt (ebenso wie die Durchlässigkeit von innen nach außen) nach Ablösung der Haut nahezu unverändert bestehen, auch wenn der Ruhestrom bereits praktisch gleich Null geworden ist. Auch durch chemische Abtötung (Alkohol, Äther, Chloroform, Natriumfluorid) und durch Wärme gelingt es nie, den Unterschied völlig aufzuheben. Demnach dürfte die gerichtete Permeabilität auf einer besonderen strukturellen Einrichtung des Hautorgans beruhen, welche durch tödliche Maßnahmen zwar mehr oder

[1] Wilson, R. H., u. H. B. Lewis: J. of biol. Chem. **84**, 511 (1929).

[2] Hektoen, K. u. Dragstedt: J. amer. med. Assoc. **84**, Nr 1, 4 (1925).

[3] Mills, C. A.: Amer. J. Physiol. **63**, 484 (1923).

[4] Süssmann, Davidson u. Walzer: Arch. int. Med. **42**, 409 (1928).

[5] Brunner u. Walzer: Arch. int. Med. **42**, 172 (1928).

[6] Oide, T.: Jap. J. med. Sci., Trans. IX Surg. etc. **1**, 299 (1929).

[7] Hettwer, J. P., u. R. A. Kritz: Amer. J. Physiol. **73**, 539 (1925).

[8] Maino, M. M.: Arch. Ist. biochim. ital. **2**, 495 (1930).

[9] Henning, R., u. E. Bach: Dtsch. Arch. klin. Med. **168**, 374 (1930).

[10] Die kursiv gedruckten Zahlen im Text bedeuten die Seitenzahlen in Bd. IV ds. Handb.

[11] Amson, Kl.: Pflügers Arch. **225**, 467 (1930).

weniger geschädigt, aber nicht vollkommen zerstört wird. Es könnte sich um ähnliche Strukturen handeln, wie sie MANEGOLD[1] annimmt: capilläre Gefäßstrukturen mit auf der einen Seite runden, auf der anderen Seite spaltförmigen Porenöffnungen. In einem gewissen Gegensatz zu NIINA (S. *142* und *146*) findet AMSON, daß auch bei Anwendung starker elektrischer Ströme eine Beeinflussung der irreziproken Permeabilität (insbesondere eine Erhöhung der Durchlässigkeit von außen nach innen) nicht stattfindet[2].

MONCORPS, der durch seine Arbeiten „über Pharmakologie und Pharmakodynamik von Salben und salbeninkorporierten Medikamenten" auch unsere Kenntnisse über die *Resorption durch die Menschen- und sonstige Warmblüterhaut* wesentlich bereichert hat, untersuchte die Resorption von Salicylsäure, elementarem Schwefel und Mercuriaminochlorid („weißes Quecksilberpräcipitat") aus Fettsalben, die in Form von Salbenverbänden mit der Haut in Berührung gebracht wurden.

Die *Salicylsäureresorption*, gemessen an ihrer Ausscheidung durch die Nieren, ist bei der gegebenen Versuchsanordnung MONCORPS'[3] in hohem Grade von der Salbengrundlage abhängig, und zwar ergibt sich die steigende Reihenfolge der Salbengrundlagen: benzoiertes Schweineschmalz, Zinkpaste, Vaselin, Lanolin c. aq. (20%), Physiol. A., Physiol. B., Eucerin c. aq. (50%), Physiol. C.[4]. Die Unterschiede sind außerordentlich groß. Die ausgeschiedenen Salicylsäuremengen verhalten sich wie $1:1,2:2,4:3:8,4:10:15:40$. Mit Schweineschmalz konnten nur 0,29%, mit Physiol. C. dagegen 12% der aufgetragenen Salicylsäuremengen zur Resorption gebracht werden. Man darf hieraus im großen ganzen schließen, daß die Resorption der Salicylsäure aus Salbengrundlagen am wenigsten gefördert wird durch echte Glycerinfette und Kohlenwasserstoffe, etwas besser durch Wasser-in-Fett-Emulsionen, am besten durch Fett-in-Wasser-Emulsionen (vgl. S. *138ff.*). Viel geringer als nach Auflegung von Salbenverbänden ist die Resorption nach einfacher Einreibung der Salicylsäuresalben. Sie bewegt sich dann etwa in der gleichen Größenordnung wie die Resorption aus alkoholischen Lösungen (permeable feuchte Umschläge). Die Resorption aus wässerigen Lösungen ist bei weitem am schwächsten.

Auch LESLIE-ROBERTS[5] findet, daß die Salicylsäure wohl am stärksten aus Salben resorbiert wird, daß aber aus alkoholischen und wässerigen Lösungen eine fast ebenso hochgradige Resorption stattfindet. Er nimmt an, daß die Hornschicht bei der Resorption als Adsorbens wirkt, wobei sich auf der Hautoberfläche eine übersättigte Lösung bildet. Aus dieser Lösung werde die Salicylsäure als Lipoidester (mit dem Cholesterin der Hautfette) weitergeführt.

KIONKA[6] findet in Tierversuchen (Resorption von der frisch rasierten Kaninchenhaut) keine großen Unterschiede der Salicylsäureresorption je nach der verwendeten Salbengrundlage und keine wesentliche Förderung durch Zusatz von 1% Soda und 1% Campher. Wohl aber wird durch diese Zusätze die Resorption einzelner Salicylester in Salben gefördert. Die Resorption der Ester und des Amids verläuft protrahierter als die der freien Salicylsäure[7].

---

[1] MANEGOLD: Kolloid-Z. **49**, 349 (1929).

[2] Über Permeabilität der Froschhaut vgl. auch K. HUKUDA u. S. WATANABE: Jap. J. med. Sci., Trans. III. Biophysics **1**, 157 (1931).

[3] MONCORPS, C.: Naunyn-Schmiedebergs Arch. **141**, 50 (1929).

[4] Physiol.: „Neutrale milchigweiße wasserlösliche Salbengrundlage aus den Sekundärteilchen eines Milchkolloids bestehend" (Riedel Mentor 1926), also eine Öl-in-Wasser-Emulsion.

[5] LESLIE-ROBERTS, H.: Brit. J. Dermat. **40**, 325 (1928).

[6] KIONKA, H.: Klin. Wschr. **1931 II**, 1570 — vgl. auch Fortschr. Ther. **1929**, Nr 6.

[7] *Anmerkung während der Korrektur:* In einer neueren Arbeit befaßt sich auch MONCORPS [Naunyn-Schmiedebergs Arch. **163**, 377 (1931)] mit dem Unterschied der Resorption von freier und gebundener Salicylsäure.

Eine sehr ausgesprochene Förderung der Salicylesterresorption findet KIONKA nach gleichzeitigem Zusatz mehrerer hyperämisierender Mittel, wie sie z. B. im „Capsifor" enthalten sind: Campher, Menthol, Ol. Gautheri, Ammoniak und Tinct. capsici, die in bestimmter Konzentration die Haut nicht schädigen und doch die Resorption sehr fördern. KIONKA nimmt an, daß diese Resorptionsförderung zum Teil auf die bessere Abspaltung der freien Salicylsäure infolge der erhöhten Kohlensäurespannung, zum Teil auf die fördernde Wirkung der Hyperämie zurückzuführen ist. Demgegenüber haben wir bereits S. *141* und S. *150* darauf hingewiesen, daß derartige entzündungserregende Substanzen ausschließlich durch *Schädigung der Epidermiszellen* resorptionsfördernd wirken können. Die einfache Hyperämie kann für resorptionsfördernde Wirkungen unmöglich verantwortlich gemacht werden, da die Barriere für die Hautresorption höher sitzt als das Capillarnetz der Haut. Auch KIONKA betont, daß die Capsicatinktur in höheren Konzentrationen blasenziehend wirkt. Wir wissen, daß solche Blasen nur infolge von Epidermiszellenschädigung entstehen. Ja, man kann allgemein sagen, daß entzündungserregende Noxen, die von außen einwirken, entweder nur auf dem Umwege der Epidermisschädigung die (cutane) Entzündung herbeiführen oder, bei hoher Intensität des Reizes, Epidermis und Cutis gleichzeitig geschädigt werden. Das gleiche gilt für die von JOACHIMOGLU und KLISSIUNIS[1] nachgewiesene Resorptionsförderung durch „Transcutan". Dieses dem Badewasser zuzusetzende Hautreizmittel (vgl. LAQUEUR und GRUNER[2]) enthält ätherische Öle (Terpene, Wintergreenöl, Bromylacetat, Campher) und konzentrierte Sole. Es fördert sehr deutlich die Resorption von Jod aus Jodkalisalben. Flüssiges Chloroform (vgl. S. *141*) und Tetrachlorkohlenstoff dringen ebenfalls nur nach Erzeugung schwerer lokaler entzündlicher Veränderungen in die Haut ein (LAPIDUS[3]).

Die auch von MONCORPS[4] makro- und mikroskopisch festgestellte „Keratolyse" der Hornschicht (vgl. S. *140*) nach Einwirkung der Salicylsäure auf die Haut möchten wir auf Grund unserer Ausführungen (S. *128*) nicht als resorptionsfördernd betrachten. Die gute Resorbierbarkeit der Salicylsäure beruht — wie wir bereits betont haben — in erster Linie auf ihrer Lipoidlöslichkeit. CERUTTI[5] macht auf die besonders rasche Resorption der Salicylsäure durch die kindliche Haut und auf die Gefahr der Salicylvergiftung bei Einreibung von Salicylsalben in die kranke Haut aufmerksam.

Die perkutane Resorption von *elementarem Schwefel* aus Salben wurde von MONCORPS[6] in einwandfreien Tierversuchen mittels Schwärzung subcutan gesetzter Wismutdepots nachgewiesen, ähnlich wie MALIWA die Resorption von Sulfiden und Polysulfiden aus Schwefelbädern nachgewiesen hat (vgl. S. *133*). Auch KMIETOWICZ[7], der außer Wismutsalzen Cadmium-, Silber-, Antimonsalze und Natriumphenolphthalein als Depotagentien verwendet hat, konnte die Befunde MALIWAS vollauf bestätigen[8].

MONCORPS[9] hat die Schwefelresorption aus Salben auch beim Menschen nachgewiesen, indem er nach Anwendung von Schwefelsalben in vereinzelten Fällen Schwefelwasserstoff im Blute fand und regelmäßig die Erhöhung des Gesamtschwefels im Serum und im Urin nachweisen konnte. Der an Krytalloide gebundene Schwefel im enteiweißten Serum wird bei der gegebenen Versuchsanordnung durchschnittlich um 87% erhöht[10]. Der perkutan eingeführte Schwefel hat einen beträchtlichen, wenn auch sehr schwankenden Einfluß auf die Kationenverteilung im Blut. Die Reduktion des elementaren Schwefels zu Schwefelwasserstoff erfolgt u. a. auch unmittelbar am Orte der Schwefelsalbenapplikation.

---

[1] JOACHIMOGLU, G., u. N. KLISSIUNIS: Dtsch. med. Wschr. **1929 II**, 1225.

[2] LAQUEUR, A., u. E. GRUNER: Dtsch. med. Wschr. **1928 II**, 1595.

[3] LAPIDUS, G.: Arch. f. Hyg. **102**, 124 (1929).   [4] MONCORPS, C.: Zitiert auf S. 86.

[5] CERUTTI, P.: Giorn. ital. Dermat. **70**, 101 (1929).

[6] MONCORPS, C.: Naunyn-Schmiedebergs Arch. **141**, 67 (1929).

[7] KMIETOWICZ jun., FR.: Zitiert nach Zbl. Hautkrkh. **34**, 430 (1930). (Polnisch.)

[8] Vgl. dagegen Polemik J. BERGER-MALIWA: Mschr. ung. Mediziner **3**, 224 (1929); **4**, 3 (1930).

[9] MONCORPS, C.: Naunyn-Schmiedebergs Arch. **141**, 87 (1929).

[10] MONCORPS, C., u. R. BOHNSTEDT: Naunyn-Schmiedebergs Arch. **152**, 57 (1930).

Manche Befunde sprechen dafür, daß diese Reduktion durch das oxydoreduktive SH-System der Epidermis vollzogen wird.

Die Reihenfolge, in welcher die verschiedenen Salbengrundlagen die Schwefelresorption fördern, ist von der Skala, die wir für die Salicylsäure kennengelernt haben, sehr verschieden, fast entgegengesetzt. Am allerbesten fördert hier Schweineschmalz, dann folgen absteigend Vaseline, Lanolin c. aq. (25%), Eucerin c. aq. (50%), Physiol. C., Pasta Zinci oxyd.

Das *Mercuriaminochlorid* wird aus Salben nach den Untersuchungen von MALOFF[1] und von MONCORPS[2] fast gar nicht resorbiert. Nach MONCORPS werden nur etwa 0,8% des aufgetragenen Hg mit Urin und Faeces ausgeschieden. MALOFF findet bei täglicher Einreibung 5proz. Präcipitatsalben nach 20—22 Tagen nur $^7/_{100}$ mg Hg im Tagesurin, nach Einreibung 10proz. Salben 0,08—0,6 mg Hg. Diese Befunde entsprechen der praktischen Erfahrung: Patienten mit universeller Psoriasis werden Jahre hindurch täglich an der ganzen Körperoberfläche mit weißer Präcipitatsalbe eingerieben, ohne daß jemals Zeichen einer Hg-Intoxikation auftreten würden (vgl. hierzu Anm. 1 auf S. *140*), obwohl nach MONCORPS unter dem Einfluß des Hautsekrets das weiße Präcipitat in Hg und NH_4Cl gespalten wird. Der in der neueren Literatur einzig stehende Intoxikationsfall von ALEXANDER und MENDEL[3] dürfte auf einer Hg-Idiosynkrasie beruhen. Die Resorption des weißen Präcipitats erfolgt im wesentlichen durch den Follikelapparat, außerordentlich geringe Mengen scheinen auch durch das Saftspaltensystem der Epidermis vorzudringen.

Zur Frage der *Fettresorption* haben neuerdings WINTERNITZ und NAUMANN[4] Stellung genommen. Sie bestreiten sehr entschieden die Angaben von STEJSKAL (S. *136* und *139*), daß der Organismus durch die Haut mit reichlichen Fettmengen „ernährt" werden kann. Sie berufen sich auf ältere eigene Versuche und führen neue, mit jodierten Ölen und Fetten durchgeführte Versuche an, aus denen hervorgeht, daß praktisch eine percutane Resorption von Fetten nicht stattfindet. Im gleichen Sinne sprachen ja auch die Versuche von BERNHARDT und STRAUCH (S. *135*), die u. a. nach kräftiger Einreibung von Jodipinsalben auf große Hautoberflächen kein Jod im Urin fanden. Wie WINTERNITZ und NAUMANN hervorheben, ist zum Nachweis der Fettresorption die Anwendung jodierter Fette deshalb geeignet, weil das Jod im Fettmolekül fest verankert ist, und nur dann im Urin erscheint, wenn das Fett resorbiert und oxydiert worden ist. Wenn dem STEJSKAL[5] einerseits positive Jodbefunde nach Jodipineinreibungen gegenüber stellt, andererseits auch prinzipielle Bedenken gegen die WINTERNITZsche Beweisführung erhebt (s. demgegenüber WINTERNITZ[6]), so können wir aus dieser Polemik entnehmen, daß — wie wir bereits auseinandergesetzt haben — der Nachweis der percutanen Fettresorption durchaus nicht leicht zu führen ist, und wenn überhaupt etwas zur Resorption kommt, so nur geringe Mengen. Von einer percutanen „Ernährung" mit Fetten kann wohl kaum die Rede sein. Während im allgemeinen diese geringen Mengen durch den Talgdrüsenfollikelapparat eindringen, zeigten E. UNNA und W. FEY (Fußnote auf S. *135*) mittels Tuschefärbung der Fette und nachfolgenden histologischen Untersuchungen, daß mit Wasser nicht gesättigte Wasser-Öl-Emulsionen (Eucerin c. aq. 50%) nebst den Follikeln auch in die Oberhautzellen eindringen können. Gesättigte Wasser-Öl-Emulsionen

---

[1] MALOFF, G.: Dtsch. med. Wschr. **1928 II**, 1381.
[2] MONCORPS, C.: Naunyn-Schmiedebergs Arch. **155**, 51 (1930).
[3] ALEXANDER, A., u. K. MENDEL: Dtsch. med. Wschr. **1923 II**, 1021.
[4] WINTERNITZ, H., u. H. NAUMANN: Dtsch. med. Wschr. **1929 II**, 1828.
[5] STEJSKAL, K.: Dtsch. med. Wschr. **1930 I**, 491.
[6] WINTERNITZ, H.: Dtsch. med. Wschr. **1930 I**, 492.

vom Typus des Unguentum leniens werden nach Unna und Fey von der Oberhaut in mäßigen Grenzen aufgenommen, Vaseline überhaupt nicht. Veyrières[1] macht darauf aufmerksam, daß die Vaseline viel eher in den Verbandstoff des Salbenverbandes als in die Haut eindringt, und daß infolgedessen Arzneizusätze in unerwünschter Konzentration auf der Haut zurückbleiben können.

Auch die *Resorption von Kohlehydraten*, wie sie Stejskal (S. *131*) angibt, wird von Winternitz und Naumann[2] als nicht bestehend abgelehnt. Auf Grund älterer Versuche von F. Voit[3] wissen wir, daß parenteral eingeführte Disaccharide unverändert im Urin ausgeschieden werden. Bei percutaner Einführung von Rohrzucker in Salben wird dagegen nach Winternitz und Naumann keine Spur von Zucker im Urin ausgeschieden. Vervollständigt werden diese Angaben durch Bauke[4] aus dem Winternitzschen Institut, der den Durchgang von Milchzucker in verschiedener Form prüfte und nicht bestätigt fand. Auch der Nachweis von Schleimsäure im Urin konnte von ihm nicht geführt werden, obwohl bei subcutaner Milchzuckerzufuhr der Schleimsäurenachweis im Urin ohne weiteres leicht gelang. Mit diesen negativen Befunden wird unsere *aus theoretischen Überlegungen abgeleitete Schlußfolgerung, daß möglicherweise „bei höheren Wirbeltieren neben der Wasserundurchlässigkeit auch eine Anelektrolytundurchlässigkeit besteht"*, vollauf bestätigt. Allerdings werden jetzt auch diesen negativen Befunden positiver Galaktosenachweis im Urin von Stejskal[5] gegenübergestellt (Nachweis von unvergärbarem Zucker nach Milchzuckersalbeneinreibungen), und es wird die von Bauke geübte Methodik des Schleimsäurenachweises auf Grund der methodisch-kritischen Arbeit von Freund und Lustig[6] abgelehnt. Die eindeutige Entscheidung dieser grundsätzlich wichtigen Frage muß also noch abgewartet werden.

Der percutanen Resorption von *Arsen* aus Bädern ist eine Arbeit von J. Leva[7] gewidmet. Nach 35° C warmen Bädern im Arsensolbad der Dürkheimer Maxquelle (19 mg As_2O_3 im Liter) und nach Schlammpackungen mit Maxquellsediment stieg der Arsengehalt im Urin auf das Mehrfache des in den Vorperioden festgestellten Normalwertes, so daß eine Resorption der As-Salze aus wässeriger Lösung hierdurch gesichert erscheint.

Die Frage der *Resorption von Elektrolyten* aus wässerigen Lösungen wurde neuerdings durch Harpuder[8] in Angriff genommen. Er ließ mit Hilfe einer eigens konstruierten Manschette die gesunde menschliche Haut mit verschiedenen Säure-, Alkali- und Salzlösungen von bekannter Zusammensetzung bespülen und analysierte nach einiger Zeit diese Lösungen, um den Ionenaustausch zwischen Haut und umgebender Flüssigkeit zu prüfen. Er fand zahlreiche bemerkenswerte Einzelheiten über die Ionen*abgabe* durch die Haut, wobei die großen Unterschiede je nach der alkalischen oder sauren Natur der umspülenden Flüssigkeit am meisten auffielen. Über die Ionen*aufnahme*, d. h. über Elektrolytresorption durch die Haut, wird angegeben, daß aus Kaliumchloridlösungen bei Konzentrationen von $n/50$ und höher allem Anschein nach — allerdings nicht regelmäßig — *Kalium in die Haut eindringt*. Es könne sich dabei nicht um Verdünnung der Kaliumchloridlösung etwa durch Hautwasserabgabe oder Abgabe verdünnter Salzlösungen handeln, weil die Zusammensetzung der Lösung dafür

[1] Veyrières: Rev. franç. Dermat. **1927**, Nr 12, 620.
[2] Winternitz, H., u. H. Naumann: Zitiert auf S. 88.
[3] Voit, F.: Dtsch. Arch. klin. Med. **1897**.
[4] Bauke, E. E.: Dtsch. med. Wschr. **1930 II**, 1869.
[5] Stejskal, K.: Wien. med. Wschr. **1931 II**, 1490.
[6] Freund, E., u. B. Lustig: Biochem. Z. **232**, 449 (1931).
[7] Leva, J.: Münch. med. Wschr. **1929 II**, 1368.
[8] Harpuder, K.: Z. Bäderkde **4**, 264 (1929) — Z. exper. Med. **76**, 724 (1931).

sonst keine Anhaltspunkte bietet, und weil entsprechende oder höher konzentrierte NaCl-, NH_4Cl- und $CaCl_2$-Lösungen keine Abnahme des Kationengehalts zeigen. Dieser Befund HARPUDERS steht zwar im Gegensatz zu den Resultaten von ZWICK (S. *126*), er läßt sich aber mit unseren früheren Ausführungen (S. *112ff.* und S. *124ff.*) gut in Einklang bringen.

Über die percutane *Resorption von Gasen* haben wir nachzutragen, daß dampfförmiges Anilin nach Untersuchungen von SCHÜTZE (S. *133*) — im Gegensatz zu den Angaben KRÄMERS (S. *133*) — die Haut nicht passieren. Die Undurchgängigkeit für Kohlenoxyd wird auch von SCHÜTZE und von SALZMANN[1] bestätigt.

Die Bedeutung des äußeren Sauerstoffdruckes für die *Sauerstoffaufnahme durch die Haut* (vgl. KROGH S. *132*) wird für den Frosch durch LASKOWSKI[2] bestätigt. Mit steigender Temperatur nimmt die O_2-Aufnahme deutlich zu, aber in geringerem Grade als die Lungenatmung, so daß bei Temperaturerhöhungen der prozentuale Anteil der Haut an der Atmung abnimmt. Die Froschhaut nimmt auch aus dem Wasser dauernd Sauerstoff auf. Nach SHAW, MESSER und WEISS[3] steigt auch beim Menschen die percutane Sauerstoffaufnahme mit der Temperatur und ist in hohem Grade vom atmosphärischen Sauerstoffdruck abhängig. Bei Sauerstoffdrucken in der Luft, die niedriger als die des Blutes sind, wird Sauerstoff abgegeben. Nach BENEKE[4] wird Sauerstoff auch von der Leichenhaut aufgenommen, wenn die die Haut umgebende Luft genügend Wasserdampf enthält. An solchen Stellen (d. h. in der dünnen stagnierenden Luftschicht zwischen Sektionstischplatte und Leichenhaut) findet man hellrot gefärbte Flecken infolge von Oxyhämoglobinbildung. Die Zunahme des Hautgaswechsels mit der relativen Feuchtigkeit haben SHAW und MESSER[5] im physiologischen Versuch in der Tat nachweisen können.

SAMETINGER[6] untersucht die Wirkung entzündlicher Reize auf die O_2-Aufnahme und findet im allgemeinen starke Erhöhungen, jedoch bemerkenswerte Unterschiede je nach Art des Reizes (Jodtinktur, Senföl) und ziemliche Unabhängigkeit vom Grad der entzündlichen Rötung.

Die Frage der *Kohlensäureaufnahme* aus Kohlensäure-, Wasser- und Gasbädern wird neuerdings von SALZMANN[1] erörtert. Er bespricht kritisch die positiven Befunde, die auf Grund von Messungen des respiratorischen Quotienten erhoben worden sind, und kommt zum Schluß, daß eine Resorption in meßbaren und wirksamen Mengen nicht stattfindet. Sein eigener Versuch, der die Undurchgängigkeit der tierischen Haut für Kohlenoxyd bestätigt, sagt natürlich nichts aus über die Durchgängigkeit für Kohlendioxyd. Wenn aber HEDIGER[7] in seinen polemischen Bemerkungen hinzufügt, daß praktisch nur solche Gase eindringen, die gut wasserlöslich sind, so können wir auch ihm nicht folgen, indem wir auf den verhältnismäßig recht schwierigen Nachweis der Schwefelwasserstoffgasresorption hinweisen (S. *133*). KMIETOWICZ[8] findet bei Anwendung gasförmiger Kohlensäure in abgedichteten Badewannen deutlichen Anstieg der prozentualen CO_2-Menge in der ausgeatmeten Luft. Wiederholt er aber das Bad täglich, so verschwindet später die Wirkung. Er nimmt dementsprechend

[1] SALZMANN, F.: Münch. med. Wschr. **1920 I**, 679.
[2] LASKOWSKI: Zitiert nach Zbl. Hautkrkh. **36**, 555 (1931).
[3] SHAW, L. A., A. C. MESSER u. S. WEISS: Amer. J. Physiol. **90**, 107 (1929).
[4] BENEKE, R.: Z. Bäderkde **4**, 148 (1929).
[5] SHAW, L. A., u. A. C. MESSER: Amer. J. Physiol. **95**, 13 (1930).
[6] SAMETINGER, E.: Naunyn-Schmiedebergs Arch. **159**, 1 (1931).
[7] Polemik HEDIGER, DEDE u. SALZMANN: Münch. med. Wschr. **1930 II**, 1321.
[8] KMIETOWICZ jun., FR.: Zitiert nach Zbl. Hautkrkh. **30**, 700 (1929). (Polnisch.)

an, daß die Haut sich allmählich an den Reiz gewöhnt, und die Haut immer weniger Kohlensäure aufnimmt.

Die Feststellungen Reins (S. *147*) über den Einfluß der Elektrolyte auf den Wassertransport *im elektrophoretischen Versuch* wurden durch Raszeja[1] bestätigt. Die Beschleunigung der elektrophoretischen Wasserbewegung durch Zucker- und Alkohollösungen war aber in Raszejas Versuchen weniger ausgesprochen als bei Rein. Raszeja findet keine histologisch nachweisbare Veränderung in der Epidermis nach Gleichstromdurchströmung und keine Permeabilitätsänderung durch den Strom allein. Elektrisch eingeführte Ca-Ionen verdrängen nach Raszeja die K-Ionen in der Epidermis.

Ein sehr anschauliches Bild von der Förderung der Resorption durch Elektrophorese gewinnt man aus den Hautmembranversuchen von Asaoka[2]. Er findet, daß bei Gleichstromdurchströmung das Zn-Ion vom positiven Pol 10—15mal, das Jodion vom negativen Pol 200mal rascher die Hautmembran durchwandert, als es ohne Stromanwendung der Fall ist.

Shaffer[3] hat die Elektrophorese von Eisensalzen an ausgeschnittenen Hautstücken mit histologischen Methoden verfolgt und gefunden, daß das Ferro- und das Ferrocyanidion bei ihrer Resorption die Drüsengänge nicht besonders bevorzugen. Die Hornschicht ist stets mit dem Eisen imprägniert und es scheint, daß hieraus ein Eindringen direkt in die Epidermis stattfindet. Dagegen findet Myiazaki[4], allerdings nur für die Resorption von Farbstoffen, die Bevorzugung des Follikelapparates (vgl. S. *145*) vollauf bestätigt[5].

Eine zusammenfassende Darstellung über unser Thema — im wesentlichen eine ausführliche Wiedergabe unserer eigenen Darstellung — finden wir im italienischen Fortbildungsvortrag von Comel[6].

Anmerkung während der Revision: Über Resorption verschiedener Pharmaka durch die Kaninchenhaut aus Wasser, Alkohol und Salben, ihre Beeinflussung durch vegetative Nervengifte und Hormone vgl. Miyazaki, K.: Jap. J. of Dermat. **31** — zit. nach Zbl. Hautkrkh. **40**, 35ff. und **40**, 590 (1932). — Über Sauerstoffaufnahme der menschlichen Haut: Shaw, L. A., u. A. C. Messer: Amer. J. Physiol. **98**, 93 (1931). — Über Schwefelresorption durch die menschliche Haut: Fasal, P.: Wien. med. Wschr. **1932 I**, 191. — Über Arsenresorption aus wässerigen Lösungen: Leva, J.: Urologic Rev. **35**, 576 (1931).

---

[1] Raszeja, Fr.: C. r. Soc. Biol. Paris **103**, 799 (1930) — vgl. auch Zbl. Hautkrkh. **34**, 432.
[2] Asaoka, T.: Zitiert nach Zbl. Hautkrkh. **38**, 771 (1931). (Japanisch.) — *Anmerkung während der Korrektur:* Vgl. ebendaselbst **40**, 766 (1932).
[3] Shaffer, L. W.: Arch. of Dermat. **23**, 287 (1931).
[4] Myiazaki: Japan. J. of Dermat. **30**, 328 (1930).
[5] *Anmerkung während der Korrektur:* Von praktischen balneologischen Fragestellungen ausgehend, erhob R. Jürgens (Klin. Wschr. **1932 II**, 586) den interessanten Befund, daß im elektrophoretischen Versuch Ferrosalze ganz wesentlich leichter durch die Säugetierhaut eindringen als Ferrisalze. Der Resorptionsweg führt durch die Drüsengänge.
[6] Comel, M.: Giorn. ital. Dermat. **71**, 1420 (1930).

Bd. IV.

Die Absonderung des Harns unter verschiedenen Bedingungen, einschließlich ihrer nervösen Beeinflussung und der Pharmakologie und Toxikologie der Niere

(S. 308—450).

Von

PHILIPP ELLINGER − Düsseldorf.

Zu B I 1: Abhängigkeit vom Blutdruck.

Zu a S. 312: Die Einwirkung des venösen Drucks auf die Säugetierniere untersuchte WINTON[1] am Herz-Lungen-Nieren-Präparat. Er fand, daß kleine Steigerungen ohne Einwirkung auf die Harnabsonderung sind, daß jedoch bei einer Erhöhung um 20 mm sprunghaft die Harnmenge abnimmt. Im gleichen Sinne wirkt auch eine Erniedrigung des arteriellen Drucks, jedoch weniger ausgesprochen als die Erhöhung des Venendrucks. Bei letzterer ist auch die Durchblutungsgröße stärker herabgesetzt als bei Senkung des arteriellen Drucks. Eine Steigerung des Ureterendrucks bei gleichzeitiger Erhöhung des Venendrucks ist ohne Einfluß auf die Harnbildung.

Zu b S. 313: Den Glomerulusdruck des Säugetiers glaubt WINTON[2] durch Messungen des Drucks in Nierenarterie, Nierenvene und Ureter bestimmen zu können. Auf Grund der Untersuchungen an einem Modell kommt er zur Feststellung, daß das Verhältnis

$$\frac{\text{Glomerulusdruck}}{\text{Nierenarteriendruck}} \text{ gleich ist dem Verhältnis } \frac{\text{Ureterdruck}}{\text{Nierenvenendruck}}.$$

Untersuchungen am Herz-Lungen-Nieren-Präparat des Hundes ergaben auf dieser Basis mit großer Konstanz Werte für den Glomerulusdruck zwischen 60—89 mm Quecksilber, bei einem arteriellen Blutdruck von 100—120 mm, also Werte von rund 60% des arteriellen Drucks.

Am Herz-Lungen-Nieren-Präparat untersuchte WINTON[3] die Beziehungen zwischen Glomerulusdruck und Glomerulusdurchblutung. Er findet, daß eine Steigerung des Drucks erfolgt bei einer Erweiterung des Vas afferents und einer gleichzeitigen Verengerung des Vas efferents. Bei Verengerung beider Gefäße sinkt der Glomerulusdruck.

Zu S. 315: An den Druckverhältnissen in der Niere soll nach FUCHS[4] auch das Nierenstroma als Regler der Druckverhältnisse beteiligt sein, da in den Spalträumen des Bindegewebes eine wesentliche Zirkulation der Lymphe stattfindet, für die die Kapseln undurchlässig sind.

Die Tatsache, daß bei der Froschniere die Zahl der durchblutenden Glomeruli bzw. einzelner Glomerulusschlingen schwankt, wurde von ELLINGER und HIRT[5] bestätigt, jedoch mit der Maßgabe, daß in der Niere des Winterfrosches wesentlich mehr Glomeruli durchblutet sind als beim Sommerfrosch.

---

[1] WINTON, F. R.: J. of Physiol. **72**, 49—61 (1931).

[2] WINTON, F. R.: J. of Physiol. **72**, 361 (1931).

[3] WINTON, F. R.: J. of Physiol. **73**, 151 (1931).

[4] FUCHS, FELIX: Z. urol. Chir. **25**, 452—461 (1928).

[5] ELLINGER u. HIRT: Arch. f. exper. Path. **145**, 193—210 (1929); **150**, 285—297 (1930); **159**, 111—127 (1931).

Bensley[1] glaubt, daß pericytenartige Zellen im Vas efferens des Glomerulus für die Regulation der Glomerulusdurchblutung als Regulator in Frage kommen. Eine kurz dauernde Konstriktion und Unterbrechung des Kreislaufes in den betreffenden Glomeruli konnte White[2] durch mechanische Reizung des Vas afferens bei Necturus erzielen. Der Verengerung des Vas afferens erfolgte ein Verschluß des Vas efferens, und das war bei weiten Glomerulus-capillaren und guter Gesamtzirkulation die Ursache für die Unterbrechung der Glomerulus-durchblutung. Der Stillstand erfolgte isoliert in dem gereizten Glomerulus.

Zu S. 318: Hayman[3] bestimmte neuerdings den Druck in der Nieren-pfortader zu durchschnittlich 5,2 (9,2—2,5) cm Wasser bzw. 14% des Aorten-drucks. Den Druck in der Nierenvene zu 2,6 cm Wasser, das ist 7,1% des Aorten-drucks.

White[4] bestimmte durch unmittelbare Messungen den Capillardruck im Glomerulus des Frosches je nach dem Grad der Tätigkeit zwischen 1 und 57 mm Wasser und berechneten auf Grund des Poiseulleschen Gesetzes beim Necturus den Druck in den einzelnen Kanälchenabschnitten, der zwischen 1,6 und 4,4 cm Wasser liegt. In der Regel beobachtete White[5] einen positiven effektiven Fil-trationsdruck; jedoch war in vereinzelten Fällen der Capillardruck im Glomerulus kleiner als die Summe vom Druck in der Kapsel und Kolloiddruck. Auch unter diesen Verhältnissen wurde Absonderung beobachtet, eine Erscheinung, für die man eine aktive Sekretion in der Glomerulusmembran annehmen müßte. Er-wähnt sei hier noch eine Angabe von Kosugi[6], nach der die schräge Anordnung der Epithelzellen der Hauptstücke auf der Basalmembran für den Flüssigkeits-strom in den Kanälchen eine Rolle spielt durch eine Art Klappenwirkung, die den Druck in den Kanälchen von dem Druck im Nierenbecken unabhängig macht.

Zu c S. 320: Hill und Mc Queen[7] halten in einer neuen Untersuchung an ihren früheren Anschauungen fest.

Zu B I 2.

Zu b S. 323: Die Durchblutung von der Nierenarterie aus kann nach Paunz[8] mit Erfolg ersetzt werden dadurch, daß man die Niere dekapsuliert und die Netzgefäße an die Niere anheilen läßt.

Die Nierenonkometrie wird verbessert dadurch, daß die Niere vorgelagert und mit einem gestielten Hautlappen bedeckt wird (Brings und Molitor[9], Entz und Huggins[10]) und durch Reid[11], der ein Onkometer aus Kollodium, das er direkt nach der Form der Niere modellierte, zur Einheilung brachte und so beim unverletzten Tier Messungen des Nieren-volums vornehmen konnte.

Hemingway[12] bestimmte den Blutdurchfluß durch die Niere an einem Lungen-Nieren-Präparat, bei dem die Zirkulation durch eine Dixonpumpe erzeugt und der Durchfluß durch eine Stromuhr von Montgomery-Liscomb gemessen wurde.

Morimoto[13] bestimmte den Durchfluß direkt durch Auffangen der aus der Nierenvene in der Zeiteinheit ausfließenden Blutmenge bei chloralisierten Katzen und Hunden, deren Blut durch Novirudin ungerinnbar gemacht war.

Zu d S. 327: Morimoto[13] beobachtete bei Hunden einen Durchfluß von 71,2—166,0, bei Katzen einen solchen von 86,7—170,0 ccm Blut pro 100 g Niere und Minute. Roads,

[1] Bensley, R.: Amer. J. Anat. **44**, 141 (1929).
[2] White, H. L.: Proc. Soc. exper. Biol. a. Med. **27**, 613 (1930).
[3] Hayman jun., J. M.: Amer. J. Physiol. **86**, 331 (1928).
[4] White, H. L.: Amer. J. Physiol. **85**, 191 (1928); **88**, 267 (1929).
[5] White, H. L.: Amer. J. Physiol. **90**, 556, 689 (1929).
[6] Kosugi: Acta medicin Keijo **12**, 192. Zit. nach Ber. Physiol. **55**, 647.
[7] Hill, L., and J. M. Mc Queen: Brit. J. exper. Path. **9**, Nr 3, 127 (1928).
[8] Paunz, L.: Z. exper. Med. **65**, 285 (1929).
[9] Brings, L., u. H. Molitor: Naunyn-Schmiedebergs Arch. **159**, 698 (1931).
[10] Entz, F. H., u. C. B. Huggins: Proc. Soc. exper. Biol. a. Med. **28**, 559 (1931).
[11] Reid, W. L.: Amer. J. Physiol. **90**, 157 (1929).
[12] Hemingway, A.: J. of Physiol. **71**, 201 (1931).
[13] Morimoto, M.: Pflügers Arch. **221**, 155 (1929).

VAN SLYKE, HILLER und ALVING[1] bestimmten die die Niere pro Min. durchfließende Blutmenge bei Hunden von 15— 20 kg auf 200—250 ccm. Sie lagerten ebenfalls die Niere vor, bestimmten aber die Durchströmungsgeschwindigkeit durch Punktion der Nierenvene und Bestimmung der pro Min. ausgeschiedenen Harnstoffmenge. E. GIBBS[2] beobachtete beim Huhn eine Nierendurchblutung von 10 ccm pro Gramm Niere und Minute.

Zu e S. 328: FEE und HEMINGWAY[3] untersuchten am Herz-Lungen-Nieren-Präparat den Sauerstoffverbrauch der Niere und fanden Werte zwischen 0,03—0,2 ccm Sauerstoff pro Minute und Gramm Niere. Die Steigerung der Urinbildung und Erhöhung des Blutdruckes riefen Erhöhung, Verminderung der Urinbildung durch Pituitrin Verminderung des Sauerstoffverbrauchs hervor.

HAYMAN und SCHMIDT[4], die nach der Methode von BARCROFT und BRODIE arbeiteten, konnten keinen Zusammenhang zwischen Harnbildung und Sauerstoffverbrauch feststellen.

ROADS, VAN SLYKE, HILLER und ALVING[1] fanden den Sauerstoffverbrauch der Niere zwischen 10—20% des Sauerstoffgehalts des arteriellen Blutes, und zwar unabhängig von der Höhe der Harnstoffausscheidung.

TOMINAGA[5] zeigte, daß bei Ausbildung einer Hydronephrose der Sauerstoffverbrauch der Niere abnimmt.

Zu interessanten Resultaten führten die Untersuchungen von GYÖRGY und Mitarbeitern[6], die an Nierenschnitten nach WARBURG feststellen konnten, daß im Nierenmark eine 4—5fach größere aerobe Glykolyse stattfindet als in der Nierenrinde, während die Sauerstoffzehrung sich gerade umgekehrt verhält. Die glykolytische Fähigkeit ist beim Jungtier größer als beim Erwachsenen.

Zu f S. 332: PICKFORD und VERNEY[7] sahen nach Unterbindung eines Nierenarterienastes im Herz-Lungen-Nierenpräparat eine Abnahme der Harnbildung, die jedoch geringer war als die Abnahme des Blutdurchflusses.

LIPSKY[8] fand nach Venenstauung, die er durch Luxation der Niere erzielte, ebenfalls eine Verminderung der Harnbildung, die beständig zunahm und ihr Maximum nach 24 Stunden erreichte.

BRINGS und MOLITOR[9] konnten mit Hilfe ihrer neuen Onkometriemethode unter dem Einfluß verschiedener Pharmaca keine Beziehungen zwischen Harnbildung und Nierenvolum feststellen. GIBBS[2] sah beim Huhn nur in einzelnen Fällen einen Zusammenhang zwischen Nierenfunktion und Durchblutungsgröße. Die Harnsäureausscheidung war völlig unabhängig von der Durchblutung.

Zu Anhang S. 335: **Über die Lymphbildung der Niere.**

Sehr interessante Untersuchungen stellten SCHMIDT und HAYMAN[10] über die Lymphbildung in der Hundeniere an. Durch geeignete Unterbindungen schalteten sie alle Bauchorgane so aus, daß die linke Niere das einzige Organ blieb, das für die Lymphbildung in Frage kam, und beobachteten die Lymphbildung teils durch Einbindung einer Kanüle in einen Seitenast des Lymphgangs kurz unterhalb der Niere, teils durch Messungen des Ausflusses aus dem Ductus thoracicus am Halse. Bei einigen Diureseformen (Sulfat, Phosphat, Kochsalz, Coffein) stieg gleichzeitig mit der Harnflut die Lymphbildung an. Bei Unterbindung eines Nierenarterienastes war Urin- und Lymphbildung gleichzeitig

---

[1] ROADS, C. P., D. D. VAN SLYKE, A. HILLER and A. ALVING: Proc. Soc. exper. Biol. a. Med. **28**, 776 (1931). Zit. nach Ber. Physiol. **62**, 599 (1931).

[2] GIBBS, O. S.: J. of Pharmacol. **34**, 277 (1928).

[3] FEE, A. R., and A. HEMINGWAY: J. of Physiol. **65**, 100 (1928).

[4] HAYMAN jun., J. M., u. C. F. SCHMIDT: Amer. J. Physiol. **83**, 502 (1928).

[5] TOMINAGA, T.: Jap. J. med. Sci., Trans. IV Pharmacol. **4**, Nr 2, 89 (1930).

[6] BREHME, TH., P. GYÖRGY u. W. KELLER: Jb. Kinderheilk. **120** (III. F. **70**), 42 (1928) — Biochem. Z. **200**, 356 (1928). — GYÖRGY u. KELLER: Ebenda **210**, 434 (1929); **235**, 86 (1932).

[7] PICKFORD, M., u. E. B. VERNEY: Amer. J. Physiol. **90**, 470 (1929).

[8] LIPSKY, E.: Z. exper. Med. **67**, 582 (1929).

[9] BRINGS, L., u. H. MOLITOR: Naunyn-Schmiedebergs Arch. **159**, 710 (1931).

[10] SCHMIDT, C. F., and J. M. HAYMAN jun.: Amer. J. Physiol. **91**, 157 (1930).

eingeschränkt, während bei Unterbindung der Nierenvene die Harnbildung aufgehoben, die Lymphbildung aber gesteigert war. Die Lymphbildung war von der Durchblutungsgröße abhängig. Durch Farbstoffversuche konnte gezeigt werden, daß keine direkten Verbindungen zwischen den Lymph- und Blutgefäßen in der Niere bestehen.

Zu B II S. 337: Bei der japanischen Kröte bewirkt nach Kawasoe[1] Ureterverschluß in der Kochsalzdiurese eine Verminderung der Harnmenge, eine noch größere der Kochsalzausscheidung und eine etwas geringere der Sulfatausschüttung. Bei hohem Gegendruck, 20—18 mm, war die Urinmenge um 93, Kochsalz um 95 und Sulfat um 83%, bei niedrigerem, 10 mm Hg, war die Urinmenge um 31%, das Kochsalz um 88% und Sulfat um 28% herabgesetzt. Trockentiere verhalten sich etwas anders. Entsprechende Verhältnisse wurden auch beim Kaninchen beobachtet.

Nach Ureterunterbindung sah Tominaga[2] am Kaninchen eine allmählich zunehmende Einschränkung der Urinbildung und eine Abnahme der Wirkung der Diuretica.

Den gleichen Befund, Abnahme der Harnmenge bis auf $^1/_{20}$, erhoben Schäfer und Wüllenweber[3] bei Ureterunterbindung beim Affen.

Winton[4] durchblutete zwei isolierte Hundenieren von einem Herz-Lungen-Nieren-Präparat eines anderen Hundes aus und erhöhte in der einen Niere den Ureterendruck, in der anderen setzte er den Blutdruck so weit herab, daß beide Nieren ungefähr gleiche Mengen Urin von gleicher Zusammensetzung lieferten. Durch Steigerung des Ureterendruckes bzw. durch Herabsetzung des Blutdruckes, die eine Verminderung der Harnmenge auf gleiche Größe hervorriefen, änderte sich an der Harnzusammensetzung nichts. Bei einer Steigerung des Ureterendruckes um 15—16 mm Quecksilber kommt es plötzlich zu einer starken Herabsetzung der Harnbildung und bei 20 mm zu einem vollkommenen Stillstand. Es wird angenommen, daß die Steigerung des Ureterendruckes lediglich auf die Glomerulusfunktion durch Steigerung des Druckes in der Bowmannschen Kapsel wirkt, während die Funktion der Tubuli hierdurch unberührt bleibt.

Zu C II 2 S. 341: Grossmann[5] untersuchte die Harnbildung beim Menschen nach Zufuhr von einem Liter Wasser durch Suggestion von Lust- und Unlustgefühlen. Zuweilen wurde durch Lustsuggestion Wasser-Kochsalz- und Phosphatausscheidung gehemmt, durch Suggestion von Unlustgefühlen gesteigert. Eine Gesetzmäßigkeit war nicht zu erkennen.

Zu C III 1 S. 347: Über die Wirkung der *vollkommenen Denervation der Niere liegen eine größere Anzahl* von Versuchen vor.

Dogliotti[6] fand nach Resektion der Nierennerven eine Verminderung der Nierenfunktion um etwa $^1/_3$.

Gaceciladze[7] beobachtete zwei Hunde, bei denen eine Niere entnervt war, mehrere Monate und fand nach der Entnervung eine 2—4tägige Polyurie und eine bis zu 2 Wochen anhaltende Vermehrung der Chlorausscheidung, während später die Funktion der entnervten Niere wieder zur Norm zurückkehrte.

Auch Kuwahara[8] fand am Kaninchen vermehrte Harnbildung nach Entnervung über längere Zeit. Die Versuche waren aber offenbar später durch Infektion gestört. Harnmenge, Stickstoff, Ammoniak, Harnstoff, Phosphat und Kreatiningehalt des Harns waren anfangs unverändert, später vermehrt, während die Kochsalzausscheidung dauernd relativ und absolut vermehrt blieb.

[1] Kawasoe, J.: Proc. imp. Acad. Tokyo **5**, 257 (1929) — Mitt. med. Ges. Tokyo **44**, 651 (1930) — zitiert nach Ber. Physiol. **53**, 546 (1930); **58**, 119 (1931).

[2] Tominaga, T.: Proc. imp. Acad. Tokyo **6**, 91 (1930) — Mitt. med. Ges. Tokyo **44**, 783 (1930) — Jap. J. med. Sci. Trans. IV Pharmacol. **4**, 89 (1930).

[3] Schäfer, H., u. G. Wüllenweber: Dtsch. Arch. klin. Med. **170**, 258 (1931).

[4] Winton, F. R.: J. of Physiol. **71**, 381 (1931).

[5] Grossmann, W.: Münch. med. Wschr. **1928 II**, 1333.

[6] Dogliotti, M. A.: Arch. ital. Chir. **20**, 422 (1928). Zit. nach Ber. Physiol. **46**, 713.

[7] Gaceciladze, G.: Izv. naucn. Inst. Lesshaft **14**, 83 (1928).

[8] Kuwahara, K.: Okayama-Igakkai-Zasshi (jap.) **40**, 2380 (1928). Zit. nach Ber. Physiol. **51**, 762.

DE GIRONCOLI[1] konnte bei Tieren, die 2—60 Tage nach der Entnervung einer Niere getötet wurden, keine anatomische Veränderung der Niere feststellen.

Auch VITALE[2] sah die nach Entnervung der Niere auftretenden Veränderungen schnell abklingen. Das gleiche bestätigte DOGLIOTTI[3], der bei Hunden nach Durchschneidung der Nierennerven zunächst eine Verminderung der Sekretion beobachtete, die nach 4—6 Monaten durch eine Regeneration der Nerven wieder erlischt. Wenn er den Chlorgehalt des Blutes durch Verschluß des Duodenums unterhalb der Einmündung der Leber und Pankreasstelle herabsetzte, so führte eine totale Entnervung der Niere zu einer Steigerung der Kochsalzausscheidung, und die Tiere, deren Nieren entnervt wurden, gingen schneller zugrunde, als die mit erhaltener Innervation.

CALDWELL, MARX und ROWNTREE[4] sahen bei Hunden nach der Entnervung eine Polyurie auftreten, die je nach der Art der bei der Operation verwandten Narkose, entweder nach einer gewissen Latenszeit mit vorheriger Herabsetzung der Harnmenge (Isoamylbarbiturat) oder sofort (Morphin-Äther) auftrat und die etwa 3—5 Monate andauerte. Nach dieser Zeit war die Diuresesteigerung nur nach Zufuhr größerer Wassermengen zu beobachten.

KUWAHARA[5] sah bei Entnervung einer Niere eine Zunahme der Harnbildung mit relativer und absoluter Zunahme der Kochsalzausscheidung bei relativ gleichbleibender Stickstoffausfuhr. Nach intravenöser Kochsalzgabe stieg Wasser und Salzausscheidung auf der entnervten Seite mehr als auf der anderen, während Harnstoffzufuhr die Ausscheidung beider Nieren gleichmäßig vermehrte. Durch Entnervung der anderen Niere wurde die Harnbildung auf beiden Seiten wieder gleichmäßig.

Durch Kontrastfüllung beobachtete MILLES, MÜLLER und PETERSEN[6] noch längere Zeit nach der Entnervung unter dem Röntgenschirm eine Gefäßerweiterung mit degenerativer Veränderung der Gefäßintima an den Nieren.

Bei intravenöser Injektion von Bakterienaufschwemmungen soll nach MÜLLER, PETERSEN und RIEDER[7] in der intakten Niere eine Entzündung auftreten, während die entnervte Niere unverändert bleibt.

BELLIDO[8] sah nach Nierenentnervung ein Erlöschen der Abhängigkeit der Urinreaktion von der Wasserstoffionenkonzentration des Blutes. Bei intravenöser Säureinjektion wurde durch die entnervte Niere weniger Säure ausgeschieden als durch die Normale.

Am Herz-Lungen-Nieren-Präparat sahen BAYLISS und FEE[9] nach Denervation die Ausscheidung einer vermehrten Menge hypotonischen Harns, und BOCK und BORNSTEIN[10] sahen ebenfalls eine Zunahme der Harnmenge, aber keinen Einfluß auf die Kochsalzausscheidung.

Den Nervi proprii der Nierenkapsel schreibt FISCHER[11] eine reflexübertragende Wirkung auf die Nierendurchblutung zu.

Zu C III 2 S. 353ff.: Auch über die *Einwirkung des Splanchnicus* auf einzelne Teilfunktionen der Niere liegen eine größere Anzahl von Untersuchungen vor.

So von MATSUEDA[12] über die Einwirkung der Durchschneidung des Splanchnicus major und minor bei Kaninchen auf die Zuckerausscheidung. Hier soll der Schwellenwert für die Zuckerausscheidung nach Splanchnicusdurchschneidung zuerst ansteigen und nach 2 Wochen zur Norm zurückkehren.

Vor allem zahlreich sind die Untersuchungen über den Einfluß des Splanchnicus auf die Nierendurchblutung. DICKER[13] fand an der isolierten Froschniere bei Splanchnicusreizung Volumveränderung der Niere und geringe Durchflußverlangsamung.

[1] GIRONCOLI. T. DE: Z. urol. Chir. **27**, 266 (1929).

[2] VITALE, A.: Policlinico Sez. chir. **36**, 639 (1929). Zit. nach Ber. Physiol. **56**, 112.

[3] DOGLIOTTI, A. M.: Arch. ital. Chir. **27**, 109 (1930). — DOGLIOTTI, A. M., u. M. MAISANO: Ebenda **27**, 109 (1930). — DOGLIOTTI, A. M., u. M. BOGETTI: Boll. Soc. Biol. sper. **5**, 876 (1930).

[4] CALDWELL jun., J. H., H. MARX and L. G. ROWNTREE: J. of Urol. **25**, 351 (1931).

[5] KUWAHARA, K.: Okayama-Igakkai-Zasshi (jap.) **42**, 2964 (1930). Zit. nach Ber. Physiol. **62**, 369.

[6] MILLES, G., E. T. MÜLLER u. W. T. PETERSEN: Proc. Soc. exper. Biol. a. Med. **28**, 354 (1931).

[7] MÜLLER, E. F., W. T. PETERSEN u. W. RIEDER: Proc. Soc. exper. Biol. a. Med. **27**, 739 (1930).

[8] BELLIDO, J. M.: Amer. J. Physiol. **90**, 278 (1929).

[9] BAYLISS, L. E., u. A. R. FEE: J. of Physiol. **69**, 135 (1930).

[10] BOCK, H. E., u. A. BORNSTEIN: Pflügers Arch. **229**, 187 (1931).

[11] FISCHER, K.: Dtsch. Z. Chir. **222**, 228 (1930).

[12] MATSUEDA, S.: J. Biophysics **2**, Nr 2 (1927).

[13] DICKER, E.: C. r. Soc. Biol. Paris **99**, 349 (1928).

De Carvalho[1] sah beim Hund durch Onkometrie nach Reizung des intakten und durchschnittenen peripheren Splanchnicusastes eine Gefäßverengerung, die durch Ephedrin bei erhaltenem Nerv nicht gleichsinnig beeinflußt, bei durchschnittenem in der Regel vermindert oder aufgehoben wurde, während nach Ergotamingaben bei Splanchnicusreizung eine Gefäßerweiterung der Niere erfolgt, auf Pilocarpin die Splanchnicusreizung unbeeinflußt blieb und auf Atropin die Splanchnicusreizung keinen eindeutigen Erfolg hatte.

Sehr eingehend sind die Untersuchungen von Schretzenmayr[2] über die Kreislaufwirkung des Splanchnicus an urethanisierten und dezebrierten Katzen und urethanisierten Kaninchen, die nach der Methode der Gefäßtonusbestimmung von Ganter vorgenommen werden. Er bemühte sich, die einzelnen Stränge des Splanchnicus nach Ellinger und Hirt und Hirt aufzusuchen und einzeln zu reizen. Ob es ihm wirklich gelingt, die einzelnen Nervenäste isoliert zu reizen, muß dahingestellt bleiben. Jedenfalls sprechen die Ergebnisse Schretzenmayrs dafür, daß er gleichzeitig verschiedenartige Fasern reizte, denn er fand bei faradischer Reizung des Splanchnicus major, der minores 1—3 und der unteren Grenzstrangfasern die gleiche Wirkung, nämlich eine Tonussteigerung der Nierenarterien, das gleiche bei cerebraler Akapnie, deren Wirkung wurde durch Durchschneidung des Splanchnici aufgehoben. Ebenso wurde die tonussteigernde Wirkung des Splanchnicusreizes durch Gynergen ausgeschaltet. Sie blieb jedoch erhalten, wenn Diuretica intravenös eingeführt wurden. Die Tonuszunahme nach Splanchnicusreiz war jeweils von einer sekundären Tonusabnahme gefolgt. Unverständlich ist es, wie Schretzenmayr zu dem Schluß kommt, daß auf Grund seiner Versuche der Beweis für das Nichtvorhandensein spezifisch-sekretorischer Nerven für die Niere erbracht sei, obwohl seine Untersuchungen sich lediglich auf die Gefäßverhältnisse in der Niere erstrecken.

An Fröschen in Isopralnarkose beobachtete Bieter[3] nach Splanchnicusreizung ein Sistieren der Glomerulusdurchblutung, und zwar in der Weise, daß abwechselnd einzelne Glomeruli aussetzen und wieder begannen, so daß die Gesamtzahl der durchblutenden Glomeruli etwa gleich (50%) war. Nach beendeter Reizung kam innerhalb weniger Minuten die Durchblutung wieder in Gang. Nach Splanchnicusdurchschneidung nahm die Zahl der durchströmten Glomeruli zu, so daß in der Regel alle Glomeruli in Tätigkeit waren. Nach 3 Stunden setzen einzelne Glomeruli wieder für kurze Zeit aus. Die Versuche von Ellinger und Hirt sind von Kusakari[4] nachgeprüft. Er beschränkte sich auf die Untersuchung der Harnmenge, des Gefrierpunktes, der Gesamtacidität, der Harnstoff- und Kochsalzausscheidung und fügte noch die Untersuchungen der Kreatinin- und Phenolsulfonaphthalinausscheidung sowie das Verhalten bei der Coffeindiurese hinzu. Außerdem hat er die einzelnen Nervenfasern nicht nur durchschnitten, sondern auch gereizt. Er konnte im wesentlichen die Befunde von Ellinger und Hirt bestätigen. Eine Ausnahme machten nur die Befunde nach Durchschneidung des Splanchnicus major, die etwa so ausfielen wie bei Ellinger und Hirt, wenn gleichzeitig mit dem Splanchnicus major ein Ast des Splanchnicus minor durchschnitten war. Es ist anzunehmen, daß bei der Durchschneidung des Splanchnicus major übersehen wurde, daß in der Regel beim Hund der erste Splanchnicus minor in der Scheide des Splanchnicus major mitverläuft, und daß er dabei mit durchschnitten wurde. Die Reizung der Stümpfe ergab jeweils den umgekehrten Befund, wie nach Durchschneidung der einzelnen Nerven. Bei Durchschneidung des Splanchnicus major und der Splanchnici minores war die Kreatinin- und Phenolsulphophthaleinausscheidung auf der durchschnittenen Seite relativ herabgesetzt, absolut aber so groß wie auf der intakten Seite. Die Wirkung der unteren Grenzstrangfasern wurde nicht untersucht. Auf die Coffeindiurese ist die Splanchnicotomie ohne Einfluß.

Zu C III 3 S. 358ff.: Matsueda[5] bestätigt die Beobachtung Hildebrandts, daß *Vagusdurchschneidung* die Harnschwelle für Blutzucker beträchtlich herabsetzt. De Carvalho[6] untersuchte die Wirkung des Vagus auf die Gefäße der Niere mit Hilfe der Onkometrie. Der Nerv wurde unterhalb des Zwerchfelles durchtrennt und der periphere Ast gereizt. Ein Einfluß auf das Nierenvolumen konnte bei Reizung weder unmittelbar noch nach vorheriger Injektion von Atropin, Pilocarpin, Ephedrin oder Ergotamin beobachtet werden.

Schretzenmayr[7] konnte bei Reizung des Halsvagus keine Einwirkung auf den Tonus der Nierengefäße beobachten.

---

[1] De Carvalho, A.: C. r. Soc. Biol. Paris **101**, 377, 379 (1929).
[2] Schretzenmayr: Arch. f. exper. Path. **159**, 545 (1931).
[3] Bieter, R. N.: Proc. Soc. exper. Biol. a. Med. **26**, 792 (1929) — Amer. J. Physiol. **91**, 436 (1930).
[4] Kusakari, H.: Tohoku J. exper. Med. **16**, 509, 546, 553 (1930).
[5] Matsueda, S.: J. Biophysics **2**, Nr 2 (1927).
[6] De Carvalho, A.: Arch. portug. Sci. biol. **2**, 286 (1929). Zit. nach Ber. Physiol. **52**, 775.
[7] Schretzenmayr, A.: Arch. f. exper. Path. **159**, 545 (1931).

Weder Durchschneidung noch Reizung des Vagus ruft nach Kusakari[1] einen Einfluß hervor. Auch die Coffeindiurese wird durch Vagotomie nicht beeinflußt.

Zu C IV S. 362: Über die *reflektorische Beeinflussung der Nierenfunktion vom Ureter aus* oder von einer Niere auf die andere, liegen zahlreiche neuere Untersuchungen vor. Am Frosch konnte Bieter[2] zeigen, daß bei Reizung des Ureters von innen oder von außen, der Tubuli von innen oder durch Eintritt von Ödemflüssigkeit in den Kreislauf die Glomerulusdurchblutung reflektorisch gehemmt wird. Nach Durchschneidung der Splanchnici bleibt diese Wirkung aus, so daß die Splanchnici als afferenter Teil des Reflexbogens angesehen werden müssen.

Zu ähnlichen Ergebnissen kam Farrell[3]. Er beobachtete beim Hund in Morphin-Äthernarkose onkometrisch das Nierenvolum und die ausgeschiedene Harnmenge. Bei Dehnung der Blase wurde das Nierenvolum stets eingeschränkt und stieg später allmählich wieder an, während die Harnbildung fast völlig versiegte und nach Aufhebung der Dehnung vermehrt einsetzte. Das gleiche Resultat hatte die Reizung des Pelvicus, doch blieb hier die sekundäre Harnvermehrung aus. Beide Reflexe verschwanden nach Durchschneidung der Splanchnici. Die Dehnung des Nierenbeckens einer Seite rief eine Hemmung der Harnbildung und Gefäßverengerung auf der anderen Niere hervor. Auch spontane Entleerung der Blase hemmt den Harnausfluß aus den Uretern. Letzteres wurde auch von Boeminghaus[4] beobachtet.

Über einige recht interessante reflektorische Beeinflussungen der Nierendurchblutung berichtet Rein[5]. Erhöhung der Umgebungstemperatur ruft eine geringförmige Mehrdurchblutung der Niere von 13% hervor, und Abkühlung der Umgebungsluft erzeugt, im Gegensatz zu den Wertheimschen Versuchen, ebenfalls eine Vermehrung der Nierendurchblutung von 10—20%. Durch Abklemmung der Arteria carotis communis wird eine erhebliche Steigerung des Blutdrucks hervorgerufen, trotzdem bleibt der Blutdurchfluß in der Niere fast unverändert, so daß eine gleichzeitige Vasostriktion in den Nieren angenommen werden muß, die nur durch eine reflektorische Regelung zu verstehen ist.

An narkotisierten oder dezebrierten Katzen oder Kaninchen, die meist noch curarisiert waren, fand Blatt[6] nach mechanischen oder elektrischen Reizungen eines Ureters im unteren Drittel eine Volumverminderung in beiden Nieren. Nach Halsmarkdurchschneidung blieb die Wirkung auf die kontralaterale Niere aus. Auf thermische oder sensible Reize der Bauchhaut der einen Seite wurden stets Volumveränderungen beider Nieren beobachtet. Auf geringe Temperaturveränderungen einer Niere reagiert die andere nicht, dagegen auf starke Abkühlung oder Erwärmung, wobei die Volumveränderungen der anderen Niere gleichsinnig oder entgegengesetzt denen der gereizten sein können.

Reizung der oberen Luftwege durch Reizgase ruft nach Traina[7] eine Volumverminderung der Niere und Hemmung der Harnausscheidung hervor von 20—40 Minuten Dauer, die von einer kurzen Gefäßerweiterung und Vermehrung der Harnausscheidung gefolgt ist. Durch Vagusreizung soll die Dauer der Hemmung abgekürzt werden.

Durch Schmerzreiz an den vorderen oder hinteren Extremitäten konnte Michelson[8] eine Anurie erzeugen. Der Reizerfolg auf die Niere von den Extremitäten aus hörte bei Durchschneidung des Rückenmarks in beliebiger Höhe, d. h. bei Abtrennung des Hirns von der betreffenden Extremität, auf. Die Wirkung bei Reizung der vorderen Extremitäten blieb bestehen, wenn das Rückenmark in der Höhe des ersten Brustwirbels durchschnitten ist. Der Reflex kann also weder auf dem Weg des Rückenmarks noch über den Splanchnicus geleitet werden.

Bykow und Berkmann[9] setzten ihre Untersuchungen über reflektorische Beeinflussung der Nierenfunktion mit gleichem Erfolg fort und behaupten, daß sie auch nach Denervierung der Niere bestehen blieb. Der Beweis für letzteres scheint jedoch nicht sicher, da die Entnervung nicht mit einwandfreier Methode durchgeführt wurde.

Auch Marx[10] berichtet über das Entstehen *bedingter Reflexe* bei Hunden, die allerdings erst nach längerer Gewöhnung an Fütterung zu bestimmten Zeiten und unter bestimmten

---

[1] Kusakari, H.: Tohoku J. exper. Med. **16**, 509, 546, 553 (1930).

[2] Bieter, R. N.: Proc. Soc. exper. Biol. a. Med. **26**, 792 (1929) — Amer. J. Physiol. **91**, 436 (1930).

[3] Farrell, J. S.: J. of Urol. **25**, 487 (1931).

[4] Boeminghaus, H.: Arch. klin. Chir. **154**, 114 (1929).

[5] Rein, H.: Erg. Physiol. **32**, 36, 38, 53 (1931).

[6] Blatt, P.: Arch. f. exper. Path. **153**, 67 (1930).

[7] Traina, S.: Arch. di Fisiol. **29**, 278 (1930).

[8] Michelson: Med.-biol. Ž. (russ.) **6**, 74 (1930) — Russ. zit. nach Ber. Physiol. **59**, 119.

[9] Bykow, K. M., u. J. A. Berkmann: Pflügers Arch. **224**, 710 (1930); **227**, 301 (1930).

[10] Marx, H.: Klin. Wschr. **1931 I**, 64.

Bedingungen, auch beim Wegbleiben des Fütterns, aber auf die sonstige Einhaltung gewohnter Bedingungen mit einer vermehrten Harnausscheidung reagierten.

Zu D I S. 363: Am *Menschen* beobachtete SCHLOMKA[1] bei vorübergehender Abkühlung und gleichzeitiger Stauung der Unterschenkel eine Abnahme der Harnmenge auf ein Drittel mit gleichzeitiger Zunahme der Harnkonzentration und Eiweißausscheidung. Das Maximum der Reaktion tritt erst am Ende oder nach Abschluß der Abkühlung ein. Ohne gleichzeitige Stauung ist die Reaktion beträchtlich geringer.

Zu D II S. 364: Am Ureterenfistelhunde im 24-Stundenversuch konnte ZITOWITSCH[2] zeigen, daß nachts wenig Harn ausgeschieden wurde, auch wenn die Tiere am Schlafen verhindert wurden. Gegen Morgen tritt eine beträchtliche Harnvermehrung allmählich auf, unabhängig davon, ob Mahlzeiten gegeben werden oder nicht. Gleichzeitig wird der Harn in den Morgenstunden sauerer. Diese Zunahme der Acidität wird auch bei der vermehrten Harnmenge am Mittag und Abend beobachtet ebenfalls unabhängig von der Nahrungsaufnahme.

Im Selbstversuche beobachtete LINDBERG[3] ein Minimum von Harnsäureausscheidung in der Nacht und ein Maximum in den frühen Nachmittagsstunden, gleichzeitig mit dem Maximum der Harnmenge und der Kochsalzausscheidung. Im Gegensatz hierzu sahen JOFFE, MAINZER und SCHERER[4] ein Maximum der organischen Säuren des Harns während der Nacht, an dem allerdings die Harnsäure wenig beteiligt ist. Sie beobachteten weiter wie die meisten Voruntersucher ein Maximum der Harnmenge am frühen Nachmittag und ein Minimum in der Nacht. Parallel mit dem Wasser geht die Ausscheidung des Chlors und des Kreatinins. Dagegen nahmen in dem Nachturin die Phosphate und die gesamte Säureausscheidung zu, ohne daß es zu einer Veränderung der Wasserstoffionenkonzentration kommt.

HUBBARD[5] beobachtete in der Regel in den Morgenstunden Veränderungen in der aktuellen Reaktion des Harns im Sinne einer Alkalisierung.

Entsprechende Angaben liegen vor über den Einfluß der Tageszeiten auf die Phosphatausscheidung im Urin. SIMPSON[6] ließ gesunde Versuchspersonen 1—2 Tage ohne Nahrung bei stündlichen Wassergaben im Bett liegen. Die Phosphatausscheidung in dem zweistündig entnommenen Urin war während des nächtlichen Schlafes nicht geringer als während des Tages. Wenn die Patienten unter sonst gleichen Versuchsbedingungen essen, so steigt die Phosphatausscheidung in der Nacht an, ebenso wenn die Versuchspersonen am Tage aufstehen und sich bewegen. Die Wasserausscheidung ist unabhängig davon.

NORN[7] bestätigte an sich selbst die bekannten Befunde über die Verminderung der Ausscheidung von Wasser, Natrium, Calcium und Chlor während der Nacht und beobachtete bei nachts arbeitenden Personen einen inversen Ausscheidungstyp. Hierfür kann nicht die aufrechte Stellung in Anspruch genommen werden, denn wenn die Nächte sitzend verschlafen werden, so ist der normale Ausscheidungstyp erhalten.

Zu D III S. 365: REHBERG-BRANDT[8] bestätigte die Steigerung der Harnausscheidung beim Liegen, die auf einer Vermehrung der gleichzeitig gemessenen Blutmenge im Liegen beruhen soll.

Zu D VII S. 367: Zahlreiche Befunde liegen vor über *Hypertrophie der einen Niere bei Entfernung der anderen.*

So fand PETERS[9] bei geschlechtsreifen Mäusen in der zurückgebliebenen Niere ein Wachstum der Glomeruli, eine vorübergehende Verbreiterung der Hauptstücke und eine vorübergehende Verbreiterung der Hauptstücke und eine Verlängerung der Nierenkanälchen, die auf Zellvermehrung beruht. Bei Meerschweinchen konnten entsprechende Befunde erhoben werden.

MOORE und LUKANOFF[10] beobachtete bei Kaninchen nach einseitiger Nephrektomie eine Vermehrung der Zahl der in Funktion befindlichen Glomeruli von 44—78% auf 91 bis 99%. Dagegen bewirkte bei ausgewachsenen Ratten, bei denen normalerweise mit dem

---

[1] SCHLOMKA, G.: Z. exper. Med. **61**, 405 (1928).

[2] ZITOWITSCH: Pflügers Arch. **224**, 562 (1930).

[3] LINDBERG, K.: Finska Läk.sällsk. Hdl. **69**, 899 (1927). Zit. nach Ber. Physiol. **46**, 716.

[4] JOFFE, A., F. MAINZER u. E. SCHERER: Z. klin. Med. **111**, 464 (1929).

[5] HUBBARD, R. S.: J. of biol. Chem. **84**, 191, 199 (1929) — Proc. Soc. exper. Biol. a. Med. **27**, 212 (1929); **27**, 327 (1930) — Amer. J. Physiol. **91**, 618 (1930).

[6] SIMPSON, G. E.: J. of biol. Chem. **84**, 393 (1929).

[7] NORN, M.: Skand. Arch. Physiol. (Berl. u. Lpz.) **55**, 184 (1929).

[8] REHBERG-BRANDT, P.: Amer. J. Physiol. **90**, 491 (1929).

[9] PETERS, E.: Z. Zellforsch. **8**, 63 (1928).

[10] MOORE, R. A., u. G. F. LUKANOFF: J. of exper. Med. **50**, 227 (1929). — MOORE, R. A., u. L. M. HELLMANN: Ebenda **51**, 51 (1930); **50**, 709 (1929).

Alter die Gesamtzahl der Glomeruli unter gleichzeitiger Vergrößerung der einzelnen abnimmt, einseitige Nephrektomie keine Veränderung dieses Zustandes (MOORE und HELLMANN[1]), auch der gleiche Eingriff bei Ratten unmittelbar nach der Geburt vermehrt die Zahl der Glomeruli nicht (MOORE[2]).

Zu entsprechenden Ergebnissen kommt SÜCHTING[3], der nach Entfernung einer Niere eine Vermehrung der Nierengröße, aber keine Vermehrung der Zahl der Glomeruli beobachtete.

SPADOFINA[4] sah bei Kaninchen nach Entfernung einer Niere und Einkapselung der hinterbleibenden mit Tüll eine Hypertrophie, die auf Vergrößerung und nicht auf Vermehrung aller Nierenelemente beruhte, so daß die Tüllmaschen von dem Nierenmark vollkommen durchwachsen waren. Gleichzeitige Exstirpation des Plexus coeliacus war auf diesen Vorgang ohne Einfluß.

MARK und GEISENDÖRFER[5] sahen ähnliche Ergebnisse bei Hunden, bei denen in einer Niere ein Arterienast unterbunden und die andere Niere entfernt war. Während ein Teil der Fälle durch Insuffizienz zum Tode führte, zeigte ein anderer Teil ausgedehnte Hypertrophie vor allem der Glomeruli.

Der *Sauerstoffverbrauch der hinterbleibenden* Niere stieg bei Nephrektomie an, und zwar mehr, als es der Größenzunahme der Niere entsprach (CALIFANO und MAGGIORE[6]). Bei Unterbindung einer Nierenarterie am Herz-Lungen-Nieren-Präparat sah VERNEY[7] am Hund einen starken Anstieg der Harnmenge in der halbierten Niere mit gleichzeitigem Anstieg der Kochsalzausscheidung, während die Ausscheidung von Harnstoff und injiziertem Farbstoff vermindert war. Diese qualitative Vermehrung, aber quantitative Verschlechterung der Funktion der Halbniere führt VERNEY auf eine Inanspruchnahme der Reservekräfte der Niere zurück.

Bei Hunden, bei denen die eine Niere auf die Hälfte reduziert, die andere erhalten war, ergab sich bei Belastung mit Wasser, Chlor und Harnstoff eine starke Verminderung der Funktion der halbierten Niere (HASRATJAN[8]). Bei Ratten, bei denen 80—85% des Nierengewebes entfernt war, trat kompensatorisch eine Vermehrung der Glomeruli und eine Erweiterung der Tubuli auf. Gegen eiweißreiche Nahrung waren die Tiere wenig widerstandsfähig. Der Harn war polyurisch, von niedrigem spezifischem Gewicht und zeigte hyaline und granulierte Zylinder (CHAUNTIN[9]).

Bei Exstirpation einer Niere und Resektion der anderen auf ein Drittel trat bei Kaninchen und Hunden teils eine beträchtliche Vermehrung, teils eine Verminderung der Harnmenge auf. Auf Kochsalzbelastung war die Kochsalzausscheidung höher als beim normalen Tier. Bei Injektion von hypotonischen Kochsalzmengen sank die Harnmenge ab. Auch bei Wasserbelastung war die Funktion des Nierenrestes ungenügend. Trotz Hydrämie nimmt die Wasserausscheidung ab (NAKAMURA TOMOSUKE[10]).

Anhang zu D: Bedeutung verschiedener exogener Faktoren für die Niere.

Über die Abhängigkeit des Nierengewichtes von verschiedenen exogenen Faktoren haben MACKAY und Mitarbeiter[11] zahlreiche Untersuchungen durchgeführt. Die Untersuchungen fanden an weißen Ratten statt, und das Nierengewicht wurde zum Körpergewicht und zur Körperoberfläche in Beziehung gesetzt. Untersucht wurde die Einwirkung von Alter, Geschlecht, Ernährung, endogenem Eiweißstoffwechsel und Schilddrüse auf das **relative** Nierengewicht. Bei normalen männlichen Ratten stieg das Nierengewicht bei zunehmendem Alter weniger an als das Körpergewicht, aber mehr als die Körperlänge. Das Verhältnis vom Nierengewicht zur Körperoberfläche blieb, unabhängig vom Alter, immer

[1] MOORE, R. A., u. L. M. HELLMANN: J. of exper. Med. **51**, 51 (1930).

[2] MOORE, R. A.: J. of exper. Med. **50**, 709 (1929).

[3] SÜCHTING, O.: Virchows Arch. **274**, 633 (1930).

[4] SPADOFINA, L.: Boll. Soc. Biol. sper. **5**, 369, 371 (1930).

[5] MARK, R. E., u. H. GEISENDÖRFER: Z. exper. Med. **74**, 350 (1930).

[6] CALIFANO, L., u. L. MAGGIORE: Riv. Pat. sper. **6**, 45 (1930).

[7] VERNEY, E. B.: Lancet **1929 I**, 645; **1930 II**, 63.

[8] HASRATJAN, E.: Izv. naucn. Inst. Lesgafta (russ.) **16**, 243 (1930) — zit. nach Ber. Physiol. **62**, 147.

[9] CHAUNTIN, A. E., B. FERRIS u. J. E. WOOD: J. of biol. Chem. **92**, XXXII (1931).

[10] TOMOSUKA, NAKAMURA: Z. exper. Med. **74**, 32 (1930).

[11] MACKAY, L. L., u. E. M. MACKAY: Amer. J. Physiol. **83**, 179, 191, 192, 196 (1927). — MACKAY, E. M., L. L. MACKAY u. F. ADDIS: Ebenda **86**, 459, 466 (1928). — MACKAY, L. L., u. E. M. MACKAY: J. Nutrit **3**, 375, 387 (1931). — MACKAY, E. M., u. O. RAULSTON: J. of exper. Med. **53**, 109 (1931). — MACKAY, E. M., u. J. R. COCHRILL: J. Nutrit **4**, 25 (1931). — MACKAY, E. M., u. L. L. MACKAY: Ebenda **4**, 33 (1931).

dasselbe. Das gleiche gilt für weibliche Ratten, jedoch ist das Nierengewicht wegen des großen Fettreichtums des Weibchens verhältnismäßig kleiner. Die Veränderungen der Gewichtsverhältnisse durch das Alter erreichen beim Männchen nach 200 Tagen, beim Weibchen nach 100 Tagen ihren Abschluß.

Bei gemischter Nahrung wirkt ein Eiweißgehalt von 31% am günstigsten auf die Entwicklung des Nierengewichts, und zwar unabhängig vom Alter. Belastung mit Harnstoff vergrößert das Nierengewicht, ebenso endogener Eiweißzerfall und Zufuhr von Schilddrüsensubstanz.

Über den *Einfluß der Kost auf die Nierenfunktion* arbeiteten die folgenden Untersucher.

Newburgh und Mitarbeiter[1] zeigten, daß eiweißreiche Kost, und zwar im Grade verschieden, je nach der Art des Eiweißes, bei Ratten eine schwere Schädigung hervorruft. Am stärksten schädigend wirkt Rinderleber, am wenigsten stark Casein. Die schädigenden Substanzen sollen in erster Linie Aminosäuren und Nucleinsäuren sein. Durch Harnstoffzufuhr wurde die Schädigung aufgehoben.

Auch Klein und Bergeim[2] sahen bei einem Eiweißgehalt von 70% in der Nahrung erhebliche Vergrößerung der Niere mit ausgeprägten degenerativen Erscheinungen am Tubulusepithel. Ebenso beobachteten Blatherwick und Mitarbeiter[3] eine starke Vergrößerung und schwere Degeneration bei einseitig nephrektomierten Ratten nach Eiweißkost. Die Veränderungen erstreckten sich außer auf die Tubuli auch auf die Glomeruli.

Borland und Jackson[4] sahen nach fettfreier Ernährung ebenfalls schwere Schädigungen des Nierenmarks, in erster Linie fettige Degeneration der Tubulusepithelien mit Verkalkung. Der Prozeß konnte durch Fettzugaben zum Teil rückgängig gemacht werden.

Schließlich sei noch auf Versuche von Marshall und Smith[5] hingewiesen, nach denen die *Entwicklung der Glomeruli* in der Niere von Wirbeltieren in Beziehung zu ihrem Aufenthalt stehen. Bei allen Tiergattungen, die in Süßwasser leben, sei wegen der Ionenkonzentrationsdifferenz des Milieu und der Zellflüssigkeit die Entwicklung von Glomeruli erforderlich, während Seewassertiere sich mit Nephrostomen begnügen können (Vergleiche von Amphibien und Teleostiern des Süßwassers und Teleostiern des Meeres).

Zu E II S. 372: Für Chloride konnte Aitken[6] am Menschen zeigen, daß die *Nierenschwelle* bei relativer Kochsalzarmut des Organismus konstant ist, daß aber bei Kochsalzbelastung die Schwelle ansteigt, so daß man für die Chloride von einem eigentlichen Schwellenwert nicht reden könne.

Ambard[7] unterzieht die Frage der Nierenschwelle für Chlorid und Glykose ebenfalls einer Untersuchung und kommt zu dem Ergebnis, daß der Schwellenwert für diese Stoffe veränderlich ist. Er glaubt, daß die Substanzen während der Ausscheidung sich mit den Eiweißkörpern der Niere verbinden. Die Eiweißkörper können jedoch nicht mit Salzen, sondern nur mit Säuren und Basen eine Verbindung eingehen, so daß Kochsalz als Natronlauge und Salzsäure ausgeschieden wird. Er nimmt also in der Niere Eiweißkörper an, die entweder nur mit Säuren oder nur mit Basen Verbindungen eingehen. Ihr gegenseitiges Verhältnis soll vom p_H des Blutes abhängig sein und dieses so auf die Nierenschwelle einwirken.

Klein und Heinemann[8] untersuchten die Nierenschwelle für Glykose am Menschen und beobachteten, daß der Blutzuckergehalt nach Glykoseinjektion auf 0,5 % ansteigen konnte, ohne daß der Zucker im Harn erscheint, sie also unter Umständen auch höher liegt, als in der Regel angegeben wird. Die Höhe soll abhängig von der Dauer der Hyperglykämie sein.

Irving[9] nimmt an, daß die Membranen der Nierenzellen für Glykose undurchlässig seien und glaubt, daß der Glykoseausscheidung eine Spaltung in Milchsäure vorausgehe durch Fermente, die in der Zelloberfläche der Niere gebunden sind.

Auf seine Versuche über die Kreatininausscheidung begründet Brandt-Rehberg[10] eine Methode zur Bestimmung des Glomerulusfiltrats in der Annahme, daß das Kreatinin

---

[1] Newburgh, L. H., u. H. C. Curtis: Arch. int. Med. **42**, 801 (1928). — Newburgh, L. H., u. M. W. Johnston: J. clin. Invest. **10**, 153 (1931).

[2] Klein, R., u. O. Bergeim: Proc. Soc. exper. Biol. a. Med. **28**, 590 (1931).

[3] Blatherwick, N. R., E. D. Medlar, J. M. Connolly u. J. Bradshaw: J. of biol. Chem. **92**, XXXIV.

[4] Borland, V. G., u. C. M. Jackson: Arch. of Path. **11**, 687 (1931).

[5] Marshall jun., E. K., u. H. W. Smith: Biol. Bull. **59**, 135 (1930).

[6] Aitken, R. S.: J. of Physiol. **67**, 199 (1929).

[7] Ambard, L.: Arch. Mal. Reins **4**, 48 (1929).

[8] Klein, O., u. J. Heinemann: Med. Klin. **1930 I**, 55.

[9] Irving, J.: Guys Hosp. Rep. **30**, 343 (1930). Zit. nach Ber. Physiol. **57**, 629.

[10] Brandt-Rehberg, P.: Zbl. inn. Med. **1929**, 367.

nur durch die Glomeruli ausgeschieden und nicht rückresorbiert werde. Diese Methode hat nur Gültigkeit, wenn nicht, wie ELLINGER und HIRT[1] für die Froschniere gefunden haben, auch bei den Säugetieren die Funktion der Tubuli für die gleiche Substanz unter verschiedenen Bedingungen rückresorbierend oder sezernierend sein kann.

Über die *Ausscheidung der Phosphate* in der Niere liegen eingehende Untersuchungen von BRULL[2] vor. Die Ausscheidung soll abhängig sein von der Plasmakonzentration, der Sekretionsschwelle und der Konzentrierung in den Nierenepithelien. Schwankungen der Harnmenge sind innerhalb normaler Grenzen ohne Einwirkung auf die Phosphatausscheidung. Injiziertes Phosphat kreist wahrscheinlich in kolloidaler Form im Blut. Calciuminjektion erhöhen den Phosphatgehalt des Protoplasmas. Nach Entfernung oder Kauterisation der Hypophyse versiegt die Phosphatausscheidung, ohne daß es zu einer Anhäufung im Blut kommt. Die Hypophysenentfernung soll zu einer Erhöhung der Nierenschwelle führen, die überhaupt stark vom Phosphat-, Calcium- und Hypophysenhormongehalt des Blutes abhängig ist. Das Konzentrierungsvermögen soll konstant und nur durch lokale Narkose in der isolierten Niere beeinflußbar sein. Als wichtigstes Regulierungsmittel für die Phosphatausscheidung wird der physikalisch-chemische Zustand der Phosphate im Blut angesehen.

Zu E II 2 S. 380: Wesentliche Verbesserungen des Herz-Lungen-Nieren-Präparats wurden von GOVAERTS[3], BAYLISS und FEE[4] und BORNSTEIN[5] angegeben. Erstere verbanden zwei Spenderhunde mittels PAYRscher Kanüle mit Carotis, Jugularis, Aorta abdominalis eines dritten Hundes, der vorher eventriert war, so daß die Nieren dieses dritten Hundes abwechselnd mit dem Blut der beiden Spenderhunde durchblutet werden konnte. Die letzteren Autoren halten die Niere nervös dadurch intakt, daß sie nicht die Niere aus dem Tier entfernen, sondern durch entsprechende arteriovenöse Verbindungen durch einen Spenderhund versorgen lassen.

Die Methode der Durchströmung der Froschniere veränderte TAMURA[6] in der Weise, daß er nur von der Nierenarterie aus mit Salzlösung durchströmte, in der Nierenpfortader aber den Blutstrom beibehielt. Er bestätigt durch Farbstoffversuche, daß die Glomeruli ihr Blut ausschließlich von der Arteria renalis, die Tubuli im wesentlichen von der Vena renaportalis erhalten.

Mit der Blutverteilung in der Froschniere beschäftigt sich ebenfalls HAYMANN[7], der vor allem die SMITHsche Annahme eines direkten Übergangs der Nierenpfortader in die Nierenvene widerlegt und die Fehlerquellen der SMITHschen Versuchsanordnung aufdeckt. Die einzelnen Äste der Arteria renalis sollen mit Ausnahme des untersten nicht segmentär getrennte Gebiete versorgen, sondern solche, die sich überlagern. Auch die Genitalarterien sollen einige Zweige zur Niere abgeben. Echte Arteriae recta sind selten. Anastomosen zwischen der Arteria coeliaca mesenterica und den Nierenarterien fehlen, dagegen stehen erstere auf dem Wege über die Hämorrhoidalarterien mit der Nierenpfortader in Verbindung.

Am Herz-Lungen-Nieren-Präparat konnte GREMELS[8] mit Hilfe der Kreatininmethode feststellen, daß die Filtratbildungen unabhängig von Diureseschwankungen sind, daß sie jedoch von der Höhe des Blutdrucks und der Blutdurchströmung in der Arteria renalis abhängig ist, von ersterer aber wesentlich stärker als von letzterer.

An der isolierten Froschniere sah INOKUCHI[9] die Ausscheidung eines Harns, der stets saurer war als die Durchströmungsflüssigkeit. Die Harnreaktion wurde durch Vergiftung von der Arterie aus nicht verändert, dagegen wurde bei Vergiftung von der Vene aus die Harnacidität herabgesetzt.

Zu E III 2 b S. 392: Nach langsamer intravenöser Injektion von isotonischer Kochsalzlösung bei Kaninchen sah SCIMONE[10] ungefähr innerhalb 3 Stunden die eingeführte Menge Kochsalz im Harn erscheinen. Kochsalzretention wurde kaum beobachtet. Sie war bei mittlerer Menge (400 ccm pro kg) größer als bei kleineren und größeren. ASHER und MAT-

[1] ELLINGER, PH., u. A. HIRT: Arch. f. exper. Path. **145**, 193 (1929); **150**, 285 (1930); **159**, 111 (1931).
[2] BRULL, L.: Arch. internat. Physiol. **30**, 1 (1928).
[3] GOVAERTZ, P.: Arch. internat. Pharmacodynamie **36**, 99 (1929).
[4] BAYLISS, L. E., u. A. R. FEE: J. of Physiol. **69**, 142 (1930).
[5] BORNSTEIN, A., u. H. F. ROESE: Pflügers Arch. **229**, 183ℓ(1931).
[6] TAMURA, K.: Proc. imp. Acad. Tokyo **4**, 240 (1928); **6**, 379 (1930) — Jap. J. med. Sci., Trans. IV Pharmacol. **5**, 105 (1930).
[7] HAYMANN jun., J. M.: Amer. J. Physiol. **86**, 331 (1928).
[8] GREMELS, H., u. L. T. POULSSON: Naunyn-Schmiedebergs Arch. **157**, 91 (1930) u. ebenda **162**, 86 (1931).
[9] INOKUCHI, S.: Nagasaki Igakkai Zassi **8**, 213 (1930).
[10] SCIMONE, J.: Boll. Soc. ital. Biol. sper. **4**, 593 (1929).

sujama[1] untersuchten am männlichen Kaninchen die Wirkung der intraperitonealen Injektion von 100 ccm physiologischer Kochsalzlösung. Diese macht eine beträchtliche Steigerung der Harnbildung. Durch Wechsel von Kationen und Anionen sollte untersucht werden, welches der beiden Komponente des Kochsalzes diuretisch wirksamer ist. Die Untersucher kamen zu dem Schluß, daß in erster Linie Anionen das wirksamere sind.

Am Frosch, der nach der Methode von Tamura lediglich von der Nierenarterie aus durchströmt wird, steigt nach Infusion von hypotonischer Kochsalzlösung die ausgeschiedene Chlormenge auf das 3—5fache (Yoshida[2]). Auf Grund sorgfältiger Analysen wird der Schluß gezogen, daß das Chlorion lediglich durch die Glomeruli ausgeschieden und in den Tubuli zum Teil rückresorbiert wird.

Bei peroraler Zufuhr von isotonischer Kochsalzlösung am Hunde wird ungefähr die Hälfte der eingeführten Flüssigkeit in 3 Stunden ausgeschieden. (Maximum des Wassers in der ersten, des Kochsalzes in der zweiten Stunde.) Nach Einführung von Ringerlösung erscheint doppelt so viel Kochsalz im Urin als bei isotonischer Kochsalzlösung. Nach Einführung von 2,7proz. Kochsalzlösung ist die ausgeschiedene Flüssigkeitsmenge um die Hälfte größer als die aufgenommene. (Minimum von Wasser und Kochsalz in der ersten, Maximum in der zweiten Stunde — Lomikowsky[3].) Bei peroraler Zufuhr von destilliertem Wasser erfolgte innerhalb von 3 Stunden die Ausscheidung der gesamten eingeführten Menge mit einem Kochsalzmaximum in der dritten Stunde.

Zu E III 2 c S. 395: Kleinere Mengen von destilliertem Wasser sollen eine deutliche vorübergehende Herabsetzung des Nierenvolums hervorrufen (Reid[4]). Bei peroraler Zufuhr von 700 ccm Trinkwasser beobachtete Rioch[5] am Hund eine beträchtliche Steigerung der Harnausscheidung in den ersten 2 Stunden, nach 1700 ccm destilliertem Wasser eine ganz enorme Steigerung, deren Ursache als extrarenal angesehen wurde. Zu entsprechenden Annahmen über die Ursache der Wasserdiurese kommen auch Bayliss und Fee[6]. Im Gegensatz hierzu glaubt Govaerts[7] auf Grund sehr sorgfältiger Untersuchungen über die chemischen und physikalisch-chemischen Verhältnisse des Blutes während der Wasserdiurese beim Hund folgern zu müssen, daß renale Verhältnisse für die Mehrausscheidung von Harn verantwortlich zu machen seien. Daneben kommt er wieder auf die früher von Cow angeführte Beobachtung, daß im Magendarmkanal eine diuretische Substanz abgesondert werde. Er tötete Hunde 20—30 Minuten nach der peroralen Verabreichung von 300 ccm destilliertem oder Leitungswassers, gewann das im Magen vorhandene Wasser, das durch Ultrafiltration gereinigt wurde. Bei Injektion dieses Magenwassers in die Vene eines anderen Hundes konnte eine sehr lang anhaltende Polyurie erzielt werden. Auch Ambard und Schmid[8] machen für die Wasserdiurese ein an der Darmschleimhaut vorhandenes diuretisch wirksames Hormon verantwortlich. Sie konnten aus der Schleimhaut von Rinderdünndarm ein entsprechendes Hormon gewinnen, das bei intravenöser Injektion in der Menge von 1 mg Diurese macht, während 14 mg töten, und zwar offenbar durch Blutdrucksenkung. Auch Marx[9] glaubt auf Grund von Versuchen am Hunde und am Herz-Lungen-Nieren-Präparat, daß die Ursache der Wasserdiurese nicht in der Hydrämie gelegen, sondern daran, daß eine diuresehemmende Substanz, die immer im Blut kreist, bei Wasserzufuhr in ihrer Konzentration herabgesetzt und dadurch weniger wirksam gemacht würde. Schließlich zeigten Chabanier und Mitarbeiter[10], daß sowohl nach Wassergaben wie auch nach Zufuhr von Kochsalzlösung der Harn alkalischer werde, weil während der Diurese mehr Chlor- als Natriumionen ausgeschieden werden.

Zu E III 3 a S. 400: Fee[11] bestätigte die Befunde von Haymann und Schmidt, daß am Herz-Lungen-Nieren-Präparat der Sauerstoffverbrauch durch Natriumsulfat nicht gesteigert wird.

Zu E III 3 b S. 401: Im Selbstversuch beobachtete Lindberg[12], daß nach der intravenösen Injektion von Calciumchlorid unter gleichzeitiger Blutdrucksteigerung und Bradykardie

[1] Asher, L., u. Matsujama S.: Arch. Farmacol. sper. **48**, 135 (1930).

[2] Yoshida, S.: Proc. imp. Acad. (Tokyo) **6**, 381 (1930).

[3] Lomikowsky, M. M.: Naunyn-Schmiedebergs Arch. **137**, 348 (1928).

[4] Reid, W. L.: Amer. J. Physiol. **90**, 157 (1929).

[5] Rioch, D. Mc K.: J. of Physiol. **70**, 45 (1930).

[6] Bayliss, L. E., u. A. R. Fee: J. of Physiol. **70**, 60 (1930).

[7] Govaerts, P., et Chambier: Bull. Acad. Méd. Belg., V. s. **10**, 522, 730 (1930).

[8] Ambard, L., u. F. Schmid: C. r. Soc. Biol. Paris **101**, 180 (1929) — Ann. de Physiol. **5**, 393 (1929).

[9] Marx, H.: Klin. Wschr. **1930 II**, 2384.

[10] Chabanier, H., C. Lobo-Onell u. E. Lélu: J. Physiol. et Path. gén. **28**, 841 (1930); **29**, 52, 62 (1931).

[11] Fee, A. R.: J. of Physiol. **67**, 14 (1929).

[12] Lindberg, K.: Finska Läk.sällsk. Hdl. **69**, 993 (1927) — zit. nach Ber. Physiol. **46**, 717.

eine Harnvermehrung auftrat, die von einer starken Verminderung gefolgt ist und nach deren Ablauf es wieder zu einer Polyurie kommt. Vorübergehend wird auch die Harnsäure vermehrt ausgeschieden mit nachfolgender Verminderung. ALEXEJEW-BERKMANN[1] beobachtete, daß bei peroraler Verabreichung von Calciumsalzlösung zunächst eine einstündige Hemmung der Harnausscheidung stattfindet, der in der zweiten Stunde ein Anstieg, in der dritten Rückkehr zur Norm folgt. Strontiumsalze verhalten sich ebenso. Die einzelnen Calciumsalze wirken verschieden. Während Calciumchlorid und Calciumcitrat die beschriebene Wirkung aufweisen, ist sie bei Calciumacetat zu vermissen. Die Acidität des Harns soll unter dem Einfluß der Calciumsalze ansteigen. Mit unvollkommener Methodik fand GORSKI[2] an der künstlich durchspülten Kaninchenniere eine Gefäßerweiterung durch Calciumchlorid 1:1000. PAUNZ[3], der ebenfalls mit nicht einwandfreier Versuchsanordnung isolierte Hundenieren von der Arterie oder Vene aus mit Ringerlösung durchströmte, sah bei der Durchströmung von der Arterie aus eine Steigerung der Urinbildung durch Calciumchlorid, die bei der Durchströmung von der Vene aus ausblieb. Kaninchen scheiden auf intravenöse Injektion von Calciumsalzen neben vermehrter Calciummenge auch eine vermehrte Wassermenge im Harn aus. Durch gleichzeitige Theophyllingaben wird die Calciumausscheidung stark vermehrt (NORN[4]).

Zu E III 3 c S. 402: RAAB[5] sah nach Aufnahme von Harnstoff und Wasser per os eine Harnvermehrung auftreten, die wesentlich stärker war als nach der gleichen Menge Wasser, sehr schnell einsetzte und gleichzeitig von einer Bluteindickung begleitet war, während nach BERGER[6] die intraperitoneale Injektion von 100 ccm 2proz. Harnstofflösung nur eine geringe Vermehrung der Wasserausscheidung zur Folge hatte.

Zu E III 3 d S. 403: Nach intravenöser Injektion von 10 ccm Glykose beobachteten GOLDBERG und Mitarbeiter[7] beim Kaninchen Zunahme des Wassergehalts im Muskel und Abnahme derselben in Leber und Blut bei unverändertem Chlorgehalt im Gewebe. Gleichzeitig wurde die Harnmenge vermindert oder blieb unbeeinflußt. Bei thyreoektomierten Tieren waren die Untersuchungen über die Wirkung von Glykosezufuhr auf das Gewebswasser nicht eindeutig, dagegen kommt es zu einer ausgeprägten Harnverminderung durch Glykose.

SZELÖCZEY[8] sah nach intravenöser und subcutaner Injektion von iso- und hypotonischer Rohrzuckerlösung am Kaninchen eine Polyurie, und zwar bei der hypotonischen eine stärkere als bei der isotonischen bei gleichzeitiger Hydrämie.

Zu E III 4 S. 404 ff.: Beim gesunden Menschen fand LIE[9] nach 0,5 g Coffein in 1000 ccm Wasser die gleiche Harnvermehrung wie nach einem Liter Wasser ohne Coffein. Bei vorheriger Trockenkost ist die Coffeinwirkung noch geringer. Bei gleichzeitiger Zufuhr von 1proz. Kochsalzlösung und Coffein steigert das Coffein die Diurese sehr stark gegenüber der Wirkung einer Kochsalzlösung ohne Coffein. Bei 10proz. Kochsalzlösung bewirkte Coffein nur eine Beschleunigung der Harnabscheidung. Auch die Chlorausscheidung wird durch Coffein bei vorheriger oder gleichzeitiger Gabe von 10proz. Kochsalzlösung stark gesteigert, wobei die Wasser- mit der Kochsalzausfuhr nicht parallel geht. Am Herz-Lungen-Nieren-Präparat beobachteten VERNEY und WINTON[10] auf Coffein an Hand bei konstantem Blutdruck Vermehrung der Blutzufuhr und der Harnbildung. Wurde im doppelseitigen Präparat nur eine Niere mit Coffein behandelt, so konnte an der anderen Niere durch Steigerung des Blutdrucks die entsprechende Veränderung von Blutdurchfluß und Harnbildung erzielt werden wie an der coffeinisierten. Will man durch Steigerung des Blutdrucks die gleiche Harnmenge und die gleiche Zusammensetzung erzielen wie durch Coffein, so ist die Durchblutungsgröße auf der Coffeinseite größer. Die Harnmenge geht der Größe der Coffeindosis parallel. Bei sehr großen Dosen kommt es aber zu einer Einschränkung der Harnbildung. Durch Blutdruckerhöhung wird die Coffeindiurese noch gesteigert. Nach TEPLOFF[11] ist Theocin ohne Einfluß auf die Carminausscheidung und die Farbstoffspeicherung, in den Tubulusepithelien dagegen führt wiederholte Einführung kleinerer Theocingaben während der Vitalfärbung zu Anurie, die auf eine Verstopfung der Glomeruluscapillaren mit Farbstoff zurückzuführen ist. KUWAHARA und

---

[1] ALEXEJEW-BERKMANN, J. A.: Z. exper. Med. **66**, 408 (1929).

[2] GORSKI, P. J.: Z. exper. Med. **66**, 355 (1929).

[3] PAUNZ, LILAHY u. BRENNDÖRFER: Z. exper. Med. **65**, 283 (1929).

[4] NORN, M.: Skand. Arch. Physiol. (Berl. u. Lpz.) **55**, 211 (1929).

[5] RAAB, W.: Münch. med. Wschr. **1928 II**, 2207.

[6] BERGER, D.: Biochem. Z. **209**, 218 (1929).

[7] GOLDBERG, J. M., S. M. GAMEROW u. H. L. PINCHASSIK: Biochem. Z. **199**, 107, 115 (1928).

[8] SZELÖCZEY, J.: Z. exper. Med. **70**, 294 (1929).

[9] LIE, E.: Amer. J. Physiol. **92**, 619 (1930).

[10] VERNEY, E. B., u. F. R. WINTON: J. of Physiol. **69**, 153 (1930).

[11] TEPLOFF, J.: Z. exper. Med. **69**, 159 (1929).

Tomojoshy[1] beobachteten nach Coffein eine Hemmung der Farbstoffausscheidung trotz Harnvermehrung.

Kusakari[2] zeigte, daß die *Coffeindiurese* durch den Splanchnicus nicht beeinflußt wird. Nach längerer Zeit vorausgegangener Schädigung durch Chromsäure wurde bei Kaninchen eine tubuläre Nierensuffizienz mit fehlendem Konzentrations- und Chlorretentionsvermögen hergestellt. Durch Coffein konnten Frandsen und Möller[3] bei diesen Tieren eine Wasser- und Chlorausscheidung erzielen, die größer und schneller war als bei normalen Tieren. Daraus ziehen die Untersucher den Schluß, daß die Purinderivate am Glomerulus angreifen. Dies konnte auch Brühl[4] bestätigen, der an der überlebenden Froschniere die Zahl der funktionierenden Glomeruli durch Coffein zunehmen sah. Eine Veränderung des Sauerstoffverbrauchs durch Coffein an Gewebsschnitten der Rattenniere wurde von Anselmino[5] durch kleine Dosen nicht beobachtet, dagegen riefen große Coffeindosen eine Hemmung des Sauerstoffverbrauchs hervor.

Zu E IV 1 S. 410 ff.: Die *Hemmung der Wasserdiurese* durch Hypophysenstoffe wird bestätigt durch Lie[6], der ebenso wie Haldane[7] keine gleichzeitige Beeinflussung der Kochsalzausscheidung beobachtete, während Lomikovska[8] am Hund ohne vorheriger Wassergabe nach Pituitrin bald Steigen, bald Sinken der Wasser- und Kochsalzausfuhr fand. Lindberg[9] stellte im Selbstversuch nach Pituglandol eine Diuresesteigerung und auch zum Teil eine Steigerung der Harnsäureausscheidung fest, wenn kein Wasser gegeben war, dagegen, wenn vorher Wasser gegeben war, eine beträchtliche Einschränkung der Harnbildung nach Hypophysin. Am Herz-Lungen-Nieren-Präparat fand Marx[10] nach Pitressin eine starke Hemmung der Harnbildung ohne nennenswerte Veränderung des Blutdruckes und der Durchblutungsgröße während der Diuresehemmung, während McIntyre und van Dyke[11] eine Vermehrung des Wasser- und Hämoglobingehalts im Blut beobachteten, jedoch nach vorheriger Bromgabe keine Veränderung des Brom-Chlor-Verhältnisses im Blut und Harn. Hypophysenentfernung ist nach Fee[12] auf die Wasser- und Chlorausscheidung auch nach Wasserbelastung ohne Einfluß, jedoch wirkt Hypophysin auf das hypophysektomierte Tier ebenso wie auf das normale durch Hemmung der Wasserdiurese. Am Menschen sah Raab[13] eine Hemmung der Harnbildung nach Wasser, Wasser-Salyrgan und Wasser-Harnstoffzufuhr. Auch Poulsson[14] beobachtete am Menschen die Hemmung der Wasserdiurese durch Pituitrin bei gleichzeitiger starker Konzentrierung von Kreatinin und Sulfat und einer wesentlich geringeren des Harnstoffes. Poulsson berechnet aus der Kreatininkonzentration nach Rehberg-Brandt die Menge des Glomerulusfiltrats in der Pituitrinantidiurese und kommt zu dem Schluß, daß dabei die Rückresorption stark zunimmt und vor allem das normale Verhältnis der Rückresorption von Wasser zum Harnstoff gestört sei. Am Huhn sah Gibbs[15] die Wasserausscheidung durch Pituitrin gehemmt bei gleichzeitiger Steigerung der Harnsäureausscheidung. An Kaninchen und Fröschen soll nach Kishi[16] die Harnbildung durch Hypophysenextrakt in 4 Phasen beeinflußt werden, und zwar in einer 1. und 3., in der die Harnbildung gehemmt, und in einer 2. und 4., in der sie gesteigert ist. Die beiden ersten Phasen seien durch Gefäßwirkung bedingt, die dritte durch Permeabilitätsveränderungen der Glomeruli und nicht durch gesteigerte Rückresorption im Tubulusgebiet. Durch unmittelbare mikroskopische Beobachtung am Frosch sah Okada[17], daß Pituitrin in niedriger Konzentration erweiternd, in großer verengernd auf die Glomeruluscapillaren wirkt. Die diuresehemmende Substanz der Hypophyse fanden Anselmino und Hoffmann[18] im Blut von Frauen mit

---

[1] Kuwahara, K., u. J. Tomojoshy: Okayama-Igakkai-Zasshi (jap.) **42**, 50 (1930) — zit. nach Ber. Physiol. **57**, 629.

[2] Kusakari, H.: Tohoku J. exper. Med. **16**, 553 (1930).

[3] Frandsen, J., u. K. O. Möller: Acta med. scand. (Stockh.) **68**, 385 (1928) — zit. nach Ber. Physiol. **46**, 717.

[4] Brühl, H.: Pflügers Arch. **220**, 380 (1928).

[5] Anselmino, K. J.: Pflügers Arch. **221**, 633 (1929).

[6] Lie, E.: Amer. J. Physiol. **92**, 619 (1930).

[7] Haldane, J. B. S.: J. of Physiol. **66**, X (1928).

[8] Lomikovska, M.: Ukrain. med. Visti **5**, 373 (1929). Zit. nach Ber. Physiol. **56**, 337.

[9] Lindberg, K.: Finska Läk. sällsk. Hdl. **69**, Nr 11, 899 (1927). Zit. nach Ber. Physiol. **46**, 716.

[10] Marx, H.: Klin. Wschr. **1930 II**, 2384.

[11] McIntyre, A. R., u. H. B. van Dyke: J. of Pharmacol. **42**, 155 (1931).

[12] Fee, A. R.: J. of Physiol. **68**, 305 (1929).

[13] Raab, W.: Münch. med. Wschr. **1928 II**, 2207.

[14] Poulsson, L. T.: Z. exper. Med. **71**, 577 (1930).

[15] Gibbs, O. S.: J. of Pharmacol. **35**, 49 (1929).

[16] Kishi, K.: Proc. imp. Acad. Tokyo **4**, 244 (1928). Zit. nach Ber. Physiol. **47**, 789.

[17] Okada, M.: Okayama-Igakkai-Zasshi (jap.) **40**, 440 (1928).

[18] Anselmino, K. J., u. F. Hoffmann: Klin. Wschr. **10**, 1438, 1442 (1931).

Schwangerschaftsnephropathie und Eklampsie wesentlich vermehrt. Sie sehen ebenso wie
FAUVET[1] die Überproduktion dieser Substanz in der Hypophyse während der Schwangerschaft
als Ursache der genannten Erkrankungen an.

Histamin macht an der isolierten Hundeniere eine Verminderung des Blutdurchflusses
und der Harnbildung, die durch Amylnitrit, aber nicht durch Adrenalin antagonistisch
beeinflußt wird. Bei Durchspülung mit hypertonischer Lösung wird der Nierendurchfluß
vermindert und durch Zugabe von Histamin gesteigert. Diese Durchflußveränderung nach
Histamin wird durch eine Störung der Permeabilitätsverhältnisse der Gefäßwände mit
folgendem perivasculärem Ödem erklärt, einmal wegen der Versuche mit hypertonischer
Durchspülungsflüssigkeit, dann aber auch, weil Adrenalin die Verengerung nicht aufhebt,
dagegen Acetylcholin. Am Gesamthund zeigt sich nach Histamin eine onkometrisch gemessene Volumzunahme der Niere, die vor der Blutdrucksenkung eintritt und offenbar mit
einer kurzen Blutdrucksteigerung einhergeht, die Blutdrucksenkung aber überdauert
(DICKER[2]).

Zu E IV 3 S. 410: Am Hund sah NISHIMOTO[3] nach Schilddrüsenfütterung eine Hemmung der Harnausscheidung mit gleichzeitiger Vermehrung der Ausscheidung von Gesamtstickstoff, Kochsalz, Aminosäuren, Purin, Neutralschwefel und Calcium. Schilddrüsenentfernung wirkt im entgegengesetzten Sinne.

Zu E IV 4 S. 410 ff.: An der isolierten Hundeniere (Herz-Lungen-Nieren-Präparat) fand
WINTON[4] nach kleinen Adrenalingaben eine Steigerung der Harnbildung bei vermindertem
Durchfluß des Blutes, nach größeren Dosen eine Hemmung der Harnbildung und eine stärkere
Hemmung des Blutdurchflusses. Wenn er bei zwei gleich funktionierenden Nieren in der einen
den Venendruck steigerte und in der anderen den Ureterdruck, so daß in beiden Nieren die
Harnmenge wiederum gleich war, so war die diuretische Wirkung des Adrenalins in der Niere
mit gesteigertem Ureterdruck größer als in der anderen. Er schließt daraus, daß das Adrenalin
in erster Linie den Glomerulusdruck ansteigen läßt und auf die Tubuli keine Wirkung ausübt.
Bei konstantem Arteriendruck wird der Glomerulusdruck durch kleine Adrenalingaben bis
auf das $1^1/_2$fache gesteigert, durch große bis auf die Hälfte gesenkt. Kleine Adrenalingaben
erweitern die Vasa afferentia und verengern die Vasa efferentia, größere verengern beide.
Am Frosch beobachtete OKADA[5] eine ähnliche Wirkung des Adrenalins auf die Glomeruli.
Schwächere Konzentrationen machen eine Capillarerweiterung, stärkere eine Verengerung
der Capillaren in den Glomeruli. Am Hund sah GIBBS[6] keinen Einfluß von Adrenalin auf
die Harnsäureausscheidung und LINDBERG[7] fand im Selbstversuch bei intramuskulärer
Injektion von 0,1—0,3 mg Adrenalin eine Polyurie, die während der Phase der Blutdrucksteigerung anhält und von einer Harnverminderung gefolgt war. Die Kochsalzausscheidung
war etwa 6 Stunden vermehrt, später vermindert. Die Harnsäure war unbeeinflußt. Adrenalin
ruft nach KUSAKARI[8] an der isolierten Krötenniere eine Harnverminderung hervor, die er
in erster Linie auf Zunahme der Rückresorption zurückführt, da Adrenalin ausschließlich
bei Zufuhr von der Pfortader aus wirksam ist. An der an die Halsgefäße transplantierten
nervenlosen Niere ruft Adrenalin eine onkometrisch gemessene starke Verminderung des
Nierenvolumens hervor (RAYMOND-HAMET[9]).

Zu E IV 5 S. 422: BOURQUIN[10] konnte seine früheren Versuche über die diuretische
Substanz aus den Corpora mamillaria bestätigen und erweitern. Die alten Angaben über
eine diuretische Substanz in der Darmschleimhaut wurde von AMBARD und SCHMID[11] näher
untersucht. Sie gewannen durch geeignete Extraktion eine Substanz (Sekretin), die bei
intravenösen Injektionen von 1 mg pro kg eine Harnvermehrung hervorruft und von 14 mg
den Tod herbeiführt. Durch geeignete Versuchsanordnung konnte DRAKSTETT[12] am Hund
zeigen, daß die diuretische Wirkung dieser Sekretininjektion auf einer vermehrten Absonderung von Pankreassaft und Galle beruht. Sie blieb nämlich aus, wenn Pankreas und
Galle durch eine Fistel nach außen entleert wurden.

[1] FAUVET, E.: Klin. Wschr. **10**, 2125 (1931).
[2] DICKER, E.: C. r. Soc. Biol. Paris **99**, 341 (1928).
[3] NISHIMOTO, H.: Jap. J. of exper. Med. **7**, 225 (1929).
[4] WINTON, F. R.: J. of Physiol. **73**, 151 (1931).
[5] OKADA, M.: Okayama-Igakkai-Zasshi (jap.) **40**, 440 (1928).
[6] GIBBS, O. S.: J. of Pharmacol. **35**, 49 (1929).
[7] LINDBERG, K.: Finska Läk.sällsk. Hdl. **69**, Nr 11, 899 (1927).
[8] KUSAKARI: Tohoku J. exper. Med. **16**, 494 (1930).
[9] RAYMOND-HAMET: C. r. Acad. Sci. Paris **188**, 1310 (1929). Zit. nach Ber. Physiol.
51, 762 (1929).
[10] BOURQUIN, H.: Amer. J. Physiol. **88**, 519 (1929).
[11] AMBARD, L., u. F. SCHMID: C. r. Soc. Biol. Paris **101**, 180 (1929).
[12] DRAKSTETT, C. A., u. S. E. OWEN: Proc. Soc. exper. Biol. a. Med. **28**, 565 (1931).

Zu E V 1 S. 423: Atropin soll an der isolierten Krötenniere nach Kusakari und Takeda[1] eine Hemmung der Harnbildung machen, und zwar sowohl bei Zufuhr von der Vene wie auch von der Arterie aus. Carvalho[2] sah keine Einwirkung von Atropin auf die onkometrisch gemessene Vasokonstriktion der Niere nach Splanchnicusreiz. Nach Lindberg[3] schränkt im Selbstversuch 1 mg Atropin, subcutan gegeben, die Harnsäureausscheidung ein. Atropin ist auch in hohen Dosen ohne deutlichen Einfluß auf die Harnsäureausscheidung (Gibbs[4]).

Zu E V 2 S. 424: Pilocarpin soll nach Kusakari und Takeda[5] an der isolierten Krötenniere unter Gefäßerweiterung diuretisch wirken. Bei Anwendung nur von der Pfortader aus tritt nach Pilocarpin auch ohne Gefäßerweiterung Harnvermehrung auf. Sie wird auf eine Hemmung der Rückresorption zurückgeführt. Carvalho[6] sah keinen Einfluß von Pilocarpin auf die onkometrisch gemessene Vasokonstriktion der Hundeniere nach Splanchnicusreiz. Nach Pilocarpin und Physostigmin beobachtete Gibbs[7] beim Huhn keine Veränderung der Harnausscheidung. Dicker[8] sah an der mit Lockelösung durchspülten Hundeniere auf Pilocarpin eine Verminderung des Blutdurchflusses durch die Nierenvene, die durch Durchspülung mit hypotonischer Salzlösung nicht aufgehoben wird. Raymond-Hamet[5] konnte durch Cholin und Acetylcholin bei der an die Halsgefäße transplantierten Hundeniere eine Gefäßverengerung hervorrufen, die als indirekte Wirkung auf Adrenalinausschüttung angesehen wird.

Zu E V 3 S. 425: Carvalho[6] beobachtete, daß Ergotamin an der Hundeniere nach Splanchnicusreiz eine onkometrisch feststellbare Volumzunahme der Niere macht. Ergotamin soll nach Raymond-Hamet[9] die Gefäße der an die Halsgefäße transplantierten Hundeniere verengern.

Zu E V 5 S. 426 ff.: Der Klärung des Vergiftungsmechanismus durch Phlorrhizin sind die beiden folgenden Arbeiten gewidmet. Poulsson[10] untersuchte bei Hunden, die mit Phlorrhizin vergiftet waren und denen er Kreatinin gegeben hatte, Kreatinin und Zuckerspiegel im Blut und Harn und konnte zeigen, und zwar unabhängig von der Urinmenge, die er durch Wassergabe während des Versuchs variierte, daß Zucker und Kreatinin von der Phlorrhizinniere stark konzentriert wurden, und zwar in einem dauernd ziemlich gleichbleibenden Verhältnis, so daß der Zucker sich der Phlorrhizinniere gegenüber als Nichtschwellensubstanz verhielt. Brull und Compère[11] benutzten ein Nierenpräparat, das abwechselnd von zwei Spenderhunden Blut erhalten kann. Wurde der erste Hund mit Phlorrhizin behandelt und häufig mit der Durchblutung von den zwei Spenderhunden gewechselt, so trat schließlich auch bei der Durchblutung vom nichtbehandelten Tiere aus Zucker in den Urin über. Beim Phlorrhizinspender sank die Glykosurie nach 5 Stunden ab. Die künstlich durchblutete Niere schied so lange Zucker aus, als der Urin des Phlorrhizinhundes Zucker enthielt und auch etwa die gleiche Menge wie Phlorrhizinhund. Bei Umschaltung auf den normalen Hund geht die Zuckerausscheidung der künstlich durchspülten Niere jeweils fast völlig zurück. Danach würde das Phlorrhizin nicht in der Niere fixiert werden. Einen extra renalen Faktor der Phlorrhizinglykosurie glaubt Capocaccia[12] feststellen zu können, der eine große Anzahl von Meerschweinchen mit Phlorrhizin vergiftet und nach einiger Zeit histologisch untersuchte. Neben Veränderung der Tubuli zeigte sich in 20% der Fälle eine Veränderung im Inselapparat und Acinusgewebe des Pankreas, die sich in Nekrose, trüber Schwellung und vor allem Pyknose der Kerne äußerte. Er schließt darauf auf die Mitbeteiligung des Pankreas an der Phlorrhizinvergiftung, die jedoch durchaus sekundär entstanden sein und nicht als unbedingter Beweis für seine Ansicht gelten muß. Die Ausscheidung von Trypanblau wird nach Okada[13] durch Phlorrhizin gehemmt, vor allem aber die Färbbarkeit der Tubulusepithelien. Die Erscheinung soll nach 12 Stunden schwinden.

---

[1] Kusakari, H., u. K. Takeda: Tohoku J. exper. Med. **16**, 494 (1930).
[2] Carvalho, A.: C. r. Soc. Biol. Paris **101**, 377 (1929) — Arch. portug. Sci. biol. **2**, 286 (1929).
[3] Lindberg, K.: Finska Läk.sällsk. Hdl. **69**, 899 (1927).
[4] Gibbs, O. S.: J. of Pharmacol. **35**, 49 (1929).
[5] Kusakari, H., u. K. Takeda: Tohoku J. exper. Med. **16**, 494 (1930).
[6] Carvalho, A.: C. r. Soc. Biol. Paris **101**, 377 (1929) — Arch. portug. Sci. biol. **2**, 286 (1929).
[7] Gibbs, O. S.: J. of Pharmacol. **35**, 49 (1929).
[8] Dicker, E: C. r. Soc. Biol. Paris **99**, 341 (1928).
[9] Raymond-Hamet: C. r. Acad. Sci. Paris **188**, 1310 (1929).
[10] Poulsson, L. T.: J. of Physiol. **69**, 411 (1930).
[11] Brull, L., u. A. Compère: C. r. Soc. Biol. Paris **107**, 249 (1931).
[12] Capocaccia, M.: Boll. Soc. ital. Biol. sper. **3**, 597 (1928).
[13] Okada: Okayama-Igakkai-Zasshi (jap.) **43**, 543 (1931).

Durch Zufuhr von Phlorrhizin in die Arterie der nach Tamura isolierten Krötenniere konnte
Waku[1] Glykosurie hervorrufen. Goldstein und Mitarbeiter[2] beobachteten beim Hund nach
intravenöser Glykoseinjektion und Unterbindung der Nierengefäße, daß der Blutzuckergehalt ansteigt, jedoch der Abfall von der Höchstmenge erheblich größer ist als ohne Unterbindung der Nierengefäße. In ähnlicher Weise verhält sich Insulin nach Unterbindung der
Nierengefäße. Es wird daraus geschlossen, daß die Nierengefäßunterbindung zu einem
rascheren Verbrauch des Blutzuckers führt. Ebenso wirkt die Nierengefäßunterbindung am
phlorrhizinvergifteten Hund. Es wird daraus geschlossen, daß die Phlorrhizinwirkung auf
den Harn nicht auf eine verminderte Zuckerverbrennung im Organ zurückgeführt werden
kann.

    Zu E V 6 S. 431: Lindberg[3] fand nach Einnahme von 1 mg Atophan schon in der
ersten Stunde erhöhte Werte der Harnsäureausscheidung im Harn bei gleichzeitiger Steigerung des Harnsäuregehalts im Serum, der jedoch bald abfiel und nach 9 Stunden nur noch die
Hälfte des ursprünglichen Gehalts betrug. Gibbs[4] beobachtete am Hund nach Atophan einen
Anstieg des Harnsäuregehalts im Blut und Verminderung im Urin. Am Kaninchen stieg
nach Harnsäuregabe der Harnsäuregehalt im Blut und Organ stark an. Durch unmittelbar
darauf folgende Atophangaben wird er im Blut gesteigert und in den meisten Organen
herabgesetzt, dagegen in den Nieren erhöht (Bergami[5]).

    Zu E VI 1 S. 433ff.: Über die Wirkung von Alkohol auf die Harnbildung liegen
folgende Versuche vor. Macco und Mitarbeiter[6] beobachteten am Menschen, daß auf kleine
Zugaben von Alkohol zu einer peroral verabreichten Wassermenge die Harnbildung beträchtlich mehr stieg, als auf die Wassergabe allein, und daß das Maximum der Wasserabgabe hinausgezögert wurde. Bei Hunden, die in der gleichen Weise Wasser und Alkohol
erhielten, machten 0,5 und 1 g Alkohol pro kg eine Steigerung, 2 g eine Hemmung der
Wasserdiurese. Intravenöse Injektion von Äthyl- und Methylalkohol (Angelo[7]) am Kaninchen steigern eine durch intravenöse Injektion von Kochsalz hervorgerufene Diurese, größere
Dosen beider Alkohole hemmen sie. Dabei wirkt Äthylalkohol stärker als Methylalkohol,
die Kochsalzausscheidung wird in gleicher Weise beeinflußt wie die Wasserausscheidung
(Mauro[8]).

    An dieser Stelle müssen auch eine Anzahl Untersuchungen behandelt werden, die die
Wirkung der Opiumalkaloide auf die Harnbildung behandeln, obwohl sie in unserer Anordnung an andere Stelle gehören; sie werden aber von den Bearbeitern meistens in engem
Zusammenhang mit den echten Narkotica behandelt. Solche Versuche liegen vor, erstens
von Stehle und Bourne[9], die am Blasenfistelhund durch Morphin keine oder fast gar
keine Beeinflussung der Harnbildung beobachteten; nur wenn die Harnabsonderung vorher
sehr hoch war, wurde sie unter Steigerung der Konzentration etwas eingeschränkt. Fee[10]
beobachtete an Hunden durch Morphin eine wesentliche Einschränkung der durch Wasserzufuhr erzielten Diurese ebenso wie bei einer Anzahl Narkotica der Fettreihe. Kleine
Morphindosen hemmen die Diurese bei Hunden schon in Dosen, die keine allgemeine Narkose machen. Auch die intravenöse Injektion von hypotonischer Kochsalzlösung durch-
bricht die Morphinhemmung nicht. Fee glaubt eine Beeinflussung der Hypophysentätigkeit
als Ursache ansehen zu müssen. Bahn, Iserbeck und Lindemann[11] sahen an zahlreichen
gesunden und kranken Versuchspersonen eine starke Einschränkung des durch Kathedrismus
gewonnenen Blasenurin durch Morphin, und schließlich hat Bonsmann[12] am Blasenfistelhund
die Wirkung einer großen Anzahl Opiumalkaloide untersucht und festgestellt, daß Morphin,
Pantopon, Narcophin, Eucodal, Dicodid und Codein die Harnbildung auf mindestens 24 Stunden hemmen, während Papaverin ohne Einfluß ist. Bei einigen der Präparate tritt Gewöhnung ein. Eine Verminderung der Harnausscheidung nach Morphin war schon lange bekannt und wurde auf krampfhaften Sphincterverschluß der Blase zurückgeführt. Das kann
nach den Versuchen von Bahn und Mitarbeitern[11] und Bonsmann[12] nicht der Fall sein, da

    [1] Waku, K.: Trans. jap. path. Soc. **17**, 394 (1929).
    [2] Goldstein, L. A., A. J. Tatelbaum, S. Ehre u. J. R. Murlin: Proc. Soc. exper.
Biol. a. Med. **28**, 465 (1931).
    [3] Lindberg, K.: Finska Läk.sällsk. Hdl. **69**, 899 (1927). Zit. nach Ber. Physiol. **46**, 716.
    [4] Gibbs, O. S.: J. of Pharmacol. **35**, 49 (1929).
    [5] Bergami, G.: Boll. Soc. ital. Biol. sper. **5**, 53 (1930).
    [6] Macco, G., A. de Sanctis u. A. Santoni: Rass. Ter. e. Pat. clin. **2**, 151 (1930) —
zit. nach Ber. Physiol. **56**, 337.
    [7] Angelo, S.: Arch. Farmacol. sper. **47**, 71, 81 (1930).
    [8] Mauro, G.: Arch. Farmacol. sper. **47**, 56 (1929).
    [9] Stehle, R. S., u. W. Bourne: Arch. int. Med. **42**, 248 (1928).
    [10] Fee, A. R.: J. of Pharmacol. **34**, 305 (1928).
    [11] Bahn, Iserbeck u. Lindemann: Z. exper. Med. **71**, 156 (1930).
    [12] Bonsmann, M. R.: Arch. f. exper. Path. **156**, 145 (1930).

sie teils am Blasenfistelhund arbeiteten, teils Katheterurin gewannen. Dagegen ist gegen einen renalen Angriffspunkt oder gegen eine Wirkung der Narkose als solcher immer noch der Einwand möglich, daß die Anurie auf Ureterenkrampf und sekundär von ihm reflektorisch ausgelöster Hemmung der Harnbildung beruhen kann.

Hinsichtlich der eigentlichen Narkotica zeigten STEHLE und BOURNE[1] am Blasenfistelhund, daß Äther eine Oligurie bzw. Anurie mit Herabsetzung des Konzentrationsvermögens der Niere hervorruft mit gleichzeitiger Verminderung der Harnstoff- und Chloridausscheidung. Bei kombinierter Morphin-Äthernarkose sind die Wirkungen des Äthers abgeschwächt. FEE[2] beobachtete am Hund bei Narkose mit Chloreton, Äther, Urethan, Paraldehyd und Amytal, ebenso wie bei Morphin beschrieben, eine Einschränkung der Harnbildung auf Wasserzufuhr. BONSMANN[3] konnte an Blasenfistelhunden, die vor Versuchsbeginn 200 ccm Wasser mit der Schlundsonde erhalten hatten, zeigen, daß Alkohol, Paraldehyd, Chloralhydrat, Hedonal, Avertin, Veronalnatrium, Luminalnatrium, Sandoptal, Chloreton und Äther eine gewisse Hemmung der Harnbildung hervorrufen, von denen die Hemmung durch Chloreton, Sandoptal und Äther am stärksten ist. Parallelismus zwischen Tiefe der Schlafwirkung und der Diuresehemmung konnte nicht festgestellt werden. Verfasser glaubte eine Beziehung zwischen der stärkeren und schwächeren Harnwirkung und dem Angriffspunkt der Narkotica in Hirnrinde und Hirnstamm feststellen zu können, wobei den Hirnstammmitteln eine stärkere Wirkung auf die Harnbildung zukommen soll, er übersieht aber die recht geringe Wirkung der angeblichen Hirnstammmittel Veronal und Chloreton. Das Pernocton macht eine flüchtige Diuresehemmung, und zwar in nur schlafmachender, wie auch bei tiefer narkotisierender Dosis. Luminalnatrium ruft auch durch intravenöse Ringerzufuhr eine nicht zu durchbrechende Diuresehemmung hervor in Dosen, die noch keinen Schlaf machen, und Chloralose bewirkt auch in tiefster Narkose keine Hemmung der Harnbildung.

Zu E VII S. 433ff.: Sehr eingehend ist die Urannephritis beschrieben von MAC NIDER[4]. Er vergiftete eine große Anzahl von Hunden durch einmalige subcutane Gaben von 4 mg Urannitrat pro kg Körpergewicht und beobachtete bei Tieren, die über 7 Jahre alt waren, das Auftreten von nephritischen Prozessen, die meist zum Tode führten. Bei Tieren im Alter von 1—2 Jahren entstand unter den gleichen Bedingungen eine akute schwere Nephritis, die entweder sich vollständig zurückbildete oder in eine chronische Nephritis überging. Die Nephritis der älteren Hunde äußerte sich in früh einsetzender schwerer Schädigung der Tubulusepithelien mit geringer Regenerationsneigung und gleichzeitiger Schädigung der Glomeruli, die sich allerdings nur auf Gefäßveränderung erstreckt. Bei den älteren Tieren tritt zuerst hochgradige Polyurie mit Eiweiß und Zylindern auf mit Verminderung der Phenolsulfonaphthaleinausscheidung und Konzentrationsunfähigkeit für Harnstoff und Kreatinin. Bei jungen Tieren war die ausgebildete Nephritis weniger intensiv. Wurden junge Hunde zunächst mit 2 mg Urannitrat behandelt und später mit der gleichen oder doppelten Menge noch einmal, so entwickelte sich entweder im Anschluß an die wiederholte Injektion eine schwere Nephritis, die zum Tode führte, und zwar dann, wenn die zweite Injektion während des akuten Zustandes erfolgte. Erfolgte die Reinjektion nach Ablauf der akuten Schädigung, so bewirkte sie bei einem Teil der Tiere schwerste akute Erscheinungen, so daß von einer Überempfindlichkeit gesprochen werden müßte. Bei einem anderen Teil entwickelte sich nach der Reinjektion eine chronische Nephritis. Bei einem dritten Teil hatte die Reinjektion nur geringe Folgen, so daß die erste Injektion eine gewisse Resistenzsteigerung zur Folge hatte. Mit der Entwicklung einer Uranresistenz bei Kaninchen und Hunden bei einschleichender Vergiftung beschäftigten sich auch die Untersuchungen von MAURIAK[5]. Durch Injektion von 7 mg pro Woche konnte MAURIAK bei Kaninchen eine chronische Nephritis erzielen, die es erlaubte, nach 3 oder 4 Wochen ganz erheblich größere, bei unvorbereiteten Tieren tödliche Urannitratdosen zu geben, ohne daß die Tiere innerhalb von 18 Monaten zugrunde gingen, dabei trat keine Vermehrung des Reststickstoffes auf. Sonst unschädliche Harnstoffgaben riefen bei den Tieren jedoch sofort eine zum Tode führende Urämie hervor. Weniger ausgeprägt war die Steigerung bei Hunden, bei denen nach der dritten Injektion von 2 mg Uran Albuminurie, nach der vierten Glykosurie auftrat. Chlorfreie Ernährung bewirkte bei diesen Tieren einen plötzlichen Anstieg von Reststickstoff und Cholesteringehalt im Blute und führte nach 8 Tagen zum Tode. Auch HUNTER[6] bestätigt die Möglichkeit, bei Kaninchen durch kleine Urangaben eine Uranresistenz zu erzeugen und konnte durch Beobachtung der Regenerationsvorgänge zeigen, daß die neugebildeten Epithelien sich histologisch anders verhalten und eine wesentlich größere Durchlässigkeit für Uran besitzen als die normalen. Bei uranimmuni-

---

[1] STEHLE, R. S., u. W. BOURNE: Zitiert auf S. 108.   [2] FEE: Zitiert auf S. 108.
[3] BONSMANN, M. R.: Arch. f. exper. Path. **156**, 161 (1930); **161**, 76 (1931).
[4] MAC NIDER, DE B.: J. of exper. Med. **49**, 387 (1929); **49**, 411 (1929) — Amer. J. Physiol. **90**, 441 (1929).
[5] MAURIAK, P.: C. r. Soc. Biol. Paris **99**, 1733 — Arch. internat. Pharmacodynamie **39**, 345.
[6] HUNTER, W.: Ann. int. Med. **1**, 747 (1928).

sierten Tieren erscheint das Uran viel früher im Harn als bei nichtgewöhnten. Durch die Ausnützung der Fluorescenz von Uranverbindungen konnte STRAUB[1] an veraschten Schnitten von Nieren uranvergifteter Kaninchen zeigen, daß das Uran ausschließlich in der Rinde angereichert wird, das Mark aber frei bleibt.

Weitere Untersuchungen liegen über die Uranvergiftung vor, die nicht wesentliche neue Gesichtspunkte förderten, von MILHORAT und DEUEL[2], die die Uranglykosurie als rein renal bedingt nachweisen konnten und von WHITNEY[3], der bei der Urannephritis eine Verminderung der Capillardurchlässigkeit in der Leber beobachtete, von JSHIYAMA[4], der in der Uranvergiftung ebenso wie nach Sublimat, Cantharidin und Habugift eine Änderung in der Eiweißstabilität mit Beschleunigung der Erythrocytensenkungsgeschwindigkeit feststellte, von PRIBYL[5], der in der Urannephritis am Kaninchen eine Zunahme von Reststickstoff und Acidose beobachtete, von LEONE[6], der nach Uran einen Anstieg des Cholesterin- und Stickstoffspiegels fand, von JOHNSTON[7], der in der Urannephritis ein langsames Absinken der Wasserdiurese bei erhöhtem Harnstoffgehalt feststellte, von GENAUD[8], der die Ausscheidung von Zucker, Chlor, Harnstoff, Ammoniak, Kreatinin, Kreatin, Harnsäure, Eiweiß und Wasser bei normalen und uranvergifteten Tieren unter dem Einfluß verschiedener Kost beobachtete, und schließlich OLIVER und SMITH[9], die zeigen konnten, daß Uransalze ebenso wie Sublimat und Kaliumbichromat am Frosch Veränderungen der Niere hervorrufen, die sich nur quantitativ von denen am Säugetier unterscheiden.

Recht spärlich ist die Ausbeute der Arbeiten über die Quecksilbernephritis. HUNTER[10] zeigte, daß das Sublimat zur Erzeugung experimenteller Nierenerkrankungen ungeeignet ist, weil es bei subcutaner Injektion ungleichmäßig resorbiert wird und bei intravenöser Injektion Trombosen macht. Die Versuchsergebnisse sind daher in der Regel nicht eindeutig. Eine Giftfestigkeit bei längerer Behandlung mit kleinen Dosen konnte bei Sublimat festgestellt werden. Bei der Regeneration werden die nekrotischen Zellen von regenerierten Zellen eingeschlossen. Zusammen mit MYERS[11] zeigte HUNTER, daß die Regeneration nach der Quecksilbernephritis durch Dekapsulation in keiner Weise beeinflußt wird. MOORE und Mitarbeiter[12] sahen bei weißen Ratten nach Sublimatgaben den Reststickstoff im Blut erhöht, bevor die Niere Veränderungen aufweist. Diese äußern sich zunächst in Zerstörungen im Cytoplasma und den Kernen der proximalen Tubuli contorti bei normalen Mitochondrien. Die Zahl der offenen Glomeruli sahen sie bei Kaninchen durch Sublimatgaben nicht beeinflußt. Beim Menschen ruft die gleichzeitige Einverleibung von Wasser und Salyrgan eine starke Vermehrung der Harnbildung mit Eindickung des Blutes hervor. Ein Vorgang, der durch Pituitrin verringert wird (RAAB[13]). Bei Kaninchen, die mit Sublimat oder Chrom vergiftet waren, fand KAMON[14] die diuretischen Wirkungen intravenöser Kochsalz- und Ringergaben aufgehoben, während Cantharidinvergiftung in dieser Richtung keine eindeutigen Ergebnisse liefert.

Nach der Fütterung durch Natriumtartrat sah AUBEL[15] am normalen und phlorrhizinvergifteten Kaninchen bald eine Vermehrung, bald eine Verminderung der Harnmenge unter Verminderung des Gesamtstickstoffes. Ähnliche Ergebnisse erzielte er mit Natriumcarbonat. Bei jungen Kaninchen blieb die Harnmenge dagegen unverändert. Beim uranvergifteten vermehrte Tartrat die Glykosurie, während die Harnstoff- und Eiweißausscheidung abnahm. In fast allen Fällen wird der Harn durch Tartrat alkalischer. COCS und HUDSON[16] konnten bei jungen Ratten die nach Cystin auftretende Nephrose durch Vitamin B und Hefe verhüten. Durch Fütterung saurer und alkalischer anorganischer Phosphate konnten MACKAY und OLIVER[17] bei jungen Ratten eine Nephrose hervorrufen, die durch trübe Schwellung und Nekrose der Tubulusepithelien mit häufigen Regenerationserscheinungen charakteri-

[1] STRAUB, W.: Naunyn-Schmiedebergs Arch. **138**, 134 (1928).
[2] MILHORAT, A. T., u. J. DEUEL: Proc. Soc. exper. Biol. a. Med. **25**, 294 (1928).
[3] WHITNEY, C.: J. of Path. **31**, 699 (1928).
[4] ISHIYAMA, N.: Z. exper. Med. **63**, 707 (1928).
[5] PRIBYL, E.: C. r. Soc. Biol. Paris **102**, 402 (1929).
[6] LEONE, G.: Rass. Ter. e. Pat. clin. **2**, 1 (1930).
[7] JOHNSTON, R. L.: J. Labor. a. clin. Med. **15**, 943 (1930). Zit. nach Ber. Physiol. **57**, 632.
[8] GENAUD, P.: C. r. Soc. Biol. Paris **104**, 548, 550 (1930).
[9] OLIVER, CH., u. P. SMITH: J. of exper. Med. **52**, 181 (1930).
[10] HUNTER, W. C.: Ann. int. Med. **2**, 796 (1929).
[11] MYERS, H. B., u. W. C. HUNTER: Arch. internat. Pharmacodynamie **38**, 51 (1930).
[12] MOORE, R. A., S. GOLDSTEIN u. A. CANOWITZ: Arch. of Path. 8, 930 (1929). — MOORE, R. A., u. L. H. HELLMANN: J. of exper. Med. **53**, 303 (1931).
[13] RAAB, W.: Münch. med. Wschr. **1928** II, 2207.
[14] KAMON, H.: Fol. jap. pharmacol. **7**, 16 (1928).
[15] AUBEL, E., u. P. MAURIAE: Bull. Soc. Chim. biol. Paris **12**, 110 (1930).
[16] COX, G. J., u. L. HUDSON: J. Nutrit. **2**, 271 (1930).
[17] MACKAY, E., u. J. OLIVER: Proc. Soc. exper. Biol. a. Med. **28**, 324 (1930).

siert war. Bestrahltes Ergosterin ruft nach HÜCKEL und WENZEL[1] bei Kaninchen in der Niere in erster Linie Veränderungen in den kleinen Arterien hervor, die sich durch Quellung und Lockerung der Mediakerne, Faserzerfall und Kalkablagerung äußern. In einigen Fällen wurden auch Intimaveränderungen beobachtet.

Zu Anhang S. 445: In die Ohrvene eingespritzte Bakterien (Staphylococcus aureus Pyoceaneus) werden durch die intakte Kaninchenniere schnell ausgeschieden mit einem Gipfel in der Zeit von 30—35 Minuten nach der Injektion, etwa ebenso schnell wie Phenol-sulfonaphthalein. Die Virulenz soll bei der Passage durch den Tierkörper abnehmen. Durch Sublimat wird das Ausscheidungsvermögen der Niere für Bakterien herabgesetzt (SASAKI[2]).

Zu F II S. 448: Über die Ammoniakbildung in der Niere stellten PATEY und HOLMES[3] Untersuchungen an Gewebsstücken an. Sie fanden, daß unter aeroben Verhältnissen mehr Ammoniak frei wird als unter anaeroben. Glykosezusatz verhindert nur unter aeroben Bedingungen die Ammoniakbildung. Durch Glykokoll wird Extraammoniak aber nur aerob gebildet. Durch Blausäure wird nicht die normale, wohl aber die Extraammoniakentwicklung durch Glykokoll gehemmt. Die Ammoniakausscheidung in der Hundeniere kann durch Säuerung nach Salzsäure stark gesteigert werden. Nach Nervendurchschneidung fällt diese Erhöhung der Ammoniakausscheidung und Säuerung des Urins durch Salzsäuregabe fort (PI-SUÑER[4]). Bei Nephritiden ist mit fortschreitender Veränderung die Ammoniakbildung in der Niere gestört (BRION[5]). GYÖRGY und KELLER[6] fanden die Ammoniakbildung in der Nierenrinde wesentlich stärker als im Capillargewebe. Durch Zusatz von Adenosinphosphorsäure wurde sie beträchtlich gesteigert, jedoch mehr im Capillargewebe als in der Rinde. Der Desamisierungsprozeß ist stark abhängig von der Wasserstoffionenkonzentration. Sein Optimum liegt im Alkalischen. GYÖRGY und KELLER nehmen an, daß das Nierenammoniak im wesentlichen in der Rinde entsteht, und zwar nicht aus Adenosinphosphorsäure, aus der ebenfalls, und zwar im Mark, Harnammoniak gebildet wird.

Mit der *Quelle des Harnammoniaks* beschäftigten sich auch die Untersuchungen von BÉNARD und JUSTIN-BESANCON[7] und BENEDICT und NASH[8]. Erstere durchströmten isolierte Hundenieren mit Citratblut und sahen nach 10 maliger Durchspülung mit 300 ccm Blut einen Anstieg des Harnammoniaks auf das 3—4fache. Durch Zusatz von Harnstoff zum Durchströmungsblut konnte die Ammoniakbildung nicht erhöht werden. Dagegen gelang die Erhöhung durch Zugabe von Aminosäuren. Auch an der isolierten Hundeniere zeigte sich eine starke Abhängigkeit der Ammoniakbildung von der Wasserstoffionenkonzentration des Harns. BENEDICT und NASH diskutierten sämtliche möglichen Mechanismen der Harnammoniakbildung und nahm als einzige Quelle den Harnstoff in Anspruch.

EMBDEN[9] und Mitarbeiter konnten wahrscheinlich machen, daß die Bildung des Harnammoniaks in der Niere durch fermentative Desaminierungen der Adenosinphosphorsäure erfolgt.

Zu F III S. 449: MARX und HEUPKE[10] suchten die Giftwirkung des Harns durch intravenöse Injektion an Mäusen zu klären, konnten dabei aber keinen sicheren Beweis für das Vorhandensein des von BRÜCKE beschriebenen in der Niere entstehenden Stoffwechselgiftes erbringen. HARTWICH[11] zeigte in Fortsetzung seiner früheren Versuche, daß durch Dickdarmausschaltung das Vergiftungsbild durch das Nierenstoffwechselgift nicht beeinflußt wird.

Mit den blutdrucksteigernden und -senkenden Hormonen von FREY und KRAUT beschäftigten sich KLEEBERG und SCHLAPP[12]. Sie konnten einen blutdrucksenkenden Stoff (Hypotensin) durch Adsorption an Tierkohle gewinnen, der bei intravenöser Injektion Blutdrucksenkung und Amplitudenvergrößerung am Hunde und noch stärker an der Katze hervorruft.

LINDBERG[13] stellte aus Ochsenniere, und zwar getrennt aus Rinde und Mark, Extrakte her, die bei intravenöser Injektion ohne Blutdrucksteigerung eine ausgeprägte Diurese hervorrufen sollen. Rindenextrakt soll stärker wirken als Markextrakt. Am Kaninchenohr riefen beide eine geringe Gefäßerweiterung hervor.

[1] HÜCKEL, R., u. H. WENZEL: Arch. f. exper. Path. **141**, 292 (1929).
[2] SASAKI, H.: Acta dermat. (Kioto) **14**, 487, 51 7(1929). Zit. nach Ber. Physiol. **56**, 340.
[3] PATEY, A., u. B. E. HOLMES: Biochemic. J. **23**, 760 (1929).
[4] PI-SUÑER, S.: Amer. J. Physiol. **90**, 474 (1929).
[5] BRION, A.: Rec. méd. vét. **106**, 344 (1930). Zit. nach Ber. Physiol. **58**, 116.
[6] GYÖRGY, P., u. W. KELLER: Biochem. Z. **235**, 86 (1931).
[7] BÉNARD, H., u. L. JUSTIN-BÉSANCON: C. r. Acad. Sci. Paris **100**, 638 (1929).
[8] BENEDICT, ST. R. u. TH. P. NASH: J. of. biol. Chem. **82**, 673 (1929).
[9] EMBDEN, G., u. H. SCHUMACHER: Pflügers Arch. **223**, 487 (1929). — EMBDEN, G., u. H. J. DEUTIKE: Hoppe-Seylers Z. **190**, 62.
[10] MARX, A. V., u. W. HEUPKE: Z. exper. Med. **62**, 724 (1928).
[11] HARTWICH: Verh. dtsch. Ges. inn. Med. **303** (1928).
[12] KLEEBERG, J., u. W. SCHLAPP: Hoppe-Seylers Z. **188**, 81 (1930).
[13] LINDBERG, A.: Acta med. (Russisch) **1929**, Nr 21, 54 (zit. nach Ber. Physiol. **61**, 261).

Bd. IV.

Theorien der Harnabsonderung

(S. 451—509).

Von

PHILIPP ELLINGER — Düsseldorf.

Zu C 1: Über die wichtige Frage, ob der Glomerulusurin des Frosches Stoffe, die im Plasma vorkommen, in höherer Konzentration enthält als in diesem, haben RICHARDS und Mitarbeiter[1] außerordentlich sorgfältige Untersuchungen angestellt. Sie konnten zunächst zeigen, daß ihre früheren Angaben, daß Kochsalz im Glomerulusurin konzentriert wird, auf einem Versuchsfehler beruht, und daß alle untersuchten Substanzen, also Kochsalz, Phenolrot, Indigcarmin und Harnstoff im Glomerulusurin von Fröschen und Necturus in der gleichen Konzentration enthalten sind wie im enteiweißten Plasma. Die Leitfähigkeit des Glomerulusurins entsprach dem des Ultrafiltrats des Plasmas. Für den Harnstoff wird angenommen, daß seine Konzentrierung im endgültigen Urin lediglich auf der Wasserrückresorption in den Kanälchen beruht und die Annahme eines Sekretionsmechanismus in den Tubuli nicht erforderlich sei. WHITE[2] fand zwar im Glomeruluspunktat von Necturus in der Mehrzahl der Fälle eine höhere Elektrolytkonzentration als im Serum, hat aber offenbar in seinen Versuchen die von RICHARDS jetzt unterlassenen Versuchsfehler nicht vermieden. Im Gegensatz hierzu zeigte HÖBER durch Harnstoffbestimmungen in Blut, Harn und Niere, daß die zweiten Abschnitte auf der Dorsalseite der Niere immer den höchsten Harnstoffgehalt aufweisen. An der isolierten Froschniere wurde bei Zufuhr des Harnstoffes von der Vene aus der Harnstoff gespeichert, während diese Speicherung bei arterieller Zufuhr ausblieb. Sowohl die Harnstoffspeicherung, wie auch die Harnstoffabgabe waren durch Cyanid hemmbar. Mit der Rückresorption in den Kanälchen der Froschniere beschäftigte sich in eingehenden Untersuchungen BIETER[3], der unter Druck Farbstoffe vom Ureter aus durch das ganze Kanälchensystem bis zu den Glomeruli vorschob. Dabei wurde Phenolsulfonaphthalein nach 5 Minuten, Indigschwefelsäure, Trypanblau, Indigcarmin nach etwa 15 Minuten von der anderen Niere ausgeschieden. Wurde der Farbstoff nur bis zu den Sammelkanälen vorgedrückt, so ist die Ausscheidung auf der anderen Niere wesentlich geringer. In den Tubuli contorti konnte gleichzeitig eine Eindickung des Farbstoffes durch Wasserrückresorption beobachtet werden unter gleichzeitiger Quellung der Kanälchenepithelien durch Wasser und geringe Mengen Farbstoff. Durch Vergiftung der Epithelien mit Sublimat wird die Resorption von Farbstoff verringert.

Rein auf Grund der Inspektion glaubt EBBECKE[4] bei den Froschnieren drei verschiedene Durchblutungstypen unterscheiden zu können. Einmal eine blasse Niere, die arm an Gefäß-

---

[1] BAYLISS, L. E., B. FREEMANN, A. E. LIVINGSTON, A. W. RICHARDS u. M. WALKER: Amer. J. Physiol. **90**, 277 (1929). — FREEMANN, B., A. E. LIVINGSTON u. A. N. RICHARDS: J. of biol. Chem. **87**, 467 (1930). — RICHARDS, A. N., u. A. M. WALKER: Ebenda **87**, 479 (1930). — WALKER, A. M.: Ebenda **87**, 499 (1930). — BAYLISS, L. E., u. A. M. WALKER: Ebenda **87**, 523 (1930). — WALKER, A. M., u. A. E. KENDALL: Ebenda **91**, 593 (1931).
[2] WHITE, H. L.: Amer. J. Physiol. **85**, 191 (1928).
[3] BIETER, R. W.: Amer. J. Physiol. **93**, 574 (1930).
[4] EBBECKE, U.: Pflügers Arch. **226**, 761 (1931).

verzweigungen und sichtbaren Glomerulusknäueln ist, zweitens eine Glomerulusniere, die reich an sichtbaren Glomerulusknäueln und arm an Gefäßverzweigungen ist und drittens eine hyperämische Niere, die arm an Glomerulusknäueln und reich an Gefäßverzweigungen ist. Zwischen den einzelnen Stadien soll es Übergangsformen geben. Das erste Stadium wurde am meisten an kühl und dunkel gehaltenen Fröschen beobachtet, das dritte nach Verabreichung von Diuretica in großen Dosen, während das zweite bei den gleichen Substanzen in kleinen Dosen beobachtet wird. Reize wie Licht, Wärme, Zerrung an den Eingeweiden riefen den dritten Typus hervor. Als Ursache für das Auftreten der einzelnen Typen werden Reflexwirkungen angenommen. In ähnlicher Weise konnte RAEVA[1] durch verschiedenste Reize (mechanische, chemische, elektrische, thermische, direkte Reizung des Nerven) Glomerulusverschluß und Abblassen der Niere hervorrufen, ebenso auch OKKELS und PÉTERFI[2] durch Berührung des Gefäßpols des Glomerulus mit einer Nadel. Das gilt jedoch nur, solange der Glomerulus nicht isoliert ist. Verfasser glauben, daß die Vasa afferentia in ihrem Verlauf contractil sind. Der Gefäßpol soll durch besondere Zellen ausgezeichnet sein.

EBBECKE[3] schreibt den Flimmerepithelien der drei Abschnitte sowie den Nephrostomen eine Bedeutung für den Flüssigkeitstransport innerhalb der Kanälchenlumina zu und stellt fest, daß die Flimmerbewegungen durch Urethan und Blausäure etwa in den gleichen Konzentrationen gehemmt wird wie die Harnbildung, während Sublimat eine Steigerung der Bewegung der Nephrostomcilien bewirken soll. Im Gegensatz hierzu sahen HÖBER und ORZECHOWSKI[4] die Bewegung der Flimmerepithelien im Halsteil der Harnkanälchen beim Frosch durch Narkotica und Blausäure in Konzentrationen, die die Harnbildung hemmen, unbeeinflußt. BERTELLI[5] sieht in dem Bürstensaum eine mit dem Sekretionsmechanismus der Kanälchen im Zusammenhang stehende Einrichtung.

Die SMITHschen Anschauungen über die Blutversorgung der Froschniere konnte HAYMAN[6] ablehnen.

Mit der Durchblutung der Froschniere beschäftigten sich in eingehender Weise BIETER und HIRSCHFELDER[7]. Sie beobachteten bei Rana pipiens, daß sich der obere und untere Nierenpol in ihrer Funktion nicht gleichmäßig verhalten. Es werden die Glomeruli in allen Fällen auch von der Porto renal-Vene aus durchblutet, und zwar in der oberen Hälfte wesentlich weniger als in der unteren Hälfte.

Bei getrennter Durchspülung der Froschniere von Vene und Arterie aus konnte OZAWA[8] zeigen, daß Morphin, Apomorphin, Atropin, Cocain, Antipyrin, Adrenalin, Chinin, Strychnin, Nicotin, Pilocarpin, Physostigmin, Hydrastin, Veratrin, Colchicin, Acetylcholin, Carbolsäure, Resorcin, Brenzcatechin, Pyrogallol sowohl vom Glomerulus, wie vom Tubulus ausgeschieden wird, während Salicylsäure, Benzoesäure, Zimtsäure und Gerbsäure nur durch die Glomeruli zur Ausscheidung gelangen. Ebenso sah INOKUCHI[9] bei der Krötenniere, daß Hämoglobin fast ausschließlich durch die Glomeruli zur Ausscheidung gelangt. Sublimat und Urethan vergrößern die Durchlässigkeit der Glomeruli für Hämoglobin. Nach intravenöser Injektion fanden HUGHES und PÉTERFI[10] Uroselectan in dem durch Punktion gewonnenen Glomerulusurin des Frosches.

Zu interessanten Feststellungen über die Rückresorption von Wasser bei der japanischen Kröte kommt MYAMURA[11]. Er fand bei feuchtgehaltenen Sommerkröten nach Unterbindung der Nierenpfortader die an und für sich reichliche Harnmenge unverändert. Bei dem gleichen Eingriff bei trocken gehaltenen Sommerkröten und bei allen Winterkröten tritt jedoch eine Vermehrung der Harnbildung durch diesen Eingriff auf, so daß hier auf eine Hemmung der in der Norm in den zweiten Abschnitten vor sich gehenden Rückresorption geschlossen werden kann. Mit Hilfe der Unterbindungsmethode angestellte Untersuchungen über die Ausscheidung der einzelnen Nierenabschnitte des Frosches

---

[1] RAEVA, N.: Russk. fiziol. Ž. **12**, 583 (1929) — zit. nach Ber. Physiol. **55**, 648.
[2] OKKELS u. T. PÉTERFI: Z. Zellforsch. **9**, 327 (1929).
[3] EBBECKE, U.: Pflügers Arch. **226**, 774 (1931).
[4] HÖBER, R., u. G. ORZECHOWSKI: Pflügers Arch. **226**, 164 (1930).
[5] BERTELLI, R.: Boll. Soc. ital. Biol. sper. **4**, 1262 (1929).
[6] HAYMAN jun., J. M.: Amer. J. Physiol. **86**, 331 (1928).
[7] BIETER, R. N., u. D. HIRSCHFELDER: Amer. J. Physiol. **91**, 178 (1929).
[8] OZAWA, S.: Jap. J. med. Sci., Trans. IV Pharmacol. **4**, 92 (1930).
[9] INOKUCHI, S.: Nagasaki Igakkai Zasshi **9**, 209 (1931) — zit. nach Ber. Physiol. **61**, 521.
[10] HUGHES u. T. PÉTERFI: Z. urol. Chir. **31**, 146 (1931).
[11] MYAMURA, K.: Jap. J. med. Sci., Trans. IV Pharmacol. **1**, 291 (1927).

bei künstlicher Durchströmung von der Nierenarterie aus von FUJITA[1] und TAMURA und Mitarbeitern brachten keine wesentlich neuen Resultate.

Eingehende Untersuchungen über die Funktion der Froschniere mit Hilfe der Intravitalmikroskopie (unmittelbare mikroskopische Beobachtung mit stärksten Vergrößerungen am lebenden Organ) wurden von ELLINGER und HIRT[2] angestellt, und zwar über die Funktion der Glomeruli und der einzelnen Kanälchenabschnitte im allgemeinen, dann über die Ausscheidung verschiedener Farbstoffe, von Wasser, Basen und Säuren. Es wurde dabei festgestellt, daß sich die Niere des Winter- und Sommerfrosches grundsätzlich verschieden verhalten in dem Sinne, daß der Sommerfrosch im Gegensatz zum Winterfrosch Wasser und Alkali einspart. Die Zahl der in Tätigkeit befindlichen Glomeruli ist im Sommer wesentlich geringer als im Winter. Die einzelnen Kanälchenabschnitte haben verschiedene Funktionen. Die zweiten Abschnitte können je nach den Druckverhältnissen in den Glomeruli einzelne Substanzen entweder resorbieren oder sezernieren. Maßgebend für die Funktion der Kanälchen ist sowohl die Durchlässigkeit der Membranen, wie auch die in den Kanälchenepithelien herrschenden statischen Potentiale, sowie die Wasserstoffionenkonzentrationen des Zellmilieus, die in den einzelnen Abschnitten untereinander und bei Sommer- und Winterfröschen verschieden sind.

Bei künstlicher Durchströmung der Nieren von Rana catesbiana beobachteten OLIVER und SHEVKY[3] ebenfalls einen Gegensatz zwischen Sommer- und Winterniere, aber in dem Sinne, daß die Niere des Winterfrosches weniger Urin produziert als die Niere des Sommerfrosches. Durch Säuerung der Durchspülungsflüssigkeit oder Urethanisierung konnte die Urinmenge beim Winterfrosch der des Sommerfrosches angeglichen werden. Die gleichen Autoren untersuchten an der überlebenden Froschniere die Einwirkung der partiellen Abdrosselung der Pfortader auf die Urinmenge und sahen bei Drosselung eine Zunahme, bei Aufhebung eine Abnahme der Harnmenge. Durch Vergiftung der Tubulusepithelien konnten entsprechende Resultate erzielt werden. Bei Urethangabe von der Nierenarterie aus sahen sie eine Steigerung der Harnmenge, die sie auf eine vermehrte Durchlässigkeit der Glomerulusmembran zurückführen. Untersuchungen über die Zuckerschwelle in der Froschniere von IMAGAWA[4] ergaben, daß durch sehr geringe Mengen von Phlorrhizin oder Sublimat von der Arterie aus die Zuckerschwelle herabgesetzt wird, während von der Vene aus hierzu wesentlich größere Dosen notwendig sind. YOSHIDA[5] untersuchte mit der Methode von TAMURA getrennt die glomeruläre und tubuläre Ausscheidung einzelner Harnbestandteile und sah nach Injektion verschiedenster An- und Kationen stets eine Vermehrung der glomerulären Ausscheidung, lediglich beim Harnstoff eine solche der tubulären.

Größere Untersuchungsreihen liegen neuerdings über den Vergleich der Funktion glomerulusfreier und glomerulushaltiger Nieren vor. Die ersteren sind jedoch kaum als Niere im Sinne der höheren Wirbeltiernieren zu betrachten, sondern als echte sekretorische Drüsen, da nach den Untersuchungen von BIETER[6] der Ureterdruck bei ihnen stets höher war als der Aortendruck.

[1] FUJITA, T.: Proc. imp. Acad. Tokyo 4, 415 (1928). — TAMURA, K., O. HAHASHI, T. FUJITA u. Y. T. SHAH: Ebenda 4, 410 (1928). — TAMURA, K., F. FUKUDA, G. KIHARA, F. FUJITA u. S. KOMATSUBARA: Ebenda 4, 413 (1928).

[2] ELLINGER, PH., u. A. HIRT: Arch. f. exper. Path. 145, 193 (1929); 150, 285 (1930); 159, 111 (1931).

[3] OLIVER, J., u. E. SHEVKY: J. of exper. Med. 50, 601 (1929).

[4] IMAGAWA, H.: Proc. imp. Acad. Tokyo 6, 383 (1930).

[5] YOSHIDA, S.: Jap. J. med. Sci., Trans. IV Pharmacol. 5, 102 (1930) — Proc. imp. Acad. Tokyo 6, 381 (1930).

[6] BIETER, R. N.: Amer. J. Physiol. 97, 66 (1931).

Condorelli[1] und Edwards[2] zeigten, daß bei Fischen mit glomerulusfreier Niere die Farbstoffausscheidung wesentlich geringer war als bei solchen mit glomerulushaltiger Niere. Die Ausscheidung der normalen Harnbestandteile schwankt je nach der Art stark. Bei der glomerulusfreien Niere sollen die Tubuli in vikariierender Tätigkeit sein, wie man es von den Glomeruli der Nieren höherer Tiere kennt. Die Tubuli sezernieren und sollen in einigen Teilen auch rückresorbieren. Der Harn ist immer hypotonisch. Auch Marshall[3] sah bei Fischen sowohl mit Glomeruli wie auch ohne solche nie einen hypertonischen Urin. Im übrigen beobachtete er bei beiden Arten Urine, die im wesentlichen ähnlich zusammengesetzt waren, sowie auch das Auftreten und Verschwinden von Schwellensubstanzen im Urin (Chlorid und Phosphat in der glomerulusfreien Niere wie auch in der glomerulushaltigen). Ein wesentlicher Unterschied scheint nur in der Zuckerausscheidung zu bestehen. Sowohl nach Zuckerzufuhr wie auch Phlorrhizindarreichung tritt im Gegensatz zur Glomerulusniere bei Fischen mit glomerulusfreier Niere keine Glykosurie auf. Die Ausscheidung von Phenolrot war bei beiden Tierarten die gleiche, während Ferrocyanid in nennenswerter Menge nur von glomerulushaltiger Niere ausgeschieden wird. Auch Xylose tritt bei glomerulusfreier Niere nicht oder nur in Spuren in den Harn über, während Fische mit glomerulushaltiger Niere Xylose nach Injektion reichlich ausscheiden (Jollife[4]).

Zu C I 2 S. 462ff.: Untersuchungen über die Hundeniere nach Entfernung der Rinde, bzw. des Marks von Danilov und Mitarbeitern[5], die so durchgeführt wurden, daß bei Ureterfistelhunden zunächst der Urin beider Nieren untersucht und dann an einer derselben die Operation ausgeführt wurde, ergaben, daß nach Rindenentfernung die Harnmenge beträchtlich abnimmt. Der Unterschied gegenüber der normalen wird in der Wasserdiurese vergrößert, in der Kochsalzdiurese verkleinert. Harnstoff, Zucker und Phlorrhizin beeinflussen das Mengenverhältnis nicht. Der Harn der rindenlosen Niere ist stets weniger konzentriert, reagiert alkalisch und hat geringeren Gehalt an Harnstoff, Chlorid und Kreatinin. Harnstoff wird verzögert ausgeschieden. Zugeführte Säure und Alkali wird von der rindenlosen Niere ausgeschieden, dagegen Harnstoff in nur geringem Maße. Die Glykoseschwelle ist in der rindenlosen Niere erhöht. Markentfernung ruft zunächst Polyurie, dann Oligurie hervor mit Verminderung der Harnfixa. Kochsalzbelastung vermindert die Harnmenge. Verdünnungs- und Konzentrationsvermögen für Kochsalz ist in der marklosen Niere herabgesetzt, die Zuckerschwelle erhöht. Gleichzeitige partielle Exstirpation von Mark und Rinde rufen nach anfänglicher Polyurie eine geringe Verminderung der Harnmenge mit Herabsetzung der Harnfixa hervor. Die Verminderung tritt bei starker Diurese verstärkt in Erscheinung. Zuckerschwelle und Farbstoffausscheidung sind unverändert, ebenso die Urinreaktion.

Mit der Wirkung der Nierenverkleinerung auf die Harnmenge beschäftigt sich auch eine Untersuchung von Mark[6]. In erster Linie untersucht wurde die Ausscheidung von Kalium, Calcium, Kochsalz und Wasser unter Harnstoffbelastung. Während am normalen Tier die Ausscheidung von Harnstoff und Kalium unter Harnstoffbelastung parallel gehen, steigt beim niereninsuffizienten Hund nach Harnstoffgabe die Kaliumausscheidung zunächst stark an, um dann nach einiger Zeit abzusinken; während Calcium- und Kochsalzausscheidung keine Änderung erfahren, ist die Wasserausscheidung bei Harnstoffgaben beim niereninsuffizienten Tier stark herabgesetzt und verzögert. Verödung der Glomeruli bei Kaninchen und Hunden durch Kohleinjektion in die Nierenarterie setzt nach Rothmann und Sylla[7] das Ausscheidungsvermögen für Stickstoff und Kochsalz herab.

---

[1] Condorelli, L., u. J. G. Edwards: Riv. Pat. sper. 3, 489 (1928).

[2] Edwards, J. G.: Amer. J. Anat. 42, 75 (1928) — zit. nach Ber. Physiol. 51, 761. — Edwards, J. G., u. L. Condorelli: Amer. J. Physiol. 86, 383 (1928). — Edwards, J. G.: Anat. Rec. 44, 15 (1929).

[3] Marshall, jun., E. K.: Amer. J. Physiol. 94, 1 (1930).

[4] Jollife, N.: Proc. Soc. exper. Biol. a. Med. 28, 5 (1930).

[5] Danilov, A.: Izv. naucn. Inst. Leshaft (russ.) 13, 17 (1927); 14, 121 (1928); Michelson, A.: Ebenda 13, 43 (1927); ebenda 14, 103 (1928). — Storch, M.: Ebenda 13, 69 (1927) — zit. nach Ber. Physiol. 47, 119, 120 u. 49, 380, 381 (1929).

[6] Mark, R. E.: Naunyn-Schmiedebergs Arch. 137, 143 (1928).

[7] Rothmann, H., u. A. Sylla: Z. exper. Med. 69, 356 (1930).

In histo-physiologischen Studien an der Reptilienniere untersucht CORDIER[1] die Funktion der einzelnen Nierenabschnitte, und zwar auf Grund der Tatsache, daß Schildkröten flüssigen Harn, Schlangen und Eidechsen fast festen Harn produzieren. Da die Oberfläche der Glomeruli bei der Schildkröte am besten, bei Schlangen wesentlich weniger gut, bei Eidechsen nur äußerst schlecht entwickelt sind, schreibt er ihnen in erster Linie die Absonderung des Wassers zu. Die drüsenähnlich gestalteten Tubuli contorti sollen vor allem die Harnsäure absondern. Im distalen Abschnitt der Harnkanälchen soll, da dort häufig Harnsäurekrystalle gefunden werden, in erster Linie Wasser rückresorbiert werden, während die dazwischenliegenden mit Cilien begleiteten Abschnitte der Harnkanälchen vor allem der Fortbewegung des Harns dienen.

Über merkwürdige histologische Befunde, die mit dem Ausscheidungsmechanismus in Zusammenhang gebracht werden, berichtet BERTELLI[2]. Er sah im Kapsellumen der Glomeruli kleine Kugeln und Granula, die mit Farbstoffen färbbar sind, und die er mit der Sekretion der Glomeruli in Beziehung bringt. Auch den Epithelien des Verbindungsstückes, der Sammelröhre und des Ductus papillaris, will er auf Grund seiner Befunde sekretorische Funktionen zusprechen.

JUSTIN-BESANÇON[3] untersuchte Nierenschnitte im infraroten Licht und fand so in den Kanälchenepithelien Strukturen, die bei gewöhnlicher Mikroskopie nicht beobachtet wurden. Bei Tieren mit mehr oder minder starker Diurese traten Veränderungen des Bildes auf, die noch keine einheitliche Deutungen ermöglichten.

Zu C II 1 S. 464ff: Über die Farbstoffausscheidung durch die Froschniere liegt wiederum ein umfangreiches Material vor, und zwar vor allem an dem künstlich durchströmten isolierten Nierenpräparat, das allerdings nach den Untersuchungen von ELLINGER und HIRT[4] in seiner Funktion nicht völlig mit der Funktion an der intakten Niere übereinstimmt. Unter HÖBER untersuchten SCHEMINSKY[5] und LIANG[6] in erster Linie die Farbstoffausscheidung in den zweiten Abschnitten und stellten fest, daß die lipoidlöslichen Farbstoffe von der Vene aus konzentriert zur Abscheidung gelangen. Lipoidunlösliche Farbstoffe treten nur bei hoher Dispersität von den Glomeruli aus in die Harnwege ein und werden durch Wasserrückresorption wenig konzentriert. Die Konzentrierung der lipoidlöslichen Farbstoffe kann durch Narkose und Erstickung reversibel gehemmt werden. Lipoidunlösliche oder schwer lösliche Substanzen können von der Vene aus nur dann in die Kanälchenwand eintreten, wenn sie ein kleines Molekularvolumen haben, und werden nicht konzentriert. Bei Durchspülung mit Neutralrot werden bei arterieller Zufuhr die vierten, bei venösem die zweiten Abschnitte granulär gefärbt, letztere sehr viel intensiver. Bei venöser Durchströmung gelangt Neutralrot in den Harn und wird konzentriert, weniger bei arterieller. Cyanol tritt umgekehrt von der Arterie aus, aber nicht von der Vene aus in den Harn. Bei der Ausscheidung der Körper vom Neutralrottyp wird ein akuter Sekretionsmechanismus mit vorangehender Speicherung in den Kanälchen angenommen. Bei Durchströmung von der Vene aus werden Sulfophthaleine wesentlich stärker konzentriert als bei Durchspülung von der Arterie aus; bei letzterer bleiben die Epithelien der zweiten Abschnitte farblos. Bei gleichzeitiger Injektion von Glomerulus- und Tubulusfarbstoff erscheinen die Glomerulusfarbstoffe Cyanol usw. im Urin ungefähr in der Konzentration, wie sie im Blut enthalten sind, die Tubulusfarbstoffe erheblich konzentrierter, so lange nicht die Tubulustätigkeit durch überstarke Speicherung beeinträchtigt ist. Bei Schädigung der Tubuli durch Uran tritt die Differenz zurück (STAFFANUTTI[7]).

[1] CORDIER, R.: Arch. de Biol. **38**, 109 (1928).
[2] BERTELLI, R.: Boll. Soc. ital. Biol. sper. **2**, 989 (1928) (zit. nach Ber. Biol. **7**, 541).
[3] JUSTIN-BESANÇON: Amer. J. Physiol. **90**, 283 (1929).
[4] ELLINGER, PH., u. A. HIRT: Arch. f. exper. Path. **145**, 193 (1929); **150**, 285 (1930); **159**, 111 (1931).
[5] SCHEMINZKY, F.: Pflügers Arch. **221**, 641 (1929).
[6] LIANG, T. J.: Pflügers Arch. **222**, 271 (1929).
[7] STAFFANUTTI, P.: Pflügers Arch. **226**, 148 (1930).

Bei der verhältnismäßig glomerulusarmen Niere von Lophius piscatorius sah Höber[1] nach Injektion von Cyanol und Phenolrot in die Blutbahn lediglich das Phenolrot, das lipoidlöslich ist, im Harn, und zwar stark konzentriert auftreten. Es ergab sich nach Orzechowski[2] ein gewisser Parallelismus zwischen der Passagefähigkeit durch die Epithelien der zweiten Abschnitte und der Fähigkeit, konzentriert ausgeschieden zu werden, einerseits und der Löslichkeit derselben in Ölgemischen und Eindringungsvermögen in Erythrocyten andererseits. Es wurde eine Gruppe von Farbstoffen aufgefunden, die sowohl die Wände der zweiten Abschnitte nicht passieren und ölunlöslich sind und in Erythrocyten nicht eindringen, eine zweite Gruppe, die öllöslich ist und in den zweiten Abschnitten konzentriert ausgeschieden wird, und schließlich eine dritte Gruppe, die, obwohl öl- und erythrocytenunlöslich, trotzdem in den zweiten Abschnitten konzentriert abgeschieden werden. Auch Tamura und Mitarbeiter[3] zeigten an der japanischen Kröte, daß Körper der Carmingruppe nur durch die Glomeruli ausgeschieden werden, während Körper der Indigcarmingruppe durch Tubuli und Glomeruli zur Abscheidung gelangen. Bei Unterbindung der Nierenarterie treten nur die Körper der Indigcarminreihe in das Tubuluslumen über, während die Harnabsonderung völlig stockt.

Die Untersuchungen von Nisimaru[4] kommen zu entsprechenden Ergebnissen. Bensley und Brooks-Steen[5] kommen, allerdings mit nicht sehr vollkommener Methode, merkwürdigerweise zu dem Schluß, daß beim Frosch injiziertes Indigo- oder Phenolrot nie im Kapsellumen nachgewiesen werden konnte. Sie nahmen an, daß die Farbstoffausscheidung nur im proximalen Teil der Harnkanälchen vor sich gehe. Hamada und Mitarbeiter[6] sahen Indigcarmin und Phenolsulfophthalein in der Niere durch die Glomeruli, zum Teil aber auch durch die Tubuli in den Harn übertreten.

Carmin und Natriumthiosulfat tritt nach Kuki[7] in erster Linie durch die Glomeruli, Methylenblau und Phenolsulfophthalein durch die Tubuli, Indigcarmin, Fluorescein und Ferrocyankali durch Glomeruli und Tubuli in den Harn über. Diese Beziehungen bleiben auch bei künstlich geschädigter Niere erhalten. Oliver und Shevky[8] sahen Phenolrot an der künstlich durchströmten Niere vom Glomerulus aus, Neutralrot vom Tubulus aus im Harn auftreten. Yano[9] prüfte das Verhältnis der Farbstoffausscheidung durch Leber und Niere und beobachtete, daß bei der Froschniere keine Beziehungen zwischen Diffusionsvermögen und Farbstoffausscheidung durch die Niere besteht, und daß beim Warmblüter das Farbstoffausscheidungsvermögen der Leber im Verhältnis zur Niere um so höher ist, je höher die Tierklasse entwickelt ist. Drosselung der Nierenarterie setzt beim Frosch die Ausscheidung von Phenolrot herab, während Neutralrot durch Drosselung der Venenzufuhr gesenkt wird. Harnstoff soll sich ähnlich wie Phenolrot verhalten. Auch für das Kaninchen wird eine Phenolrotausscheidung durch die Glomeruli und eine Neutralrotsekretion durch die Tubuli angenommen (MacKay und Oliver[10]). Oliver und Shevky[11] setzen bei der Froschniere die Ausscheidung von Farbstoffen durch den Glomerulus in unmittelbare Beziehung zu ihrer Ultrafiltrierbarkeit durch Kollodiumfilter. Farbstoffe mit geringer Teilchengröße werden durch Glomeruli ausgeschieden, schwer filtrierbare in erster Linie durch die Tubuli sezerniert. Die Teilchengröße der Farbstoffe soll maßgebend auch dafür sein, ob ein Farbstoff durch

---

[1] Höber, R.: Amer. J. Physiol. **90**, 391 (1929) — Pflügers Arch. **224**, 72 (1930).

[2] Orzechowski, G.: Pflügers Arch. **225**, 104 (1930).

[3] Tamura, K., K. Myamura, T. Nishia, H. Nagasawa, F. Fichuda u. K. Kishi: Jap. J. med. Sci., Trans. IV Pharmacol. **1**, 275 (1927).

[4] Nisimaru, Y.: Okayama-Igakkai-Zasshi (jap.) **40**, 1383 (1928) — zit. nach Ber. Physiol. **48**, 682.

[5] Bensley, R. R., u. W. Brooks-Steen: Amer. J. Anat. **41**, 75 (1928).

[6] Hamada, T., u. H. Nishiwaki: Acta dermat. (Kioto) **12**, 663 (1928). — Hamada, T., u. K. Ishida: Ebenda **13**, 439 (1929).

[7] Kuki, S.: Proc. imp. Acad. (Tokyo) **5**, 393 (1929) — Mitt. med. Ges. Tokio **44**, 371 (1930) — Jap. J. med. Sci., Trans. IV Pharmacol. **4**, Nr 2, 90 (1930).

[8] Oliver u. E. Shevky: J. of exper. Med. **50**, 15 (1929).

[9] Yano, Y.: Jap. J. Gastroenterol. **1**, 63 (1929) — zit. nach Ber. Physiol. **53**, 381.

[10] MacKay u. J. Oliver: J. of exper. Med. **51**, 161 (1930).

[11] Oliver, J., u. E. Shevky: Proc. Soc. exper. Biol. a. Med. **27**, 301 (1930) — Amer. J. Physiol. **93**, 363 (1930).

Leber oder Niere ausgeschieden wird. Nach CHAILLEY[1] und Mitarbeitern werden Farbstoffe mit niedrigem Molekulargewicht durch die Niere, solche mit hohem durch die Leber eliminiert.

LOZZI[2] sah nach experimenteller Verengerung der Nierengefäße die Ausscheidung des Phenolphthaleins herabgesetzt. In vergleichenden Untersuchungen an Fröschen, Schildkröten und Ratten über die Farbstoffausscheidung in den Nieren kommt EDWARDS[3] zu dem Schluß, daß durch die Herabsetzung der Zirkulation in den Glomeruli entweder durch Blutdrucksenkung oder Unterbindung der Nierenarterien beim Frosch Phenolrot usw. in den distalen Teilen der gewundenen Kanälchen konzentriert ausgeschieden wird. Eine solche Farbstoffanreicherung tritt nicht auf bei normaler Funktion der Glomeruli. Die Versuche werden im Sinne einer Farbstoffausscheidung im distalen Teil der gewundenen Kanälchen gedeutet.

ELLINGER und HIRT[4] haben mit der Methode der Intravitalmikroskopie die Ausscheidung von Fluorescein und Trypaflavin durch die Niere des Sommerfrosches und Winterfrosches beobachtet, und zwar als Vertreter eines basischen und eines sauern Farbstoffes, die beide bis zu einem gewissen Grade lipoidlöslich sind.

Es ergab sich, daß in der Niere des Sommerfrosches Fluorescein reichlich durch die Glomeruli ausgeschieden und in den zweiten und vierten Abschnitten in sehr geringem Maße, stark in den Sammelröhren und Harnleiter rückresorbiert wird. Bei Ausschaltung der Glomeruli erfolgt eine sehr geringe Ausscheidung durch die Epithelien der zweiten Abschnitte. Die Epithelien der zweiten und vierten Abschnitte färben sich mit Fluorescin deutlich an. Das Trypaflavin wird vom Sommerfrosch spärlich durch die Glomeruli ausgeschieden. In den vierten Abschnitten findet Rückresorption statt, keine in den Sammelröhren und Harnleiter. Die Epithelien der zweiten Abschnitte färben sich mit Trypaflavin intensiv an, und zwar Kerne und Protoplasma, teilweise granulär. Der Eintrittsweg ist nicht sicher festzustellen. Bei Ausschaltung der Glomeruli tritt keine nennenswerte Ausscheidung durch die zweiten Abschnitte ein. In den vierten Abschnitten findet sich eine Protoplasma- und eine intensive Kernfärbung. Ganz anders in der Niere des Winterfrosches. Hier haben wir für das Fluorescein reichliche Ausscheidung im Glomerulus, geringe Rückresorption in den zweiten Abschnitten, keine Rückresorption in den vierten Abschnitten, geringe Rückresorption in Sammelröhren und Harnleiter. Bei Ausschaltung der Glomeruli findet eine reichliche Ausscheidung durch die zweiten Abschnitte statt. Die Epithelien der zweiten Abschnitte färben sich etwas an, die der vierten gar nicht. Auch das Trypaflavin wird vom Winterfrosch reichlich durch die Glomeruli ausgeschieden. In den zweiten Abschnitten findet eine geringe, in den vierten eine starke Rückresorption statt. Auch in den Sammelröhren und Harnleiter ist die Rückresorption gering. Die Epithelien der zweiten und vierten Abschnitte färben sich an, jedoch nur das Protoplasma, während die Kerne sich nicht färben. Bei Ausschaltung der Glomeruli findet keine Ausscheidung durch die Epithelien der zweiten Abschnitte statt. Wichtig ist noch die Feststellung, daß vor allem bei Trypaflavin die Epithelfärbung der zweiten und vierten Abschnitte ein von dem Ausscheidungsprozeß völlig unabhängiger Prozeß ist.

Auch TRUC[5] beobachtete die Ausscheidung von Trypaflavin. Er injizierte Meerschweinchen den Farbstoff und tötete sie, wenn nach 30 Minuten die ersten Fluorescenzzeichen im Blasenurin nachweisbar waren. Die Beobachtung der Nierenschnitte im Binokularmikroskop ergaben eine dunkle Glomeruluszone, während die Zellen der Tubuli contorti und recti fluorescierten. Beim Menschen sah er Trypaflavin 10—15 Minuten nach der Injektion im Harn auftreten und 36 Stunden lang anhalten.

Gegen die Versuche von ANIKIN wenden sich Arbeiten von WALDEYER[6] und PETER[7], die zeigen konnten, daß von ANIKIN keineswegs der Beweis für einen Farbstofftransport in den Epithelien der Hautstücke von der Zellbasis zur freien Zelloberfläche erbracht sei. Auch ELLINGER und HIRT[8] sahen bei Bepinselung der Niere mit Trypaflavin eine lokal auftretende Färbung der Epithelien, ohne daß der Farbstoff in das Lumen übertrat.

TANNENBERG und WINTER[9] injizierten Trypanblau unmittelbar in die Glomeruli der Froschniere und sahen bei Abtötung zu verschiedener Zeit nach der Injektion, daß in den Tubulusepithelien der Farbstoff resorbiert wird und zunächst zu einer Kernfärbung, später zu einer diffusen Zellfärbung führt. Innerhalb 48 Stunden kam es noch nicht zu einer granulären Speicherung.

---

[1] CHAILLEY-BERT, P. P., GIRARD u. E. PEYRE: C. r. Soc. Biol. Paris **101**, 1059 (1929).
[2] LOZZI: Bull. Accad. Méd. Roma **56**, 55 (1930) — Ber. Physiol. **59**, 615.
[3] EDWARDS, J. G.: Amer. J. Physiol. **95**, 493 (1930).
[4] ELLINGER, PH., u. A. HIRT: Arch. f. exper. Path. **145**, 193 (1929); **150**, 285 (1930); **159**, 111 (1931).
[5] TRUC, E.: C. r. Soc. Biol. Paris **99**, 1847 (1928).
[6] WALDEYER, A.: Z. Zellforsch. **7**, 734 (1928).   [7] PETER, K.: Z. Zellforsch. **8**, 125 (1928).
[8] ELLINGER, PH., u. A. HIRT: Arch. f. exper. Path. **159**, 111 (1931).
[9] TANNENBERG, J.. u. WINTER: Frankf. Z. Path. **31**, 1 (1929).

Paunz und Mitarbeiter[1] durchspülten eine überlebende Hundeniere einmal von der Arterie aus und dann auch von der Vene aus in der Hoffnung, von der Arterie aus in erster Linie Glomeruli, von der Vene aus ausschließlich das Kanälchencapillarnetz zu erreichen, mit Farbstofflösung und fanden unter diesen gänzlich unphysiologischen Bedingungen einen völligen Parallelismus der Permeabilität der Kanälchenepithelien für die von ihnen untersuchten Farbstoffe mit der der intakten Niere. Morsion[2] zeigte, daß nach Unterbindung eines Ureters beim Kaninchen die Nierentubulusepithelien zunehmend durchlässiger werden für Berlinerblau, kolloidales Silber und chinesische Tusche. Auch Wassiljeff[3] beobachtete bei der Einführung von kolloidalen Farbstoffen in das Nierenbecken eine Anfärbung des Kanälchenepithels. Cruz[4] sah, daß Vergiftung mit Chrom, Sublimat und Cantharidin die Kanälchenepithelien ihrer Funktion beraubten, Trypanblau zu speichern. Aufgespeicherter Farbstoff wird durch nachträgliche Vergiftung abgestoßen. Auf die Phenolsulfonaphthaleinausscheidung hat nach Kusakari[5] die Durchschneidung von Splanchnicus major und minor und Vagus keinen Einfluß.

Sheehan[6] untersuchte bei einer Anzahl intravenös injizierter Farbstoffe die Menge, die von der Niere in kurzer Zeit aufgenommen und festgehalten wird und konnte zeigen, daß von den von ihm intravenös injizierten Farbstoffen Safranin zwischen 96—100%, Methylenblau zwischen 65—87%, Proflavin zwischen 43—74% und Phenolrot zwischen 36—75% nach kurzer Zeit in der Niere vorgefunden wird. Fritschek[7] injizierte lebenden Kaninchenfeten intraamnial oder intrauterin im letzten Drittel der Gravidität Carmin oder Trypanblau, um die Funktion der fetalen Niere zu prüfen. Nur in einem Fall war ein positiver Befund vorhanden. Die Glomeruli waren auch hier fast farbstofffrei. Dagegen fanden sich in den Epithelien der Tubuli contorti um die Kerne herum eine granuläre Ablagerung von Carmin und in den Lumina der Schleifen und Sammelröhrchen Farbstoff als körnige oder zylinderbildende Ausflockung. Die Nieren müssen also in dieser Zeit schon funktionsfähig sein können.

Über die *oxydoreduktiven Prozesse in der Niere* stellte Justin-Besançon und Wolff[8] in der Weise Untersuchungen an, daß sie Farbstoffe wie Methylenblau, Toluidinblau, Thioninblau und Neutralrot, die im Harn allein nicht in ihre Leukobase verwandelt wurden, injizierten und im Harn das Verhältnis von Leukobase zu Farbstoff bestimmten. Das Verhältnis ist im hohen Maße abhängig von der Wasserstoffionenkonzentration und zugunsten des Farbstoffes um so mehr verschoben, je höher die Alkalescenz ist. Neutralrot wird ausschließlich als Farbstoff ausgeschieden.

Zu C II 2 a—k S. 477ff.: Tomita[9] beobachtete in den Nieren eines Neugeborenen mit Harnsäureinfarkt, eines Gichtikers und in den Nieren von Kaninchen mit experimentellem Harnsäureinfarkt das Auftreten von Harnsäurekrystallen in den Sammelröhren des Papillarteils der Niere. Truc[10] injizierte jungen Meerschweinchen Blei- und Eisensalze subcutan und tötete sie zu verschiedenen Zeiten nach der Injektion und untersuchte die Niere. Er fand Blei zunächst im Gefäßlumen in feinsten Granula oder gelöst, später in den Tubulusepithelien und schließlich im Lumen der Tubuli. Entsprechende Befunde liegen auch für Eisen vor. Es wird daraus auf eine tubuläre Ausscheidung von Blei und Eisen geschlossen.

Injiziertes Hämoglobin wurde von Smith[11] bei Hunden, die zu verschiedenen Zeiten nach der Injektion getötet wurden, nie in der Bowmannschen Kapsel, dagegen in den Tubulusepithelien und Lumina gefunden. Eine Ausscheidung durch die Glomeruli wird nicht ausgeschlossen, da die Konzentration zu gering ist, um direkt erkannt zu werden. Auch Feyel[12] fand bei Fröschen Hämoglobinausscheidung in den Tubulusepithelien.

Zu F S. 491ff.: Für und gegen die Cushnysche Theorie liegen eine Anzahl neuer Befunde vor, die sich auf verschiedene Teile der Theorie beziehen. Was die Glomerulustätigkeit anbelangt, so sind am wesentlichsten die Befunde der Richardsschen Schule[13], die, im Gegensatz zu früheren Untersuchungen Richards,

[1] Paunz, L., N. O. Zilaky u. J. Brenndörfer: Z. exper. Med. **65**, 278 (1929).
[2] Morsion, D. M.: Brit. J. Urol. **1**, 30 (1929).
[3] Wassiljeff, A. A.: Z. urol. Chir. **30**, 273 (1930).
[4] Cruz, J.: Z. exper. Med. **74**, 686 (1930).
[5] Kusakari, H.: Tohoku J. exper. Med. **16**, 546 (1930).
[6] Sheehan, H. L.: J. of Physiol. **72**, 201 (1931).
[7] Fritschek, F.: Z. mikrosk.-anat. Forsch. **13**, 61 (1928).
[8] Justin-Besançon, L., u. R. Wolff: C. r. Soc. Biol. Paris **98**, 756, 758 (1928).
[9] Tomita, W.: Trans. jap. path. Soc. **17**, 190 (1929) — zit. Ber. Physiol. **55**, 648 (1930).
[10] Truc, E.: Bull. Histol. appl. **6**, 393 (1929) — zit. Ber. Physiol. **56**, 336 (1930).
[11] Smith: Amer. J. Physiol. **84**, 574 (1928).
[12] Feyel, P.: C. r. Soc. Biol. Paris **107**, 551 (1931).
[13] Richards, A. N.: Zitiert auf S. 112, Fußnote 1.

einwandfrei den Beweis erbrachten, daß der Glomerulusinhalt bei der Froschniere in seiner Konzentration an Salzen dem Gehalt des Plasmaultrafiltrats entspricht, ferner eine Feststellung von REHBERG-BRANDT[1], der auf Grund der Berechnung des Glomerulusfiltrats aus der filtrierenden Oberfläche auf eine Menge von 100 ccm Filtrat pro Minute kommt, eine Menge, die mit der auf Grund der Leistung der Mesenterialcapillaren des Frosches errechneten übereinstimmt.

Dafür, daß die Ausscheidung des Harnstoffes ausschließlich durch die Glomeruli erfolgt, liegen wichtige Befunde vor von MACKAY und MACKAY[2], die fanden, daß die Ausscheidung von Harnstoff, d. h. das Verhältnis von Urinharnstoff zum Blutharnstoff, gesteigert werden kann, wenn durch langdauernde Carmingaben, die in den Tubulusepithelien gespeichert werden, die Harnkanälchen für Rückresorption bzw. Sekretion von Harnstoff blockiert sind. Durch den Vergleich von Kreatinin und Harnstoff im Blut und Harn konnten MACKAY und COCKRILL[3] und SCHMITZ[4] zeigen, daß die Konzentrierung des Kreatinins im Harn noch stärker ist als die des Harnstoffes, so daß man für das Kreatinin entweder eine Tubulussekretion oder für den Harnstoff eine Rückresorption annehmen muß. Im Gegensatz hierzu stehen die früher schon erwähnten Arbeiten HÖBERS, der in der Froschniere eine tubuläre Ausscheidung des Harnstoffes nach vorheriger Speicherung beobachten konnte. Für bestimmte Farbstoffe ist durch direkte Beobachtung eine Sekretion durch die Tubuli beim Frosch, wenigstens unter bestimmten Bedingungen durch die Untersuchungen der HÖBERschen Schule einerseits und von ELLINGER und HIRT andererseits sichergestellt. In den nun vorliegenden zusammenfassenden Untersuchungen nimmt die von CHABANIER[5] eine Mittelstellung ein, während ECKEHORN[6] auf Grund weniger eigener Versuche und einer höchst willkürlichen Auswahl der vorhandenen Literatur — die moderne deutsche ist völlig unberücksichtigt — zu einer vollen Bestätigung der CUSHNYschen Theorie kommt mit zwei Abweichungen. Erstens lehnt er jedwede Sekretion in den Tubuli mit der möglichen Ausnahme einer Sekretion von Stoffwechselprodukten der Tubuluszellen selbst ab und zweitens nimmt er im Gegensatz zu CUSHNY in den Tubulides nicht die Rückresorption einer konstant zusammengesetzten, sondern einer dauernd in ihrer Zusammensetzung wechselnden Flüssigkeit an. Auf die neuesten Ausführungen VOLHARDS[7] über seine Auffassung von der Harnbildung kann in diesem Rahmen leider nicht näher eingegangen werden.

Zu G S. 497ff.: PÜTTER[8] hat in einer neuen postumen Veröffentlichung weiteres Beweismaterial für seine Dreidrüsentheorie der Harnbildung beizubringen versucht, durch die die früher erhobenen Bedenken nicht entkräftet werden.

Zu H S. 503ff.: CONWAY[9] baute seine Diffusionstheorie der Nierenfunktion vor allem auch für die Rückresorption von Kochsalz in den Tubuli weiter aus, ohne experimentelle Tatsachen für die Berechtigung seiner Anschauungen beizubringen. Schließlich finden wird noch zwei neue Theorien der Harnbildung, eine von BUINEWITSCH[10], die durch öfters wiederholte Darstellung nicht an Wahrscheinlichkeit gewinnt. Er schloß aus Gründen klinischer Beobachtungen an Glomerulo- und Tubulonephritiden, daß Wasser und Kochsalz in den Tubuli ausgeschieden wird, Harnstoff und Harnsäure in den Glomeruli, daß der Tubulusharn infolge des Widerstandes in dem engen Teil der HEHNLEschen Schleife zunächst in die Glomeruli zurückgedrückt und dort Kochsalz und Wasser rückresorbiert werde. Nicht weniger in Widerspruch zu allen experimentell beobachteten Tatsachen steht die Theorie von MANDRU[11], der im Tubulus den Sitz der Ausscheidung aller Substanzen ohne Nierenschwelle, Harnstoff, Stickstoff usw., sieht, während die Substanzen mit Nierenschwelle, wie Kochsalz, Traubenzucker usw. im aufsteigenden Schenkel der HEHNLEschen Schleife ausgeschieden werden. In den Glomeruli findet keine Harnabscheidung statt, sondern sie dienten nur zur Druckregulation in den Gefäßen der Niere.

[1] REHBERG-BRANDT, P.: Hosp.tid. (dän.) **1928 II**, 1113 — zit. Ber. Physiol. **49**, 380 (1929).

[2] MACKAY, E. M., u. L. L. MACKAY: J. of exper. Med. **51**, 609 (1930).

[3] MACKAY, E. M., u. J. R. COCKRILL: Amer. J. Physiol. **94**, 220 (1930).

[4] SCHMITZ: Proc. Soc. exper. Biol. a. Med. **27**, 738 (1930).

[5] CHABANIER, H., C. LOBO-ONELL u. E. LÉLU: J. Physiol. et Path. gén. **29**, 62 (1931).

[6] EKEHORN, G.: Acta med. scand. (Stockh.) **36**. On the principles of Renal Funktion. P. A. Norstedt & Löner: Stockholm 1931.

[7] VOLHARD, F.: In J. Mohr und R. Staehelins Handb. d. inn. Med., 2. Aufl., **6**, 1. Berlin 1931.

[8] PÜTTER, A.: Die Sekretionsmechanismen der Niere. Berlin-Leipzig 1929.

[9] CONWAY, E. J.: Amer. J. Physiol. **88**, 1 (1929); **88**, 29 (1929) — Zbl. inn. Med. **1930**, 225.

[10] BUINEWITSCH, K.: Paris méd. **18**, Nr 25, 573 (1928) — Zbl. inn. Med. **49**, 410 (1928) — Wien. klin. Wschr. **41**, 812 (1928); **1929 II**, 997 — Schweiz. med. Wschr. **1929 II**, 837.

[11] MANDRU, V.: Paris méd. **1930 I**, 40.

Die Nucleine und der Nucleinstoffwechsel
(S. 1024—1094).

Von
S. J. THANNHAUSER und F. BIELSCHOWSKY – Freiburg i. Br.

Seit dem Erscheinen des V. Bandes sind unsere Kenntnisse über den chemischen Aufbau der Nucleinsäuren und ihre physiologische Wirksamkeit wesentlich bereichert worden.

Chemie der Thymusnucleinsäure.

1929 gelang LEVENE und LONDON[1,2] erstmalig die Isolierung von Nucleosiden aus der Thymusnucleinsäure. Die Aufspaltung wurde durch Hundedarmsaft durchgeführt. Die fermentative Hydrolyse führte, wie THANNHAUSER schon im Jahre 1914 erkannt hatte, zur Isolierung der Nucleoside der Thymusnucleinsäure, ein Ziel, das sich mittels chemischer Hydrolyse bisher nicht hatte erreichen lassen.

Zuerst gelang die Isolierung des Guanosins.

$$
\begin{array}{l}
\text{N=C}\cdot\text{OH} \\
\text{H}_2\text{NC}\quad\text{C}\ \text{N} \quad \text{CH} \quad \text{C—C—C—C—CH}_2 \\
\text{N—C—N}
\end{array}
$$

Es krystallisiert in feinen Nadeln oder in Platten und ist in Wasser schwer löslich. Es dreht ebenso wie das Guanosin aus Hefenucleinsäure nach links.

Spezifische Drehung: $[\alpha]_D^{25} = \dfrac{-0{,}72°\cdot 100}{1\cdot 2} = -36{,}0°.$

Das Adenosin

$$
\begin{array}{l}
\text{N=C}\cdot\text{NH}_2 \\
\text{HC}\quad\text{C}\ \text{N} \quad \text{CH} \quad \text{C—C—C—C—CH}_2 \\
\text{N—C—N}
\end{array}
$$

wurde bisher nur im THANNHAUSERschen Laboratorium in kleinsten Mengen von ANGERMANN[3] gefunden, es krystallisiert ebenfalls in langen Nadeln und zeigt ebensowenig wie die anderen Purinnucleoside der Thymusnucleinsäure einen Schmelzpunkt.

Das Inosin,

$$
\begin{array}{l}
\text{N=C}\cdot\text{OH} \\
\text{HC}\quad\text{C}\ \text{N} \quad \text{CH} \quad \text{C—C—C—C—CH}_2 \\
\text{N—C—N}
\end{array}
$$

[1] LEVENE, P. A., u. E. S. LONDON: J. of biol. Chem. **81**, 711 (1929).
[2] LEVENE, P. A., u. E. S. LONDON: J. of biol. Chem. **83**, 793 (1929).
[3] THANNHAUSER, S. J. u. ANGERMANN: Hoppe-Seylers Z. **186**, 13 (1930).

das durch fermentative Desamidierung aus dem präformierten Adenosin von
LEVENE[1] und später in sehr viel besserer Ausbeute im THANNHAUSERschen
Laboratorium von BIELSCHOWSKY[2] gefunden wurde, krystallisiert in Nadeln und
ist in kaltem Wasser schlecht löslich. Spezifische Drehung:

$$[\alpha]_D^{25} = \frac{-0{,}42° \cdot 100}{1 \cdot 2} = -21{,}0°.$$

Sintert scharf bei 202°.

Von den Pyrimidinnucleosiden wurde zuerst nur das Thymosin krystallisiert
erhalten.

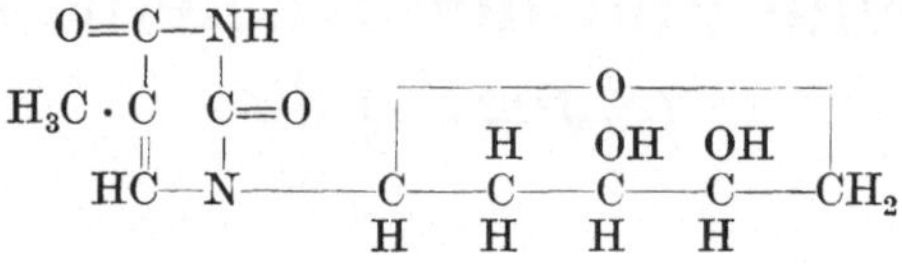

```
            O=C—NH
             |    |
    H₃C · C   C=O   ┌──────────O──────────┐
             ‖    |  |     H    OH   OH     |
            HC—N──────C────C────C────C────CH₂
                      |    |    |    |
                      H    H    H    H
```

Das Thymosin krystallisiert nach den Angaben von LEVENE in Platten und
Nadeln und schmilzt scharf bei 185°, es ist in Wasser leicht löslich. Dieses
Nucleosid wurde zuerst von LEVENE[2] und kurze Zeit später von THANNHAUSER
und ANGERMANN[4] isoliert. Spezifische Drehung: $[\alpha]_D^{24} = \dfrac{+0{,}75 \cdot 100}{1 \cdot 2} = +37{,}5°.$

THANNHAUSER benutzte eine aus Leber gewonnene Phosphatase zur Abspaltung der Phosphorsäure aus dem Molekül der Thymusnucleinsäure. Da
dieses Ferment noch Nucleosidase enthielt, so gelang zuerst nur die Isolierung
dieses Pyrimidinnucleosides. Erst ein von KLEIN[5] aus Darmschleimhaut ge-
wonnenes Ferment führte zur Gewinnung von Guanosin und Inosin.

Das Cytidin wurde von LEVENE nur als Pikrat erhalten. Das Pikrat sintert
bei 190° und dreht wie alle übrigen Pyrimidinnucleoside nach rechts. Spezifische
Drehung: $[\alpha]_D^{25} = \dfrac{+0{,}20° \cdot 100}{0{,}5 \cdot 1} = +10°.$

Das freie Nucleosid wurde von BIELSCHOWSKY[2] in krystallisierter Form
erhalten. Es schmilzt bei 193°.

Die Isolierung des Zuckers der Thymusnucleinsäure gelang LEVENE mittels
kurzdauernder Hydrolyse mit $^1/_{100}$ n-Salzsäure aus den Purinnucleosiden. Der
Zucker gibt eine positive KILIANIsche Reaktion, gehört also zu den Desoxy-
zuckern. Durch Vergleich mit den bekannten Desoxypentosen wurde er als
Desoxy-d-ribose erkannt.

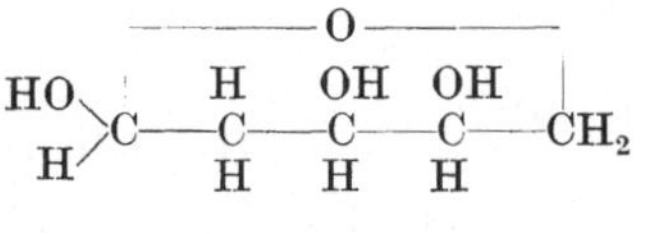

```
             ┌──────────O──────────┐
    HO       |     H    OH   OH     |
      ⟩C─────C────C────C────C────CH₂
    H        |    |    |    |
             H    H    H
```

LEVENE führte ferner den Nachweis, daß bei Säurehydrolyse mit 10proz. H_2SO_4
in der Hitze aus der Zuckerkomponente des Guanosins Lävulinsäure entsteht.

Während man früher angenommen hatte, daß Lävulinsäure unter diesen
Bedingungen nur aus einer Hexose entstehen könne, wurde jetzt gezeigt, daß
auch Desoxyzucker Lävulinsäurebildner sind. Die alte Annahme, daß von der
Lävulinsäure auf eine im Molekül der Thymusnucleinsäure vorhandene Hexose
zu schließen sei, ist irrtümlich gewesen.

---

[1] LEVENE, P. A., u. T. MORI: J. of biol. Chem. **83**, 803 (1929).
[2] BIELSCHOWSKY, F., u. W. KLEIN: Hoppe-Seylers Z. **207**, 202 (1932).
[3] LEVENE, P. A., L. A. MIKESKA u. T. MORI: J. of biol. Chem. **85**, 785 (1930).
[4] THANNHAUSER, S. J. u. ANGERMANN: Hoppe-Seylers Z. **189**, 174 (1930).
[5] KLEIN, W.: Hoppe-Seylers Z. **207**, 125 (1932).

Verdauung und Resorption der Nucleinsäuren.

Die Versuche Levenes und die Arbeiten des Thannhauserschen Laboratoriums zeigten durch die Isolierung der Nucleoside mittels Darmsaft resp. eines aus Darmschleimhaut gewonnenen Fermentpräparates, daß der Abbau der Nucleinsäure folgenden Weg geht: Wie schon seit Mieschers Zeiten bekannt, spalten die Fermente des Magensaftes das Eiweiß aus dem Nucleoproteid ab, die Abspaltung der Phosphorsäure erfolgt dann in den oberen Dünndarmabschnitten. Wie die Isolierung von Inosin beweist, kommt es hierbei gleichzeitig zu einer Desamidierung bei intakter Purin-Zucker-Bindung. Wahrscheinlich werden dann die zum großen Teil gut wasserlöslichen Nucleoside resorbiert.

Fermentchemie.

Das Studium der die Nucleinsäuren abbauenden Fermentpräparate ergab zunächst keine deutliche Spezifität der Phosphorsäure abspaltenden Nucleotidasen. Sowohl die aus Darm wie aus Leber gewonnenen Fermentlösungen spalten die Phosphorsäure aus der Hefe- und Thymusnucleinsäure und, wie Levene zeigen konnte, auch aus zahlreichen anderen Kohlehydratphosphorsäureestern ab. Analysiert man aber die Hydrolysengeschwindigkeit und bestimmt die Größenordnung der Spaltung genauer, so ergeben sich für die einzelnen untersuchten Verbindungen erhebliche Unterschiede. Für eine Differenz der Phosphatasen spricht der von G. Schmidt[1] erhobene Befund verschiedener p_H-Optima für die Guanyl- und Inosinsäurephosphatase. Es ist aber heute noch nicht mit Sicherheit zu entscheiden, ob spezifische Phosphatasen oder eine einzige am Abbau der Poly- und Mononucleoside beteiligt sind. Die im Thannhauserschen Laboratorium vorgenommenen Untersuchungen über die Aufspaltung der Hefe- und Thymusnucleinsäure mit dem von Deutsch[3-6] hergestellten Fermentpräparat aus Leber zeigten, daß die in dieser Fermentlösung enthaltene Nucleosidase zwar die Puringlykoside der Thymusnucleinsäure völlig aufspaltet, die Pyrimidinverbindungen aber intakt läßt und genau so wenig die Nucleosidbindung der Hefenucleoside zu sprengen imstande ist. G. Schmidt[2] entdeckte die Spezifität der Purine und Pyrimidine desamidierenden Fermente. Er fand in der Muskulatur ein nur Muskeladenylsäure desamidierendes Ferment, das er durch Adsorption an Tonerde von dem Adenosin desamidierenden Enzym trennen konnte. Es gelang auch G. Schmidt die Abtrennung des Guanin und Guanosin desamidierenden Fermentes von der spezifisch auf Guanylsäure eingestellten Desamidase. Bei der Einwirkung dieses Enzyms auf Guanylsäure werden in äquimolekularen Mengen Purine und Ammoniak frei, d. h. die Desamidierung führt zur Sprengung der Glykosidbindung. Hierbei entsteht in Abwesenheit von Phosphatase Ribosephosphorsäure, die auch von G. Schmidt[1] bei dieser Versuchsanordnung isoliert werden konnte.

Chemie der Muskeladenylsäure.

1927 gelang Embden und Mitarbeitern[7] die Isolierung einer Adenylsäure aus der Muskulatur, die er als Quelle des bei der Muskelkontraktion entstehenden Ammoniaks erkannte. Zuerst hielt man diese Verbindung für identisch mit der

[1] Schmidt, G.: Klin. Wschr. **1931 I.**
[2] Schmidt, G.: Hoppe-Seylers Z. **179**, 243 (1928).
[3] Deutsch, W.: Hoppe-Seylers Z. **171**, 264 (1927).
[4] Deutsch, W.: Hoppe-Seylers Z. **186**, 11 (1930).
[5] Deutsch, W., u. R. Laser: Hoppe-Seylers Z. **186**, 1 (1930).
[6] Bielschowsky, F.: Hoppe-Seylers Z. **190**, 15 (1930).
[7] Embden, G., u. M. Zimmermann: Hoppe-Seylers Z. **167**, 137 (1927).

von THANNHAUSER, JONES und LEVENE isolierten Adenylsäure aus Hefenucleinsäure. Aber eine genaue Untersuchung der neuen Verbindung ergab wesentliche
Unterschiede der beiden in ihren Spaltprodukten und ihrer Bruttoformel über-
einstimmenden Verbindungen. Der Schmelzpunkt der Muskeladenylsäure liegt
höher als der aus der Hefenucleinsäure gewonnene und ferner dreht sie schwächer
nach links. Außerdem verläuft die Abspaltung der Phosphorsäure bei der Hydrolyse mit $^n/_{10}$-H_2SO_4 sehr viel langsamer als bei der Hefeadenylsäure. Schon
LEVENE[1] hatte Zweifel daran geäußert, daß die Hefeadenylsäure die Vorstufe
der aus Muskulatur isolierten Inosinsäure sei, da die Phosphorsäureabspaltung
der Inosinsäure eine sehr viel langsamere war als die der Hefeadenylsäure. Die
aus der Muskulatur isolierte Verbindung zeigt, wie EMBDEN[2] feststellen konnte,
eine Hydrolysengeschwindigkeit, die in der gleichen Größenordnung liegt wie
die von LEVENE und YAMAGAWA[1] bestimmte Hydrolysengeschwindigkeit der
Inosinsäure. Der endgültige Beweis für die verschiedene Natur dieser beiden
Adenylsäuren brachte der Fermentversuch. G. SCHMIDT gelang die Isolierung
eines Fermentes aus Muskulatur, das das Ammoniak aus Muskeladenylsäure in
kurzer Zeit abspaltet, während Hefeadenylsäure unter den gleichen Versuchsbedingungen nicht angegriffen wird. Muskeladenylsäure wurde außerdem in
Gehirn, Herzmuskel und Niere gefunden und als eine wesentliche Quelle der
Ammoniakbildung in diesen Organen erkannt[3-5].

Physiologie der Muskeladenylsäure.

Im Gegensatz zu PARNAS[6-14] stellte EMBDEN[15-21] fest, daß die Desamidierung der Muskeladenylsäure ein reversibler Prozeß ist. Seine Bedeutung für
den Ablauf resp. die Energetik der Muskelkontraktion ist noch nicht völlig klar.
EMBDEN ermittelte, daß die Ammoniakbildung abhängig ist von der Reizfrequenz,
und daß ein konstantes Verhältnis zwischen Ammoniak- und Milchsäurebildung
nicht besteht. Ferner fand er, daß mit zunehmender Ermüdung das Ammoniak
in der Muskulatur zunimmt. Versuche an mit Bromessigsäure vergifteten Muskeln
ergaben eine stärkere Ammoniakbildung des vergifteten Muskels. Nach EMBDENs
Ansicht ist die Ausbildung der bei ermüdender Reizung im bromessigsäure-
vergifteten Muskel auftretenden Kontraktur mit einem weiteren Anstieg des
Ammoniaks verbunden.

[1] LEVENE, P. A., u. M. YAMAGAWA: J. of biol. Chem. **43**, 339 (1920).
[2] EMBDEN, G., u. G. SCHMIDT: Hoppe-Seylers Z. **181**, 130 (1929).
[3] WASSERMEYER, H.: Hoppe-Seylers Z. **179**, 238 (1928).
[4] POHLE, C.: Hoppe-Seylers Z. **184**, 261 (1929).
[5] POHLE, C.: Hoppe-Seylers Z. **185**, 9, 281 (1929).
[6] PARNAS, J. K., u. W. MOZOTOWSKI: Biochem. Z. **184**, 399 (1927).
[7] PARNAS, J. K., W. MOZOTOWSKI u. LEWINSKI: Biochem. Z. **188**, 15 (1927).
[8] PARNAS, J. K.: Klin. Wschr. **1928 II**, 1423.
[9] CHOPASZCZEWSKI, ST., u. W. MOZOTOWSKI: Biochem. Z. **194**, 233 (1928).
[10] CHOPASZCZEWSKI, ST., u. W. MOZOTOWSKI: Acta Biol. exper. (Warszawa) **1928 II**.
[11] MOZOTOWSKI, W.: Klin. Wschr. **1928 II**.
[12] PARNAS, J. K.: Biochem. Z. **206**, 16 (1929).
[13] PARNAS, J. K.: Naturwiss. **1930**, 48.
[14] MOZOTOWSKI, MANN u. LUTWAK: Biochem. Z. **231**, 290 (1931). — LUTWAK: Biochem.
Z. **235**. 485 (1931).
[15] EMBDEN, G., C. RIEBELING u. G. E. SELTER: Hoppe-Seylers Z. **179**, 149 (1928).
[16] EMBDEN, G., u. H. WASSERMEYER: Hoppe-Seylers Z. **179**, 161 (1928).
[17] EMBDEN, G., M. LARSTENSEN u. H. SCHUHMACHER: Hoppe-Seylers Z. **179**, 186 (1928).
[18] EMBDEN, G., u. H. WASSERMEYER: Hoppe-Seylers Z. **179**, 226 (1928).
[19] EMBDEN, G., u. G. SCHMIDT: Hoppe-Seylers Z. **186**, 205 (1930).
[20] EMBDEN, G., u. M. LEHNARTZ: Hoppe-Seylers Z. **201**, 149 (1931).
[21] EMBDEN, G., u. L. NORPOTH: Hoppe-Seylers Z. **201**, 105 (1931).

Im Jahre 1929 wurde noch eine weitere physiologische Funktion der Muskeladenylsäure resp. des Adenosins erkannt. Drury und St. György[1] gewannen aus Herzmuskulatur eine Substanz von außerordentlicher Wirksamkeit auf den Herzrhythmus und auf die Durchblutung der Kranzarterien. Sie konnten zeigen, daß die isolierte Substanz mit Muskeladenylsäure resp. Adenosin identisch war. Es gelang, mit diesen Substanzen einen Herzblock beim Meerschweinchen zu erzeugen und die Coronardurchblutung zu steigern. Die desamidierten Produkte, Inosinsäure resp. Inosin, sind wirkungslos, Hefeadenylsäure wirkt sehr viel schwächer als Muskeladenylsäure und Adenosin. Auch große Dosen Hefeadenylsäure führen eine deutliche Verlangsamung der Herzaktion herbei. Die Beeinflussung der Coronardurchblutung und der Pulsfrequenz gelingt auch am Menschen und führte zur therapeutischen Anwendung dieser Verbindungen bei der Behandlung der Angina pectoris.

Die großen Umsetzungen von Muskeladenylsäure während der Muskelkontraktion legten die Vermutung nahe, daß diese Verbindungen einen wesentlichen Anteil der endogen entstandenen Harnsäure ausmachen. Jenke[2] konnte jedoch nach starker körperlicher Arbeit bei gesunden Versuchspersonen keine Harnsäuremehrausscheidung feststellen. Bei Gichtkranken kommt es dagegen unter diesen Bedingungen zu einer Mehrausscheidung von Harnsäure und freien Purinen (Harpuder).

Adenylpyrophosphorsäure.

K. Lohmann[3-9] gelang der Nachweis, daß die von Embden und Zimmermann aus Muskulatur isolierte Adenylsäure in der Muskulatur an Pyrophosphorsäure gebunden vorkommt. Es gelang ihm und ungefähr gleichzeitig Fiske und Subbarow[10], diese Verbindung als Barium- resp. als Silbersalz zu erhalten. Die Adenylpyrophosphorsäure enthält als Spaltprodukt Adenin, d-Ribose, 1 Molekül schwer hydrolysierbare und 2 Moleküle leicht hydrolysierbare Phosphorsäure. Bei der Muskelkontraktion zerfällt diese Pyrophosphorsäure in Adenylsäure und Pyrophosphat. Der Zerfall dieser Verbindung ist mit einer starken Wärmetönung verknüpft. Diese Reaktion liefert nach der Ansicht von Meyerhof die Energie für die Resynthese des Phosphagens.

Im Meyerhofschen Laboratorium wurde ferner gefunden, daß die Adenylpyrophosphorsäure der autolysable Bestandteil des Co-Fermentes der Milchsäurebildung des Muskels resp. des Co-Fermentes der Hefe ist. Es gibt demnach in der Hefe zwei strukturchemisch verschiedene Adenylsäuren, eine Monophosphorsäure, die im Polynucleotid Hefeadenylsäure an Guanylsäure und Cytosylsäure gebunden ist, und ein Mononucleotid, das gleichzeitig eine Triphosphorsäure ist. Meyerhof und Mitarbeiter[11-13] stellten fest, daß das System dialysierter Muskelextrakt und anorganisches Phosphat + Adenylpyrophosphat + Magnesiumsalz Glykogen in Milchsäure spalten kann. Ebenso vermag dialysierter Hefemacera-

---

[1] Drury, A. N., u. A. Szent-Györgyi: J. of Physiol. **68**, 213 (1929).
[2] Jenke, M. R. Laser u. R. Linde: Hoppe-Seylers Z. **189**, 162 (1930).
[3] Lohmann, K.: Biochem. Z. **194**, 306 (1928).
[4] Lohmann, K.: Biochem. Z. **202**, 466 (1928).
[5] Lohmann, K.: Biochem. Z. **203**, 164, 172 (1928).
[6] Lohmann, K.: Naturwiss. **16**, 298 (1928).
[7] Lohmann, K.: Naturwiss. **17**, 624 (1929).
[8] Lohmann, K.: Biochem. Z. **222**, 324 (1930).
[9] Lohmann, K.: Biochem. Z. **237**, 445 (1931).
[10] Fiske u. Subbarow: Science (N. Y.) **70**, 381 (1929).
[11] Meyerhof, O., K. Lohmann u. K. Mayer: Biochem. Z. **237**, 437 (1931).
[12] Meyerhof, O., u. K. Lohmann: Naturwiss. **19**, 180 (1931).
[13] Lohmann, K.: Biochem. Z. **241**, 50 (1931).

tionssaft Traubenzucker nach Zusatz von Adenylpyrophosphat und Magnesium
zu vergären. Nach Ansicht von MEYERHOF besteht die Rolle des Co-Fermentes
darin, daß Phosphorsäure auf die Hexose übertragen wird. Die Phosphorsäure-
ester der Hexose sind dann gärfähig resp. können zu Milchsäure zerfallen.

EULER und Mitarbeiter[1] bestreiten die Identität der Adenylpyrophosphorsäure mit dem Co-Ferment, da nach ihren Versuchen mit steigender Reinheit
der Adenylpyrophosphorsäure die Beeinflussung der Gärung abnimmt.

Bd. V.

Die Vitamine
(S. 1143—1244).

Übersicht über die Ergebnisse der Vitaminforschung in den Jahren 1926—1931[2].

Von

WILHELM STEPP und JOACHIM KÜHNAU – Breslau.

Seit der Niederschrift des Artikels über Vitamine hat die weitere Erforschung
des B-Vitamins überzeugend nachweisen können, daß hier richtiger von einem
Komplex von Vitaminen als von einem einzigen Vitamin gesprochen werden muß.

Leider ist bei Benennung der zum B-Komplex gehörigen Stoffe eine Einigung
nicht zustande gekommen, so daß zur Zeit eine große Verwirrung herrscht und
es notwendig erscheint, um dem Forscher eine Orientierung zu ermöglichen,
zunächst eine kurze Übersicht über die gesamten Vitamine zu geben.

I. Fettlösliche Vitamine.

Vitamin A, antixerophthalmisches Vitamin.
Vitamin D, antirachitisches Vitamin.
Vitamin E, Antisterilitätsvitamin.
Fettlösliches Wachstumsvitamin.

II. Wasserlösliche Vitamine.

Der *Vitamin B-Komplex*, bisher bekannt als *antineuritisches Vitamin*, löst
sich auf in die folgenden Faktoren:

Vitamin B_1 (Accessory Food Factor Committee of the British Medical
Research Council), *Vitamin B* (EIJKMAN), *B-P-* (Beriberi-preventive-) *Faktor*
(GOLDBERGER), *Vitamin F* (SHERMAN-AXTMAYER), *antineuritisches Vitamin*.

Vitamin B_2 (Accessory Food Factor Committee), *P-P-* (Pellagra-preventive-)
Faktor (GOLDBERGER), *Vitamin G* (SHERMAN, AXTMAYER), *Pellagraschutzstoff*.

Wachstumsfaktoren: Vitamin B_3 (WILLIAMS, WATERMAN; READER; B_4 *nach*
PETERS, *facteur d'utilisation nutritive*, RANDOIN, LECOQ), *third pigeon factor*[3],
thermo- und alkalilabil.

---

[1] EULER, H. v., u. K. MYOBACK: Hoppe-Seylers Z. **198**, 236 (1931).

[2] Eine Zusammenstellung der Vitaminliteratur bis Mitte 1930 findet sich in E. BROW-
NING „The Vitamins". London: Baillière, Tindall & Cox 1931.

[3] Unentbehrlich für den Organismus der Taube.

Vitamin B_4 (Reader; B_3 nach Peters), *third rat factor*[1], thermo- und alkalilabil.

Vitamin B_5 (Carter, Kinnersley, Peters), *fourth pigeon factor*[2], hitze- und alkalibeständig.

Faktor R (Williams, Lewis), ein wasserunlöslicher Rattenfaktor.

Faktor Y (Chick, Copping), ein wasserlöslicher, aber thermo- und alkalistabiler Rattenfaktor.

Vitamin C, antiskorbutisches Vitamin.

Vitamin H, Hautfaktor (György).

Vitamin A (antixerophthalmisches Vitamin).

Nachdem die Angabe von Takahashi und seinen Mitarbeitern, daß das Vitamin A des Leberunverseifbaren ein Cholesterinderivat der Zusammensetzung $C_{22}H_{44}O$ sei, von Drummond als Irrtum erwiesen worden war, vergingen noch 6 Jahre bis zur endgültigen Erkenntnis von der Struktur dieses Vitamins. Wegweisend war die alte Beobachtung, daß Vitamin A-Wirkung und Lipochromgehalt von pflanzlichen Geweben vielfach parallel gehen. 1929 wurde fast gleichzeitig von v. Euler und seinen Mitarbeitern sowie von englischen Autoren (Moore, Capper) festgestellt, daß das wichtigste dieser Lipochrome, der Kohlenwasserstoff *Carotin* ($C_{40}H_{56}$), schon in täglichen Dosen von $5\,\gamma$ die Rattenxerophthalmie zu heilen und Wachstum zu bewirken vermag. Das Carotin konnte aber nicht identisch mit dem A-Vitamin sein, da, wie längst bekannt war, auch carotinfreie Pflanzen- und Tierprodukte häufig sehr ergiebige Vitamin A-Quellen darstellen. Es gelang nun Moore und Capper[3] auf spektroskopischem Wege nachzuweisen, daß *peroral zugeführtes Carotin von der Ratte in farbloses Vitamin übergeführt* und als solches *in der Leber gespeichert* wird. Wird Carotin an A-avitaminotische Ratten verfüttert, so tritt im farblos bleibenden Leberfett die vorher fehlende Ultraviolettabsorption des Vitamin A auf; erst nach Zufuhr ganz massiver Carotinmengen wird auch dessen Spektrum und eine Gelbfärbung des Leberfettes erkennbar. Die *Umwandlung von Carotin in Vitamin A* kann auch *in vitro* durch *wässerige Auszüge von Rattenleber bewirkt* werden und beruht auf der Anwesenheit eines Fermentes *Carotinase*[4]. Gewisse *anaerobe Bakterien* scheinen zu der *gleichen Leistung befähigt* zu sein[5]. Die Katze speichert zugeführtes Carotin in der Leber nicht als Vitamin, sondern in Form eines noch nicht identifizierten gelben Farbstoffs[5]. Hai- und andere Raubfische können Carotin überhaupt nicht verwerten (auch ihre Leber in vitro nicht[6]); sie übernehmen ihre großen Vitamin A-Reserven direkt mit der Nahrung aus kleinen Fischen, die das Vitamin aus den Carotinoiden des Meeresplanktons bilden. 1931 entdeckten gleichzeitig Kuhn und Karrer, daß das bisher für einheitlich gehaltene Carotin in 2 Isomere zerlegbar ist, ein optisch aktives ($[\alpha]_D^{20}$ in Benzol $+ 380°$) in Benzin leicht lösliches (α-Carotin, Formel I) und ein inaktives, in Benzin schwer lösliches (β-Carotin, Formel II). Die α-Form findet sich besonders reichlich im Palmöl-, die β-Form im Spinat- oder Brennesselcarotin. Beide sind, obwohl sie im Tierkörper nicht ineinander übergehen, A-wirksam (die β-Form vielleicht etwas mehr als die α-Form[7]). Dies erklärt sich am besten durch die Annahme, daß die erste Etappe

---

[1] Unentbehrlich für den Organismus der Ratte.
[2] Unentbehrlich für den Organismus der Taube.
[3] Moore: Lancet **1929 II**, 380. — Capper: Biochemic. J. **24**, 980 (1930).
[4] Olcott u. McCann: J. of biol. Chem. **94**, 185 (1931).
[5] Ahmad u. Drummond: J. Soc. Chem. Ind. **50**, 184 (1931).
[6] v. Euler u. v. Euler: Sv. kem. Tidskr. **43**, 174 (1931).
[7] Kuhn u. Lederer: Ber. **64**, 1349 (1931). — Kuhn u. Brockmann: Ebenda **64**, 1859 (1931).

des Überganges von Carotin in A-Vitamin eine *Hydrierung* ist. Bei der Reduktion von α-Carotin mit AlHg entsteht nämlich ein schwach gelb gefärbtes Dihydro-α-carotin, das mit Ausnahme des 2. Ringes die Struktur des β-Carotins besitzt und auch aus diesem hervorgehen kann (Formel III)[1]; es hat bereits ganz die Eigenschaften des Vitamin A (enorme Wachstumswirksamkeit [0,2 γ pro Tag für die Ratte[2]], geringe Färbung, Absorption im Ultraviolett bei 328 mμ, stärkere $SbCl_3$-Reaktion als Carotin), ohne jedoch mit ihm identisch zu sein, da, wie etwa gleichzeitig festgestellt wurde, das Molekulargewicht des A-Vitamins nur etwa die Hälfte von dem des Carotins (und Dihydrocarotins) beträgt[3]. Ende 1931 gelang es KARRER und seinen Mitarbeitern, aus dem Lebertran von Flundern (Hippoglossus) und Makrelen (Scombresox) und aus Leberölen von Seemöven *hochkonzentrierte Vitamin A-Präparate* herzustellen, die durch Ausfrieren der Sterine bei —80° und fraktionierte Adsorption an Fasertonerde so weit *gereinigt* wurden, daß die mittleren Adsorbatfraktionen konstante Analysenzahlen aufwiesen; diese paßten zu der Formel $C_{20}H_{30}O$. Das Vitamin ist ein *Alkohol*; es wurde der p-Nitrobenzoesäure- und der Essigsäureester des Vitamins hergestellt, die beide in Methanol schwer löslich sind. Abbauversuche ergaben die Konstitutionsformel IV. Möglich wäre auch die Formel $C_{22}H_{32}O$ (statt der CH_2OH-Gruppe —CH=CH—CH_2OH). *Die Formel des Vitamins A läßt sich aus der des Carotins durch Halbierung des Moleküls in der Mitte und Einfügung einer Oxygruppe ableiten.* Das Vitamin A ist ein *schwach gelbes*, nur in der Wärme fließendes *Öl*, leicht löslich in Methanol und Benzin; es gibt eine intensive Blaufärbung mit $SbCl_3$ in Chloroform (15 mal stärker als Carotin, das Spektrum weist Streifen bei 583 und 610 mμ auf) und wird von konzentrierter H_2SO_4 mit violettroter Farbe gelöst[4]. Es ist äußerst leicht autoxydabel, die O_2-Aufnahme wird durch Hämin noch beschleunigt[5]. Es absorbiert selektiv im Ultraviolett bei 328 mμ. Die wirksame Tagesgrenzdosis für Ratten liegt unterhalb 0,5 γ. Durch fein verteilte feste Stoffe, z. B. Tierkohle, wird es schnell zerstört, ebenso durch Ultraviolettbestrahlung[6,7]. Manche Nahrungsstoffe, z. B. Butter, enthalten Carotin neben Vitamin A[8].

Von anderen Carotinoiden besitzen sowohl Eigelb-Lutein wie Blattxanthophyll — beides Gemische zweier isomerer Alkohole $C_{40}H_{56}O_2$, Lutein (im engeren Sinne) und Zeaxanthin — eine etwas ungleichmäßige Vitamin A-Wirkung, die durch an sich unterschwellige Carotinzugaben komplettiert werden kann[9,10]. Weiter ist ein Reduktionsprodukt des Safranfarbstoffes, das Dihydro-α-crocetin $C_{19}H_{24}O_4$ (Formel V), A-wirksam; während jedoch Carotin die Bildung von Knochenbalken in der Wachstumszone der Epiphyse selbst anregt, vermag das Dihydrocrocetin dies nur in Gegenwart von D-Vitamin[11].

Dieser Umstand spricht für die komplexe Natur des A-Faktors. Wahrscheinlich sind im Lebertran zwei nahe verwandte A-wirksame Stoffe vorhanden, die sich nur hinsichtlich des Spektrums der $SbCl_3$-Reaktion unterscheiden[12].

---

[1] KARRER u. Mitarbeiter: Helvet. chim. Acta **14**, 614, 833 (1931).

[2] v. EULER: Scientia (Milano) Okt. **1931**, 79.

[3] BRUYNS, OVERHOFF u. WOLFF: Biochemic. J. **25**, 430 (1931).

[4] KARRER, MORF u. SCHÖPP: Helvet. chim. Acta **14**, 1037, 1431 (1931).

[5] v. EULER u. AHLSTRÖM: Hoppe-Seylers Z. **204**, 168 (1932).

[6] GUHA: Lancet **1931 I**, 864.

[7] STEENBOCK u. WIRICK: J. Dairy Sci. **14**, 229 (1931).

[8] MORTON u. HEILBRON: Biochemic. J. **24**, 870 (1930).

[9] v. EULER, KARRER u. RYDBOM: Ber. **62**, 2445 (1929) — Ark. Kemi **10 B**, Nr 10 (1930).

[10] v. EULER, KARRER u. RYDBOM: Helvet. chim. Acta **14**, 1428 (1931).

[11] v. EULER, v. EULER u. KARRER: Biochem. Z. **209**, 240 (1929) — Helvet. chim. Acta **12**, 278 (1929).

[12] HEILBRON u. MORTON: J. Soc. Chem. Ind. **50**, 183 (1931).

Durch vorsichtige Oxydation von Cholesterin, das mit Carotin durch biochemische Übergänge verknüpft ist, konnte Seel sehr aktive A-Präparate herstellen, die auch die $SbCl_3$-Reaktion geben[1]. Der (von anderer Seite[2] nicht bestätigte) Befund von Bürgi[3], daß Chlorophyll und Phäophytin A-Eigenschaften besitzen, steht mit der Feststellung v. Eulers[4] in Einklang, daß zwischen Carotin und Chlorophyll in der lebenden Zelle enge Beziehungen bestehen. Pflanzen, die in langwelligem Licht aufwachsen, enthalten mehr Vitamin A als kurzwellig belichtete[5].

Verhalten und Wirkungsweise des A-Vitamins im Organismus. Nach v. Euler fungiert das A-Vitamin in der Zelle als *Oxydationskatalysator* und steigert die O_2-Aufnahme der Gewebe. Die *Resorption* des A-Vitamins erfolgt in den oberen

I. α-Carotin

II. β-Carotin

III. Dihydro-α-carotin

IV. Vitamin A

V. Dihydro-α-crocetin

---

[1] Seel u. Danmeyer: Arch. f. exper. Path. **157**, 86 (1930); **159**, 93 (1931).
[2] v. Euler, Demole, Karrer u. Walker: Helvet. chim. Acta **13**, 1078 (1930).
[3] Bürgi: Klin. Wschr. **9**, 789 (1930).
[4] v. Euler u. Hellström: Hoppe-Seylers Z. **183**, 177 (1929).
[5] Crist u. Dye: J. of biol. Chem. **91**, 127 (1931).

Darmabschnitten, und zwar auch in Abwesenheit von Galle[1]; 2—3 Stunden nach Nahrungsaufnahme findet es sich im Ductus thoracicus[2]. Überschüsse werden durch die Faeces ausgeschieden (ROWNTREE). Der *Gehalt der Leber an Vitamin A* ist unabhängig von den Fettreserven des Organismus[3]. Es findet sich stets (meist neben Carotin) im *Blutserum*[4], und zwar bei *Diabetes in vermehrter Menge*[5]. Auch in der Retina ist es reichlich vorhanden[6]. Frauen speichern mehr Vitamin A als Männer und sind gegen A-Mangel weniger empfindlich[7]. Sehr reich an A ist die *Vernix caseosa* der Neugeborenen[8].

Ausfallserscheinungen bei A-Mangel. Die *ersten Symptome* beginnender A-Avitaminose bestehen im Auftreten BITOT*scher Flecken* und in einer *Pigmentierung in der Cornea*[9]. Der Mangel an Vitamin A kommt außer in der *Xerophthalmie*, die auf einer Atrophie der HARDERschen Drüsen beruht, und in *Wachstumsstillstand* noch in einer allgemeinen *Herabsetzung der Resistenz gegen Infekte*[10], ferner in einer Disposition zur Bildung von *Gallen- und Nierensteinen*[11], in einer *Störung des Zahnwachstums* (abnorme Schmelz-, Dentin- und Zementbildung[12]) und in einer allgemeinen *Neigung zur Proliferation und Keratinisation epithelialer Zellen* zum Ausdruck. Bei Hunden bewirkt reichliche Verfütterung von Roggenkeimlingen ohne weitere A-Zufuhr eine *subakute kombinierte Strangdegeneration des Rückenmarkes*; diese Form der A-Avitaminose ähnelt sehr dem Bilde des „*nervösen Ergotismus*". Beide Störungen beruhen nach MELLANBY auf vermehrter Zufuhr eines im Getreide vorkommenden, im Mutterkorn angereicherten toxischen Faktors, der durch A-Vitamin entgiftet wird. Eine in Amerika verbreitete *pellagraähnliche Hundekrankheit*, die „*black tongue*", kann *nur durch Carotin, nicht durch Vitamin A* (Lebertran) geheilt werden. Dagegen ist die *Eingeweidegicht der Hühner*, in deren Verlauf es zur Ablagerung von Harnsäurekonkrementen im Darm kommt, eine *reine A-Avitaminose*, die durch Vitamin A und Carotin gleich günstig beeinflußt wird[13]. *Die Erscheinungen der A-Avitaminose beruhen großenteils auf einer Störung im Haushalt einzelner Mineralsubstanzen.* Xerophthalmie und Wachstumsstillstand lassen sich bei Ratten durch Darreichung von FeJ_2, am besten in Gegenwart von Linolsäure, beheben[14].

Wasserlösliche B-Faktoren.

Vitamin B₁ (*Accessory Food Factor Committee of the* Brit. med. *Res. Council*), *B-P-* (Beriberi-preventive-) *Faktor* (GOLDBERGER), Vitamin F (SHERMAN-AXTMAYER), antineuritisches Vitamin.

Vorkommen und chemische Natur. Das antineuritische Vitamin findet sich praktisch frei von allen anderen wasserlöslichen Faktoren nur im innersten Reishäutchen[15]. Der spärliche, aber vom Futter unabhängige B_1-Gehalt der Kuhmilch ist zurückzuführen auf eine bakterielle B_1-Synthese im Pansen der Kuh. Das in Pflanzensamen enthaltene B_1 geht während des Keimungsprozesses

---

[1] SCHMIDT u. SCHMIDT: Univ. California Publ. Physiol. **7**, 211 (1930).
[2] YAMAGUCHI: Trans. jap. path. Soc. **20**, 65 (1930).
[3] DANN u. MOORE: Biochemic. J. **25**, 914 (1931).
[4] WOLFF: Nederl. Tijdschr. Geneesk. **1931 I**, 1661.
[5] VAN ECKELEN: Arch. néerl. Physiol. **16**, 65 (1931).
[6] SMITH, YUDKIN u. Mitarbeiter: J. of biol. Chem. **92**, XCII (1931).
[7] POULSSON: Norsk Mag. Laegevidensk. **92**, 130 (1931).
[8] KUYPERS: Nederl. Tijdschr. Geneesk. **1931 I**, 1108.
[9] CHOU: Nat. med. J. China **16**, 365 (1930).   [10] LASSEN: J. of Hyg. **30**, 300 (1930).
[11] USUKI: Jap. J. Gastroenterol. **1**, 18 (1929).
[12] SHIBATA: Jap. J. of exper. Med. **9**, 21 (1931).
[13] CAPPER, McKIBBIN u. PRENTICE: Biochemic. J. **25**, 265 (1931).
[14] CHIDESTER, EATON u. SPEICHER: Proc. Soc. exper. Biol. a. Med. **28**, 187 (1930).
[15] EVANS u. LEPKOVSKY: J. Nutrit. **3**, 353 (1931).

sehr schnell zugrunde. Tiergewebe, besonders Leber, enthalten Substanzen, die bei Verfütterung im Verdauungskanal in B_1 übergehen können[1].

Das von Jansen-Donath 1926 dargestellte angeblich reine Vitamin B_1 erwies sich bei späterer Nachprüfung als verunreinigt mit B_4[2]. Die Methode, die die Darstellung hochaktiver B_1-Präparate aus Reiskleie ermöglichte, eignete sich zur Darstellung von B_1 aus Hefe nicht. Es wurden daher zahlreiche Modifikationen dieses Verfahrens angegeben, die aber nicht zum Ziele führten. Erst die Kombination des Jansen-Donath-Verfahrens mit einer $HgSO_4$-Fällung nach Peters und einer Behandlung mit Benzoylchlorid und Natronlauge (Seidell[3]), die Verunreinigungen beseitigen, ermöglichte die Herstellung eines Rohextraktes aus Hefe, aus dem Windaus, Laquer und seinen Mitarbeitern[4] Ende 1931 die Reindarstellung des Vitamins B_1 durch Fällung mit $AuCl_3$ und Zerlegung des Goldsalzes mit H_2S gelang. Außer dem Goldsalz wurden das Hydrochlorid und das Pikrolonat in krystallisierter Form erhalten. Aus den Analysen des Pikrolonats ergab sich für die Vitaminbase die (allerdings noch nicht endgültige) Formel $C_{12}H_{17}N_3OS$; B_1 enthält also Schwefel, und zwar in leicht abspaltbarer Form (PbS-Probe). Das Vitamin ist eine 2säurige Base. Das Hydrochlorid ist optisch inaktiv, gibt keine Diazoreaktion, wird aus Wasser durch PWS, $HgCl_2$, $AgNO_3$-Baryt, aus Alkohol durch $PtCl_4$, nicht durch Pikrinsäure und Bleiacetat gefällt. Es ist leicht löslich in Wasser und Alkohol, nicht dagegen in Äther und Aceton. Sein Spektrum zeigt eine Absorption im Ultraviolett mit einem Maximum bei $250-260\,m\mu$. Im kurativen Taubentest besaß es eine Wirksamkeit von $2,4\,\gamma$ pro Tag.

Wirkungsweise. Die früher behauptete oxydationssteigernde Wirkung des B_1 ist nicht bewiesen; die Herabsetzung der Stoffwechselvorgänge infolge B_1-Mangels ist lediglich eine Folge der Inanition. Dagegen besteht eine spezifische Wirkung auf den Kohlehydrat- und Wasserhaushalt. Die Symptome der Taubenpolyneuritis und Beriberi werden durch eine kohlehydratreiche Diät ungünstig beeinflußt; besonders schädigend wirkt Glykose. Die Resorption der Kohlehydrate ist[5] bei B_1-Avitaminose herabgesetzt, das Leber- und Muskelglykogen vermindert[5], der Blutzucker, und zwar nur der „wahre"[6], meist erhöht, vor allem während der Krämpfe, sub finem vitae vermindert, die Milchsäure in Blut und Organen, vor allem im Gehirn erhöht[7]. Nach Vogt-Møller[8] ist ein Mangel an dem Co-Enzym der Glyoxalase in den Organen und infolgedessen eine *Überladung des Organismus mit Methylglyoxal* die Ursache dieser Störungen. Auf eine Störung im Wasserhaushalt deuten die Beriberiödeme bei B_1-Avitaminose und die Wasserretention im Herzmuskel, die zur Herzinsuffizienz führen kann, hin. Beide werden von Wenckebach auf eine erhöhte Neigung der Gewebe, sich mit Wasser zu imbibieren, zurückgeführt.

Refektion. Enthält B_1-freie Diät reichlich (60%) Reisstärke, so kann bei damit gefütterten Ratten nach anfänglich typischem Verlauf der Avitaminose plötzlich Selbstheilung eintreten, wobei gleichzeitig massige weiße Faeces ausgeschieden werden, die die Ratten gerne fressen. Bei reisstärkehaltiger Kost können sich im Darm von Beriberiratten Mikroorganismen ansiedeln, die reichlich

---

[1] Abderhalden: Pflügers Arch. **226**, 723 (1931).

[2] Jansen, Kinnersley, Peters u. Reader: Biochemic. J. **24**, 1824 (1930).

[3] Seidell: J. amer. chem. Soc. **53**, 2288 (1931).

[4] Windaus, Tschesche, Ruhkopf, Laquer u. Schulz: Hoppe-Seylers Z. **204**, 123 (1932).

[5] Sure, Thatcher u. Walker: Arch. Path. **11**, 413 (1931).

[6] Bell: Biochemic. J. **25**, 1755 (1931).

[7] Collazo u. Bayo: Rev. méd. Barcelona **15**, 105 (1931).

[8] Vogt-Møller: Biochemic. J. **25**, 418 (1931).

B_1 zu synthetisieren vermögen und die Bildung der weißen Faeces veranlassen. Verfütterung dieser Faeces bewirkt Heilung von Rattenberiberi.

Pellagraschutzstoff. Vitamin B_2 (Accessory Food Factor Committee of the Brit. Med. Res. Council), P-P-Faktor (GOLDBERGER-TANNER), Vitamin G (SHER-MAN-AXTMAYER).

Der von GOLDBERGER geführte Nachweis, daß bei Ratten ein der menschlichen Pellagra analoges Krankheitsbild durch Darreichung alkoholischer Mehl- oder Hefeauszüge als alleiniger B-Quelle erzeugt werden und durch Verfütterung autoklavierter, also B_1-freier Hefe, geheilt werden kann, führte zur Aufstellung des Vitamin B_2-Begriffs. Diesem pellagraverhütenden Vitamin, dessen Rolle in der Ätiologie der menschlichen Pellagra noch nicht ganz geklärt ist, wurde jahrelang auch eine wachstumsfördernde Wirkung zugeschrieben, bis sich in jüngster Zeit einwandfrei ergab, daß die Förderung des Wachstums von Ratten und Tauben durch Hefe auf der Anwesenheit anderer Teilfaktoren des B-Komplexes beruht. Bei bestimmten Diäten entwickelt sich typische Pellagra bei guter Gewichtszunahme[1].

Vorkommen, Darstellung, Eigenschaften. B_2 kommt vor in Reiskleie, Hefe, in Weizen, reichlich in Milch, Eigelb, Weißei (hier ohne B_1), Muskulatur und Leber. Besonders angereichert und fast frei von B_1 findet es sich in dem perniciosawirksamen Leberextrakt 343 (LILLY[2]). Es wird (im Gegensatz zu B_1) durch Bleiacetat aus Reis- oder Hefeauszügen ausgefällt und von B_1 durch Autoklavieren bei 120° oder Extrahieren mit 95proz. Alkohol, in dem es unlöslich ist, befreit[3]. An Fullererde wird es vollständiger adsorbiert als B_1. Von Alkalien wird B_2 nur bei hoher Temperatur und langer Einwirkung zerstört, und zwar B_2 aus Leber schneller als aus Hefe. Es ist keine Base, sondern eine neutrale Substanz, löslich in verdünntem (60proz.) Alkohol, fällbar durch $AgNO_3$, nicht durch Pikrin- und Phosphorwolframsäure und beständig gegen H_2O_2[4].

Ausfallserscheinungen. Neben den typischen Pellagrasymptomen (symmetrischer desquamativer Rötung und Schwellung an Ohren, Vorder- und Hinterpfoten) und einer charakteristischen Dermatitis mit Haarausfall, Blepharitis und Schuppenbildung findet man Milzatrophie, Darmblutungen, Ophthalmie. B_2 scheint einen spezifischen Einfluß auf den Eiweißumsatz zu haben. Der Quotient C/N im Harn ist bei B_2-Mangel erhöht. Bei nicht völligem Fehlen von B_2 tritt statt der umschriebenen Dermatitis ein generalisierter Haarausfall ein, so daß die Tiere wie geschoren aussehen[5]. Stets sind die Hämoglobin- und Erythrocytenzahlen herabgesetzt. Da bei Pellagra bisweilen perniziös-anämische Blutbilder beobachtet werden und Rattenpellagra wie Perniciosa durch Leberextrakte heilbar ist, wurde eine Verwandtschaft des B_2-Vitamins mit dem antianämischen Prinzip der Leber postuliert[6]. BLISS[7] konnte das Bild der Rattenpellagra durch Fe-freie Diät bei B_2-Zufuhr erzeugen und durch Zufuhr von Leber, Blut und Hämin heilen; der Haarausfall wurde als spezifische Mangelerscheinung gedeutet, da die Haare das eisenreichste Material des Körpers sind (ELVEHJEM, PETERSON). Doch kann echte B_2-Anämie nicht durch Fe, Cu, Hämin oder Glutaminsäure, sondern lediglich durch Zufuhr von Hefe oder Leberextrakt beseitigt werden; Leberextrakt wirkt auch kurativ, wenn durch langdauerndes Autoklavieren bei p_H 9 das darin enthaltene B_2 zerstört war. Zur Verhütung der Pellagra ist also

---

[1] SURE u. SMITH: Proc. Soc. exper. Biol. a. Med. **28**, 442 (1931).
[2] GUHA: Biochemic. J. **25**, 945 (1931).
[3] SHERMAN u. SANDELS: J. Nutrit. **3**, 395 (1931).
[4] GUHA: Biochemic. J. **25**, 950 (1931).   [5] GUHA: Lancet **1931 I**, 864.
[6] SURE, KIK u. SMITH: Proc. Soc. exper. Biol. a. Med. **28**, 498 (1931).
[7] BLISS u. THOMASON: Proc. Soc. exper. Biol. a. Med. **28**, 636 (1931).

außer B_2 noch ein völlig hitzestabiler, speziell antianämisch wirkender Faktor in Leber oder Hefe erforderlich, der aber nach Guha nicht mit dem Perniciosa-faktor identisch ist[1]. Rohrzuckerhaltige Diät, die beim anämischen Hunde die Blutregeneration verhindert (Whipple und Mitarbeiter), prädisponiert für Pellagra und verstärkt deren Symptome (Leader).

Wachstumsvitamine des B-Komplexes.

Die lange vertretene Anschauung, daß B_2 das Wachstumsvitamin sei, wurde dadurch als Irrtum erwiesen, daß es gelang, Wachstumsstillstand ohne Pellagra-symptome bei Ratten zu erzeugen (Sherman, Sandels). In den letzten Jahren wurde festgestellt, daß mehrere Diätfaktoren mit Wachstumswirkung existieren, deren Nomenklatur Schwierigkeiten bereitet.

1. *Vitamin B_3* (nach Reader, B_4 nach Peters, „third pigeon factor" nach Williams-Waterman[2]).

Findet sich in Weizenkeimlingen, Hefe, Gerste, Gerstenmalz, Rindsleber und -muskel, in geringer Menge in Spinatsaft und Zuckermelasse, und zwar in ge-bundener hitzebeständiger Form, aus der es durch heißes Wasser in Freiheit gesetzt wird. In freier Form thermolabil (wird schon durch Erhitzen auf $60°$ zerstört), säure- und alkaliempfindlich, schwer an Fullererde adsorbierbar. Be-wirkt maximales Wachstum von Hühnern und Tauben, ist für die Ratte entbehr-lich. B_3-avitaminotische Tauben zeigen außer Gewichtsstillstand struppiges Ge-fieder und Bewegungsunlust. B_3 kann von der Taube gespeichert werden. Es ist wahrscheinlich identisch mit dem Faktor, dessen Fehlen bei der Taube Herz-arrhythmie, Ventrikelautomatie und Herzblock bewirkt (Carter[3]).

2. *Vitamin B_4* (nach Reader, B_3 nach Peters, „third rat factor").

Reader konnte diesen wasserlöslichen Faktor aus Hefe, der wie B_1 alkali- und hitzeempfindlich ist und B_1 bis in die reinsten krystallisierten Präparate hinein begleitet, durch $HgSO_4$-Fällung von B_1 abtrennen[4]. B_4 ist eine Base wie B_1, fällbar durch Phosphorwolframsäure und $HgSO_4$, löslich (als HCl-Salz) in Alkohol, im Gegensatz zu B_1 adsorbierbar an Norit bei saurer Reaktion. Die reinste Form der B_4-Avitaminose führt ohne klinische Symptome bei Gewichtsstillstand zu Kollapserscheinungen und zum Tode. Bei der Prüfung auf B_4-Gehalt mittels des „adult-curative test" (Reader) superponieren sich Zeichen einer Dauerschädigung durch die überstandene B_1-Avitaminose, und es treten bei B_4-Mangel Muskel-schwäche, Koordinationsstörungen, Schwellungen der Pfoten und Bewegungs-unlust auf. Vielleicht ist B_4 identisch mit dem von B_1 und B_2 verschiedenen alkali- und thermolabilen Vitamin, dessen Fehlen bei Ratten schwere Sinusbradykardie hervorruft (Drury, Harris, Maudsley[5]). Für die Taube ist B_4 entbehrlich.

3. *Vitamin B_5* (Carter, Kinnersley, Peters, „fourth pigeon factor").

Findet sich in Hefe und Weizen, wird aus wässerigen Hefeauszügen durch Norit adsorbiert, aus dem es durch 50proz. Alkohol eluiert werden kann[6]. Wird im Weizen durch 5stündiges Erhitzen auf $100°$ nicht zerstört, ist auch bei $100°$ beständig gegen $^n/_2$-NaOH, wird durch Bleiacetat nicht gefällt. Bewirkt im Gegensatz zu B_3 nicht Zunahme, sondern Erhaltung des Körpergewichts bei Tauben.

---

[1] Guha u. Mapson: Biochemic. J. **25**, 1674 (1931).
[2] Vgl. Lecoq: J. of biol. Chem. **91**, 671 (1931).
[3] Carter: Biochemic. J. **24**, 980 (1930).
[4] Reader: Biochemic. J. **24**, 1127, 1827 (1930).
[5] Drury, Harris u. Maudsley: Biochemic. J. **24**, 1632 (1930).
[6] Carter, Kinnersley u. Peters: Biochemic. J. **24**, 1844 (1930).

4. *R-Faktor* (WILLIAMS-LEWIS), „unlösliches Wachstumsvitamin" (HUNT).
Findet sich in Hefeextraktrückständen, wird durch Wasser und Alkohol
nicht gelöst, durch Kochen nicht zerstört, ist gegen Säuren beständig[1]. An Fullererde ist es aus wässeriger Suspension adsorbierbar. Es bewirkt Gewichtszunahme
bei Ratten.

5. *Y-Faktor* (CHICK-COPPING).

Ein wasserlöslicher, aber im Gegensatz zu B_4 hitzebeständiger und alkalistabiler Faktor aus Hefe, der Rattenwachstum bewirkt, dessen Individualität
aber nicht genügend gesichert ist[2]. Kommt angeblich auch in grünen Blättern,
Eigelb und Leber vor, doch kann hier Verwechslung mit dem fettlöslichen Wachstumsvitamin vorliegen, da die Thermostabilität nur bei dem Y-Faktor aus Hefe
nachgewiesen ist[3].

Vitamin C (antiskorbutisches Vitamin).

Vorkommen und Eigenschaften. Die Isolierung des C-Vitamins wurde bis
in die neueste Zeit hinein durch die außerordentlich große Sauerstoffempfindlichkeit dieses Stoffes, vor allem bei alkalischer Reaktion, verhindert. Das Reduktionsvermögen antiskorbutisch wirksamer Präparate geht so genau dem C-Gehalt
parallel, daß TILLMANNS[4] darauf eine Methode zur Bestimmung des C-Vitamins
aufbauen konnte. Nach vergeblichen Versuchen ZILVAS und anderer gelang
RYGH, RYGH und LALAND[5] Ende 1931 die Identifizierung des C-Vitamins. Durch
Ätherextraktion eingeengter und schwach alkalisierter Apfelsinensäfte, Aufnehmen in wässeriger Weinsäure und Eindampfen wurden ölige Rückstände erhalten, die stark skorbutwirksam waren. Wurden unreife Apfelsinen verarbeitet,
so resultierte kein öliger, sondern ein reichlicher krystallinischer Rückstand,
der aus dem Alkaloid *Narkotin* bestand. Auch aus anderen jungen Pflanzenteilen
und unreifen Früchten wurde Narkotin isoliert (Tomaten, Kohl, Kartoffeln,
wenig aus Milch, nichts aus den in reifem Zustand C-freien Preißelbeeren). Narkotin selbst ist nicht skorbutwirksam; da aber der Narkotingehalt von Apfelsinen
mit zunehmendem Reifegrad ständig ab- und die Ausbeute an skorbutwirksamem
Öl zunimmt, war der Schluß berechtigt, daß das Narkotin eine Vorstufe des beim
Ausreifen der Früchte entstehenden C-Vitamins darstellt. Durch keimende
Samen konnte in der Tat Narkotin in C-Vitamin umgewandelt werden. Bei
Ultraviolettbestrahlung von Narkotin entsteht ein noch undefiniertes Produkt,
das schwach antiskorbutisch wirkt. Bessere Erfolge wurden mit Entmethylierungsprodukten des Narkotins erreicht, die aus diesem durch Kochen mit konzentrierter Salzsäure dargestellt worden waren. Je nach der Dauer der HCl-Einwirkung wurden $1-3$ CH_3-Gruppen abgespalten; am wirksamsten war das
Derivat, bei dem 2 Methyle, und zwar die des Mekoninrestes, entfernt waren und
das seiner chemischen Natur nach ein o-Diphenol darstellt (s. Formelbild). Die
freie Base ist äußerst leicht oxydabel und färbt sich an der Luft braun; ihr
Hydrochlorid ist ein weißes Pulver, leicht löslich in Wasser und verdünntem
Alkohol. Es verhindert in Tagesdosen von $20\ \gamma$ beim Meerschweinchen das Auftreten von Skorbut, hat also Vitamin C-Charakter; doch blieben die Tiere nur
dann länger als 5 Wochen am Leben, wenn neben dem Diphenol C-freier (3 Stunden unter Lüftung gekochter) Apfelsinensaft zugefüttert wurde. Daraus geht
hervor, daß das Diphenol zwar antiskorbutisch wirkt, aber nicht das einzige

[1] HUNT: J. of biol. Chem. **79**, 723 (1928).
[2] CHICK u. COPPING: Biochemic. J. **24**, 1764 (1930).
[3] Vgl. GUERRANT u. SALMON: J. of biol. Chem. **89**, 199 (1930).
[4] TILLMANNS: Z. Unters. Lebensmitt. **60**, 34 (1931).
[5] RYGH, RYGH u. LALAND: Hoppe-Seylers Z. **204**, 105, 112, 114 (1932).

lebenswichtige Prinzip des Apfelsinensaftes ist. Vitamin C wird durch Metallspuren katalytisch zerstört. Frisch oxydiertes C bleibt noch kurze Zeit skorbutwirksam; die Inaktivierung beruht also nicht auf der Oxydation, sondern auf einer sekundären Veränderung.

Erscheinungen des C-Mangels. Vitamin C hat keine wesentliche Stoffwechselwirkung. Die von Randoin[1] gefundene Erhöhung des Quotienten Albumin: Globulin im Skorbutblut hängt vielleicht mit der Blutungsbereitschaft zusammen. Bei virginellen Meerschweinchen bewirkt C-Mangel degenerative Veränderungen der *glatten Muskulatur* des Uterus mit Verlust der Erregbarkeit[2]. Das C-Vitamin scheint weiter Einfluß auf die Temperaturregulation zu haben. C-arm (z. B. mit Trockenmilch) ernährte Säuglinge neigen zu Temperatursteigerungen, die durch Einschränkung der Nahrungszufuhr oder Zulage von Orangensaft beseitigt werden können[3]. Auch bei Fieberzuständen des Erwachsenen bewirken bisweilen Obstsafthungerkuren Absinken der Temperatur. Bei der Ratte können Skorbutsymptome nur durch Entziehung sämtlicher wasserlöslicher Vitamine erzeugt werden. Bei C-Mangel und übermäßiger Belichtung, vor allem mit kurzwelligem und ultraviolettem Licht, tritt bei Meerschweinchen kein Skorbut, sondern eine sprueartige infektiöse Erkrankung des Intestinaltrakts auf (Mackie-Chitre). Bei der fast C-frei ernährten südchinesischen und malaiischen Bevölkerung ist Skorbut unbekannt, Sprue dagegen häufig; die Therapie der Sprue ist ähnlich der des Skorbuts. Man darf danach die Sprue als eine durch die besonderen skorbutverhindernden Lichtverhältnisse der Tropen bedingte Form der C-Avitaminose betrachten[4].

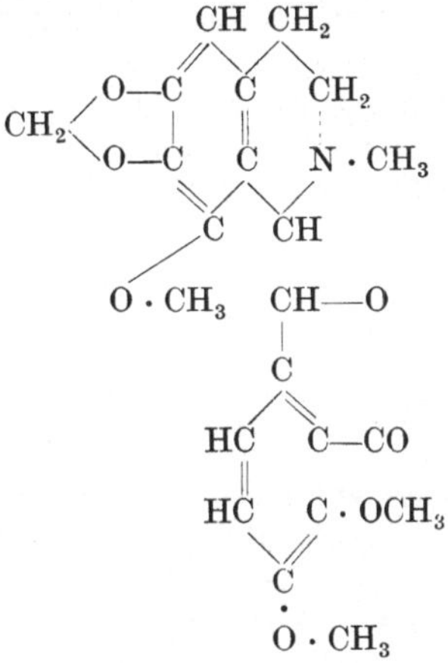

Narkotin

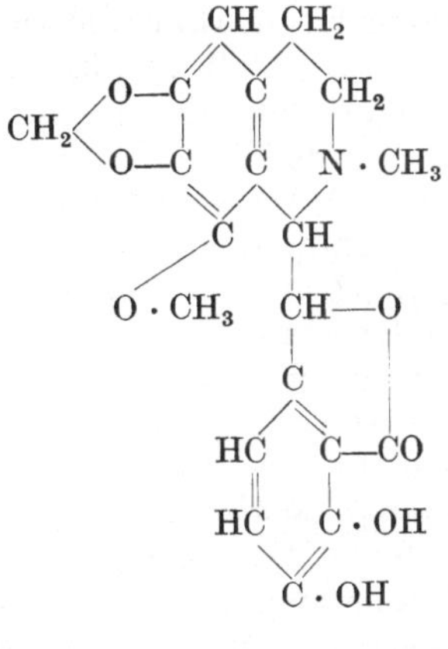

Vitamin C

Vitamin D (antirachitisches Vitamin).

Bildungsweise und Eigenschaften. Die Entdeckung von Windaus und Hess (1927), daß das Vitamin D durch Einwirkung ultravioletter Strahlen aus dem Ergosterin entsteht, ließ erwarten, daß die Reindarstellung des D-Vitamins nach kurzer Zeit gelingen werde. Wenn diese Erwartung getäuscht wurde und das D-Vitamin erst 4 Jahre später in krystallisierter Form erhalten wurde, so lag das daran, daß bei der Photoaktivierung — selbst bei Anwendung filtrierter Bestrahlung — des Ergosterins ein kaum entwirrbares Gemisch nah verwandter

---

[1] Randoin u. Michaux: C. r. Acad. Sci. Paris **192**, 1276 (1931).
[2] Hurwitz u. Nichols: Proc. Soc. exper. Biol. a. Med. **28**, 139 (1930).
[3] György: Klin. Wschr. **9**, 103 (1930) — Z. ärztl. Fortbildg **28**, 377 (1931).
[4] Slot: Dissert. Amsterdam 1931.

Substanzen entsteht, von denen das D-Vitamin nur einen kleinen Teil ausmacht, und daß selbst bei völligem O_2-Ausschluß überlange Bestrahlung das eben erst gebildete Vitamin wieder zerstört. Das Problem wurde weiter durch die Frage kompliziert, ob die antirachitische und die bei Verfütterung großer Mengen zutage tretende toxische (verkalkende) Wirkung des bestrahlten Ergosterins durch denselben Stoff oder durch zwei verschiedene Komponenten des Bestrahlungsgemisches verursacht wird. Erhitzt man dieses auf 200°, so geht nur die antirachitische, nicht die toxische Wirksamkeit verloren. Es gelang jedoch WINDAUS nicht, den antirachitischen Faktor ohne Herabsetzung seiner Wirksamkeit von dem toxischen zu trennen. Die Angabe von REITER und KISCH[1], daß langwellig bestrahltes Ergosterin antirachitisch, aber nicht toxisch wirke, wurde als unzutreffend erwiesen. Bei Überbestrahlung entstehen Suprasterine, die nur noch toxisch wirken. Durch Einwirkenlassen von Citraconsäureanhydrid (einem Reagens auf konjugierte Doppelbindungen) konnten aus dem Bestrahlungsgemisch einige unwirksame Sterine abgeschieden werden; aus der Lösung des nichtreagierenden Anteils wurden hochwirksame rechtsdrehende Krystallpräparate erhalten, und zwar nach langwelliger Bestrahlung (Quecksilberlicht mit Uvioldoppelfilter, > 290 mμ) in guter Ausbeute das *Vitamin D_1* (Schmelzpunkt 125°, $[\alpha]_D$ in Aceton $+ 140°$, antirachitische Grenzdosis (Ratte) 0,03 γ [WINDAUS[2]]), nach Bestrahlung mit der Mg-Funkenstrecke (277—295 mμ) in geringerer Ausbeute das *Vitamin D_2* (Schmelzpunkt 115°, $[\alpha]_D$ in Aceton $+ 85°$, antirachitische Grenzdosis 0,02 γ [LINSERT[3]]). Das Spektrum beider Stoffe weist ein Absorptionsmaximum bei 265 mμ auf. Etwa gleichzeitig erhielten englische Forscher[4] durch Hochvakuumdestillation von Quecksilberbestrahlungsgemischen ein hochaktives Krystallisat, das sie *Calciferol* nannten und das sich vom Vitamin D_1 lediglich durch seine stärkere Rechtsdrehung unterschied ($[\alpha]_{Hg} + 260°$). Es wurde später auch aus Vitamin D_1 durch Erhitzen im Vakuum auf 145° erhalten. Sowohl D_1 wic Calciferol erwiesen sich bei genauerer Nachprüfung nicht als chemische Individuen, sondern als Molekülverbindungen zweier isomerer Alkohole $C_{27}H_{42}O$, in die sie durch Veresterung mit Dinitrobenzoesäure und fraktionierte Krystallisation zerlegt werden konnten und von denen der eine sich als identisch mit Vitamin D_2 erwies, während der andere in beiden Fällen antirachitisch unwirksam war[5] (der aus Calciferol, das Pyrocalciferol, war stark rechtsdrehend, $[\alpha]_D + 494°$). *Das Vitamin D_2 von* LINSERT, *in England Neu-Calciferol genannt, ist also das wahre Vitamin D.* Es ist leicht löslich in den üblichen organischen Solventien; sein 3,5-Dinitrobenzoat schmilzt bei 145—147°. Es enthält 3 Doppelbindungen, 2 davon in konjugierter Stellung.

Vorkommen und Verhalten im Organismus. Das Vitamin D des Lebertrans stammt aus den Algen und Diatomeen des Meeres, deren D-Gehalt jedoch weitgehend schwankt, je nachdem, ob sie sich an der Oberfläche des Meeres in Reichweite der ultravioletten Strahlen aufhalten oder nicht[6]. Süßwasserfische enthalten

---

[1] REITER u. KISCH: Strahlenther. **39**, 452 (1931).

[2] WINDAUS, LÜTTRINGHAUS u. DEPPE: Ann. Chem. **489**, 252 (1931). — WINDAUS u. LÜTTRINGHAUS: Hoppe-Seylers Z. **203**, 70 (1931).

[3] LINSERT: Ann. Chem. **489**, 269 (1931).

[4] ANGUS, ASKEW u. Mitarbeiter: Proc. roy. Soc. Lond. B **108**, 340 (1931) — Nature (Lond.) **1931 II**, 758.

[5] *Anmerkung bei der Korrektur:* Die antirachitisch unwirksame Komponente des Vitamins D_1, das *Lumisterin*, kann durch Bestrahlung mit unfiltriertem Mg-Funkenlicht in Vitamin D_2 übergeführt werden. Lumisterin ist also als Zwischenprodukt bei der photochemischen Vitamin-D_2-Bildung anzusehen [WINDAUS, DITHMAR u. FERNHOLZ: Ann. Chem. **493**, 259 (1932)].

[6] RUSSELL: Nature (Lond.) **1930 II**, 472.

häufig sehr viel mehr D im Leberöl als Seefische. Auch bei Fischen mit völlig unverkalktem Skelet (Lamprete und Flußneunauge) findet sich D im Öl der Leber und der Ovarien[1]. Butter ist relativ arm an D, der D-Gehalt kann aber durch Bestrahlung aufs 20fache gesteigert werden. D-Vitamin wird nach der Resorption aus dem Darm wahrscheinlich in Gehirn, Nebennieren, Leber und Nieren gespeichert[2]. Reichlich ist es in der normalen Haut nachweisbar. Während Vitamin A die Heilung von Entzündungsherden beschleunigt, hemmt D die Entstehung von Entzündungen[3].

Ausfallserscheinungen. Die Hauptfunktion des Vitamin D besteht darin, daß es die Durchlässigkeit der Darmwand für Mineralstoffe steigert (Drummond). Der wesentlichste Zug der rachitischen Stoffwechselstörung ist eine mangelhafte Resorption von Ca und P[4]; als ihr wichtigstes Kriterium galt (und gilt noch bei der P-armen Rachitis[5]), das Absinken des Produktes Ca · P im Blut unter den Grenzwert von 40 (bei Ratten 60) mg%, bis Hess 1930 nachwies, daß bei milder, durch unzureichende D-Zufuhr hervorgerufener Rachitis das Produkt häufig über 70 lag. Der Gehalt des Darmes an Hexose- und Glycerinphosphatase nimmt bei Rachitis ab[6]. Ob die Störung des P-Stoffwechsels (Rominger, Compère, Warkany) oder die des Ca-Stoffwechsels (Hess) das Primäre ist, ließ sich bisher nicht entscheiden; nach György hängen beide mit der rachitischen Gewebsacidose zusammen. Das Unvermögen des rachitischen Knochens, Ca zu fixieren, beruht auf einem Undurchlässigwerden der lipoiden Zell- und Zellkernmembranen für Ca (Bond). Die Chronaxie der Oberschenkelmuskulatur nimmt bei Rachitis zu. Zufuhr von elementarem P bewirkt zwar Verkalkung der Knochen (P-Band) in der Metaphysenzone (subepiphysär), kann jedoch den für Rachitis typischen Defekt, nämlich die mangelnde Verkalkung des Wachstums- (Epiphysen-) Knorpels, nicht beseitigen[7]. Nur bei mit Osteoporose komplizierter Rachitis ist P indiziert. Die sog. „unheilbare" Rachitis bei sehr P-armer Diät (Ca:P = 10:1) und Ersatz von gelbem Mais durch Maismehl, ist eine kombinierte D- und B-Avitaminose; sie wird nur geheilt, wenn Phosphor, Vitamin D, B-Komplex und Eiweiß zugeführt werden[8]. Die Symptome der P-armen Rachitis werden durch Sr-Zulage verstärkt[9], dagegen wirkt Mg-Zusatz zur McCollum-Diät 3143 antirachitisch[10].

Auswertung von Vitamin D-Präparaten. Als antirachitische Grenzdosis wird von Holtz, Laquer, Kreitmair und Moll[11] diejenige kleinste Tagesdosis pro Ratte bezeichnet, die bei 14tägiger Verabreichung 80% der auf die McCollum-Diät 3143 gesetzten Versuchstiere vor Rachitis schützt, wobei gleichzeitig die Tiere mindestens 5 g an Gewicht zunehmen müssen. Der toxische Grenzwert wird an Mäusen als diejenige Tagesmindestmenge bestimmt, die nach 10maliger Darreichung Gewichtsabnahme über 2,5 g oder den Tod herbeiführt, wobei die Mehrzahl der Mäuse Kalkeinlagerungen in den Nieren haben soll.

D-Hypervitaminose. D ist das einzige Vitamin, dessen Überdosierung schwere Schäden hervorruft (Kreitmair und Moll). Der antirachitische und

---

[1] Callow u. Fischmann: Biochemic. J. **25**, 1464 (1931).
[2] Page: Biochem. Z. **220**, 420 (1931).
[3] Pfannenstiel u. Scharlau: Z. exper. Med. **71**, 465 (1931).
[4] Jones u. Rapoport: J. of biol. Chem. **93**, 153 (1931).
[5] Kramer, Shear u. Siegel: J. of biol. Chem. **91**, 271, 723 (1931).
[6] Heymann: Z. Kinderheilk. **49**, 748 (1930).
[7] Hess: Amer. J. Dis. Childr. **41**, 1081 (1931).
[8] van Harreveld: Arch. néerl. Physiol. **16**, 234 (1931).
[9] Mouriquand: Rev. belge Sci. Méd. **3**, 349 (1931).
[10] v. Euler u. Rydbom: Biochem. Z. **241**, 14 (1931).
[11] Holtz, Laquer, Kreitmair u. Moll: Biochem. Z. **237**, 247 (1931).

der toxische Faktor sind identisch, das Minimalverhältnis von antirachitischer zu toxischer Dosis ist etwa $1:10000-1:20000$ (HOLTZ).

Die allgemeinen Symptome der Hypervitaminose sind Appetitlosigkeit, Abnahme, Erschöpfungszustände, Paresen, Diarrhöen, endlich Tod. Als spezifische Zeichen gelten Vermehrung des Blut-Ca und Blut-P, Erhöhung des Rest-N, Kalkablagerungen in den Nierentubuli, in der Magenwand, Degeneration und Verkalkung des Myokards, der Aortenmedia, Verkalkung der Coronararterien, Abwanderung von Ca und P aus den Knochen[1,2]. Während bei der Rachitis die Ca-Verarmung ihren Sitz in der Wachstumszone des Epiphysenknorpels hat, ist die der Hypervitaminose in der subepiphysären (metaphysären) Spongiosa, die nach GYÖRGY ein leicht mobilisierbares Ca-Magazin darstellt, lokalisiert und führt zu osteoporotischen oder ostitis-fibrosaartigen Bildern; bei geringer Überdosierung findet man vorübergehend an derselben Stelle eine vermehrte Ca-Einlagerung. Die Hypercalcämie kommt auch zustande, wenn kein Ca mit der Nahrung zugeführt wird. $NaHCO_3$-Injektionen setzen sie herab und bewirken Ca- und P-Apposition im Knochen[3]. Bei extremer Überdosierung wird Ca und P vermehrt durch die Nieren ausgeschieden. Bei Hühnern treten keine Kalkablagerungen auf, dafür wird Anämie, Beinschwäche, Verkrümmung von Knochen beobachtet[4]. Vitamin D steigert die Intensität der vom Carotissinus auslösbaren Vasomotorenreflexe[5]. Wird in der Steenbock-Diät $CaCO_3$ durch $BeCO_3$ ersetzt, so entsteht eine typische Rachitis, die durch Lebertran nicht heilbar ist (Berylliumrachitis[6]). Ob die durch überreichliche Zufuhr von Lebertran hervorgerufenen Herzschädigungen (AGDUHR) eine Erscheinungsform der D-Hypervitaminose darstellen, steht noch nicht fest.

D-Vitamin und Epithelkörperchen. D-Vitamin kann Epithelkörperchenhormon weitgehend ersetzen; es verhütet den Ausbruch der parathyreopriven Tetanie, wirkt heilend auf infantile und chronische Tetanie (IONES und Mitarbeiter, DEMOLE-CHRIST[7]). Epithelkörperchenhormon und D (überdosiert) wirken gleichsinnig hinsichtlich der Organverkalkung, jedoch verschieden am Knochen, da Parathormonüberdosierung sofort zu schwerer Entkalkung des Skelets und Spontanfrakturen führt, während Vitamin D zunächst Kalkeinlagerung und erst bei späterer Überzufuhr Osteoporose bewirkt[8].

Weitere Indikationen der Vitamin D-Darreichung. Außer bei Rachitis wird Vitamin D-Darreichung empfohlen bei Frakturen, Osteomalacie, Tuberkulose, Ekzem, Asthma bronchiale, mangelhaftem Zahnwachstum, also allen Erkrankungen, bei denen Kalktherapie getrieben werden soll.

Vitamin E (Antisterilitätsvitamin).
EVANS-BURR.

Eigenschaften und Vorkommen. Die chemische Natur des E-Vitamins ist noch unbekannt. Nach EVANS und BURR entsprechen die Analysenzahlen der reinsten Präparate der Formel $C_{18}H_{32}O$ oder einem Mehrfachen davon. Es wird (im Gegensatz zu der Annahme von EVANS und BURR) leicht durch Autoxydation zerstört und kann durch Anwesenheit gewisser leicht oxydabler Substanzen geschützt werden. Solche sog. „antioxygene" Substanzen begleiten das Vitamin E

---

[1] HARRIS u. INNES: Biochemic. J. **25**, 367 (1931).

[2] SCHMIDTMANN: Virchows Arch. **280**, 1 (1931).

[3] HESS, BENJAMIN u. GROSS: J. of biol. Chem. **94**, 1 (1931).

[4] KING u. HALL: Biochem. Z. **229**, 315 (1930).

[5] BOUCKAERT u. REGNIERS: Arch. internat. Pharmacodynamie **39**, 225 (1930).

[6] BRANION, GUYATT u. KAY: J. of biol. Chem. **92**, XI (1931).

[7] DEMOLE u. CHRIST: Arch. f. exper. Path. **146**, 361 (1929).

[8] HOFF u. HOMANN: Z. exper. Med. **74**, 258 (1930).

in seinem pflanzlichen Vorkommen und sind wichtig für seine biologische Wirkung; wegen ihrer ähnlichen Löslichkeitsverhältnisse sind sie schwer von dem Vitamin zu trennen[1]. Ein solches Antioxydans, ein Phenol der Formel $C_{13}H_{14}O_5$, konnte aus dem sehr E-reichen Unverseifbaren von Salatblättern isoliert werden[2]. Die E-Wirksamkeit von Nahrungsmitteln wird durch Einwirkung einer ätherischen (nicht wässerigen) $FeCl_3$-Lösung zerstört, wohl infolge Bildung eines unwirksamen Fe-Vitamin-Komplexes[3]. Das E-reichste Pflanzenmaterial sind die grünen Teile der Brunnenkresse[4]. Auch in tierischen Fetten und in Lebertran findet sich Vitamin E, wenn auch inkonstant. Eine sehr ergiebige und relativ leicht in großer Menge zugängliche Vitamin E-Quelle ist das Öl von Weizenkeimlingen.

Wirkungsweise. Vitamin E beschleunigt und verstärkt das Wachstum von Gewebsteilen in vitro (Juhász-Schäffer[5]). Bei infantilen weiblichen Ratten bewirkt E per os oder intraperitoneal gegeben eine Hypertrophie des Genitales und Auftreten von Brunsterscheinungen, jedoch nicht bei kastrierten Tieren. Der normale Organismus kann E speichern; diese E-Reserve wird in der Gravidität besonders in Anspruch genommen. Der fetale und kindliche Organismus hat einen besonders hohen E-Bedarf und ist viel empfindlicher gegen E-Mangel als der erwachsene.

Mangelerscheinungen. Die Bezeichnung „Antisterilitätsvitamin" ist eigentlich nicht zutreffend, da bei E-Avitaminose weiblicher Tiere niemals Sterilität eintritt. Zu Beginn des E-Mangels können von normalen Männchen befruchtete Weibchen normale Junge werfen, doch ist die Zahl der Jungen gegen die Norm bereits herabgesetzt und ein Teil von ihnen tot; die überlebenden sterben in den ersten beiden Lebenstagen. Bei der 2. Gravidität in E-Avitaminose werden nur wenige tote Früchte geworfen, bei der 3. sterben die Feten schon zu Beginn der Schwangerschaft intrauterin ab und werden resorbiert. Während der ganzen Dauer der E-Avitaminose bleiben aber die Weibchen konzeptionsfähig; Ovulation, Befruchtung und Eiimplantation sind normal. Sofort nach E-Zufuhr, auch bei langer Dauer der vorherigen E-Karenz, tragen die Weibchen wieder lebende und lebensfähige Junge aus, allerdings ist die Generationsausbeute geringer und das Gewicht der Jungen niedriger als ohne vorangehende E-Avitaminose. Eine histologisch nachweisbare Dauerschädigung hinterbleibt jedoch nicht. Werden ganz zu Beginn der E-Avitaminose noch lebensfähige Junge geboren, so verweigern die Muttertiere die Aufzucht der Jungen. Wird säugenden Rattenweibchen das E-Vitamin entzogen, so entwickeln sich bei den Jungen unheilbare Paresen der Hinterextremitäten. Im Gegensatz zu dem negativen histologischen Befund beim Weibchen wird bei E-Mangel beim Männchen das Keimgewebe des Hodens manifest geschädigt; die Tubuli zeigen zunehmende Degenerationserscheinungen bis zum Verschwinden der Zellschichtstruktur. Die Sexualorgane des E-avitaminotischen Männchens bedürfen langdauernder E-Zufuhr, um wieder funktionstüchtig zu werden. Bei E-Mangel verändert sich auch das Haarkleid der Ratte, es wird dünn und „seidig"[6].

Beziehungen zum Hypophysenvorderlappenhormon (HVH). Die Wirkungsweise des E-Vitamins ist außerordentlich ähnlich der des HVH, zu dessen Aufbau der E-Faktor vielleicht benötigt wird (Verzár). Alle Erscheinungen der E-Avitaminose bei männlichen und weiblichen Ratten, auch die Haarkleidveränderungen,

---

[1] Cummings u. Mattill: J. Nutrit. **3**, 421 (1931).

[2] Olcott u. Mattill: J. of biol. Chem. **93**, 65 (1931).

[3] Waddell u. Steenbock: J. Nutrit. **4**, 79 (1931).

[4] Mendel u. Vickery: J. Home econ. **22**, 581 (1930).

[5] Juhász-Schäffer: Virchows Arch. **281**, 3; **282**, 662 (1931) — Klin. Wschr. **10**, 1364 (1931).

[6] Verzár: Pflügers Arch. **227**, 499, 511 (1930).

können durch Injektion von HVH zum Verschwinden gebracht werden (AGNOLI[1], VERZÁR).

Wirkungen manganfreier Diät. Völlig von Mn befreite, alle Vitamine enthaltende Diät führt bei Ratten zu Erscheinungen, die große Ähnlichkeit mit denen des E-Mangels haben: beim Männchen zu Hodendegeneration, -atrophie und Sterilität, beim Weibchen in Abwesenheit jedes anatomischen Befundes zu Ausbleiben des Mutterinstinktes. Die Weibchen weigern sich, die Jungen zu säugen; die Jungen sind funktionell minderwertig und bleiben untergewichtig, selbst bei ausreichender Ernährung durch andere Weibchen (ORENT, MCCOLLUM[2]).

Vitamin H (Hautfaktor).
GYÖRGY[3].

Vorkommen und Eigenschaften. Das H-Vitamin findet sich in Hefe, Kartoffeln, Leber, Niere, wenig in Gemüsen, in Kuhmilch reichlicher als in Frauenmilch. Es ist wasserlöslich, kochbeständig, sauerstoffempfindlich, enthält Stickstoff, aber keinen Schwefel.

Mangelerscheinungen. GYÖRGY konnte bei Ratten durch Verfütterung einer bestimmten, der GOLDBERGERschen Pellagrakost ähnlichen, sämtliche bekannten Vitamine enthaltenden Diät eine generalisierte Hauterkrankung hervorrufen, die sich von der bei B_2-Mangel scharf durch das Fehlen echter Pellagrasymptome unterschied und von GYÖRGY als Status seborrhoicus mit Übergang in Erythrodermie gedeutet wurde. Diese Diagnose konnte histologisch bestätigt werden. Die Symptome dieser Mangelkrankheit sind Hautentzündungen an Achselhöhlen, Leistenbeugen und Urethra, später Schuppenbildung, Juckreiz, Haarausfall, ausgedehnte Desquamationen, vor allem am Bauch, mit Bildung borkiger, zum Teil panzerartiger Auflagerungen, gelegentlich Hauteiterungen und Abscesse. Die Krankheit ist durch Zufuhr des H-Faktors in wenigen Tagen heilbar. Da die GYÖRGYsche Dermatitiskost reichlich Fett enthält und auch in den borkigen Desquamaten Fett in beträchtlicher Menge nachzuweisen war, nimmt MORO an, daß bei der Entstehung des Status seborrhoicus Mangel an H-Vitamin und übermäßige Fettzufuhr zusammenwirken. Es würde dies erklären, daß die Dermatitis seborrhoides fast nur bei Brustkindern vorkommt, die mit der mütterlichen Milch nur sehr wenig Vitamin und reichlich Fett aufnehmen. Auch wiesen GOLDBERGERS Tiere wesentlich geringere Hautveränderungen auf als die von SHERMAN, der seinen Ratten eine grundsätzlich gleiche, nur viel fettreichere Diät verfütterte.

Fettlösliches Wachstumsvitamin.

1927 fanden EVANS und BURR, daß eine völlig fettfreie, hochgereinigte Diät, die sämtliche bekannten Vitamine (auch E) enthält, bei Ratten Wachstumsstillstand und bei weiblichen Tieren verspäteten Eintritt der Ovulation bewirkt. Das Wachstum konnte durch Zulage von frischer Leber oder Salatblättern angeregt werden[4]. Die Existenz eines fettlöslichen Wachstumsfaktors wurde von verschiedenen Seiten bestätigt. Dieser Faktor weist gewisse Ähnlichkeiten mit dem Vitamin E auf, das er in seinen meisten Vorkommen begleitet, von dem er aber sicher verschieden ist (COWARD, KEY und MORGAN[5]; GUHA). Er findet sich im Casein des Handels, aus dem er unter Inaktivierung durch Ätherextraktion entfernt werden kann, in frischer Milch, im Eigelb, Salat, Spinat, Gras, Heu, ferner in Weizenembryonen, Rindsmuskel und -leber, hier aber in geringerer

[1] AGNOLI: Boll. Soc. ital. Biol. sper. **5**, 937 (1930).
[2] ORENT u. MCCOLLUM: J. of biol. Chem. **92**, 651 (1931).
[3] GYÖRGY: Z. ärztl. Fortbildg **28**, 377 (1931).   [4] MASON: J. Nutrit. **1**, 311 (1928).
[5] COWARD, KEY u. MORGAN: Biochemic. J. **23**, 695 (1929).

Menge. Die Angabe von Chick und Copping, daß er identisch sei mit einem wasserlöslichen Faktor der Hefe (s. oben Faktor Y des B-Komplexes), trifft nach Guha nicht zu. Er ist löslich in 90proz. Alkohol und in Äther, luftbeständig, jedoch hitzeempfindlich. Seine chemische Natur ist unbekannt; durch Chlorophyll, Carotin und die biologisch wichtigen Aminosäuren kann er nicht ersetzt werden[1]. Die von Evans gefundene Förderung des Wachstums älterer (auch kastrierter) Ratten durch E-Präparate beruht wahrscheinlich auf der Anwesenheit dieses Faktors in den E-Konzentraten.

Avitaminoseartige Krankheitserscheinungen unbekannter Ätiologie.

Bei Verabfolgung einer fettfreien Diät, die aber das Unverseifbare von Fetten und alle bekannten Vitamine enthält, tritt eine Mangelkrankheit auf, deren Hauptsymptome in einer nekrotisierenden Entzündung des Schwanzes und der Pfoten, später auch der übrigen Haut bestehen; diese Entzündung führt zu Haarausfall und zur Ausbildung tiefer paralleler Rillen in der Schwanz- und Rückenhaut, weswegen die Krankheit als „scaly tail" bezeichnet wurde (Burr, Burr[2]). Außerdem kommt es zu Hautblutungen, Hämaturie und Albuminurie. Die Erscheinungen können durch Zufuhr von Speck geheilt werden. Die Ovulationen werden irregulär oder hören ganz auf; beim Männchen verschwindet der Geschlechtstrieb. Die Erkrankung kann durch Zufuhr von Speck oder der gereinigten Fettsäuren des Specks geheilt werden; an diesem Effekt sind aber die gesättigten Fettsäuren und die Ölsäure unbeteiligt, während Linolsäure und Öle, die hochungesättigte Fettsäuren enthalten, gut kurativ wirksam sind. Nach Burr-Burr ist der Warmblüterorganismus nicht imstande, Fettsäuren mit mehr als einer Doppelbindung zu synthetisieren; nach Hume-Smith[3] ist jedoch „scaly tail" eine durch reichliche Hefezufuhr heilbare Form der B- (und zwar wohl B_1-) Avitaminose, und das Fett hat nur die Aufgabe, den B-Komplex besser verwertbar zu machen. Fett spart B-Vitamin und setzt den Bedarf des Körpers vor allem an B_1 herab (Evans, Lepkovsky[4]). Auch Koprophagie heilt „scaly tail", was an die Erscheinung der Refektion erinnert.

Wechselbeziehungen zwischen einzelnen Vitaminen und Avitaminosen.

Dieses wichtige Gebiet ist bisher relativ wenig bearbeitet worden. Der Bedarf des Rattenorganismus an den Vitaminen des B-Komplexes steigt an, wenn D in vermehrter Menge zugeführt wird; daher können sich bisweilen den Erscheinungen der D-Hypervitaminose solche der B-Avitaminose beimischen. Die Symptome der D-Überdosierung werden oft durch erhöhte B-Zufuhr (Hefe) beseitigt (Harris, Moore[5]). Die bei Ratten nach Verabreichung einer B- und C-freien Diät auftretenden Symptome des Skorbuts werden durch solche der Beriberi abgelöst, wenn der Kost alkalisches Hämatin zugelegt wird; die diesen beiden Avitaminosen zugrunde liegenden histologischen Veränderungen sind nach Kollath einander sehr ähnlich. Die Pellagra entsteht bei der Ratte in reinster Form, wenn die B_2-freie Diät etwa 20% Rohrzucker enthält; wird dieser bei der von Leader[6] gewählten Kostform weggelassen, so tritt statt der Pellagra Polyneuritis auf. Bei fettarmer Diät erzeugt ein Übermaß von D Keratomalacie, die durch Fett- oder Vitamin A-Zufuhr geheilt werden kann (Thoenes[7]).

[1] Guha: Biochemic. J. 25, 960 (1931).
[2] Burr u. Burr: J. of biol. Chem. 86, 587 (1930).
[3] Hume u. Smith: Biochemic. J. 25, 300 (1931).
[4] Evans u. Lepkovsky: J. of biol. Chem. 92, 615 (1931).
[5] Harris u. Moore: Biochemic. J. 23, 1114 (1929).
[6] Leader: Biochemic. J. 24, 1172 (1930).   [7] Thoenes: Jb. Kinderheilk. 131, 1 (1931).

Die körperlichen Bestandteile des Blutes
(S. 3—75).

Von

K. Bürker – Gießen.

a) Berichtigungen.

Zu S. 11: Zeile 10 von oben muß stehen:

B. Collatz fand neuerdings im Plasma um 1,9% kleinere Werte.

Zu S. 12: Zeile 22 von oben muß stehen:

Der D_E ist beim weiblichen Geschlecht um vier Zehntel eines μ kleiner als beim männlichen.

b) Ergänzungen.

G. Schmoll[1] fand bei 40 jungen Frauen im Alter von $19^{1}/_{2}$—27 Jahren mit neueren Methoden folgende Werte:

Der *Hämoglobingehalt* betrug im Mittel 13,70 g in 100 ccm Blut. Variationsbreite 11,81—15,53 g, Variationskoeffizient 6%.

Die *Erythrocytenzahl* wurde zu 4,56 Mill. bestimmt, Variationsbreite 4,06 bis 5,52 Mill., Variationskoeffizient auch rund 6%.

Der absolute *Hämoglobingehalt eines Erythrocyten* ergab sich zu $30,2 \times 10^{-12}$ g. Seine ziemliche Konstanz sagt uns, daß zu einem hohen Hämoglobingehalt des Blutes eine hohe Erythrocytenzahl gehört, zu einem niederen eine niedere. Auf Grund dieser Beziehung kann man bei physiologischen Verhältnissen zum ermittelten Hämoglobingehalt die Erythrocytenzahl voraussagen und umgekehrt.

Der *Durchmesser der trocknen Erythrocyten* im Ausstrichpräparat wurde im Mittel zu 7,73 μ bestimmt, der des feuchten zu 7,58 μ geschätzt. Variationsbreite im ersteren Fall 7,43—8,08 μ, Variationskoeffizient rund 2%. Der Wert variiert also dreimal weniger als der Hämoglobingehalt und die Erythrocytenzahl; derselbe Befund wurde bei jungen Männern erhoben.

Die *mittlere Oberfläche* wurde beim trocknen Erythrocyten zu 93,8 μ^2, beim feuchten zu 119,5 μ^2 berechnet.

Die bisher mitgeteilten Werte sind alle bei jungen Frauen kleiner als bei jungen Männern, es bestehen also in dieser Beziehung deutliche *Geschlechtsdifferenzen*, während Neugeborene solche Differenzen nicht aufweisen.

Der Hämoglobingehalt pro μ^2 Oberfläche[2] dagegen erwies sich mit 32×10^{-14} g nicht wesentlich verschieden von dem des Mannes mit 31×10^{-14} g und liegt

---

[1] Schmoll, G.: Das Blut des Menschen, mit neueren Methoden untersucht. IV. Mitt. Absolute Hämoglobinbestimmungen, Erythrocytenzählungen und Erythrocytenmessungen bei 40 jungen Frauen zur Ermittlung des Hämoglobingehalts eines Erythrocyten und des Hämoglobins pro μ^2 Oberfläche des Erythrocyten.

[2] Dieser Wert wird neuerdings von K. Bürker „spezifisches Oberflächenhämoglobin" genannt.

auch dem für Säugetiere berechneten Wert von $31{,}7 \times 10^{-14}$ g sehr nahe. Das Hämoglobin-Verteilungs-Gesetz gilt also auch für Frauenblut, das *spezifische Oberflächenhämoglobin* ist ziemlich konstant.

Für die Gewichtseinheit Hämoglobin von 1×10^{-12} g steht eine *Oberfläche des feuchten Erythrocyten* von rund $4{,}0\,\mu^2$ zur Verfügung wie beim Mann.

Bd. VI, 1.

Der normale rote Blutfarbstoff
(S. 76—113).

Von

GEORG BARKAN – Dorpat.

Literaturnachtrag.

Seit dem Abschluß des obengenannten Kapitels ist eine größere Anzahl einschlägiger Arbeiten erschienen. Die wesentlichsten von ihnen werden in der folgenden Zusammenstellung aufgeführt. Diese ist entsprechend den gleichlautenden Abschnitten des Hauptkapitels in Bd. VI, auf die der Inhalt der Arbeiten Bezug hat, untergeteilt.

Zu S. 79: Das eiweißhaltige Spaltprodukt (Globin).

VICKERY, HUBERT BRADFORD, and CHARLES S. LEAVENWORTH: The basic amino acids of horse hemoglobin. J. of biol. Chem. **79**, 377 (1928).

HAUROWITZ, FELIX, u. HEINRICH WAELSCH: Über die Bindung zwischen Eiweiß und prosthetischer Gruppe im Hämoglobin. Hoppe-Seylers Z. **182**, 82 (1929).

POLJAKOW, A.: Die N-Verteilung in der Globinmolekel des Pferdehämoglobins. Biochem. Z. **204**, 97 (1929).

HAMZIK, A.: Zur Darstellung und Kupplung des Globins. Hoppe-Seylers Z. **187**, 229 (1930) — Sur la globine. C. r. Soc. Biol. Paris **104**, 243 (1930).

ROCHE, JEAN: Sur quelques propriétés physico-chimiques de la globine naturelle. C. r. Acad. Sci. Paris **189**, 378 (1929) — Recherches sur la globine. Amer. J. Physiol. **30**, 497 (1929) — Sur quelques propriétés physico-chimiques de la globine. Arch. Physique biol. **7**, 165 (1929) — Recherches sur la globine. C. r. Trav. Labor. Carlsberg **18**, 1 (1930).

SCHENCK, E. G.: Untersuchungen über das Globin bei Tieren, gesunden und kranken Menschen. Naunyn-Schmiedebergs Arch. **150**, 160 (1930).

Zu S. 81: Die Bindung der Farbstoffgruppe an das Globin.

ROCHE, JEAN: Sur la combinaison de l'hématine à la globine. C. r. Soc. Biol. Paris **99**, 1971 (1928).

HAUROWITZ, FELIX, u. HEINRICH WAELSCH: Über die Bindung zwischen Eiweiß und prosthetischer Gruppe im Hämoglobin. Hoppe-Seylers Z. **182**, 82 (1929).

HILL, ROBERT: Reduced haematin and haemochromogen. Proc. roy. Soc. Lond. B **105**, 112 (1929).

HOLDEN, H. F., and M. TREEMANN: On haemochromogen and some related compounds. Austral. J. exper. Biol. a. med. Sci. **6**, 79 (1929).

ANSON, M. L., and A. E. MIRSKY: On hemochromogen. J. gen. Physiol. **12**, 273 (1928).

MIRSKY, A. E., and M. L. ANSON: On pyridine hemochromogen. J. gen. Physiol. **12**, 581 (1929).

ANSON, M. L., and A. E. MIRSKY: The preparation of completely coagulated hemoglobin. J. gen. Physiol. **13**, 121 (1929) — The preparation of insoluble globin, soluble globin and heme. Ebenda **13**, 469 (1930).

MIRSKY, A. E., and M. L. ANSON: Improved methods for the reversal of the coagulation of hemoglobin. J. gen. Physiol. **13**, 477 (1930).

COLE, ARTHUR G., and ALDEN K. BOOR: Denaturation of hemoglobin. Proc. Soc. exper. Biol. a. Med. **27**, 1056 (1930).

Zu S. 82: Hämoglobinkrystalle.

DESGREZ, A., et J. MEUNIER: Sur les éléments minéraux associées à l'oxyhémoglobine du sang de cheval. C. r. Acad. Sci. Paris **181**, 1029 (1925).

NICOLETTI, FERDINANDO: Sul valore della cristallizzazzione dell'emoglobina per la diagnosi specifica del sangue. Arch. di Antrop. crimin. **48**, 705 (1928) — La cristallizzazzione dell'emoglobina nelle varie età dell'uomo. Ebenda **50**, 386 (1930).

RAY, G. B.: Evidence indicating a colorless form of hemoglobin. 13. internat. physiol. Congr. Amer. J. Physiol. **90**, 489 (1929).

PERRIER, C., e P. JANNELLI: Differenze cristallografiche fra l'emoglobina dell'uomo (bianco) adulto e quella del neonato. Arch. di Fisiol. **29**, 289 (1931).

Zu S. 86: Elementare Zusammensetzung des Hämoglobins.

VALER, JOLÁN: Verschiedener Schwefelgehalt der Hämoglobine verschiedenen Ursprungs. Biochem. Z. **190**, 444 (1927).

TIMÁR, ELISABETH: Schwefelgehalt des Hämoglobins im Blute rassereiner Hunde und einiger seltener untersuchter Tierarten. Biochem. Z. **202**, 365 (1928).

POLJAKOW, A.: Die N-Verteilung in die Hämoglobinmolekel des Pferdeblutes. Biochem. Z. **204**, 88 (1929).

FRÄNKEL, SIEGMUND, u. GABRIELE MONASTERIO: Eine neue Aminosäure aus Hämoglobin. Biochem. Z. **213**, 65 (1929).

Zu S. 87: Chemisches Verhalten gegenüber Eiweißreagenzien usw.

KRÜGER, F. v., u. W. GERLACH: Weitere Untersuchungen über den Einfluß von Blutentziehungen auf die Resistenz des Blutfarbstoffes. Z. exper. Med. **54**, 653 (1927).

WÖRPEL, TH.: Über die Hämoglobinresistenz bei Anämien. Z. klin. Med. **105**, 318 (1927).

WUNDT, NORA: Beitrag zur Frage der Hämoglobinresistenz. Z. Kinderheilk. **43**, 297 (1927).

BISCHOFF, H.: Hämoglobinresistenz bei jungen Tieren. Arch. Kinderheilk. **83**, 161 (1928) — Altersbestimmung bei Säuglingen und Frühgeborenen mit Hilfe der Hämoglobinresistenz. Dtsch. Z. gerichtl. Med. **11**, 340 (1928) — Hämoglobinresistenzuntersuchungen bei Affen. Med. Klin. **1930 I**, 513.

HENTSCHEL, HERBERT: Über Unterschiede des pränatal und postnatal entstandenen Blutfarbstoffes bei Mensch und Tier. Münch. med. Wschr. **1928 II**, 1237.

CUCCO, GIAN PIETRO: Sulla resistenza emoglobinica. Policlinico Sez. Med. **36**, 625 (1928).

NITTA, K.: Einfluß der Schilddrüse auf die Resistenz des Hämoglobins (japanisch). Fol. endocrin. jap. **4**, 82 (1929).

MIRSKY, A. E., u. M. L. ANSON: Protein coagulation and its reversal. The reversal of the coagulation of hemoglobin. J. gen. Physiol. **13**, 133 (1929).

HAUROWITZ, FELIX: Über die Spezifität der Hämoglobine und die v. Krügersche Reaktion. Hoppe-Seylers Z. **183**, 78 (1929) — Über das Hämoglobin des Menschen. Ebenda **186**, 141 (1930) — Über die tryptische Verdauung des Blutfarbstoffes. Ebenda **188**, 161 (1930) — Hämoglobin des Säuglings, des gesunden und kranken Erwachsenen. Verein Dtsch. Ärzte, Prag, Sitzg Dez. 1929. Klin. Wschr. **9**, 574 (1930) — Darstellung von Methämoglobin, Fluorhämoglobin, Papainspaltung von Hämoglobin und Hämoglobin bei perniziöser Anämie. Hoppe-Seylers Z. **194**, 98 (1931).

BARKAN, GEORG: Weitere Studien zur Frage des Blutfarbstoffzerfalls durch verdünnte Säuren. Ber. Physiol. **50**, 315 (1929) — Zur Frage des Blutfarbstoffzerfalls durch verdünnte Säuren. Biochem. Z. **224**, 53 (1930).

FRANCKE, GERT: Resistenz des Hämoglobins gegenüber Natronlauge. Biochem. Z. **222**, 482 (1930).

FRÄNKEL, SIEGMUND, e GABRIELE MONASTERIO: Sui prodotti della digestione triptica prolungata della emoglobina. Arch. Farmacol. sper. **48**, 25 (1930).

Zu S. 89: Biologische Eiweißreaktionen. Antigennatur.

HEKTOEN, LUDWIG, u. KAMIL SCHULHOF: Bemerkungen zu: OTTENSOOSER u. STRAUSS: Immunochemische Untersuchungen über Globin und Globinderivate. Biochem. Z. **204**, 125 (1929).

OTTENSOOSER, F., u. E. STRAUSS: Erwiderung auf die Bemerkungen von L. Hektoen und K. Schulhof. Biochem. Z. **205**, 489 (1929).

GUSSEW, A. D.: Versuche behufs Erzielung spezifischer Hämoglobinpräcipitine. Dtsch. Z. gerichtl. Med. **13**, 270 (1929).

YASUI, KEHNOSUKI: Über die serologische Reaktionsfähigkeit des Hämoglobins. Z. Immun.forsch. **63**, 215 (1929).

Boor, Alden Kinney, u. Ludvig Hektoen: Preparation and antigenic properties of carbon-monoxide hemoglobin. J. inf. Dis. **46**, 1 (1930).

Breinl, Friedrich, u. Felix Haurowitz: Chemische Untersuchung des Präcipitats aus Hämoglobin und Anti-Hämoglobinserum und Bemerkungen über die Natur der Antigenkörper. Hoppe-Seylers Z. **192**, 45 (1930).

Zu S. 91: Spektroskopisches Verhalten, und *zu S. 94:* Spektrophotometrie.

Keve, Emerich: Spektrophotometrische Studien an Oxyhämoglobin. Biochem. Z. **201**, 439 (1928).

Leikola, Erkki: Über die Identität des Hämatoporphyrins aus verschiedenen Blutarten. Biochem. Z. **223**, 436 (1930).

Berg, F. R., u. W. Schwarzacher: Die Lage des Violettstreifens bei Oxy- und Kohlenoxydhämoglobin. Hoppe-Seylers Z. **190**, 184 (1930).

Ray, G. B., and G. H. Paff: A spectrophotometric study of muscle hemoglobin. Amer. J. Physiol. **94**, 521 (1930).

Zu S. 98: Optisches Drehungsvermögen.

Simonovits, Stefan: Optische Aktivität des Hämoglobins. Biochem. Z. **233**, 449 (1931).

Zu S. 99: Kataphoretisches Verhalten. Strittige Ampholytnatur.

Kato, R.: The role of haemoglobin on the hydrogen ion equilibrium in the blood. J. Biophysics **1**, 79 (1926).

Kato, Satoru: Temperature effect on the amphoteric property of oxy-haemoglobin. J. Biophysics **2**, 243 (1927).

Avair, G. S., N. Cordero u. T. C. Shen: The effect of temperature on the equilibrium of carbon dioxide and blood and the heat of ionization of haemoglobin. J. of Physiol. **67**, 288 (1929).

Geiger, Alexander: The isolation by cataphoresis of two different oxyhaemoglobins from the blood of some animals. Proc. roy. Soc. Lond. B **107**, 368 (1931).

Zu S. 104: Gasbindung. Gegenseitige Beziehung von Hb und O_2Hb.

Macela, Ivo, and Albin Seliskar: The influence of temperature on the equilibrium between oxygen and haemoglobin of various forms of life. J. of Physiol. **60**, 428 (1925).

Yabuki, K.: On the aggregation of haemoglobin in the blood. J. of Biophysics **1**, 79 (1926) — On the aggregation of haemoglobin molecules in the blood, studied from the oxygen dissociation curve. Ebenda **8**, 107 (1927).

Kato, S., Y. Katsu u. K. Yabuki: On the relation between the aggregation of haemoglobin molecules in a solution and its salt content. J. of Biochem. **8**, 133 (1927).

Menkin, Valy, and Miriam F. Menkin: The influence of CO_2 tension on the oxygen dissociation curve. Science (N. Y.) **1928 II**, 518.

Ferry, Ronald M., and Arda Alden Green: The equilibrium between oxygen and hemoglobin and its relation to changing hydrogen ion activity. J. of biol. Chem. **81**, 175 (1929).

Litarczek, G. H. Aubert, et J. Cosmulesco: Sur l'affinité de l'hémoglobine pour l'oxygène exprimée par la constante de dissociation k dans quelques cas d'hyperthyroïdies. C. r. Soc. Biol. Paris **102**, 157 (1929) — Sur les modifications de l'affinité de l'hémoglobine pour l'oxygène exprimées par la constante de dissociation J/k chez quelques cardiaques et pulmonaires asystoliques. Ebenda **105**, 907 (1930).

Litarczek, G., H. Aubert, J. Cosmulesco et B. Nestoresco: Sur l'utilité de l'accroissement de l'affinité de l'hémoglobine pour l'oxygène chez deux pulmonaires en asystolie. C. r. Soc. Biol. Paris **105**, 909 (1930).

Litarczek, G., H. Aubert et J. Cosmulesco: Des facteurs qui peuvent influencer l'affinité de l'hémoglobine pour l'oxygène exprimée par la constante J/k, le p_H plasmatique. C. r. Soc. Biol. Paris **106**, 740 (1931) — Des facteurs qui peuvent influencer l'affinité de l'hémoglobine pour l'oxygène, exprimée par la constante de dissociation I/k. Les facteurs intraglobulaires. Ebenda **106**, 973 (1931).

Conant, James B., and Ralph V. McGrew: An inquiry into the existence of intermediate compounds in the oxygenation of hemoglobin. J. of biol. Chem. **85**, 421 (1930).

Forbes, W. H., and F. J. W. Roughton: The oxygen dissociation curve of dilute blood solutions. J. of Physiol. **71**, 229 (1931).

Forbes, W. H.: The oxygen dissociation curves of dilute solutions of horse haemoglobin. J. of Physiol. **71**, 261 (1931).

Zu S. 106: Osmotischer Druck. Molekulargewicht.

Gorter, E., and F. Grendel: Das Ausbreitungsvermögen von Oxyhämoglobin (holländ.). Versl. Akad. Wetensch. Amsterd., Wis- en natuurkd. Afd. **34**, 1257 (1925).

SVEDBERG, THE.: Über die Bestimmung von Molekulargewichten durch Zentrifugierung. Mitt. II. Z. physik. Chem. **127**, 51 (1927) — Mass and size of protein molecules. Nature (Lond.) **1929 I**, 871.

STADIE, WILLIAM C., and F. WILLIAM SUNDERMANN: The osmotic activity coefficients of ions in hemoglobin solutions. 13. Intern. physiol. Congr. Boston VIII, 1929. Amer. J. Physiol. **90**, 526 (1929).

LIESEGANG, R. E., u. O. MASTBAUM: Diffusion des Hämoglobins. Biochem. Z. **205**, 451 (1929).

NORTHCOP, JOHN H., u. M. L. ANSON: A method for the determination of diffusion constants and the calculation of the radius and weight of the hemoglobin molecule. J. gen. Physiol. **12**, 543 (1929).

LAPORTA, M.: Sul peso molecolare della emoglobina. Arch. di Sci. biol. **16**, 198 (1931).

Zu S. 110: Dispersionszustand des Hämoglobins in Lösung.

CAMIS, M.: Observations ultra-microscopiques sur l'hémoglobine. Arch. ital. de biol. **78**, 120 (1927).

Zu S. 110: Katalytische Eigenschaften des Hämoglobins.

RIGONI, MARIO: L'emoglobina ed i suoi derivati possiedono un'attività catalasica? Biochemica e Ter. sper. **16**, ±89 (1929).

Bd. VI, 1.

Das Kohlenoxydhämoglobin und das Problem der Kohlenoxydvergiftung

(S. 114—148).

Von

GEORG BARKAN — Dorpat.

Literaturnachtrag.

Einige seit dem Abschluß meines obigen Handbuchbeitrages erschienene Arbeiten sind im folgenden nach dem gleichen Prinzip angeführt, wie bei dem vorstehenden Nachtrag zum Kapitel über den normalen roten Blutfarbstoff.

I. Kohlenoxydhämoglobin.

Zu S. 115—133 (1, 2, 3a und 4):

SCHWARZACHER, W.: „Kunstgriff" für Erkennung kohlenoxydhaltigen Blutes. Dtsch. Z. gerichtl. Med. **12**, 513 (1928).

BOOR, ALDEN KINNEY, and ALBERT BACHEM: A spectrographic study of carbon monoxide hemoglobin. J. of biol. Chem. **85**, 743 (1930)

OKUYAMA, MISAO: Some experiments with the Hartridge reversion spectroscope for the estimation of CO in blood (japan.). Okayama-Igakkai-Zasshi (jap.) **40**, 2435 (1928).

PILAAR, W. M. M.: Die Bestimmung des Kohlenstoffmonoxyds im Blut (holländ.). Chem. Weekbl. **25**, 509 (1928) — Determination of carbon monoxide in blood. J. of biol. Chem. **83**, 43 (1929).

SENDROY jr., JULIUS, and S. H. LIU: Gasometric determination of oxygen and carbon monoxide in blood. J. of biol. Chem. **89**, 133 (1930).

MARTINEK, MATTEW J., and WILLIAM C. MARTI: Modified iodinepentoxide method for determination of carbon monoxide in air and blood. Amer. J. publ. Health **19**, 293 (1929).

SLYKE, DONALD D. V., and ALMA HILLER: Gasometric determination of hemoglobin by the carbon monoxide capacity method. J. of biol. Chem. **78**, 807 (1928).

NICLOUX, MAURICE: L'oxidation du glucose en solution alcaline par l'oxygène ou l'air atmosphèrique: Production d'oxyde de carbone. Faits et hypothèses sur les conséquences biologiques de cette réaction. Bull. Soc. Chim. biol. Paris **10**, 1135 (1928).

Nicloux, Maurice: Production d'oxyde de carbone par l'oxydation du glucose en solution alcaline. Hypothèses d'ordre biologique concernant cette réaction. Ann. de Physiol. 4, 664 (1928).

Deckert, Walter: Zur Beurteilung der Giftigkeit kohlenoxydhaltiger Luft. Arch. f. Hyg. 102, 254 (1929).

Green, Arda Aldens, and Edwin J. Cohn: The activity coefficients of carboxyhemoglobin in various salt solutions. Amer. J. Physiol. 90, 366 (1929).

II. Das Kohlenoxyd als Blut- und Zellgift.

Zu S. 135: 1. Allgemeines.

Grünstein, A. M., u. Nina Popowa: Experimentelle Kohlenoxydvergiftung. Arch. f. Psychiatr. 85, 283 (1928) — Über experimentelle Kohlenoxydvergiftung (russisch m. dtsch. Zusammenfassung). Trudy ukrain. Inst. Pat. i Gig. Truda 6, 86 (1928).

Lewin, Louis, M. Seckbach u. Anton Mutschlechner: Seltene Wirkungsfolgen der Kohlenoxydvergiftung. (Beitr. z. Giftkunde. Hrsg. v. Louis Lewin. H. 4.) Berlin: Georg Stilke 1929.

Tscherkess, Alexander u. Mitarbeiter: Experimentelle Beiträge zur Pathologie und Therapie der Kohlenoxydvergiftung. I. bis V. Mitt. (russisch m. dtsch. Zusammenfassung). Trudy ukrain. Inst. Pat. i Gig. Truda 6, 1 (1928).

Tscherkess, Alexander: Experimentelle Beiträge zur Pathologie und Therapie der Kohlenoxydvergiftung. Naunyn-Schmiedebergs Arch. 138, 161 (1928).

Peisachowitsch, J. M.: Kohlenoxyd und inkretorische Drüsen. Virchows Arch. 274, 223 (1929).

Testoni, Piero, e Luigi Brunelli: Comportamento degli eritrociti nell'intossicazione per gas illuminante ed ossido di carbonio negli animali splenectonizzati. Arch. internat. Pharmacodynamie 36, 499 (1930).

Litzner, St.: Kohlenoxydvergiftung und Polycythämie. Arch. Gewerbepath. 1, 749 (1931).

Zu S. 138: 2. Spezielle Fragen.

Macht, David J.: The toxicology of carbon monoxide. Science (N. Y.) 66, 198 (1927).

Haldane, John Burdon Sanderson: Carbon monoxide as a tissue poison. Biochemic. J. 21, 1068 (1927).

Barkan, Georg, u. Eva Berger: Über das Verhalten des „leicht abspaltbaren" Bluteisens gegenüber Kohlenoxyd, Sauerstoff und Blausäure. Klin. Wschr. 1928, 1868 — Differenzierung des leicht abspaltbaren Bluteisens auf Grund seiner Reaktion mit Kohlenoxyd und Sauerstoff. Naunyn-Schmiedebergs Arch. 136, 278 (1928) u. Klin. Wschr. 7, 1868 (1928).

Warburg, Otto, u. Erwin Negelein: Über die Verteilung des Atmungsferments zwischen Kohlenoxyd und Sauerstoff. Biochem. Z. 193, 334 (1928) — Über den Einfluß der Wellenlänge auf die Verteilung des Atmungsferments. (Absorptionsspektrum des Atmungsferments.) Ebenda 193, 339 (1928).

Warburg, Otto, Erwin Negelein u. Walter Christian: Über Carbylamin-Hämoglobin und die photochemische Dissoziation seiner Kohlenoxydverbindung. Biochem. Z. 214, 26 (1929).

Cremer, Werner: Über eine Kohlenoxydverbindung des Ferrocysteins und ihre Spaltung durch Licht. Biochem. Z. 194, 231 (1928).

Ancel, Suzanne: Action de divers gaz sur l'œuf de poule. Assimilation de l'oxyde de carbone à un gaz inerte. C. r. Acad. Sci. Paris 186, Nr 23, 1579 (1928).

Fujita, Akijii: Wirkung des Kohlenoxyds auf den Stoffwechsel der weißen Blutzellen. Biochem. Z. 197, 189 (1928).

Dixon, Malcolm: The action of carbon monoxide on the autoxydation of sulphydril compounds. Biochemic. J. 22, 902 (1928).

Campbell, J. Argyll: Comparison of the pathological effects of prolonged exposure to carbon monoxide with those produced by very low oxygen pressure. Brit. J. exper. Path. 10, 304 (1929).

Barkan, Georg: Zur Differenzierung biologischer Eisenverbindungen. Amer. J. Physiol. 90, 274 (1929).

Swetkin, Z.: Die Wirkung des Kohlenoxyds auf das Nervensystem. Mschr. Psychiatr. 74, 71 (1929).

Mitolo, Michele: Sull'azione centrale dell'ossido di carbonio. Boll. Soc. Biol. sper. 4, 459 (1929) — Ulteriori ricerche sull'azione centrale dell'ossido die carbonio. Arch. di Fisiol. 29, 318 (1931).

Pollak, E., u. Ph. Resek: Kohlenoxydvergiftung und Zentralnervensystem. Arb. neur. Inst. Wien 32, 95 (1930).

Brzezicki, E.: Der Parkinsonismus symptomaticus. V. Mitt. Zur Frage des Parkinsonismus bei Kohlenoxydvergiftung. Arb. neur. Inst. Wien 32, 148 (1930).

Hartmann, Hans: Über das Verhalten von Kohlenoxyd zu Metallverbindungen des Glutathions. Biochem. Z. **223**, 489 (1930).

Grünstein, A. M., u. Nina Popowa: Die Wirkung des Kohlenoxyds auf den Barrière-apparat des Gehirns. Z. exper. Med. **70**, 120 (1930).

Schmitt, Francis O.: On the nature of the impulse. I. The effect of carbon monoxide on medullated nerve. Amer. J. Physiol. **95**, 650 (1930).

Krause, F.: Experimentelle Untersuchungen über den Einfluß des Kohlenmonoxyd auf den peripheren Nerven. Proc. roy. Acad. Amsterdam **33**, 649 (1930).

Altschul, R.: Der Einfluß der Erstickung auf das histologische Bild der CO-Vergiftung. Verein Dtsch. Ärzte in Prag, Sitzung v. 8. V. 1931.

Bd. VI, 1.

Die Konstitution der eiweißfreien Farbstoffkomponenten und ihrer Derivate (Chlorophyll)

(S. 164—202).

Von

Hans Fischer – München.

I. Über die Konstitution des Hämins.

Auf Grund der analytischen Untersuchungen erwies sich für das Hämin, nachdem die Ableitung von Ätioporphyrin III[1] ermittelt war, als wahrscheinlichste Formulierung die eines 1, 3, 5, 8-Tetramethyl-6, 7-dipropionsäure-acetylen[2]-vinyl-porphin-eisenkomplexsalzes[2]. Durch neuere Arbeiten ist die Formel in folgendem Sinne bewiesen[3]:

$$
\begin{array}{c}
\text{CH}_2\!=\!\text{CH} \quad \text{CH}\alpha \quad \text{CH}_3 \\
\\
\text{H}_3\text{C}\;_1\;\text{I} \qquad \text{II}\;_4\;\text{CH}\!=\!\text{CH}_2 \\
\text{N} \quad \text{N} \\
\delta\text{HC} \qquad \text{FeCl} \qquad \text{CH}\beta \\
\text{N} \quad \text{N} \\
\text{H}_3\text{C}\;_8\;\text{IV} \qquad \text{III}\;_5\;\text{CH}_3 \\
\\
\text{H}_2\text{C}\!\cdot\!\text{H}_2\text{C} \quad \text{CH}\gamma \quad \text{CH}_2\!\cdot\!\text{CH}_2 \\
\text{HOOC} \qquad \text{I} \qquad \text{COOH} \\
\text{C}_{24}\text{H}_{32}\text{N}_4\text{O}_4\text{FeCl}
\end{array}
$$

---

[1] Fischer, H., u. G. Stangler: Liebigs Ann. **459**, 53 (1927).

[2] Dieser Irrtum kam durch das Oxydationsergebnis des Mesoporphyrins und Tetramethyl-hämatoporphyrins zustande, die scheinbar nur ein Mol „Imid" gaben, des weiteren durch die Konstitutionsauffassung des Bromporphyrins I, in dem nur der Ersatz eines Oxäthyl-restes durch Brom angenommen war; infolgedessen mußte man konsequent im Hämato-porphyrin eine gesättigte und eine ungesättigte Seitenkette annehmen. Erst die Synthese hat die Klärung gebracht. Nach vollzogener Synthese wurden dann bei der Oxydation der erstgenannten Porphyrine je zwei Mol Imid erhalten [Hoppe-Seylers Z. **185**, 38 (1929)] und Bromporphyrin I wurde als Dibromdeuteroporphyrin erkannt [Hoppe-Seylers Z. **177**, 321 (1928)]. Alle Widersprüche zwischen analytischer und synthetischer Forschung sind beseitigt.

[3] Fischer, H., u. K. Zeile: Liebigs Ann. **468**, 98 (1928).

Es ist also ein 1, 3, 5, 8-Tetramethyl-6, 7-dipropionsäure-2, 4-divinylporphineisenchlorid.

Als Ausgangsmaterial für die Synthese diente Deuterohämin[1], das Formel I entspricht, nur daß an Stelle der beiden Vinylgruppen Wasserstoffatome stehen. An Stelle der Wasserstoffatome wurden zwei Acetylreste eingeführt, die nach der Enteisenung mit alkoholischem Kali zu sekundären Alkoholen reduziert wurden, die durch Wasserabspaltung dann Protoporphyrin entstehen ließen.

Folgende Formeln erläutern diese Vorgänge näher:

$$2\ COCH_3 \rightarrow 2\ CHOHCH_3 \rightarrow 2\ CH = CH_2.$$

Die Eiseneinführung in Porphyrine verläuft über zweiwertige krystallisiert erhältliche Komplexe, Häme, als Zwischenprodukte, die durch Salzsäure hydrolysierbar sind. Durch den Sauerstoff der Luft erfolgt dann der Übergang zur beständigen Ferriverbindung Hämin[2].

In der früheren Abhandlung (S. 191) wurde auf die Möglichkeit des Vorkommens isomerer Uro- bzw. Koproporphyrine in der Natur hingewiesen; dort auch nähere Literatur. Durch HIJMANS VAN DEN BERGH[3] wurde aus Urin und Kot in einem Porphyriefall ein von Koproporphyrin in den Eigenschaften abweichendes Porphyrin isoliert, das durch Vergleich mit synthetischem Koproporphyrin III-Ester in eindeutiger Weise als Koproporphyrin III festgelegt wurde[4]. In einem Fall von Bleivergiftung wurde dann durch W. GROTEPASS[5] wiederum Koproporphyrin III-Ester identifiziert, ebenso aus Harn von sulfonalvergifteten Kaninchen[6]. Bei bleivergifteten Tieren[6] scheint auch die Möglichkeit des Vorkommens von Deuteroporphyrin I vorzuliegen.

Aus Muschelschalen gelang die Isolierung von Konchoporphyrin, nach der Analyse ein fünffach carboxyliertes Koproporphyrin I. Weiterhin konnte Uroporphyrin aufgefunden werden, identisch mit Uroporphyrin aus Harn.

Bei tierischer Ochronose isolierte FINK Uroporphyrin in krystallisiertem Zustand, das nach der von ihm angegebenen Mikromethode durch Messen der p_H-Fluorescenzkurve identifiziert wurde wie durch Analyse[7].

Über den Abbau des Blutfarbstoffs im Verdauungstractus des gesunden Menschen orientieren Arbeiten von J. BOAS[8] und F. HAUROWITZ[9].

Die Synthese des Körpers, Formulierung S. 188 der alten Arbeit, wurde durchgeführt. Überraschenderweise erwies es sich als vollkommen verschieden vom natürlichen Uroporphyrin. Es handelt sich also hier um Isouroporphyrin (I), und dem natürlichen Uroporphyrin liegt daher mit größter Wahrscheinlichkeit folgende Pyrrolsäure zugrunde, deren Synthese durchgeführt ist:

$$H_3C-C = C-HC\Big\langle {}^{CH_2-COOH}_{COOH}$$
$$H-C = C-CH_3$$
$$NH$$

---

[1] FISCHER, H., u. A. KIRSTAHLER: Liebigs Ann. **466**, 178 (1928).

[2] FISCHER, H., A. TREIBS u. K. ZEILE: Hoppe-Seylers Z. **195**, 1 (1931).

[3] VAN DEN BERGH, HIJMANS: Arch. Verdgskrkh. **42**, 306 (1928).

[4] FISCHER, H., K. PLATZ u. A. TREIBS: Hoppe-Seylers Z. **182**, 272 (1929).

[5] GROTEPASS, W.: Hoppe-Seylers Z. **205**, 193 (1932). — Vgl. auch DUESBERG: Arch. f. exper. Path. **162**, 249 (1931).

[6] FISCHER, H., u. R. DUESBERG: Arch. f. exper. Path. **166**, 95 (1932).

[7] FINK: Hoppe-Seylers Z. **197**, 193 (1931); **202**, 8 (1932).

[8] BOAS, J.: Klin. Wschr. **10**, 2311 (1931).

[9] HAUROWITZ, F.: Arch. Verdgskrkh. **50**, 34 (1931).

Durch milde Oxydation gehen die Porphyrine in prachtvoll krystallisierte, mehr oder weniger intensiv gelb gefärbte Xanthoporphinogene über, die vier Sauerstoffatome enthalten und leicht wieder auf reduktivem Wege in Porphyrine rückverwandelbar sind. Zum Gallenfarbstoff haben die Xanthoporphinogene keine Beziehungen[1].

Über Chlorophyll.

Der Blattfarbstoff ist eine zusammengesetzte Verbindung, bestehend aus einer Pyrrolkomponente und Phytol, $C_{20}H_{40}O$[2]; die Konstitution des Phytols ist durch Synthese bewiesen[3]. Durch Zusammentreten von vier Isoprenresten, Hydrierung und Wasseranlagerung kann man es sich entstanden denken; es besitzt folgende Formel:

$$CH_3—CH—CH_2—CH_2—CH_2—CH—CH_2—CH_2—CH_2—CH—CH_2—CH_2—CH_2—C = CH—CH_2OH$$
$$\quad\quad CH_3 \quad\quad\quad\quad\quad\quad CH_3 \quad\quad\quad\quad\quad\quad CH_3 \quad\quad\quad\quad\quad CH_3$$

Über Chlorophyll a und b, über Chlorophyllide, Phäophytin, Phäophorbid, Methylphäophorbid s. die alte Abhandlung S. 192—196.

Während die Konstitution des Chlorophylls a damals noch unklar war, ist sie heute weitgehend bewiesen. Durch energischen Abbau des Chlorophylls werden erhalten Pyrro- und Rhodoporphyrin[2]. Die als Glauko-, Cyano-, Erythro- und Rubiporphyrine beschriebenen Porphyrine stehen zum Rhodoporphyrin in nahen Beziehungen, es ist Rhodoporphyrin, das durch Verdo- bzw. Pseudo-verdoporphyrin mehr oder weniger verunreinigt ist[4].

Pyrroporphyrin wird durch folgende Konstitutionsformel wiedergegeben[5]:

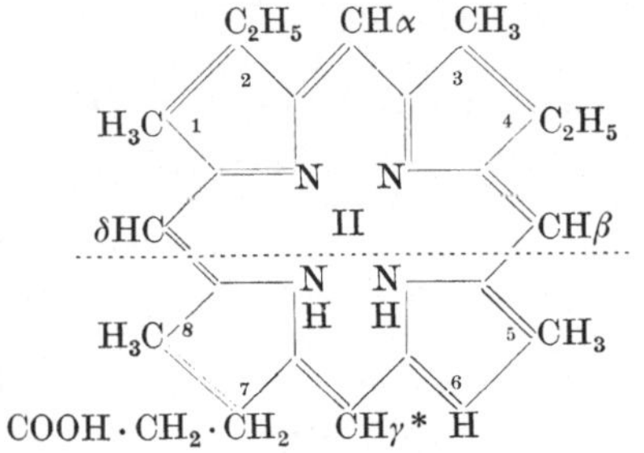

$$C_{31}H_{34}O_2N_4$$

* bzw. CH_3 = Phylloporphyrin

Phylloporphyrin ist ein in γ-Stellung methyliertes Pyrroporphyrin[6] (entsprechend der Formel $\gamma H = CH_3$). Rhodoporphyrin ist ein in 6-Stellung carboxyliertes Pyrroporphyrin[5]. Zu ihm stehen Pseudoverdo- und Verdoporphyrin in den nächsten Beziehungen. Wahrscheinlich besteht bei ihnen eine Isomerisation im Kerngerüst, und so erklärt sich die leichte Rhodoporphyrin-bildung.

Pyrro-, Phyllo- und Rhodoporphyrin gehen bei der Decarboxylierung in die entsprechenden Ätioporphyrine über. Rhodoporphyrin spaltet dabei 2 Mol Kohlendioxyd ab. Es existieren zwei Ätioporphyrine des Chlorophylls, die

[1] FISCHER, H., u. A. TREIBS: Liebigs Ann. **457**, 207 (1927).

[2] WILLSTÄTTER, R., u. A. STOLL: Untersuchungen über Chlorophyll. Berlin 1913.

[3] FISCHER, F. GOTTW. u. LÖWENBERG: Liebigs Ann. **464**, 69 (1928); **475**, 183 (1929).

[4] TREIBS, A., u. E. WIEDEMANN: Liebigs Ann. **471**, 148 (1929).

[5] FISCHER, H., BERG u. SCHORMÜLLER: Liebigs Ann. **480**, 109 (1930).

[6] FISCHER, H., u. A. HELBERGER: Liebigs Ann. **480**, 235 (1930).

spektroskopisch verschieden sind und verschieden vom Ätioporphyrin des Blutfarbstoffs[1].

Willstätters Feststellung eines gemeinschaftlichen Ätioporphyrins aus Blut- und Blattfarbstoff erwies sich als irrtümlich. Auch das Ätioporphyrin aus dem „Hämoporphyrin", das als kompliziertes Porphyringemisch erkannt wurde, war nicht einheitlich[2].

Die Chlorophyllätioporphyrine enthalten in 6-Stellung eine freie Methingruppe, entsprechen also dem decarboxylierten Pyrro- bzw. Phylloporphyrin. In der Reihenfolge der Substituenten stimmen sie mit dem Blutfarbstoff überein[3]; durch Einführung des Propionsäurerestes in 6-Stellung wurde Mesoporphyrin[4] erhalten.

Pyrro-, Phyllo- und Rhodoporphyrin werden erhalten durch energischen Abbau des Chlorophylls mit Alkoholaten. Nimmt man Eisessig-Jodwasserstoff, lassen sich eine Reihe von Porphyrinen isolieren, sowohl aus Chlorophyllid wie Phäophytin, Phäophorbid und Chlorin e bzw. Chlorin e-trimethylester. Die wichtigsten sind die Phäoporphyrine a_7, a_6, a_5 und die Chloroporphyrine e_6, e_5, e_4, ferner Phylloerythrin sowie Desoxophyllerythrin[5].

Wir geben zunächst die Konstitutionsformeln und lassen bei diesen zur Platzersparnis die obere Hälfte des Porphinkerns entsprechend der gestrichelten Linie weg (Formel II), da alle Änderungen sich auf den unteren Teil der Formeln beziehen. Möglich sind Isomerisationen im Kern, auf die am Schluß näher eingegangen wird.

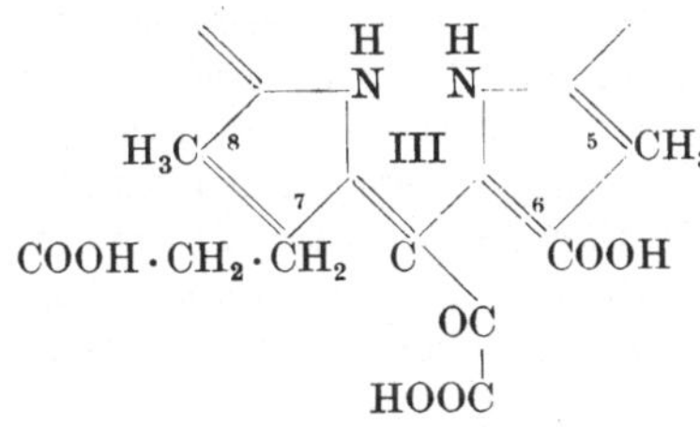

Phäoporphyrin a_7 ($C_{34}H_{34}N_4O_7$)

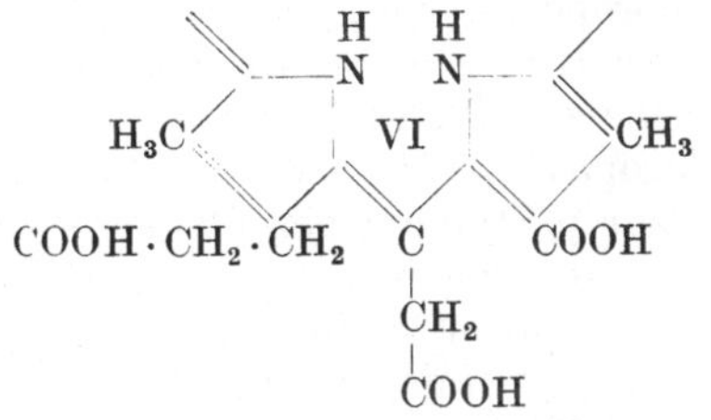

Chloroporphyrin e_6 ($C_{34}H_{36}N_4O_6$)

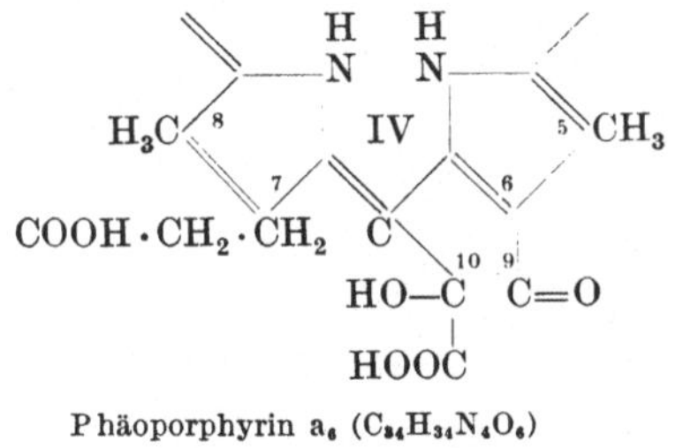

Phäoporphyrin a_6 ($C_{34}H_{34}N_4O_6$)

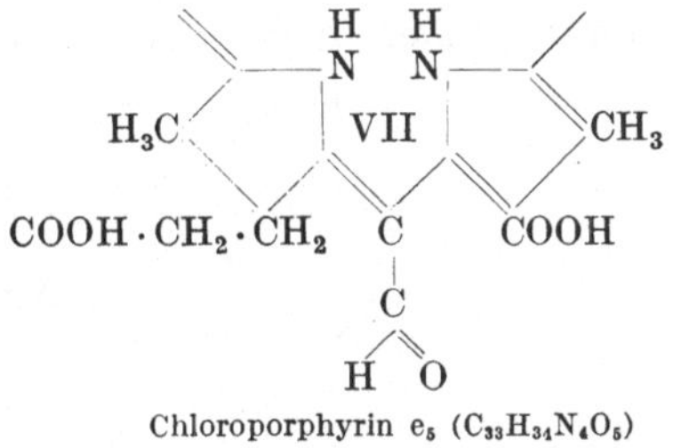

Chloroporphyrin e_5 ($C_{33}H_{34}N_4O_5$)

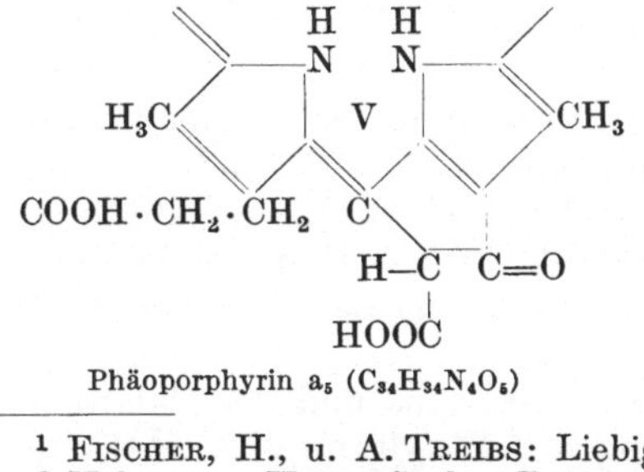

Phäoporphyrin a_5 ($C_{34}H_{34}N_4O_5$)

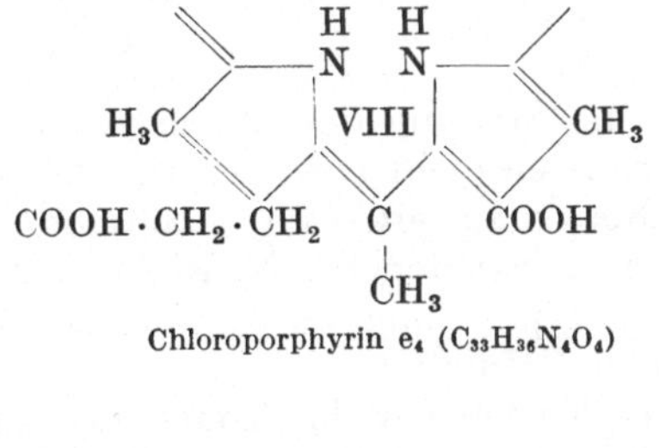

Chloroporphyrin e_4 ($C_{33}H_{36}N_4O_4$)

---

[1] Fischer, H., u. A. Treibs: Liebigs Ann. **466**, 188 (1928).
[2] Näheres s. Hoppe-Seylers Z. **198**, 43 (1931); dort auch weitere Literatur.
[3] Fischer, H., Zeile u. Weichmann: Liebigs Ann. **475**, 241 (1929).
[4] Fischer, H., u. H. J. Riedl: Liebigs Ann. **482**, 214 (1930).
[5] Fischer, H., R. Bäumler, O. Süs, O. Moldenhauer, W. Hagert u. J. Riedmair: Liebigs Ann. **480**, 197 (1930); **485**, 1 (1931); **486**, 107 (1931); **490**, 91 (1931).

Phylloerythrin ($C_{33}H_{34}N_3O_3$)   Desoxophyllerythrin ($C_{33}H_{36}N_4O_2$)

Die Formeln sind schematisiert und ohne Estergruppen wiedergegeben.

Durch den biologischen Abbau des Chlorophylls im Magen-Darm-Kanal der Wiederkäuer bildet sich das von LÖBISCH und FISCHLER[1] bzw. MARCHLEWSKI[2] entdeckte Phylloerythrin, das die obenstehende Konstitutionsformel (IX) besitzt, und das aus Phäophytin, Chlorophyllid, Phäophorbid, Phäoporphyrin a_5, Chloroporphyrin e_6 und Chlorin e auf chemischem Wege erhalten werden kann. Seine Konstitution ist daher auch für die des Chlorophylls maßgebend.

Phylloerythrin läßt sich reduzieren zu Desoxophyllerythrin, dessen Konstitutionsformel in obigem Sinne (X) durch Synthese sichergestellt ist[3]. Desoxophyllerythrin läßt sich rückwärts wieder in Phylloerythrin (IX), Chloroporphyrin e_5 (VII) und Chloroporphyrin e_4 (VIII) überführen. Phäoporphyrin a_5 und Chloroporphyrin e_6 lassen sich mit Hilfe von Pyridinsoda gegenseitig ineinander umwandeln, wodurch die Chloroporphyrine aus Chlorin e und die Phäoporphyrine aus Phäophorbid in Zusammenhang gebracht sind. Charakteristisch für Chlorophyll ist der isocyclische Ring, der durch die beiden Kohlenstoffatome von 6- zur γ-Stellung geschlagen wird, der eine Carbonyl- und eine Carboxylgruppe trägt. Im ursprünglichen Chlorophyll muß, wie die Analyse zeigt, noch ein Sauerstoffatom mehr enthalten sein, dieses befindet sich in Nachbarstellung der Carboxylgruppe am Kohlenstoff Nr. 10. Dies wird bewiesen durch Entstehen des Phäoporphyrins a_6 (IV) aus Chlorophyllid, ebenso des Phäoporphyrins a_7 der Konstitution III und des Chloroporphyrins e_5 (VII). Dem Chlorophyll selbst kommt daher folgende Formulierung zu:

$$C_{35}H_{36}N_4O_6Mg$$

in der die Stellung des Magnesiums und die Verteilung der Doppelbindungen im Kern noch nicht bewiesen ist. Diese Formel vermag alle Befunde des Chlorophyllabbaus zu erklären, auch die CONANTschen, wie z. B. die Bildung der Purpurine, von denen eine Reihe rein dargestellt wurde. Raummangel erlaubt nur die Besprechung der für die Konstitutionsermittlung des Chlorophylls maßgebenden Befunde.

Vergleichen wir die Konstitutionsformel des Hämins und des Chlorophylls, so ergibt sich im Chlorophyll die Hydrierung der Vinylgruppe zu Äthylresten

[1] LÖBISCH u. FISCHLER: Mh. Chem. **1904**, 340.

[2] MARCHLEWSKI: Hoppe-Seylers Z. **185**, 8 (1929). — Aus Rindergallensteinen vgl. H. FISCHER u. R. HESS: Ebenda **187**, 133 (1930).

[3] FISCHER, H., u. J. RIEDMAIR: Liebigs Ann. **490**, 91 (1931).

und die Oxydation des einen Propionsäurerestes in α- und β-Stellung. Stellt man sich den Propionsäurerest oxydiert zu einer α-β-Diketosäure vor, die in α-Stellung hydratisiert ist und nimmt von hier Wasserabspaltung zur γ-Methingruppe an, so hat man die Formulierung der Seitenketten des Chlorophylls vor sich. Unklar ist noch die Konstitution des Kerns; der Porphinkern selbst liegt nicht zugrunde; es ist ein Dihydroporphinring, und in diesem Ring sind wahrscheinlich zahlreiche Isomerisationen möglich, gerade so wie im Porphinkern selbst. Dieser, bzw. ein Isoporphinring, entsteht bei der Allomerisation des Chlorophylls und ist bereits im Phäophytin sowie dem Phäophorbid und Chlorin e enthalten. Synthetisch sind Chlorine zugänglich, ebenso Rhodine, auch Spontanisomerisationen des Porphinkerns sind beobachtet, z. B. durch Erhitzen in indifferenten Lösungsmitteln[1]; sie können auch durch bloße Lichtreaktion erfolgen[2], in besonders auffälliger Weise beim Dimethyldivinylhämin.

Bei der Allomerisation des Chlorophylls[3] wies Conant in Alkoholatmosphäre den Verbrauch eines Mols Sauerstoff nach. Über den Chemismus dieser Reaktion s. H. Fischer und O. Süs[4], die für das Chlorophyll die Hypothese einer ähnlichen Funktion wie für Glutathion diskutieren. Über Phasenprobe s. Willstätter und Stoll, Chlorophyllbuch S. 27, sowie H. Fischer und O. Süs[5] sowie C. Steele[6].

Über das biologische Schicksal des Chlorophylls.

Aus Schafkot konnten neben Phylloerythrin krystallisierte Vorstufen, die Probophorbide a, c und d[7], isoliert werden, die leicht in Phylloerythrin übergehen. Die Probophorbide sind als decarboxyliertes, reduziertes Phäophorbid aufzufassen. Der biologische Abbau geht also ganz analog wie der chemische.

Aus Seidenraupenkot wurde Phyllobombycin isoliert[8], welches in der Konstitution in bezug auf die Seitenketten mit Chloroporphyrin e_6 (VI) übereinstimmt. Hier scheint also die Decarboxylierung am Kohlenstoffatom 10 nicht einzutreten. Als Nebenprodukt ist Purpurin 18-trimethylester isoliert[7].

Auch im Schafkot tritt ein phäophorbidähnlicher Körper auf, der die gleichen Seitenketten wie Phyllobombycin besitzen muß[7], das Probophorbid b.

Über Chlorophyll b (vgl. alte Abhandlung S. 193).

Chlorophyll b hat Willstätter[9] bereits zu Rhodo-, Phyllo-, Pyrroporphyrin, deren eindeutige Identifikation mit den Abbauprodukten der a-Reihe durchgeführt wurde[10], abgebaut; die Anordnung der Substituenten ist also die gleiche wie bei Chlorophyll a.

Chlorophyll b läßt sich zu Phäophorbid b bzw. Rhodin g abbauen (vgl. Willstätter). Aus Phäophorbid b läßt sich mit Eisessig-Jodwasserstoff das Phäoporphyrin b_7, das ein krystallisiertes Monoxim gibt ($C_{35}H_{38}N_4O_7$), isolieren, das ein Monomethylester ist. Rhodin g gibt beim Ameisensäureabbau Rhodinporphyrin g_3 ($C_{32}H_{34}N_4O_3$). Dieses gibt krystallisiertes Semicarbazon, Phäophorbid b und Rhodin g geben mit Eisessig-Bromwasserstoff in geringer Aus-

[1] Fischer, H., u. A. Schormüller: Liebigs Ann. **473**, 227 (1929).
[2] Fischer, H., u. W. Fröwis: Hoppe-Seylers Z. **195**, 49 (1931).
[3] Conant: J. amer. chem. Soc. **52**, 2382 (1931).
[4] Fischer, H., u. O. Süs: Liebigs Ann. **490**, 48 (1931); dort auch Näheres über die Phasenprobe.
[5] Fischer, H., u. O. Süs: Liebigs Ann. **490**, 51 (1931).
[6] Steele, C.: J. amer. chem. Soc. **53**, 3171—3177 (1931).
[7] Fischer, H., u. A. Hendschel: Hoppe-Seylers Z. **206**, 255 (1932).
[8] Fischer, H., u. A. Hendschel: Hoppe-Seylers Z. **198**, 33 (1931).
[9] Vgl. alte Abhandlung S. 193.
[10] Treibs, A., u. E. Wiedemann: Liebigs Ann. **471**, 146 (1929).

beute Desoxophyllerythrin[1]. Nachdem durch mildeste Reduktion geradeso wie in der a-Reihe Porphyrine erhältlich sind, liegt dem Chlorophyll b ebenfalls der Porphinkern zugrunde.

CONANT hat für Chlorophyll b folgende Formel aufgestellt:

die gestützt ist durch Semicarbazon- und Porphyrinbildung mit Ketogruppe, sowie durch Abbau zu Pyrrorhodin g, das ebenfalls ein Semicarbazon gibt. CONANT hat mit Diphenyl bei 250° Rhodin g und Methylphäophorbid abgebaut und neben den genannten Ketoderivaten Porphyrine erhalten.

Gleichzeitig mit CONANT wurde von WARBURG[2] aus einem mit Jodwasserstoff erhaltenen Phäoporphyrin b ein krystallisiertes Oxim erhalten. In CONANTS Formel ist die Ketogruppe statt der β-Methingruppe willkürlich, die von Stellung 6 zur γ-Methingruppe eingebaute Atomgruppierung entspricht seiner Chlorophyllformel, die wir schon wegen der Unmöglichkeit, die Phylloerythrinbildung zu erklären, ablehnen müssen (auch enthält sie einen 7-Ring). Für b halten wir folgende Atomgruppierung möglich:

die gestützt ist durch das Verhalten des Methylphäophorbids b gegen Ammoniak, wobei unter Eintritt von zwei Stickstoffatomen anscheinend ein Pyridinderivat (gibt krystallisiertes Jodmethylat) resultiert. Rhodinporphyrin g_3 reagiert mit Methylmagnesiumjodid unter Bildung eines dem Phylloporphyrin täuschend ähnlichen isomeren oder homologen Porphyrins.

Über Spirographis- und Kryptohämin.

Aus dem Blutfarbstoff des Borstenwurms Spirographis wurde von WARBURG und NEGELEIN Spirographishämin und das zugehörige Spirographisporphyrin gewonnen[3]. Diese enthalten fünf Sauerstoffatome, davon vier in Form von zwei Carboxylgruppen, das fünfte ist Ketonsauerstoff, denn mit Hydroxylamin wurde ein Keton erhalten entsprechend dem Verhalten der Phäoporphyrine aus Chlorophyll a und b. Spirographishämin läßt sich katalytisch zu einem dem Hämoporphyrin täuschend ähnlichen Körper mit vier Sauerstoffatomen und einer freien Methingruppe reduzieren. Spirographishämin scheint dem Chlorophyll b nahezustehen. Nach WARBURG liegen die Banden des Spirographishämins dem des Atmungsfermentes sehr nahe. Nahe verwandt dem Spirographishämin scheint Kryptohämin zu sein, das nach E. NEGELEIN[4] in einer Menge von

[1] MOLDENHAUER, O.: Dissert. Technische Hochschule München 1930. — BROICH, F.: Dissert. Technische Hochschule München 1931 und unveröffentlichte Beobachtungen.
[2] WARBURG: Biochem. Z. **244**, 14 (1932).
[3] WARBURG u. NEGELEIN: Biochem. Z. **202**, 202 (1928); **214**, 64 (1929); **244**, 10 (1932).
[4] NEGELEIN, E.: Biochem. Z. **248**, 243 (1932).

$2\,^0/_{00}$ im nicht- und im umkrystallisierten Hämin enthalten ist. Seine Formel ist $C_{33}H_{32}N_4O_5$. Es enthält eine Carbonylgruppe, da es mit Hydroxylamin reagiert. Spektroskopisch ist es dem Spirographisporphyrin sehr ähnlich. Spektrum in Äther: 639—648, 586—598, 578—581, 549—559, 505—520. Spektrum in 10 proz. Salzsäure: 611—620 und 552—572. Spektrum des Hämochromogens: 574—590 und 525—537. Seine Gewinnung erfolgt durch Enteisenung des Hämins mit Hilfe von Ferrosalz in Eisessig und Salzsäure nach H. Fischer u. A. Treibs[1] Kryptohämin ist nach Negelein in der Hefe enthalten, ebenso im Taubenmuskel. Das Spektrum des an Eiweiß gebundenen Kryptohämins stimmt mit dem Spektrum des Sauerstoff übertragenden Ferments nahe überein.

II. Über die Konstitution des Gallenfarbstoffes.

Aus Mesobilirubin sowie Bilirubin wurde neben Bilirubinsäure (Konstitutionsformel s. alte Abhandlung S. 200) Neobilirubinsäure bzw. ihr Oxydationsprodukt, die Neoxanthobilirubinsäure, folgender Konstitutionsformeln[2] isoliert:

XIII

Neobilirubinsäure

XIV

Neoxanthobilirubinsäure

Neoxanthobilirubinsäure gibt bei der Formaldehydkondensation Mesobilirubin, dem deshalb folgende Konstitutionsformel zukommt:

XV

Mesobilirubinogen, dem Reduktionsprodukt des Mesobilirubins (und Bilirubins), entspricht folgende Formulierung:

XVI

sowie Bilirubin die folgende:

XVII

[1] Fischer, H., u. A. Treibs: Hoppe-Seylers Z. **195**, 15 (1931).
[2] Fischer, H., u. R. Hess: Hoppe-Seylers Z. **194**, 193 (1930).

Die Bilirubinformel ist noch nicht bewiesen in bezug auf die ungesättigten Seitenketten.

Vom Mesobilirubin ist die Totalsynthese durchgeführt durch Synthese der Xanthobilirubinsäure und ihre Überführung in Mesobilirubin[1]. Dieses synthetische Mesobilirubin läßt sich wieder aufspalten zur Neoxanthobilirubinsäure. Auch deren Synthese ist gelungen.

In bezug auf die Anordnung der Seitenketten stimmt Bilirubin nicht mit Hämin überein, wenn man Bilirubin vom Protoporphyrin ableiten will; wenn durch Herausnahme der α-Methingruppe (Formel I, S. 148) und Oxydation in beiden neugebildeten α-Stellen Bilirubin entstehen sollte, müßten im Pyrrolkern I Methyl- und Vinylgruppen den Platz tauschen. Bilirubin leitet sich vom Ätioporphyrin IV ab[2].

Farbstoffe von dem Mesobilirubin ähnlicher Konstitution werden als bilirubinoide Farbstoffe bezeichnet und sind in großer Anzahl synthetisch zugänglich[3], so z. B. Ätiomesobilirubin[4], bei dem es gelang, verschiedene Oxydationsstufen in krystallisiertem Zustand zu fassen, die den Hauptphasen der GMELINschen Reaktion entsprechen. Mesobilirubin läßt sich über eine krystallisierte Eisenchlorid- bzw. Eisenbromidmolekülverbindung zu einem blauen Dehydrierungsprodukt, dem Glaukobilin[5], dehydrieren. Es ist möglich, daß Glaukobilin Beziehungen besitzt zu dem von LEMBERG studierten Oocyan bzw. Uteroverdin[6].

WATSON[7] isolierte aus Kot Stercobilin in krystallisiertem Zustand; es besitzt die Zusammensetzung $C_{33}H_{44}N_4O_4$. Es gibt bei der Oxydation kein Methyläthylmaleinimid, seine die EHRLICHsche Reaktion intensiv erfüllende Leukoverbindung ist nicht identisch mit Mesobilirubinogen.

Bd. VI, 1.

Die Physiologie und die Pathologie der Blutgerinnung

(S. 307—411).

Von

A. FONIO – Bern.

Im folgenden wird eine kurze Übersicht der seit 1927 erschienenen Originalarbeiten, soweit sie dem Autor zugänglich waren, gegeben. Die wichtigsten neueren Auffassungen über das Wesen der Gerinnung in physiologischer und in pathologischer Hinsicht werden hier in möglichst kurzer knapper Form angeführt, alle

<hr>

[1] FISCHER, H., u. E. ADLER: Hoppe-Seylers Z. **197**, 237 (1931).

[2] Näheres zitiert auf S. 155.

[3] FISCHER, H., u. A. KÜRZINGER: Hoppe-Seylers Z. **196**, 213 (1931).

[4] FISCHER, H., u. E. ADLER: Hoppe-Seylers Z. **206**, 187 (1932).

[5] FISCHER, H., H. BAUMGARTNER u. R. HESS: Hoppe-Seylers Z. **206**, 201 (1932).

[6] LEMBERG: Liebigs Ann. **488**, 74 (1931). — LEMBERG, R., J. BARCROFT u. D. KEILIN: Nature (Lond.) 5. XII. 1931.

[7] WATSON: Hoppe-Seylers Z. **204**, 57 (1932).

übrigen Bearbeitungen dagegen wegen Raummangel nur im Literaturverzeichnis erwähnt*.

*Theorien und Hypothesen über das Wesen der Gerinnung**:* Eine völlig neue Hypothese über die Vorgänge bei der Blutgerinnung stellen STUBER und LANG[4]

* **I. Umfassendere Bearbeitungen mit eingehenden Literaturverzeichnissen.**

[1] MORAWITZ, P.: Pathologische Physiologie der hämorrhagischen Diathesen. Handb. der normalen u. pathologischen Physiologie 6 I (1928).

[2] NAEGELI, O.: Blutkrankheiten und Blutdiagnostik, 5. Aufl. Berlin: Julius Springer 1931.

[3] SCHLÖSSMANN, H.: Die Hämophilie. Neue dtsch. Chir. 47 (1930).

[4] STUBER, B., u. K. LANG: Die Physiologie und Pathologie der Blutgerinnung. Berlin: Urban & Schwarzenberg 1930.

[5] WÖHLISCH, E.: Die Physiologie u. Pathologie d. Blutgerinnung. Erg. Physiol. 28 I, 443 (1929).

** **II. Originalarbeiten.**
A. Physiologie der Blutgerinnung.
1. Abhandlungen über das Wesen der Blutgerinnung. Theorien und Hypothesen.

[6] BORDET, J., E. RENAUX u. P. BORDET: La spécifité (biologique) des lipoides et spécialement du cytozym dans la coagulation du sang. C. r. Soc. Biol. Paris 96, 141 (1927) — Ref. Ber. Physiol. 40, 692 (1927).

[7] DEL BAERE, L. J.: Über den Mechanismus der Blutgerinnung. Biochem. Z. 246, H. 1/3, 38 (1932).

[8] FALKENHAUSEN, M. FR. v.: Zur Biochemie der Blutgerinnung. Über die Affinität hämolytischer Systeme zum Komplement des strömenden Blutes. Biochem. Z. 218, H. 4/6, 453—458 (1930).

[9] FALKENHAUSEN, M. FR. v.: Über proteolytische Fermente im Serum. Biochem. Z. 185, 334 (1927).

[10] FUCHS, H. J.: Über die Ursache der Zusammenziehung des Blutkuchens. Z. exper. Med. 79, H. 1/2, 76 (1931).

[11] FUCHS, H. J.: Eine neue Theorie über die Blutgerinnung. Klin. Wschr. 9, 243—254 (1930).

[17] FUCHS, H. J.: Über die Beteiligung des Komplements bei der Blutgerinnung. Arch. f. exper. Path. 45, 108 (1929).

[18] FUCHS, H. J.: Über die Beteiligung des Komplements bei der Blutgerinnung. IV. Der Serozymgehalt der Blutplättchen, eine neue Gerinnungstheorie. Z. Immun.forsch. 59, 414 (1928).

[19] FUCHS, H. J.: Über die Beteiligung des Komplements bei der Blutgerinnung. V. Die antikomplementäre Wirkung des Antiprothrombins. Z. Immun.forsch. 62, 107 (1928).

[20] FUCHS, H., u. E. FEIGENBERG: Über die Beteiligung des Komplements bei der Blutgerinnung. VI. Prothrombinadsorption durch Bakterien. Z. Immun.forsch. 62, 356 (1929).

[21] FUCHS, H. J., u. M. v. FALKENHAUSEN: Über die Beziehung der Glykolyse zur Blutgerinnung. Z. exper. Med. 79, H. 1/2, 23 (1931).

[22] HEKMA: Ist das Fibrinogen in dem natürlichen Plasma im freien oder natürlichen Zustand vorhanden? Biochem. Z. 209 (1929).

[23] JIRGENSONS, BR.: Die Koagulation des Hämoglobins in Gegenwart von organischen Stoffen. Biochem. Z. 193, H. 1/2, 109—121 (1928).

[24] KATRAKIS, H. G.: Die Retraktion des Blutkuchens und ihre klinische Bedeutung. Klin. Wschr. 34 (1932).

[25] LAMPERT, H.: Die Physik der Blutgerinnung. Kolloid-Z. (im Druck).

[26] LAMPERT, H.: Die physikalische Seite des Blutgerinnungsproblems und ihre praktische Bedeutung. (Lit.) Leipzig: G. Thieme 1931.

[27] MALTANER, FRANK u. ELISABETH: The chemistry of the coagulation of the blood. Amer. J. Path. 2, 5, 450—452 (1926) — Ref. Ber. Physiol. 38, H. 9/10, 698 (1927).

[28] MILLS, C. A.: A conception of the mechanism of normal blood clotting. J. of Physiol. 62, H. 1, 9—10 (1926) — Ref. Ber. Physiol. 39, H. 3/4, 95 (1928).

[29] MILLS, C. A.: The clotting properties of pure blood and of pure plasma. Chin. J. Physiol. 1, 3, 249—261 (1927) — Ref. Ber. Physiol. 43, H. 1/2, 95 (1928).

[30] MILLS, C. A., and S. M. LING: Ist das Thrombin ein Enzym? Proc. Soc. exper. Biol. a. Med. 25, H. 25, 849—850 — Ref. Chem. Zbl. 2, 15 (1929).

[31] NOLF, P. C.: Le fibrinogène est il secrété par la foie? C. r. Soc. Biol. Paris 97, 912 (1928) — Ref. Ber. Physiol. 44, 247 (1928).

[32] NORDBÖ, R.: Zur physikal. Chemie des Fibrinogens. Biochem. Z. 190, 150 (1927).

auf, indem sie das Thrombin als spezifisches Gerinnungsferment nicht nur ablehnen, sondern seine biologische Existenz überhaupt in Frage stellen. Das Thrombin sei auf Grund seiner Darstellung nur als ein Kunstprodukt aufzufassen. STUBER und LANG fassen die Gerinnung als einen kolloid-chemischen Prozeß auf, dessen causa movens die Blutglykolyse sei. Sie unterscheiden zwei Phasen des Gerinnungsprozesses, eine chemische und eine kolloide, die erstere sei die unerläßliche Voraussetzung für die zweite. Die Blutglykolyse bringen die Autoren in Zusammenhang mit dem Fluorstoffwechsel des Blutes. So sei z. B. bei der Hämophilie der Fluorgehalt des Blutes erhöht, was eine Hemmung der Blutglykolyse zur Folge habe, worauf dann schließlich die bekannte hämophile Gerinnungsstörung zurückzuführen sei. Ähnliche Verhältnisse weise auch das „physiologisch-hämophile" Gänseblut auf.

HOFF und MAY[114], FEISSLY, FRIED und OEHRLI[110] konnten diese Erhöhung des Fluorgehaltes des Blutes bei der Hämophilie nicht bestätigen.

Nach WIEK[41] lassen der unter Insulin im Blut abfallende Zuckerspiegel oder der niedrige Zuckergehalt trotz einschneidenden Veränderungen im Gesamtorganismus den im Plasma sich abspielenden Vorgang der Gerinnung und seine Einzelfaktoren unbeeinflußt, so daß sich aus den WIEKschen Versuchen keine Stütze für die Hypothese nach STUBER und LANG gewinnen lasse. Man wird daher guttun, mit dem Urteil über diese neue Auffassung des Wesens der Gerinnung noch zurückzuhalten.

Nach FUCHS[11] hat man es beim Gerinnungsvorgang mit einer doppelten Cytozymwirkung zu tun: Einerseits enthalten die Blutplättchen Prothrombincytozym als optimal präformiertes Thrombin, welches nach entsprechender Veränderung der sehr empfindlichen Zellen mit den im Plasma vorhandenen Calciumionen aufs schnellste Thrombin bildet. Das Prothrombin stehe in den Plättchen in engster Berührung mit einem Überschuß von Cytozym und wird vom Antiprothrombin nicht gebunden. Anderseits enthält das Plasma den Komplex Prothrombin-Antiprothrombin. Durch Befreiung vom Antiprothrombin wird das Prothrombin wirksam, was einerseits durch die im Blute, namentlich im venösen, enthaltene CO_2 geschehen kann, anderseits durch Cytozymphosphatide, die in den Blutplättchen, Leukocyten, Erythrocyten und den Gewebszellen enthalten sind. Normalerweise kreise im Blut kein freies Prothrombin.

Nach MILLS[28] beruht die Fibringerinnung auf einer Ausflockung des negativ geladenen Fibrinogens durch das positiv geladene Thrombin.

---

[33] PARTHOS, ALEX., u. FRANC SVEC: Gesetzmäßiger Zusammenhang zwischen Blutzuckergehalt und Blutgerinnungszeit. Arch. f. Physiol. **219**, 481—484 (1928) — Ref. Chem. Zbl. II **5**, 460 (1928).

[34] STARLINGER u. WINANDS: Gewebesystem als Bildungsstätte des Fibrinogens, nicht nur Leber allein. Z. exper. Med. **60**, 138 (1927).

[35] STUBER, B.: Die Blutgerinnung als kolloidchemisches Problem. Kolloid-Z. **51**, H. 1, 144—152 (1930).

[36] STUBER, B., u. K. LANG: Blutgerinnung und Blutgehalt des Blutes. Biochem. Z. **212** (1929).

[37] STUBER, B., u. K. LANG: Über die Glykolyse des künstlichen Gerinnungsgemisches (Fibrinogen-Thrombin). Biochem. Z. **191** (1927).

[38] STUCKERT, G. V.: Experimenteller Beitrag zur Gerinnbarkeit des Blutes. Rev. univ. Cordoba **13**, 4/6, 44 (1926) — Ref. Ber. Physiol. **39**, H. 9/10, 695 (1927).

[39] DE WALE, H.: Untersuchungen über die Blutgerinnung. XII. Intern. Physiol. Kongr. Stockholm **1926** — Ref. C. I. **18**, 2339 (1927).

[40] WALDSCHMID-LEITZ, STADLER, STEIGERWALD: Die Blutgerinnung, Hemmung und Beschleunigung. Naturwiss. **1928**, 16 — Hoppe-Seylers Z. **1929**, 183.

[41] WIEK, W.: Insulin und Blutgerinnung. Dtsch. med. Wschr. **1932**, Nr 5, 177.

[42] WÖHLISCH, E.: Fortschritte in der Physiologie und Pathologie der Blutgerinnung. Klin. Wschr. **11**, Nr 3 u. 4 (1931).

Nach Del Baere[7] sei es möglich, durch die Kataphorese nachzuweisen, daß das Thrombin eine positive elektrische Ladung besitze, während das Prothrombin negativ geladen sei. Die Blutgerinnung sei eine Ausflockung des negativ geladenen Fibrinogens durch positiv geladenes Thrombin.

Auch heute ist demnach die Kontroverse, ob man es bei der Blutgerinnung mit einem Fermentvorgang oder aber mit einer kolloid-chemischen Reaktion zu tun hat, noch nicht entschieden. Unserer Ansicht nach gilt auch heute noch die Theorie, wie sie Wöhlisch[5] in seiner Monographie 1929 trefflich zusammengefaßt hat und die hier von uns in zum Teil leicht veränderter Form wiedergegeben wird:

Der Vorgang der Blutgerinnung besteht in der irreversiblen Umwandlung eines im Plasma gelösten, zu den Globulinen gehörenden Eiweißkörpers, des Fibrinogens, in einen unlöslichen, seinen physikalisch-chemischen Eigenschaften nach denaturierten Proteinen nahestehenden Eiweißkörper, das Fibrin. Der Vorgang der Gerinnung spielt sich makroskopisch unter dem Bilde einer Gelatinierung ab, wobei die zelligen Elemente von der Gallerte fest eingeschlossen werden. Mikroskopisch bzw. ultramiskroskopisch betrachtet ist das erste Anzeichen der Fibrinbildung meist das Auftreten winziger Nädelchen, die allmählich miteinander zu einem dichten Netzwerk verwachsen. Bei ultramikroskopischer Betrachtung hat der Vorgang der Fibrinbildung eine außerordentliche Ähnlichkeit mit dem Bilde einer echten Krystallisation und wird von einigen Autoren als eine solche angesehen. Das Anschießen der Fibrinnadeln wird in hervorragender Weise begünstigt durch die Anwesenheit zerfallender Thrombocyten, während die übrigen zelligen Elemente die Bildung des Fibrins nicht in mikroskopisch wahrnehmbarer Weise begünstigen (Gerinnungsballaste nach Fonio).

Überläßt man das Gerinnsel des in vitro spontan geronnenen Blutes sich selbst, so erfolgt nach einiger Zeit eine Retraktion des Blutkuchens unter Auspressung des Serums. Auch an der Retraktion des Fibrins sind die Thrombocyten in hervorragendem Maße beteiligt, ja ihre Anwesenheit scheint Voraussetzung für das Zustandekommen der Retraktion zu sein, wie das Experiment und die Pathologie der Blutgerinnung zeigen (z. B. Fehlen der Retraktion bei der thrombopenischen Purpura). Eine Ausnahme davon bilden die nicht agglutinationsfähigen, also insuffizienten Thrombocyten der Thrombasthenie, die trotz normaler oder übernormaler Zahl nicht imstande sind, die Retraktion des Fibrins zu bewirken.

Das bei der Retraktion des Gerinnsels ausgepreßte Serum unterscheidet sich vom Blutplasma nicht nur durch das Fehlen des Fibrinogens, sondern außerdem durch die Fähigkeit, weiteres Fibrinogen in Fibrin umzuwandeln, infolge Anwesenheit des Thrombins. Das Thrombin ist im strömenden Blute nicht oder in kaum nachweisbarer Menge vorhanden, es bildet sich erst während der Gerinnung und ist, da es wie kein zweiter bekannter Stoff die Fähigkeit besitzt, Fibrinogen in Fibrin umzuwandeln, mit einer an Sicherheit grenzenden Wahrscheinlichkeit als die letzte Ursache der Gelatinierung des Fibrinogens bei der normalen Gerinnung anzusehen.

Wöhlisch unterscheidet nach Hammarsten zwei Hauptphasen des Gerinnungsvorganges:

Hauptphase I. Entstehung des Thrombins aus seinen Vorstufen (zwei, höchstwahrscheinlich drei verschiedene Faktoren: Das Prothrombin, das Calcium, die Thrombokinase).

Hauptphase II. Umwandlung des Fibrinogens in das Fibrin unter dem Einfluß des Thrombins.

Wir selbst unterscheiden noch eine

Hauptphase III. Retraktion des Blutkuchens und Serumauspressung.

Nach BORDET ist das Prothrombin im strömenden Blute noch nicht in demjenigen Zustande vorhanden, in dem es der direkten Umwandlung in Thrombin fähig ist. Die erste Hauptphase der Blutgerinnung verläuft also in zwei Stufen: In der ersten geschieht die Umwandlung der reaktionsträgen Vorstufe des Prothrombins in das reaktionsfähige Prothrombin. In der zweiten die Umwandlung des reaktionsfähigen Prothrombins (Thrombogen) in das Thrombin bei Anwesenheit von ionisiertem Calcium, mit der Thrombokinase (Gerinnungsaktionszellsubstanz von den Plättchen abgegeben) in Reaktion tretend. Dann folgt die Hauptphase II durch die Einwirkung des Thrombins: Umwandlung des Fibrinogens in das Fibrin.

Das vereinfachte Schema der Blutgerinnung, wie ich es in meinem Beitrag zu diesem Handbuch angebe, besteht daher immer noch zu Recht. Ich führe es nochmals an, weil seine Kenntnis für die Differentialdiagnose und für die Einteilung der verschiedenen Gruppen der hämorrhagischen Diathesen mir wichtig zu sein scheint (vgl. S. 164).

I. Phase   Thrombinbildung: Aus Thrombogen (im Plasma präformiert) und Thrombokinase (von den Plättchen abgegeben) bei Anwesenheit von ionisiertem Calcium.

II. Phase   Umwandlung des Fibrinogens in das Fibrin durch Einwirkung des Thrombins

III. Phase   Retraktion des Fibrins und Serumauspressung durch die Wirkung der Blutplättchen.

Untersuchungsmethodik:* MORAWITZ[52] hat 1930 sein neues Capillarthrombometer angegeben zur Untersuchung der Thrombosezeit extravasculär und unabhängig von Gefäßfaktoren und hernach 1931 weitere Erfahrungen damit bekanntgegeben. Es gelang ihm

---

*   2. Untersuchungsmethodik:*

[43] CZONICZER, G., u. ST. WEBER: Eine neue Methode zur Bestimmung der Retraktilität des Blutkuchens. Z. klin. Med. **115**, H. 3/4 (1931).

[44] ELIAS, G.: Gerinnungsstudien. II. Mitt. Z. exper. Med. **77**, H. 5/6 (1931).

[45] FONIO, A.: Die Unterkühlungszentrifugiermethode. Ein neues Verfahren zur Gewinnung von plättchenhaltigem und plättchenfreiem Plasma ohne gerinnungshemmende Zusätze, als Beitrag zur Untersuchungsmethodik der Blutgerinnung. Z. klin. Med. **119**, H. 5/6 (1932).

[46] FONIO, A.: Über Athrombit. Diskussionsvotum. Schweiz. med. Wschr. **1932**, Nr 15, 360.

[47] FUCHS, HANS: Herstellung eines reinen und stabilen Plasmas mittels einfachem Zentrifugieren aus Säugetierblut. Z. Immun.forsch. **69**, H. 3/4, 305 (1930).

[48] JEZLER, A.: Diskussionsvotum über Athrombit. Aus d. Verh. d. schweiz. Naturforsch. Ges. **1931** — Schweiz. med. Wschr. **1932**, Nr 15, 360ff.

[49] KLINKE, K.: Gerinnungsstudien. III. Mitt. Methodisches zur Tyndallometrie lichtabsorbierender Flüssigkeiten. Z. exper. Med. **77**, H. 5/6 (1931).

[50] KLINKE, K., u. G. ELIAS: Gerinnungsstudien. III. Mitt. Kinetische Untersuchungen der Fibrinogengerinnung. Z. exper. Med. **77**, H. 5/6 (1931).

[51] KLINKE, K.: Neue Untersuchungen über die zweite Phase der Gerinnung. Klin. Wschr. **1931**, Nr 19, 869.

[52] KRISTENSON, A.: Untersuchungen über die Elastizität des Fibrinkoagulums. Acta med. scand. (Stockh.) **4**, 351 (1932).

[53] LAMPERT, H.: Eine einfache kolloid-chemische Methode zur Bestimmung der Benetzbarkeit. Klin. Wschr. **1932** (im Druck).

[54] LAMPERT, H.: Die Bedeutung von Athrombit f. d. Thrombocytenzählung. Verh. dtsch. Ges. inn. Med. Wiesbaden **1931**.

[55] LAMPERT, H.: Weitere Erfahrungen mit der Bernsteinmethode der Thrombocytenzählung. Dtsch. med. Wschr. **1931**, Nr 48.

[56] LAMPERT, H.: Die Bestimmung der Blutgerinnungszeit. Münch. med. Wschr. **77**, 14, 586—588 (1930).

[57] MORAWITZ, P.: Gibt es eine Thrombasthenie? (Das Capillarthrombometer.) Münch. med. Wschr. **1930**, Nr 47, 2002.

[58] MORAWITZ, P.: Klinische und experimentelle Untersuchungen mit dem Capillarthrombometer. (Zugleich ein Beitrag zur Lehre der Thrombose.) Dtsch. Arch. klin. Med. **170**, H. 3, 310ff. (1931).

nachzuweisen, daß es eine verminderte Agglutinationsfähigkeit der Thrombocyten gibt, unabhängig von irgendwelchen Gefäßeinflüssen und unabhängig von der Gerinnungszeit (Thrombasthenie). Diese verminderte oder fehlende Agglutination läßt sich allerdings auch in einfacherer Weise durch einen Bluttrockenausstrich ohne Zusatz von Magnesiumsulfat nachweisen (Fonio[144]): Bei der Thrombasthenie agglutinieren die Plättchen nicht, ähnlich wie beim Trockenausstrich mit Magnesiumsulfatzusatz (Athrombose).

Elias und Klinke[44, 49, 50, 51] haben 1931 eine Methode angegeben zur Bestimmung des Beginnes und des Endes der Gerinnung durch die Veränderungen des tyndallometrischen Effektes, den die Umwandlung von Fibrinogen in Fibrin bedingt. Die Methode ergibt einen exakt reproduzierbaren Kurvenverlauf. Autoren glauben durch ihre Methode erwiesen zu haben, daß die II. Phase der Gerinnung als eine fermentative, durch das ausfallende Fibrin beschleunigte Reaktion aufzufassen sei. Als ein weiterer Beweis der Fermentnatur des Gerinnungsprozesses sei die Tatsache aufzufassen, daß der Vorgang der Spontangerinnung sich völlig mit dem der Thrombingerinnung deckt, nach ihrer Methode untersucht.

Czonszer und Weber[43] haben 1931 eine neue Methode zur Bestimmung der Retraktilität des Blutkuchens des reinen Plasmas angegeben, nach Entfernung der Gerinnungsballaste (Erythrocyten und Leukocyten).

Lampert[54] hat, um die Benetzbarkeit der Apparatur herabzusetzen, allerlei Gefäße aus dem Athrombit, einem wenig benetzbaren Stoff, einer Art Bernstein, konstruiert, welches sich zur Untersuchung der Gerinnung, zur Zählung der Plättchen, als Transfusionsapparat besonders gut eignen soll. Nach unseren Erfahrungen wird jedoch dadurch die Gerinnung nur um ein weniges hintangehalten, Gerinnungsvorgänge stellen sich zu schnell ein (z. B. beim Athrombit-Zentrifugierrohr), so daß diese Bernsteinapparatur sich zur Untersuchung der Gerinnung nicht eignet.

Jezler[48] lehnt diese Apparatur zur Blutplättchenzählung ab. Die Erfahrung hat außerdem gezeigt, was auch Lampert[55] selbst zugibt, daß die erhöhten Thrombocytenwerte, die bei den direkten Zählmethoden gefunden werden, auf Mitzählen von Blutstäubchen, von sog. „kleinen Thrombocyten", von Gebilden, die in jeder kolloidalen Lösung vorkommen können usw., beruhen, die alle mit den echten Thrombocyten nichts zu tun haben. Bei den indirekten Zählmethoden (z. B. Fonio) ist eine solche Verwechslung infolge der einwandfreien colorimetrischen Darstellung der Blutplättchen vollkommen ausgeschlossen.

Fuchs[47] hat 1930 eine Methode zur Herstellung eines stabilen Säugetierplasmas angegeben: Mittels einer zu diesem Zweck konstruierten Zentrifuge (Ultrazentrifuge) von ca. 15000 Umdrehungen in der Minute werden die Plättchen derart gründlich und schnell aus dem Plasma entfernt, daß das so erhaltene Plasma in seinen Eigenschaften einem Vogelplasma gleicht, ohne seine spontane Gerinnungsfähigkeit verloren zu haben. Solche Plasmata sollen tagelang flüssig bleiben können.

Fonio[45] hat 1931 eine neue Methode zur Gewinnung von plättchenhaltigem und plättchenfreiem Plasma (Plasma I und II) ohne Anwendung von gerinnungshemmenden Substanzen angegeben: Die Unterkühlungs-Zentrifugiermethode. Dadurch fällt bei den nachfolgenden Untersuchungen des Plasmas die Recalcifizierung aus. Aus diesen Gründen dürfte sich diese neue Methode ganz besonders zur Untersuchung der Gerinnungsvorgänge eignen: Man arbeitet ohne irgendwelche Zusätze. Das so dargestellte Plasma ist ferner ein ganz empfindlicher Indicator für die Bestimmung von gerinnungsbeeinflussenden Substanzen. Durch Änderung der Temperatur bei diesen Untersuchungen kann der Gerinnungsvorgang beliebig verlängert oder verkürzt werden.

Gerinnungsbeeinflussende Mittel und Methoden *: Der äußerst beschränkte Raummangel gestattet nicht auf die Besprechung der gerinnungsbeeinflussenden Mittel und Methoden

---

[59] Samson, K.: Bestimmung der Fibrinogenmenge durch Zentrifugieren. Med. Klin. **6**, 211—212 (1928).

[60] Schultz, W.: Über die Technik der Blutgerinnungsbestimmungen. Dtsch. med. Wschr. **1932**, Nr 5, 175.

[61] Wiemer, P.: Das Endothelsymptom. Z. exper. Med. **78**, H. 1/2, 230 (1931).

[62] Wöhlisch u. H. G. Clamann: Über den Nachweis der Strömungsdoppelbrechung an Fibrinogenlösungen. Z. Biol. **92**, H. 5, 462.

* *3. Gerinnungsbeeinflußende Mittel und Methoden.*

[62a] Arthus, M.: De l'action coagulante des tissus vasculaires. C. r. Soc. Biol. Paris **1930**, 1067.

[63] La Barbe u. A. Patalano: A propos de l'action hypercoagulante des extrait rétrohypophysaires. C. r. Soc. Biol. Paris **1930**, 70.

[64] Bier, O. G.: Sur les relations entre le serozym et les constituants de l'alexine. C. r. Soc. Biol. Paris **1931**, 374.

[65] Bordet, P.: Action of soluble salts of iron on the coagulation of the blood. Adsorbent powe of Prussian blue against factors of coagulation of the blood. C. r. Soc. Biol. Paris **96**, 1061—1063 (1927) — Ref. C. A. **21**, 13, 2142 (1927).

näher einzugehen (Hirudin, Heparin, Germanin, Liquoid, Novirudin usw. als gerinnungshemmende Substanzen und Muskelkoaguline, Blutgefäßextrakte, Hämocitrat, Thrombinlösungen, Vogelmuskel, retrohypophysäre Extrakte, Calciumsalze usw. als gerinnungsbeschleunigende und styptische Mittel). Wir müssen uns daher mit den Literaturangaben begnügen.

Die Gerinnung bei verschiedenen physiologischen Zuständen *: Es liegen eigentlich nur spärliche Befunde vor. Nach Mills ist die Gerinnungszeit morgens vor dem Frühstück am längsten, was von meinem Assistenten Hugi bestätigt wurde,

[66] Bordet, P.: Action des sels solubles de fer sur la coagulation du sang. Pouvoir absorbant du Bleu de Prusse vis-à-vis des facteurs de la coagulation du sang. C. r. Soc. Biol. Paris **96**, 1061—1063 — Ref. Ber. Physiol. **42**, 105 (1927).

[67] Busquet, H., u. Ch. Vischiac: Gummi arabicum und „Tachyphylaxie". Beziehung des Phänomens zum kolloidalen Zustand und der Ungerinnbarkeit des Blutes. C. r. Soc. Biol. Paris **100**, 642—643, 8/3 (1929) — Ref. Chem. Zbl. I **24**, 2894 (1929).

[68] Demole, V., u. M. Reinert: Polyanetholsulfosaures Natrium, ein neues synthetisches Mittel zur Hemmung der Blutgerinnung. Arch. f. exper. Path. **1**, 158, 211 (1930) — Ref. Klin. Wschr. **10**, 26, 1230 (1930).

[69] Douris, R., u. M. Plessis: Etude comparative de l'action coagulante des sels calciques minéraux et organiques. C. r. Soc. Biol. Paris **1930**, 757.

[70] Falkenhausen, M. Fr. v.: Körpereigene (Antiprothrombin bzw. Heparin) und körperfremde (Germanin-Salvarsan, gerinnungshemmende Substanzen in ihrer Beziehung zur Vorstufe des Gerinnungsfermentes (Prothrombin). Z. exper. Med. **79**, H. 1/2, 18 (1931).

[71] Fischer, A.: Zum Mechanismus der Hemmung der Blutgerinnung. Biochem. Z. **240**, 364—380 (1931).

[72] Fischer, A.: Untersuchungen über Muskelkoagulin. Biochem. Z. **240**, 357—363 (1931).

[73] Fonio, A.: Ein neues Thrombinpräparat. Verh. schweiz. naturforsch. Ges., Davos Sept. **1929**, 210 — Schweiz. med. Wschr. **1930**, Nr 25, 593.

[74] Freund, J.: Der Einfluß koagulationshemmender Substanzen, insbesondere des Novirudins auf die Form des Elektrokardiogramms. Dtsch. med. Wschr. **14**, 573—575 (1927).

[75] Fuchs, H. J., u. R. Merländer: Über das Koagulin des Muskels. III. Z. exper. Med. **79**, H. 1/2, 59 (1931).

[76] Kraus, F., u. H. J. Fuchs: Über das Koagulin des Muskels. Z. exper. Med. **64**, 583—593 (1929) — Ref. Chem. Zbl. I **2**, 308 (1931).

[77] Lefrou, G.: Anticoagulating power of certains dyes and of arsenicals. C. r. Soc. Biol. Paris **184**, 241—243 (1927) — Ref. Chem. Zbl. **21**, 8, 1281 (1927).

[78] Loenhard, H.: Hämocitrat, ein neues Mittel zur Blutstillung und über H-Hämocitrat. Münch. med. Wschr. **1931**, Nr 78, 11, 449—450.

[79] Martek, Th. de, J. Guillaume u. M. Lassery: L'emploi du muscle d'oiseau comme agent hémostatique. Presse méd. **38**, 102, 1748—1749 (1930).

[80] Nandris-Calugareanu, A.: Incoagulabilité sanguine in vivo chez les lapis après injection de l'héparine ou d'hirudin. C. r. Soc. Biol. Paris **1929**, 313.

[81] Nitzescu, L.: Action de diverses substances post-hypophysaires sur la coagulation du sang. C. r. Soc. Biol. Paris **1930**, 70.

[82] Stuber, B., u. K. Lang: Über den Einfluß des Germanins auf das Blutgerinnungssystem unter spezieller Berücksichtigung seiner prophylaktischen und therapeutischen Verwendung bei Thrombosen. Arch. f. exper. Path. **154**, 41—49 (1930) — Ref. Chem. Zbl. I **8**, 1307 (1931).

[83] Stuber, B., u. K. Lang: Über die Ursachen der Ungerinnbarkeit des Blutes im Peptonshock. Biochem. Z. **222**, 313 (1930).

[84] Wedekind, Th., J. Becker u. B. Wienert: Kongorot als Hämostypticum. Münch. med. Wschr. **48**, Nr 77, 2049—2051 (1930).

* *4. Die Gerinnung bei verschiedenen physiologischen Zuständen.*

[85] Bähler, H.: Verlängerung der Gerinnungszeit, Erhöhung d. Blutplättchenzahlen, Neigung zu Hämotomblutungen an der Stichöffnung, dysmenorrhoische Beschwerden, profuse Menstrualblutungen in großer Höhe über Meer (Jungfraujoch) — zu Fonio: Verh. Schweiz. Naturforsch. Ges. Biol. Sektion, 25. u. 26. Sept. **1931** — Schweiz. med. Wschr. **1931**, Nr 15, 360ff.

[86] Falkenhausen, Fr. v., u. A. Pyrgalis: Die Ursache der Ungerinnbarkeit des Menstrualblutes. Zbl. Gynäk. **52**, 2738 (1928).

[87] Hugi, F.: Verlängerung der Gerinnungszeit beim Schlaf und nach den Mahlzeiten. — Lit. bei Fonio: Verh. Schweiz. Naturforsch. Ges. Biol. Sektion, 25. u. 26. Sept. **1931** — Schweiz. med. Wschr. **1931**, Nr 15, 360ff.

der außerdem noch fand, daß die Gerinnungswerte nach dem Mittagessen sich erhöhen und während des Schlafes am längsten sind. Bähler[85], welche diese Untersuchungen auf unsere Veranlassung ausführte, fand eine Verlängerung der Gerinnungszeit in einer Höhe von 3457 m ü. M. (Jungfraujoch), die nach dem Heruntersteigen auf 700 m ü. M. noch längere Zeit andauerte (Fonio). Die Thrombocytenzahlen sind dabei erhöht (Bähler) in Übereinstimmung mit den Tierversuchen von Elisabeth Kolozs[97] bei einer Luftverdünnung, die einer Höhe von 6000 m ü. M. entsprach. Barometerstand und Witterung scheinen auch einen Einfluß auf die Gerinnung auszuüben, weshalb wir seit einiger Zeit bei allen Gerinnungsuntersuchungen diese Werte notieren (bei hohem Barometerstand scheint die Gerinnungszeit verlängert zu sein, bei tiefem verkürzt, so z. B. bei Bestehen von Föhnwitterung).

Blutplättchen, Physiologie und Pathologie [*]: Die französischen Autoren Benhaumou und Nouchy[88] haben eine Vermehrung der Blutplättchen (Plaquettose) bei der Verdauung beim Säugling, beim Kinde, beim Erwachsenen, beim Greise und beim Splenektomierten nachgewiesen. Sie berichten ferner noch über das Verhalten der Plättchen bei der Menstruation, bei der Gravidität und bei der Geburt. Details sind in der Originalarbeit nachzulesen.

Roskam[101] berichtet über die Wirkung des „Serum antiplaquettes". Studien über die Blutplättchenzerfallsgeschwindigkeit stammen von Blaar und Canaval[90], von Horwitz[95]. Jürgens und Naumann[96] geben eine Methode an zur Bestimmung der Agglutinationsfähigkeit der Blutplättchen: Zwischen Agglutinationsfähigkeit und Formbeschaffenheit der Plättchen bestehen deutliche Beziehungen, pathologisch veränderte große Plättchen agglutinieren schlecht, normale kleine dagegen gut. Deutliche Beziehungen bestehen auch zwischen Agglutinationsfähigkeit und Plättchenzahlen: Bei Plättchenmangel ist die Agglutination schlecht, bei normalen Plättchenzahlen dagegen gut, mit Ausschluß der thrombasthenischen Plättchen. Agglutinationsfähigkeit und Thrombosezeit sollen auch übereinstimmen.

---

[*]   *5. Blutplättchen, Physiologie und Pathologie.*

[88] Benhamou, E., u. H. Nouchy: La plaquettose digestive (chez l'adulte, chez le vieillard, chez jeune enfant, chez le nourisson, chez l'homme splenectomisé). C. r. Soc. Biol. Paris **1930**, 203.

[89] Benhamou, E., u. H. Nouchy: Les plaquettes sanguines au cours de la menstruation, de la grossese set du travail. C. r. Soc. Biol. Paris **1930**, 782.

[90] Blaar, H., u. Lili Canaval: Über die Plättchenzerfallsgeschwindigkeit. Klin. Wschr. **1931**, 2045.

[91] Blan, First u. Goldstein: Zit. Benhaumou: Amer. J. Obstetr. 8 (1930).

[92] Cramers u. Bannemann: Clinical significance of blood platelets. Lancet **11** (Mai 1929).

[93] Czubalski, Fr.: Influence de l'excitation des nerfs pneumogastrique et sympatique sur le nombre des plaquettes et des leucocytes. C. r. Soc. Biol. Paris **1930**, 899.

[94] Dawbarn, Earlan u. Evans: Zit. Benhaumou: The relation of the blood platelets to thrombosis after operations and parturition. J. of Path. **1928**, 833.

[95] Horwitz, S.: Die Blutplättchen in methodischer Hinsicht. Klin. Wschr. **1931**, 1613.

[96] Jürgens, R., u. W. Naumann: Klinische und experimentelle Untersuchungen über Funktionen der Blutplättchen. Dtsch. Arch. klin. Med. **172**, H. 3, 248 (1931).

[97] Kolozs, Elisabeth: Über das Verhalten der Blutgerinnung und der Blutplättchen bei Luftverdünnung. Biochem. Z. **222**, H. 4/6, 301 (1930).

[98] Kristenson: Thrombocytosis in clinical venous thrombosis. Acta med. scand. (Stockh.). — Zit. Norman S. 177.

[99] Norman, Erik: Wie verhalten sich die Thrombocyten nach operativ behandelten Krankheitsfällen und bei Entstehung postoperativer Thrombosen? Dtsch. Z. Chir. **212**, H. 3/4, 166 (1928).

[100] Roskam, J.: Action locale sur serum antiplaquettes. C. r. Soc. Biol. Paris **1931**, 937.

[101] Roskam, J.: Nouvelle demonstration de propietés angeiotoxiques hémorrhagipares sur serum antiplaquettes. C. r. Soc. Biol. Paris **1931**, 239.

164 Nachträge zu Bd. VI, 1.

*Hämorrhagische Diathesen**: Es ist unserer Ansicht nach zweckmäßig, die Einteilung dieser Krankheitsbilder nach der Art der Störung ihres Gerinnungsverhaltens zu treffen. Ist die Gerinnungsanomalie in der I., in der II. oder in der III. Phase des Gerinnungsvorganges zu suchen? (s. Gerinnungsschema S. 160). So betrifft die Gerinnungsstörung der Hämophilie die I., der Fibrinopenie die II. und der Thrombopenie und Thrombasthenie die III. Phase.

a) *Hämophilie:* Eine beinahe unerschöpfliche Fundgrube für den Hämophilieforscher ist die Monographie SCHLÖSSMANNS[3], auf die ich hier verweise,

---

* B. Pathologie der Blutgerinnung.

1. Hämorrhagische Diathesen.

a) Hämophilie.

[102] BARINSTEIN, L. A.: Zur Pathogenese der Hämophilie und der Thrombopenie (Luteovartherapie). Arch. klin. Chir. **147**, 749 (1927).

[103] BAUER u. WEHEFRITZ: Gibt es eine Hämophilie beim Weibe? Arch. f. Gynäk. **121**, 462 (1924); **129**, H. 1 (1929).

[104] BUCURE: Über Hämophilie beim Weibe. Wien: Hödler 1920.

[105] CAPRIOLI: Das Vivocoll in der Chirurg. Praxis. Internat. Z. Klin. u. Ther. **1927**, H. 4.

[106] CHRISTIE, R. V.: Studies of blood coagulation and haemophilia. I. Blood coagulation in haemorrhagie diseases. Quart. J. Med. **20**, 471 (1927) — Ref. Ber. Physiol. **43**, 96 (1928).

[107] CHRISTIE, R. V., H. W. DAVIES u. C. P. STEWARD: Studies in blood coagulation andhaemophilia. II. Observations on haemie functions in haemophilia. Quart. J. Med. **20**, 481 (1927) — Ref. Ber. Physiol. **43**, 97 (1928).

[108] CHRISTIE, R. V., u. G. L. GULLAND: Studies in blood coagulation and haemophilia. III. Treatment of haemophilia. Quart. J. Med. **20**, 299 (1927).

[109] FALKENHAUSEN, M. v.: Das Wesen der hämophilen Gerinnungsstörung. Arch. f. exper. Path. **145**, H. 1/3, (1929) — Ref. Münch. med. Wschr. **1930**, Nr 17, 33.

[110] FEISSLY, R.: Recherches relatives a l'hémophilie. Schweiz. med. Wschr. **1932**, Nr 15, 360 ff. — FEISSLY, R., FRIED u. S. OEHRLI: Hämophilie und Blutfluor. Klin. Wschr. **1931**, 829.

[111] FRANK, E., u. H. HARTMANN: Diskussionsvotum. Über das Wesen und die therapeutische Korrektur der hämophilen Gcrinnungsstörung. Klin. Wschr. **6**, 435—439 (1927).

[112] FUCHS, H. J., u. M. v. FALKENHAUSEN: Über das Wesen der Hämophilie. Klin. Wschr. **9**, 20, 928—930 (1930).

[113] GOAEVAERTS, P., u. A. GRATI: Contribution à l'étude de l'hémophilie. Rev. belge Sci. méd. III **6**, 689—695 (1931).

[114] HOFF, F., u. F. MAY: Zur Frage der Hämophilie und des Blutfluors. Z. klin. Med. **112**, H. 5/6, 558 (1930).

[115] HÖSSLY, G. T.: Der Stammbaum der Bluter von Tenna. Arch. Klaus-Stiftg **5**, H. 3/4 (1930).

[116] KUBANY: Blutgruppenuntersuchungen a. d. hämophilen Familie Mampel zu Heidelberg. Klin. Wschr. **1927**, 1517.

[117] LEICHTENTRITT u. OPITZ: Trypanocide Untersuchungen über Serumsubstanzen bei der Hämophilie. Med. Klin. **59** (1927).

[118] LLOPIS, FELIPE: Hämophilie und ihre Behandlung. Leipzig: Johann Ambrosius 1929.

[119] MACKI: Zit. NAEGELI: Amer. J. med. Sci. **157**, 218 (1928).

[120] MORAWITZ, P.: Hämophilieprobleme. Ther. Gegenw. Januar **1930**.

[121] NIEKAU, B.: Hämophilie und ihre erfolgreiche Behandlung mit Nateina Llopis. Klin. Wschr. **1928**, Nr 13 — Z. ärztl. Fortbildg **1929**, Nr 1.

[122] PAYNE u. STEEN: Häemostatik Therapy in Haemophilia. Brit. med. J. **1929**, Nr 357, 31, 1150.

[123] SCHRADER, E.: Gelungene Zahnextraktion bei einem Hämophilen auf Grund einer neuen Behandlungsmethode mit Nateina. Zbl. Chir. **1929**, 271.

[124] SOMMERLAD: Die Geschichte der Hämophilie. Inaug.-Dissert. Leipzig 1927.

[127] STUBER, B.: Die Störungen des Blutgerinnungsprozesses Hämophilie und Thrombose. Klin. Physiolog. III. T. München: J. F. Bergmann 1931.

[128] TAEGE, K.: Hämophilie im Gänseblut. Münch. med. Wschr. **1929**, 714.

[129] TRAUM, E.: Über spontane Massenblutung ins Nierenlager bei Hämophilie, zugleich ein Beitrag zu ihrer Behandlung. Dtsch. Z. Chir. **215**, 351 (1929).

[130] VOGEL, R.: Über die Blutstillung bei der Hämophilie. Zbl. Chir. **1929**, 1807.

[131] ZIEGELROTH: Zur diätetischen Behandlung der Hämophilie. Münch. med. Wschr. **1928**, 133.

mich auf die Anführung einiger neuen Theorien und Untersuchungsbefunde beschränkend, die z. T. seither veröffentlicht wurden. Stuber und Lang geben auf Grund ihrer neuen Theorie der Blutgerinnung eine neue Erklärung für die Gerinnungshemmung der Hämophilie: Sie soll eine Folge der Hemmung der Blutglykolyse des Hämophilen sein und diese wiederum eine Folge des erhöhten Fluorgehaltes des hämophilen Blutes. Hoff und May, Feissly[110] bestätigten im Gegensatz zu Stuber bei der Hämophilie den erhöhten Fluorgehalt nicht.

Nach v. Falkenhausen[109] soll bei der Hämophilie die Leber die Aufspeicherungsfähigkeit für Antiprothrombin verloren haben. Die gesamten Mengen kreisen daher im Blute und dadurch kommt es zu einer Störung des Antiprothrombin-Thrombokinasegleichgewichtes, was die Gerinnungshemmung hervorruft.

Die Nachprüfung und die Kontrolle unserer Befunde vom Jahre 1915, nämlich daß bei Zusatz normaler und hämophiler Plättchen zu hämophilem Blut die gerinnungsbeschleunigende Wirkung der hämophilen Plättchen jener der normalen absolut unterlegen ist, ergaben deren Richtigkeit. Wir gingen weiter, indem wir nach unserer Unterkühlungs-Zentrifugiermethode hämophiles Plasma I (plättchenhaltig) und Plasma II (plättchenfrei) herstellten und die Wirkung von hämophilen und normalen Plättchen auf diese beiden Indicatoren untersuchten. Es zeigte sich, daß die normalen Plättchen den hämophilen weit überlegen sind, sowohl beim hämophilen Plasma I als bei Plasma II. Bei vier Fällen von Hämophilie verglichen wir ferner in gleicher Versuchsanordnung den Zusatz von hämophilem und von normalem Serum. Kein erheblicher Unterschied in der Wirkung, vorausgesetzt, daß das Serum erst nach vollzogener Gerinnung zur Prüfung entnommen werde. Daraus muß geschlossen werden, daß das Endprodukt der ersten Gerinnungsphase, das Thrombin, bei der Hämophilie normal ist. Die Ursache der Gerinnungshemmung bei der Hämophilie ist daher auf das Verhalten der Blutplättchen zurückzuführen, wie ich schon 1915 angenommen habe. Sie geben die Thrombokinase zu langsam ab, die Thrombinbildung geht zu langsam vor sich, d. h. die jeweils gebildete Menge ist zu gering, um eine für die Blutstillung genügende Fibrinmenge auszufällen. Das nach vielen Stunden endlich in vitro gebildete Koagulum ist dagegen völlig normal, was sagen will, daß die schließlich gebildete Thrombinmenge imstande ist, die Gerinnung normal zu vollenden durch eine restlose Fibrinausfällung. Dieser Befund stimmt damit überein, daß hämophiles Thrombin zu hämophilem Plasma gegeben, sich wie Normalthrombin verhält.

Die Untersuchung der Blutplättchenzerfallsgeschwindigkeit nach Blaar und Canaval oder nach anderen Methoden wird hier voraussichtlich Aufklärung über die Ursache der zu langsamen Thrombokinase Abgabe dieser Gebilde bringen können, die höchstwahrscheinlich auf einer erhöhten Resistenz beruht.

Aus diesen Versuchen ergibt sich ferner die strikte Indikation zur Blutstillung bei der hämophilen Blutung: Zufuhr normaler Plättchen. Wir haben den Vorschlag gemacht, dies nicht auf dem Wege der Bluttransfusion zu erreichen, sondern unter Weglassung der Erythrocyten und Leukocyten, die Gerinnungsballaste sind, das nach unserer Methode dargestellte Normalplasma I intravenös zu injizieren, was in technischer Hinsicht keine Schwierigkeiten bereiten dürfte. Plättchen und Thrombin einer Konduktorfrau, nach unserer Methode untersucht, erwiesen sich als normal.

b) *Fibrinopenie:* Ein selteneres Krankheitsbild sind die Fibrinopenien, wohl auch deshalb, weil diese Gerinnungskrankheit bis jetzt zu wenig bekannt war

---

b) Fibrinopenie.

[132] Isaak u. Hiege: Der Fibrinogengehalt des Blutes bei Lebererkrankungen. Klin. Wschr. **1923**, 1067.

resp. nur bei wenigen Fällen richtig diagnostiziert wurde. Die Fibrinopenie ist charakterisiert durch absoluten Fibrinogenmangel bei Vorhandensein sämtlicher Gerinnungsfaktoren. Meistens werden Kinder dadurch befallen. JÜRGENS und TRAUTWEIN[133] beschrieben einen Fall bei einem Erwachsenen. Betreffs der Ätiologie dieser Krankheit verweise ich auf die Originalarbeiten.

c) *Thrombopenie, Thrombasthenie:* Wir erwähnen hier nur die Untersuchungen MORAWITZ' mit seinem Capillarthrombometer über Thrombosezeit und Agglutinationsfähigkeit der thrombasthenischen Plättchen, die vermindert sind.

[133] JÜRGENS, R., u. H. TRAUTWEIN: Über Fibrinopenie beim Erwachsenen nebst Bemerkungen über die Herkunft des Fibrinogens. Dtsch. Arch. klin. Med. **169**, H. 1/2 (1930).
[134] LESCHKE: Zit. NAEGELI: Purpura fulminans. Dtsch. med. Wschr. **1925**, 1352.
[135] OPITZ u. FREI: Über eine neue Form von Pseudohämophilie. Jb. Kinderheilk. **94**, H. 1, 374 (1921).
[136] OPITZ u. SILBERBERG: Afibrinogenämie und Thrombopenie infolge ausgedehnter hepato-lienaler Tuberkulose. Klin. Wschr. **1924**, Nr 32, 1443.
[137] RABE u. SALOMON: Über Faserstoffmangel bei einem Falle von Hämophilie. Dtsch. Arch. klin. Med. **132**, H. 1/2, 240 (1920).

c) Thrombopenie, Thrombasthenie.

[138] ALEXANDER, J.: Allergie. Purpura. J. amer. med. Assoc. **92**, 2092 (1929).
[139] BOETTIGER: Zur Kasuistik der Purpura fulminans. 1928.
[140] CURSCHMANN, H.: Über familiäres Nasenbluten als Ausdruck einer „Pseudohämophilie". Klin. Wschr. **1930**, 677.
[141] ELMER: Zur Klinik der Aleukia haemorrhagica. Dtsch. med. Wschr. **1927**, 310 — Dtsch. Arch. klin. Med. **156**, 80 (1927) — Beitr. klin. Chir. **139**, 162 (1927).
[142] EVANS: The blood-changes after splenektomie in splenic anaemia, purpura haemorrhagica and acholurie jaundice, with special references to platelets and coagulation. J. of Path. **1928**, 815.
[143] FIESSINGER u. BRODIN: Les indications et les resultats de la splenectomie dans les ictères hémolitiques, la maladie de Banti et le purpura hémorrhagique chronique. Rapp. au XIX. congrès franç. de Med. **1927**.
[144] FONIO, A.: Blutstatus und Gerinnung bei einem Falle von infantiler hereditärer Thrombasthenie nach Glanzmann. Mitt. Grenzgeb. Med. u. Chir. **42**, 166 (1930).
[145] GLANZMANN, E.: Über die Syntropie von Eiterungen, Erythema exsudativum multiforme, anaphylaktoider Purpura und Diphtherie. Jb. Kinderheilk. **119** (1928).
[146] GLANZMANN, E.: Über Diagnose und Therapie der hämorrhagischen Diathesen. Kinderärztl. Prax. **1**, H. 2 (1928).
[147] HAMMERSCHLAG: Essentielle Thrombopenie in der Gravidität. Med. Welt **1929**, 447.
[148] JÜRGENS, R.: Verteilung der Eiweißkörper im Blute bei hämorrhagischen Diathesen. Dtsch. Arch. klin. Med. **171**, H. 4 (1931).
[149] LEMAIRE: La Ligature de l'artère splenique dans le traitement du purpura protopathique. Rapp. au XIX. congrès franç. de Med. **1927**.
[150] MERKLEN et LERICHE: Un cas d'hémogenie guérie par la splenectomie. C. r. Soc. Méd. Hopit. **30** (Nov. 1928).
[151] MORAWITZ, P.: Abasingebrauch, lang andauernder, als Ursache einer hämorrhagischen Diathese unter dem Bilde der Purpura Majocchi. Sammlung von Vergiftungsfällen **2**, Lieferg 5 (1931).
[152] MORAWITZ, P.: Verteilung der Eiweißkörper im Blute bei hämorrhagischen Diathesen. Dtsch. Arch. klin. Med. **171**, H. 4, 378ff. (1931).
[153] MORAWITZ, P.: Hämorrhagische Diathesen. Verh. dtsch. path. Ges. **1930**.
[154] NAEGELI, O.: Hämorrhagische Diathesen. Jkurse ärztl. Fortbildg, Märzheft **1930**.
[155] NAEGELI, O.: Blutkrankheiten. Abdruck aus J. v. Merings Lehrbücher innerer Medizin **2** (1929).
[156] NAGY: Über das Problem des hämorrhagischen Syndroms und seine konstitutionellen Beziehungen. Dtsch. med. Wschr. **1928**, 740.
[157] PAKODZDY: Über den Zusammenhang zwischen Nierenkrankheiten und hämorrhagische Diathesen. Z. klin. Med. **112**, 124 (1929).
[158] RIVOIRE: Plaquettes et splenectomie. Presse méd. **1930**, 358.
[159] ROSKAM: Purpuras hémorrhagiques et thrombopenie. Sang **1929**, Nr 5.
[160] ROST, F.: Purpura nach Lumbalanästhesie. Klin. Wschr. **1931**, 2341.
[161] SCHOEN, R.: Familiäre Teleangiektasie mit habituellem Nasenbluten. Dtsch. Arch. klin. Med. **166**, H. 3/4 (1930).

Eine verminderte bis aufgehobene Agglutinationsfähigkeit konnten wir am Trockenausstrichpräparat nachweisen. Im übrigen verweise ich hier auf die in der Literatur erwähnten Originalarbeiten.

Die Gerinnung bei Zuständen veränderter Schilddrüsentätigkeit *: Die Blutgerinnung beim Hypothyreoidismus, Hyperthyreoidismus, Myxödem, endemischen Kretinismus und beim Basedow haben wir eingehend untersucht sowie die Beeinflussung des Blutes und der Gerinnung durch Thyroxin und durch Jod in einer dem Jodgehalt des Thyroxinmoleküls entsprechenden Dosierung. Bei lang andauernder Thyroxinzufuhr wird die Gerinnungszeit verlängert und der Grundumsatz erhöht. Zwischen beiden Werten besteht ein paralleles Verhalten. Der Verlängerung der Gerinnungszeit entspricht eine Erhöhung des Grundumsatzes und umgekehrt. Zufuhr von Jod in Mikrodosierung hat eine ähnliche Wirkung zur Folge. Bei beiden fiel uns die lang andauernde Nachwirkung auf. Ichikawa und Sasaki[169], Kappis und Mackhut[170] berichten auch über Untersuchungen der Gerinnung bei Zuständen veränderter Schilddrüsentätigkeit.

Beeinflussung der Gerinnung durch verschiedene pathologische Zustände und durch verschiedene Einflüsse **: Der äußerst beschränkte Raum gestattet uns nicht näher auf verschiedene interessante Arbeiten einzutreten. Wir verweisen hier daher auf die Literaturangaben.

[162] Schneider: Über konstitutionelle, rheumatoide Purpura. Fol. haemat. (Lpz.) **38**, 418 (1929).

[163] Stern u. Hartmann: Über die Merkmale seltener Bluterkrankungen. (Agranulocytose, Panmylophthise, essentielle Thrombopenie.)

[164] Woenckhaus: Beitrag zur Milzexstirpation bei der essentiellen Thrombopenie. Z. klin. Med. **109**, 279 (1928).

*   *2. Die Gerinnung bei Zuständen veränderter Schilddrüsentätigkeit.*

[165] Abelin, I.: Die Physiologie der Schilddrüse. C. Blutgerinnung. Handb. d. norm. u. patholog. Physiologie **16 I**, 181 (1930).

[166] Fonio, A.: Über das Verhalten der Blutgerinnung bei der Struma, beim Myxödem, beim endemischen Kretinismus, beim Basedow und über ihre Beeinflußbarkeit durch Schilddrüsenextrakte und durch Jodverbindungen. Internat. Kropfkonferenz. Bern 1927.

[167] Fonio, A.: Die Bestimmung der Gerinnungswerte vor Operationen mit der kombinierten Untersuchung der Gerinnung (und bei Zuständen veränderter Schilddrüsenfunktion). Schweiz. med. Wschr. **1929**, Nr 26, 691.

[168] Fonio, A., u. G. Scheurer: Über die Wirkung des Thyroxins und des Jodes in einer dem Jodgehalt des Thyroxins entsprechenden Dosierung auf einige Abschnitte des Stoffwechsels, auf das Blut usw. bei endemischen Kretinen. Mitt. Grenzgeb. Med. u. Chir. **42**, 467 (1931).

[169] Ichikawa, K., u. T. Sasaki: Zit. Abelin: Fol. endocrin. jap. **3**, 825 (1927) — Ronas Ber. Physiol. **44**, 85 (1928).

[170] Kappis, M., u. E. Mackhut: Klin. Beobachtungen und Untersuchungen zu den Störungen der Blutstillung (Befunde b. Basedow S. 17) — Dtsch. Z. klin. Chir. **228**, H. 1/5 (1930).

** *3. Beeinflussung der Gerinnung durch verschiedene pathologische Zustände und durch verschiedene Einflüsse.*

[171] Czubalski: Changements de la concentration en jons hydrogène de la coagulabilité et de l'indice réfractométrique du sang sous l'influence de l'excitation des nerfs pneumogastrique et sympatique. C. r. Soc. Biol. Paris **1930**, 904.

[172] Fuchs, H. J.: Über Fermente. I. Mitt. Amylase und Prothrombin. Z. exper. Med. **79**, H. 1/2, 35 (1931).

[173] Fuchs, H. J., u. M. v. Falkenhausen: Prothrombin und Shockwirkung. Z. exper. Med. **79**, H. 1/2, 29 (1931).

[174] Haas, G.: Über Blutwaschung (Heparinwirkung). Klin. Wschr. **1928**, 7, 29, 1358.

[175] Hartmann, E.: Über das Wesen der Blutgerinnungsstörung bei schwerer Erkrankung des Parenchyms. Klin. Wschr. **6**, 1322 (1927).

[176] Heusser, H., u. H. Stössel: Untersuchungen über Körperhöhlenblut. Dtsch. Z. Chir. **226**, H. 1/2 (1930).

[177] Kappis, M., u. E. Mackhut: Zit. [170].

*Gerinnung und Thrombose**: Eng mit dem Problem der Thrombose verbunden ist die Beeinflussung der Gerinnung durch gewisse Krankheitszustände, durch Traumen, durch operative Eingriffe usw., weshalb wir die Besprechung dieser Verhältnisse zum Kapitel der Thrombose herübergenommen haben.

Verschiedene Autoren haben sich mit dem Einfluß von operativen Eingriffen auf die Blutzusammensetzung und ganz besonders auf die Gerinnung befaßt. MARIO ROMEO[192] wies nach, daß sowohl Gerinnungszeit als Blutungszeit nach operativen Eingriffen konstant verkürzt sind. NORMANN[191] fand, daß die Thrombocyten nach aseptisch verlaufenden operativen Eingriffen allmählich steigern, um dann langsam zur Norm zurückzukehren, und zwar nach einer gewissen bestimmten Kurve, in Übereinstimmung mit v. SEEMEN und BINSWANGER[193], welche eine Vermehrung dieser Gebilde während der Wundheilung nachwiesen. Nach HEUSSER[188] nimmt der Gehalt des Blutes an Fibrinogen postoperativ zu, um langsam wieder abzufallen. Das Agglutinationsvermögen der Plättchen sei dabei erhöht.

[178] LAMPERT, H., u. LIESEGANG: Blutserumausscheidung und Synärese. Kolloidchemische Modellversuche. Z. exper. Med. **1932** (im Druck).

[179] MACCO, G. DI, u. L. FAZIO: Die Koagulierbarkeit des Blutes bei der Anaphylaxie und nach der parenteralen Einführung artfremden Eiweißes. Riv. Pat. sper. **1**, 58 (1927) — Ref. C. I. **14**, 1975 (1927).

[180] PAVIOT, J., u. R. CHEVALIER: Irretractilité du caillot sans diminution du nombre des plaquettes ou cours du syndrome „bronchite chronique et emphysème".

[181] PAVIOT, J., P. JAPIOT, A. JOSSERAN, R. CHEVALLIER u. A. LÉVY: Essais de radiotherapie sur la moelle osseuse ect. (temps de coagulation ne presentant aucune modification).

[182] RUD, E. C.: Recherches sur le temps de coagulation du sang chez les cancereux. Recherches sur le nombre de plaquettes chez les cancereux. C. r. Soc. Biol. Paris **96**, 366 (1927) — Ref. Ber. Physiol. **41**, 368 (1927).

[183] SCHWEIZER, H.: Über Blutgerinnungsuntersuchungen beim Rinde, als Beitrag zur Ätiologie der postoperativen Ovarialblutungen. Inaug.-Dissert. Bern 1929.

[184] SEIFERT: Über die klin. Bedeutung der sog. cholämischen Blutungsneigung. Bruns' Beitr. **145**, 268 (1928).

[185] TURCU, T.: Modifications sanguignes consécutives aux injections intraveneuses d'encre de Chine. C. r. Soc. Biol. Paris **1928**, 1620.

[186] ZUNZ u. LA BARRE: Variations de la coagulabilité de la glycémie et de la calcémie sous l'influence du radium. C. r. Soc. Biol. Paris **96**, 712 (1927) — Ref. Ber. Physiol. **42**, 104 (1927).

*   C. Gerinnung und Thrombose.

[187] HENSCHEN, K.: Versuche aktiver Hirudinisierung als Prophylakticum gegen postoperative Thrombosen und Embolien. Arch. klin. Chir. Kongreß-Bd **152**.

[188] HEUSSER, H.: Postoperative Blutveränderungen und ihre Bedeutung für die Entstehung der Thrombose. Dtsch. Z. Chir. **210**, H. 1/4. Lit.

[189] KILLIAN, H.: Beitrag zum Embolieproblem. Technik der Melaningerinnungsprobe. Dtsch. Z. Chir. **201**, 157 (1927).

[190] LAMPERT, H.: Neuere Anschauungen über das Thrombose- und Embolieproblem. Klin. Wschr. **1932**, Nr 13, 539—543.

[191] NORMANN, ERIK: Wie verhalten sich die Thrombocyten nach operativ behandelten Krankheitsfällen und bei der Entstehung postoperativer Thrombosen? Dtsch. Z. Chir. **212**, 166—178 (1928).

[192] ROMEO, MARIO: Il tempo di sanguinamento e di coagulazione nella clinica e nell'esperimento. Ann. ital. Chir. **6**, 11 (1927).

[193] SEEMEN, H. v., u. H. BINSWANGER: Über Allgemeinveränderungen besonders des Blutes nach chirurgischen Eingriffen und ihre Bedeutung für Entstehung und Bekämpfung der mittelbaren Operationsschädigungen. Dtsch. Z. Chir. **209**, 157—210 (1928).

[194] VIIIC: Congrès de la societé internat. de Chirurgie Varsovie 1929. Embolie, thrombose postoperatoire. Rapporteurs: CHIASSERINI, FORGUE, GOVAERTS, RITTER.

[195] DIETRICH, A.: Thrombose, ihre Grundlagen und ihre Bedeutung. Berlin: Julius Springer 1932. Lit.

[196] RITTER, A.: Über die Bedeutung des Endothels für die Entstehung der Venenthrombose. Jena: Gustav Fischer 1926 — Endothel und Thrombenbildung. Dtsch. med. Wschr. **1928**, Nr 47.

Es ist ferner von einer Reihe von Autoren nach chirurgischen Eingriffen eine Erhöhung der Viscosität, eine Beschleunigung der Senkung, eine hochgradige Verschiebung der Eiweißkolloide nach der grobdispersen Seite hin unter Zunahme der Globuline, insbesondere des Fibrinogens, eine Erhöhung des Eiweißspiegels und der Plasmalabilität nachgewiesen worden.

Man könnte nun daraus den Schluß ziehen, daß diese ausgesprochene Änderung der Blutbeschaffenheit in morphologischer, biologisch-chemischer und physikalischer Hinsicht zu einer erhöhten Gerinnungsbereitschaft führen müßte (wofür ja die verkürzte Gerinnungszeit spricht), und daß diese als die primäre Ursache der Thrombosebereitschaft anzusprechen wäre. Auf die verschiedenen Theorien und Hypothesen über diese Frage können wir indessen hier aus Raummangel nicht eintreten. Nun wissen wir aber heute, daß eine intravaskuläre Gerinnung ohne Unterbrechung der Glattheit des Endothelüberzuges der Intima, worauf ich in meinem Beitrag besonders hinweise, nicht eintritt. Es ist uns ferner gelungen nachzuweisen (Fonio[73]), daß man mit intravenösen oder intramuskulären Injektionen eines gereinigten, wasserklaren Thrombinpräparates von ganz bestimmter Dosierung eine 8—10 Stunden lang andauernde Erhöhung der Gerinnungszeit beim Menschen erzielen kann, ohne daß Thrombosen oder Embolien eintreten. Wir nehmen daher an, daß Gerinnungsbereitschaft und Thrombosebereitschaft zwei verschiedene Begriffe sind, die auseinandergehalten werden müssen. Als Gerinnungsbereitschaft ist die Neigung des Gesamtblutes zu erhöhter Gerinnung zu bezeichnen, unabhängig vom Gefäßsystem, bei der Thrombosebereitschaft dagegen handelt es sich um eine lokalisierte Neigung zu Thrombenbildung in einem ganz bestimmten Gefäßabschnitt infolge lokalisierter Schädigung oder Alteration seines Endothels. Unter Endothelalteration versteht man einerseits eine Verletzung des glatten Intimaüberzuges, anderseits eine biologisch-pathologische Veränderung, die beide eine benetzbare Fläche schaffen, an welcher die Blutplättchen aus der Randzone des Blutstromes ankleben und agglutinieren zur Bildung des primären Plättchenthrombus, des Beginnes der Thrombose. Aus diesem primären Plättchenthrombus entwickelt sich sodann durch Fibrinausscheidung, weitere Anlagerung von Plättchen und hernach von Leukocyten und Erythrocyten der rote Thrombus, der schließlich das Gefäßlumen sperrt. Eine erhöhte Gerinnungsbereitschaft macht sich erst sekundär nach der Aufhebung der Unglattheit des Intimaüberzuges und nach der Entstehung des primären Plättchenthrombus geltend im Sinne einer Verstärkung und einer Beschleunigung der weiteren Thrombusbildung, sie löst aber niemals die Thrombose selbst aus. Die primäre Ursache ist stets die Endothelalteration (Ritter[196]).

Die Endothelalteration kann durch verschiedene Ursachen ausgelöst werden: Einerseits durch Änderung der Blutbeschaffenheit im Anschluß an gewisse Krankheitszustände, an Traumen, operativen Eingriffen usw., die sich im Stoffwechselaustausch zwischen Blut- und Gefäßwand geltend macht im Sinne einer Schädigung des Endothels und anderseits durch das Infektionsmoment bei infektiösen Prozessen (Grippe, Sepsis, Pneumonie, lokale Entzündungsvorgänge, Phlegmonen, Abscesse usw.), sei es endogen auf dem direkten Blutwege, sei es exogen durch Übergreifen eines extra- oder perivasculären Entzündungsprozesses auf die Gefäßwand direkt oder auf dem Lymphwege, oder metastatisch durch die Vasa vasorum. Spezifische Infektionen (Lues, Tuberkulose) geben auch eine selten vorkommende Ätiologie zu Thrombose insbesondere die luetische Phlebitis der V. saphena und die Periphlebitis t. b. der Lungenvenen. Es steht ferner fest, daß in weitaus den meisten Fällen die Venen von der Thrombose ergriffen werden und zwar ganz besonders diejenigen der unteren Körperhälfte, vorzüglich die Bein- und Beckenvenen, die eine ausgesprochene Disposition dazu besitzen infolge der erschwerten Blutzirkulation im Gegensatz zu den Venen der oberen Körperhälfte. Die erschwerte Blutzirkulation, die Stauung, macht sich geltend einerseits in einer Begünstigung der Endothelalteration durch die veränderte Blutbeschaffenheit und anderseits durch Schaffung einer vorbestehenden Disposition durch pathologisch-anatomische Veränderungen der Venenwand bei Phlebektasien oder nach phlebitischen Prozessen, wie sie selbst durch die verlangsamte Blutströmung hervorgerufen oder begünstigt werden. Die Stauung im Schädigungsmoment selbst begünstigt dann das Entstehen der Thrombose erzeugenden Endothelalteration, so daß man es hier mit einer potenzierten Wirkung zu tun hat.

Für unsere Annahme, daß die Gerinnungsbereitschaft die Thrombose nicht auslöst, spricht ferner die Wahrnehmung NORMANNS[191], daß die Thrombocytenwerte beim Auftreten einer postoperativen Thrombose sinken und ferner auch unsere damit übereinstimmende und überraschende Beobachtung, daß die Gerinnungszeit bei bestehender Thrombose verlängert sein kann, anstatt wie erwartet, verkürzt. Die erniedrigten Thrombocytenwerte lassen sich zwanglos dadurch erklären, daß bei der Bildung des Thrombus dem zirkulierenden Blute Thrombocyten in großer Zahl entnommen werden, womit Hand in Hand einer Verlängerung der Gerinnungszeit einhergehen kann. Diese Befunde sind bisher nur bei einigen wenigen Fällen erhoben worden, weitere kasuistische Erhebungen müssen zur Bestätigung noch hinzukommen, sie sind jedoch beachtenswert, weil sie eine Stütze bilden für die Annahme, daß Gerinnungsbereitschaft und Thrombosebereitschaft zwei verschiedene Begriffe sind.

Bd. VI, 1.

Hämolyse

(S. 567—585).

Von

R. BRINKMAN — Groningen.

Ergänzende Literaturübersicht.

1. Reversion der Hämolyse:

STARLINGER, WILHELM: Über die sogenannte Reversion der Hämolyse. Über die Reaktionsbedingungen des Umschlages der Lackfarbe hypotoniehämolysierten Blutes in Deckfarbe bei gleichzeitigem Wiederauftreten roter Blutkörperchen. Z. exper. Med. **47**, 406 (1925) — Über das Wesen des Reaktionsablaufes. Ebenda **47**, 420 (1925).

STARLINGER, WILHELM, u. U. STRASSER: Über die Methodik der quantitativen Bestimmung der ursprünglich nicht in Lösung gegangenen sowie der nachträglich wieder an die Stromen gebundenen Hämoglobinmengen. Z. exper. Med. **47**, 434 (1925) — Über einige vorläufige klinische Befunde. Ebenda **47**, 447 (1925) — Über weitere klinische Befunde. Ebenda **51**, 198 (1926).

LAUDA, E., u. W. STARLINGER: Über den Einfluß der Toluylendiamin-Vergiftung auf die Reversion der Hämolyse. Untersuchungen am Hunde mit besonderer Berücksichtigung verschiedener Gefäßgebiete und der Operations-Narkosewirkung. Z. exper. Med. **51**, 213 (1926). — Fortgeführte Untersuchungen über die Reversion der Hämolyse II. Ebenda **71**, 378 (1930) — Die Reversion der Hämolyse bei Erkrankungen des roten Blutes und nach Verfütterung von Eisen, Leber und Milz. Klin. Wschr. **1931 II**, 1391.

Baron, Julius: Über die sogenannte Reversion der Hämolyse. Pflügers Arch. **220**, 251 (1928).

Fukushima, Kanshi: Beiträge zur reversibelen Hämolyse. J. of Biochem. **6**, 315 (1926).

Winokuroff, S.: Über die Durchlässigkeit revertierter Blutkörperchen. Pflügers Arch. **222**, 97 (1929).

2. Struktur der Körperchen und Mechanismus der Hämolyse:

Herrmann, Franz, u. Marg. Rohner: Zur Kolloidtheorie der Hämolyse. Arch. f. exper. Path. **107**, 192 (1925).

Klinke, K.: Experimentelle Hämolysestudien. Z. exper. Med. **51**, 603 (1926) — Biochem. Z. **197**, 403 (1928).

Comandon, J., et P. de Fonbrune: Comment s'effectue la sortie de l'hemoglobine dans l'hemolyse. C. r. Soc. Biol. Paris **95**, 635 (1926) — Ann. de Physiol. **5**, 595 (1929).

Ponder, Eric.: The equations applicable to simple hamolytic reactions. Proc. roy. Soc. Lond. B **100**, 199 (1926).

Fabre, René, et Henry Simonnet: Transformation photochimique de la Lécithine en presence d'hematoporphyrine. Bull. Soc. Chim. biol. Paris **10**, 1306 (1928).

Lumière, A., et E. Retif: Hémolyse et tension superficielle. C. r. Soc. Biol. Paris **98**, 706, 984 (1928).

Lepeschkin, W. W.: The structure of the erythrocyte and the causes of hamolysis. Amer. J. Physiol. **90**, 429 (1929).

Grendel, F.: Über die Lipoidschicht der Chromocyten beim Schlaf. Biochem. Z. **214**, 231 (1929).

3. Intravitale Hämolyse:

Frenkel, G.: Experimentelle Untersuchung der hämolytischen Funktion der Milz. Ber. Physiol. **39**, 228 (1926) (Ref.).

Orahovats, D.: The spleen and the resistance of red cells. J. of Physiol. **61**, 436 (1926).

Horral, O. H., and F. E. Buchmann: Hemocidal properties of the blood serum. With special reference to pernicious anemia. Arch. int. Med. **41**, 482 (1928).

Lauda, E.: Das Problem der Milz-Hämolyse. Erg. inn. Med. **34**, 1 (1928).

Bd. VI, 2.

Über die Gesamtblutmenge
(S. 667—699).

Von

Walter Griesbach — Hamburg.

Definition: Unter Blutmenge (B.M.) wird jetzt ganz allgemein nur die zirkulierende Blutmenge (Z.B.) verstanden, nachdem erkannt worden ist, daß man nur diese mit den zur Verfügung stehenden Methoden am lebenden Organismus bestimmen kann. Ausgehend von den Befunden Barcrofts über die Milz, als Behälter von Reserveblut, haben Wollheim[1] in den subpapillären Plexus der Haut und Eppinger[2] u. a. in den Organen des Splanchnicusgebietes Blutdepots aufgedeckt, denen besonders unter pathologischen Verhältnissen große Bedeutung zukommt.

Methodik.

Keine prinzipiellen Neuerungen. Gasmethode (CO) und Farbstoffmethoden (Vitalrot, V., Kongorot, K., Trypanrot, T.). Erstere unverändert, letztere mit Modifikationen. Plasmastandard überall durchgesetzt. Wollheim[3]: T. mit Entnahme nach 3 und 6 Minuten (Plateau beweist gleichmäßige Durchmischung). Untersuchung im Liegen bei völliger Ruhe ergibt

---

[1] Wollheim: Z. klin. Med. **108**, 248 (1928) u. a.
[2] Eppinger u. Schürmeyer: Klin. Wschr. **7**, 777 (1928).
[3] Wollheim: Z. klin. Med. **108**, 463 (1928).

bei Normalen auffallende Konstanz, auch nach Wochen. Serienuntersuchungen mit ca. ein-
stündigem Intervall brauchbar. Fehlergrenze $\pm$ 100 ccm Blut. FLEISCHER-HANSEN[1] 0,5 mg V.
p. kg, Entnahme nach 5 Minuten auf beiden Armen. Übereinstimmung nur bei Männern
erzielbar, Frauen angeblich für B.M.-Bestimmung unbrauchbar (schlechte Hautvenen). Vor
und nach Injektion körperliche Bewegung, wie auch schon von LINDHARD gefordert, daher
klinische Anwendung beschränkt. Extrem niedrige Werte (s. unten)! HEILMEYER[2] verbessert die Bestimmung des Farbstoffes u. E. bedeutend durch Einführung der Spektrophotometrie für diesen Zweck (Stufenphotometer von Zeiss = Stupho, Kongorot). Unabhängigkeit von Hämoglobinbeimischung! H. P. SMITH[3] führt diese Methode gleichzeitig
für Vitalrot ein. MINZ[4] spricht auf Grund von Tierversuchen den Farbstoffen, sowohl K. wie
T., jede Zuverlässigkeit ab, scheitert aber auch mit kolloidalem Silber.

Normalwerte.

WOLLHEIM (T.) Plasma 35—45 ccm, Blut 75—85 ccm; Durchschnitt 40,2 ccm
bzw. 76,4 ccm p. kg.

HITZENBERGER und TUCHFELD[5] (CO) 7,4%.

EWIG und HINSBERG[6] (CO) 71,1 ccm p. kg.

HEILMEYER und RIEMSCHNEIDER[7] (K.-Stupho) 7,7%.

UHLENBRUCK und LEYENDECKER[8] (K.-Stupho) Plasma 43 ccm, Blut 80 ccm
p. kg.

FLEISCHER-HANSEN[1] (V.) 4,86%.

Man sieht also, daß die Durchschnittswerte für den Erwachsenen, nach den
verschiedenen Methoden bestimmt, sich recht genähert haben und zwischen
7,0 und 8,0% schwanken (ausgenommen FLEISCHER-HANSEN).

Die Blutmenge bei Säuglingen und Kleinkindern hat H. SECKEL[9] an 40 Säuglingen und 40 Kindern bestimmt (T.). Sehr hohe Werte beim Neugeborenen
(12—19,5%), 8,5% beim Säugling (Plasma 5%). Absoluter Anstieg mit dem
Wachstum, „Flutwellen" mit 6 und 12 Jahren (9,5—12%), Erythrocytenreichtum
des ersten Lebensmonats fällt stark ab bis zum Ende des zweiten (ca. 60% Plasma),
um dann langsam wieder zu steigen.

Kreislauforgane.

Auf diesem Gebiete hat die Bestimmung der B.M. die meisten Fortschritte
für die pathologische Physiologie der Herzkrankheiten gezeitigt. Es ist das große
Verdienst von E. WOLLHEIM[10], an 242 Kreislaufkranken in den verschiedensten
Kompensationszuständen B.M.-Bestimmungen mit einer einheitlichen Methode
gemacht zu haben. Es ergab sich ihm, daß die Z.B. großen funktionellen Schwankungen unterworfen ist, daß große Mengen Blut aus der raschen Zirkulation
heraus in träge fließende, stagnierende Stromgebiete abwandern und, bei Beanspruchung bzw. Änderung des Krankheitszustandes, wieder in den Kreislauf
zurücktreten können. Dabei ergaben sich ihm bestimmte klinische Typen, auf
die hier nicht ausführlich eingegangen werden kann, die auch nicht allgemein
anerkannt werden (HITZENBERGER und TUCHFELD, HEILMEYER und RIEM-

---

[1] FLEISCHER-HANSEN: Skand. Arch. Physiol. (Berl. u. Lpz.) **56**, 118, 308 (1929); **59**,
243, 257 (1930).
[2] HEILMEYER: Biochem. Z. **212**, 430 (1929).
[3] SMITH, H. P.: J. of exper. Med. **51**, 369 (1930).
[4] MINZ: Z. klin. Med. **114**, 623 (1930).
[5] HITZENBERGER u. TUCHFELD: Klin. Wschr. **8**, 1208 (1929).
[6] EWIG u. HINSBERG: Z. klin. Med. **115**, 693 (1931).
[7] HEILMEYER u. RIEMSCHNEIDER: Kongreßzbl. inn. Med. **1930**, 232.
[8] UHLENBRUCK u. LEYENDECKER: Z. klin. Med. **118**, 164 (1931).
[9] SECKEL, H.: Jb. Kinderheilk. **126**, 83 (1929); **127**, 149 (1930) — Klin. Wschr. **9**,
441 (1930).
[10] WOLLHEIM, E.: Z. klin. Med. **116**, 269—397 (1931).

Schneider, Uhlenbruck und Leyendecker, Ewig und Hinsberg): Dekompensation mit *Erhöhung* des Ruhewertes der B.M. (150 Fälle) = *Plusdekompensation*. B.M. wird normal durch Digitalis und Diät. Dekompensation mit *verminderter* B.M. (55 Fälle) = *Minusdekompensation*. Nicht identisch mit Verringerung der B.M. im Kollaps (Eppinger). B.M. wird normal durch Gefäßmittel wie Campherpräparate, Coffein evtl. Suprarenin und Verwandte sowie Strychnin. Hitzenberger und Tuchfeld[1] finden Vermehrung bei Klappenfehlern, dekompensiertem Emphysem und bei angeborenen Vitien, niedrige Werte bei Hypertonie. Ewig und Hinsberg[2] (CO): Hypertonie nicht einheitlich, bei *rotem* Hochdruck stets Erhöhung der B.M., zuweilen auch bei *blassem* Hochdruck. Bei dekompensierten Vitien stets hohe Werte, ebenso bei Myokarditis, bei kompensierter Mitralstenose und Aorteninsuffizienz desgleichen. Verminderte B.M. nur in drei Fällen mit Kollapsneigung. Nach Digitalisierung Abnahme der B.M. um ca. 20%; nach $^1/_2$ mg Strophantin Abnahme um 500 ccm (ebenso Wollheim). Prüfung der Depotfunktion mit Diathermie (Zunahme der B.M. durch Erhitzen) ergab bei Dekompensation Fehlen von Blutdepots, die bei Kompensierung wieder auftraten. Uhlenbruck und Leyendecker[3] untersuchten 82 Fälle von Kreislaufstörungen (K.-Stupho). Hypertoniewerte wechselnd. Dekompensiertes Emphysem und Hypertonie, Mitralstenose, Fälle mit Leberschwellung und flächenhafter Cyanose: hohe Werte. Lehnen die Wollheimsche Einteilung ab; vielleicht entspricht die Plus- oder Minusdekompensation dem alten Begriff der intravasalen oder extravasalen Stauung. Heilmeyer und Riemschneider[4] (K.-Stupho) fanden bei Herzinsuffizienz stets vermehrte B.M., Minusdekompensation nicht gefunden. „Depotblut" spielt beim Normalen keine Rolle (gleiche Werte bei Ruhe, anstrengender Arbeit, Liegen, Stehen). Greppi und Buccianti[5] (K.) finden bei Dekompensation verminderte Blutmenge, bei Kompensierung nimmt die Blutkörperchenmenge ab (Griesbach). Ernst und Stagelschmidt[6] finden bei 12 Hypertonikern 6mal Verminderung, 4mal Normalwerte, 2mal Plethora.

Sehr interessant und wahrscheinlich richtunggebend für die Bearbeitung von Kreislauffragen ist die von Ewig und Hinsberg[2] sowie von Wollheim und Lange[7] aufgenommene Betrachtungsweise, welche die B.M. auf Grund der alten Vierordtschen Formel in Beziehung zu anderen Kreislaufgrößen setzt: Umlaufszeit $= \dfrac{60 \text{ mal (zirkulierende) Blutmenge}}{\text{Herzminutenvolumen}}$. Wenn man zwei dieser Größen bestimmt, so ergibt sich die dritte. Wollheim und Lange untersuchten die mittlere Umlaufszeit (Fluoresceinmethode nach Koch), ebenso Seckel[8] bei Kindern (Histaminmethode von Weiss), Ewig und Hinsberg[9] das Minutenvolumen mit eigener Methode. Die Umlaufszeit, d. h. diejenige Zeit, in welcher das gesamte zirkulierende Blut im Durchschnitt einmal vom Herzen durch die Peripherie getrieben wird, ist normalerweise nach E. und H. 1,06 Minuten und kann bei Dekompensation bedeutend ansteigen (Werte bis zu 3,08 beobachtet), Näheres s. Originalarbeit. Die mittlere Umlaufszeit bei Kindern in den ersten

---

[1] Hitzenberger u. Tuchfeld: Wien. Arch. inn. Med. **18**, 171 (1929).

[2] Ewig u. Hinsberg: Zitiert auf S. 172.

[3] Uhlenbruck u. Leyendecker: S. 173. Zitiert auf S. 172.

[4] Heilmeyer u. Riemschneider: Zitiert auf S. 172.

[5] Greppi u. Buccianti: Arch. Pat. e Clin. med. **9**, 470 (1930) — zitiert nach Kongreßzbl. inn. Med. **58**, 602.

[6] Ernst u. Stagelschmidt: Z. exper. Med. **73**, 678 (1930).

[7] Wollheim u. Lange: Kongreßzbl. inn. Med. **1931**, 134.

[8] Seckel: Jb. Kinderheilk. **131**, 87 (1931).

[9] Ewig u. Hinsberg: S. 677. Zitiert auf S. 172.

beiden Lebensjahren ist nach SECKEL etwa halb so groß wie die des Erwachsenen.

Zur Frage der B.M. bei kongenitalen Vitien, die mehrfach sehr hohe Werte zeigten (neuerdings berichtet SECKEL über zwei Kinder mit Blausucht mit Werten von 12,8 bzw. 10,5%), machten HITZENBERGER und TUCHFELD[1] die wichtige Feststellung, daß bei Transposition der Gefäße und *kleinem* Septumdefekt die B.M.-Bestimmung unmöglich ist. „Wenn man mit der Kohlenoxydmethode auffallend große, mit der Farbstoffmethode auffallend kleine Werte findet, müßte an das Vorhandensein dieser Anomalie gedacht werden." Bei dem von BLUMENFELDT und WOLLHEIM[2] veröffentlichten Fall mit nur 5,9% Z.B. soll ein *kleiner* Septumdefekt vorgelegen haben.

Daß bei vielen Herzkranken, wie es ja der Eindruck der Pathologen von jeher war, die *Gesamt*blutmenge vergrößert ist, versuchte NORDMEYER[3] durch Eisenbestimmungen an Leichenorganen zu erweisen: Aus dem Fehlen des Eisens in Stauungsorganen zog er den etwas indirekten Schluß, daß das Eisen zur Blutneubildung verwandt worden und demnach die Gesamtblutmenge bei dekompensiert Herzkranken vermehrt ist.

Nierenkrankheiten.

LITZNER[4] fand im Tierexperiment, daß experimentelle Nephritiden nur im Endstadium zur Vermehrung der Plasmamenge führen (Sublimat, Uran). Ebenso war es bei Ureterunterbindung. Bei akuter menschlicher Glomerulonephritis stets eine Vermehrung der B.M. um $1-1^{1}/_{2}$ l (einmal 2950 ccm). Wahrscheinlich handelt es sich dabei um Ausschüttung der Depots aus den verengerten subpapillären Plexus. Über das Verhalten der B.M. bei Nephritis und bei Ödemen s. LICHTWITZ, Klin. Chemie S. 512 und 556. Die gleichen Befunde wie A. WOLFF[5] unter LICHTWITZ erhob neuerdings WATERFIELD[6]: daß nämlich bei Ödemen die B.M. häufig vermindert ist, um bei Ausschwemmung anzusteigen, wobei natürlich das Plasma hauptsächlich beteiligt ist.

Dementsprechend fand FEHÉR[7] bei *Salyrgan*diurese in 6 von 7 Fällen eine Vermehrung des Plasmas und der B.M., die dem diuretischen Effekt parallel ging. Dieser Befund wurde bestätigt von SAXL und ERLSBACHER[8], die in Erweiterung desselben fanden, daß die Säuerung durch Salmiak gerade entgegengesetzt wirkt, trotzdem sich diese beiden Pharmaca bezüglich der Diurese synergistisch verhalten.

Blutkrankheiten.

HITZENBERGER und TUCHFELD[9] schildern einen Fall von *Polycythämie*, bei der sonst überwiegend stark erhöhte Werte gefunden werden, welcher, ebenso wie der Fall von HARTWICH und MAY, den niedrigen Wert von 3,08 l = 6,18% aufwies (CO). Eine ähnliche Beobachtung machte ERNST[10] (K.V. 74,1%, B.M. 4900 ccm = 7,13%).

Bei perniziöser Anämie beobachteten BRUMLIK und JANOUSEK[11] deutliche verminderte B.M., die bei Lebertherapie vor allem in ihrem corpusculären Anteil zunahm. Bei sekundärer Anämie normale Werte.

---

[1] HITZENBERGER u. TUCHFELD: Klin. Wschr. **9**, 2159 (1930).

[2] BLUMENFELDT u. WOLLHEIM: Klin. Wschr. **6**, 396 (1927).

[3] NORDMEYER: Dtsch. Arch. klin. Med. **171**, 477 (1931).

[4] LITZNER: Z. klin. Med. **112**, 93 (1930).   [5] WOLFF, A.: Zbl. inn. Med. **1926**, Nr 26.

[6] WATERFIELD: J. clin. Invest. **9**, 589 (1931).   [7] FEHÉR: Wien. klin. Wschr. **1929**, 964.

[8] SAXL u. ERLSBACHER: Klin. Wschr. **9**, 2302 (1930).

[9] HITZENBERGER u. TUCHFELD: Klin. Wschr. **8**, 1083 (1929).

[10] ERNST: Z. klin. Med. **114**, 757 (1930).

[11] BRUMLIK u. JANOUSEK: Arch. Mal. Cœur **24**, 65.

Verschiedenes.

Reissinger und Schneider[1] untersuchten die B.M. bei *Operationen* (CO). Die schon in der Narkose auftretende Verminderung (am wenigsten bei Äther beeinflußt, stärker durch Chloroform, am meisten durch Avertin) ist am auffälligsten bei Bauchoperationen, und zwar bis —67%. Bei Lokalanästhesie Vermehrung (Adrenalin). Diese Befunde sind eine theoretische Begründung für die von den Chirurgen geübte Infusion großer Flüssigkeitsmengen nach Bauchoperationen.

Beim *M. Basedow* konnte Wislicki[2] eine Erhöhung der Z.B. mit Plasmaplethora nachweisen (T.). Bei klinischer Besserung Rückgang. Anscheinend werden die Depots ausgeschüttet, da bei schwerem Basedow durch Wärme kein Anstieg erfolgt. Thyreoektomierte Tiere lassen CO nicht in die Milz eindringen, wenn nicht Thyreoidea gegeben wird. Bei *Myxödem* niedrige Werte, doch meint Holbøll[3], daß dies nur scheinbar sei infolge des Wasserreichtums solcher Patienten. Ewig und Hinsberg[4] finden bei Thyreotoxikose gleichfalls eine Vermehrung der B.M. Da dabei das Minutenvolumen aber noch stärker erhöht ist, so ergibt sich daraus eine Verminderung der Umlaufszeit.

Bei *Adipositas* wurde stets eine relativ kleine B.M. gefunden. Holbøll[5], der nach der Lindhardschen Methode arbeitete, zeigte jedoch, daß solche Menschen, wenn man das Fettgewebe abrechnet, sogar eine große B.M. haben, die möglicherweise in Beziehung zu der Herzinsuffizienz steht, die bei Fettsüchtigen leicht auftritt.

Bei künstlichem *Tropenklima* wies Borchardt[6] eine Zunahme der B.M. um 8,4% nach.

Beim *diabetischen Koma* ist die Plasmamenge (T.) stark vermindert (um 20—68%). Horwitz[7] wies nach, daß dieses Verhalten der Grund für das Auftreten einer nur scheinbaren Erythrocytose sei.

Was *Strahlen*wirkung anbelangt, so konnte Lievendag[8] zeigen, daß Kohlenbogenlicht keine Zunahme der B.M. macht.

Infektionskrankheiten.

Bei schwerem Scharlach, Typhus und Erysipel wies Grunke[9] auf der Höhe der Krankheit eine Verminderung der B.M. (K.) nach, was möglicherweise frühzeitig eine Capillarschädigung anzeigt. Bei Diphtherie fand er nichts Typisches. Kurz vor dem Tode war B.M. sogar erhöht, was gegen eine Capillarschädigung spricht. Greppi[10] untersuchte 16 Pneumoniker am 4. bis 6. Tage und nach der Krise. Im Fieber war Plasma (K.) vermehrt, manchmal bestand aber auch echte Plethora, hinterher Hypohämie durch Erythrocytenzerfall. Analog verhielt sich der Malariaanfall. Bei generalisierter Tuberkulose Hyperplasmie.

Dresel und Leitner[11] fanden nach Trinken von $1/_2$ l Wasser Zunahme, nach 4proz. Kochsalzlösung Abnahme der B.M.

---

[1] Reissinger u. Schneider: Dtsch. Z. Chir. **217**, 303 (1929).
[2] Wislicki: Klin. Wschr. **8**, 2400 (1929) (Ref.) — Z. exper. Med. **71**, 696 (1931).
[3] Holbøll: Acta med. scand. (Stockh.) **73**, 538 (1930).
[4] Ewig u. Hinsberg: Zitiert auf S. 172.
[5] Holbøll: Klin. Wschr. **8**, 503 (1929).
[6] Borchardt: Arch. Schiffs- u. Tropenhyg. **34**, 327.
[7] Horwitz: Z. klin. Med. **118**, 198 (1931).
[8] Lievendag: Pflügers Arch. **227**, 546 (1931).
[9] Grunke: Z. klin. Med. **111**, 233 (1929); **115**, 546 (1931).
[10] Greppi: Zitiert nach Kongreßzbl. inn. Med. **62**, 48 (1931).
[11] Dresel u. Leitner: Z. klin. Med. **116**, 185 (1931).

Über das Verhalten der B.M. im Hochgebirge liegt eine Arbeit von Ewig
und Hinsberg[1] vor.

Pharmakologie.

Adrenalin, Hypophysin, Strychnin, Hexeton, Bariumchlorid, Kohlensäure,
Thyroxin bewirken *Zunahme* der B.M. (Eppinger und Schürmeyer[2], Wollheim[3], Hitzenberger und Tuchfeld[4], Brednow[5]). Histamin, Pepton, Schlafmittel (Morphium oder Somnifen) bewirken *Abnahme* der B.M., ebenso Sauerstoffatmung. Brednow[6], der in vorbildlicher Weise Farbstoff und Kohlenoxydmethode kombinierte, zeigte, daß Beeinflussung der Blutreaktion im Sinne einer
Alkalose durch Überventilation zu einer *Verminderung* beider Anteile der Z.B.
und *Säuerung* durch Kohlensäureeinatmung zu einer *Vermehrung* führt.

Über die Auspressung von zum Teil großen Blutmengen aus Milztumoren
durch Adrenalin berichten Hitzenberger und Tuchfeld[7] sowie Greppi[8].

Zum Schluß sei erwähnt, daß sich neuerdings Plesch[9] sehr kritisch sowohl
gegen die Farbstoffmethoden überhaupt, als auch gegen die Errechnung der B.M.
mit dem Hämatokrit wendet. Dazu ist zu sagen, daß auch die CO-Methode
nicht einwandfrei ist, und daß es bis heute eine ideale Methode der B.M.-Bestim-
mung nicht gibt.

---

[1] Ewig u. Hinsberg: Z. klin. Med. **115**, 732 (1931).
[2] Eppinger u. Schürmeyer: Zitiert auf S. 171.
[3] Wollheim: Zitiert auf S. 172.
[4] Hitzenberger u. Tuchfeld: Zitiert auf S. 172.
[5] Brednow: Z. exper. Med. **78**, 177 (1931).
[6] Brednow: Z. klin. Med. **73**, 557 (1930); **74**, 224 (1930).
[7] Hitzenberger u. Tuchfeld: Klin. Wschr. 8, 1208 (1929).
[8] Greppi: Minerva med. (Torino) **1930 II**, 585 — zitiert nach Kongreßzbl. inn. Med.
60, 384.
[9] Plesch: Z. exper. Med. **76**, 304 (1931).

Physiologie und Pathologie der Herzklappen

(S. 158—220).

Von

FR. MORITZ — Köln (Rhein).

Zur Physiologie der Semilunarklappen des Herzens ist die bereits angekündigte Arbeit von HOCHREIN aus meiner Klinik inzwischen erschienen[1]. Sie hat ergeben, daß das „intraprozessuale", also physiologische Insuffizienzvolumen an der menschlichen Pulmonalis bei Durchströmung mit Wasser 0,5—0,15 ccm beträgt. Bei Durchströmung mit viscöserer Flüssigkeit (Ascitesflüssigkeit) verringerte sich dieser Wert. Die bedeutsame, scheinbar paradoxe Erscheinung, daß die Klappen schon während des systolischen Einströmens der Flüssigkeit sich weitgehend ihrer Schlußstellung nähern, wird von HOCHREIN neben der von CERADINI betonten an der Bulbuswand rückwärts verlaufenden Strömung auf die Kontraktion des aus der Arterienwurzel in den weiteren Bulbus eingepreßten Flüssigkeitsstrahls bezogen, dem sich die Klappen durch Engerstellung anpassen. Der glatte, möglichst verlustlose Schluß der Semilunarklappen ist auf diese Weise auch von der Kraft abhängig, mit der der Ventrikel sein Schlagvolum in die Arterie einpreßt. Zu einem rein hydrostatischen Schluß der Klappen durch Überdruck von der Arterienseite her brauchte es, wie wir nachweisen konnten, unter Umständen eines Überdrucks von 30 cm Wasser. Andernfalls floß das Wasser ganz unter die Klappen zurück, ohne sie zu schließen. Bei rein hydrostatischem Schluß der Klappen würde der Insuffizienzverlust ca. 10% des Schlagvolums des Ventrikels betragen, während er so nur ca. 0,85% ausmacht.

Im wesentlichen sind es Fragen der Hämodynamik bei Klappenfehlern, mit denen sich in der letzten Zeit die Forschung, und zwar zumeist die experimentelle Forschung vor allem in Amerika beschäftigt hat. Es sei hier auf ein ausgezeichnetes Referat von WIGGERS[2] über die pathologische Physiologie des Kreislaufs bei Klappenerkrankungen verwiesen, das alle experimentellen Arbeiten bis einschließlich 1928 berücksichtigt. Die Arbeiten der letzten Jahre haben nur zum geringen Teil grundsätzlich Neues zutage gefördert, wohl aber wertvolle Bestätigungen, Ausgestaltungen und Verfeinerungen bereits vorliegender Ergebnisse geliefert, wobei modernste Untersuchungsmethoden herangezogen wurden. Was die Mitralinsuffizienz anbelangt, so ist der Hinweis von WIGGERS[3] bemerkenswert, daß bei diesem Klappenfehler ein Schwächerwerden des linken Ventrikels sich besonders verhängnisvoll auswirken muß, da bei einer hypo-

---

[1] Dtsch. Arch. klin. Med. **154**, 131 (1927).

[2] WIGGERS: Erg. Physiol. **29**, 250 (1929). Die Arbeit enthält ein reichhaltiges, in bezug auf die amerikanischen Publikationen wohl vollständiges Literaturverzeichnis.

[3] WIGGERS: S. 324. Siehe Fußnote 2.

dynamischen Abflachung und Verbreiterung der systolischen Druckkurve der linken Kammer das Insuffizienzvolum sich bedeutend vergrößern muß. Ein sinnreicher Modellversuch erläutert diese Verhältnisse, die die bei dekompensierter Mitralinsuffizienz erfahrungsgemäß besonders günstige Wirkung einer Kräftigung des Herzens durch Digitalis erklären.

Auch mit der experimentell bisher immer noch nicht mit wünschenswerter Übereinstimmung beantworteten Frage nach der Größe des rückläufigen Volums bei Aorteninsuffizienz hat sich WIGGERS mit seinen Schülern beschäftigt[1]. Sie haben beim Hund bei mit besonderer Methodik hergestellter Aorteninsuffizienz rückläufige Volumina von im Mittel 36% (Maximum 58%) des normalen Schlagvolums erhalten. Es fanden durchschnittlich aber nur 20—25% der Insuffizienzvolumina im Ventrikel durch Erweiterung desselben Platz, während der Rest sich auf Kosten des Vorhofeinflußvolums Platz schaffte. Es fand also eine erhebliche Rückstauung in den Lungenkreislauf statt. Dieses Ergebnis drängt zu dem Schluß, daß das bei der menschlichen Aorteninsuffizienz der Regel nach beobachtete Verhalten, nämlich Fehlen einer Rückstauung in den kleinen Kreislauf, aber Ausbildung einer starken Erweiterung des linken Ventrikels, im Gegensatz zu dem gewaltsamen und plötzlichen Eingriff einer experimentellen Läsion der Aorta einer nur langsam und allmählich vor sich gehenden Ausbildung des Klappenfehlers zu danken sind. In den seltenen Fällen plötzlicher traumatischer Zerreißung einer Aortenklappe werden auch beim Menschen Erscheinungen von Lungenstauung beobachtet[2].

Über die Wirkung von Klappenfehlern auf die Weite von Herzhöhlen hat KIRSCH nach einer eigenen Methode der Ausmessung der Herzhöhlen Untersuchungen angestellt[3]. Bei der Mitralstenose wird die Einflußbahn des linken Ventrikels verkürzt, während die Ausflußbahn unverändert bleibt. Bei der Aortenstenose bildet sich dagegen „tonogen" eine Verlängerung der ganzen linken Herzhöhle aus, während erst beim Hinzutreten von „myogenen" Faktoren (in einem Falle KIRSCHS z. B. bei interstitieller Myokarditis) auch eine Verbreiterung der Ventrikelhöhle sich einstellt.

Ein Fall von HILLER[4] (Tricuspidalstenose kompliziert mit Mitralstenose und Insuffizienz) erweckt wegen des bei der Autopsie festgestellten ungewöhnlichen Verhaltens der Herzhöhlen Interesse. Es fand sich bei hochgradiger Tricuspidalstenose eine mächtige Hypertrophie des rechten Ventrikels, dabei aber eine Verkleinerung seines Lumens. Der linke Vorhof war trotz schwerster stenotischer Veränderungen an der Mitralis höchstens leicht dilatiert und hypertrophisch, der linke Ventrikel aber ähnlich wie der rechte verkleinert und wandverdickt. Für die Erklärung solcher Befunde, die unserer allgemeinen Anschauung über die hämodynamische Auswirkung von Klappenfehlern auf die Herzhöhlen zu widersprechen scheinen, ist es wohl ausschlaggebend, in welcher Aufeinanderfolge sich die Ventilstörungen, Insuffizienz und Stenose, sowohl an der einzelnen Klappe entwickelt haben, als auch wie das zeitliche Verhältnis der Erkrankung an den verschiedenen Klappen zueinander gewesen ist. Auf Einzelheiten hierüber einzugehen ist hier nicht der Platz, doch geben die Ausführungen über komplizierte Klappenfehler im ursprünglichen Abschnitt wohl manchen Anhalt.

---

[1] WIGGERS and GREEN: Proc. Soc. exper. Biol. a. Med. **27**, 599 (1930). — WIGGERS, THEYSEN and WILLIAMS: J. clin. Invest. **9**, 215 (1930).
[2] STEINITZ: Dtsch. Arch. klin. Med. **99**, 139 (1910); hier auch weitere Literatur.
[3] KIRCH: Verh. dtsch. Ges. inn. Med. 41. Kongr. 324 (1929); hier auch weitere Literatur.
[4] HILLER: Dtsch. Arch. klin. Med. **147**, 302 (1925).

Bd. VII, 1.

Intrakardiales Nervensystem

(S. 402—448).

Von

Leon Asher – Bern.

Die extrakardiale Innervation.

Eine der wichtigsten Erweiterungen unserer Kenntnisse über die Herznerven besteht in dem Hinzukommen von neuen Herznerven, indem bei Katze, Hund, Kalb, Schaf und Mensch der thorakale Sympathicusstrang evtl. zahlreiche Fasern zum Herzen abgibt, Nervi cardiaci thoracales.

Die Fasern sind, wie die Reizung ergibt, sowohl fördernder wie sensibler Art (Jonescu und Mitarbeiter[1]). Hieraus folgt, daß in früheren Untersuchungen niemals eine völlige Denervation des Herzens vorgelegen hat. Aber schon bei einer nicht ganz vollständigen, aber im Sinne der bisherigen Chirurgie weitgehenden Denervierung des Herzens beobachteten Enderlen und Bohnenkamp[2] bei Belastungsproben eine herabgesetzte Leistungsfähigkeit der Herzen. Die Angabe, daß denervierte Herzen auf Thyroxin nicht ansprechen, hat sich als unzutreffend erwiesen. Das in die Halsgegend transplantierte Herz wird durch Thyroxin wie das innervierte tachykardisch, ebenso das vollständig entnervte Herz bei Fütterung mit Schilddrüsenstoff[3].

Von großer Bedeutung ist der neugewonnene Einblick in die umfassende nervöse Regulierung des Herzschlages[4]. Die planmäßige Weiterbildung der gekreuzten und der dreifach gekreuzten Transfusion und die Entdeckung des Carotissinus mit seinen Nerven haben die wesentlichsten Grundlagen hierzu gegeben.

Jede Art Erregung der Sinusnerven führt zu einer reflektorischen Erregung des Vagus und Hemmung des Accelerans, während die Herabsetzung der Erregung im Carotissinus durch lokale Drucksenkung den Accelerans erregt, den Vagus hemmt. Der normale Vagustonus selbst wurde von Koch als ausschließlich reflektorisch durch die pressoreceptorischen Nerven des Carotissinus und des Aortenbogens bedingt erkannt. In Übereinstimmung hiermit stehen die Ergebnisse von Heymans mit Hilfe des gekreuzten Kreislaufs, nach dem sowohl die somatischen wie auch die cephalischen Blutdruckveränderungen ausschließlich . auf dem Wege des N. depressor bzw. der Carotissinusnerven reflektorisch auf den Vagus wirken. Durch die gleiche Methodik wurde gefunden, daß Adrenalin und Digitalisstoffe keine direkt erregende Wirkung auf das Vaguszentrum aus-

---

[1] Jonescu, D., u. M. Enochescii: Z. Anat. **85**, 476 (1928) — Arch. f. Physiol. **219**, 47 (1928).

[2] Enderlen u. Bohnenkamp: Dtsch. Z. Chir. **200**, 129 (1927).

[3] Priestley, J. T., S. Markowitz u. F. C. Mann: Amer. J. Physiol. **98**, 357 (1931). — McIntyre, M.: Ebenda **99**, 261 (1931).

[4] Ausführliche Literatur in C. Heymans: Über die Physiologie und Pharmakologie des Herz-Vaguszentrums. Erg. Physiol. **28**, 244 (1929) — Le Sinus carotidien. Paris: Les Presses Universitaires de France 1929. — Hering, H. E.: Die Carotissinusreflexe auf Herz und Gefäße. Dresden u. Leipzig: Theodor Steinkopff 1927. — Hess, W. R.: Die Regulierungen des Blutkreislaufes und der Atmung. Leipzig: Georg Thieme 1931. — Koch, E.: Die reflektorische Selbststeuerung des Kreislaufs. Dresden u. Leipzig: Th. Steinkopff 1931.

üben, wohl aber gilt dies von Nicotin, Lobelin, Veratrin, Cyankalium und Acetylcholin. Auch die Asphyxie des isolierten Kopfes übt auf das Vaguszentrum eine direkt erregende Wirkung aus.

Die viel umstrittene Regulation des Coronarkreislaufes untersteht, wie Rein[1] mit Hilfe seiner Methode der Thermostromuhr nachweist, dem Vagus. Derselbe führt beidseitig den Kranzgefäßen vasoconstrictorische Fasern zu, die unter einem gewissen Tonus stehen und durch Atropin ausgeschaltet werden. Am isolierten Herz fehlt dieser Regulationsmechanismus, und durch Narkotica, wie Morphium, Chloroform u. a., wird er zerstört. Nach Rein finden sich im Vagus auch zentripetale Fasern, welche reflektorisch den zentralen vasoconstrictorischen Vagustonus herabzusetzen vermögen. Der vasoconstrictorische Vagustonus ist so stark, daß er durch Adrenalin nicht durchbrochen wird. Da Adrenalin aber seine Herzmuskelwirkung entfaltet, würde Adrenalin bei bestehendem Vagustonus eine Coronarinsuffizienz herbeiführen.

In bezug auf den Einfluß der Herznerven auf die Frequenz, Stärke und Koordination des Herzschlags[2] ist durch gleichzeitige Registrierung des Elektrokardiogramms und des intraventrikulären Druckes von Rothberger und Scherf[3] gezeigt worden, daß der Vagus auf die Kammern des Hundeherzens keine inotrope Wirkung ausübt, wohl aber der Accelerans. Die Analyse der Koordinationsverhältnisse mit Hilfe des Elektrokardiogrammes ergab in Versuchen von Rothberger, daß nicht bloß an der normal schlagenden Kammer, sondern auch an der automatisch schlagenden des Säugetieres der Vagus keine Wirkung auf die Frequenz ausübt. Die älteren Angaben beruhen auf einer Verwechslung von a-v-Rhythmus mit Kammerautomatie.

Die Frage der Erregbarkeitsbeeinflussung durch die Herznerven wird je nach der angewandten Methode verschieden beantwortet. Mit der Schwellenmethode geprüft, ergibt sich, daß weder der Vagus noch der Accelerans an der Kammer die Erregbarkeit ändert, wohl aber am Sinus, wo der erstere dieselbe stark herabsetzt, der letztere dieselbe steigert[4]. Die Chronaxiemethode jedoch hat häufig eine von der Frequenzveränderung unabhängige Verkürzung der Chronaxie an der Kammer geliefert, demnach Erregbarkeitssteigerung sowohl am Kaltblüter- wie am Warmblüterherzen[5], während die Acceleransreizung Verlängerung der Chronaxie veranlaßte.

Seit der letzten Darstellung in diesem Handbuch sind eine größere Anzahl von Bestätigungen der humoralen Entstehung der Vaguswirkung am Frosch erfolgt, während am Warmblüter den Bestätigungen wiederum Nichtbestätigungen entgegenstehen. Am Warmblüter, Meerschweinchen, haben Hansen und Rech[6] bei gleichzeitiger Aufnahme des Elektrokardiogramms von Mutter und Fetus nach der mütterlichen Vagusreizung auch am fetalen Herzen einen negativ-chronotropen Effekt gesehen, glauben aber Fehlerquellen ganz ausgeschlossen zu haben, womit auf dem Wege der natürlichen Symbiose die hormonale Übertragung nachweisbar sei. Nach wie vor stehen Asher und seine Mitarbeiter auf dem Standpunkt, daß aus methodischen Gründen die positiven Versuche am Frosch für ein Vagushormon nicht beweiskräftig seien. Die Idee

---

[1] Rein, H.: Z. Biol. **92**, 115 (1931).

[2] Ausführliche Literatur C. J. Rothberger: Normale u. patholog. Rhythmik und Koordination des Herzschlags. Erg. Physiol. **32**, 472 (1931).

[3] Rothberger, C. J., u. D. Scherf: Z. exper. Med. **71**, 274 (1930).

[4] Bunnag, T.: Z. Biol. **88**, 1 (1928).

[5] Fredericq, H., u. W. E. Garrey: Amer. J. Physiol. **94**, 101 (1930) (dort zusammenfassende Literatur).

[6] Hansen, K., u. W. Rech: Z. Biol. **92**, 191 (1932) (daselbst ausführliche neueste Literatur).

der humoralen Entstehung der Herznervenwirkung hat aber von zwei anderen Seiten her eine starke Stütze erhalten. Erstens ist die Annahme, daß die durch Reizung sensibler bzw. antidromer Nerven herbeigeführte Gefäßerweiterung, die Muskelkontraktion nach Degeneration der motorischen Nerven und verwandte Erscheinung auf der Bildung von Acetylcholin beruhen, gut gestützt und das Vorkommen von Acetylcholin im Blute nachgewiesen[1]. Zweitens haben Cannon und seine Mitarbeiter[2] am völlig denervierten Katzenherzen nach Exstirpation der Nebenniere und Ausschluß irgendeiner Beeinflussung von seiten der Leber, der Eingeweide und eines hämodynamischen Mechanismus Beschleunigung des Herzschlags festgestellt, deren Entstehung aus der Bildung von „Sympathin“, einen adrenalinartig wirkenden Stoff, infolge Reizung der sympathischen Nerven zu den Muskeln des Schwanzes, der einzig in Betracht kommenden Möglichkeit, erklärt werden konnte. Alle nach dieser Richtung angestellten Versuche, die sich vermehren ließen, sind zwar methodisch einwandfreier als die Versuche am Froschherzen, aber die Bedingungen sind so wenig physiologisch, daß es der zukünftigen Forschung bedarf, zu entscheiden, inwieweit auf natürliche Verhältnisse eine Übertragung gestattet ist.

---

[1] Dale, H. H.: Lancet **1929**, 1179, 1233, 1285 (dort zusammenfassende Literatur). — Kapfhammer, J., u. C. Bischoff: Hoppe-Seylers Z. **191**, 179 (1930). — Bischoff, C., W. Grab u. J. Kapfhammer: Ebenda **199**, 135 (1931). — Kapfhammer, J.: Naunyn-Schmiedebergs Arch. **157**, 84 (1930).
[2] Cannon, W. B., u. Z. M. Bacq: Amer. J. Physiol. **96**, 392 (1931).

Bd. VII, 1.

Die Frequenz des Herzschlages
(S. 449—522).

Von

J. Rihl – Prag.

Reflektorische Beeinflussung des Herzschlages *(S. 498).*

Nachtrag zu den zusammenfassenden Darstellungen.

1. Hering, H. E.: Carotissinusreflexe. Dresden-Leipzig 1927.
2. Koch: Die reflektorische Selbststeuerung des Herzens. 1931. (Hier besonders S. 125, 127, 135, 136, 147, 213—216.)
3. Heymans: Über die Physiologie und Pharmakologie des Herz-Vaguszentrums. Erg. Physiol. **18**, 244 (1929).

Bd. VII, 1.

Allgemeine Physiologie des Herzens

(S. 523—662).

Von

C. J. ROTHBERGER – Wien.

Da ich[1] in der im Juli 1931 erschienenen „Normalen und pathologischen
Physiologie der Rhythmik und Koordination des Herzens" die bis dahin erschienenen neueren Arbeiten besprochen habe, genügt es, hier die dort nicht
behandelten Abschnitte zu ergänzen und die neuesten Befunde zu erwähnen.

I. Normale Physiologie.

Automatie. Neue Arbeiten von SKRAMLIK[2] und seinen Schülern beschäftigen
sich mit der Herztätigkeit der Tunicaten, Fische und Schildkröten. MAHAIM[3]
bestätigt in seinem Buche die schon von MÖNCKEBERG gefundene Tatsache,
daß das spezifische Muskelsystem der Kammern peripher von einer vollkommenen
Unterbrechungsstelle nicht degeneriert, und zwar gilt dies sogar für ein durch
eine doppelte Unterbrechung vollständig isoliertes Mittelstück. Neue Untersuchungen von WACHSTEIN[4] beschäftigen sich mit der mechanischen Registrierung
der automatischen Kontraktionen herausgeschnittener Purkinje-Fäden und zeigen
ihre hohe Empfindlichkeit gegen Adrenalin und Histamin. An solchen isolierten
Fäden können verschiedene aus der Klinik der unregelmäßigen Herztätigkeit
bekannte Arrhythmien (Bigeminie, tachykardische Anfälle, Interferenzen, Leitungsstörungen, Alternans) hervorgerufen werden[5].

Die von mir auch noch in den Ergebnissen (S. 552) wiedergegebene Ansicht,
daß im Vorhof echte Purkinje-Fasern vorkommen (THOREL, TANDLER, SCHWARTZ,
PACE) wird von ASCHOFF[6] nach wie vor als irrtümlich abgelehnt, was für die
Frage des Entstehungsortes von Vorhofsextrasystolen wichtig ist.

Die Bedeutung des Gasgehaltes der Speisungsflüssigkeit für die Herztätigkeit.
Die Tätigkeit des Froschherzens bei absolutem und die des Säugerherzens bei
hochgradigem Sauerstoffmangel ist besonders von der ASHERSCHEN Schule[7] weiter
erforscht worden. Das Froschherz kann 61 Stunden lang ohne Sauerstoff schlagen
(BACHMANN[7]), beim Säugerherzen läßt sich, wenn für genügende Zirkulation
gesorgt wird, der Sauerstoffgehalt bis auf 3% herabsetzen (ASHER und Mitarbeiter[7]). Bemerkenswert ist die hohe Widerstandsfähigkeit der Purkinje-Fäden
des Säugerherzens gegen Sauerstoffmangel (ISHIHARA und PICK, YAMAZAKI[8]).

---

[1] ROTHBERGER: Erg. Physiol. **32**, 471 (1931).

[2] v. SKRAMLIK: Z. vergl. Physiol. **4**, 607 (1926); **11**, 310 (1930). — EICHLER: Biol.
generalis **7**, 1 (1931). — Ferner Arbeiten von v. SKRAMLIK, BIELIG u. PREYER in Z. vergl.
Physiol. **15** (1931).

[3] MAHAIM, J.: Les maladies organiques du faisceau de His-Tawara. Paris 1931.

[4] WACHSTEIN: Z. exper. Med. **79**, 653 (1931).

[5] WACHSTEIN: Noch nicht veröffentlicht.   [6] ASCHOFF: Briefl. Mitteilung.

[7] SCHEINFINKEL: Z. Biol. **85**, 151 (1926). — BACHMANN: Pflügers Arch. **217**, 151 (1927).
— SEILER: Z. Biol. **88**, 63 (1928). — ASHER, KAWAI u. SCHEINFINKEL: Ebenda **89**, 139 (1929).
— ASHER u. SCHEINFINKEL: Ebenda **91**, 66 (1930). — Siehe auch KÖNIG: Arch. f. exper. Path.
125, 193 (1927) (mit FREUND); **126**, 129 (1927).

[8] ISHIHARA u. PICK: J. of Pharmacol. **29**, 355 (1926). — YAMAZAKI: J. of Biochem. **12**,
223, 235, 241 (1930).

Die Wirkung der Kohlensäure auf die Bariumtachykardie ist von Friedberg und Levinson[1], die auf die Erregungsleitung von Lyons[2] untersucht worden.

Refraktärphase. Nachdem Schellong und Schütz[3] am Herzstreifenpräparat gefunden hatten, daß das Ende der absoluten Refraktärphase mit dem Ende des Erregungsvorganges, und zwar des einphasischen Aktionsstromes zusammenfalle, untersucht Schütz[3] den Einfluß von Temperatur und Ionen. Bezüglich der Wirkung verschiedener Gifte auf die Länge der absoluten Refraktärphase finden Drury und Love, daß die bisherige Art der Messung der absoluten Refraktärphase wegen der Nichtberücksichtigung von Leitungsstörungen ungenau ist. Mit der verbesserten Methode ergibt sich für die Frosch- bzw. Schildkrötenkammer entgegen der herrschenden Ansicht eine Verkürzung durch Veratrin (Drury und Love[4]) sowie durch Chinidin und Strophantin (Love[4]). Auch Schellong[5] findet an Streifen aus der Froschherzkammer nach Digitalis eine Verkürzung der absoluten Refraktärphase, dagegen eine Hemmung der Erregungsfortpflanzung.

Latenz. v. Tschermak[6] findet an der isolierten, blutleeren Spitze des Froschherzens ein deutliches „bioelektrisches Latenzstadium", welches im Mittel $16^1/_2 \pm 6,3$ Sigmen beträgt. Wenn es sich dabei auch um eine direkte Reizbeantwortung handelt, so macht die Kürze dieser am hypodynamen Froschherzen gefundenen Zeit es unwahrscheinlich, daß die verhältnismäßig lange Dauer des Vorhof-Kammer-Intervalles auf einer „wahren Latenz" bei der Erregungsübertragung von einem Gewebe auf ein anderes beruhe (Holzlöhner[6]) oder daß darin die Ursache für gewisse Erscheinungen beim a-v-Rhythmus des Warmblüterherzens gelegen sei (Scherf[6]).

Erregungsleitung. Nach v. Skramlik[7] verhalten sich die Übergangsfasern zwischen Vorhof und Kammer im recht- und im rückläufigen Sinne bei gleicher Frequenz nicht gleich; beim Fischherzen ist die rückläufige Leitung begünstigt, beim Froschherzen aber die rechtläufige. Die „unbeschränkte Auxomerie" der Reizleitung (v. Kries), d. h. die Unabhängigkeit der Leitungsgeschwindigkeit von der Bahnbreite, ist im Tierversuch auch für hohe Frequenzen von Boikan[7] bestätigt worden. Mahaim[8] bringt in seinem Buche (S. 339, 415, 417) sehr interessante klinische Beispiele dafür: Das a-v-Bündel kann fast vollkommen zerstört sein, ohne daß das Vorhof-Kammer-Intervall verlängert sein muß.

Der Ursprungsort der Herzbewegung. Während es nach den bisherigen Befunden sicher schien, daß die normale Erregung beim Warmblüter nicht von den Hohlvenen ausgeht, sondern vom Kopf des Sinusknotens, stellt Rijlant[9] (auch Rylant) in neuen Untersuchungen mit einer besonders empfindlichen Methode fest, daß die Erregung beim Katzen- und beim Kaninchenherzen von einer Stelle der Hohlvenen ausgeht, die, entsprechend der Mitte des Sulcus terminalis, 1—2 mm vom Sinusknoten entfernt ist. Diese als „Präsinus" bezeichnete Stelle werde um 0,005—0,01 Sekunde früher erregt als der Sinusknoten, und dieses Intervall könne durch Vagusreizung auf das Doppelte verlängert werden.

---

[1] Friedberg u. Levinson: Z. exper. Med. **78**, 32 (1931).

[2] Lyons: Z. exper. Med. **79**, 673 (1931).

[3] Schellong u. Schütz: Z. exper. Med. **61**, 285 (1928). — Schütz: Z. Biol. **87**, 219 (1928).

[4] Drury u. Love: Heart **13**, 77 (1926). — Love: Ebenda **13**, 87 (1926).

[5] Schellong: Z. exper. Med. **75**, 767, 789 (1931).

[6] v. Tschermak: Pflügers Arch. **224**, 337 (1930). — Holzlöhner: Klin. Wschr. **1930 II**, 1708. — Scherf: Z. exper. Med. **78**, 511 (1931).

[7] v. Skramlik: Z. vergl. Physiol. **13**, 626 (1930). — Boikan: Z. exper. Med. **79**, 256 (1931).

[8] Mahaim: Zitiert auf S. 182.

[9] Rijlant: Arch. internat. Physiol. **33**, 325 (1931).

Zu den auf S. 592 angegebenen Werten für das Sinus-Vorhof-Intervall sei noch eine Angabe von ENGELMANN[1] hinzugefügt, nach welcher dieses Intervall beim Frosch 0,2—04, Sekunden betrage.

Der Ablauf der Erregung in den Vorhöfen. Es wird aus klinischen Befunden immer wieder der Schluß gezogen, daß es eine direkte Verbindung zwischen Sinus- und a-v-Knoten geben müsse und daß die Erregungsausbreitung auf die Vorhöfe eine Nebenbahn darstelle. Daß eine solche Verbindung nicht aus spezifischem Gewebe besteht, ist wohl sicher (ASCHOFF, MÖNCKEBERG). Wie neuerdings MAHAIM[2] hervorhebt, ist der Übergang der gewöhnlichen Vorhofsmuskulatur in den Vorhofsteil des a-v-Knotens so deutlich zu sehen, daß man schon aus diesem Grunde den Gedanken an eine Verbindung durch spezifisches Gewebe fallen lassen muß. Wie ich in den Ergebnissen ausgeführt habe, ist eine solche Annahme auch gar nicht nötig, weil das untere Ende des Sinusknotens, der viel länger ist, als man gewöhnlich glaubt, in den Torus Loweri übergeht und dieser direkt zum Coronarvenentrichter hinführt; die Außenwand der Vorhöfe steht ja mit den Kammern gar nicht in leitender Verbindung.

Reizausbreitung in den Kammern. Die normale Anatomie des Reizleitungssystems vom Beginn im Vorhof an, ist neuerdings im ASCHOFFschen Institute von KUNG[3] genau untersucht worden, wobei sich wieder deutlich die Teilung des a-v-Knotens in zwei Teile ergab. Auf diese Arbeit sei besonders hingewiesen. Wichtig ist ferner sowohl für das Verständnis der normalen Reizausbreitung wie auch für scheinbar atypische pathologische Fälle die neue Entdeckung von MAHAIM[4], daß vom linken Schenkel hoch oben Zweige nach hinten in das Septum verlaufen, vom rechten Schenkel dagegen nicht. CARDWELL und ABRAMSON[5] wiederholen die schönen Injektionsversuche von AAGARD und HALL[5], und finden unter anderem, daß das subendokardiale Netz des rechten und des linken Schenkels durch Anastomosen, die im Septum verlaufen, zusammenhängen; eine ältere Mitteilung von WAHLIN[5] ist dabei übersehen worden.

II. Pathologische Physiologie.

Zunächst sei verwiesen auf die umfassende Darstellung der unregelmäßigen Herztätigkeit von WENCKEBACH und WINTERBERG[6] sowie auf die verdienstvollen Arbeiten von NÖRR[7], welche sich mit dem Studium der Arrhythmien bei Haustieren beschäftigen.

Alternans. Die neuen Arbeiten über den Herzalternans werden in einer vor kurzem erschienenen Monographie von B. KISCH[8] besprochen. Leider wird in dieser in dem Bestreben nach einer einheitlichen Auffassung der Herzalternans als „regelmäßiger Wechsel im bioenergetischen Geschehen am Herzen bei zwei aufeinanderfolgenden Herzschlägen" (ohne Rhythmusstörung) zu allgemein definiert, so daß nun auch der 2 : 1-Block zum Herzalternans gehören soll. Wenn nun auch KAUFMANN und ROTHBERGER[9] schon 1927 von einem „Alternans der

[1] ENGELMANN: Pflügers Arch. **52**, 357 (1892).
[2] MAHAIM: Zitiert auf S. 182.
[3] KUNG: Arch. f. exper. Path. **155**, 295 (1930).
[4] MAHAIM: C. r. Soc. Biol. Paris (23. Januar) **1932**.
[5] CARDWELL u. ABRAMSON: Amer. J. Anat. **49**, 167 (1931). — AAGARD u. HALL: Anat. H. **154** (Wiesbaden 1914). — WAHLIN: Uppsala Läk.för. Förh., N. F. **34**, 769 (1928).
[6] WENCKEBACH u. WINTERBERG: Die unregelmäßige Herztätigkeit. Leipzig 1927.
[7] NÖRR: Mschr. Tierheilk. **34**, 35 (1923) — Arch. Tierheilk. **48**, 85 (1922) — Berl. tierärztl. Wschr. **1930**, 382 — Arch. Tierheilk. **63**, 104 (1931) — Herz- u. Pulsarrhythmien; Pulsuntersuchung, in „Tierheilkde. u. Tierzucht" **5** (1928); **8** (1930).
[8] KISCH, B.: Der Herzalternans. Dresden 1932 — Z. Kreislaufforsch. **23**, 729 (1931).
[9] KAUFMANN u. ROTHBERGER: Z. exper. Med. **57**, 600 (1927).

Reizleitung" sprachen[1], und wenn auch feststeht, daß das spezifische Muskelsystem nicht nur sich kontrahiert, sondern auch einen echten Alternans aufweisen kann (Wachstein[2]), so ist doch noch nicht sicher, daß dieser in einer alternierenden Reizleitung zum Ausdruck käme, und insbesondere wissen wir nicht, wie sich die in erster Linie als Blockstelle in Betracht kommenden Fasern an der Vorhofkammergrenze verhalten. Aber selbst wenn auch an diesen ein echter Alternans vorkäme, sollte man diesen besonderen Fall von Leitungsstörung nicht zum Herzalternans rechnen, sondern, wenigstens für den Sprachgebrauch, scharf unterscheiden zwischen den Störungen der Kontraktilität der Arbeitsmuskulatur, die im Herzalternans, wie wir ihn bisher verstanden, zum Ausdruck kommen, und einer alternierenden Reizleitung, die sich in einem anderen Muskelsystem abspielt. Dies ist praktisch viel wichtiger, als die Betrachtung von einem einheitlichen Gesichtspunkte aus. Das uns trotz aller Erklärungsversuche noch ganz unbekannte „bioenergetische Geschehen" wird uns nicht verständlicher, wenn wir den 2 : 1-Block hereinziehen[3].

Man kann ferner, entgegen Kisch, zweifellos einen elektrischen Alternans vom mechanischen trennen, weil sie unabhängig voneinander vorkommen und zwei verschiedene Muskelsysteme betreffen, die auch sonst recht unabhängig voneinander sind. Elektrischer Alternans heißt dabei natürlich nichts anderes als „alternierender Formwechsel im Elektrokardiogramm"; daß diesem Formwechsel *grundsätzlich* andere Vorgänge zugrunde liegen wie dem mechanischen Alternans, darf man freilich nicht annehmen.

Tachykardien nach Unterbindung von Coronargefäßen sind aus dem Tierversuch bekannt. Mahaim[4] bringt in seinem Buche klinische Beispiele für diese Tachykardien durch Ischämie und unterscheidet außerdem solche entzündlichen Ursprungs und solche durch Degeneration des Reizleitungssystems. Diese drei Arten werden als „*lesions irritatives*" zusammengefaßt. Zu diesen gehören natürlich auch die organisch bedingte Extrasystolie, die „Anarchie" der Kammern und das Kammerflimmern. Als Ursache der zu diesen Störungen führenden Reizerscheinungen kommen auch subendokardiale Blutungen in Betracht, wie Rothberger[5] auf Grund von Tierversuchen schloß und Mahaim klinisch bestätigte (S. 400 Anm.).

Extrasystolen. v. Skramlik[6] fand an Fisch- und Reptilienherzen, daß das Gesetz von der Erhaltung der physiologischen Reizperiode bei abhängigen Herzteilen nur unter ganz bestimmten Bedingungen zutrifft.

Das Wesen der Extrasystolen. Es ist schon seit langem immer wieder die Ansicht geäußert worden, daß die festgekuppelten Extrasystolen nicht einfach automatischen Ursprungs, sondern durch den vorhergehenden Normalschlag ausgelöst, also ursächlich an ihn gebunden sind. Verschiedene Tatsachen, wie z. B. die gleichbleibende Kupplung bei Bigeminie und Vorhofflimmern, sprach ja immer in diesem Sinne, ohne aber gerade einen Beweis zu bilden. Einen

---

[1] Wie Kisch richtig bemerkt, ist ein Alterieren der Vorhof-Kammerleitung beim Menschen zuerst von Rihl [Z. exper. Path. u. Ther. **3**, 274 (1906)] beschrieben worden; es bestand gleichzeitig ein Herzalternans.

[2] Wachstein: Unveröffentl. Untersuchungen.

[3] Auch die Beziehung auf Refraktärphase und Erholungszeit, wie sie von Kisch wieder vorgebracht wird, ist nur eine Umschreibung der Tatsachen und hilft uns nicht weiter; denn der springende Punkt ist eben, warum die Störung nicht *alle* Fasern betrifft, warum es schwerste Herzschwäche ohne Alternans gibt und warum im Tierversuch nicht alle Mittel, welche die Kontraktilität herabsetzen, einen Alternans erzeugen.

[4] Mahaim: Zitiert auf S. 182.

[5] Rothberger: Klin. Wschr. **1928 II**, 1596 — Wien. klin. Wschr. **1929**, 442.

[6] v. Skramlik: 12. Tag. Dtsch. physiol. Ges. **1931** — siehe Ber. Physiol. **61**, H. 3/4 — Herzmuskel und Extrareize. Jena 1932.

wichtigen Schritt zur Klärung dieser Frage, und zwar im Sinne der ursächlichen Bindung, bilden die experimentellen Untersuchungen von SCHERF[1], die ich in den Ergebnissen ausführlich besprochen habe. Zwar hat SCHERF in einer Arbeit mit SCHOTT[1] gefunden, daß eine klinische Parasystolie durch einfache Interferenz in eine fixgekuppelte Bigeminie übergehen kann, und mit RACHMILEWITZ[1] beschrieb er die Beobachtung, daß beide Formen der Reizbildung unmittelbar nacheinander vorkommen können, so daß der einleitende Schlag eines Bigeminus mit ursächlicher Bindung automatischen Ursprungs sein kann, und zwar mit demselben Elektrokardiogramm; er kommt aber doch zu dem Schluß, daß man die festgekuppelten Extrasystolen als „Zwangsreizbildung" streng von dem automatischen Hervortreten eines untergeordneten Zentrums trennen müsse, und daß man nur bei einer Zwangsreizbildung von Extrasystolen sprechen solle. Ein überzeugender Beweis dafür, daß die Extrasystolen bei der kontinuierlichen Bigeminie und selbst längere Tachykardien nicht einfach als Ausdruck einer gesteigerten Automatie anzusehen sind, wird durch die Versuche von GOLDENBERG und ROTHBERGER[2] erbracht, in denen es zum erstenmal gelang, im Tierversuch eine kontinuierliche Strophantinbigeminie zu erzeugen. Zwar kommen auch bei der Strophantinvergiftung Interferenzen durch die erhöhte Automatie untergeordneter Zentren vor [ROTHBERGER und WINTERBERG (1910)], aber die Bigeminie wird durch Vagusreizung unterbrochen und es kommt zu langen Kammerstillständen. Dasselbe gilt für lange Reihen von Extrasystolen (Tachykardien), die an einen Normalschlag gebunden sind. Es kann daraus das Fehlen einer gesteigerten Automatie in den Kammern um so sicherer geschlossen werden, als der Vagus beim Warmblüterherzen auf die Kammern nicht wirkt. Solche Arrhythmien sind nach der Parasystolietheorie (KAUFMANN und ROTHBERGER) nicht zu erklären[3], wie schon DE BOER[4] kritisch, wenn auch über das Ziel hinausschießend, hervorhob; allerdings ist seine Deutung als Kreisbewegung für die Strophantinvergiftung auch nicht annehmbar. Auf eine neuere kritische Darstellung von CALABRESI[5] sei noch hingewiesen.

a-v-Rhythmus. Bisher hat man beim Knotenrhythmus je nach der Stellung der Vorhofzacke zur Anfangsschwankung des Kammerkomplexes drei Arten unterschieden, und zwar einen oberen, einen mittleren und einen unteren Reizursprung, obwohl ASCHOFF schon 1910 betont hatte, daß der a-v-Knoten nur aus zwei Teilen besteht, was neuerdings durch KUNG[6] bestätigt worden ist. SCHERF[7], der diese Frage im Tierversuch zu lösen versuchte, fand, daß am überlebenden Hundeherzen durch Exstirpation des ganzen Sinusknotens oder durch Reizung oder Erwärmung der obersten Knotenteile (bei aufgeschnittenem Vorhof) nie ein sog. oberer Knotenrhythmus (P vor R) sich erzielen lasse, sondern daß Vorhof und Kammer immer zusammenschlagen. Ich[8] habe für die bisher als oberer Knotenrhythmus gedeuteten Fälle den Reizursprung in den unteren Teil des Sinusknotens verlegt (s. auch FOGELSON[9]).

---

[1] SCHERF: Z. exper. Med. **51**, 816 (1926); **58**, 221 (1927); **65**, 198, 222, 255 (1929); **70**, 375 (1930); **73**, 382 (1930) — Wien. klin. Wschr. **1930**, 1527. — SCHERF u. SCHOTT: Klin. Wschr. **1930 II**, 2191. — RACHMILEWITZ u. SCHERF: Z. klin. Med. **114**, 785 (1930).

[2] GOLDENBERG u. ROTHBERGER: Z. exper. Med. **79**, 705 (1931).

[3] Es soll aber ausdrücklich betont werden, daß damit nicht etwa der Parasystolie als solcher der Boden entzogen wird; sie ist für den langsamen Extrareizrhythmus mehrfach sicher bewiesen; die obigen Bemerkungen beziehen sich nur auf die in fester Kupplung an einem Normalschlag hängenden Extrasystolenreihen, die der Ausdruck einer hohen Automatie zu sein schienen.

[4] DE BOER: Z. exper. Med. **38**, 191 (1923).   [5] CALABRESI: Clin. med. ital. **62**, 331 (1931).

[6] KUNG: Arch. f. exper. Path. **155**, 295 (1930).

[7] SCHERF: Z. exper. Med. **78**, 511 (1931) — Wien klin. Wschr. **1931**, 1157.

[8] ROTHBERGER: Zitiert auf S. 182.   [9] FOGELSON: Z. exper. Med. **68**, 145 (1929).

Leitungsstörungen. Schellong[1] untersucht das Wesen der Leitungsstörung an Streifen aus der Froschherzkammer mittels der Ableitung des einphasischen Aktionsstromes, und dann ebenso den Einfluß des Digalens auf Erregbarkeit, Erholungsvorgang und Erregungsfortpflanzung. Es ergibt sich, daß die Erregbarkeit als beherrschende Grundeigenschaft für die Geschwindigkeit der Erregungsfortpflanzung maßgebend ist. Rothberger[2] weist auf die Bedeutung subendokardialer Blutungen für die Entstehung von Leitungsstörungen im a-v-Bündel und insbesondere in seinen Zweigen hin. Wichtig ist ferner die auf sehr ausgedehnte Untersuchungen sich stützende Angabe von Agduhr[3], daß der wegen seines Vitamingehaltes so geschätzte Lebertran bei längerer Zufuhr auch kleiner Dosen zu Degeneration des spezifischen Muskelsystems und zu Leitungsstörungen führt, die nach Agduhr und Stenstroem[3] auch im Elektrokardiogramm zum Ausdruck kommen. Dasselbe gilt für Vigantol (Herlitz, Jundell und Wahlgren[4]).

Sinus-Vorhof-Block. Das Zustandekommen bzw. das Erscheinen eines Sinusblocks hängt nach Scherf[5] nicht nur vom Zustand des Sinusknotens und seiner Ausläufer ab, sondern auch von der Erregbarkeit untergeordneter Zentren, insbesondere des a-v-Knotens, denn ein partieller Sinusblock mit Ausfällen läßt sich nicht erzielen, wenn sofort der a-v-Knoten einspringt; er kann aber im Tierversuch erzeugt werden, wenn die Erregbarkeit des a-v-Knotens durch Chinin herabgesetzt wird.

Leitungsstörungen im Vorhof. Die experimentellen Ergebnisse von Rothberger und Scherf[6] sind durch Condorelli[7] bestätigt worden. Klinische Untersuchungen liegen von Calabresi und Picchini[8] vor.

a-v-Block. Bekanntlich hat Lapicque die Curarelähmung des quergestreiften Muskels dadurch erklärt, daß die „Isochronaxie" von Nerv und Muskel aufgehoben werde. Nun wollen Quincke und Stein[9] diese Vorstellung auf den a-v-Block anwenden und geben an, daß bei Störungen der verschiedensten Art die Chronaxie des Vorhofes viel früher ansteigt als die der Kammer. Der „Zeitverlust" zwischen Vorhof und Kammer beruhe nicht auf einer verzögerten Leitung im spezifischen Muskelsystem, sondern sei auf die geänderte Erregbarkeit des Vorhofes zurückzuführen, infolge welcher die Kammer länger warten müsse. Die Leitungsverhältnisse beim Vorhofflattern mit wechselndem a-v-Block sind von Kaufmann und Rothberger[10], sowie Friedberg und Rothberger[10], an neuen Fällen weiter untersucht worden.

Kompletter Block. Wichtig ist der Hinweis von Mahaim[11], daß das ganze a-v-Bündel vom Knoten bis zur Teilungsstelle durch eine Entzündung, z. B. perforierende Septumendokarditis, zerstört sein kann, ohne daß die vollständige Leitungsunterbrechung in einer Bradykardie zum Ausdruck käme; in solchen Fällen kann vielmehr bis zum Tode eine Tachykardie bestehen, welche keinen Gedanken an einen kompletten Block aufkommen läßt. Mahaim bestätigt ferner

---

[1] Schellong: Klin. Wschr. **1929 II**, 1889 — Z. exper. Med. **75**, 767, 789 (1931).

[2] Rothberger: Klin. Wschr. **1928 II**, 1596 — Wien. klin. Wschr. **1929**, 442.

[3] Agduhr: Acta paediatr. (Stockh.) **5**, 319 (1926); **6**, 167 (1926); **7**, 289 (1928); **8**, 489 (1929) — Mschr. Kinderheilk. **47**, 97 (1930). — Agduhr u. Stenstroem: Acta paediatr. (Stockh.) **8**, 493; **9**, 229, 280, 307, 345; **10**, 167, 203, 271 (1930).

[4] Herlitz, Jundell u. Wahlgren: Acta paediatr. **10**, 577 (1931).

[5] Scherf: Z. exper. Med. **57**, 188 (1927).

[6] Rothberger u. Scherf: Z. exper. Med. **53**, 792 (1927).

[7] Condorelli: Z. exper. Med. **68**, 493, 516 (1929).

[8] Calabresi u. Picchini: Cuore **15**, 542 (1931).

[9] Quincke u. Stein: Arch. f. exper. Path. **159**, 338 (1931).

[10] Kaufmann u. Rothberger: Z. exper. Med. **57**, 600 (1927). — Friedberg u. Rothberger: Z. klin. Med. (im Druck).

[11] Mahaim: Zitiert auf S. 182.

die Ansicht von MÖNCKEBERG, daß ein angeborener Septumdefekt an sich keine Leitungsunterbrechung zwischen Vorhof und Kammer zur Folge hat, weil das a-v-Bündel *vor* dem Kammerseptum gebildet wird. Ein kompletter Block bei Kammerseptumdefekt (sehr selten) muß also andere Ursachen haben. AVERBUCK[1] berichtet über einen interessanten Fall von komplettem Block mit rückläufiger Überleitung.

Schenkelblock. FRANK WILSONs Schüler BARKER, MACLEOD und ALEXANDER[2] schließen aus einer klinischen Beobachtung (Auslösung von Extrasystolen bei einem freiliegenden Herzen), daß der Schenkelblock bisher verkehrt diagnostiziert worden sei. Das bedeutende Überwiegen des Rechtsblocks beziehe sich also in Wirklichkeit auf den linken Schenkel, und dies stehe in guter Übereinstimmung mit der Tatsache, daß diese Leitungsstörung so oft bei Erkrankungen des linken Ventrikels angetroffen wird. In einer neuen Arbeit berichten WILSON, MACLEOD und BARKER[3] über Tierversuche und die Elektrokardiogramme von Kranken, bei denen ein Schenkelblock anzunehmen war. Der Vergleich führt die Verff. wieder zu dem Schluß, daß nicht der Rechts-, sondern der Linksblock häufig vorkomme, daß die Diagnose daher bisher verkehrt gemacht worden sei. Diese Frage kann jedoch nur durch die anatomische Untersuchung klinischer Fälle beantwortet werden und sie ist wohl schon im bisherigen Sinne entschieden durch die bereits vorliegenden anatomischen Befunde, die in dem gründlichen und kritischen Buche von MAHAIM[4] durch neue Beobachtungen ergänzt werden.

Da der Schenkelblock beim Menschen fast immer durch eine Erkrankung der Coronargefäße entsteht und der rechte Schenkel nur von einem, und zwar aus der linken Coronaria entspringenden Gefäß versorgt wird, erklärt sich daraus die große Häufigkeit des Rechtsblocks und sein Vorkommen bei Erkrankungen des linken Herzens. Da dieses Gefäß aber außerdem die vorderen Teile des linken Schenkels versorgt, ist der Rechtsblock nicht rein, wie im Tierversuch, woraus sich gewisse Mängel in der Übereinstimmung der Elektrokardiogramme erklären. Die organischen Erkrankungen des a-v-Bündels sind meist ausgebreitet (MÖNCKEBERG sprach von „Systemerkrankung") und können die Leitung an verschiedenen Stellen unterbrechen. Gerade dies bildet einen wichtigen Unterschied gegenüber den streng lokalisierten Eingriffen des Tierversuches. Infolge der überaus großen Seltenheit von Tricuspidalfehlern ist der Schenkelblock rechts so gut wie immer eine Folge einer Coronargefäßerkrankung; dies trifft zwar oft auch für den gemeinsamen Stamm und für den linken Schenkel zu, aber hier spielen doch auch auf die Nachbarschaft übergreifende Veränderungen an den Aortenklappen eine große Rolle (MAHAIM). Für die klinische Diagnose, insbesondere des weit überwiegenden Rechtsblocks ist wichtig, daß die Anfangsschwankung des Elektrokardiogramms nicht extrem verbreitert sein muß und nicht immer eine Dauer von 0,10 Sekunden erreicht.

Da nach den neuen Befunden von MAHAIM[5] der linke Schenkel ganz oben nach hinten zu Zweige an das Kammerseptum abgibt, ist ein kompletter a-v-Block durch Unterbrechung beider Schenkel nur dann möglich, wenn die Läsion links ganz oben sitzt.

SCHERF[6] erzeugte beim Hunde partiellen Schenkelblock, und zwar Leitungsstörungen mit Ausfällen, und berichtet in einer zweiten Arbeit über klinische

---

[1] AVERBUCK: Wien. Arch. inn. Med. **22**, 49 (1931).

[2] BARKER, MACLEOD u. ALEXANDER: Amer. Heart J. **5**, 720 (1930).

[3] WILSON, MACLEOD u. BARKER: Amer. Heart J. **7**, 305 (1932).

[4] MAHAIM: Zitiert auf S. 182.

[5] MAHAIM: Zitiert auf S. 184.

[6] SCHERF: Wien. Arch. inn. Med. **14**, 443 (1927); **18**, 403 (1929).

Beispiele von intraventrikulären Leitungsstörungen bei partiellem a-v-Block mit Periodenbildung.

Arborisation block. Mit dem Astblock, d. h. mit der Leitungsunterbrechung in einzelnen Zweigen eines Schenkels ist der „arborisation block" (Oppenheimer und Rothschild[1]) nicht identisch und sieht auch im Elektrokardiogramm anders aus. Worauf dieser „arborisation block" beruht, war vor kurzem noch nicht entschieden. Nachdem schon Stenstroem[2] (1924) darauf hingewiesen hatte, daß beide Schenkel betroffen sein müssen, meinte Scherf[3], der typische solche Kurven durch Interferenz von Dextro- und Lävokardiogrammen erhielt, daß zu einem inkompletten einseitigen Schenkelblock noch eine Schädigung in den feineren Verzweigungen des anderen Schenkels hinzukommen müsse. Eine unerwartete Klärung dieser Frage haben die neuesten pathologisch-anatomischen Befunde von Mahaim[4] gebracht. Es wurde schon erwähnt, daß infolge des frühen Abzweigens einzelner Ästchen vom linken Schenkel eine Leitungsunterbrechung in beiden Schenkeln nur dann zu einem kompletten a-v-Block führt, wenn die Läsion links ganz oben sitzt. Wenn sie aber links etwas tiefer sitzt, entsteht der „*Bloc bilateral manqué*". Die noch freibleibenden obersten Zweige des linken Schenkels führen die Erregung in die oberen Anteile des Kammerseptums, und es besteht daher scheinbar der paradoxe Befund eines beiderseitigen Schenkelblocks ohne Dissoziation. Die Breite der Anfangsschwankung des Elektrokardiogramms hängt von der Ausdehnung der Läsion des linken Schenkels ab; ist diese gering, so wird die Erregung aus dem Septum bald wieder in den linken Schenkel zurückfinden, und die Anfangsschwankung ist nur so weit verbreitert, als dem Schenkelblock entspricht. Ist der linke Schenkel aber auf 2—3 cm unterbrochen, so muß die Erregung weiter in der langsamer leitenden Arbeitsmuskulatur verlaufen, und dann entstehen die sehr kleinen, sehr breiten und mehrfach gespaltenen Anfangsschwankungen, die das Hauptmerkmal des arborisation block ausmachen.

Druckfehlerberichtigung.

Im Hauptteil des VII. Bandes sind folgende Fehler übersehen worden:

S. 554, Abb. 134: In der Legende ist „(Nach Hund)" zu streichen. Die (eigene) Kurve stellt einen a-v-Rhythmus beim Hunde dar.

S. 559, Abb. 136, Legende: Statt „Nach Kolm" soll es heißen: Nach Kahn.

S. 584, Fußnote, Zeile 2: Gehört zur vorigen Seite (Haberlandt).

S. 657: Unter den ersten Autoren, welche die experimentellen Befunde der Schenkeldurchschneidung bestätigen, sind Boden und Neukirch zu erwähnen [Pflügers Arch. **171**, 146 (1918)], die an isolierten Säuger- und Menschenherzen gearbeitet haben.

---

[1] Oppenheimer u. Rothschild: Siehe Hauptteil S. 660.
[2] Stenstroem, N.: Acta med. scand. (Stockh.) **60**, 552 (1924); **65**, 474 (1924).
[3] Scherf: Z. exper. Med. **51**, 816 (1926).
[4] Mahaim: Zitiert auf S. 184.

Bd. VII, 1.

Pharmakologie des Herzens

(S. 712—862).

(Ergänzung der gleichnamigen Arbeit von Professor B. KISCH.)

Von

H. MIES – Köln.

I. Ionenwirkung auf das Herz.

Die Frage nach der Wirkung einwertiger Kationen, vor allem der Kalisalze, hatte in den zahlreichen früheren Untersuchungen noch keine endgültige Lösung gefunden. Den Kalisalzen wurde eine die Herzreizbildung fördernde wie auch eine lähmende Wirkung zugeschrieben. ZWARDEMAKER bezog die spezifische Kaliwirkung auf die Radioaktivität der Kalisalze. Das kaliverarmte Herz bleibt nach seiner Auffassung deshalb stehen, weil zur Herzreizbildung ein Minimum radioaktiver Strahlung notwendig ist. BRUNO KISCH[1] fand, daß ein übermäßiger Gehalt des Gewebes an K-Salzen die Reizbildung ebenso wie die Erregungsleitung und die Contractilität hemmt. Dagegen wird bei einer Steigerung des Konzentrationsgefälles an K-Salzen von außen gegen innerhalb der Reizbildungsstellen selbst die Frequenz der Reizbildung gefördert, wobei die Kalisalze in ihrer Wirkung als Potentialgifte anzusehen sind. Dabei können potentielle Reizbildungsstellen durch unmittelbare Kalisalzzufuhr (Filterblättchenmethode) in aktuelle umgewandelt werden. Unter aktueller Reizbildungsstelle versteht B. KISCH[2] die Stelle des Herzens, an der im Zeitpunkte der Untersuchung Ursprungsreize gebildet werden, unter deren Führung der beobachtete Herzabschnitt schlägt. Potentielle Reizbildungsstellen sind nach ihm jene, an denen im Augenblick Ursprungsreize nicht gebildet werden, sich aber unter geeigneten Umständen bilden können. Weiter fand B. KISCH[3], daß das Kaliparadoxon an eine nicht zu hochgradige Verarmung des Herzens an Ca-Salzen gebunden ist und daß das Kaliparadoxon nicht allein auf einer Hemmung der Reizbildung beruht, in einzelnen Fällen sicher lediglich auf einer Hemmung der Erregungsleitung. Beim Calcium- und Strontiumparadoxon sind Reizbildung und Erregungsleitung gehemmt; beim Ca-Paradoxon unter gewissen Bedingungen auch die Contractilität[4]. Durch die Salze der zweiwertigen Kationen Mg, Sr, Ca, Ba wird in eben überschwelligen Konzentrationen die nomotope und die heterotope Reizbildung verlangsamt. Bei höheren Dosen kommt es zu Frequenzsteigerungen und periodischen Frequenzschwankungen; ganz hohe Dosen führen eine hochgradige Verlangsamung und Lähmung der Herzreizbildung herbei. Hinsichtlich ihrer Wirksamkeit auf die Herzreizbildung konnte B. KISCH[5] die folgende

---

[1] KISCH, B.: Z. Kreislaufforschg **19**, 657 (1927).
[2] KISCH, B.: Pflügers Arch. **214**, 662 (1926).
[3] KISCH, B.: Arch. f. exper. Path. **122**, 257 (1927).
[4] KISCH, B.: Arch. f. exper. Path. **148**, 140 (1930).
[5] KISCH, B.: Arch. f. exper. Path. **124**, 210 (1927).

Reihe der zweiwertigen Kationen aufstellen, Mg < Sr < Ca < Ba. Die gleiche Reihenfolge gilt auch hinsichtlich der Wirkung auf die Contractilität[1]. Zu ähnlichen Versuchsergebnissen führten noch neuere Untersuchungen über die Wirkung des zweiwertigen Mangans[2].

Durch Acetaldehyd in sehr niedrigen Konzentrationen erzielte B. KISCH[3] eine Verlangsamung der Herzreizbildung, bisweilen nach primärer Beschleunigung. Die Verlangsamung nahm mit Steigerung der Konzentration zu. Neben dieser Beeinflussung der Herzreizbildung war in allen Fällen auch eine negativ inotrope Wirkung zu sehen, während eine Änderung der Überleitung nicht erkennbar war.

Eine prinzipiell wichtige Beobachtung machte B. KISCH noch mit der Feststellung der Saisonempfindlichkeit des Froschherzens[4]. Innerhalb weniger Tage trat zu Beginn des Sommers eine starke Überempfindlichkeit des Froschherzens gegenüber Magnesiumsalzen ein; daneben bestand noch eine Überempfindlichkeit gegenüber Sauerstoffmangel, außerdem war gleichzeitig die Acetaldehydwirkung verstärkt. Nach fast 2 Monaten ließ die Überempfindlichkeit wieder nach. Damit war die alte Kenntnis von dem verschiedenen Verhalten der Sommer- und Winterfrösche bestätigt und erweitert, zugleich aber gezeigt, eine wie kurze Spanne Zeit die Saisonempfindlichkeit umfassen kann.

II. Die Chinonwirkung.

Mit p-Benzochinon konnte SCHWEITZER[5] eine stark negativ chronotrope Wirkung auf das Froschherz erzielen. In manchen Versuchen kam es sogar zu plötzlichem diastolischen Stillstand, der meist endgültig war. Ferner bewirkte Chinon eine Schädigung der Erregungsleitung und der Contractilität des Herzens. Zwischen dem von SCHWEITZER ebenfalls untersuchten Omega und dem Chinon bestanden nur quantitative Unterschiede hinsichtlich ihrer Wirkung.

III. Die Frage des Herzhormones.

Eine besondere Bedeutung in der Pharmakologie des Herzens kam in den letzten Jahren der Frage nach dem Herzhormon zu. Zu gleicher Zeit wurde von zwei verschiedenen Seiten in zahlreichen Untersuchungen die Auffassung vertreten, daß die Reizbildung auf hormonalem Wege veranlaßt und reguliert werde. DEMOOR und sein Mitarbeiter RYLANT[6] nahmen an, daß im Sinusknoten eine Substanz gebildet werde, die die Regelmäßigkeit des Herzschlages hervorrufe. Durch wässerige Auszüge aus dem Sinusknoten, die übrigens nicht artspezifisch sind, konnten unregelmäßige Kontraktionen des linken Vorhofes in eine rhythmische Tätigkeit umgewandelt werden. Weiterhin berichteten DEMOOR und RYLANT, daß Adrenalin auf den linken Vorhof von Kaninchen und Katze nur in Anwesenheit der Sinusknotensubstanz wirke. Gleichzeitig und unabhängig

[1] KISCH, B.: Arch. f. exper. Path. **148**, 150 (1930).
[2] KISCH, B.: Pflügers Arch. **229**, 236 (1931). — CREMER, H. D., u. A. SCHWEITZER: Z. Kreislaufforsch. **24**, 65 (1932).
[3] KISCH, B.: Arch. f. exper. Path. **138**, 329 (1928).
[4] KISCH, B.: Arch. f. exper. Path. **137**, 116 (1928).
[5] SCHWEITZER, A.: Pflügers Arch. **228**, 568 (1931).
[6] DEMOOR, J.: C. r. Soc. Biol. Paris **85**, 1091, 1093 (1921); **93**, 1239 (1925) — Arch. internat. Physiol. **20**, 29, 446 (1923); **21**, 113, 438 (1923); **23**, 121 (1925). — DEMOOR, J., u. P. RYLANT: Ebenda **27**, 1, 22, 397 (1926); **29**, 391 (1927); **32**, 80 (1930). — DEMOOR: Ann. de Physiol. **5**, 1 (1929).

davon glaubte HABERLANDT[1] ein Herzhormon gefunden zu haben. Er ließ den blutlosen Venensinus des Froschherzens mitsamt den angrenzenden Hohlvenen und Vorhofteilen längere Zeit in 1 ccm Ringerlösung schlagen. Dieser „Sinusringer" wirkte in den meisten Fällen beschleunigend und bisweilen auch verstärkend auf die automatisch schlagende Kammer. Aus der Kammerbasis konnte HABERLANDT den gleichen Stoff gewinnen. HABERLANDT fand den Stoff alkohollöslich, ätherunlöslich, hitzebeständig, nicht identisch mit Adrenalin oder Histamin.

Die Versuche von HABERLANDT und DEMOOR sind wiederholt nachgeprüft worden[2]. Dabei stellte sich vor allem heraus, daß die verschiedensten Organextrakte eine gleiche Wirkung ausüben wie die angeblich spezifischen Herzhormone. Da aber das Wesentliche eines Hormones ist, daß es nur von einem bestimmten Gewebe oder Organ geliefert wird und dann in geringsten Mengen seine spezifische Wirkung ausübt, ist der Beweis der hormonalen Regulierung der Herzreizbildung durch den Sinusstoff bisher noch nicht unbestritten erbracht[3].

Auch aus der Leber wurde mehrfach ein Stoff gewonnen, der auf das enervierte Herz beschleunigend wirkt[4]. Auf FREY und KRAUT[5] gehen die Versuche zurück, ein Hormon des Pankreas zu isolieren, das auch im Harn, Blut und den meisten Organextrakten nachgewiesen werden kann. Dieses Hormon, „Kallikrein jetzt Padutin" genannt, verursacht neben der Kreislaufwirkung eine Verstärkung der Herztätigkeit.

Über die Bedeutung des Histamins in der Pharmakologie des Herzens läßt sich in der gebotenen Kürze ein abschließendes Urteil nicht geben. Es muß daher auf die jüngst erschienenen monographischen Abhandlungen verwiesen werden[6].

---

[1] HABERLANDT, L.: Z. Biol. **82**, 536 (1925); **83**, 53 (1925); **84**, 143 (1926) — Pflügers Arch. **212**, 587 (1926); **214**, 471 (1926); **216**, 778 (1927); **218**, 129 (1927); **219**, 279 (1928); **220**, 203 (1928); **221**, 576 (1929); **222**, 259, 670 (1929); **223**, 282 (1929); **224**, 741 (1930); **225**, 541 (1930); **227**, 709 (1931); **228**, 595 (1931) — Z. exper. Med. **68**, 185 (1929) — Das Herzhormon. Jena 1930.

[2] Die gesamte einschlägige Literatur ist bei C. J. ROTHBERGER eingehend besprochen: Erg. Physiol. **32**, 427 (1931).

[3] RIGLER, R.: Med. Klin. **1928**, 574 — Pflügers Arch. **221**, 509 (1929). — RIGLER, R., u. R. SINGER: Pflügers Arch. **220**, 56 (1928). — RIGLER, R., u. F. TIEMANN: Pflügers Arch. **222**, 450 (1929).

[4] CANNON, W. B., u. F. R. GRIFFITH: Amer. J. Physiol. **60**, 544 (1922). — ASHER, L.: Pflügers Arch. **209**, 605 (1925) — Schweiz. med. Wschr. **1926**. — TAKAHASHI, K.: Biochem. Z. **149**, 468 (1924). — RICHARDET, W.: Ebenda **166**, 317 (1925). — BEYELER, K.: Ebenda **178**, 351 (1926). — MATSUYAMA, S.: Z. Biol. **86**, 495 (1927). — HOFMANN, W.: Ebenda **88**, 119 (1928). — SALOMON, H., u. G. ZUELZER: Z. exper. Med. **66**, 291 (1929).

[5] FREY, E. K.: Münch. med. Wschr. **1929**, 1951; **1930**, 1979. — FREY, E. K., u. H. KRAUT: Hoppe-Seylers Z. **157**, 32 (1926) — Münch. med. Wschr. **1928**, 763 — Arch. f. exper. Path. **133**, 1 (1928). — KRAUT, H., E. K. FREY u. E. BAUER: Hoppe-Seylers Z. **175**, 97 (1928); **189**, 97 (1930).

[6] FELDBERG, W., u. E. SCHILF: Histamin. Berlin 1930. — KÜPPER, A.: Erg. Physiol. **30**, 153 (1930). — ROTHBERGER, C. J.: Zitiert unter Fußnote 2.

Bd. VII, 2.

Die Pharmakologie der Gefäße und des Kreislaufes

(S. 998—1070).

Von

R. Rigler und C. J. Rothberger – Wien.

Der dem Nachtrag zur Verfügung stehende Raum erlaubt nicht ein ausführliches Eingehen auf die gesamte, in den letzten Jahren erschienene Literatur. Es mußte daher eine Auswahl getroffen werden, derzufolge nur solche Arbeiten hier Erwähnung gefunden haben, in denen neue, wesentliche Gesichtspunkte zur Geltung kommen. Aus diesem Grunde konnte auch die im Hauptreferat angewendete Einteilung des Stoffes nach Gefäßgebieten nicht beibehalten werden.

Methodisches.

Von *methodischen Neuerungen* ist hier vor allem die Thermostromuhr von H. Rein[1] anzuführen. Sie ist eingehend im Handb. der biologischen Arbeitsmethoden beschrieben worden, so daß eine ausführliche Schilderung an dieser Stelle unterbleiben darf. Zum Verständnis der Methode sei nur so viel angeführt, daß es sich im wesentlichen um eine auf dem Prinzip der Wärmekonvektion beruhende Bestimmung der mittleren Strömungsgeschwindigkeit des Blutes in den Gefäßen handelt. Es lassen sich mit ihrer Hilfe absolute Zahlenwerte finden. Der hauptsächliche Vorteil der Methode, der sie über alle anderen, dem gleichen Zweck dienenden hervorhebt, besteht in der Möglichkeit, die mittlere Strömungsgeschwindigkeit bei uneröffneter Gefäßbahn und ungestörter vasomotorischer Innervation zu bestimmen. An zwei verschiedenen Stellen der Gefäßbahn wird mittels zweier Thermoelemente die Differenz der Temperatur bestimmt, die sich ergibt, wenn man an einer zwischen den Thermoelementen gelegenen Stelle die vorbeiströmende Blutsäule mit Hochfrequenzströmen nach Art der Diathermieströme erwärmt. Bei gleichbleibender calorischer Energiezufuhr wird die Temperaturdifferenz an den beiden, von den Thermoelementen berührten Stellen um so kleiner sein, je schneller sich die Blutsäule im Gefäß fortbewegt. Die Größe des auf diese Weise zustande kommenden Thermostromes ist ein unmittelbares Maß der mittleren Strömungsgeschwindigkeit des Blutes.

Seit der ersten Beschreibung der Methodik sind von H. Rein eine Reihe wichtiger Befunde erhoben worden, die sich zunächst auf die Beantwortung physiologischer Fragestellungen erstrecken. Nach Keller, Loeser und Rein[2] wird die Öffnung der Muskelcapillaren durch Stoffe bewerkstelligt, die während der Tätigkeit des Muskels frei werden. Milchsäure kann unter bestimmten Umständen die Muskelgefäße zur Erweiterung bringen, nicht aber Kohlensäure. Die bei der Arbeit zu beobachtende Zunahme der Durchblutung des Muskels kann gleichwohl aber keine Milchsäurewirkung sein, da nach neueren Untersuchungen im Kroghschen Laboratorium (Tsang-G. Ni[3]) vermehrte Capillarisierung auch bei alactacider Kontraktion beobachtet wurde. Nach Zipf[4] und Rigler[5] wäre eher an die Wirkung der mit dem Kontraktionsstoffwechsel auf das engste verknüpften, gleichfalls die Gefäße erweiternden Adenosinphosphorsäure zu denken. Schulte[6] versuchte die Arbeitshyperämie des Muskels mit dem Freiwerden histaminähnlicher Stoffe zu erklären.

---

[1] Rein, H.: Abderhaldens Handb. d. biol. Arbeitsmeth. Abt. V, Teil 8, 693 (1929) — Z. Biol. **87**, 394 (1928); **89**, 195 (1929).

[2] Keller, Ch. J., A. Loeser u. H. Rein: Z. Biol. **90**, 260 (1930). — Rein, H.: Erg. Physiol. **32**, 28 (1931).

[3] Tsang-G. Ni: J. of Physiol. **71**, 356 (1931).

[4] Zipf, K.: Klin. Wschr. **1931**, Nr 33.

[5] Rigler, R.: Verh. dtsch. Ges. inn. Med. Wiesbaden **1932**.

[6] Schulte, H.: Arb.physiol. **2**, 519 (1930).

Zur Messung pulsatorischer Schwankungen der Blutgeschwindigkeit konstruierte ferner BROEMSER[1] einen Differentialsphygmographen, der nach folgendem Prinzip arbeitet. Die Gefäßwand wird durch einen Keil an einer Stelle etwas eingedrückt und die dabei entstehenden Differenzen des Druckes, vor und hinter der Verengerung, die nur von der Strömungsgeschwindigkeit abhängen, registriert.

Ein weiteres Instrument, um Veränderungen der Strömungsgeschwindigkeit innerhalb sehr kurzer Zeiten zu messen, ist der von ANREP, CRUICKSHANK, DOWNING und SUBBA RAU[2] in die Kreislaufmethodik eingeführte Hitzdrahtanemometer. Bisher wurde er vorwiegend dazu verwendet, um die wechselseitige Abhängigkeit von Coronardurchströmung und Herzaktion zu untersuchen. Mit seiner Hilfe sind von HÄUSLER[3] wichtige Befunde über Änderungen des Coronardurchflusses unter dem Einfluß von Amylnitrit, Pituitrin, Adrenalin und Kohlensäure ermittelt worden. Diese Arbeit ist deswegen hervorzuheben, weil sie nicht wie viele andere den summarischen Effekt der verwendeten Drogen auf die Coronardurchströmung untersucht, sondern eine genaue Analyse der an der Herzmuskulatur und jener an der Gefäßbahn hervorgerufenen Veränderungen gibt. Pituitrin bewirkt bei entsprechend niedriger Dosierung eine reine Gefäßverengerung, Amylnitrit eine reine Gefäßerweiterung. Hingegen sind unter Adrenalin zwei Wirkungen zu beobachten. Bei großen Dosen eine die Gefäßbahn erweiternde, die sich vor allem in der Diastole geltend macht, ferner eine von der Dosierung unabhängige, auf die Herzmuskulatur gerichtete, die in einer Verstärkung der Systole besteht. Unter Umständen ist die Gefäßerweiterung durch die gleichzeitige Verstärkung der Kontraktion bzw. durch die damit verbundene erhöhte Kompression der Coronarbahn so sehr verdeckt, daß man mit den bisherigen Methoden gelegentlich nur eine Abnahme der Durchströmung registrierte, während in Wahrheit zwei einander entgegengesetzt wirkende Vorgänge vorlagen. Unter dem Einfluß der Kohlensäure kommt es dagegen nach HÄUSLER zu einer hinsichtlich der Durchströmung gleichgerichteten Veränderung von Herzmuskulatur und Gefäßbahn, insofern die Vasodilatation durch die gleichzeitige Abnahme des Kontraktionsvermögens unterstützt wird. Ausführliche Untersuchungen über die Änderungen der Coronardurchströmung unter dem Einfluß des Adrenalins am gesamten Tier sind ferner von REIN[4] mittels der Thermostromuhr angestellt worden. Sie lassen den Einfluß der Herznerven, vor allem des Vagus, deutlich erkennen.

Von methodischen Arbeiten sei ferner die unabhängig voneinander von E. SCHÜTZ[5] und R. WAGNER[6] durchgeführte Konstruktion einer Drucksonde erwähnt. Es handelt sich um eine katheterartige Sonde, die durch die Vena jugularis bis zum Herzen vorgeschoben werden kann, und die an ihrem Kopf eine Vorrichtung zur Registrierung der Druckschwankungen nach dem Prinzip der elektrischen Transmission von S. GARTEN trägt. Mit ihrer Hilfe sind von R. WAGNER wichtige Untersuchungen über die Beeinflussung des Druckablaufes im rechten Ventrikel durch die Atmung angestellt worden. Ihr hauptsächlicher Vorteil besteht in der Ermöglichung der Druckmessung bei uneröffnetem Thorax. Bei entsprechend empfindlicher Einstellung dürfte sie sich auch zur Messung der Druckschwankungen im linken Vorhof und den benachbarten Hohlvenen eignen, was für manche pharmakologische Untersuchungen von Wichtigkeit ist.

Von neueren Arbeiten, welche die Wirksamkeit von Substanzen auf den Kreislauf behandeln, sei vor allem jene Gruppe hervorgehoben, die in das Grenzgebiet zwischen Pharmakologie und Physiologie fällt: Untersuchungen über die Kreislaufwirkungen körpereigener Substanzen.

Das hinsichtlich seines Einflusses auf die Gefäße bereits ausführlich untersuchte Hormon des Hypophysenhinterlappens, welches nach Untersuchungen von ABEL und Mitarbeitern[7] einen einheitlichen Körper darzustellen schien,

[1] BROEMSER, PH.: Z. Biol. **88**, 264 (1928).

[2] ANREP, G. V., E. W. H. CRUICKSHANK, A. C. DOWNING u. A. SUBBA RAU: Heart **14**, 111 (1927). — ANREP, G. V., u. R. S. STACEY: J. of Physiol. **64**, 187 (1927). — ANREP, G. V., u. H. HÄUSLER: Ebenda **65**, 357 (1928); **67**, 299 (1929). — DAVIS, J. C., T. S. LITTLER u. E. VOLHARD: Naunyn-Schmiedebergs Arch. **163**, 311 (1931). — ANREP, G. V., J. C. DAVIS u. E. VOLHARD: J. of Physiol. **73**, 405 (1931). — RÖSSLER, R., u. W. PASCUAL: Ebenda **74**, 1 (1932).

[3] HÄUSLER, H.: J. of Physiol. **68**, 324 (1929).

[4] REIN, H.: Verh. dtsch. Ges. inn. Med. Wiesbaden **1931** — Z. Biol. **92**, 101 (1931); **92**, 115 (1931).

[5] SCHÜTZ, E.: Z. Biol. **91**, 515 (1931).

[6] WAGNER, R.: Z. Biol. **92**, 54 (1931).

[7] ABEL, J. J., u. CH. A. ROUILLER: J. of Pharmacol. **20**, 65 (1922). — ABEL, J. J., CH. A. ROUILLER u. E. M. K. GEILING: Ebenda **22**, 289 (1923).

erweist sich nach den Arbeiten von Kamm, Aldrich und Mitarbeitern[1] nicht als solcher. Diesen Autoren gelang nämlich die Trennung zweier Körper, von denen der eine (Oxytocin) nur die Uteruswirksamkeit aufweist, während der andere die Fähigkeit besitzt, den Blutdruck zu steigern und den Darm zu vermehrter Kontraktion anzuregen (Vasopressin). Damit ist die ältere von Abel[2] vertretene Anschauung, wonach beide Wirkungen ein und derselben Substanz zuzuschreiben wären, widerlegt, wenn auch damit nicht die Möglichkeit ausgeschlossen erscheint, daß beide Körper Bruchstücke eines größeren Komplexes sind (Abel[3]). Auffallend ist nämlich die Tatsache, daß die quantitativen Beziehungen zwischen blutdruckwirksamer und uteruserregender Substanz in der Hypophyse nahezu immer konstant gefunden werden.

Einen weiteren Ausbau hat die Erkenntnis über das Vorkommen und die Kreislaufwirksamkeit des Histamins erfahren. Neuere zusammenfassende Darstellungen sind von Dale[4], Best und McHenry[5], Küpper[6], Feldberg und Schilf[7] gegeben worden. Besonders hervorzuheben sind die Versuche von Sir Thomas Lewis[8], der in hohem Grade wahrscheinlich machte, daß die durch mechanische, chemische oder thermische Einwirkungen an der Haut zu beobachtenden Veränderungen vasculärer Natur nicht die unmittelbare Folge dieser Eingriffe sind, sondern auf der Bildung eines dem Histamin hinsichtlich seiner Einwirkung auf Arteriolen, Capillaren und Venolen außerordentlich nahestehenden Stoffes beruhen. In gewissem Sinn gehört hierher auch die Frage nach der chemischen Natur der bei schweren Körperverletzungen auftretenden, in unmittelbarer Beziehung zum Kreislaufkollaps stehenden, dilatatorisch wirkenden Stoffen. Nach Untersuchungen von Riehl jun.[9] ist bei Verbrühungen der Gehalt des Blutes an cholinähnlichen Stoffen erhöht, desgleichen nach Untersuchungen von Loos[10] der Gehalt verbrühter Kaninchenohren an histaminähnlichen Körpern. Damit ist aber die Zahl der hierher gehörigen Befunde keineswegs erschöpft.

Eine hinsichtlich ihrer Kreislaufwirksamkeit bisher vollkommen unbekannte Gruppe von Körpern stellen die nahezu in allen tierischen Geweben, vorwiegend aber in der Skelet- und Herzmuskulatur vorkommenden Nucleotide dar. Es sind dies die Adenosinmonophosphorsäure (Adenylsäure), die Adenosintriphosphorsäure (Adenylpyrophosphorsäure) sowie das sich durch Phosphorsäureabspaltung aus ihnen ergebende, hinsichtlich des Einflusses auf den Kreislauf sogar stärker wirkende Adenosin. Ihr Vorhandensein in der Skeletmuskulatur ist von Embden und Zimmermann[11], ihre Kreislaufwirksamkeit zum erstenmal von Drury und Szent-Györgyi[12] erkannt worden. Auf sie ist nach Zipf und Mitarbeitern[13] die vasomotorische Wirkung der sog. „Blutfrühgifte" (Freund)

[1] Kamm, O., T. B. Aldrich, I. W. Grote, L. W. Rowe u. E. P. Bugbee: J. amer. chem. Soc. **50**, 573 (1928).

[2] Vgl. S. 194, Fußnote 7. [3] Abel, J. J.: J. of Pharmacol. **40**, 139 (1930).

[4] Dale, H. H.: Croonian lectures. Lancet **1929 I**, 1179, 1233, 1285.

[5] Best, C. H., u. E. W. McHenry: Physiologic. Rev. (Baltimore) **11** (1931).

[6] Küpper, A.: Erg. Physiol. **30**, 153 (1930).

[7] Feldberg, W., u. E. Schilf: Histamin. Monographien Physiol. **20**. Berlin: Julius Springer 1930.

[8] Lewis, Th.: Die Blutgefäße der menschl. Haut und ihr Verhalten gegen Reize. Autorisierte Übersetzung von E. Schilf. Berlin: S. Karger 1928.

[9] Riehl, G.: Naunyn-Schmiedebergs Arch. **135**, 369 (1928).

[10] Loos, H. O.: Arch. f. Dermat. **164**, 199 (1931).

[11] Embden, G., u. M. Zimmermann: Hoppe-Seylers Z. **167**, 137 (1927).

[12] Drury, A. N., u. A. Szent-Györgyi: J. of Physiol. **67**, XIV, XXXV (1929); **68**, 213 (1929).

[13] Zipf, K., u. E. Wagenfeld: Naunyn-Schmiedebergs Arch. **150**, 70, 91 (1930). — Haake, E.: Ebenda **150**, 119 (1930). — Zipf, K.: Ebenda **160**, 579 (1931).

zurückzuführen. Von besonderer Bedeutung wurde diese Kategorie von Körpern, als sich in Untersuchungen von DRURY und SZENT-GYÖRGYI, RIGLER und SCHAUMANN[1], WEDD[2], LINDNER und RIGLER[3], BENNET und DRURY[4] ihre elektiv coronargefäßerweiternde Wirkung nachweisen ließ. Adenosin vermag bereits in der Verdünnung 1 : 5 Millionen am Langendorff-Herzen ausgesprochen coronargefäßerweiternd zu wirken. Nach eigenen Untersuchungen (RIGLER[5]) erstreckt sich die coronargefäßerweiternde Wirkung des Adenosins und der Adenosinphosphorsäuren auf sämtliche bisher untersuchte Tiergattungen: Schildkröte, Haushuhn, Maus, Ratte, Meerschweinchen, Igel, Kaninchen, Katze, Hund, Schwein, Affe. Bei den Herzen der größeren Tiere war, sofern es sich um Versuche am isolierten Organ handelte, eine im Höchster pharmakologischen Laboratorium ausgearbeitete Methode, das Vorhofkammerkreislaufpräparat[6], verwendet worden. Der Vorzug dieser Methode vor dem Langendorffschen Herzpräparat liegt in dem Bestehen eines vom Herzen selbst in Gang gehaltenen Kreislaufes, so daß Schlag- und Minutenvolumen, Höhe des venösen Einstromdruckes wie beim Starlingherzen, zugleich aber auch die gesamte durch die Coronargefäße fließende Flüssigkeitsmenge bestimmt werden kann. Diese von der Tierart unabhängige, generelle Wirkung des Adeninribosids bzw. der entsprechenden Phosphorsäureverbindungen, die von keinem sonst bekannten körpereigenen Stoff, nicht von Histamin und auch nicht von Adrenalin geteilt wird, macht es wahrscheinlich, daß die Adenosinphosphorsäuren physiologische Regulatoren der Coronardurchströmung und der Durchblutungsgröße des Skeletmuskels sind, dies um so mehr, als ihre Beteiligung bei der Muskelkontraktion heute bereits einwandfrei feststeht. Nach der Vorstellung von DRURY und SZENT-GYÖRGYI[7] ist ihre Wirkung auf die fermentative Abspaltung von Ammoniak zurückzuführen. Neuere Untersuchungen von MILLER, SMITH und GRABER[8], ferner von RIGLER[9] am überlebenden *isolierten* Kaninchenherzen, so daß dem Einwand einer allfälligen Beteiligung von nervösen Reflexmechanismen begegnet werden kann, haben ergeben, daß jede bedeutende Frequenzsteigerung von einer Zunahme der Durchströmung gefolgt ist. Sofern die chemischen Veränderungen während der Kontraktion im Herzmuskel dieselben wie im Skeletmuskel sind, wäre es eine gut vertretbare Vorstellung, daß die hierbei vor sich gehenden Veränderungen im Adenosinphosphorsäurekomplex die Ursache für die nachfolgende Erweiterung der Capillaren des Herzens sind. Von den möglichen Veränderungen im Adenosintriphosphorsäurekomplex käme zunächst die Abspaltung von Ammoniumionen in Betracht. Nach P. TRENDELENBURG[10] wirken Ammoniumionen an den Gefäßen überlebender Säugetiere stark erweiternd, außerdem ist die Abgabe von Ammoniumionen von seiten des Herzens durch die Untersuchungen von PARNAS und OSTERN[11], CLARK und Mitarbeitern[12] sichergestellt. Es scheint aber doch, daß nicht dieser Vorgang, sondern bereits ein weiter zurückliegender, nämlich

[1] RIGLER, R., u. O. SCHAUMANN: Klin. Wschr. **1930**, Nr 37.

[2] WEDD, A. M.: J. of Pharmacol. **41**, 355 (1931).

[3] LINDER, F., u. R. RIGLER: Pflügers Arch. **226**, 697 (1931).

[4] BENNET, D. W., u. A. N. DRURY: J. of Physiol. **72**, 288 (1931).

[5] RIGLER, R.: Verh. dtsch. Ges. inn. Med. Wiesbaden **1932**.

[6] RIGLER, R.: Naunyn-Schmiedebergs Arch. **163**, 295 (1931).

[7] DRURY, A. N., u. A. SZENT-GYÖRGYI: J. of Physiol. **68**, 213 (1929).

[8] MILLER, G. H., F. M. SMITH u. V. C. GRABER: Amer. J. Physiol. **81**, 501 (1927) — (Proc. Amer. Physiol. Soc.) — Amer. Heart J. **2**, 479 (1927).

[9] RIGLER, R.: Verh. dtsch. Ges. inn. Med. Wiesbaden **1932**.

[10] TRENDELENBURG, P.: Handb. d. exper. Pharmakol. **1**, 488. Berlin: Julius Springer 1923.

[11] PARNAS, J. K., u. P. OSTERN: Biochem. Z. **234**, 307 (1931).

[12] CLARK, A. J., R. GADDIE u. C. P. STEWART: J. of Physiol. **72**, 443 (1931).

die Abspaltung der Adenosintriphosphorsäure im Kontraktionsmoment aus einem höheren, Apyrogen genannten Komplex (Rigler) die engere Ursache der Capillarisierung darstellt.

Auf Grund der bisherigen Darstellung ergibt sich eine ungezwungene Erklärung für die mit der Erhöhung der Herzfrequenz einhergehende Durchströmungszunahme der Coronargefäße. Daß diese Abhängigkeit nicht unter allen Umständen in Erscheinung tritt, ergibt sich aus dem Umstand, daß mit jeder Erhöhung der Pulszahl zugleich die Dauer des systolischen Verschlusses der Coronarbahn in der Zeiteinheit anwächst.

Auf die Möglichkeit der Gefäßerweiterung im Herzmuskel durch Stoffwechselprodukte der abgelaufenen Systole wurde bereits von Hochrein, Keller und Mancke[1] hingewiesen. Ein Teil der Wirkung von in der Klinik verwendeten Organpräparaten, wie beispielsweise des Lacarnols, das auf einen bestimmten Adenosingehalt eingestellt ist, wird durch das eben Angeführte erklärlich.

Von Bennet und Drury[2] wurde ferner die dilatierende Wirkung des Adenosins und der Adenosinphosphorsäuren auf die Gefäße der Hundeextremitäten und des Kaninchenohres nachgewiesen. Die Lungengefäße sollen durch hohe Adenosinkonzentrationen eine unbedeutende Verengerung erfahren.

Eine eigenartige Rolle spielen in der Literatur der letzten Jahre die sog. Herz- oder Kreislaufhormone. Hier sollen sie nur so weit berührt werden, als in ihrer Wirkung vasomotorische Phänomene hervortreten. So wurde von Frey und Kraut[3] ein Kreislaufhormon „Kallikrein (Padutin)" beschrieben, für dessen Hormoncharakter Frey verschiedentlich eingetreten ist und das in der Literatur wegen seiner vasodilatatorischen Wirkung als Suprareninantagonist bezeichnet wurde. Als Quellgebiet des Hormons sieht Frey das Pankreas an. Von hier gelangt es in aktiver Form in die Blutbahn, wo es dann durch Anlagerung eines Inaktivators größtenteils inaktiviert wird. Im Urin erscheint es wieder in aktiver Form. Auf das Verhältnis von aktivem zu inaktivem Anteil scheint die Wasserstoffionenkonzentration bestimmenden Einfluß zu haben. Bei Zunahme der sauren Reaktion wird ein entsprechender Anteil des inaktiven Stoffes reaktiviert. Nach der Meinung von Frey und Kraut spielt das Hormon eine wesentliche Rolle beim Zustandekommen der reaktiven Hyperämie.

Die chemische Zusammensetzung des Padutins ist noch nicht bekannt, doch steht fest, daß es sich chemisch und pharmakologisch von den kreislaufaktiven Stoffen Histamin, Cholin, Acetylcholin und Adenylsäure unterscheidet. Temperaturen von über 40°, Einwirkung von Säuren und Basen vernichten seine Wirksamkeit. Seine hauptsächlichste Wirkung ist die Erweiterung der kleinsten peripheren Gefäße, insbesondere der Haut und der Muskulatur. Auch die Coronargefäße einzelner Tiergattungen sowie die Gefäße der Lungen und des Gehirns werden durch Padutin erweitert. Durch die gefäßerweiternde Wirkung des Padutins wird der arterielle Strömungswiderstand verringert, die Auswurfmenge des Herzens vermehrt, das Minutenvolumen größer, die Blutströmung rascher, der Blutdruck sinkt. Die biologische Standardisierung des Stoffes erfolgt im Blutdruckversuch am Hund. Als eine Einheit wird diejenige Menge bezeichnet, die an der mittels des Frank-Petterschen Manometers geschriebenen Carotis-

---

[1] Hochrein, M., J. Keller u. R. Mancke: Naunyn-Schmiedebergs Arch. **151**, 146 (1930).

[2] Bennet, D. W., u. A. N. Drury: J. of Physiol. **72**, 288 (1931).

[3] Frey, E. K., u. H. Kraut: Hoppe-Seylers Z. **157**, 32 (1926). — Kraut, H., E. K. Frey u. E. Bauer: Ebenda **175**, 97 (1928). — Frey, E. K., u. H. Kraut: Naunyn-Schmiedebergs Arch. **133**, 1 (1928). — Kraut, H., E. K. Frey u. E. Werle: Hoppe-Seylers Z. **189**, 97 (1930). — Frey, E. K., H. Kraut u. F. Schultz: Naunyn-Schmiedebergs Arch. **158**, 334 (1930). — Kraut, H., E. K. Frey u. E. Werle: Hoppe-Seylers Z. **192**, 1 (1930).

druckkurve eines mittelgroßen Hundes die Amplitude im Durchschnitt von sehr vielen Messungen um das 1,6fache steigert und den mittleren Blutdruck um etwa 40% senkt. Diese recht erhebliche Wirkung wird im Durchschnitt von 5 ccm menschlichem Harn und ebenso durch 0,00004 g des Kallikreinpräparates hervorgerufen. In 1 ccm menschlichen Blutes finden sich 2 Einheiten inaktives Kallikrein. Die menschlichen Nieren scheiden im Tag etwa 300 aktive Einheiten dieses außerordentlich wirksamen Stoffes aus, also etwa 3% der im Blute vorhandenen Kallikreinmenge. Die Giftbreite des Padutins ist eine sehr große. Das 100fache einer stark wirksamen Einzeldosis bewirkt beim Tier nur eine vorübergehende Depression.

Weitere aus Organen gewonnene blutdrucksenkende Substanzen, die nicht mit Histamin, Cholin oder Adenylsäure identisch sind, wurden von EULER und GADDUM[1], MAJOR[2], FELIX und v. PUTZER-REYBEGG[3] beschrieben. Die pharmakologische Prüfung des von FELIX und v. PUTZER-REYBEGG isolierten Körpers erfolgte durch LANGE[4]. Wieweit diese Stoffe untereinander verwandt sind, ferner ob ihnen eine physiologische Bedeutung zukommt, steht noch nicht fest.

Blutdrucksteigernde Substanzen, die mit Vasopressin oder Adrenalin nicht identisch sind, konnte COLLIP[5] aus verschiedenen Geweben extrahieren. Über ihre chemische Natur ist man noch in Unkenntnis.

Mit dieser Darstellung sollen die großen Richtlinien wiedergegeben werden, die in den Arbeiten der letzten Jahre sowohl methodischen wie pharmakologischen Inhalts zu erkennen waren. Zahlreiche andere Untersuchungen beschäftigen sich zum Teil mit einer sorgfältigen Nachprüfung von bereits Bekanntem. Sie sind hier aus Platzmangel nicht angeführt worden.

Bd. VII, 2.

Das Schlagvolumen und das Zeitvolumen einer Herzabteilung

(S. 1161—1204).

(Ergänzung der gleichnamigen Arbeit von Professor B. KISCH.)

Von

H. MIES – Köln.

Neuere Verfahren zur Bestimmung von Schlag- und Zeitvolumen.

1925 wurde von HENDERSON und HAGGARD[6] ein neues gasanalytisches Verfahren zur Bestimmung des Schlagvolumens vorgeschlagen; als Testgas diente dabei Jodäthyl. Das Verfahren fand zunächst wegen seiner Einfachheit großen Anklang. Bei exakter Nachprüfung stellte sich jedoch heraus, daß sowohl das Prinzip wie auch Einzelheiten in der

¹ EULER, U. S. v., u. J. H. GADDUM: J. of Physiol. **72**, 74 (1931).
² MAJOR, R. H.: Amer. J. med. Sci. **183**, 81 (1932).
³ FELIX, K., u. A. v. PUTZER-REYBEGG: Naunyn-Schmiedebergs Arch. **164**, 402 (1932).
⁴ LANGE, F.: Naunyn-Schmiedebergs Arch. **164**, 417 (1932).
⁵ COLLIP, J. B.: Trans. roy. Soc. Canada V. Biol. Sci. **22**, 181 (1928) — J. of Physiol. **66**, 416 (1928) — Amer. J. Physiol. **85**, 360 (1928).
⁶ HENDERSON, Y., u. H. W. HAGGARD: J. of Physiol. **59**, 71 (1925) — Amer. J. Physiol. **73**, 193 (1925).

Durchführung der Methode große Fehler aufwiesen. Zunächst ergaben zahlreiche Kontrollversuche, daß der Verteilungskoeffizient, den Henderson und Haggard mit 2 angaben, sicher zu niedrig ist[1] und außerdem stark mit der Temperatur schwankt[2]. Weiterhin konnte gezeigt werden, daß das Jodäthyl nicht innerhalb eines Kreislaufes zerstört wird, sondern im venösen Blute nachzuweisen ist in einer Menge, die von der jeweiligen Versuchsdauer abhängt. Somit ist die von Henderson und Haggard aufgestellte Formel falsch. Außerdem wurde noch festgestellt, daß auch die vorgeschlagene Apparatur verschiedene Fehlerquellen in sich birgt, da Äthyljodid sowohl von Wasser wie von Gummi in erheblicher Menge absorbiert wird[3]. Barcroft[4] wandte seine Kritik gegen die angegebene Methode der automatischen Alveolarluftentnahme. Er zeigte, daß der Jodäthylgehalt der so entnommenen Alveolarluft keineswegs als Durchschnittskonzentration in der Lunge angenommen werden darf, daß vielmehr dabei Fehler über 30% unterlaufen können. Eine Zusammenfassung der ganzen Kritik der Jodäthylmethode gaben Lindhard[5] und Christensen[6]. Durch die mannigfachen Abänderungsvorschläge zu der Methode werden deren prinzipielle Mängel entweder nicht beseitigt oder aber die Ausführung wird derart schwierig, daß sie kaum praktische Anwendung finden kann. In einzelnen Arbeiten wurde die Jodäthylmethode trotzdem empfohlen. Die Beurteilung der Methode richtete sich in diesen zum Teil kritiklosen Arbeiten nur nach den ermittelten Werten für das Schlagvolumen. Daß trotz der Unzulänglichkeit der Methode annähernd richtige Werte erzielt werden konnten, beruht wohl auf der Zufälligkeit, daß sich einzelne Fehler aufheben können.

Die von Marshall und Grollmann[7] vorgeschlagene Äthylenmethode ist eine Modifikation des Krogh-Lindhardschen Verfahrens. Statt des N_2O wird C_2H_4 benutzt. Einen wesentlichen Fortschritt bedeutet diese neue Methode jedoch nicht, da die Bestimmung des Äthylen weit schwieriger ist als die N_2O-Analyse; außerdem liegt der Absorptionskoeffizient sehr niedrig, bei 0,123; die Analysengenauigkeit muß also auf ein Maximum gesteigert werden. Ein großer Vorteil der Methode ist, daß während der Bestimmung ein Anhalten der Atmung vermieden wird; damit fällt diese Behinderung der Versuchsperson weg.

Die Acetylenmethode von Grollmann[8] wird mit der gleichen Technik durchgeführt wie die vorhin aufgeführte Äthylenmethode. Gegenüber dieser hat sie aber mehrere wesentliche Vorzüge. Zunächst hat Acetylen einen sehr hohen Absorptionskoeffizienten von 0,740, der also erheblich höher ist als der der Kohlensäure. Dadurch kann sehr rasch eine Sättigung des Lungengewebes mit Acetylen erzielt werden. Sodann läßt sich dieses Gas in einer Konzentration bis zu 20% verwenden. Endlich kann Acetylen mittels Absorptionsanalyse bestimmt werden, die viel schwierigeren Verbrennungsanalysen fallen weg. Der einzige Nachteil des Acetylen — der unangenehme Geruch — läßt sich mit geeigneter Methode vermeiden.

An Apparaten sind zu dieser Methode erforderlich: Ein Gummisack mit Dreiwegehahn, zwei Rezipienten zur Aufnahme der Luftproben und ein Gasanalyseapparat mit drei Absorptionspipetten. Zur Vermeidung des schädlichen Raumes wird die Größe des Gummisackes zweckmäßig der Größe des Atemvolumens der Versuchsperson angepaßt. Bei der Gasanalyse wird zuerst CO_2 in konzentrierter KOH absorbiert, dann Acetylen in einer Lösung von 20 g Mercuricyanid $+$ 8 g NaOH in 100 ccm H_2O und endlich O_2 in einer Lösung von β-antrachinonmonosulphonsaurem Natron.

Eine ganze Analyse erfordert kaum eine Viertelstunde, ein vollständiger Kreislaufversuch knapp 30 Minuten. Somit dürfte diese Methode, nicht zuletzt wegen ihrer Einfachheit, die zur Zeit bestgeeignete sein. Eine Einschränkung muß aber gemacht werden, daß die Methode nur bis zu einem Wert des Minutenvolumens von 10 l anwendbar ist[9]. Unter gewissen Voraussetzungen soll sie aber auch bei größerem Minutenvolumen noch richtige Werte liefern[10].

[1] Davies, Whitridge u. B. A. MacSwiney: Brit. med. J. **1927**, 863. — Moore, J. W., W. F. Hamilton u. J. M. Kinsmann: J. amer. med. Assoc. **87**, 817 (1926). — Starr, J., u. C. J. Gamble: J. of biol. Chem. **71**, 509 (1927) — Amer. J. Physiol. **87**, 450, 474 (1929). — Wright, S., u. M. Kremer: J. of Physiol. **64**, 107 (1927). — Lehmann, G.: Arb.physiol. **1**, 114, 595 (1928).

[2] Starr, J., u. C. J. Gamble: Zitiert unter Fußnote 1.

[3] Lehmann, G.: Zitiert unter Fußnote 1.

[4] Barcroft, H.: J. of Physiol. **63**, 162 (1927).

[5] Lindhard, J.: Verh. dtsch. Ges. Kreislaufforsch. Dresden **1930**, 85.

[6] Christensen, E. H.: Arb.physiol. **4**, 175 (1931).

[7] Marshall, E. K., u. A. Grollmann: Amer. J. Physiol. **86**, 117 (1928).

[8] Grollmann, A.: Amer. J. Physiol. **88**, 3 (1929).

[9] Baumann, H., u. A. Grollmann: Z. klin. Med. **115**, 41 (1930).

[10] Bansi, H. W., u. G. Groscurth: Z. exper. Med. **77**, 631 (1931).

Das FICKsche Prinzip wurde mit geringen Änderungen mehrfach am Menschen angewandt. Der von LAUTER und BAUMANN[1], HOCHREIN[2] sowie EWIG und HINSBERG[3] durchgeführten Blutentnahme aus dem rechten Herzen stehen jedoch beim Menschen so große Bedenken entgegen[4], daß eine weitere Durchführung nicht in Frage kommt.

EWIG und HINSBERG[3] gehen nach dem FICKschen Prinzip vor, doch benutzen sie statt der O_2- die CO_2-Differenzen. Die an und für sich sehr umständliche Methode wurde von ihnen so ausgebaut, daß sie auch in Arbeitsversuchen verwendbar ist. Ein prinzipieller Nachteil der Methode aber liegt darin, daß der CO_2-Gehalt Schwankungen mit den Änderungen der Ventilationsgröße aufweist. Dieser Fehler läßt sich in Ruheversuchen leichter, bei Bestimmungen während der Arbeit nur sehr schwer vermeiden.

Die von KROETZ[5] angegebene Modifikation des FICKschen Prinzips lieferte wohl recht genaue Werte, war aber zu umständlich — eine Bestimmung dauerte $2^1/_2$—3 Stunden. Die Methode ist daher von KROETZ selbst wieder aufgegeben worden[6].

Die BROEMSERsche Methode ist an und für sich ein ideales Verfahren zur Bestimmung des Schlagvolumens, das vor allem wiederholte Messungen innerhalb kürzester Zeit erlaubt. Ihre Anwendung beim Menschen stößt aber auf große Schwierigkeiten, da es kaum gelingt, hier den Aortendurchmesser exakt zu bestimmen.

Auch mit Hilfe der REINschen Stromuhr wurde das Minutenvolumen gemessen[7]. Sicher ist das Verfahren dazu geeignet, in blutigen Versuchen wertvolle Aufschlüsse über das Zeitvolumen zu liefern.

Verhalten des Schlag- und Zeitvolumens unter normalen und abnormen Bedingungen.

Bei gesunden Versuchspersonen fand GROLLMANN[8] folgende Werte für das Minutenvolumen: bei Männern 3,2—4,6 l, bei Frauen 2,68—3,8 l. EWIG und HINSBERG[9] fanden an Kreislaufgesunden ein mittleres Schlagvolumen von 66 ccm bei einem Minutenvolumen von 4,3 l. Bei einzelnen Versuchspersonen verfolgte GROLLMANN[10] die Größe des Minutenvolumens über $1^1/_2$ Jahr, natürlich stets unter den gleichen Ruhebedingungen. Die Schwankungen waren kleiner als 10%, irgendwelche Saisonschwankungen konnten nicht beobachtet werden. Nach Nahrungsaufnahme fand ebenfalls GROLLMANN[11] eine Steigerung um 0,5—2 l. Die Steigerung hielt sich für 1—3 Stunden konstant, erst nach 4—5 Stunden wurde der Ausgangswert wieder erreicht. Bei der Aufnahme größerer Wassermengen (1—1,5 l) konnte nur in einigen Fällen ein Ansteigen des Minutenvolumens um 12—15% festgestellt werden; regelmäßiger war dagegen die Steigerung nach Aufnahme von Salzlösungen[12]. Über den Einfluß der Umgebungstemperatur stellte GROLLMANN[13] fest, daß innerhalb einer Temperatur von 0—28° das Schlagvolumen konstant bleibt; erst bei höherer Außentemperatur trat eine Zunahme ein.

Bezüglich des Einflusses der Körperhaltung auf das Schlagvolumen finden sich auch in den neueren Arbeiten Widersprüche. GROLLMANN[14] beobachtete im Sitzen, Liegen und Stehen lediglich Unterschiede, die innerhalb der Fehlergrenze seiner Methode lagen. Er führt die entgegengesetzten Ergebnisse früherer Unter-

[1] LAUTER, S.: Münch. med. Wschr. **1930**, 526, 593. — BAUMANN, H.: Verh. dtsch. Ges. Kreislaufforsch. Dresden **1930**, 124.

[2] HOCHREIN, M.: Verh. dtsch. Ges. Kreislaufforsch. Dresden **1930**, 121.

[3] EWIG, W., u. K. HINSBERG: Z. klin. Med. **115**, 677 (1931).

[4] KISCH, B.: Verh. dtsch. Ges. Kreislaufforsch. Dresden **1930**, 125.

[5] KROETZ, CHR.: Zbl. inn. Med. **15**, 275 (1930).

[6] KROETZ, CHR.: Klin. Wschr. **1930**, 966.

[7] REIN, H.: Verh. dtsch. Ges. inn. Med. Wiesbaden **1931**, 247 — Z. Biol. **92**, 101, 115 (1931).

[8] GROLLMANN: Zitiert auf S. 199.

[9] EWIG, W., u. K. HINSBERG: Z. klin. Med. **115**, 693 (1931).

[10] GROLLMANN, A.: Amer. J. Physiol. **93**, 536 (1930).

[11] GROLLMANN, A.: Amer. J. Physiol. **89**, 366 (1929).

[12] GROLLMANN, A.: Amer. J. Physiol. **89**, 157 (1929).

[13] GROLLMANN, A.: Amer. J. Physiol. **95**, 263 (1930).

[14] GROLLMANN, A.: Amer. J. Physiol. **86**, 285 (1928).

suchungen auf die durch den Stellungswechsel bedingten Änderungen der Atmung zurück. Zu gleichen Versuchsergebnissen kam Lemort[1]. Turner[2] dagegen ermittelte nach der Methode von Field-Bock bei gesunden jungen Frauen im Liegen ein Minutenvolumen von 6,26 l, im Sitzen von 5,59 l, im Stehen von 4,77 l. Die Pulsfrequenz war im Sitzen größer als im Liegen, im Stehen größer als im Sitzen. Demnach müßte das Schlagvolumen am kleinsten im Stehen sein.

Bei Arbeitsleistung am Kroghschen Fahrradergometer fand Christensen[3] mit der Acetylenmethode in allen Versuchen eine größere O_2-Aufnahme pro Liter Blut als in der Ruhe. Das Minutenvolumen änderte sich gleichsinnig mit der Änderung des O_2-Verbrauches. Das Schlagvolumen war in allen Versuchen während der Arbeit größer als in der Ruhe. Grollmann[4] beobachtete ebenfalls bei kräftiger Muskelbewegung eine Zunahme des Schlagvolumens, sah aber keine Parallelität zwischen O_2-Verbrauch und Zunahme des Schlagvolumens.

Von besonderem Interesse sind noch die Untersuchungen über den Einfluß des Höhenklimas auf das Minutenvolumen. Grollmann[5] beobachtete eine langsame Zunahme des Minutenvolumens im Höhenklima (Pik Peak, Colorado). Nach 5 Tagen wurde ein Wert erreicht, der 40% über dem Wert in Seehöhe lag. Ewig und Hinsberg[6] fanden in ihren Untersuchungen auf dem Jungfraujoch bereits am Tage nach der Ankunft eine Erhöhung des Minutenvolumens zwischen 14 und 45%. Auch das Schlagvolumen war erhöht trotz der Steigerung der Herzschlagzahl. Bei längerem Aufenthalte im Hochgebirge sank das Minutenvolumen wieder deutlich ab.

Am Kaninchen sah Kato[7] (Ficksches Prinzip) eine erhebliche Abnahme des Schlag- und des Zeitvolumens bei einem Überdruck von 14 cm H_2O. Bei einer Steigerung der CO_2-Konzentration in der Respirationsluft bis zu 6% fand Grollmann[8] keine Änderung der Zirkulationsgröße. Erst bei höherer Konzentration stiegen Blutdruck, Pulszahl und Schlagvolumen.

An einem sehr großen Material verfolgte Windfeld[9] die Änderungen des Minutenvolumens während der Gravidität. Von der 18. Woche an stellte er eine stetige Zunahme fest. Die Rückkehr zur Norm ging nur sehr langsam vor sich, teilweise war das Minutenvolumen noch 2 Monate post partum erhöht.

Die Frage nach der Größe des Schlag- und Zeitvolumens beim arteriellen Hochdruck hat eine wiederholte Bearbeitung gefunden, ohne aber bisher restlos geklärt zu sein. Heymans und seine Mitarbeiter[10] sahen in akuten Versuchen an Hunden bei arterieller Drucksteigerung infolge Ausschaltung der Carotissinusnerven eine enorme Steigerung des Minutenvolumens, z. B. von 1,18 auf 31,0 l. Mit Recht führten sie dies Ergebnis auf ein Versagen der Anwendungsfähigkeit der Methode zurück. Denn bei direkter Kardiometrie nach Henderson und Rothberger fanden sie eine Abnahme des Zeitvolumens. In Einklang stehen damit auch die früheren Versuchsergebnisse von Mies[11]. An Kaninchen beobachtete Mies bei chronischem arteriellen Hochdruck infolge Dauerausschal-

[1] Lemort, A.: C. r. Soc. Biol. Paris **106**, 486 (1931).
[2] Turner, A. H.: Amer. J. Physiol. **80**, 601 (1927).
[3] Christensen, E. H.: Arb.physiol. **4**, 470 (1931).
[4] Grollmann, A.: Amer. J. Physiol. **96**, 8 (1931).
[5] Grollmann, A.: Amer. J. Physiol. **93**, 19 (1930).
[6] Ewig, W., u. K. Hinsberg: Z. klin. Med. **115**, 732 (1931).
[7] Kato, K.: Tohoku J. exper. Med. **16**, 189 (1930).
[8] Grollmann, A.: Amer. J. Physiol. **94**, 287 (1930).
[9] Windfeld, P.: Acta obstetr. scand. (Stockh.) **10**, 182 (1930).
[10] Heymans, C., J. J. Bouckaert u. L. Dautrebande: Arch. internat. Pharmacodynamie **40**, 320 (1931).
[11] Mies, H.: Verh. dtsch. Ges. Kreislaufforsch. Dresden **1930**, 19 — Z. klin. Med. **120** (1932).

tung aller Blutdruckzügler eine Abnahme der zirkulierenden Blutmenge; ein Befund, der von HEYMANS und seinen Mitarbeitern bestätigt wurde. Auf diese Beziehung zwischen Zeitvolumen des Herzens und Menge des zirkulierenden Blutes beim arteriellen Hochdruck ist bisher noch nicht genügend geachtet worden. Und doch verspricht die Bestimmung dieser beiden Größen tiefere Einblicke in die geänderten Kreislaufverhältnisse. Ob und inwieweit es sich bei den Änderungen des Schlag- und Zeitvolumens um eine Irradiation autonomer Reflexe handelt, läßt sich noch nicht sagen. Jedenfalls ist diese Frage so naheliegend, daß sie dringend der experimentellen Untersuchung bedarf[1]. Die Untersuchungen von LAUTER[2] sind wegen ihrer Unvollständigkeit abzulehnen.

KROETZ[3] fand bei kreislaufgesunden Hypertonikern das Minutenvolumen normal oder an der unteren Grenze der Norm. Mit schwerer Dekompensation änderte sich das Minutenvolumen nur wenig. EWIG und HINSBERG[4] stellten bei kompensierten Hypertonien in der Mehrzahl der Fälle eine Verminderung des Minutenvolumens fest. Hinsichtlich des Schlagvolumens beobachteten sie eine um so größere Abnahme, je höher der Blutdruck war. Damit stimmen diese klinischen Untersuchungen im wesentlichen mit den tierexperimentellen Beobachtungen überein. Das Verhalten der zirkulierenden Blutmenge war jedoch in den Untersuchungen von EWIG und HINSBERG nicht einheitlich.

Endlich ist in letzter Zeit noch mehrfach die Beurteilung der Windkesselfunktion der Arterien aus der Blutdruckamplitude und dem Schlagvolumen des Herzens erörtert worden. Die mathematische Formulierung der Beziehung dieser Größen untereinander geht auf FRANK[5] zurück. Nach den Untersuchungen von BROEMSER und RANKE[6] ist der Volumelastizitätsmodul das Maß, an dem die Windkesselfunktion geprüft werden kann. Der Volumelastizitätsmodul läßt sich berechnen, wenn Blutdruckamplitude, Schlagvolumen, Dauer des einzelnen Pulses und die Dauer der Diastole bekannt sind. Nach den Untersuchungen von GABBE[7] läßt sich bisher jedoch nur eines mit ziemlicher Sicherheit sagen, daß auf eine verminderte Windkesselfunktion nur dann geschlossen werden darf, wenn bei einer vergrößerten Blutdruckamplitude das Schlagvolumen normal oder vermindert ist. Insgesamt sind diese Untersuchungen so wichtig, daß eine weitere experimentelle und klinische Untersuchung notwendig erscheint.

---

[1] KISCH, B.: Z. exper. Med. **50**, 218 (1926); **52**, 499 (1926) — Verh. dtsch. Ges. Kreislaufforsch. **1931**, 131.

[2] LAUTER, S.: Z. Kreislaufforsch. **22**, 544 (1930). — Siehe auch E. KOCH: Die reflektorische Selbststeuerung des Kreislaufes, S. 143. Dresden 1931.

[3] KROETZ, CHR.: Klin. Wschr. **1930**, 966.

[4] EWIG, W., u. K. HINSBERG: Z. klin. Med. **115**, 693 (1931).

[5] FRANK, O.: Z. Biol. **90**, 405 (1930).

[6] BROEMSER, PH., u. F. RANKE: Z. Biol. **90**, 467 (1930).

[7] GABBE, E.: Münch. med. Wschr. **1931**, 2069. — Siehe auch E. MAGNUS-ALSLEBEN: Verh. dtsch. Ges. inn. Med. Wiesbaden **1931**, 97.

Bd. VII, 2.

Stromgeschwindigkeit und Kreislaufzeit des Blutes

(S. 1205—1222).

(Ergänzung der gleichnamigen Arbeit von Professor B. Kisch.)

Von

H. Mies – Köln.

Neuere Verfahren zur Bestimmung der Kreislaufzeit.

Ein besonders für klinische Untersuchungen recht brauchbares Verfahren zur Messung der Kreislaufzeit gaben Blumgart und Weiss[1] an. In eine Cubitalvene wird Radium eingespritzt; die Menge ist so gering, daß keine Schädigungen zu beobachten sind. Die Ankunft des Radiums an der gewünschten Stelle des Kreislaufes, deren Umgebung durch Blei abgeschirmt ist, wird mittels einer Verstärkeranordnung von einem Galvanometer verzeichnet. Blumgart und Weiss benutzten diese Methode vor allem zur Messung der Zirkulationszeit der Lunge.

Eine Modifikation des Stewartschen Verfahrens zur Messung der Kreislaufzeit beim Menschen schlug Koch[2] vor. Das Prinzip des Verfahrens besteht darin: In die Blutbahn wird eine hypertonische Kochsalzlösung injiziert; aus einer anderen Stelle, z. B. einer Cubitalvene, fließt Blut durch die sog. Elektrodenkanüle aus; in dem Augenblicke, in dem Blut + Kochsalzlösung durch die Kanüle fließt, ändern sich die Widerstandsverhältnisse zwischen den Elektroden, das Galvanometer verzeichnet einen Ausschlag.

Die Elektrodenkanüle beschreibt Koch wie folgt: Ein Kreuzstück aus dickem Glasrohr von 3 mm lichter Weite trägt an dem einen Ende einen zum Aufsetzen von Rekordnadeln passenden Metallconus. An das entgegengesetzte Ende kommt ein kurzer Schlauch, um das abfließende Blut in ein Gefäß leiten zu können. Die beiden Seitenarme sind durch eine etwa 3 mm dicke Gipsschicht von dem Lumen des blutführenden Rohres getrennt. Die unpolarisierbaren Elektroden bestehen aus Cu-$CuSO_4$. Um zu verhüten, daß die konzentrierte Kupfersulfatlösung durch die Gipsschicht mit dem Blute in Berührung kommt, werden die Seitenarme mit physiologischer Kochsalzlösung gefüllt und durch Eindrücken von feuchtem Ton unter Vermeidung von Luftblasenbildung verschlossen. Dann wird auf jeden der Seitenarme ein etwa 2 cm langes Schlauchstück aufgesetzt und dieses mit konzentrierter Kupfersulfatlösung gefüllt. Auf die offenen Enden kommen schließlich die mit einem Gummistopfen versehenen Kupferstäbe.

In Modellversuchen mit dieser Elektrodenkanüle stellte Koch fest, daß der Galvanometerausschlag in dem Augenblicke beginnt, in dem die schnellsten axialen Teilchen der Kochsalzlösung in den Bereich der sich zwischen den Elektroden ausbreitenden Stromfäden gelangen. Erst im Höhepunkte des Aus-

---

[1] Blumgart, H. L., u. S. Weiss: Proc. Soc. exper. Biol. a. Med. **23**, 694 (1926) — J. clin. Invest. **4**, 1, 15, 149, 173, 199, 389, 399 (1927).

[2] Koch, E.: Abderhaldens Handb. d. biol. Arbeitsmeth. Abt. V, Teil 8, S. 353 (1928).

schlages ist das ganze Rohr mit Kochsalzlösung gefüllt. Durch Übertragung der in der Kurve erhaltenen Zeitwerte auf die ausmeßbaren Streckenwerte des Rohres lassen sich die Stromgeschwindigkeiten an allen Stellen des Rohrquerschnittes darstellen. Damit ist ein Verfahren angebahnt, die Geschwindigkeitsverteilung in einem Rohrquerschnitte zu registrieren. Dieses Verfahren müßte auch noch auf die Anwendung am Menschen ausgebaut werden. Für die Bestimmung lediglich der Kreislaufzeit ist das von KOCH vorgeschlagene Verfahren zur Zeit sicher das exakteste.

Auf einen Nachteil der STEWARTschen Methode bei häufiger Wiederholung der Messung wurde von MIES[1] hingewiesen. In Dauerversuchen am Kaninchen konnte beobachtet werden, daß bei Anwendung von 10proz. Kochsalzlösung die Vene, in die die Injektion geschah, regelmäßig verödete. Beim Menschen dürfte dieser Übelstand weniger in Betracht zu ziehen sein, da es sich hier meist nur um einzelne Messungen handelt.

Nach dem ED. HERINGschen Prinzip schlugen HAYASI und OOTANI[2] vor, zur Bestimmung der Kreislaufzeit eine Glykoselösung zu benutzen. Geschieht die Injektion z. B. in die Medianvene der einen Seite, so wird aus der gleichen Vene der anderen Seite jede Sekunde ein Tropfen Blut auf präpariertes Filterpapier aufgefangen (Zuckerbestimmung nach I. BANG). Die Zeit zwischen Injektion der Glykose und Beginn des Zuckeranstieges ist dann gleich der minimalen Kreislaufzeit. WOLLHEIM und LANGE[3] änderten die Fluoresceinmethode von KOCH derart, daß das Fluorescein in den Capillaren im ultravioletten Lichte nachgewiesen wurde; sie vermieden also eine Eröffnung des Gefäßsystems. KLEIN und HEINEMANN[4] benutzten statt des Fluoresceins bei der KOCHschen Methode Kongorot.

Für rein klinische Zwecke sind mehrfach Verfahren angegeben worden, in denen nicht die minimale Kreislaufzeit, sondern die Zeit zwischen der Injektion irgendeines Stoffes und dem Eintritte seiner physiologischen Reaktion gemessen wurde. Als solche Stoffe dienten Decholin, Neosalvarsan und andere Substanzen, die eine Geruchs- oder Geschmacksempfindung auslösen. Ferner Histamin, das zu einer Rötung der Haut führt[5], endlich Chlor-[6] oder Bromcalcium[7], das ebenfalls eine Wärmeempfindung vor allem auf der Zunge und der Stirn auslöst. Natürlich können diese letztgenannten Methoden nur Annäherungswerte liefern, da sie auf mehr oder weniger subjektiven Symptomen beruhen, wobei bei einzelnen noch die jeweilige Reaktionszeit der Versuchsperson mit in Rechnung zu setzen ist.

Das Verhalten der Stromgeschwindigkeit und Kreislaufzeit unter normalen und abnormen Verhältnissen.

In den Versuchen von KLEIN und HEINEMANN betrug die Zeitdauer vom Moment der Injektion bis zum Erscheinen des Kongorots in der A. radialis bei Gesunden 8—12 Sekunden. WOLLHEIM und LANGE fanden mit ihrer Methode eine Kreislaufzeit von 20—25 Sekunden in der Norm.

Im Fieber und bei Morbus Basedow sahen WOLLHEIM und LANGE eine Beschleunigung der Kreislaufzeit. In Übereinstimmung mit den früheren Be-

[1] MIES, H.: Z. klin. Med. **120** (1932).
[2] HAYASI, K., u. K. OOTANI: Okayama-Igakkai-Zasshi (jap.) **41**, 2093 (1929).
[3] WOLLHEIM, E., u. K. LANGE: Verh. dtsch. Ges. inn. Med. Wiesbaden **1931**, 134.
[4] KLEIN, O., u. I. HEINEMANN: Zbl. inn. Med. **1929**, 490.
[5] BOCK, A. V., D. B. HILL u. H. T. EDWARDS: J. clin. Invest. 8, 533 (1930). — SEBASTIANI, A.: Cuore **15** (1931).
[6] VEZÉR, V.: Čas. lék. česk. **1930 II**, 1270.
[7] LESCHKE, E.: Münch. med. Wschr. **1931**, 2117.

funden von Koch beobachteten sie bei kardiovasculärer Dekompensation eine starke Verlangsamung (30—70 Sekunden). Gleiche Befunde erhoben auch Heilmeyer und Riemschneider[1] mit der Kongorotmethode.

Bei totalem Herzblock fanden Wollheim und Lange eine deutlich verlängerte Kreislaufzeit.

Aus der Beziehung der Kreislaufzeit zu der gleichzeitig bestimmten zirkulierenden Blutmenge gewannen Wollheim und Lange nach der alten Formel von Vierordt den sog. Kreislaufquotienten als relatives Maß des Herzminutenvolumens. Da beim Normalen diese Beziehung recht konstant ist, läßt eine Störung dieser Korrelation diagnostische Schlüsse hinsichtlich des Kreislaufzustandes zu.

Bei experimentellem arteriellen Hochdruck nach Dauerausschaltung aller Blutdruckzügler beobachtete Mies[2] eine beträchtliche Verlängerung der Kreislaufzeit V. jug. ext. — A. carotis comm. (gemessen nach der Stewartschen Methode). Wahrscheinlich beruht diese Verlangsamung auf Änderungen des Widerstandes im Lungengefäßgebiete. Nur bei sehr starker Abnahme der zirkulierenden Blutmenge war die Kreislaufzeit wieder eine ungefähr normale. Heymans und seine Mitarbeiter[3] bestimmten das Stromvolumen in einer Femoralarterie und konnten bei arterieller Drucksteigerung infolge Verschlusses der Carotiden eine erhebliche Beschleunigung feststellen.

Ewig und Hinsberg[4] fanden bei kompensierten Hypertonien in den meisten Fällen eine Verlangsamung der Zirkulation.

Damit ist die Frage nach dem Verhalten der Kreislaufzeit beim arteriellen Hochdruck noch nicht endgültig gelöst. Vielleicht können Untersuchungen, in denen gleichzeitig auch die zirkulierende Blutmenge oder das Schlagvolumen des Herzens gemessen werden, zu einer Klärung der Frage führen. Sicher spielt aber auch die Ursache des arteriellen Hochdruckes mit eine Rolle.

Bd. VII, 2.

Pathologie des arteriellen Blutdruckes
(S. 1303—1413).

Von

Friedrich Kauffmann — Berlin.

Überblickt man die Ergebnisse der Forschung über die arterielle Blutdrucksteigerung in den letzten 4 Jahren, so sind immer zahlreichere Gründe dafür beigebracht worden, daß der krankhaften Blutdrucksteigerung des Menschen von Fall zu Fall ganz verschiedene Ursachen und Mechanismen zugrunde liegen. Volhard[5], auf dessen neueste und erschöpfende Darstellung besonders hin-

---

[1] Heilmeyer, L., u. G. Riemschneider: Verh. dtsch. Ges. inn. Med. Wiesbaden **1930**, 232.

[2] Mies, H.: Zitiert auf S. 204.

[3] Heymans, C., J. J. Bouckaert u. L. Dautrebande: Arch. internat. Pharmacodynamie **40**, 318 (1931).

[4] Ewig, W., u. K. Hinsberg: Z. klin. Med. **115**, 693 (1931).

[5] Volhard, Fr.: Die doppelseitigen hämatogenen Nierenerkrankungen. Handb. der inn. Med. Hrsg. von v. Bergmann und Stähelin. 2. Aufl., **6**, Tl 1 u. 2 (1931); besonders Tl 1, S. 372ff.

gewiesen sei, bezeichnet die Erkenntnis, daß die renale und die sog. essentielle Hypertension durch ganz verschiedene Mechanismen bedingt sind, geradezu als einen Wendepunkt in der Lehre von der Blutdrucksteigerung. „Die pathologische Blutdrucksteigerung fällt aus dem Rahmen des Bekannten heraus. Die Forschung muß wieder von vorn anfangen." Der Satz, den ich in meiner Bearbeitung des arteriellen Blutdruckes (Bd. VII ds. Handb., 2. Hälfte, S. 1304) niederschrieb, daß nämlich „fast jeder Fall von arterieller Hypertension noch ein Problem für sich darstellt", hat auch heute noch Gültigkeit.

Immerhin sind Ansätze festzustellen, die für die Zukunft weitere Aufklärung erhoffen lassen. In erster Linie sind Untersuchungen zu nennen, die von der *chemischen* Seite her eine *Differenzierung der verschiedenen Formen der Hypertension* erstreben: Die Alkoholfraktion des frisch gewonnenen Citratblutes enthält stets eine Summe von Gefäß- und blutdruckaktiven Stoffen. Ihre Wirkung auf den Blutdruck der narkotisierten Katze ist jedoch verschieden, je nachdem ob es sich um Blut von Gesunden bzw. Kranken mit essentieller Hypertension oder von renalen Hypertonikern handelt (HÜLSE[1], BOHN[2]). Bei jenen erfolgt regelmäßig Blutdrucksenkung, bei diesen Blutdrucksteigerung. Dieser Effekt tritt auch nach Halsmarkdurchschneidung ein; der Angriffspunkt der blutdruckaktiven Stoffe ist also in der Peripherie, und zwar an den Gefäßen selbst zu suchen, wie auch Beobachtungen an ausgeschnittenen Gefäßen lehren. An den Darmvenen des Hundes läßt sich die gleiche Wirkung feststellen. Es überwiegen also im alkoholischen Blutauszug des Kranken mit rotem Hochdruck die blutdrucksenkenden, mit blassem Hochdruck die pressorischen Stoffe.

Bei den depressorisch wirksamen Substanzen handelt es sich wahrscheinlich um *cholinartige Körper*. Der mit chemischen Methoden gemessene Blutcholinspiegel liegt in den Mittelwerten beim roten Hochdruck (Mittelwert 2,5 mg%) um etwa 100% höher als beim blassen Hochdruck (Mittelwert 1,3 mg%) (BOHN und SCHLAPP[3]). An weiteren Unterschieden in der chemischen Zusammensetzung des Blutes haben sich folgende ergeben: Bei der essentiellen Hypertension zeigt das Blut durchschnittlich den doppelten Gehalt an *Kreatin* wie bei der renalen Blutdrucksteigerung (BOHN[4]). In diesen Fällen findet man ferner bei mäßig erhöhten Gesamtphosphatiden und leicht erniedrigtem Lecithin eine Erhöhung des *Cephalins* um etwa 60% gegenüber dem roten Hochdruck, bei dem der Cephalingehalt des Blutes im Bereich der Norm zu liegen pflegt (BOHN und SCHLAPP[5]). Auch in den Untersuchungen von HOESCH[6] hat sich bei essentieller Hypertension eine Störung des Phosphatidhaushaltes weder in quantitativer noch in qualitativer Richtung ergeben. HÜLSE[7] hat nachgewiesen, daß sich *Kolamin* in lockerer Bindung mit Phosphatiden im Blut der hypertonischen Nephritis befindet, das erst nach Säurehydrolyse des Blutes frei wird. HÜLSE macht das Kolamin für den nephritischen Hochdruck verantwortlich. Eine Veränderung des *Glutathiongehaltes* im Blut konnten BOHN und SCHLAPP[8] bei keiner Form der Hypertension wahrscheinlich machen. Beim Anstellen der *Ninhydrinreaktion* ergibt das eiweißfreie Blutfiltrat der Kranken mit renaler

---

[1] HÜLSE u. STRAUSS: Z. exper. Med. **39**, 426 (1924). — HÜLSE u. FRANKE: Ebenda **143**, 257 (1929).

[2] BOHN, H.: Verh. dtsch. Ges. inn. Med. Wiesbaden **1931**, 151.

[3] BOHN, H., u. W. SCHLAPP: Z. klin. Med. **119**, 150 (1931).

[4] BOHN, H.: Verh. dtsch. Ges. inn. Med. Wiesbaden **1931**, 151. — Siehe hierzu auch ZAPPACOSTA: ref. Kongreßzbl. inn. Med. **58**, H. 14, 844.

[5] BOHN, H., u. W. SCHLAPP: Z. klin. Med. **119**, 403 (1932).

[6] HOESCH, K.: Klin. Wschr. **1931**, Nr 19, 881.

[7] HÜLSE: Arch. f. exper. Path. **143** (1929).

[8] BOHN, H., u. W. SCHLAPP: Z. klin. Med. **119**, 403 (1932).

Hypertension eine intensivere Blaufärbung als das Blutfiltrat von essentiellen Hypertonikern, bei denen die Stärke der Reaktion den normalen Verhältnissen entspricht (Bohn[1]).

Daß es unter Vermittlung chemischer Stoffe *von der Niere* aus zu Blutdruckerhöhung kommen kann, hat auch Hartwich[2] gezeigt: einseitige und doppelseitige Ureterunterbindung führt im Tierversuch zu Steigerung des Blutdruckes, die schon nach etwa 3 Stunden deutlich in Erscheinung tritt. Sie ist als Folge der Harnstauung im Ureter und im Nierenbecken aufzufassen und demnach reflektorisch bedingt[3]. Einseitige Nephrektomie verläuft *ohne*, Unterbindung eines Hauptstammes der Nierenarterie aber, die zu Nekrose des zugehörigen Nierenabschnittes führt, *mit* Blutdrucksteigerung. Diese kann nur auf chemische, dem zugrundegehenden Nierengewebe entstammende Stoffe zu beziehen sein, wobei freilich die Frage offen bleibt, ob diese im einzelnen noch unbekannten Stoffe den Blutdruck unmittelbar erhöhen oder ob esi nur sensibilisierend wirken für andere pressorische Substanzen (Adrenalin).

Hülse[4] injizierte *Liquor cerebrospinalis* von essentiellen und renalen Hypertonikern sowie von Normalpersonen Katzen suboccipital: Liquor von essentieller Hypertension führt in etwa der Hälfte der Fälle stärkere Blutdrucksteigerung herbei, die sonst regelmäßig ausbleibt.

Gegen die sensibilisierende Rolle des *Cholesterins* für pressorisch wirksame Stoffe sind seit den Untersuchungen Westphals mannigfache Bedenken geäußert, so daß auch diese Frage heute noch als ungeklärt zu bezeichnen ist. Westphal[5] selbst fand unter 200 Hypertonikern Hypercholesterinämie in etwa 70%; ähnlich sind die Angaben von Pribram und Klein[6]. Andere Autoren haben diese Koinzidenz von Hypercholesterinämie und Hypertension seltener angetroffen. Loewenstein[7] fand unter 50 Fällen nur 1mal Hypercholesterinämie, Bürger[8] unter 17 Fällen von hochgradiger Blutdrucksteigerung nur 5 Werte über 150 mg% Serumcholesterin, alle übrigen Werte, auch das Verhältnis von freiem zu verestertem Cholesterin, lagen im Bereich der Norm. Auch Alvarez und Neuschlosz[9] haben erhöhte Cholesterinwerte nicht in der von Westphal angegebenen Häufigkeit festgestellt, wohl aber haben diese Autoren eine *Übersättigung des Serums an Cholesterin* gefunden, eine Erscheinung, „die lediglich bei Hypertonikern vorkommt und demnach in irgendeinem ursächlichen Zusammenhang mit der Erhöhung des Blutdruckes stehen muß". Weder artifizielle alimentäre Steigerung des Blutcholesterins um 100% noch die abnormen chronischen Erhöhungen desselben bei der primären Xanthomatose gehen mit Blutdrucksteigerung einher. Aber das Problem ist kompliziert, da die biologische Wirkung des Cholesterins vielseitig bedingt wird[10]. Aber auch Volhard[11] lehnt ursächliche Beziehungen zwischen Hypercholesterinämie und Blutdrucksteigerung ab.

---

[1] Bohn, H.: Verh. dtsch. Ges. inn. Med. **1931**, 151.
[2] Hartwich: Z. exper. Med. **69**, 462 (1930) — Verh. dtsch. Ges. inn. Med. **1929**, 187.
[3] Siehe hierzu auch G. Wüllenweber: Klin. Wschr. **1931**, Nr 16, 730.
[4] Hülse: Arch. f. exper. Path. **146**, 282 (1929).
[5] Westphal, K.: Verh. dtsch. Ges. inn. Med. Wiesbaden **1931**, 216 — Ferner Z. klin. Med. **113**, 323 (1930).
[6] Pribram u. Klein: Med. Klin. **1924**, 572.
[7] Loewenstein, W.: Z. klin. Med. **107**, 52 (1928).
[8] Bürger, M.: Verh. dtsch. Ges. inn. Med. Wiesbaden **1931**, 186 — Erg. inn. Med. **34**, 684 (1928).
[9] Alvarez, C., u. S. M. Neuschlosz: Klin. Wschr. **1931**, Nr 6, 244.
[10] Siehe hierzu auch R. Degkwitz: Verh. dtsch. Ges. inn. Med. Wiesbaden **1931**, 213.
[11] Volhard, Fr.: Verh. dtsch. Ges. inn. Med. Wiesbaden **1931**, 227.

Zahlreiche Autoren fanden bei Kranken mit arterieller Hypertension eine *Steigerung des Grundumsatzes* (MANNABERG[1], HÄNDEL[2], MOOG und VOIT[3], HERBST[4], BECKER[5] u. a.). Diese findet sich aber nicht bei allen Formen der krankhaften Blutdrucksteigerung, und es mag wohl in erster Linie an der verschiedenen klinischen Klassifizierung der Hochdruckkranken liegen, daß die Angaben der einzelnen Autoren so auffallende Differenzen zeigen. Diejenigen Fälle, in denen gleichzeitig Symptome der Kreislaufinsuffizienz bestehen, sind in diesem Zusammenhang ohne Interesse, da die bei Kreislaufschwäche auftretenden Änderungen des Organstoffwechsels nach den Untersuchungen von EPPINGER, KISCH und SCHWARZ[6], UHLENBRUCK und MERBECK[7] und zahlreichen anderen Autoren oder auch die bei der Bestimmung in Anwendung gelangte reine O_2-Atmung Grundumsatzsteigerung zur Folge haben. Nach GLATZEL[8], HÄNDEL, BECKER ist der Grundumsatz bei essentieller Hypertension häufig oder gar regelmäßig erhöht, während diese Erhöhung bei den renal bedingten Formen fehlt. Im Gegensatz dazu haben z. B. MOSLER und EDELSTEIN[9], KEMPMANN und BRÖKER[10] gerade bei der renalen Hypertension Grundumsatzsteigerung festgestellt. OLSHAUSEN[11] fand dies nur beim blassen Hochdruck der malignen Sklerose. Weitere Untersuchungen sind hier dringend erforderlich, was allerdings zuvor eine Einigung betreffs der klinischen Rubrizierung zur Voraussetzung haben sollte. Die Ursache der Grundumsatzsteigerung steht ebenfalls noch zur Diskussion: Die Hochdrucktachykardie (MANNABERG) ist abzulehnen. Vielleicht spielen endokrine Faktoren eine Rolle. Nach Röntgenbestrahlung der Schilddrüse sinkt der erhöhte Grundumsatz des Hypertonikers ab, nach Ablauf einiger (3—5) Wochen gelegentlich auch der Blutdruck (BECKER). Aber die Rolle der Schilddrüse ist in diesem Zusammenhang noch offen. HERBST betrachtet Blutdrucksteigerung und Stoffwechselerhöhung beim essentiellen Hypertoniker als koordinierte Symptome, zurückzuführen auf gemeinsame zentrale Ursache. Sollte aber doch das Adrenalin beim essentiellen Hochdruck mitspielen, so wird für die Steigerung des Grundumsatzes vielleicht auch die Stoffwechselwirkung dieses Hormons zu berücksichtigen sein[12].

Vermehrte Beachtung hat man dem *Venensystem* geschenkt. Ältere Angaben finden sich darüber bei VILLARET, ST. GIRONS und GRELLETY-BOSVIEL[13], ROTKY und KLEIN[14], VOLHARD[15], ARNOLDI[16]. Erhöhten Venendruck — bei völlig

---

[1] MANNABERG: Wien. klin. Wschr. **1922**, Nr 7 — Wien. Arch. inn. Med. **6**, 147 (1923).

[2] HÄNDEL: Z. klin. Med. **100**, 725 (1925).

[3] MOOG, O., u. K. VOIT: Münch. med. Wschr. **1927**, Nr 1, 9.

[4] HERBST, R.: Verh. dtsch. Ges. inn. Med. **1929**, 191.

[5] BECKER, J.: Z. klin. Med. **119**, 412 (1932).

[6] EPPINGER, H., FR. KISCH u. H. SCHWARZ: Das Versagen des Kreislaufes. Berlin: Julius Springer 1927.

[7] UHLENBRUCK u. A. MERBECK: Z. klin. Med. **114**, 259 (1930).

[8] GLATZEL: Dtsch. Arch. klin. Med. **166**, 216 (1930).

[9] MOSLER u. EDELSTEIN: Z. physik. Ther. **35** (1928).

[10] KEMPMANN u. BRÖKER: Münch. med. Wschr. **1930**, H. 1.

[11] OLSHAUSEN: Zbl. inn. Med. **1930**, Nr 43.

[12] Über Grundumsatzsteigerung durch Adrenalin s. z. B. H. FREUND u. E. GRAFE: Arch. f. exper. Path. **67**, 55 (1912). — BORNSTEIN, A.: Biochem. Z. **114**, 157 (1921). — ABELIN, J.: Ebenda **129**, 1 (1922). — ABDERHALDEN, E., u. E. GELLHORN: Pflügers Arch. **210**, 462 (1925). — SOSKIN, S., Amer. J. Physiol. **83**, 162 (1927). — CORI, C. F., u. G. T. CORI: J. of biol. Chem. **79**, 309, 321, 343 (1928). — FUCHS, D., u. N. ROTH: Z. exper. Path. u. Ther. **10**, 187 (1912). — BORNSTEIN, A., u. E. MÜLLER: Biochem. Z. **126**, 64 (1921). — Weitere Literatur bei P. TRENDELENBURG: Die Hormone **1**, 296ff. Berlin: Julius Springer 1929.

[13] VILLARET, ST. GIRONS u. GRELLETY-BOSVIEL: Bull. Soc. méd. Hop. Paris **37**, 848 (1921) — Presse méd. **4**, Nr 28, 318 (1923).

[14] ROTKY u. KLEIN: Med. Klin. **1923**, Nr 47 u. 48.

[15] VOLHARD, FR.: Handb. d. inn. Med. 1. Aufl., **3 II** (1918).

[16] ARNOLDI: In Kraus-Brugschs Spez. Pathol. u. Therapie innerer Krankheiten **4 I**, 395f.

suffizientem Herzen — fand in neueren Untersuchungen Gollwitzer-Meier[1] in ca. 25% der Fälle, während Ernst und Stagelschmidt[2] einen meist an der oberen Grenze der Norm gelegenen Venendruck feststellten, ähnlich auch Brandt[3]. In weiteren wichtigen Untersuchungen fand Gollwitzer-Meier ferner, daß bei experimenteller Drucksteigerung im Carotissinus reflektorische Erweiterung nicht nur der mittleren, sondern auch der capillarnahen Venen eintritt (direkte Beobachtung an den Venen des Augenhintergrundes). Diese Erweiterung, die auch bei essentiellen Hypertonikern gefunden wurde, bedeutet einen Entlastungsreflex für den Kreislauf und stellt die Gesamtzirkulationsgröße wie auch den arteriellen Druck auf ein niedrigeres Niveau ein. Beim renalen Hochdruck dagegen kann das Venensystem im Dienst der arteriellen Druckregulierung nicht beansprucht werden, da es hier unter dem Einfluß pressorisch wirksamer Substanzen verengt ist, die Venenreflexe unter solchen Umständen unwirksam bleiben.

Aus der Tatsache, daß der venöse Rückfluß beim essentiellen Hypertoniker offenbar geringer ist als beim Gesunden, erklären sich weitere neuere Befunde. Kroetz[4] fand bei kreislaufkompensierten Hypertonikern (darunter 24 essentielle, 7 renale Formen) das *Minutenvolumen* nur 1mal oberhalb der Norm, 4mal an der oberen Grenze der Norm, in den übrigen Fällen erniedrigt. Erniedrigtes Minutenvolumen haben auch Ewig und Hinsberg[5], Lauter und Baumann[6] festgestellt.

Das *Schlagvolumen* ist im allgemeinen ebenfalls vermindert. Ewig und Hinsberg fanden dasselbe um so niedriger, je höher der Blutdruck, ebenso Lauter und Baumann, Ernst und Weiss[7], während nach Kroetz keine regelmäßige Beziehung zwischen Schlagvolumen und Höhe des Blutdruckes besteht. Beide Befunde aber, Verminderung des Einzelschlag- und Minutenvolumens, lassen sich aus der Überfüllung der kleineren Venen und der dadurch bedingten Verminderung des venösen Rückflusses erklären (Gollwitzer-Meier). Es wird hieraus weiter die Tatsache verständlich, daß nach den Untersuchungen von Ewig und Hinsberg die zirkulierende Blutmenge *im Verhältnis zum Minutenvolumen* stets so hoch ist, d. h. bei allen Hypertonikern fließt offenbar das Blut durch die Peripherie mit verlangsamter Geschwindigkeit hindurch. Im übrigen jedoch ist die absolute Menge des zirkulierenden Blutes nach Wollheim[8], Ernst und Weiss, Rusznyak[9], Ewig und Hinsberg, Hitzenberger und Tuchfeldt[10], Ernst und Stagelschmidt[11] vermindert. Hierbei scheinen Unterschiede zwischen den essentiellen und renalen Formen nicht zu bestehen. Wo man die zirkulierende Blutmenge bei essentieller Hypertension erhöht gefunden hat, liegen besondere Verhältnisse (insbesondere basedowoide Symptome) vor. Diese beim Menschen gewonnenen Ergebnisse stehen in Übereinstimmung mit experimentellen Erfahrungen: Erzeugt man z. B. bei Kaninchen durch Ausschaltung der Blutdruckzügler einen künstlichen Hochdruck, so nimmt die zirkulierende Blutmenge ab (Mies[12]).

---

[1] Gollwitzer-Meier, Cl.: Verh. dtsch. Ges. inn. Med. **1931**, 145.
[2] Ernst, C., u. P. Stagelschmidt: Z. exper. Med. **73**, 678 (1930).
[3] Brandt, Fr.: Dtsch. med. Wschr. **1931**, Nr 21 — Z. exper. Med. **77**, 247 (1931).
[4] Kroetz: Klin. Wschr. **1930**, 966.
[5] Ewig, W., u. K. Hinsberg: Z. klin. Med. **115**, 677, 693, 732 (1931).
[6] Lauter, S., u. H. Baumann: Z. klin. Med. **109**, 415 (1928).
[7] Ernst, C., u. R. Weiss: Z. exper. Med. **68**, 126 (1929).
[8] Wollheim, E.: Z. klin. Med. **116**, 269 (1931).
[9] Rusznyak, St.: Dtsch. Arch. klin. Med. **158**, 98 (1928).
[10] Hitzenberger, K., u. F. Tuchfeldt: Verh. dtsch. Ges. inn. Med. **1929**, 358.
[11] Ernst, C., u. P. Stagelschmidt: Z. exper. Med. **73**, 678 (1930).
[12] Mies: Z. Kreislaufforsch. **22**, 541 (1930).

Für die *zentrale Genese* der essentiellen Hypertension hat sich RAAB[1] eingesetzt. Er ist der Ansicht, daß es durch lokale angiospastische oder auch durch arteriosklerotische Gefäßveränderungen zu lokaler intracellulärer Ischämie in der Gegend der vasoregulatorischen Region des Hirnstammes kommt, die zu gesteigerter örtlicher Milchsäurebildung führt und so erregend und erregbarkeitssteigernd wirkt. Er stützt seine Ansicht auf folgende Befunde: Nach Ausschaltung des Carotissinusapparates lassen sich im Tierexperiment charakteristische Kriterien des klinischen essentiellen Hochdrucks erzeugen durch verminderte O_2-Zufuhr, ebenso durch Milchsäuredurchströmung der medullären Vasomotorenzentren. Hyperventilation hat bei essentiellen Hypertonikern Blutdrucksenkung zur Folge, was auf CO_2-Verlust des Blutes und demnach auf verminderte CO_2-Reizwirkung auf das Vasomotorenzentrum zurückgeführt wird. RAAB verweist ferner auf Feststellungen von BORDLEY und BAKER[2], die bei Hypertonikern arteriosklerotische Gefäßveränderungen im Hirnstamm gefunden haben. Auf Grund der Feststellung, daß Hypertoniker keine überhöhte Blutdruckreaktion auf einen Gefäßfüllungsanstieg erkennen lassen, wird jedoch von KROETZ[3] eine zentrale Übererregbarkeit als Grundlage der essentiellen Hypertension abgelehnt.

Dringend der Klärung bedarf noch die Frage nach der *Rolle des Adrenalins* für die Entstehung der krankhaften Blutdrucksteigerung, besonders der krisenartigen Erhöhungen des Blutdruckes. Vielleicht ist sie in den letzten Jahren unterschätzt. Anknüpfend an Beobachtung von POLL[4] über wechselseitige Beziehungen zwischen Insulin und Adrenalin hat KUGELMANN[5] nach Insulininjektion beim Menschen den Blutdruck verfolgt: Sinkt der Blutzucker auf einen bestimmten Wert (etwa 60 mg%) ab, so steigt der systolische Blutdruck erheblich an, während der diastolische sich erniedrigt. Schon ROSENBERG[6] sowie BREMS und HOLTEN[7] hatten solche Blutdruckerhöhungen im hypoglykämischen Zustand beobachtet, die KUGELMANN auf eine Adrenalinausschüttung aus den Nebennieren bezieht.

WOLF und v. BONSDORFF[8] haben auf blutigem Wege die Zuverlässigkeit der in der Klinik üblichen Verfahren der Blutdruckmessung geprüft. Sie stellten fest, daß mit der Methode nach Riva-Rocci oder der oszillographischen von PLESCH im günstigsten Falle ein Druck gemessen wird, der als Maximaldruck des gedrosselten Pulses bezeichnet werden kann. Die in der Klinik übliche Blutdruckmessung gibt jedoch im ganzen die Richtung grober Änderungen der Druckwerte richtig wieder.

---

[1] RAAB, W.: Verh. dtsch. Ges. inn. Med. **1931**, 161 — Z. exper. Med. **68**, 337 (1929) — Dtsch. med. Wschr. **1929**, Nr 34 — Z. klin. Med. **115**, 577 (1931) — Med. Klin. **1931**, Nr 7, 248.

[2] BORDLEY u. BAKER: Bull. Hopkins Hosp. **38**, 320 (1926).

[3] KROETZ, CHR.: Verh. dtsch. Ges. inn. Med. **1930**, 222.

[4] POLL: Vortrag i. d. mediz. Gesellschaft Berlin, Oktober 1930.

[5] KUGELMANN, B.: Klin. Wschr. **1931**, Nr 2, 59.

[6] ROSENBERG: Handb. der inn. Sekretion. Hrsg. von HIRSCH.

[7] BREMS u. HOLTEN: Acta med. scand. (Stockh.) **72**, 571 (1929).

[8] WOLF, H. J., u. B. v. BONSDORFF: Z. exper. Med. **79**, 596 (1931).

Histologische Struktur und optische Eigenschaften des Muskels

(S. 108—123).

Von

K. HÜRTHLE – Tübingen.

Seit dem Abschluß meines Berichtes ist eine Anzahl von histologischen Untersuchungen über Muskelstruktur veröffentlicht worden (LUTEMBACHER, TIEGS, D'ANCONA, LANGELAAN u. a.), die zum Teil neue Vorstellungen über den Zusammenhang von Struktur und Funktion des Muskels enthalten, diesen aber nicht die am lebenden Muskel vorhandene einfache Struktur zugrunde legen, sondern die ,,reichere'', wie sie am fixierten oder auch am frischen mit ,,indifferenten Flüssigkeiten'' behandelten Muskel in immer neuen Formen auftreten. Da der Verdacht, daß hier Kunstprodukte vorliegen, nicht beseitigt ist, können sie nicht als gesicherte Grundlage für funktionelle Betrachtungen angesehen werden. Dagegen hat sich unter den Histologen neuerdings PISCHINGER[1] mit der kritischen Prüfung wenigstens eines bestimmten Teiles der ,,reicheren Strukturen'' befaßt, nämlich mit der Untersuchung der *Sarkosomen*, indem er hauptsächlich Flugmuskeln von Insekten im frischen Zustand sowie nach Zusatz von Lösungen untersuchte, wobei er deren p_{H}-Grad besondere Beachtung schenkte. Dabei stellte er fest, daß die Sarkosomen im frischen ohne jeden Zusatz untersuchten Muskel nicht vorkommen, sondern erst unter der Wirkung von Zusatzflüssigkeiten (auch sog. indifferenten) oder von Fixiermitteln entstehen, daß sie also nicht Bestandteile des lebenden Muskels sind. Es ist zu wünschen, daß derartige Untersuchungen auch auf die übrigen ,,reicheren Formen der Querstreifung'' ausgedehnt werden, die vom Verfasser gleichfalls als postmortale Bildungen betrachtet werden.

Die allgemeine Gültigkeit der Darstellung des Kontraktionsvorganges, welche der Verfasser auf Grund seiner kinematographischen Aufnahmen der Kontraktionswellen des überlebenden Hydrophilusmuskels gegeben hatte, ist von verschiedener Seite angefochten worden, zuletzt von FRANK-Moskau[2], der den kontrahierten Zustand des Froschmuskels durch chemische Fixierung während tetanischer Reizung darzustellen versuchte und bezüglich der Beteiligung der Schichten an der Veränderung zu entgegengesetzten Ergebnissen gelangte, ähnlich denen, die ENGELMANN an fixierten Muskeln erhalten hatte. Vom Verfasser[3] konnte aber gezeigt werden, daß der Tetanus des Muskels bei der Einwirkung chemischer Fixierungsmittel zurückgeht. Die aus solchen Muskeln hergestellten

---

[1] PISCHINGER, A.: Z. mikrosk.-anat. Forsch. **26**, 371 (1931); daselbst die weitere Literatur.
[2] FRANK: Pflügers Arch. **218**, 37 (1927).
[3] HÜRTHLE, K.: Pflügers Arch. **223**, 685 (1930).

Präparate stellen daher nicht den Verkürzungszustand des Muskels dar. Dieser kann aber durch Versenken des Muskels in Flüssigkeiten von sehr niedriger Temperatur (flüssige Kohlensäure oder Luft) erhalten werden[1]; solche Muskeln braucht man nicht einmal zu tetanisieren, da die starke Abkühlung als kräftiger Reiz wirkt. Die mikroskopischen Bilder solcher Muskeln stimmen grundsätzlich mit den am überlebenden Hydrophilusmuskel erhobenen Befunden überein, sofern die Verkürzung auf die doppelbrechenden Elemente beschränkt ist, deren Stäbchen sich bei der Kontraktion der Kugelform nähern: die „Stäbchenquerstreifung" geht bei der Kontraktion in die „Perlenquerstreifung" über.

Die gefrorenen Präparate lassen sich weiterhin zu Schlüssen auf die räumliche Verteilung von Wasser und fester Substanz im Muskel verwerten. Ihre Struktur ist nämlich gegenüber der lebenden Faser in eigentümlicher Weise entstellt; auf dem Längsschnitt sind die Fibrillenbündel durch langgezogene Spalträume auseinandergedrängt, während ihre Struktur — der regelmäßige Wechsel von einfach- und doppelbrechenden Schichten — erhalten ist. Dieses Bild entsteht dadurch, daß das Wasser beim Frieren nicht in seiner natürlichen Anordnung verbleibt, sondern zu Krystallen zusammenschießt und die Fibrillen in die Form des gefrorenen Wassers preßt; dadurch bekommt der Querschnitt der Fasern krystallinisches Aussehen. In Übereinstimmung mit der Tatsache, daß der frische Muskel beim Trocknen nur in der Querrichtung schrumpft und bei der Quellung auch nur in dieser Richtung sich ausdehnt, muß der mikroskopische Befund am gefrorenen Muskel dahin ausgelegt werden, daß das Wasser sich nicht in gleichmäßiger Verteilung mit der festen Substanz in den Fibrillen befindet und daß es keinen integrierenden Bestandteil in deren Aufbau bildet, sondern ihrer festen Substanz nur angelagert ist; denn sonst müßte das mikroskopische Bild durch das Auskrystallisieren des Wassers zerstört werden; die feste Substanz allein ist für die Struktur verantwortlich. Die Fibrillen stellen also Faden fester Substanz dar, welche Wasser in seitlicher Bindung enthalten. Im Sarkoplasma muß eine gleichmäßige Verteilung angenommen werden.

Inzwischen haben auch die im Handbuch kurz erwähnten Verfahren zur *Untersuchung des submikroskopischen Feinbaues der Muskeln* — das AMBRONNsche Imbibitionsverfahren und das Röntgendiagramm nach v. LAUE — weitere für das Verständnis des Feinbaues wichtige Einsichten gezeitigt. Von STÜBEL ist die NAEGELIsche Micellartheorie auch für den Muskel bestätigt worden. Danach bestehen die Fibrillen aus Ketten länglicher Micelle, deren Doppelbrechung Krystallstruktur verrät. Diese wird durch das Röntgenverfahren dahin bestimmt, daß die Micelle selbst wieder aus Bündeln fadenförmiger Moleküle bestehen. Einen wesentlichen Fortschritt in der Erfassung der submikroskopischen Strukturen versprechen die „kurzzeitigen Röntgeninterferenzaufnahmen" von GUNDO BOEHM[2]. Aus den vorliegenden Ergebnissen geht mit Wahrscheinlichkeit hervor, daß das Quellungswasser sich überwiegend zwischen den „Molekularpaketen" (Micellen) befindet, die dabei parallel geordnet bleiben. Bei der isotonischen Kontraktion treten vermutlich Micelldeformationen ein, bei der isometrischen müssen Reaktionen an der Oberfläche der Micelle eine Rolle spielen. Auf Grund dieser Analysen wurde vom Verfasser ein Schema des submikroskopischen Baues der Fibrillen[3] aufgestellt, das allerdings in der einfachbrechenden Schicht rein hypothetisch ist, da diese Schicht, wenn wir von der strittigen Linie Z absehen, weder im natürlichen noch im polarisierten Licht Struktur

---

[1] HÜRTHLE, K.: Pflügers Arch. **227**, 585 (1931).

[2] BOEHM, GUNDO: Z. Biol. **91**, 203 (1931) — Über eine bei diesen Versuchen auszuschaltende Fehlerquelle s. ebenda **92**, 45 (1932).

[3] HÜRTHLE, K.: Pflügers Arch. **227**, 633, Abb. 4 (1931).

zeigt und auch vom Imbibitions- und Röntgenverfahren nicht erfaßt wird. Da wir aber in gewissen Fällen die Fibrillen durch die ganze Länge der Faser verfolgen können (Totaldoppelbrechung der Fibrillen), ist unklar, welche Bedeutung die Aufhebung der Doppelbrechung in der einen Schicht und die Beschränkung der Kontraktion auf die andere hat. Die Querstreifung des Muskels bleibt rätselhaft.

Wenn aber auch zur Aufklärung des mikroskopischen und des submikroskopischen Feinbaues der Muskeln noch vieles zu tun übrig bleibt, machen es doch die vorliegenden Erfahrungen höchstwahrscheinlich, daß die wesentlichen Vorgänge bei den Energie- und Formwandlungen sich nicht zwischen dén mikroskopisch unterscheidbaren Gebilden und ihrer Umgebung vollziehen, sondern innerhalb derselben an den submikroskopischen Bausteinen der Fibrillen, an den Fadenmolekülen der Micelle, und daß die mikroskopisch wahrnehmbaren Formänderungen die Folge der inneren Vorgänge sind: eine für die Aufstellung einer Kontraktionstheorie wichtige Vorstellung. Dem Sarkoplasma wird man zunächst die Aufgabe einer Suspensions- und Ernährungsflüssigkeit der Fibrillen zuschreiben müssen.

Bd. VIII, 1.

Die mechanischen Eigenschaften des Muskels
(S. 146—165)
und der zeitliche Verlauf der Muskelkontraktion
(S. 166—191).

Von
WALLACE O. FENN – Rochester N. Y.

(Übersetzt von E. FISCHER, Frankfurt a. M.)

I. Viscosität und Elastizität des Muskels.
a) Skeletmuskel.

Seit den ersten Arbeiten über den Muskel als viscös-elastisches System, über die bereits berichtet wurde[1], haben besonders A. V. HILL[2] und seine Mitarbeiter die funktionelle Bedeutung der Muskelviscosität hervorgehoben; sie scheinen jedoch bis jetzt noch nicht zu einem völlig befriedigenden Resultat gekommen zu sein.

Die Bedeutung der Viscosität und Elastizität ergab sich vor allem aus der Beobachtung von GASSER und HILL[3], daß sowohl Elastizität als Viscosität während Reizung des Muskels stark zunehmen. Spätere Untersucher, die eine große Mannigfaltigkeit verschiedener Methoden benutzten, konnten diesen Befund jedoch nicht bestätigen. HOGBEN und PINHEY[4] fanden keine bestimmte Veränderung weder der Elastizität noch der Viscosität, als sie — mit einigen methodischen Verbesserungen — die Versuche von GASSER und HILL wieder-

[1] FENN, W. O.: Ds. Handb. **8 I**, 148 (1925).
[2] HILL, A. V.: Muscular Activity. Kap. 1. Baltimore 1926.
[3] GASSER, H. S., u. A. V. HILL: Proc. roy. Soc. Lond. B **96**, 398 (1924).
[4] HOGBEN and PINHEY: Brit. J. exper. Biol. **4**, 196 (1926).

holten. Die Methode bestand in der Hauptsache in der Bestimmung der Dämpfung, die der Muskel auf die Schwingungen einer Stahlfeder ausübt. STEINHAUSEN[1] fand mit BETHES Elastometer während der Reizung keine nennenswerte Elastizitätsveränderung außer der, welche auch durch entsprechende Zunahme an passiver Spannung[2] bedingt wird. LINDHARD und MOELLER[3] schlossen auf eine Elastizitätsabnahme bei Reizung. Ihre Methode bestand darin, den Muskel an einem Ende senkrecht aufzuhängen und die Schwingungszeit um diese senkrechte Achse zu bestimmen. Das Trägheitsmoment des Muskels wurde künstlich erhöht durch eine am unteren Ende des Muskels horizontal ángebrachte Borste, die an jedem Ende ein Gewicht trug. Diese Methode wird von HILL[4] verworfen, weil eine solche Verdrehung des Muskels eine rückdrehende Kraft hervorruft, ohne daß eine dehnende Kraft auf die Muskelfasern einzuwirken braucht. Diese Kritik wurde durch eine neue Arbeit der beiden dänischen Forscher[5], in der sie an Hand neuer Versuche wiederum zu den gleichen Schlüssen kamen, nur teilweise beantwortet. Bei all diesen Untersuchungen sind die Korrekturen, die wegen der während der Reizung auftretenden Änderung der Muskellänge und -dicke eingeführt werden müssen, so groß, daß man auf solcher Grundlage wohl kaum mit Sicherheit irgendwelche Veränderungen der Viscosität und der Elastizität nachweisen kann.

Bessere Resultate wurden dagegen bei der Messung der viscös-elastischen Eigenschaften des ruhenden Muskels erzielt. LEVIN und WYMAN[6] untersuchten die positive und negative Arbeit während elastischer Verkürzung oder passiver Dehnung bei verschiedenen Geschwindigkeiten. Sie fanden zwar keine lineare Beziehung zwischen Arbeit und Verkürzungsgeschwindigkeit; aber anfänglich bedingt Zunahme der Geschwindigkeit eine starke Abnahme der Arbeit, welche bei weiterer Geschwindigkeitszunahme nur noch langsam abnimmt. Dieser Befund wurde derart gedeutet, daß der Muskel zwei elastische Komponenten aufweist: eine ungedämpfte Elastizität, welche sofort auf Dehnung oder Entspannung reagiert, und eine gedämpfte Elastizität, welche langsame Dehnung oder Verkürzung bedingt. Als Sitz der letzteren sehen sie den contractilen Apparat an. Nach diesen Versuchen entspricht das Verhalten des Muskels dem mechanischen Modell von BLIX[7]. Dieses Modell besteht aus zwei aneinandergesetzten Spiralfedern, von denen die eine durch Eintauchen in ein Ölbad gedämpft ist. Auch SULZER[8] berief sich auf dieses Modell zur Erklärung seiner Entspannungskurven, die er mit einem optischen Myographion[9] erhielt, wobei die Spannung vertikal und die Länge horizontal aufgezeichnet wurde. SULZER erweiterte das Modell durch Hinzufügen einer plastischen Komponente, da ja der Muskel nach Streckung nicht genau zur ursprünglichen Länge zurückkehrt.

BOUCKAERT und Mitarbeiter[10] machten sorgfältige quantitative Bestimmungen der Viscosität im Froschmuskel a) durch Messung der an einem LEVIN-WYMANschen Ergometer geleisteten Arbeit bei Verkürzung mit wechselnder

---

[1] STEINHAUSEN, W.: Pflügers Arch. **212**, 31 (1926).

[2] Weitere Messungen der Elastizität und Viscosität wurden mit einem etwas modifiziertem Apparat, besonders an Muskeln während Kontrakturzuständen, von F. RICHTER ausgeführt [Pflügers Arch. **218**, 1, 17 (1927)]. Von UFLAND [Z. exper. Med. **62**, 373 (1928)] wurden mit einer neuen Methode Messungen der Härte menschlicher Muskeln ausgeführt.

[3] LINDHARD, J., and J. P. MOELLER: J. of Physiol. **61**, 73 (1926).

[4] HILL, A. V.: J. of Physiol. **61**, 494 (1926).

[5] LINDHARD, J., u. J. P. MOELLER: Skand. Arch. Physiol. (Berl. u. Lpz.) **54**, 41 (1928).

[6] LEVIN and WYMAN: Proc. roy. Soc. Lond. B **101**, 218 (1927).

[7] BLIX, M.: Skand. Arch. Physiol. (Berl. u. Lpz.) **4**, 399 (1893).

[8] SULZER, R.: Z. Biol. **87**, 472 (1928); **88**, 604 (1929).

[9] FRANK, O.: Z. Biol. **87**, 421 (1928).

[10] BOUCKAERT, J. P., L. CAPELLEN u. J. DE BLENDE: J. of Physiol. **69**, 473 (1930).

Geschwindigkeit und b) durch Messung von isotonischen Verkürzungen nach einer plötzlichen Verminderung der Belastung. Sie beobachteten in der zweiten Versuchsreihe eine anfängliche rasche Verkürzung, auf die eine langsamere, länger anhaltende folgte. Das Ergebnis zeigt wieder, daß im Muskel sowohl reine als viscöse Elastizität vorhanden ist. Die Verfasser nehmen eine Analogie zwischen dem Muskel und einem Gas an. Auch die Ausdehnung eines Gases erleidet Verzögerung teils aus mechanischen Gründen, teils weil der Wärmefluß nicht momentan erfolgt. Jene langsame Verkürzung des Muskels kann daher damit zusammenhängen, daß die Energieumwandlung eine gewisse Zeit beansprucht, und vielleicht auch dadurch bedingt sein, daß eine Zusatzenergie benötigt wird, wenn sich der Muskel unter Spannung verkürzt, wie Fenn[1] feststellen konnte (s. auch Hill[2]). *Es kann sich daher bei der Muskelverkürzung sowohl um eine chemische als um eine mechanische Verzögerung handeln.*

Beim isometrischen Tetanus geht dauernd Spannungsenergie verloren. Sie muß daher in gleichem Maße neu entwickelt werden, wenn die Spannung erhalten bleiben soll. Wenn sich der Muskel verkürzt, nimmt der Spannungsverlust zu, und es muß dauernd ein Überschuß an Energie nachgeliefert werden zur Aufrechterhaltung der Spannung. Umgekehrt nimmt bei der Muskeldehnung der Grad des Spannungsverlustes ab; es ist weniger Energie vonnöten, um die Spannung zu unterhalten. Das Bedürfnis nach dauernder Neuerzeugung von Spannung ist der Grund für die möglicherweise chemische Verzögerung bei der schnellen Verkürzung des Muskels.

In einer Untersuchung über die Arbeit, die menschliche Armmuskeln bei Verkürzung mit zunehmender Geschwindigkeit leisten, vertrat Hill[3] 1922 die Ansicht, daß die geringere Arbeitsleistung bei hohen Geschwindigkeiten mit der Viscosität der Muskeln zusammenhänge. Neuerdings wandte er dieselbe Vorstellung auch auf Läufer an[4]. Durch Feststellung der Geschwindigkeit eines Läufers zu verschiedenen Zeiten nach dem Start, bis eine konstante Geschwindigkeit erreicht war, erhielt Hill Werte, aus denen er den viscösen Widerstand gegen die Bewegung und die durchschnittliche vorwärtstreibende Kraft errechnen konnte. Der viscöse Widerstand nimmt linear mit der Geschwindigkeit zu. Späterhin erweiterten Best und Partridge[5] diese Untersuchungen, indem der Läufer einen kleinen dauernden Zusatzwiderstand überwinden mußte. Die Verringerung der Geschwindigkeit, die dabei beobachtet wurde, stimmte mit der nach der Hillschen Gleichung berechneten gut überein.

Die Hillsche Gleichung besagt, daß bei höchster (konstanter) Geschwindigkeit alle von dem Läufer entwickelte Kraft zur Überwindung des viscösen Widerstandes verbraucht wird. Wenn man jedoch die einzelnen Bewegungen des Läufers analysiert (mit Hilfe von Kinoaufnahmen, Fenn[6]), zeigt es sich, daß die Arbeit des wechselweisen Beschleunigens und Hemmens der Beine zusammen mit der Arbeit gegen Schwerkraft, Luftwiderstand und Reibungswiderstand 22% des Gesamtenergieumsatzes ausmacht. Offenbar wird also nicht alle Arbeit bei maximaler Geschwindigkeit gegen die Viscosität aufgewendet. Nur die maximale Geschwindigkeit *jedes einzelnen Schwunges* von einem Arm oder einem Bein kann durch die Muskelviscosität gebremst werden, aber nicht

---

[1] Fenn, W. O.: J. of Physiol. **58**, 297, 373 (1923).
[2] Hill, A. V.: Adventures in Biophysics, S. 120. Philadelphia 1931.
[3] Hill, A. V.: J. of Physiol. **56**, 19 (1922).
[4] Hill, A. V.: Muscular Movements in Man. New York 1927 — Proc. roy. Soc. Lond. B **102**, 380 (1927).
[5] Best, C. H., u. R. C. Partridge: Proc. roy. Soc. Lond. B **103**, 218 (1928).
[6] Fenn, W. O.: Amer. J. Physiol. **92**, 583 (1930); **93**, 433 (1930) — Sci. Monthly **32**, 346 (1931).

die maximale Geschwindigkeit des Läufers als Ganzes. Bei dieser Höchstgeschwindigkeit wird mit jedem Schwung ein beträchtliches Maß an äußerer Arbeit geleistet.

FENN und Mitarbeiter[1] haben einzelne Beinschwünge zwecks Feststellung des Viscositätsfaktors untersucht. Die Bewegung eines Beines, das plötzlich mitten in maximaler isometrischer Kontraktion entspannt wurde, wurde registriert und aus den Aufzeichnungen die Beschleunigung bestimmt. Aus der Beschleunigung und dem Trägheitsmoment des Beines konnte die an ihm wirkende Kraft errechnet werden. Sobald Reflexerscheinungen auftreten, sinkt die Kraft sehr schnell ab. Aber die Kraftabnahme war wesentlich langsamer während der ersten 0,016 Sekunden; dies muß als der wahre Viscositätseffekt angesehen werden. Bis zu einer Verkürzungsgeschwindigkeit von 10% der Muskellänge pro Sekunde nimmt in der initialen Zeit die Kraft um 3,1% ab. Bei Versuchen mit menschlichen Armmuskeln, die an einem Trägheitsrad arbeiteten (HILL[2], HANSEN und LINDHARD[3]), wobei nervöse Beeinflussung nicht ausgeschaltet ist, war die Spannungsabnahme bei Geschwindigkeitszunahme 2—3mal so groß.

Wir sind daher immer noch im Zweifel darüber, welcher Faktor die Geschwindigkeit der Bewegungen des Menschen begrenzt. Drei Faktoren kommen in Betracht, die aber bis jetzt noch nicht genügend gegeneinander abgegrenzt werden können: 1. Reflexentspannung, 2. Viscosität, 3. Verzögerung in der Energieumwandlung.

DICKINSON[4] konnte mit der HILLschen Gleichung die Arbeitsverminderung bei zunehmender Bewegungsgeschwindigkeit, wie sie sich aus Versuchen am Radfahrergometer ergaben, erklären. Diese Deutung ist wohl unsicher, denn die tatsächlichen Höchstgeschwindigkeiten der Muskelverkürzung sind beim Radfahren viel geringer als beim Laufen (FENN[5]). Auch beim Radfahren scheint die Reflexentspannung eine erhebliche Rolle zu spielen, ohne daß es jedoch möglich ist, eine exakte Trennung der obenerwähnten drei begrenzenden Faktoren durchzuführen.

b) Glatte Muskeln.

Die Längenspannungsdiagramme glatter Muskeln in Ruhe und nach Reizung wurden von BROCKLEHURST[6] (Ileum der Katze, Reizung mit Histamin) und von WINTON[7] (Retractor penis des Hundes, elektrische Reizung) untersucht. Sie fanden optimale Längen, bei denen die auf den Reiz hin entwickelte Spannung einen Höchstwert erreicht.

Auf die große Ähnlichkeit bezüglich der viscös-elastischen Eigenschaften zwischen quergestreiften und glatten Muskeln hat HILL[8] in einer Arbeit über das Verhalten von Muskeln der *Holothuria nigra* nach rascher Dehnung resp. Entspannung hingewiesen. WINTON[9] führte das Verhalten des Retractor penis bei Dehnung und Entspannung auf drei Komponenten zurück: a) ungedämpfte Elastizität, b) viscöse Elastizität und c) reine Viscosität. Letztere ergibt sich aus der langanhaltenden Dehnung, die mit konstanter Geschwindigkeit (keine exponentiale Abnahme) über eine beträchtliche Länge erfolgt. Sie unterscheidet

---

[1] FENN, W. O., H. BRODY u. A. PETRILLI: Amer. J. Physiol. **97**, 1 (1930).
[2] HILL, A. V.: J. of Physiol. **56**, 19 (1922).
[3] HANSEN, T. E., and J. LINDHARD: J. of Physiol. **57**, 287 (1922).
[4] DICKINSON, S.: J. of Physiol. **67**, 242 (1929) — Proc. roy. Soc. Lond. B **103**, 225 (1928).
[5] FENN, W. O.: Pflügers Arch. **229**, 354 (1932).
[6] BROCKLEHURST, R. J.: J. of Physiol. **61**, 275 (1926).
[7] WINTON, F. R.: J. of Physiol. **61**, 368 (1926); **63**, 28 (1927).
[8] HILL, A. V.: Proc. roy. Soc. Lond. B **100**, 108 (1926).
[9] WINTON, F. R.: J. of Physiol. **69**, 393 (1930).

die glatten Muskeln von den quergestreiften. Ähnliche Ergebnisse erhielten Bayliss u. a.[1] für die Adductoren der Pilgermuschel.

Bayliss[2] und Ritchie[3] sowie Bayliss u. a.[1] erklären durch die Viscosität die Aufrechterhaltung des Tonus mit möglichst geringem Energieaufwand. So errechnet Ritchie[3], daß ein Pectenadductor eine gegebene Spannung 10 Stunden lang beibehalten kann ohne einen größeren Energieaufwand, als ein Froschsartorius zur Aufrechterhaltung dieser Spannung innerhalb 2 Minuten brauchen würde. Der Unterschied ist rein quantitativ und rührt von der außerordentlich langsamen Erschlaffung der glatten Muskeln her. Bozler[4] bestätigte diese Vermutung durch direkte Messung der Wärmeproduktion im Retractor des Pharynx der Weinbergschnecke. Er konnte ferner zeigen[5], daß die Viscosität glatter Muskeln leicht Veränderungen unterliegt. Entsprechend beobachtete Ritchie[6], daß die langsame Erschlaffung des Pectenadductors durch rasche Streckung resp. Entspannung beschleunigt wird. Dabei soll das Gewebe erschüttert werden und seine Viscosität wie die eines „thixotropen" Gels augenblicklich vermindert werden. Eine ähnliche Wirkung beobachtete Rehsteiner[7] beim Skeletmuskel nach Behandlung mit Acetylcholin.

Jordan und Hardenberg[8] unterscheiden beim Fußmuskel der Weinbergschnecke einen wirklichen Tetanus, der abhängig ist von intakter Nervenversorgung, und den viscoiden Tonus, bei dem der Spannungsgrad von der nervösen Versorgung unabhängig zu sein scheint.

II. Zur Mechanik menschlicher Muskeln.

Spiegel[9] untersuchte den Tonus der Beinmuskeln mittels einer statischen Methode. Das Bein wurde bei verschiedener Winkelstellung des Knies gewogen und der auf die Schwerkraft entfallende Zug subtrahiert. Die Differenz ist die reine von den Muskeln ausgeübte Spannung. Modifikationen der Methode sind von Fenn und Mitarbeitern[10] und von Werestschagin[11] beschrieben worden. Die Spannung der Muskeln bei passiver Beinbewegung wurde mehrfach gemessen[10,12]. Jedoch nur bei der Methode von Smith u. a.[10] ergaben sich absolute Werte für die Spannung während des Ablaufs der Bewegung. Man ließ den Unterschenkel durch die Schwerkraft (aus gebeugtem Knie) aus der horizontalen in die vertikale Stellung fallen. Die Fallbeschleunigung wurde graphisch registriert. Durch Berücksichtigung der Schwerkraft konnte man die auf anderen Faktoren (in der Hauptsache den Muskeln) basierende Beschleunigung berechnen.

Einen einfachen Apparat, um gleichzeitig die Veränderung der Länge und Spannung während willkürlicher Kontraktion des Unterarms aufzuzeichnen, hat

[1] Bayliss, L. E., E. Boyland u. A. D. Ritchie: Proc. roy. Soc. Lond. B **106**, 363 (1930).

[2] Bayliss, L. E.: J. of Physiol. **65**, 1 (1928).

[3] Ritchie, A. D.: The comparative physiology of muscular Tissue, S. 80. Cambridge 1928.

[4] Bozler, E.: J. of Physiol. **69**, 442 (1930).

[5] Bozler, E.: Z. vergl. Physiol. **12**, 579 (1930).

[6] Ritchie, A. D.: J. of Physiol. **73**, Proc. Physiol. Soc. 4 (1931).

[7] Rehsteiner, R.: Pflügers Arch. **217**, 430 (1927).

[8] Jordan, H. J., u. J. D. F. Hardenberg: Z. vergl. Physiol. **4**, 545 (1926).

[9] Spiegel, E. A.: Der Tonus der Skeletmuskulatur. Berlin: Julius Springer 1927.

[10] Smith, A. E., D. S. Martin, P. H. Garvey u. W. O. Fenn: J. clin. Invest. **8**, 597 (1930).

[11] Werestschagin, N.: Pflügers Arch. **227**, 188 (1931).

[12] Filiminoff: Z. Neur. **96**, 368 (1925). — McKinley, J. C., u. N. J. Berkwitz: Arch. of Neur. **19**, 1036 (1928). — Caramichael, E. A., u. F. H. Green: Quart. J. Med. **22**, 51 (1928). — Spiegel, E. A.: Z. Neur. **122**, 475 (1929). — Schaltenbrand, G.: Arch. Surg. **18**, 1874 (1929).

WAGNER[1] konstruiert. Man erhält typische Kurven für jede Art der Kontraktion: gegen Reibung, Trägheit und Elastizität.

BETHE und FRANKE[2] untersuchten die Kraftleistung von Muskeln an normalen Gliedmaßen und an Amputationsstümpfen. Bei normalen Individuen kann der Anteil der einzelnen Muskeln an der Gesamtkraftwirkung auf Grund von durchschnittlichen Querschnitten und durchschnittlich gemessenen Muskelverkürzungen in den verschiedenen Stellungen der Gliedmaßen berechnet werden. Solche Berechnungen haben HANSEN und LINDHARD[3] und REIJS[4] für die Armmuskeln angestellt. REIJS errechnete auf diese Weise als absolute Muskelkraft 5,82 kg pro Quadratzentimeter. BAUMANN[5] fand bei gefangenen Schimpansen für die Zugkraft des gebeugten Arms 3—4mal so große Werte wie beim Menschen. HANF[6] hat die Mechanik des Klimmzugs untersucht und gezeigt, daß die in den Schultern und in den Ellbogengelenken gemessenen Drehkräfte ausreichen, um den Aufzug zu erklären. Vergleichende Kraftmessungen an verschiedenen Olympiadenkämpfern sind von BETHE und FISCHER[7] ausgeführt worden.

Von besonderem Interesse ist in diesem Zusammenhang die Feststellung von BETHE[8], daß die „passive" Kraft, welche von den Muskeln gegen einen Zug ausgeübt wird, 20—30% (manchmal sogar 50—80%) größer ist als der aktive Zug, den dieselben Muskeln isometrisch bei derselben Länge ausüben. Der Erfolg dieses Experiments muß wohl etwas mit der Art und vor allem mit der Plötzlichkeit zusammenhängen, mit der der Gegenzug einsetzt. Wahrscheinlich konnten deshalb HANSEN, HORVSLEV und LINDHARD[9] nicht zu ähnlichen Resultaten gelangen. In einer späteren Arbeit hat BETHE[10] diese passive Kraft zur Erklärung der Tatsache herangezogen, daß der Mensch von Höhen, die er längst nicht durch Hinaufspringen erreichen kann, herunterspringen und sich dabei auf seinen Füßen „fangen" kann. Mit anderen Worten: die Muskeln können mehr Energie absorbieren, wenn sie einen Zug auszuhalten haben, als sie hervorbringen können, wenn sie sich auf dieselbe Länge verkürzen.

Ein Teil dieser passiven Kraft muß wohl mit der Viscosität der Muskeln zusammenhängen. BETHE ist jedoch der Ansicht, daß sie nicht ganz darauf zurückgeführt werden kann, da die erhöhte Spannung in der Regel noch 15 bis 21 Sekunden (manchmal 51 Sekunden) nach Anwendung des Gegenzugs anhält. Diese Tatsache macht es unwahrscheinlich, schließt es jedoch nicht ganz aus, daß die passive Kraft aus einer Intensivierung der an sich maximalen Innervation des kontrahierten Muskels durch Streckreflexe beruht. Wenn eine solche Intensivierung nicht vorliegt, kann man die Beobachtung von BETHE als Hinweis auf ein Phänomen nehmen, das beim Skeletmuskel neu ist und das man bei glatten Muskeln von Nichtwirbeltieren als „Sperrung" bezeichnet hat. Die Experimente von v. UEXKUELL und STROMBERGER[11] haben diese Frage auch nicht endgültig lösen können.

Ein anfänglicher Widerstand des menschlichen Muskels gegen Dehnung wurde von RIEGER beobachtet und als neues Phänomen unter dem Namen

---

[1] WAGNER, R.: Z. Biol. **86**, 367 (1927).

[2] BETHE, A., u. F. FRANKE: Münch. med. Wschr. **1919**, 201.

[3] HANSEN, T. E., u. J. LINDHARD: J. of Physiol. **57**, 287 (1922).

[4] REIJS, J. H. O.: J. of Physiol. **60**, 95 (1925).

[5] BAUMANN, J. E.: J. of Mammalogy. **7**, 1 (1926).

[6] HANF, D. (Anhang von H. BETHE): Pflügers Arch. **212**, 403 (1926).

[7] BETHE, A., u. E. FISCHER: Arb.physiol. **1**, 600 (1929).

[8] BETHE, A.: Erg. Physiol. **24**, 71 (1925).

[9] HANSEN, E., C. M. HORVSLEV u. J. LINDHARD: Skand. Arch. Physiol. (Berl. u. Lpz.) **54**, 99 (1928).

[10] BETHE, A.: Pflügers Arch. **222**, 334 (1929).

[11] v. UEXKUELL u. STROMBERGER: Pflügers Arch. **212**, 645 (1926).

„Bremsung" beschrieben (s. McKinley und Wachholder[1]). Es ist jedoch nicht klar, ob es sich um etwas anderes als um einen Streckreflex handelt. Solchen Spannungszunahmen begegneten Smith u. a.[2] bei spastischen Versuchspersonen. McKinley und Wachholder[1] untersuchten diese Erscheinung bei Kaninchen. Sie wandten ganz langsame Dehnung an und fanden, daß die Muskeln dem Hookeschen Gesetz innerhalb der untersuchten Längenänderung folgten. Es zeigte sich keinerlei anfängliche Zunahme der Spannung und somit auch keine „Bremsung".

III. Volumenverminderung durch Kontraktion.

Ernst[3] hat kürzlich festgestellt, daß die Volumenverminderung 0,02 cmm pro Gramm des Muskels beträgt und daher klein genug ist, um bisher allen Voruntersuchern entgangen zu sein. Ernst findet die Größe dieser Volumenverminderung proportional der in isotonischer Kontraktion geleisteten Arbeit oder der in isometrischer Kontraktion entwickelten Spannung. Er glaubt, daß die Volumenverminderung nicht mit einem Quellungsvorgang zusammenhängt, denn sie tritt vor dem Kontraktionsbeginn auf.

IV. Wirkung des hydrostatischen Druckes.

Catell und Edwards[4,5,6] haben sich mit dem Einfluß des hydrostatischen Drucks auf die Kontraktionen von Skelet- und Herzmuskeln bei verschiedenen Temperaturen befaßt. Wenn der Druck auf 60 Atm. erhöht wird, entwickelt sich bei Zimmertemperatur in beiden Muskelarten vermehrte Spannung und zwar bis 92% im Herzmuskel[4] und 30% im Skeletmuskel[5]. Beim quergestreiften Muskel nimmt die isometrische Wärmebildung bei Einzelzuckung im gleichen Maße zu, ein Beweis dafür, daß unter Druck auf Reiz hin eine größere Energiemenge freigesetzt wird. Bei tetanischer Reizung tritt keine Veränderung in der Wärmebildung oder in der Spannungserzeugung auf. Bei einem Druck über 400 Atm. fehlt jede Wirkung auf den Skeletmuskel. Entsprechend fällt, wenn die Temperatur erniedrigt wird, die reizsteigernde Wirkung des Druckes weg und macht einer hemmenden Wirkung Platz. Die kritische Temperatur, bei der diese Umkehrung erfolgt, ist 5° C für den Herzmuskel und 13° C für den Skeletmuskel. Wenn der Skeletmuskel ermüdet ist oder unter anaeroben Bedingungen steht, kehrt sich der Reizeffekt ebenfalls um. Die Verfasser haben auf eine mögliche Beziehung zwischen der Reizwirkung des Druckes und der Volumenverminderung bei der Kontraktion hingewiesen. Sie neigen jedoch mehr dazu, einen Einfluß des Druckes auf die Viscosität der Muskelsubstanz anzunehmen. Eine tatsächliche Umkehrung der Wirkung von hohen Drucken wurde beim Herzmuskel nicht beobachtet. Dies ist der langsamen Kontraktion des Herzens zuzuschreiben, die durch die Viscosität nur minimal beeinflußt wird.

V. Das Alles-oder-Nichts-Gesetz beim Muskel.

Die Einwände von Haas[7] gegen das Alles-oder-Nichts-Gesetz sind nicht überzeugend; denn er berechnete die Anzahl der Fasern, welche bei der Kon-

---

[1] McKinley, J. C., u. K. Wachholder: Z. Neur. **121**, 24 (1929).

[2] Smith, A. E., D. S. Martin, P. H. Garvey a. W. O. Fenn: J. clin. Invest. 8, 597 (1930).

[3] Ernst, E.: Pflügers Arch. **209**, 613 (1925); **213**, 144 (1926); **214**, 240 (1926).

[4] Edwards, D. J., u. Mck. Catell: Amer. J. Physiol. **93**, 90 (1930).

[5] Catell, Mck., u. D. J. Edwards: Amer. J. Physiol. **86**, 371 (1928).

[6] Catell, Mck., a. D. J. Edwards: Amer. J. Physiol. **84**, 472 (1928); **86**, 371 (1928); **93**, 97, 639 (1930); **96** 657 (1931) — Science (N. Y.) **71**, 17 (1930).

[7] Haas, E.: Pflügers Arch. **212**, 651 (1926).

traktion des menschlichen Deltoideus mitwirken, nur auf Grund der Oszillationsfrequenz des Elektromyogramms. Er beobachtete erhöhte Kraftleistung ohne erhöhte Frequenz. Andererseits kam CHIBA[1] zu dem Schluß, daß jeder einzelne Intensitätszuwachs der Kontraktion des lateralen Augenmuskels durch die Aktion einer neuen Nervenfaser des zu dem Muskel gehörigen motorischen Nervs hervorgerufen wird. Das spricht für das Alles-oder-Nichts-Gesetz, beweist es jedoch nicht. FISCHL und KAHN[2] beobachteten bei zunehmender Reizstärke verschiedene Grade der Verkürzung der einzelnen Muskelfasern in der retrolingualen Membran des Frosches. GELFAN[3] sah (und photographierte) bei verbesserter Methode abgestufte Kontraktionen bei gestuften Reizen. Seine Ergebnisse wurden von PRATT[4], GELFAN und GERARD[5] bestätigt. Diese Abstufung soll nach HINTER[6] von der Leitung mit Dekrement herrühren, welche regelmäßig auftritt, wenn die Fasern verletzt wurden. Bei normalen Fasern gelte das Alles-oder-Nichts-Gesetz. GELFAN und GERARD[5] behaupten jedoch, jede Verletzung der Fasern vermieden zu haben, ohne jedoch die abgestufte Reaktion auszuschalten. Bei diffuser Reizung wurden mit zunehmendem Reiz treppenartige Reaktionen beobachtet. Wenn man jedoch eine Mikroelektrode direkt am Muskel anlegt, scheint man eine mechanische Reaktion in der Art einer Kontraktion zu bekommen. Sie erstreckt sich immer weiter weg von der Elektrode, wenn die Reizstärke zunimmt, bis die gewöhnliche ausgedehnte Alles-oder-Nichts-Reaktion eintritt. GELFAN und GERARD legen großen Wert auf den Unterschied zwischen ausgedehnter und lokalisierter Reaktion. Das Alles-oder-Nichts-Gesetz hat nur für die letztere Geltung.

VI. Reizung.

Eine sorgfältige und gründliche Arbeit von RUSHTON[7] über Muskelreizung hat endgültig klargestellt, daß es zwei Arten von Reizzeitspannungskurven beim Froschmuskel gibt, entsprechend einer α- oder Muskelsubstanz und einer γ- oder Nervensubstanz nach der Definition von LUCAS. Dieser Tatsache hat sich sogar LAPICQUE gebeugt[8], der früher behauptete, daß es nur eine solche Substanz gebe, wie es seine Theorie des Isochronismus forderte. Er glaubt aber, daß die α-Kurve das Ergebnis anormaler Reizbedingungen im Muskel ist. Sie tritt nur auf, wenn eine diffuse flüssige Elektrode als Kathode dient. Sie hängt mehr von der Natur der Flüssigkeit als von den Eigenschaften des Muskels ab und hat keine konstante, charakteristische Gestalt. LAPICQUE findet die γ-Kurve auch am nervenfreien Beckenende des Sartorius. Diese Kurve ist seiner Ansicht nach charakteristisch für Nerv und Muskel, während RUSHTON sie als nur zum Nerven gehörig betrachtet.

Von SCHEMINSZKY und seinen Mitarbeitern[9] ist das Auftreten der Reizungsermüdung bei rhythmischer Reizung untersucht worden. Eine solche Ermüdung unter der Reizkathode hat von GULACSY[10] nachgewiesen. Er machte systematische Untersuchungen über die altbekannte Tatsache, daß eine Umkehr der Richtung des Stromes manchmal eine Wiederbelebung der Kontraktions-

[1] CHIBA, M.: Pflügers Arch. **212**, 150 (1926).
[2] FISCHL, E., u. R. H. KAHN: Pflügers Arch. **219**, 33 (1927).
[3] GELFAN, S.: Amer. J. Physiol. **93**, 1 (1930).
[4] PRATT, E. H.: Amer. J. Physiol. **93**, 9 (1930).
[5] GELFAN, S., u. R. W. GERARD: Amer. J. Physiol. **95**, 412 (1930).
[6] HINTER, H.: Pflügers Arch. **224**, 608 (1930).
[7] RUSHTON, W. A. H.: J. of Physiol. **70**, 317 (1930); **71**, 265 (1931); **74**, 231 (1932).
[8] LAPICQUE, L.: J. of Physiol. **73**, 189, 219 (1931).
[9] SCHEMINSZKY, FE.: Pflügers Arch. **229**, 43 (1931). — FLEISCHMANN, W., u. F. SCHEMINSZKY: Ebenda **229**, 50 (1931).
[10] v. GULACSY, Z.: Pflügers Arch. **223**, 407 (1929).

höhe bewirkt. Dieser „Wendungseffekt" ist nicht durch eine Herabminderung des Reizstromes durch den Polarisationswiderstand bedingt. Er ist nicht abhängig von der Reizung von vorher nicht aktiven Fasern durch den gewendeten Strom[1]. Ähnlich wirkt unterschwelliger Strom von dem Reizstrom entgegengesetzter Richtung[2]. Mit zunehmender Dauer des einzelnen Reizes tritt die Ermüdung rascher auf; der Wendungseffekt wird aber deutlicher[3]. Diese Beobachtungen stehen in Beziehung zu den Ergebnissen von McCAUGHAN und BISHOP[4], daß der Muskel auf einen maximalen Schließungsschlag weniger stark antwortet als auf einen Öffnungsschlag. Der Unterschied rührt von der größeren Polarisation der länger dauernden Schließungsschläge her. Die Reizungsermüdung stellt einen Effekt auf die Membranen unter der Reizkathode dar, welcher mit der Dauer des Stromes zunimmt. An der Anode treten entgegengesetzte Veränderungen auf. Versuche mit sinusförmigen Wechselströmen[5] und mit tetanischen Induktionsströmen[2] befestigten diese Anschauungen. Das Ausbleiben einer Reaktion in einer „Ermüdungskurve" kann somit sowohl durch das Versagen der Erregung als auch durch Schädigung des contractilen Apparates durch vorherige Überbeanspruchung bedingt sein.

Bd. VIII, 1.

Elektrodiagnostik und Elektrotherapie der Muskeln

(S. 582—618).

Von

F. KRAMER – Berlin.

Bd. IX.

Elektrodiagnostik und Elektrotherapie der Nerven

(S. 339—364).

Von

F. KRAMER – Berlin.

Seit dem Erscheinen der obigen Kapitel sind die Untersuchungen über die Chronaxie der Nerven von einer Reihe von Autoren fortgeführt worden. Die Ergebnisse sind sowohl in physiologischer als auch in diagnostischer Beziehung wichtig. BOURGUIGNON stellte fest, daß die von ihm zunächst an den Extensoren am Vorderarm gefundene doppelte Chronaxie sich bei allen Muskeln mit großen Chronaxiewerten nachweisen läßt. Sie besitzen zwei motorische Reizpunkte,

---

[1] SCHEMINSZKY, FE. u. FR.: Pflügers Arch. **225**, 145 (1930).
[2] KANN, S.: Pflügers Arch. **225**, 265 (1930); **228**, 710 (1931).
[3] HELLER, R.: Pflügers Arch. **225**, 194 (1930).
[4] McCAUGHAN, J. M., u. G. H. BISHOP: Amer. J. Physiol. **84**, 437 (1928).
[5] STIANSNY, G.: Pflügers Arch. **225**, 230 (1930).

den einen mit großen, den anderen mit kleinen Chronaxiewerten. Auch bei der Prüfung am Stamm des Nervus radialis ergeben sich die beiden verschiedenen Werte[1]. Das gleiche Verhalten zeigt auch der Orbicularis oculi[2]. Seine obere und untere Hälfte hat je zwei motorische Reizpunkte. Die Reizung der inneren Punkte ergibt ausschließlich eine Kontraktion der Pars palpebralis, Reizung der äußeren ausschließlich der Pars orbitalis. Die erstgenannten haben eine Chronaxie von 0,20—0,36, die letztgenannten von 0,44—0,72. Die Pars orbitalis beteiligt sich beim Lachen, wobei die Gesichtszüge gehoben werden, die Pars palpebralis beim Weinen, das mit einer Senkung der Gesichtszüge verbunden ist. Diese Beobachtung bestätigt auch wieder die Ansicht BOURGUIGNONs, daß die Verschiedenheit der Chronaxiewerte zu der Funktion in Beziehung steht.

Für die Zwecke der neurologischen Diagnostik kann die Veränderung der Chronaxiewerte bedeutungsvoll sein als Frühsymptom peripherer Erkrankung. F. H. LEVY und WEISS[3] fanden bei systematischer Untersuchung von Bleiarbeitern in einer großen Zahl auch bei solchen, die keine Anzeichen von Bleivergiftung erkennen ließen, eine Erhöhung der Chronaxiewerte. Sie betrachten das als das feinste Anzeichen einer beginnenden Intoxikation. Nach ihrer Meinung genügt zur Feststellung die Untersuchung des rechten Extensor digitorum communis. Auch bei experimenteller Bleivergiftung von Meerschweinchen ergab sich der gleiche Befund. Es ließen sich an der Veränderung der Chronaxiewerte die einzelnen Stadien der Intoxikation verfolgen[4]. In ähnlicher Weise erwies sich die Methode bei der Untersuchung von Poliomyelitiskranken als brauchbar (MARINESCO, SAGER und KREINDLER[5]). Es ließen sich dabei Erregbarkeitsveränderungen nachweisen, die mit anderen elektrischen Methoden nicht feststellbar waren und in dem Verlauf der Chronaxie prägte sich die Kurve des Krankheitsverlaufes aus. Dieselben Autoren fanden auch beim Tetanus entsprechend der leichteren Erregbarkeit der Muskeln eine Verminderung der Chronaxie. Diese betraf vor allem die großen Werte, dagegen nicht die kleinen[6]. Untersuchungen bei Kontrakturen nach Facialislähmungen (MARINESCO, KREINDLER, JORDANESCU[7]) zeigten, daß in den kontrakturierten Muskeln die Chronaxie verkürzt ist. Novocaininjektionen, die zu einer völligen Lähmung der Muskeln führten, ließen die Chronaxiewerte dann auf das Mehrfache der normalen Werte ansteigen.

BOURGUIGNON[8] stellte bei trepanierten Kranken die Erregbarkeit der motorischen Zone fest und fand dabei, daß eine Isochronie des zentralen und peripheren Neurons besteht. Bei Verletzungen der Pyramidenbahn ist die Chronaxie des zentralen Neurons erhöht.

Bei Parkinsonismus findet ein Ausgleich des normalerweise zwischen Streckern und Beugern bestehenden Unterschieds der Chronaxiewerte statt, wobei die Chronaxie der Beuger steigt, die der Strecker sinkt (BOURGUIGNON, STEIN[9]). MARINESCO, SAGER und KREINDLER[10] konnten das in ihren Untersuchungen bestätigen und ergänzend hinzufügen, daß bei völliger Rigidität die Chronaxie

---

[1] BOURGUIGNON et GEORGE: C. r. Soc. Biol. Paris **95** (1926).
[2] BOURGUIGNON: C. r. Soc. Biol. Paris **98** (1928). — BOURGUIGNON et HUMBERT: Ebenda.
[3] LEVY, F. H., u. WEISS: Med. Klin. **1928**.   [4] WEISS, ST.: Z. Neur. **120** (1929)
[5] MARINESCO, SAGER u. KREINDLER: Spitalul **48** (1928).
[6] MARINESCO, SAGER u. KREINDLER: C. r. Soc. Biol. Paris **97** (1926) — Arch. f. Psychiatr. **90** (1930).
[7] MARINESCO, KREINDLER, JORDANESCO: Dtsch. Z. f. Naturhlkde **120** (1931).
[8] BOURGUIGNON: C. r. Soc. Biol. Paris **99** (1928).
[9] BOURGUIGNON, STEIN: Ds. Handb. **9**, 355.
[10] MARINESCO, SAGER u. KREINDLER: Z. klin. Med. **107** (1928). — Siehe auch MARINESCO et BOURGUIGNON: C. r. Soc. Biol. Paris **97** (1927).

sämtlicher Muskeln ansteigt. Es tritt beim parkinsonistischen Rigor auch ein Heterochronismus zwischen Nerv und Muskel ein. Die Muskelchronaxie wird immer größer, während die des Nerven normal bleiben kann. Nach Scopolamindarreichung werden dagegen die Werte an allen Muskeln wieder normal. Am stärksten ist diese Wirkung 2 Stunden nach der Injektion.

Bd. VIII, 2.

Ruhe und Aktionsströme der Muskeln und Nerven

(S. 703—758).

Von

P. Hoffmann − Freiburg i. Br.

Methodisch ist die Untersuchung der Aktionsströme durch die Weiterentwicklung des Verstärkers fortgeschritten. Eine Kondensator-Widerstandsschaltung in Verbindung mit einem Oszillographen von Matthews[1] ermöglicht die Aufzeichnung der Spannungskurve eines einzelnen Achsenzylinders mit genügender Treue durch ein Instrument, das eine Schwingungszahl von über 5000 besitzt. Andererseits gelingt es Amberson, Downing und Zottermann[2] mit Hilfe eines langsam schwingenden (1 pro Sekunde), aber sehr empfindlichen Galvanometers gewisse Nacheffekte des Nervenaktionsstromes deutlicher darzustellen, als es bisher möglich war.

Erlanger und Gasser[3] steigerten die Verstärkung in ihrem Kathodenstrahloszillographen bis über 100000 und konnten so nachweisen, daß die Ströme des Nerven noch wesentlich komplizierter sind, als sie von ihnen bisher beschrieben wurden. Sie unterscheiden jetzt die Fasergruppen A, B und C. Die Gruppe A zerfällt wiederum in α-, β- und γ-Fasern, wobei die Wirkung der γ-Fasern sich als zweifelhaft herausgestellt hat, so daß sie von den Untersuchern nicht mehr geführt werden. Die frühere Gruppe Delta gehört zu der Gesamtgruppe B. Ermöglicht wurde diese Feststellung dadurch, daß man nach entsprechender Verstärkung vor allem auch den Aktionsstrom sehr lange aufzeichnete, denn die Fasergruppen B und C leiten sehr langsam. Die Schwankungen im Aktionsstrom sind unter Umständen erst nach mehreren Zehntelsekunden zu Ende. Der Übersicht halber seien hier die durchschnittlichen Leitungsgeschwindigkeiten der einzelnen Fasergruppen, wie sie von den Autoren festgelegt wurden, gegeben. Bei Hund und Katze gelten bei A Geschwindigkeiten zwischen 90 und 30 m, B zwischen 20 und 10 m, C zwischen 1,6 und 0,3 m pro Sekunde. Beim Ochsenfrosch sind die Zahlen für A 50—10, für B 5,5—1,3, für C 0,9—0,2 m pro Sekunde. Die drei Fasertypen zeigen eine sehr verschiedene Erregbarkeit. Nimmt man den Minimalreiz für A zu 1, so ist der für B 1,4 und für C 15,7. Die Stärke der im Aktionsstrom auftretenden Spannung nimmt ab von A—C. Für den Ischiadicus des Ochsenfrosches ist das Verhältnis A = 100, B = 5, C = 1. Im Saphenus des Hundes sind die entsprechenden Zahlen A = 40, B = 4, C = 1. Es wurde durch besondere Versuche sichergestellt, daß die späten Erregungswellen nicht durch mehrfache Reizung des Nerven entstehen, sondern daß sie mit Bestimmtheit auf Tätigkeit besonderer Nervenfasern zu beziehen sind. Die für B und C festgestellten außerordentlich geringen Geschwindigkeiten fügen sich nicht in das Gesetz ein, welches von den Autoren für die A-Gruppe festgelegt werden konnte, daß nämlich die Leitungsgeschwindigkeiten proportional dem Faserquerschnitt seien. Eine solche Berechnung ergibt z. B.: nimmt man für A minimal 6 μ Durchmesser, so würde B minimal 0,9—0,6 μ haben, C minimal 0,18—0,11 μ. Markhaltige Fasern haben nun niemals einen Querschnitt von unter 1,5 μ. Für die langsam leitenden Fasern kann also die Regel nicht gelten, das liegt daran, daß die Fasern nur sehr schwach markhaltig oder marklos sind, daß ihr innerer Bau also mit dem der A-Gruppe nicht vergleichbar ist. Die Leitungsgeschwindigkeit der A- und C-Fasern des

---

[1] Matthews, B. H. C.: J. of Physiol. **65**, 225 (1928).

[2] Zottermann: J. of Physiol. **66**, 181 (1928). — Amberson, W. R., u. A. C. Downing: Ebenda **68**, 1 (1929).

[3] Erlanger u. Gasser: Amer. J. Physiol. **92**, 43 (1930).

Warm- und Kaltblüters läßt sich durch Annahme eines entsprechenden Temperaturkoeffizienten miteinander in Beziehung setzen. Dagegen leiten die B-Fasern der Warmblüter verhältnismäßig viel schneller als die der kaltblütigen Tiere. Die Dauer der Aktionspotentiale der B-Fasern bei Warmblütern ist von etwa gleicher Größe wie die entsprechende Zeit bei den A-Fasern. Mit größter Sorgfalt wird versucht, die Funktionen an bestimmte histologisch charakterisierte Fasern zu binden. Die Vorderwurzel sendet A-Fasern direkt in die Peripherie, C-Fasern in den weißen Ramus communicans. Durch die hinteren Wurzeln laufen A- und C-Fasern. Aus dem grauen Ramus communicans kommen B- und C-Fasern in das Nervenkabel. Möglich wäre, daß die Sensibilitäten, die in den einzelnen Faserarten verlaufen, verschieden sind. Entsprechend der englisch-amerikanischen Einstellung, die an der Vorstellung der epikritischen und der protopathischen Sensibilität festhält, wird angenommen, daß epikritische Sensibilitäten in A und protopathische in C geleitet werden. Der Unterschied der Sensibilitäten für die Leitung im Nerven geht auch aus später zu besprechenden Versuchen von Adrian hervor.

Genau wie bei den A-Fasern versucht wurde, die Aktionsstromwellen zusammenzusetzen aus den einzelnen Aktionspotentialen, so geschieht dieses auch in der hier besprochenen Arbeit. Da aber zahlreiche Voraussetzungen nicht scharf zu bestimmen sind, sind die Ergebnisse nicht ganz so einleuchtend wie die für die Gruppe A gegebenen.

Die Aktionspotentiale der Fasern der dorsalen Wurzeln, die nach der Degeneration der ventralen das Sherringtonsche Phänomen bedingen, ergeben das Resultat, daß es sich um afferente Fasern kleineren Kalibers handelt, die antidrom leiten. Der Muskel in dieser Kontraktur zeigt keine Aktionsstromwellen in der Frequenz der Nervenreizung, wie dies bei der gewöhnlichen Innervation der Fall ist[1].

Wenn man einen Froschnerven herausschneidet und in der feuchten Kammer überleben läßt, so zeigt er gewöhnlich keine Erregungserscheinungen. Ganz anders verhält sich aber ein Warmblüternerv, auch wenn er bei entsprechender Temperatur feucht gehalten wird[2]. Dieser zeigt pausenlose Erregungen, und zwar von drei verschiedenen Typen:

1. sehr regelmäßige Frequenz ca. 150 pro Sekunde,
2. unregelmäßig und weniger als 150 pro Sekunde,
3. gruppenweise Entladungen mit anfangs hohen Frequenzen langsamer werdend.

Die Wirkungen können ineinander übergehen, und wenn man die Aktionen mehrerer Fasern vor sich hat, können sie insgesamt sehr unregelmäßig sein. Die Produktion der Erregung wird auf die Verletzungen an den Schnittstellen zurückgeführt. Die Wirkung hängt von der Scheide des Nerven ab. Wo diese fehlt, erwirkt die Durchschneidung keineswegs einen derartigen Dauereffekt. Die fortlaufende Depolarisation wirkt als Reiz. Wenn mehrere Fasern den gleichmäßigen kontinuierlichen Typus der Erregung zeigen, so können sie synchronisiert werden. Das ist bedingt durch einen reizenden Effekt des Aktionsstromes einer Faser auf die benachbarte. Die Fasern, die in dieser Weise reagieren, sind sensible Fasern, wahrscheinlich mit geringem Durchmesser. Viele von ihnen sind an Blutgefäßen und an der Fascie verteilt. Offensichtlich würde durch solche Erregungen ein sehr heftiger Schmerz erzeugt werden (Wundschmerz).

Adrian und Bronk[3] lösen die alte Frage der Muskelinnervation endgültig, indem sie die Reaktion *einzelner* Muskeln und Nervenfasern untersuchen. Es zeigt sich, daß die normale Muskelinnervation in den einzelnen motorischen Einheiten (Nervenfaser mit den davon innervierten Muskelfasern) ungleichzeitig verläuft, daher bringt nur die Beschränkung auf ein Element klare Resultate. Es gelingt, in einer Phrenicuswurzel des Kaninchens mit der binokularen Lupe alle Fasern bis auf eine oder nur sehr wenige zu unterbrechen und dann die Aktionsströme dieser zu registrieren. Es ergibt sich ganz klar, daß die Frequenz der Erregung mit der Stärke der Innervation zunimmt, bei normaler Atmung etwa 20—30 Aktionsstromstöße, bei Dyspnoe bis 80. Als Maximum der registrierten Frequenz wird 112 angegeben. Genau entsprechende Resultate erhält man, wenn mit besonderen Nadelelektroden, in den ein Pol konzentrisch in dem anderen liegt, die Aktionspotentiale engbegrenzter Faserbündel eines Muskels registriert. Die Frequenz variiert hier mit der Stärke der Innervation zwischen 8 und 90 in der Sekunde. In der Enthirnungsstarre werden etwa 5—25 gemessen. Die Ansicht, es gäbe eine salvenmäßige Muskelinnervation und eine konstante Innervationsfrequenz, ist hier endgültig widerlegt. Untersucht man auf diese Weise Reflexkontraktionen, so erhält man bei einem einzelnen Induktionsschlag, der den sensiblen Nerven trifft, im motorischen Achsenzylinder gelegentlich Gruppen mit abnehmender Frequenz.

Zusammen mit Umrath konnte Adrian[4] ein einzelnes Pacinisches Körperchen der Katze reizen und die Aktionsströme des ableitenden Nerven registrieren. Man findet eine

[1] Hinsey u. Gasser: Amer. J. Physiol. **87**, 368 (1928/29).
[2] Adrian, E. D.: Proc. roy. Soc. Lond. B **106**, 596 (1930).
[3] Adrian, E. D., u. D. W. Bronk: J. of Physiol. **66**, 81 (1928); **67**, 119 (1929).
[4] Adrian, E. D., u. Karl Umrath: J. of Physiol. **68**, 139 (1929/30).

Erregungsfrequenz zwischen 10 und 60 in der Sekunde. Es ergibt sich also eine sehr eigenartige Übereinstimmung der Funktionen der motorischen Ganglienzellen und der sensiblen Apparate. Diese Frequenz kann man keinesfalls den markhaltigen Nervenfasern zuschreiben. Man wird geradezu zu der Annahme gezwungen, daß der Rhythmus in den terminalen Ausläufern entsteht. Anatomisch sind diese erstaunlich verschieden gebaut. Man kann sich aber vorstellen, daß der Rhythmus auf dem Zusammenbruch und Wiederaufbau einer Oberfläche beruht, unabhängig von der Struktur und von dem Reiz, der das Gleichgewicht stört.

Eine sehr interessante Untersuchung mit Hilfe der Aktionsströme einzelner Hautnervenfasern konnten Adrian, McKeen Cattel und Hoagland[1] durchführen. Wenn man in den Hautnerven des Frosches auf antidromlaufende Erregungen fahndet, so stellt man fest, daß in einer beträchtlichen Anzahl von Fällen solche vorhanden sind, und daß sie durch Axonreflexe zustande kommen, die von einer Nervenfaser durch die Teilungsstelle auf einen andern Zweig derselben übergehen. Da diese Reflexe nach Vernichtung des Zentralnervensystems bestehen bleiben und nach Aufdeckung einer derartigen Faser die Erregung dieser nur von einem bestimmten Hautbezirke aus stattfinden kann, so läßt sich mit diesen Mitteln das Hautfeld abgrenzen, das von einer Faser versorgt wird. Es ergibt sich so, daß jeder einzelne Achsenzylinder ein Feld der Froschhaut versorgt, das zwischen 4—100 qmm Größe besitzt. Es läßt sich auf diese Weise weiter die Frage entscheiden, welches die Maximalzahl der Reize ist, die bei Druckreizung zu einer entsprechenden Zahl der Erregungen im Nerven führt. Der Reiz der Haut wird durch einen intermittierenden Luftstoß erzielt. Es ergeben sich im Nerven synchrone Erregungsfrequenzen bis zu 310 in der Sekunde. Reizt man mit einem kontinuierlichen Luftstrom, so sind anfangs die Erregungen äußerst frequent, nehmen dann aber rasch an Zahl ab. Reizt man mit zwei Luftstößen, deren Abstand unter 7,3 Sigmen liegt, so wird der zweite Effekt erheblich kleiner als der erste.

Die Aktionsströme der Crustaceennerven verhalten sich äußerst ähnlich wie die der Vertebraten. Die Dauer der einzelnen Erregungen berechnet sich auf etwa 2,5 Sigmen. Die Frequenz kann bis auf 73 in der Sekunde steigen[2]. Über die Ermüdung der Sinnesorgane im Muskel ist folgendes festzustellen[3]. Bei länger dauernder Zerrung nimmt die Frequenz im Nerven ab, und zwar vermindert sich die Frequenz der Erregung des einzelnen Organes oder gewisse Nervenendigungen fallen ganz aus. Wird die Spannung einige Minuten aufrechterhalten, so ist hernach die Beantwortung einer einzelnen Zerrung bedeutend vermindert. Zerrt man dagegen kurz bis zu 1000 mal mit einer Sekunde Intervall, so tritt keine deutliche Ermüdung ein. Erstickung steigert die Ermüdung, Sauerstoff schiebt sie heraus.

Die Aktionsströme in den Fasern, die von der Haut und die von den propriozeptiven Organen der Muskeln kommen, sind deutlich verschieden. Die ersteren dauern länger und erreichen ihren Gipfel nicht so schnell, so daß man sie in den Kurven beide unterscheiden kann. Entsprechend der schon von Gasser und Erlanger geäußerten Meinung laufen die propriozeptiven in der α-Welle, die Nervenwirkungen von der Haut in der β-Welle. Unterschiede für die verschiedenen Receptoren der Haut, Schmerz, Druck, lassen sich nicht finden[4] (s. aber [5]).

Der Verlauf des Aktionsstromes in langsam leitenden sympathischen oder Hautnervenfasern ist bedeutend gedehnter als in den schnelleitenden (z. B. motorischen oder die Drucksensibilität leitenden). Leitungsgeschwindigkeit ca. 2 m/sec. Das Maximum wird in 3—5 σ erreicht und fällt auf die Hälfte wieder herab in 7—10 σ. Die Spannung kann $^1/_5$ der der schnellen Fasern erreichen. In einem gemischten Nerven kann man nebeneinander die zwei Arten von Erregungen aus der Aktionsspannungskurve erkennen. Die langsam ablaufenden Erregungen werden durch Säurereizung der Haut besonders leicht hervorgerufen (Schmerzsinn?[5]). Höhere Zentren haben einen Einfluß auf die Leitungsgeschwindigkeit des peripheren Nerven, wie Rosenberg und Sager mit Verstärker und Siemens-Oszillograph zeigen können. Bei belichteten Fröschen steigt die Leitungsgeschwindigkeit im Ischiadicus um 5—12% gegenüber dunkel gehaltenen[6].

Gegenüber den außerordentlichen Ergebnissen, die mit Hilfe der Verstärkermethodik und äußerst schnell reagierender Apparate erreicht sind, sind die, die sich auf Beobachtung mit langsam reagierenden Instrumenten stützen, relativ bescheiden. Immerhin sind die Ergebnisse für die allgemeine Physiologie des Nerven nicht uninteressant. Mit Hilfe eines sehr empfindlichen Galvanometers läßt sich nachweisen, daß auf die kurze negative Phase des Nervenaktionsstromes eine sog. verlängerte Negativität folgt, darauf eine Positivität

---

[1] Adrian, McKeen Cattel u. Hoagland: J. of Physiol. 72, 377 (1931).
[2] Adrian: J. of Physiol. 69, XXXII (1930). — Barnes, T. C.: Ebenda 69, XXIV (1930). — Raupennerv: Adrian: Ebenda 70, XXXIV (1930).
[3] Bronk: J. of Physiol. 67, 270 (1929).
[4] Matthews, Bryan H. C.: J. of Physiol. 67, 169 (1929).
[5] Adrian, E. D.: J. of Physiol. 70, XX (1930).
[6] Rosenberg u. Sager: Pflügers Arch. 228, 423 (1931).

und darauf wieder eine Negativität. Der gesamte elektrische Effekt bei einer solchen einzelnen Erregung dauert sekundenlang. Die Positivität entspricht offensichtlich der „positiven Schwankung" von HERING. Schon eine geringe Kohlensäurekonzentration, z. B. Exspirationsluft, bringt sie zum Verschwinden, und man sieht dann nur eine Retention der Negativität. Nach längerer Reizpause ist die Retention sehr gering oder ganz verschwunden. Bei Wiederholung entwickelt sie sich um so stärker, je intensivere Tätigkeit vorhergegangen ist. Wenn ZOTTERMANN beschreibt, daß die vollständige Wiederherstellung im Nerven nach einer Reizung erst in 50 Sigmen erreicht ist, so beruht dieses wohl auf einen entsprechenden Effekt[1].

LEWIN und FURUSAWA untersuchten die negative Schwankung des Crustaceennerven mit und ohne Sauerstoff. Bei diesen Nerven kommt es zu einer sehr starken Retention der Negativität. Es wird durch die Reizung das Verletzungspotential vermindert. Das Erregungspotential verkleinert sich dementsprechend. Wenn man sehr lange reizt, kann man den Nerven vollständig depolarisieren. Bei Sauerstoffmangel tritt ebenfalls eine Verkleinerung des Verletzungspotentials ein. Es ist offensichtlich die Verletzungs- und Aktionsspannung auf dasselbe Phänomen zurückzuführen; auf ein Membranpotential, an der Oberfläche der Nervenfaser, das nur aufrechterhalten wird, solange Sauerstoff vorhanden ist[2].

Bd. VIII, 2.

Sekundäre Wirkungen der Elektrizität

(S. 926—998).

Von

HANS ROSENBERG – Berlin.

Einleitung (trophische Einflüsse und Elektronarkose).

Die theoretische Forschung auf dem Gebiete der sekundären Wirkungen der Elektrizität wird weitgehend von praktischen Aufgaben bestimmt, und die Fortschritte der letzten Jahre sind zum großen Teil von diesen Zielen geleitet. Als neue oder jedenfalls erst neuerdings in breiter Bahn verfolgte Richtungen sind die Untersuchungen über atmosphärische Elektrizität einschließlich willkürlich erzeugter Unipolarität der Luftladung, die Anwendung kurzer und ultrakurzer Wellen, die durch den Ausbau der Röhrensendertechnik ermöglicht wurde, und die chirurgische Ausnutzung der langwelligen Hochfrequenzströme zu nennen. Die Ergebnisse dieser Untersuchungen sowie der Bemühungen um weitere Aufhellung des Mechanismus elektrischer Schädigungen und zu ihrer Behebung werden in den folgenden Abschnitten dargestellt werden.

Hier sei noch auf zwei seit langer Zeit strittige Fragen eingegangen: die *trophische* Wirkung der *Galvanisation* und die *Elektronarkose*, die jetzt zur Betäubung von Schlachtvieh dient.

Mit exakter histologischer Methodik zeigte PIONTOWSKY[3] am durchschnittenen Kaninchennerven, daß der galvanische Strom den Veränderungszyklus beschleunigt, den die Nervenfaser während der Degeneration und Regeneration durchmacht, so daß schon nach 3 Wochen ein Zustand erhalten wird, den der Nerv unter natürlichen Verhältnissen erst 2 Monate nach der Durchschneidung erreicht. Gleichzeitig wird die Beweglichkeit des behandelten Beines verbessert und die Ausdehnung von Ernährungsstörungen eingeschränkt. Auch KUMAGAI[4] fand einen Einfluß schwacher Gleichströme auf experimentelle Knochenverletzungen von jungen Hühnern und Tauben. Die Callusbildung wird durch die den Bruchenden anliegende Anode beschleunigt, indem zunächst die Resorption, anschließend das

---

[1] AMBERSON, WILLIAM R., and A. C. DOWNING: J. of Physiol. **68**, 1, 19 (1929). — ZOTTERMANN: Ebenda **67**, 181 (1928).

[2] FURUSAWA, K.: J. of Physiol. **67**, 325 (1929).

[3] PIONTOWSKY, I. A.: Arch. f. Psychiatr. **91**, 269 (1930).

[4] KUMAGAI, K.: Zit. nach Ber. Physiol. **46**, 361 (1928).

Knorpel- und Knochenwachstum gefördert wird, während die Kathode den Regenerationsprozeß hemmt[1].

Die Unklarheit über das Wesen der sog. Elektronarkose ist nicht behoben, sondern durch widersprechende Beobachtungen vermehrt worden. Zimmermann[2] und offenbar auch Sack[3] gelang es nicht, durch Einschleichen ein Exzitationsstadium beim Hund bzw. Kaninchen zu vermeiden. Schon bei 0,5 mA fand Sack die Muskulatur in der Nähe der Kathode kontrahiert, bei Strömen über 1 mA wurde die gesamte Muskulatur in tetanischen Zustand versetzt; 2 mA führten bei Kaninchen schon nach 2 Minuten zum Tode. Er vermutet daher, daß es sich nicht um einen schlaf- oder narkoseähnlichen Zustand handelt, sondern daß das Ausbleiben der Reaktion auf Schmerzreize entweder auf einer durch Tetanus bedingten Bewegungsunfähigkeit oder auf einem Hemmungsvorgang beruht, der durch die anhaltende, vom elektrischen Strom selbst ausgelöste Schmerzempfindung bedingt ist. Ähnliche Ansichten werden auch von Zimmermann geäußert, der übrigens einen erheblichen Temperaturanstieg während der Durchströmung beobachtete, der vielleicht auf der krampfhaften Muskeltätigkeit beruht. Während Sack die Schädlichkeit auf die scharfe Rechteckigkeit der von ihm verwendeten Stromstöße zurückführt, erhielt Nicolai[4] mit lichtelektrisch erzeugten genauen Rechteckstößen narkoseähnliche Zustände an Kaninchen ohne stärkere motorische Reizwirkungen, wenn die Stromsteigerung durch Flüssigkeitswiderstände *äußerst vorsichtig* vorgenommen wurde. Nach M. Müller[5] werden Rinder bei langsamem Einschalten des Leducschen Stroms zunächst etwas unruhig und aufgeregt, knien sich dann hin wie zum Niederlegen und verfallen mit einem auf die Seite gebogenen Kopf in einen somnolenten Zustand; erst bei weiterer Stromsteigerung beginnt ein allgemeiner Muskelstreckkrampf in Seitenlage des Tieres. Auch Keller[6] beobachtete bei Katzen und Kaninchen neben Atmungsbeschleunigung und Speichelfluß je nach Stromstärke die Annahme passiver Haltungsänderungen (Katalepsie) oder ein spontanes Auftreten von Haltungsanomalien (Katatonie), die erst bei stärkeren Strömen zu Versteifungen, gelegentlich zu Zittern und schließlich zu Krämpfen führen. Die epileptiforme Reaktion bei Hunden auf kurzdauernde starke Leducsche Ströme wurde von Ivy und Barry[7] eingehend untersucht. Obwohl Gleichstrom ebenfalls einen Muskelspasmus hervorruft, hinterläßt er keine Unempfindlichkeit gegen Schmerzreize, während nach Leducschem Strom Sensibilität und Reflexe erst nach einigen Minuten wiederkehren. Rückenmarkdurchströmung macht bei manchen Tieren Anästhesie auch ohne Muskelrigidität bei vorsichtiger Intensitätsabstufung. In diesem Zusammenhang scheint bemerkenswert, daß Fe. und Fr. Scheminzky[8] bei Krebsen jenseits der durch absteigenden Strom hervorgerufenen Galvanonarkose ein Stadium finden, in dem die Tiere durch aufsteigende stärkere Ströme infolge allgemeiner Muskelspannung in einen Zustand der Fixation geraten. Bei Seesternen gelingt eine Galvanonarkose nicht, vielmehr entsteht ein krampfartiger Zustand, den Scheminzky[9] mit dem radiären Bau des Zentralnervensystems begründet. Einzelheiten der Elektronarkose bei Fischen mit verschiedenen Stromformen beschreibt Nicolai[10]. Nachdem Scheminzky mehrfach die Minderempfindlichkeit kleinerer Individuen verschiedener Spezies beobachtet und als Altersverschiedenheit gedeutet hatte, ist es Holzer[11] gelungen, für den Einsatz der Betäubung mit Wechselstrom ein Gesetz der konstanten Gestaltspannung abzuleiten, welches besagt, daß für den betreffenden Reizerfolg die Spannung zwischen Maul und Schwanz des Fisches eine definierte Maßzahl darstellt, die innerhalb einer Art von der Länge des Tiers unabhängig ist.

Atmosphärische Elektrizität und unipolar geladene Luft.

Der Zusammenhang von Wetter- und Höhenkrankheiten mit bestimmten Ladungszuständen der Atmosphäre ist schon seit Jahren vermutet und be-

---

[1] Nach W. W. Siebert [Biochem. Z. **215**, 152 (1929)] soll das während der Erregung von Nerv und Muskel entstehende elektrodynamische Feld die Sprossungsintensität von Hefe erhöhen.

[2] Zimmermann, J.: Untersuchung über die Anwendbarkeit der elektrischen Betäubung nach Leduc bei chirurgischen Eingriffen beim Hunde. Inaug.-Dissert. München 1928.

[3] Sack: Ber. Physiol. **61**, 372 (1931).

[4] Nicolai, L.: Ber. Physiol. **61**, 373 (1931) — Pflügers Arch. **229**, 367 (1932). Nach persönlicher Mitteilung genügt auch das Boruttausche Chronaximeter.

[5] Müller, M.: Dtsch. Schlachthofztg **29** (V. F.), 88.

[6] Keller, Ch. J.: Nederl. Tijdschr. Geneesk. **1931 II**, 3858.

[7] Ivy, A. C., u. F. S. Barry: Amer. J. Physiol. **99**, 298 (1932).

[8] Scheminzky, Fe. u. Fr.: Pflügers Arch. **228**, 548 (1931).

[9] Scheminzky, F.: Pflügers Arch. **226**, 58 (1930).

[10] Nicolai, L.: Pflügers Arch. **224**, 268 (1930).

[11] Holzer, W.: Pflügers Arch. **229**, 153 (1931).

hauptet worden. Eine Reihe zum Teil sehr eingehender Arbeiten auf diesem Gebiet hat jedoch noch keine ausreichende Klärung bringen können.

Die als feindisperses System betrachtete atmosphärische Luft (Aerosol) enthält geladene und ungeladene Teilchen von 10^{-6} bis 10^{-8} cm Radius in örtlich und zeitlich verschiedener Anzahl suspendiert. Man unterscheidet kleine, mittlere und schwere Ionen, d. h. positiv oder negativ geladene Teilchen, deren Größe sich unter der Annahme einer elementaren Ladung aus der Beweglichkeit im elektrischen Felde ergibt (Beweglichkeit etwa 1,0 bzw. 0,01 bzw. 0,0003 cm/sec:Volt/cm). Bei den üblichen meteorologischen Bestimmungen werden die mittleren den schweren Ionen zugerechnet. In dieser Gruppe ist das Verhältnis der Ladungen beider Vorzeichen ($N^+:N^-$) annähernd $= 1$, gewöhnlich mit einem geringen Überschuß positiver Ionen, und weicht nur bei besonderen Witterungsverhältnissen wesentlich von diesem Wert ab. Die Gesamtzahl der schweren Ionen ist am höchsten in Großstädten und sinkt rasch in Richtung des Landes und der Höhe. Hohe relative Feuchtigkeit begünstigt die Entstehung großer Ionen durch Anlagerung kleiner an ungeladene Kerne. Die verschiedenen, von bestimmten Gegenden (z. B. Pol, Tropen usw.) herstammenden sog. Luftkörper führen einen ihnen eigentümlichen Gehalt an schweren Ionen, der seine Höchstwerte in der Mischluft an der Grenze zweier Luftkörper erreicht. Bei Föhn ist die Zahl der schweren Ionen vermindert ohne nennenswerte Änderung des Verhältnisses ihrer Vorzeichen. Immerhin bleibt die Möglichkeit einer Zunahme der mittleren Ionen, deren Anhäufung, zumal bei Überwiegen einer Polarität, von besonderer Bedeutung sein könnte, wie die folgenden Ausführungen ergeben werden (LINKE und ISRAEL[1]).

Vielleicht können derartige Verschiebungen erklären, daß SCHORER[2] bei Föhn, aber auch bei anderen Wetterlagen beobachtete, daß das *Verhältnis der positiven zur negativen Leitfähigkeit der Luft*, das in Bern gewöhnlich über 1 liegt, unter 1 sank. Gleichzeitig bemerkte er bei empfindlichen und leidenden Personen Störungen des Wohlbefindens, wie Müdigkeit, Schwere in den Gliedern, Anschwellen der Hände, Kribbeln, Kopfschmerzen, Schlaflosigkeit, Erschwerung und Vertiefung der Atmung, Schmerzen und Stiche in der Herzgegend, Angstzustände usw., bei Kranken zuweilen bedrohliche Krisen. SCHORER bezieht diese Erscheinungen auf ein Überwiegen der negativen Träger in der Atmosphäre, während die positiven Ionen imstande sein sollen, die geschilderten Beschwerden zu mildern oder zu heben. Auch durch künstliche Erzeugung eines Überschusses von Ionen eines Vorzeichens mit Hilfe einer Influenzmaschine sah er diese gegensinnigen Erscheinungsreihen auftreten. SCHORER vermutet den Angriffspunkt der Ladungen in der Lunge und findet in 102 von 130 Versuchen an Tagen mit Überwiegen der positiven Ionen die alveoläre Kohlensäurespannung höher als an Tagen mit Überschuß der negativen Ionen. Bei einem empfindlichen Menschen fand er gleichzeitig während zweier mittelschwerer Föhnzustände Alkalireserve und p_H vermindert[3]. Übereinstimmend äußert DE RUDDER[4] als Arbeitshypothese, daß die besonders durch atmosphärische Umschichtungen entstehenden Änderungen des Ionengleichgewichts auf dem Wege der Einatmung dieser Luft im menschlichen Körper die aktuelle Blutreaktion und mit deren Hilfe die Erregbarkeit des vegetativen Nervensystems abändern, wodurch bei geeigneten Individuen akute krankhafte Reaktionen ausgelöst werden.

---

[1] LINKE, F., u. H. ISRAEL: Schwere Ionen in der Atmosphäre. In: Zehn Jahre Forschung auf dem physikalisch-medizinischen Grenzgebiet. Herausgegeben von FR. DESSAUER. S. 351. Leipzig 1931.

[2] SCHORER, G.: Schweiz. med. Wschr. **61**, Nr 18, 417 (1931).

[3] Nach Inhalation durch Ultraviolettbestrahlung ionisierter Luft sank bei Frauen die Wasserstoffionenkonzentration der Milch für mehrere Stunden, und zwar stärker als nach direkter Bestrahlung der Brust [FIORENTINI, A.: Riv. Clin. pediatr. **29**, 273 (1931) — zit. nach Ber. Physiol. **62**, 238 (1931)].

[4] RUDDER, B. DE: Wetter und Jahreszeit als Krankheitsfaktoren. Grundriß einer Meteoropathologie des Menschen, S. 71—78. Berlin 1931.

Angesichts der Verwickeltheit der natürlichen Bedingungen hat Dessauer[1] mit seinen Schülern die Herstellung von Luft mit nur einer Ladungsart bestimmten Vorzeichens in hinreichender Menge und Gleichmäßigkeit ausgebildet und ihre Einwirkung auf den Organismus geprüft.

Die von ihnen meist benutzten negativen Ionen haben eine Beweglichkeit von 0,002 bis 0,007 cm/sec:Volt/cm, sind also zu den mittelschweren Ionen zu zählen. Die mittlere Ladungsdichte ist 10^7 pro ccm, d. h. etwa 1000mal höher als die Dichte der Ionen eines Vorzeichens in gewöhnlicher Luft (Ionen des ungewollten Vorzeichens bleiben unter 1%). Träger der Ladung ist vorwiegend feinster Staub von Magnesiumoxyd mit Beimengung von Platin, also pharmakologisch recht indifferentes Material, von dem bei halbstündiger Atmung 0,03 mg in der Lunge bleibt (davon 0,005 mg geladene Teilchen).

Von der bei normaler Respiration eingeatmeten Ladung (negative Ionen) bleiben in der Lunge selbst 14—40%, im schädlichen Raum weniger als 45%. Von der eingeatmeten Ladung tritt um so mehr in die Lunge, je tiefer die Atmung ist und je schwerer die Ionen sind. Bei Atmung kleiner Ionen bleibt die ganze Ladung im toten Raum, so daß fast nichts in die Lungen eintritt. Umgekehrt bleibt von der in die Lunge eingedrungenen Ladung um so mehr zurück, je leichter die Ionen sind, je tiefer die Luft in die Lungen dringt und je länger sie zurückgehalten wird. Mit Ionen verschiedener Größe gelingt der Nachweis, daß die schwereren langsamer in das Lungengewebe diffundieren als die leichteren (von den erzeugten Ionen sind übrigens die positiven durchschnittlich 30% beweglicher als die negativen). Vermutlich werden daher die schweren Ionen der Atmosphäre noch langsamer aufgenommen und noch reichlicher exhaliert als die mittleren MgO-Ionen, die kleinen atmosphärischen Ionen jedoch schon vollständig im Anfang des Luftweges verschwinden, so daß man von den mittleren Ionen die größte physiologische Wirkung erwarten darf (Aufladung der Versuchspersonen auf + oder −500 Volt ist ohne Einfluß auf die Zurückhaltung der eingeatmeten Ionen im Organismus). Der O_2-Gehalt der ionisierten Luft war normal, Ozon und Stickoxydul waren ihr nicht beigemengt, das Vorhandensein salpetriger Säure wegen des gegensätzlichen Effekts positiver und negativer Ladung unwahrscheinlich.

Bei halb- bis einstündiger Einatmung zeigte sich, daß *negative Ladung* erfrischend und blutdrucksenkend wirkt, die Atmung verlangsamt und verflacht, den Sauerstoffverbrauch vermindert, während *positive Ladung* ermüdet, den Blutdruck nicht verändert oder erhöht, die Atmung beschleunigt und vertieft, den Sauerstoffverbrauch vermehrt. Die Blutdruck- und Stoffwechselveränderungen waren bei Hypertonikern und Basedowikern ausgesprochener als bei Gesunden. Die Wirkung auf die Diurese war zweifelhaft und möglicherweise von Nebenumständen abhängig. Auf den Krankheitsverlauf bei Mäusen, die intraperitoneal mit Hühnertuberkulose infiziert waren, entfaltete die Ionenatmung keine Wirkung[2]. Außer den erwähnten Kranken reagierten subakute und chronische Rheumatiker häufig lebhaft auf negativ ionisierte Luft. Versuche an Körperflüssigkeiten und überlebenden Organen scheiterten vorläufig an störenden Begleitfaktoren. Auffallenderweise ergab sich bei Versuchen von Belák, Holik und Kelemen[3], in denen allerdings nur Überschuß von Ionen eines Vorzeichens vorhanden war, keine sichere Veränderung von Blutdruck, Pulszahl, Atemfrequenz, physischen und psychischen Leistungen.

Ergänzend seien einige Untersuchungen angeführt, die den Zusammenhang von *Luftelektrizität und Verhalten der Pflanzen* betreffen. Pflanzen, die in isolierten Kulturgefäßen gezogen wurden, zeigten schnelleres und kräftigeres Keimen sowie größeren Wasserreichtum als solche, deren Erde durch einen metallischen Leiter geerdet war — doch erscheinen diese Ergebnisse noch unsicher (Vlès[4]). In einem künstlichen Felde von 1500 Volt/cm wird die

---

[1] Dessauer: Zehn Jahre Forschung auf dem physikalisch-medizinischen Grenzgebiet. Herausgegeben von Fr. Dessauer. S. 21—175. Leipzig 1931 — Untersuchungen über unipolar beladene Luft von Fr. Dessauer, A. Janitzky, N. Wolodkewitsch, P. Happel und I. Strassburger.

[2] Im Gegensatz zu Befunden von H. Picard an tuberkulösen Meerschweinchen, die mit ultraviolettbestrahlter, mit beiden Ionensorten angereicherter Luft behandelt wurden [Strahlenther. **23**, 541 (1926). Daselbst ältere Literatur].

[3] Belák, A., S. Holik u. St. Kelemen: Z. Hyg. **111**, 703 (1930).

[4] Vlès, F.: Arch. Physique biol. **8**, 182 (1930).

Kohlensäureassimilation der Blätter durch positive Aufladung vermehrt, durch negative vermindert (Zea Mais und Camarina equisetifolia). Falls die Annahme zutrifft, daß die negativ geladene CO_2 den positiv geladenen Blättern in größerer, den negativ geladenen in geringerer Menge zuströmt, handelt es sich allerdings nur um einen indirekten Effekt (Chouchak[1]). Um die Bedeutung des natürlichen Potentialgefälles von der Höhe zum Erdboden für die geotropische Reaktion zu klären, brachten Brauner und Bünning[2] aufrechte geotropische Organe zwischen parallelen Metallplatten in ein Gleichstromfeld von 640 Volt/cm. Die positiv geotropische Wurzel von Vicia faba krümmte sich nach dem negativen, die negativ geotropische Haferkoleoptile nach dem positiven Pol, entsprechend den Verhältnissen bei der geotropischen Reaktion. Nach Lipperheide[3] werden nicht nur die Schlafbewegungen[4], sondern auch andere Funktionen der Pflanzen durch die Luftionisation beeinflußt. Bei erhöhtem Ionengehalt bewahrten die Blätter im Dunkel ihre grüne Farbe wesentlich länger als die Kontrollen. Das Wachstum wurde gefördert: Blattoberfläche und Trockengewicht der behandelten Pflanzen (Phaseolus multifloris) nahmen zu, die Aufnahme von Salzen aus der Nährlösung und die Transpiration war erhöht (Ozon wirkte schädlich). Dagegen fanden Bünning, Stern und Stoppel die Schlafbewegungen der Primärblätter etiolierter Bohnenkeimlinge unabhängig von der Leitfähigkeit der Luft — sowohl bei künstlich vermindertem wie bei unipolar vermehrtem Ionengehalt. Auch Wachstum und Transpiration werden durch einsinnige Beladung der Luft nicht entscheidend gegen die Kontrollen verändert, deren erhebliche Schwankungsbreite vielfach nicht ausreichend berücksichtigt wurde[5].

Kurze und ultrakurze Wellen.

Die biologische Kurzwellenforschung ist seit der ersten Mitteilung von Schereschewsky[6], der wie alle späteren Untersucher ein *Kondensatorfeld* im sekundären Schwingungskreis benutzte, wesentlich gefördert worden. Schereschewsky[7] hatte eine vorwiegende tödliche Wirksamkeit einzelner Frequenzen beobachtet und auf zelluläre Resonanz zurückgeführt (allerdings war die gleiche Leistung bei den verschiedenen Frequenzen nicht sichergestellt).

Diesen Gedanken wandte er nunmehr auf die experimentelle Tumorbekämpfung an, indem er für die Zellen des Mäusesarkoms die Frequenz zur elektromechanischen Schwingungsanregung abschätzte. Durch lokale Bestrahlung des zu 95% angehenden und nur in 2% spontan heilenden Implantats mit 66—$68 \cdot 10^6$ Hertz (4,4 m Welle) und 0,25—0,3 A. — meist mehrere Male, zusammen 3—18 Minuten je Maus — konnte er von 400 Tieren 100 retten, während alle 230 Kontrollen starben[8]. Die in 3—4 Wochen erfolgende Resorption der Sarkomknoten soll nicht auf Erhitzung beruhen. $135 \cdot 10^6$ Hertz (2,2 m Welle) waren ohne besondere Wirkung. In sehr sorgfältigen Versuchen, bei denen die in Erwärmung bestehende Energieaufnahme der Versuchstiere (Mäuse) sofort post exitum calorimetrisch gemessen wurde, fanden Christie und Loomis[9] keinen Anhaltspunkt für die besondere Wirksamkeit bestimmter Schwingungszahlen zwischen $8,3$ und $158 \cdot 10^6$ Hertz (Wellenlänge 38—1,9 m). Unter $50 \cdot 10^6$ Hertz ist der Effekt der Intensität des Feldes direkt proportional, oberhalb

---

[1] Chouchak, M. D.: Rev. gén. Bot. **41**, 465 (1929).

[2] Brauner, L., u. E. Bünning: Ber. dtsch. bot. Ges. **48**, 470 (1931). *Nachtrag bei der Korrektur:* Das Wachstum von Hafer- und Gerstentrieben ist im elektrischen Feld (100 V/cm) beschleunigt (Reich, M., u. F. Förster: Naturwiss. **20**, 278 (1932).

[3] Lipperheide, C.: Angew. Bot. **9**, 561 (1927).

[4] Vgl. R. Stoppel: Ds. Handb. **17**, 659.

[5] Bünning, E., K. Stern u. R. Stoppel: Planta (Berl.) **11**, 67 (1930). — Stern, K., E. Bünning u. N. Wolodkewitsch: Ebenda S. 45 (daselbst Literatur). Unmittelbare Durchströmung der Pflanzen selbst oder der Erde der Versuchskästen war sowohl bei Wechselstrom wie bei Gleichstrom (auch bei regelmäßiger Wendung) fast immer schädlich, wenn die unterschwellige Dichte überschritten wurde [vgl. C. Lipperheide: Angew. Bot. **9**, 561 (1927). — Tamm, E.: Bot. Archiv **21**, 9 (1928). — Marx, D.: Ann. of Bot. **43**, 163 (1929). — Pelous, L.-A.: Rev. gén. Bot. **42**, 457, 517, 593, 663 (1930)]. Dagegen sah P. W. Ssawostin [Planta (Berl.) **11**, 683 (1930); **12**, 327 (1930)] Wachstumsbeschleunigung sowie Ab- und Zunahme der Plasmaströmungsgeschwindigkeit im konstanten Magnetfeld.

[6] Schereschewsky: Ds. Handb. **8 II**, 954.

[7] Schereschewsky, I. W.: Publ. Health Rep. **43**, 927 (1928). — Vgl. auch Pflomm: Münch. med. Wschr. **1930**, 1854.

[8] Ein großer Teil der behandelten Tumortiere erlag jedoch nicht der Geschwulst, sondern anfänglichen Behandlungsschäden und einer bacillären Infektion.

[9] Christie, R. V., u. A. L. Loomis: J. of exper. Med. **49**, 303 (1929).

die Letalität vermutlich infolge Änderung der dielektrischen Eigenschaften der Gewebe bei
sehr kurzen Wellen vermindert. Bei Behandlung von Paramäcien in Gefäßen mit Nährlösung mit Frequenzen von 10 bzw. $75 \cdot 10^6$ Hertz (30 bzw. 4 m Welle) war das makro- und
mikroskopische Verhalten der Tiere das gleiche und die Absterbetemperatur dieselbe wie
bei entsprechender Erwärmung im Wasserbad. Bei Kühlung der Versuchsflüssigkeit oder
Aufschwemmung in Nichtelektrolyten wurden die Paramäcien auch durch Verdoppelung
der sonst letalen Dosis nicht geschädigt (Kahler, Chalkley und Voegtlin[1]). Vielleicht
ist es aber nötig, näher benachbarte Bereiche des Frequenzbandes durchzuprüfen, da beispielsweise nach Haase und Schliephake[2] ein bestimmter Staphylokokkenstamm bei gleicher
Temperatur des flüssigen Mediums durch eine Wellenlänge von 3,5 m in 8 Minuten, von
6 m in 15, von 20 m in 6 Minuten abgetötet wurde. Andere Stämme und Keimarten zeigten
andere Schädigungsoptima.

Trotzdem ist aus diesen Tatsachen nicht zu folgern, daß neben der Wärmewirkung ein besonderer elektrischer Effekt vorliegen muß. Denn es werden nicht
nur verschiedene Elektrolyte äquimolekularer Konzentration durch die gleiche
Wellenlänge verschieden erwärmt, sondern auch bestimmte Konzentrationen
desselben Elektrolyten höher als andere Konzentrationen erhitzt (Schliephake[3]).
Auf Grund experimenteller Befunde kommt Pätzold[4] zu einer Beziehung zwischen
Leitfähigkeit $\varkappa$, Dielektrizitätskonstante ε und Wellenlänge λ, die besagt, daß,
wenn $\lambda = \varepsilon/2\varkappa$ ist, das Maximum der Erwärmung eintritt. Es wächst nämlich
im Gebiet sehr kurzer Wellenlängen die *kapazitive Stromkomponente* und erreicht dieselbe Größenordnung wie der Leitungsstrom; bei Gleichheit beider
Stromanteile wird die größte Erwärmung erhalten. Infolgedessen wird bei
genügendem Abstande des Objekts von den Kondensatorplatten ein Körperteil
im Bereich der Platten in seinen einzelnen Schichten lediglich nach Maßgabe
ihrer physikochemischen Eigenschaften erwärmt, ohne daß eine Ablenkung durch
besser oder schlechter leitende Gebilde wie bei Strömen von 10^6 Hertz (Diathermie) eintritt. Dieser Unterschied manifestiert sich sehr deutlich beim Vergleich der Erwärmung einzelner Gewebe und ganzer Körperteile, indem z. B.
Fettgewebe durch Diathermiestrom über viermal so stark erhitzt wird wie im
Kondensatorfeld. Daher läßt sich mit kurzen Wellen eine starke Erwärmung
in der Tiefe (z. B. im Knochenmark) erreichen, ohne daß eine unerträgliche Erhitzung der Haut und vor allem des Unterhautzellgewebes eintritt. Die an toten
Gliedmaßen erhaltenen Resultate werden für die Kurzwellen durch den Blutstrom nur insofern verändert, als eine starke Erwärmung des Blutes und eine
Wärmeabfuhr, zumal durch die auftretende Hyperämie, stattfindet. Es liegt
also durchaus im Bereich der Möglichkeit, bei Kenntnis der Materialkonstanten
einzelne Gewebsarten des durchstrahlten Querschnittes selektiv zu erwärmen
(Schliephake[5]).

Bei intensiver Behandlung ganzer Tiere wird der *Tod durch Überhitzung*
herbeigeführt, wobei die Rectaltemperatur bis zu 45° ante mortem steigen kann.
42° C werden gewöhnlich eine Zeitlang ertragen, während Temperaturen über
43,5° fast stets tödlich wirken. Während der Anwendung zeigen die Tiere Unruhe, Beschleunigung der Herztätigkeit und Atmung unter vermehrter Abgabe
von Wasserdampf; die Erregung geht bald in völlige Erschlaffung über. Nach
rechtzeitiger Unterbrechung erholen sich die Tiere allmählich. Bei örtlicher

---

[1] Kahler, H., H. W. Chalkley u. C. Voegtlin: Publ. Health Rep. **1929 I**, 339.

[2] Haase, W., u. E. Schliephake: Strahlenther. **40**, 133 (1931).

[3] Schliephake, E.: Z. exper. Med. **66**, 230 (bes. 234) (1929) — Strahlenther. **38**, 655
(bes. 660) (1930).

[4] Pätzold, I.: Dissertation aus dem technisch-physikalischen Institut. Jena 1930
— zit. nach E. Schliephake: S. 660. Zitiert auf dieser Seite, Fußnote 2 — 2. Beiheft zu
Fortschr. Röntgenstr. **42**, 39 (1930).

[5] Schliephake, E.: Z. exper. Med. **66**, 230 (1929). — Vgl. auch Rhenisch: Beiheft zu
Fortschr. Röntgenstr. **44**, 110 (1931) sowie die Aussprache ebenda S. 113.

Bestrahlung erwärmen sich die betroffenen Teile in kräftigen Feldern stark unter ziemlich langsamer Verteilung der Wärme im ganzen Organismus[1]. Nach der Behandlung ist die Körpertemperatur sehr schwankend und neigt gelegentlich zu tiefen Abstürzen, besonders nach Bestrahlung von Kopf und Hals, so daß eine Störung der zentralen Wärmeregulation zu vermuten ist[2].

Im Verlauf einer halb- bis einstündigen Behandlung von Hunden mit Anstieg der Temperatur auf 40,5—43° C erfolgte Gewichtsverlust, Abnahme der Blutmenge unter Eindickung: Rest-N, Zucker, Eiweiß, Milchsäure und Chlor im Blut erhöht; Bicarbonatgehalt durch Hyperventilation vermindert; p_H nicht stark verändert, meist zur Alkalose neigend, nur bei höheren Temperaturen wegen vermehrter Milchsäureproduktion acidotisch. Entsprechend dem Wasserverlust Oligurie[3].

Verendete oder hochgradig geschädigte Tiere zeigen anatomisch Hyperämie und Thrombenbildung, besonders in Schwanz und Extremitäten, trübe Schwellung, fettige Degeneration und Nekrosen der inneren Organe einschließlich der Keimdrüsen. Die Veränderungen sind zum Teil rückbildungsfähig[4]. Mit geeigneter Anordnung kann man im Zentralnervensystem umschriebene Bezirke schädigen und ausschalten[5]. Eine Förderung des Wachstums und der Zellfunktionen (z. B. Knochenbildung) durch vorsichtige Behandlung scheint bisher nicht eindeutig gelungen, obwohl beispielsweise Vogeleier infolge der Erwärmung zur (unvollständigen) Weiterentwicklung gelangen[6]. Durch größere Dosen scheint sogar eine Hemmung der Zelltätigkeit, z. B. der Schilddrüse, stattzufinden[7].

Bei künstlicher Tuberkulose von Meerschweinchen und Kaninchen ist zwar die entzündliche Reaktion der Impfstelle (Kniegelenk) einzuschränken, der Ausbruch der Allgemeinerkrankung jedoch nicht zu verhindern. Dagegen bieten lokalisierte Strepto- und Staphylomykosen sehr günstige Aussichten[8].

Häufige Tätigkeit am Sender führt beim Menschen zu Störungen des Befindens (Kopfweh, Reizbarkeit, Mattigkeit), die objektiv durch Chronaxieveränderung nachzuweisen sind[9].

Elektrothermie (Elektrokoagulation usw. außer Diathermie).

Während die Diathermie gewöhnlich eine allgemeine oder auch umgrenzte Erwärmung in der Tiefe anstrebt (Endothermie), ist in den letzten Jahren, hauptsächlich zu operativen Zwecken, ein Verfahren entwickelt worden, das mit Strömen derselben Frequenz von möglichst pausenlosem Fluß durch Benutzung einer großen inaktiven und einer kleinen stecknadel- bis markstückgroßen aktiven Elektrode eine starke *Erhitzung an der Oberfläche* eines Gewebes im Bereich der aktiven Elektrode erzielt (Ektothermie). Die aktive metallische Elektrode selbst bleibt infolge ihres geringen elektrischen Widerstandes kühl.

Wenn eine nadel- oder messerförmige Elektrode schnell durch ein Gewebe geführt wird, erhält man eine scharfe und glatte Durchtrennung wie bei Schnitt: der Zellverband wird

---

[1] BALDWIN, W. M., u. W. C. NELSON: Proc. Soc. exper. Biol. a. Med. **26**, 5881 (1929). — SAIDMAN, J., J. MEYER u. R. CAHEN: C. r. Acad. Sci. Paris **192**, 1760 (1931).

[2] SCHLIEPHAKE, E.: Z. exper. Med. **66**, 256 (1929).

[3] KNUDSON, A., u. PH. I. SCHAIBLE: Amer. J. **90**, 216 (1929) — Arch. of Path. **11**, 728 (1931).

[4] BALDWIN, W. M., u. W. C. NELSON: Vgl. Fußnote 1. — BALDWIN, W. M., u. M. DONDALE: Proc. Soc. exper. Biol. a. Med. **27**, 65 (1929). — MACCREIGHT, J., u. G. M. MCKINLEY: Ebenda **27**, 841 (1930). — OETTINGEN, K. J. v., u. H. HOOK: Zbl. Gynäk. **1930**, 2308. — SAIDMAN, I., J. MEYER u. R. CAHEN: Vgl. Fußnote 1. — JACOBSEN, V. C., u. K. HOSOI: Arch. of Path. **11**, 744 (1931).

[5] SCHLIEPHAKE, E.: Z. exper. Med. **66**, 260 (1929). — HELLER, R.: Klin. Wschr. **1931 II**, 2398.

[6] JORNS, G.: Bruns' Beitr. **152**, 31 (1931). — KNUDSON, A., u. PH. I. SCHAIBLE: Arch. of Path. **11**, 723 (1931). — JELLINEK, ST.: Wien. klin. Wschr. **1930 II**, 1594. — HELLER, R.: Ebenda **1931**, Nr 25.

[7] JORNS, G.: Z. exper. Med. **80**, 458 (1932).

[8] HAASE u. SCHLIEPHAKE: Zitiert auf S. 231.

[9] Vgl. SCHLIEPHAKE, E.: Kurzwellentherapie. Jena 1932. In dieser Monographie schildert SCHLIEPHAKE eingehend die physikalischen Grundlagen sowie die experimentellen und klinischen Ergebnisse der von ihm und seinen Mitarbeitern angestellten Untersuchungen *(Nachtrag bei der Korrektur)*.

durch Dampf- und Gasentwicklung in den Zellen infolge der entstehenden Hitze explosiv gesprengt; bei langsamem Durchführen wird die Schnittfläche in größerer oder geringerer Ausdehnung weißlich verfärbt (Elektrotomie). Bei festem Aufsetzen einer plattenförmigen differenten Elektrode wird das Gewebe durch starken Strom in einigen Sekunden zur Gerinnung gebracht bis in eine Tiefe, die etwa dem Elektrodendurchmesser gleichkommt. Bleibt ein kleiner Abstand zwischen der Plattenelektrode und dem Gewebe, so wird es durch einen Funkenregen oberflächlich verkohlt und geschwärzt (Elektrokoagulation bzw. -carbonisation).

Das geronnene oder verkohlte Gewebe besitzt eine verminderte elektrische Leitfähigkeit. Bei Oberflächenkoagulation und starker Stromintensität beträgt der Körperwiderstand 10—50, bei Elektrotomie in normalem Muskel 130—300, in Fettgewebe 500 bis mehrere 1000 Ohm. Bei rascher Elektrotomie wird die Temperatur der Schnittfläche um etwa 8°, bei langsamer um etwa 25° C erhöht. Unter einer Plattenelektrode von 3 cm Durchmesser erreicht die Temperatur nach 20 Sekunden in 3 cm Tiefe 50° C. Die Grenzzone der Koagulation liegt zwischen 40 und 50°, da oberhalb 50° alle Gewebe nekrotisieren, unter 50° normale Gewebe noch resistent sind und jedenfalls bei 45° nicht geschädigt werden, während Geschwulstgewebe schon bei 45° absterben kann. Die Erhitzung der Muskeln und benachbarter Nerven kann Zuckungen hervorrufen.

Bei rascher elektrischer Gewebsdurchtrennung werden Lymphbahnen und Blutcapillaren, bei langsamer Schnittführung mit starkem Strom auch kleine bis mittlere Blutgefäße verschlossen. Nach Bauer[1] sind die Veränderungen am ausgeprägtesten in der Blutsäule selbst wegen ihres geringen elektrischen Widerstandes und nehmen in der Gefäßwand konzentrisch von innen nach außen ab. Nach Heitz-Boyer[2] beruht die Blutstillung auf Zellveränderungen der Gefäßwand, die zu einer ligaturartigen Schrumpfung führen. Die histologischen Veränderungen sind wohl als reine Hitzewirkungen zu deuten. Die Koagulation innerer Organe führt zu trockener Nekrose, die bindegewebig abgekapselt und allmählich resorbiert wird. Die bei Koagulation von Haut und Muskeln entstehenden Nekrosen heilen mit starker Hyperämie, Rundzelleninfiltration und Bindegewebswucherung. Die durch Naht verschlossene glatte Elektrotomiewunde der Haut unterscheidet sich in Heilungsverlauf und Narbenbildung nicht wesentlich von einem Skalpellschnitt[3]. Die Resorption aus der Elektrothermiewunde ist nahezu aufgehoben, so daß der Organismus sowohl gegen von außen in den Defekt gelangende Gifte wie gegen toxische Zerfallsstoffe der Gewebe selbst abgeriegelt ist[4].

Elektrischer Shock (Schädigungen durch Gleich- und Wechselstrom).

Die Zunahme der Unfälle infolge Ausbreitung der Elektrizitätswirtschaft hat besonders in Amerika eine eingehende Bearbeitung sowohl der statistischen Fragen und der verhütenden Maßnahmen als auch der patho-physiologischen Probleme des Stromtodes und der Wiederbelebung angeregt[5].

Ausführliche Untersuchungen wurden den anatomischen und physiologischen *Veränderungen der nervösen Zentralorgane*, insbesondere im Hinblick auf die Regulation der Atmung und des Kreislaufs, gewidmet, wobei absichtlich eine Komplikation durch Herzkammerflimmern vermieden wurde.

---

[1] Bauer, K. H.: Arch. klin. Chir. **162**, 325 (1931); **163**, 564 (1931).

[2] Heitz-Boyer, M.: Bull. Soc. nat. Chir. Paris **55**, 167, 1946 (1929). — Champy, Ch., u. M. Heitz-Boyer: C. r. Acad. Sci. Paris **189**, 1328 (1929).

[3] Über die chirurgischen Vorzüge des Verfahrens, wie Verhinderung der Verschleppung von Geschwulstkeinem usw., vgl. die eingehende Darstellung des ganzen Gebietes von F. Keysser: Die Elektrochirurgie. Leipzig 1931. Daselbst auch Literatur.

[4] Siehe das neue umfassende Werk von H. v. Seemen: Allgemeine und spezielle Elektrochirurgie. Berlin 1932 *(Nachtrag bei der Korrektur)*.

[5] Vgl. den Bericht des Ingenieurkomitees der Konferenz über elektrische Unfälle im J. ind. Hyg. **10**, 111 (1928) — National Safety Council Transactions **1926**, 268; **1928**, 273. — Jackson, I. P.: J. ind. Hyg. **9**, 520 (1927). — Ollendorf, F.: Erdströme. Berlin 1928. Für Hinweise und Überlassung von Veröffentlichungen bin ich besonders den Herren P. G. Agnew, C. K. Drinker, J. P. Jackson, W. Maclachlan und S. E. Whiting verbunden.

Zu diesem Zweck wählte URQUHART[1] die unnatürliche Stromzufuhr von Nasenhöhle und Membrana atlanto-occipitalis und erhielt während der Durchleitung von Wechselstrom generalisierte Kontraktion, nach Öffnen einige Konvulsionen, dann vollständige Muskelerschlaffung mit Dunkelfärbung der Schleimhaut und Pupillenerweiterung, nach 3—6 Minuten Herzstillstand ohne Flimmern. Bis etwa 600 mA für 2 Sekunden wird die Asphyxie ohne Zutun von Spontanatmung abgelöst. Bei über 700 mA liegenden, an sich meist tödlichen Intensitäten können etwa 75% der Tiere durch künstliche Atmung (Insufflation) gerettet werden; bei den gestorbenen 25% fanden sich grobe Schädigungen der Medulla und des Rückenmarks (Verbrennungen und Verletzungen), bei deren Vermeidung die Wiederbelebung stets gelingt, selbst wenn sie erst 5—6 Minuten nach der Durchströmung einsetzt (längeres Warten mit Rücksicht auf das Herz nicht möglich)[2]. Die Versuche wurden an Kaninchen ausgeführt.

Während der Durchströmung steht das Herz durch zentrale Vaguserregung still und der venöse Teil des Kreislaufs wird infolge der durch die Zentrenreizung bedingten Muskelkontraktionen und infolge der Erregung der vasokonstriktorischen Zentren mit Blut überfüllt. Dieses Überangebot an das seine Tätigkeit wieder beginnende Herz soll den vorübergehenden Druckanstieg bedingen, der einem Absturz nach dem Öffnen folgt und als Teilursache der vielfach auftretenden capillaren Blutungen bezeichnet wird. Der anschließende erneute Druckabfall beruht hauptsächlich auf einer allgemeinen Lähmung der Gefäßzentren (auch das Vaguszentrum ist in dieser Zeit unerregbar). Infolge der peripheren Stagnation erfolgt ungenügender Zufluß zum Herzen, dessen Schläge rasch an Kraft verlieren, wenn die künstliche oder natürliche Atmung nicht einsetzt. Die Spontanatmung und die verschiedenen Reflexe kehren zur selben Zeit zurück. Eine ähnliche vorübergehende Hemmung (Block) erzeugt Wechselstrom in den Zentren des unteren Rückenmarkabschnitts dezerebrierter Katzen und in den medullären Leitungsbahnen.

KOUWENHOVEN und LANGWORTHY[3] benutzen zur Untersuchung der Ursache des Atemstillstands und der Spättodesfälle Ratten, da deren Herz spontan zu flimmern aufhört.

Die Tiere wurden mit Gleich- und Wechselstrom von 110, 220, 500 und 1000 Volt behandelt, dessen Spannung während des Durchgangs konstant gehalten wurde. Vorversuche, bei denen die Spannung auf den fünften Teil abfiel, zeigten die Wichtigkeit des initialen Shocks (Elektroden an Kopf und Rumpf). Der aus großen Beobachtungsreihen hergeleitete Vergleich zwischen Gleich- und Wechselstrom ergibt folgendes Bild. Wechselstrom: andauernde heftige, tetanische Muskelkontraktionen, noch einige Sekunden nach Öffnen anhaltend, anschließend gewöhnlich klonische Bewegung der Gliedmaßen. Brustkorb inspiratorisch erweitert. Häufig Lähmung der Hinterbeine infolge spinaler Blutungen. Oft Blutung in die Konjunktiven, aus der Nasenschleimhaut und dem Maul (Lungenblutung?). Haar gesträubt. Gleichstrom: Muskelkontraktionen schwächer als bei derselben Wechselspannung, klonische Bewegungen meist während des Kontakts. Nachher Thorax kollabiert. Lähmungen ziemlich selten, nur ausnahmsweise grobe Veränderungen des Zentralnervensystems. Blutungen aus der Nase nur bei hohen Spannungen. Haare glatt anliegend. Bei niedrigeren Spannungen ist Wechselstrom gefährlicher als Gleichstrom, bei 500 Volt ist der Unterschied nur gering, bei 1000 Volt tötet Gleichstrom in kürzerer Kontaktzeit als Wechselstrom.

Trotz kräftiger Herztätigkeit war künstliche Atmung häufig erfolglos auch bei Fehlen schwerer Verletzungen — besonders bei Gleichstrom, da infolge des Thoraxkollapses durch die angewandte Art der künstlichen Atmung (prone pressure-Methode von SCHAEFER[4]) keine Luft in die Lungen zu bringen war. Auch erholte Tiere zeigen oft tagelang Atemstörungen und langsame Rückkehr

---

[1] URQUHART, R. W.: J. ind. Hyg. **9**, 140 (1927). — URQUHART, R. W., u. E. C. NOBLE: Ebenda **11**, 154 (1929).

[2] Die Zugabe von Kohlensäure zur Atemluft oder die Zufuhr von reinem Sauerstoff bei der künstlichen Atmung beschleunigt die Wiederkehr der spontanen Respiration nicht (intramuskuläre Adrenalininjektion ebenfalls ohne Nutzen).

[3] LANGWORTHY, O. R., u. W. B. KOUWENHOVEN: J. ind. Hyg. **12**, 31 (1930).

[4] Über den Gebrauch dieses Verfahrens vgl. besonders den Bericht des Ingenieurkomitees der Konferenz über elektrische Unfälle im J. ind. Hyg. **10**, 117 (1928).

der Aktivität. Die Gleichstromlähmungen der Hinterbeine verschwinden meist rasch und vollständig; auch bei anhaltenden Störungen fehlen grobe Rückenmarkblutungen. Die häufigen Wechselstromlähmungen des hinteren Körperabschnitts, die bald auch zu Inkontinenz mit Hämaturie und nach 3—4 Tagen zum Tode führen, beruhen auf typischen spinalen Blutungen aus einer kleinen Arterie des hinteren Septums der unteren Thoraxregion (Stelle der größten Rückenkrümmung).

Das Blut breitet sich zwischen den hinteren Säulenfasern aus, teils oral und caudal, teils ventral bis zum Zentralkanal, und kann durch Druck eine vollständige Querschnittnekrose herbeiführen. Kouwenhoven und Langworthy behaupten auch, charakteristische Zellveränderungen im Zentralnervensystem beobachtet zu haben, während Urquhart solche vermißt (außer Erstickungserscheinungen) und Hirnblutungen im allgemeinen keine Bedeutung für den auf Atemlähmung beruhenden Shock zuschreibt.

Die geschilderten Untersuchungen lassen die Wichtigkeit *vasomotorischer Innervationsschwankungen* im Gesamtbild des elektrischen Schadens erkennen. Für den Menschen gelangt Panse[1] auf Grund sorgfältiger Analyse von umfangreichem Aktenmaterial zu der Ansicht, daß die insbesondere bei niedriger Stromstärke und geringen Verbrennungen auftretende, nicht mit Hirnödem einhergehende kurzdauernde Bewußtlosigkeit und die — an sich seltenen — Nacherkrankungen der grauen Substanz des Rückenmarks auf vasomotorische Kreislaufstörungen zu beziehen seien, und daß dem Versagen der peripheren Zirkulation ein Anteil an der Atemlähmung, einer Innervationsstörung der Coronarien ein Anteil am Zusammenbrechen der Herztätigkeit zukomme[2].

Es scheint aber nicht statthaft, das eigenartige, der zentralnervösen Störung mindestens gleichwertig gegenüberstehende Faktum des *Kammerflimmerns* wegzudeuten, nachdem Demel, Jellinek und Rothberger[3] kürzlich elektrokardiographisch bestätigt haben, daß nur Ströme einer mittleren Intensität die Fibrillation hervorrufen. Das spontane Aufhören des Kammerflimmerns beim Affen beweist selbstverständlich nicht, daß auch bei allen Menschen die normale Rhythmik von selbst wiederkehrt. Auch neue Statistiken zeigen den markanten Unterschied der Folgen von Hoch- und Niederspannung.

Neuerdings haben übrigens Bodó und Orbán[4] bei Teslastrom von 10^6 Hertz 55 mA und bei Diathermiestrom von $5 \cdot 10^5$ Hertz 250 mA bei unmittelbarer Durchströmung des Hundeherzens in situ bei Tieren von 10 kg als tödliche effektive Stromstärken gemessen und die tödliche Anfangsamplitude auf 10 bzw. 7 A berechnet (bei Wechselstrom nur 1,1 mA). Die Wärmeentwicklung während der benötigten Stromzeit ist unbedeutend.

Die *Wiederherstellung geordneter Rhythmik* beim Hundeherzen, das nach ausreichender elektrischer Durchströmung kontinuierlich flimmert, gelingt durch Injektion von KCl-Lösung in eine Carotis unter Druck, so daß sie in die Coronarien gepreßt und das Herz stillgestellt wird; nach einer kurzen Pause, in der jegliches Fibrillieren fehlen muß, wird $CaCl_2$-Lösung in derselben Weise eingespritzt, welche die KCl-Lösung verdrängt und normale Schlagfolge hervorruft (Hooker, Wiggers).

Nach Wiggers[5] und seinen Mitarbeitern genügt es auch, in beide Kammerhöhlen 5proz. KCl-Lösung (1 ccm pro kg) und nach Eintritt des Herzstillstandes $CaCl_2$-Lösung in derselben

---

[1] Panse, F.: Die Schädigungen des Nervensystems durch technische Elektrizität. Berlin 1930.

[2] Über experimentelle Arterienschädigung vgl. R. H. Jaffé, D. Willis u. A. Bachem: Arch. of Path. 7, 244 (1929). Bei Entbluten während des Kammerflimmerns wird nur die Hälfte der gewöhnlichen Menge erhalten [Kok, D. J., u. A. van Harreveld: Z. Fleisch- u. Milchhyg. 39, 473 (1929)].

[3] Demel, R., St. Jellinek u. C. J. Rothberger: Wien. klin. Wschr. 1929, Nr 48. — Vgl. auch P. Duchosal: C. r. Soc. Biol. Paris 106, 27 (1931).

[4] Bodó, R., u. G. Orbán: Pflügers Arch. 227, 309 (1931).

[5] Wiggers, C. J., J. R. Bell, M. Paine, H. D. B. Shaw, H. Theisen u. A. Maltby: Amer. J. Physiol. 92, 223 (1930).

Konzentration und Menge zu injizieren und Herzmassage anzuschließen, während HOOKER[1] mit diesem und ähnlichen Verfahren keine Erfolge erzielte (wegen der Schädigung des Atemzentrums durch die Asphyxie ist unter Umständen gleichzeitige künstliche Atmung erforderlich). Derartige Wiederbelebungsversuche scheinen beim Menschen noch nicht angestellt zu sein. Auch sonst haben sich für die Behandlung des Shocks keine neuen Gesichtspunkte ergeben; für den weiteren Verlauf ist u. a. auf bisher übersehene Knochenverletzungen zu achten[2].

Ergänzend mögen schließlich die histologischen Ergebnisse nachgetragen werden, die SCHRADER[3] mit niedergespanntem Gleich- und Wechselstrom an der *Haut* von Meerschweinchen und Kaninchen erzielte. Ohne auf anatomische Einzelheiten einzugehen, sei hervorgehoben, daß die reine Strommarke JELLINEKS nur bei engem Kontakt und niedrigem Hautwiderstand entsteht, während bei lockerer Berührung mehr oder weniger ausgeprägte Brandspuren hinzukommen oder vorherrschen. Mikroskopisch zeigen nicht nur die Gleichstromveränderungen polare Differenzen, zu denen als neuer Befund der histochemische Nachweis von Kupfer- und Eisenteilchen am positiven Pol tritt, sondern auch die beiden Durchgangsstellen des Wechselstroms sind in ähnlicher Weise unterschieden — was auf die Gleichrichtereigenschaft lebender Zellmembranen bezogen wird. Im Hinblick auf die vorhergehenden Ausführungen scheinen die ausgedehnten Gefäßalterationen, die unter dem Hautherd auch in die Tiefe greifen, von allgemeiner Bedeutung.

Bd. VIII, 2.

Die Aktionsströme des Herzens (Elektrokardiogramm)

(S. 785—862).

(Ergänzung der gleichnamigen Arbeit von Professor W. EINTHOVEN †.)

Von

ADOLF SCHOTT — Bad Nauheim und Frankfurt a. M.

Zusammenfassende Darstellungen.

WENCKEBACH u. WINTERBERG: Die unregelmäßige Herztätigkeit. Leipzig: Engelmann 1927. — ROTHBERGER, C. J.: Normale und pathologische Physiologie der Rhythmik und Koordination des Herzens. Erg. Physiol. **32**, 472 (1931). — MAHAIM, J.: Les maladies organiques du faisceau de His-Tawara. Paris 1931. — Vgl. auch EDENS: Die Krankheiten des Herzens und der Gefäße. Berlin: Julius Springer 1929.

Zu S. 787: In der letzten Zeit macht man auch mehr und mehr von der Spannungsoszillographie Gebrauch: Der Aktionsstrom des Herzens wird durch Verstärkerröhren um ein Vielfaches verstärkt und kann dann durch ein entsprechend unempfindlicheres Galvanometer aufgezeichnet werden. Im Gegensatz zu den vorher ausschließlich benutzten strommessenden Instrumenten wird hierbei eine Spannungsmessung und -registrierung vorgenom-

---

[1] HOOKER, D. R.: Amer. J. Physiol. **91**, 305 (1929).

[2] JELLINEK, ST.: Wien. med. Wschr. **1929**, Nr 17. — Weitere elektropathologische Einzelheiten bei ST. JELLINEK: Dtsch. Z. gerichtl. Med. **12**, 104 (1928) — Wien. klin. Wschr. **1932**, Nr 2 — Spurenkunde der Elektrizität. Elektrophysiographie. Leipzig u. Wien 1927. Eine ausführliche Darstellung des Krankheitsbildes beim Menschen gibt ST. JELLINEK in dem soeben erschienenen Werk: Elektrische Verletzungen. Klinik und Histopathologie. Leipzig 1932 *(Nachtrag bei der Korrektur)*.

[3] SCHRADER, G.: Experimentelle Untersuchungen zur Histopathologie elektrischer Hautschädigungen durch niedergespannten Gleich- und Wechselstrom. Jena 1932.

men, indem die von dem Herzen entwickelte Aktionsspannung den Anodenstrom einer Verstärkerröhre steuert; eine Stromentnahme desjenigen Stromkreises, in welchem das Herz liegt, findet nicht statt. Vgl. Klee, Gabler und Kahlson[1].

Zu S. 798: Holzlöhner[2] hat durch rasch registrierte Aufnahmen des ein- und zweiphasischen Aktionsstromes des Herzens verschiedener Kaltblüter und durch genaue Analyse der gewonnenen Kurven festgestellt, daß sich zwei Komponenten des Aktionsstromes nachweisen lassen, von denen die eine — langsamere — den Aktionsstrom des Überleitungsgewebes darstellt. Der Anteil dieser langsamen Komponente ist bei den Fischen am größten und bei den höchststehenden Kaltblütern, den Reptilien, bei denen schon eine Reduktion des Überleitungsgewebes besteht, am geringsten.

Zu S. 818: In der letzten Zeit ist der Einfluß der Digitalis besonders auf die Lage und Form des S-T-Intervalles untersucht worden. Eine jüngst erschienene zusammenfassende Darstellung dieser Frage sowie der Beziehungen der Digitalis zu Extrasystolen und Leitungsstörungen gibt Scherf[3]. Hier auch Literatur.

Schellong[4] hat in Fortsetzung seiner Untersuchungen über die Grundeigenschaften des Herzmuskels in der jüngst erschienenen IX. und X. Mitteilung den Einfluß der Digitalis am Beispiel des Digalens untersucht. Es geht aus diesen Untersuchungen am ganzen Froschherzen und Herzstreifen hervor, daß auch unter Digitaliswirkung die Änderungen der Erregungsfortpflanzung, der Erregbarkeit (gemessen an Schwellenreizen) und der Anstiegsgeschwindigkeit des Aktionsstromes einander parallel gehen, während die Dauer des Erregungsprozesses von den drei genannten Größen unabhängig ist. Die absolute Refraktärphase der Erregbarkeit unter Digalen ist zwar ein wenig größer als die Erregungsdauer; da diese aber durch Digalen beträchtlich verkürzt wird, ist auch die Refraktärphase einer Einzelerregung gegenüber dem unvergifteten Zustand verkürzt. Die relative Refraktärphase wird durch Digalen stark verlängert. Die relative Refraktärphase der Erregungsgröße (gemessen an der Höhe oder Dauer des einphasischen Aktionsstromes) wird ebenfalls verlängert, aber nicht stark, so daß die gesamte, absolute und relative Refraktärphase der Erregungsgröße sogar kürzer sein kann als im unvergifteten Zustand. Eine zuverlässige Angabe über das Verhalten der Refraktärphase ist nur bei Bestimmung mehrerer Punkte der Erholungskurve möglich. Die Untersuchungen über die absolute und relative Refraktärphase der Erregbarkeit und der Erregungsgröße bei rhythmischer Reizung ergaben Befunde, die besonders auch im Hinblick auf den Entstehungsmechanismus des periodischen Systolenausfalles neben dem physiologischen auch ein klinisches Interesse besitzen.

Durch Aconitin gelang die experimentelle Erzeugung von Bigeminie in Form ventrikulärer Extrasystolen mit fester Kupplung (Scherf[5]). Pitressin verursacht im Elektrokardiogramm die für Asphyxie charakteristischen Veränderungen (Goldenberg und Rothberger[6]). Die theoretisch besonders wichtige Frage der Veränderungen des Elektrokardiogramms bei der Monojodessigsäurevergiftung wurde in der letzten Zeit von mehreren Autoren bearbeitet, die Resultate sind noch widersprechend (Goldenberg und Rothberger[7], hier auch Literatur).

---

[1] Klee, Gabler u. Kahlson: Arch. f. exper. Path. **117**, 360 (1926) — Verh. dtsch. Ges. inn. Med. **1927**, 129, 147.

[2] Holzlöhner: Z. Biol. **86**, 542 (1927); **89**, 423 (1929); **90**, 35 (1930).

[3] Scherf: Bad Nauheimer Fortbildungslehrgang **8**. Leipzig: Thieme 1931.

[4] Schellong, F.: Z. exper. Med. **75**, 767, 789 (1931) — XI.: Ebenda **78**, 1 (1931).

[5] Scherf: Z. exper. Med. **65**, 195 (1929).

[6] Goldenberg u. Rothberger: Z. exper. Med. **76**, 1 (1931).

[7] Goldenberg u. Rothberger: Z. exper. Med. **79**, 687 (1931).

Zu S. 830: Craib[1] hat durch ausgedehnte Untersuchungen nachgewiesen, daß die bisher fast allgemein angenommene Anschauung, wonach der Aktionsstrom durch das Fortschreiten einer Negativität hervorgerufen werde, unrichtig oder zum mindesten unvollständig sei. Nach Craib geht der negativen Phase stets eine positive Phase voraus; es wandert mithin mit der Erregung ein aus zwei Teilen bestehendes Potential, also ein Doppelpotential: doublet. Beim Fortschreiten der Erregung entsteht das „doublet of invasion", dem im Elektrokardiogramm die Anfangsschwankung entspricht; beim Aufhören der Erregung entsteht ein „doublet of retreat", welches die Nachschwankung im Elektrokardiogramm erzeugt. Die Untersuchungen sind sowohl am Skeletmuskel wie am Herzmuskel ausgeführt. Die Anschauung Craibs ist eine Bestätigung und Fortführung der von Lewis[2] gegebenen, aber später von anderen Autoren angefochtenen Erklärung des Elektrokardiogramms auf Grund der „limited potential differences".

Zu S. 831: Abnorm geformte P-Zacken können auch durch Leitungsstörungen im Vorhof zustande kommen (Scherf und Shookhoff[3]). Die Erregungsausbreitung von Sinusknoten auf den Vorhof ist eingehend von Rothberger und Scherf[4] untersucht worden.

Zu S. 833: Die Frage nach der Abgrenzung extrasystolischer und automatischer Reizbildung hat in den letzten Jahren seitens verschiedener Autoren eine verschiedene Beurteilung erfahren. Über die Theorie der Parasystolie siehe Rothberger[5]. In jüngster Zeit wurde auf Grund experimenteller und klinischer Beobachtungen wiederum die Ansicht vertreten, daß man diese beiden Formen der Reizbildung prinzipiell trennen müsse und daß als Extrasystolen nur die in konstantem zeitlichen Abstand auf den vorhergehenden Normalschlag folgenden heterotopen Schläge zu bezeichnen sind (Scherf[6]). Goldenberg und Rothberger[7] zeigten die direkte Abhängigkeit fix gekuppelter Extrasystolen vom vorhergehenden Normalschlag dadurch, daß die experimentell (durch Strophanthin und Atmung eines CO_2-O_2-Gemisches) erzeugten Extrasystolen verschwanden, sobald der Normalschlag durch Vagusreizung zum Verschwinden gebracht wurde (vgl. auch Scherf[8], Rachmilewitz und Scherf[9], Scherf und Schott[10]).

Über die Bedeutung des Zentralnervensystems für die Entstehung der Extrasystolen s. Brow, Long und Beattie[11].

Zu S. 834: Barker, Macleod und Alexander[12] veröffentlichten elektrokardiographische Untersuchungen, die sie an einem Menschen mit operativ freigelegtem Herzen vornahmen und aus denen sie den Schluß zogen, daß die bisher allgemein als Ausdruck von Rechts- bzw. Linksüberwiegen und rechts- bzw. linksseitigem Schenkelblock angesehenen elektrokardiographischen Kurven in Wirklichkeit gerade entgegengesetzt zu deuten seien (vgl. hierzu auch Wilson,

---

[1] Craib: The electrocardiogram. Med. res. council. Spec. rep. ser. 147. London. His Majest. stat. off., 1930 — Heart **14**, 71 (1927/29) — J. of Physiol. **66**, 49 (1928).

[2] Lewis: Arch. int. Med. **30**, 269 (1922).

[3] Scherf u. Shookhoff: Z. exper. Med. **49**, 302 (1926).

[4] Rothberger u. Scherf: Z. exper. Med. **53**, 792 (1927).

[5] Rothberger: Ds. Handb. **7 I**, 621 (1926) — Erg. Physiol. **32**, 472 (1931).

[6] Scherf: Wien. klin. Wschr. **1930**, Nr 50.

[7] Goldenberg u. Rothberger: Z. Kreislaufforsch. **23**, 457 (1931) — Z. exper. Med. **79**, 705 (1931).

[8] Scherf: Z. exper. Med. **70**, 375 (1930).

[9] Rachmilewitz u. Scherf: Z. klin. Med. **114**, 785 (1930).

[10] Scherf u. Schott: Klin. Wschr. **1930**, 2191; **1932**, 945.

[11] Brow, Long u. Beattie: J. amer. med. Assoc. **94**, 1555 (1930).

[12] Barker, Macleod u. Alexander: Amer. Heart J. **5**, 729 (1930).

Macleod und Barker[1]). Diese Anschauungen bedürfen wohl noch einer Nachprüfung auf breiter Grundlage.

Zu S. 839: Sinoaurikulärer Block durch organische Veränderungen in der Gegend des Sinusknotens ist deshalb nicht sehr häufig, weil die Verbindungen zwischen Sinusknoten und Vorhof sehr ausgedehnte sind. Dagegen ist funktioneller sinoaurikulärer Block durch Digitalis nicht selten.

Zu S. 840: Abnorm geformte P-Zacken durch intraaurikuläre Leitungsstörungen s. oben.

Zu S. 845: Es sind — wenn auch selten reine — Fälle beobachtet worden, in denen Kammersystolen ohne vorhergehende Verlängerung der Überleitungszeit ausfallen: sog. Typus II der partiellen Stammblockierung (zuerst beobachtet von Hay[2], Wenckebach[3]).

Zu S. 857: Die weitgehende Unabhängigkeit der Höhe des Aktionsstromes von der Kontraktionsgröße des Herzens geht aus den Untersuchungen von Bertha und Schütz[4] hervor, welche zeigten, daß während der zunehmenden Wärmelähmung des Herzens die Kontraktionsgröße allmählich abnimmt, während die Höhe des monophasischen Aktionsstromes während dieser ganzen Zeit unverändert bleibt. Krayer und Schütz[5] zeigten in Untersuchungen am Herz-Lungenpräparat, daß auch bei stärksten Veränderungen der mechanischen Leistung des Herzens die Höhe des nach einer neueren Methode von Schütz[6] aufgenommenen einphasischen Aktionsstromes nahezu gleich bleibt. — Untersuchungen von Schütz[6] mit seiner Methode, die eine längere Ableitung des einphasischen Aktionsstromes ohne nennenswerte Verletzung des Herzens ermöglicht, führten zu dem Resultat, daß die von den Gesamtherzkammern abgeleiteten einphasischen Aktionsströme in ihrer Dauer mit der Dauer des üblichen Kammerlektrokardiogrammes übereinstimmen; hieraus und aus den zeitlichen Beziehungen zwischen Dauer des R-Komplexes und der T-Zacke einerseits und Anstiegszeit und steilem Teil des Abfalles des einphasischen Aktionsstromes andererseits ergibt sich die für die Deutung des Elektrokardiogrammes wichtige Bestätigung derjenigen Auffassung, wonach R- und T-Zacke auf einen einheitlichen Grundvorgang zurückzuführen sind. Über diese theoretisch und praktisch wichtige Frage bestehen bekanntlich recht verschiedene Meinungen; eine Übersicht über diese Anschauungen mit Literaturangaben findet sich in der genannten Arbeit von Schütz[6].

Kleine Ausschläge im Elektrokardiogramm findet man bekanntlich häufig bei Myxödem; hierbei dürfte die Kleinheit der Ausschläge wesentlich von der Beschaffenheit der Haut abhängen, da sonst fehlende P- und T-Zacken bei Ableitung mittels Nadelelektroden noch gut zur Darstellung zu bringen sind (Nobel, Rosenblüth und Samet[7]). Kleine Ausschläge im Elektrokardiogramm bei Herzkranken sind wahrscheinlich viel häufiger, als man gewöhnlich annimmt, auf einen Perikardialerguß zurückzuführen; denn nach Punktion des Ergusses und nach Verschwinden desselben unter entsprechender Behandlung werden die Ausschläge wieder normal groß (Scherf[8]). Aus der Größe der Ausschläge im

---

[1] Wilson, Macleod u. Barker: Amer. Heart J. **6**, 637 (1931).
[2] Hay: Lancet **1906**, 139.
[3] Wenckebach: Arch. f. Physiol. **1906**, 297.
[4] Bertha und Schütz: Z. Biol. **89**, 555 (1930).
[5] Krayer und Schütz: Z. Biol. **92**, 453 (1932).
[6] Schütz: Z. Biol. **92**, 441 (1932) — vgl. auch Klin. Wschr. **1931**, 1454.
[7] Nobel, Rosenblüth u. Samet: Z. exper. Med. **43**, 332 (1924).
[8] Scherf: Wien. klin. Wschr. **1930**, Nr 10.

Elektrokardiogramm auf die Herzkraft allgemein Schlüsse zu ziehen, erscheint kaum angängig. Kleinheit der Ausschläge im Elektrokardiogramm bei Herzkranken sind viel mehr durch die Folgen der Herzerkrankung — Beschaffenheit der Haut, Perikardialerguß — als durch die Herzschwäche als solche bedingt.

Über andere Veränderungen des Elektrokardiogramms bei Perikardialergüssen s. Scott, Feil und Katz[1]; Katz, Feil und Scott[2].

Über Kleinheit der Ausschläge im Elektrokardiogramm bei akuter Myokardschädigung nach Coronarthrombose s. Cooksey und Freund[3].

Über die Veränderungen des Elektrokardiogramms nach Coronarthrombose s. Levine[4], Parkinson und Bedford[5]. Eine genauere Lokalisation des thrombosierten Astes ist nach Barnes und Whitten[6] dadurch möglich, daß sich rechte und linke Coronararterie bei der Thrombosierung bezüglich der Ableitungen, in welchen die Veränderungen der Nachschwankung entstehen, verschieden verhalten. Im Zusammenhang mit der Diagnose der Coronarthrombose hat auch die Q-Zacke neuerdings eine besondere Beachtung erfahren (Pardee[7]).

---

[1] Scott, Feil u. Katz: Amer. Heart J. **5**, 68 (1929).
[2] Katz, Feil u. Scott: Amer. Heart J. **5**, 77 (1929).
[3] Cooksey u. Freund: Amer. Heart J. **6**, 608 (1931).
[4] Levine: Medicine **8**, 245 (1929).
[5] Parkinson u. Bedford: Heart **14**, 195 (1927/29).
[6] Barnes u. Whitten: Amer. Heart J. **5**, 142 (1929).
[7] Pardee: Arch. int. Med. **46**, 470 (1930).

Erregungsgesetze des Nerven[1]

(S. 244—284).

Von

MAX CREMER – Berlin.

Seit 1929 erschienene Monographien.

BRÜCKE, E. TH.: Vergleichende Physiologie des Erregungsvorganges. Erg. Biol. **6**, 327 (1930). (Diese Abhandlung ist zwar ein Jahr nach dem 9. Band des Handb. d. norm. u. pathol. Physiol. erschienen, aber vermutlich schon vor demselben völlig fertiggestellt worden.) — LULLIES, H.: Methoden der elektrischen Reizung von Muskeln und Nerven. Handb. d. biol. Arbeitsmethod. V Teil 5A, 937 (1931).

Von den Versuchen, die Erregungsgesetze noch genauer darzustellen, als dies durch die bisherigen Theorien geschieht, sind die Vorstellungen hervorzuheben, die OZORIO DE ALMEIDA[2] entwickelt hat. Dieser Autor geht von dem Grundsatz aus, zunächst eine einfache gewöhnliche Differentialgleichung aufzustellen, die möglichst genau z. B. die LAPICQUEsche Kurve bei rechteckigen Stromstößen liefert. Da er zwei Konstanten verwendet, ist das nach bekannten Grundsätzen natürlich genauer möglich, als wenn man sich, wie z. B. bei der NERNSTschen Erklärung, mit nur einer Konstanten begnügt. In kurzer Zeit hat OZORIO DE ALMEIDA auf diese Weise zwei fundamentale Gleichungen aufgestellt, bei denen der Vorgang bzw. Zustand, der der Erregung zugrunde liegt, eine Geschwindigkeitssteigerung erfährt, bei der ersten proportional dem Strom, bei der zweiten proportional dem Quadrat des Stromes. Ein zweites Glied auf der rechten Seite trägt der Abnahme der Stromwirkung Rechnung. Nachträglich hat dieser Forscher dann eine physikalisch-chemische Deutung seiner Versuche nicht gerade einfacher Art unternommen. Obschon LAPICQUE bei diesen Überlegungen mitgewirkt zu haben scheint und ich im allgemeinen die eventuelle Nützlichkeit solcher Betrachtungen nicht bestreiten will, kann ich ihnen von meinem Standpunkt aus nur eine mehr oder minder formale Bedeutung beimessen[3].

Versuche, die von vornherein Klarheit durch Annahmen über bestimmte elementare Vorgänge physikalischer, chemischer bzw. physiologischer Art zu geben suchen, sind entschieden vorzuziehen. EBBECKE[4] und seine Schüler haben hierbei versucht, an Stelle des Nerven einen einfachen Kondensator zu sezten und zu sehen, wieweit man dann mit der Annahme einer konstanten Kapazität

---

[1] Absolute Vollständigkeit der Literatur ist im folgenden nicht angestrebt. Ich habe nur Ergänzungen vorgenommen, die ich für besonders wichtig halte. Wegen der speziellen Abhandlungen von NERNST und Mitarbeitern vergleiche man die Zitate in der Hauptabhandlung ds. Handb. **9**.

[2] OZORIO DE ALMEIDA, MIGUEL: Ann. de Physiol. **3**, 129 (1927); **7**, 109 (1931).

[3] Vgl. meine Darlegungen ds. Handb. **9**, 268 (namentlich Abs. 2 und 3) (1929).

[4] Vgl. u. a. U. EBBECKE: Pflügers Arch. **216**, 448, bes. 462, 472 (1927). — EICHLER, W.: Z. Biol. **91**, 475 (1931); **92**, 331 (1932).

evtl. mit Nebenschluß des betreffenden Nervenstückes den tatsächlichen Beobachtungen gerecht werden kann. Diese Versuche schließen sich an ältere Vorstellungen an. Bereits LAPICQUE[1] hat diesen Weg eingeschlagen und schon vorher den Versuch gemacht, die Nervenerregung als eine Polarisation bzw. Ladung einer bestimmten Kapazität aufzufassen, und er hat schon Vorgänger. Alle diese Versuche leiden daran, daß den speziellen Verhältnissen im Nerven nicht oder nicht genügend Rechnung getragen wird. Sie berücksichtigen seine kabelmäßigen Eigenschaften (s. unten) nicht. Nehmen wir beispielsweise an, der Nerv bestehe schematisch aus einem Kern und einer Hülle mit Zwischenfilm, so wird eine irgendwie entstehende Polarisation dieses Zwischenfilms eine eigenartige Diffusion in der Längsrichtung nach den beiden Seiten zeigen. Diese Diffusion ist zu berücksichtigen.

Schon vor vielen Jahren habe ich mich mit der Idee befreundet, daß es bei der Klarstellung sowohl der Reizgesetze als auch der Gesetze des Entstehens und Verschwindens des Elektrotonus auf diese eigentümlichen Verhältnisse ankomme, und ich[2] war schon frühzeitig für die in Rede stehenden Erscheinungen dazugekommen, die Wärmegleichung als maßgebend zu entwickeln, bei Vernachlässigung der Depolarisation mit zwei und bei Berücksichtigung derselben mit drei Gliedern:

$$\frac{\partial P}{\partial t} = a^2 \frac{\partial^2 P}{\partial x^2} - h^2 P.$$

Bereits HERMANN hat es ausgesprochen, daß man bei den kernleitermäßigen Erscheinungen des Nerven zu einer höchstens der Wärmegleichung „analogen" Gleichung geführt werde. Merkwürdigerweise hat er nie einen Versuch gemacht, diese seine theoretische Ansicht in die rechnerische Praxis überzuführen. Ja, er versuchte ein sehr kompliziertes Annäherungsverfahren an Stelle der obigen Wärmegleichung, um das Entstehen und Verschwinden des Elektrotonus zu begreifen[3].

HOORWEG[4] fand die wirklich sehr weitgehende Analogie von Nerv und Kabel. Auch das Kabel hat einen Kern, eine Hülle und dazwischen eine isolierende Schicht. Wenn man dem Kabel irgendeine Ladung mitteilt, so verbreitet sich diese (Lord KELVIN) nach Art der Wärme. Von der Selbstinduktion wird hierbei abgesehen. Größe der Ladung und Größe der Polarisation beim Nerven sind hierbei mutatis mutandis mathematisch gleiche Begriffe. Es muß jedoch betont werden, daß auch HOORWEG nicht in der Lage war, aus seiner Analogie die richtigen Konsequenzen zu ziehen.

Vom Kabelstandpunkt aus kann man jeder einzelnen Nervenfaser und auch jedem einzelnen Nerven pro Zentimeter (es ist hier zweckmäßig, zunächst vorauszusetzen, der Nerv sei aus völlig gleichartigen Nervenfasern zusammengesetzt) eine bestimmte Kapazität zubilligen, die man die wahre Kapazität des Nerven nennen kann. In Verbindung mit gewissen Widerstandsgrößen ergibt sich dann eine einfache Beziehung zu den obigen Koeffizienten a^2 und h^2. Die Zahlen selbst sind aus Beobachtungen abzuleiten. Für den Platinkernleiter[5] sind solche Versuche unter Vernachlässigung der Depolarisation von mir schon frühzeitig

---

[1] LAPICQUE, LOUIS: L'excitabilité en fonction du temps. La Chronaxie, sa signification et sa mesure. Paris 1926. (Bes. Kap. 9.) — LAUGIER, H.: Electrotonus et excitation; recherches ur l'excitation d'ouverture. Thèses des sciences de Paris 1921. — Man sehe auch H. GEORGE BISHOP: Amer. J. Physiol. **84**, 417 (1928).

[2] Man vgl. namentlich M. CREMER: Über Wellen und Pseudowellen. Z. Biol. **40**, 393 (1900).

[3] HERMANN, L.: Pflügers Arch. **71**, 289ff. (1898).

[4] HOORWEG, L.: Pflügers Arch. **71**, 145ff. (1898).

[5] CREMER, M.: Experimentelle Untersuchungen am Kernleiter. Sitzgsber. Ges. Morph. u. Physiol. Münch. **1900**, H. 1, 109.

gemacht worden, und für den Nerven wartete ich nur auf eine befriedigende
Methode, mit der man die elektrotonischen Veränderungen in dem ersten Sigma
nach Schließen und Öffnen des Stromes exakt genug verfolgen kann, um die
beiden Koeffizienten und damit indirekt auch die wahre Kapazität, die Chronaxie
des Nerven usw., zu bestimmen. Die alten Absichten bekamen neue Nahrung,
als es hoffnungsvoll erschien, mit der auch im hiesigen Physiologischen Institut
ausgestalteten Verstärkertechnik das Ziel zu erreichen.

Beschäftigt mit diesen Plänen, kam mir die Idee[1], versuchsweise den umgekehrten Weg einzuschlagen und zunächst einmal die Chronaxie zur Berechnung
der Konstanten der Wärmegleichung zu benutzen. Nachdem die Möglichkeit
bestand, diese Gleichung genauer zu prüfen, wurde von selbst wieder das Interesse
wach, aus der Gleichung die Reizgesetze zu entwickeln. Da Nernst zu so glänzen-
den Übereinstimmungen gekommen war, schien es mir viele Jahre wenig aus-
sichtsreich, auf dem hier angedeuteten Wege Erhebliches zu erreichen. Die ersten
Versuche ergaben etwas ganz anderes. Sie zeigten, zunächst für rechteckige
Stromstöße durchgeführt, daß die Übereinstimmung zwischen Theorie und Erfahrung ähnlich groß ist wie bei den Nernstschen Formeln, ja daß man für
einen gewissen Bereich des Experimentes direkt zu der Nernstschen Formulierung
geführt wird[2].

Um zu diesem Ziel zu gelangen, müssen einige mathematische Fiktionen
gemacht werden, die in aller Strenge unmöglich richtig sein können, die aber
andererseits geeignet sind, gewisse beobachtete Abweichungen von den Reiz-
gesetzen der Deutung näherzubringen. Nach Nernst führen die Stromstöße
zu der Gleichung $i\sqrt{\tau} = \text{konst.}$; die neue Auffassung führt zu der Gleichung
$i\,\Phi(\sqrt{\tau}) = \text{konst.}$ Dabei ist $\Phi(\sqrt{\tau})$ in der Nähe von $\tau = 0$ annähernd $1{,}128\sqrt{\tau}$.
Für diesen Bereich fällt also die neue Berechnung mit der Nernstschen durchaus
zusammen. $\Phi(x)$ in mathematischen Zeichen ist gleich dem Ausdruck

$$\frac{2}{\sqrt{\pi}}\int_0^x e^{-\beta^2}\,d\beta\,.$$

Dieser Wert wird in der deutschen mathematischen Literatur gewöhnlich als das
Gausssche Fehlerintegral von x bezeichnet. Da sich die Integration allgemein
nicht ausführen läßt, so ist man, ähnlich wie bei den Logarithmen, Sinusfunk-
tionen usw., auf Tafeln angewiesen. Ursprünglich sind solche Tafeln von den
Astronomen benötigt worden, da das Gausssche Fehlerintegral bei der Refrak-
tionsbestimmung der Sterne eine Rolle spielt. Ein diesem Gaussschen Fehlerintegral sehr verwandtes Integral — die Tabellen des einen lassen sich in die
Tabellen des anderen verwandeln — führt den Namen Krampsche Transzendente,
und je nachdem man den Faktor $2/\sqrt{\pi}$ dabei oder nicht dabei hat usw., gibt es eine
Reihe von Modifikationen der einschlägigen Tafeln. Die oben definierte Funktion
von $\Phi(x)$ findet sich in den Büchern über Wahrscheinlichkeitsrechnung, und
Probleme der Wärme, der Diffusion führen oft zu dieser Funktion, ja man hat
direkt ausgesprochen, daß sie eine ebenso wichtige Funktion sei wie der Sinus.

Der Unterschied zwischen der Nernstschen Art der Berechnung der Reizgesetze und der hier vorgetragenen liegt hauptsächlich in folgendem. Auch
Nernst wendet die Wärmegleichung mit zwei Gliedern, die Ficksche Diffusions-
gleichung, an. h^2 ist bei ihm $= 0$. Die Richtung von x ist bei Nernst senkrecht,

---

[1] Cremer, M.: Diskussion d. 12. Tagung d. Dtsch. Physiol. Gesellschaft in Bonn,
anläßlich des Vortrages von M. Gildemeister: Über die Reizwirkung kurzer Stromstöße
auf einzelne Nervenfasern (nach Versuchen von Sakamoto). Ber. Physiol. **61**, 352 (1931).

[2] Cremer, M.: Ein neues Erregungsgesetz. Scientia (Milano), Ser. III. **51**, 145 (1932).

bei mir parallel zum „Film" (Phasengrenze). Auch vindiziert meine Ableitung der Formel dem Nerven eine konstante Kapazität; bei NERNST kann davon keine Rede sein, wenigstens nicht, wenn man nur eine Trennungsfläche von zwei Phasen in Betracht zieht. Trotzdem kommt man — und zwar nicht nur bei den rechteckigen Stromstößen — zu sehr ähnlichen Formeln[1].

Sehr viele Voraussetzungen zunächst technischer Art sind notwendig, damit die theoretische Kurve etwa im Experiment exakt zutreffen kann. So müssen gewisse Schädigungen des Nerven mit Sicherheit vermieden werden. Der angewandte Strom muß konstant, die Elektroden müssen schmal und genügend weit voneinander entfernt sein. Schon hierdurch dürften manche Abweichungen der Beobachtung von der Theorie ihre Erklärung finden.

Andere Voraussetzungen liegen auf rein theoretischem Gebiet. So z. B. muß man, um die einfache Gleichung anwenden zu können, annehmen (wie oben erwähnt), daß der elektrische Strom innerhalb eines unendlich kleinen Querschnitts in den Nerven eintritt bzw. aus demselben austritt. Das ist selbstverständlich nur eine mathematische Fiktion. Die wirksame Eintrittsbreite des Stromes ist im allgemeinen von der Größenordnung der Dicke des Nerven, unter bestimmten Umständen aber auch beliebig größer. Bei unendlich schmalem Querschnitt ergibt sich, daß die Elektrizitätsmenge, die zur Reizung erforderlich ist, bei immer kürzerer Reizdauer der 0 zustrebt, während für diese Elektrizitätsmenge in Wirklichkeit stets eine untere Grenze existiert, die aber von der Art der Zuleitung abhängig ist. Zu den sonstigen theoretischen Annahmen, die man machen muß, und die auf Strenge vermutlich keinen Anspruch erheben können, gehören u. a. die absolute Konstanz der wahren Kapazität, die Unabhängigkeit derselben von der elektrischen Einwirkung an sich (starke Ströme[2]). Aber es gibt noch eine Reihe weiterer theoretischer Annahmen, die sicher nicht ganz streng richtig sein können, vor allem die Annahme, daß die Polarisation, und zwar allein der erreichte maximale Wert, für die Reizung in Frage komme und nicht die Dauer und Art der Entwicklung. Die Einschleichungsphänomene zeigen, daß diese Annahme nicht völlig zutreffend sein kann[3]; doch spielt sie bei rechteckigen Stromstößen eine wesentlich geringere Rolle, als ihr bei der ursprünglich NERNSTschen Vorstellung zufällt. Zu den Annahmen, die man implizite macht, gehören ferner die, daß der Ort des stärksten Stromaustritts auch der Ort der Reizung sei, daß die Fasern eines Nerven gleichartig seien usw. Sicher erfordern also die Erscheinungen des Ein- und Ausschleichens (Nutzzeit) weitere Annahmen, zumal wenn man zum Studium langsam veränderlicher Ströme übergeht. Trotzdem

---

[1] Dieser Umstand läßt die Vermutung zu, daß eine gewisse Kombination der beiden Berechnungsarten ebenfalls zu ähnlichen Formeln führen wird. Das wäre also z. B. eine Korrektion der ursprünglichen NERNST-EUCKENschen Berechnungen auf Grund der Kabeleigenschaften oder der Kabelresultate auf Grund der nichtkonstanten Kapazität im Sinne von NERNST. Namentlich die HILLsche Anschauung ist — falls eine zylindrische Doppelschicht den Achsenzylinder bzw. die Fibrille von der Hülle trennt — der Annahme einer elektrotonischen Ausbreitung günstig. — HILL, A. V.: J. of Physiol. **40**, 190 und folgende (1910). Eine sehr starke Annäherung an meine Darstellung ergibt sich, wenn man statt der Grenzfläche eine Grenzschicht annimmt. Die strenge Grenzfläche ist ja wohl auch nur eine mathematische Fiktion. Vgl. meine Darlegungen, ds. Handb. **9**, 263 (1929) — Nagels Handb. d. Physiol. d. Menschen **4**, 2. Hälfte. 851, 915 und folgende (1909).

[2] LULLIES hat die „Kapazität" des Nerven untersucht und von der Frequenz der Wechselströme abhängig gefunden. Doch bedürfen seine Resultate einer Neuberechnung mit Rücksicht auf die Wärmegleichung, denn der von mir gebrauchte Begriff der Kapazität des Nerven deckt sich nicht mit dem berechneten Wert von LULLIES. (Vgl. H. LULLIES: Pflügers Arch. **225**, 69, 87 (1930).

[3] Das folgt schon aus der älteren Literatur. Man vergleiche von neueren Abhandlungen: SCHRIEVER, H.: Über Einschleichen von Strom. 1. Mitt.: Versuch der Aufstellung allgemeiner Gesetzmäßigkeiten (Z. Biol. **91**, 173 (1931).

ist es höchst merkwürdig, wie genau einzelne von den in der Literatur angegebenen Versuchen durch die neue theoretische Betrachtung wiedergegeben werden[1].

Der Hauptvorteil der Kabelbetrachtung der Reizphänomene (man könnte sie direkt die Kabelgesetze der Erregung nennen) ist der, daß sich der Parallelismus zwischen Größe der Polarisation und Eintritt des Reizes unabhängig von den Reizerfolgen und ihren gesetzmäßigen Beziehungen, wie sie in den bisherigen Erregungsgesetzen formuliert werden können, im Experiment prüfen läßt. Es ist durchaus möglich, direkt an der erregten Stelle die Entwicklung der Polarisation während der Reizung zu untersuchen, indirekt durch gleichzeitige Beobachtung der elektrotonischen Effekte in gewöhnlicher Weise. Bei den heutigen Verstärkermöglichkeiten besteht keine Grenze, das mit beliebiger Genauigkeit zu tun, und man kann so experimentell festlegen, ob und inwieweit der Parallelismus zwischen Reizwirkung und Größe der Polarisation vorhanden ist oder nicht. Wir haben diesen Weg im Physiologischen Institut der Tierärztlichen Hochschule schon beschritten. Herrn Rosenberg ist es gelungen, zum erstenmal elektrotonische Zacken bei Schwellenreizkondensatorentladungen zu erhalten, und es hat sich gezeigt, daß Verdoppelung des Stromes und Verkleinerung des Kondensators (Drehkondensator) die Zacken im wesentlichen in ihrer Größe unverändert lassen. Es geht noch weiter. In erster Annäherung muß die Entwicklung und das Abklingen des Elektrotonus der Wärmegleichung folgen. Wir haben auch das untersucht und gefunden, daß die so aufgenommenen Kurven im allgemeinen mit dem Verlauf der theoretischen Kurve übereinstimmen. Hier erhalten wir vermutlich eine ganz neuartige Bestätigung der entwickelten Theorie[2].

Natürlich gibt es Erscheinungen, die mit ein und derselben Wärmegleichung nicht erklärt werden können. An- und Katelektrotonus müßten sich prinzipiell in ihrer Größe gleich verhalten. Für sehr kurze Zeiten und sehr schwache Ströme sind sie überhaupt nicht so sehr verschieden, wie man vielfach annimmt, doch immerhin ist Gleichheit am Froschnerven bisher nicht beobachtet worden. Ob man sie nicht finden wird, wenn man die Verstärkung noch um einige Zehnerpotenzen erhöhen kann und mit entsprechend schwachen Strömen arbeitet, ist eine andere Frage. Man kann aber die Erscheinungen hier wahrscheinlich noch in weitem Umfange darstellen, wenn man für An- und Katelektrotonus etwas verschiedene Konstanten annimmt. Ob freilich die großen Differenzen bei lange geschlossenem starken Strom so erklärbar sein werden, erscheint mir fraglich.

Die Tatsache, daß die Wärmegleichung gilt, gestattet die Ableitung einer neuen Formel für die Fortpflanzungsgeschwindigkeit im Nerven, die zunächst scheinbar von der früher von mir[3] gegebenen ganz verschieden ist, doch lassen sich die beiden Formeln ineinander verwandeln. Bei dieser Gelegenheit möchte ich bemerken, daß es zweckmäßig ist, für den Nerven nicht nur eine neue Zeit $\tau = \sec/h^2$, sondern auch eine neue Streckenlänge ξ einzuführen, indem man an Stelle des Zentimeters den αten Teil desselben als Einheit einsetzt. Wenn ich also auf Grund neuerer Versuche von Herrn Bogue aus Edinburgh in meinem Laboratorium $\alpha = 2,5$ annehme, so würde die neue Strecke beim Froschnerven $\xi/\alpha = 4$ mm sein. Dann nimmt die Wärmegleichung für alle Nerven die vereinfachte Gestalt an, nämlich

$$\frac{\partial P}{\partial \tau} = \frac{\partial^2 P}{\partial \xi^2} - P.$$

---

[1] Cremer, M.: Scientia, zit. auf S. 243. (Versuche von M. Gildemeister und O. Weiss sowie von Keith Lucas.)

[2] Von den bisherigen Experimenten abweichende Versuche zur Bestätigung sind noch eine ganze Reihe möglich.

[3] Cremer, M.: Ds. Handb. **9**, 281ff. — Das Prinzip der neuen Ableitung beruht auf der Vorstellung, daß der Anfangsteil der Aktionsstromwelle im Nerven rein elektrotonischer Natur ist.

Beide Konstanten werden Eins. Die Fortpflanzungsgeschwindigkeit ergibt sich, wie es scheint, für alle Nerven von beiläufig gleicher Größenordnung, und die obenerwähnte Gleichung für die Geschwindigkeit lautet

$$v \sim \sqrt{\frac{\text{maximale Geschwindigkeit des zeitlichen Anstiegs des Aktionsstroms}}{\text{Schwellennegativität der Reizung}}}\,.$$

Die Schwellennegativität läßt sich auf verschiedene Weise ermitteln, z. B. wenn das Kernhüllenverhältnis bekannt ist, aus der kleinsten konstanten Spannung[1], mit der man den Nerven reizen kann, sodann aus der Aktionsstromkurve selbst. In beiden Fällen erhält man — die Negativität lediglich auf die Hülle bezogen — etwa 3—4 Millivolt beim Froschnerven.

Die aus der ursprünglichen Differentialgleichung abgeleitete Formel für v hat unter dem Wurzelzeichen noch a^2. Man erkennt leicht, daß v eine Geschwindigkeit darstellt, wenn man die Dimension von a^2 der Differentialgleichung entnimmt. Herr ROSENBERG hat die Formel an Hand eigenen und fremden Materials überprüft und zunächst für den Froschnerven bestätigt gefunden. Sie scheint auch für den Anodontanerven gültig zu sein.

Bd. IX.

Elektrodiagnostik und Elektrotherapie der Nerven

(S. 339—364).

Von

F. KRAMER — Berlin.

Nachtrag siehe unter Bd. VIII, 1 (S. 221).

Bd. IX.

Der Stoffwechsel des peripheren und zentralen Nervensystems[2]

(S. 365—412 und 515—611).

Von

HANS WINTERSTEIN — Breslau.

I. Der Einfluß des Sauerstoffs auf die Funktion.

Am peripheren Nerven ist der Einfluß des O_2-Mangels in neuerer Zeit besonders von amerikanischen Autoren untersucht worden. Außer einer weitgehenden Bestätigung der schon in ds. Handb. besprochenen Untersuchungen der VERWORNschen Schule ergaben sie einige interessante vergleichende Resultate und eine Wiederaufrollung der fast schon gelöst er-

---

[1] Vgl. F. KEIL: Z. Biol. **75**, 1 (1922). — GRUHL, K.: Cremers Beitr. Physiol. **4**, 1 (1929). — EICHLER, W.: Z. Biol. **88**, 316 (1929).

[2] Die Hinweise auf die in ds. Handb. **9** enthaltenen Hauptartikel sind in diesem Nachtrag durch H. mit anschließender Seitenzahl gekennzeichnet, also z. B. H. 515.

schienenen Probleme der O_2-Depots und der Dekrementleitung. Das Problem der O_2-Reserven wird uns bei Erörterung des Nervengaswechsels noch genauer beschäftigen. Soweit die Argumente zugunsten des Vorhandenseins solcher sich auf die Funktionsstörungen bei Erstickung und Wiedererholung gründen (Heinbecker[1], Gerard[2]), gehen sie nicht über jene hinaus, die zur Begründung der O_2-Depottheorie durch die Verwornsche Schule geführt haben und zeigen auch keine größere Beweiskraft. Das Problem der Dekrementleitung soll hier nicht weiter behandelt werden, da es in der Hauptsache durch Narkoseversuche bearbeitet wurde und bisher keine befriedigende Klärung erfahren hat. Betreffs der mit O_2-Mangel durchgeführten Versuche sei hier nur erwähnt, daß die Versuche von Heinbecker gegen, jene von Gerard für das Vorhandensein einer Dekrementleitung zu sprechen scheinen.

Nach Gerard würde der Aktionsstrom des Nerven durch O_2-Entziehung um so schneller zum Verschwinden gebracht werden, je größer der O_2-Verbrauch ist, was wohl ohne weiteres einleuchtet. So ersticken nach ihm Hundenerven schneller als jene grüner Frösche und diese wieder schneller als die von Ochsenfröschen. Heinbecker und Bishop[3] fanden die Nerven um so schneller erstickbar, je kleiner ihr Durchmesser ist. Säugetiernerven werden rascher beeinflußt als Frosch- und Schildkrötennerven; die — auch durch größeren Gaswechsel ausgezeichneten (s. später) — autonomen Nervenfasern ersticken rascher als die somatischen, von den ersteren die marklosen wieder rascher als die markhaltigen. Heinbecker[1] hat die Wirkung des O_2-Mangels (und die analoge der CO_2- und Milchsäureapplikation) auf Reizschwelle, Refraktärperiode, Leitungsgeschwindigkeit und Aktionsstromamplitude vergleichend untersucht. Wenn auch im allgemeinen eine gleichsinnige Beeinflussung aller Faktoren feststellbar war, so war dies doch nicht immer im gleichen Umfange der Fall, so daß diese Größen nach ihm durch mindestens zwei voneinander unabhängige Variable bedingt sein müssen. Die Länge des Refraktärstadiums geht der O_2-Versorgung des Nerven durchaus parallel und dürfte der beste Maßstab der chemischen Reaktibilität des Nerven sein; die anderen Größen würden noch von einer physikalischen Reaktibilität abhängen, die in der Permeabilität, Polarisierbarkeit usw. ihren Ausdruck finde. Der Aktionsstrom, der zu einer Zeit, in der die Refraktärperiode bereits verlängert und die Leitungsgeschwindigkeit erhöht ist, noch unverändert, ja sogar vergrößert sein kann, ist keineswegs immer ein getreuer Maßstab des Stoffwechselzustandes des Nerven. O_2-Mangel, CO_2 und Milchsäure würden nach Heinbecker alle durch Änderungen der cH des Nerven wirken. Der Einfluß der CO_2 ist von Necheles und Gerard[4] eingehend studiert und seine Erklärung in einer Verlangsamung bestimmter chemischer Reaktionen gesucht worden.

Feng und Gerard[5] haben untersucht, ob der durch O_2-Mangel zum Verschwinden gebrachte Aktionsstrom durch Einwirkung von Methylenblau wieder hervorgerufen werden kann. Sie fanden (auch nach Aufspaltung der Nervenscheide, die ein Hindernis für die Diffusion darstellt) keine über die Befeuchtung mit einfacher Ringerlösung hinausgehende Erholung, was mit den später zu erwähnenden Versuchen Schmitts über den Gaswechsel und den älteren Beobachtungen Wintersteins am Zentralnervensystem (H. 562) übereinsimmt.

Die nach Ablauf der Erregung zurückbleibenden Änderungen des Potentials haben Amberson und Downing[6,7], Gerard[8] und Furusawa[9] zum Gegenstand eingehender Untersuchungen gemacht. Der letztere konnte an dem hierfür offenbar besonders geeigneten Objekt des Crustaceennerven nicht bloß die (auf Grund der Membrantheorie wohl ohne weiteres selbstverständlichen) Beziehungen zwischen der Größe des Aktions- und Demarkationsstromes dartun, sondern

---

[1] Heinbecker, P.: Effect of anoxemia, carbon dioxide and lactic acid etc. Amer. J. Physiol. **89**, 58 (1929).

[2] Gerard, R. W.: The response of nerve to oxygen lack. Amer. J. Physiol. **92**, 498 (1930).

[3] Heinbecker, P., and G. H. Bishop: Effect of anoxemia, carbon dioxide and lactic acid etc. Amer. J. Physiol. **96**, 613 (1931).

[4] Necheles, H., and R. W. Gerard: The effect of carbon dioxide on nerve. Amer. J. Physiol. **93**, 318 (1930).

[5] Feng, T. P., and R. W. Gerard: Mechanism of nerve asphyxiation. Proc. soc. exper. Biol. a. Med. **27**, 1073 (1930).

[6] Amberson, W. R., and A. C. Downing: The electric response of nerve to two stimuli. J. of Physiol. **68**, 1 (1929).

[7] Amberson, W. R., and A. C. Downing: On the form of the action potential wave in nerve. J. of Physiol. **68**, 19 (1929).

[8] Gerard, R. W.: Delayed action potentials in nerve. Amer. J. Physiol. **93**, 337 (1930).

[9] Furusawa, K.: The depolarisation of crustacean nerve etc. J. of Physiol. **67**, 325 (1929).

durch Tetanisieren mit einer ganzen Anzahl von Reizstellen (zur Vermeidung der „lokalen Ermüdung", s. später) eine völlige Depolarisation des Nerven herbeiführen. Er konnte ferner das (von KOCH bereits am Warmblüternerven beschriebene, H 370) Absinken des Ruhestromes bei O_2-Entziehung und seine Wiederkehr bei O_2-Zufuhr und die Abhängigkeit der nach der Reizung zurückbleibenden negativen Schwankung („Retention") von der O_2-Versorgung feststellen. Die Versuche zeigen in besonders eindrucksvoller Weise, daß die Polarisation des Nerven, die die Grundlage seiner Funktion darstellt, nicht einfach das Ergebnis der physikalisch-chemischen Eigenschaften einer Membran ist, sondern ein *„aktives Membranpotential", das durch ständige Energiezufuhr, durch ein „galvanisches Verbrennungselement" erhalten werden muß.* Wir kommen auf diese wichtige Feststellung später noch zurück.

Was den Mechanismus dieser für die Aufrechterhaltung der Polarisation auf die Dauer unentbehrlichen Oxydationsvorgänge anlangt, so sind die Untersuchungen von besonderer Wichtigkeit, die SCHMITT[1] über den *Einfluß des Kohlenoxyds* auf die Atmung (s. unten) und den Aktionsstrom des Nerven angestellt hat. Während man bis dahin glaubte, daß das CO lediglich als indifferentes Gas auf das Nervensystem wirkt (eine Ansicht, die auch neuerdings noch von KRAUSE[2] vertreten wurde), konnte er zeigen, daß dies nur bis zu einem Gehalt von etwa 15% zutrifft. Bei einem CO-Gehalt eines $CO-O_2$-Gemisches von 25 bis 30% werden die Aktionsströme des Nerven völlig zum Verschwinden gebracht. Von ganz besonderer Bedeutung ist seine Entdeckung, daß die Wirkung des CO nicht nur von seiner Konzentration, sondern auch von der *Belichtung* abhängt und durch starkes Bogenlampenlicht (größte Lichtstärke bei 4000° A) unter Umständen völlig zum Verschwinden gebracht werden kann. Die Nervenatmung gehorcht daher den von WARBURG für sein Atmungsferment gefundenen Gesetzmäßigkeiten, d. h. die Ausnutzung des Sauerstoffs ist geknüpft an die Wirkung eines aktiven Katalysators, der mit dem CO eine von dem Partialdruck desselben und von der Belichtung abhängige Verbindung eingeht. Demgemäß wird, wie F. O. und O. H. A. SCHMITT[3] zeigten, die Atmung des Nerven (s. unten) auch durch Cyanide fast völlig gehemmt und der Aktionsstrom durch $n/_{100}$-NaCN ungefähr ebenso schnell zum Verschwinden gebracht wie durch reinen Stickstoff.

Diese Ergebnisse stimmen vollkommen mit jenen von MITOLO[4,5] am isolierten Zentralnervensystem der Kröte überein, bei dem gleichfalls gezeigt werden konnte, daß CO auch in Anwesenheit von H_2O_2-haltiger Lösung bzw. von O_2-Gas eine reversible lähmende Wirkung entfaltet und keineswegs als indifferentes Gas wirkt. So blieb z. B. die Reflexerregbarkeit in einem 50% O_2 und 50% N_2 enthaltenden Gasgemisch 6—7 Stunden, in einem statt des Stickstoffs 50% CO enthaltenden dagegen nur $3/_4$ Stunden erhalten und kehrte nach Beseitigung des CO wieder zurück.

Die Untersuchungen ASHERS und seiner Mitarbeiter[6,7] haben eine erstaunliche Widerstandsfähigkeit des Zentralnervensystems der Warmblüter gegen O_2-Mangel ergeben. Werden

---

[1] SCHMITT, F. O.: On the nature of the nerve impulse. I. Amer. J. Physiol. **95**, 650 (1930).

[2] KRAUSE, F.: Über den Einfluß des Kohlenmonoxyds auf den peripheren Nerven. Acta psychiatr. Københ. **5**, 473 (1930) — zitiert nach Ber. Physiol. **60**. 621.

[3] SCHMITT, F. O., and O. H. A. SCHMITT: On the nature of the nerve impulse. II. Amer. J. Physiol. **97**, 302 (1931).

[4] MITOLO, M.: L'azione centrale dell'ossido di carbonio. Arch. di Fisiol. **27**, 323 (1929).

[5] MITOLO, M.: Ulteriori ricerche sull'azione centrale dell' ossido di carbonio. Arch. di Fisiol. **29**, 318 (1931).

[6] ASHER, L., H. KAWAI u. N. SCHEINFINKEL: Das Funktionieren des Herzens und des Zentralnervensystems usw. Z. Biol. **89**, 139 (1930).

[7] ASHER, L., u. N. SCHEINFINKEL: Das Funktionieren des Herzens und des Zentralnervensystems usw. II. Mitt. Z. Biol. **91**, 66 (1931).

Kaninchen nach Verkürzung des Kreislaufs durch Unterbindung der Bauchaorta oder nach Abkühlung auf ca. $30°$ $1/2$—1 Stunde mit Gasgemischen, die nur 3—4% O_2 enthalten, künstlich beatmet, so können die Kopfreflexe dabei erhalten bleiben und es kann nach Aufhören der künstlichen Atmung die spontane Atmung fast augenblicklich wieder zurückkehren. — Daß eine ganz schnelle „Gewöhnung" an O_2-Mangel bis zu einem gewissen Grade möglich ist, lehren Versuche von Alders und Wetheimer[1] an Mäusen, die einer Luftverdünnung bis zum Auftreten von Krämpfen ausgesetzt wurden; sie zeigen bei Wiederholung des Versuches schon nach 1 Stunde eine größere Widerstandsfähigkeit, die sie in die Lage versetzt, eine stärkere Verminderung des Druckes für längere Zeit zu ertragen. Die Verfasser vermuten die Erklärung in einer Verminderung des Stoffwechsels, die auch mit einer solchen des O_2-Bedarfs einhergehen würde. In Zusammenhang mit dieser Erscheinung stehen möglicherweise auch die Beobachtungen von Lami[2], daß Mäuse, die einer Luftverdünnung ausgesetzt waren, auch eine größere Widerstandsfähigkeit gegen Strychninvergiftung gewinnen. Seine Annahme, daß es sich um eine Verminderung der Erregbarkeit der Nervenzentren handle, ist freilich keine Erklärung, sondern nur eine Umschreibung des Sachverhaltes. Die obenerwähnte Erhöhung der Resistenz bei wiederholter Einwirkung von Luftverdünnung würde übrigens nach Bassano[3] und seinen Mitarbeitern auf einer Erythrocytenausschüttung durch die Milz beruhen und daher an entmilzten Tieren nicht zu beobachten sein.

II. Der Ruhestoffwechsel.

A. Gaswechsel.

Unsere Kenntnisse vom Gaswechsel des ruhenden Nerven haben in mehrfacher Hinsicht eine Erweiterung erfahren. Einmal durch Ausdehnung der Untersuchungen auf marklose Nerven und Nerven von Warmblütern und dann durch Untersuchung des Einflusses, den verschiedene Faktoren, vor allem eine mehr oder weniger lange O_2-Entziehung auf den Gaswechsel ausüben. Die letztere Frage ist von Schmitt[4] und von Fenn[5] genauer studiert worden. Wird ein Froschnerv einige Zeit in einer O_2-freien Atmosphäre gehalten, so nimmt er (vgl. H 393) eine „*Sauerstoffschuld*" auf, die bei nachträglicher O_2-Zufuhr zum Teil wieder zurückgezahlt wird, was in einer Steigerung des O_2-Verbrauches in der Erholungszeit um einen gewissen Betrag (*Extrasauerstoff*) zum Ausdruck kommt.

Schmitt fand die Größe des Extra-O_2 im Mittel $= 13,6$ cmm (5,5—21,6), etwa 30—40% der gesamten O_2-Aufnahme der ersten Stunde nach der Erstickung, Fenn je nach der Jahreszeit wechselnd, im Frühjahr zu 15—20, im Sommer zu 43—47 cmm pro Gramm, gleich 8—23% der Gesamtmenge O_2, die in dieser Zeit oxybiotisch hätte verbraucht werden müssen. Mit der Dauer der Erstickung nimmt die Größe des Extra-O_2 zu, aber keineswegs proportional, sondern viel langsamer. Die Menge der während der O_2-Entziehung ausgeschiedenen CO_2 schwankt sehr. Für die erste Erholungsstunde berechnete Schmitt den R.Q. im Mittel auf 0,56 und folgert unter Berücksichtigung des normalen R.Q. daraus, daß dem Extra-O_2 vielleicht überhaupt keine CO_2-Abgabe entspreche. Fenn dagegen sah in der ersten Zeit der Erholung die CO_2-Abgabe ansteigen, so daß nach ihm ein Teil des mehr aufgenommenen O_2 zur CO_2-Bildung, also offenbar zu einer nachträglichen Oxydation angesammelter Erstickungsstoffe verwendet wird. Es wird aber auch nach Fenn viel mehr O_2 aufgenommen als CO_2 ausgeschieden, obwohl der CO_2-Gehalt der Nerven nach der Erholung etwas geringer ist als vorher, also keine Retention von CO_2 stattfindet.

Die von beiden Autoren gezogene Schlußfolgerung, daß der Nerv bei O_2-Mangel auf Kosten von O_2-Depots lebe, die bei nachträglicher O_2-Zufuhr wieder aufgefüllt würden, ist trotzdem keineswegs zwingend. Denn es könnte sich um

---

[1] Alders, N., u. E. Wertheimer: Über eine Form der Gewöhnung an Luftverdünnung. Z. exper. Med. **70**, 319 (1930).

[2] Lami, G.: Über die Strychninwirkung nach Luftverdünnung. Z. exper. Med. **76**, 561 (1931).

[3] Bassano, G. B., D. Bolloli e E. Custo: I meccanismi dell'adattamento all'aria rarefatta I. Boll. Soc. ital. Biol. sper. **6**, 199 (1931) — zitiert nach Ber. Physiol. **63**, 471.

[4] Schmitt, F. O.: Gaswechsel des Nerven während und nach der Anaerobiose. Biochem. Z. **213**, 443 (1929).

[5] Fenn, W. O.: The anaerobic oxygen debt of frog nerve. Amer. J. Physiol. **92**, 349 (1930).

Oxydoreduktionen nach dem Muster der Cystin $\rightleftarrows$ Cystein-Reaktion handeln, die nicht zu einer CO_2-Bildung zu führen brauchen.

Wie schon erwähnt, hat SCHMITT[1] festgestellt, daß die O_2-Atmung des Nerven durch CO auch in Anwesenheit von O_2 gehemmt wird. Diese Hemmung wird durch Belichtung reversibel herabgesetzt, in ganz analoger Weise, wie dies WARBURG für sein Atmungsferment beschrieben hat. Die WARBURGsche Konstante $K\left(K = \dfrac{n}{1-n} \cdot \dfrac{CO}{O_2}\right)$, worin n die in CO restierende Atmung bedeutet) betrug für den Nerven im Mittel 8,6 im Dunkeln und 21,2 bei Belichtung. Es ist also offenbar für die Ausnutzung des Sauerstoffs durch den Nerven eine Aktivierung desselben erforderlich, wie auch aus der im Mittel etwa 90% betragenden Atmungshemmung in Lösungen von $^n/_{10}$—$^n/_{100}$-NaCN hervorgeht (F. O. und O. H. A. SCHMITT[2]). Würde nun der Nerv, wie dies die O_2-Depot-Hypothese annimmt, seine Funktionsfähigkeit bei O_2-Mangel aufgespeichertem O_2 verdanken, dann müßte man erwarten, daß die die Aktivierung des O_2 verhindernden Gifte CO und CN eine sofortige Unterbrechung der Funktion herbeiführen. Dies ist jedoch durchaus nicht der Fall; vielmehr verhält sich nach SCHMITT der Nerv (und nach MITOLO[3] auch das Zentralnervensystem) in einer CO-Atmosphäre von genügendem CO-Druck genau so wie in einer O_2-freien Atmosphäre, und es tritt erst allmählich Erstickung ein. Diese Tatsachen sprechen unseres Erachtens überzeugend *gegen* die O_2-Speicherungstheorie und für die Annahme, daß das Nervensystem bei Abwesenheit von O_2 die zur Aufrechterhaltung seines Funktionsvermögens erforderliche Energie eine Zeitlang durch anoxybiotische Vorgänge bestreitet, vielleicht durch Oxydoreduktionen.

Damit würde gut übereinstimmen, daß SHERIF[4], der den Einfluß verschiedener Stoffe auf die Oxydationsvorgänge des Warmblüternerven untersuchte, eine völlig übereinstimmende Beeinflussung des O_2-Verbrauchs und der Methylenblaureduktion fand. Nach CHANG und GERARD[5] bewirken Methylenblau und Kresylblau eine Steigerung der O_2-Atmung des Froschnerven bis zu 100% und können auch die durch CO oder CN bewirkte Hemmung zum Teil rückgängig machen.

Das gleiche beobachtete CHANG[6] auch an den Beinnerven und dem Bauchmark des Hummers; hier wurde durch diese Farbstoffe auch die 70—90, manchmal sogar 100% betragende Atmungshemmung durch $^m/_{1000}$ NaCN mehr oder weniger vollständig beseitigt, durch Cresylblau sogar bis auf 140% des ursprünglichen Wertes gesteigert. In einer N-Atmosphäre wurde aus dem Seewasser (offenbar durch Säurebildung) CO_2 freigemacht. — Ein Absinken des Gaswechsels (O_2-Aufnahme und CO_2-Abgabe) von Nerven in Alkoholnarkose wurde von SATO[7] beobachtet.

Der (besonders an Kaninchen und Hunden untersuchte) *Gaswechsel des Warmblüternerven* ist bei Körpertemperatur viel größer als der des Kaltblüternerven. Dies ist jedoch im wesentlichen nur eine Folge der höheren Temperatur. So fand GERARD[8] für den N. ischiadicus des Ochsenfrosches bei 21° als Mittel 29 cmm pro Gramm und Stunde, für den des Hundes bei 38° 120 cmm, bei 22° aber

[1] SCHMITT, F. O.: Zitiert auf S. 248.

[2] SCHMITT, F. O., and O. H. A. SCHMITT: Zitiert auf S. 248.

[3] MITOLO, M.: Zitiert auf S. 248.

[4] SHERIF, M. A. F.: The effect of certain drugs on the oxidation processes etc. J. of Pharmacol. **38**, 11 (1930).

[5] CHANG, T. H., and R. W. GERARD: The action of dyes, cyanide and carbon monoxide on nerve respiration. Amer. J. Physiol. **97**, 511 (1931).

[6] CHANG, T. H.: Metabolism of peripheral leg nerves etc. Proc. Soc. exper. Biol. a Med. **28**, 954 (1931),

[7] SATO, A.: Über den Gaswechsel des narkotisierten Nerven. Autoref. Ber. **65**, 212 (1932).

[8] GERARD, R. W.: Further observations on the oxygen consumption of nerve. Proc. Soc. exper. Biol. a. Med. **27**, 1052 (1930).

nur 30 cmm. Ebenso fand ROSENBAUM[1] am Intercostalnerven des Rindes den O_2-Verbrauch (in Blut) bei Zimmertemperatur im Mittel = 33 cmm, bei 37° = 207 cmm pro Gramm und Stunde. Außer von der Temperatur scheint der O_2-Verbrauch des Warmblüternerven in auffälliger Weise abhängig von der Größe bzw. dem Alter der Tiere; kleine und junge Tiere zeigen in dem O_2-Verbrauch ihrer Nerven die gleichen Unterschiede wie der Gesamtstoffwechsel. GERARD[2] fand den O_2-Verbrauch beim Kaninchen bei 38° im Mittel zu 280, beim Hunde, wie schon erwähnt, zu 120 cmm. ROSENBAUM[1] fand bei seinen gleich noch zu erwähnenden Versuchen am sympathischen Milznerven bei Zimmertemperatur beim Rind einen Mittelwert von 65, beim Kalb dagegen von 83 cmm pro Gramm und Stunde. Die gleiche Tatsache ist von HOLMES[3] auch für das Zentralnervensystem hervorgehoben worden: die von ihm an Schnitten von Kaninchenhirn beobachteten Werte waren kleiner als die von LOEBEL (vgl. H. 560) an Rattenhirn und diese wieder kleiner als die von HOLMES bei Mäusehirn gefundenen.

Die Untersuchungen von MEYERHOF und SCHULZ[4] über den O_2-Verbrauch markloser Nerven wirbelloser Tiere (vor allem der Beinnerven von Maja) sind auf Grund ihrer vorläufigen Mitteilungen schon früher (H. 394) kurz besprochen worden. Der *Gaswechsel sympathischer Wirbeltiernerven* ist erstmalig von ROSENBAUM[1] am Milznerven des Rindes (zum Teil auch dem Grenzstrang des Hundes) studiert worden. Der mittlere O_2-Verbrauch des Milznerven bei 37° betrug in Blut oder Ringer-Lösung im Durchschnitt 540—550 cmm pro Gramm frischer Substanz und Stunde, war mithin ca. $2^1/_2$ mal so groß wie der schon erwähnte Durchschnittswert von 270 cmm für den markhaltigen Intercostalnerven der gleichen Tierart. Der Wechsel der anorganischen Versuchsflüssigkeiten (Ringer, Tyrode) bewirkt — ähnlich wie dies von POLÉE (vgl. H. 550) für das Froschrückenmark gefunden worden war — ein Absinken des O_2-Verbrauches, der bei Wiederverwendung der ursprünglichen Lösung annähernd zum früheren Wert zurückkehrt. Da ein solches Absinken bei Wechsel von Blut oder Serum nicht zu beobachten ist und der Wiederanstieg bei Erhitzen der anorganischen Lösung ausbleibt, muß es sich um einen in die letztere herausdiffundierenden, durch Hitze zerstörbaren Aktivator der Atmung handeln. Zusatz von Glykose nach mehrstündiger Versuchsdauer hatte bei 37° (nicht bei Zimmertemperatur) eine bedeutende Steigerung der O_2-Aufnahme zur Folge, während SHERIF und HOLMES[5] am Kaninchennerven durch Zufügen von Glykose oder Galaktose nur das sonst eintretende Absinken des O_2-Verbrauchs zu verhüten vermochten. In den Versuchen bei Zimmertemperatur berechnete ROSENBAUM aus dem Durchschnitt der O_2-Aufnahme und der CO_2-Abgabe einen R.Q. von 0,78; bei 37° dagegen blieb die CO_2-Abgabe weit hinter der O_2-Aufnahme zurück, ohne daß zunächst die Ursache hierfür ermittelt werden konnte.

Der Gaswechsel weißer Substanz des Zentralnervensystems ist nach HOLMES[3] viel kleiner als jener der grauen (gemessen an Schnitten durch Kaninchenhirn 200—300 gegen 1200 cmm pro Gramm und Stunde) und liegt in der Größenordnung des Gaswechsels markhaltiger Nerven. So liegt es nahe, den größeren O_2-Verbrauch der marklosen Nerven wie den der grauen Substanz auf das Fehlen

---

[1] ROSENBAUM, H.: Über den Stoffwechsel sympathischer Nerven und Ganglien. Biochem. Z. **247**, 189 (1932).

[2] GERARD, R. W.: Zitiert auf S. 250.

[3] HOLMES, E. G.: Oxidations in central and peripheral nervous tissue. Biochemic. J. **24**, 914 (1930).

[4] MEYERHOF, O., u. W. SCHULZ: Über die Atmung des marklosen Nerven. Biochem. Z. **206**, 158 (1929).

[5] SHERIF, M. A. F., and E. G. HOLMES: A note on the oxygen consumption of nerve etc. Biochemic. J. **24**, 400 (1930).

der offenbar nur geringen Stoffwechsel zeigenden Markhüllen zurückzuführen. Doch ist, wie wir gleich sehen werden, der Stoffwechsel der weißen Hirnsubstanz nicht völlig übereinstimmend mit dem der markhaltigen Nerven, und das gleiche dürfte auch für graue Substanz und marklose Nerven gelten.

Bülow und Holmes[1] konnten an Kaninchen-Hirnbrei durch Narkotica in *für das Gesamttier* narkotischen Konzentrationen keine Verminderung der O_2-Aufnahme beobachten. Gegenüber den älteren Untersuchungen Wintersteins (H. 548) über die oxydationshemmende Wirkung der Narkotica in nachweislich narkotischen Dosen *am intakten Organ* erscheinen solche Ergebnisse ohne Bedeutung. Robertson und Stewart[2] untersuchten den O_2-Verbrauch der Hirnschnitte von Kaninchen, die 15 Minuten bis 4 Stunden vorher rektal 5 ccm Alkohol pro Kilogramm erhalten hatten. In einem Teil der Versuche enthielt auch die Versuchsflüssigkeit noch 0,4% Alkohol. In der ersten Zeit, besonders den ersten 20 Minuten der Untersuchnng ergab sich im Gehirn, vor allem der grauen Substanz der Tiere, die bis zu einer Stunde vorher, am deutlichsten bei denen, die $^1/_4$ Stunde vorher Alkohol bekommen hatten, eine Steigerung der O_2-Aufnahme, die später dem normalen Verhalten und schließlich, wenn die Alkoholaufnahme schon längere Zeit zurücklag, einer leichten Senkung unter die Norm Platz machte. Zur Erklärung der (schon lange vorher von Winterstein [H. 548] beobachteten) anfänglichen oxydationssteigernden Wirkung des Alkohols stellen sie die Hypothese auf, daß dieser zunächst an die nicht von den normalerweise zu oxydierenden Stoffwechselprodukten bedeckten Strukturen adsorbiert und so außer den letzteren oxydiert würde; daher die Atmungssteigerung. Bei wachsender Konzentration würden die normalen Stoffwechselbestandteile durch den Alkohol verdrängt, dessen langsamer erfolgende Oxydation eine Senkung der O_2-Aufnahme bedinge.

v. Ledebur[3] hat bei einer die Reflexerregbarkeit aufhebenden Vergiftung des Froschrückenmarks mit Monojodessigsäure eine anfänglich nur geringe, erst allmählich sich verstärkende Herabsetzung des O_2-Verbrauchs beobachtet. Im Gegensatz zu Krebs[4], der bei der gleichen Vergiftung an Hirnschnitten durch Milchsäurezusatz eine Rückkehr der Atmung zur Norm beobachtet haben will, konnte v. Ledebur durch Milchsäurezusatz höchstens ein Konstantbleiben oder eine Verlangsamung des Absinkens, aber keine Steigerung zum ursprünglichen Wert erzielen.

Lennox[5] fand beim Menschen in einer großen Zahl von Untersuchungen O_2-Gehalt und O_2-Sättigung des Blutes der Jugularis interna, die im wesentlichen Hirnblut enthält, deutlich niedriger, den CO_2-Gehalt und R. Q. höher als in anderen Venen. Wenn auch mangels Kenntnis der durchströmenden Blutmenge eine sichere Schlußfolgerung aus solchen Versuchen nicht zu ziehen ist, so sprechen sie doch jedenfalls für den hohen Gaswechsel des Gehirns.

Krebs und Rosenhagen[6] untersuchten die O_2-Atmung des Plexus chorioideus des Kaninchens und fanden sie fast doppelt so groß wie die der grauen, viermal so groß wie die der weißen Substanz (vielleicht weil der Plexus relativ unversehrt, das Gehirn aber in Schnitte zerlegt war; s. später).

Kiyohara[7] hat den *O_2-Verbrauch der Netzhaut des Hühnerembryos* untersucht. Er sah die Mittelwerte von 6,3 am 7. Tage bis zum Maximum von 8,2 cmm p. mg und Stunde am 11. Bebrütungstage ansteigen und dann allmählich bis auf 4,1 am 20. Tage absinken. In den ersten drei Tagen nach dem Ausschlüpfen ergab sich ein Mittelwert von 3,0 und beim erwachsenen Huhn ein solcher von 2,9 cmm. Das Maximum der O_2-Aufnahme fällt mit dem histologischen Auftreten der Sehzellen zusammen.

---

[1] Bülow, M., u. E. G. Holmes: Die Sauerstoffaufnahme und Ammoniakbildung von Gehirn usw. Biochem. Z. **245**, 459 (1932).

[2] Robertson, J. D., and C. P. Stewart: The effect of alcohol on the oxygen intake of brain tissue. Biochemic. J. **26**, 65 (1932).

[3] Ledebur, J. Freih. v.: Über den Einfluß der Monojodessigsäure auf Reflextätigkeit und Zuckerverbrauch des Zentralnervensystems. Pflügers Arch. (1932).

[4] Krebs, H. A.: Über die Wirkung der Monojodessigsäure auf den Zellstoffwechsel. Biochem. Z. **234**, 278 (1931).

[5] Lennox, W. G.: The oxygen and carbon dioxide content of blood etc. Arch. int. Med. **46**, 630 (1930).

[6] Krebs, H. A., u. H. Rosenhagen: Über den Stoffwechsel des Plexus chorioideus. Z. Neur. **134**, 641 (1931).

[7] Kiyohara, K.: Sur la consommation en oxygène da la rétine etc. C. r. Soc. Biol. Paris **106**, 920 (1931).

B. Kohlehydratumsatz und Milchsäurebildung.

Nächst dem Gaswechsel des Nervensystems ist am eingehendsten das Problem des Kohlehydratumsatzes und seiner Beziehungen zur Milchsäurebildung untersucht worden, ohne daß es jedoch gelungen wäre, auch nur einigermaßen Klarheit zu erzielen. Was zunächst den *peripheren Nerven* anbelangt, so fanden Holmes und seine Mitarbeiter[1,2], daß Kaninchennerven, die bei 37° in einer Stickstoffatmosphäre gehalten werden, einen Verlust an Glykogen und „freiem Zucker" (wasserlösliche reduzierende Substanzen) erfahren und dabei Milchsäure in einer diesem Verlust recht gut entsprechenden Menge produzieren, so daß kein Anlaß vorliegt, nach einer anderen Quelle derselben zu suchen. Bei Aufbewahrung in einer O_2-Atmosphäre tritt weder eine Milchsäurebildung, noch eine Abnahme der vorher vorhandenen bzw. in einer N_2-Atmosphäre vorher gebildeten Milchsäure ein. Der Nerv besitzt also entsprechend den Befunden von Gerard und Meyerhof (H. 395) nicht die Fähigkeit, Milchsäure zu oxydieren oder zu resynthetisieren. Der Gehalt an Glykogen blieb annähernd konstant, der Gehalt an freiem Zucker zeigte eine Abnahme, die sich allmählich verringerte. Während in der ersten Zeit dieser Verlust so groß ist, daß er den ganzen O_2-Verbrauch des Nerven bestreiten könnte, bleibt dieser weiter konstant, auch wenn er nicht mehr von einer Zuckeroxydation herrühren kann, und auch der Aktionsstrom bleibt noch lange erhalten. Der Kaninchennerv würde etwa 9 mal so viel Sauerstoff, aber nur 3—6 mal so viel an Kohlehydratreserven verbrauchen wie der Nerv des Ochsenfrosches. Als plausibelste Erklärung des im Ruhestoffwechsel des Nerven zu beobachtenden Zuckerschwunds erscheint den Autoren die Annahme einer Umwandlung des Zuckers in eine Substanz, die keine oder nur wenig reduzierende Kraft besitzt. Offenbar steht dieses Verschwinden der Reserve an reduzierenden Substanzen in engem Zusammenhang mit der Fähigkeit des Nervensystems, Zucker aus einer umgebenden Lösung zum Verschwinden zu bringen (vgl. H. 397 und 568, sowie neuerdings Mitolo[3], Martino[4], Winterstein und Fraenkel-Conrat[5]), die uns bei Erörterung des Erregungsumsatzes noch genauer beschäftigen wird. — Einige von Holmes[6] an Crustaceennerven (Bein- und Scherennerven von Maja, Scherennerven von Cancer) angestellten Untersuchungen ergaben gleichfalls bei Aufbewahrung in Stickstoff ein rasches Absinken des hier ungeheuer viel größeren Gehaltes an Glykogen und ein Ansteigen des Gehaltes an Milchsäure; aber der Gehalt an freiem Zucker nahm hierbei zu und nicht ab. In O_2-Atmosphäre war der Glykogenverlust viel geringer, und die Milchsäurebildung blieb aus. Ähnlich waren die Ergebnisse auch an den Bauchganglien von Maja, bei denen außer Glykogen anscheinend noch andere nicht mit Alkohol fällbare Polysaccharide gespalten werden. — Das die O_2-Atmung steigernde Methylenblau kann nach Gerard[7] auch die anaerobe Säurebildung des Froschnerven bedeutend verstärken.

---

[1] Holmes, E. G., and R. W. Gerard: Carbohydrate metabolism of resting mammalian nerve. Biochemic. J. **23**, 738 (1929).

[2] Holmes, E. G., R. W. Gerard and E. J. Solomon: The carbohydrate metabolism of active nerve. Amer. J. Physiol. **93**, 342 (1930).

[3] Mitolo, M.: Il consumo di glicosio da parte del sistema nervosa centrale isolato etc. Rend. R. Accad. Lincei (6aI) **13**, 229 (1931).

[4] Martino, G.: Sul potere glicolitico della sostanza cerebrale. Arch. Farmacol. sper. **50**, 228, 255 (1930).

[5] Winterstein, H., u. H. Fraenkel-Conrat: Über den Erregungszuckerstoffwechsel des Nerven. Biochem. Z. **247**, 178 (1932).

[6] Holmes, E. G.: Carbohydrates of crab nerve. Biochemic. J. **23**, 1182 (1929).

[7] Gerard, R. W.: The influence of methlene blue etc. Amer. J. Physiol. **97**, 523 (1931).

Untersuchungen über den Gehalt des *Warmblütergehirns* an Zuckerstoffen unter verschiedenen Bedingungen sind mit widersprechenden Ergebnissen von SATO[1,2] und NAKA[3] angestellt worden. (Die Untersuchungen von COBET[4] und von JUNGMANN[5] über Milchsäurebildung im Zentralnervensystem haben vor ihrer Veröffentlichung bereits eine Erörterung erfahren, s. H. 583). JUNGMANN und KIMMELSTIEL[6] haben unmittelbar nach dem durch Entbluten erfolgten Tode der Versuchstiere (Meerschweinchen, Kaninchen, Tauben) das Gehirn entnommen und gleichzeitig auf Milchsäure, Glykogen und Cerebroside untersucht. Im Gegensatz zu B. E. und E. G. HOLMES (H. 581) und neuerdings[7], die eine Beziehung der postmortalen Milchsäurebildung zum Glykogen abstreiten und nur eine solche zum Blutzucker anerkennen, fanden sie, daß gleichzeitig mit dem wenige Sekunden nach Herausnahme des Gehirns schlagartig erfolgenden Ansteigen des Milchsäuregehaltes der Glykogengehalt beträchtlich absinkt und nachher konstant wird. Die Cerebrosidwerte sinken ebenfalls ab, aber viel langsamer und erst nachdem der Milchsäurewert sein Maximum und der Glykogenwert sein Minimum erreicht hat. Wahrscheinlich entstammt die Milchsäure danach dem Glykogen und sicher nicht der Galaktose der Cerebroside. Auch NAKA[8] sah den Milchsäuregehalt von Kaninchenhirn innerhalb der ersten 10—15 Minuten nach der Herausnahme schnell, im Mittel von 70 auf 120 mg%, ansteigen und dann konstant bleiben. Mit Insulin behandelte Tiere zeigten fast keine, mit Luminal behandelte eine vermehrte Milchsäurebildung. HALDI[9], der die postmortale Milchsäurebildung in verschiedenen Organen des Hundes untersuchte, fand im Gehirn den größten Anfangsgehalt und den raschesten Anstieg.

Daß auch in vivo das Zentralnervensystem unter den Bedingungen des O_2-Mangels Milchsäure bildet, geht außer aus den älteren Angaben über intravitale Reaktionsänderungen (s. H. 564 und neuerdings auch MITOLO[10,11]) auch aus der Tatsache hervor, daß CO_2-Gehalt und CO_2-Bindungsvermögen des Gehirns von Fröschen und Hunden bei O_2-Mangel und Cyanvergiftung eine Herabsetzung erfahren (KLEINSCHMIDT[12], McGINTY[13]). WINTERSTEIN und GOLLWITZER-MEIER[14] fanden im Hochgebirge bei Kaninchen und Hunden eine Verminderung des CO_2-Bindungsvermögens und des p_H des vom Gehirn kommenden im Vergleich

[1] SATO, T.: Über das Glykogen usw. Trans. jap. path. Soc. **20**, 207 (1930).

[2] SATO, T.: II. Mitt. Mitt. med. Akad. Kioto **5**, 425 (1931).

[3] NAKA, S.: A quantitative study on the reducing substances etc. IV. Fukuoka-Ikwadaigaku-Zasshi (jap.) **23** (1930) — zit. nach Ber. Physiol. **62**, 790.

[4] COBET, R.: Über den Milchsäuregehalt des Gehirns usw. Arch. f. exper. Path. **145**, 140 (1929).

[5] JUNGMANN, H.: Über den Milchsäurestoffwechsel des Zentralnervensystems. II. Biochem. Z. **206**, 457 (1929).

[6] JUNGMANN, H., u. P. KIMMELSTIEL: Über den Ursprung der Milchsäure im Zentralnervensystem. Biochem. Z. **212**, 347 (1929).

[7] HOLMES, E. G., and M. A. F. SHERIF: The relationship between sugar in blood etc. Biochemic. J. **26**, 381 (1932).

[8] NAKA, S.: Über die Gehirnmilchsäure. Fukuoka-Ikwadaigaku-Zasshi (jap.) **24** (1931) — zit. nach Ber. Physiol. **64**, 362.

[9] HALDI, J.: The accumulation of lactie acid in excised brain etc. Amer. J. Physiol. **99**, 702 (1932).

[10] MITOLO, M.: Il consumo dell'azoto. Fisiol. e Med. **1** (1930).

[11] MITOLO, M.: Ossigeno e funzioni centrali nervose. Rend. R. Accad. Lincei (6aII) **12**, 472 (1930).

[12] KLEINSCHMIDT, E. E.: Total carbon dioxide content of the brain etc. Amer. J. Physiol. **88**, 251 (1929).

[13] McGINTY, D. A.: The carbon dioxide content of the intact brain etc. Amer. J. Physiol. **93**, 528 (1930).

[14] WINTERSTEIN, H., u. KL. GOLLWITZER-MEIER: Über die Atmungsfunktion des Blutes im Hochgebirge. Pflügers Arch. **219**, 202 (1928).

zu dem zum Gehirn strömenden Blut, Veränderungen, die auf eine vermehrte Säureabgabe aus dem Gehirn hinweisen. In vollem Einklang mit diesen Beobachtungen und der durch sie gestützten Reaktionstheorie der Atmungsregulation sah auch McGinty[1] in Versuchen an Hunden den Milchsäuregehalt des aus dem Hirnsinus oder aus der Vena jugularis interna oder externa kommenden Blutes bei allen Behinderungen der Oxydationsvorgänge (Verschluß der Hirnarterien, Herabsetzung der Lungendurchlüftung, Injektion von NaCN) im Verhältnis zu dem des arteriellen Blutes ansteigen. (Bei normaler O_2-Versorgung war der Milchsäuregehalt des letzteren häufig größer als der des venösen, so daß eine Absorption von Milchsäure im Gehirn eintrat.) Einige auf Messungen der Strömungsgeschwindigkeit gestützte Schätzungen würden ein Ansteigen der Milchsäurebildung im Gehirn unter dem Einfluß von Cyanvergiftung um 250% ergeben. In befremdlichem Gegensatz zu diesen Befunden würden jene von Myerson und seinen Mitarbeitern[2,3] stehen, die beim Menschen bei Einatmung von Gasgemischen mit nur 9% O_2 bei gleichzeitiger Entnahme von Blutproben aus der Jugularis interna, der Vena und der Arteria femoralis weder eine Änderung des Verhältnisses des Milchsäuregehaltes noch der Alkalireserve beobachtet haben wollen. Nur ein Zuckerverbrauch war unter diesen wie auch unter normalen Bedingungen feststellbar.

Nur anhangsweise seien noch einige Untersuchungen an *Hirnbrei* und *Hirnschnitten* angeführt. Wir werden sehen, daß schon eine den Fortbestand der Lebensfunktionen durchaus nicht schädigende elektrische Reizung eine weitgehende Veränderung der Stoffwechselvorgänge gegenüber der Norm herbeizuführen vermag. Es gehört also ein erstaunlicher Optimismus der physiologischen Chemiker zu der Annahme, daß die an wahllos zerschnittenem oder gar zerquetschtem und zerriebenem, nervösem Gewebe angestellten Untersuchungen eine auch nur einigermaßen sichere Schlußfolgerung auf das chemische Geschehen unter normalen Bedingungen ermöglichen. Weder das Fehlen noch das Auftreten einer chemischen Reaktion ist in Wahrheit beweisend; das erstere nicht, weil für ihren Ablauf unentbehrliche Strukturen zerstört sein können, das zweite nicht, weil ein Zusammentreffen von Fermenten und Substraten erfolgt sein kann, das sich unter normalen Bedingungen niemals ereignet. Genau so wenig wie die morphologischen Kunstprodukte der Färbungs- und Fixierungsverfahren brauchen die Ergebnisse solcher chemischen Gewaltakte dem wirklichen Geschehen zu entsprechen, ja sie brauchen nicht einmal „Äquivalentbilder" eines solchen darzustellen[4]. Geradezu grotesk wirkt es, wenn aus solchen Untersuchungen die normalen Eigenschaften des Organs abgeleitet werden, z. B. wenn aus Glykolyseversuchen an Hirnschnitten die Schlußfolgerung gezogen wurde, daß die Hirnrinde gegen O_2-Mangel sehr empfindlich zu sein scheine (Jany und Sellei[5]), und in weiteren Versuchen, daß die glykolytische Wärmeproduktion hinreiche, um sie unter anaeroben Bedingungen am Leben zu erhalten (Sellei, Weinstein und Jany[6]. Augenfälliger kann die Wertlosigkeit solcher Untersuchungen wohl nicht veranschaulicht werden!

[1] McGinty, D. A.: Variations in the lactic acid metabolism in the intact brain. Amer. J. Physiol. **88**, 312 (1929).

[2] Myerson, A., and R. D. Halloran: Studies of the biochemistry of the brain blood etc. Amer. J. Psychiatry **10**, 389 (1930).

[3] Myerson, A., J. Loman, H. T. Edwards and D. B. Dill: The composition of blood in the artery etc. Amer. J. Physiol. **98**, 373 (1931).

[4] Ashford und Holmes[7] wollen neuerdings — im Gegensatz zu den Angaben von Hirschberg und Winterstein (H. 549) — gefunden haben, daß der O_2-Verbrauch von zerstückeltem Froschhirn nur 16% kleiner war als der der intakten Substanz. Selbst wenn dies zutrifft, würde eine Verallgemeinerung dieser Erfahrung von den Oxydationsvorgängen, deren weitgehende Unabhängigkeit von der intakten Struktur und dem Funktionsvermögen der Gewebe bekannt ist, auf andere fermentative Prozesse durchaus nicht berechtigt sein.

[5] Jany, J., u. C. Sellei: Studien über den Stoffwechsel der Zelle. Biochem. Z. **236**, 348 (1931).

[6] Sellei, C., P. Weinstein u. J. Jany: Weitere Studien über den Stoffwechsel der Zelle. Ebenda, **247**, 146 (1932).

[7] Ashford, C. A., and E. G. Holmes: Further observations on the oxidation of lactic acid by brain tissue. Biochemic. J. **25**, 2028 (1931).

ASHFORD und HOLMES[1,2] vermuten auf Grund ihrer an Hirnbrei angestellten Versuche, daß zwei verschiedene Mechanismen anoxbiotischer Milchsäurebildung im Gehirn vorhanden sind: eine Bildung aus Glykogen unter Mitwirkung von Phosphaten und eine (bei weitem überwiegende) aus Glykose, wofür Phosphate nicht erforderlich sind. Durch Bestimmungen des O_2-Verbrauches und der Milchsäurebildung mit und ohne Lactatzusatz konnten sie einen zwischen 1 und 8 gelegenen „Meyerhof-Quotienten" feststellen, ohne daß eine Neubildung von Kohlehydrat nachweisbar gewesen wäre! Das Schicksal der so verschwindenden Milchsäure ist gänzlich unbekannt. Alle Versuche von ASHFORD und HOLMES[3], es aufzuklären, blieben erfolglos. Auch die Annahme, daß die Milchsäure völlig oxydiert werde und dadurch irgendeine andere Substanz vor der Oxydation schütze, erwies sich nicht als haltbar. Denn etwa 95% des mit dem Lactat zugeführten Kohlenstoffs (nach Abzug des aus dem Mehrverbrauch an Sauerstoff berechneten Anteils der oxydierten Milchsäure) waren tatsächlich im Gewebe nachweisbar, ohne daß etwa eine Bildung nicht reduzierender P-Verbindungen stattgefunden hätte, und unter geeigneten Bedingungen konnte die Menge des zur völligen Oxydation der verschwundenen Milchsäure nötigen Sauerstoffs größer sein als die gesamte O_2-Aufnahme.

GORODISSKY und EPELBAUM[4] wollen eine gleichzeitige Milchsäurebildung und Lactacidogensynthese bei Zusatz verschiedener Zucker zu wässerigen Hirnextrakten festgestellt haben. KREBS[5] fand, daß Monojodessigsäure an Hirnschnitten in der gleichen Konzentration Atmung und anaerobe Säurebildung hemmt. Die erstere wurde durch Lactatzusatz wieder in Gang gebracht, die zweite nicht, was auf Grund der Annahme, daß die Atmung die Milchsäurebildung zur Voraussetzung hat, verständlich wäre, aber mit den schon erwähnten Versuchen v. LEDEBURS am intakten Organ nicht in Einklang steht.

MARTINO[6] hat die „glykolytischen Fähigkeiten" von Hirnbrei und wässerigen Hirnextrakten untersucht. Er fand sie entsprechend der allgemeinen Intensität des Stoffwechsels in der grauen Substanz viel stärker als in der weißen. Die meisten Chloride und Na-Salze bewirkten eine Herabsetzung des Zuckerverbrauchs, wenigstens in stärkeren Konzentrationen (nur Phosphate wirkten günstig). Das Optimum des p_H lag bei 7, bei p_H 3 war die Hemmung vollständig, ebenso bei Einwirkung von Cyaniden. Die letztere von dem Verfasser hervorgehobene Abweichung von dem an anderen Geweben bei Anoxybiose zu beobachtenden Verhalten findet seine einfache Erklärung darin, daß es sich bei dem Verschwinden des Zuckers ja eben nicht um eine Milchsäurebildung handelt, sondern um anderweitige unbekannte Veränderungen. Der hier und auch sonst immer wieder gebrauchte Ausdruck „Glykolyse" ist daher völlig irreführend. MONDIO[7] stellte fest, daß die Cerebrospinalflüssigkeit normaler Individuen, ebenso wie die verschiedener Nerven- und Geisteskranken keine „glykolytischen Fähigkeiten" besitzt (soll heißen: zugesetzte Glykose nicht zum Verschwinden bringt), wohl aber bei Paralyse, Gehirnerweichung, Tumoren, Tabes sowie jede von Leichen entnommene Cerebrospinalflüssigkeit. Wo ein solches glykolytisches Vermögen vorhanden ist, stimmt es in seinem Verhalten völlig mit dem von MARTINO untersuchten überein (z. B. Hemmung durch Salzzusatz, Cyanide), so daß es offenbar gar nicht der Cerebrospinalflüssigkeit als solcher zukommt, diese es vielmehr nur durch Übertritt der betreffenden Fermente aus dem Zentralnervensystem unter pathologischen Bedingungen sowie nach dem Tode gewinnt.

Zur Aufklärung des anscheinend verschiedenen Verhaltens der Kaltblüternetzhaut gegenüber der Warmblüternetzhaut, deren Glykolyse (soll heißen: im Warburg-Apparat gemessene Säurebildung) durch O_2-Zufuhr nicht zum Verschwinden gebracht würde, dienten Versuche von KUBOWITZ[8]. Er fand die aerobe Glykolyse bei der Froschnetzhaut zwischen 15 und 35° = 0. Steigt die Temperatur noch höher, so beginnt die O_2-Atmung abzufallen, und es tritt — offenbar als Zeichen der Schädigung — aerobe Glykolyse auf, die bei 40° schließlich ebenso groß wird wie die anaerobe. Daher ist das Verhalten der Warmblüternetzhaut (wie schon früher vermutet, vgl. H. 586) sehr wahrscheinlich nur auf ihre Schädigung zurückzuführen und ihr Stoffwechsel normalerweise ebenso ein oxydativer wie der anderer Organe.

---

[1] ASHFORD, C. A., and E. G. HOLMES: Contributions to the study of brain metabolism. Biochemic. J. **23**, 748 (1929).

[2] HOLMES, E. G., and C. A. ASHFORD: Lactic acid oxidation in brain etc. Biochemic. J. **24**, 1119 (1930).

[3] ASHFORD, C. A., and E. G. HOLMES: Zitiert auf S. 255.

[4] GORODISSKY, H., u. S. EPELBAUM: Einfluß verschiedener Kohlehydrate usw. Ber. Ukrain. Biochem. Inst. Charkow **4**, 121, 133 (1930).

[5] KREBS, H. A.: Zitiert auf S. 252.

[6] MARTINO, G.: Zitiert auf S. 253.

[7] MONDIO, E.: Sul potere glicolitico del liquido cerebro-spinale. Fisiol. e Med. **2**, 122 (1931).

[8] KUBOWITZ, F.: Stoffwechsel der Froschnetzhaut usw. Biochem. Z. **204**, 475 (1929).

C. Der Umsatz an N- und P-haltigen Substanzen und Ionen.

MITOLO[1] hat am isolierten Zentralnervensystem der Kröte die Untersuchungen von WINTERSTEIN und HIRSCHBERG (s. H. 595) über den Umsatz an Stickstoff verschiedener Herkunft mit im großen und ganzen übereinstimmendem Ergebnis wiederholt. Soweit seine Versuche den Erregungsumsatz betreffen, werden sie uns später noch zu beschäftigen haben. Die Wandlung in der Physiologie des Muskelstoffwechsels beginnt auch für das Nervensystem die N-haltigen Phosphorsäureverbindungen in den Vordergrund des Interesses zu rücken. Nachdem POHLE[2] das Vorhandensein von Adenylsäure im Gehirn nachgewiesen und RÖSCH[3] gezeigt hat, daß die NH_3 produzierende Froschnetzhaut (vgl. H. 593) Adenosin und Adenylphosphorsäure zu desaminieren vermag, dürfte auch für das Nervensystem die Quelle des von ihm gebildeten NH_3 in der Hauptsache aufgedeckt sein, wenn auch über die Bedeutung dieser Produktion bisher nichts bekannt ist. BÜLOW und HOLMES[4] fanden den NH_3-Gehalt des Gehirns normaler und tief narkotisierter Mäuse gleich, was jedoch angesichts der älteren Feststellungen von WINTERSTEIN und HIRSCHBERG (H. 593), daß Narkose eine sehr starke Herabsetzung der NH_3-Bildung bewirkt, belanglos erscheint.

GERARD und TUPIKOW[5,6] haben den Kreatingehalt markhaltiger Nerven von Fröschen und Hunden untersucht; sie sahen ihn beim grünen Frosch während der Monate Juni/Juli kontinuierlich von 104—234 mg% ansteigen. Am frisch präparierten Nerven betrug im Mittel die Menge des freien Kreatins 57, die des gebundenen 44 mg%. Wurde der Nerv in O_2 gelassen, so stieg die Menge des gebundenen Kreatins etwas an, während nach 8—24 Stunden Aufenthalt in N_2 seine Menge auf 25 herunterging und die des freien auf 80 anstieg. Frische Nerven enthielten etwa 9,5 mg% P in labiler Verbindung, von denen 4 mg bei Asphyxie gespalten wurden; wenn diese labile Verbindung Phosphorkreatin ist, sollte man im frischen Nerven einen Gehalt von 40 mg% gebundenem Kreatin erwarten und nach Asphyxie 23 mg%; die von den Autoren tatsächlich gefundenen Werte waren 44 bzw. 25 mg%, stimmten also mit dieser Annahme gut überein. CO_2, H_2S, CN, Monojodessigsäure, CO beschleunigten alle den Zerfall des gebundenen Kreatins. Die CO-Wirkung war bei O-Zufuhr und bei Belichtung reversibel.

Wie das Nervensystem des Kaltblüters gibt auch der Warmblüternerv an die umgebende Lösung bei O_2-Durchleitung Eiweiß-N und N eiweißfreier Substanzen ab und bildet NH_3, und zwar, wie aus noch unveröffentlichten Versuchen von HALTER hervorgeht, in viel größerer Menge, solange er mit dem Zentralnervensystem in Verbindung steht.

Über Änderungen der chemischen Zusammensetzung zentraler und peripherer Nervensubstanz während des Degenerationsvorganges hat MAY[7,8] Angaben gemacht. MARUYAMA[9] beobachtete im Kaninchenhirn in den ersten Minuten nach dem Tode eine Bildung von Kreatinin aus Kreatin.

Bemerkenswerte Untersuchungen über die Ausscheidung verschiedener *Ionen*, die vermutlich mit dem Umsatz der obigen Substanzen in Zusammenhang steht,

---

[1] MITOLO, M.: Il consumo dell'azoto. Fisiol. e Med. **1** (1930).

[2] POHLE, K.: Über das Vorkommen von Adenylsäure im Gehirn. Hoppe-Seylers Z. **185**, 281 (1929).

[3] RÖSCH, H.: Weitere Untersuchungen über die Ammoniakbildung in der Netzhaut. Hoppe-Seylers Z. **186**, 237 (1930).

[4] BÜLOW, M., u. E. G. HOLMES: Zitiert auf S. 252.

[5] GERARD, R. W., and N. TUPIKOW: Creatine in medullated nerve. Proc. Soc. exper. Biol. a. Med. **27**, 360 (1930).

[6] GERARD, R. W., and N. TUPIKOW: Creatine in nerve and muscle. Amer. J. Physiol. **97**, 523 (1931).

[7] MAY, R.: Études microchimiques sur le système nerveux. II. Bull. Soc. Chim. biol. Paris **11**, 312 (1929) — zit. nach Ber. Physiol. **51**, 521.

[8] MAY, R.: L'eau et les combinaisons phosphorées du nerf etc. C. r. Acad. Sci. Paris **190**, 1150 (1929).

[9] MARUYAMA, H.: Studien über die Reduktionssubstanz im Gehirn. II. Mitt. [ref. Ber. Physiol. **66** (1932)].

hat kürzlich MITOLO[1] am überlebenden isolierten Zentralnervensystem der Kröte angestellt. Er fand, daß dieses bei 2stündigem Aufenthalt in 0,7% NaCl-Lösung regelmäßig Cl, Ca, K, Mg abgibt, im Mittel von 7 Ruheversuchen bei 11,5—13° in Milligramm pro Stunde: 1,2501 Cl, 0,3324 Ca, 0,3741 K, 0,0158 Mg. Daß es sich hierbei um einen biologischen Vorgang und nicht etwa um einen einfachen Diffusionsprozeß handelt, ergibt sich daraus, daß diese Abgabe an toten Präparaten viel geringer war, daß sie durch O_2-Durchleitung und Temperatursteigerung, reflektorische Reizung und Krampfgifte erhöht, durch Narkose und Zuckerzusatz vermindert wurde. Setzt man die oben angeführte mittlere Ionenabgabe gleich 100, so stellt sich die Abgabe in Prozent unter verschiedenen Versuchsbedingungen (die Reizungsversuche werden später erörtert) folgendermaßen:

	Cl	Ca	K	Mg
Präparat toter Tiere	29,25	27,65	18,00	25,39
Lebende Präparate bei 2°	56,64	65,11	32,92	86,66
Lebende Präparate bei 22°	184,95	168,15	200,22	152,06
Narkose	46,33	44,56	41,02	56,82
Zusatz von 0,5% Glykose	61,30	62,28	47,05	72,69
Sauerstoffdurchleitung	194,05	166,57	252,65	126,98

Die gewaltige Steigerung der Abgabe bei O_2-Durchleitung zeigt, daß alle anderen Versuche unter den Bedingungen partieller Erstickung angestellt waren, wodurch ihr Wert leider beeinträchtigt wird. Der Autor bringt diese Ionenausscheidung mit jener der N-haltigen Produkte in Zusammenhang. Es liegt jedoch kein Grund vor — und seine später zu erörternden Versuche über den Erregungsumsatz sprechen sogar dagegen —, sie ausschließlich mit dem Zerfall N-haltiger und nicht auch anderer Substanzen in Beziehung zu setzen. Jedenfalls hängt die durch Zuckerzusatz zu erzielende Verminderung der Ausscheidung wohl sicher mit der sparenden Wirkung zusammen, die die Glykose auf den Umsatz verschiedener Stoffe im Nervengewebe ausübt (vgl. H. 599).

III. Der Erregungsumsatz.

Bereits in dem Hauptartikel (H. 554) ist auf Grund der Versuche v. LEDEBURS über den ganz verschiedenen Einfluß direkter und reflektorischer Reizung auf den Gaswechsel des Froschrückenmarks darauf hingewiesen worden, daß der lokale Reizungsvorgang und der physiologisch weitergeleitete Erregungsvorgang offenbar zwei verschiedene Prozesse darstellen. Dieser Gedanke wurde später an Hand eines größeren in der Literatur bereits vorliegenden Tatsachenmaterials erweitert (WINTERSTEIN[2]) und scharf unterschieden zwischen dem *„Reizungsstoffwechsel"*, das ist den chemischen Veränderungen, die durch die äußeren Reize lokal an ihrer Einwirkungsstelle hervorgerufen werden, und dem *„Erregungsstoffwechsel"*, der die der physiologischen Erregungsleitung zugrunde liegenden Prozesse umfaßt. Die ersteren können, soweit es sich nicht um die für die Aufnahme der Reize bestimmten Nervenendorgane handelt, reine Kunstprodukte darstellen, die keinerlei Schlüsse auf das physiologische Geschehen im Organismus gestatten. Die Berechtigung dieser Auffassung ergab sich zunächst in überaus klarer Weise durch Untersuchungen am peripheren Nervensystem. Schon PARKER[3] hat mit sehr geistreicher Versuchsanordnung den Gaswechsel des Schlangenvagus unter physiologischen Bedingungen untersucht, indem er den freipräparierten und durch Biegung des Halses zu einer Schlinge zusammengelegten Nerven in die Atmungskammer seines Apparates brachte, in der die CO_2-Ausscheidung bestimmt wurde. Er fand keinen Unterschied, ob der Nerv

---

[1] MITOLO, M.: La eliminazione di alcuni sali etc. Fisiol. e Med. **2** (1931).

[2] WINTERSTEIN, H.: Reizung und Erregung. Spemann-Festschr. Arch. Entw.mechan. **116**, 7 (1929).

[3] PARKER, G. H.: Carbon dioxide from the unsevered vagus nerve of the snake. J. gen. Physiol. **12**, 419 (1928/29).

zentral und peripher in seinen physiologischen Verbindungen belassen oder von diesen abgetrennt wurde. Da aber über die Zahl der physiologischerweise den Vagus passierenden Impulse bei der Schlange nichts bekannt ist, konnte dieser Versuch nicht entscheidend gewertet werden. Winterstein[1] untersuchte nun mit besonderer Apparatur die Größe des O_2-Verbrauches von Froschnerven einmal, wenn sie in der Atmungskammer elektrisch gereizt wurden, und das andere Mal, wenn die Reizung außerhalb der Kammer erfolgte, so daß nur die Wirkung der fortgeleiteten Erregungswellen den gemessenen O_2-Verbrauch beeinflussen konnte. Nur im ersteren Falle fand er die schon von früher her (H. 389f.) bekannte Steigerung des Stoffwechsels, im zweiten Falle fehlte sie vollständig. (Scheinbar widersprechende Ergebnisse von Versuchen, die Gerard[2] und Meyerhof und Schulz[3] zur Widerlegung dieser Experimente ausgeführt hatten, konnten leicht auf Stromschleifenwirkungen zurückgeführt werden; Winterstein[4].)

In vollem Einklang damit standen die Ergebnisse von Versuchen, in denen v. Ledebur[5] seine früheren Untersuchungen mit verbesserter Methodik wiederholte und fand, daß die stärkste physiologische Erregung des Froschrückenmarks durch möglichst oft wiederholtes Kneifen der Pfoten des leicht mit Strychnin vergifteten isolierten Rückenmarkreflexpräparates keine mit den bisherigen Methoden nachweisbare Steigerung der CO_2-Ausscheidung herbeiführt, während selbst die schwächste eben wirksame direkte elektrische Reizung des Rückenmarks eine solche deutlich hervortreten läßt.

Durch diese Versuche wird auf das klarste bewiesen, daß die zahlreichen bisher *bei elektrischer Reizung beobachteten Steigerungen der Oxydationsvorgänge im Nervensystem eine besondere Wirkung der Reizung darstellen und mit den physiologischen Erregungsvorgängen nichts zu tun haben.* Das gleiche gilt offenbar noch für zahlreiche andere unter der Einwirkung elektrischer Ströme beobachtete Veränderungen (vgl. Winterstein[6]), vor allem für die sog. „*Ermüdungserscheinungen*", wie sie am markhaltigen Nerven bei Narkose und bei O_2-Mangel (H. 374 und neuerdings Heinbecker[7]), besonders aber an marklosen Nervenfasern (Meyerhof und Schulz[8]) beobachtet wurden und die in Wahrheit einfach reversible Schädigungen durch den elektrischen Strom darstellen. Die bei elektrischer (oder überhaupt direkter) Reizung zu beobachtenden chemischen Veränderungen dürfen durchaus nicht ohne weiteres mit dem physiologischen Geschehen identifiziert werden, und alle bereits früher (H.) erörterten und inzwischen neu ausgeführten Untersuchungen, die sich dieser Methodik bedienen, um über die dem physiologischen Erregungsvorgang zugrunde liegenden Prozesse Aufschluß zu gewinnen (s. Meyerhof und Schmitt[9] am markhaltigen,

---

[1] Winterstein, H.: The metabolism of the local excitatory process etc. Science (N.Y.) **71**, 641 (1930) — Über Reizungs- und Erregungsstoffwechsel des Nervensystems. Pflügers Arch. **224**, 749 (1930).

[2] Gerard, R. W.: The oxygen consumption of nerve during activity. Science (N. Y.) **72**, 195 (1930).

[3] Meyerhof, O., u. W. Schulz: Über Reiz- und Erregungsstoffwechsel des Nerven. Biochem. Z. **228**, 1 (1930).

[4] Winterstein, H.: Der elektrische Reizungsstoffwechsel des Nerven. Biochem. Z. **232**, 196 (1931).

[5] Ledebur, J. Freih. v.: Neue Versuche über den Reizungs- und Erregungsstoffwechsel usw. Pflügers Arch. **227**, 343 (1931).

[6] Winterstein, H.: Elektrische Reizung und physiologische Erregung. Naturwiss. **19**, 247 (1931).

[7] Heinbecker, P.: Zitiert auf S. 247.

[8] Meyerhof, O., u. W. Schulz: Zitiert auf S. 251.

[9] Meyerhof, O., u. F. O. Schmitt: Über den respiratorischen Quotienten des Nerven usw. Biochem. Z. **208**, 445 (1929).

MEYERHOF und SCHULZ[1] am marklosen Nerven), müssen als hierfür ungeeignet bezeichnet werden.

Von den den Gaswechsel betreffenden Angaben seien daher hier nur zwei mitgeteilt, denen vielleicht eine besondere theoretische Bedeutung zukommt. Es wurde bereits früher (H. 557) die überraschende Beobachtung GARREYs wiedergegeben, daß bei Reizung der Hemmungsnerven des Herzganglions von Limulus eine Verminderung der CO_2-Bildung dieses Ganglions eintritt. Diese Beobachtung ist neuerdings von DANN und GARDNER[2] auch für den O_2-Verbrauch bestätigt worden, der bei einer Reizung des Hinterendes des Ganglions, wie sie eine Hemmung der Herztätigkeit herbeizuführen vermag, im Mittel um 80% (mitunter sogar auf 0!) absank. Wenn es sich nicht etwa auch hier um eigenartige Kunstprodukte der elektrischen Reizung handelt, wäre zum ersten Male eine chemische Grundlage für Vorstellungen von dem Mechanismus des Hemmungsvorganges gegeben. — RONZONI[3] beobachtete, daß mit Monojodessigsäure behandelte Nerven, die anoxybiotisch 2mal in der Sekunde elektrisch gereizt werden, nach 1 Stunde ihre Leitfähigkeit verlieren, während nichtbehandelte nur eine leichte Depression zeigen. O_2-Zufuhr soll die ursprüngliche Leitfähigkeit der behandelten Nerven wiederherstellen. Dies würde dafür sprechen, daß der Nerv in Abwesenheit von O_2 seine Energie durch einen Mechanismus gewinnt, der durch Monojodessigsäure gehemmt wird, vermutlich durch Milchsäurebildung. O_2 würde dem Nerven ermöglichen, auch ohne diesen Mechanismus zu funktionieren. Die vermeintliche O_2-Reserve würde daher nach der Verfasserin vermutlich eine Phosphagenreserve sein, deren Ausnutzung in Abwesenheit von O_2 durch einen beim Nerven schwach, beim Muskel stark entwickelten Milchsäuremechanismus zum Teil ermöglicht werde. Zu der Schlußfolgerung, daß die relativ lange Erhaltung der Nervenfunktion in Abwesenheit von O_2 nicht auf irgendwelcher O_2-Reserve, sondern auf anoxybiotischen Spaltungsvorgängen beruhe, sind auch wir bereits oben gelangt (vgl. S. 250).

Ein Trugschluß, dem eine ganze Anzahl von Autoren zum Opfer gefallen ist, muß hier nachdrücklich hervorgehoben werden. Eine große Zahl von Tatsachen, besonders deutlich die obenerwähnten Beobachtungen FURUSAWAs (vgl. S. 247) am marklosen Nerven, beweisen, daß die Funktionsfähigkeit des Nerven geknüpft ist an seine Polarisation, deren Erhaltung einer ständigen Energiezufuhr bedarf und auf die Dauer nur durch Oxydationsvorgänge bewirkt werden kann. Diese seit Anfang dieses Jahrhunderts bereits bekannte Tatsache, daß der Nerv auf die Dauer nicht ohne Sauerstoff zu funktionieren vermag, also in seiner Funktion von Oxydationsvorgängen abhängig ist, beweist aber keineswegs, wie eine Reihe von Autoren daraus ohne weiteres folgern wollen, daß die Erregungsvorgänge als solche nun oxydativer Natur seien, und steht daher auch keineswegs mit den obigen Feststellungen in Widerspruch, daß der Ablauf der Erregungsvorgänge im peripheren und im zentralen Nervensystem anscheinend nicht mit einer Steigerung der Oxydationsprozesse einhergeht. Damit die Erregungsvorgänge sich abspielen können, ist eben ein bestimmter physikalisch-chemischer Zustand der leitenden Elemente erforderlich, zu dessen Erhaltung eine gewisse O_2-Zufuhr ebenso gehört wie ein bestimmter osmotischer Druck oder eine bestimmte Reaktion; *über die Natur der Erregungsvorgänge können die Bedingungen, an die ihre Erhaltung geknüpft ist, keinerlei Aufschluß geben.*

---

[1] MEYERHOF, O., u. W. SCHULZ: Zitiert auf S. 251.

[2] DANN, M., and E. M. GARDNER: Oxygen consumption of the cardiac ganglion of Limulus Polyphemus. Proc. Soc. exper. Biol. a. Med. **28**, 200 (1930).

[3] RONZONI, E.: The source of energy of nerve activity. Proc. Amer. soc. biol. Chem. **3** (1931); J. of biol. Chem. **92**.

Schließlich möge bezüglich des Gaswechsels noch auf eine bemerkenswerte Ausführung von Wachholder[1] hingewiesen werden. Es ist bisher (vgl. H. 523) nicht gelungen, beim Menschen mit Sicherheit einen Einfluß der geistigen Arbeit auf die Größe des Gesamtgaswechsels festzustellen. Als Erklärung hierfür wurde vielfach und auch von uns selbst hervorgehoben, daß das Gehirn beim Menschen kaum 2% der Gesamtmasse ausmacht, und daß daher eine Änderung seines Stoffwechsels selbst in beträchtlichem Umfange kaum eine Änderung des Gesamtumsatzes bewirken könnte. Demgegenüber hat Wachholder mit Recht darauf hingewiesen, daß es nicht auf das Verhältnis der Gewichte, sondern auf das der Gaswechselgrößen ankommt. Der Gaswechsel des Gehirns aber würde nach den Untersuchungen am Organ in situ so ungeheuer viel größer sein als der der übrigen Organe (vgl. H. 541), daß sich die Verhältnisse dann ganz anders gestalten. Würde man den von Gayda am Hundegehirn beobachteten O_2-Verbrauch von fast 10 ccm pro 100 g und Minute auf das menschliche Gehirn mit seinem Durchschnittsgewicht von 1300 g übertragen, so würde sich ein O_2-Verbrauch von 130 g pro Minute ergeben, der fast die Hälfte des Gesamt-O_2-Verbrauches des ruhenden Organismus betrüge und dessen Änderung um nur wenige Prozent sich daher bei der Bestimmung des Gesamtumsatzes deutlich ausprägen könnte. So dürfte auch das Fehlen solcher nachweislichen Veränderungen mit als ein Argument dafür verwertbar sein, daß der Erregungsstoffwechsel des Zentralnervensystems mit keiner nennenswerten Steigerung der Oxydationsvorgänge einhergeht.

Erwähnt sei, daß bei der *Netzhaut* von Fröschen und Kröten Kiyohara[2] eine Abhängigkeit des O_2-Verbrauchs von der Adaptation und der Wellenlänge des Lichtes gefunden haben will.

Wenden wir uns nun zu der Frage des *Kohlehydratumsatzes des Nervensystems im Erregungsstoffwechsel.* Holmes und seine Mitarbeiter[3] fanden bei elektrischer Reizung von Frosch- und Krötennerven weder Veränderungen des Gehaltes an Glykogen noch an freiem Zucker oder Milchsäure. Die neugewonnenen Erkenntnisse über die Unübertragbarkeit elektrischer Reizwirkungen auf das physiologische Geschehen veranlaßten Winterstein[4], den von ihm und Hirschberg entdeckten Zuckerverbrauch des isolierten Froschrückenmarks in einer umgebenden Lösung (H. 568) aufs neue zu untersuchen. Es ergab sich, daß genau die gleiche Steigerung des Zuckerumsatzes, wie sie durch direkte elektrische Reizung des Rückenmarks zu erzielen war, auch dann eintritt, wenn die elektrische Reizung reflektorisch von den Nn. ischiadici aus erfolgt. Auch die durch möglichst häufiges Kneifen der Pfoten am Reflexpräparat bewirkte mechanische Reizung erzeugt eine Steigerung des Zuckerumsatzes (Winterstein und Fraenkel-Conrat[5,6]), wie auch durch die gleichzeitig und unabhängig davon angestellten Versuche von Mitolo[7] erwiesen wird. *Bei dem Zuckerverbrauch handelt es sich also nicht um ein Kunstprodukt der Reizung, sondern um einen wirklich physiologischen Prozeß. Dieser und die NH_3-Bildung (s. u.) allein sind bisher sicher als Begleiterscheinungen der physiologischen Erregungsprozesse festgestellt.*

Bei Vergiftung des Froschrückenmarks mit Monojodessigsäure verschwindet nach v. Ledebur[8] der Zuckerverbrauch (nicht aber die O_2-Aufnahme, s. oben) annähernd gleichzeitig mit der Reflexerregbarkeit. Myerson und seine Mitarbeiter[9,10] sowie Lennox[11] fanden den Zuckergehalt der Jugularis interna des Menschen im Durchschnitt erheblich niedriger als in anderen Körpervenen, die Differenz gegenüber dem Zuckergehalt des arteriellen Blutes also beträchtlich größer, was offenbar auf einen großen Zuckerverbrauch des Gehirns hinweist. Durch Narkose erfuhr diese Differenz eine starke Verminderung.

---

[1] Wachholder, K.: Allgemeine Physiologie des Zentralnervensystems. Fortschr. Neur. **4**, 67 (1932).

[2] Kiyohara, K.: Über die Wirkung der Strahlen verschiedener Wellenlängen usw. Nagasaki Igakkai Zassi **9**, 730 (1931) — zit. nach Ber. Physiol. **64**, 373.

[3] Holmes, E. G., R. W. Gerard and E. J. Solomon: Zitiert auf S. 253.

[4] Winterstein, H.: Zitiert auf S. 259, Fußnote 1.

[5] Winterstein, H.: Zitiert auf S. 259, Fußnote 6.

[6] Winterstein, H., u. H. Fraenkel-Conrat: Zitiert auf S. 253.

[7] Mitolo, M.: Zitiert auf S. 253.   [8] Ledebur, J., Freih. v.: Zitiert auf S. 252.

[9] Myerson, A., and R. D. Halloran: Zitiert auf S. 255.

[10] Myerson, A., J. Loman, H. T. Edwards and D. B. Dill: Zitiert auf S. 255.

[11] Lennox, W. G.: Zitiert auf S. 252.

Ähnliche Verhältnisse scheinen bei der Netzhaut des Auges vorzuliegen. Einen Monat nach Durchschneidung eines Sehnerven bei der Ratte sah ADLER[1] den Zuckergehalt des Glaskörpers fast den des Kammerwassers erreichen, während er normalerweise (und am nicht operierten Auge) bedeutend hinter ihm zurückbleibt, offenbar infolge der großen Schnelligkeit der durch die Netzhaut bewirkten „Glykolyse" (soll heißen des Zuckerverbrauchs).

Ganz ähnlich liegen die Verhältnisse für den *peripheren Nerven*. Der bereits früher am Froschnerven festgestellte Zuckerumsatz (H. 397) wurde von WINTERSTEIN und FRAENKEL-CONRAT[2] auch am Warmblüternerven (Rind, Kaninchen) beobachtet. Auch hier zeigte jede elektrische oder mechanische Reizung, selbst eine solche von nur wenigen Sekunden Dauer, eine lang anhaltende Steigerung des Zuckerverbrauchs. Diese Steigerung ist auch dann nachweisbar, wenn die mechanische Reizung außerhalb des Nerventeiles erfolgt, der in die Zuckerlösung eintaucht, sowie auch dann, wenn die Erregung des Nerven unter völlig physiologischen Bedingungen reflektorisch durch mechanische Reizung der Pfoten des anderen Beins erfolgt.

Das Schicksal des Zuckers in all diesen Fällen ist gänzlich unbekannt. Aus den früher angeführten Beobachtungen ergibt sich, daß er anscheinend weder oxydiert noch zu Milchsäure gespalten wird.

Auch der Gehalt des Zentralnervensystems an Zuckerstoffen (reduzierenden Substanzen) wird durch Erregungsvorgänge beeinflußt. Hier sind in erster Linie die Wirkungen von Krämpfen untersucht worden. MARTINO[3] fand bei Vergleich des Gesamtgehaltes des Zentralnervensystems an Zuckerstoffen bei normalen und bei mit Strychnin vergifteten Tauben bei den letzteren eine starke Abnahme im Rückenmark und eine deutliche in den Lobi optici, während Klein- und Großhirn keine deutliche Veränderung erfuhren. Der Autor sieht in diesem Resultat eine Erklärung für das abweichende Verhalten des Hirnglykogens, das COBORI (H. 573) bei Ratten und Tauben unter dem Einfluß krampferzeugender Mittel beobachtet hatte. Es würde dies durch die verschiedene Ausbildung des Gehirns bedingt sein, das bei den Tauben noch keine sensomotorische Rindenregion besitzt, wie sie sich bei den Säugetieren entwickelt hat.

PEYER[4] fand beim Kaninchen eine deutliche Herabsetzung der reduzierenden Substanzen bei Erregungshyperglykämie. KINNERSLEY und PETERS[5] beobachteten bei Tauben bei Mangel an Vitamin B vor und besonders während des Auftretens der Symptome eine bedeutende Steigerung des Milchsäuregehaltes der unteren Hirnpartien bei normalem Gehalt des Großhirns.

MITOLO[6] fand den Glykogengehalt des isolierten Zentralnervensystems der Kröte nach 4stündiger Aufbewahrung in physiologischer NaCl-Lösung im Durchschnitt um mehr als 17% kleiner, wenn die Pfoten des Reflexpräparates alle 5 Minuten durch Kneifen mechanisch gereizt wurden. Wenn sich dies bestätigt, hätten wir jedenfalls in dem Umsatz von Kohlehydraten einen wichtigen Faktor des physiologischen Erregungsstoffwechsels zu suchen.

---

[1] ADLER, F. H.: Weiteres zum Stoffwechsel der Netzhaut. Sitzgsber. d. 67. Sitzg d. amer. ophthalm. Ges. 1931; Klin. Mbl. Augenheilk. **87**, 417 (1931).

[2] WINTERSTEIN, H., u. H. FRAENKEL-CONRAT: Zitiert auf S. 253.

[3] MARTINO, G.: Comportamento dei glicidi di vari segmenti centrali etc. Arch. di Fisiol. **29**, 274 (1931).

[4] PEYER, G.: Der Gehalt der Kaninchenorgane an reduzierender Substanz. Biochem. Z. **206**, 1 (1929).

[5] KINNERSLEY, H. W., and R. A. PETERS: A localized lactic acidosis etc. Proc. physiol. soc. J. of Physiol. **69**, XI. (1930).

[6] MITOLO, M.: Le variazioni del contenuto in glicogeno etc. Arch. di Fisiol. **30**, 93 (1931).

Erwähnt sei noch, daß Mitolo[1] am Krötenpräparat auch eine Abgabe von *Cholesterin* festgestellt haben will, die zwar nicht durch die (nur alle 10 Minuten vorgenommene) reflektorische Reizung, wohl aber unter dem Einfluß von Strychninvergiftung eine Vermehrung erfahren haben soll.

Für die *Bedeutung der N- und P-haltigen Substanzen im Erregungsstoffwechsel* sind bisher nur wenig Anhaltspunkte gewonnen. Gerard und seine Mitarbeiter[2, 3] fanden bei elektrischer Reizung von Nerven eine Abnahme des Gehaltes an gebundenem und eine Zunahme des anorganischen Phosphors, und in Einklang damit eine Abnahme des gebundenen und eine Zunahme des freien Kreatins. Kohra[4] will bei langdauerndem Schütteln eines Vogels (!) eine Spaltung des gebundenen wasserlöslichen P beobachtet haben. Am isolierten Zentralnervensystem der Kröte konnte Mitolo[5] bei einer alle 10 Minuten erfolgenden mechanischen Reizung der Pfoten keine Änderung der N-Abgabe beobachten. Die auf eine so geringfügige Reizung gestützte Schlußfolgerung, daß die N-haltigen Stoffe an den Erregungsvorgängen keinen Anteil nehmen, erscheint jedoch um so weniger gerechtfertigt, als er unter dem Einfluß krampferzeugender Gifte (Pikrotoxin, Phenol) eine beträchtliche Steigerung des N-Umsatzes auf etwa das $2^1/_2$fache des Ruhewertes fand. Besonders der NH_2- und der Eiweiß-N waren daran beteiligt (Steigerung der Abgabe bei ersterem auf mehr als das Dreifache, bei letzterem sogar auf das $4^1/_2$—5fache), während die Abgabe von N unbekannter Herkunft sogar eine Verminderung auf etwa die Hälfte erfahren haben soll. Wenn auch die bei so abnormen Erregungszuständen gewonnenen Ergebnisse nicht unmittelbar eine Schlußfolgerung auf das normale Geschehen zulassen, so sprechen sie doch immerhin mehr für als gegen eine Beteiligung der N-haltigen Stoffe an dem Mechanismus des Erregungsvorgangs.

Hierbei wird in erster Linie an NH_3-bildende Substanzen zu denken sein. In diesem Sinne sprechen zunächst Beobachtungen von Schwarz und Dibold[6]. Diese fanden, daß der normalerweise zwischen 0,2 und 0,3 mg% betragende NH_3-Gehalt dem lebenden Tiere entnommener Hirnproben nicht bloß durch Zerreiben derselben, sondern auch durch traumatische Schädigungen des Gehirns *vor* der Probeentnahme (z. B. durch wiederholte Probeentnahmen) eine — unter Umständen noch bedeutendere — Steigerung erfahren kann. Riebeling[7] fand, daß der NH_3-Gehalt des Liquor cerebro-spinalis im Status epilepticus oder paralyticus bis zum 5fachen des Durchschnittswertes zunehmen kann. Den NH_3-Gehalt von Kaninchenhirnbrei sah Riebeling[8] bei zweistündiger Aufbewahrung in 2proz. Bicarbonatlösung bei 40° von 0,1—1,0 auf 8—10 mg% ansteigen. Diese NH_3-Bildung wurde durch NaF-Zusatz beträchtlich gehemmt. Versuche an Brei von Menschenhirn ergaben, daß sowohl die Menge des präformierten, wie die des abspaltbaren NH_3 abhängig ist von der Tätigkeit der untersuchten Region vor dem Tode. So wurde im Gehirn einer im Status epilepticus verstorbenen Person und im Gehirn eines in schwerer Erregung verstorbenen Paralytikers ein NH_3-Gehalt gefunden, der fast doppelt so hoch war wie der Durchschnitt und mehr als doppelt so hoch wie der seniler Gehirne. Demgemäß glaubt Riebeling, daß auch die Vermehrung des NH_3-Gehaltes des Liquor in den obigen Fällen auf die vermehrte Tätigkeit des Gehirns zurückzuführen ist, und daß die NH_3-Bildung beim Erregungsvorgang eine Rolle spielt. In der Tat hat Halter (vgl. S. 257) eine *Vermehrung der NH_3-Bildung bei physiologischer Erregung des Warmblüternerven* nachweisen können.

Schließlich sei noch auf *Beziehungen der Erregungsvorgänge zum Ionenhaushalt* hingewiesen. Beobachtungen, die schon vor längerer Zeit Kraus und seine Mitarbeiter[9] und

[1] Mitolo, M.: La eliminazione della colesterina totale. Rend. R. Accad. Lincei (6aII) **12**, 532 (1930).

[2] Gerard, R. W., and N. Tupikow: Zitiert auf S. 257, Fußnote 6.

[3] Gerard, R. W., and J. Wallen: Studies on nerve metabolism. Amer. J. Physiol. **89**, 108 (1929).

[4] Kohra, T.: Über die Phosphorspaltung im Vogelhirn usw. Fukuoka-Ikwadaigaku-Zasshi (jap.) **22** (1929) — zit. nach Ber. Physiol. **55**, 92.

[5] Mitolo, M.: Il consumo dell'azoto. Fisiol, e Med. **1** (1930).

[6] Schwarz, H., u. H. Dibold: Über den Ammoniakgehalt und die Ammoniakbildung des Gehirns. Klin. Wschr. **10**, 553 (1931).

[7] Riebeling, C.: Über das Vorkommen von präformiertem Ammoniak im Liquor cerebrospinalis. Z. Neur. **128**, 475 (1930).

[8] Riebeling, C.: Über Ammoniakbefunde im Gehirn und ihre Bedeutung. Klin. Wschr. **10**, 554 (1931).

[9] Kraus, F., E. Wollheim und S. G. Zondek: Untersuchungen zur Elektrolytverteilung. Klin. Wschr. **3**, 735 (1924).

neuerdings ROEDER[1] über eine Änderung der Ionenverteilung im Nerven mitgeteilt haben, dürften wohl nur als Kunstprodukte der elektrischen Reizung zu werten sein. Bedeutungsvoller sind die Befunde von MITOLO[2], der bei seinen obenerwähnten Untersuchungen über Salzausscheidung des isolierten Zentralnervensystems der Kröte schon bei der mechanisch reflektorischen Reizung der Pfoten eine Steigerung der Abgabe besonders von Cl- und Ca-Ionen um etwa 50% beobachtet haben will und eine noch viel stärkere, auch auf das K sich erstreckende unter dem Einfluß von Krampfgiften (Strychnin, Phenol, Pikrotoxin). Schon oben wurde darauf hingewiesen, daß dieses Ergebnis nicht einfach, wie der Autor annimmt, mit der Ausscheidung N-haltiger Stoffwechselprodukte in Zusammenhang gebracht werden kann, die ja gerade nach seinen Angaben bei der physiologischen Erregung gar keine Steigerung erfahren soll.

IV. Wärmebildung.

Die Erkenntnis, daß die Erregungsvorgänge im Nervensystem nicht mit einer nachweisbaren Steigerung der Oxydationsvorgänge verbunden sind, steht anscheinend in schroffem Widerspruch zu den von HILL und seinen Mitarbeitern durchgeführten Untersuchungen über die Wärmebildung des Nerven (H. 408). Denn sie fanden bei Reizung der Nerven *außerhalb* der Stelle, an der die Wärmebildung gemessen wurde, also anscheinend bei Untersuchung des Energieumsatzes der *Erregung*, eine relativ sehr beträchtliche Wärmeproduktion, die in der Größenordnung sehr gut mit den bei *direkter* Nervenreizung beobachteten Steigerungen des O_2-Verbrauchs übereinstimmte. Da nun aber diese Steigerung als ein Kunstprodukt der elektrischen Reizung erkannt ist, fragt sich, wie diese Übereinstimmung erklärt werden soll. Die Annahme, daß sie auf einem Zufall beruht, und daß die Wärmebildung von exothermen Spaltungsvorgängen nichtoxydativer Natur herrührt, muß schon wegen der absoluten Größe dieser Wärmebildung als recht unwahrscheinlich bezeichnet werden. Und so bleibt wohl nur die Erklärung übrig, daß es sich bei diesen Versuchen eben doch nicht um eine Wärmebildung der „*Erregung*", sondern nur um eine solche lokaler Wirkungen der elektrischen *Reizung* gehandelt hat, bedingt durch, sei es direkte, sei es durch Polarisationsströme erzeugte Stromschleifen, deren außerordentliche Intensität und Reichweite, zumal bei Verwendung dicker Nervenbündel, noch lange nicht die genügende Beachtung gefunden hat. Das gleiche gilt natürlich auch für die mit gleichartiger Methodik in neuerer Zeit durchgeführten Untersuchungen von BRONK[3] am Froschnerven, die eine geringe Korrektur der früheren Werte brachten, sowie für die von HILL[4] selbst am Beinnerven von MAJA ausgeführten Untersuchungen, die auf die Trockensubstanz bezogen eine 100mal so große Wärmebildung wie beim Froschnerven ergeben würden. Es gilt schließlich erst recht für die vorläufig mitgeteilten Versuche von HOLZLÖHNER[5] über die Wärmebildung des isolierten Froschrückenmarks bei direkter elektrischer Reizung. Und so kommen wir zu der bedauerlichen Schlußfolgerung, daß die mit bewundernswerter Technik durchgeführten Untersuchungen über die Wärmebildung des Nervensystems bisher über die *energetischen Verhältnisse der physiologischen Erregungsvorgänge keinerlei Aufschluß* gebracht haben. Da diese Vorgänge aller Wahrscheinlichkeit nach nicht oxydativer Natur sind, dürften sie auch nicht mit erheblicher Wärmetönung verbunden sein.

---

[1] ROEDER, F.: Über Elektrolytgehalt und elementare Zusammensetzung des Froschnerven. Biochem. Z. **218**, 404 (1930).

[2] MITOLO, M.: Zitiert auf S. 263.

[3] BRONK, D. W.: The initial and recovery heat production of vertebrate nerve. J. of Physiol. **71**, 136 (1931).

[4] HILL, A. V.: The heat-production and recovery of crustaceen nerve. Proc. roy. Soc. Lond. B **105**, 153 (1929).

[5] HOLZLÖHNER, E.: Wärmebildung des Rückenmarks nach elektrischer Reizung. Klin. Wschr. **10**, 2059 (1931).

Bd. IX.

Tonus

(S. 711—740).

Von

E. A. Spiegel — Philadelphia.

Die Methodik der Tonusmessung wurde weiterhin von Filiminoff[1], Schaltenbrand[2], Spiegel[3], Spiegel und Zellmann[4] ausgebaut. Die letztgenannten Autoren verglichen den Dehnungswiderstand des „ruhenden" Muskels erstens mit seiner Kraftentfaltung bei willkürlicher Zusammenziehung („aktive Kraft") und zweitens mit dem Widerstand, den er im Zustand willkürlicher Kontraktion einem dehnenden Zug entgegensetzt („passive Kraft" Bethes[5]). Bei Bestimmung dieser Relation, des sog. „*Tonus-Kraft-Index*" an der Fingermuskulatur, wurde bei Messung der aktiven Kraft der Beuger im Mittel 0,92%, für die Strecker 1,59%, bei Messung der passiven Kraft für die Beuger im Mittel 0,69% und für die Strecker 1,22% gefunden. Interessanterweise führten auch die Untersuchungen des Aktionsstromes der Handstrecker (Wachholder[6]) zu einer ähnlichen Größenordnung (Auftreten der Muskelströme bei einem Zug, der etwa 1% der maximalen Kraft der untersuchten Muskeln ausmachte). Die Geringgradigkeit des Dehnungswiderstandes des ruhenden Muskels im Verhältnis zu der ihm möglichen Kraftentfaltung paßt recht gut zu den Vorstellungen von Forbes[7], Fulton[8], daß der Tonus der Skeletmuskulatur auf einer Kontraktion bloß einzelner Muskelbündel (der roten Fasern des Muskels? Denny Brown[9]) beruhe und macht es begreiflich, daß der die Haltefunktion begleitende Stoffwechsel recht geringgradig ist, ohne daß man Hypothesen einer besonderen Art dieses Stoffwechsels oder der zugrunde liegenden Innervation zu Hilfe nehmen muß. Lassen sich ja auch *Übergangszustände* zwischen Tonus und Bewegung feststellen, wie z. B. die als tonus d'attitude von Bard[10], als Stabilisierung von Hultkrantz[11] beschriebenen oszillatorischen Reflexkontraktionen, die zur Beibehaltung einer bestimmten Körperstellung bei wechselnder Einwirkung äußerer Kräfte ausgeführt werden.

Unter den *Reflexvorgängen*, die den Tonus aufrechterhalten, interessieren vor allem die durch Dehnung der Muskulatur selbst ausgelösten. Während Liddell und Sherrington[12] bei dezerebrierten Katzen nur an den Streckern durch deren Dehnung eine tonische Kontraktion (myotatischer Reflex) hervorrufen konnten, die Dehnung eines Beugers (Semitendinosus) bloß eine Strecker-

[1] Filiminoff, J. N.: Z. Neur. **96**, 368 (1925).

[2] Schaltenbrand, G.: Arch. Surg. **18**, 1874 (1929).

[3] Spiegel, E.: Z. Neur. **122**, 475 (1929).

[4] Spiegel, E., u. G. Zellmann: Wien. klin. Wschr. **1930**, Nr 23.

[5] Bethe, A.: Erg. Physiol. **24**, 71 (1925).

[6] Wachholder: Erg. Physiol. **26**, 568 (1928).

[7] Forbes, A.: Physiologic. Rev. **2**, 361 (1922).

[8] Fulton, J. F.: Proc. Soc. exper. Biol. a. Med. **23**, 700 (1926) — Muscular contraction. Baltimore 1927.

[9] Denny Brown, D.: Proc. roy. Soc. Lond. B **104**, 252 (1929).

[10] Bard, L.: Encéphale **1927**, 22.

[11] Hultkrantz, W.: Z. Neur. **1931**.

[12] Liddell, E., u. C. S. Sherrington: Proc. roy. Soc. Lond. B **96**, 212 (1924); **97**, 267 (1925).

hemmung zu erzeugen vermochte, gelang es RADEMAKER und HOOGERWERF[1] auch an den Beugern bei Dehnung derselben mittels Registrierung der Aktionsströme eine tonische Kontraktion derselben nachzuweisen. Dehnung des Quadriceps vermag aber auch tonische Reflexe an den vorderen Extremitäten (homolateral Streckung, contralateral Beugung) hervorzurufen (PI-SUNER und FULTON[2]). An dem durch Reizung des zentralen Ischiadicusstumpfes auslösbaren Rumpfdrehreflex (SPIEGEL und WORMS[3]) sind sowohl propriozeptive (SAMOJLOFF und KISSELEFF[4], KELLER[5]), als auch exterozeptive (nocizeptive Erregungen [KUROSAWA[6]]) beteiligt. Daß exterozeptive Erregungen beim Zustandekommen tonischer Reflexe nicht zu vernachlässigen sind, geht neuerdings aus den Arbeiten von LEIRI[7], OZORIO DE ALMEIDA[8] und für optische Erregungen aus der Beobachtung von RAKONITZ[9] hervor. (Bei Erblindung der Augen bis auf die temporale Netzhauthälfte des rechten Auges Tonus der linken Extremitäten höher als der der rechten, entsprechend der SCHAFFERschen[10] Vorstellung einer optomotorischen Tonusrelation, Erregung des rechten Occipitallappens und der rechten motorischen Region von den rechten Netzhauthälften her.) Die Wichtigkeit sowohl propriozeptiver wie auch exterozeptiver Erregungen beim Zustandekommen des Stütztonus im Stehen ist von RADEMAKER[11] gezeigt worden (tonische Beinstreckung bei Berühren der Sohle, „Magnetreaktion" und bei Druck auf die Sohle). Weiters wird nach ihm der Stütztonus durch die Stellung der distalen Teile der Extremitäten, wie auch durch die Stellung in den proximalen Gelenken beeinflußt. Da in der Klinik die Tonusprüfung meist in Rückenlage des Patienten erfolgt, ist es wichtig, daß diese Lage (abgesehen vom Labyrintheinfluß) nach RADEMAKER tonusfördernde Reflexe (z. B. Tonuserhöhung durch Druck auf die Sohlen) hemmt, eine Wirkung, die an kleinhirnlosen Tieren weniger hervortritt. Zahlreiche Stützreaktionen erwiesen sich bei Kleinhirnmangel gesteigert. Der Mechanismus der Körperstellreflexe wird durch Versuche von HONDERLINK und DE KLEIJN[12] dem Verständnis nähergebracht, die eine Abschwächung resp. Aufhebung dieser Reflexe auf den Körper auf der Gegenseite nach einseitiger Zerstörung des N. Goll und Burdach fanden.

Die Hypothese einer *sympathischen resp. parasympathischen Innervation* des Skeletmuskeltonus scheint immer mehr verlassen zu werden. Wenn auch bei Vögeln Entfernung der sympathischen Innervation zu einer Tonusabnahme der Flügelmuskulatur zu führen vermag (neuerdings G. und F. POPA[13], J. VAN DIJK[14]), so gelang es in Bestätigung schon früher zitierter Untersuchungen auch FORBES und CANNON[15], RANSON[16] und HINSEY nicht, eine deutliche Herabsetzung resp. geringere Entwicklung aller Enthirnungs- oder Tetanusstarre auf der Seite

[1] RADEMAKER, G., u. S. HOOGERWERF: Arch. néerl. Physiol. **15**, 338 (1930).
[2] PI-SUNER, J., u. J. F. FULTON: Amer. J. Physiol. **83**, 548 (1928).
[3] SPIEGEL, E., u. R. WORMS: Pflügers Arch. **216**, 432 (1927).
[4] SAMOJLOFF u. KISSELEFF: Pflügers Arch. **220**, 424 (1928).
[5] KELLER, C.: Pflügers Arch. **221**, 363 (1928).
[6] KUROSAWA, T.: Pflügers Arch. **223**, 113 (1929).
[7] LEIRI, F.: Pflügers Arch. **212**, 465 (1926).
[8] OZORIO DE ALMEIDA: J. Physiol. et Path. gén. **28**, 17 (1930).
[9] RAKONITZ, E.: Z. Neur. **135**, 578 (1931).
[10] SCHAFFER, K.: Neur. Zbl. **1893**.
[11] RADEMAKER, G.: Proc. Kon. Akad. Wetensch. Amsterdam **30**, Nr 7 (1927) — Das Stehen. Berlin: Julius Springer 1931.
[12] HONDERLINK u. DE KLEIJN: Proc. roy. Acad. Amsterd. **33**, 1094 (1930).
[13] POPA, G. u. F.: J. of Physiol. **67** (1928) — Proc. Phys. Soc. **15**, 12 (1928).
[14] VAN DIJK, J.: Arch. néerl. Physiol. **15**, 114 (1930).
[15] FORBES, A., u. CANNON: Arch. Surg. **13**, 303 (1926). — FORBES u. COBB: J. amer. med. Assoc. **86**, 1884 (1926).
[16] RANSON, S. W., u. J. C. HINSEY: J. comp. Neur. **42**, 71 (1926).

der Zerstörung der sympathischen Innervation einer Extremität bei Säugern nachzuweisen. Auch vermißte Feldberg[1] an den Ohrmuskeln (bei Kaninchen) die von Hunter[2] und Royle nach Entfernung der sympathischen Innervation bei Ziegen beobachteten Degenerationserscheinungen. Vor allem ist aber die Lehre von der sympathischen Natur der akzessorischen Endigungen durch neuere histologische Untersuchungen (Coates und Tiegs[3], Hines[4], Okamura[5], Wilkinson[6]) stark erschüttert worden. Die in manchen Fällen nach Ramisektion zu beobachtende Tonusabnahme ist nach eigenen Untersuchungen wahrscheinlich auf eine Schädigung der Vorderhornzellneurone (durch Zug!) zu beziehen.

Aber auch die von Ranson[7], Kuré[8] noch verfochtene resp. modifizierte Franksche Hypothese einer Tonusinnervation durch efferente Impulse, die das Zentralnervensystem mittels der hinteren Wurzeln verlassen, hat Nachprüfungen nicht standgehalten. Im Gegensatz zu Kurés Angaben vermißte S. Tower[9] Atrophie der Interossei nach Hinterwurzeldurchschneidung. Ransons[10] Befund, daß Nicotinapplikation auf die Spinalganglien zu einer Tonusabnahme führt (Blockade einer hier vermittelten Synapse der Hinterwurzelerregungen), konnte von Bremer[11] nicht bestätigt werden. Der letztgenannte Autor konnte dagegen eine tonusherabsetzende Wirkung kleinster, venös injizierter Curaremengen bei Enthirnungs- und Tetanusstarre nachweisen, was er im Sinne der vom Referenten schon seinerzeit behaupteten Identität der phasischen und tonischen Innervation deutet. Sofern überhaupt eine vegetative Innervation der Skeletmuskulatur besteht, dürfte ihre Bedeutung am ehesten in der Richtung zu suchen sein, daß sympathische Erregungen die Erregbarkeit der Muskulatur und ihre Erholungsfähigkeit im Zustand der Ermüdung fördernd beeinflussen (Orbeli[12], Nakanishi[13], Achelis[14], Altenburger und Kroll[15], Lapicque[16], Asher[17]; negative Ergebnisse: Wastl[18], Schneider[19], Tower[20]).

---

[1] Feldberg, W.: J. of Physiol. **61** — Proc. Physiol. Soc. **5**, 6 (1926).

[2] Hunter, J.: Brit. med. J. **1925**, 200.

[3] Coates, A., u. O. W. Anst. Tiegs: J. exper. Biol. **8**, 99 (1931).

[4] Hines, M.: Amer. J. Anat. **47**, 1 (1931).

[5] Okamura, Ch.: Z. Neur. **136**, 525 (1931).

[6] Wilkinson, H. J.: Bull. Histol. appl. **8**, 117 (1931).

[7] Ranson, S. W.: Arch. of Neur. **19**, 201 (1928).

[8] Kuré, K.: Neurologen-Kongreß. Bern 1931 — Über den Spinal-Parasympathicus. Basel: B. Schwabe 1931.

[9] Tower, S.: Brain **54** (1931).

[10] Ranson, S. W.: J. comp. Neur. **40**, 1 (1926). Der Befund von Forbes und Olmsted [Amer. J. Physiol. **73**, 17 (1925)], daß bei tonischer Kontraktion die Impulse im motorischen Nerven so rasch einander folgen, daß die Fasern in einer relativen Refraktärperiode sind, veranlaßt neuerdings Ranson [Arch. of Neur. **22**, 265 (1929)], die Nicotinwirkung als Blockade der subnormalen motorischen Impulse aufzufassen.

[11] Bremer, F.: Arch. Surg. **18**, 1463 (1929).

[12] Orbeli, ref. bei Brücke: Naturwiss. **16**, 923 (1928).

[13] Nakanishi, M.: J. Biophysics **2**, 19 (1927). — Kejo: J. of Med. **2**, 573 (1931).

[14] Achelis, J.: Pflügers Arch. **219**, 411 (1928).

[15] Altenburger, H., u. F. Kroll: Pflügers Arch. **223**, 733 (1930). — Altenburger, H.: Z. Neur. **132**, 490 (1931).

[16] Lapicque, M.: C. r. Soc. Biol. Paris **107**, 961 (1931).

[17] Asher, L.: Neurologen-Kongreß. Bern 1931.

[18] Wastl, H.: J. of Physiol. **60**, 109 (1925).

[19] Schneider: Pflügers Arch. **222**, 415 (1929).

[20] Tower, S.: Amer. J. Physiol. **78**, 462 (1926).

Bd. X.

Die Reaktionszeiten
(S. 525—599).

Von
W. WIRTH — Leipzig.

Bezüglich des Einflusses der Qualität und Intensität des Reizes (S. 548ff.) verglich PIÉRON[1] die Zeiten der Reaktion auf die *Tastempfindungen* des *Brennens* und *Stechens*. Bei Reizung der Hand sind beide Zeiten gleich. Auf Brennen am Kopf wird dagegen schneller, am Fuß langsamer reagiert als auf Stich an gleicher Stelle, was auf die Beteiligung von marklosen Leitungen bei der Empfindung des Brennens zurückgeführt wird. Bei *Lichtreizen* wird die Gleichgültigkeit der Wellenlänge von J. L. HOLMES[2] bestätigt. PIÉRON[3] fand seine Formel $t = \frac{a}{i} + k$ für den Einfluß der Lichtstärke i in den vor mehr als 50 Jahren vom holländischen Astronomen BAKHUYSEN gemessenen Unterschieden der persönlichen Gleichung für verschiedene Sternhelligkeiten wieder, wobei die Konstante $a = 480$ und $k = 278$ zu setzen ist. Ferner zeigte er[4] die Bedeutung der Lichtstärke für das Zeitverhältnis der Reaktionen auf das *Erscheinen* und auf das *Verschwinden* des Reizes (vgl. S. 554): Nur bei geringer Intensität ist, vor allem wegen der längeren Latenzzeit, die Reaktion auf das Erscheinen langsamer, während bei starken Reizen, deren Nachwirkung den Reizabschluß verschleiert, das Verhältnis sich umkehrt. Hiernach müßten KLEINT[5] und T. N. JENKINS[6] mit schwachen Reizen gearbeitet haben. FREEMANS Resultat, daß ein Signal zum *Aufhören* einer Arbeit später befolgt wird als ein solches zum *Anfangen* (vgl. S. 566), wird von R. SOLLIER[7] für Strecker und Beuger und für rhythmische und arrhythmische Arbeit bestätigt. A. FESSARD[8] prüfte unter Bezugnahme auf die S. 553 genannten Resultate von BEHAGUE und BEYNE an einem großen Material die Korrelation der mittleren Variation v zur Reaktionszeit t selbst und fand $r = 0{,}374$ und die PEARSONschen Koeffizienten für nichtlineare Abhängigkeit $\eta_{vt} = 0{,}44$, $\eta_{tv} = 0{,}45$.

Als Beziehung zu gleichzeitigen Haltungen und Bewegungen (vgl. S. 559) fand H. V. GASKILL[9] eine Verlangsamung der Reaktion am Beginn der Ein- und Ausatmung. Zu den Temperamenten konnten WASHBURN, K. KEELER,

[1] PIÉRON: C. r. Soc. Biol. Paris **103**, 883 (1930).
[2] HOLMES, J. L.: Amer. J. Psychol. **37**, 414 (1926).
[3] PIÉRON: Année psychol. **27**, 207 (1926).
[4] PIÉRON: C. r. Soc. Biol. Paris **97**, 1147 (1927).
[5] KLEINT: Z. Psychol. **104**, 322 (1927).
[6] JENKINS, T. N.: Arch. of Psychol. **13**, Nr 86 (1926).
[7] SOLLIER, R.: J. de Psychol. **23**, 980 (1926).
[8] FESSARD, A.: Année psychol. **27**, 215 (1926).
[9] GASKILL, H. V.: J. of exper. Psychol. **11**, 364 (1928).

K. B. New und F. M. Parshall[1] keine eindeutige Korrelation entdecken, außer einer Tendenz der „Extravertierten" zu schnellerer, der „Introvertierten" zu langsamerer Reaktion und der Affektvollen zu größeren, der Ruhigen zu kleineren mittleren Variationen (vgl. S. 590). Die Eindeutigkeit der Reaktionssymptome von Lüge und Schuld ist von H. B. English[2] bestritten, dagegen von H. R. Crossland[3], dem sich auch C. E. Spencer[4] anzuschließen scheint, an 6 Fällen von Diebstahl und Betrug bestätigt worden.

Die Zeit der *Erkennungs*reaktion (S. 571) wächst bei *Buchstaben* in mathematischen Formeln nach M. A. Tinker[5] mit deren Verkleinerung stärker an als bei *Ziffern*. Die *Zeitschwelle der Hemmungsmöglichkeit* bei einem Gegenmotiv vor synchron zu registrierenden Durchgängen eines künstlichen Sternes wurde im Anschluß an Günther und Hammer (vgl. S. 572ff.) von Flora Flachsbart-Kraft[6] gemessen.

Da hierbei von der möglichsten Aufrechterhaltung der Erwartung des Durchganges abgesehen wurde, so blieben freilich die von dem Gedanken an das Gegenmotiv (Stehenbleiben des Sternes vor dem Durchgang) gestörten Registrierungen der ungehinderten Durchgänge *keine wirklichen Synchronisierungen,* sondern erfolgten merklich *später,* ja bisweilen gar nicht. Die mittlere Registrierung berechnet sich z. B. bei Vp. A[7] als 83 σ zu spät. Auch gibt Verf. nicht die *mittlere* Zeitschwelle der Hemmung, sondern nur das untere Extrem der Streuung an. Da jedoch die „vollständigen Reihen" dieser Streuung der Schwelle mitgeteilt sind, läßt sich daraus wie bei Hammer jeder beliebige Mittelwert berechnen. Im genannten Beispiel liegt z. B. das arithm. *Mittel* der Schwelle 171 σ vor dem Durchgang, also von jener mittleren Registrierung um 254 σ entfernt, was mit Hammers analogen Werten von 200—260 *im Einklang steht.* Nur dieser letzteren Zeit, nicht der von der zufälligen Lage der Registrierung zum wirklichen Durchgang abhängigen „Hemmungszeit", kommt eine gewisse Allgemeingültigkeit zu.

H. Rey[8] untersuchte eine neue Aufgabensynthese, die Verbindung der *möglichst synchronen Registrierung* eines Durchganges mit der von den sog. „Wahlreaktionen" her bekannten *Disjunktion mehrerer Eventualitäten* (vgl. S. 581), und zwar mit 10 gleichzeitig gültigen Zuordnungen der Registrierung durch je einen der 10 Finger zu einem tachistoskopisch über der Durchgangsstelle erscheinenden *optischen Signal* (Ziffer 1—5 und I—V wie bei J. Merkel, vgl. S. 582), das, zum Teil in völlig unwissentlichem Wechsel, in variablem Abstand vom Durchgang vor diesem auftrat und *die Aufgabe bezüglich der Art der Registrierbewegung (des Fingers) erst konkretisierte.* Eine wirklich annähernd synchrone Registrierung gelang nur, wenn das Signal nicht später als im Abstand der für gleich komplizierte Wahlreaktionen gültigen Reaktionszeit vor dem Durchgang erfolgte.

Bei der Umlaufszeit 1,57 des Zeigers, mit dessen Durchgang durch den Nullpunkt des Zifferblattes die Bewegung zusammenfallen sollte, betrug diese „Zeitschwelle" der korrekten Synchronisierung im Mittel 510 σ, bei der U-Zeit 0,85 nur 435 σ. Doch wurde eine Registrierung auch noch bei *verspäteten* Signalen mit dem richtigen Finger in einer allerdings mit der Verspätung abnehmenden Häufigkeit versucht, wobei die Zeit vom Signal bis zur Bewegung durch die zunehmende Eile immer kürzer wurde. Die mittlere Schwelle der Hemmung lag nur 283 σ bzw. 247 σ (bei den beiden U-Zeiten) vor dem Durchgang. In demnächst zu veröffentlichenden Versuchen von Seidel wurde ein solcher Durchgang *mit Sprachlauten* mittels des R. Lindnerschen[9] Trommelphonoskopes *synchron registriert,* wobei die disjunktive Ein-

---

[1] Washburn, K. Keeler, K. B. New u. F. M. Parshall: Amer. J. Psychol. **41,** 112 (1929).
[2] English, H. B.: Amer. J. Psychol. **37,** 428 (1926).
[3] Crossland, H. R.: Univ. Oregon Publ., Psychol. s. I, 104 (1929).
[4] Spencer: Oregon Law Rev. **1929** (8), 158.
[5] Tinker, M. A.: J. of exper. Psychol. **9,** 444 (1926).
[6] Flachsbart-Kraft, Flora: Z. Psychol. **117,** 73 (1930).
[7] Ebenda, S. 97.
[8] Rey, H.: Arch. f. Psychol. **81,** 385 (1931).
[9] Lindner, R.: Ber. K. Sächs. Ges. Wiss., Math.-Phys. Kl. **68,** 137 (1916) — Die Unters. von Werner Seidel wird im Arch. f. Psychol. erscheinen.

stellung auf 15 (wiederum in variablem Zeitabstand vor dem Durchgang tachistoskopisch exponierte) Vokale und Silben als mittlere Signalzeitschwelle der korrekten Synchronisierung 462 σ und als Hemmungsschwelle 330 σ vor dem Durchgang ergab.

H. KREIPE[1] verband dagegen die disjunktive Einstellung mit der Aufgabe zur *möglichst gleichzeitigen Ausführung mehrerer Bewegungen* (vgl. S. 570), und zwar von bis zu 4 Bewegungen. „*Mehrfachhandlung* 1. Grades“ nennt KREIPE die Kombination *zweier* Bewegungen (Hände, Hand-Fuß oder Füße), „2. Grades“ 3 Bewegungen, z. B. Hände-Fuß, „3. Grades“ die eine Kombination beider Hände mit beiden Füßen. Der Selbstbeobachtung erschienen nur die *symmetrischen*[2] Kombinationen 1. Grades und die eine 3. Grades als ebenso *einfache Handlungen* wie die einfachen Bewegungen, dagegen die gekreuzten 1. Grades und die 2. Grades, bei denen die beiden Kombinationen Hände-Fuß leichter erschienen als Füße-Hand, als *zweifache Tätigkeit*. Die faktische Ungleichzeitigkeit wurde bei einer Zeitdifferenz von mehr als 35—40 σ erkannt. Bei Disjunktion von 12 Eventualitäten bis zum 2. Grade (je 4 von jedem Grade) ergaben sich z. B. bei durchweg richtigen Reaktionen am 4. Versuchstage für die Einzelbewegungen 480 σ, für den 1. Grad der Mehrfachhandlung 541 σ und für den 2. Grad 833 σ, im Mittel 562 σ, während bei der Beschränkung auf die 4 Eventualitäten jeden Grades im Mittel eine 52% kürzere Zeit herauskam[3].

In der amerikanischen Literatur spielt die Frage nach der *Korrelation der Reaktionszeit zu den Leistungen in den Intelligenztests* die Hauptrolle, die von PEAK und BORING[4] am höchsten befunden wurde (mit einem Korrelationskoeffizienten von 0,7—0,9, je nach der Art des Intelligenztestes). V. W. LEMMON[5] gibt etwas kleinere Koeffizienten an und schränkt die Korrelation zu den *einfachen* Reaktionen mehr auf Gedächtnisleistungen ein, während die eigentlichen Intelligenzleistungen nur zu der Schnelligkeit der *Unterscheidung und Wahl* parallel gehen. Nach FARNSWORTH, SEASHORE und TINKER[6] besteht überhaupt nur eine merkliche positive Korrelation zu den SEASHOREschen *Serien*reaktionen. Einen klaren Überblick über die Meinungen für und wider gibt R. A. McFARLAND[7] in einem zusammenfassenden Artikel, in dem zur Entscheidung weitere Erfahrungen gefordert werden.

Über den Einfluß geistiger Erkrankungen auf die Reaktionszeit (vgl. S. 593ff.) fanden J. M. LAHY und D. WEINBERG[8] mit akustischen Reizen eine normale Verteilungskurve der Zeiten nur bei 9% der Kranken, gegenüber 71% der Vergleichsversuche mit Arbeitern. E. B. SAUNDERS und S. ISAACS[9] untersuchten die Beziehungen der einfachen und Unterscheidungsreaktion zu verschiedenen Geisteskrankheiten, ohne klare Anhaltspunkte für eine darauf gegründete Diagnose zu finden.

---

[1] KREIPE, H.: Z. Psychol. **117**, 146 (1930).

[2] KREIPE versteht darunter die Symmetrie zur Vertikalen und Horizontalen, also die Kombinationen r. H.—l. H., r. F.—l. F., r. H.—r. F. und l. H.—l. F.

[3] Ebenda, S. 224.

[4] PEAK u. BORING: J. of exper. Psychol. **9**, 71 (1926).

[5] LEMMON, V. W.: Arch. of Psychol. **1928**, Nr 94, 38.

[6] FARNSWORTH, SEASHORE u. TINKER: Pedag. Sem. and J. of genetic Psychol. **34**, 537 (1927).

[7] McFARLAND, R. A.: Psychol. Bull. **25**, 595 (1928).

[8] LAHY, J. M., u. D. WEINBERG: Prophyl. ment. **2**, 207 (1926).

[9] SAUNDERS, E. B., u. S. ISAACS: Amer. J. Psychiatry **9**, 79 (1929).

Vergleichende Physiologie der Tangoreceptoren bei Tieren. Stereotaxis, Stereotropismus, Rheotaxis und Anemotaxis bei Tieren

(S. 68—83).

Von

KONRAD HERTER – Berlin.

Zusammenfassende Darstellungen.

FRAENKEL, G.: Die Mechanik der Orientierung der Tiere im Raum. Biol. Rev. **6**, 1 (1931). — HEMPELMANN, F.: Tierpsychologie. Leipzig 1926. — HERTER, K.: Taxien u. Tropismen der Tiere. Tab. Biol. 4 (1927) — Tierphysiologie **2** (1928). (Sammlg. Göschen 973.) — JORDAN, H.: Allg. vergl. Physiologie der Tiere. Berlin 1929. — KOEHLER, O.: Sinnesphysiologie der Tiere. Jber. Physiol. **1924/26** — Untersuchungsmethoden der allg. Reizphysiolog. u. der Verhaltensforschung an Tieren. Methodik d. wiss. Biolog. **1928** — Die Orientierung von Pflanze u. Tier im Raum. Biol. Zbl. **51** (1931). — ROSE, M.: La question des tropismes. (Les problèmes biol. 13.) Paris 1929.

1. Tangoreceptoren, Stereotaxis und Stereotropismus.

Da die Stereo- oder Thigmotaxis sich durch das Fehlen einer Fernwirkung auszeichnet, wird sie jetzt von manchen Autoren (z. B. FRAENKEL und ROSE) von den anderen Taxien getrennt. Andere (z. B. KOEHLER und HERTER) halten aber an dem Taxiencharakter dieser Reaktion fest, namentlich da Fälle von thigmotaktischem Erregungsgleichgewicht (Tropotaxis) bekannt sind[1]. Auf eine Diskussion kann ich hier nicht eingehen. Aus dem inzwischen sehr angewachsenen Tatsachenmaterial kann nur ein kurzer Abriß gegeben werden. Besonders werden Arbeiten besprochen, die in den zusammenfassenden Darstellungen fehlen.

An *Euglena* zeigt GÜNTHER[2], daß lokale Berührung der beim Kriechen positiv thigmotaktischen Protozoen Einziehung der gereizten Körperstellen bewirkt. Reizgewöhnung scheint nicht stattzufinden. Für Schwämme stellt ARNDT[3] das wenige, was über mechanische Reizbarkeit (S. 65) und Thigmotropismus (S. 790) bekannt ist, zusammen. Hydren bevorzugen nach Natur- und Laboratoriumsversuchen von HAASE-EICHLER[4] rauhe Substrate. Den Einfluß mecha-

---

[1] CROZIER, W. I., u. A. R. MOORE: Homostrophic reflex and stereotropism in Diplopods. J. gen. Physiol. 5 (1923). — CROZIER, W. I.: On stereotropism in Tenebrio larvae. Ebenda 6 (1924). — CROZIER, W. I., u. G. PINCUS: Stereotropism in Rats and Mice. Ebenda **10** (1927). — Siehe auch K. HERTER: Tastsinn, Strömungssinn u. Temperatursinn d. Tiere. Zool. Bausteine **1**, 1 (Berlin 1925).

[2] GÜNTHER, F.: Üb. d. Bau u. d. Lebensweise der Euglenen. Arch. Protistenkde **60** (1928).

[3] ARNDT, W.: Schwämme. Tab. Biol. **6** (Suppl.-Bd. **2**) (1930).

[4] HAASE-EICHLER, R.: Beiträge zur Reizphysiologie der Gattung *Hydra*. Zool. Jb. (Allg. Zool.) **50** (1931).

nischer Reize auf das Kriechen von Actinien studiert SIEDENTOP[1]. Bei manchen Nematoden ist positive Thigmotaxis nachweisbar[2]. Die Umdrehung aus der Rückenlage wird beim Regenwurm durch das Fehlen taktiler Reize ausgelöst[3]. Nach einer älteren Angabe (MAXWELL) soll der Polychät *Nereis virens* so stark positiv thigmotaktisch sein, daß er trotz negativer Phototaxis Glasröhren, in die er sich eingeschmiegt hat, nicht verläßt, wenn er auch mit tödlichen Lichtintensitäten bestrahlt wird. *Nereis diversicolor* verhält sich anders. Diffuses Tageslicht treibt den Wurm unter einer Glasplatte, unter der er sich positiv thigmotaktisch verkrochen hat, hervor[4]. Interessante Angaben über die mechanische Reizbarkeit von *Glycera* macht STOLTE[5], von denen erwähnt sei, daß der Wurm gegen mechanische Fernreize (Blasen auf das Wasser) den Rüssel gezielt ausschleudert. Bau und Funktion der Receptoren wird eingehend untersucht. Vergleichende Untersuchungen an verschiedenen deutschen Hirudineen[6] ergaben artliche Unterschiede der Thigmotaxis. Während der Fischegel *Piscicola* sich fast nie an das Substrat schmiegt, sind manche Plattegel (z. B. *Glossiphonia compl.*) sehr stark positiv thigmotaktisch, andere weisen mittlere Grade dieser Reaktion auf. Es kann Umstimmung je nach dem Sättigungszustand eintreten, so bei *Protoclepsis*, die satt positiv und hungrig negativ reagiert. Lokale Berührung wird meist mit Schreck- und Ausweichbewegungen beantwortet. Die Wirbeltierparasiten reagieren auf Wassererschütterungen durch Suchbewegungen und Gehen nach dem Erschütterungszentrum. Namentlich *Protoclepsis* bewegt sich gerichtet (Vibrotropotaxis) zu dem Entstehungsort hochfrequenter Wasserwellen (Anpassung an das „Schnattern" der Entenvögel!). Bei Linguatuliden beschreibt v. HAFFNER[7] neue Organe (Sinnespapillen), die er ihrem Bau nach zum Teil für Tangoreceptoren hält. Ein Überwiegen taktiler Reize über Lichtreize beobachtet SEIFERT[8] an dem Lichtrückenreflex von *Triops*, der bei Unterbeleuchtung auf dem Rücken schwimmt, aber nur solange er den Gefäßboden nicht berührt. *Argulus* beantwortet Berührung durch Flucht oder gesteigerten Schwimmbeinschlag. Freischwimmend auch durch beschleunigtes Bogenschwimmen („Schießen"), dem meist Anheftung folgt, wodurch er auf ein berührendes Wirtstier (Fisch) gelangt[9]. Die freischwimmenden Cirripedierlarven haben ein sehr feines Unterscheidungsvermögen für Oberflächenstrukturen des Substrates und bevorzugen rauhe Oberflächen zur Anheftung[10]. Die Rolle des Tastsinnes bei der Orientierung von Garneelen unter-

---

[1] SIEDENTOP, W.: Die Kriechbewegungen von Actinien u. Lucernariden. Zool. Jb. (Allg. Zool.) **44** (1928).

[2] LANE, C.: Behaviour of infective hookworm larvae. Ann. trop. Med. **24** (1930). — CLAPHAM, PH.: Observations on the tropisms of *Dorylaimus saprophilus* and *Rhabditis succaris*. J. of Helminth. **9** (1931).

[3] FOCKE, F.: Experimente u. Beobachtungen üb. d. Biologie des Regenwurms. Z. Zool. **136** (1930).

[4] HERTER, K.: Versuche üb. d. Phototaxis v. *Nereis diversicolor*. Z. vergl. Physiol. **4**(1926).

[5] STOLTE, H. A.: Bewegungsformen u. Reizbeantwortung bei *Glycera siphonostoma*. Zool. Anz. Suppl.-Bd. **3** (1928) — Untersuchungen über Bau und Funktion der Sinnesorgane der Polychätengattung *Glycera* Sav. Z. Zool. **140** (1932).

[6] HERTER, K.: Reizphysiologie u. Wirtsfindung des Fischegels *Hemiclepsis marginata*. Z. vergl. Physiol. **8** (1928) — Reizphysiologisches Verhalten u. Parasitismus des Entenegels *Protoclepsis tesselata*. Ebenda **10** (1929) — Studien üb. Reizphysiologie u. Parasitismus bei Fisch- und Entenegeln. Sitzgsber. Ges. naturforsch. Freunde Berl. **1929** — Hirudinea, Egel. Biolog. d. Tiere Deutschlands. Teil 126. Lief. 35 (1932).

[7] HAFFNER, K. v.: Die Sinnesorgane der Linguatuliden Z. Zool. **128** (1926).

[8] SEIFERT, R.: Sinnesphysiologische Untersuchungen am Kiemenfuß (*Triops cancriformis*). Z. vergl. Physiol. **11** (1930).

[9] HERTER, K.: Reizphysiologische Untersuchungen an der Karpfenlaus (*Argulus foliaceus*). Z. vergl. Physiol. **5** (1927).

[10] KRÜGER, P.: *Cirripedia*. Tierwelt der Nord- u. Ostsee. 10d, Lief. 8 (1927).

sucht *Alverdes*[1]. Tangoreaktionen können die durch Augen- und Statocystenausschaltung verursachten Orientierungsstörungen zum Teil kompensieren. Die Bedeutung der Oberflächenstrukturen der Schneckenhäuser und der Sagartien für den Einsiedlerkrebs *Pagurus arrosor* sucht Brock[2] zu analysieren, und Schlieper[3] stellt fest, daß bei dem Medusenamphipoden *Hyperia galba* Farbwechsel durch taktile Reize (Hellfärbung beim Anklammern an Medusen) ausgelöst wird. Die Receptoren scheinen an den Beinen zu liegen. Bei Landisopoden (*Armadillidium*) kann Fehlen gewohnter Tastreize Phototaxisumstimmung (Positivierung) verursachen[4]. Aufschlußreiche Untersuchungen an Spinnen von Baltzer und Bartels[5] zeigen, daß bei *Agelena* bei der Orientierung auf dem Netz dem Tastsinn eine wichtige Rolle zukommt. Die Spannungsgrößen der Netzfäden werden perzipiert. Auch für die Nahrungswahl kann er von Bedeutung sein (*Tegenaria*). Den Erschütterungssinn von *Epeira* studiert Grünbaum[6]. Zu der bekannten Erscheinung, daß Berührungsreize Leuchtorganismen zur Luminescenz bringen können[7], teilt Koch[8] Neues von Myriapoden mit. An Apterygoten untersucht Strebel[9] die Berührungsempfindlichkeit verschiedener Körperteile. Die zum Teil sehr belangreichen neuen Angaben über Insekten sind so zahlreich, daß ich mich mit Aufzählung einiger Arbeiten begnügen muß. Untersucht wurden: *Forficula* von Weyrauch[10], *Periplaneta* von Brecher[11] (Orientierung mit Antennen), *Haematopinus* von Weber[12] (Erschütterungssinn), Libellenlarven von Abbot[13] (Thigmotaxis), die Raupe von *Stauropus* von Weber[14] (Auslösung der „Warnstellung" durch mechanische Reize), *Eristalislarven* von Hase[15] (Erschütterungssinn), *Stomoxys* und *Lyperosia* von Krijgsman und Windred[16] (Wahl bestimmter Oberflächenstrukturen), *Dixa*larven von Stempell[17],

---

[1] Alverdes, F.: Stato-, Photo- u. Tangoreaktionen bei zwei Garneelenarten. Z. vergl. Physiol. 4 (1926) — Lichtsinn, Gleichgewichtssinn, Tastsinn u. ihre Interferenzen bei Garneelen. Z. Zool. 132 (1928).

[2] Brock, F.: Das Verhalten des Einsiedlerkrebses *Pagurus arrosor Herbst* während des Aufsuchens, Ablösens u. Aufpflanzens seiner Seerose *Sagartia parasitica*. Arch. Entw.mechan. 112 (1927).

[3] Schlieper, C.: Der Farbwechsel von *Hyperia galba*. Z. vergl. Physiol. 3 (1926).

[4] Henke, K.: Die Lichtorientierung u. die Bedingungen der Lichtstimmung bei der Rollassel *Armadillidium cinereum*. Z. vergl. Physiol. 13 (1930).

[5] Baltzer, F.: Üb. d. Orientierung der Trichterspinne *Agelena labyrinthica (Cl)* nach der Spannung des Netzes. Rev. Suisse de Zool. 37 (1930). — Bartels, M.: Sinnesphysiolog. u. psycholog. Unters. an der Trichterspinne *Agelena labyrinth*. Z. vergl. Physiol. 10 (1929) — Üb. den Freßmechanismus u. den chemischen Sinn einiger Netzspinnen. Rev. Suisse de Zool. 37 (1930).

[6] Grünbaum, A. A.: Üb. das Verhalten der Spinne (*Epeira diademata*) bes. gegenüber vibratorischen Reizen. Psych. Forsch. 9 (1927).

[7] Mangold, E.: D. Produktion von Lichtenergie bei Tieren. Ds. Handb. 8 II (1928).

[8] Koch, A.: Studien an leuchtenden Tieren. I. Z. Morph. u. Ökol. Tiere 8 (1927).

[9] Strebel, O.: Beiträge zur Biologie, Ökologie u. Physiologie einheimischer Collembolen. Z. Morph. u. Ökol. Tiere 25 (1932).

[10] Weyrauch, W. K.: Sinnesphysiolog. Studien an der Imago von *Forficula auricularia*. Z. vergl. Physiol. 10 (1929) — Putzreflexe. Zool. Jb. (Allg. Zool.) 47 (1930).

[11] Brecher, G.: Beiträge zur Raumorientierung der Schabe *Periplaneta americana*. Z. vergl. Physiol. 10 (1929).

[12] Weber, H.: Biolog. Untersuch. an der Schweinelaus (*Haematopinus suis*). Z. vergl. Physiol. 9 (1929).

[13] Abbot, C. E.: Methods of orientation in dragon-fly larvae. Psyche (Lond.) 33 (1926).

[14] Weber, H.: Zur Analyse der Schreckstellung der Raupe von *Stauropus fagi*. Z. vergl. Physiol. 4 (1926).

[15] Hase, A.: Beiträge zur Kenntnis der *Eristalis*-Larven. Zool. Anz. 68 (1926).

[16] Krijgsman, B. I.: Reizphysiolog. Unters. an blutsaugenden Arthropoden. I.: *Stomoxys*. Z. vergl. Physiol. 11 (1930). — Krijgsman, B. I., u. G. L. Windred: Dasselbe. II.: *Lyperosia*. Ebenda 13 (1931).

[17] Stempell, W.: Zur Physiolog. u. Ökolog. der *Dixa*-Larve. Arch. f. Hydrobiol. 16 (1925).

Basilia von HASE[1] (Berührungsreize), Coleopteren von BLEICH[2] (Berührungsreiz und Starrezustände), Dytisciden von SCHALLER[3] (Erschütterung und Berührung), *Gyrinus* von EGGERS[4] (Druckwiderstand, JOHNSTONsches Organ), *Dermestes* von KREYENBERG[5] (Larve und Imago, Erschütterung), *Sitona*larven von ANDERSEN[6] (Thigmotaxis und Berührung), *Polistes* von WEYRAUCH[7] (Thigmotaxis und Erschütterung) und *Plea* von CLARKE[8] (Thigmotaxis). Über Reaktionen auf Tastreize bei Tardigraden und Bryozoen berichtet MARCUS[9] zusammenfassend, meist nach eigenen Untersuchungen. Für Prosobranchier (z. B. *Nassa*) gibt WEBER[10] an, daß Kontaktmangel an einem Teil der Sohle den Umdrehreflex auslösen kann, und FISCHEL[11] gelang es, *Ampullaria* auf Vermeidung einer bestimmten Oberflächenstruktur (gezacktes Blech) zu dressieren. Für die Auslösung des viel umstrittenen Umdrehreflexes der Seesterne macht FRAENKEL[12] fehlende Berührung der Füßchen verantwortlich. Für Fische nenne ich die Untersuchungen WUNDERS[13], aus denen deutlich die Bedeutung des gut ausgebildeten Erschütterungssinnes für viele Raubfische hervorgeht. Interessant ist in diesem Zusammenhang, daß die Ellritze, für die v. FRISCH und STETTER[14] jetzt labyrinthäres Hörvermögen (durch Sacculus und Lagena) nachgewiesen haben, auch durch eine „allgemeine Hautsensibilität" tiefe Töne perzipiert. Der Zwergwels (*Amiurus*) läßt sich darauf dressieren, die Oberflächenstruktur „rauh" eines Glasstabes mit dem Futterreiz zu assoziieren[15]. MOORE[16] und MAIN[17] analysieren die Thigmotaxis des Molches *Triturus*. Isolierte Schwänze reagieren, solange Haut und Zentralnervensystem intakt sind, noch thigmotaktisch (MOORE). Zum Schluß sei noch erwähnt, daß Ringelnattern im Wasser durch Erschütterungsreize zum Schnappen veranlaßt werden, und daß die Behauptung, das „Züngeln" der Reptilien diene der Tangoperzeption, immer mehr an Wahrscheinlichkeit verliert[18].

<hr>

[1] HASE, A.: Üb. d. Lebensgewohnheiten einer Fledermausfliege in Venezuela. Z. Parasitenkde **3** (1931).

[2] BLEICH, O. E.: Thanatose u. Hypnose bei Coleopteren. Z. Morph. u. Ökol. Tiere **10** (1928).

[3] SCHALLER, A.: Sinnesphysiolog. u. psycholog. Untersuch. an Wasserkäfern u. Fischen. Z. vergl. Physiol. **4** (1926).

[4] EGGERS, F.: Die mutmaßliche Funktion des Johnstonschen Sinnesorgans bei *Gyrinus*. Zool. Anz. **68** (1926) — Nähere Mitteilungen üb. das Johnstonsche Sinnesorgan u. üb. das Ausweichvermögen der Taumelkäfer. Ebenda **69** (1927).

[5] KREYENBERG, J.: Experimentell-biolog. Untersuch. üb. *Dermestes lardarius* u. *D. vulpinus*. Z. angew. Entomol. **1928**.

[6] ANDERSEN, K. TH.: Reizphysiolog. Verhalt. u. Biologie der *Sitona lineata*-Larve. Z. vergl. Physiol. **15** (1931).

[7] WEYRAUCH, W.: Beitrag zur Biologie von *Polistes*. Biol. Zbl. **48** (1928).

[8] CLARKE, L. B.: A note on tropisms in *Plea striata*. Bull. Brooklyn. ent. Soc. **20** (1925).

[9] MARCUS, E.: Tardigrada. Bronns Kl. u. Ordngn. des Tier-Reichs **5**, 4. Abt., 3. Buch (1929) — Bryozoa (Entoprocta, Polyzoa). Tab. Biol. **6** (Suppl.-Bd. **2**) (1930) — Beob. u. Versuche an lebenden Meeresbryozoen. Zool. Jb. (Syst.) **52** (1926) — Beob. u. Versuche an lebenden Süßwasserbryozoen. Ebenda.

[10] WEBER, H.: Üb. die Umdrehreflexe einiger Prosobranchier. Z. vergl. Physiol. **3** (1926).

[11] FISCHEL, W.: Dressurversuche an Schnecken. Z. vergl. Physiol. **15** (1931).

[12] FRAENKEL, G.: Üb. den Auslösungsreiz des Umdrehreflexes bei Seesternen u. Schlangensternen. Z. vergl. Physiol. **7** (1928).

[13] WUNDER, W.: Sinnesphysiolog. Untersuch. üb. die Nahrungsaufnahme bei verschiedenen Knochenfischarten. Z. vergl. Physiol. **6** (1927).

[14] FRISCH, K. v.: Üb. den Sitz des Gehörsinnes bei Fischen. Verh. dtsch. zool. Ges. **1931**.

[15] HERTER, K.: Dressurversuche an Fischen. Z. vergl. Physiolog. **10** (1929).

[16] MOORE, A. R.: The reflex charakter of stereotropism and galvanotropism in the salamander, *Triturus torosus*. Z. vergl. Physiol. **9** (1929).

[17] MAIN, R. J.: Stereotropism and geotropism of the salamander, *Triturus torosus*. Physiologic. Zool. **4** (1931).

[18] WIEDEMANN, E.: Zur Biologie der Nahrungsaufnahme europäischer Schlangen. Zool. Jb. (Syst.) **61** (1931) — S. auch H. KAHMANN: Sinnesphysiologische Studien an Reptilien I. Zool. Jb. (Allg. Zool.) **51** (1932).

2. Rheotaxis und Anemotaxis.

(Bei Angaben aus Arbeiten, die im vorigen Kapitel zitiert sind, nenne ich nur die Autoren.) *Pelmatohydra* reagiert auf sehr geringe Wasserströme schwach positiv (Haase-Eichler). Über die Paradetiere der Rheotaxis, die Süßwassertricladen, wird eifrig gearbeitet. Nach Doflein[1] und Koehler[2] (s. auch Koehler 1931) erscheint es sicher, daß die Einstellung tropotaktisch erfolgt. Das Vorzeichen der Rheotaxis kann artlich und individuell nach besonderen Umständen wechseln[1,3]. Die Auricularsinnesorgane, die Steinmann[4] durch Vitalfärbung darstellt, scheinen die Hauptreceptoren zu sein. Die von Fülleborn angegebene Rheotaxis der Hakenwurmlarven kann von Lane nicht bestätigt werden. Für verschiedene Egel ist positive Rheotaxis nachgewiesen (Herter), desgleichen für *Argulus*, der sich auch auf dem Fisch positiv einstellt (Herter). Ähnlich verhält sich *Ergasilus* auf Fischkiemen[5]. Brachyuren und Anomuren richten die erste Antenne Wasserströmen entgegen[6]. Eine einfache Methode zur Demonstration der positiven Rheotaxis von *Gammarus* schildert Cousin[7]. Daß die scheinbare positive Rheotaxis freischwimmender Notonecten auf Photomenotaxis beruht, zeigen Málek[8] und Schulz[9]. Die Rheotaxis der Fische (wie der freischwimmenden Wassertiere überhaupt) macht der Analyse große Schwierigkeit, wie unter anderem aus den Untersuchungen Schiemenz'[10], der die Hofer-Steinmannsche Hypothese ablehnt, hervorgeht. Für das Formproblem der Wassertiere, das hier bedeutungsvoll ist, liefert Gelei[11] einen Beitrag. Die Lorenzinischen Ampullen der Selachier sind nach neuesten Untersuchungen Dotterweichs[12] Druckreceptoren, die Seitenorgane Rheoreceptoren. Daß die Seitenlinienorgane der *Amblystoma*larven Rheoreceptoren sind, zeigt Scharrer[13] durch Ausschaltexperimente, ferner berichtet er über positive rheotaktische Reptilien (*Alligator* und *Chelydra*).

Die Ergebnisse über *Anemotaxis* sind nach wie vor spärlich und unsicher. Lutz[14] fing in Fallen, die dem Wind entgegen standen, viel weniger Insekten

---

[1] Doflein, I.: Chemotaxis u. Rheotaxis bei den Planarien. Z. vergl. Physiol. **3** (1925).

[2] Koehler, O.: Beiträge zur Sinnesphysiolog. der Süßwasserplanarien. Z. vergl. Physiol. **16** (1932).

[3] Voûte, A. D.: De neederlandsche beektricladen en de oorzaken van haar verspreiding. Dissert. Leiden 1929.

[4] Steinmann, P.: Vom Orientierungssinn der Tricladen. Z. vergl. Physiol. **11** (1929).

[5] Neuhaus, E.: Untersuch. üb. die Lebensweise von *Ergasilus sieboldi*. Z. Fischerei **27** (1929).

[6] Brock, F.: Das Verhalten der ersten Antennen von Brachyuren u. Anomuren in bezug auf das umgebende Medium. Z. vergl. Physiol. **11** (1930) — Luther. W.: Versuche über die Chemorezeption der Brachyuren. Z. vergl. Physiol. **12** (1930) — Brock, F.: Kritische Bemerkungen zu einer Arbeit Wolfgang Luthers: Versuche über die Chemorezeption der Brachyuren. Zool. Anz. **92** (1930) — Luther, W.: Zur Frage der Chemorezeption der Brachyuren und Anomuren. Zool. Anz. **94** (1931).

[7] Cousin, G.: Un dispositif simple et démonstratif pour mettre en évidence le rhéotropisme des Gammarus. Feuille Natur. Paris **46** (1925).

[8] Málek, R.: Rheotaktische Reaktionen bei *Notonecta glauca*. Biol. Zbl. **50** (1930).

[9] Schulz, W.: D. Orientierung des Rückenschwimmers zum Licht u. zur Strömung. Z. vergl. Physiol. **14** (1931).

[10] Schiemenz, F.: Das Verhalten der Fische in Kreisströmungen u. in geraden Strömungen. Z. vergl. Physiol. **6** (1927).

[11] Gelei, I. v.: Zum physiolog. Formproblem der Wasserorganismen. Arch. Balatonicum **2** (1928).

[12] Dotterweich, H.: Bau u. Funktion der Lorenzinischen Ampullen. Zool. Jb. (Allg. Zool.) **50** (1932).

[13] Scharrer, E.: Pos. Rheotaxis b. Reptilien. Zool. Anz. **95** (1931) — Experiments on the function of the lateral-line organs in the larvae of *Amblystoma punctatum*. Z. exper. Zool. **61** (1932).

[14] Lutz, F. E.: Wind and the direction of insect-flight. Ann. Mus. Nov. **1927**, Nr 291.

als in umgekehrt orientierten, was für positive Anemotaxis sprechen kann. *Silpha surinammensis* soll mit dem Wind laufen, aber gegen ihn fliegen[1]. *Stomoxys* und *Lyperosia* sind deutlich positiv anemotaktisch (KRIJGSMAN und WINDRED). Bei einer Analyse der Faktoren, die die Wanderrichtung der Larven der afrikanischen Wanderheuschrecke bestimmen, kommt FRAENKEL[2] zu dem Schluß, daß wahrscheinlich der Wind die orientierende Kraft ist, und zwar wird meist mit ihm gewandert. Versuche CZELOTHS[3] in einem „Windtrichter" ergaben, daß Molche gegen reine Luftströme negativ anemotaktisch reagieren.

Bd. XI.

Temperatursinn des Menschen

(S. 131—164).

Von

ALFRED GOLDSCHEIDER und HELMUT HAHN – Berlin.

Zusammenfassende Darstellung.

HAHN, H.: Handbuch der biologischen Arbeitsmethoden von Abderhalden V, 7. 919 (1930).

Seit der 1926 erfolgten Darstellung des Temperatursinnes in diesem Handbuch durch den einen von uns (GOLDSCHEIDER) sind von HAHN und seinen Mitarbeitern zahlreiche Beobachtungen mitgeteilt, die mit der klassischen *Temperatursinnestheorie* von WEBER unvereinbar sind und die auch durch die *Theorie* HERINGS nicht erschöpfend erfaßt werden können. Zu einem Überblick möge es genügen, auf die entscheidenden Befunde nur im Gebiet der spezifischen Qualität der *Wärme*empfindung einzugehen und ihnen die Theorie WEBERS entgegenzustellen. Die Erörterungen gelten in analog der gleichen Weise auch für das Gebiet der Kälteempfindung; hinsichtlich der grundsätzlichen Abweichungen von der Theorie HERINGS müssen wir auf die Originalarbeiten[4] verweisen.

Die Theorie WEBERS besagt, daß die Wärmenerven nicht durch die tatsächliche Temperatur ihrer Endorgane erregt werden, sondern durch den *Vorgang der Temperaturerhöhung*. Die *Geschwindigkeit* der Temperaturveränderung soll für die *Stärke* einer Wärmeempfindung bis herab zur Schwellenempfindung bestimmend sein. Demgegenüber hat sich herausgestellt, daß für die Stärke von Wärmeempfindungen der *Abstand* von Haut und Reiztemperatur und damit die Geschwindigkeit, mit der sich die Erwärmung der nervösen Endorgane vollzieht, überhaupt belanglos ist. Als maßgebend für alle Empfindungsintensitäten haben wir statt dessen die *tatsächliche Reiztemperatur* am Ort der Endorgane in der Haut (dem *Reizort*) gefunden.

---

[1] TWITCHELL, D. F.: Preliminary studies of behavior of the Silphidae of Mount Desert Island. Maine. Anat. Rec. **34** (1926).

[2] FRAENKEL, G.: Unters. üb. Lebensgewohnheiten, Sinnesphysiolog. u. Sozialpsycholog. der wandernden Larven der afrikan. Wanderheuschrecke *Schistocerca gregaria*. Biol. Zbl. **49** (1929). — S. auch F. S. BODENHEIMER: Studien zur Epedemiolog., Ökolog. u. Physiolog. der afrikan. Wanderheuschrecke. Z. angew. Entomol. **15** (1929).

[3] CZELOTH, H.: Untersuch. üb. d. Raumorientierung von *Triton*. Z. vergl. Physiol. **13** (1930).

[4] HAHN, H.: Pflügers Arch. **215**, H. 1/2, 161 (1926) — Z. Sinnesphysiol. **60**, 220 (1929).

Die Beweisführung ging von *Reizschwellenuntersuchungen* aus, bei denen der Haut durch einen Thunbergschen Temperator verschiedene Temperaturen mitgeteilt und die geringsten Beträge ermittelt wurden, um die der Temperator bis zur Erzielung einer Wärmeempfindung erwärmt werden mußte. Es ergab sich, daß der Temperator zur Auslösung einer eben merklichen Wärmeempfindung *unabhängig* von der gewählten Hauttemperatur stets auf annähernd die *gleiche* Temperatur erwärmt werden mußte (an einer Hautstelle der Volarseite eines Unterarmes z. B. auf stets 33,2 bis 34° bei verschiedenen Hauttemperaturen zwischen 10 und 33° C [1]). Die Höhe dieser Reizschwellentemperatur hing dabei von der örtlichen Empfindlichkeit der Wärmenerven ab; nach elektrosmotischer Anästhesierung einer Hautstelle verfolgten Strauss und v. Versen [2] das Verhalten der Wärmenerven während der Rückbildung der Hautvertaubung, wobei die Reizschwellentemperaturen kontinuierlich innerhalb von 75 Minuten von 39 auf 33° sanken, ebenfalls unabhängig von beliebigen Veränderungen der Hauttemperaturen zwischen den Wärmereizungen.

Das Prinzip der Methode zur Untersuchung *überschwelliger* Reiztemperaturen ist in dem folgenden *Grundversuch* [3] enthalten: Eine Hand (die Versuchshand) wird in Wasser von 17°, die andere (Vergleichshand) in Wasser von 35° belassen. Nach beliebig langer Zeit, etwa nach 3 Minuten, werden beide Hände in Wasser von 37° getaucht. Es ist dann nach wenigen Sekunden, die bis zur Erwärmung der oberflächlichsten Hautschichten auf 37° verstreichen, die Wärmeempfindung an beiden Händen gleich stark, trotzdem die eine Hand nur um 2°, die andere um 20° erwärmt wird. Nach der Theorie Webers müßte offenbar die um 20° erwärmte Hand wegen der ungleich größeren Geschwindigkeit ihres Temperaturanstieges eine stärkere Wärmeempfindung vermitteln. — Bei entsprechender Erwärmung einer Hand von 15 auf 17°, der anderen von 35 auf 37° erhält man nur an der auf 37° erwärmten Hand eine starke Wärmeempfindung, an der anderen nach der Theorie Webers gleich stark gereizten überhaupt keine. — Wird im Grundversuch die Vergleichshand später als die Versuchshand auf 37° erwärmt, so bleibt die Empfindungsgleichheit an beiden Händen bis zu (annähernd) 30 Sekunden erhalten [4]. Die *Stärke* der Wärmeempfindung ist also bei Erwärmung der Versuchshand von 17 auf 37°, beginnend mit ca. der 3. Sekunde für die Dauer von 30 Sekunden, eine *kontinuierlich gleiche*, während die Theorie Webers entsprechend der ständig wechselnden Geschwindigkeit der Temperaturveränderung am Reizort in der Haut nur ein An- und Abschwellen der Wärmeempfindung verständlich machen könnte.

Bis zur Erzielung der kontinuierlich gleichen Empfindungsintensität bei Erwärmung der Hand von 17 auf 37° verstreichen zunächst einige Sekunden, während der Reizort der Nerven selber in der Haut auf 37° erwärmt wird. Entsprechend nimmt die Wärmeempfindung in den ersten ca. 3 Sekunden zunächst an Stärke zu. Aus der Messung der bis zum Erreichen einer bestimmten Empfindungsstärke unter verschiedenen Versuchsbedingungen verstreichenden *Zeiten* hat sich die *Lage des Reizortes* der Wärmenerven in der Haut als Unbekannte aus einer einfachen mathematischen Gleichung mit den ermittelten Zeiten, gewählter Differenz zwischen Haut- und Reiztemperatur und der Wärmeleitungsfähigkeit der Epidermis als bekannten Größen errechnen lassen. Die Lage des Reizortes konnte ferner aus dem zur Erzielung einer eben merklichen Wärmeempfindung bei verschiedenen unterschwelligen Hauttemperaturen benötigten *Calorienbetrag*

---

[1] Hahn, H.: Pflügers Arch. **215**, H. 1/2, 139 (1926).
[2] Strauss, K., u. H. v. Versen: Z. Sinnesphysiol. **58**, 166 (1927).
[3] Hahn: S. 149. Zitiert auf S. 140.
[4] Hahn, H., J. Goldscheider u. R. Bruch: Z. Sinnesphysiol. **60**, 185 (1929).

(als Reizobjekt diente eine THUNBERGsche Silberlamelle von bekannter Reiztemperatur und Wärmekapazität) errechnet werden[1]. Auch für die *Breite des Reizortes* selber in der Epidermis ließ sich ein entsprechender mathematischer Ansatz finden: sie beträgt ca. 0,03 mm bei einem geringsten Abstand von der Hautoberfläche von 0,02, einem größeren von 0,05 mm (für die Kältenerven ebenso wie für die Wärmenerven)[2]. Mit den gleichen Verfahren konnte KAESTNER[3] auf rein sinnesphysiologischem Wege die Breite einer Gummischicht, die zwischen Hautoberfläche und Reizobjekt gelegt wurde, messen und die Fehlerbreite der Verfahren als recht geringfügig nachweisen. Diese Versuche ergaben ferner keine nachweisbaren Abweichungen, wenn die *Blutzirkulation* im Versuchsgebiet unterbrochen wurde. Der hieraus folgenden Unabhängigkeit des Temperatursinnes von der Bluttemperatur entsprach der systematisch erbrachte Nachweis einer spezifischen Temperatursensibilität des *Kaltblüters,* für die ebenfalls allein die tatsächliche Reiztemperatur und nicht die Geschwindigkeit der Temperaturveränderung als Reizfaktor bestimmend ist[4].

Wird eine Hand von 12,5 auf 18° erwärmt, so stellt sich, wie bereits WEBER[5] beobachtete, einige Zeit später wieder eine Kälteempfindung ein, die „so lange fortdauert, als die Hand (in Wasser von 18°) eingetaucht wird". Die zeitlich nicht begrenzte *Fortdauer* von Temperaturempfindungen bei Konstanterhaltung von Reiztemperaturen unterhalb 24° und oberhalb 35° hat GERTZ[6] genauer untersucht. Durch eine Modifikation des obengenannten Grundversuches konnten wir[7] zeigen, daß bei Konstanterhaltung extremerer Reiztemperaturen die anfangs starken Temperaturempfindungen schließlich bis zu einer kontinuierlich gleichen Empfindungsstärke *unbegrenzter Zeitdauer* abschwellen. Daß konstante Reiztemperaturen Empfindungen von schließlich gleichbleibender Stärke ohne zeitliche Begrenzung zu unterhalten vermögen, ist offenbar ebenfalls mit der Theorie WEBERS unvereinbar.

Die experimentellen Grundlagen für diese Ergebnisse werden durch die ausreichende Sicherheit gewährleistet, mit der der Temperatursinn die Reiztemperaturen nach ihrer physiologischen Stärke (ihrem *Reizwert*) zu unterscheiden erlaubt. Zur Prüfung der *Unterschiedsempfindlichkeit* des Temperatursinnes konnten wir[8] die beiden Hände um beiderseits gleiche Temperaturbeträge (5°) auf verschiedene Reiztemperaturen erwärmen und dabei einen Unterschied der Reiztemperaturen von 0,2° an richtig ermitteln. Nach der Methode der richtigen und falschen Fälle geprüft, ließ sich entgegen dem WEBER-FECHNER*schen Gesetz* eine absolute Unabhängigkeit der Unterschiedsempfindlichkeit des Temperatursinnes von dem Reizwert der Wärmereize nachweisen. Waren die Hände der Versuchspersonen verschieden temperaturempfindlich, so wurde Empfindungsgleichheit durch Reiztemperaturen erzielt, die sich um die stets gleichen Beträge voneinander unterschieden, ebenfalls unabhängig von den gewählten Reizstärken. Diese *Konstanz der Unterschiedsempfindlichkeit,* des *Empfindlichkeitsunterschiedes* und der *Empfindungsstärken* gegenüber wechselnden Hauttemperaturen (vgl. Grundversuch) haben wir[9] als drei sinnesphysiologisch neue psycho

---

[1] HAHN, H., u. K. BOSHAMER: Pflügers Arch. **217**, H. 1, 38 (1927).

[2] HAHN, H.: Z. Sinnesphysiol. **60**, 228 (1929).

[3] KAESTNER, E.: Z. Sinnesphysiol. **62**, 110 (1931).

[4] HAHN, H., u. K. BOSHAMER: A. a. O. S. 55. — HAHN, H., u. W. LUEG: Z. Sinnesphysiol. **58**, 175 (1927).

[5] WEBER, E. H.: Tastsinn und Gemeingefühl, S. 104. Leipzig: Engelmann 1905.

[6] GERTZ, E.: Z. Sinnesphysiol. **52**, 119 (1921).

[7] HAHN, H.: Z. Sinnesphysiol. **60**, 206 (1929).

[8] HAHN, H., u. J. GOLDSCHEIDER: Z. Sinnesphysiol. **60**, 167 (1929).

[9] HAHN, H.: Klin. Wschr. **22**, 1016 (1929).

physische Konstanten in einem „*Gesetz der konstanten Summe*" zusammengefaßt. Bemerkenswert war noch, daß bei unseren Versuchspersonen, auch Linkshändern, regelmäßig die linke Hand kälteempfindlicher war, dagegen bei Trägern eines Situs viscerum inversus totalis die rechte Hand[1].

Wird die Versuchshand länger als 30 Sekunden von 17 auf 37° erwärmt, so beginnt die Wärmeempfindung an ihr *plötzlich* rasch zu erlöschen. Wird die Hand nach einer bestimmten Zeit, etwa nach 1 Minute, wieder in Wasser von 17° getaucht und dann nach einigen Sekunden erneut auf 37° erwärmt, so fällt die erneute Wärmeempfindung beträchtlich schwächer aus als bei der ersten Erwärmung. Da sich aus der Kenntnis seiner Tiefenlage in der Haut rechnerisch ableiten läßt, daß der Reizort bei der Abkühlung innerhalb einiger Sekunden tatsächlich auf angenähert 17° abgekühlt wird, so kann die vergleichsweise Abschwächung der Wärmeempfindung bei der zweiten Reizung nur auf einer nachbleibenden Minderung der Erregbarkeit der Nerven infolge der ersten Wärmereizung beruhen. Diese, die *Adaptation*, läßt sich an den Reiztemperaturen messen, die der anderen Vergleichshand zur Erzielung gleich starker Wärmeempfindungen zum Zeitpunkt der erneuten zweiten Erwärmung der Versuchshand dargeboten werden müssen. Hierzu werden um so schwächere Wärmereize benötigt, je weniger Zeit nach der Beendigung der ersten Wärmereizung der Versuchshand verstreicht. In entsprechender Weise läßt sich auch das Erlöschen der Wärmeempfindung während der ersten Wärmereizung selber nach der 30. Sekunde unter dem Einfluß der Adaptation zeitlich quantitativ verfolgen. Die für die Vergleichshand zur Empfindungsgleichheit benötigten Reiztemperaturen ergeben nach Stärke und Zeit gemessen Kurven, deren graphischer Verlauf dem Gaussschen Fehlerintegral folgt[2].

Die Reizung der Wärmenerven hinterläßt eine Adaptation auf Temperaturen bis angenähert nur zur Reizstärke der Reiztemperatur selber; stärkere Temperaturreize werden optimal stark empfunden, sofern sie um bestimmte geringe Beträge (0,5—4°) die Adaptationstemperatur überschreiten. Diese Beträge (die *Adaptationsbreite*) sind um so *kleiner*, je *stärker* der adaptierende Reiz gewählt wird[3].

---

[1] Hahn, H., u. G. Frohwein: Z. physik. Ther. **35**, 4, 138 (1928). — Frohwein, G.: Pflügers Arch. **225**, H. 5/6, 591 (1930).
[2] Hahn, H.: Z. Sinnesphysiol. **60**, 204 (1929).
[3] Hahn, H., u. R. Bruch: Z. Sinnesphysiol. **60**, 188 (1929).

Bd. XI.

Thermotaxis und Hydrotaxis bei Tieren
(S. 173—180).

Von
KONRAD HERTER – Berlin.

Zusammenfassende Darstellungen.

Die gleichen wie für den Aufsatz über Tangoreceptoren bei Tieren. (Bei der speziellen Literatur nenne ich bei den Arbeiten, die schon in jenem Aufsatz erwähnt sind, nur die Autoren.)

1. Thermotaxis.

Unsere Kenntnisse des thermotaktischen Verhaltens von Tieren haben sich in letzter Zeit sehr erweitert. An *Euglena*-Arten machen DE WILDEMAN[1] und GÜNTHER Versuche. HAASE-EICHLER ermittelt mit Hilfe eines Heizthermometers und einer Wassertemperaturorgel Daten für verschiedene *Hydra*-Arten. Hervorzuheben ist, daß er für *Chlorohydra* ein ziemlich enges thermotaktisches Optimum[2] feststellt (gefütterte Polypen +19, Hungertiere +21° C). *Planaria alpina* hat ein sehr tiefes Optimum (setzt sich unter oder dicht bei Eisstücken zur Ruhe). Bei *Polycelis cornuta* liegt es etwas höher (VOÛTE). Während FÜLLEBORN[3] eine Methode angibt, um die positiv thermotaktischen infektiösen Nematodenlarven von freilebenden Erdnematoden zu trennen, und BAUDET[4] für die *Cylicostomum*-larve positive Thermotaxis nachweist, findet LANE bei Hakenwurmlarven keine Thermotaxis. Fäulnis- und Wassernematoden bewegen sich von erwärmten Stellen weg (CLAPHAM). VAN BAAL[5] und HERTER[6] stellen durch Heizthermometerversuche an Egeln fest, daß nur *Hirudo* positiv auf höhere Temperaturen reagiert. Thermotaxis ist nicht zu beobachten, jedoch machen die Würmer Suchbewegungen und saugen an dem (auf +33—35° C) erwärmten Rohr. *Argulus* zeigt in der Wassertemperaturorgel, daß sein thermotaktisches Optimum etwa zwischen +28 und 30° C und seine Schreckreaktionszone zwischen +30 und 31° C liegt (HERTER). Daß die Spinne *Trochosa* sich mit ihrer Bauchseite an erwärmte Stellen der Behälterwand schmiegt, stellt KOLOSVÁRY[7] fest. Daß die lyraförmigen Organe Thermoreceptoren sind, wie der Autor annimmt, erscheint mir nicht bewiesen. Daß manche Arthropoden auf Temperaturänderungen durch Ein- oder Ausgraben reagieren, zeigt COMIGNAN[8]. Untersuchungen HENSCHELS[9]

---

[1] WILDEMAN, E. DE: A propos du thermotaxisme des Euglènes. Ann. Protist. **1** (1928).

[2] BODENHEIMER bezeichnet diesen Begriff als Vorzugstemp. (Präferendum).

[3] FÜLLEBORN, F.: Eine Methode zur Isolierung von Hakenwurm- u. anderen thermotaktischen Larven aus Gemischen mit freilebenden Erdnematoden. Arch. Schiffs- u. Tropenhyg. **29** (1925).

[4] BAUDET, E. A. R. F.: Over taxis, in het bijzonder thermotaxis, in verband met percutane infectie door *Cylicostomum*-Larven. Tijdschr. Diergeneesk. **52** (1925).

[5] BAAL, I. VAN: Versuche üb. Temperatursinn an Blutegeln. Z. vergl. Physiol. **7** (1928).

[6] HERTER, K.: Temperaturversuche mit Egeln. Z. vergl. Physiol. **10** (1929).

[7] KOLOSVÁRY, G. V.: Morphologische u. biolog. Studien üb. die Spinne *Trochosa singoriensis*. Arch. Naturgesch. A **21** (1925) — Üb. d. Variabilität der *Trochosa singoriensis*. Biol. Zbl. **47** (1927).

[8] COMIGNAN, I.: Contribution à l'étude du déterminisme du fouissement chez quelques arthropodes. C. r. Soc. Biol. Paris **95** (1926).

[9] HENSCHEL, J.: Reizphysiolog. Unters. an der Käsemilbe *Tyrolichus casei*. Z. vergl. Physiol. **9** (1929).

an Käsemilben in einer veränderten Herterschen Temperaturorgel ergeben Abhängigkeit des Optimums von der Zuchttemperatur (z. B.: Z.T.: $+6-8°$, Opt.: $+8-11°$, Z.T.: $+18°$, Opt.: $+18°$ u. Z.T.: $+25°$, Opt.: $+23°$ C) und von der Adaptation. Die Ansammlung erfolgt phobisch. Die Hertersche Temperaturorgel ist in mehr oder weniger veränderter Form bei den Untersuchungen an Insekten vielfach verwandt worden. Für die Schweinelaus (Weber) ergibt sich das Optimum ($\male$ und $\female$): $+28,6°$ C = Temperatur der Schweinehaut. Die Receptoren scheinen auf dem ganzen Körper zu liegen, besonders aber an Antennen und Abdomen. Bodenheimer und Schenkin[1,2] erzielen interessante Ergebnisse für viele Insekten (in Palästina); unter anderem: verschiedene Luftfeuchtigkeiten während der Versuche beeinflussen das thermotaktische Optimum (Vorzugstemperatur) nicht, wohl aber der Feuchtigkeitsgrad des Aufenthaltsortes vor dem Versuch und Alter[2]. Heymons und Mitarbeiter[3] finden für die Silphide *Phosphuga atrata* Schreckreaktionswerte von etwa $+26$ (Larve) und $+27-28°$ C (Imago). Andersen[4] bestimmt das Optimum für den Rüßler *Sitona lineata* mit $+25°$ und die Schreckreaktionszone mit $+32,8°$ C. Bemerkenswert sind die Temperaturorgelergebnisse Krumbiegels[5] an verschiedenen *Carabus*-Arten und an Rassen von *Carabus nemoralis*. Die geographischen Rassen unterscheiden sich durch ihre Optimums- und Schreckreaktionswerte, die im allgemeinen von Norden nach Süden zunehmen (z. B. Dresden: Opt.: $+26,2$, Schr.T.: $+40,0°$ C; Südfrankreich: Opt.: $+29,6$, Schr.T.: $49,1°$ C). Bodenheimer und Fraenkel zeigen in mehreren Arbeiten die starke Temperaturabhängigkeit der afrikanischen Wanderheuschrecke. Die Entwicklungsstadien haben verschiedene Optimumswerte (Larven je nach Stadium: $+28,8-37,1$, Imago, frisch geschlüpft: $+39,3$, eierlegend: $+29,4°$ C). Die Schrecken stellen sich je nach der Intensität der Sonnenstrahlen senkrecht oder quer zu ihnen (wie auch manche Schmetterlinge[6]), was nach Fraenkel[7] thermotaktisch erfolgt. Für den Hochgebirgskäfer *Uroprosodes costifera* (Tenebr.) aus dem Alai-Tal ermittelt Reinig[8] das Optimum durch Naturbeobachtung mit etwa $+28°$ C (für $\female$, $\male$ vermutlich etwas tiefer). Für die Wirtswahl von *Stomoxys* und *Lyperosia* spielen Temperaturreize eine wichtige Rolle. Erhöhte Temperatur löst thermotaktische Bewegung, Hervorstrecken des Rüssels und Stechbewegungen aus (Krijgsman und Windred). Stechmücken bevorzugen bestimmte Wassertemperaturen zur Eiablage[9]. *Forficula* schreckt im Temperaturgefälle bei $+30-35°$ C zurück (Weyrauch), und die Larve des marinen Käfers *Ochthebius quadricollis* läuft von Eis weg[10]. Collembolen zeigen besonders starke thermische Reizbarkeit an Antennen und Ab-

---

[1] Bodenheimer, F. S., u. D. Schenkin: Üb. die Temperaturabhängigkeit von Insekten. I. Z. vergl. Physiol. **8** (1928).

[2] Bodenheimer, F. S.: Üb. die Temperaturabhängigkeit von Insekten. III. Z. vergl. Physiol. **13** (1931).

[3] Heymons, R., H. v. Lengerken u. M. Bayer: Studien üb. die Lebenserscheinungen der Silphini. II. Z. Morph. u. Ökol. Tiere **9** (1927).

[4] Andersen, K. Th.: Der liniierte Graurüßler od. Blattrandkäfer. Monogr. zum Pflanzenschutz **6** (1931).

[5] Krumbiegel, I.: Rassenphysiolog. Unters. an Carabiden. Verh. dtsch. zool. Ges. **1931**.

[6] Bodenheimer, F. S.: Üb. thermotakt. Verhalten, Körpertemp. u. Aktivitätsminimum bei Insekten. Zool. Anz. **93** (1931).

[7] Fraenkel, G.: Die Orientierung von *Schistocerca gregaria* zu strahlender Wärme. Z. vergl. Physiol. **13** (1930).

[8] Reinig, W. F.: Untersuchungen zur Ökolog. von *Uroprosodes costifera*. Z. Insektenbiol. **24** (1929).

[9] Hecht, O.: Üb. den Wärmesinn der Stechmücken bei der Eiablage. Riv. Malariol. **9** (1930).

[10] Hase, A.: Zur Kenntnis der Lebensgewohnheiten u. der Umwelt des marinen Käfers *Ochthebius quadricollis*. Internat. Rev. d. Hydrobiol. **16** (1926).

domenspitze (SREBEL). *Polistes* kommt im Temperaturgefälle zwischen $+28$ bis $30°$ C zur Ruhe und schreckt vor wenig höheren Wärmegraden (WEYRAUCH). Nach STEINER[1], der die interessante Temperaturregulierung im Nest dieser Wespe studiert, müssen die Schrecktemperaturen aber höher liegen. Der gleiche Autor macht umfang- und aufschlußreiche Temperaturmessungen an Ameisennestern, die auch für die Thermotaxisprobleme wichtig sind[2]. Mit dem sozialen Wärmehaushalt der Honigbiene befaßt sich unter anderen HIMMER[3], der die ARMBRUSTERschen Ergebnisse nicht bestätigt. Auf Einzelheiten kann ich hier nicht eingehen. Über die thermische Reizbarkeit der Bryozoen arbeitet MARCUS. Schließlich sei noch erwähnt, daß nach ROULE[4] die Wanderorientierung des Maifischs (*Alosa*) zum Teil thermotaktisch vor sich geht.

2. Hydrotaxis.

Über Hydrotaxis werden einige interessante Ergebnisse mitgeteilt. HENSCHELS Käsemilben zeigen positive Hydrotaxis. Der Myriapode *Scutigerella*, den FRIEDEL[5] mit sehr sinnvoller Methodik untersucht, ist stark positiv. Ausschaltversuche machen es sehr wahrscheinlich, daß die Receptoren in den Coxalsäckchen liegen. Auch Collembolen (STREBEL) reagieren positiv, *Forficula* dagegen negativ (WEYRAUCH). Durstige *Stomoxys* und *Lyperosia* sind positiv hydrotaktisch (KRIJGSMAN und WINDRED), desgleichen *Sitona*larven (ANDERSEN). Von Interesse ist, daß es CZELOTH gelang, bei Molchen Orientierung nach dem Feuchtigkeitsgehalt der Luft nachzuweisen, wodurch das Problem der Wasserfindung der Amphibien der Lösung etwas nähergebracht ist.

Bd. XI.

Chemotropismus, Chemonastie und Chemotaxie bei Pflanzen
(S. 240—252).

Von

A. SEYBOLD – Köln a. Rh.

Die in den letzten Jahren erschienenen Arbeiten über chemotropische, chemonastische und chemotaktische Bewegungen bei Pflanzen befassen sich direkt oder indirekt mit der Wirkung chemischer Stoffe, die aus dem Organismus selbst gewonnen werden können. Hier sei nur an die Wund*hormone* von HABER-

---

[1] STEINER, A.: Die Temperaturregulierung im Nest der Feldwespe. Z. vergl. Physiol. **11** (1930).

[2] STEINER, A.: Üb. den sozialen Wärmehaushalt der Waldameise. Z. vergl. Physiol. **2** (1924) — Temperaturmessungen in den Nestern der Waldameise (*Formica rufa* var. *rufopratensis For.*) u. der Wegameise (*Lasius niger L.*) während des Winters. Mitt. naturf. Ges. Bern **1925** — Temperaturunters. in Ameisennestern mit Erdkuppeln, im Nest von *Formica exsecta Nyl.* u. in Nestern unt. Steinen. Z. vergl. Physiol. **9** (1929).

[3] HIMMER, A.: Körpertemperaturmessungen an Bienen u. anderen Insekten. Erlang. Jb. Bienenkde **3** (1925) — Der soziale Wärmehaushalt der Honigbiene. Ebenda **4** (1926) — Ein Beitrag zur Kenntnis des Wärmehaushaltes im Nestbau sozialer Hautflügler. Z. vergl. Physiol. **5** (1927).

[4] ROULE, L.: Le thermotropisme dans le migration de l'Alose. C. r. Soc. Biol. Congr. Liège **1924**.

[5] FRIEDEL, H.: Ökolog. u. physiolog. Untersuch. an *Scutigerella immaculata*. Z. Morph. u. Ökol. Tiere **10** (1928).

Landt[1] (1921) und an den *Wuchsstoff* von Went[2] (1926, 1929) und Cholodny[3] (1927, 1928, 1929, 1931) erinnert. Wird die chemische Konstitution dieses Stoffes z. Z. erfolgreich analysiert[4], so ist seine Wirkung auf das Wachstum bereits sichergestellt. Bezeichnet man bislang die von Wuchsstoffen abhängigen Wachstumsvorgänge nicht als *endogene* Chemotropismen bzw. Nastien, so hat diese Bezeichnung jedoch Berechtigung, wenn man die durch die Wuchsstoffe ausgelösten chemischen Reaktionen in den Vordergrund rückt. Jedenfalls beschäftigen sich Wachstums- und Reizphysiologie vielfach mit denselben Problemen. Eine Darstellung der Untersuchungen über Wuchsstoffe kann hier nicht erfolgen; es seien nur kurz einige neuere Arbeiten über chemotropische, chemonastische und chemotaktische Reizerscheinungen im engeren Sinne erwähnt.

Chemotropismus der Wurzeln.

Die Untersuchungen von Porodko über den Chemotropismus der Wurzeln setzte Iwanowskaja[5] (1929, 1930) fort. Mit 0,5 Mol $UO_2(C_2H_3O_2)_2$- oder $Fe_2(C_2H_3O_2)_6$-Lösung getränkte Filtrierpapierstückchen wurden den Wurzeln einseitig angelegt. Die Analyse der chemotropischen Wurzelkrümmungen hatte folgende Ergebnisse: Quereinschnitte in die Wurzel hemmen die Leitung des chemotropischen Reizes nicht, solange eine Diffusion zwischen Wurzelspitze und Wachstumszone nicht aufgehoben wird. Durch Gelatine wird der Reiz geleitet, was mit dekapitierten Wurzeln, denen mit Gelatine die Spitze wieder aufgeklebt wurde, zu beweisen ist. Die Chemotropica sind als „Reizstoffe" selbst nicht anzusehen, da eine Wanderung der chemotropische Krümmungen induzierenden Agenzien nicht nachweisbar ist. Dekapitierte Wurzeln von Pisum sativum, Phaseolus multiflorus, Phaseolus vulgaris, Soja hispida, Ricinus communis und Cucurbita Pepo zeigen nun nicht nur chemotropische Reizleitung mit der eigenen oder arteigenen Spitze anderer Individuen, sondern auch mit artfremden Spitzen. So weisen die chemotropischen Krümmungen von Cucurbita Pepo-Keimwurzeln mit Zea Mays-Wurzelspitzen durchschnittliche Krümmungswinkel von $-22,5°$ auf. (Die Größe traumatotropischer Reaktionen wurde an Kontrollwurzeln ermittelt.) Die von der Spitze in die Wachstumszone diffundierenden Stoffe, die Iwanowskaja für die Auslösung der chemotropischen Reaktionen heranzieht, sind demnach als unspezifisch anzusehen. Die „Wuchsstoffe", die Cholodny und Went isolierten, sind nach Untersuchungen von Uyldert[6] (1931) ebenfalls unspezifisch.

Chemotropismus der Pilzhyphen.

Burgeff[7] (1924) beobachtete, daß Zygophoren bei Mucor Mucedo (+) nur bei Anwesenheit von Mucor Mucedo (−) entstehen, was auf eine „chemotropische" Wirkung hindeutete. Verkaik[8] (1930) prüfte diese Angabe mit dem Ergebnis, daß ein von dem −-Mycel zu dem +-Mycel diffundierender Stoff die Zygophorenbildung bewirkt. Die chemische Konstitution dieses Stoffes ist noch unbekannt.

---

[1] Haberlandt, G.: Beitr. allg. Bot. **2**, 1 (1921).

[2] Went, F. W.: Proc. Kon. Akad. v. Wetensch. Amsterdam **30**, 10 (1926) — Rec. Trav. bot. néerl. **25**, 1 (1929).

[3] Cholodny, N.: Biol. Zbl. **47**, 604 (1927) — Planta (Berl.) **6**, 118 (1928); **7**, 461 (1929); **14**, 207 (1931).

[4] Kögl, F., u. A. J. Haagen Smit: Proc. Kon. Akad. v. Wetensch. Amsterd. **34**, 1411 (1931). — Dolk, H. E., u. K. V. Thimann: National Academy of Sciences. Washington **18**, 30 (1932). — Nielsen, N.: Jb. Bot. **72** (1930) — C. r. Labor. Carlsberg **19** (1932).

[5] Iwanowskaja, A.: Planta (Berl.) **8**, 369 (1929); **12**, 120 (1930).

[6] Uyldert, I. E.: Dissert. Utrecht 1931.

[7] Burgeff, H.: Bot. Abhandlg. H. 4 (1924).

[8] Verkaik, C.: Proc. Kon. Akad. Wetensch. Amsterdam **33**, 656 (1930).

Aerotropismus.

In Bd. XI wurde auf S. 242 und 246 bereits darauf hingewiesen, daß möglicherweise die Wirkung der „biologischen Strahlung" (mitogenetischen Strahlung von Gurwitsch[1]) als aerotropischer Effekt aufgefaßt werden kann. Der von Stempell[2] (1929, 1930, 1931) beschriebene Strahlungseffekt von Zwiebelwurzeln auf die Ausgestaltung der Liesegangschen Ringe ist nach Untersuchungen von Czaja[3] (1930) und Tokin[4] (1930) eine chemische Wirkung von Allylverbindungen. Dieser Befund läßt sich natürlich gegen andere mitogenetische Strahlungseffekte nicht ohne weiteres ausspielen, zu beachten ist jedoch, daß bei mitogenetischen Strahlungsversuchen unter Umständen aerotropische Induktionen der Strahlungsquellen wirksam sein können.

Chemonastie.

Auf die chemonastischen Bewegungen, die Pflanzenorgane bei Einwirkung von Stoffen der Umwelt ausführen (z. B. durch Leuchtgas und Ätherdämpfe bedingte epinastische Blattstielkrümmungen, vgl. Schwarz[5], 1928), kann hier nicht eingegangen werden, ebenso nicht auf die chemonastischen Bewegungen der Spaltöffnungsschließzellen (vgl. Seybold[6] 1930, S. 637ff.). Besonders hervorzuheben ist die von Ricca[7] (1916) entdeckte und von Fitting[8] (1930) eingehend untersuchte endogene Chemonastie bei Mimosa pudica. Durch den Transpirationsstrom in die Pflanze gelangende Stoffe vermögen die bekannte Blattbewegung auszulösen. Fitting bestimmte die Reizschwelle der Blattextrakte; in einer Verdünnung von 1 : 5000 lösen die Extrakte noch eine deutliche Chemonastie der Blätter aus. Die Reizstoffe der Blattextrakte sind hitzebeständig, werden aber von Bakterien zerstört. Mit Ausnahme von Aminosäuren, einigen Fettsäuren und Anthrachinonderivaten (besonders Frangulaëmodin) bewirken die meisten in den Pflanzen vorkommenden Stoffe keine Chemonastie der Mimosenblätter. Welcher Stoff die endogene Chemonastie bedingt, ist bis jetzt noch nicht bekannt; keiner der untersuchten Stoffe hat eine so niedere Reizschwelle wie die Blattextrakte.

Weitere Untersuchungen über die Aggregation (Zusammenballung) des Protoplasmas in Droseratentakeln stellte im Anschluß an Åkerman[9] (1917) Coelingh[10] (1929) an. Hat Åkerman die Aggregation durch Eiweiß, Pepton, Asparagin, Pepsin, Phosphorsäure, Phosphate und Äthylalkohol auslösen können, so rief Coelingh vornehmlich mit Extrakten aus Droseradrüsen die Aggregation hervor. Durch Kochen und Eintrocknen verliert der Extrakt die Wirksamkeit nicht. Speichel ermöglicht ebenfalls die Aggregation, wahrscheinlich durch die Anwesenheit von KH_2PO_4; eine fermentative Wirkung des Speichels kommt nicht in Frage, da gekochter Speichel aktiv bleibt.

Chemodinese des Protoplasmas.

Die Protoplasmaströmungen bei Vallisneria und Elodea hat in letzter Zeit Fitting[11] (1925, 1927, 1930) eingehend studiert, besonders die Auslösung dieser

[1] Gurwitsch, A.: Monogr. Gesamtgeb. Physiologie d. Pflanzen u. Tiere **25** (1932).

[2] Stempell, W.: Biol. Zbl. **49**, 607 (1929) — Protoplasma (Berl.) **12**, 538 (1931) — Strahlenther. **40**, 777 (1931).

[3] Czaja, A. Th.: Biol. Zbl. **50**, 577 (1930).   [4] Tokin, B. P.: Biol. Zbl. **50**, 641 (1930).

[5] Schwarz, H.: Flora (Jena), N. F. **22**, 76 (1928).

[6] Seybold, A.: Erg. Biol. **6** (1930).

[7] Ricca, U.: Nuov. giorn. bot. ital., N. S. **23** (1916).

[8] Fitting, H.: Jb. Bot. **72**, 700 (1930).   [9] Åkerman: Botaniska Notiser **1917**, 145.

[10] Coelingh, W. M.: Dissert. Utrecht 1929.

[11] Fitting, H.: Jb. Bot. **64**, 225 (1925); **67**, 427 (1927) — Z. Bot. **23**, 328 (1930).

Bewegung durch chemische Agenzien, die als Chemodinesen bezeichnet werden. Die Stoffmengen, welche Chemodinese auslösen, sind bei Asparaginsäure, Asparagin u. a. α-Aminosäuren sehr gering. Sie wirken noch in einer Verdünnung $3 - 5 \cdot 10^{-7}$. Auf den Raum einer Vallisneriamesophyllzelle umgerechnet, kann somit noch eine Verdünnung von 10^{-14} eine chemodinetische Rotation des Plasmas bewirken. Dieses Ergebnis spricht nicht gegen die Massenwirkung (vgl. Seybold[1] 1927); die Reizschwelle tierischer Hormone ist häufig auch von dieser Größenordnung. Fitting untersuchte weitgehend den Zusammenhang zwischen der Chemodinese und der chemischen Konstitution des chemischen Agens, um die chemodinetische Wirkung von Blattextrakten zu klären. Untersuchungen über die chemodinetische *Rotationsrichtung* des Protoplasmas in den einzelnen Zellen eines Elodeablattes stellten Pekarek und Fürth[2] (1931) an. Die über die Bewegungsrichtung entscheidenden Faktoren konnten nicht ermittelt werden, wohl aber ließ sich eine gesetzmäßige Verteilung der Bewegungsrichtung in den Zellzonen nachweisen. In der Längsrichtung des Blattes ist in benachbarten Zellen eine gleichsinnige Rotation bevorzugt.

Bd. XI.

Physiologie des Geschmacksinns
(S. 306—392).

Von

Emil v. Skramlik — Jena.

Von den neuen experimentellen Untersuchungen auf dem Gebiete des Geschmacksinnes befassen sich die meisten mit dem *sauren Geschmack*. Es sei hier in erster Linie verwiesen auf die Abhandlungen von Rosenbaum[3], Bacharach[4], Baráth und Vándorfy[5] sowie Dietzel[6] und Lebedinskij und Leibson[7]. Dabei hat sich stets herausgestellt, daß der Gehalt an Wasserstoffionen für die Stärke des Säuregrades maßgebend ist. Natürlich ist das Anion nicht gleichgültig (vgl. hier die Untersuchungen von Berlatzky und Guevara[8]).

Wiederholt wurden auch die *Unterschiedsschwellen* für den Geschmack untersucht, so vor allem für süß von Pauli und Wenzl[9]. Nach den Ergebnissen dieser beiden Forscher ist die vom Weber-Fechnerschen Gesetz geforderte

---

[1] Seybold, A.: Biol. Zbl. **47**, 102 (1927).

[2] Pekarek, J., u. R. Fürth: Protoplasma (Berl.) **13**, 666 (1931).

[3] Rosenbaum, H.: Über den Schwellenwert des sauren Geschmacks. Pflügers Arch. **208**, 730 (1925).

[4] Bacharach, E.: Untersuchungen über den sauren Geschmack. Z. Biol. **84**, 335 (1926).

[5] Baráth, E., u. J. Vándorfy: Experimentelle Untersuchungen über die physikalisch-chemischen Grundlagen der Geschmacksempfindung nach Säurelösungen. Biochem. Z. **176**, 473 (1926).

[6] Dietzel, R.: Saurer Geschmack und Wasserstoffionenkonzentration. Kolloid-Z. **40**, 240 (1926).

[7] Lebedinskij, A., u. L. Leibson: Über die physiologische Rolle der Säuren. VII. Organische Säuren als Geschmacksreizmittel. Izv. naučn. Inst. Lesgafta (russ.) **12**, 89 (1926).

[8] Berlatzky, A., u. T. Guevara: Die Schwelle des sauren Geschmacks und die Hydrogenionenkonzentration. C. r. Soc. Biol. Paris **98**, 176 (1928).

[9] Pauli, R., u. A. Wenzl: Experimentelle und theoretische Untersuchungen zum Weber-Fechnerschen Gesetz. Arch. f. Psychol. **51**, 399 (1925).

Konstanz der relativen Unterschiedsschwellen weitgehend erfüllt. Für den sauren Geschmack liegen analoge Messungen von SAIDULLAH[1] vor.

Die gegenseitige Beziehung von Geschmacksreizen haben HAMBLOCH und PÜSCHEL[2] geprüft. Sie haben gleichzeitig zwei reine Geschmackstoffe in wechselnder Konzentration dargeboten. In Analogie mit den Befunden von v. SKRAMLIK beim Geruchsinn zeigte sich, daß bei stetiger Abstufung der Reize der Eindruck nicht nur Änderungen der Intensität durchläuft, sondern bei gewissen Mischungen auch seine *Qualität* verändert. Die Zahl dieser Änderungen ist beim Geschmacksinn *größer* als beim Geruchsinn, bei dem nur das Erkennen der beiden Komponenten oder die Unterdrückung der schwächeren festzustellen ist. Die binären Geschmacksmischungen weisen noch zwei weitere Zonen auf, in denen die schwächere Komponente zwar nicht erkannt wird, aber doch imstande ist, den Geschmackscharakter der Mischung zu verändern. Die Art dieser Änderung ist sehr schwer zu beschreiben. Ein Zusatz von Bitter zu Salzig bzw. Sauer macht den Geschmack der Lösung *herber*, ein Zusatz von Bitter zu Süß *stumpft* die Süßempfindung ab. Eine Zugabe von Salzig zu Bitter *verschärft* den Charakter der Geschmacksmischung, während eine Hinzufügung von Salzig zu Sauer eine gewisse Würzigkeit erzeugt und ein Süß betonter und kräftiger erscheint. Fügt man Sauer zu Bitter, Salzig und Süß hinzu, so gestaltet sich die Geschmacksmischung wieder *herber*. Eine Zugabe von Süß zu Bitter, Salzig und Sauer *mildert* insgesamt den Charakter der Geschmackslösung. Die Konzentrationen, welche diese Zonen voneinander unterscheiden, *schwanken individuell außerordentlich* stark. Nicht selten kommt vor, daß bei einer Versuchsperson die eine oder die andere Zone nur undeutlich nachweisbar ist. Stets gegeben sind die Bereiche der Unterdrückung und die der Unterscheidung der beiden Komponenten. In derjenigen Zone, in der die Unterscheidung der beiden Komponenten gelingt, ergeben sich eigenartige Verhältnisse, die von den beim Geruch stark abweichen. Während beim *Geruch* die Reihenfolge der Empfindungen durch die Konzentration der Komponente bestimmt wird, ist dies beim *Geschmack nicht* der Fall.

Bd. XI.

Das räumliche Hören
(S. 602—618).

Von

ERICH M. V. HORNBOSTEL – Berlin.

Zu S. 605: Vorn und hinten. Bei Ausschluß des Kopfschallschattens — Schallzuführung durch Rohrleitungen oder Telephone — hängt es von zufälligen Umständen ab, ob der Schall von vorn oder hinten zu kommen scheint: Sitzt der Beobachter z. B. nahe vor einer Wand, so verlegt er ihn gern in den freien Raum hinter sich, es sei denn, daß er die Leitungen aus der Wand kommen sieht. BÉKÉSY[3] ist es sogar gelungen, die Bahn eines von rechts nach links

<hr>

[1] SAIDULLAH: Experimentelle Untersuchungen über den Geschmacksinn. Mit besonderer Berücksichtigung des Weber-Fechnerschen Gesetzes. Arch. f. Psychol. **60**, 457 (1927).

[2] HAMBLOCH, H., u. J. PÜSCHEL: Über die sinnlichen Erfolge bei Darbietung von Geschmacksmischungen. Z. Sinnesphysiol. **59**, 136 (1928).

[3] BÉKÉSY: Physik. Z. **31**, 830 (1930).

wandernden Schallbildes *willkürlich* nach vorn oder hinten umschlagen zu lassen wie bei optischen Inversionen.

Zu S. 605: „Mitteneindruck kein leeres Weder-Noch.“ Wenn in Versuchen über den Einfluß eines Stärkegefälles auf die Lokalisation der Zeitunterschied ($\varDelta t$) konstant gleich Null gehalten wird, so kann man nicht sagen, daß hiermit der Zeitfaktor ausgeschaltet wird, denn $\varDelta t = 0$ ist ein positiver Mittenreiz und als solcher physiologisch wirkungsstärker als ein Seitenreiz $\varDelta t > 0$[1]. Auch wenn gleichzeitig ein Stärkegefälle $\varDelta I$ vorhanden ist, kann das Schallbild dennoch in der Mitte gehört werden. Dies ist dagegen bei der Kombination von $\varDelta I = 0$ mit einem $\varDelta t > 0$ nicht möglich. $\varDelta I = 0$ ist also kein positiver Lokalisationsreiz[2].

Zu S. 611: Töne über 1600 Hz immer median. Der größte Seitenwinkel wird von 800 Hz an kleiner als 90°. Sofern er durch $\lambda - k$ ($k = 21$ cm) bestimmt ist, wird er bei 1600 Hz gleich Null (Mitte). Nach neueren Versuchen Halversons[3] können auch bei höheren Frequenzen größte Seitenwinkel gehört werden, deren beobachtete Größen mit den aus der Zeittheorie für $\lambda/2$ berechneten so gut übereinstimmen als man es bei der Schwierigkeit der Beobachtung nur verlangen kann[4]. Danach würden Töne erst oberhalb 17000 Hz die Mittenschwelle nicht mehr überschreiten können, wie Hornbostel und Wertheimer[5] ursprünglich angenommen hatten. Das Argument gegen die Intensitätstheorie — daß für Frequenzen oberhalb 800 Hz die scheinbare mit der wirklichen Richtung nicht mehr übereinstimmt — wird durch die neuen Befunde nicht berührt; sie bilden aber eine neue Stütze für die Zeittheorie.

Zu S. 615: Zwei verschiedene Zeitunterschiede wirken zusammen wie ein mittlerer. Aus Versuchen von Békésy[6] geht hervor, daß zwei kombinierte Richtungsreize — Schallpaare mit den Zeitunterschieden d_1 und d_2 — nur dann wie der mittlere $(d_1 + d_2)/2$ wirken, wenn die Mitten der beiden Zeitspannen zusammenfallen. Mit wachsendem Abstand D der Mitten wird die Wirkung des späteren Richtungsreizes mehr und mehr geschwächt, für $D > k$ vollkommen unterdrückt. Diese für eine künftige Theorie des Richtungshörens wichtigen Beobachtungen zeigen besonders eindringlich, daß nicht nur einem Richtungsreiz (Schall*paar*), sondern ebenso einem Paar von Richtungsreizen im physiologischen Geschehen ein einheitliches Ganzes entspricht, dessen einer Parameter („Zeitspannung“) sich nach dem zeitlichen Zueinander der im zentralen Feld gleichzeitig nebeneinander bestehenden Teilprozesse bestimmt[7].

Zu S. 615: „Man muß annehmen, daß der Wert von k mit der Kopfbreite von Art zu Art variiert ... Ob auch die Größe der Zeitverschiebung, die für die Unterschiedsempfindlichkeit maßgebend ist, sich mit der Körpergröße ändert, also die *Richtungswahrnehmung bei allen hörenden Tieren annähernd gleich genau* ist oder nicht, ... könnte durch Tierversuche entschieden werden. (Biologisch wäre freilich schwer begreiflich, warum der Elefant eine feinere, der Vogel eine sehr viel schlechtere Richtungserkennung haben sollte als der Mensch.)“ Die Frage ist jetzt in dem vermuteten Sinne entschieden durch Versuche von Engelmann[8]. Die kleinsten Seitenwinkel, die von Hunden, Katzen und Hühnern

---

[1] Hornbostel, E. M. v.: Psychol. Forsch. **4**, 88ff. (1923).

[2] Hornbostel, E. M. v.: Phys. Soc. Rep. Disc. on Audition, June **1931**, 123.

[3] Halverson, H. M.: Amer. J. Psychol. **38**, 97 (1927).

[4] Hornbostel, E. M. v.: Phys. Soc. Rep. Disc. on Audition, June **1931**, 122, Tab. 127.

[5] Hornbostel, E. M. v., u. M. Wertheimer: Berl. Ber. **1919**, 394.

[6] Békésy, G. v.: Physik. Z. **31**, 858 (1930).

[7] Hornbostel, E. M. v.: Jber. Physiol. **1928**, 767f.

[8] Engelmann, W.: Z. Psychol. **105**, 317 (1928).

noch richtig wahrgenommen wurden, variierten zwischen 48′ und 3°35′, waren
also von derselben Größenordnung wie beim Menschen, dessen Mittenschwelle
etwa 1°25′ bis 3° beträgt. Die einen bestimmten phänomenalen Seitenwinkel
ergebende Zeitspannung ist recht genau der Körpergröße — und damit dem
Schallweg von Ohr zu Ohr — proportional. Zum Teil ist die Richtungs- und
auch die Entfernungswahrnehmung der Tiere noch genauer als die menschliche,
auch ist die Reaktion prompter, namentlich bei Katzen, die ja bei ihren nächtlichen Beutezügen besonders auf die akustische Orientierung im Raume angewiesen sind. Dem Tier kommt dabei zustatten, daß seine Reaktion rein
reflektorisch verläuft: es überläßt sich hemmungslos der motorischen „Zuwendungstendenz" (GOLDSTEIN), die von jeder lokalisierten sinnlichen Wahrnehmung (und Vorstellung) ausgelöst wird. — GOLDSTEIN und ROSENTHAL[1]
konnten durch einseitige Reize aller Art eine Verlagerung des Schallbilds nach
der gereizten Seite hin bewirken, die sich bei starken Reizen (z. B. Chloräthyl-
abkühlung) sogar durch Änderung der Schallweglängen kompensieren ließ. Der
akustische Richtungsreiz — die Zeitspannung — wirkt offenbar ebenso wie
andere lokalisierte Reize auf den Tonus, und die Zuwendung, die die Schall-
quelle in die Mediane und die Zeitspannung auf Null bringt, beseitigt damit
eine Gleichgewichtsstörung des Tonus zwischen rechts und links. Dieser Tropismus-
charakter der Reaktion ist für die Theoriebildung sicher bedeutsam. Man darf
aber nicht außer acht lassen, daß mehrere Richtwirkungen zusammen bestehen
können, ohne daß die Erregungen zu einer einzigen Resultante zusammenfließen:
wir können mehrere verschieden lokalisierte Schälle gleichzeitig hören. Dieser
Tatsache trägt auch v. BÉKÉSY[2] nicht Rechnung, wenn er ein zentrales Feld
von bestimmter Kapazität annimmt, das von den Rechts- und Linkserregungen
in ihrem Zeit- (oder Stärke-) Unterschied proportionalen Anteilen vollständig
ausgefüllt wird. Denn so lange das Feld in einer Weise okkupiert ist, wäre für
eine andere Erregung kcin Platz.

Zu S. 604f.: Richtungswahrnehmung Funktion des zweiohrigen Hörens. ENGEL-
MANNS[3] Versuchstiere versagten bei einseitigem Ohrverschluß. Die Fehler waren
dabei nicht, wie man bei Wirksamkeit des Stärkegefälles erwarten sollte, nach
dem offenen Ohr hin verlagert, sondern regellos verteilt. — Bei Meerschweinchen fällt der PREYERsche Ohrmuschelreflex nach Zerstörung der einen Schnecke
aus[4], ein Beweis, daß die Ohrbewegungen nur durch gerichteten Schall ausgelöst
werden, wie wohl bei anderen Säugern auch. — Brünstige Grillenweibchen laufen
in Richtung des Männchens, solange es zirpt, finden es aber viel schwerer und
erst nach langen Umwegen, wenn das eine Tympanalorgan zerstört worden ist[5].

Zu S. 607: Latenzzeit. Nach MONJÉ[6] verkürzt sich auch auf akustischem
Gebiet die Latenzzeit zwischen Reiz und Erscheinung mit steigender Intensität
bis zu einem konstanten Grenzwert[7]. Die versuchte Zurückführung eines Stärkegefälles auf einen Zeitunterschied läßt sich aber nicht halten. Denn mit steigender
absoluter Reizstärke müßte sich der Zeitunterschied verringern, und von der

---

[1] GOLDSTEIN, K., u. O. ROSENTHAL: Psychol. Forsch. **8**, 318 (1926).

[2] BÉKÉSY, G. v.: Physik. Z. **31**, 858ff. (1930).

[3] ENGELMANN, W.: Z. Psychol. **105**, 317 (1928).

[4] Freundliche Mitteilung von Prof. KLEINKNECHT.

[5] REGEN, J.: Sitzgsber. Akad. Wiss. Wien, Math.-naturwiss. Kl. 1 **132**, 81 (1924).

[6] MONJÉ, M.: Z. Biol. **85**, 349 (1926).

[7] Bedenken gegen die Meßmethoden lassen freilich die eigentliche Bedeutung der Er-
gebnisse noch im unklaren [RUBIN, E.: Psychol. Forsch. **13**, 101 (1929). — HORNBOSTEL,
E. M. v.: Jber. Physiol. **1928**, 765)]. — Auch die neuesten Versuche und Erwägungen von
F. W. FRÖHLICH u. M. MONJÉ [Z. Biol. **92**, 233 (1932)] ändern hieran nichts. — Vgl.
W. METZGER: Psychol. Forschg **16**, 176 (1932).

Reizstärke an, bei der die Latenzzeit ihr konstantes Minimum erreicht, würde auch der Zeitunterschied konstant gleich Null.

Die von v. Békésy[1] gefundene Verkleinerung der scheinbaren Winkel mit steigender Schallstärke kommt hier nicht in Betracht, denn sie gilt nur für manche Beobachter, für andere nicht, und ist von ganz anderer Größenordnung als die Abnahme der Latenzzeit.

Zu S. 615: Zeittheorie. Der dem Gehör phänomenal und physiologisch nächstverwandte Vibrationssinn der Haut[2] vermittelt auch der akustischen analoge Richtungswahrnehmungen. Bei Ausschluß von Gesicht und Gehör kann man mit Sicherheit sagen, an welchem Ende einer Stange geklopft wird, die man in der Mitte mit beiden Händen berührt. Dabei kann die Reizstärke für die eine, auch die zuerst getroffene, Hand durch dämpfende Zwischenlagen bis unter die Schwelle herabgesetzt werden. Der adäquate Richtungsreiz ist also auch hier nicht der Stärke-, sondern der Zeitunterschied zwischen den Erregungsverläufen rechts und links. Auch der Schwellenreiz ist auf beiden Sinnesgebieten von derselben Größenordnung $(2 \cdot 10^{-5}$ Sekunden).

Bd. XI.

Pathologische Physiologie des Labyrinthes und der Cochlearisbahn

(S. 619—666).

Von

Hans Rhese † — Harzburg.

Im Interesse der Übersichtlichkeit wird im Nachtrag die gleiche Gliederung in die Abschnitte I—IV beibehalten, auch sind die Ergänzungen zu den einzelnen Fragen unter den gleichen Ziffern wiederzufinden wie in der ersten Bearbeitung.

I. Die Erkrankungen der Labyrinthmembranen.

1. Unter den mitbestimmenden Faktoren wird nach den Arbeiten von Albrecht[3] u. a. neuerdings auch bei der Labyrinthitis der Konstitution eine wesentliche Rolle zugeschrieben. Die Allgemeinkonstitution, die sog. arthritische Konstitution, der Bau des Mesenchyms und des Stützgewebes sind für den Ablauf des Geschehens nicht nur bei den degenerativen Formen der Innenohrschwerhörigkeit, sondern auch bei der Labyrinthitis von Bedeutung.

2. Dieser Einfluß der Konstitution spielt naturgemäß auch bei der Entstehung der genuinen Labyrinthdegeneration oder Neuroepitheldegeneration eine Rolle.

4. Zur Frage Sinneshaare, Cortisches Organ und Hörvermögen ergreift Wittmaack[4] erneut das Wort. Er betont den völligen Abschluß des Cortischen Organs gegen den Endoliquorraum durch die von ihm nachgewiesene Deckmembran. Im Innenraum des Cortischen Organs, dem eine gewisse Turgescenz zugesprochen werden muß, befindet sich der Druck in einer gewissen Gleich-

---

[1] Békésy, G. v.: Physik. Z. **31**, 829 (1930).
[2] Katz, D.: Der Aufbau der Tastwelt, S. 211. 1925.
[3] Albrecht: Z. Hals- usw. Heilk. **29**, H. 1 (1931).
[4] Wittmaack: Arch. Ohr- usw. Heilk. **129**, H. 2, 119 (1931).

gewichtslage gegenüber dem Druck im Endoliquorraum, wodurch ein Tonus bewirkt wird. Von diesem Tonus unabhängige Druckwirkungen lösen nun den spezifischen Erregungsvorgang im Endosensularium aus, eine Beeinflussung der Sinneshaare durch Verbiegung findet nicht statt. Die spezifische Sinnesempfindung beruht auf der Fähigkeit, feinste auf hydrostatischem Wege übermittelte Druckschwankungen zu perzipieren. Die Resonanz findet nicht im CORTIschen Organ, sondern in der Basilarmembran statt, welche, obwohl in relativ weiter Ausdehnung in Mitschwingung versetzt, nur im Bezirk der maximalsten Erregung perzipiert. Die Intensität der durch das ovale Fenster zugeleiteten Schallwellen ist eine größere, auch muß die Membrana basilaris ihrer Lage nach für die durch das runde Fenster eintretenden Schallwellen dämpfend wirken, während sie für die durch das ovale Fenster eintretenden verstärkend wirkt.

5. Mit der Frage der Erhöhung des intralabyrinthären Druckes beschäftigt sich neuerdings KEREKES[1]. Er glaubt, daß weitere indirekte Beweise dafür erbracht worden seien, daß das Normalgehör von einem Druckoptimum des endolabyrinthären Druckes abhängig sei. Der Mechanismus dieser Erscheinungen beruht nach den Untersuchungen von BÉKÉSY darauf, daß mit Druckänderungen im Labyrinth sich die Steigbügelplatte aus ihrer optimalen Lage verschiebt. In den Versuchen von DIDO DEDERLING finden diese Ergebnisse nach der Ansicht von KEREKES ihre weitere Bestätigung.

8. Die Sprachprüfung und die Beziehungen zwischen Sprachverständnis und der Hörfähigkeit für die einzelnen Formantenregionen behandelt NADOLECZNY[2].

Nach ihm ist ein verhältnismäßig gutes Tongehör von über 50% Hördauer in der Gegend von e' bis g² nötig für das Verständnis der Zahlwörter 9, 8, 5, 7 in Umgangssprache. Denn in dieser Gegend liegen die Formantenstrecken der Vokale u, o, a sowie die Unterformanten heller Vokale. Zu bemerken ist, daß das Zahlwort 9 „noin" ausgesprochen wird. Maßgebend für das Verständnis der gleichen Zahlwörter in Flüstersprache ist die Tonstrecke von etwa c³—g⁴. In diese Strecke, namentlich in die Mitte, fallen die Flüsterhöhen der meisten Vokale, die Hauptformanten der hellen Vokale und der richtigeren Reibelaute. Ein ziemlich gutes Gehör unterhalb von e' scheint nach NADOLECZNY das Verständnis der Umgangssprache noch zu unterstützen und ist wegen der Wahrnehmung der Geräusche des täglichen Lebens wertvoll. Betont wird ferner für die Sprachprüfung, daß man da, wo es um das Sprachverständnis geht, Assoziationsvorgänge und Kombinationen gar nicht auszuschließen brauche.

Wichtig für die pathologische Physiologie des Innenohres sind die Ergebnisse, die BRÜNINGS[3] mittels elektrischer Hörmeßgeräte erzielte. Bei der Innenohrschwerhörigkeit, die nach diesen Untersuchungen deutlich die Herabsetzung des Empfindungsvermögens für die hohen, aber auch für die mittleren, physiologisch vollwertigen Frequenzlagen erkennen läßt, kommt es zur dementsprechenden Verrichtung des Vokalgehöres für e und i. Dabei zeigt sich indessen, daß auch dann, wenn das Vokalgehör z. B. für i erloschen ist, die Frequenzen, welche den Formanten von i entsprechen, noch gehört werden. Zur Entstehung von Fehlhörigkeit ist also nicht das Erlöschen der Perzeption eines Frequenzgebietes, das einem Formantenbezirk entspricht, nötig, es genügt bereits das herabgesetzte Empfindungsvermögen. Die klangrichtige Registrierung eines Vokalklanges im Innenohr hat also wahrscheinlich zur Voraussetzung, daß die Empfindungsstärke für die Teiltöne nicht unter einen bestimmten Wert sinken darf.

Bedeutung für die pathologische Physiologie des Innenohres haben ferner die Ausführungen von G. ALEXANDER-Wien[4], der sich um die Schaffung einer *Theorie der Luftleitung* bemühte, die alle klinischen und pathologisch-anatomischen Erfahrungen ungezwungen zu erklären gestattet. Er geht davon aus, daß es zwei Luftleitungen gibt, erstens die ossiculo-kochleare, die vom Trommelfell durch die Kette der Ossicula, durch das Vorhofsfenster, durch die Scala vestibuli und das Helicotrema in die Scala tympani führt, zweitens die aero-kochleare Luftleitung, die vom Trommelfell durch die Paukenluft zum runden Fenster und durch die Membrana tympani secundaria in die Scala tympani führt, gegen die die Membrana basilaris frei liegt. Die Schnecke ist das Organon perilymphaticum, und

---

[1] KEREKES: Verh. Ges. dtsch. Hals- usw. Ärzte **1930**, 411.
[2] NADOLECZNY: Verh. Ges. dtsch. Hals- usw. Ärzte **1930**, 473.
[3] BRÜNINGS: Verh. Ges. dtsch. Hals- usw. Ärzte **1928** (Hamburg).
[4] ALEXANDER, G.: Verh. Ges. dtsch. Hals- usw. Ärzte **1930**, 370.

Ausweichstelle für die akustischen Schallbewegungen der Perilymphe sind der Aquaeductus cochleae und die Lymphspalten von den perilymphatischen Innenohrräumen in den inneren Gehörgang. Die Schwingungen der Membrana basilaris führen zu Stellungsänderungen der Haarfortsätze, die letzten Endes auf dem Wege der Sinneszellen und Nervenausbreitungen in diesen in den Sinnesreiz umgesetzt werden. Im Ruhezustande berühren die freien Enden der Haarfortsätze die Unterfläche der Membrana tectoria. Für die hohen Töne bildet die aero-kochleare Leitung den direkten Weg, die tiefen Töne beanspruchen zunächst das Vorhofsfenster und die Scala vestibuli, der Erregungsreiz gelangt aber auch bei ihnen durch das Helicotrema und die Scala tympani an die Basilarmembran. Beim normalen Menschen und offener Tube bestehen beide Leitungen nebeneinander, aber auch bei geschlossener Tube besorgt die aero-tympanale Luftleitung vorzugsweise oder allein die Überleitung der hohen Töne. In pathologischen Fällen kann die aero-kochleare Leitung zur Hauptleitung werden, nur die sehr tiefen Töne beanspruchen stets den ossiculo-kochlearen Weg. Frühzeitige Taubheit bei Neubildungen des Acusticus, die den Meatus internus ausfüllen, beweist die Bedeutung des Aquaeductus cochleae und des inneren Gehörgangs als Ausweichstelle. Die aero-kochleare Luftleitung soll bei der Konstruktion von Hörapparaten berücksichtigt werden.

9. Auch die Mechanik der für die Innenohrdiagnostik so wichtigen *Knochenleitung* ist neu geprüft worden.

Herzog[1] kommt auf Grund von Modellversuchen zu dem Schluß, daß zu bestmöglichstem Hören in Knochenleitung nur eine möglichst bewegliche Ausweichstelle innerhalb der starren Labyrinthwandungen vorhanden sei. Dieser Forderung genügt das runde Fenster, während die Kette der Ossicula incl. Stapes für das Hören in Knochenleitung störend ist. Daher ist das Walohr, ursprünglich eingestellt für Luftleitung, für reinen Knochenleitungsempfang dadurch umgebaut, daß die Schalleitungskette inkl. Stapes schwingungsunfähig wurde. Je größer im übrigen die Amplitude der Schwingungen der Membrana basilaris ist, desto stärker ist der Reiz auf das Endorgan.

Mit dem Rinneschen Versuch beschäftigt sich in besonderer Weise Frenzel[2]. Er kommt zu dem Urteil, daß der Rinnesche Versuch einen Hinweis auf die Lage der Eigenfrequenz der Schalleitungskette zu geben vermag. Es darf angenommen werden, daß negativer Ausfall des Rinne für einen begrenzten Tonbereich ein Hinaufrücken der Eigenfrequenz der Kette, negativer Wert in allen Tonhöhen eine Fixation der Kette beweist, weiter daß positives Ergebnis des Rinne mit tiefen Gabeln bei negativem, mit höheren auf eine Massenvermehrung der Kette bei erhaltener Beweglichkeit und damit auf ein Herabsinken der Eigenfrequenz hindeutet. In solchen Fällen liegt die neue Eigenfrequenz der Kette in jener Tonhöhe, in der der Umschlag vom positiven zum negativen Wert des Rinne eintritt. Es liegt nahe anzunehmen, daß das Resonanzmaximum der Schalleitungskette wahrscheinlich der Strecke des wichtigsten Ton- und Sprachverständnisses entspricht.

Derselbe Autor[3] macht darauf aufmerksam, daß man für den Rinneschen Versuch nicht die handelsübliche Form der Gabel C_{64} verwenden darf, da sonst C_{128} gehört wird. Das ist besonders dann von praktischer Bedeutung, wenn es sich um solche Formen nervöser Schwerhörigkeit handelt, bei denen man eine Schädigung des Gehörs im unteren Tonbereich findet.

Den Weberschen Versuch bringt Kompanajetz[4] mit Ermüdung des Ohres in Zusammenhang. Beim Verstopfen des einen Ohres kommt dasselbe nach seiner Annahme in einen Ruhezustand, deshalb wird der Schall in das verstopfte Ohr als das minder ermüdete lateralisiert. Denselben Effekt erzielen Ermüdungen des einen Ohres durch Töne, Geräusche oder andere Ursachen. Diese Auffassung nähert sich der Ansicht von Brühl[5], der in der Verkürzung der Knochenleitung ein rein subjektives und daher evtl. unbrauchbares Symptom sieht.

14. Die Entstehung der *subjektiven Geräusche* sucht W. L. Friedmann[6] durch seine Theorie von den im Labyrinthwasser gelösten Gasmolekülen verständlich zu machen, denen er die Hauptrolle in der Zuleitung zu den Gehörnervenendigungen zuschreibt. Nach ihm sind die Moleküle der verborgenen Gase in allen Körpergeweben enthalten, auch im Labyrinthwasser, im Blut, im Knochen, in der Lymphe, das Prozentverhältnis ist ein verschiedenes, der Druck aller Gase (im wesentlichen Sauerstoff, Stickstoff, Kohlensäure) ist dem des uns umgebenden Luftdruckes gleich. Die Schallwellen sollen nun ihre Vibrationen auch den

---

[1] Herzog: Verh. Ges. dtsch. Hals- usw. Ärzte **1930**, 402.
[2] Frenzel: Verh. Ges. dtsch. Hals- usw. Ärzte **1930**, 458.
[3] Frenzel: Verh. Ges. dtsch. Hals- usw. Ärzte **1930**, 459.
[4] Kompanejetz: Internat. Zbl. Ohrenheilk. **31**, H. 7—10, 220 (1929).
[5] Brühl: Internat. Zbl. Ohrenheilk. **33**, H. 1—3, 47 (1930).
[6] Friedmann, W. L.: Mschr. Ohrenheilk. **64**, 1468—1471 (1930).

Molekülen der verborgenen Gase mitteilen, was wichtig sein soll für die Resonanz, wichtig auch dadurch, daß die Vibrationen der im Labyrinthwasser gelösten Gasmoleküle (etwa 10^{18} im Schneckenkanal) den adäquaten Reiz für die Gehörnervenendigungen bilden. Entsteht eine Gleichgewichtsstörung zwischen Blutgasmolekülen und Gewebsgasen, so kommt es zu pathologischem Ohrensausen, da die Molekülbewegungen im Schneckenbereich die Empfindung von Geräuschen hervorrufen sollen (z. B. Verschluß der Tube). Da der Eigenton der Schnecke im Bereich der hohen Töne liegt, so entspricht die Tonhöhe der subjektiven Geräusche meistens hohen Tönen. In der molekularen Bewegung der Schneckengase soll also die physiko-mechanische Ursache der Geräusche liegen.

Handelt es sich hierbei immer noch um Schallwellen, so berichten JELLINEK und SCHREIBER[1] über eine neue Methode des Hörens, bei der es sich nicht mehr um Übertragung von Schallwellen handelt, nicht um mechanische Schwingungen, sondern um Elektrizität, um einen schwingenden elektrischen Strom, der durch einen Spezialapparat dem hörempfindenden Nervenapparat unmittelbar zugeführt wird. Letzterer wird durch elektrische Schwingungen in Oszillationen versetzt und zum differenzierten Hören gebracht. Sollte diese neue Methode der eingehenden Kritik standhalten, dann würden sich naturgemäß mancherlei Perspektiven für die pathologische Physiologie des Innenohres hieraus ergeben.

II. Die Erkrankungen des peripheren Neurons.

3. Zur Frage „*Schallschädigung durch Knochenleitung*" nimmt WITTMAACK[2] auf Grund abermaliger experimenteller Untersuchungen erneut Stellung (Meerschweinchen werden auf Messingplatten gesetzt, die teils durch Eisenhämmer erregt werden, teils unerregt bleiben, teils mit Filzplatten belegt werden, teils ohne solche bleiben). Die Ergebnisse beweisen nach WITTMAACKs Ansicht die Schädigung durch Knochenleitung einwandfrei (Maximum der Luftschallschädigung schon nach 2 Monaten, der Knochenleitungsschädigung nach 4 bis 5 Monaten).

Bei den *Schädigungen durch Lärm* pflegte man bisher nur degenerative Cochlearisstörungen in den Kreis der Erwägungen zu ziehen. CHAROUSEK[3] weist nun darauf hin, daß bei Fixationen des Stapes und hierdurch bedingte Beweglichkeitsverminderung desselben, die Fähigkeit, Druckschwankungen zu kompensieren, wenigstens zum Teil wegfällt. Dadurch wird schon die „normale" Erschütterung durch physiologischen Schall abnorme Folgen auslösen können, noch mehr aber, wie PEISER[4] meint, ein über die Norm hinausgehender Lärm, so daß dann der Lärm z. B. eine Otosklerose verschlimmern kann. PEISER glaubt weiterhin, daß durch Lärm auch Störungen des Vestibularis mit Schwindel entstehen können. Er nimmt hierbei Bezug auf amerikanische Autoren, die an Patienten mit Schädeldefekten ein Steigen des endokraniellen Druckes um das Vierfache schon durch schwache Schallreize nachwiesen. Überschwellige Reize müssen natürlich noch ganz andere Wirkungen ausüben. PEISER weist hierbei auf die Einwirkungen von Lärm auf die glatte Muskulatur und auf die Binnenmuskulatur hin (HENSEN, KATO, BLEGVAD) und hält es für wahrscheinlich, daß Lärm auf psycho-vasomotorischem Wege zur Kontraktion der Gefäße führen kann. Bodenerschütterungen in gewerblichen Betrieben, wenn sie Leute mit verstärkter Kette treffen, stellen gewissermaßen eine schleichende, chronische, professionelle Commotio cerebri dar und sei von hier aus die Entstehung von Schwindel durch Lärm durchaus erklärbar und praktisch für das Begutachtungswesen in Rechnung zu stellen.

5. Zu den toxischen Degenerationen des peripheren Neurons ist als neu beobachtete diejenige bei Trichinose hinzugekommen, über die BOSCH[5] berichtet.

8. Die Beziehungen zwischen Hypertonie, Arteriosklerose und Schwerhörigkeit haben dadurch eine greifbare Unterlage erhalten, daß BERBERICH[6] eine Hypercholesterinämie als Grundlage feststellen zu können glaubt. Es wird unter IV. hierauf noch einmal zurückzukommen sein. Auch die Entstehung selbständiger organlokaler Krampfzustände, wie sie im peripheren Neuron und sonstigen Gefäßgebieten des Innenohres angenommen werden, erhalten hierdurch eine gewisse Unterlage. BOSCH[7], der gleichfalls mit organlokalen Krampfzuständen der Gefäße rechnet, meint, daß der Adrenalinsondenversuch von MUCK dazu geeignet sei, eine derartige „Gefäßsympathicohypertonie" festzustellen. Besonders eingehend hat GRAHE[8] die Frage der angioneurotischen Octavuserkrankungen behandelt und

[1] JELLINEK u. SCHREIBER: Wien. klin. Wschr. **1930**, Nr 14.
[2] WITTMAACK: Arch. Ohrenheilk. **123**, H. 1—2, 49 (1930).
[3] CHAROUSEK: Z. Hals- usw. Heilk. **21**, 87 (1928).
[4] PEISER: Z. Laryng. usw. **22**, H. 1, 63 (1931).
[5] BOSCH: Internat. Zbl. Ohrenheilk. **34**, H. 6—8, 163 (1931).
[6] BERBERICH: Arch. Ohrenheilk. **121**, 209—280 (1929).
[7] BOSCH: Arch. Ohrenheilk. **118**, H. 2, 155 (1928).
[8] GRAHE: Z. Laryng. usw. **19**, 96 (1930).

ist das Studium dieser Arbeit daher wichtig. Besonders beachtenswert ist Grahes Hinweis darauf, daß bei Octavuskrisen nicht nur lokale Störungen im Innenohr, sondern meistens zugleich allgemeine Gefäßnervenstörungen zugrunde liegen, und daß beim Menière der Sitz des Leidens nicht immer im inneren Ohr zu liegen braucht, sondern daß er auch zentral im Stamm und in den zentralen Hörbahnen gelegen sein kann. Ein Beispiel hierfür bringt Zange[1], der einen Fall beschreibt, bei dem die auslösende anatomische Ursache des Menière-Anfalles nicht in einer Blutung im Innenohr lag, sondern in Blutungen in der Medulla oblongata. Für die Bedeutung allgemeiner Gefäßstörungen sprechen auch 2 Fälle von Unterberger[2], bei denen Röntgenkastration auf dem Umwege über Blutdruckerhöhungen und Blutwallungen zu Octavuskrisen mit Vestibularis- und Cochlearisbeteiligung, und zwar zu Dauerschädigung führte.

An dieser Stelle kann auch eine Arbeit von Wangemann[3] nicht übergangen werden, der unter 100 Innenohrarterien nur bei 29 arteriosklerotische Veränderungen fand, und zwar meistens geringer Stärke im Gegensatz zu 88% an den übrigen Hirnbasisgefäßen, zu 88% an den Kranzgefäßen und zu 90% an der Aorta. Das dürfte gegen die Überbewertung der Arteriosklerose als örtliche Ursache der Innenohrschwerhörigkeit alter Leute sprechen.

22. Mauthner[4] glaubt festgestellt zu haben, daß die konstitutionelle (hereditär-degenerative) Form der Innenohrschwerhörigkeit sich von den übrigen Formen dadurch hervorhebt, daß bei ihr (beim Fehlen von Otosklerose) die Knochenleitung oft weniger stark verkürzt ist wie sonst, die Taschenuhr häufiger wie sonst vom Warzenfortsatz aus gehört wird, das Hörrelief sich oft als „konzentrisch eingeengt" erweist.

28. Den *akustischen Schmerz*, wie er auch bei Innenohrerkrankungen häufig zu beobachten ist, sucht Dahmann[5], der experimentell die Mechanik der Gehörknöchelchenkette usw. an registrierenden Spiegelchen untersuchte, zu erklären. Er nimmt an, daß auf schwache bzw. mäßig starke Tonreize sich der durch Resonanz des Trommelfells verstärkte Ton über die Gehörknöchelchenkette wie durch einen festen Körper fortleitet, also durch kleinste Massenschwingungen, während erst bei stärkeren Reizen die Kette im ganzen um ihre Achsendrehpunkte Schwingungen ausführt, die durch entsprechend stärkere Erschütterung der Endolymphe den akustischen Schmerz auslösen. Dieser akustische Schmerz, dem ich häufiger bei Innenohrleiden begegnete, verlangt allerdings als Voraussetzung eine subjektive Empfindlichkeit, wie sie auch Dahmann annimmt.

30. Marschik[6] berichtet über 50 Fälle von einseitiger Taubheit und glaubt hierbei auf das Vorkommen einer einseitigen angeborenen Taubheit besonders hinweisen zu müssen, die als besondere Spielart der die Taubstummheit veranlassenden labyrinthären Entwicklungsstörungen zu betrachten sei. Anatomisch dürfte es sich hierbei um feinere Veränderungen im Aufbau des Kochlearapparates handeln wie bei der kongenitalen Taubstummheit (dafür sprechen auch die Hörreste), während der Vestibularapparat meistens normal ausgebildet ist.

Auch zur Frage der Sprachsexte hat die letzte Literatur vielfach erneut Stellung genommen. Getzmann[7] hält Bezold für widerlegt. Im Sinne von Stumpf könne höchstens zugegeben werden, daß die zweigestrichene Oktave insofern von besonderer Bedeutung sei, als sie die Formanten des A, des wichtigsten Vokales, enthalte. Im übrigen sei die Strecke c^1—c^5 für das Sprachverständnis besonders wichtig. Auch Grahe[8] ist dieser Ansicht, er hält auf Grund der Erfahrungen der Frankfurter Klinik die Tonlagen von der ein- bis viergestrichenen Oktave für erforderlich und Kreidewolf glaubt unter Bezugnahme auf Stumpf vom Ende der Bezoldschen Sexte sprechen zu müssen.

III. Die Stammerkrankungen.

5. Zur Frage Acusticustumor und Hörfunktion ist ein Fall von Schlittler[9] von Interesse, bei dem ein Fibrom des Ramus cochlearis ohne Gehörausfall geblieben war.

7. Bezüglich schwerhöriger Luetiker weist D. Dederling[10] auf den Einfluß von Flüssigkeitsentziehungen durch Diuretica auf das Innenohrleiden hin. Hierdurch wird augenscheinlich ein abnormer Flüssigkeitsinhalt im Labyrinth reduziert, und das Ergebnis hiervon kann eine Hörverbesserung sein, was an 2 Fällen illustriert wird.

---

[1] Zange: Internat. Zbl. Ohrenheilk. **39**, H. 11—12, 373 (1930).
[2] Unterberger: Z. Laryng. usw. **19**, H. 2, 132 (1931).
[3] Wangemann: Z. Hals- usw. Heilk. **30**, H. 1, 135 (1931).
[4] Mauthner: Arch. Ohrenheilk. **118**, H. 1, 81 (1928).
[5] Dahmann: Verh. Ges. dtsch. Hals- usw. Ärzte **1930**, 329.
[6] Marschik: Z. Laryng. usw. **21**, H. 1—2, 145 (1931).
[7] Getzmann: Internat. Zbl. Ohrenheilk. **30**, H. 7—9, 218 (1929).
[8] Grahe: Internat. Zbl. Ohrenheilk. **32**, H. 10—12, 327 (1930).
[9] Schlittler: Z. Hals- usw. Heilk. **25**, H. 1, 104 (1929).
[10] Dederling, D.: Arch. Ohrenheilk. **126**, 117—120 (1930).

IV. Die Erkrankungen der zentralen Hörbahn.

7. Die Frage Apoplexie und Schwerhörigkeit behandeln BERBERICH und FINEBERG[1] in einer großzügigen Arbeit. Sie suchen nachzuweisen, daß die Schwerhörigkeit bei Apoplexie nicht einfach durch Arteriosklerose oder durch das Alter bedingt ist, daß vielmehr hierbei die Hypercholesterinämie ein wesentlicher Faktor ist. Die Apoplexie zeige stets eine beide Seiten gleichmäßig betreffende Innenohrschwerhörigkeit von wechselndem Grad, der nicht mit der überstandenen Hirnblutung zusammenhängt. Hörbilder vom Typ der zentralen Schwerhörigkeit sind bei der hypertonischen Apoplexie selten und vorzugsweise vom Sitz der Blutung abhängig. Das histologische Bild der Lipoidablagerung in die Substantia propria des Trommelfells und in die sonstigen Gebiete des mittleren und inneren Ohres wird geschildert, wobei bemerkenswert ist, daß man bei Tieren experimentell durch Cholesterinzuführung prinzipiell die gleichen Resultate erzielen kann. Die Autoren schließen: Die Innenohrschwerhörigkeit bei Apoplexie, Diabetes, Nephritis, Hypertonie und im Alter ist in erster Linie durch Hypercholesterinämie bedingt.

12. An der Hand einiger Fälle von Brückenerkrankung (Pemphigusencephalitis, Gliom usw.) kommt BRUNNER[2] zu dem Urteil, daß selbst bei ausgedehnten Zerstörungen im Bereiche der beiderseitigen cerebralen Hörleitung grobe Hörstörungen, besonders Sprachstörungen, nicht zu bestehen brauchen. Diese Zerstörungen brauchen also auch keine absteigende Degeneration des CORTIschen Organs zur Folge zu haben. Aber auch komplette, lange bestehende Taubheit muß nicht aufsteigende Degeneration in der zentralen Hörleitung zur Folge haben. Es besteht, wie besonders einer dieser Fälle lehrte, eine große anatomische Unabhängigkeit zwischen innerem Ohr einerseits und zentraler Hörleitung andererseits. Wichtig ist ferner in allen Fällen von Erkrankung der zentralen Hörleitung eine mikroskopische Untersuchung des inneren Ohres, denn in einem Falle, der als zentrale Hörstörung hätte imponieren können, bestand neben subcorticaler sensorischer Aphasie eine Otosklerose.

15. Die Frage der Lokalisation der Töne in der Hörsphäre zieht BÖRNSTEIN[3] von neuem in den Kreis der Erwägungen, und zwar auf Grund von klinischen Erfahrungen an otologisch und neurologisch sorgfältig durchuntersuchten Hirnverletzten. Er kommt zu dem Schluß, daß weder die Hörwindungen noch die Hörbahnen für einzelne Töne differenziert sind. Die Hörwindung enthält nach BÖRNSTEIN keine Zentren für die Qualität der Töne oder für die Tonhöhen. Der Rest einer Hörrinde übernimmt die Funktion des Ganzen. Der normalerweise am besten gehörte, zugleich biologisch wichtigste Tonbereich, in dem sich die Sprache entwickelt hat, wird am wenigsten geschädigt. Gegliedert sei die Hörsphäre in das „akustische Primitivfeld" und die ihm übergeordnete „Sprach- und Musikgestaltungssphäre".

---

[1] BERBERICH u. FINEBERG: Arch. Ohrenheilk. **121**, 209—280 (1929).
[2] BRUNNER: Verh. Ges. dtsch. Hals- usw. Ärzte **1930**, 490.
[3] BÖRNSTEIN: Verlag Karger 1930.

Bd. XI.

Hörtheorien

(S. 667—700).

Von

E. Waetzmann – Breslau.

Wegen anderer literarischer Verpflichtungen und wegen amtlicher Überlastung (Rektorat) ist es mir zur Zeit unmöglich, ein gut durchgearbeitetes Referat über die seit der Fertigstellung des Artikels „Hörtheorien" erschienenen Arbeiten zu verfassen. Ich muß mich deshalb damit begnügen, einige Literaturangaben zu machen. Von den im folgenden genannten Arbeiten scheinen mir neben der Arbeit von Gildemeister namentlich die Arbeiten von v. Békésy und von Ranke besondere Bedeutung zu haben.

Békésy, G. v.: Zur Theorie des Hörens. Die Schwingungsform der Basilarmembran. Physik. Z. **29**, 793 (1928) — Zur Theorie des Hörens. Über die Bestimmung des einem reinen Tonempfinden entsprechenden Erregungsgebietes der Basilarmembran vermittelst Ermüdungserscheinungen. Ebenda **30**, 115 (1929) — Zur Theorie des Hörens. Über die eben merkbare Amplituden- und Frequenzänderung eines Tones. Die Theorie der Schwebungen. Ebenda **30**, 721 (1929) — Zur Theorie des Hörens. Über das Richtungshören bei einer Zeitdifferenz oder Lautstärkenungleichheit der beiderseitigen Schalleinwirkungen. Ebenda **31**, 824 u. 857 (1930) — Über das Fechnersche Gesetz und seine Bedeutung für die Theorie der akustischen Beobachtungsfehler und die Theorie des Hörens. Ann. Physik (5) **7**, 329 (1930) — Zur Theorie des Hörens bei der Schallaufnahme durch Knochenleitung. Ebenda (5) **13**, 111 (1932). — Boumann, H. D.: Über das Brocasche Phänomen im Zusammenhang mit der Theorie des inneren Ohres. Arch. néerl. Physiol. (3) **15**, 311 (1930). — Gildemeister, M.: Probleme und Ergebnisse der neueren Akustik. Z. Hals- usw. Heilk. **27**, 299 (1930). — Held, H., u. Kleinknecht, F.: Die lokale Entspannung der Basilarmembran und ihre Hörlücken. Pflügers Arch. **216**, 1 (1927). — Hornbostel, E. M. v.: Neue Beiträge zur physiologischen Hörtheorie. Jber. Physiol. **1928**. — Koch, H.: Die Ewaldsche Hörtheorie. Z. Sinnesphysiol. **59**, 15 (1928). — Kucharski, W.: Die Schwingungen von Membranen in einer pulsierenden Flüssigkeit. Ein Beitrag zur Resonanztheorie des Hörens. Physik. Z. **31**, 264 (1930). — Langenbeck, B.: Abhängigkeit der Tonhöheempfindung von der erregenden Intensität. Bemerkungen zur Resonanztheorie des Hörens. Z. Hals- usw. Heilk. **15**, 342 (1926). — Leiri, F.: Eine neue Hörtheorie. Acta oto-laryng. (Stockh.) **13**, 419 (1929). — Marx, H.: Untersuchungen zur Theorie des Hörens. Verh. physik.-med. Ges. Würzburg, N. F. **54**, 68 (1930). — Ranke, O. F.: Die Gleichrichter-Resonanztheorie. München: J. F. Lehmanns Verlag 1931. — Tonndorf, W.: Zur Physiologie des Ohres. Z. Hals- usw. Heilk. **14**, 406 (1926). — Tullio, P.: Some Experiments and Considerations on Experimental Otology and Phonetics. Bologna 1929. — Zurmühl, G.: Abhängigkeit der Tonhöhenempfindung von der Lautstärke und ihre Beziehung zur Helmholtzschen Resonanztheorie des Hörens. Z. Sinnesphysiol. **61**, 40 (1930).

Bd. XI.

Die Pharmakologie und Toxikologie des Ohres
(S. 731—738).

Von
HANS RHESE † — Harzburg.

Es wird im Nachtrag die gleiche Gliederung in die Abschnitte I und II im Interesse der Übersichtlichkeit beibehalten, auch unter den gleichen Ziffern wie in der ersten Bearbeitung sind die einzelnen Ergänzungen nachgetragen.

I. Heilmittel des Ohres.

17. Das Arsen in Form des Natrium arsenicosum zur Behandlung von Innenohrschwerhörigkeit wird neuerdings wieder von WODAK[1] empfohlen.

II. Stoffe, die das Ohr schädigen können, ohne zur Zeit als Heilmittel des Ohres zu gelten.

5. Die Wichtigkeit der Kohlenoxydgasvergiftungen betont neuerdings eine Arbeit von RUTENBERG[2], da dieses Gas in vielen gewerblichen Betrieben eine große Rolle spiele. Bei 15 genau untersuchten Fällen zeigten sich bei akuter Vergiftung Gleichgewichtsstörungen durch Muskelschwäche, geringe und sich schnell wieder ausgleichende Cochlearisstörungen als Beginn von degenerativen Veränderungen des Neuroepithels, ausgesprochene vestibuläre Störungen bei zwei Dritteln aller Fälle. Experimente an weißen Mäusen führten den Autor zu dem Schluß, daß das Gift nicht im Kochlear- und Vestibularapparat angreifen könnte (hier fanden sich nur kleinste Blutungen), daß die Ursache der Störungen vielmehr zentraler in den Nervenknoten des Acusticus liegen muß. Zur chronischen Giftwirkung führt die häufige Aufnahme kleiner Mengen von Kohlenoxydgas. Es kommt dann zur Vermehrung der Zahl der roten Blutkörperchen wie bei Luftverdünnung. Die Entstehung chronischer Leiden des Hörnerven auf diesem Wege ist denkbar, wenn die wiederholte Einatmung Symptome von akuter Vergiftung auslöste, nicht aber ohne solche wiederholten akuten Vergiftungen.

Bd. XI.

Die Funktion des Vestibularapparates
(der Bogengänge und Otolithen)
bei Fischen, Amphibien, Reptilien und Vögeln
(S. 797—867).

Von
M. H. FISCHER — Berlin-Buch.

Von besonderer Wichtigkeit sind die *direkten Beobachtungen an der Cupula des Hechtlabyrinthes*, welche W. STEINHAUSEN[3] in allerletzter Zeit mit ständig verbesserter Methodik durchführen konnte. Sie bringen einsichtige Aufschlüsse über die Mechanik der Cupulabewegungen, welche eine Voraussetzung zum Verständnisse der vestibulären Reizerfolge bilden.

---

[1] WODAK: Internat. Zbl. Ohrenheilk. **31**, H. 1—6, 126 (1929).

[2] RUTENBERG: Arch. Ohrenheilk. **124**, 3—26 (1929).

[3] STEINHAUSEN, W.: Pflügers Arch. **217**, 747 (1927) — Z. Laryng. usw. **17**, 410 (1928) — Z. Zellforsch. **7**, 513 (1928) — Z. Hals- usw. Heilk. **29**, 211 (1931) — Pflügers Arch. **228**, 323 (1931); **229**, 439 (1932).

Steinhausen ging anfänglich so vor, daß er nach Freilegung des Labyrinthes am lebendfrischen Präparate die Ampullenwand vorsichtig härtete und dann ein kleines Fenster daselbst einschnitt. Bei seitlicher Beleuchtung mit einer Spaltlampe konnte so unter Verstärkung der Kontraste durch Tusche die Cupula gut sichtbar gemacht werden. Strömungen der mit dem Endolymphraum kommunizierenden Flüssigkeit, in der sich das Präparat befand, erzeugten Cupulabewegungen. Steinhausen konnte schöne Mikrophotogramme der Cupula gewinnen, welche lehrreiche strukturelle Einzelheiten erkennen lassen. Noch schonender ist das neueste Verfahren genannten Autors. Er brennt in das knapp aus der Flüssigkeit (Ringer) herausragende Ampullenende eines Bogenganges des vollkommen lebendfrischen Präparates mit einem feinen Thermokauter ein Loch von 0,1 mm Durchmesser. Mit dem Mikromanipulator wird auf das Loch ein kleines Trichterchen aufgesetzt und durch dieses eine Spur Tusche in den Endolymphraum einlaufen gelassen. Die Öffnung wird nachher mit einem Dorn verschlossen. Die so gewonnenen Bilder sind von seltener Klarheit.

Die Cupula ist viel größer, als man bisher aus den Bildern fixierter Präparate schließen konnte; sie stößt mit ihrem oberen Rande fast an das Ampullendach. Auch die Form der Cupula ist komplizierter, als man sich vorstellte.

Steinhausen konnte zeigen, daß bei Erwärmung einer tiefgelegenen Stelle des lotrecht stehenden Bogengangs mittels einer elektrisch heizbaren Platinschlinge infolge der Endolymphbewegung eine *Ablenkung der Cupula* eintritt. Dieselbe dauert auch nach Ausschaltung des Wärmereizes verhältnismäßig lange nach; die Cupula kehrt nur langsam in ihre Ausgangslage zurück. Bei kurzen Drehungen wird die Cupula durch die Anfangsbeschleunigung abgelenkt und durch die Endverzögerung unter gewissen Bedingungen wieder in ihre Ruhelage zurückgeführt. Das Anhalten von längeren Drehungen bewirkt eine Cupulaablenkung, die erst in vielen Sekunden zurückgeht. Die *Eigenschwingungsdauer der Cupula* ist also *sehr groß*, die *Schwingung* im übrigen *aperiodisch*.

Es besteht kein Zweifel, daß durch die schönen Beobachtungen von Steinhausen die Mach-Breuersche Theorie, soweit sie die Vorgänge in den Bogengängen betrifft, außerordentlich sichere Grundlagen erhalten hat. Quantitative Messungen sind vielversprechend. Auch das Verständnis der calorisch ausgelösten Vorgänge in den Bogengängen dürfte mit der angeführten Methode noch manche Förderung erfahren.

Über *partielle operative Eingriffe am Labyrinth* konnten viele Einzelheiten berichtet werden. Es wurde auch darauf hingewiesen, wie wenig sichere Schlüsse man meistens aus den Ausfallserscheinungen auf die Funktion der einzelnen Endstellen ziehen kann, da ein Übergreifen degenerativer Prozesse auf benachbarte Gebilde und eine Schädigung des ganzen Labyrinthes meist die unweigerliche Folge sind. Hier haben die sorgfältigen Experimente von Benjamins und Huizinga[1] bemerkenswerte Fortschritte gebracht. Diese Autoren machten sich die scharfe Trennung des Vogellabyrinthes in eine Pars superior (Utriculus und Bogengangsapparat) und eine Pars inferior (Sacculus, Cochlea und Lagena) zunutze. Eine solche Trennung besteht übrigens auch beim Säugerlabyrinth, wie aus den klaren Darstellungen von de Burlet[2] hervorgeht. Speziell der perilymphatische Raum ist zwischen Pars superior und inferior geradezu durch eine Grenzmembran geschieden.

---

[1] Benjamins, C. E., u. E. Huizinga: Pflügers Arch. **217**, 105 (1927) — I. Congr. intern. d'oto-rhino-laryngol. Copenhagen **1928**, 558 — Pflügers Arch. **221**, 104 (1928). — Benjamins, C. E.: Proc. VII. intern. ornithol. Congr. Amsterdam **1930**, 136.

[2] Burlet, H. M. de: Acta oto-laryng. (Stockh.) **13**, 153 (1929).

Es ist BENJAMINS und HUIZINGA nachweislich (histologische Kontrollen) gelungen, eine gesonderte Exstirpation der Pars superior bzw. Pars inferior ohne Schädigung des anderen Teiles durchzuführen. Dabei zeigte sich, daß die *Rollung (Raddrehung) der Augen* (bei Drehungen der Tauben um die bitemporale Achse) *von der Pars inferior,* und zwar *vom Sacculus ausgelöst* wird; sie wird durch Entfernung der Lagenae allein nicht geschädigt. Doch hatte auch die Entfernung der Utriculi einen qualitativen Einfluß auf den Verlauf der Gegenrollung. Jedes Labyrinth beeinflußt die Rollung beider Augen, doch ist die Wirkung auf das homolaterale Auge wesentlich stärker. Der maximale Wert der Rollung der Augen ist gering und beträgt im Durchschnitte 14° bei Vorhandensein großer individueller Unterschiede. Es gibt je nach der Kopflage im Raume ein bestimmtes Maximum und Minimum. Vertikale kompensatorische Augenstellungen sind bei Tauben wenig ausgesprochen; tonische Halsreflexe auf die Augen bestehen nicht. Der Verlauf der Gegenrollung der Augen bei Tauben läßt sich mit den bestehenden Otolithentheorien nicht in Einklang bringen.

Die *Pars inferior* hat bei der Taube im übrigen *keinen Einfluß auf die Gleichgewichtsregulierung.* Fanden sich nach Exstirpation derselben doch leichte Gleichgewichtsstörungen, so war dabei wahrscheinlich eine leichte Schädigung der Pars superior im Spiele. Die Entfernung des Utriculus und der Bogengänge (Pars superior) kommt aber fast einer völligen Labyrinthexstirpation gleich; nur die Gegenrollungen der Augen sind noch erhalten. Es werden also bei der Taube *alle anderen vestibulären Reflexe* (Stellreflexe, Beschleunigungsreflexe usw.) *von der Pars superior ausgelöst.*

Neuerdings ist es HUIZINGA[1] gelungen, bei der Taube die hinteren Ampullen allein zu entfernen, ohne daß das übrige Labyrinth in seiner Funktion gestört wurde. Dies ist deshalb möglich, weil die hintere Ampulle mit einem schmalen, nach hinten unten gerichteten Ausläufer des Utriculus, dem Sinus posterior kommuniziert. Die Ampullen der beiden anderen Kanäle münden dagegen weit in den Utriculus, das Cristaepithel derselben geht fast in die Macula utriculi über. Sie sind daher ohne Schädigung des Utriculus nicht zu exstirpieren. Herausreißen einer hinteren Ampulle ergibt keine Störungen. Wird nachher die zweite entfernt, dann stellen sich minimale Abweichungen ein (Unsicherheit beim Auffliegen, Neigung nach hinten zu kippen), welche stärker ausgesprochen sind, wenn die Operation doppelseitig in einem Tempo durchgeführt wird. Diese Störungen nehmen bald ab und sind darum, wie die Beobachtung des Drehnystagmus des Kopfes zeigt, möglicherweise auf vorübergehende Schädigungen des übrigen Labyrinthes zurückzuführen. Mikroskopische Kontrollen wurden auch hier durchweg gemacht.

Begreiflicherweise eignet sich die *galvanische Labyrinthreaktion* zur Prüfung partieller Labyrinthexstirpationen nicht. Die bisherige Unklarheit über den Angriffspunkt des galvanischen Stromes im Labyrinth veranlaßte HUIZINGA[2] zu neuen sorgfältigen Untersuchungen über diese Frage. An normalen Tauben konnte genannter Autor die detaillierten Ergebnisse von JENSEN mit einigen kleinen Abweichungen im Prinzipe bestätigen. Als besonders charakteristisch hebt HUIZINGA die langsame tonische Abweichung des Kopfes bei schwachem Strome hervor. Vielerlei Nebenreaktionen bei starkem Strome (JENSEN) haben bei der galvanischen Vestibularisprüfung keinen Wert. Neben dem galvanischen Nystagmus wurden auch tonische Augendeviationen, vornehmlich in vertikaler

---

[1] HUIZINGA, E.: Pflügers Arch. **229**, 441 (1932).
[2] HUIZINGA, E.: Pflügers Arch. **224**, 569 (1930); **226**, 709 (1931).

Richtung gefunden. Das Auge verlagerte sich ebenso wie der Kopf in der Richtung der Anode.

Nach doppelseitiger Labyrinthexstirpation läßt sich die galvanische Reaktion zwar in etwas geringerer Stärke, aber doch normal auslösen. Je längere Zeit nach der Labyrinthentfernung verflossen ist, um so geringer wird die Reaktion; sie verschwindet allmählich bis auf ein Minimum. Durch histologische Untersuchungen stellte Huizinga fest (schöne Mikrophotogramme bestätigen seine Auffassung), daß diese Erscheinung auf eine fortschreitende Degeneration des Nervus vestibularis und des Ganglion vestibulare Scarpae zurückzuführen ist. Da partielle Entfernungen des Labyrinthes der galvanischen Labyrinthreaktion zunächst noch weniger Abbruch tun als totale Labyrinthexstirpation, so ist aus diesen Untersuchungen mit größter Wahrscheinlichkeit zu schließen, daß die *galvanischen Reizeffekte durch Einwirkung auf den Nerven bzw. das Ganglion* zustande kommen.

Da Dohlman[1] aus seinen Experimenten am Kaninchen folgern zu dürfen glaubte, daß der Auslösungspunkt der galvanischen Labyrinthreaktion im Ganglion Scarpae liege, hat Huizinga an Tauben auch dieses Ganglion doppelseitig entfernt[2]. Auch dann war die Reaktion noch vorhanden, nur erforderte sie eine größere Stromstärke. Es besitzt also anscheinend das periphere Neuron des N. vestibularis eine größere Empfindlichkeit gegen den galvanischen Strom als das zentrale Neuron. Bemerkenswert ist noch, daß nach einseitiger Zerstörung des Ganglion Scarpae die bekannte (J. R. Ewald) Kopfverdrehung etwas früher eintritt als nach der üblichen Labyrinthexstirpation.

Letzthin hat Huizinga[3] am Taubenlabyrinthe den endolymphatischen Raum an den drei Ampullen weit geöffnet. Nach einer derartigen doppelseitigen Operation waren alle Labyrinthreaktionen aufgehoben; die Tiere glichen Tauben nach doppelseitiger Totalexstirpation. Nur die galvanischen Reaktionen waren vorhanden und blieben unverändert. Bei der mikroskopischen Untersuchung fand man auch noch nach einem Jahr keine Degeneration der Nerven; die Sinnesepithelien waren ebenfalls erstaunlich gut erhalten. Huizinga schließt aus diesen Versuchen, daß die Degeneration des Nerven und damit das Verschwinden der galvanischen Reaktion mit der Entfernung des Sinnesepithels zusammenhängen, wobei auch die feinen Nervenfasern vernichtet werden. Diese Erkenntnis führt vielleicht zur Aufklärung der verschiedenen Befunde, welche man bei der galvanischen Prüfung in der menschlichen Pathologie erheben konnte.

Leidler[4] hat bei 4 *Reptilien* die *calorischen Reaktionen* untersucht. Er fand an Emys orbicularis und Geodemys Damonia reversii bei Reizung mit Wasser von mindestens 70° C einen deutlichen Horizontalnystagmus beider Augen zur gleichen Seite; am Chamäleon beschränkte sich der Nystagmus vornehmlich auf das gleichseitige Auge. Kaltwasserspülungen blieben einflußlos.

Ausgehend von den Untersuchungen und Anschauungen Wittmaacks über die Funktion der Sinnesendstellen im Innenohre hat Werner[5] zahlreiche Experimente über die *Funktion der Fischotolithen* vorgenommen und dabei Auffassungen entwickelt, welche hier gestreift werden müssen. Werner führt verschiedene Argumente gegen die Druck-Zug-Theorien und die Gleittheorien der

<hr>

[1] Dohlman, G.: Acta oto-laryng. (Stockh.) Suppl.-Bd. 8, 1 (1929).

[2] Die penible Operation ist bei Huizinga klar beschrieben; Photogramme beweisen einwandfreies Gelingen.

[3] Huizinga, E.: Pflügers Arch. **229**, 466 (1932).

[4] Leidler, R.: Mschr. Ohrenheilk. **60**, H. 11 (1926).

[5] Werner, Cl. F.: Arch. Ohren- usw. Heilk. **117**, 69 (1927) — Z. Zool. **131**, 502 (1928) — Z. vergl. Physiol. **10**, 26 (1929) — Verh. dtsch. zool. Ges. **1929**, 99 — Z. Hals- usw. Heilk. **26**, 444 (1930) — Z. Zool. **136**, 485 (1930).

Otolithen an. Die Macula ist nicht auf eine bestimmte Ebene spezialisiert; die Richtung der größten Ausdehnung der Macula ist ungemein wechselnd; in vielen Fällen sind Teile der Macula von Otolithen gar nicht bedeckt; Sinnesepithelien und Randfaserstränge (zum Otolithen) sind so angeordnet, daß der Otolith gar nicht hin und her rutschen kann; die Sinneshaare sind biegsam und können überhaupt nicht als Hebel wirken. Die einzelnen Momente versucht WERNER näher zu begründen. Der Autor setzt dann genauer auseinander, was ihn dazu führt, eine ganz andersartige Meinung über die Otolithenfunktion zu vertreten. Er nimmt an, „daß der Otolith durch sein Gewicht Änderungen des hydrostatischen Druckes sowohl in der Otolithenmembran als auch im Endolymphraum herbeiführt". Damit neigt WERNER weitgehend den Ideen von WITTMAACK zu. Auf die weiteren Gedankengänge letztgenannten Autors über die Funktion der Labyrinthendstellen im allgemeinen kann hier nicht näher eingegangen werden[1].

Eine Studie über das Labyrinth der Elasmobranchier hat WERNER zu der Auffassung geführt, daß der offene *Ductus endolymphaticus* dieser Tiere zur Aufnahme von Otolithensand, zur Abgabe von Endolymphe und zur Überleitung des Wasserdruckes in das Labyrinth dient. WERNER vertritt darum hier die bekannte Hypothese einer hydrostatischen Funktion des Labyrinthes bei Fischen.

Endlich möge noch auf die zusammenfassenden Darstellungen von BARTELS[2] hingewiesen werden, welche sich teilweise mit hierhergehörigen Problemen beschäftigen.

Bd. XI.

Funktion des Bogengangs- und Otolithenapparats bei Säugern

(S. 868—908 und 1002—1014).

Von

R. MAGNUS † und **A. DE KLEYN** − Utrecht.

Seit der Veröffentlichung der Aufsätze gemeinschaftlich mit weiland Prof. R. MAGNUS über die Bogengangs- und Otolithenreflexe und die Körperstellung bei Säugern sind so viele wichtige Mitteilungen erschienen, daß es nicht möglich ist, in den zur Verfügung stehenden wenigen Seiten eine Ergänzung des damals Veröffentlichten zu geben. Hier mögen daher nur einige sehr prinzipielle Fragen besprochen werden, welche während der letzten Jahre unsere Kenntnis der Physiologie des Labyrinths sehr erweitert haben, jedoch leider gleichzeitig die Erklärungsmöglichkeit der Auslösungsstellen im peripheren Labyrinth stets schwieriger gemacht haben.

In Bd. XI wurde mitgeteilt, daß alle bisher bekannten tonischen Labyrinthreflexe (tonische Labyrinthstellreflexe auf die Körpermuskeln und auf die Halsmuskeln, Labyrinthstellreflexe und vertikale kompensatorische Augenstellungen)

---

[1] WITTMAACK, K.: Arch. Ohr- usw. Heilk. **114**, 278 (1926); **115**, 1 (1926); **117**, 241 (1928); **120**, 256 (1929); **123**, 69 (1929); **124**, 177 (1930).

[2] BARTELS, M.: Kurz. Handb. d. Ophthalmol. **3**, 652 (1930) — Ds. Handb. **12 II**, 1113 (1931).

mit Ausnahme der kompensatorischen Raddrehungen das Maximum der Erregung zeigen, wenn eine der Otolithenmembranen in horizontaler Lage an der Macula hängt, das Minimum dagegen, wenn eine der Otolithenmembranen, ebenfalls in horizontaler Lage, jedoch auf die Macula drückt. Mit Rücksicht hierauf, ferner auf den tonischen Charakter dieser Reflexe und auf die Tatsache, daß nach Abschleuderung der Otolithenmembranen die tonischen Labyrinthreflexe nicht mehr auslösbar sind, wurde angenommen, daß die tonischen Labyrinthreflexe Otolithenreflexe seien. In Anbetracht der Maxima und Minima der verschiedenen Labyrinthreflexe mußte man demnach die tonischen Labyrinthreflexe auf die Körper- und Halsmuskeln als Utriculusreflexe, die vertikalen kompensatorischen Augenstellungen und Labyrinthstellreflexe als Sacculusreflexe betrachten.

Nun konnte aber Versteegh[1] im Institut von Magnus noch kurz vor dessen Tode zeigen, daß nach *vollständiger Zerstörung der Sacculusmaculae* sowohl ein- wie doppelseitig noch *alle* bisher bekannten Labyrinthreflexe ausgelöst werden können, also auch die eben erwähnten vertikalen kompensatorischen Augenstellungen und Labyrinthstellreflexe, welche nach der obengenannten Theorie von Magnus und mir Sacculusreflexe sein müßten. Dieser Befund stimmt überein mit denjenigen, die Maxwell[2] bei Fischen, Tait und MacNally[3] und Huddleston[4] beim Frosch erhoben haben. Nur Benjamins und Huizinga[5] fanden, daß bei Tauben die Raddrehungen als Sacculusreflexe betrachtet werden müssen.

Diese experimentellen Tatsachen bringen alle Theorien, welche sich zur Erklärung der tonischen Labyrinthreflexe auf die Zug- resp. Drucktätigkeit der Utriculus- und Sacculusmembranen stützen, zu Fall (Theorie von Magnus und mir, Theorie von Quix). Momentan fehlt sogar jede Theorie, welche die Auslösungsweise der verschiedenen Labyrinthreflexe auch nur einigermaßen in Einzelheiten erklären könnte[6].

Auch über die Auslösungsstellen der verschiedenen Labyrinthreflexe sind die Meinungen noch sehr geteilt. Einige Untersucher sind der Ansicht, daß zwischen den Auslösungsstellen für die tonischen Labyrinthreflexe und die Bewegungsreflexe eine scharfe Trennung nicht bestehe, und daß z. B. von den Cristae sowohl tonische als Bewegungsreflexe ausgelöst werden können. Diese Frage wird erst dann genauer gelöst werden können, wenn es auch bei Säugern gelingt, die Nerven für die verschiedenen Labyrinthendstellen zu durchschneiden, ohne das Labyrinth zu eröffnen. Die Tatsache, daß man bei Verletzungen an den Bogengängen auch Störungen der tonischen Labyrinthreflexe finden kann, beweist noch keineswegs, daß auch von den Bogengängen aus tonische Labyrinthreflexe ausgelöst werden können. Selbst für den Fall, daß man am Utriculus histologisch keine pathologischen Veränderungen finden könnte, darf, in Anbetracht der nahen Nachbarschaft von Utriculus und Bogengängen mit gemeinsamer Endolymphe, dies nicht als Beweis betrachtet werden dafür, daß bei Verletzung der Bogengänge der Utriculus funktionell nicht schwer geschädigt werden kann, ohne daß man imstande wäre, dies anatomisch nachzuweisen.

---

[1] Versteegh: Acta oto-laryng. (Stockh.) **11**, 393 (1927).
[2] Maxwell: Labyrinth and equilibrium. Philadelphia a. London 1928.
[3] MacNally and Tait: Amer. J. Physiol. **75**, 155 (1925). — Tait and MacNally: Ebenda **75**, 140 (1925). — Tait: Laryngoscope **36**, 713 (1926).
[4] Huddleston: Univ. California Publ. Physiol. **7**, 29 (1928) (nur im Referat gelesen).
[5] Benjamins u. Huizinga: Pflügers Arch. **217**, 393 (1927).
[6] Auch die in den letzten Jahren von Wittmaack vertretene Theorie kann m. E. diese Frage nicht lösen. Die schönen Experimente, welche er zu ihrer Begründung ausgeführt hat, sind jedoch von bleibendem Wert.

Aber selbst wenn sich herausstellen würde, daß sowohl von den Cristae als vom Utriculus tonische Labyrinth- und Bewegungsreflexe ausgelöst werden können, so bleibt doch die Tatsache bestehen, daß es vom physiologischen Standpunkt aus wünschenswert ist, die *Trennung zwischen tonischen Labyrinthreflexen und Bewegungsreflexen* beizubehalten. Die ersteren sind Reflexe der Lage und bleiben so lange bestehen, als eine bestimmte Stellung des Kopfes, d. h. der Labyrinthe nicht geändert wird, die Bewegungsreflexe sind von der Lage unabhängig, treten nur dann auf, wenn der Kopf bzw. die Labyrinthe bewegt werden und sind im Vergleich mit den tonischen Labyrinthreflexen immer nur kurzdauernd. Auch kann man im allgemeinen sagen, daß die tonischen Labyrinthreflexe eine längere Latenzzeit zeigen als die Bewegungsreflexe. Die beiden Arten von Labyrinthreflexen physiologisch zu trennen, ist übrigens schon mehrmals gelungen (schnelles Zentrifugieren von Meerschweinchen mit Abschleuderung der Otolithenmembranen, Durchschneidung des N. utricularis[1], Läsion des Nucl. triangularis[2] usw.).

Ein weiterer Befund, welcher in der allerletzten Zeit erhoben wurde und an welchen hier erinnert werden möge, ist, daß scheinbar auch nach *Abschleuderung der Otolithenmembranen bei Meerschweinchen* noch tonische Reflexe auslösbar sind[3]. Auf die eventuellen Erklärungsmöglichkeiten von diesem Befund kann in Anbetracht des Raummangels hier nicht näher eingegangen werden. Zum Schluß sei noch hingewiesen auf die interessanten Untersuchungen von Lorente de No[4], denen wir z. B. die sehr wichtige Feststellung verdanken, daß auch ohne *hinteres Längsbündel und* ohne *Tr. vestibulo-mesencephalicus non cruciatus* bei Kaninchen noch alle bekannten labyrinthären Augenreflexe auslösbar sind.

Bd. XI.

Die Funktion des Bogengangsapparates und der Statolithen beim Menschen

(S. 909—984).

Von

Karl Grahe – Frankfurt a. M.

Über die seit 1926 zu unserem Kapitel erschienenen wichtigsten Arbeiten sei ergänzend berichtet.

Zur Methodik.

Für exakte physiologische und klinische Untersuchungen erweist sich in steigendem Maße eine exakte Registrierung der vestibularen Reaktionen als notwendig.

---

[1] Versteegh: Zitiert auf S. 301.

[2] No, Lorente de: Mschr. Ohrenheilk. **61**, 857 (1927).

[3] de Kleyn, A., u. C. Versteegh: Koninkl. Akad. Wetensch. Amsterd., Proc. **34**, 831 (1931) — und kurz darauf, ganz unabhängig hiervon: Hasegawa, T.: Pflügers Arch. **229**, 205 (1931).

[4] No, Lorente de: Mschr. Ohrenheilk. **61** (1927).

Nystagmus.

So hat Ohm[1] seinen Nystagmographen, bei dem die Mitbewegungen des oberen Augenlides durch einen Faden auf ein Hebelsystem übertragen werden, verbessert, um die Schleuderbewegungen zu verringern; Cords[2] hat den Engelkingschen Apparat, der das Auge starr mit dem Hebelsystem verbindet, geändert; Galley[3] hat durch mehrere Mareysche Kapseln die Bewegungen des oberen Augenlides bis mehr als 100 fach vergrößert registriert; Rabinovic[4] legt ebenfalls eine Pelotte auf das Augenlid; Wiedersheim[5] legt ein Kontaktglas, an das ein kleiner Stab und eine Kugel befestigt sind, auf die Cornea und nimmt dessen gut belichtete Bewegungen kinematographisch auf.

Alle Verbesserungen und Neukonstruktionen zeigen aber, daß die Registrierung des Nystagmus eine befriedigende Lösung noch nicht gefunden hat: die an sich zweifellos am einwandfreiesten arbeitenden optischen Methoden sind noch so umständlich und in ihrer Berechnung schwierig, daß das Bedürfnis nach möglichster Verbesserung der Hebelapparate sich immer wieder geltend macht.

Vorbeizeigen.

Auch für die Aufzeichnung des Vorbeizeigens sind mehrere neue Vorschläge gemacht worden:

Bárány[6] befestigt an den Armlehnen des Untersuchungsstuhles ein Brett mit horizontalen und vertikalen Linien. Darüber kommt ein Streifen durchsichtigen Papiers. Die Versuchsperson wird aufgefordert, auf einen bestimmten Punkt des Brettes zu zeigen. Die Abweichungen von dem betreffenden Punkte werden auf das Papier aufgetragen mit Hilfe der vertikalen Linien. Daraus ergibt sich eine Kurve, die auch zeitliche Bestimmungen zuläßt, wenn die Zeigebewegungen nach dem Takte eines Metronoms ausgeführt werden.

Blumenthal[7] hat erneut einen Gradbogen angewandt; Yates[8] läßt einen Punkt auf einer senkrecht vor der Versuchsperson stehenden Tafel aufzeichnen und mit geschlossenen Augen senkrecht darüber Punkte setzen.

Miodonski[9] wirft durch ein unten und seitlich vom Finger angebrachtes Licht je einen Schatten und registriert die Schattenbewegungen, die berechnet werden. In ähnlicher Weise befestigt Talpiss[10] an den Fingern Glühbirnen, deren Bewegungen photographisch registriert werden. Die beiden letzten Methoden sind zwar einwandfrei, jedoch ist ihre Berechnung außerordentlich kompliziert.

Die Ausarbeitung immer neuer Methoden zeigt schon, daß es eine wirklich zuverlässige und einfache Registrierung des Vorbeizeigens noch nicht gibt.

Eine solche ist aber gerade zum Vergleiche der Angaben der verschiedenen Autoren äußerst wünschenswert. Denn dadurch würden die Bedingungen bei verschiedenen Untersuchungen gleichartiger gestaltet.

Wie abhängig gerade das Vorbeizeigen von den verschiedensten Bedingungen ist, haben wir in Bd. XI, S. 944, angeführt. Weitere Untersuchungen von Flick und Hansen[11] haben bestätigt, daß die Stärke des Vorbeizeigens von der Ausgangsstellung sehr wesentlich abhängt. Als Nullstellung ist nicht die Schulterweite anzusehen, sondern eine Stellung der vorgestreckten Arme 20—25° aus-

[1] Ohm: Graefes Arch. **120**, 235 (1928).
[2] Cords, R.: Graefes Arch. **118**, 771 (1927).
[3] Galley: Z. Psychol. **101**, 182 (1926).
[4] Rabinovic: Russk. oftalm. Ž. **8**, 503 (1928) — Ref. Zbl. Hals- usw. Heilk. **14**, 100 (1930).
[5] Wiedersheim: Klin. Mbl. Augenheilk. **83**, 7 (1929).
[6] Bárány, R.: Acta oto-laryng. (Stockh.) **10**, 172 (1926) — Arch. Ohrenheilk. **126**, 65 (1930).
[7] Blumenthal, A.: Z. Laryng. usw. **18**, 4 (1929) — Passow-Schaefers Beitr. **25**, 89 (1927).
[8] Yates: J. Laryng. a. Otol. **44**, 478 (1929).
[9] Miodonski: Acta oto-laryng. (Stockh.) **12**, 443 (1928).
[10] Talpiss: Arch. Ohr- usw. Heilk. **116**, 255 (1927).
[11] Flick u. Hansen: Dtsch. Z. Nervenheilk. **96**, 196 (1927).

wärts der Sagittalachse. GOLDSTEIN[1] nennt den Bereich, in dem beim Normalen kein Vorbeizeigen auftritt, den „ausgezeichneten" Bereich. Bei Kranken und bei experimenteller Erregung tritt eine Verschiebung und Einengung dieses Bereichs ein. Wie nach diesem Bereich hin von anderen Ausgangsstellungen her immer wieder „Spontanabweichungen" eintreten, konnte LIPSCHÜTZ[2] kurvenmäßig dartun.

Die nichtvestibulären Einflüsse treten in Konkurrenz mit der Labyrintherregung, wie wir[3] bei klinischer Ausschaltung des Trigeminus beim Menschen und experimenteller beim Kaninchen dartun konnten, und können die vestibulären Einwirkungen weitgehend verdecken (BLUMENTHAL[4]).

Dreherregung.

a) Reaktionen während der Drehung.

Unsere Methode der Prüfung des *Nystagmus* während kurzer und langsamer Drehungen (Bd. XI, S. 926), deren klinische Brauchbarkeit von KICIN[5], KOBRAK[6] und BERGER[7] bestätigt wurde — ZUCKERMANN[8] hat, unabhängig von uns, ebenfalls den Drehnystagmus palpiert —, haben wir insofern geändert, als wir bei Prüfung im Stehen wie auf einem Drehschemel uns hinter den Kranken stellen, unsere Ellenbogen fest vor die Schultern des Kranken legen, den Kopf fest seitlich fassen und mit lose in die inneren und äußeren Augenwinkel gelegten Zeige- und Mittelfingern den Nystagmus bei langsamen Hin- und Herdrehungen durch die geschlossenen Augenlider fühlen. Die Augenbewegungen fühlt man so besser als mit dem Daumen.

Nach FRENZEL[9] und BERGER treten die schon von uns hervorgehobenen Becken- und Halsreflexe auf die Augen (Bd. XI, S. 928) bei vestibularer Unerregbarkeit besonders hervor.

Exakte Bestimmungen der *Drehempfindlichkeit* haben TRAVIS und DODGE[10] angestellt. Sie fanden als Mittel eine vestibulare Empfindlichkeit von 0,48° pro Sekunde mittlerer Winkelgeschwindigkeit bzw. 0,0276 cm pro Sekunde mittlerer Beschleunigung, wenn man annimmt, daß die Bogengänge ca. 3 cm von der Rotationsachse entfernt liegen.

b) Drehnachreaktionen.

Deshalb erscheint die von DE BUYS angegebene Methode, bei der klinischen Untersuchung durch mehrmalige Drehung auf dem Drehstuhle die Anfangserregung beim Andrehen dadurch auszuschalten, daß man langsam zunehmend unterschwellig mit einer Beschleunigung von 0,5° pro Sekunde andreht, in physiologischem Sinne nicht geeignet, eine reine Enderregung beim plötzlichen Anhalten des Drehstuhles zu erzeugen (vgl. CHEVAL[11]).

[1] GOLDSTEIN, K.: Nervenarzt **2**, 449 (1929).
[2] LIPSCHÜTZ, E.: Acta oto-laryng. (Stockh.) **11**, 424 (1927).
[3] GRAHE, K.: Acta oto-laryng. (Stockh.) **9**, 64 (1926).
[4] BLUMENTHAL, A.: Passow-Schaefers Beitr. **25**, 89 (1927) — Z. Laryng. usw. **18**, 4 (1929).
[5] KICIN: Russk. Otol. **1927**, 235 — Ref. Zbl. Hals- usw. Heilk. **12**, 334 (1928).
[6] KOBRAK, F.: Mschr. Ohrenheilk. **64**, 947 (1930).
[7] BERGER, W.: Passow-Schaefers Beitr. **29**, 262 (1931).
[8] ZUCKERMANN: Vestn. Rino- i pr. iatrija (russ.) **1926**, 56 — Ref. Zbl. Hals- usw. Heilk. **10**, 742 (1927).
[9] FRENZEL: Passow-Schaefers Beitr. **28**, 305 (1930).
[10] TRAVIS a. DODGE: Psychologic. Monogr. **38**, 1 (1928) — Ref. Zbl. Hals- usw. Heilk. **13**, 848 (1929).
[11] CHEVAL: Bull. Acad. Méd. Belg. **8**, 501 (1928).

Den Einfluß verschiedener *Bremsung* nach gewöhnlicher Drehstarkerregung durch 10 malige Umdrehung auf dem Drehstuhle haben Dunlap und Dorcus[1] untersucht:

Ein elektrischer Drehstuhl, der nach 9 Sekunden mit 3,4 Umdrehungen eine Umdrehungsgeschwindigkeit von 2 Sekunden erreiohte, wurde bei dieser Geschwindigkeit 13 Sekunden (= 6,6 Umdrehungen) belassen und dann 5,7 und 12 Sekunden bis zum Stillstand gebremst. Der Stuhl machte dabei noch eine Drehbewegung von 340, 540 und 1260°. Bei 33 Versuchspersonen fand sich fast ausnahmslos, daß der Nachnystagmus bei langsamer Bremsung länger anhielt als bei kürzerer, sowohl von Beginn der Bremsung an gerechnet (im Durchschnitt 28,9 : 22,6 : 18,3 Sekunden) wie vom Stillstand des Stuhles an gezählt (durchschnittlich 18,4 : 15,1 : 13,3 Sekunden).

Als Zeiten für die Dauer des *Nachnystagmus* nach 10 maliger Drehung fand Malan bei 11006 Fliegeruntersuchungen[2] in 10% weniger als 15 Sekunden, in 83% 15—30 Sekunden, in 7% über 30 Sekunden. 5 Fälle hatten keinen Nystagmus, also Ergebnisse, welche früheren Untersuchungen (Bd. XI, S. 933) entsprechen.

Ohm[3] stellte mit seinem Nystagmographen fest, daß auf den Nystagmus nach Drehung die Beleuchtung von Einfluß ist: im Hellen ist er frequenter, von großer Amplitude und mehr pendelförmig.

Kreidl und Gatscher[4] haben erneut gezeigt, daß die *Drehempfindung* und die Augenstellung nicht parallel gehen:

Läßt man nach schnellem Andrehen den Drehstuhl langsam bei geschlossenen Augen auslaufen, dann schlägt die anfangs bestehende Drehempfindung während des Auslaufens in eine Gegendrehempfindung um; Nachbildbeobachtung zeigt, daß die Augen anfangs entgegengesetzt der Drehrichtung deviiert stehen, dann zur Mitte gehen und vor Eintritt der Gegendrehempfindung während der verzögerten Rotation in die gegenseitige Deviationslage übergehen. Interessant ist die Beobachtung, daß Öffnen der Augen die Gegendrehempfindung in die ursprüngliche Richtung umschlagen läßt.

Kippreflexe auf einem Kippsessel und *Ruckreflexe* bei schnellen Kopfbeugungen, -neigungen und -drehungen haben Fischer und Veits[5] analysiert. Sie fanden in Übereinstimmung mit Einzelbeobachtungen von Foix und Thévenard[6] und von François, Meyerson und Piéron[7], daß bei Ruckbewegungen des Kopfes die Richtung der Körper„pulsionen" von der Beschleunigung der Kopfbewegung abhängig ist: Bei Ruckbeugung des Kopfes tritt Fallneigung nach hinten auf, wenn die Ruckbewegung rasch einsetzt und langsam ausläuft, hingegen Fallneigung nach vorn, wenn die Ruckbeugung langsam begonnen, aber schnell beendet wird. Die Reflexe laufen mit rhythmischem Phasenwechsel ab. Die Reaktionen bei Kopfneigungen sind analog; bei schnellen Kopfdrehungen treten die vestibularen Körperreflexe ein. Kippen nach rückwärts führt zur Gegenbewegung des Oberkörpers nach vorn, solches nach vorwärts umgekehrt zur Rückbeugung des Oberkörpers. Daß alle Reflexe vom Vestibularapparat ausgelöst werden, konnte durch Fehlen der Reflexe bei einem vestibular Unerregbaren erhärtet werden. Gegeninnervationen müssen nach Möglichkeit unterlassen werden.

---

[1] Dunlap a. Dorcus: J. comp. Psychol. **6**, 329 (1926).

[2] Malan: Ann. Laring. etc. **2**, 65 (1926).

[3] Ohm: Mschr. Ohrenheilk. **64**, 970 (1930) — Z. Hals- usw. Heilk. **16**, 521 (1926); **17**, 259 (1927).

[4] Kreidl u. Gatscher: Mschr. Ohrenheilk. **62**, 690, 761 (1928).

[5] Fischer u. Veits: Pflügers Arch. **216**, 565 (1927).

[6] Foix et Thévenard: Presse méd. **33**, 1714 (1925).

[7] François, Meyerson et Piéron: C. r. Acad. Sci. Paris **181**, 1188 (1925).

Progressivreaktionen.

TRAVIS und DODGE[1] haben die Empfindlichkeit für geradlinige Oszillationen bestimmt und fanden folgende Werte in Zentimeter pro Sekunde:

	Mittlere Geschwindigkeit in cm	Mittlere Beschleunigung in cm
Sitzend, Kopf und Körper angebunden . . .	1,5	13
Sitzend, Kopf in Ruhe	1,6	16
Sitzend, Körper frei	0,8	5
Stehend, Vor-Rückwärts-Oszillation	1,0	6
Stehend, seitliche Oszillation	0,7	3

Die mittlere Empfindlichkeit bei rotatorischen Oszillationen (s. oben) ist 70mal größer als für geradlinige, wenn man die mittlere Geschwindigkeit der Labyrinthe in beiden Fällen heranzieht, und 600mal größer, wenn man die mittlere Beschleunigung berücksichtigt. Diesen Unterschied sehen die Autoren als Wahrscheinlichkeitsbeweis dafür an, daß die Dreh- und Progressivreaktionen nicht von derselben Stelle ausgelöst werden, stimmen also der MAGNUS-DE KLEIJN-schen Theorie (Bd. XI, S. 884) nicht zu.

Lagereaktionen.

Bezüglich der Otolithenfunktion müssen wir die schon in Bd. XV, S. 407, erwähnte Tatsache besonders hervorheben, daß VERSTEEGH[2] bei Kaninchen nach isolierter Sacculusexstirpation keine Vestibularstörungen beobachtete, sondern nur bei Läsion des Utriculus. Dadurch steht fest, daß bei Kaninchen der Sacculus-otolith für die Auslösung der Lagereaktionen nicht in Frage kommt. Bei Tauben hingegen fanden BENJAMINS und HUIZINGA[3] die Raddrehung vom Sacculus bedingt. Da fernerhin RADEMAKER und HOOGERWERF[4] auch die Maximum- und Minimumstellung für Streck- und Beugetonus bei enthirnten Tieren, die eine wesentliche Stütze der Otolithentheorien darstellen, nicht bestätigt haben, so bedürfen die Fragen über den Zusammenhang der Lagereaktionen mit den Otolithen im einzelnen erneuter Bearbeitung.

Wir[5] selbst haben von Lagereaktionen beim Menschen die *Vertikalempfindung*, den *Kopfstellreflex* und die *Spontanhaltung des Kopfes* auf unserem Lagetische (Bd. XI, S. 958) in den klinischen Untersuchungsgang beim Menschen mit einbezogen und bei Labyrinthstörungen regelmäßig Störungen dieser Reaktionen gefunden (Bd. XV, S. 386ff.).

DE HAAN[6] prüft die *Kopfstellung* und *Körperhaltung* mit verbundenen Augen beim Stehen auf einem Kippbrette. Die dabei auftretenden komplexen Reaktionen von seiten der Labyrinthe, der Hals- und übrigen Körpermuskeln lassen aber eine physiologische Deutung als Otolithenreflexe nur sehr bedingt zu.

CHILOFF[7] fand bei Drehung mit vorgeneigtem Kopfe (Horizontalstellung der horizontalen Bogengänge) einen länger dauernden *Nachnystagmus*, wenn nach dem Anhalten der Kopf in der Drehstellung belassen wurde, als wenn er aufgerichtet wurde; des weiteren traten Übelkeit, Erbrechen, Schwindel, Veränderung der Pulsfrequenz nur im zweiten Falle auf. Da Versuche an Katzen mit eingegipstem Halse das gleiche Resultat ergaben, nach (histologisch kontrolliertem) Abschleudern der Otolithen jedoch der Unterschied nicht mehr vorhanden

---

[1] TRAVIS a. DODGE: Zitiert auf S. 304.

[2] VERSTEEGH: Acta oto-laryng. (Stockh.) **11**, 393 (1927).

[3] BENJAMINS u. HUIZINGA: Pflügers Arch. **217**, 105 (1927).

[4] RADEMAKER u. HOOGERWERF: Arch. néerl. Physiol. **16**, 305 (1931).

[5] GRAHE, K.: Z. Hals- usw. Heilk. **18**, 411 (1927).

[6] DE HAAN: Nederl. Tijdschr. Geneesk. **70**, 2227 (1926).

[7] CHILOFF: Rev. de Laryng. etc. **48**, 691, 721 (1927).

war, so führt Chiloff die Abschwächung des Nystagmus und die Verstärkung der vegetativen Reaktionen auf Otolitheneinflüsse zurück. Auch Lemberskij[1] fand die gleichen Einflüsse beim Menschen, und sucht sie klinisch zu verwerten.

Wenn diese Versuche eine Hemmung des Drehnystagmus durch Otolitheneinflüsse wahrscheinlich machen, so möchten wir doch hervorheben, daß wir den klinisch mehrfach beobachteten *Lagenystagmus* (z. B. Nylen[2]) an sich mit de Kleijn u. a. nicht als Otolithensymptom auffassen, sondern annehmen, daß bei abnorm starker Lageerregung der Otolithenreiz zentral auf die Nystagmusbahnen überspringt (vgl. Bd. XV, S. 409). Wir konnten neuerdings einen Beweis für unsere Anschauung erbringen durch Beobachtung eines Falles von Lageschwindel ohne Nystagmus[3].

Die *Raddrehung der Augen* hat Fischer[4] erneut mittels eines Leuchtliniennachbildes geprüft und dabei eine Dauerraddrehung von maximal 4—6° bei Seitenneigung von 40—60° gefunden; bei stärkeren Neigungen waren die Ergebnisse nicht eindeutig. Im einzelnen kamen mannigfache Schwankungen vor. Diese Ergebnisse stehen aber wiederum im Gegensatz zu Befunden von Kompanejetz[5], der bei 60—70° Seitenneigung 4—37° (im Mittel 20—23°) Gegenrollung fand. Es dürften diese Differenzen im wesentlichen auf der Methodik beruhen. Wichtig ist die Ausschaltung von ungleichen Muskelinnervationen. Nicht nur konnte Fischer den Einfluß von Kopfneigungen gegen den Rumpf auf die Raddrehung erneut nachweisen; auch Kleint[6] fand Leuchtlinienverschiebung bei ungleicher Belastung der Arme, Veränderungen der Muskelspannung am Halse u. ä.

Calorische Erregung.

Die calorische Reaktion hat mehrfache klinische Bearbeitung erfahren (Barré und Traganesco[7], Portmann und Mailho[8]), die aber physiologisch keine wesentlich neuen Gesichtspunkte ergeben haben, sondern die Kobraksche Schwachreizspülung mit den von Grahe gemachten Befunden bestätigen. Unter anderem fanden auch diese Autoren, wie Kobrak und Grahe, daß bei Spülung des Gehörganges mit wenigen Kubikzentimeter Wasser unter Körpertemperatur der Nystagmus eher einsetzt als bei der Bárányschen Massenspülung (Bd. XI, S. 973). Wir haben seinerzeit angenommen, daß diese Hemmung des Nystagmus eine Folge der mit der Spülung verbundenen sensiblen Reizung des Gehörganges sei (Bd. XV, S. 974). Leisse[9] hat diese Anschauung bestritten. Er fand keine Beeinflussung des calorischen Nystagmus eines Ohres, wenn er in Indifferenzlage des anderen Ohres (d. h. bei Seitenlage und Drehung des Kopfes um 30° nach unten, einer Stellung, in der bei Spülung des unten gelegenen Ohres kein Nystagmus auftritt) zu gleicher Zeit das andere Ohr spülte. Wenn schon das Nichterkennen einer Nystagmusbeeinflussung nicht ohne weiteres besagt, daß eine Beeinflussung fehlt, so konnten andererseits auch Portmann und Mailho zeigen, daß die Hemmung des calorischen Nystagmus bei Massenspülung nach Amylnitritatmung nicht mehr besteht, also eine Beobachtung, welche die Autoren auf vasomotorische Einflüsse zurückführen.

[1] Lemberskij: Ž. ušn. Bol. (russ.) 7, 400 (1930) — Ref. Zbl. Hals- usw. Heilk. 16, 561 (1931).

[2] Nylen: Acta oto-laryng. (Stockh.) 11, 147 (1927).

[3] Grahe, K.: Arch. Ohrenheilk. 122, 86 (1929).

[4] Fischer, M. H.: Graefes Arch. 118, 633 (1927); 123, 476, 509 (1930).

[5] Kompanejetz: Arch. Ohrenheilk. 117, 55 (1927) — Fol. Oto-Laryng. 16, 336 (1928).

[6] Kleint, H.: Ber. dtsch. ophthalm. Ges. 1929, 433.

[7] Barré u. Traganesco: Rev. d'Oto-Neuro-Ocul. 4, 635 (1926).

[8] Portmann u. Mailho: J. de Neur. 29, 277 (1929) — Rev. de Laryng. etc. 50, 1 (1929).

[9] Leisse: Arch. Ohrenheilk. 116, 204 (1927).

Daß die *Wärmewelle bei der calorischen Spülung* über die hintere Gehörgangswand an den horizontalen Bogengang herantritt (Schmaltz[1], Frenzel[2], Dohlmann[3]), bestätigte Leisse[4] dadurch, daß er beim Auflegen eines kleinen Wattebausches mit kaltem Wasser auf das Trommelfell den calorischen Nystagmus später auftreten sah als nach Auflegen des Bausches auf die hintere Gehörgangswand.

Einen weiteren Beweis für die *Strömungstheorie* bei calorischer Erregung konnte Veits erbringen: Bei Fällen mit Radikaloperation des Ohres legte er an den horizontalen Bogengang einen Bleistreifen. Bei senkrechter Stellung des Bogengangs (Röntgenkontrolle) trat bei calorischer Spülung kein Nystagmus auf (Indifferenzlage). Sobald eine Neigung des Bogengangs auftrat, setzte auch Nystagmus ein.

Besondere Untersuchungen haben Fischer und Fischer und Veits[5] über die *bilateralen Spülmethoden* angestellt: Spült man beide Ohren gleichzeitig mit derselben Menge Wasser von entsprechender Temperatur, dann tritt bei Beugung des Kopfes nach Beendigung der Spülung nach einer gewissen Latenzzeit Nystagmus kinnwärts, bei Rückneigung des Kopfes Nystagmus stirnwärts auf. Bei Vorbeugung des Kopfes um 20° findet sich eine Indifferenzlage, in der kein Nystagmus auftritt; beugt man den Kopf nach vorn, dann tritt das Maximum des kinnwärts gerichteten Nystagmus bei 110° auf; dreht man weiter, dann findet sich bei 200° eine zweite Indifferenzlage, beim Weiterdrehen tritt dann Nystagmus stirnwärts auf, der bei 290° ein Maximum aufweist.

Bei Seitenneigung des Kopfes tritt entweder rotatorischer Nystagmus zum tiefer-, oder horizontaler zum höherstehenden Ohre auf. Das Maximum ist vorhanden, wenn die Verbindungslinie beider Labyrinthe senkrecht steht.

Beim Verharren in einer Lage klingt der anfangs aufgetretene Nystagmus ab, und es bildet sich eine neue Indifferenzlage aus; in den ursprünglichen Indifferenzlagen findet sich dann auch Nystagmus.

Die Doppelspülung löst in gleicher Weise Körperschwankungen, „Pulsionsreflexe", aus, die in der Ebene der nach der Spülung vorgenommenen Kopfbewegung erfolgen. Nach Kaltspülungen sind die Pulsionsreflexe den Lageänderungen des Kopfes entgegengerichtet, nach Heißspülungen gleichgerichtet. Die Reflexe weisen eine länger dauernde pendelnde Ablaufsrhythmik auf, ihre Dauer ist proportional dem Sinus des Beugungswinkels des Kopfes.

Von besonderer Bedeutung ist, daß die Kurven der Pulsionsreflexe einen negativen Nachschlag zeigen, der mit Berechnungen, die Schmaltz[6] über die Endolymphströmung in den Bogengängen anstellte, durchaus übereinstimmt. Damit ist ein weiterer sehr wesentlicher Stützpunkt für die Endolymphströmungstheorie bei der calorischen Erregung gewonnen.

Galvanische Reaktionen.

Die galvanischen Reaktionen sind beim Menschen nur von klinischen Gesichtspunkten bearbeitet worden, die wesentliche physiologisch neue Gesichtspunkte nicht gebracht haben (Weil[7], Piéron[8], Levi[9], Rosenfeld[10]). Caussé[11] fand nach starker Durchströmung entgegengesetzt gerichteten Nachnystagmus.

[1] Schmaltz, G.: Med. Klin. **1923**, Nr 15 — Pflügers Arch. **204**, 708 (1924).
[2] Frenzel: Arch. Ohrenheilk. **113**, 233 (1925).
[3] Dohlmann: Acta oto-laryng. (Stockh.) Suppl.-Bd. **5** (1925).
[4] Leisse: Arch. Ohrenheilk. **116**, 56 (1926); **118**, 303 (1928).
[5] Fischer: Pflügers Arch. **213**, 74 (1926). — Fischer u. Veits: Ebenda **217**, 357 (1927).
[6] Schmaltz, G.: Pflügers Arch. **217**, 389 (1927).
[7] Weil: Rev. d'Otol. etc. **679** (1927).   [8] Piéron: Revue neur. **34**, 1012 (1927).
[9] Levi: Revue neur. **34**, 997 (1927).   [10] Rosenfeld: Mschr. Psychiatr. **74**, 257 (1930).
[11] Caussé: Ann. Mal. Oreille **47**, 492 (1928).

Erwähnt sei, daß Bourgignon und Déjean[1] die *Chronaxie* des Nervus vestibularis ungewöhnlich hoch fanden (14—22 σ gegenüber 0,1—0,7 σ bei motorischen und sensiblen Nerven und 1,22—2,8 σ beim Opticus des Menschen).

Vasomotorische Einflüsse.

Die labyrinthären Einflüsse auf das sympathische Nervensystem sind auch beim Menschen wiederum mehrfach studiert worden. Talpis und Wolfkowitsch[2] konnten erneut die von Démétriades und Spiegel (Bd. XI, S. 954) gefundene Blutdrucksenkung nach Drehstarkerregung bestätigen und den Beweis für die labyrinthäre Ursache dadurch erbringen, daß sie bei 26 labyrinthär Unerregbaren 20mal keine Beeinflussung sahen.

Crinis und Unterberger[3] fanden plethysmographische Veränderungen an den Armen, die aber bei Kalt- und Heißspülung gleich waren; Maestranzi[4] stellte plethysmographisch anfänglich eine Abnahme, dann eine Zunahme des Armvolums fest, ferner fand er Verlangsamung des Atemrhythmus besonders für die Inspiration und Verlangsamung und Verkleinerung des Arterienpulses um mehr als die Hälfte bei Kaltspülung. Der Mucksche Adrenalinsodenversuch — Einsprayen von Adrenalin in die Nase, leises Bestreichen der unteren Muschel —, der normalerweise einen roten Strich auftreten läßt, ergibt nach den Mitteilungen Mucks[5] bei vestibularer Erregung weiße Strichzeichnung als Ausdruck einer Erhöhung des Sympathicotonus. An den peripheren Arterien konnte jedoch Zamei[6] nach Labyrinthreizung keine Veränderungen erkennen.

Brunner und Hoff[7] beschreiben Nebelsehen bei Vestibularreizung, das sie als Ausdruck einer Hirnhyperämie ansprechen.

---

[1] Bourgignon et Déjean: Revue neur. **34**, 1017 (1927).
[2] Talpis u. Wolfkowitsch: Mschr. Ohrenheilk. **62**, 1278 (1928).
[3] Crinis u. Unterberger: Z. Hals- usw. Heilk. **24**, 504 (1929).
[4] Maestranzi: Ann. Laring. etc. **2**, 129 (1926) — Ref. Zbl. Hals- usw. Heilk. **9**, 816 (1927).
[5] Muck, O.: Z. Hals- usw. Heilk. **22**, 443 (1929) — Münch. med. Wschr. **75**, 135 (1928).
[6] Zamei: Valsalva **3**, 245 (1927) — Ref. Zbl. Hals- usw. Heilk. **11**, 447 (1928).
[7] Brunner u. Hoff: Z. Neur. **120**, 796 (1929).

Phototropismus und Phototaxis der Pflanzen
(S. 36—59).

Von

ERICH NUERNBERGK – Utrecht.

Neue zusammenfassende Darstellung.

DU BUY, H. G., u. E. NUERNBERGK: Der Phototropismus der Pflanzen. Teil I: Erg. Biol. **8.** Teil II: Ebenda **9.**

Seit dem Erscheinen des Beitrages ,,Phototropismus und Phototaxis der Pflanzen" sind rund 3 Jahre verflossen. Seitdem hat sich die Forschung hauptsächlich mit folgenden Fragen beschäftigt: Welcher Art sind die Wachstumsänderungen, welche den Anlaß zu einer phototropischen Krümmung geben, und wie weit sind daran die sog. Wuchsstoffe beteiligt?

Obwohl man lange weiß, daß die Wachstumsunterschiede zwischen Licht- und Schattenseite eines einseitig beleuchteten Pflanzenorganes dessen Phototropismus verursachen[1], haben erst DU BUY-NUERNBERGK[2] eine exakte Analyse dieser Wachstumsdifferenzen in Angriff genommen, wobei sie sich der kinematographischen Meßmethode bedienten[3]. Als Versuchsobjekt diente meistens die Avena-Koleoptile[4]. Das Wachstum dieses Organes wurde *zonenmäßig* verfolgt, indem zunächst auf ihm in kurzen Abständen kleine Marken aus Stanniol mit Paraffinöl aufgeklebt wurden. Sodann wurde die Pflanze einseitigem Lichte ausgesetzt und während der Versuchsdauer in konstanten Zeitabständen kinematographisch aufgenommen. Schließlich wurde auf dem fertigen, vergrößerten Film mittels Meßrades die Entfernungsänderung der einzelnen Marken voneinander bestimmt.

Diese Messungen zeigten nun einwandfrei, daß sich das während einer phototropischen Krümmung abspielende Wachstum der Koleoptile genau entsprechend den Prinzipien der CHOLODNY-WENTschen Wuchsstofftheorie[5] abspielt. Dasselbe hat CHOLODNY in einem bestimmten Krümmungsbereich mittels seiner mikropotometrischen Methode für das Totalwachstum feststellen können[6]. Hieraus ergab sich, daß man entsprechend der Ansicht von WIESNER und BLAAUW[7] den Phototropismus nur als Spezialfall eines einseitig beeinflußten, normalen Wachstums anzusehen hat. Jedoch hat BLAAUW insofern unrecht gehabt,

---

[1] Ds. Handb. **12 I**, 37—38.

[2] DU BUY-NUERNBERGK: Proc. Akad. Wetensch. Amsterdam **32**, 617 (1929); **32**, 808 (1929); **33**, 542 (1930). — DU BUY, H. G.: Ebenda **34**, 277 (1931).

[3] NUERNBERGK-DU BUY: Rec. Trav. bot. néerl. **27**, 417 (1930) — Abderhaldens Handb. biol. Arbeitsmeth. Abt. XI/4 (1932).

[4] Ds. Handb. **12 I**, 48.   [5] Ds. Handb. **12 I**, 54.

[6] CHOLODNY, N.: Planta (Berl.) **7** 702 (1929) — Jb. Bot. **73**, 720 (1930).

[7] WIESNER, J.: Denkschr. Akad. Wiss. Wien **39**, 143 (1878); **43**, 1 (1880). — BLAAUW, A. H.: Meded. Landb. hoogesch. Wageningen **15**, 179 (1918).

als die von ihm entdeckte Lichtwachstumsreaktion[1] *nicht* die Ursache einer phototropischen Krümmung sein kann[2], da die durch diese Reaktion zustande gebrachten Wachstumsdifferenzen ihrer Größe nach zu klein sind, um Krümmungen hervorzurufen. Die Lichtwachstumsreaktionen sind wohl nur Überlagerungen der normalen, durch das Licht veränderten Wachstumsprozesse. Ihre physiologische Natur ist wenig ergründet, und es ist sogar fraglich[3], ob sie überhaupt die von früheren Autoren festgestellte Größe erreichen können, und ob da nicht vielmehr Beobachtungsirrtümer vorliegen. Nuernbergk-du Buy[4] machen es wahrscheinlich, daß die regelmäßig nach einer Belichtung zunächst verstärkten Nutationen wachsender Keimlinge[5] leicht solche Ausmaße erreichen, daß ihre Nichtberücksichtigung bei bestimmten Meßmethoden (z. B. bei Wachstumsmessungen mittels des Horizontalmikroskopes) beträchtliche *scheinbare* Wachstumsschwankungen in der Größe der sog. kurzen Lichtwachstumsreaktionen fingieren kann. F. W. Went[6] meint, die Lichtwachstumsreaktionen entständen durch Änderung der Wuchsstoffproduktion in der Spitze der Koleoptile, doch dürfte diese Erklärung hauptsächlich mehr für die sog. lange Lichtwachstumsreaktion zutreffen.

Wie dem auch sei, von Unterschieden zwischen phototropischen und photoblastischen Vorgängen[7], wie sie neuerdings noch Filzer[8] befürwortet hat, kann bei der Koleoptile nicht die Rede sein. Damit entfällt auch die Theorie von der Wirksamkeit sog. Tropohormone[9]; alle bei phototropischen Krümmungen auftretenden Wachstumsprozesse lassen sich befriedigend durch unterschiedliche Verteilung des Wuchsstoffs bzw. verschiedenen Einfluß desselben auf den Vorgang der Zellstreckung erklären[10]. Dagegen sind wir über das eigentliche Wesen der Wuchsstoffverteilung und die Beeinflussung der Zellstreckung durch den Wuchsstoff noch mangelhaft orientiert. Zunächst ist nach Kögl und Haagen-Smit[11] der Wuchsstoff oder das „Auxin" ein lipoid- und wasserlöslicher, leicht oxydabler Stoff mit der Formel $C_{18}H_{32}O_5$ von sauren Eigenschaften und dem Molekulargewicht ≈ 342. Er gehört wohl zu den carotinartigen Substanzen, ist laktonisierbar und in seiner Wirksamkeit erheblich vom p_H abhängig. Spezifisch ist er auch nicht, z. B. kommen in Hefe, Tier- und Menschenblut, Urin usw. Stoffe vor, die zum mindesten dem Wuchsstoff der Haferkoleoptile sehr ähnlich, wenn nicht mit diesem identisch sind. In der Koleoptile wird nach du Buy[12] das Auxin wahrscheinlich von den äußersten Epidermiszellen der Spitze sezerniert, während seine *Verteilung* in dem großlumigen Spitzengewebe stattfindet,

---

[1] Ds. Handb. **12 I**, 57. — Siehe ferner C. v. Dillewijn: Rec. Trav. bot. néerl. **24**, 307, 343, 468ff., 542ff. (1927).

[2] Went, F. W.: Rec. Trav. bot. néerl. **25**, 97 (1928). — du Buy-Nuernbergk: Proc. Akad. Wetensch. Amsterdam **32**, 815 (1929). — Cholodny, N.: Ber. dtsch. bot. Ges. **49**, 243 (1931).

[3] Nuernbergk-du Buy: Rec. Trav. bot. néerl. **27**, 489 (1930).

[4] Nuernbergk-du Buy: Handb. biol. Arbeitsmeth. Abt. XI/4 (1932).

[5] Gradmann, H.: Jb. Bot. **66**, 339 (1927).

[6] Went, F. W.: Rec. Trav. bot. néerl. **25**, 91 (1928). [7] Ds. Handb. **12 I**, 57, Anm. 3.

[8] Filzer, P.: Jb. Bot. **70**, 435 (1929) — Planta (Berl.) **12**, 362 (1930).

[9] Ds. Handb. **12 I**, 54.

[10] Neuerdings nimmt Gradmann [Jb. Bot. **72**, 575ff. (1930)] die Existenz zweier Arten von Wuchsstoff in der Koleoptile an. Wuchsstoff A wird in der Spitze gebildet, Wuchsstoff B in der ganzen Pflanze. Nur durch *Zusammenwirken* von A und B (unter Bildung AB) entstände Wachstum und tropistische Reaktionen. Bislang ist aber die Existenz eines besonderen Wuchsstoffes B nicht experimentell bewiesen worden und deren Annahme nach den neuen Untersuchungen über die Wachstumsreaktionen der Koleoptile (s. das Folgende) auch überflüssig.

[11] Kögl, F., u. A. J. Haagen-Smit: Proc. Akad. Wetensch. Amsterdam **34**, 1411 (1931).

[12] du Buy, H. G.: Rec. Trav. bot. néerl. **30**.

das sich noch oberhalb und rings um das äußerste obere Ende der Koleoptilhöhlung hinzieht. Der Modus, in welchem diese Verteilung durch das Licht beeinflußt wird, beruht wahrscheinlich auf Permeabilitätsänderungen der Zellwände bzw. der diesen anliegenden Protoplasmahaut[1], die vielleicht durch Änderungen der Quellbarkeit der daselbst befindlichen Kolloide zustande kommen. Genaueres läßt sich zur Zeit über diesen Punkt noch nicht sagen, da wir an und für sich noch nicht wissen, in welcher Weise überhaupt der Auxintransport erfolgt. Bisher steht davon nach v. d. Wey[2] nur mit Sicherheit fest, daß er ausgesprochen polar mit einer Geschwindigkeit von ca. 10 mm/Std. geschieht und keine einfache Diffusionserscheinung ist. Wahrscheinlich spielen dabei elektrocapillare Vorgänge (ungleiche Ladungen) eine Rolle. Der bei den reagierenden Zellen angekommene Wuchsstoff soll deren Wachstum nach Heynvan Overbeek dergestalt beeinflussen, daß er die Plastizität und die Elastizität der Zellwände abhängig von ihrem Alter erhöht. Erst darauf erfolge aktives Wachstum durch Intussuszeption oder Apposition[3]. Wie nun aber die Erhöhung der Dehnbarkeit vor sich geht, ist aus den Heynschen Untersuchungen nicht ersichtlich. Nimmt man mit Söding[3] an, daß die Zellwände aus krystalloiden Micellen und visköser Intermicellarsubstanz bestehen, so kann man sich vorstellen, daß die intermicellare Substanz durch direkte Aufnahme von Wuchsstoff ihre Viscosität verändert[4]. Alsdann erfolgt sogleich die Dehnung infolge des Turgordrucks und erst darauf die Intussuszeption bzw. Apposition von anderem Baumaterial.

Zur Zeit ist der Lichteinfluß auf diesen Vorgang der Zellstreckung noch schwierig zu überschauen. Daß er existiert, haben die Untersuchungen von du Buy-Nuernbergk gezeigt[5]. Es ließ sich nämlich durch Wachstumsmessungen und daran anschließende Wuchsstoffversuche nachweisen, daß die verschiedenen Arten von Phototropismen[6] nicht auf gleiche Weise entstehen. Es gibt bei der Koleoptile *drei* verschiedene Arten von positiver Krümmung, die durch zwei Arten von Indifferenzstadien[5] voneinander getrennt sind. Nur die 1. positive Krümmung[7] sowie die daran anschließende negative Krümmung und das 1. Indifferenzstadium sind eine reine Funktion der Wuchsstoffablenkung in der Spitze[5]. Nur für diesen Krümmungstypus kann daher auch das beschriebene photochemische Schema Geltung haben[8], und zwar obendrein noch mit der Einschränkung, daß es sich nicht auf die Auxinproduktion, sondern allein auf den die Wuchsstoff*verteilung* bewirkenden Prozeß beschränkt. Die 1. positive Krümmung zeichnet sich im übrigen dadurch aus, daß sie nach Aufhören der Lichteinwirkung bei nicht zu alten Koleoptilen noch vollständig wieder rückgängig gemacht werden kann.

---

[1] Vgl. L. Brauner: Z. Bot. **16**, 113 (1924). — Dillewijn, C. v.: Rec. Trav. bot. néerl. **24**, 307 (1927).

[2] v. d. Wey, H. G.: Rec. Trav. bot. néerl. **29**, 379 (1932).

[3] Heyn-van Overbeek: Proc. Akad. Wetensch. Amsterdam **34**, 1190 (1931). — Heyn, A. N. J.: Rec. Trav. bot. néerl. **28**, 113 (1931). — Vgl. auch H. Söding: Jb. Bot. **74**, 127 (1931); Ber. dtsch. bot. Ges. **50**, 117 (1932).

[4] Diese Annahme beruht auf dem physikalischen Grundsatz, daß die Änderung von plastischen und elastischen Eigenschaften eines Stoffes nur möglich sind: 1. durch Temperaturänderung, 2. durch Deformation unter Anwendung von Zug oder Druck, 3. durch Änderung des Stoffes selbst (Beimengung anderer Stoffe usw.). Da 1. und 2. bei der Zellstreckung von Koleoptilen sicherlich *primär* nicht vorkommen, ist nur 3. möglich. Man muß daher das Plastischer- und Elastischerwerden der Zellwände unter dem Einfluß des Auxins sensu strictiori als eine Art *Adsorption*, durch die die Viscosität geändert wird, auffassen.

[5] du Buy-Nuernbergk: Proc. Akad. Wetensch. Amsterdam **32**, 813 (1929); **33**, 550ff. 1930). — du Buy, H. G.: Rec. Trav. bot. néerl. **30**.

[6] Ds. Handb. **12 I**, 50ff.　　　　[7] Ds. Handb. **12 I**, 49ff.

[8] Ds. Handb. **12 I**, 51—52.

In der Natur dürfte sie kaum vorkommen, da sie an relativ geringe Lichtmengen gebunden ist.

Die auf das 1. Indifferenzstadium folgende 2. positive Krümmung hat bezüglich der sie induzierenden Lichtmengen einen auf *mittlere* Intensitäten beschränkten Geltungsbereich. Ihre Analyse ist noch nicht so weit durchgeführt worden, um sie deutlich skizzieren zu können. Wahrscheinlich dürfte sie die Kombination einer 1. und einer 3. positiven Krümmung sein, d. h. es spielt bei ihrem Entstehen wohl noch die Auxinablenkung in der Spitze eine gewisse Rolle[1], jedoch macht sich auch schon der direkte Einfluß des stärkeren Lichtes auf den basalen Koleoptilteil geltend. Die auf sie folgende 2. Indifferenz macht sich viel weniger als das 1. Indifferenzstadium bemerkbar, und der Übergang von 2. zu 3. positiver Krümmung vollzieht sich mehr gleitend.

Bei der 3. positiven Krümmung endlich, die nur bei *hohen* Licht*intensitäten* vorkommt und in der Natur den normalen Fall darzustellen scheint, tritt nur noch eine schwache Wuchsstoffabsonderung in der Spitze in Erscheinung. Die Krümmung, die sehr große Beträge erreichen kann, ergibt sich hauptsächlich aus dem *direkten* Einfluß des Lichtes auf den Koleoptilteil, in dem die Zellstreckung erfolgt. Nach du Buy spielt sich der Vorgang wahrscheinlich so ab, daß der Auxintransport zu den wachsenden Zellen behindert wird, wobei vielleicht wieder die Änderung der Quellbarkeit der in den Zellen vorhandenen Kolloide von Bedeutung ist[2]. Da das Licht wegen der Absorption auf der Schattenseite der Pflanze viel schwächer ist, so macht sich dieser Prozeß auf der Lichtseite stärker geltend, und zwar in dem Sinne, daß nun über die ganze Pflanze der Wuchsstoff nach der unbelichteten Seite abgelenkt wird. Daraus resultiert die Krümmung. Diese tritt übrigens nur allmählich auf und wird auch nach Aufhören der Belichtung sehr langsam oder überhaupt nicht rückgängig gemacht[3].

Eine einfache Übertragung der hinsichtlich des physiologischen Verhaltens der Gramineenkoleoptilen erlangten Kenntnisse auf die Phototropismen anderer Pflanzen scheint nach unseren augenblicklichen Kenntnissen nur bedingt angängig zu sein. Vorläufig wissen wir nur von den Koleoptilen der Gräser sicher, daß sie ein *lokalisiertes* Auxinproduktionszentrum haben, eine Art Drüse also, während man sonst im allgemeinen annehmen muß, daß der Wuchsstoff mehr oder weniger nur pro Zelle gebildet wird und nur dann und wann in beschränktem Maße eine Leitung im ganzen Organ erfährt. Infolgedessen kann bei den phototropischen Krümmungen anderer Pflanzen außer Koleoptilen in der Regel auch kein Krümmungstypus vorkommen, der nach Art der 1. positiven Krümmung auf Grund der Wuchsstoffablenkung zustande kommt, d. h. man findet keine ausgesprochene „Reizleitung" oder besser gesagt „Phytohormonleitung" von einem Empfangsorgan zu einem reagierenden Organteil. Wo eine typische „Reizleitung" doch stattfindet[4], ist zur Zeit noch nicht bekannt, was für physiologische Prozesse ihr zugrunde liegen. Die phototropischen Krümmungen von Dikotylenkeimlingen usw. scheinen in der Hauptsache prinzipiell nach dem Schema der 3. positiven Krümmung der Koleoptile zu entstehen, d. h. die Krümmung wird unmittelbar dort induziert, wo sich auch das Streckungswachstum abspielt. Es liegt auf der Hand, daß sich dieser Krümmungsmodus besonders gut der An-

---

[1] Hierfür sprechen ältere Versuche Boysen-Jensens und Purdys sowie neuere Untersuchungen Beyers [Planta (Berl.) **4**, 411 (1927)] und Boysen-Jensens [Planta (Berl.) **5**, 464 (1928)]. — Vgl. dazu P. Filzer: Jb. Bot. **70**, 474 (1929).

[2] Nach L. Pincussen (Photobiologie, S. 116, 488, 489. Leipzig 1930) ist hier vielleicht an eine Dispersitätsvergröberung der Kolloide zu denken. — Vgl. auch du Buy-Nuernbergk: Proc. Akad. Wetensch. Amsterdam **32**, 808 (1929).

[3] du Buy, H. G.: Rec. Trav. bot. néerl. 1932.

[4] Rothert, W.: Beitr. Biol. Pflanz. **7**, 99ff., 134 (1896).

sicht von BLAAUW und WIESNER[1] und der „Lichtabfallstheorie" einfügt. Typische, erst durch das Licht induzierte Polarisationserscheinungen, die natürlich von dem inhärenten polaren Bau der reagierenden Organe (z. B. ersichtlich aus dem polaren Wuchsstofftransport!) zu unterscheiden sind, ließen sich bislang nirgendwo sicher nachweisen. Damit entfällt auch das Fundament für die bisher vielfach noch als gültig angenommene „Lichtrichtungstheorie"[2], es sei denn, man wollte auch einer sich in einer bestimmten Richtung abspielenden chemischen Reaktion eine Polarität zuschreiben.

Bd. XII, 1.

Photochemisches zur Theorie des Farbensehens
(S. 536—549).

Von

FRITZ WEIGERT – Leipzig.

Das im Band Photoreceptoren behandelte unbelebte photochemische Modell des Farbensehens war auf Grund von Versuchen mit linear polarisiertem Licht an Photochloridschichten in Gelatine und an Farbstoff-Kollodiumschichten entwickelt worden, wobei die „Farbenanpassungen" in diesen lichtempfindlichen Systemen als die eigentlichen physikalischen Analoga zu den psychischen „Farbenempfindungen" betrachtet wurden.

In der Zwischenzeit ist die Untersuchungsmethodik weitgehend ausgebaut worden, besonders durch einen neuen Weg zur Erzeugung lichtstarker praktisch monochromatischer Lichter für die Erregung der Effekte[3] und durch ihre Messung im ganzen sichtbaren Spektralgebiet. Hierdurch konnten einige lichtempfindliche Farbstoffe in Kollodium- und Gelatineschichten viel genauer untersucht werden als mit den früheren Anordnungen, und jetzt konnte auch der aus den Netzhäuten von Fröschen und Fischen isolierte Sehpurpur selbst auf das Vorhandensein einer „Farbenanpassung" geprüft werden. Diese letzten Versuche, die eine direkte Übertragung der theoretischen Überlegungen auf die Vorgänge im Auge ermöglichen, wurden in Gemeinschaft mit Prof. M. NAKASHIMA durchgeführt[4].

Hierzu mußte zunächst ein Weg gefunden werden, den Sehpurpur in festen durchsichtigen und isotropen Schichten photochemisch zu untersuchen, wofür sich die Vermischung von Sehpurpur-Cholat-Lösungen mit reiner Gelatine als gangbar erwies. Durch nachträgliches Wässern der erstarrten Schichten konnte das Cholat weitgehend entfernt werden, und nach dem Trocknen liegen sehpurpurhaltige feste Schichten vor, die monatelang ihre Lichtempfindlichkeit bewahren. Außer durch ihre große Haltbarkeit wird die photochemische Untersuchung dieser Systeme gegenüber der üblichen von isolierten Netzhäuten und

---

[1] BLAAUW u. WIESNER: Zitiert auf S. 310. — Siehe ferner ds. Handb. **12 I**, 56.

[2] Ds. Handb. **12 I**, 56.

[3] WEIGERT, F., H. STAUDE u. E. ELVEGÅRD: Monochromatische Universalfilter. Z. physik. Chem. **130**, 607 (1927); B **2**, 149 (1929).

[4] WEIGERT, F., u. M. NAKASHIMA: Farbenanpassung der Farbstoffe und des Sehpurpurs. Z. physik. Chem. B **4**, 258 (1929); **7**, 25 (1930) — Naturwiss. **17**, 840 (1929). — WEIGERT, F.: Physik und Chemie des Sehens. Z. angew. Chem. **45**, H. 24 (1932).

Sehpurpurlösungen noch dadurch erleichtert, daß die optischen Veränderungen durch das Licht sehr langsam verlaufen und dadurch leicht und genau meßbar werden. Durch nachträgliches Befeuchten kann die Lichtempfindlichkeit wieder gesteigert werden.

An solchen durchsichtigen sehpurpurhaltigen Gelatinehäuten, die als „künstliche Netzhäute" bezeichnet wurden, konnten alle Eigenschaften der Farbenanpassung mit ihren Anomalien sehr rein nachgewiesen werden, die auch beim Photochlorid- und Farbstoffmodell aufgefunden waren. Die Farbenanpassungen waren besonders scharf, so daß selbst Erregungslichter, deren Wellenlänge sich nur um 10 mμ unterschied, charakteristisch verschiedene Kurvenformen bei der graphischen Darstellung ergaben. Die „dichrometrischen Kurven" bei Erregung mit weißem Licht waren nicht additiv aus den Einzelkurven für die reinen Farben, deren Mischung Weiß ergibt, zusammengesetzt, und Weiß wirkt auf das Modell daher qualitativ anders als die Summe der Einzelkomponenten von farbigen Lichtern. Besonders auffallend waren die Wirkungen roter Lichter von denen aller anderen Farben unterschieden.

Wenn sich also im allgemeinen die photochemischen Eigenschaften der sehpurpurhaltigen Schichten analog zu den entsprechenden bei den anderen einfacher zusammengesetzten Systemen erwiesen, trat bei der künstlichen Netzhaut ein neues Verhalten auf, das als eine „Nachwirkung im Dunkeln" beschrieben werden kann. Eine für eine bestimmte Erregungsfarbe charakteristische Farbenanpassungskurve veränderte nach kurzer Zeit (wenige Minuten bis einige Stunden) ihre Gestalt und ging in eine „Weißkurve" über, die praktisch parallel mit der Absorptionskurve des Sehpurpurs verlief und keine Beziehung mehr zu der ursprünglichen Erregungsfarbe zeigte.

Die „spezifischen" Farbenanpassungskurven traten besonders deutlich bei sehr verdünnten praktisch farblosen Sehpurpurschichten auf. Bei sehr schwachen oder sehr kurz dauernden Erregungen waren bei einer unmittelbar anschließenden Messung überhaupt noch keine Effekte zu beobachten. Nach wenigen Minuten oder Stunden (je nach dem Zustand der Schicht) entstanden aber während des Aufbewahrens im Dunkeln allmählich die unspezifischen „Weißkurven", die sich in einigen Fällen beim Lagern noch verstärkten. Es war also zuerst nur ein „latentes Bild" wie in einer photographischen Platte entstanden, das sich durch die in dem System vorhandenen Stoffe langsam von selbst entwickelte.

In der folgenden Übersichtstabelle[1] sind die bisher festgestellten Beziehungen der bekannten physiologisch-psychologischen Farbenempfindungen (1. Spalte) mit der physikalischen und chemischen Beschreibung der Vorgänge (2. Spalte), und mit den Beobachtungen an den Modellen und bekannten Erfahrungen (3. Spalte) zusammengestellt.

Es bestehen also sehr weitgehende Analogien zwischen dem Farbensehen und einer Reihe von Lichtwirkungen an einfachen Systemen, die mit physikalischen und chemischen Hilfsmitteln genau zu untersuchen sind. Weitere Einblicke ermöglichen neuere Beobachtungen an photographischen Schichten, die als „Farbentüchtigkeit" dieser Systeme bezeichnet wurde[2]. Danach ergeben sich sehr auffallende Beziehungen einer „Dreikomponentenhypothese" zur Farbentüchtigkeit dieser unbelebten Beobachtungsobjekte, die eine spätere Verknüpfung der „Anpassungstheorie" des Farbensehens mit den bisherigen psychologisch abgeleiteten Vorstellungen durchaus möglich erscheinen lassen.

---

[1] Weigert, F., u. M. Nakashima: Zitiert auf S. 314.

[2] Weigert, F., u. J. Shidei: Farbentüchtigkeit photogr. Schichten. Naturwiss. **18**. 532, 533 (1930) — Z. physik. Chem. B **9**, 329 (1930). — Vgl. auch Weigert, F., u. E. Eberius: Lichtempfindliche Oberflächenschichten. Kolloid-Z. **58**, 276 (1932).

Nr.	Physiologisch-Psychologisches	Physikalisch-chemische Beschreibung	Vorkommen am Modell und bekannte Erfahrungen
1	Qualitativ verschiedene Farbenempfindungen	Spezifische Effekte verschiedener Spektralgebiete; Farbanpassungen	Photochloride; Farbstoffe; Sehpurpurgelatine
2	Farbige Nachbilder; Verstimmung des Weiß nach farbiger Ermüdung	Verschiedene Weißkurven nach farbiger Vorerregung	Photochloride; Sehpurpurgelatine
3	Farbenumstimmung bei langdauernder einfarbiger Erregung	Veränderung des Empfindlichkeitsspektrums bei Dauererregung	Photochloride; Farbstoffe; Sehpurpurgelatine
4	Farblose Nachbilder nach farbiger Erregung	Umschlag der spezifischen Effekte in unspezifische	Sehpurpurgelatine
5	Verzögerung der Empfindung schwacher Lichter	„Latentes Bild" mit nachträglicher Entwicklung	Sehpurpurgelatine Photograph. Platte
6	Keine Nachbilder bei Rot	Kein Umschlag	Sehpurpurgelatine
7	Besonders ausgesprochene Farbempfindungen im Zapfenapparat	Spezifische Effekte besonders deutlich in schwach gefärbten Systemen	Farbstoffe
8	Praktisch nur farblose Erregung des Stäbchenapparates	Besonders schneller Umschlag in sehpurpurreichen Systemen	Farbstoffe
9	„Weiß" und „farbig" sind einheitliche Empfindungsqualitäten	Keine Additivität der Weißeffekte aus den farbigen	Photochloride; Farbstoffe; Sehpurpurgelatine
10	Sonderstellung des Rot	Rotwirkung nicht in der Weißkurve enthalten	Farbstoffe; Sehpurpurgelatine
11	Komplementäre Farbpaare nur von Rot bis Gelbgrün u. von Blaugrün bis Violett	Antagonistisch wirkende Paare liegen um ein Gebiet im Grün	Photochloride; Sehpurpurgelatine
12	Gleiche Farbempfindungen von Spektrallichtern und gemischten Lichtern	Spektralfarben und gemischte Lichter geben dieselben Effekte	Sehpurpurgelatine
13	Helladaption bei Dauerbelichtung	Stark verringerte Reaktionsgeschwindigkeit trotz praktisch unveränderter Absorption	Photochloride; Farbstoffe
14	Partielle und totale Farbenblindheit	Anomale Effekte	Sehpurpurgelatine nach bestimmter Vorbehandlung
15	Dunkeladaption	Regenerieren der lichtempfindlichen Substanz	Normaler biochemischer Vorgang
16	Simultankontrast	Beeinflussung benachbarter Schichtstellen	Nicht im Modell zu beobachten

Antifermente und Fermente des Blutes

(S. 463—472).

Von

M. JACOBY – Berlin.

Seit dem Erscheinen des Handbuchabschnittes über Antifermente und Fermente des Blutes hat die allgemeine Fermentlehre erhebliche Fortschritte gemacht, die auch den in diesem Abschnitte erörterten Problemen wesentlich zugute kommen. Die Antifermente und Fermente des Blutes erscheinen durch die neuen Erkenntnisse biologisch bedeutsamer. Daneben haben sich auch die Einzelkenntnisse auf dem Gebiete erweitert.

KIRK und SUMNER[1] haben immunisatorisch gegen die zuerst von SUMNER dargestellte krystallisierte Urease ein Antiferment von guter Wirksamkeit gewinnen können. Das Antiferment erscheint nach vorsichtiger Immunisierung, die mit dem an und für sich sehr giftigen Ferment durchgeführt wird, im Blute der Versuchstiere. Die noch nicht erledigte Streitfrage, ob die SUMNERschen Globulinkrystalle das Ferment darstellen oder nur die Träger des in seiner Zusammensetzung noch unbekannten Fermentes sind, soll hier nicht erörtert werden. Auch wenn die zweite Ansicht als richtig anzusehen ist, ist doch nicht zu bezweifeln, daß es nunmehr gelungen ist, ein gut wirksames Antiferment gegen ein Ferment von sehr großer Reinheit und erheblicher Wirksamkeit immunisatorisch zu erzielen. Der Befund hat über diese Feststellung hinaus erhebliche biologische Bedeutung. Denn es zeigt sich, daß die toxische Wirkung des Fermentes sich in weitem Umfange, wenn nicht gänzlich, auf seine chemische Wirkung, die Spaltung des Harnstoffes in Ammoniak und Kohlensäure zurückführen läßt, und das Antiferment anscheinend dadurch wirkt, daß es die chemische Wirkung der Urease hemmt.

Wir haben hier also eine Antikörperreaktion, welche sich gleichzeitig antitoxisch und antifermentativ äußert, und zwar eine Reaktion, bei welcher außer dem chemisch bekannten Substrat auch das Ferment als sehr weit gereinigter Stoff beteiligt ist. Diese Einzelfeststellung trägt dazu bei, die bisher noch etwas unsichere und vielfach angezweifelte Antifermentlehre wesentlich zu sichern. Man könnte fragen, warum sich das nicht früher erreichen ließ, da man schon vor Jahren eine Fermentimmunität bei der Urease nachgewiesen und auch in Einzelfällen bereits immunisatorische Antifermentwirkungen beobachtet hatte. Damals war man aber noch auf die weniger wirksame Sojaurease angewiesen, während jetzt die weitgehend gereinigten und hochwirksamen Jackbohnenureasen zur Verfügung stehen. Eine über Jahrzehnte verteilte Entwicklung war notwendig, um zu der jetzigen Klärung zu gelangen. Als M. FALK in JACOBYS Laboratorium im Jahre 1913 die immunisatorische Herstellung von Antiureasen

---

[1] KIRK, J. S., u. J. B. SUMNER: J. of biol. Chem. **94**, 21 (1931).

versuchte, mißlang das. Es wurde aber gefunden, daß Normalserum die Urease-wirkung verstärkt. Damit war die Auxowirkung des Serums entdeckt. Im Anschluß daran entwickelten JACOBY und Mitarbeiter die immer weiteren Umfang annehmende Lehre von den chemisch bekannten Aktivatoren der Fermente. Auf Grund der schon früher unter seiner Leitung erhobenen Befunde von HATA vermutete er von Anfang an, daß diese Aktivatoren einen Giftschutz für die durch ihr Milieu gefährdeten Fermente darstellen. Daneben aber blieb und bleibt noch immer offen, ob nicht die Fermente in ihrem Molekül oder in ihrem Komplex Gruppen besitzen, welche durch die Aktivatoren besetzt werden, wodurch dann eine Verstärkung der Enzymwirkung zustande kommt. Allmählich haben nun die chemisch bekannten Aktivatoren (Sulfhydrylgruppen, Cyangruppen, Aminosäuren) für die Fermentreaktionen eine so dominierende Bedeutung erlangt, daß auch für die Antifermente und Fermente des Blutes in Zukunft nur noch unter Würdigung dieser in ihrer Konstitution bekannten Aktivatoren ein richtiges Bild gegeben werden kann. Wenn man überhaupt zwischen Milieu und eigentlichen Wirkungsstoffen noch unterscheiden will, so sind diese Aktivatoren die Substanzen, bei denen die Grenze unsicher wird.

Die Urease ist noch aus dem besonderen Grunde für die Fermente des Blutes von Interesse, als die Pflanzenmaterialien, welche das Ureaseferment einschließen, eine spezielle gut studierbare Giftwirkung für rote Blutzellen besitzen. Die Blut-körperchen werden agglutiniert. Auch diese Agglutinationswirkung ist eine Funktion der Ureasekrystalle. Auch gegen diese Agglutinationswirkung ist immunisatorisch ein Antikörper zu erzielen. Bereits vor Jahren hat FUJIWARA in JACOBYS Laboratorium ein Antiagglutinin gegen das Agglutinin der Sojabohne, die bekanntlich eine Urease besitzt, immunisatorisch gewonnen und gezeigt, daß es weitgehend spezifisch ist, also gegen andere Agglutinine des Pflanzenreiches nicht wirksam ist. Dagegen fand er, daß normales Serum auch die Agglutinations-wirkung der Jackbohnen, der Träger der wirksamsten Urease, hemmt. NIKAIDO hat dann diese normale Serumsubstanz in demselben Laboratorium studiert und weitgehend gereinigt. Es ergab sich, daß es sich um eine hochwirksame Substanz von kolloider Natur handelt, aber nicht um eine Eiweißsubstanz. Wir haben also im Serum einmal eine Normalsubstanz gegen das Jackbohnen-Agglutinin, daneben den TAUBERschen Antikörper[1], welcher mit dem Antiferment von KIRK und SUMNER identisch sein oder jedenfalls auch gegen die Wirkung derselben Krystalle gerichtet sein soll. Wir sehen, daß jetzt die alten Annahmen von Normal- und Immunantikörpern eine gediegenere Grundlage gewinnen.

Man ist neuerdings darüber zu größerer Klarheit gelangt, inwieweit und auf welchen Wegen Fermente in das Blut gelangen können. Untersucht wurde es für körperfremde Fermente. Man darf die Befunde nicht ohne weiteres auf die Verhältnisse innerhalb des Organismus übertragen. Es fand sich, daß die Fermente ziemlich lange sich im Blutserum halten können, was für die Pathologie von Bedeutung ist. Am einfachsten liegen die Verhältnisse, wenn man die Fermente direkt in das Blut einführt. Dann sind sie noch nach einer Reihe von Stunden im Serum nachweisbar. Vom Peritoneum aus werden die Fermente verschieden gut resorbiert je nach dem Milieu, in dem sie sich befinden. Bemerkens-wert ist, daß die Urease vom Peritoneum aus resorbiert wird, die Diastase und Tributyrinase dagegen nicht[2].

---

[1] HOTCHKISS, M., u. H. TAUBER: J. of Immun. **21**, 287 (1931). — TAUBER, H., u. J. S. KLEINER: J. of biol. Chem. **92**, 177 (1931).

[2] JACOBY, M.: Biochem. Z. **203**, 278 (1928) — Amer. J. Physiol. **90**, 400 (1929). — HAYASHI, S.: Biochem. Z. **208**, 361 (1929). — TERASHIMA, S.: Proc. imp. Acad. Tokyo **6**, 181 (1930). — MURATA, M.: Biochem. Z. **226**, 457 (1930).

Nunmehr werden wir einige physiologisch bedeutsame Einzeltatsachen, welche die im Blute vorkommenden Fermente betreffen, ergänzend anführen.

Proteolytische Enzyme des Blutes[1]: Da die Lehre von den proteolytischen Fermenten des Blutes durchaus von dem sich täglich wandelnden Stande der allgemeinen Fermentlehre in ihrer Entwicklung abhängig ist, kann hier nichts Abgeschlossenes gegeben werden.

Die Leukocyten der Pflanzenfresser und der Fleischfresser enthalten die verschiedensten proteolytischen Fermente. Quantitativ bestehen zwischen den beiden Tiergruppen Unterschiede. Für das Trypsin frischer Hundeleukocyten ist charakteristisch, daß es an und für sich voll aktiv ist, also z. B. nicht durch Enterokinase aktivierbar ist. Auch die Wirkung der proteolytischen Leukocytenfermente ist von der Existenz von Hemmungskörpern sehr abhängig.

Amylolytische Fermente des Blutes: WILLSTÄTTER und ROHDEWALD[2] knüpfen an die Beobachtung von H. I. HAMBURGER an, daß die Phagocytose durch Spuren von Calcium erheblich gesteigert wird. Es zeigte sich, daß die durch Glykogenspaltung gemessene Amylasewirkung der Leukocyten sehr durch Calciumionen, weniger ausgeprägt durch Magnesiumionen aktiviert wird.

Sauerstoffermente des Blutes[3]: Immermehr stellt sich heraus, daß diese Fermente (Katalase und Peroxydase) ebenso wie das Atmungsferment mit den Fundamentalfarbstoffen des Lebens, dem Hämoglobin und dem Chlorophyll, in genetischer Beziehung stehen. Es handelt sich zwar um chemische Individuen, die konstitutionell und funktionell durchaus spezifisch sind. Aber alle diese wichtigen Funktionsträger gehören einer großen gemeinsamen Familie an.

Phosphatasen des Blutes[4]: Bei der Bedeutung, welche in neuester Zeit den Phosphatasen physiologisch und pathologisch zukommt, sollen noch einige Daten über die Phosphatasen des Blutes gegeben werden. Im Blutplasma findet sich weniger Phosphatase als in den roten und weißen Blutzellen. Das Optimum der Plasmaphosphatase liegt bei p_H 8,8—9,1. Bei Ostitis deformans, generalisierter Ostitis fibrosa, Osteomalacie und Rachitis ist der Phosphatasegehalt des Plasma um das 20fache gegenüber der Norm gesteigert. Mit der Schwere der Erkrankung steigt auch der Phosphatasegehalt.

Bd. XIII.

Biologische Spezifität
(S. 473—507).

Von

E. WITEBSKY – Heidelberg.

Mit 1 Abbildung.

Auf dem Gebiete der Blutgruppenforschung sind seit Abschluß des Berichtes über biologische Spezifität zahlreiche bedeutsame Erkenntnisse gewonnen worden. Der Entdecker der Blutgruppen des Menschen, LANDSTEINER, hat mit seinem Mitarbeiter LEVINE[5] über weitere Blutunterschiede des Menschen

[1] WILLSTÄTTER, R., u. M. ROHDEWALD: Hoppe-Seylers Z. **204**, 181 (1932).
[2] WILLSTÄTTER, R., u. M. ROHDEWALD: Hoppe-Seylers Z. **203**, 189 (1931).
[3] ZEILE: Hoppe-Seylers Z. **195**, 30 (1930).
[4] KAY, H. D.: J. of biol. Chem. **89**, 235 (1930).
[5] LANDSTEINER, K., u. PH. LEVINE: Proc. Soc. exper. Biol. a. Med. **24**, 600, 941 (1927) — J. of exper. Med. **47**, 757; **48**, 731 (1928).

berichtet. Es war schon kurz auf die „Faktoren" M, N und P hingewiesen worden, deren Nachweis allerdings nur mit Hilfe tierischer Immunsera möglich ist. Denn es handelt sich bei den neuen Bluttypen M, N und P nicht etwa um Blutkörperchenmerkmale, denen entsprechende Isoagglutinine des menschlichen Serums gegenüberstehen, sondern um Zellqualitäten, die ausschließlich mit Hilfe geeigneter Antisera festzustellen sind. Die Faktoren M, N und P sind vollständig unabhängig von den klassischen Blutgruppeneigenschaften, sie kommen bei allen vier „Blutgruppen" in gleicher Weise vor. LANDSTEINER will sie deswegen nicht mit dem Ausdruck Untergruppe belegt wissen, sondern bezeichnet sie als *„Bluttypen"* oder als *„Faktoren"*. Besonders eingehend sind bisher die Eigenschaften M und N untersucht. Sie bilden ein allelomorphes Paar einfach mendelnder Erbfaktoren. Nach LANDSTEINER und LEVINE können niemals beide Eigenschaften zugleich fehlen. Es muß also ein Individuum entweder M oder N oder M + N haben. Das Schema für diese Vererbungsregel ist leicht folgendermaßen darzustellen:

Anthropologische Untersuchungen in größerem Umfange stehen natürlich noch aus. Bisher liegt vor allem ein Bericht von LANDSTEINER und LEVINE[1] vor, nachdem der Faktor M (geschrieben M + N—) etwa in 25% der Fälle, der Faktor N (geschrieben M — N+) in 20% der Fälle in der weißen New Yorker Bevölkerung vorgefunden wurde, während über die Hälfte der Menschen dem heterozygoten Typ M + N+ angehören. Ähnliche Verhältnisse dürften wohl auch nach den Untersuchungen von SCHIFF[2] in Deutschland, von SHIGENO[3] bei Japanern vorliegen. Nach Angaben von LANDSTEINER und LEVINE sollen dagegen die Indianer, die ja auch schon bei der Betrachtung der Blutgruppenverteilung aus dem Rahmen herausfallen — sie gehören zum größten Teil der O-Gruppe an —, einen besonders hohen Prozentsatz des Faktors M + N— (etwa 60%) aufweisen, während nur etwa 5% den Faktor M — N+ haben.

Daß alle diese Untersuchungen nur mit stark wirksamen und genau eingestellten Antisera durchführbar sind, ergibt sich schon aus Befunden anderer Autoren, die z. B. Fälle fanden, die weder M noch N besitzen sollen. Dies ist aber nach den eben angeführten Gesichtspunkten nicht möglich. So dürfte für die Praxis des Vaterschaftsausschlusses in Zukunft mit einer Erhöhung der Ausschlußfälle zu rechnen sein, legt man die neu entdeckten Faktoren der Blutanalyse zugrunde (vgl. SCHIFF[4]). Aber man wird wohl zunächst noch weitere Erfahrungen sammeln müssen, bevor man mit der gleichen Sicherheit gerichtliche Aussagen machen kann, wie unter Zugrundelegung der klassischen vier Blutgruppen LANDSTEINERS.

Das Merkmal A — es wurde darüber früher bereits berichtet — ist nicht einheitlicher Natur, wie schon seit den älteren Untersuchungen von v. DUNGERN und HIRSZFELD bekannt ist. In den letzten Jahren haben sich LANDSTEINER und LEVINE[5] in Fortsetzung früherer Arbeiten von LANDSTEINER und WITT

---

[1] LANDSTEINER, K., u. PH. LEVINE: J. of Immun. **16**, 124 (1929).
[2] SCHIFF, F.: Zbl. Bakter. I, Ref. **96**, 336 (1930) — Klin. Wschr. **1930**, 1956.
[3] SHIGENO, S.: Z. Immunforsch. **71**, 88 (1931).
[4] SCHIFF, F.: Dtsch. Z. gerichtl. Med. **18**, H. 1, 41 (1931).
[5] LANDSTEINER, K.: Dtsch. Z. gerichtl. Med. **13**, 1 (1929). — LANDSTEINER, K., u. PH. LEVINE: Proc. exper. Biol. a. Med. Soc. **24**, 941 (1927) — J. of Immun. **17**, 1 (1929); **18**, 87 (1930).

sowie vor allem Thomsen mit seinen Mitarbeitern Friedenreich und Worsaae[1] sowie Lauer[2], Schiff und Akune[3], Klopstock[4] der Frage der Unterteilung des A-Receptors erneut zugewandt und gesetzmäßige Unterschiede aufgefunden. Man kann danach zwei verschiedene Typen des A-Merkmals unterscheiden, und zwar ein A-stark (A_1) und A-schwach (A_2). Diese neu aufgefundenen Unterschiede in dem Merkmal A beziehen sich dabei insbesondere auf die Fähigkeit, das menschliche Isoagglutinin α in stärkerem oder schwächerem Ausmaße zu binden. Die Bindungskapazität des A_1 ist beträchtlich größer als die Bindungskapazität des A_2. Auch mit Hilfe des Komplementbindungsverfahrens lassen sich sowohl in wässerigen Blutlösungen wie in alkoholischen Blutkörperchenextrakten eindeutige quantitative Unterschiede feststellen. Ein Übergang zwischen diesen beiden Typen soll nach Ansicht der dänischen Forscher bei Frwachsenen der Gruppe A (Neugeborene und A in der Kombination mit B verhalten sich anders) nicht vorkommen. Auch diese beiden Formen des A-Merkmals sind konstitutionell bedingt, d. h. unveränderliche und vererbbare Eigenschaften. Nach Thomsen stellen A_1 und A_2 zwei allelomorphe Gene dar, die beide über R dominant sind. Daß dabei A_1 phänotypisch A_2 jeweils verdecken muß, sollten beide Faktoren nebeneinander bestehen, das ergibt sich aus den angeführten Befunden. Eine Trennung von A_1 und A_2 durch wechselseitige Absättigung der entsprechenden Antikörperfunktionen begegnet erheblichen Schwierigkeiten. Doch wird heute der Auffassung Landsteiners, es handle sich bei den Untergruppen A_1 und A_2 nicht nur um quantitative, sondern auch um qualitative Unterschiede, von der Mehrzahl der Autoren beigepflichtet.

Von den hier geschilderten Beobachtungen sind andere zu unterscheiden, die die sog. Extraagglutinine α_1 und α_2 betreffen. In Seren der Gruppen A und AB findet man bisweilen Agglutinine, die manche A-haltigen Blutkörperchen agglutinieren, dagegen nicht alle. Die Strukturformel eines solchen Blutes würde also sein: $A_1\alpha_2$, wobei das Agglutinin α_2 gegen denjenigen Teil des A-Receptors (A_2) gerichtet ist, der dem Individuum selbst (A_1) gerade fehlt. Ebenso gibt es umgekehrt Blute mit der Strukturformel $A_2\alpha_1$. Solche Fälle sind schon früher von Landsteiner und Witt beschrieben worden (vgl. auch Traum und Witebsky[5], Aronsohn[6]. Hierbei handelt es sich also sicherlich um qualitative Unterschiede des A-Merkmals.

Die Frage, an welchen Stellen des Körpers die Gruppenmerkmale A und B nachzuweisen sind, hat in der Zwischenzeit eine weitere Vertiefung erfahren. Glaubte man bekanntlich ursprünglich, nur die Zellen des *Blutes* seien Träger der Gruppenunterschiede, daher der Name Blutgruppe, so konnte der Nachweis geführt werden, daß auch die Zellen der *Organe* die gleichen Gruppenmerkmale aufweisen wie die Zellen des Blutes. In der Zwischenzeit sind nun insbesondere die Körperflüssigkeiten auf ihren Gruppengehalt geprüft worden. Mit Hilfe der sog. „Hemmungsreaktion der Isoagglutination" oder des „Antikörperbindungsverfahrens" nach Brahn und Schiff sind die Gruppeneigenschaften in der Galle, im Magen- und Duodenalsaft in relativ reichlichen Mengen nach-

[1] Thomsen, O.: Z. Immun.forsch. **57**, 301 (1928). — Friedenreich, V., u. E. Worsaae: C. r. Soc. Biol. Paris **102**, 884 (1929). — Thomsen, O.: Münch. med. Wschr. **1930**, Nr 28, 1190 — Hereditas (Lund) **13**, 121 (1930). — Thomsen, O., V. Friedenreich u. E. Worsaae: C. r. Soc. Biol. Paris **103**, 1301 (1930) — Klin. Wschr. **1930**, Nr 67 — Acta path. scand. (København.) **7**, 157 (1930) — Z. Rassenphysiol. **3**, 20 (1930). — Friedenreich, V.: C. r. Soc. Biol. Paris **106**, 574, 578 (1931) — Z. Immun.forsch. **71**, 283 (1931).
[2] Lauer, A.: Dtsch. Z. gerichtl. Med. **11**, H. 4 (1928) — Naturwiss. **1930**, Nr 4 — Klin. Wschr. **1930**, 398.
[3] Schiff, F., u. M. Akune: Münch. med. Wschr. **1931**, 657. — Akune, M.: Z. Immunforsch. **73**, 75 (1931).
[4] Klopstock, A.: Z. Immun.forsch. **74**, 211 (1932).
[5] Traum, E., u. E. Witebsky: Chirurg **1**, 930 (1929).
[6] Aronsohn, H. G.: Z. Immun.forsch. **64**, 418 (1929).

zuweisen. Auch im Speichel, in der Tränenflüssigkeit, im Schweiß und in der Milch finden sich mitunter große Mengen gruppenspezifischer Substanzen. Diese Befunde gehen zurück auf die Arbeiten von KAN-ITIYOSIDA[1] sowie von SCHIFF[2], THOMSEN[3] und PUTKONEN[4]. Der Liquor cerebrospinalis ist relativ frei von Gruppenmerkmalen. Dagegen sind im Harn nach KAN-ITIYOSIDA und SCHIFF sowie insbesondere im eiweißhaltigen Harn nach SACHS[5] die Gruppenmerkmale enthalten. Selbstverständlich handelt es sich immer um die gleichen Gruppenmerkmale, d. h. bei einem Menschen der Gruppe A ist das A-Merkmal, und *nur* das A-Merkmal, auch in den Organzellen und Körperflüssigkeiten enthalten. Da also offenbar mit den Ausscheidungen auch Gruppensubstanz ausgeschieden wird, ist ein „Receptorenstoffwechsel" im Sinne alter Vorstellungen PAUL EHRLICHS anzunehmen. Es muß ein steter Abbau und Aufbau auch der Gruppensubstanzen im Körper stattfinden.

In den normalen Faeces ist jedoch nach den Arbeiten von SCHIFF und seinen Mitarbeitern AKUNE[6] und WEILER[7] keine Gruppensubstanz enthalten. SCHIFF führt diesen Mangel an Gruppensubstanz auf die Tätigkeit eines Ferments zurück, das in den unteren Darmabschnitten des Menschen vorhanden und zum Abbau der Gruppensubstanz befähigt ist. Dieses „Blutgruppenferment" ist bisher in den Faeces, im Speichel und in Placentaextrakten gefunden worden. Zahlreiche von SCHIFF untersuchte Bakterienarten, insbesondere die Bakterien des Magen-Darmkanals, enthielten kein Blutgruppenferment.

Dem Wunsche der Herausgeber folgend, soll in diesem Zusammenhange noch die Frage diskutiert werden, worauf letzten Endes *Transfusionsschäden* zurückzuführen sind. Diese Frage läßt sich freilich keineswegs eindeutig beantworten. Als nächstliegende Ursache wird man wohl zunächst die Agglutination in vivo mit anschließenden Embolien ansehen, ebenso wie die intravasale Isolyse der Blutzellen das Symptom der Hämoglobinämie und Hämoglobinurie, die häufig im Gefolge von Transfusionsschäden auftreten, bedingen kann. Ob allerdings mit der intravasalen Hämagglutination und Hämolyse das Phänomen des „Transfusionsshocks" in seiner Gesamtheit erklärt wird, muß dahingestellt bleiben. Sicherlich werden ja bei dem Zerfall der Blutzellen auch Giftstoffe frei, die akut bedrohliche Krankheitsbilder hervorrufen können. Für die Entstehung des eigentlichen Transfusionsshocks ist aber noch an die mögliche direkte Antikörperwirkung gegenüber den Gruppenmerkmalen der Organzellen zu denken. Denn für anaphylaktische Zustände dürften gerade die zellständigen Gruppenqualitäten in erster Linie verantwortlich sein. Ist man aber vielleicht geneigt, diesem Umstand eine besondere Bedeutung beizumessen, so spricht doch die praktische Erfahrung eher gegen die direkte Antikörperwirkung gegenüber den Zellmerkmalen in den Organen. Denn wie die Praxis gezeigt hat, ist bei Transfusionen vor allem darauf zu achten, daß die Blutkörperchen des Spenders nicht von dem Serum des Empfängers beeinflußt werden. Demgegenüber spielt das Blutserum des Spenders, durch die relativ große Blutmenge des Empfängers stark verdünnt, praktisch nur eine geringe Rolle. Immerhin wird man aber zunächst beide Vorgänge für die Erklärung der Genese des Transfusionsshocks

[1] KAN-ITIYOSIDA: Ann. Méd. lég. etc. **8**, 249 (1928) — Z. exper. Med. **63**, 331 (1928).
[2] SCHIFF, F.: Über d. gruppenspezifischen Substanzen d. menschlichen Körpers. Jena: Fischer 1931.
[3] THOMSEN, O.: Acta path. scand. (Københ.) **7**, H. 3 (1930).
[4] PUTKONEN, T.: Acta Soc. Medic. fenn. Duodecim A **14**, H. 2 (1930).
[5] SACHS, H.: Klin. Wschr. **1930**, Nr 43.
[6] SCHIFF, F., u. M. AKUNE: Münch. med. Wschr. **1931**, 657.
[7] SCHIFF, F., u. G. WEILER: Biochem. Z. **235**, 454; **239**, 489 (1931).

heranziehen, wenn auch wohl nach den klinischen Erfahrungen die direkte
Einwirkung des Empfängerserums auf die gespendeten Blutkörperchen im Sinne
einer Agglutination und Lysis als wichtigste Ursache des Transfusionsschadens
anzusehen ist. Schließlich muß man aber noch einen weiteren Punkt bedenken,
auf den Sachs mehrfach hingewiesen hat. Bei Bluttransfusionen trifft häufig
ein gesundes „kolloidales System" auf ein pathologisch verändertes, bei dem durch
eine vorangehende Erkrankung eine Veränderung des Albumin-Globulinquotienten
stattgefunden hat. Es könnte in solchen Fällen durchaus mit der Interferenz
eines kolloidoklasischen Shocks gerechnet werden.

Auch Probleme aus dem Kapitel der *Organspezifität* haben inzwischen weitere
Förderung erfahren. Zu dem alten bekannten Beispiel der Augenlinse war das
Gehirn als zweites Organ hinzugetreten, in dem sich mit serologischer Methodik
organspezifische Zellstrukturen im weitesten Sinne finden lassen. Nunmehr ist
als drittes Organ der *Hinterlappen der Hypophyse* hinzugekommen[1]. Es ist
möglich, durch Vorbehandlung von Kaninchen mit Hinterlappensuspensionen der
Rinderhypophyse Antisera zu erhalten, die es gestatten, Vorderlappen und Hinterlappen der Hypophyse voneinander zu unterscheiden. Während in den Vorder-
lappenantisera keinerlei irgendwie bemerkenswerte organspezifische Antikörperfunktionen festzustellen sind, reagieren Hinterlappenantisera vorwiegend mit
ihrem homologen Antigen, und zwar sowohl mit wässerigen Hinterlappensuspensionen wie mit alkoholischen Hinterlappenextrakten. Es dürfte sich also auch
bei den organspezifischen Hinterlappenantikörpern um Lipoidantikörper handeln.
Die nähere Analyse dieser Hinterlappenantisera ergibt interessante Beziehungen.
Manche Hinterlappenantisera reagieren streng spezifisch ausschließlich mit
Hinterlappenextrakten. Andere Hinterlappenantisera dagegen greifen mitunter
auf Hirnextrakte über, der ontogenetischen Entwicklung des Hinterlappens der
Hypophyse entsprechend, der sich bekanntlich aus dem Boden des dritten Ventrikels entwickelt. Dementsprechend können auch organspezifische Hirnantisera
mit Hinterlappenextrakten reagieren.

Die alte Frage der *Carcinomspezifität* hat in der Zwischenzeit mehrfache
Bearbeitung erfahren[2-4]. Man hat nunmehr unter Berücksichtigung der neu
gewonnenen Erkenntnisse über organspezifische und gruppenspezifische Anti-
körperwirkungen zunächst einmal die Gesichtspunkte kennengelernt, deren Beachtung überhaupt erst die Frage carcinomspezifischer Antikörperfunktionen
zu analysieren erlaubt. So kann es wohl als experimentell gesicherter Befund
bezeichnet werden, daß mitunter die Vorbehandlung von Kaninchen mit Carcinommaterial zur Bildung von Antikörperfunktionen führt, die bis zu einem gewissen Grade als „carcinomspezifisch" zu bezeichnen sind. Denn manche solcher
Antisera reagieren ausschließlich mit Carcinomextrakten, ohne mit Extrakten
aus normalen Organen zu reagieren. Wenn wohl auch noch viel Arbeit bis zur
vollständigen Klärung des Problems „Carcinomspezifität" geleistet werden muß,
so dürfte wohl kein Zweifel mehr daran bestehen, daß im Carcinommaterial
Antigenfunktionen aufzufinden sind, die man in Extrakten aus normalen Organen
nicht finden kann. Interessant ist auch der besondere Reichtum des Carcinom-
gewebes an gruppenspezifischen Substanzen, während im Sarkomgewebe die

---

[1] Witebsky, E., u. O. Behrens: 1. Internat. Mikrobiologenkongreß Paris 1930. Z.
Immun.forsch. **73**, 415 (1932).

[2] Hirszfeld, L., W. Halber u. J. Laskowski: Z. Immun.forsch. **64**, 61, 81 (1929)
— Klin. Wschr. **1929**, Nr 34.

[3] Lehmann-Facius, H.: Frankf. Z. Path. **41**, 522 (1931). — Lehmann-Facius, H.
u. Toda: Klin. Wschr. **1930**, 21 — Z. Immun.forsch. **67**, 373 (1930).

[4] Witebsky, E.: Z. Immun.forsch. **62**, 35 (1929) — Klin. Wschr. **1930**, Nr 2 — Med.
Welt **1930**, Nr 20.

Gruppenmerkmale zu fehlen scheinen. Inwieweit diese Befunde eine praktische Bedeutung gewinnen werden, steht noch dahin. Immerhin bilden sie die experimentellen Unterlagen, auf denen das weitere Studium der „Carcinomspezifität" mit serologischer Methodik aufgebaut werden kann.

Bd. XIII.

Immunität

(S. 508—649).

Von

H. Schlossberger – Berlin.

Bei der Erforschung des Wesens von Infektion und Immunität hat sich in den letzten Jahren eine Reihe allgemeiner Gesichtspunkte ergeben, welche für die Arbeitsrichtung auf diesem Gebiete auch in der nächsten Zeit maßgebend bleiben dürften und von denen die wichtigsten daher an dieser Stelle kurz skizziert werden mögen. Die in den nachfolgenden Ausführungen gegebenen Seitenhinweise beziehen sich auf das in Bd. XIII ds. Handb. (S. 508—649) enthaltene Kapitel „Immunität".

Die Feststellung, daß im Gegensatz zu den früher herrschenden Anschauungen die beispielsweise während einer Epidemie oder Epizootie erfolgende natürliche Infektion mit bestimmten pathogenen Mikroorganismen nur bei einem gewissen Prozentsatz einer an sich empfänglichen Population zu Krankheitserscheinungen führt sowie die Erfahrungstatsache, daß auch bei den während einer Epidemie oder Epizootie erkrankten Individuen der Krankheitsverlauf recht erhebliche Unterschiede aufweist, hat in den letzten Jahren das Problem der *latenten Infektion* und die Bedeutung der unter den Begriffen der individuellen *Resistenz* und *Disposition* subsumierten Faktoren in den Vordergrund des Interesses gerückt. Maßgebend sind hierfür einmal Erwägungen mehr theoretischer Art, nach denen dieses verschiedenartige Verhalten einzelner unter gleichen Bedingungen lebender Individuen gegenüber einer und derselben Noxe auch die Gewinnung von Anhaltspunkten hinsichtlich des Wesens von Infektion und Immunität erhoffen läßt. Daneben kommt aber der epidemiologisch wichtigen Erkenntnis, daß die bei zahlreichen übertragbaren Erkrankungen in überwiegender Zahl vorkommenden Fälle von abortiver oder vollständig symptomloser Infektion als Ansteckungsquelle eine wesentlich größere Rolle spielen dürften als die meist abgesonderten manifesten Erkrankungsfälle, auch eine erhebliche praktische Bedeutung zu.

Wenn auch gerade in den letzten Jahren unsere Kenntnisse auf dem in Rede stehenden Gebiet zweifellos eine bemerkenswerte Erweiterung und Vertiefung erfahren haben, so ist doch eine befriedigende Erklärung für das unterschiedliche Verhalten der einzelnen Angehörigen einer von einer Seuche heimgesuchten Population auch heute noch nicht möglich. Die Schwierigkeiten für eine experimentelle Analyse dieser Verhältnisse sind vor allem in ihrer Komplexität, d. h. darin zu suchen, daß im allgemeinen zweifellos nicht ein einzelner Faktor, sondern vermutlich das Zusammentreffen verschiedener, großenteils noch unbekannter oder nicht reproduzierbarer Momente konstitutioneller und konditioneller Art denjenigen Zustand hervorruft, der bei dem mit einem bestimmten Krankheitserreger infizierten Individuum als Vorbedingung für das

Auftreten der unter dem Begriff „Krankheit" zusammengefaßten Veränderungen und Erscheinungen anzusehen ist.

Vor allem muß man sich darüber im klaren sein, daß die Methoden des für die Aufklärung des Problems in erster Linie in Betracht kommenden Tierversuchs, der sich naturgemäß stets nur auf das Studium eines einzelnen, gewissermaßen aus dem Zusammenhang gerissenen derartigen Faktors beschränken kann und muß, zu grobe sind und dementsprechend Bedingungen schaffen, die von den natürlichen Verhältnissen meist recht erheblich abweichen. Daraus ergibt sich aber, daß die auf solche Weise erhaltenen Experimentalbefunde auch nur mit einer entsprechenden Reserve bewertet werden dürfen, was bisher vielfach nicht geschehen ist.

So ist es, um nur ein willkürlich gewähltes Beispiel herauszugreifen, wohl nicht zulässig, aus der Feststellung, daß bei Versuchstieren, bei denen irgendein Organ entfernt wurde, bestimmte Infektionen einen schwereren Verlauf oder die Immunitätsreaktionen eine geringere Intensität aufweisen als bei den entsprechenden Kontrollen, ohne weiteres den Schluß zu ziehen, daß etwa das betreffende Organ als hauptsächlicher oder ausschließlicher Sitz der Abwehrvorgänge anzusehen ist. Abgesehen davon, daß solche und andere künstlich geschaffene Verhältnisse bei verschiedenartigen Infektionen eine recht verschiedene Wirkung ausüben können, wird man hier vielmehr auch die Möglichkeit in Erwägung ziehen müssen, daß die durch die genannten Maßnahmen bedingten Abweichungen hinsichtlich des Infektionsverlaufs oder der Immunitätserscheinungen vielleicht weniger auf die elektive Ausschaltung bestimmter Organ- oder Zellfunktionen zurückzuführen sind, daß vielmehr durch Eingriffe der erwähnten Art das ganze Getriebe des Organismus mehr oder weniger schwer alteriert und damit auch sein Defensivmechanismus in Mitleidenschaft gezogen wird. Bei der Beurteilung hierhergehöriger experimenteller und auch klinischer Befunde ist zudem die Entscheidung, ob gleichzeitig bestehende Erscheinungen in einem ursächlichen Zusammenhang miteinander stehen oder ob sie koordiniert nebeneinander hergehen oder aber überhaupt nichts miteinander zu tun haben, oft nicht leicht zu treffen. Manche zum Teil später wieder verlassenen Anschauungen und Theorien auf dem Gebiete der Lehre von Infektion und Immunität sind dadurch entstanden, daß man bei Vorgängen, die in Wirklichkeit nebeneinander ablaufen, ohne weiteres einen Kausalnexus annahm und die Möglichkeit einer für beide Erscheinungen gemeinsamen primären Ursache oder des akzidentellen Zusammentreffens gar nicht in Betracht zog. Dadurch ist es auch zu erklären, daß in verschiedenen Zeitabschnitten der bakteriologischen Forschung gewissen, jeweils gerade im Vordergrund des Interesses stehenden Faktoren, wie z. B. den Normalantikörpern, den Phagocyten, dem Retikuloendothel, den Vitaminen, dem Mineralstoffwechsel, den Hormonen und inneren Sekreten u. dgl. mehr bei den zwischen Infektionserregern und Wirtsorganismus sich abspielenden Wechselwirkungen ein besonderer oder gar ausschlaggebender Einfluß zugeschrieben wurde. Eine Klärung der Frage, inwieweit an diesen Vorgängen die genannten und andere Momente mittelbar oder unmittelbar beteiligt sind, insbesondere inwieweit dabei ein Ineinandergreifen verschiedener Faktoren stattfindet, muß der weiteren Forschung vorbehalten bleiben.

In Ergänzung zu den bereits (S. 537 und 602) gemachten Angaben über das Vorkommen von *latenter Infektion* seien von den neueren Arbeiten, in denen dieses Problem berührt wird, vor allem die eingehenden Untersuchungen von Levaditi und seinen Mitarbeitern[1] über die im Sommer 1930 im Elsaß auf-

---

[1] Levaditi, C., E. Schmutz u. L. Willemin: Ann. Inst. Pasteur **46**, 80 (1931) — Bull. Acad. Méd. **104**, Nr 38 (1930) — Immunität usw. **3**, 41 (1931). — Levaditi, C., u. L. Willemin: Ann. Inst. Pasteur **46**, 233 (1931).

getretene Poliomyelitisepidemie erwähnt; die Befunde der genannten Autoren bilden eine Bestätigung der schon früher (ANDERSON und FROST[1], KLING und LEVADITI[2], LEAKE[3], AYCOCK[4]) festgestellten Tatsache, daß in Epidemiezeiten das Poliomyelitisvirus zwar weit verbreitet wird, aber beim Menschen nur ausnahmsweise zu Erkrankungen führt. So ist es wohl zu erklären, daß bei der Mehrzahl normaler Individuen spezifische virulicide Immunstoffe gegenüber dem Poliomyelitisvirus im Blutserum nachweisbar sind (SHAUGHNESSY, HARMON und GORDON[5], FAIRBROTHER und BROWN[6], AYCOCK und KRAMER[7]); dabei ist allerdings die Beobachtung von Interesse, daß diese spezifischen Antikörper auch im Serum von Eingeborenen tropischer und subtropischer Länder gefunden wurden, die mit dem Virus erwiesenermaßen nie in Kontakt gekommen sind (s. bei JUNGEBLUT und THOMPSON[8]). Auch bei zahlreichen anderen Infektionen wurde ein latenter Verlauf mehr oder weniger häufig nachgewiesen, so bei Fleckfieber (RAMSINE[9], BARYKIN, MINERVIN und KOMPANEEC[10]), bei Psittakose (BEDSON, WESTERN und SIMPSON[11], GORDON[12], ELLICOTT und HALLIDAY[13], SCHMID[14], FREI[15]; s. auch ELKELES und BARROS[16]), beim experimentellen Gelbfieber der Affen (DINGER, SCHÜFFNER, SNIJDERS und SWELLENGREBEL[17]), bei Paratyphosen (TOPLEY, GREENWOOD, WILSON und NEWBOLD[18], SCHUPELIUS[19], WOLFF[20]), bei Kückenruhr (B. pullorum) (DALLING, MASON und GORDON[21], BELLER[22]), bei Streptokokkeninfektionen (GROSSMANN[23]), bei Rattenmilzbrand (KRITSCHEWSKI und MESSIK[24], JANUSCHKE[25]), bei der Lepra des Menschen (FALCÃO[26], LEBOEUF[27],

---

[1] ANDERSON, J. F., u. W. H. FROST: J. amer. med. Assoc. **56**, 663 (1911). — FROST, W. H.: Hyg. Labor. Bull. Washington **1913**, Nr 90.

[2] KLING, C., u. C. LEVADITI: Ann. Inst. Pasteur **27**, 718, 839 (1913).

[3] LEAKE, J. P.: Hyg. Labor. Bull. Washington **1918**, Nr 111.

[4] AYCOCK, W. L.: Amer. J. Hyg. **8**, 35 (1928).

[5] SHAUGHNESSY, H. J., P. H. HARMON u. F. B. GORDON: Proc. Soc. exper. Biol. a. Med. **27**, 742 (1930) — J. prevent. Med. **4**, 463 (1930).

[6] FAIRBROTHER, R. W., u. W. G. S. BROWN: Lancet **1930 II**, 895. — FAIRBROTHER, R. W.: Immunität usw. **3**, 92 (1931).

[7] AYCOCK, W. L., u. S. D. KRAMER: J. prevent. Med. **4**, 189, 457 (1930). — AYCOCK, W. L., W. LLOYD u. S. D. KRAMER: J. of exper. Med. **52**, 457 (1930).

[8] JUNGEBLUT, C. W., u. R. THOMPSON: Immunität usw. **3**, 1 (1931).

[9] RAMSINE, S.: Arch. Inst. Pasteur Tunis **18**, 247 (1929). — Siehe auch C. NICOLLE: Ebenda **18**, 255 (1929).

[10] BARYKIN, V., S. MINERVIN u. A. KOMPANEEC: Gig. i Epidem. (russ.) **10**, Nr 1, 28, 102 (1931).

[11] BEDSON, S. P., G. T. WESTERN u. S. L. SIMPSON: Lancet **1930 I**, 235, 345.

[12] GORDON, M. H.: Lancet **1930 I**, 1174.

[13] ELLICOTT, V. L., u. C. H. HALLIDAY: Publ. Health Rep. **46**, 843 (1930).

[14] SCHMID, H. J.: Z. klin. Med. **117**, 563 (1931).

[15] FREI, W.: Z. klin. Med. **117**, 594 (1931).

[16] ELKELES, G., u. E. BARROS: Erg. Hyg. **12**, 529 (1931).

[17] DINGER, J. E., W. A. P. SCHÜFFNER, E. P. SNIJDERS u. N. H. SWELLENGREBEL: Nederl. Tijdschr. Geneesk. **75 I**, 2964 (1931).

[18] TOPLEY, W. W. C., M. GREENWOOD, J. WILSON u. E. M. NEWBOLD: J. of Hyg. **27**, 397 (1928).

[19] SCHUPELIUS: Dtsch. Schlachthofztg **30**, 303 (1930).

[20] WOLFF, J. W.: Zbl. Bakter. I Orig. **117**, 112 (1930).

[21] DALLING, T., J. H. MASON u. W. S. GORDON: Vet. J. **83**, 555 (1927).

[22] BELLER, K.: Berl. tierärztl. Wschr. **46**, Nr 46, 884 (1930).

[23] GROSSMANN, H.: Klin. Wschr. **10**, Nr 12, 551 (1931).

[24] KRITSCHEWSKI, J. L., u. R. E. MESSIK: Z. Immun.forsch. **65**, 420 (1930) — Trudy mikrobiol. naučn.-izsled. Inst. (russ.) **5**, 309, 381 (1930).

[25] JANUSCHKE, E.: Z. Immun.forsch. **68**, 252 (1930).

[26] FALCÃO, Z.: Lepra (Lpz.) **11**, 98 (1910).

[27] LEBOEUF, A.: Bull. Soc. Path. exot. Paris **5**, 569 (1912). — LEBOEUF, A., u. E. JAVELLY: Ebenda **6**, 607 (1913).

Couvy[1], Agricola[2], Serra[3], Rogers und Muir[4], Cochrane[5], Hoffmann und Baez[6]; vgl. auch Jadassohn[7] sowie Klingmüller[8]) und der Ratten (Marchoux[9], Schlossberger und Koch[10], Koch[11]; vgl. auch Bayon[12]), bei der spontanen Pest der Nagetiere (Popov[13]), bei Protozoeninfektionen (Malaria, Trypanosen, Leishmaniosen, Amöbeninfektionen) (Thomson[14], Faust[15], Collier[16]) u. a.

Von Interesse ist die Feststellung, daß manche derartige latente oder „labile" Infektionen, z. B. die Piroplasmose der Hunde (Gonder und Rodenwaldt[17]), Affen (Kikuth[18]), Eichhörnchen (Nauck[19]) und Beutelratten (Regendanz und Kikuth[20]), die Bartonellose der Ratten (Mayer, Borchardt und Kikuth[21], Ford und Eliot[22], Haendel und Haagen[23]; s. S. 603), Beutelratten und Opossums (Regendanz[24]) sowie Hunde (Kikuth[25]), ferner die Infektion weißer Mäuse mit dem Eperythrozoon coccoides (Schilling[26], Dinger[27], Eliot und Ford[28]) sowie Spirochäteninfektionen bei Opossums (Spirochaeta didelphydis) (Regendanz und Kikuth[20]) durch Entmilzung, die Bartonellose der Ratten auch durch „Blockierung" (Haendel und Haagen[23]) aktiviert und manifest werden können. Eine große Zahl von Feststellungen weist ferner darauf hin, daß besonders durch akute Infektionsprozesse latente Krankheitsherde anderer Art wieder mobilisiert werden können. Unter anderem wäre hier die Beobachtung verschiedener Autoren (Roncali[29], Tarozzi[30], Canfora[31], Francis[32], Reymann[33], Walbum[34]) anzuführen,

[1] Couvy: Bull. Soc. Path. exot. Paris 7, 365 (1914).

[2] Agricola, E.: Inaug.-Dissert. Univ. Bello-Horizonto, Minas, Brasilien 1921.

[3] Serra, A.: Giorn. ital. Mal. ven. 63, 767 (1922).

[4] Rogers, L., u. E. Muir: Leprosy. Bristol: J. Wright and Sons Ltd. 1925.

[5] Cochrane, R. G.: J. Army med. Corps 47, 423 (1926).

[6] Hoffmann, W. H., u. P. R. Baez: J. dos Clinicos (Rio de Janeiro) 9, 355 (1928).

[7] Jadassohn, J.: Lepra. Handb. d. pathogen. Mikroorganismen, 3. Aufl. Herausg. von W. Kolle, R. Kraus u. P. Uhlenhuth 5, 1063 (1928).

[8] Klingmüller, V.: Die Lepra. Handb. d. Haut- u. Geschlechtskrankheiten. Herausg. von J. Jadassohn 10 II (1930).

[9] Marchoux, E.: Bull. Soc. franç. Dermat. 20, 247 (1913). — Marchoux, E., u. F. Sorel: C. r. Soc. Biol. Paris 72, 169, 214, 269 (1912) — Ann. Inst. Pasteur 26, 675 (1912).

[10] Schlossberger, H., u. F. Koch: Gedenkschrift für Prof. Joannović. Srpski Arch. Lekarst. 34, 364 (1932).

[11] Koch, F.: Zbl. Hautkrkh. 40, 433 (1932). [12] Bayon, H.: Ann. trop. Med. 9, 1, 535 (1915).

[13] Popov, V.: Vestn. Mikrobiol. (russ.) 10, 63 (1931).

[14] Thomson, J. G.: Proc. roy. Soc. Med. 24, 499 (1931).

[15] Faust, E. C.: Amer. J. trop. Med. 11, 231 (1931).

[16] Collier, W. A.: Z. Hyg. 112, 88 (1931).

[17] Gonder, R., u. E. Rodenwaldt: Zbl. Bakter. I Orig. 54, 236 (1910).

[18] Kikuth, W.: Arch. Schiffs- u. Tropenhyg. 31, 37 (1927).

[19] Nauck, E. G.: Arch. Schiffs- u. Tropenhyg. 31, 322 (1927).

[20] Regendanz, P., u. W. Kikuth: Arch. Schiffs- u. Tropenhyg. 32, 587 (1928).

[21] Mayer, M., W. Borchardt u. W. Kikuth: Arch. Schiffs- u. Tropenhyg. 31, Beih. 4 (1927). — Siehe auch W. Kikuth: Münch. med. Wschr. 75, Nr 37, 1595 (1928).

[22] Ford, W. W., u. C. P. Eliot: Trans. Assoc. amer. Physicians 43, 95 (1928); 45, 356 (1930) — Amer. J. Hyg. 12, 669 (1930).

[23] Haendel, L., u. E. Haagen: Arb. Inst. exper. Ther. Frankfurt a. M. 21, 73 (1928).

[24] Regendanz, P.: Zbl. Bakter. I Orig. 109, 321 (1928).

[25] Kikuth, W.: Klin. Wschr. 7, Nr 37, 1729 (1928).

[26] Schilling, V.: Klin. Wschr. 7, Nr 39, 1853 (1928).

[27] Dinger, J. E.: Nederl. Tijdschr. Geneesk. 72, Nr 48, 5903 u. Nr 51, 6341 (1928) — Zbl. Bakter I Orig. 113, 503 (1929).

[28] Eliot, C. P., u. W. W. Ford: Amer. J. Hyg. 12, 677 (1930).

[29] Roncali, D. B.: Boll. Soc. Natural., Napoli 7, Nr 1, 2 (1895).

[30] Tarozzi, C.: Zbl. Bakter. I Orig. 40, 305, 451 (1906).

[31] Canfora, M.: Zbl. Bakter. I Orig. 45, 495 (1908).

[32] Francis, E.: U. S. A. Hyg. Laborat. Washington D. C., Bull. 1914, Nr 95.

[33] Reymann, H. C.: Z. Immun.forsch. 50, 31 (1927).

[34] Walbum, L. E.: Z. Tbk. 48, 193 (1927).

daß Kaninchen, Meerschweinchen und Mäuse, die mit nichttödlichen Mengen
von Tetanussporen infiziert worden waren, die Sporen monatelang in ihrem
Organismus beherbergen, ohne irgendwelche Krankheitserscheinungen darzu-
bieten, daß sie aber an akutem Tetanus eingehen, wenn ihnen irgendwelche
andere Infektionserreger, z. B. Staphylokokken, die an sich keine Krankheitserscheinungen auslösen, eingeimpft werden. In ähnlicher Weise konnte MAR-
CHOUX[1] bei Ratten, die mit Rattenlepramaterial infiziert worden waren, durch
wenig virulente Staphylokokken eine Aktivierung des leprösen Krankheits-
prozesses herbeiführen. Schließlich wären noch die Befunde von DELORME und
ANDERSON[2] zu erwähnen, nach denen bei Mäusen, die eine experimentelle
Recurrensinfektion überstanden hatten und 2 Monate später mit Nagana-
trypanosomen infiziert wurden, ein neues Auftreten der Rückfallfieberspirochäten im Blute, also auch die Mobilisierung einer latenten Infektion zu beobachten war.

Da beispielsweise das von TALIAFERRO[3] (s. auch bei SCHLOSSBERGER und
WORMS[4]) bei der Rattentrypanosomiasis (Trypanosoma lewisi) im Blut auftretende vermehrungshemmende Reaktionsprodukt nach den Befunden von
REGENDANZ und KIKUTH[5] hauptsächlich in der Milz gebildet wird, nehmen diese
Autoren in Übereinstimmung mit zahlreichen früheren Untersuchern (s. S. 629),
nach denen die Milz als wesentliche Bildungsstätte der Antikörper bei Protozoeninfektionen anzusehen ist, an, daß die nach Entmilzung zu beobachtende Aktivierung latenter Infektionen in erster Linie auf einen Ausfall an Immunstoffen
zurückzuführen ist. Auf Grund der bereits eingangs dargelegten Erwägungen
kann diese Auffassung allerdings noch nicht als sicher bewiesen angesehen werden.
Jedenfalls erscheint im Hinblick auf die von KAWAMURA[6] gemachte, hernach
nochmals zu erwähnende Beobachtung, daß bei frisch entmilzten Mäusen, die mit
Recurrensspirochäten und gleichzeitig oder kurz danach mit Trypanosomen
infiziert wurden, die Trypanosomeninfektion einen ebenso verzögerten Verlauf
zeigt wie bei nichtentmilzten Mäusen, eine Verallgemeinerung der Annahme
von REGENDANZ und KIKUTH nicht zulässig (vgl. auch KRITSCHEWSKI und
SCHWARZMANN[7], VÉLU, BALOZET und ZOTTNER[8]).

In diesem Zusammenhang wäre noch die bemerkenswerte Feststellung von
BLUMENTHAL und AULER[9], HIRSCHFELD und TINOZZI[10], HAENDEL und HAAGEN[11]
sowie KIKUTH[12] anzuführen, daß bei Ratten, denen Tumormaterial implantiert
worden war, die im Anschluß an eine gleichzeitige oder nachfolgende Entmilzung
auftretende Bartonellenanämie in einem geringeren Prozentsatz oder später zum
Tode führt als bei entmilzten Ratten ohne Tumoren. Zur Erklärung dieser
merkwürdigen Erscheinung nimmt KIKUTH[12] an, daß der durch die Tumorent-
wicklung bewirkte, durch das Auftreten zahlreicher jugendlicher Erythrocyten
und einer Leukocytose erkennbare Reizzustand des gesamten hämatopoetischen

[1] MARCHOUX, E.: Bull. Soc. Path. exot. Paris **5**, 466 (1912).
[2] DELORME, M., u. T. E. ANDERSON: C. r. Soc. Biol. Paris **98**, 1183 (1928).
[3] TALIAFERRO, W. H.: J. of exper. Med. **39**, 171 (1924).
[4] SCHLOSSBERGER, H., u. W. WORMS: Trypanosomiasen, Spirochätosen u. Spirillosen.
In Anatomie u. Pathologie der Spontanerkrankungen der kleinen Laboratoriumstiere. Herausg
von R. JAFFÉ. S. 635. Berlin: Julius Springer 1931.
[5] REGENDANZ, P., u. W. KIKUTH: Zbl. Bakter. I Orig. **103**, 271 (1927).
[6] KAWAMURA, H.: Zbl. Bakter. I Orig. **120**, 59 (1931).
[7] KRITSCHEWSKI, J., u. L. SCHWARZMANN: Z. Immun.forsch. **56**, 322 (1928).
[8] VÉLU, H., L. BALOZET u. G. ZOTTNER: Arch. Inst. Pasteur Tunis **20**, 21 (1931).
[9] BLUMENTHAL, F., u. H. AULER: Z. Krebsforsch. **24**, 284 (1927).
[10] HIRSCHFELD, H., u. F. P. TINOZZI: Z. Krebsforsch. **26**, 304 (1928).
[11] HAENDEL, L., u. E. HAAGEN: Arb. Inst. exper. Ther. Frankfurt a. M. **21**, 73 (1928).
[12] KIKUTH, W.: Zbl. Bakter. I Orig. **109**, 51 (1928).

Systems die Vermehrung der mit Vorliebe in Normocyten sich ansiedelnden Bartonellen verzögert. Da indessen nach den Befunden von Haendel und Haagen[1] bei Ratten, deren Impfung mit Tumormaterial kurz nach der Milzexstirpation erfolgte, keine nachweisbare Verzögerung des Auftretens und keine Verringerung der Bartonellen, trotzdem aber eine geringere Sterblichkeit im Vergleich mit den Kontrollen nachzuweisen war, hat es den Anschein, daß das Phänomen eher auf eine unspezifische Resistenzsteigerung (s. S. 581 und 585) zurückzuführen ist.

Während bei manchen akut verlaufenden Infektionskrankheiten, z. B. bei Pneumokokkenerkrankungen, der Ausgang in Heilung in der Regel mit einer *vollständigen Vernichtung* der im krankhaften Gewebe enthaltenen Erreger durch die Immunstoffe des Organismus verbunden ist, findet bei günstigem Verlauf mancher anderer akuter und vor allem der chronischen Infektionskrankheiten (S. 591) eine solche Sterilisierung des Organismus anscheinend nicht statt; vielmehr besteht die Immunität in diesen Fällen letzten Endes darin, daß sich im Laufe der Erkrankung eine Anpassung des Wirtsorganismus an den Infektionserreger ausbildet, und daß dadurch dieser trotz Erhaltung seiner Virulenz für den Träger dauernd oder aber nur vorübergehend unschädlich wird (s. S. 595 und 603). Letzteres ist besonders der Fall bei den rezidivierenden oder schubweise verlaufenden Krankheiten, deren Erreger die Fähigkeit besitzen, sich ihrerseits der jeweiligen „Umstimmung" des Wirtsorganismus anzupassen (S. 526 und 603). Trotzdem besteht aber entgegen der von manchen Autoren geäußerten Vermutung kein Anlaß, prinzipiell etwa zwischen „sterilisierender" und „nichtsterilisierender" Immunität zu unterscheiden. Vielmehr lassen sich die verschiedenen Ausdrucksformen der Immunität zwanglos auf quantitative Differenzen zurückführen, die einerseits durch Verschiedenheiten des von den Infektionserregern auf die Körperzellen ausgeübten Reizes, andererseits durch Unterschiede in der Reaktionsfähigkeit der Gewebe des infizierten Makroorganismus bedingt sein können (vgl. S. 588ff.). Zugunsten dieser Annahme spricht vor allem die Tatsache, daß von Individuen einer Art, die eine bestimmte Infektion überstanden haben, manche noch nach langer Zeit die spezifischen Erreger in ihren Geweben beherbergen, während bei anderen die Immunitätsvorgänge zu einer raschen und restlosen Vernichtung der Krankheitskeime führen (vgl. Topley und Ayrton[2]).

Zahlreiche Autoren bezeichnen den hauptsächlich im Verlauf chronischer Infektionskrankheiten, besonders bei Syphilis und Tuberkulose zu beobachtenden Zustand, daß der betreffende Organismus zwar noch die spezifischen Erreger enthält, aber auf homologe Superinfektionen überhaupt nicht oder wenigstens nicht mit primären Krankheitserscheinungen reagiert, als „*Infektionsimmunität*" (S. 595) und wollen damit zum Ausdruck bringen, daß das veränderte Verhalten des Organismus durch das Fortbestehen der Erstinfektion bedingt sei. In der Tat ist nun aber ein solcher kausaler Zusammenhang keineswegs bewiesen; vielmehr besteht hier nicht nur die Möglichkeit, sondern die Wahrscheinlichkeit, daß umgekehrt die aktiven Immunitätsvorgänge infolge des schwachen Infektionsreizes zu geringgradig, und daß eben infolge davon noch Krankheitserreger im Organismus vorhanden sind. Dieser Standpunkt wird hinsichtlich der Syphilisimmunität vor allem von Chesney[3], Brown[4] sowie Matsumoto[5] (s. auch Schloss-

---

[1] Haendel, L., u. E. Haagen: Zitiert auf S. 328.
[2] Topley, W. W. C., u. J. Ayrton: J. of Hyg. **22**, 222, 234 (1924).
[3] Chesney, A. M.: Medicine **5**, 463 (1926) — Amer. J. Syph. **14**, 289 (1930).
[4] Brown, W. H.: Verh. 8. internat. Kongr. Dermat. (Kopenhagen) **1930**, 140.
[5] Matsumoto, Sh. J.: Verh. 8. internat. Kongr. Dermat. (Kopenhagen) **1930**, 174.

BERGER und WORMS[1]) und bezüglich der Immunität bei Framboesie von SCHÖBL[2] vertreten.

Von besonderem Interesse ist hier die von BROWN und PEARCE[3] bei Syphilis, von SCHÖBL[4] bei Framboesie experimentell studierte Tatsache, daß bei den genannten beiden, in Schüben verlaufenden Erkrankungen die Späterscheinungen um so schwächer sind, je stärker die Frühmanifestationen waren, und daß umgekehrt bei geringgradigen Frühsymptomen im späteren Verlauf der Krankheit ausgedehntere pathologische Veränderungen festgestellt werden können. So ist es eine viel beobachtete und diskutierte Erscheinung, daß Paralyse und Tabes häufig bei Individuen auftreten, deren Syphilisinfektion von Haus aus oder auch unter dem Einfluß einer zur völligen Ausheilung nicht ausreichenden Behandlung in besonders milder Form oder überhaupt symptomlos verlaufen ist, und daß bei primitiven Völkern mit endemischer Lues, bei denen tertiäre Erkrankungen der Haut und der Knochen in viel stärkerem Ausmaße vorkommen als bei zivilisierteren Nationen, die sog. metasyphilitischen Prozesse viel seltener sind (WILLMANNS[5], JAHNEL[6], STEINER[7]). Es handelt sich hierbei zweifellos um Differenzen hinsichtlich der Intensität der Abwehrvorgänge seitens des Organismus; darüber, ob hierfür Besonderheiten, etwa eine verschiedene Virulenz der Erreger oder aber Unterschiede bezüglich der natürlichen Resistenz und der Reaktionsfähigkeit des infizierten Organismus verantwortlich zu machen sind, besteht allerdings unter den Autoren noch keine Übereinstimmung. Die ebenfalls von BROWN und PEARCE[3] hervorgehobene Tatsache, daß bei der Syphilis unbehandelter Individuen (Mensch, Kaninchen) die einzelnen Organe und Organsysteme in einer bestimmten Reihenfolge — Integument (Haut und Schleimhaut), innere Organe, Blutgefäß- und Zentralnervensystem — von der Erkrankung ergriffen werden, trotzdem die Erreger zweifellos schon zu Beginn der Infektion durch die Körpersäfte im ganzen Organismus verbreitet werden, spricht nach den genannten Autoren sowie nach SCHÖBL[4] einmal dafür, daß sich die verschiedenen Gewebe des Körpers für die Ansiedlung und Vermehrung der Spirochäten nicht in gleicher Weise eignen; vor allem ist aber anzunehmen, daß die einzelnen Organe gegenüber den schädlichen Wirkungen der Syphiliserreger nicht die gleiche Empfindlichkeit besitzen, daß sie deshalb zu verschiedenen Zeiten auf die Infektion reagieren und eine Immunität erwerben.

Weiterhin wäre hier auf die neueren Forschungen hinzuweisen, welche sich mit den *biologischen Besonderheiten der Mikroorganismen* und mit der Bedeutung dieser Eigenschaften in epidemiologischer und pathogenetischer Hinsicht beschäftigen. Vor allem sind hier die von H. BRAUN[8], HIRSCH[9], LONG[10] und zahl-

[1] SCHLOSSBERGER, H., u. W. WORMS: Arch. f. Dermat. **164**, 628 (1932).

[2] SCHÖBL, O.: Philippine J. Sci. **35**, 209 (1928).

[3] BROWN, W. H., u. L. PEARCE: J. amer. med. Assoc. **77**, 1619 (1921).

[4] SCHÖBL, O.: Philippine J. Sci. **46**, 169 (1931).

[5] WILLMANNS, K.: Klin. Wschr. **4**, Nr 23, 1097 (1925).

[6] JAHNEL, F.: Allgemeine Pathologie u. pathologische Anatomie der Syphilis des Nervensystems. Handb. der Haut- u. Geschlechtskrankheiten. Herausg. von J. JADASSOHN **17**I, 1. Berlin: Julius Springer 1929.

[7] STEINER, G.: Klinik der Neurosyphilis. Handb. der Haut- u. Geschlechtskrankheiten. Herausg. von J. JADASSOHN **17**I, 171. Berlin: Julius Springer 1929.

[8] BRAUN, H.: Methoden zur Untersuchung des Verwendungsstoffwechsels. Berlin u. Wien: Urban & Schwarzenberg 1930 — Zbl. Bakter. I Orig. **122**, 5 (1931).

[9] HIRSCH, J.: Zbl. Bakter. I Orig. **122**, 32 (1931).

[10] LONG, E. R.: Bull. Hopkins Hosp. **33**, 246 (1922) — Amer. Rev. Tbc. **5**, 705, 857 (1922) — Tubercle **6**, 128 (1924). — Siehe auch L. K. CAMPBELL: Amer. Rev. Tbc. **11**, 458 (1925).

reichen anderen Autoren (s. insbesondere Buchanan und Fulmer[1]) durchgeführten aussichtsreichen Untersuchungen über die Assimilations- und Dis-
similationsprozesse bei Bakterien zu nennen (vgl. S. 529 und 554). Da nach den
bisherigen Ergebnissen sowohl innerhalb der Gruppe der pathogenen Mikroorganismen, wie auch zwischen diesen und den ihnen nahestehenden sapro-
phytischen Bakterienarten charakteristische Unterschiede hinsichtlich des Stoffwechsels bestehen, erscheint das Studium dieser Vorgänge zur Aufklärung
mancher mit dem Infektionsproblem zusammenhängender Fragen ganz besonders
geeignet. Von Interesse ist besonders auch die in pathogenetischer Hinsicht
wichtige Feststellung von Castellani[2] sowie De Muro[3], daß zwei Arten von
Mikroorganismen, von denen jede für sich nicht in der Lage ist, bestimmte Stoffe,
z. B. Kohlehydrate, zu zerlegen, unter Umständen dann, wenn sie in Symbiose
leben, einen Abbau dieser Substanzen herbeiführen können.

Hierher gehören ferner die Untersuchungen über die Beeinflussung der
Virulenz von Infektionserregern bei der Passage durch bestimmte Tierarten
(vgl. S. 521). So konnte neuerdings Molinié[4] feststellen, daß bei Schweinen die
Infektion mit Rinderpest häufig abortiv oder nur sehr leicht verläuft, daß aber
das Virus durch diese Schweinepassage eine erhebliche Steigerung seiner Infektiosität für Rinder erfährt. Auch die von Barrier, Carnot, Marchoux, Renault,
Vallée und Netter[5] gemachte Beobachtung, daß beim Menschen das durch den
Genuß von roher Milch infizierter Ziegen und Schafe hervorgerufene undulierende
Fieber wesentlich schwerer verläuft als die durch infektiöse Kuhmilch bewirkte
ätiologisch identische Erkrankung, deutet darauf hin, daß durch die Anpassung
eines Krankheitserregers an eine bestimmte Tierart sein Chemismus und damit
auch seine krankmachenden Eigenschaften für Individuen anderer Arten eine
erhebliche Änderung erfahren können. Besonders deutlich tritt dieser Einfluß
des Wirtskörpers auf das krankmachende Agens bei den unter verschiedenen
Namen — Fleckfieber, Brillsche Krankheit, Tabardillo, Fièvre boutonneuse,
Tsutsugamushikrankheit, Rocky Mountain Spotted Fever u. a. — beschriebenen
Formen von infektiösen exanthematischen Erkrankungen, die allem Anschein
nach zwar durch dasselbe Virus hervorgerufen, aber durch verschiedene Zwischen-
wirte übertragen werden, in die Erscheinung. Während nämlich das in einem
hohen Prozentsatz tödlich verlaufende Fleckfieber durch Läuse von Mensch zu
Mensch verbreitet wird, erfolgt bei den milderen Formen, z. B. bei der Brillschen
Krankheit in Nordamerika oder bei dem in den Mittelmeerländern vorkommenden
Fièvre boutonneuse die Übertragung vermutlich durch andere Insekten (Zecken,
Wanzen, Flöhe oder Milben); zudem ist nach den bisher vorliegenden Unter-
suchungsergebnissen anzunehmen, daß als Reservoir des als Erreger dieser gut-
artigen Formen des Fleckfiebers in Frage kommenden Virus Ratten und vielleicht
auch andere Nagetiere anzusehen sind, daß also die Zwischenwirte hier den
Infektionsstoff möglicherweise nicht von Mensch zu Mensch übertragen (Belii[6],
Maxcy[7], Rubinato[8], Plazy[9], Sampietro[10], Durand und Conseil[11], Jewell und

---

[1] Buchanan, R. E., u. E. J. Fulmer: Physiology and biochemistry of bacteria. 3 Bände.
London: Baillière, Tindall and Cox 1928—1930.
[2] Castellani, A.: J. trop. Med. **29**, 360 (1926).
[3] De Muro, P.: J. trop. Med. **34**, 105 (1931).
[4] Molinié, J. P.: Rec. Méd. vét. exot. **4**, 5 (1931).
[5] Barrier, Carnot, Marchoux, Renault, Vallée u. Netter: Bull. Acad. Méd. Paris,
III. s., **105**, 255 (1931).
[6] Belii, C. M.: Rinasc. med. **6**, 401 (1929).
[7] Maxcy, F. K.: Publ. Health Rep. **44**, 589, 1735 (1929).
[8] Rubinato, G.: Policlinico Sez. med. **37**, 500 (1930).
[9] Plazy, L.: Presse méd. **38**, 1044 (1930).   [10] Sampietro, G.: Ann. Igiene **40**, 898 (1930).
[11] Durand, P., u. E. Conseil: C. r. Acad. Sci. Paris **190**, 1244 (1930).

Cormack[1], Lutrario[2], Mooser, Castaneda und Zinsser[3], Blanc und Caminopetros[4] u. a.).

Es erscheint nicht ausgeschlossen, daß bei den zwischen diesen verschiedenen Formen von exanthematischem Fieber bestehenden Abweichungen in klinischer Hinsicht neben der Anpassung des Erregers an verschiedenartige Virusträger vielleicht auch *klimatische Einflüsse auf das Virus* eine Rolle spielen. Dafür, daß die Infektiosität eines belebten Krankheitsstoffs durch derartige Einwirkungen eine Änderung erfahren kann, sprechen die Ergebnisse experimenteller Untersuchungen von Dinger, Schüffner, Snijders und Swellengrebel[5] über Gelbfieber. Es zeigte sich nämlich, daß mit Gelbfieber infizierte Mücken (Stegomyia fasciata) dann, wenn man sie einige Zeit lang einer Temperatur von 22° aussetzt, durch ihren Stich Affen nicht mehr krank machen, daß es aber bei diesen Tieren zu einer latenten Infektion kommt, die eine starke Immunität zurückläßt. Bringt man die infizierten Mücken aber dann wieder für einige Zeit in eine Temperatur von 26°, so kehrt die volle Virulenz des Gelbfiebervirus zurück. Die von Clauberg und Marcuse[6] bei Diphtheriebacillen festgestellten jahreszeitlichen Schwankungen der Virulenz, die mit der Kurve der Diphtheriemorbidität parallel laufen, deuten darauf hin, daß auch bei anderen Krankheitserregern die Temperaturverhältnisse einen erheblichen Einfluß auf die Infektiosität ausüben können. Zweifellos unterliegen die pathogenen Mikroorganismen aber sowohl im infizierten Organismus wie auch in der Außenwelt noch zahlreichen anderen, großenteils noch unbekannten Einwirkungen der verschiedensten Art, die zu einer Änderung der krankmachenden Eigenschaften in dieser oder jener Richtung und damit auch zu einem Wandel des Charakters der durch sie hervorgerufenen Krankheiten führen (vgl. z. B. Dimitrijević-Speth und Jovanović[7], Hopmann und Panhuysen[8], Schmid[9]; s. auch Collier[10]).

Weiter wäre hier noch kurz auf die neueren experimentellen Untersuchungen, welche sich mit dem Mechanismus und dem Verlauf von *Mischinfektionen* beschäftigen, hinzuweisen. Wie bereits (S. 576; weitere Literatur bei Kawamura[11]) ausgeführt wurde, kann die Widerstandsfähigkeit eines Individuums gegenüber bestimmten Krankheitserregern durch die verschiedenartigsten endo- und exogenen Einflüsse, unter anderem durch vorausgegangene, gleichzeitig bestehende oder später hinzukommende andersartige Infektionskrankheiten eine einschneidende Änderung im Sinne einer Abschwächung oder auch einer Erhöhung erfahren. So ergibt sich z. B. aus neueren Untersuchungen von Bürgers[12] mit Diphtherie- und Influenzabacillen sowie mit Pneumokokken- und Streptokokken, daß durch das Hinzutreten anderer pathogener Keime die Virulenz eines Krankheitserregers erheblich gesteigert bzw. die Resistenz des befallenen Organismus beträchtlich vermindert werden kann. Auch die Feststellung von Garibbo[13], daß bei Kindern durch typhöse Erkrankungen schweren und mittelschweren

---

[1] Jewell, N. P., u. R. P. Cormack: J. trop. Med. **33**, 301 (1930).
[2] Lutrario, A.: Bull. mens. Off. internat. Hyg. publ. **23**, 676 (1931).
[3] Mooser, H., M. R. Castaneda u. H. Zinsser: J. amer. med. Assoc. **97**, 231 (1931).
[4] Blanc, G., u. J. Caminopetros: Presse méd. **39**, 592 (1931).
[5] Dinger, J. E., W. A. P. Schüffner, E. P. Snijders u. N. H. Swellengrebel: Nederl. Tijdschr. Geneesk. **75 II**, 5384 (1931).
[6] Clauberg, K. W., u. K. Marcuse: Zbl. Bakter. I Orig. **121**, 229 (1931).
[7] Dimitrijević-Speth, V., u. L. Jovanović: Zbl. Bakter. I Orig. **121**, 64 (1931).
[8] Hopmann, R., u. A. Panhuysen: Münch. med. Wschr. **78**, 1208 (1931).
[9] Schmid, H. J.: Z. klin. Med. **117**, 563 (1931).
[10] Collier, W. A.: Die Seuchen. Braunschweig: F. Vieweg & Sohn 1930.
[11] Kawamura, H.: Zbl. Bakter. I Orig. **120**, 59 (1931).
[12] Bürgers, J.: Klin. Wschr. **9**, 1666 (1930).
[13] Garibbo, A.: Ann. Ist. Maragliano **8**, 31 (1931).

Grades die vorher positive Tuberkulinprobe negativ wird, weist darauf hin, daß die Abwehrmaßnahmen der Individuen gegen Tuberkulose unter dem Einfluß der fieberhaften Affektion eine Verminderung erleiden (vgl. Brandenberg; s. S. 577). Die Aktivierung latenter Infektionen durch akzidentelle Erkrankungen wurde bereits oben erwähnt (s. diesen Beitrag S. 328).

Andererseits beobachtete Hirayama[1], daß tuberkulöse Meerschweinchen gegenüber Milzbrandbacillen und Streptokokken sowie gegen Diphtheriegift eine gesteigerte Widerstandsfähigkeit im Vergleich mit gesunden Individuen dieser Tierart aufweisen. Sodann konnte Kawamura[2] zum Teil in Bestätigung der Angaben früherer Autoren zeigen, daß bei Mäusen, die gleichzeitig mit Nagana (Trypanosoma brucei) und Rückfallfieberspirochäten oder zunächst mit diesen und 1—9 Tage danach mit Nagana infiziert worden waren, eine erhebliche Verzögerung der Trypanosomeninfektion eintrat, und zwar bemerkenswerterweise auch dann, wenn die Mäuse zuvor entmilzt oder mit kolloidalem Wismut oder mit Eisenzucker „blockiert" worden waren. Ebenso stellte Kawamura bei Mäusen, die etwa zu gleicher Zeit mit zwei verschiedenen Recurrensstämmen (Spirochaeta crocidurae und Spir. hispanica) infiziert worden waren, eine recht erhebliche wechselseitige Beeinflussung fest, die teils in einer Verstärkung, teils in einer temporären Zurückdrängung der einen der beiden Infektionen bestand. Dagegen erfährt nach den Befunden von Vélu, Balozet und Zottner[3] im Organismus von Meerschweinchen, die gleichzeitig mit Trypanosomen (Trypanosoma marocanum) und mit der für diese Tierart pathogenen Spirochaeta hispanica, dem Erreger des in Spanien endemischen Rückfallfiebers, infiziert worden sind, der Ablauf der Trypanosomeninfektion keine Veränderung. Ferner haben dann noch Neufeld und Etinger-Tulczynska[4] sowohl in vivo, wie auch in vitro zwischen verschiedenen Arten von bakteriellen Krankheitserregern, vor allem zwischen verschiedenen Typen von Pneumokokken eine wechselseitige Hemmung beobachtet. Wurden Mäuse mit einem Gemisch verschiedener Pneumokokkentypen von der Nasenschleimhaut aus infiziert oder wurden ihnen verschiedene Typen zu gleichen Teilen gemischt oder an verschiedenen Körperstellen getrennt injiziert, so trat in der Regel nur einer der Typen im Blute auf und führte zur Septikämie; auch am Orte der Einspritzung wurde der unterliegende Typus häufig vollständig verdrängt. Ebenso war auch zwischen einem hämolytischen Streptococcus und einem Pneumococcus in derartigen Versuchen ein starker Antagonismus zu beobachten; weniger ausgesprochen war das Phänomen bei gleichzeitiger Infektion mit Pneumokokken und Friedländer-Bacillen, und noch schwächer war die Hemmung zwischen Pneumokokken und Pasteurellabacillen.

Was das Zustandekommen dieser wechselseitigen Beeinflussung zweier verschiedener Infektionserreger im doppeltinfizierten Organismus anbetrifft, so ist auf Grund der Ergebnisse von Kawamura[5] anzunehmen, daß sowohl die Hemmungserscheinungen zwischen zwei verschiedenen Recurrensstämmen als auch die temporäre Zurückdrängung und der dadurch bedingte schubweise Verlauf einer experimentellen Naganainfektion bei den gleichzeitig mit Rückfallfieber infizierten Mäusen auf einer Beeinträchtigung bzw. unspezifischen Steigerung der spezifischen Abwehrmaßnahmen des Organismus beruht. Besonders spricht

---

[1] Hirayama, T.: Z. Immun.forsch. **68**, 218, 230 (1930).

[2] Kawamura: Zitiert auf S. 332.

[3] Vélu, H., L. Balozet u. G. Zottner: C. r. Soc. Biol. Paris **106**, 1092 (1931) — Arch. Inst. Pasteur Tunis **20**, 21 (1931).

[4] Neufeld, F., u. R. Etinger-Tulczynska: Zbl. Bakter. I Ref. **105**, 476 (1932). — Etinger-Tulczynska, R.: Z. Hyg. **113**, 762 (1932).

[5] Kawamura: Zitiert auf S. 332.

die Feststellung, daß bei den mit Recurrensspirochäten und Nagana infizierten Mäusen die von Zeit zu Zeit im Blute auftretenden Trypanosomen Rezidiv-stammeigenschaften (s. S. 528) aufweisen, in diesem Sinne. Mit dieser Auffassung würde auch die eben erwähnte Beobachtung von VÉLU, BALOZET und ZOTTNER, daß bei Meerschweinchen die bei dieser Tierart an sich schon schubweise ver-laufende Trypanosomenerkrankung durch eine gleichzeitige Recurrensinfektion nicht beeinflußt wird, in Einklang stehen. Es erscheint daher nicht ausgeschlos-sen, daß bei der sog. Infektionsbehandlung syphilitischer Krankheitsprozesse, speziell der progressiven Paralyse, die heutzutage in Form der von J. WAGNER v. JAUREGG im Jahre 1917 eingeführten Malariabehandlung (vgl. GERSTMANN[1]), der von PLAUT und STEINER[2] empfohlenen Einimpfung von Recurrensspirochäten und der von SOLOMON, BERK, THEILER und CLAY[3] vorgeschlagenen, in Deutsch-land erstmals durch KIHN[4] erprobten Infektion mit den Spirillen der Rattenbiß-krankheit eine ausgedehnte und erfolgreiche praktische Anwendung findet (siehe bei PLAUT und KIHN[5], STEINER[6], JAHNEL[7]), oder bei der klinischen Abheilung der Lepra unter dem Einfluß akuter Infektionskrankheiten (s. S. 578) eine solche unspezifische Stimulierung der spezifischen Immunitätsvorgänge durch die als „Dauerreiz" (s. S. 582) wirkenden Mischinfektionserreger in Frage kommt. Auf Grund der Untersuchungsbefunde von NEUFELD und ETINGER-TULCZYNSKA[8], die einen weitgehenden Parallelismus der in vivo und in vitro erhaltenen Er-gebnisse erkennen lassen, besteht dagegen bei der wechselseitigen Beeinflussung zweier *bakterieller* Infektionserreger anscheinend noch die Möglichkeit, daß neben der Wirkung auf die Abwehrkräfte des Organismus auch eine direkte Entwick-lungshemmung der einen Bakterienart durch die andere stattfindet.

Schließlich wäre noch darauf hinzuweisen, daß bei manchen Infektions-erregern auch ein gegenseitiges Übergreifen der durch sie im Organismus aus-gelösten Immunitätserscheinungen stattfindet (s. S. 600; vgl. auch S. 634). Be-sonders scheint dies nach den Ausführungen von COLLIER[9] bei filtrierbaren Virusarten der Fall zu sein. Nachdem schon früher GILDEMEISTER und HERZ-BERG[10] sowie FREUND und HEYMANN[11] derartige immunisatorische Beziehungen zwischen Herpesvirus und Pocken- bzw. Vaccinevirus festgestellt hatten, konnte COLLIER[9] neuerdings nachweisen, daß Ratten, die mit dem Virus des Rous-Sar-koms oder des Kaninchenmyxoms intratestikulär geimpft worden waren, zu 80% gegen eine 9—54 Tage später erfolgte Infektion mit dem Geflügelpestvirus eine deutliche Immunität des Hodens, die sich mitunter auch auf das Gehirn erstreckt, besitzen.

[1] GERSTMANN, J.: Die Malariabehandlung der progressiven Paralyse, 2. Aufl. Wien: Julius Springer 1928.

[2] PLAUT, F., u. G. STEINER: Z. Neur. **94**, 153 (1924).

[3] SOLOMON, H. C., A. BERK, M. THEILER u. C. L. CLAY: Arch. int. Med. **38**, 391 (1926).

[4] KIHN, B.: Die Behandlung der quartären Syphilis mit akuten Infektionen. München: J. F. Bergmann 1927.

[5] PLAUT, F., u. B. KIHN: Die Behandlung der syphilogenen Geistesstörungen. Handb. der Geisteskrankheiten. Herausg. von O. BUMKE **8 IV**, 315. Berlin: Julius Springer 1930.

[6] STEINER, G.: Klinik der Neurosyphilis. Handb. d. Haut- u. Geschlechtskrankheiten. Herausg. von J. JADASSOHN **17 I**, 171. Berlin: Julius Springer 1929.

[7] JAHNEL, F.: Die progressive Paralyse, ihre Pathogenese, ihre Diagnose u. Therapie. Berl. Klin. **1930**, H. 417.

[8] NEUFELD u. ETINGER-TULCZYNSKA: Zitiert auf S. 333.

[9] COLLIER, W. A.: Z. Hyg. **113**, 758 (1932).

[10] GILDEMEISTER, E., u. K. HERZBERG: Dtsch. med. Wschr. **51**, 1647 (1925); **53**, 138 (1927).

[11] FREUND, H., u. B. HEYMANN: Z. Hyg. **107**, 592 (1927).

Zeit- und Ursächlichkeitsverhältnis zwischen Ovulation und Menstruation

(S. 429—462).

Von
L. FRAENKEL — Breslau.

Gerade die Forschungen der letzten Jahre haben weitere äußerst wertvolle Einblicke gestattet in das Zeit- und Ursächlichkeitsverhältnis zwischen Ovulation und Menstruation und unsere physiologischen Kenntnisse über den Zusammenhang zwischen Funktion der Ovarien und des Uterus im ausgedehnten Maße bereichert. Diese Ergebnisse haben bestätigt, daß die Zusammenhänge, wie schon früher ausgeführt wurde, hormonaler Natur sind, und heute kann nun auch gesagt werden, *welche* Hormone eine Rolle spielen und wie sie zeitlich und funktionell wirken. Diese Fortschritte verdanken wir der Tatsache, daß es nun einwandfreie spezifische Testobjekte für die weiblichen Sexualhormone gibt, mit deren Hilfe das Vorhandensein und die Wirkung der Inkrete geprüft werden kann.

Nach dem heutigen Stand unserer Kenntnisse können wir drei verschiedene Sexualhormone sicher identifizieren:

1. das Geschlechtshormon des Hypophysenvorderlappens,
2. das Follikelhormon,
3. das Hormon des Corpus luteum.

1. Das Testobjekt für das *Hypophysenvorderlappenhormon* verdanken wir ZONDEK und ASCHHEIM[1]. Es ist die infantile weibliche Maus, die auf Verabfolgung von Hypophysenvorderlappenhormon mit vorzeitiger Eireifung und Genitalentwicklung reagiert. Es hat sich herausgestellt, daß das Geschlechtshormon des Hypophysenvorderlappens aus zwei Komponenten besteht, dem sog. Prolan A und B[2]. Prolan A bewirkt die Reifung der Follikel, vielleicht auch den Follikelsprung, B den Follikelsprung und die nachfolgende Luteinisierung. Ohne das Hypophysenvorderlappenhormon ist eine Ovarialfunktion nicht möglich. Es ist das übergeordnete Sexualhormon, der Motor oder Aktivator der Genitalfunktion und geschlechtsunspezifisch, da es in der Hypophyse sowohl des Weibes wie des Mannes gefunden wird.

2. Das *Follikelhormon.* Testobjekt ist die kastrierte weiße Maus (ALLEN-DOISY[3]), die auf Verabfolgung dieses Hormons mit Brunst reagiert, die im Scheidenabstrich durch das ausschließliche Auftreten kernloser Epithelien, der sog. Schollen, kenntlich wird. Die Forschungen über dieses Hormon sind in-

---

[1] ZONDEK u. ASCHHEIM: Arch. Gynäk. **130**, 1 (1927).

[2] ZONDEK: Hormone des Ovariums und des Hypophysenvorderlappens. Berlin: Julius Springer 1931 (daselbst auch alle übrige Literatur).

[3] ALLEN-DOISY: J. amer. med. Assoc. **81**, Nr 10 (1923).

sofern bereits zu einem gewissen Abschluß gelangt, als es gelungen ist (BUTENANDT[1] in *Deutschland,* DOISY[2] in Amerika), das Inkret (von BUTENANDT Progynon, von DOISY *Theelin* genannt) zu isolieren und in krystallisierter Form rein darzustellen. Es ist ein Oxyketon mit der wahrscheinlichen Molekularformel: $C_{18}H_{22}O_2$. Eine Mäuseeinheit ist in 0,000125 mg des Hormons enthalten.

Dieses Hormon findet sich nun bei der nichtschwangeren Frau im reifenden und reifen Follikel, ist ein Produkt der Granulosazellen, kann aber auch in der Theca produziert werden (was auf die Funktion der interstitiellen Drüse ein bezeichnendes Licht wirft) und wird auch im frischen Corpus luteum nachgewiesen[3]. Es wird aus dem Körper mit den Exkrementen, hauptsächlich dem Urin, ausgeschieden. Durch die Untersuchungen SIEBKES[4] kennen wir eine Art Normalkurve der Ausscheidung, die sich mit ziemlicher Gesetzmäßigkeit bei der geschlechtsreifen gesunden Frau feststellen läßt. Sie verläuft so, daß sich die höchsten Hormonmengen (etwa 120—140 Mäuseeinheiten pro Liter Urin) um die Zeit vom 12. bis 10. Tage vor der nächsten Periode finden, daß dann die Werte langsam absinken, unter Umständen bis zu Mengen, die sich dem Nachweis entziehen, kurz vor der Menstruation (etwa 2 Tage vorher), während und unmittelbar nach der Menstruation niedrig bleiben, um dann wieder kontinuierlich bis zum Gipfel anzusteigen. Dabei ist interessant, daß gerade im Menstrualblut sich das Inkret in größerer Quantität nachweisen läßt, also zu einer Zeit, wo der Hormonspiegel des Urins, der sonst in Parallele mit dem Blut steht, sehr niedrig ist. Das legt den Schluß nahe, daß die prämenstruelle Schleimhaut des Uterus das Inkret stapelt.

3. Das *Hormon des Corpus luteum.* Die Forschungen über dieses Hormon sind allerjüngsten Datums. Testobjekt ist nach CORNER und ALLEN[5] die Umwandlung der Uterusschleimhaut des Kaninchens zum Bilde der schon vor vielen Jahren von ANCEL und BOUIN beobachteten Pseudogravidität. Das Hormon ist an der ruhenden Uterusschleimhaut nicht wirksam, sondern kann erst zur Geltung kommen, wenn ein gewisser Aufbau der Schleimhaut unter dem Einfluß des Follikelhormons erreicht ist. Dieses Inkret befindet sich nur im Corpus luteum und kann in Blut und Urin nicht nachgewiesen werden. FELS und SLOTTA[6] haben das Hormon in den hiesigen Universitätsinstituten für Chemie und Gynäkologie weitgehend isoliert bzw. biologisch ausgewertet und sind zu krystallisierten Präparaten gelangt; doch war die Ausbeute zur chemischen Analyse bisher zu gering.

Nun, nachdem wir diese drei Sexualhormone und ihre Wirkung kennen, fügt sich ihr Zusammenwirken im Verein mit den uns vertrauten histologischen Bildern der Uterusschleimhaut zu einem einheitlichen Ganzen, und wir können den physiologischen Ablauf von Ovarial- und Uterusfunktion folgenderweise darstellen:

Das Hypophysenvorderlappenhormon ist das übergeordnete Sexualhormon. Unter seinem Einfluß bzw. unter dem des Prolan A reift der Follikel heran. Damit kommt es zu einer Anreicherung des Follikelhormons im Organismus, wodurch der Aufbau der Uterusschleimhaut zur proliferativen Phase (frühes Prämenstruum) erfolgt. Zur Zeit, wo der Spiegel des Progynon am höchsten

---

[1] BUTENANDT: Abh. Ges. der Wissensch. Göttingen **3** (1931) — Untersuchungen über das weibl. Sexualhormon.

[2] DOISY: J. of biol. Chem. **96** (1930).

[3] ZONDEK u. ASCHHEIM: Arch. Gynäk. **127**, 250 (1926).

[4] SIEBKE: Arch. Gynäk. **146** (1931).

[5] CORNER u. ALLEN: Amer. J. Physiol. **88** (1929).

[6] FELS u. SLOTTA: Zbl. Gynäk. **1931**, Nr 9 — Arch. Gynäk. **144** (1931).

ist (also 12—10 Tage vor der Menstruation), erfolgt der Follikelsprung, was völlig mit bereits niedergelegten Beobachtungen übereinstimmt. Es bildet sich, wohl unter dem Einfluß des Prolan B, das Corpus luteum, und sein Hormon bewirkt an der Uterusschleimhaut die Sekretionsphase, das eigentliche hohe Prämenstruum bzw. die ganzen prägraviden Umwandlungen. Kommt es zur Schwangerschaft, so bleibt das Corpus luteum bestehen und sein Inkret (von Corner Progestin genannt — schützt die junge Schwangerschaft — wie von mir experimentell nachgewiesen wurde), bis die Placenta so weit ausgebildet ist, daß sie vikariierend hormonal eintreten kann. Erfolgt keine Schwangerschaft, so bildet sich das Corpus luteum zurück, es kommt zum Zusammenbruch der Schleimhaut, der Menstruation, und der Cyclus beginnt wieder von neuem.

Bd. XIV, 1.

Kastration bei wirbellosen Tieren

(S. 205—214).

Von

Jürgen W. Harms — Tübingen.

Zusammenfassende Darstellungen:

Heumann, Antonie: Vergleichend-histologische Untersuchungen über Geschlechts-organe und Clitellum der Regenwürmer. Z. wiss. Zool. **138**, H. 3 (1931). — Koller, G.: Die innere Sekretion bei wirbellosen Tieren. Biol. Rev. **4**, Nr 3 (1929). — Korschelt, E.: Regeneration und Transplantation **2**, Tl. I und II. Berlin: Borntraeger 1931. — Meisenheimer, Joh.: Geschlecht und Geschlechter **2**. Jena: Gustav Fischer 1930.

Bei stark regenerationsfähigen Tieren findet Keimzellersatz auch bei der Regeneration von solchen Stücken statt, die keine Keimdrüsen enthalten, so bei Cölenteraten, Turbellarien, Nemertinen, Bryozoen und Tunicaten, ebenso bei den limicolen Oligochäten (S. 207—209). Merkwürdig ist es jedoch nach Angaben von Vandel (1920), daß keimdrüsenlose Stücke von *Planaria* (Hinter-ende) die Kopulationsorgane rückbildeten und sie ebensowenig wie die Keim-drüsen späterhin regenerieren konnten. Bei den darauf untersuchten Polychäten dagegen findet nach Nusbaum (1908) und Lieber (1931) die Regeneration der Keimzellen aus alten Gonaden statt, indem Keimzellen von hier aus in das Regenerat einwandern. Ob eine Regeneration von Keimdrüsen bei keimdrüsen-losen Stücken möglich ist, sei dahingestellt, ist aber nach den Beobachtungen an Regenwürmern unwahrscheinlich. Die bei diesen Tieren (S. 209/10) geschil-derten Resultate sind durch neue Versuche von Avel und Heumann (1927/31) ergänzt worden. Avel kommt auf Grund von Kastrationsversuchen bei *Allo-lobophora* zu entgegengesetzten Resultaten wie Harms bei *Lumbricus*. Bei Ver-suchen von einer Dauer von 1—2$^1/_2$ Jahren zeigte sich, daß nach Exstirpation der Hoden, der Vesiculae oder der Ovarien die sekundären Geschlechtsmerkmale zur normalen Zeit im Winter wieder auftraten. Rein äußerlich waren Kastraten und normale Tiere nicht zu unterscheiden. Trotzdem kann auch Avel eine cyclische Übereinstimmung zwischen Sexualperiode und Clitellumausbildung nicht bestreiten, denn ein undifferenziertes junges Clitellum, welches auf den Rücken eines erwachsenen Tieres transplantiert wurde, entwickelte sich vorzeitig zum funktionsfähigen Clitellum. AVEL folgert aus seinen Versuchen eine Unabhängigkeit der sekundären Geschlechtsmerkmale von den Keimzellen. Die Ausbildung von Keimdrüsen und sekundären Geschlechtsmerkmalen schreibt er Allgemeinfaktoren der Ernährung zu. Ein besonderer Zustand der Körpersäfte soll die rhythmische Ausbildung der sekundären und primären Geschlechtsmerkmale kontrollieren.

HEUMANN, die eine feste Beziehung zwischen dem Einsetzen der ersten Clitellumphase und dem Beginn der Spermatogenese fand, konnte feststellen, daß die vollständige Ausbildung des Clitellums (zweite Phase) nur von dem Füllungszustand der Receptacula mit Spermatozoen abhängig ist. Diese zweite Phase ist nach ihr durch hormonale Beeinflussung von seiten der reifen Keimdrüsenprodukte bedingt.

Die Versuche an Krebsen (S. 212) wurden durch VANDEL (1924), LEGUEUX (1924) und HAEMMERLI-BOVERI (1926) weiter geklärt. Bei weiblichen Asseln wurde Radiumkastration vorgenommen, um die Abhängigkeit des Brutsackes von den Ovarien als cyclisches sekundäres Geschlechtsmerkmal zu erweisen. Nach Zerstörung der Ovarien geht die Fähigkeit der Brutsackbildung verloren.

Zu den Versuchen an Insekten (S. 212/14) mag noch erwähnt werden, daß nach SALT (1927), infolge von Stylopisierung aculeater Hymenopteren Schädigung der Keimzellen und Intersexualität hervorgerufen wird. Ähnlich wie bei den GOLDSCHMIDTSchen Versuchen bei *Lymantria dispar* wird hier die Reaktionsnorm der sich konform mit den Keimdrüsen differenzierenden sekundären Geschlechtsmerkmale gestört, und so entstehen alle Stufen von Intersexen.

BUCHNER fand 1925 bei Zikaden, daß durch Infektion mit parasitischen Dipterenlarven parasitische Kastration hervorgerufen werden kann. Als weitere Folge wird am Mycetom der sog. Infektionshügel gar nicht oder nur ganz schwach ausgebildet, aus dem bei normalen Weibchen zur Zeit der Geschlechtsreife in bestimmter Weise umgewandelte Symbionten in das Blut übertreten.

Bd. XIV, 1.

Keimdrüsentransplantation bei wirbellosen Tieren

(S. 241—250).

Von

JÜRGEN W. HARMS – Tübingen.

Zusammenfassende Darstellung:

KORSCHELT, E.: Regeneration und Transplantation, II. Bd. Berlin: Bornträger 1931.

Unter den Hydren gibt es Arten, die getrenntgeschlechtlich, und andere, die Hermaphroditen sind. Da die Hoden unter dem Tentakelkranz, die Ovarien aber tiefer liegen, so konnte GOETSCH (1922—1929) aus eingeschlechtlichen Tieren leicht zwitterige Tiere herstellen. Getrenntgeschlechtliche Tiere wurden unterhalb der Hoden bzw. oberhalb der Ovarien zerschnitten und die Teilstücke vereinigt. Die Keimdrüsen entwickelten sich dann normal weiter. Der künstlich hervorgerufene Hermaphroditismus dauert aber nicht an. Wenn die Tiere zum zweitenmal zur geschlechtlichen Fortpflanzung schreiten, so erweisen sie sich als gonochoristisch; z. B. bildete ein Tier mit männlichem Oberteil und weiblichem Unterteil nur Hoden, während ein anderes mit Weibchen-Kopfpartie und Männchen-Fußpartie nur Ovarien hervorbrachte. Die Körperpartien werden geschlechtlich umgestimmt, und dieselben Teile, die vorher Ovarien entstehen lassen, bilden jetzt Hoden.

Bd. XIV, 1.

Die Kastration bei Wirbeltieren und die Frage von den Sexualhormonen

(S. 214—240).

Von

Knud Sand — Kopenhagen.

Die Wirkungen der Kastration. Es liegen nur recht wenige neue Untersuchungen vor, die die früheren bestätigen und vertiefen, ohne aber neue Gesichtspunkte zu eröffnen.

Bei Stoffwechseluntersuchungen haben Chartovitch und Vichyitch[1] nach der Kastration von Ratten eine mehr als 20% betragende Herabsetzung des Basal- und Maximalstoffwechsels festgestellt. Andere Untersuchungen bei Korenchevsky[2]. Bei Vögeln hat Aude[3] die Stoffwechselverhältnisse eingehend untersucht.

Im Verfolg seiner Untersuchungen über die Kastrationswirkungen auf die Geschlechtscharaktere bei Hirschrassen hat Zawadowsky[4] dargetan, daß nicht nur das Geweih ein sekundäres Geschlechtsmerkmal ist, sondern auch die Farbe des Pelzes.

Bei Vögeln sind die bekannten Kastrationsverhältnisse beim Puter (Athias[5]), Pfau (Sand) und bei einigen Singvögeln (Zawadowsky[6]) bestätigt worden. Das Verhalten der Sebrightrasse wurde besonders von Roxas[7] untersucht, der die von Pézard, Sand und Caridroit erhobenen Befunde mit „paradoxaler Feminisierung" nicht bestätigen konnte: Hodentransplantation von einem Sebright- auf einen Leghornkastraten gab bei letzterem normale Testiswirkung (kein ♀-Gefieder) und Hoden von Leghorn- auf kastrierten Sebrighthahn gaben gleichsam dessen eigenes „Hennengefieder". Die Sebrightrasse muß demnach besondere Somaeigenschaften besitzen.

Nach Crew müßten extragonadale Faktoren, und zwar solche der Gl. thyreoidea, das Verhalten beeinflussen (vgl. Crew, Über die Beziehung zwischen den Gonaden und der Gl. thyreoidea mit Hinblick auf den Stoffwechsel und das Gefieder, sowie Krizeneckys[8] Untersuchungen über die nämliche Frage). Außer Riddle haben Lipschütz und Wilhelm das Verhalten bei Taubenrassen

---

[1] Chartovitch u. Vichyitch: C. r. Soc. Biol. Paris **98**, 1153 (1928).
[2] Korenchevsky: J. of Path. **1930**.   [3] Aude: Rev. franç. Endocrin. **1927**, 5.
[4] Zawadowsky: Das Geschlecht. Moskau 1922 — Endocrinology **5** (1928).
[5] Athias: C. r. Soc. Biol. Paris **98**, 1606 (1928).
[6] Zawadowsky: Arch. Entw.mechan. **1926**, 563.
[7] Roxas: J. of exper. Zool. **1926**, 46.
[8] Krizenecky: Arch. Geflügelkde **1** (1927) — Vet. J. **1923**.

untersucht. Neuere Studien über den Cyclus im Gefieder sind von STIEVE, BENOIT, BUILLIARD und CHAMPY und von KUHN gemacht worden.

Weitere hochinteressante Studien liegen vor über die Ovariektomie bei Vögeln und das Verhalten der rechten und der linken Gonade nach dieser Operation. Außer PÉZARD, SAND und CARIDROIT, die ihre gemeinsamen Forschungsergebnisse in einer Monographie[1] niedergelegt haben, haben FINLAY[2], GREENWOOD[3], ZAWADOWSKY[4], DOMM[5] u. a. gewichtige Beiträge geliefert. Dieselben haben dargetan, daß die totale Dauerkastration bei Hühnervögeln sehr selten ist, daß nach linksseitiger Ovariektomie meistens eine Regeneration, und zwar des Hodengewebes, erfolgt, mit oder ohne gleichzeitiges Entstehen der rudimentären rechten Gonade sowie in der Regel auch in Form abnormen Hodengewebes (außerordentlich selten mit Spermatogenese, BENOIT). Diese Prozesse rufen komplizierte intersexuelle Zustände hervor, die vortrefflich geeignet sind, Licht auf die Embryologie der Gonaden, die Versibilität des Soma, die Verhältnisse der Geschlechtscharaktere, die Hormongesetze sowie auf die gesamte Intersexualitätslehre zu werfen.

Über die Kastration der Handflügler liegen Arbeiten von COURRIER[6] sowie neue Kastrationsversuche bei Fischen von BOCK[7] und KOPEC[8] vor.

Die unilaterale Kastration ist von LIPSCHÜTZ[9] weiter erforscht worden; die nach dieser Operation erfolgende Hypertrophie der restierenden Gonade ist nach LIPSCHÜTZ nicht eigentlich kompensatorisch, sondern wird nur dadurch verschuldet, daß die Gonade ihr Maximum schneller erreicht als normal, wofür vielleicht ein extragonadaler Faktor, und zwar mutmaßlich der Hypophysenvorderlappen, verantwortlich ist. Dieser Faktor bedingt bei den Weibchen eine „constance folliculaire“.

Eine besondere Erweiterung hat die Kastration von Menschen in der Eugenik und Kriminologie erfahren; hier ist besonders das erste hierauf bezügliche europäische Gesetz, das dänische „Sterilisationsgesetz“ (1. VI. 1929), zu beachten, dessen Revision (1935) wahrscheinlich interessante physiologische Ergebnisse zeitigen wird.

Die Natur der Wirkung der Gonaden, Hormongesetze, „asexuelles“ Soma („Versibilität“ des Soma) usw.

Die humorale Theorie ist außer durch die Kastration bei beiden Geschlechtern des weiteren durch Transplantationen der „Receptoren“ (der Geschlechtscharaktere) im Sinne RIBBERTS (Transplantation der Mamma aufs Ohr) bestätigt worden; PÉZARD, SAND und CARIDROIT unternahmen im Jahre 1922 derartige (nicht veröffentlichte) Transplantationen bei Hühnern, z. B. von Hautpartien, einzelnen Federn, Sporen und Kamm, ohne Erfolg. Erfolgreiche Versuche dieser Art haben CARIDROIT[10] (Transplantation des Kammes) und DANFORTH[11] (Transplantationen von Hautpartien bei Hühnern, und zwar auch rassenverschiedenen) zu verzeichnen; ferner durch Reinherstellung der Gonadenhormone und Injektionsversuche damit auf Kastraten; andererseits ist nichts erschienen, was gegen die „humorale“ und für die „nervöse“ Theorie spräche.

[1] PÉZARD, SAND u. CARIDROIT: Archives de Biol. **36** (1926).
[2] FINLAY: Brit. J. exper. Biol. **1925**.
[3] GREENWOOD: Brit. J. exper. Biol. **1925**.
[4] ZAWADOWSKY: Endokrinol. **5** (1929).
[5] DOMM: Proc. Soc. exper. Biol. a. Med. **22** (1924) — J. of exper. Zool. **48** (1927).
[6] COURRIER: C. r. Soc. Biol. Paris **1926**, 1386.　　　[7] BOCK: Z. Zool. **1927**.
[8] KOPEC: Biol. generalis (Wien) **1927**.
[9] LIPSCHÜTZ: C. r. Acad. Sci. Paris **1925**, 2/6 — C. r. Soc. Biol. Paris **1929**, 984—986.
[10] CARIDROIT: C. r. Soc. Biol. Paris **92** (1925).
[11] DANFORTH: J. of exper. Zool. **1929** — Biol. generalis (Wien) **6** (1930).

Das Gesetz vom wirksamen Minimum, welches von SAND[1] im Jahre 1918 für die Säugetiere („Für eine nachweisbare Hormonwirkung ist ein gewisses Mindestmaß an wirksamem Hormongewebe erforderlich") und von PÉZARD im selben Jahre für die Vögel aufgestellt wurde, hat sich auch nach all den neueren Forschungen als stichhaltig erwiesen. Dagegen hat die weitere Ausgestaltung dieses Gesetzes, welches zu PÉZARDS „Alles-oder-Nichts-Gesetz" führte, an welchem SAND 1926 (Bd. XIV, S. 232) gewisse Zweifel äußerte, zahlreiche Gegner gefunden. Gegensätzliche Versuche an Hühnern wurden ausgeführt von GREENWOOD und CREW[2] und besonders von BENOIT[3], welcher zeigte, daß subnormale Hodenmengen eine subnormale Entwicklung des Kammes gaben, in dessen Wachstum überhaupt Gradationen hervorgerufen werden konnten; d. h. Hormongewebsmenge und Wirkung sind proportional (das Gesetz der Proportionalität), und eine „sécrétion de luxe" gibt es nicht. Zu ähnlichen Resultaten sind PARKOW, BALLIF und STIRPU[4] gelangt. Auch in bezug auf die Säugetiere ist dies Gesetz auf Widerstand gestoßen, so haben BROUHA und SIMONNET[5] gezeigt, daß das Auftreten und die Stärke der Brunstphänomene bei infantilen und ausgewachsenen Weibchen der einverleibten Follikelmenge proportional sind. Das „Alles-oder-Nichts-Gesetz" scheint demnach kaum haltbar, denn die physiologischen Ausschläge erfolgen parallel mit der Hormonmenge; es ist jedoch zu betonen, daß zweifelsohne eine besonders kritische Schwelle vorhanden sein muß, wo kleine Mengenvariationen in großen Unterschieden in der Wirkung zum Ausdruck kommen.

Daß sich hinsichtlich der wirksamen auslösenden Hormonmenge für die verschiedenen Geschlechtscharaktere verschiedene Schwellenwerte finden, wird für Säuger bereits im Jahre 1918 von SAND[1] erwähnt. Dies „Gesetz von den Schwellenwerten" wurde von PÉZARD für die Vögel weiter ausgestaltet, und die Forschung der letzten Jahre hat an dieser Gesetzmäßigkeit, obwohl sie in Einzelheiten diskutierbar sein mag, prinzipiell nicht gerüttelt (s. z. B. BUSQUET[6]).

In Bd. XIV, S. 233ff., wird der Zeitpunkt des Auftretens der Sexualhormone wie auch das Problem des „asexuellen Soma" weiter erörtert.

Auf diesem Gebiete haben die letztjährigen Forschungen besonders durch die Erblichkeitsforschung (GOLDSCHMIDT, CREW), die Embryologie, Studien über embryonale Transplantationen (BURNS, HUMPHREY u. a.) sowie über den Intersexualismus (GOLDSCHMIDT[7], CREW, PONSE, WITSCHI, LILLIE u. a.) Klärung gebracht.

Wie von SAND betont wird (Bd. XIV, 1926), ist die Benennung „asexuelles Soma" unglücklich gewählt und mißweisend. Bei Insekten steht einwandfrei fest, daß das ganze Soma ab origine sexuell definitiv bestimmt ist. Aber auch bei den Wirbeltieren muß, unserem Gesamtwissen von der Geschlechtsbestimmung gemäß, angenommen werden, daß alle Zellen des Körpers den primären anlagetypischen Geschlechtsfaktor zweifelsohne enthalten und insofern geschlechtsgeprägt sein müssen; das verhindert aber keineswegs, daß sie versibel (SAND 1918), d. h. homologer wie auch heterologer Beeinflussung zugänglich sind,

---

[1] SAND: Exp. Studien über Geschlechtschar. bei Säugetieren. Kopenh. 1918 — Handb. d. norm. u. path. Physiol. **14**, 231 (1926).

[2] GREENWOOD u. CREW: Proc. roy. Soc. Edinburgh **47** (1927).

[3] BENOIT: C. r. Acad. Sci. Paris **179** (1924) — C. r. Soc. Biol. Paris **1927**, 275, 784; **1928**, 538 — Arch. Zool. **69** (1929/30).

[4] PARKOW, BALLIF u. STIRPU: C. r. Soc. Biol. Paris **1930**, 218.

[5] BROUHA u. SIMONNET: C. r. Soc. Biol. Paris **1927**, 684.

[6] BUSQUET: C. r. Soc. Biol. Paris **1928**, 1855.

[7] GOLDSCHMIDT: Physiol. Theorie d. Vererbung. Berlin: Julius Springer 1927 — Die sex. Zwischenstufen. Berlin: Julius Springer 1931.

wie solche bei Wirbeltieren durch Hormonwirkung seitens der Gonaden stattfindet, von welchen die zentrale Ausgestaltung des Geschlechtsgepräges später
in der Ontogenese ausgeht. (Daß diese Geschlechtsprägung sehr früh einsetzt,
ist unter anderem aus der bekannten Forschung über „Zwicken" [LILLIE,
KELLER u. a.] und embryonale Gonadentransplantationen bei Molchen [BURNS[1],
HUMPHREY[2]] zu entnehmen. Man unterscheidet jetzt eine ganze Reihe sukzessiver Hormone, die als „primäre, sekundäre und tertiäre Hormone" geordnet
sind, s. unten.)

SAND betonte in Bd. XIV (1926) des weiteren, man müsse den mehr „neutralen" Ausdruck das *spezifische Soma* oder — wenn man will — *das versible
Soma* vorziehen oder von der *Bipotentialität des Soma* sprechen, nicht etwa
als Ausdruck für eine ursprüngliche Asexualität, sondern für eine spätere Beeinflußbarkeit in doppelsexueller Richtung trotz einer gewissen ursprünglichen
sexuellen Prägung, einer genetisch sexuellen Reaktionsnorm. *Von einem in
absolutem Sinne asexuellen Soma kann nicht die Rede sein.* Dieser insofern
alte Widerstand gegen das in der Literatur vielfach erörterte „asexuelle Soma"
ist in den letzten Jahren von GOLDSCHMIDT[3] aufgenommen worden, dem die
seit einer Reihe von Jahren von SAND vertretene obige Anschauung nicht bekannt zu sein scheint. Nach den vorstehenden Ausführungen dürfte es keinem
Zweifel unterliegen, daß der Ausdruck aus der Terminologie auszumerzen ist.

Nicht nur die Auffassung des Soma als Ganzes wird allmählich von der
Erblichkeitsforschung geprägt werden, sondern die Auffassung des Geschlechts-
charakterbegriffes wird unter ihrem Einfluß eine Wandlung erfahren. Die frühere
Definition der Geschlechtscharaktere bei Getrenntgeschlechtigen als somatische
und psychische Eigenschaften, die ein Individuum als zu dem einen oder dem
anderen Geschlecht gehörig kennzeichnen, muß ebenfalls mit der neueren Forschung in Einklang gebracht werden. Es ist besonders GOLDSCHMIDTs physiologische Geschlechtsbestimmungstheorie, die zur Umwandlung dieser Begriffe
beigetragen hat. Mit seinen wohlbegründeten Theorien von den Genvalenzen,
dem Verlauf der sog. F/M-Reaktion als Ausgangspunkt und mit Stütze in seinen
eigenen eingehenden Studien über den Intersexualismus und in einer Reihe
Arbeiten anderer Biologen verficht GOLDSCHMIDT[3] jetzt eine neue Ansicht von
den sexuellen Hormonen, auf die näher einzugehen hier zu weit führen würde[4],
die aber folgendermaßen zusammengefaßt werden kann:

1. Die *primäre Differenzierung* erfolgt durch Produkte der F/M-Reaktion,
die *chromosalen* Hormone, die sich in Cortex und Medulla der primitiven Gonade
betätigen, wo sie eine corticale oder medullare Produktion von

2. *sekundären Determinationsstoffen* hervorrufen, die die Differenzierung der
Urgeschlechtszellen in der primitiven Gonade und den Genitalgängen leiten.

3. Die *tertiäre Differenzierung* kommt den von diesen ausdifferenzierten
Urgeschlechtszellen produzierten „Sexualhormonen" in engstem Sinne (den
Pubertäts- oder Brunsthormonen) zu. Dieselben betätigen sich auf die nämliche
Weise als primäre und als sekundäre Determinationsstoffe, sie setzen deren
Wirkung, jedoch hauptsächlich nur auf besondere Organe, fort: Die Brunst-
charaktere mit Ausnahme von Gonaden und die Sexualgänge, abgesehen von
deren cyclischen Veränderungen.

Die *chromosomalen* Hormone, die die primäre Differenzierung bewirken, und
die *sekundären Determinationsstoffe* (die Hormone der embryonalen Gonade)

---

[1] BURNS: Anat. Rec. **1927**, 28 — J. of exper. Zool. **55** (1930).
[2] HUMPHREY: Anat. Rec. **1927** — J. of exper. Zool. **53** (1929).
[3] GOLDSCHMIDT: Zitiert auf S. 341.
[4] Siehe auch Ergänzung zum Kap.: Der Hermaphroditismus bei Wirbeltieren usw.

können einander in ihren Wirkungen ersetzen; es zirkulieren sowohl sekundäre wie auch tertiäre Differenzierungsstoffe im Blute (Parabioseversuche und Transplantationsexperimente); alle drei sind an ihrer Wirkung, die in Wirklichkeit ein und dieselbe ist, zu erkennen. Goldschmidt[1] will sie deshalb am liebsten als „*Hormone im weitesten Sinne*": *primäre, sekundäre und tertiäre Hormone für die sexuelle Differenzierung*, bezeichnen.

Von dieser Betrachtungsweise muß meines Erachtens gegenwärtig gesagt werden, daß sie mit unserem jetzigen Gesamtwissen die meisten Berührungspunkte hat und sich wahrscheinlich mehr und mehr einbürgern wird.

Demgemäß ist der Geschlechtscharakterbegriff dahin auszudehnen, daß *alle Zellengruppen und Organanlagen, die eine alternative Reaktionsnorm gegenüber geschlechtsbestimmenden Stoffen in Zellen (wirbellose Tiere), Gonadenanlagen oder völlig ausgebildeten Gonaden (Wirbeltiere) haben, Geschlechtscharaktere sind.*

Bd. XIV, 1.

Transplantation der Keimdrüsen bei Wirbeltieren

(S. 251—292).

Von

Knud Sand — Kopenhagen.

Über *Transplantation* der Keimdrüsen und die *Technik* im allgemeinen ist prinzipiell Neues nicht erschienen.

Nach vorheriger verschiedenartiger Behandlung des Materials hat Lipschütz[2] einige Verhältnisse bei der Ovarientransplantation untersucht und die besten Resultate mit frischen, augenblicklich transplantierten (Meerschweinchen-) Ovarien zu verzeichnen, nach Aufbewahrung des Materials bei weniger als 0° keine Wirkung, bei +1 bis 3° Wirkung bis 16 Tage und bei +14 bis 20° verminderte Wirkung. Im Gegensatz hierzu fand Zondek[3] mit bei —4° aufbewahrten Menschenovarien histologisch und histochemisch keine Veränderung; Wachstumsfähigkeit in Plasmakulturen noch nach 14 Tagen; 2—3 Wochen konservierte Kaninchenovarien heilten bei homologer Isotransplantation ein. Kallas und Lipschütz[4] ermittelten, daß das Trocknen des Ovarienmaterials die Wirkung, wie zu erwarten war, beeinträchtigte. Zu der Frage nach der Bedeutung des Alters von Spender und Empfänger hat Castillo[5] Beiträge mit Rattenversuchen geliefert. Resultat: Ovarium von erwachsener auf erwachsene Ratte: 18 Monate Wirkung; von erwachsener auf immature: Resorption; von immaturer auf erwachsene: schwache Wirkung. Runge hat homologe Hoden- wie auch Ovarientransplantationen an einer Reihe Haustiere mit Variation der Einverleibung (subcutan, intramuskulär und intratesticulär a. m. Sand) ausgeführt.

Die *Terminologie* variiert leider immer noch erheblich; die von Sand (Bd. XIV, S. 252) vorgeschlagene scheint sich jedoch einzubürgern.

Transplantationsversuche zu weiterer Beleuchtung der Frage von der Betätigungsweise und Lokalisation der Sexualhormone scheinen nicht annähernd

[1] Goldschmidt: Zitiert auf S. 341. — Ausführliche Literatur: Siehe in Goldschmidt: Sexuelle Zwischenstufe. 1931, und ferner in J. Meisenheimer: Geschlecht und Geschlechter. Fischer 1930. — Harms, J. W.: Körper und Keimzellen. Berlin: Julius Springer 1926.
[2] Lipschütz: C. r. Soc. Biol. Paris **97**, 564, 1401 (1927).
[3] Zondek: Die Hormone des Ovariums. 1931.
[4] Kallas u. Lipschütz: C. r. Soc. Biol. Paris **100**, 95 (1929).
[5] Castillo: Endocrinology **14**, 293 (1930) — C. r. Soc. Biol. Paris **94**, 1210 (1926) — C. r. Soc. Biol. Paris **1926**, 1501.

in der früheren Ausdehnung unternommen worden zu sein (man scheint eher geneigt, Extraktversuche mit moderner Technik anzustellen). Die meisten Untersuchungen sind mit *Vogel*material gemacht worden. Wie bereits in den Ergänzungsbemerkungen zum Kastrationskapitel erwähnt wurde, haben ältere Untersucher, wie z. B. Pézard, Sand und Caridroit, ihre Transplantationsuntersuchungen über eine Reihe Probleme, darunter auch die Intersexualitätsfrage, ausgedehnt und in Monographien niedergelegt[1]; das gilt auch für Benoit[2], Finlay[3], Greenwood[4], Zawadowsky[5]; unter den neueren Forschern sind besonders zu nennen Roxas[6] (Transplantation zwischen hennengefiederten und gewöhnlichen Rassen), Domm[7], Danforth[8] (s. Kastration). Diese Forscher haben die Transplantationsfragen teils vertieft und teils unsere Kenntnis von der Embryologie der Vogelgonaden und ihrer Bipotentialität in morphologischer und physiologischer Hinsicht wie auch unser Wissen von der Reaktion von Somateilen nach Transplantation in hohem Maße erweitert.

An Transplantationen bei *Amphibien* liegen wichtige Versuche vor von Burns[9] und Humphrey[10] (s. Kastration), zum Teil kombiniert mit Parabiose zur Beleuchtung der Hormonwirkung embryonaler Gonaden, darunter auch ihrer reziproken Wirkung zur Vertiefung von Intersexualitätsphänomenen. In bezug auf Frösche hat Witschi[11] zahlreiche Beiträge geliefert, unter anderem mit Hodentransplantation bei Rana temp.; seine Arbeiten beleuchten insbesondere das Geschlechtsbestimmungs- und Intersexualitätsproblem. Mit dem Bidderschen Organ bei Kröten haben besonders Harms und Ponse sich beschäftigt (vgl. Harms 1930).

Die schwierigen Experimente an *Fischen* sind von Kopec[12] fortgesetzt worden.

Es ist hinzuzufügen, daß Keimdrüsentransplantation an *Menschen*, sowohl Auto- wie auch homologe Isotransplantationen, mehr in der Klinik, und zwar besonders in bezug auf die Ovarien, mit ganz guten Resultaten getrieben werden (s. z. B. Norris und Behney[13], Thorek[14]); dagegen scheinen Hodentransplantationen ständig sehr zweifelhafte Resultate zu geben. Auch Allotransplantation mit Material von Affen, Ziegen usw. ist zur Anwendung gekommen (s. auch die Ergänzung zum Kapitel Endokrine Restitution).

In dem vorliegenden Kapitel wurden in Bd. XIV (1926) auch ein paar besondere Fragen auf dem Gebiete des Hodens, nämlich Eingriffe am Samenleiter (spez. Vasoligatur) und der experimentelle Kryptorchismus, behandelt.

Was die *Vasoligatur* anbetrifft, so wird sie ebenso wie eine Reihe anderer Eingriffe am Hoden und seinem Ausfuhrkanal in der „Ergänzung" zum Kap. Endokrine Restitution besprochen. Hier ist nur zu erwähnen, daß viele neue Versuche zur Klärung der Wirkung des Eingriffes auf das Hodengewebe und zur Beleuchtung der Wechselbeziehungen zwischen intra- und intertubulärem Gewebe (z. B. Oslunds[15] Versuche an Hunden, Cunningham[16]) keine klareren

[1] Pézard, Sand u. Caridroit: Archives de Biol. **1926** — Bull. biol. France et Belg. **1926**.
[2] Benoit: C. r. Acad. Sci. Paris **1924** — Archives de Zool. **1929/30**.
[3] Finlay: Brit. J. exper. Biol. **1925**.
[4] Greenwood: Brit. J. exper. Biol. **1925** — Proc. roy. Soc. Lond. **1928**.
[5] Zawadowsky: Endokrinol. **5** (1929).
[6] Roxas: J. of exper. Zool. **46** (1926) — Proc. Soc. exper. Biol. a. Med. **23** (1926).
[7] Domm: J. of exper. Zool. **48** (1927).   [8] Danforth: Biol. generalis (Wien) **6** (1930).
[9] Burns: J. of exper. Zool. **42** (1925); **55** (1930) — Anat. Rec. **1927/28**.
[10] Humphrey: J. of exper. Zool. **53** (1929).
[11] Witschi: J. of exper. Zol. **47** (1927) — Handb. d. Vererb. **2** (1929).
[12] Kopec: Biol. generalis (Wien) **1927**.
[13] Norris u. Behney: Endocrinology **14** (1930).
[14] Thorek: Endocrinology **14** (1930).   [15] Oslund: Amer. J. Physiol. **1925**.
[16] Cunningham: Brit. J. exper. Biol. **4** (1927).

Resultate gezeitigt haben als die früher vorhandenen und von Bouin (1904), Sand (1918), Steinach (1920), Tiedje (1921) u. a. beschriebenen. Es wird immer deutlicher, daß die widersprechenden Resultate durch verschiedene Umstände bewirkt werden; es ist z. B. Rücksicht zu nehmen auf den Zeitpunkt des Eingriffes vor und nach der Pubertät, auf die Tierart, die Periodizität der Brunst usw.

Der *experimentelle Kryptorchismus* im Sinne Sands (1918) hat histologisch und physiologisch ebenfalls mit Hilfe neuerer Extraktmethoden (s. unten) eine Erweiterung erfahren. So haben Moore[1] und seine Mitarbeiter (Quick, Lawrence) die Piana-Crewsche Hypothese von dem Scrotum als Thermoregulator durch diese Methode noch wahrscheinlicher gemacht. Eine andere Gruppe Versuche mit Ingebrauchnahme der Sandschen Methode (Jeffries und Moore, Th. Martins, Foncin, Korenchevsky) bezweckt eine Erklärung der männlichen Sexualhormone wie auch von deren Produktionsort und wird im folgenden besprochen werden.

Schließlich ist zu bemerken, daß durch Moores Test, Prüfung der Dauer der Beweglichkeit der Spermatozoen im Epididymusrest bei Kastraten, dargetan worden ist, daß dieselbe durch kryptorche Hoden ungefähr ebensogut aufrechterhalten wird wie von normalen Hoden.

Überaus zahlreiche Untersuchungen zielen in den letzten Jahren auf ein genaueres Studium der *männlichen und weiblichen Hormone*, deren Eigenschaften, Wirkungen, Herstellung und Produktionsstellen (ihr reziproker Einfluß, die „Antagonismusfrage", wird in der Ergänzung zum Kapitel Über experimentellen Hermaphroditismus behandelt werden).

Über diese Fragen haben Transplantationsversuche sowie die anderen besprochenen Methoden viele neue Aufschlüsse gebracht. Man hat das Problem besonders in bezug auf das Ovarium, aber auch von einer anderen Seite, angepackt, indem man die Elemente der Gonaden auf verschiedenerlei Weise zu isolieren gestrebt und die Wirkung jedes einzelnen Elementes sodann durch Implantation oder Extraktinjektionen geprüft hat.

Um sich ein Urteil darüber bilden zu können, hat man außer den Reaktionen der akzidentellen Geschlechtscharaktere gewöhnlich eine Reihe Tests für den Hoden wie auch für das Ovarium angewandt. Dieselben werden hier nur genannt und in bezug auf Einzelheiten wird auf die Spezialabhandlungen verwiesen.

Für die männlichen Sexualhormone hat man jetzt folgende besonders von deutschen und amerikanischen Forschern ungefähr gleichzeitig ausgearbeitete Tests:

1. Der *Hahnenkammtest* (Koch, Moore, McGee und Gallagher[2]; 2. der *Samenblasentest* (Loewe und Voss[3] u. a.) unter verschiedenen Formen: a) der makroskopische, b) der cytologische Regenerationstest I („C. R. I" 1927), „C. R. II" (Chondriomtest, 1928) und „C. R. III" (Mitogenesetest, 1930).

3. Der *Prostatatest* (Moore, Price und Gallagher[2]), 4. der Gl. Cowperi-Test (Heller[4]), 5. der *elektrische Ejaculationstest* (Batelli[5]) und schließlich der Mooresche „Spermatozoon motility-Test".

Das Verhältnis zwischen den Empfindlichkeitsgraden dieser Tests muß folgendes sein: 1 Ratteneinheit (rat-unit) = der die innere Sekretion des Hodens substituierenden Hormon-

---

[1] Moore: Amer. J. Anat. **1924** u. **1926**.

[2] Koch, Moore, McGee u. Gallagher: Proc. Inst. Med. Chicago **1927** — J. of biol. Chem. **1929** — Amer. J. Physiol. **1928**, 447 — Amer. J. Anat. **1930**, 39, 71, 109.

[3] Loewe u. Voss: Anz. Akad. Wiss. Wien **1929**, 20 — Klin. Wschr. **1930**, 481.

[4] Heller: Proc. Soc. exper. Biol. a. Med. **1930**, 751.

[5] Batelli: C. r. Soc. Phys. e Hist. nat. Genova **1922**, 73.

menge = 6 Hahneinheiten (cock-units) = 6 Samenblasentesteinheiten = 20 Prostatacytologietesteinheiten. Der „Spermatozoon motility-Test" soll noch empfindlicher sein, der Ejaculationstest am gröbsten.

Mit Hilfe dieses Tests ist es gelungen, das männliche Sexualhormon nachzuweisen („Androchinin", „Maskulinisin" u. a. Bezeichnungen), und zwar außer
im Hoden auch in verschiedenen Körperflüssigkeiten, wie z. B. im Harn bei
Männern (LOEWE und VOSS[1], FUNK, HARROW und LEJWA[2] [letztere durch eine
Chloroformextraktionsmethode]), des weiteren im Blute von männlichen Tieren,
im Harn bei graviden und nichtgraviden Frauen (SIEBKE[3]) und bei gewissen
männlichen Pflanzen (LOEWE und VOSS[4], vgl. übrigens MOORE[5], ferner DODDS[6],
E. LAQUEUR[7], MARTINS und SILVA).

Chemisch weist das Androchinin Ähnlichkeit mit Follikulin auf, es ist
z. B. lipoidlöslich, kann Alkalisalze bilden, ist Temperaturen von mehr als 100°
sowie Säuren, Alkalien und Sauerstoffbehandlung gegenüber resistent. Die Herstellung bereitet noch große Schwierigkeiten, und die erzielten Mengen sind
bislang klein.

Was die Frage von der *Produktionsstelle der männlichen Sexualhormone* im
Hoden anbetrifft, so hat SAND im Jahre 1926 in Bd. XIV, S. 271—274 (worauf
verwiesen sei), eine Gesamtübersicht darüber geliefert und seine seit 1918 verfochtene „Vikartheorie"[8] aufgestellt, derzufolge es unbiologisch ist und mit den
wesentlichsten Untersuchungen nicht in Einklang steht, wenn den eigentlich
generativen Zellen eine endokrine Tätigkeit zugeteilt wird; sie können höchstens
bis zu einem gewissen Grade von anderen Zellen „hormongeladen" sein; die
Leydig-Zellen vertreten sowohl den wichtigsten Faktor in der Ernährung des
Tubulusepithels wie auch in der endokrinen Funktion des Hodens, es ist aber
doch anzunehmen, daß die Funktionen nicht einseitig absolut an ein einzelnes
Gewebe gebunden sind, sondern daß die Zelltypen, speziell die Leydig- und die
Sertoli-Zellen, einander unter Umständen vertreten oder ergänzen können.

Eine ununterbrochene Reihe anatomischer wie auch physiologischer Forschungen aus der jüngsten Zeit hat unsere Auffassung von der Biologie des
Hodens noch vertieft.

Was *die Genese der intratubulären Zellen* anbetrifft, so scheint die ursprünglich
von BENDA, HERMANN, WALDEYER, RUBASCHKIN u. a. vertretene *dualistische
Theorie* in neuen Versuchen von BOUIN und ANCEL[9] (1926) mit Röntgenisation
infantiler Hoden eine gewichtige Stütze erhalten zu haben; ähnliche Versuche
von SCHINZ und SLOTOPOLSKY werden jedoch auf andere Weise gedeutet. Die
Herkunft der Leydig-Zellen aus dem Mesenchym oder dem Keimepithel ist
immer noch umstritten.

Die soeben genannten Röntgenversuche von BOUIN und ANCEL bestärkten
auch die endokrine Funktion der Leydig-Zellen; während die Gonocyten durch
die Bestrahlung gänzlich zerstört wurden, entwickelten die Leydig-Zellen sich
normal und konnten die Morpho- und Physiogenese der akzidentellen Geschlechtsmerkmale allein aufrechterhalten.

---

[1] LOEWE u. VOSS: Klin. Wschr. **1928**, 1376.
[2] FUNK, HARROW u. LEJWA: Proc. Soc. exper. Biol. a. Med. **1929**, 325 — Amer. J.
Physiol. **1930**, 92.
[3] SIEBKE: Arch. Gynäk. **1931**, 417.   [4] LOEWE u. VOSS: Endokrinol. **1928**.
[5] MOORE: J. amer. med. Assoc. **1931**, 518.   [6] DODDS: Lancet **1930**.
[7] LAQUEUR, E.: Klin. Wschr. **1930**, 772.
[8] Von zahlreichen Verfassern, die meine Originalarbeiten von 1918—1926 nicht kennen,
werde ich (Verf.) ständig irrtümlich als unbedingter Anhänger der Alleinproduktion der
Sexualhormone durch die Leydig-Zellen angeführt.
[9] BOUIN u. ANCEL: Endokrinol. **1931**, 1.

Die Bouin-Ancelsche Theorie von der endokrinen Funktion der Leydig-Zellen (der früheren interstitiellen Zellen) wurde von einer Reihe ihrer Mitarbeiter bestätigt. So hat Foncin[1] z. B. neue bestätigende Versuche mit experimentellem Kryptorchismus a. m. Sand angestellt und Emil Aron[2] mit einer speziellen Gefäßligaturmethode zur Hervorrufung von Ischämie der Hoden. Die wichtige Ergänzung dieser Versuche, die ja wesentlich die hormonproduzierende Fähigkeit der Leydig-Zellen dargetan, nämlich den Nachweis erbracht haben, daß ein Hoden mit allen erhalten gebliebenen spermatogenen (Gonocytenreihe) und nutritiven Elementen (den Sertoli-Zellen), aber ohne interstitielles Gewebe, nicht imstande ist, männliches Hormon zu produzieren, hat Max Aron[3] durch interessante Versuche an Amphibien geliefert. Schließlich hat Benoit[4] die Theorie durch Untersuchungen über die Ovariektomie bei Hühnern bestätigt.

Steinach[5], der der Bouin-Ancelschen Theorie ja von Anbeginn beitrat, hat zusammen mit Kun nachgewiesen, daß nach Vorderlappenhormoninjektion auf infantile Mäusemännchen zuerst eine Wucherung der Leydig-Zellen mit gleichzeitig eintretender Frühreifeentwicklung der Geschlechtsmerkmale erfolgt. Samenkanälchendegeneration entsteht nur bei länger dauernder Vorderlappeninjektion oder bei besonders hoher Dosierung. Die Wucherung der Leydig-Zellen ist also nicht die Folge der Tubulusdegeneration, sondern das auslösende Moment für das vorzeitige Wachstum der Geschlechtscharaktere.

Aus einigen nicht veröffentlichten Versuchsreihen, die Steinach mir zur Verfügung gestellt hat, sei folgendes kurz angeführt: Mit Hilfe einer Injektionsmethode wurden Hodensubstanzdepots von erwachsenen Rattenmännchen in kastrierten infantilen Rattenmännchen angelegt; Resultat: normale Geschlechtsentwicklung bei diesen; Mikroskopie der Depots: enorme Wucherung der Leydig-Zellen, totale Atrophie und Auflösung der Kanälchen. Anderen kastrierten infantilen Rattenmännchen wurden oft reichliche Mengen reinen Spermas ohne irgendwelche Wirkung injiziert. Durch neue Versuche mit „Stieltransplantation" der Hoden in zwei Tempi mit nachheriger Stieldurchschneidung hat Steinach die früher sowohl von ihm (1912) wie auch von Sand (1918) ausgeführten Versuche dieser Art bestätigt und erweitert. Er berichtet, er habe hiermit nach 15 Monaten ausschließlich aus Leydig-Zellen bestehende Transplantate erzielt, und zwar mit völliger Entwicklung der Geschlechtscharaktere, die nach der Excision der Transplantate schwanden.

Lipschütz[6] hat Beiträge geliefert mit Experimenten über Fragmentierung und andere operative Eingriffe an Hoden bei Kaninchen.

Jeffries[7] und Moore[8] haben durch Versuche mit kryptorchen Rattenhoden gezeigt, daß dieselben trotz Degeneration des Tubulusepithels bis auf eine einzige Reihe Basalzellen und einzelne Spermatogonien eine unveränderte Menge Sexualhormon produzieren. Sie deuten diese Resultate als Beweis dafür, daß das Samenepithel nicht hormonproduzierend sein kann.

Es mag den Anschein haben, als ob viele verstreute Untersuchungen, die der *Monistentheorie* und dem *Samenepithel* als Hormonproduzenten anscheinend das Wort reden, dem kurz besprochenen, von einer Reihe Forscher gelieferten gewichtigen und eindeutigen Beweismaterial gegenüber ohne weiteren Belang seien.

---

[1] Foncin: Endokrinol. **1931**, 1.   [2] Aron, Emil: Ebenda.
[3] Aron, Max: Ebenda.   [4] Benoit: C. r. Soc. Biol. Paris **1931**, 1193.
[5] Steinach: Med. Klin. **1928**, 14.
[6] Lipschütz: Arch. Frauenkde u. Konstit.forsch. **1930**.
[7] Jeffries: Anat. Rec. **1931**, 1.   [8] Moore: J. amer. med. Assoc. **1931**, 518.

SIMKINS[1] vertritt nach Studien an menschlichen Früchten die Ansicht, die sog. primitiven Genitaloidzellen seien als Keimepithelderivate Mutterzellen für sowohl Leydig-Zellen wie auch für die Spermatogonienreihe, und ZIEGLER[2] glaubt nach Untersuchungen über tuberkulöse Orchitis mit Regenerationsphänomenen nach Metallsalzbehandlung, daß die beiden genannten Zellformen von den Sertoli-Zellen regeneriert werden können.

Einige Experimente von OSLUND[3] mit Injektion von Schweineepididymisextrakten und Hodenflüssigkeit aus Epididymis oder Vas deferens auf Puter, wo deutliches Hahnenkammwachstum erfolgte, stehen in direktem Widerstreit mit STEINACHS vorerwähnten Experimenten und könnten ja auch darauf beruhen, daß wirksames männliches Hormon von der wirklichen Produktionsstelle, den Leydig-Zellen, aus in die Testisflüssigkeit und Epididymis diffundierte.

V. KUDRJASCHOV[4] hat sich auf Grundlage von Kastrations- und experimentellen Kryptorchismusversuchen an Rattenmännchen zum Fürsprecher der Auffassung gemacht, daß sowohl Samen- wie auch Leydig-Zellen Hormone bilden, die die Entwicklung der Geschlechtsmerkmale fördern, und er erwägt, ebenso wie andere Verfasser, die Frage von mehreren vom Hoden ausgehenden Hormonen, nämlich für Stoffwechsel, Wachstum und Geschlechtsmerkmale, und jedes Hormon in Korrelation mit einer oder mehreren anderen endokrinen Drüsen.

Zu erwähnen sind noch einige Untersuchungen von A. KOHN[5] und von CURT WIESER[6] über heterosexuelle Homologa. Es handelt sich um die bei der Frau im Hilus des Ovariums nachgewiesenen sog. extraglandulären Zwischenzellen. Die Untersuchungen bilden eine Bestätigung von BERGERS[7] bereits 1923 aufgestellter Behauptung, diese sog. „extraglandulären weiblichen Zwischenzellen" seien nicht allein mit den extraglandulären, sondern auch mit den eigentlichen Leydig-Zellen im Hilus des Hodens völlig homologe Gebilde. Die Homologie bestehe in Gleichartigkeit der Form, der Größe, des Aussehens, der Speicherungsverhältnisse sowie einer eigentümlichen „Affinität" zum Nervengewebe (Neutropismus).

Der Umstand, daß im Frauenharn, und zwar speziell im Harn gravider Frauen, bei welchen diese extraglandulären Zwischenzellen besonders vorkommen, männliche Sexualhormone gefunden werden (SIEBKE[8]), spricht für eine Homologie auch in funktioneller Hinsicht. Diese Zellen sind wahrscheinlich der Produktionsort für das bei Frauen vorkommende männliche Sexualhormon, ein Umstand, der vom Standpunkte physiologischer Geschlechtsentwicklung aus betrachtet von außerordentlich großem Interesse ist.

Eine interessante, obwohl strittige, Frage ist andererseits die von eventuellen feminisierenden Wirkungen von Hodenextrakten; solche wurden bereits 1911 besprochen (ASCHNER und GRIGORIU[9]), bei FELLNER[10], bei ALLEN und DOISY[11], FRANK und GUSTAVSON[12]. LAQUEUR[13] wie auch DOHRN[14] und CARMINATI[15] berichten über Oestrushormon im Hoden. H. SEEMANN ist es geglückt (noch nicht veröffentlichte Untersuchungen in SANDS Laboratorium), Oestrushormon in nur

[1] SIMKINS: Amer. J. Anat. **1928**, 249.   [2] ZIEGLER: Klin. Wschr. **1930**, 2240.
[3] OSLUND: Proc. Soc. exper. Biol. a. Med. **1928**, 845.
[4] KUDRJASCHOV, V.: Endokrinol. **1930**, 71.   [5] KOHN, A.: Endokrinol. **1928**, 3.
[6] WIESER, CURT: Endokrinol. **1931**, 321, 404.
[7] BERGER: Archives d'Anat. **1923** — C. r. Ass. d'Anat. **1923**.
[8] SIEBKE: Arch. Gynäk. **1931**, 417.   [9] ASCHNER u. GRIGORIU: Arch. Gynäk. **1911**, 766.
[10] FELLNER: Arch. Gynäk. **1913**, 641 — Pflügers Arch. **1921**, 199.
[11] ALLEN u. DOISY: J. of biol. Chem. **1924**, 711.
[12] FRANK u. GUSTAVSON: J. amer. med. Assoc. **1925**, 1715.
[13] LAQUEUR: Arch. f. exper. Path. **1927**, 82.   [14] DOHRN: Klin. Wschr. **1927**, 359.
[15] CARMINATI: Endocrinologia **1927**, 337.

aus Leydig- und Sertoli-Zellen bestehenden Lipoidextrakten aus sowohl normalen wie auch kryptorchen Eberhoden (Serienschnitte) nachzuweisen, dagegen nicht in Extrakten aus Stierhoden.

Von dem Hauptteil der gewichtigeren jüngeren Untersuchungen ist also zu sagen, daß sie am stärksten zugunsten der Bouin-Ancelschen Theorie sprechen, und wenn man derselben in ihrer absoluten Form auch nicht beipflichten kann, so verträgt sowohl die ältere wie auch die neuere Forschung sich mit der Sand-schen Vikar-Theorie, derzufolge die Leydig-Zellen zwar den Hauptfaktor in der Ernährung der Kanälchen wie auch in der endokrinen Funktion des Hodens bilden, die aber doch die Möglichkeit einer gewissen Stellvertretung zwischen den Geweben, speziell Leydig- und Sertoli-Zellen, mit Hinblick auf die endokrine Funktion offenläßt, und zwar so, daß das Samenepithel möglicherweise als von den eigentlich produzierenden Zellen „hormongeladen" betrachtet werden kann.

Wenn wir uns nun der Frage nach den *Hormonbildungsstellen im Ovarium* zuwenden, so stellt sich heraus, daß alle drei Gewebe, Follikel, Thecalutein-gewebe und Corpus luteum, ihre Anhänger hatten (Bd. XIV, S. 287—292). Im Anschluß an Bucuras Gedankengang und auf Grundlage zahlreicher Experimente stellte Sand (1918) auch für das Ovarium eine „Vikartheorie" (näher ausgestaltet in Bd. XIV, S. 291—292) auf, derzufolge die Gewebe morpho- und physiologisch in höherem Maße unter einem gemeinsamen Gesichtswinkel zu betrachten sind.

In bezug auf die Frage haben die neueren Transplantationsversuche kaum weiteren Aufschluß geliefert. Andere Formen für Isolation und Extraktversuche haben hingegen gewisse Ergebnisse gezeitigt. Für die weiblichen Sexualhormone hat man außer den akzidentellen Charakteren die bekannte Allen-Doisysche Brunstreaktion als Test benutzt.

1. *Extrakte aus dem Gesamtovarium* haben sich, den Ovarientransplantationen entsprechend, vollaus wirksam erwiesen, jedoch selbstredend ohne deren „Dauereffekt".

2. *Die Anwendung von Follikelflüssigkeit und Extrakten aus den Follikeln* hat volle Wirkung auf den Sexualapparat und die Brunst hervorgebracht. Aschheim, Zondek[1], Allen[2], Doisy, Brouha, Simonnet u. a. erblicken im Follikelstoff das eigentliche und einzige Ovarialhormon, das imstande ist, die sämtlichen für das reife Ovarium charakteristischen Veränderungen und Funktionen hervorzurufen und auszulösen. Im Gegensatz hierzu wird unter anderem von Courrier[3], Loewe, Schröder und Papanicolaou behauptet, das Follikelhormon habe nicht die sämtlichen charakteristischen Wirkungen, da es unter anderem das Corpus luteum in seiner Wirkung auf die Nidation des Eies nicht ersetzen könne. Das Follikelhormon ist in ganz jungen Follikeln schwer nachweisbar, erst wenn dieselben eine gewisse Größe erreicht haben, ist das möglich. In bezug auf die eigentliche Bildungsstelle des Follikelhormons glauben Aschheim und Zondek[4], sie befinde sich in den Theca interna-Zellen, weil man bei einer Trennung des Granulosaepithels von der Theca interna-Schicht durch Implantation nur eine Thecainterna-Wirkung erziele. Bei ebensolchen Versuchen hat Westman[5] indessen eine alleinige Theca interna-Wirkung nicht nachzuweisen vermocht. Die Follikelextrakte haben in den letzten Jahren einen hohen Reinheitsgrad erlangt, ohne daß man jedoch eine endgültige Kenntnis von der eigent-

[1] Zondek: Z. Geburtsh. **30** (1926).   [2] Allen: Amer. J. Anat. **34** (1925).
[3] Courrier: Rev. franç. Endrocrin. **1925**, 94 — Reun. plen. Soc. Biol. **1931**, 1367.
[4] Aschheim u. Zondek: Zitiert auf S. 343.
[5] Westman: Acta obstetr. scand. (Stockh.) **1929**, 290.

lichen chemischen Natur und Zusammensetzung des Follikelhormons erlangt hätte. Es ist in Wasser, Alkohol und fettlösenden Mitteln löslich, es erträgt starke Säuren und Basen sowie die Erhitzung auf 250°. Es wird angenommen, daß es an die Zellipoiden geknüpft ist (ZONDEK, LAQUEUR). Von Präparaten seien genannt Progynon (STEINACH), Menformon (LAQUEUR[1]), Follikulin (ZONDEK[2]). Diese Hormonpräparate werden jetzt übrigens aus Placenta und Harn von Graviden hergestellt.

3. *Corpus luteum-Extrakte.* Hierüber gehen die Ansichten weit auseinander. ZONDEK und ASCHHEIM[3] haben die Wirkung bei Implantationsversuchen dem Follikelhormon analog gefunden, jedoch nur während der Entwicklung des Corpus luteum, und nicht etwa nachdem es seine maximale Entwicklung erreicht hat. Sie glauben deshalb, im Corpus luteum sei ein besonderes Hormon nicht enthalten. Im Gegensatz hierzu liegt eine Reihe Untersuchungen vor, die darauf deuten, daß das Corpus luteum ein besonderes Hormon enthält, das sich von dem Follikelhormon insofern unterscheidet, als es sich ovulationshemmend betätigt und besondere Bedeutung für die Nidation des Eies hat. So hat HABERLAND[4] z. B. durch Implantation von Ovarien von trächtigen Tieren auf nichtträchtige eine „hormonale" Sterilisierung erzielt; PAPANICOLAOU[5], PARKES und BELLERBY[6], BIEDL[7] und P. GLEY[8] haben gezeigt, daß Corpus luteum-Extrakte eine ovulations- und oestrushemmende Wirkung haben. CORNER[9] u. a. haben dargetan, daß Corpus luteum-Extrakte imstande sind, das Ovarium in seiner Funktion während der Schwangerschaft zu ersetzen. Des weiteren haben COURRIER, FRAENKEL und FELS[10] u. a. gezeigt, daß das Follikelhormon weder die charakteristische Gelbkörperphase in den cyclischen Veränderungen hervorzurufen noch die für das Corpus luteum charakteristische Funktion während der Schwangerschaft auszuüben vermag. Diese Untersuchungen deuten somit stark darauf, daß im Corpus luteum ein sich vom Follikelhormon unterscheidendes besonderes Hormon produziert wird, und von dieser Anschauung muß denn auch gesagt werden, daß sie die meisten Anhänger hat.

Ganz neue Perspektiven eröffnen die jüngsten aus STEINACHS[11] Laboratorium veröffentlichten Untersuchungen. Durch dieselben wird eine starke Luteinisierung des Ovariums hervorgerufen, und zwar teils durch Röntgenbestrahlung, teils durch Zuführung von Vorderlappenhormon. In beiden Fällen ist das Resultat: deutliche Zeichen einer Transformierung der Versuchstiere in männlicher Richtung. Die Versuche werden noch durch Injektionsversuche mit nach CORNERS Methode hergestelltem Corpus luteum-Extrakt ergänzt und ihr Ergebnis steht mit dem vorstehend angeführten in Einklang. Der CORNERsche Stoff im Corpus luteum bewirkt auch bei Einspritzung auf infantile Männchen eine frühere Geschlechtsreifung als bei den unbehandelten Tieren. Hieraus wird der Rückschluß abgeleitet, das Ovarium bilde außer Hormonen, die auf die weiblichen Geschlechtscharaktere spezifisch einwirken, auch ein männliches Hormon, dessen Produktion an das Luteingewebe lokalisiert ist. Demnach findet sich im Ovarium ein Zustand hormonaler Bisexualität.

---

[1] LAQUEUR: Dtsch. med. Wschr. **1927/28**.   [2] ZONDEK: Zitiert auf S. 343.

[3] ZONDEK u. ASCHHEIM: Zitiert auf S. 343.

[4] HABERLAND: Münch. med. Wschr. **1921**, 1577 — Fortschr. naturwiss. Forsch. **1924**.

[5] PAPANICOLAOU: J. amer. med. Assoc. **1926**, 1422.

[6] PARKES u. BELLERBY: J. of Physiol. **1927**, 233.

[7] BIEDL: Arch. Gynäk. **1927**, 167.

[8] GLEY, P.: C. r. Soc. Biol. Paris **1928**, 98.

[9] CORNER: Amer. J. Physiol. **1928**, 74.

[10] FRAENKEL u. FELS: J. of exper. Med. **1929**, 172.

[11] STEINACH: Pflügers Arch. **1931**, 266.

4. *Isolation des Theca-luteingewebes.* Die Verhältnisse sind wesentlich durch Röntgenbestrahlung der Ovarien, wodurch eine erhebliche Follikelatresie und starkes Wachstum der Theca lutein-Zellen bewirkt wird, untersucht worden. Bei infantilen Meerschweinchen wird dadurch eine ausgeprägte und starke Frühreifung herbeigeführt; bei Mäusen kommt keine Frühreifung, wenn die Tiere aber heranwachsen, erfolgt normale Geschlechtsreife, und die Brunstphänomene verlaufen ganz regelmäßig, trotzdem die Untersuchung der Ovarien das Fehlen von Ovulation, Luteinzellen und Follikeln aufdeckt. Ähnliche Resultate werden in Fällen mit cystisch-atretischen Follikeln beobachtet, wo man teils eine hemmende und teils eine beschleunigende Wirkung ermittelt hat.

Zusammenfassend muß gesagt werden, daß eine endgültige Lösung dieser Probleme hinsichtlich des Ovariums nicht erzielt worden ist, denn auch die neueren Untersuchungen haben weder in bezug auf den Produktionsort der Hormone noch in der Frage von einem oder mehreren Hormonen einwandfreie Resultate geliefert. Es ist in dieser Verbindung zu betonen, daß der Nachweis von Hormongehalt in bestimmten Geweben oder Organflüssigkeiten noch kein Beweis dafür ist, daß der Produktionsort sich hier befindet, da die Möglichkeit der Verschleppung und Deponierung an anderer Stelle vorhanden ist. Beispielsweise sei an den Follikulingehalt in Blut und Harn erinnert. Dieser Umstand hat in den letzten Jahren für die Hormonherstellung besondere Bedeutung erlangt, weil der Harn von graviden Frauen sich wegen seines großen Hormongehalts vortrefflich zum Ausgangspunkt für die Herstellung eignet. So hat Butenandt[1] eine aktive krystallinische Substanz daraus hergestellt, die bei Bioversuchen einen Gehalt von 8—10 Millionen M.E. pro Gramm aufwies. Die Substanz schmilzt bei 245°, und nach Analysen wird angenommen, daß sie die Formel $C_{23}H_{28}O_3$ oder $C_{24}H_{32}O_3$ hat.

Was den großen Follikulingehalt der Placenta anbetrifft, so scheint er nach neueren Untersuchungen nicht durch eine Deponierung von Hormon aus dem Ovarium verschuldet, sondern der Ausdruck für eine selbständige Hormonproduktion in der Placenta zu sein (Waldstein[2]).

Auch in bezug auf das Ovarium scheinen also in der Beurteilung seines hormonproduzierenden Gewebes mehr generelle Gesichtspunkte vonnöten zu sein, das Verständnis dafür, daß man hier auch nicht starr an den einzelnen Geweben als Produzenten einzelner Hormone festhalten darf, sondern wahrscheinlich hier, ebenso wie in der Beurteilung des Hodenhormongewebes, der elastischeren Auffassung in der vorerwähnten Sandschen Vikartheorie beizupflichten, in die die Mehrzahl älterer wie auch jüngerer Untersuchungen sich einordnen zu lassen scheinen.

Im ganzen genommen hat man also den Eindruck, daß sowohl in bezug auf den Hoden wie auch auf das Ovarium behauptet werden kann, man habe sich bislang allzu fest an die ursprüngliche starre Betrachtungsweise gehalten, die darauf hinausläuft, daß jeder einzelne Hormonausschlag absolut von seinem eigenen isolierten mehr oder weniger charakteristisch geprägten Gewebe abhängig und fest daran gebunden sei. Dieser bisherige Gesichtspunkt ist sicher allzu eng gesteckt und unbiegsam und wenig in Einklang mit der Übergangstendenz, der man in der Biologie an vielen Stellen begegnet. Das in anatomischer Hinsicht häufige Ineinanderübergleiten der diskutierbaren Hormongewebe, ihr mehr oder weniger gemeinsamer Ursprung und ihre Morphogenese, viele der widersprechenden physiologischen Untersuchungen sowie eine Reihe anderer Verhältnisse scheinen dafür zu sprechen, daß die zusammenfassenden Gesichtspunkte,

---

[1] Butenandt: Klin. Wschr. **1930**, 1475.   [2] Waldstein: Zbl. Gynäk. **1929**, 21.

die SAND in seinen seit 1918 verfochtenen „*Vikartheorien*" ausgedrückt hat, *sich für Hormongewebe des Hodens und des Ovariums* als der Wahrheit am nächsten erweisen werden.

Dieser etwas generalisierende Gesichtspunkt scheint nicht allein für die Hoden- und die Ovarialhormongewebe in jedem dieser Gewebe für sich zu gelten, sondern eine Reihe der neuesten Untersuchungen über das Vorhandensein von Hodenhormon im Ovarium (bzw. den betreffenden Hormongeweben) und umgekehrt von Ovarialhormon im Testisgewebe, verglichen mit einigen von der modernen Intersexualitätslehre her bekannten Problemen und Phänomenen, scheinen eine noch weitere Generalisierung dieser Betrachtungsweise zu gestatten und auch den Hoden und das Ovarium morpho- und physiologisch in ihren reziproken Verhältnissen mit zu umfassen. Zugunsten eines weiteren Ausblicks von dieser Arbeitshypothese aus führt die moderne Auffassung der sexuellen Bipotentialität der sog. sondergeschlechtigen Organismen und der ganzen modernen Intersexualitätslehre eine beredte Sprache.

Ausführliche Literatur siehe ferner SAND: Exp. Studien über Geschlechtscharaktere bei Säugetieren. Kopenhagen 1918. — Handb. d. norm. und path. Phys. **14** (1926). — MEISENHEIMER: Geschlecht und Geschlechter. Jena: Fischer 1930. — HARMS: Körper und Keimzellen. Berlin: Julius Springer 1926. — GOLDSCHMIDT: Die sex. Zwischenstufen. Berlin: Julius Springer 1931.

Bd. XIV, 1.

Der Hermaphroditismus bei Wirbeltieren in experimenteller Beleuchtung

(S. 299—343).

Von

KNUD SAND – Kopenhagen.

In Bd. XIV, S. 300, waren die Terminologie und der Begriff des Hermaphroditismus Gegenstand einer kurzen Besprechung, aus der hervorging, daß darauf bezügliche frühere Vorschläge und Anschauungen eher trennend als sammelnd gewirkt hatten. In den letzten Jahrzehnten hat man in höherem Grade gestrebt, die hermaphroditischen, monöcischen Zustände bei Wirbeltieren unter einen gemeinsamen Gesichtspunkt zu bringen.

Den Versuch einer solchen sammelnden Betrachtungsweise machte SAND teils auf einigen Punkten im Anschluß an eine Reihe anderer biologischer Forscher (BOUIN und ANCEL, BIEDL, PICK, STEINACH u. a.), teils von persönlichen Anschauungen aus, die er in seinen seit 1918[1] erschienenen Arbeiten vertritt.

Darin wurde der Versuch gemacht, von all den mehr oder weniger spekulativen Betrachtungen über das Wesen des Hermaphroditismus abzukommen und seine Phänomene unter einen Generalnenner, *die Hormone* und die für dieselben geltenden Gesetze, zu bringen, und zwar mit besonderem Hinblick auf die terminalen Hormone, die eigentlichen Sexualhormone, wobei von den definitiven Hormongeweben in den Gonaden, ihrer Kombination und dem Zusammenspiel zwischen denselben, ausgegangen wird.

---

[1] SAND: Exper. Studien über Geschlechtschar. bei Säugetieren. Kopenhagen 1918. Pflügers Arch. **1918** — J. of Physiol. **1919** — J. de Phys. **1921** — ds. Handb. **14** (1926).

Dieser sammelnde Gesichtspunkt wird besonders beleuchtet durch moderne Untersuchungen über „experimentellen Hermaphroditismus", die gerade auf Arbeiten mit Kombinationen der männlichen und weiblichen terminalen Sexualhormone fußen, Arbeiten, die unstreitig wichtige Punkte in der Erforschung der doppelgeschlechtigen, in engerem Sinne der abnormen Zustände in der Doppelgeschlechtskategorie[1] bezeichnet haben.

Diese Darstellung litt jedoch an gewissen Mängeln. Im Gegensatz zu vielen Forschern, Anhängern des „asexuellen Soma" in absolutem Sinne, hat Sand[2] allerdings stets betont, das gesamte Soma, alle Zellen des Organismus, seien vererbungsmäßig sicher ab origine vom Befruchtungsaugenblick an geschlechtsbestimmt, entweder normal oder anormal, mit einer bestimmten Geschlechtstendenz durch die von den ursprünglichen Determinationsfaktoren bewirkte Geschlechtsbestimmung, so daß dieselbe doch mehr und mehr in der Gonadenanlage der Individualanlage zentriert und allmählich in der Individuenentwicklung den Hormongeweben mit deren terminalen Hormonen als Hauptfaktor[3] unterworfen sind, der Fehler in der Darstellung beruht meines Erachtens aber darauf, daß sie in allzu hohem Grade eben auf die Betätigung dieser eigentlichen Sexualhormone abzielt und trotz ihrer Berührung der Probleme den weiteren Ausblick und die Zusammenarbeit mit den grundlegenden Erweiterungen auf dem Gesamtgebiete der modernen Vererbungslehre vermissen läßt.

Dieser Mangel in den gegebenen Vorstellungen ist in den letzten Jahren von dem Erblichkeitsbiologen Rich. Goldschmidt[4] nachdrücklich (wenngleich nicht allen Forschern gegenüber immer gerecht) betont worden; diesem Forscher verdanken wir auch besonders eine Reihe genialer Arbeiten, durch die er diesem Mangel abgeholfen und uns durch seine Intersexualitätslehre einen festen Aufbau des Wesens der Hermaphroditismusphänomene gegeben hat, der die Möglichkeit in sich trägt zum Anlegen gemeinsamer Betrachtungsweisen für den Mechanismus der Geschlechtsbestimmung und -entwicklung, nicht basiert auf

---

[1] Durch Kombination der Sexualhormone wurden somatische und psychische Charaktere in doppelgeschlechtiger Richtung, eine simultane Funktion beider, der männlichen sowie der weiblichen, Sexualhormone in demselben Organismus hervorgerufen (Sand: 1918—1926).

[2] Siehe Monographie 1918 und ds. Handb. **14**, 322—325 (1926). Rich. Goldschmidt, der die „Mediziner" in seinen jüngsten Arbeiten auf diesem Gebiete heftig befehdet, scheinen meine Arbeiten auf wesentlichen Punkten unbekannt zu sein.

[3] „Es wird den Lesern erinnerlich sein, daß die Geschlechtsbestimmung als pro- oder syngam, d. h. jedenfalls im Befruchtungsaugenblick bestimmt, angenommen wird; aus dem dabei geschlechtsbestimmten Ei entsteht in der Regel ein homogengeschlechtiges, monosexuelles Individuum; bei Wirbeltieren aber entstehen, und zwar wahrscheinlich in erster Linie auf Grund von Unregelmäßigkeiten bei den primären Anlageprozessen, abnorme, mehr oder weniger zwittrige Individuen. Aber — gleichviel, ob man sich denken will, daß sich die primär abnorme Bestimmung nur in den Geschlechtsdrüsenanlagen findet, und daß die übrigen Abnormitäten in der Geschlechtsentwicklung des Individuums durch das infolgedessen unregelmäßig differenzierte Hormongewebe hervorgerufen werden, oder ob man vermutet, daß — was wahrscheinlicher sein dürfte — sich das abnorme Gepräge in der ganzen, danach allmählich dem Einfluß der Gonaden unterworfenen Individualanlage geltend macht, so muß jedenfalls angenommen werden, daß das Hormongewebe der Geschlechtsdrüsen, die ihre Tätigkeit nach und nach in steigendem Maße — auch in Verbindung mit anderen endokrinen Drüsen — entfalten, auch hinsichtlich der sexuellen Abnormitäten den Hauptfaktor in der Geschlechtsentwicklung bildet.
Gerade die modernen Anschauungen, wonach hermaphroditische und andere sexuelle Abnormzustände mit einer Doppelwirkung oder einer Wechselwirkung männlichen und weiblichen Hormongewebes, welches durch unregelmäßige Differenzierung der Geschlechtsdrüsenanlagen entstanden ist, in Verbindung gesetzt werden müssen, erhalten durch die Versuche mit kombinierten Hormonwirkungen die gewünschte experimentelle Grundlage" (Sand: 1918. Siehe S. 323. 1926).

[4] Goldschmidt, Rich.: Erg. Biol. **2** (1927) — Physiol. Theorie d. Vererbung. Berlin: Julius Springer 1927 — Die sexuellen Zwischenstufen.

einzelnen Disziplinen, sondern auf breiter Basis all die Forschungsrichtungen, die Berührungspunkte mit unseren Problemen haben, berücksichtigend.

Diese Arbeiten GOLDSCHMIDTs bezeichnen meines Erachtens eine so wesentliche Fortsetzung und den Ausbau der in den letzten Jahrzehnten aufdämmernden Vorstellungen, daß sie als wichtigster Einsatz in der jüngsten sexualbiologischen Forschung zu begrüßen sind und der folgenden leider in sehr knapper Form zu haltenden Darstellung der neuesten Untersuchungen deshalb zugrunde gelegt werden.

Vorab müssen die terminologischen Fragen aber eine jedenfalls vorläufige Klärung erfahren. Von der herrschenden Verwirrung und Unhaltbarkeit war in Bd. XIV, S. 300ff., die Rede, wo ich ebenso wie in allen früheren Arbeiten das Unrichtige z. B. in der Unterscheidung zwischen Hermaphroditismus verus und Pseudohermaphroditismus aufs neue betonte und eine gleichartige Terminologie befürwortete, die darauf basiert, daß alle oder jedenfalls die meisten hermaphroditischen (intersexuellen) Phänomene ursprünglich auf denselben Ursachen beruhen müßten[1].

Ein genaues Studium der hauptsächlichen hermaphroditischen Zustände bei normalerweise sonst getrenntgeschlechtigen gonochoristischen, diöcischen Tiergruppen bewirkt, daß man von all den alten Einteilungen, die auf unrichtigen Vorstellungen und mangelnder Kenntnis der neueren Forschungsrichtungen fußen, abrückt. Hiernach könnte man zwar mehrere Wege einschlagen, ein einzelner und brauchbarer ist aber der von GOLDSCHMIDT[2], HIRSCHFELD, SAND[3], CREW[4] u. a. eingeschlagene, nämlich die Auffassung der besagten Zustände als „sexuelle Zwischenstufe", die an verschiedenen Punkten einer Linie mit dem „reinen Männchen" und dem „reinen Weibchen" als äußerste Punkte gelegen ist, wohlgemerkt auch hinsichtlich der Extreme mit latenter Fähigkeit, die „heterologen" Charaktere zu entwickeln — mit „sexueller Bipotentialität". Die Bezeichnung Hermaphroditen (Monöcisten) wird der normalen Doppelgeschlechtigkeit, dem Monöcismus (Lungenschnecken, Bandwürmer usw.) vorbehalten.

Das ungeheure Material sexueller Zwischenstufen, das nachstehend nur gestreift werden kann, hat GOLDSCHMIDT[2] auf Grundlage eigener und fremder Studien in zwei genetisch verschiedene Hauptgruppen, Intersexualität und Gynandromorphismus, einzuteilen vorgeschlagen.

Die Intersexualität umfaßt Individuen, *Intersexe*, die infolge ihrer genotypischen Beschaffenheit, XY oder XX, eigentlich Männchen oder Weibchen sein müßten, die sich in Wirklichkeit aber nur bis zu einem gewissen Zeitpunkt, dem „Drehpunkt", nach dem genotypischen Geschlecht hin entwickeln, wonach ihre Entwicklung auf Grund gewisser Eigentümlichkeiten bei den Genen nach dem entgegengesetzten Geschlecht hin fortgesetzt wird. Diese beiden verschiedenen Entwicklungsphasen addieren sich nun und geben als Phänotypus eine Mischung der typischen Organe jedes Geschlechts, eine Mischung, die wir als zwischen den beiden Geschlechtern stehend betrachten. Genotypisch betrachtet, gehört das Individuum immer noch zum ursprünglichen Geschlecht. Die Ausdrücke männlicher und weiblicher Intersexe beziehen sich eben auf das ursprüngliche genotypische Geschlecht.

1. *Zygotische* (genotypische) *Intersexualität*, die soeben besprochen wurde und eine durch den XX-XY-Mechanismus bedingte normale Sondergeschlechtigkeit zur Voraussetzung hat. Die Intersexualität tritt hier auf Grund gewisser syngam bestimmter genetischer Zustände auf. Untergruppen davon sind: a) *Diploide zygotische Intersexualität:* ohne chromosomale Störungen, mit Erhaltung der normalen diploiden Chromosomenausstattung; b) *Triploide Intersexualität:* auf Grund abnormer Chromosomenverhältnisse (drei Chromosomenpaare anstatt der im normalen Organismus vorkommenden zwei).

2. *Hormonale Intersexualität:* entwickelt bei konstitutionell (XX oder XY) und genetisch normalen Männchen und Weibchen bei späterer Hormoneinwirkung. Ob eine solche hormonale Intersexualität Geschlechtsdrehung des Gesamtorganismus oder nur besonders „hormon-

---

[1] SAND: S. 304. Zitiert auf S. 352.   [2] GOLDSCHMIDT: Zitiert auf S. 353.
[3] SAND: Zitiert auf S. 352.
[4] CREW: Proc. roy. Soc. Lond. **95** (1923) — Quart. Rev. Biol. **1926/27**.

sensibler" Organgruppen hervorrufen kann, muß dahingestellt bleiben. In letzterem Falle kann der Ausdruck Intersexualität lediglich auf die undifferenzierten Teile angewandt werden. Liegen der Bildung der die „Geschlechtsdrehung" hervorrufenden Hormone genetische Prozesse zugrunde, so ist selbstredend von zygotischer Intersexualität die Rede, auf die man bei spontaner Geschlechtsdrehung bei Hormontieren stets einen Verdacht haben muß.

Gynandromorphismus. Im Gegensatz zu Intersexen, die dadurch charakterisiert sind, daß all ihre Zellen identisch (XX oder XY) sind, sind gynandromorphe Individuen Mosaike aus genetisch sowohl männlichen wie auch weiblichen Zellen oder Zellgruppen (XX und XY). Wo Intersexe also „zeitliche Mosaike" (männliche und weibliche Entwicklung *nacheinander*) bilden, weisen die Gynandromorphen „räumliche Mosaike" auf (Entwicklung männlicher und weiblicher Zellgruppen *nebeneinander*). Die Abnormität beruht wahrscheinlich auf Spaltungsanomalien. Individuen, die keiner dieser beiden Hauptgruppen beigezählt werden können, bringt Goldschmidt in einer III. Gruppe unter, bis ihre Natur klargelegt ist.

Goldschmidts Theorien und Ansichten, die den meisten bekannt sein dürften, können nur kurz skizziert werden, im übrigen wird auf seine Arbeiten verwiesen.

Die Anregung zu seinen Untersuchungen erhielt Goldschmidt durch die Beobachtung, daß nach der Kreuzung der europäischen mit der japanischen Varietät von Lymantria dispar. intersexuelle Individuen in der Nachkommenschaft auftraten. Die Untersuchungen veranlaßten ihn zu der Veröffentlichung seiner „physiologischen Geschlechtsbestimmungstheorie".

An der Gültigkeit der Theorie in bezug auf Lymantria dispar. sowie andere Schmetterlingsarten und Insekten, die sog. „hormonlosen Tiere" überhaupt, ist kaum mehr zu zweifeln, und fortgesetzte, teils von Goldschmidt selbst unternommene Untersuchungen über Wirbeltiere scheinen darzutun, daß zygotische Intersexualität auch hier vorkommt, und daß die Theorie also mit den gebührenden Modifikationen, wie hormonale Verhältnisse sie notwendig mit sich bringen, auch für diese Tiergruppe zu gelten scheint.

Lymantria gehört in bezug auf gametische Geschlechtsbestimmung zumAbraxastypus, d. h. sie hat weibliche Heterogametie (XY = ♀, XX = ♂), und eine nähere Untersuchung der intersexuellen Individuen ergab, daß sie sich ebenso wie die normalen Individuen um zwei Typen, XY = ♀-Intersexe und XX = ♂-Intersexe, gruppierten, und daß jede dieser Gruppen je nach ihrem Gehalt an heterologem Einschlag in schwache, mittelstarke und stärkste Grade der Intersexualität eingeteilt werden kann, von denen die letztere phänotypisch das Aussehen des genetisch entgegengesetzten Geschlechts aufwies: stärkstes intersexuelles genetisches Weibchen = Umwandlungsmännchen bzw. stärkstes intersexuelles genetisches Männchen = Umwandlungsweibchen. Von Chromosomenanomalien war nicht die Rede, die gewöhnliche genetische Geschlechtsbestimmung vermochte das Entstehen der Intersexualität somit nicht zu erklären.

Die morphologische und entwicklungsmäßige Analyse dieser Intersexen klärte dagegen das Erscheinen der komplizierten Kombinationen männlicher und weiblicher Teile auf und zeigte, daß diese Individuen ihre Entwicklung ursprünglich nach dem genetischen Geschlecht hin begannen (XY = ♀, XX = ♂), von einem bestimmten Zeitpunkte, dem „Drehpunkt" an aber in der Richtung nach dem anderen Geschlecht hin fortsetzten. Die vor dem Drehpunkte differenzierten Organe wiesen, wenn sie keine Umdifferenzierung erfuhren, das ursprüngliche Geschlecht auf. Was nach dem Drehpunkte differenziert wurde, zeigte das neue Geschlecht, dessen Organe jedoch auf Grund einer zu kurzen Differenzierungszeit den vollen Entwicklungsgrad nicht erreichten. Das Endprodukt, der Phänotypus des Intersexen, ließ sich daher, wie zu erwarten war, folgendermaßen analysieren: Teile der Organe des ersten Geschlechts, wovon einige in der Drehung nach dem anderen Geschlecht hin begriffen, das durch mehr oder weniger vollständige um- und ausdifferenzierte Organe verkörpert wird. Der Grad der Intersexualität hing somit von der zeitlichen Lokalisation des Drehpunktes ab: früher Drehpunkt = starke Intersexualität, später eintretender Drehpunkt = schwache Intersexualität: „Das Zeitgesetz der Intersexualitätslehre."

An Hand einer eingehenden genetischen Analyse zeigte Goldschmidt nun, daß jedes normale Geschlecht Faktoren für die Entwicklung beider Geschlechter in sich trägt, nämlich einen Faktor für das weibliche Geschlecht (F) im Y-Chromosom und einen Faktor für das männliche Geschlecht (M) im X-Chromosom, und daß die Geschlechtscharakterformeln der Tiere folgende waren: FM = ♀ oder ♀-Intersex, der auf Grund gewisser, Lymantria eigentümlicher Verhältnisse die Gameten F und FM bildet, sowie FMM = ♂ oder ♂-Intersex, der lauter Gameten mit der Formel M bildet. Ferner, daß das Geschlecht durch ein Stärkenverhältnis zwischen diesen in den Genenkomplexen des Individuums enthaltenen männlichen und weiblichen Geschlechtsfaktoren entschieden wird, ein Stärkenverhältnis, wo nicht allein das in der gametischen Kombination gegebene M oder MM im Wettbewerb mit F, sondern auch namentlich die Stärke der einzelnen Geschlechtsgene, „die Genvalenzen", eine entscheidende Rolle spielen; es stellte sich nämlich heraus, daß die Intersexualität nur entstand bei Kreuzung zwischen den nach der Stärke der Geschlechtsgene als „schwache" und „starke" Rassen charakterisierten geographischen Varietäten von Lymantria dispar. und niemals durch Vermehrung innerhalb derselben ..schwachen" oder „starken" Rasse.

Es ergab sich, daß die Voraussetzung für eine normale Geschlechtsdifferenzierung eine hinlänglich große ($> e =$ epistatisches Minimum) „Valenzspannung" zwischen den in den Genenkomplex eingeführten männlichen und weiblichen Geschlechtsfaktoren ist, eine „Valenzspannung", die bei Vermehrung innerhalb derselben Varietät stets vorhanden ist, und zwar auf Grund der gegenseitigen Abstimmung der Gene und der Geschlechtschromosomen-

$$\text{konstitution:} \ (F - M > e \ \text{oder} \ F > e) = \female; \ \left(MM - F > e \ \text{oder} \ \frac{MM}{F} - > e\right) = 0.$$

Wenn eine solche Abstimmung dagegen nicht vorläge, weil in ein und demselben Individuum durch Kreuzung einer schwachen mit einer starken Rasse starke und schwache Gene zusammengebracht wären, so könnte die „Valenzspannung" weniger als e werden und infolgedessen ein Intersexualitätsgrad entstehen, der dem fehlenden Maß an Übergewicht der Faktoren des einen Geschlechts über die des anderen Geschlechts proportional wäre.

Verglichen mit dem im „Zeitgesetz der Intersexualitätslehre" Ausgedrückten: Abhängigkeit des Intersexualitätsgrades von dem Platz von D im Differenzierungsintervall, ergibt sich, daß eben dieser Platz im Differenzierungsintervall eine Funktion von F/M oder MM/F darstellt.

Nach GOLDSCHMIDTs Auffassung ist die Wirkung der Gene eben chemischer oder hormonaler Natur („chromosomale Hormone"). F und M bedingen jedes für sich Prozesse, die mittels einer ihrer „Stärke" proportionalen Reaktionsgeschwindigkeit zur Bildung der spezifischen, die primäre spezifische weibliche oder männliche Differenzierung bewirkenden Stoffe führen.

Die normale gametische Konstitution gibt eine gewisse Grundlage des Quantitätsunterschiedes: M oder MM im Wettbewerb mit F, und wenn die an diesen Prozessen beteiligten Faktoren F und M quantitativ aufeinander abgestimmt sind, wie sie das innerhalb derselben Varietät sein werden, so ist damit ein hinreichender Unterschied in der Reaktionsgeschwindigkeit gewährleistet, damit der eine Prozeß die Führerschaft erhält und reines Geschlecht die Folge davon wird; ist eine solche Abgestimmtheit dagegen nicht vorhanden, so kann die vorstehend geschilderte Geschlechtsdrehung eintreten. Den Drehpunkt deutet GOLDSCHMIDT alsdann als denjenigen Zeitpunkt im Differenzierungsintervall, wo die Reaktionsgeschwindigkeit „das Übergewicht vertauscht".

Eine Reihe Umstände, auf die hier nicht eingegangen werden kann, Genensubstitutionsexperimente, Nachkommenschaftsberechnungen nach „Umwandlungsmännchen" und „Umwandlungsweibchen", beweisen die Richtigkeit der der GOLDSCHMIDTschen Theorie zugrundeliegenden Quantitätsseite, und Untersuchungen über die Geschlechtsverhältnisse bei anderen „hormonlosen Tieren", wie z. B. die von BRIDGE[1] über die *triploide Intersexualität* der Bananenfliege Drosophila melanogaster, haben dargetan, daß hier von zygotischer Intersexualität mit Drehpunkt im Sinne GOLDSCHMIDTs die Rede ist, wodurch die Auffassung noch weiter bestärkt wird. Der Mechanismus der Geschlechtsbestimmung bei „hormonlosen Tieren" scheint somit in der Hauptsache klargelegt zu sein, und zwar wesentlich durch GOLDSCHMIDTs und durch BRIDGEs Arbeiten.

Es ist nun von Bedeutung, ob die „physiologische Geschlechtsbestimmungstheorie" sich allgemeingültig und mit gebührenden Modifikationen auch auf „*Hormontiere*" anwendbar erweist. GOLDSCHMIDT hat dies selbst untersucht, wobei er sich auf Untersuchungen einer Reihe hervorragender Biologen stützt, und es scheint in der Tat vieles dafür zu sprechen, daß der Theorie eine gewisse Allgemeingültigkeit zukommt; speziell in bezug auf die Säugetiere liegen überzeugende Belege dafür vor.

In diesem Punkte zielen die Forschungen darauf ab, die bei verschiedenen Wirbeltieren vorkommenden „sexuellen Zwischenstufen" zu untersuchen, um zu sehen, ob anzunehmen ist, daß sie auf genetischen Anomalien beruhen.

Bei der Durchnahme der verschiedenen Tiergruppen stellte sich heraus: Bei *Fischen* kommen intersexuelle Phänomene recht häufig vor. Auch normale Monöcie wird angetroffen. Kein einwandfrei nachgewiesenes, obwohl recht wahr-

---

[1] BRIDGE: Science (N. Y.) **1921** — Amer. Naturalist **1925**.

scheinliches, Vorkommen von Sexualhormonen (Courrier[1], Kopèc[2]). Die bei den Zahnkarpfen bekannte *transitorische Intersexualität* der Männchen und sog. „Geschlechtsumwandlung" der Weibchen scheint genetischer Natur zu sein (Harms[3], Winge[4]).

Nach den bekannten Kastrations- und Transformationsversuchen sind Sexualhormone bei *Amphibien* einwandfrei nachgewiesen worden.

Embryonale Gonadentransplantationen und Parabioseversuche (Burns[5], Humphrey[6], Witschi[7]) haben die weitgehende geschlechtstransformierende Fähigkeit der embryonalen Gonade gegenüber der heterologen Gonade (*echte hormonale Intersexualität*) dargetan; auch die Geschlechtsdeterminationsverhältnisse der verschiedenen Froschrassen sowie transitorische Intersexualität und Adulthermaphroditismus konnten von den von den Lymantriaversuchen her bekannten genetischen Voraussetzungen aus erklärt werden und ebenfalls konnten etwas modifizierte Kurven zur Erklärung des Verlaufes der F/M-Reaktion hergestellt werden. Besonders Witschi hat diese Verhältnisse erforscht, und es ist ihm gelungen, ein biologisches Prinzip nachzuweisen, das wahrscheinlich für sämtliche Wirbeltiere Bedeutung hat, nämlich eine bestimmte Lokalisation der Geschlechtsdifferentiatoren: Während sich die F/M-Reaktion bei Lymantria in allen Zellen des Organismus durch Produktion geschlechtsdeterminierender Stoffe betätigt, machen die morphologischen Verhältnisse bei den Fröschen es wahrscheinlich, daß die F/M-Reaktion die Urgeschlechtszellen hier nicht direkt, sondern über ein Zwischenglied, Cortex und Medulla der ursprünglichen Gonadenanlage (Produktionsort der sekundären Geschlechtsdifferentiatoren), beeinflußt. Die F-Reaktion gibt ein corticales Übergewicht mit Produktion weiblicher sekundärer Determinationsstoffe, die eine männliche Differenzierung der undifferenzierten Geschlechtszellen der embryonalen Gonade bewirken.

Das Verhältnis der sexuellen Determinationsstoffe zueinander ist alsdann nach Goldschmidt folgendes:

1. Die *primäre Differenzierung* erfolgt durch Produkte der F-Reaktion, die *chromosomalen Hormone*, die sich in Cortex und Medulla der primitiven Gonade betätigen, wo sie die corticale bzw. medullare Produktion von

2. *sekundären Determinationsstoffen* hervorrufen, die die besagte Differenzierung der Urgeschlechtszellen in der primitiven Gonade sowie der Genitalgänge leiten.

3. Die *tertiäre Differenzierung* kommt den von den ausdifferenzierten Urgeschlechtszellen produzierten „Sexualhormonen" in engstem Sinne (den Pubertäts- oder Brunsthormonen) zu. Diese wirken auf dieselbe Weise wie primäre und sekundäre Determinationsstoffe, setzen deren Wirkung fort, aber hauptsächlich nur auf besondere Organe: die Brunstcharaktere mit Ausnahme der Sexualgänge, abgesehen von deren cyclischen Veränderungen.

Die chromosomalen Hormone, die die primäre Differenzierung bewirken, und die sekundären Determinationsstoffe (die Hormone der embryonalen Gonade) können einander in ihren Wirkungen ersetzen; sowohl sekundäre wie auch tertiäre Differenzierungsstoffe zirkulieren im Blute (Parabioseversuche und Transplantationsexperimente), alle drei sind an ihrer Wirkung, die in Wirklichkeit ein und dieselbe ist, zu erkennen. Goldschmidt will sie deshalb am liebsten als

---

[1] Courrier: Archives d'Anat. **2** (1922).
[2] Kopèc: Biol. generalis (Wien) **3** (1927).
[3] Harms: Körper u. Keimzellen. Berlin: Julius Springer 1926.
[4] Winge: J. Genet. **1922/30**.   [5] Burns: J. of exper. Zool. **42** (1925); **55** (1930).
[6] Humphrey: J. of exper. Zool. **53** (1929).
[7] Witschi: Biol. Bull. Mar. biol. Labor. Wood's Hole **52** (1927).

„Hormone im weitesten Sinne": *primäre, sekundäre und tertiäre Hormone für die sexuelle Differenzierung*, bezeichnen.

Die Verhältnisse der *Vögel* sind noch bei weitem nicht klargelegt. Es liegt in der Regel weibliche Heterogametie vor. Die („tertiäre") Wirkung der Sexualhormone wurde durch die bekannten Kastrations- und Transformationsversuche nachgewiesen. Eindeutig hormonale oder echte zygotische Intersexualität ist, obschon an und für sich wahrscheinlich, noch nicht nachgewiesen worden. Reiche Forschungsarbeit zur Beleuchtung von intersexuellen Phänomenen ist vorhanden (Pézard, Sand und Caridroit, Zawadowsky, Crew, Finlay, Greenwood, Benoit, Morgan, Punnett, Riddle u. a. — Literatur s. Bd. XIV, S. 299 und bei Goldschmidt[1], Harms[2] und Meisenheimer[3]).

Die Verhältnisse der *Säuger* sind bekannter. Es liegt in der Regel männliche Heterogametie vor. Auch hier werden die tertiären Hormone durch Kastrations-, Transformations- und „experimentelle Hermaphroditismus"-Versuche beleuchtet (Steinach, Sand, Zawadowsky, Lipschütz, Tandler-Gross u. a., s. Bd. XIV).

Der beim Rinde vorkommende *„free-martin"* scheint auf *echter hormonaler Intersexualität* zu beruhen. Die bekannten bei Ziegen und Schweinen vorkommenden und von Baker[4] und Krediet[5] nachgewiesenen sexuellen Zwischenformen scheinen dagegen, ihren Vererbungsverhältnissen und ihrer Morphologie nach, deutliche Ausschläge *weiblicher zygotischer Intersexualität* zu sein. Männliche Intersexualität ist dagegen nicht nachgewiesen worden. Die Gonadendifferenzierung und die Relation der Determinationsstoffe zueinander sind im wesentlichen wie früher beschrieben, aber der besondere Bau der Hoden: starke Tunica albuginea mit degeneriertem Keimepithel, das eine Ovariendegeneration nicht zuläßt, sollte der Grund dafür sein, daß männliche Intersexualität nicht auftritt.

Beim *Menschen* sind die Verhältnisse noch nicht klargelegt. Es liegt männliche Heterogametie vor ($\male = FMM$, $\female = FFMM$), und durch Analogien des bei Säugern über Intersexualität Bekannten hat Goldschmidt eine Reihe zu erwartender Typen von zygotischer Intersexualität aufgestellt und glaubt Vertreter derselben auch klinisch ermittelt zu haben. Die endgültige Lösung der Frage nach dem Vorkommen zygotischer Intersexualität beim Menschen aber muß weiteren Untersuchungen überlassen werden (Guldberg[6]). Unter der Annahme, daß zygotische Intersexualität wirklich beim Menschen vorkommt, wird die folgende Auffassung des Geschlechtsbestimmungs- und Geschlechtsentwicklungsmechanismus beim Menschen gerechtfertigt sein.

Die *primäre sexuelle Differenzierung* ist genetisch und wird von primären Determinationsstoffen, den Produkten der F/M-Reaktion, dirigiert. Diese Reaktion, die bei Insekten mit Sicherheit bekannt und von der anzunehmen ist, daß sie sich bei allen lebenden Wesen findet, vollzieht sich überall in den Zellen des Organismus, bei den Wirbeltieren jedoch vorzugsweise in Cortex und Medulla der Gonadenanlagen, wo sich *sekundäre Determinationsstoffe*, embryonale Hormone, bilden, Stoffe, die eine *sekundäre Differenzierung* der Urgeschlechtszellen (in bezug auf die Cortex, wenn $FF > MM$ nach dem Ovarialgewebe, in bezug auf die Medulla, wenn $F < MM$, nach dem Hodengewebe) sowie eine Entwicklung der homologen Genitalgänge besorgen. Erst wenn diese Entwicklung stattgefunden hat, produzieren die dergestalt gebildeten Gonadengewebe (in bezug auf das Ovarium das Follikelsystem mit dem Thecaluteingewebe und den Corpora lutea [Bucura, Sand („Vikartheorie")]) vielleicht in besonderem Grade

---

[1] Goldschmidt: Zitiert auf S. 353.   [2] Harms: Zitiert auf S. 357.
[3] Meisenheimer: Geschlecht u. Geschlechter. Jena: Fischer 1926.
[4] Baker: Brit. J. exper. Biol. **2** (1925); **6** (1928).   [5] Krediet: Z. Anat. **91** (1929).
[6] Guldberg: Ugeskr. for Laeg. (dän.) **1** (1932).

das Thecaluteingewebe, was die Hoden anbetrifft, hauptsächlich die Leydig-Zellen (Bouin und Ancel, Steinach, Sand [„Vikartheorie"]), ihre spezifischen „echten" *tertiären Hormone*, „Sexualhormone" sensu strictiori, und diese Produktion ist unabhängig von den genetischen Verhältnissen, abhängig nur von dem bloßen Vorhandensein der Zellen; wenn von beiden Geweben genug vorhanden ist, werden beide Hormone gleichzeitig produziert (Steinach, Sand). Die Wirkung, die *tertiäre Differenzierung*, kann als Fortsetzung und evtl. als Verstärkung der primären und sekundären Differenzierung aufgefaßt werden, sie beschränkt sich aber auf die akzidentellen Geschlechtscharaktere mit Ausnahme der Genitalgänge, abgesehen von deren Brunftveränderungen, wo die Wirkung prägnant ist.

Der *Gynandromorphismus* (Gynandrie), definiert S. 355, ist die andere genetische Hauptgruppe sexueller Abnormitäten bei getrenntgeschlechtigen Tieren. Im Vergleich mit dem Intersexualismus ist er sehr selten, am verbreitetsten und am besten analysiert bei den Insekten (z. B. Bombyx mori, Goldschmidt und Katsuki[1]; Drosophila, L. V. Morgan[2], T. H. Morgan, Bridges und Sturtevant[3]), er kommt aber auch bei Crustaceen und Vögeln vor; das Phänomen wird noch nicht von allen in der hier gegebenen Disposition aufgefaßt, viele Berichte gleiten in den Intersexualismus über. In bezug auf die Typen, besonders bei Vögeln, sowie auf frühere Experimente über das Phänomen wird auf Bd. XIV verwiesen; von den Wirbeltieren ist das Phänomen nur bei diesen sicher bekannt, und Berichte von derartigen Fällen bei Säugern, speziell beim Menschen, sind mit Skepsis aufzunehmen; sie sind jedenfalls in der Analyse noch nicht völlig geklärt.

Hinsichtlich der Erklärungsmöglichkeiten für die Gynandrie muß auf Spezialabhandlungen verwiesen werden (s. z. B. Goldschmidt[4], Meisenheimer[5]); wahrscheinlich handelt es sich meistens um Befruchtungs- und Spaltungsanomalien mit nachheriger verschiedener Chromosomenausstattung der danach phänotypisch variierenden Körperteile[6].

In Bd. XIV, S. 305 und 320, wird eine unseren Problemen gegenüber besonders wichtige Frage behandelt, nämlich die ursprünglich von Herbst (1901), Steinach (1916) und Sand (1918) angeregte *Frage des Antagonismus* der männlichen und weiblichen Gonade bzw. ihrer Sexualhormone.

Sand stellte insbesondere mit Hilfe seiner im Jahre 1918 unternommenen intratestikulären Ovarientransplantationen einwandfrei fest, von einem eigentlichen Antagonismus könne nicht die Rede sein, wohl aber von einem gewissen Widerstand gegen Einwachsen und Funktion einer heterologen Gonade, und stellte folgende Arbeitshypothese auf: *Man fasse das gegen das Anwachsen der heterologen Geschlechtsdrüse in einem normalen Organismus bestehende Hindernis*

---

[1] Goldschmidt u. Katsuki: Biol. Zbl. 1927/28.   [2] Morgan, L. V.: Inst. Publ. 1929.
[3] Morgan, T. H., Bridges u. Sturtevant: Bibl. genet. 1925.
[4] Goldschmidt: Zitiert auf S. 353.   [5] Meisenheimer: Zitiert auf S. 358.
[6] Die vom Verfasser (Sand) seinerzeit zusammen mit seinen französischen Mitarbeitern (Pézard und Caridroit) ausgeführten Versuche zur Beleuchtung der Gynandromorphismusphänomene bei Vögeln scheint, nach seinen dagegengerichteten kräftigen Angriffen zu urteilen, z. B. Goldschmidt nicht verstanden zu haben. Sie zielten unter Berücksichtigung der zum Teil von uns aufgestellten Hormongesetze (wirksames Minimum, die verschiedenen Schwellenwerte für die Hormonsensibilität, die endokrine Disharmonie usw.) und Transplantationen, Mauserungsregeln und artifizieller Entfiederung, darab zu zeigen, daß man die in der Natur vorkommenden Fälle bei Berücksichtigung all dieser Verhältnisse bis zu einem gewissen Grade von Hormonwirkungen aus zu erklären vermöchte. Jedenfalls hat Sand ständig betont, daß die primäre Ursache der Phänomene damit nicht klargelegt ist (s. z. B. Bd. XIV, S. 314), und daß man „auf anlagetypische Unregelmäßigkeiten bei dem Befruchtungsprozesse als allererste Ursache der Differenzierungsstufen Rücksicht nehmen muß".

nicht als eigentlichen Antagonismus (eine gegenseitige, gegensätzlich gerichtete Einwirkung) *zwischen den Geschlechtsdrüsen und ihren Hormonen auf, sondern als eine Art Immunität des normalen, nichtkastrierten Organismus gegen die heterologe Geschlechtsdrüse.* Diese sog. „atreptische Immunität" erklärte SAND folgendermaßen: „In jedem Organismus finden sich gewisse für die Geschlechtsdrüsen notwendige Stoffe, die dieselben in weitmöglichstem Umfange an sich ziehen. Die normal gelagerten, nichttransplantierten Drüsen haben die beste Aussicht, diese Stoffe aufzunehmen, weshalb heterologe — und vielleicht auch homologe — Drüsen, die auf normale Organismen verpflanzt werden, nicht genug von diesen unentbehrlichen Stoffen bekommen können und daher zugrunde gehen. Homologe und heterologe Drüsen, die gleichzeitig auf denselben Organismus verpflanzt werden, können beide anwachsen, da sie einigermaßen die gleiche Möglichkeit haben, sich die genannten Stoffe anzueignen." Später haben besonders MOORE[1] und LIPSCHÜTZ c. s. diese Frage studiert. MOORE scheint, ohne daß ihm SANDS Stellung zu der Frage freilich klar ist, ebenso wie SAND ein Gegner des Antagonismus in eigentlichem Sinne zu sein. LIPSCHÜTZ[2] c. s. hat das Problem in einer Reihe Abhandlungen, auf die verwiesen sei, mit variierender Versuchstechnik bearbeitet, ohne aber zu einem definitiven Standpunkte zu gelangen. Viele seiner Resultate sprechen zugunsten der atreptischen Immunität im Sinne SANDS, und auch viele seiner Erklärungen decken in der Tat diesen Begriff.

Mit dieser Hypothese vor Augen hat SEEMAN[3] Versuche angestellt mit intramuskulärer Ovarientransplantation auf Meerschweinchenmännchen mit intakten Hoden. Gleichzeitig wurden den Tieren per os Substanz und Extrakte aus verschiedenen endokrinen Drüsen, z. B. aus Hypophyse und Nebennierenrinde, verabreicht. Die Transplantationen waren mit Ausnahme derjenigen Fälle, wo Nebennierenrindenextrakt gegeben worden war, erfolglos. In der Nebennierenrinde müßte der wichtige Stoff also möglicherweise enthalten sein, SAND erwägt aber auch die Möglichkeit einer nur indirekten Betätigung der Nebennierenextrakte, nämlich mit einem anderen Organ als Zwischenglied. Die letztjährigen Untersuchungen haben es wahrscheinlich gemacht, daß der Hypophysenvorderlappen in dieser Verbindung von Bedeutung ist. So hat ENGLE[4] in einzelnen Versuchen mit heterologen Transplantationen gezeigt, daß solche erfolgreicher sind, wenn den Tieren gleichzeitig täglich Hypophysenvorderlappen durch Implantation einverleibt wird, und ein ebensolches Resultat hat KALLAS bei Parabiose zwischen einem Kastraten und einem Tier mit heterologem Transplantat beobachtet. Diese Untersuchungen stehen mit den von SEEMAN geschilderten nur anscheinend in Widerstreit, denn das negative Resultat der Fütterung mit Hypophysenvorderlappen ist nur dadurch verschuldet, daß der Vorderlappen nicht per os wirkt, während das mit Nebennierenextrakt erzielte positive Resultat gerade besonderes Interesse bietet, seit NICE und SHIFFER[5] vor kurzem gezeigt haben, daß die Nebennieren Stoffe mit hypophysenvorderlappenähnlicher Wirkung enthalten.

Die Antagonismusfrage ist in den letzten Jahren auch 1. durch Parabioseversuche und 2. Injektionsversuche beleuchtet worden.

1. *Parabioseversuche.* Die Frage wird bis zu einem gewissen Grade schon durch ältere Versuche (vgl. z. B. MAHNERT[6], MATSUYAMA, GOTO) der Vereinigung von zwei Tieren desselben oder verschiedenen Geschlechts, normalen oder kastrierten Tieren, beleuchtet. Die

---

[1] MOORE: J. of exper. Zool. **33** (1921).
[2] LIPSCHÜTZ: Pflügers Arch. **207**, 11 — Mitt. I—XII **1925/26**, 221 (1929).
[3] SEEMAN: C. r. Soc. Biol. Paris **1926**, 1210.
[4] ENGLE: Proc. Soc. exper. Biol. a. Med. **25**, 83 (1927).
[5] NICE u. SHIFFER: Endocrinology **1931**, 205.
[6] MAHNERT: C. r. Soc. Biol. Paris **1929**, 605, 614.

genannten Verfasser ermittelten z. B. bei Parabiose zwischen einem kastrierten und einem normalen Rattenweibchen erhebliche Veränderungen in den Ovarien des letzteren, beschleunigte Follikelreifung, Follikelatresie und Corpus luteum-Bildung mit gleichzeitiger Uterushypertrophie. Matsuyama[1] erblickte darin eine Folge der durch die Kastration bewirkten abnormen Korrelationsverhältnisse, insbesondere der Hypophyse, während Goto[2] das Vorhandensein eines hypothetischen Kastrohormons annahm. Lipschütz[3] hat später die Vermutung geäußert, man habe es mit dem von Sand erstmalig gemutmaßten, außerhalb der Gonaden befindlichen Regulationsfaktor zu tun, den Lipschütz die „X-Substanz" nennt.

Diese Versuche mit der sich daraus ergebenden Problemstellung haben in jüngster Zeit durch unsere Kenntnis der gonadenstimulierenden Wirkung der Hypophyse erneutes Interesse erregt. Es hat sich nämlich herausgestellt, daß die vom Vorderlappen hervorgerufenen Veränderungen in den Ovarien in ausgedehntem Maße der von Matsuyama und Goto bei ihren Versuchen wahrgenommenen Veränderung gleichen. Weitere Fingerzeige waren die bekannte Vergrößerung der Hypophyse nach der Kastration und, hieran anschließend, Smith und Engles[4] Nachweis des vermehrten Hormongehaltes der Kastratenhypophyse, der später von Emanuel[5] bestätigt wurde. Daß die von Matsuyama und Goto nachgewiesene Wirkung der Parabiose zwischen normalem Weibchen und Kastraten vom Vorderlappen verschuldet ist, ist nunmehr endgültig festgestellt durch Kallas[6] und Fels'[7] Versuche, denn diese Forscher waren bei der Wiederholung der Versuche mit infantilen Rattenweibchen in der Lage, das Auftreten der Brunst sowie charakteristische Vorderlappenwirkungen nachzuweisen. Kallas hat des weiteren dargetan, daß im männlichen infantilen Organismus bei Parabiose mit einem Kastraten eine ebensolche Wirkung erfolgt; er hat durch Parabioseversuche auch Sands Theorie von der atreptischen Immunität zu beleuchten gestrebt und Engles Versuche, nach denen die atreptische Immunität gleichbedeutend ist mit Vorderlappenknappheit, als Ausgangspunkt benutzt.

Aus Kallas' Versuchen läßt sich nicht deutlich entnehmen, ob die Resultate einwandfrei auf Antagonismus deuten oder ob sie sich aus besonderen Parabioseverhältnissen erklären lassen.

2. *Injektionsversuche.* Steinach[8] und Laqueur[9] u. a. haben die Wirkung von Ovarialhormoneinspritzungen auf Männchen untersucht und dadurch einerseits eine Feminisierung, andererseits eine angeblich deutliche Hemmungswirkung auf die Hoden erzielt. Für diese und ähnliche Versuche hat Moore[10] indessen in allerjüngster Zeit eine besondere Erklärung geliefert. Moore behauptet, es gebe keinen Antagonismus, die darauf deutenden Befunde seien vielmehr durch Vorderlappenwirkung verschuldet, da durch die Gonadenhormone eine Hemmungswirkung auf die Vorderlappenhormone ausgeübt werde; infolgedessen würden Einspritzungen heterologer Hormone die Vorderlappenwirkung hemmen, und die Folge davon sei wiederum eine Herabsetzung der Testisfunktion. Die Richtigkeit von Moores Erklärung harrt noch der Bestätigung.

Aus den vorstehenden Ausführungen geht hervor, daß *das Problem des Antagonismus der Gonaden* noch bei weitem nicht gelöst ist und daß es sich allmählich immer komplizierter erweist. Wenn man die wesensverschiedenen Seiten des Problems, „antagonisme de prise" und „antagonisme hormonal" in eigentlichem Sinne voneinander trennt, so zeigt sich doch, daß man hinsichtlich des ersteren zu einer gewissen Klarheit gelangt ist. Schon Sands Ovariotestisversuche zeigten deutlich, daß, obwohl heterologe Transplantationen augenfällige Schwierigkeiten bereiten, von einem Antagonismus in engstem Sinne nicht die Rede ist; deshalb wurde die Hypothese einer etwaigen „atreptischen Immunität" aufgestellt. Nach den jüngsten Untersuchungen deutet vieles nun darauf, daß diese „Immunität" in Wirklichkeit der Ausdruck dafür ist, daß die im Organismus zur Verfügung stehende Menge Vorderlappenhormon nicht genügt, damit sowohl die ursprünglichen als auch die transplantierten Gonaden gedeihen können. Wenn es sich in der Tat so verhält, wird sich herausstellen, daß die beiden

[1] Matsuyama: Frankf. Z. Path. **25**.   [2] Goto: Arch. Gynäk. **123**, 387 (1925).
[3] Lipschütz: Arch. Frauenkde u. Konstit.forsch. **14**, H. 3 (1930).
[4] Smith u. Engle: Amer. J. Physiol. **1929**, 375.
[5] Emanuel: C. r. Soc. Biol. Paris **104**, 571 (1931).
[6] Kallas: C. r. Soc. Biol. Paris **102**, 552 (1929).   [7] Fels: Med. Klin. **1929**, Nr 14.
[8] Steinach: Biol. generalis (Wien) **1926 II**, 7/8 — Med. J. a. Rec. Febr. **1927**.
[9] Laqueur: J. amer. med. Assoc. **91**, 1169 (1928).
[10] Moore: Proc. II. internat. Congr. for Sex Research. **1930**.

Begriffe „atreptische Immunität" und „X-Substanz" zu einer Einheit verschmelzen, für die die Wirkung des Vorderlappens die Erklärung liefert.

Aus dem in diesen Ergänzungen in knappster Form vorgelegten Material und den theoretischen Erwägungen ergibt sich, daß unsere Gesamtansicht von den hermaphroditischen monöcischen Zuständen bei übrigens prinzipiell getrenntgeschlechtigen diöcischen Tieren eine erhebliche Klärung und Vertiefung erfahren hat.

Diese Klärung gilt zuvörderst der Terminologie, wo besonders die von GOLDSCHMIDT aufgestellten Definitionen und Gruppierungen viel festere und reinere Linien geschaffen haben. Von weit größerer Bedeutung aber ist die ebenfalls besonders von GOLDSCHMIDT ausgeführte Aneinandergliederung der früheren engeren Hormonforschungen und der Resultate einer Reihe anderer Disziplinen.

Während die sexuelle Biologie viele Jahre, und zwar besonders in dem Jahrzehnt 1910—1920, in allzu hohem Grade von den „eigentlichen" definitiven, den jetzt als tertiär bezeichneten Sexualhormonen, den „Pubertäts- und Brunsthormonen", gebunden und in Anspruch genommen war und eine Reihe hermaphroditischer Phänomene wesentlich von deren kombinierten Wirkungen aus, mit teilweiser Berücksichtigung früher vorhandener Anlagen- und Hormonbedingungen (SAND) zu erklären gestrebt hatte, geht aus der gegenwärtigen Darstellung hervor, daß die richtige Betrachtungsweise damals noch verborgen war; erst das letzte Jahrzehnt hat durch die Ingebrauchnahme besonders erbbiologischer und cytologischer Analysen eine — sit venia verbo-Hormonlehre in weiterem Sinne gezeitigt, und zwar mit Abwägung der Bedeutung primärer, sekundärer und tertiärer Hormone (GOLDSCHMIDT, WITSCHI) zur Erklärung der monöcischen Phänomene, wie dies im vorstehenden geschehen ist; die Vorbedingungen sind nunmehr dafür geschaffen, die Probleme auf erheblich breiterer und exakterer Basis ihrer endgültigen Lösung zuzuführen. Wenn in Bd. XIV, S. 325, z. B. gesagt wird: „Diese Tatsachen berechtigen dazu, bei normaler sowohl als auch bei abnormer Geschlechtsentwicklung in erster Linie auf die Sexualhormone Rücksicht zu nehmen", so hat dieser Satz in erweitertem Sinne, nämlich unter Berücksichtigung all der neueren Hormonkategorien und der ihnen zugrunde liegenden Ursachen, immer noch Gültigkeit. Damit scheint die Kluft zwischen den früheren und den jetzigen Anschauungen überbrückt zu sein.

Bei einem zusammenfassenden Blick auf all die modernen Forschungsarbeiten über das Hermaphroditismusproblem als solches gelangt man auf dem Wege der früheren engen endokrinen und der modernen erweiterten Vorstellungen zu der Überzeugung, daß bei allen normal diöcischen Individuen eine auf genotypischen Ursachen beruhende sexuelle Bipotentialität als eines der in dieser Tiergruppe herrschenden wichtigsten Phänomene vorhanden ist.

Unwillkürlich wird man in dieser Verbindung an die Worte DARWINS erinnert: „Wir sehen in vielen, wahrscheinlich in allen Fällen die sekundären Charaktere jedes der beiden schlummernd oder latent in dem entgegengesetzten Geschlecht ruhen, bereit, sich unter besonderen Umständen zu entwickeln."

Diese intuitive biologische Sentenz DARWINS hat sich im letzten Menschenalter mehr und mehr dem Zeitpunkt genähert, wo sie an Hand exakter Beweise zu einem allgemeingültigen Gesetze erhoben werden wird.

Ausführliche Literaturverzeichnisse siehe u. a. bei GOLDSCHMIDT: Zitiert auf S. 353 und bei MEISENHEIMER: Zitiert auf S. 358.

Bd. XIV, 1.

Die Keimdrüsen und das experimentelle Restitutionsproblem bei Wirbeltieren. Endokrine Regeneration, sog. Verjüngung

(S. 344—356).

Von

Knud Sand — Kopenhagen.

Zusammenfassende Darstellungen.

Ausführliche Literatur s. ferner Meisenheimer: Geschlecht und Geschlechter. Jena: Fischer 1930. — Harms: Körper u. Keimzellen. Berlin: Julius Springer 1926.

Das Restitutionsproblem oder das Reaktivierungsproblem ist, wie zu erwarten war, in den letzten Jahren Gegenstand zahlreicher Untersuchungen gewesen, die einen doppelten Zweck verfolgten, nämlich einerseits den eines genaueren Studiums der Symptomatologie und des Mechanismus der Reaktivierung, und andererseits den, zu versuchen, das Problem auf neuen Bahnen in einfacherer und allgemein zugänglicherer Weise zu lösen.

I. Symptomatologie und Mechanismus.

Steinach[1,2] hat seine experimentellen Untersuchungen zusammen mit Kun und Hohlweg fortgesetzt und dabei in jüngster Zeit besonders die Wirkung der Einspritzungen von *Ovarienhormon auf senile Rattenweibchen* untersucht. Bei diesen Versuchen wird eine sichere Reaktivierung erzielt, deren wichtigster dynamischer Faktor die Hyperämie ist. Übrigens kann die Reaktivierung in zwei Komponenten geteilt werden, 1. eine direkte Beeinflussung der Geschlechtscharaktere, 2. eine indirekte Beeinflussung des Gesamtorganismus einschließlich der Ovarien. Der Organismus erfährt eine kräftigere Durchblutung mit darauffolgender Stimulierung der sämtlichen Gewebe, neuem Haarwuchs, erhöhtem Muskeltonus usw. Die Ovarien erlangen ihre Funktionsfähigkeit wieder, es erfolgt Follikelbildung und das Tier kann wieder gravid werden.

Benjamin[3], P. Schmidt[4] u. a. haben fortgesetzt Beiträge geliefert über Versuche mit Vasoligatur wie auch mit anderen Methoden. Stanley, Thorek[5], Voronoff[6] u. a. geben weitere Mitteilungen über die allerdings sehr diskutierbaren Resultate der Hodenallotransplantationen.

Außer den genannten Verfassern innerhalb der Klinik hat Sand, der im Jahre 1921 den ersten Vasoligaturversuch an Hunden und 1922 einige der ersten Vasoligaturen an Männern mitteilte, diese Versuche in dem seither verflossenen Jahrzehnt fortgesetzt.

---

[1] Steinach, Kun u. Hohlweg: Pflügers Arch. **219**, 326 (1928).

[2] Steinach: Med. J. a. Rec. **1927** (mit Literaturverzeichnis).

[3] Benjamin: Med. Welt **1928**, Nr 24 — Verh. I. internat. Kongr. f. Sexualforsch. London 1930.

[4] Schmidt, P.: Med. Welt **1929**, 1585.   [5] Thorek: Endocrinology **14** (1930).

[6] Voronoff: La greffe testic. Paris 1930.

Der Eindruck, den SAND von diesem nicht veröffentlichten Material erhalten hat, hat bewirkt, daß er seine damalige reservierte Haltung bis zu einem gewissen Grade aufgegeben hat. Die reaktivierende Wirkung nach dem Eingriff (meistens einseitige Epipidymektomie mit spezieller Technik) ist einer streng wissenschaftlichen Beurteilung zwar schwer zugänglich, die Wirkung erscheint jedoch oft, und zwar in der überwiegenden Mehrzahl geeigneter Fälle, unzweifelhaft, und man hat in den positiv verlaufenden Fällen allem Anschein nach eine Dauerwirkung vor sich. Daran ist, mit anderen endokrinen Drüsen (z. B. der Prähypophyse) als Zwischenglied, vielleicht eine Reaktivierung des nichtbehandelten Hodens schuld. Aber eine Conditio sine qua non ist die rechte klinische Auslese der Fälle mit richtiger Indikation.

Die Prüfung des gegenwärtig vorhandenen großen klinischen Materials tut dar, daß die Wirkung der Reaktivierung sowohl bei Männern wie auch bei Frauen folgende ist: a) erhöhte Zirkulation und Hyperämie, b) verminderter Blutdruck (BENJAMIN, P. SCHMIDT), c) Vermehrung der Zahl der roten Blutkörperchen und der Hämoglobinmenge (WILHELM), d) Steigerung des Basalstoffwechsels (LOEWY und ZONDEK), e) erhöhte Muskelcontractilität (WILHELM, MOSS), f) Aufhebung der Protoplasmahysterese (RUZICKA), g) erneuter Haarwuchs, h) Zunahme des Körpergewichts, i) verbesserter Hauttonus und Elastizität, j) Besserung der Sehschärfe.

II. Neue Methoden.

Die augenblicklich zur Verfügung stehenden Verfahren sind in folgender Übersicht angeführt:

A. Benutzung der eigenen Gonaden des Individuums.

    1. Vasoligatur (evtl. als Epididymektomie (SAND).
    2. Albugineatomie (STEINACH).
    3. DOPPLERS Methode.
    4. Dekortikation a. m. ULLMANN.
    5. „Hodenumschnürung" a. m. MICHALOWSKY.
    6. Röntgenbestrahlung.
    7. Radiumbehandlung.
    8. Diathermie (STEINACH).
    9. Autotransplantation; Reimplantation.

                                                     Nur bei männlichen Individuen. (zu 1.–5.)

                                                     Bei beiden Geschlechtern. (zu 6.–9.)

B. Benutzung fremder Gonaden.

    I. Anwendung von Menschengonaden.
        1. Homologe Isotransplantationen.
        2. Injektion rein hergestellter Hormone.
    II. Anwendung von Tiergonaden.
        1. Homologe Allotransplantationen.
        2. Organbreiinjektionen.
        3. Extraktinjektionen.

C. Hypophysenvorderlappentherapie.

An diese Übersicht sind folgende Bemerkungen zu knüpfen:

Albugineatomie. Die von STEINACH[1] angegebene Methode besteht in einer Incision der Albuginea mit Abschneiden des herausgestülpten Hodengewebes. Dadurch wird eine Entspannung des Hodens mit darauf folgender Besserung der Zirkulation und durch die Erweiterung der interstitiellen Räume gleichzeitig ein erhöhtes Wachstum der Leydig-Zellen bewirkt. Die Läsion des Parenchyms hat auch eine Degeneration der Samenkanäle zur Folge und dadurch wird zugleich das Wachstum der Leydig-Zellen mit darauffolgender Regeneration der

---

[1] STEINACH: Zitiert auf S. 363.

Samenkanäle erleichtert. Die Methode wird von Steinach als „repetition therapy" nach früherer Vasoligatur empfohlen. Die experimentelle Grundlage (Steinach) ist bislang als sehr kärglich zu bezeichnen. Über klinisch gute Resultate liegen Mitteilungen von Steinach, P. Schmidt und Benjamin vor. Als Modifikation der Albugineatomie ist zu nennen das *Verfahren von* Lakatos[1], welches insofern von der Albugineatomie abweicht, als eine Läsion des Hodengewebes nicht stattfindet, weil nur ein kreuzförmiger Einschnitt gelegt wird. Der Wert dieser Methode ist als höchst problematisch zu bezeichnen.

Dopplers *Methode*[2] ist eine durch „Phenolisierung" der A. spermatica erzielte „chemische Sympathicusausschaltung", die eine dauernde Dilatation des Gefäßes mit darauffolgender besserer Ernährung der Hoden bewirkt. Doppler gibt Mitteilung sowohl über experimentelle wie auch über klinische Versuche. Simon[3] teilt zwei Fälle mit gutem Resultat bei je einem 67 jährigen und einem 81 jährigen Manne mit. Das bisher vorliegende Material gestattet kaum eine endgültige Bewertung der Methode.

Diathermie[4] wurde ursprünglich von Steinach vorgeschlagen als ein Mittel zur Verbesserung der Organzirkulation. Sie wird jetzt nicht nur örtlich auf die Gonaden, sondern auch auf die Hypophyse angewandt (Benjamin[4], P. Schmidt u. a.).

Autotransplantation, Reimplantation[5]. Bell hat 100 Fälle von doppelseitiger Ovariektomie, wo die Reimplantation der Ovarien das Ausbleiben der Ausfallerscheinungen in 80 Fällen bewirkte. Stocker hat ebensolche Resultate.

Organbreiinjektionen wurden von Stanley, Boukalik und Hoskins[6] und Kurtzahn[7] angewandt. Stanley, der Hoden von Böcken benutzte, spritzte direkt in das Parenchym. In 27 von 34 Fällen erfolgte eine erhebliche Besserung. Die Injektionen mußten vielfach nach ein paar Monaten wiederholt werden.

Extrakt- und Hormoneinspritzungen. Diese, nunmehr wohl als ansprechendste Lösung zu bezeichnende Methode hat erneutes Interesse erlangt, seit es geglückt ist, sehr reine und starke Präparate aus den weiblichen, und in jüngster Zeit auch aus den männlichen Hormonen herzustellen. Über letztere liegen nur spärliche Mitteilungen vor, Benjamin[4] hat aber doch Fälle von erfolgreicher Injektion mit dem von Funk hergestellten Testishormonpräparat veröffentlicht. Über die Anwendung von Ovarienhormon in der Klinik liegt zwar schon eine umfangreiche Literatur vor, es muß aber doch sogleich gesagt werden, daß dieselbe sich wesentlich mit der Wirkung gegenüber Menstruationsstörungen, klimakterischen Beschwerden und Kastrationsfolgen beschäftigt, während von eigentlichen Senilitätsfällen selten die Rede ist. Benjamin teilt indessen viele Fälle mit, wo mit der Anwendung von Follikulin und Menformon eine erhebliche Besserung einherging. Er hält diese Präparate für die geeignetsten.

Hypophysenvorderlappentheorie. Die Anwendung einer wirklichen Vorderlappentheorie bei Senilität scheint bislang nicht stattgefunden zu haben, die experimentelle Grundlage dafür scheint an und für sich aber vorhanden zu sein. So haben Aschheim und Zondek[8,9] z. B. durch Vorderlappenimplantationen auf senile Weibchen eine erhebliche Reaktivierung derselben mit Wiederkehr der Brunstphänomene hervorgerufen, und diese Versuche sind später von Romeis[10]

[1] Lakatos: Wien. med. Wschr. **1930**, 206.   [2] Doppler: Wien. klin. Wschr. **1925**, 50.
[3] Simon: Presse méd. **1928**, 1554.   [4] Benjamin: Clin. med. a. surgery July **1928**.
[5] Benjamin: Zitiert auf S. 363.   [6] Boukalik u. Hoskins: Endocrinology **1927**, 335.
[7] Kurtzahn: Arch. klin. Chir. **1923**, 536.
[8] Aschheim u. Zondek: Hormone des Ovar. und des Hypophysenvorderlappens. Berlin 1931.
[9] Aschheim u. Zondek: Arch. Gynäk. **130**, 35 (1927).
[10] Romeis: Handb. Inn. Sekr. **2** (mit Literaturverzeichnis).

und DE JONGH und LAQUEUR[1] durch Injektion des Präparates Prolan bzw. von Vorderlappenhormon aus Harn von Frühgraviden bestätigt worden. Bei senilen Männchen haben STEINACH und KUN[2] im Jahre 1928 durch Injektion wässeriger Extrakte aus Schweinehypophysen ebensolche Ergebnisse erzielt, während BOETERS[3] bei Prolaninjektionen, abgesehen von einer Vergrößerung der Prostata und der Samenblasen, keine sicheren Veränderungen nachzuweisen vermochte. Während die reaktivierende Fähigkeit des Vorderlappenhormons somit bei den Weibchen als einwandfrei festgestellt zu betrachten ist, scheinen sich bei den Männchen besondere Faktoren geltend zu machen. Jedenfalls sind erneute Untersuchungen erforderlich. — Mit Hinblick auf eine Therapie ist jedoch nicht zu vergessen, daß der Vorderlappen bei Kastraten unwirksam ist und eine günstige Wirkung nur erzielt werden kann, wenn noch Überreste funktionsfähigen Gonadengewebes vorhanden sind.

Alles in allem erhält man nach der in den letzten Jahren fortgesetzten Erforschung des Problems den Eindruck, daß die von SAND im Jahre 1925 (Bd. XIV, S. 345—356) vertretenen generellen Gesichtspunkte nicht allein stichgehalten haben, sondern vielleicht noch etwas zu zurückhaltend gewesen sind. Ohne in die bei einigen Verfassern beliebten Übertreibungen zu verfallen, ist es sicher gerechtfertigt, zu sagen, daß durch die Erforschung der innersekretorischen Organe Mittel entdeckt worden sind, die gegenüber gewissen zerstörenden Prozessen, wie sie das Altern, und zwar besonders das vorzeitige Altern, im Organismus herbeiführt, nicht ohne Wirkung sind.

Bd. XIV, 1.

Die Keimdrüsenextrakte

(S. 357—426).

Von

A. BIEDL – Prag.

Das Ovarialbrunsthormon.

Die Entdeckung einer biologischen Prüfungsmethode für das Ovarialbrunsthormon durch ALLEN und DOISY hatte zur Folge, daß in den letzten 6 Jahren mehr Fortschritte in der Erkenntnis seiner Physiologie und Chemie gemacht wurden als in den vergangenen 3 Dezennien. Der weitere Ausbau dieser Methode brachte es mit sich, daß statt aller früher herangezogenen umständlichen und in ihrer Spezifität zweifelhaften Prüfungsmöglichkeiten eine Prüfungsmethode zur Verfügung stand, die es in absolut spezifischer Weise gestattete, das Brunsthormon nicht nur qualitativ, sondern mit weitgehender Genauigkeit auch quantitativ zu erfassen. Diese Methode ermöglichte zunächst eine weitgehende Reinigung des Brunsthormons von Ballaststoffen, so daß es klinisch angewandt werden konnte, und hat in letzter Zeit auch schon zu hochgereinigten, krystallinischen Hormonfraktionen geführt, die von mehreren Autoren als das rein dargestellte Hormon angesehen werden.

[1] DE JONGH u. LAQUEUR: Arch. néerl. Physiol. **16**, 84 (1931).
[2] STEINACH u. KUN: Med. Klin. **1928**, Nr 14.
[3] BOETERS: Virchows Arch. **280**, 215—274 (1931).

Die physikalischen Eigenschaften des Brunsthormons.

Die Darstellung des Brunsthormons sowohl in therapeutisch anwendbaren, gereinigten Extrakten als auch in krystallinischer Form zwecks weiterer chemischer Untersuchung ist dadurch wesentlich erleichtert, daß wir heute bereits sein physikalisch-chemisches Verhalten weitgehend kennen. Diese Kenntnisse wurden in den letzten Jahren bei den zahlreichen Versuchen zur Reinigung des Hormons gewonnen, besonders aber in der letzten Zeit durch Butenandt[1] bereichert, der nach der geglückten Krystallisation des Hormons seine physikalischen Eigenschaften, wie sie sich beim krystallisierten und offenbar von allen Ballaststoffen befreiten Hormon manifestierten, beschreiben konnte.

Die Brunsthormonkrystalle sind farblos, bestehen aus Nadeln und rhombischen Plättchen und haben einen konstanten Schmelzpunkt von 250—251° C.

Das krystallisierte Hormon ist lipoidlöslich. Es ist in Alkohol, Aceton, Chloroform, Benzol leicht, schwerer in Äther und Essigester löslich, sehr schwer in Petroläther.

Die Wasserlöslichkeit des krystallisierten Hormons in neutraler Lösung ist gering. In 100 ccm Wasser sind 1,5 mg der Substanz (150 M.E.) löslich. Dementsprechend kann das Hormon aus einer konzentrierten, reinen Alkohol- oder Acetonlösung durch Wasser krystallin ausgefällt werden.

Andererseits ist aber das krystallisierte Hormon in alkalischer, wässeriger Lösung (Kalilauge) leicht löslich und kann aus einer alkalischen, wässerigen Lösung mittels Lipoidlösungsmitteln (vor allem Äther) nicht mehr extrahiert werden. Dieses Verhalten ist uns bereits vor Jahren aufgefallen, als wir bei der Elektrodialyse des Hormons aus Lipoidsuspensionen das Hormon in der alkalischen Kathodenflüssigkeit anreicherten und es aus dieser Lösung mit Äther nicht mehr extrahieren konnten.

Ausdrücklich haben auf dieses Phänomen auch Glimm und Wadehn[2] hingewiesen, die fanden, daß beim Ausschütteln des Schwangerenharns mit Äther zwar ein großer Teil des Hormons in den Äther überging, daß aber etwa ein Viertel der im Harn vorhandenen Brunsthormonmenge selbst bei wiederholtem Ausschütteln im Harn zurückblieb und nicht in den Äther überging. Die Autoren zeigten bei der weiteren Untersuchung dieses Befundes, daß beim Kochen von Harn, aber auch von gereinigten, wässerigen Hormonlösungen in alkalischem Milieu fast der ganze ätherlösliche Anteil in eine ätherunlösliche Form übergeht. Durch Kochen mit Säure kann diese aber wieder zum Teil in ätherlösliche Form gebracht werden.

Wie nun Butenandt weiter gezeigt hat, kann das in wässeriger Kalilauge gelöste Hormon durch Ansäuern mit Mineralsäuren, aber auch durch Einleiten von Kohlensäure (s. auch Marrian[3]) gefällt werden. In diesem Zustande ist es nun wieder lipoidlöslich. Auf Grund dieses Verhaltens wurde das Hormon von Butenandt ursprünglich als leicht spaltbares Lacton angesehen. In weiterer Verfolgung seiner Untersuchungen mußte aber diese Annahme fallen gelassen und eine Keto-Enol-Tautomerie angenommen werden. Tatsächlich sind auch die Hormonkrystalle neutral, entsprechen also der Ketoform und gehen bei der Behandlung mit Alkali in die schwachsaure Enolform über.

Die Frage der Löslichkeit des Hormons erscheint heute bereits weitgehend geklärt durch die Annahme, daß das reine Hormon in nur beschränktem Maße

---

[1] Butenandt: Hoppe-Seylers Z. 188, 1 (1930); 191, 127, 140 (1930); 199, 243 (1931) — Naturwiss. 17, 879 (1929) — Dtsch. med. Wschr. 1929, 2171.

[2] Glimm u. Wadehn: Biochem. Z. 207, 361 (1929); 219, 155 (1930).

[3] Marrian: Biochemic. J. 23, 1090, 1233 (1929); 24, 435, 1021 (1930) — Nature (Lond.) 22. August 1931.

in echte, wässerige Lösung übergeht, daß es aber in Zustandsformen gebracht werden kann, die in schwach alkalischem Wasser weitgehend löslich sind. Diese Löslichkeit ist eine *echte* Löslichkeit, denn wie LAQUEUR[1] bei einfacher Dialyse und ich selbst[2] mittels Elektrodialyse zeigen konnte, ist das Hormon tatsächlich dialysierbar, ein Befund, der das Hauptkriterium für die echte, wässerige Löslichkeit eines Stoffes darstellt.

Eine andere Eigenschaft des Brunsthormons, die besonders beim präparativen Arbeiten sehr beachtet werden muß, ist seine hochgradige Adsorbierbarkeit. Besonders in gereinigten, wässerigen Hormonchargen kann das Hormon bereits durch Filterpapier adsorbiert werden. Im Laufe der letzten Jahre wurde diese Eigenschaft bei der Herstellung gereinigter Hormonchargen benutzt. Dabei kann das Hormon zunächst an ein Adsorptionsmittel adsorbiert und aus diesem, von vielen Ballaststoffen befreit, wieder eluiert werden.

Das Hormon ist leicht oxydabel. Bereits der Luftsauerstoff, selbstverständlich aber auch Oxydationsmittel, können das Hormon leicht zerstören. Gereinigte Hormonchargen sind auch gegen Licht empfindlich.

Gegenüber allen anderen äußeren Einflüssen ist das Hormon sehr widerstandsfähig. Es kann in hochprozentiger (25proz.) Mineralsäure und auch in Lauge bis zu 200° ohne Schaden erhitzt werden. In öliger Lösung verträgt es auch Temperaturen bis zu 300° und mehr.

Gegenüber Fermenten, wie Trypsin und Pepsin, ist das Hormon widerstandsfähig. Nach meinen Erfahrungen kann auch Fäulnis des zu seiner Darstellung verwendeten Herstellungsmaterials die Ausbeute an Hormon nicht wesentlich vermindern.

' Darstellungsprinzipien des Ovarialbrunsthormons.

Wegen des geringen hier zur Verfügung stehenden Raumes sollen nur die in den letzten Jahren aufgestellten *Prinzipien* der Darstellung näher erörtert werden. Einige Methoden zur Darstellung des Hormons s. Fußnote [3]. Weitere Literatur über die Krystallisation des Hormons s. Fußnote [4]. Literatur über die quantitative Bestimmung des Brunsthormons in Körpersäften s. Fußnote [5].

1. *Ausgangsmaterial.* Das für die Darstellung des Ovarialbrunsthormons anfangs benutzte Ausgangsmaterial bestand im Follikelsaft. Bald ging man aber dazu über, die Ovarien direkt zu extrahieren, wobei sie teils frisch, teils in getrocknetem Zustande zur Verarbeitung gelangten.

Ein neues, sehr ergiebiges Ausgangsmaterial bildete die Placenta, die in der Gewichtseinheit wesentlich mehr Ovarialbrunsthormon enthält als die ganzen Ovarien.

---

[1] LAQUEUR u. Mitarbeiter: Dtsch. med. Wschr. **1925**, Nr 41; **1926**, Nr 1, 2, 30, 32, 34; **1927**, Nr 21 u. 38; **1928**, Nr 12 — Klin. Wschr. **1927**, Nr 9 u. 39 — Arch. f. exper. Path. **119**, 82 (1927).

[2] BIEDL: Arch. Gynäk. **132**, 167 (1927).

[3] Zusammenfassende Darstellungen: FRANK, R. T.: The Female Sex Hormone. London: Baillière, Tindall & Cox 1929. — PARKES, A. S.: The Internal Secretions of the Ovary. London: Longmans, Green & Co. 1929. — ZONDEK, B.: Die Hormone des Ovars und des Hypophysenvorderlappens. Berlin: Julius Springer 1931. — Einzeldarstellungen: DICKENS, DODDS u. BRINGWORTH: Lancet **212**, 1015 (1927). — DODDS: Ebenda **214**, 1107 (1928). — RALLS, JORDAN u. DOISY: Proc. Soc. exper. Biol. a. Med. **23**, 592 (1926).

[4] LAQUEUR u. Mitarbeiter: Pflügers Arch. **225**, 742 (1930) — Lancet **1927** I, 1126 — Nature (Lond.) 22. August **1931** — Dtsch. med. Wschr. **56**, 301 (1930). — DOISY, VELER u. THAYER: J. of biol. Chem. **86**, 499 (1930). — VELER, THAYER u. DOISY: Ebenda **87**, 357 (1930). — SLAWSON: Ebenda **87**, 373 (1930). — WIELAND u. SORGE: Hoppe-Seylers Z. **197**, 1, (1930). — WIELAND, STRAUB u. DORFMÜLLER: Hoppe-Seylers Z. **186**, 97 (1929).

[5] Ausführliche Literatur in der zusammenfassenden Darstellung von R. T. FRANK: The Female Sex Hormone. London 1929. — LÖWE, LANGE u. FAURE: Klin. Wschr. **1926**, 576, 1038. — SIEBKE: Zbl. Gynäk. **1929**, Nr 39.

Zum Ausgangsmaterial der Wahl wurde aber in der Folgezeit Schwangerenharn. Aschheim und Zondek[1] fanden nämlich, daß im Harn schwangerer Frauen besonders in den letzten Schwangerschaftsmonaten bis zu 10000 M.E. Brunsthormon pro Liter ausgeschieden werden. In neuester Zeit hat Zondek noch wesentlich mehr Hormon im Harn des schwangeren Pferdes feststellen können, nämlich bis zu 100000 M.E. im Liter. Es ist daher der Stutenharn ein noch weit ergiebigeres Ausgangsmaterial als der Harn schwangerer Frauen.

2. *Extraktion.* Die Extraktion des Brunsthormons wird bei allen Darstellungsmethoden mit Lipoidlösungsmitteln durchgeführt. Als Extraktionsmittel aus der Drüse kommt vor allem Alkohol in Betracht, doch dürfte sich bei der Extraktion allmählich die Verwendung von Extraktionsmitteln, die möglichst wenig Ballaststoffe mitextrahieren, einbürgern. Von diesem Gesichtspunkte aus ist z. B. Benzol weit vorzuziehen und wird deshalb auch bereits ebenso wie das Chloroform besonders bei der Extraktion des Hormons aus Schwangerenharn verwendet.

3. *Reinigung der Extrakte.* a) *Entfernung von Ballaststoffen.* Die Entfernung von Ballaststoffen erfolgt zunächst durch Ersetzen des einen Lipoidlösungsmittels durch ein anderes. Der Rückstand der mit verdünntem Alkohol extrahierten Drüse wird durch immer konzentrierteren Alkohol aufgenommen. Der alkoholische Rückstand wird hierauf in Benzol gelöst, wobei zwar das ganze Hormon, aber nur ein geringer Teil der Ballaststoffe in Lösung geht. Will man nun die Phosphatide aus dem Extrakt entfernen, dann muß dieser, bis auf einen kleinen Teil eingedampft und mit einem Acetonüberschuß versetzt, einige Zeit in der Kälte gehalten werden. Auch die Cholesterinfraktion kann leicht entfernt werden, einerseits durch Ausfällen des Cholesterins mit Digitonin — was aber nur in den seltensten Fällen in Betracht kommt —, andererseits durch Aufnehmen eines die Hormone enthaltenden Rückstandes in 70proz. Alkohol und Ausschütteln dieser Lösung mit Petroläther, wobei das Cholesterin in den Petroläther übergeht, während das Brunsthormon in der alkoholischen Lösung verbleibt. Ein anderer von uns selbst eingeschlagener Weg zur Entfernung von Ballaststoffen bestand darin, daß die noch ganz ungereinigte Hormonfraktion von den Extraktionsmitteln befreit, in Wasser suspendiert und einer Elektrodialyse unterzogen wurde. Dabei wurde das Hormon von einem großen Teile seiner Ballaststoffe abgespalten und gleichzeitig bei Durchwanderung der Dialysiermembran noch weiter gereinigt.

Ein weiterer Weg zur Reinigung des Hormons bestand in der Verseifung der Lipoidextrakte, wobei das Hormon in eine wasserlösliche Form übergeführt wurde.

b) *Adsorption und Fällung.* Wesentlich einfacher, als in langwierigen Manipulationen die Ballaststoffe des Hormons zu entfernen, ist es, das Hormon selbst gemeinsam mit nur wenigen Verunreinigungen aus einer Lösung mittels Adsorptionsmitteln oder Adsorption an in der Lösung selbst erzeugte Niederschläge zu entfernen. Aus derartigen Niederschlägen kann das Hormon auf verschiedene Weise eluiert werden.

c) *Krystallisation.* Die Krystallisation des Brunsthormons gelang gleichfalls auf dem Wege der Lipoidextraktion. Zur Reinigung verwendeten Doisy und Mitarbeiter[2] eine Kombination der bereits oben erwähnten Reinigungsmethode

---

[1] Sämtliche Arbeiten von Zondek zitiert in seiner zusammenfassenden Darstellung: Die Hormone des Ovars und des Hypophysenvorderlappens. Berlin: Julius Springer 1931. — Siehe auch Fels: Klin. Wschr. 1926, 2349.

[2] Veler, Thayer u. Doisy: J. of biol. Chem. 87, 357 (1930). — Doisy, Veler u. Thayer: Ebenda 86, 499 (1930).

durch Variation der Lipoidlösungsmittel und Überführung des Hormons in wässerige Lösung.

BUTENANDT[1] beschreibt 4 Reinigungsstufen bei der Krystallisation des Hormons: 1. Entmischung mit wässerigem Alkohol-Petroläther; 2. Entmischung mit wässerigem Alkohol-Benzol; 3. Reinigung unter Benutzung des Lactoncharakters; 4. Hochvakuumdestillation.

Chemie des Brunsthormons.

Bis zur Darstellung krystallisierter Brunsthormone wurde seine chemische Zusammensetzung vor allem durch negative Angaben charakterisiert. Es konnte immer wieder nur gesagt werden, daß z. B. das Brunsthormon sicher keinen Stickstoff, keinen Phosphor und keinen Schwefel enthält. Heute wissen wir bereits, daß das Hormon weder mit Kohlehydraten noch mit Eiweißstoffen in irgendeinem Zusammenhang steht. Weiters gibt das krystallisierte Hormon keine charakteristischen Farbreaktionen, auch die bekannten Stearinreaktionen sind negativ.

Molekulargewichtsbestimmungen ergaben bei BUTENANDT $271-290°$, bei THAYER, VELER und DOISY $274°$ und bei MARRIAN[2] $268-286°$.

Wenn wir auch heute noch ziemlich weit entfernt von der Erfassung einer Konstitutionsformel für das Brunsthormon zu sein scheinen, so kennen wir wenigstens bereits seine Molekularformel, die von BUTENANDT als $C_{18}H_{22}O_2$ festgestellt wurde, während sie bei THAYER, VELER und DOISY $C_{18}H_{23}O_2$ und bei MARRIAN, von diesen beiden Formeln abweichend, $C_{18}H_{24}O_3$ betrug.

BUTENANDT hat auch bereits vielversprechende Anfänge zur Aufstellung einer Konstitutionsformel des Hormons gemacht. Bezüglich der Funktion der beiden Sauerstoffatome konnte er feststellen, daß das eine als leicht veresterbare Hydroxylgruppe vorhanden ist (wie durch Darstellung eines Acetyl- und eines Benzoylderivates gezeigt wurde), während das zweite in einer mit Ketonreagenzien nachweisbaren Carbonylgruppe vorliegt. BUTENANDT nimmt an, daß es sich bei der Konstitution des Hormons um ein Oxyketon handelt, wobei der Übergang des neutralen, schwer wasserlöslichen Stoffes in eine alkalilösliche Form durch ein leichte Enolisierbarkeit der Carbonylgruppe erklärt wird.

Nach BUTENANDT enthält das Hormon ferner wahrscheinlich drei Doppelbindungen im Molekül, die bei energischer Hydrierung unter gleichzeitiger Reduktion der Ketongruppe abgesättigt werden. Dem perhydrierten Hormon $C_{18}H_{30}O$ liegt der Kohlenwasserstoff $C_{18}H_{30}$ zugrunde. Es enthält 8 Wasserstoffatome weniger als ein gesättigtes Paraffin, was von BUTENANDT durch das Vorliegen eines aromatischen Kerns oder das Vorhandensein von 4 hydrierten Ringen im Molekül gedeutet wird.

Bei Versuchen zur Darstellung des Brunsthormons aus dem Schwangerenharn konnte MARRIAN und ebenso auch BUTENANDT eine zu den unverseifbaren Stoffen gehörige Substanz isolieren, die BUTENANDT als Pregnandiol bezeichnete und für einen neuen Stearinabkömmling hielt. Nach MARRIAN fehlt dieser Stoff im Harn des Mannes und der nichtschwangeren Frau.

Physiologische Wirkungen des Brunsthormons.

In den letzten Jahren hat BLOTEVOGEL[3] bzw. DOHRN, FAURE, POLL und BLOTEVOGEL[4] als weiteres morphogenetisches Charakteristicum gefunden, daß nach Applikation von Brunsthormon eine Vermehrung der chromaffinen Zellen

---

[1] BUTENANDT: Zitiert auf S. 367.   [2] MARRIAN: Zitiert auf S. 367.
[3] BLOTEVOGEL: Anat. Anz. **60**, 223 (1925).
[4] DOHRN, FAURE, POLL u. BLOTEVOGEL: Med. Klin. **1926**, 1417.

im Frankenhäuser*schen Ganglion* des Uterus kastrierter Mäuse auftritt. Ferner haben Laqueur[1] und Steinach[2] gezeigt, daß das Brunsthormon sowohl bei infantilen als auch bei kastrierten Weibchen ein stärkeres Wachstum der Mamma auslöst. Endlich wurde von Laqueur festgestellt, daß Applikation von Brunsthormon an männliche Tiere eine Rückbildung der Testes und damit einhergehend eine Verkleinerung von Penis und Samenblasen hervorruft.

Auch Stoffwechselwirkungen des Brunsthormons wurden untersucht. Nach Laqueur bewirkt das Brunsthormon bei kastrierten Weibchen eine längere Zeit anhaltende Steigerung des Sauerstoffverbrauches und der Kohlensäureabgabe. S. auch die Versuche Kochmanns[3] mit Oobolin.

Endlich wurde eine Herabsetzung des Blutkalkspiegels durch Brunsthormon beobachtet (Reiss und Marx[4], Mirvish und Bosman[5]) und ferner eine blutcholesterinsteigernde Wirkung des Brunsthormons festgestellt (Mori und Reiss[6], Kaufmann[7]).

Untersuchungen in meinem Institute (Reiss, Druckrey, Fischl[8]) über die energetischen Grundlagen des Ovariumwachstums nach Hypophysenvorderlappensexualhormonzufuhr haben ergeben, daß noch vor irgendwelchen morphogenetischen Veränderungen eine Steigerung des Sauerstoffverbrauches der Organe zustande kommt. Die Pasteursche Reaktion ist hierbei gestört, was in dem Auftreten einer aeroben Glykolyse und in einem Sinken des Meyerhofschen Quotienten seinen Ausdruck findet.

Die gleichzeitig untersuchten energetischen Grundlagen des sei es durch endogene Ovarialbrunsthormonproduktion, sei es durch Zufuhr des Hormons von außen bedingten Uteruswachstums zeigen gleichfalls bereits vor der Manifestation von morphogenetischen Veränderungen eine Steigerung des glykolytischen Vermögens und eine Senkung des Meyerhofschen Quotienten.

Das Corpus luteum-Hormon.

Auch auf dem Gebiete des Corpus luteum-Hormons sind während der letzten Jahre weitgehende Fortschritte gemacht worden. Zunächst wurde die Wirkung von Corpus luteum-Extrakten auf den normalen Cyclusablauf von Meerschweinchen und Ratten untersucht (Papanicolaou[9], Biedl[10], Parkes und Bellerby[11], Gley[12], Macht, Stickels und Seckinger[13]) und gefunden, daß derartige Extrakte die Brunst unterdrücken können. Die Methode war aber nicht genügend spezifisch und in quantitativer Beziehung unzureichend.

Wesentlich spezifischer erwies sich die Aufrechterhaltung der Schwangerschaft nach Exstirpation des Ovars beim schwangeren Tier (Corner[14]). Die wohl beste Methode, weil spezifisch und leicht durchzuführen, wurde von Corner und Allan[15] im Schleimhauttest des Kaninchens gefunden. Mit dem

---

[1] Laqueur: Zitiert auf S. 368.
[2] Steinach u. Mitarbeiter: Pflügers Arch. **219**, 306, 325 (1928).
[3] Kochmann u. Wagner: Z. exper. Med. **53**, 705 (1927).
[4] Reiss u. Marx: Endokrinol. **1**, 181 (1928).
[5] Mirvish u. Bosman: Quart. J. exper. Med. **18**, 11, 29 (1927).
[6] Mori u. Reiss: Endokrinol. **1**, 418 (1928).
[7] Kaufmann: Beitr. path. Anat. **84**, 453 (1930).
[8] Reiss, Druckrey u. Fischl: Endokrinol. **10**, 241 (1932).
[9] Papanicolaou: J. amer. med. Assoc. **86**, 1422 (1926).
[10] Biedl: Arch. Gynäk. **132**, 167 (1927).
[11] Parkes u. Bellerby: J. of Physiol. **64**, 233 (1927).
[12] Gley: J. Physiol. et Path. gén. **24**, 398 (1928).
[13] Macht, Stickels u. Seckinger: Amer. J. Physiol. **85**, 389 (1928).
[14] Corner: Amer. J. Physiol. **86**, 74 (1928).
[15] Corner u. Allan: Amer. J. Physiol. **88**, 326 (1929).

von ihm *Progestin* genannten Corpus luteum-Extrakt gelang es ihm, ein Wachstum der Uterusschleimhaut bis zur normalen, prägraviden und auch graviden Entwicklungsphase beim Kaninchen auszulösen. CORNERs Schleimhauttest gestattete auch eine quantitative Auswertung von Corpus luteum-Extrakten und wurde von CLAUBERG[1] in weit ausgedehnten Versuchen noch ausgebaut. Endlich wurde auch ein charakteristisches Wirkungskriterium durch Untersuchungen von HISAW[2] bekannt, der die beim Meerschweinchen während der Trächtigkeit eintretende Auflockerung der bindegewebigen Symphyse studierte und dieses Phänomen auch beim virginellen Meerschweinchen durch Applikation von Corpus luteum-Extrakten künstlich hervorrufen konnte.

Da unsere Kenntnisse über die spezifische Prüfungsmethode des Corpus luteum erst neueren Datums sind, ist über seine Chemie noch wenig bekannt. Die bisherigen Extraktionsversuche wurden mittels Lipoidextraktions- und Reinigungsmethoden durchgeführt. Nach FEVOLD, HISAW und MEYER[3] ist der die Auflockerung bewirkende Stoff des Corpus luteum nicht identisch mit jenem Wirkstoffe, der bei der Rattenovulation hemmend wirkt und beim Kaninchenuterus die prägravide Schleimhautphase erzeugt. Die Autoren geben auch bereits eine Methode zur Trennung der beiden Wirkstoffe an. S. auch FRANK, GUSTAVSON, McQUEN und GOLDBERGER[4].

Das Hodenhormon.

In den letzten Jahren wurden sehr wichtige Fortschritte auf dem Gebiete der Hodenextrakte gemacht, die die Grundlage für die biologische und chemische Definition des Hodenhormons bilden werden.

Auf Grund von zum Teil schon bekannten, zum Teil neu gefundenen biologischen Wirkungen des Hodens wurden Testmethoden ausgearbeitet, die zur qualitativen, aber auch zur quantitativen Erfassung des Hodenhormons in Hodenextrakten dienen und die uns auch bereits einige Kenntnisse über die Chemie des Hodenhormons vermittelt haben.

Diese Testmethoden basieren einerseits auf der Messung des nach Applikation von Hodenhormon wieder wachsenden Kammes kastrierter Hähne und andererseits auf der Behebung der Kastrationsfolgen beim männlichen Nager.

Die *Hahnenkammethode* geht auf die im Jahre 1849 ausgeführten Experimente BERTHOLDS zurück und wurde auch bereits von LÖWY[5], SSENTJURIN[6], vor allem aber von PÉZARD[7] zur Prüfung von Hodenextrakten verwendet. In neuerer Zeit wurde aber diese Methode als Routinemethode ausgearbeitet, und mehrere Autoren verwenden schon Serien von Kapaunen zur Standardisierung ihrer Hodenextrakte (McGEE[8], McGEE, JUHN und DOMM[9], MOORE und McGEE[10], MOORE, GALLAGHER und KOCH[11], GALLAGHER und KOCH[12], FREUD, DE JONGH, LAQUEUR und MÜNCH[13], KABAK[14]).

---

[1] CLAUBERG: Zbl. Gynäk. **1930**, Nr 1 — Klin. Wschr. **1931**. — Siehe auch in meinem Institute durchgeführte Untersuchungen von REISS, KRAUS u. GÀL: Endokrinol. **11** (1932).

[2] HISAW: Physiologic. Zool. **2**, 59 (1929).

[3] FEVOLD, HISAW u. MEYER: Proc. Soc. exper. Biol. a. Med. **28**, 604 (1930).

[4] FRANK, GUSTAVSON, McQUEN u. GOLDBERGER: Amer. J. Physiol. **90**, 727 (1929).

[5] LÖWY: Erg. Physiol. **2**, 138 (1903).   [6] SSENTJURIN: Z. exper. Med. **48**, 712 (1926).

[7] PÉZARD: Erg. Physiol. **27**, 604 (1928).

[8] McGEE: Proc. Int. Medicine Chigaco **6**, 242 (1927).

[9] McGEE, JUHN u. DOMM: Amer. J. Physiol. **87**, 406 (1928).

[10] MOORE u. McGEE: Amer. J. Physiol. **87**, 436 (1928).

[11] MOORE, GALLAGHER u. KOCH: Endocrinology **13**, 367 (1929).

[12] GALLAGHER u. KOCH: J. of biol. Chem. **84**, 495 (1929).

[13] FREUD, DE JONGH, LAQUEUR u. MÜNCH: Klin. Wschr. **1930**, Nr 17.

[14] KABAK: Endokrinol. **9**, 84 (1931).

In quantitativer Richtung wurde die Methode besonders im Institute Laqueurs[1] und von Gallagher und Koch[2] ausgearbeitet. Im Institute Laqueurs wird der Kamm jeweils durch Auflegen auf Gaslichtpapier photographiert und die Fläche des Bildes planimetriert. Das Wachstum wird in der prozentualen Zunahme gegenüber der Anhangsfläche ausgedrückt. Nach Laqueur ist eine Hahneneinheit des Hormons jene Menge, die, 4 Tage hintereinander an Kapaunen eingespritzt, am 5. Tage an wenigstens 75% der Tiere ein Flächenwachstum von mindestens 15% ausgelöst hat. Nach Gallagher und Koch ist eine Hahneneinheit jene Menge, die nach 5tägiger Injektion eine Zunahme von Länge und Höhe des Kammes um 5 mm bewirkt.

Der *Samenblasen- und Prostatatest* an der kastrierten männlichen Ratte und Maus wurde von Löwe und Voss[3], Moore und Gallagher[4] und Martins[5] ausgearbeitet. Nach Kastration atrophieren bei der männlichen Maus und Ratte sehr bald die Samenblasen und die Prostata. Injektion von Hodenextrakten kann diesen Vorgang aufhalten und die bereits geschrumpften Samenblasen wieder zum Wachstum anregen. Die genannten Autoren, vor allem aber Löwe und Voss, haben genaue cytologische Veränderungen in den Samenblasen, wie sie bereits 48 Stunden nach Applikation der Extrakte auftreten, studiert (cytologischer Regenerationstest, Mitogenesetest).

Die wesentlichen histologischen Grundlagen für die Atrophie der Samenblasen nach Kastration bestehen darin, daß die zylinderförmigen, an Sekretvakuolen und Granula sehr reichen Zellen der Samenblasenschleimhaut sehr bald nach der Kastration weitgehenden Veränderungen unterliegen. Die Sekretvakuolen gehen zurück, vom 10. Tage verschwinden sie fast vollständig. Der Zellkern nimmt eine zentrale Lage ein und die Zellen werden ganz flach. Bereits kurze Zeit nach Injektion von hormonhaltigen Hodenextrakten bildet sich aber dieser Zustand zurück und es treten auch zahlreiche mitotische Teilungsfiguren in den Zellen auf.

Von Löwe werden bei der Standardisierung seiner Extrakte vor allem diese cytologischen Veränderungen untersucht, während Martins sich mit der Messung der Samenblasengröße begnügt.

Der *Motilitätstest* wurde von Moore und seinen Mitarbeitern[6] ausgearbeitet und beruht auf dem Phänomen, daß die Beweglichkeit der Spermien im Nebenhoden des Meerschweinchens nach Entfernung der Hoden verschwindet, während Zufuhr von Extrakten nach der Kastration diese Spermienbeweglichkeit aufrechterhalten kann. Dieser Methode dürfte wohl eine nur geringe Bedeutung bei der Standardisierung von Hodenextrakten zukommen.

Der *elektrische Ejaculationstest* geht auf von Battelli[7] durchgeführte Versuche zurück, nach denen bei Durchschicken von elektrischem Strom durch das Gehirn von Meerschweinchen eine Ejaculation hervorgerufen wird. Dieses Ejaculat gerinnt sofort nach der Ausscheidung (Vaginalpfropf). Moore und

---

[1] De Fremery, Freud u. Laqueur: Pflügers Arch. **226**, 740 (1930). — Freud: Ebenda **228**, 1 (1931).

[2] Gallagher u. Koch: J. of Pharmacol. **40**, 327 (1930).

[3] Löwe u. Voss: Akad. Anz. v. 24. Okt. **1929**, Nr 20 — Klin. Wschr. **1930**, Nr 9, 481 — Dtsch. med. Wschr. **56**, 1256 (1930).

[4] Moore u. Gallagher: Amer. J. Physiol. **89**, 387 (1929) — J. of Pharmacol. **40**, 341 (1930). — Siehe auch Moore, Hughes u. Gallagher: Amer. J. Anat. **45**, 109 (1930).

[5] Martins u. Rochae Silva: Mem. do Inst. Oswaldo Cruz Suppl.-Bd. **9**, 196 (1929) — C. r. Soc. Biol. Paris **102**, 480, 485 (1929) — Endokrinol. **7**, 180 (1930).

[6] Moore: J. of exper. Zool. **1**, 455 (1928). — Moore u. McGee: Amer. J. Physiol. **87**, 436 (1928). — Siehe auch Benoit: Archives d'Anat. **5**, 173 (1926).

[7] Battelli: C. r. Soc. Phys. d'Hist. naturelle de Génève **39**, 73 (1922). — Battelli u. Martin: C. r. Soc. Biol. Paris **87**, 429 (1922).

ebenso auch KABAK[1] haben nun gezeigt, daß dieses Phänomen nach Kastration wesentlich abgeschwächt wird und daß vor allem das etwa nach Reizung noch abgegebene Sekret nicht gerinnt. Diese Ausfallserscheinungen konnten von MOORE und von KABAK durch Zufuhr wirksamer Hodenextrakte behoben werden.

Das Hodenhormon wurde bisher aus Stierhoden extrahiert[2], aber auch Männerharn erwies sich als gut brauchbares Ausgangsmaterial, das vor allem mit Rücksicht auf den relativ nur geringen Gehalt des Stierhodens an Hormon auch bei der Darstellung von zur Therapie dienenden Präparaten in Betracht kommt. Bei der Isolierung des Hodenhormons ergibt sich eine weitgehende Übereinstimmung mit den Darstellungsmethoden des Ovarialbrunsthormons. Das Hormon wird gleichfalls durch Lipoidlösungsmittel extrahiert und mit den hier in Betracht kommenden Methoden gereinigt. Da nun die genannten Ausgangsmaterialien auch Ovarialbrunsthormon enthalten, wurde anfangs dieses mitextrahiert. Zur Trennung des Hodenhormons vom Brunsthormon beschrieben LAQUEUR und Mitarbeiter[3] eine Methode, nach der das Hodenhormon bei schwach alkalischer Reaktion des Harns ohne das Ovarialhormon extrahiert werden kann. Im Laboratorium LAQUEURS[4] konnte das Hormon auch bereits durch fraktionierte Hochvakuumdestillation weitgehend gereinigt werden. Auch auf diese Weise wird es vom Ovarialbrunsthormon getrennt.

Das Hodenhormon ist gegen Alkali, Säure und Erhitzen unempfindlich, durch Oxydation wird es zerstört. Nach FUNK[5] ist das Hormon oral wirksam.

Bd. XIV, 1.

Die Schwangerschaftsveränderungen[6]
(S. 463—500).

Von
L. SEITZ – Frankfurt a. M.

Mit 1 Abbildung.

Ein Nachtrag auf diesem Gebiet ist in folgenden Abschnitten erforderlich: *Innere Sekretion.* Durch die Untersuchungen von ASCHHEIM-ZONDEK, EHRHARDT usw. wissen wir, daß schlagartig nach Eintritt der Schwangerschaft eine außerordentlich vermehrte Bildung von *Vorderlappenhormon* stattfindet, und

---

[1] KABAK: Endokrinol. **9**, 250 (1931).

[2] Angaben über die chemische Gewinnung des Hodenhormons finden sich in den bisher bei den Testmethoden genannten Arbeiten.

[3] DINGEMANSE, FREUD, KOBER, LAQUEUR, LUCHS u. MÜNCH: Biochem. Z. **231**, 1 (1931).

[4] DINGEMANSE, FREUD, KOBER, LAQUEUR u. MÜNCH: Naturwiss. **19**, 166 (1931). — Siehe auch DODDS, GREENWOOD, ALLEN u. GALLIMORE: Biochemic. J. **24**, 103 (1930).

[5] FUNK, HARROW u. LEJWA: Amer. J. Physiol. **92**, 440 (1930).

[6] Zusammenfassende Arbeiten: ZONDEK: Die Hormone des Vorderlappens und des Ovars. 1931. — SEITZ, L.: Biologie der Placenta. Arch. Gynäk. **137**, H. 1 u. 2 (1929) (Leipziger Kongreßber.) — Mschr. Geburtsh. **88**, 335 (1931). — EHRHARDT, K.: Bericht über innersekretorisch-gynäkol. Literatur des Jahres 1931 — Mschr. Geburtsh. **90**, 240. — ASCHHEIM u. ZONDEK: Arch. Gynäk. **144** (1930) (Kongreßber.). Vorderlappen. — GUGGISBERG: Ebenda (Hinterlappen).

daß das Hormon in großer Menge durch den Urin ausgeschieden wird. Auf dem Nachweis des Hormons im Harn am Testobjekt der infantilen Maus durch Reaktion II und III (Auftreten von Blutpunkten im Ovar und Bildung von Corpora lutea) beruht die Aschheim-Zondeksche Frühschwangerschaftsprobe, die sich bei zahlreichen Nachprüfungen als sehr zuverlässig erwiesen hat (ungefähr 98—99% Sicherheit).

Auch das *Ovarialhormon* (Follikelreifungshormon), nachgewiesen am Testobjekt der kastrierten weißen Maus, tritt in der Schwangerschaft in vermehrter Menge im Blute auf und wird durch den Harn ausgeschieden. Während jedoch das Vorderlappenhormon der Hypophyse gleich im Beginn der Schwangerschaft in großer Menge im Blute und Urin vorhanden ist und in den letzten Monaten bereits etwas absinkt, nimmt dagegen die Menge des Ovarialhormons mit dem Alter der Schwangerschaft noch zu, um erst kurz vor dem Geburtstermin den höchsten Grad zu erreichen. Die beiliegende Kurve (Abb. 1) veranschaulicht die Ausscheidungsverhältnisse beider Hormone durch den Urin.

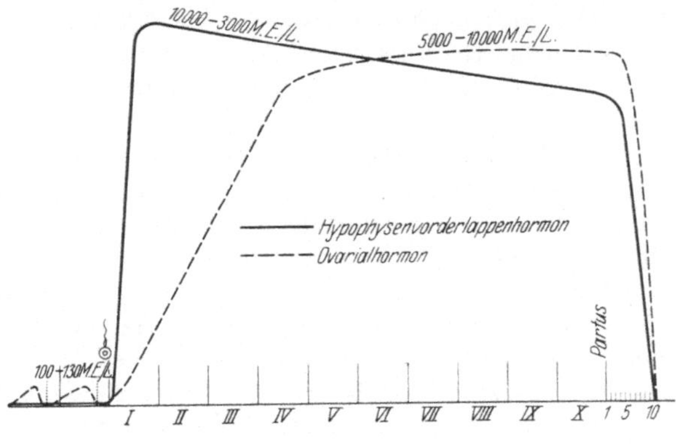

Abb. 1.

Man weiß nunmehr sicher, daß im Ovar zwei Hormone gebildet werden, das Follikelreifungshormon, das im wachsenden Follikel enthalten ist, und das luteinisierende Hormon, das im Corpus luteum bereitet wird. Knaus[1] nimmt auf Grund von tierexperimentellen Prüfungen an, daß das *Corpus luteum-Hormon* die Tätigkeit des Hinterlappenhormons der Hypophyse, das die Erregbarkeit des Uterus steigert, paralysiert; erst wenn das Corpus luteum zu degenerieren anfängt, gewinnt allmählich das Hinterlappenhormon das Übergewicht, die Erregbarkeit des Uterus steigt an und schließlich kommt es zur Auslösung der Wehen. Dabei wirkt die Veränderung des Ionenmilieus des Blutes unterstützend (Rossenbeck[2]).

Über das Verhalten des *Hinterlappenhormons* der Hypophyse ist bisher keine weitere Klärung eingetreten, auch nicht durch Anwendung des neuen von Zondek angegebenen Testobjektes, nämlich des Hochzeitskleides der Elritze.

Noch nicht ganz geklärt liegen die Verhältnisse betreffs der Funktion der *Schilddrüse*. Wie die so häufig auftretende Vergrößerung der Schilddrüse, so weisen auch die Untersuchungsresultate, die Eufinger, Wiesbader und Fokseanu[3]) mit der Reit-Huntischen Probe, Eufinger, Wiesbader und Smilo-

---

[1] Knaus: Arch. Gynäk. **138** (1929); **140** (1930); **141** (1930).
[2] Rossenbeck: Arch. Gynäk. **140**, 3; **142** (1930).
[3] Eufinger, Wiesbader u. Fokseanu: Arch. Gynäk. **136** (1929); **142**, 662 (1930).

VITS[1] am Kaulquappenversuch, HOFFMANN und ANSELMINO[2] mit eingehenden Stoffwechselstudien, BOCK[3] mittels der Feststellung der Polarisationskapazität der Haut erzielt haben, auf eine erhöhte Tätigkeit der Schilddrüse in der Schwangerschaft hin. In demselben Sinne spricht auch der erhöhte Jodblutspiegel in der Schwangerschaft. Im Gegensatz dazu fand KÜSTNER[4] in der Schwangerschaft eine Unterfunktion der Schilddrüse.

Am *Pankreas* der trächtigen Maus hat ROSENLOECHER[5] den Inselapparat deutlich vergrößert gefunden, dasselbe konnte er auch bei der schwangeren Frau in mehreren untersuchten Fällen feststellen.

BLOTEVOGEL hat nachgewiesen, daß die *chrombraunen Zellen des Ganglion cervicale uteri* bei der trächtigen Maus eine beträchtliche Vermehrung erfahren. Dagegen läßt sich eine solche Anreicherung des chromaffinen Gewebes an anderen Ganglien des Körpers nicht feststellen. Auch gelang es bisher nicht, die Vermehrung am FRANKENHÄUSERschen Ganglion beim Menschen nachzuweisen.

Stoffwechsel. Die Untersuchungen über den *Grundumsatz* haben übereinstimmend ergeben, daß der Grundumsatz in der Schwangerschaft leicht gesteigert ist. Man nimmt als Ursache dieser Steigerung eine erhöhte Tätigkeit der Schilddrüse an. Der *spezifisch-dynamische Eiweißquotient* verhält sich verschieden; er ist teils vermehrt, teils vermindert. Man vermutet, daß er mit einer konstitutionell bedingten veränderten Funktion der Hypophyse in Zusammenhang steht.

Es ist wahrscheinlich, daß durch die Schwangerschaft eine leichte Verschiebung der *fermentativen Vorgänge* zuungunsten der *oxydativen* stattfindet[6]. Darauf weisen namentlich auch die Milchsäurebestimmungen von LÖSER an der jungen überlebenden Placenta hin[7].

In der Schwangerschaft wird weniger *Eiweiß* verbrannt und deswegen Eiweiß angesetzt. Die Schwangere verhält sich darin wie der jugendliche und wachsende Organismus. Manchmal läßt sich eine leichte Unsicherheit in dem Eiweißabbau insofern nachweisen, als einzelne Zwischenprodukte, namentlich höhere Eiweißspaltprodukte, in vermehrter Menge auftreten. Es besteht fraglos eine gewisse Schwäche in dem Abbau des Eiweißes, und deswegen soll man mit Verabreichung von Eiweiß in der Schwangerschaft zurückhaltend sein.

Auch die *Fettspaltung* in der Schwangerschaft zeigt Veränderungen, wie man sie physiologischerweise sonst nicht sieht. In der Gravidität tritt schon bei geringer Einschränkung der Kohlehydratzufuhr eine vermehrte Menge von Aceton im Blut und eine Ausscheidung von Aceton im Urin auf. Es empfiehlt sich daher, Schwangere fettarm zu ernähren. Der Bedarf der Schwangeren an *Kohlehydraten* ist gesteigert. Es soll daher der Calorienbedarf bei Schwangeren im wesentlichen durch Zufuhr von Kohlehydraten gedeckt werden. Gesunde Schwangere vermögen große Mengen von Kohlehydraten zu verarbeiten, wie die Belastungsproben mit intravenöser Traubenzuckerinfusion zeigen. Unter der Geburt lassen sich leicht hyperglykämische Werte im Blut feststellen. Bei verminderter Leistungsfähigkeit der Leber macht jedoch die Verarbeitung der Kohlehydrate in der Schwangerschaft Schwierigkeiten.

In der Schwangerschaft, namentlich in der zweiten Hälfte, ist das *Kohlensäurebindungsvermögen des Blutes* deutlich herabgesetzt. Das haben übereinstim-

---

[1] EUFINGER, WIESBADER u. SMILOVITS: Arch. Gynäk. **143**, 338 (1930) — Klin. Wschr. **1931**, Nr 8.

[2] HOFFMANN u. ANSELMINO: Arch. Gynäk. **145**, 114 (1931).

[3] BOCK: Arch. Gynäk. **144**, 266 (1931).

[4] KÜSTNER: Z. Geburtsh. **1931**, Nr 41 — Klin. Wschr. **1931**, 1585.

[5] ROSENLOECHER: Erscheint nächstens in der Mschr. Geburtsh.

[6] SEITZ, L.: Arch. Gynäk. **137**, 446 (1929).

[7] LÖSER: Arch. Gynäk. **148**, 118 (1932).

mend alle Untersuchungen ergeben. Schon mit Einsetzen der Wehen oder kurz nach der Geburt ist das Kohlensäurebindungsvermögen wieder zur Norm zurückgekehrt. Der Körper der Schwangeren mobilisiert alle Ausgleichseinrichtungen, so daß es nur selten zur Ausbildung einer tatsächlichen *Ansäuerung* des Blutes in der Schwangerschaft kommt. Die bisherigen Untersuchungsresultate über das Vorkommen einer echten Acidosis mit Steigerung der H-Ionenkonzentration sind sehr verschieden ausgefallen. Die Mehrzahl der Untersucher fand eine leichte Steigerung der p_H-Werte. Die sehr sorgfältigen Untersuchungen von Behrendt, Berberich und Eufinger[1] haben jedoch ergeben, daß der Säure-Basen-Gleichgewichtszustand bei den einzelnen Schwangeren starken individuellen Schwankungen unterworfen ist und daß ein gesetzmäßiges Verhalten nicht festgestellt werden kann.

Betreffs des *Mineralstoffwechsels* ist zu bemerken, daß die zahlreichen Untersuchungen über den *Calciumgehalt* des Blutes in der Schwangerschaft sehr verschiedene Werte, teils nach der positiven, meist nach der negativen Seite schwankend, ergeben haben. Bockelmann und Bock[2] und insbesondere R. Spiegler[3], letzterer durch Anwendung der kombinierten Ultrafiltration und Elektroultrafiltration, haben versucht, die verschiedenen Zustandsformen des Gesamtcalciums und in gleicher Weise auch des *Kaliums* zu erfassen. R. Spiegler kommt zu dem Resultat, daß das Calcium mit fortschreitender Schwangerschaft immer fester verankert wird, am stärksten unter der Geburt, und erst im Spätwochenbett stellen sich wiederum normale Verhältnisse her. Umgekehrt ist das Verhalten beim Kalium (nach Spiegler). Mit fortschreitender Schwangerschaft wird dieses Kation immer diffundibler. Es kommt also für die biologische Wirksamkeit weniger auf die Gesamtmenge des im Blute vorhandenen Calciums und Kaliums als auf die jeweilige Zustandsform der beiden Kationen, namentlich auf den Restkalk, d. h. das kolloidalgebundene Calcium, an. In besonders anschaulicher Form konnte R. Spiegler[4] die Bedeutung des Restkalkes an einem Fall von Tetanie mit Impetigo herpetiformis demonstrieren.

Rossenbeck[5] hat das Verhältnis der *Chlorionen* zu den *Natriumionen* studiert und hat gefunden, daß in der Schwangerschaft eine nicht unerhebliche Verschiebung zwischen den beiden Ionen stattfindet in dem Sinne, daß die Chlorionen um etwa 7% über dem normalen Durchschnitt erhöht sind, die Natriumionen dagegen 8% unter den normalen Werten liegen.

Durch die Untersuchungen von Guthmann und Mitarbeitern[6] ist festgestellt, daß die Menge des ultrafiltrablen *Eisens* in der Schwangerschaft vermehrt ist (im Mittel 0,67 mg°/₀₀ auf 0,85 mg°/₀₀). In der ersten Zeit ist die Erhöhung nur gering, steigt vom 6. Monat stärker an und erreicht ihren höchsten Punkt im 9. Monat und fällt bereits kurz vor der Geburt wieder zur Norm ab. Parallel damit geht der Gehalt des Blutes an ultrafiltrablem Eisen beim Fetus. Bei Frühgeburten ist der Spiegel niedrig, höher bei ausgetragenen Kindern, am höchsten bei übertragenen Kindern. Die wachsenden Ansprüche des Kindes erfordern einen erhöhten Eisengehalt des mütterlichen Blutes.

---

[1] Behrendt, Berberich u. Eufinger: Arch. Gynäk. **143** (1931) — Klin. Wschr. **1931**, Nr 46.

[2] Bockelmann u. Bock: Arch. Gynäk. **133**, 740 (1928) — Klin. Wschr. **1927**, Nr 51, 2427.

[3] Spiegler, R.: Arch. Gynäk. **143**, H. 2 u. 3; **145**, H. 2 — Biochem. Z. **230**, H. 4 u. 6 (1931).

[4] Spiegler, R.: Erscheint demnächst in der Klin. Wschr.

[5] Rossenbeck: Arch. Gynäk. **145**, 331 (1931).

[6] Guthmann u. Mitarbeiter: Arch. Gynäk. **147**, 469 (1931).

Der *Jodgehalt* des Blutes wurde von MAURER[1] und von BOCKELMANN und SCHERINGER[2] untersucht und etwas vermehrt gefunden.

Besondere Erwähnung verdient noch das Verhalten des *Nierenbeckens* und der *Harnleiter* in der Schwangerschaft. Durch die intravenöse Einspritzung von Uroselectan ist es neuerdings möglich, Nierenbecken und Harnleiter im Röntgenbild sichtbar zu machen. Die Untersuchungen an Schwangeren haben die bisher nur zum Teil bekannte Feststellung ergeben, daß gegen Ende der Zeit Nierenbecken und Harnleiter regelmäßig mehr oder minder stark erweitert sind, und daß die Harnleiter häufig einen geschlängelten Verlauf zeigen. Die Erweiterung der Harnleiter ist zum Teil aktiv durch Wachstum (Weiterstellung), zum Teil durch verminderte Innervation, zum größten Teil durch mechanische Verhältnisse bedingt. Die erhöhte Disposition der Schwangeren zur Pyelitis erklärt sich aus diesen Veränderungen.

Durch Veränderungen der Blutzusammensetzung, des Stoffwechsels, namentlich des Ionenmilieus und der veränderten Hormonproduktion, ändert sich auch die *Erregbarkeit des vegetativen Nervensystems*[3], durch das die mannigfaltigen Ernährungs- und Wachstumsvorgänge in der Schwangerschaft reguliert werden. Diese Umstimmung der vegetativen Nerven läßt sich sowohl an den zentralen Organen als auch an den peripheren Nervengebieten feststellen (s. Näheres bei Schwangerschaftstoxikosen).

Bd. XIV, 1.

Schwangerschaftstoxikosen

(S. 555—578).

Von

L. SEITZ — Frankfurt a. M.

Bei den Schwangerschaftstoxikosen wurde in der Zwischenzeit hauptsächlich das Verhalten der Hormondrüsen, des Stoffwechsels, des Ionenmilieus, des Kolloidzustandes und des Säure-Basen-Gleichgewichts untersucht.

Es wurde festgestellt, daß bei der *Blasenmole* (hydropische Entartung der Placenta) und ebenso beim Chorionepitheliom die Menge des im Blute kreisenden *Vorderlappenhormons der Hypophyse* um ein Vielfaches den Hormonblutspiegel bei der normalen Schwangerschaft übertrifft, und daß wir in dem quantitativen Nachweis des Vorderlappenhormons im Harn bei verdächtigen Fällen ein verlässiges Hilfsmittel bei der Differentialdiagnose zwischen normaler Schwangerschaft und Blasenmole haben. Ferner gibt diese Probe uns Auskunft darüber, ob nach der Ausstoßung der Blasenmole alles pathologische Gewebe aus dem Körper entfernt ist oder nicht[4].

Bedeutungsvoll sind, sofern sie sich bestätigen, die Befunde von HOFFMANN und ANSELMINO[5]. Die beiden Autoren konnten feststellen, daß bei der Schwanger-

---

[1] MAURER: Arch. Gynäk. **130**, 310 (1927).

[2] BOCKELMANN u. SCHERINGER: Arch. Gynäk. **143**, 512 (1931).

[3] Ferner L. SEITZ: Arch. Gynäk. **145**, 71 (1931).

[4] Literatur siehe ZONDEK u. ASCHHEIM: Ref. über die Funktion des Vorderlappenhormons. Arch. Gynäk. **144** (1930) (Kongreßber.).

[5] HOFFMANN u. ANSELMINO: Arch. Gynäk. **147** (1931).

schaftsnephrose und bei der Eklampsie das *Hinterlappenhormon* eine gewaltige Vermehrung zeigt, und zwar soll bei *den* Fällen von Nephrose und Eklampsie, die mit starken Ödemen einhergehen, hauptsächlich die antidiuretische Komponente des Hinterlappenhormons, bei den Fällen mit erhöhtem Blutdruck die vasopressorische Komponente des Hinterlappenhormons vermehrt sein. KÜSTNER hat bereits vorher bei einem schweren Fall von Eklampsie im Blut, EHRHARDT in der Placenta Eklamptischer die Melanophorenreaktion des Frosches positiv gefunden. Nach HOFFMANN und ANSELMINO sollen sich bei dem ödemonephrotischen und eklamptischen Symptomenkomplex regelmäßig auch Abweichungen in der Menge des *Schilddrüsenhormons* nachweisen lassen. EUFINGER und WIESBADER[1] finden eine Erhöhung des *organischen* Blutjodspiegels bei Eklampsie und einem großen Teil der Präeklampsien, die bei der normalen Schwangerschaft nicht festgestellt werden kann.

Während bei der normalen Schwangerschaft und unter der Geburt die *Reststickstoffwerte* im Blute normal oder unterschwellig sind, finden sich bei den Gestosen häufig Werte zwischen 40 und 60 mg%; ausgesprochen pathologische Werte über 60 mg% finden sich bei den Gestosen selten. Am häufigsten werden diese pathologischen Werte noch bei der Eklampsie (11,8% nach EUFINGER[2]) gefunden.

Auffallend ist ferner, daß die *Indicanwerte*, die bereits in der normalen Schwangerschaft erhöht sind, bei den Schwangerschaftstoxikosen noch stärkere Vermehrung aufweisen (EUFINGER und BADER[3]) (Versagen der Leber?). Auch die *Harnsäure* ist im Blute von Eklamptischen meistens erhöht (HELLMUTH[4], BOCKELMANN und ROTHER[5]. HELLMUTH will in der Menge der Harnsäure im Blute einen Indicator für die Schwere des Krankheitsbildes sehen.

Bei der Eklampsie ist infolge der Krämpfe der *Milchsäurespiegel* des Blutes regelmäßig erhöht. Doch scheint es, daß auch ohne Vorhandensein von Krämpfen, bei präeklamptischen Zuständen und Nephrosen eine Vermehrung der Milchsäure im Blute vorhanden ist (BOCKELMANN und ROTHER[6]).

Die Verschiebung der *Eiweißbestandteile des Serums nach der grob-dispersen Seite*, die bereits bei der normalen Schwangerschaft festzustellen ist, erfährt bei verschiedenen Toxikosen eine weitere Ausbildung. EUFINGER[7] und ich[8] fanden, daß bei der Schwangerschaftsnephropathie die Verminderung des feindispersen Albumins regelmäßig stark ausgebildet ist, am stärksten aber fraglos bei dem einfachen Schwangerschaftshydrops. Bei der Eklampsie lassen sich zwei Gruppen unterscheiden; die eine Gruppe zeigt eine mittelstarke Vermehrung der grobdispersen Phase, bei der anderen Kategorie fehlt jede Verschiebung, sie verhält sich wie Nichtschwangere. Fast immer vermehrt ist bei der Präeklampsie und Eklampsie die gröbstdisperse Eiweißquote, das *Fibrinogen*. Daher die große Neigung des Blutes Eklamptischer zur vielfachen kleinen Thrombosenbildung. Die Vermehrung des *Euglobulins* hat wahrscheinlich auch eine Änderung in der Verankerung anderer Kolloide, besonders des Cholesterins, zur Folge (WESTPHAL, EUFINGER). Infolge der Verschiebung des Eiweißbildes nach der grobdispersen Phase ist bei den Schwangerschaftstoxikosen das Eiweiß durch chemische und chemisch-physikalische Einflüsse noch viel leichter und rascher

---

[1] EUFINGER u. WIESBADER: Erscheint nächstens im Arch. Gynäk.
[2] EUFINGER u. BADER: Z. Geburtsh. **90**, 353 (1927).
[3] EUFINGER u. BADER: Arch. Gynäk. **128**, 309 (1929) — Zbl. Gynäk. **90**, 352 (1927).
[4] HELLMUTH: Arch. Gynäk. **130**, 585 (1929).
[5] BOCKELMANN u. ROTHER: Z. Geburtsh. **86**, 329 (1923).
[6] BOCKELMANN u. ROTHER: Z. exper. Path. u. Ther. **40**, 13 (1924).
[7] EUFINGER: Arch. Gynäk. **133**, 485 (1928).
[8] EUFINGER u. SEITZ: Arch. Gynäk. **132**, 284 (1927).

auszufällen, als das schon bei der normalen Schwangerschaft der Fall ist (v. OETTINGEN[1], SACHS und v. OETTINGEN[2], EUFINGER[3]). Sämtliche *Fällungsreaktionen*, namentlich auch die von GERLOCZY angegebene, fallen positiv aus.

Durch die Nieren werden außer großen Mengen von Eiweiß bei der Nephropathie und bei der Eklampsie in rund der Hälfte aller Fälle auch *Lipoide* ausgeschieden (EUFINGER).

Bei der Schwangerschaftsnephropathie und Eklampsie ist nach den Untersuchungen von SPIEGLER das *Calcium* viel diffundibler und weniger fest gebunden, das *Kalium* ebenfalls viel weniger fest verankert als in der normalen Schwangerschaft. Diese Verschiebung im Kalium-Ca-Quotienten ist zusammen mit einer leichten Ansäuerung des Blutes der Grund, warum bei den Präeklampsien und Eklampsien die *galvanische Nervenmuskelerregbarkeit so erheblich herabgesetzt ist*. Bei der Eklampsie tritt die Kathodenschließungszuckung nach SPIEGLER[4] am Nervus medianus erst bei einer Stromstärke von 3,6 mA im Mittel ein, während die Zuckung in der normalen Schwangerschaft schon bei Anwendung von 0,9 mA (bei der Nichtschwangeren von 1,8 mA) eintritt.

Nach ROSSENBECK[5] ist die Verschiebung in dem Verhältnis *Chlor- und Natriumionen*, die bereits in der normalen Schwangerschaft eintritt, bei den Schwangerschaftstoxikosen noch stärker betont. ROSSENBECK fand bei der Nephropathie die Chlorionen um 9% erhöht, die Natriumionen um 11% erniedrigt, bei der Eklampsie die ersteren um 10% erhöht, die letzteren um 14% erniedrigt.

Verschieden sind die Resultate betreffs des Verhaltens des *Säure-Basen-Gleichgewichts* bei den Toxikosen angegeben. Einige nehmen an, daß bei Präeklampsie und besonders bei der Eklampsie die kompensierte Acidosis in die unkompensierte Form der Ansäuerung übergeht (BOCKELMANN und ROTHER[6]). Andere dagegen konnten keine Erhöhung der H-Ionenkonzentration feststellen oder deuten die Acidosis als einen rasch vorübergehenden sekundären Zustand, der nur mit den Krämpfen zusammenhängt. Jedenfalls geht es zu weit, wenn manche Untersucher das Wesentliche des eklamptischen Zustandes in einer acidotischen Vergiftung erblicken wollen.

---

[1] v. OETTINGEN: Arch. Gynäk. **129**, 115 (1927).

[2] SACHS u. v. OETTINGEN: Münch. med. Wschr. **1921**, Nr 12.

[3] EUFINGER: Arch. Gynäk. **133**, 485 (1928).

[4] SPIEGLER: Arch. Gynäk. **143**, H. 2 u. 3; **145**, 423 (1931) — Biochem. Z. **230**, H. 4 u. 6 (1931).

[5] ROSSENBECK: Arch. Gynäk. **145**, 331 (1931).

[6] BOCKELMANN u. ROTHER: Z. exper. Path. u. Ther. **40**, 1324 (1924).

Bd. XIV, 1.

Gewebezüchtung

(S. 956—1002).

Von

RHODA ERDMANN und FRITZ DEMUTH – Berlin.

Aus der Fülle der seit 1926 erschienenen Arbeiten, die sich der Gewebezüchtungsmethode bedienen, kann in diesem Nachtrag nur eine kritische Auswahl gegeben werden.

Die Fortschritte der Forschung sind eng an Fortschritte der Technik geknüpft, die bei der Gewebezüchtung in zahlreichen, empirisch gewonnenen Modifikationen bestehen. Darüber hinaus sind als neue Verfahren die Dauerzüchtung nach DE HAAN[1], ERDMANN und LLOMBART[2] und CARREL[3] zu erwähnen, bei denen größere Flüssigkeitsmengen in geschlossenen Röhrensystemen über die Gewebsstückchen hinwegströmen, womit die Mileuverhältnisse dem Organismus angenähert werden. Ein vermindertes Wachstum erreichten FISCHER und PARKER[4], indem sie Zellen in Flaschen ohne Embryonalsaft mit Waschungen von Plasma mit Heparinzusatz behandelten. Der Ersatz des üblichen Embryonalextraktes durch Eiweißabbauprodukte (CARREL und BAKER[5], FISCHER und DEMUTH[6]) und durch Trockenextrakt (BORGER und ZENKER[7]) gestattet es, durch Standardisierung des einen Mediumbestandteiles Versuche miteinander vergleichbar zu machen, die längere Zeit auseinanderliegen.

Ein wichtiger Fortschritt ist die Möglichkeit, eine größere Zahl von Geweben parenchymatösen Ursprungs über längere Zeit zu züchten: Pankreas wurde von KAPEL[8], PINKUS[9], AMOROSO[10], CHLOPIN[11], KATZENSTEIN und KNAKE[12] gezüchtet, Leber von KAPEL[8], NORDMANN[13], OKKELS[14], DOLJANSKI[15], die die Morphologie des Stoffwechselzustandes der Leberzellen durch Nachweis des Glykogens zur Darstellung brachten, Gallenblase von ERDMANN[16], Lunge von TIMOFEJEWSKI[17], LANG[18],

---

[1] DE HAAN: Arch. exper. Zellforsch. **6**, 267 (1928); **7**, 283 u. 298 (1928/29); **10**, 82 (1931); **11**, 365 (1931).

[2] ERDMANN u. LLOMBART: Arch. exper. Zellforsch. **10**, 474 (1931).

[3] CARREL: Arch. exper. Zellforsch. **11**, 359 (1931).

[4] FISCHER u. PARKER: Arch. exper. Zellforsch. **8**, 325 (1929).

[5] CARREL u. BAKER: J. of exper. Med. **44**, 503 (1927).

[6] FISCHER u. DEMUTH: Arch. exper. Zellforsch. **5**, 131 (1927).

[7] BORGER u. ZENKER: Verh. dtsch. path. Ges. **26**, 124 (1931).

[8] KAPEL: C. r. Soc. Biol. Paris **95**, 1108 (1926).

[9] PINKUS: Arch. exper. Zellforsch. **8**, 130 (1929); **10**. 1 (1931).

[10] AMOROSO: Arch. exper. Zellforsch. **12**, 274 (1931).

[11] CHLOPIN: Arch. exper. Zellforsch. **9**, 64 (1930).

[12] KATZENSTEIN u. KNAKE: Z. Krebsforsch. **33**, 378 (1931).

[13] NORDMANN: Arch. exper. Zellforsch. **8**, 371 (1929).

[14] OKKELS: Arch. exper. Zellforsch. **8**, 432 (1929).

[15] DOLJANSKI: Arch. exper. Zellforsch. **11**, 261 (1931).

[16] ERDMANN: Arch. exper. Zellforsch. **11**, 530 (1931).

[17] TIMOFEJEWSKI u. BENEVOLENSKAJA: Virchows Arch. **268**, 629 (1928).

[18] LANG: Arch. exper. Zellforsch. **2**, 93 (1925).

CAFFIER[1], Niere von RIENHOFF[2], NISHIBE[3], NORDMANN[4], Nebenniere von SSI-POWSKI[5], Thymus von TSCHASSOWNIKOW[6] und POPOFF[7], Gehirn von KAPEL[8], Hoden und Ovarien von CHAMPY und MORITA[9], Nervengewebe von MOSSA[10] und LEVI[11], Magen von JELISZEJEW[12], Bronchus von STRELIN[13], womit nur eine Auswahl von Arbeiten gegeben ist, die sich mit der Herauszüchtung von Epithel in Dauerkulturen beschäftigen.

Über die Beziehungen der Blutzellen zu den fixen Gewebezellen erschienen zahlreiche Arbeiten, vor allem von MAXIMOW[14], BLOOM[15], LANG[16], TIMOFEJEWSKI und BENEWOLENSKAJA[17], CAFFIER[18], LEWIS[19], KREYBERG[20], BISEGLIE[21], v. MÖL-LENDORFF[22], SEEMANN[23], TANNENBERG[24], WALLBACH[25]. Schließlich wurde eine Annäherung der zunächst heftig umstrittenen Meinungen erreicht in dem Sinne, daß einerseits der Übergang von Lymphocyten über Zellen, die von Monocyten nicht zu unterscheiden sind, in spindelförmige fixe Gewebezellen sichergestellt ist, andererseits die Umwandlung von Fibrocyten in Wanderzellen von mono-cytärem Charakter sicher ist. Die Wahrscheinlichkeit, daß eine Stammzelle für alle Blutelemente angenommen werden kann, ist größer geworden. Die Vital-färbung zeigt nicht eine Zellart, sondern einen Zellzustand an.

Über die Bildung der verschiedenen Fasern in Kulturen (MAXIMOW[26], HUZELLA[27], BLOOM[28], McKINNEY[29], LEVI[30] u. a.) ist noch keine rechte Einigung erreicht. Über die Bildung von Bilirubin aus Hämoglobin berichteten SÜMEGI und CSABA[31], über die Wirkung verschiedener chemischer und pharmakologischer Stoffe FISCHER[32], NEMETH[33], KRONTOWSKI[34], SEMURA[35], DEMUTH[36].

[1] CAFFIER: Arch. exper. Zellforsch. **10**, 267 (1931); **11**, 219 (1931).

[2] v. RIENHOFF: Bull. Hopkins Hosp. **33**, 392 (1922).

[3] NISHIBE: Arch. exper. Zellforsch. **7**, 87 (1928/29).

[4] NORDMANN: Arch. exper. Zellforsch. **9**, 52 (1930).

[5] SSIPOWSKI: Arch. exper. Zellforsch. **8**, 237 (1929).

[6] TSCHASSOWNIKOW: Arch. exper. Zellforsch. **3**, 250 (1927).

[7] POPOFF: Arch. exper. Zellforsch. **4**, 395 (1927).

[8] KAPEL: Arch. exper. Zellforsch. **4**, 143 (1927); **8**, 35 (1929).

[9] CHAMPY u. MORITA: Arch. exper. Zellforsch. **5**, 308 (1928).

[10] MOSSA: Arch. exper. Zellforsch. **7**, 413 (1928/29).

[11] LEVI: Fol. clin. Biol. **2**, 1 (1930) — Mon. Zool. ital. **40**, 302 (1929).

[12] JELISZEJEW: Arch. exper. Zellforsch. **9**, 160 (1930).

[13] STRELIN: Arch. exper. Zellforsch. **9**, 297 (1930).

[14] MAXIMOW: Proc. Soc. exper. Biol. a. Med. **24** (1927) — Arch. exper. Zellforsch. **5**, 169 (1928).

[15] BLOOM: Arch. exper. Zellforsch. **5**, 269 (1928); **11**, 145 (1931).

[16] LANG: Virchows Arch. **263** (1927).

[17] TIMOFEJEWSKY u. BENEWOLENSKAJA: Arch. exper. Zellforsch. **6**, 259 (1928); **8**, 1 (1929).

[18] CAFFIER: Arch. exper. Zellforsch. **4**, 419 (1927); **6**, 285 (1928).

[19] LEWIS: Arch. exper. Zellforsch. **6**, 250 (1928).

[20] KREYBERG: Arch. exper. Zellforsch. **8**, 365 (1929).

[21] BISEGLIE: Bull. Sci. med. **6**, 1 (1929).

[22] v. MÖLLENDORFF: Arch. exper. Zellforsch. **11**, 157 (1931).

[23] SEEMANN: Arch. exper. Zellforsch. **11**, 162 (1931).

[24] TANNENBERG: Arch. exper. Zellforsch. **11**, 165 (1931).

[25] WALLBACH: Arch. exper. Zellforsch. **10**, 383 (1931).

[26] MAXIMOW: Z. mikrosk.-anat. Forsch. **17**, 625 (1929).

[27] HUZELLA: Verh. dtsch. anat. Ges. **38**, 36 (1929) — Roux' Arch. **116**, 430 (1929).

[28] BLOOM: Arch. exper. Zellforsch. **9**, 6 (1930).

[29] McKINNEY: Arch. exper. Zellforsch. **9**, 14 (1930).

[30] LEVI: Arch. exper. Zellforsch. **11**, 178 u. 189 (1931).

[31] SÜMEGI u. CSABA: Arch. exper. Zellforsch. **11**, 339 (1931).

[32] FISCHER: Z. Krebsforsch. **26**, 250 (1928).

[33] NEMETH: Arch. exper. Zellforsch. **8**, 177 (1929).

[34] KRONTOWSKI: Arch. exper. Zellforsch. **11**, 93 (1931).

[35] SEMURA: Arch. exper. Zellforsch. **10**, 299 u. 329 (1931).

[36] DEMUTH: Verh. dtsch. path. Ges. **26**, 95 (1931).

Bei den Zellen mesenchymalen Ursprungs, die früher im Vordergrunde der Gewebezüchtungsarbeiten standen, zeigte Parker[1], daß unter den sog. „Fibroblasten" die verschiedensten Zellarten versteckt sein können, deren Ursprung sich in der Erhaltung gewisser Charaktereigenschaften noch dokumentieren kann, wenn die Zellen völlig entdifferenziert zu sein scheinen, wie z. B. differente Wachstumsgeschwindigkeit in verschiedenen Nährmedien, eine Beobachtung, die allerdings von Olivo[2] bestritten wird. Spindelzellen der Wachstumszone von Knorpel oder Knochen neigen zur Bildung von Zwischengewebe, das leicht verkalkt (Demuth[3], Doljanski[4], Fischer und Parker[5]). Ob in diesem Vorgang eine Differenzierung oder eine Degenerationserscheinung zu sehen ist, muß dahingestellt bleiben, besonders nachdem v. Möllendorff[6] gezeigt hat, daß sich ähnliche Zwischengewebebildung mit Verkalkung auch bei Bindegewebe erwachsener Tiere erzielen läßt, wenn man das Mutterstück möglichst lange unberührt, d. h. unter schlechten Lebensbedingungen läßt. Wirkliche Differenzierung zeigte dagegen Olivo[2] bei der Entwicklung von Myofibrillen aus primitiver Herzanlage und Fell[7] bei der Osteogenese aus jungem Knorpel und bei der Bildung eines ziemlich weit entwickelten Ohres aus früher Ohranlage[8]. Sie bedienten sich einer Methode, bei der es zu nicht unbeträchtlichem Wachstum kommt, während Fischer und Parker[9] die Unterdrückung des Wachstums, Zakrzewski[10] das benutzte Heparin für die Differenzierung für wesentlich halten.

Von allgemein biologischem Interesse sind die Arbeiten von Morosoff[11], der eine große Resistenz der Zellen in vitro gegen Austrocknung feststellte, und von Bucciante[12], der dasselbe für niedrige Temperaturen — bis −10° C — fand.

Mit dem Wachstum in vitro und seiner Messung, sei es als Mitosezählung, Arealmessung oder Trockengewichtsbestimmung, befassen sich Arbeiten von Buch-Andersen und Fischer[13], Olivo[2], Love[14], Kemp[15], E. Mayer[16] und R. Meier[17]. Eine ideale Wachstumsmessung gibt es noch nicht, auch der Versuch von Lipmann und Fischer[18], sich einer Stoffwechseländerung als Maß zu bedienen, kann nicht befriedigen.

Von physiologisch-chemischen Untersuchungen sind Energiestoffwechselmessungen von Erdmann und Mitarbeitern[19], Wind[20], Warburg und Kubowitz[21], R. Meier[22] und Lipmann[23] zu erwähnen. Die ersten arbeiteten mit ausgeschnittenen Kulturen und bestätigten im wesentlichen die Ergebnisse der Experimente

---

[1] Parker: Arch. exper. Zellforsch. **8**, 340 (1929).
[2] Olivo: Arch. exper. Zellforsch. **11**, 272 (1931).
[3] Demuth: Mschr. Kinderheilk. **38**, 79 (1928).
[4] Doljanski: Z. Zellforsch. **8**, 789 (1928).
[5] Fischer u. Parker: Arch. exper. Zellforsch. **8**, 297 (1929).
[6] v. Möllendorff: Z. Zellforsch. **15**, 131 (1932).
[7] Fell: Arch. exper. Zellforsch. **7**, 390 (1928/29); **11**, 245 (1931).
[8] Fell: Arch. exper. Zellforsch. **7**, 69 (1928/29).
[9] Fischer u. Parker: Arch. exper. Zellforsch. **8**, 325 (1929).
[10] Zakrzewski: Klin. Wschr. **11**, 113 (1932).
[11] Morosoff: Arch. exper. Zellforsch. **7**, 213 (1928/29); **8**, 154 (1929); **10**, 157 (1931).
[12] Bucciante: Monit. zool. ital. **40**, 313 (1929).
[13] Buch-Andersen u. Fischer: Roux' Arch. **114**, 26 (1928).
[14] Love: Arch. exper. Zellforsch. **10**, 442 (1931).
[15] Kemp: Arch. exper. Zellforsch. **11**, 242 (1931).
[16] Mayer: Arch. exper. Zellforsch. **10**, 221 (1931).
[17] Meier: Biochem. Z. **231**, 247 (1931).
[18] Lipmann u. Fischer: Biochem. Z. **244**, 187 (1932).
[19] Erdmann u. Mitarbeiter: Arch. exper. Zellforsch. **2**, 280 (1926); **3**, 395 (1927).
[20] Wind: Biochem. Z. **179**, 384 (1926).
[21] Warburg u. Kubowitz: Biochem. Z. **189**, 242 (1927).
[22] Meier: Biochem. Z. **231**, 247 (1931).
[23] Lipmann: Biochem. Z. **244**, 175 (1932).

mit Gewebeschnitten. Nur zeigt gezüchtetes Gewebe eine höhere Atmung. MEIER und LIPMANN bestimmten den Energiestoffwechsel der noch wachsenden Kulturen, DE HAAN[1] bediente sich dazu seiner Durchströmungsmethode. Nach KRONTOWSKI und Mitarbeitern[2] und FRIEDHEIM und ROUKHELMAN[3] ist der Verbrauch reduzierender Substanzen im Kulturmedium so groß, daß in 2 Tagen die Hälfte, bei bösartigen Zellen fast alles verbraucht ist. Nach DEMUTH und MEIER[4] glykolisieren alle Gewebe in vitro immer auch aerob; besonders viel Milchsäure bilden Tumorzellen, was DEMUTH[5] nicht als Zeichen eines rapiden Wachstums, sondern einer Zellschädigung deutet. Schlecht wachsende Kulturen zeigen eine erhöhte Milchsäureproduktion.

Bei Untersuchung des N-Stoffwechsels wurde kein tieferer Eiweißabbau durch Zellen in vitro gefunden. Sterbende Zellen geben kochbeständige Aktivatoren für fibrinlösende Fermente ab. Die Fibrinolyse ist keine spezifische Eigenschaft der Tumorzellen (DEMUTH und v. RIESEN[6]). Von Nierengewebe wird Harnstoff und Ammoniak gebildet (HOLMES und WATCHORN[7]). Knorpelwachstum und Verknöcherung gehen mit einer hohen Phosphataseaktivität einher (FELL und ROBISON[8]). EPHRUSSI[9] fand eine Parallelität zwischen Glutathiongehalt im Medium und Wachstumsintensität. Nach BAKER[10] ist Glutathionzusatz wachstumsfördernd.

Die Regeneration in vitro untersuchte FISCHER[11]. Kulturen, die nach FISCHER und PARKER in verzögertem Wachstum gehalten werden, ersetzen, ohne daß neue Nährmedien zugeführt werden, eine gesetzte Wunde. Durch die Verwundung sollen wachstumsfördernde Substanzen entstehen. Das Wachstum hört auf, wenn die Wachstumsgrenze der Gesamtkultur erreicht ist. In dieser wichtigen Arbeit stecken Widersprüche (s. z. B. EPHRUSSI[12]), die noch der Aufklärung bedürfen.

Eine große Reihe von Tumoren sind jetzt dauergezüchtet worden: Flexner-Jobling-Rattentumor (LASER[13]), Rattensarkome (CARREL[14], ERDMANN und PETSCHENKO[15], LEWIS[16], FELL[17], HIRSCHFELD und KLEE-RAWIDOWICZ[18] u. a.), EHRLICHsches Mäusecarcinom (FISCHER und Mitarbeiter[19]), neben dem Roussarkom ein Myxosarkom des Huhns (KIMURA[20]), Meerschweinchenhypernephrom (ROSKIN[21]), womit wir hier nur eine Auswahl der länger gezüchteten Tumoren resp. der zum erstenmal gezüchteten geben. Die Züchtung menschlicher Tumoren

---

[1] DE HAAN, KOLK u. GERRITZMA: Arch. exper. Zellforsch. 8, 452 (1929).
[2] KRONTOWSKI u. Mitarbeiter: Arch. exper. Zellforsch. 3, 32 (1927); 5, 114 (1928); 11, 93 (1931).
[3] FRIEDHEIM u. ROUKHELMAN: C. r. Soc. Biol. Paris 103, 10 u. 13 (1930).
[4] DEMUTH u. MEIER: Biochem. Z. 212, 339 (1929).
[5] DEMUTH: Arch. exper. Zellforsch. 11, 98 (1931).
[6] DEMUTH u. v. RIESEN: Biochem. Z. 203, 22 (1928).
[7] HOLMES u. WATCHORN: Biochemic. J. 21, 327 (1927).
[8] FELL u. ROBINSON: Biochemic. J. 23, 767 (1929); 23, 199 (1929).
[9] EPHRUSSI: Acad. Sci. Paris 192, 1763 (1931).
[10] BAKER: Science (N. Y.) 68, 459 (1928).
[11] FISCHER: Virchows Arch. 279, 94 (1930).
[12] EPHRUSSI: C. r. Soc. Biol. Paris 106, 274 u. 546 (1931).
[13] LASER: Z. Krebsforsch. 25, 297 (1927).
[14] CARREL u. Mitarbeiter: Arch. exper. Zellforsch. 5, 125 (1927).
[15] ERDMANN u. PETSCHENKO: Arch. exper. Zellforsch. 8, 161 (1929).
[16] LEWIS: Arch. exper. Zellforsch. 5, 143 (1928).
[17] FELL u. ANDREWS: Brit. J. exper. Path. 8, 413 (1927).
[18] HIRSCHFELD u. KLEE-RAWIDOWICZ: Z. Krebsforsch. 30, 406 (1929).
[19] FISCHER u. Mitarbeiter: Münch. med. Wschr. 1928, 651 — Z. Krebsforsch. 32 (1930) (Lit.).
[20] KIMURA: Arch. exper. Zellforsch. 7, 520 (1928/29); 10, 174 (1931).
[21] ROSKIN: Z. Krebsforsch. 35, 142 (1932).

ist noch nicht recht vorwärts gekommen (z. B. Lauche[1], aber Castrén[2]), doch hat ihre Züchtung sogar schon klinische Bedeutung gewonnen (Bailey und Cushing[3]).

Mit den Tiertumoren sind zahlreiche Experimente in vitro angestellt worden, von denen wir als wichtig folgende herausheben möchten. Es wurden niemals qualitative Unterschiede zwischen normalen und bösartigen Geweben gefunden, und manche quantitativen, die zunächst beschrieben wurden, erwiesen sich in Nachuntersuchungen als nicht oder nicht regelmäßig vorhanden. Bösartige Zellen überwuchern oft normale Zellen, aber z. B. nicht beim Menschencarcinom (Lauche[1]). Auch bei normalen Geweben lassen sich Kulturen aus einzelnen Zellen züchten (Olivo[4]). Die Möglichkeit, ohne Embryonalsaft zu leben, kann heute nicht mehr als ein Charakteristicum von Tumorzellen angesehen werden. Embryonalextrakt ist auch für sie wachstumsfördernd (Carrel, Baker und Ebeling[5]). Die wachstumssteigernde Wirkung von bösartigen Zellen auf normale ist wechselseitig und beruht auf extracellulären Stoffwechselprodukten wie auf Stoffen, die direkt von Zelle zu Zelle übertragen werden. Tumorzellen gehen direkten Kontakt mit normalen Zellen anderer Zell- und Tierart ein. Rein-kulturen bewahren ihre Malignität, die aber nur durch den Tierversuch erkannt werden kann. Der negative Impfversuch besagt dabei nichts, da er durch im Tier liegende Faktoren bedingt sein kann (Kapel[6], Erdmann[7]). Hierunter leiden letzten Endes alle Versuche über Tumorimmunität in vitro, wie sie besonders von Lumsden[8] ausgeführt worden sind. Nach Fischer wachsen Reinkulturen des Mäusecarcinoms auf Kosten zentraler Nekrosen. Er sieht die Ursache der unbegrenzten Proliferation der bösartigen Zellen gerade in ihrer kurzen Lebens-dauer und ihrer geringen Widerstandskraft. Roussarkomzellen sind weniger widerstandsfähig gegen Erhöhung des Sauerstoffpartialdruckes (Fischer und Buch-Andersen[9]) als normale Hühnerzellen, aber widerstandsfähiger gegen Er-niedrigung der Sauerstoffspannung, genügend Zucker im Medium vorausgesetzt (Wind[10]). Mäusecarcinom- und Rattensarkomzellen sind aber empfindlicher so-wohl gegen Erhöhung wie gegen Erniedrigung des Sauerstoffpartialdruckes (Demuth[11]), der sehr stark herabgesetzt werden kann (s. auch Ephrussi, Chevil-lard, Mayer und Plantefol[12]).

Zahlreiche Arbeiten[13] sind über die Einwirkung der verschiedenen Strahlen auf Zellen in vitro erschienen, besonders über Röntgen- und Radiumstrahlen, die aber voller Widersprüche sind, z. B. auch bezüglich der letalen Dosis, die jedenfalls sehr hoch liegt und für normale und bösartige Zellen gleich zu sein scheint.

---

[1] Lauche: Verh. dtsch. path. Ges. **25**, 296 (1930).

[2] Castrén: Acta path. scand. (Københ.) Suppl.-Bd. **5**, 18 (1930).

[3] Bailey u. Cushing: Die Gewebsverschiedenheit der Hirngliome und ihre Bedeutung für die Prognose. Jena: Gustav Fischer 1930.

[4] Olivo: Zitiert auf S. 383.

[5] Carrel, Baker u. Ebeling: Arch. exper. Zellforsch. **5**, 125 (1927).

[6] Kapel: Zitiert auf S. 382.   [7] Erdmann u. Petschenko: Zitiert auf S. 384.

[8] Lumsden: Amer. J. Cancer **15**, 563 (1931).

[9] Fischer u. Buch-Andersen: Z. Krebsforsch. **23**, 12 (1926).

[10] Wind: Zitiert auf S. 383.   [11] Demuth: Zitiert auf S. 384.

[12] Ephrussi, Chevillard, Mayer u. Plantefol: Ann. de Physiol. **5**, 642 (1929).

[13] Gassul: Arch. exper. Zellforsch. **6**, 323 (1928). — Biseglie u. Bucciardi: Ebenda **7**, 444 (1928). — Lacassagne u. Gricouroff: Ebenda **6**, 303 (1928). — Strangeways u. Fell: Rev. Soc. **102**, 9 (1927). — Canti u. Spear: Proc. roy. Soc. Lond. **105**, 93 (1929). — Hopwood u. Donaldson: Brit. Soc. Rad. **3**, 69 (1930). — Cox: Arch. exper. Zellforsch. **11**, 121 (1931). — Love: Ebenda **11**, 132 (1931). — Spear: Ebenda **11**, 119 (1931). — Dol-janski, Trillat, Lecomte du Nouy u. Ragosinski: C. r. Acad. Sci. Paris **2**, 2 (1931). — Fischer u. Horwitz: Strahlenther. **40**, 465 (1931).

Bei der Züchtung ultravisibler Virusarten hat man sich mehrfach der Gewebezüchtungsmethode bedient. Für Variolavaccine steht fest, daß sie nur in Gegenwart lebender Zellen in vitro unbegrenzt lebensfähig und daß sie auch vermehrungsfähig ist (HAAGEN[1], MAITLAND und LAING[2], EAGLES und McCLEAN[3], STOEL[4], LI und RIVERS[5]). Die Züchtung der Vaccine in vitro dürfte wahrscheinlich einmal praktische Bedeutung haben. RIVERS hat bereits mit Hilfe von Gewebekulturen gezüchtete Vaccine zur Impfung von Kindern benutzt. In ähnlicher Weise gelang es, Herpesvirus (ANDREWES[6]), das Virus der übertragbaren Kaninchenmyxomatose (HAAGEN[7], BENJAMIN und RIVERS[8]), das der Maul- und Klauenseuche (HECKE[9], MAITLAND und MAITLAND[10]), das der Kaninchenspeicheldrüse (ANDREWES[11]) und das Virus der Erkältung zu züchten (DOCHEZ, MILLS und KNEELAND[12]). Hieran schließen sich einige Arbeiten über die verschiedenen Rickettsien an (NIGG und LANDSTEINER[13], SATO[14], NAGAYO, MIYAGAWA, MITAMURA, TAMIYA, SATO, HAZATO und IMAMURA[15], PINKERTON und HASS[16]).

Zusammenfassende Darstellungen von Literatur und Technik finden sich in den Monographien und Büchern von ERDMANN und KLEE-RAWIDOWICZ[17], FISCHER[18], KRONTOWSKI[19], BISCEGLIE und JUHÁSZ-SCHÄFFER[20], LEVI[21], ERDMANN[22], DEMUTH[23], FISCHER und LASER[24] und CRACIUN[25].

[1] HAAGEN: Arch. exper. Zellforsch. 8, 499 (1929) — Zbl. Bakter. I Orig. 120, 304 (1931).

[2] MAITLAND u. LAING: Brit. J. exper. Path. 11, 119 (1930).

[3] EAGLES u. McCLEAN: Brit. J. exper. Path. 11, 337 (1930); 12, 97 (1931); 12, 103 (1931).

[4] STOEL: Arch. exper. Zellforsch. 10, 452 (1931).

[5] LI u. RIVERS: J. exper. Med. 52, 465 (1930). — RIVERS: Ebenda 54, 453 (1931).

[6] ANDREWES: J. of Path. 33, 301 (1930).

[7] HAAGEN: Zbl. Bakter. I Orig. 121, 1 (1931).

[8] BENJAMIN u. RIVERS: Proc. Soc. exper. Biol. a. Med. 28, 791 (1931).

[9] HECKE: Zbl. Bakter. I Orig. 116, 386 (1930) — Dtsch. tierärztl. Wschr. 1931, 257, 282.

[10] MAITLAND u. MAITLAND: J. of comp. Path. 44, 103 (1931).

[11] ANDREWES: Brit. J. exper. Path. 11, 23 (1930).

[12] DOCHEZ, MILLS u. KNEELAND: Proc. Soc. exper. Biol. a. Med. 28, 513 (1931).

[13] NIGG u. LANDSTEINER: Proc. Soc. exper. Biol. a. Med. 28, 3 (1930).

[14] SATO: Dtsch. med. Wschr. 1931, 892.

[15] NAGAYO, MIYAGAWA, MITAMURA, TAMIYA, SATO, HAZATO u. IMAMURA: Jap. J. exper. Med. 9, 87 (1931).

[16] PINKERTON u. HASS: J. of exper. Med. 54, 307 (1931).

[17] ERDMANN u. KLEE-RAWIDOWICZ: Kaltblütergewebe in der Explantation. Abderhaldens Handb. d. biol. Arbeitsmeth. 5 I, 579 (1927).

[18] FISCHER: Gewebezüchtung. München: Müller & Steinicke 1930.

[19] KRONTOWSKI: Erg. Physiol. 25, 370 (1928).

[20] BISCEGLIE u. JUHÁSZ-SCHÄFFER: Die Gewebezüchtung in vitro. Berlin: Julius Springer 1928.

[21] LEVI: In Péterfis Methodik der wissensch. Biologie. Berlin: Julius Springer 1928.

[22] ERDMANN: Praktikum der Gewebepflege oder Explantation besonders der Gewebezüchtung. Berlin 1930.

[23] DEMUTH: Praktikum der Züchtung von Warmblütergewebe in vitro. München: Müller & Steinicke 1929.

[24] FISCHER u. LASER: Weitere Fortschritte in der Züchtung von Warmblütergewebszellen in vitro. Abderhaldens Handb. d. biol. Arbeitsmeth. 5, 5 (1930).

[25] CRACIUN: La culture des tissus en biologie expérimentale. Paris: Masson & Cie. 1931.

Bd. XIV, 2.

Neubildungen am Pflanzenkörper
(S. 1195—1210).

Von

Ernst Küster – Gießen.

Von den am Pflanzenkörper auftretenden Neubildungen haben in den letzten Jahren vorzugsweise die *Gallen* viele Bearbeiter gefunden und das Objekt zu einer Reihe grundsätzlich bedeutungsvoller Studien abgegeben.

Von neuen *zusammenfassenden Darstellungen* sind zu nennen: Küster, E.: Anatomie der Gallen (Linsbauers Handb. der Pflanzenanatomie, Lief. 26. Berlin 1930). — Zweigelt, F.: Blattlausgallen. Histogenetische und biologische Studien an *Tetraneura*- und *Schizoneuragallen*. Die Blattlausgallen im Dienste prinzipieller Gallenforschung (Monographien zur angewandten Entomologie, Nr. 11. Berlin 1931). Die letztere bringt namentlich überraschende neue Beiträge zur Anatomie der Aphidengallen und den Bericht über das Verhalten von Gallenwirten, die auf dem Wege künstlicher Übertragung mit gallenerzeugenden Parasiten infiziert worden sind.

Unter sehr zahlreichen Gesichtspunkten ist immer wieder die Form von Gallen untersucht worden, die *Bacterium tumefaciens* auf Pelargonien, auf Tomaten, an Holzpflanzen der verschiedensten Art usw. erzeugt. Das große Interesse, daß diesem Gallenerzeuger und seinen Produkten zugewandt worden ist, hat ihnen die irrtümliche Auffassung derer eingetragen, welche die Bakteriengallen der genannten Wirte und vieler anderer mit dem Carcinom des Tier- und Menschenkörpers nicht nur äußerlich vergleichen zu dürfen glaubten, sondern sogar aus dem Studium jener Pflanzengallen Nutzen für die Erkenntnis der tierischen Krebswucherungen ziehen zu können hofften. In den letzten Jahren haben sich zwar die Stimmen gemehrt, welche sich gegen die Vergleichbarkeit dieser und jener Neubildungen erheben; andererseits sehen nach wie vor viele Autoren zwischen beiden Erscheinungsgruppen wesentliche Übereinstimmungen.

Führt man Proben eines virulenten Stammes von *Bacterium tumefaciens* in geeignete Wirtspflanzenarten ein, so entsteht unter günstigen Umständen binnen weniger Tage eine Galle, die zu erstaunlichen Massen heranwachsen kann. Wie alle Bakteriengallen und überhaupt die weitaus meisten Phytocecidien ist auch die des *Bacterium tumefaciens* „kataplasmatisch" geformt und gebaut, d. h. ihre Form- und Größenverhältnisse wechseln innerhalb weiter Grenzen, und ihre anatomische Struktur zeigt geringe Gewebedifferenzierung, so daß die Gallen äußerlich und innerlich den Callusgeweben ähnlich werden; man kann kurzerhand die des *Bacterium tumefaciens* kennzeichnen, wenn man sie als eine ungewöhnlich stattlich gewordene Calluswucherung bezeichnet. Ähnliche Gallen wie an der Impfstelle selbst können auch in größerem oder kleinerem Abstande von dieser entstehen („sekundäre Gallen").

Man hat auf die äußere Form der Gallen des *Bacterium tumefaciens* hingewiesen, auf die starke Hyperplasie der Zellen, der sie ihre Entstehung verdanken, auf die unvollkommene Entwicklung ihrer leitenden Gewebe, ihre Zusammensetzung aus kleinen embryonalen Zellen, auf das Auftreten polyploider Kerne, auf Gewebeverlagerungen, die bei der Entwicklung der Gallen eintreten können, auf die Schwierigkeit, die der Nachweis der Parasiten in ihnen macht, auf ihre Neigung zu Nekrose und Zerfall, auf ihr Verhalten bei strahlentherapeutischer Behandlung — und hat in diesen und anderen Merkmalen Übereinstimmungen der Bakteriengallen mit dem Carcinom des Tierkörpers zu sehen geglaubt. Alle jene Eigentümlichkeiten haben aber die Gallen des *Bacterium tumefaciens* mit den Wundgeweben und vielen anderen kataplasmatischen Bildungen gemeinsam in noch viel höherem Maße als mit den Carcinomen des Tierkörpers, und es liegt kein Anlaß vor, gerade den Gallen des *Bacterium tumefaciens* eine Sonderstellung einzuräumen und ihren Vergleich mit den Carcinomen für fruchtbarer zu erachten als eine Parallele der letzteren mit den kataplasmatischen Gallen und den pflanzlichen Wundgeweben überhaupt.

Andererseits haben die an Carcinomen ermittelten Tatsachen dazu geführt, an pflanzlichen Organen mit denselben Mitteln zu arbeiten, welche auf den Tierkörper tumorenbildend wirken, oder nach Stoffwechselvorgängen, die vom tierischen Carcinom her bekannt sind, auch in den an Pflanzen gebildeten Wucherungen zu suchen. Man hat durch Behandlung mit Kohlenteer an Wurzeln Gewebsneubildungen zu erzielen sich bemüht, und hat abnorme Dissimilationsvorgänge (Gärung) der Pflanzenorgane für die an ihnen auftretenden Gewebeanomalien verantwortlich machen wollen. Sichere Ermittelungen und zuverlässige Deutung liegen für beide Fragen noch nicht vor.

Vor allem führte der Vergleich mit den Carcinomen dazu, auch den pflanzlichen Gebilden gegenüber von *Metastasen* zu sprechen. Daß in der Umgebung der Impfstellen „sekundäre" Gallen entstehen können, hörten wir bereits; wenn diese mit den Metastasen des Tierkrebses als vergleichbar sich hätten erweisen lassen, hätte die Lehre von der Analogie der beiden Neubildungsformen ein wichtiges Argument gewonnen. Davon kann nun freilich keine Rede sein: wenn in der Nachbarschaft der Impfstelle sich sog. sekundäre Gallen bilden, so liegt der Grund darin, daß sich die gallenerregenden Mikroben in dem Wirte verbreiten, in Leitungsbahnen und in Intercellularräumen ansehnlich weit wandern und durch Längenwachstum der mit den fremden Keimen erfüllten Gewebe beträchtlich weit transloziert werden und an ihrem neuen Aufenthaltsort die Zellen wiederum zur Wucherung anregen können; niemals aber handelt es sich bei der Entstehung sekundärer Gallen um die Verbreitung kranker Zellen, wie sie bei der Ausbreitung des Carcinoms erfolgt, oder um infiltrierendes Wachstum. Die Angabe, daß auf Blättern Tumoren mit achsenartiger Struktur deswegen entstünden, weil infiziertes krankes Achsengewebe in die Blätter hineingewachsen und in ihnen zu einer sekundären Galle geworden wäre, die durch ihren histologischen Achsencharakter noch die Herkunft des kranken Gewebes verrate, beruht auf einer Verkennung wichtiger Ergebnisse der pathologischen Pflanzenanatomie, nach welchen auch unzweifelhaftes Blattgewebe unter bestimmten Bedingungen Strukturen annehmen kann, die normalerweise nur in den Achsen zu finden sind.

Die Angaben, nach welchen auch die von pathogenen Bakterien gelieferten Stoffwechselprodukte Gewebewucherungen an Pflanzen anregen und selbst dann noch proliferierendes Wundgewebe zu gesteigertem Wachstum bringen können, wenn man die bakterienhaltige Impfschicht entfernt hat, bedürfen noch der Prüfung.

Die von pathogenen Bakterien hervorgerufenen Tumoren haben zumeist die Gestalt von rundlichen Höckern, perlen- oder kugelähnlichen Wucherungen, wie aus der wiederholt hervorgehobenen Ähnlichkeit mit Wundgeweben schon hervorgeht. Auch die sog. Kröpfe der Zuckerrübe (s. oben S. 1209) sind wahrscheinlich das Produkt des *Bacterium tumefaciens*. Neben diesen Gallen, die wir nach der obengegebenen Terminologie (s. oben S. 1196) als histioide bezeichnen müssen, spielen auch organoide eine große Rolle: Tumoren, aus welchen sich einzelne oder zahlreiche dichtgedrängte Adventivsprosse entwickeln oder solche, deren Oberfläche sich mit zahlreichen Wurzeln bedeckt. Man hat Gallen dieser Art als Embryomata bezeichnet, ein Terminus, der leicht irreführen kann und nicht der Tatsache genügend Rechnung trägt, daß dieselben Erscheinungen der Organbildung zu den wichtigsten Kennzeichen der üblichen Wundgewebe der Pflanzen gehören (s. oben S. 1199 und Abb. 444).

Von Malignität zu sprechen ist gegenüber pflanzlichen Tumoren aus den vorhin erörterten histologischen und entwicklungsgeschichtlichen Gründen nicht statthaft; will man aber den Begriff ökologisch definieren und mit ihm die Vorstellung einer das Leben des infizierten Organs oder Organismus ernsthaft bedrohenden Bösartigkeit verbinden, so mag es gerechtfertigt erscheinen, auch in der Pflanzenpathologie von Malignität zu sprechen, wenn man die Mißverständnisse nicht scheuen will, die nach der Übertragung des Terminus aus der Tierpathologie in den Bereich der Pflanzenpathologie und Gallenkunde zu entstehen drohen. Als besonders bösartig dürfen wir ohne weiteres die Gallen der *Plasmodiophora brassicae* auf den Wurzeln von *Brassica* oder die der *Chrysophlyctis endobiotica* auf den Kartoffelknollen bezeichnen; ihnen müssen wir als „benigne" diejenigen gegenüberstellen, die nicht nur nicht bösartig, sondern für die Wirtspflanze in hohem Maße förderlich sind (Eucecidien). Beispiele liefern vor allem die Gallen des *Rhizobium radicicola* auf den Wurzeln der Leguminosen: die Erzeuger und Insassen der Galle sichern durch ihre Befähigung zur Assimilation des Stickstoffs ihrer Wirtspflanze Entwicklung und Gedeihen.

Bd. XV, 1.

Körpergewicht, Gleichgewicht und Bewegung bei Säugern

(S. 29—87).

Von

R. Magnus † und **A. de Kleyn** – Utrecht.

Nachtrag siehe unter Bd. XI (S. 300).

Bd. XV, 1.

Körperstellung und Körperhaltung bei Fischen, Amphibien, Reptilien und Vögeln

(S. 97—159)[1].

Von

M. H. Fischer – Berlin-Buch.

Über die vorzüglichen Teiloperationen am Taubenlabyrinth von Benjamins und Huizinga[2] wurde Grundsätzliches bereits berichtet[3]. Die scharfe Trennung der Pars superior (Utriculus und Bogengangsapparat) und der Pars inferior (Sacculus, Cochlea und Lagena) im Labyrinth ermöglichte genannten Autoren gesonderte Exstirpationen dieser Teile auszuführen. Nachträgliche histologische Untersuchungen verbürgten das einwandfreie Gelingen der Eingriffe.

Es stellte sich heraus, daß die *Pars inferior* bei der Taube *keinen Einfluß auf die Körperhaltung* hat. Wenn gelegentlich doch Gleichgewichtsstörungen vorhanden waren, so dürfte allem Anschein nach eine, trotz aller Vorsicht nicht immer unvermeidliche, leichte Schädigung der Pars superior schuld gewesen sein. Die *Exstirpation der Pars superior kommt* dagegen (mit Ausnahme der Gegenrollung der Augen) einer *völligen Labyrinthexstirpation gleich*. Es werden also alle Stellreflexe und Beschleunigungsreflexe, welche für die Körperhaltung und Körperstellung von Bedeutung sind, von der Pars superior des Labyrinthes ausgelöst.

---

[1] Siehe auch diesen Band S. 300 Nachtrag de Kleyn zu **11** u. **15** ds. Handb.

[2] Benjamins, C. E., u. E. Huizinga: I. Congr. internat. d'oto-rhinolaryngol. Copenhagen **1928**, 558. — Benjamins, C. E.: Proc. VII. intern. ornithol. Congr. Amsterdam **1930**, 136.

[3] Vgl. auch M. H. Fischer: Ds. Handb. ds. Bd. S. 296 (1932).

Beachtung verdienen einige interessante Feststellungen von Schmaltz[1] über den *Einfluß der Stellung von Hals und Kopf zum Stamme auf die Gleichgewichtshaltung und Fortbewegung der Tauben.* Wenn man bei diesen Tieren die Muskulatur des Hinterkopfes mit der Halsmuskulatur vernäht, so daß der Schnabel vertikal nach oben und leicht nach hinten geneigt steht, dann tendieren die Tauben nach hinten umzufallen. Sie stützen sich, nach hinten geneigt, auf Fuß und Laufknochen wie auf die Schwanzspitze. Wird der Kopf bei der Operation von der Lotrechten leicht nach vorn gerichtet, dann beginnen die Tiere etwa vom 3. Tage an mit großer Regelmäßigkeit und über weite Strecken nach hinten zu laufen. Das Sehen ist darauf einflußlos. Steht der Kopf nicht genau in der Symmetrieebene, so zeigen sich Manegebewegungen. Erst nach ungefähr 14 Tagen beginnen die Tauben (ähnlich Hennen) wieder nach vorn zu laufen, können dann, in die Luft geworfen, auch wieder fliegen. Auch bei Katzen bewirkt die anormale Kopfstellung Rückwärtslaufen. Schmaltz vermutet, daß die beschriebenen Erscheinungen durch Halsreflexe bedingt sind; man wird sich mit Rücksicht auf verwandte Beobachtungen von Koppányi und Kleitman dieser Anschauung anschließen dürfen.

Über weitere neuere Erkenntnisse, welche speziell die Funktion des Labyrinthes betreffen, vergleiche man den Ergänzungsartikel zu „Die Funktion des Vestibularapparates" usw.[2].

Ergänzung zu Bd. XV, 1 und 2.

<h2 style="text-align:center">Abschnitt: Physiologie der körperlichen Arbeit.</h2>

<h1 style="text-align:center">Morphologische und chemische Veränderungen des Blutes bei körperlicher Arbeit[3]</h1>

Von

Emanuel Hansen – Kopenhagen.

Eine Darstellung der *Dauer*wirkungen der körperlichen Arbeit auf die Zusammensetzung des Blutes ist im Beitrag von Herxheimer (Bd. XV/1, 699) gegeben. Die *während* und *unmittelbar nach* der Muskelleistung eintretenden Veränderungen sind zwar zum Teil im Abschnitt über das Blut (Bd. VI/1 u. 2) und in den Beiträgen von Simonson und dem Verfasser über den Stoffwechsel (Bd. XV/1, 738) bzw. die Atmung und den Kreislauf bei körperlicher Arbeit (Bd. XV/2, 835) zu finden; eine Gesamtübersicht dieser an die körperliche Arbeit direkt geknüpften Veränderungen scheint jedoch wünschenswert. Im folgenden soll deshalb eine kurze Übersicht dieser Erscheinungen mit Hinweisen auf die betreffenden Abschnitte und zugleich eine Erörterung der neuesten Ergebnisse dieses Gebietes gegeben werden.

Beim Bewerten der Ergebnisse der Untersuchungen über die Veränderungen des morphologischen und chemischen Blutbildes muß man stets darauf achten,

---

[1] Schmaltz, G.: Acta oto-laryng. (Stockh.) 15, 547 (1931).

[2] Vgl. auch M. H. Fischer: Ds. Handb. ds. Bd. S. 296 (1932).

[3] Wir wurden darauf aufmerksam gemacht, daß in dem Abschnitt „Physiologie der körperlichen Arbeit" über die Veränderungen des Blutes nur wenig zu finden sei. Wir danken Herrn Dr. Hansen, daß er diese Lücke ausgefüllt hat. Die Herausgeber.

daß einigermaßen anstrengende Leistungen meistens von einer *Eindickung* des Blutes begleitet sind[1]; die Ergebnisse sind allerdings nicht eindeutig, weil der Wasseraustausch zwischen Blut und Gewebe wie auch der Wasserhaushalt des ganzen Organismus von verschiedenen Faktoren (Arbeitsumgebung, Schwitzen, Blutdruck) beeinflußt sein kann[2].

Morphologische Veränderungen.

Der alte Befund von ZUNTZ und SCHUMBURG[3], wonach die Zahl der *roten Blutkörperchen* bei Arbeit vermehrt wird, ist später in zahlreichen Arbeiten bestätigt worden[4], wenn auch nicht alle Untersucher auf eine mögliche Eindickung des Blutes Rücksicht genommen haben. Die Bedeutung der Wasserverschiebung geht besonders von den Untersuchungen von COHNHEIM, KREGLINGER und KREGLINGER; GROSS und KESTNER; COHN[5] hervor. Diese Verfasser fanden nämlich bei stärkerer Muskelarbeit, die mit Schweißausbruch verknüpft war, ein Absinken des Hämoglobingehaltes, das durch ein überkompensierendes Nachströmen von Flüssigkeit aus den Muskeln ins Blut erklärt wird. Außerdem spielt natürlich für die aktuelle Menge der Blutkörperchen das Verhältnis zwischen Zufuhr und Zerfall eine nicht belanglose Rolle. Nach G. O. BROUN[6] soll nach langdauernder Muskeltätigkeit der Zerfall so stark vermehrt sein, daß es zu einer beträchtlichen Abnahme des Körpervolumens kommt. ISAACS und GORDON[7] finden nach Marathonlauf keine Veränderung der Erythrocytenzahl, während LOEWY, EYSERN und OPRISESCU[8] nur nach langdauernder, erschöpfender Arbeit eine Veränderung, und zwar eine Zunahme, feststellen konnten. ARNOLD und KRZYWANEK[9] machen darauf aufmerksam, daß die Blutkörperchenzahl im Capillarblut (aus dem Ohrläppchen oder den Fingerbeeren gewonnen) viel größere Schwankungen als die des Venenblutes ausweisen, und sie empfehlen deshalb bei diesen und ähnlichen Untersuchungen die Blutproben den größeren Venen zu entnehmen. Was die Größe der roten Blutkörperchen anlangt, hat PRICE-JONES[10] gefunden, daß schwere Muskelarbeit eine Vergrößerung des Diameters bewirkt; DRYERRE, MILLER und PONDER wie auch PONDER und SASLOW[11] haben jedoch dieses Ergebnis nicht bestätigen können und glauben, daß die Resultate von PRICE-JONES auf einer nicht einwandfreien Methodik und unzulänglichem Material beruhen.

Während RAUTMANN und WADI[12] als wesentliche Ursache der Vermehrung der Erythrocytenzahl die erhöhte Konzentration des Blutes ansehen, weisen

---

[1] ALDER: Ds. Handb. **6 I**, 536, 553. — HANSEN: Ebenda **15 II**, 836. — DILL, EDWARDS u. TALBOTT: J. of Physiol. **69**, 267 (1930).

[2] DOBRIN, KUDRJAWZEW, LESSEN, SIROTA u. TUTKIEVITSCH: Arb.physiol. **4**, 35 (1931). — COHN: Z. Biol. **70**, 366 (1920). — THOMPSON, THOMPSON u. DAILEY: J. clin. Invest. **5**, 573 (1928). — WATERFIELD: J. of Physiol. **72**, 110, 121 (1931). — ADOLPH u. LEPORE: Amer. J. Physiol. **97**, 501 (1931).

[3] ZUNTZ u. SCHUMBURG: Physiologie des Marsches. Berlin 1901.

[4] Vgl. BÜRKER: Ds. Handb. **6 I**, 23. — HARTMANN u. JOKL: Arb.physiol. **2**, 452 (1930) (Literatur). — PŁOŃSKIER: Przegl. Sportowo Lekarski (poln.) **3**, 181 (1931).

[5] COHNHEIM, KREGLINGER u. KREGLINGER: Hoppe-Seylers Z. **63**, 413 (1909). — GROSS u. KESTNER: Z. Biol. **70**, 187 (1919). — COHN: Ebenda **70**, 366 (1919).

[6] BROUN, G. O.: J. of exper. Med. **36**, 481 (1922); **37**, 113 (1923).

[7] ISAACS u. GORDON: Amer. J. Physiol. **71**, 106 (1924).

[8] LOEWY, EYSERN u. OPRISESCU: Arb.physiol. **4**, 298 (1931).

[9] ARNOLD u. KRZYWANEK: Pflügers Arch. **220**, 361 (1928).

[10] PRICE-JONES: J. of Path. **23**, 371 (1920).

[11] DRYERRE, MILLER u. PONDER: Quart. J. exper. Physiol. **16**, 69 (1926). — PONDER u. SASLOW: Ebenda **20**, 41 (1930).

[12] RAUTMANN: Z. klin. Med. **98**, 58 (1924). — WADI: Ebenda **105**, 756 (1927).

Abderhalden und Roske, Krasnowo und Schochor sowie Lampert[1] besonders auf die Funktion der Milz als Blutkörperchendepot hin, weil eine starke Adrenalinsekretion, wie sie bei Muskeltätigkeit vorkommt, eine Konzentration der Milz bewirkt, wodurch die deponierten Blutkörperchen in den Kreislauf hinausgeführt werden. Neben dieser mechanischen Ursache muß man aber auch mit einer beförderten Erythropoese rechnen, indem es bei starker Muskelarbeit zu einer deutlichen Ausschwemmung von großen Jugendformen kommen kann (Lampert[1], Egoroff, Tschirkin und Kaufmann, Rosenblum und Mendjuk[2]). Als stimulierenden Reiz auf die Erythropoese sieht Jokl[3] besonders den Sauerstoffmangel an, und im Zusammenhang hiermit haben Detra und Zárday[4] gezeigt, daß die Erythrocytose ausbleibt, wenn durch Zufuhr einer gewissen Menge $NaHCO_3$-Lösung vor der Arbeit die Acidose vermieden wird.

Über *Resistenzänderungen der roten Blutkörperchen* berichten Liebermann und Acél[5], die bei ermüdeten Kaninchen und Meerschweinchen nach einer kurzen vorübergehenden Verminderung der Resistenz eine beträchtliche Erhöhung finden. Die Verminderung wird durch den vermehrten Kohlensäure- und Milchsäuregehalt des Blutes, die Erhöhung durch Zugrundegehen minder resistenter Erythrocyten erklärt. Rosenblum[6] hat nach langdauernder Arbeit eine Erhöhung der osmotischen Resistenz festgestellt. Diese Beobachtungen stützen die Annahme, daß die sog. Marschhämoglobinurie nicht in erster Reihe die Folge einer Hämoglobinämie sei (vgl. Beitrag von E. Meyer[7]). Beim Vergleich des Verhaltens der osmotischen Resistenz an 24 Sportsleuten vor und nach einem Handballwettspiel hat Jokl[8] keine Schwankungen feststellen können und schließt daraus, daß die Depoterythrocyten hinsichtlich ihres Alters sich von den übrigen roten Blutkörperchen nicht unterscheiden.

Eine Verringerung der *Blutkörperchensenkungsgeschwindigkeit* nach Muskelarbeit wurde von Cassinis[9] beobachtet, während in den Versuchen von Hartmann und Jokl[10] Verlangsamungen, Beschleunigungen und Gleichbleiben der Senkungszeiten ohne Beziehung zur Art und Größe der Leistung vorkommen.

Über die Veränderungen *des weißen Blutbildes* liegt schon eine sehr umfangreiche Literatur vor[11]. Es ist hier wegen des beschränkten Platzes unmöglich, auf jede einzelne Arbeit einzugehen; als Totalbild ergibt sich aber, daß als Folge von Muskeltätigkeit eine Vermehrung der Gesamtzahl der Leukocyten eintritt. Die Leukocytose kann sehr leicht 100% und in einzelnen Fällen sogar 300—400% betragen. In bezug auf die Veränderungen des qualitativen Blutbildes stimmen die Ergebnisse miteinander nicht überein. Dies hängt wahrscheinlich damit zusammen, daß einmal die Veränderungen von der Dauer und Größe der Lei-

---

[1] Abderhalden u. Roske: Pflügers Arch. **216**, 308 (1927). — Krasnowo u. Schochor: Ebenda **222**, 445 (1929). — Lampert: Z. physik. u. diät. Ther. **39**, 238; **40**, 39 (1930).
[2] Egoroff, Tschirkin u. Kaufmann: Z. klin. Med. **106**, 159 (1927). — Rosenblum u. Mendjuk: Arb.physiol. **2**, 395 (1930).
[3] Jokl: Arb.physiol. **4**, 371 (1931).
[4] Detra u. Zárday: Z. klin. Med. **114**, 379 (1930).
[5] Liebermann u. Acél: Z. Hyg. **99**, 67 (1923).
[6] Rosenblum: Ž. eksper. Biol. i Med. (russ.) **4**, 777 (1927).
[7] Meyer, E.: Ds. Handb. **6 I**, 596.   [8] Jokl: Arb.physiol. **4**, 379 (1931).
[9] Cassinis: Arch. di Fisiol. **26**, 355 (1928).   [10] Hartmann u. Jokl: Zitiert auf S. 392.
[11] Über die Literatur bis 1929 ist auf die Arbeit von Hartmann u. Jokl (zitiert auf S. 392) zu verweisen. Aus den letzten Jahren: Garrey u. Butler: Amer. J. Physiol. **90**, 355 (1929). — Weindrach: Fol. haemat. (Lpz.) **38**, 276 (1929). — Efimoff u. a.: Arb.physiol. **3**, 207 (1930). — Lampert: Ž. physik. u. diät. Ther. **39**, 238; **40**, 39 (1930). — Volžiuskij u. Krestovnikov: Russk. fiziol. Z. **13**, 352 (1930). — Loewy, Eysern u. Oprisescú: Arb.physiol. **4**, 298 (1931). — Plonskier: Zitiert auf S. 392. — Jokl: Arb.physiol. **4**, 379 (1931).

stung abhängig sind, und daß außerdem das Differentialbild beim Übergang von Arbeit zur Ruhe sehr labil ist und deshalb vom Zeitpunkt der Probeentnahme stark beeinflußt sein wird. Es scheint jedoch als ob die Lymphocytenzahl bei kurzdauernder Arbeit zunähme, während sie bei längerdauernder Arbeit abnimmt, obwohl JOKL auch nach Marathonlauf meistens eine geringe Zunahme beobachtet hat. In den meisten Fällen wird ferner von einer Vermehrung der Zahl der Neutrophilen und von einer deutlichen Linksverschiebung derselben berichtet. Als Ursache der Leukocytose sind nach GARREY und BUTLER durchweg Kreislaufveränderungen mit Ausschwemmung von Leukocyten aus vorher abgeschalteten Capillargebieten anzusehen. ERNST und HERXHEIMER[1] weisen außerdem auf die Einwirkung der Säurebildung durch die Muskelarbeit hin, und nach GAISBÖCK[2] wird die Leukocytose durch Zufuhr von $NaHCO_3$ 10 Minuten vor dem Beginn der Arbeit verzögert. Diesbezüglich glauben jedoch VIALE und DI LEO LIRA[3] feststellen zu können, daß Milchsäure ohne Einfluß auf die Leukocytose sei, und daß diese vielmehr durch eine Vermehrung des Kaliums im strömenden Blut hervorgerufen sein sollte. Von JOKL ist besonders der Einfluß einer sympathico-adrenalen Aktion hervorgehoben worden, die teils eine Kontraktion der Milz, teils eine Knochenmarksreizung bedingt.

Aus den allerdings nur wenigen vorliegenden Untersuchungen über die *Thrombocytenzahl* nach körperlicher Arbeit stellt sich übereinstimmend heraus, daß die Zahl der Blutplättchen als Folge der Arbeit zunimmt; nach HARTMANN und JOKL sind Steigerungen bis zu 100% durchaus nicht selten[4].

Chemische Veränderungen.

Die die Muskelarbeit begleitenden chemischen Veränderungen des Blutes sind natürlich vor allem durch den gesteigerten Stoffwechsel der Muskeln bedingt, weil einmal für eine erhöhte Zufuhr von Nährstoffen (darunter auch Sauerstoff) gesorgt werden muß, und weil es ferner auch zu einer stärkeren Ausschwemmung von Abbauprodukten aus den Muskeln ins Blut kommt. Das Verhalten der *Blutgase* ist in den Beiträgen von LILJESTRAND (Bd. VI/1) und von HANSEN (Bd. XV/2) behandelt worden. In letzterem Beitrag wie auch in dem von SIMONSON (Bd. XV/1) ist der Milchsäuregehalt des Blutes bei Muskeltätigkeit erörtert worden; in bezug auf dieses Problem werden wir uns deshalb im folgenden auf kurze Hinweise auf die neuesten Untersuchungen beschränken.

EGGLETON und EVANS[5] haben an Hunden und Katzen den Ausgleich zwischen *Milchsäurekonzentration* des Blutes und der Gewebe untersucht. Es ergab sich, daß die ganze Restitutionsperiode hindurch der Milchsäuregehalt des aus den gereizten Muskeln strömenden venösen Blutes größer ist als der des arteriellen Blutes, während das Blut von den nicht gereizten Muskeln weniger Milchsäure als das arterielle Blut enthält. Auch in der Leber wird während der Erholung Milchsäure zurückgehalten. MARSCHAK[6] hat sofort nach statischer Arbeit eine Erhöhung des Milchsäurespiegels festgestellt; in den folgenden Minuten stieg aber der Gehalt noch an und erreichte nach etwa 5 Minuten ein Maximum. RIABUSCHINSKY[7] fand nach statischer Arbeit nur eine geringe Erhöhung der Milchsäure im Venenblut; durch Hinzufügen von dynamischen Bewegungen

[1] ERNST u. HERXHEIMER: Z. exper. Med. **42**, 107 (1924).
[2] GAISBÖCK: Wien. klin. Wschr. **1929**, 1309.
[3] VIALE u. DI LEO LIRA: C. r. Soc. Biol. Paris **96**, 228 (1927).
[4] BEHRENS, H.-U.: Fol. haemat. (Lpz.) **39**, 1 (1929). — LAMPERT: Z. physik. u. diät. Ther. **39**, 238 (1930). — HARTMANN u. JOKL: Zitiert auf S. 392.
[5] EGGLETON u. EVANS: J. of Physiol. **70**, 269 (1930).
[6] MARSCHAK: Arb.physiol. **4**, 1 (1931).
[7] RIABUSCHINSKY: Pflügers Arch. **226**, 79 (1930).

wurde die Erhöhung aber beträchtlich, und der Verfasser schließt hieraus, daß die schnell eintretende Ermüdung bei statischer Kontraktion jedenfalls nicht einer Anhäufung von Milchsäure in den Muskeln zuzuschreiben ist. Auch Jervell[1] konnte keinen Zusammenhang zwischen Milchsäurebildung und Ermüdung bei statischer Arbeit feststellen. Als „X-Säuren" bezeichnet Ørskov die neben der Milchsäure im Blut vorkommenden ätherlöslichen Säuren und findet[2], daß auch sie als Folge der Muskelarbeit wie auch übrigens bei verminderter Sauerstoffzufuhr in gesteigerter Menge auftreten.

Das Verhalten des *Phosphors* im Blut bei körperlicher Arbeit ist, besonders seitdem die Bedeutung der Phosphorsäure für den Kohlehydratstoffwechsel des Muskels festgestellt worden ist, Gegenstand energischer Forschung gewesen. Die meisten Untersuchungen beziehen sich aber auf die Verhältnisse nach dem Aufhören der Arbeit, und meines Wissens hat nur Kastler[3] Phosphorbestimmungen *während* der Arbeit ausgeführt. Dieser Verfasser fand bei Hunden, deren Kohlehydratreserven durch Hungern herabgesetzt worden war, daß der Gehalt sowohl an anorganischem wie auch an gesamtem säurelöslichem Phosphor im Blut nach 90 Minuten Arbeit abgenommen hatte, um danach bei unveränderter Arbeit wieder bis zur Norm anzusteigen. Nach Schluß der Arbeit stieg die Phosphorkonzentration noch weiter an. Bei Tieren, die nicht gehungert hatten, waren die Veränderungen viel weniger ausgesprochen. Die Steigerung des Phosphorgehaltes nach dem Aufhören der Arbeit ist auch von Heinelt und von Efimoff und Samitschkina sowie von Dill, Talbott und Edwards[4] beobachtet worden. Nach Havard und Rey und nach Riabuschinsky[5] wird dieser erste Anstieg von einer Senkung abgelöst, und es kann mehrere Stunden dauern, bis der Normalwert wieder erreicht wird. Versuche von Schenck und Craemer[6] zeigen, daß der *Gesamt*phosphorgehalt des Blutes trotz der Zunahme der anorganischen Phosphorsäure etwas abnehmen kann. Diese Abnahme ist durch einen häufig beobachteten vermehrten Übertritt von Phosphorsäure in den Harn zu erklären.

Mit der Säuerung des Blutes tritt eine Senkung *der Alkalireserve* ein (vgl. ds. Handb. Bd. XV/2, 839). Die mehrfach festgestellte Abhängigkeit der CO_2-Kapazität von der Milchsäurekonzentration im Blut ist in einer großen Reihe von Untersuchungen von Dill, Talbott und Edwards[7] bestätigt worden. Der größte Abfall in der Alkalireserve wird gewöhnlich nach kurzen anstrengenden Leistungen festgestellt[8]; bei gewissen Berufsarbeiten hat aber Krawtschinsky[9] auch nach 7 Stunden Arbeit eine mit der Ansammlung von Milchsäure im Blute gleichlaufende Senkung der Alkalireserve beobachtet. In Übereinstimmung mit den beschränkten Kreislaufbedingungen und der daraus folgenden geringen Milchsäureschwemmung während statischer Arbeit fand Marschak[10], daß die Alkalireserve sofort nach der statischen Arbeit in den meisten Fällen unverändert war, während später eine bedeutende Herabsetzung auftrat. Da die Atmung bei arbeitenden Hunden nicht nur von den Stoffwechselvorgängen, sondern vielmehr vom Wärmehaushalt reguliert wird, findet man, wie

---

[1] Jervell: Arb.physiol. **5**, 150 (1932).   [2] Ørskov: Biochem. Z. **245**, 239 (1932).
[3] Kastler: Proc. Soc. exper. Biol. a. Med. **24**, 875 (1927).
[4] Heinelt: Verh. dtsch. Ges. inn. Med. **1925**, 396. — Efimoff u. Samitschkina: Arb.physiol. **2**, 341 (1929). — Dill, Talbott u. Edwards: J. of Physiol. **69**, 267 (1930).
[5] Havard u. Rey: J. of Physiol. **61**, 35 (1926). — Riabuschinsky: Biochem. Z. **193**, 161 (1928).
[6] Schenck u. Craemer: Arb.physiol. **2**, 163 (1929).
[7] Dill, Talbott u. Edwards: J. of Physiol. **69**, 267 (1930).
[8] Vgl. Rehberg u. Wissemann: Z. exper. Med. **55**, 641 (1927).
[9] Krawtschinsky: Arb.physiol. **4**, 259 (1931).   [10] Marschak: Zitiert auf S. 394.

von RICE und STEINHAUS[1] festgestellt wurde, daß eine Arbeit mit Überhitzung (Laufen) zu einer Alkalose führt, während eine Arbeit ohne Überhitzung (Schwimmen) eine Steigerung der [H˙], wie man sie gewöhnlich beim Menschen findet, verursacht. Die Bedeutung einer experimentellen Acidose bzw. einer Alkalose für die körperliche Leistungsfähigkeit ist von DENNIG, TALBOTT, EDWARDS und DILL[2] untersucht worden mit dem Ergebnis, daß die Ausdauer beim Laufen durch Alkalose befördert wird, durch Acidose dagegen herabgesetzt wird. Aus den Untersuchungen von HEFTER und JUDELOWITSCH und von EFIMOFF und Mitarbeiter[3] geht hervor, daß eine schwerere Arbeit bisweilen eine wesentlich geringere Abnahme der Alkalireserve ergeben kann als eine leichtere, die eine gespannte Aufmerksamkeit der Versuchsperson erfordert.

Über die Regulierung der *Wasserstoffionenkonzentration* bei Muskeltätigkeit wird auf den Beitrag von GOLLWITZER-MEIER (Bd. XVI/1, 1071) verwiesen[4].

Die Schwankungen des *Blutzuckers* im Anschluß an körperliche Arbeit sind von vielen Forschern untersucht worden. Über die sehr umfangreiche Literatur müssen wir auf die Übersicht und Kritik von HOHWÜ CHRISTENSEN[5] verweisen. Die meisten Untersuchungen zeigen nach langdauernden, erschöpfenden Leistungen (z. B. Marathonlauf) eine deutliche Senkung des Blutzuckerspiegels. Diese Senkung scheint auf einer Entleerung der Kohlehydratdepots zu beruhen. Nach GORDON und Mitarbeiter[6] werden nämlich Marathonläufer, die am Tage vor dem Lauf eine an Kohlehydraten reiche Kost erhalten oder unterwegs Zuckertabletten einnehmen, die Hypoglykämie vermeiden können, wie auch die Laufzeit in diesem Fall im allgemeinen verbessert ist. Dagegen scheint eine alimentäre Hyperglykämie ohne Einfluß auf die Leistungsfähigkeit bei kurzdauernder Arbeit zu sein[7]. Die Ergebnisse über den Zuckerspiegel nach kurzdauernden Leistungen stimmen nicht überein. Es wird sowohl eine Erhöhung wie auch eine Verminderung und ein Gleichbleiben gefunden. Dies kann nicht wundernehmen, weil, wie HOHWÜ CHRISTENSEN gezeigt hat, die Schwankungen des Blutzuckergehaltes beim Übergang von Arbeit zur Ruhe sehr groß sein können. Das Resultat wird deshalb ganz vom Zeitpunkt der Blutentnahme abhängen, und es zeigt sich hier, wie übrigens auch bei Untersuchungen von vielen anderen Funktionen, daß Ergebnisse, die nach dem Aufhören der Arbeit gewonnen sind, im besten Fall zu unvollständigen und sehr häufig zu irreführenden Schlüssen über die Verhältnisse *während* der Arbeit führen können. Deshalb können Bestimmungen, die dadurch gewonnen sind, daß die Arbeit auf Grund der Blutentnahme für kurze Zeit unterbrochen worden ist, auch nicht als Arbeitswerte angesehen werden[8]. Die einzigen vorliegenden Untersuchungen, die systematisch die Schwankungen des Blutzuckerspiegels *während* und nach der Arbeit verfolgen,

---

[1] RICE u. STEINHAUS: Amer. J. Physiol. **96**, 529 (1931).

[2] DENNIG, TALBOTT, EDWARDS u. DILL: J. clin. Invest. **9**, 601 (1931).

[3] HEFTER u. JUDELOWITSCH: Biochem. Z. **193**, 62 (1928). — EFIMOFF u. Mitarbeiter: Arb.physiol. **3**, 372 (1930).

[4] Vgl. auch BAINBRIDGE: The Physiology of muscular exercise. 3. Edition by BOCK and DILL. S. 41. London 1931. Die Verschiebung im Gehalt des Blutes an den verschiedenen An- und Kationen sind außerdem von folgenden Verfassern untersucht worden: EWIG u. WIENER: Z. exper. Med. **61**, 562 (1928). — SCHENCK u. CRAEMER: Zitiert auf S. 395. — KORIAKANA, KOSSOWSKAJA u. KRESTOWNJKOFF: Arb.physiol. **2**, 461 (1930). — PRIKLADOWIZKY u. APOLLONOW: Ebenda **3**, 315 (1930). — DOBRIN, KUDRJAWZEW, LESSEN, SIROTA u. TUTKIEVITSCH: Ebenda **4**, 35 (1931).

[5] CHRISTENSEN, HOHWÜ: Arb.physiol. **4**, 128 (1931).

[6] GORDON u. Mitarbeiter: J. amer. med. Assoc. **85**, 508 (1925).

[7] PAMPE: Arb.physiol. **5**, 342 (1932).

[8] CAMPOS, CANNON, LUNDIN u. WALKER: Amer. J. Physiol. **87**, 680 (1929). — NOLTE: Z. exper. Med. **66**, 566 (1929).

rühren von Hohwü Christensen her. Durch diese Versuche stellt es sich heraus, daß der Zuckerprozent nach Anfang der Arbeit in der Regel abnimmt. Bei Arbeiten, die nur etwa 30 Minuten dauerten, stiegen dann die Werte in den letzten Minuten der Arbeitsperiode wieder an, um nach dem Aufhören der Arbeit noch weiter anzusteigen. Diese Zunahme unmittelbar vor Schluß der Arbeit wird von Hohwü Christensen als eine psychisch bedingte Erscheinung betrachtet, weil die Versuchspersonen immer genau wußten, wie lange sie noch zu arbeiten hatten, und weil bei langdauernden Versuchen zu demselben Zeitpunkt nach Beginn der Arbeit ein ähnliches Ansteigen nicht zum Vorschein kam. Bei diesen letzten Versuchen, die mit einer Gesamtarbeit von 130000 mkg etwa 90 Minuten dauerten, liegen die Blutzuckerwerte in der ganzen Arbeitsperiode unter dem Ruhewert, und es wird hier eine auch in der Restitutionsperiode anhaltende Senkung beobachtet. Hier ist wahrscheinlich Verarmung der Glykogendepots eingetreten, die ein allfälliger nervöser Reiz nicht aufzuwiegen vermag. Neulich hat Matthies[1] gefunden, daß die Senkung des Blutzuckerspiegels nach erschöpfender Muskelarbeit bei Untrainierten viel stärker ist (bis auf 0,040%) als bei Trainierten. Cassinis und Bracaloni[2] haben den *Alkoholgehalt* des Blutes bei Muskelarbeit untersucht, um festzustellen, ob Äthylalkohol als intermediärer Stoff bei dem Kohlehydratstoffwechsel auftritt. Die Ergebnisse waren aber nicht eindeutig und die Schwankungen der Ruhewerte waren so groß, daß die Verfasser nicht mit Sicherheit eine Alkoholbildung bei der Muskelarbeit feststellen konnten.

Dem Verhalten des *Blutfettes* bei körperlicher Arbeit ist bisher nur geringe Aufmerksamkeit gewidmet worden, obwohl ja eine wesentliche Beteiligung der Fette am Arbeitsumsatz angenommen werden muß. In den wenigen vorliegenden Versuchen sind leider die Blutproben wie in bezug auf den Blutzucker erst nach Aufhören der Arbeit oder in kurzen eingeschalteten Ruhepausen entnommen. Patterson[3] fand nach schwererer Arbeit eine Steigerung des Blutfettes, die aber bei Eingaben von Glykose ausblieb. Schenck und Craemer[4] haben auch eine Steigerung nach langdauernder Arbeit festgestellt; nach kurzdauernden Leistungen sank aber der Fettgehalt des Blutes, und die Verfasser nehmen an, daß die Leber und vielleicht auch die Muskeln in diesem Fall dem Blute das zur Neubildung von Zucker benötigte Fett entnehmen. Nach Dauerleistungen sollte in stärkerem Maße Depotfett in Anspruch genommen werden. Stewart, Gaddie und Dunlop[5] haben gleichzeitige Blutfett- und Stoffwechselbestimmungen vorgenommen, ohne eine Beziehung zwischen Verwendung des Fettes und seiner Konzentration im Blut feststellen zu können. Himwich und Fulton[6] haben bei Katzen nach der Arbeit eine beträchtliche Vermehrung des Blutfettes beobachtet, und von mehreren Verfassern[7] ist eine Zunahme der *Phosphatide* und des *Cholesterins* festgestellt worden.

Auf Grund der Eindickung des Blutes findet man meistens als Folge der Muskelleistung einen Anstieg des prozentischen Wertes der *Gesamtproteine*, dagegen scheint der Eiweißquotient (Verhältnis von Globulin:Albumin) unverändert zu bleiben[8], und dasselbe gilt für den *Reststickstoff*[9]. Das Verhalten des

---

[1] Matthies: Pflügers Arch. **227**, 475 (1931).

[2] Cassinis u. Pracaloni: Atti Accad. naz. Lincei **9**, 806 (1929).

[3] Patterson: Biochemic. J. **21**, 958 (1927).   [4] Schenck u. Craemer: Zitiert auf S. 395.

[5] Stewart, Gaddie u. Dunlop: Biochemic. J. **25**, 733 (1931).

[6] Himwich u. Fulton: Amer. J. Physiol. **97**, 533 (1931).

[7] Schenck u. Craemer: Zitiert auf S. 395. — Caccuri: Fol. med. (Napoli) **15**, 1071 (1929). — Sanchirico: Ebenda **15**, 1699 (1929).

[8] Vgl. ds. Handb. **6 I**, 259.

[9] Rakestraw: J. of biol. Chem. **47**, 565 (1931). — Cäsar u. Schaal: Z. klin. Med. **98**, 96 (1924).

Kreatin- und *Kreatiningehaltes* des Blutes ist besonders von KÁCL untersucht worden; dieser Verfasser[1] findet nach körperlicher Leistung eine Zunahme des Gesamtkreatinins um 0,47 mg% und eine des Kreatins um 0,48 mg%; bei Sportsleuten jedoch nur etwa die Hälfte. Nach RAKESTRAW steigt der *Harnsäure*gehalt des Blutes sowohl nach kurz- wie nach langdauernder Arbeit an; der Gehalt an *Harnstoff* wurde dagegen nur nach Dauerleistungen erhöht gefunden. Eine Steigerung des *Ammoniak*gehaltes ist nur in dem aus den arbeitenden Muskeln direkt entströmenden Venenblut festgestellt worden[2]; sowohl im Blut einer nichttätigen Extremität wie auch im Gesamtblut nach kurzem Schnellauf ist der Ammoniakgehalt gegenüber dem Ruhewert unverändert befunden worden. Nach BLISS[3] soll das Ammoniak bei der Neutralisation der in den arbeitenden Muskeln gebildeten Säuren beteiligt sein und als Amide der Blutproteine ins Venenblut übertreten.

Die *Gerinnungszeit* des Blutes ist von HARTMAN[4] an Katzen, die in der Tretmühle arbeiteten, untersucht worden. Der Verfasser fand in den meisten Fällen als Folge der Arbeit eine Verkürzung der Gerinnungszeit, während KAULBERSZ[5] bei Menschen nach dem Skilauf über 18 km bei 7 Teilnehmern immer eine, wenn auch nur geringe Verlängerung beobachtet hat.

Bei den Olympiadeteilnehmern in Amsterdam 1928 hat HUNTEMÜLLER[6] eine Verminderung der normalen *Abwehrkräfte* des Körpers (Alexine) festgestellt, die dieser Verfasser auf ein Übertraining zurückführt. Nach den Wettkämpfen war die Verminderung noch deutlicher. In Ergänzung dieser Untersuchungen hat DOBROWOLNY[7] bei Kaninchen gefunden, daß bei untrainierten Tieren eine selbst völlig erschöpfende Muskelleistung zu keiner Herabsetzung des Alexintiters führt, während dies bei trainierten Tieren der Fall ist. Auch GOLDNER, HERXHEIMER und KOST[8] haben nach maximalen Anstrengungen (1000-m-Mallauf) eine Verminderung des Komplementes beobachtet; die Verfasser glauben aber nicht, daß die Komplementabnahme irgendeinen Schluß auf den Trainingszustand der Sportsleute zuläßt, sondern daß sie vielmehr ein Ausdruck einer längerdauernden Nachwirkung harter Anstrengung ist. Im Gegensatz hierzu hat JOKL[9] bei Vergleichsuntersuchungen vor und nach verschiedenen Sportleistungen meistens eine Steigerung des Komplementgehaltes gefunden und hebt in Übereinstimmung mit den letztgenannten Verfassern hervor, daß es auf Grund von Komplementuntersuchungen unmöglich ist, Rückschlüsse auf die sportliche Form und den Gesundheitszustand des Individuums zu ziehen. Dieser Verfasser hat übrigens die hier erwähnten Fragen sehr eingehend diskutiert; wir müssen uns aber darauf beschränken, auf die zitierten Arbeiten zu verweisen.

[1] KÁCL: Biochem. Z. **245**, 452 (1932). — Vgl. auch RAKESTRAW: Zitiert auf S. 397. — FEIGL: Biochem. Z. **84**, 344 (1917). — SCHEUNERT-BARTSCH: Ebenda **139**, 34 (1923).

[2] PARNAS, MOZOLOWSKI u. LEWINSKI: Biochem. Z. **188**, 15 (1927).

[3] BLISS: J. of biol. Chem. **81**, 137 (1929).

[4] HARTMAN, F. A.: Amer. J. Physiol. **80**, 716 (1927).

[5] KAULBERSZ: Przegl. Sportowo Lekarski **2**, 166 (1930).

[6] HUNTEMÜLLER: Arb.physiol. **1**, 606 (1929).

[7] DOBROWOLNY: Arb.physiol. **3**, 230 (1930).

[8] GOLDNER, HERXHEIMER u. KOST: Z. klin. Med. **113**, 553 (1930).

[9] JOKL: Z. Neur. **129**, 460 (1930) — Z. exper. Med. **77**, 769 (1931) — Klin. Wschr. **1932 I**, 417.

Ergänzung zu Bd. XV, 2.

Abschnitt: Physiologie der körperlichen Arbeit.

Siehe Hansen: Morphologische und chemische Veränderungen des Blutes bei körperlicher Arbeit unter Bd. XV, 1 (S. 391).

Bd. XV, 2.

1. Anpassungsfähigkeit (Plastizität) des Nervensystems
(S. 1045—1130).

Von

A. Bethe und **E. Fischer** – Frankfurt a. M.

2. Plastizität und Zentrenlehre
(S. 1175—1220)[1].

Von

A. Bethe – Frankfurt a. M.

Seit dem Erscheinen dieser beiden Handbuchbeiträge ist nur eine kurze Zeit verflossen. Trotzdem erweist sich ein Nachtrag als zweckmäßig. Bei der außerordentlichen Fülle von Tatsachen, welche mit den von uns als Plastizität bezeichneten Erscheinungen in Zusammenhang gebracht werden können, war es nur möglich, Beispiele zu geben, aber nicht alles aufzuführen, was an Material vorliegt. Andererseits waren Gedankengänge, die den unsrigen und den von Goldstein in seinem Beitrag[2] geäußerten ähnlich sind, auch schon von anderen vorgebracht worden, ohne daß sie alle von uns genügend gewürdigt wurden. Schließlich sind uns auch einige Irrtümer in der Berichterstattung über Arbeiten anderer untergelaufen, auf die uns die betreffenden Autoren liebenswürdigerweise — wenigstens zum Teil — aufmerksam gemacht haben.

Soweit das auf dem sehr beschränkten Raum möglich ist, soll auf den folgenden Seiten, wenigstens in einigen Punkten, Abhilfe geschaffen werden.

Zur Reflexlehre.

Die klassische Lehre, daß sich alle Leistungen des Nervensystems aus einer mosaikartigen Zusammensetzung einzelner anatomisch festgelegter Reflexe verstehen ließen („Reflextheorie"), hat schon seit mehreren Jahren einen heftigen Gegner in Buytendijk gefunden. Besonders prägnant hat er seine Ansichten

---

[1] Auf den ersten Beitrag ist im folgenden mit B. u. F., auf den zweiten mit B. hingewiesen.

[2] Goldstein, K.: Ds. Handb. **15 II**, 1131—1174 (1931).

in einem Referat auf dem vorjährigen Kongreß für innere Medizin zum Ausdruck gebracht[1]. BUYTENDIJK lehnt die Konstanz von Reflexen und damit eigentlich den Begriff des Reflexes ganz allgemein ab. Selbst die primitivsten Reflexe, wie z. B. die Sehnenreflexe, seien Leistungen, die nur unter bestimmten Bedingungen eintreten. Bei jedem Geschehen im Nervensystem sei immer das ganze Zentralorgan beteiligt. Jedenfalls seien die Reflexe keine Bausteine. — Diese Ansichten decken sich weitgehend mit den von uns vertretenen (B. u. F.: S. 1052—1055 und B.: S. 1192—1197). Allerdings glauben wir, daß BUYTENDIJK in der Kritik der Reflexlehre doch etwas zu radikal vorgeht. Den Begriff des Reflexes wird man nach unserer Ansicht doch bestehen lassen müssen und dies nicht nur aus didaktischen Gründen (B.: S. 1190). Ähnlich wie BUYTENDIJK, wenn auch weniger radikal, spricht sich auch der Chicagoer Neurologe RANSON[2] aus.

Für die Tatsache, daß sich die Reaktion auf einen am gleichen Ort angesetzten Reiz unter anscheinend unveränderten äußeren Bedingungen ändern und geradezu in das Gegenteil umschlagen kann, hatten wir bereits verschiedene mehr oder weniger bekannte Beispiele angeführt. Eine gute Illustration hierzu geben auch Versuche, welche VERZÁR an Fröschen[3] und an decerebrierten Katzen[4] durchgeführt hat: Oftmalige Wiederholung des Reizes in derselben „reflexogenen Zone" kann den Beugereflex in den Streckreflex überführen. Die gleiche Reflexumkehr konnte VERZÁR aber auch auf andere Weise, z. B. durch plötzliche Verstärkung des Reizes, herbeiführen (schwacher und starker Reflex v. UEXKÜLLS; B.: S. 1205). Wenn VERZÁR diesen veränderten Reizerfolg damals noch in Anlehnung an die alte Zentrenvorstellung und an Ausführungen VERWORNS durch Ermüdungserscheinungen erklärte, so können wir ihm allerdings hierin nicht folgen, wohl aber in dem Schluß, daß die Erregung im Zentralnervensystem vom selben peripheren Ort aus verschiedene Wege einschlagen und daß es zu einem Hin- und Herströmen der Erregung kommen kann (B.: S. 1204). — Ein schönes, neues Beispiel dafür, daß der Erfolg einer Reizung nicht allein von den anatomischen Verbindungen im Zentralnervensystem abhängt, sondern sehr oft durch die Gesamtsituation des Organismus beeinflußt wird, hat vor kurzem SCHOEN[5] in seinen Untersuchungen über die Zungen- und Kieferreflexe der decerebrierten Katze gegeben: Reizung des harten Gaumens bewirkt z. B. bei offenem Munde eine Schließbewegung der Kiefer, während sich diese bei geschlossenem Munde weiter voneinander entfernen.

Die Abhängigkeit des Nervensystems von der Gesamtsituation kommt auch schon bei Chronaxiebestimmungen zum Vorschein. So fand JOHANNES[6], daß sich die Chronaxie der Skeletmuskulatur mit der Nahrungsaufnahme und verschiedenen anderen vegetativen Prozessen ändert (über Chronaxieänderungen im Gebiet der Sensibilität s. weiter unten). — Eine interessante Rückwirkung „vegetativer" Vorgänge auf Reflexe der Skeletmuskulatur konnte KOCH[7] aufweisen: Durch einen chemischen Reiz hervorgerufene periodische Kontraktionen in der Beinmuskulatur wurden während der Zeit, in welcher infolge einer Drucksteigerung im Carotissinus der Blutdruck sank, gehemmt.

---

[1] BUYTENDIJK, F. S. S.: Kritik d. Reflextheorie usw. Verh. dtsch. Ges. inn. Med. Wiesbaden **43**, 24—33 (1931).

[2] RANSON, S. W.: Nervenarzt **4**, 193 (1931).

[3] VERZÁR, F.: Reflexumkehr durch Ermüdung und Shock. Pflügers Arch. **183**, 210 (1920).

[4] VERZÁR, F.: Pflügers Arch. **199**, 109 (1923).

[5] SCHOEN, R.: Wechselnde Reflexschaltungen an Zunge und Kiefer. Verh. dtsch. Ges. inn. Med. Wiesbaden **43**, 65 (1931).

[6] JOHANNES, TH.: Vegetatives Geschehen als Neuroregulator. Verh. dtsch. Ges. inn. Med. Wiesbaden **43**, 43 (1931).

[7] KOCH, EB.: Klin. Wschr. **1932**, 225.

Zur *Theorie des starken und schwachen Reflexes* sei auf eine Arbeit von Luntz über positiven und negativen Phototropismus hingewiesen. Wir hatten (B.: S. 1205) auf die Ähnlichkeit der Reflexumkehr mit dem Umschlag positiver Tropismen in die negative Form hingedeutet und zum Vergleich ähnliche schroffe Umschläge bei gewissen physikalisch-chemischen und chemischen Prozessen herangezogen. Luntz weist nun auf die Möglichkeit hin, daß im Falle des Phototropismus durch das Licht zwei in ihrer Wirkung entgegengesetzte photochemische Prozesse hervorgerufen würden, von denen der eine einen höheren Bildungskoeffizienten hat als der andere. Dort, wo beide Kurven sich schneiden, muß dann der Umschlag erfolgen. Diese Idee erscheint von allgemeiner biologischer Bedeutung und bildet eine Parallele zu Vorstellungen, wie sie A. Fick für die Entwicklung der nach ihm benannten Lücke und L. Jost zur Erklärung des Umschlages steigender chemischer Umsetzungen in sinkende unter dem Einfluß zunehmender Temperatur gegeben haben.

Zur Zentrenhypothese.

In der Zentrenlehre spielt eine wichtige, wenn auch nicht ausschlaggebende Rolle die Frage, ob es voneinander getrennte „Neurone" gibt oder ob die histologischen Nervenelemente ineinander übergehen, ob also die Kontiguitätslehre oder die Kontinuitätslehre zutreffend ist (B. u. F.: S. 1049). Einen wichtigen Beitrag zu dieser Frage hat vor kurzem K. Bauer[1] geliefert. Bauer machte Explantate von verschiedenen Teilen des Zentralnervensystems von Hühnerembryonen. Zwischen den Ausläufern der auswachsenden Neuroblasten bildeten sich echte Anastomosen, so daß ein „Neurencytium" im Sinne Helds zustande kam. Isolierte, voneinander getrennte Gebilde, wie sie nach der Neuronenlehre zu erwarten wären, fehlten.

Zu der Frage, ob die Annahme fest lokalisierter Koordinationszentren begründet ist, sind einige neuere Arbeiten anzuführen (B.: S. 1175ff., besonders S. 1181):

Kriszat[2] untersuchte die Bedingungen der Autotomie[3] bei Regenwürmern und Slotopolsky[4] an Eidechsen. Bei beiden Tierarten findet die Autotomie stets oralwärts von der Reizstelle (Festhalten oder anderer stärkerer lokaler Reiz) statt. Bei Eidechsen ist die Autotomie auf den Schwanz beschränkt, bei Regenwürmern kann sie an jeder Stelle des Körpers *außer* im Bereich der vordersten Segmente zustande kommen. In dem autotomiefähigen Bereich kann sie bei beiden Tieren an beliebiger Stelle und mehrmals hintereinander oralwärts fortschreitend hervorgerufen werden. Es ist aber unmöglich, eine bestimmte Stelle des Zentralnervensystems als Autotomiezentrum anzuschuldigen. Bei Eidechsen nämlich konnte Autotomie des jeweiligen Hinterendes (und zwar immer in ökonomischer Weise, d. h. so, daß so wenig wie möglich vom Schwanz geopfert wurde) auch am dekapitierten Tier und am Lendenmarkstier, ja selbst am isolierten Schwanz bewirkt werden. — An Regenwürmern konnte der Versuch infolge des größeren autotomiefähigen Bereichs noch weitergeführt werden: Am halbierten Tier kann Autotomie sowohl im Vordertier wie im Hintertier hervorgerufen werden. Jedes Halbtier wirft die jeweils caudal von der Reizstelle gelegenen Segmente ab. Am Hintertier verhält sich jetzt aber das neue Vorderende wie ein Kopfende, d. h. im Bereich der vordersten Segmente ist hier wie dort Autotomie unmöglich, also an Stellen, die autotomiefähig wären, wenn weiter oral gelegene Segmente noch vorhanden wären. Das von vorn oder hinten her verkürzte Tier verhält sich also in bezug auf die Autotomie wie ein neues Ganzes!

Dieses Bestreben, sich nach Verkürzung des ganzen Körpers oder nur des Zentralnervensystems wieder wie ein ganzes Tier zu benehmen, tritt sehr deutlich

---

[1] Bauer, K.: Z. anat. Forsch. **28**, 47 (1932).
[2] Kriszat, G.: Z. vergl. Physiol. **16**, 185 (1932).
[3] Siehe ds. Handb. Beitrag Goetsch **13**, 264 (1929).
[4] Slotopolsky, B.: Z. vergl. Physiol. **9**, 82 (1929).

in den Versuchen THORNERS[1] an Schlangen zutage, welche sich durch die Uniformität ihres Körperbaues und durch ihren Segmentreichtum am besten von allen Wirbeltieren für derartige Untersuchungen eignen. Sowohl die am Hintertier wie die am Vorder- und Mitteltier auftretenden Reizreaktionen und Lokomotionsbewegungen ähneln denen des ganzen Tieres, indem sich das jeweilige Vorder- und Hinterende ungefähr so verhält wie ein Kopf resp. Schwanzende. Zieht man die Zahl und Größe der auftretenden Windungen in Betracht, so kann man mit gewissen Einschränkungen sagen, daß eine vorn oder hinten oder vorn und hinten verkürzte Schlange sich benimmt wie ein ganzes, aber um gleich viel kürzeres Tier. THORNER nennt dieses Bestreben des Tierrestes, sich wie ein Ganzes zu verhalten, recht treffend eine *holoplastische Reaktion*.

Es ist ohne weiteres ersichtlich, daß auch in diesen Fällen die von vielen Autoren supponierten Koordinationszentren nach dem Willen des Experimentators bald in vordere, bald in hintere, bald in mittlere Teile des Zentralnervensystems wandern müßten, wenn sie vorhanden wären.

Die Frage, ob die „Foci" der Großhirnrinde wirkliche Zentren im Sinne der Zentrenlehre oder nur Prädilektionsstellen (infolge innigerer anatomischer Beziehungen zu anderen Teilen des Zentralnervensystems) sind, wurde schon früher kurz berührt (B. u. F.: S. 1047, B.: S. 1183). Es sei hier noch auf die nur erst kurz veröffentlichten Untersuchungen von BUYTENDIJK[2] an Ratten hingewiesen. B. fand ähnlich wie LASHLEY, daß die Größe der „Intelligenzstörung" im wesentlichen von der Ausdehnung des Großhirndefekts abhängig ist, während der Ort der Rindenläsion sich von untergeordneter Bedeutung erweist.

Bemerkenswert erscheinen auch die Schlüsse, zu denen BÖRNSTEIN[3] durch seine Untersuchungen über das „Hörzentrum" kommt, in welchen er (im Gegensatz zu PFEIFFER[4]) die Annahme corticaler Teilzentren ablehnt[5].

Für eine strengere *Lokalisation in der Großhirnrinde* wird man wahrscheinlich von seiten der Anhänger der alten Lehre Untersuchungen in Anspruch nehmen, welche A. KORNMÜLLER[6] kurz mitgeteilt hat, und andere, welche in nächster Zeit von M. H. FISCHER[7] ausführlich veröffentlicht werden. FISCHER fand nämlich bei der Erforschung der Aktionsströme des Großhirns, daß neben den schon bekannten spontanen Potentialschwankungen[8] auf optische (so auch KORNMÜLLER) und akustische Reize hin *charakteristische* Aktionsstromserien abgeleitet werden können, aber nur dann, wenn die differente Elektrode an ganz bestimmten Stellen gelegen ist. Die Wichtigkeit dieser Befunde ist nicht zu bestreiten. Es geht aus ihnen aber nicht hervor, daß in gewissen Arealen der Rinde *isoliert* und unersetzbar bestimmte Funktionen untergebracht sind, sondern nur, daß einzelne Teile der Großhirnoberfläche mit manchen nervösen Geschehnissen mehr, mit anderen weniger eng verknüpft sind. Das ist aber schon auf Grund der engeren anatomischen Verbindungen zu den verschiedenen subcorticalen Kernen wahrscheinlich (B.: S. 1191).

Im Zusammenhang mit den Ersatzerscheinungen, welche beim Menschen nach Verlust des Tätigkeitsarms eintreten, waren wir (B. u. F.: S. 1064) kurz auf die „Händigkeit" des Menschen eingegangen. Inzwischen hat W. LUDWIG ein Buch über das Rechts-Links-Problem[9] erscheinen lassen, in welchem auch die Händigkeit des Menschen ausführlich behandelt ist. Hier findet sich auch eine reichhaltige Zusammenstellung der Literatur. Wenn wir auch in manchen Punkten der Bevorzugung einer Körperseite beim Menschen mit dem Verfasser nicht einer Meinung sind, so möchten wir doch auf seine interessanten Ausführungen hinweisen.

---

[1] THORNER: Pflügers Arch. **230**, 1 (1932).

[2] BUYTENDIJK: Intelligenzprüfungen an hirnoperierten Ratten. Ber. Physiol. **61**, 345 (1931). — Einen gegenteiligen Standpunkt vertritt J. P. PAWLOW: Psychologic. Rev. **39**, 91 (1932).

[3] BÖRNSTEIN, W.: Der Aufbau der Funktionen in der Hörsphäre. Berlin: Karger 1930.

[4] PFEIFFER, R. A.: Mschr. Psychiatr. **81**, 327 (1932). .

[5] Siehe auch Mschr. Psychiatr. **81**, 353 (1932).

[6] KORNMÜLLER, A.: Psychiatr.-neur. Wschr. **34**, Nr 3 u. 10 (1932).

[7] Die Veröffentlichung in Pflügers Arch. wird voraussichtlich in Band **230** erfolgen. Wir danken Herrn Prof. M. H. FISCHER für die Erlaubnis, schon jetzt seine wichtigen Ergebnisse erwähnen zu dürfen.

[8] Siehe z. B. H. BERGER: Arch. f. Psychiatr. **87**, 527 (1929). — DIETSCH, G.: Pflügers Arch. **228**, 644 (1931).

[9] LUDWIG, W.: Das Rechts-Links-Problem, S. 274 u. f. Berlin 1932.

Umstellung der Koordination nach verändernden Eingriffen im Körperbestand
(B. u. F.: S. 1063—1082).

Den früher genannten Beispielen fügen wir noch einige weitere besonders prägnante hinzu:

Als man die ersten Kehlkopfexstirpationen am Menschen machte, war als selbstverständlich angenommen worden, daß die so Operierten zeitlebens unfähig sein würden, zu sprechen, da sie 1. infolge der durch eine Trachealkanüle erfolgenden Lungenventilation nicht imstande sein könnten, den Mundraum anzublasen, und da ihnen 2. der veränderliche Engpaß der Stimmritze fehlte. Erstaunlicherweise bildete sich aber von selbst eine neue Sprechmöglichkeit aus, indem der Luftkessel der Lunge ersetzt wurde durch Aufnahme von Luft in den Magen (oder den erweiterten Oesophagus) und der zur Stimmbildung notwendige Engpaß durch einen neugebildeten im Pharynx. *Hier wird also eine Leistung des Organismus auf vollkommen anderem Wege ermöglicht* als unter normalen Verhältnissen (Genaueres im Beitrag von Sokolowsky in Bd. XV/2 ds. Handb. S. 1377ff.). Diese Ersatzerscheinung ist ein Analogon zum Ersatz der Schwimmblase bei Fischen (B. u. F.: S. 1082).

Das Bedürfnis, den Körper in eine bestimmte Lage zur Horizontalebene zu bringen, ist bei den meisten Tieren so groß, daß es selbst dann noch befriedigt wird, wenn die normalen Mittel, den „Lagereflex" auszuüben, fehlen. Interessante Versuche nach dieser Richtung hat Kühl[1] an Hummern und Flußkrebsen angestellt, welche *alle* Gangbeine verloren hatten. Sogar Lokomotion ist bei solchen Tieren unter Zuhilfenahme von Mundteilen noch möglich. Auch noch bei Tieren mit sehr primitivem Nervensystem (Medusen) wurden unter abnormen Bedingungen Koordinationsänderungen zur Wiedergewinnung der Körpergleichgewichtslage beobachtet[2].

Zu unsern Ausführungen über das Atemzentrum (B.: S. 1183) weisen wir auf eine neu erschienene Arbeit von G. Fraenkel[3] hin, in welcher gezeigt wird, daß das „Atemzentrum" bei Heuschrecken auf mehrere Ganglien verteilt ist. Trennung der dazwischenliegenden Commissuren führt zu selbstständiger, allorhythmischer Tätigkeit. Bei erhaltenen Verbindungen ist dasjenige Ganglion führend, welches den schnellsten Eigenrhythmus besitzt. Ferner sei an eine ältere Arbeit von R. Nicolaides[4] über die Atmungssteuerung von Säugetieren erinnert, nach welcher der Synchronismus der rechten und linken Seite auf sehr verschiedenen nervösen Wegen, die für einander eintreten können, zustande kommt.

Der Funktionswandel im receptorischen Gebiet.

Seit einer Reihe von Jahren haben sich v. Weizsäcker und seine Mitarbeiter mit den allgemeinen Grundlagen der menschlichen Sinnesphysiologie beschäftigt und sind dabei zu Vorstellungen gelangt, welche sich mit den von uns (vornehmlich aus Versuchen über die Motorik) gewonnenen Schlüssen eng berühren. Auch sie kommen zu dem Ergebnis, daß die noch jetzt herrschenden Vorstellungen über die Funktionen des Komplexes: Receptoren-Zentralnervensystem-Effektoren einer gründlichen Revision bedürfen, daß sie viel zu sehr an unsere anatomischen Kenntnisse angelehnt sind und in weit höherem Maße als bisher funktionell aufgebaut werden müssen. Nicht ein starres Prinzip beherrscht die nervösen Geschehnisse, sondern ein biegsames und anpassungsfähiges. Die hierdurch ermöglichten Änderungen des Geschehens nennen sie *Funktionswandel,* womit etwas sehr Ähnliches gemeint ist wie das, was wir Plastizität nennen.

Es ist unmöglich, im Rahmen dieses kurzen Nachtrags auch nur die wesentlichsten Einzelbefunde zu schildern, auf welche sich diese Autoren stützen, und noch weniger, mit wenigen Worten die interessanten Gedankengänge der Heidel-

---

[1] Kühl, H.: Pflügers Arch. **229**, 636 (1932).
[2] Bethe, A.: Festschr. zum 60. Geburtstag R. Hertwigs **3**, 87 (1910).
[3] Fraenkel, G.: Z. vergl. Physiol. **16**, 444 (1932).
[4] Nicolaides, R.: Arch. f. Physiol. **1907**, 68.

berger Schule klar wiederzugeben. Uns als Physiologen liegen auch diese Dinge, die uns im *Endergebnis* sehr viel angehen, doch nicht nahe genug, um sie ganz durchschauen zu können. Wir geben daher hier aus einer Korrespondenz mit Herrn Prof. v. Weizsäcker und mit seiner gütigen Erlaubnis einige Stellen wieder, welche das Wesentliche seines und seiner Mitarbeiter Standpunkts kennzeichnen.

„Während die erste Gruppe[1] von Untersuchungen zeigte, daß eine elementare und geometrische Betrachtung nervöser Sinnesfunktionen nicht durchführbar ist, wird in der zweiten Gruppe erwiesen, daß das, was man Elementarfunktion genannt hatte, nämlich die zwischen einem ‚einfachen‘ Hautreiz und einer ‚einfachen‘ Empfindung oder ‚einfachen Reflex‘ liegende Erregungswelle höchst wandelbar ist. Diese Theorie löst also erstens die Vorstellung einer Zusammensetzbarkeit von Leistungen aus Elementen auf, indem diese ‚Elemente‘ variable Funktionen werden; sie erklärt zweitens eine Anzahl von deformierten Leistungen und Leistungsaufhebungen *ohne* Zuhilfenahme *besonderer* höherer Ganzheits-, Gestalt- oder Hintergrundsfunktionen oder die Einführung psychologischer Einwirkungen bzw. Begriffe in der Theorie; und auch sie liefert drittens neues Material für die Annahme, daß die zentralen Substanzen als in irgendeinem Sinne hochveränderlich, ‚plastisch‘ und nicht an starre Leitungswege und feste Erregungsabläufe gebunden betrachtet werden dürfen.“

„Auch sie (v. Weizsäcker und Stein) kommen aber für die Struktur und ihre Eigenschaften zu Resultaten, welche denen der genannten Forscher (Goldstein und Bethe) nahestehen. Denn wie mehrfach hervorgehoben wurde, erweisen auch sie die *Unzulänglichkeiten der älteren Elementlehre, die Umformung der Funktion im verstümmelten Organ, die Undurchführbarkeit einer geometrischen Darstellungsweise, die relative Unspezifität der Funktionen* bestimmter Gebilde (wie sie P. Weiss später besonders betont hat), indem ihre Theorie die Variabilität der an einer lokalen Struktur ablaufenden Vorgänge erhöhte, kann sie die Spezifität verschieden lokalisierter Strukturen einschränken.“

Eine Zusammenfassung seiner Vorstellungen über die nervösen Funktionen hat v. Weizsäcker in seinem Vortrag über „Neuroregulation“[2] auf verbreiterter Basis gegeben.

Für das, was die „Plastizität“ physiologisch eigentlich ist, ziehen von Weizsäcker und Stein vorzugsweise ein ganz bestimmtes, zuerst von Stein[3] am Drucksinn beschriebenes Verhalten bei Kranken heran: Die Verlangsamung des Erregungsablaufes und dadurch die Erhöhung der Schwellen („Labilität“) sowie die Deformierung aller Leistungen. In diesem *zeitlichen* Moment liegt nach ihrer Meinung der Schlüssel zum Verständnis zahlreicher Abbauerscheinungen. Sie haben seine Bedeutung auf zahlreichen Gebieten messend erwiesen und sich daher auch vielfach der Chronaxiemetrie Lapicques bedient, mit dessen Anschauungen und Befunden sie sich oftmals berühren.

Ein wichtiger Befund, der von v. Weizsäcker, Stein und anderen Mitarbeitern auf vielfache Weise herausgearbeitet wurde, besteht in dem hier interessierenden Zusammenhang in folgendem: Bei keiner zentralen Erkrankung kommt es zu isolierten Ausfällen im Gebiet der Sensibilität, wie es die bisherige Annahme einer mosaikartigen, zentralen Vertretung einzelner peripherer Orte

---

[1] v. Weizsäcker: Pflügers Arch. **201**, 317 (1923). — Franz: Dtsch. Z. Nervenheilk. **78**, 212 (1922). — v. Weizsäcker: Ebenda **80**, 159 (1923). — Stein u. v. Weizsäcker: Erg. Physiol. **27**, 685ff. (1928). — Weizsäcker: Dtsch. Z. Nervenheilk. **120**, 117 (1931).

[2] v. Weizsäcker: Die Neuroregulation. Verh. dtsch. Ges. inn. Med. Wiesbaden **13**, 13 (1931).

[3] Stein: Dtsch. Z. Nervenheilk. **80**, 57, 218 (1923).

erfordern würde. Die Empfindungen werden nur diffuser, unbestimmter, qualitätsarmer. Des weiteren ändert sich Art und Lokalisierbarkeit der Empfindung schon unter normalen, besonders aber unter pathologischen Bedingungen *während* der Inanspruchnahme der peripheren Orte durch die angesetzten Reize.

In diesem Zusammenhang sei auch auf einen Vortrag von ACHELIS[1] über Umstimmung der Sensibilität, besonders unter dem Einfluß des vegetativen Nervensystems, hingewiesen.

Die Dominantenlehre.

Als „Funktionswandel" kann man auch Änderungen im Verhalten eines Organismus ansehen, wie sie periodisch unter physiologischen Verhältnissen auftreten oder durch Krankheiten und auch künstlich durch Vergiftung und andere Eingriffe hervorgerufen werden können. Andeutungsweise ist hiervon schon früher die Rede gewesen (B.: S. 1206). In solchen Fällen kann sich das vielseitige Reaktionsvermögen eines Lebewesens zugunsten einer oder mehrerer ganz bestimmter Reaktionen einengen. Diese Reaktion wird dann nach einer Bezeichnungsweise von UCHTOMSKY[2] zur „Dominante". Sein Schüler UFLAND[2] hat dieses Verhältnis am Beispiel des Umklammerungsreflexes des Frosches genauer untersucht und dabei vor allem feststellen können, daß die Reflexerregbarkeit für alle nicht auf die Umklammerung gerichteten Geschehnisse herabgesetzt ist. Obwohl diese Erkenntnis an sich nicht neu ist, so verdient sie wohl im Gesamtbild der plastischen Erscheinungen Beachtung.

Die Resonanzhypothese
(B. u. F.: S. 1119 und B.: S. 1197).

WIERSMA[3] hat im Laboratorium von ADRIAN versucht, die SCHIFF-LOEB-WEISSSche Resonanzhypothese auf einem neuen Wege auf ihre Richtigkeit zu prüfen. Er leitete in Reflexversuchen vom Nerven des M. sartorius ab und fand, daß Aktionsströme in diesem Nerven nur bei denjenigen Reflexen auftreten, bei denen auch der Sartorius zuckt. Eine Ausstreuung von Reizwellen in alle möglichen Nervenbahnen im Sinne der WEISSSchen Hypothese sei demnach nicht anzunehmen. Die Idee, Resonanzerscheinungen zur Erklärung mancher nervöser Vorgänge heranzuziehen, scheint WIERSMA aber so plausibel, daß er die Orte, wo diese Resonanz sich abspielt, aus der Peripherie in die Zentralorgane verschiebt.

Ohne uns für die WEISSSchen Ideen einsetzen zu wollen, muß darauf hingewiesen werden, daß dieser Befund nicht voll ausreicht, um sie abzulehnen.

Die Isochronie.

Mit der zuerst von SCHIFF im Jahre 1896 aufgestellten Resonanzhypothese zeigt die geistvolle und vielfach gestützte Isochronielehre von L. LAPICQUE[4] insofern eine gewisse Verwandtschaft, als auch sie eine *gegenseitige Abstimmung* verschiedener Teile des gesamten nervösen Apparats mit Einschluß der Receptoren und Effektoren annimmt. Nach dieser Lehre beruht die Koordination zu einem wichtigen Teil darauf, daß Nerv und zugehöriger Muskel annähernd die gleiche Chronaxie besitzen, und daß die Chronaxien verschiedener solcher funktioneller

---

[1] ACHELIS, S. D.: Verh. dtsch. Ges. inn. Med. Wiesbaden **13**, 39 (1931).

[2] UCHTOMSKY, A. A.: Dominante als Arbeitsprinzip der Nervenzentren. Russ. physiol. Z. **6**, 31 (1923) (russisch). — Zitiert nach L. M. UFLAND: Pflügers Arch. **208**, 49 (1925); **221**, 605 (1929).

[3] WIERSMA, C. A. G.: Arch. néerl. Physiol. **16**, 337 (1931).

[4] LAPICQUE, L.: L'exitabilité en fonction du temps. Paris 1926. Hier frühere Literatur

Einheiten sich voneinander unterscheiden. Tatsächlich hat sich ja die Regel ergeben, daß z. B. zueinander antagonistische Strecker und Beuger nicht die gleiche Chronaxie haben. Zu der Einheit Nerv-Muskel würde dann noch ein zugehöriges Zentrum (und das ist mehr oder weniger hypothetisch) mit gleicher Chronaxie hinzukommen[1]. Bricht eine Erregung auf einer zentripetalen Bahn, welche die gleiche Chronaxie besitzt wie z. B. die Beuger eines Gliedes, in das Zentralnervensystem ein, so wird sie auf diese Beuger übergehen, aber nicht auf die Strecker, welche sich zu der ablaufenden Erregung heterochron verhalten.

Daß sich auf diesem Wege ein gewisses Verständnis für die Koordination erreichen läßt, hat LAPICQUE wiederholt gezeigt. Einem sehr gewichtigen Einwand gegen eine solche Erklärung der Koordination, nämlich die Tatsache, daß sich bei Strychninvergiftung alle Muskeln (auch Strecker und Beuger) zugleich kontrahieren, hat LAPICQUE dadurch begegnen können, daß seine Schüler BREMER und RYLAND[2] zeigen konnten, daß sich bei der Strychninvergiftung die Chronaxien aller Muskeln und Nerven einander angleichen.

Auch für die Tatsache, daß vom selben Reflexort verschiedene Reflexe, auch solche entgegengesetzter Natur, ausgelöst werden können, hat LAPICQUE eine experimentell gestützte Erklärung auf Grund seiner allgemeinen Hypothese zu finden gewußt. Die Chronaxien sind nämlich nicht unwandelbar und können insbesondere unter dem Einfluß des Zentralorgans verändert werden. Dies soll — und auch dafür liegen einige experimentelle Anhaltspunkte vor — z. B. dann eintreten, wenn sich die Lage des Körpers oder der Teile einer Extremität zueinander verändern. Damit diese Umstimmung der Chronaxien eintritt, nimmt LAPICQUE „aiguillages" (wörtlich übersetzt „Weichenstellungen") in den Zentralorganen an, über deren Wesensart er sich nicht näher ausspricht. Man könnte annehmen, daß hier etwa das gleiche gemeint ist, was MAGNUS und andere „Schaltmechanismen" nennen. Jedoch geht aus brieflichen Aufklärungen, welche uns Herr LAPICQUE freundlicherweise auf unsere Anfrage gab, hervor, daß er „aiguillage" rein funktionell verstanden wissen will. Man würde dies Wort wohl am besten mit „Änderung der Abstimmung" wiedergeben.

Ob nun mit solchen noch etwas unbestimmten Annahmen ein Schlüssel für die vielen Anpassungsmöglichkeiten, welche wir in unseren Beiträgen in Bd. XV ds. Handb. beschrieben haben, gegeben ist, muß noch offen bleiben. Die sicher sehr ansprechenden Hypothesen LAPICQUES und ihre höchst beachtenswerten experimentellen Grundlagen, die praktisch bereits eine so große Wichtigkeit erlangt haben, geben nach unserer Ansicht weniger eine Erklärung für die so weitgehende Anpassungsfähigkeit des Zentralorgans als vielmehr einen Wegweiser, durch welche Mittel sich möglicherweise die Plastizität auswirkt. Mit anderen Worten: Wenn sich die Lehre von der Isochronie und Heterochronie als wichtiges Moment des nervösen Geschehens weiter befestigen sollte, dann würde sie uns wohl in vielen Fällen das „Wie", aber nicht das „Warum" des Geschehens erklären, denn die Änderungen der Chronaxie würden sich nicht als die Ursache der plastischen Fähigkeiten, sondern als eine Folge derselben erweisen. Besser noch gesagt, die Änderungen der Chronaxie wären in diesem Fall *eines* der Mittel, deren sich die Natur bedient hat, um die Anpassung an eine Veränderung äußerer oder innerer Bedingungen zu ermöglichen.

---

[1] LAPICQUE, L.: In Nouveau traité de Psychologie (herausgegeben von G. DUMAS), S. 147ff. Paris 1930 — The chronaxic switching in the nervous system. Science (N. Y.) **70**, 151 (1929). — LAPICQUE, L. u. M.: C. r. Soc. Biol. Paris **99**, 1390, 1947 (1928). — LAPICQUE, M.: Ebenda **88**, 46 (1923); **63**, 787 (1907).

[2] BREMER u. RYLAND: C. r. Soc. Biol. Paris **91**, 110 (1924); **92**, 199 (1925).

Berichtigungen.

Wenn wir auf S. 1046 mit Bezug auf den Neovitalismus Drieschs und v. Uexkülls von dem Wiederaufleben der „Lebenskraft" sprachen, so wollten wir durch die Anführungsstriche andeuten, daß hier nicht „Kraft" im jetzigen Sinne gemeint sein sollte. Die „Entelechie" Drieschs und der „Plan" v. Uexkülls haben natürlich mit dem jetzigen energetischen Begriff „Kraft" nichts zu tun.

Auf S. 1051 muß es im dritten Absatz heißen: „Hie Präformation, hie Epigenese" und in der Anmerkung 3 „Epigenetiker" anstatt „Evolutionisten".

S. 1055, Anmerkung 3 muß lauten: Literatur in ds. Handb. Bd. X (besonders in den Beiträgen v. Weizsäcker, Matthaci, Graham, Brown und Böhme), XI (Beitrag Magnus und de Kleijn) usw.

Auf S. 1121 hatten wir gesagt, daß Versluys gegen die Befunde von P. Weiss den Einwand erhoben habe, daß das Einwachsen der zentralen Fasern in einen peripheren Stumpf „nicht wahllos erfolge, sondern genau geordnet"; dies widerspräche allen bisherigen Untersuchungen über Nervenregeneration. Wir haben in der Tat die auf diesen Punkt bezüglichen Ausführungen von Versluys nicht richtig wiedergegeben, worauf uns Herr Versluys dankenswerterweise selbst aufmerksam gemacht hat. Versluys nimmt *kein genau geordnetes Auswachsen* der Nervenfasern an, allerdings auch kein wahlloses[1]. Wir allerdings sind nach uns vorliegenden Präparaten der Neurome (mit gutem funktionellen Erfolg zusammengeheilter Nervenstümpfe) und nach den tatsächlichen Befunden über die Axonreflexe der Überzeugung, daß das Auswachsen wahllos erfolgt, und hierauf kam es in dem zitierten Zusammenhang allein an. Wir folgen aber gern dem Wunsch von Herrn Versluys, über diese Richtigstellung hinaus ein von ihm uns freundlichst zur Verfügung gestelltes Resümée *seiner Ansichten* zu den Arbeiten von P. Weiss zum Abdruck zu bringen: „Versluys hat gegen die Beweisführung von Weiss' Einwände erhoben; unter anderem meint er, es sei nicht erwiesen, daß beim Hineinwachsen der zentralen Fasern in einen peripheren Nervenstumpf alle Büngnerschen Bänder einer Nervenfaser gleich seien, daß also dieses Hineinwachsen unbedingt wahllos erfolge. Es sei nach Versluys vor allem nicht ausgeschlossen, daß, falls ein wirklich regelloses Leitungsnetz anfänglich gebildet werden sollte, dieses später unter dem Einfluß der Funktion in ein mehr regelmäßiges Leitungsnetz umgebildet werde, so daß zentrale Koordination möglich sei. Versluys hat brieflich darauf hingewiesen, daß anscheinend recht zahlreich auftretende, erst nach der Operation vom Rückenmark ausgehende Nervenfasern den Einfluß der anfänglich vorhandenen alten Fasern mit ihren durch die Operation evtl. entstandenen Mehrfachverbindungen auf die Dauer ausschalten könnten."

Nachtrag während der Korrektur:

Isolation nervöser Erregungen im Zentralnervensystem
(B.: S. 1177).

P. Hoffmann und Mitarbeiter[2] haben in einer kürzlich erschienenen Arbeit zeigen können, daß selbst ein scheinbar so isoliertes Geschehen wie der „Eigenreflex" mindestens bei der dezerebrierten Katze deutlich auf Synergisten des gleichen Gliedes übergreift und auch noch in Muskeln der anderen Extremitäten, auch der gekreuzten, nachweisbar ist.

---

[1] Versluys, J.: Biol. generalis (Wien) **4**, 645 (1928).
[2] Hoffmann, P., H. Loewenbach u. M. Schneider: Z. Biol. **92**, 89 (1932).

Physiologie der Schilddrüse

(S. 94—237).

Von

I. ABELIN — Bern.

In der Physiologie und Pathologie der inkretorischen Drüsen nehmen heute die Fragen der Korrelation und Regulation einen breiten Raum ein. Um nur zwei typische Beispiele anzuführen, sei auf das Eingreifen des Hypophysenvorderlappens in die einzelnen Phasen der Ovarialtätigkeit und ferner auf die Regulierung der Insulinsekretion durch die Kohlehydratzufuhr hingewiesen. Es sind dies zwei verschiedene Typen eines biologischen Zusammenhanges: der eine endo-, der andere exogener Natur, von denen jeder die Funktion dieser inkretorischen Organe beeinflußt, ja vielleicht beherrscht. Diese beiden Grundprobleme, d. h. die Frage der hormonalen Zusammenarbeit und der Einzelarbeit, haben letzthin auch auf dem Gebiete der Schilddrüsenphysiologie eine ausgedehnte Bearbeitung gefunden und eine Reihe von wichtigen Tatsachen zutage gefördert, die im nachfolgenden besprochen werden sollen. Der Übersicht halber möge der ganze Fragenkomplex in die Abschnitte a) der rein hormonalen, b) der chemisch-hormonalen, c) der alimentären und d) der zentralnervösen resp. peripheren Regulation der Schilddrüsentätigkeit unterteilt werden. Nebenbei sei auf die Verarbeitung des Schilddrüsenhormons durch den Tierkörper hingewiesen.

1. Die hormonale Regulation.

Schilddrüse und Hypophysenvorderlappen.

Die Annahme einer Überwachung der Thyreoideatätigkeit durch andere Drüsen mit innerer Sekretion tauchte in den ersten Anfängen der Schilddrüsenforschung auf, sie begann aber erst in den letzten Jahren reelle Formen anzunehmen. Bewiesen ist bis jetzt nur die Annahme einer Förderung der Schilddrüsentätigkeit auf hormonalem Wege. Dagegen ist die inkretorische Hemmung der Schilddrüsenfunktion experimentell noch nicht faßbar.

Als Anreger der Schilddrüsentätigkeit erwies sich ein Teilhormon des Hypophysenvorderlappens (L. LOEB[1], L. LOEB und C. HESSELBERG[2], L. LOEB und E. E. KAPLAN[3], L. LOEB und R. B. BASSET[4], M. SILBERBERG[5], ferner H. A.

---

[1] LOEB, L.: J. Med. Res. **40**, 499 (1919); **41**, 481 (1920).
[2] LOEB, L., u. C. HESSELBERG: J. Med. Res. **40**, 265 (1919); **41**, 283 (1920).
[3] LOEB, L., u. E. E. KAPLAN: J. Med. Res. **44**, Nr 5 (1924).
[4] LOEB, L., u. R. B. BASSET: Proc. Soc. exper. Biol. a. Med. **26**, 860 (1929); **27**, 490 (1930).
[5] SILBERBERG, M.: Krkh.forsch. **8**, Nr 3 (1930).

McCordock[1], F. A. E. Crew und B. P. Wiesmer[2] sowie ganz besonders M. Aron[3]). Es genügt, dem Versuchstier (Meerschweinchen, Kaninchen, Katze, Hund, weniger gut einer Ratte) eine kleine Menge von Hypophysenvorderlappensubstanz in die Bauchhöhle einzupflanzen oder wenige Kubikzentimeter eines Hypophysenvorderlappenauszuges intraperitoneal einzuspritzen, um nach einigen Tagen das Bild einer hyperaktiven Schilddrüse zu erhalten. Die Epithelzellen werden höher, das Kolloid verflüssigt sich und wird ausgeschwemmt, die Schilddrüsenbläschen werden viel stärker durchblutet. Auch die Schilddrüse des Vogels wird durch H.V.L.-Zufuhr im gleichen Sinne aktiviert (W. Th. Larionov, A. Woitkewitsch und B. Nowikow[4]). Der Einwand von Schockaert[5], es handle sich bei der Hypophysenwirkung um eine unspezifische Reaktion, wurde durch M. Aron[6] sowie durch S. Janssen und A. Loeser[7] entkräftet.

All diese Untersuchungen nehmen ihren Ausgang von den bereits in den 80—90er Jahren des vorigen Jahrhunderts vermuteten und direkt beobachteten morphologischen Beziehungen zwischen der Thyreoidea und der Hypophyse sowie von der näheren Analyse der Amphibienlarvenumwandlung. L. Adler[8] machte als erster die Beobachtung, daß hypophysenlose Amphibienlarven nicht metamorphosieren. Im Anschluß daran wurde von anderen Autoren festgestellt, daß beim Fehlen der Hypophyse die Schilddrüse unentwickelt bleibt, und daß eben darin die Ursache des Ausbleibens der Metamorphose zu erblicken ist. In konsequenter Durchführung dieses Gedankens wurde ferner gefunden, daß Implantation oder Injektion von Hypophysenvorderlappen die Metamorphose von hypophysenlosen Larven beschleunigt, aber nur dann, wenn die Tierchen im Besitze ihrer Schilddrüse sind. Bei thyreoidektomierten Larven bleibt der beschleunigende Metamorphoseeinfluß des Hypophysenvorderlappens aus[9].

Diese älteren Befunde an den Amphibien werden durch die neueren Beobachtungen an Warmblütern sehr vorteilhaft ergänzt. So konnte nachgewiesen werden, daß bei der Ratte die Entfernung des Hypophysenvorderlappens zu einer Atrophie der Schilddrüse führt und daß dieselbe durch Implantation von Rindervorderlappen wieder rückgängig gemacht werden kann (Ph. E. Smith[10]). Zwar stützt sich dieses Ergebnis sowie ein großer Teil der übrigen Beobachtungen auf morphologische Schilddrüsenveränderungen, doch liegen auch Anhaltspunkte für eine hypophysär bedingte, funktionelle Leistungssteigerung der Thyreoidea vor. Die für die Schilddrüse so charakteristischen Grundumsatzerhöhungen wurden auch nach Zufuhr von Hypophysenvorderlappen gesehen (S. S. Schwarzenbach und E. Uhlenhuth[11], W. I. Siebert und R. S. Smith[12], A. v. Árvay[13], F. Verzàr und V. Wahl[14] u. a.). Die Wirkung scheint über die Thyreoidea zu gehen, denn schilddrüsenlose Meerschweinchen reagieren auf die H.V.L.-Injektion mit keinem Anstieg der Wärmebildung (Siebert und Smith, Verzàr und Wahl). So beweisend auch dieser Befund zu sein scheint, muß doch hervorgehoben werden, daß die Natur der Stoffwechselwirkung des H.V.L.-Hormons noch nicht

---

[1] McCordock, H. A.: Amer. J. Path. **5**, Nr 2 (1929).

[2] Crew, F. A. E., u. Wiesner: Brit. med. J. **1930** I, 777.

[3] Aron, M., u. Mitarbeiter: Vgl. d. zahlreichen Abh. in C. r. Soc. Biol. Paris **104, 105** (1930); **106** (1931) — und die zusammenfassende Darstellung in der Rev. franç. Endocrin. **8**, 472 (1930).

[4] Larionov, W., A. Woitkewitsch u. A. Nowikow: Z. vergl. Physiol. **14**, 546 (1931).

[5] Schoeckaert, I.: C. r. Soc. Biol. Paris **105**, 223, 226 (1930).

[6] Aron, M.: Vgl. Fußnote 3.

[7] Janssen, S., u. A. Loeser: Klin. Wschr. **1931**, 2046 — Naunyn-Schmiedebergs Arch. **163**, 517 (1931).

[8] Adler, L.: Arch. Entw.mechan. **39**, 21 (1914).

[9] Die dazugehörige Literatur ist von I. Abelin u. W. Schulze: Ds. Handb. **16** I, 170, 768ff., zusammengestellt.

[10] Smith, Ph. E.: Amer. J. Physiol. **80**, 114 (1927). — Harvey, Lect. **25**, 129 (1930).

[11] Schwarzenbach, S. S., u. E. Uhlenhuth: Proc. Soc. exper. Biol. a. Med. **26**, 389 (1929).

[12] Siebert, W. J., u. R. S. Smith: Amer. J. Physiol. **95**, 386 (1930).

[13] Árvay, A. v.: Biochem. Z. **237**, 199 (1931).

[14] Verzàr, E., u. V. Wahl: Biochem. Z. **240**, 37 (1931).

als durchaus abgeklärt gelten kann, denn unter Umständen kann es nach H.V.L.-
Zufuhr auch zu einer Erniedrigung des Grundumsatzes kommen. Besonders
männliche Ratten sowie kastrierte Rattenweibchen reagieren in dieser Weise
auf die Einverleibung von H.V.L.-Auszügen (A. v. Árvay). Ferner wirken
z. B. sauere Hypophysenauszüge anders als H.V.L.-Pulver (Siebert und Smith).

W. Falta und F. Högler[1] geben an, daß durch H.V.L.-Auszüge sowohl der normale
wie der pathologisch gesteigerte resp. erniedrigte Grundumsatz des Menschen hochgradig
herabgesetzt wird. Die Autoren benutzten ein Präparat der Promontawerke, „Prähormon“,
das ebenso wie das Zondeksche „Prolan“ nach Mäuse- resp. Ratteneinheiten eingestellt
ist. Die Verwertung dieser Ergebnisse für die Abklärung des Problems Hypophyse : Schilddrüse ist leider dadurch erschwert, daß Prähormon ebenso wie Prolan die thyreotrope Substanz nicht enthält (S. Janssen und A. Loeser), und daß Prolan den Gaswechsel von Meerschweinchen nicht beeinflußt (F. Verzàr und V. Wahl). Die von Koehler[2] und Herzfeld[3], besonders aber die von Koehler mit Prolan erzielte Grundumsatzerniedrigung von
—4 bis —17% ist kaum nennenswert.

Wenn also inbezug auf die Grundumsatzbeeinflussung durch das Vorder-
lappensekret die Übereinstimmung mit den gemachten Voraussetzungen keine
vollständige ist, so liefert die .Erhöhung der Acetonitrilresistenz durch H.V.L.-
Hormon einen weiteren Beweis für das Ineinandergreifen der Hypophysen- und
Schilddrüsentätigkeit (Eufinger und Wiesbader[4], H. Paal[5]). Der Mechanismus ist der gleiche wie bei der Amphibienmetamorphose: das H.V.L.-Hormon
regt die Thyreoidea an; deren gesteigerte Sekretion erhöht dann die Widerstandskraft der Tiere gegen das Acetonitril. H. Paal gibt außerdem an, daß unter dem
Einfluß von injiziertem H.V.L.-Hormon die Rattenschilddrüse hormonreicher
wird. Bei fortgesetzter Hypophysendarreichung dürfte aber zuletzt, entsprechend
der Kolloidausschwemmung, eine Verarmung der Thyreoidea an aktiver Substanz
eintreten. Analoges wird ja bei einigen Basedow-Schilddrüsen angetroffen. Wenigstens fand A. Loeser[6] bei Hunden nach wiederholter intraperitonealer Injektion
von H.V.L.-Auszügen eine ganz starke Abnahme des Jodgehalts der Thyreoidea.
Derselbe sank vom Durchschnittswert 12,96 mg% J. bei den normalen Hunden auf
durchschnittlich 1,33 mg% J. bei den mit H.V.L. behandelten Tieren. (Vgl. auch
Jos. A. Schockaert[7], J. A. Schockaert und G. L. Foster[8], K. Closs, L. Loeb und
E. M. MacKay[9].)

2. Chemisch-hormonale Regulation.
Dijodtyrosin.

Handelte es sich beim H.V.L.-Hormon um eine Substanz mit ausgesprochen
anregender Wirkung auf die Thyreoideafunktion, so scheint die Schilddrüse selbst
einen Stoff zu bereiten, der als wahrer Regulator des Thyreoideainkrets aufgefaßt
werden kann, der also je nach den Bedingungen die Schilddrüsenwirkung verstärkt oder abschwächt. Es handelt sich um das von C. R. Harington und
S. S. Randal[10] in der Schilddrüse aufgefundene Dijodtyrosin, welches nach den
Untersuchungen von I. Abelin[11] die experimentelle Hyperthyreose ganz deutlich
abschwächt. Die klinischen Erfahrungen, vorerst von B. Kommerell[12], dann

---

[1] Falta, W., u. F. Högler: Klin. Wschr. **1930 II**, 1807. — Vgl. auch H. Bernhard:
Ebenda **1930 I**, 399. — Czoniczer, G., u. G. Kleiner: Z. exper. Med. **81**, 808 (1932).
  [2] Koehler: Klin. Wschr. **1930 I**, 110. — [3] Herzfeld: Dtsch. med. Wschr. **1930 II**, Nr 37.
  [4] Eufinger u. Wiesbader: Arch. Gynäk. **142** (1930).
  [5] Paal, H.: Klin. Wschr. **1931 II**, 2172.
  [6] Loeser, A.: Naunyn-Smiedebergs Arch. **163**, 530 (1931) — Klin. Wschr. **1931**, 2047.
  [7] Schockaert, Jos. A.: Proc. Soc. exper. Biol. a. Med. **29**, 306 (1931) — Amer. J.
Anat. **49**, 379 (1932).
  [8] Schockaert, J. A., u. G. L. Foster: J. of biol. Chem. **95**, 89 (1932).
  [9] Closs, K., L. Loeb u. E. M. MacKay: J. of biol. Chem. **96**, 585 (1932).
  [10] Harington, C. R., u. S. S. Randal: Biochemic. J. **23**, 373 (1929).
  [11] Abelin, I.: Biochem. Z. **233**, 483 (1931) — Naturwiss. **19**, 752 (1931) — Klin. Wschr.
10, 2201 (1931).   [12] Kommerell, B.: Münch. med. Wschr. **1931**, Nr 33, 1386.

von F. CHOTZEN[1], von A. SCHÜRMEYER und E. WISSMANN[2], von C. I. PARHON und L. BALLIF[3] u. a., sprechen im gleichen Sinne. Unter dem Einflusse der Dijodtyrosinzufuhr kommt es neben einer unverkennbaren Besserung des Allgemeinzustandes zu einer beträchtlichen Erniedrigung des abnorm erhöhten Grundumsatzes und zu einem Körpergewichtsanstieg. Wird aber die Dijodtyrosineingabe zu lange fortgesetzt, oder werden zu hohe Dosen verabreicht, so kann manchmal eine Umkehr eintreten, d. h. der Grundumsatz und die Vergiftungserscheinungen werden gesteigert. In diesem Falle muß die Dijodtyrosinzufuhr unterbrochen werden, worauf die Nebenerscheinungen zurückzugehen pflegen. Dann kann die Dijodtyrosinbehandlung wieder eingeleitet werden. Beim normalen Tier ruft Dijodtyrosin nicht selten eine geringe, vorübergehende Zunahme des Gaswechsels hervor, die bald wieder ausgeglichen wird. Die Verfütterung von Dijodtyrosin an mit H.V.L.-Auszügen behandelte Meerschweinchen veranlaßt eine Neuanhäufung von Kolloid in den vorher entleerten Schilddrüsenbläschen (I. ABELIN und C. WEGELIN, unveröffentlichte Versuche).

Da das Dijodtyrosin zu den physiologischen Bestandteilen der Schilddrüse (und vielleicht auch vieler anderer Organe) gehört, so ist die Möglichkeit nicht ausgeschlossen, daß wir es hier mit einem Stoff zu tun haben, der intra- und extrathyreoidal die Wirkung des Schilddrüsenhormons spezifisch beeinflußt. Möglicherweise lassen sich die so komplexen Wirkungen des Jods auf die Schilddrüsentätigkeit auf derartige wechselvolle Beziehungen zwischen dem Thyroxin und Dijodtyrosin zurückführen.

In einigen Fällen erwies sich die gleichzeitige Eingabe von Dijod- und Dibromtyrosin von Vorteil (I. ABELIN[4]).

3. Alimentäre Regulation der Schilddrüsenwirkung[5].

Das H.V.L.-Hormon und das Dijodtyrosin stellen wichtige endogene Regulatoren der Schilddrüsentätigkeit dar. Als ein bedeutender exogener Faktor ist die Ernährungsart anzusehen. Dieselbe beeinflußt ebenfalls sowohl das morphologische Aussehen wie die physiologische Aktivität der Thyreoidea resp. des von ihr produzierten Hormons. Der Zusammenhang zwischen dem Aufbau des Schilddrüsenparenchyms und der Natur der aufgenommenen Nahrung wurde mehrfach hervorgehoben (besonders von McCARRISON und K. B. MADHAVA[6]). Ebenso ist die Bedeutung der Ernährungsart für die Physiologie und Pathologie der Schilddrüse seit langem bekannt. Basedow-Patienten werden seit altersher nach bestimmten, bald mehr, bald weniger zutreffenden Prinzipien ernährt. In neuerer Zeit wurde von H. LANGE[7] eine calorienarme, lactovegetabilische, von W. KÖNIG[8] eine basenreiche Kost mit Zusatz von basischen Salzmischungen vorgeschlagen. TOENES[9] tritt ebenfalls für eine knappe Nahrungszufuhr mit Ausschluß des Fleisches und mit starker Einschränkung der Fette ein. F. BLUM[10]

---

[1] CHOTZEN, F.: Klin. Wschr. **1932 I**, 571.

[2] SCHÜRMEYER, A., u. E. WISSMANN: Klin. Wschr. **1932 II**, 673.

[3] PARHON, C. I., u. L. BALLIF: Bull. Soc. méd. Hosp. Paris **1932**, 601.

[4] ABELIN, I.: Schweiz. med. Wschr. **1932**, 441. — ABELIN, I., u. C. PARHON jun.: Klin. Wschr. **1932 II**.

[5] Über den Einfluß der Schilddrüse auf die Ernährung und den Stoffwechsel der landwirtschaftlichen Nutztiere vgl. J. KŘÍŽENECKÝ, Mangold's Hdb. d. Ernähr. u. d. Stoffw. d. landwirt. Nutztiere **4**, 448 (1932).

[6] McCARRISON: Indian med. Res. **18**, 619 (1930) — Vgl. die Monographie: The life line of the thyroid gland, Ind. Med. Research Mem. Nr **23**, 1 (1932).

[7] LANGE, H.: Münch. med. Wschr. **1928**, 1439.

[8] KÖNIG, W.: Klin. Wschr. **1929**, 634 — Arch. klin. Chir. **164**, 218 (1931) — Ärztl. Rdsch. **1931**, Nr 18.

[9] THOENES, E.: Arch. Verdgskrkh. **46**, 286 (1929).

[10] BLUM, F.: Endokrinol. **8**, 241 (1931).

geht von der Vorstellung eines engen Zusammenhanges zwischen dem Schilddrüsen-Nebenschilddrüsen-Hormon aus und schreibt der Blutflüssigkeit ausgesprochene antithyreoidale Wirkungen zu. Dieselben kamen auch in den Versuchen von S. GIACOMINI[1] zum Vorschein, indem durch gleichzeitige Verabreichung
von Thyreoideasubstanz und Blut der Schilddrüseneffekt (auf den Federnausfall
und die Depigmentierung) abgeschwächt werden konnte. Inwiefern aber auch
die stoffwechselphysiologischen Wirkungen des Schilddrüsenhormons durch Darreichung von Blut beeinflußt werden, ist nicht oder nur ungenügend untersucht.
In eigenen Hyperthyreoseversuchen konnte der Glykogenschwund aus der Leber
trotz täglicher Blutzufuhr nicht aufgehalten werden. Will man die Wirkung
des Schilddrüsenhormons abschwächen oder erhöhen, so ist es viel aussichtsreicher, nicht einen einzigen Nahrungsstoff, sondern ein Gemisch passender Nährsubstanzen anzuwenden. In derartigen Fällen gelingt es z. B. im Tierversuch,
die schädlichen Folgen der experimentellen Hyperthyreoidisierung abzuschwächen,
oder sogar vollständig zu beseitigen. Eine derartige Nahrung muß in erster
Linie eine geeignete qualitative Beschaffenheit haben. Sie soll nur bestimmte
Vertreter der Eiweiß-Fett-Kohlehydrat-Gruppe enthalten; sie muß dem Lipoidsowie ganz besonders dem Vitamingehalt weitgehend Rechnung tragen. Am
besten bewährte sich eine Mischung aus Casein (Quark), Cerealien (Hafer, Gerste),
Knochenmark, Gehirn, Eigelb und den in den Pflanzen (Spinat, Karotten,
Tomaten usw.) sowie im Lebertran vorhandenen Vitaminen. Bei einer derartigen Nahrungszusammensetzung können die Tiere monatelang Thyroxin oder
Thyreoidea erhalten, ohne daran zugrunde zu gehen und ohne eine ausgesprochene
Intoxikation aufzuweisen (I. ABELIN[2]). Bei einigen ähnlich ernährten Basedow-
Patienten konnten deutliche Besserungen und ein Latentwerden der Krankheit
erzielt werden. In neuester Zeit bewährte sich im Tierversuch eine Diät, bestehend aus Vollkornbrot, Joghurt, Gehirn, Eigelb, rohen Tomaten, rohem Kohl
und etwas Hefeextrakt[3]. Die thyreotoxisch bedingte Unterbrechung des Oestrus-
cyclus der Ratten wird bei einer derartigen Ernährungsweise verzögert resp.
ganz aufgehoben[3]. Der Kohl wurde herangezogen, weil er nach amerikanischen
Autoren eine gewisse dämpfende Wirkung auf die Schilddrüsentätigkeit auszuüben vermag. Es verdient hervorgehoben zu werden, daß diese Nahrungsmischungen in fast spezifischer Weise die Wirkung des Schilddrüsenhormons
beeinflussen; der physiologische Effekt eines anderen Stoffwechselhormons, des
Adrenalins, bleibt dabei unverändert[3].

Von besonderem Interesse ist ferner der Befund von H. PAAL und W. HUBER[4].
Diese Autoren vermochten mit Hilfe quantitativer Messungen die Abhängigkeit
des Thyroxingehaltes der Rattenschilddrüse von der Art der Ernährung des
Tieres nachzuweisen.

4. Mechanismus der Schilddrüsenwirkung.

a) Verarbeitung des Thyreoideahormons durch den Tierkörper.

Gewisse neue Erkenntnisse brachte die Bearbeitung der Frage nach dem
Mechanismus der Schilddrüsenwirkung. Wir sind zwar der Lösung dieses Problems nicht viel näher gerückt und es ist noch nicht klar, auf welche Art und
Weise das Thyreoideahormon so ausgeprägte Stoffwechsel- und Organveränderungen erzeugt, warum ferner die Wirkung des künstlich zugeführten Schilddrüseninkrets erst nach Ablauf einer langen Latenzperiode kenntlich wird, warum

---

[1] GIACOMINI, E.: Monit. zool. ital. **40**, 434 (1928).

[2] ABELIN, I.: Biochem. Z. **228**, 165, 189, 211 (1930); **242**, 385, 411 (1931) — Klin.
Wschr. **1931 II**, 2204.

[3] ABELIN, I.: Schweiz. med. Wschr. **1932**, 441.

[4] PAAL, H., u. W. HUBER: Naunyn-Schmiedebergs Arch. **162**, 521 (1931).

sie dann die Zeit der eigentlichen Hormoneingabe so lange überdauert usw. Doch liegt ein neues, zum Teil sehr wertvolles experimentelles Material vor, welches zur weiteren Forschung anregt. Man bediente sich bei diesen Untersuchungen sowohl bereits früher benutzter als auch neuer Methoden. Der Aufklärung der Latenzzeit der Schilddrüsenwirkung suchte man durch Verfolgung des Schicksals des Thyreoideahormons im Organismus näherzukommen. Aus experimentellen Gründen war man genötigt, sehr große Schilddrüsen- resp. Thyroxinmengen anzuwenden, wodurch natürlich der Rückschluß auf den normalen, physiologischen Abbau des Schilddrüsenhormons sehr erschwert wird. In Bestätigung früherer Befunde fanden G. Asimoff und E. Estrin[1], daß per os einverleibtes Schilddrüsengewebe ziemlich rasch abgebaut wird. Bereits 1 Stunde nach der Schilddrüsenfütterung erscheinen im Harn des Hundes ganz beträchtliche Jodmengen, und zwar in einer morphologisch nicht mehr aktiven Form. Ebenso bedeutungsvoll ist die Jodausscheidung durch den Kot, und zwar auch hier in einer biologisch nicht mehr wirksamen Stufe. Demgegenüber erweist sich die Galle als ein Ort, wo erstens beträchtliche Jodquantitäten aufgefunden werden und wo zweitens die spezifische Thyroxinbindung des Jods noch erhalten, oder teilweise erhalten zu sein scheint, denn die in den ersten Stunden nach der Schilddrüsenfütterung gesammelte Galle vermag die Metamorphose vom Axolotl zu beschleunigen.

Das Thyroxin zeigt ein ungefähr ähnliches Verhalten: es werden die gleichen Wege der Jodausscheidung benutzt, d. h. Blut — Harn, Galle — Kot, und auch hier enthält die Galle (und die Leber) im Gegensatz zu Harn und Kot „aktives" Jod. Die Aktivität betrifft allerdings nur die eine, nicht sehr spezifische Schilddrüsenwirkung, nämlich die rasche Umwandlung der Amphibienlarven. Dieselbe wird aber auch durch sonst wenig wirksame oder sogar unwirksame Schilddrüsenabbauprodukte hervorgerufen. Deshalb bleibt die Frage, ob die Galle resp. die Leber des hyperthyreoidisierten Tieres jodhaltige, den *Stoffwechsel* steigernde, oder das Herz beschleunigende Substanzen enthält, immer noch unbeantwortet.

Nach den Angaben von A. Wittgenstein[2] und von L. R. Himmelberger[3] soll es mit Hilfe des Glykogentestes der Mäuseleber möglich sein, das Schilddrüsenhormon im Blute, im Harn und im lymphatischen Gewebe von Basedow-Kranken und von hyperthyreoidisierten Tieren nachzuweisen.

b) Zentrale und periphere Wirkung des Schilddrüsenhormons.

Neue Beiträge zur Frage der Thyroxinwirkung auf das Zentralnervensystem sowie zum Verhalten des Thyroxins im Organismus brachten die Untersuchungen von L. Asher und H. Landolt[4] sowie von A. Schittenhelm und B. Eisler[5]. L. Asher und F. C. Newton[6] fanden bereits vor längerer Zeit, daß nach Schilddrüsenexstirpation die Empfindlichkeit des Atemzentrums herabgesetzt wird. In Zusammenhang damit stellten L. Asher und H. Landolt fest, daß nach Thyroxininjektion die Erregbarkeit des Atemzentrums erhöht wird, und zwar ziemlich rasch nach der Einverleibung des Thyroxins, auf jeden Fall noch bevor dessen Wirkung auf die peripheren Organe in Erscheinung tritt. A. Schittenhelm und B. Eisler machten die interessante Beobachtung, daß sich das Thyroxin resp. das Jod des Thyroxins nicht etwa gleichmäßig auf die ganze

---

[1] Asimoff, G., u. E. Estrin: Z. exper. Med. **76**, 380, 399, 409 (1931).

[2] Wittgenstein, A.: Pflügers Arch. **229**, 299 (1932).

[3] Himmelberger, L. R.: Endocrinology **16**, 264 (1932).

[4] Asher, L., u. H. Landolt: Z. Biol. **90**, 327 (1930). — Vgl. auch den zusammenfassenden Vortrag von L. Asher: Med. Klin. **1931 I**, 757.

[5] Schittenhelm, A., u. B. Eisler: Klin. Wschr. **1932 I**, 9.

[6] Asher u. F. C. Newton: Amer. J. Physiol. **71**, 12 (1924).

Gehirnmasse verteilt, sondern selektiv im Zwischenhirn-Tuber cinereum gespeichert wird. Das sind gerade Gebiete, welche für die allgemeinen Stoffwechselvorgänge von großer Bedeutung sind. Bei schilddrüsenlosen Tieren wurde der Abschnitt Zwischenhirn-Tuber cinereum jodarm gefunden. Sollte es sich beim hier gespeicherten Jod tatsächlich um Thyroxinjod handeln, so könnte uns dieser Befund einen Weg zur genaueren Erforschung der Wirkungsweise des Schilddrüsenhormons zeigen. Dieser Weg würde demnach über die vegetativen Zentra des Gehirns führen. Eine ganz ähnliche Bahn zeichnete vor kurzem auch HANS H. MEYER[1]. Er unterscheidet a) eine unmittelbare, periphere, auf die Organzellen abgestimmte und b) eine mittelbare, zentral-nervöse Wirkung des Thyroxins. Bei der ersteren handelt es sich um einen dauernden, nutritiven bzw. chemisch-katalytischen Einfluß. Die zentrale, über das Gehirn und die sympathischen Bahnen erfolgende Thyroxinwirkung dient nur regulatorischen Zwecken, sie ist nicht permanent aktiv, sondern setzt jeweils nach Bedarf ein. Der periphere, auf die einzelnen Organe gerichtete Thyroxineinfluß ist physiologisch und demnach nicht toxisch. Die zentrale Thyroxinwirkung ist eher pharmakodynamischer Natur und kann unter Umständen auch giftig wirken. Demnach würde es sich beim Thyroxin nicht um eine *entweder periphere oder zentrale*, sondern um eine ihrem Wesen nach gekoppelte und streng eingeteilte peripher-zentrale Wirkungsart handeln.

Eine mehr oder weniger klare Abgrenzung der peripheren von der zentralen Wirkung des Schilddrüsenhormons ist zur Zeit kaum noch möglich, da viele Befunde sowohl mit Hilfe der einen wie der anderen Wirkungsweise des Hormons erklärt werden können. Dazu ist eine besonders scharfe und methodisch sichere Analyse nötig, die in vielen Fällen noch nicht realisierbar ist. Zudem brauchen die Begriffe „zentral" und „peripher" inbezug auf die Schilddrüse nicht mit dem üblichen Sinne dieser Ausdrücke zusammenzufallen. Nach L. ASHER ist z. B. das Nervensystem für das Schilddrüsenhormon „Peripheric". Durch den Einfluß des Thyroxins auf das Nervensystem würden dann neben streng peripheren auch sekundär periphere Wirkungen ausgelöst werden. An Stelle einer zentralen und peripheren würde in diesem Fall eine primäre und eine sekundäre Wirkung treten. Dann könnte auch mancher Widerspruch behoben werden. Auf jeden Fall wäre aber ganz allgemein eine sorgfältige Überprüfung der Grundprinzipien der Schilddrüsenwirkung notwendig und fruchtbar. Dies beweisen die neueren Arbeiten der amerikanischen Schule über die Genese der thyreotoxischen Tachykardie. Sie wird allermeist als zentralnervös bedingt aufgefaßt. Zum näheren Studium dieser Frage haben I. F. PRIESTLEY, I. MARKOWITZ und F. C. MANN[2] das Herz eines kleinen Hundes in den Hals eines großen Hundes eingenäht. Der Herzteil der Aorta wurde an die Carotis, die Art. pulmonalis an die Vena jugularis des großen Hundes angeschlossen. Das an den neuen Ort transplantierte Herz schlug ganz regelmäßig. Dem Hunde mit den beiden Herzen wurde darauf Thyroxin intravenös eingespritzt und der Anstieg der Schlagfolge des normalen, mit dem Zentralnervensystem verbundenen und des eingepflanzten, vom Zentralnervensystem abgetrennten Herzen verfolgt. Das letztere schlug viel rascher als das normale Herz des Tieres, d. h. das Fehlen des zentralnervösen Einflusses hat die typische Thyroxinwirkung keinesfalls aufgehoben oder abgeschwächt, sondern im Gegenteil verstärkt. Daraus darf auf einen peripheren Angriffspunkt des Thyroxins am Herzen geschlossen werden. Ebenso wie LUTOLF[3],

---

[1] MEYER, HANS H.: Arch. internat. Pharmacodynamie **38**, 1 (1930) — Dtsch. med. Wschr. **1931 II**, 1531.

[2] PRIESTLEY, I. F., I. MARKOWITZ u. F. C. FRANK: Amer. J. Physiol. **98**, 357 (1931).

[3] LUTOLF: Z. Biol. **90**, 334 (1930).

I. K. Lewis und D. McEachern[1] u. a. fanden auch diese Autoren, daß das aus dem Körper eines hyperthyreoidisierten Tieres entfernte Herz selbst im überlebenden Zustande eine höhere Schlagzahl aufweist als das überlebende Herz eines normalen Tieres.

Auf einem etwas anderen Wege kommt M. McIntyre[2] (bei A. Carlson) zu einer prinzipiell ganz ähnlich lautenden Schlußfolgerung wie Mann und seine Mitarbeiter, daß nämlich die thyreotoxische Tachykardie auch am entnervten Herzen zur vollen Ausbildung gelangt. Die tägliche Darreichung von 0,6 g Schilddrüsensubstanz pro Kilo Körpergewicht verursachte bei vagotomierten und der beiden Ganglia stellata beraubten Hunden eine deutlich ausgeprägte Herzbeschleunigung wie bei den Kontrolltieren, womit die gegenteiligen Befunde von Enderlen und Bohnenkamp[3] in Frage gestellt werden.

Haben nun die amerikanischen Autoren an Stelle früher vermuteter zentraler, periphere Angriffspunkte des Thyroxins wahrscheinlich machen können, so liegen auf der anderen Seite Untersuchungen vor, welche geeignet sind, die als peripher geltenden Thyreoideawirkungen als zentral bedingt anzunehmen. Dazu gehören z. B. die Stoffwechselvorgänge bei der Arbeit. Dieselben sind oftmals sowohl bei der experimentellen wie bei der genuinen Hyperthyreose erhöht. Diese Steigerung des Arbeitsumsatzes kann aber nach B. Kommerell[4] nicht auf einer verschlechterten Ausnutzung der chemischen Energie der physiologischen Betriebsstoffe beruhen. Der muskulöse Wirkungsgrad des Basedowikers erwies sich in den Versuchen von B. Kommerell als normal. Sehr verschlechtert zeigte sich dagegen diejenige Arbeitskomponente, welche als „Leerbewegung" bezeichnet wird, d. h. der Energieaufwand für die Arbeitsbewegung ohne Belastung, z. B. die horizontale Bewegung des unbelasteten eigenen Körpers beim Zurücklegen von 1 m Weg. Als Ursache dieser Unökonomie kommt nach Kommerell eine durch das Thyroxin erzeugte Alteration des nervösen Apparates in Betracht. Die unter Mitwirkung des Nervensystems im Laufe des Lebens erworbene Zweckmäßigkeit und Sparsamkeit der Muskelbewegungen und des Energieaufwandes gehen bei der Hyperthyreose teilweise verloren und bewirken auf diese Weise den Anstieg des Arbeitsstoffwechsels. Im Vordergrund des Bildes würde also nach Kommerell die Beeinträchtigung der nervösen und erst sekundär der peripheren Leistung der tierischen Arbeitsmaschine stehen. Eine endgültige Stellungnahme zu diesem Problem wird erst eine weitere ausgedehnte Prüfung des Arbeitsstoffwechsels zahlreicher Basedow-Patienten ermöglichen.

Die Ansichten von Kommerell fanden neuerdings eine Stütze in den experimentellen Ergebnissen von W. Dock und J. K. Lewis[5]. Den erhöhten O_2-Verbrauch des isolierten Herzens von hyperthyreoidisierten Ratten erklären die Verfasser durch die Hypertrophie des Organs. Bei der Umrechnung der O_2-Aufnahme auf 1 Gramm Herzmuskelsubstanz und eine einzelne Kontraktion ließ sich kein Unterschied im O_2-Bedarf eines normalen und eines hyperthyreoidisierten Herzens feststellen. Zu beachten ist aber, daß in diesen Versuchen die Tiere relativ kurzdauernd mit Schilddrüse vorbehandelt wurden.

Wie so viele verwickelte Probleme muß auch die Frage der zentralen oder peripheren Wirkung der Thyreoideastoffe in Einzelfragen aufgeteilt werden. Es

[1] Lewis, I. K., u. D. McEachern: Bull. Hopkins Hosp. 48, 228 (1931) — Proc. Soc. exper. Biol. a. Med. 28, 504 (1931).

[2] McIntyre, M.: Amer. J. Physiol. 99, 261 (1931).

[3] Enderlen u. Bohnenkamp: Dtsch. Z. Chir. 200, 129 (1927).

[4] Kommerell, B.: Arb.physiol. 1, 278 (1928) — Pflügers Arch. 227, 1 (1931) — Dtsch. Arch. klin. Med. 171, 308 (1931).

[5] Dock, W., u. J. K. Lewis: J. of Physiol. 74, 401 (1932).

gibt Schilddrüsenwirkungen, welche sich besser mit Hilfe zentralnervöser (vgl. z. B. neuerdings E. P. Pick[1]) und andere, welche sich besser durch die Annahme peripherer Angriffspunkte erklären lassen. Eine gleichzeitige Beteiligung zentraler und peripherer Faktoren ist natürlich ebenfalls möglich. Die obenerwähnten Herzversuche von Priestley, Markowitz und Mann[2] machen es wahrscheinlich, daß die Tachykardie durch periphere Einflüsse ausgelöst werden kann. Aber der gleiche Versuch läßt vermuten, daß das Zentralnervensystem an der Herzbeschleunigung mitbeteiligt ist, allerdings nach Ansicht der Autoren nicht im fördernden, sondern im hemmenden Sinne. — Der Stoffwechseleffekt der Thyreoideastoffe weist zwar eine gewisse Unabhängigkeit vom Zentralnervensystem auf (O. Riml und H. G. Wolff[3], G. C. Ring, S. Dworkin und Z. M. Bacq[4], K. Oberdisse[5], A. Bergwald und G. Kuschinsky[6]), doch wird man auf Grund der unmittelbaren experimentellen Beobachtungen und der Erfahrungen am Krankenbett die maßgebende Beteiligung des Zentralnervensystems nicht ausschließen können. Die Aufstellung einer Theorie der Schilddrüsenwirkung und eine befriedigende Beantwortung der damit zusammenhängenden Frage der peripheren oder zentralen Angriffspunkte des Thyreoideahormons ist zur Zeit noch nicht möglich.

Bd. XVI, 1.

Die Epithelkörperchen
(Glandulae parathyreoideae)

(S. 346—365).

Von

Friedrich Pineles — Wien.

Die neue chronaxiemetrische Methode wurde bei tetaniekranken Kindern von György und H. Stein[7] angewendet und ergab viel zuverlässigere Resultate einer veränderten erhöhten Nervenerregbarkeit als die bisherigen Untersuchungen mittels des galvanischen Stromes. Die Chronaxie zeigt ferner (Buchanan und Garven[8]) bei thyreoparathyreoidektomierten Tieren tägliche Schwankungen. Nach der Thyreoparathyreoidektomie gehen natürlich die Chronaxiewerte bedeutend in die Höhe, während die Werte für die Rheobase in geringerem Maße abnehmen.

F. Blum[9] vertritt wie in früheren Arbeiten den Standpunkt, daß in den Epithelkörperchen das lebenswichtige Prinzip in einer Vorstufe als Hormogen vorhanden ist und erst außerhalb der Drüse aktiviert wird. Wenn man die hormonale Kraft des Normalblutes mit dem Collipschen Parathormone ver-

[1] Pick, E. P.: Dtsch. med. Wschr. **1931 II**, 1532 (daselbst weitere Literatur).
[2] Priestley, Markowitz u. Mann: Zitiert auf S. 414.
[3] Riml, O., u H. G. Wolff: Naunyn-Schmiedebergs Arch. **157**, 178 (1930).
[4] Ring, G. C., S. Dworkin u. Z. M. Bacq: Amer. J. Physiol. **97**, 315 (1931).
[5] Oberdisse, K.: Naunyn-Schmiedebergs Arch. **162**, 150 (1931).
[6] Bergwald, A., u. G. Kuschinsky: Naunyn-Schmiedebergs Arch. **162**, 169 (1931)
[7] György u. H. Stein: Klin. Wschr. **1928**, 2424.
[8] Buchanan u. Garven: J. of Physiol. **62**, 115 (1926).
[9] Blum, F.: Klin. Wschr. **1931**, 231.

gleicht, so entsprechen 300 ccm Normalblut 40 Einheiten Collip-Hormon. Ilse Grafe[1] bestätigt die Erfolge der Blumschen Schutzkost bei der Tetania parathyreopriva.

Die meisten Arbeiten der letzten Jahre über die Parathyreoideae beschäftigen sich mit den Beziehungen dieser Drüse zum *Kalkstoffwechsel.* Berencsy[2] bestätigt die Erhöhung des Calciumgehaltes im Blutserum und Liquor nach Zufuhr von Parathyreoideahormon. Die Vermehrung des Calciums nach Zufuhr des Parathormons soll nicht aus dem Kalk der Knochen stammen, sondern auf das diffusible Calcium entfallen. Hypocalcämische Zustände mit einem Serumkalkgehalt von $5-7$ mg% finden sich bei Tetanie, Bronchialasthma, Heufieber, Osteomalacie usw. Hypercalcämie sieht man bei Basedow, Diabetes. Die infolge von allzu reichlicher Parathyreoideazufuhr entstehende Hypercalcämie äußert sich in Appetitlosigkeit, Erbrechen, Körperschwäche, Schlaflosigkeit, Koma, welch letzteres auch zum Tode führt. Als *parathyreogene Reaktion* bezeichnet Berencsy[3] jene Erhöhung des Blutcalciumspiegels, die 16 Stunden nach der subcutanen Injektion von einer Einheit Parathormone pro Kilogramm Körpergewicht eintritt. Gewöhnlich beträgt diese p. R. $^1/_2-1^1/_2$ mg%, bei Basedow und Hyperthyreoidismus $1^1/_2-3$ mg%; die p. R. des Liquors ist geringer und geht langsamer vor sich als die des Serums. Der Liquor bezieht das Calcium aus dem Serum, und zwar derart, daß der Calciumgehalt des Liquors mit dem diffusiblen an das Eiweiß nicht gebundenen Calcium des Serums im Gleichgewicht steht. Bomskov[4] gelangt auf Grund zahlreicher Versuche zum Ergebnis, daß das Epithelkörperhormon nicht einseitig auf den Blutkalkspiegel wirkt, sondern nach beiden Richtungen; es reguliert also den Blutkalkspiegel, indem es bei niedrigem Blutkalkspiegel injiziert, eine Steigerung und umgekehrt bei hohem Blutkalkspiegel zu einer Verminderung des Blutkalkspiegels führt. Dabei ist der Blutkalkspiegel abhängig von der Konzentration des anwesenden Epithelkörperhormons. Diese Annahme ergibt sich daraus, daß auf der Höhe der calcämischen Kurve durch Injektion einer großen Hormonmenge der sonst stattfindende Abfall der Kurve unterbleibt. Nach Csépai und Pelláthy[5] führt das Collip-Hormon bei Basedow und Thyreosen zu einer besonders starken Erhöhung des Serumkalkspiegels, woraus geschlossen wird, daß das Schilddrüsenhormon das wirksame Parathyreoidin sensibilisiert.

Es werden noch immer bezüglich des Zustandekommens der Tetanie nach Wegfall der Epithelkörperfunktion *zwei Theorien* erörtert. Die eine Theorie beruht auf der Tatsache der Verminderung des Blutcalciumspiegels mit Störung des Elektrolytgleichgewichtes, nachfolgender Alkalisierung des Blutes und Steigerung der Nerven- und Muskelerregbarkeit. Die zweite Theorie sieht in der Tetanie eine Guanidinvergiftung. Gegen letztere Hypothese sprechen weitere Untersuchungen von Collip[6], der an Hunden durch Zufuhr von Parathormon die Guanidinvergiftung nicht aufhalten konnte. Dasselbe berichtet Herxheimer[7] von seinen Experimenten an Katzen. Berencsy[8] führt zugunsten der Guanidinhypothese zwei Tatsachen an: vor allem die günstige Wirkung des Parathormons auch in jenen Fällen, in denen der Calciumgehalt des Blutes nicht erhöht wird, und ferner die *rasche* Besserung der Tetanie nach Darreichung des Parathormons, während beim Menschen der Höhepunkt der parathyreogenen Reaktion erst nach 16 Stunden eintritt. Berencsy hält die Tetanie für eine Selbstvergiftung,

---

[1] Grafe, Ilse: Z. Neur. **107**, 512 (1927).   [2] Berencsy: Klin. Wschr. **1930**, 1522.
[3] Berencsy: Klin. Wschr. **1929**, 2359.   [4] Bomskov: Klin. Wschr. **1930**, 1892, 2065.
[5] Csépai u. Pelláthy: Münch. med. Wschr. **1928**, 813.
[6] Collip: J. amer. med. Assoc. **88** (1927).   [7] Herxheimer: Klin. Wschr. **1927**.
[8] Berencsy: Klin. Wschr. **1929**, 2359.

deren Wesen in der Aufsaugung des Guanidins und anderer Amine besteht. Nach BREHME und GYÖRGY[1] ruft Parathormone bei normalen und tetanischen Säuglingen eine Erhöhung des Blutkalkspiegels hervor und eine Verschiebung der Blutreaktion gegen die saure Seite hin bei unveränderter Alkalireserve. Der letztere Befund wird erklärt durch Annahme einer Herabsetzung der Erregbarkeit des Atemzentrums unter dem Einfluß des gesteigerten Serumkalkspiegels. DEMOLE und CHRIST[2] fanden, daß bestrahltes Ergosterin eine Vermehrung des Blutkalkspiegels sowohl bei normalen als bei parathyreoidektomierten Hunden bewirkt. Diese Wirkung ist also unabhängig von der Parathyreoidea. REISS[3] gelangt zur Annahme, daß das Ek.-Hormon das Calcium aus den Geweben mobilisiert, wodurch eine Blutcalciumvermehrung entsteht. Wenn man durch perorale oder venöse Zufuhr von Calcium den Geweben Calcium liefert, ist die Vermehrung von Blutcalcium durch das Parathyreoidin beträchtlich größer. Nach BÄR[4] ergeben getrennte Kalkbestimmungen in Blutkörperchen und Blutplasma beim Menschen und parathyreoidektomierten Hunden, daß bei der Regulierung des Blutcalciumspiegels mittels des Parathyreoideahormons die Blutkörperchen bei der Übertragung des Calciums von großer Bedeutung sind. WALTNER[5] vertritt die Ansicht, daß der Überschuß des Epithelkörperhormons ebenso wie ein Defizit wirke. Bei Hyperfunktion der Parathyreoideae komme es zu einem Übermaß der Kalkmobilisation und dann schließlich zu einer Kalkvermehrung. Auf diese Weise faßt er Rachitis und Tetanie als Folge einer Hyperfunktion der Epithelkörper auf. HOFF und HOLMANN[6] sind der Meinung, daß Epithelkörperhormon und Vitamin D im Kalkhaushalt in mancher Beziehung Antagonisten darstellen. Bei allzu reichlicher Vitamin D-Verfütterung wird die Knochenverkalkung verstärkt, durch gleichzeitige Verabreichung von Parathormone aber aufgehoben. Die durch Vitamin D-Überdosierung hervorgerufenen Verkalkungen in den parenchymatösen Organen werden durch gleichzeitige Parathormonbehandlung in höchstem Grade verstärkt. Überdosierung von Parathormone führt zu schwerster Entkalkung des Skeletes und gleichzeitig zu schwerer Verkalkung in den parenchymatösen Organen. BEZNÁK[7] findet in seinen Versuchen, daß der parathyreoprive tetaniekranke Hund Calcium retiniert. Die während der Tetanie nachweisbare Abnahme des Blutkalkes kann in zweierlei Weise erklärt werden: entweder tritt aus dem Blute mehr Calcium in das Gewebe oder es wird weniger Calcium aus dem Gewebe ins Blut aufgenommen. JUDINA[8] stellt fest, daß parathyreoprive Hunde nach Zufuhr von Blut gesunder Hunde eine Besserung ihrer Erscheinungen darbieten. Dieser Effekt bleibt aus bei Einführung von physiologischer Kochsalzlösung. Führt man einem parathyreopriven Tier mit geringer Tetanie Calcium zu und transfundiert man dann Normalblut, so erhält man eine deutliche und anhaltende Besserung des Zustandes, wobei aber der Blutkalkspiegel dauernd niedrig bleibt. Diese Befunde sprechen für die Hypothese, derzufolge die Epithelkörperchen die Funktion haben, biologisch aktive kolloidale Calciumverbindungen zu produzieren. Nach HERXHEIMER[9] ist der Verlauf der Blutkalkkurve nach Injektion des Parathormone bei verschiedenen Tierarten verschieden. Beim Hunde langsamer Anstieg des Blutkalkspiegels, nach 6 bis 9 Stunden Höhepunkt und dann langsames Absinken. Bei der Katze steiler Anstieg schon in den ersten Minuten und rascher Abfall nach 20 Minuten. Beim

---

[1] BREHME u. GYÖRGY: Jb. Kinderheilk. **118**, 143 (1927).
[2] DEMOLE u. CHRIST: Klin. Wschr. **1930**, 1042.
[3] REISS: Endokrinol. **2**, 161 (1928).   [4] BÄR: Endokrinol. **1**, 421 (1928).
[5] WALTNER: Mschr. Kinderheilk. **40**, 317 (1928).
[6] HOFF u. HOLMANN: Z. exper. Med. **74**, 258 (1930).
[7] BEZNÁK: Klin. Wschr. **1931**, 1834.   [8] JUDINA: Zbl. Neur. **52**, 284 (1929).
[9] HERXHEIMER: Klin. Wschr. **1927**, 2268.

Kaninchen steht die Kurve zwischen Hund und Katze. Beim Menschen ähnlich wie beim Hunde.

Nitschke[1] stellte aus dem Harn spasmophiler Säuglinge eine Substanz dar, die beim Kaninchen, subcutan injiziert, einen spasmophilen Symptomenkomplex (Erniedrigung des Kalkspiegels im Serum, elektrische Übererregbarkeit, Krämpfe, Exitus) hervorrief. Bei 11 nichtspasmophilen Kindern wurde diese Substanz vermißt. Sie soll identisch sein mit der früher von Nitschke aus dem lymphocytogenen Gewebe dargestellten Substanz. Hertz[2] suchte das Tetaniegift im Harn spasmophiler Kinder mit der von Nitschke angegebenen Methode nachzuweisen. Nur 5mal (unter 11 Fällen) wurde der Calciumgehalt des Kaninchens unter 10 mg% gefunden. Auch im Urin nichtspasmophiler Säuglinge und Kinder wurde 6mal eine für Kaninchen tetanigene Substanz festgestellt.

Adamcsik und Beznák[3] finden, daß das Epithelkörperhormon auf den Calciumgehalt der *Milch* einen Einfluß ausübt. Die Epithelkörperchen besitzen mithin die Fähigkeit, die Zusammensetzung der Milch zu regulieren. Überraschenderweise wurde eine Verminderung des Calciumgehaltes der Milch gefunden. Der Calciumgehalt der menschlichen Milch bewegt sich zwischen $8^1/_2$—30 mg%; in der Morgenmilch ist er am geringsten, in den Nachmittagsstunden erreicht er sein Maximum. Bei Anwendung von Epithelkörperhormon strebt der Calciumgehalt einem ständigen Werte zu. Es besteht die Möglichkeit, daß die Parathyreoidea die Kalksekretion der Brustdrüsen hindert.

Eine Anzahl von Arbeiten beschäftigt sich mit den Beziehungen der Epithelkörperchen zum *Magen-Darmtraktus.* Dragstedt und Sudan[4] sind der Meinung, daß das Wesen der Tetanie eine Art Intoxikation, hauptsächlich intestinalen Ursprunges sei. Zwecks Adsorption dieser intestinalen Gifte verfütterten sie Kaolin, das in der Tat eine Besserung der Tetanie herbeiführte. Businco[5] fand bei Insuffizienz der Parathyreoideae schwere Störungen der Motilität des Magen-Darmtraktes, spastische Paralyse der Eingeweide mit starker Verzögerung der Fortbewegung des Darminhaltes. Viele Tatsachen sprechen auch dafür, daß beim parathyreopriven Tier eine abnorme Resorption durch die Darmschleimhaut stattfindet. Andere Autoren weisen innige Beziehungen zwischen Epithelkörper und Magen-Darmtraktus zurück. So hält Condorelli[6] die Störung des elektrolytischen Gleichgewichtes im Blute als primäre Konsequenz und nicht als Folge intestinaler Schädigungen. Oldberg und Walsh[7] untersuchten den Einfluß der Colektomie auf das Auftreten der parathyreopriven Tetanie und auf die Veränderung des Blutcalciums. Bei Normaltieren bewirkte die Colektomie einen Anstieg des Calciums von 1—3 mg%. Folgt der Colektomie die Parathyreodektomie, so ist der Beginn und der Verlauf der Tetanie verändert. Die nach Ausbruch der Tetanie vorgenommene Colektomie zeigt aber keinen Einfluß auf das tetanische Krankheitsbild. Auch Peracchia[8] findet, daß nach der Parathyreodektomie Störungen in der Funktion des Magen-Darmtraktes eintreten, die aber auf allgemeine Stoffwechselstörungen infolge der Tetanie beruhen. Nach Altmann und Lukas[9] steigert Epithelkörperextrakt die Magensaftsekretion in manchen Fällen nur in geringem Grade. Mahler[10],

[1] Nitschke: Klin. Wschr. **1929**, 1123. [2] Hertz: Klin. Wschr. **1932**, 113.
[3] Adamcsik u. Beznák: Klin. Wschr. **1931**, 2219.
[4] Dragstedt u. Sudan: Amer. J. Physiol. **77** (1926).
[5] Businco: Arch. di Fisiol. **26**, 454 (1928).
[6] Condorelli: Endocrinologia **3**, 304 (1928).
[7] Oldberg u. Walsh: Amer. J. Physiol. **85**, 531 (1928).
[8] Peracchia: Riv. Biol. **9**, 681 (1927).
[9] Altmann u. Lukas: Arch. Verdgskrkh. **41**, 234 (1927).
[10] Mahler: Klin. Wschr. **1930**, 2037.

sowie MAHLER und BEUTEL[1] berichten über günstige Erfolge mit Epithelkörper-extrakt bei Darmspasmen und Colica mucosa, wahrscheinlich infolge von Herab-setzung des Tonus im Magen-Darmtraktus. BROUGHER[2] vermißte nach Unter-bindung des Ductus choledochus bei 8 thyreoparathyreodektomierten Hunden 5mal tetanische Erscheinungen; 3mal waren sie nur in geringem Grade vor-handen. Da durch die Galle 66% Calcium mehr als durch den Harn aus-geschieden werden, schließt der Verf., daß die Unterbindung des Gallen-ganges ein Vorbeugungsmittel gegen das Auftreten der Tetanie sei. Dabei denkt er an folgende Erklärungsmöglichkeiten: entweder wird durch den Verschluß der Gallenwege das Calcium in sehr verlangsamter Weise aus dem Körper ausge-schieden oder es wird Calcium aus dem Darm wegen der Abwesenheit der Gallen-säuren in gesteigertem Maße aufgenommen. Endlich könnte die Reizschwelle des Nervensystems durch die im Blute kreisende Galle herabgesetzt werden.

H. STEINITZ[3] fand bei Magentetanie im Anfall einen normalen Ca- und K-Gehalt des Serums, starke Erhöhung der Alkalireserve, erhebliche Herab-setzung des Serum-Chlor-Spiegels und fast chlorfreien Urin. Außerdem war eine sehr starke Chlorretention und eine negative Stickstoffbilanz vorhanden. Hieraus schließt der Verf. auf eine beträchtliche Chlorverarmung des Körpers, der eine große Rolle beim Auftreten der Tetanie zukommt.

URRA und NAVAS[4] berichten über Steigerung der Glykämie um 50—100% nach Parathyreoidektomie. Sobald die ersten Zeichen der Tetanie sich zeigen, sinken die Werte bis zum normalen ab. Nach Krampfanfällen wieder Hyper-glykämie.

DYE[5] fand im Zentralnervensystem parathyreodektomierter Hunde überall Zellveränderungen als Ausdruck eines toxischen Prozesses. Je akuter der Prozeß, desto intensivere Veränderungen. Die ersten Veränderungen äußern sich in einer Kernhyperchromatose mit Zellschrumpfung. Dann folgt eine Abnahme des färbbaren Materials durch Fragmentation und Auflösung.

Eine Anzahl von Arbeiten der letzten Jahre beschäftigt sich mit den Be-ziehungen der *Ostitis fibrosa generalisata* zu den Epithelkörperchen (JAFFE, BODANSKY und BLAIR[6], GOLD[7], SNAPPER und BOEVÉ[8], MANDL[9] usw.). SNAPPER und BOEVÉ stellen fest, daß bei der Ostitis fibrosa generalisata schon in *10* Fällen durch Entfernung eines *Epithelkörperadenoms* Besserung bzw. Heilung erzielt wurde. Man fand bei dieser Krankheit folgende Störungen des Kalkstoffwechsels: Hypercalcämie, Hypophosphatämie und eine vermehrte Kalkausscheidung durch die Niere. JAFFE und Mitarbeiter machten den Versuch, durch Injektion von Collip-Hormon experimentell ähnliche Knochenschädigungen wie bei der Ostitis fibrosa zu erzeugen. In der Tat gelang es bei Meerschweinchen regelmäßig alle jene Knochenveränderungen hervorzurufen, wie man sie bei der Ostitis fibrosa generalisata findet, wie Knochenresorption und Auftreten von HOWSHIPschen Lakunen mit reichlichen Osteoclasten, fibrösem Ersatz des Knochenmarkes, Bildung von Osteoidgewebe, Blutungen. Es genügen tägliche Injektionen von 10 Einheiten COLLIPschen Parathormone durch 3—4 Wochen, um bei jungen Meerschweinchen solche Veränderungen hervorzurufen.

[1] MAHLER u. BEUTEL: Endokrinol. **1931**, H. 1.
[2] BROUGHER: Amer. J. Physiol. **86**, 39 (1928).
[3] STEINITZ, H.: Z. klin. Med. **107**, 560 (1928).
[4] URRA u. NAVAS: Zbl. Neur. **49**, 692 (1928).
[5] DYE: Quart. J. exper. Physiol. **17**, 71 (1927).
[6] JAFFE, BODANSKY u. BLAIR: Klin. Wschr. **1930**, 1717.
[7] GOLD: Mitt. Grenzgeb. Med. u. Chir. **41**, 63 (1928).
[8] SNAPPER u. BOEVÉ: Dtsch. Arch. klin. Med. **170**, 371 (1931).
[9] MANDL, F.: Arch. klin. Chir. **143**, 1 u. 245 (1926).

Bd. XVI, 1.

Thymus

(S. 366—400).

Von

Johannes Kretz – Linz a. D.

Die Physiologie der Thymusdrüse gehört zu den am wenigsten bekannten Gebieten der Endokrinologie. Entgegen der Meinung vieler Autoren ist der Thymus nach Hammar[1] kein lebenswichtiges Organ, da des Thymus beraubte Tiere unter günstigen Umständen ohne merkliche Gesundheitsstörung weiterleben können (Park und McClure[2]), wenn sie auch ungünstigen Verhältnissen gegenüber besonders empfindlich zu sein scheinen. Hiermit ist auch nicht gesagt, daß die nach Thymusexstirpation häufig zu beobachtenden Symptome, wie die Knochenveränderungen, die verminderte Resistenz gegenüber Infektionen, doch auf eine gestörte Thymusfunktion zurückzuführen sind. Der Umstand, daß nach Thymusexstirpation keine Ausfallserscheinungen einzutreten brauchen, spricht dafür, daß der Thymus durch andere Organe ersetzt werden kann (Nitschke[3]).

Was die Morphologie des Thymus betrifft, so wurde die Hammarsche Annahme der Entstehung der Hassalschen Körperchen aus dem Markreticulum bestätigt (Juba und Mihalik[4]). Die kleinen Thymuszellen sind Lymphocyten, deren Zelleib sich mit bestimmter Färbetechnik ausnahmslos darstellen läßt (Broduscu[5]).

Bezüglich der Involution des Thymus wurden von Babes[6] verschiedene Stadien derselben nachgewiesen. Es können entweder die Parenchymveränderungen (unscharfer Übergang zwischen Rinde und Mark, Auftreten von Fetttröpfchen) oder die Veränderungen im Bindegewebe (Verbreiterung der interlobären und interfollikulären Septen) im Vordergrund stehen. Höhergradige Involutionsvorgänge wurden vor allem bei entzündlichen Lungenerkrankungen (Pneumonie, Lungentuberkulose) beobachtet.

Die Versuche, die Funktion der Thymusdrüse durch die Exstirpation des Organs zu erforschen, sind in Anbetracht der Unsicherheit der Folgen der Thymektomie mehr in den Hintergrund getreten. Was die Stoffwechselveränderungen nach Thymusexstirpation betrifft, fand Piana[7] eine erhebliche Verminderung des Blutzuckers, Nitschke eine Senkung des Serumkalks und des anorganischen Phosphors. Stahnke[8] untersuchte die Wirkung der Thymektomie auf die Kropferzeugung. Während junge Ratten mit einer aus Gerste, Ochsenfleisch, Endivien, Chlorkalk und Wasser bestehenden Kost (Tanabe) eine dem

---

[1] Hammar, J. A.: Die Menschenthymus. II. Akad. Verlagsges. Leipzig 1929.
[2] Park, E. A., u. McClure: Amer. J. Dis. Childr. **18** (1919). — Zit. Hammar: Siehe Fußnote 1.
[3] Nitschke: Z. exper. Med. **65**, 637 (1929).
[4] Juba, A., u. P. Mihalik: Z. Anat. **90**, 278 (1929).
[5] Broduscu, J.: Z. mikrosk.-Anat. Forsch. **22**, 146 (1930) — Ref. Endokrinol. **8**, 275 (1931).
[6] Babes, A.: Virchows Arch. **272**, 93 (1929).
[7] Piana, S. A.: Pediatria **37**, Nr 18 (1929) — Ref. Endokrinol. **6**, 382 (1930).
[8] Stahnke, E.: Dtsch. Z. Chir. **224**, 129 (1930).

Basedowkropf ähnliche Vergrößerung der Schilddrüse bekamen, ändert sich das histologische Bild bei gleichzeitiger Thymektomie im Sinne einer diffusen großblasigen Kolloidstruma.

Einen besseren Einblick in die Thymusphysiologie gewährten die Versuche mit Verabreichung von Thymusextrakten. Die Versuche wurden vorwiegend an jungen weißen Ratten und Meerschweinchen ausgeführt. Es gelang ASHER und NOWINSKI[1], einen wasserlöslichen, bisher noch nicht chemisch rein darstellbaren Thymusextrakt (Thymocrescin) herzustellen, der in einer Menge von 20 mg täglich die schädigende Wirkung einer wachstumshemmenden und zum Tode führenden vitaminarmen Kost aufzuheben vermag. Auch prophylaktisch konnte ein Gewichtssturz vermieden werden. Es kommt zu gesteigertem Wachstum, der Kalkstoffwechsel wird günstig beeinflußt, und die Wirkung einer bei Lichtabschluß Rachitis erzeugenden Ernährung bleibt aus (ASHER und RATTI[2]). Auch REISS, WINTER und HALPERN[3] konnten in langfristigen Versuchen die Zunahme des Blutkalks und die Kalkanreicherung der Knochen bestätigen. Ein von OHNISHI[4] hergestellter Extrakt ergibt beschleunigte Entwicklung der Hühnerembryonen und Hyperplasie der Samenkanälchen. Durch Thymusextraktverabreichung kommt es zu einer Senkung des Grundumsatzes um $14-35\%$ (SCHNEIDER und NITSCHKE[5]). Selbst ein durch Thyroxin gesteigerter Grundumsatz ließ sich zur Norm zurückbringen. Eine durch isometrische oder isotonische Kontraktionen hervorgerufene Ermüdung der Muskel konnte durch Thymocrescin stundenlang beseitigt werden (ASHER und SCHEINFINKEL[6]). Während die bisher erwähnten Versuche mit Thymusextrakt dazu dienten, die physiologische Wirkung der Thymussubstanz zu erforschen, erzielte BALAWENETZ[7] toxische Wirkungen durch Überdosierung mit einem im Moskauer Institut für experimentelle Endokrinologie hergestellten Thymusextrakt (Thymokrinin). Bei Verfütterung von $0,1-0,8$ g täglich kam es zu allgemeinen Stoffwechselstörungen, Schlaffheit, Gewichtsabnahme, Hemmung der Geschlechtsreife und Degeneration des samenbildenden Epithels.

Infolge der vielfach noch ungeklärten Funktionen des Thymus sind wir über die endokrinen Störungen, die von diesem Organ ausgehen, noch viel weniger unterrichtet. Als einigermaßen sicher kann der fördernde Einfluß des Thymus auf das Wachstum, den Kalkstoffwechsel und die Muskeltätigkeit, sowie seine lymphoexcitatorische Funktion angesehen werden.

Hypofunktion des Thymus. Eine mangelhafte Thymusfunktion wird bei zwergwüchsigen Kindern mit hochgradigen Knochenveränderungen (Kombination von Rachitis mit Osteoporose) angenommen (thymogener Zwergwuchs). JUL. BAUER[8] hält es für möglich, daß auch manche Fälle von endemischem Kretinismus auf eine Unterfunktion des Thymus zurückzuführen sind, bei welchen sich gleichfalls schwere Skelettveränderungen finden. GALANT[9] beschreibt als Idiotia thymica den Fall eines schwachsinnigen 17jährigen jungen Mannes mit dem Aussehen eines 9jährigen mit großem Kopf, Skoliose, Genua valga, fehlender Behaarung und kleinem Genitale.

[1] ASHER, L., u. V. W. NOWINSKI: Klin. Wschr. **1930**, 986. — NOWINSKI, V. W.: Biochem. Z. **226**, 415 (1930). — ASHER, L.: Endokrinol. **7**, 321 (1930).
[2] ASHER, L., u. P. RATTI: Klin. Wschr. **1929**, 2051.
[3] REISS, M., K. A. WINTER u. N. HALPERN: Endokrinol. **5**, 230 (1929).
[4] OHNISHI, J.: Fol. endocrin. jap. **6**, 54 (1930) — Ref. Endokrinol. **9**, 71 (1931).
[5] SCHNEIDER, M., u. A. NITSCHKE: Klin. Wschr. **1930**, 1489.
[6] ASHER, L., u. N. SCHEINFINKEL: Endokrinol. **4**, 241 (1929).
[7] BALAWENETZ, S.: Virchows Arch. **278**, 383 (1930).
[8] BAUER, J.: Innere Sekretion. Berlin: Julius Springer 1927.
[9] GALANT: Arch. Kinderheilk. **88**, 275 (1929).

Hyperfunktion des Thymus. Für die Lehre vom Status thymico-lymphaticus ist die Feststellung HAMMARS[1], daß die frühere Beurteilung der Größenverhältnisse des Thymus eine irrige war, von weittragendster Bedeutung. Da bei den früheren Statistiken über die Größe des Thymus stets Krankheitsfälle mit einbezogen waren, bei denen es bereits zur Involution des Thymus gekommen war, erhielt man ausnahmslos subnormale Werte und glaubte daher bei Todesfällen, denen keine längere Krankheitsdauer vorangegangen war (so bei Fällen von plötzlichem Tod ohne nachweisbare anatomische Veränderungen, bei Narkosetodesfällen), einen über die Norm vergrößerten Thymus vor sich zu haben, den man für den plötzlichen Tod verantwortlich machte. Von diesem Irrtum ist nach HAMMAR kaum ein Gebiet der Medizin unberührt geblieben. Es muß in Zukunft gefordert werden, daß die Beurteilung der Thymusgröße nur nach den von HAMMAR an einem überaus großen Material gewonnenen Größenangaben erfolgt. Hiermit soll keineswegs das zeitweilige Vorkommen einer abnormen Thymusvergrößerung bestritten werden, wie die Thymusvergrößerungen bei Kindern mit Asthma thymicum oder die Thymushyperplasien bei Morbus Basedow. Die Lehre vom Status thymico-lymphaticus ist derart aufzufassen, daß es Konstitutionsanomalien gibt, die mit einer Hyperplasie des gesamten lymphatischen Apparates und damit auch des Thymus einhergehen, die durch eine gesteigerte Reaktionsfähigkeit auf Reize und Schädigungen aller Art charakterisiert sind, wobei aber der Thymus „seiner zentralen Stellung entkleidet" ist (THOMAS[2]).

Somit sind wir von einer Klinik der durch den Thymus bedingten Erkrankungen heute weiter entfernt, als es vielleicht früher den Anschein haben mochte, und erst die Zukunft wird erweisen müssen, ob es selbständige Erkrankungen, die auf eine Unterfunktion des Thymus oder auf eine Thymushyperplasie zurückgeführt werden können, gibt, oder ob dem Thymus nicht eher eine koordinierte Stellung bei Erkrankung der innersekretorischen Drüsen zukommt, und nur gewisse Symptome, wie beispielsweise die Myasthenie beim Morbus Basedow, als Funktionsstörungen des Thymus aufzufassen sind.

Bd. XVI,1.

Nebennieren
(S. 510—556).

Von

JOHANNES KRETZ – Linz a. D.

Auch die neueren Bestrebungen, durch Exstirpation der Nebennieren die Funktion derselben zu erforschen, haben die Schwierigkeiten der totalen Entfernung des Organs ergeben, da sich autoptisch oft „Nebennierenreste" in Form akzessorischen Rindengewebes finden lassen, wie ja die totale Entfernung des chromaffinen Gewebes gleichfalls nicht möglich ist, da bei manchen Tieren mehr chromaffines Gewebe außerhalb der Nebennieren liegt. Die Symptome nach Nebennierenexstirpation können als Autointoxikation gedeutet werden. Die Nebennierenexstirpation führt zu einem Absinken des Blutzuckers und zu fortschreitendem Glykogenschwund der Leber. Es fehlt das Ansteigen des Blut-

---

[1] HAMMAR: Zitiert auf S. 421.
[2] THOMAS, E.: Handb. d. inn. Sekret. Von M. HIRSCH. **31** (1928).

zuckers nach Traubenzuckerinjektion (CARIO[1]), wie auch die nach Pilocarpininjektion auftretende Hyperglykämie ausbleibt. Es kommt zu einer Verminderung des Blutplasmas, das Fibrinogen im Serum nimmt zu und die Blutgerinnung wird beschleunigt. Gegen anaphylaktischen Shock, sowie gegen den Histaminshock sind epinephrektomierte Tiere empfindlicher als Normaltiere (WYMAN und SUDEN[2]). Die nach Nebennierenexstirpation auftretenden Atemstörungen, die von SWALE VINCENT auf einen Verlust der Reservealkalien zurückgeführt wurden, sind nach REISS[3] die Folge des primär gestörten Stoffwechsels. Nach REISS ist die Nebenniere ebenso wie die Epithelkörperchen oder das Pankreas vorwiegend eine Stoffwechseldrüse, deren Ausfall sich vor allem in schweren Stoffwechselstörungen manifestiert.

Adrenalin. Nach STEFL[4] findet in der Nebennierenrinde eine Neusynthese des Adrenalins statt, indem das oxydierte Adrenalin durch die Lipoide der Nebennierenrinde in eine wirksame aktive Form übergeführt wird. Zur Prüfung der Adrenalinsekretion stellten TOURNADE und JOURDAN[5] eine venöse Anastomose zwischen einem epinephrektomierten und einem Normalhund her. Sie fanden, daß Curareinjektion die Adrenalinsekretion stark vermindert und den Blutdruck senkt. Bezüglich der Blutzuckerregulierung wird ein Antagonismus zwischen Adrenalin und Insulin angenommen (MEYTHALER[6]). Eine Reihe von Untersuchungen befaßt sich mit der Physiologie adrenalinverwandter Körper, wie des Ephetonin, Ephedrin und Sympatol. Letzteres Präparat hat gegenüber Adrenalin den Vorteil, daß es auch oral wirksam ist, eine größere Haltbarkeit aufweist und weniger toxisch wirkt, so daß es auch bei intravenöser Einverleibung nicht die unangenehmen Sensationen hervorruft wie Adrenalin (KOTTLORS und FAUST[7]). Daneben hat es wie Ephedrin einen günstigen Einfluß auf den Blutdruck (FOGED[8]). Was die Kreislaufwirkung der genannten Mittel betrifft, so fanden HOCHREIN und KELLER[9] keine qualitativen, sondern lediglich quantitative Unterschiede, indem die Dauer und Stärke der Wirkung von Sympatol geringer ist als die des Adrenalin, jedoch stärker als Ephedrin, dagegen weniger toxisch ist als die beiden Substanzen.

Nebennierenrinde. HIRSCH[10] fand in der Nebennierenrinde den höchsten Glutathiongehalt aller menschlichen Organe. Eine erhebliche Vermehrung des Glutathiongehaltes weisen die Nebennieren trächtiger Tiere auf (BLANCHETIÈRE[11]). Durch Zufuhr von Nebennierenrindenextrakt läßt sich das Leben epinephrektomierter Tiere verlängern (HARTMAN[12], REISS[13]). Die Verlängerung der Lebenszeit gelingt nach REISS jedoch nur dann, wenn die Extraktverabreichung vor dem Auftreten von Ausfallserscheinungen gegeben wurde. Wurde der Extrakt

---

[1] CARIO, R.: Klin. Wschr. **1930**, 1623.

[2] WYMAN, L. C., u. C. TUM SUDEN: Amer. J. Physiol. **93**, 700 (1930). — Ref. Endokrinol. **8**, 58 (1931).

[3] REISS, M.: Endokrinol. **6**, 421 (1930); **7**, 1 (1930).

[4] STEFL: C. r. Soc. Biol. Paris **106**, 406 (1931) — Ref. Endokrinol. **9**, 211 (1931).

[5] TOURNADE, H., u. JOURDAN: C. r. Soc. Biol. Paris **106**, 341 (1931) — Ref. Endokrinol. **9**, 205 (1931).

[6] MEYTHALER, F., u. R. CARIO: Arch. f. exper. Path. **154**, 193 (1930).

[7] KOTTLORS, E., u. H. FAUST: Med. Klin. **1931**, 471.

[8] FOGED, H.: Endokrinol. **9**, 223 (1931).

[9] HOCHREIN, M., u. J. KELLER: Arch. f. exper. Path. **154**, 37 (1930).

[10] HIRSCH, R.: Bull. Acad. Méd. Paris **104**, 539, 739 (1930) — Ref. Endokrinol. **9**, 207 (1931).

[11] BLANCHETIÈRE, A., L. BINET u. A. ARNAUDET: C. r. Soc. Biol. Paris **104**, 163 (1930) — Ref. Endokrinol. **8**, 57 (1931).

[12] HARTMAN, F. A., u. K. A. BROWNELL: Amer. J. Physiol. **93**, 655 (1930) — Ref. Endokrinol. **8**, 61 (1931). — HARTMAN, F. A.: Endocrinology **14**, 229 (1930).

[13] REISS, M.: Endokrinol. **6**, 321 (1930).

erst später injiziert, so konnten lediglich gewisse Ausfallserscheinungen für eine Zeit lang beseitigt werden. Hartman gelang es mit seinem Nebennierenrindenextrakt (Cortin), epinephrektomierte Katzen bis zu 217 Tagen nach der Operation am Leben zu erhalten. Nach Entzug des Extraktes starben sie. Weitere Wirkungen des Rindenextraktes sind eine beschleunigte Entwicklung von Anurenlarven und Hühnerembryonen, ein wachstumssteigernder Einfluß auf Süßwasserpflanzen und eine Hemmung der Entwicklung der weiblichen inneren und äußeren Geschlechtsorgane (Asher und Klein[1]). Der Uterus bleibt klein, die Warzenbildung der Brustdrüse bleibt aus. Histologisch läßt sich eine mangelhafte Entwicklung der Ovarien und Fehlen der normalen Corpora lutea nachweisen (Kahn[2]). Hingegen fördert der Extrakt die Entwicklung der männlichen Genitalorgane (Nebenhoden, Samenblase, Penis). Bei längerer Verabreichung bewirkt er eine Steigerung des Gesamtcholesterin im Blut. Das Wachstum des experimentellen Mäusekrebses wird gehemmt (Arloiny, Josserand und Charachon[3]).

Hypofunktion der Nebennieren. Infolge der engen räumlichen Anordnung von Rinde und Mark, die bei Nebennierenerkrankungen meist gleichzeitig befallen sind, können die Erscheinungen des Morbus Addison nicht so sehr auf Störungen der einzelnen Nebennierenanteile, sondern müssen vielmehr auf das Gesamtorgan bezogen werden. Die Unterfunktion der Nebennieren braucht hierbei nicht an ein bestimmtes anatomisches Substrat gebunden zu sein, sondern es ist nach Paul[4] viel wesentlicher, daß überhaupt histologische Veränderungen an den Nebennieren festgestellt werden können, da bei jeder morphologisch nachweisbaren Veränderung auch mit Funktionsstörungen gerechnet werden muß (Paunz[5]). Unter den Nebennierenerkrankungen, die zu einem Morbus Addison führen können, beschreibt Kovács[6] die „cytotoxische Schrumpfnebenniere", die in einer progredienten zur völligen Atrophie des Organs führenden Erkrankung besteht. Sie entsteht durch toxische Schädigungen der verschiedensten Art auf hämatogenem Wege und tritt stets doppelseitig auf. In Fortsetzung der Untersuchungen von Koávcs beschreibt Omelskyj[7] eine einseitig auftretende, örtlich entstehende Schrumpfnebenniere, die durch Tuberkulose, hämorrhagische Infarzierung von einer Venenthrombose oder durch andere Schädigungen entstehen kann. Paul hält die Kovácssche Schrumpfnebenniere nur für die schwerste Form und das letzte Glied verschiedener Arten von Nebennierenerkrankungen, die unter dem Einfluß verschiedener Schädlichkeiten entstehen, aber häufig auch wieder völlig ausheilen können. Was die Klinik der Hypofunktion der Nebennieren betrifft, so wurde temporärer Addisonismus nicht nur nach Infektionskrankheiten (wobei neben den akuten Infektionskrankheiten vor allem Tuberkulose und Lues eine große Rolle spielen), sondern auch bei toxischen Schädigungen, wie nach Chloroformnarkosen, Salvarsan, bei Avitaminosen (Pellagra, Beri-Beri) beobachtet. Auch nach Röntgenbestrahlungen kann es zu elektiven Schädigungen der Nebennieren kommen, wie manche Symptome des sog. „Röntgenkaters" auf eine Mitbeteiligung der Nebennieren zurückzuführen sind (Decastello). Intensive Röntgenbestrahlung der Nebennieren ruft Markschädigungen hervor, die später auf die Rinde übergreifen und zu ausgedehnter

[1] Asher, L., u. O. Klein: Klin. Wschr. **1931**, 1076.
[2] Kahn, R. H., u. E. Rindt: Endokrinol. 8, 1 (1931).
[3] Arloiny, F. Josserand u. J. Charachon: Bull. Acad. Méd. Paris **103**, 211 (1930) — Ref. Endokrinol. **7**, 36 (1930).
[4] Paul, F.: Virchows Arch. **282**, 256 (1931).
[5] Paunz: Virchows Arch. **242**, 138 (1923).
[6] Kovács, W.: Beitr. path. Anat. **79**, 213 (1928).
[7] Omelskyj: Virchows Arch. **271**, 377 (1929).

Fibrose des ganzen Organs führen können (ROGERS und MARTIN[1]). Die von WIESEL und SCHUR beobachtete Erschöpfung der Nebennieren nach starker körperlicher Überanstrengung wurde auch bei langdauerndem Hungerzustand, bei Erschöpfungszuständen aller Art beobachtet. Auch manche Formen der Herzinsuffizienz, niedrigem systolischen und diastolischen Blutdruck und leichter Erschöpfbarkeit des Herzens wurden auf eine chronische Nebenniereninsuffizienz zurückgeführt (JOSUE und BELLOIR: Asystolie surrénale). Bei Status lymphaticus weisen nach KISCH[2] ca. 37% der Fälle Hypotonie und andere Ausfallserscheinungen der Nebennieren auf. Nach LAWRENCE und ROWE[3] findet sich bei Hypoepinephrie ein verminderter Grundumsatz (durchschnittlich — 17%), verminderter Blutzucker (in einem Viertel der Fälle unter 80 mg), sowie herabgesetzte Galaktosetoleranz. Die Zuckerverwertung ist gestört, indem schon bei niederem Blutzucker Glykosurie auftreten kann. TSCHEBOKSSAROW[4] fand bei Nebennierenerkrankungen im Serum eine gegen Chinin resistente, gegen Chloralhydrat und Atoxyl empfindliche Lipase.

Hyperfunktion des Nebennierenmarkes. Wenn sich auch chemisch der Nachweis von Adrenalin im strömenden Blut nur schwer erbringen läßt, müssen wir doch eine Hyperadrenalinämie bei Nebennierenmarktumoren annehmen, bei welchen die Geschwulstzellen eine hohe Gewebsreife erkennen lassen und bei denen auch klinisch das Bild der Hyperadrenalinämie besteht. PAUL[5] unterscheidet Fälle von akuter und von chronischer Hyperadrenalinämie. Bei ersterer handelte es sich um Blutungen in einem Marktumor, wobei es zu einer akuten Ausschwemmung des Adrenalin ins Blut mit rasch eintretender Herzinsuffizienz gekommen war. Die Symptome der Patienten stimmten mit denen der akuten Adrenalinvergiftung völlig überein (Reizung des Atem- und Brechzentrums, weite Pupillen, Tachykardie, Herzinsuffizienz). Als chronische Hyperadrenalinämie müssen Fälle von Marktumoren aufgefaßt werden, bei denen es zu dauernder Blutdrucksteigerung, Herzhypertrophie, Albuminurie und vorgeschrittener Arteriosklerose gekommen ist. PAUL stellte aus der Literatur und aus eigener Beobachtung über 20 derartige Fälle zusammen, die meist als chronische Nephritis oder Schrumpfniere gedeutet worden waren.

Hyperfunktion der Nebennierenrinde. Die Überfunktion der Nebennierenrinde (Interrenalismus) äußert sich in einer Beeinflussung des Körperbaus und der Geschlechtsmerkmale. Es kommt entweder zu geschlechtlicher Frühreife und Änderung der Geschlechtsmerkmale nach der heterosexuellen Seite, oder aber es besteht von Geburt an ein Scheinzwittertum. Das anatomische Substrat des Interrenalismus sind entweder Tumoren der Nebennierenrinde oder diffuse Hyperplasien der Nebennierenrinde. Doch beobachtete JULIUS BAUER[6] einen einschlägigen Fall, bei dem sich autoptisch kein Befund an den Nebennieren erheben ließ. Beim Interrenalismus findet sich reichliche Entwicklung des Haarwuchses, besonders um die Brustwarzen, an der Linea alba und an der Streckseite der Extremitäten. Das Haar ist vergröbert, die Schambehaarung der Frau weist einen virilen Typus auf. Bei weiblichen Individuen kommt es zu einem heterosexuellen Umschlag, die Menses sistieren, die Klitoris vergrößert sich. Bei männlichen Individuen zeigen sich die Symptome der Frühreife. In manchen Fällen wurde gleichzeitig Polycythämie (ZUCKER[7]) und Hypertonie beobachtet.

---

[1] ROGERS, F. T., u. C. L. MARTIN: Amer. J. Physiol. **93**, 684 (1930) — Ref. Endokrinol. **8**, 58 (1931).

[2] KISCH, F.: Klin. Wschr. **1929**, 736.

[3] LAWRENCE, CH. H., u. A. W. ROWE: Endocrinology **13**, 1 (1929).

[4] TSCHEBOKSSAROW, M. N., u. S. J. MALKIN: Endokrinol. **5**, 331 (1929).

[5] PAUL: Zitiert auf S. 425.   [6] BAUER, JUL.: Verh. Intern. Kongr. **1930**, 138.

[7] ZUCKER, E.: Wien. klin. Wschr. **1929**, 1045.

Bd. XVI, 1.

Der Einfluß der inkretorischen Drüsen und des Nervensystems auf Wachstum und Differenzierung

(S. 697—806).

Von

Werner Schulze – München.

Zusammenfassende Darstellungen.

Allen: The influence of the thyroid gland and hypophysis upon growth and development of amphibian larvae. Quart. Rev. Biol. **4**, 325 (1929). — Biedl: Die funktionelle Bedeutung der einzelnen Hypophysenanteile. Endokrinol. **3**, 241 (1929). — Hirsch: Handb. der Inneren Sekretion. Leipzig: Kabitzsch 1930 (besonders Abhandlung von Gudernatsch).

Im folgenden soll ein kurzer Nachtrag über die in den letzten $2^1/_2$ Jahren erschienenen neuen Arbeiten gegeben werden, ohne daß beabsichtigt ist, auf Grund der neuen Arbeiten das gesamte Gebiet nochmals neu darzustellen. In der Gliederung halte ich mich streng an die Einteilung im Handbuchabschnitt.

Auch in den letzten Jahren sind einige Arbeiten erschienen, die sich zur Aufgabe stellten, den *Einfluß* inkretorischer Drüsen *auf Wachstum und Entwicklung wirbelloser Tiere* zu prüfen. Wie bisher sind diese Versuche insofern ergebnislos gewesen, als es nicht eindeutig gelang, einen spezifischen Einfluß inkretorischer Drüsen auf die Wachstumsvorgänge Wirbelloser nachzuweisen.

Die Fütterung von Hypophysenvorderlappen an Planarien durch Wulzen und Bahrs[1] zeigte keinerlei spezifische Wachstumsförderung. Romeis und Wüst[2] prüften die Wirkung von Thyroxin auf den Gasstoffwechsel von Schmetterlingsraupen. Kleinste Thyroxinmengen wurden in Schmetterlingspuppen injiziert. Der Gasstoffwechsel erfuhr bei Anwendung kleinster Mengen unter Umständen eine mächtige Steigerung um 500—7000%. Die Umwandlungsvorgänge während der Metamorphose wurden weder durch schwache noch starke Thyroxinmengen wesentlich beschleunigt. Der Zusatz von Thyroxin zum Meerwasser, in dem befruchtete Eier und Larven des Seeigels Paracentrotus lividus in den Versuchen von Hykes[3] gehalten wurden, ergab zwar anfangs eine geringe Beschleunigung der Entwicklung, die aber später durch eine mäßige Entwicklungsverzögerung aufgehoben wurde.

Nur Alpatov[4] berichtet über positive Erfolge bei der Schilddrüsenfütterung von Drosophila melanogaster-Larven, die auf Agarnährboden gehalten wurden. Die mit Schilddrüse gefütterten Larven waren nach einer bestimmten Versuchszeit wesentlich größer als die Kontrollen. Für diese Versuche gilt derselbe Vorbehalt, den Torrey, Beal, Riddle und Brodie[5] bei ihren Paramäcienversuchen machten. Es handelt sich hier wie dort wohl nicht

---

[1] Wulzen and Bahrs: Growth-promoting power for planarian worms of eosinophilic and basophilic cell groups in anterior pituitary. Proc. Soc. exper. Biol. a. Med. **28**, 84 (1930).

[2] Romeis u. Wüst: Die Wirkung von Thyroxin auf den Gasstoffwechsel von Schmetterlingsraupen. Zugleich ein Beitrag zur Frage der Wirkung kleinster Mengen. Roux' Arch. **18**, 534 (1929).

[3] Hykes: Influence de la thyroxine sur le développement des oursins. C. r. Soc. Biol. Paris **106**, 133 (1931).

[4] Alpatov: The influence of thyroid gland feeding on the acceleration of the growth of larvae of Drosophila melanogaster. Proc. nat. Acad. Sci. U. S. A. **15**, 578—580 (1929).

[5] Torrey, Beal, Riddle u. Brodie: Thyroxin as a depressant of the division rate of paramaecium. J. gen. Physiol. **7**, Nr 4, 449 (1925).

um einen spezifischen Einfluß der Schilddrüse, sondern um die unspezifische Wirkung „guten" Futters, d. h. eines Futters, das mehr verwertbare Stoffe enthält als das Kontrollfutter.

Bei der Durchsicht des Schrifttums der letzten Jahre zeigt sich, daß die den Einfluß *der Schilddrüse* auf Amphibienlarven betreffenden Fragen so weit geklärt sind, daß sich das Interesse der Forschung mehr der noch ungeklärten Funktion der Schilddrüse bei den Wachstums- und Entwicklungsvorgängen der *Vögel* zugewandt hat. Immerhin haben wir auch hier eine Reihe wichtiger Arbeiten zu verzeichnen, die die verschiedensten Fragen über die Wirkung der Schilddrüse auf Wachstum und Differenzierung der Amphibienlarven angehen.

ABDERHALDEN und WERTHEIMER[1] unternahmen den interessanten Versuch, zu überprüfen, inwieweit die *Jodatome des Thyroxinmoleküls durch Chlor oder Brom ersetzbar sind*, ohne daß die spezifische Wirksamkeit auf die Froschlarven- und Axolotlmetamorphose aufgehoben wird. Die von ihnen geprüften Verbindungen zeigten eine entsprechende Wirkung wie das Thyroxin, nur waren größere Mengen notwendig, um einen positiven Versuchserfolg zu erhalten. Wurden an Stelle des teilweisen Ersatzes alle vier Jodatome des Thyroxins ausgeschaltet und durch Bromatome ersetzt, so erwies sich die Verbindung im Froschlarven-, Axolotl- und Gaswechselversuch an Ratten als stark wirksam. Trat aber kein Chlor- oder Bromatom an Stelle des Jods und fehlten sämtliche vier Jodatome, so war die Verbindung unwirksam.

Die Wirkung der Schilddrüse auf Froschlarven besteht bekanntlich in der Beschleunigung der Metamorphose und Hemmung des Wachstums. In unserer Abhandlung hatten wir mehrfach darauf hingewiesen und durch Versuchsergebnisse aus dem Schrifttum belegt, daß diese Wirkung an ein bestimmtes Entwicklungsstadium der Amphibienlarven gebunden ist. Vor Erreichung des Stadiums ist die Behandlung mit Schilddrüsensubstanz ohne Erfolg. Höchstens wird eine Nachwirkung beobachtet, sobald die Froschlarven das empfindliche Entwicklungsstadium erreicht haben. TANIGUCHIS[2] Versuche bestätigen diese Grundsätze neuerdings.

Während der Zeit der allgemeinen Ansprechbarkeit der Amphibienlarven auf Schilddrüsenbehandlung besteht entsprechend früheren Versuchsergebnissen (ROMEIS, ALLEN, SCHULZE u. a.) eine unterschiedliche Empfindlichkeit der einzelnen Organe auf die Schilddrüsenzufuhr. In den Versuchen von FONTÈS und ARON[3] hatten allerkleinste Thyroxindosen nur eine schwache Wirkung auf die Leber der Froschlarven. Etwas stärkere, aber immer noch sehr geringe Thyroxinmengen setzen die Umwandlungen des Darmes und die Entwicklung der hinteren Gliedmaßen in Gang, während bei weiterer geringer Steigerung der Thyroxinzufuhr auch noch die bekannten Umwandlungsvorgänge am Larvenmaul und an der Haut hinzukamen. Erst bei noch weiterer Steigerung des Thyroxinzusatzes kommt es dann zur beschleunigten vollständigen Metamorphose. Die besondere Beeinflußbarkeit der Keimdrüsen, die mit der allgemeinen Entwicklungsbeschleunigung parallel gehen oder ihnen voraneilen kann, konnte KRICHEL[4] an Bufo viridis-Larven zeigen.

---

[1] ABDERHALDEN u. WERTHEIMER: Studien über den Einfluß von Substitutionen im Thyroxinmolekül auf dessen Wirkung. Z. exper. Med. **63**, 557 (1928).

[2] TANIGUCHI: Über die Wirkung des Jodnatriums und von Schilddrüsenpräparaten auf die Froschembryonen. Fol. anat. jap. **8**, 345 (1930).

[3] FONTÈS et ARON: Mode d'action qualitative et quantitative de la thyroxine synthétique. Son influence sur la métamorphose des larves d'anoures. C. r. Soc. Biol. Paris **102**, 679 (1929).

[4] KRICHEL: Der Einfluß thyreoidaler Substanzen auf Larven von Bufo viridis und die Bedeutung dieser Stoffe für die Entwicklung der Keimdrüse bis zur Metamorphose. Zool. Jb. Abt. allg. Zool. u. Physiol. **48**, 589 (1931).

Der alte Streit, ob die Beeinflussung der Amphibienlarvenmetamorphose nur durch Schilddrüseninkret oder durch diesem ähnliche Verbindungen oder auch durch anorganisches Jod allein gelingt, scheint dahin entschieden, daß durch Zufuhr genügender Mengen anorganischen Jodes eine überstürzte Metamorphose hervorgerufen werden kann (Allen[1], Uhlenhuth und Winter[2]).

Brachten die zuletzt genannten Autoren Jodkrystalle von 0,3—0,7 mg Gewicht in die Leibeshöhle von Salamanderlarven, so beobachteten sie eine überstürzte Metamorphose. Da bei diesen Versuchen die larveneigenen Schilddrüsenzellen so stark unter dem Jodeinfluß leiden, daß sie nach wenigen Tagen degenerieren, glauben die Autoren, die Metamorphose einem unmittelbaren Einfluß des Jods auf die Larvenorgane zuschreiben zu müssen. Es bleibt natürlich der Einwand bestehen, daß die degenerierende larveneigene Schilddrüse wie ein artfremdes Schilddrüsentransplantat, das zur Resorption kommt, wirkt, so daß die Wirkung auf die Metamorphose nicht nur dem Jod, sondern den zerfallenden Schilddrüsenzellen der larveneigenen Schilddrüse zuzuschreiben wäre.

Sachs[3] bestätigte, daß bei Perennibranchiaten (Proteus anguineus und Necturus maculatus) auch durch reichliche Zufuhr von Schilddrüsensubstanz eine Umwandlung nicht hervorzurufen ist. Auf die theoretische Bedeutung dieses Versuchsergebnisses wurde bereits im Handbuch mehrfach hingewiesen.

Embryonale Gewebe sprechen nach den Versuchen von Semura[4] nicht nur im Verband eines Organes, sondern auch isoliert in der Deckglaskultur auf Thyroxinbeeinflussung an. Durch Thyroxinzusatz in starker Verdünnung erhielt Semura eine starke Wachstumsbeschleunigung explantierten Herzkammergewebes von Hühnerembryonen. Diese Reaktion ist insofern spezifisch, als von andern untersuchten Inkretpräparaten nur noch ein Hypophysenvorderlappenpräparat (Antuitrin) den gleichen Einfluß zeigte, während Insulin nur eine schwache Wachstumsförderung der Deckglaskulturen bedingte, und das Hypophysenhinterlappenpräparat Pituitrin sogar wachstumshemmend wirkte.

In gewisser Übereinstimmung mit den Versuchsergebnissen von Semura steht die Beobachtung von Speidel[5], derzufolge das jugendliche Gewebe des Regenerationsblastems von Schwanzregeneraten bei Amphibienlarven unter dem Einfluß von Schilddrüse zunächst eine vorübergehende Wachstumssteigerung erfährt, ehe es im Verbande des Organs bei der weiteren Einwirkung der Schilddrüsensubstanz resorbiert wird.

Wie ich in der Handbuchabhandlung dargestellt habe, beeinflußt bei den Amphibienlarven die Schilddrüse vornehmlich die Entwicklungsvorgänge der epithelialen Gewebe der Froschlarven. Ebenso ist eine erhebliche Beeinflussung des Gehirns (Ektodermabkömmling) festzustellen.

Bei den *Vögeln* konnte die grundsätzlich gleiche Wirkung der Schilddrüse in meiner Abhandlung ebenfalls glaubhaft gemacht werden. Neue Versuche, bei Vögelembryonen durch Schilddrüsenzufuhr die Entwicklung zu beeinflussen, sind mir nicht bekannt. Versuche an bereits ausgeschlüpften Tieren sind insofern

---

[1] Allen: The influence of the thyroid gland and hypophysis upon growth and development of amphibian larvae. Quart. Rev. Biol. **4**, 325 (1929).

[2] Uhlenhuth u. Winter: Die Morphologie und Physiologie der Salamanderschilddrüse. VI. Jodimplantation und ihre Wirkung auf die Schilddrüse. Roux' Arch. **119**, 516 (1929).

[3] Sachs: Umwandlungsversuche an kiementragenden Schwanzlurchen durch Schilddrüse und Schilddrüsenpräparate. Zool. Anz. **88**, 312 (1930).

[4] Semura: Über den Einfluß einiger innersekretorischer Organpräparate auf das Wachstum des Herzkammergewebes vom Hühnerembryo in vitro. Fol. jap. pharmacol. **11**, 19 (1929).

[5] Speidel: Studies of hyperthyroidism. Regenerative phenomene in thyroid-treated amphibian larvae. J. of Anat. **43**, 103 (1929).

erheblich weniger gut analysierbar, als zu diesem Zeitpunkt naturgemäß der
Einfluß der bereits mehr oder weniger weit entwickelten Keimdrüse die reinen
Versuchsbedingungen, wie man sie durch Schilddrüsenentfernung oder übermäßige
Schilddrüsenzufuhr gestalten kann, erheblich beeinträchtigt. Schilddrüsenentfernung bei Hühnern hat nach den Versuchen von GREENWOOD und BLYTH[1]
in Übereinstimmung mit den alten Versuchen an Gänsekücken der PARHONS
Hemmung des Wachstums und der Gewichtszunahme zur Folge. Das Gefieder
ist lockerer, die Federn zeigen durch Fehlen der Radioli eine Entwicklungsstörung. Die Entwicklung der Keimdrüsen geht unabhängig von der Schilddrüsenentfernung weiter, ähnlich wie bei den Amphibien (ALLEN, HOSKINS,
SCHULZE; vgl. im Handbuchbeitrag).

Entsprechend der gestörten Gefiederentwicklung bei schilddrüsenlosen
Hühnern in den Versuchen von GREENWOOD und BLYTH[1] beobachtete SCHWARZ
bei Junghühnern mit zurückgebliebener Ausbildung des Gefieders histologische
Veränderungen der Schilddrüse, die für eine Hypothyreose sprachen.

Bei der Wirkung experimenteller *Hyper*thyreose auf die Entwicklung des
Gefieders bestehen offenbar erhebliche Unterschiede je nach der Dosierung der
übermäßigen Schilddrüsenzufuhr. Verfütterte ZAVADOVSKY[2] (auch HUTT[3],
SCHWARZ[4]) geringe Schilddrüsenmengen, so beobachtete er bei Hühnern Verdunkelung der Federn. Bei der Zufuhr von großen Schilddrüsenmengen kommt
es bei Hühnern und Fasanen zu einer überstürzten, sich häufig wiederholenden
Mauserung, und die neu gebildeten Federn sind ganz oder teilweise entfärbt und
in ihrer Form vereinfacht (ZAVADOVSKY und LIPČINA[5], ZAVADOVSKY und BELKIN[6],
ZAVADOVSKY und ROCHLINA[7], MARTIN[8], SCHWARZ[4], SAINTON und SIMONNET[9]).

Die gegensätzliche Wirkung der Zufuhr geringer oder übermäßiger Schilddrüsensubstanz wird uns verständlicher, wenn wir uns erinnern, daß man bei den
Amphibienlarven durch Zufuhr geringer Schilddrüsenmengen eine harmonisch
beschleunigte Umbildung des Organismus erreicht, während die übermäßige
Zufuhr durch Schilddrüseneinpflanzung oder Fütterung nach Ansätzen übermäßiger Entwicklung zu einer Vereinfachung der Organe führt. Bei der übermäßigen Schilddrüsenzufuhr und ihrem Einfluß auf die Gefiederbildung kommt
hinzu, daß durch die Hyperthyreose eine Keimdrüsenschädigung bewirkt wird
(GREENWOOD und BLYTH[1]) und, wie wir vornehmlich nach den Untersuchungen
von KUHN[10] wissen, steht die Entwicklung des weiblichen Gefieders nicht nur unter
dem Einfluß des Schilddrüseninkrets, sondern auch unter dem Einfluß des In-

---

[1] GREENWOOD and BLYTH: An experimental analysis of the plumage of the brown
leghorn fowl. Proc. roy. Soc. Edinburgh **49**, 313 (1929).

[2] ZAVADOVSKY: Hormones and plumages in birds. Amer. J. Physiol. **90**, 565—567 (1929).

[3] HUTT: A note on the effects to different doses of thyroid on the fowl. J. of exper.
Biol. **7**, 1 (1930).

[4] SCHWARZ: Pigmentierung, Form und Wachstum der Federn des Haushuhns in Abhängigkeit von der Thyreoideafunktion. Roux' Arch. **123**, 1 (1930).

[5] ZAVADOVSKY u. LIPČINA: Zum Problem der spezifischen Wirkung des Thyroxins auf
die Befederung der Vögel. Z. exper. Biol. **13**, 58 (1930).

[6] ZAVADOVSKY u. BELKIN: Der Einfluß der Schilddrüsenpräparate auf Farbe und Form
der Fiederung bei normalen und kastrierten Fasanen. Trudy Labor. eksper. Biol. moskov.
Zooparka **5**, 121 (1929).

[7] ZAVADOVSKY u. ROCHLINA: Zur Frage nach dem Einfluß der Hyperthyreodisierung
auf die Färbung und Geschlechtsstruktur der Feder. Med.-biol. Ž. (russ.) **5**, H. 2, 68 (1929).

[8] MARTIN: Effect of excessive dosages of thyroid on the domestic fowl. Biol. Bull.
Mar. biol. Labor. Wood's Hole **56**, 357 (1929).

[9] SAINTON et SIMONNET: Hyperthyreoidie et phanères. Nouvelles études de pathologie
expérimentale et comparée. Arch. de Dermat. **1**, 1257 (1930).

[10] KUHN: Die entwicklungsphysiologischen Grundlagen für die Gefiedertypen bei Erpel
und Ente. Arch. Geflügelkde **4**, 296 (1930).

krets des Ovariums. Hierdurch wird bei übermäßiger Schilddrüsenzufuhr ein neuer Faktor eingeschaltet, der die Analyse der Versuchsergebnisse erschwert. Immerhin beweisen die Schilddrüsenfütterungsversuche an kastrierten Vögeln (Martin[1], Zavadovsky und Belkin[2], Podhraský[3]), daß die Entpigmentierung und Formveränderung der Federn bei übermäßiger Schilddrüsenzufuhr durch das Schilddrüseninkret und nicht durch die Keimdrüsenschädigung bedingt wird.

Nur die nächsten Derivate (offene Ringform — Tautomer und dessen Acetylderivate) zeigen nach Zavadovsky, Titajeff und Faiermark[4] beim Fütterungsversuch die gleiche Gefiederwirkung wie das Thyroxin selbst, während Dijodthyrosin und Dijodtryptophan und krystallinisches Jod spezifische Thyroxinwirkung vermissen lassen. Durch Beifütterung von Bluttrockenpulver wird die Wirkung der übermäßigen Schilddrüsenzufuhr auf das Hühnergefieder abgeschwächt (Giacomini[5]). Die Beifütterung von Brot und Fleisch beeinträchtigt dagegen die Gefiederwirkung der Schilddrüsenkost nicht.

Ebenso wie bei den Amphibienlarven bei der Hyperthyreose neben den Veränderungen der Haut solche des Gehirns nie vermißt werden, kommt es offensichtlich auch bei der Hyperthyreose der (Hühner) Vögel zu einer Beeinflussung des Zentralnervensystems. Hierfür sprechen die Beobachtungen von Martin[1].

Wird schon bei der übermäßigen Fütterung von Schilddrüse die Deutung der Versuchsergebnisse dadurch erschwert, daß unter Umständen ein Teil der Veränderungen mit dem Zugrundegehen der Keimdrüse in Verbindung zu bringen ist, so werden die Verhältnisse noch unübersehbarer, wenn wie in den Versuchen von KřížENECKÝ[6] und seinen Mitarbeitern[7] gleichzeitig Schilddrüse und Thymus gefüttert werden, die an und für sich eine gegensätzliche Wirkung auf die Befiederung haben, denn während die übermäßige Schilddrüsenzufuhr den Ersatz des Daunenkleides durch das jugendliche Umrißgefieder bei Kücken verschiedener Rasse beschleunigt, wird der Federwechsel bei übermäßiger Zufuhr von Thymus verzögert (Kříženecký und Nevalonnyj[7]).

Zu der Frage der doppelten Beeinflussung des Wachstums und der Entwicklung der Säugerembryonen durch das eigene inkretorische Drüsensystem und durch das inkretorische Drüsensystem der Mutter sind in den letzten zwei Jahren eine Reihe von Arbeiten erschienen, die uns die doppelte Versorgung noch stärker wahrscheinlich gemacht haben. Was zunächst die Funktionsmöglichkeit embryonaler inkretorischer Drüsen anlangt, so wurden Versuche

---

[1] Martin: Zitiert auf S. 430. [2] Zavadovsky u. Belkin: Zitiert auf S. 430.

[3] Podhraský: Wirkt die Schilddrüse bei der Befiederung des Haushuhnes direkt oder über die Geschlechtsdrüsen? Věstn. českoslov. Akad. zeměd. (tschech.) **5**, 561 (1929).

[4] Zavadovsky, Titajeff u. Faiermark: Über den Einfluß der Acetylderivate des Thyroxins auf die Mauser und Depigmentierung des Hühnergefieders. Endokrinol. **5**, 416 (1929).

[5] Giacomini: L'influenza attamante del sangue sull'azione del succo tiroideo dimostrata specialmente nei polli. Monit. zool. ital. **40**, 434 (1929).

[6] Kříženecký: Über den Einfluß der Hyperthyreoidisation und der Hyperthymisation auf das Gewicht der ausgewachsenen Vögel. Ein fünfter Beitrag zum Studium der entwicklungsmechanisch-antagonistischen Wirkung des Thymus und der Thyreoidea. Z. vergl. Physiol. **8**, 16—36 (1928) — Weitere Versuche über den Einfluß der Hyperthyreoidisation und der Hyperthymisation auf das Gewicht erwachsener Vögel. Ein sechster Beitrag zum Studium der entwicklungsmechanisch-antagonistischen Wirkung des Thymus und der Thyreoidea. Ebenda **8**, 461—476 (1928) — Über den Einfluß der Schilddrüse und des Thymus auf die Reifung des Gefieders und die Mauser bei den Haustauben. Ein siebenter Beitrag zum Studium der entwicklungsmechanisch-antagonistischen Wirkung des Thymus und der Thyreoidea. Ebenda **8**, 477—487 (1928).

[7] Kříženecký u. Nevalonnyj: Weitere Untersuchungen über den Einfluß der Hyperthyreoidisierung und Hyperthymisierung auf den Befiederungsprozeß bei den Hühnerkücken. Arch. Entw.mechan. **115**, 876 (1929).

von SCHULZE, SCHMIDT und HÖLLDOBLER (vgl. Handb.) bestätigt durch die Fütterungsversuche von VOGELER[1], der nachweisen konnte, daß die embryonale menschliche Schilddrüse des 6. Fetalmonats bereits im GUDERNATSCHschen Versuch wirksam ist, ja daß bei der Geburt bereits der erste Gipfel der Wirksamkeit der menschlichen Schilddrüse im Froschlarvenversuch erreicht ist. MACCHIARULO[2] bestätigte für Rinderfeten die Wirksamkeit der embryonalen Schilddrüse. Bereits die Schilddrüse des zweiten Entwicklungsmonats soll bei der Fütterung an Krötenlarven überstürzte Entwicklung zur Folge haben. Mit zunehmendem Alter steigt die Wirksamkeit der fetalen Schilddrüse, ebenso wie es VOGELER[1] bei der menschlichen Schilddrüse fand. Diese unmittelbaren Beweise werden durch eine Reihe von mittelbaren Beweisen ergänzt, die uns wahrscheinlich machen, daß die fetale Schilddrüse bereits funktionstüchtig ist. Bei einem Neugeborenen mit angeborenem vollständigem Schilddrüsenmangel stellte KRAUS[3] Veränderungen an den anderen inkretorischen Drüsen fest, die es wahrscheinlich machen, daß während der fetalen Entwicklungsspanne bereits eine funktionelle Wechselwirkung zwischen den verschiedenen inkretorischen Drüsen besteht.

Nach der vollständigen Entfernung der Schilddrüsen bei trächtigen Kaninchen fanden UKITA und YOSHITOMI[4] die Schilddrüse des neugeborenen Tieres vergrößert, als Beweis, daß ein Ersatz der ausgefallenen Inkretzufuhr durch die Mutter seitens der Schilddrüse des Jungen selbst eingesetzt hatte. Die Nachkommenschaft thyreoidektomierter Schweine zeigte in den Versuchen von SCHLOTTHAUER und TAYLOR[5] keine schwereren Entwicklungsstörungen und bewies somit, daß der Ausfall der mütterlichen Schilddrüse infolge der Funktion der körpereigenen Drüse unwirksam blieb. Ebenso wie die körpereigene Schilddrüse beeinflußt auch die Schilddrüse der Mutter den in der Entwicklung befindlichen Säugetierfeten. Während der Schwangerschaft ist beim Menschen, wie durch verschiedene neue Untersuchungsverfahren bewiesen wurde, die Schilddrüsenfunktion des mütterlichen Organismus gesteigert (ANSELMINO und HOFFMANN[6], HOFFMANN und ANSELMINO[7], EUFINGER, WIESBADER und SMILOVITS[8]).

Störungen der mütterlichen Schilddrüsenfunktion sind ferner auch beim Feten bzw. bei der Nachkommenschaft von Einfluß auf die Entwicklung und zeigen so die Beeinflussung der embryonalen Entwicklung beim Säuger durch die Schilddrüse der Mutter (TAKAHASHI[9]). Das Schilddrüseninkret der Mutter geht

---

[1] VOGELER: Über die Abhängigkeit der Funktion der Schilddrüse vom Lebensalter und von krankhaften Zuständen. Arch. klin. Chir. **157**, 707; **174** (1929).

[2] MACCHIARULO: Sull'azione morfogenetica della tiroide embrionale. Boll. Soc. ital. Biol. sper. **5**, 942 (1930).

[3] KRAUS: Zur Frage der Funktion endokriner Organe in der Fetalzeit. Endokrinol. **5**, 133 (1929).

[4] UKITA u. YOSHITOMI: Beiträge zur Kenntnis von der Funktion der Thyreoidea. J. of orient. Med. **10**, 52 (1929).

[5] SCHLOTTHAUER u. TAYLOR: The effect of thyroidectomie and of certain diets on pregnant swine and their offspring. Amer. J. Physiol. **89**, 601 (1929).

[6] ANSELMINO u. HOFFMANN: Nachweis einer acetonkörpervermehrenden Substanz im Blute von Schwangeren. Arch. Gynäk. **145**, 95 (1931) — Über den Nachweis des Schilddrüsenhormons im Schwangerenblute und über den Einfluß der gesteigerten Schilddrüsenfunktion auf Stoffwechsel, Kreislauf und Nervenerregbarkeit in der Schwangerschaft. Ebenda **114** (1931).

[7] HOFFMANN u. ANSELMINO: Nachweis einer grundumsatzsteigernden Substanz im Blute von Schwangeren. Arch. Gynäk. **145**, 104 (1931).

[8] EUFINGER, WIESBADER u. SMILOVITS: Die Beeinflussung der Froschlarvenmetamorphose durch Schwangerenblut. Arch. Gynäk. **143**, 338 (1930) — Der Einfluß des Schwangerenblutes auf die Metamorphose der Froschlarve. Klin. Wschr. **1931 I**, 348.

[9] TAKAHASHI: Über den Einfluß der Schilddrüsenfunktionsstörung der Mutter auf die innersekretorischen Organe des Fetus oder des Säuglings. I. Fol. endocrin. jap. **5**, 35 (1925) — II. Ebenda **5**, 36 (1929) — III. Ebenda **5**, 37 (1929).

ferner nach den Versuchen von Lukacs auch in die Milch über und kann so nach der Geburt noch die Entwicklung des Säugerjungen beeinflussen. Nach der Geburt wird bekanntlich die Analyse der Wirkung des Schilddrüsenausfalls auf die Entwicklung dadurch beeinträchtigt, daß eine Reihe anderer wichtiger inkretorischer Drüsen schon weitgehend ihren Einfluß auf die Entwicklung des Körpers und auf sein Wachstum ausüben. Nach Hammett[1] zeigen nur diejenigen Organe nach Schilddrüsenentfernung beim jugendlichen Tier besonders starke Veränderungen, die für gewöhnlich durch einen sehr hohen Stoffwechsel ausgezeichnet sind. So werden besonders Herz, Lungen, Leber, Nieren, Ovarien, Nebennieren und eine Reihe von anderen Drüsen betroffen. Da aber nach der Schilddrüsenentfernung Hirnanhang, Thymus und Keimdrüsen schon erhebliche Veränderungen aufweisen, ist es fraglich, ob nicht hierdurch erst sekundär Veränderungen an anderen Organen bedingt werden. Stets wiederkehrend ist die Vergrößerung des Hypophysenvorderlappens nach der Entfernung der Schilddrüse des wachsenden Säugetiers (Hammett[1] und Bryant[2]). Nach Chang und Teh-Pei Feng[3] wird bei jungen Albinoratten durch Schilddrüsenentfernung das Haarwachstum des Felles gestört. Durch Schilddrüsenfütterung unterernährter Tiere wird das Haarwachstum gebessert, und bei Schilddrüsenfütterung an normale Tiere findet ein gesteigerter Haarwechsel statt. Die Versuche zeigen erneut, wie besonders die Abkömmlinge der Oberhaut unter dem Einfluß der Schilddrüsenhormone stehen.

Übermäßige Zufuhr von Schilddrüsensubstanz an bislang normale jugendliche Kaninchen und Katzen (Sainton[4]) führt zu Störungen der Haarbildung, die von Sainton mit gewissen Störungen der menschlichen Hyperthyreose verglichen werden. Auf die Keimdrüse wird durch übermäßige Zufuhr von Schilddrüsensubstanz ein hemmender Einfluß ausgeübt, wie aus den Versuchen von Gustav Döderlein[5] und Weichert[6] sowie Lintvarev[7] hervorgeht. Während Mazza[8] bei schilddrüsengefütterten Meerschweinchen eine Beschleunigung der Gehirnentwicklung beobachtete, sahen Sainton und Simonnet[9] und Huestis und Yocom[10] Veränderungen am Haarwechsel des Felles ihrer Versuchstiere, die sich wie die Versuchsergebnisse von Mazza gut mit den Hyperthyreoseergebnissen bei Amphibienlarven vergleichen lassen.

Wir haben auch in den letzten zwei Jahren keine Arbeit zu verzeichnen, die uns eine morphogenetische Funktion der *Epithelkörperchen* einwandfrei be-

---

[1] Hammett: Thyroid and differential development. Endokrinol. **5**, 81 (1929).

[2] Bryant: The effect of total thyroidectomy on the structure of the pituitary gland in the rabbit. Anat. Rec. **47**, 131 (1930).

[3] Chang and Teh-Pei Feng: Further studies on thyroid and hair growth. Chin. J. Physiol. **3**, 57 (1929).

[4] Sainton: Les troubles des phanères dans syndrome de Basedow. Sure réalisation par l'hyperthyroidisation et l'hyperthyroxinisation espérimentales. Ann. de Dermat. **10**, 1 (1929).

[5] Döderlein: Zur Pathologie des endokrinen Systems. Die Fortpflanzungsfähigkeit künstlich hyperthyreoidisierter Meerschweinchen. Beitr. path. Anat. **83**, 92 (1929).

[6] Weichert: Effect of experimental hyperthyroidism on reproductive processes of female albino rats. Physiologic. Zool. **3**, 461 (1930).

[7] Lintvarev: Über den Einfluß des experimentellen Hyperthyreoidismus auf die Schwangerschaft bei Meerschweinchen. Trudy Labor. eksper. Biol. moskov. Zooparka **5**, 107 (1929).

[8] Mazza: L'influenza della tiroide sull' accrescimento somatico e la compositione timica del nevrasse. I. Accrescimento somatico, acqua, colesterina. Riv. sper. Freniatr. **52**, 505 (1929).

[9] Sainton et Simonnet: Hyperthyroidie et phanères. Nouvelles études de pathologie esperimentale et comparée. Ann. de Dermat. **1**, 1257 (1930).

[10] Huestis and Yocom: Effect of thyroxin upon the thyroid gland and the regeneration and pigmentation of hair in peromyscus. Arch. Entw.mechan. **121**, 128 (1930).

weist. Der schon früher bekannte Einfluß der Nebenschilddrüsen auf gewisse Vorgänge bei der Knochenbildung und bei der Zahnschmelzbildung, Vorgänge, die durch Veränderungen des allgemeinen Kalkstoffwechsels bedingt sind, werden neuerdings wieder durch JUNG und SKILLEN[1] bestätigt.

Umstritten ist ja auch die morphogenetische Funktion des *Thymus*, und auch hier sind bis in die letzte Zeit Versuchsergebnisse in der Richtung gedeutet worden, daß der Thymus keine eigentliche Wirkung auf Wachstums- und Entwicklungsvorgänge habe. So konnten MORGAN und GRIERSON[2] bei jungen Hühnern und Hähnen auch nach vollständiger Entfernung des Thymus, die manchmal erst in mehreren Sitzungen möglich war, an ihren Versuchstieren keinerlei Wachstums- und Entwicklungsstörungen feststellen. Wie gegen jeden negativen derartigen Versuchsausfall ist natürlich auch gegen diese Versuche einzuwenden, daß bei ihnen unter Umständen beim Versuchstier eine Entwicklungsspanne gewählt wurde, bei der der tierische Organismus auf eine sonst morphogenetisch wirksame Drüse nicht anspricht. Es stehen negativen Versuchen eine Reihe von positiven Versuchen entgegen. OHNISHI[3] erhielt durch Einspritzung von Kalbsthymusauszügen in das Eiklar von Hühnereiern eine Entwicklungsbeschleunigung und Wachstumsvergrößerung der Embryonen. ASHER und seine Mitarbeiter[4] konnten aus frischem Thymus einen wirksamen Stoff, Thymocrescin, gewinnen, der wachstumsfördernd auf junge Ratten wirkte und die wachstumshemmende Wirkung von MACCALLUMS rhachitiserzeugender Kost ausglich.

PARHON und CAHANE[5] sahen bei Verfütterung frischer Thymusdrüsen an junge Hunde, Katzen und Meerschweinchen eine günstige Beeinflussung des Wachstums, und durch Thymuseinpflanzung konnte HARRIS[6] bei seinen Versuchstieren eine vermehrte Knochendichte erhalten. Auch der Ausfall der Versuche von BABES[7] stimmt mit den eben genannten Versuchsergebnissen überein. Er sah nach Teerinjektionen bei Kaninchen ein erhebliches Zurückbleiben der Gewichtszunahme und fand histologisch eine Rückbildung des Thymus. Bei einem Tier, das sich nach Beendigung des Versuches erholt hatte, waren Wiederaufbauvorgänge in dem atrophischen Thymus festzustellen.

Der schon früher öfters festgestellte Gegensatz zwischen Thymus und Keimdrüsenfunktion ist auch neuerdings mehrfach wieder bestätigt worden (KŘJŽENECKÝ[8], MADRUZZA[9] und LÖWE und VOSS[10]). Hypertrophierte in den Ver-

---

[1] JUNG and SKILLEN: Effects of thyro-parathyroidectomy on the teeth of the rat. Proc. Soc. exper. Biol. a. Med. **26**, 598 (1929).

[2] MORGAN and GRIERSON: The effects of thymectomy on young fowls. Anat. Rec. **47**, 101 (1930).

[3] OHNISHI: Über den Einfluß der endokrinen Drüsen auf die Entwicklung der Hühnerembryonen. II. Fol. endocrin. jap. **6**, 54 (1930).

[4] ASHER: Der Einfluß der Thymus auf das Wachstum und die Herstellung eines wirksamen Thymusstoffes, Thymocrescin. Endokrinol. **7**, 321 (1930) — Beiträge zur Physiologie der Drüsen. Mitt. CXX. Biochem. Z. **223**, 100 (1930) — Mitt. CXXI. Ebenda **226**, 415 (1930).

[5] PARHON et CAHANE: Recherches expérimentales concernant l'action du traitement thymique sur la croissance. C. r. Soc. Biol. Paris **106**, 756 (1931).

[6] HARRIS: An apparent rôle for the thymus. Nature (Lond.) **1**, 346 (1930).

[7] BABES: Arrêt de la croissance chez le lapin obtenue par les injections de goudron. J. Physiol. et Path. gén. **28**, 567 (1930).

[8] KŘJŽENECKÝ: Nouvelles recherches sur l'antagonisme du thymus et du corps thyroide. C. r. Soc. Biol. Paris **106**, 325 (1931).

[9] MADRUZZA: Contributo sperimentale alle correlazioni tra timo e genitali. Riv. ital. Ginec. **10**, 641 (1929).

[10] LÖWE u. VOSS: Über Beziehungen zwischen Thymus und Keimdrüsen. Arch. Gynäk. **143**, 557 (1931).

suchen von Madruzza nach Kastration die Thymusdrüse, so sahen Löwe und Voss bei Mäuse- und Rattenweibchen nach Thymuseinpflanzung eine Hemmung des Eintretens der Brunst, während nach Entfernung der Thymusdrüse ein verfrühtes Auftreten der ersten Brunst festzustellen war.

Die Untersuchungen der letzten Jahre haben gezeigt, daß im *Hypophysenvorderlappen* zwei morphogenetisch wirksame Inkrete gebildet werden, von denen das eine eine starke wachstumsfördernde Wirkung besitzt, während das zweite Inkret eine besondere, die Keimdrüsen und den ganzen Genitalapparat begünstigende Wirkung entfaltet. Das gilt sowohl für die Kaltblüter wie für die Warmblüter.

Entsprechend findet sich nach Entfernung der Hypophyse bei Kröten (Houssay und Lascano-Gonzalez[1]) eine Hodenatrophie bei den Versuchstieren, die abhängig ist von der Entfernung des Vorderlappens und durch Wiedereinpflanzung von Hypophysenvorderlappengewebe aufgehoben werden kann. Wird nicht nur der Vorderlappen, sondern die ganze Hypophyse bei den Versuchstieren entfernt (Houssay und Giusti[2]), so ist die Sterblichkeit bei den Versuchstieren sehr groß, und die Beschädigung der Infundibulargegend des Hirnanhangs bewirkt sogar bei den Anuren bereits Polyurie. Auch bei den Schwanzlurchen, Axolotl und Tritonen, führt die Entfernung des Hypophysenvorderlappens bei unreifen Versuchstieren neben einer Wachstumshemmung zu einem Stillstand der Entwicklung von Hoden und Ovar (Woronzowa und Blacher[3]). Die gleiche Operation an geschlechtsreifen Tieren bewirkt eine Rückbildung der Keimdrüsen und Verkümmerung der sekundären Geschlechtsmerkmale. Klatt[4] kam zu grundsätzlich gleichen Versuchsergebnissen bei seinen Tritonversuchen, bei denen er im jugendlichen Larvenzustand den Hirnanhang von der Mundhöhle aus entfernte. Auch hier blieb ein Teil der Tiere wie in den Versuchen von Woronzowa und Blacher neoten.

Im Gegenversuch, d. h. bei überschüssiger Zufuhr von Hypophysenvorderlappeninkret, kommt es bei Urodelen zu einer beschleunigten Metamorphose bzw. hypophysektomierte Tritonlarven metamorphosieren nach Einpflanzung der Hypophyse erwachsener Tritonen (Klatt[4]). Bei Amblystoma punctatum erhielt Blount[5] durch die Einpflanzung mehrerer Hypophysenvorderlappenanlagen in ein Versuchstier im Gegensatz zu allen sonstigen Versuchsergebnissen an uredelen Amphibien eine Wachstumsverzögerung, während gleichzeitig eine frühzeitige Geschlechtsreife eintrat. Burns jun.[6] bekam demgegenüber bei homoioplastischer Transplantation von Axolotlhypophysenvorderlappen auf arteigene Larven Wachstumssteigerung bei gleichzeitiger Förderung der Keimdrüsenentwicklung. Gianferri[7] konnte auch bei Froschlarven durch Behandlung

---

[1] Houssay et Lascano-Gonzalez: L'hypophyse et le testicule chez le crapaud Bufo marinus Schneid. C. r. Soc. Biol. Paris **101**, 938 (1929).

[2] Houssay et Giusti: Les fonctions de l'hypophyse et de la region infundibulotubérienne chez le crapaud. C. r. Soc. Biol. Paris **101**, 935 (1929).

[3] Woronzowa u. Blacher: Die Hypophyse und die Geschlechtsdrüsen. I. Der Einfluß der Hypophysenexstirpation auf die Geschlechtsdrüse bei Urodela. Arch. Entw.mechan. **121**, 327 (1930).

[4] Klatt: Hypophysenexstirpation und -implantationen an Tritonen. Roux' Arch. **123**, 747 (1931).

[5] Blount: The implantation of additional hypophyseal rudiments in urodele embryos. Proc. nat. Acad. Sci. U. S. A. **16**, 218 (1930).

[6] Burns jun.: Effects of hypophyseal hormons upon Amblystoma larvae, following transplantation or injection with special reference to the gonads. Proc. Soc. exper. Biol. a. Med. **27**, 836 (1930).

[7] Gianferri: Sull' accrescimento dei girini di Rana esculenta L. Allevati in piccoli recipienti e sottoposti all'azione di ormoni ipofisari. Boll. Soc. ital. Biol. sper. **5**, 1138 (1930).

mit Hypophysenvorderlappensubstanz Wachstumsbeschleunigung erreichen. Spaul[1] stellt die durch Hypophysenvorderlappensubstanz und -extrakte bei Axolotln und Froschlarven auftretende beschleunigte Metamorphosewirkung der beschleunigten Metamorphosewirkung durch Schilddrüsenbehandlung als qualitativ verschieden gegenüber. Sowohl Hypophysenvorderlappen wie Schilddrüse können nach seinen Erfahrungen beim Axolotl unabhängig voneinander in Abwesenheit der anderen Drüse die Metamorphose in Gang bringen. Bei Froschlarven (Rana temporaria) ist die unabhängige Wirkung nur bei späteren Entwicklungsstadien zu beobachten. Bei der Beeinflussung früherer Entwicklungsstadien ist das Zusammenwirken beider Drüsen für das Ingangkommen der Metamorphose unumgänglich. Schwartzbach und Uhlenhuth[2] fanden im Axolotlversuch nur die intraperitoneale Einspritzung wirksam, während die Fütterung von Hypophysenvorderlappensubstanz unwirksam war. Durch die Behandlung mit Hypophysenvorderlappenextrakt wird die Schilddrüse zu erhöhter Inkretabgabe veranlaßt. Fehlt die Schilddrüse, so entfällt der Erfolg der Einspritzung von Hypophysenvorderlappenextrakt. Auch der Hypophysenexstirpationsversuch bei Hühnervögeln durch Mitchell jun.[3] beweist, daß bei Vögeln der Hypophysenvorderlappen zwei Inkrete abgibt, ein wachstumförderndes und ein Inkret, das die Entwicklung des Genitalapparates auslöst. Nach Entfernung des Hypophysenvorderlappens ist beim braunen Leghuhn das Wachstum gehemmt, die Mauser unterbleibt und die Geschlechtsreife bleibt aus. An den übrigen inkretorischen Drüsen fällt histologisch besonders die Kleinheit und die flache Ausbildung des Epithels der Schilddrüsen auf.

Bei jugendlichen Säugetieren (Hunden) tritt nach Entfernung des Hypophysenvorderlappens (Koster[4]) neben der Hemmung des Wachstums besonders die Veränderung aller übrigen inkretorischen Drüsen hervor. Während der Thymus hypertrophisch wird, werden alle übrigen inkretorischen Drüsen kleiner, so die Zirbel, die Keimdrüsen und die Schilddrüse, bei der die Kolloidbläschen klein sind und weit auseinanderliegen, während das Zwischengewebe reichlich mit Lymphocyten durchsetzt ist. Es zeigt sich hier die überragende Bedeutung der Hypophyse, von der in Übereinstimmung mit unseren in der Abhandlung mitgeteilten Ergebnissen des Weltschrifttums nicht nur das allgemeine Wachstum und die Entwicklung des Körpers abhängig ist, sondern von der auch fast alle sonst morphogenetisch wirksamen inkretorischen Drüsen wiederum abhängen. In anderen Exstirpationsversuchen zusammen mit Geesink[5] beobachtete Koster[6] vor allem auch Störungen des Kalkstoffwechsels, Minderung des Calcium im Blutserum und Offenbleiben der Knochenwachstumsfugen sowie andere schwere Stoffwechselstörungen. Im Vordergrund stand ferner wiederum die Schädigung des Genitalapparates. Im Gegensatz zu Koster[4] stellte Smith[7] bei Ratten nach Entfernung des Hypophysenvorderlappens auch eine Gewichts-

---

[1] Spaul: On the activity of the anterior lobe pituitary. J. of exper. Biol. 7, 49 (1930).

[2] Schwartzbach and Uhlenhuth: Anterior lobe, the thyroid stimulator. V. Basal metabolism. Proc. Soc. exper. Biol. a. Med. 26, 389 (1929).

[3] Mitchell jun.: Experimental studies of the bird hypophysis 1. Effects of hypophysectomy in the brown leghorn fowl. Physiologic. Zoöl. 2, 411 (1929).

[4] Koster: Experimentelle Prüfung der Hypophysenfunktion beim Hund. V. Mitt. Nederl. Tijdschr. Geneesk. 1929 II, 4239.

[5] Geesink u. Koster: Experimentelle Untersuchung über die Funktion der Hypophyse beim Hunde. IV. Nederl. Tijdschr. Geneesk. 1928 II, 6155.

[6] Koster u. Geesink: Experimentelle Untersuchung der Hypophysenfunktion beim Hunde. Pflügers Arch. 222, 293 (1929). — Koster: Experimentelle Untersuchungen der Hypophysenfunktion beim Hunde. Ebenda 224, 212 (1930).

[7] Smith: The effect of hypophysectomy upon the involution of the thymus in the rat. Anat. Rec. 47, 119 (1930).

abnahme der Thymusdrüse fest. Im übrigen fand er dieselbe Wachstumshemmung, wie sie sonst allgemein nach Hypophysenvorderlappenentfernung beschrieben wird.

Der entwicklungsanregende Einfluß des Hypophysenvorderlappens auf den Genitalapparat jugendlicher Mäuse wurde von Schultze-Rhonhof und Niedenthal[1] dazu verwandt, das erste Auftreten einer wirksamen Inkretbildung durch den Hypophysenvorderlappen des menschlichen Fetus festzustellen. Konnten Schulze, Schmidt und Hölldobler (vgl. Handb.) den Funktionsbeginn der menschlichen embryonalen Schilddrüse im fünften Entwicklungsmonat feststellen, so fanden in Übereinstimmung damit Schultze-Rhonhof und Niedenthal, daß auch der embryonale menschliche Hypophysenvorderlappen im fünften Entwicklungsmonat mit der Inkretbildung beginnt. Smith und Dortzbach[2] stellten mit derselben Versuchsanordnung Beobachtungen über den Funktionsbeginn des Hypophysenvorderlappens beim Schweineembryo an. Nach ihren Versuchen wird das die Entwicklung des unreifen Genitalapparats von Mäusen anregende Hormon vom Hypophysenvorderlappen des Schweineembryo erstmals bei einer Kopf-Rumpflänge von 17—18 cm gebildet. Das Wachstumshormon wird schon vom Vorderlappen von Schweineembryonen von 7—9 cm Kopf-Rumpflänge gebildet. Sie ziehen hieraus den Schluß, daß es sich um zwei verschiedene Hormone handelt, die vom Hypophysenvorderlappen gebildet werden.

Nach Smith (nach Spaul und Howes[3]) sind die zentralen Teile des Hypophysenvorderlappens durch besonderen Gehalt an basophilen Zellen und die Rindenteile durch das Überwiegen von eosinophilen Zellen ausgezeichnet. Spaul bestätigte frühere Versuchsergebnisse von Smith und Smith, die festgestellt hatten, daß die Rindenteile des Hypophysenvorderlappens mehr das Größenwachstum beschleunigen, die Metamorphose bei Amphibienlarven aber hemmen, während umgekehrt die zentralen Hypophysenvorderlappenteile die Amphibienmetamorphose beschleunigen und das Größenwachstum unbeeinflußt lassen bzw. hemmen. So liegen hier Ansätze vor, die verschiedenen vom Hypophysenvorderlappen gebildeten morphogenetisch wirksamen Inkrete bestimmt gekennzeichneten Zellgruppen zuzuschreiben.

Umgekehrt scheinen es bestimmte Gewebe zu sein, die auf eine übermäßige Beeinflussung durch Vorderlappeninkret mit übermäßiger Wucherung antworten. So konnte Erdheim[4] nachweisen, daß bei der Akromegalie die Knorpelwucherung und eine über das gewöhnliche Maß hinausgehende enchondrale Verknöcherung durch die spezifischen wuchernden Zellen des Vorderlappens angeregt wird. Während das Hypophysenvorderlappeninkret, das den unreifen Genitalapparat der Nager zur Entwicklung anregt (Aschheim, Zondek u. v. a.; vgl. Handbuchbeitrag), im Harn und Blut nachweisbar ist, konnten van Dyke und Wallen-Lavrence[5] das Wachstumshormon des Vorderlappens weder im Urin noch im Blut Akromegaler nachweisen.

---

[1] Schultze-Rhonhof u. Niedenthal: Untersuchungen über die humorale Wirksamkeit des Hypophysenvorderlappens des Fetus im Tierversuch. Zbl. Gynäk. **1929**, 902.

[2] Smith and Dortzbach: The first appearance in the anterior pituitary of the developing pig fetus of detectable amounds of the hormones stimulating ovarian maturity and general body growth. Anat. Rec. **43**, 277 (1929).

[3] Spaul and Howes: The distribution of biological activity in the anterior pituitary of the ox. J. of exper. Biol. **7**, 154 (1930).

[4] Erdheim: Die Lebensvorgänge im normalen Knorpel und seine Wucherung bei Akromegalie. Berlin u. Wien: Julius Springer 1931 (Pathol. und Klinik in Einzeldarstellung **3**).

[5] van Dyke and Wallen-Lavrence: On the growth-promoting hormone of the pituitary body. J. of Pharmacol. **40**, 413 (1930).

So bestätigen also diese Versuche, daß das Wachstumshormon und das die Entwicklung des Genitalapparats anregende Hormon offensichtlich zwei verschiedene und von verschiedenen Zellen des Hypophysenvorderlappens gebildete Stoffe sind. Gleichsinnig sind auch die Experimente von HEWITT[1] zu deuten (vgl. auch BENEDIKT, PUTNAM und TEEL[2], GORDON und HANDELSMAN[3]). Die besonderen Beziehungen des Hypophysenvorderlappens zur Schilddrüse gehen besonders aus den Experimenten von ARON[4], LÖB und BASSET[5] und SILBERBERG[6] hervor, während sich die Arbeit von JOHNSON und SAYLES[7] hauptsächlich mit den Beziehungen des Hypophysenvorderlappens zu den Keimdrüsen beschäftigt.

Einen breiten Raum im Schrifttum der letzten zwei Jahre nehmen die Untersuchungen über jenes Hypophysenvorderlappenhormon ein, das bei unreifen jungen weiblichen und männlichen Tieren eine vorzeitige Ausbildung des Geschlechtsapparates und vorzeitiges Ingangkommen der Brunst hervorruft. Nachdem ZONDEK und ASCHHEIM dies Inkret im Urin schwangerer Frauen nachgewiesen haben, beschäftigten sich zahlreiche Forscher mit der Wirkung und Darstellbarkeit des Hormons. Unreifen männlichen Mäusen unter die Haut gespritzt, bewirkt es im Hoden der Versuchstiere vermehrte Zellteilungen der Spermatogonien und Spermatocyten, vermehrte Lumenbildung der Samenkanälchen, Vergrößerung der Prostata und der übrigen Nebenorgane des Genitalapparates (BORST, DÖDERLEIN und GOSTIMIROVIC[8]). Die gleichen Veränderungen werden durch die mehrfache Überpflanzung von Hypophysenvorderlappenstückchen von Kaninchen auf unreife männliche Mäuse erhalten. ZONDEK[9] hat in jüngster Zeit seine Forschungen über die Hypophysenvorderlappeninkrete und Ovarialinkrete zusammenhängend dargestellt. Das Vorderlappenhormon bedarf zu seiner Wirksamkeit der Keimdrüse. Injektion von Prolan in kastrierte jugendliche Rattenmännchen bleibt ohne Wirksamkeit auf den Organismus (BOETERS[10]). Die Hypophysenvorderlappen der verschiedensten Wirbeltiere besitzen bei der Transplantation auf unreife weibliche junge Mäuse nach ZAVADOVSKYJ, VINOGRADOVA und SARAFANOV[11] die gleiche Wirkung. Sie unterscheiden sich aber quantitativ. Am wirksamsten soll merkwürdigerweise nach den genannten Autoren bei der vergleichsweisen Transplantation der Hypophysenvorderlappen des Huhns sein, an zweiter Stelle stehen in ihrer Wirksamkeit die Hypophysen-

---

[1] HEWITT: Hormones of the anterior pituitary lobe. Biochemic. J. **23**, 718 (1929).

[2] BENEDIKT, PUTNAM and TEEL: Early changes produced in dogs by the injections of a sterile active extract from the anterior lobe of the hypophysis. Amer. J. med. Sci. **179**, 489 (1930).

[3] GORDON and HANDELSMAN: Growth and bone changes in rats injected with alcaline anterior pituitary extracts. J. of Pharmacol. **38**, 349 u. **39**, 252 (1930).

[4] ARON: Action de la préhypophyse sur la thyroide chez le cobaye. C. r. Soc. Biol. Paris **102**, 682 (1929).

[5] LOEB and BASSETT: Effect of hormones of anterior pituitary on thyroid gland in the guinea-pig. Proc. Soc. exper. Biol. a. Med. **26**, 860 (1929).

[6] SILBERBERG: Effects of combined administration of extracts of anterior lobe of pituitary and of potassium jodide on Thyroid gland. Proc. Soc. exper. Biol. a. Med. **27**, 166 (1929).

[7] JOHNSON and SAYLES: The effects of daily injections of bovine anterior pituitary extract upon the developing albino rat. Physiologic. Zool. **2**, 285 (1929).

[8] BORST, DÖDERLEIN u. GOSTIMIROVIC: Geschlechtsphysiologische Studien. II. Mitt. Münch. med. Wschr. **1930 II**, 1536.

[9] ZONDEK: Die Hormone des Ovariums und des Hypophysenvorderlappens. Untersuchungen zur Biologie und Klinik der weibl. Genitalfunktion. Berlin: Julius Springer 1931.

[10] BOETERS: Das Hypophysenvorderlappenhormon (Prolan) und die männliche Keimdrüse. Experimentelle Untersuchungen an Ratten. Virchows Arch. **280**, 215 (1931).

[11] ZAVADOVSKYJ, VINOGRADOVA u. SARAFANOV: Beiträge zur vergleichenden Physiologie des Hypophysenvorderlappens. Med.-biol. Ž. (russ.) **6**, H. 1, 19 (1930).

vorderlappen von Hund und Frosch und an letzter Stelle die Vorderlappensubstanz des Axolotls.

Die morphogenetische Bedeutung der Zirbeldrüse hat in der letzten Zeit eine wesentliche Klärung nicht erfahren. Weinberg und seine Mitarbeiter[1] injizierten frischen Rinderzirbeldrüsenextrakt vier Wochen lang jungen Mäusen. Die Substanz erwies sich als giftig. Ein Einfluß auf Wachstum und Differenzierung, eine Wirkung auf die Ausbildung des Geschlechtsapparates haben sie nicht beobachtet. Die morphogenetische Wirkung der Keimdrüsen auf den Organismus erfuhr im Handbuchabschnitt eine eingehende Darstellung. Mittlerweile ist es sowohl gelungen, geeignete Testobjekte für die Auswertung des im Hoden und im Harn von Männern nachweisbaren morphogenetisch wirksamen Inkrets zu finden (Loewe und Voss[2], Freud, Laqueur und Münch[3], Laqueur, Dingemanse, Freud und De Jongh[4] und Funk, Harrow und Lejwa[5]) als auch seine Darstellung zu verbessern (Laqueur, Dingemanse, de Fremery, de Jongh, Kober, Luchs und Münch[6]). Auch für das weibliche Geschlechtshormon wurden neue Testobjekte festgestellt (Freud, de Jongh und Laqueur[7]), und es gelang die Darstellung des Inkrets in reiner Form (Wieland, Straub und Dorfmüller[8], Butenandt[9]).

Der funktionelle Gegensatz zwischen Keimdrüsen und Thymus fand eine neue Bestätigung durch da Re[10].

Während bislang im Gudernatschschen Versuch eine morphogenetische Wirksamkeit von Nebennierenmark und -rinde nicht gefunden worden war (vgl. Handbuchbeitrag), gibt Occhipinti[11] an, durch Nebennierenrindenextraktfütterung an Froschlarven Metamorphosebeschleunigung bei Wachstumshemmung beobachtet zu haben. Die der Schilddrüsenwirkung ähnliche Wirkung der Nebennierenrinde soll nicht so stark wie diese sein.

Demgegenüber stellte v. Méhes[12] einen hemmenden Einfluß von Ephetonin und Ephedrin auf Wachstum und Entwicklung von Esculentenlarven fest. Nebennierenrindenextrakt von Ochsen wurden von Ohnishi[13] in das Eiklar von bebrüte-

---

[1] Weinberg and Doyle: Effects of injected extracts of fresh pineal glands of the cow on growth of immature white mice. I. Proc. Soc. exper. Biol. a. Med. **28**, 322 (1930). — Weinberg and Fletcher: Effects of injected extracts of fresh pineal glands of the young calf on growth of immature white mice. Effects on sexualapparatus. II. Ebenda **28**, 323 (1930).

[2] Loewe u. Voss: Der Stand der Erfassung des männlichen Sexualhormons (Androkinins). Klin. Wschr. **1930 I**, 481.

[3] Freud, Laqueur u. Münch: Über männliches Sexualhormon. Klin. Wschr. **1930 I**, 772.

[4] Laqueur, Dingemanse, Freud u. de Jongh: Über die Wirkung weiblichen (Menformon) und männlichen Geschlechtshormons, insbesondere bei Hühnern. Nederl. Tijdschr. Geneesk. **1930 I**, 584.

[5] Funk, Harrow and Lejwa: The male hormone. Amer. J. Physiol. **92**, 440 (1930).

[6] Laqueur, Dingemanse, de Fremery, de Jongh, Kober, Luchs u. Münch: Definition des männlichen Hormons. Gibt es nur ein Hormon oder mehrere? I., II. und III. Nederl. Tijdschr. Geneesk. **1931 I**, 1648.

[7] Freud, de Jongh u. Laqueur: Über die Veränderung des Federkleides bei Hühnern durch Menformon. Proc. roy. Acad. Amsterd. **32**, 1054 (1929).

[8] Wieland, Straub u. Dorfmüller: Untersuchungen über das weibliche Sexualhormon. Hoppe-Seylers Z. **186**, 97 (1929).

[9] Butenandt: Untersuchungen über das weibliche Sexualhormon. Abh. Ges. Wiss. Göttingen, Math.-physik. Kl., III. F., H. 2. Berlin: Weidemannsche Buchhandlung 1931.

[10] da Re: Involuzione timica provocata da innesti ovarici. Endocrinologia **4**, 42 (1929).

[11] Occhipinti: Effetti della somministrazione di corticale surrenale a girini di „Discoglossus pictus". Scritti biol. **5**, 405 (1930).

[12] v. Méhes: Der Einfluß von Ephedrin und Ephetonin auf das Wachstum und auf die Entwicklung der Kaulquappen. Arb. ung. biol. Forschungsinstit. **3**, 421 (1930).

[13] Ohnishi: Über den Einfluß der endokrinen Drüsen auf die Entwicklung der Hühnerembryonen. I. Mitt. Über den Einfluß der Nebennierenrinde. Fol. endocrin. jap. **6**, 33 (1930).

ten Eiern injiziert und an junge Kücken verfüttert. Er glaubt gegenüber den Kontrolltieren eine Beschleunigung der Entwicklung, rasche Gewichtszunahme der Keimdrüsen und eine erhebliche Schilddrüsenvergrößerung gefunden zu haben.

CHIDESTER, EATON und THOMPSON[1] fütterten an junge Ratten zusätzlich Nebennierenmark und -rinde. Das Wachstum der Versuchstiere soll hierdurch verzögert werden und nach Nebennierenrindenfütterung sollen weibliche junge Ratten verfrühte Geschlechtsreife zeigen. Schon diese kurze Übersicht zeigt, wie wechselnd die Versuchsergebnisse der einzelnen Forscher sind. Zur Zeit sind wir noch nicht in der Lage, die erarbeiteten Befunde zu einem einheitlichen Bild von der morphogenetischen Wirkung der Nebenniere abzurunden. Die engen reziproken Wechselbeziehungen der morphogenetisch wirksamen inkretorischen Drüsen zum sympathischen Nervensystem gehen aus Arbeiten von POPOW[2], CHAUCHARD, CHAUCHARD und CZARNECKI[3], CHAMBERLAIN[4] und DOBRŽANECKI und ARON[5] hervor.

Die so schwierige Frage des Nachweises des Nerveneinflusses auf Wachstum und Differenzierung wurde erneut von ARON[6] angeschnitten, der bei Froschlarven im Schwanzknospenstadium das Rückenmark auf der Höhe der Afteröffnung durch mehrfaches Einschneiden durchtrennte und an der Wiederverwachsung hinderte. Die schwanzwärts von der Durchtrennungsstelle gelegenen Abschnitte des Schwanzes zeigten gegenüber den Kontrollen eine Störung des Längenwachstums. Es ergibt sich die Frage, ob diese Störung wirklich nur durch Ausschaltung des Nervenanschlusses an die zentralen Teile des Rückenmarks oder nicht vielmehr durch die Verletzung von Blut- und Lymphkreislauf zurückzuführen ist. Verletzungen des Rückenmarkes im Rumpfgebiet durch Querdurchtrennung sollen nicht nur eine Wachstumsverzögerung des Schwanzes, sondern auch des gesamten Rumpfes bedingen.

Gegen die Annahme solcher zentralen Nervenverbindungen, die für das Wachstum von Bedeutung sind, ist man einigermaßen mißtrauisch geworden, nachdem die scheinbar eindeutigen, im Handbuchbeitrag erwähnten und von HAMBURGER bestätigten Versuchsergebnisse von DÜRKEN[7] von diesem selbst zurückgezogen wurden. DÜRKEN sah bekanntlich nach Entfernung einer Beinknospe oder eines Auges bei Amphibienlarven Hemmungsbildungen an den nichtoperierten Beinen, am anderen Auge und am Mittelhirn. Die frühere Annahme nervöser zentraler Verbindungen als Ursache dieser Fernschädigungen erwies sich als irrig. Der Zinkgehalt des Zuchtwassers hatte nach neuen Untersuchungen DÜRKENS die Mißbildungen hervorgerufen. Auch bei nichtoperierten Kontrolltieren waren sie zu beobachten.

---

[1] CHIDESTER, EATON and THOMPSON: The influence of desiccated suprarenal cortex and medulla on the growth and maturity of young rats. Amer. J. Physiol. **88**, 191 (1929).

[2] POPOW: Über die Innervation der Parathyroiddrüsen beim Menschen. Z. Neur. **122**, 337 (1929).

[3] CHAUCHARD, CHAUCHARD et CZARNECKI: Influence de l'ablation des thyroides et des parathyroides sur l'excitabilité du nerf grand splanchnique chez le chien. C. r. Soc. Biol. Paris **100**, 1114 (1929).

[4] CHAMBERLAIN: Experimental hyperthyroidism and sympathetic irritability. Proc. Soc. exper. Biol. a. Med. **26**, 459 (1929).

[5] DOBRŽANECKI et ARON: Influence de l'excitation du sympathique cervical sur le fonctionnement thyroidien. C. r. Soc. Biol. Paris **104**, 1321 (1930).

[6] ARON: Rôle du système nerveux central dans la croissance embryonnaire. Archives de Biol. **39**, 607 (1929).

[7] DÜRKEN: Zur Frage nach der Wirkung einseitiger Augenexstirpation bei Froschlarven. Biol. generalis (Wien) **6**, 511 (1930).

Bd. XVI, 1.

Die Verdauung als Ganzes
(S. 885—943).

Von

Otto Kestner – Hamburg.

Zu S. 902: Johnson, Karl I.: Pflügers Arch. **228** (1931). Das Gastrin ist in der gesamten Magenschleimhaut enthalten und läßt sich nach vollständiger Zerstörung der Zellen daraus gewinnen. Physiologisch wird es extrahiert 1. durch Röstprodukte, 2. durch Stoffe im Fleisch, die fester haften als die bekannten Extraktivstoffe. Von demselben eine Arbeit Klin. Wschr. **1931**, 1991, über die Tätigkeit des Magens nach Entfernung des Antrums.

Zu S. 904/5 und S. 923: Die dort zitierte Arbeit von W. Borchardt: Über die Beeinflussung der Magensaftsekretion durch Hitze steht in der Klin. Wschr. **1930**, 886.

Zu S. 905: Die Untersuchung von F. Hollander wurde nach einer vorläufigen Mitteilung zitiert. Die ausführliche Arbeit ist: Hollander, F., and G. R. Cowgill: J. of biol. Chem. **91**, 151, 481 (1931). — Gegenteilige Ansicht: Kalk, H.: Klin. Wschr. **1932**, 270. Daselbst Literatur.

Zu S. 912: Vgl. eine demnächst erscheinende Mitteilung von O. Kestner u. Karl J. Johnson in Hoppe-Seylers Z.: „Über die intracellularen Fermente in den Verdauungsorganen."

Zu S. 918: Über Hunger und Blutzuckergehalt: Kestner, O., Karl J. Johnson u. W. Laubmann: Pflügers Arch. **227**, 539 (1931).

Zu S. 925 und S. 938: Über Ausnutzung gemischter Nahrung: Ferrari, R.: Pflügers Arch. **1932**.

Zu S. 930: Über Resorptionsstörungen bei Avitaminose: Never, H.: Pflügers Arch. **224**, 787. — Never, H., u. B. Massury: Ebenda **225**, 582.

Zu S. 932 und 938: Über Darmlänge und Ausnutzung. Zweite Mitteilung von O. Kestner, Pflügers Arch. **1932**.

Bd. XVI, 1.

Die Ernährung des Menschen als Ganzes
(S. 945—1015).

Von

Otto Kestner – Hamburg.

Zu S. 949: Glykogenbildung aus Eiweiß. Glykogenbildung aus Fett: Kestner, O., Karl J. Johnson u. W. Laubmann: Pflügers Arch **227**, 539 (1931) — Matthies, T.: Ebenda **227**, 475 (1931).

Zu S. 950: Arbeiten von Bohnenkamp u. Mitarbeitern: Über die Beziehung der Oberfläche zum Stoffwechsel und eine neue Bestimmung der Oberfläche. Pflügers Arch. **228**, (1931). — Entgegnung von O. Kestner in Pflügers Arch. in Vorbereitung.

Zu S. 952: Grundumsatz von Knaben: Bjerring, Einar: Standard metabolism of boys. Kopenhagen 1931. Bestimmung an 133 Knaben von 7—18 Jahren.

Zu S. 964: RITZMANN, E. G., and F. G. BENEDICT: Energy metabolism of sheep. Univ. Newhampshire, Experiment station. Techn. Bull. **43** (1930); **45** (1931). Wichtig für spezifisch-dynamische Wirkung und Wärmeregulation.

Zu S. 965: Stickstoffansatz im Reizklima. Zweite Mitteilung von SCHADOW und ROELOFFS. — SCHADOW, H., u. F. ROELOFFS: Mschr. Kinderheilk. **52**, 50 (1932) — Dritte Mitteilung. Ebenda 1932.

Zu S. 968: Drei neue Untersuchungen über die wirkliche Kost von Familien:

1. BANNING, C.: De voeding te Zaandam. Dissert. Utrecht 1931. — Selbständig erschienen Zaandam bei K. HUISMAN. Kurze Inhaltsangabe in Acta brevia Neerlandica **1**, 29 (1931). Hohe calorische Werte, viel Kohlehydrate.

2. CATHCART, E. P., u. A. M. P. MURRAY: Study in nutrition in St. Andrews. Medic. research council. Special reports series **1931**, Nr 151. Wichtig, weil in einigen Familien auch die Ernährung der einzelnen Personen bestimmt wurde. Dabei ergab sich, daß der Familienvater viel mehr, die Mutter viel weniger Eiweiß aufnahm als dem Durchschnitt entspricht. Differenzen bis 30%. Starke Vorsicht bei Familienuntersuchungen! Hoher Fettgehalt, mäßiger Eiweißgehalt.

3. SCHEUNERT u. KRZYWANEK: Beihefte zur Z. Ernährg **1931**, H. 1. Leipzig. Kost in bäuerlichen Haushaltungen. Durchaus Kost der alten Zeit. Hoher Calorienverbrauch. 102—104 g Eiweiß. Viel Milch, viel Brot.

Ferner 4. BENEDICT, F. G. u. G. FARR: Energy and protein content of foods regulary eaten in a college community. Newhampshire agric. exp. stat. Bull. **242**. Sehr zahlreiche wertvolle Analysen. Sonst ergibt sich vor allem, daß bei einer guten und teuren Ernährung die Werte für Eiweiß und Calorien außerordentlich stark schwanken können. Auffallend ist die geringe Brotmenge. Viel Milch. Icecream und „Sundaes" spielen quantitativ eine größere Rolle als Brot, für Eiweiß sogar erheblich.

Zu S. 992: TOVEROD, K. U., u. G.: Acta paediatr. (Norwegen) Suppl.-Bd. **12**, 2 (1931). Kalkgehalt bei schwangeren und stillenden Frauen. In den letzten Monaten der Schwangerschaft, in der der Fetus sein Skelet bildet, erhält die Mutter nur dann genügend Kalk, wenn sie reichlich Milch genießt. Überschüssige Kalkzufuhr steigert den Kalkgehalt der Milch, aber nur bei genügender Vitaminzufuhr.

Zu S. 996: Während der Bildung der Zähne spielt das bestrahlte Ergosterin (Vitamin D) eine Rolle, im späteren Leben nicht mehr. Eingehende Untersuchung veröffentlicht von dem englischen National Res. Council **1931**. Special Reports Series 140, 153, 159.

Zu S. 1011: Bedeutung der Cellulose für die Nahrung und Änderung der Ausnutzung durch die Magensaftsekretion. Zwei eingehende Untersuchungen erscheinen in Pflügers Arch. **1932:** KESTNER, O.: Rattendärme. — FERRARI, R.: Untersuchungen an Fistelhunden und Menschen.

Physiologie des Wasserhaushaltes
(S. 161—222).

Von
R. SIEBECK – Heidelberg.

Zu S. 165: Die *Plasmamenge* ist Gegenstand zahlreicher Untersuchungen gewesen, seitdem die neueren Farbstoffmethoden (ROWNTREE[1]) ihre Bestimmung ermöglichten. Besonders von SIEBECK und seinen Mitarbeitern (H. MARX u. a.) wurde auf ihre großen Schwankungen bei Vorgängen im Wasserhaushalt hingewiesen[2].

Zu S. 180: Über Durst. Die französische Klinik betont nach wie vor die Rolle der Blutkonzentration (LABBÉ[3]). CARLSON[4] fand, daß bei Tieren, denen sämtliche Speicheldrüsen entfernt waren, der Durst nicht gesteigert, eher vermindert war, somit die Vorstellungen von CANNON[5] wohl widerlegt sind.

III. Der Wasserhaushalt bei Wasseraufnahme.

Zu S. 185 ff.: Die Vorgänge im Wasserhaushalt beim Trinken wurden auf meine Veranlassung besonders von H. MARX[6] verfolgt. Es ergab sich, daß die typisch verlaufende Blutverdünnung von kompliziert verlaufenden Austauschvorgängen zwischen Blut und Geweben abhängt. Wichtig ist, daß auch Trinksuggestion in Hypnose (ohne Wasseraufnahme) ganz gleiche Austauschvorgänge und Diurese auslöst, was auf eine zentrale Regulation dieser Abläufe hinweist[7]. Ferner wurde die Wirkung der Wasserzufuhr auf verschiedene Organe und Organsysteme untersucht[8].

VI. und VII. Der Wasserhaushalt unter hormonalen und nervösen Einflüssen.

Zu S. 201 ff.: Auf dem Gebiete der Hormone wurden große und wesentliche Fortschritte erzielt, auf die nur kurz hingewiesen werden kann. Die Rolle des Thyroxins wurde besonders von SCHITTENHELM[9], die des Insulins von KLEIN[10] u. a.,

---

[1] ROWNTREE: The volum of the blood and Plasma. Philadelphia 1929.

[2] SIEBECK: Kongr. inn. Med. **1928**. — MARX u. MOHR: Arch. f. exper. Path. **123**, 205 (1927). — KORTH u. MARX: Ebenda **136**, 120 (1928).

[3] LABBÉ et VIOLLE: Metabolisme de l'eau. Paris 1927.

[4] CARLSON: Mitt. auf dem amerikan. Physiologenkongreß 1930.

[5] CANNON: Bodily changes in fear. New York 1925.

[6] MARX, H.: Dtsch. Arch. klin. Med. **152**, 354 (1926) — Klin. Wschr. **1925**, Nr 49.

[7] MARX, H.: Klin. Wschr. **1926**, Nr 3.

[8] HOLLER: Wien. Arch. inn. Med. **11/14** (1926/27) (Magen). — v. KORANYI: Vortr. über Path. u. Ther. d. Nierenkrankheiten. Berlin 1929. — BEUTEL u. HEINEMANN: Z. klin. Med. **107**, 793 (1928) (Leber u. a.). — DRESEL u. LEITNER: Ebenda **111**, 394 (1929) (Milz). — BAER: Arch. f. exper. Path. **119**, 102 (1926). — TASHIRO: Ebenda **111**, 218 (1926) (Muskulatur) und viele andere.

[9] SCHITTENHELM: Z. exper. Med. **61**, 239 (1928).

[10] KLEIN: Klin. Wschr. **1926**, Nr 50 u. 51.

die der Ovarien von HEILIG[1] untersucht. Besondere Bedeutung haben die Forschungen über die Hormone der Hypophyse[2]. Die den Uterus erregende und die antidiuretische Komponente des Hypophysins konnten getrennt werden (KAMM[3]); in dem „Pitresin" (in Deutschland „Tonephin") wurde die antidiuretische Fraktion dargestellt. VERNEY[4] hat gefunden, daß die Polyurie der isolierten Niere (im Herz-Lungen- und Nierenpräparat) der beim Diabetes insipidus gleicht und durch den Mangel an Hinterlappenhormon zu erklären ist; wird in das Präparat ein Kopf mit intakter Hypophyse eingeschaltet, so hört die Polyurie auf, nicht aber wenn aus dem Kopf vorher die Hypophyse entfernt wurde. In Anlehnung an diese Versuche hat H. MARX[5] das Blut des durstenden Tieres an der isolierten Niere geprüft und dabei einen reichlichen Gehalt an antidiuretischer Substanz festgestellt, der nach Wasserzufuhr verschwindet oder weniger wird.

Zu S. 205 ff.: In engstem Zusammenhang mit den hormonalen stehen *zentralnervöse Einflüsse*[6]. Die Hypnoseversuche von H. MARX[7] sind schon erwähnt; HEILIG und HOFF[8] konnten die Wasserausscheidung durch Affekte beeinflussen, BYKOW und BERKMANN sowie H. MARX[9] bei Tieren durch „bedingte Reflexe" Diurese erzeugen. Bei Erkrankungen des Mittelhirns[10], der Hypophysengegend[11] und bei genuiner Epilepsie[12] sind tiefgreifende Störungen des Wasserhaushaltes beobachtet worden. Über die Besonderheiten des Wasserhaushaltes im Kindesalter vgl. ROMINGER[13]. Auf genotypische Faktoren weisen Untersuchungen an ein- und zweieiigen Zwillingen hin[14]. Immer mehr rückt die *Koordination der Vorgänge in den Nieren, in den Gefäßen und Geweben* in den Mittelpunkt des Interesses, wobei die *hormonalen und zentralnervösen Regulationen* und die *Verbindungen mit anderen vegetativen Funktionen* mehr und mehr an Bedeutung gewinnen.

---

[1] HEILIG: Klin. Wschr. **1924**, 1117.

[2] Vgl. P. TRENDELENBURG: Kongr. inn. Med. **1930**.

[3] KAMM: J. amer. chem. Soc. **50**, 573 (1928).

[4] VERNEY: Lancet **1929**, 645.

[5] MARX, H.: Klin. Wschr. **1930**, 2384.

[6] Vgl. P. TRENDELENBURG: Klin. Wschr. **1928**, 1679. — JANSSEN: Ebenda **1928**, 1680 — Arch. f. exper. Path. **135** (1928).

[7] MARX, H.: Klin. Wschr. **1926**, 92. — HOFF u. WERNER: Arch. f. exper. Path. **119**, (1926).

[8] HEILIG u. HOFF: Dtsch. med. Wschr. **1925**, 1615.

[9] BYKOW u. BERKMANN: C. r. Acad. Sci. Paris **1927**, 185. — MARX, H.: Amer. J. Physiol. **96**, 356 (1931).

[10] HOLZER u. KLEIN: Med. Klin. **1927**, Nr 1.

[11] MARX, H.: Dtsch. Arch. klin. Med. **158**, 149 (1928).

[12] McQUARRIE: Amer. J. Dis. Childr. **38**, 451 (1929).

[13] ROMINGER: Klin. Wschr. **1927**, Nr 8.

[14] SIEBECK: Klin. Wschr. **1927**, Nr 8. — GEYER: Ebenda **1931**, Nr 32.

Bd. XVII.

Physiologische Wirkungen des Klimas
(S. 498—559).

Von
OTTO KESTNER — Hamburg.

Zu S. 498: Historische Bedeutung der Malaria in der römischen Campagna. Großes Werk von CELLI. Kurze deutsche Ausgabe von Frau ANNA CELLI-FRENTZEL. Leipzig 1929.

Zu S. 500: Bedeutung des Pigments für die Wärmeregulation: PEEMÖLLER, F.: Strahlenther. **20** (1926). — KESTNER, O., u. W. BORCHARDT: Klin. Wschr. **1929**, 1796.

Zu S. 500: Schlechte Wärmeregulation: KRAUEL, G.: Zentralstelle f. Balneologie **1932**. — BORCHARDT, W.: Pflügers Arch. **214**, 169 (1926).

Zu S. 501: Keine chemische Wärmeregulation bei Schafen: RITZMANN, E. R., and F. G. BENEDICT: Newhampshire Experiment station. Techn. Bull. **43** (1930); **45** (1931). — Messung der Sonnenscheinerwärmung: KESTNER, O.: Z. Kurortsforsch. **1932**. — Abkühlungsgröße: THILENIUS, R., u. C. DORNO: Z. physik. Ther. **29**, 230 (1925) — Klima von Muottas Muraigl. Braunschweig 1927. — LÖWY, A.: Z. physik. Ther. **35**, 1; **36**, 101. — SIMCKE, G.: Ebenda **40**, 147 (1931). — Ferner O. KESTNER: Z. Kurortforsch. **1932**. — Dazu W. B. CANNON: Amer. J. Physiol. **89**, 84 (1929).

Zu S. 505: Wasserabgabe durch die Haut: STRAUSS, W., u. C. MÜLLER: Z. Hyg. **110**, 413 (1929). — EIMER, K.: Z. exper. Med. **64**, 757 (1929). — FISCHER, O. u. G.: Arch. Schiffs- u. Tropenhyg. **32**, 383 (1928).

Zu S. 508: KESTNER, O.: Strahlenther. **39**, 391 (1931). (Blutdrucksenkung bei Scirocco.) — KESTNER, O., C. J. JOHNSON u. W. LAUBMANN: Ebenda **41**, 1 (1931). (Blutdrucksenkung bei Föhn.) — Bedeutung der Luftionen: DESSAUER, F.: 10 Jahre Forschung auf dem physikalisch-medizinischen Grenzgebiet. Leipzig 1931.

Zu S. 516: Zahlreiche neue Meßmethoden für kurzwellige Ultraviolettstrahlung. Sehr viel zusammengefaßt in Strahlenther. **40** (1930). — Ferner G. MIESCHER: Ebenda **39**. — WORINGER, P.: Ebenda **39**.

Es steht heute fest: 1. durch künstliche Ultraviolettstrahlung findet keine Hämoglobinbildung bei Gesunden statt, dagegen eine Beschleunigung der Blutregeneration nach toxischer Zerstörung der Blutkörperchen. Bestätigung älterer Angaben durch H. S. MAYERSON u. H. LAURENS: Proc. Soc. exper. Biol. a. Med. **1930**, 893, 1070. — MELTZA, J.: Polnische Arbeit, zitiert nach Ronas Ber. **39**, 816.

2. Stoffwechsel wird durch Sonne gesteigert, durch künstliche Lichtquellen sicher nicht. Vgl. A. LÖWY: Strahlenther. **29** (1928). — KESTNER, O., KARL J. JOHNSON u. W. LAUBMANN: Ebenda **41** (1931).

3. Der Blutdruck wird nicht gesteigert, die Atmung wird vertieft.

4. Künstliche Lichtquellen machen keinen Stickstoffansatz: SCHADOW, H., u. R. NOTHHAAS: Jb. Kinderheilk. **127** (1931). — Wegen des Sonnenerythems: ELLINGER, F.: Strahlenther. **38**, 521 (1930).

Höhenklima. Zahlreiche Arbeiten in den Atti dello Istituto „Angelo Mosso" sul Monte Rosa, in den letzten Jahren zwei Bände. Ferner aus dem Davoser Forschungsinstitut: LÖWY, A., u. Mitarbeiter: Biochem. Z. **145**, 185, 192, 212. — GRIFFEL: Ebenda **222**. — MONASTERIO: Ebenda **218**. — KOLOSZ: Ebenda **222**. — ANGELESCU: Ebenda **209**. — DRASTIG: Ebenda **195**. — SCHEMENSKY: Z. klin. Med. **111**. — LÖWENSTÄDT: Pflügers Arch. **217**. — DRASTIG: Ebenda **217**. — WERTHEIMER, E.: Z. exper. Med. **70**. — MONASTERIO: Ebenda **70**. — GIANNINI: Ebenda **64**. — Hämoglobin und Erythrocyten: GABATHULER, A.: Ebenda **65**. — LIPPMANN, A.: Klin. Wschr. **1926**, Nr 31. — Blutdruck: GROBER, J.: Z. physik. Ther. **31**, 145. — Blutreaktion: GYÖRGY: Schweiz. med. Wschr. **1924**, Nr 18. — Sauerstoff und Atemzentrum: GOLLWITZER-MEIER, KL.: Pflügers Arch. **220**, 434 (1928). — WINTERSTEIN, H., u. KL. GOLLWITZER-MEIER: Ebenda **219**, 202 (1927). — Zentrogene Acidose und Alkalose des Blutes: GOLLWITZER-MEIER, KL.: Zbl. inn. Med. **1932**. — Zusammenfassung: LÖWY, A.: Physiologie des Höhenklimas. Monographien Physiol. **84**. Berlin 1932.

Seeklima. Stickstoffansatz im Seeklima: SCHADOW, H., u. R. NOTHHAAS: Jb. Kinderheilk. **127** (1930). — SCHADOW, H., u. F. ROELOFFS: Mschr. Kinderheilk. **52**, 50 (1932) —
Dritte Mitteilung in Mschr. Kinderheilk. **1932**. — BORCHARDT, W.: Pflügers Arch. **218**, 395
(1927). — Sonnenschein und Blut: NEVER, H.: Klin. Wschr. **1931**, 1357.

Tropenklima. KESTNER, O., u. W. BORCHARDT: Klin. Wschr. **1929**, 1796. — Aus-
führlicher W. BORCHARDT: Arch. Schiffs- u. Tropenhyg. **33**, Beiheft 3 (1930); **34**, 258 (1930).
— Betonung der Temperatur- und Strahlungsunterschiede. Nordisches Klima gegenüber
Tropen: KESTNER, O., u. W. BORCHARDT: Pflügers Arch. **218**, 469 (1927).

Bd. XVII.

Hypnotica
(S. 611—620).

Von

HANS H. MEYER – Wien und ERNST P. PICK – Wien.

Aus den Untersuchungen von TRÖMNER, ECONOMO, EBBECKE, HESS[1] geht
hervor, daß von einem Bezirk an der *Zwischenhirn-Mittelhirn-Grenze* die Einleitung aller zentralen Zustandsänderungen erfolgt, deren Gesamtheit wir *Schlaf*
nennen, und die im wesentlichen in der Ausschaltung der Bewußtseinssphäre
im Rindengebiet des Großhirns und in der Erregbarkeitsherabsetzung verschiedener vegetativer Hirnstammzentren bestehen, sowie daß der Schlaf ein
aktiver Vorgang ist, der durch spezifische Reize erregt werden kann. Es muß
also von dieser Stelle aus nicht allein der normale Schlafablauf *geregelt*, sondern
auch der Schlafeintritt *aktiv eingeleitet* werden können, und zwar durch „partielle
Absperrung der zu- und abführenden Erregungsleitung mit partieller Bewußt-
seinsausschaltung" (Hirnschlaf nach ECONOMO) wie auch durch Funktionsände-
rung der vegetativen Zentren und Organsysteme (Körperschlaf nach ECONOMO).
Man hat danach in dem angegebenen Hirnbereich ein *Schlafzentrum* anzunehmen
oder vielmehr ein „*Schlafsteuerungszentrum*"[2], denn es setzt sich zusammen aus
den miteinander gekoppelten, *abwechselnd* wirksamen „*Schlaf-*" und „*Wach*"-
Zentren, die nach ihrem pharmakologischen Verhalten[3] wie ein Seitenstück zu
den Wärmesteuerungszentren dem *parasympathischen* und dem *sympathischen*
Nervenbereich anzugehören scheinen.

Von diesen hypothalamisch-parasympathischen Schlafzentren wird anfänglich
nur der „Hirnschlaf", in weiterer Vertiefung dann auch der „Körperschlaf"
veranlaßt, indem erst die höchsten, dann die tieferen cerebrospinalen Zentren
in *refraktären Zustand* versetzt, d. h. mehr oder weniger unerregbar werden. Zu-
reichende Erregung des sympathischen „Wachzentrums" hebt die Hemmung auf.

Durch Arzneimittel kann danach der Schlaf in verschiedener Weise eingeleitet und unterhalten werden:

1. Statt daß das cerebral angelassene thalamische Schlafzentrum mit seiner
hemmenden Kraft den Schlaf erzwingt, können die betäubenden Gifte ganz

---

[1] TRÖMNER: Das Problem des Schlafes. 1912. Dtsch. Z. Nervenheilk. **105** (1928). —
v. ECONOMO, in Bethes Handb. d. Physiol. Berlin 1926 (mit Schrifttum). — EBBECKE, U.:
Ebenda. — HESS, W. R.: Monakows neurol. Abhandl **1925**, H. 2 — Arch. f. Psychiatr. **82**
(1929).

[2] Unter *Zentrum* ist selbstverständlich im Zentralnervensystem nicht ein scharf um-
schriebener Ort zu verstehen, sondern ein System einander zugeordneter und zusammenwirkender Wirkstellen.

[3] HESS, W. R.: a. a. O.

unmittelbar die Hirnzentren und Bahnen narkotisieren und sperren, so daß exogene und endogene Empfindungsreize ihre sonst wachhaltende oder auch weckende Kraft verlieren und somit ein schlafähnlicher Zustand eintritt. Dabei werden erfahrungsgemäß — wie beim natürlichen Schlaf — zuerst die Rindenzentren (bewußte Empfindung und Willen) ausgeschaltet: künstlicher *direkter Hirnschlaf,* und erst nach größeren Gaben auch die tieferen Reflexzentren: *Körperschlaf.*

2. Oder die Mittel greifen zunächst im *Hirnstamm* die vegetativen Reflexzentren, dann auch die *Schlafzentren* an, indem sie auswählend das sympathische *Wachzentrum* betäuben und gegen Weckreize abstumpfen, dadurch aber von selbst dem parasympathischen *Schlafzentrum* das Steuer überlassen, so daß dann das „Schlaftriebwerk" richtig anläuft. Diese Mittel verursachen demnach direkt erst Körper-, dann indirekt Gehirnschlaf. Indes zu dieser primären Wirkung auf die Schlafsteuerung gesellt sich später, zumal nach großen Gaben, fast ausnahmslos auch die unmittelbar betäubende Wirkung im *Cerebrospinalbereich,* die *direkt* toxische Abschwächung und Aufhebung von Weckreizen und Reflexen, so daß dann die Wirkungen denen der „corticalen" Gruppe nahekommen.

Eine Ausnahme davon machen natürlich die — sonst überhaupt nicht narkotischen — nahezu rein vegetativen Gifte, die aber doch Schlaf herbeiführen, wenn sie unmittelbar in den ventrikulären Schlafsteuerungsbereich gespritzt werden, in welchem sie streng örtlich entweder das „sympathische Wachzentrum" betäuben (*Ergotamin*[1]) oder das „parasympathische Schlafzentrum" erregen (*Cholin*[2]; $CaCl_2$[3]).

Zur *ersten* Gruppe, den „*corticalen*" Schlafmitteln, sind den bisherigen Untersuchungen zufolge zu rechnen außer dem *Alkohol: Paraldehyd, Amylenhydrat, Chloralhydrat, Chloralose, Bromide* (wahrscheinlich zugehörig: Chloralamid, Urethan, Avertin, Bromural, Adalin). Zur *zweiten* Gruppe, den „*hypothalamischen*" Schlafmitteln, gehören außer *Baldrian* und vielleicht *Opium* und *Scopolamin* das sonst dem Chloral nahestehende *Chloreton* und eine große Zahl von Barbitursäureabkömmlingen, wie namentlich *Luminal, Nirvanol.*

Diese theoretisch wie praktisch wichtige Unterscheidung und Trennung der Schlafmittel in die beiden — selbstverständlich nicht scharf voneinander abgrenzbaren — Hauptgruppen der „corticalen" oder „Hirnrinden"- und der „hypothalamischen" oder „Hirnstamm"-Hypnotica hat sich aus einer großen Reihe von Untersuchungen[4] ergeben, die einerseits den Einfluß planmäßiger Abtragungen der Großhirnrinde und des Streifenhügels sowie ergänzend gewisser paraventrikulärer Stichverletzungen im Hirnstamm auf die Wirkung von Schlafmitteln[5] prüften, andererseits die durch die einzelnen Schlafmittel mehr oder weniger mitbedingten, den Schlaf begleitenden Funktionsstörungen der vegetativen Hirnstammzentren für die Wärmeregulation, den Blutdruck, die Atmung, das Erbrechen, für den Salz-, den Wasser-, den Zuckerstoffwechsel einer vergleichenden Untersuchung unterzogen.

---

[1] Hess, W. R.: Schweiz. Arch. Neur. Zürich **1925**, H. 2.

[2] Marinesco u. Gen.: Z. Neur. **119** (1929).

[3] Cloetta u. Demole: Arch. f. exper. Path. **120** (1927). — Cloetta u. Thomann: Ebenda **103** (1924). — Cloetta u. Brauchli: Ebenda **111** (1926).

[4] Pick, E. P., u. Mitarbeiter: Arch. f. exper. Path. **1926—1929.**

[5] Über das Verhalten einzelner Reflexe: Köppen: Arch. f. exper. Path. **29** (1892). — Labyrinthreflexe (Stellreflexe usw.) unter dem Einfluß verschiedener Narkotica: Magnus, R.: Körperstellung. Berlin 1924. — Girndt, O.: Arch. f. exper. Path. **164** (1932); vgl. auch H. Hondelink: Ebenda **163** (1932). Durch die verschiedenen Narkotica werden die einzelnen Reflexe ungleich gestört, sowohl dem Grade wie der Zeit nach, so daß aus dem Verhalten eines Cerebrospinalreflexes unter einer bestimmten Vergiftung nicht ohne weiteres auf die anderen Störungen und die sonstige Narkose geschlossen werden darf. Die Stärke der *schlaferzeugenden* Wirkung eines Mittels nach seinem Einfluß auf die Rückenmarks- oder Stellreflexe abschätzen zu wollen erscheint deshalb als grundsätzlich verfehlt.

Bd. XVII.

Der Traum
(S. 622—643).

Von

A. HOCHE — Freiburg i. B.

Die Belege für die Einzelheiten der obengenannten Darstellung finden sich in der Monographie: HOCHE, A.: Das träumende Ich. Jena: Gustav Fischer 1927.

Bd. XVII.

Tagesperiodische Erscheinungen bei Pflanzen
(S. 659—668).

Von

ROSE STOPPEL — Hamburg.

Mit 1 Abbildung.

Das Problem der tagesperiodischen Erscheinungen bei Pflanzen hat auch in den letzten Jahren mehrfach Anlaß zu wissenschaftlichen Untersuchungen gegeben. In erster Linie wurde die Aufmerksamkeit auf das Problem des Schlafes der Laubblätter gelenkt.

Aus der Zusammenstellung der Ergebnisse der früheren Arbeiten im Handb. Bd. XVII, S. 659—668 war hervorgegangen, daß der Vorgang des Schlafes der Laubblätter weder durch den Wechsel des Lichtes noch durch die Schwankungen der Temperatur allein erklärt werden könne, sondern daß ein bisher unberücksichtigt gebliebener Außenfaktor einen ausschlaggebenden Einfluß haben müsse. Verschiedene Anzeichen sprechen dafür, daß dieser Faktor elektrischer Natur ist.

Diese Annahme wurde dann später eher gestützt als widerlegt durch die Ergebnisse von Untersuchungen, die in Akureyri in Nordisland von STOPPEL[1] durchgeführt wurden. Es zeigte sich, daß die Blätter normal grüner Bohnen (Phaseolus multiflorus) sich auch während der hellen Sommernächte dort regelmäßig heben und senken. Dieses Ergebnis war um so erstaunlicher, als diese Blätter in dauerndem künstlichen Lichte starr werden, wofern nicht das Gelenk des Blattes verdunkelt ist. Umgekehrt fand STOPPEL in Akureyri einen Kellerraum, in dem die Blätter etiolierter Bohnenpflanzen keine tagesperiodischen Bewegungen in dauernder Dunkelheit ausführten, was sonst in allen entsprechenden Versuchsorten der Fall gewesen war. In diesem Keller in Akureyri machten die Pflanzen täglich nur etwa drei ziemlich gleich große, rückläufige Bewegungen. Dieselben Pflanzen in einen Dunkelraum des ersten Stockes desselben Hauses

---

[1] STOPPEL, R.: Die Schlafbewegungen der Blätter von Phaseolus multiflorus in Island zur Zeit der Mitternachtsonne. Planta (Berl.) **2**, 342—355 (1926).

gebracht, führten alsbald regelmäßige Schlafbewegungen aus, wobei die Blätter zu normaler Zeit in den frühen Morgenstunden ihre tiefste Stellung erreichten. Weitere Untersuchungen bewiesen dann, daß es den Pflanzen in dem erwähnten Keller an einem „Etwas" in der Atmosphäre fehlen müsse, wodurch ihnen die Fähigkeit genommen war, auf den tagesrhythmischen Faktor zu reagieren, oder aber dieser Faktor selber fehlte. Dieses fehlende „Etwas" ließ sich mit Hilfe eines kräftig durchsonnten, wollenen Tuches in den Keller hineintragen. Zu diesem Zwecke wurde das Tuch etwa 3mal täglich nach kräftiger Besonnung im Keller ausgehängt. Alsdann traten auch hier die normalen Schlafbewegungen auf. Wie dieses Ergebnis zu deuten ist, das muß noch offen gelassen werden. Es wäre vielleicht an eine Ionenabsorption auf den Fasern des Tuches zu denken. Diese Deutung scheint aber auf Grund später zu besprechender Versuchsergebnisse den Tatsachen auch nicht gerecht zu werden. Die geringe Temperatursteigerung im Raum durch das erwärmte Tuch kann den Erfolg nicht herbeigeführt haben, da in anderen Räumen mit nicht höherer Temperatur normale Schlafbewegungen beobachtet wurden. Das Aufhören der Bewegungen in diesem Keller erinnert an dieselbe Erscheinung, die Cremer im Bergwerk früher schon beobachtet hatte. Dort kam eine niedrige Temperatur als Hemmungsfaktor aber überhaupt nicht in Frage. — Es wurden dennoch Ansichten laut, nach denen schon sehr geringe Temperaturschwankungen als zeitliche Regulatoren von autonomen Bewegungen angesehen werden, womit das schwierige Problem der Schlafbewegungen wenigstens für Phaseolus gelöst sein sollte. Auf diesen Standpunkt stellten sich Bünning und Stern[1]. Da Bünning[2] später aber wohl selber zu der Erkenntnis kam, daß diese Auffassung sich mit zahlreichen Versuchsergebnissen nicht vereinigen lasse, erweiterte er seine Ansicht dahin, daß auch der einmalige Einfluß des Lichtes einer roten Lampe genügen soll, um die Bewegungen in Gang zu bringen. Danach soll es in der Hand des Experimentators liegen, zu welcher Tageszeit die Extreme der Bewegungskurven fallen sollen. Der Beweis für diese Annahme ist jedoch nicht einwandfrei erbracht worden. — In ähnlicher Weise wollte Walde[3] das Zustandekommen der Rhythmik erklären. Sie sieht dieselbe hauptsächlich als das Ergebnis der Wasseraufnahme der Pflanzen an, wobei dieser Wasserzufuhr aber auch nur ein regulierender Einfluß zugesprochen wird. Sollte diese Annahme richtig sein, so bleibt dennoch das Problem bestehen, da bei Wasserkulturen in dauernder Dunkelheit die Blätter sich auch tagesrhythmisch bewegen. Es müßte in diesem Fall die Wasseraufnahme tagesrhythmisch schwanken.

Für die Auffassung, in den Schlafbewegungen der Laubblätter einen elektrisch bedingten oder wenigstens regulierten Vorgang zu sehen, sprechen die Ergebnisse der Untersuchungen von Fehse[4]. Er stellte fest, daß die Blätter von Phaseolus durch sehr geringe elektrische Ströme fast augenblicklich zu Senkbewegungen zu veranlassen sind. Der Strom wurde bei seinen Versuchen zugeführt durch zwei feine Platindrähte, die in den Blattstiel und in den Mittel-

---

[1] Stern, K., u. E. Bünning: Über die tagesperiodischen Bewegungen der Primärblätter von Phaseolus multiflorus. I. Einfluß der Temperatur auf die Bewegungen. Ber. dtsch. bot. Ges. **47**, 565—584 (1929). — Bünning, E.. u. K. Stern: Über die tagesperiodischen Erscheinungen der Primärblätter von Phaseolus multiflorus. II. Die Bewegungen bei Thermokonstanz. Ber. dtsch. bot. Ges. **48**, 227—252 (1930).

[2] Bünning, E.: Untersuchungen über die autonomen tagesperiodischen Bewegungen der Primärblätter von Phaseolus multiflorus. Jb. Bot. **75**, 439—480 (1931).

[3] Walde, Irmgard: Über die Bewegungen der Primärblätter etiolierter Phaseolus-Keimpflanzen und Versuche, sie zu beeinflussen. Jb. Bot. **64**, 696—722 (1927).

[4] Fehse, Friedrich: Einige Beiträge zur Kenntnis der Nyktinastie und Elektronastie der Pflanzen. Planta (Berl.) **3**, 292—324 (1927).

nerv des Blattes gesteckt worden waren. Bei einer Entfernung der Elektroden von 8 mm voneinander genügte schon eine Spannung von 24 Volt, um im Lauf einer Viertelstunde eine Senkbewegung herbeizuführen, die unter normalen Bedingungen mehrere Stunden in Anspruch genommen hätte. Einen nachweisbaren Schaden trugen die elektrisch gereizten Blätter bei vorsichtiger Behandlung nicht davon. — Die Tatsache, daß nur Blätter, die noch reichlich Stärke in ihren Gefäßscheiden führen, normalerweise ordentliche Schlafbewegungen machen, aber auch nur diese durch einen elektrischen Reiz zu einer Senkbewegung zu veranlassen sind, spricht dafür, daß es sich auch bei den normalen Schlafbewegungen um Vorgänge handelt, die mit einer elektrischen Veränderung im Gewebe etwas zu tun haben. Im Gegensatz zu den normalen Senkbewegungen sind die künstlich induzierten nicht abhängig von der Angriffsrichtung der Schwerkraft.

Zwei andere Arbeiten beschäftigen sich mit dem Einfluß der Luftionen auf die Schlafbewegungen von Phaseolus. LIPPERHEIDE[1] arbeitete mit normal grünen Pflanzen teils im Keller bei künstlichem Licht, teils in einem Gewächshaus bei natürlichem Licht. Die Ionisation der Luft wurde durch Spitzenentladung herbeigeführt. Er fand, daß die ionisierte Luft eine Hebebewegung des Blattes veranlaßt oder wenigstens eine Senkbewegung hemmt. Er kam jedoch zu der Überzeugung, daß die Bewegungen nicht durch die Ionen der Luft verursacht, höchstens reguliert werden. BÜNNING, STERN und STOPPEL[2] erzielten bei Untersuchungen mit polar ionisierter Luft (Verfahren nach DESSAUER) ebenfalls keine eindeutigen Versuchsergebnisse.

Mit einem anderen Versuchsobjekt, Canavalia ensiformis, auch einer Leguminose, sind von BROUWER und KLEINHOONTE Untersuchungen in Utrecht angestellt worden. Die Ergebnisse der beiden Forscher weichen erheblich voneinander ab. BROUWER[3] fand, daß Pflanzen, die durch einen anomalen künstlichen Lichtwechsel zu einem anderen Rhythmus als dem normalen gezwungen worden waren, wieder zu diesem zurückkehrten, sobald sie dauernd verdunkelt wurden. Selbst die Extrempunkte verlagerten sich wieder auf die normalen Zeiten. KLEINHOONTE[4] dagegen beobachtete, daß die zeitliche Lage der Extrempunkte der Bewegungskurve in dauernder Dunkelheit abhängig ist von dem Zeitpunkt der letzten Verdunkelung. Diese Extreme können also auf jede beliebige Tageszeit fallen. — Wenn diese Arbeit auch eine Reihe sonstiger interessanter Angaben enthält, so bleibt ihr doch der Mangel, daß nur mit grünen Pflanzen gearbeitet wurde, die bei längerer Verdunkelung mehr leiden als etiolierte, die kein Chlorophyll besitzen. Auch lassen die gegenteiligen Ergebnisse von BROUWER und KLEINHOONTE weitere Untersuchungen an Canavalia als wünschenswert erscheinen.

Eine den Schlafbewegungen der Blätter anscheinend sehr verwandte Erscheinung wurde von BOSE[5] beobachtet, die er als die betende Palme von Faridpore bezeichnete. Der Stamm dieser Palme erhob sich nicht senkrecht aus dem Erdboden, sondern bildete einen Winkel mit demselben, der erheblich kleiner war als 90°. Dabei zeigte sich die Eigentümlichkeit, daß sich dieser Winkel

---

[1] LIPPERHEIDE, C.: Neuere Untersuchungen über den Einfluß der Elektrizität auf Pflanzen. Angew. Bot. **9**, 561—625 (1927).

[2] BÜNNING, E., K. STERN u. R. STOPPEL: Versuche über den Einfluß von Luftionen auf die Schlafbewegungen von Phaseolus. Planta (Berl.) **11**, 67—74 (1930).

[3] BROUWER, G.: De periodieke Bewegingen van de primaire Bladeren bij de Kiemplanten von Canavalia ensiformis. Dissert. Amsterdam 1926.

[4] KLEINHOONTE, A.: Die durch das Licht geregelten autonomen Bewegungen der Canavalia-Blätter, S. 142. Dissert. Utrecht 1928.

[5] BOSE, J.: Die Pflanzenschrift und ihre Offenbarungen. 1928.

nachts verkleinerte, indem die Palme sich der Erde zuneigte, während sie sich am Tage wieder etwas aufrichtete. Ein Parallelismus der Kurven läßt darauf schließen, daß diese Bewegung bedingt wurde durch die Veränderungen der Temperatur und des Lichtes, doch scheint es sich hier um eine komplexe Erscheinung gehandelt zu haben, bei der der Wasserhaushalt der Pflanze eine entscheidende Rolle spielt. Daß sich die Stärke des Wasserauftriebes und des absteigenden Saftstromes im Laufe eines Tages ändert, wurde neuerlich auch von Arndt[1] bei Coffea festgestellt. Aus seinen Versuchen mit entblätterten Pflanzen geht aber hervor, daß diese Rhythmik nicht ausschließlich auf Veränderungen der Transpirationsgröße zurückzuführen ist.

Eine Reihe von Untersuchungen von Arcichovskij[2] und verschiedenen Mitarbeitern bringen auf Grund von methodisch neuen Versuchen weitere Beweise, daß die Saugkraft der Zellen im Stamm von Bäumen sich tagesrhythmisch verändert. Sie steigt mit wachsender Temperatur und schwindendem Feuchtigkeitsgehalt der Luft. Die Transpiration hat etwa denselben Rhythmus. Es kann jedoch auch vorkommen, daß die Außentemperatur am Nachmittag noch weiter steigt und die relative Feuchtigkeit noch sinkt, während die Saugkraft der Zellen und die Transpiration schon wieder abnehmen. Temperatur und Feuchtigkeitsgehalt der Luft scheinen daher nicht allein ausschlaggebend für die Größe der Saugkraft der Zellen zu sein. Die Höhe des osmotischen Wertes bestimmt hauptsächlich die Größe der Saugkraft. H. und E. Walter[3] fanden an Freilandpflanzen, daß der osmotische Wert z. B. bei Phragmites abends einen um 17% höheren Wert hatte als am Morgen, und bei Lactuca scariola traten sogar Schwankungen bis zu 20% auf. Diese Unterschiede dürften jedoch zur Hauptsache wenigstens auf die gesteigerte Wasserabgabe während des Tages zurückzuführen sein. Dennoch liegt auch bei dieser Funktion die Wahrscheinlichkeit vor, daß noch andere Faktoren bestimmend eingreifen. Zu dieser Annahme berechtigen unter anderem die Ergebnisse von Versuchen über die Wachstumsgeschwindigkeit von verschiedenen Bambusarten. Lock[4] will die beobachtete Tagesrhythmik auf die Unterschiede der Luftfeuchtigkeit zurückführen, während Portefield[5] mehr die Temperatur verantwortlich macht. Es scheint aber, daß die im Frühjahr wachsenden Bambusarten ein Tagesmaximum haben, während die im Herbst wachsenden in der Nacht die größte Streckung aufweisen. Man müßte also gerade eine gegensätzliche Reaktionsweise dieser Arten der Temperatur gegenüber annehmen, wenn die Größe des Wachstums in erster Linie von ihr abhängen soll.

Schließlich sei hier noch darauf hingewiesen, daß aus einer Arbeit von Heyn[6] hervorgeht, daß auch bei höheren Pflanzen der Befruchtungsakt von

---

[1] Arndt, C. H.: The movement of sape in Coffea arabica L. Amer. J. Bot. **16**, 179—190 (1929).

[2] Arcichovskij, V.: Untersuchungen über die Saugkraft der Pflanzen III. u. V. Planta (Berl.) **11**, 517—565 (1931).

[3] Walter, Heinrich, u. Erna Walter: Ökologische Untersuchungen des osmotischen Wertes bei Pflanzen aus der Umgebung des Balatonsees (Plattensees) in Ungarn während der Dürrezeit 1928. Planta (Berl.) **8**, 571—624 (1929).

[4] Lock, R. H.: On the growth of giant Bamboos with special reference of the relation between conditions of moisture and the rate of growth. Ann. roy. Bot. Gardens of Peredenija **2** (1904/05).

[5] Portefield, W.: A study of the grand period of growth in Bamboo. Bull. Torrey bot. Club **55**, 327—405 (1928) — Daily periodicity of growth in the bamboo, Phyllostachys nigra, with special reference to atmospheric conditions of temperature and moisture. Ebenda **57**, 533—557 (1930).

[6] Heyn, A. N.: Die Befruchtung bei Theobroma Cacao. Koninkl. Akad. Wetensch. Amsterd. Proc. **33**, Nr 5 (1930).

der Tagesstunde abhängig sein kann, wie es für verschiedene Algen schon lange
bekannt ist. HEYN konnte bei allen von ihm untersuchten Rassen von Cacao
nur in dem Material einen Befruchtungsakt feststellen, das in der Zeit zwischen
16 und 19 Uhr fixiert worden war.

Wir sehen somit, daß trotz der auch in den letzten Jahren gemachten Beobachtungen über die Tagesrhythmik der verschiedensten physiologischen Funktionen bei Pflanzen die Ursache ihres Zustandekommens noch nicht geklärt ist.
In einigen Fällen ist der ausschlaggebende Einfluß des Wechsels verschiedener
bekannter Außenfaktoren als Ursache der Rhythmik anzunehmen. In anderen
Fällen läßt aber schon der Widerspruch der Deutungen darauf schließen, daß
hier entweder sehr verwickelte Verhältnisse vorliegen, oder daß ein bislang noch
unbekannter Faktor entscheidend eingreift. Für diese Annahme spricht der
Umstand, daß die Extreme der Kurven der verschiedensten Funktionen an-

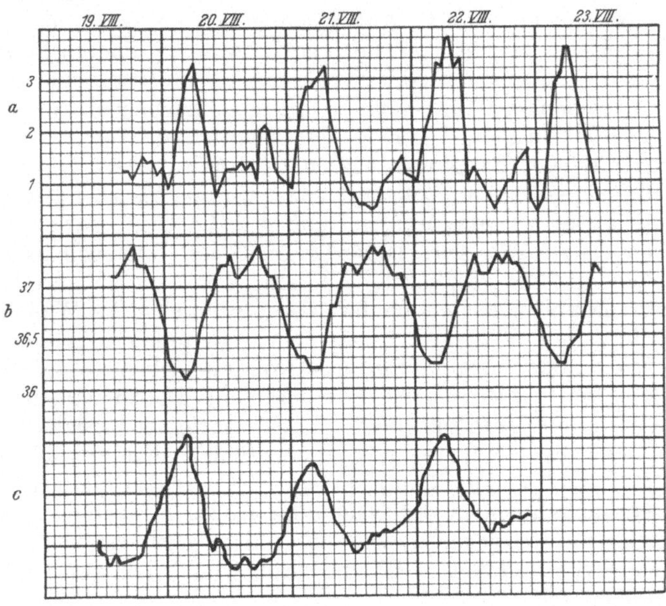

Abb. 1. (Erklärung im Text.)

nähernd auf dieselbe Stunde fallen. Die frühen Morgenstunden erweisen sich
in der Mehrzahl der Fälle als die kritischen. Hierin stimmen die pflanzlichen
Kurven mit den meisten tagesrhythmischen tierischen (menschlichen) sowie mit
denen der luftelektrischen Elemente überein. Diese Tatsache ergibt sich deutlich
aus den beigegebenen Kurven, die von VÖLKER[1] und STOPPEL[2] in Island aufgenommen wurden. Kurve *a* zeigt die Schwankungen der Leitfähigkeit der
Atmosphäre, *b* die der Temperatur eines Menschen bei voller Bettruhe, *c* die
Bewegungen eines etiolierten Bohnenblattes. Alle drei Kurven sind in demselben Raum, *a* und *b* gleichzeitig, *c* einige Tage früher aufgenommen worden.

---

[1] VÖLKER, H.: Über die tagesperiodischen Schwankungen einiger Lebensvorgänge des
Menschen. Pflügers Arch. **215**, 43—77 (1926).

[2] STOPPEL, ROSE: Die Beziehungen tagesperiodischer Erscheinungen beim Tier und bei
der Pflanze zu den tagesperiodischen Intensitätsschwankungen der elektrischen Leitfähigkeit
der Atmosphäre. Planta (Berl.) **2**, 356—366 (1926).

Der Parallelismus dieser drei Kurven ist so ausgesprochen, daß man es hier fraglos mit mehr als mit einer Zufälligkeit zu tun hat.

Nach Abschluß des Manuskriptes konnte noch der einwandfreie Beweis erbracht werden von dem Vorhandensein eines tagesrhythmisch sich ändernden, luftelektrischen Faktors, der sich auch im Innern von Systemen bemerkbar macht, deren Wandung aus Leitern oder aus Nichtleitern besteht. Es handelt sich augenscheinlich dabei um Veränderungen der Raumladung, wobei jedoch noch offen bleibt, ob es sich nur um Schwankungen in der Stärke oder auch um Umpolungen handelt. Die Beziehung dieses Faktors zur Leitfähigkeit liegt auf der Hand, die Beziehung zu den Rhythmen der Lebewesen ist als sehr möglich, sogar als wahrscheinlich zu bezeichnen. Damit wäre dann auch der gleichartige Verlauf der obigen Kurven erklärt. Die einschlägigen Veröffentlichungen erfolgen demnächst.

Bd. XVII.

Hypnose und Suggestion beim Menschen
(S. 669—688).

Von

I. H. Schultz — Berlin.

In den letzten 5 Jahren ist auf diesem Gebiet besonders eine Fülle wichtiger *klinischer Beobachtungen* aus führenden Anstalten des In- und Auslandes gewonnen worden. Weiter wurde die körperliche Umschaltung bei dem vom Verf. ausgearbeiteten *autogenen Training* (konzentrative Selbstumschaltung mit Versenkung und selbsttätiger Regulierung sonst unwillkürlicher Funktionen) durch objektive Messungen hinsichtlich der Wärmestrahlung des Organismus gemessen mit dem Wärmestrahlungsmesser von Zeiss (I. H. Schultz, H. Binswanger), durch die direkte Pulsumstellung demonstrierende Pulsresonatormessung (H. Binswanger), durch saitengalvanometrische Muskeluntersuchungen (H. Binswanger) und durch Bestimmungen der motorischen und sensiblen Chronaxie (I. H. Schultz und F. H. Lewy) objektiv nachgewiesen. Besonders verwiesen sei hinsichtlich dieser Studien auf die monographische Darstellung des Verf. („Das autogene Training." Leipzig: G. Thieme). Literatur zu den ersterwähnten Untersuchungen in der 1930 erschienenen 4. Auflage der „Seelischen Krankenbehandlung" (Jena: G. Fischer 1930) des Verf.

Bd. XVII.

Die reflektorischen Immobilisationszustände im Tierreich

(S. 690—714).

Von

R. W. HOFFMANN — Göttingen.

Eine ganze Anzahl von Forschern hatten sich seit der Niederschrift des Artikels mit den reflektorischen Immobilisationszuständen der Insekten beschäftigt. Eine umfangreiche Studie über 82 Käfer — Imagines und Larven — hat BLEICH[1] veröffentlicht. Er unterscheidet hier 3 Kategorien der Akinese: Thanatose, Katalepsie und Mechanohypnose. Kataleptische Starre fand sich nach Berührungsreiz nur bei einem Käfer: Otiorhynchus atroapterus. Unter Mechanohypnose versteht der Verf. mit v. LENGERKEN die durch aktiven Berührungsreiz, Umkehr oder Bewegungshemmung hervorgerufene Akinese. Im Grunde genommen sind jedoch meines Erachtens diese 3 Akinesegruppen nur in ihren extremen Formen voneinander zu trennen. Die übrigen Ergebnisse der fleißigen Arbeit decken sich im wesentlichen mit den schon bekannten Tatsachen.

Einen neuen Gesichtspunkt für die Akinese der Stabheuschrecken fand REISINGER[2]: Ein der Narkose ausgesetztes und dann ihr entzogenes Tier konnte nicht mehr durch Werfen auf den Rücken kataleptisch gemacht werden. Die Narkose verhindert die Katalepsie, vermutlich durch die Herabsetzung der Reizempfindlichkeit.

Eine eigene monographische Bearbeitung widmet AUDOVA[3] der Thanatose des großen Roßkäfers. Der Immobilisationszustand tritt hier in 2 Formen auf: 1. im Flexionszustand der Extremitäten und 2. im Extensionszustand letzterer. Beide Erscheinungen werden durch mechanischen Reiz hervorgerufen. Ersterer durch Reibung der ventralen Körperseite an der Erde, wie sie entstehen kann durch Scharren von Vögeln in Mist. Der Extensionszustand hingegen wird durch starken mechanischen Reiz, wie z. B. durch Schlag oder Umwerfen erzeugt. Beide Zustände können durch entsprechende mechanische Beeinflussung ineinander übergeführt werden. Während der Thanatose besteht Reflexempfindlichkeit. Je nachdem Flexion oder Extension der Beine auftritt, kann derselbe Reiz während der Thanatose verschiedene Wirkung ausüben.

Eine weitere Monographie über die reflektorische Immobilisation eines einzelnen Insektes, und zwar des Ohrwurms, stammt von WEYRAUCH[4]. Die Immobilisation tritt hier nicht frei in der Natur auf. Sie kann auf verschiedene Weise durch Berührungsreiz oder Shock hervorgerufen werden. Die Dauer des Hypnosestadiums ist abhängig von der Art ihrer Herbeiführung. In den meisten

---

[1] BLEICH, O. E.: Thanatose und Hypnose bei Coleopteren. Z. Morph. u. Ökol. Tiere **10**, 1 (1928).

[2] REISINGER, L.: Katalepsie der indischen Stabheuschrecke (Dixippus morosus). Biol. Zbl. **43**, 162 (1929).

[3] AUDOVA, A.: Thanatose des großen Roßkäfers (Geotrupes stercorarius). Z. Morph. u. Ökol. Tiere **13**, 722 (1929).

[4] WEYRAUCH, W. K.: Die Hypnose bei Forficula auricularia L. Z. Morph. u. Ökol. Tiere **15**, 109 (1929).

Fällen ist die Hypnose mit starkem Tonusverlust der Muskulatur verknüpft. Durch dauernd aufeinanderfolgende Hypnosen werden immer länger andauernde Akinesen und schließlich Tod durch Erschöpfung des Zentralnervensystems hervorgerufen. Diese Erschöpfungszustände sind nach Weyrauch scharf von den Hemmungs- und Ermüdungsvorgängen abzugrenzen. Aber auch die beiden letzteren sind nicht identisch, sondern nur die Folge derselben einseitigen Erregungsauslösung. In Analogie zu der Pawlowschen Definition des Schlafs faßt Weyrauch die Hypnose des Ohrwurms als einen Hemmungszustand auf, der einen zentralen Teil des Nervensystems vor dauernder einseitiger Erregung dadurch schützt, daß er das betreffende Zentrum außer Funktion setzt.

Vor Weyrauch hatte schon Ten Cate in 3 Arbeiten die Schlafhypothese Pawlows zur Erklärung der tierischen Hypnose herangezogen. So in einer Untersuchung über die Hypnose einer Tintenschnecke (Octopus vulgaris[1]), die bisher noch nie geglückt war. Er wies hier nach, daß die Immobilisierung nur dann gelingt, wenn man die stets in Bewegung befindlichen Saugnäpfe daran verhindert, irgendeinen Gegenstand zu berühren, und wenn man gleichzeitig das Tier mit dauernd gleichmäßigem Druck umfaßt hält. In einer anderen Studie über die Hypnose des Rochens[2] konnte er feststellen, daß Inhibition von Flucht- und Lagekorrektionsbewegungen noch nicht genügt, um Hypnose herbeizuführen. Wurde jedoch gleichzeitig ein Dauerdruck auf den Körper der Tintenschnecke ausgeübt, so trat eine so tiefe Hypnose ein, daß man den Vertebralkanal eröffnen konnte, ohne daß das Tier dabei erwachte.

Daß ein gleichmäßig andauernder Druck an bestimmter Körperstelle reflektorische Immobilisation erzeugen kann, beweisen auch die Experimente von Dorothy Patrick[3], die zahlreichen Vögeln Stoffkappen über den Kopf zog, wodurch bei den Tieren ein hypnoseartiger Zustand mit herabgesetzter Reizempfindlichkeit hervorgerufen wurde. Sie saßen dann stundenlang mit nach rückwärts abgebogenem Kopf auf ihrer Stange.

Hierher gehören auch die Versuche Reisingers[4] am Flußkrebs, der bei diesem Tier nach kurzer Abwehr spontane Hypnose erzielte, wenn er es kopfwärts in ein enges zylindrisches Glas steckte[5].

Es hat dann Ten Cate[6] in einer dritten, vorwiegend theoretischen Arbeit ausführlich seine Anschauungen über die tierische Hypnose entwickelt und sie in Beziehung zu der Pawlowschen Schlaftheorie gebracht. Pawlow[7] hatte, auf Grund seiner berühmten Hundeexperimente über die bedingten Reflexe, gefunden, daß für das Entstehen des Schlafes, außer der Verhinderung der normalen Bewegungsfreiheit und der „Eintönigkeit der Umgebung", die Wirkung eines einförmigen anhaltenden Reizes auf ein Sinnesorgan nötig ist. Ten Cate fand

---

[1] Ten Cate, I.: Nouvelles Observations sur l'Hypnose dite animale. Etat d'Hypnose chez Octopus vulgaris. Arch. néerl. Physiol. 13, 402 (1928).

[2] Ten Cate, I.: Sur la Production de ce qu'on appelle l'Etat d'Hypnose animale chez la Raie. Arch. néerl. Physiol. 12, 188 (1927).

[3] Patrick, Dorothy: Some Effects produced by the Hooding of Birds. J. of exper. Biol. 4, 322 (1927).

[4] Reisinger, L.: Hypnose des Flußkrebses. Biol. Zbl. 47, 722 (1927).

[5] Es handelt sich in allen diesen Fällen um ganz ähnliche Verhältnisse, wie bei meinen Blattaversuchen, in denen ich nachwies, daß ein über den Kopf gezogener, enger Wattekragen reflektorische Immobilisation bei den Tieren hervorruft, und weiterhin bei meinen Experimenten bei der Wasserwanze Limnotrechus, die bei dauernder Pinzettenerfassung einer Extremität in stundenlangen Starrezustand verfallen konnte.

[6] Ten Cate, J.: Zur Frage nach dem Entstehen der Zustände der sog. tierischen Hypnose. Biol. Zbl. 48, 664 (1928).

[7] Pawlow, J. P.: Die höchste Nerventätigkeit (das Verhalten) von Tieren, 3. Aufl. Übersetzt von G. Volborth. 1926.

diese Momente, außer in seinen vorerwähnten Experimenten, noch bei folgenden Versuchen gegeben: An die dorsale Wand des ersten Thorakalsegments einer Schabe wurde ein leichter Kartonstreif festgeklebt. Mit dessen Hilfe konnte man die Schabe in verschiedene Lagen versetzen. Brachte man sie in Rückenlage, so trat keine Hypnose ein. Erst wenn man gleichzeitig eine Zeitlang auf den Kopf oder den Thorax des Tieres einen gewissen Druck ausgeübt hatte, entstand reflektorische Immobilisation mit deutlicher Herabsetzung der Sinnesfunktionen. Bei Salamander und Kaninchen erlangte Ten Cate diese Wirkung, wenn er sie ganz eng einzwingerte und auf den Kopf oder Rücken einen Druckreiz ausübte.

Nach der Auffassung Pawlows ist nun der Schlaf ein Hemmungszustand, der dadurch entsteht, daß gewisse Rindenzellen durch andauernden äußeren Reiz erschöpft werden und in einen Hemmungszustand übergehen, der sich bei Ausbleiben von Gegenwirkungen von Seiten der anderen Zellen der Rinde auf die *ganze* Rinde und die subcorticalen Zentren ausbreitet. Zwischen Schlaf und Hypnose wird für die menschliche Hypnose kein prinzipieller Unterschied anerkannt. Dasselbe gilt aber auch für die Tiere. Bei dieser Auffassung der Hypnose, die Ten Cate akzeptiert, wird auch die Bedeutung der Verhinderung der Bewegungen und die Ausschaltung aller anderen Reize für die Technik zur Herbeiführung der Hypnose verständlich: Alle diese Dinge führen zur Entstehung neuer Erregungsherde in den Rindenzellen, die sich nach allen Seiten ausbreiten und die entstandene Hemmung abschwächen. Da auch entgroßhirnte Wirbeltiere schlafen und in Hypnose geraten können, muß bei ihnen die Hemmung ihren Ausgangspunkt nicht nur in den großen Hemisphären, sondern auch in den Hirnstämmen haben. In welchen Teilen des Zentralnervensystems die Hemmung bei den Wirbellosen auftritt, ist nach Ten Cate unsicherer. Bei den Insekten dürften hier wesentlich die Oberschlundganglien in Frage kommen.

Auch Beritoff[1] hat sich mit der Analyse der tierischen Hypnose beschäftigt, allerdings nur bei den Wirbeltieren. Ohne hier näher auf seine Ausführungen einzugehen, sei erwähnt, daß sie nach seiner Ansicht in zwei Phasen zerfällt: 1. in die Phase der aktiven Immobilisierung und 2. in die der inaktiven Immobilisierung, die identisch mit dem Schlaf ist.

Endlich möge noch etwas näher auf die Arbeiten von Hoagland[2] eingegangen werden. Sie suchen noch tiefer in die Physiologie der tierischen Hypnose einzudringen, indem sie die reizphysiologischen Phänomene von gewissen Stoffwechselvorgängen abzuleiten versuchen. Veranlaßt und beeinflußt wurden die Untersuchungen Hoaglands durch jene von Crozier und Federighi[3] an der Assel Cylisticus convexus. Diese Forscher hatten festgestellt, daß der Maximalwert jeder Immobilisationsserie von der Temperatur abhängig war, und zwar im Sinn der Arrheniusschen Gleichung

$$\frac{k_2}{k_1} = e^{\frac{\mu}{R}\left(\frac{1}{T_1} - \frac{1}{T_2}\right)}.$$

Bei der Abnahme der Immobilisationsdauer handelte es sich nun nicht um Zustände, die auf die Beschleunigung des Gesamtstoffwechsels mit zunehmender Wärme zurückzuführen waren, sondern um zentrale Vorgänge. Sie vermuteten,

---

[1] Beritoff, I.: Über die Entstehung der tierischen Hypnose. Z. Biol. **89**, 77 (1929).
[2] Hoagland, H.: On the mechanism of tonic immobility in Vertebrates. J. gen. Physiol. **11**, 715 (1928) — The mechanism of tonic immobility (animal hypnoses). J. gen. Psychol. **1**, 426 (1928) — Quantitative aspects of tonic immobility in Vertebrates. Proc. nat. Acad. Sci. U. S. A. **13**, 838 (1927).
[3] Zitiert auf S. 709 des Hauptaufsatzes.

daß die Immobilisationsdauer in direktem Verhältnis zu einer im Zentralnervensystem lokalisierten Substanz stehe, die in zwei chemischen Prozessen mit verschiedenen Temperaturkoeffizienten gleichzeitig aufgebaut und abgebaut wird. Analog diesen Ergebnissen fand Hoagland die Dauer der Immobilisationsperioden für gewisse Eidechsen ebenfalls abhängig von der Temperatur im Arrheniusschen Sinn. Die Immobilisation wird durch Versetzen in die Rückenlage und Druck auf die Thoraxregion hervorgerufen. Sie kann wenige Sekunden bis einige Stunden dauern. Der Forscher läßt die Beinbewegungen des Tieres beim Erwachen selbsttätig auf ein Kymographion registrieren.

Die Hemmung, die das auf seiner Unterlage befestigte Tier bei seinen Umdrehversuchen erleidet, führt zu immer neuen Immobilisationen. So werden Beobachtungen an 12000—15000 Immobilisationen in Temperaturserien von 5—35° C vorgenommen. Bei denselben Temperaturen bleiben die Immobilisationszeiten gleich. Der Anfangsreiz scheint in einer Serie von Immobilisationen einen Mechanismus auszulösen, welcher die Dauer des Ruhezustands bestimmt. Hoagland vermutet, daß es sich hierbei um hormonale Substanzen handelt, die auf reflektorischen Reiz hin ausgeschieden werden und die selektiv hemmend auf die Impulse höherer Zentren einwirken, während sie andererseits die Impulse tonischer Zentren nach den Muskeln passieren lassen. Das eine Hormon ist zwischen 5—35° C, das andere zwischen 20—35° C aktiv. Gelegentlich kam es vor (wie dies auch Referent bei eigenen Versuchen bei Blatta beobachtet hat), daß die aufeinanderfolgenden Perioden der Bewegungslosigkeit immer langsamer wurden. Für diesen Fall wird angenommen, daß ein Diffusionsprozeß den Betrag der verfügbaren Hemmungshormone kontrolliert. Durch Injektionen kleiner überschwelliger Beträge von Adrenalin wurden bei Anolis die Immobilisationszeiten verlängert; vielleicht handle es sich hier um einen der beiden wirksamen Stoffe. Nach Hoagland besteht ein Unterschied zwischen den Faktoren, welche den Immobilisationsreflex hervorrufen und jenen, welche für die Dauer der Immobilisation verantwortlich sind. Ersteres geschieht durch Shockwirkung auf die Zentren des Reflextonus, wie ein solcher z. B. beim plötzlichen Aufheben des Tieres von seiner Unterlage oder bei plötzlicher Umkehr eintreten kann. Auf nervösen Bahnen würden dann die Zentren auf die Adrenalindrüsen einwirken. Die Immobilisationszeit stünde dann in direkter Beziehung zur Adrenalinmenge.

Bd. XVII.

Das Altern und Sterben des Menschen vom Standpunkt seiner normalen und pathologischen Leistung
(S. 752—900).

Von

S. HIRSCH — Frankfurt a. M.

I. Alternstheorien, Altern und Wachstum.

Mit dem Problem des Alterns und Sterbens beim Menschen haben sich seit Abschluß unserer Arbeit im Bd. XVII ds. Handb. im August 1925 eine größere Anzahl von Arbeiten befaßt.

Insoweit in diesen Arbeiten der Versuch unternommen wird, eine Alternstheorie aufzustellen, gilt auch heute unsere frühere Kritik zu Recht, *daß sich die Ergebnisse von Tierversuchen über den Alternsvorgang auf die Verhältnisse beim Menschen nicht ohne weiteres übertragen lassen.* Nur in ganz seltenen Fällen kann man eine Parallele herstellen zwischen dem Objekt der allgemeinen biologischen Forschung, insbesondere seinem Reifungs- und Involutionsprozeß und dem Altern des höchst entwickelten Organismus. Was für den Tierversuch gilt, gilt naturgemäß in noch höherem Maße für Untersuchungen an unbelebten Substanzen, an Kolloiden und an aus dem Körper entnommenen — wenn auch überlebenden — Organen oder Geweben.

Unter diesem Gesichtspunkt können die besonders von RUZICKA[1] und einer Reihe anderer tschechischer Autoren veröffentlichten Beobachtungen zur Kausalität des Alterns sowie Mitteilungen von ROCASOLANO[2] über das Altern von Kolloiden für die Physiologie des Alterns des Menschen keine größere Bedeutung haben als irgendeine philosophische Hypothese. Eine nähere, wenn auch nur begriffliche Beziehung läßt sich schon zu dem von McARTHUR und BAILLIE[3] aus Tierexperimenten abgeleiteten Grundsatz herstellen, daß nicht die Zeit, sondern die Lebensintensität als Gradmesser für die Alterungsgeschwindigkeit zu gelten hat. Unter den neueren Alterstheorien ist der Versuch D. KOTSOVSKYS[4,5,6], das Alternsproblem mit der Intensität des Schlafes in Verbindung zu bringen, zu erwähnen.

In den Alterstheorien, die sich auf Beobachtungen am Menschen stützen, gelangt in zunehmendem Maße der Standpunkt der *„Ganzheitsbetrachtung"*,

---

[1] RUZICKA, V.: Beiträge zum Studium der Protoplasmahysteresis und der hysteretischen Vorgänge (zur Kausalität des Alterns). Roux' Arch. **112** — Festschr. Driesch **2**.

[2] ROCASOLANO, A. DE GREGORIO: Physikalisch-chemische Hypothese über das Altern. Kolloidchem. Beih. **19**, H. 10/12, 441 (1924).

[3] McARTHUR, J. W., and W. H. T. BAILLIE: Metabolic activity and duration of life. J. of exper. Zool. **53**, 221—268 (1929).

[4] KOTSOVSKY, D.: Beiträge zum Altersproblem. Biol. Zbl. **49**, 764 (1929).

[5] KOTSOVSKY, D.: La signification du sommeil et de la croissance pour la biologie de la vieillesse. Rev. Biol. **11**, 360 (1929).

[6] KOTSOVSKY, D.: Allgemeine vergleichende Biologie des Alters (Genese des Alterns). Erg. Physiol. **31**, 132—164.

der von uns in die Diskussion des Problems hineingestellt wurde, zur Geltung
(u. a. L. R. Müller[1]). v. Möllendorf[2] hat allerdings noch jüngst wieder
vertreten, daß das Altern des Individuums nicht auf das Altern aller Körperbestandteile, sondern auf das Altern seiner höchst spezialisierten Gewebe
(Nervensystem, Herzmuskel) zurückgeführt werden müsse. Allgemeine Ab-
lehnung hat inzwischen die auf Grund der Mitteilungen von Steinach, Voronoff u. a. nicht nur von wissenschaftlicher Seite übermäßig propagierte innersekretorische Alternstheorie erfahren.

Bei den experimentellen Studien zum Problem des Alterns werden zumeist
Wachstumsvorgänge als Tests für den Alternsvorgang verwendet. Auch wenn
sich in praxi eine Gleichstellung von „Altern und Wachstum" oft nicht um-
gehen läßt, so haben doch streng genommen diese beiden Funktionen nichts
miteinander zu tun. Die Ergebnisse der Versuche von Abderhalden und
Wertheimer[3] und von R. G. Hoskins[4] über Wirkungen von Thyroxin und
Schilddrüse auf wachsende Individuen, die Versuche von Kotsovsky[5], der junge
Kaulquappen mit Fleischpulver von jungen und alten Ochsen fütterte, die
Experimente von Junkersdorf und Gottschalk[6] über die Beeinflussung des
Wachstumstriebs im intra- und extrauterinen Leben, bedürfen bei ihrer Ver-
wertung für das Alternsproblem dieser notwendigen Einschränkung.

II. Die Lebensdauer des Menschen.

Zur Errechnung der *Lebenserwartung* liegen eine ganze Reihe neuerer
Arbeiten vor, die sich fast alle auf die grundlegenden Untersuchungen von
Pütter[7] stützen. Besonders zu erwähnen sind die Arbeiten von E. J. Gumbel[8,9]
und J. R. Miner[10]. E. Bauer[11] gibt zur Errechnung für seine früher erwähnte
Formel der Lebensdauer folgende Formel an:

$$\text{Lebensdauer} = \varkappa \frac{\text{Assimulationsgrenze}}{\text{Intensität der Lebensfunktion}} = \varkappa \frac{\text{Gewicht}}{\text{Grundumsatz pro Tag}}.$$

In einer auf ein umfangreiches statistisches Material gestützten neueren
Arbeit hebt Rubner[12] die Ausnahmestellung des Menschen in bezug auf die von
ihm vertretene Lehre, daß die Lebensdauer als Funktion des Energieverbrauchs
aufzufassen sei, ausdrücklich hervor. Eine Bestätigung dafür, daß der Mensch,

---

[1] Müller, L. R.: Über das Aufhören der Lebensinnervation. Münch. med. Wschr. **1**, 30 (1929).

[2] Möllendorf, Wilh v.: Lebenskraft und Wachstum innerhalb und außerhalb des Körpers. Freib. Universitätsreden Nr 4. Speyer & Kärner 1930.

[3] Abderhalden, E., u. E. Wertheimer: Beziehungen des Lebensalters zur Thyroxinwirkung. Z. exper. Med. **68**, 1 (1929).

[4] Hoskins, R. G.: Studies on vigor XII. Thyroid administration in senility. Endocrinology **11**, 136 (1927).

[5] Kotsovsky, D.: Zitiert auf S. 458.

[6] Junkerdorf, P.: Tierexperimentelle Wachstumsstudien. I. Mitt.: N. Gottschalk: Über Altersveränderungen und die sie bestimmenden Faktoren beim wachsenden Organismus. Pflügers Arch. **212**, 414 (1926).

[7] Pütter, A.: Altern und Sterben. Absterben einer Population als Funktion der Zeit. Virchows Arch. **261**, 393 (1926).

[8] Gumbel, E. J.: Eine Darstellung der Sterbetafel. Biometrika **16**, 283 (1924).

[9] Gumbel, E. J.: Lebenserwartung und mittleres Alter der Lebenden. Biometrika **17**, 173 (1925).

[10] Miner, J.: The centering points of distributions by age at death. Amer. J. Hyg. **5**, 102 (1925) — zit. Ber. Physiol.

[11] Bauer, E.: Lebensdauer, Assimilationsgrenze, Rubnersche Konstante und Evolution. Biol. Zbl. **51**, 74 (1931).

[12] Rubner, M.: Der Kampf des Menschen um sein Leben. Sitzungsber. preuß. Akad. d. Wissensch. **1928**, 68—107.

vermöge seiner Intelligenz, diese Modifikation des *energetischen Gesetzes der Lebensdauer* bewirkt, gibt die von RUBNER statistisch belegte Tatsache, daß die Sterblichkeit, und zwar nicht nur die Säuglingssterblichkeit, gerade seit dem Jahre 1870, d. i. seit dem Beginn der Ära der modernen Hygiene, erheblich abgenommen hat. Umfangreiches statistisches Material ist auch in den Arbeiten zum gleichen Thema von R. PEARL[1,2,3] und J. R. MINER[4] verarbeitet worden.

III. Bedingungen des Alterns.

Die Tatsache, daß die Lebensdauer von Menschen und Tieren in wärmeren *Klimaten* geringer ist als in den kälteren, wird von R. N. DHAR[5] auf eine geringere Wirksamkeit von Katalysatoren mit zunehmendem Alter und die herabgesetzte Aktivität der Enzyme bei steigenden Temperaturen zurückgeführt. Auch A. T. CAMERON[6] studierte die Abhängigkeit der Lebensdauer des Organismus von den Außenbedingungen auf allgemein biologischer Grundlage. R. PEARL[2] untersuchte die Einwirkung des *Alkohols* auf die Lebensdauer. EMERSON[7] fand bei Männern zwischen 20 und 62 Jahren die niedrigste Sterblichkeit bei denjenigen Menschen, bei denen die Körperlänge und das Körpergewicht ausgeglichen war. MYERS und CADY[8] maßen bei 206 Greisen und Greisinnen die Vitalkapazität und stellten fest, daß sie bei denjenigen, welche körperlich sich betätigten, durchweg erhöht war.

In neuerer Zeit sind sehr häufig auch die Beziehungen zwischen *Sport und Altern* Gegenstand von Untersuchungen gewesen. M. HAHN, H. HERXHEIMER und W. BROSE[9] fanden bei 50 Sportlern über 40 Jahre, die früher Rekordleistungen vollbracht hatten, keine Sportschäden, mit Ausnahme einer geringeren Verbreiterung der Aorta. Die Blutdruckwerte lagen außerordentlich niedrig. Der aus diesen Befunden gefolgerte Schluß, daß keine Neigung zur Arteriosklerose besteht, erscheint mir allerdings zu weitgehend. Ich selbst habe in letzter Zeit sehr häufig Herzschädigungen bei solchen Personen beobachtet, denen in der Pubertätszeit, d. h. vor vollendeter Ausreifung des Organismus starke sportliche Leistungen zugemutet worden waren; es ist mir sehr zweifelhaft, ob diese Schädigungen im späteren Leben „verwachsen" werden. Bezeichneterweise fanden sich solche Schädigungen, besonders bei vasomotorisch übererregbaren Personen also bei solchen, die im späteren Leben zu peripherer Arteriosklerose disponieren.

Trotz allem Eifer, mit dem gerade in den letzten Jahren die Sensationspresse das Vorkommen von ungewöhnlich hochbetagten Menschen propagiert hat, besteht immer noch der von uns aufgestellte Satz zu Recht, daß der exakte Nachweis bisher nicht erbracht ist, daß es Menschen gibt, die das Alter von

---

[1] PEARL, R.: Span of life and average duration of life. Natur. History **26**, 26 (1926) — zit. Ber. Physiol.

[2] PEARL, R.: Alcohol and life duration. Internat. Clin. **3**, 28 (1928) — zit. Ber. Physiol.

[3] PEARL, R.: Evolution and mortality. Quart. Rev. Biol. **3**, 271 (1928) — zit. Ber. Physiol.

[4] MINER, J. R.: Zitiert auf S. 459.

[5] DHAR, N. R.: Old age and death from a chemical point of view. J. physic. Chem. **30** 3, 378 (1926).

[6] CAMERON, A. T.: Temperature and life and death. Trans. roy. Soc. Canada **5** — Biol. Sci. **3**, 24, 53 (1930) — zit. Ber. Physiol.

[7] EMERSON, W. R. T., and A. M. FRANK: Underweight and overweight in relation of vitality. J. amer. med. Assoc. **93**, 457 (1929).

[8] MYERS, J. A., and L. H. CADY: Studies on the respiratory organs in health an disease. XIII. The effect of senility on the vital capacity of the lungs. Amer. Rev. Tbc. **9**, Nr 1, 57 (1924) — zit. Ber. Physiol.

[9] HAHN, M., H. HERXHEIMER u. W. BROSE: Gesundheitszustand und Lebensprognose der Sportsleute im Alter. Dtsch. med. Wschr. **51**, 892 (1925).

100 Jahren um wesentlich mehr als 6 Jahre überschritten haben. Zur Frage der Langlebigkeit ist die Feststellung von Lasareff[1] von Interesse, daß eine praktische Unempfindlichkeit des Auges erst bei 130 Jahren angenommen werden kann.

Von Marinesco[2,3] ist der Fall eines 80jährigen Mannes beschrieben worden, bei dem zum Zwecke der „*Verjüngung*" eine Hodenimplantation vorgenommen worden war. Tatsächlich nahm die Muskelkraft nach dieser Operation zu, die psychische Tätigkeit wurde beschleunigt, der Sexualtrieb und die Verdauungstätigkeit lebten auf. Nach 6 Wochen starb der Operierte, und es fanden sich weitgehende Degenerationsvorgänge am Nervensystem und sonstige Verbrauchserscheinungen. Das Hodenimplantat hatte lediglich eine Aktivierung gewisser noch reaktionsfähig gebliebener Zellen bewirkt.

Zur praktischen Makrobiotik hat S. Hirsch[4,5] darauf hingewiesen, daß mehr als in den mitteleren Lebensstufen beim Greise das „*Gesetz des Individuums*" *Voraussetzung des therapeutischen Handelns* sein muß. Der „Automatismus", durch den sich die Lebensführung des Greises von der der anderen Lebensstufen unterscheidet, ist die wichtigste Schutzeinrichtung für den Greisenorganismus. Dieser Automatismus darf ohne vitale Indikation zugunsten keiner noch so rationellen Therapie aufgegeben werden. Auch Laubry und Casterau[6] warnen davor, einen alten Menschen aus seinen Lebensgewohnheiten herauszureißen.

IV. Altersschätzung, Altersmerkmale des Menschen.

Nadeshdin[7] glaubt auf Grund eines Untersuchungsmaterials von 1000 Männern und Frauen mit einer durchschnittlichen Genauigkeit von 1—3 Jahren aus *Hautmerkmalen* das Alter feststellen zu können. Weissenberg[8] fand bei 4500 Personen eine starke Schwankungsbreite des Körpergewichts. Das mittlere Körpergewicht steigt bis zum 50. Lebensjahre an, um erst dann rapid abzunehmen. B. T. Baldwin[9] hat die Beziehungen zwischen Körpergewicht, Körpergröße und Alter nordamerikanischer Kinder zwischen dem 6. und 18. Lebensjahre untersucht. Diese Untersuchungen seien hier nur erwähnt, weil sie sich auf ein Material von ungewöhnlich großen Ausmaßen erstrecken. Es wurden 74000 Knaben und 55000 Mädchen statistisch erfaßt.

V. Änderungen der Organstruktur unter dem Einfluß des Alterns.

Mit der Frage der Beziehung zwischen *Herz*gewicht und Lebensalter beschäftigen sich Untersuchungen von H. L. Smith[10] an 1000 Leichen von Personen, deren Herz und Gefäßsystem gesund war. Smith fand, daß eine feste Beziehung

---

[1] Lasareff, P.: Theoretische und experimentelle Untersuchungen über den Einfluß des Alters auf die Empfindlichkeit des menschlichen Auges. Z. Physik **50**, 765 (1928).

[2] Marinesco, G.: Senilité et rajeunissement. Fol. neuropath. eston. **3/4**, 332 (1925).

[3] Marinesco, G.: Etudes sur le mécanisme histo-biochemique de la vieillesse et du rajeunissement. Verh. internat. Kongr. Sex.forsch. **1**, 117 (1927).

[4] Hirsch, S.: Zur Therapie im höheren Lebensalter. Ther. Gegenw. **10** (1927).

[5] Hirsch, S.: Die Dauer des menschlichen Lebens und die Kunst, alt zu werden. Umsch. **1926**, Nr 27 u. 28.

[6] Laubry et A. Casterau: Tension artérielle et vieillesse. Rev. Méd. **47**, 251 (1930).

[7] Nadeshdin, W. A.: Zur Frage der objektiven Altersbestimmung an lebenden Erwachsenen mit der Genauigkeit von 4—3 Jahren im Durchschnitt. Dtsch. Z. gerichtl. Med. **6**, 121 (1925).

[8] Weissenberg, S.: Das Körpergewicht nach Alter und Geschlecht. Z. Konstit.lehre **10**, 138 (1925).

[9] Baldwin, B. T.: Körpergewichts-, Körpergrößen- und Alterstabellen nordamerikanischer Kinder. Anthrop. Anz. **2**, 164 (1925).

[10] Smith, H. L.: The relation of the weight of the heart to the weight of the body and of the weight of the heart to age. Amer. Heart J. **4**, 79 (1928) — zit. Ber. Physiol.

zwischen Körpergewicht und Herzgewicht besteht: Das Herzgewicht wächst mit dem Körpergewicht — unabhängig vom Alter. Eine Vergrößerung des Radius der menschlichen Aorta descendens mit zunehmendem Alter konnte O. FRANK[1] nach anatomischen Untersuchungen feststellen. Mit den Altersveränderungen des *Blutbildes* befaßt sich eine Arbeit von DOTTI[2].

Untersuchungen über die Altersveränderungen der *Lymphgefäße* wurden von BAUM und KIHARA[3] ausgeführt, während die Altersanatomie der menschlichen *Milz* neuerdings von T. HELLMANN[4] studiert wurde. HAMMAR[5] hat in einer neuen Arbeit seine früher aufgestellte Theorie über die Altersinvolution des *Thymus* weiter ausgebaut.

Eine größere Anzahl von Arbeiten beschäftigen sich mit den Altersveränderungen am *Nervensystem*. O. WILHELM[6] erwähnt unter den Altersveränderungen der Nervenzellen außer der Anhäufung von Lipoidpigmenten den Verlust der Kernprotoplasmareaktion und die Abnahme der Färbbarkeit. MÜHLMANN[7] fand die Altersveränderungen in den vegetativen Hirnzentren, vor allem die fettige Pigmentierung stärker ausgeprägt als in den animalischen Zentren. Untersuchungen von A. RINDONE[8] betreffen die Morphologie und chemische Zusammensetzung des Nervus phrenicus in Abhängigkeit vom Alter. Nach diesem Autor verhält sich der Phrenicus ebenso wie der Vagus anders wie die übrigen Spinalnerven. Als Ursache für dieses Verhalten muß man vielleicht die ununterbrochene Beanspruchung dieser beiden Nerven während des ganzen menschlichen Lebens ansehen.

Die Veränderung der *chemischen Zusammensetzung der Organe* unter dem Einfluß des Alterns ist vielfach bearbeitet worden. In erster Linie sind hier die grundlegenden Untersuchungen von BÜRGER und SCHLOMKA[9—15] zu erwähnen

---

[1] FRANK, O.: Das Altern der Arterien. Sitzgsber. Ges. Morph. u. Physiol. Münch. **37**, 23 (1927).

[2] DOTTI, P.: La morfologia del sangue nei vecchi. Clin. med. ital. **58**, 258 (1927) — zit. Ber. Physiol.

[3] BAUM, H., u. KIHARA: Untersuchungen über den Bau der Lymphgefäße und den Einfluß des Lebensalters auf diese. Z. mikrosk.-anat. Forsch. — zit. Ber. Biol. **12**, 785.

[4] HELLMANN, T.: Die Altersanatomie der menschlichen Milz. Z. Konstit.lehre B **12**, H. 3/4.

[5] HAMMAR, J. A.: On the asserted non-existence of the age involution of the thymus gland. Endocrinology **11**, 18 (1927).

[6] WILHELM, O.: Die Nervenzellen im Alter. Rev. Inst. bacter. Chile etc. **1**, 14 (1930) — zit. Ber. Physiol.

[7] MÜHLMANN, M.: Altersveränderungen der vegetativen Hirnzentra und deren Zusammenhang mit der Alterns- und Todesfrage. Zbl. Path. **36**, 8, 1 (1925).

[8] RINDONE, A.: Il nervo frenico in rapporto all'età e alla mole del soma nell'nomo. Endocrinologia **2**, 235 (1927) — zit. Ber. Physiol.

[9] BÜRGER, M.: Über den quantitativen Cholesterin und Stickstoffgehalt des Knorpels in den verschiedenen Lebensaltern und seine Bedeutung in der Physiologie des Alterns. Verh. dtsch. Ges. inn. Med. **1926**, 352.

[10] BÜRGER, M., u. G. SCHLOMKA: Beiträge zur physiologischen Chemie des Alterns der Gewebe. I. Mitt. Untersuchungen am menschlichen Rippenknorpel. Z. exper. Med. **55**, 287 (1927).

[11] BÜRGER, M., u. G. SCHLOMKA: Beiträge zur physiolog. Chemie des Alterns der Gewebe. II. Mitt. Unters. an der Rinderlinie. Z. exper. Med. **58**, 710 (1928).

[12] BÜRGER, M., u. G. SCHLOMKA: Beiträge zur physiolog. Chemie des Alterns der Gewebe. Z. exper. Med. **63**, 105 (1928).

[13] BÜRGER, M., u. G. SCHLOMKA: Beiträge zur physiologischen Chemie des Alterns der Gewebe. III. Mitt. Untersuchungen an der Rinderhornhaut (zugleich ein Beitrag zur Frage des Arcus senilis corneae. Z. exper. Med. **61**, 465 (1928).

[14] BÜRGER, M., u. G. SCHLOMKA: Ergebnisse und Bedeutung chemischer Gewebsuntersuchungen für die Alternsforschung. Klin. Wschr. **1928**, 1944.

[15] SCHLOMKA, G.: Über neuere Ergebnisse der Altersphysiologie und ihre klinische Bedeutung. Med. Klin. **1930**, 1065.

über die Zusammensetzung des Rippenknorpels, der Augenlinse, der Hornhaut, des Trommelfells und der Haut von Tieren in Abhängigkeit vom Alternszustand. Die Auswahl der untersuchten Gewebe geschah unter dem Gesichtspunkt, daß die Gewebe am Betriebsstoffwechsel des Organismus möglichst wenig beteiligt sind und gleichzeitig selbst einen möglichst geringen Eigenstoffwechsel besitzen (sog. bradytrophe Gewebe). Hierdurch wurden Fehlerquellen, die durch die Art der Todeskrankheit entstehen können, möglichst vermieden. Verarbeitet wurde menschlicher Rippenknorpel, menschliche Haut, menschliche Aorta; Linse und Hornhaut wurden von Rindern entnommen. Die Untersuchungen ergaben eine ganz erhebliche Zunahme des Gehaltes der Gewebe an Schlackenstoffen und eine Wasserverarmung mit zunehmendem Alter. Bürger und Schlomka haben auch versucht, eine errechenbare Kurve bezüglich der Einlagerung von Schlackenstoffen in Abhängigkeit von dem Alter des Individuums herzustellen.

Chemische Organuntersuchungen in Beziehung auf den Alternsvorgang wurden außerdem von Ehrenberg[1] an Leber, Gehirn und ganzen Tierkörpern angestellt, ohne daß eindeutige Resultate erzielt werden konnten. Delbet und Breteau[2] untersuchten die chemische Zusammensetzung von Hoden und Gehirn in verschiedenen Lebensaltern. Sie konnten feststellen, daß der Magnesiumgehalt dieser Organe mit zunehmendem Alter abnimmt, während der Gehalt an Calcium anstieg. Das Verhältnis von Magnesium zu Calcium beträgt in der Jugend 10,8, beim Greis 0,2. Der Calciumgehalt in Beziehung zum Altern wurde auch von Sherman und Mc Leod[3] untersucht.

VI. Die sogenannten Organleistungen in Abhängigkeit vom Alternszustand.

Über Untersuchungen der *Elastizität der Arterien* im höheren Lebensalter berichtet O. Frank[4]. Es ergab sich eine Änderung der Spannung in Abhängigkeit vom Lebensalter. Bei Greisen besteht der 6fache Wert des Faktors q gegenüber dem Wert im Kindesalter.

Eine ganze Reihe von Arbeiten beschäftigen sich mit dem Verhalten des *Blutdrucks* im höheren Lebensalter. Die Beurteilung dieser Arbeiten ist deshalb schwierig, weil *manche Forscher nicht scharf zwischen Altersveränderungen und krankhaften arteriosklerotischen Prozessen unterscheiden.* Eine Klärung erscheint — gerade auch im Hinblick auf klinische Probleme — dringend erwünscht. Neben den Untersuchungen von M. Berliner[5] sei auf die Arbeit von A. Richter[6], der den Blutdruck an 176 Personen maß, hingewiesen. Es ergaben sich sehr große Tagesschwankungen. Der durchschnittliche systolische Wert steigt im allgemeinen mit dem Lebensalter allmählich an, der diastolische sinkt. Somit wird die Amplitude immer größer. Die Befunde ergeben jedoch keine absolute Übereinstimmung. Saller[7] hat bei 1000 Untersuchten sowohl ein Ansteigen des systolischen wie des diastolischen Blutdrucks und der Amplitude beobachtet.

---

[1] Ehrenberg: Biochem. Z. **164** (1925).

[2] Delbet, P., et P. Breteau: Vieillissement et magnesium. Bull. Acad. Méd. Paris **103**, 256 (1930).

[3] Sherman, H. C., and F. L. MacLeod: The Calcium content of the body in relation to age, growth and food. J. of biol. Chem. **63**, Nr 1 (1925).

[4] Frank, O.: Zitiert auf S. 462.

[5] Berliner, M.: Beitrag zur Physiologie und Pathologie des Greisenalters. Z. klin. Med. **103**, 779 (1926).

[6] Richter, A.: Über Blutdruck im höheren Lebensalter, zugleich ein Beitrag zur Klinik des Hochdrucks. Dtsch. Arch. klin. Med. **148**, 111 (1925).

[7] Saller, K.: Über die Altersveränderungen des Blutdrucks. Z. exper. Med. **58**, 683 (1928).

Der Anstieg soll bei Männern nach dem 50. Lebensjahr, bei Frauen nach der Menopause erfolgen. Bei Frauen ist der Anstieg meist stärker als bei Männern. W. D. Sutliff und E. Holt[1] haben an 736 Personen Untersuchungen über die Alterskurve der *Pulsgeschwindigkeit* angestellt, ohne daß es gelang, zu verwertbaren Resultaten, die mit dem Alternsvorgang in Beziehung zu bringen waren, zu kommen. Der Durchschnittspuls betrug bei Männern 62, bei Frauen 69 in der Minute.

Über Veränderungen der *Blutsenkungsgeschwindigkeit* im höheren Lebensalter hat Löw-Beer[2] auf Grund von 429 Untersuchungen berichtet; danach soll die Blutsenkungsgeschwindigkeit im höheren Alter gesteigert sein.

Die *Vitalkapazität* ist nach Myers und Cady[3] auch im höheren Lebensalter abhängig von der körperlichen Betätigung. Sie nimmt nach dem 66. Lebensjahr bei Männern von 74—53%, bei Frauen von 52—44% der normalen Kapazität ab.

Über das Verhalten des *reticulo-endothelialen Systems* im höheren Lebensalter liegen bisher Beobachtungen am Menschen nicht vor. M. Ide[4] fand beim älteren Kaninchen erhöhte Speicherungsfähigkeit als beim jugendlichen.

Das Verhalten der *Magensaftacidität* in Abhängigkeit vom Altern studiert A. L. Bloomfield und C. S. Keefer[5]. Sie fanden bei fortschreitendem Alter unabhängig vom Körperzustand häufiger Hypo- und Anacidität als Hyperacidität.

Die schon bekannte Tatsache, daß der Sauerstoffverbrauch zwischen dem 20. und 59. Lebensjahr abnimmt, konnten J. Ufljand und G. Salyt[6] nach Untersuchungen an 693 Muskelarbeitern bestätigen.

Über den *Grundumsatz* hat außer von Hoesslin[7] F. G. Benedict[8] neuere Untersuchungen veröffentlicht. Er studierte das Verhalten des Grundumsatzes an 3 Männern und 1 Frau, die er durch mehrere Jahre zu beobachten Gelegenheit hatte. Während Körpergröße und Gewicht bei den untersuchten Personen sich im Laufe der Jahre wenig verändert hatten, zeigten 2 Männer einen deutlichen Abfall des Grundumsatzes. Für die Beurteilung der körperlichen Kraft eines alternden Menschen kommt weniger das Verhalten des Gewichtes als das des Grundumsatzes als Merkmal in Frage.

Die Ökonomie der Muskelarbeit in Abhängigkeit vom Alter wurde mittels des Benedictschen Apparates von Gessler und Markart[9] untersucht. Sie fanden mit 17 Jahren eine Ausnutzung von 16%, mit 40 Jahren eine solche von 24%, im höheren Alter findet ein Absinken statt.

---

[1] Sutliff, W. D., and E. Holt: The age curve of pulse rate under basal Conditions. Arch. int. Med. **35**, 224 (1925) — zit. Ber. Physiol.

[2] Löw-Beer, L.: Die Blutsenkungsgeschwindigkeit im höheren Lebensalter. Klin. Wschr. **1925**, 1909.

[3] Myers, J. A., and L. H. Cady: Zitiert auf S. 460.

[4] Ide, Masao: Experimentelle Untersuchung über die Bedeutung der Altersunterschiede für die Funktion des Reticuloendothelialsystems. Nagasaki Igakkai Zara **8**, 307, 383, 763 (1930) — zit. Ber. Physiol. **56**, 474.

[5] Bloomfield, A. L., and S. Eefer: Gastric acidity: Relation to various factors such as age and physical fitness. J. clin. Invest. **5**, 2, 285 (1928).

[6] Ufljand, J., u. S. Salyt: Einfluß des Geschlechts, Alters, der physischen Entwicklung und Konstitution auf das Sauerstoffverbrauchsquantum. Ber. Physiol. **62**, 324 (1931).

[7] Benedict, F. G.: Age and basal metabolism of adults. Amer. J. Physiol. **85**, 650 (1928).

[8] Hoesslin v.: Einfluß von Ernährungszustand gewohnter Arbeitsleistung und Alter auf die Höhe des Grundumsatzes. Arch. f. Hyg. **99**, 83 (1928).

[9] Gessler, H., u. R. Markert: Die Ökonomie der menschlichen Muskelarbeit. I. Mitt. Die Bedeutung des Alters. Z. Biol. **86**, 173 (1927).

E. Porter und E. Langley[1] fanden, daß der *Blutzucker* mit zunehmendem Alter allmählich ansteigt. Die absolute Erhebung der Zuckerkurve nach Einführung von 50 g Zucker ist in allen Altersstufen ziemlich gleich, doch sind die Kurven im höheren Alter flacher, die Rückkehr zum Ausgangspunkt verzögert. Greisheimer, Johnson und Ryan[2] untersuchten an 141 Frauen und 177 Männern die Beziehung zwischen dem *Calciumgehalt* des Blutserums und dem zunehmenden Alter. Es ergab sich eine Abnahme des Calciumgehaltes, und zwar fiel er bei Frauen von einem empirischen Mittelwert von 11,8 mg im Alter von 12 Jahren auf 9,7 mg im Alter von 78 Jahren. Die entsprechenden Zahlen bei Männern sind 11,6 bzw. 10 mg %. E. McDonald[3] glaubte zu beobachten, daß bei alten Leuten mit typischen Alterserscheinungen die *Blut-*p_H nach der alkalischen Seite hin abweicht, bei besonderer Jugendlichkeit nicht. Untersuchungen über die Abhängigkeit des *Purinstoffwechsels* vom Alternszustand hat D. Pacchioni[4] angestellt. Er fand mit 45—50 Jahren eine Verlangsamung des Purinstoffwechsels und Anreicherung des Serums mit Harnsäure. Die verschiedene muskuläre Leistungsfähigkeit in den verschiedenen Lebensaltern beruht nach Versuchen von Failey und van Wagenen[5] auf der vom Alter abhängigen Fähigkeit des Muskels, Hexosediphosphorsäure aufzubauen.

Die Funktionen des *vegetativen Nervensystems* im hohen Alter untersuchten Lasch und Müller-Deham[6] durch die Wirkung von Adrenalin, Pilocarpin und Atropin. Auch im höheren Lebensalter waren alle Typen der Erregbarkeit vorhanden. Bemerkenswert war eine starke Blutdrucksenkung nach anfänglichem Adrenalinanstieg, initiale Pilocarpinbradykardie und in einzelnen Fällen besonders starke Vaguseffekte. Die Autoren glauben, daß im höheren Alter das Vagussystem überwiegt.

Lasareff[7] untersuchte die Beziehung zwischen Empfindlichkeit des menschlichen *Auges* und dem Lebensalter an 14 Personen zwischen 4 und 81 Jahren. Er fand eine geringe Empfindlichkeit bis zum 6. Lebensjahre, das Maximum beim 18. Lebensjahre. Mit 80 Jahren waren noch 25% Empfindlichkeit vorhanden. Die *Hörschärfe* wurde in Abhängigkeit vom Alternszustand von C. Bunch[8] untersucht. Es ergab sich Gleichheit der mittleren Hörschärfe für Töne unter 512 Hertz bei allen Altersstufen. Bei 512 Hertz ist sie für die über 60jährigen geringer, bei 2048 Hertz nimmt sie von der 5. Dekade an mehr und mehr ab. Noch höhere Töne werden von den alten Personen immer weniger gehört.

Pearson[9] weist darauf hin, daß die Fähigkeit, Vibrationsreize an den unteren Extremitäten zu empfinden, bei den meisten Menschen nach dem 5. Lebensjahrzehnt immer mehr abnimmt. Er führt diese Erscheinung auf eine schlechtere Blutversorgung des Gollschen Stranges im höheren Lebensalter zurück.

---

[1] Porter, E., and Langley: Studies in blood-sugar. Lancet **211**, 947 (1926).

[2] Greisheimer, E., M. O. H. Johnson and M. Ryan: The relationship between serum calcium and age. Amer. J. med. Sci. **177**, 704 (1929).

[3] McDonald, E.: Age and the equilibrium of life. Med. J. a. Rec. **126**, 346 (1927).

[4] Pacchioni, D.: Il ricambio, normale e patologico dei nucleo proteidi nelle. Riv. Clin. pediatr. **26**, 249 (1928).

[5] Failey, C. F., u. G. van Wagenen: Der Einfluß des Lebensalters auf die Absterbegeschwindigkeit von Skeletmuskeln. Hoppe-Seylers Z. **184**, 209—218 (1929).

[6] Lasch, F., u. A. Müller-Deham: Experimentelle Untersuchungen über die Funktion des vegetativen Nervensystems im höheren Alter. Dtsch. Arch. klin. Med. **169**, 369 (1930).

[7] Lasareff, P.: Zitiert auf S. 461.

[8] Bunch, C. C.: Age variations in auditory acuity. Arch. of Otolaryng. **9**, 625 (1929) — zit. Ber. Physiol.

[9] Pearson, H. G.: Effect of age on vibratory sensibility. Arch. of Neur. **20**, 482 (1929) — zit. Ber. Physiol.

VII. Altern und Krankheit.

Die Bedeutung der Gefäßwandreaktion für die Entwicklung der *Arteriosklerose* heben SCHMITTMANN und HÜTTIG[1] auf Grund von Tierversuchen hervor. Junge und alte Arterien reagierten auf Cholesterinwirkung verschieden. Diese Verschiedenheit beruht vielleicht auf einer Reaktionsverschiebung der Grundsubstanz von der alkalischen nach der sauren Seite. Auch V. KOULIKOFF[2] vertritt die Auffassung, daß die Arteriosklerose durch fortgesetzte chemische Reizung der Gefäßwände entsteht. Veränderungen des interferometrischen Bildes fand F. M. GROEDEL[3] bei einzelnen Typen von Arteriosklerotikern. CHR. LAUBRY und R. CASTERAU[4] sind der Auffassung, daß ein normaler Blutdruck von 140 und 160 mm Hg nur in 10% der Fälle bei älteren Personen vorkommt. Der Blutdruck ist über 65 Jahre meist infolge Arteriosklerose krankhaft erhöht. In diesem Zusammenhang sei erwähnt, daß VOLHARD[5] dem Alter die größte Rolle für die Pathogenese des von ihm so genannten roten Hochdruckes zuschreibt, denn in der Jugend kommt diese Form des Hochdruckes nur sehr selten vor.

Die zahlreichen Untersuchungen über die Beziehung zwischen *Krebsgenese* und Lebensalter haben zu keinem einwandfreien Ergebnis geführt. CLEMENS VON PIRQUET[6] brachte die Allergie des Lebensalters an Hand der ausführlichen englischen Medizinalstatistik in Beziehung zu den bösartigen Geschwülsten. Nach seiner Auffassung ist die Altersgruppierung der Geschwülste nicht organ-, sondern geschlechtsbedingt. Das häufigere Vorkommen von Krebs im höheren Lebensalter führt SAITSCHENKO[7] auf die Abnahme der Oberflächenspannung des Blutserums im höheren Lebensalter in Zusammenhang.

Beiträge zu einer allgemeinen pathologischen Physiologie des höheren Lebensalters hat S. HIRSCH[8—11] auf Grund eines großen klinischen Materials mitgeteilt. Nach Auffassung von HIRSCH besteht zwischen dem Alternsvorgang und dem krankhaften Geschehen ein grundsätzlicher Unterschied in der Richtung, daß im Begriff des Krankhaften notwendigerweise die Tendenz der Bedrohung des Lebens enthalten ist. Beim Alternsvorgang herrschen unter normalen Verhältnissen neben der Abnutzung die Anpassungsfaktoren vor. Eine besondere Behandlung findet in der Arbeit von HIRSCH das klinische Problem des *Marasmus senilis.*

VIII. Zur Physiologie des Todes.

Das Problem des Todes wird vom Standpunkt der Physiologie des Menschen immer noch verhältnismäßig wenig behandelt. Den Arbeiten von G. W. CRILE,

---

[1] SCHMIDTMANN, M., u. M. HÜTTIG: Die Bedeutung der Gefäßwandreaktion für die Arteriosklerose (Beitrag zur Altersdisposition). Virchows Arch. **267**, H. 3, 601 (1928).

[2] KOULIKOFF, V.: Léquilibre ionique, la phagocytose et le vieillissement des colloides. C. r. Soc. Biol. Paris **97**, 1335 (1927).

[3] GROEDEL, M.: Interferometrische Untersuchungen zur Frage der Drüsenveränderungen im Alter. Verh. internat. Kongr. Sex.forsch. **2**, 96 (1928).

[4] LAUBRY et R. CASTERAU: Zitiert auf S. 461.

[5] VOLHARD: Neue Deutsche Klinik **8**. Berlin 1931.

[6] PIRQUET, CL. V.: Allergie des Lebensalters. Die bösartigen Geschwülste. Leipzig: Georg Thieme 1930.

[7] SAITSCHENKO, A.: Altersveränderungen der Oberflächenspannung des Blutserums. Biochem. Z. **219**, 447 (1930).

[8] HIRSCH, S.: Altern und Krankheit — Beiträge zu einer allgemeinen pathologischen Physiologie des höheren Lebensalters. Erg. inn. Med. **32**, 215 (1927).

[9] HIRSCH, S.: Die Begutachtung des Alternszustandes. Handb. der ärztl. Begutachtung **1**. Leipzig 1931.

[10] HIRSCH, S.: Alterserscheinungen und Tod. Senckenberg-Buch **1926**, Nr 2.

[11] HIRSCH, S.: Das Altern des Menschen als Problem der Physiologie. Klin. Wschr. **1926**, Nr 32.

M. Telkes[1,2], A. F. Rowland und M. Telkes kann mehr als eine theoretische Bedeutung nicht zugemessen werden. Allgemeines biologisches Interesse beanspruchen die Untersuchungen von M. Hartmann[3], der durch fortgesetzte Amputationen Amöben, die sich sonst sehr häufig teilten, 45 Tage ohne Teilung am Leben erhalten konnte. Beachtenswert sind auch die Hinweise von Mühlmann[4,5] über Tod und Konstitution. Eine gute Übersicht über den Stand des Todesproblems, soweit es sich auf den Menschen bezieht, gibt Perthes.

In anderen Arbeiten, wie z. B. in der Arbeit Lodholz[6], wird nicht scharf zwischen dem Vorgang des Alterns und des Sterbens unterschieden. In vielen Arbeiten werden Partialtod (S. Gutherz[7]) und Tod des Individuums gleichsinnig verwandt. v.Möllendorf[8] sieht ebenso wie beim Alternsproblem den Individualtod nicht in einer Sterblichkeit aller somatischen Bestandteile des Körpers begründet; hiergegen spräche das Vorkommen überlebender Organe.

IX. Über Todesursachen.

Mit statistischer Todesursachenforschung beschäftigen sich zahlreiche Arbeiten, doch kann diesen vom Standpunkt der Physiologie so lange keine Bedeutung zugemessen werden, als die Grundlagen der amtlichen *Statistik* einer Revision im physiologischen Sinne unterzogen worden sind. Koopmann[9] berichtete über den plötzlichen Tod aus natürlichen Ursachen. R. Pearl[10] hat versucht, die verschiedenen Todesursachen bei Menschen und Tieren nach Keimblättern zu gruppieren, wobei er zu dem Schluß kommt, daß bei allen Gruppen die Todesursachen aus dem Entoderm überwiegen, bei Menschen allerdings weniger als bei Tieren. Auf Tatsachen können sich diese Betrachtungen nicht stützen. St. Jellinek[11] hat seine grundlegenden Studien über den Tod durch Elektrizität weiter ausgebaut.

X. Mechanismus des Todes.

Die Wichtigkeit dieses Arbeitsgebietes ergibt sich aus der Forderung von E. A. Hernandez[12], der Arbeitsstätten zur Forschung der Bedingungen des Todes für notwendig hält.

---

[1] Crile, G. W., A. F. Rowland and M. Telkes: An interpretation of excitation, exhaustion and death in terms of physical constants. Proc. nat. Acad. Sci. U. S. A. **15**, 532 (1928) — zit. Ber. Physiol.

[2] Crile, G. W., A. F. Rowland and M. Telkes: The physical nature of death. Arch. physic. Ther. **541** (1931).

[3] Hartmann, M.: Der Ersatz der Fortpflanzung von Amöben durch fortgesetzte Regenerationen. Weitere Versuche zum Todesproblem. Z. Protistenkde **49**, 447 (1924).

[4] Mühlmann, M.: Der Tod und die Konstitution nebst einem Beitrag zur Rechtshändigkeitsfrage. Beitr. path. Anat. **75**, 405 (1926).

[5] Mühlmann, M.: Wachstum, Altern und Tod. Über die Ursache des Alters und des Todes. Erg. Anat. **27**, 1 (1927).

[6] Lodholz, E.: Death from the standpoint of the physiologist. J. internat. clin. **2**, 236 (1928).

[7] Gutherz: Der Partialtod in funktioneller Betrachtung. Jena: G. Fischer 1926.

[8] Möllendorf, Wilh. v.: Zitiert auf S. 459.

[9] Koopmann, H.: Über den plötzlichen Tod aus natürlichen Ursachen. Dtsch. Z. gerichtl. Med. **8**, 91.

[10] Pearl, R.: Zitiert auf S. 460.

[11] Jellinek, S.: La mort par l'électricité, résultats pratiques acquis par des etudes électropathologiques. C. r. Soc. Biol. Paris **181**, 945 (1925).

[12] Hernandez, E. A.: On the necessity for having special laboratories-for the experimental study of somatic death. Amer. J. Physiol. **90**, 83 (1929).

A. H. ROFFO[1] benutzt den Gasstoffwechsel der lebenden Zellen zur Feststellung des eingetretenen Todes der Gewebe. A. PEIPER[2] studierte beim Säugling den Vorgang des allmählichen Sterbens, besonders das Verhalten der Atmung, ohne mehr aussagen zu können, als was die gewöhnliche Beobachtung lehrt. Die agonale Leukocytose wird von F. DONATH und A. PERLSTEIN[3] auf die Umkehr des Flüssigkeitsaustausches zwischen Geweben und Blut infolge Nachlassens des arteriellen Druckes zurückgeführt. Über die Tagesschwankungen der Sterblichkeit liegt eine Untersuchung von F. OPPENHEIM und L. RITTER[4] vor. In diesem Zusammenhang sind auch die Arbeiten von COKKALIS und NISSEN[5] über den Vagustod zu erwähnen. Von Tierexperimenten zum Studium des Mechanismus des Todes erwähnen wir die Arbeit von DE WAELE[6], wonach acidotische Hunde durch vaguserregende Substanzen schnell, alkalotische nicht getötet wurden. Ferner die Untersuchung von M. PRATI[7], der ebenfalls an Hunden feststellte, daß der plötzliche Tod bei Herztamponade ausbleibt, wenn das Perikard durch Cocain unempfindlich gemacht wird, wenn Atropin gegeben oder die Vagi durchschnitten wurden.

Eine verhältnismäßig große Anzahl von Arbeiten beschäftigen sich mit den Bedingungen der Totenstarre des Muskels. Vor allem weisen wir auf die Arbeiten der EMBDENschen Schule[8] von J. P. HOET und H. P. MARKS[9], von H. J. WOLF[10] hin. Nach Untersuchungen von L. WACKER[11,12] bestehen Unterschiede der Totenstarre beim glykogenhaltigen und glykogenarmen Muskel. Durch diese Unterschiede ist der schnelle Eintritt der Totenstarre beim erschöpften Muskel und beim Hungertod, das lange Intervall im Anschluß an Krämpfe und große Arbeitsleistungen zu erklären. DE NITO[13] macht besonders auf den Unterschied zwischen Totenstarre und Kontraktur des Muskels aufmerksam.

Die Härte des Herzmuskels nach dem Tode und während der Totenstarre bei verschiedenen Individuen und verschiedenen Tierarten studierte H. MELTZER[14,15].

[1] ROFFO, A. H.: Ein Anzeichen des Todes der Gewebe. Bol. Inst. Med. exper. Buenos Aires 5, 272 — zit. Ber. Physiol.

[2] PEIPER, A.: Die Mechanik des Sterbens. Jb. Kinderheilk. 127, 157 (1930).

[3] DONATH, F., u. A. PERLSTEIN: Über die Veränderungen des peripheren leukocytären Blutbildes durch den eintretenden Tod. Wien. Arch. inn. Med. 9, 503 (1925).

[4] OPPENHEIM, F., u. L. RITTER: Münch. med. Wschr. 67, Nr 47.

[5] COKKALIS, S. P., u. R. NISSEN: Vagustod. Arch. f. exper. Path. 115, 18 (1926).

[6] WAELE, H. DE: La mort par inhibition. C. r. Soc. Biol. Paris 93, 60 (1925).

[7] PRATI, M.: Sul meccanismo di morte per Tamponamento pericardito. Riv. Pat. sper. 1, 149 (1926) — zit. Ber. Physiol.

[8] EMBDEN, G.: Über Beziehungen zwischen Ermüdung und Sterben. Klin. Wschr. 1929 I, 913.

[9] HOET, J. P., and H. P. MARKS: Observation on the ofset of rigor mortis. Proc. roy. Soc. Lond. B 100 (N. B. 700), 72 (1926).

[10] WOLF, H. J.: Über die Bedingungen des Eintritts der Totenstarre beim gereizten Muskel. Pflügers Arch. 217, 210 (1927).

[11] WACKER, L.: Vergleichende Untersuchungen über die saure Totenstarre des glykogenhaltigen und die alkalische oder Erschöpfungstotenstarre des glykogenarmen Muskels. Biochem. Z. 184, 192 (1927).

[12] WACKER, L.: Über die experimentelle Festlegung der Eintrittszeit der Totenstarre im Tierversuch. Münch. med. Wschr. 74, 1041 (1927).

[13] DE NITO, J., OBERZIMMER u. L. WACKER: Eiweißfällung als Begleiterscheinung der Ermüdung und Totenstarre des Muskels. Z. Biol. 81, 68 (1924).

[14] MELTZER, HANS: Die Härte des Säugetierherzens nach dem Tode und während der Totenstarre bei verschiedenen Tierarten und in verschiedenem Lebensalter. Pflügers Arch. 218, 115 (1927).

[15] MELTZER, HANS: Vergleichende Untersuchungen über die Härte der Skeletmuskeln beim Warm- und Kaltblüter, nach dem Tode und während der Totenstarre. Z. vergl. Physiol. 8, 78 (1928).

Besondere Erwähnung verdienen auch die an 100 menschlichen Leichen durchgeführten Untersuchungen von E. Burghard und E. Paffrath[1] über den Glykogengehalt der Leber im Moment des Todes. Bei plötzlich durch Unfall Verstorbenen betrug der Glykogengehalt 4—8%, während bei Menschen, die ein längeres Krankenlager hinter sich hatten, meist nur Spuren gefunden wurden.

Bd. XVII.

Erblichkeitslehre im allgemeinen und beim Menschen im besonderen
(S. 901—990).

Von

Fritz Lenz – München.

Fortschritte der Erblehre (Genetik).

Der größte Fortschritt der Genetik seit dem Jahre 1925, als ich für das Handbuch der Physiologie über den damaligen Stand der Forschung berichtet habe, ist die *Verursachung von Mutationen* (Erbänderungen) durch Röntgenstrahlen und andere physikalische und chemische Agentien. Ich hatte damals geschrieben: „Mit Sicherheit ist eine idiokinetische Wirkung von den *Röntgenstrahlen* und den ihnen wesensverwandten Strahlen der radioaktiven Stoffe anzunehmen." Im Jahre 1927 hat dann der amerikanische Genetiker H. J. Muller[2, 3], Professor der Zoologie an der Universität Texas, experimentelle Belege dafür beigebracht, die seitdem von einer Reihe anderer Forscher bestätigt worden sind[4, 5, 6]. Muller war schon vorher als Mitarbeiter Th. H. Morgans an der genetischen Forschung hervorragend beteiligt. Auch der entscheidende Fortschritt der Methodik, der die Entdeckung der Verursachung von Mutationen ermöglicht hat, ist Muller zu danken. Muller hatte im Jahre 1919 zusammen mit Altenburg[7] die Häufigkeit der unter gewöhnlichen Zuchtbedingungen auftretenden Mutationen zu bestimmen gesucht. Da die allermeisten Mutationen letal sind, genügten für diese Fragestellung die bei Mendel-Versuchen üblichen Massenzuchten der Drosophila (Obstfliege) nicht. Während es bei den bisherigen Fragestellungen in der Hauptsache nur auf die Zahlenverhältnisse innerhalb der Geschwisterreihen ankam, ist für die quantitative Erfassung der letalen Mutationen ein genaueres quantitatives Arbeiten nötig. Es müssen sämtliche Eier eines

[1] Burghardt, E., u. H. Paffrath: Untersuchungen über den Glykogengehalt der menschlichen Leber im Moment des Todes. Z. Kinderheilk. **45**, 78 (1927).

[2] Muller, H. J.: Artificial transmutation of the gene. Science (N. Y.) **66**, Nr 1699 (1927).

[3] Muller, H. J.: The problem of genic modification. Z. Abstammgslehre Suppl.-Bd. **1** (1928).

[4] Painter, T. S., and H. J. Muller: The parallel cytology and genetics of induced translocations and deletions in Drosophila. J. Hered. **20**, Nr 6 (1929).

[5] Hanson, F. B., and F. Heys: The effect of radium in producing letal mutations in Drosophila. Science (N. Y.) **68** (1928).

[6] Hanson, F. B., and F. Heys: An analysis of the effects of the different rays of radium in producing letal mutations in Drosophila. Amer. Naturalist **63** (1929).

[7] Muller, H. J., and E. Altenburg: The rate of change of hereditary factors in Drosophila. Proc. Soc. exper. Biol. a. Med. **17** (1919).

Weibchens einzeln in ihrer Entwicklung verfolgt werden, ebenso die der nächsten Generation usw. Gerade auch die absterbenden Eier sind hier von besonderer Bedeutung.

Sowohl durch Bestrahlung von Weibchen als auch von Männchen gelingt es, Mutationen in beliebiger Zahl zu erzeugen. Die meisten dieser Mutationen sind recessiv letal, d. h. bei homozygotem Vorhandensein mit dem Leben nicht vereinbar. Das Absterben erfolgt meist schon auf dem Stadium der befruchteten Eizelle. Soweit die erzeugten Mutationen genügend lebensfähig sind, können sie durch beliebig viele Generationen weitergezüchtet werden. Sie unterscheiden sich grundsätzlich nicht von jenen Mutationen, die unter den gewöhnlichen Lebensbedingungen („spontan") entstehen; sie folgen wie diese dem MENDEL-schen Gesetz. Zum größten Teil sind die durch Röntgenbestrahlung erzeugten Mutationen schon aus den früheren Jahren der Mutationsforschung, als man nur mit „spontanen" Mutationen arbeitete, bekannt. Es sind aber auch zahlreiche Mutationen erzeugt worden, die vorher noch nicht bekannt waren. Schon in den ersten Monaten seiner Versuche konnte MULLER mehrere hundert Mutationen erzeugen, d. h. so viele, wie man in der ganzen früheren Zeit genetischer Forschung zusammen beobachtet hat.

Am leichtesten sind die recessiven geschlechtsgebundenen Mutationen, d. h. die im X-Chromosom lokalisierten, aufzufinden, und zwar deswegen, weil die durch Bestrahlung eines Weibchens erzeugten sich bereits an männlichen Nachkommen der ersten Generation äußern, während die einfach recessiven auch bei Geschwisterpaarung erst von der dritten Generation ab in die Erscheinung treten. Grundsätzlich scheinen Mutationen in den Autosomen ebenso häufig wie in den Geschlechtschromosomen erzeugt zu werden. Bei der intensivsten Bestrahlung, die bei einem Weibchen noch eine gewisse Fortpflanzungsfähigkeit bestehen ließ, fanden sich bei rund einem Siebentel der direkten Nachkommen geschlechtsgebundene Mutationen. Da Drosophila melanogaster vier Paare von Chromosomen hat, kann man nach MULLER schließen, daß ungefähr jede zweite Keimzelle, die überhaupt entwicklungsfähig war, bei Bestrahlung von dieser Intensität eine Erbänderung erlitt. In den ersten Bestrahlungsversuchen MULLERS traten Mutationen rund 150 mal so häufig auf als in den unbeeinflußten Kontrollzuchten. Im übrigen hängt die Häufigkeit der erzeugten Mutationen nur von der Dauer und Intensität der Bestrahlung ab. Eine obere Grenze findet sie lediglich darin, daß von einer gewissen Intensität der Bestrahlung ab völlige Sterilität eintritt. Mit abnehmender Intensität der Bestrahlung nimmt auch die Zahl der erzeugten Mutationen ab. Einen Schwellenwert, unterhalb dessen keine Mutationen mehr erzeugt würden, scheint es nicht zu geben; nur werden sie schließlich so selten, daß die Rate der erzeugten Mutationen nicht mehr sicher von der unter gewöhnlichen Bedingungen beobachteten unterschieden werden kann. Es ist auch nicht etwa so, daß bei schwacher Bestrahlung kleinere Mutationen, d. h. geringere Abweichungen von der Stammform entständen als bei starker. Es scheint sich vielmehr um eine Quantenwirkung zu handeln in dem Sinne, daß fliegende Elektronen aus zufällig getroffenen Genen in unberechenbarer Weise diese oder jene Bausteine herausschlagen. Dementsprechend sind die Mutationen ziellos, d. h. sie gehen in den verschiedensten Richtungen; und da eine ziellose Änderung eines so komplizierten Gebildes wie der Erbmasse einer Organismenart in der Regel eine Störung bedeuten wird, so entspricht es nur der Erwartung, daß die erzeugten Mutationen regelmäßig eine Beeinträchtigung der Lebenstüchtigkeit zur Folge haben.

Die große Mehrzahl der experimentell erzeugten Mutationen ist letal, d. h. mit dem Leben nicht vereinbar. Wie unter den sonst beobachteten Mutationen sind auch unter diesen die meisten recessiv, d. h. sie treten nur bei homozygotem Vorhandensein in die Erscheinung. Muller hat auch als erster „dominant"[1] letale Mutationen nachgewiesen, die bisher nicht bekannt waren, da sie schon im heterozygotem Zustand mit dem Leben nicht vereinbar, infolgedessen nicht weiterzüchtbar und der Kreuzungsanalyse nicht zugänglich sind. Die „dominant" letalen Mutationen äußern sich im Absterben eines Teiles der Eier von Weibchen, die von bestrahlten Männchen befruchtet sind, also in einer partiellen Sterilität der bestrahlten Männchen. Mit zunehmender Intensität der Bestrahlung geht diese partielle in völlige Sterilität über. Es handelt sich bei der partiellen Sterilität der bestrahlten Männchen zum Teil um zygotische Letalwirkung, d. h. eine solche, die erst in der befruchteten Eizelle zur Auswirkung kommt. Eine gametische Letalität, die schon die Lebensfähigkeit der Samenfäden aufhebt, äußert sich so lange nicht im Absterben von Eiern, als noch lebensfähige Samenfäden zur Befruchtung aller Eier vorhanden sind. Recessiv geschlechtsgebundene letale Mutationen äußern sich im Absterben männlich bestimmter Eier bestrahlter Weibchen und damit in einer Verschiebung des Geschlechtsverhältnisses zuungunsten des männlichen Geschlechts. Bei den direkten Nachkommen bestrahlter Männchen äußern sich recessive geschlechtsgebundene letale Mutationen noch nicht, sondern erst darin, daß ein Teil der Töchter bestrahlter Männchen Nachkommen mit einem Geschlechtsverhältnis von 2 ♀ : 1 ♂ hervorbringen. Einfach recessive letale Mutationen äußern sich darin, daß bei Geschwisterpaarung von der dritten Generation ab ein Viertel der befruchteten Eier eines Teils der Weibchen absterben. Die Erfahrungen über letale Mutationen lassen uns das Absterben menschlicher Embryonen, soweit es nicht durch äußere Einflüsse verursacht ist, als Letalwirkung verstehen.

Nächst den letalen Mutationen sind die Sterilität bedingenden die häufigsten. Diese Sterilität ist nicht zu verwechseln mit der partiellen oder völligen Sterilität der bestrahlten Individuen. „Dominante" Sterilmutationen äußern sich in Sterilität eines Teiles der direkten Nachkommen bestrahlter Individuen; sie werden damit zugleich wieder ausgemerzt. Recessive Sterilmutationen äußern sich von der dritten Generation ab in dem Auftreten steriler Individuen, und zwar häufiger von sterilen Weibchen als von sterilen Männchen, da die Fortpflanzungsfähigkeit des weiblichen Geschlechts leichter Störungen ausgesetzt ist als die des männlichen. Diese Befunde werfen Licht auf die Entstehung der sog. „idiopathischen" oder „essentiellen" Sterilität beim Menschen. Recessive Erbanlagen, die homozygot Sterilität bedingen, können durch viele Generationen weitergegeben werden und dann infolge homozygoten Zusammentreffens von beiden Eltern her (z. B. bei Verwandten usw.) bei einzelnen Individuen oder bei mehreren Geschwistern Sterilität zur Folge haben.

Außer der Abänderung einzelner Gene, d. h. der Mutation im engeren Sinne, werden durch Röntgenstrahlen auch gröbere Störungen der Chromosome und ihrer Anordnung verursacht, z. B. Ausfall größerer Teile von Chromosomen (die sog. deficiency). Bei einer gewissen Intensität der Bestrahlung erleidet offenbar die Erbmasse der großen Mehrzahl aller Keimzellen mehr oder weniger schwere Defekte. Wenn unter der Nachkommenschaft nur bei dem kleineren Teil Defekte beobachtet werden, so erklärt sich das daraus, daß die Keimzellen mit den schwersten Defekten nicht lebensfähig sind und ausgeschaltet werden.

Bei einer gewissen Intensität der Bestrahlung werden weibliche Fliegen nur

---

[1] Ich setze das Wort dominant in Gänsefüßchen, da der Begriff der Dominanz streng genommen gleiche phänotypische Äußerung des heterozygoten und des homozygoten Zustandes bedeutet. Dominant letale Gene aber können im homozygoten Zustande natürlich nicht zur Beobachtung kommen.

vorübergehend steril. Die nach dem Wiedereintritt der Fruchtbarkeit reifenden Eier enthalten zum großen Teil ebenfalls defekte Erbanlagen. Offenbar werden Mutationen nicht nur an fertigen Eiern und Oocyten, sondern auch an Oogonien gesetzt. Das legt den Schluß nahe, daß auch bei Säugetieren und speziell beim Menschen nach dem Ablauf einer durch Röntgenbestrahlung entstandenen vorübergehenden Sterilität defekte Erbanlagen an die Nachkommen weitergegeben werden. Einige Befunde an Kaninchen und Mäusen sprechen in diesem Sinne, reichen allerdings für sich allein als Belege nicht aus. Der eindeutige Nachweis von Röntgenschädigungen der Erbmasse bei Säugetieren würde Versuche an so großem Material und Kontrollmaterial erfordern, wie es bisher dafür noch nicht zur Verfügung stand. Im übrigen bin ich mit wohl allen Genetikern der Ansicht, daß die Befunde an Drosophila bereits ausreichen, um auch den Schluß auf die erbschädigende Wirkung der Röntgenstrahlen beim Menschen zu gestatten. Für Pflanzen, z. B. das Gartenlöwenmaul, ist von BAUR und seinen Mitarbeitern, insbesondere STUBBE[1], die Verursachung von Erbänderungen durch Röntgenstrahlen ebenfalls dargetan worden.

Wenn die Erbänderung durch Röntgenstrahlen besonders leicht nachzuweisen ist, so heißt das keineswegs, daß nicht auch andere idiokinetische Einflüsse wirksam wären. MULLER selbst hat bei Anwendung abnormer Wärme eine gewisse Steigerung der Mutationsrate erhalten. Auch GOLDSCHMIDT[2] hat bei Drosophila Mutationen erzielen können, indem er Larven einer Temperatur von 37° aussetzte; doch war der Erfolg unsicher. Über bessere Erfolge hat JOLLOS[3] berichtet, der mit Temperaturen von 35—36° arbeitete. JOLLOS berichtet, daß bei diesem Vorgehen unter anderen zunächst Mutationen entstanden seien, die hellrote statt der normalen roten Augenfarbe bedingt hätten. Aus diesen hellroten Mutationen seien in späteren Generationen gelblich-rötliche und weiter in mehreren Stufen gelbliche, blaßgelbliche und schließlich weiße entstanden. Man darf gespannt sein, ob diese Befunde von anderen Forschern bestätigt werden. JOLLOS glaubt seine Befunde dahin deuten zu können, daß unter dem Einfluß eines bestimmten Umwelteinflusses eine Mutationsrichtung über eine Reihe von Generationen eingehalten werde. Er meint auch, daß auf diese Weise die Orthogenese unserem Verständnis nähergebracht werde. Da die Orthogenese sich nicht im Verlauf einiger Generationen, sondern in geologischen Zeiträumen abspielt, scheint mir eine solche Deutung jedoch nicht möglich zu sein.

STUBBE hat bei seinen Versuchen mit dem Gartenlöwenmaul, Antirrhinum majus, zahlreiche Mutationen durch Röntgenstrahlen, Temperaturshocks, Zentrifugieren und verschiedene Chemikalien (z. B. Metallsalze und Benzolderivate) erzeugen können. „Innerhalb jeder Sippe traten nach den verschiedenartigen Behandlungen im allgemeinen die gleichen Formen auf."

In der medizinischen Literatur wird die Verursachung von Mutationen öfter als Reizwirkung aufgefaßt, was mir grundsätzlich verfehlt zu sein scheint. Die Erzeugung von Mutationen kann nicht als bloße Steigerung eines gewissermaßen normalen Lebensvorgangs aufgefaßt werden. Von Reizwirkung sollte man meines Erachtens nur dann sprechen, wenn im Organismus Reaktionen ausgelöst werden, die der Anpassung bzw. Erhaltung des Lebens dienen. Für die Mutationen ist es aber gerade charakteristisch, daß sie in der Regel erhaltungswidrig sind.

---

[1] STUBBE, H.: Untersuchungen über experimentelle Auslösung von Mutationen bei Antirrhinum majus. Z. Abstammgslehre **56**, 1, 202 (1930).

[2] GOLDSCHMIDT, R.: Experimentelle Mutation und das Problem der sogenannten Parallelinduktion. Biol. Zbl. **49** (1929).

[3] JOLLOS, V.: Über die experimentelle Hervorrufung und Steigerung von Mutationen bei Drosophila melanogaster. Biol. Zbl. **50**, 541 (1930).

Hier wird die Erbmasse bzw. der Zellkern, der Regulator der Reizwirkungen, selber gestört. Auch die „normale" Mutationsrate ist vermutlich durch irgendwelche unberechenbaren Störungen der Erbmasse infolge kosmischer Elektronenstrahlung, Giftwirkungen, abnormer Temperaturen usw. verursacht.

Es besteht meines Erachtens auch für die Zukunft keine Aussicht, bestimmte erwünschte Mutationen beim Menschen zu erzeugen, denn die experimentell gesetzte Erbänderung ist genau wie die in der freien Natur vorkommende ziellos, d. h. ohne Beziehung auf die Bedürfnisse des Lebens. Dennoch ist sie für die Tier- und Pflanzenzüchtung von Bedeutung, weil der Züchter aus einer großen Zahl zielloser Mutanten die für seine Zwecke relativ am besten geeigneten heraussuchen kann. Und so arbeitet offenbar auch die natürliche Auslese, nur mit dem Unterschied, daß hier an Stelle des bewußten Zweckes das automatische Überleben der den jeweiligen Lebensbedingungen relativ am meisten entsprechenden Mutanten wirksam ist.

Für den Menschen ist die Frage nach der Erzeugung günstiger Mutanten so lange müßig, als nicht einmal die Ausmerzung der offenkundig minderwertigen Varianten durchgeführt wird. Einzelne Plusvarianten wären bei künstlicher Erbänderung nur unter einer ungeheuren Überzahl von Minusvarianten zu erwarten. Die Folgen würden also ganz überwiegend schädliche sein. Es fehlt in den menschlichen Bevölkerungen gewiß nicht an Vielgestaltigkeit. Was fehlt, ist vielmehr in erster Linie eine gesunde Auslese.

Mitarbeiterverzeichnis.

ABELIN, ISAAC: Die Physiologie der Schilddrüse. *XVI/1:* 94—237 (1930). *XVIII:* 408—416 (1932).

ADLER, ABRAHAM: Die Leber als Exkretionsorgan. *IV:* 769—802 (1929).
— Die Herausbeförderung des Harnes. *IV:* 803—876 (1929).

ADLER, ALFRED: Psychische Einstellung der Frau zum Sexualleben. *XIV/1:* 802—807 (1926).
— Psychosexuelle Haltung des Mannes. *XIV/1:* 808—812 (1926).
— Pubertätserscheinungen. *XIV/1:* 842 bis 844 (1926).
— Homosexualität. *XIV/1:* 881—886 (1926).
— Sadismus, Masochismus und andere Perversionen. *XIV/1:* 887—894 (1926).
— Sexualneurasthenie. *XIV/1:* 895—902 (1926).

ADLER, ERICH, u. KURT SCHWERIN: Plasma und Serum. *VI/1:* 235—306 (1928).

ADLER, LEO †: Der Winterschlaf. *XVII:* 105—136 (1926).

ALDER, ALBERT: Spezifisches Gewicht des Blutes. *VI/1:* 534—536 (1928).
— Die refraktometrische Blutuntersuchung. *VI/1:* 537—559 (1928).
— Osmotischer Druck des Blutes. *VI/1:* 560 bis 566 (1928).

ALVERDES, FRIEDRICH: Spezielle Physiologie der Flimmer- und Geißelbewegung. *VIII/1:* 57—69 (1925).

AMERSBACH, K.: Patho-Physiologie der Luftwege. *II:* 307—336 (1925).

ASHER, LEON: Intrakardiales Nervensystem. *VII/1:* 402—448 (1926). *XVIII:* 179 bis 181 (1932).
— Hormonale Einflüsse auf das Gefäßsystem. *XVI/2:* 1207—1234 (1931).

ASKANAZY, MAX: Die Entzündung. *XIII:* 281—340 (1929).

ATZLER, EDGAR: Gefäßreflexe und Vasomotoren. *VII/2:* 934—962 (1927).
— u. G. LEHMANN: Reaktionen der Gefäße auf direkte Reize. *VII/2:* 963—997 (1927).

BABKIN, BORIS PETROVIČ: Gewinnung reiner Sekrete der Verdauungsdrüsen *III:* 682 bis 688 (1927).
— Die sekretorische Tätigkeit der Verdauungsdrüsen. *III:* 689—818 (1927).

BARKAN, GEORG: Der normale rote Blutfarbstoff. *VI/1:* 76—113 (1928). *XVIII:* 143—146 (1932).

BARKAN, GEORG: Das Kohlenoxydhämoglobin und das Problem der Kohlenoxydvergiftung. *VI/1:* 114—148 (1928). *XVIII:* 146—148 (1932).

BARTELS, MARTIN: Vergleichendes über Augenbewegungen. *XII/2:* 1113—1165 (1931).

BAUER, JULIUS: Phänomenologie und Systematik der Konstitution und deren dispositionelle Bedeutung auf somatischem Gebiet. *XVII:* 1040—1100 (1926).

BAURMANN, MAX: Der Wasserhaushalt des Auges. *XII/2:* 1319—1392 (1931).
— Nachtrag zu obiger Arbeit. S. 1616.

BAYER, GUSTAV: Regulation der Atmung. *II:* 230—284 (1925). *XVIII:* 8—14 (1932).
— Pharmakologie der Atmung. *II:* 455 bis 472 (1925). *XVIII:* 18—20 (1932).

BERGMANN, GUSTAV V., u. GERHARDT KATSCH: Pathologische Physiologie spezieller Krankheitsbilder. *III:* 1159—1198 (1927).
— Klinische funktionelle Pathologie des vegetativen Nervensystems. *XVI/1:* 1019 bis 1070 (1930).

BERGMANN, MAX: Chemie der Kohlehydrate. *III:* 113—159 (1927). *XVIII:* 26—32 (1932).

BERTRAM, FERDINAND, u. ARTHUR BORNSTEIN: Das Eiweißminimum. *V:* 84—112 (1928).

BETHE, ALBRECHT: Atmung: Allgemeines und Vergleichendes. *II:* 1—36 (1925).
— Vergleichende Physiologie der Blutbewegung. *VII/1:* 3—62 (1926).
— Plastizität und Zentrenlehre. *XV/2:* 1175 bis 1222. *XVIII:* 399—407 (1932).
— u. ERNST FISCHER: Die Anpassungsfähigkeit (Plastizität) des Nervensystems. *XV/2:* 1045—1130 (1931). *XVIII:* 399 bis 407 (1932).

BIEDL, ARTHUR: Die Keimdrüsenextrakte. *XIV/1:* 357—428 (1926). *XVIII:* 366 bis 374 (1932).
— Die Hypophyse (Hirnanhang). *XVI/1:* 401—492 (1930).

BIELSCHOWSKY, ALFRED: Der Sehakt bei Störungen im Bewegungsapparat der Augen. *XII/2:* 1095—1112 (1931).
— Die Nucleine und der Nucleinstoffwechsel. *XVIII:* 121—126 (1932).

BLUNTSCHLI, HANS, u. RUDOLF WINKLER: Kaubewegungen und Bissenbildung. *III:* 295—347 (1927).

BÖHME, ARTHUR: Klinisch wichtige Reflexe. *X:* 973—1017 (1927).

DU BOIS-REYMOND, RENÉ: Ortsbewegung der Säugetiere, Vögel, Reptilien und Amphibien *XV/1:* 236—270 (1930).

— Vom Schwimmen des Menschen und der Wirbeltiere. *XV/1:* 294—304 (1930).

BORESCH, KARL: Kreislauf der Stoffe in der Natur. *I:* 702—736 (1927).

— Gesamtumsätze bei Pflanzen, insbesondere bei den autotrophen. *V:* 328—376 (1928).

BORNSTEIN, ARTHUR †, u. KURT HOLM: Stoffwechsel bei einseitiger und bei normaler Ernährung. *V:* 28—83 (1928).

— u. FERDINAND BERTRAM: Das Eiweißminimum. *V:* 84—112 (1928).

— Pharmakologie des Gesamtstoffwechsels. *V:* 301—327 (1928).

BRACKEN, HELMUT VON: Psychologie der körperlichen Arbeit. *XV/1:* 643—698 (1930).

BRAUER, LUDOLPH, u. HERMANN FISCHER: Herzbeutel- und Herzchirurgie. Herzbeutelfunktion und Herzbeutelerkrankungen unter Berücksichtigung der Rückwirkungen auf die physiologische Funktion. *VII/2:* 1836—1876 (1927).

— — Die Herzchirurgie unter Berücksichtigung physiologischer Fragestellungen· *VII/2:* 1877—1902 (1927).

BRINKMAN, ROLAND: Hämolyse. *VI/1:* 567 bis 585 (1928). *XVIII:* 170—171 (1932).

BROEMSER, PHILIPP: Erregbarkeit, Reiz- und Erregungsleitung, allgemeine Gesetze der Erregung. *I:* 277—321 (1927).

— Nervenleitungsgeschwindigkeit, Ermüdbarkeit und elektrotonische Erregbarkeitsänderungen des Nerven. Theorien der Nervenleitung. *IX:* 212—243 (1929).

BROMAN, IVAR: Allgemeine Mißbildungslehre. *XIV/1:* 1057—1079 (1926).

BROWN, GRAHAM: Die Großhirnhemisphären. *X:* 418—524 (1927).

BRÜCKE, ERNST TH.: Dorsale und ventrale Wurzeln. *X:* 29—34 (1927).

— Allgemeines über Tatsachen und Probleme der Physiologie nervöser Systeme. *IX:* 25—46 (1929).

— Summation (Förderung) und Bahnung. *IX:* 633—644 (1929).

— Hemmung. *IX:* 644—665 (1929).

— Refraktäre Phase und Rhythmizität. *IX:* 697—710 (1929).

— Beziehungen zwischen Ganglienzellen, Grau und langen Bahnen. *IX:* 771—790 (1929).

— Diffuses und zentralisiertes Nervensystem *IX:* 791—804 (1929).

BRUNNER, A., u. F. SAUERBRUCH: Operative Verkleinerung der Lunge. *II:* 441—454 (1925).

BUDDENBROCK, W. V.: Die Funktion der statischen Organe bei wirbellosen Tieren. *XI/1:* 791—796 (1926).

— Geotropismus bei Tieren ohne statische Apparate. *XI/1:* 1024—1026 (1926).

— Vergleichende Physiologie des Nervensystems der Wirbellosen. *IX:* 805—828 (1929).

— Körperhaltung und Körperstellungen bei wirbellosen Tieren. *XV/1:* 88—96 (1930).

— Fortbewegung auf dem Boden bei Wirbellosen. *XV/1:* 271—293 (1930).

— Das Schwimmen der wirbellosen Tiere. *XV/1:* 305—319 (1930).

— Der Flug der Insekten. *XV/1:* 348—361 (1930).

— Die Orientierung zu bestimmten Stellen im Raum (Wirbellose). *XV/2:* 1023 bis 1044 (1931).

BÜRKER, KARL: Die körperlichen Bestandteile des Blutes. *VI/1:* 3—75 (1928). *XVIII:* 142 (1932).

CASPARI, W.: Physiologie der Röntgen- und Radiumstrahlen. *XVII:* 343—391 (1926).

CREMER, MAX: Ursache der elektrischen Erscheinungen. *VIII/2:* 999—1056 (1928).

— Erregungsgesetze des Nerven *IX:* 244 bis 284 (1929). *XVIII:* 241—246 (1932).

CREUTZFELDT, HANS G.: Histologische Besonderheiten und funktionelle und pathologische Veränderungen der nervösen Zentralorgane. *IX:* 461—514 (1929).

DEXLER, HERMANN: Die Erkrankungen des Zentralnervensystems der Tiere. *X:* 1232 bis 1268 (1927).

DIETER, WALTER: Allgemeine Störungen der Adaptation des Sehorganes. *XII/2:* 1595 bis 1605 (1931).

DIETLEN, HANS: Herzgröße, Herzmeßmethoden; Anpassung, Hypertrophie, Dilatation, Tonus des Herzens. *VII/1:* 306 bis 386 (1926).

DITTLER, RUDOLF: Die objektiven Veränderungen der Netzhaut bei Belichtung. *XII/1:* 266—294 (1929).

DOERR, ROBERT: Allergische Phänomene. *XIII:* 650—812 (1929).

EBBECKE, U.: Physiologie des Schlafes. *XVII:* 563—590 (1926).

— Receptorenapparat und entoptische Erscheinungen. *XII/1:* 233—265 (1929).

ECKSTEIN, ALBERT, u. ERICH ROMINGER, Physiologie und Pathologie der Ernährungs- und Verdauungsvorgänge im frühen Kindesalter. *III:* 1293—1428 (1927).

ECONOMO, Z. VON †: Die Pathologie des Schlafes. *XVII:* 591—610 (1926).

EINTHOVEN, W. †: Die Aktionsströme des Herzens (Elektrokardiogramm). *VIII/2:* 785—862 (1928).

ELEK, L., u. HANS EPPINGER: Gallenabsonderung und Gallenableitung. *III:* 1264 bis 1292 (1927).

ELLINGER, PHILIPP: Die Absonderung des Harns unter verschiedenen Bedingungen einschließlich ihrer nervösen Beeinflussung und der Pharmakologie und Toxilokogie der Tiere. *IV:* 308—450 (1929). *XVIII:* 92—111 (1932).
— Theorien der Harnabsonderung. *IV:* 451 bis 509 (1929). *XVIII:* 112—120 (1932).
EMBDEN, GUSTAV: Chemismus der Muskelkontraktion und Chemie der Muskulatur. *VIII/1:* 369—475 (1925).
EPPINGER, HANS, u. L. ELEK: Gallenabsonderung und Gallenableitung. *III:* 1264 bis 1292 (1927).
— Zur Pathologie der Kreislaufcorrelationen. *XVI/2:* 1289—1415 (1931).
ERDMANN, RHODA: Gewebezüchtung. *XIV/1* 956—1002 (1926). *XVIII:* 381—386 (1932).
ERHARD, HUBER: Farbwechsel und Pigmentierungen und ihre Bedeutung. *XIII:* 193—263 (1929).
ERNST, PAUL: Die Degeneration und die Nekrose. *V:* 1245—1306 (1928).
ETTISCH, GEORG: Die physikalische Chemie der kolloiden Systeme. *I:* 91—227 (1927).

FELIX, WALTHER †: Anatomie der Atmungsorgane. *II:* 37—69 (1925).
FENN, WALLACE O.: Die mechanischen Eigenschaften des Muskels. *VIII/1:* 146 bis 165 (1925).
— Der zeitliche Verlauf der Muskelkontraktion. *VIII/1:* 166—191 (1925). *XVIII:* 213—221 (1932).
FEULGEN, ROBERT: Chemie der Eiweißkörper *III:* 214—294 (1927).
FISCHER, ERNST, u. WILHELM STEINHAUSEN: Allgemeine Physiologie der Wirkung der Muskeln im Körper. *VIII/1:* 619—651 (1925).
— u. A. BETHE: Die Anpassungsfähigkeit (Plastizität) des Nervensystems. *XV/2:* 1045—1130 (1931). *XVIII:* 399—407 (1932).
FISCHER, HANS: Konstitution der eiweißfreien Farbstoffkomponenten und ihrer Derivate (Chlorophyll). *VI/1:* 164—202 (1928). *XVIII:* 148—156 (1932).
FISCHER, HERMANN, u. LUDOLPH BRAUER: Herzbeutel- und Herzchirurgie. Herzbeutelfunktion und Herzbeutelerkrankungen unter Berücksichtigung der Rückwirkungen auf die physiologische Funktion. *VII/2:* 1836—1876 (1927).
— — Die Herzchirurgie unter Berücksichtigung physiologischer Fragestellungen. *VII/2* 1877—1902 (1927).
FISCHER, M. H.: Die Funktion des Vestibularapparates (der Bogengänge und Otolithen bei Fischen, Amphibien, Reptilien und Vögeln) *XI:* 797—867 (1926). *XVIII:* 296—300 (1932).
— Körperstellung und Körperhaltung bei Fischen, Amphibien, Reptilien und Vö-

geln *XV/1:* 97—161 (1930). *XVIII:* 390 bis 391 (1932).
FISCHER, M. H.: Der Flug der Wirbeltiere. *XV/1:* 320—347 (1930).
— u. A. E. KORNMÜLLER: Der Schwindel. *XV/1:* 442—494 (1930).
— Die Seekrankheit. *XV/1:* 495—518 (1930).
— Die Orientierung im Raume bei Wirbeltieren und beim Menschen. *XV/2:* 909 bis 1022 (1931).
FISCHER-WASELS, BERNHARD, u. R. JAFFÉ: Arteriosklerose. *VII/2:* 1088—1131 (1927).
— — Varicen und Aneurysmen. *VII/2:* 1132—1153 (1927).
— u. JOSEPH TANNENBERG: Die lokalen Kreislaufstörungen. *VII/2:* 1496—1794 (1927).
— Metaplasie und Gewebsmißbildung. *XIV/2:* 1211—1340 (1927).
— Allgemeine Geschwulstlehre. *XIV/2:* 1341—1790 (1927).
FITTING, HANS: Reizleitungen bei den Pflanzen. *IX:* 1—24 (1929).
FLACK, MARTIN: Der Mensch im Flugzeug, seine Eignung zum Flugdienst und die funktionellen Störungen, die derselbe mit sich bringen kann. *XV/1:* 362—381 (1930).
FLEISCH, ALFRED: Gestalt und Eigenschaften des peripheren Gefäßapparates. *VII/2:* 865—887 (1927).
— Die aktive Förderung des Blutstromes durch die Gefäße. *VII/2:* 1071—1087 (1927).
— Der normale Blutdruck. *VII/2:* 1267 bis 1302 (1927).
— Die Regulierung des Stromvolumens nach dem Blutbedarf. *XVI/2:* 1235—1260 (1931).
FLEISCHHACKER, HANS: Die trophischen Einflüsse des Nervensystems. *X:* 1149—1178 (1927).
FLURY, FERDINAND: Gasvergiftungen. *II:* 487—514 (1925).
— Tierische Gifte und ihre Wirkung. *XIII:* 102—192 (1929).
FOERSTER, OTTO: Schlaffe und spastische Lähmung. *X:* 893—972 (1927).
FONIO, ANTON: Die Gerinnung des Blutes. *VI/1:* 307—411 (1928).
— Die Physiologie und die Pathologie der Blutgerinnung. *XVIII:* 156—170 (1932).
FRAENKEL, LUDWIG: Keimdrüse, Reifung, Ovulation. *XIV/1:* 429—444 (1926).
— Menstruation. *XIV/1:* 445—453 (1926).
— Zeit- und Ursächlichkeitsverhältnis zwischen Ovulation und Menstruation. *XVIII:* 335—337 (1932).
FREY, WALTER: Der Spitzenstoß. *VII/1:* 221—236 (1926).
— Herztöne und Herzgeräusche. *VII/1:* 267—305 (1926).
— Der arterielle und capillare Puls. *VII/2:* 1223—1266 (1927).
FREY, M. v. †: Die Tangoreceptoren des Menschen. *XI:* 94—130 (1926).

FREUND, HERMANN: Pathologie und Pharmakologie der Wärmeregulation. *XVII:* 86—104 (1926).

FRISCH, K. v.: Vergleichende Physiologie des Geruchs- und Geschmackssinnes. *XI:* 203—239 (1926).

FRÖHLICH, ALFRED: Pharmakologie des Zentralnervensystems. *X:* 1018—1047 (1927).

— Pharmakologie des vegetativen (autonomen) Nervensystems. *X:* 1095—1148 (1927).

— Allgemeine, lähmende und erregbarkeitssteigernde Gifte. *IX:* 612—621 (1929).

FRÖHLICH, FRIEDRICH W.: Nervenreize. *IX:* 177—211 (1929).

FROMHERZ, KONRAD: Das Verhalten körperfremder Substanzen im intermediären Stoffwechsel. *V:* 996—1046 (1928).

FÜHNER, H., u. F. KÜLZ: Nerv und Muskel. *VIII/1:* 299—314 (1925).

FULL, H.: Pathologische Physiologie der Speicheldrüsen. *III:* 1105—1117 (1927). *XVIII:* 67—71 (1932).

FÜRTH, OTTO: Nierenartige Exkretionsorgane Wirbelloser. *IV:* 581—590 (1929).

— Chemie der Hormonorgane und ihrer Hormone. *XVI/1:* 67—93 (1930).

GANTER, GEORG: Die Kranzarterien (Coronargefäße). *VII/1:* 387—401 (1926).

GAZA, WILHELM VON: Wundheilung, Transplantation, Regeneration und Parabiose bei höheren Säugern und beim Menschen. *XIV/1:* 1141—1193 (1926).

GEIGEL, RICHARD †: Lungengeräusche. *II:* 285—306 (1925).

GELB, ADHÉMAR: Die „Farbenkonstanz" der Sehdinge. *XII/1:* 594—677 (1929).

GELLHORN, E.: Flimmer- und Geißelbewegungen. *VIII/1:* 37—69 (1925).

GERHARDT, ULRICH: Vergleichendes über Kohabitation und Masturbation. *XIV/1:* 176—190 (1926).

— Libido, Organismus und Kohabitation. *XIV/1:* 191—204 (1926).

— Libido, Orgasmus und Kohabitation (Säugetiere). *XIV/1:* 813—821 (1926).

GILDEMEISTER, MARTIN: Die passiv-elektrischen Erscheinungen im Tier- und Pflanzenreich. *VIII/2:* 657—702 (1928).

— Die Elektrizitätserzeugung der Haut und der Drüsen. *VIII/2:* 766—784 (1928).

— Hörschwellen und Hörgrenzen. *XI:* 535—546 (1926).

GODLEWSKI, EMIL: Problem der Entwicklungserregung, Reifung und physiologische Eigenschaften der Geschlechtselemente, Physiologie der Befruchtung, Bastardierung, Polyspermie. *XIV/1:* 108—155 (1926).

GOETSCH, WILHELM: Autotomie. *XIII:* 264 bis 280 (1929).

GOETZE, OTTO: Die Motilität u. Sekretion des operierten Magens. *III:* 1199—1239 (1927).

GOLDSCHEIDER, A.: Temperatursinn des Menschen. *XI:* 131—164 (1926). *XVIII:* 276—279 (1932).

— Schmerz. *XI:* 181—202 (1926).

GOLDSCHMID, EDGAR: Größe und Gewicht des Herzens unter normalen und pathologischen Verhältnissen. *VII/1:* 141 bis 157 (1926).

— Verhalten der Gefäße beim Tod. Orte des Blutes. *VII/2:* 1154—1160 (1927).

GOLDSTEIN, KURT: Das Kleinhirn. *X:* 222 bis 317 (1927).

— Die Lokalisation in der Großhirnrinde. *X:* 600—842 (1927).

— Über die Plastizität des Organismus auf Grund von Erfahrungen am nervenkranken Menschen. *XV/2:* 1131—1174 (1931).

GOLLWITZER-MEIER, KLOTHILDE: Die Regulierung der Wasserstoffionenkonzentration. *XVI/1:* 1071—1159 (1930).

GÖPPERT, ERNST: Geschichte der Erforschung des Blutkreislaufs und des Lymphgefäßsystems. *VII/1:* 63—72 (1926).

— Die Wege des Blutes. *VII/1:* 73—84 (1926).

GRAFE, EDUARD: Pharmakologische Wirkung auf Iris und Ciliarmuskel. *XII/1:* 196—232 (1929).

GRAFE, ERICH: Der Stoffwechsel bei psychischen Vorgängen. *V:* 199—211 (1928).

— Der Stoffwechsel bei Anomalien der Nahrungszufuhr (Hunger, Unterernährung, Überernährung). *V:* 212—259 (1928).

— Die Pathologie des Gesamtstoffwechsels (mit Ausschluß der inneren Sekretion). *V:* 260—300 (1928).

GRAHE, KARL: Die Funktion des Bogengangsapparates und der Statolithen beim Menschen. *XI:* 909—984 (1926). *XVIII:* 302—309 (1932).

— Störungen der Haltung und Bewegungen bei Labyrintherkrankungen. *XV/1:* 382 bis 410 (1930).

— Das Verhalten der Haltungs- und Bewegungsreaktionen (der Vestibularapparate) bei zentralen Erkrankungen (Medulla oblongata, Kleinhirn usw.). *XV/1:* 411—441 (1930).

GRIESBACH, WALTER: Über die Gesamtblutmenge. *VI/2:* 667—699 (1928). *XVIII:* 171—176 (1932).

GROEBBELS, FRANZ: Funktionelle Anatomie und Histophysiologie der Verdauungsdrüsen. *III:* 547—681 (1927). *XVIII:* 54—57 (1932).

GROETHUYSEN, GEORG: Dioptrik des Auges. Refraktionsanomalien. Augenleuchten und Augenspiegel. *XII/1:* 70—144 (1929).

GROS, OSKAR: Die Narkose. *IX:* 413—432 (1929).

— Die Lokalanästhesie und die Lokalanaesthetica *IX:* 433—460 (1929).

GROSSER, PAUL: Der Gesamtstoffwechsel im Wachstum. *V:* 167—198 (1928).

GUILLERY, HIPPOLYT: Sehschärfe (zentrale und periphere). *XII/2:* 745—811 (1931).

GULEKE, NIKOLAI: Die äußere Sekretion des Pankreas unter pathologischen Bedingungen. *III:* 1252—1263 (1927).

GYÖRGY, PAUL: Umsatz der Erdalkalien (Ca, Mg und des Phosphats). *XVI/2:* 1555 bis 1641 (1931).

HANSEN, EMANUEL: Atmung und Kreislauf bei körperlicher Arbeit. *XV/2:* 835—908 (1931).
— Morphologische und chemische Veränderungen des Blutes bei körperlicher Arbeit. *XVIII:* 391—398 (1932).

HARMS, JÜRGEN W.: Kastration bei wirbellosen Tieren. *XIV/1:* 205—214 (1926). *XVIII:* 337—338 (1932).
— Keimdrüsentransplantation bei wirbellosen Tieren. *XIV/1:* 241—250 (1926). *XVIII:* 338—339 (1932).

HELD, H.: Die Cochlea der Säuger und der Vögel, ihre Entwicklung und ihr Bau. *XI:* 467—534 (1926).

HENNING, H.: Psychologie der chemischen Sinne. *XI:* 393—405 (1926).

HERBST, CURT: Die Physiologie des Kernes als Vererbungssubstanz. *XVII:* 990 bis 1039 (1926).

HERTER, K.: Vergleichende Physiologie der Tangoreceptoren bei Tieren. *XI:* 68 bis 83 (1926). *XVIII:* 271—276 (1932).
— Thermotaxis und Hydrotaxis bei Tieren. *XI:* 173—180 (1926). *XVIII:* 280 bis 282 (1932).

HERTWIG, GÜNTHER: Die funktionelle Bedeutung der Zellstrukturen mit besonderer Berücksichtigung des Kernes und seiner Rolle im Leben der Zelle. *I:* 580 bis 608 (1927).
— Physiologie der embryonalen Entwicklung. *XIV/1:* 1003—1056 (1926).
— u. PAULA HERTWIG: Regulation von Wachstum, Entwicklung und Regeneration durch Umweltsfaktoren. *XVI/1:* 807 bis 884 (1930).

HERTWIG, PAULA, u. GÜNTHER HERTWIG: Regulation von Wachstum, Entwicklung und Regeneration durch Umweltsfaktoren. *XVI/1:* 807—884 (1930).

HERXHEIMER, HERBERT: Die Dauerwirkung harter Muskelarbeit auf Organe und Funktionen (Trainingswirkungen). *XV/1:* 699—737 (1930).

HESS, CARL VON † (ergänzt durch G. GROETHUYSEN): Die Akkommodation beim Menschen. *XII/1:* 145—155 (1929).
— (—) Vergleichende Akkommodationslehre. *XII/1:* 156—175 (1929).
— (—) Pupille. *XII/1:* 176—186 (1929).

HESS, WALTER RUDOLF: Die Gesetze der Hydrostatik und Hydrodynamik. *VII/2:* 888—903 (1927).
— Die Verteilung von Querschnitt, Widerstand, Druckgefälle und Strömungsgeschwindigkeit im Blutkreislauf. *VII/2:* 904—933 (1927).

HESSE, RICHARD: Die Größe des Herzens bei den Wirbeltieren. *VII/1:* 132—140 (1926).
— Einfachste Photoreceptoren ohne Bilderzeugung und verschiedene Arten der Bilderzeugung. Bedeutung der Bilderzeugung, der Auflösung der lichterregbaren Schicht und der optischen Regulierung. *XII/1:* 3—16 (1929).
— Lochcamera. Auge. *XII/1:* 60 (1929).
— Das musivische Auge und seine Funktion. *XII/1:* 61—69 (1929).
— Dämmerungstiere. *XII/1:* 714—719 (1929).

HEUBNER, W.: Durchlässigkeit der Lunge für fremde Stoffe. *II:* 473—486 (1925).
— I. Mineralstoffe des Tierkörpers. Einleitung. *XVI/2:* 1416—1418 (1931).
— II. Mineralbestand des Körpers. *XVI/2:* 1419—1508 (1931).
— III. Umsatz der Mineralstoffe. *XVI/2:* 1509—1516 (1931).
— Umsatz der Kieselsäure. *XVI/2:* 1642 bis 1643 (1931).

HILDEBRANDT, FRITZ: Die Gewöhnung an Gifte. *XIII:* 833—879 (1929).

HIRSCH, GOTTWALD CHRISTIAN, u. HERMANN J. JORDAN: Einige vergleichend-physiologische Probleme der Verdauung bei Metazoen. *III:* 24—101 (1927). *XVIII:* 23 bis 26 (1932).
—, S.: Das Altern und Sterben des Menschen vom Standpunkt seiner normalen und pathologischen Leistung. *XVII:* 752 bis 900 (1926). *XVIII:* 458—469 (1932).

HÖBER, RUDOLF: Der Stoffaustausch zwischen Protoplast und Umgebung. *I:* 407 bis 485 (1927).
— Die Permeabilität der Erythrocyten. *VI/1:* 652—655 (1928).
— Kataphorese, Ladung und Agglutination der Erythrocyten; die Senkungsreaktion. *VI/1:* 656—665 (1928).
— Die Durchlässigkeit des Nerven für Wasser und Salze und deren Zusammenhang mit der elektrischen Erregbarkeit. *IX:* 171—176 (1929).

HOCHE, A.: Der Traum. *XVII:* 622—643 (1926). *XVIII:* 448 (1932).

HOFBAUER, LUDWIG: Pathologische Physiologie der Atmung. *II:* 337—440 (1925). *XVIII:* 14—17 (1932).

HOFFMANN, HERMANN: Phänomenologie und Systematik der Konstitution und die dispositionelle Bedeutung der Konstitution auf psychischem Gebiet. *XVII:* 1101 bis 1184 (1926).

HOFFMANN, PAUL: Ruhe und Aktionsströme von Muskeln und Nerven. *VIII/2:* 703 bis 758 (1928). *XVIII:* 223—226 (1932).

HOFFMANN, R. W.: Periodischer Tageswechsel und andere biologische Rhythmen bei den poikilothermen Tieren. *XVII:* 644—658 (1926).
— Die reflektorischen Immobilisationszustände im Tierreich. *XVII:* 690—716 (1926). *XVIII:* 454—457 (1932).

HOFMANN, F. B. †: Der Geruchssinn beim Menschen. *XI:* 253—299 (1926).

HOLM, KURT, u. ARTHUR BORNSTEIN: Stoffwechsel bei einseitiger und bei normaler Ernährung. *V:* 28—83 (1928).

HORNBOSTEL, E. M. v.: Das räumliche Hören. *XI:* 602—618 (1926). *XVIII:* 286 bis 289 (1932).

— Psychologie der Gehörserscheinungen. *XI:* 701—729 (1926).

HUBER, BRUNO: Der Wasserhaushalt der Pflanzen. *VI/2:* 1110—1126 (1928).

HUMMEL, HANS, u. HANS RIETSCHEL: Über die Wechselbeziehungen zwischen Bakterienflora und den Verdauungsvorgängen beim Säugling. *III:* 1001—1026 (1927).

HÜRTHLE, KARL: Die mittlere Blutversorgung der einzelnen Organe. *VII/2:* 1470 bis 1495 (1927).

— u. K. WACHHOLDER: Histologische Struktur und optische Eigenschaften der Muskeln. *VIII/1:* 108—123 (1925). *XVIII:* 211—213 (1932).

— Blutkreislauf im Gehirn. *X:* 1—28 (1927).

ISAAC, SIMON, u. RUDOLF SIEGEL: Physiologie und Pathologie des intermediären Kohlehydratstoffwechsels. *V:* 469—594 (1928).

— — Regulation des organischen Stoffwechsels durch Nervensystem und Hormone. *XVI/2:* 1691—1728 (1931).

ISENSCHMID, ROBERT: Pathologische Physiologie der Schilddrüse. *XVI/1:* 238 bis 345 (1930).

— Physiologie der Wärmeregulation. *XVII:* 3—85 (1926).

JACOBY, MARTIN: Antifermente und Fermente des Blutes. *XIII:* 463—472 (1929). *XVIII:* 317—319 (1932).

JAFFÉ, RUDOLF, u. B. FISCHER-WASELS: Arteriosklerose. *VII/2:* 1088—1131 (1927).

— — Varicen und Aneurysmen. *VII/2:* 1132—1153 (1927).

JAMIN, FRIEDRICH: Degeneration und Regeneration. Transplantation. Hypertrophie und Atrophie. Myositis. *VIII/1:* 540—581 (1925).

JASCHKE, RUDOLF TH. VON: Geburtsmechanismus *XIV/1:* 579—604 (1926).

— Rückwirkung des Säugens auf den mütterlichen Organismus. *XIV/1:* 659—668 (1926).

JESS, ADOLF: Chemie der Linse. Presbyopie. Star. *XII/1:* 187—195 (1929).

JODLBAUER, A.: Die physiologische Wirkung des Lichtes. *XVII:* 305—342 (1926).

JORDAN, HERMANN J., u. GOTTWALD, CHRISTIAN HIRSCH: Einige vergleichende physiologische Probleme der Verdauung bei Metazoen. *III:* 24—101 (1927). *XVIII:* 21—22 (1932).

— Vergleichend Physiologisches über Resorption. *IV:* 167—182 (1929).

JOST, HANS: Vergleichende Physiologie des Stoffwechsels. *V:* 377—468 (1928).

— Intermediärer Fettstoffwechsel und Acidosis *V:* 606—670 (1928).

JOST, L.: Geotropismus bei Pflanzen. *XI:* 1015—1023 (1926).

KALK, HEINZ: Pathologische Physiologie der Darmdrüsen. *III:* 1240—1251 (1927).

KATSCH, GERHARDT: Pathologische Physiologie des Magensaftes und Magenchemismus. *III:* 1118—1158 (1927).

— u. GUSTAV V. BERGMANN: Pathologische Physiologie spezieller Krankheitsbilder. *III:* 1159—1198 (1927).

KAUFFMANN, FRIEDRICH: Pathologie des arteriellen Blutdruckes. *VII/2:* 1303—1413 (1927). *XVIII:* 205—210 (1932).

— Einfluß des hydrostatischen Druckes auf die Blutbewegung, Anpassung der Gefäße. *VII/2:* 1414—1439 (1927).

— Funktion der Venenklappen (einschließlich der Beziehungen der Venenklappen zur Entstehung der Varicen). *VII/2:* 1440 bis 1469 (1927).

KESTNER, OTTO: Die Verdauung als Ganzes. *XVI/1:* 885—944 (1930). *XVIII:* 441 (1932).

— Die Ernährung des Menschen als Ganzes. *XVI/1:* 945—1015 (1930). *XVIII:* 441 bis 442 (1932).

— Die physiologischen Wirkungen des Klimas. *XVII:* 498—562 (1926). *XVIII:* 445—446 (1932).

KISCH, BRUNO: Pharmakologie des Herzens. *VII/1:* 712—862 (1926).

— Das Schlagvolumen und das Zeitvolumen einer Herzabteilung. *VII/2:* 1161—1204 (1927).

— Stromgeschwindigkeit und Kreislaufzeit des Blutes. *VII/2:* 1205—1222 (1927).

KLEE, PHILIPP: Die Magenbewegungen. *III:* 398—440 (1927).

— Der Brechakt. *III:* 441—451 (1927). *XVIII:* 44—46 (1932).

KLEIN, GUSTAV: Stickstoff- und Schwefelassimilation. *V:* 990—995 (1928).

— Die Lichtentwicklung bei Pflanzen. *VIII/2:* 1057—1071 (1928).

KLEYN, A. DE, u. R. MAGNUS †: Funktion des Bogengangs und Otolithenapparats bei Säugern. *XI:* 868—908 (1926). *XVIII:* 300—302 (1932).

— — Theorie über die Funktion der Bogengangs- und Otolithenapparate bei Säugern. *XI:* 1002—1004 (1926).

— — Körperstellung, Gleichgewicht und Bewegung bei Säugern. *XV/1:* 29—54 (1930). Nachtrag s. *XI, XVIII.*

— — Haltung und Stellung bei Säugern. *XV/1:* 55—87 (1930).

KOCHMANN, MARTIN: Pharmakologie der Verdauungsdrüsen. *III:* 1429—1470 (1927). *XVIII:* 72—77 (1932).

KOEHLER, GERTRUD, u. HERMANN ZONDEK: Correlationen der Hormonorgane untereinander. *XVI/1:* 656—696 (1930).

KOEHLER, O.: Galvanotaxis. *XI:* 1027 bis 1049 (1926).

KOELLNER, HANS † (mit Nachträgen von ERNST ENGELKING): Die Abweichungen des Farbensinnes. *XII/1:* 502—535 (1929).

KOFFKA, KURT: Die Wahrnehmung von Bewegung. *XII/2:* 1166—1214 (1931).
— Psychologie der optischen Wahrnehmung. *XII/2:* 1215—1272 (1931).

KOHLRAUSCH, ARNT: Elektrische Erscheinungen am Auge. *XII/2:* 1393—1498 (1931).
— Tagessehen, Dämmersehen, Adaptation. *XII/2:* 1499—1594 (1931).

KOHN, ALFRED: Morphologie der inneren Sekretion und der inkretorischen Organe. *XVI/1:* 3—66 (1930).

KOLMER, W. †: Bau der statischen Organe. *XI:* 767—790 (1926).

KORNMÜLLER, A. E., u. M. H. FISCHER: Der Schwindel. *XV/1:* 442—494 (1930).

KORSCHELT, EUGEN: Fortpflanzung der Tiere unter Berücksichtigung der Pflanzen. *XIV/1:* 1—107 (1926).
— Altern und Sterben bei Tieren und Pflanzen. *XVII:* 717—751 (1926).

KRAMER, F.: Elektrodiagnostik und Elektrotherapie der Muskeln. *VIII/1:* 582—618 (1925). *XVIII:* 221—223 (1932).
— Elektrodiagnostik und Elektrotherapie der Nerven. *IX:* 339—364 (1929). *XVIII:* 221—223 (1932).

KREIDL, ALOIS †: Über Reiznachwirkung im Zentralnervensystem. *IX:* 622—625 (1929).
— Die Irreziprozität der Zentralteile des Nervensystems. *IX:* 626—632 (1929).
— Die Sensomobilität. *IX:* 763—770 (1929).
— Vergleichende Physiologie des Gehörs. *XI:* 754—766 (1926).

KRETZ, JOHANNES: Thymus. *XVIII:* 421 bis 423 (1932).
— Nebennieren. *XVIII:* 423—426 (1932).

KRIES, JOHANNES VON †: Zur Lehre von den dichromatischen Farbensystemen. *XII/1:* 585—593 (1929).
— Zur Theorie des Tages- und Dämmerungssehens. *XII/1:* 678—713 (1929).

KROETZ, CHRISTIAN: Allgemeine Physiologie der autonomen nervösen Correlationen. *XVI/2:* 1729—1821 (1931).

KRONFELD, ARTHUR: Allgemeine Übersicht über die psychophysischen Funktionen und Funktionsanomalien der Sexualität beim Menschen. *XIV/1:* 775—801 (1926).

KRZYWANEK, WILHELM: Gesamtstoffwechsel der Pflanzenfresser. *V:* 113—133 (1928).
— Das Wiederkauen. *XVIII:* 36—44 (1932).

KÜHN, ALFRED: Phototropismus und Phototaxis der Tiere. *XII/1:* 17—35 (1929).

KÜHN, ALFRED: Farbenunterscheidungsvermögen der Tiere. *XII/1:* 720—741 (1929).

KÜLZ, F., u. H. FÜHNER: Nerv und Muskel. *VIII/1:* 299—314 (1925).

KÜMMEL, W. †: Labyrinthneurosen. *XI:* 739—743 (1926).
— Psychogene Hörstörungen. *XI:* 744 bis 753 (1926).

KÜSTER, ERNST: Neubildungen am Pflanzenkörper. *XIV/2:* 1195—1210 (1927). *XVIII:* 387—389 (1932).

LAQEUR, FRITZ: Blutbildung im Hochgebirge. *VI/2:* 719—729 (1928).

LEHMANN, GÜNTHER, u. EDGAR ATZLER: Reaktionen der Gefäße auf direkte Reize. *VII/2:* 963—997 (1927).

LENZ, F.: Erblichkeitslehre im allgemeinen und beim Menschen im besonderen. *XVII:* 901—989 (1926). *XVIII:* 469 bis 473 (1932).

LEUPOLD, ERNST: Der Cholesterinstoffwechsel. *V:* 1095—1142 (1928).

LEWY, F. H.: Die Oblongata und die Hirnnervenkerne. *X:* 168—199 (1927).

LICHTWITZ, LEO: Nierenerkrankungen. *IV:* 510—580 (1929).
— Prinzipien der Konkrementbildung (Bildung der Gallensteine und Harnsteine) *IV:* 591—680 (1929).

LILJESTRAND, G.: Chemismus des Lungengaswechsels. *II:* 190—229 (1925).
— Physiologie der Blutgase. *VI/1:* 444 bis 533 (1928).

LINKE, F.: Die physikalischen Faktoren des Klimas. *XVII:* 463—497 (1926).

LIPSCHITZ, WERNER: Übersicht über die chemischen Systeme des Organismus und ihre Fähigkeit, Energie zu liefern. *I:* 26—67 (1927).
— Umwandlungsprodukte des ungespaltenen Blutfarbstoffes. *VI/1:* 149—163 (1928).

LOEWE, SIEGFRIED: Pharmakologie und hormonale Beeinflussung des Uterus. *XIV/1:* 501—554 (1926).

LOEWENTHAL, HANS, u. FRED NEUFELD: Phagocytose *XIII:* 813—832 (1929).

MAGNUS-ALSLEBEN, ERNST: Der Einfluß der Mikroorganismen auf die Vorgänge im Verdauungstraktus beim erwachsenen Menschen. *III:* 1027—1044 (1927).

MAGNUS, R. †, u. A. DE KLEYN: Funktion des Bogengangs- und Otolithenapparats bei Säugern. *XI:* 868—908 (1926). *XVIII:* 300—302 (1932).
— — Theorie über die Funktion der Bogengangs- und Otolithenapparate bei Säugern. *XI:* 1001—1014 (1926).
— — Körperstellung, Gleichgewicht und Bewegung bei Säugern. *XV/1:* 29—54 (1930). Nachtrag s. *XI, XVIII.*
— — Haltung und Stellung bei Säugern. *XV/1:* 55—87 (1930).

MANGOLD, ERNST: Die Produktion von Lichtenergie bei Tieren. *VIII/2:* 1072 bis 1084 (1928).
— Das äußere und mittlere Ohr und ihre physiologischen Funktionen. *XI:* 406 bis 435 (1926).
MARBURG, OTTO: Die Physiologie der Zirbeldrüse (Glandula pinealis, Epiphyse). *XVI/1:* 493—509 (1930).
MAREK, JÓZSEF: Vergleichende pathologische Physiologie der Verdauung. *III:* 1045—1104 (1927).
MASUDA, T., u. FRITZ ROHRER †: Physikalische Vorgänge im Bogengangsapparat und Statolithenapparat. *XI:* 985 bis 1001 (1926).
MATTHAEI, RUPPRECHT: Topographische Physiologie des Rückenmarkes. *X:* 131—167 (1927).
MEISENHEIMER, JOHANNES: Hermaphroditismus in seinen natürlichen Beziehungen. *XIV/1:* 293—298 (1926).
— Geschlechtsbestimmung. *XIV/1:* 326 bis 343 (1926).
METZGER, ERNST: Nachträge zum Beitrag UHTHOFF †: Die Sehgifte und die Pharmakologie des Sehens. *XII/2:* 812—833 (1931).
— Lokale Störungen der Adaptation des Sehorganes. *XII/2:* 1606—1615 (1931).
MEYER, ERICH †: Diabetes insipidus. *XVII:* 287—304 (1926).
— Die Hämoglobinurien. *VI/1:* 586—600 (1928).
— Blutkrankheiten. *VI/2:* 895—924 (1928).
MEYER, HANS HORST: Die Narkose und ihre allgemeine Theorie. *I:* 531—549 (1927). *XVIII:* 2—4 (1932).
— u. ERNST P. PICK: Hypnotica. *XVII:* 611—621 (1926). *XVIII:* 446—447 (1932).
MEYER-BISCH, ROBERT †: Umsatz der Alkalichloride. *XVI/2:* 1517—1554 (1931).
MEYERHOF, OTTO: Atmung und Anerobiose des Muskels. *VIII/1:* 476—499 (1925).
–- Thermodynamik des Muskels. *VIII/1:* 500—529 (1925).
— Theorie der Muskelarbeit. *VIII/1:* 530 bis 539 (1925).
MICHAELIS, LEONOR: Die theoretische Grundlage für die Bedeutung der Wasserstoffionenkonzentration des Blutes. *VI/1:* 601—618 (1928).
MIES, H.: Pharmakologie des Herzens. *XVIII:* 190—192 (1932).
— Das Schlagvolumen und das Zeitvolumen einer Herzabteilung. *XVIII:* 198—202 (1932).
— Stromgeschwindigkeit und Kreislaufzeit des Blutes. *XVIII:* 203—205 (1932).
MÖLLENDORF, WILHELM VON: Anatomie der Nierensysteme. *IV:* 183—232 (1929).
MÖNCKEBERG, JOHANN GEORG †: Der funktionelle Bau des Säugetierherzens. *VII/1:* 85—113 (1926).

MÖNCKEBERG, JOHANN GEORG † (mit Nachtrag von Dr. ADOLF SCHOTT): Herzmißbildungen und deren Folgen für den Kreislauf. *VII/1:* 114—131 (1926).
MOND, RUDOLF: Resorption aus dem Peritoneum und anderen serösen Häuten. *IV:* 152—166 (1929).
MORAWITZ, PAUL: Messung des Blutumsatzes. *VI/1:* 203—234 (1928).
— Pathologische Physiologie der hämorrhagischen Diathesen. *VI/1:* 412—443 (1928).
MORITZ, FRIEDRICH: Physiologie und Pathologie der Herzklappen. *VII/1:* 158—220. *XVIII:* 177—178 (1932).

NEUBAUER, OTTO: Intermediärer Eiweißstoffwechsel. *V:* 671—989 (1928).
NEUFELD, FRED, u. HANS LOEWENTHAL: Phagocytose. *XIII:* 813—832 (1929).
NEUSCHLOSZ, S. M.: Die Viscosität des Blutes. *VI/1:* 619—651 (1928).
— Die physikalische Chemie des Muskels. *VIII/1:* 124—145 (1925).
— Der Einfluß anorganischer Ionen auf die Tätigkeit des Muskels. *VIII/1:* 260—298 (1925).
NIERENSTEIN, EDMUND: Die Nahrungsaufnahme bei Protozoen. *III:* 3—14 (1927).
— Die Verdauungsvorgänge bei Protozoen. *III:* 15—23 (1927).
NONNENBRUCH, W.: Pathologie und Pharmakologie des Wasserhaushaltes einschließlich Ödem und Entzündung. *XVII:* 223—304 (1926).
NÖRR, JOHANNES: Vergleichende pathologische Physiologie der Kreislauforgane. *VII/2:* 1803—1835 (1927).
NUERNBERGK, ERICH: Phototropismus und Phototaxis bei Pflanzen. *XII/1:* 36—59 (1929). *XVIII:* 310—314 (1932).

OEHME, CURT: Das Lymphsystem. *VI/2:* 925—994 (1928).
OELLER, HANS: Lymphdrüsen und lymphatisches System. *VI/2:* 995—1109 (1928).

PALUGYAY, JOSEF: Schlucken. *III:* 348 bis 366. *XVIII:* 32—35 (1932).
— Pathologie des Schluckaktes. *III:* 367 bis 378. *XVIII:* 35—36 (1932).
PANKOW, OTTO: Menopause und Ausfallserscheinungen nach später Kastration. *XIV/1:* 669—692 (1926).
PARNAS, J. K.: Allgemeines und Vergleichendes des Wasserhaushalts. *XVII:* 137 bis 160 (1926).
PÉTERFI, TIBOR: Das leitende Element. *IX:* 79—170 (1929).
PFAUNDLER, MEINHARD VON: Milchdrüsen, Lactation, Saugen. *XIV/1:* 605—644 (1926).
PICK, ARNOLD †, Ergänzt durch RUDOLF THIELE: Aphasie. *XV/2:* 1416—1524 (1931).
PICK, ERNST P., u. HANS HORST MEYER: Hypnotica. *XVII:* 611—621 (1926).

PINELES, FRIEDRICH: Die Epithelkörperchen (Glandulae parathyreoideae): *XVI/1:* 346—365 (1930). *XVIII:* 416 bis 420 (1932).

PLAUT, FELIX: Normale und pathologische Physiologie des Liquor cerebrospinalis. *X:* 1179—1231 (1927).

PORTHEIM, LEOPOLD: Regeneration beiPflanzen. *XIV/1:* 1114—1140 (1926).

PRZIBRAM, HANS: Schutz- und Angriffswaffen der Protozoen. *XIII:* 1—19 (1929).

— Schutz- und Angriffswaffen bei Metazoen. *XIII:* 20—101 (1929).

— Regeneration und Transplantation bei Tieren. *XIV/1:* 1080—1113 (1926).

PÜLLER, AUGUST †: Allgemeine Lebensbedingungen. *I* 322:—406 (1927).

REICHARDT, MARTIN: Hirndruck, Hirnerschütterung, Shock. *X:* 103—130 (1927).

REICHEL, HEINRICH, u. KARL SPIRO: Ionenwirkungen und Antagonismus der Ionen. *I:* 468—530 (1927).

— — Protoplasmagifte. *I:* 550—579 (1927).

REIS, MAX: Libido, Orgasmus und Kohabitation beim Menschen. *XIV/1:* 822 bis 841 (1926).

— Zwitterbildung beim Menschen. *XIV/1:* 872—880 (1926).

RENNER, O.: Atmungsvorrichtungen bei Pflanzen. *II:* 540—542 (1925).

RHESE, H. †: Pathologische Physiologie des Labyrinths und der Cochlearisbahn. *XI:* 619—666(1926). *XVIII:*289—294 (1932).

— Die Pharmakologie und Toxikologie des Ohres. *XI:* 730—738 (1926). *XVIII:* 296 (1932).

RIESSER, OTTO: Der Muskeltonus. *VIII/1:* 192—217 (1925).

— Contractur und Starre. *VIII/1:* 218 bis 259 (1925).

— u. ERNST SIMONSON: Allgemeine Pharmakologie der Muskeln. *VIII/1:* 315 bis 368 (1925).

RIETSCHEL, HANS, u. HANS HUMMEL: Über die Wechselbeziehungen zwischen Bakterienflora und den Verdauungsvorgängen beim Säugling. *III:* 1001—1026 (1927).

RIGLER, R., u. JULIUS ROTHBERGER: Die Pharmakologie der Gefäße und des Kreislaufs. *VII/2:* 998—1070 (1927). *XVIII:* 193—198 (1932).

RIHL, JULIUS: Die Frequenz des Herzschlages. *VII/1:* 449—522 (1926). *XVIII* 181 (1932).

ROHRER, FRITZ †: Physiologie der Atembewegung. *II:* 70—127 (1925).

— u. T. MASUDA: Physikalische Vorgänge im Bogengangsapparat und Statolithenapparat. *XI:* 985—1001 (1926).

ROMEIS, BENNO: Hoden, samenableitende Organe und accessorische Geschlechtsdrüsen. *XIV/1:* 693—762 (1926).

ROMINGER, ERICH, u. ALBERT ECKSTEIN: Physiologie und Pathologie der Ernährungs- und Verdauungsvorgänge im frühen Kindesalter. *III:* 1293—1428 (1927).

RONA, PETER: Die Fermente. *I:* 68—90 (1927). *XVIII:* 1—2 (1932).

— u. HANS HERMANN WEBER: Fermente der Verdauung. *III:* 910—966 (1927). *XVIII:* 1—2 (1932).

ROSEMANN, RUDOLF: Physikalische Eigenschaften und chemische Zusammensetzung der Verdauungssäfte unter normalen und abnormalen Bedingungen. *III:* 819—875 (1927). *XVIII:* 58—66 (1932).

ROSENBERG, HANS: Die elektrischen Organe. *VIII/2:* 876—925 (1928).

— Die sekundären Wirkungen zugeführter Elektrizität. *VIII/2:* 926—998 (1928). *XVIII:* 226—236 (1932).

ROSENTHAL, FELIX: Die Galle. *III:* 876 bis 909 (1927).

RÖSSLE, ROBERT: Wachstum der Zellen und Organe, Hypertrophie und Atrophie. *XIV/1:* 903—955 (1926).

ROTHBERGER, JULIUS C.: Allgemeine Physiologie des Herzens. *VII/1:* 523—662 (1926). *XVIII:* 182—189 (1932).

— u. R. RIGLER: Die Pharmakologie der Gefäße und des Kreislaufes. *VII/2:* 998—1070 (1927). *XVIII:* 193—198 (1932).

ROTHMAN, STEPHAN: Resorption durch die Haut. *IV:* 107—151 (1929). *XVIII:* 85—91 (1932).

RUBNER, MAX †: Aufgabe (Bilanz). Allgemeine Methodik. *V:* 3—16 (1928).

— Elementare Zusammensetzung, Verbrennungswärme und Verbrauch der organischen Nahrungsstoffe. *V:* 17—27 (1928).

— Physiologische Verbrennungswerte. Ausnutzung, Isodynamie, Calorienbedarf, Kostmasse. *V:* 134—143 (1928).

— Der Stoffwechsel bei Arbeit. *V:* 144—153 (1928).

— Stoffwechsel bei verschiedenen Temperaturen. Beziehungen zur Größe und Oberfläche. *V:* 154—166 (1928).

RUNGE, H. G.: Die pathologische Physiologie des schalleitenden Apparates. *XI:* 436—466 (1926).

SACHS, HANS: Antigene und Antikörper. *XIII:* 405—462 (1929).

SAND, KNUD: Die Kastration bei Wirbeltieren und die Frage von den Sexualhormonen. *XIV/1:* 215—240 (1926). *XVIII:* 339—343 (1926).

— Transplantation der Keimdrüsen bei Wirbeltieren. *XIV/1:* 251—292 (1926). *XVIII:* 343—352 (1932).

— Der Hermaphroditismus bei Wirbeltieren in experimenteller Beleuchtung. *XIV/1:* 299—325 (1926). *XVIII:* 352—362 (1932).

SAND, KNUD: Die Keimdrüsen und das experimentelle Restitutionsproblem bei Wirbeltieren. *XIV/1:* 344—356. *XVIII:* 363—366 (1932).

SAUERBRUCH, F., u. A. BRUNNER: Operative Verkleinerung der Lunge. *II:* 441—454 (1925).

SCHADE, HEINRICH: Wärme. *XVII:* 392 bis 443 (1926).

SCHARRER, ERNST: Stimm- und Musikapparate bei Tieren und ihre Funktionsweise. *XV/2:* 1223—1254 (1931).

SCHEUNERT, ARTHUR: Das Wiederkauen. *III:* 379—397 (1927).

— u. M. SCHIEBLICH: Einfluß der Mikroorganismen auf die Vorgänge im Verdauungstraktus bei Herbivoren. *III:* 967—1000 (1927).

SCHIEBLICH, M., u. ARTHUR SCHEUNERT: Einfluß der Mikroorganismen auf die Vorgänge im Verdauungstraktus bei Herbivoren. *III:* 967—1000 (1927).

SCHILF, ERICH: Reflexe von der Haut und den inneren Organen auf Herz und Gefäße. *XVI/1:* 1163—1201 (1931).

— Einfluß der Körpertemperatur auf das Gefäßsystem. *XVI/2:* 1202—1206 (1931).

SCHILLING, VIKTOR: Physiologie der blutbildenden Organe. *VI/2:* 730—894 (1928).

SCHLOSSBERGER, HANS: Immunität. *XIII:* 508—649 (1929). *XVIII:* 324—334 (1932).

SCHMIEDEN, VICTOR: Die theoretischen Grundlagen der Hyperämiebehandlung. *VII/2:* 1795—1802 (1927).

SCHMIDT, MARTIN B.: Eisenstoffwechsel. *XVI/2:* 1644—1672 (1931).

SCHMITZ, ERNST: Chemie der Fette. *III:* 160—213 (1927).

— Der Harn. *IV:* 233—307 (1929).

— Chemie des zentralen und peripheren Nervensystems. *IX:* 47—78 (1929).

SCHOTT, ADOLF: Nachtrag zu dem Artikel von GEORG MÖNCKEBERG †: Der funktionelle Bau des Säugetierherzens. *VII/1:* 85—113 (1926).

— Herzmißbildungen und deren Folgen für den Kreislauf. *VII/1:* 114—131 (1926).

— Die Aktionsströme des Herzens (Elektrokardiagramm). *XVIII:* 236—240 (1932).

SCHROEDER, HEINRICH: Der Aufbau der Kohlehydrate in der grünen Pflanze. *V:* 595—605 (1928).

SCHULTZ, J. H.: Hypnose und Suggestion beim Menschen. *XVII:* 669—689 (1926). *XVIII:* 453 (1932).

SCHULZE, WERNER: Der Einfluß der inkretorischen Drüsen und des Nervensystems auf Wachstum und Differenzierung. *XVI/1:* 697—806 (1930). *XVIII:* 427 bis 440 (1932).

SCHWENKENBECHER, ALFRED: Die Haut als Exkretionsorgan. *IV:* 709—768 (1929).

SCHWERIN, KURT, u. ERICH ADLER: Plasma und Serum. *VI/1:* 235—306 (1928).

SEITZ, LUDWIG: Die Schwangerschaftsveränderungen. *XIV/1:* 463—500 (1929). *XVIII:* 374—378 (1932).

— Schwangerschaftstoxikosen. *XIV/1:* 555 bis 578 (1926). *XVIII:* 378—380 (1932).

SEYBOLD, A.: Chemotropismus, Chemonastie und Chemotaxie bei Pflanzen. *XI:* 240—252. *XVIII:* 282—285 (1932).

SEYDERHELM, RICHARD: Die Leukocyten. *VI/2:* 700—718 (1928).

— Störungen in der Darmresorption. *IV:* 82—99 (1929).

SIEBECK, RICHARD: Physiologie des Wasserhaushaltes. *XVII:* 161—222 (1926). *XVIII:* 443—444 (1932).

SIEGEL, RUDOLF, u. SIMON ISAAC: Physiologie und Pathologie des intermediären Kohlehydratstoffwechsels. *V:* 469—594 (1928).

— — Regulation des organischen Stoffwechsels durch Nervensystem und Hormone. *XVI/2:* 1691—1728 (1931).

SIERP, H.: Die Wachstumsbewegungen bei Pflanzen. *VIII/1:* 72—93 (1925).

— Die durch Temperaturunterschiede hervorgerufenen Bewegungen bei Pflanzen. *XI:* 165—172 (1926).

SIMONSON, ERNST, u. O. RIESSER: Allgemeine Pharmakologie der Muskeln. *VIII/1:* 315—368 (1925).

— Arbeitsphysiologie. *XV/1:* 519—586 (1930).

— Der Umsatz bei körperlicher Arbeit. *XV/1:* 738—832 (1931).

SKRAMLIK, EMIL VON: Die Physiologie der Luftwege. *II:* 128—189 (1925). *XVIII:* 5—7 (1932).

— Physiologie des Geschmackssinnes. *XI:* 306—392 (1926). *XVIII:* 285—286 (1932).

SOKOLOWSKY, RUDOLF: Pathologische Physiologie des Stimmapparats des Menschen. *XV/2:* 1350—1386 (1931).

SPATZ, HUGO: Physiologie und Pathologie der Stammganglien. *X:* 318—417 (1927).

SPEK, JOSEF: Die Protoplasmabewegung, ihre experimentelle Beeinflussung und ihre theoretische Erklärung. *VIII/1:* 1—30 (1925).

— Die Myoide. *VIII/1:* 31—36 (1925).

— Bewegungserscheinungen durch Veränderungen des spezifischen Gewichtes. *VIII/1:* 70—71 (1925).

SPIEGEL, ERNST ADOLF: Tonus. *IX:* 711 bis 740 (1929). *XVIII:* 265—267 (1932).

— Die Region der Vierhügel (Tectum, Augenmuskelkerne, zentrales Höhlengrau). *X:* 200—221 (1927).

— Autonomes Nervensystem. *X:* 1048 bis 1094 (1927).

SPIELMEYER, WALTER: Degeneration und Regeneration am peripherischen Nerven. *IX:* 285—338 (1929).

SPIRO, KARL †, u. HEINRICH REICHEL: Ionenwirkungen und Antagonismus der Ionen. *I:* 468—530 (1927).

SPIRO, KARL †, u. HEINRICH REICHEL: Protoplasmagifte. *I:* 550—579 (1927).

STAEHELIN, R.: Staubinhalation. *II:* 515 bis 539 (1925).

STARK, P.: Vergleichende Physiologie der Tangoreceptoren bei Pflanzen. *XI/1:* 84—93 (1926).

STARKENSTEIN, EMIL: Pharmakologie der Entzündung. *XIII:* 431—404 (1929).

STARLING, ERNEST H. †: Die Correlation (Integration) der Einzelfunktionen. *XV/1:* 1—28 (1930).

STAUB, H.: Pankreas. *XVI/1:* 557—655 (1930).

STECHE, OTTO: Arbeitsteilung bei „höheren" Organismen. *I:* 609—627 (1927).
— Parasitismus und Symbiose. *I:* 628—692 (1927).

STEINHAUSEN, WILHELM, u. ERNST FISCHER: Allgemeine Physiologie der Wirkung der Muskeln im Körper. *VIII/1:* 619—654 (1925).
— Leitungsverzögerung in den Zentralteilen, Reflexzeit einschließlich Summationszeit und ihre Abhängigkeit von der Reizstärke. *IX:* 666—696 (1929).
— Mechanik des menschlichen Körpers (Ruhelagen, Gehen, Laufen, Springen). *XV/1:* 162—235 (1930).

STEPP, WILHELM: Die Vitamine. *V:* 1143 bis 1244 (1928). *XVIII:* 126—141 (1932).

STERN, KURT: Bewegungen contractiler Organe an Pflanzen. *VIII/1:* 94—107 (1925).
— Ruheströme bei Pflanzen. *VIII/2:* 759 bis 765 (1928).
— Aktionsströme bei Pflanzen. *VIII/2:* 863—875 (1928).

STEUDEL, HERMANN: Physikalische und chemische Eigenschaften des Spermas und der Eisubstanzen nebst Umbau von Körperorganen in Generationsorgane. *XIV/1:* 156—175 (1926).

STOPPEL, ROSE: Tagesperiodische Erscheinungen bei Pflanzen. *XVII:* 659—668 (1926). *XVIII:* 448—453 (1932).

STRASBURGER, JULIUS: Der Darm als Exkretionsorgan. *IV:* 681—695 (1929).
— Die Faeces. *IV:* 696—708 (1929).
— Physiologische Wirkung von Bädern unter normalen und pathologischen Bedingungen. *XVII:* 444—462 (1926).

STRAUB, HERMANN: Die Dynamik des Herzens, die Arbeitsweise des Herzens in ihrer Abhängigkeit von Spannung und Länge unter verschiedenen Arbeitsbedingungen. *VII/1:* 237—266 (1926).

SUESSENGUTH, KARL: Über tierverdauende Pflanzen. *III:* 102—112 (1927).

SULZE, WALTER: Die physikalische Analyse der Stimm- und Sprachlaute. *XV/2:* 1387—1415 (1931).

TANNENBERG, JOSEPH, u. BERNHARD FISCHER-WASELS: Die lokalen Kreislaufstörungen. *VII/2:* 1496—1794 (1927).

TEUFER, J.: Hörprüfungen bei Normalen und Kranken. *XI:* 547—562 (1926).

THANNHAUSER, SIEGFRIED J.: Die Nucleine und der Nucleinstoffwechsel. *V:* 1047 bis 1094 (1928). *XVIII:* 121—126 (1932).

THIELE, RUDOLF, Ergänzung des Artikels von ARNOLD PICK †: Aphasie. *XV/2:* 1416 bis 1524 (1931).

TILLMANNS, JOSEF: Die Milch (chemisch und physikalisch-chemisch). *XIV/1:* 64—658 (1926).

TRENDELENBURG, PAUL †: Bewegungen des Darmes. *III:* 452—471 (1927).
— Pharmakologie der Magen- und Darmbewegung (einschließlich Wirkungen der Hormone). *III:* 520—546 (1927).
— Pharmakologie der Resorption im Magen-Darm-Kanal. *IV:* 100—106 (1929).

TSCHERMAK, ARMIN: Licht- und Farbensinn. *XII/1:* 295—501 (1929).
— Theorie des Farbensehens. *XII/1:* 550 bis 584 (1929).
— Optischer Raumsinn. *XII/2:* 834—999 (1931).
— Augenbewegungen. *XII/2:* 1000—1094 (1931).

UEXKÜLL, JAKOB V.: Definition des Lebens und des Organismus. *I:* 1—25 (1927).
— Die Einpassung. *I:* 693—701 (1927).
— Gesetz der gedehnten Muskeln. *IX:* 741 bis 754 (1929).
— Reflexumkehr, starker und schwacher Reflex. *IX:* 755—762 (1929).

UHTHOFF, WILHELM †: Die Sehgifte und die Pharmakologie des Sehens. Mit Nachträgen von ERNST METZGER. *XII/2:* 812 bis 833 (1931).

VERAGUTH, OTTO: Die Leitungsbahnen im Rückenmark. *X:* 843—892 (1927).

VERZÁR, FRITZ: Die Resorption aus dem Darm. *IV:* 3—81 (1929). *XVIII:* 78—85 (1932).
— Darmbewegung. *XVIII:* 47—53 (1932).

WACHHOLDER, KURT, u. K. HÜRTHLE: Histologische Struktur und optische Eigenschaften der Muskeln. *VIII/1:* 108 bis 123 (1925).
— Die Arbeitsfähigkeit des Menschen in ihrer Abhängigkeit von der Funktionsweise des Muskel- und Nervensystems. *XV/1:* 587—642 (1930).

WAETZMANN, E.: Ton, Klang und sekundäre Klangerscheinungen. *XI:* 563—601 (1926).
— Hörtheorien. *XI:* 667—700 (1926). *XVIII:* 295 (1932).

WEBER, HANS HERMANN, u. PETER RÓNA: Fermente der Verdauung. *III:* 910—966 (1927). *XVIII:* 1—2 (1932).

WEIGERT, FRITZ: Photochemisches zur Theorie des Farbensehens. *XII/1:* 536—549 (1929). *XVIII:* 314—316 (1932).

WEIL, ARTHUR: Die Erektion. *XIV/1:* 763
bis 768 (1926).
— Die Ejakulation. *XIV/1:* 769—773 (1926).
WEISS, OTTO: Die Schutzapparate des Auges.
XII/2: 1273—1318 (1931).
— Stimmapparat des Menschen. *XV/2:* 1255
bis 1349 (1931).
WEIZSAECKER, VIKTOR FRHR. VON: Stoff-
wechsel und Wärmebildung des Herzens.
VII/1: 689—711 (1926).
— Reflexgesetze. *X:* 35—102 (1927).
— Einleitung zur Physiologie der Sinne.
XI: 1—67 (1926).
WESTPHAL, KARL: Die Defäkation. *III:* 472
bis 482 (1927).
— Die Pathologie der Bewegungsvorgänge
des Darmes einschließlich der Obsti-
pation und der Defäkationsstörungen und
der extrahepatischen Gallenwege. *III:*
483—519 (1927).
WIESEL, JOSEF † (zu Ende bearbeitet von
JOHANNES KRETZ, Wien): Thymus.
XVI/1: 366—400 (1930).
— Nebennieren. *XVI/1:* 510—556 (1930).
WINKLER, RUDOLF, u. HANS BLUNTSCHLI:
Kaubewegungen und Bissenbildung. *VI:*
295—347 (1927).
WINTERBERG, HEINRICH †: Herzflimmern
und Herzflattern. *VII/1:* 663—688
(1926).

WINTERSTEIN, HANS: Der Stoffwechsel des
peripheren Nervensystems. *IX:* 365—412
(1929). *XVIII:* 246—264 (1932).
— Der Stoffwechsel des Zentralnerven-
systems. *IX:* 515—611 (1929). *XVIII:*
246—264 (1932).
WIRTH, WILHELM: Die Reaktionszeiten.
X: 525—599 (1927). *XVIII:* 268—270
(1932).
WITEBSKY, ERNST: Biologische Spezifität.
XIII: 473—507 (1929). *XVIII:* 319
bis 324 (1932).
WYSS, WALTER H. VON: Einfluß psychischer
Vorgänge auf Atmung, Pulsfrequenz,
Blutdruck und Blutverteilung. *XVI/2:*
1261—1289 (1931).

ZAPPERT, JULIUS: Masturbation (Onanie).
XIV/1: 845—871 (1926).
ZARNIKO, C.: Über die bei Anschwellung und
Atrophie der Nasenschleimhaut auf-
tretenden Geruchsstörungen. *XI:* 300
bis 305 (1926).
ZIELSTORFF, WILLY: Mineralstoffe der Pflan-
zen. *XVI/2:* 1673—1690 (1931).
ZONDEK, HERMANN, u. GERTRUD KOEHLER:
Correlationen der Hormonorgane unter-
einander. *XVI/1:* 656—696 (1930).
ZWAARDEMAKER, H. †: Allgemeine Energetik
des tierischen Lebens (Bioenergetik).
I: 228—276 (1927).

Generalregister zu Band I–XVIII.

A

α-Formen s. unter dem entsprechenden Stichwort (z. B. α-Strahlen unter Strahlen).
Aal, Wanderung *XVII*: 151, *XVII*: 155.
Abbauintoxikation *V*: 732.
Abbaustoffe *XVII*: 736, 737.
Abbildung, Astigmatik *XII/2*: 852.
—, Asymmetrien *XII/2*: 851.
—, Homozentrische Bildverzerrung *XII/2*: 849.
—, Diskrepanzen *XII/2*: 848.
—, Mängel *XII/2*: 848ff.
—, nodozentrische *XII/2*: 858ff., 862, 897.
—, Regression des Perspektivitätszentrums *XII/2*: 850, 897.
—, pupillozentrische *XII/2*: 853, 863, 864, 897.
ABDERHALDENsche Reaktion *XIII*: 468; *XVII*: 1149, *XVII*: 1154.
Abdomen, physikalische Eigenschaften des Inhalts *II*: 92.
—, hydrostatischer Druck *II*: 93, 107.
Abdominalatmung, therapeutische Bedeutung *XVIII*: 17.
Abdominaldruck *II*: 89, 90, *II*: 91, 94, 118, 119; *III*: 399.
— s. auch Bauchhöhlendruck und Peritonealdruck.
—, Atmung, künstliche *II*: 120.
—, Körperlage *II*: 106.
—, Pleuradruck *II*: 106, 115, *II*: 119.
—, respiratorische Schwankung *II*: 118.
Abdominaldruckkurve *II*: 115.
Abducens, Schädigung *XI*: 465.
Abducenslähmung *XV/1*: 417.
Abductionstendenz, Kleinhirnfortfall *X*: 302ff.

Aberration, chromatische *XII/1*: 109.
—, monochromatische *XII/1*: 103.
—, sphärische *XII/1*: 104.
Aberrationsgebiet des Auges *XII/2*: 769, 771.
Abfallprodukte im Alter *XVII*: 737.
Abführmittel *III*: 520ff.
— (Antiperistaltik durch) *XVI/1*: 893.
—, hormonale *III*: 528.
—, organische *III*: 539.
—, salinische *III*: 521.
Abhärtung *XVII*: 35, 430.
Abhärtungsklima *XVII*: 483.
Abiotrophie *XVII*: 1058.
Abkühlungsreaktion, Warmblütermuskel *VIII/1*: 567, *VIII/1*: 615.
Ablaktierung *XIV/1*: 1130.
Abmagerung pankreasexstirpierter Tiere *XVI/1*: 568.
Abnutzung (Altern) *XVII*: 725, 749, 750, 793.
—, Arbeit, körperliche *XV/1*: 593.
— Einzelliger *XVII*: 724.
—, Zelle *XVII*: 726.
Abnutzungskrankheiten *XVII*: 845, 867.
Abnutzungspigment, Leber *III*: 656.
Abnutzungsquote („Minimal N") *V*: 5, 85.
„Abortiva" *XIV*: 502, 552.
Abrin, Verhalten im menschlichen Organismus *XIII*: 516.
Absceß, embolischer *VII/2*: 1787.
Abschlucken, Weg fester Bissen beim Wiederkäuer *III*: 384.
—, Flüssigkeit bei Wiederkäuern *III*: 393.
Absinth, zentrales Krampfgift *X*: 438, 1019.
Absorption, chemische Veränderung des Absorbens *I*: 124.
—, maculare *XII/2*: 1511.

Absorptionsmaximum (Lichtzerstreuung) *I*: 204.
Absorptionsspektrum, Abhängigkeit vom -system *XII/1*: 543.
—, Sehpurpur *XII/1*: 285.
Absorptionsstärke, Augen- *XII/2*: 1512.
Absorptionssysteme, binäre *XII/1*: 542, 544, 545.
Abstandskreis und Horopter *XII/2*: 904, 909.
Abstandslokalisation (Orientierung im Raume bei Wirbeltieren) *XV/2*: 1009.
—, Störungen der egozentrischen *XV/2*: 1011.
Absterbeformel *XVII*: 762, *XVII*: 774.
Absterbekonstante *XVII*: 761.
Absterbeordnung *XVII*: 761, *XVII*: 762.
Abstinenz, sexuelle *XIV/1*: 798, 800.
Abtreibewirkung, pharmakologische von Abortiva *XIV/1*: 502.
ABW. s. Augenbewegungen *XII/2*.
Abwehrfermente, Wesen der ABDERHALDENschen *XIII*: 614.
Abwehrreaktion durch Immobilisation *XVII*: 692.
— gegen Parasiten *I*: 665.
Abwehrreflexe *X:* 166.
Abwehrstellungen der Tiere *XIII*: 97.
Abweichen der Arme (Zeigeversuch) *XI*: 977.
Abweichtendenz, Kleinhirnschädigung *X*: 284, 285, *X*: 302ff., 307, 677.
Abwerfen d. Blätter *XVII*: 727.
Acantharien, Myoide bei *VIII/1*: 31.
Acapnie s. Akapnie.
Accelerans, Reizung des *VII/1*: 409.
—, vergleichend *VII/1*: 60.

(Accelerans), Vorhofflimmern und Flattern *VII/1*: 673.

Acceleranseinfluß, Elektrokardiogramm *VII/1*: 426.

Acceleranserregung durch Chinin *VII/1*: 780.

Acceleranskern, Oblongata *X*: 176.

Accceleransstoff *XV/2*: 1059; *XVI/1*:1022;*XVI/2*:1771.

Acceleranstonus *VII/1*: 324, *VII/1*: 362.

Acceleranszentrum, Sitz *VII/1*: 413.

„acceleration sinusale intermittente" *VII/1*: 603.

Acelainsäure (Verhalten im Stoffwechsel) *V*: 1006.

Acetaldehyd (Verhalten im Stoffwechsel) *V*: 999.

—, Zentralnervensystem *IX*: 587.

Acetaldehydbildung durch Insulin *XVI/1*: 625.

Acetamid (Verhalten im intermed. Stoffwechsel) *V*: 1010.

Acetamidin (Verhalten im intermed. Stoffwechsel) *V*: 1011.

Acetanilid (Verhalten im intermed. Stoffwechsel) *V*: 1019.

Acetessigsäure, Verhalten im intermed. Stoffwechsel *V*: 1004.

Acetessigsäurebildung s. auch Acetonkörperb.

— bei Leberdurchblutung *V*: 631, 635ff.

Acetoin (Verhalten im intermed.Stoffwechsel) *V*:999.

Acetolyse *III*: 155.

Aceton, Exspirationsluft *II*: 198, 229.

—, Harn *IV*: 290.

—,intermediärerStoffwechsel *V*: 631, 635ff., 999.

—, Schweiß *IV*: 733.

Acetonämie *III*: 1065.

Acetondicarbonsäure (Verhalten im Organismus) *V*: 1006.

Acetonitril *V*: 1009.

Acetonitrilentgiftung durch Schilddrüsenpräparate *XVI/1*: 73.

Acetonkörper, Ausscheidung *V*: 591, 669, 662.

—, Bildungsort *V*: 881.

—, Thermodynamik *V*: 880.

—, Vormagenkrankheiten der Wiederkäuer *III*: 1065.

Acetonkörperbildung s. auch Acetessigsäurebildung.

(Acetonkörperbildung)*V*:664, *V*: 667, 881.

Acetophenon *V*: 865, 1016, *V*: 1023.

Acetylcholin, Adrenalinabgabe *XVI/2*: 1763.

—, Aktionsströme *VIII/2*: 720; *IX*: 716.

—, Bestandteil des Körpers *XVI/2*: 1774.

— -Curare-Antagonismus *VIII/1*: 313.

—, Gallensekretion *III*:1448.

—, Gefäße *VII/1*: 887.

—, Kreislaufregulierung *XVI/2*: 1252.

—, Muskelkontraktur durch *VIII/1*: 237,272;*IX*:716; *X*: 1129; *XVI/2*: 1775.

—, Nervensystem, parasympathisches *XVI/2*: 1775.

„—-Nervengruppe" (GASKELL) *X*: 1128.

Acetylen *II*: 518.

Acetylenmethode, Minutenvolumenbestimmung *XVI/2*: 1298.

Acetylierung im Organismus *V*: 649, 1044.

Acetylsalicylsäure *V*: 1015.

Acethylthyroxin, Wirkung auf Säugetierstoffwechsel *XVI/1*: 721.

Acetyltyrosin *V*: 1028.

Achatbildung, Gallensteine *IV*: 635.

Achillessehnenreflex s. auch Sehnenreflexe.

— *X*: 974, 980.

—, Alter *XVII*: 830.

Acholie *III*: 891.

Achsenzylinder *IX*: 105.

—, Degeneration *IX*: 288.

Achylia gastrica *III*: 1253.

Acidität, Blut *XVI/2*: 1381.

—, Boden, Bedeutung für Pflanze *XVI/2*: 1683.

— von Stickstoffsalzen, Bedeutung für Assimilation *V*: 990.

Aciditätsbestimmung, Mageninhalt *III*: 1134.

„Aciditätsgrad", Magensaft *III*: 853.

„Aciditätskurve", Magensekretion *III*: 1122, 1172.

—, sekretorische Schwäche des Magens *III*: 1123.

Aciditätsnivellierung des Magens *III*: 1123.

„acidogene Substanz", Belegzellen des Magens *III*: 1128.

Acidose, Atmung *II*: 427.

— und Alkalose *XVI/2*:1430.

(Acidose), p_H im Blut *VI/1*: 615.

—, Blutammoniak *V*: 800.

—, Chloroformnarkose *V*:659.

—, diabetische *V*: 592.

—, Fettstoffwechsel *V*: 606.

—, Hungerzustand *V*: 192, *V*: 659.

—, Ketokörper *XVI/1*: 617.

—, Kohlehydratmangel *V*: 65, 1156.

—, Kreatinurie *V*: 950.

—, Nephritis nach Insulin *XVI/1*: 617.

—, postoperative nach Insulin *XVI/1*: 617.

—, Säugling *III*: 1338.

—, Schlaf *XVII*: 568.

—, Schwangerschaft *V*: 659.

—, urämische *IV*: 525.

—, Wasserhaushalt *XVII*: 234.

Acidosebereitschaft, Flaschenkind *III*: 1341.

Acidoseleukocyten *VI/2*:811.

Acidosis s. Acidose.

Acne und innere Sekretion *IV*: 716.

Acoin, Lokalanästhesie durch *IX*: 438, 442, 443, 444, *IX*: 445, 446ff.

Aconitin, Gefäße des Atmungsapparates *VII/2*: 1005.

A/C-Quotient des Aktionsstroms *IX*: 279.

Acridinfarbstoffe (Festigungsversuche an Streptokokken) *XIII*: 847.

Acromialreflex *X*: 982.

Acrosoma *XIV/1*: 72.

Acrylsäure (Verhalten im intermed. Stoffwechsel) *V*: 1002.

Actinien, Färbung der *XIII*: 204.

Acusticuserkrankungen *XI*: 632, 651, 652.

Acusticusstammerkrankung, Lagestörung bei *XV/1*: 416.

Acusticustumoren *XV/1*:413.

adaequater Ausgleich (Plastizität des Organimus) *XV/2*: 1141.

Adalin *XVII*: 619.

ADAM-STOKESscher Symptomenkomplex *VII/1*: 556, 654; *VII/2*:1832; *VIII/2*:794.

Adaptation, Auge *XII/1*: 441ff., 679ff.; *XII/2*: 1499, 1595ff., *XII/2*: 1606ff.; *XVIII*: 316.

(Adaptation, Auge) (s. auch
Dunkel- und Helladapta-
tion).
— —, Beeinflussung durch
Adrenalininstillation
XII/2: 822.
— —, Dämmerungssehen
XII/2: 1499.
— —, Farbenempfindungen
XII/2: 1534; XVIII: 316.
— —, Lichtstärke und
Verschiebung der Gleich-
heitsbeziehungen
XII/1: 698.
— —, lokale und Momentbe-
lichtung XII/1: 239.
— —, Pathologie der
XII/2: 1595ff., 1606ff.
— —, Sehschärfe XII/2:776,
XII/2: 783.
— —, Simultankontrast
XII/2: 782.
— —, Teilvorgänge
XII/2: 1583.
Adaptation, Drucksinn
XI: 97.
Adaptationsbereich des Au-
ges XII/2: 1506.
Adaptationsbreite bei He-
meralopie XII/2: 1533.
Adaptationsgeschwindigkeit
XII/2: 1524, 1580.
Adaptationsstörungen
XII/2: 1595, 1606ff.
—, angeborene XII/2: 1596.
—, Atropinwirkung
XII/1: 209.
—, familiär-erbliche
XII/2: 1596.
—, idiopathische XII/2:1596.
—, Sehbahnläsion
XII/2: 1612ff.
—, stationäre XII/2: 1596.
Adaptationsverlauf
XII/2: 1578, 1589.
—, Darstellung, graphische
XII/2: 1572.
—, Hemeralopie XII/2:1533.
Adaptationsvermögen, He-
meralopie XII/2: 1533.
Adaptometer XII/2: 1570.
—, PIPERsches XII/2: 1596.
Addisonismus, konstitutio-
neller XV/I: 538.
ADDISONsche Krankheit s.
auch unter Morbus Add.
— — V: 867, 876, 878;
XVIII: 425.
— —, pathologische Anato-
mie XVI/1: 547.
— —, Pathogenese
XVI/1: 549.
— —, Schilddrüse
XVI/1: 671.
— —, Thymus XVI/1: 684.

addition latente (allg. Reiz-
physiol.) I: 313.
Addition (latente) im Zentral-
nervensystem IX: 633,
IX: 643.
Additive Eigenschaften bei
Vererbung XVII: 1038.
Adductorenreflex X: 980.
Adenin V: 1050, 1065.
Adeno-Cancroid XIV/2:1498.
Adenofibrom (Nasenrachen-
raum) II: 320.
adenoide Wucherungen
II: 319.
adenoides Gewebe (Schlund-
kopf) II: 164.
Adenoma sebaceum
XVII: 1053.
„— toxic" XVI/1: 330.
Adenome, Hypophyse
XVI/1: 434.
—, Schilddrüse XVI/1: 325.
—, Schwangerschaft
XVI/1: 334.
„Adenomeren" XIV/1: 936.
„Adenopathie" im Kindes-
alter III: 1417.
Adenosin V: 1057.
Adenosinphosphorsäure
s. Adenylsäure.
Adenotomie II: 370.
Adenylsäure V: 1058, 1061,
V: 1063; XVIII: 125.
—, Kreislaufwirkung
XVIII: 195.
Aderhauterkrankung, He-
meralopie bei
XII/2: 1608ff.
Aderhautveränderungen,
chron. Alkoholintoxika-
tion XII/2: 815.
Aderlaß VII/2: 1398.
—, Blutchlorgehalt nach
XVI/2: 1521.
—, Blutdruck nach
VII/2: 1312.
—, Diabetes insipidus
XVII: 295, 297.
—, Ermüdung nach
XVI/2: 1375.
—, Knochenmark VI/2: 779.
Aderlaßglykämie V: 553.
Adhäsionswirkung der Gefäß-
wandung VI/1: 319.
Adiadochokinese X: 268, 277,
X: 278, 279, 313, 346.
Adipinsäure (Verhalten im
Organismus) V: 1006.
Adipositas, Blutmenge bei
XVIII: 175.
—, dolorosa XVI/1: 245.
—, Grundumsatz bei
XVI/1: 959.
Adiposität, pineale
XVI/1: 499.

Adolescentenrachitis V: 1237.
Adrenal- und Interrenal-
gewebe XVI/1: 41.
Adrenales System
XVI/1: 515;
XVI/2: 1765ff.
— s. auch chromaffines Ge-
webe.
Adrenalin s. auch Adrenalin-
abgabe, Adrenalingehalt
usw.
—, amphotrope Wirkung
X: 1144.
—, Angriffspunkt des
VII/2: 978, 1334.
—, Apnoe XVIII: 14.
—, Arterienwirkung des
X: 1101.
—, Atmungswirkung des
II: 284; XVIII: 14.
—, Aufbau im Organismus
XVI/1: 70.
—, Auge X:1107; XII/1:212,
XII/1: 214.
—, Augenwirkung, inverse
XII/1: 214.
—, Bedarfsausschüttung
XVI/2: 1759, 1760.
—, Blutdruck VII/2: 1037;
XVI/1: 678, 1023;
XVIII: 208.
— —, Abschwächung durch
Salze VII/2: 1337.
—, Blutmenge in Milz
XVI/2: 1341.
—, Blutregulierung
XVI/2: 1319.
—, Blutveränderungen
XVI/1: 524.
—, Bronchialmuskelwirkung
X: 1109.
—, Capillarwirkung X: 1105.
—, chemische Beeinflussung
der Wirkung XVI/2:1781.
—, chemisches Verhalten
XVI/1: 68.
—, Darmwirkung (Motilität)
III: 529, 531, 533.
—, — (Resorption) IV: 105.
—, Darstellung XVI/1: 67,
XVI/1: 70.
—, Diuresehemmung
XVII: 208.
—, Drüsenzellen X: 1110.
—, Entzündungshemmung
XII/1: 387.
—, Epithelkörperchenexstir-
pation und — -Wirkung
XVI/1: 685.
—, Ersatzmittel XVI/1: 70.
—, Gaswechsel des Zentral-
nervensystems IX: 553.
—, Gefäßwirkung
VII/2: 979 — 985, 1037,
VII/2: 1095, 1112, 1336,

VII/2:1533; *XVI/1*:1159;
XVI/2: 1258.
(Adrenalin, Gefäßwirkung)
  (Arterien) *X*: 1101.
—, — im Atemapparat
  VII/2: 1003, 1021.
—, — (Capillaren) *X*: 1105.
—, — im Gehirn *VII/2*: 1015;
  X: 1102.
—, — im Genitalapparat
  VII/1: 21; *VII/2*: 1036,
  VII/2: 1037.
—, — in der Haut und in den
  Muskeln *VII/2*: 1023.
—, — im Herzen *X*: 1103.
—, — im Hoden *VII/2*: 1037.
—, — in der Lunge *X*: 1102.
—, — in der Milz *VII/2*:1023.
—, — in der Niere *VII/2*:1028.
—, — (Venen) *X*: 1104.
—, Geschlechtsorgane (männ-
  liche) *X*: 1109.
—, Glomerulonephritis
  VII/2: 1339.
—, Glykogenaufbau durch
  X: 1114; *XVI/2*: 1698.
—, Glykogenhydrolyse nach
  Insulin *XVI/1*: 624.
—, Harnblase *IV*: 839;
  X: 1108.
—, Hautmuskeln *X*: 1110.
—, Herzwirkung *VII/1*: 769,
  VII/1: 770; *X*: 1099.
—, Herzgröße *VII/1*: 313.
—, Herzhypertrophie
  VII/1: 342.
—, Herzkontraktilität
  VII/1: 850.
—, Herzreizbildung
  VII/1: 768.
—, H-Ionenkonzentration u.
  — -Wirkung *VII/2*: 1337.
—, Hypertension (arterielle)
  VII/2: 1335.
—, — (essentielle)
  VII/2: 1339.
—, Hypophysenextrakte und
  — -Wirkung *XVI/1*: 678.
— -Insulin, Antagonismus
  XII/1: 214; *XVI/1*: 641,
  XVI/1: 642.
—, „Inversion" der Wirkung
  VII/2: 1341; *X*: 1124.
—, Iris, ihre Empfindlich-
  keitssteigerung für
  XII/1: 213.
—, Kohlehydratstoffwechsel
  V: 616; *X*: 1113.
—, körpereigen gebildetes
  XVI/2: 1758.
—, Krankheiten und — -Wir-
  kung *VII/2*: 1339.
—, Kreislauf *VII/2*: 1037;
  X: 1106; *XVI/1*: 678;
  XVI/2: 1209, 1215, 1258.

(Adrenalin), Leberglykogen
  X: 1113.
—, Lebersperre durch
  X: 1105.
—, Lymphbahnen *X*: 1106.
—, Magensaftsekretion
  XVIII: 74.
—, Milz *XVI/2*: 1341.
—, Muskelfunktion *X*: 1111;
  XVI/2: 1367.
—, Muskelglykogen *XVI*:641.
—, Nachweis *VII/2*: 1334;
  XVI/1: 69.
—, Nervenreiz (sympathi-
  scher) *X*: 1117.
—, N. splanchnicus
  XVI/2: 1209.
—, Netzhautfunktion und —
  XII/2: 821.
—, Pankreasexstirpation und
  — -Wirkung *XVI/1*: 657,
  XVI/1: 692.
—, Pharmakologie
  XVI/1:521; *XVI/2*:1758.
—, Ruhesekretion des
  XVI/2: 1758, 1759.
—, Schilddrüsenexstirpation
  und — -Wirkung
  XVI/1: 671.
—, Schlaflosigkeit *XVII*:612.
—, Schwangerschaft
  VII/2: 1339.
—, Schweißsekretion
  IV: 766; *X*: 1110.
—, Sekretion s. Adrenalin-
  sekretion.
—, Senium *VII/2*: 1340.
—, Stoffwechsel *X*: 1114;
  XVI/2: 1723.
—, sympathicoadrenales
  System *XVI/2*: 1759.
—, Thymusextrakte und
  -Wirkung *XVI/1*: 684.
—, Uterus *X*: 1109;
  XIV/1: 526, 529, 534.
—, Vagotrope Wirkung bei
  Sympathicuslähmung am
  Auge *XII/1*: 214.
—, vegetatives Nervensystem
  XVI/1: 525.
—, Venen *VII/2*:985; *X*:1104.
—, Verdauungstrakt *X*:1108.
—, Wärmehaushalt *X*: 1115.
—, Winterschlafwirkung
  XVII: 128.
—, Zellen (unabhängig von
  der Innervation)
  VII/2: 1552.
—, zentrale Wirkungen
  X: 1097.
—, Zuckerbildung *V*: 616;
  X: 1113.
—, Zuckerstich *X*: 1114.
Adrenalinabgabe s. auch
  Adrenalinsekretion.

(Adrenalinabgabe), Acetyl-
  cholin *XVI/2*: 1763.
—, Adrenalinwirkung auf
  XVI/2: 1763.
—, Eiweißabbauprodukte
  XVI/2: 1764.
—, Eiweißkörper
  XVI/2: 1764.
—, Epiphysenextrakt
  XVI/1: 691.
—, Gewebsstoffe
  XVI/2: 1764.
—, Gewebszerfall
  XVI/2: 1765.
—, Histamin *XVI/2*: 1764.
—, Inkrete *XVI/2*: 1764.
—, Insulin *XVI/2*: 1763.
— im Shock *XVI/2*: 1765.
—, Zentrum der
  XVI/2: 1761.
Adrenalinausschüttung nach
  sensibler Reizung
  VII/2: 1349.
Adrenalinblutdruckkurve s.
  Adrenalin, Blutdruck.
Adrenalinblutzuckerkurve
  XVI/1: 1023.
Adrenalineffekt am Auge und
  H-Ionenkonzentration
  XII/1: 214.
Adrenalinfieber *X*: 1115.
Adrenalingehalt, Blut
  VII/2: 1334.
—, —, Gravidität
  XVI/1: 689.
—, —, Keimdrüsenextrakte
  XVI/1: 689.
—, —, Kohlehydratstoff-
  wechsel *XVI/2*: 1710.
—, —, Splanchnicusdurch-
  schneidung *VII/2*: 1334.
—, —, Splanchnicusreizung
  VII/2: 1334.
—, —, Thyreoidinzufuhr
  XVI/1: 671.
Adrenalinglykosurie nach
  Hypophysektomie
  XVI/1: 422.
—, Menopause *XIV/1*: 681.
Adrenalingruppe, parasym-
  pathische Wirkung
  XII/1: 211.
Adrenalinhomologe *X*: 1116.
—, Wirkung auf Blutzucker
  X: 1117.
Adrenalinhyperglykämie
  V: 547; *X*: 1113.
Adrenalininstillation, Wir-
  kung auf Adaptation
  XII/2: 822.
Adrenalinischämie des Ute-
  rus *XIV/1*: 528.
Adrenalinmydriasis,
  Eserinwirkung auf
  XII/1: 200.

(Adrenalinmydriasis), gesteigerte, nach Schilddrüsenfütterung *XII/1*: 215.

—, diff.-diagnostische Verwertbarkeit *XII/1*: 230, *XII/1*: 231.

Adrenalinreizung des Knochenmarks *VI/2*: 800.

Adrenalinsekretion *VII/1*: 478; *XVI/2*: 1212; *XVIII*: 424.

— s. auch Adrenalinabgabe.

—, Beeinflussung *XVI/1*: 519.

—, Insulin *XVI/1*: 693.

—, nervöse Regulation *XVI/2*: 1761.

—, humorale Regulation *XVI/2*: 1763.

Adrenalinsensibilisierung, Gefäße *VII/2*: 1336.

Adrenalinsystem s. Adrenales System u. chromaffines Gewebe.

Adrenalinüberempfindlichkeit, Gefäße *VII/2*: 1112.

Adrenalinumkehr, Uterus *XIV/1*: 529, 534.

Adrenalinverabreichung, Tetanie *XVI/1*: 686

Adrenalinveränderungen, Gefäße *VII/2*: 1095.

Adrenalinvergiftung *XVI/1*: 525.

—, chronische, Gefäße *VII/2*: 1097.

Adrenalinversuch nach HARPUDER *V*: 1083.

Adrenalinwirkung s. Adrenalin.

Adsorbentien, Einfluß auf die Resorption aus dem Darm *IV*: 101.

Adsorbierbarkeit *I*: 189.

Adsorption und Absorption (Äußerungen der Grenzflächenenergie) *I*: 121.

—, Dampfdruck *I*: 123.

—, Fermentwirkung *I*: 70.

—, Geschwindigkeit *I*: 123.

— in der Zelloberfläche *I*: 413.

Adsorptionsgleichgewicht an Phasengrenzen *I*: 121.

Adsorptionsisothermen *I*: 122, 221.

Adsorptionskatalyse *I*: 71.

Adsorptionskräfte im elektrischen Potential *I*: 136.

Adsorptionskoeffizient von Gasen für Wasser, Plasma und Blut *VI/1*: 130, *VI/1*: 464.

Adsorptionskurve von Fluorescin *XII/2*: 1370.

Adsorptionspotential *I*: 125, *I*: 133, 174, 188; *VIII/2*: 1033.

—, biolog. Bedeutung *I*: 527.

—, spezifisches *I*: 125.

Adsorptionsschicht, multimolekulare *I*: 121.

Adsorptionstheorie der elektrolytischen Doppelschicht *I*: 133.

— der Narkose *I*: 543, 544.

Adsorptionsvermögen, Geschmackssinn *XI*: 338.

Adsorptionswärme, integrale und differentiale *I*: 125.

Adstringentien, Wirkung auf den Darm *III*: 543, 1439; *IV*: 104.

—, — bei Entzündung *XIII*: 379.

Adstrinktion (Empfindung der) *XI*: 347.

—, Meßmethoden *XIII*: 380.

Adventitia der Arterien *VII/2*: 869.

Adventitialzellen, lymphatisches System *VI/2*: 1010.

„Adventivblätter" der Sproßknospe *XIV/1*: 1120.

Adversionsbewegungen bei extrapyramidalen Störungen *X*: 343.

Ähnlichkeit der Empfindung *XI*: 24, 44.

Aerobe Atmung *II*: 3.

Aerodrometer *II*: 152.

Aerodromographen *II*: 152.

Aerodynamik des Insektenfluges *XV/1*: 357.

Aerophagie *III*: 1165; *XVI/1*: 1045.

Aerotaxis *XVII*: 1249.

Aerotropismus *XI*: 242, 245; *XVIII*: 284.

Aether, Blutdruck- und Gefäßwirkung *VII/2*: 1057.

—, Gefäßwirkung im Gehirn *VII/2*: 1017.

—, —, in der Haut und den Muskeln *VII/2*: 1026.

Aetherische Öle, Wirkung auf den Darm *III*: 541.

Aethernarkose, Allgemeines *I*: 548.

—, Blutdruck *VII/2*: 1408.

—, Einfluß auf den Gaswechsel des Gehirns *IX*: 533, 537.

Aethylakohol, lymphtreibende Wirkung *VI/2*: 973.

Aethylchlorophyllid (Blutfarbstoffe) *VI/1*: 192.

Aethylhydrocuprein (Lokalanästhesie durch) *IX*: 447, *IX*: 453.

Aethylhydrocupreinoptochin, Lokalanästhesie durch *IX*: 443.

Aethylpropionat, Lokalanästhesie *IX*: 445.

Aethylurethan, Einfluß auf den Hirngaswechsel *IX*: 552.

—, Lokalanästhesie *IX*: 442.

Affekte (Einfluß auf Atmung) *II*: 255.

Affektepilepsie *XVII*: 1172.

Affekterlebnisse in Hypnose *XVII*: 683.

Affektivität bei Hypnose *XVII*: 679.

Affektlabilität *XVII*: 574.

Affektlage für das Erlebnis des Sterbens *XVII*: 891.

Affektübertragung und Hypnose *XVII*: 687.

Affektvorgänge und Suggestion *XVII*: 670.

Affen, Fellzeichnung *XIII*: 250.

—, Gangarten der anthropoiden *XV/1*: 260.

Affinitäten des Kohlenstoffs *I*: 27.

„after-discharge" nach zentraler Reizung *X*: 405.

After, Schließmuskeln *XVI/1*: 896.

Aftertemperatur bei Kindern *XVII*: 14.

Agameten *XIV/1*: 5, 14, 28.

Agametocyten *XIV/1*: 3.

—, Fortpflanzung durch *XIV/1*: 43.

— bei Mehrzelligen *XIV/1*: 43.

Agarsol, Rehydration *I*: 182.

Agenesie *X*: 267; *XIV/1*: 949.

Ageusie *XI*: 389.

Agger nasi *II*: 315.

Agglutination, Antikörperwirkung des Immunserums durch *XIII*: 474.

—, Antagonismus fremdstämmiger Spermien *XIV/1*: 151.

—, Spermatozoen *XIV/1*: 120.

Agglutininbildung (Beeinflussung durch Licht) *XVII*: 321.

Agglutinine *V*: 1232; *XIII*: 751.

—, Schwangerschaft *XIV/1*: 557.

Aggregation des Protoplasmas *XI*: 247.

— der Spermatozoen *XIV/1*: 120.

Aggregationstheorie, Vererbung *XVII*: 1037.
Aggregationsvorgang (bei kolloiden Systemen) *I*: 212.
Aggregatzustand, amorphglasig *I*: 233.
„Aggressine", Bakterienphagocyton *XIII*: 526, 822.
Agmatin *XIV/1*: 168.
— bei niederen Tieren *V*: 427.
Agnosie nach Schädigung der Parietallappen *X*: 805.
—, taktile *X*: 727.
Agomentin (Ovarienextrakt) *XIV/1*: 405.
Agone *XVII*: 596.
Agonisten und Antagonisten, Tätigkeit *VIII/1*: 725.
Agophonie *II*: 300.
Agrammatismus bei aphasischen Störungen *X*: 785, *X*: 786.
—, expressiver *XV/2*: 1245, *XV/2*: 1425, 1474.
—, impressiver *XV/2*: 1474.
—, infantiler oder nativer *XV/2*: 1474.
—, Lokalisation *XV/2*: 1520.
—, motorischer *XV/2*: 1469.
—, — und sensorischer *XV/2*: 1469.
—, —, Telegrammstil *XV/2*: 1425.
Agranulocytose *VI/1*: 708, *VI/1*: 917.
Agraphie *XV/2*: 1495.
—, Alexie, Verhältnis zwischen *XV/2*: 1498.
—, amnestische *XV/2*: 1501.
Agrypnie (Schlaflosigkeit) *XVII*: 597.
Aitkenscher Kernzähler *XVII*: 465.
Akapnie *II*: 345; *XVI/2*: 1333, 1393; *XVII*: 513.
Akardie *VII/1*: 115, 117.
Akinese *X*: 343, 372, 393, *X*: 473, 806, 822, 833, 840; *XV/1*: 155; *XVII*: 603, *XVII*: 690, 691; *XVIII*: 454.
Akklimatisation an Hochgebirge *II*: 267; *XVII*: 528.
Akkommodation, Auge s. auch Naheeinstellung.
—, —, Greise *XVII*: 829.
—, —, Konvergenz *XII/2*: 1063ff.
—, —, Mensch *XII/1*: 145.
—, —, schematisch *XII/1*: 94.
—, —, vergleichend *XII/1*: 156.

(Akkommodation, Auge, vergleichend) (Amphibien) *XII/1*: 159.
—, —, — (Fische) *XII/1*: 158.
—, —, — (Reptilien) *XII/1*: 160.
—, —, — (Vögel) *XII/1*: 164.
—, —, — (Wirbellose) *XII/1*: 172.
—, histologische oder formale bei Dysplasien *XIV/2*: 1298.
—, Ohr *XI*: 429.
Akkommodationsbreite, Begriff *XII/1*: 94; *XVII*: 791, 829.
—, Herz *VII/1*: 316.
—, Linsensklerose *XII/1*: 187.
Akkommodationsentspannung *XII/2*: 1378.
Akkommodationshypothese der elektrischen Erregung (Nernst) *IX*: 255.
Akkommodationsimpuls *XII/1*: 199.
Akkommodationskrampf, Physostigmin *XII/1*: 200.
Akkommodationslähmung, Diphtherietoxin *XII/1*: 203.
—, Homatropin *XII/1*: 210.
—, Sehschärfe *XII/2*: 786.
Akkommodationslinie *XII/1*: 101.
Akkommodationsmechanismus, intrakapsulärer, Begriff des *XII/1*: 96.
Akkommodationsphosphen *XII/1*: 154, 254, 316.
Akkommodationszentrum *X*: 213.
Akridine als Protoplasmagifte *I*: 578.
Akromegalie *XIV/1*: 778, 824.
—, Behaarung bei *XVI/1*: 782.
—, echter Diabetes bei *XVI/1*: 433.
—, Genitalatrophie *XVI/1*: 435.
—, Glykosurie *XVI/1*: 680.
—, Hypophysentumor *XVI/1*: 431.
—, Keimdrüsen *XVI/1*: 677.
—, mitigierte Formen der *XVI/1*: 433.
—, Nebennieren *XVI/1*: 678.
—, pathologische Physiologie der *XVI/1*: 429ff.
—, Schilddrüse *XVI/1*: 431, *XVI/1*: 432, 664.
—, Schweißsekretion bei *XVI/1*: 430.

(Akromegalie), Skeletveränderungen *XVI/1*: 429.
—, Stoffwechselstörung bei *XVI/1*: 433.
—, Subluxation bei *XVI/1*: 430.
—, Thymus *XVI/1*: 680.
—, Umsatzsteigerung bei *XVI/1*: 433.
—, Theorie des Wesens der *XVI/1*: 434.
—, Wachstumsperiode *XVI/1*: 436.
Akromegalische Einschläge *XVII*: 1140.
Akromegaloidismus, Röntgenbild des *XVI/1*: 433.
Akromikrie *XVI/1*: 437.
Aktinium *XVII*: 345.
Aktinometer *XVII*: 648.
Aktinomykose und Nekrose *V*: 1299.
Aktionsstrom *VIII/2*: 703ff., *VIII/2*: 785ff., 863ff.; *XVIII*: 223.
—, Amplitude und Reizgröße *XV/2*: 1061.
—, Anstiegdauer im Nerven *IX*: 217, 239.
—, Atmungstetanie *VIII/1*: 206
—, Aufnahmemethoden *VIII/2*: 787.
—, Auge, s. auch Bestandspotential, Belichtungsstrom *XII/2*: 1395.
—, Augenmuskeln *VIII/2*: 731.
— Belichtung und Verdunkelung (Pflanzen) *VIII/2*: 869.
—, Berührungsreize (Pflanzen) *VIII/2*: 870.
— Blattstielgewebe (Mimosa) *VIII/2*: 873.
—, Braun-Röhren-Methode (Nerven) *VIII/2*: 743.
—, Darm *VIII/2*: 737.
—, Dekrement des (Nerven) *IX*: 216.
—, Einflüsse, sensible, auf die — (Skeletmuskel) *VIII/2*: 726.
—, Ermüdung *VIII/2*: 718, *VIII/2*: 726.
—, Erregung, natürliche (Skeletmuskulatur) *VIII/2*: 720.
—, Erregungsvorgang *I*: 311, *I*: 320.
—, Form der (Nerven) *XV/2*: 1061.
—, Halssympathicus *X*: 1162.
—, Herz *VIII/2*: 785, 790; *XVIII*: 236.

(Aktionsstrom), Krebsmuskeln *VIII/2*: 727.
—, Magen *III*: 428.
—, Mimosa *IX*: 12.
— Muskel, glatter *VIII/2*: 735.
—, Muskel, quergestreifter *VIII/2*: 708; *XVIII*: 223.
—, —, Rindenreizung *VIII/2*: 731.
—, —, Spannung *VIII/2*: 711.
—, —, tonische Zustände *VIII/1*: 206, 229.
—, Narkose *IX*: 425.
—, N. depressor *VIII/2*: 755.
—, Nerven *VIII/2*: 743; *IX*: 215; *XVIII*: 247.
—, —, elektrischer *VIII/2*: 916.
—, —, elektrotonisierter *IX*: 227.
—, —, markloser *VIII/2*: 757.
—, —, sensibler *VIII/2*: 756.
—, Nervenfaser, einzelner *VIII/2*: 755.
—, Netzhaut *XII/1*: 720,727, *XII/1*: 728.
—, Neurobiologie, Verhältnis zur *XV/2*: 1209, 1211.
—, Oesophagus *VIII/2*: 736.
—, Oszillationen, akzidentelle des *VIII/2*: 758.
— Pflanzen *VIII/2*: 863; *IX*: 5.
—, — antidrome *VIII/2*: 868.
—, —, homodrome *VIII/2*: 868.
—, Periode, refraktäre, bei *VIII/2*: 713.
—, Reaktionszeitbestimmung durch *X*: 537.
—, reflektorische Tätigkeit und *VIII/2*: 732.
—, Reizung, myotone *VIII/1*: 610.
—, Reizwirkung des *IX*: 279.
—, retractor penis *VIII/2*: 730.
—, Sympathicus *VIII/2*: 754; *X*: 1162.
—, Strychnintetanus *VIII/2*: 728.
—, THOMSENsche Krankheit *VIII/2*: 728.
—, Umklammerungsreflex des Frosches *VIII/2*: 730.
—, Uterus *VIII/2*: 738.
—, Veratrinwirkung *VIII/2*: 719.
—, Wadenkrampf *VIII/2*: 728.
—, willkürliche *VIII/2*: 722.

Aktionsstromgleichung bei Farbenuntersuchungen *XII/2*: 1455.
Aktionsstromkurve, elektroneuromotorische und elektromuskuläre Schwingungen in der *VIII/2*: 725.
Aktivation der Spermatozoen *XIV/1*: 120.
Aktivatoren (Fermente) *I*: 84.
Aktive Dehnungslagen der Atmungsorgane *II*: 81.
Aktivität und Ruhe ganzer Organismen *XVII*: 644, *XVII*: 649.
Aktivitätsfaktoren, chemische *I*: 490.
Aktivitätshypertrophie *V*: 39; *XIV*: 941.
Aktivitätskoeffizient und Brutto-Ionenkonzentration (DEBYE) *VIII/2*: 1035.
Aktivitätsmaximum poikilothermer Tiere *XVII*: 645.
„Aktivitätszustand des Protoplasmas" *V*: 406.
Aktogramme *XVII*: 649.
Aktographen *XVII*: 647.
Akumeter *XI*: 557.
Akzessorische Nervenendigungen, pharmakologische Bedeutung *VIII/1*: 327.
Alae nasi *II*: 310.
Alanin, Abbau, Thermodynamik *V*: 833.
—, Synthesemöglichkeit für *XVI/1*: 970.
Albedoverhältnis (Auge) *XII/2*: 1501.
Albinismus als Degenerationserscheinung *XIII*: 257.
— bei Tieren *XIII* 197, 198.
Albinotiere (Wirkung der Höhensonne auf rachitische) *V*: 1188.
Albumin-Globulin-Bestimmung nach ROHRER *VI/1*: 544.
— -Globulin-Mischungsverhältnisse im Plasma *VI/1*: 259.
— -Globulin-Quotient *IV*: 517.
Albumine *III*: 270.
—, physikalisch-chemische Charakteristica *VI/1*: 252.
Albumingerinnung durch Licht *XVII*: 328.
Albuminocholie *III*: 893; *IV*: 605.
Albuminoide *III*: 284.
Albuminurie, Blutdrucksteigerung *VII/2*: 1370.

(Albuminurie), cyclische *IV*: 514.
—, Gemütsbewegung und *IV*: 514.
—, Häufigkeit der *IV*: 515.
—, intermittierende *IV*: 514.
—, juvenile *IV*: 514.
—, Kälteeinwirkung auf die Haut und *IV*: 514.
—, Linksverschiebung des Plasmaeiweißbildes und *IV*: 536.
—, Lordose der Lendenwirbelsäule und *IV*: 514.
—, nervöse Bedingungen der *IV*: 516.
—, orthostatische *IV*: 514, *IV*: 515; *VII*: 1412.
—, postnephritische *IV*: 570.
„— thermolytique" *V*: 743.
—, Verdauung und *IV*: 514.
—, Übersicht *IV*: 513.
Albumoid, Chemie des *XII/1*: 187.
Albumosen und Peptone *III*: 247.
— im Blut *V*: 696ff., 707.
— im Harn *V*: 697, 730.
— im Sputum *V*: 730.
Aldehyde, aromatische *V*: 1016.
—, Ausscheidung der *V*: 1036.
— (Verhalten im Organismus) *V*: 999.
— als Protoplasmagift *I*: 572.
Aldehydkatalase (Milch) *XIV/1*: 648.
Aldehydmutase *V*: 501.
Aldehydsäuren *XVIII*: 29.
Aldimine *I*: 28.
Aldol (Verhalten im Organismus) *V*: 999.
Aleudrin, Blutdruckwirkung *VII/2*: 1063.
Aleukie, hämorrhagische *VI/1*: 436.
Aleuronkrystalle *III*: 245.
Aleuronzellenschicht *V*: 1167, *V*: 1202.
Alexie *X*: 811; *XV/2*: 1450, *XV/2*: 1487.
— -Agraphie *XV/2*: 1522.
— und Seelenblindheit *XV/2*: 1492.
—, verbale *XV/2*: 1492.
—, Verhältnis zwischen, und Agraphie *XV/2*: 1498.
„Alexine" *XIII*: 545, 564.
Algensymbianten, Übertragung der *I*: 676.
Algesimetrie *XI*: 188.
Algomenorrhöe *XIV/1*: 460.
Aliene (Mißbildungen) *XIV/1*: 1059.

Alkalibindung an Albumin und Globulin *XVI/1*: 1095.
— an Hämoglobin *XVI/1*: 1079.
— an Serumeiweißkörper *XVI/1*: 1095.
Alkalichloride, Umsatz der *XVI/2*: 1517.
Alkalien, Nervenwirkung *IX*: 199.
—, selektive Verteilung im Gewebe *I*: 522.
Alkalimetalle, Gehalt des Blutes *I*: 498.
Alkalireserve des Blutes *XV/2*: 839; *XVI/1*: 580, *XVI/1*: 1077.
—, Diabetes *V*: 660; *XVI/1*: 1114.
—, Fieber *XVI/1*: 1122.
—, Herzinsuffizienz *XVI/1*: 1125.
—, Hunger *XVI/1*: 1120.
—, körperliche Leistungsfähigkeit *XV/1*: 578, 784.
—, Muskelarbeit *XV/2*: 839; *XVI/1*: 1129.
—, Nahrungsaufnahme *XVI/1*: 1118, 1119.
—, Narkose *XVI/1*: 1123.
—, Niereninsuffizienz *XVI/1*: 1116.
—, Normalbereich *XVI/1*: 1077.
—, Pneumonie *XVI/1*: 1127.
—, Trainierter *XV/1*: 721.
Alkalivergiftung bei Sippykur *III*: 1190.
Alkaliverlust, Dystrophie *XVI/2*: 1553.
Alkaliödeme *XVII*: 262.
Alkaloide, Ausscheidung durch den Darm *IV*: 695.
—, Glykoside und Harnbildung *IV*: 423.
—, Wirkung auf die Herzreizbildung *VII/1*: 774.
—, Permeabilität für *I*: 414, *I*: 417.
—, Stoffwechsel, Verhalten im *V*: 1033.
—, tierische *XIII*: 177.
Alkalose bei CO-Vergiftung *VI/1*: 139.
—, Kreatinurie *V*: 950.
— bei der Tetanie *XVI/2*: 1589.
Alkaptochromreaktion *V*: 851.
Alkaptonurie *IV*: 281; *V*: 1267.
Alkohol, Einfluß des, auf die Erholungsgeschwindigkeit *XV/1*: 766.

(Alkohol), Gefäßwirkung, im Atmungsapparat *VII/2*: 1006.
—, —, und Blutdruck *VII/2*: 1056.
—, —, im Gehirn *VII/2*: 1018.
—, —, in der Haut und im Muskel *VII/2*: 1026.
—, Gewöhnung *XIII*: 862.
— (Klimawirkungen) *XVII*: 504, 534.
—, Muskelarbeit *V*: 326.
—, Nährmaterial bei Gewöhnung *XIII*: 833.
—, Nystagmus nach *XI*: 888.
—, Reflexe, bedingte *X*: 503.
—, Resorptionseinfluß *IV*: 103.
—, Schlaf *XVII*: 599, 598, *XVII*: 601.
—, Schlafmittel *XVII*: 613.
—, Schweißmittel *IV*: 765.
—, Rückenmark, Zuckerumsatz des isol. *IX*: 569.
—, Verbrennung des *V*: 325.
Alkoholamblyopie *XII/2*: 1615ff.
Alkoholcontractur des Muskels *VIII/1*: 232.
Alkohole als Protoplasmagifte *I*: 573.
—, aliphatische *I*: 574.
—, aliphatische und aromatische *V*: 1036.
—, aromatische *V*: 1016.
—, im intermediären Stoffwechsel *V*: 997.
—, mehrwertige (Verhalten im intermed. Stoffwechsel) *V*: 998.
—, sekundäre und tertiäre, (Verhalten im intermed. (Stoffwechsel *V*: 998.
Alkoholgehalt, Blut, bei Abstinenten *XIII*: 836.
—, —, bei mäßigen Gewohnheitstrinkern und Potatoren *XIII*: 863.
Alkoholgewöhnung, erhöhte Zerstörung des Alkohols bei *XIII*: 863.
Alkoholintoxikation, chronische Aderhautveränderung bei *XII/2*: 815.
—, akute Pupillenwirkung *XII/1*: 227.
—, Hemeralopie durch *XII/2*: 1608.
Alkoholismus *XIV/1*: 893; *XVII*: 1158.
Alkoholnarkose und O-Verbrauch des isolierten Rückenmarks *IX*: 548.

Alkoholprobetrunk *VIII*: 1132.
Alkoholvergiftung (biologische Funktionsabläufe bei) *XVI/1*: 1068.
Alkoholverwertung für Muskelarbeit *XV/1*: 799.
Alkoholsäuren, Bildung von *V*: 919.
Alkoholschädigung der Erbmasse *XVII*: 946.
Alkoholwirkung auf Ruhestrom des Nerven *IX*: 189.
Alkylbenzole *V*: 1014.
Allantoinausscheidung bei Säugetieren *V*: 229.
Allantoinstoffwechsel *X*: 195.
Allantoisgefäße *XIV/1*: 1053.
Allästhesie *XI*: 202.
Allelomorphe Erbeinheiten *XVII*: 913.
Allelomorphie *XVII*: 913.
—, multiple *XVII*: 942, *XVII*: 951.
Allergene, chemischer Charakter *XIII*: 783.
—, Idiosynkrasie *XIII*: 776.
—, Neutralisation durch Reagine *XIII*: 779.
Allergie *XIII*: 650ff.
—, (lokale und spezif.) Antigene *VII/2*: 1598.
—, (lokale) Bedeutung *VII/2*: 1607.
—, Begriff der *XIII*: 409, *XIII*: 516, 811.
—, (lokale und unspez.) Reize *VII/2*: 1603.
Allergien, Infektionen *XIII*: 795, 806.
—, Klassifikationen *XIII*: 811.
Allergiereaktion (Glomerulonephritis) *VII/2*: 1371.
Allergische Phänomene *XIII*: 650.
Allergiestadien der Tuberkulose *XIII*: 810.
Alles-oder-nichts-Gesetz *I*: 284, 285, 312, 313.
—, Erregungen, intrazentrale *IX*: 776.
—, Evertebraten *VII/1*: 40.
—, Herz *VII/1*: 555.
—, Kastration *XIV/1*: 232; *XVIII*: 341.
—, Medusen *VII/1*: 43; *XV/2*: 1193.
—, Muskel *XV/2*: 1062; *XVIII*: 219.
—, Nerv *IX*: 38, 183, 209, *IX*: 222, 373; *X*: 78.
—, — in Narkose *IX*: 422, *IX*: 432; *XVIII*: 3.

(Alles-oder-nichts-Gesetz),
—, Nerv, sensibler *IX*: 424.
—, Netzhaut? *XII/2*: 1473;
XV/2: 1061.
—, nackte Protoplasten?
XV/2: 1062.
—, Rückenmark in Beziehung
zum Stoffw. *IX*: 553.
—, Zentralnervensystem?
XV/2: 1059.
—, — in Narkose *I*: 539.
Alles-oder-nichts-Reaktion,
Pflanzen *VIII/1*: 101.
Allgemeingefühle im Traum
XVII: 629.
Allochirie *XI*: 202.
Allocortex *X*: 610.
Allomorphie (als Abart der
Metaplasie) *XIV/2*: 1298.
Allorhythmie, extrasystoli-
sche *VII/1*: 618.
— durch Leitungsstörung
VII/1: 639.
Alloxan *V*: 1010.
Aloe, Wirkung auf den Darm
III: 539.
Alpenmolch, Wirkung von
Schilddrüse auf
XVI/1: 748.
Alpentiere, Farbe *XIII*: 199,
XIII: 245.
Alpha (α)-Formen s. unter
dem entsprechenden Stich-
wort, z. B. α-Aminoglutar-
säure.
Alphateilchen *XVII*: 387.
— (Kalium) im Organismus
I: 234.
Alter *XIV/1*: 932;
XVII: 717ff.
—, Blut, Stromgeschwindig-
keit *VII/2*: 1218.
—, Erregbarkeit, vegetat.
XVI/2: 1787.
—, Ödemneigung
VII/2: 1719.
—, Rückbildungsvorgänge
XVII: 727.
—, Stoffwechsel *XVI/1*: 952.
—, Urogenitalapparat
XVII: 800, 858.
Alteraufbau *XVII*: 848.
Altern *XVII*: 717ff.;
XVIII: 458.
—, Anzeichen *XVII*: 735.
—, Bedingungen des
XVII: 766; *XVIII*: 460.
—, Begriff *XIV/1*: 996, 997;
XVII: 755.
—, Beziehungen zum Leben
XVII: 749.
—, Blutdrüsen *XVII*: 768.
— Einzelliger *XVII*: 724.
—, Faktor des *XVII*: 723,
XVII: 763, 767.

(Altern), Frau *XIV/1*: 807.
—, Gewebe *XVII*: 737.
—, Keimplasma *XIV*: 1010.
—, Kolloide *I*: 248;
XVII: 794.
—, Konstitution *XVII*: 768.
—, Krankheit *XVII*: 839.
—, Kreislaufstörungen (lo-
kale) *VII/2*: 1691.
—, Nahrungsmittel (Vitamin-
gehalt) *V*: 1229.
—, Organe *XVII*: 732, 735.
—, pathologisches *XVII*: 768,
XVII: 861.
—, Rasse *XVII*: 767.
—, Schilddrüsen, Bedeutung
für das *XVII*: 825.
—, Schlackentheorie
XVII: 811.
—, Sinnesfunktionen
XVII: 828.
—, Sterben (Mensch)
XVII: 752.
—, Tiere und Pflanzen
XVII: 717.
—, Ursache des *XVII*: 733,
XVII: 895.
—, Wachstum *XVII*: 755,
XVII: 758; *XVIII*: 458.
—, Zellen *XVII*: 730.
Alternans (Herz) *VII/1*: 559;
XVIII: 184.
—, Reizleitung (Herz)
VII/1: 640.
„alternative Vererbung“
XVII: 916.
Altersatrophie *XIV/1*: 953.
Altersbrand *V*: 1289.
Altersdegeneration
XVII: 732.
Altersdemenz *XIV/1*: 812,
XIV/1: 893.
Altersdisposition, Geschwulst-
bildung *XIV/2*: 1264,
XIV/2: 1347f., 1351, 1512,
XIV/2: 1679, 1700, 1702.
—, Gifte *XVII*: 844.
—, spezielle, zu Krankheiten
XVII: 844; *XVIII*: 466.
Alterserscheinungen *IX*: 495;
XIII: 263; *XVII*: 719,
XVII: 731, 734, 738, 739,
XVII: 749, 781, 832.
—, Pflanzen *XVII*: 719.
—, äußere, Reversibelmachen
der *XVII*: 827.
Altersforschung, physiologi-
sche beim Menschen
XVII: 897.
—, Methoden *XVII*: 754.
Altershydrocephalie der Tiere
X: 1235.
Alters- oder Greisenkrankhei-
ten *XVII*: 754, 852.
Altersphthise *XVII*: 854.

Alterspigment *V*: 1266;
XIII: 262, 263;
XVII: 730, 737, 801.
Altersschätzung *XVII*: 758,
XVII: 781, 825;
XVIII: 461.
Altersschwäche *XVII*: 718,
XVII: 734, 779, 876.
Alterssichtigkeit, Wesen der
XII/1: 98, 199.
Altersskala *XVII*: 793.
Alterssklerose *XVII*: 735,
XVII: 739.
Alterstaubheit *XVII*: 808.
Alterstheorie des Keimplas-
mas *XIV*: 1010.
Alterstod *XVII*: 719.
Alterstuberkulose der Lunge
XVII: 854.
Altersstufen *XVII*: 755, 757.
Altersveränderungen, physio-
logische des Zentralner-
vensystems *IX*: 495;
XVIII: 462.
— (Zusammenfassung der)
XVII: 832.
„Altweiberbart“ *XVII*: 787.
Aluminium, allgemeine Wir-
kung *I*: 503.
—, Gehalt des Blutes
XVI/2: 1476.
Aluminiumoxyd in Gallen-
steinen *IV*: 618.
Alveolar- (und Gaumen-)
Fortsätze des Oberkiefers
II: 320; *III*: 300.
Alveolare Kohlensäurespan-
nung *II*: 204; *XVII*: 322.
Alveolarluft *II*: 201, 209.
—, Bestimmung der, direkte
II: 201, 202.
—, —, direkte und indirekte
II: 209.
—, Herzfehler *XVI/2*: 1391.
— (physiolog. Wirkungen des
Klimas) *XVII*: 530.
—, Schwankungen der *II*: 208.
—, Temperatur und Feuch-
tigkeit der *II*: 201.
—, tiefe (nach HALDANE)
II: 204.
Alveolen, Lunge *II*: 484.
—, —, Staub *II*: 518.
Alveolendruck *II*: 109, 110,
II: 117.
Alypin, Lokalanästhesie
durch *IX*: 438, 442ff.
„ALZHEIMERsche Neuro-
fibrillenveränderung“
IX: 495.
„Amalgamierung“ im Traum
XVII: 636.
AMBARDsche Konstante
IV: 262, 377; *VII/2*: 1366.
Ambivalenz *XVII*: 1135.

Amblyopia ex anopsia
  XII/2: 809.
— strabotia *XII/2*: 957.
Amblyopie *XII/2*: 1100.
—, einseitige, Phototropismus
  bei *XII/2*: 1149.
—, reine Tabak- *XII/2*: 817.
Amblystoma punctatum-Lar-
  ven *XVI/1*: 501.
Amboceptor, Wirkung bei
  Cytolyse *XIII*: 420.
Amboceptoren, hämolytische
  XII/2: 1358.
—, opsonische *XIII*: 820.
Ambrosiapilze *I*: 649.
Ameisen, Blattlauszucht der
  I: 689.
— -gäste *I*: 690.
—, Geruchsspur, Polarisation
  der *XV/2*: 1030.
—, (Formicidae), Gift der
  XIII: 145.
—, Kontaktgeruch
  XV/2: 1029.
—, kinästhetische Orientie-
  rung *XV/2*: 1032.
—, Stridulationsorgane
  XV/2: 1238.
Ameisenmimikry *XIII*: 201.
Ameisensäure, Harn
  IV: 283.
— (Verhalten im intermed.
  Stoffwechsel) *V*: 1001.
Ameisenstaat, Wärmeregulie-
  rung im *XVII*: 4.
Amenorrhöe, hyperhormonale
  XVI/1: 664.
—, juvenile *XIV/1*: 423.
Amenorrhöen, temporäre
  XIV/1: 683.
Amide, aromatische, als Pro-
  toplasmagifte *I*: 578.
— als Eiweißersatz *III*: 989.
Amidgehalt der Futtermittel
  bei Pflanzenfressern
  V: 118.
Amidoorganismen *V*: 294.
Amidverbindungen *V*: 119.
Amimie *X*: 710.
Amine, aliphatische (Verhal-
  ten im Stoffwechsel)
  V: 1008.
—, aromatische *V*: 1018.
— der flüchtigen Fettsäuren
  und Dünndarmperistaltik
  III: 1020.
—, Vergiftung, bei Säug-
  lingen *III*: 1023.
Amino-N und Rest-N, Blut
  XVI/1: 578.
—, Urin *XVI/1*: 578.
Aminobenzoesäuren *V*: 1021,
  V: 1044.
Aminobernsteinsäure
  III: 225.

Aminobuttersäure (Verhalten
  im Stoffwechsel) *V*: 1008.
Aminocapronsäure d, l- (Ver-
  halten im Stoffwechsel)
  V: 1008.
Aminogenese im Zentralner-
  vensystem *IX*: 587.
Aminoglutarsäure (α-)
  III: 226.
Aminogruppen, Bestimmung
  der *III*: 218.
Amino- und Isosäuren (Ab-
  bau der) *V*: 639.
Aminomalonsäure *V*: 1009.
Amino-p-arsenbenzoesäure
  V: 1029.
Aminosäuren *III*: 216;
  V: 675, *V*: 679, 713, 733.
—, Abbau *V*: 729, 733ff.,
  V: 775ff.
—, —, der aromatischen in
  der isolierten Leber
  V: 638.
—, —, in der isolierten Leber
  V: 638ff.
—, —, im Modellversuch
  durch Eisen *V*: 792.
—, —, Ort des *V*: 820.
—, —, tertiärer, durch Hefe
  V: 970.
—, acylierte *V*: 1027.
—, aglucoplastische *V*: 826.
—, aketoplastische *V*: 828.
—, Aktivität, optische
  III: 217.
—, alkaptonoplastische
  V: 850.
—, Anhydride von *III*: 254.
—, aromatische *V*: 693.
—, Ausscheidung beim Säug-
  ling *V*: 683.
—, bernsteinsäurebildende
  V: 834.
—, benzoylierte *V*: 1028.
—, Betainform *III*: 216.
—, Bildung der *V*: 991.
—, — von Acetonkörpern
  V: 827.
—, Blut *V*: 676, 685, 695,
  V: 711, 718; *VI*: 267.
—, Blutzucker, Wirkung auf
  V: 826.
—, cyclische *III*: 229.
—, Desaminierung *I*: 27;
  V: 993.
—, ‘Eiweißbildung *V*: 992.
—, Erythrocyten *V*: 716.
—, Glucosebildung *V*: 825,
  V: 826ff.
—, Gruppierung *V*: 828.
  V: 885ff.
—, Harn *IV*: 272; *V*: 680,
  V: 685, 714.
—, heterocyclische *III*: 230.
—, Hornsubstanzen *V*: 1254.

(Aminosäuren), Insulineinfluß
  auf Menge *XVI/1*: 615.
—, Isolierung der *III*: 220.
—, ketoplastische *V*: 828, 848.
—, Leberdurchblutung
  V: 638ff., 811.
—, Milch *V*: 683.
—, Minimum der lebenswich-
  tigen *V*: 1154.
—, N-methylierte *V*: 1009.
—, Plasma *V*: 716.
—, in Proteinen *III*: 248.
—, Resorption von *IV*: 171;
  V: 704; *XVIII*: 85.
—, Schweiß *IV*: 733; *V*: 683.
—, spezifisch-dynamische
  Wirkung der *V*: 714.
—, Stoffwechsel der *V*: 756ff.
—, Synthese *V*: 734, 991.
— (Verhalten im Stoff-
  wechsel) *V*: 1008.
— (Transport in Gewebe)
  V: 710.
— (Umbau der) *V*: 762.
—, unentbehrliche *V*: 1147,
  V: 1153.
—, Zersetzung der *V*: 973ff.
—, —, bakterielle *V*: 968.
—, Zuckerumwandlung
  V: 498.
—, zweibasische *III*: 225.
Aminosäurepaarung *V*: 1039.
Aminosäurereste *V*: 824,
  V: 865ff.
Aminostickstoff, Kreislauf in
  der Natur *I*: 730.
Aminozimtsäure, α'- *V*: 1024.
„Aminozucker" *III*: 233.
Amitose *XIV/1*: 923, 992.
Ammoniak (und Ammonium-
  salze), Blutdruck- und Ge-
  fäßwirkung *VII/2*: 1068.
—, Blut *IV*: 525; *V*: 805.
—, —, Hunger *V*: 800.
—, —, Niereninsuffizienz
  V: 80.
—, eiweißspaltende Wirkung
  V: 761.
—, Exspirationsluft *II*: 197.
—, Gefäßwirkung im Atem-
  apparat *VII/2*: 1004.
—, Harn *IV*: 251, 525; *V*: 801.
—, Haut, Eindringen in
  IV: 133.
—, Krampfgift *X*: 1025.
—, Kreislauf in der Natur
  I: 731.
—, Lunge, Diffusion durch
  II: 229.
— als Neutralitätsregulator
  V: 803.
Ammoniakausscheidung der
  Calliphoralarven *IV*: 590.
—, Niere *III*: 1339;
  XVI/1: 1140.

(Ammoniakausscheidung),
„relative" *V*: 801.
Ammoniakbildung, Leber
XVI/1: 1140.
—, Nerven *IX*: 403.
— des isolierten Rücken-
marks, Einfluß elektri-
scher Reizung auf *IX*: 593.
— des Zentralnervensystems
und der Netzhaut
IX: 593.
— im Zentralnervensystem,
Einfluß der Zuckerzufuhr
IX: 600.
Ammoniakkontraktur des
Muskels *VIII/1*: 227.
Ammoniakmuttersubstanz
V: 805.
— im intermediären Stoff-
wechsel *V*: 808.
Ammoniakorganismen
V: 994.
„Ammoniakzahl" *V*: 822;
XVI/1: 1139.
—, „relative" *V*: 803.
Ammonium, Herzreizbildung
VII/1: 738.
— (Mineralbestand des Kör-
pers) *XVI/2*: 1464.
—, Stickstoffnährstoff bei
Pflanzen *V*: 990.
Ammoniumbasen, quater-
näre, Wirkung auf Skelet-
muskulatur *VIII/1*: 329.
Ammoniumionen, biolog. Be-
deutung *I*: 494.
Amnesie *XVII*: 576, 601.
—, retrograde *XVII*: 680.
Amnestische Aphasie
X: 792; *XV/2*: 1464.
Amnion, „abnorme Enge"
des *XIV/1*: 1070.
Amoeba Blochmann, Nah-
rungswahl *III*: 8.
— proteus, Nahrungswahl
III: 8.
Amöben, Aggregatzustand
der (RHUMBERL)
VIII/1: 19.
—, Bewegungstypen der
VIII/1: 2.
— (Geweihformstarre)
VIII/1: 7.
— (Ionenwirkungen)
VIII/1: 6.
— (Keulenform) *VIII/1*: 9.
— (Oberflächenströmung)
VIII/1: 21.
—, Ortsbewegung
XV/1: 272.
— (Pupillenkugelform)
VIII/1: 4.
— (Rollbewegung)
VIII/1: 23.
— (Wanderform) *VIII/1*: 4.

Amöboide Bewegung (Con-
tractilitätstheorie)
VIII/1: 13.
— — (Erklärungen der)
VIII/1: 16.
Amöboprotease *III*: 22.
Ampère-Coulomb-Quotient
s. A/C-Quotient.
Amphibien, Akkommodation
XII/1: 159.
—, Atemreiz *II*: 19, 31, 33.
—, Augenbewegungen
XII/2: 1124.
—, Gifte der *XIII*: 150.
—, Lautproduktion
XV/2: 1241.
—, Mittelohr der *XI*: 432.
—, Molarkonzentration
XVII: 151.
—, Rheotaxis *XI*: 83.
—, Riechvermögen der
XI: 218.
—, Tangoreceptoren *XI*: 77.
—, Vestibularapparat
XVIII: 296.
—, Zwischenzellen des Ho-
dens *XIV/1*: 721.
Amphibienlarven s. auch Anu-
renlarven.
—, Athyreose *XVI/1*: 726.
—, Hypophysektomie bei
XVI/1: 769.
—, Kastration bei
XVI/1: 786.
—, Keimdrüsenimplantation
XVI/1: 785.
—, Selbstdifferenzierung von
XVI/1: 699.
—, Thymektomie bei
XVI/1: 764.
Amphibienmetamorphose
XVI/1: 725.
Amphigenesis *XIV/1*: 2.
Amphigonie *XIV/1*: 2, 12, 43.
Amphimixis *XVII*: 724.
— bei Einzelligen *XIV/1*: 27.
Amphioxus, Gefäßsystem
VII/1: 19.
—, Nahrungsaufnahme
III: 26.
Ampholyte, Definition *I*: 489.
amphorisches Atmen *II*: 298.
amphotere Stoffe *I*: 186.
amphotrope Wirkungen pa-
rasympathischer Mittel
X: 1145.
Amplektationstrieb
XIV/1: 197.
Ampulla phrenica *XVIII*: 33.
Ampullen (Labyrinth), Funk-
tion der *XI*: 809.
Ampullenapparat (Labyrinth)
Bau *XI*: 994.
Ampullenexstirpationen (La-
byrinth) *XI*: 864.

Amputationen und Plastizi-
tät *XV/2*: 1063.
Amputationsstümpfe, Kraft-
sinn der *XI*: 123.
Amputationsversuche, Arach-
noideen und Crustaceen
XV/2: 1077.
—, Hund *XV/2*: 1068.
—, Insekten *XV/2*: 1075.
—, Schlangensternen
XV/2: 1075.
Amusie *XV/2*: 1509.
—, instrumentale Störung
XV/2: 1442.
— (motorische) *X*: 795, 797.
—, sensorische *X*: 779, 797,
X: 799; *XI*: 663.
—, Temporalpolschädigung
X: 758.
Amygdalin (Verhalten im in-
termed. Stoffwechsel)
V: 1000.
Amylacetat, Lokalanästhesie
durch *IX*: 442.
Amylase *III*: 930.
—, Lichtwirkung auf
XVII: 329.
—, Pankreas *III*: 942.
—, Salzeinfluß *III*: 938.
—, Speichel *III*: 941, 693.
—, Wirbellose *III*: 94.
—, Wirkungsbedingungen
III: 937.
Amylenhydrat, Lokalanästhe-
sie durch *IX*: 442, 445.
— (Verhalten im Stoffwech-
sel) *V*: 998.
Amylnitrit, Wirkung auf die
Gefäße des Atmungsappa-
rates *VII/2*: 1007.
—, — auf die Leber *III*: 1454.
Amyloid, lokales *V*: 1258.
Amyloide Entartung *V*: 1254.
Amyloidkörper *XIV/1*: 758.
Amyloidnephrose *IV*: 565;
VI/1: 692; *VII/2*: 1372.
Amyloidniere *IV*: 567.
Amyloidose *V*: 748, 1258.
Amylopectin *III*: 932.
Amylose *III*: 932.
Amyxorrhoea *III*: 1158.
Anabiose *XIV/1*: 919;
XVII: 745.
Anämie *VI/2*: 897 ff.
—, aplastische *VI/1*: 784,
VI/1: 805, 907.
— Arterienverengerung
(funktionelle) *VII/2*: 1687.
—, Blutgift oder Aderlaß
XIV/2: 1322.
—, chronische *VI/1*: 376.
—, Eisenentziehung
XVI/2: 1668.
—, Ernährung (unzweck-
mäßige) *VI/2*: 902.

(Anämie), Gehirntemperatur,
    Einfluß auf *IX*: 607.
—, hämolytische, familiäre
    Form der *VI/2*: 909.
—, Herzhypertrophie
    VII/1: 343.
—, Höhenwirkung auf
    XVII: 532.
—, Indicanämie *V*: 890.
—, Knochenmarksverän-
    derungen *VI/2*: 779.
—, kollaterale *VII/2*: 1686;
    XVI/2: 1240.
—, lokale *VII/2*: 1686, 1690.
—, Muskelarbeit bei *V*: 266.
—, Muskelfunktion
    XVI/2: 1368.
—, perniziöse *IV*: 93; *V*: 265;
    VI/2: 689, 776, 897;
    VII/2: 1408.
—, Säugling *III*: 1398.
—, sekundäre *VI/2*: 901.
—, toxisch bedingte
    VI/2: 903; *VII/2*: 1687.
—, Vasomotorenzentrum
    VII/2: 1350.
—, Vitaminmangel *V*: 1177.
—, Ziegenmilch *VI/1*: 902.
Anaerobe Atmung *II*: 3.
Anaerobiose, Energieproduk-
    tion in *I*: 27; *V*: 402.
—, Stoffwechsel in *V*: 399.
—, Würmer *V*: 421.
Anästhesie, Dauer der
    IX: 446.
—, elektrophoretische der
    Haut *IV*: 147.
—, Entzündungshemmung
    VII/2: 1577; *XIII*: 357.
—, Entzündungssteigerung
    VII/2: 1578.
—, sexuelle *XIV/1*: 835.
—, zirkuläre *IX*: 435.
Anästhesierung der Finger-
    haut (Reaktionszeiten)
    X: 571.
Anästhesin, Lokalanästhesie
    durch *IX*: 439, 442.
Anaesthetica, lokalschädi-
    gende Wirkung der
    IX: 453.
—, schwer lösliche *IX*: 443.
—, Resorption der *IX*: 448.
Anakinesis, Magen *III*: 1146.
Anakrotie *VII/2*: 1250.
Analgesie *XVII*: 327, 694,
    XVII: 705, 706, 709.
Analgetische Stoffe, Entzün-
    dungshemmung
    XIII: 396.
Analreflex *X*: 1016.
Analyse, Kost bei Stoff-
    wechselversuchen *V*: 6.
—, sinnliche, mit Hilfe des
    Geschmacks *XI*: 357.

(Analyse), Sprachlaute
    XV/2: 1395, 1403.
Anaphylaktische Noxe, An-
    griffspunkte *XIII*: 667.
— Reaktion (Kropf, Taube)
    XIII: 678.
— —, Sitz·der *XIII*: 661.
— Versuchsanordnung
    XIII: 667.
Anaphylaktischer Shock
    VII/1: 517, 1338; *X*: 125.
— —, Blutdruck
    VII/2: 1408, 1409.
— —, Chlorplasma und
    Chlorgehalt der roten
    Blutkörperchen *VI/2*: 249.
— —, Kaltblüter *XIII*: 734.
— —, Mensch *XIII*: 732.
— —, Tier (Katzen, Opos-
    sum usw.) *XIII*: 731.
— —, Vögel *XIII*: 733.
Anaphylaktisches Experi-
    ment *XIII*: 673.
— —, Dosis letalis minima
    XIII: 677.
— —, Probe, enterale
    XIII: 674.
— —, Probe, Inhalation
    XIII: 674.
— —, Probe, intracerebrale
    XIII: 675.
— —, Probe, intraperito-
    neale, subcutane
    XIII: 676.
— —, Probe, intravenöse
    XIII: 673.
— —, Probe am isolierten
    Organ *XIII*: 678.
— —, Probe am Organ in
    situ *XIII*: 677.
— —, Probe durch Aus- und
    Einschaltung von Organen
    XIII: 680.
— —, Tierspezies *XIII*: 657.
Anaphylaktogene, Eiweiß-
    charakter *XIII*: 741.
—, Exotoxine als
    XIII: 689.
—, Komplexe *XIII*: 690.
—, reine *XIII*: 691.
—, Spezifität *XIII*: 691, 692.
—, Wesen der *XIII*, 689.
—, Wirkung *XIII*: 700.
—, Zellform *XIII*: 690.
Anaphylaktoide Symptome
    XIII: 748.
Anaphylaktoxin *XIII*: 743,
    XIII: 759; *XVII*: 96.
Anaphylaxie *XIII*: 408, 411,
    XIII: 454, 612, 667ff.
—, aktive *XIII*: 672.
—, chemospezifische
    XIII: 441.
—, Erscheinungen der
    XIII: 116.

(Anaphylaxie), heterogeneti-
    sche *XIII*: 699.
—, heterolog passive
    XIII: 658, 682.
—, inverse *XIII*: 750.
—, Kriterien *XIII*: 664, 666.
—, lokale *XIII*: 683, 734.
—, passive *XIII*: 656, 680,
    XIII: 681, 713.
—, potentielle *XIII*: 739.
—, Proteolyse im Zentral-
    nervensystem *IX*: 588.
—, Spezifität *XIII*: 656.
—, Theorien der *XIII*: 740.
—, Tuberkulose *XIII*: 807.
—, umgekehrte *XIII*: 743.
—, Uterusbewegungen
    XIV/1: 524.
—, Vererbbarkeit *XIII*: 715.
—, Wärmeregulation
    XVII: 102.
Anaphylaxieforschung
    XIII: 609.
Anaplasie der Geschwulst-
    zelle (s. Kataplasie)
    XIV/2: 1360.
Anarthrie *X*: 765;
    XV/2: 1420.
Anasarka *VII/2*: 1711;
    XVII: 252.
Anastomosen, arterio-venöse
    VII/1: 77.
Anastomosenfunktion (Ma-
    gen) *III*: 1209.
Anatoformzähne *III*: 341.
Anatomie, spezielle, funk-
    tionelle, des Menschen
    XV/1: 166.
Anatoxine, Umwandlung der
    Toxine *XIII*: 690.
Andro-Diöcie *XIV/1*: 53.
— -Monöcie *XIV/1*: 53.
Anelektrotonus, physika-
    lischer *VIII/2*: 699, 702.
—, physiologischer *IX*: 225.
Anelektrotonushypothese der
    Zitterfischimmunität
    VIII/2: 914.
Anemotaxis *XI*: 80, 83;
    XVIII: 271, 275.
Anencephalie, Nebennieren
    bei *XVI/1*: 49.
Anergie, Lymphzirkulation
    VI/2: 1044.
—, Zustand des Organismus
    bei *XIII*: 516.
Aneurysma, arteriovenöse
    VII/1: 514; *VII/2*: 1132ff.,
    VII/2: 1152, 1176, 1182;
    XVI/2: 1328, 1329.
—, Definition *VII/1*: 1134.
— dissecans *VII/2*: 1134,
    VII/2: 1147, 1404.
—, Lokalisation *VII/2*: 1135.
—, miliare *VII/2*: 1404.

(Aneurysma), Pathogenese
und Ätiologie *VII/2*: 1145.
— spurium *VII/2*: 1134.
—, Symptome *VII/2*: 1151.
—, traumatisches
VII/2: 1146, 1645.
— varicosum *VII/2*: 1152.
Anfangszacke im Stromver-
lauf, elektrische Durch-
strömung des mensch-
lichen Körpers
VIII/2: 662.
„Anfangszuckung" (des Mus-
kels bei frequenter Rei-
zung) *VII/1*: 58.
Angaloppieren, Abarten des
Galopps *XV/1*: 258.
—, Pferd *XV/1*: 252.
Angina agranulocytotica
VI/2: 708, 917.
„— der Hypophyse" beim
Hunde *X*: 1252.
— pectoris *VII/1*: 397, 398,
VII/1: 400; *VII/2*: 1331;
XVI/1: 1032, 1034, 1308.
—, Plaut-Vincent *V*: 1298.
Angioblasten *VI/2*: 733.
Angioma racemosum
VII/2: 1134.
Angiomalacie *VII/2*: 1089,
VII/2: 1110.
Angiome, venöse
VII/2: 1454.
Angioneurose *XIII*: 353,
XIII: 354, 355.
Angiosklerose, physiolog.
VII/2: 1380.
Angiospasmen, Hypertonus
IV: 557.
—, Nekrose *V*: 1287.
—, Arteriosklerose
VII/2: 1327.
Angiospastische Nephritis
VII/2: 1373.
Angiospastischer Insult
VII/2: 1406.
Angiostomum (Geschlechts-
bestimmung) *XIV/1*: 332.
„Angiotaxis" *XIV/1*: 939.
Angriffseinrichtungen, Tiere
XIII: 1ff.
Angriffspunkt der Arznei-
mittel *XIII*: 390.
Angriffsstellungen der Tiere
XIII: 99.
Angst, Arbeitsplatz
XV/1: 651.
—, Diarrhöe *III*: 1247.
—, Libido *XIV/1*: 889.
—, Tod *XVII*: 888.
Angstzustände *XIV/1*: 795,
XIV/1: 797, 800.
Anhidrose *XVII*: 39, 41.
Anhydrämie, Blutmenge
VI/2: 697.

Anilin (Verhalten im Stoff-
wechsel) *V*: 1019.
Aniline, acylierte (Verhalten
im Stoffwechsel) *V*: 1019.
Anilinkrebs, Harnblase
XIV/2: 1563, 1564, 1604.
Animaler Pol, Ei *XIV/1*: 58.
Anion, entzündungshem-
mende Salze *XIII*: 397.
Anionen, Ca-fällende, Muskel-
wirkung *VIII/1*: 280.
—, Erregungsleitung im Her-
zen *VII/1*: 804.
—, Muskeltätigkeit
VIII/1: 278, 295.
—, Reizbildung im Herzen
VII/1: 736, 753.
—, Serum *VI/1*: 248ff.
—, Zellgifte *I*: 567.
Anionenbehandlung, sog.,
durch Hochfrequenz-
ströme *VIII/1*: 956.
Anionendefizit, nephrogene
Acidose *IV*: 543.
—, Deckung durch Eiweiß
XVI/2: 1466.
Anionengehalt, Blut
XII/2: 1363.
Anionenpermeabilität, Blut-
körperchen *I*: 465.
Anionenüberschuß, K.-W. im
Auge *XII/2*: 1376.
Anionenwanderung, Blut und
Gewebe *XVI/1*: 1099.
Aniridie *XVII*: 1070.
Anis (Gallensekretion)
III: 1443.
Anisogameten *XIV/1*: 28, 46.
Anisogamie *XIV/1*: 16, 22, 46.
— Mehrzelliger *XIV/1*: 43.
Anisokorie, Pharmaca
XII/1: 231.
Anisosthenie, Kleinhirn-
erkrankungen *X*: 254.
Anisotropie, Sole *I*: 206.
—, Sehraum *XII/2*: 1227,
XII/2: 1245.
Anissäure (Verhalten im Stoff-
wechsel) *V*: 1020.
Anklingen der Erregung
(Auge) *XII*: 431ff.
Ankylose, Gehörknöchelchen
XI: 432, 441.
Ankylostomum, Parasitismus
I: 634.
„Anlagen", Ursache der Dif-
ferenzierung *I*: 623.
Anlagenkombination
XVII: 1108, 1180.
Anlagenverteilung, biolo-
gische Beweise
XIV/2: 1266, 1276.
„Anlernstellen" (Psychologie
d. körperl. Arbeit)
XV/1: 697.

Anlockungsstellungen der
Tiere *XIII*: 99.
Anneliden, Färbung der
XIII: 204.
—, Gefäßsystem *VII/1*: 13.
—, Generationsfähigkeit
XIV/1: 206.
Annuli fibrosi, Herz *VII/1*: 86.
Anoden, wahre (Stromleitung
im Nerven) *IX*: 246.
Anodenwirkung (expansive,
kontraktive bei Pflanzen)
VIII/1: 103.
Anoestrum *XIV/1*: 380.
Anomalie s. unter dem be-
treffenden Stichwort.
Anomaloskop *XII/1*: 357,
XII/1: 362, 409;
XII/2: 1512.
Anomalwinkel (Schielwinkel)
XII/2: 959, 960.
Anopheleslarven *XVII*: 525.
Anorexie s. Appetitmangel.
Anosmaten *XI*: 209.
Anosmia centralis *XI*: 269.
— essentialis *XI*: 269, 300.
— gustatoria *XI*: 269.
— inspiratoria *XI*: 304.
— intracrania *XI*: 269.
— respiratoria *XI*: 269, 300.
Anovulie *XIV/1*: 460.
Anoxämie *II*: 343.
Anoxyämie, Arbeitsleistung
bei *XVI/2*: 1362.
Anoxybiose s. Anaerobiose
Anpassung *I*: 693.
—, Ersatzleistungen (Orga-
nismus) *XV/2*: 1133,
XV/2: 1163.
—, generelle *XVII*: 756.
—, Geordnetheit (Organis-
mus) *XV/2*: 1169.
—, gleichartige (Organismus)
XV/2: 1133.
— (Herz) *VII/1*: 316.
—, heterogene Leistungen
(Organismus) *XV/2*: 1133.
— (allgem. Klimawirkungen)
XVII: 514.
—, Möglichkeit der
XVII: 958.
—, Nerven- und Muskelüber-
pflanzung *XV/2*: 1155.
—, Nervensystem
XV/2: 1045, 1170.
—, Reiz (Receptionsorgane)
XI: 97.
—, Schädigung motorischer
Apparate und *XV/2*: 1152.
—, Theorie (Organismus)
XV/2: 1135.
—, Übung (Organismus)
XV/2: 1156.
—, Umstellung (Organismus)
XV/2: 1133.

(Anpassung), Umwelt (Organismus) $XV/2$: 1165.
Anpassungen, Erblichkeit XVII: 952.
Anpassungsbewegungen (Auge) $XII/2$: 1067ff.
Anpassungserscheinungen, Krankheitserreger XIII: 526.
—, Mensch und Tier $XV/2$: 1159.
Anpassungsfähigkeit, Geschwulstzelle $XIV/2$: 1367.
—, Nervensystem $XV/2$: 1043.
—, Organismus $XV/2$: 1131.
Anschauungsraum I: 2.
Anschauungsurteile im Traum XVII: 641.
Anschauungswelt I: 2.
Anspannungszeit, Kardiogramm $VII/1$: 225.
Ansteckung s. auch Infektion.
—, seelische, und Suggestion XVII: 670.
Anstrengungsvergrößerung (Herz) $VII/1$: 320.
Anstrengungsverkleinerung (Herz) $VII/1$: 324.
Antagonismus, Adrenalin-Insulin $XVI/1$: 641.
—, α- und β-Strahlen XVII: 387.
—, Infektionskrankheiten XIII: 578.
— Insulin-Pituitrin $XVI/1$: 645.
—, Ionen (allgemeine Physiol.) I: 486, 521.
—, Muskeln und Zentren IX: 749.
— Nährsalze, pflanzlicher V: 363.
— Nebenniere-Thymus $XVI/1$: 795.
— Spermien, fremdstämmiger $XIV/1$: 150.
Antagonisten, Hemmung IX: 647, 721.
—, —, reziproke $XVI/2$: 1748.
—, Muskeln, Funktionsumkehr $XV/2$: 1106.
Anteposition XVII: 1158.
Antheren, Öffnungsmechanismus der $VIII/1$: 97.
Antheridien $XIV/1$: 46, 94.
Anthozoen, Stoffwechsel V: 432.
Anthrakose II: 529; $VI/1$: 1038, 1039, 1105.
—, Blutpigment $VI/1$: 1108.
Anthranilsäure (Verhalten im Stoffwechsel) V: 1021.
Anthropologie XVII: 966.
—, Blutgruppen XIII: 491.

Anthropometrie $XV/1$: 167.
Antianaphylaktische Pharmaka XIII: 736.
Antianaphylatoxin, Shockverhütung XIII: 739.
Antianaphylaxie, Wesen XIII: 734.
Anti-Antilab, Herstellung XIII: 471.
— -Erythrocytensera $VI/2$: 768.
Anticipationsreflex XVII: 653.
Antidrome Leitung, zentripetales Neuron X: 1054.
„Antidysmenorrhoica" $XIV/1$: 545.
Antifermente, Blut XIII: 463; XVIII: 317.
—, Tier gegen tierverdauende Pflanzen III: 108.
Antifertilisin $XIV/1$: 139.
Antigen, Absorption XIII: 422.
— -Antikörpergemische, Toxizität XIII: 758.
— -Antikörperreaktion, anaphylaktische XIII: 661, XIII: 742.
——, Nachweis XIII: 419.
——, p_H-Abhängigkeit XIII: 416.
——, Spezifität XIII: 421, XIII: 695.
——, Wesen XIII: 413.
—, Begriff XIII: 409, 437.
—, FORSSMANNsches XIII: 426, 432, 480, XIII: 698.
Antigene XIII: 405.
—, Aktivitätsmessung XIII: 703.
—, chemische Natur XIII: 431.
—, chemospezifische XIII: 439, 479.
—, Geschwulstzelle $XIV/2$: 1424.
—, heterogenetische XIII: 483.
—, Immunität XIII: 514.
—, Komplexe XIII: 432.
—, Konkurrenz der XIII: 444. XIII: 479, 497, 703.
—, pathologisch XIII: 696.
Antigenfunktion, Disponibilität XIII: 446.
—, gruppenspezifische XIII: 426.
—, Individualcharakter XIII: 424.
—, konstitutionelles Moment XIII: 442.
— alkoholischer Organextrakte XIII: 482.

Antigeninjektion, Intervall bis zum Erscheinen der Antikörper XIII: 449.
Antigenrestitution, Antigenkörperverbindung XIII: 415.
Antigenspeicherung, Antikörperbildung, reticuloendothelialer Apparat XIII: 460.
Antigenstruktur XIII: 431.
Antiketogene Wirkung, Leberdurchblutung V: 637.
— —, Mechanismus V: 665.
— —, Theorie V: 666.
Antikinesen I: 301.
Antikline Teilungen, pflanzliche Neubildungen $XIV/2$: 1208.
Antikörper XIII: 405ff.
—, anaphylaktische XIII: 705, 707.
—, —, Messung XIII: 708.
—, —, Perfusionsfestigkeit XIII: 655, 660.
—, —, Sonderstellung XIII, 706.
—, anaphylaktisches Verhalten in der Zirkulation XIII: 709.
—, Avidität der XIII: 605.
—, Blut XIII: 461; XVIII: 318.
—, cytotrope XIII: 411.
—, Entstehung XIII: 447.
—, —, lokale XIII: 460.
—, gebundene XIII: 418.
—, hämolytische $VI/1$: 577.
—, Kammerwasser des Auges $XII/2$: 1375.
—, Liquor X: 1217.
—, Perfusionsfestigkeit XIII: 655, 660, 711.
—, Präformation, physiologische XIII: 450.
—, Übertragung von Mutter auf Kind XIII: 533.
—, vitaminarmer Nahrung V: 1232.
Antikörperbildung XIII: 447, XIII: 629.
—, kolloidchemische Vorstellungen XIII: 457.
—, Ort der XIII: 458.
—, unspezifische Reizmittel XIII: 449.
— in vitro XIII: 461.
—, Wesen XIII: 408.
Antikörperfunktion XIII: 416.
Antikörperkurve, aktive Immunisierung XIII: 448.

Antikörperspeicherung
XIII: 712.
Antikörperwirkung, direkte
Art XIII: 414.
—, Spezifität XIII: 416.
Antilab, Wesen XIII: 470,
XIII: 471.
Antilogik XI: 64.
Antimon, allg. Wirkung
I: 504.
—, Leberwirkung III: 1454.
Antimon, Leberwirkung
III: 1454.
Antimonelektrode
XVI/1: 1108.
Antimonfestigkeit, Trypano-
somen XIII: 837.
Antimonverbindungen, Nie-
renwirkung IV: 435.
Antineuritin V: 1201.
Antineuritinpräparate
V: 1208.
Antioxygenreaktion I: 55.
Antiperistaltik, Abführmittel
XVI/1: 893.
—, Kolon, Blinddarm
XVI/1: 892.
—, Magen III: 415.
—, Schlucken III: 376.
—, Ureter IV: 814, 816.
Antipepsin (Ulcus) III: 1179.
Antiplättchenserum VI/1: 71;
VI/2: 767.
Antiprothrombin XVIII: 158.
Antipyretica, Temperatur-
herabsetzung XVII: 103.
—, Gallensekretion III: 1444.
Antipyrin, Lokalanästhesie
IX: 442, 445.
—, Winterschlaf XVII: 132.
Antirachitische Wirkung,
Hunger XVI/2: 1620.
Antirachitisches Vitamin
V: 1180; XVIII: 135.
Antisera, gruppenspezifische
XIII: 490.
—, passiv präparierende
XIII: 680.
Antiserumwirkung XIII: 422.
—, cytolytische XIII: 420.
Antiskorbutin V: 1218.
Antiskorbutische Substanzen,
Wirkung V: 1220.
Antiskorbutisches Vitamin
V: 1226, 1227;
XVIII: 134.
Antisterilitätsvitamin E, fett-
lösliches V: 1231;
XVIII: 138.
Antithyroidin, Kaulquappen-
versuch XVI/1: 338.
Antitoxine, Lichtwirkung
XVII: 338.
Antitoxinwirkung, Begriff
und Wesen XIII: 411, 415.

Antitrypsin XIII: 471.
Antitypien I: 301.
Antiureasen XVIII: 318.
Antralfurche, Wiederkäuer
III: 388.
Antriebstörung (Akinese)
X: 806.
Antwortpotentiale
VIII/2: 769.
Anurenlarven s. auch Amphi-
bienlarven.
—, Kropfsubstanzwirkung
XVI/1: 718.
—, Schilddrüsenfütterungs-
wirkung XVI/1: 713.
—, Tastsinn XI: 78.
Anurie, arenale IV: 549.
—, Erregung IV: 340.
—, extrarenale IV: 550.
—, prärenale IV: 549.
—, reflektorische IV: 362,
IV: 549.
—, renale IV: 549.
—, subrenale IV: 549.
—, Symptomatologie
IV: 550.
„Anwuchsstoffwechsel"
(Mineralstoffe)
XVI/2: 1510.
Aorta, Druckablauf, Hund
VII/2: 1240.
— (abdominalis), Druck-
kurve VII/2: 1243.
—, Isthmusstenose
VII/2: 1364.
—, Isthmustheorie
VII/1: 129.
—, rechtskammerige, Men-
schen VII/1: 120.
—, „reitende" VII/1: 127.
„Aortalgie" VII/1: 398;
X: 1074.
Aortenabklemmung
VII/1: 488.
Aortendruck, Frosch
IV: 313, 314.
Aortendruckkurve, Re-
flexionserscheinungen
VII/2: 1244.
Aortenerschlaffungswelle
VII/1: 223, 229.
Aorteninsuffizienz
VII/1: 235, 264, 354;
XVIII: 178.
Aortenligamente VII/1: 87.
Aortenöffnungswelle
VII/1: 223.
Aortenostium, angeborene
Stenose VII/1: 128.
Aortenpuls, Anfangs-
schwingung VII/1: 244.
—, Incisur VII/1: 223, 244,
VII/1: 249; VII/2: 1241.
—, Nachschwingungen
VII/2: 1242.

(Aortenpuls), Vorschwingen
des VII/1: 243;
VII/2: 1242.
Aortenreflexe VII/2: 1352.
Aortenruptur, Entstehung
VII/2: 1148.
—, Flieger VII/2: 1652.
—, Pferd VII/2: 1813.
—, spontane VII/2: 1651.
Aortenschmerz VII/1: 398;
X: 1074.
Aortenstenose VII/1: 129,
VII/1: 264; XVIII: 178.
Aortenveränderungen, Blut-
druck bei VII/2: 1319.
Aortenwand, funktionelle
Strukturen VII/2: 1116.
Aortenwurzel, Stromkurve
VII/1: 247.
Aortenzerreißung s. Aorten-
ruptur.
Apankreatische Tiere, Gly-
kogengehalt nach Insulin
XVI/1: 622.
APÁTHY-BETHEsche Lehre
(Neurofibrillen) IX: 123.
Apatitstruktur, Zahnschmelz,
Knochen XVI/2: 1481.
Äpfelsäure (Verhalten im
Stoffwechsel) V: 1005.
Apfelsinen (kindl. Skorbut)
V: 1225.
Aphakisches Auge
XII/1: 135.
Aphasie s. auch Sprachstö-
rung X: 656, 759, 763;
XV/2: 1416.
—, amnestische X: 792;
XV/2: 1464.
—, corticale, motorische
X: 779.
—, —, sensorische X: 779.
—, Definition XV/2: 1419.
—, einzel-sinnliche
XV/2: 1519.
—, frontale XV/2: 1424.
—, Intelligenz XV/2: 1511.
—, klinische Formen
XV/2: 1505.
—, motorische X: 770;
XV/2: 1424.
—, optische XV/2: 1644.
—, PIERRE MARIES Lehre
X: 628.
—, Polyglotter X: 773.
—, rechtsseitige XV/2: 1441.
—, sensorische X: 775, 779.
—, subcorticale motorische
X: 763, 770.
—, temporale XV/2: 1452.
—, transcorticale Form
X: 774, 780.
—, — motorische Form
X: 823.
—, zentrale X: 780, 782.

Aphasielehre (biologische
Funktionsabläufe)
XVI/1: 1068.
Aphemie *XV/2*: 1428, 1450.
Aphrodisiaka *XIV/1*: 812,
XIV/1: 827.
Aphrodite aculeata, Resorption aus der Leibeshöhle
IV: 177.
„Aplasie" *XIV/1*: 949, 955.
Aplysia (Herz) *VII/1*: 39.
—, Schwimmbewegungen und
peripheres Nervennetz
IX: 804.
—, Verdauung *III*: 91.
Apneustic center *II*: 232;
XVIII: 8.
Apnoe *II*: 277.
—, foetale *II*: 282.
—, Hemmung, humorale
IX: 656.
—, Kohlensäurespannung,
alveolare *II*: 206.
—, posturale *XV/1*: 135.
—, reflektorische *XI*: 859;
XVIII: 11.
—, Vögel *II*: 22, 24, 29, 30,
II: 34.
Apocodein, Blutdruck- und
Gefäßwirkung
VII/2: 1047.
—, Verdauungsdrüsen
III: 1436.
Apogamie *XIV/1*: 75.
—, generative *XIV/1*: 77.
—, pflanzliche *XIV/1*: 75.
—, somatische *XIV/1*: 76.
Apomorphin *III*: 1105, 1440.
—, Erregung durch *X*: 1025.
Apoplexie *VII/2*: 1131, 1648;
XVII: 855.
—, Häufigkeit *VII/2*: 1403.
—, perirenale *VII/2*: 1649.
—, Polyurie *XVII*: 251.
Aposporie *XIV/1*: 77.
Appendikularapparate, Radiolaren *XIII*: 2.
Apperzeption *X*: 539.
Appetit *XVII*: 544.
—, Pathologie *III*: 1046.
—, Tonus *XVI/1*: 898.
Appetitanomalien *V*: 255.
Appetitmahlzeit *III*: 1133.
Appetitmangel (Anorexia)
III: 1046; *XVII*: 817,
XVII: 856.
Appetitreflexe *III*: 400.
Appetitsekretion *XVI/1*: 901.
Appetitstörung (Mangel an
B-Vitamin) *V*: 1205.
Appositionsauge *XII/1*: 64.
Apraxie *X*: 808, 810, 813, 822.
—, Aphasie *XV/2*: 1451.
—, Balkenläsion *X*: 838.
—, ideatorische *X*: 806, 809.

Apraxielehre *XV/2*: 1451.
Aprosexia nasalis *II*: 320.
Aptyalismus *III*: 1112.
Apyrogen *XVIII*: 197.
Aquaeductus cochleae
XI: 484.
Aquädukte, Druckausgleich
(Gehörapparat) *XI*: 455.
Äquilibrierung, physiologische, Ionen *I*: 507, 515.
Äquivalentbild, Ganglienzelle *IX*: 470.
Äquivalente Temperatur
XVII: 487.
Äquivalenz, Ei- und Spermakern *XVII*: 692, 992.
„Äquivalenzscheiben", optische Methode
XII/1: 665.
Arachnoidea *X*: 1180.
Arachidonsäure, Leberfett u.
Organfett *V*: 651.
—, Phosphatid *V*: 630.
Arachnoideen, Amputationsversuche *XV/2*: 1077.
—, Stridulationsorgane
XV/2: 1231.
Arbacia pustulosa
XIV/1: 116.
Arbeit, Atmung bei
XV/2: 835ff.
—, Blutdruck bei
VII/2: 1278; *XVI/2*: 1318.
—, Blutkreislauf *XV/2*: 874ff.
—, Blutsäuerung bei
XVI/2: 1382.
— im Collaps *XVI/2*: 1337.
—, dynamische, Dauer
XV/1: 635.
—, Erholungsgeschwindigkeit *XV/1*: 768.
—, Erregbarkeit, vegetat.
XVI/2: 1788.
—, Flimmerzelle *VIII/1*: 42.
—, Gang *XV/1*: 217.
—, geistige, Calorienbedarf
bei *XVI/1*: 967.
—, —, Stoffwechsel
XVI/2: 967.
—, Gesamtstoffwechsel
V: 144.
—, Gleichförmigkeit
XV/1: 656.
—, Harnreaktion
XVI/1: 1145.
—, körperliche *XV/1*: 519;
XV/2: 835; *XVIII*: 391;
s. auch Arbeitsleistung
usw.
—, —, Alkalireserve des Blutes *XV/2*: 839.
—, —, Atemfrequenz, Atemtiefe *XV/2*: 865.
—, —, Atmungsarbeit
XV/2: 867.

(Arbeit, körperliche), Blutdruck *XV/2*: 887.
—, —, Blutmenge, zirkulierende *XV/2*: 891.
—, —, Blutsauerstoff, Ausnutzung des *XV/2*: 903.
—, —, Herzleistung
XV/2: 901.
—, —, Ionenverschiebungen
XV/2: 840.
—, —, Kohlensäurespannung, alveolare
XV/2: 842.
—, —, Kreislauf *XV/2*: 835,
XV/2: 874.
—, —, Luftvolumina
XV/2: 849.
—, —, Lungenvolumina
XV/2: 848.
—, —, Milchsäure *XV/2*: 937;
XVI/2: 1378.
—, —, Minutenvolumen des
Herzens *XV/2*: 875.
—, —, Mittelkapazität
XV/2: 848.
—, —, p_H des Blutes
XV/2: 840.
—, —, Puffersubstanzen
XVI/2: 1380.
—, —, Pulsfrequenz
XV/2: 893.
—, —, respiratorischer Quotient *XVI/2*: 1379.
—, —, Sauerstoffbindungsvermögen *XV/2*: 841.
—, —, Sauerstoffgehalt des
arteriellen Blutes
XV/2: 841.
—, —, Sauerstoffspannung,
alveolare *XV/2*: 841.
—, —, Schlagvolumen des
Herzens *VII/2*: 1199.
—, —, Spätwirkungen
XV/1: 583.
—, —, Umsatz bei
XV/1: 738.
—, Physiologie der körperlichen *XV/1*: 519ff.;
XV/2: 835ff.;
XVIII: 391ff.
—, physiologische Definition
XV/1: 587.
—, Sinn der *XVI/1*: 653.
— Skeletmuskeln, Pharmakologie *VIII/1*: 343.
—, statische, Blutkreislauf
XV/1: 597.
—, —, Energieverbrauch
XV/1: 597.
—, —, Ermüdungsschmerz
XV/1: 598.
—, — oder Haltungs-
XV/1: 590.
—, Stoffwechsel bei *V*: 144ff.;
XV/1: 738ff.

(Arbeit), theoretische Maximal-, bei Einzelbewegungen $XV/1$: 604.
Arbeitsanleitungskarten $XV/1$: 651.
Arbeitsanteil, statischer, Bestimmung des $XVI/1$: 777.
Arbeitsantriebe $XV/1$: 650, $XV/1$: 665.
—, Geschichte der $XV/1$: 668.
„Arbeitsbilder" $XV/1$: 674.
Arbeitsdiagramm (Herz) $VII/1$: 259.
Arbeitsdyspnoe II: 257, 408.
Arbeitseignung $XV/1$: 676.
Arbeitselemente, industrielle Arbeit $XV/1$: 544.
Arbeitsfähigkeit, Mensch $XV/1$: 587.
—, Wärme XVII: 403.
Arbeitsfluß, Einspannung in den $XV/1$: 654.
Arbeitsfreude $XV/1$: 669.
Arbeitshyperämie (Herz) $VII/2$: 1610.
Arbeitshypertrophie (allgemein) $XIV/1$: 941.
—, Muskel $VIII/1$: 561.
— (Herz) $VII/1$: 333.
Arbeitsintensität $XV/1$: 663.
Arbeitskonflikte $XV/1$: 665.
Arbeitskontrolle (Psychologie der körperlichen Arbeit) $XV/1$: 667.
Arbeitskurve (KRAEPFLIN) $XV/1$: 659.
Arbeitsleistung $XV/1$: 588, $XV/1$: 646; s. auch Arbeit, körperliche.
—, Anoxyämie $XVI/2$: 1362.
—, äußere Bedingungen V: 152.
—, Belastung $XV/1$: 612.
—, Dauer bzw. Geschwindigkeit der Bewegung $XV/1$: 605.
—, Frequenz der Beanspruchung $XV/1$: 614.
—, Gang $XV/1$: 216, 219.
—, Hochgebirge $XVI/2$: 1362.
—, Innervationsmechanismus $XV/1$: 608.
—, kurzdauernde $XV/1$: 603.
—, länger dauernde $XV/1$: 611.
—, Lauf $XV/1$: 223.
—, Muskeldurchblutung $XVI/2$: 1361.
—, Sauerstoffschuld $XV/1$: 618.
—, Sprung $XV/1$: 232.
Arbeitsmaximum, dynamische Arbeit $XV/1$: 603.
—, Kriterium $XV/1$: 588.

(Arbeitsmaximum), praktisch realisierbares $XV/1$: 604.
—, statische oder Haltungsarbeit $XV/1$: 590.
Arbeitsoptimum, Bewegungsweite $XV/1$: 629.
—, gleichmäßig schnelle Bewegung $XV/1$: 625.
—, dynamische Arbeit $XV/1$: 619.
—, kinetische Energie $XV/1$: 625.
—, Kriterien $XV/1$: 588.
—, lokale Beanspruchung $XV/1$: 634.
—, Arbeit, statische $XV/1$: 592.
Arbeitspausen, Arbeitsschwere $XV/1$: 540.
—, statische Arbeit $XV/1$: 591.
—, Arbeitsgliederung $XV/1$: 656.
Arbeitsphysiologie $XV/1$: 519; $XV/2$: 835; XVIII: 391 ff.
Arbeitsphysiologische Forschung, Wege $XV/1$: 521, $XV/1$: 646.
Arbeitsprämien $XV/1$: 651.
Arbeitsproben, Arbeitsprüfung $XV/1$: 687.
Arbeitspsychologie $XV/1$: 645.
Arbeitsreaktion (Herz) $VII/1$: 325.
Arbeitsrente $XV/1$: 520.
Arbeitsschauuhr $XV/1$: 688.
Arbeitsstoffwechsel, N-Umsatz V: 146.
—, Methodik V: 145.
—, Schilddrüse XVIII: 415.
Arbeitsteilung s. auch Arbeitselemente.
— höherer Organismen I: 609.
—, Prinzip I: 609.
— sozialer Verbände I: 615.
—, Tierstock $XIV/1$: 38, 90.
Arbeitstempo, Fließarbeit $XV/1$: 658.
—, Ventilation $XV/2$: 859.
Arbeitstyp, O_2-Aufnahme $XV/1$: 778.
Arbeitsverhältnis $XV/1$: 665.
Arbeitswechsel, Monotonie $XV/1$: 658.
—, Rückenmarkssegmente X: 147.
Arbeitszeit, Leistungsfähigkeit $XV/1$: 536.
Archegonien $XIV/1$: 94.
Architomie $XIV/1$: 33.
Arcus lipoides corneae V: 1138.

Area angularis (histologischer Aufbau) X: 804.
— frontalis agranularis X: 710.
— giganto-pyramidalis X: 697.
— occipitalis X: 730.
— parastriata X: 730, 731.
— parietalis superior X: 803, X: 804.
— peristriata X: 730, 731.
— postcentralis oralis granularis X: 711.
— praeoccipitalis X: 730, X: 803.
— statica X: 178.
— striata X: 730, 731.
— supramarginalis X: 804.
Arecolin, pilocarpinartige Wirkung $XII/1$: 203.
Areolomamma $XIV/1$: 606.
Argentum s. Silber.
Arginase V: 817.
Arginin, in der Nahrung V: 810.
Argininphosphorsäure V: 427.
ARGYLL-ROBERTSONsches Phänomen X: 212, 216.
Arhythmia absoluta $VII/2$: 1306; $XVI/1$: 1028.
— perpetua (BASEDOW) $XVI/1$: 291.
— respiratoria $VII/1$: 492; $XVI/1$: 1029.
Arhythmie, Atmung II: 355; $VII/1$: 601.
—, Herztöne $VII/1$: 296; s. auch Herz, Rhythmusstörungen.
Ariolimax, Herznerven $VII/1$: 61.
Armreaktion (Reaktionszeit) X: 564.
Arm-Tonus-Reaktion (A. T. R.) X: 653; XI: 741, 950; $XV/1$: 385.
— — — bei Kleinhirntumoren $XV/1$: 431.
Armtonusstörungen $XV/1$: 409.
ARNDT-SCHULZsches Grundgesetz V: 363.
— — —, Strahlenwirkung XVII: 373.
Aromatische Nitrokörper, Wasserstoffacceptoren I: 45.
— Verbindungen, Abbau im Organismus V: 1024.
Arrosionsaneurysmen $VII/2$: 1647.
Arrosionsblutung $VII/2$: 1645.
Arsen, allgemeine Wirkung I: 503.
—, Ausscheidung XIII: 851.

(Arsen, Ausscheidung), Uterus *XIV/1*: 553.
—, Resorption, percutane *XVIII*: 89.
—, Magensekretion *III*: 1437.
Arsenderivate, aromatische *V*: 1028.
Arsenfestigkeit, Trypanosomen *XIII*: 836.
Arsengewöhnung, Resorption *XIII*: 853.
Arsenige Säure (Verhalten im Stoffwechsel) *V*: 1046.
Arsenik, Resorptionswirkung, Darm *IV*: 103.
Arsenikesser *XIII*: 850.
Arsenkrebs *XIV/2*: 1563, *XIV/2*: 1580, 1604.
Arsenkuren *XVI/2*: 1507.
Arsenobenzoesäure (Verhalten im Stoffwechsel) *V*: 1029.
Arsenverbindungen (Verhalten im Stoffwechsel) *V*: 1013.
—, Nierenwirkung *IV*: 435.
—, Giftwirkung *II*: 505, 513.
Arsenwasserstoffvergiftung *III*: 1269.
Artbastarde *XVII*: 937, 939.
Artbegriff *XVII*: 905.
Arteria centralis retinae, Blutdruckmessung an der *XII/2*: 1333.
— pulmonalis, respirator. Druckschwankungen *VII/2*: 1283.
— venosa *VII/1*: 64.
Arterieektasie *VII/2*: 1135.
Arterielle Hypertension s. Blutdrucksteigerung.
Arterieller Blutdruck s. Blutdruck.
Arterielles Blut s. Blut.
Arterien *VII/1*: 75.
—, Aktionsströme *VII/2*: 1078.
—, Bau *VII/2*: 866.
—, Blutfüllung *VII/2*: 1154.
—, Dehnbarkeit der *VII/2*: 875.
—, Dehnung, Arbeitsverlust *VII/2*: 876; *VIII/1*: 158.
—, Druckschwankungen in den *VII/2*: 1285.
—, Elastizität *VII/2*: 1071, *VII/2*: 1120.
—, Hyperämie *VII/2*: 1619.
—, Kontraktion, pathologische *VII/2*: 1703.
—, —, reflektorische *VII/2*: 1689.
—, —, segmentäre *VII/2*: 1689.

(Arterien, Kontraktion), nach Verwundung *VII/2*: 1702.
—, —, Wesen *VII/2*: 996.
—, —, zentral bedingte *VII/2*: 1688.
—, Kontraktionsbereitschaft *VII/2*: 1130.
—, Kontraktionsfähigkeit *VII/2*: 1499.
—, Kreislaufregulierung *XVI/2*: 1238.
—, Nervenversorgung *VII/2*: 1498, 1500, 1503, *VII/2*: 1505, 1506.
—, Peristaltik *VII/2*: 1533.
—, Querschnitt *VII/2*: 919ff., *VII/2*: 928, 1082, 1431.
—, Reaktionen, pathologische *VII/2*: 1705.
—, Reaktionsfähigkeit *VII/2*: 1688.
—, Schlängelung *VII/2*: 1101.
—, Schwellungssystole *VII/2*: 1080.
—, Tonus *XVI/1*: 1057.
—, Wand s. Arterienwand.
—, Windkesselwirkung *XVIII*: 202.
—, Wandbelastung *VII/2*: 867.
Arterienanästhesie *IX*: 435.
Arteriendruck s. Blutdruck, arterieller.
Arterienpuls s. Puls, arterieller.
Arterienpunktion *VI/1*: 446.
Arterienquerschnitt, Blutdruck *VII/2*: 919ff., 928, *VII/2*: 1082, 1431.
Arterienruptur *VII/2*: 1448, *VII/2*: 1651, 1652, 1813.
Arterienschmerz *VII/2*: 1509, *VII/2*: 1510.
Arterienstreifen, Spontankontraktionen *VII/2*: 1076.
Arterienstreifenmethode *XVI/1*: 69.
Arteriensystolen *VII/2*: 1077, *VII/2*: 1081.
Arterienthromben, Gefäßwandschädigung *VII/2*: 1766.
Arterientypen *VII/2*: 1499.
Arterienverengerung s. Arterien, Kontraktion.
Arterienwand, Arbeitsleistung *VII/2*: 1074.
—, Eigenschaften *VII/2*: 1499.
—, elastisches Gewebe *VII/2*: 869.
—, Reizbarkeit (direkte) *VII/2*: 1511.

(Arterienwand), Schädigung *VII/2*: 1766.
—, Stärke *VII/2*: 866.
Arterienweite, hydrost. Druck *VII/2*: 1082, 1431.
—, H-Ionenkonzentration *XVI/1*: 1155.
Arterienzerreißung s. Arterienruptur.
Arteriitis, nekrotisierende *IV*: 579.
Arterin (Blutfarbstoff) *VI/1*: 77.
Arterio-capillary-fibrosis *VII/2*: 1322.
Arteriolen *VII/2*: 880, 934.
Arteriolenkontraktion, arterielle Hypertension *VII/2*: 1330.
—, Zustandekommen *VII/2*: 1370.
Arteriolensklerose, Pankreas *VII/2*: 1329.
Arteriolitis *IV*: 579.
Arteriometrie *VII/2*: 1232.
Arteriopathia senilis *XVII*: 798.
Arteriopulsatorische Wellenbewegung (HASEBROEK) *VII/2*: 1462.
Arteriosklerose *VII/2*: 1088ff., 1096, 1098, *VII/2*: 1124, 1323; *XVII*: 734, 797, 820, 845, *XVII*: 851, 867, 1062.
—, Altern *XVII*: 814.
—, Anpassungsfähigkeit der Gefäße *VII/2*: 1317.
—, Blutdrucksteigerung bei *VII/2*: 1319, 1323, 1353.
—, Cholesterin *V*: 1134.
—, essentielle Hypertonie (Blutmenge) *VI*: 695.
—, experimentelle *V*: 1135; *VII/2*: 1106.
—, Fettablagerungen *VII/2*: 1104.
—, Gefäßfunktion *VII/2*: 1314, 1327.
—, Kinder *VII/2*: 1104.
—, klinische Abgrenzung *VII/2*: 1101.
—, —. Nachweisbarkeit *VII/2*: 1329.
—, Milz *VII/2*: 1325.
—, verschiedener Organe *VII/2*: 1325.
—, Pathogenese *VII/2*: 1103, *VII/2*: 1109, 1111.
—, Permeabilität von Grenzschichten *VII/2*: 1118.
—, Schilddrüse *XVI/1*: 325.
—, Schilddrüsenmangel *XVI/1*: 259.

(Arteriosklerose), Sympathicusveränderungen *VII/2*: 1112.
—, Tier *VII/2*: 1102, 1808.
—, Ursache *VII/2*: 1109, *VII/2*: 1111, 1114.
—, vorzeitige *XVII*: 469.
Arteriosklerotische Demens *XVII*: 810.
— Schwerhörigkeit *XI*: 636.
Arterio-venöse Anastomosen *VII/1*: 77.
„Artform" („forme spécifique") *XIV/1*: 238.
Arthritiden, Kaliumerhöhung im Blut *XVI/2*: 1444.
Arthritis *XVII*: 789, 831.
Arthritismus *XVII*: 1099.
Arthropoden, Gangarten *IX*: 827; *XV/1*: 290.
—, Gefäßsystem *VII/1*: 15, *VII/1*: 28.
—, Gifte *XIII*: 126.
—, Herznerven *VII/1*: 61.
—, Kriechen *XV/1*: 289.
—, osmotischer Druck *XVII*: 148, 151.
—, Rheotaxis *XI*: 81.
—, Tangoreceptoren *XI*: 71.
Arthussches Phänomen *VII/2*: 1599, 1600, 1601; *XIII*: 684.
— —, (isolierte) Organe *VII/2*: 1602.
Artikulation, Zähne *III*: 315.
Artikulationseinheit *III*: 339.
Artikulator *III*: 346.
Artkonstanz *XVII*: 952.
„Artplasma" *I*: 626.
Artspezifischer Bau der Zelle *I*: 588.
Artspezifität *XIII*: 474 ff.; *XIV/2*: 1243.
—, Kern und Cytoplasma *I*: 605.
Artzelle *I*: 588; *XIV/1*: 1050.
Arzneifestigkeit, Bakterien *XIII*: 844.
—, Durchbrechung *XIII*: 839.
—, Protozoen *XIII*: 835, *XIII*: 840.
—, Trypanosomen *XIII*: 835, *XIII*: 839.
Arzneiidiosynkrasien *XIII*: 771.
Arzneimittel (Herz) *VII/1*: 721.
—, Ausscheidung, Leber *IV*: 798.
—, —, Hauttalg *IV*: 718.
—, —, Schweiß *IV*: 767.
As s. Arsen.
Ascaridenantigen *XIII*: 789.

Ascaridensubstanzen *XIII*: 788.
Ascaris, Ballfurchung *XVI/1*: 812.
Alcarisallergie *XIII*: 788.
Ascariseier, Sauerstoffpartialdruck auf *XVI/1*: 851.
Asche, Eiweißkörper *III*: 239.
—, Neugeborenenkörper *III*: 1303.
Aschenbestandteile, neugeborener Hund *XVI/1*: 863.
—, Schweiß *IV*: 730.
Aschengehalt, Körper *I*: 496.
—, Milch *I*: 497; *XVI/1*: 864.
Aschenstoffe *I*: 712.
—, Pflanzen *V*: 342; s. auch Mineralstoffe.
Aschheim-Zondeksches Test *XVI/2*: 470.
Aschoff-Tawarascher Knoten *VII/1*: 102.
— — —, Block, Ekg. *VIII/2*: 844.
— — —, Reizbildung, Ekg. *VIII/2*: 847.
Ascidien s. auch Tunicaten.
—, Atemreflexe *II*: 27.
—, Färbung *XIII*: 204.
Ascidienherz *VII/1*: 46, 48.
Ascidienlarven, Schilddrüsenfütterung *XVI/1*: 708.
Ascites *XVI/2*: 1349.
Asparagin *III*: 225.
Asparaginase, Desamidierung *V*: 791.
Asparaginsäure, Abbau und *V*: 841.
Asphyxie s. auch Erstickung.
—, Blutkalk *VI/1*: 242.
—, Gewebe *V*: 1291.
—, lokale Synkope *V*: 1287.
Aspiration, Fremdkörper *II*: 117.
Aspirationshypothese, Blutbewegung *VII/1*: 1072.
Assimilation, Eiweißnahrung, Grenze *III*: 1163.
—, Erregung *I*: 307.
—, Pflanzen *I*: 65; *II*: 3; *V*: 333, 350, 595 ff.
—, —, Fläche *V*: 386.
—, —, Quotient *V*: 596.
— (Psychologie der opt. Wahrnehmung), Begriff, Kritik *XII/2*: 1220.
—, —, —, reproduktive *XII/2*: 1220.
—, Wachstum, Temperaturbeeinflußbarkeit *XVI/1*: 820.
Assimilatorisches, vagisches System *XVI/2*: 1703 ff.

Assoziation, Eiweißkörperchemie *III*: 258.
—, Reaktionszeit *X*: 581.
—, —, freie *X*: 533.
—, —, gebundene *X*: 533.
„Assoziationsfasern" *X*: 421; *XV/1*: 1185, 1187.
Assoziationsfelder *X*: 601.
Assoziationsreaktion *X*: 532.
Assoziationszentren, Frage *X*: 512.
Assoziative Anknüpfungen, Traum *XVII*: 643.
Astacus, Verdauungssekrete *III*: 79.
Astasie *X*: 298.
„Astblock" (Reizleitungssystem des Herzens) *VII/1*: 657, 660.
Astereognosie *X*: 665, 687, *X*: 841.
Asterias, Eierreifung *XIV/1*: 110.
— -Kreuzung, Echiniden *XIV/1*: 144.
Asteriasterin *III*: 196.
Asthenie *X*: 245, 247, 275, *X*: 298, 299, 313; *XV/1*: 372.
Asthenische Konstitution *XVII*: 1096.
Asthenischer Habitus *VII/2*: 1412; *XVII*: 1128, *XVII*: 1137.
Asthenopie, akkommodative *XII/1*: 116.
Asthma *II*: 116.
—, alimentäres *II*: 377.
—, anaphylaktisches *II*: 381.
—, bakterielles *II*: 377.
— bronchiale *II*: 373, 420; *XVI/2*: 1548.
— cardiale *II*: 261; *VII/1*: 397; *XVI/2*: 1303, *XVI/2*: 1327; *XVIII*: 13.
„— des Darmes" *III*: 1251.
—, Erholungsvermögen (Arbeitsphysiologie) *XV/1*: 764.
—, familiäres *II*: 379.
—, Gaswechsel bei *V*: 269.
—, Getreide- *XIII*: 772.
—, nasales *II*: 317.
— nervosum *X*: 1080.
— uraemicum *IV*: 558.
Asthmaanfall *II*: 117.
Asthmatiker *XVII*: 541.
Asthmatische Disposition *II*: 374.
Asthmoid, korprostatisches *II*: 381.
Astigmatismus, Bilderregung *XII/1*: 501.
—, Farbenblindheit *XII/1*: 503.

(Astigmatismus), klinische Formen *XII/1*: 122.
— inversus *XII/1*: 80.
—, Irradiation *XII/1*: 501.
—, physiologischer *XII/1*: 80, 106.
— schiefer Bündel *XII/1*: 108.
—, Simultankontrast *XII/1*: 491.
Astrol *III*: 197.
Astrosphären, Parthenogenese *XIV/1*: 131.
Asynergie *X*: 267, 270.
Asystolie *VII/1*: 559.
Atavismus *XIII*: 253.
Ataxie *X*: 267, 296, 299, 316.
—, FRIEDREICHsche *XVII*: 1070.
—, frontale *X*: 816.
—, Kaninchen *X*: 1256.
—, spinale *X*: 161.
—, Vorbeizeigen *XV/1*: 437.
Ateleiosis, frühzeitiges Altern bei *XVI/1*: 440.
—, hypophysäre *XVI/1*: 437, *XVI/1*: 439.
Atelektase *II*: 99, 336.
Atemapparat *II*: 37; s. auch Atemorgane, Atemwege, Atmung, Lunge usw.
—, Ausbildung, mangelhafte *II*: 337.
—, Gefäße *VII/2*: 1005.
—, Genitaltraktus, Zusammenhang *II*: 382.
—, organische Veränderungen, funktionelle Genese *II*: 384.
—, Prüfung, funktionelle *II*: 371.
—, Reaktionen, pharmakol., der Gefäße des *VII/2*: 1002, 1005.
—, Vertretbarkeit, gegenseitige *II*: 13.
Atemarbeit, äußere *II*: 121; s. auch Atemleistung.
—, Berechnung *II*: 122.
—, Formel *II*: 123.
—, körperliche Arbeit *XV/2*: 867.
Atemarhythmie *VII/1*: 601.
Atembeschleunigung *II*: 343.
Atembewegungen *II*: 70; s. auch Atmen.
—, Aktionsströme *VIII/2*: 807.
—, alterierende, beider Thoraxhälften *II*: 233.
—, Blutdruck *XVIII*: 17.
—, Dissoziation von Thorax und Zwerchfell *II*: 254.
—, Foetus *II*, 282.
—, Lokomotion *II*: 17.

(Atembewegungen), Merkmale *II*: 78.
—, paradoxe *II*: 88.
—, —, Lungenspitze *II*: 69.
—, Pathologie *XVIII*: 15.
—, Phonation *XV/2*: 1294.
—, Störungen, lokale *II*: 363.
—, Strömungsgeschwindigkeit *II*: 91.
—, Topographie *II*: 76.
—, unregelmäßige *II*: 353.
—, Untersuchungsmethoden *II*: 86.
—, Ursachen der *II*: 29.
—, zeitlicher und räumlicher Verlauf *II*: 86.
Atembündel, Fasciculus solitarius *X*: 175.
Atemdruck, maximaler *II*: 103.
Atemferment s. Atmungsferment.
Atemfleck (ZWAARDEMAKER) *XI*: 256.
Atemfolge, Störungen *II*: 353.
Atemfrequenz *II*: 78; *VII/1*: 494.
—, Arbeit, körperliche *XV/2*: 865.
—, Arbeitsrhythmus *XV/2*: 866.
—, Herabsetzung *II*: 363.
—, Regulation *II*: 71, *II*: 124.
—, Störungen *II*: 362.
Atemgeräusche *II*: 286, 304.
—, krankhafte *II*: 294.
—, metamorphosierende *II*: 295.
Atemgifte *II*: 487.
Atemhilfsmuskeln *II*: 91.
Atemkräfte, dynamische *II*: 108, 111, 120.
—, elastische *II*: 92.
—, Gewichtskräfte *II*: 94.
—, muskuläre *II*: 95.
—, passive *II*: 103.
—, statische *II*: 74, 92, 101 ff.
—, Zusammenhang derselben *II*: 73.
Atemlähmung, Faradisation *VIII/2*: 986.
—, Kondensatorenentladung *VIII/2*: 987.
—, Elektrokution *VIII/2*: 964.
Atemleistung *II*: 124, 385, *II*: 390; s. auch Atemarbeit.
Atemluft *II*: 83.
—, Erwärmung *II*: 116.
—, Geschwindigkeit *II*: 286.
—, Gewicht, spezifisches *II*: 109.

(Atemluft), Reinigung *II*: 321.
—, Temperatur *II*: 116.
—, Viscosität *II*: 109.
Atemmuskulatur, Eigenreflexe *XVIII*: 8.
—, Innervation der *II*: 236.
—, maximale Kraft *II*: 105.
—, Nebenfunktion *II*: 91.
—, Pharmakologie *II*: 470.
Atemnot s. Dyspnoe.
Atemorgane *II*: 1ff.; *XV/1*: 727; s. auch Atemapparat.
—, Anpassung, funktionelle *II*: 125.
—, —, plastische *II*: 126.
—, Bewegungslagen *II*: 81.
—, Deformationswiderstand *II*: 112.
—, Dehnungslagen, aktiver Formenunterschied *II*: 107.
—, Flächengrößen *II*: 77.
—, Formenunterschied *II*: 81.
—, Kehlkopf als *II*: 175.
—, Normallage *II*: 81.
—, Ruhelagen, aktive *II*: 80.
—, —, passive *II*: 80.
—, Statik *II*: 92.
—, Summenwert passiver Kräfte *II*: 101.
—, Tätigkeit *XV/2*: 850.
—, Volumverhältnisse *II*: 80.
Atempause *II*: 87.
Atemphänomen, CHEYNE-STOKESsches *II*: 349.
Atemregulation s. Atmungsregulation.
Atemreflexe *II*: 27, 91 179, *II*: 246; *XVIII*: 8.
Atemreize *II*: 29, 239; *XVI/1*: 1101.
Atemstauen, Singen *XV/2*: 1300.
Atemstillstand, Gase, schädliche *II*: 336.
—, elektrischer Unfall *VIII/2*: 975.
—, Untertauchen *II*: 27.
Atemstörung *II*: 406, 421.
—, CHEYNE-STOKESsche *II*: 351.
—, Niereninsuffizienz *XVI/1*: 1116.
—, Nierenkranker *II*: 427.
—, psychoneurotische *XVI/1*: 1048.
Atemtätigkeit, Hirngaswechsel *IX*: 542.
Atemtechnik, Schwimmen *XV/1*: 297, 298.

Atemtherapeutische Beeinflußbarkeit *II*: 406; *XVIII*: 17.
Atemtiefe *II*: 79, 343, 353.
—, körperliche Arbeit *XV/2*: 865.
—, periodisch auftretende Störungen *II*: 349.
Atemtypus *II*: 88 103, 120.
—, O_2-Aufnahme, Arbeit *XV/1*: 575.
—, Säuglinge *III*: 1321.
Atemveränderungen, hämatogene *XVI/1*: 1104.
Atemvolumen *II*: 79, 86, 124, *II*: 443; *XV/1*: 728.
—, maximales *II*: 84, 121.
—, Säuglinge *III*: 1322.
Atemwege *II*: 117, 174, 187; *XVIII*: 16.
—, Alter *XVII*: 798, 853.
—, Pharmakologie der Sekretion *II*: 471.
—, Reflexe *VII/1*: 500.
—, schädlicher Raum *II*:117, *II*: 194, 198, 344; *XV/2*: 850.
—, Strömungsgleichung *II*: 109.
—, Strömungswiderstände *II*: 108, 110, 117.
—, topographische Verteilung *II*: 116.
Atemwellen, Blutdruck *VII/2*: 1286.
Atemwirkung, Kohlensäure *XVI/1*: 1102.
Atemwurzeln (Pflanzen) *II*: 542.
Atemzentrum *II*:35,230,456, *II*: 457ff.; *XVII*: 514, *XVII*: 533; *XVIII*: 8; s. auch Atmungsregulation.
—, anatomisches *X*: 174.
—, Automatie *II*: 33.
—, Beeinflussung, chemische *II*: 456, 458, 490.
—, bulbäres *II*: 230.
—, Calcium *II*: 245.
—, Erregbarkeit *XVI/1*:1108, *XVI/1*: 1137; *XVII*: 17.
—, —, körperliche Arbeit *XV/2*: 869.
—, —, zentrogene und hämatogene *XVI/1*: 1109.
—, Lähmung *XVII*: 882, 889.
—, Licht *XVII*: 323.
—, mesencephales *II*: 255.
—, Pharmakologie der *II*: 455.
—, Reaktion *XVI/1*: 1102.
—, Reizbildung *II*: 241.
—, Rückprallerregung *IX*: 657.

(Atemzentrum), Schluckzentrum *III*: 363.
—, spinales *II*: 35, 234; *XV/2*: 1183; *XVIII*: 8.
—, Zentrenlehre *XV/2*: 1175, *XV/2*: 1183.
Atemzüge, rhythmische Größenschwankung *II*, 350.
Äther- resp. Chloräthylsprayvereisung *XVII*: 440.
—, Atemzentrum *II*: 463:
Atherombildung *XVII*:1061.
Atherosklerose s. Arteriosklerose.
Ätherschwefelsäuren *V*: 1038.
Athetose *X*: 316.
Athetotische Bewegungen *X*: 344.
— —, experimentell erzeugt *X*: 405.
Athletischer Habitus *XVII*: 1128, 1140.
Athreptische Immunität *XIII*: 540.
Athrombit, gerinnungsfreie Gefäße *XVIII*: 161.
Äthylalkohol, Brennwert *V*: 26.
—, Oxydation *I*: 62.
—, Protoplasmagift *I*: 574.
—, Stoffwechsel *V*: 323, 997.
Äthylalkoholamblyopie, Tabak *XII/2*: 817.
Äthylbenzol *V*: 1014, 1015.
Athyreose, Gänsekücken *XVI/1*: 751.
—, Haarwachsversuch *XVI/1*: 759.
—, Irrgartenversuch *XVI/1*: 759.
—, Lebercirrhose *XVI/1*:259.
—, Ovardegeneration *XVI/1*: 760.
—, Pigmentarmut *XVI/1*: 730.
—, Skelettstörungen *XVI/1*: 760.
Athyreosewirkung, Amphibienlarven *XVI/1*: 726.
Ätioporphyrin (Blutfarbstoff) *VI/2*: 164, 180.
Atmen, periodisches *VII/1*: 518.
—, pueriles *II*: 294.
—, sakkadiertes *II*: 296.
Atmosphäre *XVII*: 464.
—, Leitfähigkeit *XVII*: 663.
—, Staubgehalt *II*: 516.
—, Stoffkreislauf in der Natur *I*: 708.
Atmosphärische Gase, Absorptionskoeffizient, Wasser *VI/1*: 462.
— Luft, Zusammensetzung *II*: 191; *XVII*: 464.

Atmosphärischer Druck, Herzfrequenz *VII/2*: 497.
Atmung *II*: 1ff.; s. auch Atem.
—, —, z. B. Atmungsgeräusch unter Atemgeräusch usw.
—, Affekte auf *II*: 255.
—, akzessorische *I*: 46.
—, Alter *XVII*: 815.
—, Anatomische Grundlagen *II*: 37.
—, anatom. Veränderungen im Gehirn *II*: 232, 275.
—, angestrengte *II*: 91.
—, Arbeit, körperliche *XV/2*: 835.
—, Aufmerksamkeit *II*: 255; *XVI/2*: 1281.
—, äußere *II*: 8.
—, Automatie *II*: 33.
—, Bäderwirkung *XVII*: 445, 449.
—, Blutdruck *XVIII*: 16.
—, Bronchitis *II*: 277.
—, Chemismus, Säugling *III*: 1322.
—, Coferment *I*: 57.
—, Definition *II*: 1, 4.
—, Dynamik *II*: 317.
—, einseitige *II*: 5.
—, Elektronarkose *VIII/2*: 981.
—, Fieber *II*: 274.
—, foetale *II*: 282.
—, forcierte *II*: 212.
—, Froschmuskulatur *I*: 42.
—, Geruchseindrücke *II*:250.
—, Hauptatmung *I*: 46.
—, Höhenklima *II*: 264.
—, innere *II*: 2, 8.
—, —, Gasvergiftungen *II*: 491.
—, inverse *II*: 3, 5, 11.
—, Kälteeinfluß *II*: 252.
—, Kehlkopf bei *XV/2*: 1272.
—, Klima *XVII*: 530, 533.
—, Kohlensäure *II*: 271.
—, künstliche *II*: 119.
—, Labyrintherregung *II*: 252.
—, Leberschnitte *XVI/1*: 625.
—, Lichtbeeinflussung *XVII*: 322.
—, Lichteindrücke *II*: 251.
—, maximale *II*: 79.
—, Minutenvolum *II*:79,124; s. auch Atemvolumen.
—, Mund *II*:161; *XVII*:431.
—, Muskelgewebe *VIII/1*: 492.
—, Nase *II*:150; *XV/1*:372.
—, Nerv *XVIII*: 246ff.
—, Nervus vagus *II*: 280.
—, paradoxe *II*: 451.

(Atmung), Parasiten
I: 650.
—, pathologische Physiologie
II: 337ff.; *XVIII*: 14.
—, periodische *II*: 350.
—, Pflanzen *II*: 540ff.;
V: 338, 352, 376.
—, —, anaerobe *V*: 353, 372.
—, —, Assimilation *II*: 3;
V: 333.
—, Pharmakologie *II*: 455ff.
—, —, intramolekulare *V*:353.
—, psychische Spannung
XVI/2: 1281.
—, psychische Vorgänge auf
XVI/2: 1261ff.
—, Pulsfrequenz *XVI/2*:1272
—, Pharmakologie *II*: 455;
XVIII: 18.
—, primäre und sekundäre
II: 9.
—, Regulation s. Atmungs-
regulation.
—, Ruhe und Arbeit
XV/2: 851.
—, ruhige *II*: 88.
—, Schalleindruck *II*: 252.
—, Schlaf *XVII*: 567.
—, Schmerzeinfluß *II*: 253.
—, Seeigelei *I*: 61.
—, Selbststeuerung *II*: 31,
II: 241, 316; *IX*: 647, 708.
—, Sekretbewegung, intra-
renale und intrahepatische
IV: 809.
—, Sekretionstheorie *II*: 219.
—, Sympathicus *II*: 254.
—, Tiefensensibilität *II*: 254.
—, Tiere, intramolekulare
niederer *V*: 422.
—, Verflachung *II*: 349.
—, Vertiefung *II*: 90, 349.
—, Wärme *II*: 252, 272.
—, Wasserhaushalt
XVII: 230.
—, Winterschlaf *II*: 283.
—, wogende *II*: 350.
—, zellfreie *I*: 46.
—, Zwischenhirn *XVII*: 54.
Atmungsapparat s. Atem-
apparat.
Atmungsarbeit, körperliche
Arbeit *XV/2*: 867.
Atmungsbewegungen (Kreis-
prozesse) *I*: 267; s. auch
Atembewegungen.
Atmungschromogene, Pflan-
zen *XVII*: 342.
Atmungsdämpfung, Entzün-
dungshemmung
XIII: 396.
Atmungseinrichtungen, Über-
sicht *II*: 12.
Atmungsferment *I*: 46, 57;
II:4; *V*:530; *XVIII*:147.

(Atmungsferment), Affinität
zu CO und O$_2$ *VI/1*: 142.
—, Farbe *VI/1*: 143.
Atmungsgröße, Froschmus-
kulatur, zerschnittener
XVI/1: 628.
—, Muskulatur nach Glucose-
gaben *XVI/1*: 595.
— isolierter Froschgastrocne-
mien *VIII/1*: 482.
Atmungshemmung, Muskel,
Narkotica *VIII/1*: 360.
Atmungshormon
XVI/1: 1061.
Atmungsindicatoren *I*: 40.
Atmungskohlensäure, Ge-
samtproduktion *I*: 721.
„Atmungskörper" *I*: 58;
VIII/1: 495.
Atmungsphänomen von LED-
DERHOSE *VII/2*: 1424.
Atmungsreaktion
XVI/2: 1185.
Atmungsreflexe *II*: 246.
—, HERING-BREUERsche
X: 51.
Atmungsregulation *II*:230ff.,
II: 344; *XVIII*: 8ff.;
s. auch Atemzentren.
—, GRT.-Regel *II*: 272.
—, hämatogene *XVI/1*:1103.
—, Herzinsuffizienz
XVI/1: 1124.
—, Hunger *XVI/1*: 1118.
—, Infektionen *XVI/1*: 1121.
—, Kohlensäureacidose, ex-
perimentelle *XVI/1*:1110.
—, Milchsäurebildung im Ge-
hirn *IX*: 583.
—, Muskelarbeit *XVI/1*:1128.
—, Nahrungsaufnahme
XVI/1: 1118.
—, Narkose *XVI/1*: 1122.
—, Niereninsuffizienz
XVI/1: 1115.
—, Säurevergiftung, experi-
mentelle *XVI/1*: 1111.
—, Schwangerschaft
XVI/1: 1121.
—, Selbststeuerung *II*: 31,
II: 241, 316; *IX*: 647, 708.
—, Strahlenwirkung
XVI/1: 1131.
—, Sauerstoffmangel *II*: 264.
—, Schlaf *II*: 256.
—, Wasserstoffionen
XVI/1: 1101.
—, WINTERSTEINs Theorie
der *II*: 243.
—, zentrogene *XVI/1*: 1103.
Atmungssteigerung, Muskel,
nach erschöpfender Rei-
zung *VIII/1*: 487.
Atmungsstimulation, Narko-
tica *I*: 49.

Atmungstetanie *IX*: 717;
XVI/2:1598; *XVI/1*:350.
—, Aktionsströme
VIII/1: 206.
Atmungswärme, Pflanzen
V: 339.
Atomgruppen, geschmack-
gebende *XI*: 329.
Atonie, Kleinhirn *X*: 245,
X: 298, 299.
Atonische Zuckungsform,
Herz *VII/1*: 373.
Atopene *XIII*: 776.
Atophan *V*: 1031.
—, Galle *III*: 1444;
IV: 795.
—, Gallensäurewirkung, Ver-
gleich *IV*: 795.
—, Harnsäureausscheidung
IV: 431.
—, Leberschädigung *IV*:795.
Atophenyl (Ohr) *XI*: 733.
Atoxyl *V*: 1028.
—, Anaphylaktogen
XIII: 696, 702.
—, sensibilisierender Effekt
XIII: 785.
Atresien *II*: 310.
Atrioventrikuläre Knoten
VII/1: 610.
Atrioventrikuläres Bündel,
Störungen *VIII/2*: 844.
Atrioventrikularindex
VII/1: 148.
Artrioventrikularklappen,
Entwicklung *VII/1*: 167.
—, Größenverhältnis
VII/1: 178.
—, Morphologisches
VII/1: 170, 187.
—, Muskulatur *VII/1*: 182.
—, Physiologisches
VII/1: 178, 188.
—, Präsystole *VII/1*: 183ff.
—, Ruhestellung *VII/1*: 185.
—, Übergangsformen
VII/1: 166.
Atrioventrikularklappen-
insuffizienz, Geräusche
VII/1: 199.
—, muskuläre *VII/1*: 199,
VII/1: 200.
—, physiologische
VII/1: 190.
Atrioventrikularsystem
VII/1: 97.
Atrioventrikulartrichter
VII/1: 88.
Atriumtachysystolie, Ekg.
VIII/2: 840.
Atrolaktinsäure *V*: 1025.
Atropasäure *V*: 1025.
Atrophie, Allgemeines
XIV/1: 949.
—, Definition *X*: 1149.

(Atrophie), Degeneration
X: 1156; XIV/1: 954.
—, degenerative, Muskel
VIII/1: 566.
—, Diathermiewirkung, Muskeln XVI/2: 1405.
—, einfache, Muskel
VIII/1: 563.
—, entdifferenzierende
XIV/1: 950.
—, Erschöpfung X: 1161.
—, fetale XIV/1: 1068.
—, Muskel VIII: 540, 558.
—, —, Massagewirkung
XVI/2: 1405.
—, —, Faradisationswirkung
XVI/2: 1405; XI: 300.
—, —, Nervendurchschneidung X: 1162.
—, Organe, Alter XVII: 737.
—, „peristatischer Zustand"
X: 1158.
—, senile XIV/1: 953.
—, Tabes X: 1171.
—, Zelle XVII: 737.
Atropin, Adaptationsstörungen der Tabiker
XII/1: 209.
—, Asthmaneurose X: 1140.
—, AUERBACH-Plexus
X: 1143.
—, Auge XII/1: 206.
—, —, Angriffspunkt am
XII: 209.
—, Blutgefäße VII/2: 1027;
X: 1141.
—, Blutzuckersenkung
XVI/1: 633.
— Darm III: 533, 1439;
IV: 106.
—, Diurese XVII: 218.
—, Drüsen X: 1139.
—, Gaswechsel, Gehirn
IX: 535.
—, Gewöhnung XIII: 869.
—, Harnblase IV: 843.
—, Herzvagus X: 1140.
—, Immunität der Kaninchen
XIII: 870.
—, Lebernerven X: 1141.
—, Magenwirkung
XVIII: 73.
—, Resorptionsbeeinflussung,
Darm IV: 106.
—, Schlagfolge, atrioventrikuläre VII/1: 785.
—, Schweißhemmung
IV: 765.
—, Vaguserregung, periphere
VII/1: 784.
—, Vaguszentrum X: 1126.
—, Stoffwechselverhalten
V: 1033.
—, Vögel und Reptilien
XII/1: 207.

(Atropin), Wirkungsorte
VII/1: 783.
Atropinconjunctivitis
XII/1: 208.
Atropinekzem XII/1: 208.
Atropinidiosynkrasie
XII/1: 208.
Atropiniumbasen X: 1142.
Atropinmydriasis, Ergotaminwirkung auf
XII/1: 205.
—, Insulinwirkung auf
XII/1: 204.
Atropinresistenz (Herz)
VII/1: 784.
Atropintoleranz der Iris
XII/1: 208.
Atropinwirkung, Auge, Blendungsgefühl XII/1: 208.
—, Fernpunkteinstellung
XII/1: 208.
—, Irispigment XII/1: 207.
Atropinzerstörung, Kaninchenblut XIII: 872.
Atroxin (inaktives Scopolamin) XII/1: 210.
Attonität, Ohr XI: 746.
Attraktionssphäre, Molekül
I: 104.
Attraktionstheorie, Entzündung XIII: 294.
Attraktosomen XIV/1: 760.
Ätzeffekt, Säure
XIII: 371.
Ätzgastritis III: 1161.
Au s. Gold.
AUBERTsches Phänomen
(Labyrinth) XI: 961.
— — bei Seitenneigung
XII/2: 877, 1081.
— — bei Taubstummen
XII/2: 880.
AUBERT-FÖRSTER-Phänomen
XII/2: 885.
AUERBACHscher Plexus, Peristaltik III: 465;
IX: 801; X: 1065.
Aufbiß III: 308.
Aufbrauchkrankheiten
XVII: 867.
Aufbrauchtheorie, EDINGERsche XII/2: 817.
Auflösungsvermögen, optischer Raumsinn
XII/2: 751, 754.
Aufmerksamkeit, optische
Wahrnehmung
XII/2: 1216.
—, Wanderung und Blickbewegung XII/2: 984ff.,
XII/2: 1060, 1062.
Aufmerksamkeitswanderung
(opt. Wahrnehmung)
XII/2: 1242.
Aufrechtsehen XII/2: 867.

Aufstoßen s. auch Ructus
III: 1139.
Aufwärtsschielen
XII/2: 1110.
Aufwärtstrinken III: 354.
Augapfel s. Bulbus.
Auge s. auch Sehorgan
XII/1: 1ff.; XII/2: 1ff.
—, Abbildung im Auge s. Abbildung.
—, Abbildungstiefe
XII/1: 101.
—, Adaptationsbereich
XII/2: 1506ff.
—, Adrenalin X: 1107.
—, Akkommodation
XII/1: 145ff., 156ff.
—, Aktionsströme
XII/2: 1395ff.
— — s. auch Bestandspotential, Belichtungsstrom.
—, Altersveränderungen
XVII: 791, 808.
—, Anomaliegrade (Flimmerwertkurven) XII/2: 1561.
—, aphakisches XII/1: 135.
—, Belichtungsstrom s. unter
Belichtungsstrom.
—, Bestandspotential s. unter
Bestandspotential.
—, Bewegungen s. unter
Augenbewegungen.
—, Blutversorgung
VII/2: 1491.
—, Capillardruck XII/2:1336,
XII/2: 1337.
—, Cataract XII/1: 191ff.;
XIII: 499.
—, CO$_2$-Spannung (Wasserhaushalt des) XII/2:1366.
—, Dioptrik XII/1: 70ff.
—, Donnanpotential
XII/2: 1482.
—, Doppelfunktion
XII/2: 1518, 1519.
—, Druck, kolloidosmotischer
XII/2: 1328, 1347.
—, Eigengrau XII/2: 776.
—, Einlaufversuch, Berlinerblau XII/2: 1342.
—, —, Technik XII/2: 1342.
—, elektrische Erscheinungen
XII/2: 1393.
—, Empfindlichkeit
XII/2: 1500, 1506, 1572.
—, Energieschwelle
XII/1: 320.
—, entoptische Erscheinungen XII/1: 233.
—, Erregung, Anklingen der
XII/1: 431.
—, Farbenzerstreuung
XII/2: 786.
—, Farbstoffeinlaufversuch,
Carmin XII/2: 1342.

(Auge, Farbstoffeinlaufversuch), diffusible und kolloidale Farbstoffe *XII/2*: 1343.
—, —, Indigocarmin *XII/2*: 1342.
—, —, Isaminblau *XII/2*: 1343.
—, —, Mißerfolge *XII/2*: 1343.
—, —, Technik *XII/2*: 1343.
—, —, Tusche *XII/2*: 1342.
—, Farbwechselbeeinflussung *XIII*: 213, 235.
—, Fehler, optische *XII/1*: 103.
—, Fluorescein, Diffusionsgeschwindigkeit *XII/2*: 1349.
—, Fluoresceinversuch (HAMBURGER) *XII/2*: 1352.
—, Fluorescenz *XII/1*: 317, *XII/1*: 318, 319.
—, Funktionsprüfungen *XII/1*: 228.
—, Gefäßdruck, intraocularer *XII/2*: 1328, 1332.
—, Gegendruck, intravasculärer *XII/2*: 1328, 1381.
—, helladaptiertes, tonische Reaktion *XII/2*: 1590.
—, hypermetropisches, Pilocarpinwirkung *XII/1*: 200.
—, Kammerwasser, Natriumgehalt *XII/2*: 1363.
—, —, Sekretionsvorgang *XII/2*: 1379.
—, Kammerwinkelverlegung *XII/2*: 1378.
—, Kampfgasverletzungen *XII/2*: 829.
—, Konstanzbereich *XII/2*: 1504.
—, Leitfähigkeitsmessungen *XII/2*: 1355.
—, Lichteinfluß, allgemeiner *XVII*: 318.
—, Lichtempfindlichkeit *XII/1*: 318; *XII/2*: 1500, *XII/2*: 1506, 1572.
—, Linse *XII/1*: 187.
— Linsenauge *XII/1*: 70ff.
— Lochkamera *XII/1*: 9, 60.
—, musivisches *XII/1*: 61.
—, Netzhaut *XII/1*: 266; s. auch Netzhaut.
—, Neutralrotversuch (HAMBURGER) *XII/2*: 1352.
—, Neutralstimmung *XII/1*: 339, 344, 345.
—, Ökonomie, energetische *XII/1*: 322.
—, photoelektrischer Strom *XII/2*: 1395.

(Auge), Pigment *XII/1*: 7, 235, *XII/1*: 278, 419, 539; *XIII*: 223.
—, Primärempfindung, Dauer *XII/2*: 1589.
—, Raddrehungen *XI*: 899, *XI*: 1012; *XII/2*: 1025, *XII/2*: 1035; *XVIII*: 307.
—, Reaktion, tonische *XII/2*: 1571.
—, Rechtswende *XII/2*: 1163.
—, reduziertes *XII/1*: 93; *XII/2*: 769.
—, Reflexe *XII/2*: 1000ff., *XII/2*: 1113ff.; *XVI/2*: 1173.
— Refraktion axiale *XII/1*: 91.
—, Refraktionsanomalien *XII/1*: 70, 114ff., 125.
—, Reizbarkeit, photische *XII/1*: 318; *XII/2*: 1500, *XII/2*: 1506, 1572.
—, Reizeigenschaften, figurale *XII/2*: 1178.
—, Reizschwelle s. unter Reizschwelle, Auge.
—, Richtungslinie *XII/1*: 103.
—, Rollung s. unter Rollungen.
—, schematisches *XII/1*: 87, *XII/1*: 92.
—, —, akkommodierendes *XII/1*: 94.
—, Schutzapparate *XII/2*: 1273ff.
—, Star *XII/1*: 191ff.; *XIII*: 499.
—, Testobjekt, Adrenalin *XII/1*: 212.
—, Tiefseefische *XII/1*: 715.
—, Tonusfunktion *XII/1*: 25; *XV/2*: 1208.
—, Umstimmung *XII/2*: 1500.
—, Unterschiedsempfindlichkeit s. Unterschiedsempfindlichkeit.
—, Verstimmung *XII/2*: 1547.
—, —, farbige, Weißermüdung *XII/2*: 1567.
—, Vertikalabweichungen *XI*: 901, 1011.
—, Vitalfärbversuche *XII/2*: 1325, 1330.
—' Vorderkammer *XII/1*: 86; *XII/2*: 1323.
—, Wahrnehmung s. unter optischer Wahrnehmung.
—, Wasserhaushalt *XII/2*: 1379ff.
Augen, zusammengesetzte *XII/1*: 15.

Augenbewegungen *XII/2*: 1001ff., 1113ff.; s. auch Augenstellungen.
—, Achsen, nichtprimäre *XII/2*: 1034.
—, Anpassungsbewegungen *XII/2*: 1067ff.
—, Bahnen *XII/2*: 1057.
—, Charakter, Einteilung *XII/2*: 1046ff.
—, Fische *XII/2*: 1122, *XII/2*: 1157.
—, Form und Bau des Auges *XII/2*: 1160ff.
—, Funktionsansprüche *XII/2*: 1140.
—, Geschwindigkeit *XII/2*: 1062.
—, Grundlage, angeborene *XII/2*: 1093.
—, Innervation *XII/2*: 1086ff.
—, Kleinhirnreizung *XV/1*: 425.
—, Kleinhirnrindenläsionen *X*: 254, 262, 710.
—, kompensatorische *XV/1*: 96.
—, Kopfbewegungen *XII/2*: 1084ff.
—, Minimalwinkel *XII/2*: 1061.
—, monokulare, spontane *XII/2*: 1157.
—, Muskelgeräusche *XII/2*: 1058.
— phototropischer Tiere *XII/2*: 1136.
—, Phylogenie *XII/2*: 1140.
—, Raumsinn *XII/2*: 1092.
—, spontane *XII/2*: 1130, *XII/2*: 1144.
—, —, cortico-cerebrale *XII/2*: 1155.
—, Stereoskopie *XII/2*: 939, *XII/2*: 994, 998.
—, Vergleichendes *XII/2*: 1113ff.
—, Vestibularapparat *XII/2*: 1143, 1145.
—, Vierhügelreizung *X*: 209.
—, willkürliche, verschiedene Tierklassen *XII/2*: 1155.
—, Störungen (zentrale) *X*: 812.
Augenbewegungsreflexe, sensible *XII/2*: 1152.
Augenbewegungszentren, cerebro-corticale *XII/2*: 1156.
—, corticale *X*: 462, 465; *XII/2*: 1139.
Augenbrauen, Schutzapparat *XII/2*: 1274.

Augendeplantation
XIV/1: 1104.
Augendrehnystagmus siehe
Augennystagmus.
Augendrehreaktionen
XI: 870, 873.
—, Auslösungsstelle *XI*: 876.
— labyrinthloser Tiere
XI: 874.
—, einseitige Labyrinthexstirpation *XI*: 875.
—, Zentren *XI*: 905.
Augendrehreflex
XI: 804, 823.
Augendrehung, kompensatorische *XV/1*: 421.
Augendruck, Entstehung usw.
XII/2: 1377 ff.
—, gesteigerter, Eserinwirkung *XII/1*: 200.
—, Kurve *XII/2*: 1380.
—, Regulation, Halsganglienexstirpation *XII/2*: 1387.
Augendrucksenkung, Sympathicusdurchschneidung
XII/2: 1386.
Augendrucksteigerungen,
Menstruationsstörungen
XII/2: 1388.
Augenfleck phototaktischer
Organismen *XII/1*: 55.
Augenhintergrund, Anilindämpfe *XII/2*: 829.
Augenleuchten *XII/1*: 70,
XII/1: 137.
Augenlider *XII/2*: 1274 ff.
—, entzündliche Erscheinungen, Arsen *XII/2*: 819.
Augenmaß, Leistung
XII/2: 758.
—, Raumsinn *XII/2*: 753.
—, stereoskopisches
XII/2: 943 ff.
Augenmuskelkerne *X*: 182,
X: 207.
Augenmuskellähmungen
X: 359; *XI*: 963.
Augenmuskeln, Achsenlage
XII/2: 1006 ff., 1015.
—, Alles-oder-nichts-Gesetz
XII/2: 1061.
—, Anordnung *XII/2*: 1162.
—, Geräusche *XII/2*: 1058.
—, Innervation *XII/2*: 1060,
XII/2: 1091.
—, Konstanten *XII/2*: 1005,
XII/2: 1019, 1040.
—, Kooperationssynergie
XII/2: 1010, 1041, 1044.
—, Nervenbahnen
XII/2: 1086 ff.
—, Nervenkerne *X*: 204 ff.;
XII/2: 1090.
—, pharmakol. Wirkung
XII/1: 196.

(Augenmuskeln), Rollungskooperation
XII/2: 1037 ff.
—, Sechszahl, ihre Bedeutung
XII/2: 1044 ff.
—, sensorische Funktion
XII/2: 977, 986.
—, Stärke *XII/2*: 1162.
—, Verpflanzung, Funktionsumstellung *XV/2*: 1109.
—, Vertikalkooperation
XII/2: 1011 ff., 1036.
Augenmuskelnerven
XII/2: 1086 ff.
—, sensible Fasern *X*: 31.
Augennystagmus *XI*: 843,
XI: 863, 873, 905; s. auch
Augendrehreaktion usw.
—, reflektorischer
XV/1: 455.
Augenreplantation, funktionelle *XIV/1*: 1111.
Augenrollungen s. unter Rollungen.
Augenrot, subjektives, und
Sehpurpur *XII/1*: 250.
Augenschwindel *XI*: 914;
XV/1: 383, 455.
Augenspiegel *XII/1*: 137 ff.
Augenstellungen vgl. auch
Augenbewegungen.
— (Frühgeburten)
XII/2: 1134.
—, kompensatorische
XI: 811, 815, 832, 858,
XI: 897, 903, 962, 1011;
XV/1: 59, 73;
XVIII: 300.
Augenstellungsänderung,
Vertikalempfindung
XI: 924.
Augenstielbewegungen
XV/1: 93.
Augenstielkörperreflexe
XV/1: 94.
Augenstielreflexe statocystenloser Formen
XV/1: 95.
Augenstörungen, Phosphorvergiftung *XII/2*: 827.
—, Masturbation
XIV/1: 864.
Augenströme *XII/2*: 1395 ff.;
s. auch Bestandspotential
und Belichtungsstrom.
—, Mensch *XII/2*: 1459.
—, periodische *XII/2*: 1465.
—, Schwelle *XII/2*: 1445,
XII/2: 1487.
Augentiere *XVII*: 647.
Augenzittern, Dämmerungssehen *XII/2*: 1131, 1137,
XII/2: 1151.
Ausatmung *II*: 67, 91, 485;
s. auch Exspiration.

(Ausatmung), Dauer, Verlängerung, Verkürzung
II: 359.
—, Druck *II*: 104.
—, inspiratorisch gebremste
II: 87.
—, passive *II*: 89.
Ausatmungsluft s. Exspirationsluft.
Ausbleichverfahren, Farbenphotographie *XII/1*: 538.
Ausbildungsverfahren, wirtschaftliche *XV/1*: 694.
Ausbreitungseffekt (Großhirn) *X*: 443.
Ausbreitungsphänomen
(RHUMBLERsches)
VIII/1: 20.
Ausbreitungsstrom, Protoplasmabewegung
VIII/1: 17.
Auscultation *II*: 286;
VII/1: 267.
Ausdehnungskoeffizient tierischer Gewebe
XV/1: 295.
Ausdrucksbewegungen
X: 349, 370, 397;
XI: 750.
Ausfallserscheinungen, klimakterische *XIV/1*: 425.
—, Krankheiten im Alter
XVII/ 831.
Ausfallsparosmie *XI*: 280.
Ausheberung (Magen)
III: 1120; *XVI/1*: 902.
„Auslöschphänomen"
XIII: 714, 738.
Auslösungsfeld, Reflexe
IX: 639.
Ausnutzung, Nahrung *V*: 34,
V: 73, 79, 98, 128, 136;
XVI: 936, 938, 1010.
Ausnützungskoeffizient, O₂
(Kreislaufregulierung)
VII: 329.
Ausschaltung, reizlose, Nerv
IX: 188.
Ausschaltungsresektion des
Pylorus *III*: 1226.
Ausscheidung, H-Ionen,
Darmwand *IV*: 693.
Ausscheidung s. Exkretion.
Ausscheidungsstoffwechsel
XVI/2: 1510.
Ausschlagszuckungen, Muskel *VIII/1*: 149.
Außenallergene *XIII*: 783.
Außentemperatur, erträgliche
XVII: 393.
—, Kropfentstehung
XVI/1: 307.
—, Sauerstoffbindungskurve
des Blutes *VI/1*: 480.
—, Winterschlaf *XVII*: 108.

Außenverdauung *III*: 65.
Außenwelt, Tiere *I*: 695.
Ausstrahlungsgröße, Klima *XVII*: 471.
„Ausströmungsteil" (l. Ventrikel) *VII/1*: 172.
Austauschacidität *XVI/2*: 1683.
Austreibung, Urin, Blasenmuskulatur *IV*: 867, 868.
Austreibungszeit (Spitzenstoß) *VII/1*: 223, 228.
„Austrittsblockierung" (Extrasystole) *VII/1*:621.
Austrittspupille, Begriff *XII/1*: 99.
Austrocknung (allgem.Klimawirkungen) *XVII*: 511.
—, Widerstandsfähigkeit gegen *I*: 369.
„Auswachsungstheorie" (Nervenregeneration) *IX*: 313.
Auswurf, Adhäsion *II*: 303.
—, Dispersionsgrad *II*: 302.
—, Kohäsion *II*: 303.
—, kolloidchemische Beschaffenheit *II*: 302.
—, Zähigkeit *II*: 303.
Autoantikörper *XIII*: 474.
Autoerotische Handlungen *XIV/1*: 805.
Autoerotismus *XIV/1*: 846.
Autofermentation *V*: 721.
Autogamie *XIV/1*: 14, 22.
Autohämorrhöe, Insekten *XIII*: 269.
Autointoxikation, intestinale *III*: 1024, 1037.
Autokinemeter *XV/1*: 464.
Autokinese, partielle *XV/1*: 448.
Autokinesis interna *XV/1*: 447.
Autokonduktion *VIII/2*: 952.
Autolaryngoskopie *II*: 182.
Autolyse, Allgemeines *V*: 72, 963.
—, BASEDOWsche Krankheit *V*: 726.
—, Gehirn *IX*: 598.
—, Hungerzustand *V*: 726.
—, intravitale *V*: 727.
—, Leber *III*: 1459; *V*: 689.
—, Röntgenbestrahlung *V*: 726.
—, Säurewert *V*: 723.
—, Wundheilung *XIV/1*: 1147.
Automatie, Atmung *II*: 33.
—, atrioventrikuläre *VII/1*: 538, 627.

(Automatie), isolierte Blase *IV*: 874.
—, Flimmer- und Geißelzellen *VIII/1*: 44.
—, Herz *VII/1*: 404, 523, *VII/1*:579; *XVIII*:182.
—, —, Zentren vergleichend *VII/1*: 44.
—, latente (allgemeine Energetik) *I*: 265.
—, nervöse *IX*: 43.
—, periodisch wechselnde *I*: 263.
—, vasomotorischer Zentren *VII/2*: 942.
—, Verdauungskanal *I*: 267.
—, zentrale Atmung *II*: 33.
Automatische Bewegungen halbseitige Kleinhirnschädigung *X*: 287, 303, *X*: 304.
Automatisierung in der Industrie *XV/1*: 655.
Automatismen (Kleinhirn) *X*:275, 309, 310, 311, 314, *X*: 315, 316, 320, 344.
Automixis *XIV/1*: 23.
Autonom nervöse Korrelationen *XVI/2*: 1729ff.
Autonome Darmnerven *III*: 456.
— Reflexe *XVI/2*: 1748/50.
— Zentren *XVI/2*: 1800.
Autonomes Nervensystem *X*: 1048ff., 1095ff.; *XVI/1*: 1019ff.; *XVI/2*:1729; s. auch Nervensystem, autonomes.
— —, Darm *III*: 531.
— —, Schluckakt *III*: 365.
— — Nervenkreuzung *XV/2*: 1101.
Autonomie, Lebensvorgänge *I*: 20.
Autophagie *XVI/1*: 866.
Autophagismus *XIV/2*:1365.
Autoregeneration, Nerven *IX*: 315.
Autoregulation, innersekretorische Drüsen *XVII*: 380.
Autosit *XIV/1*: 1070.
Autoskopie, Kehlkopf *II*:182.
Autosuggestion *XVII*: 671.
Autotomie *XIII*: 264ff.
—, echte *XIII*: 265.
—, Fortpflanzung *XIII*:276.
—, Krebse *XV/2*: 1055.
—, Regeneration *XIII*: 277.
„Autotransplantation" *XIV/1*: 1101.
—, Hypophyse *XVI/1*: 456.

Autotuberkuline *II*: 384.
Autotuberkulinisation *II*: 408.
Autoxydationen *I*: 53.
Auxomerie der Leitung (Herz) *VII/1*: 576.
Auxowirkung, Serum *XVIII*: 318.
Avenakoleoptilen, Phototropismus *XII/1*: 50, 51, 53.
Avertebrin, Eiweißstoffwechsel *V*: 427.
Avertin (Verhalten im Stoffwechsel) *V*: 1007.
Avicularien *I*: 611.
Avidität der Antikörper *XIII*: 544, 609.
A-Vitamin *V*: 1170; s. auch Vitamine.
Avitaminosen *V*: 1143ff.; *XVI/1*: 995ff.; *XVII*: 518; *XVIII*: 130, *XVIII*: 131, 132, 135, *XVIII*:137,139,140,141; s. auch Vitamine.
—, chemische Veränderungen des Gehirns *IX*: 74.
—, experimentelle *V*: 1169.
—, Indophenolreaktion der Hirnsubstanz *IX*: 564.
—, Hyperlipämie nach Insulin *XVI/1*: 616.
—, Keratomalacie *XII/2*: 1604.
—, Kind *III*: 1334, 1393.
—, Mensch *V*: 1234.
—, Muskeldenegeration *VIII/1*: 543.
—, Säurebildung im Zentralnervensystem *IX*: 567.
—, Taube *V*: 1210.
Axialer Vorstrom, Protoplasmabewegung *VIII/1*: 17.
Axolotl, Jodeiweiße auf *XVI/1*: 747.
—, Schilddrüsenwirkung *XVI/1*: 747.
Axonpotentiale, Aktionsstrom des Nerven *VIII/2*: 747.
Axonreflexe *IX*: 28; *XV/2*: 1089;
—, Blutgefäße *VII/2*: 943, *VII/2*: 1561, 1569; *XVI/2*: 1750.
—, präganglionärer *X*: 1062.
—, postganglionärer *XVI/2*: 1170, 1750.
Azidismus, Magenneurose *III*: 1142.
Azoturie *XVII*: 291.

B

β-Formen s. unter dem betreffenden Stichwort (z. B. β-Strahlen unter Strahlen).
Babesien *I*: 633.
Babinski-Reflex *X*: 894.
—-—, Umkehr *XV/2*: 1053.
Bacillenträger *XIII*: 536, *XIII*: 603.
Bacillus aerogenes *XIV/1*: 652.
— botulinus *XII/1*: 516.
— phlegmones emphysaematosae (Nekrose) *V*: 1297.
— prodigiosus *XIV/1*: 653.
— vulgatus, B-Vitamin-Gehalt *V*: 1217.
back infiltration *XVI/2*: 1348.
BACKHAUSmilch *XIV/1*: 657.
Backzähne, Erkrankungen *III*: 1051.
Bäder *VII/1*: 444ff.
—, Blut *XVII*: 459.
—, Brustumfang, Einfluß auf *XVII*: 445.
—, Harnsekretion *XVII*: 460.
—, „Krisen" nach *XVII*: 455.
—, Muskulatur *XVII*: 450.
—, Nervensystem *XVII*: 451.
—, Reizwirkungen *XVII*: 446.
—, Sensorium *XVII*: 452.
—, Temperaturbeeinflussung bei Kindern *XVII*: 10.
—, Wärmehaushalt und Stoffwechsel *XVII*: 453.
—, Wirkung, physiologische *XVII*: 444.
BAEYERsche Hypothese *V*: 605.
BAGLIONIsche Untersuchungen (α- und β-Reflexe) *X*: 47.
Bahnen, vegetative Sensibilität *XVI/2*: 1809.
Bahnstrecke, letzte, gemeinsame *XV/1*: 18.
Bahnung, primäre *X*: 439.
—, Reflexe *IX*: 33.
—, sekundäre *X*: 442.
—, Zentralnervensystem *IX*: 633, 638.
BAINBRIDGE-Reflex *XVI/2*: 1293.
Baisse systolique *VII/2*: 1390.
Baktericide Kraft *II*: 314.
Bakterielle Vorgänge, Darm der Pflanzenfresser *III*: 991.
Bakterien, Antagonismus im Verdauungstrakt *III*: 1030.

(Bakterien), autotrophe *V*: 337.
—, Darm *III*: 1032.
—, — des Säuglings *III*: 1327.
—, Durchwandern, Darmwand *IV*: 80.
—, Eiweißabbau *III*: 1035.
—, elektrischer Gleich- und Wechselstrom; Einfluß auf *VIII/2*: 929.
—, Enddarm *III*: 995.
—, Faeces *IV*: 707.
—, Gallensteine *IV*: 604.
—, Geschwulsterreger *XIV/2*: 1536.
—, Hamstermagen *III*: 979.
—, Kapselbildung *XIII*: 526.
—, Klimawirkungen, allgemeine *XVII*: 526.
—, Kropf *XVI/1*: 309.
—, lebenswichtiger Faktor *III*: 1028.
—, Licht *XVII*: 308.
—, Magen *III*: 1032, 1322.
—, — der Herbivoren *III*: 967.
—, — des Säuglings *III*: 1322.
—, nitrifizierende *I*: 49.
—, Parasiten *I*: 659.
—, Pferdemagen *III*: 971.
—, Säugling, gesunder *III*: 1015, 1322.
—, schwefeloxydierende *I*: 732.
—, Schweinemagen *III*: 976.
—, Toxizität, primäre *XIII*: 796.
—, Verdauungskanal, Bedeutung *XVI/1*: 939, 976.
—, Verwendungsstoffwechsel *XIII*: 541, 554.
—, Wiederkäuermagen *III*: 981.
Bakterienanaphylaxie *XIII*: 795, 796.
Bakterieneiweiß, Pansen *III*: 989.
Bakterienfarbstoffe im Licht *XVII*: 310.
Bakterienflora s. auch unter Bakterien.
—, Konstanz *III*: 1029.
Bakteriengifte (Ohr) *XI*: 738.
Bakterienlicht *VIII/2*: 1082.
Bakterientätigkeit, Darm *III*: 1033.
—, Fettabbau *III*: 1035.
—, Kohlehydratabbau *III*: 1034.
Bakterientoxine, Gefäßkollaps *VII/2*: 1179, 1191.

Bakterienwägung (Kot), STRASBURGERS Methode *IV*: 708.
Bakteriocholie *IV*: 603, 605.
Bakteriophagen *XIII*: 528, *XIII*: 554.
Bakteriopurpurin, Absorptionsspektrum *XII/1*: 47.
Bakteriostanine *III*: 1030.
Bakteriotropine *XIII*: 824.
Balanceversuch *XI*: 845; *XV/1*: 124, 131.
—, Frosch *XV/1*: 148.
—, Reptilien *XV/1*: 149.
—, Vögel *XV/1*: 150, 334.
—, Balancierarbeit *XV/1*: 824.
Balantidium coli *I*: 634.
Baldrian, Gefäße des Hodens *VII/2*: 1037.
Balken, anatomisch *X*: 836.
—, Bedeutung *X*: 840.
—, Großhirn *XV/2*: 1129.
—, sensorische Leistungen *X*: 841.
Balkenapraxie *X*: 838.
Balkenläsion, Astereognosis *X*: 841.
—, tonische Innervation *X*: 842.
Ballfurchung, Ascaris *XVI/1*: 812.
Ballistisches Sklerometer *VIII/1*: 358.
Bandfasern, BÜNGNERsche, Nervenregeneration *IX*: 294, 305.
Bandwürmer, Proglottidenbildung *I*: 613.
BANTIsche Krankheit *VI/2*: 918.
Banyanbaum *I*: 636.
BÁRÁNYsche Hypothese *XI*: 971.
— Richtungszentren *X*: 258, *X*: 300.
— Zeigeversuche *X*: 256, *X*: 280.
BARCROFTscher Apparat *VI/1*: 449; *XVI/1*: 743.
Barbitursäuren *V*: 1010.
Barium, allgemeine Wirkung *I*: 504.
—, Ausscheidung, Darm *IV*: 695.
Bariumchlorid, Atmung *II*: 284.
BARLOWsche Krankheit *V*: 1235.
Barometerdruck *XVII*: 510.
—, niedriger, Harnreaktion *XVI/1*: 1145.

Barrière hématoencéphalique *X*: 1224.
BARRINGTONsche Harnblasenreflexe *IV*: 837.
Barteln, Fische *XI*: 77.
BARTELSsche Brille *XI*: 932.
Barytsalze, Gefäße des Atemapparates *VII/2*: 1005.
Basalbogen, Oberkiefer *III*: 300.
—, Unterkiefer *III*: 301.
Basalganglien *X*: 326.
Basalstoffwechsel (Energieminimum) *V*: 139.
— (LUSK, BENEDICT u. a.) *V*: 260.
— Bestimmungen (Maximal- und Minimalgrößen) *V*: 143.
— jahreszeitliche Schwankungen *V*: 143.
Basalzellenkrebs *XIV/2*: 1496.
Base, Definition *I*: 488.
Basedowoide *XVII*: 1088.
—, Erregbarkeitsänderungen *XVI/1*: 1024.
BASEDOWsche Krankheit *XVI/1*: 287.
— —, Blutdrucksteigerung *VII/2*: 1381.
— —, Blutgerinnung *VI/1*: 402.
— —, Blutmenge *XVIII*: 175.
— —, Calciumgehalt des Blutes *XVI/2*: 1460.
— —, Epithelkörperchen *XVI/1*: 666.
— —, Harnkreatinin *V*: 951.
— —, Hautkapazität *VIII/2*: 689.
— —, Herz *XVI/1*: 291.
— —, Insulin *XVI/1*: 644, *XVI/1*: 668.
— —, Jod *XVI/1*: 320.
— —, malacische Knochenveränderungen *XVI/2*: 1584.
— —, Pathogenese *XVI/1*: 289.
— —, Stoffwechsel *VI/1*: 409; *XVI/1*: 290.
— —, Symptome *XVI/1*: 296.
Basedowstruma, Hypophyse *XVI/1*: 664.
Basen, Geschwülste *XVI/2*: 1502.
—, Permeabilität für *I*: 461.
Basenabgabe bei Reduktion des Oxyhämoglobins *XVI/1*: 1080.
Basenbildner, Tumoren *XVI/2*: 1501.

Basencontractur, Muskel *VIII/1*: 226, 285.
Basengleichgewicht, Beeinflussung durch spezifische Nahrung *I*: 494.
Basenüberschuß, Blutflüssigkeit *XVI/2*: 1464.
—, Reaktionsregulierung, Blut *XVI/1*: 1131/32.
Basenverarmung, Körper *III*: 1047.
Basenverminderung, Reaktionsregulierung, Blut *XVI/1*: 1131.
Basilarmembran *XI*: 482; *XVIII*: 295.
Basophilie, Endothel *XIII*: 307.
—, Stromazellen *XIII*: 320.
Bastarde, intermediäre Menschenrassen *XIII*: 257.
—, merogonische *XVII*: 995.
—, partiell-thelykaryotische *XVII*: 998.
—, Rieseneier *XVII*: 1007.
—, Uniformität der (F₁)- *XVII*: 920.
Bastardforscher *XVII*: 906.
Bastardierung *XIV*: 142.
Bastardierungsexperimente *XIII*: 243.
BASTIAN BRUNSsches Gesetz, Rückenmarksverletzungen *X*: 659, 899, 978.
Batrachierlarven s. unter Amphibienlarven.
Bauchatmung, verkehrte *II*: 346, 349.
Bauchdecken, Spannung *II*: 67.
Bauchdeckenreflex *X*: 992.
Bauchfell, Gifte *IV*: 158.
Bauchhöhle s. auch Abdomen *II*: 92.
—, Eindiffusion *IV*: 154.
—, Lymphe *IV*: 162.
Bauchhöhlendruck s. Abdominaldruck *II*: 94.
Bauchhöhleninhalt, Gewicht *II*: 94.
Bauchlage (Knieellbogenlage) *II*: 373.
Bauchmuskulatur (exspiratorische Hilfskraft) *II*: 348.
Bauchpresse *II*: 91; *III*: 389, *III*: 391.
Bauchrednerstimme *XV/2*: 1357.
Bauchspeichel, Fehlen *III*: 1258.
Bauchspeicheldrüse s. unter Pankreas.
Bauleiter, Stoff *I*: 22.
Bauplan, aktiver *I*: 17.

Baustoffwechsel *XVI/1*: 957, 969.
—, Größe *XVI/1*: 976.
—, Pflanze *V*: 328.
B-Avitaminose *XVI/1*: 995.
Bayer 205-, Trypanosomenfestigkeit *XIII*: 840.
Bazillenträger *XIII*: 551.
Bdellostoma (Extrasystole) *VII/1*: 41.
—, Pfortaderherz *VII/1*: 26.
Becherzellen *II*: 314; *III*:560.
—, Darm *III*: 666.
—, Magen *III*: 617.
„Bechterewnystagmus" *XV/1*: 78.
Becken, verengtes *XIV/1*: 598.
Beckendrehreaktion *XI*: 880.
—, einseitige Labyrinthexstirpation *XI*: 882.
Beckenreflexe *XI*: 928.
BECQUERELL-Effekt *XVII*: 328.
Bedarfssekretion, Adrenalin *XVI/2*: 1759.
Bedeguare *XIV/2*: 1207.
Beeinträchtigungswahn, präseniler *XVII*: 1169.
BEERsches Gesetz, Spektrophotometrie *VI/1*: 94.
Befruchtung *XIV/1*: 123, *XIV/1*: 1043.
—, BOVERIS Centriolhypothese *XIV/1*: 128.
—, Definition *XVII*: 1002.
—, Einzelliger *XIV/1*: 12, 23.
—, heterogene *XIV/1*: 142.
—, karyogamische *XIV/1*: 145.
—, partielle *XIV*: 128; *XVII*: 998.
—, selektive *XVII*: 926.
—, Wärmetönung der *I*: 64.
Befruchtungsmembran *I*: 47.
Befruchtungsprozeß *XIV/1*: 1006.
Begabungsanlagen *XVII*: 1122.
Begabungsmängel *XV/1*: 691.
Begattung, Begriff *XIV/1*: 176.
—, Dauer bei Tieren *XIV/1*: 179.
—, Formen *XIV/1*: 177.
—, Geschlechtstrieb *XIV/1*: 194.
—, Lösung *XIV/1*: 818.
—, Tiere *XIV/1*: 51.
—, unechte *XIV/1*: 202.
Begattungsbewegungen *XIV/1*: 817.
Begattungstrieb, Kastration *XIV/1*: 243.

Begriffsurteile, Traum
XVII: 641.
Behaarung XVII: 29, 1138.
—, Akromegalie XVI/1: 782.
Behaglichkeitsgrenze (allge-
meine Klimawirkungen)
XVII: 507.
— (Umweltwärme und
-kälte) XVII: 397.
Beinamputation, Insekten
IX: 813.
Beine, Bewegung beim Gehen
XV/1: 214.
—, Speichenwirkung
XV/1: 241.
Beißreaktionen (Reaktions-
zeiten) X: 552.
Beißzangen, Metazoen
XIII: 50.
Beizahl, Altern XVII: 723.
Bekassinen, Meckern
XV/2: 1250.
Bekernung, kernloser Ei-
bruchstücke XVII: 1024.
Belastung, obere Grenze,
optimale, Arbeit
XV/1: 592.
Beleuchtung, „klarste"
XII/2: 1447.
—, Sehschärfen, Untersu-
chungsmethoden
XII/2: 780.
Beleuchtungsbedingungen,
Anpassung XII/2: 1500.
Beleuchtungsgesetz
XII/2: 778 ff.
Beleuchtungsperspektive
(Lichtperspektive)
XII/1: 612.
Belichtung, diasclerale, Strah-
lengang XII/1: 238.
—, intermittierende, Zweck
XII/1: 240.
—, stenopäische, Strahlen-
gang im Augeninnern
XII/1: 238.
—, transpapillare, Strahlen-
gang XII/1: 238.
Belichtungsdauer biologischer
Objekte XVII: 307.
Belichtungspotential, Ent-
stehungsort XII/2: 1483.
Belichtungsstrom,
Auge XII/2: 1395, 1411,
XII/2: 1417.
—, —, absolute Schwelle
XII/2: 1445.
—, —, Adaptationszustand
XII/2: 1431.
—, —, Belichtung, inter-
mittierende XII/2: 1441.
—, —, Bulbus, örtliche Ver-
teilung XII/2: 1428.
—, —, Dauer- und Moment-
belichtung XII/2: 1436.

(Belichtungsstrom, Auge),
Entstehungsort
XII/2: 1483.
—, —, spezifische „Farben-
empfindlichkeit"
XII/2: 1453.
—, —, Gesichtsempfindung
XII/2: 1487.
—, —, Kälte- und Ionen-
wirkung XII/2: 1423.
—, —, „klarste Beleuchtung"
XII/2: 1447.
—, —, Lichtmengengesetz
XII/2: 1444.
—, —, Lichtstärke
XII/2: 1442.
—, —, Mensch XII/2: 1459.
—, —, Phasen XII/2: 1411.
—, —, PURKINJEsches Phä-
nomen XII/2: 1448.
—, —, „Relativitätssatz"
XII/2: 1447.
—, —, Schädigung
XII/2: 1416.
—, —, —, mechanische
XII/2: 1419.
—, —, Schwelle XII/2: 1445,
XII/2: 1487.
—, —, Sehfunktion
XII/2: 1482.
—, —, Sehpurpur
XII/2: 1449.
—, —, Stärke XII/2: 1416.
—, —, TALBOTsches Gesetz
XII/2: 1444.
—, —. Teilstromtheorie
XII/2: 1483—1487.
—, —, Temperatureinfluß,
Reizintensität, Tier-
zustand XII/2: 1435.
—. —, zeitlicher Verlauf
XII/2: 1435.
—, —, WEBER-FECHNERsches
Gesetz XII/2: 1445.
—, —, Wellenlänge des Lich-
tes XII/2: 1448.
Belichtungsversuch (KATZ)
XII/1: 620.
BELLsches Gesetz X: 29.
— —, antidrome Nerven
VII/2: 954.
— Phänomen XII/2: 1277.
BENASSIsche Scheiben
XII/1: 440.
BENCE-JONESsche Albumin-
urie V: 743.
Bence-Jones-Eiweißkörper
IV: 300; XIII: 506.
BENEDIKTsche Symptomen-
komplexe X: 351, 367,
X: 415.
Benetzungskraft VIII: 18.
BENNETTsche Seitenexkur-
sion, Kiefergelenk
III: 321.

Benommenheit, Pathologie
des Schlafes XVII: 596,
XVII: 605.
Benzaldehyd V: 1016.
Benzamid V: 1020.
Benzidin V: 1019.
Benzilsäure V: 1022.
Benzochinonessigsäure
V: 866.
Benzoesäure V: 1020, 1035;
X: 1037.
Benzoin V: 1017.
Benzol V: 1013.
Benzolderivate III: 229.
Benzolring, Aufsprengung
V: 638, 864, 870.
Benzolvergiftung, Blutgerin-
nung VI/1: 399.
Benzoylaminosäuren
V: 765, 1028.
Benzoylaminozimtsäure
V: 1028.
Benzoylglykuronsäure
V: 1037.
Benzoylleucin V: 766.
Benzylacetessigester V: 1027.
Benzylacetessigsäure V: 1017.
Benzylalkohol, Atmungswir-
kung II: 284.
—, Lokalanästhesie durch
IX: 453.
Benzylamin V: 1020.
Benzylbenzoat, Uteruswir-
kung XIV/1: 546.
Benzyllävulinsäure V: 1027.
Benzylcyanid V: 1020.
Benzylidenderivate
V: 1020.
Beobachtungsmethode, ar-
beitspsychologische
XV/1: 647.
Beobachtungsschemata, Be-
rufe XV/1: 677.
Bergkrankheit II: 268;
XVII: 230, 385, 512, 528.
—, Fliegen XV/1: 370.
BERGMANNsche Regel
XIII: 199.
BERGONNIÉ, Gesetz
XVII: 368.
Bergwinde XVII: 476.
Beriberi V: 1166, 1167, 1204;
XV/1: 6; XVI/1: 995.
—, degenerative Erkrankung
der Nerven IX: 334.
—, experimentelle V: 1201.
—, hydropische Form
V: 1235.
—, Kindesalter III: 1334.
—, menschliche V: 1147,
1234 ff.
—, Ödeme XVIII: 131.
—, Säugling III: 1395.
—, Utilisation XVI/2: 1326.
Beriberianfall V: 1207.

Beriberiartige Krankheits-
erscheinungen, Pferd
V: 125.
Beriberiherz, Insuffizienz
XVI/2: 1408.
Beriberischutzstoff s. Vita-
min-B.
BERNOULLI, Satz von (At-
mung) *II*: 288.
Bernsteinsäure (Verhalten im
Stoffwechsel) *V*: 1005.
Bernsteinsäureoxydation
VIII/1: 496.
Beruf, Altern *XVII*: 771.
—, Staubgehalt der Lunge
II: 536.
—, Staubinhalation *II*: 526.
Berufsarbeit, Stoffwechsel
XVI: 968.
Berufsauslese, Körperbau-
typen *XV/1*: 565.
Berufsberatung *XV/1*: 690.
Berufseignungsprüfung
XV/1: 681, 689.
Berufsidiosynkrasien
XIII: 771.
Berufskunde, psychologische
XV/1: 671.
Berufspsychogramme
XV/1: 674.
Berufstüchtigkeit, Körperbau
XV/1: 680.
Berührung s. unter Tango-
receptoren.
Berührungsreflex, Fehlen
X: 246, 248, 249.
—, MUNKscher *XV/1*: 44.
Berührungsreizbarkeit, Pflan-
zen *XI*: 84.
Berührungsreize *XVII*: 697,
XVII: 708.
Besamung *XIV/1*: 121.
Beschattungs- und Belich-
tungsversuch (KATZ)
XII/1: 620.
Beschleunigungsfaktor, Herz-
leistung *XV/2*: 903.
Bestandspotential s. auch
unter Augenstrom.
—, Auge, Deutung
XII/2: 1479.
—, —, Stärke *XII/2*: 1398.
—, —, Bulbus, örtliche Ver-
teilung *XII/2*: 1399.
—, —, Gas - Temperatur -
Ionenwirkungen
XII/2: 1406.
—, —, Teilpotential - Theorie
des *XII/2*: 1481.
—, —, zeitliche Veränderun-
gen *XII/2*: 1402.
Bestandstrom (Auge)
XII/2: 1395.
Bestrahlung, Oxydation in
der Haut *XIII*: 249.

(Bestrahlung), tierischer Or-
gane, D-Vitamin *V*: 1199.
Bestrahlungsstoffe (Eigen-
schaften) *I*: 266.
Betateilchen *I*: 234.
Betäubung *XVII*: 605.
Betriebsdisziplin *XV/1*: 666.
Betriebsführung, „wissen-
schaftliche" *XV/1*: 649.
Betriebsleitung, funktions-
weise *XV/1*: 651.
Betriebsstatistiken
XV/1: 647.
Betriebsstoffwechsel *V*: 3,
V: 140; *XVI/1*: 850.
—, Definition *V*: 140.
—, Pflanze *V*: 328.
—, Wachstum *V*: 165.
Betriebsstörung (Neurose)
XVI/1: 1031.
BETZ-Zellen *X*: 476, 477.
B.-Eucain, Lokalanästhesie
durch *IX*: 438ff.
Beugereflex, Frosch *IX*: 699.
—, gekreuzter *X*: 993.
Beugereflexsynergie, spasti-
sche Lähmung *X*: 607.
Beugesynergie *X*: 976.
Beugezuckungen, pseudo-
spontane *X*: 896.
Beulenbrand, Pflanzen
XIV/1: 1206.
„Beutelgallen" *XIV/2*: 1204.
Beuteltiere, Wärmeregulation
XVII: 6.
Beweglichkeit, Formanten
XV/2: 1414.
—, Geschwulstzelle
XIV/1: 1363, 1734.
Bewegtsehen, Schwindel
XV/1: 470.
Bewegung, Darm, allgemeine
Physiologie *III*: 452ff.
—, —, Dünndarm
XVI/1: 899.
—, körperliche *XV/1*: 587ff.
—, —, Analyse einer zusam-
mengesetzten *XV/1*: 683.
—, —, automatische, halb-
seitige Kleinhirnschädi-
gung *X*: 287, 303, 304.
—, —, gleichmäßige Durch-
führung *XV/1*: 640.
—, —, Form, optimale
XV/1: 626.
—, —, künstlerische Betäti-
gung *XV/1*: 629.
—, —, Maximalfrequenz
XV/1: 637.
—, — Photographie
XV/1: 174.
—, —, Restitution nach Ar-
beit, Einfluß *XV/1*: 778.
—, —, Tempo, optimales
XV/1: 619.

(Bewegung), Pflanzen, pho-
totaktische *XI*: 171.
—, —, thermonastische
XI: 165.
—, —, thermotaktische
XI: 172.
—, —, thermotropistische
XI: 165.
—, Wahrnehmung
XII/2: 1166.
—, —, Feld, Einfluß
XII/2: 1184.
—, —, figuraler Vorgang
XII/2: 1199.
—, —, Gestaltbildung in der
γ- *XII/2*: 1231ff.
—, —, Hauptstadien
XII/2: 1172.
—, —, Relativität
XII/2: 1205.
—, —, — der phänomenalen
XII/2: 1196.
—, —, stroboskopische
XII/2: 1169.
—, —, —, akustische
XII/2: 1213ff.
—, —, wirkliche
XII/2: 1191.
—, Sehobjekte, autokine-
tische *XII/2*: 748, 1195.
—, Stimmlippen *XV/2*: 1302.
Bewegungsablauf, Ermüdung
XV/1: 584.
Bewegungsapparat, Keim-
drüsenstörungen
XVI/1: 787.
— (Auge), Sehakt bei Störun-
gen *XII/2*: 1095ff.
—, Parasiten *I*: 639.
Bewegungsarbeit, Energie
I: 242.
Bewegungsarmut, PARKIN-
SON-Kranke *X*: 343.
Bewegungsbahn, Ausfüllung
(Wahrnehmung)
XII/2: 1172.
Bewegungseindruck, Bedin-
gungen *XII/2*: 1166.
Bewegungseindrücke, ego-
zentrisch bestimmte
XV/2: 997.
Bewegungsempfindlichkeit,
Messung (Wahrnehmung)
XII/2: 1183.
—, Sehschärfe *XII/2*: 1197.
Bewegungserscheinungen,
Sinnesgebiete, verschiede-
ner *XII/2*: 1211.
Bewegungsgleichung, ein-
gliedrige Kette (allgem.
Muskelphysiologie)
VIII/1: 622.
—, Massenpunkt (allgem.
Muskelphysiologie)
VIII/1: 620.

(Bewegungsgleichung), drei-
gliedriges System (Mecha-
nik d. menschl. Körpers)
XV/1: 169.
Bewegungsgröße, wahrnehm-
bare XII/2: 754.
Bewegungslehre, anthropo-
sophische XV/1: 165.
—, optische XII/2: 1202.
Bewegungsnachbilder, Beein-
flussung XII/2: 1207.
Bewegungsreaktionen, vesti-
bulare XI: 913; XV/1: 411.
Bewegungssehen, Zustande-
kommen des XII/1: 14.
Bewegungsstereoskopie (PUL-
FRICHeffekt) XII/2: 913.
—, Dunkeladaptation
XII/2: 915.
—, E.-Z. (Empfindungs-Zeit)
XII/2: 914.
Bewegungsstörungen nach
kombinierter Augen- und
Labyrinthexstirpation
XV/1: 117.
—, Augenexstirpation
XV/1: 117.
—, einseitige Labyrinthex-
stirpation XV/1: 112.
—, Mensch XV/1: 382ff.
— (Stammganglien) X: 342.
Bewegungsstudien (Psych. d.
körperl. Arbeit)
XV/1: 651, 817.
—, industrielle Arbeit
XV/1: 526.
—, Rationalisierung (Psych.
d. körperl. Arbeit)
XV/1: 559.
Bewegungstäuschungen
XV/1: 453, 478.
—, Fliegen XV/1: 447.
Bewegungsunruhen, choreati-
sche IX: 646.
Bewegungsvorgänge, „Ver-
vielfältigung" der Objekte
(Wahrnehmung)
XII/2: 1191.
—, Darm, Pathologie
III: 483.
Bewegungswahrnehmung
XV/1: 447.
—, absolute XV/2: 997.
—, Drucksinn XI: 118.
—, Progressivbeschleunigun-
gen XV/1: 465.
—, Schwindel XV/1: 478.
Bewußtlosigkeit XVII: 596,
XVII: 605.
— (Ertrunkener) XVII: 596.
Bewußtsein, Auslösung
XVII: 594.
—, Enge XV/2: 1195.
—, Hirnerschütterung X: 120.
—, Hirnstamm X: 122.

(Bewustsein), Inhalt, Weib
XIV/1: 785.
—, Kollaps X: 129.
—, Verlust (Synkope)
XV/1: 481.
—, Zentrum X: 383.
Beziehung, Ich-Du
XIV/1: 843.
Beziehungswahn, sensitiver
XVII: 1111.
Beziehungswelt I: 12.
Bezoare, fetale III: 1086.
—, Magen
III: 1197.
BEZOLD-BRÜCKEsches Phä-
nomen XII/1: 348, 561.
BEZOLDS „Sprachsext"
XV/2: 1434.
Bi s. Wismut.
BIBRA-HARLESSsche Theorie
(Narkose) I: 535.
Bicarbonationen, biol. Be-
deutung I: 494.
Bicepsreflex X: 981.
BIDDERsches Organ
XIV/1: 296; XVI/1: 792.
Biene, Drohnen aus Weib-
chenzüchtung XIV/1: 780.
—, Duftorgan XI: 207;
XV/2: 1029.
—, Flügelstellung XV/1: 356.
—, kinästhetischer Fühlsinn
XV/2: 1027.
—, Geruchssinn XI: 226.
—, Geschmackssinn
XI: 227.
— Gift, Wirkung
XIII: 143, 366.
—, Stoffwechsel V: 448.
Bienenstaat I: 614.
—, Wärmeregulation
XVII: 1.
Bienenwachs III: 168.
Bierherz XVII: 290.
—, Münchener VII/2: 1311.
BIERMERsche (perniziöse) An-
ämie VI/2: 689, 776, 897.
Bikarbonat, Ausscheidung
XVI/1: 1141.
—, Pufferwirkung
XVI/1: 1094.
— Tetanie XVI/2: 1598.
Bilanzversuche, Eiweiß V: 34.
—, Einfluß von Insulin
XVI/1: 650.
—, evisceriertes und dekapi-
tiertes Tier XVI/1: 628.
Bild, nachlaufendes
XII/2: 1488.
—, punktförmiges, Scharf-
sehen XII/2: 746.
Bilderzeugung (Auge)
XII/1: 3.
Bildschärfe, Sehschärfe
XII/2: 745.

Bildung der Sprechlaute
XV/2: 1329.
Bildungsformen, Anatomie
I: 23.
Bilharzia-Carcinome, Harn-
blase XIV/1: 1532.
—, Sexualverhältnisse
XIV/1: 297.
Bilharziakrankheit, Steinbil-
dung IV: 665.
Bilifuscin (Blut- u. Gallen-
farbstoffe) VI/1: 196.
Biliprasin (Blut- u. Gallen-
farbstoffe) VI/1: 196.
Bilipurpurin VI/1: 167.
Bilirubin s. auch Gallen-
farbstoffe VI/1: 285;
XVIII: 155.
—, Abbauprodukte VI/1: 197,
VI/1: 198.
—, anhepatisches u. hepati-
sches VI/1: 286.
—, Exkretion, Größe IV: 789.
—, Nachweis, Serum IV: 786.
—, Reaktion, direkte u. in-
direkte III: 1273.
—, Reduktionsprodukte
III: 881.
—, Steinkernbildung IV: 616.
Bilirubinämie IV: 788.
—, Hunger IV: 786.
—, Kälteeinwirkung IV: 786.
—, physiologische IV: 785.
—, qualitative, quantitative
Unterschiede IV: 787,
IV: 788.
—, Reaktionstyp, direkter
IV: 786.
—, —, hepatocellulärer Ik-
terus IV: 786.
—, —, indirekter IV: 786.
Bilirubinammonium (Gallen-
farbstoffe) VI/1: 197.
Bilirubinbildung, Milz
III: 1272; VI/2: 883.
—, reticulo-endotheliales
System III: 1273.
Bilirubinkalkkonkremente,
intrahepatische IV: 622,
IV: 654.
Bilirubinkalkniederschläge
IV: 611.
Bilirubinkalksteine IV: 616,
IV: 621, 654.
Bilirubinmenge, Galle und
Blutumsatz IV: 788.
Bilirubinnachweis, Serum
IV: 786.
Bilirubinsäure VI/1: 167.
Bilirubintypen, Harnfähig-
keit IV: 787.
—, Serumeiweißkörper
IV: 787.
—, Ursprungsorte IV: 787.
Bilirubinurie IV: 788.

(Bilirubinurie), Injektion gallensaurer Salze *IV*: 788.

BILLROTH, Resektion des Magens *III*: 1220.

Binanten-Elektrometer (DOLEZALEK) *VIII/2*:703.

Binärgleichungen *XII/2*: 1536.

Binärhomogengleichungen *XII/2*: 1534.

Bindearm, anatomisch *X*: 395.

— -Herde *X*: 368.

Bindegewebe *XVII*: 252.

—, Alter *XVII*: 739.

—, Drüsengewebe *XIV/1*: 986.

—, Faeces *IV*: 703.

—, Kieselsäurebestandteil *XVI/2*: 1500.

Bindegewebszellen, Strahlenempfindlichkeit *XVII*: 366.

Binden-Elektroden (EINTHOVEN) *VIII/2*: 724.

Bindungsversuch (EHRLICH-MORGENROTH) *XIII*: 821.

Binnendruck, Oberflächenenergie *I*: 107.

—, Volumen der Lösung *I*: 111.

Binnenkontrast *XII/1*: 479, *XII/1*: 490.

Binnenmuskeln (Ohr) *XI*: 419, 421, 430.

Binnennervensystem, Schweißdrüsen *IV*: 759.

Binnennetze, Darmzellen *III*: 680.

„Binokularer Wettstreit" *XII/2*: 1237.

Binokularsehen, Affe und Mensch· *XII/2*: 1163.

—, Tiefensehen *XII/2*: 1139.

—, Tierwelt *XII/2*: 1155.

Bioblastentheorie *III*: 559.

„Biocönose" *I*: 628.

Bioelektrische Ströme, Ursache *VIII/2*: 999.

Bioenergetik *I*: 228.

—, Phase, Menge der *I*: 256.

Bioenergetische Situation des lebenden Gebildes *VII/1*: 713.

— Umstimmung *VII/1*: 722.

Biogen *I*: 307.

—, Hypothese *I*: 308.

Biogenesis *XIV/1*: 1020.

Biogenesistheorie *XIV/1*: 1007, 1021, 1050.

Biogenetisches Grundgesetz *I*: 694.

Biologie, Aufgabe *XV/2*: 1141.

(Biologie), mechanische *I*: 12.

— (Sinneslehre) *XI*: 65.

—, technische *I*: 12.

Biologische Immobilisation *XVII*: 700.

— Spezifität *XIII*: 473.

— Wertigkeit, Aminosäuren *V*: 103.

— —, Brot *V*: 99.

— —, Eiweißkörper *V*: 85, *V*: 1151.

— — — Bestimmung beim Menschen *V*: 96.

— — —, Fehlerquellen *V*:102.

— —, Eiweißkonzentration der Nahrung *V*: 100.

— —, Eiweißkörperzubereitung *V*: 100.

— —, Eiweißmischungen *V*: 101.

— —, Fehlerquellen der Tierversuche *V*: 102.

— —, Getreideeiweiß *V*: 99.

— —, Kartoffeleiweiß *V*: 99.

— —, Verarbeitung des Getreides *V*: 100.

Bioluminescenz *VIII/1*:1069, *VIII/1*: 1072, 1080.

Bioplastik *V*: 1292.

Bioradioaktivität *I*: 253.

Biotaxis *X*: 174.

Biotomis *I*: 307.

Biovar *XIV/1*: 404.

Bioxie *II*: 5.

Bipolare Reaktion, Pflanzen *VIII/1*: 103.

Bipolarität, Pflanzen *XIV/1*: 1123.

Bisexualität *XIV/1*: 883.

Biß- und Greifwaffen, Protozoen *XIII*: 8.

Bißarten *III*: 308.

Bissenbildung *III*: 327 ff.

Bißwaffen, Metazoen *XIII*: 44.

BITOTflecken, Xerose *XII/2*: 1604; *XVIII*: 130.

Bittermittel, Beeinflussung, Darmresorption *IV*: 105.

Bitterschmeckende Stoffe *XI*: 328.

Bitterstoffe *II*: 465.

Biuretprobe *III*: 245.

BLAAUWsche Theorie *XII/1*: 57, 58.

BLACKMANsche Reaktion *V*: 601.

black-tongue, Avitaminose, Hund *V*: 1239.

Bläschenatmen, Lungenperkussion *II*: 292.

Blase s. auch Harnblase.

—, Automatie (Querschnitts-

läsion des Rückenmarks) *X*: 1085.

(Blase), Automatie, Sakralmark, Verletzungen des *IV*: 874.

—, Druckmessung *IV*: 845 ff.

—, Entleerungen, unwillkürliche, periodische, Läsionen des Zentralnervensystems *IV*: 872.

—, Innendruck, Harnverhaltung *IV*: 873.

—, Innervation *X*: 1060.

—, Muskulatur, glatte, Umwandlung in quergestreifte *IV*: 867.

Blasengalle, Konsistenz *IV*: 609.

—, p_H *IV*: 616.

—, Sedimente *IV*: 624.

—, Zusammensetzung *IV*: 608.

Blaseninhalt, Rückfluß in Harnleiter *IV*: 816, 818.

Blasenreflex *X*: 1012.

Blasenspringen (Atmung) *II*: 303.

Blasensprung (Geburtsmechanismus) *XIV/1*: 588.

Blasensteine, Vitamin-A-freie Ernährung *IV*: 666.

Blasenstörungen, Alter *XVII*: 858.

—, Dystrophia adiposogenitalis *XVI/1*: 445.

„Blasser Hochdruck" (VOLHARD) *VII/2*: 1373.

Blastine, Geschwülste *XIV/2*:1373, 1431—1434, *XIV/2*: 1544, 1603, 1707.

Blastogenie *XIV/1*: 1060.

Blastoide *XIV/2*: 1343.

Blastombildung, Schilddrüse *XVI/1*: 742.

Blastomeren, amphikaryotische *XIV/1*: 128.

—, Transplantation *XIV/1*: 1100.

Blastophthorie *XVII*: 1045.

„—" FORELLS *XIV/1*: 916.

Blastosen, Hühner *XIV/2*: 1537.

Blätter, leuchtende *VIII/2*: 1059.

Blattgelenke *VIII/1*: 100.

—, Erregbarkeitsverhältnisse *VIII/1*: 102.

—, extrapolare (intrapolare) Reizung *VIII/1*: 103.

Blattläuse, Generationswechsel *I*: 613.

Blattlauszucht, Ameisen *I*: 689.

Blauanomale *XII/2*: 1515.

Blaublindheit, Linsenverfärbung *XII/1*: 189.
— Ikterischer *XII/2*: 1606.
—, Vögel *XIII*: 202.
Blaudurchlässigkeit *XII/2*: 1517.
Blauempfindlichkeit *XII/2*: 1517.
Blaugelbblindheit, angeborene *XII/1*: 517.
—, Vorkommen *XII/1*: 530.
Blaugelbempfindung, Rot-Grünblindheit *XII/1*:509.
Blaugelbschwäche, Anomalie der Blaugelbempfindung *XII/1*: 518.
Blaukreuzkampfstoff, Wirkung *XIII*: 370.
Blausäure *II*: 508.
— -Antikatalyse *I*: 54.
—, Atmung *I*: 51.
—, Darmbewegung *III*: 527.
—, Haut *IV*: 133.
—, Muskelatmung *VIII/1*: 491.
—, Nierenfunktion *IV*: 434.
—, Oxydationshemmung *I*: 52ff.
—, Stoffwechsel, Verh. im *V*: 1009.
—, Vergiftung *X*: 1043.
Blausäureester *I*: 55.
Blausäurelähmung, Zentralnervensystem *IX*: 614.
Blausehen, Staroperation *XII/1*: 523.
Blei, Ausscheidung, Darm *IV*: 693.
—, Resorption, Haut *IV*:130.
—, Wirkung, allgemeine *I*: 504.
Bleiamblyopie *XII/1*: 823.
Bleikoliken *III*: 493.
Bleineuritis *IX*: 335.
Bleivergiftung, Blutdrucksteigerung *VII/2*: 1370.
—, Capillardruck *VII/2*: 1371.
—, Sehstörung *XII/2*: 823.
BLEIBTREUsche Formel *V*: 610.
Bleichungswerte spektraler Lichter *XII/1*: 289.
Blendung, Ermüdung des Sehorgans *XII/1*: 464.
—, Hemeralopie *XV/2*:1611.
—, Nervenerregbarkeit *IX*: 664.
Blendungserythropsie *XII/1*: 531.
Blendungsnachbilder, Auftreten, Farben *XII/1*: 472.
Blendungsschmerz *XII/2*: 1601.

Blendungswinkel, Begriff *XII/2*: 782.
Blepharospasmus *II*: 316; *XI*: 464.
Blickbahnen *XII/2*: 1057ff.
Blickbewegungen, Anpassungsbewegungen *XII/2*: 1067.
—, Bahn *XII/2*: 1057.
—, Bahn und LISTINGgesetz *XII/2*: 1057.
—, Begriff *XII/2*: 1046.
—, corticale Zentren *XII/2*: 1086ff.
—, Geschwindigkeit *XII/2*: 1062.
—, Lokalisation *XII/2*: 981ff., 1092.
—, Minimalwinkel *XII/2*: 1051.
—, Synergien *XII/2*: 1048.
—, willkürliche *XII/2*: 1047ff.
Blickfeld, Säuger *XII/2*: 1137.
—, unokulares und binokulares *XII/2*: 1054.
Blickfeldgrenze, Prüfung *XII/2*: 1097.
Blickfixator *XI*: 931.
Blicklähmung *XV/1*: 419.
—, Vierhügelerkrankung *X*: 210.
Blicklinie, Auge *XII/1*: 103.
—, Begriff *XII/2*: 851, 912, *XII/2*: 1003.
—, binokulare *XII/2*: 1047.
Blickwendungszentrum *X*: 816.
Blinddarm, vergleichend *III*: 663.
Blinde, Orientierung *XV/2*: 993—995.
—, Tastsinn *XII/2*: 811.
Blinder Fleck, Bewegungswahrnehmungen *XII/2*: 1183.
— —, entoptisches Bild *XII/1*: 439.
— —, kontrastive Merklichkeit *XII/1*: 497.
— —, Lage und Größe *XII/1*: 251.
„— —", Statolithenapparate *XI*: 966.
Blindgeborene, Sehenlernen *XII/2*: 868.
Blindheit, Bewußtsein der *X*: 752.
Blinzelreflex *IX*: 699, 1006.
Blitzen der Blüten (Elisabeth LINNÉ-Phänomen) *XII/1*: 471.
Blitzschlag, Allgemeines und Statistik *VIII/2*: 990.

(Blitzschlag), Symptome *VIII/2*: 991.
—, Todesursache *VIII/2*: 990.
Block s. Herzblock.
Blühen, Pflanzen *XVII*: 527.
Blumenuhr *XVII*: 660.
Blut, Acidität s. auch Wasserstoffionenkonzentration.
—, —, Arbeitsveränderung *XVI/2*: 1382.
—, —, Gesunder *XVI/2*: 1381.
—, — Herzkranker *XVI/2*: 1381.
—, —, Zusammenhang mit Magenacidität *III*: 1128.
—, Adrenalingehalt *VII/2*: 1334.
—, —, Gravidität *XVI/1*: 689.
—, —, Keimdrüsenextrakte *XVI/1*: 689.
—, —, Splanchnicuseinfluß *VII/2*: 1334.
—, —, Thyreoidinzufuhr *XVI/1*: 671.
—, Adrenalinwirkung *XVI/1*: 524.
—, Alkalimetalle *I*: 498.
—, Alkalireserve *XVI/1*:580.
—, —, Arbeitsveränderung *XV/2*: 839.
—, Alter *XVII*: 806.
—, Aluminium *XVI/2*: 1476.
—, Aminosäuren nach Insulin *XVI/1*: 615.
—, Ammoniak *IV*: 525; *V*: 805.
—, —, Hunger *V*: 800.
—, —, Niereninsuffizienz *V*: 807.
—, amylolytische Fermente *XVIII*: 319.
—, Antifermente *XIII*: 463; *XVIII*: 317.
—, Arbeit, körperliche *XVIII*: 391.
—, arterielles, Sauerstoffgehalt *XVI/2*: 1362.
—, —, Zuckergehalt nach Insulin *XVI/1*: 611; s. auch Blutzucker.
—, Bäderwirkungen *XVII*: 459.
—, Basenverminderung, Reaktionsregulierung *XVI/1*: 1131/32.
—, Bestandteile *VI/1*: 3; *XIII*: 496.
—, —, körperliche *VI/1*: 3; s.auch Blutkörperchen etc.
—, —, organische *VII/1*: 477.
—, Calcium *V*: 1183.
—, Calciumgehalt *VI/1*: 244.

(Blut, Calciumgehalt) nach Entfernung d. Bauchspeicheldrüse *XVI/1*: 636.

—, —, Infektionskrankheiten *XVI/2*: 1461.

—, — nach Insulin *XVI/1*: 637.

—, — bei Myxödem *XVI/2*: 1460.

—, capillarmikroskopische Untersuchungen *VI/2*: 727.

—, Chlorgehalt *XVI/1*: 637.

— (und Urin), Chlorgehalt *XVI/1*: 635.

—, Chlorverarmung *VI/1*: 247.

—, Cholesterin *V*: 1099.

—, —, inkretorisches Organ auf *V*: 1108.

—, —, Palmitinverfütterung *VI/1*: 275.

—, Cholesterinanstieg *IV*: 792.

—, CO-Sättigungskurve *VI/1*: 124.

—, CO_2-Bindung *VI/1*: 491, *VI/1*: 493, 503, 513, 514.

—, —, Arbeitsveränderung *XV/2*: 839.

—, CO_2-Spannung u. Pupillenweite *XII/1*: 224.

—, Eisengehalt *XVI/2*: 1646.

—, Eiweißbestimmung *VI/1*: 624.

—, Eiweißbild u. Ödembildung *IV*: 537.

—, Elektrolytverteilung *XII/2*: 1362.

—, Erkrankungen *VI/1*: 559.

—, extravasiertes *VII/2*: 1661.

—, Farbe *VI/1*: 482.

—, farbloses *VI/1*: 76.

—, Fermente *XIII*: 463; *XVIII*: 317

—, Fettsäuren *VI/1*: 282.

—, Flüssigkeitsaufnahme *XVII*: 187.

—, Fraktionen, reduzierende *XVI/1*: 571.

—, Gasabsorption *VI/1*: 461.

—, Gasgehalt *VII/2*: 1170.

—, Gasvergiftungen *II*: 498.

—, Gerinnbarkeit (Leberschädigung) *III*: 1459.

—, Gerinnung *VI/1*: 307; *XVIII*: 168; s. auch Gerinnung sowie Blutgerinnung.

—, —, Schilddrüsentätigkeit *XVIII*: 167.

—, —, Untersuchsmethodik *XVIII*: 160.

(Blut, Gerinnung), Gerinnungsanomalie *XVIII*: 164.

—, Gerinnungszeit *XVII*: 537.

—, Gewebstheorie *VI/2*: 731.

—, Gicht *VI/1*: 271.

—, Glykose s. Blutzucker.

—, hämocyaninhaltiges *VI/1*: 496.

—, Harn *IV*: 522.

—, Harnsäureretention nach Insulin *XVI/1*: 616.

—, Hochgebirge *VI/2*: 727.

—, Hyperosmose *XVII*: 293.

—, Ionenanalyse bei Nierenerkrankungen *IV*: 545.

—, Kaliumgehalt nach Insulin *XVI/1*: 637.

—, Kammerwasserschranke *XII/2*: 1372, 1384.

—, Kieselsäure *XVI/2*: 1476.

—, Kohlensäuregehalt des Plasmas *XVI/2*: 1430.

—, kolloidosmotischer Druck *XII/2*: 1329, 1346.

—, Kreislaufzeit *XVIII*: 203.

—, körperliche Bestandteile *VI/1*: 1ff; *XVIII*: 142.

—, Kretinismus *XVI/1*: 267.

—, Leitungswiderstand *VIII/2*: 681.

—, Leukocyten *VI/1*: 46ff.

—, Lichteinfluß *XVII*: 320.

—, Lipochromgehalt *VI/1*: 289.

—, Lipoid- und Fettgehalt nach Insulin *XVI/1*: 616.

—, Liquorbarriere *X*: 1195, *X*: 1223.

—, Luftverdünnung *VI/2*: 728.

—, Lymphocyten *VI/1*: 51; *VI/2*: 708.

—, Mangan *XVI/2*: 1475.

—, Milchsäure *XV/1*: 722.

—, Mineralhaushalt *XVI/1*: 682.

—, Mineralien, seltenere *XVI/2*: 1474.

—, Monocyten *VI/1*: 50; *VI/2*: 844.

—, Nährlösungen, Eigenschaften *VII/1*: 472, 473.

—, Nierenerkrankungen, Ionenanalyse *IV*: 545.

—, N-Substanzen nach Insulin *XVI/1*: 615.

—, osmotischer Druck *VI/1*: 560; *XVI/2*: 1387.

—, p_H s. Blut, Wasserstoffionenkonzentration.

—, Phosphatasen *XVIII*: 319.

—, Phosphate *V*: 1183, 1236, *V*: 1237.

(Blut), Phosphor, anorganischer *VI/1*: 280.

—, physiko-chemisches System *VI/1*: 510.

—, Plasma s. unter Blutplasma.

—, proteolytische Enzyme *XVIII*: 319.

—, Pufferung *VI/1*: 500; *XVI/1*: 1083.

—, Pufferwert, Gesamt- *XVI*: *1*: 1087.

—, Reaktionsregulierung (Basenüberschuß) *XVI/1*: 1132.

—, Refraktometrie *VI/1*: 537; *XVII*: 186, 193.

—, Sauerstoffdissiziationskurve *VI/1*: 476; *XVI/2*: 1384.

—, Sauerstofffermente *XVIII*: 319.

—, Sauerstoffgehalt (Blutung) *VII/2*: 1660.

—, Sauerstoffmangel *VI/2*: 728.

—, Sauerstoffspannungskurve *VI/1*: 476; *XVI/2*: 1384.

—, —, Arbeitsveränderung *XVI/2*: 1384.

—, Säureüberschuß *XVI/1*: 1109.

—, Schilddrüsenbehandlung *XVI/1*: 277, 282.

—, Schilddrüsenmangel *XVI/1*: 253.

—, Schwangerschaft *XIV/1*: 490.

—, Sekrettheorie *VI/2*: 731.

—, Selbstreduktion *II*: 215.

—, Shock, anaphylaktischer *XIII*: 719.

—, Spektroskopie am Lebenden *VI/1*: 91.

—, spezifisches Gewicht *VI/1*: 535.

—, Stromgeschwindigkeit, periphere *VII/2*: 915ff.; *XVI/2*: 1399; *XVIII*: 203.

—, Thrombocyten *VI/1*: 67.

—, Transfusion s. Bluttransfusion.

—, Universalspender *XIII*: 487.

—, Utilisation *XVI/2*: 1313.

—, Vagusstoff *XVI/2*: 1774.

—, Vasopressin *XVI/2*: 1258.

—, venöses, Zuckergehalt nach Insulin *XVI/1*: 611; s. auch Blutzucker.

—, Verschiebungselastizität Viscosität *VI/1*: 621.

—, Versorgung der Organe *VII/2*: 1470; *XVI/1*: 1235.

(Blut), Viscosität
  VI/1: 419, 621.
—, Wassergehalt *XII/2*: 1364.
—, —, Änderungen *VI/1*: 237.
—, Wasserstoffionenkonzen-
  tration *VI/1*: 296, 499,
  VI/1: 601, 611;
  XVI/1: 1083;
  XVI/2: 1389.
—, —, nach Arbeit
  XVI/2: 1382.
—, — s. auch Blut, Acidität.
—, Wirbeltiere *XVI/2*: 1422.
—, Zellen *XVIII*: 142.
—, Zink (Rind) *XVI/2*: 1475.
—, Zuckergehalt nach Insu-
  lin *XVI/1*: 611—628; s.
  auch Blutzucker.
—, Zusammensetzung, Chlor-
  ausscheidung *XVI/2*: 1539.
—, —, Diabetes insipidus
  XVII: 293.
—, —, Tropen *XVII*: 557.
Blutabbau, Milz *VI/2*: 881.
Blutbahn, offen und geschlos-
  sen *VII*: 11.
Blutbedarf, Regulierung
  XVI/2: 1235.
Blutbestandteile s. unter
  Blut, Bestandteile.
Blutbewegung, Aufgaben
  XVII/1: 4.
—, entoptische *XII/2*: 1336.
—, —, sichtbare *XII/2*: 1384.
—, Flimmerepithel
  VII/1: 10.
—, vergleichende *VII/1*: 3.
Blutbild, eosinophiles
  VI/1: 50.
—, Lymphocyten *VI/1*: 51.
—, Muskelarbeit
  XVI/2: 1425.
—, Trainingszustand
  XV/1: 720.
Blutbildende Organe
  VI/1: 730.
Blutbildung *VI/2*: 730ff.,
  VI/2: 744ff., 822ff., 844ff.,
  VI/2: 884ff.; *XVII*: 531,
  XVII: 536; s. auch Häma-
  topoese.
—, Eisen *XVI/2*: 1667.
—, embryonale *VI/2*: 732.
—, „extramedulläre"
  VI/2: 738.
—, Hochgebirge *VI/2*: 719.
—, Klimawirkungen
  XVII: 536.
—, Marmorkrankheit
  VI/2: 737.
—, Niere *VI/2*: 735.
—, postembryonale Stamm-
  zellen *VI/2*: 737.
—, Röntgenstrahlen
  XVI/1: 848.

(Blutbildung), Sekretions-
  theorie *VI/2*: 731.
Blutbildungsreiz, Blutsäue-
  rung als *VI/2*: 781.
Blutcapillaren s. Blutkapil-
  laren.
Blutchemismus *XV/1*: 721.
—, Muskelarbeit *XV/2*: 876.
Blutdepots, Lunge, Leber,
  Haut *XVI/2*: 1321.
—, Milz *XVI/2*: 1320.
—, Temperatur *XVI/2*: 1319.
Blutdruck *VII/2*: 1267ff.;
  XV/1: 716ff.
—, Aderlaß *VII/2*: 1312.
—, Adrenalinwirkung
  XVI/1: 678.
—, Alter *VII/2*: 1270, 1275.
—, anaphylaktischer Shock
  VII/2: 1409; *XIII*: 722,
  XIII: 726, 729.
—, Arbeit *VII/2*: 1278, 1359;
  XVI/2: 1318.
—, —, beendete
  XV/2: 890.
—, —, körperliche
  XV/2: 887.
—, arterieller *VII/2*: 1269.
—, —, H-Ionenkonzentra-
  tion *XVI/1*: 1157.
—, —, intraokularer
  XII/2: 1332.
—, —, Kniehang
  VII/2: 1430.
—, —, niedriger
  VII/2: 1307, 1407.
—, —, Nierentätigkeit
  IV: 311.
—, —, Pathologie
  VII/2: 1303; *XVIII*: 205.
—, —, Schwankungen
  VII/2: 1285.
—, —, Tagesschwankungen
  VII/2: 1277; *XVII*: 17.
—, Arterienquerschnitt
  VII/2: 1082.
—, Atembewegung
  XVIII: 17.
—, Atemstillstand
  VII/2: 1355.
—, Atemwellen *VII/2*: 1286.
—, atmosphärische Einflüsse
  VII/2: 1357.
—, Atmung, künstliche
  II: 120.
—, Auge *XII/2*: 1332, 1380.
—, Autokonduktion
  VIII/2: 994.
—, Bäder *VII/2*: 1306.
—, Bariumwirkung
  VII/2: 1402.
—, Baseneinfluß
  VII/2: 1363.
—, Blutverschiebung (intra-
  vasale) *VII/2*: 1313.

(Blutdruck), Blutviskosität
  VII/2: 1318.
—, Calciumwirkung
  VII/2: 1401.
—, Capillaren *VII/2*: 1292.
—, chemische Beeinflussung
  VII/2: 1333.
—, Cholesterinspiegel
  XVI/1: 1030.
—, Cholesterinwirkung
  XVIII: 207.
—, Cholinwirkung
  XVIII: 206.
—, Ciliargefäße, Messung
  VII/2: 926.
—, diastolischer
  VII/2: 1271, 1279, 1285.
—, Differenz
  VII/2: 1393ff.
—, Differenzen, örtliche
  VII/2: 1393.
—, Einflüsse auf den
  VII/2: 1278, 1357;
  XVI/2: 1201, 1274.
—, Elektrisationseinfluß
  (galvan., farad., sinusoid.)
  VIII/1: 958.
—, Elektrolyteinfluß
  VII/2: 1400.
—, Elektronarkose
  VIII/2: 980.
—, Erhöhung, Bleikolik
  VII/2: 1351.
—, — s. auch Blutdruck-
  steigerung.
—, —, depressorische Ein-
  flüsse *VII/2*: 1352.
—, —, Gefäßwandreizung
  VII/2: 1352.
—, —, Körperarbeit
  VII/2: 1308.
—, —, Magenaufblähung
  VII/2: 1348.
—, —, Schmerz
  VII/2: 1351.
—, —, Zwerchfellreizung
  VII/2: 1348.
—, Ernährung *VII/2*: 1383.
—, Erniedrigung *VII/2*: 936;
  s. auch Blutdrucksenkung.
—, —, anaphylaktischer
  Shock *VII/2*: 1409;
  XIII: 722ff.
—, — kachektischer Kran-
  ken *VII/2*: 1408.
—, —, Ödemkrankheit
  VII/2: 1408.
—, Föhn *VII/2*: 1357.
—, Geburtsakt *VII/2*: 1315.
—, Gefälle *VII/2*: 904, 922,
  VII/2: 924; *XVI/1*: 281.
—, —, Art. mesent.
  VII/1: 917.
—, — (feiner) Arterien
  VII/1: 927.

(Blutdruck, Gefälle),
   arterielles System
   VII/2: 925.
—, —, Capillaren
   VII/2: 928.
—, —, Ciliargefäße
   VII/2: 926.
—, —, Pfortadersystem
   VII/2: 928.
—, — und Strombahn
   VII/2: 924.
—, —, venöses System
   VII/2: 928.
—, Gefäße *VII/2*: 1414ff.
—, Gefäßfüllung
   VII/2: 1308.
—, Geschlecht *VII/2*: 1270,
   VII/2: 1275.
—, Harnabflußbehinderung
   VII/2: 1361.
—, Harnabsonderung
   XVIII: 92.
—, Herzfrequenz
   VII/2: 1306.
—, Herzhypertrophie
   VII/2: 1122.
—, Herzleistung
   VII/1: 488ff.; *XV/2*: 903.
—, Herztätigkeit
   VII/2: 1306.
—, Hochgebirge
   VII/2: 1354.
—, Hypnose *VII/2*: 1361,
   VII/2: 1384.
—, Infusionen *VII/2*: 1308.
—, intraabdominaler Druck
   VII/2: 1316.
—, intraokularer *XII/2*:1332.
   XII/2: 1380.
—, Jodwirkung *VII/2*: 1402.
—, Kaliumwirkung
   VII/2: 1401.
—, Kondensatorentladung
   VIII/2: 988.
—, Körpergewicht
   VII/2: 1273, 1301.
—, Körpergröße und Gewicht
   VII/2: 1273, 1301.
—, Kreislaufinsuffizienz
   VII/2: 1355.
—, Labyrintheinfluß
   XI: 907.
—, Lichteinfluß *XVII*: 321.
—, Lungenkreislauf
   VII/2: 1281.
—, Muskelarbeit *XV/1*: 718.
—, Nachgeburtsperiode
   VII/2: 1316.
—, Nervenreizung
   VII/2: 1348.
—, Netzhautarterien
   (Messung) *VII/2*: 927.
—, Nicotinwirkung
   VII/2: 937.
—, Niere *VII/2*: 1366.

(Blutdruck), Nieren-
   beckeneinfluß
   VII/2: 1363.
—, Nierenentfernung
   VII/2: 1365.
—, Nierengefäße, Unterbin-
   dung der *VII/2*: 1365.
—, —, Verstopfung der
   VII/2: 1365.
—, Nierenkompression
   VII/2: 1365.
—, normaler *VII/2*: 936,
   VII/2: 1267.
—, —, Streuung der Werte
   VII/2: 1275.
—, Pathologie *VII/2*: 1303.
—, Pharmakawirkung, Ana-
   lyse *VII/2*: 999.
—, Phosgenvergiftung
   II: 500.
—, psychische Einflüsse
   XVI/2: 1261, 1274.
—, Rhodanwirkung
   VII/2: 1402.
—, Rindenreizung *X*: 467.
—, Sauerstoffatmung
   VII/2: 1357.
—, Säugetiere *VII/2*: 1300.
—, Schlaf *VII/2*: 1399.
—, Schmerz *VII/2*: 1348.
—, Schwangerschaft
   VII/2: 1316.
—, Schwankungen
   VII/2: 1277, 1285, 1389;
   XII/2: 1381; *XVII*: 17,
   XVII: 100, 509.
—, Shock, anaphylaktischer
   VII/2: 1409; *XIII*: 722,
   XIII: 726, 729.
—, Splanchnicus
   VII/2: 1331.
—, Sportsleute *VII/2*: 1361.
—, Steigerung s. Blutdruck-
   steigerung.
—, Stoffwechsel
   VII/2: 1302.
—, Störungen *XVI/1*: 1057.
—, systolischer *VII/2*: 1271,
   VII/2: 1279.
—, Tagesschwankungen
   VII/2: 1277; *XVII*: 17.
—, Thalamus *X*: 398.
—, Vaguswirkung
   VII/2: 1351.
—, VALSALVAscher Versuch
   VII/2: 1359.
—, Varicen *VII/2*: 1150.
—, Venen *VII/2*: 1295.
—, Venensystem u. Ödem
   VII/2: 1722.
—, venöser, Nierentätigkeit
   IV: 311.
—, vergleichend
   physiologisch
   VII/2: 1298.

(Blutdruck), Vögel
   VII/2: 1299.
—, Wellen *VII/2*: 1285,
   VII/2: 1292.
—, Wirbellose *VII/2*: 1298.
Blutdruckdifferenz, Aorten-
   aneurysma *VII/2*: 1393.
—, Aorteninsuffizienz
   VII/2: 1393.
—, Hemiplegie *VII/2*: 1393.
—, hydrostatische Einflüsse
   VII/2: 1395.
Blutdruckerhöhung s. Blut-
   drucksteigerung sowie
   Hochdruck.
Blutdruckerniedrigung siehe
   Blutdrucksenkung sowie
   Hypotonie.
Blutdruckgefälle *VII/2*: 904,
   VII/2: 917, 922, 924,
   VII/2: 927ff.;
   XVI/1: 281.
Blutdruckkrankheit
   XVI/1: 1058.
Blutdruckkurve *VII/2*: 1389.
—, diagnostische Bedeutung
   VII/2: 1392.
—, Kondensatorenentladung
   VIII/2: 988.
Blutdruckmessung, Art.centr.
   ret. *XII/2*: 1333.
—, Ciliararterien
   XII/2: 1333.
—, Methodik *VII/2*: 1270;
   XII/2:1332; *XVIII*:210.
—, Weichteileinfluß
   VII/2: 1394.
Blutdruckregulierung
   VII/2: 1269.
Blutdruckschwankung
   VII/2: 1389; *XVII*: 509.
—, intraoculare
   XII/2: 1381.
—, Körpertemperatur
   XVII: 100.
—, Kriegsnephritis
   VII/2: 1390.
Blutdrucksenkung
   VII/1: 488; *VII/2*: 936,
   VII/2: 1408ff.; s. auch
   Hypotension.
—, anaphylaktischer Shock
   VII/2:1409; *XIII*:722ff.
—, Depressorreizung
   VII/2: 1351.
—, essentielle *VII/2*: 1373,
   VII/2: 1410, 1411.
—, Katheterismus
   VII/2: 1362.
—, O_2-Atmung bei Hyper-
   tensionen *VII/2*: 1358.
—, Perforationsperitonitis
   VII/2: 1409.
—, Überventilation
   VII/2: 1358.

Blutdrucksteigerung
VII/2: 1308, 1348, 1351;
XVII: 513;
XVIII: 205ff.; s. auch
Hochdruck.
—, Adrenalinwirkung
VII/2:1333; *XVIII*:208.
—, Affektsymptom
VII/2: 1351.
—, Alkoholismus
VII/2: 1382.
—, Aneurysmenkompression
VII/2: 1353.
—, Anurie *IV*: 550.
—, Aortenveränderungen
VII/2: 1319.
—, arterielle *VII/2*: 1305.
—, —, Alterskrankheit
VII/2: 1379.
—, —, anatomische Befunde
VII/2: 1325.
—, —, Arteriolenkontraktion
VII/2: 1330.
—, —, Einteilung
VII/2: 1385.
—, —, endokrine Störung
VII/2: 1379, 1380, 1382.
—, —, Erblichkeit
VII/2: 1377.
—, —, Gefäßanpassung
VII/2: 1315, 1317.
—, —, Jugendlicher
VII/2: 1379.
—, —, Nierenbeteiligung
VII/2: 1364.
—, —, reine *VII/2*: 1386.
—, —, Stoffwechseländerun-
gen *VII/2*: 1385.
—, —, Zwillinge *VII/2*:1378.
—, Arteriosklerose
VII/2: 1319, 1322, 1353.
—, Begattung *XIV/1*: 767.
—, Bereitschaft *VII/2*: 1391.
—, Bleivergiftung
VII/2: 1370, 1382.
—, Ca-Gehalt, Blut
VII/2: 1413.
—, Cystenniere *VII/2*: 1372.
—, Diabetes *VII/2*: 1329.
—, Encephalitis
VII/2: 1383.
—, Erstickung *VII/2*: 1354.
—, essentielle *VII/1*: 514;
VII/2: 1373, 1375, 1387,
VII/2: 1389.
—, Fettsucht *VII/2*: 1384.
—, funktionelle Bedingtheit
VII/2: 1327.
—, Gefäßmuskeltonus
VII/2: 1328.
—, Gicht *VII/2*: 1384.
—, Glaukomanfall
VII/2: 1349.
—, Glomerulonephritis
VII/2: 1368.

(Blutdrucksteigerung), Haut-
gefäßkontraktion
VII/2: 1331.
—, Herz *VII/1*: 488;
XVII: 814.
—, Herzkranke (dekompen-
sierte) *VII/2*: 1356.
—, Hochgebirge *VII/2*:1357.
—, Hypophysenwirkung
VII/2: 1342.
—, hysterische Analgesie
VII/2: 1351.
—, innere Sekretion
VII/2: 1364.
—, intrakranielle Druckstei-
gerung *VII/2*: 1350.
—, intravenöse *VII/2*: 1649.
—, Ionenbedeutung
VII/2: 1384.
—, K-Gehalt im Blut
VII/2: 1413.
—, Kapillaren *VII/2*: 1321.
—, (männliche) Keimdrüsen
VII/2: 1381.
—, klimakterische
VII/2: 1380.
—, Kohlensäurereichtum der
Zentren *XVI/1*: 1030.
—, konstitutionelle
VII/2: 1388.
—, Kreatingehalt, Blut
XVIII: 206.
—, Lues *VII/2*: 1383.
—, (ermüdende) Muskeltätig-
keit des Menschen
VII/2: 1353.
—, Neger *VII/2*: 1410.
—, Nephrose *VII/2*: 1372.
—, Nephrolithiasis
VII/2: 1373.
—, niedriges Ausgangsniveau
VII/1: 488.
—, Niere *VII/2*: 1363, 1365.
—, Nierenarterienerkrankung
VII/2: 1372.
—, Nierenerkrankungen der
Schwangerschaft
VII/2: 1370.
—, Nierenexstirpation
VII/2: 1372.
—, Niereninsuffizienz
VII/2: 1353.
—, organisch oder funktio-
nell *VII/2*: 1321.
—, pathologisch-anatomische
Befunde *VII/2*: 1375.
—, periphere Gefäße
VII/2: 1318.
—, postinfektiöse *VII/2*:1368.
—, pränephritische
VII/2: 1369.
—, psychische Einflüsse
VII/2: 1384.
—, Reizung, sensible
VII/2: 1349.

(Blutdrucksteigerung),
Scharlach *VII/2*: 1371.
—, Schilddrüse *VII/2*: 1381.
—, Schlaganfall *VII/2*: 1403.
—, Schlagvolumen des Her-
zens *VII/2*: 1366.
—, sensibilisierende Stoffe im
Nephritikerserum
VII/2: 1347.
—, Splanchnicus *VII/2*:1314.
—, Stickoxydul *VII/2*: 1357.
—, Tabakabusus *VII/2*:1382.
—, Uterusmyom *VII/2*:1381.
—, Vasomotorenzentrum
VII/2: 1367.
—, zentrale Reizung
VII/2: 1350.
Blutdruckwellen *VII/2*:1285,
VII/2: 1292.
Blutdrüse, Sklerose
XVII: 867.
—, Winterschlaf *XVII*: 131.
Blutdrüsenextrakte (Wir-
kung auf Winterschläfer)
XVII: 122.
Blutdurchfluß, Methoden zur
Änderung des Nieren-
durchflusses *IV*: 326.
Blutegel, Kriechbewegung
XV/1: 281.
—, Resorption *IV*: 171.
—, Schwimmbewegungen
nach Dekapitierung
IX: 756.
—, Wärmeregulation
XVII: 1.
Bluteindickung, Adrenalin-
injektion *XVII*: 209.
—, Kollaps *XVI/2*: 1375.
—, Shock *VII/2*: 1616.
Bluteiweiß, Nierenerkran-
kung *IV*: 517, 535.
—, Ödembildung *IV*: 537.
—, Säuger *III*: 36.
Bluteiweißkolloide
VI/1: 250.
Bluteiweißkörper, Ursprungs-
ort *VI/1*: 259.
Blüten, Öffnen und Schließen
XVII: 665.
Blütenmehle (Vitamin B-Ge-
halt) *V*: 1217.
Bluterkrankheit s. unter
Hämophilie.
Blutfarbe *VI/1*: 77.
Blutfarbstoff *VI/1*: 76ff.,
VI/1: 149ff., 164ff.;
XVIII: 142; s. auch Hä-
moglobin sowie Oxyhämo-
globin.
—, ampholytische Natur
VI/1: 99.
—, Harn *IV*: 305; *VI/1*: 586.
—, Heteromorphismus
VI/1: 85.

(Blutfarbstoff), isoelektrischer Punkt *VI/1*: 101.
—, Katalysator *VI/1*: 113.
—, kataphoretisches Verhalten *VI/1*: 99.
—, Löslichkeit *VI/1*: 84.
—, magnetisches Verhalten *VI/1*: 99.
—, Nomenklatur *VI/1*: 188.
—, optische Aktivität *VI/1*: 98.
—, Reduktion u. Oxydation *VI/1*: 90.
—, reversible Spaltung *VI/1*: 82.
—, spektroskopisches Verhalten *VI/1*: 91.
—, Umwandlungsprodukte *VI/1*: 149.
Blutfarbstoffzylinder *IV*: 520.
Blutfarbstofflösungen *VI/1*: 91.
Blutfarbstoffmolekül, Fe-Atome, Wertigkeit *VI/1*: 155.
—, polymerisiertes *VI/1*: 105.
Blutfarbstoffvergiftungen, Disposition *VI/1*: 158.
Blutfettgehalt *XVI/1*: 577.
—, Anstieg *VI/1*: 283.
—, Narkose *VI/1*: 284.
Blutflüssigkeit, Basenüberschuß *XVI/2*: 1464.
—, Kupfergehalt *XVI/2*: 1475.
—, chemische Konstanz *I*: 618.
—, Leitfähigkeit *IV*: 544.
Blutfüllung, Gewebe *VII/2*: 1155.
—, Herz *VII/2*: 1156.
—, Lunge *II*: 385; *VII/1*: 253.
Blutgase *VI/1*: 444 ff.
—, Analyse *VI/1*: 448.
—, arterielles Blut *VI/1*: 451.
—, Bestimmung *VI/1*: 446.
—, Caissonkrankheit *VI/1*: 456.
—, Gasmengen, gelöste *VI/1*: 465.
—, Gewinnung *VI/1*: 446.
—, HILLsche Gleichung *VI/1*: 124, 485.
—, Höhenklima *VI/1*: 456.
—, Kapillarblut *VI/1*: 454.
—, Muskelarbeit *VI/1*: 456.
—, Peptonwirkung auf *VI/1*: 446.
—, Phosgenvergiftung *II*: 499.
—, Physiologie *VI/1*: 444.
—, Sauerstoffdruck *VI/1*: 455.

(Blutgase), spektrophotometrische Methode *VI/1*: 450.
—, venöses Blut *VI/1*: 457.
Blutgaspumpe *VI/1*: 447.
Blutgefäße *VII/2*: 865 ff.; s. auch Gefäße.
—, Arteriosklerose *VII/2*: 1088 ff.
—, Eigenschaften, tonische *VII/1*: 32.
—, Hoden *XIV/1*: 762.
—, Innervation und Tuber cinereum *XVII*: 54.
—, Laugencontractur, physiologische *VII/2*: 973.
—, Lymphdrüsen *VI/2*: 1031.
—, Nervensystem *VII/2*: 934 ff.; *IX*: 794.
—, Peristaltik *VII/1*: 15, 27.
—, Pharmakologie *VII/2*: 998 ff.
—, Schmerzhaftigkeit *XI*: 197.
—, Stromgeschwindigkeit des Blutes *VII/2*: 1215.
—, Trophik des Gewebes *X*: 1156.
—, Verzweigung *VII/2*: 869.
Blutgefäßsystem, Atmung, Beziehung zwischen *XVIII*: 16.
—, hämodynamische Bedingtheit *VII/1*: 81.
—, Querschnitt *VII/2*: 904.
—, Urtypus *VII/1*: 12.
„Blutgefühl" *VII/2*: 1624.
Blutgehalt, Lunge *II*: 385; *VII/1*: 253.
Blutgerinnung s. auch Gerinnung sowie Blut, Gerinnung *VI/1*: 307 ff.
—, Blutplättchen *VI/2*: 769, *VI/2*: 821.
—, Licht *XVII*: 313.
—, Pathologie *XVIII*: 157.
—, pathologische Schilddrüsentätigkeit *VI/1*: 401.
—, Pharmakologie *XVIII*: 161.
—, Salzkonzentration *XVI/2*: 1467.
—, Schema der *XVIII*: 160.
—, Strahlenwirkung *XVII*: 364.
Blutgeschwindigkeit, hydrostatischer Druck *XVI/2*: 1348.
Blut-Gewebsaustausch *VI/1*: 237.
Blutgifte, Blutdruck- und Gefäßgifte *VII/2*: 1045.
—, gasförmige *II*: 512.
—, Sehen *XII/2*: 813, 828.

(Blutgifte) (Saponin u. Kohlenoxyd), Gewöhnung an *XIII*: 878.
„Blutgleichgewicht" *VI/1*: 232.
Blutgruppen *XIII*: 484 ff.; *XVIII*: 319.
—, Anthropologie *XIII*: 491.
—, Immunität *XIII*: 535.
—, LANDSTEINERsche Regel *XIII*: 484.
—, Mensch (Untergruppen) *XIII*: 493.
—, Vaterschaftsausschluß *XVIII*: 320.
Blutgruppenanalyse *XIII*: 424.
Blutgruppenbestimmung, Technik *XIII*: 495.
—, Vaterschaftsausschluß *XIII*: 485.
Blutgruppeneigenschaften, Ontogenese *XIII*: 489.
Blutgruppenlehre, Mensch *XIII*: 442.
Blutgruppenmerkmale, Tiere *XIII*: 493.
—, Vererbungsmodus *XIII*: 484.
Blutgruppenunterschiede, klinische Bedeutung *XIII*: 487.
Blutharnsäure *IV*: 538.
—, Funktion *VI/1*: 272.
Blutinseln, Embryonalentwicklung *VI/2*: 732.
Blutkalium, vegetativer Tonus *VI/1*: 246.
Blutkalkgehalt *VII/2*: 1102.
Blutkammerwasserschranke, Permeabilität *XII/2*: 1374.
Blutkapillaren, Ansaugungskraft *VII/2*: 1542.
—, Bau *VII/2*: 878 ff.
—, Bedeutung *VII/2*: 1518.
—, Durchmesser *VII/2*: 1518.
—, Funktion *VII/2*: 1517, *VII/2*: 1528.
—, Granulationsgewebe *VII/2*: 1526.
—, Grundmembran *VII/2*: 1522.
—, Historisches *VII/2*: 1520.
—, Krankheiten *VII/2*: 1538.
—, Morphologie *VII/2*: 1520.
—, Muskelzellen (RONGET-Zellen) *VII/2*: 1522.
—, nervöse Versorgung *VII/2*: 1517, 1533.
—, Ödem *VII/2*: 1714.
—, Pericyten *VII/2*: 1522.

(Blutkapillaren), Permeabilität $VII/2$: 1522.
—, Reaktionsfähigkeit, selbständige $VII/2$: 1523.
—, Stomata $VII/2$: 1521.
—, Verengerung, aktive, passive $VII/2$: 1531.
—, Wirkungsstoffe auf $VII/2$: 1531.
Blutkohle I: 48.
—, Selbstoxydation I: 62.
Blutkonzentration, Durst XVII: 227.
—, Insulinshock (DRABKIN) $XVI/1$: 608.
Blutkonzentrationsänderung, Auge $XII/2$: 1384.
Blutkörperchen $VI/1$: 1 ff.; $VI/2$: 700; s. auch Erythrocyten.
—, Anionenpermeabilität $VI/1$: 654.
—, Chromoanalyse $VI/1$: 5.
—, elektrische Isolation $VI/1$: 277.
—, Hochgebirgswirkung $VI/2$: 719, 919.
—, innere Leitfähigkeit I:472.
—, Ionenaustausch mit Serum $XVI/1$: 1089.
—, Ionenreihe I: 512.
—, Kataphorese $VI/1$: 656.
—, Kernausstoßung $VI/2$: 769.
—, Leitfähigkeit I: 471.
—, Leitungsvermögen $VI/1$: 653.
—, Menge nach Blutung $VII/2$: 1660.
—, Mineralbestand $XVI/2$: 1467.
—, osmotische Vorgänge $VI/1$: 562.
—, Permeabilität I: 419, 464; $VI/1$: 643.
—, Pufferwirkung $XVI/2$: 1384.
—, Resistenz $VI/1$: 210, 564; $XV/1$: 719.
—, Salzgehalt I: 470; $XVI/1$: 1467.
—, Sedimentierung $VI/1$: 660.
—, Suspensionsstabilität $VII/2$: 1631.
—, Verteilungsgleichgewicht (v. SLYKE) $VI/1$: 613.
—, Zuckergehalt $XVI/1$: 611.
Blutkörpercheninneres, Reaktion $XVI/1$: 1077.
Blutkörperchensenkung $VI/1$: 535, 660 ff.; $VII/2$: 1631 ff.; XIII: 617.
—, Nierenerkrankung IV: 535.

Blutkörperchenvolumen $VI/1$: 509.
Blutkörperchenzählmethoden $VI/2$: 721.
Blutkrankheiten $VI/2$: 688, $VI/2$: 895 ff.; XVIII: 174.
Blutkreislauf $VII/1$: 1 ff.; $VII/2$ 854 ff.
—, Adrenalin $XVI/2$: 1209.
—, Altern XVII: 812.
—, Aneurysma arteriovenosum $XVI/2$: 1328.
—, Arbeit, körperliche $XV/2$: 835, 874.
—, Arterienregulierung $XVI/2$: 1238.
—, Atemapparat $VII/1$: 25.
—, Blutmenge XVIII: 172.
—, Capillaren $XVI/2$: 1226.
—, Cholinwirkung XVIII: 195, 206.
—, Correlationen, Pathologie $XVI/2$: 1289 ff.
—, Druckgefälle $VII/2$: 904.
—, einseitiger Vestibularausfall $XV/1$: 391.
—, embryonaler $VII/1$: 73.
—, Erholungsgeschwindigkeit $XV/1$: 762.
—, extrakardiale Motoren $VII/1$: 347.
—, Gasvergiftung II: 499.
—, Gehirn X: 1.
—, Schwereeinfluß X: 24.
—, Geschichte der Erforschung $VII/1$: 63.
—, Histamin XVIII: 195.
—, Hypnose XVII: 684.
—, Hypophyse $XVI/2$: 1221; XVIII: 194.
—, innerer $VII/1$: 15, 19, 27, $VII/1$: 46.
—, Insuffizienz II: 421; XVII: 846.
—, —, Definition $VII/2$: 1182, 1203.
—, —, Erhöhung des Blutkaliums $XVI/2$: 1444.
—, —, Serum und Plasma bei $VI/1$: 238.
—, — und Stromgeschwindigkeit $VII/2$: 1219.
—, klappenähnliche Vorrichtungen $VII/1$: 158.
—, Kohlensäurewirkung $XVI/2$: 1394.
—, Körperstellung $VII/1$: 327.
—, Kurzschluß $VII/1$: 310.
—, Lebertätigkeit $VII/2$: 1597.
—, lokaler u. allergische Zustände $VII/2$: 1598.
—, — u. Allgemeinzustand $VII/2$: 1497.

(Blutkreislauf, lokaler), Regulation $VII/2$: 1496.
—, Minusdekompensation $XVI/2$: 1399.
—, Nervensystem $VII/2$: 934 ff.
—, nutritorischer $VII/1$: 117.
—, Organe bei Parasiten I: 650.
—, — des, bei Schilddrüsenmangel $XVI/1$: 257.
—, —, vergleichende Pathologie der $VII/2$: 1804.
—, Pharmakologie $VII/2$: 998 ff.; XVIII: 193.
—, —, lokal. Reaktionen $VII/2$: 1574.
—, Plusdekompensation $XVI/2$: 1399.
—, Querschnittverteilung $VII/2$: 915.
—, Reflexe, Beeinflussung durch $XVI/2$: 1173, 1184, $XVI/2$: 1191, 1201.
—, Reflexzentren $XVI/1$: 1164.
—, Regulation $VII/1$: 325; $XVI/2$: 1235, 1243, $XVI/2$: 1249 ff., 1258, $XVI/2$: 1792.
—, —, venöse $XVI/2$: 1236.
—, Reibung, innere $VII/2$: 913.
—, Reptilienniere IV: 223.
—, respiratorischer $VII/1$: 117.
—, Schema $VII/1$: 24.
—, Schilddrüsenhormon $XVI/2$: 1218.
—, Schwäche bei Hämoglobinverlust $XVI/2$: 1332.
—, Störung, lokale $VII/2$: 1496 ff.
—, Störungen, Minutenvolumen bei $XVI/2$: 1300.
—, Umlaufszeit s. Kreislaufzeit $VII/2$: 1205.
—, Unökonomie $XVI/2$: 1377.
—, vergleichend $VII/1$: 1 ff.
—, Wechselströme auf $VIII/2$: 957.
—, Widerstand s. Widerstand.
—, — $VII/2$: 904.
Blutkreislaufapparat, Krankheitsbereitschaft im Alter XVII: 855.
Blutkreislaufshormon X: 1106; $XVI/2$: 1227.
Blutkuchen, Bildung $VI/1$: 307.
Blutlaugensalz, Resorption (Haut) IV: 130.
Blutlauskrebs $XIV/2$: 1206.

Blutlipoide, Zuckerkrankheit
XVI/1: 577.
Blutliquorpassage X: 1195,
X: 1223.
Blutlymphdrüsen
VI/2: 1044ff.
Blutlymphocytose s. Lymphocytose.
—, Status thymolymphaticus
XVI/1: 767.
Blutmauserung III: 1272.
— (EPPINGER) VI: 204.
Blutmenge, Bestimmung
VI/2: 668, 725;
VII/1: 309;
XVI/2: 1338ff.;
XVIII: 171;
s. auch Gesamtblutmenge.
—, Blutkrankheiten
VI/2: 688.
—, nach Blutungen
VII/2: 1660.
—, deponierte, Adrenalin
XVI/2: 1341.
—, —, Hitze- und Arbeitseinfluß XVI/2: 1340.
—, — und zirkulierende
XVI/2: 1319/1331.
—, Digitaliswirkung
XVI/2: 1400.
—, Fettsucht VI/2: 693.
—, Gifte VI/2: 698.
— bei Herz- u. Gefäßkrankheiten VI/2: 694.
—, Hochgebirge VI/2: 698,
VI/2: 724.
—, Höhenklima
XVII: 529.
—, Hyperthyreosen
XVI/2: 1340.
—, Hypertonie, dekompensierte XVI/2: 1339.
—, Insulinshock
XVI/2: 1343.
—, Klappenfehler
XVI/2: 1339.
—, Kollaps XVI/2: 1336 bis
1338.
—, Krankheiten und
XVIII: 172ff.
—, Leichen XVI/2: 1398.
—, Medikamenteinfluß
XVI/2: 1343.
—, Mensch VI/2: 667,683,725;
XVI/2: 1339.
—, Narkose XVI/2: 1342.
—, Nierenerkrankung
VI/2: 691.
—, Pharmakologie
XVIII: 176.
—, Regulierung
XVI/2: 1319.
—, Sauerstoffversorgung
XVI/2: 1363.
—, Schädelinneres X: 110.

(Blutmenge), Verbrennung
XVI/2: 1343.
—, Vermehrung, klimatische
Einflüsse VI/2: 720.
—, —, Milz VI/2: 722.
—, —, Ursache der
XVI/2: 1401.
—, Verteilung VII/1: 310.
—, zirkulierende, körperliche
Arbeit XV/2: 891.
—, —, Minutenvolumen
XVI/2: 1396ff.
Blutmengenbestimmung
s. Blutmenge,
Bestimmung.
Blutmineralhaushalt
XVI/1: 682.
Blutparasiten I: 633.
Blutpigmente (Extravasate)
VII/2: 1662.
— als Wasserstoffacceptoren
I: 45.
Blutplasma s. auch Plasma,
Blut; Gesamtkohlensäure
XVI/2: 1430.
—, Menge XVII: 165.
—, mineralische Bestandteile
VI/1: 239.
—, Salzgehalt XVII: 145.
Blutplättchen s. auch Thrombocyten VI/1: 67ff.;
VI/2: 817.
—, Agglutinationsfähigkeit
XVIII: 163.
—, Blutkrankheiten
VII/2: 1748.
—, Blutgerinnung VI/2: 769.
—, Immunitätsvorgänge
VII/2: 1746.
—, intravitale Beobachtung
VII/2: 1745.
—, Kerntheorie VII/2: 1753.
—, Lichtbeeinflussung
XVII: 321.
—, Pathologie XVIII: 163.
—, Selbständigkeit
VII/2: 1745.
—, Vergiftung VII/2: 1751.
—, Vitalfärbung VII/2: 1750.
—, WRIGHTsche Theorie
VII/2: 1748.
—, Zählmethode VI/2: 383.
Blutplättchenfrage
VII/2: 1742.
Blutplättchenkurve
VI/1: 768.
Blutplättchenthromben
VII/2: 1731.
Blutpräparate, Anfertigung
VI/1: 773.
Blutprobe, TEICHMANNsche
VI/1: 175.
Blutreaktion s. auch Blut,
Wasserstoffionenkonzentration.

(Blutreaktion), Diabetes
XVI/1: 1114.
—, Erhaltung der XV/1: 3.
—, Fieber XVI/1: 1122.
—, Geschwulstbildung
XIV/1: 1422, 1718.
—, Herzinsuffizienz
XVI/1: 1126.
—, Muskelarbeit
XVI/1: 1130.
—, Nahrungsaufnahme
XVI/1: 1119.
—, Niereninsuffizienz
XVI/1: 1117.
—, Pneumonie XVI/1: 1127.
—, Schwangerschaft
XVI/1: 1121.
Blutregeneration XVII: 523.
—, nach Blutung VII/2:1661.
—, Hochgebirge VI/2: 725.
—, Knochenmark VI/2: 778.
Blutresorption, Bronchien
II: 475.
Blutsalze XVII: 142.
Blutsauerstoff, Ausnützung
VI/1: 460.
—, —, körperliche Arbeit
XV/2: 903.
Blutsäuerung, Arbeit
XVI/2: 1382.
—, Blutbildungsreiz
VI/2: 781.
—, Kohlensäureabgabe bei
XVI/2: 1388.
Blutsauger, gerinnungshemmende Sekrete I: 642;
III: 36.
Blutsenkung, Hypostase
VII/1: 1155.
Blutserum, Anionendefizit,
Deckung durch Eiweiß
XVI/2: 1466.
—, aromatische Oxysäuren
IV: 545.
—, Dialysationsgleichgewicht
mit intraokularer Flüssigkeit XII/2: 1365.
—, eiweißähnliche Substanzen VI/1: 263.
—, Eiweißkörper VI/1: 250.
—, Esterase XIII: 466.
—, Kaliumgehalt, Asthma
bronchiale XVI/2: 1548.
—, Kochsalzgehalt VI/1: 247.
—, Lipase XIII: 466.
—, Magnesiumgehalt
XVI/2: 1464.
—, mineralische Bestandteile
VI/1: 239.
—, osmotischer Druck
VI/1: 561.
—, Phenole IV: 545.
—, Refraktion VI/1: 539.
—, —, Nichteiweißkörper,
VI/1: 540.

(Blutserum), Zusammensetzung *XVII*: 142.
Blutspektroskopie *VI/1*: 91.
Blutstillung *VI/1*: 413.
—, spontane *VII/2*: 1663.
—, Uterus *XIV/1*: 549.
Blutstrom, aktive Förderung (Gefäße) *VII/2*: 1071.
—, Arbeit der Organe *XVI/2*: 1236.
—, Gehirn *X*: 14, 24.
—, Pfortader *VII/2*: 1478, *VII/2*: 1485.
—, Regulationsmechanismus *XVI/2*: 1236, 1242.
—, Rindenreizung *XVI/2*: 1242.
Blutstromgeschwindigkeit s. unter Strömungsgeschwindigkeit.
Blutströmung, Hautcapillaren *XVI/2*: 1404.
Blutströmungsgeschwindigkeit s. unter Strömungsgeschwindigkeit.
Bluttransfusion *XVI/2*: 1333.
—, allergische Erscheinungen *XIII*: 751, 752.
—, Blutbildung *VI/2*: 782.
—, Blutgerinnung *VI/1*: 351.
—, Insulinsekretion nach *XVI/1*: 643.
—, Knochenmarksträgheit *VI/2*: 780.
—, Schäden *XVIII*: 322.
Blutumsatz, Bestimmung aus Bilirubin *IV*: 789.
—, Gallenfarbstoff *VI/1*: 221.
—, Messung desselben *VI/1*: 203, 218.
Blutung, agonale *VII/2*: 1651.
—, Arrosion *VII/2*: 1645.
—, Commotio cerebri *VII/2*: 1650, 1708.
—, Folgen *VII/2*: 1659.
—, Hämophilie *VII/2*: 1665.
—, innere, Hämatin im Serum *VII/2*: 1663.
—, menstruelle *VII/2*: 1653.
—, neurotische *VII/2*: 1653.
—, postmortale *VII/2*: 1658.
—, subarachnoidale *VII/2*: 1404.
—, Suggestion *VII/2*: 1654.
Blutungsanämie *VI/2*: 901.
Blutungsdruck, Brassica *XVII*: 668.
Blutungszeit, Bestimmung *VI/1*: 377.
—, Gerinnungszeit, unabhängig von *VII/2*: 1665.
Bluttypen *XVIII*: 320.

Blutverlust, akuter *VII/2*: 1659.
—, chronischer *VII/2*: 1659.
—, Harnreaktion *XVI/1*: 1148.
Blutvermehrung s. Blutmenge.
Blutverschiebung (Blutbild), Gleichstromwirkung *VIII/2*: 942.
—, Größe *VII/2*: 1314.
—, Lagenwechsel *VII/1*: 311.
—, psychogene *XVI/2*: 1279.
Blutversorgung der Organe *XVI/1*: 1235, 1470.
Blutverteilung, Lebensalter *XVII*: 812.
—, psychischer Einfluß *XVI/2*: 1261.
—, Regulierung *XVI/2*: 1318.
—, Steuerung *XVI/1*: 922.
Blutviscosität *VI/1*: 642; *VII/2*: 1354.
—, Blutdruck *VII/2*: 1318.
—, Beeinflußbarkeit *VI/1*: 633.
—, Ernährung *VI/1*: 646.
—, experimentelle Alterationen *VI/1*: 647.
—, Kohlensäuregehalt *VI/1*: 645.
—, Krankheit *VI/1*: 650.
—, Schilddrüsenfunktion *XVI/1*: 182.
—, Tagesschwankungen *VI/1*: 646.
—, weiße Blutkörperchen *VI/1*: 645.
Blutwellen, antiperistaltische *VII/1*: 28.
Blutzellen *VI/1*: 3; *XVIII*: 142; s. auch Erythrocyten sowie Leukocyten.
—, Dualismus, Bildung der weißen *VI/2*: 786.
—, Embryonalzelle, Rückkehr zur *XIV/2*: 1320.
—, Kernreifung *VI/2*: 763.
—, Kolonisation *XIV/2*: 1323.
—, Magnesiumgehalt, Säugetier *XVI/2*: 1471.
—, „primitive" *VI/2*: 732, *VI/2*: 762.
—, Strahlenempfindlichkeit *XVII*: 362.
—, Trialismus *VI/2*: 787.
Blutzellenbildung, allgemeines über *VI/2*: 732.
Blutzellstämme, Differenzierung *VI/2*: 736.
Blutzerfall, Theorien *VI/1*: 584.
Blutzirkulation, Darm *IV*:20.
—, Diabetiker *VII/2*: 1220.

Blutzucker *V*: 1224; *VI/1*: 289 ff.; *XVIII*: 158.
—, Aminosäurenzufuhr *V*: 826.
— apankreatischer Tiere *XVI/1*: 597, 599.
—, Blutkörperchen u. Plasma, Verteilung zwischen, durch Insulin *XVI/1*: 611.
—, Erhöhung s. auch Hyperglykämie *VI/1*: 295, 300.
—, freier *XVI/1*: 571.
—, Hypophysektomie *XVI/1*: 424.
—, Hypophysenhinterlappen *XVI/2*: 681, 1701.
—, Insulinwirkung *XVI/1*: 611/628.
—, Konzentrationskurve nach Insulin *XVI/1*: 603.
—, Mehlfrüchte, Steigerung durch *VI/1*: 297.
—, Nüchternwerte *XVI/1*: 599.
—, Regulierung *IV*: 294.
—, Verteilung *VI/1*: 295 ff.; *XVI/1*: 611.
—, Wärmeregulation *XVII*: 75.
Blutzuckerkurve, Insulin *XVI/1*: 605, 620.
Boden, Austauschacidität *XVI/1*: 1683.
Bodenorganismen, Stoffkreislauf i. d. Natur *I*: 706.
Bodensäuerung, hydrolytische *XVI/2*: 1684.
Bodenschall *XI*: 434.
Bogengang, Störungen *XV/1*: 401, 406.
—, Verletzungen bei Amphibien *XI*: 839.
—, — bei Fischen *XI*: 819.
—, — bei Vögeln *XI*: 862.
Bogengänge, A. B. W., Fische *XII/2*: 1120.
—, A. B. W., verschiedener Tierklassen *XII/2*: 1145.
—, chemische Reizung *XI*: 857.
—, Endolymphbewegung *XI*: 992.
—, Entzündung *XV/1*: 401.
—, Funktion *XI*: 807.
—, Modellversuche *XI*: 885, *XI*: 1006.
—, Perilymphbewegung *XI*: 992.
—, Plombierung *XI*: 851, 1004.
—, Progressivbewegungen *XI*: 884.
—, Reizung *XI*: 1005.
—, —, galvanische *XI*: 853, *XI*: 1000.

(Bogengänge, Reizung), kalorische *XI*: 972.
—, Sondierung *XI*: 808, *XI*: 856.
—, Strömung, thermische *XI*: 987.
—, Strömungsgesetz *XI*: 988.
—, vertikale, bei Kleinhirnbrückenwinkeltumoren *XV/1*: 416.
—, —, bei Kleinhirnerkrankungen *XV/1*: 427.
Bogengangsapparat s. auch Labyrinth.
—, calorische Reaktion bei fehlendem *XV/1*: 393.
—, elektrische Vorgänge *XI*: 993.
—, Fliehkräfte *XI*: 992.
—, Funktion *XI*: 797, *XI*: 995, 1004.
—, —, Amphibien, Fische, Reptilien, *XVIII*: 296ff.
—, —, Mensch *XVIII*: 302.
—, Historisches *XI*: 909.
—, mechanische Reizung bei Fischen *XI*: 808.
—, — —, Vögel *XI*: 855.
—, mechanischer Vorgang *XI*: 987, 997.
—, Säuger *XI*: 868; *XVIII*: 300.
—, Prüfung des *XV/1*: 385.
—, Theorie *XI*: 995, 1004.
Bogengangscrista, Erregungszustand *XI*: 1013.
Bogengangsfistel, Zeigeversuch *XV/1*: 403.
Bogengangsflüssigkeit, physikalische Eigenschaften *XI*: 987.
Bogengangslähmung *XI*: 1014.
Bogengangsmodell *XI*: 989, *XI*: 992.
Bogengangsreflex *XI*: 870.
Bogengangssystem, Dimensionen *XI*: 822, 841.
„Bohreffekt" der CO-Sättigungskurve im Blut *VI/1*: 124.
Bolometrie (H. Sahli) *VII/2*: 1255.
Bolustod *II*: 331.
Bombicesterin, Seidenspinner *III*: 197.
Bomvillsches Unterkiefer-Dreieck *III*: 311.
Bonellia, Geschlechtsbestimmung *XIV/1*: 780.
Bor, allgemeine Wirkung *I*: 503.
Borellische Wage *XV/1*: 183.

Borkenbildung (Nase) *II*: 313.
Borsäure, Resorption, Haut *I*: 129.
Borstenwürmer, Darm *III*: 44.
Bothriocephalusanämie *V*: 266; *VI/2*: 776.
Bottom disease *III*: 1102.
Botulismus *XII/2*: 822.
Bouguersche Formel *XVII*: 466.
Boursa Fabricii der Vögel *VI/2*: 1014.
Boveris Centriolhypothese der Befruchtung *XIV/1*: 128.
Bowensche Dermatose, Krebsbildung *XIV/1*: 1561.
Bowmansche Theorie der Harnbildung *IV*: 451.
Br s. Brom.
Brachiopoden, Blutbewegung *VII/1*: 10.
Brachyphalangie *XVII*: 1069.
Brachyuren, Gangart *XV/1*: 291.
Bradykardie *VII/1*: 598; *XV/1*: 713, 729; *XVI/1*: 1022; s. auch Pulsverlangsamung.
—, Haustiere *VII/2*: 1827.
—, puerperale *VII/1*: 519.
„Bradykardische Hypotonie" *VII/2*: 1411.
Bradypnoe *II*: 363; *XV/1*: 729.
Bradyteleokinese *X*: 272.
Bradytrophie *XVII*: 1100.
Branchiofugale, branchiopetale Schlagrichtung des Herzens *VII/1*: 25.
„Braunempfindung" (Auge) *XII/1*: 305.
Brechakt *III*: 441, 447, 1164; *XVIII*: 44.
—, Auslösung *III*: 444.
—, Innervation *III*: 448.
Brechdurchfall, akuter beim Säugling *III*: 1328.
Brechfähigkeit, vergleichend *III*: 1070.
Brechgifte *III*: 444.
Brechmittel *XVIII*: 45.
Brechmuskel *XIII*: 266.
Brechreflex, Bahnen *III*: 445.
Brechungsindices, Augenmedien *XII/1*: 83.
—, Plasma *XVII*: 174.
Brechzentrum *III*: 442; *XVIII*: 45.
Breitenwachstum *XV/1*: 735.

Bremsung von Bewegungen *IX*: 713.
„—" (Tonus) *IX*: 746.
Brennmaterial der Zelle *I*: 39, 61.
Brennpunktlage der Chloroplasten *XII/1*: 58.
Brennpunktswinkel *XII/1*: 90, 93, 130.
Brennwert der Nahrung *XVI/1*: 946.
Brenzkatechinase *V*: 877.
Brenzkatechinderivate *V*: 871.
Brenzkatechinessigsäure *V*: 877.
Brenzschleimsäure *V*: 1042.
Brenztraubensäure („Verhalten im Stoffw.") *V*: 1003.
Brenzweinsäure („Verhalten im Stoffw.") *V*: 1005.
Brieftauben, Fluggeschwindigkeit *XV/2*: 918, 933.
—, Flüge, nichttrainierter *XV/2*: 921.
—, —, verkrachte *XV/2*: 1019.
—, Flugstatistik *XV/2*: 1019.
—, Geschichte *XV/2*: 916/18.
—, Heimatschlag, Anhänglichkeit an *XV/2*: 927.
—, Heimflugzeit *XV/2*: 918.
—, homing *XV/2*: 918.
—, Hurraflüge *XV/2*: 1019.
—, Intelligenz *XV/2*: 947.
—, maximale Entfernungen *XV/2*: 932.
—, mittlere Reisegeschwindigkeit *XV/2*: 918, 932.
—, Reisedauer *XV/2*: 918.
—, Rekordflüge *XV/2*: 929/31.
—, Schläge, Dressur auf zwei *XV/2*: 927.
—, Spiraltouren *XV/2*: 920.
—, Trainingsbedeutung *XV/2*: 941/43.
—, Umherirren *XV/2*: 928.
—, Verluste *XV/2*: 919.
—, Verwendung *XV/2*: 917.
—, Wahrscheinlichkeit der Rückkehr *XV/2*: 921.
—, Wettflüge *XV/2*: 339, 918.
—, Zufall der Heimkehr *XV/2*: 932.
Brillantvitalrot, Blutmengenbestimmung *VI/2*: 676.
Brille *XII/1*: 118.
Brillenglas, Korrektionswert *XII/1*: 120.
Brocasche Aphasie *XV/2*: 1505.
— Phänomen *XVIII*: 295.
— Stelle *X*: 763.

BROCKMANNsche Körperchen
XVI/1: 561.
Brom, allgemeine Wirkung
I: 503.
—, keimtötende Wirkung
I: 571.
—, Hypophyse XVI/2: 1501.
—, Magensekretion
III: 1437.
Bromate (Verhalten im Stoff-
wechsel) V: 1046.
Bromäthyl (Verhalten im
Stoffw.) V: 1007.
Bromdimethyltoluidine
V: 1019.
Bromdiphenyl V: 1017.
Bromidrosis IV: 734.
Bromlecithin III: 176.
Bromnachweis im Liquor
X: 1227.
Bromnaphthalin V: 1018,
V: 1043.
Bromoform („Verhalten im
Stoffw.") V: 1007.
Bromporphyrin VI/1: 165.
Bromsalze, Beruhigungsmit-
tel X: 1044; XVII: 621.
Bromschnupfen XIII: 344.
Bromtoluidinglykuronsäure
V: 1037.
Bromtoluol V: 1017.
Bromural XVII: 619.
Bronchektasie II: 419, 446.
Bronchialatmen II: 286, 295ff.
—, Resonanztheorie II: 298.
—, Vorkommen II: 290.
Bronchialbaum, Gesamtquer-
schnitt II: 183.
—, Nervenversorgung
X: 1080.
Bronchialdrüsen II: 406.
—, Pneumokoniosen II: 530.
—, Staubgehalt II: 536.
Bronchialfistel II: 447.
Bronchialmuskeln II: 64.
Bronchialmuskulatur, phar-
makolog. Beeinflussung
II: 467; XVIII: 19.
—, Chemikalienwirkung auf
II: 468.
—, Innervation II: 237.
Bronchialsekretion II: 471,
II: 472.
—, Pharmakologie der
II: 472.
Bronchien II: 182ff., 474, 484.
—, Blutresorption II: 475.
—, Elastizität II: 98.
—, Muskulatur II: 64, 484.
—, Resorption durch das
Epithel II: 475.
—, respiratorische Bewegun-
gen II: 185.
—, Staub II: 517.
Bronchiolitis II: 303.

Bronchitis, Atmung II: 277.
— diffusa II: 304.
—, Erholungsvermögen bei
(Arbeitsphysiologie)
XV/1: 767.
— fibrinosa II: 419.
— putrida II: 419.
Bronchitiden II: 318.
Bronchophonie II: 300.
Bronchoskopie II: 185, 333.
Bronchostenose II: 420.
Bronchusunterbindung
II: 445.
BRONDGEESTscher Tonus
VIII/1: 199.
Brot, Ausnutzung
XVI/1: 903, 1010.
BROWNsche Bewegung s. auch
Molekularbewegung I: 93.
I: 99, 209; XIII: 194.
BROWN-SÉQUARDsche Theo-
rie (Innere Sekretion)
XIV/1: 358, 812.
Bruchdreifachbildung bei
Transplantationen
XIV/1: 1097.
Bruchgelenke (Autotomie)
XIII: 266.
Bruchsackpseudopodien
VIII/1: 11.
Bruchstelle, präformierte, bei
Regeneration
XIV/1: 1085.
Brücken, künstliche (Kau-
leistung) III: 341.
Brückenpräparat (Vestibular-
apparat, EWALD)
XI: 855.
Brückenschwerhörigkeit
XI: 659.
Brückenstellungsreflex
XVII: 701.
BRÜCKEscher Muskel
XII/1: 151.
Brummen (Atemgeräusch)
II: 302.
„Brunnengeist" XVII: 461.
Brunnenwasser, Froscheient-
wicklung im XVI/1: 856.
BRUNNERsche Drüsen III: 84,
III: 667, 685, 751, 1240;
XVIII: 57.
BRÜNNINGsches Elektroskop
II: 321.
Brunst, Brustdrüsenschwel-
lung XIV/1: 614.
—, Dauer XIV/1: 814, 815,
XIV/1: 816.
—, Hypophyseneinfluß
XVI/1: 421, 779.
—, Klimawirkungen
XVII: 527.
—, Uterusveränderungen
XIV/1: 507.
„Brunstfeigen" XI: 206.

Brunsthormon (Vorderlap-
penhormon)
XVI/1: 464ff.;
XVIII: 307.
„—", Wachstumswirkung
XIV/1: 551.
Brunstreiz XIV/1: 372.
Brunstrhythmus, Ursachen
XIV/1: 814.
Brustbein II: 45.
Brustdrüse XIV/1: 419.
—, Alter XVII: 768, 804.
—, Erkrankungen
XIV/1: 664.
—, Funktion XIV/1: 660.
—, Genitalapparat, Bezie-
hungen zwischen ihnen
XIV/1: 662.
—, Konstitution
XVII: 1068.
—, Leistungsfähigkeit
XIV/1: 660.
—, Säugefähigkeit
XIV/1: 639.
—, Schwellung
XIV/1: 613f.
—, Wachstum XIV/1: 468.
Brustfell II: 62; s. auch
Pleura.
Brustfellsäcke II: 38.
Brusthöhle, Reflexe ihrer Or-
gane XVI/1: 1176.
Brusthöhlenform (statische
Kräfte) II: 105.
Brusthöhlenoberfläche
II: 105.
Brusthöhlenwände II: 37.
Brustkinder, Gewichtszunah-
me III: 1308.
—, Grundumsatz III: 1296.
Brustkorb s. auch Thorax
XVII: 532, 544.
—, Atembewegungen, para-
doxe II: 348.
—, Bewegung II: 50.
—, Klimawirkungen
XVII: 514.
—, kyphoskoliotischer
II: 395.
—, Pleuritis II: 396.
—, rachitischer II: 398.
Brustmark, Durchschneidung
XVII: 64.
Brustraum, bewegende
Kräfte II: 57.
—, Druckausbreitung II: 118.
—, Inhalt II: 85.
—, Oberfläche II: 77.
Brustraumspitze II: 57.
Brustwand, knöcherne
II: 366.
Brustwandbewegung
II: 366.
Brustwarzen, Formfehler
XIV/1: 609.

(Brustwarzen), Hyperästhesie
XIV/1: 665.
—, Pigmentierung
XIII: 247.
Brustwirbelsäule *II*: 38.
Brutpflege, Protozoen
XIII: 9.
Brutpflegeeinrichtungen
XIV/1: 609.
Brutschränke (Couveusen,
Wärmeregulation)
XVII: 10.
Bryozoen, Autotomie
XIII: 275.
—, Winterknospung
XIV/1: 40; *XVII*: 745.
Bulbärparalyse, progressive
X: 199.
—, Schluckstörung *III*: 368.
—, symptomatische bei Lyssa
X: 1257.
Bulbo-auricular-Leiste (Herz)
VII/1: 100.
Bulbomotorik *X*: 43.
Bulbus (Auge), Bewegungs-
formen *XII/2*: 1005.
— —, Bewegungsgesetze
XII/2: 1010.

(Bulbus [Auge]), Chemie
XII/1: 195.
— —, Drehpunkt
XII/2: 1002.
— —, Fixation *XII/2*: 1055.
— —, Gelenkmechanik
XII/2: 1001.
— —, Größe *XII/2*: 1160.
— —, kinemat. Orientie-
rungsänderung
XII/2: 1021.
— —, Lageänderungen,
statische *XII/2*: 1076.
— —, Muskelmechanik
XII/2: 1004.
— olfactorius *XI*: 209.
Bulbusreflex (Auge)
VII/1: 412.
„Bündelblock" (Herz)
VII/1: 657.
BUNGNERsche Bandfasern,
Nervenregeneration
IX: 140, 324.
BUNSEN-LUMMER, In-Um-
feldmethode(Photometrie)
XII/1: 369.
— -LUMMERsche Fleckanord-
nung *XII/1*: 483.

BURDACHscher Strang
X: 846.
BURGIsches Gesetz, Pupille
XII/1: 220.
Bursa copulatrix *XIV/1*: 51.
Bürstenzunge *III*: 1053.
„Bürzeldrüse", Vögel
XIII: 43.
Butter (Vitamin D) *V*: 1194.
Butterfett (Vitamin A)
V: 1171.
Butteröl (Vitamin A) *V*: 1172.
Buttersäure *XIV/1*: 649.
—, tierisches Gift *XIII*: 184.
Buttersäurebacillen
XIV/1: 652.
Buttersäuregärung, bakteri-
elle *V*: 652.
Butylalkohol, Protoplasma-
gift *I*: 574.
Butylchloral („Verhalten im
Stoffw.") *V*: 1007.
Butyrodiolein *XIV/1*: 649.
Butyropalmitoolein
XIV/1: 649.
B-Vitamin s. Vitamin B.
B-Vitaminausschaltung
s. Beriberi.

C

CABOT-SCHLEIPsche Ring-
körper *VI/1*: 9.
Cadmiumzelle *XVII*: 516.
Caesium, allgemeine Wirkung
I: 540.
Caissonkrankheit *XV/1*: 370.
Caissonschädigungen des
Ohres *XI*: 638.
Calcarinatypus (Area striata)
X: 730.
Calcariurie *XVI/2*: 1639.
Calcinosis universalis
XVI/2: 1641.
Calcium, Adrenalinwirkung
VI/1: 244.
—, allgemeine Wirkung
I: 499.
—, Ausscheidung (Omni- und
Herbivoren) *XVI/2*: 1573.
—, —, Myxödem
XVI/2: 1584.
—, Blut *XVI/2*: 1449, 1451.
—, — nach Insulin
XVI/1: 637.
—, —, Myxödem
XVI/1: 1460.
—, —, Osteomalacie
V: 1238.
—, Cerebrospinalflüssigkeit
XVI/1: 1463.
—, Dilatator pupillae
XII/1: 214.
—, Diurese *IV*: 401.
—, Eireifung *XIV/1*: 113.

(Calcium), Erregbarkeit des
Atemzentrums *II*: 245.
—, — des Zentralnerven-
systems *IX*: 621.
—, Fieber *XVII*: 98.
—, Gaswechsel des Gehirns
IX: 537/538.
—, —, isoliertes Rückenmark
IX: 550.
—, Gehalt des Körpers
XVI/2: 1445.
—, Harn *IV*: 247.
—, Herzwirkung *VI/1*: 243.
—, -Ionen, Unentbehrlichkeit
I: 520.
— -—, Vorkommen im tie-
rischen Organismus
I: 495.
—, Liquor, Meningokokken-
sepsis *XVI/2*: 1458.
—, Magnesium, Antagonis-
mus zwischen
XVI/2: 1582.
—, Muskel *XVI/2*: 1490.
—, N-Umsatz, isoliertes
Rückenmark *IX*: 592.
—, Nebenschilddrüse und
Stoffwechsel des
XVI/2: 1587.
—, Organe von Katzen
XVI/2: 1500.
— -Phosphorsäure-Relation
V: 1236.
—, Rachitis *XVI/2*: 1460.

(Calcium), Retention   bei
Frühgeburten
XVI/2: 1560.
—, Schilddrüsenbehandlung
XVI/1: 275.
—, Serum, Bestimmungs-
methode *VI/1*: 243.
—, Stoffwechsel beim
Pflanzenfresser *V*: 126.
—, Winterschlaf
XVII: 131.
Calciumcarbonat, Magen-
sekretion *III*: 1437.
Calciumcarbonatsteine
IV: 617, 655.
Calciumchloridacidose
XVI/1: 1112.
Calciumeiweiß in der Ossi-
fikation *XVI/2*: 1628.
Calciumentziehung, Entzün-
dungsbereitschaft
XIII: 381.
Calciumherz *VII/1*: 381.
Calculi veri (Magen-Darm-
Kanal) *III*: 1083.
Callus, Pflanzen *XIV/1*: 1125;
XIV/2: 1199.
Callusbildung, Frakturen
XVI/2: 1483.
—, Ossifikation *XVI/2*: 1628.
Callusgewebe, Phosphatase
XVI/2: 1630.
Calomel, Darmdrüsenwirkung
III: 1440.

Calorien, „motorische"
V: 151; s. auch Kalorien.
—, Stickstoff bei Arbeit, Verhältnis untereinander
XVI/1: 985.
Calorienbedarf V: 134, 140.
—, Teilfaktoren V: 141.
— verschiedener Menschen
XVI/1: 950.
— — — bei verschiedenen
Arbeitstypen XV/1: 545.
Calorienbildung, Alter
XVII: 822.
Caloriengehalt der Nahrung
XVI/1: 946.
Calorienproduktion V: 169.
—, Berufe, verschiedene
V: 151.
— nach Insulin XVI/1: 619.
Calorienverbrauch V: 152.
—, individuelle Verschiedenheiten XV/1: 545.
Calorienverlust bei einseitiger
Ernährung V: 141.
Calorimetrie, Menschen
XVI/1: 948.
—, Wetter, Beeinflussung
durch XVII: 397.
Calorische Erregung
XVIII: 307.
— Labyrinthreflexe
XI: 886, 907; s. auch
Labyrinthreflexe.
— Reaktion, Labyrinth, bei
fehlendem XV/1: 392.
— —, Reptilien XVIII: 299.
— Reizung, Labyrinth
XI: 977.
— —, Bogengangsapparat
XI: 977.
Calorischer Quotient (Harn)
V: 136.
CaloritropischeKrümmungen,
Pflanzen XI: 166.
Calororeceptoren I: 303.
Cambiumzellen XIV/2: 1293.
Cambrium XVII: 144.
Camera acustica XI: 698.
CAMPERsche Ebene III: 311.
Campher XIV/1: 545.
—, fieberherabsetzende
Wirkung X: 1126.
—, Herzreizbildung VII: 772.
—, Krampfgift X: 1027.
—, Muskelwirkung
VIII/1: 323.
—, Schweißhemmung
IV: 765.
—, Vagusreizung VII/1: 773.
Cannabis indica (Haschisch),
Sehstörungen XII:/1 818.
Cantharidenblasen, Sexualhormon in XVI/1: 470.
Cantharidin, Wirkung
XIII: 182.

Capillaren s. Kapillaren sowie
Blutkapillaren.
Capillarthrombometer
XVIII: 160.
Caprinsäure XIV/1: 656.
Capronsäure XIV/1: 648,
XIV/1: 656.
— („Verhalten im Stoffwechsel") V: 1002.
Carbaminsäure V: 812.
—, Blut und Harn IV: 259.
Carbazol V: 1019.
Carbohydrasen bei Wirbellosen III: 93, 100.
Carboligase V: 502.
Carbonate, Kohlensäureentstehung I: 720.
Carbonatsteine IV: 670.
Carbonsäuren, aliphatische
(Verhalten im Stoffw.)
V: 1000.
—, —, zweibasische (Verhalten im Stoffw.)V: 1004.
—, aromatische V: 1020.
—, —, ungesättigte
V: 1023.
—, fettaromatische V: 1021.
Carbonurie, dysoxydative
IV: 298.
Carcinom s. Geschwulstlehre
XIV/2: 1341.
—, Autolyse V: 731.
—, Begriff XIV/2: 1494.
—, Cardia, Schluckstörungen
III: 377.
—, Entstehung, Brandnarben
XIV/2: 1554/56.
—, —, Funktionsstörung der
Mamma XIV/2: 1583,
XIV/2: 1703.
—, —, Reize XIV/2: 1551/53,
XIV/2: 1561.
—, —, Sarkomtransplantation XIV/2: 1594.
—, Hautfarbe XIII: 245.
—, Kalkbein- des Huhnes
XIV/2: 1530.
—, N-Gleichgewicht V: 108.
—, Schwefelstoffwechsel
V: 404.
—, Umwandlung in Pseudosarkom XIV/2: 1496.
Carcinomepidemien, Mäuse
XIV/2: 1649.
Carcinomerkrankung,Eiweißstoffwechsel V: 278.
Carcinomextrakte XIII: 504.
Carcinomhäuser und
Endemien XIV/2: 1527.
Carcinommetastasen, Chlorgehalt XVI/2: 1536.
Carcinomspezifität
XVIII: 323.
Carcinomzellen, Sauerstoffatmung I: 31.

Carcinosarkom, Begriff
XIV/2: 1498.
Carcinus maenas, BETHES
Reflexversuche IX: 779.
Cardiaca, Herzinsuffizienz
XVI/2: 1408.
—, Ionengleichgewicht, Abhängigkeit von VI/1: 243.
— s. auch Kardiaca.
Cardiazone des Magens
III: 603.
Cardiolysis VII/2: 1880.
Carmarina, Hemmung des
Magenstiels IX: 664.
— hastata (statisches Organ)
XI: 769.
Carnivoren s. tierverdauende
Pflanzen III: 102.
Carotidenthrombose
VII/2: 1806.
Carotin XIV/1: 172;
XVIII: 127.
Carotisdruckreflex
XVI/2: 1197.
„Carotisdruckversuch"
(Herz) VII/1: 599.
Carotisdrüse XVI/1: 51.
Carotisfistelsymptom
XV/1: 404.
Carotissinus, vasomotorisch
regulierender Einfluß
XVI/2: 1210.
Carotissinusdruckversuch
(Herz) VII/2: 1329.
Carotissinusreflex (Herz)
(HERING) VII/2: 1351.
CARREL-Kultur, Lymphocyten VI/1: 831.
Cartilago quadrangularis
II: 312.
Carvacrol, Protoplasmagift
I: 577.
Cäsarenwahn XIV/1: 888.
Cascara sagrada, Darmdrüsenwirkung III: 1440.
Casein, Aminosäuren
XIV/1: 647.
—, Eiweißquelle XVI/1: 865.
—, isoelektrischer Punkt
XIV/1: 646, 647.
—, Labgerinnung
XIV/1: 647.
—, Verteilungszustand
XIV/1: 650.
Caseine III: 272, 273, 959.
Caseinsalze XIV/1: 647.
Cataract XII/1: 191ff.
Cavum nasi, Drüsen im
II: 313.
„Cell-lineage"-Forschung
XIV/1: 1019.
Cellularpathologie und Konstitution XIV/2: 1698.
Cellularphysiologie
XIV/1: 957.

Cellularprinzip, Nervensystem *IX*: 119.

Cellulose, Abbau, bakterieller, in der Natur *I*: 722.

—, Verdaulichkeit *V*: 24.

—, Verdauung *III*: 998.

Cellulosegärung *III*: 974, *III*: 978, 983.

—, Enddarm *III*: 998.

Cellulosegehalt, Nahrung *V*: 24; *XVI/1*: 1010 ff.

Cellulosehüllen (Brot) *XVI/1*: 935.

Cellulosevergärer *III*: 981.

Cellulose-xanthogenate *III*: 156.

„Central fibrous body", Herz *VII/1*: 87.

Centriolen, morphologisch *I*: 586.

Centriolhypothese, Befruchtung *XIV/1*: 128.

Centrosoma *XVII*: 1000.

Centrosomen, in vitro *XIV/1*: 978.

Centrum tendineum *II*: 53.

— —, respiratorische Bewegung *II*: 347.

Cephalogene Fettsucht *XVI/1*: 444.

Cephalopoden, Akkommodationslehre *XII/1*: 172.

—, Atmung *II*: 17, 30.

—, Auge *XII/2*: 1398.

—, Außenverkleidung *III*: 56.

—, Darmkanal *III*: 54.

—, Darmwand, Peptondurchtritt *IV*: 171.

—, Gefäßsystem *VII/1*: 17, *VII/1*: 25.

— (Nahrungsaufnahme) *III*: 51.

—, Pigment *XIII*: 205.

—, Riechgruben *XI*: 233.

—, Speicheldrüsen *III*: 80.

—, Verdauungssäfte *III*: 83.

Cephalosus *III*: 105.

Cerebellare Ataxie s. auch Ataxie *X*: 267, 296, *X*: 299.

— Paresen *X*: 259, 302, 307.

Cerebratulus, Eifragmente, Befruchtung *XIV/1*: 130.

—, Eireifung *XIV/1*: 111.

Cerebroside, Chemismus *IX*: 51.

Cerebrospinalachse, Entzündungen *X*: 851.

Cerebrospinalflüssigkeit *X*: 7.

—, Calciumwerte, Kinder *XVI/2*: 1463.

— (Mineralbestand des Körpers) *XVI/2*: 1442 ff.

Cerebrospinalmeningitis, endemische, Haustiere *X*: 1249.

Cerianthus membranaceus *XV/1*: 89.

Cervicalblase, Feldheuschrecke *XIII*: 34.

Cervixstreifen, Pharmakologie *XIV/1*: 539, 543.

Cestoden, Allergie *XIII*: 789.

Cetylalkohol (Verhalten im Stoffw.) *V*: 997.

Chaetocladiumgalle, Fusionsvorgang *XIV/2*: 1202.

Chalicosis *II*: 530.

Chalone (Hormone) *XV/1*: 8.

Chamaeisorrhopie *XV/1*: 185.

„Champ cordal" (Herzentwicklung) *VII/1*: 130.

Chamsin (allgem. Klimawirkung) *XVII*: 508.

Charakter und Neurose *XIV/1*: 797.

—, paranoischer *XVII*: 1168.

CHARPENTIERsches Phänomen *XII*: 465.

CHARPENTIER-Täuschung *XII/2*: 1057.

Chelidonsäure (Verhalten im Stoffw.) *V*: 1006.

Chemie, Eiweißkörper *III*: 214.

—, Fette *III*: 160 ff.

—, Gifte, tierischer *XIII*: 175.

—, Kohlehydrate *III*: 113.

—, Muskulatur *VIII/1*: 442.

—, Nervensystem *IX*: 47.

—, physikalische, kolloidaler Systeme *I*: 91 ff.

—, Spermin *XIV/1*: 363.

Chemiluminescenz *I*: 201; *VIII/2*: 1061, 1079, 1082.

Chemische Oxydationskatalyse *I*: 51.

Chemischer Kreislauf, Kohlehydrate *I*: 34.

— Sinn (Chemoreceptoren) *XI*: 203, 318.

Chemische Vorstellungen, Basis neurobiologischer Betrachtungen *XV/2*: 1210.

Chemodinese, Protoplasma *XVIII*: 284.

Chemodynamische Maschine *I*: 26.

„Chemoflexion" (Protozoen, Giftgewöhnung) *XIII*: 838.

Chemonastie *XI*: 240, 246; *XVIII*: 282.

Chemoreception, Krebse *XI*: 230.

—, Mollusken *XI*: 232.

Chemoreceptoren *XI*: 203 ff., *XI*: 305; *XVI/1*: 897.

Chemospezifität (konstitutive Spezifität) *XIII*: 430, 696.

Chemotaxis *I*: 289; *XIV/1*: 116, 240.

—, Chloroplasten *XI*: 251.

—, Nervenregeneration *XV/2*: 1121.

—, Organismen, einzellige *XI*: 248.

—, Pflanzen *XI*: 248; *XVIII*: 282.

—, Sensibilitäten, verschiedene *XIV/1*: 118.

—, Spermatozoen, tierische *XIV/1*: 118.

—, Zellkern *XI*: 252.

Chemotropismus *XI*: 240; *XVIII*: 282.

—, Pollenschläuche *XI*: 244.

—, Wurzel *XI*: 943.

CHEYNE-STOKESsches Atmen *II*: 349.

— — —, beim Fliegen *XV/1*: 373.

— — —, höheres Lebensalter *XVII*: 817.

— — —, prognostischer Wert *II*: 351.

CHILAIDITTIS-Manöver (Atmung) *II*: 346.

Chimären, künstliche durch Transplantation *XIV/2*: 1235.

—, Pflanzen *XIV/1*: 1132.

—, Tiere *XIV/1*: 1108.

Chinaalkaloide *XIII*: 846/47.

—, Herzreizbildung *VII/1*: 777, 809.

Chinasäure *V*: 1021.

Chinin *V*: 1033.

—, Contractur des Muskels *VIII/1*: 236.

—, Entzündung *XIII*: 388.

—, Froschlarven, Einfluß *XVI/1*: 743.

—, LANGENDORFF-Herz *VII/2*: 1012.

—, Lokalanästhesie *IX*: 441, *IX*: 447, 453.

—, Magensaftproduktion *III*: 1436.

—, Milzgefäße, Wirkung *VII/2*: 1023.

—, Ohr *XI*: 736.

—, Sehnervenschädigung, intrauterine *XII/2*: 824.

—, Winterschlafwirkung *XVII*: 128.

Chininderivate, Protoplasmagift *I*: 579.

Chininfestigkeit, Malariaparasiten *XIII*: 841.

—, Protozoen *XIII*: 840, 842.

(Chininfestigkeit), Trypanosomen *XIII*: 839.
Chininharnstoff, Lokalanästhesie *IX*: 442, 443ff.
Chininkrämpfe *X*: 438.
Chinodermen, Kriechen *XV/1*: 283.
Chinonimine, Allergene *XIII*: 784.
Chinole *V*: 1017.
Chinolin *V*: 1030.
Chinolincarbonsäure *V*: 1031.
Chinon (Verhalten im Stoffw.) *V*: 1017.
—, Allergen *XIII*: 784.
—, Wirkung, Herz *XVIII*: 191.
Chitin, Insekten *V*: 423.
—, Krebsschale *V*: 423.
Chitose *V*: 1030.
Chlamydomonaden (Salztoleranz) *XVII*: 147.
Chlor s. auch Chloride.
—, allgemeine Wirkung *I*: 500.
—, Ausscheidung (Säugling) *III*: 1319.
—, Gehalt des Blutes *XVI/1*: 637.
—, — von Blut und Urin *XVI/1*: 635.
—, — in Carcinommetastase *XVI/2*: 1536.
—, — von Leber und Haut beim Diabetiker *XVI/1*: 635.
—, keimtötende Wirkung *I*: 571.
—, Mangel in der Nahrung *V*: 1150.
—, Pflanze *V*: 343.
—, Retention, anhydropische *XVI/2*: 1526.
—, Speicherung, Magen *III*: 856.
—, tierischer Organismus *I*: 495.
—, Verluste durch Schweiß *XVI/1*: 904.
Chloralamid *XVII*: 615.
Chloralhydrat *XVII*: 615.
—, Blutdruck- und Gefäßwirkung *VII/2*: 1062.
—, Herzreizbildung *VII/1*: 760.
—, Hirngaswechsel *IX*: 552.
—, Lokalanästhesie *IX*: 442, *IX*: 445.
—, Sekretinabsonderungswirkung *III*: 1440.
—, Verhalten im Stoffw. *V*: 1007.
Chloralose *XVII*: 615.
Chloralurethan *XVII*: 615.

(Chloralurethan), Kreislaufwirkung *VII/2*: 1064.
Chloräthyl, Blutdruck- und Gefäßwirkung *VII/2*: 1059.
Chloräthylgefrierung, Ausschaltung des Kleinhirns durch (Mensch) *X*: 267.
Chloreton *XVII*: 616.
Chloride s. auch Chlor.
—, Anwuchsstoffwechsel *XVI/2*: 1540.
—, Aufnahme *XVI/2*: 1519.
—, Ausscheidung *IV*: 480; *XVI/2*: 1518, 1538, 1540.
—, Blut, Bestimmung nach BANG *VI/1*: 246.
—, Diabetes insipidus *XVII*: 290.
—, Gehalt der Haut *XVI/2*: 1495.
—, — der Milch *XVI/2*: 1504.
—, Harn *IV*: 248.
—, intermediärer Stoffwechsel *XVI/2*: 1524, *XVI/2*: 1526.
—, Menge in Faeces *XVI/2*: 1518.
—, Nierenkrankheiten *XVI/2*: 1537.
—, Retention, trockene *XVI/2*: 1541.
—, Speicherung im Körper *XVI/2*: 1522.
—, Stoffwechsel bei Diabetes *XVI/2*: 1545.
—, —, Regulationszentren *XVI/2*: 1538.
—, —, Rolle, im *XVI/2*: 1518.
—, —, Röntgenstrahleneinfluß *XVI/2*: 1536.
—, Stoffwechselstörung und Hypophysenerkrankung *XVI/2*: 1531.
—, Verminderung *XVI/2*: 1426.
Chloridmethode, Nachweis der Chloride in der Magenschleimhaut *III*: 624.
Chlorionen, Blut *XVI/2*: 1427.
Chloroform, Atmungsapparat *VII/2*: 1007.
—, Blutdruck- und Gefäßwirkung *VII/2*: 1059.
—, Contractur des Muskels *VIII/1*: 230.
—, Gallensekretion *III*: 1445.
—, Gaswechsel des Gehirns *IX*: 537.
—, Gehirngefäße *VII/2*: 1018.
—, Haut- und Muskelgefäße *VII/2*: 1027.
—, Lokalanästhesie *IX*: 442f.

(Chloroform), Mißbrauch *XIII*: 866.
—, Narkose, Blutdruck *VII/2*: 1408.
—, —, Kohlensäurebindungsfähigkeit des Blutes *V*: 662.
—, Protoplasmagift *I*: 578.
—, Pupillenwirkung *XII/1*: 227.
—, Schlagvolumen des Herzens *VII/2*: 1179.
—, Verhalten im Stoffw. *V*: 1007.
Chlorophyll *VI/1*: 164ff.
—, Dualität *VI/1*: 193.
—, Konstitution *VI/1*: 196; *XVIII*: 148ff.
—, „krystallisiertes" *VI/1*: 192.
—, oxydativer Abbau *VI/1*: 195.
—, Zustand in Chloroplasten *V*: 597.
Chlorophyllase *VI/1*: 192.
Chloroplasten, Diastrophe *XII/1*: 58.
—, Empfindlichkeitsmaxima für photische Reize bei Pflanzen *XII/1*: 47.
—, Escharostrophe *XII/1*: 58.
—, funktionelle Bedeutung *I*: 587.
—, Lagerung *XII/1*: 58f.
—, Organe der CO_2-Assimilation *V*: 597.
—, Parastrophe *XII/1*: 59.
—, Phototaxis *XII/1*: 59.
Chlorose *VI/2*: 909.
Chlorpikrin *II*: 505.
Chlorsalze, Mageninhalt *III*: 1127.
Chlorsilber, „Farbenanpassung" *XII/1*: 542.
Chlorsilberketten (Theorie von HABER) *VIII/2*: 1018.
Chochenillewachs *III*: 168.
Cholagoga *III*: 1278.
Cholamin *XVIII*: 206.
Cholämie, physiologische *III*: 1266.
Cholangie, Begriff (NAUNYN) *IV*: 603.
—, lithogene *IV*: 603.
Cholangitis, Gallensteinbildung *IV*: 603.
Cholecystektomie, Schmerzrezidive *III*: 514.
Cholecystitis *III*: 517.
Cholecystopathie, latente *VI/1*: 287.
Choleinsäure *IV*: 616.
Cholelithiasis *XVII*: 1062; s. auch Gallensteinleiden.

Choleprasin (Blut- und Gal-
lenfarbstoffe) *VI/1*: 196.
Cholerabacillen (Immunität)
XIII: 522, 527.
Cholerabacillus, Methylvio-
lettgewöhnung *XIII*: 846.
Cholerainfektion, Schutz
durch Superacidität des
Magensaftes *XIII*: 560.
Choleravibrionen s. Cholera-
bacillen.
Cholerese *IV*: 793 ff.
Choleretika *III*: 1280.
Cholesteatomtaubheit
XI: 637.
Cholesterin, Abbau, oxydati-
ver *V*: 1114.
—, Aktivierung *V*: 1200.
—, Anstieg, Blut *IV*: 792.
—, Antigenfunktion
XIII: 434.
—, Ausscheidung *IV*: 790;
V: 1117 ff.
—, —, Harn *V*: 1121.
—, —, tgl. Menge *IV*: 792.
—, Ausschüttelbarkeit
VII/2: 1347.
—, Beriberi *V*: 1124.
—, bestrahltes *V*: 1199.
—, Bezugsquellen *V*: 1096.
—, Bildung *V*: 1096, 1116.
—, Blut *IV*: 612, 792; *V*: 1099,
V: 1101; *VI/1*: 274, 278.
—, Blutdruckwirkung
VII/2: 1343.
—, Duodenalinhalt *IV*: 614.
—, endogenes *V*: 1098.
—, entgiftende Wirkung
V: 1140.
—, Erythrocyten *V*: 1100.
—, exogenes *V*: 1098.
—, Fettgewebszerfall *V*: 1132.
— -Fettsäureester *V*: 1270.
—, Galle *III*: 884, 1286;
IV: 612, 614.
—, Gallengänge *V*: 1126.
—, Gallensteine *IV*: 616.
—, Gehalt des Blutes *IV*: 612;
V: 1101; *VI/1*: 274, 278.
—, — der Erythrocyten
V: 1100.
—, — der Galle *III*: 884,
III: 1286; *IV*: 612, 614.
—, — der Organe *V*: 1121.
—, — verschiedener Steine
IV: 616.
—, Harn *IV*: 293.
—, Hypertension
VII/2: 1346.
—, Ikterus *V*: 1111.
—, Insulin *V*: 1110.
—, Keimzellen *V*: 1131.
—, Kot *IV*: 692.
—, Membran- und Ober-
flächenfunktion *V*: 1141.

(Cholesterin), Milchfett
XIV/1: 649.
—, Nebennieren *V*: 1109.
—, Oxydation *III*: 185;
V: 1097, 1113; s. auch
—, Abbau.
—, pressorischer Sensibilisa-
tor *XVIII*: 207.
—, Resorption *V*: 1099, 1125.
—, — aus dem Darm *IV*: 74.
—, Schilddrüse *V*: 1109.
—, Serum *V*: 1099.
—, Speicherung *V*: 1115.
—, Stoffwechsel *V*: 1098;
XVI/1: 126.
—, —, und Fett-Stoffwechsel
IV: 792.
—, —, Gravidität *IV*: 614.
—, —, intermediärer *V*: 1113.
—, —, Keimdrüsen *V*: 1129.
—, —, Leber *IV*: 792;
V: 1125.
—, Zufuhr *V*: 1098, 1104,
V: 1133.
Cholesterinämie *V*: 1102.
— nach Cholesterinzufuhr
IV: 613.
Cholesterinderivate *V*: 1200.
Cholesterindiathese *IV*: 607,
IV: 611, 614.
Cholesterindrüse *V*: 1133.
Cholesterinester *III*: 184;
IV: 616; *V*: 1270.
—, Haut *V*: 1120.
—, Nebennierenrinde *V*: 1129.
—, Urin *V*: 1121.
—, Zwischenzellen (Hoden)
V: 1130.
Cholesterinfütterung, Arterio-
sklerose *VII/2*: 1117.
—, Hypercholesterinämie
IV: 612.
Cholesteringicht *V*: 1134.
Cholesterinierung *IV*: 632 ff.
Cholesterinkombinationsstein
IV: 659.
Cholesterinkörper, antirachi-
tische Eigenschaften, be-
strahlter *III*: 1418.
Cholesterinmikrorhomben-
steine *IV*: 653.
Cholesterinperlen *IV*: 653.
Cholesterinsteatose *V*: 1124,
1127.
Cholesterinstein, radiärer
IV: 615, 625, 646.
—, Urostealithen *IV*: 670.
Cholesterinstoffwechsel
s. Cholesterin, Stoff-
wechsel.
Cholesterinurie *V*: 1121.
Cholesterinverfettung
V: 1128, 1138.
Cholin *XIV/1*: 452.
—, Auerbach-Plexus *X*: 1143.

(Cholin), Cerebrospinalflüssig-
keit *IX*: 598.
—, Darmbewegungen
III: 526, 528, 532.
—, depressorische Wirkung
XVIII: 195, 206.
—, Schweiß *IV*: 735.
—, Stoffwechselverhalten
V: 1008.
—, Uterusbewegung
XIV/1: 519.
Cholsäure *III*: 882.
—, Muskelwirkung
VIII/1: 242.
Chondriosomen
XVII: 1001.
—, funktionelle Bedeutung
I: 587.
Chondrodystrophie
XVI/1: 438.
Chondroitinschwefelsäure
III: 280.
Chondromalacie, Knorpel-
rinde *II*: 334.
Chondromucoide *III*: 280.
Chondroproteide
XIV/1: 166.
Chorda tympani, Geschmacks-
fasern *XI*: 315.
Chorea *X*: 279, 316.
— gravidarum *X*: 361.
— minor (SYDERHAM)
X: 301.
Choreatische Bewegungen
X: 345.
— —, experimentelle
X: 405, 412.
Chorion *XIV/1*: 61, 1052.
Chorionentzündungen
XIV/1: 1068.
Chromaffine Körper
XVI/1: 49.
Chromaffines Gewebe s. Adre-
nalsystem.
— — *XVI/1*: 43.
— —, Funktion
XVI/1: 50.
— —, Hyperfunktion
XIV/1: 679; *XVI/1*: 555.
— —, Inkretdrüsenbezie-
hung *XVI/1*: 526.
— —, Nervensystem
XVI/1: 51.
— —, Vorkommen
XVI/1: 49.
— System, Sympathicus
XVI/2: 1733.
Chromatin, Elimination des
väterlichen *XIV/1*: 145.
Chromatinemission *I*: 598.
Chromatinreduktion, Oocyte
XIV/1: 110.
—, Spermareifung
XIV/1: 109.
Chromatnephritis *IV*: 438.

Chromatoide Substanzen der Sertoli-Zellen *XIV/1*: 707.
Chromatolyse *XVI/1*: 247; *XVII*: 732.
—, Proteolyse, Zentralnervensystem *IX*: 588.
Chromatophoren, amöboide Beweglichkeit *XIII*: 227.
—, Doppelinnervation *XIII*: 207.
Chromatophorenzellen, Ablagerung von Farbstoffen *XIII*: 164.
Chromatopsie *XII/1*: 530, *XII/1*: 531.
Chromhidrosis *IV*: 733.
Chromidien *XIV/1*: 59.
Chromocholoskopie *IV*: 777.
Chromodiagnostik, Leber *IV*: 777.
Chromogen, Oxydation *V*: 1265.
Chromolyse, Blutkörperchen *VI/1*: 569, 571.
„Chromopathie" *XV/1*: 475.
Chromoproteide *XIV/1*: 166.
Chromoskopie *IV*: 528.
Chromosomen *XIV/1*: 328, 978; *XVII*: 929, 931, *XVII*: 1027.
—, akzessorische *XIV/1*: 329.
—, Entfernung *I*: 603.
—, Mensch *XVII*: 967.
—, Rassenänderung und *XIV/2*: 1220.
—, Verschiedenheit *XVII*: 1014.
Chromosomentheorie *XVII*: 1010.
Chromosomenzahl *I*: 590; *XIV/1*: 80ff., 104; *XVII*: 1005.
—, diploide *XIV/1*: 76, 80, *XIV/1*: 83, 86, 95.
—, haploide *XIV/1*: 76, 80, *XIV/1*: 83, 86, 95.
—, Summierung *XIV/1*: 95.
Chromulinatypus der Chloroplastenlagerung *XII/1*: 58.
Chronaxie *I*: 271, 314, 315; *XV/2*: 1143; *XVIII*: 243, *XVIII*: 405.
—, Abkühlungsreaktion *VIII/1*: 616.
—, absolute, Definition *IX*: 280.
—, Änderungen *XVIII*: 400.
—, Auge *XII/1*: 431.
—, Elektroden, Form u. Entfernung *IX*: 274.
—, Entartungsreaktion *VIII*: 600; *IX*: 349.
—, Herz *VII/1*: 572.
—, Muskel, normale *VIII/1*: 591.

(Chronaxie), Nerven *IX*: 194; *XVIII*: 221.
—, —, vegetative *X*: 1061.
—, nervöse Elemente *IX*: 34, *IX*: 37, 250, 342, 643.
—, Nervenverletzungen *IX*: 352.
—, Nervus vestibularis *XVIII*: 309.
—, Tetanie *IX*: 359.
Chronische Krankheiten, Pigment *XIII*: 261.
Chronophotographie *XV/1*: 176.
Chrysarobin *V*: 1017.
Chylurie *IV*: 291.
Chylusgefäße *VII/2*: 1158.
Chymosin *III*: 960.
Ciliararterien, Blutdruckmessung *XII/2*: 1333.
Ciliarepithel, Drüsentätigkeit *XII/2*: 1380.
—, Histologie *XII/2*: 1329.
—, Polarität *XII/2*: 1332.
—, zelluläre Sekretion *XII/2*: 1332.
—, Vitalfärbung *XII/1*: 1331.
Ciliarepithelien, Oxydasereaktion *XII/2*: 1330.
Ciliarfortsatz, Epitheloberfläche *XII/2*: 1320.
Ciliarkörper, Bau *XII/2*: 1320.
—, Exstirpation *XII/2*: 1321.
— -Iris-Präparate, Versuche *XII/2*: 1351.
—, Kammerwasser-Bildungsstätte *XII/2*: 1320.
Ciliarmuskeln, Pharmakologische Beeinflussung *XII/1*: 196ff.
Ciliaten, Thigmotaxis *XI*: 69.
Cilien, Kriechen auf *XV/1*: 273.
Cilienbewegung *XV/1*: 307.
Cilioregulatoren *VIII/1*: 57, *VIII/1*: 64.
„Ciment unitif" des Nervengeflechts *IX*: 120.
Cinchonin *V*: 1034.
Cinnamoylglykokoll *V*: 1023, *V*: 1028.
Cionallarven, Schilddrüsenfütterung *XVI/1*: 708.
„Circus movement" des Herzens *VII/1*: 549, 684.
Cirripedien, Sexualverhältnisse *XIV/1*: 297.
Cisternenpunktion *X*: 170.
Citrone (Skorbutheilmittel) *V*: 1225.
Cladoceren, Schwimmen *XV/1*: 315.

Clarkesche Säule *X*: 846.
Clasmatocyten *XIV/1*: 969.
Claudicatio intermittens *VII/2*: 1805.
Claudiussche Zellen *XI*: 517.
Climax praecox *XIV/1*: 457.
Clionasterin *III*: 197.
Clitellum, cyclisches Geschlechtsmerkmal *XIV/1*: 209.
CO s. unter Kohlenoxyd.
CO_2 s. unter Kohlendioxyd sowie Kohlensäure.
Cobitis *II*: 11.
Cocain, Atemwirkung *II*: 32.
—, Erregung *X*: 1018.
—, Gaswechsel des Nerven *IX*: 383.
—, Gewöhnung (Warmblüter) *XIII*: 867.
—, H-Ionenkonzentration *XII/1*: 217.
—, Konstitution *XII/1*: 215.
—, Labyrinthwirkung *II*: 1013.
—, Lokalanästhesie *IX*: 438ff.
—, parasympathischer Effekt *XII/1*: 217.
—, Pupillenwirkung *XII/1*: 217.
—, Sympathicuszentren, Erregung *X*: 1097.
Cocainismus *XIV/2*: 882.
—, Libido *XIV/1*: 827.
Cocainvergiftung, Herz *VII/1*: 780.
—, Mensch *X*: 1020.
—, Zentralnervensystem *IX*: 613.
Coccidieninfektion, Kaninchen *XIII*: 557.
Cochlea *XI*: 467.
—, Sänger *XI*: 499.
—, Vögel *XI*: 489.
Cochleare Reflexe *X*: 201.
Cochlearisbahn, pathologische Physiologie *XI*: 619.
Cochleariskern *X*: 180.
Cochlearisstamm *XI*: 650.
Codein *V*: 1034.
—, Darmwirkung *III*: 538.
—, Lokalanästhesie *IX*: 442, *IX*: 445.
—, Schlafmittel *XVII*: 613.
Coelenteraten, Chemoreceptoren *XI*: 237.
—, Galvanotaxis *XI*: 1045.
—, Gastrovascularsystem *VII/1*: 5.
—, Gift *XIII*: 113.
—, osmotischer Druck *XVII*: 148.
—, Rheotaxis *XI*: 81.
—, Schwimmen *XV/1*: 310.

(Coelenteraten), Selbstverstümmelung *XIII*: 274.
—, statische Organe *XI*: 769.
—, Stoffwechsel *V*: 431.
—, Thermotaxis *XI*: 174.
Coferment, alkoholische Gärung *I*: 58.
—, Atmung *I*: 57.
Coffein *V*: 1012.
—, Atemwirkung *II*: 284.
—, Gewöhnung (Warmblüter) *XIII*: 875.
—, Muskel, Milchsäurebildung *VIII/1*: 359, 494.
—, Muskelwirkung *VIII/1*: 234, 335.
—, Organe, Gehalt an, bei chron. Coff.-Zufuhr *XIII*: 875.
—, Sympathicuserregung *X*: 1098, 1121.
—, Wirkung, allgemeine *X*: 1021.
COHNHEIMsche Felder *VIII/1*: 113.
— Theorie der Geschwulstbildung *XIV/2*: 1509.
COHNHEIMscher Versuch *VI/1*: 59; *VII/2*: 1669.
Coitus interruptus *XIV/1*: 799, 800, 895.
Coitusreflex *X*: 1017.
Coleopteren, Stridulationsorgane *XV/2*: 1237.
Colibacillen *XIV/1*: 652.
—, Malachitgrün, Gewöhnung *XIII*: 845.
—, Resistenz *XIII*: 553.
—, Sublimat, Gewöhnung *XIII*: 845.
Colibakterien, Säugling *III*: 1005, 1019.
Colica mucosa *III*: 491, 1250; *XVI/1*: 1046.
„Coliques salivaires" *III*: 1117.
Colitis mucosa *III*: 1250.
— ulcerosa *III*: 489.
Collaps s. Kollaps.
Colliculus seminalis *XIV/1*: 769.
Colobom *XVII*: 1070.
Cölom (Säftebewegung) *VII/1*: 9.
Cölomkrebs *XIV/2*: 1473.
Colostralkörperchen *III*: 1350.
Colostralmilch *XIV/1*: 648.
Colostrum *XIV/1*: 629.
Coma s. Koma.
Comedonen *IV*: 715.
Communicansdurchschneidung, Tonus *IX*: 738.
Conceptionsoptimum *XIV/1*: 459.

Concretio pericardii. *VII/1*: 363.
— pleurae *II/1*: 417.
„Conductivity balance" *VIII/2*: 867.
Coni vasculosi *XIV/1*: 743.
Conjunctiva *II*: 316.
—, Schmerzempfindlichkeit *XI*: 184.
Cönobien, Bildung bei Volvocaceen *XII/1*: 43.
Constitution s. Konstitution.
Contraction s. Kontraktion.
Conus arteriosus *VII/1*: 173.
Conusklappen, Fische *VII/1*: 165/166.
Convoluta roscoffensis, obligat. Symbiose mit Zoochlorellen *I*: 675.
Copepoden, Darmform *III*: 62.
—, Herz *VII/1*: 10.
—, Nahrungsaufnahme *III*: 32.
Corethralarve, Darm *III*: 45.
Coriumzeichnung, Affen *XIII*: 256, 257.
Cornea s. Hornhaut.
Cornealreflex *X*: 185.
Cornealsystem, Hyperthyreose *XVI/1*: 738.
Coronaraneurysmen, Rinder *VII/2*: 1814.
Coronararterien, Adrenalinerweiterung *XVI/2*: 1215.
—, Verschluß und Schlagvolumen *VII/2*: 1177.
Coronargefäße s. auch Kranzgefäße *II*: 481, 485; *VII/1*: 387ff.
—, Herzinsuffizienz durch Verschluß *XVI/2*: 1403.
—, pharmakologische Reaktionen *VII/2*: 1009, 1334.
Coronarkreislauf *VII/1*: 485; *VII/2*: 1493.
—, Adrenalinwirkung *VII/2*: 982.
—, Hypertrophie *VII/1*: 341.
—, Regulation *XVIII*: 180.
—, Temperatureinfluß *VII/2*: 994.
Coronarthrombose (Pferd) *VII/2*: 1814.
Coronarvenenruptur (Pferd) *VII/2*: 1814.
Corpora candicantia *XVII*: 803.
— cavernosa *XIV/1*: 763.
— quadrigemina *X*: 200ff.
Corpus albicans *XVI/1*: 56.
— atreticum thecale *XVI/1*: 64.
— bigeminum *X*: 200, 204.

(Corpus) geniculatum laterale *X*: 205, 332.
— — mediale *X*: 201, 332.
— luteum *XIV/1*: 382, 392, *XIV/1*: 401, 403; *XVI/1*: 55.
— —, Auszüge, Gefäßwirkung (Leber) *VII/2*: 1022.
— —, Cysten *XIV/1*: 459.
— —, Inkret *XIV/1*: 463; *XVIII*: 371, 375.
— — persistens *XIV/1*: 459.
— LUYSII *X*: 1060.
— mamillare *XVII*: 300.
— quadrigeminum posterius *X*: 200.
— striatum *X*: 485.
— —, Wärmeregulation *XVII*: 61.
— subthalamicum (LUYS) *X*: 366, 401.
— — —, extrapyramidales motor. System *X*: 338.
— — —, Funktion *X*: 376.
— — —, Morphologie *X*: 332.
Correlationen *XV/1*: 1 ff.
—, Bewegung *XV/2*: 162 ff.
—, chemische *XV/1*: 5.
—, Hormonorgane *XVI/1*: 656.
—, Kreislauf *XVI/2*: 1163 ff., *XVI/2*: 1289.
Correlationneurose, autonome allgemeine *XVI/2*: 1729 ff.
Corticale Aphasie, motorische *X*: 770.
— —, sensorische *X*: 779.
— Reaktionen, Kombination *X*: 449.
— —, Wechselwirkung *X*: 439.
— Sehsphären, Restitution *X*: 733.
— Sehstörungen *X*: 732.
— Sensibilitätsstörungen *X*: 718 ff.
Corticales Sehzentrum *X*: 730.
CORTIsches Organ *XI*: 476, *XI*: 623.
— —, Innervation *XI*: 504.
— —, Säugetiere *XI*: 499.
— —, Stützapparat *XI*: 518.
Coryza, Geruchsstörungen *XI*: 301.
— nervosa *II*: 312.
COWPERsche Drüsen *XIV/1*: 760.
CRAMPTONscher Muskel (vgl. Akkommodationslehre) *XII/1*: 166.
Crangon vulgaris, inkretorische Vorgänge *XVI/1*: 705.
Cremasterreflex *X*: 992.
Cremastersack *XIV/1*: 695.

CREMERsche Formel (elektr. Erregung des Nerven) *IX*: 281.

Crepidula, Zwittrigkeit *XIV*: 294.

Cricoarythaenoidgelenk *II*: 328.

Crista- und Spinabildung, Nase *II*: 310.

Crista supraventricularis *VII/1*: 173.

Cristaepithel des Labyrinths, Erregbarkeit *XI*: 986, *XI*: 1000.

Crossing-over *XVII*: 929.

Crotonöl, Darmwirkung *III*: 540.

Crotonsäure (Verhalten im Stoffw.) *V*: 1003.

Cruorgerinnsel *VII/2*: 1729.

Crustaceen, Amputationsversuche *XV/2*: 1079.

—, Augenbewegungen *XII/2*: 1115.

—, Exkretion *IV*: 588.

—, Fettresorption *IV*: 172.

—, Gefäßsystem *VII/1*: 17, *VII/1*: 25.

—, Körperflüssigkeit *XVII*: 141.

—, Lagereflex *XV/2*: 1082.

—, Stridulationsorgane *XV/2*: 1229.

—, Thermotaxis *XI*: 175.

Ctenophoren, Nervenphysiologie *IX*: 811.

Ctenophorenei *XVII*: 1019.

Cu s. Kupfer.

Cupula, Ausgangselongation *XI*: 995.

—, Randschleierasymmetrie bei Drehung *XI*: 929.

Cupulabau *XI*: 994.

Cupulabewegungen *XI*: 929, *XI*: 993; *XVIII*: 297.

—, aperiodische *XI*: 997.

Cupulaelastizität *XI*: 994.

Cupulaverlagerung *XI*: 917.

Curare, Erregungszeit (Nerv und Muskel) *VIII/1*: 308.

—, Körpertemperatur *XVII*: 99.

—, Nervenstrom *VIII/2*: 751.

(Curare)-Nicotin-Antagonismus *VIII/1*: 311.

—, Substanz, rezeptive, Muskel *VIII/1*: 237.

—, Synapsenlähmung *VIII/1*: 326.

—, Urinsekretion *IV*: 431.

—, Vergiftung (Vaguswirkung auf das Herz) *VII/1*: 411.

—, —, elektrisches Organ *VIII/2*: 911.

Curral *XVII*: 618.

CUSHNYS „modern theory" (Harnbildung) *IV*: 485, *IV*: 491.

Cuticula *II*: 541.

—, Potentialdifferenzen *VIII/2*: 764.

CV (Circularvection) *XV/1*: 453 ff.

— unter dem Drehrade *XV/1*: 470.

— unter optokinetischen Bedingungen *XV/1*: 472.

C-Vitamin-Mangel s. auch Skorbut; Symptome *V*: 1219.

Cyanamid *V*: 1011.

Cyanide *V*: 1009.

—, aromatische *V*: 1020.

Cyanhämoglobin, Katalysator *VI/1*: 160.

Cyanose, Entstehung *VI/1*: 482.

Cyanosis alba *VII/1*: 125.

Cyansäure, Harn *IV*: 259.

Cyanursäure *V*: 1009.

Cyclische Erscheinungen der Tiere *XVII*: 658.

Cycloform, Lokalanästhesie *IX*: 439.

Cyclohexan *V*: 1021.

Cyclopie, experimentelle *XIV/1*: 1066.

Cyclostat *XI*: 826.

Cyclostomen *XVII*: 149.

Cylindroide *IV*: 518, 522.

Cylindrom, Begriff *XIV/2*: 1483.

Cystein-Glutaminsäure-Dipeptid *I*: 55; s. auch Glutathion.

Cysteinreaktion *III*: 227.

Cystenniere *XVII*: 250.

Cysticercussarkom, Rattenleber *XIV/2*: 1535.

Cystin *V*: 1153.

—, Abbau *V*: 899.

—, Ätherschwefelsäure, Bildung *V*: 1038.

— -Bildung im Organismus *V*: 1043.

—, Gesetz des Minimums *XVI/1*: 970.

Cystinsteine *IV*: 670.

Cystinurie *III*: 228; *IV*: 274; *XVII*: 1064.

Cytase *III*: 22.

Cytoarchitektonik *IX*: 476, *IX*: 606, 609, 613, 615; *XV/2*: 1047.

—, Affenrinde *X*: 617.

—, Großhirn *X*: 600.

—, Hauptrindentypen *X*: 612, 613, 615.

—, Tierrinde *X*: 616.

Cytoblastom, Begriff (Meristom) *XIV/2*: 1499—1503, *XIV/2*: 1777.

Cytochorismus *XIV/1*: 911.

Cytochrom *VI/1*: 168.

Cytocymphosphatide *XVIII*: 158.

Cytocymwirkung *XVIII*: 158.

Cytogonie *XIV/1*: 2.

Cytolisthesis *XIV/1*: 911.

Cytologie, Liquor *X*: 1217.

Cytolyse *XVII*: 731.

—, Indicator für die Antigen-Antikörperreaktion *XIII*: 412.

—, Membranbildung *XIV/1*: 133.

Cytomie *XIV/1*: 911.

„Cytomorphose" *XIV/1*: 906.

Cytophoren, Spermatogenese *XIV/1*: 73.

—, Bedeutung *I*: 581.

Cytoplasma *I*: 589, 595.

Cytosin *V*: 1011.

Cytostom *III*: 9.

Cytotaxis *XIV/1*: 911. 1009.

Cytotropine *XIII*: 825.

Cytotropismus *XI*: 244, 911.

D

Dachs, Winterschlaf *XVII*: 107.

Dactylozoide *I*: 611.

Daktylogramm *XVII*: 1043.

Dämmerschlaf, Uterusverhalten *XIV/1*: 548.

Dämmerungsapparat, Auge *XII/2*: 1584, 1592.

Dämmerungsäquivalenz *XII/2*: 1579.

Dämmerungssehen *XII/1*: 679 ff, 714 ff; *XII/2*: 1499, 1500.

—, Aktionsströme der Netzhaut *XII/1*: 728.

(Dämmerungssehen), Helligkeitsverteilung, spektrale *XII/1*: 330, 382, 552.

—, Isolierung *XII/1*: 692 ff.

—, Sehpurpur *XII/1*: 333, *XII/1*: 571 ff.

—, Stäbchen *XII/1*: 571 ff.

—, Träger *XII/1*: 687.

(Dämmerungssehen), Trägheit *XII/2*: 1589.

—, Zentralskotom *XII/1*: 322, 326, 574, 575.

Dämmerungsskotom *XII/2*: 1518.

Dämmerungsspektrum *XII/1*: 544.

Dämmerungstiere *XII/1*: 714ff.

—, Elektroretinogramm und Adaptationszustand *XII/2*: 1432.

—, Zapfen und Stäbchen *XII/1*: 726.

Dämmerungswerte, Lichter, homogene *XII/1*: 682.

—, —, tagesgleiche *XII/1*: 680, 682.

—, —, verschiedene *XII/1*: 692.

—, Schwellenverlauf *XII/2*: 1577.

—, Tagesperipheriewerte *XII/1*: 684.

Dämmerungszittern, Augen *XII/2*: 1131, 1137, 1151.

Dämmerzustände *XVII*: 603.

—, Schlaf *XVII*: 601.

Dämonen von MAXWELL *I*: 251.

Dampfdruckisotherme *I*:224; *II*: 487.

Dämpfigkeit (Atembeschwerden beim Pferd) *VII/2*: 1808.

Dämpfung, Ohrresonatoren *XI*: 575, 680.

—, Resonanzschärfe *XI*: 680.

„Danebensehen" *XII/2*:1525

Danziger Kropf *XVI/1*: 317.

Daphnia pulex, beschleunigte Geschlechtsreife durch Nebennierenrinde *XVI/1*: 707.

Daphniden, Darmform *III*: 62.

—, Generationswechsel bei *I*: 613.

—, Nahrungsaufnahme *III*: 33.

Daphnienkrankheit *XIII*: 815.

DARKSCHEWITZscher Kern *X*: 184.

Darlingtonia, tierverdauende Pflanze *III*: 105.

Darm, Anatomie, funktionelle des *III*: 658 ff.

—, „Asthma" *III*: 1251.

—, Bakterienbesiedelung *III*: 967ff., 1005f., 1016, *III*:1027ff., 1080; s. auch unter Bakterien.

(Darm), Bau, allgemeiner *III*: 61, 658.

—, Betriebsstoffe *III*: 672.

—, Blutstrom *VII/2*: 1479.

—, Durchströmung, künstliche *IV*: 11.

—, Exkretionsorgan *IV*: 681 ff.

—, Fäulnisvorgänge *III*: 1020; *V*: 973.

—, Histaminbildung *III*:748.

—, Histophysiologie *III*:668.

—, Innervation *X*: 1080.

—, Ionenreihe *I*: 519.

—, Kalk- und Phosphatausscheidung *XVI/2*: 1569.

—, Länge und Sitzhöhe *III*: 1316.

—, Mikroorganismen *III*: 1005, 1006; s. auch Bakterien.

—, Oberflächenstruktur *III*: 663.

—, Peristaltiksteigerungen durch innersekretorische Einflüsse *III*: 491.

—, Pflanzenfresser, bakterielle Vorgänge *III*: 991.

—, Pharmakologie *III*: 520, *III*: 1244, 1432; *IV*: 100ff.

—, Reizung, elektrische *III*: 466.

—, Resorption *IV*: 3ff., 82ff., *IV*: 167ff.; *XVIII*: 78; s. a. Resorption.

—, —, Pharmakologie *IV*: 100ff.

—, —, und Exkretion in verschiedenen Darmteilen (OL. BERGEIN) *IV*: 684.

—, Salzeinfluß auf die Zersetzungsprozesse *III*: 1015.

—, Schleimabsonderung, Reinigung durch *XVI/1*: 924.

—, Sekretionsvorgang *III*: 677.

—, Semipermeabilität bei Astacus fluviatilis *IV*:169.

—, Wasserausscheidung *XVII*: 184.

Darmatmung *II*: 11.

Darmbakterien, Abhängigkeit von der Wasserstoffzahl *III*: 1005.

Darmbewegungen, allgem. Physiologie *III*: 452ff.; *XVIII*: 47, 79.

—, Beeinflussung, Blausäure *III*: 527.

—, —, Blut *III*: 528.

—, —, Blutreaktion *III*:527.

—, —, Cholin *III*: 528.

(Darmbewegungen, Beeinflussung), osmotischer Druck *III*: 521.

—, —, Reaktion, chem. *III*: 527.

—, —, Salze *III*: 521, 525.

—, —, Traubenzucker *III*: 528.

—, —, zentrale *III*: 459.

—, Erstickung *III*: 526.

—, Hormone *III*: 528ff.; *X*: 1127.

—, myogen oder neurogen *III*: 465.

—, Pathologie *III*: 483ff.

—, Pharmakologie *III*:520ff.; *XVIII*: 53.

—, Steigerung *III*: 484.

—, Störungen *III*: 1087.

Darmdrüsen, Pharmakologie *III*: 1244, 1438ff.

—, pathologische Physiologie *III*: 1240ff. •

Darmdyspepsie *III*: 1247.

Darmeinklemmung *III*:1092.

Darmeinschiebung (Invaginatio intestini) *III*: 1092.

Darmepithel *III*: 661.

—, Atrophie *III*: 1241.

—, Quellbarkeit *IV*: 31.

Darmepithelien, Verdauung, während *III*: 678.

Darmepithelzellen *III*: 669.

Darmexkretion, medikamentöse Beeinflussung *IV*: 684.

—, Prüfung *IV*: 684.

Darmfermente *III*: 668.

Darmfistelträger, Versuche an *IV*: 683.

Darmflora, vergleichend pathol. *III*: 1005, 1016, *III*: 1080.

Darmgärung, Kohlehydrate *III*: 1013.

—, Säugling *III*: 1326.

Darmgase, Säugling *III*:1016.

Darmgeräusche (Borborygmi) *III*: 1091.

Darminfarkt *VII/2*: 1624.

Darmintoxikation *IV*: 91.

Darmkatarrh, Bakterien *III*: 1031.

Darmkranke, Probekost *IV*: 698.

Darmlänge und Metamorphose *XVI/1*: 882.

—, Nahrungseinfluß *XVI/1*: 867.

Darmlymphapparat *VI/2*: 842.

Darmmotilität, isolierte Spasmen *III*: 492.

Darmmuskulatur, vergleichend *III*: 660.

Darmnerven, autonome *III*: 456.
Darmnervensystem *III*: 425; *IX*: 801.
—, autonomes *III*: 531.
—, Selachier *IX*: 793.
Darmparasiten, Schädigung durch *I*: 664.
Darmpatronenmethode *III*: 1033, 1240.
Darmperistaltiksteigerung, Darminhalt *III*: 486.
—, Darmwanderkrankungen *III*: 488.
—, nervöse Einflüsse *III*: 489.
Darmpermeabilität, Intoxikation *III*: 1024.
Darmresektion *III*: 1242.
Darmresorption *III*: 1079; *IV*: 3ff., 82.
Darmsaft *III*: 808, 865, 1078; *XVI/1*: 907; *XVIII*: 65.
—, Lactase *III*: 813.
Darmsaftabsonderung *III*: 808, 809, 814, 815; s. auch Darmsekret sowie Darmsekretion.
Darmsaftfermente, Sekretionserregung *III*: 811.
Darmsaftmengen *XVI/1*: 908.
Darmschleimhaut, Absonderungen *IV*: 693.
—, Chlornatrium, Resorption und Exkretion *IV*: 691.
—, Reizung *IV*: 26.
Darmschlingen, überlebende *III*: 464; *IV*: 11.
Darmschmarotzer *III*: 1081.
Darmsekret s. auch Darmsaft.
—, Altersveränderung *XVII*: 818.
—, Gewinnung *III*: 685.
—, Giftwirkung *III*: 1441.
Darmsekretion, Steigerung *III*: 1244.
Darmspasmen *XVI/1*: 1045.
—, Psychopathen *III*: 493.
Darmsteine *III*: 1084.
Darmstenose *III*: 1091.
Darmstörungen *III*: 1147.
Darmstruktur, Ernährungseinfluß *III*: 676.
Darmtätigkeit, reflektorische Beeinflussung *III*: 463.
Darmtonsillen *VI/2*: 1014.
Darmtractus, lokale Immunität *XIII*: 637.
Darmverdauung, extraplasmatische *III*: 69.
—, Störung *III*: 1078.
Darmverengerung (Ileus) *III*: 501.

Darmverschlingung (Volvulus, Torso intestini) *III*: 1091.
Darmzotten *III*: 661.
Darmzottenbewegungen *III*: 453.
Darwinismus *I*: 694; *XVII*: 957, 961.
Dasselfliegen *I*: 634.
DASTRE-MORATsche Regel, Blutverteilung *VII/2*: 1322; *XVII*: 448.
Dauerbeleuchtung, absolutes Optimum *XII/2*: 776.
Dauereier (Wintereier) *XIV/1*: 57, 80.
Dauererregung, Schlaf *XVII*: 575.
—, Zentralnervensystem *IX*: 640.
Dauermodifikationen (Erblichkeitslehre) *XVII*: 946.
Dauernahrung, Säugling *III*: 1361.
Dauerschlummer, Säugling *XVII*: 595.
Dauerschwelle, akustische *XI*: 565.
Dauersekretion, Magen *III*: 1154.
Dauerverkürzung, Muskel *IX*: 744.
—, Skelettmuskel, aktionsstromlose *IX*: 717.
Dauerwachstum *XIV/1*: 959.
„Daumenschwielen", Brunstmerkmale *XIV/1*: 230.
Davoser Frigorimeter *XVII*: 482.
DEBYEsche Theorie *VIII/2*: 1035.
Decarboxylierung, Bakterienwirkung *III*: 1035.
Decerebrierung *IX*: 724; *X*: 67, 419, 492.
Decortication, Herz *VII/2*: 1881.
Decubitus, akuter *V*: 1285.
—, Infektionskrankheiten *VII/2*: 1690.
—, Neurombildung *VII/2*: 1588.
—, Rückenmarksverletzte *VII/2*: 1588.
Decussatio MEYNERT *X*: 201.
Defäkation *III*: 472.
—, Innervation *III*: 477, 481.
—, Muskulatur, quergestreifte, und Sphincteren, Bedeutung für Defäkation *III*: 475.
—, Sphincteren, Hemmung *IX*: 659.
—, Störungen *III*: 505, 1098.

Defäkationsakt, Beteiligung des Darmes *III*: 472.
—, sympathisches Nervensystem *III*: 478.
Defäkationsreflex, Störung *III*: 495.
„Defekte", Mißbildungstypus *XIV/2*: 1059.
Deficiency disease *V*: 1146.
— -Phänomen *XVII*: 944.
Deformation (Druckempfindungen) *XI*: 95, 96.
Deformationspolarisation, Moleküle *I*: 105.
Deformationspotentiale, Haut *VIII/2*: 767.
Deformationsströme, Muskel, nach DE MEYER *VIII/2*: 704, 708.
Deformationswiderstände, Atemorgane *II*: 112.
Degeneration *V*: 1245ff.; *XVII*: 1184.
—, albuminöse *V*: 1250.
—, fettige *V*: 609, 624.
—, großtropfige *V*: 1251.
—, Juden *XIII*: 257.
—, Konstitution *XVII*: 1073.
—, körnige *V*: 1250.
—, Markfasern *IX*: 504.
—, Muskeln *VIII/1*: 540, 543.
—, —, albuminöse *VIII/1*: 550.
—, —, anisotonische *VIII/1*: 545.
—, —, Ernährungsstörungen *VIII/1*: 543.
—, —, fettige *VIII/1*: 550.
—, —, hydropische und vakuoläre *VIII/1*: 551.
—, —, Infektionskrankheiten *VIII/1*: 543.
—, —, isotonische *VIII/1*: 545.
—, —, körnige *VIII/1*: 550.
—, —, primäre und sekundäre *VIII/1*: 545.
—, —, und Regeneration *VIII/1*: 540.
—, —, röhrenförmige *VIII/1*: 552.
—, —, Starkstromreizung *VIII/1*: 544.
—, —, Tetanus *VIII/1*: 544.
—, —, Trichinose *VIII/1*: 544.
—, —, wachsartige *VIII/1*: 545, 549.
—, Nekrose *V*: 1245.
—, Nerven, nach Kontinuitätsunterbrechung *IX*: 286, 546.
—, —, Phosphatidgehalt bei *IX*: 399.

(Degeneration, Nerven), retrograde *IX*: 298, 489; *X*: 194.
—, —, sekundäre *IX*: 300, *IX*: 489.
—, schleimig-gallertige *V*: 1252.
—, tapetoretinale *XII/2*: 1609; s. auch Retinitis pigmentosa.
—, Zellen *XVII*: 731.
—, Zentralnervensystem, sekundäre *IX*: 295ff., 506.
Degenerationserscheinungen *XVII*: 732, 737.
—, Pankreas, bei unvollständiger Exstirpation *XVI/1*: 582.
— symbiontischer Pilze *I*: 682.
Degenerationsformen *V*: 1250ff.
Degenerationsmethoden, Lokalisationsstudien *IX*: 300.
Degenerationsvorgang, Nerven *IX*: 139, 265.
Degenerative Erkrankung peripherer Nerven (sog. „Neuritis" usw.) *IX*: 333.
— Prozesse, Zentralnervensystem *IX*: 598.
Dehnungslage, aktive, Atemorgane *I*: 81.
—, Lungenelastizität *II*: 96.
Dehnungskurve, Muskel *VIII/1*: 354.
Dehnungsreflex, Aktionsstrombild *X*: 935.
—, Allgemeines *X*: 911.
—, Bahnung *X*: 937.
—, FRIEDLÄNDERS *IX*: 518.
—, Hemmung *X*: 920, 937.
—, Komponente, bulbopontine *X*: 916.
—, —, cerebellare *X*: 915.
—, —, corticale *X*: 919.
—, —, spinale *X*: 914.
—, —, subpallidare *X*: 918.
—, —, substriäre *X*: 918.
—, Muskel *VIII/1*: 200.
—, Periostreflexe, Beziehung zueinander *X*: 963.
—, Schaltungsphänomene *X*: 937.
—, Sehnenreflexe, Beziehung zueinander *X*: 963.
—, spinale, afferente und efferente Bahnen *X*: 920.
—, willkürl. Innervation, Beziehung zueinander *X*: 956.
Dehnungstheorie, Muskel *VIII/1*: 573.

Dehnungsversuche an Blutegeln *IX*: 150.
Dehnungswiderstand, Muskel *X*: 909, 930ff.
—, —, graphische Darstellung *X*: 934.
—, —, klinische Prüfung *X*: 923.
—, —, muskuläre Komponente *X*: 910.
—, —, Nachweis *X*: 922.
—, —, passive Beweglichkeit als Maß desselben *X*: 925.
Dehydrierung *I*: 45, 192.
—, Zentralnervensystem *IX*: 562.
„Dehydrogenasen" des Nerven *IX*: 394.
DEITERsche Spinnenzellen *IX*: 480.
DEITERscher Kern *X*: 181, *X*: 408.
Dekapoden, Atemreflexe *II*: 27.
Dekompensation, kardiale *XVI/2*: 1400.
Dekrement, Erregungsleitung in Nervennetzen *IX*: 798.
—, — in den Zentren *IX*: 775
—, Erregungswelle im narkotisierten Nerven *IX*: 186.
—, Nervenleitungsgeschwindigkeit *IX*: 223.
—, Zentralnervensystem *XV/2*: 1187, 1192, 1193, *XV/2*: 1218.
Dekrementsatz, Erregungsleitung, Nerv *IX*: 228.
Delirien *XVII*: 603, 605.
Delphine (Nahrungsaufnahme *III*: 42.
Delphocurarin, Herzwirkungen des *VII/1*: 794.
Démarche d'ivresse *X*: 267.
Demarkationsstrom, Erregung *I*: 310.
—, elektrotonische Wirkung *IX*: 230.
—, Muskel *VIII/2*: 704.
— s. auch Ruhestrom.
Dementia praecox *XVII*: 1105, 1128, 1152, *XVII*: 1181.
Demenz, arteriosklerotische *XVII*: 810
—, senile *XVII*: 860.
„Demineralisation des Organismus" (Kind) *III*: 1391.
Demyelinisierung, Nerv *IX*: 336.
Denervationsreflex *X*: 274.
Denitrifikation *I*: 725.

Denkakte, Reaktionshandlung *X*: 533.
Denken ohne Worte *XVII*: 637.
Denkunmöglichkeiten in der Naturwissenschaft *XIV/2*: 1216.
Dentaliumei *XVII*: 1020.
Dentatumsystem, Atrophie *X*: 357.
„Deplantation" *XIV/1*:1098.
Deplasmolyse, Definition *I*: 410.
Depolymerisation *III*: 257.
Depotfett *V*: 619.
Depotglykogen *V*: 1276.
„Depotinjektionsmethode", Idiosynkrasieerzeugung *XIII*: 774.
Depotwasser *I*: 367.
Depressionen, Pigmentierung *XIII*: 261.
Depressionsimmunität *XIII*: 593.
Depressionszustände, Schilddrüsenpräparate auf *XVI/1*: 281.
Depressive Stimmung *XVII*: 1129.
Depressorreflex *VII/2*: 1351; *XVI/2*: 1192.
Depressorresektion, Aortalgie *VII/1*: 400.
Dereagine (allergische Reaktion) *XIII*: 782.
Dermatome *X*: 137ff., 140, *X*: 143, 151.
Dermatomyositis *VIII/1*:578.
Dermographismus *VII/2*:989, *VII/2*: 1562.
Dermoidcysten *XIV/1*: 457.
Desaggregierung *III*: 923.
Desamidierung, Bakterienwirkung *III*: 1035.
Desaminierung, Aminosäuren *I*: 27.
Desensibilisierung, Idiosynkrasie *XIII*: 786.
—, Spezifität, Antianaphylaxie *XIII*: 735.
—, unspezifische, Antianaphylaxie *XIII*: 737.
Desoxycholsäure, Additivverbindung mit Cholesterin *IV*: 608.
—, Gallensteine *IV*: 617.
Despeziation *XVII*: 1073.
Determinanten *XVII*: 1042.
Determination, Handlung bei Eintritt des Reaktionsreizes *X*: 530.
—, Zelle *XIV/1*: 1017.
Determinationsfaktoren (ROUX) *XIV/2*: 1215, *XIV/2*: 1283.

Determinationsfeld, Entwicklungsphysiologie
XIV/1: 1035;
XIV/2: 1246.
Determinierung, Blutzellen
VI/2: 743.
—, Entwicklung
XIV/1: 907.
Detritusfresser *III*: 63.
Detumescenztrieb
XIV/1: 193, 194, 837,
XIV/2: 854.
Deuteranomalie *XII/1*: 511;
XII/2: 1515; s. auch
Grünanomalie
Deuteroporphyrin *VI/1*: 167.
Deutoplasma *XIV/1*: 59.
Deviation (Abartung)
XVII: 1073.
—, Augen *XV/1*: 418.
Déviation conjugée *X*: 701,
X: 812.
„Deviationsspannung",
Fruchtwalze *XIV/1*: 593.
Deviato septi *II*: 134, 310.
Dextrine *III*: 935.
Dextrogramm (Elektrokardiogramm) *VIII/2*: 833.
Dextrose, Blutverdünnung
durch *XVI/1*: 634.
Diabète maigre *XVI/1*: 558.
Diabetes insipidus
XVII: 248.
— —, anatomische Befunde
XVI/1: 452.
— —, Blutdruck
VII/2: 1311.
— —, Blutzusammensetzung
XVII: 293.
— —, Durstversuch
XVII: 295.
— —, familiärer
XVII: 289.
— —, hyperchlorämische
und hypochlorämische
Form *XVI/1*: 452;
XVII/295.
— —, Hypophyse, Pars intermedia *XVI/1*: 453.
— —, Kochsalzgehalt des
Blutes *XVI/1*: 452;
XVII: 295.
— —, Krankheitsbild
XVI/1: 451.
— —, latente Fälle
XVII: 297.
— —, normochlorämische
Form *XVI/1*: 452.
— —, Pituitrinwirkung
XVI/1: 452.
— —, Polydipsie
XVI/1: 451.
— —, Polyurie *XVI/1*: 451.
— —, Schleimhautveränderungen *XVI/1*: 451.

(Diabetes insipidus), Theorie
des, hypophysäre
XVI/1: 1052.
— —, Wasserhaushalt
XVI/1: 453.
— —, Zentralorgan, regulatorisches *XVI/1*: 453.
— mellitus s. auch Zuckerkrankheit *XVI/1*: 583,
XVI/1: 1054ff.
— —, Alkalireserve
XVI/1: 1114.
— —, Aminosäuren *V*: 693.
— —, Ammoniak *V*: 806.
— —, Akromegalie
XVI/1: 433.
— —, Atmungsregulation
XVI/1: 1113.
— —, Blutlipoide
XVI/1: 577.
— —, Blutreaktion
XVI/1: 1114.
— —, Chlorgehalt von Leber
und Haut *XVI/1*: 635.
— —, Chloridstoffwechsel
XVI/1: 1545.
— —, genuiner menschlicher
XVI/1: 583.
— —, Gravidität
XVI/1: 691.
— —, Hämoklasie *V*: 709.
— —, Harnreaktion
XVI/1: 1146.
— —, Hypophysenerkrankung *XVI/1*: 433.
— —, Inseltheorie
XVI/1: 562.
— —, Kohlensäurespannung des Blutes
XVI/1: 1114.
— —, Kreatinurie *V*: 949.
— —, Leberverfettung
V: 623.
— —, Lipämie nach Insulin
XVI/1: 616.
— —, Mensch *V*: 582.
— —, Mineralstoffwechsel
XVI/1: 635.
— —, Nebennierenexstirpation *XVI/1*: 692.
— —, pankreatogener Ursprung beim Menschen
XVI/1: 583.
— —, Phosphatwert, Erhöhung *XVI/2*: 1439.
— —, pluriglanduläre Form
des menschlichen *V*: 593.
— —, Schwerhörigkeit
XI: 636, 649.
— —, Serum und Plasma
VI/1: 239.
— —, Thymus
XVI/1: 682.
— —, Thyreoidektomie
XVI/1: 668.

(Diabetes mellitus), Wasserhaushalt
XVII: 211, 277.
— —, Wasserstoffwechsel
und Insulin
XVI/1: 638.
— —, Wasser- und Mineralstoffwechsel nach Zuckerzufuhr *XVI/1*: 636, 638.
— —, Zuckerumsatzgeschwindigkeit
XVI/1: 585.
—, renaler *V*: 594;
XVII: 1064.
—, SANDMEYERscher *V*: 559.
Diabetisches Koma, Blutkalium *XVI/2*: 1444.
Diafett *V*: 670.
Dial *V*: 1011; *XVII*: 618.
Dialektik des Arztes
XIV/1: 899.
Diallylmalonsäure (Verhalten
im Stoffw.) *V*: 1004.
Diamine (Verhalten im
Stoffw.) *V*: 1008.
Diaminopropionsäure
V: 1009.
Diapedeseblutung
VII/2: 1654, 1657.
Diaphragma *II*: 329, 386.
—, Insekten *VII/1*: 35.
— pelvis *XIV/1*: 582.
— urogenitalis *XIV/1*: 764.
Diaphysik *I*: 8.
Diarrhöe *III*: 486, 1244.
—, Alter *XVII*: 857.
—, anaphylaktische *III*: 492.
—, Darminhalt *III*: 1245.
—, gastrogene *III*: 1164,
1246.
—, innersekretorische Störungen *III*: 1249.
—, nervöse *III*: 490.
—, pankreatogene *III*: 1246.
—, reflektorische *III*: 1248.
—, toxische *III*: 492.
Diaminosäuren *III*: 224.
Diaschisis *X*: 130, 471, 476,
X: 624.
Diastase s. unter Amylase.
—, Blut und Urin, Gehalt an,
bei Pankreasstörungen
III: 1258.
—, Pankreassaft *XVI/1*: 907.
Diastasis (HENDERSON)
VII/1: 246.
Diasthenin *XIV/1*: 375.
Diastole, aktive *VII/1*: 243;
XVI/2: 1291.
—, —, Evertebraten
VII/1: 33.
—, Dynamik *VII/1*: 249.
—, passive (Evertebraten)
VII/1: 36.
—, Vorhof *II*: 64.

(Diastole), Wesen
  VII/1: 375.
Diastolisches Brustwand-
  schleudern *VII/2*: 1873.
Diastrophe der Chloroplasten
  XII/1: 58.
Diät, aschefreie (nach SALO-
  MON u. WALLACE)*IV*:683.
— (Atmung) *II*: 211.
Diätetik stillender Mütter
  (nach Vitamin A) *V*: 1193.
Diathermie *I*: 241;
  XVII: 442.
—, Muskelatrophie
  XVI/2: 1405.
—, Neuritis und Neuralgie
  IX: 361.
Diathermiebehandlung
  XVII: 435.
Diathese, angiospastische
  VII/2: 1690.
—, arthritische *III*: 1416.
—, exsudative *III*: 1413f.;
  XVII: 1097.
—, fibröse *XVII*: 1095.
—, hämorrhagische
  VI/1: 412; *XVII*: 1065;
  XVIII: 164.
—, lymphatische *III*: 1416.
—, neuropathische (Kind)
  III: 1426.
—, spasmophile *XVII*: 1088.
Diazobenzolsulfosäure
  III: 232.
Diäthylketon, Stoffwechsel-
  verhalten *V*: 999.
Diazoreaktion, direkte und
  indirekte (nach H. v. D.
  BERGH) *IV*: 786;
  IV: 285.
—, Typhusharn *V*: 877.
Dibothriocephalus latus
  I: 633.
Dichloräthylen, Stoffwechsel-
  verhalten *V*: 1007.
Dichromaten *XII/2*: 1512.
Dickdarm, Bewegungen
  III:455,474;*XVI/1*:892,
  XVI/1: 899.
—, „Dyskinesien"
  XVI/1: 1041.
—, Eisenausscheidung
  IV: 690.
—, Füllung *XVI/1*: 1010.
—, Kontrasteinläufe
  XVI/1: 894.
—, Magenbeeinflussung
  XVI/1: 915.
—, Resorption *XVI/1*: 931.
Dickdarmflora *III*: 995,1008.
Dickdarmperistaltik *III*:455,
  III: 474; *XVI/1*: 892,
  XVI/1: 899.
Dickdarmsaft, Sekretion des
  III: 818.

Dickenwachstum, Pflanzen
  VIII/1: 74.
Dicke-Tropfen-Methode
  (Blutpräparate)
  VI/2: 774.
Dichloräthylsulfid *II*: 507.
Dichtigkeit der Orte, Seh-
  raum *I*: 3.
Dicyanamidin *V*: 1011.
Didelphis didelphii *XVII*: 6.
Didymozoen, Sexualverhält-
  nisse *XIV/1*: 296.
Dielektrizitätskonstante
  I: 107, 111, 133, 137, 140,
  I: 161, 174, 182, 198.
Differentialelektrode, CLE-
  MENSsche *VII/1*: 422.
Differentialerregung, Nerven
  (DU BOIS-REYMOND)
  IX: 249.
Differentialsphygmograph
  IV: 325; *VII/2*: 1174,
  VII/2: 1211.
Differenz, persönliche
  XV/2: 1195.
Differenzierung, abhängige
  (Entwicklungsphysiolo-
  gie)ᵢ*XIV/1*: 1023.
—, entwicklungsmechanische
  XIV/2: 1243ff.
—, entwicklungsphysiologi-
  sche, Hyperthyreose
  XVI/1: 735.
—, Gewebe *XIV/2*: 1212ff.;
  XVII: 726.
—, Körperzellen *XVII*: 750.
—, polare, Regeneration bei
  Pflanzen *XIV/1*: 1123.
—, — Schwerkraft, Abhän-
  gigkeit *XVI/1*: 809.
—, serologische, Eigelb im
  Eiweiß *XIII*: 504.
—, —, materielles Substrat,
  artspezifisch *XIII*: 478.
—, —, Sekrete und Exkrete
  XIII: 505.
—, sexuelle, lokaler Frosch-
  rassen *XIV/1*: 780.
—, Wachstum, Beziehung zu-
  einander *XIV/1*: 909.
Differenzierungsarten, ent-
  wicklungsphysiologische
  XIV/2: 1283.
Differenzierungsgesetze von
  KAMMERER *XIV/2*: 1249.
Differenzierungsmöglich-
  keiten, entwicklungsphy-
  siologische *XIV/2*: 1264.
Differenzierungspotenzen,
  entwicklungsphysiologi-
  sche, latente, Nachweis
  XIV/2: 1288.
Differenzierungsrückstand,
  immunitatorischer, bei
  Neugeborenen *XIII*: 556.

Differenzierungsstörung,
  Arten *XIV/2*: 1297.
Differenzierungswachstum,
  Pflanzen *VIII/1*: 72.
Differenztöne *XI*: 579.
Diffuse Sklerosen, Kleinhirn
  X: 267.
Diffuses Nervensystem
  IX: 791ff.
Diffusion, Schwankungsge-
  schwindigkeit, Beziehung
  zueinander *I*: 96.
Diffusionsdarm, Tiere mit
  IV: 169.
Diffusionsdruck des Wassers,
  Reiz auf die Niere zur
  Wasserabscheidung
  IV: 396.
Diffusionsgeschwindigkeit,
  Fluorescin, Auge
  XII/2: 1349.
—, Vestibularreizung
  XI: 917.
Diffusionskapazität tierischer
  Gewebe *VIII/1*: 690.
Diffusionskoeffizient *II*: 6.
— (Atmung) *II*: 224.
—, Elektrolyte (Geschmack)
  XI: 341.
—, —, Muskel- und Nerven-
  reizung (UMRATH)
  IX: 260.
Diffusionskonstante (At-
  mung) *II*: 225, 226.
Diffusionspotential *I*: 140.
—, Vernichtung, durch Zwi-
  schenelektrolyte
  VIII/2: 1035.
Diffusionsprozesse
  XVII: 174.
Diffusionstheorie, Atmung
  II: 219.
—, Capillaraustausch
  XVI/2: 1347.
Diffusionstracheen *II*: 18.
Diffusions-Totenflecke
  VII/2: 1155.
Digestionskammern *III*: 417.
Digitalis, Blutdruck- und Ge-
  fäßwirkung *VII/2*: 1051.
—, Cocain, Antagonismus am
  Herzen *VII/1*: 372.
—, Coronargefäße
  VII/2: 1011.
—, diastolische Wirkung
  VII/1: 376.
—, Erregungsleitung im Her-
  zen *VII/1*: 805.
—, Gefäße des Atemappara-
  tes *VII/2*: 1004.
—, Gehirngefäße *VII/2*:1016.
—, Haut und Muskelgefäße
  VII/2: 1024.
—, Herzkontraktilität
  VII/1: 845.

(Digitalis), Herzreizbildung *VII/1*: 763.
—, Magensaftproduktion *III*: 1436.
Digitalistherapie, Blutmenge *XVI/2*: 1400.
Digitonin, Atemapparate *VII/2*: 1005.
—, Coronargefäße *VII/2*: 1011.
—, Haut- und Muskelgefäße *VII/2*: 1024.
Dihybrid *XVII*: 1157.
Dihybrider Kreuzungsmodus *XVII*: 1157.
Diketopiperazin *III*: 234, *III*: 254, 260.
Dikrote, Pulswelle (Nebenschlag) *VII/2*: 1245.
Dilatation, Herz s. unter Herz.
Dilatator pupillae, Anatomie, Physiologie *XII/1*: 176.
— —, Pilocarpin *XII/1*: 203.
Dilatatorenendapparate, Blutgefäße *VII/2*: 1564.
Dilatatortonus, Eserinwirkung *XII/1*: 200.
Dimerie *XVII*: 923.
Dimethylacrylsäure *V*: 1003.
Dimethylaminobenzaldehyd *V*: 1019.
Dimethylaminobenzoesäure *V*: 1037.
Dimethylanilin *V*: 1019.
Dimethylengluconsäure *V*: 1007.
Dimethylhydroresorcin-Abfangverfahren *I*: 62.
Dimethylphenole, Protoplasmagifte *I*: 577.
Dimethyltoluidin, p- *V*: 1019.
Diminutionsprozeß *XVII*: 1021.
Dimorphismus der Generationen *XIV/1*: 87.
Dinitrobenzol *V*: 1018.
Dinitrobenzolmethode, beriberikranke Tauben *IX*: 564.
Dinitrobenzolreduktion *V*: 1210.
Dinitrobenzolvergiftung, Sehstörungen *XII/2*: 829.
Dinophilus, Geschlechtsbestimmung *XIV/1*: 340.
Di-Nucleotide *V*: 1062.
Diöcie (Zweihäusigkeit) *XIV/1*: 53.
Dioestruszyklus *XIV/1*: 408.
Dioicocestus, Sexualverhältnisse *XIV/1*: 297.
Dionin, Lokalanästhesie *IX*: 442, 445.
Dioptrie, Begriff *XII/1*: 73.
Dioptrik, Auge *XII/1*: 70ff.

Dioxopiperazine *V*: 1009.
Dioxybenzole *V*: 1038.
Dioxybenozesäuren *V*: 1021.
Diphasenketten, CREMERS Versuche *VIII/2*: 1016.
—, Eiweißphase *VIII/2*: 1044.
—, gleichionige Theorie VAN LAARS *VIII/2*: 1008.
—, inhomogene Phase *VIII/2*: 1042.
—, NERNSTsche Formeln *VIII/2*: 1002.
—, Theorie *VIII/2*: 999.
Diphenyl *V*: 1015.
Diphenylamin *V*: 1019.
Diphenylbiuret *V*: 1019.
Diphenylessigsäure *V*: 1022.
Diphosphoglycerinsäure *I*: 31.
Diphtherie, Disposition *XIII*: 535.
—, herabgesetzte Widerstandsfähigkeit, Vitamin A-arme Ernährung *XIII*: 568.
Diphtherieantitoxin *V*: 1232; *XIII*: 531.
Diphtherieherz *VII/1*: 357.
Diphtherieinfektion *XIII*: 516, 567.
Diphtherietoxin, Akkommodationslähmung *XII/1*: 203.
—, Niere *IV*: 438.
— übermüdeter Tiere *XIII*: 583.
Diplacusis (Doppelhören) *XI*: 664.
Diplopie, unokulare *XII/2*: 959, 1105.
Dipole, präformierte *I*: 162.
Dipolmoment *I*: 105, 154.
Diptera (Zweiflügler), Gifte *XIII*: 136.
Direktionskreise nach HELMHOLTZ *XII/2*: 858.
Disaccharide *XVIII*: 29.
—, Isomeriemöglichkeiten *III*: 119, 139.
—, Verhalten im Stoffw. *V*: 1000.
—, Strukturbezeichnung, rationelle *III*: 139.
Discus proligerus *XIV/1*: 62.
Disharmonisches Altern *XVII*: 735.
Disklination, Längsmittelschnitte *XII/2*: 855, 869, *XII/2*: 1050, 1063, 1075.
Diskontinuierliche Schwingungen *II*: 299.
Diskontinuität (Atmung) *II*: 299.

Diskrepanzen, Abbildungsfehler, Auge *XII/2*:848ff.
—, Korrespondenz, Auge *XII/2*: 905, 907.
—, egozentrische, optische Lokalisation, bei Normalen *XII/2*: 967ff.
—, —, — —, bei Schielenden *XII/2*: 972.
—, optischer Raumsinn *XII/2*: 836, 845ff.
„Diskuswerferstellung" bei Drehung *XI*: 938.
Disparation s. Höhen- und Querdisparation *XII/2*: 893, 929, 931.
Disperme Keime *XVII*: 1034.
Dispermie *XVII*: 1014.
Dispermieversuche, Seeigeleier *I*: 602.
Dispersionsgrad (Atmung) *II*: 303.
Dispersionsmittel *I*: 160, 217.
Dispersität, Eiweißkörper *XVII*: 139.
Dispersitätsgleichgewicht *I*: 226.
Disponibilität, Spezifität, antigene Wertigkeitsmerkmale *XIII*: 501.
Disposition (Atmung) *II*: 370.
—, Geschwulstbildung *XIV/2*: 1694.
—, Infektion *XVIII*: 324.
—, Staubinhalationskrankheiten *II*: 527.
Dissimilationsprodukte, Algen, symbiotische *I*: 674.
—, Gefäßerweiterung *XVI/2*: 1242.
Dissimilatorisches sympathisches System *XVI/2*: 1697ff.
Dissipation der Energie *I*: 246.
Dissoziation, Atembewegungen *II*: 254.
—, Desassoziation der Proteine *III*: 234.
—, Doppelgliedmaßen *XV/2*: 1120.
—, elektrische, Theorien *VI/1*: 605.
—, Hirnschlaf und Körperschlaf *XVII*: 609.
—, ionogene Kolloide *I*: 166.
—, Muskelbewegungen *XV/2*: 1112f.
—, Persönlichkeit im Traum *XVII*: 636.
—, Thoraxwand *II*: 254.
—, Zwerchfell *II*: 254.
Dissoziationsgrad, Definition *I*: 489.

Dissoziationskonstanten, Definition *I*: 489.
—, Hämoglobin *VI/1*: 102; *XVI/1*: 1079.
Dissoziationsrest, Definition *I*: 489.
Dissoziationstheorien, Herzflimmern *VII/1*: 676.
Dissoziationswärme, Muskeleiweiß *VIII/1*: 520.
Diurese *XVII*: 231; *XVIII*: 92ff., 101.
—, Aminosäuren *V*: 683.
—, Begriff *IV*: 388.
—, Cholerese *IV*: 793.
—, Coffeingewöhnung *XIII*: 876.
—, Harnstoff *IV*: 402; *XVII*: 243
—, Hypophysenhinterlappen *XVI/1*: 682.
—, Inkrete auf *IV*: 410/423.
—, Insulin *XVI/1*: 682.
—, Kochsalz *IV*: 392; *XVII*: 232.
—, Schwellentheorie *XVII*: 238.
—, Thymus *XVI/1*: 666.
—, Thyreoidea *XVI/1*: 666.
Diuresehemmung, Rückenmarksdurchtrennung *XVI/1*: 454.
Diuretica, Lymphbildung *VI/2*: 971.
Diureticum, Kaliumchlorid *XVI/2*: 1550.
Divertikel, Darm Wirbelloser *VII/1*: 7.
—, Oesophagus *III*: 371.
Dixippus, Farbanpassung *XVI/1*: 843.
Doliolum, Koloniebildung *I*: 611.
Domestikation *XVII*: 430, *XVII*: 948.
—, Albinismus *XIII*: 257.
—, Haarwechsel *XIII*: 245.
— (Pigmentarmut nordischer Rassen) *XIII*: 254.
Dominanten (REINKE) *I*: 8.
Dominantenlehre *XVIII*: 405.
Dominanter Erbgang *XVII*: 969.
Dominanz, Erblichkeitslehre *XVII*: 916, 921, 1152, *XVII*: 1156.
Dominanzwechsel, Erblichkeitslehre *XVII*: 924, 974.
DONDERscher Druck (Venendruck) *VII/2*: 1407.
DONDERsches Gesetz *XII/2*: 1010, 1013, 1036.

DONNAN, Membrangesetz *XVI/1*: 1091.
Donnangleichgewicht *XII/2*: 1361; *XVII*: 170, *XVII*: 175.
—, Auge *XII/2*: 1376.
—, Blut und Gewebssaft *IV*: 537; *VI/1*: 486; *VI/2*: 962.
Donnanpotential *I*: 525.
—, Auge *XII/2*: 1409, 1482.
—, Theorie *VIII/2*: 1036.
DONNANscher Verteilungsfaktor *XII/2*: 1363.
Donnanverschiebung, Eiweißgehalt des Kammerwassers *XII/2*: 1376.
Dopa, Ferment *XIII*: 250.
—, Säugetiere *XIII*: 252.
Dopalehre, Vererbungslehre *XIII*: 252.
Doppelauge, Bewegungsgesetze *XII/2*: 1046ff.
—, sensorisches, Deckauge (Zyklopenauge) *XII/2*: 892, 967.
Doppelbilder, Augenbewegungen *XII/2*: 931, 1094.
—, farbig. Stimmung *XII/1*: 456; *XII/2*: 926, *XII/2*: 931.
—, Gesichtsraum, Anordnung im *XII/2*: 930.
—, Höhen- u. Querdisparation *XII/2*: 928.
—, Korrespondenz *XII/2*: 893.
—, Merklichkeit *XII/2*: 931.
—, Stereoskopie *XII/2*: 932.
—, Tiefenlage *XII/2*: 937, *XII/2*: 938.
—, Vertikale *XII/2*: 872.
Doppelbildungen *XIV/1*: 1059, 1070.
—, asymmetrische *XIV/1*: 1072.
—, freie *XIV/1*: 1071.
Doppelbrechung, akzidentelle *I*: 227.
—, Dichroismus von Absorptionssystemen *XII/1*: 543.
—, Muskel *VIII/1*: 118.
—, Neurofibrillen *IX*: 155.
Doppelfunktion, Nervenfaser *X*: 30.
Doppelgliedmaßen, Koordination *XV/2*: 1119.
Doppelkauer *III*: 53.
Doppelmonstra, symmetrische *XIV/1*: 1070.
Doppelreizung, elektrische, Aktionsströme *VIII/2*: 714.

Doppelschicht, Kapazität *I*: 129.
—, elektrische Trennungsfläche zweier Lösungsmittel *VIII/2*: 1003.
—, elektrokinetische *I*: 178.
Doppelsondenverfahren *III*: 1132.
Doppelspülung, Ohr *XI*: 866.
Doppelte Innervation, autonome *XVI/2*: 1735, 1745.
Doppeltsehen s. Doppelbilder *XII/2*: 872, 893.
Doppelwirkung farbiger Lichter *XII/1*: 551, 567, 580.
Dormiol *XVII*: 615.
Dorsobronchien *II*: 22.
Dosis sensibilisans minima, empfindliche Tiere *XIII*: 669.
Dotter, Verarbeitung (Wirbeltiere) *XIV/1*: 1051.
Dotterbildung *XIV/1*: 59.
Dotterhaut *XIV/1*: 61.
Dotterkerne *XIV/1*: 59.
Dottermembran *XIV/1*: 61.
Dottersack *XIV/1*: 1052.
Dotterstock der Tiere *XIV/1*: 63.
Drastica *III*: 539.
—, Ausscheidung, Darm *IV*: 695.
Drehempfindung *XI*: 913, *XI*: 936; *XVIII*: 305.
—, Abklingen *XI*: 878.
—, Blickbewegung auf *XI*: 937.
—, gleichmäßige Drehung *XI*: 918.
—, Hauptlagen und Nebenlagen bei *XI*: 920.
—, Zentrum *XI*: 922.
Drehempfindungen, Verschmelzung *XI*: 920.
Drehkompensation, optische *XII/1*: 34.
Drehkomponenten, Augenmuskel *XII/2*: 1007ff.
Drehmomente, Muskeln *XV/1*: 195.
—, relative, einzelner Muskeln *VIII/1*: 640.
Drehnachempfindung, Auslösung zentrale *XI*: 919.
—, Drehungen, kurze *XI*: 919.
—, Tastreize auf *XI*: 937.
Drehnachnystagmus *XI*: 930; *XVIII*: 305.
—, Vestibularausfall, einseitiger *XI*: 930; *XV/1*: 391.
Drehnachreaktionen, vestibulare *XI*: 824; *XVIII*: 304.

Drehnystagmus *XI*: 824, 925.
—, Aufhören bei gleichmäßiger Drehung *XI*: 928.
—, Ausfall bei Taubstummen *XI*: 928.
—, Bogengänge und *XI*: 935.
—, Bogengangsampullen und Richtung des *XI*: 936.
—, Endolymphströmung als Ursache *XI*: 930.
—, Komponente, langsame und schnelle *XI*: 930.
—, Labyrinthe, fehlende *XII/1*: 34; *XV/1*: 389.
— labyrinthloser Wirbeltiere *XI*: 930; *XII/1*: 34; *XV/1*: 389, 391.
—, Säuger *XII/2*: 1133.
—, Theorie *XI*: 929.
Drehphänomen (Kleinhirn) *X*: 286, 309.
Dreh- und Progressivreaktionen *XV/1*: 46.
Drehprüfung, Vestibularausschaltung *XV/1*: 389.
Drehpunkt, Bulbus *XII/2*: 1002.
—, im schematischen Auge *XII/1*: 103.
—, Krümmungsmittelpunkt und Perspektivitätszentrum *XII/2*: 864.
Drehreaktionen, Augen *XI*: 870.
—, Auslösungsstelle im Labyrinth *XI*: 876, 880, 882.
—, Becken und Extremitäten *XI*: 823, 880.
—, Kopf *XI*: 877.
—, Labyrinthexstirpation *XI*: 829, 846, 874, 879, *XI*: 882; *XV/1*: 108.
—, Säuglinge *XI*: 939.
Drehreflexe, Amphibien und Reptilien *XI*: 823.
—, Amphibienlarven *XI*: 826.
—, Extremitäten *XI*: 823, *XI*: 880.
—, Fische *XI*: 803, 805; *XV/1*: 106.
—, Genese *XI*: 829, 846.
—, Gesichtssinn *XV/1*: 119.
—, optische Einflüsse *XI*: 825, 842.
—, Triton *XV/1*: 107.
—, Vögel *XI*: 841.
Drehschwachreizprüfung, Labyrintherkrankungen *XV/1*: 385; *XVIII*: 304.
Drehschwindel *XI*: 914; *XV/1*: 480.
—, Fliegen *XV/1*: 447.
„Drehspannung", Fruchtwalze *XIV/1*: 596.

Drehstarkreizprüfung, Labyrintherkrankungen *XV/1*: 386.
„Drehtöne" *XI*: 608.
Dreibildmethode, Nachreaktion *XII/1*: 466.
Dreifachsehen, binokulares *XII/2*: 1105.
„Drei-Kohlenstoff-Körper" *V*: 848.
Dreikomponentenlehre, Farbenblindheit, relative *XII/1*: 558.
—, Farbendreiecke *XII/1*: 562.
—, Farbensinn *XII/1*: 553ff.
Dreikomponententheorie *XII/2*: 1496, 1564, 1569, *XII/2*: 1593.
Dreilichterökonomie *XII/1*: 552, 555.
„Dreipunktbewegung" *XII/2*: 1190.
Dressurversuche, Farbensinn *XII/1*: 386.
Drohnen, Züchtung aus Weibchen *XIV/1*: 780.
Drohreflex *X*: 1007.
Druck, autoskopischer *II*: 327.
—, hydrodynamischer *XVII*: 176.
—, hydrostatischer, Blutkreislauf *VII/2*: 889; siehe auch Hydrostatischer Druck.
—, intraabdominaler, Fliegen *XV/1*: 377.
—, onkotischer, auf Capillarwand *VII/2*: 1714.
—, osmotischer, Blut *XVI/2*: 1387.
—, systolischer und diastolischer, Fliegen *XV/1*: 376.
Druckablauf, rechte Kammer *VII/1*: 250.
Druckänderungen, Paukenhöhle *XI*: 418.
Druckatrophie *XIV/1*: 953.
Druckdifferenz, Stirnhöhlenluft *XV/1*: 371.
Druckdifferenzverfahren *II*: 100.
Druckgefälle, hydrodynamisches (Röhrenmodell) *VII/2*: 894.
Druckmessung, Harnblase *IV*: 845.
Druckphosphen *XII/1*: 254.
— und Korrespondenz *XII/2*: 895.
Druckpuls *VII/2*: 1238.
Druckpunkte, Dichte *XI*: 100.
—, Haut, Reizung *XVI/1*: 1167.

(Druckpunkte), Schwellen *XI*: 101, 115.
—, VALLEIXsche *XI*: 189.
—, s. auch Drucksinn sowie Tangoreceptoren.
Druckregulierung der Gehörknöchelchen *XI*: 454.
Druckschwankungen, Arterien *VII/2*: 1285.
—, kardiopneumatische *II*: 100.
—, Oesophagus *II*: 100.
Drucksinn *XI*: 94; s. auch Druckpunkte sowie Tangoreceptoren.
—, Bewegungswahrnehmungen *XI*: 118.
—, Empfänger *XI*: 103.
—, Leitungsbahnen *XI*: 105.
—, tiefer *XI*: 126.
—, Unterschiedsschwellen *XI*: 133.
Druckstauung, Thoraxkompression *VII/2*: 1650.
Drucksteigerung, Glaukom *XII/2*: 1609.
Druckverhältnisse, durchströmtes Rohr *VII/2*: 894.
Druckverteilung, Fuß *XV/1*: 189.
—, versch. Körperteile *XV/1*: 192.
—, Sohle *XV/1*: 189.
Druckvolumkurve (TH. CHRISTEN) *VII/2*: 1257.
Druckwulst, Hydrocephalie *X*: 1237.
Drüsen, BRUNNERsche *III*: 84, 667, 685, 751, 1240; *XVIII*: 57.
—, Cavum nasi *II*: 313.
—, Elektrizitätserzeugung *VIII/2*: 766.
—, endokrine *XIV/1*: 1074 *XVII*: 201.
—, —, Blutversorgung *VII/2*: 1489.
—, —, Erkrankungen *VII/1*: 343.
—, —, Färbung und *XIII*: 194.
—, —, Farbwechsel beim Menschen *XIII*: 258.
—, —, Kind *III*: 1346.
—, —, Temperatureinwirkung *XVI/1*: 827.
—, —, Wachstum *XVI/1*: 697.
—, —, Wechselbeziehungen *XVI/1*: 795.
—, interstitielle *XVI/1*: 58.
—, LIEBERKÜHNsche *III*: 1240.
—, neurotrope mit innerer Sekretion *XVI/1*: 28.

(Drüsen),Sauerstoffverbrauch
XVI/1: 955.
—, Schlaf *XVII*: 564.
Drüsenextrakte, Gefäß-
wirkung *VII/2*: 987.
Drüsenfieber *II*: 406.
Drüsenfunktion, Störungen
XIV/1: 888.
Drüsenprodukte *II*: 383.
Drüsenschädigung *II*: 313.
—, Grippe *II*: 330.
Drüsensystem, Parasiten
I: 650.
Drüsenzellen, Adrenalin-
wirkung *X*: 1110.
Dualismus der Muskelfunk-
tion, Theorie *VIII/1*: 198.
DUBOISsche Linearformel
V: 170.
DUCHENNEsches Phänomen
XV/1: 165.
Ducticeptoren *XII/2*: 873.
—, labyrinthäre und extra-
labyrinthäre *XII/2*: 874,
XII/2: 882.
—, vertikale *XII/2*: 881.
Ductuli efferentes
XIV/1: 744.
Ductus arteriosus (Botalli),
offener *VII/1*: 129.
— choledochus, Drainage
III: 1264.
— —, Ligatur *III*: 1265.
— cochlearis *XI*: 471, 490.
— —, Dimensionen *XI*: 533.
— — (Säuger) *XI*: 478.
— ejaculatorius *XIV/1*: 769.
— endolymphaticus *XI*: 469;
XVIII: 300.
— nasopalatinus *II*: 141.
— thoracicus *XVII*: 299.
— —, Lymphocyten
VI/1: 834.
— —, Verschluß *VII/2*: 1721.
Duftorgane *XI*: 207.
Duktionen (passive Bewe-
gungen) *XI*: 841.
Dulcit („Verhalten im Stoff-
wechsel") *V*: 998.
Dummkoller des Pferdes
X: 1237, 1247.
Düngebedürfnis, Böden
XVI/2: 1675.
Düngemittel, kalihaltiges
(Phonolith) *XVI/2*: 1682.
Dunkeladaptation
XII/1: 442; *XII/2*: 1595.
—, Breite *XII/1*: 361.
—, Eklampsie *XII/2*: 1611.
—, Empfindungsdauer
(E. D.) *XII/1*; 427.
—, Empfindungszeit, spez.
foveal *XII/1*: 424.
—, Energieschwelle
XII/1: 320.

(Dunkeladaptation), foveale
XII/1: 321, 325,
XII/1: 575, 576.
—, Kinetik *XII/1*: 545.
—, Lichteffekte, farblose
XII/1: 324.
—, momentane *XII/1*: 446.
—, Nachdauer der Erregung
XII/1: 430.
—, Nachreaktion *XII/1*: 470.
—, optische Gleichungen
XII/1: 380, 397.
—, Peripheriewerte
XII/1: 377, 382.
—, PULFRICHeffekt (Bewe-
gungsstereoskopie)
XII/1: 915.
—, Reizbarkeit, elektr., Stei-
gerung *XII/1*: 316.
—, Reizschwelle *XII/1*: 321.
—, regionale Schwellenver-
teilung *XII/1*: 321.
—, kritisches Stadium
XII/1: 301.
—, Sehnervenerkrankungen
XII/2: 1611.
—, spektrale Helligkeits-
verteilung *XII/1*: 377.
—, Unterschiedsempfindlich-
keit *XII/1*: 391.
—, Verlauf *XII/1*: 504;
XII/2: 1573.
—, —, .Hemeralopie, angebo-
rene totale *XII/2*: 1582.
—, Verschiedenheiten, indi-
viduelle, und Lebensalter
XII/1: 325, 361.
—, Weißvalenzen *XII/1*: 332.
Dunkelauge, Empfindlich-
keitskurve *XII/1*: 332.
Dunkelfeldbeleuchtung,
lebende Nervenzelle
IX: 157.
Dunkelheit (allgem. Klima-
wirkungen) *XVII*: 525.
Dunkelstrom, Auge
XII/2: 1395.
— s. auch Belichtungsstrom.
Dunkelwachstumsreaktion,
Pflanzen *VIII/1*: 85.
Dunkelzittern, Augen bei
Tieren *XII/2*: 1136.
Dünndarm, Bakterien-
besiedelung *III*: 991, 993,
III: 1007, 1018.
—, —, Hemmungsstoffe
III: 1018.
—, bakterielle Vorgänge
(Herbivoren) *III*: 993.
—, Bewegungen *III*: 484;
XVI/1: 891, 899.
—, Eiweißabbau (Herbi-
voren) *III*: 995.
—, Eiweißfäulniserreger
(Herbivoren) *III*: 995.

(Dünndarm), endogene In-
fektion *III*: 1245.
—, Reaktion, aktuelle
IV: 61.
—, Resorption *IV*: 6.
—, Resorptionsstörungen
IV: 86, 88f.
Dünndarmepithel, vitale Tä-
tigkeit *XVI/1*: 930.
Dünndarmflora *III*: 991, 993,
III: 1007, 1018.
Dünndarminhalt, Rücktritt
von *III*: 1130;
XVI/1: 894.
Dünndarmmuskulatur
(Misch- und Knetbewe-
gungen) *XVI/1*: 892.
Dünndarmperistaltik, Stei-
gerung *III*: 484.
Dünndarmverdauung (Her-
bivoren) *III*: 994.
Dunsickness *III*: 1102.
Dunst, Atmosphäre
XVII: 464.
Dunziekte *III*: 1102.
Duodenalgeschwüre
III: 1077, 1233.
Duodenalinhalt, Rückfluß
von *III*: 1130;
XVI/1: 894.
Duodenalreflexe *III*: 422.
Duodenalsaft, Untersuchung
beim Menschen *IV*: 614.
Duodenalsondierung
III: 1278.
Duodenalstenose *III*: 415,
III: 1131, 1188.
Duodenum, Äthereingießung
III: 1254.
—, Gallenaustritt in
III: 803.
Duplicitas anterior
XIV/1: 1079.
Duplizitätstheorie, Auge
XII/1: 571ff., 679, 726,
XII/1: 728; *XII/2*: 1506,
XII/2: 1518, 1593.
Dura mater *X*: 1180.
Durchblutung, ödematöser
Extremitäten
XVI/2: 1377.
—, Haut *XVII*: 28.
—, Niere und Harnbildung
IV: 332.
Durchblutungsgröße, Be-
stimmung der Nieren-
IV: 322.
—, Muskel *XVI/2*: 1236.
Durchfall *III*: 1087, 1245ff.
—, Anaphylaxie und
III: 1248.
Durchlässigkeit s. auch Per-
meabilität.
—, Endothelien *XVII*: 174.
—, Zelle *XVII*: 174.

Durchlüftung, Arbeitsstätte, und Produktionsleistung *XV/1*: 540.
Durchseuchung, angeborene Resistenz *XIII*: 531.
Durchspritzschwirren, Venenklappen *VII/2*: 1456.
Durchströmung, rhythmische *VII/2*: 1079.
—, Niere *IV*: 326
Durchströmungsgröße von Organen, Messung *IV*: 322; *VII/2*: 1000.
Durst *XVII*: 180.
—, Eintreten *XVI/1*: 1060.
—, Eiweißstoffwechsel *XVII*: 228.
—, Gesamtstoffwechsel *XVII*: 227.
—, Latenzzeit, Muskel *VIII/1*: 304.
—, Wasserhaushalt *XVII*: 226.
Durstempfindung *XVII*: 228, *XVII*: 249, 289.
—, gesteigerte *XVII*: 288.
Durstfieber *XVII*: 87.
„—" (Säugling) *III*: 1404.
Durstkrankheit *XVII*: 288.
Durststörung, primäre (Diabetes insipidus) *XVII*: 289.
Durstversuch, Diabetes insipidus *XVII*: 295.
DVORAK- (DUURAK-) MACH-Phänomen *XII/2*: 936.
Dynamik, Atmung *II*: 108, *II*: 317.
—, Herz (allgemein) *VII/1*: 413.
—, — (Frosch) *VII/1*: 238.
—, — muskelschwaches *VII/1*: 261.
—, Klappenfehler des Herzens *VII/1*: 264.
—, physiologische *XV/1*: 182, *XV/1*: 200ff.
—, Puls *VII/2*: 1254.
Dysarthrie *X*: 465.
—, Balkenläsion *X*: 839.
Dysästhesie *X*: 369.
Dyscerebraler Zwergwuchs *XVI/1*: 806.

Dyschezie *III*: 495.
Dyscholerinose *IV*: 650.
Dysfunktion, Schilddrüse Säugling *III*: 1346.
Dyskinesen, Gallenblasenverschluß *IV*: 601.
Dyskinesien, Dickdarm *XVI/1*: 1041.
—, Gallenwege *XVI/1*: 1041.
Dyslexie *XV/2*: 1489.
Dysmenorrhöe *XVII*: 1140.
—, nasale *II*: 316, 317.
„Dysmenorrhoea menbranacea" *XIV/1*: 460.
Dysmetrie, halbseitige Kleinhirnschädigung *X*: 271.
Dysontogenetische Regeneration, Geschwulstbildung *XIV/2*: 1693.
Dysorexie UMBERS *V*: 255.
Dysostose, hypophysäre *XVI/1*: 455.
Dyspareunie *XIV/1*: 424, *XIV/1*: 864; *XIV/2*: 835.
Dyspepsie *III*: 1019, 1366.
„Dyspepsiegefahr" *III*: 1003.
Dysphagie *III*: 370, 377.
Dyspituitarismus *XVI/1*: 450.
Dysplasien *XIV/2*: 1298; *XVII*: 1128, 1142ff., *XVII*: 1153, 1179.
Dyspnoe *II*: 256.
—, Blutdrucksteigerung *VII/2*: 1354, 1356; *XVI/1*: 1116.
—, cerebrale, Hypertoniker *XVI/1*: 1116.
—, Eiweißumsatz *V*: 272.
—, Gasvergiftung *II*: 493.
—, Gaswechsel *V*: 270.
—, Gefühl für *XVIII*: 10.
—, hämatogene *XVI/1*: 1109.
—, Kälteschreck *XVII*: 449.
—, kardiale *II*: 260, 342; *XVIII*: 13.
—, Kohlenoxyd *II*: 513.
—, latente, höherer Lebensalter *XVII*: 817.
—, Nephritis *II*: 262.
—, Stenosierung der Luftwege *II*: 276.

(Dyspnoe), urämische *II*: 430; *XVI/1*: 1116.
—, Verblutung *II*: 270.
—, Vögel *II*: 25.
—, zentrogene *II*: 270, 430; *XVI/1*: 1109.
Dysthyreoidismus *XVI/1*: 298.
Dystonia lordotica *X*: 348.
Dystrophia adiposogenitalis *XIV/1*: 778, 789; *XVI/1*: 444, 1050; *XVII*: 289.
— —, Akromegalie *XVI/1*: 450.
— —, Blasenstörungen *XVI/1*: 445.
— —, Blutcalciumsteigerung *XVI/2*: 1461.
— —, Formen *XVI/1*: 445, 449.
— —, Genitalentwicklung *XVI/1*: 445, 677.
— —, Geschlechtsmerkmale, sekundäre *XVI/1*: 677.
— —, Grundumsatz *XVI/1*: 445.
— —, Hautbeschaffenheit *XVI/1*: 444.
— —, Hydrocephalus *XVI/1*: 448.
— —, Hypophysenvorderlappen, Funktionsausfall *XVI/1*: 781.
— —, Pathogenese *XVI/1*: 446.
— —, präadolescenter Typus *XVI/1*: 445.
— alipogenetica (Säugling) *III*: 1397.
— pigmentosa *XVI/1*: 1056.
— xerophthalmica *XII/2*: 1603.
Dystrophie, Säugling, Alkaliverlust *XVI/2*: 1553.
Dystrophien oder Atrophien, Säugling *V*: 186
— (Stoffwechselstörungen) *V*: 1245.
Dytiscus-Herz *VII*: 35.
Dytiscuslarve, Mundteile *III*: 58.

E

Echidna *XVII*: 6, 11, 116.
Echinantigen, Spätreaktion *XIII*: 792
Echinodermen, Autotomie *XIII*: 265, 275.
—, Chemoreceptoren *XI*: 235.
—, Druck, osmotischer *XVII*: 148.

(Echinodermen), Färbung *XIII*: 204.
—, Gifte *XIII*: 117.
—, Stoffwechsel *V*: 433.
—, Tangoreception *XI*: 75.
—, Umdrehreflexe u. Dorsalreflexe *XI*: 76
—, Verdauungskanal *III*: 65.

Echinokokken, Herz *VII/2*: 1822.
Echinokokkenallergie *XIII*: 789.
Echinokokkenshock bei Echinokokkencystenträgern *XIII*: 790.

(Echinokokkenshock),
experim. beim Menschen
XIII: 792.
Echinus, Befruchtung
XIV/1: 124
— microtuberculatus
XIV/1: 116.
Echographie *XV/2*: 1454,
XV/2: 1502.
Echolalie *X*: 781, 783;
XV/2: 1454.
—, Logorrhöe und
XV/2: 1459.
Echopraxie *XV/2*: 1454.
Ecksche Fistel *XVII*: 25.
— —, hämoklastische Krise
V: 708.
— —, umgekehrte *V*: 881 ff.
Ectasie, Speiseröhre
III: 1058.
Edentaten *XVII*: 6.
Edingersche Aufbrauch-
theorie *XII/2*: 817.
— -Westphalscher Kern
X: 183, 212, 1056.
— -— —, Pigmentierung
XIII: 263.
Effekt, lichtelektrischer
I: 304.
Effekte, thermoelastische,
Muskel *VIII*: 505.
Effektoren *I*: 697.
Effektorische Peripherie,
autonomes Nerven-
system *XVI/2*: 1745.
— — u. vegetat. System
XVI/2: 1820.
Effemination des Mannes
XIV/1: 812.
Egozentrik, Exozentrik: Ver-
hältnis *XV/2*: 1003.
Ehrlichsche Linie, Osmose
am Auge *XII/2*: 1350.
Ei, siehe auch Eizelle.
—, alecithales *XIV/1*: 57.
—, centrolecithales
XIV/1: 57, 60.
—, doppelt befruchtetes
XVII: 1014.
—, Elektrizität, Wirkung auf
das tierische *VIII/2*: 934.
—. Fermente *XIV/1*: 174.
—, Größe und Brutdauer
XIV/1: 171.
—, holoblastisches *XIV/1*: 60.
—, Ionenwirkung *I*: 515.
—, kreuzbefruchtetes
XVII: 1005.
—, meroblastisches
XIV/1: 60.
—, organbildende Keimbe-
zirke *XIV/2*: 1237.
—, physikalische und chem.
Eigenschaften
XIV/1: 170, 172.

(Ei), plasmatische Reifung
XIV/1: 110.
—, Radiumbestrahlung
XVII: 997.
—, Reifung *XIV/1*: 436.
—, Reifungsteilung
XIV/1: 80, 83.
—, telolecithales *XIV/1*: 57.
—, zweikerniges *XIV/1*: 1072.
Eibau *XVII*: 1029.
Eibeförderung *XIV/1*: 516.
Eibildung, alimentäre
XIV/1: 62.
—, diffuse *XIV/1*: 48.
—, follikulare *XIV/1*: 62.
—, lokalisierte *XIV/1*: 48.
—, nutrimentäre *XIV/1*: 62.
— (Oogenese) *XIV/1*: 57, 61.
—, solitäre *XIV/1*: 62.
Eichkurven, Spektrum
XII/1: 564.
Eichwerttafel, Spektrum
XII/2: 1548.
Eidechsen, Gifte *XIII*: 160.
Eidetische Anlagen *III*: 1186.
Eidetischer Anlagetypus
XVII: 1118.
Eier, Aufreihung
XIV/1: 501, 516.
—, Verschmelzung von
XIV/2: 1099.
Eierschalen, Pigmente
XIV/1: 171.
Eierschutzreflex *XII*: 702.
Eierstock s. auch Ovarium.
—, Lachs, Gewicht
XIV/1: 174.
—, Tiere *XIV/1*: 48.
Eierstocksband *XIV/1*: 429.
Eierstocksrinde *XIV/1*: 430.
Eifersuchtswahn *XIV/1*: 801.
Eifragmente, Befruchtung
XIV/1: 127.
Eifurchung, abnorme
XIV/2: 1277.
Eigelb, Differenzierung von
Eiweiß und *XIII*: 504.
—, Vitamin D *V*: 1194.
Eigelbfett, Vitamin A
V: 1171.
Eigenapparat, Rückenmark
X: 135, 844.
Eigendoppelbrechung *I*: 206,
I: 210, 227; *VIII*: 118.
Eigengeschmack *XI*: 344.
Eigengrau, Weiß-Schwarz-
empfindung *XII/1*: 301.
Eigenlicht, Nachreaktion
XII/1: 477.
—, Netzhaut *XII/2*: 761.
—, Unterschiedsempfindlich-
keit *XII/1*: 390, 391.
Eigenperiodik *XVII*: 595.
—, Schlafen und Wachen
XVII: 591.

Eigenreflex *X*: 57.
—, Bahnung und Hemmung
X: 59.
—, Refraktärstadium
IX: 698.
—, tonischer *X*: 62.
Eigenrhythmus (Aktions-
ströme) *VIII/2*: 716, 732.
—, Muskel *VII/1*: 55;
VIII/2: 717; *IX*: 803.
—, Nerven *VIII/2*: 750;
IX: 190.
Eigenschaften, erbliche
XVII: 911.
Eigenwahrnehmung, biolo-
gische Funktionsabläufe
XVI/1: 1065.
Eigenwärme, Winterschläfer
im Wachzustand
XVII: 111.
Eignungsfeststellung für Be-
rufe *XV/1*: 676.
Eignungsverbesserung, Aus-
bildungsverfahren
XVI/1: 694.
—, Übungsfähigkeit
XV/1: 693.
Eignungswahl *XV/1*: 560.
—, Respirationsversuche
XV/1: 568.
Eihäute, Krankheiten
XIV/1: 1068.
Eihülle, primäre
XIV/1: 61.
—, sekundäre *XIV/1*: 61.
—, tertiäre *XIV/1*: 61.
Eikapseln *XIV/1*: 61.
Eikern *XVII*: 992.
Eikokon *XIV/1*: 61.
Eileiter *XIV/1*: 51.
Einatemdruck *II*: 104.
Einatmung s. auch Inspira-
tion.
—, Ammoniak *II*: 504.
—, Inspirationsmuskeln
II: 58.
Einatmungsdauer, Verkür-
zung *II*: 357.
Einatmungsluft, CO_2-An-
reicherung *VII/1*: 497.
Eindeutigkeitsbeziehung, opt.
Wahrnehmung (= Kon-
stanzannahme)
XII/2: 1219.
Eindickung, Blut, körper-
liche Arbeit *XV/2*: 836.
Eindringungsvermögen,
Salze in Öl *VIII/2*: 1024.
— (Theorie) *VIII/2*: 1026.
Eindruck, sinnlicher Begriff
XI/5.
Einfachsehen, binokulares
XII/2: 1103.
Einflußdruck, isoliertes Herz
VII/1: 484.

Einflußstauung, Herz *VII/2*: 1871.

Eingeweideschmerz, Leitung *X*: 1073, 1074.

Einheit, Nerv und Muskel *X*: 1154.

—, Nerv und Zelle, funktionelle *X*: 1154.

Einlaufversuch, Auge, Farbstoffe, Technik *XII/2*: 1342.

Einpassung *I*: 693.

—, funktionelle *I*: 697.

—, physiolog. Wirkungen des Klimas *XVII*: 532.

—, sinnliche *I*: 697.

Einschachtelungstheorie HALLERS *XIV/1*: 1005; *XIV/2*: 1213.

Einschleichen, Reiz *I*: 284.

— —, elektrischer (Nerv) *IX*: 248.

— —, thermischer *I*: 298.

— —, Reizschwelle *I*: 282.

—, Strom, konstanter (Nerv) *IX*: 196.

Einstellautomatismus *X*: 1004.

Einströmungsteil, rechter Ventrikel *VII/1*: 173.

Eintrittspupille, Wesen, Lage, Größe *XII/1*: 98.

Einzellige s. auch Protozoen.

—, Amphimixis *XIV/1*: 27.

—, Befruchtung *XIV/1*: 12, *XIV/1*: 23.

—, Fortpflanzung *XIV/1*: 4.

—, Generationswechsel *XIV/1*: 28.

—, Klimawirkungen, allgemeine *XVII*: 526.

—, Kopulation *XIV/1*: 15.

—, Parthenogenesis *XIV/1*: 23.

—, Reduktionsteilung *XIV/1*: 21.

—, Schizogonie *XIV/1*: 28.

—, Sexualitätsproblem *XIV/1*: 23ff.

—, Sporogonie *XIV/1*: 28.

Einzelmißbildungen *XIV/1*: 1059.

Einzelpulsvolumen *VII/2*: 1427.

Einzelschlagvolumen *VII/2*: 1189; *XVI/2*: 1299.

Eiplasma, Rolle bei Vererbung *XVII*: 1019.

Eireceptor *XIV/1*: 140.

Eireifung *XIV/1*: 329, 1043.

Eisen, „aktives" und „inaktives" *XVI/2*: 1646.

—, allgemeine Wirkung *I*: 503.

(Eisen), Ausscheidung *IV*: 481, 689; *XVI/2*: 1654, 1655, 1666.

—, Blut, Gehalt *XVI/2*: 1646.

—, Blutbildung *XVI/2*: 1667.

—, Froschmuskel *XVI/2*: 1491.

—, Galle *III*: 1286.

—, Gallensteine *IV*: 618.

—, Gehirn *X*: 339; *XVI/2*: 1493.

—, Harn *IV*: 248.

—, Körperwachstum *XVI/2*: 1671.

—, Leber, histochemischer Nachweis *III*: 654.

—, Lichtkatalysator *XVII*: 341.

—, maskiertes *I*: 261.

—, Pflanze *XVI/2*: 1686.

—, Resorption im Magendarmkanal *XVI/2*: 1650.

—, Sauerstoffüberträger *I*: 51; *XVI/2*: 1645.

—, Stoffwechsel *XVI/2*: 1644ff.

—, Zelle *I*: 99.

Eisenablagerung, Leber und Milz *XVI/2*: 1656, 1666ff.

Eisenarmut, Milch *XVI/1*: 862.

Eisenausscheidung *IV*: 481, *IV*: 689; *XVI/2*: 1655f., *XVI/2*: 1666.

Eisenbahnkrankheit *XV/1*: 513.

—, Pferde u. Rinder *X*: 1265.

Eisenentziehung, Anämie *XVI/2*: 1668.

—, Herzhypertrophie *XVI/2*: 1671.

—, Thymusaphasie *XVI/2*: 1671.

—, Wachstumshemmung *XVI/2*: 1671.

Eisenfütterung, Hämoglobinvermehrung *XVI/2*: 1670.

eisenhaltige Oberflächen *I*: 52.

Eisenkatalyse *I*: 51.

Eisenmangel (Insuffizienzerscheinungen) *V*: 1150.

Eisenspeicherung, Blutzerfall *XVI/2*: 1659.

—, Eisenfütterung *XVI/2*: 1662.

—, Milz und Leber *XVI/2*: 1666.

—, Organe *XVI/2*: 1656.

Eisenstoffwechsel *XVI/2*: 1644.

—, CO-Vergiftung *VI/1*: 146.

—, Leber, Bedeutung für *IV*: 800.

Eisentherapie *VI/2*: 911.

Eisenverbindungen, lockere *I*: 54.

Eistruktur, Schwerkraft und *XVI/1*: 809.

Eistruktur, Reifung bei Echiniden und *XIV/1*: 111—112.

Eisubstanzen, physikalische u. chemische Eigenschaften *XIV/1*: 156.

Eiter, Gefrierpunktserniedrigung *XIV/1*: 1153.

Eiwachstum *XIV/1*: 1040.

—, allgemein *I*: 597.

Eiweiß s. auch Eiweißkörper.

—, Abbau *V*: 721.

— —, nichthydrolytischer *V*: 735.

—, Anionendefizit des Blutserums, Deckung durch *XVI/2*: 1466.

—, Asthma *II*: 378.

—, Aufbau *V*: 723.

—, Ausnutzung *V*: 34, 98.

—, Bausteine des Linsen- *XII/1*: 193.

—, Darmwand, Synthese in der *V*: 711.

—, Energiegehalt *V*: 25, 31.

—, Futtergemisch, Gehalt *V*: 1178.

—, Futtermittel *XVI/1*: 947.

—, giftiges *XIII*: 175.

—, Glykogenbildung *XVI/1*: 949.

—, Glykosurie *V*: 583.

—, Harn, Nachweis *IV*: 299.

—, Haut, Resorption *IV*: 131.

—, Kohlehydratbildung s. Zuckerbildung

—, Liquor, Gehalt *X*: 1211.

—, Nahrungs- *V*: 6, 1249.

—, Nahrungsmittel, Gehalt *V*: 21.

—, Schweiß *IV*: 732.

—, Spaltungsprodukte *IV*: 47.

—, Speicherung *V*: 719.

—, Starlinsen, Gehalt *XII/1*: 192.

—, Überfütterung (Kind) *III*: 1387.

—, Verdauungssekrete, Gehalt *XVI/1*: 923.

—, Vitamine u. *XVI/1*: 1003.

—, Wertigkeit, biologische *V*: 85, 1151; *XVI/1*: 971, *XVI/1*: 983.

—, zirkulierendes *V*: 719.

—, Zuckerbildung *V*: 42, *V*: 825.

—, — bei Pankreasdiabetes *XVI/1*: 593.

Eiweißabbau, allgem. fermen-
tat. *III*: 943.
Eiweißabbauprodukte, Adre-
nalinabgabe *XVI/2*: 1764.
—, Hypophyse *XVI/1*: 411.
—, Pferdemagen *III*: 976.
Eiweißansatz *XVII*: 521.
—, Klima *XVI/1*: 985.
—, Lichtbeeinflussung
XVII: 325.
—, Rekonvaleszenz
XVI/1: 956.
Eiweißaufbau *V*: 728.
Eiweißausscheidung, Orte
IV: 518.
—, physiologische, Nieren
IV: 513.
Eiweißausnutzung, vermin-
derte *III*: 1255.
Eiweißbausteine, Resorption,
Darm *V*: 704.
Eiweißbedarf *V*: 5;
XVI/1: 969, 974, 1014.
—, Greise *XVII*: 822.
—, Milchkuh *V*: 117.
—, Produktionsfutter (bei
Pflanzenfresser) *V*: 117.
Eiweißbestimmung, Reiss-
sche *VI/1*: 541.
—, refraktometrische
VI/1: 625.
—, Robertson *VI/1*: 543.
Eiweißcalorien *V*: 52.
Eiweißdiät, Stoffwechsel
V: 28.
Eiweißernährung, reine
V: 28, 29, 53.
—, —, beim Hunde
V: 1155.
Eiweißersatzfuttermittel
V: 120.
Eiweißfäulnis *V*: 973, 996.
Eiweißfäulniserreger, Herbi-
voren *III*: 982.
Eiweißfehler, Mageninhalt-
titration mit Phenol-
phthalein *III*: 1136.
Eiweißfieber (Säugling)
III: 1406.
Eiweißgehalt, Nahrung, spe-
zifisch-dynamische Wir-
kung *V*: 179.
— s. unter Eiweiß.
Eiweißgerüst, Gallensteine
IV: 617.
Eiweißhunger, Eiweißbedarf
und *VI/1*: 981.
Eiweißinjektion, parenterale
(Kreatinurie) *V*: 947.
Eiweißkonsum, Arbeiter
V: 148.
Eiweißkörper *III*: 214ff.;
s. auch Eiweiß.
—, Adrenalinabgabe
XVI/2: 1764.

(Eiweißkörper), Aktivität,
optische *III*: 245.
—, Aminosäurengehalt
III: 246.
—, Ampholyte *III*: 233, 237.
—, aschefreie *III*: 239.
—, Assoziate *III*: 234.
—, Aussalzen *III*: 236.
—, Blut *VI/1*: 541.
—, — bei Schilddrüsenmangel
XVI/1: 255.
—, Blutplasma u. Blutserum
VI/1: 250.
—, Carboxyl-, Hydroxyl- und
Aminogruppen *III*: 263.
—, Chemie *III*: 214; s. auch
—, Konstitution.
—, Definition *III*: 214.
—, Denaturierung *III*: 236.
—, Desaggretation *III*: 234.
—, Diffusionsgeschwindigkeit
III: 234.
—, Dispersität *XVII*: 139.
—, Druck, osmotischer
III: 240.
—, Eigenschaften *III*: 233,
III: 242.
—, Einteilung *III*: 268.
—, Fällungsoptimum
III: 238.
—, Filtergröße *III*: 234.
—, Formolzahlen *III*: 267.
—, Gitterstruktur *III*: 235.
—, Grundkörper *III*: 261.
—, —, Assoziate, von
III: 257.
—, Gruppenkennzeichnung
III: 265.
—, Halogenierung *III*: 266.
—, Harn *IV*: 299.
—, Hydrolyse *III*: 246, 247.
—, isoelektrische *III*: 238.
—, kolloide *III*: 233.
—, Konstitution *III*: 246;
s. auch —, Chemie.
—, Krystallisation *III*: 242.
—, Methylisierung *III*: 265.
—, Molekülgröße *III*: 243.
—, molekulardisperser und
übermolekularer Zustand
III: 235.
—, Muskel *VIII/1*: 442.
—, Nervensubstanz *IX*: 48.
—, Nitrogruppen, Einfüh-
rung *III*: 268.
—, N-Methylzahlen
III: 267.
—, Oxydation *III*: 268.
—, physiologisch unvollkom-
mene *V*: 105, 1152.
—, Quellung *III*: 240;
XVII: 139.
—, Resorption *IV*: 43, 155.
—, Röntgenspektrogramm
III: 234, 257.

(Eiweißkörper), Säurereste,
Einführung *III*: 267.
—, Sulfonierungszahlen
III: 267.
—, Suspensoide, Unterschei-
dung von *III*: 235.
—, unterwertige (Glutin,
Zein etc.) *V*: 105, 1152.
—, Verbindung mit Säuren
u. Basen *I*: 530.
—, Verbrennungszeiten *V*: 38.
—, Verdauung, Abbau
III: 247.
—, Viscosität *III*: 241.
—, vollkommene und unvoll-
kommene *V*: 103, 769.
—, vollwertige, Casein, Lact-
albumin etc. *V*: 1152.
—, Wasserbindungsvermö-
gen *IV*: 317.
—, Zersetzlichkeit *V*: 32.
—, Zulagen von reinen
V: 32.
—, Zusammensetzung, ele-
mentare *III*: 215.
„Eiweißluxus" *XVI/1*: 984.
Eiweißmast (Froschleber)
III: 646.
—, Eiweißumsatz *V*: 251.
Eiweißmastsubstanz *V*: 253.
Eiweißmilch, Wirkung
III: 1020.
Eiweißminimum *V*: 85ff.;
XVI/1: 974, 979.
—, Aminosäuren *V*: 1154.
—, Erhaltungsfutter (Pflan-
zenfresser) *V*: 116.
—, Hunger *V*: 84.
—, Mensch *XVI/1*: 979.
—, physiologisches *V*: 85.
—, praktisches oder hygieni-
sches *V*: 86, 111.
Eiweißmodell, Bergmann
III: 261.
Eiweißnährschaden, Kind
III: 1388.
Eiweißnahrung, Arbeit in hei-
ßem Klima *V*: 149.
—, Eiweißbedarf des Men-
schen *XVI/1*: 969.
—, Muskelarbeit *XVI/1*: 985.
Eiweißquotient, Geschlecht
und *VI/1*: 258.
Eiweißreaktionen, Blutfarb-
stoff, biologische u. An-
tigennatur *VI/1*: 89.
Eiweißresorption *IV*: 43, 50,
IV: 131, 155; *V*: 711.
Eiweißretentionen *V*: 243.
Eiweißspaltprodukte, Chy-
lus *IV*: 51.
Eiweißspaltung, anoxydative
I: 91.
Eiweißsparer, Alkohol, Fette,
Kohlehydrate *V*: 87, 88.

Eiweißsteine, Harn *IV*: 667, *IV*: 672.
Eiweißstoffe, asthmaauslösende *II*: 378.
—, Glukosurie *V*: 583.
—, Verbindungen mit Mineralsalzen *XVI/2*: 1419.
Eiweißstoffwechsel *V*: 671ff.; *XVII*: 521.
—, Antipyretica *V*: 321.
—, Arsen *V*: 317.
—, Beeinflussung durch Alkali u. Säuren *III*: 314.
—, — — Neutralsalze *III*: 315.
—, Blausäure *V*: 318.
—, Brombenzol *V*: 320.
—, Carcinomatöser *V*: 278.
—, Durst *XVII*: 228.
—, endogener *V*: 85, 673, 897.
—, exogener *V*: 86, 673.
—, Exzitantien *V*: 319.
—, Insulin *XVI/1*: 615ff., *XVI/1*: 644.
—, intermediärer *V*: 671.
—, Kohlehydrate und *V*: 317.
—, Lichtwirkung auf *XVII*: 336.
—, Milchkuh *V*: 115.
—, Narcotica und *V*: 318.
—, neuro-hormonale Regulation *XVI/2*: 1719ff.
—, Ödemkrankheit *V*: 235.
—, Opium *V*: 319.
—, Pflanzenfresser *V*: 114.
—, Rhodanate *V*: 318.
—, Säugling *III*: 1330.
—, Schwermetalle *V*: 317.
—, Störungen *V*: 1249.
—, Thyroxin *XVI/1*: 644.
Eiweißstoffwechsel, Bestimmung *V*: 65.
Eiweißsubstanzen, Linse *XII/1*: 187.
Eiweißumbau *V*: 742.
Eiweißumsatz *XVI/1*: 244.
—, Anämien *V*: 268.
—, Fieber *V*: 107, 289.
—, Fleischnahrung *V*: 36.
—, Halsmarkdurchschneidung *V*: 280.
—, Hypophysektomie *XVI/1*: 422.
—, pankreasloser Zustand *XVI/1*: 579.
—, Psychosen *V*: 209.
—, Quotient D : N, experim. totaler Pankreasdiabetes *XVI/1*: 578.
—, Tropen *XVII*: 556.
—, Überhitzungshyperthermie *V*: 282.
Eiweißverbrennung, N-Ausscheidung als Maß *V*: 41.

(Eiweißverbrennung), zeitliche Verhältnisse *V*: 37.
Eiweißverdauung, Pankreasfunktion *III*: 1255.
—, Paramaecium *III*: 19.
—, Rhizopoden *III*: 21.
Eiweißvermehrung, Liquor *X*: 1211.
Eiweißzentrum, hypothethisches *V*: 291.
Eiweißzerfall, Erregbarkeit, vegetat., und *XVI/2*: 1789.
—, Fieber *V*: 107, 289.
—, Gesamtwärmebildung und *XVII*: 94.
—, prämortaler *V*: 223.
—, toxogener *V*: 292, 299; *XVII*: 93.
Eiweißzerfallsprodukte, Schwangerschaftstoxikosen *XIV/1*: 562.
Eiweißzersetzung, reine *V*: 12.
Eiweißzufuhr, Grenzen *V*: 29.
—, Harnstoffausscheidung *XVI/1*: 972.
—, parenterale *V*: 46.
—, Umsatzsteigerungen *V*: 38.
Eizelle *XIV/1*: 57; s. auch Ei.
—, abortive *XIV/1*: 64.
—, Bau und Metastruktur *XIV/2*: 1220, 1222, 1231, *XIV/2*: 1250.
—, experimentelle Schädigung *XIV/2*: 1237.
—, Plasmabewegung *VIII/1*: 27.
—, Potenzgehalt *XIV/2*: 1246.
Ejaculatio praecox *XIV/1*: 799, 811.
Ejakulat, Beschaffenheit des *XIV/1*: 819.
Ejakulation *XIV/1*: 64, 157, *XIV/1*: 769.
—, Ausfall *XIV/1*: 811, *XIV/1*: 895.
—, Reflex, unbedinger *XIV/1*: 868.
Ejakulationsreflex *IX*: 640, *IX*: 641, 700.
Ejektionsreflex, Ascidien *II*: 27.
EK. siehe Epithelkörperchen.
Ekelneurosen *III*: 1164.
Ekg siehe Elektrokardiogramm.
Ekgonin *V*: 1033.
Eklampsie *XVII*: 826.
—, Aminosäuren im Harn *V*: 689.
—, Blutdruck *VII/2*: 1316.
—, Dunkeladaption *XII/2*: 1611.

(Eklampsie), Gefäßkontraktion *VII/2*: 1370.
Ektasie, variköse *VII/2*: 1133.
Ektoparasiten *I*: 633.
—, Schädigung durch *I*: 664.
Ektoplasma, Bakterienkörper *XIII*: 529.
Elasmobranchien (osmotischer Druck) *XVII*: 149.
Elastica interna *VII/2*: 866.
Elastin-Albumose (Verdauung) *XVI/1*: 911.
Elastine *III*: 285.
Elastische Atemkräfte *II*: 92.
— Elemente der Lunge *II*: 63, 67.
— Faserbildung *XIV/1*: 994.
Elastizität, Gefäße und Kreislauf *VII/2*: 914.
—, Hydrocele *I*: 225.
—, Muskel, pharmakol. Beeinflussung *VIII/1*: 354.
—, Muskeln, glatte *XVIII*: 216.
—, Skeletmuskeln *XVIII*: 213.
—, Venen *VII/2*: 877.
Elastometer, Muskelpharmakologie *VIII/1*: 358.
Elektrische Energie, s. auch Energie, elektr.
— —, allgem. Energetik des tier. Lebens *I*: 234, 242.
— —, Quantitätsfaktor *I*: 235, 272.
— Erscheinungen als Auslösungsfaktor *XVII*: 663.
— —, Ionenwirkungen *I*: 486.
— —, passive, Tier- u. Pflanzenreich *VIII/2*: 657.
— —, physiologische Theorie *VIII/2*: 999.
— —, Ursachen *VIII/2*: 999.
— Fische *VIII/2*: 876.
— Gleichgewichte im Organismus *I*: 260.
— Nerven, Aktionsströme *VIII/2*: 916.
— Organe, Schlag, allgemeine Charakteristik *VIII/2*: 896.
— —, elektromotorische Kraft *VIII/2*: 900.
— —, Entladung, sekundäre *VIII/2*: 901.
— —, Erholungsperiode *VIII/2*: 903.
— —, Ermüdbarkeit *VIII/2*: 910.
— —, Körpergewicht *VIII/2*: 896.
— —, Ontogenese *VIII/2*: 879.

(ElektrischeOrgane),Pharma-
kologie $VIII/2$: 911.
— —, Phylogenese
$VIII/2$: 877.
— —, Polarisation
$VIII/2$: 919.
— —, Schlag, Latenz,
$VIII/2$: 896.
—, —, —, periphere Periodik
$VIII/2$: 896.
— —, —, Temperaturab-
hängigkeit $VIII/2$: 905.
— —, Selbsterregung
$VIII/2$: 901.
— —, Steatogenes
$VIII/2$: 895.
— —, Stoffwechsel
$VIII/2$: 919 ff.
— —, Summation
$VIII/2$: 904.
— —, supernormale Phase
$VIII/2$: 904.
— —, Zitterwels IX: 703.
— —, Zusammensetzung,
chemische $VIII/2$: 919.
— Platte, Fische, Aufbau
$VIII/2$: 879; s. auch Elek-
troplaxen.
— Reaktionen, Pflanzen
$VIII/2$: 102.
— Reizung des Nerven
IX: 194.
— Untersuchung sensibler
Nerven IX: 355.
— Wechselfelder, chemische
Wirkung $VIII/2$: 951.
— Wellen XVIII: 230.
Elektrischer Schlaf
XVII: 605.
— Shock XVIII: 233.
— Strom, Gewöhnung
$VIII/2$: 930.
— Stromtod, Statistik
$VIII/2$: 972, 974.
— Unfall, Statistik
$VIII/2$: 978.
— —, Symptomatik
$VIII/2$: 975.
Elektrizität, atmosphärische,
Wirkung auf den Organis-
mus $VIII/2$: 927;
XVIII: 227.
—, sekundäre Wirkungen
$VIII/2$: 926; XVIII: 226.
—, statische, allgemeine Wir-
kung $VIII/2$: 945.
Elektrizitätserzeugung, Haut
und Drüsen $VIII/2$: 767.
—, Lebensäußerungen
$VIII/2$: 657.
Elektrizitätsmenge, Nervenreizung IX: 250.
Elektrizitätsproduktion,
$VIII/2$: 703ff.
Elektroblasten $VIII/2$: 880.

Elektrocapillarität I: 128,
I: 141.
Elektrocapillarkurven, Theorie I: 145.
Elektroden, verschiedene, zur
Ableitung von Aktions-
strömen, Muskel
$VIII/2$: 723.
—, Polarisierbarkeit ver-
schiedener Arten
$VIII/2$: 694.
—, unpolarisierbare
$VIII/2$: 789.
Elektrodenpotentiale, Erklärung und Definition
I: 524.
Elektrodiagnostik u. Elektrotherapie, Muskeln
$VIII/1$: 582ff.;
$VIII/2$: 657ff., 703ff.
— —, Nerven IX: 339ff.;
XVIII: 221.
Elektrodynamische Felder,
allgemeine Wirkung
$VIII/2$: 947.
Elektroendosmose I: 136;
XVII: 171.
—, Resorption durch die Haut
und IV: 112, 148.
Elektrogastrogramm
III: 428.
Elektrogramm, Muskel
(Eigenreflex) IX: 716;
X: 57.
Elektrokardiogramm
$VIII/2$: 786; $XV/1$: 715;
$XVI/2$: 1219; XVI: 1225;
XVIII: 236.
—, Ableitungen, zeitliche
Verhältnisse verschiede-
ner $VIII/2$: 825.
—, Atmung $XVI/2$: 1273.
— äquipotentiale Stellen
$VIII/2$: 836.
—, Beeinflussung, Herz-
frequenz $VIII/2$: 816.
—, —, Inspiration u. Exspiration $XVI/2$: 1269.
—, —, Körperlage
$VIII/2$: 806.
—, —, Kühlung u. Erwär-
mung $VIII/2$: 816.
—, Deutung $VIII/2$: 829.
—, Evertebraten $VII/1$: 37.
—, Mechanogramm und
$VIII/2$: 818.
—, Methodik $VIII/2$: 786.
—, Monojodessigsäurever-
giftung XVIII: 237.
—, Myxödem und
$XVI/1$: 258.
—, Myxödematöse
$VIII/2$: 696.
—, in der Pathologie
$VIII/2$: 838.

(Elektrokardiogramm)wirbel-
loser Tiere $VIII/2$: 798.
—, Wirbeltiere $VIII/2$: 796.
—, Zeitmessungen
$VIII/2$: 826.
Elektrokinetik I: 125, 182.
Elektrokinetische Doppel-
schicht I: 178.
Elektrokultur, Stimulation u.
Schädigung der Eient-
wicklung $VIII/2$: 936.
—, Theorie $VIII/2$: 938.
Elektrokution, anatomischer
Befund bei experimentel-
ler $VIII/2$: 970.
—, Mensch $VIII/2$: 972.
—, Periodenzahl, experimen-
telle, Einfluß d.
$VIII/2$: 962.
—, Tier $VIII/2$: 960.
Elektrolyse, anatomischer
Befund bei Gewebs-
$VIII/2$: 997.
Elektrolyte, Blutdruck, Beeinflussung durch
$VII/2$: 1400.
—, Blut, Konzentrationsbe-
stimmung $VI/1$: 241.
— und Harnblaseninnerva-
tion IV: 840.
—, Isotonie des Blutes
$VI/1$: 239.
— Körperflüssigkeiten
XVII: 141.
—, Muskel, Gehalt
$VIII/1$: 127.
—, Resorption durch die
Haut IV: 124ff.;
XVIII: 89.
—, schwache, Definition
I: 489.
—, starke, Definition
I: 111, 490.
Elektrolytlösungen, Infusion
von hypertonischen
$VI/1$: 298.
Elektrolytverteilung im Blut
$XII/2$: 1362.
Elektromotorische Erscheinungen, sekundäre, tie-
rische Organe $VIII/1$: 682.
— Kräfte, Diphasenketten
$VIII/2$: 1001.
— —, Verteilungsgleichge-
wicht und $VIII/2$: 1005.
Elektromyogramm IX: 716;
X: 57.
Elektronarkose $VIII/2$: 979,
$VIII/2$: 982, 983;
XVIII: 226.
Elektronen, Freiwerden bei
Strahlenwirkung
XVII: 349.
Elektroosmose, Resorption,
Darm IV: 19, 28.

Elektropathologie, Muskel
VIII/1: 593.
Elektrophorese, Hautresorption *IV*: 143; *XVIII*: 91.
—, medizinische *IV*: 144.
Elektrophysiologie, Neurobiologie, in ihrem Verhältnis zueinander
XV/2: 1208, 1209, 1211.
Elektroplaxen, Präformation *VIII/2*: 885; s. auch elektrische Platte.
Elektroretinogramm
XII/2: 1412, 1431.
Elektroskop, Brünningsches *II*: 321.
Elektrotherapie *IX*: 339, 360, *IX*: 362ff.; *XVIII*: 221.
—, Muskel *VIII/1*: 616; *XVIII*: 221.
Elektrothermie *XVIII*: 232.
Elektrotonische Erregbarkeitsveränderungen, Nerv, bei O_2-Entziehung *IX*: 376.
— Konstante *IX*: 277ff.
Elektrotonus *I*: 250; *XVIII*: 245.
—, Ausbreitungsgeschwindigkeit *IX*: 229.
—, Pflüger *I*: 295.
—, physikalischer *VIII/1*: 657; *VIII/2*: 699.
—, physiologischer *IX*: 224.
—, polarisatorische Theorie *VIII/2*: 702.
—, Umkehr *IX*: 225, 233.
Elektrovagogramm
VIII/2: 753.
Elementargitter, zentrale *IX*: 125.
Elementarkörpertheorie der Polysaccharide *III*: 922, *III*: 930.
Elemente, geruchsgebende *XI*: 277.
—, lebensnotwendige *I*: 327, *I*: 712.
—, — für Pflanzen *V*: 341.
—, — Teilminima *I*: 330, 333.
—, Vertretbarkeit biogener *I*: 329.
Emanation, Zellaltern *I*: 249.
Embolie *VII/2*: 1783.
—, Alter *XVII*: 855.
—, Arteria pulmonalis, Trendelenburgsche Operation *VII/2*: 1893.
—, Folgen *VII/2*: 1787.
—, gekreuzte *VII/2*: 1784.
—, Haustiere *VII/2*: 1804.
—, körperfremder Substanzen *VII/2*: 1793.
—, Luft *VII/2*: 1808.
—, Operation *VII/2*: 1787.

(Embolie), paradoxe
VII/2: 1784.
—, Ursachen *VII/2*: 1786.
—, Vasomotorenzentrum
XVI/2: 1333.
Embolophasie *XV/2*: 1427.
Embolus, retrograder Transport *VII/2*: 1785.
—, Thrombus, Unterschiede *VII/2*: 1740.
Embryo, Anhangsorgane
XIV/1: 1053.
—, Atembewegungen *II*: 282.
—, Salzgehalt *XIV/1*: 1055.
—, Teilstücke, Gewebezüchtung *XIV/1*: 976.
—, Verdoppelungszeiten
XIV/1: 1054.
Embryome *XIV/1*: 457.
Embryonal, Begriff
XIV/2: 1387.
Embryonalanlagen, Induktion durch Organisatoren *XIV/2*: 1235.
Embryonale Blutmotoren
VII/1: 28.
— Entwicklung, Physiologie *XIV/1*: 1003ff.
Embryonales Herz *VII/1*: 53.
Embryonalextrakt
XIV/1: 961.
Embryonalfeld *XIV/1*: 1084.
Embryonalformen, asexuelle *XIV/1*: 235.
Embryonalzellen, Geschwulstzellen
XIV/1: 1578ff.
Emmenagoga *XIV/1*: 545.
Emotionalität, Weib
XIV/1: 785.
Empfänger, motorischer (Pupillenreflex) *XII/1*: 177.
—, optischer (Pupillenreflex) *XII/1*: 177.
Empfindlichkeit, Auge
XI: 541; *XII/2*: 1500.
Empfindlichkeitsänderung, Auge *XII/2*: 1500.
Empfindlichkeitskurve, Dunkelauge *XII/1*: 332.
—, Hellauge *XII/1*: 374.
Empfindung (Sinnesphysiologie), Ähnlichkeit der *XI*: 24.
—, Gegenständlichkeit der *XI*: 27.
—, Ordnung der *XI*: 19.
—, Stärke der *XI*: 28.
Empfindungsbegriff, Auge, reproduktive Elemente *XII/2*: 1217.
Empfindungsbreite, menschl. Auge *XII/2*: 766.
Empfindungsdauer (E.D.), Lichtreiz *XII/1*: 427.

(Empfindungsdauer) (E.D.), Dunkeladaptation
XII/1: 427.
Empfindungsfläche, Begriff *XII/2*: 747.
— eines Punktes
XII/2: 771.
Empfindungsgewicht und Prävalenz korrespondierender Netzhautstellen *XII/2*: 918.
Empfindungskomplexe, Tangoreceptoren *XI*: 129, *XI*: 345.
Empfindungskreis, Größe *XII/1*: 766.
—, Panumscher *XII/2*: 894, *XII/2*: 900, 928, 958.
—, relativer *XII/2*: 777.
Empfindungslücke eines Punktes *XII/2*: 771.
Empfindungsqualitäten (Sinnesphysiologie) *XI*: 19.
Empfindungszeit, Dunkeladaptation *XII/1*: 424.
—, Nutzzeit und *XII/1*: 421ff.
—, Pulfricheffekt (Bewegungsstereoskopie)
XII/2: 914.
Emphysem s. auch Lungenemphysem.
— *II*: 76, 100, 400, 418, 485; *XVII*: 799.
—, Alter *XVII*: 854.
—, bullöses *II*: 395.
—, Erholungsvermögen (Arbeitsphysiologie) *XV/1*: 764.
—, Gasvergiftung *II*: 507.
—, Gaswechsel *V*: 269.
—, Genese, funktionelle *II*: 401.
—, vikariierendes *II*: 400.
Emphysematiker *II*: 93.
— (starr dilatierter Thorax) *II*: 413.
Emphysemherz *II*: 411.
Empirismus (Psychologie der opt. Wahrnehmung) *XII/2*: 1225.
— Nativismus *XII/2*: 1271ff.
Emprosthotonus *XI*: 838, 840; *XV/1*: 118.
Encephalitis, endokrine Störungen *XVI/1*: 1051.
— epidemica *X*: 357, 358; *XVII*: 824.
— lethargica, Hörstörungen *XI*: 656; *XVII*: 831.
— — epidemica *XVII*: 606.
—, postvaccinale *XIII*: 537, *XIII*: 809.
—, Wärmeregulation
XVII: 824.

Encephalitischer Frühparkinsonismus *X*: 358.
— Spätparkinsonismus *X*: 358.
Encephalocele, Hyperthyreose *XVI/1*: 736.
Encephalographie *X*: 1185.
Encephalomyeloschisis *XVI/1*: 798.
Encystierung, Häutung und *XIII*: 28.
Endapparate, vegetative, korrelative Bedeutung *XVI/2*: 1776.
—, —, Erregbarkeit *XVI/2*: 1779, 1785.
Endarterien *VII/1*: 76; *VII/2*: 1623, 1692.
Endarteriitis, Nierenarterien *VII/2*: 1372.
Endbahn, motorische *X*: 38.
Enddarmflora *III*: 996f.
Endhirn, künstliche Entfernung bei erwachsenen Säugern *X*: 1234.
Endhirnanteile (Anatomie der Stammganglien) *X*: 329.
Endoenzym beim Leuchten *VIII/2*: 1071.
Endokarditis cronica, Haustiere *VII/2*: 1816.
—, fötale *XIV/1*: 1067.
Endokrine Drüsen, Farbwechsel *XIII*: 213, 227.
— —, Pigmentbildung *XIII*: 249.
— Organe, Alter und *XVII*: 804.
Endokrines System s. auch Hormonorgane, Hormone.
— —, Bedeutung *XVI/2*: 1530.
— —, Morphologie *XVI/1*: 4.
— —, Plasmazusammensetzung *VI/2*: 815.
Endolymphe, physikalisch-chemische Eigenschaften *XI*: 802.
—, Remanenz bei Drehung *XI*: 917, 929.
—, Strömung in den Bogengängen *XI*: 987, 1005.
—, Vertebraten *XI*: 785.
Endolymphströmung, Drehung und *XI*: 931.
—, kalorische Reizung und *XI*: 971.
—, Optimumstellung *XI*: 971.
—, zeitlicher Verlauf *XI*: 991.
Endomixis *XVII*: 724.
Endoplasma, biochemische Bauverschiedenheit und Ektoplasma *XIII*: 529.

Endothel, Begriff, Eigenschaften des Gefäßendothels *XIV/2*: 1464/66.
—, Gefäße *VII/2*: 865.
—, Lymphgefäße *VI/2*: 925.
Endothelien, Resorption, seröse Höhlen *IV*: 165.
—, Shockgewebe *XIII*: 722, *XIII*: 728.
Endotheliolysine *XIII*: 755.
Endotheliom, Begriff *XIV/2*: 1463.
—, biologisches Verhalten *XIV/2*: 1470ff.
Endotheliomdiagnose, Kriterien *XIV/2*: 1467/69.
Endothelschädigung, Thrombose *VII/2*: 1770.
„Endotryptase" *V*: 722.
Energetik, allgemeine des tierischen Lebens *I*: 26, 228.
—, Atmung *II*: 120.
—, Gefäßelastizität *VII/2*: 876.
—, Oxydationen u. Reduktion *I*: 43, 63.
—, Wasserbewegung in der Pflanze *V*: 333.
Energetische Ableitung, Phasengrenzpotential (LUTHER) *VIII/2*: 1006.
— Gleichgewichte im Organismus *I*: 254.
— Kräfte, Tätigkeit der Nervensysteme und *X*: 674.
Energie, Aufnahme durch Sinnesfläche *I*: 243.
—, bioplastische *X*: 1153.
—, chemische *I*: 26, 230.
—, chemodynamische *I*: 26.
—, elektrische *I*: 234, 242 s. auch Elektrische Energie.
— der Flächeneinheit (Oberflächenenergie) *I*: 106, *I*: 125.
—, freie *I*: 26, 249.
— der Grenzfläche flüssig-gasförmig *I*: 102.
— -Inhalt, physiologischer Systeme *I*: 228.
— - —, Bestandteile *I*: 240.
—, innere, Bestandteile der, Organe und Organismus. *I*: 230.
—, Licht *VIII/2*: 1057ff., *VIII/2*: 1072.
—, mechanische *I*: 236.
—, psychische *I*: 273.
— der Schwellenreize (Tangoreceptoren) *XI*: 106.
—, spezifische (JOH. MÜLLER) *I*: 281.
—, strahlende *I*: 242.

(Energie)-Übertragungen, quantenhafte *I*: 252.
—, Zellarbeit *I*: 65.
Energieausnützung autotropher Bakterien *V*: 337.
—, pflanzl. Photosynthese *V*: 335.
Energiegehalt, Futtermittel (Pflanzenfresser) *V*: 119.
—, Nahrung *III*: 1300; *V*: 5, 24, 27.
Energiemenge, Nervenreizung *IX*: 195, 251.
Energien, spezifische, Lehre von den *XII/2*: 1496.
Energieökonomisierung, Kreislauf *XVI/2*: 1236.
Energieproduktion, Anaerobiose *V*: 402ff.
—, Flimmerzelle *VIII/1*: 41.
—, Luxuskonsumtion *V*: 239.
Energiequelle, Muskelkontraktion *VIII/1*: 441.
Energiespeicherung, Pflanze *V*: 334.
Energiestoffwechsel, Gewebezüchtung *XVIII*: 383.
Energietheorie, Ermüdung *XV/1*: 660.
Energieüberschuß, Grenzfläche *I*: 112.
Energieumsatz *VIII/1*: 2ff.
—, Gehen *XV/1*: 216.
—, Grundumsatz *XVI/1*: 243.
—, Hühnerei *V*: 464.
—, Hunger (Hunde) *V*: 226.
—, Pflanze *V*: 340.
—, Ventilation *XV/2*: 856.
Energieverbrauch, Arbeit, geistige *XV/1*: 828.
— pro Arbeitseinheit *XV/1*: 820.
—, Berufe, einzelner *V*: 150; *XV/1*: 827.
—, Muskelreizung, allgemeine, elektrische *VIII/1*: 943.
Energieverteilung, Tätigkeit des Nervensystems, Schädigung des Substrates *X*: 676.
Energiewechsel, Nordseeklima auf *V*: 198.
—, Pflanzenfresser *V*: 128.
Energometrie (TH. CHRISTEN), Pulsarbeit *VII/2*: 1256.
Engbrüstigkeit *II*: 389, 390.
—, Vererbbarkeit *II*: 392.
„Engelflügel"stellung (Schulterblätter) *II*: 396.
Entartung *XVII*: 1073.
—, fortschreitende *XVII*: 1106.
—, hyaline *V*: 1262.

Entartungsreaktion, Ermüdungserscheinungen der Muskeln *VIII/1*: 605.
—, histologische Befunde *VIII/1*: 605.
—, Muskel *VIII/1*: 542, 595.
—, Nerven *IX*: 193, 196.
—, —, periphere *IX*: 348.
Entdifferenzierung, fortschreitende, Geschwulstzelle *XIV/2*: 1367, 1401, *XIV/2*: 1503, 1593, 1733.
— (Rückschlag)*XIV/2*:1299.
Enthäutung, Körperspaltung nach *XV/1*: 136.
Ente, Blutsalze *XVII*: 142.
Entelechie *I*: 14, 252; *XVII*: 962, 963.
Entericsystem (LANGLEY) *X*: 1053, 1064.
Entero-hepatischer Kreislauf, Störung durch Resorptionshemmung im Darm *IV*: 97.
Enterokinase *III*: 952, 1242; *XVI/1*: 910.
Enterokinasesekretion *III*: 811.
Entfaltungsknistern (Lunge) *II*: 99.
Entfaltungsvorgang, Magen *III*: 399.
Entgiftung, Schilddrüse und *XVI/1*: 338.
Entgiftungsgeschwindigkeit, Lokalanästhesie *IX*: 457.
Enthemmung, Hyperkinesen *X*: 372, 383.
Enthemmungen, Zentralnervensystem *IX*: 641.
Enthirnter Frosch, Verhalten *X*: 491.
Enthirnung, einseitige *IX*: 825.
Enthirnungsstarre *VIII/1*: 201; *IX*: 646, *IX*: 712, 725; *X*: 53, 303, *X*: 309, 406, 418, 471, 989.
—, Alterseinfluß *X*: 487.
—, Großhirn *X*: 487, 488.
—, Mensch *X*: 413, 917.
—, Muskelkreatin *V*: 943; *VIII/1*: 453.
— tonische Reflexe *XI*: 893.
Entionisierungswärme, Eiweiß, im Muskel *VIII/1*: 520.
Entkernungsexperimente, Kernplasmarelation *I*: 600.
Entladungsrhythmus der Zentren *IX*: 705.
Entladungsspannung für Sauerstoff, Blutfarbstoff *V*: 397.

Entladungsvorgänge. Mechanismus der Phagocytose *XIII*: 827.
Entlastungsempfindung, Tangoreceptoren *XI*: 98.
Entlastungskurve, Muskel *VIII/1*: 356.
Entlastungspunktion, Herz *VII/2*: 1902.
Entleerungskardiogramm *VII/1*: 232.
Entleerungswiderstand, isoliertes Herz *VII/1*: 484.
„Entleimung", Interzellularsubstanz *XIII*: 345.
Entmischung, Rassen *XVII*: 921.
Entnervung, vegetativer Organe *XVI/2*: 1754.
Entoparasiten *I*: 633.
—, Schädigungen *I*: 665.
entoptische Erscheinungen, Receptorenapparat *XII*: 233.
Entquellungstheorie, Narkose *I*: 546.
Entquellungsversuche, salzarme Ernährung *XVII*: 194.
Entquellungsvorgänge, Mechanismus der Phagocytose *XIII*: 827.
Entropie *I*: 103, 113, 245.
Entseelung der Arbeit *XV/1*: 655.
Entspannungsbereitschaft, Gefäße *VII/2*: 1395.
Entspannungslust, Geschlechtstrieb *XIV/1*: 836.
Entspannungsreflexe *IX*: 720.
—, Bauchmuskulatur *III*: 401.
Entspannungsübungen *XV/1*: 632.
Entstehungsmelodie *I*: 14.
Entwicklung, allgemeine Physiologie *XIV/1*: 1004; *XVIII*: 427.
—, atypische, regulatorische *XIV/2*: 1281.
—, Beeinflussung durch elektrodynamische und magnetische Felder *VIII/2*: 947.
— Druck, osmotischer, während der *XVII*: 156.
—, Einfluß von Blutdrüsen u. Nervensystem, Untersuchungsmethoden *XVI/1*: 701.
—, —, Hochfrequenzfelder *VIII/2*: 953.

(Entwicklung, Einfluß), Inkrete und Nerven *XVI/1*: 701.
—, —, Kost *XVI/1*: 700.
—, —, Licht *XVI/1*: 836.
—, —, Ultraviolettbestrahlung *XVII*: 525.
—, embryonale*XIV/1*:1003ff.
—, —, Abhängigkeit vom Nervensystem*XVI/1*:799.
—, —, — von Temperatur *V*: 411ff.
—, —, Physiologie *XIV/1*: 1003ff.
—, Faktoren der äußeren u. inneren *XIV/1*: 912; *XVI/1*: 807, 808, 869.
—, funktionslose*XVI/1*: 877.
—, Hühnerei, Stoffumsatz *V*: 461.
— intelektuelle, Kinder *II*: 320.
—, Perioden *XIV/1*: 912.
—, Raketentheorie *XIV/2*: 1217, 1229, 1305.
—, Regulation*XVI/1*:697ff., *XVI/1*: 807ff.; *XVIII*: 427.
—, Rückkehr zur embryonalen *XIV/2*: 1304, 1319; *XIV/2*: 1631, 1683.
—, Säugetierembryo *V*: 466.
—, sensible Pericde *XIV/2*: 1228.
—, Umkehrung*XIV/2*: 1302, 1319, 1631; *XIV/2*: 1685.
— wirtschaftlicher Arbeit *XV/1*: 649.
Entwicklungsarbeit *XIV/1*: 1054.
—, relative und spezifische beim Hühnchen *V*: 462.
—, —, der Seidenraupe*V*:449.
Entwicklungsbedingungen, Kindheit, Arbeitseignung *XV/1*: 698.
Entwicklungserregung *XIV/1*: 108—155.
Entwicklungsfaktoren, äußere, Beziehung zu inkreten Drüsen *XVI/1*: 699.
Entwicklungsgedanke *I*: 693.
Entwicklungsgeschichte, Pigmentzellen *XIII*: 231.
Entwicklungsgeschwindigkeit und Oxydationsprozesse *V*: 412.
Entwicklungsgesetz *XVII*: 960.
„Entwicklungshemmung" *XIV/1*: 916.
—, Bewegungsapparat bei Hyperthyreose *XVI/1*: 736.

Entwicklungskräfte
XVII: 961.
Entwicklungskurve, indivi-
duelle *XVII*: 1116.
Entwicklungslehre, Grund-
lagen *XIV/1*: 1212.
Entwicklungsmechanik
I: 624; *XIV*: 907, 1004;
XVII: 922.
Entwicklungsperioden nach
Roux *XVI/1*: 870.
Entwicklungsphysiologie
XIV/1: 1004.
Entwicklungsreize, H-u.OH-
Ionen *I*: 529.
Entwicklungsschwäche, kon-
stitutionelle *III*: 1412.
Entwicklungsstoffwechsel,
Fische *V*: 456.
Entwicklungsstörungen, Bil-
dung der Geschwulst-
keimanlage
XIV/2: 1651ff.
—, Frösche nach Hyperthy-
reose *XVI/1*: 734.
—, Froschlarven, thyreoid-
ektomierte *XVI/1*: 728.
—, Hypophyse *XVI/1*: 777,
XVI/1: 781.
—, Kretinismus *XVI/1*: 761.
—, postembryonale und Ge-
schwulstbildung
XIV/2: 1647.
—, Zirbeldrüsentumoren
XVI/1: 784.
Entwicklungstheorie der Che-
momorphe *XIV/2*: 1230.
— von Semon *XIV/2*: 1221.
Entwicklungsumkehrung
XIV/2: 1302, 1319, 1631,
XIV/2: 1685.
Entzündliche Ausschwitzun-
gen, Exsudationen
XIII: 308.
— Neubildung, Erklärung
XIII: 326.
Entzündung *XIII*: 281;
XVII: 268.
—, Anästhesie *VII/2*: 1560,
VII: 1567; *XIII*: 356.
—, anergische und hyper-
ergische *VII/2*: 1606.
—, angioneurotische
XIII: 354.
—, Angriffspunkt
XIII: 294ff.
—, Begriff, ätiologische Defi-
nition *XIII*: 283.
—, —, Grenzen *XIII*: 337.
—, —, Merkmale *XIII*: 282.
—, —, ursächliche
XIII: 284.
—, chronische *XIII*: 401.
—, Definition *XIII*: 339, 340,
XIII: 351, 365.

(Entzündung, Definition) der,
makroskopischen
XIII: 283.
—, Erregbarkeit, vegetat.,
XVI/2: 1789.
—, Erscheinung, örtliche
XIII: 284.
—, Gefäße als Angriffspunkt
XIII: 295.
— durch Licht *XVII*: 316.
—, Lokalanästhesie
VII/2: 1560.
—, Merkmale der, funktio-
nelle *XIII*: 332.
—, — der, morphologische
XIII: 294.
—, Monocytopoese
VI/1: 880.
—, Nerven als Angriffspunkt
der *XIII*: 295.
—, Nervensystem und
XIII: 359.
—, neurogener Einfluß
XIII: 356.
—, parenchymatöse
XIII: 294.
—, Pharmakologie
XIII: 341.
—, Reizstärke und
XIII: 288.
—, Stroma und Gefäßwand-
zellen bei *XIII*: 318, 335.
—, trophische Störungen
X: 1157.
—, sympathische
VII/2: 1590.
—, Symptomgenese
XIII: 342.
— Wasserhaushalt
XVII: 223.
Entzündungsabschwächung,
Oberflächenanästhesie
VII/2: 1580.
Entzündungsbekämpfung,
pharmakologische
XIII: 374.
Entzündungsbereitschaft
XIII: 385, 398.
—, Calciummangel
XIII: 381, 400.
Entzündungserregung
XIII: 340.
—, Brechwirkung *XIII*: 373.
—, Gase *XIII*: 368.
—, mittelbare, neurogene
XIII: 532.
—, Säuren *XIII*: 371.
—, unmittelbare *XIII*: 351,
XIII: 363.
Entzündungsformen
XIII: 295, 296.
Entzündungsgenese
XIII: 345.
Entzündungshemmung
XIII: 375, 380, 388.

Entzündungsherd, lokale Be-
einflussung *XIII*: 376.
—, Parenchym *XIII*: 329,
XIII: 336.
Entzündungskomplex
XIII: 303.
Entzündungsreize *XIII*: 284,
XIII: 286, 290, 293.
—, Angriffspunkt *XIII*: 363,
XIII: 366.
—, Empfindlichkeit gegen
XIII: 399.
Entzündungsschmerz
XIII: 347, 348.
Entzündungssubstanzen, Re-
sorption aus dem Darm
und *IV*: 104.
Entzündungstheorie, Mus-
kelatrophie (Strümpell)
VIII/1: 573.
Entzündungsversuch, Frosch-
mesenterium *XIII*: 299.
Entzündungswerkzeuge
Rössles *VI/2*: 815.
Entzündungszellen, Herkunft
spezifischer bei Infektio-
nen *XIII*: 328.
Enuresis *XIV/1*: 863;
XVII: 593, 599.
— nocturna *II*: 321;
XVII: 1178.
Enzymatik, Wundstoffwech-
sel *XIV/1*: 1154.
Enzymatische Stoffe bei
Pflanzen *XIV/1*: 1138.
Enzyme s. unter Fermente.
Enzymhypothese, Vererbung
XVII: 1030.
Eosinophile Zellen *VI/2*: 709.
— —, Lichtbeeinflussung
XVII: 321.
Eosinophilie, lokale
XIII: 317.
Ephedrin, Harnblase *IV*: 839.
Epidermis, Calcium *IV*: 142.
—, Drüsenausführungsgänge
und Haarbälge *IV*: 110.
—, Übergangsschichten
II: 109, 111, 116, 124, 145.
—, Verdickung durch Kälte-
u. Wärmereize *V*: 1300.
—, Wucherung bei Hyper-
thyreose *XVI/1*: 740.
Epidermispigment, Menschen
XIII: 247.
Epidermisveränderungen,
Subluxationen
XVI/1: 430.
Epidermiszeichnungen, Men-
schen u. Affen *XIII*: 256,
XIII: 257.
Epidermolysis bulbosa here-
ditaria *XVII/1070*.
Epigastrische Pulsation
VII/2: 1430.

Epigenese *I*: 693;
XIV/1: 907, 1018.
—, Gegenbeweise
XIV/2: 1239.
—, Präformation und
XIV/2: 1212, 1216.
—, vitalistische *XIV/1*: 1242.
Epigenesistheorie
XIV/1: 1005.
Epiglandol, Epilepsie
XVI/1: 508.
—, Gewichtszunahme
XVI/1: 508.
—, Injektionen *XVI/1*: 506.
—, Schwachsinn und Demen-
tia praecox *XVI/1*: 509.
Epiglottis *XVIII*: 7.
—, Geschmacksvermögen
XI: 313.
— Schlucken *III*: 350.
Epikardia, Schlucken
III: 353.
Epilepsie *XVII*: 593, 603,
XVII: 604, 976, 1108,
XVII: 1173, 1177, 1181.
—, corticale *X*: 422.
—, Haustiere *X*: 1052.
—, Polyurie bei *XVII*: 251.
Epileptiforme Reaktion
X: 438.
Epileptiker, Reaktionszeit
X: 593.
Epileptoides Temperament
XVII: 1173, 1178, 1181.
Epinastie *XI*: 1023.
Epinephrektomie, Hypophy-
senveränderung
XVI/1: 412.
Epipharynx *II*: 319.
Epiphyse, Gehirn, Anatomie
XVI/1: 37.
—, —, Entwicklung
XVI/1: 37.
—, —, Gravidität und
XVI/1: 687.
—, —, Hirnsand in der
XVI/1: 39.
—, —, Hypophyse und
XVI/1: 680.
—, —InkretabfuhrXVI/1:40.
—, —, Insulin und
XVI/1: 694.
—, —, Involution
XVI/1: 39.
—, —, Kastration und
XVI/1: 687.
—, —, morphologische Stel-
lung der *XVI/1*: 40.
—, —, Pubertas praecox und
XVI/1: 688.
—, —, Rind, quergestreifte
Muskelfasern in
XVI/1: 41.
—, —, Sexualität und
XIV/1: 778.

(Epiphyse, Gehirn), Wachs-
tums- und Differenzie-
rungseinfluß
XVI/1: 699.
—, Knochen bei Rachitis
V: 1190.
Epiphysenexstirpation, Geni-
talentwicklung und
XVI/1: 687.
—, Säuger *XVI/1*: 783.
—, Schilddrüse und
XVI/1: 672.
—, Vögel *XVI/1*: 783.
Epiphysenextrakt, Adrena-
linexkretion und
XVI/1: 691.
—, Morbus Addison und
XVI/1: 691.
Epiphysenfugen, Schließen
der *XVII*: 794.
Epiphysentumoren, Früh-
reife, geistige *XVI/1*: 784.
Epiphysenzellen, Kernein-
schlüsse *XVI/1*: 38.
Epiphyten *I*: 630.
Episkotister, Wirkung auf
Sehschärfe *XII/2*: 788.
Episkotisterversuche (KATZ)
XII/1: 618, 628.
Epistase *XVII*: 924.
Epistasiewechsel, Erklärung
des schizoiden Erschei-
nungswechsels
XVII: 1162.
Epithel, respiratorisches
II: 66.
Epithelaussaat *XIV/1*: 1174.
Epitheldesquamation, Gal-
lensteingenese *IV*: 605.
Epithelialnephropathie
IV: 524.
Epithelien, Züchtung
XIV/1: 971.
Epithelinjektion
XIV/1: 1174.
Epitheliome der Haut über-
tragbar *XIV/2*: 1532.
Epitheliosen, übertragbare
XIV/2: 1550.
Epithelkörperchen s.a. Neben-
schilddrüse sowie Gland.
parathyreoidea *XVI/1*:15,
XVI/1: 346; *XVIII*: 416.
—, Altersveränderungen
XVII: 805.
—, Altersverfettung
XVI/1: 21.
—, Basedow und*XVI/1*: 666.
—, Blutversorgung
XVI/1: 21.
—, Drüsenhohlräume
XVI/1: 20.
—, entgiftende Wirkung
XVI/2: 1594.
—, Entwicklung *XVI/1*: 16.

(Epithelkörperchen), Gefäß-
wirkung,Leber*VII/2*:1022.
—, Glykogen in *XVI/1*: 21,
XVI/1: 129.
—, Größe, Lage und Zahl
XVI/1: 17.
—, Hormon *XVI/2*: 1437,
XVI/2: 1590.
—, Hypophyse und
XVI/1: 679.
—, Kalkstoffwechsel und
XVI/1: 356, 683, 686.
—, Kastration und
XVI/1: 686.
—, K.H.-Stoffwechsel
XVI/2: 1702.
—, Kretinismus und
XVI/1: 666.
—, Lipoid in den Zellen der
XVI/1: 21.
—, Menstruation und
XVI/1: 686.
—, morphogenetische Wir-
kung *XVI/1*: 762.
—, Schwangerschaft und
XIV/1: 473.
— -Tetanie, Starbildung bei
XII/1: 191.
—, Wachstums- und Diffe-
renzierungseinfluß
XVI/1: 699.
—, Winterschlaf *XVII*: 130.
—, Zellen, oxyphile
XVI/1: 20.
Epithelkörperchenexstirpa-
tion, Adrenalin und
XVI/1: 685.
—, Phosphat, anorganisches
XVI/2: 1489.
—, Schilddrüse und
XVI/1: 666.
Epithelkörperchenhormon
XVI/1: 77; *XVI/2*: 1437,
XVI/2: 1590.
—, Überdosierung
XVI/2: 1592.
Epithelkörperchentransplan-
tation *XIV/1*: 1192;
XVI/1: 352.
Epitheloberfläche, Permeabi-
lität für Salze*XVI/1*:857.
Epithelreticulierung, patho-
logische, lymphatisches
Gewebe *VI/2*: 1016.
Epithelreticulum, Thymus
VI/2: 1025.
Epithelumwandlung, reticu-
läre *VI/2*: 1014.
Epithelwucherungen, aty-
pische durch Scharlachöl
XIV/2: 1600/02.
Epithelzacken, Ausschneiden
aus Kulturen*XIV/1*: 971.
Epithelzelle, Begriff
XVI/2: 1454.

(Epithelzelle), Individualität
XIV/2: 1495.
Epöken *I*: 630.
Equisetum, Chemotaxis,
Spermatozoen
XIV/1: 117.
Erbänderung *XVII*: 941,945,
XVII: 952.
Erbanlage *XVII*: 917, 1151,
XVII: 1180.
Erbanlagen, relative Häufig-
keit *XVII*: 917, 973.
—, Quantität *XVII*: 1069.
Erbbedeutung des Plasmas
XVII: 940.
Erbbild *XVII*: 909.
Erbbiologische Persönlich-
keit, Analyse *XVII*: 1115.
Erbdisposition zur Homo-
sexualität *XIV/1*: 781,
XIV/1: 793.
Erbeinheiten, Anormalität
XVII: 951.
—, Koppelung *XVII*: 927,
XVII: 983, 1067.
Erbfaktoren *II*: 310.
Erbformeln *XVII*: 918.
Erbgang *XVII*: 1151.
—, rezessiver *XVII*: 916,971,
XVII: 1152, 1156, 1180.
Erblichkeit psychischer Fä-
higkeiten *XVII*: 989.
—, Geschwülste
XIV/2: 164/751.
—, Grundgesetze
XVII: 907ff.;
XVIII: 469.
—, Kropf *XVI/1*: 314.
— männlicher Linie
XVII: 934.
—, Mißbildungen
XIV/1: 1075, 1076.
—, Umweltwirkung
XVII: 907, 961, 983.
— weiblicher Linie
XVII: 935.
Erblichkeitsforschung, Ge-
schwistermethode
XVII: 972.
—, Methoden der mensch-
lichen *XVII*: 969.
—, Repression *XVII*: 979ff.
Erblichkeitspathologie
XVII: 966.
Erblichkeitsregel mensch-
licher Eigenschaften
XVII: 976.
Erblichkeitsuntersuchungen
sexueller Anomalien
XIV/1: 781, 793.
Erblichkeitswissenschaft
XVII: 904.
Erblichkeitsziffer
XVII: 980.
Erblindung s. Sehstörungen.

Erbmasse (Idioplasma)
XVII: 907.
—, Umweltwirkung
XVII: 907, 961, 983.
Erbrechen *III*: 441, 1069;
XVI/1: 617.
—, anemetisches Stadium
III: 442.
—, Kleinhirnstörungen
XV/1: 423.
—, Schwangerer *XVIII*: 46.
—, urämisches *XVIII*: 46.
Erdalkalibilanz, Flaschenkin-
der *XVI/2*: 1561.
Erdalkaliminimum, Mensch
XVI/2: 1564.
Erdalkaliphosphate, Löslich-
keit u. Harnkolloide
IV: 594.
Erdalkalistoffwechsel
XVI/2: 1555, 1579, 1583,
XVI/2: 1609.
Erdbeschleunigung, Sprung-
höhe, Sprungweite und
XV/1: 229.
Erdfallen, Schutz- u. Angriffs-
einrichtungen der Tiere
XIII: 90.
Erdmagnetismus, Orientie-
rung *XV/2*: 960.
Erdwölbung, subjektive
XII/1: 888.
Erektion *XIV/1*: 763, 771,
XIV/1: 888.
—, Brustwarze *XIV/1*: 636.
—, Reflex, bedingter
XIV/1: 868.
—, Schwäche der *XIV/1*: 895.
Eremosphäratypus der Chlo-
roplastenlagerung
XII/1: 59.
Erepsin *III*: 812.
—, Pankreassaft *XVI/1*: 907.
—, Spezifität *III*: 949.
Erfassungsreaktion *X*: 167.
Erfolgsapparat, Nervenendi-
gungen *XVI/2*: 1740.
Erfrierung, lokale
XVII: 417, 421.
Erfrierungen u. Erkältungs-
krankheiten, Parallelismus
im Auftreten von
XVII: 427.
Erfrierungsschlaf
XVII: 605.
Erfrierungstod *V*: 1302.
Erfrischung nach Bädern
XVII: 451.
ERG = Elektroretinogramm
XII/2: 1412, 1431.
Ergänzungsluft oder Komple-
mentärluft *II*: 83.
Ergänzungsmännchen oder
Zwergmännchen
XIV/1: 52.

Ergänzungsnährstoffe beim
jungen Kind s. auch Vita-
mine *III*: 1334.
Ergastisches Gebilde, Form-
bestandteil der Zelle
I: 582.
Ergograph *XV/1*: 612.
Ergographie *VIII/1*: 188.
Ergosterin *III*: 200.
—, bestrahltes *XVI/2*: 1631,
XVI/2: 1635.
—, — Heilwirkung bei para-
thyreoipriver Tetanie
XVI/2: 1637.
—, Blutregeneration
VI/2: 783.
—, sklerosierender Anteil
XVI/2: 1638.
Ergotamin, Blutdruck- u. Ge-
fäßwirkung *VII/2*: 1047;
XVI/1: 245.
—, Diuresehemmung *IV*: 425.
—, Lebergefäße und
VII/2: 1022.
—, Pupillenwirkung
XII/1: 205.
Ergotoxin *XIV/1*: 530;
XVII: 69.
—, Atmungsapparat
VII/2: 1005.
—, Blutdruck *VII/2*: 1341.
—, Darm *III*: 532.
—, Harnblase *IV*: 839.
—, Uterus *XIV/1*: 532.
Erhaltungsstoffwechsel, ner-
vöse Beeinflussung
X: 1154.
Erhaltungswahrscheinlich-
keit, Anpassung
XVII: 957.
Erhellung in Hefner-Lux
XII/2: 1507.
— in Lux *XII/2*: 1500.
— in Mikrolux
XII/2: 1577.
Erholung, nach Arbeit
XV/1: 748.
—, —, statische und dynami-
sche Arbeit *XV/1*: 558.
—, Arbeitsphysiologie
XV/1: 662.
—, Nerv, nach Erstickung
IX: 368.
Erholungsgeschwindigkeit
(Rk.), Arbeitsphysiologie,
XV/1: 570, 752, 754,
XV/1: 760.
— —, Außenluft, Sauerstoff-
angebot der, und
XV/1: 760.
— —, Herzkranke
XV/1: 763.
— —, maximale *XV/1*: 755.
— —, Natriumphosphat
XV/1: 767.

(Erholungsgeschwindigkeit [Rk.]), Schwefelvergiftung, chronische XV/1: 764.
— —, Thyreoidin XV/1: 767.
— —, Training XV/1: 784.
— —, Temperatur XV/1: 768.
— —, Ventilation XV/1: 763.
Erholungsperiode, Muskel, oxydative VIII/1: 523.
Erholungsreaktion, Herz VII/1: 325.
Erholungsrückstand (Arbeitsphysiologie) XV/1: 752, XV/1: 753, 779.
— —, maximaler; Verwendbarkeit zur Funktionsprüfung XV/1: 569.
Erholungssauerstoff, Muskelatmung VIII/1: 486, VIII/1: 487.
Erholungsvermögen (Arbeitsphysiologie) XV/1: 583, XV/1: 751, 764.
Erineumgallen XIV/2: 1203, XIV/2: 1208.
Erinnerungsbild, Lokalisation XV/2: 1048.
—, Seelenblindheit X: 662.
—, Sehschärfe XII/2: 751.
Erkältung, Geschichtliches XVII: 425.
—, immunisatorische Abwehrkräfte des Körpers XVII: 428.
—, Klima, Wirkung XVII: 504.
Erkältungsdiarrhöen III: 1248.
Erkältungsgelose XVII: 428.
Erkältungskrankheiten u. Erfrierungen, Parallelismus im Auftreten von XVII: 427.
Erkältungsneurose XVII: 428.
Erkältungsperiode, Krankheitsverteilung XVII: 435.
Erkältungsschäden, Auge XVII: 433.
—, Gelenke XVII: 433.
—, Harnblase XVII: 434.
—, Haut XVII: 432.
—, Magendarmkanal XVII: 434.
—, Muskulatur XVII: 432.
—, Nieren XVII: 434.
—, periphere Nerven XVII: 433.
—, Stoffwechsel XVII: 435.
Erkältungsstatistik XVII: 427.

Erkältungsstörungen, Erkältungskrankheiten und XVII: 424, 435.
Erkennungsreaktion X: 530, 534, 571.
Erkennungsschärfe, Sehschärfe und XII/2: 752.
Erlebnis, sinnliches XI: 65.
— des Sterbens XVII: 886.
Erlebnisse, affektbetonte XIV/1: 796.
Erlöschen der Lebensfähigkeit XVII: 719.
Ermüdbarkeit, Diabetiker VII/2: 1220.
—, Kleinhirnsymptom X, 245.
—, Nerv IX: 191, 220.
—, Nervenendorgan IX: 222.
—, nervöse beim Fliegen XV/1: 366.
Ermüdung, Aderlaß und XVI/2: 1375.
—, Aktionsströme XV/1: 600.
—, Arbeit XV/1: 582.
—, —, statische XV/1: 597, XV/1: 784.
—, Arbeitsregelung XV/1: 659.
—, Bergsteigen XVII: 539.
—, Blutversorgung des Gehirns und XV/1: 780.
—, Energietheorie XV/1: 660.
—, Geruchsumschlag bei XI: 290.
—, Helladaptation XII/1: 462.
— Herz VII/1: 350.
—, Herzkranke XVI/2: 1351.
—, heterogene (Geschmack) XI: 291.
—, Kleinhirnschädigung X: 275.
—, Muskelatmung VIII/1: 487, 488, 521.
—, objektiver Maßstab XV/1: 633.
—, objektive und subjektive XV/1: 596.
—, periphere und zentrale (Arbeitsphysiologie) XV/1: 616.
—, refraktäre Periode (allgemeine Erregungsgesetze) I: 311.
—, Schlaf XVII: 579.
—, Sehorgan XII/1: 462.
— des Zwischenfeldes (opt. Wahrnehmung) XII/2: 1187.
Ermüdungsbekämpfung XV/1: 522.
Ermüdungserscheinungen, Nerv XVIII: 259.

Ermüdungsgefühle XV/1: 597.
Ermüdungsschwelle (Arbeitsphysiologie) XV/1: 780.
Ermüdungsstoffe XVII: 580.
Ermüdungssymptom, Reaktionszeit X: 544.
Ermüdungsversuche, Ergometer XV/1: 577.
Ernährung XVI/1: 945ff.; XVIII: 444.
—, Altern und XVII: 770.
—, Darmstruktur und III: 676, 678.
—, Erfordernisse XVI/1: 1013.
—, Erregbarkeit, vegetat., und XVI/2: 1788.
—, Fette XVI/1: 989.
—, Geschlechtstrieb XVI/1: 979.
—, Geschwulstbildung und XIV/2: 1429, 1703.
—, gesundes Kind III: 1349.
—, Kohlehydrate XVI/1: 987.
—, Krankheiten XVI/1: 983.
—, Luxuskonsumption XVI/1: 956.
—, Muskelkraft XVI/1: 979.
—, Phosphat XVI/2: 1568.
—, Pigment und XIII: 197, XIII: 258.
—, qualitativ unzureichende V: 1143.
—, rectale IV: 98.
—, Regeneration und XIV/2: 1680.
—, Säugling, unnatürliche III: 1359.
—, Stoffwechsel V: 28; XV/1: 726.
—, Wachstum XVI/1: 984.
Ernährungsmodifikationen (Erblichkeit) XVII: 908.
Ernährungsorgane, Aufbau und Tätigkeit III: 1310.
Ernährungsregulation, nervöse X: 1151.
Ernährungsstörungen, Säugling und Kind, Einteilung III: 1365, 1366.
— —, Gärung bei akuten III: 1017.
— —, Stoffwechselorgane, Leistung der III: 1400.
— —, Überernährung III: 1373.
— —, Unterernährung III: 1367, 1373.
— —, unvollständige Nahrung III: 1388.
— —, Verunreinigung der Nahrung III: 1399.

560   Generalregister zu Band I—XVIII.

(Ernährungsstörungen)
Muskeldegeneration bei
VIII/1: 543.
—, Zelle u. Entzündung
XIII: 294.
Ernährungsverhältnisse bei
Greisen *XVII*: 823.
Ernährungsweise bei Arbeitenden *V*: 148.
Ernährungszentrum, Gehirn
XVI/1: 901.
Ernährungszustand, Einfluß
auf Stoffwechselsteigerung
nach Nahrungszufuhr
V: 51ff.
Erneuerung, Zellenmaterial
XVII: 741.
Erogene Zonen *XIV/1*: 837.
„Eros" *XIV/1*: 881.
Erotik *XIV/1*: 787, 842.
—, Gemeinschaftsgefühl
XIV/1: 804.
Erotisierung des Nervensystems *XIV/1*: 256.
Erregbarkeit, allgem. Gesetze
I: 277, 314.
—, Atemzentrum
XVI/1: 1137.
— autonomer Zentren, korrelative Bedeutung
XVI/2: 180.
—, Endapparate, vegetative
XVI/2: 1779, 1781, 1785.
—, —, —, chemische Beeinflussung *XVI/2*: 1781.
—, Größe der, allgemeine Gesetze *I*: 283.
—, Muskeln, einzelne
VIII/1: 589.
—, Muskel, pharmakolog. Beeinflussung *VIII/1*: 329.
—, Nerv, erhöhte beim Abklingen der primären Erregung *IX*: 624.
—, —, absolute *IX*: 274.
—, —, elektrische, Normalwerte *IX*: 346ff.
—, —, bei O_2-Entziehung
IX: 369, 372.
—, —, peripherer, Abhängigkeit vom Sympathicus
IX: 664.
—, —, spontane Steigerung
nach der Präparation
IX: 417.
—, —, Steigerung durch Narkotica *IX*: 416.
—, —, Warmblüter, bei Blutabsperrung *IX*: 370.
—, Organzellen, direkte
VII/2: 1552.
—, Temperaturpunkte
XI: 133.
—, vegetative, Umweltbedingungen *XVI/2*: 1785.

Erregbarkeitsänderungen,
elektrotonische, allgem.
Gesetze *I*: 321.
—, autonomer Zentren, hämatogene *XVI/2*: 1803.
—, — —, neurogene
XVI/2: 1804.
— — —, zentrogene
XVI/2: 1801.
—, Nerv *IX*: 212, 346.
—, —, elektrische, Verlauf
IX: 350.
—, —, peripherer, elektrische,
bei Neuritis *IX*: 353.
Erregbarkeitssteigerung,
Nerv, peripherer, elektrische bei Tetanie *IX*: 357.
—, —, —, sensible bei Tetanie *IX*: 359.
—, —, scheinbare *IX*: 199,
IX: 211.
— vegetativer Endapparate
XVI/2: 1780.
Erregung, Atome durch
Strahlung *XVII*: 351.
—, Akkommodationshypothese der elektrischen —
(NERNST) *IX*: 255.
—, Form derselben (Plastizität des Organismus)
XV/2: 1149.
—, Irradiation der willkürlichen *XV/1*: 592.
—, Kampf der, um zentrales
Feld *XV/2*: 1192.
—, Kollisionsort *IX*: 653.
—, Kreisen der *XV/2*: 1204,
XV/2: 1209.
—, lawinenartiges Anschwellen nach PFLÜGER
IX: 235.
—, Nerv, adäquate, oszillierende *IX*: 184.
—, —, Lähmung und
IX: 178.
—, Nervensystem, phasenhafter Verlauf *X*: 653.
—, Schlafzentrum
XVII: 620.
—, seelische *XVI/2*: 1810.
—, SHERRINGTONS Theorie
IX: 33.
—, Stoffwechsel und
I: 307.
—, Theorien s. Erregungstheorien.
Erregungsablauf, Sehorgan
XII/1: 421ff.
Erregungsanstieg, Druckempfindung *XI*: 98.
Erregungsbedingung, Tangoreceptoren der Haut
XI: 95.
Erregungscontracturen, Muskel *VIII/1*: 209, 236.

Erregungsformel, CHEZET
IX: 269.
—, HERMANN *IX*: 268.
—, HOORWEG *IX*: 265.
—, empirische, LAPIQUE
IX: 269.
Erregungsformen reflexarmer
Tiere *IX*: 742.
Erregungsgesetz, allgemeines
I: 311, 316.
—, NERNST *IX*: 252.
—, Nerv *IX*: 244ff.;
XVIII: 242.
—, polares *I*: 295; *IX*: 246.
—, —, Umkehr des *IX*: 231,
IX: 232.
—, UEXKÜLL *IX*: 813.
—, G. WEISS *IX*: 259.
Erregungsgröße, allgem. Gesetze *I*: 297.
Erregungsleitung, allseitige,
Nervensystem Wirbelloser
IX: 806.
—, doppelsinnige des Nerven
IX: 182.
—, Herz *VII/1*: 565;
IX: 799.
— —, anatomische Grundlage *VII/1*: 579;
VII/2: 1826.
— —, Koronarverschluß,
Schädigung durch
VII/1: 804.
— —, Pharmakologie
VII/1: 798.
—, Magen *III*: 416.
—, Mimosa *IX*: 12.
—, Pflanzen *IX*: 4.
—, Polarität *IX*: 799.
—, Reizleitung *I*: 280.
— im Schlaf *XVII*: 594.
—, Theorie s. Erregungstheorien.
Erregungsleitungssystem,
Herz, bei Haustieren
VII/2: 1826; s. auch Reizleitungssystem.
Erregungsniveau quergestreifter Muskeln
VII/1: 55.
Erregungsrückschlag
XV/1: 637.
Erregungsrückstand im Zentralnervensystem *IX*: 643.
Erregungsstoff SHERRINGTONS *IX*: 33; *XV/2*: 1059.
—, intrazentrale Bildung
XVI/2: 1800.
—, Ursache der Summation
von Reizen *IX*: 34.
Erregungstheorien *I*: 316ff.;
IX: 34, 164ff., 235ff.,
IX: 245ff., 279ff., 982ff.;
XII/2: 1492.
—, Nerv (BETHE) *IV*: 141.

(Erregungstheorien, Nerv)
(HILL) *IX*: 258 ff.
—, — (UEXKÜLL) *IX*: 753.
Erregungsübertragung, zentrale *IX*: 34.
Erregungsumsatz, Nervensystem *XVIII*: 258.
Erregungsverlauf psychischer Leistungen, Gesetze *X*: 673.
—, Schädigung des Nervensystems *X*: 653.
Erregungsvorgang, Theorie *I*: 316.
Erregungswellen, Nerv, qualitative Differenzen *IX*: 36.
—, —, Frequenzen *IX*: 193.
—, —, zeitlicher Verlauf *IX*: 187.
Erregungszeit, Nerv-Muskel, pharmakologische Beeinflussung *VIII/1*: 308.
Erregungszustände, Zentralnervensystem *IX*: 38.
Ersatzexsudat (Lunge) *II*: 447.
Ersatzstoffwechsel, intermediärer der Alkalichloride *XVI/2*: 1547.
Ersatzvegetationspunkt *XIV/1*: 1121.
Erscheinungsbild *XVII*: 909.
Erscheinungswechsel *XVII*: 1162.
Erschlaffungswärme, Muskel *VIII/1*: 508.
Erschöpfung *I*: 312.
—, Arbeit *XV/1*: 582.
—, Schlaf und *XVII*: 597, *XVII*: 604.
Erschöpfungsreaktion, Herz *VII/1*: 325.
Erschöpfungstheorie, Tumorenreimplantation, Erklärung negativer Erfolge *XIII*: 540.
Erschütterungsreizbarkeit, Pflanzen *XI*: 88.
Erschütterungsreize, Pflanzen, Leitung *IX*: 713.
Erstickung s. auch Asphyxie *I*: 362.
—, Blutdrucksteigerung *VII/2*: 1354.
—, Gasvergiftungen *II*: 493.
—, Herzarbeit *VII/1*: 495.
—, Nerv *IX*: 368 f.
—, Nervenzentrum *IX*: 515.
—, Säurebildung im Zentralnervensystem *IX*: 565.
—, sekundäre Folgen *II*: 513.
Erstickungsanfälle *II*: 322.

Erstickungskrämpfe, Warmblüter *IX*: 521.
Erstickungsnarkose *I*: 547.
Erstickungsversuche, Warmblüternerv *IX*: 369.
Erstickungszeit, Nerv *IX*: 367, 377, 379.
—, Nervenzentren *IX*: 516, *IX*: 518.
Ertaubte, Stimme und Sprache der *XV/2*: 1381.
Eructatio nervosa *XVI/1*: 1045.
Erwerbsdauer, Arbeitsfähigkeit *XV/1*: 531.
Erwerbslosigkeit, Arbeitseignung und *XV/1*: 698.
Erythem *XVII*: 520.
—, Haut, bei Pellagra *V*: 1238.
Erythembildung *XVII*: 517.
Erythrämien *VI/2*: 918.
Erythrismus oder Rutilismus, Rothaarigkeit *XIII*: 257.
Erythrit, Stoffwechselverhalten *V*: 998.
Erythroblasten *VI/2*: 754.
Erythrocyten s. auch Blutkörperchen.
—, Allgemeines *VI/1*: 8.
—, Abstammung *VI/2*: 761.
—, Agglutination *VI/1*: 10, *VI/1*: 656.
—, Bildung, hormonaler Einfluß *VI/1*: 46.
—, Durchmesser *XVIII*: 142.
—, — bei Neugeborenen *VI/1*: 13.
—, — bei verschiedenen Tieren und Veränderung desselben *VI/1*: 10 ff.
—, — im Trockenpräparat *VI/1*: 11.
—, Entkernung *VI/2*: 769.
—, Form *VI/1*: 9 ff., 46.
—, Funktion *VI/1*: 41.
—, Gasaustausch in den Kapillaren *VI/1*: 43.
—, Geschlechtsdifferenzierung *XVIII*: 142.
—, Granulierung, vitale *VI/1*: 206.
—, Inhalt *VI/1*: 26.
—, Kataphorese *VI/1*: 656.
—, Kohlensäure *XVI/2*: 1386.
—, Ladung *VI/1*: 656.
—, Oberfläche, Gehalt an Hämoglobin *VI/1*: 39.
—, —, Volumen und Größe *VI/1*: 10 ff.
—, Oberflächengröße *XVIII*: 142.
—, Permeabilität *VI/1*: 643, *VI/1*: 652 ff.

(Erythrocyten), Polychromasie *VI/1*: 208.
—, Postmortalfärbung *VI/1*: 8.
—, Reserven im Knochenmark *VI/1*: 45.
—, Resistenz *VI/1*: 210, 564; *XV/1*: 719.
—, Sauerstoff- und Kohlensäuretransport *VI/1*: 41.
—, Sauerstoffatmung *VI/1*: 42.
—, Säugetiere *VI/1*: 10.
—, Sedimentierung *VI/1*: 660.
—, Sportsleute, Zahl *XV/1*: 719.
—, Stickstoffgehalt *VI/1*: 26.
—, Struktur *VI/2*: 771.
—, Suspensionsstabilität *VI/1*: 257.
—, Umwelt, Gefäßsystem *VI/1*: 42.
—, Verbrauch und Ersatz *VI/1*: 44.
—, Vitalfärbung *VI/1*: 8.
—, Volumen *VI/1*: 10 ff.
—, Volumeneinheit *VI/1*: 17.
—, Wassergehalt *VI/1*: 27.
—, Wirbeltiere *VI/1*: 10.
—, Zahl *VI/1*: 17 ff.; *XVIII*: 142.
—, —, Atmung und *VI/1*: 20.
—, —, Bestrahlung und *VI/1*: 23.
—, — bei Fliegern *VI/1*: 22.
—, — im Höhenklima *VI/1*: 21.
—, — nach Krankheit *VI/1*: 22.
—, —, Lichtbeeinflussung *XVII*: 320.
—, —, Pneumothorax und *VI/1*: 21.
—, —, innere Sekretion und *VI/1*: 22.
—, Zählung *VI/1*: 17.
Erythrocytenanaphylaxie, passive, Meerschweinchen *XIII*: 751.
Erythrocytengruppen, spezifische *XIII*: 751.
Erythrocytolyse (BAUMGARTEN) *VI/1*: 588.
Erythrocytopenie *VI/1*: 18.
Erythrocytose *VI/1*: 18.
Erythrogonien *VI/2*: 738.
Erythrophagocytose *VI/2*: 877.
Erythrophobie *XIV/1*: 800.
Erythropoese *VI/2*: 744, *VI/2*: 761 ff.
—, extramedulläre *VI/2*: 780.
—, physiologische Reize *VI/2*: 778.

Erythropoetine *VI/2*: 780.
Erweckbarkeit *XVII*: 594, *XVII*: 595, 605.
Erziehungserfolge *XVII*: 989.
Escharostrophe, Chloroplasten *XII/1*: 58.
Essen, Wirkung, erfrischende *XVI/1*: 919, 1007.
Essentielle Hypotension *VII/2*: 1373, 1410, 1411.
Essentieller Hochdruck *VII/1*: 514; *VII/2*: 1373, *VII/2*: 1375, 1387, 1389.
Eßerlebnis, suggeriertes *XVII*: 683.
Essiggärung *I*: 98.
Essigsäure, Harn *IV*: 283.
—, Stoffwechselverhalten *V*: 649, 1001.
Esterase *III*: 911.
—, Blutserum *XIII*: 466.
Estercholesterin, Blut, bei Gallenstauung *IV*: 612.
Esterglykuronsäuren *V*: 1037.
Esterifizierung, Cholesterin *V*: 1104.
Estermethode, Monoaminosäuren *III*: 220.
Esterphosphat, Blutplasma, Gehalt *XVI/2*: 1433.
Etappentheorie von DE BOER, Herzflattern *VII/1*: 684.
Etioelement, Pflanzen *V*: 371.
Eucain lact., Lokalanästhesie *IX*: 456.
Eucupin muriat., Lokalanästhesie *IX*: 442, 443ff.
Eudichonomie *XV/1*: 428.
Eukolloidität *XVII*: 393.
Eunuchen *XIV/1*: 812.
Eunuchenstimme *XV/2*: 1361.
Eunuchoide *XIV/1*: 789; *XVII*: 864.
Eunuchoider Habitus *XIV/1*: 811; *XVII*: 1090.
Eunuchoidismus *XIV/1*: 782, *XIV/1*: 794; *XVII*: 1154.
Euosmophore *XI*: 277.
Euphorbon *III*: 200.
Euphorie, Sterben *XVII*: 890.
Eupraxie *X*: 822.
Eurytherm *XVII*: 399.
Eurythermie *I*: 395.
Eustachische Trompeten (Fliegen) *XV/1*: 371.
Euter *XIV/1*: 608.
Euxanthinsäure *V*: 1036.
Evertebraten s. bei Wirbellosen.
Evisceration, Muskelfettgehalt *XVI/1*: 617.

E-Vitamin *V*: 1231; s. auch Vitamine.
Evolution *I*: 693.
—, Nervensystem *XV/2*: 1051.
Exhibitionismus *XVI/1*: 790, 791, 806, *XVI/1*: 893ff., 882.
Existenzunsicherheit *XV/1*: 666.
Exklusivität, zentrales Geschehen *XV/2*: 1193, 1218.
Exkrete, pflanzliche *V*: 373.
Exkretion, Anpassung *XVII*: 158.
—, Definition *IV*: 769.
—, Leber, Konzentrationsarbeit *IV*: 773.
Exkretionsorgane, Arachnoideen *IV*: 589.
—, Darm *IV*: 681.
—, Haut *IV*: 709.
—, Muscheln *IV*: 584.
—, Wirbelloser *VII/1*: 7.
Exkretionsprodukte, Arthropoden *IV*: 590.
—, Cephalopoden *IV*: 587.
Exkretionssystem, Parasiten *I*: 651.
Exogastrulae *XVI/1*: 860.
Exogene Körperbestandteile *V*: 1164ff.
Exophorie *XII/2*: 1099.
Exophthalmus *XVI/1*: 285.
Exostosenbildung, Myositis *VIII/1*: 579.
Exotoxine, Anaphylaktogene, Bakterien *XIII*: 689.
Expektorantien, Wirkungsmechanismus *II*: 471.
Expektoration *II*: 332, 361, *II*: 449; *XVIII*: 20.
Explantation, Herzgewebe *VII/1*: 54; *XVI/1*: 799.
—, —, embryonales *VII/1*: 54.
—, Transplantation *XIV/1*: 994.
Explosionsschädigungen, Ohr *XI*: 634.
Exponentialgesetz (JANISCH), Pflanzen *V*: 349.
Exponentialkurve (RGT-Regel) *V*: 407ff.
Expressiver Agrammatismus *XV/2*: 1425.
Expulsionsinsuffizienz, Magen *III*: 1147.
Expulsionskurven, Menstrualblut *XIV/1*: 517.
Expulsionsstörungen, Magen *III*: 1119.
Exsiccose, Kind *III*: 1385.

Exsikation, RIETSCHEL *III*: 1024.
Exspiration s. Ausatmung.
Exspirationscentrum *II*: 233.
Exspirationsdruck *II*: 486.
Exspirationsluft *II*: 193; *XVII*: 505.
—, Äthylalkoholausscheidung *II*: 198.
—, chemische Zusammensetzung *II*: 194.
—, Feuchtigkeit *II*: 194.
—, Muskelarbeit *II*: 197.
—, Temperatur *II*: 194.
—, Zusammensetzung bei verschiedener Frequenz *II*: 195.
—, — abhängig von alveolarer Ventilation *II*: 196.
Exspirationsmuskeln *II*: 67, *II*: 236.
Exspirium, unbestimmtes (Atemgeräusche) *II*: 293.
Exstirpation, Hypophyse *XVI/1*: 416ff., 645.
—, Kleinhirnhälfte *X*: 248.
—, Zirbeldrüse *XVI/1*: 501.
Exsudate, Refraktion *VI/1*: 548.
—, Verschiedenheiten entzündlicher *XIII*: 309.
Exsudatzellen, Funktion *XIII*: 333.
—, Herkunft *XIII*: 310.
Extensionsreflex, Mensch *X*: 40.
Extensorstoß (SHERRINGTON) *IX*: 638, 700.
Extinktion *XVII*: 305, 466.
—, photochemische *V*: 337.
Extinktionskoeffizient, Farblösungen *VI/1*: 94, 96, 97.
Extraarbeit, körperliche *XV/1*: 817.
Extrakte, embryonale *XIV/1*: 998.
—, wachstumsfördernde bei Gewebszüchtung *XIV/1*: 963.
Extraktivstoffe, stickstoffhaltige, Muskulatur *VIII/1*: 447.
—, — niederer Tiere *V*: 427ff.
—, Nervensubstanz *IX*: 62.
Extraktivstoffe, Nahrungsmittel, Gehalt *V*: 21.
—, stickstoffhaltige *V*: 25, 28.
Extraocularer Venendruck, Pelottenmethode *XII/2*: 1337.
Extrapyramidale Symptome *XVI/1*: 1062.
Extrapyramidales motorisches System *X*: 319, *X*: 337, 348, 382.

(Extrapyramidales) System,
Starrezustände *IX*: 727.
Extrarenale Wasserabgabe
XVII: 183.
Extrarollung, Rollungskoope-
ration, Augenbewegungen
XII/2: 1027.
Extrasystole *VII/1*: 603;
XVIII: 185.
—, Evertebraten *VII/1*: 39.
—, Haustiere *VII/2*: 1828.
—, Herzteile, automatisch tä-
tige *VII/1*: 541.

(Extrasystole), Kreisbewe-
gung als Ursache
VII/1: 623.
—, Medusen *VII/1*: 43.
Extrawärme, Arbeitsleistung
des Muskels *VIII/1*: 512.
Extrawiderstand, Aufnahme
der Aktionsströme
VIII/2: 789.
Extrazuckerausscheidung,
Phlorrhizintier
XVI/1: 598.

Extremitäten, Durchblutung
ödematöser *XVI/2*: 1377.
Extremitätenbewegungen,
Kleinhirnläsion, *X*: 245.
Extremitätendrehreaktionen,
Labyrinthreizung
XI: 880.
Extremitätenknochen, Epi-
physenteil bei Rachitis
V: 1190.
Extremitätenknospe
XIV/1: 1036.

F

Facettenauge *XII/1*: 61.
Facialiskrämpfe, Mittelohr-
entzündung *XI*: 462.
Facialislähmung *II*: 310.
—, optische *XI*: 462.
—, rheumatische *XI*: 462;
XVII: 1060.
—, traumatische *XI*: 462.
Facialismuskulatur *X*: 187.
Facialisphänomen *XV/1*:729.
Faeces *IV*: 682ff.; 696ff.;
s. auch Kot sowie Stuhl.
—, Bakterien *IV*: 707.
—, Bindegewebe *IV*: 703.
—, Chloridmenge
XVI/2: 1518.
—, Kohlehydrate *IV*: 705.
—, Nahrungsreste *IV*: 700.
—, Säugling *III*: 1319.
—, Urobilinbestimmung,
quantitative *IV*: 788.
—, Zersetzungsprodukte
IV: 707.
Faecesasche, Trennung von
Körperausscheidungen u.
Nahrungsresten (URY)
IV: 682.
Fahrradergometer
XV/1: 610.
Faktor B, wasserlöslicher s.
auch B-Vitamin und Vita-
mine *V*: 1201.
— C, wasserlöslicher, Anti-
skorbutin s. auch C-Vita-
min und Vitamine
V: 1218.
Faktoren, begrenzende der
Lebensvorgänge *I*: 389.
—, Entwicklung, Wertigkeit
bei der *XIV/2*: 1223.
—, Liebeswahl *XIV/1*: 806.
—, Umwelt *XVII*: 138.
Fall- und Gangstörung
XV/1: 431.
Fallempfindung *XVII*: 600.
Fallen, cerebellares
XV/1: 433.
Fallerschütterung
XVII: 705.

Fallneigung, Labyrinthneuro-
sen *XI*: 741.
—, Stirnhirnstörungen
XV/1: 439.
Fallreaktion *XI*: 951, 977,
XI: 982; *XV/1*: 463.
—, Drehempfindung und
XI: 953, *XI*: 982.
—, Kopfstellung und
XI: 983.
—, mittlere Stirnhirngrube,
Erkrankungen
XV/1: 438.
—, vestibulare *XV/1*: 432.
FALTAsches Dreieck
VIII/1: 123; *XVII*: 123.
— Schema *XVI/1*: 657.
Falltürversuch, GOLTZscher
XV/2: 1053.
Fallversuch *XV/1*: 133.
Fallwind, allgemeine Klima-
wirkungen *XVII*: 508.
Falschlokalisation, Nerven-
naht und *XV/2*: 1100.
Fangapparat, Pflanzen tier-
verdauender *III*: 108.
—, Protozoen *XIII*: 14.
Fangnetze, Tiere
XIII: 88.
Fangsaft, Amöben
III: 5.
Fangzangen, Metazoen
XIII: 48.
FARADAY-TYNDALL-Effekt
I: 201.
Faradisation, allgemeine
VIII/2: 939.
—, Muskelatrophie
XVI/2: 1405.
Faradische Reizung, Metho-
dik beim Großhirn
X: 428.
Farbänderung, temperatur-
indizierte bei Insekten
XVI/1: 831.
Farbänderungen, Tinten-
fische *XIII*: 200.
Farbanpassung *XII/1*: 716,
XII/1: 719, 723.

(Farbanpassung), Dixippus
XVI/1: 843.
—, Pieris *XVI/1*: 843.
—, Pieris brassica-Puppen
XVI/1: 840.
—, Plutella *XVI/1*: 843.
—, Salamandra muc.
XVI/1: 838.
—, Tintenfische *XIII*: 208.
Färbbarkeit, primäre, Neuro-
fibrillen *IX*: 85, 147;
XV/2: 1212.
Färbbarkeitsänderung, Netz-
haut *XII/1*: 269.
Farbe, spezifische Helligkeit
XII/1: 377.
—, Licht und *XII/1*: 314ff.
—, Raben *XIII*: 200.
—, Sehschärfe und
XII/2: 785.
—, thermischer Faktor
XIII: 199.
—, Vogelgefieder *XIII*: 240.
Färbeindex, rote Blutkörper-
chen *VI/1*: 35; *VI/2*: 898,
VI/2: 905.
Farben, Hochzeitsfarben im
Tierreich *XIII*: 201.
—, Insekten *XIII*: 217f.
—, Körper-, tonfreie, Zwei-
dimensionalität (KATZ)
XII/2: 616.
—, Normung *XII/1*: 307.
—, Überempfindlichkeit
XII/1: 515.
—, Unterscheidungsvermö-
gen *XII/1*: 512.
Farbenanpassungen
XII/1: 541.
Farbenbeständigkeit der Seh-
dinge *XII/2*: 1501.
Farbenblinde, RAYLEIGH-
Gleichung *XII/1*: 404.
Farbenblindheit
XII/1: 351ff., 377, 444,
XII/1: 492; *XVIII*:316.
—, angeborene, totale
XII/1: 503, 692;
XII/2: 1533.

(Farbenblindheit, angeborene), totale bei Nyktalopie *XII/2*: 1601.
—, Ausfallserscheinung *XII/1*: 589.
—, erworbene, totale *XII/1*: 524.
—, Helligkeitsverteilung, spektrale *XII/1*: 373.
—, relative, und Dreikomponentenlehre *XII/1*: 558.
—, —, im indirekten Sehen *XII/1*: 351 ff.
—, Rotgrünblindheit *XII/1*: 365, 374.
—, — und Theorie des Farbensehens *XII/1*: 558.
—, Sehen, indirektes *XII/1*: 372.
—, Stäbchensehen *XII/1*: 576.
—, totale, pupillomotorische Werte *XII/1*: 184.
Farbendoppelpyramide *XII/1*: 314.
Farbendreiecke *XII/1*: 413, *XII/1*: 556.
—, Theorie des Farbensehens *XII/1*: 536.
Farbeneindrücke, Reduktion *XII/1*: 640.
Farbenempfindlichkeit, spezifische der Augenströme *XII/2*: 1453.
Farbenempfindung *XII/1*: 303, 537; *XVIII*: 316.
—, Adaptation und *XII/2*: 1534.
—, Dreidimensionalschema *XII/1*: 312.
—, Santonin und *XII/1*: 533.
—, Steigerung, experimentelle *XII/1*: 532.
—, Störungen *XII/1*: 522.
—, Zapfen *XII/2*: 785.
Farbenfeldschwelle *XII/1*: 355.
Farbengleichungen *XII/2*: 1534, 1536, 1546.
—, Auge *XII/2*: 1557.
Farbenhemianopsie *X*: 740.
Farbenhören *XI*: 665, 753.
Farbenkegel *XII/1*: 314.
Farbenkonstanz, Farbenkontrast und *XII/1*: 662.
— Sehdinge *XII/1*: 455, *XII/1*: 594; *XII/2*: 1499, *XII/2*: 1501.
—, Tiere und *XII/1*: 647.
—, opt. Wahrnehmung *XII/2*: 1240.
Farbenkontrast, Farbenkonstanz und *XII/1*: 662.

(Farbenkontrast), simultaner *XII/1*: 713, 721.
Farbenkreis, Fische *XII/1*: 725.
— GOETHES *XII/1*: 474.
Farbenkreisphänomen *XII/1*: 726.
Farbennamenamnesie *XV/2*: 1468, 1523.
Farbenphotographie, Ausbleichverfahren *XII/1*: 538.
—, Farbenanpassung *XII/1*: 538.
—, stehende Lichtwellen *XII/1*: 538.
—, Methoden, direkte *XII/1*: 538.
Farbenschwäche *XII/1*: 592.
—, einseitige *XII/1*: 515.
Farbensehen, Anormaler *XII/1*: 515.
—, Störungen *X*: 446.
—, Theorien *XII/1*: 536 ff.; *XII/2*: 1506; *XVIII*: 314.
Farbensinn *XII/1*: 295 ff.; *XVIII*: 314.
—, Abweichungen *XII/1*: 502.
—, Anomalien, angeborene *XII/1*: 502.
—, Dreikomponentenlehre *XII/1*: 553 ff.
—, Empfindungsanalyse *XII/1*: 296.
—, Entwicklung, stammesgeschichtliche *XII/1*: 706.
— beim Fliegen *XV/1*: 364.
—, Fundamentaltatsachen *XII/1*: 550 ff.
—, Grundempfindungen *XII/1*: 563.
—, normaler *XII/2*: 1512.
—, Peripheriewerte *XII/1*: 370 ff., 377, 382 ff.
—, pharmakologische Beeinflussung *XII/1*: 532.
—, Receptor-Reagenten-Theorie *XII/1*: 581.
—, spektrale Helligkeitsverteilung *XII/1*: 385.
—, Stufentheorie *XII/1*: 571.
—, Subjektivismus *XII/1*: 296.
—, System *XII/1*: 310.
—, Theorie *XII/1*: 550 ff.
—, Tiere *XII/1*: 386.
—, Trichromaten, anormale *XII/2*: 818.
—, Unterschiede, individuelle, absorptive und sensitive *XII/1*: 356 ff., 410.
—, Untersuchung, Richtlinien *XII/1*: 502.

(Farbensinn), Vierfarbentheorien *XII/1*: 566.
—, Zonentheorie *XII/1*: 564.
Farbensinnprüfungen *XII/2*: 1512.
Farbensinnstörungen *XII/1*: 183, 519 ff.
—, Vererbungsformen *XII/1*: 520.
Farbensinntypus, Adaptationstypus, Koppelung zwischen *XII/2*: 1580.
Farbenspiel der Vögel *XIII*: 241.
Farbenstereoskopie *XII/2*: 911.
Farbensystem, dichromatisches *XII/1*: 506, 585.
Farbensysteme, Eichung verschiedener *XII/2*: 1564.
Farbentafel, Farbenverstimmungen *XII/2*: 1547.
—, geometrische *XII/1*: 413.
—, Spektrumstrecken und *XII/2*: 1541.
Farbentheorien *XII/1*: 536 ff.; *XII/2*: 1506, 1594.
Farbenton, Auge, Zustand des *XII/1*: 342 ff.
—, GRASSMANN *XII/1*: 304.
—, Lichtstärke und *XII/1*: 347, *XII/1*: 410.
—, Netzhautregion und *XII/1*: 351.
—, Wellenlänge und Lichtstärke *XII/1*: 551.
Farbentöne, extraspektrale *XII/1*: 336.
—, Unterschiedsempfindlichkeit *XII/1*: 337; *XII/2*: 1549.
—, — des Farbentüchtigen *XII/1*: 337.
—, Wellenlänge *XII/1*: 334.
Farbentonkreis *XII/1*: 311, *XII/1*: 335, 336.
—, Lichtermischung *XII/1*: 410.
—, bei farbiger Verstimmung *XII/1*: 448.
Farbentüchtigkeit *XII/1*: 547; *XII/2*: 1512; *XVIII*: 315.
Farbenumstimmungen *XII/1*: 541, 546.
Farbenunterscheidungsvermögen der Tiere *XII/1*: 720.
Farbenverstimmung *XII/2*: 1548.
Farbenviereck *XII/1*: 415, 581.
Farbenwahrnehmung, Übung *XII/2*: 785.

Farbenzeitschwelle
$XII/1$: 356, 426.
Farbhoropter $XII/2$: 909ff.
Farbige Rassen, Tropenklima
XVII: 553.
Farbigsehen, physiologische
Bedeutung $XII/1$: 531.
—, Vergiftungen $XII/1$: 532.
Farbkreiselgleichungen
$XII/2$: 1547.
Farbniveau, Farben, opt.
Wahrnehmung
$XII/2$: 1241.
Farbschwelle $XII/1$: 348,
$XII/1$: 349.
—, individuelle Verschiedenheiten $XII/1$: 362.
Farbstoffadsorption, Farbstoffeinlaufversuche am
Auge $XII/2$: 1344.
Farbstoffausscheidung, Galle
III: 1287.
—, —, gallensaure Salze und
IV: 795.
—, Leber III: 634;
IV: 771.
—, —, vergleichende Physiologie IV: 772.
—, — oder Niere, vikariierendes Eintreten
IV: 783.
—, Niere, Frosch
XVIII: 116.
Farbstoffbindungsreaktion,
Blut (BENNHOLD)
$VI/2$: 693.
Farbstoffe, Ausscheidungszeiten $VI/2$: 673.
—, Ausbleichung unechter
$XII/1$: 539.
— der Leber, Chemie und
Physik IV: 794ff.
—, lichtempfindliche
$XII/1$: 540.
—, Pigmente, gelbe
XIII: 196.
—, Protoplasmagifte I: 578.
—, respiratorische V: 397.
Farbstoffeinlaufversuche am
Auge $XII/2$: 1341ff.
Farbstoffestigkeit, Protozoen
XIII: 842.
—, Trypanosomen XIII: 837.
Farbstoffreduktion, Dehydrogenasen des Nerven
IX: 394.
Farbstoffspeicherung, Darmzellen III: 669.
Farbstoffsyncholie, Gesetze
IV: 773ff.
Farbstoffversuche, vitale,
GOLDMANNS X: 1195.
Farbton, Sättigung und Helligkeit $XII/2$: 1534; s.
auch Farbenton.

Farbtöne s. Farbentöne.
Färbung fixierten Gewebes,
Theorien III: 556.
—, geschlechtsverschiedene
XIII: 202.
—, Kälte, Wärme usw. auf
XIII: 243.
—, lichtindizierte und Nachkommenschaft
$XIV/1$: 842.
Färbungsversuche, Spermatozoen $XIV/1$: 166.
Färbungszentren XIII: 309.
Farbwechsel, Bedeutung
XIII: 194ff.
—, Beeinflussung, Dunkelheit
XIII: 212.
—, —, Feuchtigkeit
XIII: 197.
—, —, Gefangenschaft
XIII: 234.
—, —, Jahreszeiten, Mensch
XIII: 258.
—, —, Trockenheit
XIII: 197.
—, —, Untergrund
XIII: 212, 214.
—, Fische, Histologie des
XIII: 227.
—, morphologischer
$XVI/1$: 839.
—, physiologischer
$XVI/1$: 839, 842.
—, saisonmäßiger bei Tieren
XIII: 200.
Farbzeichnung, Haut
XIII: 256.
Farbzellen, Bewegungen
XIII: 217.
—, Histologie, Fische
XIII: 227.
—, Kinematographie
XIII: 227.
—, Reptilien, Entwicklung
XIII: 237.
Fasciculus praedorsalis
X: 210.
Faserabschnitte, gequollene
von Muskeln $VIII/1$: 562.
Faseranatomische Verbindung, Kleinhirn X: 231.
Fasern, postganglionäre und
präganglionäre X: 1149.
Faserveränderungen, Nerv,
akute, retrograde
IX: 299.
Faszination, Hypnose
XVII: 675.
Faulbaumrinde, Darm, Wirkung III: 539.
Faulnährschaden III: 1020.
Fäulnis, Darm, Säugling
III: 1006.
—, —, —, Eiweiß und
III: 1012.

(Fäulnis, Darm, Säugling),
Pathologie III: 1020.
Fäulnisdyspepsie III: 1040,
1164.
Fäulniserreger III: 1009.
—, Pferdemagen III: 975.
Fäulnisprozesse, Darm,
Säugling III: 1326.
Fe s. unter Eisen.
FECHNERsches Gesetz XI: 28;
$XII/1$: 387ff.
— -HELMHOLTZscher Satz
$XII/1$: 394.
— -Paradoxon $XII/2$: 917,
$XII/2$; 922.
Federfärbung, Schilddrüse
und $XVI/1$: 753.
Federkleid, Schilddrüse und
$XVI/1$: 751.
Federkleidwechsel, Schilddrüse und $XVI/1$: 752.
Federn, Wärmeschutzeinrichtungen XVII: 28.
Fehlreaktionen, Reaktionszeit X: 528, 543.
—, Verzweiflung und X: 544.
Fehlschlucken III: 1050.
Feld, receptorisches, Reflex
IX: 760.
Feldexperiment, arbeitspsychologisches
$XV/1$: 648.
Feldgrößensätze (KATZ)
$XII/1$: 630.
Feldwirkung differenzierter
Gewebskomplexe I: 625.
Fellacio $XIV/1$: 882.
Fellzeichnung, Arten
XIII: 256.
Feminismen XVII: 1139,
XVII: 1154.
—, Mann $XIV/1$: 788.
Fenchel, Gallensekretion
III: 1443.
Fensterglas, Durchlässigkeit
für ultraviolette Strahlen
XVII: 517.
Ferment, diastisches V: 579.
Fermentatives System der
Glykose I: 32, 96;
V: 485.
Fermentbildung, histologisches Äquivalent III: 560.
Fermente I: 32, 68, 71;
XVIII: 1, 123.
—, Abwehr- XIII: 463.
—, Affinität I: 76.
—, Aktivatoren I: 84;
XVIII: 318.
—, Aktivierung $XVI/1$: 910.
—, Blut- XIII: 463.
XVIII: 317.
—, Blutgerinnung $VI/1$: 321.
—, cholesterinesterspaltende
V: 1099.

(Fermente), Darm bei Erkrankungen des Magendarmkanals *III*: 1241.

—, Dünndarm, Kind *III*: 1316.

—, Einteilung *I*: 90.

—, eiweißspaltende *III*: 943ff.

—, fettspaltende *III*: 910ff.

—, Gifte und tierische *XIII*: 172.

—, Harn- *IV*: 301.

—, Ionenwirkungen *I*: 81.

—, Kinetik *I*: 74, 96.

—, kohlehydratspaltende *III*: 921ff.; *V*: 485.

—, Magen *III*: 1155.

—, Maßeinheiten *I*: 73.

—, Mehrfachsicherungen bei den *XVI/1*: 912.

—, Paralysatoren *I*: 84.

—, proteolytische, Amöben *III*: 22.

—, —, Paramaecium *III*: 19.

—, Reinigung *I*: 73.

—, spezifische u. Entwicklung *XIV/1*: 1232.

—, Spezifität *I*: 77.

—, stereochemische Einstellung *I*: 78.

—, Strahlenwirkung auf *XVII*: 382.

— Struktur der lebenden Substanz und Wirkung der *I*: 48, 68.

—, Temperatureinfluß *I*: 80.

—, Veränderungen durch Licht *XVII*: 329, 337.

—, Verdauung und *III*: 90, *III*: 910ff.; *XVI/1*: 911. *XVIII*: 1.

—, Wirbelloser *III*: 90ff.; *XVIII*: 22.

Fermentgifte *I*: 85.

Fermentkinetik, Glykolyse *I*: 32, 96.

Fermentkomplex, zuckerspaltender *I*: 32, 96; *V*: 485.

Fermentlähmende Mittel, Einfluß auf die Resorption aus dem Darm *IV*: 103.

Fermentsynthesen *I*: 89.

Fernaufnahme des Herzens *VII/1*: 315.

Ferngeräusche, Lunge *II*: 285.

Fernorientierung *XV/2*: 910, 912, 916, 941.

Fernpunkt, Dioptrik des Auges *XII/1*: 94.

Fernreize *XII/2*: 1216, 1226.

Fernsinn *XV/2*: 993.

Fernwirkung, physiologische, Pflanzen *XI*: 242, 246.

Fernwirkungen, elektrotonische, Nerv *IX*: 247.

Ferrocyaniddiurese *IV*: 399.

Fertilinhypothese und Polyspermie *XIV/1*: 155.

Fertilisintheorie, Befruchtung (LILLIE) *XIV/1*: 139.

Feten s. Foetus.

Fetischismus *XIV/1*: 791, *XIV/1*: 882, 892ff.

Fetischistische Überschätzung *XIV/1*: 806.

Fett s. auch Fette.

—, Ausnutzung *V*: 79.

—, Emulgierung und Resorption *IV*: 59.

—, Ersatz durch Alkohol *V*: 326.

—, Gehalt, Blut nach Insulin *XVI/1*: 616.

—, —, Exkrete pankreasdiabetischer Tiere *XVI/1*: 578.

—, —, Herz nach Insulin *XVI/1*: 616ff.

—, —, Hungerkot *IV*: 691.

—, —, Leber *III*: 638, 1458.

—, —, —, nach Insulin *XVI/1*: 616.

—, —, Mäuse nach Insulin *XVI/1*: 616.

—, —, Nahrungsmittel *V*: 6, 22, 23.

—, —, Niere, nach Insulin *XVI/1*: 616ff.

—, —, Phosphorleber *III*: 1458.

—, —, Skeletmuskulatur nach Insulin *XVI/1*: 616ff.

—, jodiertes, Stoffwechselverhalten *V*: 1008.

—, KH-Neubildung aus *V*: 502, 611; *XVI/1*: 579.

—, Krankenernährung und *XVI/1*: 989.

—, Nahrung bei Mangel an *V*: 1155.

—, Resorption s. auch Fettresorption.

—, — durch die Haut *VI/1*: 135; *XVIII*: 85.

—, — und Verseifung *IV*: 59.

—, Umsatz, Zentralnervensystem *IX*: 595.

—, Verbrennung, quantitative Beziehungen zur KH-Verbrennung *V*: 669.

—, Zuckerbildung aus *V*: 502, 611; *XVI/1*: 579.

Fettabbau, bakterieller, beim Säugling *III*: 1014.

—, nervös-hormonale Einflüsse *XVI/2*: 1717.

Fettablagerung *V*: 45, 619.

—, Menarche *XVI/1*: 962.

—, Nahrungsfett *V*: 124.

Fettansatz, Insulin *XVI/2*: 1718.

—, Pykniker *XVI/1*: 958.

—, Säuglinge und Kinder *XVI/1*: 957.

— Schwangerer *XVI/1*: 957.

Fettaufbau, Darmzellen *V*: 172.

Fettaufnahme, normale Leber *V*: 622.

Fettbildung aus Eiweiß *V*: 44, *V*: 116, 608.

—, endogene *V*: 1274.

—, exogene *V*: 1273ff.

—, Hefe *V*: 654.

—, Infusorien *V*: 122.

—, Käse *V*: 609.

—, Kohlehydrat *V*: 5, 124, *V*: 422, 610, 621; *XVI/1*: 621, 948.

—, Pflanzenfresser *V*: 124.

Fettdiät, PETRÉNsche *XVI/1*: 593.

Fette, Chemie *III*: 160.

—, demineralisierende Wirkung, Säugling *III*: 1337.

—, Energiegehalt *V*: 26.

—, Ernährung *XVI/1*: 989.

—, Fetus *III*: 1332.

—, Kot, Gehalt *III*: 1321; *IV*: 691.

—, Nachweis *III*: 165.

—, Phosphatide und *V*: 628.

Fettembolie *VII/2*: 1787.

Fettfraktionen, Leber nach Pankreasexstirpation *XVI/1*: 577.

Fettgewebe, Fehlen im Körper *XVI/1*: 953.

—, Zerfall zu Cholesterin *V*: 1132.

Fettgewebsnekrose *XVI/1*: 910.

Fettgewebsnekrosen, multiple, Pankreasverletzung *III*: 1261.

Fettgewebswucherung *V*: 1268.

Fettinfiltration *V*: 609.

—, degenerative *V*: 1273.

Fettkinder, Dystrophia adiposo-genitalis *XVI/1*: 445.

Fettkörper, BICHATscher *III*: 297.

Fettleber, Lipämie und *V*: 624.

—, phlorrhizindiabetische *V*: 617.

Fettlöslichkeit, Narkotika *I*: 536.

Fettlösungsmittel, Hautresorption und *IV*: 139.

Fettmark, Knochen
VI/2: 749.
Fettmast *XVI/1*: 959.
Fettmetamorphose, Nerven-
zellenpigmentierung durch
V: 610; *XIII*: 262.
Fettmobilisation, Depotfett
V: 621.
—, neuro-hormonale Regula-
tion *XVI/2*: 1716.
Fettphanerose *IV*: 565;
V: 609, 1269.
Fettpigmentbildung
XIII: 262.
Fettpolster, Verschiebung
XVII: 788.
Fettresorption *IV*: 52 ff.;
XVI/1: 929.
—, Histologie *IV*: 55.
—, Ort *IV*: 67.
—, Störungen bei Amyloi-
dosis der Darmschleim-
haut *IV*: 64.
— Wirbelloser *IV*: 171.
Fettsäuren *I*: 28.
—, Abbau *V*: 633, 635, 643,
V: 824, 1001.
—, —, aromatische
V: 633.
—, Aufbau im Organismus
V: 652.
—, Autoxikation, Säugling
durch flüchtige *III*: 1024.
—, Blutplasma *V*: 630.
—, Darm *IV*: 63.
—, Gifte, tierische *XIII*: 184.
—, Parthenogenese, Anwen-
dung bei der *XIV/1*: 132.
—, Säuglingsdarm, Bedeu-
tung *III*: 1019.
—, Stoffwechselverhalten
V: 1000.
—, ungesättigte *I*: 61.
Fettschicht, Wärmeschutz-
einrichtungen *XVII*: 28.
Fettsekretion, Schweiß-
drüsen *IV*: 722.
Fettspeicherung, Glykogen-
ansatz in der Leber *V*: 623.
Fettstoffe, Umsatz im Zen-
tralnervensystem *IX*: 595.
Fettstoffwechsel *V*: 607.
—, B-Vitamin und *V*: 1211.
—, Cholesterinstoffwechsel
und *IV*: 792.
—, Fieber beim Säugling und
III: 1408.
—, Gehirn auf *XVII*: 55.
—, Insulin und *XVI/1*: 616 ff.
—, intermediärer *V*: 630.
—, — und Acidosis *V*: 606.
—, nervöses Zentrum
XVI/2: 1718.
—, Regulation
XVI/2: 1715 ff.

(Fettstoffwechsel) Schwan-
gerer *XIV/1*: 479.
—, Störungen *V*: 1273.
— verschiedener Organe
V: 625.
—, Wärmestoffwechsel und
X: 1168.
—, Winterschlaf und *V*: 616.
—, Zentralnervensystem
IX: 595.
Fettsubstanzen, SERTOLI-
sche Zellen *XIV/1*: 706.
—, Zwischenzellen, Hoden
XIV/1: 715.
Fettsucht, Blutdruck und
VII/2: 1384.
—, Blutmenge bei *VI/2*: 693.
—, cephalogene *XVI/1*: 447.
—, cerebrale *XVI/1*: 449,
XVI/1: 1055.
—, Dystrophia adiposogeni-
talis *XVI/1*: 449, 1055.
—, endogene *XIV/1*: 460.
—, Hodenatrophie
XVI/1: 962.
— hypogenitaler Genese
XIV/1: 423.
—, hypophysäre *XIV/1*: 778.
—, Hypophysektomie
XVI/1: 422.
—, ovariogene *XIV/1*: 395.
—, Schwangerschaftsfolge
XVI/1: 962.
—, Stoffwechsel und *V*: 298.
—, Überernährung *V*: 254.
—, Wasserbestand
XVII: 201.
Fettsüchtige, Luxuskonsum-
tion *V*: 257.
Fetttransport *V*: 1269.
Fetttröpfchen, Gewebszüch-
tungen *XIV/1*: 980.
Fettüberernährung, sekun-
däre spezifisch-dyna-
mische Wirkungen
V: 243.
Fettumbildung und -neubil-
dung im Intermediärstoff-
wechsel *V*: 656.
Fettumsatz s. auch Fettstoff-
wechsel.
—, Acetonkörperbildung
V: 667.
—, Muskelarbeit *VIII/1*: 465.
—, Nerv *IX*: 398.
Fettverbrennung *V*: 608.
Fettverdauung, Pankreas-
erkrankungen, mangel-
hafte *III*: 1256.
—, Paramaecium *III*: 19.
—, Rhizopoden *III*: 22.
Fettverteilung, Typen
XVII: 1082.
Fettverwertung, Muskel-
arbeit *XV/1*: 797.

Fettwanderung, Bedingungen
XVI/1: 577.
Fettwuchs, eunuchoider
XVII: 1090, 1128, 1143.
Fettzellen, Knochenmark
VI/2: 753.
Fettzufuhr, Fettverdauung,
Kalk-Phosphataussschei-
dung und *XVI/2*: 1577.
Feuchtigkeit, Luft
XVII: 504, 541.
—, physiologische *XVII*: 488.
Feuersalamanderlarven,
Schilddrüsenwirkung
XVI/1: 749.
FEULGENsche Nuclealeaktion
VI/1: 69.
Fibrilläre Zerklüftung, Mus-
kelfaser *VIII/1*: 552.
— Zuckungen, Skelettmuskel
VII/1: 54.
— —, —, Salzlösungen
I: 513.
Fibrillen-Äquivalentbild
IX: 163.
—, Erregungsleiter *IX*: 27.
—, Färbemethoden *IX*: 87.
—, motorische und senso-
rische *IX*: 93.
—, NISSLschollen im frischen
Zustand und *IX*: 154.
Fibrillengeflecht, nervöses
IX: 464.
Fibrillengitter *IX*: 780.
Fibrillenkontinuität *IX*: 120,
IX: 126.
Fibrillensäure, Neurofibrillen
IX: 85, 146.
Fibrillensäurehypothese
XV/2: 1212.
Fibrillenstruktur, Fortpflan-
zungsgeschwindigkeit,
Erregung *IX*: 167.
Fibrillensystem, Kontinuität
IX: 782.
Fibrillentheorie *IX*: 122.
Fibrillisation, Nervendegene-
ration und *IX*: 308.
Fibrinausfällung *VI/1*: 308.
Fibrinbildung, Blutgerinnung
XVIII: 159.
Fibrinfäden *VI/1*: 308.
Fibringlobulin *VI/1*: 250, 255.
Fibrinogen *VI/1*: 256 ff.,
VI/1: 336 ff.
—, Bestimmung, quantitative
VI/1: 339.
—, Blut, Chemie *III*: 271.
—, Blutgerinnung
VI/1: 308.
—, Darstellung *VI/1*: 256.
—, Harn *IV*: 300.
—, Herkunft *VI/1*: 256.
—, Hitzekoagulation
VI/1: 331.

(Fibrinogen), Neubildung
VI/1: 257.
—, Plasma, Gehalt *IV*: 517,
IV: 536.
—, Ursprungsstätten
VI/1: 257.
Fibrinogenfraktion nach In-
sulin *XVI/1*: 615.
Fibrinogenlösung, Darstel-
lung *VI/1*: 338.
Fibrinogenmangel *VI/1*: 426.
Fibrinogenverbindung, Kom-
plexsalz (STUBER)
VI/1: 330.
Fibrinolyse *V*: 730.
—, Ursachen *VI/1*: 357.
Fibrinopenie *XVIII*: 165.
Fibrinthromben, Gerinnungs-
methode *VI/1*: 369.
Fibroblasten *XIV/1*: 976.
—, Begriff, Umgrenzung
XIV/1: 984.
—, gerichtetes Wachstum
XVI/1: 872.
Fibroblastenapparat
IX: 484.
Fibroblastenbildung, CARREL-
kultur *VI/2*: 741.
Fibroblastenplasma, Be-
wegungsart *XIV/1*: 969.
Fibroblastosen, übertragbare
XIV/2: 1550.
Fibrome, Magen *III*: 1196.
Fibrosarkome, Herz
VII/2: 1822.
FICK-HORVATHsches Moment,
Herzhypertrophie
VII/1: 346.
FICKsche Lücke, Nervenrei-
zung *IX*: 233.
Fieber *XVII*: 87, 604.
—, alimentäres, Säugling
III: 1401.
—, Alkalireserve
XVI/1: 1122.
—, Alter *XVII*: 843.
—, anaphylaktische Reaktion
XIII: 724.
—, Atmung *II*: 274.
—, Bereitschaft *XVII*: 92.
—, Blutdruckerniedrigung
VII/2: 1408.
—, Blutreaktion *XVI/1*:1122.
—, Diabetes insipidus
XVII: 292.
—, Erregungen, seelische
V: 206.
—, Gewebseinschmelzung
VI/1: 261.
—, Harnreaktion
XVI/1: 1147.
—, Hautwasserabgabe
IV: 749.
—, Herzschlagfrequenz
VII/1: 516.

(Fieber) Hysterischer *V*: 206.
—, Infektionskrankheiten
XIII: 808.
—, Kochsalz *XVI/2*: 1533.
—, Kochsalzretention
XVI/2: 1550.
—, Kropfoperation
XVI/1: 330.
—, Liquorsystem und
XVII: 95.
—, psychogenes *XVII*: 59.
—, Stromgeschwindigkeit,
Blut *VII/2*: 1220.
—, Theorien *XVII*: 88.
—, transitorisches des Neu-
geborenen *III*: 1408.
—, Ursachen *XVII*: 90,
XVII: 95.
—, Wärmeabgabe *V*: 287;
XVII: 88.
—, Wärmeproduktion
V: 284.
Fieberanstieg, Wärmeabgabe
XVII: 87.
Fiederung, Muskel
VIII/1: 643.
Figurale Eigenschaften be-
wegter Objekte
XII/2: 1193.
— — optischer Wahrneh-
mung *XII/2*: 1229.
— Faktoren *XII/2*: 1200.
Figuralform *XII/2*: 1194.
Figurhintergrundsbildung
X: 667, 668, 672.
—, Abbau *X*: 669.
—, Grundfunktion des Ge-
hirns *X*: 666, 833.
Filariaarten *I*: 658.
Filialgeneration (Vererbung)
XVII: 913.
Filterblättchen, Herzgiftwir-
kungen, zur Analyse von
VII/1: 731.
Filtrationsdruck, Auge
XII/2: 1327.
Filtrationsmanometer, Auge
(LEBERsches) *XII/2*:1327.
Filtrationstheorie, Capillar-
austausch *XVI/2*: 1347.
— LUDWIG *XVII*: 177,
XVII: 257.
Filtrierapparate, Nahrungs-
aufnahme durch, ver-
gleichend physiol.
III: 26.
Filzgallen *XIV/2*: 1203.
Fingerabdruck, Erblichkeit
XVII: 1043.
Fingergrundgelenkreflex
X: 638.
Fingerreaktionen, Reaktions-
zeit *X*: 567.
Fingerreflexe *X*: 1001.
Finne *I*: 657.

FINNEYsche Operation
III: 1219.
Firnistod *IV*: 132.
Fische, Akkommodations-
lehre, vergleich.
XII/1: 158.
—, Atmung *II*: 13.
—, Auge, Tiefsee- *XII/1*:715.
—, Augenbewegungen, ver-
gleichend *XI*: 815;
XII/2: 1119, 1121.
—, —, kompensatorische
XII/2: 1121.
—, Barteln *XI*: 77.
—, Darmtractus *III*: 46.
—, Druck, osmotischer
XVII: 151ff.
—, Ernährung *V*: 456.
—, Farbenkreis *XII/1*: 725.
—, Gefäßsystem *VII/1*: 20.
—, Geruchssinn *XI*: 213.
—, Hals-Augen-Bewegungen
XII/2: 1121.
—, Lautproduktion
XV/2: 1240.
—, Lichtwirkung auf
XVII: 234.
—, Nahrungsaufnahme
III: 41.
—, Pigment *XIII*: 226.
—, Rheotaxis *XI*: 82.
—, Schutzfärbung *XIII*:200.
—, Schutz und Angriffsein-
richtungen *XIII*: 68.
—, Schwanzreflexe *X*: 164.
—, Schwimmblase *XI*: 790.
—, Seitenorgane, Beeinflus-
sung durch Wasserströ-
mung *XV/1*: 138.
—, Silberglanz *XIII*: 200.
—, Sperrvorrichtungen der
Stacheln *XIII*: 68.
—, Tangoreceptoren *XI*: 76.
—, Tastreizbarkeit *XI*: 77.
—, Vestibularapparat, Funk-
tion *XVIII*: 296.
Fischvergiftung (Ichthyis-
mus, span. Ciguatera)
XIII: 149.
Fissuren *XIV/1*: 1064.
Fistelstimme, persistierende
XV/2: 1360.
Fistelsymptom, Prüfung bei
Labyrintherkrankungen
XV/1: 387.
Fixation, Bulbus *XII/2*:1055,
XII/2: 1059.
—, Folgen des Blicks
XII/2: 1197.
—, Herzbeutel und Herz
VII/2: 1845.
Fixationsmethode, Hypnose
XVII: 674, 694.
Fixationsreflexe *X*: 341, 970,
X: 971.

Fixationsrigidität *X*: 341.
Fixierreaktion, Augen
 XII/1: 28, 29.
Fixiertiere, phototrope vesti-
 bulare *XII/2*: 1165.
Fixierung, Kritik der histo-
 logischen *III*: 553.
Fixstern, Sehobjekt
 XII/2: 756.
Flächeneinheit, freie Energie
 I: 104, 125.
Flächenfarben *XII/1*: 640.
Flächengröße, Atmung
 II: 15.
Flächenhelle *XII/2*: 1503.
—, Auge *XII/2*: 1507.
Flächenkontrast
 XII/1: 478.
Flachwarze, Papilla plana
 XIV/1: 610.
Flagellaten, Nahrungsauf-
 nahme *III*: 8.
—, Thigmotaxis *XI*: 69.
Flagellation *XIV/1*: 890.
Flammströme, blaze-currents,
 Auge *XII/2*: 1395.
Flaschenkind, Erdalkali- und
 Phosphatbilanz
 XVI/2: 1561.
—, Gewichtszunahme
 III: 1308.
—, Milchmengen, tägliche
 III: 1364.
Flaschensausen *II*: 298.
Flatterbewegungen, Herz,
 Frequenz *VII/1*: 671.
—, —, Wesen
 VII/1: 674, 676.
Flatter- und Flimmerbewe-
 gung, Herz, Koordination
 und Inkoordination
 VII/1: 671.
Flatterflieger, Fledermäuse
 XV/1: 346.
Flavizid, Wunddesinfektions-
 mittel *I*: 578.
FLECHSIGsche Methode,
 Rückenmark *X*: 846.
FLECHSIGS Primordialgebiete
 X: 601.
Flechten *I*: 669.
Fleckfieber, Immunität
 XIII: 523, 532.
—, Resistenzherabsetzung
 durch Hunger
 XIII: 557.
—, Schwerhörigkeit *XI*: 651,
 XI: 654.
Fleckfiebergift, Entzündung
 XIII: 366.
Fleckfieberschwerhörigkeit
 XI: 651, 654.
Fleckschattenversuch,
 HERING *XII/1*: 600;
 XII/2: 1506.

Fleisch, arteigenes, Verfütte-
 rung *V*: 35.
FLEISCHL-Effekt
 VIII/2: 696; *IX*: 270.
Fleischnahrung, Energieaus-
 nutzung *V*: 135.
Flexibilitas cerea *XVII*: 708.
Fliegen s. auch Flug
 XV/1: 320 ff.
—, Arm- und Beinbe-
 wegungen *XV/1*: 366.
—, Ausdauer, psychische
 XV/1: 367.
—, Drehschwindel
 XV/1: 447.
—, Druck, intraabdominaler,
 XV/1: 377.
—, —, systolischer und dia-
 stolischer *XV/1*: 376.
—, Empfindungen *XV/1*: 367.
—, Ermüdbarkeit, nervöse
 XV/1: 366.
—, Höheneffekt *XV/1*: 368.
—, Perzeptionsabstumpfung
 XV/1: 369.
—, physiolog. Wirkungen des
 Klimas *XVII*: 532.
—, psychomotorische Reak-
 tion *XVI/1*: 366.
—, Psychoneurose
 XVI/1: 378.
—, Reflexhaftigkeit beim
 XV/1: 378.
—, Schlaf, Neigung
 XV/1: 369.
—, Taube *X*: 247.
Fliegerasthenie, Nebenniere,
 Insuffizienz *XV/1*: 374.
Fliegerkrankheit *X*: 182;
 XV/1: 513.
Fliehkraft s. Ducticeptoren.
Fließarbeit *XV/1*: 543, 651.
—, Eignung *XV/1*: 657.
Fließelastizität *I*: 137, 164,
 I: 168, 169.
Flimmerbereitschaft, Herz
 VII/1: 666; *VIII/2*: 963.
Flimmerbewegung, Automa-
 tie *VIII/1*: 44.
—, Beeinflussung durch
 Sauerstoff *VIII/1*: 56.
—, — — Temperatur
 VIII/1: 54.
—, — — Zentralnervensy-
 stem *VIII/1*: 63.
—, Bronchien *II*: 472, 517.
—, Metachronie *VIII/1*: 40.
—, respiratorische, Pharma-
 kologie *XVIII*: 20.
—, respiratorisches Epithel
 XVIII: 7.
Flimmerelement *VIII/1*: 60.
Flimmerepithel, Blutmotor
 VII/1: 10.
—, Funktion *II*: 314.

(Flimmerepithel), Lichtwir-
 kung auf *XVII*: 234.
Flimmerfähigkeit, Herz
 VII/1: 666; *VIII/2*: 963.
Flimmerhelligkeit, Auge
 XII/1: 370.
Flimmerkontrastscheiben
 XII/1: 299, 439.
Flimmermethode
 XII/2: 1528, 1531.
Flimmern, Auge
 VIII/2: 949;
 XII/1: 437 ff.
—, —, entoptisches im nieder-
 frequenten Wechselfeld
 VIII/2: 949.
—, Herz, Begriffsbestim-
 mung *VII/1*: 663.
—, —, Beseitigung
 VII/1: 675.
—, —, Chloroformnarkose
 VII/1: 759.
—, —, Entstehung
 VII/1: 665.
—, —, experimentelle Erzeu-
 gung *VII/1*: 665.
—, — Frequenz *VII/1*: 670.
—, —, Kammern experim.
 Elektrokution
 VIII/2: 961.
—, —, Kammer, Faradisation
 VIII/2: 985.
—, —, Nebenverwundungs-
 theorie *VII/1*: 396.
—, —, Theorien *VII/1*: 682.
—, —, Vorhöfe und Kammern
 VII/1: 668.
—, —, Wesen
 VII/1: 674, 676.
Flimmerphotometer
 XII/2: 1528.
Flimmerphotometrie
 XII/1: 370, 439;
 XII/2: 785.
—, Kinematograph
 XII/1: 440.
Flimmerplatten *VIII/1*: 61.
Flimmerschlag, Ionenwirkung
 I: 514.
Flimmerskotom, korrespon-
 dente Lokalisation
 XII/2: 997.
Flimmerwertkurven, Anoma-
 liegrade, Auge
 XII/2: 1561.
Flimmerzelle, Energiepro-
 duktion *VIII/1*: 41.
—, Ionenwirkung
 VIII/1: 47.
—, mechanische Arbeit
 VIII/1: 42.
—, osmotischer Druck auf die
 VIII/1: 53.
—, Permeabilität *VIII/1*: 53.
—, Reize auf *VIII/1*: 45.

(Flimmerzelle), Respirations-
traktus *II*: 472, 517.
Flockungsreaktion, Nieren-
erkrankung *IV*: 535.
Flockungsvermögen, Fibrino-
gengehalt des Plasma und
VI/1: 257.
Flohgifte *XIII*: 135.
Flossenstellungen, kompensa-
torische *XI*: 815.
Flucht- oder Beugereflex
X: 993.
Flug s. auch Fliegen.
—, aerodynamische Grund-
lagen *XV/1*: 321.
—, Amphibien *XV/1*: 348.
—, Fische *XV/1*: 347.
—, Hinterwurzeldurchschnei-
dung *XV/1*: 123.
—, Insekten *XV/1*: 349.
—, Kleinhirnläsion
XV/1: 152.
—, Kraftökonomie
XV/1: 333.
—, Labyrinthexstirpation
XV/1: 114, 334.
—, Reptilien *XV/1*: 348.
—, Säuger *XV/1*: 346.
—, Stabilität *XV/1*: 324.
—, Verbreitung *XV/1*: 320.
—, Wirbeltiere *XV/1*: 320.
—, Zwischenhirnläsion
XV/1: 146.
Fluganordnungen der Vögel
XV/1: 345.
Flugarten, Flug der Wirbel-
tiere *XV/1*: 335ff.
Flugbewegung *X*: 164.
Flugdistanz, Brieftauben
XV/2: 920.
Flügelbewegung, Bahn
XV/1: 341.
Flügelgaumenbeinpfeiler
III: 301.
Flügelmuskeln, Insektenherz
VII/1: 34.
Flügelprofil, Änderung beim
Fluge *XV/1*: 329.
Flügelreflexe, Vögel, Vestibu-
larapparat *XI*: 844;
XV/1: 130, 131, 132, 133.
Flügelschläge, Frequenz bei
Vögeln *XV/1*: 343.
Flugfähigkeit *XV/1*: 328.
Fluggeschwindigkeit trainier-
ter Vögel *XV/2*: 924.
Flughöhe, Tauben
XV/2: 941.
Flugmuskeln, Insekten
XV/1: 351.
Flugmuskulatur *XV/1*: 330.
Flugton, Insekten
XV/2: 1225.
Flugvermögen, Gehirntypen
XV/1: 335.

(Flugvermögen), Hinter-
wurzeldurchschneidung
XV/1: 123, 124.
—, Labyrinthexstirpation
XV/1: 114, 334.
Fluktuation, Erbfaktoren
XVII: 951.
—, Erregung, Gesetz der
IX: 38.
Fluktuationsstoß, Herzklap-
peninsuffizienz
VII/2: 1456.
Fluorescenz *I*: 202, 304.
—, Auge *XII/1*: 317, 318/19.
—, Pigmente *XIII*: 214.
— tierischer Organe
VIII/2: 1072.
—, Zelltrümmer *I*: 52.
Fluorescenzänderung, Netz-
haut *XII/1*: 288.
Fluorescinadsorption, Auge
XII/2: 1369.
Fluorescinaustritt aus den
Irisgefäßen *XIII*: 383.
Fluorescinversuch Ehrlichs,
intraocularer Flüssigkeits-
wechsel *XII/2*: 1348.
Fluoride, Protoplasmagifte
I: 567.
Fluormethämoglobin
VI: 160.
Fluornatrium, Einfluß auf
Darmresorption *IV*: 103.
Flüssigkeitsbewegung,
Kräfte *IV*: 13.
Flüssigkeitsresorption, Lunge
II: 474.
Flüssigkeitstransport, Rönt-
genbeobachtungen
XVI/1: 891.
—, Wiederkäuer *III*: 393.
Flußkrebs, Farbwechsel
XIII: 211.
—, Gangart *XV/1*: 291.
—, Nahrungszerkleinerung
III: 55.
—, Thermotaxis *XI*: 176.
Flußwasser, Milieu
XVII: 144.
Flüsterlaute, Struktur
XV/2: 1415.
Flüstern *XV/2*: 1385.
Flüsterstimme *II*: 293.
Flutkammern, Milzpulpa
VI/1: 867, 870.
Foci, motorische *X*: 698.
Foetale Apnoe *II*: 282.
— Atmung *II*: 282.
— Krankheiten *XIV/1*: 1067.
Foetalleben, Mensch, Eisen-
gehalt *XVI/2*: 1494.
Foetus, Herzfrequenz
VII/1: 457.
—, Kohlensäurespannung
II: 282.

(Foetus), menschlicher, Ana-
lyse *III*: 1302.
—, —, abnorme Größe
XIV/1: 604.
Föhn, allgemeine Klimawir-
kungen *XVII*: 508, 526.
—, Blutdruck *VII/2*: 1357.
—, meteorologisch
XVII: 477.
Föhnwetter *XVII*: 385.
Folgebewegungen s. Füh-
rungsbewegungen.
Follikel lymphatischen Ge-
webes *VI/1*: 665; s. auch
Lymphknoten, Lymph-
drüsen, Lymphfollikel.
Follikelatresie *XIV/1*: 437.
Follikelepithel *XIV/1*: 62.
—, Inkretion des *XVI/1*: 64.
Follikelflüssigkeit
XIV/1: 415.
Follikelreifungshormon
XVI/1: 676.
Follikelsprung, provozierter
durch Vorderlappenhor-
mon *XVI/1*: 467.
Fonia *I*: 271.
Fontanellen, Schluß
XVI/1: 326; *XVII*: 783.
Fontänenströmung, Proto-
plasmabewegung
VIII/1: 11.
Foramen interventriculare
persistens, Haustiere
VII/2: 1818.
— oesophageum, Zwerchfell
III: 359.
— ovale persistens, Haus-
tiere *VII/2*: 1818.
Förderstoffe, allg. Physiol.
I: 352.
Form als Reiz *I*: 698.
Formaldehyd, Beeinflussung
der Darmresorption
IV: 103.
—, Pflanze, Verarbeitung
V: 605.
—, Protoplasmagifte *I*: 572.
—, Stoffwechselverhalten
V: 999.
Formamid *V*: 1009.
Formanten *XV/2*: 1395.
—, Beweglichkeit
XV/2: 1414.
Formatio reticularis *X*: 177;
XVII: 300.
Formative Reize, innere Se-
kretion und *XIV/1*: 212.
— —, Regeneration und
XIV/1: 1094.
Formbestimmung der Organe
XVI/1: 873.
Formdoppelbrechung, op-
tische Erscheinungen
I: 227.

Formelastizität *I*: 164.
Formen, arbeitsphysiologische, Rationalisierung der *XV/1*: 556.
Formensinn *XII/2*: 750.
—, Sehschärfe *XII/2*: 800.
Formenwahrnehmung, Schnelligkeit *XII/2*: 781.
Formfestigkeit *I*: 217.
Formgesetze, autonome, opt. Wahrnehmung *XII/2*: 1225.
Formgleichgewicht, Regeneration *XIV/1*: 1088.
Forminsuffizienz, Herz *VII/1*: 710.
Formoltitration *III*: 218.
Formproblem, Ontogenese u. *I*: 626.
FORSSMANsches Antigen *XIII*: 426, 480, 698.
Fortbewegung auf dem Boden bei Wirbellosen *XV/1*: 271.
Fortpflanzung *XIV/1*: 1ff.
—, cyclische *XIV/1*: 86.
— Einzelliger *XIV/1*: 4.
—, geschlechtliche *XIV/1*: 108.
— Mehrzelliger *XIV/1*: 31.
—, Parasiten *I*: 651.
—, Pflanzen *XIV/1*: 1ff.
—, ungeschlechtliche *XIV/1*: 4.
Fortpflanzungsfähigkeit, Schädigung durch Röntgen- und Radiumstrahlen *XVII*: 359.
Fortpflanzungsgeschwindigkeit, Erregung im Nerven *VIII/2*: 747; *X*: 1062; *XVIII*: 245.
—, — im sensiblen Nerven des Menschen *X*: 546.
Fortpflanzungstrieb *XIV/1*: 200.
Fossa mandibularis *III*: 305.
FOURIERsche Analyse, Schallkurven *XV/2*: 1395.
FOURIERscher Satz, Anwendung auf Töne *XI*: 672.
Fovea centralis, Anatomie *XII/1*: 807.
— —, Ausdehnung *XII/1*: 432.
— —, Dunkeladaptation *XII/1*: 325, 575, 576.
— —, Durchmesser *XII/2*: 789.
— —, Empfindungszeit *XII/1*: 424.

(Fovea centralis), Energieschwelle (Reizschwelle) *XII/1*: 321, 370.
— —, Foveazapfen, Stellung *XII/1*: 573ff., 577.
— —, Nachbildumrahmung *XII/2*: 1532.
— —, PURKINJEsches Phänomen *XII/1*: 379.
— —, Schwellenwerte *XII/1*: 321, 370.
— —, Sonderstellung *XII/1*: 432; *XII/2*: 1505.
— —, Zapfen *XII/2*: 770.
Fovealücken *XII/2*: 770.
Foveamitte *XII/2*: 1526.
Foveazapfen, Durchmesser *XII/2*: 769.
FOVILLE-FLECHSIGsche Bahn *X*: 865.
Fragmentation (Fortpflanzung) *XIV/1*: 39.
Framboesie *XIII*: 548, 598.
Frauenmilch *III*: 1350; *XVI/1*: 913.
—, Stuhl, Flora *III*: 1008.
—, Zusammensetzung *III*: 1352; *XIV/1*: 655.
Frauenmilchersatz *XIV/1*: 657.
FREDERIQsche Erscheinung, Herzschlagfrequenz *VII/2*: 1289.
Fregattvögel, Reisegeschwindigkeit *XV/2*: 929.
—, Verwendung wie Brieftauben *XV/2*: 928.
Freie Energie *I*: 26, 249.
Fremdassimilation *XIV/1*: 1011.
Fremdbeobachtungsmethode, arbeitspsychologische *XV/1*: 648.
Fremdkörper im Herzen *VII/2*: 1888.
—, infizierte, quellbare, vegetabilische usw. *II*: 336.
— in Luftwegen *II*: 420.
—, Schutz gegen das Eindringen der *II*: 330.
—, Steinteile *IV*: 619, 668.
Fremdkörperextraktionen *II*: 336.
Fremdkörperreflex *XII/2*: 1316.
Fremdkörperriesenzellen *XIV/1*: 925.
Fremdkörpersteine *IV*: 619, *IV*: 668.
Fremdreflexe *X*: 64.
—, Innervation, reziproke *X*: 64.
Fremdsuggestion *XVII*: 671.

Fremdwahrnehmung biologische Funktionsabläufe *XVI/1*: 1062.
Frequenzabnahme, Herz, durch Kalium *VII/1*: 726.
Frequenzänderungen, Herz *VII/1*: 258.
Frequenzoptimum, Schlagvolumen *VII/2*: 1186.
Freßimmobilisation *XVII*: 702.
Freßreaktion, Seerose *IX*: 809.
Freßreflex *X*: 1004.
FREUDsche Mechanismen *XIV/1*: 797.
— Psychoanalyse *XIV/1*: 896.
— Traumdeutung *XVII*: 642.
FREUND-KAMINERsche Reaktion, serologische Carcinomdiagnose *XIII*: 504.
FREUSBERGsches Phänomen, Rückenmarkstier, Taktschlagen *X*: 416.
Frigidität *XIV/1*: 791, 804, *XIV/1*: 805, 835, 895.
FRÖHLICHsche Krankheit *XVI/1*: 447, 450, 1055.
FRÖHLICH-Zeit, Auge *XII/2*: 1581.
—, Sehvorgänge *XII/2*: 1567, *XII/2*: 1588.
Frontale Aphasie *XV/2*: 1424.
Frontallappen *X*: 813.
—, Cytoarchitektonik *X*: 813.
—, Läsion *X*: 815, 823, *X*: 824, 826.
Frosch, Atmung *II*: 13, 19, 33.
—, Hautatmung *I*: 349.
—, Osmoregulation *XVII*: 152, 154.
Froschdarm, Zuckerpermeation *IV*: 171.
Froscheier, Entwicklung in Ringerlösung *XVI/1*: 856.
—, —, osmotischer Druck auf *XVI/1*: 852.
Froschentwicklung, H-Ionenkonzentration *XVI/1*: 864.
Froschhaut, Ester, Eindringen *IV*: 137.
—, Wasserbindungsfähigkeit *IV*: 121.
Froschlarven, Metamorphose, Schilddrüsenfütterung *XVI/1*: 710.
—, —, Beeinflussung durch Chinin *XVI/1*: 743.
—, —, — — Jodaminosäuren *XVI/1*: 711, 716.
—, —, — — Jodeiweiß *XVI/1*: 711.

(Froschlarven,Metamorphose,
Beeinflussung),Salzmangel
XVI/1: 863.
—, Hungerversuche
XVI/1: 866.
—, Hyperthyreosewirkung
auf *XVI/1*: 733.
—, Salzresorption von
XVI/1: 855.
Froschmagen, Bewegungen
III: 427.
Froschmuskel, Eisengehalt
XVI/2: 1491.
Froschmuskulatur, Atmung
XVI/1: 628.
Froschniere, Atropinwirkung
auf die isolierte *IV*: 423.
—, Blutversorgung
IV: 455ff.
—, funktionelleUntersuchun-
gen *IV*: 455.
Froschplasma, Eiweißkörper,
osmotischer Druck
IV: 317.
Froschrassen, differenzierte
XVI/1: 786.
Frösteln, Temperatursinn
XI: 164.
Frostgangrän *X*: 1302.
Frucht, menschliche, ab-
norme Größe *XIV/1*: 604.
Fruchtabtreibung
XIV/1: 503.
Fruchtblase, Bildung
XIV/1: 588.
Früchte, antiskorbutische
Stoffe *V*: 1224.
—, Gehalt an B-Vitamin
V: 1217.
Fruchtwalze, Verbiegung am
Knie des Geburtskanals
XIV/1: 593.
Fruchtwalzenbildung
XIV/1: 590.
Fruchtzuckerumsatz im Zen-
tralnervensystem
IX: 570, 601.
Fructose, d-, Glykolyse im
Zentralnervensystem
IX: 581.
— im Harn *IV*: 297.
—, Stoffwechsel, Angreifbar-
keit *V*: 479.
—, Stoffwechselverhalten
V: 999.
—, Urin *III*: 137.
Frühakromegalie *XVI/1*:437.
Frühdiagnose, Schwanger-
schaft *XVI/1*: 470.
Frühgeburten, Augenstellung
XII/2: 1134.
—, Wärmeregulation
XVII: 10.
Frühjahrshemeralopie
XII/2: 1603.

Frühjahrsseuche der Frösche
XIII: 539.
Frühreaktion mit Echinanti-
gen *XIII*: 791.
Frühreife, sexuelle
XIV/1: 457; *XVII*: 1093.
Frustulation *XIV/1*: 39.
Fühlborsten, Pflanzen
XI: 88.
Fühlpapillen, Pflanzen
XI: 89.
Fühltüpfel, Pflanzen
XI: 85.
Führungsbewegungen, Auge
XII/2: 1046, 1058, 1087.
Führungskegelprinzip
XII/2: 1024.
Führungsschwelle, Glieder-
bewegungen *XI*: 119.
Fulguration, Gewebszerstö-
rung durch *VIII/2*: 995.
Füllung des Pulses
VII/2: 1225.
Füllungsdruck, venöser
VII/2: 1183.
Füllungsvorgang, Magen
III: 399.
Fumarsäure *V*: 520.
—, Stoffwechselverhalten
V: 1005.
Funariatypus, Chloroplasten-
lagerung *XII/1*: 59.
Functio laesa, Entzündungs-
symptom *XIII*: 345.
Fundusdrüsen und Pylorus-
drüsen *III*: 839.
—, Sekretionsreize, mecha-
nische *III*: 722.
—, Tätigkeit, Untersuchung
III: 711.
Fundustonus, Magen
XVI/1: 889.
Funduszone, Magen *III*: 603.
Fungisterin *III*: 201.
Funkenentladungen, allge-
meine Wirkungen
VIII/2: 956.
Funktion aktiver Gewebe
X: 1160.
—, Anatomie u. Zentralner-
vensystem *XV/2*: 1148.
—, Membranen, Wasserhaus-
halt *XVII*: 170.
—, Nervensystem *X*: 645.
— Organismus, Theorie
XV/2: 1138.
—, Trophik u. Nervensystem
X: 1159.
—, Wachstumreiz, Atem-
organe *II*: 385.
Funktionelle Anpassung
XVII: 956.
— —, Atemorgane *II*: 125.
— Wertigkeit d. Leistungen,
Großhirnrinde *X*: 636.

(Funktionelle) Zusammenfas-
sung metamerer Nerven
X: 145.
Funktionseisen der Zellen
XVI/2: 1644.
Funktionsglykogen *V*: 1276.
Funktionskreis, Einpassung
in die Umwelt *I*: 697.
Funktionsprüfung,autonomes
N.S. *XVI/2*: 1789.
—, Gefäßsystem *VII/2*:1339.
—, —, hypertonisches
VII/2: 1395.
—, Kreislauf, peripherer
XV/1: 578.
—,Nervensystem,vegetatives
XVII: 215.
Funktionssteigerung durch
Strahlen, endokrine Drü-
sen *XVII*: 379.
Funktionsstörung, Atem-
apparat, pathogenetische
Ursache *II*: 389.
—, experimentelles Mamma-
carcinom und
XIV/2: 1583, 1703.
—, Sehorgan *XII/1*: 528.
Funktionsunterbindung, Pha-
nerogame *XIV/1*: 1119.
Funktionswechsel, Auge
XII/2: 1501.
Funktionszellen, Cambium-
zellen und *XIV/2*: 1293.
Furanderivate *V*: 1030.
Furcht *XIV/1*: 804, 896, 898.
Furchungsebene, Bestim-
mung *XVI/1*: 814.
Furchungsgeschwindigkeit,
Temperatur und
XVI/1: 819.
Furchungskern *XIV/1*: 125.
Furchungsmotive
XIV/1: 125.
Furchungsprozeß
XIV/1: 1010, 1043.
Furchungstypen
XIV/1: 1044.
Furfurakrylsäure *V*: 1040,
V: 1045.
Furfurol *V*: 1030, 1045.
Furfurpropionsäure *V*: 1030.
Furoylessigsäure *V*: 1030.
Fusionsbewegungen, Auge
XII/2: 1068, 1074ff.
Fusionsspezifität *XIII*: 693.
Fusionszwang, Auge
XII/2: 1071, 1074ff.,
XII2/: 1139.
Fuß, Arthropoden
XV/1: 290.
—, Hauptdruckstellen
XV/1: 190.
—, Röntgenaufnahme
XV/1: 191.
Fußdruck *XV/1*: 208.

(Fußdruck), Schuhwerk
XV/1: 192.
—, vertikaler
XV/1: 208.
Fußschlingenversuch
XV/1: 122.
Fußschweiß, Formalin und
IV: 767.

Fußsohlenreflex *X*: 994.
Fußzelle, Hodenkanälchen
XIV/1: 705, 713.
Futter, Nährleistung
V: 1154.
Futtermittel, verschiedene
der Pflanzenfresser *V*: 117,
V: 128.

Fütterung, Leberzellkerne
und (Hund) *III*: 657.
Fütterungsneuritis, regenera-
tive Veränderungen
IX: 337.
Fütterungssekretion *III*: 81.
Fütterungsversuche an Rau-
pen *XVI/1*: 868.'

G

γ-Formen s. unter dem ent-
sprechenden Stichwort
(z. B. γ-Strahlen unter
Strahlen, γ-).
Galactorrhoea paradoxa
XIV/1: 639, 664.
Galaktose *V*: 136.
—, Harn *IV*: 297.
—, Milch *XIV/1*: 649.
—, Stoffwechsel des isolierten
Zentralnervensystems
IX: 570, 599, 601.
—, Stoffwechselverhalten
V: 507, 999.
Galakturonsäure, Stoffwech-
selverhalten *V*: 1006.
Galle, *III*: 778, 876ff., 1264.
—, Abflußstörung *IV*: 600.
—, Absonderung *IV*: 793ff.
—, Analyse *III*: 887; *IV*: 607.
—, Austritt ins Duodenum
III: 803.
—, Bildungsstätte *III*: 1269.
—, Cholesterin, Herkunft
V: 1118.
—, Darmwirkung *III*: 530.
—, Dyscholerinose *IV*: 650.
—, enterohepatischer Kreis-
lauf *III*: 786.
—, Exkretion durch Leber
IV: 784.
—, Fettresorption und *IV*: 60.
—, Gehalt an Bilirubin
III: 1285.
—, —, Calcium, Rind
XVI/2: 1505.
—, —, Cholesterin *V*: 1118.
—, —, Eiweiß *III*: 1270.
—, —, Kalk *IV*: 610.
—, —, Mineralbestandteile
III: 885; *XVI/2*: 1504.
—, —, Porphyrine *III*: 881.
—, Gewinnung *III*: 687.
—, Giftwirkung *III*: 904;
IV: 770ff.
—, Harn, Vergleich von
IV: 771.
—, Hyper- und Dyscholesteri-
nose *IV*: 650.
—, Krankheitszustände und
III: 891.
—, Menge *III*: 1278; s. auch
Gallenmenge.
—, Niederschläge *IV*: 595.

(Galle), Nubecula *IV*: 596.
—, Oberflächenhäutchen
IV: 596.
—, pathologische Bedin-
gungen *III*: 1284.
—, Reaktion der *III*: 886.
—, Resorptionsbeeinflus-
sung, Darm *IV*: 102.
—, Schleimsubstanzen
III: 877.
—, Stabilität *IV*: 615.
—, toxische Wirkung
III: 904; *IV*: 770ff.
—, Urobilinnachweis
IV: 789.
—, Verdauungssekret
III: 901.
—, vergleichend *IV*: 785.
—, weiße *III*: 1279; *IV*: 797.
—, Wiederverwendung und
Anregung der Lebertätig-
keit *IV*: 771.
—, Zusammensetzung
III: 877, 887; *IV*: 607.
—, — und Darminhalt
III: 785.
—, — vgl. Pathologie
III: 1099.
Gallebestandteile, Löslich-
keit von Kalksalzen
XVI/2: 1578.
Gallen, Pflanzenkrankheit
XIV/2: 1201.
— —, Bildung durch Schma-
rotzer *I*: 629.
— —, einzellige
XIV/2: 1207.
— —, Form und Struktur
der *XIV/2*: 1206.
Gallenableitung *III*: 1264.
Gallenabsonderung s. Gallen-
sekretion.
Gallenaustritt, Regulations-
mechanismus *III*: 806.
Gallenbereitung *III*: 647.
Gallenblase, Bedeutung
III: 1287.
—, Beeinflussung, pharma-
kologische *III*: 1288.
—, Collum-Cysticus-Sphinc-
ter *III*: 519.
—, Funktion *III*: 795, 801.
—, Pituitrinkontraktion
III: 519.

(Gallenblase), Resorptions-
und Konzentrotionsarbeit
IV: 607, 798.
—, Schmerzhaftigkeit
XI: 196.
—, spontane Kontraktionen
III: 797.
—, Stauungs- *III*: 511;
IV: 601.
—, sympathische und para-
sympathische Innervation
III: 798.
—, Verstopfung durch Steine
XVI/1: 909.
Gallenblasenempyem *IV*: 604.
Gallenblasenexstirpation,
Folgen *III*: 1290.
Gallenblasenfistel *III*: 1264.
Gallenblasenhydrops *IV*: 604.
Gallenblasenmotilität
III: 1290.
Gallencapillartrichter
III: 1267.
Gallenfarbstoff s. auch Bili-
rubin *III*: 878; *IV*: 617;
VI/1: 197ff; *XVIII*: 155.
—, Ausscheidung und Blut-
umsatz *VI/1*: 221.
—, Ausscheidungsmöglich-
keiten *IV*: 785, 790.
—, Blutfarbstoffe und
VI/1: 196.
—, Blutplasma, Normalgehalt
VI/1: 286.
—, Exkretion, Leber *IV*: 785.
—, Gallenfarbstoffderivate
und *III*: 879.
—, Hämatin *III*: 1277.
—, Harn *IV*: 303.
—, Konstitution *XVIII*: 155.
—, Menge *V*: 886.
—, Reaktionsformen *IV*: 786.
—, Resorption *IV*: 75.
—, Übertritt ins Blut
IV: 785.
Gallenfarbstoffbildung
VI/1: 202; *XVI/2*: 1659.
Gallenfarbstofferrechnung
VI/2: 778.
Gallenfistel, Malacie der
Knochen *XVI/2*: 1582.
Gallengänge, Funktion
III: 795.
—, intrahepatische *IV*: 638.

(Gallengänge), reflektorische Erregung *III*: 799.
—, Sekret *IV*: 655.
Gallengangfistel *III*: 1278.
Gallengangsteine, Vitamin-A-freie Nahrung *IV*: 506, *IV*: 666.
Gallengrieß *IV*: 623.
Gallenkoliken, psychogene *III*: 513.
Gallenmenge *III*: 1278.
—, Gallensäuren *III*: 1281.
—, Ölkuren *III*: 1282.
—, pharmakologische Beeinflussung *III*: 1281.
Gallenpigmente, Speiseneinfluß auf Sekretion *III*: 791.
Gallensaure Salze *XVI/1*: 908; *XVI/2*: 1218.
— —, Einfluß auf Bilirubinurie *IV*: 788.
Gallensäuren *III*: 201, 882, *III*: 1442; *XVI/2*: 1214.
—, Ausscheidung *IV*: 790.
—, Bildung *IV*: 616.
—, choleretische Wirkung *IV*: 795.
—, Giftwirkung *XIII*: 179.
—, Hämolyse *III*: 1450.
—, Harn *IV*: 293.
—, Herkunft *III*: 898.
—, Rückresorption *IV*: 611.
—, Sekretion, Speisen und *III*: 791.
Gallensekretion *III*: 652, *III*: 1441.
—, Anomalien *III*: 1265; *IV*: 619.
—, autonom. Nervensystem *X*: 1083.
—, Erdalkalistoffwechsel *XVI/2*: 1579.
—, Erreger *III*: 784.
—, Gallenblasenexstirpation *III*: 1289.
—, Hemmung *III*: 785.
—, Mechanismus *III*: 793.
—, Pharmakologie *III*: 1264, *III*: 1441.
—, stündlicher Verlauf *III*: 782.
Gallenstauung, Gallensteinbildung *IV*: 601.
—, hypotonische *III*: 516.
—, Leberparenchymschädigung *IV*: 797.
—, spastische *III*: 516.
Gallensteinabgang *III*: 519.
Gallensteinanfall *III*: 512.
Gallensteinbildung *III*: 1099.
—, Fremdkörper *IV*: 619.
—, Geschlechter *IV*: 599.
—, Gravidität und Puerperium *IV*: 599.

(Gallensteinbildung), Konstitution *IV*: 598.
—, Krankheiten, verschiedene *IV*: 603 ff.
—, Lebensalter *IV*: 598.
Gallensteine *IV*: 591, 598 ff.
—, Achatbildung *IV*: 635.
—, Alter *IV*: 598; *XVII*: 846.
—, Bakterien *IV*: 604.
—, Bestandteile *IV*: 617.
—, Bilirubincalcium *IV*: 635.
—, Differenzierung in den Lagen *IV*: 637.
—, Eiweißgehalt *IV*: 605.
—, Eiweißgerüst *IV*: 617.
—, Entstehung *III*: 905.
—, facettierte *IV*: 626.
—, Größenunterschiede *IV*: 642.
—, Kernanlagen *IV*: 624.
—, Morphologie und Morphogenese *IV*: 621.
—, Rind *IV*: 616.
—, Schwermetalle *IV*: 618.
—, Systematik *IV*: 620.
—, Vitamin-A-freie Ernährung *IV*: 506, 666.
—, Vorkommen und Häufigkeit *IV*: 598.
Gallensteinleiden *III*: 516; s. auch Cholelithiasis.
Gallensystem, Motilität des extrahepatischen *IV*: 602.
Gallenthromben *III*: 1276.
Gallenwege, ableitende, und Harnwege *IV*: 796.
—, Bewegungsvorgänge, Pathologie der extrahepatischen *III*: 505.
—, Dyskinese *III*: 515; *XVI/1*: 1041.
—, Eindickungsvorgänge *III*: 878.
—, Entleerungsvorgang *III*: 508.
—, Motilitätsstörungen *XIV/1*: 565.
—, Schleimdrüsen *III*: 877.
—, Stauung, funktionelle *IV*: 602.
Gallenwegsmotilität, Gravidität der Frau *III*: 517.
Gallertmark *VI/2*: 748.
GALLS Lehre *X*: 619.
Gallussäure *V*: 1021, 1039.
Galopp des Hundes *XV/1*: 265.
— des Pferdes *XV/1*: 252.
GALTON-Pfeife *XI*: 552.
Galvanisation, allgemeine *VIII/2*: 940.
—, trophische Wirkung *XVIII*: 226.
Galvanische Labyrinthreflexe *XI*: 891.

(Galvanische) Prüfung bei Erkrankungen der mittleren Schädelgrube *XV/1*: 428.
— Reizung (Vestibularapparat) *XI*: 979.
— — —, Theorie *XI*: 983.
Galvanischer Hautreflex *IV*: 141; *VIII/2*: 775.
— Schwindel (Vestibularapparat) *XI*: 979.
— Strom, Permeabilitätsänderung durch den *IV*: 145.
Galvanotaxis *I*: 295; *VIII/1*: 60, 61, 63; *XI*: 1027 ff.
—, Protozoen *XI*: 1036.
Gameten *XIV/1*: 11, 14, *XIV/1*: 1062.
Gametophyt *XIV/1*: 76, 94.
Gammastrahlen s. Strahlen.
Gang, Arbeitsleistung und Wirkungsgrad der Muskeln *XV/1*: 216.
—, aufrechter *XV/1*: 260.
—, —, Zentrum *X*: 710.
—, Drahtmodell des *XV/1*: 202.
—, drei Beine (Känguruh) *XV/1*: 260.
—, Hinterwurzeldurchschneidung *XV/1*: 127.
—, Kunstbeinen, mit *XV/1*: 214.
—, Lauf, Beziehungen untereinander *XV/1*: 212.
—, Mensch *XV/1*: 200.
—, Theorie *XV/1*: 201.
—, typischer *XV/1*: 201.
—, WEBERsche Theorie *XV/1*: 215.
Gangabweichung *XV/2*: 1007.
—, Kleinhirnerkrankungen *XV/1*: 434.
—, Labyrintherkrankungen, Prüfung bei *XV/1*: 385.
—, Labyrinthlähmung *XV/1*: 398.
Gangarten anthropoider Affen *XV/1*: 260.
—, Arthropoden *XV/1*: 290.
—, Brachyuren *XV/1*: 291.
—, Flußkrebs *XV/1*: 291.
—, graphische Darstellung *XV/1*: 243.
—, Pferd, Beziehungen untereinander *XV/1*: 255.
—, —, graphische Darstellung *XV/1*: 243.
—, Spinnen *XV/1*: 290.
—, Tiere, Übergang von einer zur anderen *XV/1*: 256.
—, Vierfüßer *XV/1*: 262.
Gangaufnahme, MUYBRIDGE *XV/1*: 202 ff.

Gangbewegungen, Kinematik
XV/1: 202ff.
—, Registrierung, photographische, XV/1: 201.
—, Tiere XV/1: 237.
Ganglien, pharmakologische Wirkung auf die XII/1: 222.
—, prävertebrale X: 1049.
—, Wirbelloser IX: 465.
Ganglienketten IX: 791.
Gangliennetze, intramurale XVI/2: 1752.
—, perineurale XVI/2: 1752
Ganglientheorie, Herztätigkeit VII: 580.
Ganglienzell-Syncytium IX: 792.
Ganglienzellen, Funktion XV/2: 1048.
—, Grau und lange Bahnen, Beziehungen untereinander IX: 771.
—, Reflexzentrum XV/2: 1048.
—, Verfettung IX: 496.
Ganglienzellhypothese XV/2: 1049.
Ganglion cervicale, Einfluß auf Hypophyse XVI/1: 490.
— — sup., Entfernung XII/1: 202.
— — —, Innervationsbereich XII/1: 176.
— ciliare, Entfernung XII/2: 202.
— cochleare XI: 484.
— coeliacum, Magen III: 432.
— — (Schluckakt) III: 365.
—, FRANKENHÄUSERsches X: 1086.
— GASSERI II: 315; XI: 317.
— habenulae X: 332.
— mesencephali laterale X: 200.
— nodosum (Schluckakt) III: 361.
— pharyngeum X: 1056.
— Scarpae, Exstirpation, Gleichgewichtsstörungen XVIII: 299.
— spheno-palatinum II: 311.
— stellatum X: 1092.
—, sympathisches, Reflexzentrum XVI/2: 1750.
Ganglionäre Zwischenstationen XVI/2: 1748.
Ganglioneurome II: 446; IX: 318.
Gangphasen XV/1: 209.
Gangrän, symmetrisches V: 1286; VII: 1703.
Gangstörung XV/1: 431.

Gangstörungen, Labyrinthneurosen XI: 740.
Ganoiden, osmotischer Druck XVII: 149.
Gänseblutkörperchen, Lichtbeeinflussung XVII: 313.
Gänsekücken, Athyreose XVI/1: 751.
Ganoiden, Nervensäckchen XI: 77.
„Ganz-Eigenschaften", Psychologie d. opt. Wahrnehmung XII/2: 1217.
Ganz-Explantate XIV/1: 975.
Ganzbildungen XIV/1: 1099.
„Ganzheit", Lebenskraft XVII: 963.
—, Sinnesphysiologie XI: 60.
Ganzheitsbetrachtungen, Zentralnervensystem und XV/2: 1189.
Ganzheitscharakter, Zentralnervensystem X: 131.
„Gärnährschaden" III: 1020.
Gärung II: 3, 4, 5.
—, alkoholische I: 39; V: 496.
—, —, Co-Ferment I: 58.
—, Darm, Säugling III: 1006.
—, Eiweiß III: 1013.
—, Pathologie III: 1017.
—, Zuckerphosphorsäuren III: 120.
Gärungsdyspepsie III: 487, III: 1040; IV: 698.
Gärungserreger III: 1009.
—, Aszension der III: 1018.
—, Verdauungsschlauch bei Pflanzenfressern V: 122.
Gärungsprozeß, Ascaris I: 650.
Gärungsvorgänge, Magen III: 1147.
Gas- und Kraftstoffwechsel nach Insulin XVI/1: 619.
Gasanalytisches Verfahren, Schlag- und Zeitvolumenbestimmung VII/2: 1169.
Gasaustausch, Gewebe VI/1: 524.
—, Lunge II: 219.
—, Lungenendothelien XVI/1: 1048.
Gasdiffusion, Lunge II: 223, II: 229.
—, gestaute Lunge XVI/2: 1363.
—, Lunge, indifferente Narkotica II: 229.
Gasdrüse XV/1: 306.
Gase, entzündungserregende XIII: 368.
—, giftige II: 487.
—, —, Ausscheidung II: 512.
—, indifferente II: 494.
—, irrespirable II: 488.

(Gase), körperfremde, Eindringen in die Haut IV: 133.
—, Partiardruck und Atmung II: 192.
—, Resorption, durch die Haut IV: 131; XVIII: 90.
Gasembolie VII/2: 1791.
Gasgehalt des Blutes VII/2: 1170.
Gasgemisch der Atmosphäre XVII: 464.
GASKELL-HERINGsche Theorie der Vaguswirkung IX: 654.
GASKELLscher Versuch (Herz) VII/1: 404.
Gaskette s. auch p_H-Messung VI/1: 605.
Gasödem XIII: 519, 537.
Gaspermeabilität, Lunge, Digitaliswirkung auf XVI/2: 1409.
Gasphlegmone V: 1297.
Gasping center II: 233.
Gassekretion II: 7.
—, Lunge, nervöse Beeinflußbarkeit II: 220.
Gasspannungen, rechtes Herz II: 217.
Gasstoffwechsel, Herz, Hund XVI/1: 585.
Gastrin III: 862.
Gastritis acida III: 1141, III: 1161.
—, autodigestive III: 1157.
—, Carcinom III: 1161.
— chronica acida, Häufigkeit XVI/1: 1037.
— pylorica III: 1173.
—, resorptionsändernde Substanzen und III: 1160.
—, Resorptionsstörungen bei IV: 84.
—, Schleimhautrelief, Untersuchung III: 1159.
—, Ulcus III: 1161.
Gastroduodenalsonde III: 422.
Gastroenterostomie III: 1215.
—, Ulcus III: 1191.
Gastropoden, Darmformen III: 60.
—, Liebespfeil XI: 75.
—, Tastsinne und Geschlechtsleben XI: 75.
Gastroptose III: 405.
Gastroskopie bei Gastritis III: 1159.
Gastrospasmus III: 409, 433, 437, 440.
Gastrosukorrhöe XVI/1: 1038.
Gastrovasculäre Flüssigkeiten XVII: 144.

Gastrovascularsystem
VII/1: 5.
Gastrulation *XIV/1*: 1045.
Gaswechsel, assimilatorischer
II: 3.
Gasvergiftung, Blutverände-
rungen *II*: 487ff.
—, Kreislauf *II*: 499.
Gaswechsel, Affekte
IX: 527.
—, Asthma, Emphysem,
Bronchitis, Lungeninfarkt
usw. *V*: 269.
—, B-Vitaminmangel *V*: 1210.
—, Froschrückenmark
V: 200.
—, Gehirn *IX*: 529.
—, —, verschiedene Phar-
maca *IX*: 538.
—, Gesamtumsatz beim pan-
kreasdiabetischen Tier
XVI/1: 580.
—, Herz *VII/1*: 430;
XVI/1: 585.
- -. Hyperthermie und *V*: 282.
- -, Insulin *XVI/1*: 619, 627.
—-, Lebensalter und
XVII: 821.
—, Nerv *IX*: 379ff.
—, Nervensystem
XVIII: 250.
—, Neugeborene
III: 1298.
—, Niere *IV*: 329.
—-, Pflanzen *V*: 333.
—-, Pubertät *XVI/1*: 962.
—, Rückenmark, isoliertes
IX: 548.
—-, Säugetierembryonen
V: 466.
- -, Tätigkeit, geistige
IX: 525.
—-, Temperaturkollaps und
V: 294.
—-. Winterschlaf und
XVII: 112.
—-, Zentralnervensystem,
isoliertes *IX*: 543.
—, —, Schnitte *IX*: 558.
Gaswechseluntersuchungen,
Säugling *III*: 1296.
Gattungsbastarde *XVII*: 940.
Gaulteriaöl *V*: 1039.
Gaumen, Alveolarfortsätze
des Oberkiefers *II*: 320.
—, gewölbter und schmaler
II: 322.
- , knöcherner *III*: 345.
—, konstruktive Bedeutung
III: 301.
Gaumenform *III*: 303.
Gaumenpapille *II*: 141.
Gaumenparalyse *III*: 368.
Gaumenparesen, Mittelohr-
erkrankungen *XI*: 463.

Gaumenreflex, harter
X: 1004f.
Gaumensegel *II*: 321.
—, Lähmung *III*: 368.
—, Muskelkraft *III*: 368.
—, Störungen der motori-
schen Innervation *II*: 323.
Gaumentonsillen *II*: 324.
Gebärdensprache, Störungen
XV/2: 1507.
Gebären, Abneigung gegen
das *XIV/1*: 804.
Gebärorgan, Verankerung
XIV/1: 586.
Gebärparese, Kühe *X*: 1265.
—, Rind, und Herzinsuffizienz
VII/2: 1820.
Gebirgsagryprie *XVII*: 597.
Gebirgsklima *XVII*: 492.
Gebiß, künstliches, Kau-
leistung *III*: 341.
Gebißplatte *III*: 299.
Geburt *XIV/1*: 580.
—. Anästhesie bei
XIV/1: 549.
—, Blutdruck während
VII/2: 1315.
—, pathologische *XIV/1*: 597.
Geburtenzahl, Menopause
und *XIV/1*: 670.
Geburtsbahn *XIV/1*: 580,
XIV/1: 582, 583.
Geburtsbewegungen, Bauch-
fenster *XIV/1*: 517.
Geburtsgeschwulst
XIV/1: 589.
Geburtskanal *XIV/1*: 580.
Geburtskräfte *XIV/1*: 583.
Geburtsmechanik
XIV/1: 598.
Geburtsmechanismus
XIV/1: 579ff.
—, Bauchpresse *XIV/1*: 583,
XIV/1: 587.
—, Stellungsdrehung
XIV/1: 594.
Geburtsobjekt, Austreibung
XIV/1: 586.
—, Geburtsweg und
XIV/1: 597.
—, Propulsion *XIV/1*: 586.
—, Verformbarkeit
XIV/1: 587.
Geburtswege, Geburtsstö-
rungen durch Anomalien
der *XIV/1*: 597.
Gedächtnis, Herabsetzung
des *XV/2*: 1448.
—, Ohrerkrankungen und
XI: 466.
—. Psychologie der optischen
Wahrnehmung
XII/1: 1216.
Gedächtnisfarbe *XII/1*: 606;
XII/2: 1501.

(Gedächtnisfarbe), Ausbil-
dung der *XII/2*: 1502.
Gedächtnisschwäche, Kli-
makterium *XIV/1*: 684.
„Gedankenlautwerden",
Ohrerkrankung *XI*: 753.
Gedankenonanie *XIV/1*: 858.
Gefahrzonen, Kältewirkung
XVII: 418.
Gefangenschaft, Farbwechsel
und *XIII*: 234.
Gefäßanastomose, Versuche
mit gekreuzter
XVI/1: 559.
Gefäßapparat, Bauplan
VII/1: 23.
—, neuromuskulärer
XIV/1: 388.
—, peripherer *VII/2*: 865.
—, Spätwirkung eines Reizes
VII/2: 1547.
—, Untersuchungen am in-
takten *VII/2*: 968.
—, zentralisierter und seg-
mentaler *VII/1*: 23.
Gefäßdichtung, Calcium-
wirkung *XIII*: 382.
Gefäßdruck, intraocularer
XII/2: 1328, 1332.
Gefäße *VII/2*: 865ff.; s. auch
Blutgefäße.
—, Abgangsstellen der, und
Blustrom *VII/2*: 935.
—, Alkalieinfluß *VII/2*: 1403.
—, Anpassung der
VII/2: 1414.
—, Anpassungsfähigkeit,
Übung auf die *VII/2*: 1424.
—, Arteriosklerose
VII/2: 1088ff., 1317.
—, Blutbewegung, aktive
VII/2: 107ff.
—, Blutdruck *VII/2*: 1414ff.
—, Depressorreizung und
VII/2: 1332.
—, Digestionstrakt (Darm-
Leber-Milz-Gefäße)
VII/2: 1020.
—, Elastizität *VII/2*: 871.
—, Erregbarkeitsstaffelung
XVI/2: 1208.
—, Entzündung *XIII*: 295.
—, Gesamtquerschnitt der
Strombahnen *VII/2*: 1215.
—, Gehirn *VII/2*: 1014.
—, Hautreizung und
VII/2: 1332.
—, Herz *VII/2*: 1009.
—, Kontraktionen, rhyth-
mische *VII/1*: 12;
VII/2: 996.
—, Milz und Nebenniere
VII/2: 1028.
—, Nervensystem
VII/2: 934ff.

(Gefäße), Nervenendigungen, sensorische *VII/2*: 936.

—, Pflanze, Wassertransport *VI/2*: 1122.

—, — s. auch unter Pflanzen.

—, Pharmakologie *VII/2*: 998ff.; *XVIII*: 193.

—, Querschnitt *VII/2*: 915, *VII/2*: 919, 928, 1215.

—, Reflexe *VII/2*: 934, *VII/2*: 963.

—, — von der Haut und den inneren Organen *XVI/2*: 1163ff.

—, Regulierung, lokale *XVI/2*: 1233.

—, Reize, mechanische, und *VII/2*: 988.

—, Säuredilatation *XVI/2*: 1248.

—, Störungen der Anpassungsfähigkeit *VII/2*: 1411.

—, Tod *VII/2*: 1154ff.

—, Vitalfärbung *VII/2*:1113.

—, Wandspannung *VII/2*: 891.

—, Wandstärke *VII/2*: 866.

Gefäßelastizität, Kreislauf und *VII/2*: 914.

Gefäßendothelien, Strahlenempfindlichkeit *XVII*: 366.

Gefäßerweiterung s. auch Vasokonstriktion.

—, Adrenalin *X*: 1104.

—, antidrome *XVI/2*: 1232.

—, Mechanismus *XVI/2*: 1231, 1253.

—, Säure *XVI/2*: 1248.

Gefäßfunktion, wichtige Faktoren *VII/2*: 1542.

Gefäßgifte *XII/2*: 812; *XIII*: 365.

Gefäßhaut, Ammoniakbildung des isol. Rückenmarks und *IX*: 593.

—, Gaswechsel des isolierten Rückenmarks und *IX*: 549.

Gefäßinnervation, psychische Einflüsse auf die *XVII*: 34, 503.

Gefäßinsuffizienz *XVI/2*: 1409.

Gefäßintimaleisten *XIV/1*: 766.

Gefäßklappen *VII/1*: 29.

Gefäßkollaps *VII/2*: 1191.

Gefäßkontraktion, kollaterale *XVI/1*: 1159; *XVI/2*: 1254.

— s. auch unter Vasomotoren.

Gefäßkontraktionen, reaktive *VII/2*: 1077.

—, rhythmische *VII/2*: 1073.

—, spastische im Gehirn *VII/2*: 1649.

Gefäßkorrelationen, pharmakologische Beeinflussung *VII/2*: 1037.

Gefäßkrampf, primärer, Glomeruli *IV*: 569.

—, Leuchtgasvergiftung *VII/2*: 1709.

—, Nephritis *VII/2*: 1710.

Gefäßkrankheiten, Blutmengenbestimmung *VI/2*: 694.

Gefäßkrisen *VII/2*: 1390.

Gefäßlähmung *VII/2*: 1427.

Gefäßnaht, Organtransplantation und *XIV/1*: 1188.

Gefäßnerven, trophischer Einfluß *VII/2*: 1583.

—, Strahlenwirkung und *XVII*: 367.

—, vasoconstrictorische *VII/2*: 945.

—, vasodilatatorische *VII/2*: 945.

—, vergleichend *VII/1*: 60.

—, Wirkungsweise *VII/2*: 1595.

Gefäßnervensystem, peripheres, Bedeutung *VII/2*: 1573.

Gefäßperistaltik *VII/1*: 27; *VII/2*: 1075.

Gefäßpräparate, anaphylaktische Reaktion an *XIII*: 679.

Gefäßpulsation *VII/2*: 1075.

Gefäßquerschnitt s. unter Querschnitt.

Gefäßradius *VII/2*: 867.

Gefäßreaktionen *VII/2*: 934ff., 963ff.

—, Atropin und *VII/2*: 1594.

—, Bäder *XVII*: 451.

—, CO_2 und *VII/2*: 1594.

—, Druckreize und *VII/2*: 1595.

—, entzündliche *XIII*: 296, *XIII*: 299.

—, Entzündung, bei frischer *XIII*: 297.

—, Gefäßreizung, direkte *VII/2*: 1558.

—, Kälte *VII/2*: 1595.

—, mikroskopische Beobachtung *VII/2*: 1564, *VII/2*: 1594.

—, O_2 und *VII/2*: 1594.

—, paradoxe, auf Abschnürung *VII/2*: 1326.

—, pathologische, bei Gehirnverletzung *VII/2*: 1590.

(Gefäßreaktionen), Pilocarpin, Physostigmin *VII/2*: 1594.

—, protrahierter und anaphylaktischer Shock *VII/2*: 1605.

—, reflektorische Entstehung *VII/2*: 1565.

—, sensible Nerven und *VII/2*: 1560.

—, Temperaturreize *VII/2*: 1595; *XVI/2*: 1168.

—, Wärme *VII/2*: 1595.

Gefäßreflexe *VII/2*: 934ff., *VII/2*: 963ff.

—, inverse, intermittierendes Hinken *VII/2*: 1398.

—, nutritive *XVI/2*: 1256.

Gefäßreflexzentren, spinale *XVI/2*: 1164.

Gefäßreiz, Adrenalin als *VII/2*: 978.

Gefäßrupturen *VII/2*: 1131.

—, Haustiere *VII/2*: 1812.

Gefäßschädigungen, Phosgenvergiftung *II*: 502.

Gefäßschatten, entoptische Wahrnehmung *XII/1*: 242.

Gefäßspannung *VII/2*: 891.

Gefäßsystem, Funktionsprüfung *VII/2*: 1339.

—, geschlossenes *VII/1*: 11.

—, Geschwülste *XIV/2*: 1761.

—, hormonale Einflüsse *XVI/2*: 1207.

—, offenes *VII/1*: 10.

Gefäßsystole *VII/2*: 1081.

Gefäßtheorie, kalorische Reizung am Ohr *XI*: 974.·

Gefäßtonus *VII/2*: 1328; s. auch Tonus.

—, Blutdruck, Blutverteilung und *XII/2*: 1380.

—, intraocularer *XII/2*:1381.

—, p_H und *VII/2*: 943.

—, Schlaf *XVII*: 565.

—, Stoffwechselprodukte und *VII/2*: 943.

—, Zentrum *VII/2*: 940.

Gefäßveränderung im Alter *XVII*: 776.

—, Cholesterinfütterung und *VII/2*: 1343.

—, Gehirn bei Stillstand der Zirkulation *VII/2*: 1406.

Gefäßverbindungen, derivatorische *XVI/2*: 1329.

Gefäßverengerung, kollaterale *XVI/2*: 1256.

—, toxische *V*: 1290.

Gefäßverschlüsse, funktionelle *VII/2*: 1701.

Gefäßwand, Adhäsions-
wirkung *VI/1*: 319.
—, Alteration, molekulare,
der *XIII*: 295.
—, Altersveränderungen
XVII: 814.
—, Arbeitsleistung
VII/2: 1539.
—, Ernährung *VII/2*: 1113.
—, Veränderung in kolloid-
chem. Hinsicht *XIII*: 305.
Gefäßwanddurchlässigkeit,
Lymphbildung und
VI/2: 948.
Gefäßwandschädigung,
Thrombose *VII/2*: 1763.
Gefäßweite *VII/2*: 1216.
—, reflektorische Einflüsse
XVII: 32.
Gefäßweitenänderungen,
Stromgeschwindigkeit
und *VII/2*: 1217.
Gefäßwiderstand s. unter
Widerstand.
Gefäßzentren, spinale *X*: 152.
Geflechtsstrukturen, sym-
pathische *XVI/2*: 1753.
Geflügelcholera *XIII*: 522,
XIII: 540, 551, 575, 594.
Gefrierpunktserniedrigung
VI/1: 561.
—, Kammerwasser
XII/2: 1354, 1373.
Gefühlsempfindungen,
Schmerztheorie *XI*: 193.
Gefühlsregion des Weibes
XIV/1: 784.
Gefühlsschwindel *XV/1*: 466.
Gefühlstheorie, dreidimen-
sionale *XVI/2*: 1264.
Gefühlstöne, Lust und Un-
lust (Atmung)
XVI/2: 1265.
Gefühlszustände, Atmung
XVI/2: 1264.
Gegenbewegung, Prinzip der
X: 164.
Gegendruck, intravasculärer
(Auge) *XII/2*: 1328.
Gegenfarbe *XII/1*: 304, 552.
—, Kompensationsfarbe und
XII/1: 407.
—, Kontrastfarbe und
XII/1: 486.
—, Nachbildfarbe und
XII/1: 474.
Gegenfarbentheorie
XII/1: 567, 569, 580;
XII/2: 710, 1496, 1569,
XII/2: 1593.
Gegenrollapparat nach
BÁRÁNY, Labyrinth-
störungen *XI*: 962.
Gegenrollungen, Augen
XV/2: 1016.

(Gegenrollungen, Augen), sta-
tische *XII/2*: 1078ff.
Gegenspannung lebender Ge-
webe, Bestimmung der
VIII/2: 684.
Gegenstrahlung, Himmel
XVII: 471.
Gehakt *X*: 343.
— ohne Hirnrinde *X*: 489.
Geharbeit *XV/1*: 216.
Gehäuse- und Wohnbau der
Metazoen *XIII*: 74.
— — — — Protozoen
XIII: 12.
Gehen *XV/1*: 200ff.
—, Bewegung der Beine beim
XV/1: 214.
—, Calorienverbrauch beim
unbelasteten *XVI/1*: 548.
—, Energieumsatz
XV/1: 216.
—, Kleinhirnexstirpation,
einseitige *X*: 249.
— mit verdrehtem Kopfe
XV/2: 986.
—, Vögel *XV/1*: 268.
Gehirn s. auch Hirn.
—, Ablagerungen, eisenhal-
tige, CO-Vergiftung
VI/1: 146.
—, Blickzentren
XII/2: 1086ff.
—, Blutkreislauf *X*: 1.
—, Blutversorgung
VII: 1490; *IX*: 531, 534,
IX: 541.
—, Blutverteilung und Tem-
peratur *IX*: 607.
—, Chloridgehalt
XVI/2: 1492.
—, Eisengehalt *XVI/2*: 1493,
XVI/2: 1645.
—, Galaktosegehalt *IX*: 50.
—, Gaswechsel, Blutdurch-
strömung auf den *IX*: 539,
IX: 543.
—, Gefäße *VII*: 1014.
—, Kohlehydratgehalt
IX: 50.
—, Krankheiten des, Tiere
X: 1232.
—, Mineralbestandteile
IX: 60.
—, Organspezifität des
XIII: 500.
—, Tintenfisch *IX*: 821.
—, Wärmebildung *IX*: 606.
Gehirnabsceß, künstl. Ver-
letzung und *X*: 469.
Gehirnarbeit, Stoffwechsel
V: 201.
Gehirnblutung, Arterienkon-
traktion und *VII/2*: 1706.
Gehirndurchblutung im
Schlaf *XVII*: 566.

Gehirneinfluß auf Tonus
IX: 825.
Gehirngefäße, autonom.
Innervation *X*: 1078.
Gehirnhäute *X*: 1180.
Gehirnnerven, Kreuzung ver-
schiedener *XV/2*: 1096.
Gehirnrinde, Lokalisation in
der, Geschichte *X*: 619.
Gehirnschädel *II*: 310.
Gehirnsubstanz, CO-Bindung
an die *VI/1*: 136.
—, Indophenolblaubildungs-
fähigkeit *IX*: 563.
Gehirnsubstanzveränderung
bei Eklampsie *XIV/1*: 576.
Gehirntod *XVII*: 733, 874.
Gehirnveränderungen, CO-
Vergiftung, zirkulato-
rische Bedingtheit
VI/1: 145.
—, histologische bei exper.
Elektrokution
VIII/2: 971.
Gehirnwirkung, Krampfgifte
X: 1018.
Gehör *XI*: 406ff., 563ff.,
XI: 602ff., 701ff.
—, Gleichrichter-Resonanz-
theorie *XVIII*: 295.
—, pathologische Physiologie
XI: 436ff., 618;
XVIII: 289.
—, vergleichend *XI*: 754ff.
Gehörapparat, Altserserschei-
nungen *XVII*: 808.
Gehörblase *XI*: 469.
Gehördaltonismus *XI*: 753.
Gehörerscheinungen, Psycho-
logie der *XI*: 701.
Gehörgang, äußerer
XI: 408.
—, Verengerungen *XI*: 437.
—, Verschluß *XI*: 437.
Gehörgangsmanometer
XI: 409.
Gehörgangreflex *X*: 1006.
Gehörgrübchen *XI*: 469.
Gehörhalluzinationen
XI: 665, 752.
Gehörknöchelchen *XI*: 415.
Gehörknöchelchenkette,
HELMHOLTZsche Theorie
XI: 459.
—, Leitung über die
XI: 456.
—, Taubheit durch Fixation
XI: 445.
Gehörknöchelchenpinzette
XI: 979.
Gehörlabyrinth, Entwicklung
und Bau *XI*: 469.
Gehörorgan, Bau und Theorie
XI: 526.
Gehörplatte *XI*: 469.

„Gehörsaiten" (Resonatorentheorie) *XI*: 488.
Gehörschwindel *XV/1*: 449.
Gehörserscheinungen, Gegenständlichkeit *XI*: 701.
Gehörsinn *X*: 552.
—, Unterschiedsschwellen *XI*: 567.
—, Wirbeltiere *XI*: 433.
Gehörstörungen, Onaniefolge *XIV/1*: 864.
„Gehwerk", zentraler Apparat der Fortbewegung *IX*: 752.
Geißel des Spermatozoons *XIV/1*: 124.
Geißelbewegung *VIII/1*: 37ff., 57.
Geißelschwärmer *XIV/1*: 46.
Geistesarbeit, Hirnvolumen und *XVI/2*: 1277.
Geisteskrankheit, Schlaf und *XVII*: 598.
Geistesstörungen, Schilddrüsenpräparate *XVI/1*: 281.
Geistige Eigenschaften, Erblichkeit *XVII*: 989.
Gekoppelte Schwingungen (Atmung) *II*: 288.
Gekoppeltes System(Atmung) *II*: 288.
Gekrösarterienverschluß, Darmperistaltik und *VII/2*: 1805.
Gel, Entstehung *I*: 212.
Gelatine, Anaphylaktogen *XIII*: 702.
—, isoelektrische *III*: 238.
Gelatinierungstheorie, Muskelkontraktion *VIII/1*: 536.
Gelb, neutrale Zone im *XII/1*: 517.
Gelbfieber, Immunität *XIII*: 523.
Gelbkreuzgas, Verätzungen des Auges *XII/1*: 829.
Gelbpigment, Vitamin A bei Pflanzen *V*: 1198.
Gelbsehen bei Pikrinsäurezufuhr *XII/1*: 534.
—, Santoninrausch *XII/1*: 534.
Gelbsucht *III*: 1101; s. auch Ikterus.
Gelenke, Ausbildung *XVI/1*: 878.
—, organische und ihre Freiheitsgrade *VIII/1*: 646.
—, pflanzliche, Biegungsfähigkeit *VIII/1*: 100.
—, schematische *VIII/1*:621.
Gelenkerkrankunen, Athyreose und *XVI/*: 261.

Gelenkmodelle *XV/1*: 171.
Gelenkprüfer (Eignungsprüfung) *XVI/1*: 683.
Gelenkreflexe *IX*: 638.
Gelenkschluß *VIII/1*: 648.
Gelenkveränderungen, Akromegalie *XVI/1*: 429.
Gelierung, Geschwindigkeit *I*: 215.
GELLÉscher Versuch *XI*: 560; *XV/1*: 485.
Gelose (Kälteschädigung) *XVII*: 421.
Gemmulae der Spongien *XIV/1*: 3.
Gemüse, C-Vitamin *V*: 1224.
Gemüt, allgem. Klimawirkung *XVII*: 515.
Gen (Erbeinheit) *XVII*: 913, *XVII*: 1042.
Gendefekte *XIV/1*: 1063.
Gene, enzymatische Natur *XVII*: 1030.
—, karyotische *XVII*: 1029.
—, Koppelung *XVII*: 1010.
—, Ontogenese und *I*: 626.
Generationsapparat, Gefäße *VII/2*: 1036.
Generationsstadien der Zellen und Differenzierung *XIV/2*: 1278.
Generationswechsel *I*: 613, *I*: 621, 658; *XIV/1*: 85.
—, biologische Zweckmäßigkeit *I*: 623.
—, Einzelliger *XIV/1*: 27.
—, Hydroiden *I*: 612.
—, Pflanzen *XIV/1*: 93.
—, Tiere *XIV/1*: 99.
Genetik (Erblichkeitsforschung) *XVII*: 904.
—, Geschichte der *XVII*: 904.
—, Perversionen *XIV/1*: 791.
Genickstarreheilserum, Wertbestimmung *XIII*: 825.
Genitalatrophie, Akromegalie *XVI/1*: 435.
Genitalentwicklung, Epiphysenexstirpation und *XVI/1*: 687.
—, Thymusexstirpation und *XVI/1*: 683.
—, Zwergwuchs und *XVI/1*: 439.
Genitalgefäße, pharmakologische Reaktionen *VII/2*: 1036.
Genitalhormon des Hypophysenvorderlappens *XVI/1*: 462; s. auch Sexualhormon.
—, Wirkung des *XVI/1*:462.
Genitalhypoplasien *XVII*: 1154.

Genitalien s. auch Geschlechtsorgane sowie Sexualorgane.
—, Hypophysenexstirpation und *XVI/1*: 673.
—, Hypophysenvorderlappenhormon und *XVI/1*: 674.
—, männliche, glatte Muskulatur der *X*: 1086.
—, Nebennierenexstirpation und *XVI/1*: 689.
—, Pigmentierung *XIII*:247.
—, Schilddrüsenexstirpation und *XVI/1*: 670.
—, Wirbelsäulenexstirpation und *XVI/1*: 680.
Genitalkörperchen *XIV/1*: 827.
Genitalsinus *XIV/1*: 50.
Genitalsphäre, asthmatische Zustände und *II*: 382.
Genmutationen, Röntgenstrahlen *XVI/1*: 849.
Genotypus *XIV/1*: 1017; *XVII*: 1042, 1101.
Genschädigung, Radiumstrahlen *XVI/1*: 849.
Gentisinsäure *V*: 1038.
Genußmittel (Ernährung) *XVI/1*: 1006.
—, Magenverdauung *XVI/1*: 919.
Geoelektrische Phänomene, Pflanzen *VIII/2*: 764.
Geotaxis *XI*: 792; *XVII*: 654.
Geotropische Krümmung, Ursache *XI/1*: 1016.
Geotropismus *XI*: 1015; *XVI/1*: 809.
— negativer der Hauptsprosse *XI*: 1015.
—, Reiz, unterschwelliger *XI*: 1017.
— ohne Statocysten *XI*: 1022.
—, Zentrifugalkraft bei *XI*: 1017.
Geradevorne, subjektives und objektives *XII/2*: 966ff.
Geräusch des fallenden Tropfens (Atmung) *II*: 303.
—, subjektives *XI*: 630, 647, *XI*: 656, 665, 750.
—, Ton und *XI*: 703.
Geräuschetaubheit, isolierte *X*: 758; *XV/2*: 1486.
Gerbsäure, Darmwirkung *III*: 543.
Gerinnung s. auch Blutgerinnung.
—, Blut *VI/1*: 307.
—, cholämische Zustände und *VI/1*: 398.

(Gerinnung), Hypothesen und Theorien *XVIII*: 157.
Gerinnungsdrüsen *XIV/1*: 759.
Gerinnungshemmung *VI/1*: 344.
Gerinnungsmethoden, historische Zusammenstellung *VI/1*: 321.
Gerinnungstheorie, kolloidchemische *VI/1*: 315.
Gerinnungstheorien, Zusammenstellung der *VI/1*: 336.
Gerinnungsthromben *VII/2*: 1735.
Gerinnungsuntersuchung, kombinierte *VI/1*: 372.
Gerinnungsvalenz des Blutes *VI/1*: 364.
Gerinnungszeit, Bestimmung *VI/1*: 358.
—, Blut *VII/2*: 1665.
Gerinnungszustände, pathologische *VI/1*: 389.
GERLACH sches Netz Wirbelloser *IX*: 121.
Germaniumdioxyd, Ausscheidung durch Darm und Nieren *IV*: 693.
Geroderma *XVII*: 1090.
Gerste, geschälte, Beriberi erzeugend *V*: 1203.
—, Vitamin B *V*: 1217.
Geruch, Komponententheorie *XI*: 200.
—, Konstitution, chemische, und *XI*: 275.
—, Reaktionszeit *XI*: 298.
—, Reizhöhe *XI*: 267.
Gerüche, Einteilung *XI*: 272, 275.
—, Mischung *XI*: 284.
—, Nachdauer *XI*: 288.
—, reine *XI*: 274.
Geruchseindrücke, Atmung und *II*: 250.
Geruchsempfindungen, perverse oder paradoxe *XI*: 302.
Geruchsermüdung *XI*: 288.
Geruchsknospen *XI*: 214.
Geruchskompensation *XI*: 287.
Geruchskomplex, Lokalisation *XI*: 295.
Geruchsnarkose *XI*: 293.
Geruchsorgan, spezifische Energien *XI*: 270.
—, inadäquate Reizung *XI*: 258.
Geruchsqualität *XI*: 270.
Geruchsreaktionen, Mensch *XI*: 298.
Geruchsreflexe *XI*: 297.

Geruchsregel, HAYCRAFTsche *XI*: 276.
Geruchsschwellen *XI*: 262, *XI*: 264.
Geruchssinn *XI*: 203ff., 253ff., *XI*: 393ff. s. auch Riechen.
—, Bienen *XI*: 226.
—, Feinheit des *XI*: 286.
—, Fische *XI*: 213.
—, Geschlechtsleben und *XI*: 297.
—, Hunde *XI*: 211.
—, Insekten *XI*: 223.
—, Mensch *XI*: 253ff.
Geruchssphäre *X*: 759.
Geruchsstärke *XI*: 266.
Geruchsstörungen *XI*: 300.
—, Coryza und *XI*: 301.
—, Influenza und *XI*: 301.
—, Ozaena und *XI*: 304.
Geruchsumschlag, Ermüdung und *XI*: 290.
Gerüsteiweiße *III*: 284.
Gesamtacidität, Magensaft *III*: 853.
Gesamtblutmenge *VI/2*: 667, *VI/2*: 724; *VII/1*: 309; *VII/2*: 1660; s. auch Blutmenge.
Gesamtcalorienumsatz, Eiweißanteil *V*: 34.
Gesamtgaswechsel und Indophenolblaubildungsfähigkeit des Gehirns *IX*: 563.
Gesamtkonstitution *XVII*: 1073.
Gesamtkonzentration, osmotische, intraokulare Flüssigkeit *XII/2*: 1353ff.
Gesamtkraftwechsel (Definition) *V*: 139.
Gesamtkreatinin *V*: 931.
Gesamtoberfläche der Capillaren *XVI/2*: 1237.
Gesamtorganismus, Sensibilisierung *XVII*: 335.
Gesamtpersönlichkeit *XIV/1*: 888.
Gesamtschwerpunkt, Bewegungskurve *XV/1*: 205.
—, Bestimmung, rechnerische *XV/1*: 186.
—, Mensch *VIII/1*: 626.
Gesamtstoffwechel, Adrenalin *XVI/2*: 1723.
—, Eiweißzufuhr und *V*: 48.
—, Gehirn *V*: 199.
—, Nierenerkrankungen *V*: 273.
—, Pathologie *V*: 260.
—, Pflanzenfresser *V*: 113.
—, Pharmakologie *V*: 301.
—, Regulation, neuro-hormonale *XVI/2*: 1721ff.

(Gesamtstoffwechsel), Tumoren, maligne, und *V*: 277.
—, Wachstum und *V*: 167.
Gesamtstoffwechselzentrum *V*: 298.
Gesamtumsätze, Pflanzen *V*: 328.
Gesamtzeitvolumen (Herz) *VII/2*: 1163.
—, Klappenfehler *VII/2*: 1202.
Gesang (Triller) *XV/2*: 1368.
—, Vögel *XV/2*: 1247.
—, Zikaden *XV/2*: 1229.
Gesangzentrum *X*: 796.
Geschehen, periodisch-stationäres *XII/2*: 1212.
Geschicklichkeit, Prüfung, TRENDELENBURG *XV/1*: 580.
Geschicklichkeitstraining *XV/1*: 617.
Geschlecht, Erregbarkeit, vegetat., und *XVI/2*: 1786.
—, Falschbestimmung *XIV/1*: 879.
—, Herzschlagfrequenz und *VII/1*: 460.
—, Schlagvolumen, Abhängigkeit vom *VII/2*: 1197.
—, Stoffwechsel und *XVI/1*: 952.
Geschlechter, Heterogametie *XIV/1*: 330.
—, homogametische *XIV/1*: 330.
—, Zahlenverhältnisse *XIV/1*: 337.
Geschlechtlichwerden, Erlebnis des *XIV/1*: 798.
Geschlechtlichkeit, Selbsterleben der *XIV/1*: 783, *XIV/1*: 787.
Geschlechtsapparat, Altern des *XVII*: 801.
Geschlechtsbestimmung *I*: 603; *XIV/1*: 326ff., *XIV/1*: 333, 334; *XVII*: 930, 934, 936; *XVIII*: 353.
—, Abhängigkeit vom Termin der Befruchtung *XIV/1*: 339, 341.
—, Bonellia *XIV/1*: 341.
—, geschlechtliche Inanspruchnahme und *XIV/1*: 339.
—, Honigbiene *XIV/1*: 342.
—, Inzucht und *XIV/1*: 338.
—, metagame *XIV/1*: 341.
—, progame *XIV/1*: 340.
—, SCHENK sche Theorie der *XIV/1*: 340.
—, Überreife der Eier in Wirkung auf *XIV/1*: 339.

Geschlechtsbildender Faktor, primärer *XIV/1*: 877.
Geschlechtscharaktere *XIV/1*: 225; *XVIII*: 342.
Geschlechtschromosome *XIV/1*: 1063; *XVII*: 931.
—, Mensch *XIV/1*: 776.
Geschlechtsdiagnose *XIV/1*: 878.
Geschlechtsdimorphismus *XIV/1*: 52, 78; *XVI/1*: 704.
Geschlechtsdrüsen, akzessorische *XIV/1*: 754, 762.
—, Körperwärme und *XVII*: 81.
—, Merkmale, sekundäre, und *XVI/1*: 214.
—, Wasserhaushalt und *XVII*: 204.
Geschlechtselemente, Beständigkeit *XIV/1*: 122.
—, physiologische Eigenschaften *XIV/1*: 113.
Geschlechtsenzyme *XIV/1*: 336.
Geschlechtsfaktoren, Valenzabstufung *XIV/1*: 779.
Geschlechtsfunktion, Gifte, tierische, und *XIII*: 167.
—, Greise *XVII*: 824.
Geschlechtsgebundene Anlagen *XVII*: 932, 934, *XVII*: 974.
Geschlechtshormone s. auch Genitalhormon sowie Sexualhormone.
—, Uteruswirkung *XIV/1*: 510.
Geschlechtskälte *XIV/1*: 897.
Geschlechtsleben, Gastropoden, Tastsinne und *XI*: 75.
—, Geruchssinn und *XI*: 297.
—, psychische Seite *XIV/1*: 200.
Geschlechtsleitungsapparat *XIV/1*: 48.
Geschlechtsmerkmale, Keimdrüse und *XVI/1*: 789.
—, Nebennierenrinde und *XVI/1*: 690.
—, primäre *XIV/1*: 243.
—, sekundäre *XIV/1*: 209, *XIV/1*: 875; *XVIII*: 337.
—, — und Zwischenzellen *XVI/1*: 792, 793.
—, Vögel *XVI/1*: 790.
Geschlechtsmerkmalsbildung, vorzeitige, Nebennierengeschwülste *XVI/1*: 793.
Geschlechtsorgane s. auch Genitalorgane sowie Sexualorgane.
—, Anomalien *XIV/1*: 884.

(Geschlechtsorgane), Gifte, enthaltende *XIII*: 169.
—, Schilddrüsenmangel *XVI/1*: 252.
—, Stoffwechsel und *XVI/1*: 961.
Geschlechtsprodukte, Ausleitung der *XIV/1*: 51.
Geschlechtstrieb s. auch Libido *XVI/1*: 199, 783, *XVI/1*: 786, 826.
—, Anomalien *XIV/1*: 788.
—, Ernährung und *XVI/1*: 979.
—, Formen *XIV/1*: 192.
—, Häufigkeit des Auftretens *XIV/1*: 203.
—, Hermaphroditen *XIV/1*: 880.
—, Kastration und *XIV/1*: 214, 823.
—, Keimdrüsenhypoplasie und *XIV/1*: 823.
—, Komponenten *XIV/1*: 196.
—, Mensch und Tier *XIV/1*: 204.
—, Tiere mit akzessorischen Kopulationsorganen *XIV/1*: 195.
—, vorpuberale Gestaltung *XIV/1*: 786.
Geschlechtstypen *XIV/1*: 775.
Geschlechtsumwandlung *XIV/1*: 256.
Geschlechtsunterschiede, psychische *XIV/1*: 783.
—, Riechschärfe *XI*: 263.
Geschlechtsverhältnis (Sexualproportion) *XVII*: 935.
Geschlechtsverhältnisse, Verschiebung der *XIV/1*: 337.
Geschlechtszellen *XIV/1*: 46, *XIV/1*: 57.
—, Differenzierung *XIII*: 505.
—, Reifung *XIV/1*: 109ff.
Geschlechtszyklen, Uterus *XIV/1*: 507.
Geschlossenheit, Faktor der, bei der opt. Wahrnehmung *XII/2*: 1235.
Geschmack, Analogie *XI*: 326.
—, Empfindungen, einheitliche *XI*: 352.
—, elektrischer *XI*: 322.
—, fader *XI*: 359.
—, Homologie *XI*: 326.
—, laugiger *XI*: 350.
—, metallischer *XI*: 350.
—, Pufferlösung *XI*: 333.
—, Reaktionszeit *XI*: 392.
—, Salze *XI*: 330, 356.
—, saurer *XVIII*: 285.
—, Schärfe *XI*: 346.

(Geschmack), Schwellenwerte *XI*: 380.
—, sinnliche Analyse durch den *XI*: 357.
—, Summation, örtliche, beim *XI*: 378.
—, süßschmeckende Stoffe *XI*: 329.
—, Unterschiedsschwellen *XVIII*: 285.
—, Verschiedenheiten, individuelle *XI*: 361.
Geschmacklosigkeit durch Kompensation von Geschmacksqualitäten *XI*: 358.
Geschmacksapparat, Umstimmung *XI*: 345, 366.
Geschmacksempfindlichkeit, Temperatur und *XI*: 386.
Geschmacksempfindung *XI*: 344.
—, Lokalisation *XI*: 391.
—, Mischung beliebiger Qualitäten *XI*: 357.
—, Modell für *XI*: 368.
—, Verschmelzung *XI*: 357.
—, Vögel *X*: 188.
Geschmacksfasern *XI*: 463.
Geschmacksfolgen *XI*: 352.
Geschmackshalluzinationen *XI*: 389.
Geschmacksinseln *XI*: 463.
Geschmacksknospen *XI*: 306, *XI*: 308.
—, Innervierung der *X*: 189.
Geschmackskontrast, sukzessiver *XI*: 366.
Geschmacksnerven *XI*: 314.
Geschmacksreize *XVI/1*: 887; *XVIII*: 286.
— Reaktionszeit *X*: 550; *XI*: 392.
Geschmackssinn *X*: 189; *XI*: 203ff., 306ff., 395ff.
—, Anomalien *XI*: 389.
—, Bienen und Wespen *XI*: 227.
—, Komponenten *XI*: 368.
—, Physiologie *XVIII*: 285.
—, Reflexe vom *XVI/1*: 1176.
—, Theorie *XI*: 367.
—, Unterdrückungserscheinungen *XI*: 370.
—, Unterschiedsschwellen *XI*: 388; *XVIII*: 285.
Geschmackssphäre *X*: 759.
Geschmacksstoffe, Klassifikation *XI*: 349.
Geschmacksstörungen *XI*: 463.
Geschmackssystem *XI*: 335.
—, Adsorptionsvermögen im *XI*: 338.

Geschmacksvermögen
XI: 312.
Geschmackszentrum
XI: 317.
Geschwindigkeit, Nachbild
XII/2: 1203.
—, Wachstum der Pflanzen
VIII/1: 81.
—, wärmeregulierende Prozesse *XVII*: 401.
— s. auch Strömungsgeschwindigkeit.
Geschwindigkeitskonstanz
von Bewegungen
XII/2: 1198.
Geschwistermethode, Erblichkeitsforschung
XVII: 972.
Geschwulst, Geschwülste usw.
s. Register zu Bd. XIV/1
und 2.
Geschwülste, Basengehalt
XVI/2: 1502.
—, elektrische Leitfähigkeit
VIII/1: 680.
—, maligne, Schilddrüse
XVI/1: 331.
—, Selbstheilung
XIV/2: 1736.
Geschwulstthromben
VII/2: 1731.
Gesetz der Einfachheit (opt.
Wahrnehmung)
XII/2: 1243.
— der Erhaltung der Energie
I: 243.
— gedehnter Muskeln (UEX-
KÜLL) *IX*: 741;
XV/2: 1058, 1203.
Gesichtsempfindungen,
Analyse *XII/1*: 296.
—, Belichtungsstrom und
XII/2: 1487.
Gesichtsfeld, binokulares
XII/2: 901.
—, —, Vögel *XII/2*: 1129.
—, Gesamteindringlichkeit
XII/2: 1503.
—, Größe und Augenbewegungen *XII/2*: 1160.
—, unokulares *XII/1*: 845.
—, röhrenförmiges *X*: 738.
Gesichtsfeldgrenze, indivi-
duelle Verschiedenheiten
XII/1: 352ff., 362.
Gesichtsfeldstörungen, Lä-
sion einzelner Calcarina-
bezirke *X*: 742.
—, funktionelle, hysterische
XII/2: 818.
Gesichtshaut, Klimawirkung
XVII: 500, 503.
Gesichtslinie, Auge
XII/1: 103.
—, Begriff *XII/2*: 851, 1003.

Gesichtsraum, Hauptebenen
XII/2: 966ff.
Gesichtsschädel *II*: 310.
Gesichtsschwindel, Nystag-
mus und *XV/1*: 458.
—, Rotation und *XV/1*: 459.
Gesichtssinn *X*: 552.
—, Maximalreaktion und
XII/1: 393.
Gesichtsskelett *III*: 299.
—, Pfeilersystem *III*: 300.
Gesichtsvorstellungen, Traum
XVII: 629.
Gesichtswinkel, Reizschwelle
und *XII/1*: 323.
—, Sehgröße und *XII/2*: 882.
Gesinnungsprobleme, Berufs-
ausbildung und *XV/1*: 697.
Gestalt, lebendige *I*: 18.
—, Sinnesphysiologie *XI*: 46.
Gestaltbildung in der γ-Be-
wegung *XII/2*: 1231ff.
—, abgeschwächte, Reizwir-
kung bei *XII/2*: 1232.
Gestaltbildungsgesetze (op-
tische Wahrnehmung)
XII/2: 1233.
Gestalteindrücke *X*: 662.
Gestalten, psychische
XI: 271, 283.
Gestaltenentstehung, analy-
tische und synthetische
(optische Wahrnehmung)
XII/2: 1230.
Gestaltlehre *X*: 133, 154, 167.
Gestaltqualitäten *XI*: 130.
Gestalttheorie, Sinnesphysio-
logie *XI*: 60.
—, Tonigkeit *XI*: 713.
Gestationsorgane
XVI/1: 93.
Gestationsosteomalacie
XIV/1: 573.
Gesundheit des Arbeiters, in-
dustrielle Entwicklung
und *XV/1*: 527.
Getreide, Lagern *XVI/2*: 1686.
Getreideasthma *XIII*: 772.
Gewässer, Stoffhaushalt
I: 709.
Gewebe, Atmung *V*: 498,
V: 1210.
—, —, Hyperthyreose und
XVI/1: 743.
—, —, Insulin *XVI/1*: 629,
XVI/1: 643.
—, Ernährung *VII/2*: 1543.
—, erwachsenes *XIV/1*: 968.
—, Gasaustausch *VI/2*: 524ff.
—, Glykogenbildung
XVI/1: 613.
—, Glykogengehalt nach In-
sulin *XVI/1*: 611, 612.
—, Hyperämie, venöse
VII/2: 1622.

(Gewebe), lebendes und über-
lebendes *XIV/1*: 965.
—, lymphatisches
VI/2: 1010.
—, Membran, kolloide
XIII: 305.
—, Mineralbestand, All-
gemeines *XVI/2*: 1505.
—, Mineralien, seltenere
XVI/2: 1500.
—, passive, Trophik *X*: 1163.
—, pflanzliche *V*: 1193.
—, Pufferkapazität, Durch-
brechung der *XVI/2*: 1390.
—, Reaktionsfähigkeit, di-
rekte *VII/2*: 1543.
—, Reaktionsregulierung,
Anteil an der *XVI/1*: 1149.
—, Selbsterhaltung *X*: 1155,
X: 1178.
—, wasserspeichernde
XVII: 160.
—, Zuckergehalt nach Insulin
XVI/1: 611.
Gewebeabbau *XIV/1*: 996.
Gewebeleitung (Ohr) *XI*: 409,
XI: 433.
Gewebezüchtung s. unter
Gewebskulturen.
Gewebsallergie *XVI/1*: 1039.
Gewebsantisepsis
XIV/2: 1163.
Gewebsdifferenzierung, Auf-
teilung in Zellen
XIV/2: 1262.
—, Grundlagen *XIV/2*: 1212.
Gewebsdyspnoe *VII/2*: 1354.
Gewebseiweiß, Abbau von,
einschließlich Autolyse
V: 721.
—, Umbau von *V*: 737.
Gewebselektrolyte, Schild-
drüsenwirkung und
XVI/1: 743.
Gewebsembolie *VII/2*: 1789.
Gewebsentartung, Radium-
strahlen *XVI/1*: 849.
Gewebsflüssigkeiten niederer
Tiere, Analyse
XVI/2: 1423.
Gewebshormone
XVI/2: 1166.
Gewebskulturen
XIV/1: 956ff.;
XVI/1: 872; *XVIII*: 381.
—, geschichtliches
XIV/1: 982.
—, Herzanlage, embryonale
XIV/2: 1235.
—, Lebensdauer *XVII*: 735,
XVII: 741.
—, Licht u. Temperatur, Ein-
fluß von *XIV/1*: 964.
—, Medien für *XIV/1*: 958.
—, Neuroblasten *IX*: 319.

(Gewebskulturen), Normen-
tafeln *XIV/1*: 989.
—, Schilddrüsenstoffe zu
XVI/1: 245.
—, Wasserstoffionenkonzen-
tration *XIV/1*: 965, 999.
—, Zellauswanderung
XIV/1: 968.
—, Zelldiagnosen *XIV/1*: 981.
Gewebsmakrophagen, Milz
XIII: 830.
Gewebsmißbildung, Häufig-
keit und Folgen
XIV/2: 1332.
—, Heteroplasie oder
XIV/2: 1329.
—, kausale und formale Ge-
nese *XIV/2*: 1330.
—, Metaplasie und
XIV/2: 1211.
—, postembryonale
XIV/2: 1332.
—, Übersicht *XIV/2*: 1334.
—, Zellpersistenz
XIV/2: 1332.
Gewebsneubildung
XVII: 741.
Gewebspuffer *XVI/1*: 1150.
Gewebsreaktion, primäre auf
Reiz *VII/2*: 1643.
Gewebsreiz, Capillarerwei-
terung und *VII/2*: 991.
—, Dermographismus und
VII/2: 990.
Gewebssensibilität, Kreislauf-
regulierung *XVI/2*: 1256.
Gewebsschnitte, Veraschung
von *XVI/2*: 1478.
Gewebsspannung, Lymph-
bildung und *VI/2*: 950.
— der Pflanzen *VIII/1*: 106.
— s. auch Turgor.
Gewebsspezifität, Gesetze
XIII: 328.
Gewebsstoffe, Adrenalin-
abgabe und *XVI/2*: 1764.
Gewebsstoffliches Milieu,
vegetatives System und
XVI/2: 1820.
Gewebsstoffwechsel, N-Um-
satz und *V*: 85.
Gewebsstoffwechselprodukte,
lokaler Kreislauf und
VII/2: 1542.
Gewebstheorien des Blutes
VI/2: 731.
Gewebsveränderung, Nerven-
einfluß *VII/2*: 1719.
Gewebsverhalten, thermische
Schädigung (Gelose)
XVII: 421.
Gewebsverlagerungen, Folgen
XIV/2: 1516.
— ohne Tumorbildung
XIV/2: 1519.

Gewebszerfall, Adrenalin-
abgabe und *XVI/2*: 1765.
—, Kreatin und Kreatinin
V: 947.
—, Wundgewebe und Trans-
plantat *XIV/1*: 1143.
Gewebszerfallstoffe als Reiz
XIV/1: 1144.
Gewebszüchtung s. unter Ge-
webskulturen.
Gewebszucker, Abnahme
durch Insulin
XVI/1: 614.
Geweihform, Amöben
VIII/1: 7.
Gewicht, spezifisches des Or-
ganismus *XVI*: 295.
—, Stoffwechsel und
XVI/1: 950.
Gewichtheben, optimale Be-
lastung *XV/1*: 625.
Gewichtskräfte, Atemkräfte
II: 94.
—, Lunge *II*: 94.
Gewichtsschätzung *X*: 288,
X: 289, 291.
Gewichtszunahme
XV/1: 733.
Gewöhnung an Gifte u. Phar-
maka *XIII*: 833ff.; siehe
Register zu Bd. *XIII*.
—, Morphin, Spezifität der
XIII: 861.
„Gezeiten“ (periodische
Schwankungen des Le-
bens) *XVII*: 591,
XVII: 610.
Gezeitenrhythmen, biolo-
gische *XVII*: 653.
„ghost“ *XII/1*: 380;
XII/2: 1488.
GIBBS, W., Fundamental-
gleichung *I*: 113.
— -THOMSONsches Theorem
I: 435.
Gicht, Leberstörungen
IV: 800.
—, Schwerhörigkeit und
XI: 635.
—, Urolithiasis *IV*: 666.
Giemen (Atmung) *II*: 302.
Gift s. auch Zellgift.
—, aktive Masse *I*: 553.
—, Altersdisposition für
XVII: 844.
—, anaphylaktisches
XIII: 758.
—, Atemzentrum *II*: 467.
—, autonomes Nervensystem
XVI/2: 1777.
—, Blutwirkung *XIII*: 191.
—, Ekg *VIII/2*: 817.
—, entzündungshemmendes
VII/2: 1575.
—, Fermentwirkung *I*: 85.

(Gift), Fische *XIII*: 145.
—, Galle als *III*: 904.
—, Gaswechsel des Gehirns
IX: 538.
—, Gewöhnung an *XIII*: 515,
XIII: 833ff., 849.
—, Grundumsatz, Verän-
derung *V*: 307.
—, Herznervensystem
VII/1: 436.
—, Insekten, Läuse, Flöhe
usw. *XIII*: 134, 135.
—, Körpertemperaturver-
änderung durch *V*: 306.
—, lähmendes und erregbar-
keitssteigerndes
IX: 612.
—, Protozoen *XIII*: 110.
—, Reptilien *XIII*: 154.
—, Schweiß als *IV*: 734.
—, Spongien *XIII*: 113.
—, tierisches *XIII*: 102ff.
—, —, Chemie *XIII*: 175.
—, — als Heilmittel
XIII: 102.
—, — und Hormone
XIII: 174.
—, —, Immunität gegen
XIII: 162.
—, —, Kreislaufwirkung
XIII: 190.
—, —, Nervenwirkungen
XIII: 188.
—, —, pharmakologisches
System und *XIII*: 186.
—, —, Resorption
XIII: 186.
—, —, Wirkung *XIII*: 102.
—, —, Zweck *XIII*: 108.
—, Überempfindlichkeit ein-
zelliger Organismen
XIII: 665.
Giftapparate, Tiere
XIII: 107.
Giftbildung, tierischer Orga-
nismus *XIII*: 105.
Giftdrüsen, Histologie
III: 562.
Giftfische, Gifte *XIII*: 145.
Giftgehalt, Hirn *I*: 540.
—, kritischer der Zellipoide
I: 539.
Giftgewöhnung *XIII*: 515,
XIII: 833, 849.
Giftlähmung, Beutetiere
III: 56.
Giftpedicellarien *IX*: 815.
Giftschlangen *XIII*: 154.
Giftsekrete, Metazoen
XIII: 40.
—, Protozoen *XIII*: 5.
Giftüberempfindlichkeit
XIII: 644.
Gigantismen, infantile
XVI/1: 436.

Gigantismus, Wachstums-
periode *XVI/1*: 436.
Gipfelzeit *XII/1*: 429.
Glandula carotica (Glomus
caroticum) *XVI/1*: 51.
— interstitialis *XVI/1*: 58.
— — ovarica *XVI/1*: 63.
— nasalis *II*: 136.
— pinealis s. Zirbeldrüse.
— suprarenaliss.Nebenniere.
— thyreoidea s. Schilddrüse.
Glandulae bulbo-urethrales
(COWPERI) *XIV/1*: 760.
— parathyreoideaes.Epithel-
körperchen sowie Neben-
schilddrüse.
— vesiculares *XIV/1*: 756.
Glanz, optische Wahrneh-
mung *XII/2*: 954.
Glasketten, CREMERscher
Versuch *VIII/2*: 1013.
—, Erklärung und Definition
I: 525.
—, HABERsche und KLEMEN-
SIEWICZsche Versuche
VIII/2: 1019.
—, HABERS Theorie
VIII/2: 1021.
—, HOROVITZsche Theorie
VIII/2: 1020.
Glaskörper, Index *XII/1*: 83.
—, Quellungsmaximum
XII/2: 1383.
—, Quellungstheorie
XII/2: 1382.
—, Trübungen *XII/2*: 788.
Glatte Muskeln s. Muskeln,
glatte.
Glattmuskelige Organe,Licht-
beeinflussung *XVII*: 313,
XVII: 334.
Glaukom, Drucksteigerung
bei *XII/2*: 1608.
—, interkompensiertes
XII/2: 1379.
Gleichgewicht, allonomes bei
Drehung (Bogengangs-
apparat) *XI*: 917.
—, elektrisches, Organismus
I: 260.
—, endokrines *XVII*: 201.
—, Erhaltung des *X*: 240,
X: 244, 312.
—, — auf bergigem Terrain
XV/1: 199.
—, — bei enthaupteten Vö-
geln *XV/1*: 144.
—, — bei Fischen und
Froschlarven *XV/1*: 100.
—, — im Fluge *XV/1*: 100.
—, — bei Rückenmarkstieren
XV/1: 143.
—, —, Schwimmen der In-
sekten *XV/1*: 314.
—, kolloider Systeme *I*: 178.

(Gleichgewicht), mechani-
sches bei Geotropismus
XI: 1026.
—, physiologische Regulie-
rung *XV/1*: 48.
—, Wasser-Ionen mit andern
Ionen, biolog. Bedeutung
I: 529.
Gleichgewichtslage ohne
Muskelkräfte *XV/1*: 188.
Gleichgewichtsorgane (sta-
tische Organe) *XI*: 792.
Gleichgewichtspunkt, Richt-
punkt und (Gelenk-
mechanik) *VIII/1*: 634.
Gleichgewichtsreaktionen
XV/1: 49.
—, statokinetische
XV/1: 46.
Gleichgewichtsregulierung,
einzelne Faktoren im Zu-
sammenwirken *XV/1*:156,
XV/1: 157, 158, 159.
—, Fische *XV/1*: 147.
— in sog. „Hypnose“
XV/1: 155, 156.
—, Kleinhirn und
XV/1: 151, 152.
—, Medulla oblongata und
XV/1: 153, 159.
—, Mittelhirn und
XV/1: 147, 148.
—, reflektorische *XV/1*: 159.
—, Taube *XVIII*: 298.
—, —, Kopfstellung, Einfluß
XVIII: 391.
—, —, Labyrinth, Einfluß
XVIII: 390.
—, Zwischenhirn und
XV/1: 145, 146.
Gleichgewichtsstörungen
X: 247, 297, 311, 312.
—, Allseitigkeit der *I*: 257.
— ohne Schwindel
XV/1: 450.
— bei Stirnhirnkranken
XV/1: 438.
— bei einseitigemVestibular-
ausfall *XV/1*: 391.
Gleichgewichtsverschie-
bungen *I*: 257.
Gleichgewichtszustand,
Phasengrenzen *I*: 102.
—, Pigmentzellen
XIII: 235.
Gleichheit, optische Wahr-
nehmung *XII/2*: 1234.
Gleichhoch, subjektives und
Himmelsform *XII/2*: 890.
—, — und objektives
XII/2: 966ff.
Gleichungssysteme, Glieder-
mechanik *XV/1*: 169.
Gleichrichter-Resonanz-
theorie, Gehör*XVIII*:295.

Gleichstrom, allgemeine Wir-
kung auf die Gewebe
VIII/2: 928.
—, Hautresorptionsförderung
IV: 144.
—, intermittierender,Elektro-
narkose durch
VIII/2: 979.
—, spezielle Wirkungen
VIII/2: 956.
Gleichstromwiderstand,
menschlicher Körper
VIII/2: 661, 664, 666.
—, Nerv *VIII/2*: 678.
Gleich- und Wechselstrom-
widerstand, Differenz
zwischen (HERMANNscher
Polarisationsquotient)
VIII/2: 693.
Gleichstromwirkung, Theorie,
Protisten *VIII/2*: 932.
Gleichungen, optische, binär-
homogene *XII/1*: 400.
—, —, Lichtstärke und Adap-
tationszustand
XII/1: 380, 397, 443.
—, —, makulare *XII/1*: 373.
—, —, Netzhautregion und
XII/1: 380, 398.
—, Tongleichungen, unvoll-
ständige *XII/1*: 401.
Gleitende Koppelung im ner-
vösen Geschehen
XV/2: 1214.
Gleitflug *XV/1*: 335.
Gleitflugkurve *XV/1*: 335.
Gletscherbrand *XVII*: 503.
Gletscherfloh, Färbung
XIII: 199.
Glia, Veränderungen *IX*: 497.
—, Wucherung *IX*: 484,
IX: 508.
Gliadin *III*: 274.
Gliaelemente, Abbau durch
IX: 501.
Glianetze *IX*: 780.
Gliazellen *IX*: 480.
—, ALZHEIMER, atypische
IX: 503.
Gliederfüßer (Arthropoden),
Schutz- und Angriffsein-
richtungen *XIII*: 96.
Gliedermechanik, Gleichungs-
systeme *XV/1*: 169.
—, Modelle *XV/1*: 169.
Gliederstellungen, Korrek-
tion abnormer *XV/1*: 42.
Gliedmaßenanlagen, Ver-
pflanzung *XV/2*: 1117.
Gliedmaßenblastem
XVI/1: 804.
Glioneuroblasten *IX*: 131.
Globin *VI/1*: 79, 80.
—, Probe, Dosis letalis mi-
nima *XIII*: 700.

Globulin, Blut *V*: 740.
—, künstliches *V*: 742.
—, Lichtwirkung auf
    XVII: 328.
Globulinbestimmung nach
    ROHRER *VI/1*: 545.
Globuline, Chemie der
    III: 271ff.
Globulinproben, Liquor cere-
    brospinalis *X*: 1211.
Globinurie s. Hämoglobinurie.
Globus pallidus s. unter
    Pallidum *X*: 331;
    XVII: 62.
Glomeruli, Form *IV*: 188.
—, Größe *IV*: 189.
—, Zahl der durchströmten
    IV: 316.
Glomerulonephritis
    VI/1: 280, 296.
—, Blutdruck und
    VII/2: 1368.
—, Capillarveränderungen
    VII/2: 1370.
—, chronische *IV*: 570.
—, diffuse akute *IV*: 568.
—, Hyperuricämie nach
    akuter *IV*: 539.
—, hypotonisches Stadium
    VII/2: 1390.
—, postinfektiöse
    VII/2: 1326.
Glomerulo-Tubulonephrose
    XIV/1: 575.
Glomerulus, Oberfläche
    IV: 191.
Glomeruluscapillaren, Kapsel-
    lumen, Druckgefälle zwi-
    schen beiden *IV*: 318.
Glomerulusdruck *IV*: 310.
Glomerulusfläche, spezifische
    IV: 192.
Glomerulusfiltrat *XVII*: 291.
Glomerulusharn, direkte Ge-
    winnung *IV*: 457.
Glomus caroticum
    XVI/1: 51.
„Glossy Skin" *X*: 1166.
Glottis s. Stimmritze
    II: 177; *XV/2*: 1265ff.
— phonatoria *II*: 177.
— respiratoria *II*: 177.
Glottiskrämpfe *II*: 331.
—, psychogene *II*: 333.
Glucal, Oxydation zu Man-
    nose *III*: 144.
Glucoheptonsäurelacton
    (Verhalten im Stoffwech-
    sel) *V*: 1007.
Gluconeogenie *V*: 514, 826,
    V: 844.
—, Hemmung nach Insulin
    XVI/1: 624, 626.
Gluconsäure (Verhalten im
    Stoffwechsel) *V*: 1006.

Glucoresis *IV*: 293.
Glucosamin (Verhalten im
    intermed. Stoffwechsel)
    V: 998.
—, Chemie *III*: 280.
Glucosane, Stoffwechselver-
    halten *V*: 1000.
Glucose, α-, β- *V*: 479; s. auch
    Traubenzück. u. Dextrose.
—, Bestimmung, quantita-
    tive, Harn *IV*: 295.
—, Carcinom *I*: 36.
—, cyclische Formen
    III: 135.
—, Energielieferung durch
    I: 31.
—, lymphagogene Wirkung
    XVI/1: 634.
—, Milchsäurebildung des
    isolierten Rückenmarks
    IX: 585.
—, Nachweis im Harn
    IV: 295.
—. Permeabilität für tierische
    Zellen *I*: 419.
—, Reaktionsformen
    V: 482.
—, Stoffwechsel des isolierten
    Zentralnervensystems
    IX: 570, 599.
—, Toleranz *XVI/1*: 244.
—, Verbrauch bei der Harn-
    bildung *IV*: 384.
—, Zufuhr, Glykogenansatz
    in der Leber *XVI/1*: 613.
Glucosebildung, entzündl. Ge-
    webe *XIII*: 350.
Glucosezusatz, Atmungs-
    größe von Muskulatur bei
    XVI/1: 595.
Glucoside, Additionsverbin-
    dungen, mit Jod-Jod-
    kalium *III*: 118.
—, biochem. Nachweis
    III: 158.
—, Chemie *III*: 150.
—, isomere Formen *III*: 118.
—, Stoffwechselverhalten
    V: 1000.
—, Zerlegung durch Fer-
    mente *III*: 118.
—, Zucker, einfacher, dimo-
    lekulare Formen *III*: 118.
Glucosidglucuronsäuren
    V: 1036.
Glucoson, Stoffwechsel-
    verhalten *V*: 1000.
Glukosurie, Akromegalie und
    XVI/1: 680.
—, Calorienzufuhr, Größe der
    und *V*: 584.
—, Diabetes mit reiner Ei-
    weißnahrung *XVI/1*: 582.
—, Eiweißstoffe, Aufnahme
    von, und *V*: 583.

(Glukosurie), Hypophysen-
    hinterlappen und
    XVI/1: 681.
—, Morbus Basedow und
    XVI/1: 659, 667.
—, Muskeltätigkeit und
    V: 585.
—, Pankreasexstirpation
    nach *XVI/1*: 509, 691.
—, Prähypophyse, Folgen
    nach Exstirpation der
    XVI/1: 421.
—, Speicheldrüsenexstirpa-
    tion und *XVI/1*: 566.
—, Stärke, Aufnahme und
    V: 583.
—, Thyreotoxikose und
    XVI/1: 667.
—, zentrale *XVI/1*: 584.
—, Zuckeraufnahme und
    V: 583.
Glucuronsäuren *V*: 1035.
—, gepaarte *III*: 126, 149.
—, Leber *III*: 1463.
—, Stoffwechselverhalten
    V: 1006.
Glucuronsäureverbindungen,
    Bildungsmechanismus
    V: 1035.
—, Doppelsalze *V*: 1035.
Glutäalreflex *X*: 981.
Glutamin, Chemie *III*: 226.
— als Paarling *V*: 1041.
—, Synthesemöglichkeit für
    XVI/1: 970.
Glutaminsäure, Neubildung
    V: 768.
Glutarsäure, Stoffwechsel-
    verhalten *V*: 1005.
Glutathion *I*: 53, 55, 58.
—, Atmung *I*: 57.
Glyceride, gemischte, in der
    Milch *XIV/1*: 649.
Glycerin als Protoplasmagift
    I: 574.
—, Stoffwechselverhalten
    V: 998.
Glycerinsäure, Stoffwechsel-
    verhalten *V*: 1003.
Glycinamine, Chemie der
    III: 268.
Glykocholie *III*: 893.
Glykocholsäure in Galle
    III: 1286.
Glykogen *III*: 155, 640;
    XVI/1: 574.
—, Adrenalin, Aufbauhormon
    für *XVI/2*: 1698.
—, Blut *XVI/1*: 573.
—, — und Eiter beim Pan-
    kreasdiabetes
    XVI/1: 575.
—, Darm *III*: 665.
—, Gewebe, Gehalt an, nach
    Insulin *XVI/1*: 612.

(Glykogen), Herz, Gehalt an
　XVI/1: 676.
—, Herzmuskel *XVI/1*: 574.
—, labiles *V*: 1276.
—, Leber *III*: 640.
—, —, Gehalt, bei apankrea-
　tischen Tieren nach Insulin
　XVI/1: 622.
—, —, —, Insulinwirkung
　auf *XVI/1*: 613.
—, —, nervöser Tonus und
　XVI/2: 1697.
—, Magenschleimhaut
　III: 609.
—, Milchsäurebildung, post-
　mortale, im Gehirn
　IX: 582.
—, Muskulatur, Gehalt
　XVI/1: 574, 630.
—, Niere, Gehalt, beim ex-
　perim. Pankreasdiabetes
　XVI/1: 574.
—, Zentralnervensystem,
　Gehalt *XVIII*: 262.
—, —, Umsatz *IX*: 572, 577.
Glykogenbildung *V*: 509.
— aus Eiweiß
　XVI/1: 949.
—, Gewebe *XVI/1*: 613.
—, Insulin *XVI/1*: 623.
—, Leber nach Glucosezufuhr
　XVI/1: 613.
—, —, Durchströmung
　XVI/1: 623.
—, Muskulatur *XVI/1*: 651.
—, Zuckeroxydation und
　XVI/1: 652.
Glykogendepots bei industri-
　eller Arbeit *XVI/1*: 585.
— bei Muskelarbeit
　XV/1: 799.
Glykogenhydrolyse, Leber,
　diabetische *XVI/1*: 593.
—, —, nach Insulin und
　Adrenalin *XVI/1*: 624.
Glykogeninfiltration, Diabe-
　tesniere *V*: 1276.
Glykogenmobilisierung
　V: 579.
Glykogenolyse *V*: 578.
—, Adrenalin-Insulin-Wir-
　kung *XVI/1*: 641.
Glykogenreserven, Erschöp-
　fung *XV/1*: 799.
Glykogenretention, extra-
　celluläre Ursachen
　V: 1276.
Glykogenschollen in den
　Riesenzellen *VI/2*: 819.
Glykogenspeicherung (patho-
　logische) *V*: 1276.
Glykogensynthese s. Glyko-
　genbildung.
Glykogenverarmung der
　Leber *III*: 1453.

Glykogenvorräte bei indu-
　strieller Arbeit *XV/1*: 800.
Glykokoll, Bildung durch
　Aminosäurenabbau
　V: 764.
—, — im Organismus
　V: 1039.
—, Menge im Eiweiß *V*: 762.
—, Stoffwechselverhalten
　V: 1008.
—, Synthesenmöglichkeit für
　XVI/1: 970.
Glykokollpaarung *V*: 1039.
Glykolaldehyd (Verhalten im
　Stoffwechsel) *V*: 999.
Glykole, Stoffwechselverhal-
　ten *V*: 998.
Glykolsäure, Stoffwechsel-
　verhalten *V*: 1003.
Glykolyldiharnstoff
　V: 1010.
Glykolyse *I*: 29ff.
—, aerobe *V*: 532.
—, Carcinom *I*: 36.
—, Chemismus *I*: 29.
—, embryonale *V*: 533.
—, Fermentkinetik *I*: 36.
—, Gehirn, Hemmung durch
　Narkotica *IX*: 578.
—, Netzhaut *IX*: 586.
—, zentrale Nervensubstanz
　und *IX*: 559.
Glykolysegeschwindigkeit
　I: 29.
Glykolytisches Ferment
　VI/1: 306.
— — aus der Hirnsubstanz
　IX: 584.
Glykoproteide, Chemie
　III: 269.
— bei Degenerationen
　V: 1253.
Glykose s. Glucose.
Glykuronsäure s. Glucuron-
　säure.
Glyoxal, Stoffwechselverhal-
　ten *V*: 999.
Glyoxylsäure, Herzwirkung
　VII/1: 715.
—, Stoffwechselverhalten
　V: 1003.
Gmelinsche Reaktion, Farb-
　stoffe der *III*: 880.
Gnathodynamometer
　III: 336.
Gold, Wirkung *I*: 504.
Goldpurpur, Cassiusscher
　VI/1: 82.
Goldsolreaktion, Liquor
　(Lange) *X*: 1213, 1214.
Goldsteinsche Lehre, Lo-
　kalisation psych. Vor-
　gänge *X*: 658.
Golgi-Apparat, Definition
　I: 587.

(Golgi-Apparat), Sekretion
　und Dotterbildung *I*: 588.
Golgi-Mazzonische Körper-
　chen *XI*: 125.
Golgische Binnennetze,
　Darmzellen *III*: 680.
— Netze *IX*: 114, 127, 780.
Gollscher Strang *X*: 845.
Goltzsche Hunde *X*: 334,
　X: 400, 403.
—, —, Gehen auf drei Beinen
　XV/2: 1068.
Goltzscher Klopfversuch
　VII/2: 1419, 1513.
Gonaden, Ausbildung
　XIV/1: 48.
Gonangien *I*: 612.
Goniometer *XI*: 966.
Gonochorismus *XIV/1*: 51.
Gonophoren *I*: 612.
Gordonsches Phänomen
　(Tonusstörungen) *X*: 341.
Grabwespen, Ortsgedächtnis
　XV/2: 1033.
Gradient des Sauerstoffs
　(Krogh) *V*: 395.
Gräfscher Tastversuch
　X: 280.
Grandrysche Körperchen
　XI: 79.
Granula, Darmzellen
　III: 677.
—, Drüsenzellen *III*: 559.
—, Leber, intracelluläre, und
　Atmung *I*: 47.
Granularniere, rote (Jores)
　VII/2: 1374.
Granulatheorie (Altmann)
　IX: 101.
Granulationsgewebe
　XIV/1: 1155.
Granulocyten *VI/2*: 754.
—, Abstammung *VI/2*: 786.
Granulocytopoese
　VI/2: 785, 809.
Granulocytose *VI/2*: 805.
Graphologie, Berufseignung
　und *XVI/1*: 680.
Grau, kritisches *XII/1*: 349,
　XII/1: 485.
—, zentrales *XV/2*: 1050.
Grauempfindungen
　XII/1: 299.
Grauskala, Heringsche
　XII/1: 297.
Graviceptoren *XVI/2*: 1012.
—, labyrinthäre und extra-
　labyrinthäre *XII/2*: 875ff.,
　XII/2: 880, 890, 1076.
— und Vertikale
　XII/2: 872ff.
Gravidität s. a. Schwanger-
　schaft *XIV/1*: 463ff.
—, Blutadrenalingehalt und
　XVI/1: 689.

(Gravidität), Blutdruck bei *VII/2*: 1310.
—, Blutmenge bei *VII/2*: 1310.
—, Cholesteringehalt, Galle *IV*: 613.
—, Diabetes mellitus und *XVI/1*: 691.
—, Eiweißstoffwechsel *V*: 679.
—, Epyphyse und *XVI/1*: 687.
—, Gewebseiweiß, Umbau von *V*: 740.
—, Hypophyse und *XVI/1*: 673.
—, Hypophysenvorderlappen und *XVI/1*: 675.
—, Kohlensäurespannung *II*: 213.
—, Nebennieren und *XVI/1*: 688.
—, Schilddrüse und *XVI/1*: 669, 709.
—, Tetanie und *XVI/1*: 686.
—, Thymus *XVI/1*: 683.
—, Toxikosen *XIV/1*: 555ff.
Graviditätsglukosurie *XVI/1*: 690.
Graviditätshämoglobinurie *VI/1*: 589.
Graviditätslactation *XIV/1*: 630.
Graviditätssklerose *XIV/1*: 673.
Gravistatik *X*: 178.
Greffe sous-cutanée *XVI/1*: 558.
Gregarinen, Bewegung *XV/1*: 275.
Greifen, Kleinhirnläsion *X*: 245.
Greifreflex *X*: 1002.
Greifwaffen, Metazoen *XIII*: 44.
Greise, Zeugungsfähigkeit *XVII*: 828.
Greisenalter, Beginn *XVII*: 757.
—, Charakter *XVII*: 838.
Greisenbogen, Alter und *XVII*: 791.
Greisenkonstitution (Neigung zu isolierter Erkrankung einzelner Organe) *XVII*: 841.
Greisenniere *XVII*: 800.
Greisenpneumonie *XVII*: 854.
Greisenskelett *XVI/1*: 788.
Grenzflächen, Entstehung *I*: 146.
Grenzflächenenergie *I*: 110.
— (Oberflächenspannung) *I*: 101.

(Grenzflächenenergie), Systeme flüssig-flüssig *I*: 109.
Grenzflächenerscheinungen *I*: 91.
Grenzflächenkräfte *I*: 92.
—, elektrische Effekte der *I*: 126.
Grenzflächenpolarisation *IX*: 247.
Grenzkontrast *XII/2*: 747.
Grenzkonzentration, plasmolytische *I*: 408.
Grenzkonzentrationshypothese *V*: 603.
Grenzplasmolyse, Definition *I*: 409.
Grenzschichten, Theorie der semipermeablen Membran (Nervenerregung) *IX*: 263.
Grenzzellen, Ohr *XI*: 510.
Grillen, Stridulationsorgane *XV/2*: 1235.
Grippe *II*: 313.
Griseum, Morbidität des *IX*: 507.
Größensinn, optischer *XII/2*: 882.
—, subjekt. Maßstab *XII/2*: 882.
Großhirn, Abkühlung des *X*: 429, 473.
—, Abtragung, allgemeine Wirkung *X*: 510.
—, Ausbreitungseffekt *X*: 443.
—, Ausschaltung bei Hunden und Dämmerungszittern *XII/2*: 1137.
—, Erregbarkeit *X*: 420.
—, faradische Reizung *X*: 428.
—, Kleinhirn und *X*: 238, 265.
—, Nachwirkungen, positive, der Reizung beim *X*: 434.
—, Restitution der Funktion *X*: 482.
—, Schlaf und *XVII*: 594.
—, Schichtenlokalisation *X*: 600.
—, Strychninwirkung auf *X*: 429, 437, 518.
—, Substituierung von Leistungen *X*: 482.
—, Topographie *X*: 455.
—, Untersuchungsmethoden *X*: 428.
—, Wärmeregulation und *XVII*: 58.
— s. auch Rindenreaktion sowie Rindenreizung usw.
Großhirnbestrahlung, Wachstum und *XVI/1*: 805.
Großhirnhemisphäre, Abtragung einer *X*: 497.
Großhirnhemisphären *X*: 418.

(Großhirnhemisphären), Abtragung beider *X*: 490, *X*: 494.
—, Hunde ohne Wärmeregulation *XVII*: 58.
Großhirnlose Hunde siehe GOLTZsche Hunde.
— Rinder *X*: 413.
Großhirnmechanismen, Aufgabe der *X*: 420.
Großhirnrinde, Aktionsströme bei Reizung der *VIII/2*: 731.
—, funktionelle Bedeutung *X*: 618; *XV/2*: 1183.
—, Lokalisation *X*: 259, *X*: 600ff.; *XVIII*: 402.
—, sensibeles Gebiet *X*: 716ff.
Großhirnschwindel *XV/1*: 488.
Großhirntonus, corticaler *XII/2*: 1157.
Großstadtmelanismus *XIII*: 203, 260.
Growth-promoting water soluble B-factor *V*: 1203; s. auch Vitamin B.
—·— factor *V*: 1239.
Grübelsucht, sexuelle *XIV/1*: 799.
Grünanomale *XII/1*: 512; *XII/2*: 1515.
Grunddrehung, Hals *XV/1*: 72.
—, einseitige Labyrinthexstirpation *XI*: 895.
—, Rumpf *XV/1*: 72.
—, Utriculusabhängigkeit *XI*: 1010.
Grundempfindungen, Farbensinn *XII/1*: 563.
Grundfaktor für Pigment, Erblichkeitslehre *XVII*: 921, 922.
Grundgesetz, biogenetisches *XIV/1*: 694, 1006.
Grundgewebe, Potenzen des *XIV/1*: 968.
Grundimmunität *XIII*: 644.
Grundkörpertheorie, Kohlehydrate *III*: 922.
Grundschwelle (Rheobase und Chronaxie des Nerven) *IX*: 194.
Grundstellung, Augen, Primärstellung sowie Ruhelage *XII/2*: 978, 1032.
Grundton *II*: 288.
— der Vokale *XV/2*: 1404.
Grundumsatz, Abführmittel *V*: 308.
—, Adrenalin *V*: 304.
—, Anilinvergiftung *V*: 302.
—, Atropin *V*: 304.

(Grundumsatz), Blausäure
V: 302.
—, Cholin V: 304.
—, Cocain, Coffein, Ephedrin,
Lobelin, Hexeton usw.
V: 305.
—, Curare V: 306.
—, Hormone V: 303.
—, Hypophysenvorderlappen
$XVI/1$: 674.
—, Insulin $XVI/1$: 668.
—, Kinder V: 189.
—, —, ernährungsgestörte
V: 187.
—, Kohlensäureeinatmung
V: 304.
—, Kohlenoxydvergiftung
V: 301.
—, Morphinismus V: 306.
— Neugeborener V: 187.
—, Nierenkrankheiten V:275.
—, Phloridzin V: 304.
—, psychische Vorgänge
V: 202.
—, Säugetiere V: 466.
—, Schilddrüse $XVI/1$: 660,
$XVI/1$: 959.

(Grundumsatz), Schlafmittel
V: 305.
—, Schwefelwasserstoff und
Schwefel V: 302.
—, Schwermetallsalze V:309.
—, Sedativa V: 305.
—, Thymus $XVI/1$: 666.
—, Training $XV/1$: 723.
Grünsehen, erworbene Blau-
gelbblindheit $XII/1$: 531.
Gruppenarbeit $XV/1$: 669.
Gruppenmerkmale bei Tieren
XIII: 493.
Gruppenspezifische Substan-
zen, chemisches Substrat
XIII: 490.
Gruppenspezifität XIII: 694.
GRÜTZNERsche Lücke bei
wachsender Reizstärke
IX: 233.
Guanidinbasen V: 962.
Guanidinderivate V: 1011.
Guanidintoxikose
$XVI/2$: 1594.
Guanidocapronsäure V:1011.
Guanin, Arachnoideen
IV: 590.

Guanintapetum
$XII/1$: 281.
GUDERNATsche Reaktion
$XVI/1$: 702.
Gummi gutti, choleretische
Wirkung III: 1447.
Gummistoffe, Chemie
III: 152.
Gustoreceptoren I: 303.
Guttiharz, Darmwirkung
III: 539.
GUTZMANNscher Atemgürtel
II: 309.
Gymnastik, rhythmische
$XV/1$: 630.
Gymnogramme Martensii
$XIV/1$: 117.
Gynäkokratie $XIV/2$: 805.
Gynäkomastie $XIV/1$: 609.
—, einseitige XVII: 1044.
Gyno-Diöcie $XIV/1$: 53.
—-Monöcie $XIV/1$: 53.
Gyrus angularis X: 808, 809,
X: 811, 812.
— parietalis X: 810.
— supramarginalis X: 807,
X: 808, 809, 810.

H

H siehe Wasserstoff.
Haare, Fluorgehalt
$XVI/2$: 1496.
—, Wärmeschutzeinrichtung
XVII: 28.
—, wasseraufnehmende bei
Pflanzen $VI/2$: 1115.
Haarfarbe, Mensch XIII:247.
—, —, Nachdunkeln
XVII: 925.
—, Moorgegenden XIII:260.
—, Preußen XIII: 253.
—, Schulkinder XIII: 255.
—, Soldaten XIII: 255.
Haarkleid, Dichte des
menschlichen XI: 100.
Haarveränderungen, Altern
und XVII: 784.
Haarwachstum, Mauser-
zeichnung und XIII: 256.
Haarwuchsstörung, Athy-
reose $XVI/1$: 759.
—, Hypophysektomie
$XVI/1$: 424.
Haarzellen, CORTIsches Organ XI: 500, 507.
HABERLANDTsche Versuche
am intrakardialenNerven-
system $VII/1$: 442.
Habitus, asthenischer
XVII: 1128, 1137.
—, athletischer
XVII: 1128, 1140.
—, homosexueller Männer
XIV: 833.

(Habitus), krankhafter, Atmung II: 338, 389.
—, phthisischer II: 314;
XVII: 1077.
—, Rasse und XVII: 1078.
— senilis XVII: 782.
Hacheln s. Polypnöe.
„H-Acceptoren", Zentral-
nervensystem IX: 562.
Haferkur, v. NOORDENsche
$XVI/1$: 599.
Haftdruck, Zellpermeabilität
und I: 435.
Haftdrucktheorie, bioelektrische Ströme
$VIII/2$: 692.
Hahnenfedrigkeit, Arrhe-
noidie XVII: 739.
Haifische, Atmung II: 27, 31.
Hakenprobe, SNELLENsche
$XII/2$: 783.
Halbdurchlässige Scheide-
wände, elektr. Eigen-
schaften $VIII/2$: 1001;
s. auch Semipermeabele
Membranen.
Halbhapten XIII: 437.
Halbierungsgesetz, Herz-
frequenz $VII/1$: 641.
Halbparasiten XIII: 520.
Halbschlaf XVII: 600.
Halbseitenminderwertigkeit
XVII: 1051.
Halbseitenzwitter
$XVI/1$: 791.

(Halbseitenzwitter), Vögel
$XIV/1$: 777.
Halbwertdruck, Sauerstoff
I: 347.
Halbzentrentheorie (GRAHAM
BROWN) IX: 709, 789.
HALLERsches Organ XI: 229.
Halluzination XVII: 578.
—, akustische XI: 665, 752.
—, negative XVII: 679.
Halluzinieren, Traum
XVII: 630, 632.
HALLWACHS-Effekt
XVII: 328.
Halobien I: 377.
Halogenalkohole V: 1036.
Halogenalkyle, Stoffwechsel-
verhalten V: 1007.
Halogene, freie, keimtötende
Wirkung I: 571.
—, Kreislauf in der Natur
I: 735.
Halogenbenzoesäuren
V: 1021.
Halogenderivate, aromatische
V: 1017.
Halogenphenacetursäuren
V: 1040.
Halogenstoffwechsel, Leber
und IV: 800.
Halogenverbindungen, Stoff-
wechselverhalten V:1007.
Halophile I: 377.
Hals-Augen-Reflexe
$XII/2$: 1129, 1142.

Halsganglienexstirpation,
Augendruckregulation bei
XII/2: 1387.
Halslymphstrangunterbin-
dung, Fluorescinversuch
XII/2: 1348.
Halsmarkdurchschneidung,
Stoffwechsel *V*: 279, 280.
Halsmuskelreflex *XI*: 835.
Halsreflexe *X*: 286, 288, 310;
XI: 823; *XV/1*: 110, 134.
—, Augen und *XI*: 927.
—, tonische *IX*: 721; *X*: 986;
XV/1: 40, 56, 60ff.
—, —, Dehnungsreflex der
Muskeln *X*: 943.
Halsreflexwirkungen, Dreh-
nachnystagmus *XI*: 935.
Halsstellreflexe *XV/1*: 41.
Halssympathicus *X*: 1090.
—, Schluckakt *III*: 361.
—, sekretorische Fasern
XVI/1: 490.
—, Vagus, Verheilung mit-
einander *XV/2*: 1104.
Haltearbeit *XV/1*: 830.
Haltefunktion der Muskeln
IX: 712.
Halteren, Funktion der
XV/1: 360.
Haltung, bequeme, nach
Braune und Fischer
XV/1: 197.
„—, gute" *XV/1*: 198.
—, Körper *XV/1*: 29ff.
—, —, Störungen *XV/1*: 382.
—, militärische *XV/1*: 198.
—, Stellung bei Säugern und
XV/1: 55.
Haltungsanomalien *X*: 342;
XVII: 832.
Haltungsbedingende, tonische
Reaktion *X*: 405.
Haltungsreaktionen der Ve-
stibularapparate
XV/1: 411.
Haltungsreflexe *X*: 407;
XI: 893.
—, allgemeine *XV/1*: 39.
—, intersegmentale *XV/1*: 38.
— —, labyrinthäre, Otolithen-
abhängigkeit *XI*: 1009.
—, segmentale *XV/1*: 37.
Haltungstypen nach Martin
XV/1: 564.
Häm *VI/1*: 79; *XVIII*: 149.
Hamartome, Rückenmark,
Hund *X*: 1260.
Hämatin *VI/1*: 79.
—, Serum *VII/2*: 1663.
Hämatinsäure, carboxylierte
VI/1: 172.
Hämatoidin *VI/1*: 198;
VII/2: 1662.
Hämatokonien *VI/1*: 5.

Hämatokriten, Messung freier
Zellen mit *I*: 412.
Hämatome, Haustiere
VII/2: 1814.
Hämatopathien *XIV/1*: 570.
Hämatopneumothorax
II: 388.
Hämatopoese, allgemeine
VI/2: 730; s. auch Blut-
bildung.
—, Markorgan *VI/2*: 755.
—, Milz *VI/2*: 868.
Hämatopoetine *VI/2*: 780.
Hämatopoetische Niere
VI/2: 735.
— Organe, Zusammenspiel
VI/2: 884.
Hämatopoetischer Apparat
Strahlenempfindlichkeit
XVII: 362.
Hämatoporphyrin *VI/1*: 165.
—, Konstitution *VI/1*: 177.
— als Sensibilisator
XVII: 335.
Hämatothorax *II*: 388.
Hämaturie, Anstrengungen,
körperliche, und *IV*: 523.
—, „essentielle" oder „idio-
patische" *IV*: 522.
—, psychische Erregung und
IV: 523.
— s. auch Harn, Blut und -,
Blutfarbstoff.
Hämin, Derivate *VI/1*: 175.
—, Konstitution *XVIII*: 148.
—, oxydative Spaltprodukte
VI/1: 171.
—, reduktive Spaltprodukte
VI/1: 170.
Hämine, Dualismus *VI/1*: 191.
Häminkohle *I*: 61.
Häminoporphyrin *VI/1*: 179.
Hammelhämolysine, primäre
Toxizität *XIII*: 755.
Hammer, Verlagerung (Mittel-
ohr) *XI*: 441.
Hämochromatose *VI/1*: 218;
XVI/2: 1665.
Hämochromogen *VI/1*: 79.
—, Molekulargewicht
VI/1: 109.
Hämocytoblasten *VI/1*: 47;
VI/2: 762.
Hämodromometer
VII/2: 1165, 1208.
Hämoglobin *VI/1*: 76ff.,
VI/1: 164ff., s. auch Hä-
moglobinlösungen, Oxy-
hämoglobin sowie Blut-
farbstoff.
—, Alkalibindung an
XVI/1: 1079.
—, Bestimmung, qualitative
und quantitative
VI/1: 28, 29.

(Hämoglobin), Blutverände-
rungen, morphologische
VI/1: 719.
—, chemische Natur *VI/1*: 78.
—, Derivate *VI/1*: 150.
—, Diffusion *XVIII*: 146.
—, Dispersionszustand
VI/1: 110.
—, Eisenkatalysator
VI/1: 157.
—, Eiweißreaktion, biolo-
gische *XVIII*: 144.
—, —, chemische
XVIII: 144.
—, elementare Zusammen-
setzung *VI/1*: 86;
XVIII: 144.
—, Gasbindung *XVIII*: 145.
—, Globinbindung
XVIII: 143.
—, Hitzedenaturierung
VI/1: 84.
—, katalytische Eigenschaf-
ten *VI/1*: 110;
XVIII: 146.
—, kataphoretisches Verhal-
ten *XVIII*: 145.
—, Konstitution, eiweißfreie
Komponente
XVIII: 148ff.
—, Krystalle, Darstellung
VI/1: 182; *XVIII*: 144.
—, —, Formen *VI/1*: 84.
—, Lichtwirkung auf
XVII: 313, 531, 556.
—, Molekulargewicht
VI/1: 106, 487;
XVIII: 145.
—, Molekulargewichtsbestim-
mung, Ultrazentrifuge
VI/1: 109.
—, Molekül, Durchmesser
VI/1: 110.
—, Muskel *VI/1*: 35.
—, normales *XVIII*: 143.
—, optische Drehung
XVIII: 145.
—, osmotischer Druck
XVIII: 145.
—, p_H *XVI/1*: 1079.
—, Pufferwirkung *VI/1*: 77,
VI/1: 612; *XVI/1*: 1086;
XVI/2: 1380.
—, Reaktionsfähigkeit, sero-
logische *XVIII*: 144.
—, reduziertes *VI/1*: 77.
—, Resistenz *VI/1*: 88;
XVIII: 144.
—, Säuredissoziation
XVI/1: 1078.
—, spektroskopisches Verhal-
ten *XVIII*: 145.
—, Ursprung *VI/2*: 770.
—, Verdauung, tryptische
VI/1: 88.

(Hämoglobin), Verteilung zwischen Kohlenoxyd und Sauerstoff *VI/1*: 126, 128.
—, Zusammensetzung, elementare *VI/1*: 86; *XVIII*: 144.
Hämoglobinämie, Milzvene *VI/1*: 582.
—, paroxysmale *VI/1*: 287, *VI/1*: 588; *XVII*: 433.
Hämoglobinantisera *XIII*: 496.
Hämoglobinaustritt aus Erythrocyten, Messung *VI/1*: 564.
Hämoglobinbildung *XVII*: 522.
Hämoglobingehalt der Erythrocyten, Einfluß auf den *VI/1*: 30.
—, Ernährung und *XI*: 979.
— eines Erythrocyten *VI/1*: 35, 40; *XVIII*: 142.
— — — Senkungsgeschwindigkeit und *VI/1*: 36.
— Schwangerer *VI/1*: 33.
Hämoglobinlösungen, chemisches Verhalten *VI/1*: 87.
—, elektrische Leitfähigkeit *VI/1*: 104.
—, Oberflächenspannung *VI/1*: 106.
—, osmotischer Druck *VI/1*: 106.
—, p_H *XVI/1*: 1079.
Hämoglobinmenge, Beeinflussung durch Licht *XVII*: 320.
Hämoglobinpräcipitine *VI/1*: 89.
Hämoglobinurie *VI/1*: 586ff.
—, DONATH-LANDSTEINERscher Grundversuch *VI/1*: 591.
—, Kälte *VI/1*: 585, 588, *VI/1*: 589.
—, paralytische *VI/1*: 588.
—, paroxysmale *VI/1*: 287, *VI/1*: 588; *XVII*: 433.
—, toxische *VI*: 588.
—, unechte *VI*: 386.
Hämoglobinvermehrung, Eisenfütterung *XVI/2*: 1670.
Hämoglobinverteilungsgesetz *VI/1*: 40, 126, 128.
Hämoglykolyse *VI/1*: 306.
Hämogramm *VI/1*: 888.
Hämohistioblasten *VI/2*: 762, 788.
Hämoklastische Krise *V*: 700, *V*: 707; *VI/2*: 703; *XIII*: 720.

Hämolymphdrüsen *VI/2*: 824.
Hämolyse *VI/1*: 10, 567ff.; *XVIII*: 170.
—, biologische *VI/1*: 584.
—, Definition *I*: 419, 430.
— durch Druckdifferenzen *VI/1*: 570.
—, Energie, strahlende, und *VI/1*: 569.
—, Giftwirkung *VI/1*: 579, *VI/1*: 584.
—, Hypotonie *VI/1*: 571.
—, intravitale *VI/1*: 580,583.
—, Kondensatorentladung *VIII/2*: 989.
—, Lichtwirkung *VXII*: 307, 313.
—, mechanische *VI/1*: 568.
—, Narkotika *VI/1*: 574.
—, Oberflächenaktivität und *VI/1*: 573.
—, oligodynamische *VI/1*: 576.
—, Permeabilitätstheorien *I*: 437.
—, Säure- und Schwermetallsalzwirkung *VI/1*: 574.
—, serologische *VI/1*: 576.
—, Temperaturänderung und *VI/1*: 570.
—, vitale *VI/1*: 571.
—, Wirkung, allgemeine, auf den Organismus *VI/1*: 587.
Hämolyseapparat nach DE WAARD *VI/1*: 569.
Hämolysereversion *VI/1*: 582.
Hämolysinbildung bei vitaminarmer Nahrung *V*: 1232.
Hämolysine *VI/1*: 592.
—, elektive Absorption von *XIII*: 476.
Hämolysinreaktion im Liquor cerebrospinalis *X*: 1216.
Hämophilie *VI/1*: 372, 418; *XVII*: 1065.
Hämopoetine *VI/1*: 45; *VI/2*: 726.
—, CARNOTS *VI/2*: 798.
Hämoporphyrin *VI/1*: 165, *VI/1*: 179.
Hämopyrrol *VI/1*: 170.
Hämopyrrolbasen *VI/1*: 170.
Hämopyrrolsäuren *VI/1*: 170.
Hämorrhagische Diathese *VI/1*: 412; *XVIII*: 164.
— — Leberkranker *VI/1*: 426.
Hämorrhagischer Infarkt *V*: 1290.
Hämorrhoiden *VII/2*: 1464.
—, Haustiere *VII/2*: 1811.
Hämosiderin *VI/1*: 198; *VII/2*: 1662.

(Hämosiderin), chemische Natur (Eisenstoffwechsel) *XVI/2*: 1649.
—, Melanin und *XIII*: 197.
Hämosiderinpigment, Leber *III*: 657.
Hämostase, Glaukom, inflammatorisches, Verursachung durch *XII/2*: 1382.
Hämostatische Kräfte *VII/2*: 1422.
Hämostyptica *XIV/1*: 502.
Hämotachographie, Blutstromgeschwindigkeitsmessung *VII/2*: 1211.
Hämotropine, Erzeugung *XIII*: 825.
Hamster, Enddarmflora *III*: 997.
—, Vormagen des *III*: 979.
—, Winterschlaf *XVII*: 107.
Hand-Auge-Ohr-Test von HEAD *XV/2*: 1519.
Handgänger *XV/2*: 1065.
Händigkeit *XV/2*: 1064.
Handlung, receptorische *IX*: 749.
Handwerksarbeit, psychologische Momente der *XV/1*: 651.
Hangbein, Schwingung des *XV/1*: 215.
Hängekropf *III*: 1060.
Hängetisch nach Voss *XI*: 957.
Hangklima *XVII*: 493.
Haplo- und Diplophase beim Generationswechsel *XIV/1*: 99.
Haploskopie *XII/2*: 893.
Haptene *XIII*: 432, 698.
Haptentheorie *XIII*: 647.
Haptogenmembran, Antikörperwirkung auf *XIII*: 825.
Haptonastie *XI*: 86.
Haptotropismus *IX*: 13, 134; *XI*: 84.
Harmalin (Krampfgift), Gewöhnung an *XIII*: 874.
Harmonieprinzip, allg. Lebensbedingung *I*: 325.
Harmozone *XIV/1*: 910, 920.
Harn, Absonderung *IV*: 308; s. auch Harnsekretion *XVIII*: 92ff.
—, Aktivität, optische *IV*: 235.
—, Alter und *XVII*: 819.
—, Amino-N *XVI/1*: 578.
—, Ammoniak *XVI/1*: 1139.
—, Arbeit, körperliche, Verbrennungswerte nach *XV/1*: 747.

(Harn), autolytisches Enzym
V: 730.
—, Blut im *IV*: 522; s. auch
Hämaturie.
—, Blutdruck *XVIII*: 92.
—, Blutfarbstoff *IV*: 305,
IV: 520; *VI/1*: 586.
—, chemische Zusammen-
setzung *III*: 1318;
IV: 233, 394.
—, Chlorgehalt *XVI/1*: 635;
XVI/2: 1518.
—, Eisengehalt *XVI/2*: 1654.
—, Eiweißgehalt u. Zylinder-
bildung *IV*: 520.
—, Fische *XVII*: 150.
—, Fluorescenz *IV*: 235.
—, Galle, Vergleich mit-
einander *IV*: 771.
—, Gesamtacidität *IV*: 241.
—, Gesamtstickstoff
IV: 254.
—, Giftwirkungen
XIII: 161.
—, Herausbeförderung
IV: 803.
—, Herzfehler und
XVI/2: 1391.
—, Ionenacidität
XVI/1: 1137.
—, kalorischer Quotient
V: 135.
—, Kochsalzhypotonie, Nie-
reninsuffizienz *IV*: 547.
—, Kochsalzisotonie und Blut
IV: 547.
—, Konkremente *IV*: 307.
—, Kolloide *IV*: 238, 594,
IV: 595.
—, Leitfähigkeit, elektrische
IV: 236.
—, Lichtbrechung *IV*: 235.
—, Menge *IV*: 233.
—, Miktionsstörungen
XVI/1: 1048 ff.
—, Mineralbestandteile
IV: 247.
—, N-Substanzen nach In-
sulin *XVI/1*: 615.
—, Nubecula *IV*: 597.
—, Oberflächenspannung
IV: 238.
—, — und Zylinderbildung
IV: 521.
—, osmotischer Druck
IV: 236.
—, Phosphorsäureausschei-
dung *XVI/1*: 635.
—, physikalische Eigen-
schaften *IV*: 233.
—, physiologischer Durch-
tritt *IV*: 320.
—, Pufferung *XVI/1*: 1138.
—, Quotient D : N, Diabetes
V: 614.

(Harn), Reaktion siehe Harn-
reaktion.
—, Säureausscheidung und
deren Regulation
IV: 375.
—, Schilddrüsenmedikation
XVI/1: 274.
—, Sedimente *IV*: 307.
—, Sexualhormon
XVI/1: 470.
—, spezifisches Gewicht
IV: 235.
—, Stabilität des *IV*: 675.
—, Theorien *IV*: 451, 503;
XVIII: 112.
—, Titrationsacidität
XVI/1: 1137.
—, Umweltbedingungen
IV: 363.
—, Viscosität *III*: 1318;
IV: 237.
—, Zusammensetzung
III: 1318; *IV*: 233, 394.
—, Zylinder, Morphologie
IV: 595.
Harnabscheidung s. Harn,
Absonderung sowie Harn-
sekretion.
Harnacidität s. Harnreak-
tion.
Harnausscheidung, Cephalo-
poden *IV*: 586.
—, Dursttier *IV*: 341.
—, Säugling *III*: 1317.
—, Schreck und Schmerz
IV: 341.
Harnbewegung, intrarenale,
Atmung und *IV*: 809.
Harnbildung, Energie-
verbrauch bei der
IV: 328.
—, Glucoseverbrauch
IV: 384.
—, Hypophysenwirkung
XVIII: 105.
—, Muskeltätigkeit *IV*: 366.
—, osmotische Arbeit
IV: 328.
—, partielle Nierenausschal-
tung und *IV*: 367.
—, Tageszeiten und Schlaf
auf die *IV*: 364.
—, Theorien *IV*: 451;
XVIII: 120.
Harnblase s. auch Blase.
—, Adrenalinwirkung
X: 1108.
—, anaphylaktische Reaktion
XIII: 677.
—, Anatomie *IV*: 820.
—, Automatie *IV*: 828.
—, Druck in der *IV*: 850,
IV: 851, 855.
—, Drucksteigerung, prämik-
tionelle *IV*: 855.

(Harnblase), Entleerung,
Kälte- und Nässeeinfluß
IV: 876.
—, Erschlaffung *IV*: 813.
—, Formvergleich zwischen
Neugeborenen und Er-
wachsenen *IV*: 860.
—, Hypophysensubstanzen,
Wirkung *X*: 1137.
—, Innervation *IV*: 825 ff.
—, —, pharmakologische
Prüfung *IV*: 832.
—, —, Reizungsversuche
IV: 832.
—, Innervationsstörungen
bei Hirnstammläsionen
IV: 830.
—, Kontraktion *IV*: 813.
—, Krisen der *IV*: 875.
—, pathologische Physiologie
IV: 871.
—, Pharmakologie *IV*: 838 ff.
—, Reflexe *IV*: 831, 835.
—, —, decerebrierte Katze
(BARRINGTON) *IV*: 837.
—, Reservoir und Expul-
sionsorgan, Zusammen-
fassung *IV*: 868.
—, Schleimhaut, Resorptions-
möglichkeit *IV*: 868.
—, Sensibilität *IV*: 830, 831.
—, Sphincterkrämpfe
IV: 876.
—, Tonus und Kontraktion
IV: 852.
—, Verschluß *IV*: 857.
—, Verschlußapparat
IV: 823.
—, Zentren, corticale, für
Entleerung und Hemmung
IV: 830.
Harncylinder, Arten
IV: 518.
—, Bildung *IV*: 520.
—, hyaline, und Kolloid-
fällung *IV*: 594.
Harndrang *IV*: 860.
—, Aufmerksamkeit und
IX: 659.
—, Blasendehnung, elastische
und plastische *IV*: 860.
—, Theorien *IV*: 860.
—, Wahrnehmung *IV*: 863.
Harnentleerung, nächtliche
im Alter *XVII*: 819;
s. auch Nycturie.
Harnfarbstoffe *IV*: 302.
Harnfixa in der Wasser-
diurese *IV*: 397.
Harnfortbewegung aus den
Harnkanälchen *IV*: 809.
Harnkolloide *IV*: 238, 594,
IV: 595.
Harnkonkremente *IV*: 307.
Harnleiter siehe Ureter.

Harnleiterblasenmündung, Bau und Wirkungsweise *IV*: 812 ff.

Harnmenge, Blutdruck und *IV*: 334.

—, Durchflußgeschwindigkeit der Niere und *IV*: 334.

— Neugeborener *III*: 1317.

—, Tagesmenge *IV*: 233.

—, Vermehrung nach Entnervung *IV*: 349, 355.

Harnreaktion *IV*: 240; *V*: 908; *XVI/1*: 1137 ff.

—, Arbeit und *XVI/1*: 1145.

—, Barometerdruck, niedriger und *XVI/1*: 1145.

—, Bestimmung der aktuellen *IV*: 242.

—, Blutverlust *XVI/1*: 1148.

—, Diabetes *XVI/1*: 1146.

—, Fieber *XVI/1*: 1147.

—, Herzinsuffizienz *XVI/1*: 1148.

—, Nahrungsaufnahme *XVI/1*: 1142.

—, Narkose *XVI/1*: 1146.

—, Säureausscheidung *XVI/1*: 1138.

—, Säure- und Basenzufuhr *XVI/1*: 1143.

—, Schlaf *XVI/1*: 1146.

—, Schwangerschaft *XVI/1*: 1147.

—, Tetanie *XVI/1*: 1147.

Harnröhrenschwellkörper *XIV/1*: 767.

Harnsäure, Abbau *IV*: 269.

—, Bestimmung, quantitative *IV*: 268.

—, Blutdrucksteigerung *VII/2*: 1367.

—, Crustaceen *IV*: 589.

—, Darstellung *IV*: 267.

—, Eigenschaften *IV*: 267.

—, Exkretionsprodukt, N-haltiges, der Schnecken *IV*: 587.

—, Galleausscheidung *IV*: 800.

—, Glykokollbildung *V*: 763.

—, Hauptstückepithel *IV*: 209.

—, Konzentrationsfähigkeit der Nieren für *IV*: 525.

—, Nachweis *IV*: 268.

—, Nephridien von Hirudo *IV*: 583.

—, Ödem *XVII*: 265.

—, parenterale Zufuhr von *VI/1*: 271.

—, Schweiß *IV*: 732.

—, Synthese *V*: 1053.

—, Vorstufen im Blut *VI/1*: 271.

Harnsäureausscheidung, Insekten *IV*: 590.

—, Lichtwirkung auf *XVII*: 337.

—, vermehrte *VI/2*: 912.

Harnsäureinfarkt Neugeborener *IV*: 675.

Harnsäureretention, Blut nach Insulin *XVI/1*: 616.

Harnsäuresediment *IV*: 623.

Harnsäurestich *XVI/1*: 1050.

Harnsäuresynthese, Vögel *IV*: 270.

Harnschweiße, Niereninsuffizienz *IV*: 732.

Harnsedimente *IV*: 307.

Harnsekretion *XVII*: 183; s. auch Harn, Absonderung.

—, Bädereinfluß auf die *XVII*: 460.

—, Zwischenhirn und *XVII*: 56.

Harnstauungsniere *IV*: 548.

Harnsteine *IV*: 665.

—, Bestandteile der *IV*: 667.

—, Bildung *IV*: 591, 665, 673.

—, experimentelle Erzeugung im Tierkörper *IV*: 680.

—, geographische Verbreitung *IV*: 665.

—, Häufigkeit *IV*: 665.

—, Konkrementbildung, Prinzipien der *IV*: 591.

—, Unlöslichkeit *IV*: 680.

—, Vitaminmangel *V*: 1191.

Harnstoff *IV*: 255.

—, Ausscheidung durch die Niere *IV*: 478.

—, Bestimmung, quantitative *IV*: 256.

—, Blut *V*: 819; *VI/1*: 266.

—, —, Selachier *XVII*: 149.

—, Darstellung *IV*: 256.

—, Eiweißquelle *III*: 989.

—, eiweißsparende Wirkung *V*: 760.

—, Entstehung aus Arginin *III*: 225.

—, Erregung, nervöse, durch *X*: 1026.

—, Exkretionsprodukt von Mollusken *IV*: 588.

—, Fleischbildung und *V*: 120.

—, Funktion *V*: 823.

—, Gefäßwirkung, Niere *VII/2*: 1034.

—, Insulin und *XVI/1*: 615.

—, Kammerwasser, Gehalt an *XII/2*: 1373.

—, Leber *III*: 654.

—, Milcherzeugung und *V*: 120, 121.

—, Nachweis *IV*: 256.

(Harnstoff), Organe *V*: 823.

—, Pflanzenorganismus *V*: 993.

—, Reaktionen *IV*: 255.

—, Retention *X*: 1213.

—, Schweiß, Gehalt *IV*: 731.

—, Sekrete *V*: 823.

—, Synthese im Organismus *IV*: 257.

—, Verteilung im Körper *V*: 818.

Harnstoffausscheidung, Eiweißzufuhr und *XVI/1*: 972.

—, relative *V*: 821.

Harnstoffbildung, enzymatische *V*: 816.

—, Ort der *IV*: 260.

—, Thermochemie *V*: 811.

—, Zentralnervensystem *IX*: 594.

Harnstoffbildungsvermögen *V*: 802.

Harnstoffderivate im Stoffwechsel *V*: 1010.

Harnstoffdiurese *IV*: 402; *XVII*: 243.

Harnstofffütterung, Milcherzeugung und *V*: 120.

Harnstoffkonzentrationsfaktor *IV*: 541.

Harnstoß *IV*: 810.

Harnstrahl, Sprungweite *IV*: 856.

Harnsystem, Schwangerschaft *XIV/1*: 496.

Harntagesmenge *IV*: 233.

Harnträufeln *IV*: 875.

Harnverhaltung *IV*: 863, *IV*: 872 ff.

Harnvermehrung, Splanchnicusdurchschneidung *IV*: 355.

Harnwege, Infektion, aufsteigende *IV*: 818.

Harpyia vinula *XV/1*: 88.

HARRISONsche Versuche (intraplasmatisches Wachstum der Neurofibrillen) *IX*: 138.

Härtemessung, Muskel, Methoden *VIII/1*: 211.

Härteveränderung, Muskel, durch Ammoniak *VIII/1*: 357.

Harzgalle *XIV/2*: 1200.

Haschisch, Gewöhnung an *XIII*: 862.

—, Sehstörungen durch *XII/1*: 818.

Haselmaus, Winterschläfer *XVII*: 106.

Hasenscharte, Vererbung *XVII*: 1070.

HASSALLsche Körperchen
   $VI/2$: 1016; $XVI/1$: 25,
   $XVI/1$: 367.
Haube, Gehirn X: 200ff.
—, Wiederkäuermagen, Me-
   chanik III: 385.
Haubenbahn, zentrale X: 336.
Haubengase III: 1064.
Haubenpansenvorhof
   III: 382, 389.
Haubenpsalteröffnung
   III: 383.
Hauchscheibe, Atmung, nach
   ZWAARDEMAKER II: 322.
Häufungspunkte der Sätti-
   gungsdifferenzmaxima
   $XII/2$: 1536.
Hauptbronchus II: 336.
Hauptformante, Vokale
   $XV/2$: 1411.
Hauptinseln von Teleostiern,
   alkoholische Extrakte der
   $XVI/1$: 561.
Hauptlagen bei Dreh-
   empfindungen XI: 920.
Hauptnährstoffe: Eiweiß,
   Fett und Kohlehydrate
   V: 1151.
Hauptnutzzeit, Reizung mit
   konstantem Strom
   IX: 179, 264.
Hauptperiode, Reaktions-
   zeit X: 557.
Hauptsprosse, negativ geo-
   hopische XI: 1015.
Hauptvalenzen der Proteine
   III: 257.
Hauptvisierlinie s. Visier-
   linien.
Hauptwerte, Reaktionszeit
   X: 549.
Hauptzellen, Hypophyse des
   menschl. Fetus
   $XVI/1$: 410.
—, Magen, histophysiol.
   III: 612.
Haustiere, Kulturpflanzen
   und I: 689.
—, Reflexepilepsie X: 1254.
Haustorien I: 659.
Haustrenfließen III: 455.
Hauswetter (Klima)
   XVII: 559.
Haut, Adrenalinwirkung auf
   menschliche $XVI/2$: 1216.
—, Alter XVII: 807, 828.
—, Anionenundurchlässigkeit
   IV: 114, 115, 147.
—, Athyreose $XVI/1$: 249.
—, Atmung, Frosch
   V: 457.
—, Ätzwirkungen XIII: 369.
—, Blutdepot $XVI/2$: 1371.
—, Chloridabgabe durch die
   $XVI/2$: 1518.

(Haut), Chloridgehalt
   $XVI/2$: 1495.
—, Durchlässigkeit für
   Wasser IV: 107.
—, Dunsthülle der IV: 108.
—, Dystrophia adiposogeni-
   talis und Beschaffenheit
   der $XVI/1$: 444.
—, Elastizitätsverlust im
   Alter XVII: 783.
—, elektrische Ladung
   IV: 113.
—, Elektrizitätserzeugung
   $VIII/2$: 766.
—, Entladung IV: 115.
—, Erythem V: 1238.
—, Exkretionsorgan IV: 709.
—, Farbzeichnungen
   XIII: 256.
—, Fettbezug IV: 122.
—, isoelektrischer Punkt
   IV: 113.
—, Kationenbildner in der
   $XVI/2$: 1495.
—, Kieselsäurezufuhr
   $XVI/2$: 1495.
—, Klimawirkungen, allgem.
   XVII: 517.
—, Kretinen $XVI/1$: 205.
—, Lakieren der XVII: 29.
—, Lichtwirkung auf
   XIII: 258; XVII: 234,
   XVII: 314.
—, Natriumgehalt
   $XVI/2$: 1495.
—, Pigmentarmut
   $XVI/1$: 730.
—, Polarisation in der
   IV: 112, 115.
—, Potentialdifferenzen in
   der IV: 112.
—, Reaktion, lokale galvanische IV: 141.
—, Reflexe von der — aus-
   gehend $XVI/2$: 1163,
   $XVI/2$: 1166.
—, Reizwirkungen XIII: 369.
—, Resorption durch die
   IV: 116, 149ff.;
   XVIII: 85.
—, — durch entzündete
   IV: 149.
—, — Förderung durch
   Elektrophorese
   XVIII: 91.
—, Schmerzempfindlichkeit,
   regionäre XI: 189.
—, schmerzleitende Nerven
   XI: 188.
—, strukturelle Verhältnisse
   IV: 108.
—, vegetative Sensibilität
   $XVI/2$: 1809.
—, Wärmebewegung in der
   XI: 154.

(Haut), Wärmeregulation
   XVII: 26.
—, Wasserabgabe durch die
   XVII: 184.
—, Wassersalzdepot
   XVII: 225.
Hautatmung IV: 709.
—, Frosch I: 349.
Hautblasen, Chloridgehalt
   $XVI/2$: 1496.
Hautdurchblutung, all-
   gemeine XVII: 526.
—, Wärmeregulation und
   XVII: 101.
Hautdurchlässigkeit, Frosch
   XVIII: 85.
Hautemphysem II: 485.
Hauterkrankungen, Chlorid-
   gehalt und $XVI/2$: 1496.
Hautfarbe, Mensch
   XIII: 247.
—, Moorgegenden
   XIII: 260.
—, Neger XVII: 923.
Hautfettüberzug IV: 122.
Hautflügler (Hymenoptera)
   Gifte bei den XIII: 142.
Hautgangrän, multiple, neu-
   rotische V: 1286.
Hautgefäße, Hypertension
   und $VII/2$: 1333.
—, Kälte und $VII/2$: 995.
—, konsensuelle, Reaktion
   der $XVI/2$: 1169.
—, Licht, Verhalten gegen
   XVII: 315.
Hautgefäßreaktion, Stoff-
   wechselprodukte
   $VII/2$: 1550.
Hautidiosynkrasie, Spektrum
   der XIII: 774.
Hautkapazität bei Basedow-
   kranken $VIII/2$: 689.
Hautkapillaren, Blut-
   strömung, Schädigung der
   $XVI/2$: 1404.
—, Temperatureinfluß auf
   $VII/1$: 995.
Hautkitzel XI: 111.
Hautmuskeln, leitfähigkeits-
   steigernde Wirkung
   $VIII/2$: 661.
Hautnerven, Temperatur-
   erregung XVII: 66.
Hautpfropfung $XIV/1$: 1174.
Hautpigment, Alter und
   XVII: 785.
—, langwellige Strahlen
   XIII: 259.
— durch Licht, ihre Bildung
   XVII: 315.
Hautpotentiale $VIII/2$: 768.
Hautreaktivität, allergische
   Zustände und XIII: 801.
Hautreflexe X: 991.

(Hautreflexe), galvanische
 IV: 141; *VIII/2*: 775.
—, Rindenverletzung und
 X: 471.
Hautreinigung durch
 Schwitzen *XVII*: 459.
Hautreize, chemische, Reak-
 tionszeit *X*: 550.
—, elektrische *X*: 548.
Hautsegmente s. Dermatome.
Hautsystem, Parasiten *I*: 636.
Hauttalg, Krankheiten
 IV: 718.
—, Wasserbindungsvermögen
 IV: 717.
—, Zusammensetzung
 IV: 717 ff.
Hauttemperatur *XVII*: 499,
 XVII: 503.
— nach der Arbeit
 XV/1: 776.
— in Hypnose *XVII*: 684.
Häutung, Exkretion
 XVII: 158.
Hautveränderungen, Schwan-
 gerschaft *XIV/1*: 497.
Hautwasserabgabe *IV*: 741 ff.
— s. Register zu Bd. *IV*.
Hautwassermenge *IV*: 739.
— in den Tropen *IV*: 740.
Hautwiderstand, elektrischer
 VIII/2: 789.
Hautzonen, hypnosigene
 XVII: 674.
HAYCRAFTsche Geruchsregel
 XI: 276.
HCN s. Blausäure.
HCO_3 s. Bicarbonat.
HEADsche Zonen *X*: 153,
 X: 1072; *XI*: 197;
 XVI/1: 1049.
Hebebewegung *XV/1*: 127.
Hebephänomen
 XV/1: 122.
Heboide, kriminelle
 XVII: 1172.
Hefe, Gewöhnung an Phar-
 maca *XIII*: 849.
—, Wachstum *V*: 1216.
Hefearten, Milch *XIV/1*: 652.
Hefemacerationssaft *I*: 58.
Hefennucleinsäure, Spalt-
 produkte *V*: 1062.
Hefepilze, Lichteinfluß
 XVII: 311.
Hefezellen, elektr. Gleich- und
 Wechselstrom, Einfluß
 auf *VIII/2*: 929.
HEIDENHAINS Tetanomotor
 IX: 201.
HEIDENHAINsche Stäbchen
 IV: 201.
— Theorie der Harnbildung
 IV: 453.
Heilentzündung *XIII*: 396.

Heilige, christliche, Stigmati-
 sation und *XVI/2*: 1814.
Heilklima *XVII*: 510.
Heilmittel s. auch Pharmaka.
—, Gifte, tierische, als
 XIII: 102.
— des Ohres *XI*: 732.
Heilwirkung in Hypnose
 XVII: 685.
HEINZ-Körper, Erythrocyten
 VI/1: 9.
Heißluftapparate *XVII*: 441.
Heißluftbehandlung
 XVII: 441.
Heizerkrämpfe *XVII*: 415.
Helicotrema *XI*: 480.
Heliozoen, Bewegungstypen
 VIII/1: 11.
—, Nahrungsaufnahme, ge-
 meinsame, Verbands-
 bildung zu *III*: 8.
Helix, Celluloseverdauungs-
 ferment *III*: 95.
— pomatia, Diffusionsdarm
 bei *IV*: 169.
— —, Ortsgedächtnis
 XV/2: 1037.
—, Speicheldrüsen *III*: 86.
Helixdarm, Zucker-
 permeation *IV*: 171.
Helixversuch von JORDAN
 IX: 750.
Helladaptation *X*: 553;
 XII/1: 545; *XII/2*: 1595.
—, Ermüdung und
 XII/1: 462 (s. auch
 Dunkeladaptation).
—, Ermüdungszustand ohne
 Ermüdungserscheinungen
 XII/2: 1590.
—, Wellenlängenelektivität
 und *XII/1*: 442 ff.
Hellauge, Empfindlichkeits-
 kurve für das *XII/1*: 374.
Hell-Dunkeladaptation
 XII/2: 1500.
Hell- und Dunkelnetzhaut,
 Oxydationsvermögen der
 XII/1: 268.
Helligkeit, Additivität ver-
 schiedenfarbiger
 XII/1: 399.
—, spektrale Verteilung
 XII/1: 327.
—, — —, Adaptation und
 XII/2: 1506.
—, — —, Dämmerungs-
 sehen *XII/1*: 327, 330.
—, — —, Energie
 XII/1: 376.
—, — —, Farbensinn-
 störung *XII/1*: 526;
 XII/2: 1501.
—, — —, Tagessehen
 XII/1: 368.

(Helligkeit), spezifische, der
 Farben *XII/1*: 309,
 XII/1: 569.
—, subjektive, und Licht-
 stärke *XII/1*: 309.
Helligkeitsgrad, Auge, sub-
 jektiver *XII/2*: 1506.
—, Bewußtsein *XVII*: 575.
—, Gesamt-, Empfindung des
 jeweiligen *XII/2*: 1503.
Helligkeitsniveau, optimales
 XII/2: 1504.
Helligkeitsunterscheidung,
 occipitale Verletzung und
 X: 522.
Helligkeitsunterschied, Licht-
 zuwachs und *XII/1*: 781.
—, Wahrnehmung und
 XII/1: 776.
Helligkeitsverschiedenheit
 der Sehdinge *XII/2*: 775,
 XII/2: 783.
Helligkeitsverteilung, Rot-
 anomaler *XII/2*: 1561.
—, spektrale, und Farben-
 sinn *XII/1*: 385.
— im Spektrum *XII/1*: 327,
 XII/1: 330, 368, 376, 526;
 XII/2: 1506.
Helligkeitswert, Stereowert
 und *XII/1*: 915.
HELLWEGsche Dreikanten-
 bahn *X*: 196.
HELMHOLTZ-KÖNIGscher
 Farbenmischapparat
 XII/2: 1513.
— - YOUNGsche Dreifarben-
 theorie *XII/1*: 549.
HELMHOLTZsche Theorie der
 Doppelschicht *I*: 129.
— — der Farbenkonstanz
 XII/1: 602.
— — der Kombinationstöne
 XI: 581.
Hemeralopie *XII/2*: 1595.
—, angeborene, stationäre,
 totale *XII/2*: 1533.
—, Blendung durch
 XII/2: 1611.
—, Dunkeladaptations-
 verlauf bei *XII/2*: 1582.
—, Erkrankungen der Netz-
 haut und der Aderhaut
 XII/2: 1608 ff.
—, Erschöpfung, nervöse,
 und *XII/2*: 1614 ff.
—, essentielle *XII/2*: 1603.
—, familäre, Stammbaum
 Lorenzen *XII/2*: 1597.
—, idiopathische *XII/2*: 1603.
—, Intervall, farbloses, bei
 XII/2: 1533.
—, Intoxikation *XII/2*: 1608.
—, klinisches Krankheits-
 symptom *XII/2*: 1602.

(Hemeralopie), künstlicher Ikterus und *XII/2*: 1607.
—, Lebererkrankungen *XII/2*: 10606 ff.
—, Nachtblindheit *XII/1*: 693, 695.
—, physiologische *XII/2*: 1510.
—, PURKINJEsches Phänomen bei *XII/2*: 1533.
Hemeralopieepidemien *XII/2*: 1603.
Hemiakardie *VII/1*: 115.
Hemiamblyopie *X*: 682.
Hemianästhesie *X*: 713, 718; *XI*: 749.
Hemianopsie *X*: 681, 682, *X*: 683, 732, 739, 747.
—, bitemporale *XII/1*: 182.
—, Diabetes insipidus *XVII*: 289.
—, Exstirpation der Zentralwindung und *XV/2*: 1047.
—, homonyme *X*: 740.
Hemianopiker, Sehen derselben *X*: 746.
Hemiballismus *X*: 345, 366.
Hemiembryonen *XIV/1*: 1024, 1088.
Hemikinesie *XII/1*: 182.
Hemiopische Reaktion *XII/1*: 182.
Hemiplegia *X*: 667.
— alternans *X*: 197.
Hemiplegie, Frühkontraktur *X*: 700.
—, residuäre *X*: 701, 702.
—, schlaffe *X*: 700.
—, trophische Störungen *X*: 709.
—, vasomotor. Störungen *X*: 709.
—, Verteilungstypus, distaler *X*: 707.
Hemisektion, Rückenmark *XV/2*: 1127, 1128.
Hemisphäre, Überwertigkeit der linken, aphasische Störungen *XV/2*: 1441.
—, Ungleichwertigkeit beider *X*: 841; *XV/2*: 1064.
Hemisphären, Schlaf und Abtragung *X*: 501.
—, vikariierendes Eintreten *X*: 688.
Hemmung, Ableitungstheorie McDOUGALS *IX*: 656.
—, innere, bei Binokularsehen *XII/2*: 925.
— bei Feststellung von Gliedmaßen *XV/2*: 1083.
—, Herz, Nervus vagus *VII/1*: 445; *IX*: 654.
—, LIEBERMANNsche *XII/1*: 578.

(Hemmung), Magenstiel von Carmarina *IX*: 664.
—, Reflexe *IX*: 33.
—, —, bedingter *X*: 508.
—, reflektorische *X*: 1010.
—, rhodogenetische *XII/1*: 578.
—, Schielen, inneres *XII/2*: 956.
—, Theorie der *XV/2*: 1210.
—, tonische *XVII*: 690.
—, willkürliche *IX*: 659.
—, Zentralnervensystem *IX*: 645ff.
—, Zentren, antagonistischer *IX*: 750.
Hemmungsbahnen, intrazentrale *IX*: 646.
Hemmungsfunktion, Gehirn *IX*: 824.
Hemmungsmißbildungen *XIV/1*: 1059, 1066.
Hemmungsphänomene, Schlaf *XVII*: 592, 607.
Hemmungsrückprall (GRAHAM-BROWN) *IX*: 658.
Hemmungsrückschlag (rebound) *IX*: 655.
Hemmungsstoff *IX*: 26; *XV/2*: 1059.
—, Bildung, Zentralnervensystem *IX*: 34.
—, intrazentrale Bildung *XVI/2*: 1800.
—, intrazentraler *IX*: 660, *IX*: 768.
Hemmungs- und Erregungsstoffe, Zentralnervensystem *XV/2*: 1211.
Hemmungstheorie BARTELS (Bogengänge) *XI*: 851, *XI*: 866.
Hemmungsvorgänge, intrazentrale *IX*: 645.
Hemmungswirkung, Extrasystolen und Kalisalze *VII/1*: 726.
—, N. vagus *VII/1*: 445; *IX*: 654.
—, Spermaarten, fremdstämmiger *XIV/1*: 149.
Hemmungszentren *IX*: 646, *IX*: 665.
HENLEsche Schleife, Säugerniere *IV*: 215.
HENNEBERTsches Fistelsymptom *XV/1*: 405.
Hennen, brütende, Hypophyse bei *XVI/1*: 411.
Hennenfedrigkeit, Thelyidie *XVII*: 739.
HENSENsche Streifen *XI*: 523.
— Zellen *XI*: 517.
Hepatische Ophthalmie *XII/2*: 1607.

Hepatopathien, Schwangerschaft *XIV/1*: 569.
Hepatotoxine *XIII*: 754.
Heptochromaten *XII/1*: 516.
Heptylsäure, Stoffwechselverhalten *V*: 1002.
Herbivoren, Mikroorganismen und Verdauung bei *III*: 967.
HERBSTsche Körperchen *XI*: 79.
Heredität, Konkrementbildung und *IV*: 602.
D'HERELLEscher Bakteriophage *III*: 1031.
HERELLEsches Phänomen *XVI/1*: 942.
HERING-BREUERscher Reflex *XVIII*: 12.
HERINGS Farbenkonstanztheorie *XII/1*: 605.
HERINGsche Figur, opt. Täuschung *XII/2*: 1264.
— Gegenfarbentheorie *XII/2*: 1537.
— Grauskala *XII/1*: 297.
— Theorie desGleichgewichts zwischen assimilatorischen und dissimilatorischen Vorgängen *IX*: 45, 658.
— Urfarbenlichter *XII/2*: 1536.
Heringsei, Eiweißkörper *XIV/1*: 173.
—, Extraktivstoffe und Kohlehydrate *XV/1*: 173.
—, Gewichtsverhältnisse *XIV/1*: 172.
HERMANNsche Inkrementtheorie *VIII/2*: 698.
Hermaphroditen, Seelenleben *XIV/1*: 880.
Hermaphroditismus s. auch Zwitter *XIV/1*: 51, 78, *XIV/1*: 293ff., 872; *XVI/1*: 791; *XVIII*: 352, 362.
—, Entstehung *XIV/1*: 877.
—, Erblichkeit *XIV/1*: 878.
— externus, sekundäre Geschlechtsmerkmale *XIV/1*: 874.
— glandularis *XIV/1*: 875.
—, halbseitiger *XIV/1*: 230, *XIV/1*: 877.
—, künstlicher *XVIII*: 338.
— lateralis *XIII*: 220.
— masculinus externus *XIV/1*: 873.
—, Mensch *XIV/1*: 781.
—, Nebennierenfunktion und *XIV/1*: 877.
—, Parasiten *I*: 653.
— somaticus *XIV/1*: 873.
— tubularis *XIV/1*: 873.

(Hermaphroditismus) verus
XIV/1: 872.
Heroin, Lokalanästhesie
durch IX: 445.
Herpes zoster XVI/2: 1232.
— — gangraenosus V: 1286.
— — oticus XI: 637.
— —, trophische Störung
VII/2: 1585.
Herpesvirus, Organspezifität
und Adaptation des
XIII: 553.
Herrenmoral XIV/1: 808.
HERTWIG-DOHRNsche Theo-
rie der Neuronenzusam-
menhänge IX: 137.
—-MAGENDIEsche Schiel-
stellung X: 211;
XII/2: 1082.
Herz VII/1: 85ff., 523ff.;
XVIII: 182, 236; s. auch
Kreislauforgan.
—, Aktionsströme
VIII/2: 785.
—, akzessorisches VII/1: 11,
VII/1: 16, 18, 20, 33.
—, Anpassung durch Hyper-
trophie VII/1: 156, 339.
—, Arbeit s. Herzarbeit.
—, Arhythmie s. Herz,
Rhythmusstörungen.
—, Atrophie VII/1: 156.
—, Atmungsreaktion
XVI/2: 1185.
—, Automatie XVIII: 182.
—, Basedow XVI/1: 291.
—, Bewegung, Ursprungsort
XVIII: 183.
—, Bindegewebskörper, zen-
trale VII/1: 87.
—, Blutdruckeinfluß
VII/1: 488; XV/2: 903.
—, Blutfüllung nach dem
Tode VII/1: 1154.
—, Blutleere, experimentelle
VII/1: 1890.
—, Blutversorgung
VII/1: 1493.
—, Calciumwirkung
VII/1: 741ff.
—, Chinonwirkung
XVIII: 191.
—, circus movement
VII/1: 549, 684.
—, Dehnbarkeit, diastolische,
Veränderungen
VII/1: 361.
—, Dehnungskurven
VII/1: 259.
—, Diabetes insipidus
XVII: 290.
—, Dilatation s. Herzdila-
tation.
—, Druckgefälle im
VII/2: 1190.

(Herz),Dynamik VII/1:237ff.
—, embryonales VII/1: 28;
VII/1: 53.
—, Erkrankungen VII/1:157.
—, Ermüdung VII/1: 359,
VII/1: 406.
—, Erregung, sympathische
VII/1: 324.
—, Erregungsleitung
VII/2: 565ff.;
XVIII: 183.
—, —, Pharmakologie
VII/1: 798.
—, Erstarkung VII/1: 335.
—, Extrasystolen s. unter
Extrasystolen.
—, Fehler s. Herzfehler.
—, Fettgehalt nach Insulin
XVI/1: 616.
—, flatterndes XII/1: 471.
—, Form VII/1: 308.
—, Formbeständigkeit
VII/1: 364.
—, Frequenz s. Herzschlag-
frequenz.
—, (variable) Füllung
VII/1: 415, 1183.
—, Gasspannung des rechten
II: 217.
—, Gefäße VII/2: 1009; siehe
auch Coronargefäße sowie
Kranzgefäße.
—, Gefäßreflexe VII/1: 501.
—, Gefäßsystem im Alter und
XVII: 796.
—, —, Schwangerschaft und
XIV/1: 487.
—, Geräusche s. Herz-
geräusche.
—, Gestalt VII/1: 154.
—, Glykogengehalt
XIV/1: 545; XVI/1: 676.
—, Größe VII/1: 132ff.,
VII/1: 141ff., 305ff.;
VII/2: 1184, 1428;
XV/1: 699; s. auch Herz-
größe.
—, hypertonisches
VII/1: 365.
—, Hypertrophie s.
Herzhypertrophie.
—, hypotonisches
VII/1: 365.
—, Index, funktioneller
VII/1: 148.
—, Innendruck und Fre-
quenz (Evertebraten)
VII/1: 38.
—, Innervation XVIII: 179.
—, Ionenwirkung
XVIII: 190.
—, Insuffizienz s. Herz-
insuffizienz.
—, Insulinwirkung auf
XVI/1: 626.

(Herz), Ionenantagonismus
VII/1: 723, 731.
—, Ionenreihe I: 518.
—, Interferenzdissoziation
VII/1: 629.
—, Irrigationskoeffizienten
VII/1: 389.
—, Isochorie VII/1: 238.
—, Isorhythmie elektrischer
und mechanischer Kurven
VII/1: 679.
—, Kaliumvergiftung II:477.
—, Kaliumwirkung
VII/1: 725ff.
—, Kammer s. unter Herz-
kammer.
—, Kapazität VII/1: 153.
—, Kittlinien VIII/1: 116.
—, Klappenfehler, Hämo-
dynamik XVIII: 177.
—, Koordination VII/1: 44.
—, Koordinationszentrum
VII/1: 676.
—, Lageveränderung auf Ekg.
VIII/1: 804.
—, Länge, Breite, Dicke
VII/1: 150.
—, Längsdissoziation
VII/1: 549, 651, 656.
—, Latenz VII/1: 552;
XVIII: 183.
—, Leerschlagen
VII/2: 1418.
—, Leistungsfähigkeit und
Blutdruck VII/2: 1268.
—, —, Minutenvolumen
XVI/2: 1297.
—, Leitungsstörung
XVIII: 187.
—, Mechanogramm und Ekg.
VIII/2: 818.
—, Minutenvolumen s. unter
Herzminutenvolumen.
—, Mißbildungen
VII/1: 114ff.; VII/2:218.
—, Myxödemkranker
XVI/1: 257.
—, Nährlösung VII/1: 473,
VII/1: 722.
—, Nervensystem
XVIII: 179.
—, normotonisches
VII/1: 365.
—, Oscillationsfrequenz, Va-
gusreizung VII/1: 683.
—, peripheres VII/2: 1071.
—, Pharmakologie
VII/1: 711ff.;
XVIII: 190.
—, Physiologie, allgemeine
XVIII: 182.
—, Pigment XIII: 262.
—, Plethysmographie und
Schlagvolumen
VII/2: 1167.

(Herz), Proportionalgewicht
VII/1: 144, 155, 332.
—, Reaktion, anaphylak-
tische *XIII*: 679.
—, Reflexe von der Haut und
den inneren Organen auf
XVI/2: 1163.
—, Refraktärphase
VII/1: 428, 543, 549, 579,
VII/1: 679; *XVIII*: 183.
—, Reizbildung usw. s. unter
Herzreizbildung.
—, Reizflimmern *VII/1*: 673.
—, Reizleitung *VII/1*: 426.
—, Reizleitungssystem
XVIII: 182, 184.
—, Reservekraft
VII/1: 253, 261, 317, 345.
—, Rhythmik, elektrischer
Shock *XVIII*: 235.
—, Rhythmusstörungen
VII/1: 492, 601;
VII/2: 1306, 1827;
XVI/1: 291, 1027, 1273;
XVIII: 184ff.
—, Rißverletzungen
VII/2: 1883.
—, Sauerstoffmangel
XVIII: 182.
—, Säugetiere, funktioneller
Bau *VII/2*: 85.
—, Schemata *VII/1*: 24.
—, Schenkelblock
XVIII: 188.
—, Schilddrüsenbehandlung
XVI/1: 276.
—, Schlaffheit *VII/1*: 365;
XVI/1: 729.
—, Schlagrichtung
VII/1: 25.
—, Schlagvolumen
VII/2: 1162; s. auch unter
Schlagvolumen.
—, Schleuderton *VII/2*: 1873.
—, Schwangerschaftsverän-
derungen *VII/1*: 149.
—, Segelklappen, allgemeine
Physiologie *VII/1*: 165.
—, Selbststeuerung
VII/1: 527.
—, Septierung *VII/1*: 117ff.;
s. auch Septum, Herz.
—, Shockorgan *XIII*: 731.
—, Stillstand *VII/1*: 406;
XVII: 880.
—, Stoffe unspezifische, im
XVI/2: 1231.
—, Stoffwechsel *VII/1*: 689,
VII/1: 690;
VII/2: 1203.
—, Tachykardie, Kohlen-
säurewirkung
XVIII: 183.
—, Temperatureinfluß
V: 408; *VII/1*: 480.

(Herz),Tonus *VII/1*: 313, 363,
VII/1: 561; *XVI/2*: 1176.
—, Tonusschwankungen
VII/1: 32, 365.
—, Transversaldurchmesser
VII/2; 1428; *XV/1*: 700.
—, Treppe *VIII/1*: 189.
—, Triebwerk *VII/1*: 89.
—, Ventrikel s. unter Herz-
kammer.
—, vergleichend-physiolo-
gisch *VII/1*: 27.
—, Verdrängung *II*: 386.
—, vergleichend *VII/1*: 1ff.
—, Vergrößerung, korrela-
tives Meßverfahren
XV/1: 707.
—, — s. auch unter Herz-
vergrößerung.
—, Volumen *VII/1*: 152.
—, —, Bestimmung
VII/1: 315.
—, Wandfasern *VII/1*: 101.
—, Wandspannung u. Puls-
frequenz bei Evertebraten
VII/1: 38.
—, Wärmebildung
VII/1: 689, 703.
—, Wassergehalt
XVI/2: 1408.
—, Wiederbelebungsfähigkeit
VII/2: 1895.
—, Wirbeltiere, Größe
VII/1: 132.
—, Wirkungsgrad
VII/1: 707.
—, Zeitvolumen *VII/2*: 1162;
XVIII: 198, 209.
—, —, Klappenfehler
VII/2: 1202.
—, Zuckerstoffwechsel
VII/1: 699.
—, Zuckungen, übermaximale
VII/1: 41.
Herzabscesse, Haustiere
VII/2: 1821.
Herzabteilungen, Bezie-
hungen, zeitliche
VII/1: 247.
—, Füllung und Schlag-
volumen *VII/2*: 1180.
Herzaneurysma *VII/1*: 395.
Herzarbeit, Form
VII/1: 330.
—, Gefäßsystem *VII/2*: 1319.
Herzautomatie *XVI/2*: 1228.
—, Theorien *IX*: 802.
Herzbewegungen, verglei-
chend *VII/1*: 44.
Herzbeutel s. auch Pericard.
—, Anatomie *VII/2*: 1839.
Herzbeutel, Anatomie
VII/2: 1839.
—, Aspiration bei Arthropo-
den *VII/1*: 36.

(Herzbeutel), Entwick-
lungsgeschichte
VII/2: 1838.
—, Entwicklungsstörungen
VII/2: 1838.
—, Erkrankungen
VII/2: 1857, 1862
—, Form *VII/2*: 1839.
—, Funktion, normale
VII/2: 1844.
—, Gleitorgan *VII/2*: 1848.
—, Herzfunktion und
VII/1: 363.
—, Innervation *VII/2*: 1841.
—, Konfiguration, respirato-
rische Beeinflussung
VII/2: 1845.
—, Lagebeziehungen
VII/2: 1839.
—, Mangel des *VII/2*: 1851.
—, Restexsudat im
VII/2: 1868.
—, Saugorgan *VII/2*: 1851.
—, Stützorgan *VII/2*: 1848.
—, Verschwielung, systo-
lische Behinderung des
Herzens *VII/2*: 1880.
—, Verwachsung, partielle
VII/2: 1864.
—, —, Zwerchfellähmung bei
VII/2: 1878.
—, Wandung, Dehnbarkeit
VII/2: 1858.
Herzbeutelchirurgie
VII/2: 1877.
Herzbeutelentzündung siehe
auch Pericarditis.
—, Folgezustände
VII/2: 1862.
Herzbewegung, Ursprungsort
der *VII/1*: 584.
Herzblock *VII/1*: 597;
XVIII: 184ff., 205.
—, atrioventrikulärer
VII/1: 637.
—, Ekg. *VIII/2*: 844.
—, Haustiere *VII/2*: 1831.
—, kompletter *VII/2*: 575,
VII/2: 651.
—, — nach Digitaliswirkung
VII/1: 767.
—, partieller
VII/1: 575, 638.
—, —, Wirkung ausfallender
Reize *VII/1*: 577.
—, Schlagvolumen
VII/2: 1202.
—, sino-aurikulärer
VII/1: 633; *VIII/2*: 839.
Herzbräune s. Angina pec-
toris.
Herzchirurgie, experimentelle
VII/2: 1890.
Herzdämpfigkeit
VII/2: 1808, 1826.

Herzdeplantation
XIV/1: 1113.
Herzdilatation VII/1: 203,
VII/1:353ff.; XVI/1:710;
s. auch Herzhypertrophie
sowie Herzvergrößerung
—, Hypertrophie und
VII/1: 205.
—, kompensatorische
VII/1: 354.
—, myogene VII/1: 354.
—, Pferd VII/2: 1820.
— primäre VII/1: 367.
—, Tonusmangel VII/1: 361.
Herzdilatatoren (muskulöse),
Cladoceren und Insekten
VII/1: 33.
Herzentwicklung, Thorako-
page VII/1: 130.
Herzerholung VII/1: 359.
Herzermüdung VII/1: 359,
VII/1: 406.
Herzerstarkung VII/1: 335.
Herzerweiterung s. Herzdila-
tation.
Herzexplantate VII/1: 54;
XVI/1: 799.
Herzfehler s. auch Herz-
klappenfehler.
—, Alveolarluft bei
XVI/2: 1391.
—, angeborene, und Poly-
cythämie VI/2: 920.
—, dekompensierte
XVI/2: 1301.
—, Grundumsatz bei
XVI/2: 1350.
—, Harn bei XVI/2: 1391.
—, Kohlensäureabgabe bei
XVI/2: 1388.
—, kongenitale VII/1: 218.
—, —, Blutmengenbestim-
mung VI/2: 694.
—, Massage bei XVI/2: 1364.
—, Phosphatstoffwechsel bei
XVI/2: 1391.
—, Venenblut bei
XVI/2: 1364.
—, Wärmeabgabe bei
XVI/2: 1392.
Herzfettgewebe VII/1: 153.
Herzfleisch, Säugetiere, Mi-
neralstoffe der
XVI/2: 1491.
Herzflimmern, Herzflattern
s. unter Flimmern und
Flattern.
Herzform, diastolische,
Fixierung durch Eingipsen
VII/1: 184.
Herzfrequenz s. Herzschlag-
frequenz.
Herzfüllung VII/1: 310.
Herzfunktion, N. accelerans
und XVI/1: 308.

(Herzfunktion), N. vagus und
XVI/1: 1308.
—, pharmakologische Beein-
flußbarkeit VII/1: 713.
Herzgefäßapparat
XIV/1: 660.
Herzgeräusche VII/1: 267.
—, Entstehung, Ursachen
ihrer VII/1: 299.
—, Registrierung VII/1: 273.
—, Schwingungsfrequenz,
Stärke, Charakter, Fort-
leitung derselben
VII/1: 301.
—, zeitliche Verhältnisse
VII/1: 303.
Herzgewebe, Explantation v.
VII/1: 54; XVI/1: 799.
Herzgewebestück, Lebens-
äußerung implantierten
XIV/1: 966.
Herzgewicht VII/1: 141ff.;
XV/1: 702.
—, Amphibien VII/1: 134.
—, Erwachsener VII/1: 143.
—, Fische VII/1: 133.
—, Homöotherme VII/1: 135.
—, proportionales VII/1: 335.
—, relatives Wachstum
VII/1: 145.
—, Reptilien VII/1: 135.
Herzglykoside XIV/1: 545;
XVI/1: 626.
Herzgröße VII/1: 132ff.,
VII/1: 141ff., 305ff.;
VII/2: 1184, 1428;
XV/1: 699.
—, Bestimmung VII/1: 314.
—, Kollaps XVI/2: 1337.
—, Körpergewicht
VII/1: 309; VII/2: 1184.
—, Körperhaltung und
VII/1: 312.
—, Marathonläufer
XV/1: 706.
Herzhämatome, Haustiere
VII/2: 1814.
Herzhöhlen, Druckschwan-
kungen in den VII/1: 239.
Herzhormon VII/1: 537;
XVIII: 191.
Herzhypertrophie VII/1:156,
VII/1: 338, 711;
XV/1: 710; XVII: 813;
s. auch Herzdilatation so-
wie Herzvergrößerung.
—, Arteriosklerose
VII/2: 1320.
—, Dehnungskurve bei
VII/1: 349.
—, Dehnungsreize VII/1:346.
—, dilatative VII/1: 333,
VII/1: 351.
—, Eisenentziehung und
XVI/2: 1671.

(Herzhypertrophie), Ekg. und
VIII/2: 839.
—, Fick-Horvarthsches Ele-
ment VII/1: 346.
—, Frequenzsteigerung und
VII/1: 338.
—, Gestaltveränderung bei
VII/1: 156.
—, Haustiere VII/2: 1819.
—, Herzabschnitte, einzelne
VII/1: 336.
—, Herzgifte und VII/1: 342.
—, Herzstoffwechsel und
VII/1: 343.
—, idiopathische VII/1: 337.
—, Insuffizienz durch
XVI/2: 1403.
—, konzentrische VII/1: 351;
VII/2: 1308.
—, Körperwachstum und
VII/1: 345.
—, Lungenkrankheiten und
II: 411.
—, mechanisch bedingte
VII/1: 336.
—, Nierenverkleinerung und
VII/2: 1363.
—, pleurale Erkrankungen
und II: 410.
—, Protoplasmaschwäche
und VII/1: 353.
—, Sklerose der Splanchnicus-
gefäße und VII/2: 1320,
VII/2: 1332.
—, Versagen des Herzens bei
VII/1: 350.
—, Vorteile der VII/1: 348.
Herzinnendruck IV: 855.
Herzinsuffizienz VII/1: 254;
XVI/2: 1291.
—, Alkalireserve
XVI/1: 1125.
—, Atmungsregulation bei
XVI/1: 1124.
—, Beriberiherz
XVI/2: 1408.
—, Blutdruck, niederer und
XVI/2: 1305.
—, Blutmenge und
XVI/2: 1305.
—, Blutreaktion bei
XVI/1: 1126.
—, Blutsäuerung und
XVI/2: 1305.
—, Capillarkreislaufstörun-
gen XVI/2: 1346.
—, Cardiaca auf
XVI/2: 1408.
—, Coronardurchblutung und
XVI/2: 1304.
—, Coronargefäße, Verschluß
XVI/2: 1403.
—, Definition VII/2: 1203.
—, Harnreaktion
XVI/1: 1148.

(Herzinsuffizienz) durch hypertrophische Herzabschnitte *XVI/2*: 1403.
— durch Inanitionszustände *XVI/2*: 1402.
—, linksseitige *XVI/1*: 1307.
—, Myodegeneration *XVI/2*: 1402.
—, Sauerstoffmangel und *XVI/2*: 1305.
—, Ursache *XVI/2*: 1304, *XVI/2*: 1401 ff.
Herzkammer s. auch Ventrikel.
—, Automatie nach Digitalis *VII/1*: 766.
—, Bradysystolie *VII/1*: 784.
—, Druckablauf in beiden *VII/1*: 241.
—, Eigenfrequenz *VII/1*: 470.
—, Erregungsausbreitung *VII/1*: 594.
—, Flimmern nach Adrenalin *VII/1*: 771.
—, — nach Kaliumionen *VII/1*: 730.
—, Füllung *VII/2*: 1179.
—, Gewichtsverhältnisse *VII/1*: 147.
—, — bei Krankheit *VII/1*: 155.
—, Systole, Dauer bei verschiedener Frequenz *VII/1*: 546.
—, Tachykardie *VII/1*: 630.
—, Vagusreizung auf Ekg. *VIII/2*: 812.
—, Volumschwankungen *VII/1*: 245.
Herzkammerbasis, Tachogramm *VII/1*: 245.
Herzkammerhormon *VII/1*: 537.
Herzkammerreaktion, positiv inotrope *VII/1*: 564.
Herzkern der Oblongata *X*: 176.
Herzklappen *VII/1*: 158 ff.
—, Anomalien der (Haustiere) *VII/2*: 1815.
—, Ersatz durch Muskelkontraktionen *VII/1*: 161.
—, — — tuberöse Bildungen *VII/1*: 163.
—, Kreislaufbedeutung *VII/1*: 158.
—, Morphologie im Tierreich *VII/1*: 161, 168.
—, Physiologie und allgemeine Pathologie *VII/1*: 29, 30, 158; *XVIII*: 177.
—, Widerstandsfähigkeit gegen Druck *VII/2*: 1442.
Herzklappenanomalien, Haustiere *VII/1*: 1815.

Herzklappenapparat *VII/1*: 29, 30, 170, 192.
Herzklappenbildungen, Störungen *VII/1*: 128.
Herzklappenfehler *VII/1*: 199, 201, 512; s. auch Herzfehler.
—, Blutmenge *XVI/2*: 1339.
—, Dilatation und *VII/1*: 204.
—, dynamische Folgen *VII/1*: 202.
—, experimentelle Erzeugung *VII/2*: 1891.
—, Haustiere *VII/2*: 1815.
—, intrakardialer Druck *VII/1*: 209.
—, Kombinationen *VII/1*: 216.
—, Kompensationsvorgänge *VII/1*: 210 ff.
—, operative Behandlung *VII/2*: 1889, 1891.
—, Schlagvolumen *VII/1*: 219; *VII/2*: 1192, *VII/2*: 1201.
—, Utilisation *XVI/2*: 1324.
—, Vererbung *XVII*: 1062.
—, Zeitvolumen der Kammer *VII/2*: 1202.
Herzklappeninsuffizienz *VII/2*: 1193, 1202.
—, Kreislauf *VII/1*: 160.
Herzklappenruptur, Haustiere *VII/2*: 1817.
Herzklappenschluß, Zacke des Vorhofdrucks *VII/1*: 240.
Herzklappenveränderungen Lokalisation (Haustiere) *VII/2*: 1816.
Herzklopfen *VII/2*: 1306, *VII/2*: 1376.
Herzknorpel, Tiere *VII/2*: 1822.
Herzkraft, Nervensystem und *VII/1*: 362.
Herzkranke, Bestleistung *II*: 421.
—, Blutacidität *XVI/2*: 1381.
—, Leber, Stellung der, bei *XVI/2*: 1355.
—, Milchsäurestoffwechsel bei der Arbeit *XVI/2*: 1353.
—, Muskelchemismus beim *XVI/2*: 1358.
—, Requirement *XVI/2*: 1358.
—, Ventilationssauerstoff, Ausnützung *XV/1*: 576.
Herzkrankheiten, Blutmengenbestimmung bei *VI/2*: 694.
Herzlähmung durch KCl-Lösung bei Fundulus *XVI/1*: 860.

Herzleerheit *II*: 293.
Herzleistung, Arbeit, bei körperlicher *XV/2*: 901.
—, Druckfaktor der *XV/2*: 903.
—, dynamische im Alter *XVII*: 812.
Herz-Lungen-Präparat, Gasstoffwechsel *XVI/1*: 585.
— — —, — nach Insulin *XVI/1*: 627.
— — —, Stoffwechsel *XVI/1*: 594.
Herzmassage, Wirkungsweise *VII/2*: 1896.
Herzminutenvolumen, H-Ionenkonzentration auf *XVI/1*: 1156.
Herzmißbildungen, Kreislauf und *VII/1*: 114.
Herzmuskel, allgem. Physiologie *VII/1*: 523 ff.
—, Anatomie, quantitative *XVI/2*: 1402.
—, Anpassungsfähigkeit *VII/1*: 385.
—, chemische Zusammensetzung *VII/1*: 341.
—, Dehnbarkeit *VII/2*: 1186.
—, Erregbarkeit, Pharmakologie *VII/1*: 813.
—, Faserverlauf *VII/1*: 88, *VII/1*: 96.
—, Form in verschiedenen Kontraktionsphasen *VII/1*: 94.
—, Kontraktionen des embryonalen *XIV/1*: 974.
—, Mineralstoffgehalt, Säugetiere *XVI/2*: 1491.
—, Nervenversorgung *IX*: 795.
—, Pharmakologie *VII/1*: 813 ff., 826 ff.
—, Säurewirkung am *VIII/1*: 225.
Herzmuskelerkrankungen, Blutmenge *VI/2*: 695.
Herzmuskelfasern, biogenetischer Zustand als Koeffizient des Schlagvolumens *VII/2*: 1176.
Herzmuskelsegmente *VIII/2*: 830.
Herzmuskeltonus *VII/2*: 1186.
Herzmuskelveränderung bei Leuchtgasvergiftung *VII/2*: 1709.
Herznaht *VII/2*: 1885, 1886.
Herznerven, chemische Bedingungen ihrer Wirkung *VII/1*: 433.
—, extrakardiale *VII/1*: 616; *VII/2*: 1178.

(Herznerven), Flimmern und Flattern *VII/1*: 672, 674.

—, intrakardiale *VII/1*: 402.

—, Reizung *VII/1*: 405.

—, Refraktärphase und *VII/1*: 549.

—, Tonus, zentraler *VII/1*: 410.

—, vergleichend *VII/1*: 60.

Herznervenreizung, Ionenabgabe und *VII/1*: 431.

Herznervenstoffe (O. Loewi) *IX*: 31, 643, 654, 660, 797.

Herznervensystem, biogenetischer Zustand und *VII/1*: 724.

Herznervenwirkung, antagonistische *VII/1*: 446.

—, humorale Übertragbarkeit der *VII/1*: 446.

—, Symptomatologie *VII/1*: 405.

—, Theorie *VII/1*: 440.

Herzneurosen *XVI/1*: 1027.

—, Grundumsatz bei *XVI/2*: 1352.

Herzperiodendauer, Ausmaß der Schwankungen *VII/1*: 464.

Herzpunktion, therapeutische *VII/2*: 1895.

Herzreflexe *VII/1*: 411.

Herzreizbildung *VII/1*: 584, *VII/1*: 597 ff.

—, Anionen auf die *VII/1*: 753.

—, Coniin und *VII/1*: 776.

—, heterotope *VII/1*: 749.

—, H·-Konzentration und *VII/1*: 752.

—, Kohlensäure und *VII/1*: 752.

—, Pharmakologie *VII/1*: 724 ff.

—, Purinderivate, Beeinflussung und *VII/1*: 796.

—, Strontiumsalze und *VII/1*: 746.

—, Zentrum, primäres *VII/1*: 45, 539.

Herzreizbildungsstellen *VII/1*: 721.

Herzrhythmus s. Herz, Rhythmik sowie Herz, Rhythmusstörungen.

Herzruptur *VII/1*: 395.

—, Haustiere *VII/2*: 1823.

Herzschatten, Verkleinerung bei Frequenzsteigerung *VII/2*: 1185.

Herzschlag, Frequenz des *VII/1*: 449, 464.

—, Volumen s. unter Schlagvolumen.

Herzschlagfolge, Herzbeutel auf die *VII/2*: 1853.

Herzschlagfrequenz *VII/1*: 449 ff.; *XVIII*: 181.

—, Adrenalin *VII/1*: 468, *VII/1*: 477.

—, Ammoniumsalze *VII/1*: 739.

—, Analyse *VII/1*: 464.

—, Blutverschiebung und *VII/1*: 313.

—, Eingeweidereflexe *VII/1*: 500.

—, Evertebraten *VII/1*: 37.

—, Frederiqsche Erscheinung *VII/2*: 1298.

—, Geschlecht und *VII/1*: 460.

—, Grundumsatz und *VII/1*: 461.

—, Gruppenbildung nach Calciumzufuhr *VII/1*: 743.

—, inspiratorische Beschleunigung *VII/2*: 1289.

—, Insulin und *VII/1*: 480.

—, Kohlensäurebildung im Ganglion von Limulus *IX*: 557.

—, Körperlänge und *VII/1*: 460.

—, Lageveränderung *VII/1*: 508.

—, Minutenfrequenz *VII/1*: 451.

—, periodische Änderungen *VII/1*: 494.

—, Physostigmin und *VII/1*: 468.

—, Pituitrin und *VII/1*: 480.

—, psychische Beeinflussung *VII/1*: 503.

—, reflektorische Beeinflussung *VII/1*: 498; *XVIII*: 181.

—, Reizbildungsstelle und *VII/1*: 471.

—, Schlagvolumen und *VII/2*: 1185.

—, Stoffwechselgröße und *VII/1*: 325, 461.

—, Tagesschwankungen *VII/1*: 462.

—, Temperaturwirkung *V*: 408; *VII/1*: 482, 484.

—, Tiere, kleine *VIII/2*: 786.

—, Vagusdruckversuch *VII/1*: 468.

—, Wirbeltiere *VII/1*: 453.

Herzschlauch, Torsion des *VII/1*: 118.

—, Umformung des *VII/1*: 97.

Herzschuß *VII/2*: 1883.

Herzschwäche *VII/1*: 344, *VII/1*: 357, 511, 720.

—, Beginn der *XVII*: 813.

—, Haustiere *VII/2*: 1820.

—, nervöse *XVI/1*: 1032.

—, Schlag- und Zeitvolumen *VII/2*: 1178.

Herzschwielen, Haustiere *VII/2*: 1821.

Herzseptierung s. Septum, Herz.

Herzsilhouette, Körperhaltung und *VII/2*: 1428.

Herzskelett (Anatomie) *VII/1*: 86.

Herzspitze, Frosch *VII/1*: 39.

Herzspitzenstoß *VII/1*: 221 ff.

Herzstichverletzungen *VII/2*: 1884.

Herzstillstand, Kondensatorenentladung *VIII/2*: 988.

—, reflektorischer *II*: 331.

—, Rindenreizung *X*: 466.

—, Schädigungen der Organe durch *VII/2*: 1897, 1899.

—, Vorhofsnaht *VII/2*: 1887.

Herzstörungen, Onanisten *XIV/1*: 864.

Herztamponade *VII/2*: 1878.

Herztätigkeit, Ausgangspunkt der *VII/1*: 468.

—, Insulinzusatz *XVI/1*: 627.

—, Mitinnervation bei psychischen Vorstellungen *XVI/2*: 1283.

—, Neutralsalze und Ionen *VII/1*: 719.

—, Schilddrüse *XVIII*: 414.

—, Schilddrüsenüberfunktion und *XVI/1*: 189.

—, Temperaturkoeffizient *V*: 408 ff.; *VII/1*: 482, *VII/1*: 484.

Herztetanus, Evertebraten *VII/1*: 39.

Herztheorien *VII/1*: 49.

Herzthromben *VII/2*: 1738.

Herztod *XVII*: 734, 874.

—, elektrischer Unfall *VIII/2*: 975.

Herzton, zweiter, und Ekg. *VIII/2*: 837.

Herztöne *VII/1*: 267 ff., 291.

—, Arrhythmien *VII/1*: 296.

—, Kniehang und *VII/2*: 1430.

—, Registrierung *VII/1*: 273.

—, Schwingungszahl, Dauer, Stärke, Spaltung und Verdopplung *VII/1*: 296.

—, Ursachen ihrer Entstehung *VII/1*: 292.

Herztonschwingungen
VII/1: 240.
Herztonus *VII/1*: 313, 363,
VII/1: 364, 561.
Herztonusproblem
XVI/2: 1176.
Hertzsche Wellen *I*: 281,
I: 303, 305.
Herzübung *VII/1*: 329.
Herzventrikel s. unter Herz-
kammer.
Herzveränderungen, thera-
peutischer Pneumothorax
und *II*: 410.
Herzvergrößerung s. auch
Herzhypertrophie sowie
Herzdilatation.
—, korrelativesMeßverfahren
XV/1: 707.
—, Kriegsfolge und
VII/1: 332.
—, Ruderer *XV/1*: 706.
—, Skiläufer *XV/1*: 707.
—, Sportsleute, ältere
XV/1: 712.
Herzverkleinerung im Stehen
VII/2: 1429.
Herzverknöcherung, Haus-
tiere *VII/2*: 1822.
Herzverlagerung, Tiere
VII/2: 1825.
Herzverletzungen, Chirurgie
der *VII/2*: 1882, 1886.
Herzvolumen *XVI/1*: 705.
Herzwachstum *VII/1*: 309,
VII/1: 341.
—, Alter und *VII/1*: 334.
Herzwiederbelebung
VII/2: 1895.
—, Hilfsmaßnahmen bei
VII/2: 1801.
Herzwirkung durch Insulin
XVI/1: 632.
Herzwunden, Heilung der
VII/2: 1887.
Heschlsche Windung
X: 756, 775.
Hesssches Ökonomieprinzip
(Blutpassage)
XVI/1: 1312.
Heteroagglutinine *XIII*: 751.
Heteroalbumose *V*: 743.
Heteroantikörper *XIII*: 410,
XIII: 424, 474.
Heterochelie, Krebs
XIV/1: 1091.
Heterochromie der Iris
XVII: 1051.
Heterochromosomen
XVII: 931.
Heterochronie der Organ-
involution *XVII*: 782,
XVII: 793.
Heterocyclische Verbin-
dungen, Abbau *V*: 1029.

Heterogene oder kolloidale
Systeme *I*: 91.
Heterogonie *I*: 658;
XIV/1: 86, 99.
Heterolyse, Wundheilung
XIV/1: 1151.
Heteromorphismus, Blut-
farbstoff *VI/1*: 85.
Heteromorphose
XIV/1: 329, 938, 1096,
XIV/1: 1123;
XIV/2:1253; *XVI/1*:799.
Heterophorie *XII/2*: 1044,
XII/2: 1051, 1056,
XII/2: 1069ff.
Heterophorien, latentes Schie-
len *XII/2*: 1095.
Heteroplasie, Gewebsmiß-
bildung *XIV/2*: 1329.
Heterosexualität *XIV/1*: 882.
Heterosexuelle Bildungen am
weibl. Genitale *XVI/1*:65.
Heterosuggestion *XVII*: 671.
Heterozygoten *XIV/1*: 226,
XIV/1: 1062; *XVII*: 915,
XVII: 1157.
Heterozygotie der Ge-
schlechter *XIV/1*: 327.
Heuasthma *II*: 382.
Heufieber *II*: 379; *XIII*: 366.
Heulen *XV/2*: 1385.
Heuschrecken, Schrillsaiten
und Schrilladen
XV/2: 1234.
—, Stridulationsorgane
XV/2: 1232.
Hexahydrobenzoesäure
V: 1021.
Hexenbesen, Pflanzen
XIV/1: 1196.
Hexenmilch *XIV/1*: 457,
XIV/1: 611.
Hexosen, Chemie *III*: 134ff.
—, Enolform *III*: 127.
—, Spaltung der *V*: 485.
Hexosephosphorsäure
XVIII: 29.
—, Spaltung im Blut
VI/1: 250.
Hexosidasen *III*: 924.
—, Spezifität *III*: 925.
—, Vorkommen, Wirkungs-
bedingungen *III*: 927.
Hg s. Quecksilber.
Hibernacula, Winterknospen
XIV/1: 40.
Hibernationseinfluß auf Hy-
pophyse *XVI/1*: 412.
Hiebton *II*: 287.
„Hikan" *III*: 1397.
Hilfsbewegungen Parkinson-
kranker *X*: 343.
Hilfsluft, Reserveluft *II*: 83.
Hillsche Aggregationshypothese
VI/1: 104, 123.

Hillsche Gleichung für Blut-
gase *VI/1*: 124, 485.
Hilusdrüsen *II*: 406.
Hiluspartien, Empfänglich-
keit der *II*: 392.
Hilusschatten *II*: 407, 408.
Hiluszellen, Hoden und Eier-
stock *XVI/1*: 65.
Himmelsgewölbe, subjektives
XII/2: 888.
Himmelsrichtungen, Bewußt-
sein der *XV/2*: 1007.
—, Schätzung der
XV/2: 991.
Himmelsstrahlung
XVII: 306.
Hinken, Koordinations-
umstellung *XVI/2*: 1063,
XV/2: 1083.
Hinsiechen des Organismus
XVII: 740.
Hintere Längsbündel
X: 210.
— Vierhügel, Atmung und
Phonation, Beziehung zur
X: 203.
— —, Reizversuche *X*: 202.
— Zentralwindung, elek-
trische Reizung *X*: 712.
Hintereinandersehen korre-
spondierender Eindrücke
XII/2: 927.
Hinterkammerinhalt (Auge)
XII/2: 1325.
Hinterlappenextrakte, Hypo-
physe, wirksame Substan-
zen *XVI/1*: 489.
Hinterwurzelareal in der
Oblongata *X*: 170.
Hinterwurzeldurchschnei-
dung, Beine *XV/1*: 126,
XV/1: 128.
—, Flügel *XV/1*: 123, 124.
— und Labyrinthexstir-
pation *XV/1*: 129, 730.
—, oberste cervicale und
deren Folgen *XV/1*: 82.
Hinterwurzelsyndrom
X: 900.
H-Ionen s. Wasserstoffionen.
Hippursäure, Bestimmung
IV: 275.
—, Bildungsmechanismus
V: 1039.
—, Harn *IV*: 274.
Hippursäurebildung, Niere
IV: 275, 446.
—, Ort *V*: 1040.
Hippursäuresynthese, Neu-
bildung von Glykokoll
V: 762.
Hirn s. auch Gehirn.
—, Kompressibilität *X*: 108.
—, physikalisches Verhalten
X: 119.

(Hirn), Wachstum *X*: 108.

Hirnabsceß *II*: 433.

Hirnanämie *VII/2*: 1424, *VII/2*: 1686.

Hirnanhang *XVI/1*: 402.

Hirnarterien, Abklemmung sämtlicher *VII/1*: 486.

Hirnarteriosklerose *XVII*: 860.

Hirnbewegungen *X*: 10.

—, pulsatorische *X*: 111.

Hirnblutung *II*: 433.

—, Blutdrucksenkung nach *VII/2*: 1326.

—, Gefäßruptur *VII/2*: 1648.

—, vasomotorisches Phänomen *VII/2*: 1405.

Hirngefäße, Adrenalin auf *X*: 1102.

Hirndruck *VII/1*: 517; *X*: 12, 26, 103.

—, pathol. gesteigerter auf den Blutstrom *X*: 26.

Hirndrucksymptome bei Zwergwuchs *XVI/1*: 440.

Hirnentzündungen *XVII*: 605.

Hirnerschütterung *X*: 103, *X*: 116.

—, Commotio *XVII*: 596.

—, Innervation *X*: 18.

—, pharmakologische Reaktionen *VII/2*: 1014.

Hirngefäßkrisen *VII/2*: 1405.

Hirngeschwülste *XVII*: 605.

Hirngewicht *X*: 108, 110.

Hirncapillaren, Druck in den *X*: 5.

Hirnkarten *X*: 622.

Hirnkrankheiten, Diabetes insipidus und *XVII*: 292.

Hirnkreislauf *X*: 1.

—, Abklemmung beider Carotiden *VII/1*: 486.

Hirnläsionen, Restharn *IV*: 863.

Hirnnervenkerne *X*: 168.

Hirnphosphatide *VI/1*: 326.

Hirnprolaps *X*: 1236.

Hirnreflex, Reaktionszeit *X*: 545.

Hirnrinde, Harnblasenzentren *IV*: 830.

—, Lokalisation *X*: 673.

—, Schichtenaufbau *X*: 604.

—, Sehakt ohne *X*: 489.

Hirnrindenreflex *XII/1*: 177.

Hirnschlaf *XVII*: 593, 594, *XVII*: 604, 607.

—, Enthemmung beim *XVII*: 609.

Hirnschwellung *X*: 103, 115.

Hirnstamm, Bewußtsein und *X*: 122.

Hirnsubstanz, Indophenolblaubildungsfähigkeit *IX*: 563.

Hirntätigkeit, Rückenmark und *X*: 134.

Hirntod *XVII*: 734.

Hirnvenenpuls *X*: 17.

Hirnvenensinus, Druck *X*: 5.

Hirnverletzung, vasomotorische Hautreaktionen und *VII/2*: 1589.

Hirnverletzungen bei Tieren *X*: 468.

Hirnvolumen *X*: 108.

—, Adrenalininjektion *VII/2*: 1333.

—, Geistesarbeit auf *XVI/2*: 1277.

—, psychische Einflüsse auf das *XVI/2*: 1278.

Hirnzentren, Entwicklung und *XVI/1*: 797.

HIRSCHSPRUNGsche Krankheit *III*: 501.

Hirsutismus *XVII*: 1093.

Hirudineen, Färbung der *XIII*: 204.

—, Gefäßsystem *VII/1*: 13.

HISsches Bündel, Alter *XVII*: 797.

— —, Leitungsstörungen im *VIII/2*: 844.

— —, Reizbildung im *VIII/2*: 847.

Histamin *X*: 1138.

—, Adrenalinabgabe und *XVI/2*: 1764.

—, Blutdruck und Gefäßwirkung *VII/1*: 888; *VII/2*: 1031, 1045; *XVIII*: 195.

—, gefäßerweiternde Stoffe *XVI/1*: 1232.

—, Giftigkeit *XIII*: 746.

—, Kollaps und *XVI/2*: 1335.

—, Magensaftbildung, Erreger der *III*: 1162; *XVIII*: 74.

—, Nierenarbeit und *IV*: 418.

—, Pneumonose durch *XVI/2*: 1407.

Histaminshock *XVI/1*: 1033.

Histiocyten, reticuläre *VI/2*: 918.

Histiomere *XIV/1*: 1017.

Histologische Methoden, Deutung derselben *III*: 547.

Histone, Chemie *III*: 278.

Histophysiologie, Verdauungsdrüsen *XVIII*: 54.

Hitzdrahtanemometer *XVIII*: 194.

Hitze, fliegende, Schwangerschaft *XIV/1*: 684.

Hitzeanwendung, therapeutische *XVII*: 442.

Hitzedenaturierung, Hämoglobin, Kinetik *VI/1*: 84.

Hitzeempfindung *XI*: 143.

—, paradoxe *XI*: 139.

—, perverse *XI*: 164.

Hitzeerschöpfung *XVII*: 413.

Hitzegonaden *XVI/1*: 827.

Hitzekontraktionen, Nerven *IX*: 202.

Hitzereize, Schweißsekretion und *IV*: 725.

Hitzschlag *XVII*: 87, *XVII*: 411—414, 503.

Hochbauten, Termiten *XIII*: 86.

Hochdruck s. Blutdrucksteigerung sowie Hypertonie.

—, blasser und roter (VOLHARD) *VII/2*: 1333, 1373, *VII/2*: 1387.

—, essentieller *VII/1*: 514; *VII/2*: 1373, 1375, 1387, *VII/2*: 1389.

Hochdruckgebiete, metereologisch *XVII*: 475.

Hochdruckrheumatismus *VII/2*: 1376.

Hochdruckstauung *VII/2*: 1355.

Hochfrequenzströme, Wirkungen *VIII/2*: 951, *VIII/2*: 953, 993, 995.

Hochgebirge s. auch Höhenklima.

—, Arbeitsleistung im *XVI/2*: 1362.

—, Blutbildung *VI/2*: 714.

—, Blutdrucksteigerung im *VII/2*: 1326.

Hochkopf, der berufliche *XVII*: 1141.

Hochregion (Klima) *XVII*: 528.

Hochwuchs, eunuchoider *XVII*: 1090, 1128, 1142.

Hochzeitsfarben im Tierreich *XIII*: 201.

Höckerwarzen, Mamma *XIV/1*: 610.

Hoden, Anatomie *XIV/1*: 693.

—, Bindegewebe *XIV/1*: 699.

—, Blutgefäße *XIV/1*: 762.

—, Extraktivstoffe *XIV/1*: 167; *XVIII*: 372.

—, Gewicht *XIV/1*: 694.

—, Größenschwankungen *XIV/1*: 694.

—, Lage *XIV/1*: 695.

—, Nerven *XIV/1*: 762.

(Hoden), Reifungszone
XIV/1: 49.
—, Struktur, mikroskopische
XIV/1: 698.
—, Tiere *XIV/1*: 48.
—, Unterbindung der Aus-
führungswege
XIV/1: 728.
—, Zwischenzellen
XIV/1: 713, 739;
XVI/1: 58, 59, 61.
Hodenatrophie, Fettsucht
XVI/1: 962.
—, Hypophysektomie
XVI/1: 422.
Hodenexstirpation
XIV/1: 371.
Hodenextrakte, Blutgefäße
und *XIV/1*: 369.
—, Dosierung der *XIV/1*: 378.
—, Giftigkeit der *XIV/1*: 365.
—, Herz und *XIV/1*: 368.
—, Muskelarbeit und
XIV/1: 370.
—, Sexualapparat und
XIV/1: 375.
—, Stoffwechsel und
XIV/1: 367, 377.
—, Wachstum und
XIV/1: 366.
—, Zirkulationsapparat und
XIV/1: 367.
Hodenhüllen *XIV/1*: 696.
Hodenimplantation
XIV/1: 371.
Hodenkanälchen *XIV/1*: 700.
—, Fußzellen *XIV/1*: 705,
XIV/1: 713.
Hodenreplantation
XIV/1: 1113.
Hodensack, physiologische
Bedeutung des
XIV/1: 697.
Hodensubstanz, Injektion
von *XIV/1*: 372.
—, Verfütterung von
XIV/1: 373.
Hodentransplantation
XIV/1: 253, 734, 1191.
Hodenzellen, indifferente
XIV/1: 702, 704.
Hodenzwischenzellen
XIV/1: 713, 739;
XVI/1: 58, 59, 61.
Hodgkinsche Krankheit
VI/2: 914.
Hodogenese (Nervenregene-
ration) *IX*: 134, 311, 315.
Hofacker-Saldersches Ge-
setz, Geschlechtsbestim-
mung *XIV/1*: 338.
Hofmeistersche Reihe,
Beeinflussung der Disso-
ziationskonstante von
Säuren *I*: 493.

Höhendisparation *XII/2*: 893,
XII/2: 929.
Höhenklima s. auch Hochge-
birge *XVII*: 528.
—, Atmung in *II*: 264.
—, Immunitätsvorgänge
XIII: 606.
—, Minutenvolumen
XVIII: 201.
—, Sauerstoffsättigungs-
kurve *VI/1*: 478.
—, therapeutisch wirksames
XVII: 535.
Höhenkrankheit *XV/1*: 374.
—, Fliegen *XV/1*: 370.
Höhenschwindel *XV/1*: 492.
Höhlengrau, zentrales *X*: 221.
Höhlentiere *XVII*: 516.
Hohlmuskeln, Mechanik
VIII/1: 651.
Hohlmusklige Tiere *IX*: 750.
Hohlwarze, Papilla circum-
vallata obtecta
XIV/1: 610.
Hörsphäre *X*: 522, 755.
Holoakardie bei Zwillingen
VII/1: 115.
Holocain, Lokalanästhesie
durch *IX*: 438 ff.
Hologamie *XIV/1*: 16, 45.
Holoplastische Reaktion
XVIII: 402.
Holothurien *II*: 11, 13.
—, Autotomie *XIII*: 265.
—, Darm *III*: 44.
—, —, Zuckerpermeation
IV: 171.
—, Polarität bei der Resorp-
tion *IV*: 170.
Holzzunge *III*: 1054.
Homanomelie, Nerven-
system der Anneliden
IX: 820.
Homatropin, Akkommoda-
tionslähmung *XII/1*: 210.
Homazone, Wachstums-
anreger *VI/1*: 742.
Homing, Seeschwalben
XV/2: 923—926.
Homoerotik, gelegentliche
XIV/1: 881.
Homogene Lichter
XII/2: 1504.
Homogentisinsäure
IV: 281; *V*: 638, 1023,
V: 1038.
Homohydrochinon *V*: 863.
Homoioplastik *XIV/1*: 1178,
XIV/1: 1182.
Homoiosmose, aktive
XVII: 148, 154, 156.
Homoiotherme Tiere
VII/1: 104.
Homoiotransplantation der
Hypophyse *XVI/1*: 456.

Homologe Reihen, Regel der
I: 50.
Homologie des Geschmacks
XI: 326.
Homomerie (Erblichkeits-
lehre) *XVII*: 923,
XVII: 924.
Homöosis *XIV/1*: 1093.
Homophorie, Beintransplan-
tation *XIV/1*: 1112.
Homopleural *XIV/1*: 1102.
Homosexualität *XIV/1*: 791,
XIV/1: 793, 825, 864,
XIV/1: 881 ff.;
XVII: 1175.
—, erworbene *XIV/1*: 882.
—, überstandene *XIV/1*: 882.
Homosexuelle *XIV/1*: 788.
—, Benehmen der
XIV/1: 884.
—, Erziehungsfehler
XIV/1: 885.
Homosexuelle Komponenten,
angeborene *XIV/1*: 881.
— Träume *XIV/1*: 807.
Homozygotie *XIV/1*: 226.
— der Geschlechter
XIV/1: 327.
Homozygotische Erbanlagen
XVII: 914.
Honigbiene, Thermotaxis
XI: 178.
Hoowegsche Formel, Rei-
zung mit hochfrequenten
Strömen *IX*: 197.
Hoorweg-Gleichung, elektr.
Erregung *I*: 317.
Hörakt, Cortisches Organ und
XI: 623.
Hörbahn, Erkrankungen
XI: 657.
—, —, zentrale *XI*: 656;
XVIII: 294.
Horchen (Akkommodation
des Ohres) *XI*: 430.
Hordenin, Chemie *III*: 274.
Hören, binaurales *XI*: 549.
—, einohriges *XI*: 604.
—, Fische *XI*: 447.
—, räumliches *XI*: 602;
XVIII: 286.
—, Stimme, eigene
XI: 447.
—, Walfisch *XVII*: 447.
Hörfähigkeit, Gehörgangs-
atresien *XI*: 438.
—, intralabyrinthärer Druck
XI: 624.
—, Otosklerose *XI*: 440.
—, Verschluß beider Fenster-
nischen *XI*: 446.
—, Zerstörung des Mittelohr-
apparates *XI*: 410.
Hörfeld *XI*: 541.
Hörfläche *XI*: 568.

Hörgrenze, Alter *XI*: 545.
—, Heraufsetzung über das Normale *XI*: 456.
—, obere und untere *XI*: 552, *XI*: 559, 658.
—, Schallintensität u. *XI*: 544.
Horizont, subjektiver und objektiver *XII/2*: 890, *XII/2*: 970.
Horizontaldrehempfindung *XI*: 921.
Horizontale, scheinbare *XV/2*: 1012.
Horizontal-Kilogrammeter, Gangarbeit für den *XV/1*: 218.
Horizontallage, Herzarbeit und *VII/1*: 327.
Hörlücken *XVIII*: 295.
Hormonal (Darm) *III*: 529.
Hormonale Reaktionen *XV/1*: 11; *XVI/1*: 596.
— Störungen *XIV/2*: 561; *XVI/2*: 1487.
Hormone *I*: 281, 288; *XIV/1*: 1074; *XVI/1*: 67ff.
—, autonomes Nervensystem *X*: 1088.
—, Begriff der *XV/1*: 7.
—, Bildungsstätten *XV/1*: 9.
—, Capillarisierung und *XVI/2*: 1318.
—, Chalone *XV/1*: 8.
—, Chemie *XVI/1*: 67.
—, Correlation *XVI/1*: 656.
—, Eigenschaften *XV/1*: 8.
—, Elektrolyte und *XVI/1*: 661.
—, Entwicklung und *XIV/2*: 1227.
—, Epithelkörperchen *XVI/1*: 77ff., 346ff.; *XVI/2*: 1458; *XVIII*: 416.
—, Erfolgsorgane und *XVI:/1* 664.
—, Gefäßsystem und *XVI/1*: 1207.
—, Geschwülste *XIV/2*: 1730.
—, Gifte und *XIII*: 174.
—, Harn, Gehalt an *IV*: 302.
—, Herz *XVI/2*: 1227.
—, Herznervensystem und *VII/1*: 436.
—, Hypophyse *XVI/1*: 78ff., *XVI/1*: 401ff.; *XVI/2*: 1506.
—, Körperform und *XVI/1*: 953.
—, Lactation *XIV/1*: 617.
—, mütterliche *XIV/1*: 878.
—, Nebenniere *XVI/1*: 67ff., *XVI/1*: 510ff.

(Hormone), Nervensubstanz *IX*: 63.
—, Ontogenese *I*: 625.
—, Organe, blutbildende, *VI/2*: 785.
—, Pankreas *XVI/1*: 82ff., *XVI/1*: 557ff.
—, Pflanzen *XVI/1*: 703.
—, Sexualorgane *XV/1*: 11; *XVIII*: 335, 342, 372.
—, Schilddrüse *XVI/1*: 71, *XVI/1*: 94ff., 238ff.
—, Thymus *XVI/1*: 366ff.
—, Uterusbewegungen *XIV/1*: 518.
—, Wachstum *XVI/1*: 807.
—, Wachstumsstörungen *XIV/1*: 1074.
—, Wärmeregulation und *XVII*: 67.
—, Wasserhaushalt *XVII*: 201.
—, wehenhemmende *XVI/1*: 391.
—, Wirbelloser *XVI/1*: 703.
—, Zentralisation und *I*: 617.
—, Zweiphasenwirkung der *XVI/1*: 661.
Hormonorgane, Chemie der *XVI/1*: 67.
—, Korrelationen der *XVI/1*: 656.
—, Morphologie *XVI/1*: 3ff.
Hormonproduktion, Embryo *XIV/2*: 1229.
Hormonreaktionen, Wechselbeziehungen der *XV/1*: 11.
Hormonstörungen *XIV/2*: 561; *XVI/2*: 1487.
Hörnervenfasern *XI*: 410.
Hornhaut s. auch Cornea.
—, Auge, äquivalente Fläche *XII/1*: 91.
—, —, Dicke *XII/1*: 86.
—, —, Hinterfläche *XII/1*: 81.
—, —, Index *XII/1*: 83.
—, —, Lymphbahnen *XII/1*: 197.
—, —, optische Zone *XII/1*: 80.
—, —, Vorderfläche *XII/1*: 80.
Hornhautentzündung, Trigeminusdurchschneidung *X*: 1154, 1156.
Hornhautreflex, Cornealreflex *X*: 1005.
Hornschicht, Haut, Quellung *IV*: 123.
Horopter, Abstandskreis *XII/2*: 904, 909.
—, Farbhoropteren *XII/2*: 909ff.

(Horopter), geometrischer und empirischer *XII/2*: 902ff.
—, VIETH-MÜLLER-Kreis *XII/2*: 902, 912, 987.
—, „Wanderhoropter“ *XII/2*: 987.
—, Zeithoropter *XII/2*: 912ff.
—, Ziehung *XII/2*: 908.
Horopterabweichung, HERING-HILLEBRANDsche (Korrespondenzdiskrepanz) *XII/2*: 903, 905.
Horopterapparat *XII/2*: 896, *XII/2*: 897.
Hörprüfung *XI*: 547ff.
Hörraum *XI*: 602.
Hörrelief *XI*: 556.
Hörreste, Nachweis *XI*: 629.
Horror autotoxicus *XIII*: 410, 477.
Hörschärfe *XI*: 407.
—, Messung *XI*: 555.
Hörschwellen, Hörgrenzen und *XI*: 535.
Hörsphäre *X*: 755.
—, sensorische *X*: 522.
Hörstörung *X*: 757.
—, Typus der *XI*: 746.
Hörstörungen, Encephalitis lethargica *XI*: 656.
—, Erkrankungen, intrakranielle *XI*: 662.
—, Hysterie *XI*: 749.
—, Labyrinthitis *XI*: 622.
—, Medulla oblongata *XI*: 659.
—, Meningitis cerebrospinalis epidemica *XI*: 655.
—, Mittelhirnerkrankungen *XI*: 660.
—, psychogene *XI*: 745.
—, Schläfenlappenerkrankung *XI*: 660.
—, Sklerose, multiple *XI*: 656.
—, Stammerkrankungen *XI*: 653.
—, zentrale *XI*: 658.
Hörstrahlung *X*: 200.
Hörstummheit *XV/2*: 1426, *XV/2*: 1432.
Hörtheorien *XI*: 667, 689; *XVIII*: 295.
Hörzentrum *X*: 177, 756; *XI*: 661.
HOWELL-JOLLYsche Körper *VI/1*: 9.
Hubflug, Insekten *XV/1*: 352.
Hubhöhe, Herz *XV/1*: 704.
Hubkraft, Einfluß des sozialen Milieus *XV/1*: 535.
Huhn, Blutsalze *XVII*: 142.
—, Rückwärtslaufen *XV/1*: 114.

Hühnchenherz *VII/1*: 28.
Hühnerberiberi *V*: 1205.
Hühnerblut-Meerschwein-
chen, Blutabbau
VI/2: 881.
Hühnerei, Gaswechsel *V*: 463.
—, Gewichtsverhältnisse
XIV/1: 172.
Hühnersarkome, übertrag-
bare *XIV/2*: 1537.
Hülsenarterien, Milz
VI/2: 863.
Humifizierung organischer
Substanzen im Boden
I: 723.
Huminsubstanzen, Chemie
III: 233.
Hummelstaat *I*: 614.
Hummelwachs *III*: 168.
Humussubstanzen,Stickstoff-
nahrung *V*: 991.
Hund, Amputationsversuche
XV/2: 1068.
—, anaphylaktischer Shock
XIII: 726.
—, Blutsalze *XVII*: 142.
—, Fesselungsversuche
XV/2: 1084.
—, Geruchssinn *XI*: 211.
—, großhirnloser, Laufen auf
drei Beinen *XV/2*: 1068.
—, Riechschärfe *XI*: 211.
—, rückenmarkloser *X*: 154,
X: 155.
Hunger, Alkalireserve bei
XVI/1: 1120.
—, Allgemeine Physiologie
I: 357.
—, Aminogenese im Gehirn
und *IX*: 589.
—, antirachitische Wirkung
XVI/2: 1620.
—, Atmungsregulation bei
XVI/1: 1118.
—, Eiweißumsatz im *V*: 222.
—, Entwicklung und
XIV/1: 1055.
—, Farbwechsel und
XIII: 234.
—, Fettzersetzung im *V*: 221.
—, förderndes Prinzip
XVI/1: 867.
—, Gewichtsverluste *V*: 213.
—, Ketonurie *V*: 221.
—, Kinder *III*: 1368; *V*: 220.
—, Kreatinstoffwechsel des
Gehirns und *IX*: 591.
—, Leber und *III*: 639.
—, Magendrüsen und
III: 623.
—, Organumbau infolge von
XVI/1: 866.
—, Pankreas und *III*: 593.
—, Pylorusreflex beim
XVI/1: 1008.

(Hunger),Speicheldrüsen und
III: 574.
—, Stoffwechsel bei *V*: 113.
—, tgl. Temperaturschwan-
kungen im *XVII*: 15.
—, Wärmeproduktion beim
Menschen im *V*: 217.
—, Wasserhaushalt und
XVII: 199, 275.
—, Zellen, seröse und
III: 580.
—, Zuckerumsatz im
XVI/1: 599.
Hungeratrophie *XIV/1*: 950.
Hungerdiabetes *IV*: 294.
Hungerdiarrhöen, Säugling
III: 1373.
Hungerempfindung
XVI/1: 1060.
Hungerhypotension
VII/2: 1412.
Hungerkontraktionen, Magen
III: 419; *IX*: 800.
Hungerkot, Kalkgehalt
IV: 687.
Hungermark *VI/2*: 808.
—, C-Vitaminmangel*V*:1220.
—, „Gallert“-Mark
VI/2: 748.
Hungerödem *VII/1*: 519.
—, Blutcalciumwerte bei
XVI/2: 1461.
—, Chloridstoffwechsel
XVI/2: 1518.
Hungerosteopathie *V*: 806,
V: 1237.
—, Kalkangebot und
XVI/2: 1567.
Hungerschlaf *XVII*: 746.
Hungersekretion, Verdau-
ungsdrüsen *III*: 81.
Hungerstoffwechsel *V*: 212ff.
—, Insekten *V*: 451.
—, Pflanzen *V*: 329.
—, Tiere, niederer *V*: 424.
Hungerstreik,psychische Ein-
stellung *XIV/1*: 806.
Hungertod *I*: 359.
Hungerversuche, Frosch-
larven *XVI/1*: 866.
—, Oxydationsgröße, Hund
V: 215.
—, —, Ochse *V*: 216.
—, Tiere, niedere *V*: 214, 404.
Hungerzeiten *I*: 360.
Husten *II*: 179, 249, 301, 335,
II: 360.
—, Knistern *II*: 99.
Hustenattacken, frustrane
II: 361.
Hustenmechanik *II*: 92, 109,
II: 117.
Hustenmuskel *II*: 360.
Hustenreflex*IX*:659; *X*:174.
Hustenreiz *II*: 517.

(Hustenreiz), frustraner
II: 373.
Hyalin *V*: 1262.
Hyaline Entartung *V*: 1262.
Hyalinisierung, Alter
XVII: 794.
Hyaloidin, Chemie *III*: 269,
III: 280.
Hyaloidineiweißbervindun-
gen, Chemie *III*: 282.
Hydantoin *V*: 1010.
Hydatidenflüssigkeit, Sensi-
bilisierung mit *XIII*: 793.
Hydra, Verdauung *III*: 73.
—, Ortsbewegung
XV/1: 276.
Hydracrylsäure,Stoffwechsel-
verhalten *V*: 1003.
Hydrämie *VII/1*: 310;
VII/2: 1366; *XVII*: 267.
—, Cholerese und *IV*: 799.
—, Diurese und *XVII*: 238.
Hydratation *I*: 192, 167, 173.
Hydratationsfähigkeit, Ionen
I: 551.
Hydratationsgrad *I*: 199.
Hydratationsproblem *I*: 112.
Hydratropasäure *V*: 1025.
Hydrazone, isomere Formen
III: 122.
Hydrierungswärme *I*: 43.
Hydroaromatische Verbin-
dungen *V*: 1021.
Hydrocephalia acquisata ge-
nuina equi *X*: 1237.
— secundaria aquisita
X: 1238.
—, Tiere *X*: 1232, 1233.
Hydrocephalus *X*: 103, 113;
XVII: 605.
—, Dystrophia adiposogeni-
talis *XVI/1*: 448.
— externus *X*: 1188.
— internus *X*: 1192.
Hydrochinin, Lokalanästhe-
sie durch *IX*: 447, 453.
Hydrochinonessigsäure siehe
Homogentisinsäure.
Hydrodiaskop *XII/1*: 101.
Hydrodynamik, Gesetze
VII/2: 889.
Hydrodynamische Grenz-
beziehungen *I*: 130.
Hydrodynamisches Modell
LAPIQUE (Erregungs-
gesetz) *IX*: 270.
Hydrogele, Eigenschaften,
mechanische *I*: 219.
—, —, thermische *I*: 226.
Hydrohepatosis *III*: 1280;
IV: 796.
Hydroiden, Autotomie
XIII: 275.
Hydroidpolypen, Nerven-
zellen der *IX*: 793.

Hydrokarbonat-Ionen, biolog.
Bedeutung *I*: 494.
Hydrolabile Kinder
XVII: 194.
Hydrolabilität, Säugling
III: 1415.
Hydrometa, Menopause
XIV/1: 676.
Hydronephrose *VII/2*: 1361.
Hydropische Konstitution,
Säugling *III*: 1415.
Hydrops *VII/2*: 1711;
XVII: 252.
— ex vacuo *II*: 319.
— labyrinthi *XI*: 740.
Hydropsietendenz, Gewebe
IV: 551.
Hydrosole *I*: 167.
Hydrostatik, Gesetze
VII/2: 889.
Hydrostatischer Druck,
Blutcapillaren und
VII/2: 1416.
— —, Blutverteilung und
VII/2: 1417.
— —, Einzelpulsvolumen
und *VII/2*: 1429.
— —, Füllungsschwankun-
gen der Armvenen und
VII/2: 1422.
— —, Gehbewegung und
VII/2: 1425.
— —, Herzfüllung
VII/2: 1428.
— —, Hirndurchblutung
VII/2: 1424.
— —, Minutenpulsvolumen
VII/2: 1429.
— —, Modellversuch
VII/2: 1416.
— —, Muskelbewegung
VII/2: 1426.
— —, Skeletmuskel
XVIII: 219.
— —, Vasomotorenparese
VII/2: 1427.
— —, vasomotorische Ein-
flüsse *VII/2*: 1419.
Hydrotaxis *XI*: 179;
XVIII: 280.
Hydrothorax *XVI/2*: 1349.
Hydrotropismus *I*: 291;
XI: 169, 244, 245.
—, Keimpflanzen *XI*: 245.
—, Wurzeln *XI*: 245.
Hydrouracil *V*: 1011.
Hydroxyglutaminsäure,
β-Form *V*: 765.
Hydroxylaminzerfall durch
Blutfarbstoff *VI/1*: 112.
Hydroxylionen, glatte Mus-
keln *VIII/1*: 295.
—, Eireifung *XIV/1*: 113.
—, Entwicklung der Seeigel-
eier *XVI/1*: 858.

(Hydroxylionen), Haut,
Durchlässigkeitserhöhung
IV: 141.
—, Potentialentstehung im
Gewebe *I*: 527.
—, Wirkung auf Protoplasma-
gifte *I*: 559.
Hydroxylionenkonzen-
tration, Ätzkraft der Al-
kalien *XIII*: 371.
Hygrometer *XVII*: 504.
Hygrometrische Linie *I*: 222.
Hymenopteren, Orientierung
der *XV/2*: 1023.
—, Staatenbildung bei
I: 614.
—, Stridulationsorgane
XV/2: 1238.
Hyoidmuskeln, obere und
untere *III*: 297.
Hypalbuminämie *IV*: 536.
Hypalbuminose, Ödem-
bildung und *IV*: 537.
—, pathologische *VI/1*: 251.
Hyperacidität, Magen
III: 858; *XVI/1*: 914.
—, —, Pupillenverengerung
XII/1: 226.
Hyperacusis dolorosa *XI*: 751.
Hyperadrenalinämie, KH-
Stoffwechsel bei
XVI/2: 1710.
Hyperaesthesia acustica
XI: 646; *XV/2*: 1445.
Hyperalgesie *X*: 712; *XI*: 199.
—, Licht *XVII*: 327.
Hyperämie *VII/2*: 1610ff.
—, arterielle *VII/2*: 1610,
VII/2: 1800.
—, entzündliche *XIII*: 299,
XIII: 332.
—, —, Folgezustände
XIII: 297, 364.
—, —, nervöse Theorie
XIII: 299.
—, Gefäßdurchlässigkeit und
Blutmenge *VII/2*: 1615.
—, irritative *VII/2*: 1565.
—, — neuroparalytische
VII/2: 1612.
—, neuropathische *X*: 1156.
—, Pathogenese *XIII*: 365.
—, pathologische *VII/2*: 1612.
—, reaktive *VII/2*: 1696;
XVI/2: 1242; *XVII*: 500.
—, reflektorische *XIII*: 364.
—, Strömungsgeschwindig-
keit und *VII/2*: 1614.
—, Sympathicusdurchschneidung *X*: 1054, 1156.
—, venöse, Entstehungs-
ursachen *VII/2*: 1618.
—, —, Folgen der *VII/2*: 1619.
—, —, kollaterale
VII/2: 1617.

(Hyperämie), Wachstums-
bereitschaft jugendlicher
Gewebe *X*: 1159.
—, Wärmewirkung
XVII: 518.
Hyperämiebehandlung
VII/2: 1795.
Hyperappetenz BERGMANNS
V: 255.
Hyperästhesie, Temperatur-
nerven *XI*: 163.
Hyperästhesien, Sexual-
neurosen und *XIV/1*: 896.
Hypercalcämie *XVI/1*: 78.
Hyperchimäre *XIV/1*: 1133.
Hyperchlorämie *XVII*: 293.
Hyperchlorhydrie, Magen
III: 1152ff.
Hypercholesterinämie
V: 1103; *VII/2*: 1106,
VII/2: 1376, 1346, 1413;
XVI/1: 577, 616.
—, Diabetes mellitus *V*: 1111.
—, experimentelle, Atherom
und Xanthom bei der
V: 1138.
—, Hypercholsterincholie
und *IV*: 615.
—, infektiöse *V*: 1139.
—, Legeperiode der Vögel
und *IV*: 613.
—, pathologische *V*: 1110.
—, — Ursache *VI/1*: 278.
Hypercholesterinose der Galle
(ASCHOFF) *IV*: 650.
Hypercytose *VI/1*: 56.
Hyperdaktylie *XIV/1*: 1075.
Hyperdyskinese *III*: 497.
Hyperemesis gravidarum
s. Schwangerschaft, Er-
brechen.
Hyperepinephrie *VII/2*: 1335.
Hyperfixationen, erotische
XIV/1: 791.
Hypergeusia senilis *XI*: 385.
Hyperglobulie, GAISBÖCK-
sche *VI/2*: 782.
Hyperglykämie s. auch Blut-
zucker, Erhöhung.
—, alimentäre *V*: 554;
XVI/1: 647.
—, Erregungen, psychische
und *VI/1*: 300.
—, experimentelle *V*: 553;
VI/1: 297.
—, hypophysäre *V*: 549.
—, nichtdiabetische *V*: 545;
XVI/1: 622.
—, Pankreasexstirpation
XVI/1: 570.
—, parasympathische
X: 1131.
—, pharmakologische Ein-
wirkung als Ursache
V: 550.

(Hyperglykämie), Sympathi-
cusreizung als Ursache
V: 550, 552.
—, thyreogene *V*: 549.
Hyperglykämiekurve,alimen-
täre, nach Insulin
XVI/1: 620.
Hyperglykorhachie nach epi-
leptischen Anfällen
X: 1212.
Hyperhydrie *XVI/1*: 1074.
Hyperhydrisches Gewebe bei
Pflanzen *XIV/1*: 1198.
Hyperkapnie *XVI/1*: 1074.
Hyperkinesen*II*:332;*X*:344,
X: 372, 393, 412.
Hyperleukocytose, Insulin-
shock *XVI/1*: 609.
Hyperlipämie, Avitaminose
nach Insulin *XVI/1*: 616.
—, Alkoholismus *VI/1*: 284.
Hypermastie *XIV/1*: 608.
Hypermetrie *X*: 268, 272,
X: 274, 278.
Hypermnesie, hypnotische
XVII: 678.
Hypernephrom, Blutdruck-
steigerung und
VII/2: 1335, 1382.
—, Strukturschwankungen
XIV/2: 1491.
Hyperopie *XII/2*: 115ff.
Hyperorexia *III*: 1046.
Hyperosmie *XI*: 268, 269,
XI: 300.
Hyperosmose, Blut
XVII: 293.
Hyperpepsie *IV*: 698.
Hyperpepsinie, Magenulcus
III: 1173.
Hyperpituitarismus, Trans-
plantationsversuche
XVI/1: 457.
Hyperplasie *XIV/1*: 917, 941.
—, infantile *XVII*: 1143,
XVII: 1176.
—, Nebennieren *XIV/1*: 875.
—, Pflanzen *XIV/2*: 1208.
Hyperpotenz, Libido
XIV/1: 840.
—, Muskel *VIII/1*: 560ff.
Hypersexualität *XIV/1*: 791.
Hypertension s. Blutdruck-
steigerung sowie Hoch-
druck und Hypertonie.
Hyperthermie *XVII*: 86,
XVII: 407ff., 457.
—, Wärmehaushalt
XVII: 86.
Hyperthymisation, experi-
mentelle *XVI/1*: 385.
Hyperthyreoidismus s. auch
Schilddrüse, Überfunktion
XVI/1: 271; *XVII*: 119.
—, Glykosurie *XVI/1*: 643.

(Hyperthyreoidismus), Intra-
oculardruck *XII/2*: 1388.
—, KH-Stoffwechsel bei
XVI/2: 1710.
—, Pupillenwirkung und
XII/1: 220.
Hyperthyreose *VII/1*: 520;
VII/2: 1412.
—, Blutmenge *XVI/2*: 1340.
—, Cornealsystem
XVI/1: 738.
—, Differenzierungsbeschleu-
nigung *XVI/1*: 735.
—, Encephalocele
XVI/1: 736.
—, Entwicklungshemmung
des Bewegungsapparates
XVI/1: 736.
—, Entwicklungsstörung bei
Fröschen *XVI/1*: 734.
—, Epidermis, Wucherung
XVI/1: 740.
—, Froschlarven
XVI/1: 733.
—, Gewebsatmung
XVI/1: 743.
—, Säuger, junge und
XVI/1: 760.
—, Skelettveränderungen
XVI/1: 761.
—, Stoffwechselsteigerung
XVI/1: 742.
Hypertonie s. auch Blut-
drucksteigerung sowie
Hochdruck *III*: 438;
XVII: 707.
—, Blutmenge *XVI/2*: 1339,
XVI/2: 1341.
—, essentielle, lokale Angio-
spasmen und *IV*: 557.
—, genuine *VII/2*: 1373.
—, Großhirnhemmung, Fort-
fall der *X*: 704.
—, inkompensierte, Utili-
sation bei *XVI/2*: 1324.
—, Klimakterium
XIV: 685.
—, Minutenvolumen bei
XVI/2: 1300.
—, osmotische, des Entzün-
dungsherdes *XIII*: 346.
—, primäre permanente
VII/2: 1373.
—, psychischer Einfluß auf
XVI/2: 1275.
—, Stoffwechsel bei *V*: 271.
—, Tonusstörungen *X*: 340.
—, Utilisation bei
XVI/2: 1323.
Hypertoniker, Gefäßdurch-
lässigkeit *VII/2*: 1398.
Hypertonikerfamilien
VII/2: 1377.
Hypertrophie *XIV/1*: 940ff.,
XIV/1: 1068, 1165.

(Hypertrophie), Herz, s. unter
Herzhypertrophie.
—, Hyperplasie und
XIV/2: 1343.
—, Hypophyse, Pars tuberalis
XVI/1: 419.
—, kompensatorische, All-
gemeines *XIV/1*: 943.
—, —, Krebsscheere
XIV/1: 1091.
—, —, Lungengewebe*II*:444.
—, —, Zwischenzellen des
Hodens *XIV/1*: 729.
—, Muskel *VIII*: 540, 558,
VIII: 560ff.
—, Pflanzen *XIV/1*: 1207.
—, Reize, integrierende
XIV/1: 946.
—, vikariierende *XIV/1*: 942.
Hyperthelie *XIV/1*: 608.
Hyperuricämie, akute Glo-
merulonephritis *IV*: 539.
—, Blutdruck und
VII/2: 1367.
Hyperventilation *II*: 444.
—, Alkalose *XVI/1*: 1135.
—, Blutdrucksenkung
VII/2: 1358.
—, Erregbarkeitserhöhung
der Nerven *IX*: 360.
Hypinose, Typus abdom.
VI/1: 258.
Hypnagoge Träume
XVII: 627.
Hypnal *XVII*: 615.
—, Kreislaufwirkung
VII/2: 1063.
Hypnogramm *XVII*: 571.
Hypnose *XVII*: 584, 603,
XVII: 669, 690, 707;
XVIII: 453.
—, echte *XVII*: 713.
—, Erklärung Pawlows
X: 508.
—, fraktionierte Methode
XVII: 676.
—, Pulsverlangsamung bei
XVI/2: 1270.
—, Reizerinnerungsmethode
XVII: 672.
—, Selbstbeobachtung
XVII: 677.
—, sensorielle *XVII*: 674.
—, Spontan- *XVII*: 674.
—, Theorie der *X*: 508;
XVII: 686.
—, tierische *XVII*: 588, 709,
XVII: 712.
Hypnoseapparat *XVII*: 693.
Hypnosekatalepsie *IX*: 727.
Hypnosigene Hautzonen
XVII: 674.
Hypnoskope *XVII*: 675.
Hypnotica *XVII*: 604, 611;
XVIII: 446.

(Hypnotica), Atemzentrum
XVII: 463.
—, Gewöhnung, Warmblüter
XIII: 866.
Hypocalcämie $XVI/2$: 1588.
—, Tetanie $XVI/2$: 1600.
Hypochlorämie $XVI/1$: 635.
Hypochlorurie $XVI/1$: 635.
—, Schrumpfniere
$XVI/2$: 1537.
Hypocholalecholie IV: 615.
Hypochondrie, genitale
$XIV/1$: 799, 800.
Hypogenitalismus
$XIV/1$: 778.
Hypoglossus, Anatomie
X: 190.
Hypoglossuslähmung
$XV/1$: 417.
Hypoglykämie V: 578, 1211.
—, Lichtbeeinflussung
XVII: 325.
Hypoglykämische Symptome,
Beseitigung durch Zucker
$XVI/1$: 609f.
— —, Entstehungsmechanis-
mus $XVI/1$: 607.
Hypohydrie $XVI/1$: 1074.
Hypokapnie II: 345;
$XVI/1$: 1074.
—, Nierenkranke II: 428.
Hypokinesen X: 342.
Hypoleukocytose $VI/2$: 811.
Hypomanische XVII: 1129.
Hypophosphatämie, Acidose
oder $XVI/2$: 1624.
Hypophosphaturie, relative
$XVI/2$: 1616, 1623.
Hypophysärer Landkarten-
schädel $XVI/1$: 455.
— Riesenwuchs $XVI/1$: 781.
Hypophyse II: 318, 320, 322;
$XVI/1$: 6, 78, 401 ff., 768 ff.;
XVII: 204, 249, 289, 825,
XVII: 1177.
—, Adenome, eosinophile
$XVI/1$: 434.
—, Affe $XVI/1$: 406.
—, Alter und XVII: 804.
—, Anatomie $XVI/1$: 402 ff.
—, Autotransplantation
$XVI/1$: 450, 456.
—, Basedowstruma
$XVI/1$: 664.
—, basophile Zellen
$XVI/1$: 409.
—, Blutdruck
$VII/2$: 1382, 1412.
—, Blutgefäße und Nerven
$XVI/1$: 35.
—, Brom in der
$XVI/2$: 1501.
—, chromophobe und chro-
mophile Zellen
$XVI/1$: 32, 409.

(Hypophyse), cystischer
Grenzteil $XVI/1$: 31.
—, Cysten, Funktion
$XVI/1$: 414.
—, Diabetes insipidus
XVII: 298.
—, — mellitus bei Erkran-
kung der $XVI/1$: 433.
—, Drüsenteil der mensch-
lichen $XVI/1$: 36.
—, Eiweißabbauprodukte
und Veränderung der
$XVI/1$: 411.
—, enchondrales Wachstum
durch $XVI/1$: 434.
—, Entwicklungsgeschichte
$XVI/1$: 28, 408ff.
—, eosinophile Zellen
$XVI/1$: 409.
—, Epinephrektomie und
Veränderung der
$XVI/1$: 412.
—, Epiphyse und
$XVI/1$: 680.
—, Epithelkörperchen und
$XVI/1$: 679.
—, Epithelsaum
$XVI/1$: 29, 33.
—, Exstirpation
$XVI/1$: 416ff., 421ff.,
$XVI/1$: 645, 673, 769ff.,
$XVI/1$: 1050.
—, Extrakt s. auch Hypo-
physin.
—, —, Adrenalin und
$XVI/1$: 678.
—, —, amphotrope Wir-
kungen X: 1146.
—, —, Aprosexia nasalis und
II: 320.
—, — des Vorderlappens
$XVI/1$: 654.
—, —, Wirkung $XVI/1$: 81,
$XVI/1$: 458ff.
—, —, —, Atmung II: 284.
—, —, —, Blutdruck II: 284;
$VII/2$: 1342.
—, —, —, Darm und Leber
III: 529, 1452.
—, —, —, Harnblase
X: 1137.
—, —, —, Nervenendigun-
gen, parasympathische
X: 1136.
—, —, —, Nierengefäße
$VII/2$: 1030.
—, —, —, Uterus X: 1137;
$XVI/1$: 681.
—, —, Wirbellose
$XVI/1$: 461.
—, fetale, Sexualhormon in
der $XVI/1$: 470.
—, Fettansatz $XVI/1$: 957.
—, Fetus, menschl.
$XVI/1$: 410.

(Hypophyse), Flimmercysten
$XVI/1$: 33.
—, Fünfteilung
$XVI/1$: 407, 416.
—, Gefäßversorgung
$XVI/1$: 406.
—, Genitalhyperplasie
$XVI/1$: 459.
—, Gewicht $XVI/1$: 402,
$XVI/1$: 406.
—, Gravidität und
$XIV/1$: 471, 778;
$XVI/1$: 33, 406, 410, 421,
$XVI/1$: 434, 673, 676.
—, Größe $XVI/1$: 405.
—, Harnbildung XVIII: 105.
—, Hauptzellen, Weichteil-
wuchs $XVI/1$: 434.
—, Hauptzellenveränderung
nach Schilddrüsenexstir-
pation $XVI/1$: 411.
—, Hennen, brütende
$XVI/1$: 411.
—, Hibernationseinfluß
$XVI/1$: 412.
—, Hinterlappen $XVI/1$: 407.
—, —, Blutkreislauf
XVIII: 194.
—, —, Blutzucker
$XVI/2$: 1701.
—, —, Diurese $XVI/1$: 682.
—, —, Genitalien
$XVI/1$: 674.
—, —, Glykosurie $XVI/1$: 681.
—, —, Hormone $XV/1$: 10;
$XVI/1$: 489; $XVI/2$: 1506.
—, —, Organspezifität
XVIII: 323.
—, —, Stoffwechselgröße
$XVI/1$: 644.
—, Hirnteil $XVI/1$: 35.
—, Histologie der
$XVI/1$: 409ff.
—, Homoitransplantation
$XVI/1$: 456.
—, Hund, Bau $XVI/1$: 406.
—, Hypertrophie, Neben-
hypophysen $XVI/1$: 419.
—, Infundibulum $XVI/1$: 415.
—, Insulinantagonismus
$XVI/2$: 1701.
—, Kastrations-, Bau der
$XVI/1$: 411, 677.
—, Kastrationsveränderung
$XVI/1$: 33.
—, Katze, Bau $XVI/1$: 406.
—, Keimdrüsen und
$XVI/1$: 673.
—, Kohlehydratstoffwechsel
$XVI/1$: 679; $XVI/2$: 1701,
$XVI/2$: 1711.
—, Kolloid, intra- und inter-
celluläres $XVI/1$: 33.
—, Kreislauf und
$XVI/1$: 1221; $XVI/2$: 1258.

(Hypophyse), Kretinismus und *XVI/1*: 268.

—, Lebenswichtigkeit *XVI/1*: 418.

—, makroskopischer Bau *XVI/1*: 406.

—, Melanophorenwirkung *XVI/1*: 489, 1775.

—, Menstruation und *XVI/1*: 676.

—, Mittellappen *XVI/1*: 413.

—, —, Bau, makroskopischer *XVI/1*: 406.

—, — Histologie *XVI/1*: 413ff.

—, —, Hormone *XVI/1*: 490, *XVI/1*: 491.

—, morphogenetische Funktion *XVI/1*: 768, 774.

—, Nerven *XVI/1*: 406.

—, neurotrope Drüse *XVI/1*: 30.

—, Ovarialhormon und Veränderung der *XVI/1*: 411.

—, Pankreas und *XVI/1*: 681.

—, Pankreasexstirpation und Veränderung der *XVI/1*: 412.

—, Parasekretion *XVI/1*: 454.

—, Pars intermedia (Zwischenlappen) *XVI/1*: 30, 36, 408, 420, *XVI/1*: 490.

—, — juxtaneuralis *XVI/1*: 408.

—, — tubularis *XVI/1*: 29, *XVI/1*: 34, 415; *XVII*: 77.

—, — —, Hypertrophie *XVI/1*: 419.

—, — —, und Prähypophyse, struktureller Zusammenhang *XVI/1*: 415.

—, — —, Stoffwechsel, Bedeutung für *XVI/1*: 499.

—, periostales Wachstum durch *XVI/1*: 434.

—, Phosphatausscheidung und *XVI/2*: 1608.

—, Physiologie der *XVI/1*: 416.

—, Placentahormon und Veränderung der *XVI/1*: 411.

—, Plattenepithelhaufen *XVI/1*: 35.

—, Pubertät und *XVI/1*: 676.

—, Puls und *VII*: 439.

—, Radiumbestrahlung *XVI/1*: 435.

—, RATHKEsche Taschen, Funktion *XVI/1*: 413, *XVI/1*: 414.

(Hypophyse), Regio hypothalamica und *XVI/1*: 674.

—, Riesenwachstum bei Fütterung mit *XVI/1*: 773.

—, Rind *XVI/1*: 460.

—, Röntgenbestrahlung *XVI/1*: 435.

—, Schilddrüsenatrophie bei Schädigung *XVI/1*: 780.

—, Schilddrüsenexstirpation und *XVI/1*: 662.

—, Schwangerschaft und *XIV/1*: 471; *XVI/1*: 33, *XVI/1*: 406, 410, 421, 434, *XVI/1*: 673, 676.

—, Schwangerschaftszellen *XVI/1*: 410, 434.

—, Sexualhormon in der fetalen *XVI/1*: 470.

—, Sexualität und *XIV/1*: 778.

—, Substitutionsversuche mit *XVI/1*: 457.

—, substitutive Therapie *XVI/1*: 456ff.

—, Stichling, jahrescyclische Veränderung *XVI/1*: 412.

—, Testobjekte *XVI/1*: 80, *XVI/1*: 465.

—, Tetanie und *XVI/1*: 679.

—, Thymus und *XVI/1*: 422, *XVI/1*: 680.

—, Topographie *XVI/1*: 403.

—, Totalexstirpation, Folgen *XVI/1*: 417.

—, Trophik, genitale und *XIV/1*: 778; *XVI/1*: 425, 673.

—, —, Skelettveränderungen *XVI/1*: 429.

—, Uterus und *XVI/1*: 678.

—, Vereinheitlichung der menschlichen *XVI/1*: 31.

—, Verlagerung *XVI/1*: 35.

—, Vorderlappen *XVI/1*: 406, 407, 645.

—, —, Axolotel *XVI/1*: 460.

—, —, Gefäße der Leber *VII/2*: 1022.

—, —, Genitalhormon *XVI/1*: 462.

—, —, Gravidität und *XVI/1*: 675.

—, —, Grundumsatz und *XVI/1*: 674.

—, —, Kaulquappen *XVI/1*: 460.

—, —, Ovarialfunktion und *XVII*: 675.

—, —, Salamander *XVI/1*: 461.

—, — und Schilddrüse, Antagonismus *XVI/1*: 82; *XVIII*: 408.

—, — und Testes *XVI/1*: 675.

(Hypophyse, Vorderlappen), wachstumsfördernde Substanz *XVI/1*: 460.

—, Vorderlappenextrakte, Wirkung *XVI/1*: 459, *XVI/1*: 645.

—, Vorderlappenhormon *XVI/1*: 81, 469.

—, Vorderzellen *XVI/1*: 412.

—, Wachstums- u. Differenzierungseinfluß *XVI/1*: 459, 699.

—, Wärmeregulation *XVII*: 77.

—, Wasserhaushalt *XVII*: 279.

—, Winterschlaf *XVII*: 80, 129.

—, Wirbeltiere *XVI/1*: 36.

—, wirksame Substanz, Natur der *XVI/1*: 79.

—, Zwischenhirn und *XVI/2*: 1743.

—, Zwischenlappen siehe —, Pars intermedia.

Hypophysektomie, Amphibienlarven *XVI/1*: 426, *XVI/1*: 769.

—, partielle *XVI/1*: 421ff., *XVI/1*: 673, 1050.

—, Säuger *XVI/1*: 776.

—, transcerebrale Methode *XVI/1*: 417.

—, Urodelenlarven *XVI/1*: 772.

—, Zwergwuchs nach *XVI/1*: 777.

Hypophysenchirurgie, Methoden *XVI/1*: 434, *XVI/1*: 435.

Hypophysenerkrankung, Aminosäuren und *V*: 714.

—, Diabetes mellitus bei *XVI/1*: 433.

—, Kohlehydratstoffwechsel bei *XVI/2*: 1711.

—, Mensch *XVI/1*: 428ff.

—, Organtherapie bei *XVI/1*: 458.

—, Splanchnomegalie bei *XVI/1*: 433.

Hypophysenexstirpation s. Hypophysektomie.

Hypophysenextrakt s. Hypophyse, Extrakte.

Hypophysenhinterlappen s. Hypophyse, Hinterlappen

Hypophysenhöhle, seröse Drüschen *XVI/1*: 34.

Hypophysenhormon, Kreislaufregulierung und *XVI/2*: 1258.

Hypophyseninkrete, Abfuhr der *XVI/1*: 35.

Hypophysenleistung, Prüfung *XVII*: 827.

Hypophysenmißbildung, Schweineembryo *XVI/1*: 775.

Hypophysenpräparate *XVI/1*: 458.

—, Wirksamkeit und Standardisierung *XVI/1*: 81.

Hypophysensekret, Liquor cerebrospinalis und *X*: 1205.

Hypophysenstiel *XVI/1*: 407; *XVII*: 77.

—, Entwicklung *XVI/1*: 408.

—, Folgen der Durchtrennung *XVI/1*: 426.

Hypophysensubstanzen s. Hypophyse, Extrakte.

Hypophysentransplantation, Schicksal des Transplantats *XVI/1*: 458.

Hypophysentumor, Akromegalie bei *XVI/1*: 431.

Hypophysenvorderlappen s. Hypophyse, Vorderlappen.

Hypophysenvorderzellen *XVI/1*: 412.

Hypophysenzellen, Lipoid in *XVI/1*: 33.

Hypophysin s. auch Hypophyse, Extrakte.

—, Blutdruck und *VII/2*: 1342.

—, Diabetes insipidus *XVII*: 274.

—, Erregungsmittel der Sympathicusendigungen *X*: 1120.

(Hypophysin), Harnblase *IV*: 843.

—, Iriswirkung *XII/1*: 220.

Hypophysis pharyngea *XVI/1*: 29.

Hypoplasie *XIV/1*: 949; *XVII*: 793.

—, Knochenmark *VI/2*: 761.

—, Schilddrüse beim Säugling *III*: 1346.

Hypoproteinämie *VI/1*: 553.

Hyposmie, partielle *XI*: 270.

Hypospadie *XIV/1*: 768, 782, *XIV/1*: 873.

Hypostase *XVII*: 924.

—, Eingeweide *VII/2*: 1155.

Hypostenurie, Nierenfunktionsprüfung *IV*: 528.

Hypotaxie *XVII*: 686.

Hypotension s. auch Blutdrucksenkung u. Hypotonie.

—, arterielle *XV/1*: 373.

—, endokrine Störungen und *VII/2*: 1412.

—, essentielle *VII/2*: 1373, *VII/2*: 1410.

Hypothalamus *X*: 321, 332, *X*: 1059.

—, adiposogenitales Syndrom bei Schädigung des *XVI/1*: 419.

—, Experimente *X*: 394.

—-Hyperglykämie *V*: 547.

—-Verletzung, Symptome der *XVI/1*: 423.

—-Zuckerstich *XVI/2*: 1695.

Hypothermien *XVII*: 98, *XVII*: 823.

(Hypothermien), Geisteskrankheiten *XVII*: 100.

Hypothyreoidismus *VI/1*: 400; *XVI/1*: 261.

Hypothyreose, Blutdruck und *VII/2*: 1412.

Hypotonie s. auch Blutdrucksenkung u. Hypotension *XVII*: 695, 696, *XVII*: 707.

— initiale bei Hypnose *XVII*: 676.

—, Kleinhirn *X*: 274, 313, *X*: 316, 340.

—, Magen *III*: 438, 1165.

—, Oesophagus *III*: 372.

Hypotoniechromolyse *VI/1*: 571.

Hypotrichen, Tangoreceptoren *XI*: 69.

Hypotrichose, Prähypophyse, Exstirpation und *XVI/1*: 421.

Hypovarie *XIV/1*: 459.

Hypoxämie *VII/2*: 1204.

Hypsiisorrhopie *XV/1*: 185.

Hysteresis von Arterien *VII/2*: 876.

Hysteresiserscheinungen nichtquellender Gele *I*: 218, 219.

Hysterie *XVII*: 595, 598, *XVII*: 603.

—, biologische Funktionsabläufe *XVI/1*: 1062.

—, Reaktionszeit und *X*: 593.

Hysterische Tachypnoe *II*: 256.

Hysterographie *XIV/1*: 503.

I

Ichbewußtsein, Traum *XVII*: 635.

Ichkultus *XIV/1*: 844.

Ichthuline, Chemie *III*: 274.

Icolex *I*: 657.

Icterus s. Ikterus.

Ictus immunisatorius *XIII*: 450.

Ideatorische Apraxie *X*: 806.

Ideenwelt *I*: 11.

Identitätserhaltung *XII/2*: 1200.

Identitätsvertauschung *XII/2*: 1200.

Idiochromosomen *XIV/1*: 329, 330.

Idiokinese *XVII*: 945, 1045.

Idiopathische Tetanie *XVI/2*: 1599.

Idiophorie *XVII*: 910.

Idioplasma *XIV/1*: 1007; *XVII*: 992.

Idiosynkrasie *XIII*: 767 ff.

(Idiosynkrasie), Anaphylaxie *XIII*: 441.

—, Erbgang *XIII*: 769, 770.

—, experimentelle *XIII*: 772.

—, Frequenz *XIII*: 769.

—, induzierte *XIII*: 772.

—, Konstitution *XVII*: 1065.

—, Symptomatologie *XIII*: 767.

—, Tiere *XIII*: 769.

Idiotie, familäre, amaurotische *XVII*: 1053.

Idiotypus *XVII*: 909, 1042.

Idiovariationen *XVII*: 941.

„Idiozom" *XIV/1*: 72.

Igel, Winterschlaf *XVII*: 107.

Iguana, Autotomie *XIII*: 270.

Ikterus, Bilirubinämie *IV*: 788.

—, — und Bilirubinurie *IV*: 788.

—, Bilirubinreaktion *IV*: 786.

(Ikterus), Blutgerinnung *VI/1*: 398.

—, catarrhalis *III*: 1274.

—, Cirrhoseformen und *III*: 1275.

—, hämatogener *III*: 1268.

—, hämolytischer *III*: 1271; *VI/1*: 286; *VI/2*: 881; *XVII*: 1065.

—, —, Stoffwechsel bei *V*: 276.

—, hepatocellulärer, Bilirubinreaktion *IV*: 786.

—, Herzfehler und *III*: 1276.

—, Herzschlag und *VII/1*: 519.

— infectiosus *III*: 1275.

—, künstlicher, Hemeralopie bei *XII/2*: 1607.

—, KUPFFERsche Sternzellen *III*: 1272.

—, Leberparenchym *III*: 1271.

(Ikterus), mechanischer
  III: 1267.
—, neonatorum *III*: 1277.
—, Pathogenese *III*: 1265.
—, Phosphorvergiftung
  III: 1270.
—, Pneumonie und
  III: 1276.
—, Salvarsan und *III*: 1274.
—, Sepsis und *III*: 1277.
—, Tiere *III*: 1101.
Ileus *III*: 1097.
—, experimenteller bei
  künstl. Fieber *VI/1*: 479.
Illusionen, Traum *XVII*: 578.
Ilyanassaei *XVII*: 1020.
Imbibition, wässerige der
  Haut *IV*: 118ff.
Imidazol *V*: 1032.
Imidazolacrylsäure *V*: 1033.
Imidazolbrenztraubensäure
  V: 1033.
Imidazolpropionsäure
  V: 1033.
Iminoallantoin *V*: 1011.
Iminosäuren *I*: 28.
Immobilisation *XVII*: 690.
—, biologische *XVII*: 700.
—, Dauer *XVII*: 710.
—, reflektorische *XVII*: 692;
  XVIII: 454.
—, sexuelle *XVII*: 700.
—, Sinnesempfindlichkeit
  und *XVII*: 693.
Immobilisationsreflex
  XVII: 604, 608, 690.
Immobilisationszonen
  XVII: 699.
Immobilisationszustände,
  Berührungsreize usw.
  XVII: 692.
Immobiloide Zustände
  XVII: 713.
Immunantikörper
  XVIII: 318.
Immunisierung, aktive und
  passive *XIII*: 447;
  XVI/1: 983.
—, Röntgen- und Radium-
  strahlen *XVII*: 356.
Immunisierungsprozesse,
  Globulinvermehrung bei
  VI/1: 261.
„Immunisierungsreize“
  XIII: 517, 525, 610.
Immunität *XIII*: 508.
—, aktiv erworbene
  XIII: 447, 587, 628;
  XVI/1: 983; *XVIII*: 324.
—, Allgemeines über die
  XIII: 512.
—, Alter *XVII*: 843.
—, atreptische *XIII*: 540.
—, Cornea, lokale, der
  XIII: 635.

(Immunität), elektrische, der
  Zitterfische gegen ihren
  eigenen Schlag
  VIII/2: 914.
—, endokrine Drüsen und
  XIII: 641.
—, Energiestoffwechsel und
  XIII: 622.
— gegen Geschwülste und
  Bildung von Spontan-
  tumoren *XIV/2*: 1615.
—, Geschwülste, atreptische
  XIV/2: 1427, 1703.
—, Haut, lokale *XIII*: 639.
—, humorale und celluläre
  XIII: 626.
—, Idiosynkrasien und
  XIII: 787.
—, natürliche *XIII*: 518, 818.
—, passive *XIII*: 448, 533,
  XIII: 626.
—, Receptorenmangel
  XIII: 542.
—, reflektorischer Vorgang
  XIII: 590, 643.
—, Stoffwechsel, aktive, und
  XIII: 604, 609.
—, Überempfindlichkeit und
  XIII: 638, 643.
—, Vererbung *XIII*: 534;
  XVII: 968.
—, Wesen der *XIII*: 738.
Immunitätstheorie
  XIII: 831.
—, humorale *XIII*: 816.
Immunitätsvorgänge, Ernäh-
  rung und *XIII*: 625.
—, Klima und *XIII*: 606,
  XIII: 624.
—, Körpertemperatur und
  XIII: 608, 618, 624.
—, unspezifische Reize auf
  die *XIII*: 607, 623.
—, Stoffwechsel und
  XIII: 604, 609.
—, Winterschlaf *XIII*: 606,
  XIII: 624.
Immunitätszustand, dyna-
  mischer *XIII*: 665.
Immunopsonine, Wesen der
  XIII: 822.
Immunpräzipitate, Toxizität
  XIII: 759.
Immunsera, antibakterielle
  XIII: 824.
—, Toxizität, primäre
  XIII: 753.
Impedanz, Körper, elek-
  trische Unfälle und
  VIII/2: 673.
Impfkeime, übersättigte Lö-
  sungen von *I*: 146.
Impftumoren, Entwicklung
  von, und Ernährungs-
  einfluß *XIII*: 569.

Implantation des Eies, Vor-
  bereitungen auf die
  XIV/1: 814.
—, homo- u. heteropleurale
  von Vorderbeinanlagen
  XIV/1: 1102.
Implantationsgeschwülste
  XIV/2: 1741.
Impotentia coeundi
  XIV/1: 811.
Impotenz *XIV/1*: 779, 799,
  XIV/1: 863, 895.
  XVII: 743, 838.
Impulsbereitschaft, Reak-
  tionszeit *X*: 540.
Impulshemmung, Reaktions-
  zeit *X*: 575.
Impulsmesser, Eignungs-
  prüfung *XV/1*: 683.
Inadäquatheit, Muskelform,
  Muskelmasse und Arbeits-
  form *VII/1*: 710.
Inaktivitätsatrophie *V*: 40;
  X: 1172; *XIV/1*: 951.
—, Herz *VII/1*: 329.
—, Muskel *VIII/1*: 563, 571,
  VIII/1: 576; *XVI/2*: 1405.
—, —, Faradisationswirkung
  auf *XVI/2*: 1405.
—, —, Massagewirkung auf
  XVI/2: 1405.
Inanitionsödeme *XVII*: 275.
Inanitionssymptome *V*: 1209.
Inanitionszustände, Herz-
  insuffizienz durch
  XVI/2: 1402.
Incontinentia s. Inkontinenz.
Index, opsonischer *XIII*: 825.
—, —, klinische Bedeutung
  des *XIII*: 826.
Indicatorenmethode, CO_2-
  Abgabe, Messung an Ner-
  venquerschnitten *IX*: 385.
Indices des Habitus
  XVII: 1083.
Indicialgleichung *XII/1*: 89.
Indifferenzpunkt, Tempera-
  tur *XVII*: 435.
„Indifferenzzonen“, Wachs-
  tum *XIV/1*: 936.
Indigocarminsyncholie,
  Leberfunktionsprüfung
  IV: 779.
Indigosteine *IV*: 670.
Indikan, Nachweis *IV*: 279.
Indikanurie, metabolische
  V: 889.
Individualfremdheit
  XIV/1: 904.
Individualität, Aufgeben
  XVII: 749.
—, Auflösung *XVII*: 747.
Individualpsychologie
  XIV/1: 787, 788, 794, 839,
  XIV/1: 897; *XV/1*: 691.

(Individualpsychologie), vergleichende *XVII*: 624.
Individualtod *XIV/1*: 1000.
Individuelle Anpassung *XVII*: 956.
— Disposition, Geschwulstbildung *XIV/2*: 1700.
Indoläthylalkohol *V*: 1032.
Indoläthylamin *V*: 1032.
Indolbildung, bakterielle *III*: 1036.
Indolcarbonsäure *V*: 1032.
Indolessigsäure, Harn *IV*: 282.
Indophenolbildungsvermögen, Hirnsubstanz *IX*: 563.
Indophenolblaureaktion, Hirnsubstanz *IX*: 563.
Indophenolblausynthese, intracelluläre *I*: 49.
Indolpropionsäure *V*: 1032.
Indolringbildung *V*: 873.
Indoxyl *V*: 1038.
Induktion, Formbildung *XIV/1*: 1101.
—, psychische *XIV/1*: 791.
—, somatische *XI/1*: 845.
—, —, Pigmentierung und *XIII*: 198.
—, spinale *IX*: 633, 639, 655, *IX*: 657f.
—, sukzessive, spinale *X*: 277; *XV/1*: 17.
Induktionsfunken, Spektrum des *XVII*: 306.
Induktionsströme, Widerstand des Körpers gegen *VIII/1*: 665.
—, spezielle Wirkungen der *VIII/2*: 984.
Industrie, Automatisierung *XV/1*: 524, 655.
Infantilismus *XVII*: 862, *XVII*: 1128, 1139, 1143, *XVII*: 1154.
—, dysglandulärer *XIV/1*: 781.
—, dysthyreotischer *XIV/1*: 782.
—, dystrophischer *XIV/1*: 782; *XVII*: 864, 1044.
—, hypophysärer *XVI/1*: 439.
—, Hypophysektomie *XVI/1*: 422.
— partialis *XVII*: 1048.
—, psychischer *XIV/1*: 778, *XIV/1*: 782.
—, Sexualität *XIV/1*: 778.
Infarkt, Entstehungsbedingungen *VII/2*: 1698, *VII/2*: 1705.

(Infarkt), hämorrhagischer *VII/2*: 1623.
Infarkttrichter, Ulcus *III*: 1175.
Infektion s. auch Immunität usw.
—, Abwehr von *II*: 324.
—, Blutdrucksenkung *VII/2*: 1326.
„—, endogene" *III*: 1019.
—, fieberhafte, Atmungsregulation bei *XVI/1*: 1121.
—, germinale *XIV/1*: 1067.
—, Geschwulstbildung und *XIV/2*: 1525, 1671.
—, Herzfrequenz und *VII/1*: 515.
„—, inapparente" *XIII*: 591.
—, Krankheitsbereitschaft im Alter *XVII*: 842.
—, latente *XIII*: 519, 536, *XIII*: 587, 602; *XVIII*: 324, 325.
—, lymphograde *II*: 408.
—, Magenulcus und *III*: 1181.
—, sekundäre *XIII*: 576.
„Infektionsimmunität" *XIII*: 524, 595, 601.
Infektionskrankheiten, Blutdruck *VII/2*: 1408.
—, Blutmenge *XVIII*: 175.
—, chronische, Immunisationsvorgänge bei *XIII*: 591.
—, cyclisches Verhalten *XIII*: 808.
—, Empfänglichkeit für *XIII*: 513.
—, fieberhafte, Bäder und *XVII*: 455.
—, —, Hautwasserabgabe und *IV*: 749.
—, Muskeldegeneration bei *VIII/1*: 543.
—, Myositis und *VIII/1*: 577.
—, Resistenz gegen *XIII*: 528/530.
Infiltration, fettige *V*: 1268.
Infiltrationsanästhesie *IX*: 435.
Infiltrationspolarisation *IX*: 247.
Influenza, Geruchsstörungen bei der *XI*: 301.
Infrarot *XII/1*: 318.
Infraspinatusreflex *X*: 982.
Infundibularorgan, Amphioxus *IX*: 112.
Infundibularteil, rechter Ventrikel *VII/1*: 111.
Infundibulum der Hypophyse *XVI/1*: 29, 35, 406, *XVI/1*: 415.

Infusion, intravenöse von dest. Wasser *IV*: 395.
Infusorien, Ionenwirkung *I*: 515.
—, Konjugation der *XIV/1*: 20.
—, Mund *III*: 9.
—, Myoide bei *VIII/1*: 33.
—, Nahrungsaufnahme *III*: 9.
—, osmotischer Druck *IV*: 168; *XVII*: 152.
—, Pansen *V*: 122.
—, Parthenogenesis *XIV/1*: 26.
—, Rheotaxis *XI*: 81.
—, Schwimmen der *XV/1*: 309.
—, Tangoreceptoren *XI*: 69.
—, Verdauungstrakt von Tieren *III*: 982, 998, 1000; *V*: 122.
Ingestentransport, Behinderung *III*: 369.
Inguinaldrüsen, Pigment *XIII*: 263.
Inhalation *II*: 482.
Inhalationsnarkose *II*: 508; *XVII*: 611.
Inhalationsnebel, Teilchengröße *II*: 483.
Inhalationstherapie *II*: 481.
Injektion, intratracheale *II*: 477, 479.
Inkompensation, kardiale *XVI/2*: 1410.
Inkontinenz, Harnblase *IV*: 875.
—, Incontinentia alvi *III*: 1098.
Inkrementsatz der Erregungsleitung im Nerven *IX*: 228.
Inkrementtheorie von HERMANN *VIII/2*: 698.
Inkrete, Abfuhrwege der *XVI/1*: 10.
—, Adrenalinabgabe und *XVI/2*: 1764.
—, Hormone und *XVI/1*: 1.
—, vegetative Endapparate und *XVI/2*: 1782.
Inkretion *XVI/1*: 3ff.
—, Greise *XVII*: 824.
—, Geschwulstbildung *XIV/2*: 1263, 1441, 1681, *XIV/2*: 1712/17.
Inkretkorrelationen *XVI/1*: 641ff.
Inkretorische Organe *XVI/1*: 9.
— —, Bauformen *XVI/1*: 7.
— —, Merkmale *XVI/1*: 66.
— Vorgänge, Crangon vulgaris *XVI/1*: 705.

(InkretorischeVorgänge), Palaemonetes *XVI/1*: 705.
— —, Sandgarneelen *XVI/1*: 705.
— Zellen, quantitative und qualitativeVeränderungen der *XVI/1*: 9.
Inkretorisches Milieu, vegetatives System und *XVI/2*: 1870.
Inkubationszeit, Kropf *XVI/1*: 313.
—, Stoffwechsel in der *V*: 298.
Innendruck, Herz *IV*: 855.
—, Ureter und Harnblase, Beziehungen zueinander *IV*: 813.
Innenohrerregung *XI*: 455.
Innenwelt, vegetative Erregbarkeit und *XVI/2*: 1785.
—, — Sensibilität und *XVI/2*: 1806.
Innere Hemmung, Schlafbedingungen *XVII*: 583.
— Organe, Lichtwirkung auf *XVII*: 320.
— Sekretion s. Inkretion.
— Sprache *X*: 778, 782.
Inneres Medium (milieu intérieur) der Organismen *XVII*: 138.
Innervation, Abstufung der *IX*: 35.
—, antagonistische *X*: 1065.
—, Atemmuskeln *II*: 236.
—, Augenmuskeln *XII/2*: 1053, 1060.
—, Cortisches Organ *XI*: 504.
—, doppelte *X*: 1053.
—, —, Arthropodenmuskulatur *IX*: 827.
—, —, autonome *XVI/2*: 1735, 1745.
—, Hirngefäße *X*: 18.
—, Kehlkopf *XV/2*: 1286, *XV/2*: 1291.
—, kinetische und statische *IX*: 714.
—, Muskel, glatter und quergestreifter, Vergleich *IV*: 866.
—, —, quergestreifter *VIII/1*: 569.
—, parasympathische des Tonus *VIII/1*: 209.
—, plurisegmentale, anatomisch *VIII/1*: 301.
—, —, physiologisch *X*: 146.
—, Rectum *III*: 478.
—, reziproke *IX*: 647, 749; *X*: 83; *XVI/1*: 1165.
—, —, und Simultankontrast *XII/1*: 495.
—, Sphincteren *X*: 1082.

(Innervation), Theorie der *XV/2*: 1156.
—, tonische *VIII/1*: 215.
—, Umstellung der reziproken *XV/2*: 1112.
—, Verdauungskanal *XVI/1*: 898.
—, Wiederkäuermagen *III*: 395.
Innervationsbereitschaft *X*: 346.
Innidation von Blutzellen *VI/2*: 739.
Inosit, Diabetes insipidus und *XVII*: 291.
—, Harn *IV*: 298.
—, Stoffwechselverhalten *V*: 998.
Insekten, Amputationsversuche *XV/2*: 1075.
—, Atmung *II*: 18, 30.
—, Augenbewegungen *XII/2*: 1115.
—, außenverdauende *III*: 59.
—, Autotomie *XIII*: 267.
—, Gelenkfeststellung *XV/2*: 1084.
—, Gefäßsystem *VII/1*: 15.
—, Geruchssinn *XI*: 223.
—, Gifte bei *XIII*: 134.
—, Giftblase bei den *XIII*: 65.
—, holzfressende *I*: 648.
—, Kopfnystagmus bei *XII/2*: 1115.
—, Körperflüssigkeit *XVII*: 141.
—, Muskeln der *VIII/1*: 115.
—, Pigment der *XIII*: 214.
—, Schutz- und Angriffswaffen der *XIII*: 65.
—, Schwimmen der *XV/1*: 313.
—, Segelflug der *XV/1*: 352.
—, Stigmen *II*: 18.
—, Stoffwechsel *V*: 442ff.
—, Stridulationsorgane *XV/2*: 1232.
—, Thermoreceptoren *XI*: 177.
—, Thermotaxis *XI*: 176.
—, Überwintern *XVII*: 746.
—, ungeflügelte *XV/1*: 349.
—, Vererbung erworbener Eigenschaften *XIII*: 221.
Insektenauge, Pigmentwanderung *XIII*: 217.
Insektenflug, Aerodynamik des *XV/1*: 357.
—, Amplitude *XV/1*: 356.
—, Frequenz *XV/1*: 352.
—, Geschwindigkeit *XV/1*: 355.
—, Steuerung *XV/1*: 358.
Insektenflügel, Belastung *XV/1*: 354.

(Insektenflügel), Flugton *XV/1*: 354.
—, Form *XV/1*: 350.
Insektenherz *VII/1*: 34.
Insektenlarven, Wasserhaushalt *XVII*: 158.
Insektivoren s. tierverdauende Pflanzen *III*: 102.
Insel, Läsionen der *X*: 789.
Inselfunktion, allgemeine Bemerkungen *XVI/1*: 562.
Inselmelanismus *XIII*: 203, *XIII*: 237.
Inselorgan, Cymogengewebe und *XVI/1*: 54.
—, Pankreashormon *XVI/1*: 561.
Inseltheorie des Diabetes *XVI/1*: 561, 562.
Inselzellen in verschiedenem Tätigkeitszustand *XVI/1*: 562.
Insomnie (Schlaflosigkeit) *XVII*: 597.
Inspiration s. a. Einatmung.
—, *II*: 58.
—, passive *II*: 80, 81.
—, Zeitdauer *II*: 291.
Inspirationsdauer, Verlängerung der *II*: 356.
Inspirationsdruck, maximaler *II*: 486.
Inspirationslage *II*: 82.
Inspirationsluft *II*: 190.
Inspirationsmuskeln *II*: 58.
Inspirium, vesiculäres *II*: 294.
Insuffizienz, vgl. auch Blutkreislauf, Herzinsuffizienz, Herzklappeninsuffizienz.
—, Blutzirkulation *II*: 421; *VI/1*: 238; *XV/1*: 373; *XVI/2*: 1309ff.; *XVII*: 846.
—, Capillargebiet *XVI/2*: 1309ff.
—, Nahrung, qualitative *V*: 1148, 1161.
—, —, Vitamine, Mangel *V*: 1158.
—, pluriglanduläre *XVI/1*: 657/660.
—, respiratorische *II*: 390.
—, Venenklappen bei Varicen *VII/2*: 1455.
Insuffizienzerscheinungen, Vitaminmangel *V*: 1153, *V*: 1161, 1166, 1203, 1204, *V*: 1209.
Insulin *XVI/1*: 82ff., 600ff.
—, Abfluß aus Pankreas *XVI/1*: 649.
—, Acetaldehydbildung *XVI/1*: 625.
—, Acidose bei Nephritiker nach *XVI/1*: 617.

(Insulin), Acidosis, postopera-
tive, nach *XVI/1*: 617.
—, Adrenalinabgabe und
XVI/1: 693; *XVI/2*:1763.
—, Aminosäurenwert im Blut
nach *XVI/1*: 615.
—, Angreifbarkeit des, Pro-
teasen *XVI/1*: 86.
—, Angriffspunkt des
XVI/1: 630, 655;
XVI/2: 1705.
—, Antagonismus mit
Adrenalin, Pupille
XII/1: 204, 214.
—, apankreatisches Tier und
XVI/1: 569, 622.
—, Ausscheidung des
XVI/1: 649.
—, Basedow und
XVI/1: 664/668.
—, Bedarfssekretion und
Ruhesekretion des
XVI/2: 1767.
—, Bilanzversuche nach
XVI/1: 650.
—, Bildungsstätte *XV/1*: 9.
—, biuretfreies *XVI/1*: 86.
—, Blut und Organe, Gehalt
an *XVI/1*: 649.
—, Blutmineralhaushalt und
XVI/1: 682.
—, Blutzuckerwirkung
XVI/1: 603, 633.
—, Calorienproduktion nach
XVI/1: 619.
—, Chemie *XVI/1*: 600.
—, chemisches Verhalten
XVI/1: 85.
—, CO_2-Verbrauch nach
XVI/1: 619.
—, Darstellung *XVI/1*: 84.
—, — als Handelspräparat
XVI/1: 87, 600.
—, Difructoseanhydrid
III: 153.
—, Diurese und *XVI/1*: 682.
—, Dosen, toxische
XVI/1: 616, 618.
—, Eichungsmethoden
XVI/1: 602.
—, Einheit *XVI/1*: 601.
—, Eiweißstoffwechsel nach
XVI/1: 615ff.
—, Epiphyse und
XVI/1: 694.
—, Erbrechen, ketonurisches,
Schwangerer und Kinder
nach *XVI/1*: 617.
—, Erfolgsorte, parasympa-
thische *XVI/2*: 1767.
—, Erhaltungswirkung von
(Arbeitsphysiologie)
XV/1: 768.
—, Fermente, proteolytische,
und *XVI/1*: 601.

(Insulin), Fettansatz
XVI/2: 1718.
—, Fettgehalt, Herz, Leber,
Nieren und Skelett-
muskulatur nach
XVI/1: 616.
—, Fettstoffwechsel
XVI/1: 616ff.
—, Fibrinogenfraktion nach
XVI/1: 615.
—, Fibrinogenzunahme
XVI/1: 615.
—, Gaswechsel *XVI/1*: 619,
XVI/1: 627.
—, — des Zentralnerven-
systems und *IX*: 553.
—, Gesamtfett von Mäusen
nach *XVI/1*: 616.
—, Gewebsatmung nach
XVI/1: 629.
—, Gewebsoxydation nach
XVI/1: 643.
—, Gewebszuckerabnahme
durch *XVI/1*: 612, 614.
—, Gluconeogenie
XVI/1: 624, 626.
—, Glykogen beim Menschen
nach *XVI/1*: 622.
— -Glykogengehalt der Ge-
webe nach *XVI/1*: 612.
—, — der Leber und
XVI/1: 613.
—, Glykogensynthese nach
XVI/1: 623.
—, Glykogenumsatz im Zen-
tralnervensystem und
IX: 572, 575.
—, Grundumsatz und
XVI/1: 668.
—, Harnsäureretention im
Blut nach *XVI/1*: 616.
—, Harnstoff- und Kreatinin-
N nach *XVI/1*: 615.
—, Herz und *XVI/1*: 626.
—, Herztätigkeit nach Zusatz
von *XVI/1*: 627.
—, Herzwirkung durch
XVI/1: 632.
—, Hormon des Parasympa-
thicus *XVI/1*: 634.
—, Hungerkontraktionen des
Magens und *III*: 418.
—, Hypercholesterinämie
und *XVI/1*: 616.
—, Hyperglykämiekurve,
alimentäre nach
XVI/1: 620.
—, Hyperlipämie bei Avita-
minose nach *XVI/1*: 616.
—, Hypophysenhinterlappen
und *XVI/1*: 681.
—, Ionengleichgewicht nach
XVI/1: 640.
—, Kalkbilanz und Phosphor-
säure nach *XVI/1*: 636.

(Insulin), Kammerwasser-
zucker und *XII/2*: 1373.
—, Karenzketosis nach
XVI/1: 617.
—, Kaninchenherz, isoliertes,
und *XVI/1*: 626.
—, Kohlehydratoxydation
nach *XVI/1*: 619, 621,
XVI/1: 652.
—, Kohlehydratumsatz-
geschwindigkeit nach
XVI/1: 653.
—, Konzentrationswirkungs-
kurve *XVI/1*: 604.
—, Kraftstoffwechsel nach
XVI/1: 619.
—, krystallines *XVI/1*: 600.
—, krystallisiertes
XVI/1: 86.
—, Leberwirkung
XVI/1: 623, 637, 655.
—, Lipämie bei Diabetes
mellitus nach
XVI/1:616.
—, Lungenventilation nach
XVI/1: 619.
—, Lymphbildung nach
VI/2: 984.
—, Magen-Darm-Wirkung
durch *XVI/1*: 632.
—, Mechanismus der Wirkung
XVI/1: 650.
—, Milchsäurebildung des iso-
lierten Rückenmarks und
IX: 585.
—, Milchsäurevermehrung
nach *XVI/1*: 629.
—, Mineralstoffwechsel und
XVI/1: 634.
—, Muskel, freier Zucker-
gehalt nach *XVI/1*: 611.
—, Muskelatmungswirkung
XVI/1: 592.
—, Muskelmilchsäure nach
XVI/1: 629.
—, Muskulatur, quer-
gestreifte, Haupterfolgs-
organ der Wirkung
XVI/1: 653.
—, Narkoselipämie
XVI/1: 616.
—, Nervensystem und
XVI/1: 630ff.
—, normaler Organismus
und Wirkung des
XVI/1: 603.
—, Ödemtendenz *VI/1*: 238.
—, Organe, isolierte, und
XVI/1: 623ff.
—, oxydationssteigernde
Wirkung *XVI/1*: 625,
XVI/1: 628.
—, Pankreas, Menge im, und
anderen Organen
XVI/1: 88.

(Insulin), Pankreas- und Phlorrhizindiabetes XVI/1: 621.
—, pankreasdiabetische Hunde und XVI/1: 638.
—, Phlorrhizindiabetes nach XVI/1: 616.
—, Phosphat und XVI/1: 637, 640.
—, Quellungsverhalten von Muskulatur nach XVI/1: 639.
—, Reflexerregbarkeit nach XVI/1: 630.
—, Regulation XVI/1: 647.
—, Salzgehalt des Blutes nach XVI/1: 637.
—, Sauerstoffverbrauch nach XVI/1: 619.
—, Säurebildung in der Leber nach XVI/1: 624.
—, Sekretion, nervöse Regulation XVI/1: 647.
—, Skelettmuskulatur und Wirkung des XVI/1: 627ff.
—, Standardisierung des XVI/1: 87, 601.
—, Stickstoff-Stoffwechsel des apankreatischen Tieres nach XVI/1: 622.
—, Summationswirkung von exogenem und endogenem XVI/1: 614, 620.
—, Wärmebildung durch XVI/1: 653.
—, Wärmeregulation XVII: 80, 103.
—, Wassergehalt der Leber nach XVI/1: 637.
—, Wasserstoffwechsel und XVI/1: 634ff., 668; XVII: 211.
—, Wirkungsmechanismus, physiologischer XVI/1: 651.
—, Zellpermeabilität und XVI/1: 654.
—, Zucker, freier, in Organen XVI/1: 611ff.
—, Zuckerbildung V: 616.
—, Zuckergehalt, Blut XVI/1: 611.
—, Zuckeroxydation nach XVI/1: 619, 621, 632.
—, Zuckervakuum nach toxischen Dosen von XVI/1: 616.
Insulinabgabe XVI/1: 643, XVI/1: 645, 646; XVI/2: 1713, 1768.
Insulinantagonismus, Adrenalin, Pupille XII/1: 204, 214.
—, Hypophyse XVI/2: 1701.

Insulinausscheidung XVI/1: 645.
Insulinbedarf, Mensch XVI/1: 648.
Insulindosen, toxische XVI/1: 616, 618.
Insulineinheit XVI/1: 594, XVI/1: 601.
Insulinempfindlichkeit thyreoidektomierter Tiere XVI/1: 644.
Insulinketonurie XVI/1: 618.
Insulinmangel im Hunger und bei Kohlehydratkarenz XVI/1: 646.
Insulinmiosis XII/1: 204.
Insulinpräparate, „Mäuseeinheiten bei" XVI/1: 87.
—, Wertbestimmung von XVI/1: 87, 601.
Insulinproduktion XVI/1: 564.
—, endogene XVI/1: 620.
—, tägliche XVI/1: 648.
Insulinresistenz XVI/1: 584.
Insulinsekretion XVI/1: 643, XVI/1: 645, 646; XVI/2: 1713, 1768.
Insulinshock, Blutkonzentration (DRABKIN) beim Menschen XVI/1: 608.
—, Blutmenge im XVI/2: 1343.
—, Hyperleukocytose bei XVI/1: 609.
—, Mensch XVI/1: 609.
Insulinverteilung XVI/1: 645.
Insulinwirkung, Theorie V: 569, 579; XVI/1: 654.
—, toxische XVI/1: 613, XVI/1 629.
Insulinzufuhr, kontinuierliche XVI/1: 648.
Intarvin V: 670.
Integralerregung, DU BOIS-REYMOND IX: 249.
Integration s. Korrelation.
Integument, Farbwechsel XVII: 5.
Intelligenz, Aphasie und XV/2: 1511.
—, Hemisphären und X: 513.
—, motorische XV/1: 695.
—, Prüfungsmethoden XV/1: 686.
Intelligenzprüfung XVII: 792.
Intensionsregulierung, Sensomobilität IX: 766.
Intensität, Farbe XII/2: 305 (s. auch Sättigung).
—, Gesichtsempfindungen XII/1: 310, 387ff.
—, psychische I: 274.
—, Schall XI: 535.

(Intensität), Schwerereiz XI: 1018.
Intensitätsfaktor, Kreisprozesse I: 230, 272.
Intensitätsleitung in einer einzelnen Opticusfaser XII/2: 1491.
Intensitätssatz, Lichtermischung XII/1: 396.
Intensivierung industrieller Arbeit XV/1: 524.
Intentionsstörung X: 774.
Intercellularräume II: 540.
Intercellularsubstanz, Entzündung und XIII: 345.
—, Bildung XIV/1: 1011.
Interferenz, Reizwirkungen, Nerv IX: 205.
Interferenzröhren, Vokalklängeabbau XV/2: 1409ff.
Interferenztheorie der Hemmung IX: 649ff.
Interferenzwellen beim Blutdruck VII/2: 1290.
Interferenzwirkung, Farbe u. Farbwechsel durch XIII: 195.
Intermediäre Abbauprodukte der Kohlehydrate I: 29, 62.
„— Vererbung" XVII: 916, XVII: 924.
Intermediärer Energiewechsel I: 27.
Intermediärprodukte, körperliche Arbeit, Entstehung von XV/1: 775.
Intermediärstoffwechsel niederer Tiere V: 420.
Intermedius-Fasern, Verlauf X: 1056.
Intermittenzton XI: 596.
Intermittenzzeit XII/1: 435.
Intermittierende Bestrahlung XVII: 307.
— Lahmheit VII/2: 1805.
Internephridialorgan XVI/1: 703.
interrenalkörper XVI/1: 41.
Interrenalorgane, Wachstums- u. Differenzierungseinfluß der XVI/1: 699.
Intersexbildung, Schmetterlinge XIV/1: 334.
Intersexe XVII: 931.
Intersexen, Lymantria dispar XVI/1: 826.
Intersexualität XIV/1: 780; XVIII: 344.
—, konstitutionelle XIV/1: 781.
—, Mensch XIV/1: 876.
Intersexualitätsstufe XIV/1: 825.

Intervall farbiger Lichter
  XII/1: 324.
Intervallfarbe (Gehör) *I*: 716.
Intervariation, männliches
  Geschlecht *XIV/1*: 786.
Intima, Gefäße *VII/2*: 865.
Intimaverdickung, hyper-
  plastische *VII/2*: 1089.
Intimaverkalkung
  XVII: 797.
Intoxikation, Blutdruck und
  VII/2: 1408.
—, Ernährungsstörung, Säug-
  ling *III*: 1022.
Intoxikationspsychosen
  XVII: 1182.
Intracutanreaktionen
  XVII: 546.
Intradermoreaktion, Echino-
  kokkenallergie *XIII*: 791.
Intrahepatische Steine
  IV: 611, 616.
Intrakardiale Injektion,
  Herzwiederbelebung
  durch *VII/2*: 1897.
Intrakardiales Nervensystem
  VII/1: 402.
Intrakranielle Erkrankungen,
  Hörstörungen und
  XI: 662.
Intralabyrinthärer Druck,
  Hörfähigkeit und *XI*: 624.
Intramurale Gangliennetze
  XVI/2: 1752.
Intraoculardruck, Hyper-
  thyreodismus und
  XII/2: 1388.
—, hydrostatische und osmo-
  tische Kräfte auf
  XII/2: 1384ff.
—, Schwankung, pulsato-
  rische *XII/2*: 1335.
—, Steigerung, künstliche
  XII/2: 1333, 1335, 1336.
Intrathorakale Saugkraft
  II: 367.
Intrathorakaler Druck,
  Schlucken und *III*: 358.
— —, Wiederkäuen und
  III: 389.
Invaginatio intestini
  III: 1092.
Invaginationsgastrula
  XIV/1: 1046.
Invasionsallergien *XIII*: 788.
Inversion, Rohrzucker
  III: 115.
—, Schlaf *XVII*: 603.
—, Tiefenauslegung
  XII/2: 993.
Inversionsschicht, Atmo-
  sphäre *XVII*: 465.
Invertase s. auch Saccharase.
—, Lichtwirkung auf
  XVII: 329.

(Invertase), Pankreassaft
  XVI/1: 908.
Involution, Senium und
  XVII: 1117.
Involutionserscheinungen,
  Zirbel *XVI/1*: 496.
Involutionsmelancholien
  XVII: 1163, 1166.
Involutionsperiode
  XVII: 897.
Involutionsvorgänge, Altern
  XVII: 758.
Inzest *XIV/1*: 883.
Inzucht *XVII*: 918, 948.
Ion, Bau des *I*: 192.
—, Wertigkeit des *I*: 189.
Ionales Milieu, Glykolyse
  I: 35.
— —, vegetat. System und
  XVI/2: 1819.
Ionen s. auch Wasserstoff-
  ionen, Hydroxylionen usw.
  I: 486ff.
—, Adrenalinabgabe und
  XVI/2: 1765.
—, Aktivität *I*: 127.
—, Amöben und Wirkung
  der *VIII/1*: 6.
—, Antagonismus, und deren
  Wirkung *I*: 486.
—, antagonistische, im Blut
  VI/1: 240.
—, balancierende *I*: 260.
—, Chemonastie und
  XI: 247.
—, Chemotaxis und *XI*: 250.
—, Chemotropismus und
  XI: 243.
—, Darmwirkung der
  III: 525.
—, einwertige, Antagonismus
  der *I*: 521.
—, — Äquilibrierung, phy-
  siologische *I*: 507.
—, Flimmerzelle, Wirkungen
  auf die *VIII/1*: 47.
—, Gaswechsel und Reflex-
  erregbarkeit des isolierten
  Rückenmarks *IX*: 549.
—, Gewebe und Wirkung der
  I: 504.
—, Granulocyten und Wir-
  kung der *VI/2*: 811, 814.
—, Herzwirkung der
  VII/1: 434, 718, 722.
—, kolloide, Ladungsdichte
  I: 162.
—, Konzentration der *I*: 127.
—, Körperflüssigkeiten, ihr
  Gehalt an *XVII*: 142.
—, Kräfte der *I*: 505.
—, Ladungssinn der *I*: 505.
—, mehrwertige, Äquilibrie-
  rung, physiologische
  I: 507.

(Ionen), Muskel, glatte,
  und Wirkung der
  VIII/1: 364.
—, —, physico-chemische
  Grundlagen der Wirkung
  der *VIII/1*: 286.
—, Nerv und Wirkung der
  IX: 198.
—, Phagocytosewirkung der
  XIII: 828.
—, Skelettmuskel, Wirkung
  der *VII/1*: 55.
—, Uterus, Wirkung der
  XIV/1: 520.
—, vegetative Endapparate
  und *XVI/2*: 1784.
—, Verteilungsmodus (bio-
  elektrische Ströme)
  VIII/2: 1033.
—, Vertretbarkeit der mehr-
  wertigen *I*: 508.
—, Wasser-, Vorkommen im
  Körper *I*: 493.
—, Wertigkeit der *I*: 505.
—, Wirkung, Antagonismus
  I: 486.
—, —, Herz *XVIII*: 190.
—, —, kolloid-chemische
  Vergleichsfälle *I*: 509.
—, Zellwirkung der *I*: 504.
Ionenacidität, Harn
  XVI/1: 1137.
Ionenadsorption *I*: 187.
Ionenantagonismus, Uterus
  XIV/1: 521.
Ionenaustausch, Blutkörper-
  chen und Blutflüssigkeit
  VI/1: 505; *XVI/1*: 1089.
Ionendiagramm, Uterus-
  motilität *XIV/1*: 522.
Ionengleichgewicht nach
  Insulin *XVI/1*: 640.
—, Leber und das *IV*: 799.
Ionenkonstellation (Säure-
  Basen-Gleichgewicht)
  XVII: 220.
Ionenmilieu, Glykose *I*: 35.
—, vegetatives Nerven-
  system *XVI/2*: 1819.
Ionenmischung, Blut
  VI/1: 239.
Ionenradius, Einfluß der
  Hydratation
  VIII/2: 1051.
Ionensiebtheorie der Mem-
  branpotentiale
  VIII/2: 1049.
Ionenteilungsverhältnisse an
  Phasengrenzen
  VIII/2: 1004.
Ionentheorie der Erregungs-
  leitung und der Reizung
  IX: 242.
Ionenverschiebungen, körper-
  liche Arbeit *XV/2*: 840.

Ionenverteilung, Dielektrizi-
tätskonstante und
VIII/2: 1032.
Ionisation, Luft *XVII*: 526.
—, Wasser *I*: 488.
Ionisationsverhältnisse des
Kalkes in der Blut- und
Gewebsflüssigkeit
XVI/2: 1596.
Ionisationsvorgänge
XVII: 349.
Iontophorese, Kataphorese
am Nerven und
IX: 361.
—, Resorption durch die Haut
und *IV*: 148.
Ipecacuanha-Wurzel
III: 1440.
Iridocyclitis *XVII*: 1061.
Iris, Dämmerungstiere
XII/1: 719.
—, Hypophysinwirkung an
der *XII/1*: 220.
—, Pharmaka, Wirkung auf
XII/1: 196ff.
—, Spontanbewegungen der
isolierten, (Katze)
XII/1: 199.
—, Vogel-, Beeinflußbarkeit
durch konjunktivale Ap-
plikation *XII/1*: 203.
Iriskapillaren, Kammer-
wasserabfuhr des
XII/2: 1344, 1345.
Irislymphsystem
XII/2: 1348.
Irispigment, höhere Tiere
XIII: 194.
Irisreceptoren, Adrenalin
XII/1: 212.
Irisspaltraum, Kammer-
wasserabfluß *XII/2*:1345.
Irisvorderfläche, Flüssigkeits-
absonderung von der
XII/2: 1325.
Iriswurzelsynechie, Kammer-
wasserabfuhrbehinderung
durch *XII/2*: 1378.
Irradiation *XII/1*: 498;
XII/2: 747, 760, 761, 762,
XII/2: 772; *XV/1*: 16.
— autonomer Reflexe
XVI/2: 1807.
—, Maßgesetze *XII/1*: 499.

(Irradiation), negative
XII/1: 498; *XII/2*: 769.
—, physiologische
XII/1: 484, 498, 499.
—, positive *XII/1*: 498.
—, Temperaturempfin-
dungen *XI*: 142.
—, Theorien *XII/1*: 499ff.
Irradiationszone *XII/2*: 769.
Irresein, manisch-depressiv
oder zirkulär *XVII*: 1127,
XVII: 1145.
„irresponsive" Periode, Nerv
VIII/1: 750; *IX*: 701.
Irreziprozität, Erregungs-
leitung *IX*: 777, 780.
—, Nerv- und Muskellatenz
VIII/1: 302.
—, Reizleitung *IX*: 626.
—, Zentralteile des Nerven-
systems *IX*: 626.
Irrgartenversuch, Athyreose
XVI/1: 759.
Ischämie, Glomeruli *IV*: 569.
Ischiadici, Kreuzung beider
XV/2: 1093.
Ischiadicus, Überleben des
isolierten, verschiedener
Säugetiere *IX*: 369.
Isoagglutinine *VI/1*: 661;
XIII: 751.
Iso- und Aminosäuren (Ab-
bau der) *V*: 639.
Isoamylhydrocuprein, Lokal-
anästhesie durch
IX: 442ff.
Isoantikörper *XIII*: 410, 424,
XIII: 474, 484, 515.
Isobarie, Herz *VII/1*: 238.
Isobutylalkohol, Stoffwech-
selverhalten *V*: 997.
Isobutylhydrocuprein, Lokal-
anästhesie durch *IX*: 447.
Isochlorhydrielehre *III*:1154.
Isochronie, Erregung in Nerv
und Muskel *VIII/1*: 308;
XVIII: 220, 222, 405.
Isocortex *X*: 610.
Isodynamie *V*: 5, 134, 1151.
—, spezifisch-dynamische
Wirkung der Nährstoffe
V: 138.
Isodynamiekoeffizienten
(Fett) *V*: 138.

Isoelektrischer Punkt, Ei-
weißkörper *III*: 236.
Isoetes, Chemotaxis
XIV/1: 117.
Isogameten *XIV/1*: 28, 46,
Isogamie *XIV/1*: 15, 20, 46.
—, Mehrzelliger *XIV/1*: 43.
Isohämagglutination
VI/1: 661.
Isohydrie *XIII*: 395.
Isoimmunisierung
XIII: 424.
Isoindicialflächen und
-gleichungen *XII/1*: 89.
Isoionie *XIII*: 395.
Isoioniestörungen, Ent-
zündung *XIII*: 347.
Isolierte Leitung, Prinzip der
IX: 182.
Isolierung, Sexualneurasthe-
nie und *XIV/1*: 896.
—, Vermehrungsreiz
XIV/2: 1512.
Isolierungsveränderungen,
MUNCK *X*: 379, 383.
Isolierungsverhältnisse,
Rückenmark *X*: 978.
Isolyse, Wundheilung
XIV/1: 1148.
Isometrische Zuckung,
Muskel *VII/1*: 238;
VIII/1: 148.
Isopral *XVII*: 615.
Isopoden, Zwittrigkeit
XIV/1: 294.
Isopropylbrompropenyl-
barbitursäure *V*: 1011.
Isopropylhydrocuprein,
Lokalanästhesie durch
IX: 447.
Isosmose *XVII*: 148.
Isothylhydrocuprein, Lokal-
anästhesie durch
IX: 442ff.
Isotonie *XIII*: 395.
—, Darminhalt *XVI/1*: 896.
—, Uterusbewegungen und
XIV/1: 519.
Isotonische Zuckung des
Muskels *VII/1*: 238;
VIII/1: 148.
Isotropie *I*: 208.
Isthmus s. Aorta.
—, Magen *III*: 409, 438.

J

J siehe Jod.
JACKSONS Lehre *X*: 621.
JACKSONsche Epilepsie *X*:699.
JACOBSONsches Organ
II: 140; *XI*: 221.
Jactatio nocturna *XVII*:573.
Jahresphosphatkurve, Blut
VI/1: 280.

Jahresrhythmus, allgemeine
Klimawirkungen
XVII: 527.
Jahreszeiten, allgemeine
Klimawirkungen
XVI/2: 1787; *XVII*: 499,
XVII: 501, 519, 522,
XVII: 525.

Jalapen, Darmwirkung der
III: 539.
„Jargonaphasie" *XV/2*:1453.
Jejunaldiarrhöe *III*: 487.
Jejunumresektion, Darm-
resorption nach *IV*: 51.
JENDRASSIKscher Handgriff
IX: 639.

JENNINGsche Hypothese der
Barrierenbildung
VIII/1: 5.
Jochbeinpfeiler *III*: 301,
III: 317.
Jod, Basedow und
XVI/1: 320, 329.
—, Blut, Spiegel des
XVI/1: 332.
—, —, Regulation
XVI/1: 316.
—-Calcium-Gleichgewicht
XVI/1: 322.
—, Calcium und Phosphor-
assimilation bei Zufuhr
von *V*: 127.
—, Darreichung von
XVI/1: 284.
—, Kammerwasser und
XII/2: 1371.
—, Kropf, Gehalt an
XVI/1: 343.
—, Salamander *XVI/1*: 461.
—, Schilddrüse, Gehalt an
XVI/1: 335, 341.
—, —, Wirkung auf
XVI/1: 318.

(Jod), Wirkung, allgemeine
I: 503, 571.
Jodaminosäure, Froschlarven
XVI/1: 711, 716.
Jodäthyl, Stoffwechsel-
verhalten *V*: 1007.
Jodäthylmethode *XV/1*: 577.
—, Minutenvolumen, Me-
thoden zur Bestimmung
des *XVI/2*: 1298.
Jodeiweiße, Axolotl und
XVI/1: 747.
—, Froschlarven
XVI/1: 711.
Jodeln *XV/2*: 1383.
Jodfett, Stoffwechsel-
verhalten *V*: 1008.
Jodide, Resorption wäßriger
Lösungen durch die Haut
IV: 126.
Jodmangel, Kropf und
XVI/1: 314.
Jodoform, Stoffwechsel-
verhalten *V*: 1007.
Jodothyrin, chemische Stel-
lung *III*: 271;
XVI/1: 71.

Jodpropionsäure, *β*-, Stoff-
wechselverhalten
V: 1008.
Jodstoffwechsel, Milchergie-
bigkeit und *V*: 127.
Jodtherapie *XVII*: 778.
Jodthyreoglobin
XVI/1: 72.
Jodthyreoglobulin, Herz-
nerven und
VII/1: 438.
Jodzahl, Zell- und Depotfett
V: 621.
JOHANNSONsche Regel
XV/1: 818.
„Johansson-Effekt"
XVI/1: 620.
JOLYsche Farbentheorie
XII/1: 548.
Jugendliches Irresein
XIV/1: 844.
Jugendorganisation
XIV/1: 843.
Jungfernweibchen
XIV/1: 87.
Jungfernzeugung
XIV/1: 75.

K

Kachexia hypophyseopriva
XVI/1: 420.
— senilis *XVII*: 848.
— thyreopriva *XVI/1*: 663.
Kachexie, hypophysäre
(SIMMONDsche Krank-
heit) *XVI/1*: 443ff.
—, Krebs *XVII*: 849.
—, Nephrose und *IV*: 536.
—, pachydermique
XVI/1: 239.
Käfer, Außenverdauung
III: 56.
—, Gifte *XIII*: 139.
—, Stridulationsorgane
XV/2: 1237.
Kaffee, Schlaflosigkeit
XVII: 597.
Kaffeegenuß, bedingte Re-
flexe *XVI/1*: 1007.
KAHLERS Einteilung der
Hypertension
VII/2: 1386.
KAHLERsche Krankheit
V: 744.
Kahlfraß durch Pflanzen-
schädlinge *I*: 663.
„Kahnstellungsreflex"
XV/1: 156.
Kakadylsäure *V*: 1013.
Kakosmophore (Geruch)
XI: 277, 280.
Kala-Azar, Resistenz gegen
XIII: 530.
Kalcium s. Calcium.

Kalilähmung, Muskulatur
XVI/1: 857.
Kalimangelerscheinungen
XVI/2: 1681.
Kalistrom, Muskel
VIII/1: 270.
Kalium, Abgabe (Wasser-
haushalt) *XVII*: 195.
—, Ausscheidung nach In-
sulin *XVI/1*: 636.
—, Blut *XVI/1*: 637;
XVI/2: 1444, 1447.
—, —, Bestimmung
VI/1: 245.
—, —, nach Insulin
XVI/1: 637.
—, Blutplasma *XVI/2*: 1440.
—, Diurese *IV*: 401.
—, Harn *IV*: 247.
—, Herzwirkung *VII/1*: 715,
VII/1: 725, 731, 733;
XVII: 386.
—, Ionen, Froschentwicklung
XVI/1: 864.
—, —, Muskeltonus
VIII/1: 208.
—, —, tier. Organismus
I: 495.
—, Muskel *XVI/2*: 1390.
—, Muskellähmung
VIII/1: 266, 322.
—, Muskeltonus *VIII/1*: 265.
—, Pflanze *XVI/2*: 1679.
—, radioaktiver Körper-
bestandteil *XVII*: 386.

(Kalium), Säuglingstetanie
XVI/2: 1445.
—, Stoffwechsel, Pflanzen-
fresser *V*: 126.
—, tierischer Organismus
I: 235.
—, Tumoren, Gehalt an
XVI/2: 1501.
—, Wirkung, allgemeine
I: 499.
—, Zellsubstanz *XVII*: 144.
Kaliumchlorid, Diureticum
XVI/2: 1550.
—, Gaswechsel des isolierten
Rückenmarks *IX*: 550.
Kaliumcontractur, Skelett-
muskel *VIII/1*: 240.
Kaliumsalze, Uteruswirkung
XIV/1: 520.
Kalk, Blut *V*: 1281;
XVI/1: 77; *XVII*: 326.
—, Galle, Gehalt an
IV: 610.
—, Kot, Gehalt an *IV*: 684.
Kalkablagerung, Alter
XVII: 794.
—, Trommelfell *XI*: 439.
Kalkariurie *IV*: 688.
Kalkarme Kost (Insuffizienz
der Ernährung) *V*: 1158.
Kalkausscheidung *IV*: 687;
XVI/2: 1558, 1569, 1572,
XVI/2: 1614.
Kalkbilanz *IV*: 686;
XVI/2: 1567.

Kalkbildung, Ossifikation
 XVI/2: 1628.
—, Insulin *XVI/1*: 636.
Kalkgehalt, Schleim, Gehalt
 an *IV*: 610.
Kalkgicht *V*: 1281;
 XVI/2: 1640.
Kalkinkrustation *I*: 720.
Kalkmetastase *V*: 1280;
 XVI/2: 1626.
Kalkretention *V*: 1281;
 . *XVI/2*: 1559, 1563.
Kalksalze, Ablagerung
 V: 1186.
—, Löslichkeitssteigerung
 durch Gallenbestandteile
 XVI/2: 1578.
—, Schweißhemmung
 IV: 767.
„Kalksalzfänger" *V*: 1279.
Kalkspeicher,. subepiphysäre
 Knochenschicht
 XVI/2: 1636.
Kalkstoffwechsel *IV*: 686.
—, Epithelkörperchen und
 XVI/1: 683, 686.
—, Epithelkörperchen-
 tumóren *XVI/2*: 1595.
—, Keimdrüsen *XVI/1*: 686.
—, Thymus *XVI/1*: 683.
Kalktherapie *XIII*: 398.
Kalktransport *V*: 1280.
Kalküberschuß, Blut
 V: 1281.
Kallikrein *XVIII*: 197.
Kalomel, Darmwirkung
 III: 541.
Kalorien usw. s. Calorien.
Kaltblüter, anaphylaktischer
 Shock *XIII*: 733.
—, Pankreasexstirpation bei
 XVI/1: 569 ff.
—, Stoffwechsel *V*: 165.
—, Wärmebildung *XVII*: 7.
Kälte, Anästhesie *IX*: 433.
—, Atmung *II*: 252.
—, Dyspnoe *XVII*: 449.
—, Empfindlichkeit, isolierte
 Lähmung *XI*: 136.
—, Empfindung, paradoxe
 XI: 138.
—, Energiewert *I*: 244.
—, Farbwechsel *XIII*: 229,
 XIII: 242.
—, Fliegen *XV/1*: 372.
—, Gefahrzonen der
 XVII: 418.
—, Gewöhnung *XVII*: 419.
—, Grenze des Lebens *I*: 396.
—, Hämoglobinurie
 VI/1: 585, 588, 589.
—, Harnblasenentleerung,
 Schädigung der *IV*: 876.
—, Hautreiz *XVII*: 26.
—, Hyperalgesie *XI*: 163.

(Kälte), Klimawirkung
 XVII: 501, 534.
—, Nerven *XI*: 135.
—, Pigmentierung
 XIII: 198, 229, 242,
 XIII: 258.
—, Reaktion des Warmblüter-
 muskels *VIII/1*: 596.
—, Reize (Reaktionszeit)
 X: 549.
—, Schlaf *XVII*: 605.
—, Schmerz *XI*: 163, 190.
—, — (Kaninchen)
 XVI/1: 834.
—, Starre bei *I*: 297, 299;
 XVII: 745.
—, Sympathicusreizung, Ver-
 gleich miteinander
 XVII: 429.
—, therapeutische Verwen-
 dung *XVII*: 435 ff.
Kältegonaden *XVI/1*: 827.
Kältenerven, Verhalten
 XI: 135.
Kältepunkte *XI*: 131, 140.
Kälteschädigung, Gelose
 XVII: 421.
Kältestich *XVII*: 100.
Kältetod *I*: 300; *XVII*: 421.
Kältewirkung, Gefahr-
 zonen *XVII*: 418.
Kalymmauxose *XIV/1*: 923.
Kalzium s. Calcium.
Kammer s. auch Herz-
 . kammer.
—, feuchtwarme *XVII*: 441.
Kammerbucht, Ophthalmo-
 skopie der *XII/2*: 1378.
Kammerbuchtrinne, Auge
 XII/2: 1340.
Kammerflimmern, elektr.
 Shock *XVIII*: 235.
—, exp. Elektrokution
 VIII/2: 961.
—, Faradisation *VIII/2*: 985.
Kammerkomplex QRST
 (Ekg.) *VIII/2*: 831.
Kammerwasser, Abfluß
 XII/2: 1339 ff.
—, —, Irisspaltraum
 XII/2: 1345.
—, —, Irisstomata
 XII/2: 1345.
—, —, Lymphbahnen
 XII/2: 1347.
—, Abflußbehinderung
 XII/2: 1377 ff.
—, durch Iriswurzelsynechie
 XII/2: 1378.
—, Bildungsstätte, Ciliar-
 körper als *XII/2*: 1320.
—, Donnanverschiebung
 XII/2: 1376.
—, Filtration (Auge)
 XII/2: 1326.

(Kammerwasser), Gefrier-
 punktserniedrigung
 XII/2: 1328, 1341;
 XII/2: 1354, 1373.
—, Gesamtkohlensäure des
 XII/2: 1367.
—, Harnstoffgehalt
 XII/2: 1373.
—, Index *XII/1*: 83.
—, Jodübergang *XII/2*: 1371.
—, Kationengehalt
 XII/2: 1363.
—, Kohlensäuregehalt
 XII/2: 1367.
—, Leitfähigkeit
 XII/2: 1356.
—, Minutenvolumen (Auge)
 XII/2: 1327 ff.
—, Regenerat, Eiweißgehalt
 XII/2: 1322, 1324, 1375.
—, Regeneration
 XII/2: 1321.
—, Sekretion *XII/2*: 1329,
 XII/2: 1332.
—, —, postmortale
 XII/2: 1329.
—, Strömung *XII/2*: 1351.
—, Ultrafiltration
 XII/2: 1332, 1336.
—, Verlegung durch Linsen-
 quellung *XII/2*: 1377.
—, Wasserstoffionenkonzen-
 tration *XII/1*: 195.
—, Zucker, Senkung durch
 Insulin *XII/2*: 1373.
—, Zuckergehalt *XII/2*: 1373.
—, Zufluß *XII/2*: 1377 ff.
Kampf ums Dasein *I*: 20.
— der Geschlechter
 XIV/1: 892.
Kampfgas *II*: 330, 485.
—, Augenverletzungen
 XII/2: 829.
—, Nachtblindheit nach
 XII/2: 1608.
—, Pigmentanhäufung
 XIII: 258.
Kanalstrahlen *I*: 282, 304.
Känguruhhüpfen
 XV/2: 1069.
Kaninchen, anaphylaktischer
 Shock *XIII*: 729.
—, Blutsalze *XVII*: 142.
—, Wildfarbe *XVII*: 921.
„Kaninchentypus" (biolog.
 Spezifität) *XIII*: 480.
Kapazität, Atmung, normale
 II: 83, 85.
—, elektrische, Allgemeines
 VIII/2: 668.
—, —, lebender Gewebe
 VIII/2: 684 ff.
—, — (Mensch) *I*: 236.
—, —, physikalische Fak-
 toren *VIII/2*: 688.

(Kapazität), elektrostatische (Ableitung des Ekg.) *VIII/2*: 787.
Kapillaraktivität *I*: 48, 198.
— (Narkose) *I*: 543.
Kapillarbetriebsstörung *XVI/1*: 1034.
Kapillardruck *VII/2*: 1292, *VII/2*: 1369, 1407.
—, Auge *XII/2*: 1336f.
—, Schwankungen *VII/2*: 1391.
—, Steigerung *VII/2*: 1333, *VII/2*: 1386.
Kapillarelektrische Vorgänge, Erregung *I*: 919.
Kapillaren *VII/2*: 1517, s. auch Blutkapillaren
—, Adrenalinwirkung *X*: 1105.
—, aktive Förderung der *VII/2*: 1083.
—, anatomisch *VII/1*: 76.
—, Anordnung, Zahl und Dimension *VII/2*: 882.
—, Aufgabe *VII/2*: 1517.
—, Bau *VII/2*: 878.
—, Blutregulierung *VII/2*: 935.
—, 'Druckgefälle *VII/2*: 928.
—, Durchlässigkeit *VII/2*: 1638.
—, Entwicklung bei Schilddrüsenstörungen *XVI/1*: 762.
—, Formen *VII/2*: 1519.
—, Funktion, nutritive *XVI/2*: 1237.
—, Gesamtoberfläche *XVI/2*: 1237.
—, Haut, Schädigung der Blutströmung *XVI/2*: 1404.
—, Hyperämie *VII/2*: 1619.
—, Hypothyreoten *XVI/1*: 258.
—, Innervation *XVI/1*: 1170.
—, Insuffizienz der *XVI/2*: 1309ff.
—, Kaliberänderungen, rhythmische *VII/2*: 997.
—, Kontraktilität der *VII/2*: 884; *XVI/1*: 1236.
—, Kontraktion *VII/2*: 880.
—, Kontraktionen, peristaltische *VII/2*: 1085.
—, Kreislauf *X*: 1158; *XVI/2*: 1215, 1226, 1346; *XVII*: 536.
—, Nagelfalz *XVI/2*: 1349.
—, Netzhaut, Morphologisches *XII/1*: 249.
—, Reduktion, Fieber *XVII*: 97.

(Kapillaren), Reizgasvergiftungen *II*: 505.
—, Saugfunktion *VII/2*: 1073.
—, Schnürringe *VII/2*: 1085.
—, Stoffaustausch *X*: 1157.
—, Tätigkeit, Nervensystem *X*: 1158.
—, —, Störungen *X*: 1159.
Kapillarendothel, Abdichtung des *XVI/2*: 1216.
—, Glomerulus *IV*: 186.
Kapillargebiet, Insuffizienz, reine, des *XVI/1*: 1309ff.
Kapillargifte *XIII*: 363, 365.
Kapillarhülsen (Milz) (Schweigger-Leidelsche) *VI/2*: 1058.
Kapillarhypertonie *VII/2*: 1333, 1386.
Kapillarisierung *XVI/2*: 1316.
—, Einflüsse, nervöse *XVI/2*: 1318.
—, Glomeruli *IV*: 568.
—, Hormone *XVI/2*: 1318.
—, Kollaps *XVI/2*: 1373.
—, Pufferung *XVI/2*: 1395.
Kapillaritis *VII/2*: 1370.
Kapillarkreislauf *XVI/2*: 1215, 1226, 1346; *XVII*: 536.
—, Trophik *X*: 1158.
Kapillarmikroskopie *VII/2*: 885.
Kapillaropathia acuta universalis *VII/2*: 1370, 1386.
Kapillarpförtnerzelle *VII/2*: 1529.
Kapillarpuls *VII/2*: 1237.
Kapillarregel von Traube *I*: 437.
Kapillarwert eines Stoffes *I*: 117.
Kapselbildung, Bakterien *XIII*: 526.
Karamelzucker, Verhalten im Stoffwechsel *V*: 1000.
Kardia, Innervation *X*: 1082.
—, Insuffizienz *III*: 377.
—, Krampf *III*: 375, 1058.
—, Mechanismus *III*: 365.
—, Öffnung *III*: 364.
—, Passage *III*: 359.
—, physiologische *III*: 360.
—, Reflex *III*: 441.
—, Schließmuskel *III*: 359.
—, Schließung *III*: 364.
—, Schlucken *III*: 351, 358.
—, Spasmus *III*: 372; *X*: 1082; *XVI/1*: 1043.
- , Stenosen, organische *III*: 378.
—, Tonus *III*: 365.
—, Tonusmuskel *III*: 420.
—, Verschluß *III*: 359, 365.

Kardiaca, Herzinsuffizienz *XVI/2*: 1408.
—, Ionengleichgewicht *VI/1*: 243.
Kardiadrüsen *III*: 614.
Kardiazone des Magens *III*: 603.
Kardinalpunkte, Auge *XII/1*: 342.
—, —, Neutralstimmung *XII/1*: 450.
—, Farbendreieck *XII/1*: 556.
—, Farbkreis *XII/1*: 336.
—, Leben *I*: 322.
—, Spektrum *XII/1*: 339, *XII/1*: 341.
—, —, farbige Verstimmung *XII/1*: 448.
—, —, individuelle Verschiedenheiten *XII/1*: 359.
—, —, Sättigungsdifferenzmaxima *XII/1*: 367, *XII/1*: 401ff., 551.
Kardinalzeit, Begriff *IX*: 271.
Kardiogramm, Anspannungszeit *VII/1*: 225.
Kardiolysis *VII/2*: 1874, *VII/2*: 1880.
Kardiopneumatische Druckschwankung *II*: 100.
Kardiospasmus *III*: 372, 373; *X*: 1082; *XVI/1*: 1043.
Karditis traumatica, Wiederkäuer *VII/2*: 1824.
Karenzketosis nach Insulin *XVI/1*: 617.
Karlsbader Erbsensteine *IV*: 678.
Kartoffelknollen, oberirdische *XIV/2*: 1197.
Karyochrome Zelle *IX*: 470.
Karyogamie *XIV/1*: 147.
Karyoplasma *I*: 581, 589, 595, s. auch Kern.
Karyorrhexis, Blutzellen *VI/2*: 764.
Karzinom s. Carcinom.
Kastraten, Kohabitation von *XIV/1*: 772.
Kastration *XIV/1*: 205ff., *XIV/1*: 215ff., 228, 669ff. *XVII*: 1044; *XVIII*: 340.
—, Amphibienlarven *XVI/1*: 786.
—, Anuren *XIV/1*: 228.
—, embryonale *XIV/1*: 206.
—, Epiphyse *XVI/1*: 687.
—, Fische *XIV/1*: 229.
—, Hühner *XIV/1*: 225.
—, Hypophyse *XVI/1*: 411, *XVI/1*: 677.
—, Insekten *XIV/1*: 212.
—, Körperwärme *XVII*: 83.
—, Mensch *XVI/1*: 787.

(Kastration), Nebennieren
  XVI/1: 689.
—, Osteomalacie *XVI/1*: 687.
—, Pankreas *XVI/1*: 691.
—, parasitäre *I*: 666;
  XIV/1: 210, 777;
  XVIII: 338.
—, —, Krabben *XVI/1*: 704.
—, Proteolyse im Zentral-
  nervensystem *IX*: 589.
—, Reptilien *XIV/1*: 228.
—, Schilddrüse *XVI/1*: 670.
—, Thymus *XVI/1*: 683, 768.
—, unilaterale *XIV/1*: 229.
—, Urodelen *XIV/1*: 229.
—, Uterusbewegungen
  XIV/1: 508.
—, Vögel und Säuger
  XVI/1: 787; *XVIII*: 339.
—, Wirbelloser *XIV/1*: 205,
  XIV/1: 229; *XVI/1*: 704;
  XVIII: 337.
Katabiose *V*: 1291;
  XIV/1: 919.
Katalase *I*: 57; *XVII*: 69.
—, Blutkörperchen
  XIII: 463.
—, Milch *XIV/1*: 648.
Katalaseindex *XIII*: 465.
Katalasezahl *XIII*: 465.
Katalepsie *X*: 268, 274ff.,
  X: 341; *XVII*: 603, 690,
  XVII: 705, 707.
—, Bulbocapnin *X*: 1046.
—, passive *XVII*: 685.
Kataleptische Totenstarre
  VIII/1: 258.
Katalysatoren *I*: 251;
  XVII: 140, 352.
—, mineralische, Wirkungs-
  prinzip *XVII*: 342.
Katalyse *I*: 71, 247, 261.
—, chemische *I*: 46.
—, Hydroxylamin *I*: 55.
—, physikalisch-chemische
  I: 46.
Katalytische Prozesse, Alles-
  oder-nichts-Gesetz
  XVI/2: 1063.
Kataphorese *I*: 136, 182.
—, Blutkörperchen
  VI/1: 656.
—, galvanische Labyrinth-
  reizung *XI*: 984.
—, Resorption *IV*: 28.
Katalepsie, hypnotische
  IX: 716; *XVIII*: 454.
Kataplasie, Geschwulstzelle
  XIV/2: 1306, 1360.
—, —, angeborene
  XIV/2: 1657.
—, —, chemische
  XIV/2: 1415.
—, —, morphologische
  XIV/2: 1400.

(Kataplasie,Geschwulstzelle),
  physikalische
  XIV/2: 1435.
Kataplexie *XVII*: 672, 690.
Katarakt (Star)
  XII/1: 191ff.; *XIII*: 499.
—, Tetanietiere *XVI/1*: 350.
Katarrh, obere Luftwege
  XVII: 548.
Katastrophenreaktion *X*: 647,
  X: 655, 658; *XV/2*: 1139.
—, Vermeiden derselben
  XV/2: 1168.
Katastrophentod *XVII*: 877.
Katatonische Stuporen, Gas-
  wechsel *V*: 210.
Katawert, Arbeitsunter-
  brechungen *XV/1*: 541.
Kategorie, Kausalität
  XVII: 641.
—, Raum *XVII*: 640.
—, Zeit *XVII*: 640.
Katelektrotonus *IX*: 225.
Kathämoglobin *VI/1*: 82.
Katheterismus, Blutdruck
  VII/2: 1362.
Kathode, bewegte *IX*: 280.
—, wahre (Stromleitung im
  Nerven) *IX*: 246.
Kathodenstrahlen *I*: 282,
  I: 304, 306.
Kathodenstrahloszillogra-
  phen *XVIII*: 223.
Kathodenwirkung, expan-
  sive, kontraktive, bei
  Pflanzen *VIII/1*: 103.
Kationen, Herzbeeinflussung
  VII/1: 725, 799, 814.
—, körperfremde *IV*: 800.
—, Mineralbestand des Kör-
  pers *XVI/2*: 1440ff.
—, Muskeltätigkeit
  VIII/1: 292.
—, Serum *VI/1*: 241.
—, Uterus *XIV/1*: 520.
—, Wanderung *XVI/1*: 1099.
Kauakte *III*: 332.
Kaubewegung, Bissenbildung
  III: 295.
—, Druckerzeugung
  III: 337.
—, hackende und mahlende
  III: 328.
—, zirkumduktorische
  III: 332.
Kaudruck, absoluter
  III: 333.
—, gewöhnlich geübter
  III: 337.
—, Mahlkauen *III*: 337.
—, relativer *III*: 335.
—, Schneide- und Mahlzähne
  III: 344.
Kaueinheiten *III*: 339.
Kauen *III*: 47, 327.

(Kauen), beiderseitiges und
  einseitiges *III*: 343.
—, Gelenkdruck *III*: 343.
—, Phasen des mahlenden
  Bisses *III*: 330.
—, Quetschdruck *III*: 309,
  III: 335.
—, Seitenexkursion *III*: 325.
—, verschiedener Speisen
  III: 338.
Kaufläche *III*: 318, 331, 334,
  III: 338.
Kaufolge *III*: 338.
Kaugummi *XV/1*: 372.
Kaukurve *III*: 310.
Kauleistung *III*: 333, 339.
—, Prothesenträger *III*: 340.
Kaulquappen s. auch Am-
  phibienlarven.
—, Gewöhnung an Sulfonal,
  Trional, Methan und
  Hedonal *XIII*: 867.
—, Schilddrüsenpräparate
  XVI/1: 339.
Kaumechanik *III*: 325.
Kaumelodie *III*: 329.
Kaumuskeln *III*: 297, 326.
KAUPPscher Index
  XV/1: 563.
Kaureflexe, Zentren der
  X: 192.
Kausalität *XI*: 9; *XVII*: 641.
Kaustische Fläche
  XII/1: 104.
Kauwerkzeuge, Allgemeines
  III: 295, 298.
—, Wertigkeit *III*: 345.
Kauwert *III*: 339.
Kauzeit *III*: 337.
Kauzentrum *X*: 403.
Kavernen *II*: 304.
Kavernöse Ektasie, Blut-
  gefäße *VII/2*: 1133.
Kefir *XIV/1*: 645.
Kehlkopf *II*: 175ff.
—, Articulatio cricoarytae-
  noidea *XV/2*: 1257.
—, — cricothyreoidea
  XV/2: 1257.
—, Atmung *II*: 176;
  XV/2: 1272.
—, Atmungsreflexe *II*: 179.
—, Aufbau *XV/2*: 1255.
—, Autoskopie *II*: 182.
—, Bänder *XV/2*: 1258, 1260.
—, Bewegung *II*: 176;
  XV/2: 1263.
—, —, Schlucken *III*: 352.
—, Gelenke *XV/2*: 1256.
—, Gesamtbewegung
  XV/2: 1261.
—, Geschmacksempfindung
  XI: 313.
—, hintere Comissur
  II: 375.

(Kehlkopf), Hinterwand,
Spiegelung des *II*: 326.
—, Innervation *XV/2*: 1253,
XV/2: 1279, 1286, 1291.
—, künstlicher *XV/2*: 1308.
—, Muskeln *XV/2*: 1261,
XV/2: 1264, 1265, 1268,
XV/2: 1269, 1270, 1277.
—, —, Lähmung und Stimm-
klang *XV/2*: 1372.
—, Pfeiftöne *XV/2*: 1384.
—, Phonation *XV/2*: 1276.
—, Reflexe *II*: 178;
XV/2: 1290.
—, Schleimhaut, Beläge
II: 330.
—, Sensibilität *II*: 176.
—, Stimme ohne
XV/2: 1378.
—, Untersuchung *II*: 325.
—, Verschluß *III*: 350.
Kehlkopfsäcke *XV/2*: 1252.
Keilbeinhöhle *II*: 318, 320.
Keimänderung *XVII*: 1045.
Keimausschaltung, Folgen
XIV/2: 1509—1521.
Keimbahnlehre *XIV/1*: 702;
XIV/2: 1278.
Keimbildung, kolloides
System *I*: 147.
—, Viscosität *I*: 147.
Keimbläschen *XIV/1*: 57.
Keimblatt, Minderwertigkeit
XVII: 1052.
Keimblattbildung
XIV/1: 1045.
Keimblätter, Lehre der
XIV/1: 1048.
—, Regeneration
XIV/1: 1084.
—, Spezifität *XIV/1*: 1049.
Keimblattlehre, Differen-
zierung *XIV/2*: 1296.
Keimdrüse *XIV/1*: 344ff.,
XIV/1: 429ff., 510;
XVIII: 343, 366.
—, Akromegalie *XVI/1*: 677.
—, Altern *XVII*: 827.
—, Anlage, Zweigeschlecht-
lichkeit, Wirbeltiere
XVI/1: 787.
—, Antagonismus, Thymus
XVI/1: 767.
—, Bauplan, Kröten
XVI/1: 792.
—, Degeneration, Vögel
XVI/1: 753.
—, Entwicklung, Hypo-
physenzufuhr *XVI/1*:779.
—, Exstirpation, Arthro-
poden *XIV/1*: 210.
—, Extrakte *XIV/1*: 357;
XVIII: 366.
—, —, Blutadrenalingehalt
XVI/1: 689.

(Keimdrüse), Funktion, mor-
phogenetische*XVI/1*:785.
—, —, Verringerung
XVII: 828.
—, Geschlechtsmerkmale
XVI/1: 789.
—, Geschwulstbildung
XIV/2: 1715.
—, Hypertonie *VII/2*: 1412.
—, Implantation, Amphibien-
larven *XVI/1*: 785.
—, Inkretion *XVI/1*: 57.
—, Kalkstoffwechsel
XVI/1: 686.
—, Kastration wirbelloser
Tiere *XVI/1*: 704.
—, Kleinhirngröße
XVI/1: 798.
—, rudimentäre *XIV/1*: 208.
—, Schilddrüse *XVI/1*: 668.
—, Sexualcharaktere
XIV/1: 242.
—, Soma *XIV/1*: 241.
—, Stoffwechsel *XVI/1*: 963.
—, Substitutionstherapie
XIV/1: 357 ff.
—, Transplantation
XVI/1: 241, 252;
XVII: 743; *XVIII*: 343.
—, —, heteroplastische
XIV/1: 247.
—, —, Insekten *XIV/1*: 242.
—, —,Wirbellose *XVIII*:338.
—, —, Wirbeltiere
XIV/1: 251.
—, Umstimmungsfähigkeiten
ihrer Differenzierung bei
Wirbeltieren *XVI/1*: 792.
—, Wachstumseinfluß der
XVI/1: 699.
—, Winterschlaf *XVII*: 130.
Keime, Zahl der überlebenden
(Protoplasmagifte) *I*: 553.
—, zweidimensionale *I*: 149.
Keimentwicklung, Selbst-
differenzierung
XVI/1: 698.
Keimepithel *XIV/1*: 49.
Keimfleck *XIV/1*: 58.
Keimgewebe, Inkretion
XVI/1: 62.
Keimimprägnation, Wund-
gewebe *XIV/1*: 1161.
Keimlager *XIV/1*: 49.
Keimlingszelle, prospektive
Bedeutung *I*: 131.
Keimorgane, Zwischendrüse
XVI/1: 58.
Keimplasma, Haupt- und
Nebenidioplasma
XIV/2: 1247.
—, Transplantation
XIV/1: 246.
Keimplasmatheorie
XIV/1: 1006, 1018.

Keimschädigung *XVII*:1045,
XVII: 1158, 1179, 1183.
Keimscheibe *XIV/1*: 57.
Keimvergiftung *XVII*: 946,
XVII: 947.
Keimwurzeln, thermo-
tropische Reaktion
XI: 167.
Keimzellen *XIV/1*: 46, 64.
—, Abstammung der regene-
rierenden *XVI/1*: 208.
—, Soma, Korrelation
XIV/2: 1227.
—, Stellung, besondere
XIV/2: 1279.
—, Strahlenempfindlichkeit
XVII: 365.
Keimzentren, lymphatisches
Gewebe *VI/2*: 1011, 1063.
Keimzone der Hoden
XIV/1: 49.
KEITH-LUCAS' Tabelle der
Erregbarkeit *IX*: 260.
Keloidbildung *XIV/1*: 1174.
Kennzeit, Nerv *IX*: 194.
Kenotoxin *II*: 198.
Keratinbildung in vitro
XIV/1: 986.
„Keratine", Chemie *III*:284.
Keratinfresser *I*: 647.
Keratingranula *V*: 1254.
Keratinisation, Hautepithel
XIII: 262.
Keratitis neuroparalytica
V: 1285.
Keratomalacie *V*: 1173, 1175.
—, Avitaminose *XII/2*:1603,
XII/2: 1605.
—, Säugling *III*: 1390, 1396.
Keratometer WESSELYS
XII/2: 230.
Keratoskop *XII/1*: 122.
Kern, allgemein *I*: 580.
—, Artspezifizität *I*: 605.
—, Charakteristik
XIV/1: 978.
—, chemische Zusammen-
setzung *XIV/1*: 166.
—, diploider *I*: 590.
—, Entwicklung *I*: 604.
—, Flimmerbewegung und
VIII: 65.
—, Größe *I*: 589, 593;
XIV/1: 932.
—, —, Temperaturbeeinfluß-
barkeit *I*: 593;
XVI/1: 820.
—, haploider *I*: 590.
—, Idioplasmaträger *I*: 606.
—, Lage und Funktion
I: 596.
—, Nerv (Kernleitermodell)
IX: 245.
—, Oxydationszentrum
I: 599.

(Kern), Pigmentbildung
XIII: 237.
—, Plasma *XVII*: 939, 1020.
—, Protoplasmabewegung
I: 601.
—, Radiumschädigung
XVI/1: 848.
—, Regeneration *I*: 602.
—, sensible Periode *I*: 607.
—, Strahlenempfindlichkeit
XVII: 359.
—, Teilung s. Kernteilung.
—, Verdauung *I*: 602.
—, Versilberung in mikro-
skop.Präparaten *III*: 290.
Kernanlagen, Gallensteine
IV: 624.
Kernapparat, Reorganisation
XVII: 724.
Kernatrophie, GUDDENsche,
Zentralnervensystem
IX: 490.
Kernbegrenzungen *I*: 259.
Kernbildchen, Auge (HESS)
XII/1: 85; *XII/2*: 763.
Kernbildende Stoffe *I*: 604.
Kernfläche, opt. Raumsinn
XII/2: 896.
Kernhüllengrenze (Theorie
des Elektrotonus)
VIII/2: 700, 702.
Kernidioplasmatheorie
XIV/1: 1019.
Kernknospenbildung
XIV/1: 924.
Kernkörperchen, morpholo-
gisch *I*: 586.
Kernkugeln, Zirbeldrüse
XVI/1: 494.
Kernleiter *I*: 320; *IX*: 247.
—, Nerv als *VIII/2*: 700.
Kernleitermodelle, physika-
lisch-chemische *IX*: 237;
IX: 238.
Kernleiterpolarisation
IX: 271.
Kernleiterstruktur *IX*: 245.
Kernleitertheorie *I*: 320;
IX: 34, 164, 235, 245, 279,
IX: 982; *XII/2*: 1492.
—, Fundamentalgleichungen
IX: 263.
Kernlinse *XII/1*: 90.
—, äquivalente *XII/1*: 90.
Kernplasmarelation
XIV/1: 5, 1010, 1044.
—, Erythrocyten *VI/2*: 775.
—, Temperaturveränderung
I: 593.
Kernreste, HOWELL-JOLLY-
sche Blutzellen *VI/2*: 764.
Kernringe, Muskelatrophie
VIII/1: 567.
Kernsubstanzen, Energie-
gehalt *V*: 26.

Kernteilung, Beweise, erb-
ungleiche *XIV/2*: 1274.
—, differenzierende
XIV/2: 1276.
„Kerntransplantation"
XIV/1: 1098.
Kernverschmelzung
XIV/1: 128, 926.
KESTNER-PLAUTscher Effekt
XVI/1: 445.
Ketokörper *XVI/1*: 583.
—, Acidosis *XVI/1*: 617.
Ketokörperbildung, Leber
XVI/1: 600.
Ketolytische Wirkung der
Kohlehydrate
XVI/1: 618.
Ketone, chromatische *V*: 1016.
—, Verhalten im Organismus
V: 999.
Ketonsäuren, Chemie
XVIII: 29.
—, Stoffwechselverhalten
V: 1003.
Ketonurie *V*: 591.
—, apankreatischer Tiere
XVI/1: 575.
Ketosis nach Insulin
XVI/1: 617.
Kettenreflexe *IX*: 787;
X: 164.
Kettentheorie, Nerven-
degeneration *IX*: 312.
Kettenträume *XVII*: 628.
Keuchzentrum *II*: 233;
XVIII: 8.
K.H. s. Kohlehydrate.
Kiefer, Basalbögen *III*: 300.
—, Belastung *III*: 341.
—, funktionelle Struktur
III: 298.
—, Greis *III*: 304.
—, Kautätigkeit *III*: 327.
—, Kinematik *III*: 312.
—, konstruktives Verhalten
III: 298.
—, Neugeborene *III*: 304.
—, rachitischer *III*: 344.
Kieferbewegungen, indivi-
duelle Ausprägung
III: 321.
Kiefergelenk *III*: 304.
—, Arbeits- und Balanceseite
III: 322.
—, Arbeitsseite *III*: 331.
—, Bänder *III*: 307.
—, Belastung *III*: 341.
—, Druckerzeugung
III: 343.
—, Kondylus, ruhender und
wandernder *III*: 319, 324.
—, Neugeborene *III*: 306.
Kieferklemme, Trismus
III: 334.
Kieferköpfchen *III*: 306.

Kiefermechanismus *III*: 312.
Kiemen, Sauerstoffpartial-
druck *XVI/1*: 851.
—, Größe der Respirations-
fläche *II*: 15.
Kiemenherzen *VII/1*: 18, 26.
Kiemenorgane, Wasser-
pflanzen *II*: 542.
Kieselsäure, Bindegewebs-
bestandteil *XVI/2*: 1500.
—, Blut *XVI/2*: 1476.
—, Harn *IV*: 251.
—, — von Tuberkulösen
XVI/2: 1643.
—, Kreislauf in der Natur
I: 734.
—, Pflanzen *V*: 343.
—, Umsatz *XVI/2*: 1642.
—, Wirkung, allgemeine
I: 503.
KILLIANsche Punkte *II*: 315,
II: 316.
Kind, Stoffwechsel
XVI/1: 953.
Kindermilch *XIV/1*: 657.
Kindersterblichkeit
XVII: 762.
Kinderträume *XVII*: 626.
Kindesalter, Riesenwuchs im
XVI/1: 437.
Kindlicher Organismus,
Vitamine und Entwick-
lung *V*: 1234.
Kinematograph, Flimmer-
photometrie *XII/1*: 440.
K-Ionen s. Kalium, Ionen.
Kippreflexe *XI*: 844ff.;
XV/1: 130; *XVIII*: 305.
—, Vögel *XV/1*: 334.
Kittlinien des Herzens
VIII/1: 116.
Klammerreflex *IX*: 716;
XI: 78; *XVII*: 700.
Klang *XI*: 563ff.
—, Atmung *II*: 287, 299.
—, Stimme *XV/2*: 1321.
Klanganalyse *XI*: 568, 672;
XV/2: 1401.
Klangbreite *XI*: 708.
Klangerscheinungen, sekun-
däre *XI*: 570.
Klangfarbe *XI*: 408, 569.
Klangkurven, Selenzelle
XV/2: 1408.
Klangstäbe, KOENIGsche
XI: 554.
Klappen s. Herzklappen,
Venenklappen.
Klappendistanzgesetz
(BARDELEBEN)
VII/2: 1442.
Klappenfehler s. Herz-
klappenfehler.
„Klappenschlußelevation"
VII/2: 1245.

Klappenschwund, physiologischer *VII/2*: 1442.
Klasmatocyten *III*: 669.
Kleinbauer, psychische Anforderungen *XV/1*: 671.
Kleinhirn *X*: 222.
—, Abkühlung und Vorbeizeigen *X*: 258.
—, Ausschaltung durch Gefrierung *X*: 267.
—, ausgleichende Funktion *XV/1*: 428.
—, Beugezügel *X*: 309.
—, Erkrankungen *X*: 266; *XV/1*: 422.
—, —, Zeigestörung *XV/1*: 429.
—, Exstirpation, Technik *X*: 241.
—, faseranatomische Verbindung *X*: 231.
—, Funktion *X*: 293.
—, —, GOLDSTEINsche Theorie *XV/1*: 431.
—, Größenabhängigkeit von Keimdrüsen *XVI/1*: 798.
—, Großhirn *X*: 238, 265, *X*: 310, 312, 314, 315.
—, histologischer Aufbau *X*: 229.
—, Innervationsstörungen und *X*: 311, 312.
—, Längsdurchschneidung *X*: 250.
—, Lokalisation *X*: 250, 303; *XV/2*: 1047.
—, — der Muskelgruppen *XV/1*: 428.
—, Nierenfunktion *IV*: 345.
—, Nystagmus *XV/1*: 424.
—, Reizung *X*: 261.
—, Schädigung, halbseitige *X*: 269.
— , —, Sensibilität *X*: 289.
—, Störungen, Drehschwindel *XV/1*: 422.
—, Tumoren *II*: 433; *XV/1*: 424, 430.
—, Wärmeregulationszentren *XVII*: 62.
—, Zentrentheorie BÁRÁNYS *XV/1*: 429.
Kleinhirnabsceß *XVI/1*: 424.
Kleinhirnbrückenwinkeltumoren *XI*: 651; *XV/1*: 413, 414.
Kleinhirnhemisphäre *X*: 252.
Kleinhirnhypnose *XVII*: 689.
Kleinhirnkranke, motorische Reaktionszeit *X*: 273.
—, Umfallen *X*: 302, 303.
Kleinhirnreizung *X*: 261.
Kleinhirnrinde, Abkühlungsversuche *XV/1*: 429.

Kleinhirnseitenstrangbahn *X*: 864.
—, GOWERSsche *X*: 866.
Kleinhirnwurm, Tumoren *XV/1*: 433.
—, Zentrentheorie *XV/1*: 432.
Kleptomanie *XIV/1*: 791.
Kletterbewegungstypus, Säuglinge *X*: 384.
Klettern, Kleinhirnläsion *X*: 245, 249.
Klima *XVII*: 463ff., 498ff.; *XVIII*: 445.
—, Altern *XVII*: 769.
—, arktisches *XVII*: 515, *XVII*: 558.
—, Flußtäler *XVII*: 493.
—, Haarfarbe *XIII*: 255.
—, kontinentales *XVII*: 550.
—, Menopause *XIV/1*: 670.
—, Pigmentierung *XIII*:198.
—, Radioaktivität und *XVII*: 385.
—, Rassenbildung *XIII*: 254.
—, Stoffwechsel *XVI/1*: 963; *XVII*: 498ff., 520, 533.
—, Wirkung *XVII*: 498, 499; *XVIII*: 445.
—, —, therapeutische *XVII*: 502.
Klimaallergene *XIII*: 783.
Klimaformel *XVII*: 493.
Klimagliederungen *XVII*: 493.
Klimakterium *XIV/1*: 381, *XIV/1*: 671; *XVI/1*: 963; *XVII*: 782, 802.
—, Ablauf *XIV/1*: 671.
—, Ausfallserscheinungen *XIV/1*: 425.
—, Blutdrucksteigerung *VII/2*: 1326.
—, Gewichtszunahme *XVI/1*: 963.
—, Hypertension *VII/2*:1380.
—, Nebennieren *XVI/1*: 689.
—, Schilddrüse *XVI/1*: 669.
Klimawechsel *XVII*: 597.
Klimax der Reaktionsaufgaben *X*: 534.
„Klinkungen" (Reaktion des Zentralnervensystems) *IX*: 642.
Klinophobie *II*: 372.
Klinostrat *XI*: 1017.
„Klisimeter" (Untersuchung beim Schwindel) *XV/1*: 465.
Klitoris, Empfindlichkeit *XIV/1*: 897.
—, Hodentransplantat *XIV/1*: 735.
Kloakentiere, Wärmeregulation *XVII*: 6.

Klonus *X*: 654.
Klopfhengste *XIV/1*: 731.
Klopflaute, wirbellose Tiere *XV/2*: 1226.
Klopfversuch, GOLTZscher *VII/2*: 1513.
Knackschere, Regeneration *XIV/1*: 1092.
Knidarier, diffuses Nervennetz *IX*: 791.
Knieellbogenlage, Atmung *II*: 373.
KNIGHTscher Versuch *XI*: 1016.
Knistern, Atemgeräusch *II*: 99, 303.
Knisterrasseln, Atemgeräusch *II*: 303.
Knochen, Altersveränderung *XVII*: 794.
—, Blutversorgung *VII/2*: 1492.
—, Magnesiumgehalt *XVI/2*: 1611.
—, osteoporotische Veränderung *V*: 1187.
—, Schwangerschaft *XIV/1*: 486.
—, Umformung durch Druckrichtung *II*: 390.
—, Wachstum, As- und P-Gaben *XVI/1*: 864.
—, — nach Hypophysektomie *XVI/1*: 422.
—, —, Tiere *V*: 1177.
Knochenfische (Atemreiz) *II*: 33.
Knochenapatitstruktur *XVI/2*: 1610.
Knochenatrophie *XVII*: 795.
Knochenaufbau, Kalkphosphatumsatz *XVI/2*: 1555.
Knochenbildung, Muskelnarben *VIII/1*: 579.
Knochenbrüche, Schilddrüsenbehandlung *XVI/1*: 282.
Knochenenzym *I*: 31.
Knochenleitung, Gehör *XI*: 447, 450, 453, 454.
—, Labyrinthitis *XI*: 627.
—, Sympathicusreizung *XI*: 448.
—, Vasomotorenreizung *XI*: 448.
—, Wasserfüllung *XI*: 453.
Knochenmark *VI/2*: 744.
—, Definition *VI/2*: 816.
—, Differentialzählung *VI/1*: 807.
—, Eisengehalt *XVI/2*: 1664.
—, endokrine Einflüsse *VI/2*: 797.
—, embryonale Genese *VI/2*: 745.

(Knochenmark), funktionelle
  Umgestaltung *VI/2*: 800.
—, Funktionsprüfungen
  VI/2: 816.
—, Gefäße *VI/2*: 750.
—, Hormonproduktion
  VI/2: 785.
—, Insuffizienz *VI/2*: 805.
—, Klimawirkungen
  XVII: 537.
—, Nervenfasern *VI/2*: 752,
  VI/2: 799.
—, Parenchymzellen
  VI/2: 755.
—, Punktionen *VI/2*: 833.
—, Reticulumzellen
  VI/2: 753.
—, Riesenzellapparat
  VI/2: 56, 817.
—, rotes *VI/2*: 749.
—, Tätigkeit, Regulierung
  VI/2: 797.
—, —, Versagen *VI/2*: 805.
—, Tupfpräparate *VI/2*: 764.
—, Überanstrengung
  VI/2: 804.
—, Xanthomatose
  XVI/1: 455.
Knochenmarkparenchym,
  nervöse Regulierung
  VI/2: 799.
Knochenmarkvene, Punktion
  VI/2: 815.
Knochenmarkzellen, amö-
  boide Beweglichkeit der
  VI/2: 811.
—, Zahl *VI/2*: 760.
Knochennarbe, Sektions-
  befund *VI/2*: 796.
Knorpel, Ossifikation
  XVI/1: 241.
Knorpelgewebe, Regene-
  ration *XIV/1*: 1167.
Knorpelleitung, Ohrmuschel
  XI: 448.
Knospenbrust, Mamma
  areolata *XIV/1*: 613.
Knospung *XIV/1*: 9.
—, innere *XIV/1*: 40.
—, mehrzellige *XIV/1*: 36.
—, Parasiten *I*: 657.
—, Teilung *I*: 620.
„Knochenrhythmus", Herz
  VII/1: 538.
Knotenstrumen *XVI/1*: 329.
Koagulation, Gelbbildung,
  Parallelität *I*: 214.
—, reine Löslichkeitsbeein-
  flussung *I*: 199.
—, Spermatozoen
  XIV/1: 120.
Koagulationsgeschwindig-
  keit *I*: 180, 193.
Koagulationsnekrose,
  Niere *IV*: 564.

(Koagulationsnekrose),
  Säure *XIII*: 372.
Koagulationswert *I*: 189.
Koagulationswirkung
  XVII: 354.
Koagulen, Thrombokinase-
  gehalt *VI/1*: 423.
Kochgeschmack, Milch
  XIV/1: 645.
Kochhaut, Milch *XIV/1*: 645.
Kochsalz, Diurese *IV*: 392;
  XVIII: 102.
—, hydropigene Wirkung
  XVII: 226.
—, Isotonie von Blut und
  Harn *IV*: 547.
—, Landtiere, Gehalt an
  XVII: 143.
—, Ödem *XVII*: 264.
—, Schweiß von Kranken
  IV: 730.
—, Stoffwechselwirkung
  XVI/2: 1533.
—, trockene Retention
  XVII: 226.
—, Wasserhaushalt
  XVII: 192.
Kochsalzarme Kost, Diureti-
  kum *XVII*: 232.
Kochsalzdüngung, Pflanzen
  XVI/2: 1688.
Kochsalzfieber *XVI/2*: 1551;
  XVII: 97.
Kochsalzhaushalt, Hypo-
  physengaben *IV*: 413.
Kochsalzhunger *III*: 1047.
—, Chloridgehalt des Blutes
  VI/1: 247.
Kochsalzhypotonie, Harn bei
  Niereninsuffizienz
  IV: 547.
Kochsalzlösung, hyperto-
  nische, schweißhemmende
  Wirkung *IV*: 766.
Kochsalzreiche Kost, Diure-
  tikum *XVII*: 232.
Kochsalzretention im Fieber
  XVI/2: 1550.
Kochsalzstoffwechsel *V*: 125.
Kochsche Stichprobe auf
  Purpura *VI/1*: 417.
Kodein s. Codein.
Koferment, Gärung
  VIII/1: 495.
Kohabitation *XIV/1*: 176ff.,
  XIV/1: 191ff., 834.
Kohäsionsenergie *I*: 231.
Kohäsionsgrenze, Muskel-
  elastizität *VIII/1*: 354.
Kohäsionskonstante *I*: 105.
Kohäsionsmechanismen,
  Pflanzen *VIII/1*: 95.
Kohäsionstheorie des Saft-
  steigens *VI/2*: 1121.
Kohlehydrate *III*: 113ff.

(Kohlehydrate), Abbau *V*: 477.
—, — im Darm, Bakterien
  III: 1014.
—, — im Dünndarm der
  Herbivoren *III*: 994.
—, — Leber *I*: 31.
—, Antigenwirkungen
  XIII: 432.
—, antiketogene Wirkung
  V: 669.
—, Aufbau *V*: 508.
—, —, grüne Pflanze *V*: 595.
—, Ausnutzung *V*: 73.
—, Austausch zwischen Blut
  und Körperzellen *V*: 471.
—, Bestände des Körpers,
  Erschöpfung *XVI/1*: 650.
—, Bildung aus Eiweiß und
  Fett *V*: 66, 502, 611.
—, Blätter *V*: 604.
—, Chemie *III*: 113ff.;
  XVIII: 26.
—, Definition *III*: 113.
—, Ernährung *XVI/1*: 987.
—, Ersatz durch Alkohol
  V: 325.
—, Faeces *IV*: 705.
—, Fettbildung aus *V*: 70;
  XVI/1: 948.
—, Gehirn *IX*: 50.
—, Gesamtstoffwechsel *V*: 71.
—, Harn, normaler *IV*: 294.
—, Hexosen *I*: 28.
—, intermediäre Abbau-
  produkte *I*: 62.
—, ketolytische Wirkung
  XVI/1: 618.
—, Komplexe, allgemeine
  Eigenschaften *III*: 151;
  XVIII: 31.
—, —, hochmolekularer Zu-
  stand *III*: 152.
—, Lebensnotwendigkeit der
  XVI/2: 1692.
—, Mangel *V*: 883;
  XVI/1: 988.
—, —, Kreatinurie *V*: 949.
—, Muskelarbeit *XVI/1*: 988.
—, Nachweis *III*: 157.
—, Nahrungsmittel *V*: 6, 23.
—, Nucleinsäure *V*: 1055.
—, Oxydation nach Insulin
  XVI/1: 621.
—, Pflanzenfresser, eiweiß-
  sparende Wirkung bei
  V: 123.
—, polarimetrische Bestim-
  mung *III*: 158.
—, Reserven *V*: 45.
—, Resorption *IV*: 37.
—, —, durch die Haut
  XVIII: 89.
—, Resynthese *I*: 34.
—, spezifisch-dynamische
  Wirkung *V*: 73.

(Kohlehydrate), Stoffwechsel
    V: 72, 469 (s. auch Kohle-
    hydratstoffwechsel).
—, Toleranz, Schilddrüsen-
    exstirpation *XVI/1*: 643.
—, Überernährung *V*: 242.
—, Umsatz, Acetonkörper-
    ausscheidung *V*: 662.
—, —, Nervensystem
    XVIII: 253, 261.
—, Umsatzgeschwindigkeit
    nach Insulin *XV/II*: 653.
—, Umwandlung in der
    Darmwand *IV*: 42.
—, Verarmung des Gehirns
    an (Insulin) *XVI/1*: 608.
—, Verbrennung beim pan-
    kreaslosen Tier
    XVI/1: 581.
—, Verdauung bei Fehlen des
    Bauchspeichels *III*: 1258.
—, —, Fermentlehre
    III: 924.
—, —, Infusorien *III*: 19.
—, —, Insuffizienz *IV*: 706.
—, —, Pferdemagen *III*: 972.
—, —, Rhizopoden *III*: 22.
—, Verwertung zur Arbeit,
    Phlorrhizindiabetes
    XV/1: 800.
—, — zur Muskelarbeit
    XV/1: 798.
Kohlehydratfreie Kost (Er-
    nährungsinsuffizienz)
    V: 857, 1156.
Kohlehydratsäuren, Stoff-
    wechselverhalten *V*: 1006.
Kohlehydratspaltende Fer-
    mente *III*: 921.
Kohlehydratstoffwechsel,
    V: 72, 469ff.
—, Adrenalineinfluß *X*: 1113;
    XVI/1: 642.
—, B-Vitamine *V*: 1211.
—, Epithelkörperchen
    XVI/1: 685, 1702.
—, Fieber *V*: 288.
—, Greisenalter *XVII*: 822.
—, Hyperadrenalinämie
    XVI/2: 1710.
—, Hyperthyreoidismus
    XVI/2: 1710.
—, Hypophyse *XVI/1*: 679;
    XVI/2: 1701, 1711.
—, Insulinwirkung
    XVI/1: 642, 650ff.
—, intermediärer *V*: 469.
—, Koordination *V*: 536.
—, Lichtwirkung *XVII*: 337.
—, Muskel *V*: 541.
—, Nebennierenrinde
    XVI/2: 1702.
—, „Notfallsreaktionen"
    XVI/2: 1698.
—, Pankreas *XVI/1*: 685.

(Kohlehydratstoffwechsel),
    „Piqûre"wirkung
    XVI/2: 1695.
—, Regulation des
    XVI/2: 1692ff.
—, Störungen *V*: 1275.
—, Vaguswirkung
    XVI/2: 1696, 1712.
—, Zuckerstich *XVI/2*: 1695.
Kohlehydratverbrennung,
    quantitative Beziehungen
    zur Fettverbrennung
    V: 669.
Kohlendioxyd s. Kohlensäure.
Kohlenlager, Entstehung der
    Kohlensäure *I*: 720.
Kohlenoxyd, Absorptions-
    koeffizient, Serum und
    Wasser *VI/1*: 130.
— -Assimilation *V*: 595.
—, Aufnahme durch die
    Haut *IV*: 133.
—, Bewegung in der Pflanze
    V: 597.
—, Blut- u. Zellgift
    XVIII: 147.
—, Blutdruckwirkung
    VII/2: 1050.
—, Blutmengenbestimmung
    VI/2: 685; *XVI/2*: 1338.
—, Dyspnoe *II*: 513.
—, Eisenabspaltungshem-
    mung im Blut *VI/1*: 144.
— -Hb *VI/1*: 114;
    XVIII: 146.
— —, Dissoziationskonstan-
    te *VI/1*: 133.
— —, Dissoziationskurve
    VI/1: 122, 124.
— —, isoelektrischer Punkt
    VI/1: 133.
— —-Krystalle, Form
    VI/1: 116.
— —, Lichtwirkung auf
    XVII: 313.
— —-Nachweis *VI/1*: 116.
— —, Reduktion *VI/1*: 119.
— —, Spektrum *VI/1*: 118ff.,
    VI/1: 131, 132.
—, Nervensystem
    XVIII: 147.
— -Methode, Gasaustausch
    in den Lungen *II*: 222.
—, milzlose Tiere unter
    VI/1: 148.
—, Pflanzenkeimlinge
    VI/1: 143.
— -Prädilektionsorte der
    Wirkung im Gehirn
    VI/1: 145.
— -Vergiftung *VI/1*: 137,
    VI/1: 145, 147;
    XVIII: 146.
— —, asphyktischer Zustand
    VI/1: 138.

(Kohlenoxyd-Vergiftung),
    Pallidumerweichung
    X: 361.
— —, Problematik
    VI/1: 137.
— —, respiratorischer Stoff-
    wechsel *VI/1*: 139.
—, Wirkung ohne Hämoglo-
    bin *VI/1*: 141.
—, Zellatmung *VI/1*: 141.
Kohlensäure, Abgabe, Blut-
    säuerung *XVI/2*: 1388.
—, —, Herzfehler
    XVI/2: 1388.
—, —, Warmblütler
    XVI/2: 1394.
— -Ablüftung, reflektorische,
    beim Arbeitsbeginn
    XV/1: 725.
—, Absorptionskurve des
    Blutes *VI/1*: 491, 493,
    VI/1: 503, 513, 514.
—, Acidose, experimentelle,
    Harnreaktion
    XVI/1: 1144.
—, Assimilation *I*: 65;
    V: 595ff.
—, Assimilation Licht, Be-
    einflussung *XVII*: 323.
—, — in der Pflanze *III*: 128;
    V: 334, 345, 350, 365, 375.
—, Atemreiz *II*: 29.
—, Atmosphäre, Gehalt an
    II: 192.
—, Atmung *II*: 271;
    XVI/1: 1102.
—, Aufnahme durch die Haut
    XVIII: 90.
—, —, Pflanzen *V*: 345.
— -Ausscheidung, maximale
    O$_2$-Aufnahme
    XV/1: 783.
— —, Training *XV/1*: 724.
—, Ausscheidungsvermögen
    im Training *XV/1*: 786.
—, Bewegung in der Pflanze
    V: 597.
—, Bindung s. Kohlensäure-
    bindung.
— -Bildung, Herzganglion
    von Limulus Polyphemus
    IX: 556.
—, Blut, Gehalt an, beim
    Schlaf *VI/1*: 519.
—, Blutdruck- und Gefäß-
    wirkung *VII/2*: 1049.
—, Darmbewegungen
    III: 527.
—, Diffusion durch die Lunge
    II: 228.
—, Diffusionsgeschwindig-
    keit im tierischen Gewebe
    VI/1: 532.
—, Dissoziationskonstante
    XVI/1: 1082.

(Kohlensäure), Dyspnoe
VII/2: 1356.
—, Entstehung *I*: 720.
—, Erythrocyten
XVI/2: 1386.
—, Gefäße des Atemapparates
und *VII/2*: 1004.
—, —des Gehirns *VII/2*:1017.
—, Hämoglobin *VI/1*: 497.
—, Harn *IV*: 251.
—, Haut, Aufnahme durch
die *IV*: 132.
—, Haut- und Muskelgefäße
VII/2: 1024.
—, Herzreizbildung
VII/1: 754.
—, Höhenklima *XVII*: 513.
—, Kapazität des mensch-
lichen Serums
XVI/2: 1430.
—, Kreislauf in der Natur
I: 718.
—, Kreislaufregulierung
XVI/2: 1243.
—, Kreislaufwirkung
XVI/2: 1394.
—, Liquor *XVI/2*: 1388.
—, Lunge, isolierte *II*: 511.
—, Meer, Gehalt an *I*: 721.
—, narkotische Wirkung
II: 30, 32, 33.
—, Nervenwirkung *IX*: 199.
—, Parthenogenese, künst-
liche *XIV/1*: 133.
— -Produktion, Insulin
XVI/1: 619.
—, —, Nerven *IX*: 419.
—, — im Winterschlaf
XVII: 109.
— -Reaktionen, Teilreaktio-
nen *V*: 600.
—, Resorptionsbeeinflus-
sung, Darm *IV*: 105.
—, Retention *V*: 44.
—, —, Warmblüter
XVI/2: 1394.
— -Spannung (Wasserhaus-
halt des Auges)
XII/2: 1366.
— -Spannungskurve, Ner-
vengewebe *IX*: 390.
— -Speicherung *XV/1*: 791.
—, Transport *VI/1*: 78, 504;
XVI/1: 1094.
—, Verbrauch bei grünen
Landpflanzen *I*: 718.
—, Vergiftung der Nerven-
zentren *IX*: 621.
—, Zentrenerregbarkeit
IX: 620.
Kohlensäurebad *II*: 211.
Kohlensäurebindung, Blut
V: 662; *VI/1*: 497, 517.
—, —, körperliche Arbeit
XV/2: 839.

(Kohlensäurebindung), Maß
von Pufferwirkung
XVI/2: 1383.
Kohlensäurebindungskurve
XVI/1: 1074.
Kohlensäurediagramm,
van Slykesches
XVI/1: 1075.
Kohlensäureschneeappli-
kation *XVII*: 440.
Kohlensäurespannung
II: 204.
—, Alkalose und Acidose
II: 213.
—, alveolare, Acidose, diabe-
tische *V*: 660.
—, —, Diät *II*: 212.
—, —, Gesunder *II*: 208.
—, —, Gravidität *II*: 213.
—, —, Histaminwirkung
II: 213.
—, —, Jahreszeiten *II*: 209;
XVII: 519.
—, —, Kohlensäurevorrat
II: 211.
—, —, körperliche Arbeit
XV/2: 842.
—, —, Körpertemperatur
II: 210.
—, —, Muskelarbeit *II*: 213.
—, —, Nahrungsaufnahme
II: 212.
—, —, Schlaf *II*: 210;
XVII: 571.
—, —, sensible Reize *II*: 210.
—, —, ultraviolettes Licht
auf *II*: 209.
—, arterielle *II*: 216.
—, Blut, Diabetes
XVI/1: 1114.
—, —, Fetus *II*: 282.
—, —, Herzinsuffizienz
XVI/1: 1124.
—, —, Nahrungsaufnahme
XVI/1: 1118.
—, —, Narkose *XVI/1*: 1123.
—, —, Niereninsuffizienz
XVI/1: 1117.
—, —, Pneumonie
XVI/1: 1127.
—, —, Sauerstoffaufnahme
und *VI/1*: 472.
—, —, Winterschlaf *II*: 283.
—, venöse, körperliche Ar-
beit *XV/2*: 846.
Kohlensäurestauung, Muskel-
arbeit *XVI/1*: 1129.
Kohlenstoff, Abgabe *V*: 12,
V: 190.
—, Affinitäten *I*: 27.
—, Bindungen, Bildung neuer
V: 1045.
—, desoxydabler *V*: 1212.
—, Kreislauf in der Natur
I: 27, 718.

(Kohlenstoff), reaktionelles
Verhalten *I*: 713.
Kohlenwasserstoff, aroma-
tischer *V*: 1013.
—, Protoplasmagift *I*: 578.
—, Stoffwechsel *V*: 997, 1036.
Kohnstammsches Phänomen
XV/1: 477.
Koinzidenzerlebnisse, Sinnes-
physiologie *XI*: 59.
Kokkus der gelben Galt,
Milchkrankheit
XIV/1: 654.
Kokons *XIV/1*: 64.
Koktoantigene *XIII*: 689.
Koleoptile, Hafer, Photo-
tropismus *XII/1*: 46, 47,
XII/1: 48, 54.
Kolik, Pferd *VII/2*: 1804.
Koliknephritis *IV*: 523.
Kolikschmerz *III*: 1088.
Kollagene, Chemie *III*: 285.
Kollaps, Arbeit im
XVI/2: 1337.
—, Blutdruckerniedrigung
VII/2: 1408.
—, Bluteindickung
XVI/2: 1375.
—, Blutmenge *VI/2*: 697;
XVI/2: 1336.
—, Capillarisierung
XVI/2: 1373.
—, Herzgröße *XVI/2*: 1337.
—, Histamin *XVI/2*: 1335.
—, lokalisierter *XVI/2*: 1345.
—, Milchsäuregehalt der Mus-
keln *XVI/2*: 1369.
—, Muskelfunktion im
XVI/2: 1366.
—, Nebenniere *XVI/2*: 1333.
—, Peptoninjektion
XVI/2: 1335.
—, postoperativer
XVI/2: 1334.
—, Sauerstoffverbrauch
XVI/2: 1370.
—, Shock *X*: 123.
—, toxische Theorie
XVI/2: 1334.
Kollapsgifte, Wärmeregu-
lation *XVII*: 101.
Kollapstemperaturen
XVII: 98.
Kollateralkreislauf *VII/1*: 76;
VII/2: 1692; *XVI/2*:1242.
—, Darm *VII/2*: 1625.
—, venöser *VII/2*: 1620.
Kollektivvarianten, Konsti-
tution *XVII*: 1072, 1075.
Kolliquationsnekrose *V*:1294.
Kolloidchemische Vergleichs-
fälle, Ionenwirkungen
I: 509.
Kolloide, Altern der *I*: 248;
XVII: 794.

(Kolloide), Diffusion *III*: 233.

—, Harn *IV*: 518, 594.

—, hydrophile im Dunkelfelde *I*: 169.

—, Ladbarkeit der Organe *VIII/2*: 692.

—, Lichtbeeinflussung *XVII*: 328.

—, organische, Ladungen *I*: 525.

—, osmotischer Druck *III*: 233.

—, — —, Blut im Auge *XII/2*: 1328, 1341.

—, physikalische Chemie *I*: 91 ff.

—, Quellungszustand und Entzündungshemmung *XIII*: 393.

—, Schilddrüse *XVI/1*: 13, *XVI/1*: 335; *XVII*: 119.

— Systeme, physikal. Chemie *I*: 91 ff.

—, Veränderungen, Orte des Lactacidogenwechsels, Muskel *VIII/1*: 437.

—, —, Verkürzungsorte des Muskels *VIII/1*: 417.

Kolloidelektrolyte *I*: 152, *I*: 153, 158, 163, 166, 172, *I*: 184.

„Kolloidklasien" *XIII*: 720, *XIII*: 747.

Kolloidkropf, recurrierender *XVI/1*: 335.

Kolloidlabilität, Blutserum *XIII*: 412.

Kolloidpermeation, intraplasmatische Verdauung *III*: 65.

Kolloidschutz, Mineralbestand des Körpers *XVI/2*: 1479.

Kolloidurie *IV*: 518, 594.

Koloniebildung, Protozoen *XIV/1*: 10.

Kolonspasmen *XVI/1*: 1045.

Koloquinthen, Darmwirkung *III*: 539.

Koma *XVII*: 596, 604.

— diabetisches *V*: 592; *XVI/2*: 1436, 1439.

— —, Blutmenge *XVI/2*: 1343.

—, Harnverhaltung *IV*: 873.

—, Pankreasexstirpation *XVI/1*: 568.

—, trophopathisches (Kind) *III*: 1383.

Kombinationsimmunisierung *XIII*: 433, 698.

Kombinationssteine, Begriff *IV*: 656.

Kombinationstöne *XI*: 579, *XI*: 588 ff.

Komenaminsäure *V*: 1030.

Kommensalismus *I*: 630.

Kompaßpflanzen *XII/1*: 40.

Kompensation, Herzklappenfehler *VII/1*: 210 ff.

—, Komplemenz farbiger Lichter *XII/1*: 405 ff.

—, Regeneration *XIV/1*: 1088.

Kompensationsdialyse *XVI/2*: 1436, 1450.

Kompensationsdrehungen, optische *XII/1*: 20.

Kompensationseinrichtungen Herz *VII/1*: 254.

Kompensationspunkt, Assimilation, pflanzliche, und Atmung *V*: 334.

Kompensatorische Pause, Herz *VII/1*: 504, 604.

— —, Medusen *VII/1*: 43.

— Stellungen, Vestibularapparat *XI*: 815, 816, 832, *XI*: 834.

Komplement, Amylase *III*: 933.

—, -bindung *XIII*: 412, 475.

—, Funktion des Blutserums *XIII*: 412, 420.

—, Gehalt des Serums *V*: 1232.

—, Schwund bei Serotoxinbildung *XIII*: 760.

—, Thermolabilität *XIII*: 421.

Komplementärfarben *XII/1*: 725; *XII/2*: 1536.

Komplementär- (Kompensations-) Farbe und Gegenfarbe *XII/1*: 407.

Komplementärlichter *XII/2*: 1500, 1513.

Komplementärluft *II*: 340.

—, Ergänzungsluft *II*: 83.

—, körperliche Arbeit *XV/2*: 849.

—, Körperstellung *XV/2*: 847.

Komplementärmännchen der Cirripedien *XIV/1*: 297.

Komplementärmischungen *XII/2*: 1559.

Komplementbindung *XIII*: 412, 475.

Komplemenz, Kompensation farbiger Lichter *XII/1*: 405 ff.

—, — — —, Lage im Spektrum *XII/1*: 408.

Komplexauge *XII/1*: 15, 61; *XII/2*: 1160.

—, Arbeitsteilung *XII/1*: 67.

—, binokulares Sehen *XII/1*: 69.

—, Leistung *XII/1*: 69.

Komplexsalzfibrinogenverbindung *VI/1*: 330.

Komponententheorie, Geruch *XI*: 290.

Kondensationsvorgang, Nebel- und Wolkenbildung *XVII*: 465.

Kondensator, molekularer, Theorie *I*: 128.

Kondensatoreneigenschaften lebender Gewebe *VIII/2*: 691.

Kondensatorentladung, Nervenerregung *IX*: 264 ff.

—, Selbstinduktion *IX*: 269.

—, Umrechnungsfaktor von Lapique *IX*: 266.

—, Wirkungen auf Organismen *VIII/2*: 986.

Kondensatorentheorie, Zitterfischschlag *VIII/2*: 924.

Kondensatormikrophon, Schallregistrierung mit *XV/2*: 1393, 1394.

Kondition des Organismus *XVII*: 1042, 1102.

Konditionale (formalistische) Naturbetrachtung *XIV/2*: 1214.

Konduktoren, Vererbung *XVII*: 933.

Kondylenachse *III*: 318, 320.

Kongorot, Blutmengenbestimmung *VI/2*: 677.

Kongorotsäure, osmotischer Druck *VIII/2*: 1036.

Koniocortex *X*: 711.

Konjugation, Infusorien *XIV/1*: 20.

Konklination *XII/2*: 855.

Konkomittierende Atembewegungen *II*: 116.

Konkremente u. Konglomerate, Magendarmkanal *III*: 1083.

—, Bildung, Gallen- u. Harnsteine *IV*: 591.

Konkurrenzauslese, Berufswahl *XV/1*: 684.

Konservatismus der Blutgefäße *VII/1*: 113.

Konsonanten *XV/2*: 1346.

—, Analyse *XV/2*: 1404.

Konsonanz, Atemgeräusche *II*: 287.

—, Mehrklänge *XI*: 718, 720.

—, Wesen *XI*: 717.

Konstanter Strom, polare Reizwirkungen *IX*: 196.

Konstanz der optischen Valenz, Satz der *XII/1*: 681.

Konstanzbereich, Auge, Umfang *XII/2*: 1504.

Konstellation, Konstitution *XVII*: 1102.

Konstitution *XVII*: 1040ff., *XVII*: 1101ff.
—, Altern *XVII*: 768.
—, Anomalien *XVII*: 1071.
—, Bäderwirkung *XVII*: 461.
—, Blutdruck *VII/2*: 1388.
—, Cellularpathologie *XIV/2*: 1698.
—, Geschwulstbildung *XIV/2*: 1696, 1728ff.
—, hydropische, Säugling *III*: 1386.
—, hypergenitale *XVII*: 1093.
—, hyperpituitäre *XVII*: 1088, 1092.
—, hypogenitale *XVII*: 1089.
—, hypoparathyreotische *XVII*: 1088.
—, Hypophyse *XVI/1*: 958.
—, hypoplastische *XVII*: 1094.
—, hyposuprarenale *XVII*: 1094.
—, hypothyreotische *XVII*: 1086.
—, Kollektivvarianten *XVII*: 1072, 1075.
—, körperliche Eigenschaften *XVII*: 1127.
—, neuropsychopathische *XVII*: 1098.
—, normale *XVII*: 1071.
—, Phänomenologie *XVII*: 1101, 1140.
—, psychisches Gebiet *XVII*: 1101.
—, schizoide *XVII*: 1176.
—, Schwangerschaft *XIV/1*: 556.
—, sexuelle *XIV/1*: 776.
—, somatische *XVII*: 1040.
—, Stoffwechsel beim Säugling *III*: 1410.
—, Systematik *XVII*: 1102.
—, thyreolabile *XVII*: 1088.
—, thyreotoxische *XVII*: 1087.
Konstitutionelle Hypertension *VII/2*: 1388.
Konstitutionsanomalien, Herz *VII/1*: 308.
Konstitutionsformel *XVII*: 1083.
Konstitutionslehre *XVII*: 897, 966, 1141.
Konstitutionsschwankungen, vegetat. Endapparate *XVI/2*: 1786.
Konstitutionsserologie *XIII*: 442, 491.
Konstitutionsvalenz *XVII*: 1115.
Konstitutionswasser *I*: 367.

Konstitutive Eigenschaften, Vererbung *XVII*: 1038
Kontaktcarcinome *XIV/2*: 1741.
Kontakthämolyse *VI/1*: 569.
Kontaktsubstanzen, Serotoxinbildung *XIII*: 760.
Kontinentalität, Klima *XVII*: 480, 492.
Kontinuität, Erbmasse *XVII*: 906.
—, historische, der Zelle *I*: 19.
—, plasmatische der Neuronen *IX*: 120.
Kontinuitätstheorie der Neuronen *IX*: 113, 120.
Kontinuitätstrennung, Axon *IX*: 488.
Kontraktile Gebilde, Ionenreihe *I*: 514.
— Organe, Pflanzen *VIII/1*: 94.
Kontraktilität, Capillaren *VII/2*: 884.
—, Herz *VII/1*: 555.
—, Herzmuskel, Pharmakologie *VII/1*: 826.
Kontraktilitätstheorie, amöboide Bewegung *VIII/1*: 13.
Kontraktionen, Pflanzen *VIII/1*: 98, 107.
Kontraktionsdauer, Kleinhirn *X*: 274.
Kontraktionskraft, Herz *VII/1*: 261, 414.
Kontraktionsnachdauer, Basalganglienerkrankung *X*: 341.
—, Kleinhirn *X*: 314.
Kontraktionsrückstand, Herz *VII/1*: 243, 376.
Kontraktur, WILSONsche Krankheit *X*: 352.
Kontrakturen, chemische, Muskel *VIII/1*: 242.
—, extrapyramidale *X*: 342.
—, Großhirn *X*: 435.
—, Muskelstarre *VIII/1*: 218.
—, Pyramidenbahnkranke *X*: 342.
—, spastische, Beseitigung *X*: 957.
—, —, Verteilung *X*: 947.
Kontraktursubstanzen, Muskelatmung *VIII/1*: 360.
Kontrast, binokularer *XII/2*: 925.
—, Nachgeschmäcke *XI*: 345.
—, spinaler *IX*: 655, 658.
Kontrasteinläufe, Dickdarm *XVI/1*: 894.

Kontrasterscheinungen, Temperaturempfindung *XI*: 156.
Kontrastgeschmack *XI*: 373.
Kontrastkasten, Licht- und Farbensinn *XII/1*: 298.
Kontrastwirkung, Lageempfindungen *XI*: 959.
Kontrektationstrieb *XIV/1*: 193, 197, 837, 854.
Konturen, Prävalenz *XII/1*: 496, 918.
Konvergenz, Akkommodation *XII/2*: 1063ff.
— s. Naheeinstellung.
Konvergenzbreite *XII/2*: 1156.
Konvergenzhypothese *XII/1*: 127.
Konvergenzimpuls *XII/1*: 199.
Konvergenzlinie *XII/2*: 1064.
Konvergenzreaktion *XII/1*: 177.
Konzentration, Kammerwasser *XII/2*: 1328, 1341, *XII/2*: 1372.
—, Salze in Organismen *XVII*: 145.
Konzentrationen, kardinale, lebensnotwendiger Stoffe *I*: 336.
Konzentrationsarbeit, Leber *IV*: 773.
—, Niere bei Diabetes insipidus *XVII*: 292.
Konzentrationsbreite, polyurischer Harn *XVII*: 294.
Konzentrationseffekt, Haut *VIII/2*: 773.
—, Pflanzen *VIII/2*: 763.
—, theoretische Erklärung *VIII/2*: 1027.
Konzentrationshemmung, Narkotica *I*: 49.
Konzentrationsketten, Berechnung von WOSNESSENKY *VIII/2*: 1028.
—, thermodynamische Ableitungen *VIII/2*: 1004, *VIII/2*: 1010.
—, Stromrichtung *VIII/2*: 1030.
Konzentrationsleukocytose *VI/2*: 704.
Konzeption, Optimum *XIV/1*: 459.
—, Uterusbewegung *XIV/1*: 501.
Kooptation *XVIII*: 23.
Koordinatensystem, fühlbares *I*: 3.
Koordination *X*: 314.
—, Abbau, langsamer *XV/2*: 1176, 1180, 1187.

(Koordination), Amputationen, Umstellung nach *XV/2*: 1063.

—, Änderungen nach Beinverkürzungen *XV/2*: 1082.

—, — — Durchtrennung langer Bahnen *XV/2*: 1122.

—, Arbeitseignung *XV/1*: 579.

—, Bewegung, Arbeitsanpassung *XV/1*: 639.

—, —, Wirbellose *IX*: 812.

—, —, Wirbeltiere *IX*: 641, *IX*: 660.

—, gleitende Kopplung *XV/2*: 1214, 1218.

—, Kerne des Gehirnstamms *X*: 195.

—, mechanische Übertragung *XV/2*: 1123.

—, muskuläre *XV/1*: 172.

—, Störung *XVII*: 575.

—, — bei Feststellung von Gliedmaßen *XV/2*: 1084.

—, — und Vorbeizeigen *XI*: 949.

—, Umstellung *XVIII*: 403.

—, — nach Muskelvertauschung *XV/2*: 1105.

—, — nach Nervenvertauschung *XV/2*: 1087.

—, — bei Prothesenträgern *XV/2*: 1115.

—, — an verpflanzten Gliedmaßen *XV/2*: 1117.

—, Wasserhaushalt *XVII*: 221.

—, Zentren *XV/2*: 1055, *XV/2*: 1181, 1186.

Kopf, geometr. Schnittebenen *XII/2*: 966.

Kopfbewegungen, Augenbewegungen *XII/2*: 1084ff.

Kopfdrehnachnystagmus *XI*: 878.

Kopfdrehnachreaktionen *XI*: 878.

Kopfdrehnystagmus s. auch Kopfnystagmus *XI*: 877.

Kopfdrehreaktionen, Labyrinth *XI*: 880.

—, Labyrinthexstirpation, einseitige *XI*: 879.

— labyrinthloser Tiere *XI*: 879.

—, Zentrenlage *XI*: 906.

Kopfdrehreflexe *XI*: 822, *XI*: 841; *XV/1*: 106.

—, cytokinetische *XV/1*: 120.

—, Vestibularreizung *XI*: 939.

Kopfhaar, Lebensdauer des einzelnen *XVII*: 807.

Kopfhaltung, spontane *XV/1*: 387.

Kopfknochenleitung *XI*: 433.

—, Prüfung *XI*: 557.

Kopfmuskulatur, Reflex *X*: 219.

Kopfnachnystagmus *XI*: 843; *XV/1*: 107.

Kopfneigung, Listinggesetz *XII/2*: 1031.

Kopfneigungsreflexe, Vestibularreizung *XI*: 939.

Kopfnystagmus (s. auch Kopfnachnystagmus) *XI*: 841, 877, 940; *XV/1*: 107.

—, Bogengangsfistel *XV/1*: 403.

—, Insekten *XII/2*: 1115.

Kopfpendelbewegungen (Kopfnystagmus) *XI*: 863.

Kopfschmerz, morgendlicher *VII/2*: 1376.

—, Schilddrüsenmangel *XVI/1*: 259.

Kopfsensibilität *X*: 171, 185.

Kopfstellreflex, Kleinhirnstörungen *XV/1*: 435.

—, Spontanhaltung *XV/1*: 441.

—, Vestibularausschaltung *XV/1*: 389.

Kopfstellung, Drehempfindung *XI*: 918.

—, Fallreaktion, Einfluß der *XI*: 952.

—, Kleinhirnstörungen *XV/1*: 435.

—, kompensatorische *XV/1*: 101, 103.

Kopftransplantationen, Insekten *XIII*: 226; *XIV/1*: 1110.

Kopftrauma, Innenohrschädigungen *XI*: 638.

Kopfverdrehung, anfallsweise *XV/1*: 111.

—, Labyrinthexstirpation, einseitige *XI*: 860.

Kopfwendungszentrum *X*: 816.

Koppelung, Erbeinheiten, von *XVII*: 927, 936, 983, *XVII*: 1067.

—, gleitende, im nervösen Geschehen *XV/2*: 1214, *XV/2*: 1218.

Koppelungszahl, Vererbung *XVII*: 928.

Koppen, Pferde *III*: 1047.

Koproporphyrin *VI/1*: 166, *VI/1*: 182, 183.

Koprosterin *V*: 1119.

Kopulation, Einzellige *XIV/1*: 15.

Kopulationsorgane *XIV/1*: 182.

—, akzessorische *XIV/1*: 184.

Kopulierung *XIV/1*: 1130.

Korksäure, Stoffwechselverhalten *V*: 1006.

„Körnchenkugeln", Bedeutung *XIII*: 814.

Körperaufbau, Kind *III*: 1301.

Körperbau *XVII*: 1128.

—, anthropometrische Daten *XV/1*: 561.

Körperbautypen *XVII*: 1137.

—, Berufsauslese *XV/1*: 565, *XV/1*: 680.

Körperbedeckung, Metazoen, Waffe der *XIII*: 25.

—, Umweltschutz *XIII*: 1.

Körperbeschaffenheit *XVII*: 546.

Körperbestandteile, exogene *V*: 1164ff.

Körperdrehreflex, Kalorisation *XI*: 977.

Körperdrehung, Kleinhirnstörungen *XV/1*: 435.

Körpereiweiß *V*: 1249.

—, Abartung *V*: 754.

—, Zuckerbildung *V*: 848.

Körperfarben *XII/1*: 540.

—, tonfreie, Zweidimensionalität (KATZ) *XII/3*: 616.

Körperflüssigkeit, Ionengehalt *XVII*: 143.

Körperform, Hormone *XVI/1*: 953.

Körperfühlmediane, Drehen *XI*: 943.

Körperfühlsphäre *X*: 711.

Körpergewebe, Eindringen von Wärme *XVII*: 437—438.

—, Mineralbestand *XVI/2*: 1477.

Körpergewicht, Arme, Zugkraft der *XV/1*: 562.

—, Blutdruck *VII/2*: 1301.

—, Blutstromgeschwindigkeit *VII/2*: 1214.

—, Organe, Anteil der *V*: 18.

—, Schwangerer *XIV/1*: 486.

—, Zeitvolumen des Herzens *VII/2*: 1194.

—, Zunahme, Vorderlappenextrakte *XVI/1*: 459.

Körpergleichgewichtserhaltung, effektorische Leistung *IX*: 749.

Körpergröße, Abnahme im Alter *XVII*: 783.

(Körpergröße), physiologische Grenzen *I*: 622.
—, Zellengröße *XVII*: 729.
Körperhaltung *XV/1*: 88 (s. auch Körperstellung).
—, Bewegungsstörungen *XV/1*: 117.
—, Ekg. *VIII*: 793.
—, Enthäutung *XV/1*: 136.
—, Fische *XV/1*: 109.
—, Frösche *XV/1*: 110.
—, Gehörsinn *XV/1*: 121.
—, Gesichtssinn *XVI/1*: 115.
—, Herz, Schlag und Zeitvolumen *VII/2*: 1197.
—, Labyrinthexstirpation, einseitige *XV/1*: 109, 110, *XV/1*: 111.
—, Wärmeregulation *XVII*: 29.
—, Wirbellose *XV/1*: 88.
Körperisotherme Behandlung *XVII*: 441.
Körperlage, Atemorgane beeinflußt von *II*: 94.
—, Minutenvolumen *VII/2*: 1429; *XV/2*: 877.
Körperlänge *XVII*: 979, *XVII*: 980.
—, Herzschlagfrequenz *VII/1*: 460.
—, Neugeborener *XVI/1*: 326.
—, Zugkraft der Arme *XV/1*: 564.
Körperliche Arbeit, Begriff *XV/1*: 644.
— —, Hochgebirge *XV/1*: 761.
— —, spezifisch-dynamische Wirkung *XV/1*: 801.
Körpermaß, Energieverbrauch *V*: 163.
Körperneigung, Fallreaktion bei Kleinhirntumoren *XV/1*: 432.
Körperoberfläche, Ladungen *VIII/2*: 768.
—, Wärmeregulation im Kindesalter *III*: 1297.
Körperorgansubstanz, Umbau in Generationsorgane *XIV*: 174.
Körperproportionen *XV/1*: 167.
Körperreaktionen, labyrinthäre *XI*: 937.
—, tonische, bei Erkrankungen der mittleren Schädelgrube *XV/1*: 437.
—, —, bei Kleinhirnerkrankungen *XV/1*: 428.
Körperreflexe, optokinetische *XVI/1*: 470.
—, vestibulare, bei kalorischer Reizung *XI*: 976.

Körperrichtung, subjektive u. objektive *XII/2*: 966ff.
Körperrotation, Stirnhirnstörungen *XV/1*: 440.
Körperschema *XV/2*: 998.
Körperschlaf *XVII*: 593, 608.
Körperschulung, künstlerische *XV/1*: 163.
Körperschwerpunkt *VIII/1*: 626, 637; *XV/1*: 99, 183.
Körperstellreflexe *XV/1*: 41, 66, 79; *XVIII*: 266.
Körperstellung *XV/1*: 29ff.
—, Arbeit *XV/1*: 580.
—, Augenbewegung *XII/2*: 1162.
—, Fische, Amphibien, Reptilien und Vögel *XV/1*: 97; *XVIII*: 390.
—, Lungenvolumen *XV/2*: 847.
—, Säuger *XV/1*: 29ff.
—, Vitalkapazität *XV/2*: 847.
—, Wechsel und Leistung *XV/1*: 581.
—, Wirbelloser *XV/1*: 88ff.
—, Zentren *XV/1*: 84, 99.
Körperteile, überzählige *XIV/1*: 1075.
Körpertemperatur *XVII*: 10ff.
—, Alter *XVII*: 823.
—, Anaphylaxie *XIII*: 724.
—, Bäder *XVII*: 454.
—, Blutdruckschwankung *XVII*: 100.
—, Gefäßsystem *XVI/2*: 1202.
—, Geisteskrankheiten *XVII*: 100.
—, Hypophysektomie *XVI/1*: 422.
—, Messung *XVII*: 10.
—, Muskelarbeit *XVII*: 83.
—, Nagetiere *XVII*: 12.
—, Pharmakologie *XVII*: 86ff.
—, Schwankungen *XVII*: 10.
—, Stoffwechsel beim Kinde *III*: 1401.
—, Tagesschwankungen *XVII*: 13.
Körpertraining *XV/1*: 617.
Körperverfassung *XVII*: 1042.
Körperwachstum *XIV/1*: 1012.
—, Eisen *XVI/2*: 1671.
Körperwärme, Phosgenvergiftung *II*: 498.
Körperzellen *XIV/1*: 46.
Körperzonen, sensible Arthropoden *XVII*: 698.

Korpuskulärstrahlen *I*: 304.
Korrallenkugeln der Erde *XIV/2*: 1202.
Korrektionswert, Brillenglas *XII/1*: 120.
Korrektivbewegungen, Auge *XII/2*: 1058, 1071ff., 1088.
—, unokulare *XII/2*: 1082.
Korrelate, psychische, zentraler Erregungen *IX*: 40.
Korrelation, s. a. Correlation.
—, Erblichkeitslehre *XVII*: 930.
—, Gewebsausbildung *XIV/2*: 1197.
—, Meßverfahren, Herzvergrößerung *XV/1*: 707.
—, Pflanzen, Regeneration *XIV/1*: 1139.
—, Reaktionszeit und Bewegungsdauer *X*: 565.
—, Reizleitungen, Pflanzen *IX*: 2.
Korrelationen, autonom nervöse *XVI/2*: 1729ff.
Korrelationsketten, nervöse *XVI/1*: 801.
Korrelationskoeffizienten, Erblichkeit *XVII*: 980, *XVII*: 982.
Korrelationsrechnung *XVII*: 981.
Korrespondenz, Auge, Begriff *XII/1*: 391; *XII/2*: 891, *XII/2*: 913, 916, 919, 920, *XII/2*: 935.
—, —, Charakter, fester *XII/2*: 893, 900, 928, 958.
—, —, Definition (normale Schichtungsgemeinschaft) *XII/2*: 891ff.
—, —, Diskrepanz *XII/2*: 905, 907.
—, —, Gegensätzlichkeit *XII/2*: 913, 919.
—, —, Grundlage, angeborene *XII/2*: 997.
—, —, Kriterien *XII/2*: 984, 907.
—, —, Noniusmethode (Schichtungskonstanz) *XII/2*: 898, 907, 928.
—, —, Prüfmethoden *XII/2*: 895.
—, —, Scheinebene *XII/2*: 895, 907.
—, —, Schema, haploskopisches *XII/2*: 892, 893.
KORTEsche Gesetze *XII/2*: 1174, 1193.
Kost, Formentwicklung *XVI/1*: 700.
—, experimentelle Rachitis *V*: 1184ff.
—, kalkarme *V*: 1158.

(Kost), kochsalzarme und -reiche *XVII*: 232.
—, Reaktionslage des Körpers *XVI/1*: 1119.
KOSTER-Phänomen *XII*: 884.
Kostmaße *V*: 134, 142.
Kot, Bestandteile *XVI/1*: 936.
—, Caloriengehalt bei verschiedener Nahrung *V*: 8.
—, Stärke im *IV*: 705.
—, Zusammensetzung *IV*: 696.
Kotausscheidung, Energieverlust *V*: 136.
—, Stoffwechselversuche *V*: 7.
Kotbildung *XVI/1*: 1011.
Kotentleerung *XVI/1*: 893, *XVI/1*: 898.
Koterbrechen, Miserere *III*: 1097.
Kotfett *IV*: 691.
Kotvakuolen *III*: 20.
Kovariantenphänomen *XII/2*: 1245.
Kräftediagramm, Kurbelarbeit *XV/1*: 610.
Kraftkurven, menschlicher Muskeln *VIII*: 645.
—, Stemmuskeln der Beine *XV/1*: 232.
Kraftökonomie, Flug *XV/1*: 333.
Kraftsinn *XI*: 120.
—, Amputationsstümpfe *XI*: 123.
—, Unterschiedsschwellen *XI*: 121.
Kraftstoffwechsel nach Insulin *XVI/1*: 619.
Krampfader, Bezeichnungsherkunft *VII/2*: 1469.
Krampfanfälle, intermittierender Strom *III*: 981.
Krampfbereitschaft *XVII*: 1177.
Krämpfe, hypoglykämische *XVI/1*: 83.
Krampferscheinungen, Elektrokution *VIII*: 964.
Krampfgifte *X*: 1022—1025 ff.
—, Alkalien auf *IX*: 619.
—, Koordinationsaufhebung *XV/2*: 1192.
—, Proteolyse im Zentralnervensystem *IX*: 588.
—, Wärmeregulation *XVII*: 103.
Kraniomalacien *XVI/2*: 1561.
Krankenernährung *XVI/1*: 1013.
—, Fett in der *XVI/1*: 989.
Krankenzimmer, allgem. Klimawirkungen *XVII*: 510.

Krankheit, chronische, Pigment *XIII*: 261.
—, Einschränkung des erfaßbaren Wirklichkeitsbereiches *X*: 686.
Krankheiten, foetale *XIV/1*: 1067.
—, Glykosuriebeeinflussung *V*: 585.
Krankheitserreger *XVII*: 498.
—, Virulenz, Begriff *XIII*: 518.
Krankheitsprozesse, Stammganglien *X*: 351.
Krankheitssymptom, Schlaf *XVII*: 604.
Kranzarterien, Coronargefäße *VII/1*: 387 ff.
—, Sperrung der *VII/1*: 395.
—, Sympathicusreizung *VII/1*: 391.
—, Vagusreizung *VII/1*: 391, *VII/1*: 393.
—, Verletzungen der *VII/2*: 1887.
Kranzgefäßdurchblutung, Aortendruck *VII/1*: 390.
—, Größe *VII/1*: 388.
—, Herzflimmern *VII/1*: 391.
—, Herzfrequenz *VII/1*: 390.
—, Mechanismus *VII/1*: 387.
—, Schlagvolumen *VII/1*: 391.
Kranzgefäße, Adrenalin auf *X*: 1103.
—, Bronchialmuskeln *II*: 481, 485.
—, Herzreizbildung *VII/1*: 724.
—, p_H und *VII/2*: 975.
—, pharmakologische Reaktionen *VII/2*: 1009.
—, Typus *VII/1*: 392.
Kratzer, Nahrungsaufnahme *III*: 51.
Kratzreflex *IX*: 32, 638, 647, *IX*: 708; *X*: 420.
—, Frosch *X*: 677.
—, Hund *X*: 158, 167.
Kratzwerk, automatisch arbeitendes *IX*: 752.
Kreatin, Ausscheidung *XV/1*: 793.
—, Bildung (Vermehrung im Muskeltonus) *IX*: 739.
—, Blut, Menge *V*: 955.
—, Funktion *V*: 935.
—-Kreatinin-Bildung *IV*: 264; *V*: 955.
—, Urin, maligne Neubildungen *V*: 948.
Kreatinin, Ausscheidung, Lichtbeeinflussung *XVII*: 325.

(Kreatinin), Bestimmung *IV*: 263.
—, Eigenschaften *IV*: 263.
—-N, Insulin und *XVI/1*: 615.
—, Schweiß *IV*: 735.
—, Sperma *XIV*: 168.
Kreatinstoffwechsel, Gehirn *IX*: 590 ff.
Kreatinurie, Frauen *V*: 941.
Krebs s. auch Geschwülste, Geschwulstzelle.
—, Genese *XVII*: 848.
—, Kachexie und Alterskachexie *XVII*: 849.
—, Kochsalzausscheidung, renale bei *XVI/2*: 1536.
„—", Pflanzen *XIV/2*: 1200.
—, Tier, Außenverdauung *III*: 65.
—, —, Chemoreception der *XI*: 230.
—, otholithenloser, kompensatorische ABW *XII/2*: 1117.
—, —, Scheren *XIII*: 51.
—, —, Schwimmen *XV/1*: 314.
—, —, Stridulationsorgane *XV/2*: 1229.
Krebsaugen, Häutung der Hummern und Krebse *XIII*: 30.
Krebsgewebe, Röntgenstrahlen auf *V*: 1303.
Krebsmuskeln, Aktionsströme von *VIII*: 727.
Krebsnabel *XIV/2*: 1200.
Krebssaft, Mageninhalt *III*: 1145.
Krebsschere, Summation an der *VIII*: 307.
Kreisbahnbewegungen *XV/1*: 112.
Kreisbogenversuch *XII/2*: 1186.
Kreislauf, Blut s. Blutkreislauf.
—, chemischer, der Kohlehydrate *I*: 34.
—, Energie, Natur *I*: 704; *XVI/2*: 1215.
—, intermediärer *XVI/1*: 936.
—, Kieselsäure, Halogene usw. *I*: 734.
—, Kohlenstoff in der Natur *I*: 27, 718.
—, Phosphor in der Natur *I*: 733.
—, Sauerstoff in der Natur *I*: 717.
—, Schwefel in der Natur *I*: 731.
—, Stickstoff in der Natur *I*: 724.

(Kreislauf), Stoffe in der Natur *I*: 702.
—, —, Mensch und *I*: 711.
—, —, Mikroben und *I*: 705.
—, Wasser in der Natur *I*: 714.
—, Wasserstoff in der Natur *I*: 716.
Kreislaufhormon *X*: 1106; *XVI/2*: 1227.
Kreislaufinsuffizienz *II*: 421; *VI/1*: 238; *XV/1*: 373; *XVI/2*: 1332; *XVII*: 846.
—, Definition der *VII/2*: 1182, 1203.
—, Kapillargebiet *XVI/2*: 1309ff.
—, Stromgeschwindigkeit *VII/2*: 1219.
Kreislauforgan, Gefäßreflexe *XVI/2*: 1191.
—, Hautreflexe *XVI/2*: 1173.
—, Lungenreflexe *XVI/2*: 1184.
—, Parasiten *I*: 650.
—, reflektorische Muskeltätigkeit *XVI/2*: 1200.
—, Schilddrüsenmangel *XVI/1*: 257.
—, Schemata *VII/1*: 24.
Kreislaufreaktionen, lokale, Pharmakologie *VII/2*: 1574.
Kreislaufreflexe, Zentren *XVI/1*: 1164.
Kreislaufregulation, Zentren der *XVI/2*: 1792.
Kreislaufregulierung, Acetylcholin *XVI/1*: 1252.
—, Adrenalin *XVI/2*: 1258.
—, Histamin *XVI/2*: 1250.
—, nervöse *VII/1*: 325.
—, Sauerstoffmangel *XVI/2*: 1249.
—, Wasserstoffzahl und *XVI/2*: 1243.
Kreislaufschema *VII/1*: 24.
Kreislaufschwäche, Hämoglobinverlust *XVI/2*: 1332.
Kreislaufstörungen, lokale *VII/2*: 1496ff.
—, —, RICKERS Stufenlehre *VII/2*: 1591.
—, Minutenvolumen *XVI/2*: 1300.
Kreislaufwiderstand s. unter Widerstand.
Kreislaufzeit *VII/2*: 1205.
—, Diabetiker *VII/2*: 1220.
—, pathologische Einflüsse *VII/2*: 1219.
—, Pulsfrequenz *VII/2*: 1221.
Kreisprozesse, finitive *I*: 269.

(Kreisprozesse) lebender Systeme *I*: 263.
—, periodische *I*: 268.
Kresol, Bildung im Darm durch Bakterien *III*: 1036.
—, p- *V*: 1015.
Kresole, zentrale Giftwirkung *X*: 1027.
Kretinismus *III*: 1347; *XVI/1*: 264.
—, Blutbefunde bei *XVI/1*: 267.
—, endemischer, Gerinnung bei *VI/1*: 401.
—, — und Hypophyse *XVI/1*: 663.
—, Entstehung *XVI/1*: 270.
—, Entwicklungsstörungen bei *XVI/1*: 761.
—, Epithelkörperchen *XVI/1*: 666.
—, Schwerhörigkeit *XI*: 640.
—, Stoffwechsel *XVI/1*: 266.
—, Struma bei *XVI/1*: 329.
—, Zwergwuchs bei *XVI/1*: 264.
Kreuzfuchs-Phänomen *II*: 117.
Kreuzgang, Arachnoideen und Crustaceen *XV/2*: 1078.
—, Insekten *XV/2*: 1076.
Kreuzschmerzen, Menstruation *XIV/1*: 461.
Kreuzungen, autonomes Nervensystem *XV/2*: 1101.
—, Gehirnnerven *XV/2*: 1096.
—, heterogene *XIV*: 142.
—, —, Sterblichkeit ihrer Kulturen *XIV/1*: 147.
—, Ischiadicus *XV/2*: 1093.
—, Tibialis und Peroneus *XV/2*: 1095.
Kreuzungsanalyse *XVII*: 922.
Kriechbewegungen, Aplysien *IX*: 752.
—, Arthropoden *XV/1*: 289.
—, Blutegel *XV/1*: 281.
—, Muscheln *XV/1*: 285.
—, Polychäten *XV/1*: 281.
—, Präpulus *XV/1*: 282.
—, Prosobranchiate *XV/1*: 288.
—, Rädertiere *XV/1*: 274.
—, Seeigel *XV/1*: 284.
—, Tardigraden *XV/1*: 283.
—, Tintenfische *XV/1*: 288.
—, Turbellarien *XV/1*: 274.
Kriechtiere, Schutz- und Angriffseinrichtungen *XIII*: 72.
Kriechwerk und Schwimmwerk der Aplysien *IX*: 752.

Kriegsfolgen, physiologische *XVII*: 769, 845.
Kriegshemeralopie *XII/2*: 1614.
Kriegsherz *VII/1*: 332, 359.
Kriegslymphocytose *VI*: 838.
Kriegsnephritis, Blutdruck *VII/2*: 1368.
Kriegsödem *XVII*: 200.
Kriegsosteopathie *V*: 806, *V*: 1237; *XVI/2*: 1567; *XVII*: 770, 853.
Kriminalität, Greisenalter *XVII*: 839.
v. KRIESsche Theorie *XII/1*: 545.
Kropf, angeborener *XVI/1*: 303.
—, Bakterien *XVI/1*: 309.
—, Einteilung *XVI/1*: 323.
—, endemischer *XVII*: 825.
—, Entstehung *XVI/1*: 300.
—, — und Außentemperatur *XVI*: 307.
—, Epidemie *XVI/1*: 309, 328.
—, Erzeugung, experimentelle am Menschen *XVI/1*: 310.
—, Formen, ihre Funktion *XVI/1*: 325.
—, Funktion *XVI/1*: 323.
—, Geschlechtsverteilung *XVI/1*: 305.
—, harter *III*: 1060
—, intrathorakaler *II*: 420.
—, jodarme Gegenden *XVI/2*: 1507.
—, Krebs *XVI/1*: 345.
—, Kretinismus *XVI/1*: 268.
—, lymphadenoider *XVI/1*: 325, 331.
— Neugeborener *XVI/1*: 344.
—, Prophylaxe *XVI/2*: 1507.
—, Schwangerschaft *XVI/1*: 305.
—, sporadischer *XVI/1*: 314.
—, Taube, anaphylaktische Reaktion *XIII*: 678.
—, Tuberkulose *XVI/1*: 312.
—, Verdauungsapparat *III*: 43, 601.
—, Verjüngungskrisen *XVI/1*: 336.
—, Vitamin B-Mangel *V*: 1208.
—, Vögel *III*: 1059.
—, weicher *III*: 1060.
—, Zuckerrübe *XIV/2*: 1209.
Kropfbrunnen *XVI/1*: 309.
Kropfherz *XVI/1*: 291.
—, mechanisches *XVI/1*: 294.
Kropfmagen der Vögel *III*: 606.
Kropfmilch junger Vögel *III*: 605.

Kropfsubstanzwirkung auf
Anurenlarven
XVI/1: 718.
Kropftoxin Hydrosol
XVI/1: 311.
Kropfwasser *XVI/1*: 309.
Kropfwelle, Nachkriegsjahre
XVI/1: 309.
Krötengifte, Bufotalin u. verwandte Stoffe *XIII*: 151,
XIII: 180.
Krötenherzen, Calcium auf
VII/1: 833.
Krugatmen *II*: 298.
Krümmung, VAN TIEG-
HEMsche *XI*: 170.
Krümmungsmittelpunkt,
Auge, Drehpunkt
XII/2: 859, 864, 869.
—, —, Perspektivitätszentrum und *XII*: 859, 864,
XII/2: 869.
Kryptenmangel, Abfluß-
behinderung des Kammerwassers bei
XII/2: 1378.
Kryptohämin *XVIII*: 154.
Kryptorchismus *XIV/1*: 695,
XIV/1: 730, 782;
XVIII: 345.
Krystallformen, Steine
IV: 679.
Krystallin, α-, Verteilung in
Linsensubstanz
XII/1: 188.
—, β-Form *XII/1*: 188.

Krystallisationsgeschwindig-
keit *I*: 146, 149.
Krystallmimese (NAUNYN)
IV: 640.
Krystallschweiß *IV*: 732.
Krystalloide, REINKsche
XIV/1: 716.
—, SERTOLIsche Zellen
XIV/1: 707.
—, SPANGAROsche
XIV/1: 707.
Küchenschabe, Wärme-
regulation der *XVII*: 4.
Kuckuck, Mimikry
XIII: 201.
Kugelwucherungen, Pflanzen
XIV/2: 1210.
Kühlzentrum *XIII*: 725;
XVII: 57.
—, parasympathisches
X: 1125.
Kuhmilch, Beschaffenheit
XIV: 645.
KUHNsche Maske als Blut-
bildungsreiz *VI*: 781.
Kulturen, Gewebszüchtung
XIV/1: 1002.
Kulturmedien, Gewebs-
züchtung *XIV/1*: 1001.
Kumys *XIV/1*: 645.
Kunstsänger, Stimmumfang
XV/2: 1318.
Kupfer, allgemeine Wirkung
I: 503.
—, Ausscheidung durch den
Darm *IV*: 693.

(Kupfer), Blutflüssigkeit
XVI/2: 1475.
—, Gallensteine *IV*: 618.
—, Salze, katalytische Wir-
kung *I*: 56.
—, —, Protoplasmagifte
I: 566.
Kupferfestigkeit, Protozoen
XIII: 841.
KUPFFERsche Sternzellen
III: 629; *VI/2*: 856.
Kurbelarbeit, Kräfte-
diagramm *XV/1*: 610.
Kurbeln, Energieverbrauch
bei *XV/1*: 547.
—, optimale Geschwindig-
keit, Trägheitsmoment
XV/1: 547.
Kurloffkörper, Milz *VI/*: 870,
VI: 878.
Kurzatmigkeit, Überfüllung
der Lunge bei *II*: 347.
Kurzlebigkeit, konstitu-
tionelle *XVII*: 1047.
Kurzsichtigkeit, Dioptrik
XII/1: 114.
Kurvatur, kleine Gefäß-
versorgung *III*: 1175.
Küstenklima *XVII*: 492.
K.-W. s. Kammerwasser.
Kymocyclographion
XV/1: 176.
Kynurensäure *V*: 737, 1031.
Kyphoskoliose, Hals- bzw.
Brustwirbelsäule *II*: 414.
Kyrine, Chemie *III*: 256.

L

Lab, Wirkungsbedingungen
III: 962.
Labgerinnung *III*: 959.
Labidodontie *III*: 308.
Labilität, nervöse, durch
Fliegen *XV/1*: 374.
Labium tympanicum *XI*: 481.
— vestibulare *XI*: 481.
Labmagen, Bewegungen
III: 388.
Labmagengeschwüre
III: 1076.
Labsäurebereitung, histolo-
gisch *III*: 612, 615.
Labung, Bedeutung *III*: 961.
Labyrinth s. auch Bogen-
gangsapparat.
— s. auch calorische Reizung
—, Anämie, Hören und
XI: 625.
—, Anatomie, Amphibien,
Reptilien *XI*: 821;
XVIII: 296.
—, —, Fische *XI*: 799;
XVIII: 296.

(Labyrinth, Anatomie), Vögel
XI: 840; *XVIII*: 296.
—, Atmungswirkung der Er-
regung des *II*: 252.
—, Ausschaltung, einseitige,
bei Tieren *XII/2*: 1133;
XVIII: 297.
—, Ausschaltungen, sym-
ptomlose *XV/1*: 394.
—, Ausräumung und gal-
vanischer Nystagmus
XI: 981.
—, Blutdruck und *XI*: 907.
—, Degeneration *XI*: 621,
XI: 630.
—, Drehreaktionen, Aus-
lösungsstelle im *XI*: 882.
—, Drehung, ungleiche Er-
regung *XI*: 931.
—, Druck, Theorie des
XI: 461.
—, Erkrankungen des
XV/1: 382.
—, Fistelsymptom
XV/1: 401 ff.

(Labyrinth, Anatomie),
Funktion, Mensch
XVIII: 302.
—, Funktion, statische, beim
Fliegen *XV/1*: 365.
—, —, Theorie der *XI*: 1002.
—, Funktionssteigerung,
periphere *XV/1*: 396.
—, galvan. Prüfung bei ein-
seitig fehlendem
XV/1: 395.
—, Hyperämie, Hören und
XI: 625.
—, Lähmung des *XV/1*: 394,
XV/1: 398.
—, Lokalisation, egozentr.
XII/2: 983.
—, Magen-Darm-Bewegun-
gen und *XI*: 907.
—, Otolithen und Vertikale
XII/2: 873, 976.
—, pathologische Physiologie
des *XI*: 619; *XVIII*: 289.
—, Pseudofistel-Symptom
XV/1: 406.

(Labyrinth, Anatomie),
Raddrehung bei funk-
tionsunfähigem
$XV/1$: 390.
—, Reflexe s. Labyrinth-
reflexe.
—, Reizung $XV/1$: 394.
—, Schnecke XI: 467.
—, Schwachreizmethode
XI: 968; $XV/1$: 385.
—, Selachier XI: 778.
—, statische Organe XI: 768.
—, Störung der Pars superior
oder inferior $XV/1$: 400,
$XV/1$: 410.
—, Vestibularausfall, einseitiger, und $XV/1$: 392.
—, Zerstörung des, und galvanische Reaktion
$XV/1$: 393.
Labyrinthexstirpation
$XV/1$: 71, 80.
—, Amphibien, Reptilien
XI: 834, 837.
—, Drehreflexe XI: 826, 845,
XI: 874, 879, 882, 894,
XI: 897; $XV/1$: 108.
—, einseitige, Säuger
XI: 895.
—, Fische XI: 817, 818.
—, Kleinhirn X: 262, 296.
—, Kompensation nach ein-
seitiger $XV/1$: 78.
—, — durch Sehreize X: 479.
—, Körperhaltung nach
doppelseitiger $XV/1$: 112.
—, Methoden, bei Säugern
XI: 875.
—, Vögel XI: 859, 861.
—, Zirkelbewegungen
$XV/1$: 112.
Labyrinthflüssigkeit, Be-
wegung XI: 676.
Labyrinthhydrops $XV/1$: 396.
Labyrinthindex $XV/1$: 398.
Labyrinthitis XI: 619.
— circumscripta $XV/1$: 401.
—, Hörstörungen XI: 622.
— serosa $XV/1$: 396.
Labyrinthlähmung, Dreh-
starkreizung $XV/1$: 399.
—, Gangabweichung
$XV/1$: 398.
Labyrinthmanometer
$XI/$: 414.
Labyrinthmembranen, Er-
krankungen der XI: 622;
XVIII: 289.
Labyrinthneurosen XI: 739.
Labyrinthprüfung, adäquate
$XV/1$: 400.
—, Einseitigkeit der
$XV/1$: 395.
Labyrinthreflexe X: 243, 288,
X: 310; XI: 893.

(Labyrinthreflexe), einseitige
Labyrinthexstirpation
und XI: 826, 845 874,
XI: 879, 882, 894, 897;
$XV/1$: 108; XVIII: 301.
—, Einteilung XI: 869.
—, galvanische XI: 891;
XVIII: 298.
—, kalorische XI: 886.
—, —, Bogengangsopera-
tionen XI: 851.
—, —, Fische XI: 807.
—, —, Vögel XI: 848.
—, Nomenklatur XI: 869.
—, Progressivbewegungen
XI: 882, 884.
—, Sprungbereitschaft
XI: 883; $XV/1$: 48.
—, thermische XI: 886.
—, tonische XI: 893, 895,
XI: 897, 1011; $XV/1$: 40,
$XV/1$: 55, 59, 72.
—, —, und Otolithen (Utriculus) XI: 1009.
—, Utriculi und XI: 1011 ff.
—, Zehenspreizen XI: 883.
—, Zentrenlage XI: 895,
XI: 907.
Labyrinthreizung, Latenzzeit
XI: 973, 983.
—, Mensch X: 257.
—, Vorbeizeigen bei der
$XV/1$: 397.
Labyrinthstellreflexe XI: 896,
XI: 964, 1010; $XV/1$: 41,
$XV/1$: 65, 72.
—, roter Kern und IX: 726.
Labyrinthtonus, Augen-
muskeln $XII/2$: 1144.
Labyrinthversuche (Rich-
tungssinn) $XV/2$: 975.
Labyrinthwasser, Tensor
tympani und XI: 423.
Labzellen III: 615.
Lachen $XV/2$: 1386.
Lachs, Biologie V: 738.
—, Organumbau $XVI/1$: 882.
—, Schilddrüsenkrebs
$XIV/2$: 1531.
—, Wanderung XVII: 151.
Lachsoden, Gewichts-
zunahme bis Geschlechts-
reife $XIV/1$: 174.
Lactacidogen I: 30;
$VIII/1$: 386—390.
—, Herzmuskel $VII/1$: 720,
$VII/1$: 1177.
—, Milchsäuregehalt der
Muskulatur $XVI/1$: 591.
—, Muskulatur und
$VIII/1$: 384.
Lactacidogenspaltung
$VIII/1$: 423.
Lactacidogenstoffwechsel
$VIII/1$: 274.

Lactacidogenwechsel, Be-
einflußbarkeit
$VIII/1$: 428, 434.
Lactalbumin, biologische
Wertigkeit V: 1152.
Lactaminbildung (Blut-
farbstoffe) $VI/1$: 193.
Lactase III: 929.
—, Pankreassaft $XVI/1$: 908.
Lactation $XIV/1$: 605.
—, extrapuerperale
$XIV/1$: 629.
—, Ovarien und $XIV/1$: 662.
—, Saugakt und $XIV/1$: 629.
—, virginelle $XIV/1$: 630.
—, virile $XIV/1$: 631.
„Lactationsatrophie" der
Gebärmutter $XIV/1$: 644,
$XIV/1$: 663.
„Lactationsbereitschaft"
$XIV/1$: 627.
Lactationsdauer $XIV/1$: 641.
Lactationshormone
$XIV/1$: 615.
Lactationskurve $XIV/1$: 642.
Lactationsperiode
$XIV/1$: 651.
Lactationstheorien
$XIV/1$: 615.
Lactoalbumin $XIV/1$: 647.
Lactose, Harn IV: 297.
—, Stoffwechsel V: 507.
—, Stoffwechselverhalten
V: 1000.
Ladungserscheinungen tie-
rischer Organe
$VIII/2$: 683.
Laevogramm, Elektrokardio-
gramm $VIII/2$: 833.
Lageempfindung X: 716.
Lagekorrektionsvermögen
XVII: 708.
Lagena, Gehörblase der
Selachier XI: 470.
Lagenystagmus $XV/1$: 407,
$XV/1$: 409.
Lagereaktionen XVIII: 306.
—, Arme XI: 964.
—, Kleinhirnstörungen
$XV/1$: 434.
—, Stirnhirnstörungen
$XV/1$: 441.
Lagereflex, Flügel, Schwanz
XI: 858.
—, Seesterne $XV/2$: 1056.
—, Taschenkrebs $XV/2$: 1082.
—, tonisch gewordener
XVII: 693.
—, tonischer XVII: 712.
Lageschätzungen Taub-
stummer XI: 961.
Lageschwindel, Labyrinth-
erkrankungen $XV/1$: 407.
„Lagetäuschungen"
$XV/1$: 477.

(„Lagetäuschungen"),
Schwindel *XV/1*: 445,
XV/1: 464.
Lagewahrnehmung, Druck-
sinn *XI*: 119.
—, Täuschungen *XV/1*: 449.
Lähmung, Atemzentrum
XVII: 889.
—, focale *X*: 406.
— nach „Mechanismen"
(funktionell zusammen-
gehörender Teile) *X*: 706.
—, Nerv, Erregung und
IX: 178.
—, —, durch Narkotica, Koh-
lensäure, Abkühlung,
Kompression und
Erstickung *IX*: 179.
—, otogene *XI*: 462.
—, parasympathische am
Auge *XII/1*: 206.
—, Rückenmark, spastische
oder schlaffe *X*: 848.
—, schlaffe *X*: 700, 895.
—, spastische *X*: 161, 895.
—, —, Mitbewegungen bei
X: 990.
—, Synapse *VIII/1*: 326.
—, Verletzungen *X*: 471.
Lakarnol *XVIII*: 197.
Lamarckismus *XVII*: 961,
XVII: 964.
Lamina reticularis, Ohr
XI: 517.
— spiralis *XI*: 470, 479.
Landasseln, Thermotaxis bei
XI: 176.
LANDOLTscher Ring
XII/2: 801.
Landschaftsbild, allgem.
Klimawirkung *XVII*:514,
XVII: 542.
Landungsreaktion *XV/1*: 49,
XV/1: 108.
Landwanderungen, Fische
und Amphibien *XI*: 179.
Längenbreitenindex, Schädel
XVI/1: 815.
Längenwachstum *XVII*: 794.
—, Körperaufbau, Kind
III: 1305.
LANGERHANSsche Inseln
V: 560; *XVI/1*: 53, 83,
XVI/1: 561, 647.
Langlebigkeit *XVII*: 763,
XVII: 766, 772, 1047.
Längsbündel, hintere
X: 210.
Längshoropter, empirischer
XII/2: 896.
—, stereoskopische Unter-
schiedsempfindlichkeit
XII/2: 899.
Längskraft, Geotropismus
XI: 1019.

Längsmittelschnitt, Lot-
abweichung *XII/2*: 855,
XII/2: 869ff.
—, kinemat. Neigung
XII/2: 1021ff.
—, Seitenneigung
XII/2: 877, 1078.
Längsmuskulatur, Magen
III: 406.
Längsquerschnittstrom,
Warmblüternerv bei Blut-
absperrung *IX*: 370.
Längsteilung Mehrzelliger
XIV/1: 31.
Lärm, Calorienverbrauch und
XV/1: 554.
Lärmtrommel, BÁRÁNY
XI: 549, 561.
Larven, diploide *XVII*: 996.
Laryngeus superior, Schluck-
akt *III*: 362.
Laryngo-Endoskopie *II*: 326.
Laryngoskopie *II*: 181, 327.
Larynxdruckversuch, Herz-
schlag *VII*: 599.
Larynxhinterwand *II*: 326.
Larynxschluß *III*: 354.
Larynxstenosen *II*: 329.
Läsionen, knöcherne Hüllen
des Gehirns nach Trauma
X: 1259.
—, verlängertes Mark
X: 1257.
Läsionsruheströme, Apfel
VIII/2: 762.
Latente Automatie *I*: 265.
Latentes Leben *XVII*: 138,
XVII: 745.
Latenz, Geschwulstkeim-
anlage, embryonaler
XIV/2: 1661.
Latenzperiode, Großhirn
X: 430.
Latenzstadium, Anaphylaxie,
passiver *XIII*: 681, 738.
Latenzzeit, Blattgelenke
VIII/1: 101.
—, effektorisch Organe
IX: 686.
—, elektrische Organe
VIII/2: 899.
—, Erregbarkeit, allgem. Ge-
setze der *I*: 286.
—, Geschwulstbildung
XIV/2: 1581, 1647, 1668,
XIV/2: 1701.
—, Geschwulstentwicklung
XIV/2: 1574, 1581, 1647,
XIV/2: 1661, 1668, 1701.
—, Herz *XVIII*: 183.
—, Muskel *VIII/1*: 173.
—, Reaktionszeit und
X: 547.
—, receptorischer Organe
IX: 674.

(Latenzzeit), Schmerz-
empfindung *XI*: 182,
XI: 185.
—, Seekrankheit *XV/1*: 509.
—, Strahlenwirkung
XVII: 372.
Laterale Schleife *X*: 200.
Lateralhermaphroditismus
XVII: 1052.
Lateralsklerose, Schluck-
störung *III*: 368.
—, myatrophische *X*: 199.
„Lateropulsion" *XV/1*: 483.
Laubblätter, Plagiophoto-
tropismus der *XII/1*: 40.
Laubfrosch, Farbwechsel des
XIII: 197.
Laubmoose, Wiederersatz
XIV: 1118.
Laubmoosformen, multi-
ploide *XVII*: 1032.
Laufbewegungen, Physiologie
des Rückenmarks *X*: 164.
Laufen *XV/1*: 220ff.
—, Energieverbrauch
XV/1: 638.
—, kinematographische Ana-
lyse *XV/1*: 625.
—, physiologische Mechanik
XV/1: 220.
—, Vögel *XV/1*: 268.
Laufkunde, praktische
XV/1: 226.
Laugen, Protoplasmagifte
und *I*: 556, 559.
Lauschmuskel *XI*: 430.
Läuse, Gifte *XIII*: 134.
Lautbildung, automatische
Mechanismen *X*: 176.
Laute, aphonische
XV/2: 1349.
—, kontinuierliche pho-
nische *XV/2*: 1346, 1448.
Lauterzeugung, wirbelloser
Tiere *XV/2*: 1225.
Lautproduktion, Amphibien
XV/2: 1241.
—, Fische *XV/2*: 1241.
—, Reptilien *XV/2*: 1242.
Lävulinsäure, Stoffwechsel-
verhalten *V*: 1004.
Lävulose, Bluteindickung
XVI/1: 634.
Lävulosurie *XVII*: 1064.
Lazeration *XIV/1*: 39.
Leben, Definition *I*: 1.
—, Energetik *I*: 228.
—, Grenze *I*: 300.
—, Kältegrenze *I*: 396.
—, konstantes *XVII*: 138.
—, Kreisprozesse *I*: 275.
—, latentes *XVII*: 138, 745.
—, oszillierendes *XVII*: 138.
—, Temperaturgrenze, obere
I: 399.

(Leben), Zellteilung und
  XIV/1: 966.
Lebensalter, Calciumwert
  und XVI/2: 1446.
—, Einteilung XVII: 756.
—, Entzündungen und
  XIII: 289.
—, Foetus, Herzschlag-
  frequenz VII/1: 457.
Lebensbedingungen, all-
  gemeine I: 322;
  XVII: 138.
Lebensbereitschaft
  XVII: 138.
Lebensdauer XVII: 760, 761,
  XVII: 763, 1047.
— apankreatischer Tiere
  XVI/1: 568, 622.
— — — unter Insulin
  XVI/1: 622.
— Einzelliger XVII: 723.
—, empirische XVII: 760.
—, Höchstgrenzen, Mensch
  XVII: 774.
—, mittlere XVII: 722.
—, Pflanzen XVII: 720.
—, potentielle XVII: 760.
—, soziale Lage und
  XVII: 765.
—, statistische, mittlere
  XVII: 760.
—, Tiere XVII: 720.
Lebenserwartung
  XVII: 722.
Lebensfähigkeit, Erlöschen
  XVII: 719.
— mißgebildeter Individuen
  XIV/1: 1078.
Lebensfunktionen, Herab-
  setzung der XVII: 745.
Lebensgeschichte, innere, Be-
  deutung der, für biolo-
  gische Funktionsabläufe
  XVI/1: 1069.
Lebensgrenzen, Problem der
  I: 323.
Lebenskraft I: 17;
  XV/2: 1046; XVII: 962,
  XVII: 963.
„Lebenskurve der Schild-
  drüse“ XVI/1: 332.
Lebensnotwendige Stoffe
  I: 327.
Lebensraum I: 401.
Lebensräume, Sinnes-
  physiologie XI: 48.
Lebensschwäche, angeborene
  XVI/1: 333.
Lebensverlängerung
  XVII: 778.
Lebenswichtigkeit des chrom-
  affinen Gewebes
  XVI/1: 518.
Lebenszeit, Sinnesphysiologie
  XI: 49.

Leber III: 628, 778, 876,
  III: 1264, 1441.
—, Acetonkörperbildung in
  der V: 881.
—, Alter und XVII: 800, 818.
—, Aminosäurenabbau
  V: 792, 820.
—, Aminosäureverarbeitung
  V: 715.
—, Ammoniakbildung V: 808;
  XVI/1: 1140.
—, anaphylaktische Reaktion
  XIII: 677.
—, anaphylaktischer Shock
  XIII: 721, 725.
—, Bau III: 628.
—, Baustoffe III: 647.
—, Betriebsstoffe III: 635.
—, Blutbildung VI/2: 733,
  VI/2: 735.
—, Blutdepot XVI/2: 1301.
—, Blutversorgung
  VII/2: 1482.
—, Blutverteilung und
  III: 1465.
—, Chlorid in der
  XVI/2: 1494.
—, Cholesterinfütterung und
  V: 1126.
—, Cholesterinstoffwechsel
  und IV: 792.
—, Chromodiagnostik
  IV: 777.
—, Degeneration V: 1177.
—, Desaminierung in der
  V: 713.
—, Durchströmungs-
  versuche XVI/1: 593.
—, Eisenstoffwechsel und
  IV: 800.
—, Eiweißaufbau V: 717.
—, Eklampsie XIV/1: 576.
—, entgiftende Wirkung der
  III: 1384, 1460.
—, Erkrankungen der, siehe
  Lebererkrankungen.
—, Exkretionsorgan
  IV: 769.
—, Farbstoffausscheidung
  III: 634; IV: 771.
—, Farbstoffpermeabilität
  I: 449.
—, Fettgehalt III: 639;
  XVI/1: 616.
—, Formbildung der
  XVI/1: 874.
—, Funktionsprüfung, Farb-
  stoffausscheidung
  IV: 780, 784.
—, Gallenabsonderung, Phar-
  makologie III: 1441.
—, Glykogen siehe Leber-
  glykogen.
—, Halogenstoffwechsel und
  IV: 800.

(Leber), Harnsäureausschei-
  dung durch die IV: 800.
—, Harnstoffbildung V: 800,
  V: 810, 817.
—, Hemeralopie bei Erkran-
  kungen der XII/2: 1606 ff.
—, Herzkranke
  XVI/2: 1355.
—, Histidinabbau V: 892.
—, Histophysiologie der
  III: 633.
—, innersekretorische Stö-
  rung XVII: 1149.
—, Insulinwirkung auf die
  V: 576; XVI/1: 623 ff.,
  XVI/1: 655.
—, intracelluläre Granula
  und Atmung I: 47.
—, Kationen, körperfremde,
  und IV: 800.
—, Ketokörperbildung
  XVI/1: 600.
—, Klimawirkung XVII: 502.
—, Konzentrationsarbeit bei
  der Exkretion IV: 773.
—, Lymphbildung VI/2: 929,
  VI/2: 946, 959.
—, Nervendurchschneidung,
  Einfluß auf III: 657.
—, Pathologie III: 1099.
—, Pharmakologie
  III: 1441 ff.; XVIII: 75.
—, Reaktionsregulierung für
  die XVI/1: 1151.
—, Sauerstoffverbrauch der
  XVI/1: 955.
—, Säurebasengleich-
  gewichtsregulierung
  IV: 798.
—, Säurebildung, nach In-
  sulin XVI/1: 624.
—, Schmerzhaftigkeit
  XI: 196.
—, Stoffwechsel, Pharma-
  kologie III: 1450.
—, Sternzellen III: 629;
  VI/2: 856.
—, Toxikose, Säugling und
  entgiftende Funktion der
  III: 1384.
—, Urobilinogenbildung
  IV: 789.
—, Vitalfärbung III: 633.
—, Wärmebildung III: 1457.
—, Wärmeregulation und
  XVII: 24.
—, Wassergehalt nach Insulin
  XVI/1: 637.
—, Wasserhaushalt und
  IV: 799; XVII: 159, 212,
  XVII: 225, 275.
—, Zucker in, nach Insulin
  XVI/1: 612.
—, Zuckerbildung in
  XVI/1: 593.

Leberanaphylatoxin
XIII: 728.
Leberatrophie *V*: 821.
—, akute *III*: 1275;
VI/1: 399.
—, — gelbe nach Atophan
IV: 795.
—, —, —, Stoffwechsel bei
V: 276.
—, autolytische Vorgänge
V: 732.
—, Phosphatwerte
XVI/2: 1439.
Leberautolyse, intravitale
XIII: 725.
Lebercarcinome *XIV/2*:1532,
XIV/2: 1672.
Lebercirrhose
III: 1101, 1275.
—, Athyreose *XVI/1*: 259.
—, atrophische *VI/1*: 376.
—, Restkohlenstoff bei
VI/1: 305.
Lebererkrankungen *III*:1101;
V: 276, 684, 689, 821;
VI/1: 262, 276;
XII/2: 1606ff.;
XVI/1: 616.
Leberexstirpation, Fett- und
K.-H.-Stoffwechsel
V: 613; *XVI/1*: 587.
—, Kreatinin *V*: 953.
—, Muskelglykogen
XVI/1: 589.
—, N-Stoffwechsel *V*: 820.
—, pankreasexstirpierte
Hunde *XVI/1*: 587.
Leberextrakt, Atmung und
I: 48.
—, perniciosawirksamer
XVIII: 132.
Leberfunktionsprüfung
IV: 778, 779, 780, 784.
Lebergalle, Entstehung
IV: 607.
—, Kalkgehalt *IV*: 610.
Lebergallengänge, Steine
IV: 623.
Lebergefäße, Adrenalin und
VII/2: 983; *XVI/2*: 1217.
Lebergifte *III*: 1457.
Leberglykogen, Bildung
V: 826; *XVI*: 613.
—, gebundener Zucker und
XVI/1: 573.
—, Gehalt *XVI/1*: 641.
—, Muskulatur und
XVI/1: 651.
—, nervöser Tonus und
XVI/2: 1697.
Leberhormon, Erythropoese
und *VI/2*: 783.
Leberinsuffizienz *V*: 822.
Lebernerven, Atropin auf die
X: 1141.

Leberparenchymerkrankun-
gen *VI/1*: 276.
Leberschädigung *III*: 1456.
Leberschnitte, Atmung
XVI/1: 625.
Lebersediment *IV*: 623.
Lebersperre *XVII*: 213.
—, Adrenalin *X*: 1105.
—, anaphylaktischer Shock
XIII: 727.
—, vegetative *X*: 1139.
Lebertätigkeit, assimilato-
rische und dissimilato-
rische Phase der *IV*: 784.
Lebertherapie *VI/2*: 776.
Lebervenen, Shockgifte
VII/2: 1516.
Lebervenenblut, Zucker-
gehalt *XVI/1*: 625.
Leberverfettung *V*: 623.
Leberzellen, Eiweißschollen
in den *V*: 39.
—, Sedimentbildung
IV: 619.
Lecithin, Antigen *XIII*: 434.
—, Geschlechtsbestimmung
und *XIV/1*: 340.
—, Strahlenwirkung
XVII: 369.
Lecithinsynthese *III*: 176.
Lecksucht *III*: 1047.
LEDERHOSES Atmungs-
phänomen *VII/2*: 1448.
Leerarbeit, Energieverbrauch
für die *XV/1*: 821.
—, mechanisches Äquivalent
der *XV/1*: 819.
—, Wirkungsgrad der
XV/1: 823.
Leerbewegung *XV/1*: 630,
XV/1: 818, 825.
Leerlaufwert bei Belastung
(körperliche Arbeit)
XV/1: 819.
Leerschlucken *III*: 350.
Leersekretion operierter Ma-
gen *III*: 1226.
„Leertätigkeit", Magen
XVI/1: 917.
Legumin, Leguminosen,
Chemie *III*: 271.
Leib-Seele-Einheit, Organis-
mus als *XVI/1*: 1066.
—-—-Problem *XVII*: 870.
Leibeshöhle, primäre *VII/1*: 9.
—, Resorption und *IV*: 177.
Leibesübungen *XVII*: 544.
Leichen, Blutmenge
XVI/2: 1398.
—, Leuchten *VIII/2*: 1060.
Leichenflecke *XVII*: 885.
Leichengerinnsel *VII/2*:1728.
—, agonale Entstehung
VII/2: 1729.
Leichenmagen *III*: 402, 404.

Leichenmark *VI/1*: 806.
Leichenstarre, Durch-
schneidung der Rami
communicantes und
IX: 737.
Leichenwachsbildung
V: 609, 1271.
Leichtathletiker, Muskel-
aufbau *XVI/2*: 1379.
Leistung, Pausen und
XV/1: 538.
Leistungen, psychische,
Regenwurm *IX*: 517.
Leistungsabfall, zunehmendes
Lebensalter und
XV/1: 532.
Leistungsabstimmung, Fließ-
arbeit und
XV/1: 658.
Leistungsänderungen, Mus-
keldegeneration und
VIII/1: 542.
Leistungsbereitschaft, objek-
tive und subjektive
XV/1: 660.
Leistungsbreite des Einzel-
individuums *I*: 619.
Leistungsfähigkeit, geistige
XV/1: 661.
—, Grenze der körperlichen
XV/1: 779.
—, psychische beim Fliegen
XV/1: 367.
—, zirkulatorische *XV/1*:367,
XV/1: 376.
Leistungsträger *I*: 698.
Leitfähigkeitsmessungen,
Auge *XII/2*: 1355, 1356.
Leitfläche, relative bei Pflan-
zen *VI/1*: 1118.
Leitendes Element
IX: 79ff.
Leitung, doppelsinnige der
Nerven *IX*: 627.
Leitungsanästhesie, endo-
und perineurale Injektion
IX: 435.
—, Vorteile der *IX*: 434.
„Leitungsaphasie" *X*: 782,
X: 789; *XV/2*: 1518.
Leitungsbahnen, Drucksinn
XI: 105.
—, Mimosa *IX*: 7.
—, reticulospinale *X*: 874.
—, rubrospinale *X*: 875.
—, Rückenmark *X*: 843 (s.
a.: Rückenmark.
—, spinofugale *X*: 867.
—, Tropismen *IX*: 16.
—, Schall *II*: 289.
Leitungsgeschwindigkeit,
Nerv *VIII/2*: 916;
XVIII: 225, 245.
—, —, Gaswechsel und
IX: 385.

(Leitungsgeschwindigkeit,
  Nerv), O-Mangel und
  IX: 374.
—, —, periphere Läsionen u.
  IX: 350.
—, —, Querschnittsgröße
  und *IX*: 778.
Leitungsvermögen, doppel-
  sinniges, Nerven
  VIII/2: 916; *IX*: 627.
—, nervöse Zentralteile
  IX: 666.
Leitungswiderstand, Gewebe,
  lebendes *VIII/2*: 658.
—, Mensch, Gesamtkörper
  und Haut *VIII/2*: 657,
  VIII/2: 658.
—, Pflanzen *VIII/2*: 675.
—, Tiere, Gesamtkörper und
  Haut *VIII/2*: 675.
Lemnoblasten, Nerven-
  degeneration
  IX: 136, 301.
LENHOSSEKsche Theorie der
  Neurofibrillenbedeutung
  IX: 152.
Lenticonus anterior, vorüber-
  gehende Bildung
  XII/1: 147.
Lentizellen *XIV*: 1198.
Lepidopteren, Stridulations-
  organe *XV/2*: 1236.
Lepra, Immunität
  XIII: 532.
Leptohormone *XIV/1*: 1138.
Leptomedusen, Statocysten
  bei *XI*: 769.
Leptomeningitis spinalis tu-
  berculosa, Rind *X*: 1260.
LÉRIsche Hand-Vorderarm-
  Zeichen *X*: 985.
Lernvermögen, Regenwurm
  IX: 518.
Lesbische Liebe *XIV/1*:807.
Lesenlernen *XV/2*: 1423.
Leseproben, JAEGERsche
  XII/2: 788.
Lesereaktion, Reaktionszeit
  X: 533.
Lesezentrum *X*: 811.
Letale Faktoren *XVII*: 926,
  XVII: 942.
„Lethargus" *XVII*: 686.
Letzte gemeinsame Strecke
  IX:753, 701; *XV/2*:1054.
— — —, Sprachvorgänge
  XV/2: 1422.
Leuchtbakterien
  VIII/2: 1059, 1076.
—, denitrifizierende
  VIII/2: 1067.
—, Ernährung von
  VIII/2: 1064.
—, Sauerstoffbedarf von
  VIII/2: 1065.

Leuchtbakterieninfektion
  VIII/2: 1061.
Leuchtbrille, Nystagmus-
  beobachtungen
  XV/1: 397.
Leuchtdichte, Auge
  XII/2: 1503 ff.
Leuchtdrüsen *VIII/2*: 1074.
Leuchten *VIII/2*: 1057, 1072.
—, anaerobes *VIII/2*: 1067.
—, Blätter *VIII/2*: 1059.
—, chemische Natur des Vor-
  ganges *VIII/2*: 1069.
—, Fische *VIII/2*: 1060.
—, Fleisch *VIII/2*: 1060.
—, Luciola vitticollis *I*: 66.
—, Pflanzen *VIII/2*: 1057.
—, —, scheinbares
  VIII/2: 1069.
—, Polypen, wellenformiges,
  durch Interferenz-
  hemmung *IX*: 663.
—, Temperatur und
  VIII/2: 1079.
Leuchtlinie, galvanische Rei-
  zung, Labyrinth
  XI: 980.
Leuchtorgane *VIII/2*: 1073,
  VIII/2: 1075, 1080.
—, Symbiosen und *I*: 685.
Leuchtreaktion
  VIII/2: 1081.
Leuchtsekret *VIII/2*: 1076,
  VIII/2: 1078.
Leucin in normalem Harn
  V: 680.
Leukämie *VI/2*: 911.
—, akute *VI/2*: 788.
„—, — mit Monocyten"
  VI/2: 851.
—, Aminosäuren und
  V: 692.
—, lymphatische *VI/2*: 708.
—, Mikromyeloblasten
  VI/2: 745.
—, myelogene *VI/1*: 375.
Leucocyten *VI/1*: 46, 58, 65;
  VI/2: 700.
—, acido- oder eosinophile
  VI/1: 49; *VI/2*: 709.
—, Acidose und *VI/2*: 811.
—, antigener Charakter
  VI/1: 595.
—, Auswanderung der
  VII/2: 1669, 1673, 1675;
  XIII: 313.
—, — bewirkende Stoffe
  VII/2: 1681.
—, —, Strömungsoptimum
  VII/2: 1673.
—, Autolyse *V*: 730.
—, basophile der Mastzellen
  VI/1: 50.
—, Bewegung der *VI/1*: 59;
  VIII/1: 26.

(Leucocyten), Blutungen und
  VII/2: 1681.
—, Degenerationen bei
  Krankheitszuständen
  VI/2: 717.
—, eosinophile *VI/2*: 709.
—, Entzündungen, lokale,
  und Vermehrung der
  VII/2: 1682.
—, Exsudate *VI/2*: 714.
—, Geistesarbeit und
  VI/2: 703.
—, Gesamtzahl des Körpers
  VI/2: 759.
—, Gewebezüchtung
  XIV/1: 998.
—, Hautreiz und *VI/2*: 704.
—, Höhenklima und
  VI/1: 56; *VI/2*: 727.
—, Immunität und
  VI/1: 60.
—, Ionen im Blut und
  VI/2: 705.
—, Ionenreihe und
  I: 513.
—, Lebensdauer *VI/2*: 716,
  VI/2: 758.
—, Lichtwirkung auf
  XVII: 234, 321.
—, Liquor *VI/2*: 711.
—, mononucleäre *VI/2*: 710.
—, Nahrungszufuhr und
  VI/2: 702.
—, neutrophile, Antitoxin-
  fermentgehalt *VI/1*: 48.
—, Nomenklatur *VI/1*: 48.
—, pathologische Formen
  VI/2: 705, 710.
—, Permeabilitätsänderung,
  Oberfläche *VI/2*: 815.
—, Phagocytose durch
  VI/1: 60; *XIII*: 815.
—, polymorphkernige
  VI/2: 707.
—, Randstellung der
  XIII: 311.
—, Rückwanderung in Gefäß
  VII/2: 1685.
—, Sekretion, innere und
  VI/1: 54.
—, Sputum *VI/2*: 711.
—, Temperatureinflüsse und
  VI/2: 704.
—, Urin *VI/2*: 712.
—, Zahl der *VI/*: 52;
  VI/2: 701, 759.
Leukocytenantisera
  XIII: 497.
Leukocytenauswanderung
  VII/2: 1669 ff.;
  XIII: 313.
Leukocytenbildende Appa-
  rate *VI/1*: 47, 64.
Leukocytenkurve, biologische
  VI/2: 815.

Leukocytenthromben
VII/2: 1731.
Leukocytenzahl *VI/1*: 52, 53,
VI/1: 58, 701.
Leukocytenzählung *VI/1*: 52.
Leukocytose *VI/2*: 811;
XVI/1: 609.
—, Bestrahlung und
XVII: 363.
—, myelogene *VI/2*: 706.
—, myogene *VI/2*: 812.
—, Verdauung *VI/1*: 54;
VI/2: 702.
Leukonuclein *VI/2*: 224.
Leukonychie *XVII*: 1061.
Leukopenie *VI/2*: 811.
—, alimentäre *VI/2*: 703.
—, shockartige *VI/2*: 806.
Leukoplasten, funktionelle
Bedeutung *I*: 587.
Leukosarkomatosen
VI/2: 914—915.
Leukosen, übertragbare
XIV/2: 1550.
Leukoskop, Dreilichtermisch-
apparat *XII/1*: 416.
Leukostimulantien
XIII: 828.
Leukoverbindung, Blut-
farbstoffe *VI/1*: 178.
Leukowidal *VI/2*: 814.
Levator ani *III*: 475.
Leydigsche Zellen
XIV/1: 713.
— Zwischenzellen, Keim-
gewebe und *XVI/1*: 59.
Leydigsches Organ
VI/2: 744.
Libido *XIV/1*: 176, 191ff.,
XIV/1: 813, 822.
—, Alkohol und *XIV/1*: 826.
—, Blutdruckerhöhung
XIV/1: 834.
—, Eunuchoidismus und
XIV/1: 826.
—, Geruchsempfindung und
XIV/1: 831.
—, Infantilismus und
XIV/1: 826.
—, Inkretsystem und
XIV/1: 823, 824.
—, Keimdrüsenfunktion und
XIV/1: 824.
—, konstitutionelle Faktoren
und *XIV/1*: 840.
—, Minderwertigkeitsgefühle
und *XIV/1*: 839.
—, periphere Reize und
XIV/1: 827.
—, Reizerhöhung bei primi-
tiven Völkern *XIV/1*: 828.
—, visuelle Empfindung und
XIV/1: 830.
—, Voluptas in der Meno-
pause und *XIV/1*: 685.

Libidoorganisation
XIV/1: 792.
Libidosteigerung *XIV/1*: 827.
Lichenase, Helix *III*: 95.
Lichenin, Chemie *III*: 257.
—, Helix *III*: 95.
Licht s. auch Lichtwirkung.
—, Entwicklung und
VIII/2: 1057.
—, — und der Einfluß von
verschiedenfarbigem
XVI/1: 836.
—, Farbe und *XII/1*: 314ff.
—, — von Leuchttieren
VIII/2: 1082.
—, farbiges, Doppelwirkung
XII/1: 368.
—, Farbwechsel, Einfluß des
XIII: 211, 212, 235.
—, homogenes *XII/2*: 1504.
—, Klimawirkung und
XVII: 525.
—, Leuchttiere und Einfluß
von *VIII/2*: 1078.
—, menschliche Haut und
XIII: 258; *XVII*: 315.
—, Nachwirkungen
XVII: 307.
—, Permeabilität und Ein-
fluß des *I*: 479.
—, pflanzliches, Eigen-
schaften des *VIII/2*:1061.
—, Pigmentbildung und
XIII: 226; *XVI/1*: 838.
—, photochemische Wirkung
des *XII/1*: 538.
—, Puretrationsfähigkeit
XVII: 316.
—, retinomotorischeWirkung
des *XII/1*: 271.
—, taggleiches *XII/1*: 681.
—, ultraviolettes *I*: 241, 282;
V: 1187.
—, ultraviolettes, Rachitis
V: 1187.
—, Wachstum und
XVI/1: 835.
—, Wirkung *XVII*: 327, 514.
Lichtaberration, Irradiation
und *XII/1*: 501.
—, Simultankontrast und
XII/1: 489, 491.
Lichtabfallstheorie, Photo-
tropismus der Pflanzen
XII/1: 56, 58.
Lichtabsorption *XII/1*: 537;
XVII: 307, 315, 318.
Lichtausnützung pflanzlicher
Photosynthese *V*: 335,
V: 360, 601.
Lichtbrechung von Lösungen
I: 205.
Lichteffekte, farblose bei
Dunkeladaptation
XII/2: 1506.

Lichteindrücke, Atmung und
II: 251.
Lichteinfluß, Haut, Mensch
XIII: 258; *XVII*: 315.
Lichteinstellung, Pflanzen
XII/2: 1150.
Lichtempfindlichkeit, Pflan-
zen *XII/1*: 42, 46.
—, Selbststeuerung
XII/2: 1500; 1572.
—, Tyrosinase *XVI/1*: 841.
Lichtenergie *I*: 269.
—, CO_2-Assimilation und
V: 335, 360, 601.
—, spektrale Verteilung und
Helligkeit *XII/1*: 376.
Lichtenergieproduktion
VIII/2: 1057, 1072,
VIII/2: 1081.
Lichtentzündung, mensch-
liche Haut *XIII*: 259.
Lichtermischung
XII/1: 395ff.,
XII/2: 1504.
—, Farbentonkreis und
XII/1: 410.
—, Gesetze *XII/1*: 396, 412,
XII/1: 681; *XII/2*: 1544.
—, Valenzensummierung und
XII/1: 395.
Lichterökonomie, Grund-
lichter bei Mischung
XII/1: 410ff.
Lichterythem *XVII*: 315.
Lichtfilter *XII/1*: 410ff.;
XVII: 306.
Lichtfläche *XII/2*: 747.
—, Darstellung der, nach
Hering *XII/2*: 747.
„Lichtgemische"
XII/1: 395ff;
XII/2: 1504.
Lichtgewöhnung *XVII*: 310.
Lichtheimsche Probe, innere
Sprache *XV/2*: 1441.
Lichtinduktion, simultane
XII/1: 483.
—, sukzessive *XII/1*: 483.
Lichtintensitäten *XVII*: 305.
Lichtkatalysatoren, minera-
lische *XVII*: 341.
Lichtkompaßbewegung
XII/1: 32; *XV/2*: 1023.
Lichtkurvenaufnahmen
XV/1: 648.
Lichtlage, fixe *XII/1*: 40.
Lichtmenge, Auge, eintre-
tende *I*: 243.
Lichtmengengesetz
XII/: 1438.
—, Augenströme
XII/2: 1487.
—, Opticusströme
XII/2: 1475ff.
Lichtnebel *XII/1*: 237.

(Lichtnebel), Adaptations-
untersuchungen und
XII/2: 1570.
Lichtperspektive *XII/1*: 612.
Lichtproduktion
VIII/2: 1057ff., 1072ff.
Lichtqualitäten *XVII*: 305.
Lichtquellen *XVII*: 305.
Lichtreflex, Pupille *X*: 213.
Lichtreize, Gaswechsel des
Gehirns und *IX*: 529.
—, Proteolyse in verschie-
denen Hirnteilen und
IX: 590.
—, Reaktionszeiten *X*: 552.
—, reflektorische Immobili-
sation durch *XVII*: 692.
—, Regeneration
XIV/1: 1094.
Lichtreizverhältnis, Auge
XII/2: 1501.
—, Gegenstände und ihre Um-
gebung *XII/2*: 1504.
Lichtrichtungstheorie, Photo-
tropismus der Pflanzen
XII/1: 56, 58.
Lichtrückenreflex, Krebs
XI: 794.
Lichtschattenfigur, PUR-
KINJES *XII/1*: 439.
Lichtscheu *II*: 316.
Lichtsinn *XII/1*: 295ff.;
XII/2: 753, 755, 756.
—, Raumsinn und gegen-
seitiges Verhältnis
XII/2: 758.
—, Unterschiedsempfindlich-
keit *XII/1*: 387.
Lichtstärke *XII/2*: 1504.
—, Farbenton und
XII/1: 410.
—, — —, Sättigung, Nuance
XII/1: 347, 397.
—, Helligkeit und
XII/1: 309, 551.
—, Helligkeitsunterschiede
und *XII/2*: 780.
—, zeitliche Unterschei-
dungsfähigkeit von der
XII/2: 700.
Lichtstreifen, elliptische
XII/1: 262.
„Lichtstrom" *XII/2*: 1504.
Lichttonus *XII/2*: 1136,1148,
XII/2: 1151; *XV/2*: 1208.
Lichtverlust, macularer
XII/2: 1511.
Lichtwachstumsreaktion
VIII/1: 83.
—, Pflanzen *XII/1*: 57.
Lichtwechsel, Auslösungs-
faktor *XVII*: 665.
Lichtwellen, stehende
XII/1: 538.
Lichtwirkung s. auch Licht.

(Lichtwirkung)
XVII: 305ff., 343.
—, abnorme Embryonalent-
wicklung *XIV/1*: 1065.
—, chromatische, Farbensinn
und *XII/1*: 458ff., 552.
—, direkte *XVII*: 311, 320.
—, Einzellige und isolierte
Gewebe *XVII*: 308.
—, Gesamtorganismus
XVII: 314.
—, indirekte *XVII*: 311, 320.
—, klimatischer Faktor
XVII: 526.
—, Körperoberfläche, För-
derung der *XVII*: 317.
—, —, Hemmung *XVII*: 317.
—, pflanzl. Stoffwechsel
V: 352.
Lichtzerstreuung, kolloide
Systeme *I*: 201.
Lidbewegung, Auge, Mecha-
nik *XII/2*: 1275.
—, Fremdkörperreflex
XII/2: 1316.
—, Innervation *XII/2*: 1281.
—, synergische *XII/2*: 1278.
Lidmuskeln, antagonistische
Innervation *XII/2*: 1277.
—, glatte *XII/2*: 1278.
Lidreflexe *XII/2*: 1280.
—, vestibulare *XI*: 824.
Lidschlag, abortiver
XII/2: 1277.
—, zeitlicher Verlauf
XII/2: 1279.
Lidschluß, Blinzeln
XII/2: 1276.
—, Lidschlag des Auges und
XII/2: 1275.
—, Schutzorgan des Auges
XII/2: 1273.
—, Zukneifen der Lider
XII/2: 1276.
Lidschlußreflexe *X*: 184,
X: 1005; *XII/1*: 177.
Lidschlußstörungen *XI*: 464.
Liebe, Gesetzmäßigkeiten der
XIV/1: 811.
LIEBERKÜHNsche Drüsen
III: 665.
Liebespfeil *XIV/1*: 51, 56.
LIEBIGS Gesetz des Mini-
mums *I*: 496.
LIESEGANGsche Ringe
IV: 636.
Liftreaktion *XV/1*: 48.
—, Labyrinthreflex *XI*: 883.
Ligamentum scroti
XIV/1: 697.
— suspensorium penis
XIV/1: 768.
LILLIEsches Kernleiter-
modell *I*: 321; *IX*: 284.
Lime-juice *V*: 1225.

Limes parastriaticus *X*: 731.
Limulus, Atmung *II*: 31.
—, Herznerven *VII*: 61.
—, Thermoreceptoren bei
XI: 176.
Limulusherz *VII/1*: 36, 41,
VII/1: 51, 403.
Lindner-Phänomen
XV/1: 455, 458, 460, 469.
Linealzelle, Plasma
XVI/1: 495.
Linearduktionen, Progressiv-
bewegungen *XI*: 807, 830,
XI: 847.
Linearvektionen (LV),
Spiegelversuch *XV/1*: 473.
Line-test, Rachitis *V*: 1185.
Lingualis, Geschmacksorgan
XI: 315.
Linien, Sehobjekt *XII/2*: 755.
Linienprobe, Rachitis
V: 1185ff.
Linke Hand, und rechte
XV/2: 1153.
Linkshänder, Sprache und
XV/2: 1442.
Linkshändigkeit *XV/2*: 1064;
XVII: 979, 1178.
—, Schwachsichtigkeit und
XII/2: 1163.
Linksschreiber *XV/2*: 1154.
Linksverschiebung s. ent-
sprechendes Stichwort.
Linolsäuregehalt, Phospha-
tide *V*: 630.
Linse, Auge *XII/1*: 187.
—, —, Alkoholextrakt
XII/1: 189.
—, —, anorganische Substan-
zen, Gehalt an *XII/1*: 189.
—, —, Atmung, innere
XII/1: 194.
—, —, Chemie der
XII/1: 187; *XIII*: 499.
—, —, Dämmerungstiere
XII/2: 717.
—, —, Dicke der *XII/1*: 86.
—, —, Eiweißgehalt der Star-
XII/1: 192.
—, —, Färbung *XII/1*: 189,
XII/1: 343.
—, —, Form der *XVI/1*: 879.
—, —, Gelbfärbung
XII/1: 523.
—, —, homogene, Totalindex
der *XII/1*: 87.
—, —, Index *XII/1*: 83.
—, —, schematische
XII/1: 89.
—, —, Star-, Wassergehalt
der *XII/1*: 193.
Linsenaugen *XII/1*: 9, 70ff.;
XII/2: 1160.
Linsenbildung, Rana fusca
XVI/1: 881.

Linsenbläschen,Abschnürung des *XII/1*: 191.
Linseneiweiß *XII/1*: 187,192.
Linsenmuskel, Akkommodationslehre, vgl. *XII/1*:158.
Linsenproteine, Spezifität der *XIII*: 695.
Linsenquellung, Kammerwinkelverlegung durch *XII/2*: 1377.
Linsenschlottern *XII/1*: 200.
Linsensklerose *XII/1*: 190.
—, Akkommodationsbreite bei *XII/1*: 187.
Linsensubstanz, Verwandlung klarer in getrübte *XII/1*: 194.
Linsentrübungen, Auge *XII/1*: 187; *XII/2*: 788, *XII/2*: 832.
—, Tiere *XII/1*: 191.
Linsenverdichtung *XII/1*: 190.
Linsenzerfall, hydrolytischer *XII/1*: 194.
Lipämie *V*: 1106; *VI/1*: 284; *VII/2*: 1103.
—, Diabetes mellitus nach Insulin *XVI/1*: 616.
—, Fettleber und *V*: 624.
—, pankreatogene *V*: 1109.
—, physiologische *VI/1*: 284.
Lipamin *XIV/1*: 405.
Lipase, Aktivierung *III*: 916.
—, Artunterschiede *III*: 913, 911.
—, Blutserum *XIII*: 460.
— Hypothese der Lymphocyten *VI/2*: 839.
—, Identität verschiedener *III*: 916.
—, Pankreassaft *XVI/1*: 907.
—, p^H-Optimum *III*: 916.
—, Resorptionstheorie von WILLSTÄTTER *III*: 919.
—, stereochemische Spezifität *III*: 918.
—, Vergiftung *III*: 917.
—, Wirbelloser *III*: 93.
Lipaseaktivierung, Fettverdauung *III*: 919.
Lipocholesterinämie *V*: 1107.
Lipochrom *V*: 1266; *XIV/1*: 440.
—, Blut, Gehalt an *VI/1*: 289.
Lipochrome, Vitamine und *XIII*: 196.
Lipodierese *V*: 627; *XVI/1*: 617.
Lipofuscin *V*: 1266; *XVII*: 800.
—, Leber *III*: 656.
Lipoid-Spaltungsprodukte *VI/1*: 578.

Lipoidanaphylaxie *XIII*: 704.
Lipoidantigene, Maskierung der *XIII*: 447.
Lipoidantikörper *XVIII*: 323.
—, Blutzellenantisera *XIII*: 497.
—, Eiweißantikörper und *XIII*: 435.
—, Existenz der *XIII*: 434.
Lipoidantikörperbildung *XIII*: 435.
Lipoidbegriff *III*: 160.
Lipoide *III*: 160ff.
—, Antigene *XIII*: 426, 433, *XIII*: 514.
—, Antigenfunktion und physikochemische Beschaffenheit der *XIII*: 436.
—, Blut *V*: 1106.
—, Eigenschaften *III*: 161.
—, Einteilung *III*: 161.
—, Gaswechsel des Rückenmarks und *IX*: 547.
—, Gifte, tierische und *XIII*: 182.
—, Harn *IV*: 291.
—, Hypophysenvorderzellen *XVI/1*: 412.
—, Kot *IV*: 691.
—, Nervensubstanz *IX*: 50, *IX*: 147.
—, Resistenz des Körpers und *XIII*: 571.
—, Zustandsänderung der *I*: 545.
Lipoidinfiltration, Arteriosklerose *VII/2*: 1104.
Lipoidlöslichkeit, chem. Substanzen (Veränderung durch Paarung) *V*: 1034.
—, Hautresorption und *IV*: 117, 128.
—, Narkose *I*: 536.
Lipoidmembranen, künstliche *I*: 428.
Lipoidnephropathie *IV*: 517, *IV*: 537, 562.
Lipoidnephrose *IV*: 566; *V*: 1193.
Lipoidstoffwechsel, Keimdrüsen *V*: 1129, 1132.
—, Schilddrüse und *XVI/1*: 671.
Lipoidtheorie *XVII*: 167, *XVII*: 170.
—, Einwände gegen die *I*: 542.
—, Grundregel *I*: 539.
—, Overton *I*: 424.
Lipopexie *V*: 622, 627.
Lipoproteid *XIV/1*: 405.

Lippendrüsen, Schlangen *III*: 571.
Lippenklappen, Herz *VII/1*: 164.
Lippenpfeife *II*: 286.
Lippenreflex, Schlaf *X*: 501.
LIPPMANNsche Elektrocapillarkurve *I*: 144.
Lipurie *XVI/1*: 578.
Liquide ovarique *XIV/1*:363.
— testiculaire *XIV/1*: 359.
Liquor cerebrospinalis *X*: 7, *X*: 1179, 1217; *XVI/2*: 1443.
— —, Aceton im *X*: 1212.
— —, Bakterien im *X*:1220.
— —, Bewegung des *X*:1200.
— —, Bicarbonatgehalt *XVI/2*: 1431.
— —, Chemie des *X*: 1206.
— —, Cytologie des *X*:1217.
— —, Druckverhältnisse *X*: 106, 1189.
— —, Eiweißvermehrung im *X*: 1211.
— —, Entnahme *X*: 1183.
— —, Entstehung des *X*: 1185, 1191.
— —, Fermente im *X*: 1213.
— —, Fibringerinnsel im *X*: 1210.
— —, Flockungsreaktionen *X*: 1216.
— —, Funktion des *X*:1205.
— —, Gesamtcalcium *XVI/2*: 1458.
— —, innerer und äußerer, Unterschied *X*: 1222.
— —, Kaninchen *X*: 1209.
— —, Kohlensäure im *XVI/2*: 1388.
— —, Kolloidreaktionen des *X*: 1213.
— —, Mastixreaktion *X*: 1213.
— —, Menge des *X*: 111, *X*: 1187.
— —, Parasitologie des *X*: 1220.
— —, physikal.-chem. Funktion des *X*: 1205.
— —, physikalische Eigenschaften *X*: 1206.
— —, Physiologie, normale und pathologische *X*: 1179.
— —, Produktion und Resorption *X*: 113, 1202.
— —, Reaktion, aktuelle, des *X*: 1206.
— —, — bei Einatmung von Kohlensäure und Na_2CO_3 *XVI/1*: 1107.
— —, Resorption in die Blutbahn *X*: 1202.

(Liquor cerebrospinalis), respiratorische Oszillationen *X*: 1201.
— —, Spirochaete pallida im *X*: 1221.
— —, Stauung, endoventrikulare bei der Hydrocephalie *X*: 1239.
— —, Strömung des *X*: 1200.
— —, — durch die nervöse Substanz *X*: 1201.
— —, Trockensubstanzen des *X*: 1207.
— —, Untersuchung, fraktionierte *X*: 1223.
— —, uteruserregende Substanz im *XVI/1*: 490.
— —, Verschiedenheiten, örtliche *X*: 1222.
— —, WASSERMANNsche Reaktion *X*: 1215.
— —, Zellen *X*: 1219.
— —, Zellgehalt *X*: 1209.
— —, Zellvermehrung *X*: 1217.
— —, Zirbeldrüse und *XVI/1*: 507.
— —, Zuckergehalt *VI/2*: 965; *X*: 1208, 1212.
— —, —, Verminderung *X*: 1212.
— —, Zusammensetzung *X*: 1206.
— folliculi *XIV/1*: 412.
Liquorraum *X*: 1182.
—, Blutung im *X*: 1209.
Lispeln, bronchiales *II*: 300.
LISTINGsches Gesetz *VIII/1*: 648; *XII/2*: 1011ff.
—, Ableitung, direkte (Führungskegelprinzip) *XII/2*: 1020ff.
—, —, indirekte *XII/2*: 1025.
—, Allgemeinfassung *XII/2*: 1011.
—, Bewegung um primäre Achsen *XII/2*: 1014, *XII/2*: 1034.
—, Blickbahn und *XII/2*: 1057.
—, Gelenkform, Muskelzahl, Muskelanordnung *XII/2*: 1014.
—, Geltung auch an anderen Gelenken *VIII/1*: 648; *XII/2*: 1014.
—, Kopfstellung und *XII/2*: 1031.
—, Modelle *XII/2*: 1021ff.
—, Motorenanalyse *XII/2*: 1013ff.
—, Nahesehen und *XII/2*: 1029.

(LISTINGsches Gesetz), Perspektive und *XII/2*: 949, *XII/2*: 951, 1027.
—, Rollungskooperation und *XII/2*: 1041, 1044.
—, Tertiärneigung und *XII/2*: 952.
Literale Paraphasie *X*: 783; *XV/2*: 1455.
Lithium, Ausscheidung durch Darm *IV*: 694.
—, Hautresorption wäßriger Lösungen *IV*: 125.
Lithiumsalz, Froschlarven, Wirkung *XVI/1*: 724.
Lithocholsäure *III*: 882.
Lobi electrici *VIII/2*: 886.
— optici *X*: 200.
Lobus insulae *X*: 760.
— parietalis *X*: 710.
— temporalis *X*: 755.
Lochkameraauge *XII/1*: 9, *XII/1*: 60.
Lochkasten *XII/1*: 479.
Lochschirm *XII/1*: 599.
Locus coeralems, Atmung und *II*: 255.
— Kieselbachii *XVII*: 431.
LOEWISCHE Reaktion (bei Diabetes) *X*: 1107.
Logorrhoe, Echolalie und *XV/2*: 1459.
Lohnproblem, Physiologie der körperlichen Arbeit *XV/1*: 666.
Loi du contrepied, experimentelle Stützen *XV/2*: 954—955.
Lokaladaptation *XII/1*: 461; *XII/2*: 1526ff.
Lokalanaesthetica, Bicarbonatzusatz *IX*: 452.
—, Blutgefäßwirkung *IX*: 452.
—, chemische Eigenschaften *IX*: 436.
—, Gefäßnervenwirkung *VII/2*: 1564.
—, Hautsinnesempfindung *IX*: 441.
—, isotonische Lösungen *IX*: 437.
—, Konstitution und Wirkung *IX*: 436.
—, letale Dosis und Konzentration *IX*: 455.
—, Methoden der *IX*: 434.
—, Nebenwirkungen *IX*: 434.
—, Oberflächenanästhesie *IX*: 437.
—, prakt. Wert *IX*: 454.
—, Prüfung der *IX*: 440.
—, Resorptionsverzögerung durch Abschnürung *IX*: 455.

(Lokalanaesthetica), Resorptionsverzögerung durch Suprarenin *IX*: 455.
—, sensible Nerven *IX*: 434.
—, Sterilisierbarkeit *IX*: 437.
—, Wirksamkeit der *IX*: 437.
—, Zentralnervensystem *IX*: 434.
Lokale Erfrierung *XVII*: 417—421.
— Verbrennung *XVII*: 407—411.
„Lokalhormone" *XVI/1*: 1022.
Lokalisation, Geschmacksempfindungen *XI*: 391.
—, Großhirnrinde *X*: 459, *X*: 600.
— Raum, absolute *XII/2*: 838, 854, 867, 969; *XV/2*: 998, 1011.
— —, —, Definition *XV/2*: 996—998.
— —, —, Genese *XV/2*: 1012, 1014.
— —, —, Labyrinth und *XII/2*: 873, 876.
— —, —, Primärstellung der Augen und *XII/2*: 871.
— —, —, Prüfungsmethoden *XV/2*: 1012.
— —, —, Schwerkraft und (subj. Vertikale) *XII/2*: 876.
— —, —, Seitenneigung und *XII/2*: 881.
— —, —, Taubstummer *XV/2*: 1016.
— —, —, Vor- und Rückwärtsneigung und *XII/2*: 881.
— —, —, Wasser, unter *XV/2*: 1014.
— —, —, Zentrifugalkraft und *XII/2*: 881; *XV/2*: 1016.
— —, Augenbewegungen und *XII/2*: 1092.
— —, Blickbewegung und *XII/2*: 981ff., 1092.
— —, Diskrepanzen derselben *XII/2*: 967ff.
— —, egozentrische *XII/2*: 838, 892, 965ff.; *XII/2*: 969; *XV/2*: 995, 997.
— —, —, Grundlagen *XII/2*: 975ff.; *XV/2*: 1006.
— —, —, Labyrinth und *XII/2*: 983.
— —, —, Naheeinstellung und *XII/2*: 968, 970, 971.

(Lokalisation, Raum),
Grundlagen *XII/2*: 995.
— —, haptokinästhetische
XV/2: 1013.
— —, optische *XII/2*: 835;
XV/2: 1015.
— —, relative *XII/2*: 838.
— —, Richtigkeit der
XV/2: 1002.
— —, Theorien der opt.
XII/2: 990ff.
—, Schall *XI*: 407.
—, Zentralnervensystem
X: 600, 789;
XV/2: 1047.
—, —, Ausfallserscheinungen
bei umgeschriebener Lä-
sion und *X*: 648.
—, —, innere Sprache
(Aphasielehre)
XV/2: 1439.
—, —, funktioneller Ge-
sichtspunkt *X*: 619.
—, —, Funktionen *IV*: 589;
X: 131, 137, 420, 637.
—, —, Munterkeit
XVII: 608.
—, —, psychologisches Vor-
gehen bei der *X*: 628.
—, —, Schlafsteuerungs-
zentrum *XVII*: 609.
—, —, Schlafsucht
XVII: 607.
—, —, segmentale *X*: 726.
—, —, Sinnesreize *X*: 717.
—, —, somatische Emp-
findung *X*: 519.
Lokalisationsfehler, Tastsinn
X: 841; *XI*: 120.
Lokalisationsgesetz, BORUT-
TAU *IX*: 185.
— chemischer Nervenreize
IX: 198.
Lokalisationskarten, Topo-
graphische Differenzen
der motor. Funktion in
der Großhirnrinde
X: 459.
Lokalisationslehre s. auch
Zentrenlehre.
—, Geschichte *X*: 657.
— für Hirnrinde *IX*: 41.
—, klassische *X*: 619, 623,
X: 641.
Lokalisationsmotive, empi-
rische *XII/2*: 946ff.
Lokalisationsstörungen, Tast-
sinn *X*: 841; *XI*: 120.
Lokalisierte Schädigung,
Großhirnrinde, Wirkung
auf Leistung *X*: 648.
Lokalzeichen *I*: 3;
XII/2: 864.
—, Nervennaht und
XV/2: 1101.

(Lokalzeichen), Ordnungs-
werte *XII/2*: 882.
—, Reizerfolg *X*: 420.
—, Theorie *XII/2*: 992, 1000.
—, Übereinstimmung (= Kor-
respondenz) *XII/2*: 891.
—, Verteilung auf der Netz-
haut *XII/2*: 867.
Lokomotionsbewegungen,
koordinierte *X*: 401.
—, Phasik der *IX*: 709.
Lokomotionsreflexe, stato-
kinetische *XV/1*: 47, 53.
Lokomotionsvermögen, Ex-
tremitätenkontraktur und
X: 400.
Lokomotionszentren, Fehlen
bei Artikulatur
XV/2: 1180.
Löslichkeit, Teilungsfaktor
I: 425, 536.
Löslichkeitsvermittler, Galle
IV: 611.
LOSSENsche Regel *VI/1*: 419.
Lösungsdruck, elektro-
lytischer *I*: 126.
Lösungstension, osmotischer
Druck und *I*: 127.
Lösungswasser *I*: 367.
Lothringer Rogensteine
IV: 678.
LÖWEscher Ring *XII/1*: 439.
LÖWEN-TRENDELENBURG-
sche Durchströmungs-
methode *XVI/1*: 69.
LOEWIsche Pupillenreaktion
XII/1: 230.
L. Q. S. s. Längsquerschnitt-
strom.
LUBARSCHsche Krystalloide
XIV/1: 707.
LUCIANIsche Perioden
VII/1: 531, 603, 623, 780.
Luciferase *VIII/2*: 1071,
VIII/2: 1080.
Luciferin *VIII/2*: 1071,
VIII/2: 1080.
Lücke, FICKsche *IX*: 233f.
—, GRÜTZNERsche *IX*: 233.
LUDWIGsche Theorie, Harn-
bildung *IV*: 452.
Lues, Nachweis, serologischer
XIII: 438.
Luetische Arteriitis
VII/2: 1383.
— Schwerhörigkeit *XI*: 652,
XI: 654.
Luft, elektrische Leitfähig-
keit *XVII*: 385, 526;
XVIII: 228.
—, Elektrizitätswirkung
XVIII: 227, 229.
—, Feuchtigkeit *II*: 192.
—, resorbierte *II*: 319.
—, Staubgehalt *II*: 516.

(Luft), Wirbelbewegungen bei
Atmung *II*: 484.
Luftatmende Tiere, Wasser-
umsatz *XVII*: 156.
Luftblasengekröse *III*: 1081.
Luftcapillaren, Vögel *II*: 22.
Luftdichte *XVII*: 472.
Luftdienstfähigkeit
XV/1: 375.
Luftdruck *XVII*: 472.
—, Änderung des absoluten
XV/1: 370; *XVII*: 473.
Luftdurchlässigkeit, Trom-
melfell *XI*: 440.
Lufteinblasung, Ohr beim
Fliegen *XV/1*: 371.
Luftelektrizität *XVII*: 526.
—, Palolowurm *XVI/1*: 847.
Luftembolie *II*: 486;
VII/2: 1791, 1808.
—, Todesursache bei
VII/2: 1901.
Lufterwärmung, Nase *II*: 159.
Luftfeuchtigkeit *XVII*: 485.
Lufthunger *XVI/1*: 1061.
Luftkampf, Bewegungen im
XV/1: 362.
Luftkessel, vikariierender im
Magen *XV/2*: 1379.
Luftkräfte *XV/1*: 322.
Luftleitung, Schall *XI*: 409,
XI: 433, 437, 454.
Luftlichthypothese, BÜHLER
XII/1: 656.
Luftperspektive *XII/2*: 935.
Luftröhre *II*: 182.
—, Beweglichkeit *II*: 185.
Luftsack, Equiden
III: 1049.
Luftsäcke, Vögel *II*: 21, 24;
XVII: 46.
Luftschall, Ohr *XI*: 434.
Luftstickstoffbindung,
Organismen *I*: 727.
Luftstrom, Atmung, Ge-
schwindigkeit *II*: 132.
—, —, physikalische Zu-
standsänderungen *II*: 307.
Lufttemperatur *XVII*: 479.
Luftverdünnung, Mittelohr
XI: 440.
—, vegetat. Erregbarkeit und
XVI/2: 1788.
Luftwege *II*: 128ff.;
XVIII: 5.
—, Erkältungskatarrhe
XVII: 431.
—, Fremdkörper und *II*: 420.
—, obere *II*: 193.
—, pathologische Physiologie
II: 307ff.
—, Resorptionsfähigkeit
II: 482.
—, Staubinhalation und
II: 528.

(Luftwege), Verengerungen *II*: 294, 419.
—, zentripetale Nervenendigungen *II*: 307.
Luftzusammensetzung, Mundatmung *II*: 163.
Lumbalpunktion *X*: 1883.
—, Folgen *X*: 1185.
—, Tiere *X*: 1186.
Lumbofemoralreflex *X*: 982.
Luminal *V*: 1011; *XVII*: 617.
—, Blutdruckwirkung *VII/2*: 1064.
Luminescenz *VIII/2*: 1057, *VIII/2*: 1072.
—, extracelluläre *VIII/2*: 1078.
—, intracelluläre *VIII/2*: 1077.
—, Leuchtbakterieninfektion *VIII/2*: 1076.
—, pflanzliche *VIII/2*: 1057.
—, tierische *VIII/2*: 1072, *VIII/2*: 1075.
Lunge s. auch Atmung.
—, anaphylaktische Reaktion *XIII*: 677, 730.
—, Atelektasen *II*: 99.
—, Autolyse *V*: 729.
—, Bauchwandelastizität und, Synergismus *II*: 93.
—, Blutdepot *XVI/2*: 1321.
—, Blutfülle, vermehrte *II*: 385.
—, Blutgehalt *VII/1*: 253.
—, Blutmenge in der durchbluteten *II*: 475.
—, Durchlässigkeit *II*: 473ff.
—, — f. Luft (Stickstoff) *II*: 485.
—, elastische Beanspruchung im Brustraum *II*: 98.
—, — Druckfortpflanzung *II*: 72.
—, — Spannung *II*: 74.
—, Elastizität *II*: 95.
—, Entfaltungsknistern *II*: 99.
—, Erkrankungen der *II*: 417.
—, Exstirpation eines Lappens *II*: 447.
—, Formbildung der *XVI/1*: 874.
—, Formelastizität *II*: 98.
—, Gaswechsel *II*: 190.
—, gestaute Gasdiffusion durch *XVI/2*: 1363.
—, Gewichtskräfte *II*: 94, 99.
—, isolierte bei Phosgenvergiftung *II*: 500.
—, kollabierte *II*: 97.
—, Kollaps *II*: 100.
—, Lappeneinteilung, funktionelle Bedeutung *II*: 100.

(Lunge), Leitungsfähigkeit für Schall *II*: 288.
—, Lymphwege *II*: 475.
—, Muskeln, glatte, Anordnung *II*: 641.
—, pneumatische Druckfortpflanzung *II*: 72, 73, *II*: 74.
—, pneumatischer Druck, Einfluß auf Brustwand *II*: 106.
—, — Druckausgleich *II*: 76.
—, Resorptionsvermögen *II*: 473.
—, respiratorische Oberfläche *II*: 441, 443.
—, Schmerzhaftigkeit *XI*: 196.
—, Schwingungsfähigkeit *II*: 288.
—, Septumzellen, Phagocyten *XIII*: 819.
—, Spannung *II*: 367ff.
—, Spannungsausgleich *II*: 75.
—, statische Kräfte *II*: 95.
—, Staubgehalt und *II*: 536.
—, Staubinhalation *II*: 515ff.
—, Strömungsdruck *II*: 76.
—, Verbrennungsprozesse in der *VI/1*: 444.
—, Wasserausscheidung durch die *XVII*: 184.
Lungenabsceß *II*: 336, *II*: 417.
Lungenarterienthrombose, Haustiere *II/2*: 1807.
Lungenatmung, Frösche *V*: 457.
Lungenbahn, Blut *VII/2*: 1477.
Lungenblähung s. auch Lungenemphysem.
—, akute *XIII*: 717.
—, anaphylaktische *XIII*: 652.
—, exspiratorische *II*: 117.
Lungenbläschen, Zahl der *II*: 291.
Lungenblut, Gasspannung *II*: 215.
Lungendehnung, Topographie *II*: 117.
—, — bei ruhiger Atmung *II*: 99.
—, — bei tiefer Atmung *II*: 100.
—, — unter dynamischen Verhältnissen *II*: 100.
Lungenelastizität *II*: 97.
Lungenemphysem s. auch Lungenblähung *II*: 399; *XVII*: 816.
—, erhöhte CO_2-Spannung bei *XVI/2*: 1522.

Lungenendothelien, Gasaustausch an *XVI/1*: 1048.
Lungengangrän *II*: 417.
—, Fremdkörper und *II*: 336.
Lungengefäße, Adrenalin auf *VII/2*: 982; *X*: 1102.
—, pharmakologische Reaktionen *VII/2*: 1002.
Lungengeräusche *II*: 285ff.
Lungengewebe, erschlafftes *II*: 297.
—, innerer Reibungswiderstand *II*: 112.
Lungengröße, relative *V*: 387.
Lungeninfarkt *V*: 1290; *VII/2*: 1623.
—, Alter und *VII/2*: 1691.
—, Gaswechsel bei *V*: 269.
Lungenkapazität, Lebensalter und *XVII*: 816.
Lungenkollaps *II*: 100.
Lungenkrebs, Schneeberger *XIV/2*: 1553, 1564.
—, Teer *XIV/2*: 1612.
Lungenkrebszunahme *XIV/2*: 1346.
Lungenkreislauf, Blutdruck im *VII/2*: 1281.
—, Hochgebirge und *II*: 270.
Lungenlappenexstirpation *II*: 447.
Lungenmenge, zum Leben notwendige *II*: 441.
Lungenödem *II*: 303, 476; *VII/2*: 1724; *XVI/2*: 1349; *XVIII*: 19.
—, Gasvergiftungen und *II*: 495, 512.
—, isolierte Lunge *II*: 501.
—, toxisches *II*: 474.
Lungenpfeifen *II*: 22.
Lungenresektion *II*: 446.
Lungenschnecke, elektr. Organe *VIII/2*: 877.
Lungenschwellung *II*: 385.
Lungenspannung *II*: 367ff.
Lungensperre, anaphylaktischer Shock *XIII*: 730.
Lungenspitzen, Disposition der *II*: 392.
Lungenstauung *XVI/1*: 1306.
—, Gasvergiftung *II*: 512.
Lungentuberkulose *II*: 410.
—, Säuger *XIV/1*: 667.
Lungenvagusreflex *XVI/1*: 1029.
Lungenvasomotoren *X*: 1079.
Lungenvenen, Ringmuskulatur *VII/1*: 169.
Lungenventilation nach Insulin *XVI/1*: 619.
Lungenverkleinerung *II*: 446.
—, operative *II*: 441ff.
—, Rückwirkung der *II*: 443.

Lungenvolumen, körperliche Arbeit und *XV/2*: 848.
—, Körperstellung und *XV/2*: 847.
Lungenzirkulation s. Lungenkreislauf.
Lungenzug, Wirbelsäule und *II*: 106.
Lupuscarcinom *XIV/2*: 1555.
Lutein *XIV/1*: 172.
Luteinisation, Vorderlappenextrakt und *XVI/1*: 1466.
Luteinisierungshormon *XVI/1*: 676.
Luteinzellen *XVI/1*: 56.
Luteoglandol *XIV/1*: 387.
Luteolipoid *XIV/1*: 405.
Luteovar *XIV/1*: 404.
Lutschen *XIV/1*: 858.
Luxatio coxae congenita, Freiheitsgrade bei *VIII/2*: 647.
Luxuriieren der Bastarde *XVII*: 949.
„Luxuskonsumtion", Ernährung *XVI/1*: 244, 956.
—, Kinder *V*: 249.
—, Schilddrüse bei *V*: 250.
Lymantria *XIV/1*: 779.
—, Interesse *XIV/1*: 334.
„Lymphadenose" *VI/2*: 912.
Lymphagoga *VI/2*: 943, 951, *VI/2*: 976.
—, Leber und *III*: 651.
Lymphagoge, anaphylaktischer Shock und *XIII*: 727.
Lymphapparat, Funktion des *VI/2*: 1062, 1094.
Lymphatische Reaktion *VI/2*: 709.
Lymphatischer Rachenring *II*: 164.
Lymphatisches Gewebe *II*: 314.
— —, Anatomie des *VI/2*: 825.
— System, funktionelle Leistung des *VI/2*: 986.
— —, Reizungen des *VI/2*: 838.
Lymphatismus *XVII*: 1053.
Lymphbahnen, Adrenalinwirkung auf die *X1*: 106.
—, Kammerwasserabfuhr durch *XII/2*: 1347.
—, Niere *IV*: 228.
—, Resorption in die *X*: 1203,
Lymphbewegung *VI/2*: 989, *VI/2*: 1040; *VII/1*: 347.
—, postmortale *VI/2*: 954.
Lymphbildung *VI/2*: 935; *VII/1*: 347.
—, arterielle Druckänderung und *VI/2*: 941.

(Lymphbildung), cellular-physiologischer Faktor *VI/2*: 975.
—, Diffusion und Osmose bei der *VI/2*: 954.
—, Diuretica und *VI/2*: 971.
—, Filtrationshypothese *VI/2*: 937, 949.
—, hämodynamischer Faktor *VI/2*: 937.
—, Kapillardruckerhöhung und *VI/2*: 939, 942.
—, Kapillarwandpermeabilität *VI/2*: 970.
—, Membrandiffusion und *VI/2*: 968.
—, Niere *XVIII*: 94.
—, Pankreasentfernung und *VI/2*: 984.
—, physikalisch-chemischer Faktor *VI/2*: 954.
Lymphdrüsen *VI/2*: 1027.
—, Blut *VI/2*: 1044.
—, Blutgefäße *VI/2*: 1033.
—, bronchiale *II*: 479.
—, Entwicklung *VI/2*: 1028.
—, Hypo- und Hyperfunktion *VI/2*: 1087.
—, kindliche *XVII*: 807.
—, lymphatisches System und *VI/2*: 995.
—, Pigment *XIII*: 263.
—, primäre *VI/2*: 823.
—, Regeneration von *VI/2*: 1085.
—, Rindenknötchen *VI/2*: 1033.
—, Splenektomie und *VI/2*: 1054.
—, Typen, verschiedene *VI/2*: 1038.
—, Vergrößerung, spodogene *VI/2*: 1090.
Lymphe *VII*: 1; *XVII*: 165, *XVII*: 253.
—, anatomischer Ursprung *VI/2*: 927.
—, Bewegung *VI/2*: 989, *VI/2*: 1040; *VII/1*: 347.
—, —, postmortale *VI/2*: 954.
—, Gefrierpunktserniedrigung *VI/2*: 962.
—, Kalkgehalt *XVI/1*: 635.
—, Kolloidzustand *VI/2*: 966.
—, Menge und Beschaffenheit der *VI/2*: 930.
—, Oberflächenspannung *VI/2*: 934.
—, physico-chemische Daten *VI/2*: 933.
—, Stauung *VII/2*: 1158.
—, Viscosität *VI/2*: 937, 967.
—, Zellgehalt *VI/2*: 930.
Lymphfollikel s. Lymphknötchen.

Lymphgefäße *VI/2*: 817, 995.
—, abführende *VI/2*: 1013, *VI/2*: 1027.
—, Lunge *II*: 475.
—, Regeneration von *VI/2*: 1085.
—, Sprossung der *VI/2*: 824.
—, Stämme, große *VII/2*: 1157.
—, Struktur *VI/2*: 925.
—, Totenflecke und, Abbildung von *VII/2*: 1158.
—, Verteilung der *VI/2*: 926.
Lymphgefäßsystem *VI/2*: 817, 995; *XVII*: 179.
—, Entdeckung des *VII/1*: 72.
—, Geschichte der Erforschung *VII/1*: 63.
—, Herzbeutel *VII/2*: 1843.
Lymphgewebe, subepitheliales *VI/2*: 1011.
Lymphherzen *VI/2*: 992.
Lymphkapillaren *VI/2*: 997.
—, Ödem *VII/2*: 1714.
—, Wundernetze *VI/2*: 1029.
Lymphknötchen, Darm *III*: 673.
—, Rachenhöhle *II*: 165.
—, Sekundärknötchen *VI/2*: 1063.
Lympho-epitheliale Organe *XVI/1*: 27.
— Symbiose *XVI/1*: 27.
Lymphoblasten *VI/1*: 47.
Lymphocyten *VI/1*: 51; *VI/2*: 708.
—, Auswanderung der *XIII*: 317.
—, Azurgranula *VI/1*: 51.
—, Bewegung der *VIII/1*: 26.
—, Entstehung der *VI/2*: 1074.
—, fermentative Aufgabe der *VI/2*: 839.
—, Funktion der *VI/2*: 1083.
—, Funktionszentren *VI/2*: 1064.
—, Geschwulstwachstum und *XIV/2*: 1719.
—, Gewebszüchtung *XIV/1*: 998.
—, Knochenmark *VI/2*: 832.
—, Lichtbeeinflussung *XVII*: 321.
—, pathologische *VI/2*: 710.
—, Zahl *VI/2*: 835; *XV/1*: 720.
Lymphocytenapparat, aplastische Hemmung des *VI/2*: 842.
Lymphocytenbildung, Keimzentren *VI/2*: 1063.
Lymphocytopoetisches System *VI/2*: 822.

Lymphocytose $XV/1$: 729.
—, Kinder $VI/2$: 829.
—, Kriegs- $VI/2$: 838.
—, relative $VI/2$: 707.
Lymphogranulomatose
$VI/2$: 914.
Lymphoides Gewebe, sub-
epitheliales $VI/2$: 1011.
Lymphoidocyt $VI/1$: 47.
Lymphome, maligne
$VI/2$: 914.
Lymphopenie $VI/2$: 706.
Lymphoretikuläre Bil-
dungen $XVI/1$: 27.
Lymphosarkom, Hund
$XIV/2$: 1530.

(Lymphosarkom), Myelome
und $VI/2$: 916.
Lymphosarkomatosen
$VI/2$: 914, 915.
Lymphscheiden, endothellose
$VI/2$: 926.
Lymphserum, osmotischer
Druck $VI/2$: 934.
Lymphsinus $VI/2$: 1031.
—, Grenzhäutchen der
$VI/2$: 1042.
Lymphsystem $VI/2$: 925ff.
Lymphstauung
$VII/2$: 1158.
Lymphwege s. Lymphgefäße.
Lymphzellen s. Lymphocyten

Lymphzellenbrei
$VI/1$: 350.
Lyophile Systeme I: 101.
Lyotrope Reihe III: 240.
Lyotropie I: 510.
Lysenchymgalle
$XIV/2$: 1205.
Lysin V: 1147.
Lysintheorie, Befruchtung
$XIV/1$: 139.
„Lysocithine" XIII: 182.
Lyssa, Schluckstörung
III: 368.
—, Abschwächung des Lyssa-
virus durch Tierpassage
XIII: 521.

M

MACH-BREUER-BROWNsche
Hypothese XI: 865;
XVIII: 297, 469.
MACHsche Stufenscheibe
$XII/1$: 297.
— Theorie XI: 450.
Macula, Labyrinth, Anatomie
XI: 777.
—, — XI: 816.
— lutea, Absorption
$XII/2$: 1515, 1518.
— —, Anatomie $XII/2$: 795.
— —, Ausdehnung
$XII/1$: 433.
— —, entoptische Wahr-
nehmung der
$XII/1$: 257ff.
— —, Lichtverlust in der
$XII/2$: 1511.
— —, optische Gleichungen
$XII/1$: 373.
— —, Schädigungen, zen-
trale X: 743.
Maculaaussparung (konzen-
trische Einschränkung des
Gesichtsfeldes) X: 736.
Maculapigment $XII/1$: 343,
$XII/1$: 363, 364, 461.
—, Farbgleichungen und
$XII/1$: 588.
—, Färbung $XII/2$: 1516.
Maculares Gefälle
$XII/2$: 1516.
Magen III: 398, 600, 710, 839,
III: 1118, 1199.
—, Aktinomykose III: 1196.
—, Aktionsströme III: 428.
—, Alterationsinsuffizienzen
III: 1145.
—, Angelhakenform III: 406.
—, Arbeit des III: 437.
—, Arbeitsform des III: 404.
—, Auspreßbewegung
III: 413.
—, bakterielle Vorgänge
III: 967.

(Magen), Bakterien III: 977,
III: 1004, 1032.
—, Bau III: 600; $XVI/1$: 889.
—, Bauchdeckenstützung
des III: 439.
—, Bewegungen des, s. Ma-
genbewegungen.
—, Blutstrom $VII/2$: 1478.
—, Chlorkonzentration
III: 1101, 1127, 1193,
III: 1426.
—, Dilatation, akute
III: 439; $XVI/1$: 1045.
—, Dreischichtung im
Stauungsinhalt III: 1148.
—, Druckregelung III: 400,
III: 405.
—, Drüsen, s. Magendrüsen.
—, Eigenform III: 1202.
—, Entleerung III: 437.
—, — und ihr Einfluß auf
Beschaffenheit des Inhalts
III: 1139.
—, Entleerungstyp III: 1206.
—, Entleerungszeit des
III: 438.
—, Erkrankungen III: 1067,
III: 1118, 1159, 1199.
—, — und Chloridkonzentra-
tionen des $XVI/2$: 1426.
—, —, Schmerzhaftigkeit
XI: 195, 196.
—, Erregungsleitung im
III: 428.
—, Erweiterungsversuch am
III: 400.
—, Expulsionsinsuffizienz
III: 1147.
—, Fäulnisprodukte
III: 1148.
—, Fettsäuren, flüchtige im
III: 1148.
—, Form III: 406.
—, formgebende Faktoren
III: 1202.
—, Fremdkörper III: 1197.

(Magen), Gärungsvorgänge im
III: 853, 1148.
—, Geschwüre, s. Magen-
geschwüre.
—, Grundform III: 1202.
—, Histophysiologie des
III: 608.
—, hormonale Sekretion
$XVI/1$: 902.
—, Hungerkontraktionen des
III: 418; IX: 800.
—, Hyperacidität im
III: 858; $XVI/1$: 914.
—, Hypertonie des III: 438.
—, Inhalt, s. Mageninhalt.
—, Innervation III: 425, 740.
—, Insulinwirkung auf den
$XVI/1$: 632.
—, isolierter III: 426.
—, Keimarmut, physio-
logische III: 967, 1004,
III: 1032.
—, kleiner, nach HEIDEN-
HAIN-PAWLOW III: 684.
—, Leersekretion des
III: 1125.
—, Leertätigkeit des III: 418.
—, Masturbation und
$XIV/1$: 864.
—, MEISSNERscher Plexus
des III: 417.
—, Mikroorganismen im
III: 967, 1003, 1032.
—, Milchsäure im III: 1140.
—, Muskelringe des III: 427.
—, Muskeltonus des
III: 401, 404, 437;
$XVI/1$: 898.
—, Muskulatur und Nahrung
III, 602.
—, Nivelierfähigkeit des
III: 1129.
—, Nivellierlage III: 1202.
—, nüchterner, Bewegung
III: 418.
—, —, Inhalt III: 712, 1124.

(Magen), operativ mechanische Störungen *III*: 1228.
—, operierter *III*: 684, 1199.
—, —, Ausheberung, fraktionierte, Methodk *III*:1211.
—, —, Blindsäcke *III*: 1213.
—, —, Motilität und Sekretion *III*: 1199.
—, —, normaler *III*: 1200.
—, —, —, Chemismus *III*: 1210.
—, —, pathologischer *III*: 1228.
—, —, Peristaltik *III*: 1209.
—, —, rezidive Störungen *III*: 1229.
—, —, Rückfluß *III*: 1213.
—, —, Schleimbildung *III*: 1214.
—, —, Stenose *III*: 1229.
—, —, Sturzentleerung *III*: 1229.
—, —, Verwachsungen *III*: 1228.
—, Pathologie des *III*: 1067, 1118, 1159, *III*: 1199; *XVI/1*: 914.
—, Peristaltik *III*: 410; *XVIII*: 48.
—, Pharmakologie *III*: 520, *III*: 1432; *XVIII*: 72ff.
—, Randzone *XVI/1*: 913.
—, Reizbarkeitsänderung *III*: 1153.
—, Reizleitung im *III*: 429, *III*: 1173.
—, Resektion, s. auch Magenresektion.
—, —, Pylorusinsuffizienz *III*: 1227.
—, Reservekraft *III*: 1146.
—, Resorptionsstörungen *IV*: 84.
—, resorptives Organ *III*: 608; *XVI/1*: 927.
—, Riesenperistaltik des *III*: 438.
—, Rinderhornform *III*: 406.
—, Röntgen *III*: 404.
—, Rückflußvorgänge im *III*: 1129.
—, Säugling *III*: 1312.
—, Säure s. Magensaft, Magensekretion.
—, Schattenbild des *III*:404.
—, Schleimhautfältelung des *III*: 417.
—, Schleimhautrelief des *III*: 418.
—, schwacher *III*: 1146.
—, Schwangerschaft und *XIV/1*: 492.
—, Schwein *III*: 976.
—, Sekretion s. auch Magensaft und Magensekretion.

(Magen, Sekretion) und Motalität, Zusammenwirken *XVI/1*: 912.
—, Sekretmenge *III*: 1138.
—, Spasmus des *III*: 409, *III*: 1069.
—, Sphincteren des *III*: 436.
—, Stauungsinhalt *III*:1148.
—, Syphilis *III*: 1196.
—, Tonus *XVI/1*: 891.
—, Tonusschwankungen *III*: 419.
—, Totalexstirpation *III*: 1146.
—, Transversalband *III*:410.
—, Tuberkulose *III*: 1196.
—, Tumorrest *XII*: 1195; *XIV/2*: 1614.
—, Vagotomie *III*: 434.
—, Vagustonus, zentraler *III*: 432.
—, Verdünnungssekretion *XVI/1*: 897.
—, Verweildauer von Speisen im *XVI/1*: 887.
—, Verweilsondenmethode *III*: 1120.
—, Vögel, Darmkanal *III*: 50.
—, Wiederkäuer *XVIII*: 37.
—, Zweiteilung *III*: 410.
Magenbewegungen *III*: 398ff., 410, 438; *XVI/1*: 889; *XVIII*: 48.
—, abgeschwächte *III*: 1072.
—, Brechakt *III*: 447.
—, Innervation der *III*: 424.
—, Pharmakologie *III*: 520 ff.
—, verstärkte *III*: 1068.
Magenbrechakt *III*: 447.
Magencarcinom *III*: 1191, *III*: 1195; *XIV/2*: 1641.
Magenchemismus *III*: 839, *III*: 967, 1003, 1118.
—, Aciditätskurve *III*: 1123.
—, Coffeinlösung für Prüfung *III*: 1126.
—, Gesamtchlorkurven *III*: 1127.
—, Pathologie *III*: 1138.
—, Prüfung, „kinetische Methode" *III*: 1120.
Magendarmbewegungen, Erstickungseinfluß auf *III*: 526.
—, Labyrintheinfluß auf *XI*: 907.
Magendarmkanal, Hypnose *XVII*: 683.
—, Schwangerschaft *XIV/1*: 492.
Magendie-Hertwig-Schielstellung *XII/2*: 1082.
Magendrüsen *III*: 600ff.

(Magendrüsen), Histamin, Wirkung auf die *III*: 747.
—, Histologie der *III*: 718.
—, Konzentrierungsarbeit *III*: 1128.
—, Nervenreizung *III*: 627.
—, Schlaf auf die *III*: 721.
—, Pharmakologie *III*: 1433.
Magenduodenum, Divertikel des *III*: 1197.
Magenerkrankungen *III*: 1067, 1118, 1159, *III*: 1199; *XI*: 195, 196; *XVI/2*: 1426.
Magenerweiterung *III*: 439, *III*: 1072; *XVI/1*: 1045.
Magenexzitation *III*: 1233.
Magenfistel *III*: 839.
Magenform *III*: 404.
—, Adrenalin *III*: 409.
—, Gallenkolik *III*: 408.
—, gastrische Krisen *III*: 407.
—, Hirnanämie *III*: 407.
—, Hypnose *III*: 408.
—, Hysterie *III*: 408.
—, Nahrungseinfluß auf die *III*: 604.
—, Steuerung und nervöse *III*: 406.
—, Tabes *III*: 408.
—, Tetanie *III*: 408.
—, Tonus und *III*: 406.
Magenfunktionen, Einteilung *III*: 1118.
Magenfunktionsstörungen *III*: 1120.
Magengasblase *III*: 399.
Magengase *III*: 865, 977, *III*: 1149.
Magengeschwür s. auch Ulcus *XVII*: 1140.
—, Kreislaufstörung *VII/2*: 1642.
—, Oblongataverletzung *X*: 194.
—, peptisches *III*: 1076.
—, Peristaltik und *III*: 414.
—, tryptisches *III*: 1131.
Mageninhalt, Aciditätsregulierung im *III*: 1138.
—, Galle *III*: 1129.
—, Krebssaft im *III*: 1145.
—, Nichtdurchmischung, Bedeutung der *III*: 969.
—, nüchtern, Mensch *III*: 712, 1124.
—, Probemahlzeit *III*: 840.
—, Säugling, Wasserstoffionenkonzentration *III*: 855.
—, Säuren, organische *III*: 853.

(Mageninhalt), Titrationsver-
fahren *III*: 1136.
—, Verdünnungskurve des
III: 1126.
Mageninnervation *III*: 425,
III: 740.
Magenkapazität, Säugling
III: 1312.
Magenkauer, Nahrungs-
zerkleinerung *III*: 49.
Magenkrebs *III*: 1191, 1195;
XIV/2: 1614.
Magenmechanismus, patho-
logische Physiologie
III: 1118.
—, Verdauungsvorgänge und
III: 969.
Magenmuskulatur, Nahrungs-
einfluß auf die *III*: 602.
—, Tonus der *III*: 401, 404,
III: 437; *XVI/1*: 898.
„Magenneurose" *III*: 1164;
III: 1190; *XVI/1*: 1036,
XVI/1: 1039.
Magenoperation s. auch
Magen, operierter.
—, Heilwirkung *III*: 1238.
—, Prinzipien *III*: 1200.
—, Sinusbildung *III*: 1220.
Magenparasiten *III*: 1075.
Magenresektion *III*: 839,
III: 1191, 1227.
—, BILLROTH *III*: 1220.
Magenresorption *III*: 608;
IV: 84; *XVI/1*: 927.
Magensaft s. auch Magen-
sekret, Magensekretion
III: 710, 839ff., 853,
III: 968.
—, Absonderung *III*: 861;
XVI/1: 252, 900.
—, — und Alkohol *III*: 1433.
—, —, Altersveränderungen
XVII: 818.
—, —, Mechanismus während
der ersten Phase *III*: 739.
—, —, — während der zweiten
(Pylorus-) Phase *III*: 742.
—, —, Organextrakt, Wir-
kung auf die Pylorusphase
III: 746.
—, —, Reaktion und
XVI/1: 919.
—, —, Schleimhautextrakt-
wirkung auf die Pylorus-
phase *III*: 744.
—, —, Schilddrüsenpräparate
XVI/1: 281.
—, —, Störungen der
III: 1074.
—, Absonderungsverlauf
III: 842.
—, Acidität *III*: 736, 839,
III: 1122; *XVI/1*: 914.
—, Ammoniak *III*: 847.

(Magensaft), Asche *III*: 844.
—, Astacus *III*: 90.
—, Bildung, Pathologie
III: 1150.
—, Chlorgehalt *III*: 848,
III: 1101, 1127, 1193,
III: 1421.
—, Farbe *III*: 841.
—, Fermentgehalt
III: 1313.
—, Fernwirkung
XVI/1: 909.
—, Gefrierpunktserniedri-
gung *III*: 842.
—, Gerinnung, reiner, beim
Menschen *III*: 1131.
—, Gesamtacidität *III*: 853.
—, Gesamtchlorwerte
III: 1101, 1161, 1193.
—, Konzentrationsvariation
im *III*: 1138.
—, körperfremde Stoffe
III: 864.
—, Leitfähigkeit *III*: 843.
—, Mangel *III*: 1162.
—, — bei Gallensteinleiden
III: 1142.
—, Menge *III*: 841.
—, Milchsäure *III*: 847.
—, Neutralisation *III*: 850.
—, optische Drehung
III: 843.
—, organische Substanz
III: 846.
—, osmotischer Druck
III: 842.
—, pathologische Physiologie
III: 1118.
—, reiner *III*: 1123, 1140.
—, —, des Menschen
III: 1152.
—, Salzsäure *III*: 620, 856.
—, — und Fermentgehalt im
Kindesalter *III*: 1313.
—, —, Regulation
XVI/2: 1528.
—, — und Tropenklima
XVII: 555.
—, Salzsäurekonzentration
III: 1132.
—, Säugling, Wasserstoff-
exponenten des *III*: 1004.
—, Säuregehalt *III*: 843,
III: 1150.
—, Speiseeinfluß auf Ab-
sonderung und Ferment-
gehalt *III*: 733.
—, Verdünnungskurve
III: 851, 1126, 1136;
XVI: 897.
—, Wasserstoffionenkonzen-
tration *III*: 843, 1004.
—, Zusammensetzung
III: 839; *XVI/1*: 905;
XVIII: 59.

Magensaftfluß bei Austrei-
bungshindernissen
III: 1119.
Magensaftsekretion s. Magen-
saft, Absonderung.
Magenschatten *III*: 404.
Magenschleimhaut *III*: 600.
—, Chloride *III*: 1127;
XVIII: 61.
—, Reliefbilder *III*: 1169.
—, sekretorische Leistungs-
fähigkeit *III*: 855.
Magenschleimhautfalten,
Bewegungsspiel *III*: 1146.
Magensediment *III*: 1132.
Magensekret s. auch Magen-
saft.
—, Konzentration *III*: 1138.
—, —, Varianten der
III: 1153.
—, Mengenkurve des
III: 1125.
—, reines *III*: 1123, 1140.
—, Reizbarkeitsvarianten,
Sekretkonzentrierung
III: 1153.
Magensekretion s. auch Ma-
gensaft *III*: 600ff.,
III: 710ff., 1159, 1199.
—, Adrenalin auf die *III*: 741.
—, Appetitseinfluß auf die
XVI/1: 909.
—, chemische Beeinflussung
durch den Dünndarm-
inhalt *III*: 727.
—, Darmphase *III*: 725, 751.
—, Darmwirkung *III*: 530.
—, Histamineinfluß
III: 1132.
—, Hypnose *III*: 1132.
—, psychische *III*: 1132;
XVI/1: 1037.
—, — Hemmungen *III*: 1133.
—, reflektorische Phase
III: 719.
—, Säurebasengleichgewicht
in Beziehung zur
III: 1153.
—, spontane, bei Versuchs-
tieren *III*: 715.
—, Zündsaftphase *III*: 1133.
Magensekretionsparoxysmen
III: 1119, 1154.
Magensprache *XV/2*: 1379.
Magensteine *III*: 1084.
Magenstraße *III*: 402;
XVIII: 55.
Magensyphilis *III*: 1196.
Magentetanie *XVI/2*: 1528;
XVIII: 45.
Magentonus *III*: 401, 404,
III: 437; *XVI/1*: 898.
Magentuberkulose *III*: 1196.
Magenulcus s. Magen-
geschwür.

Magenverdauung, Genuß-
mittel *XVI/1*: 919.
—, Pathologie *III*: 1060.
—, Pferd *III*: 970.
—, Pupillenweite und
XII/1: 229.
—, Störung *XVI/1*: 915.
Magenvorhof *III*: 382.
Magenwand, Erschlaffung
XVI/1: 890.
—, Selbstschutz *III*: 1156.
Magersucht, diencephale
Kachexie *XVI/1*: 1057.
Magnesium, allgemeine Wir-
kung *I*: 500.
—, Harn *IV*: 247.
—, Blut, Gehalt an, nach In-
sulin *XVI/1*: 637.
—, Blutserum *XVI/2*: 1464.
—, Ion, Vorkommen im Or-
ganismus *I*: 495;
XVI/1: 1463.
—, Knochen, Gehalt an
XVI/2: 1611.
—, Kot *IV*: 690.
—, Mineralstoffgehalt und
Bedarf der Pflanze
XVI/2: 1685.
—, Muskel, Gehalt an
XVI/2: 1490.
—, Stoffwechsel beim
Pflanzenfresser *V*: 126.
—, Unentbehrlichkeit des
I: 521.
Magnesiumchloracidose
XVI/1: 1113.
Magnesiumnarkose *I*: 547.
—, Ca-Salze, antagonistische
Wirkung *X*: 1045.
— der Zentren *IX*: 612.
Magnesiumsalze, Uterus-
wirkung *XIV/1*: 521.
Magnesiumsulfat, Gaswechsel
des Gehirns und *IX*: 537.
Magnetische Felder, all-
gemeine Wirkung auf
Organismen *VIII/2*: 947.
Magnetreaktion *XV*: 33.
Mahlbewegung, Kiefer-
gelenk *III*: 326.
Mahlbiß *III*: 338.
Mahldruck, Kauen *III*: 334,
III: 337.
Mahldruckmesser *III*: 338.
Mahlzähne *III*: 48.
—, Druckfestigkeit
III: 335.
Mais, Gehalt an Vitamin B
V: 1217.
Maisbastarde *XVII*: 1031.
Makrobiotik *XVII*: 766, 777.
Makrogameten *XIV/1*: 46.
Makrophage Tiere *III*: 36.
Makrophagen *VI/1*: 60;
XIV/1: 969.

(Makrophagen), Bedeutung
XIII: 545.
—, entzündetes Stroma und
XIII: 321.
—, fixe *XIII*: 829.
Makropsie *XII/1*: 208;
XII/2: 884.
Makrosmaten *XI*: 209.
Makrosporen *XIV/1*: 45.
Malamid *V*: 1010.
Malaria *XVII*: 498.
—, Immunität *XIII*: 523.
—, Wirtswechsel bei *I*: 658.
Malariaanfall, Blutdruck-
steigerung im *VII/2*:1331.
Malariaparasiten, artspezi-
fische Anpassung der
XIII: 541.
Malariaplasmodien *I*: 633.
—, Immunität *XIII*: 522.
Malignität, Geschwülste
XIV/2: 1731.
Malonsäure, Stoffwechsel-
verhalten *V*: 1004.
Malopterurus, elektrische Or-
gane *VIII/2*: 721, 878,
VIII/2: 890.
Maltafieber, endemisches
Auftreten *XIII*: 521.
—, Restkohlenstofferhöhung
VI/1: 305.
Maltase, allg. Fementlehre
III: 929.
—, Pankreassaft *XVI/1*: 908.
—, Speichel *III*: 693.
Maltose, Chemie *III*: 119.
—, —, α und β *III*: 934.
—, Glykolyse, Zentralnerven-
system und *IX*: 581.
—, Harn *IV*: 297.
—, Stoffwechselverhalten
V: 1000.
Malum perforans *V*: 1286.
Mamma areolata *XIV/1*: 606.
—, Lactation *XIV/1*: 627.
— papillata *XIV/1*: 606.
—, senile Involution
XIV/1: 644.
Mammahypertrophie, men-
struelle *XIV/1*: 614.
Mammakrebs, experimentell,
durch Teer *XIV/2*: 1614.
—, —, durch Funktions- und
Entwicklungsstörung
XIV/2: 1583.
Mammaorgan, Mensch
XIV/1: 605.
„Mammartasche"
XIV/1: 606.
Mammauterinreflexe
XIV/1: 644.
Mandelsäure *V*: 1022.
Mandibularstarre *XVII*: 709.
Manegebewegungen s. Reit-
bahnbewegungen.

Mangan, Ausscheidung,
Darm *IV*: 694.
—, Blut *XVI/2*: 1475.
—, Boden *XVI/2*: 1689.
—, Gallensteine *IV*: 618.
—, Lichtkatalysator
XVII: 341.
—, Oxydase, Gehalt *I*: 56.
Mangansalz, Oxydations-
geschwindigkeit und *I*:53.
Mangandioxyd-Elektrode
XVI/1: 1106.
Manie *XIV/1*: 893.
Manisch-depressives Irresein
XVII: 1104, 1127, 1145.
Mannase, Helix *III*: 95.
Männerrolle bei Frauen
XIV/1: 804.
Mannit, Stoffwechsel-
verhalten *V*: 998.
MANOLLOFFsche Reaktion
XIV/1: 376.
Mantelfläche, Brusthöhlen-
wände *II*: 37.
Manteltiere, Gifte *XIII*: 117.
Marasmus *XVII*: 779, 797.
— senilis *XVII*: 848, 851.
Marathonläufer, Herzgröße
XV/1: 706.
March of movement, Rinden-
epilepsiephänomen *X*:436.
MARIES Lehre der Aphasie
X: 660.
MARIOTTEscher Fleck
XII/2: 770, 789.
Markballenbildung, Nerven-
regeneration *IX*: 290,
IX: 294.
Markorgan, Blutbildung
VI/2: 747.
Markscheide, Zerfall bei De-
generation *IX*: 290, 335.
Markscheidenbildung
IX: 310.
Markscheidenreifung *X*: 326,
X: 384, 402, 416.
Markscheidensubstanz, Ner-
ven *IX*: 147.
Marmorhand *VII/2*: 1703.
Marmorkrankheit, Blutbil-
dung bei *VI/2*: 737.
Marschhämoglobinurie
IV: 516; *VI/2*: 588, 596.
Marskanäle, subjektive Er-
scheinung *XII/1*: 492.
Marsupialen *XVII*: 6.
Maschinenarbeit, Arbeits-
freude und *XV/1*: 670.
—, Stoffwechsel, Einfluß der
XVI/1: 968.
Masern, Erreger in der Milch
XIV/1: 653.
—, Exanthem, antiallergische
Wirkung *XIII*: 737.
Maskulinismen *XVII*: 1154.

Masochismus *XIV/1*: 791, *XIV/1*: 887; *XVII*: 1175.
Massage, Herzfehler *XVI/2*: 1364.
—, Muskelatrophie *XVI/2*: 1405.
Massengesetz, allgemeine Energetik *I*: 247.
Massenmörder *XIV/1*: 888.
Massenpunktbestimmung an menschlichen Gliedmaßen *VIII/1*: 637.
Massenverteilung, Aufbau des Menschen und *XV/1*: 166.
Massenwachstum, Körperaufbau, Kind *III*: 1305.
Massenzunahme bei Ontogenie *XIV/1*: 1009.
Masseterreflex *X*: 982.
Masseterzange, Anwendung bei Reaktionszeit *X*: 536, *X*: 565.
Maßstab, subjektiver *XII/2*: 882; s.Größensinn.
Mast, Hunger und, Wirkung von *XIV/1*: 735.
Mastdarmreflex *X*: 1016.
Masteiweiß *V*: 40.
Mastikation *III*: 325.
Mastikationsfläche *III*: 309.
Mastikatoren *III*: 337.
Mastitis *XIV/1*: 665.
— adolescentium *XIV/1*: 613.
— interstitialis sine phlegmonosa *XIV/1*: 666.
—, parenchymatöse *XIV/1*: 665.
Mastixreaktion, Liquor *X*: 1213.
Mästung, Leber *III*: 636.
Masturbation *XIV/1*: 176ff., *XIV/1*: 188, 845, 882, 888, *XIV/1*: 895.
—, Alter der vollen Geschlechtsreife *XIV/1*: 852.
—, Anschauungen über *XIV/1*: 848.
—, Ausführung *XIV/1*: 855.
—, folgenlose *XIV/1*: 867.
—, Geschichte *XIV/1*: 845.
—, Greisenalter *XIV/1*: 853.
—, Häufigkeit der *XIV/1*: 854.
—, instrumentelle *XIV/1*: 856.
—, Intensität und Dauer *XIV/1*: 858.
—, mutuelle *XIV/1*: 855.
—, Physiologie und Pathologie *XIV/1*: 186, 867.
—, Pubertätszeit *XIV/1*: 852.
—, Säuglings- und Kindesalter *XIV/1*: 850.
—, Tiere *XIV/1*: 187, 850.

Masturbationszwang *XIV/1*: 895.
Masturbatorische Befriedigungen *XIV/1*: 805.
Mastzellen, Blut *VI/2*: 710.
Materie, allgemeiner Zustand (kolloidchemisch) *I*: 92.
—, kinetische Theorie *I*: 92.
Mathiola Tropaeolum, Lichtreize auf *VIII/2*: 869.
Matroklinität, frühe Larvenstadien *XVII*: 1035.
Maul- und Klauenseuche *XIV/1*: 653.
Mäuse, anaphylaktischer Shock *XIII*: 731.
—, Autotomie *XIII*: 273.
Mauserung, latente der Erythrocyten *VI/2*: 774.
Mäusetumor *XVII*: 741.
Mäusetyphus, Immunität *XIII*: 522.
Mäusetyphusbacillen, Ernährungseinfluß auf Resistenz bei *XIII*: 568.
MAUTHNERsche Zellen *X*:178.
Maximalkapazität, Totalkapazität, Atmung *II*: 83, 85.
Maximalleistungen, sportliche *II*: 412.
Maximalreaktion, Gesichtssinn und *XII/1*: 393.
MAXWELL-BOLTZMANNscher Verteilungssatz *I*: 194.
MAXWELLscher Fleck *XII/1*: 439, 461; *XII/2*: 1514.
MAYERscher Fingergrundgelenkreflex *X*: 985.
Mechanik, Bewegungen, Pflanzen *XVII*: 661.
—, Körper, menschlicher *XV/1*: 162, 174ff.
—, physiologische spezielle *XV/1*: 168.
—, Ruhelagen *XV/1*: 183.
—, —, Muskel- u. Bänderanspannung *XV/1*: 195.
Mechanische Energie, allgemeine Energetik *I*: 236.
— Reizung, Labyrinth *XI*: 984.
— —, Nerv *IX*: 201.
Mechanischer Shock, Immobilisation durch *XVII*: 693.
Mechanisierung der Entwicklung bei fortgeschrittener Differenzierung *XIV/2*: 1284.
Mechanismen, psychogene *XIV/1*: 796.
Mechanismus des Todes beim Menschen *XVII*: 878.
Mechanohypnose *XVIII*: 454.

Mechanolamarckismus *XVII*: 964.
Meconium, Farbe, Zusammensetzung usw. *III*: 1319.
—, Flora des *III*: 1008.
Media, Arterien *VII/2*: 869.
—, —, Nekrose *VII/2*: 1405.
—, — Verkalkung *VII/2*: 1095.
Mediane, subjektive und objektive, Auge *XII/2*: 966ff.
Medianebene, Froschei, Schwerkraft und *XVI/1*: 811.
Mediastinalflattern *II*: 100, *II*: 366, 416.
Mediastinalhernien *II*: 100.
Mediastinitis *II*: 448.
Mediastinopericarditis adhaesiva *VII/2*: 1872.
Mediastinum *II*: 100, 366, *II*: 485.
—, Flattern des *II*: 100, 366, *II*: 416.
—, Verschiebung *II*: 386.
—, — infolge von Fremdkörpern *II*: 336.
Mediaverkalkung, Arterien *VII/2*: 1095.
Medikamente, Blutmenge *XVI/2*: 1343.
—, Reaktionszeit *X*: 590.
Medinal *XVII*: 617.
Medulla oblongata, Allgemeines *X*: 168.
— —, Druckempfindlichkeit und *X*: 121.
— —, Erkrankungen *XV/1*: 411, 417.
— —, Hörstörungen und *XI*: 659.
— —, Läsionen *X*: 1257.
— —, Physiologie, pathol. *X*: 197.
— —, statisches Zentrum *X*: 177.
— —, Stoffwechselzentren *XVI/1*: 1050.
— —, vasomotorisches Zentrum in *VII/2*: 941.
— —, Wärmeregulationszentren *XVII*: 62.
Medullarepithel, Primo- und Sekundogenitur des *XVI/1*: 36.
Medusen, Atmung *II*: 30.
—, Blutsalze *XVII*: 142.
—, Extrasystolen *VII/1*: 43.
—, Färbung der *XIII*: 204.
—, Geschlechtsindividuen der Kolonie *I*: 612.
—, Randkörper *XI*: 770, *XI*: 793.

(Medusen), Reflexe, gegenseitige Beeinflussung *XV/2*: 1193.
—, Reizbildungsstätten *VII/1*: 48.
—, Respirationsbewegungen der *XVII*: 646.
—, statische Organe *XI*: 769.
Meere, allgemeine Klimawirkung *XVII*: 526.
—, südliche, Klima *XVII*: 549.
Meeresströmungen *XVII*: 541.
Meerwasser, Blutsalze und *XVII*: 142.
—, kalkfreies, Einfluß auf Seeigelentwicklung *XVI/1*: 859.
—, Pufferung *XVII*, 140.
Meerschweinchen, Befruchtung *XIV/1*: 126.
„Meerschweinchentypus" (Biolog. Spezifität) *XIII*: 480.
Megakaryocyten *VI/1*: 47; *VI/2*: 754, 817.
Megaloblasten *VI/1*: 46; *VI/2*: 761.
Megaloblastose, embryonale *VI/2*: 761.
Megaloureter *IV*: 819.
Megaoesophagus *III*: 374. .
Mehlnährschaden *III*: 1389; *XVII*: 199.
Mehlwurm, Masse *III*: 90.
Mehrfachmembranen, Theorie der elektrischen Reizung *IX*: 255.
Mehrphasige Modelle, Theorie der Protoplasmagifte *I*: 551.
Mehrwertige Ionen, physiologische Äquilibrierung *I*: 507.
Mehrzellige, Fortpflanzung *XIV/1*: 31.
—, Knospung *XIV/1*: 36.
—, Koloniebildung *XIV/1*: 36.
—, Monogonie *XIV/1*: 31.
—, Stockbildung *XIV/1*: 36.
—, Teilung *XIV/1*: 31.
MEISSNERsche Körperchen *XI*: 79, 104.
MEISSNERscher Plexus, Peristaltik und *III*: 417; *X*: 1065.
Mekonsäure *V*: 1030.
Melanin, chemisches Verhalten *XIII*: 197.
—, normales und pathologisches *XIII*: 248, 261.
Melaninbildung *V*: 1265.
Melaninchemie *XIII*: 196.

Melaninherstellung aus Dopa *XIII*: 251.
Melanismus *XIII*: 197, 216, *XIII*: 237.
Melanoidine, Chemie *III*: 233.
Melanomablastoma malignum und Melanosarkom *XIV/2*: 1488, 1492, 1771.
Melanophoren *XIII*: 195.
—, Fisch *XVI/1*: 80.
Melanophorenwirkung, Hypophyse *XVI/1*: 489ff.
Melanoproteide *XIII*: 238.
Melanosarkome, Herz *VII/2*: 1822.
Melkverfahren *XIV/1*: 638.
Melodiebewegung *XI*: 707.
Melodientaubheit *XI*: 663.
Meloë *I*: 632.
Meltzer-Insufflation *II*: 278.
Melubrin, Lokalanästhesie *IX*: 442.
Membrana basilaris *XI*: 486, *XI*: 487, 494.
— tectoria *XI*: 471, 497, *XI*: 520.
— —, Sinneshaare *XI*: 524.
Membranellen, Protozoen *III*: 12.
Membranen, Eigenschaften von (Ursache elektrischer Erscheinungen) *VIII/2*: 1053.
—, elektrische Eigenschaften *VIII/2*: 1001.
—, Neubildung (Pflanzen) *XIV/1*: 1116, 1119.
—, semipermeable, osmotischer Reiz und *I*: 290, *I*: 319.
—, —, Theorie *IX*: 263.
—, undulierende (Protozoen) *III*: 11.
—, unsymmetrische, Töne von *XI*: 592.
Membrangleichgewicht (DONNAN) *III*: 240.
Membranhypothese der Antigen-Antikörperreaktion *XIII*: 747.
Membranladung *VIII/2*: 1051.
Membranpermeabilität, Darm *IV*: 29.
—, Resorption und *IV*: 168.
Membranpotentiale *I*: 523; *VIII/2*: 1000.
—, Versuche und Theorie von MICHAELIS *VIII/2*: 1050.
Membrantheorie, Bernstein *VIII/2*: 1013.
—, Reizleitung *IX*: 165.
—, Zitterfischschlag *VIII/2*: 923.

Menarche, Fettablagerung in *XVI/1*: 962.
Mendelismus *XVII*: 1010.
—, Geschlechtsbestimmung *XIV/1*: 326.
—, Mongolenfleck *XIII*: 257.
MENDELsches Gesetz *XVII*: 906, 925, 967.
— Zahlenverhältnis beim Menschen *XVII*: 972.
Mendelspaltung *XVII*: 913, *XVII*: 938.
—, dimere *XVII*: 919.
—, monomere *XVII*: 914.
Mengenkurve, Mageninhalt *III*: 1154.
MENIÈRscher Symptomenkomplex *XV/1*: 447, 483.
„Meningismus", Lumbalpunktion und *X*: 1185.
Meningitis *II*: 434; *X*: 1218, *X*: 1220.
—, Acusticus *XI*: 652.
— cerebrospinalis epidemica (Hörstörungen durch) *XI*: 655.
Meningoencephalitis ovium enzootica (Haustiere) *X*: 1249.
Meningokokken, Immunität *XIII*: 522.
Meningokokkenmeningitis, Gesamtcalciumgehalt des Liquors *XVI/2*: 1458.
Menopause *XVI/1*: 381, *XVI/1*: 669ff., 690, 807; *XVII*: 803.
—, Blutbild und *XIV/1*: 687.
—, Eintritt der *XIV/1*: 670.
—, innersekretorische Drüsen und *XIV/1*: 678.
—, soziale Verhältnisse *XIV*: 670.
—, Stoffwechsel und *XIV/1*: 679.
—, vasomotorische Störungen *XIV/1*: 683.
Menotaxis *XII/1*: 21, 32.
Menotoxin, Menstruationsgift *XIII*: 161; *XIV/1*: 451.
Mensch, Einfluß auf den Stoffkreislauf in der Natur *I*: 711.
Menschenrassen *XVII*: 985.
Menschenwelt *I*: 21.
MENSENDIECK, B. M. (künstlerische Körperschulung) *XV/1*: 163.
Menstrualblut *XIV/1*: 453.
—, Gerinnungshemmung *XIV/1*: 550.
Menstruation *XIV/1*: 445ff.; *XVII*: 204, 811; *XVIII*: 375.

(Menstruation), Beginn der *XVII*: 785.
—, Calciumwerte im Blut *XVI/2*: 1447.
—, Epithelkörperchen und *XVI/1*: 686.
—, Erregbarkeit, vegetat., und *XVI/2*: 1787.
— hodentragender Individuen *XIV/1*: 875.
—, Hypophyse und *XVI/1*: 676.
—, Kaliumgehalt vor und nach der *XVI/2*: 1444.
—, Körpertemperatur und *XVII*: 82.
—, Morbus Basedow und *XVI/1*: 669.
—, Nase und *XIV/1*: 461.
—, Nasenblutungen, vikariierende *II*: 317.
—, Nebennieren und *XVI/1*: 688.
—, Pankreas und *XVI/1*: 691.
—, Schilddrüse und *XVI/1*: 305.
—, Stimme und *XV/2*: 1365.
—, Uterusbewegungen *XIV/1*: 517.
—, vikariierende *II*: 317. *XIV/1*: 461.
Menstruationsgift *XIII*: 161.
Menstruationssklerose *VII/2*: 1098.
Menstruationsstörungen, Augendrucksteigerungen und *XII/2*: 1388.
Mercaptane *V*: 1012.
Mercaptursäuren *V*: 1042, *V*: 1044.
Mercaptursäurebildung *V*: 737.
Mercuriammoniumchlorid, percutane Resorption *XVIII*: 88.
Meristom, Begriff (Cytoblastom) *XIV/2*: 1499—1503, *XIV/2*: 1777.
Meristombildung nach Krebstransplantation *XIV/2*: 1583ff.
MERKELsche Körperchen *XI*: 79.
Merkfähigkeit, Herabsetzung der *XV/2*: 1448.
—, verminderte (Schlaf) *XVII*: 577.
Merkmale (Definition des Organismus) *I*: 21.
—, körperliche und Berufseignung *XV/1*: 680.
Merkmalträger (Definition des Organismus *I*: 21.
Merkorgan *I*: 697.

Merksystem sensorischer und motorischer Felder *X*: 658.
Merkwelt *I*: 697.
— der Tiere (richtiger Weg) *IX*: 762.
Merochinone *V*: 866.
Merogamie *XIV/1*: 16.
Merogonie *XIV/1*: 127, 1098; *XVII*: 995.
Mesenchym *XVII*: 252.
—, Bildung von *XIV/1*: 1016.
—, Omnipotenz *XIV/2*: 1297.
Mesenchymreaktionen, Geschwulstwachstum und *XIV/2*: 1718—1724.
Mesenchymzellen *IX*: 132.
—, Bewegung der *VIII/1*: 29.
—, Gewebszüchtung *XIV/1*: 987.
Mesenterialarterienthrombose *III*: 1094.
Mesenteriallymphdrüsen, Farbstoffspeicherung nach intraperitonealer Injektion *IV*: 163.
Mesenterium, Lymphknoten im *VI/2*: 842.
Mesitylen *V*: 1014.
MESMERische Striche *XVII*: 674.
Mesobilidiolin, Mesobilidiolinogen und (Blut u. Gallenfarbstoffe) *VI/1*: 199.
Mesobilirubinogen, Blutfarbstoffe *VI/1*: 201.
Mesobronchien *II*: 22.
Mesocarpustypus, Chloroplastenlagerung *XII/1*: 58.
Mesoderm, Sympathicus und *XVI/2*: 1733.
Mesoporphyrin *VI/1*: 165.
Mesothoriumpräparate, Kreuzbefruchtungen und *XIV/1*: 149.
Mesoxalsäure, Stoffwechselverhalten *V*: 1004.
Meßverfahren, korrelatives *XV/1*: 707.
Metabolismus, allgemeine Energetik *I*: 228, 262.
—, basaler *I*: 243, 262.
—, stationärer *I*: 261.
Metachloral, Kreislaufwirkung *VII/2*: 1063.
Metacholesterin *V*: 1101.
Metachonie, Flimmerbewegung der *VIII/1*: 40.
Metagenesis *XIV/1*: 86, 89, *XIV/1*: 99.
Metakontrast *XII/1*: 482.
—, binokularer *XII/2*: 926.
—, unokularer *XII/1*: 482.
Metallaxien *XIV/1*: 954.

Metalle, körperfremde, Ausscheidung durch den Darm *IV*: 693.
—, —, Speicherung und Ausscheidung durch die Leber *IV*: 806.
—, Kreislauf in der Natur *I*: 735.
Metallische Obertöne *II*: 298.
Metallklang *II*: 299.
Metallpunkte an Zelloberflächen *I*: 260.
Metallsole, hydrophobe *I*: 169.
Metamorphopsie *XII/2*: 887.
Metamorphose (Tiere), Beschleunigung durch Hypophyse *XVI/1*: 771.
— —, Fliegen *XI*: 814.
— —, Hemmung nach Hypophysektomie *XVI/1*: 769.
— —, Insekten *V*: 443ff.
— —, synchrone *XIV/1*: 1104.
— (Zellen), albuminös kernige *V*: 1250.
— —, fettige *V*: 1247, 1268.
Metantigene *XIII*: 696, 804.
Metaplasia ossificans durae matris spinalis *X*: 1259.
Metaplasie *XIV/2*: 1211ff.
—, Arten *XIV/2*: 1306.
—, direkte *XIV/2*: 1307.
—, — des Mesenchyms (Muskel, Bindegewebe, Knochen, Knorpel) *XIV/2*: 1312.
—, Epithel in Bindegewebe *XIV/2*: 1308.
—, Geschwulstbildung und *XIV/2*: 1693.
—, Gewebsmißbildung *XIV/2*: 1211.
—, indirekte der Blutzellen *XIV/2*: 1318.
—, — des Epithels *XIV/2*: 1323.
—, —, experimentelle Erzeugung *XIV/2*: 1327.
—, — des Mesenchyms *XIV/2*: 1316.
—, — regenerative *XIV/2*: 1313.
—, Muskulatur, glatter *XIV/2*: 1327.
—, myeloische, experimentell *XIV/2*: 1321.
—, neocytische und metacytische *XIV/2*: 1295.
—, Tiere, niedere, und Embryonen *XIV/2*: 1247, *XIV/2*: 1253, 1267, 1269, *XIV/2*: 1285, 1290, 1314.
Metastasen *II*: 530.
—, Pneumonokoniosen *II*: 530.

Metastasenbildung bei Geschwülsten *XIV/2*: 1739.
Metastruktur, Begriff *XIV/2*: 1220.
—, Eizelle *XIV/2*: 1212,1220.
—, Zelle *XIV/2*: 1247.
Metasyphilis, Pathogenese *XIII*: 501.
Metazoen, Brutpflege *XIII*: 55ff.
—, Eiereinhüllung *XIII*: 56.
—, Encystierung und Häutung der *XIII*: 28.
—, Fremdgehäuse der *XIII*: 77, 80.
—, Fremdnester *XIII*: 58.
—, Galvanotaxis *XI*: 1044.
—, Gehäuse, angewachsene *XIII*: 75.
—, Giftgewöhnung *XIII*: 849.
—, Giftsekrete *XIII*: 40.
—, Körperbedeckung als Schutzmittel *XIII*: 21.
—, — als Waffe *XIII*: 25.
—, Putzorgane der *XIII*: 41.
—, Raspeln *XIII*: 54.
—, Schutz und Angriffseinrichtungen bei *XIII*: 20.
—, Verdauung bei *III*: 24; *XVIII*: 21.
—, —, phagocytäre *IV*: 168.
—, Wohnbauten *XIII*: 83ff.
—, Wohnröhren und Puppenkokone *XIII*: 75.
Meteorismus *III*: 504.
— intestinalis *III*: 1089.
— peritonealis *III*: 1091.
Methämoglobin, Bestimmung *VI/1*: 159.
—, Diamagnetismus *VI/1*: 156.
—, Hämolyse und *VI*: 588.
—, Konstitution *VI/1*: 151.
Methämoglobinbildung *VI/1*: 157.
—, Gase *II*: 513.
—, Licht *XVII*: 313.
—, Lunge, isolierte, und *II*: 514.
—, Pneumokokken *I*: 57.
Methämoglobinurie *VI/1*: 588.
Methan in Exspirationsluft *II*: 197.
—, Vergiftung *II*: 509.
Methodenlehre, Erblichkeitsforschung beim Menschen *XVII*: 969.
Methoxyphenylalanin *V*: 1024.
Methoxyphenylpropionsäure *V*: 1025.
Methylalkohol, Protoplasmagift *I*: 574.

(Methylalkohol), Schädigung des Sehorgans durch *XII/2*: 815.
—, Stoffwechselverhalten *V*: 997.
Methylaminopropionsäure *V*: 1009.
Methylarginin *V*: 1009.
Methyl-β-Phenylpropionsäure *V*: 1025.
Methylchinolin *V*: 1031.
Methylenblau (Oxydation) *I*: 42.
Methylenblaureduktion im Zentralnervensystem *IX*: 562.
Methylenblausyncholie, Leberfunktionsprüfung *IV*: 778.
Methylenchlorid, Stoffwechselverhalten *V*: 1007.
Methylglyoxal, Abbau des *V*: 495.
—, Spaltung im Zentralnervensystem *IX*: 560, *IX*: 578.
Methylierungen im Organismus *V*: 642, 1045.
Methylimidazol *V*: 1033.
Methylphenylalanine *V*: 1024.
Methylpiperidin *V*: 1030.
Methylpurine, Stoffwechselverhalten der *V*: 1080.
Methyltryptophan *V*: 1032.
Methyltyrosin *V*: 1024.
Methyluracil *V*: 1012.
Methylxanthine *V*: 1012.
Methylzimtsäure *V*: 1025.
Metrolytica *XIV/1*: 502.
Metrotonica *XIV/1*: 502.
Metvestrum *XIV/1*: 380.
MEYERHOFscher Quotient *I*: 34; *V*: 532.
— — im Zentralnervensystem *IX*: 578.
Mg s. Magnesium.
Micelle *I*: 68.
—, permutoider Bau *I*: 166.
—, Struktur *I*: 153.
Micellenreihen, Neurofibrillen *IX*: 161.
Migräne, Disposition für Hochdruckkrankheit und genuine Schrumpfniere *IV*: 557.
—, Polyurie bei *XVII*: 251.
Migrationstrieb *XIV/1*: 193.
Mikroben, Stoffkreislauf in der Natur und *I*: 705.
Mikrodissektionsapparat *XIV/1*: 1099.
Mikrogameten *XIV/1*: 46.
Mikroglia *IX*: 482.
Mikrolux *XII/2*: 1577.

Mikrometerregistrierung, Reaktionszeit *X*: 599.
Mikromyeloblastenleukämie *VI/2*: 745.
Mikronekrose *V*: 1296.
Mikroorganismen, Magen, Säugling *III*: 1003.
—, Mundhöhle, Säugling *III*: 1002.
—, photogene *VIII/2*: 1076.
—, Schweiß, Gehalt an *IV*: 734.
—, Verdauung beim Säugling *III*: 1001ff.
—, Verdauungstraktus, Herbivoren, Verdauungseinfluß *III*: 967ff.
—, Verdauungstraktus, Mensch *III*: 1027ff.
Mikrophage Tiere *III*: 25; *VI/1*: 60; *XIII*: 545; *XIV/1*: 969.
Mikropsie *XII/1*: 208; *XII/2*: 884.
Mikropyle *XIV/1*: 61.
Mikrorespirationsapparat, Gaswechsel des isolierten Froschrückenmarks *IX*: 544.
Mikrosmaten *XI*: 209.
Mikrosomen des Spermiums *XIV/1*: 711.
Mikrosporen *XIV/1*: 45.
Mikrotonometer, KROGH *II*: 221.
Miktion, automatische *IV*: 875.
—, Druck in der Harnblase *IV*: 851.
—, Erlernung der willkürlichen *IV*: 863.
—, Hemmungen *IV*: 865.
—, Phasen der willkürlichen *IV*: 876.
—, Sekundenvolumen *IV*: 856.
—, Sphincterenhemmung bei der *IX*: 659.
—, spontane *IV*: 863.
—, willkürliche *IV*: 863, 864, *IV*: 876.
Miktionsende, coup de piston *IV*: 868.
MIKULICZsches Syndrom *III*: 1111.
Milben (Acarina) und Zecken Gifte der *XIII*: 132.
Milch *XIV/1*: 645ff.
—, alkohollösliches Protein *XIV/1*: 648.
—, Alkoholprobe *XIV/1*: 647.
—, Asche der *XIV/1*: 649; *XVI/1*: 864, 991.
—, Aufrahmung *XIV/1*: 646.

(Milch), Bakterien *XIV/1*: 652.

—, Chemie und Physikochemie der *XIV/1*: 645ff.

—, Chloridgehalt der *XVI/2*: 1504.

—, Dauerpasteurisierung *XIV/1*: 653.

—, Einschießen *XIV/1*: 627.

—, Eisengehalt *XVI/1*: 862; *XVI/2*: 1504.

—, eiweißfreie, Vitamingehalt *V*: 1151.

—, Euterkrankheiten *XIV/1*: 654.

—, Gase, gelöste *XIV/1*: 649.

—, Homogenisieren *XIV/1*: 646.

—, Kalk- und Phosphatausscheidung in der *XVI/2*: 1614.

—, Krankheitserreger *XIV/1*: 653.

—, Kochgeschmack *XIV/1*: 645.

—, Kochhaut *XIV/1*: 645.

—, kondensierte, Vitamin-C-Gehalt *V*: 1228.

—, Leitfähigkeit *XIV/1*: 647.

—, menschliche *XIV/1*: 654.

—, Milchsäure *XIV/1*: 646.

—, Mineralgehalt der *XVI/2*: 1503.

—, Oberflächenspannung *XIV/1*: 648.

—, Phosphatide *XIV/1*: 648.

—, proteolytische Enzyme *XIV/1*: 648.

—, Reaktion *XIV/1*: 646.

—, Scharlacherreger *XIV/1*: 653.

—, Sauerwerden *XIV/1*: 646.

—, tierische, Zusammensetzung *III*: 1360; *XIV*: 645ff.

—, Typhusepidemien *XIV/1*: 653.

—, Vitamingehalt *V*: 1152, *V*: 1225, 1228; *XIV/1*: 649.

—, Wasserstoffionenkonzentration *XIV/1*: 646, 647.

—, Zusammensetzung *XIV/1*: 646, 648.

Milchaufnahme beim Brustkind *III*: 1356.

Milchbildung, Milchausscheidung und *XIV/1*: 641.

—, Phosphatmangel und *XVI/2*: 1568.

Milchcysten *XIV/1*: 666.

Milchdrüse s. auch Lactation *XIV/1*: 605ff.

—, Consensus partium, im *XIV/1*: 644.

(Milchdrüse), Eiweißaufbau *V*: 718.

—, Entleerung des Sekretes aus der *XIV/1*: 634.

—, Lactation, Saugen *XIV/1*: 605ff.

Milchdystrophie, Säugling *III*: 1378.

Milchenzyme *XIV/1*: 648.

Milchfehler *XIV/1*: 653.

Milchfett *XIV/1*: 648.

—, Bildung *XIV/1*: 634.

—, Teilchengröße *XIV/1*: 650.

Milchfisteln *XIV/1*: 666.

Milchfluß *XIV/1*: 639.

Milchgebiß, Hypophysektomie und Persistenz des *XVI/1*: 422.

Milchhügel *XIV/1*: 606.

Milchhülle *XIV/1*: 648.

Milchinjektionen, Kochsalzausschwemmung nach *XVI/2*: 1534.

Milchkonsum, Kalkhaushalt und *XVI/2*: 1567.

Milchkügelchen *XIV/1*: 648.

Milchleiste *XIV/1*: 606.

Milchnährschaden *III*: 1374.

Milchoxydase *XIV/1*: 648.

Milchpumpen *XIV/1*: 638.

Milchreduktion *XIV/1*: 648.

Milchsäure, Blut *VI/1*: 302; *XII/2*: 1360.

—, — bei Arbeit *XV/1*: 721, *XV/1*: 741, 743; *XV/2*: 837; *XVI/2*: 1378.

—, —, Minutenvolumen und *XVI/2*: 1395.

—, Harn *IV*: 285.

—, Kreislaufregulierung und *XVI/2*: 1243.

—, Magensaft (Carcinom) *III*: 1193.

—, Muskel *VIII/1*: 392; *XV/1*: 741; *XVI/2*: 1359.

—, —, calorischer Quotient *VIII/1*: 517.

—, —, Gehalt an, im Kollaps *XVI/2*: 1369.

—, —, Ursprung im *VIII/1*: 378.

—, Muskulatur, glatte *VIII/1*: 475.

—, Muttersubstanz *VIII/1*: 385.

—, Ödemflüssigkeit *XVI/2*: 1353.

—, Oxydationsquotient *XV/1*: 740.

—, —, Bestimmung am Menschen *XV/1*: 742.

—, Regeneration von Zucker in der Muskulatur *VIII/1*: 394.

(Milchsäure), Schweiß *XVI/2*: 1353.

—, Stoffwechselverhalten *V*: 492, 1003.

—, Verbrennungswärme *I*: 31.

Milchsäureansammlung, Muskel *XVI/2*: 1359.

Milchsäureausscheidung *IV*: 285; *XV/1*: 721.

Milchsäurebakterien *III*: 1032; *XIII*: 816, *XIII*: 848; *XIV/1*: 646, *XIV/1*: 652, 654.

Milchsäurebildung, Arbeit *XV/1*: 721; *XVI/2*: 1378.

—, Frosch, lebend *V*: 402.

—, Gehirn, lebend *IX*: 583.

—, —, postmortale *IX*: 581.

—, Magen *III*: 977, 1149; *XVIII*: 63.

—, Maximum *I*: 35.

—, Muskel *VIII/1*: 371, 393, *VIII/1*: 424, 430; *XV/1*: 741.

—, —, blutdurchströmter, am lebenden Tier *VIII/1*: 373.

—, —, Verlauf der, im *VIII/1*: 485.

—. Nerv *IX*: 395; *XVIII*: 253.

—, —, Einfluß von Reizung auf *IX*: 396.

—, postmortale *XVI/1*: 650.

—, Rückenmark, isoliertes, Einfluß von Reizen auf die *IX*: 585.

—, Zentralnervensystem *IX*: 559, 567; *XVIII*: 253.

Milchsäuregärung *V*: 528.

—, Pferdemagen *III*: 973.

Milchsäurespiegel, Blut und Kammerwasser *XII/2*: 1360.

—, — bei körperlicher Arbeit *XV/1*: 721; *XV/2*: 837; *XVI/2*: 1378.

—, —, venöses, nach körperlicher Arbeit *XV/1*: 741.

— und O$_2$-Verbrauch, Zusammenhang zwischen *XV/1*: 743.

Milchsäurestoffwechsel Herzkranker *XVI/2*: 1353.

Milchsäurevermehrung, Blut, Carcinomkranker *III*: 1193.

— nach Insulin *XVI/1*: 629.

Milchsinus *XIV/1*: 606.

Milchspender, Nahrung des, und Vitamingehalt der Milch *V*: 1225.

Milchsperre *XIV/1*: 635.

Milchsteine *XIV/1*: 666.

Milchstreifen *XIV/1*: 606.
Milchverdauung *XVI/1*: 913.
Milchzucker *XIV/1*: 649.
—, Harn *IV*: 297.
—, Umsatz im Zentralnerven-
system *IX*: 570.
Milchzuckerbildung
XIV/1: 634.
„Milieu intérieur" *XVII*: 138.
Milieufaktoren, innere, Ein-
fluß auf Determination
XIV/1: 1033.
Milieuverhältnisse, abnorme,
als Mißbildungsursache
XIV/1: 1063.
MILLON HOPKINS, Reaktion
nach *III*: 219.
Milz *VI/2*: 1055.
—, Anaphylaxie *V*: 679, 754.
—, Bau *VI/2*: 858, 1055.
—, Blutabbau *VI/2*: 881.
—, Blutbehälter *VI/2*: 883;
XVI/2: 1320.
—, Blutgefäße *VI/2*: 1056.
—, Blutstrom *VII/2*: 1480.
—, Geschwulstwachstum und
XIV/2: 1718.
—, Gewebsmakrophagen
XIII: 830.
—, Hämatopoese *VI/2*: 759.
—, Keimzentren *VI/2*: 1068.
—, Knötchencapillaren
VI/2: 1057.
—, Lymphbewegung
VI/2: 1042.
—, lymphoides und lympha-
tisches Gewebe *VI/2*: 825,
VI/2: 1055.
—, Oxydasereaktion
VI/2: 871.
—, Scheidencapillaren
VI/2: 1057.
—, Zellformen in der
VI/2: 1061.
—, Zellteilungen in der
VI/2: 1066.
Milzarterien *VI/2*: 863.
Milzbrand, Immunität
XIII: 530, 557.
Milzbrandbacillen, Gewöh-
nung an Borsäure, Sal-
varsan und Sublimat
XIII: 844, 845.
—, Immunität *XIII*: 526.
Milzbrandresistenz *XIII*: 576.
Milzbrandsepticämie, Vita-
min-B-freie Ernährung
XIII: 566.
Milzexstirpation, Amino-
säuren und *V*: 695.
—, Eisenausscheidung und
XVI/2: 1666.
Milzinfarkt *V*: 1289.
Milzknötchen, zentrale Ar-
terien *VI/2*: 1057.

Milzkontraktionen, CO-
Vergiftung *VI/1*: 147.
Milzsinus, Bau *VI/2*: 866.
Milzstaubgehalt *II*: 536.
Milztumor *VI/2*: 912.
Milzumfang, Thalamus und
X: 398.
Mimik, Alter *XVII*: 786.
—, Gebärde und *XV/2*: 1437.
—, motorische Störungen
X: 343, 370.
—, Tod *XVII*: 888.
Mimikry *XVII*: 956.
—, Ameisengäste *XIII*: 201.
—, männliche *XIV/1*: 805.
Mimische Starre, Bewegungs-
störungen *X*: 343.
Mimosa, Erholungsreaktion
nach Reizung
VIII/1: 102.
—, Wundhormon *IX*: 11.
Mimulus, kontraktile Organe
von *VIII/1*: 100.
Minderwertigkeit, Funk-
tionen, bestimmte
XVII: 1063.
— von Organen und Anoma-
lie der Geschlechtsorgane
XIV/1: 884.
—, partielle *XVII*: 1050.
Minderwertigkeitsgefühle
XIV/1: 798, 891, 897;
XV/1: 664.
Mineralbestand, Artunter-
schiede *XVI/2*: 1421.
—, Gewebe, Allgemeines
XVI/2: 1505.
—, Körper *XVI/2*: 1419.
—, Körperflüssigkeiten
XVI/2: 1422; *XVII*: 141.
—, Körpergewebe, fester
XVI/2: 1477.
Mineralsäuren, Gifte, tie-
rische *XIII*: 185.
Mineralstoffaufnahme,
Pflanzen *V*: 345, 356, 368.
Mineralstoffe *V*: 1147, 1157.
—, Blut *XVI/1*: 1473.
—, Blutkörperchen
XVI/2: 1467, 1471.
—, Blutplasma *XVI/2*: 1464.
—, Exkretion durch die
Leber *IV*: 798.
—, Galle *XVI/2*: 1504.
—, Herzfleisch von Säuge-
tieren *XVI/2*: 1491.
—, Leber, seltenere
XVI/2: 1494.
—, Milch *XVI/2*: 1503.
—, Pflanzen *XVI/2*: 1674.
Mineralstoffwechsel
XVI/2: 1415ff., 1507,
XVI/2: 1511.
—, Diabetiker *V*: 590;
XVI/1: 635.

(Mineralstoffwechsel), Gesun-
der nach Zuckerzufuhr
XVI/1: 635.
—, Insulin und *XVI/1*: 634.
—, Lichtwirkung und
XVII: 326.
—, Nierenerkrankungen
IV: 559.
—, Pflanzenfresser *V*: 125.
—, Säugling *III*: 1336.
— Schwangerer *XIV/1*: 482.
—, Störungen des *V*: 1276.
Mineralwässer, kieselhaltige
XVI/2: 1642.
Miniaturelektrotonus *I*: 261.
Minimalenergie, akustische
XI: 540.
—, optische *XI*: 541.
Minimalfeldgleichheit, Stereo-
gleichheit und
XII/1: 690.
Minimalfeldhelligkeit
XII/1: 355, 370.
—, Peripheriewert und
XII/1: 383.
Minimalzeiten, Reaktions-
zeiten *X*: 527.
Minimalzeithelligkeit
XII/1: 370.
—, Peripheriewert und
XII/1: 383.
Minimum cognoscibile
XII/1: 803.
— -Gesetz (LIEBIG) bei
Pflanzen *V*: 346.
— legibile *XII/2*: 800.
— separabile *XII/2*: 755,
XII/2: 768, 772, 801.
— —, kleinste Weite
XII/2: 764.
— —, Kontrast und
XII/2: 764.
— —, Objektgröße und
XII/2: 762, 763.
— — —, Pupille und
XII/2: 786.
— visibile *XII/2*: 755, 804.
Minusdekompensation
XVI/1: 1033;
XVI/2: 1399.
Minusvarianten *XVII*: 950.
Minutenfrequenz, Perioden-
länge, Herz, und
VII/1: 452.
Minutenpulsvolumen
VII/2: 1427.
Minutenvolumen s. auch
Schlagvolumen und Zeit-
volumen.
—, Acetylenmethode
XVI/2: 1298.
—, Arbeit, körperliche, und
XV/2: 875; *XVI/2*: 1304.
—, —, maximale, und
XV/1: 782.

(Minutenvolumen, Arbeit), statische, und *XV/2*: 882.
—, —, Übergang von Ruhe zur *XV/2*: 878.
—, Arbeitsende und *XV/2*: 885.
—, Arbeitsform und *XV/2*: 880.
—, Arbeitstempo und *XV/2*: 882.
—, Beri-Beri-Kranker *XVI/2*: 1302.
—, Blutmenge, zirkulierende, und *XVI/2*: 1396ff.
—, Herz *II*: 341; *VII/1*: 491; *VII/2*: 1162, 1229; *XVI/2*: 1215; *XVII*: 522.
—, Herzfehler und *XVI/2*: 1301.
—, Hochgebirge *VII/2*: 1204.
—, Körperlage und *XV/2*: 877.
—, Kreislauf *VII/1*: 461.
—, Kreislaufstörungen und *XVI/2*: 1300.
—, Milchsäurewirkung auf *XVI/2*: 1395.
—, Myxödem und *XVI/2*: 1302.
—, Physiologisches *XVI/1*: 1311.
—, Pituitrinwirkung auf *XVI/2*: 1225.
—, psychische Erregung *XVI/2*: 1345.
—, reduziertes *VII/2*: 1195.
—, Regulierung *XV/2*: 886.
—, Schilddrüsenüberfunktion und *XVI/1*: 190.
—, „steady state" der Arbeit *XV/2*: 879.
—, thyreotoxische Zustände und *XVI/2*: 1302.
—, Training *XV/2*: 880.
Miosis, Acidität synthet. Urethane *XII/1*: 202.
—, Alkaligehalt des Blutes *XII/1*: 225.
—, Nebennierenexstirpation *XII/1*: 214.
Mischinfektionen *XIII*: 576; *XVIII*: 334.
Mischgeschmack *XI*: 352, *XI*: 355.
Mischung, binokulare *XII/2*: 921.
Mischungsgleichungen, Geschmack *XI*: 359.
Mißbildungen *XIV/1*: 938, *XIV/1*: 1057ff.
—, amniotische *XIV/1*: 1068, *XIV/1*: 1069.
—, Begriff *XIV/2*: 1342.
—, Eihäute *XIV/1*: 1063.

(Mißbildungen),experimentell erzeugte *XIV/1*: 1236.
—, Genese *XIV/1*: 1060.
—, Herz *VII/1*: 218.
—, progressive *XIV/1*: 1059.
—, regressive *XIV/1*: 1054.
—, Ursachen der *XIV/1*: 1060.
—, WEBER-ALESSANDRINIsche *XVI/1*: 802.
—, Zwillinge *XIV/1*: 1236.
Mißbildungslehre, allgemeine *XIV*: 1057ff.
Mißbildungsursachen, physikalische, chemische, infektiöse und psychische *XIV/1*: 1063.
Mitbewegung der Hand, Großhirnrindenlokalisation *X*: 677.
— körpereigener Last *XV/1*: 824.
Mitbewegungen, Basalganglienerkrankung *X*: 343.
Mitinnervation, unzweckmäßige *XV/1*: 630.
Mitochondrien *I*: 259; *III*: 560; *XIV/1*: 59, 73, *XIV/1*: 977; *XVII*: 1001.
—, Blutkörperchen *VI/2*: 772.
—, funktionelle Bedeutung *I*: 587.
—, Golgi-Apparat *XVI/1*: 99.
—, Nervenzelle *IX*: 101, 207.
Mitogenetische Strahlen *XIV/1*: 846, 923; *XVIII*: 284.
Mitose *XIV/1*: 918, 992.
—, lympho-reticuläres Gewebe *VI/2*: 1065.
—, Strahlenempfindlichkeit *XVII*: 361.
Mitralinsuffizienz *VII/1*: 234, *VII/1*: 265; *XVIII*: 177.
—, relative *XVI/1*: 1307.
Mitralis, Aortensegel derselben *VII/1*: 172.
Mitralstenose *VII/1*: 265; *XVIII*: 178.
—, Ekg *VIII*: 840.
Mitteldarmdrüse *III*: 63.
Mittelfell s. Diaphragma.
Mittelhirn, Entwicklung des *X*: 322, 926.
—, Erkrankungen *XV/1*: 420.
—, —, Hörstörungen *XI*: 660.
—, Stammganglien *X*: 333.
—, Wärmeregulationszentren *XVII*: 62.
Mittelhirnkaninchen, Untersuchungen über Querschnittsläsionen des Mittelhirns *X*: 411.

Mittelhirnwesen Gampers *X*: 334, 414.
Mittelkapazität *II*: 82.
—, Arbeit, körperliche *XV/2*: 848.
—, Körperstellungen und *XV/2*: 847.
Mittellappen s. unter Hypophyse, Mittellappen.
Mittellappenhormon der Hypophyse *XVI/1*: 490, *XVI/1*: 491.
Mittelnormalauge *XII/2*: 1564.
Mittelohr *XI*: 409; *XVII*: 510.
—, Drucksteigerung, experimentelle *XI*: 453.
—, Luftverdünnung im *XI*: 440.
—, Schalleitungsapparat *XI*: 418.
—, Schutzfunktion *XI*: 431.
—, Sekretansammlung *XI*: 451.
—, Transsudatbildung *XI*: 441.
Mittelohreiterung *XI*: 637.
Mittelohrentzündung, akute *XI*: 452.
Mittelohrkatarrh *II*: 319.
Mittelwerte, klimatologische *XVII*: 477.
Mittenschwelle, akustische *XI*: 605.
Mixingmachine *XIII*: 823.
Mixochimären *XIV/2*: 1202.
MIZUOsches Phänomen *XII/2*: 1611.
Mobilisationszonen *XVII*: 699.
Modell, Geschmacksempfindungen *XI*: 368.
Modifikationen, Lebensbedingungen *XVII*: 909.
Modiolus *XI*: 484.
MOEBIUSscher Kernschwund *X*: 199.
Molaren *III*: 310.
Molarkonzentration, Körperflüssigkeiten *XVII*: 146.
—, Landtiere *XVII*: 147.
—, luftatmender Wassertiere *XVII*: 147.
—, Süßwassertiere *XVII*: 151.
— wasseratmender poikilosmotischer Tiere *XVII*: 146.
— — Tiere, Angleichung *XVII*: 149.
Molekelpermeation, intraplasmatische Verdauung *III*: 65.
Molekularattraktion *I*: 96, *I*: 107, 131.

Molekularbewegung, allgemeine Energetik *I*: 242.
Molekulare Attraktionssphäre *I*: 195.
Molekulargewichtsbestimmung *VI*: 109.
Molekül, permutoider Bau des *I*: 162.
Moleküle, Gitteranordnung in der Micelle *I*: 155.
—, Kräfte zwischen den *I*: 102.
Molekülhäufung, Geschwindigkeit der *I*: 155.
Molimina menstrualia *XIV/1*: 688.
MOLISche Probe *III*: 245.
Molkenproteine der Milch *XIII*: 506.
Molkenzuckerfieber, Säugling *III*: 1403.
MÖLLER-BARLOWsche Erkrankung *V*: 1222.
Mollusken, Augenbewegungen *XII/2*: 1114.
—, Chemoreception *XI*: 232.
—, Gefäßsystem *VII/1*: 17.
—, Gifte der *XIII*: 124.
—, Herznerven *VII/1*: 60.
—, Körperflüssigkeit *XVII*: 141.
—, osmotischer Druck *XVII*: 148.
—, — —, Süßwasser *XVII*: 152.
—, Pigment der *XIII*: 205.
—, Schwimmen der *XV/1*: 316.
—, Schutz- und Angriffseinrichtungen *XIII*: 95.
—, Speicheldrüsen *III*: 86.
—, Stoffwechsel *V*: 438.
—, Tangoreception *XI*: 57.
—, Verdauung *III*: 72.
—, Vergiftungen durch *XIII*: 125.
Molybdän-Hämatoxylinmethode der Fibrillenfärbung *IX*: 86.
Momentanadaptation *XII/2*: 1546.
Momentandunkeladaptation *XII/1*: 578.
Momentanreize, Theorie der *IX*: 273.
Momentbelichtung *XIII/*: 239.
MONAKOWS Lehre *X*: 638.
MONAKOWsche Bündel *X*: 335, 337.
Monasterbildung *XVII*:1004.
Mondpünktlichkeit des Palolowurms *XVII*: 527.
Mondrhythmen (lunare Rhythmen) *XVII*: 655.

Mongolenfleck *XIII*: 256.
Monoaminosäuren, Chemie *III*: 222.
Monoblasten *VI/1*: 47; *VI/2*: 854.
Monochord *XI*: 553, 559.
Monöcie *XIV/1*: 54.
Monocytäres System *VI/2*: 754, 844.
Monocyten *VI/1*: 50; *VI/2*: 884.
—, Abstammung der *VI/2*: 844, 851, 873.
—, Training, Zahl und Anpassung *XV/1*: 720.
Monocytenangina *VI/2*: 851.
Monocytengranulation *VI/1*: 50.
Monocytenleukämie *VI/2*: 847, 848, 916.
Monocytopoese, Entzündung und *VI/2*: 880.
—, Physiologie *VI/2*: 870, *VI/2*: 873.
Monodisperses Sol *I*: 153.
Monogamie *XIV/1*: 806.
Monogenesis *XIV/1*: 2.
Monogenisten, Nervendegeneration *IX*: 320.
Monogonie *XIV/1*: 4.
— Mehrzelliger *XIV/1*: 31.
Monojodessigsäurevergiftung, Elektrokardiogramm *XVIII*: 237.
—, Nervensystem *XVIII*: 261.
Monokarpische Gewächse *XVII*: 749.
Monomakrophagen *VI/2*: 876.
Monomerie *XVII*: 923.
Monone bzw. Polyone *I*: 158.
Monopenie, physiologischer Maßstab *VI/2*: 874.
Monophagistische Erkrankungen (Beri-Beri-Skorbut usw.) *IX*: 337.
Monophasie *XVII*: 647.
Monoplegie *X*: 701, 705.
Monosaccharide *III*: 113; *XVIII*: 27.
Monosegmentelle Innervation des Muskelfaser *X*: 146.
Monothermie, Säugling *III*: 1401.
„Monotonoidation" *XVII*: 676.
Monstrosität *XIV/1*: 1058.
MONTGOMERYsche Drüsen *XIV/1*: 607.
MONTIS Kindermilch *XIV/1*: 657.

Moral insanity *XVII*: 1171.
Morbidität, Tuberkulose *V*: 1236.
Morbiditätsstatistiken *XVII*: 841.
Morbus Addisoni *XVI/1*: 541; *XVII*: 72.
— —, Epiphysenextrakt und *XVI/1*: 691.
— —, Zuckertoleranz und *XVI/1*: 657, 692.
— Banti *III*: 1271.
— Basedow *II*: 435.
— —, Glykosurie und *XVI/1*: 667.
— —, Lymphdrüsenhyperplasien bei *VI/2*: 1089.
— —, Menstruation und *XVI/1*: 669.
— —, Minutenvolumen, Herz *VII/2*: 1204.
— —, Schilddrüse und *XVI/1*: 660.
— coerulens, Minutenvolumen, Herz *VII/2*: 1203.
— —, Pulmonalstenose *VII/2*: 1354.
— Gaucher *VI/2*: 918; *XVI/1*: 455.
— maculosus *VI/1*: 427.
MORGANsche Theorie *XVII*: 930.
Morphallaxien *XIV/1*: 920.
Morphin, Darmwirkung *III*: 536.
—, Erregung durch *X*: 1029.
—, Harnblase *IV*: 845.
—, Haut- und Muskelgefäße *VII/2*: 1027.
—, lähmende Wirkung *X*: 1039.
—, Resorption aus dem Darm, Einfluß auf die *IV*: 106.
—, Schilddrüse und *XVI/1*: 208.
—, Schlafmittel *XVII*: 613, *XVII*: 620.
—, Stoffwechsel *V*: 1034.
Morphinausscheidung bei Gewöhnung, im Harn *XIII*: 824, 856.
— — —, im Kot *XIII*: 856.
Morphinderivate, Atemzentrum *II*: 458.
Morphinismus *XIV/1*: 882.
—, Blutdruck *VII/2*: 1408.
Morphinvergiftung des Zentralnervensystems *IX*: 613.
Morphinzerstörung bei Gewöhnung *XIII*: 857.

Morphium, Beseitigung dämpfender Hemmungen X: 1126.
—, Gaswechsel des Gehirns IX: 537.
—, Lokalanästhesie durch IX: 442.
Mortalitätsziffern Hochbetagter XVII: 774.
Mosaikeier XIV/1: 1047, XIV/1: 1088, 1293.
—, Regulationseier und XIV/2: 1239, 1268, 1257, XIV/2: 1282.
Mosaiktheorie XVII: 168.
—, Plasmahaut I: 432.
Moschusdrüse XI: 206.
Motilität operierter Magen III: 1199.
Motilitätsschwelle XVII: 645.
Motilitätsstörungen nach Thymektomie XVI/1: 379
Motorische Amusie X: 710.
— —, Lokalisation X: 795, X: 797.
— Aphasie X: 763ff.; XV/2: 1424.
— —, sog. corticale Form X: 777.
— Wortbilder X: 770.
— Wurzeln der Oblongata und Kerne, Topographie X: 173.
Motorischer Agrammatismus XV/2: 1431.
— —, Telegrammstil XV/2: 1425.
— Typ, Erinnerungsbilder und X: 663.
Motorisches Gebiet, Großhirn X: 695.
— —, —, Abkühlung X: 474.
— —, —, Grenze der X: 458.
— —, —, Läsionen X: 700.
— —, —, Topographie des X: 460.
— —, —, Zerstörung des X: 470.
— Sprachzentrum X: 763, X: 765.
Mucilaginosa, Resorption aus dem Darm, Einfluß auf die IV: 101.
Mucine und Mucoide, Chemie III: 280.
Mucoitinschwefelsäure, Chemie III: 281.
Muconsäure, Stoffwechselverhalten V: 1013.
Mucosafalten, spiralige, Ureter und Ductus cysticus IV: 806.
Müdigkeit XVII: 581.
MÜLLER-LYERsche Täuschung XII/2: 1258.

MÜLLERscher Muskel XII/1: 151.
Multipla, Gesetz der XIII: 413.
Multiple Allelomorphie XVII: 925.
— Sklerose XI: 659, 656, 851.
Mumpstaubheit XI: 637.
Mund, Infusorien III: 9.
Mundatmung II: 309, 321, II: 419.
—, Thoraxform II: 322.
Mundbucht III: 295.
Mundfeld III: 11.
Mundhöhle III: 295.
—, Muskulatur derselben III: 296.
—, Resorption aus der IV: 5.
—, Resorptionsstörungen IV: 83.
—, Vorgänge in der III: 1002.
Mundhöhlendrüsen, histologisch III: 560.
—, Histophysiologie III: 565.
Mundhöhlenflora III: 968.
Mundhöhlenton XV/2: 1398.
Mundkauer III: 47.
Mundschleimhaut III: 295.
—, Erkrankungen III: 1050.
Mundverdauung III: 970.
„MUNKsches Phänomen" VII/2: 535, 623.
Murmeltier, Winterschlaf XVII: 107.
Muscarin, Angriffspunkt X: 1132.
—, Atmung II: 284.
—, Elektrokardiogramm VIII/2: 820.
—, Herzreizbildung VII/2: 786.
—, Stoffwechselverhalten V: 1033.
Muschel, Kriechbewegung XV/1: 285.
—, Magensekret III: 92.
Muschelfuß, Bewegung des VIII/1: 650.
Muschelkieme III: 27.
Musculi alares, Insektenherz VII/1: 34.
— azygos uvulae (Gaumenbewegungen) II: 171.
— bulbi und ischiocavernosi XIV/1: 763.
— bulbocavernosi XIV/1: 771.
— ciliares, Innervation X: 1076.
— intercostales interni interossei II: 68.
— levatores costarum II: 60.
— obliqui abdominis II: 68.
— pectorales II: 60.
— scaleni II: 59.

Musculus cremaster externus XIV/1: 695.
— dilat. pupillae, Pankreasinsuffizienz und XII/1: 213.
— latissimus dorsi (Rippenheber) II: 60.
— quadratus lumborum II: 69.
— rectus abdominus (Hilfsausatmer) II: 68.
— retractor penis, Nervenversorgung IX: 795.
— sartorius, Eigenrhythmus VII/1: 56.
— serratus posterior II: 60.
— sphincter pupillae, H-Ionenkonzentration auf die Spontanrhythmik XII/1: 197.
— sternocleidomastoideus II: 59.
— subclavius II: 60.
— temporalis III: 298.
— transversus abdominis II: 68.
— — perinei profundus XIV/1: 763.
— — thoracis II: 68.
— vocalis, Wirkung des XV/2: 1278.
Musik im Traum XVII: 629.
Musikapparate der Tiere XV/2: 1223.
Musiktaubheit X: 758.
—, sensorische Amusie X: 797.
Muskatnußleber XVI/2: 1350.
Muskel s. auch Muskulatur.
—, Abkühlungsreaktion bei Warmblütern VIII/1: 567, 615.
—, Adenylsäure XVIII: 123, 124.
—, Aktionsströme VIII/1: 206; VIII/2: 708, VIII/2: 766. XVIII: 223.
—, —, Maximalfrequenz VIII/2: 715.
—, Alles-oder-nichts-Gesetz VIII/1: 163; XV/2: 1059; XVIII: 219.
—, Alter XVII: 796.
—, anisotonische Zerklüftung VIII/1: 545.
—, antagonistische, Funktionsumstellung XV/2: 1106.
—, Arbeitsmesser XV/1: 604.
—, Atmung VIII/1: 476ff.; XVI/1: 592.
—, Atrophie s. Muskelatrophie.

(Muskel), Aufbau, Leicht-
athletiker *XVI/2*: 1379.
—, —, Schwerathletiker
XVI/2: 1379.
—, Bestandteile, anorga-
nische *VIII/1*: 469.
—, Brenztraubensäure, Be-
deutung für den Muskel-
stoffwechsel *V*: 832.
—, Chemie des *VIII/1*:369ff.,
VIII/1: 442.
—, Chemismus bei Herz-
kranken *XVI/2*: 1358.
—, — und Stauung
XVI/2: 1363, 1368.
—, Darm *III*: 660.
—, Deformation infolge seiner
Kontration *VIII/1*: 650.
—, Degeneration s. Muskel-
degeneration.
—, Dehnung des *VIII/1*: 146;
IX: 745.
—, Dickenwachstum
XV/1: 595.
—, doppelt- und schräg-
gestreifte, histolog.
VIII/1: 117.
—, Durchblutung, Arbeits-
leistung und
XVI/2: 1361.
—, Durchblutungsgröße
XVI/1: 1236.
—, einfaserige *XV/2*: 1062.
—, eingelenkiger *VIII/1*:629.
—, Eiweißgehalt *VIII/1*: 440.
—, Elastizität *VIII/1*: 155,
VIII/1: 356; *XVIII*: 213.
—, Elektrodiagnostik
VIII/1: 582;
XVIII: 221.
—, Elektrolytgehalt
VIII/1: 127, 260.
—, Elektrotherapie
VIII/1: 616ff.;
XVIII: 221.
—, entnervter *XVI/1*: 630.
—, Entwicklung und Nerven-
system *X*: 1152.
—, Erholungsgeschwindig-
keit und Masse der
IX: 745.
—, Erholungsvorgang, Nutz-
effekt des *VIII/1*: 524.
—, Erkrankungen, Kreatin
und Kreatinin *V*: 914.
—, Ermüdung *VIII/1*: 187,
VIII/1: 190.
—, Erregbarkeit *VIII/1*:273.
—, —, mechanische
VIII/1: 310.
—, — verschiedener Stellen
des *VIII/1*: 310.
—, Fettgehalt nach Eviscera-
tion *XVI/1*: 617.
—, Fiederung *VIII/1*: 643.

(Muskel), Funktion und
Adrenalin *XVI/2*: 1367.
—, — und Anämie
XVI/2: 1368.
—, — im Collaps
XVI/2: 1366.
—, — und venöse Stauung
XVI/2: 1368.
—, Gallenkontraktur
VIII/1: 242.
—, Gesamteiweißgehalt
VIII/1: 446.
—, Gesetz der gedehnten
XV/2: 1058, 1203.
—, glatter, Abbau *I*: 31.
—, —, Chemie des
VIII/1: 474.
—, —, Elastizität
XVIII: 216.
—, —, Glykogengehalt
VIII/1: 474.
—, —, histologisch
VIII/1: 116.
—, —, Ionen, anorganische,
ihre Wirkung
VIII/1: 292.
—, —, Ionenwirkung
I: 514.
—, —, osmotische Druck-
änderung und
VIII/1: 363.
—, —, Pharmakologie
VIII/1: 362.
—, —, physikalische Chemie
des *VIII/1*: 144.
—, —, rhythmische Be-
wegungen *VII/1*: 50.
—, —, Säurewirkung
VIII/1: 225.
—, —, Sperrung *VIII/1*:193.
—, —, Temperatureinwir-
kung *VIII/1*: 181.
—, —, Tonus *VIII/1*: 192;
XVIII: 217.
—, —, Viscosität *XVIII*: 216.
—, —, Wassergehalt
VIII/1: 475.
—, Glykogengehalt unter
Adrenalin *XVI/1*: 641.
—, —, hypoglykämischer
Prozeß und *XVI/1*: 590.
—, — nach Leberexstirpation
XVI/1: 589.
—, — und Schilddrüse
XVI/1: 117.
—, Guanidin, Wirkung des,
auf den *VIII/1*: 331.
—, Haltefunktion *IX*: 712.
—, Härte des *VIII/1*: 158,
VIII/1: 577.
—, Härtemessung, Methoden
VIII/1: 211; *IX*: 714.
—, Histologie *VIII/1*: 108,
VIII/1: 116, 117;
XVIII: 211.

(Muskel), Hypertrophie
VIII/1: 560;
XVI/2: 1379.
—, Inaktivitätsatrophie,
arthrogene *X*: 1163.
—, — und Blutgefäße
X: 1163.
—, Ionen *VIII/1*: 127, 260ff.
—, isolierter, Ruheatmung
VIII/2: 482, 440.
—, Kaliumgehalt der
XVI/2: 1390.
—, kanalisierter, Funktions-
änderung *XV/2*: 1110.
—, Kapillaren des
XVI/2: 1374.
—, Kehlkopf *XV/2*: 1264.
—, Klimawirkung
XVII: 502.
—, Kraft s. Muskelkraft.
—, Kontrakation
VIII/1: 114.
—, —, Anfangshemmung
VIII/1: 149.
—, —, Chemismus der
VIII/1: 371ff., 442.
—, —, corticale *X*: 431.
—, —, — und spinale
X: 433.
—, —, Energielieferung
durch Fett *V*: 618.
—, —, H-Ionenkonzentra-
tion *VIII/1*: 283, 408.
—, —, isometrische und
isotonische *VIII/1*: 148.
—, —, optimale, Dauer der
XV/1: 621.
—, —, zeitlicher Verlauf der
VIII/1: 166.
—, Kontraktionshöhen,
rhythmische Verän-
derungen der *VIII/1*:188.
—, Kontraktionstheorien
VIII/1: 119, 530ff.
—, Kontraktionswelle
VIII/1: 113.
—, —, Abhängigkeit von der
Temperatur *VIII/1*: 180.
—, —, Leitungsgeschwindig-
keit der *VIII/1*: 173.
—, Kontraktur *VIII/1*: 190,
VIII/1: 218, 242.
—, — und Spannungs-
leistung *VIII/1*: 224.
—, Kreatin, funktionelle Be-
deutung *VIII/1*: 362.
—, Kreatinin im *VIII/1*: 452
bis *VIII/1*: 454.
—, Längenkurve *VIII/1*: 175,
VIII/1: 178.
—, Längenspannungs-
diagramm *VIII/1*: 146.
—, Längsnerven, seiner ein-
zelnen Abschnitte
VIII/1: 178.

(Muskel), Latenzzeit
$VIII/1$: 171.
—, Leistungsfähigkeit
$VIII/1$: 279, 282.
—, Leistungssteigerung
durch galvanischen und
faradischen Strom
$VIII/2$: 944.
—, Leitfähigkeit $VIII/1$:131.
—, Lösungen, anelektroly-
tische und Verhalten des
$VIII/1$: 137.
—, —, Neutralsalze und Verhalten der $VIII/1$: 134.
—, —, saure und alkalische,
Verhalten in $VIII/1$: 136.
—, mechanische Eigenschaften $VIII/1$: 146.
—, mehrgelenkiger
$VIII/1$: 631; $XV/2$: 1056.
—, menschliche, Mechanik
XVIII: 217.
—, Milchsäure, Insulin
$XVI/1$: 629.
—, —, kalorischer Quotient
der $VIII/1$: 517.
—, —, Lactacidogenwechsel
und $VIII/1$: 422.
—, —, oxydative Besei-
tigung der $VIII/1$: 393.
—, Milchsäureansammlung
im $VIII/1$: 481;
$XVI/2$: 1359.
—, Milchsäurebildung
$VIII/1$: 371, 407, 482.
—, —, Coffein und Na-Arse-
niat und $VIII/1$:359, 494.
—, —, Pharmaka und
$VIII/1$: 360.
—, Milchsäuregehalt im
Collaps $XVI/2$: 1369.
—, — des ruhenden
$VIII/1$: 371.
—, Modell der Wirkung eines
eingelenkigen $XV/1$: 170.
—, MÜLLERscher $XII/1$: 151.
—, Nacherschlaffung
$VIII/1$: 157.
—, Nachschrumpfung
$VIII/1$: 157.
—, Nachspannung
$VIII/1$: 157.
—, Natriumgehalt des
$XVI/1$: 1489.
—, Nervenendplatte
$VIII/1$: 299ff.
—, optischer Reiz
$VIII/1$: 309.
—, osmotischer Druck im
$VIII/1$: 128.
—, Permeabilität I: 421.
—, Pharmakologie
$VIII/1$: 315ff.
—, Physikochemie
$VIII/1$: 124ff.

(Muskel), polarisiertes Licht
zur Untersuchung von
$VIII/1$: 111.
—, quantitative Zusammen-
setzung des $VIII/1$: 473.
—, Quellungserscheinungen
$VIII/1$: 133.
—, quergestreifter, Acetylcholin $XVI/2$: 1775.
—, —, Adrenalin X: 1111.
—, —, Blutversorgung
$VII/2$: 1494.
—, —, Eigenrhythmen
$VII/1$: 55.
—, —, Elastizität
$VIII/1$: 155, 356;
XVIII: 213.
—, —. Histologie $VIII/1$:110.
—, —, hydrostat. Druck
XVIII: 219.
—, —, Ionenreihe I: 513.
—, —, Insulin $XVI/1$: 616,
$XVI/1$: 627ff.
—, —, receptive Substanz
$VIII/1$: 209.
—, —, Reizungsermüdung
XVIII: 220.
—, —, Schleuderzuckung
VIII: 149.
—, —, Sympathicus X: 1111.
—, —, Tonus $VIII/1$: 197,
$VIII/1$: 207.
—, —, Überlastungszuckung
$VIII/1$: 148.
—, —, Unterstützungstonus
$VIII/1$: 208.
—, —, Viscosität $XV/1$: 604;
XVIII: 213.
—, —, Wärmebildung
$VIII/1$: 500ff.
—, —, Züchtung $XIV/1$:974.
—, passive Kraft
XVIII: 218.
—, Querschnitt, physiolo-
gischer $XV/1$: 595, 643.
—, Refraktärstadium
$VIII/1$: 190.
—, Regeneration $VIII/1$:552.
—, Reizung $VIII/1$: 167,
$VIII/1$: 583.
—, Reizzeitspannungskurven
XVIII: 220.
—, Restitutionswärme
$VIII/1$: 514.
—, rote und weiße
$VIII/1$: 122, 173.
—, Ruheströme des
$VIII/2$: 704.
—, Sauerstoffverbrauch bei
elektrischer Reizung
$VIII/1$: 478.
—, Säurekontraktur
$VIII/1$: 283, 357.
—, Selbstunterstützung des
$VIII/1$: 185.

(Muskel), Spannungskurve
des $VIII/1$: 179, 509.
—, Sperrvorrichtung des
$VIII/1$: 188;
IX: 424, 745.
—, Summationszuckung des
$VIII/1$: 182.
—, Stäbchendoppelbrechung
$VIII/1$: 118, 535.
—, stickstoffhaltige Extraktivstoffe $VIII/1$: 447.
—, Stoffwechsel V: 530;
VIII: 359; $XVI/1$: 586.
—, —, und autonomes Ner-
vensystem $XVI/2$: 1815.
—, —, und Sympathicus
$XVI/2$: 1699.
—, Struktur, submikrosko-
pische $VIII/1$: 118.
—, Tetanus des $VIII/1$: 182,
$VIII/1$: 186.
—, thermische Zuckung
$VIII/1$: 253.
—, Thermodynamik
$VIII/1$: 500ff.
—, Tonus s. Muskeltonus.
—, Totenstarre $VIII/1$: 245,
$VIII/1$: 256.
—, Tragerekord $VIII/1$: 162.
—, Trainung, chemische Veränderungen im
$XV/1$: 617.
—, Treppe des $VIII/1$: 189.
—, Verkürzung
$VIII/1$: 175.
—, Verletzungsstrom
$VIII/2$: 704.
—, Volumenänderung
XVIII: 219.
—, viscös-elastisches System
$XV/1$: 604.
—, Wärmebildung
$VIII/1$: 500ff.;
XVII: 23.
—, —, zeitlicher Verlauf
$VIII/1$: 507.
—, Wärmeregulation
XVII: 21.
—, Wärmestarre $VIII/1$:251,
$VIII/1$: 376.
—, Wasseraufnahme
$VIII/1$: 138.
—, Wasserdepot XVII: 225.
—, Wasserstoffionenkonzentration $VIII/1$: 283,
$VIII/1$: 408.
—, zeitlicher Verlauf mechanischer Änderung
$VIII/1$: 174.
—, Zucker, freier in, nach
Insulin $XVI/1$: 611.
—, Zuckungsträgheit
$VIII/1$: 596, 614ff.
Muskeladenylsäure
XVIII: 123, 124.

Muskelaktion, dualistische
Theorie der *VIII/1*: 197.
Muskelanlage *VIII/2*: 559.
Muskelarbeit *VIII/1*: 160,
VIII/1: 530; *XV/1*: 699.
—, Alkalireserve *XVI/1*: 1129.
—, Anämien bei *V*: 266.
—, Atmungsregulation bei
XVI/1: 1128.
—, Blutbild bei *XVI/1*: 1425.
—, Blutchemismus bei
XV/2: 876.
—, Blutreaktion bei
XVI/1: 1130.
—, Eiweißnahrung und
XVI/1: 985.
—, erschöpfende *XVI/1*: 949.
—, Klima auf *XVII*: 530.
—, Kohlehydrate und
XVI/1: 988.
—, Kohlensäurespannung
II: 213.
—, Kohlensäurestauung und
XVI/1: 1129.
—, Stickstoffausscheidung
und *V*: 91.
—, Stoffwechsel und
XVI/1: 949, 967.
—, Synthesefähigkeit und Er-
müdung *XV/1*: 770.
—, thermische Zuckung
VIII/1: 253.
—, Thermoströme
VIII/1: 708.
—, Überwärmung *XVII*: 86.
—, Wärmeregulation und
XVI/1: 964; *XVII*: 15,
XVII: 21.
Muskelarbeitsversuche in
Hypnose *XVII*: 684.
Muskelarchitektur, Magen
III: 405.
Muskelatmung
VIII/1: 486ff., 521.
Muskelatrophie
VIII/1: 563ff.
—, Diathermiewirkung auf
XVI/2: 1405.
—, Entzündungstheorie
VIII/1: 573.
—, Faradisationswirkung auf
XVI/2: 1405.
—, Inaktivitäts- *XVI/2*: 1405.
—, Massagewirkung auf
XVI/2: 1405.
—, Nervendurchschneidung
V: 732; *X*: 1172.
—, Nervenverletzung
X: 1162.
—, spinale, progressive
X: 162, 199.
—, vasomotorische Störung
VIII/1: 574; *X*: 1159.
Muskelbecken, Geburts-
mechanismus *XIV/1*: 582.

Muskelbewegung bei Proto-
zoen *XV/1*: 275.
Muskelbrei, Abbau des Gly-
kogens *VIII/1*: 432.
Muskeldegeneration
VIII/1: 540ff.;
XVI/2: 1491.
—, ischämische *VIII/1*: 578.
—, Reflextheorie *VIII/1*: 574.
—, Ursachen *VIII/1*: 548.
Muskeldissoziation
XV/2: 1112.
Muskeldystrophie
VIII/1: 572; *XVII*: 1052,
XVII: 1070.
—, sympathischen Ursprungs
X: 1170.
Muskelempfindung, tief-
liegende beim Fliegen
XV/1: 365.
Muskelentzündungen, syphi-
litische *VIII/1*: 578.
Muskelfaser, glatte, Nerven-
endigung *VII/2*: 1505.
—, Innervation, mono-
segmentelle *X*: 146.
Muskelfasergrenzschichten,
Permeabilität
VIII/1: 127.
Muskelfleisch, Gehalt an
Vitamin C *V*: 1226.
Muskelhärte *VIII/1*: 158,
VIII/1: 211, 579;
IX: 714.
Muskelhistologie *VIII/1*: 108,
VIII/1: 116, 117.
Muskelkerne, Rückenmarks-
querschnitt *X*: 150.
Muskelkernschläuche
VIII/1: 564.
Muskelkitzel *XI*: 124.
Muskelknospen *VIII/1*: 553,
VIII/1: 557.
Muskelkochsaft *I*: 60.
Muskelkolloide *VIII/1*: 580.
Muskelkontraktion usw. s.
Muskel, Kontraktion.
Muskelkraft, absolute
VIII/1: 151, 346, 640;
XVIII: 218.
—, Atmung und *II*: 104.
—, Bäder, nach *XVII*: 450.
—, Drehmoment *VIII/1*: 646.
—, Ernährung und
XVI/1: 979.
—, Fliegen in großen Höhen
XV/1: 369.
—, Gelenkspannung und
XV/1: 195.
—, maximale *XV/1*: 594.
—, —, Alter und *XV/1*: 593.
—, wirksamer Querschnitt
VIII/1: 355.
Muskelkrafteinheit *III*: 333,
III: 334.

Muskellähmung, Froschlarven
in KCl *XVI/1*: 857.
Muskelmagen, Vögel *III*: 620.
Muskelmasse, Erholungs-
geschwindigkeit und
XV/1: 778.
—, Uterus *XIV/1*: 505.
Muskelplasma *VIII/1*: 442.
Muskelpreßsaft
VIII/1: 124ff.
—, Ultramikroskop
VIII/1: 118.
—, Viscosität *VIII/1*: 123.
Muskelproteine, isoelek-
trischer Punkt
VIII/1: 445.
Muskelschwäche nach Laby-
rinthexstirpation
XI: 819, 861.
— nach Statocystenexstirpa-
tion *XI*: 796.
Muskelschwielen *XVII*: 432.
Muskelsegmente s. auch
Myotome *X*: 144.
Muskelsinn *X*: 716, 717, 718;
XI: 120; *XV/1*: 365.
— beim Fliegen *XV/1*: 378.
Muskelsinnstörungen *X*: 246,
X: 299.
Muskelspannung *VIII/1*: 560.
Muskelspindeln *XI*: 125.
Muskelstarre, arteriosklero-
tische *X*: 363.
—, Elektrokution, exp.
VIII/2: 967.
—, H-Ionenkonzentration
VIII/1: 223.
—, Kondensatorentladung
VIII/2: 988.
—, senile und cerebrale Kin-
derlähmung *X*: 362.
Muskelstoffwechsel s. Mus-
kel, Stoffwechsel des.
Muskelstroma *VIII/1*: 445.
Muskelsubstanz, Ansatz von
V: 39.
Muskelsynergien, Wirkungs-
grad der *XV/1*: 819.
Muskelsystem, spezifisches
des Herzens *VII/1*: 97.
Muskeltätigkeit, Grund-
umsatz und *V*: 175.
—, Herzkranker *VII/1*: 508.
—, Ionen, anorganische und
VIII/1: 260.
—, kolloidchemische Vor-
gänge *VIII/1*: 409.
—, Leukocyten bei *VI/1*: 55.
—, Modell *XV/1*: 609.
—, reflektorische Beziehung
zwischen Kreislauforgan
und *XVI/2*: 1200.
—, Theorie *VIII/1*: 120, 534.
Muskelton *VIII/1*: 164;
VIII/2: 725.

Muskeltonus *VIII/1*: 192ff.,
VIII/1: 272, 561;
XVII: 690.
—, anatomisches System und
XVI/2: 1815.
—, Erhöhung des *XVII*: 693.
— hohlorganischer Tiere
XV/1: 88.
—, Kreatin *V*: 945.
—, Magen *III*: 401.
—, Messung *VIII/1*: 210.
—, reflektorische Immobili-
sation und *XVII*: 696.
—, Rindenverletzung, moto-
rische und *X*: 471.
—, Trophik und *X*: 1163.
Muskeltonuszentrum *X*:1170.
Muskeltraining *XV/1*: 595.
Muskelverpflanzung, freie
VIII/1: 555.
Muskelvertauschung, Koor-
dinationsumstellung nach
XV/2: 1105.
Muskelwirkung im Körper
VIII/1: 619.
Muskelzelle, Eigenschaften
der *XIV/1*: 973.
Muskelzellschläuche
VIII/1: 546, 550.
Muskelzittern, Innervation
des *XVII*: 56, 66.
Muskelzugresistenz
VIII/1: 159.
Muskuläre Atemkräfte *II*:95.
— Komponente des Deh-
nungswiderstandes
X: 910.
— Koordination
VIII/1: 633.
Muskulatur, Bäderwirkung
XVII: 450.
—, Glucosezusatz, Atmungs-
größe *XVI/1*: 595.
—, Glykogenbildung in der
XVI/1: 651.
—, Innervation der glatten
X: 1086.
—, —, Vergleich der glatten
und quergestreiften
IV: 866.
—, Kehlkopf *XV/2*: 1261.
—, Leberglykogen nach Insu-
lin *XVI/1*: 651.
—, Milchsäurebildung, post-
mortale in der
XVI/1: 650.
—, Quellungsverhalten nach
Insulin *XVI/1*: 639.
—, quergestreifte, Insulin-
wirkung, Haupterfolgs-
organ der *XVI/1*: 653.
—, Wassergehalt nach Insu-
lin *XVI/1*: 637.
Mutarotation (Bultirotation,
Zucker) *III*: 115.

Mutationen *XIV/1*: 1062;
XVII: 941, 951, 957.
—, Entstehung, Zeitpunkt
der *XVII*: 943.
—, Häufigkeit *XVII*: 942.
Mutative Festigung, Trypa-
nosomen *XIII*: 838.
Mutterband, breites
XIV/1: 429.
Mutterkorn, Gefäße des At-
mungsapparates
VII/2: 1005.
Mutterkornalkaloide, Uterus
XIV/1: 532.
Mütterliche Eigenschaften,
Organismen ohne
XVII: 995.
Muttermal, Pigmente
V: 1264.
Muttermilchersatz von Volt-
mer *XIV/1*: 657.
Muttermund, Eröffnung
XIV/1: 586.
Mutterschaft, psychische
Funktionen der
XIV/1: 784.
Muttertrieb *XIV/1*: 784.
Myasthenia gravis
VIII/1: 611.
Myasthenische Reaktion bei
Polyneuritis *IX*: 354.
Mycetocyten *I*: 680.
Mycetom *I*: 682.
Mycetome *XIV/2*: 1202.
Mydriasis, Sehschärfe bei
XII/2: 786.
Myelinformen, Plasma-
bewegung und *VIII/1*:25.
Myelinklumpen, patholo-
gische Stoffwechselpro-
dukte *IX*: 472.
Myeloarchitektonik *IX*: 476;
X: 613, 615.
Myeloblasten *VI/2*: 710.
—, Carrelkultur *VI/2*: 741.
Myelocyten *VI/1*: 47, 65.
Myelogenese, Großhirn
X: 600.
Myelogonien *VI/2*: 738.
Myeloide Metaplasie
XIV/2: 1318—1322.
Myeloisches System, Blutbil-
dung *VI/2*: 744.
Myelomalacie *V*: 1288.
Myelome, Lymphosarkome
und *VI/2*: 916.
Myelosarkomatose *VI/2*:915.
Myelose, aleukämische und
leukämische *VI/2*: 912.
Myoautomatismus, Greisen-
herz *XVII*: 814.
Myocard, Nervenversorgung
des *IX*: 797.
Myodegeneratio cordis
V: 1288; *VII/2*: 1202.

Myodegeneration, Herzinsuf-
fizienz durch
XVI/2: 1402.
Myogelose *VIII/1*: 580;
XVII: 432.
Myogen *VIII/1*: 125.
Myogene Erweiterungen,
Herz *VII/1*: 354.
— Herztheorie *VII/1*: 49.
Myogenfibrin *VIII/1*: 125.
Myogenie, Herz *VII/1*: 441.
Myoglobinurie *VI/1*: 598.
Myoide *VIII/1*: 33.
Myokarditis, Haustiere
VII/2: 1821.
Myoklonische Bewegungen,
Hyperkinesen *X*: 346.
Myoklonusepilepsie *X*: 357.
Myomalacie, Herz *V*: 1288.
Myomerenanlage *X*: 174.
Myoneurale Verbindungs-
stelle (vegetative End-
apparate) *XVI/2*: 1776.
Myopie *XII/1*: 114.
Myosin *VIII/1*: 125.
Myosinfibrin *VIII/1*: 125.
Myosinfraktion *VIII/1*: 466.
Myositis *VIII/1*: 540,
VIII/1: 576ff.
— ossificans neurotica
VII/2: 1589.
Myostatik *X*: 350.
Myotome *X*: 151, 172.
—, Muskelindividuum und
X: 144.
— Typographie *X*: 147.
Myotone Reizung, Aktions-
ströme bei *VIII/1*: 610.
— —, histologische Befunde
bei *VIII/1*: 611.
Myotonia congenita (Thom-
sensche Krankheit)
VIII/1: 607.
Myotonie *VIII/1*: 562.
Myotonische Reaktion
VIII/1: 594, 607.
Myriapoden (Tausendfüßler),
Gifte der *XIII*: 133.
—, Lokomotionszentrum?
XV/2: 1181.
—, Stridulationsorgane
XV/2: 1232.
Myristinsäure *XIV/1*: 656.
Mysis, Statocyste
XV/2: 1177.
Myxödem *XVII*: 202, 825.
—, angeborenes *XVI/1*: 239.
—, Blutgerinnung bei
VI/1: 403.
—, Blutmenge *XVIII*: 175.
—, Calcium- und Phosphat-
ausscheidung bei
XVI/2: 1584.
—, Calciumwert im Blut
XVI/2: 1460.

(Myxödem), endemischer Kretinismus und Stoffwechsel bei *VI/1*: 409.

—, Hypophyse und *XVI/1*: 663.

—, Minutenvolumen bei *XVI/2*: 1302.

(Myxödem), operatives *XVI/1*: 239.

—, Pulsfrequenz *VII/1*: 522; *VII/2*: 1412.

—, Säugling *III*: 1346.

—, Tetanie und *XVI/1*: 667.

Myxœdème fruste *XVI/1*: 261.

Myxomyceten, Bewegungstypen *VIII/1*: 10.

Myxonemosis intestinalis membranacea *III*: 1249.

Myzotoma, Zwittrigkeit *XIV/1*: 294.

N

N s. Stickstoff.

Na s. unter Natrium.

Nabelbläschen *XIV/1*: 1052.

Nabelstranggefäße *VII/2*: 1083.

Nachahmung, mimische, Reaktion auf sensiblen Reiz *IX*: 44.

Nachatmen des Sauerstoffs *XVI/2*: 1352.

Nachbarstruktur, Zelle *XIV/2*: 1247.

Nachbewegung *XVII*: 588.

Nachbild *XII/2*: 1488; *XVIII*: 316.

—, Adoptionsuntersuchungen und *XII/2*: 1570.

—, galvanische Reizung und *XI*: 980.

—, Geschwindigkeit des *XII/2*: 1203.

—, negatives (Sukzessivkontrast) *XII/1*: 473.

—, psychisches *X*: 653.

—, Seitendeviation *XV/1*: 456.

—, Stereoskopie im *XII/2*: 936, 939.

Nachbildbewegungen *XV/1*: 456.

—, Nystagmus *XV/1*: 457.

— —, rotatorischer *XV/1*: 461.

Nachbildmaß, relatives *XII/1*: 394.

Nachbildstreifen *XII/2*: 1174.

Nachdauer der Erregung *XII/1*: 433ff.

Nachdunkeln, Haar, menschliches *XVII*: 925.

Nachentladungen, epileptoide *X*: 436.

—, Reflexe *IX*: 775.

—, Totaltrennung des menschlichen Markes *X*: 896.

Nachgeschmack *XI*: 370.

Nachgreifen, Reflex *X*: 1002.

Nachkontraktur, Muskel, isolierter *VIII/1*: 204.

„Nachlaufendes Bild" *XII/2*: 1488.

Nach-Nachnystagmus *XI*: 998.

Nachnystagmus, Auge *XI*: 804, 825, 844, 852, *XI*: 997; *XVIII*: 305.

—, Drehung *XI*: 933.

—, Intensität *XI*: 932.

—, Kopf *XI*: 825.

—, Neugeborener *XI*: 934.

—, optokinetischer *XV/1*: 473.

Nachperiode, Reaktionszeit *X*: 557.

Nachreaktion, Dreibildmethode *XII/1*: 466.

—, Dunkeladaptation und *XII/1*: 470.

—, Eigenlicht u. *XII/1*: 477.

—, farbige Stimmung und *XII/1*: 474.

—, Helligkeit, Nachbildmaß *XII/1*: 474.

—, Nachbilder *XII/1*: 464ff.

—, Nachbildfarbe u. Gegenfarbe *XII/1*: 479.

—, Phasenablauf nach Kurzreiz *XII/1*: 467, 468.

—, Theorie *XII/1*: 477.

Nachrhythmen, Cephalopoden-Netzhaut *XII/2*: 1489.

Nachröten, arteriellhyperämisches *VII/2*: 990.

Nachschlucken, leeres *III*: 355.

Nachschwindel *XV/1*: 473.

„Nachsekretion" *III*: 1125.

Nachsprechen, Störungen *XV/2*: 1461.

Nachtarbeit *XV/1*: 665.

Nachtblindheit s. auch Hemeralopie *XII/2*: 1595.

—, Alkoholiker, chronischer *XII/2*: 815.

—, Kampfgaserkrankungen *XII/2*: 1608.

Nachtschweiße *IV*: 751.

Nachwirkung, elastische, allgemeine Energetik *I*: 237.

Nachwirkungen, Licht *XVII*: 307.

—, Träume *XVII*: 634.

Nachzeigen (BÁRÁNY) *XI*: 942.

„Nadireaktion", Zentralnervensystem *IX*: 567.

Naevusbildung *XVII*: 979.

Nägel des Greises: *XVII*: 808.

Nagetiere, Körpertemperatur *XVII*: 12.

—, Magen, Vorgänge im *III*: 978.

— (junge), Wärmeregulation der *XVII*: 9.

Naheeinstellung s. auch Konvergenz *XII/2*: 1063ff., 1068.

—, Disklination und *XII/2*: 855, 1050, 1063.

—, LISTINGsches Gesetz und *XII/2*: 1029.

—, Lokalisation, egozentr. *XII/2*: 968, 970, 971.

—, Maßstab *XII/2*: 884, 975.

—, Rollung und *XII/2*: 855, *XII/2*: 856, 872, 1029, *XII/2*: 1050, 1063.

—, Tiefenlokalisation und *XII/2*: 948.

Nähen, Energieverbrauch beim *XV/1*: 557.

Nahorientierung *XV/2*: 912, *XV/2*: 915, 941.

—, kinästhetische Faktoren *XV/2*: 951/953.

—, Mechanismus *XV/2*: 953.

—, optische Eindrücke *XV/2*: 948/953.

—, — Reize *XV/2*: 951/953.

—, Pferd *XV/2*: 971.

—, Seeschwalben *XV/2*: 948/953.

Nahpunkt, Dioptrik des Auges *XII/1*: 94.

Nährdotter *XIV/1*: 59.

Nahreize, Fernreize und (opt. Wahrnehmung) *XII/2*: 1216, 1226.

Nährflüssigkeit *I*: 516.

Nährklysmen *IV*: 51.

Nährlösungen, Pflanzen *V*: 363.

Nährstoffaufnahme, Pflanzen beim Wachstum *V*: 368.

Nährstoffe, Pflanzen, Minimalbedarf höherer *V*: 344.

—, Tiere, spezifisch-dynamische Wirkung der *V*: 138.

(Nährstoffe, Tiere),
spezifische, Züchtung
der Geschwülste
XIV/2: 1373, 1431, 1434,
XIV/2: 1544, 1603, 1707.
—, —, Unentbehrlichkeit
einzelner *V*: 1148.
Nährstoffmenge, Pflanzen,
Einfluß auf die Gestalt
V: 358.
—, —, Einfluß auf die Zu-
sammensetzung *V*: 357.
—, —, Verwertung *V*: 354.
Nährstofftheorien der Lacta-
tion *XIV/1*: 625.
Nährstoffverhältnis *V*: 128.
Nahrung, allgemeine Lebens-
bedingung *I*: 326.
—, Brennwert der
XVI/1: 946.
—, Caloriengehalt
XVI/1: 946.
—, Cellulosegehalt der
XVI/1: 1010ff.
—, cellulosehaltige
XVI/1: 938.
—, Darmbaubeeinflussung
durch *III*: 660.
—, dynamische, Wirkung bei
Anämien *V*: 266.
—, Farbe von Vögeln und
XIII: 242.
—, Farbwechsel und
XIII: 233.
—, Formen der *III*: 4.
—, Grundumsatz und
V: 178.
—, Insuffizienz, qualitative
V: 1148, 1161, 1163.
—, —, quantitative
V: 224; *XVI/1*: 865.
—, Konstitution und
XVI/1: 955.
—, Kropfentstehung und
XVI/1: 307.
—, lipoidfreie *V*: 1144.
—, Nährwert *XVI/1*: 946.
—, Phosphatarmut *V*: 1190,
V: 1236; *XVI/2*: 1568.
—, Rösten von *XVI/1*: 903.
—, Sättigungswert der
XVI/1: 918, 1004, 1007.
—, unentbehrliche Stoffe
V: 1149.
—, unorganische Bestandteile
XVI/1: 990.
—, Wachstum und
XVI/1: 865.
—, Wohlgeschmack der
XVI/1: 1004, 1013.
—, Zusammensetzung bei
verschiedenen Nationen
V: 142.
Nahrungsaufnahme
III: 327, 399.

(Nahrungsaufnahme),
Alkalireserve bei
XVI/1: 1118—1119.
—, Atmungsregulation bei
XVI/1: 1118.
—, Blutchloride bei
XVI/2: 1501.
—, Blutreaktion
XVI/1: 1119.
—, Darmanpassung an die
III: 61.
—, Fascialisinnervation und
X: 188.
— der Fibroblastenzellen,
Art und Weise der
XIV/1: 979.
—, durch Filtrierapparate,
vgl. physiol. *III*: 26.
—, Gallensekretion und
III: 780.
—, Harnreaktion bei
XVI/1: 1142.
—, Herzschlagfrequenz
VII/1: 505.
—, Kohlensäurespannung bei
XVI/1: 1118.
—, Metazoen *III*: 24.
—, Pathologie der *III*: 1048.
—, Protozoen *III*: 3ff.
—, Raupen *III*: 52.
—, Saugen (vergleichend)
III: 35.
—, Säuglinge, behinderte
bei *II*: 322.
—, Säureausscheidung bei
XVI/1: 1142.
—, Serumrefraktion und
VI/1: 551.
—, Stoffwechsel und
V: 212ff.; *XVI/1*: 955.
—, Zeitvolumen, Herz
VII/2: 1190.
Nahrungsausnutzung
III: 1243.
Nahrungsballen *III*: 91.
—, Formung *III*: 17.
Nahrungsbedarf, Berufe und
V: 142, 149.
—, Frühgeburten *III*: 1359.
—, Menschen *V*: 142, 149;
XVI/1: 946, 950.
—, Temperatur und Klima
auf den *XVI/1*: 963.
—, Winterschläfer
XVI/1: 963.
Nahrungsbedürfnis, Lebens-
alter und *XVII*: 817.
Nahrungsbeförderung, Pa-
thologie *III*: 1048.
Nahrungscholesterin
V: 1097.
Nahrungsdefekt, qualitativer
V: 1162.
Nahrungseiweiß *V*: 1249.
—, Bestimmung *V*: 6.

Nahrungserwerb, Tritonen
XV/2: 973.
—, Vipern *XV/2*: 973.
Nahrungsfaktoren, Ge-
schwulstbildung und
XIV/2: 1429, 1703.
Nahrungsfett, Ablagerung
V: 620.
—, Bestimmung *V*: 6.
—, eiweißsparende Wirkung
des *V*: 123.
Nahrungsgemisch, Konzen-
trierung des *III*: 1015.
Nahrungshypercholesterin-
ämie *V*: 1103.
Nahrungsmangel, Wachstum
bei *XVI/1*: 865.
Nahrungsmechanismen, Zen-
tren in Oblongata
X: 184.
Nahrungsmenge, tägliche,
Brustkind *III*: 1357.
Nahrungsmittel, pflanzliche
III: 968.
Nahrungsmittelfermente,
diastatische und proteo-
lytische *III*: 974.
Nahrungsmittelverfälschun-
gen *XIII*: 507.
Nahrungsnucleine, Abbau
V: 1068.
Nahrungspflanzen
XVII: 498.
Nahrungspolymorphinismus,
Ameisen und Bienen
XVI/1: 869.
Nahrungsreserve *XVII*: 138.
Nahrungsreste, Faeces
IV: 700.
Nahrungsstoffe, autotropher
Pflanzen, elementare Zu-
sammensetzung *V*: 341.
—, chemische Zersetzung der
organischen *V*: 21.
—, organische, elementare
Zusammensetzung *V*: 17.
—, Reinkalorien *V*: 137.
—, reinste *VIII*: 1151.
—, spezifisch-dynamische
Wirkung *V*: 139.
Nahrungsüberschuß
XVI/1: 867.
Nahrungsvakuole *III*: 16.
—, Bildung *III*: 12.
—, Reaktion *III*: 18, 21.
—, sekundäre *III*: 17.
Nahrungsverbrauch, Mensch
bei verschiedenen Berufen
V: 142, 149.
—, Temperatur, Einwirkung
von und Klima auf
XVI/1: 963.
Nahrungsverhältnisse, ab-
norme, Mißbildungen und
XIV/1: 1074.

Nahrungsvorsorge, Metazoen *XIII*: 57.
Nahrungswahl, Infusorien, schlingende *III*: 10.
—, —, strudelnde *III*: 13.
—, Rhizopoden *III*: 7.
Nahrungswertung *XVI/1*: 961.
Nährwert der Nahrung *XVI/1*: 946.
Nährzellen der Eier (Follikel) *XIV/1*: 60, 63.
Nanosomia pituitaria *XVI/1*: 441.
— primordialis *XVI/1*: 438; *XVII*: 1049.
Naphthalin, Stoffwechselverhalten *V*: 1015.
Naphthalinstar, experimenteller *XII/1*: 192.
Naphthoesäuren, Stoffwechselverhalten *V*: 1040.
Naphtholen, Protoplasmagifte *I*: 577.
Naphthylamin, Stoffwechselverhalten *V*: 1025.
—, β-, Stoffwechselverhalten *V*: 1019.
Narbe, bindegewebige *XIV/1*: 1158.
Narbencarcinome, Haut *XIV/2*: 1554—1556.
Narbengewebe, kontraktives *VIII/1*: 100.
Narcissismus *XIV/1*: 897.
Narkolepsie *XVII*: 608.
Narkose *I*: 532; *II*: 481; *IX*: 418.
—, Alkalireserve bei *XVI/1*: 1123.
— durch Abkühlung *I*: 532.
—, Alles-oder-nichts-Gesetz *XVIII*: 3.
—, Ammoniakbildung des Nerven *IX*: 406.
—, — des Rückenmarks *IX*: 547, 593.
—, Angsteffekt *XVII*: 889.
—, Atmungsregulation bei *XVI/1*: 1122.
—, Bicarbonatwert in der *XVI/1*: 1431.
—, Cilienschlag und *VIII/1*: 64.
—, elektrisches Organ bei Torpedo *VIII/2*: 913.
—, Elektrokution *VIII/2*: 968.
—, Erklärung der (FRÖHLICH) *IX*: 428.
—, Farbenwechsel und *XIII*: 229.
—, Gaswechsel des Gehirns und *IX*: 532, 534, 552.
—, — des Nerven *IX*: 381.

(Narkose, Gaswechsel) des isolierten Rückenmarks *IX*: 547, 593.
—, Gerinnungshypothese *I*: 546.
—, Glykogen- und Cerebrosidumsatz des Zentralnervensystems *IX*: 574.
—, Grenzflächenspannungstheorie *XVIII*: 4.
—, Grundregeln *I*: 536, 539.
—, Harnreaktion in der *XVI/1*: 1146.
—, Kohlensäurespannung in *XVI/1*: 1123.
—, Lähmungsstadium *IX*: 418.
—, Refraktärstadium *IX*: 428ff.
—, Säurebildung im Zentralnervensystem *IX*: 566.
—, Stickstoffumsatz des isolierten Rückenmarks *IX*: 592.
—, Temperatureinfluß auf *I*: 541.
—, Theorie der *I*: 48, 531; *XVIII*: 2.
—, Uretertätigkeit und *IV*: 817.
—, Wärmebildung des isolierten Rückenmarks *IX*: 610.
—, Zuckerumsatz des isolierten Rückenmarks *IX*: 569.
Narkoselipämie nach Insulin *XVI/1*: 616.
Narkosemiosis, Aufhebung der *XII/1*: 224.
Narkosestarre der Tiere *VIII/1*: 205.
Narkosestrecke, Dekrement der Leitungsgeschwindigkeit *IX*: 428.
Narkoseversuche, Fehlerquellen bei *IX*: 424.
Narkotika *XVII*: 604.
—, Adsorptionstheorie (WARBURG) *I*: 49.
—, allgemeine *I*: 534.
—, antianaphylaktische Wirkung *XIII*: 736.
—, Assimilation des Kohlendioxyds *V*: 601.
—, Blutlöslichkeit *XVIII*: 3.
—, Diffusion durch die Lunge *II*: 229.
—, Empfindlichkeit der motorischen und sensiblen Nervenfasern *IX*: 414.
—, Fettreihe *XIII*: 866.
—, —, Erregungsleitung, Herz *VII/1*: 805.

(Narkotika, Fettreihe), Kontraktilität des Herzens *VII/1*: 841.
— —, Herzreizbildung *VII/1*: 758.
—, Grenzkonzentration *IX*: 413.
—, Hämolyse durch *VI/1*: 574.
—, Kombinationen von allgemeinen *I*: 55.
—, Konzentration, kritische *I*: 539.
—, Leuchten der Pflanzen und *VIII/2*: 1067.
—, Lipoidlöslichkeit der *I*: 536.
—, Löslichkeitskoeffizient *I*: 538.
—, Muskeln, glatte *VIII/1*: 365.
—, Resorption aus dem Darm und *IV*: 103.
—, Schwellenwert *I*: 537.
—, Wärmeregulation und *XVII*: 101.
—, Wasserlöslichkeit *I*: 536, *I*: 545.
—, Wirkungsmechanismus *XII/1*: 224.
—, Wirkungsstärke u. *I*: 536.
Narkotin, Atemzentrum *II*: 459.
—, Lokalanästhesie durch *IX*: 445.
Nasale Dysmenorrhöe *II*: 316, *II*: 317.
— Reflexwirkungen *II*: 144.
Nasales Asthma *II*: 317.
Nasalität, Klanganalyse, objektive *XV/2*: 1353.
—, Mechanismus *XV/2*: 1352.
—, Nachweis durch A-J-Probe *XV/2*: 1353.
—, — durch Betastung *XV/2*: 1353.
—, —, graphischer *XV/2*: 1352.
—, — durch Spiegelprobe *XV/2*: 1353.
NASAROFFsches Phänomen *XVII*: 455.
Nase, äußere *II*: 129; *XVIII*: 16.
—, Durchlässigkeit der *II*: 322.
—, Erwärmung der Luft *II*: 159.
—, Luftströmung *II*: 116.
—, Nebenhöhlen *II*: 143, 156, *II*: 317, 318; *XVIII*: 7.
—, Patho-Physiologie *II*: 308ff.

(Nase), Staubfänger *II*: 160.
—, Stauungsvorgänge
II: 317.
—, Strömungswiderstand
II: 116.
—, Verstopfung *II*: 399.
—, Vorhöfe der *II*: 129.
Näseln, affektiertes
XV/2: 1351.
—, postoperative Form
XV/2: 1351.
—, Rhinolalia *XV/2*: 1350,
XV/2: 1351.
Nasenatmung *II*: 150;
XVIII: 5.
—, Insuffizienz während des
Schlafes *II*: 311.
Nasenblutungen, vikari-
ierende Menses *II*: 317.
Nasenflügel, Bewegungen
II: 131, 309.
Nasenflügelmuskeln *II*: 310.
Nasenhöhlen *II*: 134.
—, seitliche Stützwände
III: 301.
—, Stromgeschwindigkeit
II: 150.
Nasenknorpel *II*: 130.
Nasenmuscheln *XI*: 209.
Nasenmuskeln *II*: 130.
Nasenöffnungen, äußere
II: 129.
Nasenrachenraum *II*: 318,
II: 319.
Nasenscheidewand *III*: 301.
Nasenschleimhaut, Anschwel-
lung *XI*: 300.
—, — und Atrophie *XI*: 300.
—, Blutraum der *II*: 309.
—, Durchblutung *II*: 311.
—, Sensibilität *II*: 137.
Nasenschleimhautreflex
X: 1005; *XVI/2*: 1175.
Nasensekret *II*: 135, 313.
Nasenweite *II*: 316.
Nastie, Pflanzen *XI*: 240;
XII/1: 36, 42, 43.
Nativismus-Empirismus
XII/2: 1271ff.
Natrium, s.a. NaCl, Kochsalz.
—, allgemeine Wirkung
I: 498.
—, Antagonismus und Cal-
cium, Herz *VII/1*: 737.
—, Anwuchsstoffwechsel
XVI/2: 1552.
—, Ausscheidung nach Insu-
lin *XVI/1*: 636.
—, Blutgehalt nach Insulin
XVI/1: 637.
—, Harn *IV*: 247.
—, Ion, Vorkommen des im
tier. Organismus *I*: 495.
—, Kammerwasser des Auges
Gehalt an *XVI/1*: 1442ff.

(Natrium), Muskel, Gehalt
an *XVI/2*: 1489.
—, Pflanzen *V*: 343.
—, Schweineserum, Ultrafil-
trat *XVI/2*: 1441ff.
—, Wasseransatz und
XVII: 195.
Natriumbicarbonat, Wasser-
haushalt *XVII*: 194.
Natriumfluoridcontractur,
isolierter Muskel
VIII/1: 243.
Natriumjodidkontraktur,
isolierter Muskel
VIII/1: 242.
Natriumperchloratkontrak-
tur, isolierter Muskel
VIII/1: 242.
Natriumsalicylatkontraktur,
isolierter Muskel
VIII/1: 242.
Natriumurat, Löslichkeit des
sauren *IV*: 593.
Natronlaugekontraktur, iso-
lierter Muskel
VIII/1: 228.
Natterhemd *XIII*: 39.
Nausea *XV/1*: 461, 463;
XVI/1: 1045;
XVIII: 45.
—, Erbrechen und *III*: 441.
—, experimentelle *XI*: 924;
XV/1: 500.
—, Labyrinth, Zusammen-
hänge *XI*: 924;
XV/1: 500.
—, Nachwirkungen
XV/1: 497.
—, Prognose *XV/1*: 497.
—, psychische Störungen bei
XV/1: 497.
—, Psychotherapie
XV/1: 516.
—, Seekrankheit, Sympto-
menkomplex *XV/1*: 496,
XV/1: 497.
—, Speichelsekretion und
III: 1105.
—, Therapie *XV/1*: 514, 516.
—, vegetative Erscheinungen
XV/1: 497, 506.
Nautilus-Auge *XII/1*: 60.
Nebel, Inhalationstherapie
II: 483, 487.
Nebenarbeiten, Kraftver-
brauch bei industrieller
Arbeit *XV/1*: 555.
Nebenepithelkörperchen
XVI/1: 17.
Nebenformanten, Vokale
XV/2: 1411.
Nebengeräusche, Atmung
II: 301.
Nebenhoden, Anatomie
XIV/1: 743.

(Nebenhoden), Funktion
XIV/1: 749, 750.
—, Reifespeicher
XIV/1: 749.
—, Sekretion *XIV/1*: 746,
XIV/1: 747.
—, —, Kastrationseinfluß auf
die *XIV/1*: 751.
—, Struktur, mikroskopische
XIV/1: 744.
Nebenhöhlen, Nase *II*: 143,
II: 156, 317, 318.
Nebenhypophyse, Bedeutung
der *XVI/1*: 420.
„Nebenlagen" bei Drehemp-
findungen *XI*: 920.
Nebenniere *XVI/1*: 41, 67,
XVI/1: 510; *XVIII*: 423.
—, Akromegalie und
XVI/1: 678.
—, akzessorische *XVI/1*: 47,
XVI/1: 49.
—, Anencephalie und
XVI/1: 49.
—, Auszüge, Darmwirkung
III: 529.
—, Blutgefäße *XVI/1*: 46,
XVI/1: 514.
—, Entwicklung *XVI/1*: 41,
XVI/1: 510.
—, Epilepsie und *XVII*:1177.
—, Erkrankungen
XVI/1: 533.
—, Exstirpation *XVI/1*: 794;
XVIII: 423.
—, Feten, menschliche
XVI/1: 48.
—, Funktion, morphogene-
tische *XVI/1*: 794.
—, —, Senium und Störungen
der Funktion der
XVI/1: 541.
—, Gefäße, pharmakologische
Reaktionen *VII/2*: 1036.
—, Geschwülste, vorzeitige
Geschlechtsmerkmalbil-
dung *XVI/1*: 793.
—, Greisentyp der *XVII*:805.
—, Hyperfunktion
XVI/1: 553;
XVIII: 426.
—, Hypofunktion
XVI/1: 552;
XVIII: 425.
—, Infektion und Störung
der Funktion der
XVI/1: 533.
—, Kastration und
XVI/1: 689.
—, Keimschicht *XVI/1*: 43.
—, Klimakterium und
XVI/1: 689.
—, Kollaps und *XVI/2*:1333.
—, Lebensnotwendigkeit
XVII: 71.

(Nebenniere), Lichtwirkung
XVII: 327, 336.
—, Mark $XVI/1$: 45, 531.
—, — und Bindegewebe, Be-
ziehungen $XVI/1$: 45, 532.
—, —, chromaffine Zellen des
$XVI/1$: 47.
—, —, Ganglienzellen im —
$XVI/1$: 46.
—, —, Längsmuskelbündel
an den Venen des
$XVI/1$: 46.
—, —, Pigmentbildung und
$XVI/1$: 795.
—, —, Winterschlaf und
XVII: 127.
—, Menstruation $XVI/1$: 688.
—, Nebenzellen, neurogen
$XVI/1$: 42, 51, 52.
—, Nerven der $XVI/1$: 47.
—, Neugeborener
III: 1347; XIII: 258.
—, Pankreas, Antagonismus
$XII/1$: 221.
—, Pubertät und
$XVI/1$: 688.
—, Reticuloendothel an Kapillaren $XVI/1$: 46.
—, Rinde $XVI/1$: 43, 44, 531,
$XVI/1$: 794; XVIII: 424,
XVIII: 426.
—, —, Geschlechtsmerkmale
und $XVI/1$: 690.
—, —, Gravidität und
$XVI/1$: 44.
—, —, Kohlehydratstoff-
wechsel und $XVI/2$: 1702.
—, —, Neugeborener
XIII: 258.
—, —, Organe mit innerer
Sekretion und
$XVI/1$: 531.
—, —, Physiologie
$XVI/1$: 527.
—, —, Rückbildung, physiologische der $XVI/1$: 48.
—, —, Sensibilität und
$XIV/1$: 778.
—, Rinden- und Marksub-
stanz, Arbeitsgemein-
schaft $XVI/1$: 48.
—, Rückbildung, physio-
logische der $XVI/1$: 48.
—, Schilddrüse und
$XVI/1$: 670.
—, Schwangerschaft und
$XIV/1$: 474; $XVI/1$: 44,
$XVI/1$: 688.
—, Splanchnici und Adrenalinsekretion X: 1089.
—, Thymus, Antagonismus
$XVI/1$: 795.
—, Ulcusgenese und
III: 1177.
—, Uterus und $XVI/1$: 678.

(Nebenniere), Wärmeregula-
tion und XVII: 71.
—, Wasserhaushalt und
XVII: 208.
—, Wirbeltiere $XVI/1$: 48.
—, Zellen, Lipoidgehalt
$XVI/1$: 44.
—, —, Pigment in $XVI/1$: 44.
—, —, siderophile Körnchen
in $XVI/1$: 44.
Nebennierenexstirpation
$XVI/1$: 794; XVIII: 423.
—, Blutzucker und V: 539;
$VI/1$: 301; $XVI/2$: 1436.
—, Genitalien u. $XVI/1$: 689.
—, Miosis nach $XII/1$: 214.
—, Thymus und $XVI/1$: 684.
Nebennierenpräparate,
anästhesierende Wirkung
IX: 448.
Nebennierenstoffe, Diurese
und IV: 419.
Nebenschilddrüsen s. Epithel-
körperchen und Para-
thyreoidea.
„Nebenvalenzen" III: 257.
Negativitätswelle, Muskel,
Länge der $VIII/2$: 710.
—, Nerv, Anstiegdauer.
—, —, schematische Dar-
stellung der Ströme der
IX: 280.
Neger, Frühreife und Hoch-
wuchs XVII: 827.
—, Mongolenfleck XIII: 256.
—, Schlafkrankheit, Nela-
nane XVII: 606, 608.
Negersprache $XV/2$: 1472.
Neigungsnystagmus
XI: 842.
Neigungsstuhl (Garten)
$XV/2$: 1013.
Nekrobiose $XIV/1$: 950.
Nekrohormone $XIV/1$: 910,
$XIV/1$: 946, 1138;
XVII: 358.
Nekrohormonhypothese
$XIV/2$: 1355, 1357, 1712;
XVII: 352, 355.
Nekrophilie $XIV/1$: 894.
Nekrose V: 1245 ff.
—, arteriosklerotische
V: 1289.
—, Auswirkungen (Hirn-
erweichung, Fettgewebs-
nekrose usw.) V: 1305.
—, bakterielle V: 1296.
—, chemisch-toxische
V: 1291.
—, infektiös-toxisch-ent-
zündliche V: 1296.
—, ischämische V: 1289.
—, marantische V: 1288.
—, mechanische oder trau-
matische V: 1304.

(Nekrose), Muskel
$VIII/1$: 550.
—, nervöse Einflüsse als Ursache von V: 1284.
—, örtlicher Tod V: 1282.
—, physikalische V: 1299.
—, vasculäre V: 1287, 1290.
—, zirkulatorische V: 1287,
1290.
Nekrosebacillus V: 1298.
Nelanane, afrikanische
Schlafkrankheit
XVII: 606, 608.
—, Ortsbewegung
$XV/1$: 278.
Nematodenei, Plasmabe-
wegung $VIII/1$: 27.
Nematophoren I: 611.
Nemertinen, Gefäßsystem
$VII/1$: 13.
—, Ortsbewegung
$XV/1$: 277.
Neoblasten $XIV/1$: 208.
Neocerebellum X: 238, 239,
X: 297.
Neostriatum X: 328.
Neotenie, Thyreoidektomie
und $XVI/1$: 731.
Neovitalismus I: 12.
—, Anpassungserscheinung
$XV/2$: 1046.
Nepenthes, Aktionsströme
von $VIII/2$: 866.
—, Ruheströme $VIII/2$: 760.
Nephridialsystem $VII/1$: 8.
Nephridialzellen, Tätigkeit
IV: 585.
Nephritis, Acidose nach In-
sulin $XVI/1$: 617.
—, Calcium und Phosphor-
ausscheidung
$XVI/2$: 1608.
—, chronische, Capillarbe-
funde $VII/2$: 1387.
—, Dyspnoe II: 762.
—, hyperchlorämische, CO_2-
Spannung bei
$XVI/2$: 1522.
—, Kriegs- $VII/2$: 1368.
—, Natriumgehalt des Blutes
bei $XVI/2$: 1443.
—, Phosphatstauung
$XVI/2$: 1609.
—, Schwerhörigkeit und
XI: 657.
Nephrocirrhosis, arteriolo-
sclerotica $VII/2$: 1126.
Nephropathie, luetische
IV: 562.
Nephropathien XVII: 1062.
Nephrosclerosis arteriolo-
sclerotica initialis bzw.
progressa IV: 577.
Nephrose, Blutcholesterin und
V: 1139; $XVI/1$: 616.

(Nephrose), Blutmenge
VI/2: 692.
—, pathologische Anatomie
IV: 564.
Nephrostome *IV*: 197.
Nephrotoxine *XIII*: 754.
NERNSTsche Formel, elektrische Erregung *I*: 296,
I: 299.
— Theorie, Erregung
IX: 241.
NERNSTsches Quadratwurzelgesetz, Nervenreizung
IX: 197.
Nerv *IX*: 79ff.
—, Aktionsstrom
VIII/2: 741; *XVIII*: 223,
XVIII: 247.
—, —, natürliche Innervation *IV*: 706ff.
—, —, WEBER-FECHNERsches Gesetz *XII/2*: 1473.
—, —, zusammengesetzte
IX: 36.
—, Ammoniakbildung bei
Reizung *IX*: 404.
—, antidrome Vasomotoren
VII/2: 954.
—, Ausschaltung, reizlose
IX: 188.
—, Blockierung durch galvan. Strom *IX*: 227.
—, Blutzufuhr und Funktion
IX: 366.
—, Chronaxie *IX*: 34, 37, 250,
IX: 342, 643.
—, Degeneration *III*: 589;
VIII/1: 312; *IX*: 285ff.
IX: 291, 332, 399;
XVI/2: 1777.
—, doppelsinnige Leitung
VIII/2: 916; *IX*: 627.
—, Elektrodiagnostik
IX: 339ff.; *XVIII*: 221.
—, elektrotonische Ströme im
IX: 174.
—, Entzündung, Angriffspunkt bei *XIII*: 295.
—, Ermüdung *IX*: 220.
—, Erregbarkeit in Osmose
IX: 175.
—, —, Salzeinfluß auf
IX: 175.
—, Erregung, Stärke der
IX: 183.
—, Erregungsgesetze
IX: 244ff.
—, Gaswechsel *IX*: 388;
XVIII: 242, 246.
—, —, Salze auf *IX*: 384.
—, gefäßverengernde
VII/2: 949.
—, gereizter, morphologische
Veränderungen des
IX: 191.

(Nerv), Hoden *XIV/1*: 762.
—, Ionenreihe u. *I*: 514.
—, Längsquerschnittstrom
IX: 367.
—, Leitfähigkeit O_2-Entziehung *IX*: 372.
—, leitendes Element
IX: 79ff., 245.
—, Leitung, doppelsinnige
VIII/2: 916; *IX*: 627.
—, Leitungsgeschwindigkeit
s. Nervenleitungsgeschwindigkeit.
—, Lipoidgehalt des *IX*: 68.
—, markloser, Endplatte des
VIII/1: 301.
—, —, Warmblüter
VIII/2: 758.
—, narkotisierter und Reize
verschiedener Frequenz
IX: 428.
—, Niere *IV*: 228.
—, osmotisches Verhalten
IX: 171.
—, peripherer und Alter
XVII: 809.
—, —, elektrische Befunde
bei Erkrankungen von
IX: 348.
—, —, Erregbarkeit und
Sympathicus *IX*: 664.
—, —, Verletzungen
IX: 350.
—, Polarisation des
IX: 174.
—, Regeneration s. a. Nervenregeneration.
—, —, Chemotaxis bei
XV/2: 1121.
—, —, gestörte *XVI/1*: 247.
—, —, Kontinuitätsunterbrechung und *IX*: 302.
—, —, Temperatursinn und
XI: 160.
—, —, Vulnerabilität
IX: 334.
—, refraktäre Phase bei Aktionsströmen *VIII/2*: 750.
—, Reiz s. Nervenreizung.
—, Rückenmarkssegmente,
Versorgung der *X*: 137.
—, Ruhepotentiale
VIII/2: 738; *IX*: 173;
XVIII: 223.
—, Schluckapparat *III*: 361.
—, schmerzleitende, Lage in
der Haut *XI*: 188.
—, Schußverletzungen
IX: 316.
—, Selbsterregung *IX*: 248.
—, sensorischer und Ionenreihe *I*: 514.
—, Stickstoffumsatz *IX*: 401.
—, Stoffwechsel *IX*: 190, 207,
IX: 365; *XVIII*: 246.

(Nerv), Stoffwechselbeeinflussung durch vegetative
X: 1166.
—, Temperaturschwankungen, Gewöhnung an
IX: 204.
—, thermische Reizung
IX: 202.
—, Transplantation *IX*: 329,
IX: 330.
—, trophische Kreislaufstörung *VII/2*: 1581.
—, trophischer und Nekrosen
V: 1284.
—, überlebender *IX*: 330.
—, Ulcusbildung und
III: 1176.
—, Vereisung *IX*: 306.
—, vasoconstrictorischer für
die Venen *X*: 1079.
—, Wärmebildung *IX*: 191,
IX: 196; *XVIII*: 264.
—, Weinbergschnecke
IX: 256.
Nerven s. unter Nerv.
Nervendegeneration
IX: 291, 399.
—, autonomes N.S.
XVI/2: 1777.
—, Curarewirkung und
VIII/1: 312.
—, Speicheldrüsen und
III: 589.
Nervendehnung, Nervennaht
und *IX*: 328.
Nervenendfüßchen (Held)
IX: 780.
Nervenendigungen, akzessorische, Muskel
VIII/1: 301.
—, —, pharmakologische Bedeutung *VIII/1*: 327.
—, Blutcapillaren
VII/2: 1535.
—, Bronchialmuskeln *II*: 481.
—, Erfolgsapparat
XVI/2: 1740.
—, parasympathische
X: 1139.
—, —, Erregungsmittel für
X: 1126.
—, sympathische *X*: 1165.
—, —, partielle Lähmung
X: 1124.
Nervenendplatte Entwicklung des *VIII/1*: 299.
—, Ermüdbarkeit
VIII/1: 305.
—, Morphologie *VIII/1*: 300.
—, Reiztransformation im
VIII/1: 306.
Nervenfaser, akzessorische
VIII/1: 568.
—, disperse Phase *IX*: 172.
—, Doppelfunktion *X*: 30.

(Nervenfaser), Histologie der
IX: 472.
—, Ionenpermeabilität
IX: 173.
—, Regeneration s. Nerven-
regeneration.
—, trophische *X*: 1176.
—, ultraterminale
VIII/1: 300.
Nervengewebe, Kulturen
IX: 139.
—, Stoffwechsel *V*: 533.
Nervengifte *II*: 507;
XVI/2: 1785.
Nervenkranz, Haar *XI*: 104.
Nervenkreuzung *IX*: 323;
XV/2: 1088.
Nervenlähmung, exp. Elek-
trokution *VIII/2*: 967.
—, Kondensatorentladung als
Ursache *VIII/2*: 988.
Nervenleitung, antidrome
X: 31.
—, letzte gemeinsame Strecke
XV/2: 1184.
—, Narkose und *IX*: 187.
—, Modelle *IX*: 235.
—, Temperaturkoeffizienten
IX: 243.
—, Theorien *IX*: 212, 235,
IX: 241.
Nervenleitungsgeschwindig-
keit *IX*: 212, 225, 684.
—, Dekrement *IX*: 219.
— im gedehnten Nerven
IX: 219.
—, Größe der *IX*: 214.
—, Narkose und *IX*: 218.
—, osmotischer Druck und
IX: 218.
—, Reaktion und *IX*: 219.
—, Ströme, zugeleitete und
IX: 217.
—, Temperatur und
IX: 217.
Nervenleitungszeit *IX*: 683.
Nervenlücken, Überbrückung
größerer *IX*: 330.
Nervennaht *IX*: 324.
— einfache *XV/2*: 1088.
—, Erfolge *IX*: 328.
—, vertauschende
XV/2: 1088.
Nervennetz, Arterien
VII/2: 1504.
—, Cnidarien *IX*: 805.
—, diffuses *XV/2*: 1056.
—, peripheres, lokale Kreis-
laufstörung *VII/2*: 1569.
—, physiolog. Eigenschaften
XV/2: 1179, 1192,
XV/2: 1193.
—, Polarität des *IX*: 807.
—, Sympathicus als
XVI/2: 1738.

(Nervennetz), Wirbellose
IX: 121, 792ff.
—, Zerschneidungsversuche
IX: 808.
Nervenplexus, ektodermaler
IX: 806.
Nervenprinzip, Geschwindig-
keit *IX*: 182.
Nervenregeneration *IX*: 302;
XI: 160; *XIV/1*: 1093;
XV/2: 1121; *XVI/1*: 247;
XVIII: 407.
Nervenreiz, allgemein
IX: 177ff.
—, chemischer *IX*: 198.
—, elektrischer, eztilicher
Verlauf des *IX*: 194.
—, künstlerischer *I*: 271.
—, optischer *VIII/1*: 309.
Nervenreizung, Drüsen (hi-
stologisch) *III*: 575, 581.
Nervensäckchen, Genoiden
XI: 77.
Nervenschock, Schock und
Kollaps *X*: 125.
Nervenstämme, Reizung
X: 39.
Nervenstrecke, narkotisierte,
Alles-oder-nichts-Gesetz
ungültig *IX*: 426.
Nervensubstanz, Fermente
IX: 62.
—, Reaktion der zentralen
IX: 564.
Nervensystem *IX*: 25ff.
—, Abbaustoffe, Wegführung
aus dem *X*: 1205.
—, Abbauvorgänge am
IX: 291.
—, Anneliden *IX*: 517.
—, Anpassungsfähigkeit
XV/2: 1043;
XVIII: 339.
—, autonomes s. auch auto-
nomes Nervensystem
X: 1048ff.; *XI*: 1095ff.;
XV/1: 194, *XV/2*: 1019ff.;
XVI/2: 1729.
—, —, effektorische Peri-
pherie *XVI/2*: 1745.
—, —, Funktionsprüfung
XVI/2: 1789.
—, —, Gifte *XVI/2*: 1777.
—, —, Gliederung
XVI/2: 1734.
—, —, Lebensnotwendigkeit
XVI/2: 1754ff.
—, —, Muskelstoffwechsel
XVI/2: 1815.
—, —, Nervenkreuzung
XV/2: 1101.
—, —, Pharmakologie
X: 1095.
—, —, receptorische Peri-
pherie *XVI/2*: 1806ff.

(Nervensystem, autonomes),
Syncytiallehre
XVI/2: 1739.
—, —, zentraler Abschnitt
XVI/2: 1740.
—, —, zentrifugale und zen-
tripetale Fasern
XVI/2: 1740.
—, Bäderwirkung auf das
XVII: 451.
—, Chemie des zentralen und
peripheren *IX*: 47.
—, Definition *IX*: 26.
—, diffuses *IX*: 772, 791ff.
—, einheitlicher Apparat
X: 656.
—, energetische Kräfte
X: 674.
—, Entzündungsumgestal-
tung *XIII*: 305.
—, Evertebraten, Zentren-
lehre und *XV/2*: 1178.
—, Färbung der Tiere und
XIII: 195.
—, Farbwechsel und
XIII: 207, 225.
—, Fliegen und Widerstands-
fähigkeit des *XV/1*: 367.
—, Funktion *X*: 645.
—, Funktionen im Alter
XVII: 829.
— in Geschwülsten
XIV/2: 1762.
—, Gifte *XIII*: 187.
—, Insulin und *XVI/1*: 630ff.
—, intracardiales
XVIII: 179.
—, Kohlehydratumsatz
XVIII: 253, 261.
—, Kohlenoxydwirkung
XVIII: 147.
—, Kropfentstehung und
XVI/1: 314.
—, Leuchterregung, Ausbrei-
tung der — und
VIII/2: 1078.
—, Lichtbeeinflussung
XVII: 326.
—, Milchsäurebildung
XVIII: 253.
—, morphogenetische Funk-
tion des *XVI/1*: 796,
XVI/1: 802.
—, Muskelkohlehydratstoff-
wechsel und *XVI/1*: 590.
—, Osmoregulation durch das
XVII: 154.
—, Parasiten *I*: 642.
—, parasympathisches, Phar-
makologie des *X*: 1125.
—, peripheres, Insulinwir-
kung *XVI/1*: 630ff.
—, Pharmakologie
X: 1018ff., 1095ff.
—, Pigment *XIII*: 262.

(Nervensystem), Plastizität
XVIII: 399.
—, Schaltmechanismen
X: 898, 946; XV/2: 1186.
—, Schilddrüse und
XVI/1: 219, 314.
—, Selbständigkeit einzelner
Teile I: 616.
—, Stoffwechsel und
X: 1176; XVIII: 258.
—, — des peripheren
IX: 365; XVIII: 246.
—, Strahlenempfindlichkeit
XVII: 367.
—, Struktur und Leitung
X: 646, 649.
—, sympathisches, Pharma-
kologie X: 1096.
—, Theorie der Tätigkeit
XV/2: 1144, 1148, 1196.
—, Thyreoidektomie und
XVI/1: 759.
—, trophische Einflüsse
X: 1149.
—, vegetatives s. auch auto-
nomes Nervensystem.
—, —, Lymphocyten und
VI/2: 840.
—, —, Pathologie des
XVI/1: 1019ff.
—, —, Schwangerschaft
XIV/1: 564.
—, —, Stoffwechsel und
X: 1167.
—, —, Trophik und X: 1164,
X: 1166, 1167.
—, vergleichend IX: 805ff.
—, zentrales, Stoffwechsel
XVIII: 246.
—, Zentralisation durch das
I: 616.
—, Zusammensetzung, quan-
titative des IX: 64.
Nerventransplantation
IX: 329, 330.
Nervenübererregbarkeit,
periphere XVI/1: 363.
Nervenzelle, Erkrankung der
IX: 490, 492.
—, Neurofibrillen, Anord-
nung in IX: 95.
—, Regeneration IX: 486.
—, somatochrom IX: 470.
—, Struktur der lebenden
IX: 469.
—, Typen der IX: 467.
—, Veränderungen, patholo-
gische IX: 488.
—, —, physiologische
IX: 487.
—, Verflüssigungsprozesse
IX: 492.
—, Wachstums- und Alters-
veränderungen IX: 474,
IX: 485.

(Nervenzelle), Wanderung
IX: 474.
Nervenzentren elektrischer
Organe VIII/2: 907, 916.
—, Erstickung und Erholung
der IX: 515.
—, Sauerstoffbedarf und Er-
regbarkeit IX: 515.
Nervöse Erkrankungen,
Schlaf und XVII: 598.
— Regulation XV/2: 1051.
Nervöses Geschehen, glei-
tende Kopplung und
XV/2: 1214.
— —, Theorie XV/2: 1144,
XV/2: 1148, 1196.
— Grau IX: 127.
Nervosität, Ermüdung bei
der Reaktionszeit und
X: 542.
Nervus acusticus s. Octavus.
— depressor, Aktionsströme
des VIII/2: 755.
— erigens XIV/1: 762, 767.
— ethmoidalis anterior
II: 315.
— glossopharyngeus, depres-
sorische Fasern
VII/2: 937.
— haemorrhoidalis medins
III: 478.
— infraorbitalis II: 318.
— laryngeus inferior
XV/2: 1283.
— — superior II: 331;
XV/2: 1279.
— octavus s. Octavus.
— oculomotorius s. Oculo-
motorius.
— olfactorius, Nasenreflexe
II: 145.
— opticus s. Opticus.
— pelvicus X: 478, 1094;
XIV/1: 762.
— phrenicus, Aktionsströme
IX: 703.
— —, Anatomie
VII/2: 1841.
— pudendus XIV/1: 767.
— — internus III: 478.
— recurrens, Schluckakt
III: 361.
— splanchnicus inferior,
Reizerscheinungen
X: 1093.
— — superior, Reizerscheinungen, efferente Fasern
X: 1093.
— sympathicus, Wieder-
käuermagen III: 395.
— — Jacobsohnii, Speichel-
und Tränensekretion
X: 192.
— trigeminus s. Trigeminus.
— trochlearis s. Trochlearis.

(Nervus) vagus s. a. Vagus
XVII: 65.
— —, Atmung und II: 280.
— —, Leitungsbahnen
X: 1058.
— —, Reizerscheinungen
X: 1092.
— —, Resorptionsgeschwin-
digkeit II: 477.
— —, Wiederkäuermagen
III: 395.
— vestibularis s.Vestibularis.
Nesselgifte XIII: 116.
Nesselkapseln, Antrotomie
XIII: 264.
Nesseltiere, Schutz- u. An-
griffseinrichtungen
XIII: 94.
Nesselzellen I: 610;
XIII: 114.
Netzhaut, Adrenalin und
Suprarenin,EinflußaufdieFunktion der XII/2: 821.
—, Aktionsströme
XII/2: 720, 727, 728,
XII/2: 1395, 1412, 1459,
XII/2: 1482, 1570, 1593.
—, Aktionsstromstärke
XII/2: 1503.
—, Augen, Korrespondenz
XII/2: 1104, 1160.
—, Bau XII/2: 1160.
—, Belichtungsveränderun-
gen, objektive XII/1:266.
—, chemische Änderungen
XII/1: 267ff.
—, Eigenlicht XII/2: 761,
XII/2: 774, 1571.
—, Empfangsstoffbildung in
der XII/2: 1613.
—, Erregbarkeit, motorische
XII/1: 179.
—, Färbbarkeitsänderung der
XII/1: 269.
—, Fluorescenzänderung
XII/1: 288.
—, Gliederung, funktionelle,
und Einteilung
XII/2: 856.
—, Glykolyse in der IX: 587.
—, Hemeralopie, Aderhaut-
erkrankungen
XII/2: 1608ff.
—, künstliche XVIII: 315.
—, Lokalzeichenverteilung
XII/2: 848, 867.
—, Nachtraubvögel
XIII: 194.
— -Nervintervall
XII/2: 1476, 1491.
—, Peripherie der, Refrak-
tion XII/2: 794.
—, Regeneration (Frösche,
Tritonen, Kaninchen, Vö-
gel) X: 1152.

(Netzhaut), Sauerstoff-
verbrauch *IX*: 555.
—, Säuerung der tätigen
XII/1: 267.
—, Sehrinde und *X*: 745.
—, Stoffwechsel *XII/2*: 1361.
—, Verdickungen *XII/2*:774.
Netzhautbild s. a. Abbildung.
—, Unschärfe *XII/2*: 747.
—, Zerstreuungskreise
XII/2: 771.
Netzhautbildgröße *XII/1*:93.
—, Sehschärfe und
XII/1: 129.
Netzhautblutungen
XII/1: 523.
Netzhautelemente, Auf-
lösungsvermögen
XII/2: 771.
—, Größe *XII/2*: 769.
—, Raumwerte *XII/2*: 771.
—, Sehschärfe u. *XII/2*: 769.
Netzhauterregung, wechsel-
seitige Unterstützung
XII/2: 761, 765.
Netzhautgefäße, entoptische
XII/2: 781.
Netzhautgifte *XII/2*: 812.
Netzhautkorrespondenz,
Störungen *XII/2*: 1104.
Netzhautmosaik *XII/1*: 11.
Netzhautregion, Farbton und
XII/1: 351.
—, Stereoskopie *XII/2*: 941,
XII/2: 998.
Netzhautstrom s. auch Be-
standpotential und Be-
lichtungsstrom des Auges
XII/2: 720, 727, 1395,
XII/2: 1412, 1413, 1482,
XII/2: 1570, 1593.
Netzhautströme, Mensch
XII/2: 1459.
Netzhautvenenpuls
XII/2: 1339.
Netzhautzapfen *XII/1*: 726;
XII/2: 1518.
—, Breitenwerte *XII/2*: 773.
Netzhautzentrum *XII/1*:687,
XII/2: 758, 789, 805,
1510.
—, Empfindlichkeitsvertei-
lung und Sonderstellung
XII/2: 1509.
—, Macula lutea und Sonder-
stellung des *XII/2*: 1517.
Netzhautzirkulation
XII/2: 1391.
Neubildungen, Pflanzen
XIV/1: 1115;
XVIII: 388.
—, pflanzliche antikline Tei-
lungen *XIV/2*: 1208.
Neuentfaltungen, Pflanzen
XIV/1: 1115.

Neugeborene, Analyse von
III: 1303.
—, Gewicht *III*: 1308.
—, Kropf *XVI/1*: 344.
—, Leber *III*: 1317.
—, Motorik der *X*: 327, 384.
—, Temperatur *XVII*: 12.
Neuralgien *XI*: 199.
Neuralregion *XVI/2*: 1776.
Neurasthenie *XIV/1*: 865;
XVII: 598.
Neurencyticum *IX*: 135.
Neuritis *IX*: 286, 334.
— optica *XII/2*: 823.
—, Schwangerschaft und
XIV/1: 573.
Neurobione *I*: 259; *IX*: 154.
Neurobiotaxis *IX*: 134, 474.
Neuroblastenlehre *IX*: 134.
Neuroblastentheorie
IX: 136.
Neuroblastome, Auge
XIV/2: 1639.
Neurocyncytienlehre
IX: 137.
Neurocyten *IX*: 124.
Neurofibrillen, Anordnung in
den Endorganen *IX*: 108.
—, — in den Nerven
IX: 105.
—, Aufgabe *IX*: 778.
—, Formeigenschaften
IX: 90.
—, funktionelle Bedeutung
der *IX*: 144.
— als Kernleiter mit einer
aktiven Oberfläche
IX: 168.
—, in lebender Nervenzelle
IX: 155.
—, mikrotechnisches Verhal-
ten der *IX*: 81.
—, Oberflächenschicht
IX: 147.
—, Pflanzen *IX*: 166.
—, primäre Färbbarkeit der
XV/2: 1212.
—, Veränderungen *IX*: 488.
Neurofibrillenstruktur, Histo-
genese der *IX*: 131.
—, Zusammenhang *IX*: 117.
Neurofibrillenzüge bei Car-
cinus maenas *IX*: 144.
Neurogalvanisches Phänomen
VIII/2: 772.
Neurogenie, Herzschlag
VII/1: 49, 441.
Neuroglia *IX*: 479.
Neuroglobulin α *IX*: 48.
Neurohypophyse *XVI/1*: 29,
XVI/1: 415ff., 768.
—, Entwicklung
XVI/1: 408.
Neurokeratin *IX*: 48.
Neurokeratinnetz *IX*: 147.

Neurokladismus *IX*: 135.
Neuromotorischer Apparat
IX: 166.
Neuron, letztes *IX*: 760.
Neuronal *XVII*: 619.
Neurone, System der peri-
pheren motorischen
X: 338.
Neuronenlehre *IX*: 314;
X: 644.
—, Sympathicus und
XVI/2: 1737.
Neuronentheorie *IX*: 473,
IX: 782.
Neuronophagie *IX*: 497;
XIII: 815.
Neuropathie, Masturbation
und *XIV/1*: 865.
Neurophysiologie, Kritik der
klassischen *X*: 642.
Neuropil *XV/2*: 1050.
—, Erregungsleitung
IX: 774.
—, Nervenfilz *IX*: 29, 465,
IX: 779.
Neuroplasma *IX*: 161.
Neuroplasmatheorie von
LEYDIG *IX*: 154.
Neuroplasmatische Zwischen-
substanz *XVI/1*: 294.
Neurosen *XIV/1*: 795.
—, Betriebsstörung
XVI/1: 1031.
—, Capillaren bei vasomoto-
risch-trophischen *X*:1166.
—, sexuelle *XIV/1*: 791.
—, tierische *X*: 1265.
—, vasomotorische
VII/2: 1130; *X*: 1166.
—, vegetative, Kalium-
erhöhung im Blut bei
XVI/2: 1444.
— des vegetativen Nerven-
systems *XVI/1*: 1020.
Neurosomen *IX*: 471.
Neurostearinsäure *IX*: 55.
Neurotaxis *XV/2*: 1121.
Neurotische Atrophie
XIV/1: 952.
Neurotisierung *XIV/1*: 939.
Neurotonische Reaktion,
Syringomyelie
VIII/1: 611.
„Neurotonus" *IX*: 743.
Neurotoxine *XIII*: 754.
Neurotropie *IX*: 313.
Neurotropismus *IX*: 134,
IX: 316, 475;
XIV/1: 940.
Neurozelluläre Verbindungs-
stellen *XVI/2*: 1776.
Neutrale Zone im Gelb
XII/1: 517.
Neutralfette, Chemie
III: 162; *IV*: 55.

Neutralisationsammoniak
V: 815; XVI/1: 1139.
—, Bildung XVI/1: 1149.
—, Störung XVI/1: 1149.
Neutralisationsvorgänge,
Niere XVI/1: 1138.
Neutralität, Definition
I: 488.
—, System zur Regulation
der I: 491.
Neutrallicht XII/1: 447, 451,
XII/1: 456, 476.
Neutralrotkörner, Fibro-
blasten XIV/1: 976.
Neutralsalze, Kationen und
Muskeltätigkeit
VIII/2: 261.
—, Protoplasmagifte I: 559.
Neutralsalzwirkung, lyotrope
I: 511.
—, Reaktionsregulation bei
XVI/1: 1112.
Neutralschwefel im Harn
nach Intoxikationen
V: 1043.
Neutralstimmung, Auge
XII/1: 339, 344, 345, 354,
XII/1: 450; XII/2: 1547.
Neutropenie, maligne
VI/2: 851.
Névrite segmentaire, peri-
axiale IX: 335.
NEWTONsche Farbentafel
XII/2: 1545.
— Farbfläche XII/2: 1536.
NEWTONsches Mischungs-
gesetz XII/1: 412.
Nichtelektrolyte, wasserlös-
liche, Resorption durch
die Haut IV: 130.
Nickel und Kobalt, Aus-
scheidung durch Darm
IV: 694.
Nickelkrätze, Idiosynkrasie
und XIII: 771.
Nickhautdrüse, Frosch
III: 568.
Nickschlaf XVII: 594, 600.
Nicotin s. Nikotin.
Nicotina suaveolens, Wir-
kung auf Sehnerven
XII/2: 817.
Niederschlagswahrscheinlich-
keit, Klima XVII: 490.
Niere vgl. auch Harn u. Nie-
renfunktion IV: 183ff.,
IV: 233ff., 308ff., 451ff.
—, Ammoniakausscheidung
XVI/1: 1140.
—, Ammoniakbildung
IV: 448.
—, Amphibien IV: 214.
—, Anatomie IV: 183.
—, Arbeit, Kochsalzzufuhr
(Kaninchen) und IV: 394.

(Niere), Äther und Chloro-
form, ihre Giftigkeit für
die IV: 433.
—, Architektonik IV: 231.
—, Ausscheidung im histolo-
gischen Bild IV: 477.
—, Blutstrom VII/2: 1488.
—, Bromide, Schädigung der
Diurese durch IV: 398.
—, Denervation XVIII: 95.
—, Diabetes insipidus
XVII: 290, 291.
—, Durchblutungsgröße
IV: 322; XVIII: 98.
—, Durchlässigkeit für Ei-
weiß und andere Kolloide
IV: 471.
—, entnervte, Konzentra-
tionsschwäche der — für
Harnstoff, Chlor
XVI/2: 1539.
—, Entnervung IV: 347;
XVI/1: 1539.
—, Ermüdbarkeit der VI: 409.
—, Farbstoffausscheidung
im histologischen Bild
IV: 477.
—, Fettgehalt nach Insulin
XVI/1: 616.
—, Funktionsprüfungen der
IV: 510, 528, 540.
—, Gaswechsel der IV: 329.
—, Gefäße und Kreislauf, in
der IV: 221, 311, 332,
IV: 380.
—, Gewicht XVIII: 100.
—, Hippursäurebildung
V: 1040.
—, histologische Unter-
suchung der IV: 464.
—, Hoden, Beziehungen
IV: 197.
—, Hypertrophie nach par-
tieller Nierenexstirpation
IV: 368.
—, innere Sekretion IV: 450.
—, Innervation IV: 228ff.;
XVII: 217.
—, isolierte, Untersuchungen
an der IV: 460.
—, Lymphbildung
XVIII: 94.
—, Mikroorganismen IV: 445.
—, Nahrungseinfluß
XVIII: 101.
—, Narkotica, Wirkung auf
die IV: 432.
—, Nerven, diuresefördernde
X: 1084.
—, —, Entnervung der
IV: 347; XVI/1: 1539;
XVIII: 95.
—, —, Regulationsmechanis-
men der Harnbildung
IV: 361.

(Niere), Nervenversorgung
IV: 228ff.; XVII: 217;
XVIII: 96.
—, Neutralisationsvorgänge
in der XVI/1: 1138.
—, osmotische Leistungs-
fähigkeit IV: 472, 526.
—, Pharmakologie und Toxi-
kologie IV: 308ff.;
XVIII: 92.
—, reflektorische Beeinflus-
sung XVIII: 98.
—, Sauerstoffverbrauch
IV: 330, 393.
—, Schmerzhaftigkeit
XI: 196.
—, Schnecken IV: 585.
—, Sekretion durch IV: 809.
—, spezifisches Gewicht
IV: 526.
—, — Stoffwechselgift
IV: 449.
—, Stoffwechsel und V: 626ff.,
V: 1218, 1226.
—, transplantierte, Funktion
IV: 339.
—, Vene, Drosselung
IV: 311, 332.
—, Verdünnungsreaktion
IV: 389.
—, Wasserausscheidung
XVII: 183.
—, wirbellose, nierenartige
Exkretionsorgane IV: 581.
—, Zuckerausscheidung,
Schwellenwert IV: 424;
XVI/1: 597, 599.
Nierenacidose IV: 541, 543.
Nierenarbeit, Blut bei krank-
hafter IV: 533.
—, normale IV: 510.
—, vermehrte, Einfluß auf
Verbrennung V: 274.
Nierenarterien, Säugetiere
IV: 224.
—, Übersicht IV: 222.
Nierenbecken, Anatomie
IV: 804.
—, Typen des IV: 805.
Nierenbeckenfüllung, Ureter-
peristaltik und IV: 812.
Nierenbeckenperistaltik,
Harnleiterperistaltik und
IV: 809.
Nierenbeckensteine, Häufig-
keit bei Männern und
Frauen IV: 600.
—, Vitamin-A-freie Ernäh-
rung und IV: 666.
Nierendurchblutung, abso-
lute Höhe IV: 327.
Nierenentfernung, partielle
IV: 368.
Nierenentzündung, chroni-
sche IV: 572.

(Nierenentzündung) durch Gifte *IV*: 435.
Nierenerkrankungen s. auch Niereninsuffizienz; *IV*: 510ff.
—, Atemstörungen *II*: 427.
—, Blut, Calciumgehalt bei *XVI/2*: 1461.
—, —, Ionengehalt *IV*: 545.
—, —, Natriumgehalt bei *XVI/2*: 1548.
—, —, Phosphatgehalt bei *XVI/2*: 1438.
—, Blutdruck nach Trinken *VII/2*: 1311.
—, Blutmenge *XVIII*: 174.
—, Chloridausscheidung bei *XVI/2*: 1540.
—, Chloride bei *XVI/2*: 1537.
—, Einteilung nach Pathogenese *IV*: 512.
—, Flockungsreaktion *IV*: 535.
—, Grundumsatzveränderungen *V*: 275.
—, Hypokapnie *II*: 428.
—, infektiöse *IV*: 561.
—, Ödeme *XVI/1*: 280.
—, Stoffwechsel bei *V*: 273.
Nierenexstirpation, Respirationsversuche vor und nach *V*: 57.
Nierenfunktion, Bäderwirkung und *IV*: 365.
—, Blutbeschaffenheit, chemische und physikochemische *IV*: 471.
—, Blutdruck und *IV*: 310.
—, Blutzufuhr und *IV*: 321.
—, Capillardruck in den Glomerulis *IV*: 312.
—, Inkretwirkung auf die *IV*: 410.
—, Körperstellung und *IV*: 365.
—, Kreislauf und *IV*: 310.
—, Nerven, peripherische auf die *IV*: 347.
—, Nervensystem und *IV*: 338.
—, Reaktionsregulierung *XVI/1*: 1137.
—, reflektorische Beeinflussung der *IV*: 362.
—, Schwangerschaft und *IV*: 365.
—, Temperatureinflüsse und *IV*: 363.
—, Vagus und *IV*: 358.
Nierenfunktionsprüfung *IV*: 510, 528, 540.
— nach AMBARD *IV*: 540.
Nierengefäße, Erkrankung, Ätiologie der *IV*: 562.

(Nierengefäße), pharmakologische Reaktionen der *VII/2*: 1028.
—, Reaktionen der *XVI/2*: 1226.
Nierengewebe, osmotische Verhältnisse in den einzelnen Zellen *IV*: 503.
Niereninsuffizienz *IV*: 528, *IV*: 546; *V*: 955.
—, Alkalireserve bei *XVI/1*: 1116.
—, Atmungsregulation *II*: 427; *XVI/1*: 1115.
—, Blutreaktion *XVI/1*:1117.
—, chronische *VI/1*: 273.
—, Harnreaktion *XVI/1*: 1148.
—, Kohlensäurespannung *XVI/1*: 1117.
—, Kreatin und Kreatinin *V*: 954.
—, Stoffwechsel *V*: 274.
Nierenkörperchen, BOWMANsche Kapsel *IV*: 198.
Nierenkrankheit s. Nierenerkrankung.
Nierenkreisläufe, Druckverhältnisse in den beiden, beim Frosch *IV*: 380.
Nierenmodell, ABELsches *IV*: 379.
Nierenonkometrie *IV*: 322.
Nierenpapille, Schließmuskel *IV*: 805.
Nierenpapillen, Zahl *IV*: 805.
Nierenparenchym, entzündliche Reizung durch Gifte *IV*: 435.
—, Schädigung durch Narkotica *IV*: 433.
Nierenpfortader *IV*: 226.
—, Nierenresektion *XVIII*: 99.
Nierensklerose *VII/2*: 1126.
—, benigne *IV*: 576.
Nierensteine *IV*: 665.
Nierensysteme s. auch Niere *IV*: 183.
Nierentätigkeit s. Nierenfunktion.
Nierenvene, Abklemmung *IV*: 311.
— und Nierenarterie, Einfluß der Verengerung auf die Harnbildung *IV*: 332.
Nierenvolumen *IV*: 393.
Nierenzeichen, unmittelbare *IV*: 513.
Nierenzellen, Wasserdurchlässigkeit, vermehrte *IV*: 416.
Niesen *II*: 173, 314; *X*: 174.
Nieskrämpfe *II*: 316.

Niesreflex *II*: 147, 251, 316; *IX*: 659.
Niesreiz *II*: 170.
Nikotin, Cephalopoden und *IX*: 615.
—, Curare, Antagonismus *VIII/1*: 311.
—, Darmwirkung des *III*: 535.
—, Entzündung und *XIII*: 361.
—, Erregung durch *X*: 1029.
—, Gefäße des Atmungsapparates *VII/2*: 1005.
—, — des Hodens und *VII/2*: 1037.
—, — der Milz und *VII/2*: 1023.
—, Gewöhnung beim Warmblüter an *XIII*: 876.
—-Methode *X*: 1096.
—-Physostigmin-Antagonismus am Muskel *VIII/1*: 312.
—, Skelettmuskelwirkung *VIII/1*: 237, 311.
—, Stoffwechselverhalten *V*: 1033.
—, Synapsenlähmung durch *X*: 1042.
Nikotinabusus *II*: 435; *III*: 409.
Nikotinkatalepsie *X*: 1029.
Nikotinkontraktur, isolierter Muskel *VIII/1*: 237.
Nikotinlähmung *IX*: 615.
Nikotinreaktion *X*: 1050.
Nikotinsäure, Stoffwechselverhalten *V*: 1030, 1040, *V*: 1043.
Nisslsäure *IX*: 85.
Nisslschollen *IX*: 103, 778.
Nisus formativus *XIV/1*: 1005.
Nitrat, Ausscheidung durch Niere *IV*: 481.
—- und Nitritorganismen *V*: 994.
Nitratassimilation, Zwischenstufen der *V*: 992.
Nitrate, Kreislauf, in der Natur *I*: 729.
—, Stickstoffnährstoffe bei Pflanzen *V*: 990.
—, Stoffwechselverhalten *V*: 1046.
Nitratgärung *I*: 725.
Nitratreduktion, Pflanze, höhere *V*: 337, 992.
Nitrile, Stoffwechselverhalten *V*: 1009.
Nitrite, Lähmung der hemmenden, parasympathischen Nervenenden durch *X*: 1142.

Nitritmethode, A. Fröhlich u. O. Loewi X: 1143.
Nitroalkylbenzol, Stoffwechselverhalten V: 1018.
Nitrobenzaldehyd, Stoffwechselverhalten V: 1018.
Nitrobenzol, Stoffwechselverhalten V: 1018.
Nitrogenbakterien V: 994.
Nitroglycerin, Hypertoniker VII/2: 1395.
Nitrohippursäuren, Stoffwechselverhalten V: 1040.
Nitrokörper, aromatische, Wasserstoffacceptoren I: 45.
Nitrophenol, Stoffwechselverhalten V: 1018.
Nitrophenylpropiolsäure, Stoffwechselverhalten V: 1018.
Nitrotoluol, Stoffwechselverhalten V: 1018.
Nitrouracil, Stoffwechselverhalten V: 1012.
Nitroverbindungen, aromatische, Stoffwechselverhalten V: 1018.
Nitroxylverbindungen XVII: 509.
Noctal, Stoffwechselverhalten V: 1011.
Noduli aggregati VI/2: 1013.
— lymphatici VI/2: 1011.
— solitarii VI/2: 1013.
Nodus valvulae atrioventricularis dexter (Henle) VII/1: 87.
Noguchische Probe (Globulin im Liquor) X: 1211.
Noktambulismus XVII: 602.
Noma, Ätiologie V: 1298.
Non-disjunction XVII: 944, XVII: 947.
Noniusmethode XII/2: 754, XII/2: 792.
Nonne-Phase X: 1211.
Normalantikörper XIII: 534, XIII: 546, 565, 626.
—, Komplementgehalt und XIII: 583.
Normalarbeitstag XV/1: 662.
Normalauge, mittleres XII/2: 1545.
Normaldistanz, Elektroden bei Reizung IX: 275.
Normalelektrolyt, Nitrobenzolketten VIII/2: 1030.
Normalkapazität, Atmung II: 83, 85.
Normalopsonine, Serum, Gehalt an XIII: 819.
Normalreizstrom IX: 276.
Normalsera, normale Toxizität XIII: 758.

Normalstellung, menschlicher Körper nach Bräune u. Fischer XV/1: 189.
Normierte Zellenzahl, Zellkonstanz XVII: 729.
Normoblasten VI/1: 205.
Normoblastenmark, Polycythämie VI/2: 782.
Normomastixreaktion, Liquor cerebrospinalis X: 1214.
Notfallsreaktionen, K. H.-Stoffwechsel XVI/2: 1698.
—, sympathicoadrenales System XVI/2: 1759.
Novasurol XVII: 234.
Novocain, kontrakturhemmende Wirkung VIII/1: 325.
—, Lokalanästhesie durch IX: 438ff.
Nuancen, Farben, Unterschiedsempfindlichkeit XII/1: 349.
Nuancierapparat, Auge XII/1: 298, 479.
Nubecula, Harn IV: 675.
—, Nuclealreaktion VI/1: 69.
Nuclease, Pankreassaft XVI/1: 908.
Nucleine, Chemie III: 269; XVIII: 171.
—, Mehrung, Abbau der V: 1068.
Nucleinsäuren, Abbau endogen entstehender V: 1075.
—, Aufbau bei der Entwicklung XIV/1: 134.
—, — der pflanzlichen V: 1062.
—, Pyrimidine in den V: 1054.
—, Spaltprodukte, einfache V: 1050.
—, tierische, allgemeines über die V: 1066.
—, tierischer Organismus V: 1059.
—, Zellstoffwechsel, Bedeutung der V: 1067.
Nucleinstoffe, Chemie III: 269.
Nucleinstoffwechsel V: 1047ff., 1068; XVIII: 171.
—, exogener V: 1068.
Nucleobiston, Chemie III: 288.
Nucleolarsubstanz, morphologisch I: 586.
Nucleolen, morphologisch I: 586.
Nucleoproteid, Schilddrüsenwirkung XVI/1: 323.
Nucleoproteide, Bakterien XIII: 797.

(Nucleoproteide), Chemie III: 287; XIV/1: 166.
Nucleosid III: 150, 958.
Nucleotid-Molekül V: 1057.
Nucleotide, Abbau V: 1069.
—, Fermentchemie III: 958.
Nucleus ansae lanticularis X: 322.
— associatorius motorius X: 196.
— caudatus III: 366; XVII: 47.
— dentatus X: 357, 368.
— — cerebelli, Morphologie des X: 336.
— —, Experimente am X: 412.
— —, extrapyramidales motor. System X: 338.
— intercalatus Staderini (Zentrum des Geschmackssinns) X: 189.
— paraventricularis X: 332.
— periventricularis XVII: 300.
— reticularis X: 196.
— ruber X: 240, 309, 316.
— —, Enthirnungsstarre und IX: 726.
— —, Experimente am X: 404.
— —, extrapyramidales motorisches System X: 338.
— —, Funktion des X: 376.
— —, Herde X: 366.
— —, Morphologie des X: 335.
— —, Reizung X: 486.
— —, Tonusverteilung und Stellreflex X: 409.
— salivatorius X: 191.
— — inferior X: 1057.
— substantiae innomminatae X: 932.
Nullversuch, Reaktionszeit X: 528.
Nutationsbewegungen XVII: 661.
Nutritionsreflex XVI/2: 1260.
Nutritive Kollapse V: 1173.
Nutzeffekt, Arbeit, menschliche V: 153.
—, Erholungsvorgang des Skelettmuskels VIII: 524.
—, Nahrungsmittel, verschiedene V: 137.
Nutzzeit I: 314; XII/1: 428.
—, Empfindungszeit und XII/1: 421ff.
—, Entartungsreaktion und VIII/1: 599.
—, Gehörorgan XI: 540.
—, Nerv IX: 179, 194, 263.

Nyktalopie $XII/2$: 1595.
—, Farbenblindheit, ange-
borene, totale und
$XII/2$: 1601.
—, Krankheitssymptom
$XII/2$: 1614ff.
Nymphomanie $XIV/1$: 864.
Nystagmographen
XVIII: 303.
Nystagmus s. auch Augen-
nystagmus X: 246, 248,
X: 250, 254, 262, 263, 269,
X: 287, 288, 292, 710;
XI: 804, 870, 890;
$XII/1$: 503; $XV/1$: 74;
XVIII: 303.
—, Äquivalent, subjektives
$XV/1$: 457.
—, BECHTEREWsches
XI: 876.
—, Bogengänge, abhängig
von den XI: 1014.
— calorisches XVIII: 307.
—, Einstellungs- $XV/1$: 384.
—-Ermüdung $XV/1$: 384.
—, Erregbarkeitssteigerung
vom Kleinhirn aus
$XV/1$: 428.
—, experimenteller bei Kleinhirnerkrankungen
$XV/1$: 426.
—, Fistelsymptom $XV/1$:401.
—, Fixations- $XV/1$: 384.
—, galvanischer, Kopfstellung und XI: 981.
—, —, Richtung desselben
XI: 980.

(Nystagmus), invertierter
XI: 929.
—, kalorischer IX: 948;
XI: 970.
—, — bei fehlendem Laby-
rinth $XV/1$: 392.
—, —, Vögel XI: 849.
—, kinetischer $XII/2$: 1149.
—, Kleinhirn $XV/1$: 424.
—, Kleinhirnbrückenwinkeltumoren $XV/1$: 415.
—, Kleinhirnerkrankungen,
Unerregbarkeit bei
$XV/1$: 427.
—, Kleinhirnstörung
$XV/1$: 423.
—, kompensatorischer
XI: 876.
—, Kopf $XV/1$: 74.
—, Kopfbewegungen und
XI: 936; $XV/1$: 404.
—, ohne Labyrinthbeteili-
gung XI: 890.
—, Labyrinthlähmung
$XV/1$: 398.
—, Labyrinthreizung
$XV/1$: 396.
—, Lokalisation, opt. und
$XII/2$: 982, 983.
—, Nahbildpunkt und
$XII/2$: 872, 983.
—, optischer XI: 928.
—, optokinetischer
$XII/2$: 1116; $XV/1$: 48,
$XV/1$: 469, 471.
—, — und labyrinthärer
$XV/1$: 474.

(Nystagmus), optomotori-
scher, Crustaceen-
$XII/2$: 1116.
—, Palpation XI: 926.
—, Pendel- bei Kleinhirn-
reizung $XV/1$: 426.
—, Registrierung, graphische
XI: 926.
—, Richtung des XI: 873.
—, rotatorischer $XII/2$: 872.
—, Schädelgrube, mittlere,
Übererregbarkeit bei Er-
krankungen $XV/1$: 436.
—, —, —, Verlust d. raschen
Komponente bei Erkran-
kungen der $XV/1$: 436.
—, Scheinbewegungen
$XV/1$: 451.
—, Schläfenlappenprozesse
$XV/1$: 435.
—, spontaner $XV/1$: 383.
—, Vektionen, Verhältnis der,
zum $XV/1$: 482.
—, vertikaler bei Drehung
XI: 934.
—, Vestibularausfall, einseitiger und $XV/1$: 390.
—, vestibularer $XV/1$: 384.
—, Vestibularerregbarkeit
bei Großhirnausschaltung
$XV/1$: 440.
—, zentraler Ursprung des
XI: 872.
Nystagmusbereitschaft der
Augen $XV/1$: 74.
Nystagmushemmung, Klein-
hirn $XV/1$: 427.

O

O s. unter Sauerstoff.
Oberfläche, Brustraum
II: 77.
—, capillare, Arbeit und
$XV/1$: 761.
—, eisenhaltige, chemische
Oxydationskatalyse I: 52.
—, kleinste, wahrnehmbare
$XII/2$: 779.
—, respiratorische II, 10, 14,
II: 77, 443.
—, Stoffwechsel und
$XVI/1$: 950.
—, — bei Kaltblütern
V: 165, 384.
—, — bei Warmblütern
V: 383.
—, Stoffwechselgröße V: 164,
V: 382.
Oberflächenaktivität V: 1034.
—, Ionenwirkung und I: 510.
Oberflächenanästhesie
IX: 435.
Oberflächenenergie I: 103,
I: 231, 242.

(Oberflächenenergie), freie
I: 113, 115, 141, 142, 143,
I: 149.
—, — und mechanische Ar-
beitsleistung I: 112.
Oberflächenentwicklung,
Pflanzen $VI/2$: 1112.
Oberflächenfarben
$XII/1$: 640.
—, Farbenkonstanz und
$XII/1$: 649.
—, Flächenfarben und
$XII/1$: 640.
Oberflächengesetz, homoiotherme Tiere V: 383.
—, RUBNER II: 14.
—, Stoffwechsel V: 168.
Oberflächenhäutchen I: 176.
Oberflächenladung I: 100,
I: 167.
Oberflächensensibilität, Rindenschädigung und
X: 716.
Oberflächenspannung I: 113,
I: 165; XVII: 169.

(Oberflächenspannung), Hy-
dratation und I: 116.
—, Lösungen I: 111.
—, Magensaft III: 843.
—, Membranbildung des Eies
$XIV/1$: 136.
—, Messung I: 107.
—, Molekülkonfiguration und
I: 108.
—, Muskelpreßsäfte
$VIII/1$: 125.
—, Regeneration und
$XIV/1$: 1089.
—, Resorption aus dem Darm
IV: 102.
—, Sole, tierische I: 232.
—, Temperatur, kritische und
I: 107.
—, Temperaturkoeffizient
I: 108.
—, Wasser XVII: 141.
Oberflächenspannungsdiffe-
renzen, Flüssigkeitstrop-
fen $VIII/1$: 17, 18.

Oberflächenspannungstheo-
rie, Muskel *VIII/1*: 119,
VIII/1: 535.
—, Plasmabewegung
VIII/1: 19.
Oberflächenströmung, Amö-
ben *VIII/1*: 21.
Oberflächenveränderungen,
Salze und *XVI/1*: 858.
Oberflächenvergrößerung
I: 107.
—, Wasserpflanzen
II: 542.
Oberflächenwirkung, Salze
XVI/1: 860.
Oberkiefer, Basalbogen
III: 300.
—, Beanspruchung, statische
III: 344.
—, Trägernatur desselben
III: 345.
—, Zahnstellung im
III: 299.
Oberkieferhöhle *II*: 318.
— und Zähne *II*: 318.
Obertöne *XI*: 579.
Objektgestaltung, Bewe-
gungswahrnehmung
XII/2: 1186.
Oblongata s. Medulla oblon-
gata.
Obstipation *III*: 494;
XVI/1: 1940.
—, alimentäre *III*: 498.
—, Ascendenstyp *III*: 494.
—, hypotonische *III*: 496.
—, proktigene *III*: 495.
—, psychogene *III*: 499.
—, spastische *III*: 496.
—, thyreogene *III*: 500;
XVI/1: 251.
— vgl. pathol. *III*: 1089.
Obstipationsbeschwerden
XVI/1: 1012.
Obstruktionsikterus, Blut-
calciumwerte bei
XVI/2: 1461.
Obturatio, Darmverlegung
III: 1091.
Occipitallappen, Abtragung
X: 521.
Ochronose *V*: 852.
—, degenerativer Einfluß bei
der *V*: 1267.
Octavusdurchschneidung,
doppelseitige, Amphibien,
Reptilien *XI*: 837.
—, einseitige, Amphibien,
Reptilien *XI*: 834.
—, —, Fische *XI*: 817.
Octavuskrisen *XI*: 740.
Octavusstammerkrankung
XV/1: 413.
Oculomotorius, Schädigung
des *XI*: 465.

Oculomotoriusdurchschnei-
dung, Pupillenverenge-
rung nach *XII/1*: 202.
Oculomotoriusendapparate
XII/1: 200.
Oculomotoriuskern *X*: 183;
XII/1: 181.
Oculomotoriuskerndegenera-
tion, Pupillenstörung und
XII/1: 223.
Oculomotoriuslähmung
XV/1: 417.
Oculomotoriusparese
XII/1: 202.
ODDIsche Muskulatur
III: 1283.
Odonaten, Geschlechtstrieb
bei *XIV/1*: 196.
Odontalgien *XIV*: 673.
Oedem *XVII*: 252.
—, angioneurotisches
XVII: 256.
—, — bei Idiosynkrasien
XIII: 768.
—, Blutdruck und
VII/2: 1722.
—, Blutmenge bei
VI/2: 696.
—, chemische Untersuchung
XVI/2: 1355; *XVII*: 263.
—, Entstehung *VII/2*: 1717;
XVI/2: 1401; *XVII*: 257.
—, Extremitäten, Durch-
blutung *XVI/2*: 1377.
—, Folgen, Kreislaufstörung
VII/2: 1725;
XVI/2: 1377.
—, kachektisches
VII/2: 1721.
—, Kriegs- *XVII*: 200.
—, lokales *VII/2*: 1711.
—, Nephritis *IV*: 552;
VII/2: 1721.
—, Nephrose *IV*: 551.
—, Nierenkranke
XVI/1: 280; *XVII*: 280.
—, Regulationsstörung
XVI/1: 1053.
Oedemflüssigkeit, Milchsäure
in der *XVI/2*: 1355.
Oedemkrankheit *VI/1*: 238.
—, Eiweißstoffwechsel der
V: 235.
Oedipuskomplex *XIV/1*: 838.
Oesophagismus *III*: 1056.
Oesophagitis *III*: 374.
Oesophagus s. auch Speise-
röhre.
—, Atonie *III*: 372, 1057.
—, Peristaltik *III*: 353, 363;
XVIII: 33, 43.
—, Stenose *III*: 1057.
—, Verlegung *III*: 1057.
Oesophagusdivertikel
III: 371.

Oesophagusdrüsen
XVIII: 54.
Oesophagusende, Peristaltik
XVI/1: 895.
Oesophagusfremdkörper
III: 369.
Oesophagushypotonie
III: 372.
Oesophaguskatarrh
III: 370.
Oesophaguskontraktion
III: 351.
Oesophaguslähmung *III*:372,
III: 1056.
Oesophagusmund, Erweite-
rung *III*: 354.
Oesophagusmuskulatur
III: 350.
—, Hypertrophie *III*: 376.
Oesophagusnarben *III*: 370.
Oesophagusperistaltik
III: 355, 363;
XVI/1: 895; *XVIII*: 33,
XVIII: 43.
—, primäre *III*: 364.
—, sekundäre *III*: 364.
Oesophagussensibilität
III: 364.
Oesophagusspasmus
III: 372.
Oesophagussprache
XV/2: 1379.
Oesophagusvarizen
VII/2: 1464.
Oestrus s. Östrus.
Öffnungsdauerreaktionen,
Vestibularapparat
XI: 852.
Öffnungsmechanismus
pflanzlicher Gallen
XIV/2: 1209.
Öffnungstetanus, Beweis der
polaren Erregung
IX: 231.
Öffnungszuckungen, Ent-
artungsreaktion
VIII/1: 604.
OGUSCHIsche Erkrankung
XII/2: 1611.
OH s. unter Hydroxyl.
Ohnmacht *XVI/2*: 1332;
XVII: 605.
—, Herzfrequenz
VII/1: 518; *VII/2*: 1425.
—, Synkope *XVII*: 596.
Ohnmachtsanfälle, Fliegen
XV/1: 371.
Ohr, Akkommodation
XI: 429.
—, äußeres *XI*: 406, 437.
—, Cochlea *XI*: 467.
—, Empfindlichkeit *XI*: 538.
—, Intensität, maximale, er-
trägliche *XI*: 543.
—, — des Schalls *XI*: 535.

(Ohr), Intoxikationen, chronische, des *XI*: 635.
—, Kretinismus *XVI/1*: 270.
—, mittleres *XI*: 410, 439.
—, Neuron, peripheres, Degeneration *XI*: 641.
—, pathologische Physiologie *XI*: 436; *XVIII*: 289.
—, Pharmakologie und Toxikologie *XI*: 731, 737; *XVIII*: 296.
—, Radikaloperation *XI*:453.
—, Reflexe vom *XVI/2*:1174.
—, Reizleitung *XI*: 409, 411, *XI*: 433.
—, Reizung, galvanische *XI*: 979ff.
—, —, kalorische *XI*: 966ff.
—, Vestibularapparat *XI*: 797, 868, 909.
Ohrblutmonocytosen *VI/2*: 879.
Ohrenschmalz *XI*: 409.
Ohrgeräusche, subjektive *II*: 319.
Ohrhusten *XI*: 410.
Ohrkapsel, knorplige, Entwicklung derselben *XVI/1*: 880.
Ohrmuschel *XI*: 406, 437.
—, Knorpelleitung *XI*: 448.
Ohrmuschelreflex *IX*: 638.
Ohrresonatoren *XI*: 683.
—, Abstimmung *XI*: 673.
— Dämpfung *XI*: 575.
Ohrtube, Funktion *II*: 319.
Okkludoren, Gebiß *III*: 346.
Okklusion, Gebiß *III*: 306, *III*: 308, 310.
Okklusionsebene, Kaubewegung *III*: 311, 316.
Okklusionskurve, Kaubewegung *III*: 304, 316.
Oktavenähnlichkeit *XI*: 711.
Okulierung, Pflanzen *XIV/1*: 1130.
Öle, Resorption durch die Haut *IV*: 135.
Olefine, Stoffwechselverhalten *V*: 997.
Oleodipalmitin, Milch *XIV/1*: 649.
Olfactometer, HOFMANN und KOHLRAUSCH *XI*: 261.
—, Reizapparat *X*: 551.
—, ZWAARDEMAKER *XI*: 260.
Olfactometrie *XI*: 259.
Olfactorius s. unter Nervus olfactorius.
Oligämie *VII/1*: 310; *XVI/2*: 1331.
Oligocythämie, lokale *VII/2*: 1422.
Oligodendroglia *IX*: 482.
Oligodipsie *VII/2*: 1377.

Oligohydramnie *XIV/1*:1064.
Oligomenorrhöe *XIV/1*: 423, *XIV/1*: 462.
Oliva inferior *X*: 196.
— superior *X*: 180.
OLIVERsches Arteriometer *VII/2*: 1432.
Ölketten, gleichionige (Theorie) *VIII/2*: 1024, 1026.
Ölkugeln, Retina *XII/1*: 722.
—, Tiere *XIII*: 195.
Ölkuren, Gallenleiden *III*: 1282.
Olme, Schilddrüsenwirkung auf *XVI/1*: 750.
Ölprobefrühstück *III*: 1130.
Ölsäure, Harn *IV*: 284.
Ölseifenschäume, mikroskopische *VIII/1*: 19.
—, Milch *XIV/1*: 649.
Omma, Bau des *XII/1*: 61.
Onanie *XIV/1*:176, 645, 791, *XIV/1*: 798, 799, 809.
—, geistige *XIV/1*: 858.
—, Folgen *XIV/1*: 862.
—, Ursachen *XIV/1*: 859.
Onkotischer Druck *XVI/2*: 1348; *XVII*: 241.
— —, Plasma *XVII*: 164.
Ontogenese *XIV/1*: 1005.
—, autonome Korrelationen *XVI/2*: 1732.
—, Differenzierungsperioden nach ROUX *XIV/2*: 1245.
—, Schilddrüse *XVI/1*: 708.
—, Wärmeregulation *XVII*: 8.
Ontogenetisches Kausalgesetz *XIV/1*: 1008.
Ontogenie, Selbstdifferenzierung in der menschlichen *XVI/1*: 802.
Oogamie *XIV/1*: 46.
Oogonien *XIV/1*: 46, 436.
Ooplasma *XIV/1*: 57, 58.
Oophorinextrakt *XIV/1*:387.
Operculum frontale *X*: 768.
—, Röhrenwürmer *XIV/1*: 1091.
— Rolandi *X*: 768.
Ophthalmie, hepatische *XII/2*: 1607.
—, sympathische *VII/2*:1591.
Ophthalmokinetik *XII/2*: 1113.
—, vergleichende *XII/2*: 1113.
Ophthalmometer, HELMHOLTZ *XII/1*: 79.
—, JAVAL und SCHIÖTZ *XII/1*: 122.
Ophthalmoplegia interna *XII/1*: 182.
Ophthalmoskopie, Bild, aufrechtes *XII/1*: 139.

(Ophthalmoskopie, Bild), umgekehrtes *XII/1*: 141.
—, reflexlose *XII/1*: 143.
—, rotfreies Licht *XII/1*: 144.
—, stereoskopische *XII/1*: 144.
Ophthalmostatik *XII/2*: 1113ff.
—, vestibuläre *XII/2*: 1142, *XII/2*: 1146.
Ophthalmotrope *XII/2*: 1041.
Opisthotonus *X*: 242, 254; *XV/1*: 118.
Opium, Magen-Darmwirkung des *III*: 536; *XVIII*: 75.
—, Schlafmittel *XVII*: 620.
Opiumalkaloide, Herzreizbildung und *VII/1*: 781.
Opotherapie, hypophysäre *XVI/1*: 451.
OPPENHEIMS Reflex *X*: 996.
Opsomenorrhöe *XIV/1*: 462.
Opsonine *XIII*: 411, 547, *XIII*: 819, 824.
Opsoningehalt des Serums *XIII*: 819.
Opticus, Intensitätsleitung in einer einzelnen Faser des *XII/2*: 1491.
—, Nase, Beziehung zur *II*: 318.
Opticusatrophie, tabische *XII/2*: 1611.
Opticuserregungen *XII/2*: 1569.
Opticusfasern, entoptische Sichtbarkeit *XII/1*: 261.
—, Qualitätenleitung *XII/2*: 1491, 1569.
—, Stromformen, algebraisch superponierbare *XII/2*: 1594.
—, Zahl *XII/1*: 775.
Opticusoszillationen *XII/2*: 1473.
—, Augenströme *XII/2*:1487.
Opticusströme *XII/2*: 1413, 1487, 1593.
—, periodische *XII/2*: 1472.
Opticuswurzel, basale *X*: 214.
Optima, Problem der Lebensvorgänge *I*: 324.
Optimumgesetz, Pflanzen (LIEBSCHER) *V*: 347.
Optimumkurve, Pflanzen, Wachstum *VIII/1*: 80.
Optisch-motorisches Feld, Hirn *X*: 750.
Optische Achse, Visierlinse und *XII/1*: 102.
— Aphasie *XV/2*: 1464.
— Formen und ihre Beziehungen zu *XII/2*: 1221.

(Optische) Gleichungen,
Multiplizierbarkeit der
XII/1: 680.
— Leere, allgemeine Energetik *I*: 242.
— Packungsdichte
XII/1: 547.
— Reize, Fische und
XII/2: 1123.
— Stellreflexe *XV/1*: 41, 65.
— Täuschung, analysierendes Verhalten bei der
XII/2: 1267.
— —, Bedingungen, innere
für die *XII/2*: 1266.
— —, Farbe, Abhängigkeit
von der Figur
XII/2: 1262.
— —, Gesetze *XII/2*: 1252.
— —, globale Einstellung
bei der *XII/2*: 1267.
— —, HERINGsche Figur
XII/2: 1264.
— —, Kreisringsektorentäuschung *XII/2*: 1260.
— —, Niveauwirkungen
und Feldwirkungen
XII/2: 1263.
— —, SANDERsche Figur
XII/2: 1260.
— —, ZÖLLNERsche Figur
XII/2: 1265.
— Valenz, Konstanz der
XII/1: 681.
— Wahrnehmung, Eindeutigkeitsbeziehung
XII/2: 1219.
— —, Erfahrungshypothese,
Kritik der *XII/2*: 1224.
— —, Farbenkonstanz
XII/2: 1240.
— —, Figur und Grund
XII/2: 1236.
— —, figurale Eigenschaften, Schwellen für
XII/2: 1247.
— —, Formgesetze, autonome *XII/2*: 1225.
— —, Gestalt und Elemente
XII/2: 1231.
— —, Gestaltbildungsgesetze *XII/2*: 1233.
— —, Gestaltenentstehung
XII/2: 1230.
— —, Grenzfunktion des
Konturs *XII/2*: 1237.
— —, Konstanzannahme
XII/2: 1220.
— —, „kurvengerechte
Fortsetzung“ *XII/2*: 1239.
— —, POGGENDORFsche
Wahrnehmung
XII/2: 1258.
— —, Psychologie der
XII/2: 1215, 1225.

(Optische Wahrnehmung),
Reizbedingungen
XII/2: 1217.
— —, Systembedingungen
XII/2: 1216.
Optischer Raumsinn
XII/2: 799.
Optisches Gebiet (Hirn)
X: 729.
Optochin, Lokalanästhesie
durch *IX*: 441.
Optochinfestigkeit, Trypanosomen *XIII*: 839.
Optogramm *XII/1*: 288.
Orbita *II*: 318.
Orbitolites und Peneroplis,
Kammerwände der
XIII: 2.
Organ, Altern des *XVII*: 792.
—, elektrisches s. elektrische
Organe.
— (isoliertes), Gefäßreaktion
bei Durchspülung
VII/1: 1128.
—, Wechselbeziehungen
XIV/2: 1135.
Organauszüge *XIV/1*: 357.
Organbildende Keimbezirke
im Ei *XIV/2*: 1237.
— Substanzen *XIV/1*: 1019,
XIV/1: 1047.
Organcholesterin *V*: 1121.
Organdetermination
XVI/1: 1039.
Organdialekt *XIV/1*: 899.
Organdisposition, Geschwulstbildung *XIV/2*: 1702,
XIV/2: 1746.
—, Geschwulstmetastasen
XIV/2: 1746.
Organe, Altern *XVII*: 738;
XVIII: 461.
—, orthotrope *XI*: 1015.
—, pflanzliche, Volumenänderung *V*: 33.
Organellen, Protozoen *I*: 609.
Organextrakte, Blutdruck
und Gefäßwirkung
VII/2: 1045.
Organfunktion, Regulation
XVI/1: 643, 1049ff.
Organgewichte, Lebensalter
und *III*: 1309.
Organisation, Lebensdauer
und *XVII*: 721.
Organisationsentwurf *I*: 22.
Organisationshöhe, Organismen *XIV/2*: 1277.
Organisationsreize, Keimbezirke *I*: 624.
Organisationszentren, Embryonen *I*: 624;
XIV/1: 1047.
Organisatoren, Embryonalentwicklung *I*: 624.

(Organisatoren), Gestaltbildung des Keimes *I*: 695.
—, Gewebsstücke (verpflanzte) *XIV/1*: 938.
— SPEMANNS und Determination *XIV/2*: 1239, 1249.
— —, Implantation artfremder *XIV/2*: 1235.
Organische Säuren, Harn
IV: 283.
— —, keimtötende Wirkung *I*: 572.
— Stoffe, keimtötende Wirkung *I*: 572.
Organismen, Arbeitsteilung
bei höheren *I*: 609.
—, elementare Zusammensetzung *I*: 711.
—, Zusammensetzung *V*: 17,
V: 711.
Organismenbildung
XIV/1: 988.
Organismus, chemische Zusammensetzung *V*: 19.
—, Definition des *I*: 1.
—, Konstanten des
XV/2: 1142.
—, serologische Reizung des
XIII: 451.
—, Wesen des *XV/2*: 1140,
XV/2: 1143.
—, Zeitkonstante des
XV/2: 1143.
Organkonstanten, allgemeine,
Erregungsgesetze
IX: 261.
Organkorrelationen, mechanisch bedingte
XVI/1: 871.
Organleistungen, Alternsvorgang und *XVII*: 810.
Organlipasen *XIII*: 467.
Organminderwertigkeiten
XIV/1: 839, 880.
Organneurose *III*: 1190;
XIV/1: 795, 1020, 1027ff.;
XVII: 1060.
Organogenie *XIV/1*: 1060.
Organoidlehre, Geschwulstentstehung von EUGEN
ALBRECHT *XIV/2*: 1522,
XIV/2: 1684, 1694.
Organotherapie
XIV/1: 422.
— mit Keimdrüsen
XIV/1: 357.
Organrhythmus, Ganglienzellen *IX*: 702.
Organschwund, Alter
XVII: 820.
Organspezifität *XIII*: 425,
XIII: 496, 695;
XVIII: 323.
—, Infektion *XIII*: 553, 641.
—, Linse *XIII*: 498.

(Organspezifität), meso- und entodermale *XIII*: 502.

Organstoffwechsel, primärer, Alterationen des *V*: 262.

Organtätigkeit, Glykose und *I*: 38.

—, Sympathicus und Parasympathicus *XVI/2*:1779.

Organtransplantation *XIV/1*: 1188.

Organumbau, Lachs, nach MIESCHER *XVI/1*: 882.

Organverfettung *V*: 609.

Organwachstum, Kind *III*: 1305.

Orgasmus *XIV/1*:191ff., 834.

—, Dauer des *XIV/1*: 835.

— ohne Ejaculation *XIV/1*: 799.

—, Gefäßsystem und *XIV/1*: 835.

—, Säugetiere *XIV/1*: 821.

—, Tiere ohne Begattung *XIV/1*: 202.

—, Zeichen, objektive bei Tieren *XIV/1*: 201.

Oridin, Stoffwechselverhalten *V*: 1213.

Orientierung, absolute, Störungen *XV/2*: 1018.

—, Auge, Schwankungen um die Blicklinie *XII/2*: 855.

—, Beleuchtung und *XII/2*: 1505.

— Blinder *XV/2*: 993/995.

—, Definition *XV/2*: 995.

—, direkte *XV/2*: 911.

—, dynamische *XV/2*: 910.

—, Einteilung *XV/2*: 911, *XV/2*: 912.

—, Fledermäuse, geblendete *XV/2*: 974.

—, —, Mechanismus *XV/2*: 975.

—, Genese *XV/2*: 1021.

—, Grundlagen der *XV/2*: 995.

—, Hunde und Katzen *XV/2*: 964/968.

—, — — —, Mechanismus *XV/2*: 968.

—, indirekte *XV/2*: 911.

—, Kinder, Versuche mit *XV/2*: 979/980.

— am eigenen Körper *XV/2*: 914, 998.

— — — —, Störungen *XV/2*: 1008.

—, Magnetismus und Luftelektrizität *XV/2*: 1070.

—, Mensch *XV/2*: 975/1018.

—, —, Drehempfindungen und *XV/2*: 992.

—, —, in die Ferne *XV/2*: 1011.

(Orientierung, Mensch), im Flugzeuge *XV/2*: 1017.

—, —, Mechanismus *XV/2*: 981/990.

—, —, auf dem Meere *XV/2*: 979.

—, —, nachts *XV/2*: 981.

—, —, Naturvölker *XV/2*: 976/978.

—, —, Saharajäger *XV/2*: 977/978.

—, —, Sehen und *XV/2*: 979.

—, —, Sinnesschärfe *XV/2*: 977.

—, —, in Städten, Experimente *XV/2*: 989/991.

—, —, in den Tundren *XV/2*: 976.

—, Pferd *XV/2*: 968—972.

—, —, Mechanismus *XV/2*: 972.

—, —, Wegspuren *XV/2*: 971—972.

—, Rotschwänzchen *XV/2*: 927.

—, Schildkröten *XV/2*: 973.

—, Seeschwalben *XV/2*: 926.

—, statische *XV/2*: 910.

—, Taube, geblendete *XV/2*: 939.

—, — s. Orientierung, Vögel.

—, Taubstummer *XV/2*: 1013—1014.

—, Theorien *XV/2*: 914 bis *XV/2*: 916.

—, Übersicht *XV/2*: 1018.

—, Vögel *XV/2*: 916—964.

—, —, Bogengangstheorien, spezieller Richtungssinn *XV/2*: 956—959.

—, —, atmosphärische Elektrizitätsladungen und *XV/2*: 962—964.

—, —, Erdmagnetismus *XV/2*: 960—964.

—, —, Flughöhe *XV/2*: 945 bis *XV/2*: 947.

—, —, Gebirge, Erschwerung durch *XV/2*: 943.

—, —, Heimatstrahlung *XV/2*: 945.

—, —, individuelle Unterschiede *XV/2*: 943.

—, —, Loi du contrepied *XV/2*: 953/956, 1020.

—, —, Nachtflüge *XV/2*: 934—936.

—, —, Nebel, Wolken, Regen, Schnee, Erschwerung durch *XV/2*: 937.

—, —, optische *XV/2*: 947, *XV/2*: 1020.

—, —, — Anhaltspunkte *XV/2*: 941, 944—945.

(Orientierung, Vögel), Radiowellen und *XV/2*: 961.

—, —, Sehen, Bedeutung für die — *XV/2*: 934—953.

—, —, sens des attitudes *XV/2*: 955.

—, —, sexuelle Faktoren *XV/2*: 933—934.

—, —, Spürsinn, Theorie *XV/2*: 957, 959, 1020.

—, —, Theorie, magnetische, Experimente *XV/2*: 962.

—, —, visuelle Gedächtnisbilder *XV/2*: 940.

—, —, Windrichtungen, Erschwerung *XV/2*: 943.

—, Vogelzug *XV/2*: 910.

—, Wirbellose, zu bestimmten Stellen im Raum *XV/2*: 1023.

—, Wirbeltiere *XV/2*: 909.

Orientierungsänderung, Augen und Vertikale *XII/2*: 872, 1037, 1074.

Orientierungsreflex *XV/2*: 1009.

Orientierungsstörung *V/* 751, 752; *XV/2*: 1450.

Orientierungstäuschungen, Beispiele *XV/2*: 986 bis *XV/2*: 989.

—, Erwachen *XV/2*: 989.

—, Genese *XV/2*: 991.

Ornithin, Synthese, Möglichkeit für *XVI/1*: 970.

Ornithorhynchus *XVII*: 6, *XVII*: 11, 116.

—, Winterschlaf *XVII*: 106.

—, Zähne *III*: 49.

Ornithursäuren, Stoffwechselverhalten *V*: 1042.

Orohypophyse s. Hypophyse *XVI/1*: 28, 406.

Oroyafieber *VI/2*: 776.

Orthochromasie *VI/1*: 8.

Orthodiagraphie, Herz *VII/1*: 314, 320.

Orthoform, Lokalanästhesie durch *IX*: 439, 443.

Orthogenese *XVII*: 959.

Orthoisorrhapie *XV/1*: 185.

Orthophorie *XII/2*: 1097.

Orthopnoe *II*: 371.

Orthopteren, Stridulationsorgane *XV/2*: 1232.

Orthoskop *XII/1*: 105.

Orthotische (orthostatische) Albuminurie *IV*: 514.

Ortsbewegung, Amöben *XV/1*: 272.

—, Amphibien *XV/1*: 236, *XV/1*: 269.

—, Hydra *XV/1*: 276.

—, Nematoden *XV/1*: 278.

—, Nemertinen *XV/1*: 277.

(Ortsbewegung), Raupen
XV/1: 289.
—, Regenwurm XV/1: 280.
—, Reptilien XV/1: 236, 269.
—, Säugetiere XV/1: 236,
XV/1: 259.
—, Schlangen XV/1: 270.
—, Seerosen XV/1: 275.
—, Tiere im allgemeinen
XV/1: 236.
—, Vögel XV/1: 236, 266.
Ortssinn, Lokalisation im
Großhirn X: 716.
Osazonbildung III: 123.
Oscillatorien, Phototaxis der
XII/1: 44, 45, 46.
Osmidrosis IV: 734.
Osmophore XI: 276.
Osmoreceptoren, Theorie der
XI: 279.
Osmoregulation XVII: 150.
—, Nervensystem und
XVII: 154.
Osmose, anormale
XVII: 175.
—, —, Froschhaut IV: 120.
—, negative I: 139; IV: 24.
Osmosetheorie, contractile
Vakuole IV: 168.
Osmotaxis XI: 248.
Osmotherapie XIII: 396.
Osmotische Ableitung, Don-
nan-Potential
VIII/2: 1037.
— —, Konzentrationskette
(NERNST) VIII/2: 1001.
— Druckänderung, Muskel-
zuckung und VIII/1: 533.
— Reizung, Nerv IX: 200.
— Verhältnisse, abnorme,
Mißbildungen und
XIV/1: 1066.
Osmotischer Druck I: 97,
I: 171, 238, 380;
XIV/1: 1043;
XVII: 146.
— —, Augenkammerausbil-
dung XVI/1: 873.
— —, Blut I: 617;
VI/1: 560ff.; XVI/2:1387.
— —, Entwicklung und
XVI/1: 852.
— — auf Froscheierentwick-
lung und XVI/1: 852.
— —, Herzwirkung des,
von Nährlösungen
VII/1: 719.
— —, histologische Fixie-
rung und III: 554.
— —, Infusorien und
IV: 168.
— —, Meerestiere
XVII: 148.
— —, Muskelinneres
VIII/1: 128, 533.

(Osmotischer Druck), Par-
thenogenese, künstliche
und XIV/1: 131—133.
— — pflanzlicher Schließ-
zellen VIII/1: 99.
— —, Seeigeleierentwick-
lung und XVI/1: 853.
— —, Süßwassertiere
XVII: 151.
— —, Wirkungen I: 380.
— —, Zellen I: 408.
— —, Zellinhalt I: 289.
— Überdruck XVI/1: 858.
— Wert der Zelle
XVII: 668.
Osmotropismus XI: 246.
Osphradien, Mollusken
XI: 233.
Ossifikation XVI/2: 1626;
XVII: 798.
—, Knorpel XVI/1: 241.
—, periostale und endochon-
drale V: 1190.
—, Rachitis XVI/2: 1631.
Ossifikationstheorien, kolloid-
chemische XVI/2: 1627.
Ossifikationsvorgang, Hem-
mung durch Alkalose
XVI/2: 1625.
Osteoclasten VI/2: 746.
Osteogenesis imperfecta
XVII: 1053.
Osteomalacie V: 1237.
—, Calcium- und Phosphor-
bilanz XVI/2: 1611.
—, Calciumgehalt des Blutes
V: 1238.
—, Kalk- und Phosphorstoff-
wechsel XVI/2: 1605.
—, Kastration und
XVI/1: 687.
—, Salzgehalt der Knochen
und XVI/2: 1610.
— Schwangerer XIV/1: 459.
Osteopathie, Kriegs- und
Hungerfolge V: 1237;
XVII: 770, 853.
—, Phosphat- und Calcium-
gehalt in der Knochen-
asche XVI/2: 1487.
—, Schwangerschaft
XIV/1: 573.
Osteoporose V: 1220;
XVII: 795.
—, Pflanzenfresser V: 126.
—, physiologische
XVI/2: 1559.
—, pseudorachitische
XVI/2: 1618.
Ostien, arterielle VII/1: 152.
—, venöse, systolische Ver-
engerung derselben
VII/1: 172ff.
—, —, Umfang und Weite
VII/1: 151.

Ostitis deformans
XVII: 1062.
— fibrosa XVI/2: 1595.
— —, Ovarialtumor und
XVI/1: 687.
Ostium pharyngeum tubae
auditivae II: 173, 319.
— uretero vesicale, histologi-
sche Untersuchungen
IV: 813.
— venosum dextrum
VII/1: 172.
— — sinistrum VII/1: 171.
Östrum XIV/1: 380;
XVIII: 348.
Östruszyklus XIV/1: 380,
XIV/1: 408, 421.
—, Ratten und Mäuse
XIV/1: 409—411.
Oszillierende Erregungswel-
len, Nerv IX: 192.
Oszillierendes Leben
XVII: 138.
Otalgan, Ohr XI: 733.
Otitis media XVII: 1061.
— —, chronische XI: 452.
Otocalorimeter XI: 967, 972.
Otogoniometer XI: 932.
Otolithen, Druckkurven der
XI: 966.
—, Exstirpation XI: 816,
XI: 820.
—, —, Fische XII/2: 1120.
—, Rolle der XI: 1009, 1010,
XI: 1011.
—, Wirbelloser XI: 768.
Otolithenapparat, Amphibien,
Fische, Reptilien, Vögel
XI: 797; XVIII: 296.
—, Mensch XI: 909;
XVIII: 306.
—, Säuger XI: 868;
XVIII: 300.
—, Theorie der Funktion
XI: 1008.
Otolitheneinflüsse XV/1: 424.
Otolithenerkrankungen
XI: 889; XV/1: 406.
Otolithenhypothese, See-
krankheit XV/1: 509.
Otolithenmaculae, Erregungs-
zustand der XI: 1013.
Otolithenmembranen, Zentri-
fugieren der XI: 876.
Otolithennystagmus
XI: 888.
Otolithenprüfung XV/1: 386.
Otolithenreflexe IX: 722;
XI: 816, 892.
Otolithenstörung, experm.
Untersuchung XV/1: 409.
Otosklerol, Ohr XI: 733.
Otosklerose, Hörfähigkeit
XI: 440.
—, Ohr XVII: 1061.

(Otosklerose), zentrale Ver-
änderungen *XI*: 657.
Otoskopie *XI*: 423.
Otostroboskop *XI*: 413.
Ovaralgie *XIV/1*: 836.
Ovaratrophie, Hypophysek-
tomie und *XVI/1*: 422.
Ovardegeneration, Athyreose
XVI/1: 760.
Ovarialextrakt *XIV/1*: 363,
XIV/1: 380.
—, Allgemeinwirkung
XIV/1: 381.
—, Blutgefäßwirkung und
XIV/1: 385.
—, Blutgerinnung und
XIV/1: 383.
—, Eiweißumsatz und
XIV/1: 396.
—, Geschlechtsreife und
XIV/1: 414.
—, Giftigkeit der *XIV/1*:381.
—, Herz und *XIV/1*: 385.
—, Kohlehydratstoffwechsel
und *XIV/1*: 397.
—, Lebergefäßwirkung
VII/2: 1022.
—, Muskulatur, glatte und
XIV/1: 389.
—, Salzstoffwechsel und
XIV/1: 398.
—, Sexualapparat und
XIV/1: 398.
—, Stoffwechsel und
XIV/1: 393.
—, Zirkulation und
XIV/1: 382.
Ovarialfunktion, Hypophy-
senvorderlappen und
XVI/1: 675.
Ovarialhormon *XIV/1*: 381;
XVIII: 366.
—, Hypophysenveränderung
durch *XVI/1*: 411.
Ovarialopton *XIV/1*: 400.
Ovarialpräparate, Blutdruck
VII/2: 1326.
Ovarialsklerose *VII/2*: 1098.
Ovarialtherapie *XIV/1*: 425.
Ovarialtransplantation
XIV/1: 241ff., 251ff.,
XIV/1: 1113, 1191;
XVII: 744;
XVIII: 359.
—, Uterusbewegungen nach
XIV/1: 508.
Ovarialtumor, Ostitis fibrosa
und *XVI/1*: 687.
Ovarienverfütterung
XIV/1: 425.
Ovariotomie *XIV/1*: 209.
Ovarium s. auch Keimdrüse
XIV/1: 49, 370.
—, Hypophyse und
XIV/1: 392.

(Ovarium), Inkretion
XVI/1: 62.
—, Menopause und
XIV/1: 671.
—, Uteruswachstum und
XIV/1: 510.
—, Wasserhaushalt
XVII: 204, 279.
Ovisten *XIV/1*: 1005.
Ovomucoid, Chemie *III*: 280.
Ovotestes *XIV/1*: 872, 875.
Ovulation *XIV/1*: 429;
XVIII: 335.
Ovulationssklerose
XIV/1: 672.
Oxalatfibrinogenverbindun-
gen *VI/1*: 346.
Oxalatsteine *IV*: 669.
Oxalatvergiftung, Mineral-
bestand des Körpers
XVI/2: 1497.
Oxalessigsäure, Stoffwechsel-
verhalten *V*: 1005.
Oxalsäure, Stoffwechselver-
halten *V*: 1004.
Oxalsäureausscheidung,
Lichtwirkung auf
XVII: 337.
Oxamid *V*: 1010.
Oxanilsäure, Stoffwechselver-
halten *V*: 1019.
Oxyaminosäuren, Chemie
III: 227.
Oxybenzoesäuren, Stoff-
wechselverhalten *V*: 1020,
V: 1040.
Oxybuttersäure, Giftwirkung
V: 662.
—, Harn, Bestimmung, quan-
titative *IV*: 287.
—, Stoffwechselverhalten
V: 1004.
Oxychinolin, Stoffwechsel-
verhalten *V*: 1031.
Oxychinoline, Stoffwechsel-
verhalten *V*: 1039.
Oxycholesterin *V*: 1101.
Oxydase, Milch *XIV/1*: 648.
—, Myeloblasten *VI/2*: 746.
Oxydasegranula, Zwischen-
zellen des Hodens
XIV/1: 717.
Oxydasereaktion, Ciliar-
epithelien *XII/2*: 1330.
—, Milz *VI/2*: 871.
Oxydation, Aderlässe, Starke
und *V*: 265.
—, Äthylalkohol *I*: 62.
—, β-Form *I*: 28; *V*: 633ff.,
V: 643, 656, 1014, 1023.
—, β- der Ketone *V*: 1016.
—, Fettsäuren *V*: 633, 635,
V: 643, 656.
—, —, aromat. *V*: 633.
—, —, normale *V*: 635.

(Oxydation), indirekte
I: 41.
—, Lichtbeeinflussung der
XVII: 323.
—, Muskel, aktivierende Sub-
stanzen *VIII/1*: 496.
—, Reduktion und *I*: 38.
—, Reduktionen ohne Kata-
lysator und *I*: 57.
—, Sauerstoffdruck und
I: 63.
—, Theorien *I*: 98.
—, vitale im Zentralnerven-
system *IX*: 562.
— durch Wasserstoffsuper-
oxyd *V*: 632.
—, Wesen der *I*: 38.
—, Winterschlaf und
XVII: 132.
Oxydationsenergie, Kohle-
hydrate *XVI/1*: 586.
Oxydationsfermente *II*: 3.
Oxydationsgeschwindigkeit,
Arbeit und *XV/1*: 777.
—, Blutzucker und
XVI/1: 591.
—, Insulin und *XVI/1*: 620.
—, Stickstoff-Stoffwechsel
des apankreatischen Tie-
res nach Insulin und
XVI/1: 622.
Oxydationshemmung, Nar-
kotica (Muskelchemismus)
VIII/1: 320.
—, narkotische Wirkung und
IX: 548.
Oxydationskatalyse *I*: 46.
—, chemische *I*: 51.
Oxydationsmittel, Protoplas-
magifte *I*: 568.
Oxydationsprodukte, Gallen-
farbstoffe *III*: 879.
—, unvollkommene
XV/1: 747.
Oxydationsquotient *I*: 34.
—, Milchsäure *V*: 529;
XV/1: 740.
—, —, Bestimmung am
Menschen *XV/1*: 742.
—, — beim Muskel
VIII/1: 397, 480, 489,
VIII/1: 524.
Oxydationssteigerungen,
afebrile *V*: 287.
— im Leberbrei durch Insulin
XVI/1: 625.
Oxydative Reaktionen, Er-
holung und *XV/1*: 750.
Oxydiphenylbiuret *V*: 1019.
Oxydoreduktionen *I*: 98.
—, gekoppelte *V*: 495.
—, Zentralnervensystem
IX: 561.
Oxygen debt s. Sauer-
stoff, Schuld.

Oxygen-Requirement, Sauerstoffbedarf $XV/1$: 772.
Oxyglutaminsäure, Chemie III: 226.
Oxyhämoglobin $VI/1$: 77; XVII: 511.
—, Krystallisationsformen des $VI/1$: 84.
—, Krystallwassergehalt $VI/1$: 84.
—, Spektroskopie $VI/1$: 91.
—, Verdauung, tryptische $VI/1$: 88.
Oxyhämoglobindissoziation, Erholungsgeschwindigkeit und $XV/1$: 761.
Oxyhämoglobinkrystalle, Hitzebeständigkeit, trokkener $VI/1$: 84.
Oxyhämoglobinreduktion, Basenabgabe bei $XVI/2$: 1080.

(Oxyhämoglobinreduktion), atmende Zellen durch $VI/1$: 91.
Oxymandelsäure, Stoffwechselverhalten V: 1022.
Oxymethylanthrachinone, Darmwirkung III: 539.
Oxyphenylalkylketone, Stoffwechselverhalten V: 1017.
Oxyphenylaminoessigsäure, Stoffwechselverhalten V: 1022.
Oxyphenyläthylamin, Stoffwechselverhalten V: 1020.
Oxyphenylbrenztraubensäure, Stoffwechselverhalten V: 1024.
Oxyphenylessigsäuren, Stoffwechselverhalten V: 1022.
Oxyphenylmilchsäure, Stoffwechselverhalten V: 1024.

Oxyphobie, Nebennieren $XIV/1$: 965.
Oxypurine, Stoffwechselverhalten V: 1050.
Oxysäuren, aromatische und Phenole $VI/1$: 274.
—, —, Stoffwechselverhalten V: 736, 878.
—, Stoffwechselverhalten V: 643, 1003.
Oxyuvitinsäure, Stoffwechselverhalten V: 1020.
Ozaena II: 318.
—, genuine II: 313.
—, Geruchsstörungen bei der XI: 304.
Ozean, Lebensmedium XVII: 139, 148.
Ozeanisches Klima XVII: 492.
Ozon, Oxydationsagens I: 38.
—, Protoplasmagift I: 569.

P

Pacchionische Granulationen X: 1180.
Pachymeningitis X: 1181.
Pacinische Regel, Zitterfischschlag, Richtung des $VIII/2$: 917.
Pädatrophie III: 1367.
Päderastie $XIV/1$: 881, 882.
Pädogamie $XIV/1$: 23.
Pädogenesis $XIV/1$: 88.
Pädophilie $XIV/1$: 791.
Palaemonetes, inkretorische Vorgänge bei $XVI/1$: 705.
Paläocerebellum X: 238, 297.
Paläostriatum $VII/2$: 1350; X: 328.
Palisadenparenchymtypus, Chromatophorenlagerung $XII/1$: 59.
Pallidum, Entwicklung X: 325.
—, Erweichung, CO-Vergiftung X: 361.
—, extrapyramidales motor. System X: 338.
—, Funktion X: 376.
—, Herde im X: 365.
—, Morphologie X: 331.
—, Stoffwechsel X: 331.
—, Syndrom X: 347, 365, X: 374, 909.
—, Wärmeregulation XVII: 62.
Palmitinsäure, Harn IV: 284.
—, Milch $XIV/1$: 649, 656.
Palolowurm, Mondpünktlichkeit XVII: 527.
Panethsche Zellen III: 667.
Pangenesis XVII: 906.
Panitrin, Ohr XI: 734.

Pankreas III: 592ff., 753ff., III: 1252ff.; $XVI/1$: 82ff., 557; XVIII: 56.
—, accessorisches $XVI/1$: 568.
—, Achylia gastrica und III: 1163, 1253.
—, Affektionen III: 1103; $XVI/1$: 1042.
—, Altersveränderungen XVII: 805.
—, Ausscheidung körperfremder Substanzen III: 875, 1470.
—, Bau, allgemeiner III: 592.
—, Blutstrom III: 776; $VII/2$: 1479.
—, Diabetes s. auch Pankreasdiabetes.
—, — und V: 558.
—, Diätanpassung III: 764.
—, embryonales, Funktionsfähigkeit $XVI/1$: 755.
—, Fettgewebsnekrose III: 1104, 1254; $VII/2$: 1642.
—, Hypophyse $XVI/1$: 680.
—, Hypophysenexstirpation $XVI/1$: 681.
—, Inkretfunktion, Historisches $XVI/1$: 557.
—, Inselorgan $XVI/1$: 53.
—, Insulinabfluß $XVI/1$: 649
—, Kastration $XVI/1$: 691.
—, Massenligatur $XVI/1$: 563.
—, Menstruation $XVI/1$: 691.

(Pankreas), Nebennierenhormon, Antagonismus $XII/1$: 221.
—, Pathologie III: 1103, III: 1252ff.; $XVI/1$: 1042.
—, Pharmakologie III: 1466; XVIII: 75.
—, Regenerationsfähigkeit III: 600.
—, Schilddrüse und $XVI/1$: 579, 667.
—, Sekret s. Pankreassaft.
—, Sekretion s. Pankreassekretion.
—, Thymektomie und $XVI/1$: 682.
—, Wärmeregulation XVII: 25.
—, Wasserhaushalt und XVII: 211.
—, Winterschlaf und XVII: 128.
Pankreasausführungsgänge, Unterbindung der $XVI/1$: 564.
Pankreascarcinom III: 1259.
—, Basenbildner bei $XVI/2$: 1501.
Pankreasdiabetes V: 558; $XVI/1$: 82.
—, experimenteller $XVI/1$: 558, 567.
—, Insulinwirkung auf $XVI/1$: 621.
—, menschlicher $XVI/1$: 584.
—, totaler $XVI/1$: 569.
—, Zuckerzersetzung, Geschwindigkeit $XVI/1$: 589.
Pankreasexstirpation III: 1256; $XVI/1$: 567.

(Pankreasexstirpation), Adrenalinwirkung nach *XVI/1*: 657, 692.
—, Fettfraktionen in der Leber *XVI/1*: 577.
—, Hypophysenveränderung nach *XVI/1*: 412.
—, Kohlehydratstoffwechselstörungen *V*: 561.
—, Krankheitsverlauf und Lebensdauer nach *XVI/1*: 569.
—, partielle *XVI/1*: 582.
—, totale *XVI/1*: 567.
—, trächtiges Tier *XVI/1*: 552.
—, Zuckerverschwinden *XVI/1*: 588.
Pankreasextrakt *III*: 1436; *XVI/1*: 559, 560.
Pankreasfistel *III*: 1260.
Pankreasfragmente, Duodenum *XVI/1*: 568.
Pankreasgangverschluß *III*: 1258.
Pankreasgiftfestigkeit *III*: 1262.
Pankreashormon *XVI/1*: 558.
—, Produktionsort *XVI/1*: 561.
—, Zuckerumsatzgeschwindigkeit infolge Fehlens des *XVI/1*: 599.
Pankreasinseln, Inkretabfluß *XVI/1*: 55.
—, Neubildung *XVI/1*: 54.
Pankreasinsuffizienz, Chloridstoffwechsel und *XVI/2*: 1532.
—, Dilatator pupillae *XII/1*: 213.
Pankreaslipase, Blut *III*: 1257.
Pankreasnekrosen *III*: 1104, *III*: 1254; *VII/2*: 1642.
Pankreassaft, Bereitung *III*: 592.
—, Bestandteile, anorganische *III*: 873.
—, Fettresorption *IV*: 63.
—, Gefrierpunktserniedrigung *III*: 871.
—, Gewicht, spezifisches *III*: 870.
—, Gewinnung *III*: 686.
—, Giftwirkung *XIII*: 161.
—, H-Ionenkonzentration *III*: 870.
—, Kaninchen *III*: 872.
—, körperfremde Stoffe *III*/ 875, 1470.
—, Lactase *XVI/1*: 908.
—, Maltase *XVI/1*: 908.
—, Menge beim Hunde *III*: 869.

(Pankreassaft), Oberflächenspannung *III*: 871.
—, Reaktion *III*: 870.
—, Zusammensetzung *III*: 868; *XVIII*: 65.
Pankreassekretion *III*: 753, *III*: 765.
—, Alkalichloride und *XVI/2*: 1528.
—, äußere *III*: 599, 1252, *III*: 1470.
—, —, und innere, Zusammenhang *XVI/1*: 563, *XVI/1*: 564, 921.
—, Blutzirkulation *III*: 776.
—, Hemmung *III*: 761, 775.
—, innere *III*: 599; *V*: 559.
—, nervöser Mechanismus *III*: 774.
—, Reize *III*: 754, 874.
—, —, Sekretin *III*: 768.
—, —, Speisen *III*: 762.
—, —, Spezifität *III*: 763.
—, —, trophischer Einfluß *III*: 757.
—, —, Wirkungsmechanismus *III*: 767.
—, Störungen *III*: 1252.
Pankreassteine *III*: 1103.
Pankreastransplantation *XIV/1*: 1191.
Pankreasvergiftung *III*: 1262.
Pankreasverletzungen, subcutane *III*: 1261.
Pansen, anatomischer *III*: 381; *XVIII*: 37.
—, Gase im *III*: 984, 1064.
—, Mechanik *III*: 386.
—, Reizung, elektr. *III*: 385.
—, Vorgänge im *III*: 982.
Pansenbakterien *V*: 122.
Pansengärungen *III*: 983.
Pansengeräusche *III*: 385.
Pantopon, Gaswechsel des Gehirns *IX*: 537.
—, Lokalanästhesie *IX*: 445.
PANUMscher Empfindungskreis *XII/2*: 894, 900, 928, *XII/2*: 958.
Panzerherz *VII/2*: 1863.
Panzerkalk, Metazoen *XIII*: 31.
Papaverin, Darmwirkung *III*: 538.
—, Harnblasenwirkung *IV*: 843.
—, Lokalanästhesie *IX*: 445.
Papilla acustica basilaris *XI*: 470, 494.
— circumvalata, foliata und fungiformis *XI*: 306.
Papillarmuskel, Herz *VII/1*: 177, 180.

Papille (Brustwarze) *XIV/1*: 606.
Papillen, Geschmack, Leistungsfähigkeit *XI*: 376.
—, Verteilung *XI*: 309.
Papillenphosphen, entoptische Erscheinung *XII/1*: 254.
Parabansäure, Stoffwechselverhalten *V*: 1010.
Parabionten *XIV/1*: 1193.
Parabiose *XIV/1*: 1109, 1192; *XVIII*: 360.
—, Nerv *IX*: 208, 225.
Parabioseversuche *XVI/1*: 559.
Paracasein, Milch *XIV/1*: 647.
Paracaseinbildung *III*: 959.
Paracentrotus lividus, Eireifung *XIV/1*: 111.
Parachymosin *III*: 960.
Paracusis Willisii *XI*: 753.
Paraffine, Stoffwechselverhalten *V*: 997.
Paraffinkrebs *XIV/2*: 1562, *XIV/2*: 1623.
Parafovealgebiet, stäbchenhaltiges *XII/2*: 1529.
Parafovealgegend, Dämmersehen *XII/2*: 1525.
Paraganglien *XVI/1*: 49.
—, Rückbildung *XVI/1*: 50.
—, Wesen *XVI/1*: 52.
Paraganglion aorticum abdominale *XVI/1*: 50.
—, caroticum, Nervensystem und *XVI/1*: 52.
Parageusien *XI*: 389.
„Paraglykogen", Stoffwechselverhalten *V*: 420.
Paragrammatismen *X*: 787, *X*: 792; *XV/2*: 1425, 1469, *XV/2*: 1474.
Paragraphie *XV/2*: 1496.
Parahormone *XVI/1*: 7.
Parakontrast *XII/1*: 482.
Paraldehyd *XVII*: 616.
—, Lokalanästhesie *IX*: 442.
—, Stoffwechselverhalten *V*: 999.
Paralexie *XV/2*: 1489.
Parallaxe, relativ entoptische *XII/1*: 241.
—, unokulare *XII/2*: 948, 981.
Parallelhypothese SPINOZA-FECHNER *I*: 273.
Parallelinduktion, indirekte, Vererbung klimatisch erzeugter Abänderung *XIII*: 199.
Parallelismus, psychophysischer *XI*: 9; *XII/2*: 1439.

Paralysatoren, Pepsin
III: 1156.
Paralyse, Geschlechtsver-
irrungen bei *XIV/1*: 812,
XIV/1: 893.
—, progressive *XVII*: 1182.
—, —, spezifisch dynamische
Wirkung bei *V*: 209.
Paralysis agitans *X*: 278,
X: 356; *XVII*: 831.
Paramaecien, Galvanotaxis
XI: 1033.
—, Lichteinfluß *XVII*: 312.
—, Reservefett bei *III*: 20.
—, Schilddrüsenoptonzusatz
XVI/1: 706.
—, Thymotaxis *XI*: 69.
Paramucine *III*: 280.
Paramylum, Stoffwechsel
V: 420.
Paramyotonie, myotonische
Reaktion bei *VIII/1*: 607.
Paranoia *XVII*: 1110, 1167.
—, senile *XVII*: 1169.
Paranuclein *III*: 270.
Parapathie, Sexualneurosen
XIV/1: 798.
Parapedese, Leber *III*: 1270.
Parapharyngealraum
III: 297.
Paraphasie *X*: 783;
XV/2: 1452, 1453, 1455.
Paraphasische Logorrhöe
XV/2: 1453.
Paraphrenie *XVII*: 1162,
XVII: 1166.
Paraplasma *XIV/1*: 906, 936.
—, Formbestandteil der Zelle
I: 582.
Parasit, Doppelmißbildungen
XIV/2: 1070.
Parasiten *I*: 628ff.
—, Abkapselung *I*: 665.
—, Abwehrreaktion gegen
I: 665.
—, Atmung *I*: 650.
—, Bewegungsapparat *I*: 639.
—, Blutveränderungen als
Reaktion auf *I*: 665.
—, Drüsensystem *I*: 650.
—, Einschleppung und Ver-
schleppung *I*: 664.
—, Ernährung, osmotische
I: 644.
—, Exkretionssystem *I*: 651.
—, Fortpflanzung *I*: 651, 653,
I: 655, 657.
—, Geschwülste und
XIV/2: 1525—1550.
—, Kreislauforgane *I*: 650.
—, im Liquor *X*: 1220.
—, Nervensystem *I*: 642.
—, pflanzliche *I*: 659.
—, Rückbildungserscheinun-
gen *I*: 667.

(Parasiten), Stoffwechsel
I: 642.
—, Vermehrungsziffern
I: 653.
Parasitismus *I*: 628ff.
—, Anpassung *I*: 667.
—, extracellulärer
XIV/2: 1203.
—, facultativer *I*: 631.
—, obligatorischer *I*: 631.
—, Pflanzen, autotrophe
I: 660.
Parästhesie *X*: 681, 712.
—, psychogene Basis
II: 323.
—, Rindenreizung *X*: 454.
—, Sexualsphäre *XVI/1*: 799.
Parastrophe, Chloroplasten
XII/1: 59.
Parasympathicus s. auch Ner-
vensystem, parasympathi-
sches *X*: 1056.
—, Acetylcholin und
XVI/2: 1775.
—, Erregung am Auge
XII/1: 199.
—, Insulinwirkung
XVI/1: 634; *XVI/2*: 1766.
—, Kaliumwirkung
XVI/2: 1785.
—, Muskeltonus
VIII/1: 209, 216.
—, Nerventonus, Physostig-
minwirkung *XII/1*: 201.
—, Pharmakologie *X*: 1125ff.
—, Pigmentzellen
XIII: 234.
Parasympathicusstoff
XVI/2: 1773.
Parasympathische Mittel
X: 1125ff.
— —, amphotrope Wirkung
X: 1145.
Parasystolie *VII/1*: 621, 623.
Parathyreoidea s. Epithel-
körperchen und Neben-
schilddrüse.
Paratomie *XIV/1*: 33.
Paratuberkulose, Erreger
XIII: 520.
Paratyphus, Bazillen
XIII: 845.
—, Immunität *XIII*: 525.
—, Rattenbacillus *XIII*: 525.
Paratyphusepidemie, Bacte-
riophagen *XIII*: 554.
Paratypus (SIEMENS)
XVII: 909, 1042.
Paravariationen, Lebensbe-
dingungen *XVII*: 909.
Paraxanthin *V*: 1012.
Parektropie, Hemmungsfolge
V: 866.
Parentalgeneration
XVII: 913.

Parese, cerebellare *X*: 259,
X: 302, 307, 313.
Parhormone *XIV/1*: 910.
Parietallappen, Cytoarchitek-
tonik *X*: 803.
—, Läsion *X*: 805.
—, Reizung *X*: 804, 805.
Parkinsonismus *XVII*: 825,
XVII: 834.
—, Chronaxie *XVIII*: 222.
—, encephalitischer
XVI/1: 1062.
PARKINSONsche Krankheit
X: 343, 356.
PARKINSON-Starre *IX*: 728.
Paröken *I*: 630.
Parorexia *III*: 1046.
Parosmie *XI*: 280, 302.
Parotis s. auch unter Spei-
cheldrüsen *III*: 577ff.,
III: 689ff., 1105ff.
—, Pankreas und *XVI/1*: 566.
—, Sekretion Wiederkäuer
III: 397.
Parovarialcysten *XIV/1*: 415.
Paroxysmale Haemoglobin-
ämie resp. -urie.
VI/1: 287,
VI/1: 588; *XVII*: 433.
— Myoglobinurie *VI/1*: 598.
— Tachycardie *VII/2*: 1307.
Pars intermedia s. Hypo-
physe *XVI/1*: 406.
— nervosa s. unter Neurohy-
pophyse *XVI/1*: 415.
— tuberalis s. u. Hypophyse,
Pars tuberalis
XVI/1: 415.
Parthenogenese *XIV/1*: 75,
XIV/1: 86, 1005.
—, Einzellige *XIV/1*: 23.
—, facultative *XIV/1*: 80, 85.
—, Frösche *XIV/1*: 138.
—, generative *XIV/1*: 77.
—, künstliche *XIV/1*: 81,
XIV/1: 131ff.
—, natürliche *XIV/1*: 77, 79.
—, obligatorische *XIV/1*: 80,
XIV/1: 85.
—, Parasiten *I*: 655.
—, Pflanzen *XIV/1*: 75.
—, traumatische *XIV/1*: 81.
Parthenogenocyten
XIV/1: 43.
Partialdruck, atmosphä-
rischer *XVII*: 464.
—, Gase *II*: 192.
—, Sauerstoff *XVII*: 511.
—, —, Fliegen und
XV/1: 368.
Partialkerne *XVII*: 996.
Partialkonstitution
XVII: 1073.
Partialreceptor *XIII*: 477.
Partialtod *XVII*: 724, 727.

Partialtriebe *XIV/1*: 837.
Partikelfresser *III*: 4, 25, 63.
PASSAVANTscher Wulst
 II: 172.
Paßgang *XV/1*: 245, 256.
PASTEUR-MEYERHOFsche
 Reaktion *V*: 528.
Pasteurisieren, Milch, Vita-
 mingehalt und *V*: 1228.
Patella (Schnecke), Heim-
 kehrfähigkeit *XV/2*: 1037.
Patellarreflex *X*: 63, 980.
Pathogenität, Begriff
 XIII: 524.
—, Leuchtbakterien
 VIII/2: 1064.
Pathoklise *IX*: 507.
Pathoklisenlehre *VI/1*: 145.
Paukenhöhle *XI*: 440.
—, Druckänderungen*XI*:418.
Pausen, Arbeitsphysiologie
 XV/1: 539, 775.
Pavor nocturnus *XVII*: 602.
PAWLOWsche Tierversuche
 XVII: 584.
Pb s. Blei.
Pectoriloquie *II*: 300.
Pedicellarien, Autotomie
 XIII: 264.
Pediculoides ventricosus, Ge-
 treideasthma durch
 XIII: 772.
Pedometer *XV/1*: 200.
Pektinvergärer *III*: 999.
Pelargonsäure, Stoffwechsel-
 verhalten *V*: 1006.
Pelikan, Darm *III*: 45.
Pellagra *V*: 1238.
— préventive *V*: 1238;
 XVIII: 132.
—, Säugling *III*: 1396.
Pelomyxa, Bewegungstypen
 VIII: 10.
Pelottenmethode, Capillar-
 druckmessungen am Auge
 XII/2: 1336.
Pendelbewegungen, Darm
 III: 464.
Pendelluft *II*: 451.
Pendelnystagmus *XI*: 925;
 XV/1: 423.
Penetrationsfähigkeit, Licht
 XVII: 316.
Peniscarcinom *XIV/2*: 1561.
Penotherm *XVII*: 399.
Pentosane, Nahrungsmittel
 V: 23.
Pentosanverdauung *III*: 999.
Pentosen, Nachweis
 III: 1577.
—, Nucleoproteide *III*: 133.
—, Stoffwechselverhalten
 V: 999.
Pentosurie *IV*: 296.
Pepsin, Bereitung *III*: 612.

(Pepsin), Magen *III*: 1155,
 III: 1314.
—, Spezifität *III*: 949.
—, Wirkungsbedingungen
 III: 950.
Peptidasen, Erepsine
 III: 955.
—, Fieber *V*: 292.
Peptide *III*: 248.
—, Autolyse *V*: 723.
—, Blut *V*: 700, 707.
—, Harn *V*: 702.
—, Identifizierung *III*: 255.
—, Isolierung *III*: 253.
—, Nomenklatur *III*: 254.
—, Synthese *III*: 250.
—, Tyrosin *V*: 876.
Peptidmodelle *III*: 263.
Peptidolyse *V*: 725.
Pepton *III*: 247.
—, Gefäßwirkung in der Le-
 ber *VII/2*: 1022.
—, Resorption bei Cephalo-
 poden *IV*: 171.
Peptone, Harn *IV*: 300.
Peptoninjektion, Kollaps und
 XVI/2: 1335.
Peptonorganismen *V*: 995.
Perhydridase *I*: 45.
Periarteriitis nodosa
 VII/2: 1364.
— —, Schrumpfniere
 IV: 579; *VII/2*: 1809.
Pericapillaritis der Haut, Ne-
 phritis, akute *IV*: 553.
Pericard s. auch Herzbeutel.
—, Fische *VII/1*: 26.
—, Reflexe auf Herz
 XVI/2: 1184.
Pericardialsinus *VII/2*: 1841.
Pericardiotomie *VII/2*: 1874,
 VII/2: 1877, 1878, 1881.
Pericarditis s. auch Herzbeu-
 telentzündung.
—, episteno-cardica
 VII/1: 395.
—, schwielige *VII/2*: 1867.
— traumatica, Wiederkäuer
 VII/2: 1824.
Pericardraum, Crustaceen
 VII/1: 17, 36.
Pericardzerreißung, Haus-
 tiere *VII/2*: 1825.
Peridineen, Leuchten
 VIII/2: 1057.
Periklinalchimäre
 XIV/1: 1133.
Perikline Teilungen pflanz-
 licher Neubildungen
 XIV/2: 1208.
Perilymphe, Bewegung
 XI: 855.
Perimetrie *XII/1*: 352ff.
Perineurale Gangliennetze
 XVI/2: 1752.

Periodik, Erregung *IX*: 43.
—, Leuchten von Tieren
 VIII/2: 1079.
—, periphere elektrischer Or-
 gane *VIII/2*: 901.
—, Schlafen, allgemeine Ener-
 getik *I*: 268; *XVII*: 595,
 XVII: 603.
—, Tages- *XVII*: 644ff.,
 XVII: 659ff.
—, Zellteilung *VIII/1*: 75.
Periodischer Vorgang, allge-
 meine Charakteristik
 I: 263.
Periodizität s. Periodik.
Periodontitis, Periostitis al-
 veolaris *III*: 1053.
Periodontium *III*: 307.
Periophthalmus KOELREU-
 TERI *XII/1*: 158.
Periostreflexe *X*: 57.
—, Kleinhirnkranke *X*: 288.
Peripheriewerte, Farbensinn
 XII/1: 370, 381.
—, — und Dunkeladaptation
 XII/1: 377, 382.
—, —, Minimalfeldhelligkei-
 ten und *XII/1*: 383.
—, —, relative *XII/1*: 372.
Periplaneta, Fettresorption
 IV: 172.
— orientalis *XVII*: 4.
— —, Thigmotaxis der Sa-
 menfäden *XIV/1*: 116.
Peristaltik, Blutgefäße
 VII/1:15,27; *VII/2*:1074,
 VII/2: 1085.
—, Blutmotoren *VII/1*: 28.
—, Darm *III*: 452ff.;
 XVIII: 48.
—, —, ausgeschnittener
 III: 467.
—, —, Dehnungs- *III*: 416.
—, —, Dünndarmbewegung
 XVI/1: 891.
—, Kapillaren *VII/2*: 1085.
—, locomotorische, Mollus-
 ken *IX*: 804.
—, Magen *III*: 410, 414, 415.
—, Oesophagus *III*: 356;
 XVI/1: 895.
Peristom *III*: 11.
Peritheliom, Begriff
 XIV/2: 1484.
Perithelzellen *XVI/1*: 51.
Peritonealdruck s. Abdomi-
 naldruck *II*: 94.
Peritonealtuben*VII/1*:18,26.
Peritoneum, Resorption
 IV: 161, 166.
—, — s. auch Resorption,
 Peritoneum.
—, Stomata *IV*: 163.
Peritricha, Stielmuskel
 VIII/1: 34.

Perivitellin im Ei
XIV/1: 134, 1043.
Perkussion II: 285.
—, topographische
VII/1: 308.
Permeabilität, Darm bei
Autointoxikation
III: 1024.
—, Erythrocyten VI/1:652ff.
—, Epitheloberfläche, Salze
XVI/1: 857.
—, Flimmerzelle VIII/1: 53.
—, Froschhaut, irreziproke
IV: 124.
—, Gefäßwand X: 1168;
XVII: 176.
—, — bei Entzündung
XIII: 345.
—, Glomerulusmembranen
IV: 410.
—, Grenzschichten, Arterio-
sklerose und VII/2:1118.
—, —, Erregungstheorie
I: 320.
—, irreziproke VIII/2: 1039;
XVIII: 85.
—, kolloide Systeme I: 140.
—, Membranen I: 139;
VIII/2: 1039.
—, Meningen X: 1223.
—, Messung I: 410.
—, Muskel, elektrischer Strom
und VIII/1: 695.
—, —, Narkose und
VIII/1: 320.
—, —, Salze I: 474.
—, Muskelfasergrenzschich-
ten, Änderung der
VIII/1: 410.
—, Peritoneum IV, 163.
—, physikalische I: 433.
—, physiologische I: 433.
—, Plasmahaut XVII: 168.
—, Polarisierbarkeit und
VIII/2: 693.
—, seröse Häute
IV: 153, 163; X: 1223.
—, Theorien I: 251, 422.
—, Wassertiere I: 476.
—, Zelle, Adsorption und
I: 434.
—, —, Farbstoffe I: 441.
—, —, Funktion und I: 478.
—, —, Gastrulation
XVI/1: 860.
—, —, Messung, Methoden
der I: 410.
—, —, Nichtleiter I: 416.
—, —, Plasmolyse und I:409.
—, —, Regeln nach Over-
ton I: 416.
—, —, Sympathicusdurch-
schneidung und X: 1168.
—, Zellteilung und I: 480.
Permutoide I: 159.

Perniziöse Anämie IV: 93;
V: 265; VI/2: 689, 776,
VI/2: 897; VII/2: 1408.
Peroxydase, Blutfarbstoff
VI/1: 111.
—, Lichtwirkung
XVII: 329.
—, Milch XIV/1: 648.
Peroxyde I: 38, 51, 56.
Perroncitosche Spirale
IX: 309, 324.
Persäuren I: 45.
Perseveration X: 726;
XV/2: 1460.
Persönliche Differenz (per-
sönl. Gleichung) X: 525;
XV/2: 1195.
Persönlichkeiten, abnorme
XVII: 1109.
—, präpsychotische
XVII: 1110; 1145, 1153,
XVII: 1164, 1167.
—, schizoide XVII: 1164.
—, schyzothyme
XVII: 1133, 1164.
—, zyklothyme
XVII: 1129, 1145.
Persönlichkeitsanlage, erb-
biologische XVII: 1126.
Persönlichkeitsdiagnose
XV/1: 691.
Persönlichkeitstypen
XVII: 1127.
Perspektive, Auslegungs-
motiv XII/2: 949.
—, Listinggesetz XII/2: 949,
XII/2: 951, 1027.
Perspektivitätszentrum,
Drehpunkt XII/2: 864.
—, Einteilungszentrum
XII/2: 858ff.
—, Krümmungsmittelpunkt
XII/2: 859ff.
—, Lage XII/2: 859, 863.
—, Regression XII/2: 850.
Perspiratio insensibilis, Kind
III: 1343.
Perspiration, Lufttemperatur
IV: 737.
—, Wesen IV: 738.
Perthessches Phänomen
VII/2: 1456.
Pertussis II: 249.
—, Herzmuskelerkrankung,
Folge von II: 413.
Perversion XIV/1: 779, 789,
XIV/1: 794, 804, 886ff.
—, assoziative XIV/1: 791.
Perversität, sexuelle
XIV/1: 791; XVII: 1135,
XVII: 1174.
Perzeption, Auge X: 55.
—, Pflanze, photische und
phototropische IX: 15.
Pessimismus XIV/1: 886.

Pest, Immunität XIII: 522,
XIII: 532.
—, Winterschlaf XIII: 539.
Pestbacillen, Züchtung wenig
infektiöser XIII: 525.
Pfeifen, Lungengeräusche
II: 288, 302.
—, Mensch XV/2: 1318,
XV/2: 1383ff.
Pfeil, Muscheln III: 92.
Pfeilerzellen, Ohr XI: 507.
Pfeilgifte, Entzündung durch
XIII: 366.
—, Hottentotten XIII: 105.
Pferd, anaphylaktischer
Shock XIII: 732.
—, Gangarten XV/1: 244.
Pferdemagen, Eiweißverdau-
ung III: 975.
—, Gase im III: 974.
Pferdemilch XIV/1: 658.
Pferdeseuche, Bornasche,
Meningoencephalitis equi-
orum enzootica X: 1248.
Pferdespermatozoen
XIV/1: 160, 162.
Pflanze, Abnutzung V: 329.
—, Aktionsströme VIII: 863.
—, Atmung II: 540ff.;
V: 333.
—, Bewegung kontraktiler
Organe VIII/1: 94ff.
—, — durch Wachstum
VIII/1: 72ff.
—, Bewegungsmechanik
XVII: 661.
—, Bewegungsreaktionen auf
Temperaturunterschiede
XI: 165.
—, Blühen der XVII: 527.
—, Chemotropismus
XI: 240ff.; XVIII: 282.
—, Differenzierung, Zwangs-
form XIV/2: 1253.
—, elektrische Reizung
VIII/1: 103.
—, Fortpflanzung XIV/1:1ff.
—, Gefäße, Spannungen, ne-
gative VI/2: 1122.
—, grüne, Vitamingehalt
V: 1219, 1231.
—, Hauptsprosse, positiv geo-
tropische XI: 1015.
—, hyperhydrisches Gewebe
XIV/1: 1198.
—, insektenfressende V: 995.
—, Lichtentwicklung
VIII/2: 1057.
—, Luxuskonsum V: 355.
—, Neubildungen
XIV/2: 1195;
XVIII: 387.
—, Phototropismus
XII/1: 36ff.;
XVIII: 310.

(Pflanze), Reaktion, polare
auf elektrischen Reiz
VIII/1: 102.
—, Regeneration
XIV/1: 1114ff.
—, Reizleitung *VIII/2*: 864;
IX: 1ff., 166; *XI*: 1022;
XII/1: 53, 55.
—, Reizperzeption *XII/1*:54;
XII/1: 56, 57.
—, Reizschwelle für Licht
XII/1: 48, 52.
—, Reizsummation
VIII/1: 102.
—, Reservestoffe *V*: 330.
—, Ruheströme
VIII/2: 759ff.
—, Salzmangel *XVI/1*: 863.
—, Schlaf *XVII*: 659;
XVIII: 448.
—, Spaltöffnungen
VI/2: 1112.
—, Stoffwechsel *V*: 328ff.,
V: 363.
—, Tagesperiodik
XVII: 659; *XVIII*: 448.
—, Thermotaxis *XI*: 171.
—, tierverdauende *III*: 102;
V: 995.
—, Tumoren *XVIII*: 388.
—, Wachstum, Reizstoffe und
XVI/2: 1689.
—, — bei Tier und Pflanze
VIII/1: 74.
—, Wärmebildung *V*: 340.
—, Wasserhaushalt
VI/2: 1110ff.;
XVIII: 449.
—, Zusammensetzung, ele-
mentare *V*: 342, 366.
—, —, periodische Schwan-
kungen der *V*: 358.
Pflanzeneiweiß, serologische
Unterscheidung
XIII: 477.
Pflanzenfresser, Gesamtstoff-
wechsel *V*: 113.
Pflanzengallen, s. auch Gallen
(Pflanzenkrankheit)
I: 691.
Pflanzenhormone
XVI/1: 703.
Pflanzenläuse, Geschlechts-
bestimmung *XIV/1*: 333.
Pflanzennahrung
XVI/1: 1009.
Pflanzenökologie, Klimawir-
kungen *XVII*: 526.
Pflanzenprodukte (B-Vita-
mingehalt) *V*: 1217.
Pflanzensamen, antiskorbu-
tisches Vitamin, Gehalt an
V: 1224.
Pflanzenschädlinge, Kahlfraß
I: 663.

Pflanzenschlaf *XVII*: 659.
Pflanzenzelle, Schilddrüsen-
wirkung auf *XVI/1*: 163.
PFLÜGERsches Grundgesetz
V: 212.
— Zuckungsgesetz *I*: 295;
IX: 196, 231ff., 345.
— —, lebender Menschen
IX: 234.
Pfortaderherz, Bdellostoma
VII/1: 26.
Pfortadersystem, Blutbewe-
gung und *VII/1*: 26;
VII/2: 478.
Pförtner s. Pylorus.
Pfropfung (Pflanzen)
XIV/1: 1130ff.
PFUELsches Schwimmen
XV/1: 297.
p_H s. Wasserstoffionenkon-
zentration.
Phagocyten, Infektions-
erreger *XIII*: 815.
Phagocytenlehre *XIII*: 814.
Phagocytose *VI/1*: 277;
VI/2: 1037, 1038;
XIII: 389, 411, 813;
XVI/1: 245; *XVIII*: 21.
—, Antigen-Antikörper-Re-
aktion *XIII*: 421.
—, Bakterienvirulenz
XIII: 818.
—, Geschwulstzelle
XIV/2: 1363.
—, Gewebszüchtung
XIII: 830.
—, Immunität und *XIII*:818.
—, Mechanismus *XIII*: 826.
—, Pigment *XIII*: 231.
—, Resorption und *IV*: 165.
—, Riesenzellen *VI/2*: 819.
—, Sekretion. innere und
XIII: 828.
—, Sporen *XIII*: 819.
—, Substanzen, chemische,
und *XIII*: 826.
—, Verdauung *III*: 65;
XIII: 818; *XVIII*: 21.
—, Vitaminwirkung und
XIII: 829.
— in vitro *XIII*: 816, 817.
Phagocytosetheorie
XIII: 545, 816.
Phagodynamometer
III: 337.
Phagolyse *XIII*: 816.
Phänomenologie (Sexual-
psychologie)
XIV/1: 787.
Phänotypus *XIV/1*: 1017;
XVII: 909, 1042, 1103.
Phantasien *XIV/1*: 888.
Phantasietätigkeit im Traum
XVII: 641.
Phaosomen *XII/1*: 6.

Pharmakologie s. entsprech.
Stichwort, z. B. Pharma-
kologie des Herzens s.
Herz, Pharmakologie.
Pharyngoskopie *II*: 321.
Pharynxparästhesie
III: 369.
Pharynxsprache *XV/2*: 1379.
Phasen-Gleichgewicht im
Organismus *I*: 256.
Phasengrenzen, Narkose, Än-
derung der *I*: 549.
Phasengrenzkraft *I*: 101, 141;
VIII/2: 1001.
—, Verteilungsgleichgewicht
und (BAUER)
VIII/2: 1033.
Phasengrenzpotential, Auge
XII/2: 1482.
— (LUTHER), energetische
Ableitung *VIII/2*: 1006.
Phasensprung, Akustik
XI: 571.
Phasentheorie, akustische
Richtungswahrnehmung
XI: 607.
Phasenumkehr, Ohr
XI: 684.
Phasenverschiebung, Ohr,
BRÜNNINGsche Theorie
XI: 461.
Phasenwechselton *XI*: 597.
Phasmiden, Autonomie
XIII: 268.
Phenacetursäure, Stoff-
wechselverhalten
V: 1022, 1028, 1040.
Phenanthren, Stoffwechsel-
verhalten *V*: 1015.
Phenetol, Stoffwechselverhal-
ten *V*: 1016.
Phenol, Beeinflussung durch
Resorption *IV*: 104.
—, Bildung im Darm durch
Bakterien *III*: 1036.
—, erregende Wirkung auf
das Zentralnervensystem
IX: 615.
Phenolase *XIII*: 468.
Phenoläther, Stoffwechsel-
verhalten *V*: 1015.
Phenoläthersäuren, Stoff-
wechselverhalten
V: 1020.
Phenolcarbonsäure, Stoff-
wechselverhalten
V: 1039.
Phenole, Blut *V*: 977.
—, Entgiftung *V*: 1038.
—, Paarung *V*: 1036.
—, Protoplasmagifte *I*: 574.
—, Stoffwechselverhalten
V: 1015.
Phenolester, Stoffwechsel-
verhalten *V*: 1015.

Phenolphthalein, Darmwirkung *III*: 542.
—, Röntgendiagnostik der Gallenwege *IV*: 781.
Phenolreaktion (Aldaminreaktion) *V*: 1249.
Phenylacetaldehyd, Stoffwechselverhalten *V*: 1016.
Phenylacetessigester, Stoffwechselverhalten *V*: 1026.
Phenylalanin, Stoffwechselverhalten *V*: 1023, *V*: 1024.
Phenyl-α-aminobuttersäure, Stoffwechselverhalten *V*: 1026.
Phenylaminobuttersäure, Stoffwechselverhalten *V*: 1044.
Phenylaminoessigsäure, Stoffwechselverhalten *V*: 1022, 1044.
Phenyläthylalkohol, Stoffwechselverhalten *V*: 1016.
Phenyläthylamin, Stoffwechselverhalten *V*: 1020.
Phenyläthyl-hexylketon, Stoffwechselverhalten *V*: 1017.
Phenyläthyl-methylketon, Stoffwechselverhalten *V*: 1017.
Phenyl-β, γ-dioxybuttersäure, Stoffwechselverhalten *V*: 1026.
Phenyl-β-oxybuttersäure, Stoffwechselverhalten *V*: 1026.
Phenylbrenztraubensäure, Stoffwechselverhalten *V*: 667, 1024.
Phenylbuttersäure, Stoffwechselverhalten *V*: 633, *V*: 1026.
Phenylcapronsäure, Stoffwechselverhalten *V*: 1027.
Phenylchinolincarbonsäure, Cholerese und *IV*: 795.
Phenylcinchoninsäure, Stoffwechselverhalten *V*: 1031.
Phenylendiamin, p- (Oxydation) *I*: 42.
Phenylessigsäure, Stoffwechselverhalten *V*: 633, 1042.
Phenylglycerinsäure, Stoffwechselverhalten *V*: 1024.
Phenylglycin, Stoffwechselverhalten *V*: 1019.

Phenylglyoxal, Stoffwechselverhalten *V*: 1022.
Phenylglyoxylsäure, Stoffwechselverhalten *V*: 1022.
Phenylharnstoffderivate, Stoffwechselverhalten *V*: 1019.
Phenylhydroxylamin, Stoffwechselverhalten *V*: 1018.
Phenylisocrotonsäure, Stoffwechselverhalten *V*: 1026.
Phenyl-γ-ketobuttersäure, Stoffwechselverhalten *V*: 1026.
Phenyl-α-milchsäure, Stoffwechselverhalten *V*: 1024.
Phenylparaconsäure, Stoffwechselverhalten *V*: 1026.
Phenylpentensäuren, Stoffwechselverhalten *V*: 1027.
Phenylpropiolsäure, Stoffwechselverhalten *V*: 1023.
Phenylpropionsäure, Stoffwechselverhalten *V*: 1023.
Phenylpropionylglykokoll, Stoffwechselverhalten *V*: 1023, 1028.
Phenylserin, Stoffwechselverhalten *V*: 1024.
Phenyluraminsäure, Stoffwechselverhalten *V*: 1028.
Phenylurethan, Lokalanästhesie durch *IX*: 445.
—, Narkose durch *XVII*: 616.
—, Stoffwechselverhalten *V*: 1019.
Phenylvaleriansäure, Stoffwechselverhalten *V*: 634, *V*: 1027.
Phlebectasis anastomotica *VII/2*: 1133.
Phlebektasie, *VII/2*: 1133, *VII/2*: 1454, 1465.
Phlebin, Blutfarbstoff *VI/1*: 77.
Phlebosklerose *VII/2*: 1102.
Phlorrhizindiabetes *V*: 44, *V*: 580, 755, 825, 827, *V*: 841ff.; *XVI/1*: 597; *XVII*: 238.
—, D : N (Harnzucker : Harnstickstoff) *XVI/1*: 578.
—, Insulinwirkung auf *XVI/1*: 621.
—, Kreatinurie *V*: 945.
Phlorrhizinglykosurie *XVI/1*: 244, 578.
Phobien *XIV/1*: 800.
Phobische Reaktionen *XII/1*: 17, 19.
Phokomelie *XVII*: 1070.
Phonation, Atembewegungen *XV/2*: 1294.

(Phonation), Kehlkopfverhalten *XV/2*: 1276.
—, Luftverbrauch *XV/2*: 1315, 1376.
Phonoreceptoren *I*: 303; *XI*: 406.
Phorometer *XII/2*: 1070.
Phoronis, Gefäßsystem *VII/1*: 47.
Phosgen *II*: 485.
Phosgenvergiftung *II*: 495.
Phosphagenstoffwechsel *XVI/2*: 1360.
Phosphat, Ausscheidung, *XVI/2*: 1584 s. a. Phosphaturie.
—, —, Hypophyse *XVI/2*: 1608.
—, —, Myxödem *XVI/2*: 1584.
—, Blut *V*: 1190, 1236; *XVI/1*: 636, 637; *XVI/2*: 1433ff.
—, Defizit bei Tieren *XVI/2*: 1568.
—, Harn *IV*: 249, 594, 688; *XVI/1*: 637; *XVI/2*:1584, *XVI/2*: 1639.
—, Insulin und *XVI/1*: 637, *XVI/1*: 640.
—, Ionen, allgemeine Wirkung *I*: 500.
—, —, Muskelleitungsfähigkeit und *VIII/1*: 282.
—, Leber, Milz, Niere *XVI/2*: 1500.
—, Mangel bei Milchproduktion *XVI/2*: 1568.
—, Mineralbestand des Körpers *XVI/2*: 1433ff.
—, Pufferwirkung *XVI/1*:1094; *VII/1*:1380.
—, Rachitis und Wirkung von *V*: 1187.
—, Stauung *XVI/2*: 1589, *XVI/2*: 1609.
—, Steine *IV*: 669; *V*: 1191.
—, Stoffwechsel *XVI/2*: 1555ff.
—, — des und D-Vitamin *XVI/2*: 1609.
—, — des bei Epithelkörperchentumoren *XVI/2*:1595.
—, — des bei Herzfehlern *XVI/2*: 1391.
—, Umsatz *XVI/2*: 1555.
Phosphatarmut der Nahrung *V*: 1190.
— — —, Rachitis und *V*: 1236.
Phosphatase, Gewebe *XVI/2*: 1629.
Phosphatbilanz, Flaschenkinder *XVI/2*: 1561.
Phosphatdiurese *IV*: 399.

Phosphatester, Struktur
V: 480.
Phosphatidämie V: 1107.
Phosphatide III: 169.
—, Fette und V: 628.
—, Gehirn IX: 598.
—, Harn IV: 293.
—, Stoffwechsel des Zentral-
nervensystems und
IX: 601.
Phosphatidstoffwechsel, Mus-
kulatur V: 626.
—, Organe V: 629.
Phosphatminimum, Mensch
XVI/2: 1564.
Phosphatstauung
XVI/2: 1589, 1609.
Phosphatsteine IV: 669;
V: 1191.
Phosphattetanie
XVI/2: 1599.
Phosphaturie IV: 249, 594,
IV: 688; XVI/1: 637;
XVI/2:1584, 1639;s. auch
Phosphat, Ausscheidung.
Phosphor, Ausscheidung,
Licht und XVII: 325.
—, Blut XVI/2: 1435,
XVI/2: 1469.
—, —, geistige Tätigkeit und
IX: 525.
—, Ernährung
XVI/2: 1568.
—, Nebenschilddrüse und
Stoffwechsel des
XVI/2: 1587.
—, Pflanze XVI/2: 1677.
—, Resorption im florid-
rachitischen Stadium
XVI/2: 1616.
—, Retention bei Früh-
geburten XVI/2: 1560.
—, säurelöslicher, Blut-
flüssigkeit XVI/2: 1433.
—, Stoffwechsel beim Pflan-
zenfresser V: 126.
—, Umsatz im Nerven
IX: 399.
—, —, Zentralnervensystem,
elektrische Reizung und
IX: 597.
Phosphore, LENARDsche
I: 52.
Phosphorescenz, Organismen
VIII/2: 1072.
Phosphorhaltige Substanzen,
Zentralnervensystem,
Umsatz im IX: 595.
Phosphormucoide III: 280.
Phosphornekrose V: 1294.
Phosphorproteine III: 272.
Phosphorsäure, Ausschei-
dung, Harn XVI/1: 635.
—, Bilanz nach Insulin
XVI/1: 636.

(Phosphorsäure), Bildung,
im Muskel VIII/1: 381,
VIII/1: 405, 410.
—, — in der Netzhaut
IX: 568.
—, Blut, Rachitis V: 1236.
—, —, Sonnenbestrahlung
und V: 1237.
—, Kot IV: 684.
—, Kreislauf in der Natur
I: 733.
— , Nucleinsäuren V: 1056.
—, Stoffwechsel der
IV: 687.
—, „Zurückgehen" der
wasserlöslichen (Dünge-
mittelbewertung)
XVI/2: 1678.
Phosphorsäureester, Blut
I: 31.
—, organische XVI/2: 1417.
Phosphorsklerose, HEGNER-
sche XVI/2: 1636.
Phosphorverbindungen,
organische V: 1187.
Phosphorvergiftung V: 1271.
—, Augenstörungen
XII/2: 827.
—, Gerinnung VI/1: 399.
—, Kammerwasser, Zucker-
spiegel des XII/2: 1373.
—, Kohlensäurebindungs-
fähigkeit des Blutes
V: 662.
—, Leberverfettung und
V: 623.
Phosphorwasserstoff II: 514.
Phosphorylierung, Glykolyse
und V: 485.
Photische Reaktionen,
Pflanze XII/1: 36, 39, 48,
XII/1: 50, 51, 56, 58.
— Nerven IX: 205.
Photoblastische Vorgänge,
Pflanzen XII/1: 57.
Photochemie XVII: 329.
Photochemische Effekte,
Auge XII/2: 1395.
— Theorie, Farbensehen
XII/1: 536.
— Wirkungen, Röntgen- und
Radiumstrahlen
XVII: 353.
Photochloride, Farben-
anpassung XII/1: 542.
Photodynamische Wirkung
XVII: 338.
Photoelektrische Effekte,
Pflanzen VIII/2: 869.
Photogenase VIII/2: 1076.
Photogene VIII/2: 1080.
Photokinetische Induktion
XVII: 307.
Photometerversuch, HERING
XII/1: 598.

Photomethämoglobin
VI/1: 150.
Photometrie, Methoden,
heterochromatische
XII/1: 369; XII/2: 1527,
XII/2: 1559.
—, subjektive XII/1: 327.
Photoophthalmostatik,
Photoophthalmokinetik
und XII/1: 1148ff.
Photophorese, negative
I: 199.
Photoreceptionsapparat,
Farbensinn XII/1: 364,
XII/1: 581ff.
Photoreceptoren I: 305.
— ohne Bilderzeugung
XII/1: 3ff.
—, Zapfen als XII/2: 770.
Photostatik X: 178.
Photosynthese, Pflanze, s.
Kohlensäureassimilation
V: 334.
Phototaxis II: 171;
XII/1: 17, 36, 58, 717,
XII/1: 718ff; XVII: 654,
XVII: 657; XVIII: 310.
— s. auch Phototropismus.
Phototropische Augenbewe-
gungen, Tiere
XII/2: 1136.
Phototropismus XII/1: 17ff.,
XII/1: 45; XII/2: 1148.
—, Pflanze XII/1: 36ff.;
XVIII: 310.
—, —, Avenakoleoptilen
XII/1: 50, 51.
—, —, Koleoptile des Hafers
XII/1: 46, 47, 48, 54.
—, —, Kompaßbewegungen
bei XII/1: 32.
—, —, Unterscheidungs-
empfindlichkeit
XII/1: 50, 53.
—, —, Wachstumskrüm-
mungen XII/1: 50.
—, Tiere XII/1: 17ff.
—, —, Tropohormone
XII/1: 54.
Phrenicotomie, radikale
II: 449.
Phrenicus, Ersatz durch an-
dere Nerven XV/2: 1099.
Phrenicusexairese II: 448.
Phrenologie X: 619.
Phrenosin, Cerebron
IX: 52ff.
Phrenosinsäure IX: 55.
Phthalsäuren, Stoffwechsel-
verhalten V: 1021.
Phthisischer Habitus II: 314,
II: 385; XVII: 1077.
— —, Atmung II: 338.
Phycomyces niteus, Photo-
tropismen bei XII/1: 39.

Phylloporphyrin *VI/1*: 164,
VI/1: 194.
Phylogenese *XIV/1*: 1008;
XVII: 951.
—, autonome Korrelationen
XVI/2: 1730.
—, Blutbildung *VI/2*: 742.
—, Säugetierzeichnung
XIII: 253.
Phylogenetische Rückbildung
XVII: 960.
Physiologie, vergleichende
s. vergleichende Phy-
siologie.
Physosterin *III*: 198.
Physostigmin, Angriffspunkt
X: 1134.
—, Darmwirkung *III*: 532.
—, Erregbarkeitssteigerung
X: 1133.
—, Harnblase *IV*: 842.
—, Konstitution *XII/1*: 202.
—, Muskelwirkung
VIII/1: 332.
—, mydriatische Wirkung
des *XII/1*: 201.
—, Nikotin, Antagonismus
am Muskel *VIII/1*: 312.
—, Parasympathicus und
XII/1: 201.
—, Stoffwechselverhalten
V: 1033.
—, Talgsekretion und
IV: 718.
Physostigminvergiftung
X: 1135.
Phytol, Blutfarbstoffe
VI/1: 192.
Pia, Gaswechsel des isolierten
Rückenmarks und
IX: 549.
— mater *X*: 1180.
Pica *III*: 1046.
PICK-NIEMANNsche Erkran-
kung *XVI/1*: 455.
Picolin,Stoffwechselverhalten
V: 1030.
Pictou cattle disease
III: 1102.
Pieris, Farbanpassung von
XVI/1: 840, 843.
PIERRE MARIES Lehre,
Aphasie *X*: 628.
Pigment vgl. auch Pigmen-
tierung *XIII*: 196.
—, Abbau *XIII*: 263.
—, Abbauprodukte, che-
mische Wirkung von
XIII: 197.
—, Ablagerung
XVII: 737, 800.
—, Aufreibungstheorie
XIII: 262.
—, autogenes *V*: 1263.
—, Chemie *XIII*: 214.

(Pigment), Ernährung und
XIII: 197.
—, Farbensinn *XII/1*: 419.
—, fluoreszierendes
XIII: 204.
—, Gehirn *X*: 339.
—, Haare *XIII*: 815.
—, Haut, nervöse Einflüsse
X: 1087.
—, Hautresorption und
IV: 150.
—, hyalines *V*: 1263.
—, Krankheiten, chronische
und *XIII*: 261.
—, lichtabsorbierendes
XIII: 258.
—, Lichtschutz *XVII*: 341,
XVII: 526.
—, Lichtsensibilisator
XVII: 204, 340.
—, Lichttransformator
XIII: 259.
—, Menschenrassen und
V: 1264; *XIII*: 256.
—, Nervensubstanz und
IX: 63; *X*: 339.
—, optische Isolierung durch
XII/1: 7.
—, Pathologie *XIII*: 262.
—, Photokatalysator
XIII: 205.
—, Regeneration und
XIII: 213.
—, Säugetiere *XIII*: 248, 256.
—, Schnecken *XIII*: 205.
—, Schutz durch *XIII*: 200,
XIII: 259; *XVII*: 341, 526.
—, Sensibilisierung auf Licht
XIII: 204, 259;
XVII: 340.
—, Spektroskopie *XIII*: 215.
—, Stoffwechsel *V*: 1263;
XIII: 197.
—, Tintenfische *XIII*: 205.
—, Vererbung, geschlechts-
gebundene *XIII*: 257.
—, Zwischenzellen
XIV/1: 717.
Pigmentablagerung
XVII: 737, 738, 800.
Pigmentanomalien
XIII: 261.
Pigmentarmut, Athyreose
XVI/1: 730.
—, nordische Rasse
XIII: 254.
—, Vitiligo *XVII*: 517.
Pigmentaufnahme, lympha-
tisches Gewebe und
VI/2: 1104.
Pigmentbereitschaft, Haut
XVI/1: 71.
Pigmentbildung *XIII*: 215,
XIII: 237.
—, Leber *III*: 655.

(Pigmentbildung), Licht
XIII: 367; *XVI/1*: 838;
XVII: 317.
—, Nebennierenmark und
XVI/1: 795.
Pigmentdegeneration
V: 1263.
Pigmentembolie *VII/2*: 1789.
Pigmentepithel, reflex-
hemmende Eigenschaften
XII/1: 539.
Pigmentforschung, Ge-
schichte der *XIII*: 195.
Pigmentgranula, Zellen
XIV/1: 977.
Pigmentierung vgl. auch Pig-
ment *XIII*: 193ff.;
XVII: 500, 987.
—, Amphibien *XIII*: 231.
—, Crustaceen *XIII*: 209.
—, Fische *XIII*: 226.
—, Insekten *XIII*: 214.
—, Kältewirkung *XIII*: 198.
—, Klimawirkung *XIII*: 198.
—, lichtvariable, Kohlmotte
XVI/1: 844.
—, Luftfeuchtigkeit und
XIII: 260.
—, Menschenrassen
V: 1264; *XIII*: 254.
—, Mollusken *XIII*: 205.
—, Regulation durch Zwi-
schenlappen *XVI/1*: 460.
—, Reptilien *XIII*: 231.
—, Säugetiere *XIII*: 245.
—, Vögel *XIII*: 237.
—, Wärmewirkung
XIII: 198.
—, Wirbellose *XIII*: 203.
Pigmentkalksteine, intra-
hepatische *IV*: 611.
Pigmentmangel, Vitiligo
XVII: 517.
Pigmentoptogramm
XII/1: 279.
Pigmentring, Paracentrotus-
Ei (BOVERI) *XIV/1*: 111.
Pigmentsteinchen, intra-
hepatische *IV*: 604, 611.
Pigmentstoffwechsel, Stö-
rungen *V*: 1263.
Pigmentströmung, Crusta-
ceen *XIII*: 211.
Pigmentwanderung, Netz-
haut *XII/1*: 278;
XIII: 194.
—, rhythmische, Insekten
XIII: 225.
—, Stabheuschrecke
XIII: 224.
Pigmentwirkung, aktive
XIII: 204, 259.
Pigmentzellen, Beweglich-
keit, amöboide
VIII/1: 29.

(Pigmentzellen), Froschhaut,
Blutgefäßstase und
VII/2: 1639.
—, Muskelversorgung der
XIII: 206.
—, Netzhaut *XIII/1*: 235.
—, Salamander *XIII*: 232.
—, Viscosität des Protoplasmas *XIII*: 194.
PIGUETscher Index
XVII: 1148.
Pikrinsäure, Gelbsehen
XII/1: 534.
—, Stoffwechselverhalten
V: 1018.
Pikrotoxin, Schweißhemmung durch *IV*: 765.
Pikrotoxinvergiftung*X*: 1023.
Piloarrektoren *X*: 1087.
Pilocarpin, Angriffspunkt
X: 1130.
—, Blutzuckersenkung
XVI/1: 633.
—, Darm *III*: 532; *IV*: 106.
—, Darmepithelien *III*: 678.
—, Darmzellen *III*: 681.
—, Dilatator pupillae
XII/1: 203.
—, diuretische Wirkung
IV: 424.
—, Empfindlichkeitssteigerung für *XII/1*: 202.
—, Genitalgefäße *VII/2*: 1036.
—, Harnblase *IV*: 840.
—, Haut- und Muskelgefäße
VII/2: 1027.
—, Herzwirkung *X*: 1131.
—, Magenwirkung *III*: 623,
III: 627; *XVIII*: 73.
—, Pankreas *III*: 595.
—, Pupille *XII/1*: 203.
—, Resorptionsbeeinflussung
des Darmes *IV*: 106.
—, Schweißsekretion *IV*: 764.
—, Speicheldrüsen *III*: 580,
III: 1430.
Pilomotoren, Innervation
X: 1087; *XVII*: 57.
Pilomotorenreaktion, lokale
IX: 640.
Pilze, leuchtende
VIII/2: 1057.
—, symbiontische, Übertragung bei der Fortpflanzung *I*: 683.
—, Tierfänger *III*: 103.
Pilzgifte, Augenwirkung
XII/2: 831.
—, Zentralnervensystem
X: 1031.
Pilzzucht, Ameisen und Termiten *I*: 688.
Pinselarterien *VI/2*: 1058.
Piperazin, Stoffwechselverhalten *V*: 1030.

Piperidin, Stoffwechselverhalten *V*: 1030.
Pips, Pellicula *III*: 1054.
Piqûre *X*: 194;
XVII: 216.
—, Kohlehydratstoffwechsel
XVI/2: 1695.
—,Zentrenlehre u.*XV/2*:1175.
Piroplasmen-Hämoglobinurie
VI/1: 600.
Piroplasmeninfektion, Rinder
VI/1: 598.
Piroplasmose, Immunität
XIII: 596.
PIRQUET-Reaktion, Lokalanästhesie u. *VII/2*: 1577.
PITOTsche Röhren, Strömungsgeschwindigkeit
des Blutes *VII/2*: 1174,
VII/2: 1211.
Pituglandol *XIV/1*: 387.
Pituitrin, Angriffspunkt,
zentralnervöser *IV*: 412.
—, Auge *XII/1*: 219.
—, Blutdruck- und Gefäßwirkung *VII/2*: 888, 1043.
—, Diabetes insipidus
XVII: 299.
—, Gallebildung und
-abscheidung *IV*: 796.
Pituitrintartrat, Blutdruckwirkung *XVI/2*: 1224.
Placenta *XIV/1*: 1052.
—, Bildung auf Berührungsreiz *XVI/1*: 873.
—, Uteruswachstum und
XIV/1: 511.
Placentaextrakte*XIV/1*:402.
Placentahormon, Hypophysenveränderung durch
XVI/1: 411.
Placentaopton *XIV/1*: 400.
Plagiophototropismus, Laubblätter *XII/1*: 40.
Plagiotrope Organe *XI*: 1016,
XI: 1023.
Planarien, Doppelkopfbildung *XIV/1*: 1096.
—, Färbung *XIII*: 204.
Planmäßigkeit, Einpassung
I: 699.
Plasma, Blut s. auch Blut.
—, —, Eiweiß *VI/1*: 337.
—, —, — bei Nierenerkrankungen *IV*: 535.
—, —, Eiweißgehalt, des
menschlichen *VI/1*: 250.
—, —, Eiweißkörper, kolloidosmotischer Druck
VI/2: 960.
—, —, Fibrinogen *VI/1*: 256.
—, —, Gerinnung *VI/1*: 539.
—, —, Gewebezüchtung,
Gewinnung des
XIV/1: 964.

(Plasma, Blut), Ödem bei
Nierenerkrankungen
IV: 537.
—, —, Pufferung *VI/1*: 502.
—, —, Serum und *VI/1*: 235.
—, —, Viscosität *VI/1*: 623.
—, —, Volumen des
VI/2: 674.
—, —, Zuckergehalt nach
Insulin *XVI/1*: 611.
—, Keimzellen und Erblichkeit *XIV/1*: 1272;
XVII: 939.
—, Zelle s. Protoplasma.
Plasmahaut, Zelle, Mosaiktheorien der *I*: 432.
—, —, Osmose *XVII*: 167.
—, —, Verhalten der *I*: 409.
Plasmakontraktion, Pflanzen
VIII/1: 97ff.
Plasmaprodukte, intercelluläre *XIV/1*: 1011.
Plasmaströme, Galvanotaxis
XI/: 1041.
Plasmaströmung, Zellteilung
VIII/1: 28.
Plasmateilung, erbungleiche
XIV/2: 1272.
Plasmazellen, Blut *VI/1*: 47,
VI/1: 56; *VI/2*: 711, 754,
VI/2: 831, 1034.
Plasmodesmen, Neurodesmen
und *IX*: 320.
Plasmodesmennetz *IX*: 131.
Plasmodiophora, endocellularer Parasitismus von
XIV/2: 1203.
Plasmogamie *XIV/1*: 13.
Plasmolyse, Definition *I*: 408.
—, Isolierung durch
XIV/1: 1000.
—, Permeabilität und *I*: 409.
Plasmolyticum *XIV/1*: 1001.
Plasmometrische Methode
der Permeabilitätsmessung *I*: 411.
Plasmosomen *XVII*: 1001.
Plasmozym *VI/1*: 315.
Plasteine *XIII*: 689.
Plasteinphänomen *V*: 724.
Plastische Anpassung, Atemorgane *II*: 126.
Plastischer Tonus, Sperrtonus oder *VIII/1*: 198.
Plastizität, Nervensystem
I: 693; *XV/2*: 1045ff.,
XV/2: 1136, 1175ff.;
XVIII: 339.
—, —, Amputationen
XV/2: 1063.
—, —, Definition *XV/2*: 1046.
—, Organismus *XV/2*: 1131ff.
Plastizitätsforschung, Hauptresultate der *XV/2*: 1185,
XV/2: 1196.

Plastosomen, funktionelle
Bedeutung *I*: 587.
Plastosomentheorie der Ver-
erbung *I*: 605.
PLATEAUsche Gesetze
IX: 152.
Plathelminten, Gastro-
vascularsystem *VII/1*: 6.
Plattwürmer, Stoffwechsel
V: 434.
PLAUT-VINCENTsche Angina
V: 1298.
Pleiochromie (Galle) *III*: 893.
Pleiotropie *XVII*: 1066.
Pleocytose, Liquor *X*: 1217.
Pleotherm *XVII*: 399.
Plethora *VII/1*: 310;
XVII: 265.
Plethorische Überfütterungs-
hypertension *VII/2*: 1383.
Plethysmogramm, psychische
Beeinflußbarkeit
XVI/2: 1276.
Plethysmograph *VII/2*: 1209.
Plethysmographie, Blut-
stromgeschwindigkeit und
VII/2: 1174, 1208.
Pleura, Lymphwege *IV*: 162.
— mediastinalis *II*: 63.
— parietalis *II*: 62.
—, Resorption, Gase
IV: 166.
—, —, histologische Verän-
derungen bei *IV*: 164.
—, Tumor *II*: 417.
Pleuradruck, Atmung,
künstliche *II*: 120.
—, dynamischer *II*: 75, 118.
—, Neugeborene *II*: 96.
—, Phosgenvergiftung
II: 498.
—, statischer *II*: 75.
—, —, Atemkräfte, aktive,
auf *II*: 104.
—, —, Dehnungslage und
II: 97.
—, Topographie *II*: 99.
Pleuradruckkurve *II*: 113,
II: 114, 119.
Pleurahöhle, Injektionen in
die *IV*: 164.
—, Luftdurchtritt *II*: 486.
—, mechanische Verhältnisse
II: 93.
—, Reibungswiderstand
II: 111.
Pleuritis *II*: 336, 416;
XVII: 431.
Pleurobranchea, Sekretions-
perioden *III*: 85.
Pleurothotonus *XI*: 835.
Plexus chorioidei *X*: 1192;
XVII: 79.
— myentericus *III*: 465;
IX: 801; *X*: 1065.

(Plexus) pampiniformis
VII/2: 1464; *XIV/1*: 762.
— spermaticus *XIV/1*: 762.
Pluriglanduläre Störungen
VII/2: 1413.
Plurisegmentelle Innervation,
Muskelfaser *X*: 146.
Plusdekompensation, Kreis-
lauf *XVI/2*: 1399.
Plutella, Farbanpassung von
XVI/1: 843.
Pluteusstadium *XVII*: 993.
Pneumatotherapie *II*: 481.
Pneumoabdomen *II*: 118.
Pneumographische Kurve
II: 113.
Pneumokokken, Gewöhnung
an Campher *XIII*: 848.
—, — an Optochin
XIII: 847.
—, Immunität *XIII*: 522,
XIII: 526, 551.
—, Resistenz gegen *V*: 1232;
XIII: 572.
Pneumokoniosen *II*: 529, 531.
Pneumolyse, extrapleurale
II: 453.
Pneumonie, Alkalireserven
XVI/1: 1127.
—, Blutreaktion *XVI/1*: 1127.
—, croupöse *II*: 303;
XVII: 431.
—, Fremdkörper als Ursache
II: 336.
—, hypostatische *II*: 410.
—, Kohlensäurespannung
XVI/1: 1127.
—, Lösungsvorgänge *V*: 729.
—, Restkohlenstoff des Blu-
tes *VI/1*: 305.
—, Staubinhalation als Ur-
sache von *II*: 528.
Pneumonose *XVI/2*: 1375.
—, Histamin als Ursache
XVI/2: 1407.
Pneumotaxic center *II*: 232.
Pneumothorax *II*: 94, 118,
II: 410, 415, 447.
—, Blutdruck *VII/2*: 1317.
—, doppelseitiger *II*: 442.
—, Erythrocytenzahl
VI/1: 21.
—, Stickstoffresorption
II: 319.
Pocken, Immunität nach
XIII: 511.
— s. auch Vaccination und
Variolation *XIII*: 500.
Podocysten Mehrzelliger
XIV/1: 39.
Podophyllum, Darmwirkung
III: 539.
POGGENDORFsche Wahr-
nehmung, opt. Wahr-
nehmung *XII/2*: 1258.

Poikilocyten, Entstehungs-
ursache *VI/1*: 10.
Poikilosmose *XVII*: 148.
—, alimentäre *XVII*: 151.
—, passive *XVII*: 154.
Poikilotherme *XVII*: 7, 106,
XVII: 138.
Poikilothermie, Hypo-
physektomie und
XVI/1: 420.
—, künstliche *XVI/1*: 420;
XVII: 90, 100.
POINSOT-Kegel *XII/2*: 1035.
POISEUILLEsches Strömungs-
gesetz, Blutkreislauf und
VII/2: 901, 911, 914, 1267.
Polare Ausbildung, Algen.
Moose und Farne
XIV/1: 1124.
— elektrische Reaktionen,
Pflanzen *VIII/1*: 102.
Polarisation, elektrische, All-
gemeines *VIII/2*: 668.
—, —, diphasischer Ketten
VIII/2: 1046.
—, —, Elektrotonus
VIII/2: 694.
—, —, Kapazität
VIII/2: 692, 696, 787.
—, —, menschlicher Körper
VIII/2: 667.
—, —, Permeabilität tie-
rischer Gewebe
VIII/2: 693.
—, —, Porenmembranen
VIII/2: 1047.
—, —, Wassermoleküle
I: 112.
— elektrischer Organe
VIII/2: 919.
—, Licht, Farbstoffe und
XII/1: 543.
—, morphologische, Eizellen
VIII/2: 934.
—, optische kolloider Systeme
I: 204.
— photischer Bewegungen
der Pflanzen *XII/1*: 56, 58.
Polarisationsbild des Nerven,
nach BETHE *IX*: 146.
Polarisationsbüschel HAIDIN-
GERS (Auge) *XII/1*: 260.
Polarisationsdeformation,
physikal.-chemisch. kol-
loider Systeme *I*: 161.
Polarisationskapazität,
Elektroden *VIII/2*: 696,
VIII/2: 787.
—, Haut *VIII/2*: 692.
Polarisationskonstante tie-
rischer Gewebe
VIII/2: 693.
Polarisationsquotient,
HERMANNscher
VIII/2: 693.

Polarisationsstrom, Nerv
IX: 246.
Polarität, Ei
$XIV/1$: 111f.
—, Pflanzen $XIV/1$: 1122ff.
—, —, inhärente
$XIV/1$: 1124, 1126.
—, —, transversale
$XIV/1$: 1126.
—, —, Umkehrung
$XIV/1$: 1123, 1127, 1128.
—, Resorption IV: 170.
—, Tiere $XIV/1$: 1096.
—, Zelle $XIV/1$: 1042.
Polarklima XVII: 558.
Polarnacht XVII: 515.
Polarsommer XVII: 515.
Polioencephalitis haemorrha-
gica superior XVII: 607.
Poliomyelitiden X: 851.
Polkörperchen, azurophile
$VI/1$: 70.
Pollakisurie IV: 875;
XVII: 504.
Pollenentleerung, Mechanis-
mus $VIII/1$: 97.
Pollutionen $XIV/1$: 895;
XVII: 785, 593.
—, Spermatorrhoe und
$XIV/1$: 863.
Pollutionismus $XIV/1$: 799.
Polsterpfeifen $XV/2$: 1308.
Polychäten, Gefäßsystem
$VII/1$: 13.
—, Kriechbewegung
$XV/1$: 281.
—, Schwimmen $XV/1$: 312.
Polycholie III: 892.
Polychromasie, Blutzelle
$VI/1$: 8; $VI/2$: 772.
Polychromatophilie, Blut-
zelle $VI/1$: 8.
Polycythaemia hypertonica
$VI/2$: 920.
— rubra $VI/2$: 690;
$VII/2$: 1220.
Polycythämie, Allgemeines
$VI/1$: 22; $VI/2$: 918.
—, Alter und XVII: 806.
—, Blutdruck bei $VI/2$: 920;
$VII/2$: 1310.
—, Blutkreislaufszeit
$VII/2$: 1220.
—, Blutmenge $VI/2$: 690.
—, Riesenzellenvermehrung
$VI/2$: 821.
Polydaktylie XVII: 1070.
Polydipsie XVII: 288, 289.
—, Diabetes insipidus
$XVI/1$: 451.
—, Hund $XVI/1$: 568.
Polydispersität I: 215.
—, Sole I: 153.
Polyembryonie I: 657.
Polygalactorrhoe $XIV/1$: 639.

Polygame Tendenzen
$XIV/1$: 805, 811.
Polygenisten, Monogenisten
und IX: 315, 320.
Polygenistische Lehre, Ner-
venregeneration IX: 338.
Polyglobulie s. Polycythämie.
Polyglottie $XV/2$: 1428.
Polykarpische Gewächse
XVII: 749.
Polymenorrhoe $XIV/1$: 462.
Polymere Bedingtheit des
Geschlechts XVII: 937.
Polymerie, Vererbung
XVII: 923, 976.
Polymerisation, Eiweiß-
körper III: 258.
— kolloidaler Teilchen
I: 212.
Polymorphismus $XIV/1$: 38,
$XIV/1$: 87, 90;
XVII: 1104.
Polymyelitis, Koordinations-
änderung nach $XV/2$:1065.
Polymyositis, Muskelverän-
derungen, mikroskopische
bei $VIII/1$: 578.
Polyneuritis, experimentelle,
pathologische Anatomie
V: 1212.
— gallinarum V: 1201.
—, Kreatinstoffwechsel des
Gehirns und IX: 591.
Polyone I: 158.
Polypeptide s. Peptide
III: 252.
Polyphagie III: 1046;
XVII: 287, 817.
—, Hund $XVI/1$: 568.
Polyphasie, Tagesperiodik
XVII: 648.
Polyphasische Elektrolyt-
ketten (CREMER)
$VIII/2$: 1011, 1017.
Polyploidie XVII: 945.
Polypnoe II: 264, 272, 362;
XVII: 5, 43, 49.
Polysaccharasen III: 100.
Polysaccharide III: 113, 155.
— als Antigene XIII: 438.
— der Bakterien XIII: 697.
Polyspermie $XIV/1$: 151ff.
—, Frösche $XIV/1$: 153.
—, physiologische
XVII: 997.
Polystomum integerrimum
I: 634.
Polyurie, Apoplexie
XVII: 251.
—, Diabetes insipidus
$XVI/1$: 451.
—, Diabetes mellitus
XVII: 251.
—, Epilepsie XVII: 251.
—, Hund $XVI/1$: 568.

(Polyurie), Hypophysektomie
und $XVI/1$: 421, 423.
—, kompensatorische
XVII: 250.
—, Migräne XVII: 251.
—, neurotische IV: 340;
$XVI/1$: 1048.
—, Nierenkranker
XVII: 250.
—, primäre XVII: 291.
—, psychogene IV: 340;
$XVI/1$: 1048.
—, Wasserzufuhr und
XVII: 246ff.
—, Zentralnervensystem
$XVI/1$: 454; XVII: 251,
XVII: 300.
Pons, Erkrankungen
$XV/1$: 417.
—. —, galvanischer Nystagmus bei $XV/1$: 419.
Porenmembranen
$VIII/2$: 1000.
Porenplatten, Arthropoden
XI: 225.
Porentheorie, Zelle (PFEFFER)
I: 422.
Porenwand, Ladung der
$VIII/2$: 1051.
Porphyrie $VI/1$: 166.
Porphyrine, Blutfarbstoff
$VI/1$: 176; XVIII: 148ff.
—, Galle III: 881.
—, Harn IV: 305.
—, natürliche $VI/1$: 166, 180.
—, primäre $VI/1$: 180.
Porphyrinreaktion
$VI/1$: 164.
Porrhopsie $XII/2$: 885.
Portalherzen, Bdellostoma
$VII/1$: 33.
Postbranchialer Körper der
Säugetiere $XVI/1$: 17.
Postgeneration $XIV/1$: 1087.
Postinhibitory exaltation,
Vorkommen X: 897.
Postordination, zentrale
IX: 774.
Postundulatorische Pause,
Herz $VII/1$: 669.
Posturalreaktion, Experimen-
te am Nucl. ruber
X: 405, 407.
Potential, absolutes, Elektro-
kapillarkurve I: 144.
—, elektrisches I: 235ff.
—, —, chemisch indifferenter
Wände I: 524.
—, —, Flüssigkeitsgrenzen
I: 524.
—, —, Grenzflächen I: 127.
—, —, Konzentrationsketten
I: 526.
—, elektrokinetisches I: 132,
I: 143, 167, 190.

(Potential) NEWTONscher Kräfte *I*: 102.
—, thermodynamisches *I*: 113, 143.
Potentialdifferenz, extrapolare Ableitung *VIII/1*: 699.
—, reversibler Elektroden bei Phasengleichgewicht *VIII/2*: 1007.
— zweier Hautstellen *VIII/2*: 766.
Potentialschwankungen, Richtung derselben (menschl. Herz) *VIII/2*: 803.
Potenz, entwicklungsmechanische *XIV/1*: 1017.
—, geschlechtliche s. auch Impotenz.
—, —, Wiederkehr im Alter *XVII*: 743.
—, Zelle, Metaplasie und Geschlechtsbildung *XIV/2*: 1212ff.
—, —, prospektive *I*: 13; *XIV/2*: 1280.
Präamyloid *V*: 752.
Präanaphylaktische Periode *XIII*: 671.
„Präautomatische Pause" *VII/1*: 533, 651.
Präblastomatöse Krankheiten *XIV/2*: 1687, 1689.
Präcipitation, Antikörperwirkung *XIII*: 474.
—, isoelektrischer Punkt *I*: 248.
Präcipitine, Serumkrankheit *XIII*: 765.
Präeklampsie *XIV/1*: 576.
Präformation, Nervensystem *XV/2*: 1051.
—, Epigenese und *XIV/1*: 907, *XIV/1*: 1005, 1018, 1212, *XIV/1*: 1216; *XVII*: 923.
Prägnanz, Gesetz der *X*: 652.
Prähypophyse *XVI/1*: 30.
—, Histologie der *XVI/1*: 409.
—, Hypophyse und *XVI/1*: 415.
—, Totalexstirpation *XVI/1*: 421.
—, Wachstumsdrüse *XVI/1*: 491.
—, Wirkung auf Mäuse *XVI/1*: 463.
Prähypophysenhormon, Keimdrüseneffekt *XVI/1*: 463.
Prämolare, Kauakt *III*: 310.
Präpulus, Kriechbewegung *XV/1*: 282.
Präsentationszeit, Pflanzen *XI*: 1017.

Präsenzzeit, physiologisch *XI*: 52, 714.
Präsklerose (HUCHARD) *VII/2*: 1095, 1322.
Präspermatiden *XIV/1*: 709.
Präspermatogenese *XIV/1*: 703.
Prävalenz, optischer Raumsinn *XII/2*: 918.
Presbyakusis *XI*: 636, 644.
Presbyopie *XII/1*: 98, 187.
Presence-absence-Theorie *XVII*: 922.
Pressen, Atmung *II*: 362; *XVIII*: 17.
Pressorische Substanzen *XVI/1*: 1031.
Priapismus *XIV/1*: 800.
Primäraffekt, Infektionskrankheiten *XIII*: 548.
Primärempfindung, Deformation beim Auge *XII/2*: 1523.
Primärstellung, Augen, Begriff *XII/2*: 1012, 1016.
—, — (Grundstellung, Ruhelage) *XII/2*: 978, 1032, *XII/2*: 1071.
—, —, Lokalisation, absolute *XII/2*: 871.
—, —, Pseudoprimärstellung *XII/2*: 1031.
—, Augenmuskel-Lähmungen *XII/2*: 1020.
Primelantigen *XIII*: 785.
Primitivorgane, Differenzierung und *XIV/2*: 1296.
Primordialfollikel *XVII*: 803.
Primordialgebiet FLECHSIGS *X*: 601.
Prinzipalbewegungen, Physiologie der Stammganglien *X*: 346.
Probearbeiten, Psychologie der körperlichen Arbeit *XV/1*: 677.
Probekost, Darmkranke *IV*: 698.
Probemahlzeit, Magenuntersuchung *III*: 840, 852, *III*: 1133.
Processus infundibularis, Entwicklung *XVI/1*: 408.
Proctacanthus *XV/1*: 90.
Prodentie *III*: 309.
Produktivität, geistige, Abnahme bei Greisen *XVII*: 838.
Proenzymgranula *III*: 83.
Progenie *III*: 308; *XIV/1*: 1060.
Proglottiden *I*: 657.
Progressivreaktionen *XI*: 882, *XI*: 884, 955, 986, 993,

XI: 1001; *XV/1*: 48, 466; *XVIII*: 306.
(Progressivreaktionen), Labyrinthexstirpation, einseitige *XI*: 884.
—, labyrinthloser Tiere *XI*: 884.
—, Zentren für die *XI*: 906.
Progynon, Follikelhormon *XVIII*: 336.
Prohibition *XVII*: 927.
Projektionsfelder, Hirnrinde *X*: 601.
Projektionslehre, Gesichtssinn (HERING) *XII/2*: 1220.
Projektionssysteme, extrapyramidale *X*: 477.
Prokinase *III*: 952.
Prolamine *III*: 274.
Prolan, Wirkungen *XVI/1*: 468ff.
Proliferation, Follikelreifung *XIV/1*: 439.
Proliferationsgesetze *XIII*: 328.
Prolin, Gesetz des Minimums *XVI/1*: 970.
Prometamorphose *XVI/1*: 720, 725.
Pronatorenreflex *X*: 981.
Propaesin, Lokalanästhesie durch *IX*: 439.
Propfung *XIV/1*: 1131.
Propionsäure, Stoffwechselverhalten *V*: 1001.
Proponal *XVII*: 617.
Proportionalmessung, Vokalkurvenanalyse *XV/2*: 1399.
Proportionalsatz, farbige Verstimmung *XII/1*: 451.
Proportionsdiagramme, Mensch *XV/1*: 167.
Proportionsvergleich, optische Wahrnehmung *XII/2*: 1245.
Propovar *XIV/1*: 404.
Propriozeptive Erregungen, nervöse Umstimmungen durch *XV/2*: 1106, 1116, *XV/2*: 1118, 1186, 1200.
— —, Tonus durch *IX*: 720.
Propriozeptoren, Augenbewegung *XII/2*: 1080, 1081.
—, —, Vertikale und *XII/2*: 874, 880.
Propulsionskurve, Harnstrahl *IV*: 856.
Propylalkohol, intermediärer Stoffwechsel *V*: 997.
—, Protoplasmagift *I*: 574.
Propylbenzol, Stoffwechselverhalten *V*: 1014.
Prosobranchiate, Kriechbewegung *XV/1*: 288.

Prosoplasie *XIV/2*: 1306.
Prostata *XIV/1*: 757ff.
—, Atrophie *XIV/1*: 772; *XVII*: 803.
—, Hypertrophie *VII/2*:1361; *XVII*: 858.
—, — und Diabetes insipidus *XVII*: 290.
—, innersekretorische Tätigkeit *XIV/1*: 760.
—, Sekret *XIV/1*: 758, 759, *XIV/1*: 764.
Prosthetische Gruppe *III*: 269.
Prostituierte *XIV/1*: 809.
Prostitutionsneigung *XIV/1*: 805.
Protagonumsatz, Nerven bei Degeneration *IX*: 399.
Protamine *III*: 275, 278.
Protanomalie *XII/1*: 508, *XII/1*:511, 512, 547, 589; *XII/2*: 1515, 1538.
Protease, β-P. *V*: 722.
Proteasen, Spezifität *III*:943.
— Wirbelloser *III*: 93, 97.
Proteide *III*: 268, 287.
—, Verdauung *III*: 958.
Protein, vollwertiges *V*: 1159.
Proteine s. auch Eiweißkörper *III*: 214, 233, 268, *III*: 270ff.
— als Kolloidelektrolyt *I*: 166.
Proteinkörpertherapie, Bäderwirkung und *XVII*: 462.
Proteinogene Amine, Winterschlafbeeinflussung durch *XVII*: 122.
Proteinoide *VIII/1*: 214, 282.
Proteinsäuren, Urochromogen und *V*: 703.
Proteolyse *V*: 725.
—, Blutzellen *XIII*: 467.
—, Zentralnervensystem *IX*: 587.
Proteosen *III*: 214.
Proterandrie *IV/1*: 54.
Proterogonie *XIV/1*: 294.
Proterogynie *XIV/1*: 55, 56, *XIV/1*: 294.
Prothallium *XIV/1*: 94.
Prothesen, willkürlich bewegliche *XV/2*: 1115.
Prothesenträger, Kauleistung *III*: 340.
Prothrombin *VI/1*: 315; *XVIII*: 158.
Protisten, Anlockung von Beute *XIII*: 19.
—, elektrischer Gleich- und Wechselstrom, Einfluß auf *VIII/2*: 930.

Protomerentheorie der Zelle *I*: 582.
Protoplasma, Abartung, primäre *V*: 263.
—, Bewegung des *VIII/1*: 1f.
—, — bei Vögeln *XIII*: 238.
—, — (Oberflächenspannungstheorie) *VIII/1*: 19.
—, Haut s. Plasmahaut.
—, Keimzellen, Erblichkeit und *XIV/1*: 1272; *XVII*: 939.
—, Kontraktion, Pflanzen *VIII/1*: 97ff.
—, Stoffaustausch mit Umgebung *I*: 407.
—, Zelle und *I*: 582.
Protoplasmaaktivierung *XIII*: 390, 396, 540, 579, *XIII*: 581, 604, 609.
Protoplasmadynamik *XVI/2*: 1289.
Protoplasmagifte, Absterben *I*: 552.
—, Begriff *I*: 550.
—, Entwicklungshemmung *I*: 554.
—, Lösungsmittel *I*: 555.
—, Säurewirkungen *I*: 557.
—, wichtigste *I*: 556.
Protoplasmahysteresis, Arteriosklerose und *VII/2*: 1118.
Protoplasmareifung, Erythrocyten *VI/2*: 770.
Protoplasmatheorie, Leydig *IX*: 150.
Protoporphyrin *VI/1*: 166.
Protozoen, Autotomie *XIII*: 274.
—, Chemoreceptoren *XI*:238.
—, Exkretionsvorgänge *IV*: 581.
—, Fangapparate und Fallenbau *XIII*: 14.
—, Färbung *XIII*: 203.
—, Galvanotaxis *XI*: 1036.
—, Gehäuse- und Wohnbau *XIII*: 12.
—, Gewöhnung an Gifte *XIII*: 18.
—, Gifte bei *XIII*: 5, 110.
—, Greifwaffen und Bißwaffen der *XIII*: 8.
—, Lichteinfluß *XVII*: 312.
—, Nahrungsaufnahme *III*: 3ff.
—, Schleuderwaffen und Schlingwaffen *XIII*: 17.
—, Schutzsekretion *XIII*: 15.
—, Schutz- und Angriffswaffen *XIII*: 1ff.
—, Schwimmen *XV/1*: 307.
—, Sekretgranula *III*: 77.

(Protozoen), Süßwasser, osmotischer Druck *XVII*: 152.
—, Stoffwechsel *V*: 430.
—, Tastreizbarkeit *XI*: 68.
—, Thermotaxis *XI*: 173.
—, Verdauungssäfte *III*: 77, *III*: 81.
Protractor corporis ciliaris *XII/1*: 151, 166.
Provestrum *XIV/1*: 380.
Prüfungsantigene *XIII*: 698, *XIII*: 699.
Psalidotontie *III*: 308.
Psalter *III*: 383, 387, 392, *III*: 394; *XVIII*: 39.
Psalterrinne *III*: 383.
Pseudarrhenoidie *XIV/1*:873.
Pseudarthrosenbildung *XIV/1*: 1168.
Pseudofovea *X*: 682; *XV/2*: 1136.
Pseudogamese *XIV/1*: 1099.
Pseudoglottis *XV/2*: 1379.
Pseudohämophilie *VI/1*: 426; *XVII*: 1065.
Pseudohemeralopie *XII/2*: 1602.
Pseudohermaphroditen *XIV/1*: 51, 789, 812, 872, *XIV/1*: 873.
Pseudohypertrophie, Muskeln *VIII/1*: 572.
Pseudoleukämie *VI/2*: 709, *VI/2*: 914.
—, akute lymphoide *VI/2*: 375.
Pseudomacula *X*: 682; *XV/2*: 1136.
Pseudometaplasie *XIV/2*: 1298.
Pseudomucine *V*: 1253.
Pseudonephritis der Kinder, orthotische Albuminurie und *IV*: 515.
Pseudonucleine *III*: 272.
Pseudonyktalopie *XII/2*: 1602.
Pseudo-ophtalmoplegia externa *X*: 813.
Pseudophtise *II*: 318, 320.
Pseudopodien *XV/1*: 273.
Pseudopodienbildung, Mechanismus *XIV/1*: 970.
Pseudoreflexe, Vasomotoren *VII/2*: 943.
Pseudosklerose *X*: 352.
—, Tonusänderung bei *IX*: 728.
Pseudothelyidie *XIV/1*: 873.
Pseudourämie *VII/2*: 1405.
Pseudovitellus *I*: 680.
Pseudoxanthom *V*: 1138.
Psicain, Lokalanästhesie *IX*: 439ff.

Psoriasiskrebs *XIV/2*: 1561.
Psychästhetische Proportion
XVII: 1134.
Psyche, Atmung
XVI/2: 1262, 1273.
—, Blutdrucksteigerung
VII/2: 1384.
—, Defekte bei Erythrismus
(Rutilismus) *XIII*: 257.
—, Dysmenorrhöe
XIV/1: 807.
—, Lichtbeeinflussung
XVII: 327.
—, Menopause *XIV/1*: 687.
—, Plethysmogramm
XVI/2: 1276.
—, Pulsfrequenz
XVI/2: 1268.
—, Sterben *XVII*: 892.
—, Stoffwechsel
XVI/1: 960.
—, Tachykardie, paroxys-
male *XVI/2*: 1273.
—, vegetatives System
X: 1069.
Psychische Anlagen
XVII: 988.
— Beeinflussungen der
Sexualneurasthenie
XIV/1: 896.
— Energie *I*: 273.
— Erregung, Blutdrucksstei-
gerung bei *VII/2*: 1326.
— Impotenz s. auch Im-
potenz *XIV/1*: 897.
— Intensität *I*: 274.
— Leistungen, biologische
Betrachtung *X*: 638.
— Reihen (R. AVENARIUS)
IX: 46.
— Vorgänge, Lokalisation
der *X*: 656.
— Vorstellung, Herztätig-
keit und *XVI/2*: 1283.
Psychisierung des Reizes
XI: 62.
Psychoanalyse *XIV/1*: 787,
XIV/1: 788, 794.
—, Unfallsdisposition und
XV/1: 693.
Psychogalvanischer Reflex
VIII/2: 776.
Psycholamarckismus
XVII: 961, 964.
Psychologie, Geschlechtstrieb
XIV/1: 836.
—, körperliche Arbeit
XV/1: 643.
—, Lustmörder *XIV/1*: 894.
—, optische Wahrnehmung
XII/2: 1215ff.
—, physiologische *XI*: 11.
Psychologischer Kontrast,
opt. Wahrnehmung
XII/2: 1243.

Psychomotorische Reaktion
beim Fliegen *XV/1*: 365.
Psychomotorischer Antrieb
XVII: 547.
Psychoneurose beim Fliegen
XV/1: 378.
Psychopathen, schizoide
XVII: 1153.
Psychopathien *XIV/1*: 573.
Psychophysische Beziehun-
gen *I*: 273; *XV/2*: 1147.
— Faktoren beim elek-
trischen Stromtod
VIII/2: 973.
— Vorgänge als biologische
Funktionsabläufe
XVI/1: 1062ff.
Psychophysik *XI*: 7, 28.
Psychosen *XIV/1*: 866.
—, alkoholische *XVII*: 1107.
—, paranoide *XVII*: 1166,
XVII: 1169.
—, Schilddrüsenmangel
XVI/1: 248.
—, senile *XVII*: 1107.
—, überkreuzte *XVII*: 1165.
Psychostatisches Phänomen
XI: 742.
Psychotherapie, biologische
Funktionsabläufe
XVI/1: 1065.
Pteridophytensamenfäden,
Chemotaxis *XIV/1*: 118.
Pteropodien *VI/1*: 73.
Ptose, senile (Respirations-
apparat) *XVII*: 798.
Ptosis, Lidlähmung
XVII: 606.
Ptyalin, Bildung *III*: 564.
—, Speichel *III*: 693.
Ptyalismus *III*: 822, 1155.
Pubertas praecox *XIV/1*:457;
XVI/1: 688; *XVII*: 865,
XVII: 1047, 1093, 1117.
Pubertät *XIV/1*: 842ff.
—, Ausfallserscheinungen
und *XIV/1*: 691.
—, Energiewechsel *V*: 197.
—, Erziehungsschwierig-
keiten *XV/1*: 696.
—, Gaswechsel *XVI/1*: 962.
—, Herz, Entwicklung in der
XVII: 797.
—, Nebennieren *XVI/1*: 688.
—, psychische Entwicklung
XIV/1: 843;
XVII: 1116.
—, Schilddrüsenwirkung
XVI/1: 709, 757.
—, Thymus *XVI/1*: 683.
Pubertätsakromegaloide
XVII: 1089.
Pubertätsdrüse *XIV/1*: 812;
XVI/1: 59; *XVII*: 743.
—, männliche *XIV/1*: 713.

Pubertätseunuchoidismus
XVII: 1092.
Pubertätskropf *XVI/1*: 669.
Pubertätsrachitis *V*: 1237.
Pueriles Atmen *II*: 294.
Puerilismus, sprachlicher
XV/2: 1426, 1432.
Puerperium, Gallensteine und
IV: 599.
Puffermischungen, Ver-
dauungssäfte von Wirbel-
losen *III*: 98.
Pufferschädigung der Gewebe
XVI/2: 1390.
Pufferung, Arbeit und Be-
deutung der *XVI/2*:1380.
—, biologische Bedeutung
I: 491.
—, Blut *VI/1*: 500ff.
—, Blutkörperchen, rote
XVI/2: 1384.
—, Capillarisierung und
XVI/2: 1395.
—, Hämoglobin
XVI/2: 1380.
—, Kohlensäurebindung als
Maß *XVI/2*: 1383.
—, p_H des Blutes als Maß der
XVI/1: 1083.
—, Phosphate *XVI/2*: 1380.
—, Säuretitrationskurve als
Maß *XVI/2*: 1383.
—, Serumeiweißkörper
XVI/1: 1094.
Pufferungspotenz, Blut
XV/1: 578.
—, Gewebe *VII/2*: 972.
Pufftheorie, Sprachlaut-
entstehung *XV/2*: 1397.
Pulfricheffekt *XII/1*: 371;
XII/2: 913, 915, 1587.
Pulmonalarterie, Atresie
VII/1: 131.
—, Sauerstoff- und Kohlen-
säurespannung *II*: 218.
—, Stenose *VII/1*: 127, 131;
VII/2: 248.
Pulmonalisdruck *VII/2*:1282.
—, Respirationsschwan-
kungen *VII/2*: 1283.
Pulmonalsklerose
VII/2: 1124.
Puls *VII/2*: 1223ff., 1285ff.
—, alternans *VII/2*: 1306,
VII/2: 1834.
—, arterieller *VII/2*: 1223.
—, —, Auge *XII/2*: 1335.
—, —, Durchschlagen des
XVI/2: 1329.
—, —, Pelottenmethode
SEIDELS *XII/2*: 1333.
—, Arteriosklerose
VII/2: 1128.
—, Beschleunigung
XV/2: 897.

(Puls), Blutverlust
VII/2: 1660.

—, Celerität *VII/2*: 1236.

—, Diagramm, dynamisches
VII/2: 1256.

—, Differenz *VII/2*: 1152.

—, Druck *VII/2*: 1269.

—, Energie, Nettowerte
VII/2: 1259.

—, Frequenz *XV/1*: 713ff.

—, —, Arbeit und *XV/1*: 714;
XV/2: 826, 893, 895.

—, —, Atmung und
XVI/2: 1272.

—, —, Beschleunigung, Ur-
sachen *XV/2*: 897.

—, —, Evertebraten
VII/1: 37, 38.

—, —, Klimawirkung
XVII: 533.

—, —, psychische Vorgänge
und *XVI/2*: 1261, 1268.

—, —, Stehen und
VII/1: 326.

—, —, Stromgeschwindigkeit
und *VII/2*: 1214.

—, —, Tagesschwankungen
XVII: 17.

—, —, Verlangsamung
XV/1: 397; *XVI/2*: 1270.

—, Füllung *VII/2*: 1225.

—, Irregularitäten durch psychische Einflüsse
XVI/2: 1273.

—, Kälteanwendung und
Form des *VII/2*: 1248.

—, kapillarer und arterieller
VII/2: 1223.

— paradoxus *VII/2*: 1866.

—, peripherer *VII/2*: 1244.

—, pseudoalternans
VII/1: 559.

—, Radialpuls *VII/2*: 1247.

— rotundus *VII/2*: 1250.

—, Tardität *VII/2*: 1236.

—, Varianten *XVII*: 950.

—, Verlangsamung, Hypnose
XVI/2: 1270.

—, —, Labyrinthreizung
XV/1: 397.

—, —, Schlaf *XVI/2*: 1270.

—, Volumen *VII/2*: 1162,
VII/2: 1226.

—, Wärmeanwendung und
Form des *VII/2*: 1249.

—, Welle *VII/2*: 1238.

—, Wellen, Geschwindigkeit
der *VII/2*: 1251.

—, zentraler *VII/2*: 1240.

Pulsarbeit *VII/2*: 1229, 1254.

Pulsation, venöse, Aneurysma arterio-venosum
VII/2: 1153.

Pulsationstheorie, Saftsteigen
VI/2: 1124.

Pulsionsdivertikel, Duodenum *III*: 1188.

—, Oesophagus *III*: 371.

Pulsionsreflex, vestibularer
XI: 866, 978.

„Pulsstoß" *VII/2*: 1258.

Pumpwirkung, Muskeln
VII/2: 1359, 1444.

Punctura testis *XIV/1*: 254.

Punktgruppen, optische Auf-
lösungen von *XII/2*: 765.

Punktobjekt, optisches
XII/2: 749.

—, optische Beleuchtung und
XII/2: 760.

—, optischer Kontakt und
XII/2: 759ff.

—, — Minimum separabile
XII/2: 756.

Punktproben, Auge
XII/2: 792.

„Punktreiz", Hypnose und
XVII: 672.

Punktschwanken
XII/2: 1057; *XV/1*: 475.

Punktsehschärfe *XII/2*: 754.

Punktsubstanz (LEYDIG)
IX: 465.

Punktwandern *XII/2*: 1057;
XV/1: 475.

Punktwärme *XVII*: 328,
XVII: 349ff.

Pupille *XII/1*: 176ff.

—, Abschluß, „physiologi-
scher" *XII/2*: 1351.

—, Adaptation und
XII/2: 1508, 1570.

—, Beweglichkeit
XII/2: 1162.

—, Chloroformwirkung
XII/1: 227.

—, Cocain *XII/1*: 216.

—, Cocainwirkung bei
Schwangeren und Wöch-
nerinnen *XII/1*: 217.

—, Ergotaminwirkung
XII/1: 205.

—, Erkrankungen, innere und
XII/1: 231ff.

—, Erweiterung, Drehung und
XI: 954.

—, —, paradoxe *X*: 1064.

—, Halbmesser der
XII/2: 809.

—, Lichtbeugung an der
XII/1: 109; *XII/2*: 785.

—, Lichtreaktion
XII/1: 176ff.

—, Naheeinstellung
XII/2: 1063ff.

—, Oculomotoriuskerndege-
neration und Störungen
der *XII/1*: 223.

—, reflektorische Trägheit
XII/1: 181.

(Pupille), Reizempfindlichkeit *XII/1*: 231.

—, Sehschärfe, verschiedene
Beleuchtung *XII/2*: 787.

—, springende, Veronalvergif-
tung *XII/1*: 227.

—, Verengerung, Farbstoffeinlaufversuch
XII/2: 1343.

—, —, Hyperacidität
XII/1: 226.

—, —, paradoxe *X*: 1064.

—, —, postcoenale
XII/1: 226.

—, Verschluß, intraokularer
Druck bei *XII/2*: 1378.

—, Weite, Adaptationsunter-
suchungen und
XII/2: 1570.

—, —, Blut-CO_2-Spannung
und *XII/1*: 224.

—, —, Kalorisation *XI*: 978.

—, —, Magenverdauung und
XII/1: 226, 229.

Pupillenraum *XII/1*: 252.

Pupillenreflex *X*: 211;
XII/1: 176ff.

—, corticale Affektion und
X: 733.

—, paradoxer *XII/1*: 232.

—, psychophysischer *XI*: 749.

—, Thyreotoxikose
XII/1: 231.

—, vestibulärer *X*: 216.

Pupillenstarre, absolute
X: 212; *XII/1*: 182.

—, reflektorische *XII/1*: 181.

Pupillenzentrum *X*: 211.

Pupillometer, SCHLÖSSER-
scher *XII/1*: 226.

„Pupillomotorisches PUR-
KINJEsches Phänomen"
XII/1: 183, 386.

Pupilloskop *XII/1*: 180.

Puppenstadium s. Metamor-
phose *V*: 446.

Purinbasen, Harn *IV*: 271.

—, Stoffwechselverhalten
V: 1214.

Purinderivate, Stoffwechselverhalten *V*: 1012.

Purine, Bestimmung, quantitative *V*: 1052.

—, Bildung *V*: 964, 967, 1053.

—, Diurese *IV*: 404;
XVII: 234.

—, Kreatinbildung aus
V: 959, 962.

—, methylierte *V*: 1053.

—, Muskel *VIII/1*: 457.

—, Neubildung während der
Entwicklung *V*: 463.

Purinnucleoside *V*: 1057.

Purinring, Aufspaltung beim
Menschen *V*: 1073.

Purinstoffwechsel, Nerven-
system *V*: 1081.
—, Störungen *V*: 1086.
—, Strahlenwirkung
XVII: 384.
PURKINJE-CV. *XV/1*: 459ff.
XV/1: 480.
PURKINJEsche Fasern, Herz,
Automatie *VII/1*: 540.
— —, —, Kontraktion
VII/1: 573.
— —, —, Pharmakologie
VII/1: 112.
— Rindenbildchen
XII/1: 85.
— Zellen *IX*: 780; *XIII*: 263.
PURKINJEsches Bild
XII/1: 432, 701;
XII/2: 1488, 1522, 1586.
— Gesetz, Drehreaktion
XI: 878, 921.
— Nachbild *XII/1*: 432, 701;
XII/2: 1488, 1522, 1580.
— nachlaufendes Bild s. PUR-
KINJEsches Nachbild.
— Phänomen *XII/1*: 373,
XII/1: 378, 380, 432, 504,
XII/1: 577/78, 680, 685,
XII/1: 686, 727;
XII/2: 784, 1505, 1520.
— —, Augenströme
XII/2: 1448.
— —, Cephalopoden
XII/2: 1452.
— —, inverses *XII/1*: 373.
— —, isochromatisches
XII/1: 443.
— —, Nachbild und
XII/1: 471.
— —, pupillomotorisches
XII/1: 183, 386.
— —, stäbchenfreier Bezirk
XII/2: 1531.
— —, Wirbeltiere
XII/2: 1449.
Purpur, Farberzeugung
XII/1: 400.
Purpura, anaphylactoide
VI/1: 441.
—, idiopathische *VI/1*: 395.
—, orthostatische *VI/1*: 438.
—, SCHÖNLEIN-HENOCHsche
VI/1: 439.

(Purpura), sekundäre
VI/1: 395.
—, thrombopenische
VI/1: 427; *XVIII*: 159.
—, vasculäre Formen
VI/1: 437.
— Werlhof *VI/2*: 881.
Purpurbakterien, Phototaxis
XII/1: 46, 47.
Purpurdrüse von MUREX
XIII: 40.
Purpuridin *I*: 672.
Purpuroptogramm, Netzhaut
XII/1: 288.
Purpurtöne *XII/1*: 335.
—, Farbenviereck *XII/1*: 415.
Purzeltauben *XI/*: 864.
PÜTTERsche Theorie, Harn-
absonderung *IV*: 497.
Putzorgane, Metazoen
XIII: 41.
Pykniker *XIV/1*: 896;
XVII: 1128, 1130, 1131.
—, Fettansatz bei *XVI/1*: 958.
Pylorus *III*: 420, 724.
—, Ausschaltungsreaktion
III: 1226.
—, Drüsen *III*: 751, 839.
—, Fettreflex *III*: 424.
—, Insuffizienz *III*: 440,
III: 1131, 1194.
—, Kampf *III*: 440.
—, Reflex *III*: 421, 424;
XVI/1: 895.
—, —, Hunger und
XVI/1: 1008.
—, Resektion *III*: 1218, 1226.
—, Schluß des *III*: 420.
—, Sekret des *III*: 850.
—, Sphincter, Tonus des
III: 439.
—, Tonusmuskel *III*: 420.
Pyloruskurven *XVI/1*: 917.
Pylorusreflex, künstliche Stö-
rung *XVI/1*: 888.
Pylorusspasmus *III*: 415,
III: 423, 440;
XVI/1: 1022.
— Erwachsener *XVI/1*: 1044.
—, Säuglinge *III*: 1371;
XVI/1: 1045.
Pylorusstenose *III*: 415, 1123,
III: 1188.

(Pylorusstenose), Resorp-
tionsstörung *IV*: 85.
Pyloruszone, Magen *III*: 603.
Pyocyaneus, Serumfestigkeit
XIII: 527.
Pyometa, Menopause
XIV/1: 676.
Pyopneumothorax *II*: 304,
II: 365.
Pyramidenbahn, Zerstörung
der *X*: 425; *XV/2*: 1130.
Pyramidenbahnsyndrom
X: 203, 348, 902, 903.
Pyramidenbahnsystem
X: 338.
Pyramidenerkrankungen,
Tonusstörungen bei
IX: 732.
Pyramidenseitenstrangbahn
X: 845.
Pyramidenvorderstrangbahn
X: 845.
Pyramidon, Lokalanästhesie
IX: 442.
—, Stoffwechselverhalten
V: 1032.
Pyrazolonderivate *V*: 1032.
Pyrgeometer *XVII*: 471.
Pyrheliometer *XVII*: 468.
Pyridin, Stoffwechselverhal-
ten *V*: 1030.
Pyridin-Thioninmethode,
Neurofibrillendarstellung
IX: 86.
Pyrimidinbasen *V*: 1011,
V: 1214.
Pyrimidin-Nucleoside
V: 1058.
Pyrodin *XVII*: 523.
Pyrogene Stoffe, Entstehung
im Körper *XVII*: 96.
Pyrrolfarbstoffe, Abbaupro-
dukte, monomolekulare
VI/1: 169.
Pyrrolzellen GOLDMANNS,
Knochenmark *VI/2*: 753.
Pyromycursäure, Stoffwech-
selverhalten *V*: 1040.
Pyronderivate, Stoffwechsel-
verhalten *V*: 1030.
Pyrotoxin *XVII*: 96.
P-Zacke des Ekg.
VIII/1: 794, 931.

Q

Quackreflex *X*: 491; *XI*: 78.
Quaddel, Pathogenese
XIII: 744.
Quaddelreaktion (Idiosynkra-
sie) *XIII*: 737.
Quadrantenhemianopsie
X: 740.
Quadrupolmoment
I: 154.

Qualitätshypothese, Ge-
schlechtsbestimmung
XIV/1: 333.
Quantenhafte Energieüber-
tragungen *I*: 252.
Quantenoptik *XII/1*: 536.
Quantentheorie *I*: 252.
Quantenwirkung, Röntgen-
strahlen *XVII*: 351.

Quantitätsfaktor, elektr.
Energie *I*: 235, 272.
Quantitätsgesetze, Vererbung
XVII: 1031.
Quantitätshypothese, Ge-
schlechtsbestimmung
XIV/1: 334.
Quecksilber, Ausscheidung
durch den Darm *IV*: 694.

(Quecksilber), Gallensteine
IV: 618.
— -Ionen, allgemeine Wirkung *I*: 504.
— im Körper *XVI/2*: 1506.
Quecksilberdampflampe
XVII: 306.
Quecksilberfestigkeit, Spirochäten *XIII*: 843.
Quecksilbersalben, Resorption *IV*: 138.
Quecksilbersalze, Entzündungserregung *XIII*: 344.
—, Protoplasmagifte *I*: 560.
Quellung, Eiweißkörper
XVII: 139.
—, Gewebe, Wundheilung
XIV/1: 1150.
—, Muskel *VIII/1*: 133.
—, Resorption und *IV*: 177.
—, Theorie *III*: 241.
Quellungsdruck *I*: 222, 239;
XVII: 164, 175.
Quellungsgeschwindigkeit
I: 225.
Quellungsmaximum *I*: 248.

Quellungsödeme *XVII*: 261.
Quellungstheorie, Muskeltätigkeit *VIII/1*: 120, 534.
Quellungswärme, integrale
I: 223.
Quellungswasser *I*: 367.
Quercit, Stoffwechselverhalten *V*: 998.
Querdisparation, Auge
XII/2: 893, 894, 914,
XII/2: 929ff., 997, 998.
Querdissoziation, Herzblock
VII/1: 651.
Quermittelschnitt (Auge)
XII/2: 856.
Querschnitt, Arterien und Venen *VII/2*: 919, 920, 921,
VII/2: 928.
—, Gefäße, Veränderlichkeit
XVI/2: 1238.
—, Strombahnen, gesamte
VII/2: 1215.
—, wirksamer, Muskel
VIII/1: 355.
Querschnittsläsion, Rückenmark *X*: 894.

Querschnittsverteilung, Gefäße, Strömungsgeschwindigkeit und *VII/2*: 915.
Querulantenwahn
XVII: 1168.
QUETELETscher Index
XV/1: 563.
Quetschdruck, Kauen
III: 309, 335.
QUINCKEsches Ödem
XVI/1: 1035;
XVI/2: 1346.
Quotient Ca/P *XVI/2*: 1575,
XVI/2: 1580, 1618.
— D:N. (Harnzucker:Harnstickstoff) *XVI/1*: 578.

—, $\dfrac{\text{Harn-Calcium}}{\text{Kot-Calcium}}$
XVI/2: 1573.

—, $\dfrac{\text{Harn-Phosphat}}{\text{Kot-Phosphat}}$
XVI/2: 1573.

—, respiratorischer s. respiratorischer Quotient.

R

Rachenerkrankungen, Verdauungsvorgänge und
III: 1056.
Rachenmandel *II*: 319.
Rachenring, lymphatischer
II: 164.
Rachitis *V*: 1180, 1190, 1236;
XVI/2: 1609ff.
—, Acidose *III*: 1420;
XVI/2: 1624.
—, Calciumverminderung,
Blut *XVI/2*: 1460, 1618.
—, experimentelle *V*: 1187;
XVI/2: 1614.
—, —, pathologische Anatomie *V*: 1190.
—, —, Ratten *V*: 1185.
—, Hunde *V*: 1181.
—, Konstitutionsmoment
III: 1417.
—, Mineralstoffwechsel
III: 1419.
—, Osteomalacie
XVI/2: 1610.
—, Pathogenese
XVI/2: 1609.
—, Pflanzenfresser *V*: 126.
—, phosphatämische Kurve
bei florider *XVI/2*: 1622.
—, Phosphatgehalt des Blutes *XVI/2*: 1438, 1617.
—, Pubertät *V*: 1237.
—, Ratten *III*: 1334;
V: 1185ff.; *XVI/1*: 998;
XVI/2: 1620.
—, —, P-arme *XVI/2*: 1620.

(Rachitis), Schutzstoffeinfluß
XVI/2: 1613.
—, Symptome *V*: 1182.
— tarda *V*: 1237.
—, Tetanie, stoffwechselchemische Beziehungen
XVI/2: 1623.
—, Verkalkungszone
XVI/2: 1486.
—, Vitaminmangel *XV/1*: 6.
Raddrehungen, Augen
XI: 899, 962;
XVIII: 307.
—, —, kalorische Reizung
XI: 979.
—, —, labyrinthäre *XI*: 899,
XI: 1012.
—, —, Labyrinthexstirpation, einseitige *XI*: 901.
—, — (LISTING-Gesetz)
XII/2: 1025, 1035, 1036.
Raddrehungsstörungen, Labyrinthausfall
XV/1: 393.
—, Otolithenverletzung
XV/1: 387.
Rädertiere, Kriechen
XV/1: 274.
Radialpuls *VII/2*: 1247.
Radikaloperation, Ohr
XI: 453.
Radioaktion, Substanzen,
Erbeinfluß *XVII*: 947.
Radioaktive Substanzen,
Pflanzen, kaliumhaltige
und *XVII*: 390.

(Radioaktive Substanzen),
Zerfallsreihen *XVII*: 344.
Radioaktivität, Automatie
des Herzens *VII/1*: 528.
—, Klimafaktor *XVII*: 385.
—, Luft *XVII*: 385.
—, Uterusmotilität
XIV/1: 522.
—, Wachstum *XI*: 242.
Radiochemische Vorgänge
I: 266.
Radiolarien, Tastreizbarkeit
XI: 68.
—, Myoide bei *VIII/1*: 31.
Radiologie *XVII*: 343.
Radiologisches Gleichgewicht
I: 265.
Radiophysiologisches Paradoxon *XVII*: 387.
Radiosensibilität, autolytische Prozesse und
XVII: 371.
—, Erklärungsversuche
XVII: 369.
—, Stoffwechselhöhe und
XVII: 370.
Radiowellen, Orientierung
und *XV/2*: 961.
Radium, Ausscheidung durch
den Darm *IV*: 694.
Radiumbromid, Kreuzbefruchtungen und
XIV/1: 149.
Radiumemanation, Quellen
XVII: 461.
Radiumkrankheit *I*: 604.

Radiumstrahlen *I*: 282, 306; *XVII*: 343ff., 948.
—, Anovulie durch *XIV/1*: 460.
—, Entkernung durch *XVII*: 997.
—, Entwicklungsvorgänge und *V*: 1304.
—, Genschädigung durch *XVI/1*: 849.
—, Gewebsentartung durch *XVI/1*: 849.
—, Gewebezüchtung *XVIII*: 385.
—, parthogenetische Zellteilung *XVII*: 358.
—, Reizbarkeit des Sehorgans *XII/1*: 317.
—, Sichtbarkeit *XII/1*: 317.
—, Spermatozoen bei der Kreuzung *XIV/1*: 148.
—, Zellkernschädigung *XVI/1*: 848.
— s. auch Strahlen radioaktiver Substanzen oder Strahlen, Röntgen- usw.
Radiusperiostreflex s. Radiusreflex.
Radiusreflex *X*: 981.
Raja, elektrisches Organ *VIII/2*: 880.
Raketentheorie der Entwicklung *XIV/2*: 1217, 1229, *XIV/2*: 1305.
Ramus communicans, Durchschneidung und Tonus *IX*: 738.
Randkontrast *XII/1*: 478.
Randkörper, Medusen *XI*: 770, 793.
Rangiertest, körperl. Arbeit *XV/1*: 687.
Raphe pterygomandibularis *III*: 296.
Rapport, Suggestion *XVII*: 687, 679, 713.
Raspeln, Metazoen *XIII*: 54.
Rasse, Begriff *XVII*: 905, *XVII*: 907.
—, Bildung *XVII*: 986ff.
—, —, Klimawirkung *XIII*: 254; *XVII*: 549.
—, endokrines System und *XVII*: 804.
—, Geschwulstbildung und *XIV/2*: 1699.
—, jüdische, Lebensdauer *XVII*: 763.
—, mediterrane *XVII*: 985.
—, Merkmale, ihre Korrelation *XVII*: 984.
—, —, seelische *XVII*: 987.
—, mongolische *XVII*: 986.
—, nordische *XIII*: 256; *XVII*: 988.

(Rasse), ostische *XIII*: 256.
—, vorderasiatische *XVII*: 986.
Rasselgeräusche, Atmung *II*: 302.
Rassenänderung, Chromosomen und *XIV/2*: 1220.
Rassenbastarde *XVII*: 939.
Rassenhydrocephalie, Hunde *X*: 1235.
—, Vögel *X*: 1235.
Rassenhygiene *XVII*: 988.
Rassenhygienische Maßnahmen *XVII*: 1183.
Rassenindex, biochemischer *XIII*: 491.
Rassenkreuzung *XVII*: 912, *XVII*: 949.
—, menschliche, Bastarde bei *XIII*: 257.
Rassenlehre *XVII*: 966.
Rassensenilismus *XVII*: 767.
Rationalisierung, technische *XV/1*: 523.
—, Organismen *I*: 622.
Rattenbißkrankheit, Immunität *XIII*: 597, 631.
Rattenrachitis s. Rachitis, Ratten.
Rattensarkom *XVII*: 741.
—, Immunisierung *XIII*: 503.
Rauch *II*: 483, 487.
Raum, euklidischer *XV/2*: 835.
—, Isotropie des (v. KRIES) *XI*: 35.
—, kategorischer *XVII*: 640.
—, Koordinaten *XII/2*: 1007.
—, Lokalisation *XI*: 38.
—, Sehraum *XII/2*: 835.
—, subjektiver und objektiver *XII/2*: 834.
Raumbezeichnung, personale *XI*: 43.
Raumgitter, kolloides System *I*: 166.
—, komplexes (Embryonalfeld) *XIV/2*: 1084.
Räumliche Klarheit (körperl. Arbeit) *XV/1*: 685.
Raumparasitismus *I*: 630.
Raumschwelle, optische *XII/2*: 753.
Raumsehen beim Fliegen *XV/1*: 364.
Raumsinn *XI*: 32; *XII/2*: 753, *XII/2*: 755ff., 770.
—, Augenbewegungen und *XII/2*: 1092.
—, Diskrepanzen *XII/2*: 836, *XII/2*: 845ff.
—, Doppelauge *XII/2*: 891ff.
—, Druckempfindungen *XI*: 115.

(Raumsinn), Einzelauge *XII/2*: 839.
—, Empfindungsanalyse *XII/2*: 834.
—, Grenzen *XII/2*: 839.
—, Lichtsinn, gegenseitiges Verhältnis *XII/2*: 758.
—, Lokalzeichentheorie *XII/2*: 992, 1000.
—, okulomotor. Theorie *XII/2*: 993.
—, optischer *XII/2*: 751, *XII/2*: 834ff.
—, Projektionstheorie *XII/2*: 990.
—, Schielen und *XII/2*: 956.
—, Störungen *X*: 749.
—, Theorien *XII/2*: 988ff.
—, Unterschiedsempfindlichkeit *XII/2*: 843.
Raumvorstellung *XI*: 34.
Raumwahrnehmung *XI*: 33, *XI*: 36.
Raupen, Gifte *XIII*: 140.
—, Nahrungsaufnahme *III*: 52.
—, Ortsbewegung *XV/1*: 289.
Rauschbranderreger, tierspezifische Abstimmung der *XIII*: 521.
Räuspern, automatische Mechanismen *X*: 174.
RAYLEIGH-Gleichung *XII/1*: 358, 363, 365, 403, *XII/1*: 511, 528, 591; *XII/2*: 536, 1562.
—, erweiterte *XII/2*: 1563.
RAYNAUDsche Krankheit *VII/2*: 1703; *XVI/2*: 1346.
Reagine, Idiosynkrasie *XIII*: 776.
—, Entozoenstoffe *XIII*: 789.
—, fixe *XIII*: 778.
—, Nachweis *XIII*: 775.
—, Neutralisation *XIII*: 779.
— Serumkrankheit *XIII*: 766, 779.
Reaginogene Organe *XIII*: 779.
Reaktion, anamnestische Antikörperbildung *XIII*: 450.
—, anaphylaktische, isolierter, glatter Muskeln *XIII*: 653.
—, chemische, Blut- s. Blut, Reaktion sowie Reaktionsregulierung.
—, —, Gewebe bei Entzündung *XIII*: 349.
—, —, Membranen, s. Reaktionsverschiebungen an Membranen.
—, —, Ödem *XVII*: 265.

(Reaktion), chemische,
Säuglingsstuhl *III*: 1321.
—, —, Schweiß *IV*: 728.
—, —, Zelle und Farbstoff-
bindung *I*: 451;
XVII: 170.
—, decerebrierter Tiere
X: 419.
—, disjunktive *X*: 581.
—, einfache, Reaktionszeit
X: 531.
—, elektromotorische, Pflanzen *VIII/2*: 868.
—, Hirnverletzte, Versuche
an *X*: 829.
—, hormonale *XV/1*: 11;
XVI/1: 596.
—, —, Störungen
XIV/1: 561; *XVI/2*: 1487.
—, hydriatische *XVII*: 448.
—, kortikale Umkehrung
X: 447.
—, Lidschlag *X*: 545.
—, lymphocytäre, bei Ent-
zündung *XIII*: 333.
—, muskuläre *X*: 540, 542.
—, —, Beziehung zu den Reflexen *X*: 544.
—, nervöse, exp. Elektrokution und *VIII/2*: 963.
—, photochemische, Kott-
mannsche *XVI/1*: 255.
—, physiologische, Schädigungen und *XIII*: 279.
—, psychologische, Definition *X*: 525.
—, psychomotorische, beim
Fliegen *XV/1*: 366.
—, rhythmische, des Zentralnervensystems *X*: 85.
—, sensorielle *X*: 540.
—, thermotropische, Keim-
wurzeln *XI*: 167.
—, —, Sprotten *XI*: 170.
—, Wachstum, energielie-
fernde *I*: 32.
—, Wasserhaushalt
XVII: 188.
Reaktionsakinese *XVII*: 713.
Reaktionsaufgabe, Aufmerk-
samkeitseinstellung
X: 539ff.
—, Erschwerung, innere
X: 534ff.
Reaktionsausgleich, Blut und
Atemzentrum
XVI/1: 1102, 1104.
Reaktionsbasis, historische
(Driesch) *I*: 14.
Reaktionsbewegungen, Ba-
salganglienkranker *X*: 343.
—, Rotation und *XI*: 878.
Reaktionsgeschwindigkeits-
Temperatur-Regel s.
RGT.-Regel.

Reaktionshandlung, Kom-
ponenten *X*: 527.
Reaktionsisoplethe (-iso-
hydre) *VI/1*: 501.
Reaktionsmöglichkeiten, erb-
biologische *XVII*: 912.
Reaktionspräzisionsschwelle
X: 530.
Reaktionsregulierung, Blut,
Atmung, Mittel der
II: 344; *XVI/1*: 1101.
—, —, Basenüberschuß
XVI/1: 1132.
—, —, Basenverminderung
XVI/1: 1131.
—, —, Gewebeanteil
XVI/1: 1149.
—, —, Ionenaustausch zwi-
schen Plasma und Ge-
webe *XVI/1*: 1098.
—, —, Kreislauf und
XVI/1: 1153.
—, —, Leber, ihre Bedeutung
für die *XVI/1*: 1151.
—, —, Nierentätigkeit und
XVI/1: 1137.
—, —, Schweißsekretion,
Mittel der *XVI/1*: 1159.
—, —, serumeigene Puffer
XVI/1: 1094.
—, Säureüberschuß und
XVI/1: 1109.
Reaktionstheorie, Vitalfär-
bung *I*: 451.
Reaktionstypus, epileptischer
XVII: 1177.
—, optischer (Tagesrhyth-
men) *XVII*: 644.
—, osmatischer, Tagesrhyth-
men *XVII*: 644.
—, schizophrener
XVII: 1155.
—, taktiler *XVII*: 644.
—, — (Tagesrhythmen)
XVII: 644.
—, zirkulärer *XVII*: 1151.
Reaktionsverschiebung an
Membranen *I*: 139.
— — — bei Durchströmung
VIII/2: 693.
Reaktionszeit *XVIII*: 268.
—, Ariolimax *IX*: 151;
X: 525ff.
—, Aktionsströme *X*: 536.
—, Allgemeingültigkeit
X: 534.
—, Arbeitskurve, normale
und *X*: 589.
—, Armreaktion *X*: 564.
—, Aufmerksamkeitsablen-
kung *X*: 578.
—, Betonungsverhältnisse,
Aufmerksamkeit usw.
X: 539.
—, Definition *X*: 525.

(Reaktionszeit), Drehempfin-
dung *XI*: 917.
—, Druckempfindung
XI: 98.
—, eigentliche, und Anticipa-
tion, Unterscheidung
X: 530.
—, Einstellung, objektive,
des Reagenten *X*: 526.
—, Ergebnisse, generelle
X: 526.
—, Erregung und Hemmung
X: 536.
—, Fingerreaktion *X*: 564.
—, Geruch *XI*: 298.
—, Geschmack *XI*: 392.
—, Hirnreflex *X*: 545.
—, Instinkt und *X*: 526.
—, Kontrolle *X*: 528.
—, Korrelation zur Bewe-
gung *X*: 560.
—, Medikamente und *X*: 590.
—, Messung, Selbstbeobach-
tung *X*: 527.
—, muskuläre Einstellung
X: 530.
—, negative *X*: 529.
—, Pflanzen *II*: 1017.
—, Polychätenwürmer
IX: 151.
—, psychopathologische Ver-
änderungen *X*: 593.
—, Reaktionsglied und
X: 567.
—, Reize, akustische
X: 581.
—, —, Dauer und Verände-
rungsrichtung *X*: 554.
—, Schmerzempfindung
XI: 191.
—, sensorielle Einstellung
X: 539.
—, Serienreaktionen *X*: 585.
—, Subtraktionsprinzip
X: 545.
—, Suggestion *X*: 531.
—, Straßenbeleuchtung
X: 589.
—, Streuungsmaß *X*: 543.
—, Systematik, ältere, Sub-
traktionsprinzip *X*: 545.
—, Temperaturreize *X*: 549;
XI: 152.
—, Tonhöhe *X*: 551.
—, Trägheitszustand, psy-
chopathischer *X*: 529.
—, Unfallneurosen *X*: 594.
—, Vorperiode *X*: 557.
—, Vorsignal *X*: 554.
—, vorzeitige Reaktion
X: 528.
—, Widerstand und Zunahme
der *X*: 566.
Reaktionszentrum, vegeta-
tives *XVI/2*: 1820.

Realisationsfaktoren (ROUX) *XIV/2*: 1215.
Realität optischer Täuschungen *XII/2*: 1249.
Realitätscharakter, Traumeindrücke *XVII*: 630.
Realwerte des Menschen *XV/1*: 519.
Reblaus, Heterogonie *XIV/1*: 87.
Rebound *IX*: 640, 655; *X*: 70f., 273, 434f., 999.
Receptionsorgane s. unter Einzelnamen Bd.*XI*, *XII*.
Receptive Substanz, Skelettmuskel *VIII/1*: 209.
Receptivfeld *IX*, 758.
Receptor, Ei *XIV/1*: 140.
—, Reagententheorie, Farbensinn *XII/1*: 581.
—, Spermatozoon*XIV/1*:140.
Receptoren *I*: 301, 697.
—, Darm, Novocainwirkung *XVI/1*: 915.
—, Energieumwandlung in *I*: 271.
—, entoptische Erscheinungen und *XII/1*: 233.
— mitogenetischer Strahlen *XVI/1*: 846.
—, Schwerkraft *I*: 244; *XII/2*: 873.
—, Sehorgan *XII/1*: 591.
—, serologische, gruppenspezifische *XIII*: 428.
—, —, haptophore Gruppe *XIII*: 417.
—, —, heterogenetische *XIII*: 427.
Receptorentheorie, serologische *XIII*: 476.
Receptorische Peripherie, autonomes Nervensystem *XVI/2*: 1806ff.
— —, vegetat. System *XVI/2*: 1820.
Receptorisches Gebiet, Funktionswandel *XVIII*: 403.
Recessus Morgagni *II*: 327.
Recessusniere *IV*, 804.
Rechenstörungen *XV/2*: 1503.
—, Lokalisation *X*: 799.
Rechtschreibung, Störungen *XV/2*: 1502.
Rechtshändigkeit *XV/2*: 1064.
—, Sprache und *XV/2*: 1442.
Reciprocal beating oder rhythm *VII/1*: 642.
Reciprocating rhythm *VII/1*: 549.
Recurrens, Schluckakt *III*: 361.

Recurrensspiromosen im Liquor *X*: 1221.
Redien, Fasciola hepatica *I*: 655.
Reduktase, Milch *XIV/1*:648.
Reduktion, chemische, Gehirn *IX*: 561, 564.
—, — und Oxydation ohne Katalysator *I*: 57.
—, — — —, Theorie *I*: 38.
—, Ernährungsorgane bei Algensymbiose *I*: 674.
—, Oxydationspotentiale *I*: 43.
— (Rückdifferenzierung), Tumoren *XIV/2*: 1300.
—, Transformation (Farbensehen) *XII/1*: 643ff.
Reduktionsfermente *II*: 3.
Reduktionskörper, Schwämme *XIV/1*: 41.
Reduktionsteilung *XIV/1*: 86; *XVII*: 914, 929, 943, 944.
—, Einzelliger *XIV/1*: 14, 21.
Reduziertes Auge *XII/1*: 93; *XII/2*: 769.
Reflektorische Hemmung *X*: 1010.
— Trägheit, Pupille *XII/1*: 181.
Reflexakt, umgekehrter *IX*: 629.
Reflexapparate, selbständige *IX*: 815; *XV/2*: 1149.
Reflexasthma *II*: 377.
Reflexbahnen, System der Zweifel *X*: 516.
Reflexbewegungen *IX*: 821; *X*: 38; *XVII*: 693.
Reflexbogen *IX*: 30.
—, Darmwand *IX*: 801.
—, Gefäßreflex *VII/2*: 955.
—, —, efferente Fasern *VII/2*: 944.
—, Gefäßreflexzentren *VII/2*: 938.
—, Narkose *I*: 533.
Reflexdepression, Immobilisationszustände *XVII*: 696.
Reflexe *X*: 35ff., 973ff.
—, Acromial- *X*: 982.
—, alliierte *IX*: 639.
—, antagonistische *XVII*: 698.
—, assoziative *X*: 499.
—, Auge-Ohr, Beziehungen *XI*: 465.
—, Augenbewegung, Bahnen *XII/2*: 1154.
—, Ausbreitung *IX*: 792.
—, Auslösungsort: Aneurysmen und Angiome *XVI/2*: 1198.

(Reflexe. Auslösungsort):
Auge *XI*: 465; *XVI/2*: 1173.
—, —: äußere Receptoren *XVI/2*: 1173.
—, —: Baucheingeweide (Klopfversuch von GOLTZ) *XVI/2*: 1187.
—, —: Gefäße, auf das Herz *XVI/2*: 1191.
—, —: Geschmacksorgan *XVI/2*: 1176.
—, —: Haut *XVI/2*: 1163, *XVI/2*: 1166, 1173; *XVII*: 519.
—, —: innere Organe *XVI/2*: 1163, 1176.
—, —: Lunge, auf das Herz *XVI/2*: 1184.
—, —: Nasenschleimhaut *XVI/2*: 1175.
—, —: Ohr *XI*: 465; *XVI/2*: 1174.
—, —: Perikard, auf das Herz *XVI/2*: 1184.
—, autogene *X*: 37.
—, Automatismen, Unterschied *X*: 534.
—, autonome *XVI/2*: 1165, *XVI/2*: 1748, 1750, 1753.
—, — Irradiation *XVI/2*: 1807.
—, Bahnung durch Versteifungsinnervation *XV/1*: 632.
—, bedingte *IX*: 44; *X*: 503ff.; *XV/1*: 18; *XVI/1*: 1067.
—, —, Methodik *X*: 430.
—, —, Schilddrüsenmangel *XVI/1*: 230.
—, —,Schilddrüsenüberfunktion *XVI/1*: 228.
—, Beeinflussung *X*: 50, 90.
—, —, zentrale *X*: 643.
—, cytokinetische *XV/1*: 120.
—, Darm *III*: 463.
—, Dauer *XVII*: 692.
—, Definition *IX*: 28.
—, depressorische *VII/2*: 937.
—, Dorsalflexoren, Fuß *X*: 981.
—, dynamische *XV/1*: 106, *XV/1*: 107, 108.
—, einfache *X*: 56.
—, elektrisches Organ *VIII/2*: 904.
—, empfindungsfreie *XVII*: 521.
—, epigastrale *X*: 993.
—, Ermüdung *IX*: 758, 784.
—, exteroceptive *X*: 991; *XV/1*: 33.
— im Flugzeug *XV/1*: 378.
—, freier Fall und *XV/1*: 70.

(Reflexe), galvanische, Fische
XI: 808, 831.
—, —, nach Labyrinthexstirpation XI: 853.
—, —, Vögel XI: 852.
—, Gang, Koordination
X: 42.
—, Gefäße $VII/2$: 937, 938,
$VII/2$: 944, 955;
$XVI/2$: 1103, 1173, 1257.
—, gegenseitige X: 165.
—, gekreuzte X: 165.
—, Gestaltwandel X: 90, 643.
—, Halsdrehung nach einseitiger Labyrinthexstirpa-
tion, nichtlabyrinthäre
$XV/1$: 76.
—, Hand- und Fingerbeuger
X: 981.
—, Herz, von Gefäßen aus-
lösbar $XVI/2$: 1191.
—, —, von Haut und inneren
Organen auslösbar
$XVI/2$: 1163, 1173.
—, —, von Lungen auslösbar
$XVI/2$: 1184.
—, —, vom Perikard auslösbar $XVI/2$: 1184.
—, isolierte
$XV/2$: 1193, 1196.
—, Kettenreflexe IX: 787;
X: 164.
—, klinisch wichtige X: 973.
—, kortikale, cortico-spinale
Leitungsbahn und X: 906.
—, Lage-, Haltungs- s. Reflexe, statische.
—, lokomotorische $XV/1$: 17.
—, Muskeldegeneration und
(VULPIAN-CHARCOT)
$VIII/1$: 574.
—, myotatische $VIII/1$: 200;
IX: 720; $XV/1$: 33.
—, Nachentladung IX: 786.
—, Nahrungsaufnahme
X: 1004.
—, Niere, Bahnen IV: 362.
—, nozizeptive X: 42.
—, pathologische X: 90.
—, phasische IX: 705.
—, pressorische $VII/2$: 937.
—, propriozeptive
X: 60, 974;
$XV/1$: 33.
—, pseudoaffektive X: 1008.
—, psychogalvanische
$XVI/1$: 1067.
—, rebound IX: 640, 655;
X: 70, 273, 434, 999.
—, Reiz und Reizgestalt
X: 35.
—, Reizfrequenz und Aus-
lösung von IX: 634.
—, rezeptives Feld X: 40.
—, rhythmische X: 1000.

(Reflexe), Richtungsumkehr
durch Reizung der effe-
renten Strecke IX: 629.
—, Rücken: X: 982.
—, Rückschlagskontraktion
IX: 640, 655; X: 70, 273,
X: 434, 999.
—, Schlaf und XVII: 572.
—, schwache und starke
IX: 758; $XV/2$: 1057,
$XV/2$: 1148, 1205.
—, Segmentlokalisation
X: 150.
—, spinale, und Lokalzeichen
X: 420.
—, statische: Auslösungsort
$XV/1$: 105.
—, —, klinisch wichtige
X: 984.
—, —, kompensator. Flossenstellungen $XV/1$: 101.
—, —, nach Labyrinthexstirpation XI: 833, 859;
$XV/1$: 76, 104, 105.
—, —, optische Einflüsse
$XV/1$: 105.
—, statokinetische $XV/1$: 46.
—, —, Stellungsänderung
eines Körperteiles
$XV/1$: 47.
—, —, Verschiebung des Ge-
samtkörpers $XV/1$: 47.
—, tonische X: 407; XI: 791,
XI: 893; XVII: 700.
—, trophische X: 1161, 1162.
—, typisch nur unter gleichen
Bedingungen $XV/2$: 1190.
—, ubiquitäre $XV/2$: 1179.
—, vasoconstrictorische
$XVI/2$: 1257.
—, Verstärkung X: 48.
—, vestibulare, Drehbewe-
gungen XI: 939.
—, —, Progressivbewegun-
gen (Linearduktionen)
XI: 830, 847.
—, viscero-viscerale X: 1072.
—, Zusammenwirken X: 42,
X: 74, 96.
Reflexepilepsie, Haustiere
X: 1254.
Reflexerregbarkeit IX: 635;
X: 51.
—, Abkühlung I: 532.
— gehirnloser Tiere IX: 824.
—, Immobilisationszustände
XVII: 690, 711.
—, Insulin $XVI/1$: 630.
—, Labyrinthexstirpation
XI: 818.
—, Sauerstoffmangel II: 17.
Reflexerythem $VII/2$: 944,
$VII/2$: 1562, 1568.
„Reflexfigur" IX: 761.
Reflexgesetze X: 35, 54.

Reflexhemmung IX: 645ff.
Reflexhypertonie $VII/2$:1348,
$VII/2$: 1353.
Reflexlehre XVIII: 399.
Reflexnachentladung (after-
discharge. FORBES)
IX: 786.
Reflexrepubliken IX: 815;
$XV/2$: 1179.
Reflexschwebungen IX: 650.
Reflexspaltung IX: 757ff.
Reflextaubheit, Pupille
$XII/1$: 180.
Reflexumkehr IX: 755ff.;
X: 68, 95, 651, 1008;
$XV/2$: 1057, 1205.
—, Ermüdung IX: 758.
—, hemmende Bahnen
IX: 758.
—, Strychninvergiftung
X: 1035.
Reflexzeit IX: 666ff.
—, gekreuzte Reflexe IX:691.
—, Kopfdrehreflex XI: 823.
—, Reizstärke und IX: 666.
Reflexzeiten, Mensch, Tabellen IX: 669.
Reflexzentren, „aktive" und
„passive" IX: 32.
—, Gefäßreflexe $VII/2$: 938.
—, sympathische Ganglien als
$XVI/2$: 1750.
Refraktärstadium, Aktionsströme $VIII/2$: 713.
—, elektrisches Organ
$VIII/2$: 903.
—, Evertebraten $VII/1$: 39.
—, Herz $VII/1$: 428, 543ff.,
$VII/1$: 549, 579, 679;
XVIII: 183.
— kortikaler Zentren X:436.
—, Muskeln $VII/1$: 55;
$VIII/2$: 713.
—, Nerv I: 312; IX: 206ff.,
IX: 220.
—, Nervmuskelpräparat
$VIII/1$: 306.
—, Neuron IX: 761.
—, Reflexe IX: 662.
—, Rhythmizität und
IX: 697.
—, Zentralnervensystem
IX: 622, 697.
Refraktion, Auge, axiale
$XII/1$: 91.
—, Blut $VI/1$: 539ff.;
XVII: 186, 193.
—, Exsudate $VI/1$: 548.
Refraktionsanomalien, Auge
$XII/1$: 70, 114ff., 125.
„Refrakto-viscosimetrischer
Quotient" (Definition)
$VI/1$: 627.
refractoriness, partial
$VII/1$: 549, 579.

Regeneration *XIV/1*: 903ff., *XIV/1*: 1080ff., 1114ff., *XIV/1*: 1141ff.; *XVIII*: 363.
—, akzidentelle (nach Verwundung) *XIV/1*: 1081.
—, autogene *IX*: 142, 314.
—, Autotomie *XIII*: 272.
—, Bindegewebe *XIV/1*: 1166.
—, Blut *VI/2*: 776.
—, Chromosomen *XIV/1*: 1087.
—, Differenzierung und *I*: 620.
—, Drüsen *XIV/1*: 1166.
—, Ernährung und *XIV/1*: 1142; *XIV/2*: 1680.
—, Fibrillennetz *IX*: 141.
—, Formgleichgewicht *XIV/1*: 1088.
—, Geschwulstbildung und experimentelle *XIV/2*: 1673, 1675, 1685.
—, Gewebezüchtung *XVIII*: 384.
—, Haut *XIV/2*: 1166.
—, heterogene *IX*: 323.
—, homogene *IX*: 324.
—, Hypophyseneinfluß und *XVI/1*: 772.
—, Keimdrüsen *XIV/1*:1081; *XVII*: 827.
—, Knochengewebe *XIV/1*: 1167.
—, Kompensation *XIV/1*: 1088.
—, Linse aus Iris *XIV/1*: 1084.
—, Mensch *IX*: 139, 265; *XIV/1*: 1141ff.
—, —, autonome *X*: 1060.
—, Muskeln *VIII/1*: 540,552, *VIII/1*: 557.
—, Nerven, einzelner *IX*:327.
—, —, Energie *IX*: 321.
—, Nerveneinfluß *XIV/1*: 1093, 1184.
—, perpetuelle *I*: 20.
—, Pflanzen *XIV/1*: 1114ff.
—, —, primäre *XIV/1*: 1115.
—, —, sekundäre *XIV/1*: 1116.
—, —, spezifische Substanzen *XIV/1*: 1136.
—, —, tertiäre *XIV/1*: 1116.
—, physiologische (ohne Verwundung) *XIV/1*: 1081.
—, Pteridophyten *XIV/1*: 1118.
—, Pulmonaten *XVI/1*: 1799.
—, Regulation durch Umweltfaktoren *XVI/1*: 807.

(Regeneration), Reize, kombinierte, und Geschwulstbildung *XIV/2*: 1673.
—, Richtungspolarität *XIV/1*: 1096.
—, Scherenumkehr *XIV/1*: 1092.
—, Schleimhaut *XIV/1*:1166.
—, Schnabel *XIV/1*: 1085.
—, Sehne *XIV/1*: 1166.
—, Teilung und *XIV/1*: 35.
—, Tibia *XVI/1*: 878.
—, Tiere *XIV/1*: 1080ff.; *XIV/2*: 1253, 1267, 1285, *XIV/2*: 1290, 1314.
—, Tritonen, Versuche an *XVI/1*: 801.
—, Umweltfaktoren und Wachstumsregulation *XVI/1*: 807.
—, Vasomotoren und *XIV/1*: 1185.
—, Zellen und Keime *XIV/1*: 1086.
—, Zentralnervensystem *IX*: 513.
Regenerationsbahn, Verlegung der *XIV/1*: 1165.
Regenerationsfähigkeit, Einschränkung *XIV/2*: 1284.
—, Klimawirkung *XVII*: 536.
Regenerationsfehler *I*: 17.
Regenerationsknospen *XIV/1*: 968, 988.
Regenerationskurve *XIV/1*: 1090.
Regenerationsmethode, Verjüngung *XVII*: 827.
Regenwurm, Gefäßsystem *VII/1*: 47.
—, Lernvermögen *IX*: 518.
—, Ortsbewegung *XV/1*:280.
—, Reaktion auf passive Krümmung *XV/2*: 1057.
—, Thermotaxis *XI*: 175.
Regression, Erblichkeitslehre *XVII*: 979ff.
Regressive Mißbildungen *XIV/1*: 1059.
Regio postcentralis *X*: 711.
— subthalamica *XVII*: 300.
Regulation s. entsprechendes Stichwort, z. B. Blutkreislauf, Regulierung.
—, autonome, nervöse Korrelationen *XVI/2*: 1729ff.
—, interhormonale *XVI/1*: 656ff.
—, nervöse *XV/2*: 1051.
Regulationseier *XIV/1*:1088, *XVI/2*: 1239, 1257, 1268.
Regulationsstörungen, vegetative *XVI/1*: 1052ff.
Regulationstiere *XIV/1*: 206.

Regurgitation *III*: 373, 1049.
Rehydratation, Agarsol *I*: 182.
Reibegeräusche, Atmung *II*: 304.
Reibung, innere, Blutkreislauf *VII/2*: 913.
Reibungskoeffizient, Atmung *II*: 305.
—, kinematischer (kolloidales System) *I*: 131.
Reichsviehseuchengesetz *XIV/1*: 653.
REID-HUNTsche Reaktion *XVI/1*: 1025.
REIDsches Phänomen *IV*: 120, 124.
Reifung, Geschlechtszellen *XIV/1*: 109ff.
—, körperliche und seelische *XIV/1*: 842.
Reifungsteilung, Eier *XIV/1*: 80, 83.
Reifungszone, Hoden *XIV/1*: 49.
Reihen, aperiodische, trigonometrische *XV/1*: 213.
Reihensprechen *X*: 772.
—, Störungen *XV/2*: 1462.
REINKEsche Kristalle *XVI/1*: 39, 65.
Reis (Edelreis), Pflanzentransplantation *XIV/1*: 1130.
Reisarten, Beriberierkrankung *V*: 1202.
REISSNERsche Membran *XI*: 485.
REISSsche Eiweißbestimmung *VI/1*: 541.
Reitbahnbewegungen (VOLTEN) *XV/1*: 112.
—, Thalamus, Ausschaltungsversuche *X*: 397, 398.
Reithosentypus, Dystrophia adiposogenitalis *XVI/1*: 444.
Reiz, adäquater *I*: 303.
—, äußerer und innerer (Entzündung) *XIII*: 285.
—, Bahnung *XV/1*: 17.
—, Begriff *I*: 269, 320; *XIV/2*: 1569ff.
—, chemischer *I*: 281, 287, *I*: 296.
—, elektrischer *I*: 281, 292.
—, —, Pflanze *VIII/1*: 103.
—, —, Stromform bei *X*:45.
—, formativer, Gewebszerfallstoff *XIII*: 327; *XIV*: 1144; *XVI/1*: 808.
—, Gefäßnervensystem, Wirkungsmechanismus *VII/2*: 1548.
—, inadäquater *X*: 36.

(Reiz), Intensität X: 46.

—, maximaler I: 284.

—, mechanischer I: 281, 287.

—, osmotischer I: 281, 289.

—, Summation $VIII/1$: 102; $XV/1$: 17.

—, tetanigener, Angriffspunkte $XVI/1$: 363.

—, thermischer I: 281, 296.

—, trophischer und formativer $XVI/1$: 808.

— s. auch entsprechendes Sinnesorgan, z. B. Auge, Ohr usw., und Sinn, z. B. Temperatursinn, Schmerzsinn.

Reizart, physikalische Dimension I: 269.

—, Reflex und X: 42.

Reizbildung, Atemzentrum II: 241.

—, Herz s. Herzreizbildung.

Reizbildungsstätte, Herz $VII/1$: 45, 539.

Reizbildungszentren, Herz $VII/1$: 45, 539.

Reizdauer, Bedeutung X: 49.

Reizempfindlichkeit, Papille $XII/1$: 231.

Reizerregung, Definition I: 277.

Reizfeld, Tropismen XI: 240.

Reizfiguranten, Unterschiede $XII/2$: 1222.

Reizfläche XI: 99, 134.

„Reizflimmern", Herz $VII/1$: 673.

Reizformen Virchows $XIV/1$: 919.

Reizfrequenz, Reflexe und IX: 642.

—, Erregungsfrequenz, Nerven IX: 196.

Reizgase II: 494.

Reizgeschwülste, sichere $XIV/2$: 1551.

—, unsichere $XIV/2$: 1551.

Reizgestalt X: 37, 43.

—, physikalische, Sinnesphysiologie XI: 23.

Reizgrade, Entzündung XIII: 286.

Reizhaare XI: 100.

Reizhormon, Mimosa IX: 11.

Reizhyperämie XVII: 500, XVII: 545.

Reizklima $XVI/1$: 965; XVII: 503, 528, 539.

Reizkörpertherapie $VI/2$: 782; XVII: 273.

Reizleitung, Erregungsleitung und I: 280.

—, Herz, Ekg. und $VIII/2$: 829.

(Reizleitung, Herz), geschädigtes Gewebe $VII/1$: 575.

—, —, Störungen $VII/1$: 633.

—, Ohr XI: 411.

—, Pflanzen $VIII/2$: 864; IX: 1ff., 106; $XII/1$: 53, $XII/1$: 55.

Reizleitungssystem, Herz $VII/1$: 102; IX: 802; XVIII: 182, 184; s. auch Erregungsleitungssystem.

—, —, Verletzungen $VII/2$: 1883.

—, Magen III: 1173.

Reizlinien XI: 240.

Reizlose Ausschaltung eines Nerven IX: 188.

Reizmengengesetz, Pflanzen XI: 242, 243, 1018; $XII/1$: 49.

Reizmotiv, Reaktionszeit X: 530, 546.

Reiznachwirkung, Zentralnervensystem IX: 622.

Reizorgane (Wollustorgane), Bildung von $XIV/1$: 51.

Reizort, Reflexgesetze X: 37.

Reizperzeption, Pflanzen $XII/1$: 54, 56, 57.

Reizphysiologie, elektrische $VIII/2$: 657.

Reizpunkte, Drucksinn XI: 103ff.

—, Muskeln $VIII/2$: 583, 596, $VIII/2$: 601.

—, Nerven IX: 344.

—, Schmerzsinn XI: 181ff.

—, Temperatursinn XI: 131ff.

Reizqualität X: 39.

—, Reizstärke und I: 281.

Reizrelation, Konstante, Auge $XII/2$: 1502.

Reizschwelle I: 283ff., 319.

—, Auge, Flächengröße und $XII/1$: 398.

—, —, Gesichtswinkel und $XII/1$: 323.

—, —, Verteilung im $XII/1$: 321.

—, Einschleichen der Reize I: 282.

—, Kälte- und Wärmepunkte XI: 131.

—, Pflanzen, Licht $XII/1$: 48, $XII/1$: 52.

—, Vestibularapparat, Nystagmus XI: 981.

Reizspannung, absolute IX: 276.

Reizstärke, Entzündung XIII: 287.

(Reizstärke), Nerv, Fortpflanzungsgeschwindigkeit der Erregung IX: 183.

—, —, Gaswechsel IX, 389.

—, Reizbarkeit des Herzmuskels, zur $VII/1$: 550.

—, Reizqualität I: 281.

Reizstoffe, Hemmungsstoffe und IX: 26.

—, intrazentrale IX: 641, IX: 644, 783.

—, Pflanzen $XII/1$: 51, 54.

—, Saatgutstimulation $XVI/2$: 1689.

Reiztheorie, Geschwulstbildung $XIV/2$: 1551, $XIV/2$: 1565—1574.

Reiztherapie, Bäderwirkung und XVII: 462.

Reiztransformation, Nerv IX: 197.

Reiztransmission, Pflanzen $XII/1$: 53.

Reizträume XVII: 578.

Reizung, Strahlenwirkung XVII: 372.

—, „schwebende" IX: 650.

—, Temperaturnerven, chemische XI: 136.

— und Reizstellen s. entsprechendes Organ, z. B. Ohr, Auge usw.

Reizungsparosmien, Geruch XI: 280.

Reizvermittler, photochemischer $XII/1$: 364.

Reizverzug $VII/2$: 1615.

Reizzeit IX: 676ff.

Rekonvaleszenz, Eiweißansatz $XVI/1$: 956.

Rekordprinzip, Lebensvorgänge I: 325.

Rekrystallisation, Oberflächenspannung und I: 109.

Rektaltemperatur XVII: 11, XVII: 84.

Relationsphysiologie X: 1154, X: 1155, 1159.

„Relativitätssatz" (Pauli) $XII/2$: 1447.

Remanenz, Endolymphe bei Drehung XI: 917, 929.

Remissionsverhältnis (Sehen) $XII/2$: 1501.

Renculiniere, Hufniere IV: 804.

Reparation, Pflanzen $XIV/1$: 1115.

Replantation $XIV/1$: 1098.

Repräsentanten (Nervensystem) $XV/2$: 1184.

Reproduktion, Pflanzen $XIV/1$: 1115.

Reproduktionszeiten, Reaktionszeit X: 533.

Reptilien, Akkommodationslehre, vergleichende
XII/1: 160.
—, Atmung *II*: 20.
—, Augenbewegungen, vergleichend *XII/2*: 1125.
—, Färbung, abnorme
XIII: 237.
—, Gifte *XIII*: 154.
—, Lautproduktion
XV/2: 1242.
—, Mittelohr *XI*: 432.
—, osmotischer Druck
XVII: 151.
—, Schilddrüsenwirkung, morphogenetische
XVI/1: 750.
—, Tangoreception *XI*: 78.
—, Vestibularapparat, Funktion *XVIII*: 296.
—, Wärmeregulation
XVII: 5.
Repulsivwirkung. chemotaktische *XI*: 249.
—, chemotropische *XI*: 244, *XI*: 249.
Resektion des Magens s. Magenresektion.
Reserveluft *II*: 83, 340, 484.
—, körperliche Arbeit und
XV/2: 849.
—, Körperstellungen und
XV/2: 847.
Reserven, Zellmaterial
XVII: 741.
Reservestoffe, Paramaecien
III: 20.
—, Pflanzen *V*: 330.
—, Rhizopoden *III*: 22.
Residualblut *VII/2*: 1182.
—, Menge *XVI/2*: 1295.
Residualluft *II*: 83, 84, 340, *II*: 484.
Resistenz, Erythrocyten
VI/1: 210, 564; *XV/1*: 719.
— gegen Infektion
XVIII: 329.
—, Immunität, Allgemeines
XIII: 529.
—, —, Alter und *XIII*: 545, *XIII*: 556.
—, —, Beeinflussung
XIII: 555ff.
—, —, Blutverlust und
XIII: 575, 583.
—, —, Blutverteilung
XIII: 576.
—, —, Durchseuchungsfolge
XIII: 531.
—, —, Entzündung und
XIII: 547.
—, —, Erkrankungen, konstitutionelle und
XIII: 575.

(Resistenz, Immunität), Geschlecht und *XIII*: 545.
—, —, Hunger und
XIII: 562.
—, —, Jahreszeit und
XIII: 583.
—, —, Klima und *XIII*: 582.
—, —, Körpertemperatur und
XIII: 438, 571, 576.
—, —, Nahrung und
XIII: 563.
—, —, natürliche *XIII*: 513.
—, —, Schwangerschaft
XIII: 557.
—, —, Stoffwechsel
XIII: 557.
—, —, Trauma und
XIII: 583.
—, —, Übermüdung
XIII: 545, 583.
—, —, Vitaminmangel (C-Vitamin) *V*: 1232.
—, —, Winterschlaf und
XIII: 539.
—, —, Winterschläfer gegenüber Vergiftungen
XVII: 113.
Resistenzsteigerung (Immunität) *XIII*: 393, 585, 604.
Resonanz, Atemgeräusche
II: 287.
—, diagonale *XI*: 448.
—, Nasennebenhöhlen
XV/2: 1355.
Resonanzhypothese, nervöses Geschehen *IX*: 37, 193; *XV/2*: 1119, 1197; *XVIII*: 405.
Resonanztheorie, Bronchialatmen *II*: 298.
—, Hören *XI*: 460, 530, 575, *XI*: 672ff.; *XVIII*: 295.
Resonatoren, Sprachlaut, Analyse *XV/2*: 1403.
Resonatorströme, lokale Wirkungen *VIII/2*: 995.
—, reflektorische Wirkungen
VIII/2: 996.
Resorption, Bauchhöhle
IV: 155.
—, Darm *IV*: 3ff.; *XVIII*: 78ff.
—, —, Alkalisalze *IV*: 69.
—, —, Alkohol *IV*: 78.
—, —, Allgemeines *IV*: 3.
—, —, Cholesterin *IV*: 74.
—, —, Eisen und andere Metallsalze *IV*: 72.
—, —, Eiweiß *IV*: 43; *XVIII*: 84.
—, —, Farbstoffe *IV*: 70.
—, —, Fette *IV*: 52.
—, —, — bei Pankreatitis
III: 1257.
—, —, Fettwege *IV*: 65.

(Resorption, Darm), Gase
IV: 77.
—, —, Kohlehydrate *IV*: 37.
—, —, korpuskuläre Elemente *IV*: 80.
—, —, Lecithin *IV*: 75.
—, —, Marasmus und
IV: 21.
—, —, Nucleinsäuren *IV*: 77.
—, —, Pharmakologie
IV: 100.
—, —, Purinkörper *IV*: 77.
—, —, Serum *IV*: 33.
—, —, Störungen *IV*: 82ff.
—, —, Wasser *IV*: 6, 88.
—, Darmzotten *III*: 661.
—, Dickdarm *IV*: 10.
—, Gallenblase *IV*: 607.
—, Harnblasenschleimhaut
IV: 868.
—, Haut, Allgemeines *IV*: 107; *XVIII*: 85.
—, —, Bäder *XVII*: 462.
—, Lunge *II*: 474.
—, Magen *IV*: 5.
—, Magendarmkanal, Pharmakologie *IV*: 100.
—, Mechanismen
IV: 19, 153.
—, Nierenbecken und Ureter, Alkaloide *IV*: 815.
—, parenterale und Kreislaufstörung *VII/2*: 1723.
—, Periodik der *IV*: 180.
—, Peritoneum, Allgemeines
IV: 152, 156.
—, —, Blutwege und Lymphwege bei *IV*: 160.
—, —, Farbstoffe *IV*: 160.
—, —, Hemmung der *IV*: 157.
—, —, kolloide Substanzen
IV: 159.
—, —, krystalloide Lösungen
IV: 152.
—, —, Oberfläche, resorbierende *IV*: 157.
—, —, Osmose und Diffusion bei der *IV*: 155.
—, —, Peristaltikeinfluß auf
IV: 157.
—, —, Scheidewände, endotheliale, und *IV*: 157.
—, —, Strömungsgeschwindigkeit von Blut und Lymphe *IV*: 159.
—, —, Wege der *IV*: 161.
—, durch Phagocytose
XIII: 814.
—, Schleimhaut, Luftwege, kolloidale Substanzen
II: 315.
—, seröse Höhlen, Fett und korpuskuläre Substanzen
IV: 164.
—, — —, Gase *IV*: 166.

(Resorption), seröse Höhlen, Zirkulationsstörungen und *IV*: 157.

—, Theorie der *IV*: 36.

—, vergleichend *IV*: 167.

—, Wasserhaushalt *XVII*: 174, 177.

—, Wirbellose *III*: 89.

—, Wunde *XIV/1*: 1157.

—, Zellbewegung, amöboide, Bedeutung für die *VI*: 32.

Resorptionsfieber *XVII*: 95.

Resorptionsgeschwindigkeit *IV*: 154, 157, 166.

—, Kohlehydrate *V*: 471.

Resorptionsintensität *IV*: 50.

Resorptionskoeffizient *IV*: 11.

Resorptionsleistung, Uterus *XIV/1*: 553.

Resorptionsleukocytose *VII/2*: 1682.

Respiratio alternans *II*: 350.

Respiration s. Atmung und Zusammensetzungen, z.B. Atemapparat.

Respirationsapparat von BENEDICT *V*: 192.

Respirationstracheen *II*: 18.

Respirationstraktus s. Atemwege.

Respirationsversuch s. Grundumsatz.

Respiratorische Bewegungen, Luftröhre u. Bronchien *II*: 185.

— Oberflächen *II*: 10, 14.

Respiratorischer Apparat, Eigenbewegungen *XVIII*: 7.

Respiratorischer Quotient *I*: 66; *II*: 196.

— —, Arbeit und *II*: 197; *VIII/1*: 480; *XV/1*: 585, *XV/1*: 788, 791, 794ff.; *XV/2*: 869; *XVI/2*: 1379.

— —, Bedeutung *XVI/1*: 581.

— —, Chinin und *V*: 311.

— —, Diabetes *V*: 615.

— —, Entwicklung und *V*: 179; *XIV/1*: 1054.

— —, Erholung und *XV/1*: 789.

— —, Frosch *II*: 14.

— —, Lebenswochen, erste *V*: 179.

— —, Leberausschaltung *V*: 613.

— —, Pharmaka und *V*: 312.

— —, Pflanzen *V*: 366.

— —, steady state *XV/1*: 789.

Respiratorisches Epithel *II*: 66.

Responsivität *XIV/1*: 941; *XVII*: 1072.

Ressentiment, soziales *XV/1*: 651.

Restantigene *XIII*: 438.

Restblut, Herzdynamik *VII/1*: 253.

—, Herzkammern *VII/2*: 1189.

Restharn, Verletzungen des Zentralnervensystems *IV*: 863.

Restitution, Blätter *XIV/1*: 1121.

—, Hirndefekte und *X*: 686.

—, Lebermoose *XIV/1*: 1117.

—, Nerven, physiologische *IX*: 325.

—, Pflanzen *XIV/1*: 1116.

—, —, echte *XIV/1*: 1115, *XIV/1*: 1122.

—, —, Wesen *XIV/1*: 1134.

—, —, Zustandekommen *XIV/1*: 1134.

—, Pilze und Algen *XIV/1*: 1117.

—, Wurzeln *XIV/1*: 1121.

—, zelluläre *XVIII*: 23.

Restitutionskoeffizient *XV/1*: 751.

Restitutionskonstante, Basedow und Diabetes *XV/1*: 759.

—, Erholung und *XV/1*: 759.

—, Häufigkeitsverteilung der Werte *XV/1*: 572.

—, Herzkranke *XV/1*: 759.

—, R.K. *XV/1*: 752.

—, Schwankungen *XV/1*: 755.

Restitutionsproblem, experim. *XIV/1*: 344ff.; *XVIII*: 363.

Restitutionswärme, Muskel *VIII/1*: 514.

Restkohlenstoff, Definition *VI/1*: 304.

Restluft s. unter Residualluft.

Restreduktion, Blut (R. R.) *VI/1*: 291.

Reststickstoff, Blut *IV*: 539, *IV*: 540; *VI/1*: 265.

—, — bei Arbeit *XV/1*: 720.

—, Blutdrucksteigerung *VII/2*: 1367.

—, Lichtwirkung *XVII*: 337.

—, Leber *XVII*: 275.

—, physicochemische Zustandsform *VI/1*: 264.

Reststrom, elektrisches Organ *VIII/2*: 918.

Restwachstumsenergie *XIV/1*: 963.

Resultantengesetz, Haptotropismus *XI*: 87, 242.

(Resultantengesetz), Phototropismus *XII/1*: 25.

Restvalenzen *I*: 123, 165, 221.

Resynthese, oxydative *V*: 529.

Rete Malpighi, Struktur *IV*: 109.

— testis *XIV/1*: 701.

Retecytolyse ektodermaler Gebilde *XIII*: 344.

Retention s. Harnverhaltung.

—, Stickstoff *V*: 30.

Reticularzellen, Amyloidose *V*: 753.

Reticulin M. *XIII*: 739.

Reticuline *III*: 285.

Reticulocyten *VI/2*: 775.

Reticuloendothel, antiinfektiöse Wirkung *XIII*: 549.

—, Antikörperbildung *XIII*: 829.

—, Farbstoffausscheidung durch die Leber und *IV*: 780.

—, Immunität und *XIII*: 545, 586, 616.

—, Monocyten und *VI/2*: 855, *VI/2*: 877.

Reticuloendotheliales System *VI/1*: 585.

— —, Blockade *IV/2*: 1037.

— —, Blutfarbstoff und *VI/2*: 196.

— —, Hämolyse *VI/1*: 585.

— —, im Zentralnervensystem *IX*: 484.

Retina, Modell *XII/1*: 543.

—, Ölkugeln in der *XII/1*: 722.

Retinaelemente, Sensibilisierung der *XII/1*: 814.

Retinitis angiospastica *XII/2*: 1609.

Retraktion, Augen, Säugetiere *XII/2*: 1131.

—, Blutgerinnung, Bestimmung der *VI/1*: 371.

Retraktionskraft, vitale, Lunge *II*: 368.

Retraktozym *VI/1*: 397.

Reusenapparat, Infusorien *III*: 10.

REYNOLD sche Formel *VII/2*: 900, 912.

REYNOLD sches Gesetz *I*: 131.

REYNAUD sche Krankheit *XVI/1*: 1035.

Rezeptionsorgane *I*: 301.

—, Haut *XVII*: 501, 502.

Rezeptoren, Regulatoren der Motorik *XV/2*: 1189.

Rezessiver Erbgang *XVII*: 916, 971, 1152, *XVII*: 1156, 1180.

Rezidivbildung, Geschwülste
 XIV/2: 1738.
Rezidivstämme, Infektions-
 krankheiten *XIII*: 528.
Reziproke Antagonistenhem-
 mung *XVI/2*: 1748.
— Innervation, Nystagmus
 XI: 871.
— —, Sherrington *X*: 346.
RGT.-Regel s. auch unter
 Temperatur, Temperatur-
 koeffizient.
— *I*: 247, 383; *XVII*: 392.
—, Atmungsregulation
 II: 273.
—, Fieber *V*: 286.
—, Herz *VII/1*: 258.
—, Stoffwechselprozesse,
 pflanzl. *V*: 365.
—, Warmblüter, Stoffwechsel
 V: 418.
Rhabdidisten, Sexualverhält-
 nisse *XIV/1*: 297.
Rhabdom *XII/1*: 62.
Rhagadenbildung
 XIV/1: 664.
Rhamnoside, Stoffwechsel-
 verhalten *V*: 1000.
Rheinlachs, Biologie *V*: 738.
Rheobase *I*: 915; *IX*: 194,
 IX: 250; *XII/2*: 1590.
Rheoreceptoren *XI*: 81.
Rheotaxis *VIII*: 69; *XI*: 80;
 XVIII: 271, 275.
—, Fische und Amphibien
 XV/1: 136.
—, optokinetische Einflüsse
 XV/1: 138.
—, Spermatozoen
 XIV/1: 115.
—, Wasserdruck, Einfluß auf
 XV/1: 139.
—, Zustandekommen der
 XV/1: 139.
Rheotropismus *XI*: 81.
—, Fische und Amphibien
 XV/1: 136.
Rhexisblutung *VII/2*: 1643,
 VII/2: 1644.
Rhinitis atrophicans *II*: 309;
 XI: 304.
— sicca anterior *II*: 313.
— vasomotoria *II*: 311.
Rhinolalia aperta functiona-
 lis *XV/2*: 1351.
Rhizocephalen *I*: 645.
Rhizopoden, Nahrungsauf-
 nahme *III*: 4.
—, Reservestoffe *III*: 22.
Rhizothamnien, Erle
 XIV/2: 1202.
Rhodan, allgemeine Wirkung
 I: 503.
—, Kontraktur des isolierten
 Muskels *VIII/1*: 241.

(Rhodan), Speichel, Gehalt an
 III: 831.
Rhodanwasserstoffsäure
 V: 1009.
Rhodarsan, Intoxikations-
 neuritis nach *XII/2*: 820.
Rhodogenese, Purpurneubil-
 dung *XII/1*: 291.
Rhonchi, Atmung *II*: 302.
Rhumblersches Ausbrei-
 tungsphänomen
 VIII/1: 20.
Rhynchoten, Stridulations-
 organe *XV/2*: 1239.
Rhythm of development
 VII/1: 533.
Rhythmen, lunare *XVII*: 655.
—, Muskeln, quergestreifte
 XVII: 55.
—, Tagwechsel usw.
 XVII: 644ff.
Rhythmenbildung, Nerven.
 IX: 369.
Rhythmik, lebende Substanz,
 allgemeine Eigenschaft
 VII/1: 49.
—, Quallenbewegung
 IX: 810.
— zentraler Erregungen
 IX: 702.
Rhythmus, Aktivität und
 Ruhe *XVII*: 647.
—, Gefühl für *XVII*: 640.
—, Klima *XVII*: 527.
—, Reflex und *X*: 88—89.
Rhythmusapparat (Wundt)
 X: 557.
Rhythmusstörungen, Herz
 XVI/1: 1027, 1273.
Ribbert-Cohnheimsche
 Theorie, Geschwulst-
 bildung *XIV/2*: 1509.
Ribotsche Regel
 XV/2: 1443.
Richardsonsche Regel
 I: 544.
Richtersches Gesichts-
 dreieck *III*: 311.
Richtung. Orientierung
 XV/2: 1006.
—, Schwerereiz *XI*: 1018.
Richtungsdiskrepanzen, Auge
 XII/2: 854ff.
Richtungsheteromorphose
 XIV/1: 1097.
Richtungshören *XVIII*: 295.
Richtungskörperchen
 XIV/1: 110.
Richtungslinie, Auge
 XII/1: 103.
Richtungslokalisation
 XV/2: 999ff.
Richtungspolarität, Regene-
 ration *XIV/1*: 1096.
Richtungsschritte *I*: 3.

Richtungsschwelle, Tango-
 receptoren *XI*: 116.
Richtungssehen *XII/1*: 8.
Richtungssinn *XV/2*: 975.
Richtungswahrnehmung,
 akustische *XI*: 604, 606,
 XI: 607, 612;
 XVIII: 287.
—, —, Zeittheorie *XI*: 612.
—, Vibrationssinn
 XVIII: 289.
Richtungszeichen *I*: 3.
Richtungszentren *X*: 258,
 X: 259, 300, 303, 305, 317.
Ricin, Verhalten im mensch-
 lichen Organismus
 XIII: 516.
Ricinusöl, Darmwirkung
 III: 540.
Rickers Stufenlehre, lokale
 Kreislaufstörungen
 VII/2: 1591.
Riechen, Amphibien *XI*: 218.
— gelöster Stoffe *XI*: 258.
—, gustatorisches *XI*: 256.
—, Strahlungshypothese
 XI: 256.
Riechepithel *XI*: 209.
Riechfeld *XI*: 255.
Riechgruben, Cephalopoden
 XI: 233.
Riechhirn *X*: 610.
Riechkegel *XI*: 225.
Riechknospen *XI*: 203.
Riechmechanismus, peri-
 pherer *XI*: 253.
Riechnerven *II*: 307.
Riechschärfe *XI*: 259.
—, Geschlechtsunterschiede
 XI: 263.
—, Hund *XI*: 211.
Riechschwelle *XI*: 262.
Riechstoffe *XI*: 204.
—, „Befestigen" der *XI*: 258.
—, Hauttalg *IV*: 717.
—, Nebenwirkungen
 XI: 271.
—, Restaffinitäten, Theorie
 XI: 277.
—, tierische Gifte *XIII*: 184.
—, Zuleitung zum Rezep-
 tionsapparat *XI*: 254.
Riechträume *XVII*: 631.
Rieckenbergsche Reaktion
 VII/2: 1747.
Riederzellen *VI/1*: 52.
Riegersche Bremsung
 XVIII: 219.
Riesen, echte *XIV/1*: 1073.
Rieseneier *XVII*: 1003, 1007.
Riesenpyramidenzellen
 X: 695, 696, 697.
Riesenwachstum, Hypo-
 physenfütterung
 XVI/1: 773, 778.

Riesenwuchs *XIV/1*: 934, *XIV/1*: 1013, 1073; *XVII*: 729.
—, eunuchoider *XVI/1*: 787.
—, Gigantismus *XVI/1*: 435ff.
—, hypophysärer *XVI/1*:455.
—, Hypophyse bei *XVI/1*: 436.
—, Kindesalter *XVI/1*: 437.
—, partieller *XIV/1*: 948; *XVI/1*: 806.
—, Skelettveränderungen *XVI/1*: 436.
Riesenzellen, Knochenmark, Ausschwemmung *VI/2*: 821.
—, —, Phagocytose der *VI/2*: 819.
—, Tuberkel *XIV/1*: 926.
Riesenzellenapparat, Knochenmark *VI/2*: 817.
Rigidität, Tonusstörung *X*: 340.
Rigor, Tonusstörungen *X*: 352.
— mobilis *X*: 341.
— mortis *XVII*: 885.
—, pallidärer *X*: 918.
Rinde, Pflanzen, Wucherungen *XIV/2*: 1198.
Rindenepilepsie *X*: 436, 699.
Rindenfelder, Großhirn *XV/2*: 1047.
Rindenfunktion, Großhirn Wiederherstellung *X*: 478, 486.
Rindenläsion, Großhirn, umschriebene Störungen bei *X*: 635.
Rindenmechanismen, Großhirn, Bahnung, sekundäre *X*: 445.
Rindenporen (Lenticellen) *II*: 541.
Rindenreaktion, Großhirn, Differenzierung der *X*: 457.
—, —, motorische *X*: 430.
—, —, sensorische *X*: 453.
Rindenreizung, Großhirn, Alterseinfluß *X*: 453.
—, —, Atmungseffekte *X*: 465.
—, —, Blutdruck *X*: 467.
—, —, Blutstrom *XVI/2*: 1241.
—, —, frei laufendes Tier *X*: 452.
—, —, Hemmung durch *X*: 432.
—, —, Herzstillstand *X*: 466.
—, —, Parästhesien *X*: 454.
—, —, Refraktärstadium bei *IX*: 699.

(Rindenreizung, Großhirn), Säugetiere *X*: 456.
—, —, Schmerzempfindung *X*: 454.
—, —, viscerale Muskulatur *X*: 467.
—, —, Zirkulationswirkungen *X*: 466.
Rindenschädigung, Großhirn, Erregungsablauf, Änderung der *X*: 678.
Rinderpest, Texasfieber, Resistenz *XIII*: 530.
Ringband, ciliares elastisches *XII/1*: 166.
Ringblutungen *VII/2*: 1658.
Ringelwürmer, Geschlechtssegmente *I*: 613.
RINGER-Lösung *XVII*: 142.
Ringkot, HERMANNscher *IV*: 683.
Ringskotom *X*: 734, 735.
Ringmuskulatur, ODDIsche *III*: 1288.
Ringskühlung, Rückenmark, TRENDELENBURG *X*: 854.
Ringwunden *XIV/1*: 1125.
RINNEscher Versuch *XI*: 559.
Rippen *II*: 38ff.
Rippenfell s. auch Pleura.
—, Erkrankung *II*: 414.
Rippenknorpel, Degeneration *II*: 401.
Rippenquallen, Respirationsbewegungen *XVII*: 646.
—, Schwimmen der *XV/1*: 311.
RITCHIE-Photometer *XII/1*: 455.
Rivanol, allgemeine Wirkung *I*: 578.
RK s. Restitutionskonstante.
Robben, Nahrungsaufnahme *III*: 42.
ROBERTSONsche Methode *VI/1*: 543.
Robinia Pseudacacia, Phototropismus *XII/1*: 42.
Rochester-Kaninchen-Einheit, Insulin *XVI/1*: 87.
Roggenbrot, Ernährung mit *XVI/1*: 981.
Rohkost *XVI/1*: 1002.
Röhrenatmen *II*: 121, 286.
ROHRERsche Albuminbestimmung *VI/1*: 545.
ROHRERscher Index *XV/1*: 563.
Rohrzucker, Harn *IV*: 298.
—, Resorption, Schneckendarm *IV*: 171.
Rohrzuckerkohle, Oxydation und Reduktion *I*: 52.

Rohrzuckerlösung, Schweißhemmung *IV*: 766.
Rohrzuckerumsatz des Zentralnervensystems *IX*: 570.
ROLANDOsche Zone, Differenzierung *X*: 424.
— —, Topik *X*: 460.
— —, Topograph. Lokalisation in der *X*: 460.
— —, Zerstörung der *X*: 469.
Rollbewegung, Amöben *VIII/1*: 23.
Rollbewegungen, Exstirpation einer Kleinhirnhälfte *X*: 248.
—, Labyrinthektomie *XV/1*: 77.
ROLLETT-Plattenversuch *XII/2*: 975.
Rollung, Auge *XI*: 813, 832; *XII/2*: 1034, 1036.
—, —, Auslösungsstelle bei Tauben *XVIII*: 298.
—, —, Belichtungs- und Verdunkelungsrollung *XII/2*: 856, 1043.
—, —, Hebungs-Senkungs-Rollung *XII/2*: 1052.
—, —, Näherungsrollung *XII/2*: 856, 872, 1029, *XII/2*: 1050, 1063.
—, —, Neigungsrollung (spez. Gegenrollung) *XII/2*: 1031, 1053, *XII/2*: 1078ff.
—, —, Seitenneigung *XII/2*: 879, 1078.
—, —, Vertikale, parallele und *XII/2*: 872, 1037, *XII/2*: 1074.
—, —, —, symmetr. und *XII/2*: 872, 1037, 1074.
—, —, Synergie *XII/2*: 1072.
Rollungskooperation, Auge *XII/2*: 1037ff., 1075.
—, —, Extrarollung *XII/2*: 1037.
—, —, LISTING-Gesetz *XII/2*: 1041, 1044.
ROMBERGsches Symptom *XI*: 741.
RONA-TAKAHASHIsche Formel *XVI/2*: 1598.
Röntgencarcinom *XIV/2*: 1557.
Röntgendiagnostik, Gallenwege, schattengebende Mittel *IV*: 781.
—, Pneumonokoniosen *II*: 532; *VIII/1*: 532.
Röntgenkachexie, Geschwulstbildung und *XIV/2*: 1725.

Röntgenkastration
$XIV/1$: 460, 692, 731.
Röntgenotaxis I: 306.
Röntgenspektroskopie
$VIII/1$: 119.
—, Kohlehydrate III: 152.
Röntgenstrahlen I: 241, 282,
I: 303, 306; XVII: 343ff.
—, Bicarbonatwert, Blut
$XVI/1$: 1431.
—, Blutbildung $XVI/1$: 848.
—, Chloridstoffwechsel
$XVI/2$: 1536.
—, elektrische Energie I: 235.
—, entzündungshemmende
Wirkung XIII: 400.
—, Erblichkeitslehre und
XVII: 947, 949.
—, Genmutation
$XVI/1$: 849.
—, Geschwulstwachstum und
$XIV/2$: 1723.
—, Gewebezüchtung
XVIII: 385.
—, harte und weiche
XVII: 348.
—, physikalische Natur
XVII: 344.
—, Quantenwirkung
XVII: 351.
—, Schädigung der Leber
III: 1459.
—, Schädigungen des Men-
schen XIII: 246.
—, Sehorgan und
$XII/1$: 317.
—, Radiumstrahlen, gemein-
sames Wirkungsprinzip
XVII: 347.
—, Zellkolloide XVII: 353.
—, Zwischenzellen des Ho-
dens und $XIV/1$: 731.
— s. auch Strahlen, Röntgen-
usw.
ROSENBACHsches Gesetz
$XV/2$: 1375.
ROSSOLIMOscher Reflex
X: 981.
Rot, dämmerwertfreies
$XII/2$: 1589.
Rotalgen, Salztoleranz
XVII: 147.
Rotanomale $XII/1$: 508, 511,
$XII/1$: 512, 547, 589;
$XII/2$: 1515, 1538.
—, spektrale Helligkeits-
verteilung der
$XII/2$: 1561.
Rotationen, Schwindel, experimenteller $XV/1$: 464.
Rotationsdispersion, Kohlehydrate III: 115.
Rotationsmethode (optische
Erscheinungen kolloider
Systeme) I: 209.

Roter Kern s. unter Nucleus
ruber.
Rotfärbung, Tiefseetiere
XIII: 209.
—, Tiere der Alpenseen
XIII: 209.
Rotgrünblinde, Typen der
Farbenblindheit
$XII/1$: 365.
—, Verhalten $XII/1$: 510.
Rotgrünblindheit X: 734,
X: 749; XVII: 932, 974.
—, angeborene $XII/1$: 506.
—, erworbene $XII/1$: 525,
$XII/1$: 528.
—, Theorie des Farbensehens
und $XII/1$: 558.
— s. auch Protanomalie.
Rotgrünschwäche, anomale
Trichromasie $XII/1$: 510.
Rothaarige, Pigmentierung
XIII: 255.
Rothaarigkeit, Juden
XIII: 257.
—, Konstitution
XVII: 1075.
—, Lichtreize und
XIII: 257.
—, Minderwertigkeit und
XIII: 257.
—, Tuberkulose und
XIII: 257.
—, Urticaria und
XIII: 257.
Rotsehen, Blendung und
$XII/1$: 531.
Rotz, Pferde, russische
XIII: 532.
Rotzbakterien, Immunität
XIII: 522.
ROUGETsche Zellen
$VII/2$: 885; $XVI/2$: 1314.
ROUS-Sarkome $XIV/2$: 1537.
RQ s. unter respiratorischer
Quotient.
Rubazonsäure, Bildung
V: 1032.
Rubidium, allgemeine Wir-
kung I: 504.
Rubrospinaltrakt, Skelett-
muskeltonus und
IX: 726.
—, Zerstörung des X: 426.
Rückbildungserscheinungen,
Alter XVII: 727, 732.
Rückbiß III: 315, 317, 346.
Rückdifferenzierung zur
Embryonalzelle
$XIV/2$: 1300, 1303, 1319,
$XIV/2$: 1631, 1683.
Rückengefäß, Würmer
$VII/2$: 1075.
Rückenmark, Abkühlung
X: 473.
—, Alter XVII: 830.

(Rückenmark), Automatie
X: 135, 861, 1001.
—, Binnensysteme X: 857.
—, Defäkationsakt III: 480.
—, Degeneration, sekundäre
X: 846.
—, Deuteroneurose, sensible
X: 867.
—, Dreikantenbahn,
HELWEGsche X: 873.
—, Durchschneidung X: 854;
$XV/2$: 1122, 1127.
—, —, Polyurie nach
$XVI/1$: 454.
—, —, totale X: 897;
$XV/2$: 1122.
—, —, Wärmeregulation
XVII: 63.
—, efferente Bahnen X: 853.
—, Eigenapparat X: 135,
X: 844.
—, Endhirnanteil X: 877.
—, Entzündung, Tiere
X: 1260.
—, Farbwechsel und
XIII: 228.
—, FLECHSIGsche Methode
X: 846.
—, Funktion, höhere Zentren
und X: 133.
—, Gaswechsel IX: 772.
—, — des isolierten, Reiz-
einfluß IX: 545.
—, Gliareaktion X: 847.
—, Häute X: 1180.
—, Histologie X: 845.
—, Innervationsrhythmik
IX: 704.
—, isoliertes IX: 545; X: 133.
—, —, Ammoniakbildung
IX: 593.
—, —, Fettumsatz IX: 596.
—, —, Gaswechsel IX: 549.
—, —, Glykogenumsatz
IX: 574.
—, —, Milchsäurebildung
IX: 585.
—, —, Wärmebildung
IX: 610.
—, —, Zuckerumsatz
IX: 569.
—, klinische Beobachtungen
X: 848.
—, Krankheiten, charakte-
ristische Degenerations-
bilder X: 852.
—, —, Lokalisation X: 160.
—, — und Rückfluß von
Blaseninhalt in den Harn-
leiter IV: 818.
—, — bei Tieren II: 434;
X: 1259.
—, Leitungsbahnen X: 843.
—, —, graue Substanz X: 880.
—, —, Motilität X: 882.

(Rückenmark), Leitungs-
bahnen, spinopetale
X: 868.
—, —, vegetative Funktionen
X: 882. .
—, MONAKOWsche descen-
dierende Fasern *X*: 873.
—, Multiple Sklerose
X: 851.
—, Nierenfunktion und
IV: 346.
—, Querschnitte *X*: 879.
—, Querschnittsläsion
X: 894ff.
—, Rautenhirnanteile *X*: 873.
—, Reflexe *X*: 219, 853.
—, Ringkühlung (TREN-
DELENBURG) *X*: 854.
—, Seitenstränge *X*: 881.
—, spinocerebrale Bahnen
X: 864.
—, spinofugale Bahnen
X: 863.
—, Spontantätigkeit *X*: 135,
X: 861, 1001.
—, Strangfelder *X*: 880.
—, Systemaufteilung
X: 857.
—, Topographie der Funk-
tion *X*: 882.
—, topographische Physio-
logie *X*: 131.
—, Trauma *X*: 852.
—, Tumoren *X*: 851.
—, Verletzungen, Residuär-
symptome *X*: 856.
—, Vorderwurzeln *X*: 863.
—, Wärmebildung im
IX: 606.
—, Wärmeregulation
XV/2: 1176; *XVII*: 63.
—, Wurzeln *X*: 29ff., 863.
—, —, Durchschneidung
X: 476, 855.
—, Zentralkanal *X*: 1182.
—, Zwischenhirnanteile
X: 876.
Rückenmarksloser Hund
X: 154.
Rückenmarksnerven, extra-
medulläre *X*: 852.
Rückenmarksreflexe *X*: 853.
—, Hemmung *X*: 219.
Rückenmarkstiere *X*: 153ff.;
XV/1: 143ff.
Rückenreflexe *X*: 982.
Rückenschwimmen
XV/1: 297.

Rückfallfieber *XIII*: 523,
XIII: 527, 545.
—, latente Infektion
XIII: 577.
Rückkreuzungen *XVII*: 915,
XVII: 917.
Rückmutation *XVII*: 950.
Rucknystagmus *XI*: 925;
XV/1: 384, 423.
Rückschlag (Entdifferen-
zierung) *XIV/2*: 1299.
Rückschlagskontraktion s.
unter rebound.
Rückstandskurve, SIMONSON
XV/1: 753.
Rückstauung, venöse
VII/2: 1448.
Rückstoßelevation, Puls
VII/2: 1245.
Rückstoßphänomene s. unter
rebound.
Rückwärtskauer, Aufwärts-
kauer und *III*: 325.
Rückwärtslaufen, Hühner
XV/1: 114.
Ructus
III: 395, 1066, 1139.
Ruderarbeit, Flossen
XV/1: 303.
Ruderflug, Arbeitsleistung
XV/1: 343.
—, Atmung beim *II*: 25;
XV/1: 343.
—, Flugzeuggeschwindigkeit,
Schlagfrequenz, Vortriebs-
strecke *XV/1*: 342.
Rudimentäre Organe, bio-
genetisches Grundgesetz
I: 695.
Rudimentärwerden von Or-
ganen *XVII*: 960.
Ruheanaerobiose, Quotient,
Muskel *VIII/1*: 518.
Ruheatmung, Muskel, iso-
lierter *VIII*: 482, 490.
Ruhelage, Augen, Primär-
sowie Grundstellung
XII/2: 978, 1032, 1071.
—, Glieder, elastische
XV/1: 641.
—, Körper *XV/1*: 187.
—, —, menschliche, Photo-
graphie *XV/1*: 174.
Ruhepausen, körperliche
Arbeit, Regelung
XV/1: 650.
Ruheperiode, Pflanzen
V: 330.

Ruheperioden, Rhythmik des
Lebens *XVII*: 644, 746.
Ruhepotentiale s. unter Ruhe-
strom.
Ruhesekretion, Magendrüsen
III: 712.
Ruhestellung *XVII*: 651,705.
Ruhestoffwechsel, Muskel
VIII/1: 213.
—, Nervensystem
XVIII: 249.
Ruheströme, Auge
XII/2: 1395.
—, elektrische Nerven
VIII/2: 909.
—, elektrisches Organ
VIII/2: 918.
—, Mensch, Alkoholwirkung
IX: 189.
—, Muskel *VIII/2*: 703ff.;
XVIII: 223.
—, —, Frosch *VIII/1*: 278.
—, —, isolierter *I*: 513.
—, Nerven *VIII/2*: 738ff.;
IX: 173; *XVIII*: 223,
XVIII: 247.
—, —, tetanisch negative
Schwankung *IX*: 190.
—, Pflanzen *VIII/2*: 759ff.
— s. auch Demarkations-
strom sowie Verletzungs-
strom.
Ruhetonus, Gefäßmuskeln
VII/2: 1328.
—, Muskeln *VIII/1*: 200.
Ruhezustände, Tiere *V*: 425;
XVII: 745.
Ruhr, Milch *XIV/1*: 653.
Ruhrbacillen, Immunität
XIII: 522.
Rülpsen s. Ructus.
Rumination *XVI/1*: 1045.
RUMPEL-LEEDEsche Stau-
ungsprobe *VI/1*: 417.
Rumpfpresse, Geburts-
mechanismus *XIV/1*: 583,
XIV/1: 587.
Rumpfsensibilität *X*: 724.
Ruptur, Gefäß, Haustiere
VII/2: 1812.
—, Herz *VII/2*: 1883.
—, Vena coronaria, Pferd
VII/2: 1814.
RUSSELsche Körperchen
VI/2: 1036.
Rutilismus *XVII*: 1075.
Rüttelflug, Vögel
XV/1: 344.

S

Saatgutstimulation
XVI/2: 1689.
Säbelscheidentrachea
XVII: 799.

Saccharase *III*: 927.
—, Lichtwirkung auf
XVII: 329.
— s. a. Invertin u. Invertase.

Saccharabiose, Resorption,
vergleichend *IV*: 171.
Saccobronchien *II*: 22.
Sacculina *I*: 634.

Sacculus *XI*: 1003, 1011,
XI: 1014.
Saccharin, Stoffwechselver-
halten *V*: 1027.
Saccharose, Stoffwechselver-
halten *V*: 1000.
Sackapparate (Fallenbau) der
Tiere *XIII*: 87.
Sackgonaden *XIV/1*: 49.
Sadismus *XIV/1*: 791, 882,
XIV/1: 887, 893;
XVII: 1175.
Sagenoscena, Stützapparat
XIII: 2.
Saisondimorphismus *V*:1131;
XIII: 198; *XVI/1*: 829.
Saitengalvanometer, EINT-
HOVEN *VII/2*: 703, 786.
Salamander, Jodwirkung auf
XVI/1: 461.
Salamandra mac., Farb-
anpassung *XVI/1*: 838.
Salbei, schweißhemmende
Wirkung *IV*: 766.
Salben, Resorption
IV: 134ff.
Salicylamid *V*: 1039.
Salicylate, Resorption durch
die Haut *IV*: 128.
Salicylsäure *V*: 1020, 1039,
V: 1040; *XVIII*: 86.
—, Giftwirkung *X*: 1027.
—, Resorption durch die
Haut *IV*: 128.
—, Schweißmittel *IV*: 765.
Saligenin *V*: 1016.
—, Lokalanästhesie durch
IX: 442ff.
Salipyrin, choleretische Wir-
kung *III*: 1445.
Salivation der Greise
XVII: 818.
Salmoniden, Schilddrüsen-
krebs *XIV/2*: 1531.
Salpen, Gefäßsystem
VII/1: 19.
—, Herz *VII/1*: 46, 48.
Salpeterbindung, bakterielle
I: 729.
Salpetergärung *I*: 726.
Salpetersäure, Harn *IV*: 251.
Saltonismus *XVII*: 1070.
Salvarsan, Acusticusschädi-
gung *XI*: 652.
—, allgemeine Wirkung
I: 578.
—, Sehstörung infolge fehler-
hafter Präparate
XII/2: 820.
—, Spirochäten, Festigkeit
gegen *XIII*: 843.
—, Stoffwechselverhalten
V: 1029.
Salvinia, Chemotaxis
XIV/1: 117.

Salzbestand, Organismus
XVII: 194.
Salzdiathese *III*: 1416.
Salzdiurese, Schilddrüse und
XVI/1: 143.
Salze, Aufnahme durch
Pflanzen *V*: 356.
—, Baustoffe für Wachstum
XVI/1: 862.
—, biologische Bedeutung
I: 507.
—, Entwicklung und
XIV/1: 1055;
XVI/1: 854ff.
—, Geschmack von *XI*: 330,
XI: 356.
—, Herz, Nährlösung
VII/1: 473, 722.
—, Infusorien, Stielmuskel
der *VIII/1*: 35.
—, lebensnotwendige *I*: 376;
XVI/1: 855.
—, Oxydationsstufen, niedri-
gere *I*: 567.
—, Permeabilität für *I*: 455.
—, Resorption *IV*: 169.
—, —, durch Froschlarven
XVI/1: 855.
—, Resorptionsbeeinflussung,
Darm *IV*: 106.
—, Speicherung *XVII*: 160.
—, Wasserhaushalt
XVII: 191ff.
Salzfieber *III*: 1401;
XVI/2: 1550.
Salzgehalt, Blut, Herzfre-
quenz *VII/1*: 473, 476.
—, Blut bei Insekten
XVI/2: 1424.
—, Blutplasma *XVII*: 145.
—, Knochen bei Osteomalacie
XVI/2: 1610.
—, Körperflüssigkeiten
XVII: 142.
—, Schwitzen u. *XVII*: 506.
Salzhunger, Chlorausschei-
dung im Urin
XVI/2: 1518.
Salzinfusionen *XVII*: 193.
Salzlösungen, biolog. Bedeu-
tung *I*: 507.
—, physiologische *I*: 516;
XVII: 142.
Salzsäure, Absonderung
III: 856; *XVIII*: 61.
—, Bildung *III*: 620, 624.
—, Dissoziation im Magen
III: 1135.
—, Magen des Pferdes
III: 973.
Salzsäuredefizit *III*: 1137,
III: 1193.
Salzsäurevergiftung, Mineral-
bestand des Körpers
XVI/2: 1497.

Salzstich *X*: 194;
XVI/1: 1050; *XVII*: 216,
XVII: 300.
Salzstoffwechsel s. unter Mi-
neralstoffwechsel.
Salyrgan, Herzwirkung
XVI/2: 1409.
Samenbildung *XIV/1*: 697,
XIV/1: 710.
Samenblasen *XIV/1*: 49, 754,
XIV/1: 755, 769, 770.
Samenfäden, Dauerhaftigkeit
XIV/1: 123.
—, Reifung *XIV/1*: 109, 329.
— s. auch Spermatozoen.
Samenflüssigkeit *XIV/1*: 64.
— s. auch Sperma.
Samenkanälchen, Gesamt-
länge *XIV/1*: 701.
Samenleitende Organe
XIV/1: 743, 762.
Samenleiter *XIV/1*: 51, 752,
XIV/1: 770.
Samenleiterverschluß
XIV/1: 730.
Samenreifung *XIV/1*: 109,
XIV/1: 329.
Samentaschen, Receptacula
seminis *XIV/1*: 51.
SANDERsche Figur (optische
Täuschung) *XII/2*: 1260.
Sandfresser *III*: 40.
Sandgarneelen, inkretorische
Vorgänge bei *XVI/1*: 705.
SANDMEYER-Diabetes
XVI/1: 582.
Sanduhrmagen *III*: 409,
III: 1188.
Sänger, Stimmumfang
XV/2: 1318.
Santonin, Farbenempfindung
nach *XII/1*: 533.
—, Krampfwirkung *X*: 1022.
Saponin, Gefäßwirkung, Le-
ber *VII/2*: 1022.
—, Resorptionsbeeinflussung,
Darm *IV*: 88, 102.
Sapotoxin, Gefäßwirkung,
Atemapparat *VII/2*: 1005.
Saprophyten, Immunität
XIII: 521, 587.
—, toxigene *XIII*: 519.
—, Virulenzwirkung
XIII: 523, 562.
Sarkom, Begriff *XIV/2*: 1487.
Sarkombildung nach Krebs-
transplantation
XIV/2: 1583ff.
Sarkomerzeugung durch Teer
XIV/2: 1611.
Sarkoplasma, Bedeutung
VIII/1: 122.
—, Herztonus *VII/1*: 369.
Sarkoplasmakörner
VIII/1: 114.

Sarracenia, tierverdauende
Pflanze *III*: 105.
Sättigung, Farben, Licht-
stärke und *XII/1*: 347.
—, —, Partiarsättigung
XII/1: 368.
—, —, Spektralfarben
XII/1: 365.
—, —, spektrale Verteilung
XII/1: 366.
—, —, Spektrum eines Nor-
malen *XII/2*: 1558.
—, Feuchtigkeit der Luft
XVII: 468, 554.
—, Oberfläche, Kolloid-
system *I*: 122.
Sättigungsfehler (Feuchtig-
keitsgrad) *XVII*: 505, 554.
Sättigungswert, Nahrung
XVI/1: 918f., 1007ff.
Saturnia pyri, Wärmeregu-
lation *XVII*: 5.
Satyriasis *XIV/1*: 812, 864.
Sauerschmecken *XI*: 328.
Sauerstoff, Aufnahme und
Abgabe, Geschwindigkeit
VI/1: 480.
—, —, Arbeit, körperliche
XV/1: 570, 748, 753, 770,
XV/1: 781; *XV/2*: 850ff.
—, —, Funktionsprüfung
durch *XV/1*: 574.
—, —, Haut *IV*: 132;
XVIII: 90.
—, —, Herzkranke
XV/1: 783.
—, —, maximale, CO_2-Aus-
scheidung *XIV/1*: 783.
—, —, Muskel *XV/1*: 761.
—, —, Pflanzen *V*: 345.
—, Aufnahmevermögen des
Menschen *XV/1*: 725.
—, Ausnutzung des arteriel-
len *XV/1*: 761.
—, —, im Training
XV/1: 786.
—, —, Utilisation
XVI/2: 1322ff.
—, Bindung, Hämoglobin
VI/1: 487.
—, Bindungsvermögen, Blut,
Arbeit und *XV/2*: 841.
—, Cerebrosidumsatz, Zen-
tralnervensystem
· *IX*: 574.
—, Darstellung *II*: 191.
—, Debet s. unter Sauerstoff,
Schuld.
—, Diffusion, Gewebe
VI/1: 531.
—, —, Lunge *II*: 227.
—, —, max. Verbrauch und
XV/2: 868.
—, Dissoziationskurve, Blut
VI/1: 476.

(Sauerstoff), Entwicklung
und *XIV/1*: 113;
XVI/1: 850ff.
—, Erholung und *XV/1*: 700,
XV/1: 749, 753.
—, Erregbarkeit *IX*: 515,
IX: 520, 619.
—, Ersetzbarkeit des *I*: 44.
—, Gewebezüchtung
XIV/1: 965.
—, Kreislauf in der Natur
I: 717.
—, molekularer, Protoplas-
magift *I*: 568.
—, Nervenfunktion
IX: 365ff., 515, 520;
XVIII: 246ff.
—, Produktion, Algen, sym-
biontische *I*: 672.
—, Reserven, Protoplasma
(EHRLICH) *IX*: 561.
—, Restitutionsvorgänge,
Nerv *IX*: 375.
—, Rückstandskurve
XV/1: 757.
—, Schuld *XV/1*: 704.
—, —, Nerv, erstickter
IX: 393; *XVIII*: 249.
—, —, Nervenzentren
IX: 545.
—, Wachstum und
XVI/1: 850ff.
Sauerstoffaktivierung *I*: 41;
VI/1: 157.
Sauerstoffapparate, Fliegen
in großen Höhen
XV/1: 369.
Sauerstoffatmung, Gewebe
XIII: 350.
—, kalorischer Quotient *I*: 64.
Sauerstoffbedarf, Gehen und
XV/1: 216.
—, Nerven *XIV/1*: 959.
—, Nervenzentren *IX*: 515.
—, Wachsen der Zellen
XIV/1: 959.
Sauerstoffbindung, Blut
XVI/2: 1317.
—, —, Schwangerschaft
VI/1: 479.
—, —, Theorien *VI/1*: 483.
—, Hämoglobin (Massen-
wirkungsgesetz) *VI/1*: 484.
Sauerstoffdefizit s. unter
Sauerstoff, Schuld.
Sauerstoffgehalt, Atmo-
sphäre *II*: 191.
—, Blut, arterielles
XVI/2: 1362/2.
—, —, —, Arbeit, körperliche
XV/2: 841.
—, Einatmungsluft
VII/1: 497.
—, Exspirationsluft, Arbeit
und Erholung *XV/1*: 802.

(Sauerstoffgehalt), Methämo-
globin *VI/1*: 151.
Sauerstoffhunger *II*: 342.
Sauerstoffinhalation *II*: 343.
Sauerstoffkapazität, spezi-
fische, Blut *VI/1*: 467.
Sauerstoffmangel, Atemreiz
II: 29.
—, Atmungsregulation bei
II: 264.
—, Blut (Höhenklima)
VI/1: 728.
—, Blutbildungsreiz
VI/1: 780.
—, Dyspnoe durch
VII/2: 1356.
—, Erregbarkeitssteigerung
IX: 619.
—, Erschöpfung durch
V: 1248.
—, Fliegen *XV/1*: 369.
—, Gehirn, Gaswechsel
IX: 541.
—, Klima *VI/1*: 728;
XVII: 511, 513.
—, Kreislaufregulierung
XVI/2: 1249.
—, Riesenzellen *XIV/1*: 969.
—, Säurebildung im Zentral-
nervensystem *IX*: 566.
—, Schutzmittel des Organis-
mus *XVII*: 530.
Sauerstofforte *IX*: 562.
Sauerstoffpartialdruck,
Ascariseier *XVI/1*: 851.
—, Fliegen und *XV/1*: 368.
—, Kiemen *XVI/1*: 851.
—, Klima *XVII*: 511.
—, Massenwirkungsgesetz
V: 392ff.
—, Oxydation und (all-
gemeine Physiologie)
I: 63.
—, Stoffwechsel und *V*: 392.
Sauerstoffsättigungskurve,
Blut, Arbeit auf die
VI/1: 480.
—, —, Belichtung auf die
VI/1: 475.
—, —, Höhenklima
VI/1: 478.
—, —, Temperatur auf die
VI/1: 474.
—, —, venöse *XVI/1*: 609.
—, Hämoglobin *VI/1*: 474.
Sauerstoffspannung, alveo-
lare, Arbeit, körperliche
und *XV/2*: 841.
—, arterielle *II*: 216.
—, Fliegen *XV/1*: 368.
—, Gewebe *V*: 394.
—, Pulmonararterien *II*: 218.
—, subcutane *XV/1*: 761.
—, venöse, Arbeit, körper-
liche und *XV/2*: 846.

Sauerstoffspannungskurve, Blut, Arbeit und $XVI/2$: 1384.
Sauerstoffspeicherung, Nerv IX: 368, 377, 393.
—, Nervenzentren IX: 545.
Sauerstoffverbrauch XVII: 520.
—, Arbeitsleistung und $XV/1$: 574, 748, 753, $XV/1$: 770, 781.
—, Erholung und $XV/1$: 749, $XV/1$: 753, 760.
—, —, Abweichung von der e-Funktion $XV/1$: 754.
—, Froschnetzhaut IX: 555.
—, Froschrückenmark, isoliertes IX: 522, 546.
—, Gehirn IX: 552.
—, Insulin und $XVI/1$: 619.
—, Kalorienproduktion $XVI/1$: 948.
—, Kollaps $XVI/2$: 1370/2.
—, Milchsäurespiegel und $XV/1$: 765.
—, Nerven IX: 366, 371, 394.
—, Niere IV: 330, 393.
—, Partialdruck und V: 392ff.
—, Temperatur und $XVI/1$: 819.
—, Tiere, verschiedene V: 380.
—, Warmblüterorgane IX: 541.
—, Zentralnervensystem, Frosch IX: 522, 546.
Sauerstoffversorgung XVII: 511, 528.
—, Blutmenge und $XVI/2$: 1363.
—, Muskel $XV/1$: 762, 774.
Sauerstoffzehrung, Blut V: 263, 268; $VI/1$: 213, $VI/1$: 525; $VI/2$: 777.
Säuferwahnsinn XVII: 593, XVII: 598, 605.
Saugdruck, maximaler $XIV/1$: 637.
Säugegeschäft $XIV/1$: 659.
—, Infektionskrankheiten und $XIV/1$: 668.
Saugen III: 1311; $XIV/1$: 637ff.
Säugen, mütterlicher Organismus und $XIV/1$: 660.
—, psychischer Einfluß $XIV/1$: 663.
—, Stoffwechsel und $XIV/1$: 663.
Säugetiere, autotomische Erscheinungen bei XIII: 273.
—, Blutdruck $VII/2$: 1300.
—, Galopp der $XV/1$: 264.

(Säugetiere), Gifte XIII: 160.
—, Haltung und Stellung bei $XV/1$: 55.
—, Kastration bei $XVI/1$: 787.
—, Melanin XIII: 248.
—, Pigment XIII: 248, 256.
—, Schilddrüsenwirkung, morphogenetische $XVI/1$: 753.
—, Schutz- und Angriffseinrichtungen XIII: 73.
—, Stimmorgane $XV/2$: 1251.
—, Tangoreceptoren XI: 79.
—, Temperaturen, durchschnittliche XVII: 11.
—, Thymuswirkung, morphogenetische $XVI/1$: 765.
—, Zeichnungen der Haut, Einteilung XIII: 256.
Säugetiergewebe, Schilddrüseninkretnachweis in $XVI/1$: 757.
Saugglockenprobe, HECHTsche $VI/1$: 417.
Sauginfusorien III: 14.
Saugkraft, intrathorakale II: 367.
Saugkraftdifferenzen, polare, Pflanzen $VIII/2$: 871.
Saugkräfte, osmotische, Pflanzen $VI/2$: 1123.
Säugling, Atmung II: 322.
—, Ernährungsstörungen III: 1023.
—, Fettansatz $XVI/1$: 957.
—, Kalkretention $XVI/2$: 1559.
—, Keratomalacie V: 1236.
—, Magen XVII: 799.
—, Nahrung, Mehle III: 1014.
—, Sommersterblichkeit XVII: 415.
—, Speichel III: 825, 1002.
—, Sterblichkeit XVII: 764.
—, Stimmumfang bei $XV/2$: 1318.
—, Verdauungsvorgänge III: 1001.
—, Wasseraufnahme XVII: 188.
Säuglingsmilch, SZEKELYS $XIV/1$: 657.
Saugreflex X: 1004.
Saugspiegel $XIV/1$: 638.
Säure, Definition I: 488.
—, Permeabilität für I: 461.
—, Protoplasmagifte I: 556.
Säureamide V: 1009, 1027.
Säureausscheidung $XVI/1$: 1138, 1142.
Säurebasengleichgewicht, Acidose V: 659.

(Säurebasengleichgewicht), Blutplasma $VI/1$: 616.
—, Nahrungs, Beeinflussung I: 494.
—, Regeneration, Mitarbeit der Leber IV: 798.
—, Schwangerer V: 659.
—, Shock und $XVI/1$: 1131.
—, Ulcus III: 1187.
Säurebeschwerden, Magen III: 1139.
Säurebildung, Desaminierung V: 970.
—, Nerv IX: 395.
—, Netzhaut IX: 568.
—, Zentralnervensystem IX: 564.
Säurebildungsvermögen, Magen III: 1122.
Säuredrüsen, Schnecken III: 50.
Säurekontraktur, Muskel $VIII/1$: 283, 357.
Säurelähmung nervöser Zentren IX: 614.
Säurereflex, Magen-Darm III: 423, 1119, 1163; $XV/1$: 896.
Säuretherapie, Entzündung XIII: 398.
Säuretitrationskurve, Puffermaß $XVI/2$: 1383.
Säurevergiftung, experimentelle, Atmungsregulation $XVI/1$: 1111.
Saurier, Akkommodationslehre vgl. $XII/1$: 162.
Scala tympani XI: 479.
— vestibuli XI: 479.
Scapulohumeralreflex X: 982.
Schachbrettmuster $XII/2$: 857, 862.
Schädel, Längenbreitenindex $XVI/1$: 815.
Schädelinnenraum X: 104.
Schädelkapsel, Defekte XI: 448.
Schädelresonanz XI: 447.
Schädlicher Raum, Atemwege II: 117, 194, 198, II: 344.
SCHÄFERS Reflex X: 993.
Schafmilch $XIV/1$: 645.
Schall, Arten XI: 703.
—, Atmungsgeräusche II: 289.
—, Energetik, allgemeine I: 269, 282, 301.
—, Helligkeit XI: 706.
—, Maximalintensität, noch erträgliche XI: 543.
Schallabflußtheorie, MACHsche XI: 459.
Schallaufnahme und Trommelfell XI: 413.

Schallbildertheorie, R. Ewald
XI: 530, 695.
Schalldichte, phänomenale
XI: 708.
Schalldruck, Kombinationstöne und XI: 586.
Schalleindrücke, Atmungsbeeinflussung durch
II: 252.
—, Bewußtwerden, Sperrung
dagegen XI: 749.
Schalleitung, Gehörknöchelchen XI: 454.
—, Knochen XI: 447.
—, Lungengewebe II: 289.
—, Ohr, Franksche Arbeit
über XI: 565.
—, Wege XI: 454.
—, Weichteile XI: 447.
Schalleitungsapparat, Fehlen
des XI: 444.
—, Mittelohr XI: 411, 415,
XI: 418.
Schallentfernung, Wahrnehmung der XI: 616.
Schallfarbe XI: 704.
Schallgröße, phänomenale
XI: 708.
Schallkurven, Auswertung
XV/2: 1394.
Schallokalisation IX: 39;
XI: 437, 603; XV/2: 1005.
Schallphotismen XI: 665.
Schallregistrierung, Methoden
elektrische VII/1: 286;
XV/2: 1393f.
—, —, optische VII/1: 277.
—, Quarzfaden,
XV/2: 1391.
—, Seifenhäutchen
XV/2: 1392.
—, Theorie VII/1: 271.
Schallreize, Reaktionszeiten
X: 551.
Schallrichtung, Wahrnehmung der XI: 603;
XV/2: 1005.
Schallschädigungen XI: 633,
XI: 643, 745.
Schallschatten XI: 444.
Schallschreiber s. unter
Schallregistrierung.
Schallsenke XI: 537.
Schallübertragung s. unter
Schalleitung.
Schallvolumen, phänomenales XI: 708.
Schallwellen XI: 533ff., 705.
Schaltmechanismen, Nervensystem X: 898, 946;
XV/2: 1186.
Schaltungsreflexe X: 1009.
Schanker, Immunität
XIII: 549, 597.
Scharfsehen XII/2: 746.

Scharlach, Widerstandsfähigkeit bei Vitamin-A-
armer Ernährung
XIII: 568.
Scharlacherreger, Milch
XIV/1: 653.
Schatten, farbige XII/1: 480,
XII/1: 483.
Schattenverteilung
XII/2: 954.
Schauderreflex XI: 111.
Schaukelreaktion XI: 845.
Schaukrämpfe, Encephalitis
epidemica X: 342.
Scheckenbildung, Erblichkeit
XVII: 979.
Scheide, Schwangerschaft
XIV/1: 466.
Scheidenabstrichmethode
XVI/1: 92.
Scheidenpfropf, Nager
XIV/1: 181.
Scheidewand-Nervenpräparat (Herz) nach Hofmann VII/1: 407.
Scheinanämie, Blutmenge
VI/2: 689.
Scheinbewegung, Blickbewegungen XII/2: 981ff.,
XII/2: 1013, 1060.
Scheinbewegungen, Augenschwindel XV/1: 455.
—, eigener Körper XI: 916.
—, haploskopische
XII/2: 1189.
—, Labyrinthneurose XI: 742.
—, Lagetäuschung, beim
Schwindel XV/1: 445.
—, metakinetische
XV/1: 473.
—, Nystagmus, rotatorischer
XV/1: 462.
—, Umgebung, Drehreizung
und XI: 914.
Scheinfütterung III: 839.
Scheintod XVII: 690, 745,
XVII: 886.
Scheitellappen X: 803.
Schellack, Harzsteine des Magens III: 1197.
Schenkelblock VII/1: 657;
XVIII: 188.
—, Ekg. und VIII/2: 845.
Scheren, Krebse und Spinnentiere XIII: 51.
—, Nervendurchschneidung
bei Krabben XIV/1: 1093.
Scherenbiß III: 308.
Scherenumkehr bei Regeneration XIV/1: 1092.
Scherhochsprung, amerikanischer XV/1: 233.
Schichtungskugeln, Hassalsche Körperchen
VI/2: 1016.

Schichtungspolarität, Zellentwicklung XIV/1: 1096.
Schielablenkung, Größe und
Richtung XII/2: 1096.
Schielamblyopie
XII/2: 1102.
Schielaugenbilder
XII/2: 956, 1102.
—, Amblyopia strabotica
XII/2: 957.
—, Anomale Sehrichtungsgemeinschaft XII/2: 958,
XII/2: 973, 997.
—, Anomalwinkel und Schielwinkel XII/2: 959, 960.
Schielen, atypisches, dissoziiertes XII/2: 1109.
—, Aufbau des Sehfeldes
XII/2: 961.
—, egozentr. Diskrepanzen
XII/2: 972.
—, Fusionsbreite, Bestimmung XII/2: 1097.
—, Gruppeneinteilung
XII/2: 962ff.
—, innere Hemmung
XII/2: 956, 1102.
—, Kongruenzapparat
XII/2: 964.
—, latentes XII/2: 1095.
—, motorisches und sensorisches Verhalten
XII/2: 959ff.
—, Nachbildprobe
XII/2: 958.
—, Phorometer XII/2: 1070.
—, Raumsinn bei XII/2: 956.
—, Sehschärfe, periphere
XII/2: 810.
—, unokulare Diplopie
XII/2: 959.
—, Vertikalschielen (Hertwig-Magendie) XI: 812,
XI: 833; XII/2: 1082;
XV/1: 417.
— s. auch Strabismus.
Schiffsbewegungen (Nausea)
XV/1: 498.
Schilddrüse XVI/1: 11, 71ff.,
XVI/1: 94ff.; XVII: 202;
XVIII: 408.
—, Acetonitril und
XVI/1: 201.
—, Acetonitrilentgiftung
durch Präparate von
XVI/1: 73.
—, Adenome XVI/1: 325.
—, Adrenalin und
XVI/1: 121, 201, 222, 225.
—, Akromegalie und
XVI/1: 431, 664.
—, alimentäre Regulation
XVIII: 411.
—, Alpenmolch und
XVI/1: 748.

(Schilddrüse), Alter
XVI/1: 104, 335;
XVII: 805.
—, Anaphylaxie XVI/1: 197.
—, Aphasie XVI/1: 239.
—, Arbeitsstoffwechsel
XVIII: 415.
—, Atemtätigkeit und
XVI/1: 192.
—, Außentemperatur und
XVI/1: 207.
—, Autolyse und
XVI/1: 195.
—, Basedow und XVI/1: 666.
—, Bau XVI/1: 12, 95.
—, Bestrahlung XVI/1: 210.
XVI/1: 239.
—, Blastombildung und
XVI/1: 742.
—, Blutbild und XVI/1: 179.
—, Blutdruck und
XVI/1: 191.
—, Blutdurchströmung
XVI/1: 96.
—, Blutgefäße XVI/1: 14.
—, Blutgerinnung und
VI/1: 400ff.; XVI/1: 181;
XVIII: 167.
—, Blutkörperchensenkungs-
geschwindigkeit
XVI/1: 183.
—, Blutviscosität
XVI/1: 182.
—, Blutzucker und
XVI/1: 117.
—, Calciumstoffwechsel und
XVI/1: 144.
—, Calciumwirkung
XVI/1: 214.
—, Caseinernährung und
XVI/1: 215.
—, Chinin XVI/1: 208.
—, Cholesterinstoffwechsel
XVI/1: 125.
—, Darmsaftsekretion
III: 1439.
—, Darmwirkung von Ex-
trakten III: 529.
—, Diabetes XVI/1: 668.
—, Dijodtyrosin XVI/1: 95.
—, Diurese und IV: 419;
XVI/1: 142, 660.
—, Dysfunktion
XVI/1: 271.
—, Eiablage bei Vögeln
XVI/1: 178.
—, Eiweiß der Gewebe und
Reserveeiweiß
XVI/1: 130.
—, Eiweiß- und Zucker-
umsatz XVI/1: 129.
—, Eiweißzersetzung und
V: 856.
—, Elektrokardiogramm und
XVI/1: 189.

(Schilddrüse), Elektrolyte der
Gewebe, Wirkung abhän-
gig von XVI/1: 743.
—, Energieumsatz und
XVI/1: 101.
—, Entgiftung bei Fehlen der
XVI/1: 198, 232.
—, Entwicklung
XVI/1: 11, 95.
—, Epiphysenexstirpation
XVI/1: 672.
—, Epithelkörperchenexstir-
pation XVI/1: 666.
—, Ergotaminwirkung
XVI/1: 227.
—, Ernährung XVI/1: 213.
—, Exstirpation s. Schild-
drüsenexstirpation.
—, Federkleid XVI/1: 174,
XVI/1: 178, 752, 753.
—, Fehlen der XVI/1: 239.
—, fetale XVI/1: 332.
—, Fettstoffwechsel
XVI/1: 123, 215.
—, Gefäßwirkung, Leber
VII/2: 1022.
—, Gewebsatmung
XVI/1: 110.
—, Gewebspermeabilität
XVI/1: 224.
—, Gewebswachstum
XVI/1: 163.
—, Gewicht XVI/1: 15, 100,
XVI/1: 301, 709.
—, Gipfelstoffwechsel
XVI/1: 107.
—, Glykogengehalt, Leber
III: 1452.
—, Glykogenstoffwechsel
XVI/1: 113ff.
—, Gravidität XIV/1: 472;
XVI/1: 305, 669, 709.
—, Greisenalter XVI/1: 335.
—, Grundumsatz XVI/1: 666,
XVI/1: 959.
—, Haarwachstum
XVI/1: 172.
—, Halssympathicus
XVI/1: 223.
—, Harnsäure- und Kreatin-
ausscheidung
XVI/1: 131.
—, Hefewirkung
XVI/1: 217.
—, Herzmuskelglykogen
XVI/1: 117.
—, Herztätigkeit
XVIII: 414.
—, Hormonnachweis, Prä-
cipitinreaktion
XVI/1: 202, 223.
—, Hormonüberschuß
XVI/1: 106.
—, Hormonverarbeitung,
Tierkörper XVIII: 412.

(Schilddrüse), Hypoglykämie
XVI/1: 668.
—, Hypophyse XVI/1: 661.
—, Hypophysenschädigung
und XVI/1: 780.
—, Hypophysenvorderlappen
XVIII: 408.
—, Immunität XVI/1: 197.
—, Infektion XVI/1: 210.
—, Innervation, sekretorische
XVI/1: 220.
—, Insuffizienz XVI/1: 261.
—, —, Zuckertoleranz bei
XVI/1: 657, 667.
—, —, s. auch unter Schild-
drüse, Mangel.
—, Jodausscheidung
XVI/1: 205.
—, Jodgehalt III: 230;
XVI/1: 146, 148, 149, 335.
—, —, Blut, Regulation durch
XVI/1: 153.
—, Kapillaren und
XVI/1: 192.
—, Kapillarentwicklung und
XVI/1: 762.
—, Kastration XVI/1: 670.
—, Katalase des Blutes und
XVI/1: 185.
—, Keimdrüsen XVI/1: 668.
—, Ketonurie XVI/1: 116.
—, Klimakterium
XVI/1: 669.
—, Knochenwachstum
XVI/1: 161.
—, Kolloid XVI/1: 13, 95,
XVI/1: 97, 233, 335;
XVII: 119.
—, Krankheitszustände mit
gesteigerter Tätigkeit der
XVI/1: 287.
—, Kreislauf XVI/2: 1218.
—, Kulturen nach CHAMPY,
Verhalten in XIV/1: 985.
—, Leberglykogen
XVI/1: 113.
—, Lipoidstoffwechsel
XVI/1: 671.
—, Lymphe XVI/1: 185.
—, Magensekretion
XVI/1: 281.
—, Mangel s. auch unter
Schilddrüse, Insuffizienz.
—, —, Grundumsatz und
XVI/1: 107.
—, —, Herztätigkeit und
XVI/1: 188.
—, —, Kopfschmerz
XVI/1: 259.
—, —, Kreislauforgane
XVI/1: 256.
—, —, Reflexe, bedingte und
XVI/1: 230.
—, —, Schleimhäute bei
XVI/1: 251.

(Schilddrüse), Mangel, Zahn-
karies durch $XVI/1$: 260.
—, manisch-depressives Irresein und XVII: 1149.
—, Metamorphose
$XVI/1$: 165ff., 711.
—, —, wirksame Stoffe
$XVI/1$: 167, 709.
—, metaplastische Wirkung,
Fütterungsversuch
$XVI/1$: 717.
—, Mineralstoffwechsel
$XVI/1$: 144.
—, Morphin $XVI/1$: 208.
—, morphogenetische Wir-
kung $XVI/1$: 697ff.
—, Muskelglykogen
$XVI/1$: 117.
—, Nachweis der -stoffe in
den Organen $XVI/1$: 203,
$XVI/1$: 757.
—, Nebenniere $XVI/1$: 670.
—, Nerven $XVI/1$: 14,
$XVI/1$: 220.
—, Nervensystem
$XVI/1$: 219.
—, — vegetatives
$XVI/1$: 138 226.
—, Neugeborner III: 1346;
$XVI/1$: 215 312.
—, Ödemflüssigkeit
$XVI/1$: 186.
—, Ontogenese $XVI/1$: 708.
—, Pankreas $XVI/1$: 667.
—, Peripherie, effektorische
$XVI/1$: 236.
—, Pflanzenzellen und
$XVI/1$: 163.
—, Phagocytose $XVI/1$: 181.
—, Phosphatwirkung
$XVI/1$: 215.
—, Phosphorstoffwechsel
$XVI/1$: 145.
—, Physiologie XVIII: 408.
—, Präparate $XII/2$: 821,
$XVI/1$: 73, 271.
—, Pubertät $XVI/1$: 333,
$XVI/1$: 709, 757.
—, Regeneration
$XVI/1$: 164.
—, Regulation, hormonale
XVIII: 408ff.
—, Reizversuche $XVI/1$: 220.
—, respiratorischer Quotient
$XVI/1$: 104.
—, Röntgenbestrahlung
$XVI/1$: 210, 239.
—, Salzdiurese $XVI/1$: 143.
—, Sauerstoffdissoziation des
Blutes $XVI/1$: 184.
—, Schwangerschaft
$XIV/1$: 472; $XVI/1$: 669,
$XVI/1$: 709.
—, Schweißfermente
$XVI/1$: 195.

(Schilddrüse), Schweißumsatz
im Hunger $XVI/1$: 133.
—, Sehstörungen $XII/2$: 821;
$XVI/1$: 281.
—, Sekret, Thyroxin
$XVI/1$: 235.
—, Sekretion $XVI/1$: 14.
—, —, embryonale
$XVI/1$: 15.
—, Sekretort $XVI/1$: 236.
—, Selbststeuerung
$XVI/1$: 237.
—, Senkungsgeschwindig-
keit der Erythrocyten
$XVI/1$: 183.
—, Skeletveränderung bei
Dysfunktion $XVI/1$: 760.
—, Skorbut und V: 1223.
—, Speichelsekretion
$XVI/1$: 194.
—, spezifisch-dynamische
Wirkung $XVI/1$: 135.
—, Stickstoff-Stoffwechsel
$XVI/1$: 127.
—, Stoffe, eiweißfreie, der
$XVI/1$: 76.
—, Stoffwechsel V: 460;
$XVI/1$: 94ff., 953.
—, Stoffwechseleffekt einer
bestimmten Menge
$XVI/1$: 104.
—, Temperatur $XVI/1$: 666.
—, Tetanie und $XVI/1$: 666.
—, Thalliumwirkung
$XVI/1$: 173, 200.
—, Thymus $XVI/1$: 666.
—, Thyroxin $XVI/1$: 234.
—, Transplantation
$XIV/1$: 1189.
—, Tryptophan $XVI/1$: 218.
—, Tuberkulose $XVI/1$: 213.
—, Überfunktion, s. auch
unter Hyperthyreose.
—, —, Herztätigkeit und
$XVI/1$: 189ff.
—, —, Reflexe, bedingte
$XVI/1$: 228.
—, —, Sauerstoffmangel und
$XVI/1$: 111.
—, Vitaminwirkung
$XVI/1$: 216.
—, Wachstum, Periodik des
$XVI/1$: 99.
—, Wachstumseinfluß
$XVI/1$: 99, 157, 163, 698,
$XVI/1$: 708ff.
—, Wärmeregulation
$XVI/1$: 225, 666;
XVII: 67.
—, Wasserhaushalt und
$XVI/1$: 139, 141, 668;
XVII: 278.
—, Winterschlaf XVII: 70,
XVII: 115, 123.
—, Wirbellose $XVI/1$: 703ff.

(Schilddrüse), Wirkung auf
Gesunde $XVI/1$: 279.
—, —, Latenzzeit
$XVI/1$: 103.
—, Wirkungsmechanismus
$XVI/1$: 232;
XVIII: 412.
—, Zuckerstoffwechsel
$XVI/1$: 113, 668.
Schilddrüsenbehandlung,
Blut bei $XVI/1$: 277/282.
Schilddrüseneinheit
$XVI/1$: 98.
Schilddrüsenexstirpation
$XVI/1$: 643, 702,
$XVI/1$: 758.
—, Adrenalinwirkung
$XVI/1$: 671.
—, Genitalien $XVI/1$: 670.
—, Hauptzellenveränderung,
Hypophyse $XVI/1$: 411.
Schilddrüsenexstirpations-
versuche, klassische
$XVI/1$: 702.
Schilddrüsenhyperfunktion
s. unter Schilddrüse, Über-
funktion.
Schilddrüsenhyperplasie,
Akromegalie und
$XVI/1$: 431.
Schilddrüsenkrebs der Sal-
moniden $XIV/2$: 1531.
„Schilddrüsenraupen"
$XVI/1$: 708.
Schildkröten, Akkommoda-
tionslehre $XII/1$: 160.
—, Augenbewegungen
$XII/2$: 1125.
—, Herz, Tonusschwankun-
gen $VII/1$: 33.
—, —, Vagusreizung auf
Ekg. $VIII/2$: 810.
—, Wärmeregulation
XVII: 5.
Schillerfarben $XII/1$: 542.
Schimmelpilze, Lichteinfluß
XVII: 311.
—, Metallgifte und
XIII: 849.
Schizogonie, Einzelliger
$XIV/1$: 28.
Schizoide $XIV/1$: 896.
Schizophrenie $XIV/1$: 893.
—, cerebrale Anlage
XVII: 1154.
—, progrediente XVII: 1164.
—, remittierende
XVII: 1164.
Schlaf I: 262; XVII: 563ff.;
XVII: 645, 650, 709.
—, Acidosis XVII: 568.
—, Atmungsregulation
II: 256.
—, Bedürfnis $XVI/1$: 1060ff.
XVII: 836.

(Schlaf), Bewegungen im (Klimawirkungen, allgemeine) *XVII*: 527.
—, Blutdruck *VII/2*: 1399.
—, Dauer, Lebensalter und *XVII*: 596, 836.
—, Entziehung *XVII*: 580.
—, Ermüdbarkeit des Zentralnervensystems *IX*: 773.
—, Fliegen und *XV/1*: 369.
—, Harnreaktion im *XVI/1*: 1146.
—, Intensität *XVII*: 650.
—, Klimawirkungen, allgemeine *XVII*: 515.
—, Krankheitssymptom *XVII*: 604.
—, kritischer *XVII*: 598.
—, Pathologie *XVII*: 591.
—, Pharmakologie *XVII*: 622.
—, Pulsverlangsamung *XVI/2*: 1270.
—, Reizausschaltung *XVII*: 582.
—, Reversibilität *XVII*: 594, 605.
—, Pflanze *XVII*: 659ff.; *XVIII*: 448.
—, Sprechen im, Somniloquie *XVII*: 602.
—, Stellung im *XVII*: 645, *XVII*: 650ff.
—, Steuerung *XVII*: 592; *XVIII*: 446.
—, Störungen *X*: 359; *XVII*: 596.
—, Symptom, primäres *XVII*: 595.
—, Theorien *V*: 202; *XVII*: 592, 607.
—, Tiefe *XVII*: 570, 599, *XVII*: 836.
—, toxischer *XVII*: 604.
—, Typen *XVII*: 570.
—, Umkehr *XVII*: 603, 609.
—, Unterschiede, individuelle *XVII*: 599.
—, vegetatives System *XVI/1*: 491.
—, Zentrum *XVII*: 587, 590, *XVII*: 592, 607, 610, 612, *XVII*: 620; *XVIII*: 446.
Schlafähnliche Zustände *XVII*: 596.
Schläfenlappen, Hörstörungen durch Erkrankungen des *XI*: 660.
Schläfenmuskel s. M. temporalis *III*: 298.
Schläfenwindung, Abtragung *X*: 522.
—, erste *X*: 760.
Schläfenzone *X*: 465.

Schlafkrankheit, afrikanische Nelanane *XVII*: 606.
Schlafkurve *XVII*: 595.
Schlaflosigkeit *XVII*: 596.
Schlafmittel *XVII*: 604, *XVII*: 611ff.; *XVIII*: 447.
—, Gewöhnung, Warmblüter *XIII*: 866.
Schlafperiodik *XVII*: 592.
Schlafreflex *XVII*: 585, 592.
Schlafstellung *XVII*: 645, *XVII*: 650ff.
Schlafsucht *X*: 221.
Schlafsuggestion *XVII*: 587.
Schlaftiefe *XVII*: 627.
Schlaftrunkenheit *XVII*: 601.
Schlafwandeln, Somnambulismus *XVII*: 602.
Schlafzentrum *XVII*: 587, *XVII*: 592, 607, 610, 612, *XVII*: 620.
Schlagfrequenz, Herz, s. unter Herzschlagfrequenz.
Schlagrichtung elektrischer Fische *VIII/2*: 917.
Schlagvolumen s. auch unter Minutenvolumen *VII/2*: 1162ff.; *XVIII*: 198, 209.
—, Alter *XVII*: 815.
—, Anämie *VII/2*: 1204.
—, Aortenstenose *VII/2*: 1162.
—, Arbeit, körperliche, und *XV/2*: 898.
—, Arrhythmia perpetua *VII/2*: 1163.
—, Berechnung *VII/2*: 1169ff.
—, Bestimmung, Stickoxydulmethode *XVI/2*: 1298.
—, Blutdruck *VII/2*: 1181, *VII/2*: 1306.
—, Dehnbarkeit des Herzens *VII/2*: 1187.
—, Herzkammeralternans *VII/2*: 1177.
—, Körperstellung *VII/1*: 311; *VII/2*: 1429.
—, Leukämie *VII/2*: 1204.
—, Mitralinsuffizienz *VII/2*: 1203.
—, Mitralstenose *VII/2*: 1203.
—, pharmakologische Beeinflussung *VII/2*: 1189.
—, venöser Druck und *VII/2*: 1181.
—, Viscosität des Blutes *VII/2*: 1187.
—, Vorhöfe *VII/2*: 1192.
—, Zeitvolumen, und *VII/2*: 1189ff.

(Schlagvolumen), zirkulatorisches *VII/2*: 1162, 1202.
Schlammpeitzger *II*: 11, 13.
Schlangen, Akkommodationslehre *XII/1*: 163.
—, Gift, Atemzentrum und *II*: 467.
—, —, Chemie *XIII*: 181.
—, —, Unempfindlichkeit isolierter Zellen gegen *XIII*: 543.
—, —, Wirkung *XIII*: 158.
—, Suchbahnen, Nahrungserwerb von Vipern *XV/2*: 973.
—, ungiftige *XIII*: 156.
Schlangenbeschwörer, ägyptische *XVII*: 695.
Schlangensterne, Amputationsversuche *XV/2*: 1075.
—, Autotomie *XIII*: 265.
Schlauchstethoskop *VII/1*: 271.
Schlauchwellen *VII/2*: 1224.
Schlauchzellen *VII/2*: 1254.
Schleim, Kalkgehalt *IV*: 610.
—, Luftwege *II*: 517.
—, Magensaft *XVIII*: 60.
—, Nahrungsaufnahme *III*: 34.
Schleimbildung *III*: 567ff.
—, Magen *III*: 1157.
Schleimhaut, Diabetes insipidus *XVI/1*: 451.
—, Luftwege *II*: 311, 314, *II*: 321, 478.
—, Schilddrüsenmangel *XVI/1*: 251.
Schleimhautpolypen *II*: 318.
Schleimhautreliefuntersuchung bei Gastritis *III*: 1159.
Schleimkörperchen *VI/2*: 1022.
Schleimsäure, Stoffwechselverhalten *V*: 1006.
Schleimsekretion, Reiz für die *XVI/1*: 906.
Schleimsekretionsneurose *III*: 1158.
Schleimspeichel *XVI/1*: 888.
Schleimspeicheldrüsen, Säugetiere *III*: 573.
—, Vögel *III*: 571.
Schleimstoffe *III*: 152.
Schleimzellen *II*: 314; *III*: 567ff.
—, Becherzellen *II*: 314.
—, Magen *III*: 616.
—, Mundhöhlendrüsen *III*: 567.
Schlemmscher Kanal, Kammerwasserabfluß und *XII/2*: 1345ff.

(SCHLEMMscher Kanal),
Pharmakologie
XII/1: 200.
— —, venöse Verbindung
XII/2: 1340.
— —, Wandung
XII/2: 1344, 1346.
Schleudermechanismen,
Pflanzen *VIII/1*: 106.
Schleuderton, Herz
VII/2: 1873.
Schleuderwaffen *XIII*: 17,
XIII: 93.
Schleuderzuckungen, Skelet-
muskel *VIII/1*: 149.
Schließmuskel, After
XVI/1: 896.
Schließungsreaktionen,
Ohr, bei galvanischer Rei-
zung *XI*: 852.
Schließungstetanus *IX*: 190,
IX: 203, 231.
Schließzellen, Pflanzenzellen
VIII/1: 99.
Schlinger *III*: 63.
—, Nahrungsaufnahme
III: 38.
Schlingerkot *III*: 332.
Schlingmechanismus
III: 350.
Schlingstörungen *III*: 1049.
Schlingwaffen *XIII*: 17, 93.
Schluchzen *XV/2*: 1386.
Schluckakt *II*: 331;
III: 348ff.; *XVIII*: 32.
—, Mittelohr, Druckverän-
derungen *XI*: 414.
—, N. recurrens *III*: 361.
—, Pathologie *III*: 367ff.;
XVIII: 35.
—, Schwerkraft *III*: 358.
—, Stimmbildung und
II: 324.
—, Striatum und *X*: 374.
—, Zentren, subcorticale
X: 346, 403.
Schluckapnoe *II*: 283.
Schluckapparat, Innervation
III: 361.
Schluckautmogramme
III: 352.
Schluckbahn *III*: 349, 364.
Schluckdruck, buccopharyn-
gealer *III*: 353.
Schlucken s. Schluckakt.
Schluckmechanismus *II*: 331;
III: 348ff.
—, anatomischer *X*: 193.
Schluckmuskeln *III*: 348.
Schluckmuskellähmung
III: 367.
Schluckpneumonie *II*: 331.
Schluckreflex *III*: 360, 368;
X: 1005; *XVI/1*: 888.
—, Refraktärstadien *IX*: 700.

Schlucktheorien *III*: 348,
III: 353.
Schluckventrikel *III*: 353.
Schluckwelle *III*: 363.
Schlund, Infusorien *III*: 10.
Schlunddrüsen des Schlund-
kopfs *II*: 164.
Schlundkopf, Bewegungs-
apparat *II*: 171.
—, Sinnesorgane *II*: 169.
Schlundrinne, vgl. auch
Speiserinne *III*: 382, 402.
Schmecken, Mechanik des
XI: 322.
— im Traum *XVII*: 631.
Schmeckstoffe *XI*: 204, 324.
Schmerz *XI*: 181ff.
—, Atmung und *II*: 253.
—, Ausschaltung, hypno-
tische *XVII*: 685.
—, Blutdrucksteigerung bei
VII/2: 1326.
—, Herabsetzung *XI*: 199;
XVII: 685.
—, Latenzzeit *XI*: 185.
—, Pathologie und *XI*: 198.
—, Reizung und *XI*: 185, 190.
—, Rindenreizung und
X: 454.
—, Summation beim *XI*: 182,
XI: 185, 199.
—, Theorie *XI*: 192.
—, Ulcus, Typen des
III: 1174.
—, zentraler *XI*: 198.
—, Zentrum *X*: 1039;
XI: 191.
— vgl. auch Schmerz-
empfindung.
Schmerzempfindlichkeit, vis-
cerale *XI*: 193.
Schmerzempfindung, Arterien
VII/2: 1509.
—, Haut *XI*: 189.
—, Lähmung, isolierte
XI: 186.
—, Organe, innere
XI: 196; *XVI/2*: 1808.
—, Schwelle *XI*: 187.
—, Untersuchungstechnik
XI: 186.
—, verspätete *XI*: 182.
—, Wangenschleimhaut
XI: 184.
Schmerzhaftigkeit der Ge-
fühle *XI*: 195.
Schmerzleitung *XV/2*: 1129.
—, verlangsamte *XI*: 202.
Schmerzleitungsbahn
XI: 191.
Schmerznerven *XI*: 181.
Schmerzpunkte *XI*: 181.
—, Haut, Reizung
XVI/1: 1167.
—, Schwelle *XI*: 187.

Schmerzqualitäten *XI*: 190.
Schmerzstillung *XIII*: 375.
Schmetterlinge, Ausschlüpfen
XIII: 36.
—, Duftproduktion *XI*: 206.
—, Gifte bei den *XIII*: 140.
—, Stridulationsorgane
XV/2: 1236.
—, Zeichnungsmuster
XVI/1: 831.
Schmetterlingsraupen, Loko-
motionszentrum
XV/2: 1181.
Schmetterlingszwitter
XIV/1: 51.
Schmuckfärbung der Tiere
XIII: 239.
Schnecke, Labyrinth
XI: 467, 479.
—, —, Schwingungsvorgänge
XI: 674.
Schnecken, Pigment
XIII: 205.
—, Säuredrüsen *III*: 80.
—, Stoffwechsel *V*: 439.
Schneckenfuß, Bewegungen
VIII/1: 650.
Schnee, Klimawirkungen
XVII: 518.
Schneeberger Lungenkrebs
XIV/2: 1553, 1564.
Schneidezähne *II*: 322.
Schneidezahnführungsebene
III: 317.
Schnüffeln *II*: 158; *XI*: 255.
Schock s. Shock.
Schnurren, Atmung *II*: 302.
Schonungsklima *XVII*: 483,
XVII: 558.
Schornsteinfegerkrebs,
Scrotum *XIV/2*: 1561.
SCHRADINGER-Reaktion
XIV/1: 648.
Schrecklähmung *IX*: 625.
Schreckwirkung *XVII*: 692,
XVII: 699, 702.
Schreiben, Erinnerungsbilder
und *X*: 663.
—, Verlust der rechten Hand
und *XV/2*: 1064.
Schreibstörungen *X*: 770.
Schreien *XV/2*: 1386.
Schreileukocytose bei Kin-
dern *VI/1*: 55.
SCHREINERsche Base,
Spermin *XIV/1*: 361.
Schreireflex *X*: 176;
XI: 840.
Schriftproben, bunte, gelbe
usw. *XII/2*: 784.
Schrillader, Heuschrecken
XV/2: 1234.
Schrillsaite, Heuschrecken
XV/2: 1234.
Schritt, Pferd *XV/1*: 247.

(Schritt), Trab, Übergänge
 $XV/1$: 257.
—, Vierfüßer $XV/1$: 261.
Schrumpfniere, Ammoniak-
 ausscheidung IV: 525.
—, arteriosklerotische
 IV: 575; XVII: 801.
—, Hypochlorurie
 $XVI/2$: 1537.
—, nephrotische, patholo-
 gische Physiologie
 IV: 567.
—, sekundäre, Pathologie
 IV: 573.
—, Utilisation bei
 $XVI/2$: 1323.
Schrumpfungsmechanismen,
 Pflanzen $VIII/1$: 94.
Schüchternheit $XIV/1$: 842.
Schulter, Hängen der II: 396.
Schulterblätter, Engelflügel-
 stellung II: 396.
Schulterlage, Geburt
 $XIV/1$: 604.
Schulterzug, Arbeitsphysiologie $XV/1$: 552.
Schunkelreaktion $XV/1$: 37,
 $XV/1$: 50.
Schuppentier, Kaumagen
 III: 50.
Schüttelfrost XVII: 91.
—, Blutdrucksteigerung
 $VII/2$: 1326.
Schutzeinrichtungen
 XIII: 1ff.
Schutzreflexe X: 166.
— bei giftigen Gasen
 II: 492.
Schutzblendung XIII: 91.
Schutzblockierung
 $VII/2$: 622.
Schutzfärbung XIII: 200.
Schutzimmobilisation
 XVII: 702.
Schutzimpfung XIII: 514,
 XIII: 595, 609, 611, 641,
 XIII: 648.
—, Cholera, Pocken
 XIII: 552.
—, Pest, Fleckfieber, Tuber-
 kulose XIII: 590.
—, Rinder gegen Tuberkulose
 XIII: 595.
— s. auch Immunisierung
 sowie Immunität.
Schutzkolloid III: 235.
Schutzkörperbildung, Beeinflussung durch Licht
 XVII: 321.
SCHÜTZsche Regel I: 75.
Schutzstellung XVII: 705.
Schutzwirkung, Integumente
 XIII: 550.
SCHWABACHscher Versuch
 XI: 560.

Schwäche, Atmung, konsti-
 tutionelle II: 338.
Schwächegefühl $XIV/1$: 884.
Schwachreizmethode, La-
 byrinth XI: 968;
 $XV/1$: 385.
Schwachsichtigkeit, Links-
 händigkeit und
 $XII/2$: 1163.
Schwachsinn XVII: 1108,
 XVII: 1171, 1184.
Schwämme s. Spongien.
SCHWANNsche Zellbänder
 IX: 321.
— Zellen IX: 294.
— —, Pluripotenz IX: 318.
— Zellketten IX: 313.
Schwammparenchymtypus,
 Chloroplastenlagerung
 $XII/1$: 59.
Schwangerschaft
 $XIV/1$: 463ff.
—, abdominaler Druck
 $XIV/1$: 496.
—, Adenome $XVI/1$: 334.
—, Anämie, perniciosaähn-
 liche $XIV/1$: 570.
—, Areola $XIV/1$: 615.
—, Atmungsregulation
 $XVI/1$: 1121.
—, Blut $VI/2$: 698, 812;
 $VII/2$: 1310; $XIV/1$: 490,
 $XIV/1$: 570, 572;
 $XVI/1$: 1121;
 $XVI/2$: 1431.
—, Blutgruppen XIII: 489.
—, Epiphyse $XVI/1$: 687.
—, Erbrechen $XIV/1$: 493,
 $XIV/1$: 565; $XVI/1$: 617;
 XVIII: 46, 56.
—, Fettstoffwechsel
 $XIV/1$: 479; $XVI/1$: 957,
 $XVI/1$: 962.
—, Frühdiagnose
 $XVI/1$: 470.
—, Galle, Cholesteringehalt
 IV: 613.
—, Gallenblase $XIV/1$: 496.
—, Gallensteine IV: 599.
—, Geschwulstbildung
 $XIV/2$: 1717.
—, Hämolyse, essentielle
 $XIV/1$: 572.
—, Harn XVIII: 369.
—, Harnreaktion
 $XVI/1$: 1147.
—, Harnsystem IV: 562, 567,
 IV: 818; $VII/2$: 1316;
 $XIV/1$: 496.
—, Hautveränderungen
 $XIV/1$: 497, 569.
—, Herz- und Gefäßsystem
 $VII/1$: 149, 339;
 $VII/2$: 1310; $XIV/1$: 487.
—, Hydrops $XIV/1$: 575.

(Schwangerschaft), Hypo-
 physe $XIV/1$: 471, 778;
 $XVI/1$: 33, 406, 410,
 $XVI/1$: 421, 434, 673,
 $XVI/1$: 676.
—, innersekretorische Drüsen, Veränderungen
 $XIV/1$: 471, 778;
 $XVI/1$: 305, 406, 410,
 $XVI/1$: 676, 687, 709.
—, Kohlehydratstoffwechsel
 $XIV/1$: 481; $XVI/1$: 691.
—, Körpertemperatur
 XVII: 82.
—, Körpergewicht
 $XIV/1$: 486.
—, Leber $XIV/1$: 493.
—, Knochensystem
 $XIV/1$: 486.
—, Magen- und Darmkanal
 $XIV/1$: 492.
—, Mamma, Hypertrophie
 $XIV/1$: 419.
—, Menstruation in der
 XVII: 204.
—, Mineralstoffwechsel
 $XIV/1$: 482.
—, Nebennieren $XVI/1$: 688.
—, Nephritis $VII/2$: 1316.
—, Nervensystem
 $XIV/1$: 499; $XVI/2$: 1787.
—, Niere IV: 562, 567.
—, Schilddrüse $XVI/1$: 305,
 $XVI/1$: 669, 709.
—, Seelenleben $XIV/1$: 499,
 $XIV/1$: 789.
—, Stickstoffausscheidung,
 minimale V: 91.
—, Stimme $XV/2$: 1366.
—, Stoffwechselverän-
 derungen $XIV/1$: 475.
—, Tetanie $XVI/1$: 686.
—, Thrombopenie
 $XIV/1$: 570.
—, Toxikosen $XIV/1$: 555ff.
—, Uteruswachstum
 $XIV/1$: 513.
—, Verdauungstrakt, Stö-
 rungen $XIV/1$: 564.
— s. auch Gravidität.
Schwangerschaftsreaktion,
 serologische $XIV/1$: 555.
— ZONDEK-ASCHHEIM
 $XVI/1$: 676.
Schwangerschaftstoxikosen
 $XIV/1$: 555ff.
Schwangerschaftszellen,
 Hypophyse $XVI/1$: 410,
 $XVI/1$: 676.
Schwanzflosse, Fische
 $XV/1$: 304.
Schwanzreflex, Fische,
 Schlangen usw. X: 164.
—, Vögel XI: 844;
 $XV/1$: 133.

Schwanzverstümmelung,
　Autotomie *XIII*: 269.
Schwärmerbildung, Ein-
　zellige *XIV/1*: 11.
Schwarzempfindung
　XII/1: 297, 301.
Schwarzorgan, Inkret
　XVI/1: 705.
Schwarzwasserfieber
　VI/1: 599.
Schwebefähigkeit, Insekten
　XV/1: 353.
Schwebelaryngoskopie
　II: 327.
Schwebungen, dichotische
　XI: 578.
—, zentrale *XI*: 609.
Schwefel, Assimilation
　V: 990, 995.
—, Ausscheidung, Licht-
　beeinflussung
　XVII: 325.
—, Darmwirkung *III*: 542.
—, Eiweiß *V*: 41.
—, Harn *V*: 898.
—, Kreislauf in der Natur
　I: 731.
—, Gehalt, Pflanze
　XVI/2: 1676.
—, nichtoxydierter *V*: 1153.
—, Resorption, percutane
　XVIII: 87.
Schwefelbleiprobe *III*: 228.
Schwefelsäure, Ödem
　XVII: 265.
—, Vergiftung, Sehstörungen
　XII/2: 828.
Schwefelsäurealkyläther
　V: 1013.
Schwefelwasserstoff, Ein-
　dringen in die Haut
　IV: 133.
—, Vergiftung *III*: 1040;
　VI/1: 162.
SCHWEIGGER-SEIDELsche
　Hülsen *VII/2*: 881.
Schweine, experimenteller
　Skorbut *V*: 1222.
Schweinemagen, bakterielle
　Vorgänge *III*: 977.
Schweinepest, Resistenz des
　Menschen gegen
　XIII: 530.
Schweinerotlaufbacillen,
　Avirulenz *XIII*: 521.
—, Krankheitsverlauf, Ka-
　ninchen *XIII*: 540.
Schweinerüssel, Tangorecep-
　toren *XI*: 80.
Schweinespeichel *III*: 978.
Schweinsberger Krankheit
　III: 1101.
Schweiß *IV*: 728ff.
—, Aschebestandteile
　IV: 730.

(Schweiß), Ausscheidung von
　Substanzen mit dem
　XVI/2: 1519; *XVII*: 459.
—, blutiger *IV*: 733.
—, gefärbter *IV*: 722, 733.
—, Gewinnung *IV*: 728.
—, Gifte im *XIII*: 161.
—, Giftigkeit des, und Men-
　struation *IV*: 734.
—, Klimawirkungen
　XVII: 506, 537.
—, Kochsalzabgabe
　XVI/2: 1519.
—, Konzentration, molekulare
　IV: 730.
—, Milchsäure *XVI/2*: 1353.
—, Reaktion *IV*: 728, 729.
—, spezifisches Gewicht
　IV: 729.
—, Verdunstung *XVII*: 552.
—, Zusammensetzung
　IV: 728.
Schweißbahnen *IV*: 761.
Schweißdrüsen, Blutversor-
　gung *IV*: 723.
—, Fettsekretion *IV*: 723.
—, Innervation *IV*: 757;
　XVII: 54.
—, Struktur *IV*: 721.
—, Verteilung *IV*: 719.
—, Zahl *IV*: 720.
Schweißfasern, spinale
　IV: 759.
Schweißkurven, Wärmeregu-
　lation und *IV*: 749.
Schweißmittel *IV*: 763.
Schweißreflexe *IV*: 762.
Schweißsekretion *XVII*: 394,
　XVII: 554.
—, Adrenalin *X*: 1110.
—, Akromegalie *XVI/1*: 430.
—, Bedingungen *XVII*: 37.
—, Blutkreislauf *IV*: 723.
—, Bluttemperatur *IV*: 724.
—, Chlorverlust *XVI/1*: 904.
—, Ernährung *IV*: 724.
—, Erwärmung *IV*: 724.
—, Gehörkrankheiten
　IV: 762.
—, Gewöhnung *IV*: 727.
—, Halsmarkverletzung
　IV: 761.
—, Herpes zoster *IV*: 761.
—, Innervation *IV*: 757;
　XVI/1: 1023; *XVII*: 38,
　XVII: 54.
—, nervöse Anomalien
　IV: 763.
—, paradoxe, auf Kältereiz
　IV: 726.
—, Pharmakologie *IV*: 763.
—, Psyche und *IV*: 727.
—, reflektorische *IV*: 726.
—, Rückenmarkkrankheiten
　IV: 760.

(Schweißsekretion), Schild-
　drüsenpräparate und
　XVI/1: 281.
—, Schlaf *XVII*: 565.
—, symmetrische *IV*: 726.
—, Sympathicus *IV*: 759;
　XVI/1: 1023.
—, Syringomyelie *IV*: 761.
—, Tabes *IV*: 761.
—, therapeutische Bedeutung
　XVII: 458.
—, Tiere *IV*: 720; *XVII*: 36.
—, Tuberkulose *IV*: 750.
—, Wasserverdunstung
　V: 162; *XVII*: 394, 552.
—, Wasserhaushalt
　XVII: 230.
Schweißterritorium *IV*: 760.
Schweißzentren, spinale
　IV: 759; *X*: 152;
　XVII: 40, 49.
Schwellen s. auch entspre-
　chende Sinne, z. B.
　Druckpunkte.
—, akustische *XI*: 565.
—, foveale *XII/1*: 370.
—, narkotische *I*: 537.
—, Prüflichter *XII/2*: 1577.
—, schmeckender Stoffe
　XI: 382, 383.
—, unokulare und binokulare
　XII/2: 922.
—, Veränderung bei Hirn-
　kranken *X*: 680.
Schwellenlabilität, Rinden-
　läsion *X*: 715.
—, Tangoreceptoren *XI*: 98.
Schwellenreize, Energie der
　XI: 106.
—, Reaktionen auf *X*: 535.
—, Sinnesphysiologie *XI*: 14.
Schwellentheorie, Diurese
　XVII: 238.
Schwellkörper, Nase *II*: 138.
—, —, Klimawirkung
　XVII: 504.
Schwellschicht, Pflanzen
　VIII/1: 107.
Schwerathletiker, Muskel-
　aufbau *XVI/2*: 1379.
Schwerhörigkeit *II*: 319;
　XI: 618ff., 744ff.
—, arteriosklerotische
　XI: 636.
—, diabetische *XI*: 636, 644.
—, Gicht und *XI*: 635.
—, luetische *XI*: 652, 654.
—, multiple Sklerose
　XI: 659.
—, nervöse, progressive
　XI: 639.
—, posttraumatische
　XI: 639.
—, Stimme und Sprache bei
　XV/2: 1381.

(Schwerhörigkeit), tabische
XI: 645.
—, Telephonisten XI: 638.
—, traumatische XI: 645.
Schwerkraft I: 244.
—, Auslösungsfaktor
XVII: 664.
—, Eistruktur XVI/1: 809.
—, Gelenksystem und
VIII/1: 627.
—, geotropische Krümmung
XI: 1016.
Schwerkraftreceptoren
s. Graviceptoren.
Schwermetallätzwirkung,
Entzündungserregung
durch XIII: 373.
Schwermetalle, Gallensteine
IV: 618.
Schwermetallsalze, Proto-
plasmagifte I: 560.
Schwerpunkt des Körpers
VIII/1: 626, 637;
XV/1: 99, 183.
Schwerpunktsmodell
(O. Fischer) XV/1: 187.
Schwielen, Erblichkeit
XVII: 955.
Schwimmblase, Fische
XI: 790.
—, Funktion XI: 790;
XV/1: 140.
Schwimmen, Kleinhirn und
X: 243, 245, 250.
—, Trainingsschlagvolumen
VII/2: 1200.
—, Wasser, Widerstand
XV/1: 296.
—, Wirbelloser IX: 809, 816;
XV/1: 305ff.
—, Wirbeltiere XV/1: 294ff.
Schwindel XV/1: 442ff.;
XV/2: 1018.
—, akustisch ausgelöster
XV/1: 475, 476.
—, Augenmuskellähmungen
und XV/1: 480, 487.
—, Entstehung XV/1: 479.
—, galvanischer XI: 979;
XV/1: 467.
—, kalorischer XI: 969;
XV/1: 467.
—, labyrinthärer XI: 912;
XV/1: 404.
—, Nausea und XV/1: 497.
—, objektive Zeichen
XV/1: 480.
—, Ohnmacht und
XV/1: 450.
—, optischer XV/1: 451, 468.
—, Pathogenese X: 293ff.;
XI: 912; XV/1: 404, 414,
XV/1: 483ff.
—, Phänomenologie
XV/1: 445—451.

(Schwindel), Physiologie
XV/1: 477ff.
—, Rotationen XV/1: 453.
—, Scheinbewegungen und
Lagetäuschungen beim
XV/1: 445.
—, spontaner XV/1: 485.
—, systematischer XI: 979;
XV/1: 383, 452.
—, Therapie XV/1: 492ff.
—, unsystematischer
XV/1: 423, 452.
—, vasomotorische Grund-
lage der Empfindung des
VII/2: 1377.
—, vegetative Erscheinungen
XV/1: 451.
—, Vestibularausfall, ein-
seitiger XV/1: 390.
—, Vestibularerhaltung
XV/1: 388.
Schwitzbäder XVII: 457.
Schwitzen s. unter Schweiß-
sekretion.
Schwüle, Klimawirkung
XVII: 503, 508.
Schyzothyme Temperamente
XVII: 1128.
Scirocco XVII: 508, 597.
Scleralrinne XII/2: 1340.
Sclerostomum bidentatum,
Thrombosen durch
VII/2: 1806.
Scolicesextrakte, Allergie
gegen XIII: 794.
Scopolamin V: 1033.
—, inaktives, Atroscin
XII/1: 210.
—, Schlafmittel XVII: 620.
Scrotum, Schornsteinfeger-
krebs XIV/2: 1561.
„Scurvy face-ache position"
V: 1219.
Seasonal disorder V: 1237.
Sebacinsäure, Stoffwechsel-
verhalten V: 1006.
Seborrhöe, pathologische
Physiologie IV: 714.
Secale, Gefäße des Atmungs-
apparates VII/2: 1005.
—, — der Niere VII/2: 1032.
Second wind II: 257, 258.
Secretin, Wirkungsweise im
Verdauungsprozeß
XV/1: 8.
Sedimentationsgleichgewicht
I: 97, 101.
—, Molekulargewichts-
bestimmung I: 99.
Sedimentbildung, Galle und
Harn IV: 593.
—, Harnsteine und IV: 667.
Seefahrten, Gewöhnung
XV/1: 510.
Seeigel, Ei, Atmung I: 61.

(Seeigel, Ei), Dispermie-
versuche I: 602.
—, —, Entwicklung, osmo-
tischer Druck und
XVI/1: 853.
—, —, Hydroxylionen auf
Entwicklung XVI/1: 858.
—, Entwicklung, Kalium-
einfluß XVI/1: 861.
—, Kriechbewegung
XV/1: 284.
—, Lithiumlarven
XVI/1: 860.
—, Sperrmuskeln IX: 746.
—, Vererbung XVII: 993.
Seeigellarven, Skeletbildung
im CaCO₃-armen Meer-
wasser XVI/1: 862.
Seeklima XVI/1: 966;
XVII: 541.
Seekrankheit X: 182;
XV/1: 495ff.
—, Therapie XVIII: 45.
Seelenblindheit X: 661ff.,
X: 753, 955.
Seelentaubheit X: 779.
Seerosen, Ortsbewegung
XV/1: 275.
Seeschwalben, Flugzeit
XV/2: 924.
Seestern, Nahrungsaufnahme
III: 37.
—, Umdrehreflex XV/2:1056.
—, Verdauung III: 71.
—, Verdauungsraum III: 44.
Seewasser, Zusammensetzung
XVII: 144.
Seewind, Klimawirkung
XVII: 476, 509, 541.
Segelflug, Vögel XV/1: 336ff.
—, Insekten XV/1: 352.
Segelschiffberiberi V: 1147,
V: 1235.
Segmentalphysiologie, Ner-
vensystem X: 135, 726;
XV/2: 1180, 1182.
Segmentierung, Streifung
und XIII: 253.
Sehbahn, Adaptations-
störungen bei Läsionen
XII/2: 1612ff.
Sehding, Gestaltsverän-
derungen XII/2: 748.
—, Linie als XII/2: 761.
—, Sehwinkel, kleinster und
XII/2: 748.
—, Sinnesphysiologie XI: 32;
XII/2: 1505.
Sehen, Augenmuskelstö-
rungen XII/2: 1095.
—, Deutlichkeit XII/1: 776.
—, Farbensehtheorien
XII/1: 536.
—, musivisches XII/1: 14,
XII/1: 63.

(Sehen), Pharmakologie
XII/2: 812ff.
—, photographische Auf-
nahme, Vergleich
XII/1: 538.
—, unokukares, simultanes
XII/2: 1102.
Sehepithel, Arten
XII/1: 236, 679.
Sehfelder, Komplemenz
XII/2: 922.
—, Wechselwirkung
XII/2: 746, 916ff., 925ff.
—, Wettstreit der
XII/2: 1234.
Sehferne *XII/2*: 945, 974;
XV/2: 1009.
Sehgelb *XII/1*: 286, 707.
Sehgifte *XII/2*: 812 ff.
Sehgröße, Gesichtswinkel
XII/2: 882.
—, Sehferne *XII/2*: 883;
XV/2: 1011.
Sehleistung *XII/2*: 809.
Sehnenreflexe *X*: 57ff., 974.
—, Kleinhirnkranke *X*: 288.
—, Schlaf und *X*: 500.
—, tonische Komponente
X: 979.
—, Umkehr *XV/2*: 1052.
Sehnenregeneration
XVI/1: 875.
Sehnenverpflanzung
XV/2: 1105.
Sehnerv, Atrophie, Drüsen-
präparate *XII/2*: 821;
XVI/1: 281.
—, —, totale *XII/2*: 815.
—, Chininschädigung, intra-
uterine *XII/2*: 824.
—, Erkrankungen, Dunkel-
adaptation bei
XII/2: 1611.
—, Farbenblindheit um den
Austritt des *XII/1*: 352.
—, Giftwirkung auf den
XII/2: 812.
—, Jodpräparate, Gift-
wirkung *XII/2*: 820.
—, Kreuzung *XII/2*: 1155.
—, Läsionen *XII/2*: 833.
—, Reizung, mechanische
XII/1: 316.
—, Schädigung durch Genuß-
mittel *XII/2*: 817.
Sehobjekt s. Sehding.
Sehorgan s. Auge.
—, Adaptation *XII/1*: 441.
—, Adaptationsstörungen
XII/2: 1595, 1606ff.
—, Ermüdung
XII/1: 462ff.;
XII/2: 1506.
—, Erregungsablauf
XII/1: 421ff.

(Sehorgan), Nachreaktion
XII/2: 1506.
—, Neutralbestimmung
XII/1: 339, 344, 345, 450.
—, Radium- und Röntgen-
strahlen *XII/1*: 317.
—, Reaktionsträgheit
XII/1: 421ff.
—, Reizbarkeit
XII/1: 314ff.;
XII/2: 1506.
—, Stimmung *XII/2*: 1505.
—, Zonen *XII/1*: 590.
Sehproben *XII/2*: 795ff.
Sehpurpur *XII/2*: 282ff.,
XII/2: 543, 691;
XVIII: 314.
—, Absorptionsspektrum
XII/1: 285.
—, Bedeutung *XII/1*: 705.
—, Bleichung *XII/1*: 289,
XII/1: 544; *XII/2*: 1584.
—, Dämmerungssehen
XII/1: 333, 571ff.
—, Lösung, Herstellung
XII/1: 285.
—, Regeneration *XII/1*: 290.
—, Schwarz-Weiß-Substanz
XII/1: 570.
—, Sehstoffe und *XII/1*: 580.
—, Sensibilisator *XII/1*: 546.
—, Zapfen *XII/1*: 544.
Sehpurpuroptogramm
XII/1: 288.
Sehraum, Allgemeines
I: 2.
—, Augenbewegungen
XII/2: 743.
—, Tastraum *XII/2*: 868.
Sehrichtung, Angleichung bis
Verschmelzung
XII/2: 928.
—, anormale Gemeinschaft
beim Schielen
XII/2: 958, 973, 997.
—, Identität oder Gemein-
schaft *XII/2*: 893.
—, normale, Korrespondenz
XII/2: 960.
—, subjektive, und Maßstab
XII/2: 882.
—, Zentrierung *XII/2*: 965,
XII/2: 971ff.
Sehschärfe *XII/1*: 129ff.,
XII/1: 745ff.
—, absolute *XII/1*: 133;
XII/2: 808.
—, Adaptation *XII/2*: 783,
XII/2: 839.
—, Akkomodationslähmung
. *XII/2*: 786.
—, allgemeine *XII/2*: 745.
—, Alter *XII/2*: 787.
—, Augenbeweglichkeit und
XII/2: 1161.

(Sehschärfe), Begriffsbestim-
mung *XII/2*: 749.
—, Beleuchtung und
XII/1: 700; *XII/2*: 775.
—, binokulare *XII/2*: 807,
XII/2: 929.
—, Ermüdung *XII/2*: 788.
—, farbige Lichter
XII/1: 371; *XII/2*: 785.
—, Grenze der *XII/2*: 771,
XII/2: 841, 929.
—, Helligkeit, periphere
XII/2: 781.
—, Intelligenz und
XII/2: 788, 798, 799.
—, Lichtwechsel und
XII/2: 788.
—, Messung *XII/2*: 795.
—, —, klinische *XII/2*: 795ff;
XII/2: 839, 841, 891.
—, monochromatisches Licht
XII/2: 783.
—, Mydriasis und
XII/2: 786.
—, natürliche *XII/1*: 134.
—, Netzhautelemente und
XII/1: 235; *XII/2*: 769.
—, Pathologie *XII/1*: 503;
XII/2: 808ff.
—, periphere *XII/2*: 789ff.
—, —, Dunkeladaptation
XII/2: 783.
—, —, Schielender
XII/2: 810.
—, praktische und physiolo-
gische *XII/2*: 750.
—, psychische Komponente
XII/2: 806.
—, psychologische
XII/2: 752.
—, relative *XII/1*: 134;
XII/2: 809.
—, Reizung des Ohres und
XII/2: 788.
—, sterische *XII/2*: 929.
—, Tiere *XII/2*: 807.
—, —, spezifische
XII/2: 1161.
—, übernormale *XII/2*: 769,
XII/2: 807.
—, Übung und *XII/2*: 767,
XII/2: 773, 778.
—, unokulare *XII/2*: 841.
—, wirkliche und scheinbare
XII/2: 809.
Sehsinnsubstanzen (HERING)
IX: 35.
Sehsphäre *X*: 729ff.
—, Aufbau *X*: 745.
—, Funktion *X*: 745.
—, Reizung, elektrische
X: 732.
—, Schädigung, doppelseitige
X: 732.
—, sensorische *X*: 519.

Sehstoffe *XII/1*: 369.
—, Farbensehen und *XII/1*: 453, 580ff.
Sehstörungen, Bleivergiftung *XII/2*: 823.
—, corticale *X*: 732.
—, periphere, durch Dinitrobenzolvergiftungen *XII/2*: 829.
—, Salvarsanpräparate *XII/2*: 820.
—, Schilddrüsenpräparate *XII/2*: 821.
—, Schlangengift *XII/2*: 831.
—, Schwefelsäurevergiftung *XII/2*: 828.
—, Summitates Sabinae *XII/2*: 827.
Sehtiefe *XII/2*: 944, 974; *XV/2*: 1009.
Sehweisen, zwei *XII/1*: 679ff.
Sehwinkel, Beleuchtung und Kontrast *XII/2*: 768.
—, Formensinn und *XII/2*: 798, 800.
—, kleinster *XII/2*: 759.
—, Kontraste bei kleinem *XII/2*: 778.
—, normaler *XII/2*: 796.
Sehzellen, Kennzeichen *XII/1*: 4.
—, Stiftchensäume *XII/1*: 4.
Sehzentrum *X*: 731.
—, Wandelbarkeit *XV/2*: 1191.
Seide, Bestandteile *III*: 286.
Seidenspinnen, Nahrungsaufnahme *III*: 51.
Seifen, Hautresorption *IV*: 139.
Seismonastie *XI*: 84, 88.
Seismotropismus *XI*: 89.
Seitenkettentheorie *XIII*: 452, 512, 517, 605, *XIII*: 620.
Seitenlinie, Fische *XV/1*: 138; *XVII*: 17, 82.
Seitenstrang-Vorderstrang-Grundbündel *X*: 858.
Sekrete, Exkrete, Differenzierung *XIII*: 505.
—, ikterische Verfärbung *III*: 1266.
Sekretkapillaren, Magendrüsen *III*: 625.
—, Speicheldrüsen *III*: 586.
Sekretfortbewegung, Allgemeines *IV*: 809.
Sekretin, Wirkung *III*: 1253.
—, —, Pankreas *III*: 598.
Sekretion s. auch entsprechendes Organ, z. B. Speicheldrüsen usw.

(Sekretion), innere *XVI/1*: 3ff.
—, —, Wirbellose *XVI/1*: 704.
—, Kapillaren *XVI/2*: 1236.
—, Keimdrüsen *XIV/1*: 108, *XIV/1*: 156, 205, 215, 241, *XIV/1*: 251, 344, 357, 429, *XIV/1*: 693.
—, morphostatische und morphogenetische *III*: 83.
—, Pharmakologie, Atemwege *II*: 471.
—, —, Verdauungsdrüsen *III*: 1429ff.
—, reaktive *XVIII*: 23.
—, Rhythmik *XVIII*: 26.
—, Verdauungsapparat *III*: 547ff.; *XVI/1*: 900ff.
—, Wasserhaushalt *XVII*: 174, 177.
Sekretionskurven, Magen *III*: 1122.
Sekretionsquotient, Verdauung *XVIII*: 25.
Sekretionsstrom, Auge *XII/2*: 1331.
—, Froschhaut *IV*: 28.
—, Haut *VIII/2*: 766ff.
Sekretionstheorie, Atmung *II*: 219.
—, Blut *VI/2*: 731.
—, Netzhautströme *XII/2*: 1482.
Sekretkapillaren, Magendrüsen *III*: 625.
—, Speicheldrüsen *III*: 586.
Sektorialchimäre *XIV/1*: 1133.
Sekundärantigene *XIII*: 696.
Sekundärinfektion *XIII*: 576.
Sekundenherztod *VII/1*: 397.
Sekundenvolumen s. Herz, Zeitvolumen.
Selachier *II*: 31.
Selbstamputation s. Autotomie.
Selbstausübungsmethode, arbeitspsychologische *XV/1*: 647.
Selbstbefruchtung *XIV/1*: 56, 295.
Selbstdifferenzierung *XIV/1*: 908, 912, 1028ff.
—, Amphibienlarven *XVI/1*: 699.
—, Entwicklung *I*: 625.
—, menschliche Ontogenie und *XVI/1*: 802.
—, Teratom *XIV/2*: 1283.
—, Transplantation und *XIV/1*: 1100.
Selbsterhaltung isolierter Gewebe *X*: 1155, 1178.

Selbstmord *XIV/1*: 844, 867.
Selbststeuerung, Atmung *II*: 31, 241, 316; *IX*: 647, 708.
—, Herz *VII/1*: 527.
—, Lichtempfindlichkeit *XII/2*: 1500.
Selbstverdauung, Schutz des Magen-Darm-Kanals gegen *XVI/1*: 929.
Selbstverstümmelung s. Autotomie.
Selbstwertgefühl *XIV/1*: 890.
Selektionstheorie, Vererbung *XVII*: 956, 961, *XVII*: 962.
Selektionshypothese, Antikörper *XIII*: 457.
Selenzelle, akustische Prüfung von Klangkurven *XV/2*: 1408.
Sella turcica *XVI/1*: 404.
Semilunarklappen *VII/1*: 193ff.; *XVIII*: 177.
—, Insuffizienz, physiologische *VII/1*: 198.
—, Stellung im Flüssigkeitsstrom *VII/1*: 195.
Semonsche physikalische Entwicklungstheorie (Engrammlehre) *XIV/2*: 1221.
Senfölhyperämie *VII/2*: 1566.
Senile Atrophie *XIV/1*: 953.
— Demenz *XVII*: 860.
Senilismus, Gewebe *XVII*: 849.
— universalis *XVII*: 1048.
Senilitas praecox *XVII*: 866.
Senium *XVII*: 1117.
Senkungsreaktion, Blutkörperchen *IV*: 535; *VI/1*: 660ff.; *VII/2*: 1631ff.; *XIII*: 617.
Senkwarze (Papilla circumvallata aperta) *XIV/1*: 610.
Sennesblätter, Darmwirkung *III*: 539.
„Sensation of vant of support" *XV/1*: 503.
Sensibilisation, Flockung, Kolloide *I*: 198.
Sensibilisatoren, ultraviolettes Licht *I*: 241.
Sensibilisierung, Anaphylaxieversuche *XIII*: 667ff.
— gegen Licht *XVII*: 335.
Sensibilität, Kehlkopfschleimhaut *II*: 176.
—, Kleinhirnkranker *X*: 289, *X*: 314.

(Sensibilität), Muskelkraft
und *XV/1*: 595.
—, Nervennaht und
XV/2: 1100.
—, Prüfung, elektrische
IX: 355.
—, Störung, corticale
X: 718ff.
—, —, Rückenmarkserkran-
kungen *X*: 849.
—, —, Thalamusherde
X: 368.
—, Topik *IX*: 42.
—, vegetative *XVI/2*: 1806.
Sensible Periode, Entwicklung
XIV/2: 1228.
— —, Geschwulstbildung
XIV/2: 1627/28, 1755.
Sensibles Gebiet, Großhirn-
rinde *X*: 716ff.
Sensomobilität *IX*: 763ff.
—, eigenreflektorische
IX: 769.
Sensomotorium *X*: 711.
Sensorielle Hypnosen
XVII: 674.
Sensorische Amusie *X*: 779,
X: 797ff.
— Aphasie *X*: 775.
— Leistungen und Balken
X: 841.
— Rindenreaktion
X: 453.
Sensorium, Bäderwirkung auf
das *XVII*: 452.
Septikämiebacillen
XIII: 525, 536, 551, 635.
Septum, Herz *VII/1*: 117.
—, —, atriorum secundum
VII/1: 168.
—, —, intermedium
VII/1: 130.
—, —, membranaceum
VII/1: 87.
—, Nase, Spontanperforation
II: 313.
Septumbildung, unvollstän-
dige, Herz *VII/1*: 122,
VII/1: 125.
Septumdefekt, Herz
VII/1: 117.
—, —, subaortaler
VII/1: 128.
—, —, Zirkulationsstörung
VII/1: 124.
Septumdeviator, Nase
II: 134, 313.
Septumzellen, Lunge, Phago-
cytose durch *XIII*: 819.
Serienreaktionen, Reaktions-
zeit *X*: 585.
Serogenese *XIII*: 489.
Serologie *XIII*: 405ff.,
XIII: 473ff., 508ff.,
XIII: 650ff.

Seröse Höhlen, Resorption
s. Resorption.
— Zellen, Mundhöhlendrü-
sen *III*: 577.
Serotoxine *XIII*: 759.
SERTOLLIsche Zellen
XIV/1: 705ff.
— —, Sekretbläschen
XIV/1: 706.
Serum *VI/1*: 235ff.
—, Anionen *VI/1*: 248ff.
—, Auxowirkung
XVIII: 318.
—, Blutgerinnung und Aus-
pressung von *VI/1*: 309.
—, Eiweißkörper, Alkalibin-
dungsvermögen
XVI/1: 1095.
—, —, Bestimmung *VI/1*: 251.
—, —, Bildung *V*: 711, 741.
—, —, Bilirubintypen, und
IV: 787.
—, —, kolloidaler Lösungs-
zustand *VI/1*: 640.
—, —, Pufferwirkung
XVI/1: 1094.
—, —, Überführung inein-
ander *VI/1*: 260.
—, Euglobuline *XVI/1*: 719.
—, Farbe *VI/1*: 236, 285.
—, Fermente *XIII*: 463ff.
—, Globulingehalt und Tu-
berkulose *VI/1*: 261.
—, Ionenaustausch zwischen
Blutkörperchen und
XVI/1: 1089.
—, Kalkgehalt, Säuglinge
VI/1: 242.
—, Kochsalzgehalt *VI/1*: 247.
—, Kohlensäurekapazität
XVI/2: 1430.
—, Kolloidstabilität
VI/1: 262.
—, osmotischer Druck
VI/1: 561.
—, Phosphat, maligne Tu-
moren, Kaninchen
XVI/2: 1439.
—, Pufferung *XVI/1*: 1094;
XVI/2: 1387.
—, reaginhaltiges *XIII*: 777.
—, spezifisches Gewicht
VI/1: 535.
—, Viscosität *VI/1*: 623ff.
—, Zuckergehalt *I*: 32.
Serumalbumine *VI/1*: 250ff.
Serumanaphylaxie
VII/2: 1409.
Serumeiweißpräparate, jo-
dierte *XVI/1*: 747.
Serumfarbstoffe, Plasma-
farbstoffe und *VI/1*: 285.
Serumfestigkeit verschie-
dener Bakterienarten
XIII: 527.

Serumglobuline *VI/1*: 250ff.;
XVI/1: 719.
Serumkrankheit *XIII*: 762ff.
—, Blutdruck *VII/2*: 1409.
—, fraktionierte *XIII*: 766.
—, Inkubation *XIII*: 765.
Serumshock *XIII*: 763.
Serumtherapie, Immunität
XIII: 627.
Serumtoxizität, primäre
XIII: 753.
SETSCHENOFFscher Hem-
mungsversuch *IX*: 664.
SETSCHENOW-STIRLINGscher
Versuch *IX*: 634, 640.
Seuchen *XVII*: 498.
Seufzen *X*: 175; *XV/2*: 1386.
Sexualbereitschaft
XIV/1: 803.
Sexualdialekt *XIV/1*: 885.
Sexualhormon *XIII*: 170;
XIV/1: 240, 357ff.;
XVIII: 342, 352, 357.
—, Cantharidenblasen
XVI/1: 470.
—, Darstellung *XVI/1*: 90,
XVI/1: 470.
—, Harn *XVI/1*: 470.
—, Hypophyse, fetale
XVI/1: 470.
—, Hypophysenvorderlappen
XVI/1: 471, 776.
—, Kastration, Wirbeltiere
XVIII: 339.
—, Liquor *XVI/1*: 470.
—, weibliches *XVI/1*: 89,
Sexualität *XIV/1*: 774ff.
—, frühkindliche *XIV/1*: 838.
—, Seelenleben
XIV/1: 775ff., 802ff.,
XIV/1: 808ff.
Sexualitätsproblem Ein-
zelliger *XIV/1*: 23ff.
Sexualkonstitution
XIV/1: 780; *XVII*: 1167.
Sexuallipoid *XIV/1*: 414.
Sexualneurosen *XIV/1*: 779,
XIV/1: 788, 791, 794,
XIV/1: 798, 799.
Sexualorgane, infantile
s. auch Genitalien sowie
Geschlechtsorgane
XIV/1: 811.
Sexualproportion *XVII*: 935.
Sexualreflexe *X*: 1016.
Sexualstrangzellen
XVI/1: 791.
Sexualsymbole *XIV/1*: 885.
Sexualtrieb *XIV/1*: 803,
XIV/1: 813ff., 822ff.;
XVI/1: 1061.
Sexuelle Abstinenz
XIV/1: 895.
— Immobilisation
XVII: 700.

Sexus anceps *XIV/1*: 873.
Shock *X*: 103ff.
—, Adrenalinabgabe
   XVI/2: 1765.
—, anaphylaktischer, Blut-
   druck *VII/2*: 1409.
—, —, Herzschlagfrequenz
   VII/1: 517.
—, —, Hund *XIII*: 726.
—, —, Kaninchen
   XIII: 729ff.
—, —, Meerschweinchen
   XIII: 650.
—, —, Mensch *XIII*: 762.
   XIII: 650, 716ff.
—, apoplektischer *X*: 476.
—, Bluteindickung
   VII/2: 1616.
—, elektrischer *VIII/2*: 969;
   XVII: 692; *XVIII*: 233.
—, hypoglykämischer
   XVI/1: 609.
—, Idiosynkrasien
   XIII: 768.
—, mechanischer *XVII*: 692,
   XVII: 695, 701, 702.
—, Nervöser, bei Verletzun-
   gen der Großhirnrinde
   X: 471, 475.
—, physischer *XVII*: 692,
   XVII: 694, 704.
—, Säurebasengleichgewicht
   XVI/1: 1131.
Shockgifte *X*: 1139;
   VII/2: 1184.
Shockorgan *VII/2*: 1409.
—, Idiosynkrasiker
   XIII: 773.
Shocktod *XVII*: 484, 740,
   XVII: 748.
—, Meerschweinchen
   XIII: 718.
Sialorhoe *III*: 822, 1155.
Sichtbarkeitsbereich, spek-
   traler *XII/1*: 710, 722.
Sichtotstellreflex s. Immo-
   bilisation.
Siderosis *II*: 530; *VI/1*: 218.
Siebbeinlabyrinth *II*: 318.
Siebenschläfer, Winterschlaf
   XVII: 106, 109.
Siegelringzellen, Gallertkrebs
   V: 1253.
Sigmatismus *XV/2*: 1352.
Sigmund-Mayersche Wellen
   VII/2: 1290.
Silber, allgemeine Wirkung
   I: 504.
—, Protoplasmagift *I*: 565.
Silberimprägnation, Golgi
   X: 846.
Silberlamellenmethode. Tem-
   peratursinn *XI*: 145.
Silbernitrat, Magensekretion
   III: 1438.

Silberreaktion, Pigment
   XIII: 251.
Silicatzersetzung durch Or-
   ganismen *I*: 734.
Siliciumgehalt, Pflanze
   XVI/2: 1686.
Simmondsche Kachexie
   XVI/1: 443ff., 963, 1052,
   XVI/1: 1057.
Simulanten, Reaktionszeit
   X: 595.
Simultangestalten *X*: 665,
   X: 672, 802.
Simultankontrast, Auge
   XII/1: 478ff.
—, —, binokularer
   XII/1: 489, 496.
—, —, bioelektrische Äu-
   ßerung *XII/1*: 496.
—, —, biologische Be-
   deutung *XII/1*: 980.
—, —, Demonstriermethoden
   XII/1: 479.
—, —, Geschmack *XI*: 373.
—, —, Gesetze *XII/1*: 480.
—, —, gesteigerte *XII/1*:516.
—, —, individuelle Ver-
   schiedenheiten
   XII/1: 487.
—, —, Lichtabberration und
   XII/1: 489ff.
—, —, Orientierung der Kon-
   trastwirkung
   XII/1: 487ff.
—, —, Ort des *XII*: 496.
—, —, Raumsinn
   XII/2: 887.
—, —, reziproke Innervation
   XII/1: 495.
—, —, Sehschärfe
   XII/2: 749, 774, 777,
   XII/2: 782.
—, —, Temperaturempfin-
   dung *XI*: 159.
—, —, Theorie *XII/1*: 493.
—, —, Unterschiedsempfind-
   lichkeit *XII/1*: 481.
—, —,Weißvalenz und
   XII/1: 485.
Singstimme *II*: 293.
Singulärvarianten, Konsti-
   tution *XVII*: 1072, 1075.
Singultus *II*: 357.
Sinnesbreite, Auge
   XII/1: 319.
Sinnesenergie, spezifische
   IX/: 36; *XI*: 20, 56;
   XV/2: 1184, 1191.
Sinnesnerven, Impuls-
   frequenz *XII/2*: 1503.
—, spezifische Energie
   IX: 36.
Sinnesnervenzellen *IX*: 466.
Sinnesorgane s.entsprechende
   Sinnesorgane.

(Sinnesorgane), Defekte, bei
   Rutilismus *XIII*: 257.
—, Einstellung zur Um-
   gebung *XV/1*: 53.
—, Parasiten *I*: 640.
—, propriozeptive *I*: 244.
—, Schlundkopf *II*: 168.
Sinnesreize, Energien der
   I: 270.
Sinnestäuschung, hypna-
   goge *XVII*: 600.
—, optische *XII/1*: 236.
Sinoscleralplatte
   XII/2: 1382.
Sinus caroticus, Atmungsbe-
   einflussung *XVIII*: 11.
Sinus phrenico-costalis *II*: 56,
   II: 65.
Sinusarhythmie (Ekg.)
   VIII/2: 838.
—, Haustiere *VII/2*: 1827.
Sinusgesetz *XI*: 242, 1018.
Sinushaare der Säuger
   XI: 79.
Sinushormon, Herz
   VII/1: 537.
Sinusklappen *VII/1*: 164.
Sinusknoten *VII/1*: 536.
—, Arterien, Abbindung
   VII/1: 538.
—, Ausschaltung *VII/1*: 373,
   VII/1: 586.
—, Gefäßversorgung
   VII/1: 112.
Sinusreflex, Carotis
   VII/1: 599; *VII/2*: 1352.
Sinusvorhofblock *VII/1*: 633.
Sinusvorhofintervall
   VII/1: 592.
Siphonophoren, Autotomie
   XIII: 275.
—, Koloniebildung *I*: 613.
Sipunculus, Darmform
   III: 63.
—, Nahrungsaufnahme
   III: 40.
— nudus *XV/1*: 89.
— —, Körperflüssigkeit
   XVII: 141.
Sitosterin *III*: 198.
Sitzhaltung *XV/1*: 200.
Skelett, Akromegalie und
   XVI/1: 429.
—, Erdalkaliphosphathaus-
   halt *XVI/2*: 1556.
—, Längenwachstum
   XVII: 827.
—, Schilddrüse und
   XVI/1: 760, 761.
Skeletmuskel s. unter Muskel,
   quergestreifter.
Skeletine *III*: 286.
Skeletproportionen, eu-
   nuchoide *XVII*: 1090.
Skeptophylaxie *VI/1*: 424.

Skiaskopie *XII/1*: 124.
Skleralquellung *XII/2*: 1382.
Sklerometer, Resistenz-
   bestimmung, Muskeln
   VIII/1: 357.
Sklerose, multiple, s. unter
   Multiple Sklerose.
—, Nieren, benigne und ma-
   ligne *IV*: 577;
   VII/2: 1374.
—, Rachitisschutzstoff,Über-
   dosierung *XVI/2*: 1633.
—, tuberöse *XVII*: 1052.
Sklerotomenlarven, Pferd
   VII/2: 1813.
Skoliose, Atmung und
   II: 392, 399, 453.
—, statische *XVI/1*: 788.
—, Tuberkulosedisposition
   II: 393.
—, Vestibularausfall, ein-
   seitiger *XV/1*: 391.
Skorbut *V*: 1166, 1218, 1235;
   XV/1: 6.
—, Epidemien *V*: 1227.
—, experimenteller, Schwein
   V: 1222.
—, Geschichte der Erfor-
   schung *V*: 1146.
—, infantiler *III*: 1334, 1393,
   III: 1395; *V*: 1235.
—, Kreatinstoffwechsel des
   Gehirns *IX*: 591.
— s. auch C-Avitaminose so-
   wie Vitamine.
Skorpione, Gifte *XIII*: 130,
   XIII: 532.
Skotom *X*: 740; *XII/1*: 257;
   XII/2: 790.
—, Ring- *X*: 734, 735.
—, zentrales *X*: 741;
   XII/1: 504; *XII/2*: 1522.
Skotopie *XII/2*: 1506.
SNELLENsche Haken
   XII/2: 779, 783.
Sodbrennen *III*: 1139;
   XIV/1: 564.
Sodomie *XIV/1*: 894.
SOKOWNIN-Reflex, Harnblase
   IV: 836.
Sol-Gelumwandlung, rever-
   sible *I*: 164, 213.
Solitärfollikel *VI/2*: 825.
Soma, Differenzierung
   XIV/1: 232.
—, Keimzellen und *I*: 620;
   XVII: 725.
Somatische Induktion,
   Pigmentierung und
   XIII: 198.
Somatochrome Nervenzelle
   IX: 470.
Sommereier *XIV/1*: 57, 80.
Sommerfrischenkropf
   XVI/1: 314.

Sommerschlaf *XVII*: 108,
   XVII: 746.
Sommersprossen, Rutilismus
   und *XIII*: 255.
Sommertraining, leicht-
   athletisches *XV/1*: 733.
Somnal *XVII*: 615.
—, Blutdruckwirkung
   VII/2: 1064.
Somnambulismus, Schlaf-
   wandeln *XVII*: 602, 678.
Somnifen *XVII*: 618.
Somniloquie *XVII*: 602.
Somnolenz *XVII*: 686, 692.
Sonnenenergie, Umsetzung
   auf der Erde *I*: 704.
Sonnenspektrum *XII/1*: 328.
—, Energieverteilung und
   Helligkeitsverteilung
   XII/1: 376.
Sonnenstich *XVII*: 413, 503.
Sonnenstrahlung, physika-
   lischer Klimafaktor
   XVII: 467ff.
—, physiologische Klima-
   wirkung *XVI/2*: 1788;
   XVII: 516, 523, 526,
   XVII: 536.
Soor *III*: 1002.
Soorinfektion, Immunität,
   Kinder, gegen *XIII*: 558.
Sorbit *V*: 998.
Sorite, Schwämme
   XIV/1: 40.
Spähbewegungen
   XII/2: 1046, 1068, 1087.
Spaltöffnungen, Pflanzen
   VI/2: 1112.
Spaltwarzen, Mamma
   XIV/1: 610.
Spannung, Herzmuskelfaser,
   maximale, und Schlag-
   volumen *VII/2*: 1179.
—, Muskel, optimale
   VIII/1: 346.
—, Muskelkontraktur
   VIII/1: 224.
—, Muskulatur, menschliche,
   am Dynamometer
   XV/1: 577, 602.
Spannungsbildtheorie, okulo-
   motorische *XII/2*: 977ff.,
   XII/2: 986.
Spannungsempfindungen,
   Muskeln *XI*: 123.
Spannungshypertrophie
   XV/1: 711.
Spannungslängendiagramm,
   Muskel *VIII/1*: 509.
Spannungsmoment, Herz
   VII/1: 346.
Spannungsoszillographie
   XVIII: 236.
Spannungspneumothorax
   II: 447.

Spannungstheorie, BEZOLD-
   sche, Ohr *XI*: 460.
Spasmolytica *XIV/1*: 502,
   XIV/1: 545.
Spasmophilie *III*: 1421;
   XVII: 1140, 1421.
Spasmus, Magen *III*: 409.
— mobilis *X*: 341.
Spastische Lähmung *X*: 161,
   X: 895.
Spastizität, Tonusstörungen
   X: 340.
Spätrachitis *V*: 1237.
Speckhaut *VII/2*: 1728.
SPEEsche Kurve *III*: 310.
Speichel, *III*: 819ff.
—, Absonderung, s. unter
   Speichelsekretion.
—, Aceton *III*: 838.
—, Alkalität *III*: 692.
—, Amylase *IV*: 37.
—, anorganische Bestandteile
   III: 834.
—, Asche *III*: 827, 834.
—, Fermente *III*: 693.
—, Gallenbestandteile
   III: 838.
—, Gasgehalt *III*: 834.
—, Gefrierpunkts-
   erniedrigung *III*: 825.
—, Harnsäure *III*: 836.
—, Harnstoff *III*: 836.
—, Kapillaren *III*: 586.
—, Leitfähigkeit, elektrische
   III: 826.
—, Menge *III*: 820; *XI*: 324.
—, Milchsäure *III*: 838.
—, Mucin *III*: 830.
—, organische Substanz
   III: 830.
—, osmotischer Druck
   III: 826.
—, Pathologie *III*: 835, 1054.
—, Reaktion *III*: 692, 822,
   III: 824.
—, Rhodankalium *III*: 831.
—, Säugling *III*: 1002, 1311.
—, Schmecken und *XI*: 323.
—, spezifisches Gewicht
   III: 822.
—, Stickstoffausscheidung
   XVIII: 70.
—, Verdauung, Bedeutung
   für die *III*: 1054.
—, Wasserstoffionenkonzen-
   tration *III*: 692, 824.
—, Wiederkäuer *III*: 983.
—, Zucker *III*: 837.
—, Zusammensetzung
   XVIII: 58.
Speicheldrüsen *III*: 560ff.,
   III: 689ff., 1105ff.; s.
   auch Parotis, Submaxil-
   laris usw.
—, Arbeit *III*: 693.

(Speicheldrüsen), Ausführ-
gänge, Unterbindung
III: 591.
—, Ausführwege *III*: 583.
—, Blutstrom *VII/2*: 1489.
—, Fistelanlegung *III*: 591,
III: 683, 820.
—, Gaswechsel *III*: 710.
—, Geschwülste
XIV/2: 1457, 1477/82.
—, Histophysiologie
III: 562.
—, Hungerwirkung auf
III: 574.
—, innere Sekretion
XVIII: 67.
—, Innervation *III*: 589,
III: 694ff.; *X*: 191;
XI: 464.
—, Insectivoren *III*: 564.
—, Lymphbildung in
VI/2: 953.
—, Milieu interne und
III: 706.
—, Nervendurchschneidung
III: 589.
—, Nervenreizung *III*: 575,
III: 581.
—, pathologische Physiologie
XVIII: 67.
—, Pharmakologie
III: 1430ff.;
XVIII: 72ff.
—, Schnecken *III*: 80, 86.
—, Sekretausstoßung und
Sekrettransport *III*: 585.
—, Sekretion, s. Speichel-
sekretion.
—, —, innere, und *III*: 1109.
—, Stoffwechsel *III*: 709.
—, Zuckerstoffwechsel
XVI/1: 566.
Speichelfistel *III*: 591, 683,
III: 820.
Speichelfluß *III*: 1106, 1155.
Speichelkörperchen *III*: 820;
VI/2: 1014, 1022.
Speichelsekretion *III*: 560ff.,
III: 689ff., 1105ff.
—, Anpassungsfähigkeit an
die Art des Erregers
III: 694.
—, antilytische *III*: 1116.
—, antiparalytische
III: 1116.
—, Atmungsbehinderung
III: 1113.
—, Auslösung *III*: 690.
—, Giftwirkung auf *III*: 1105.
—, Hemmung *III*: 703.
—, Innervation *III*: 575, 581,
III: 589, 694ff.; *X*: 191;
XI: 464.
—, Nervenreizung *III*: 575,
III: 581.

(Speichelsekretion),
paralytische *III*: 1113;
X: 1083.
—, pathologische
III: 1105ff.
—, reflektorische, im Schlaf
XVII: 573.
—, Steigerung *III*: 702, 822;
XIV/1: 564.
—, Ulcus *XVIII*: 69.
—, vasomotische Erschei-
nungen und *III*: 703.
—, Wiederkäuer *III*: 391,
III: 394, 397.
—, Zentren *III*: 698;
XVI/1: 1050.
Speichelverdauung
XVI/1: 887.
Speicherungsvermögen *I*: 314.
Speicherzellen *VI/2*: 849.
Speireflex *II*: 27, 29.
Speiserinne, Wiederkäuer
III: 382, 386, 394.
Speiseröhre s. auch unter
Oesophagus.
—, Atonie *III*: 372.
—, Druckverhältnisse
III: 360.
—, Entzündung *III*: 370.
—, Erweiterung *III*: 374.
—, Hypotonie *III*: 372.
—, Karzinom *III*: 370.
—, Lähmung *III*: 372.
—, Ringmuskulatur *III*: 348.
—, Säugling *III*: 1312.
—, Schmerzhaftigkeit
XI: 196.
—, Tonus *III*: 357.
—, Verschluß *XVIII*: 35.
—, Wiederkäuer *III*: 382.
Spektralfarben, Sättigung
XII/1: 366; *XII/2*: 1559.
Spektralfarbenkurve
XII/2: 1549.
Spektrallichter-Mischapparat
nach von Helmholtz-
König *XII/2*: 1539.
Spektrallichter, urfarbige
XII/2: 1536.
Spektrum, Auge, Eichung
XII/1: 417, 418, 530, 585;
XII/2: 1516, 1545.
—, —, Energieverteilung
XII/1: 317, 328, 371.
—, —, Farbentonverteilung
bei farbiger Verstimmung
XII/1: 449.
—, —, Farbenunterschiede
im, eines Normalen
XII/2: 1558.
—, —, Helligkeitsverteilung
beim Dämmerungssehen
XII/1: 327.
—, —, — — Tagessehen
XII/1: 368, 369.

(Spektrum, Auge), Kardinal-
punkte *XII/1*: 339, 341,
XII/1: 551; *XII/2*: 1567.
—, —, neutraler Punkte im
XII/1: 509.
—, —, Sättigungsverteilung
XII/1: 366; *XII/2*: 1558.
—, Blut *VI/1*: 91.
—, CO-Hämoglobin
VI/1: 117.
—, Hämoglobin verschie-
dener Herkunft, Gas-
bindung und *VI/1*: 131.
—, leuchtender Pflanzen
VIII/2: 1062.
— — Tiere *VIII/2*: 1082.
—, Pigment *XIII*: 215.
Sperma *XIV/1*: 64ff., 113ff.,
XIV/1: 157f., 365ff.
—, Fermente im *XIV/1*: 174.
—, Hemmungswirkung
fremdstämmigen
XIV/1: 149.
—, physikalische und che-
mische Eigenschaften
XIV/1: 157ff.
—, Spermatogenese und
XIV/1: 64ff.; *XVI/1*: 422.
—, Vitalfärbung *XIV/1*: 166.
Spermaserum *XIV/1*: 159.
Spermatiden *XIV/1*: 49, 72,
XIV/1: 109.
Spermatische Astrosphäre
XIV/1: 130.
Spermatocyten *XIV/1*: 49,
XIV/1: 72, 73, 109, 709.
Spermatogenese, Hypo-
physektomie *XVI/1*: 422.
Spermatogonien *XIV/1*: 49,
XIV/1: 72, 709.
Spermatophoren *XIV/1*: 74.
Spermatorrhöe *XIV/1*: 799,
XIV/1: 896.
Spermatozoen *XIV/1*: 65,
XIV/1: 118, 156, 160.
—, Agglutinationserschei-
nungen *XIV/1*: 120.
—, Anlockung *XIV/1*: 115.
—, apyrene *XIV/1*: 69.
—, atypische *XIV/1*: 65.
—, Befruchtungsfähigkeit
XIV/1: 122.
—, Beweglichkeit, Regulie-
rung *XIV/1*: 748.
—, Bewegung, Geschwindig-
keit *VIII/1*: 39.
—, Bewegungsfähigkeit
XIV/1: 114, 769.
—, Bewegungsweise
XIV/1: 73.
—, Chemotaxis, Sensibili-
täten *XIV/1*: 117.
—, Eigenschaften, physika-
lische und chemische
XIV/1: 157ff.

(Spermatozoen), Eigenschaf-
ten, physiologische
XIV/1: 114.
—, Flimmerbewegung
VIII/1: 56, 60, 66, 69.
—, Haufenbildung
XIV/1: 169.
—, Ionenreihe *I*: 514.
—, Kern *VIII/1*: 27;
XVII: 992, 1025.
—, Lebensdauer *XIV/1*: 168.
—, Mittelstück *XIV/1*: 124.
—, oligopyrene *XIV/1*: 69.
—, Pferd, Analyse
XIV/1: 162.
—, —, Zahlenverhältnis
XIV/1: 160.
—, Physiologie, allgemeine,
der *XIV/1*: 114, 168.
—, Rheotaxis *XIV/1*: 115
bis *XIV/1*: 119.
—, Stoffwechsel *XIV/1*: 167.
—, Struktur, mikroskopische
XIV/1: 710.
—, typische *XIV/1*: 65.
—, Übertragung *XIV/1*: 74.
—, zweischwänzige
XIV/1: 1072.
—, s. auch unter Samen-
fäden.
Spermazentriol (Boveris)
XIV/1: 128.
Spermin *XIV/1*: 158, 361.
Spermiogenese, Wärmebeein-
flußbarkeit *XVI/1*: 824.
Spermiophagie *XIV/1*: 749.
Spermium Poehl
XIV/1: 362.
Spermol *XIV/1*: 368, 370.
Spermophile Kette
XIV/1: 139.
Sperrmuskeln *IX*: 712.
Sperrtonus, plastischer
VIII/1: 198.
Sperrung, absolute Muskeln
IX: 745.
—, Arbeitsphysiologie
XV/1: 831.
— glatter Muskeln
VIII/1: 193.
—, gleitende *IX*: 718, 745.
—, maximale *IX*: 718.
—, tonische *XV/1*: 602.
Speziesbastarde *XVII*: 938.
Speziescharaktere, Ge-
schlechtscharaktere usw.
XIV/1: 235.
Spezifisch-dynamische Wir-
kung (Wärmeregulation)
XVII: 20.
Spezifische Energie (Sinnes-
physiologie) *I*: 281;
XI: 675.
— Vergleichung (Sinnes-
physiloogie) *XI*: 15.

Spezifisches Gewicht, Orga-
nismus *XVI/1*: 295.
Spezifität, biologische (sero-
logische) *XIII*: 473ff.;
XVIII: 319.
—, Eiweißsorten
XIV/2: 1219.
—, Fermente *XIV/2*: 1244,
XIV/2: 1285.
—, — s. auch unter den betr.
Fermenten.
—, Gewebe *XIV/2*: 1241,
XIV/2: 1243, 1244, 1258,
XIV/2: 1273, 1277, 1288.
—, Keimplasmaenzyme und
Chromosomen
XIV/2: 1232.
—, konstitutive *XIII*: 439,
XIII: 479, 515.
—, Nekrohormonwirkung
XVII: 380.
—, originäre *XIII*: 439.
—, Plasma *XIV/2*: 1272.
—, serologische, Organ
XIII: 496.
—, Sexualhormone
XIV/2: 239.
Spezifitätsgesetz, Fermente
XIV/2: 1288.
Spezifitätsverlust, Anaphy-
laxie *XIII*: 693.
Spannungsdoppelbrechung,
kolloide Systeme *I*: 210.
Sphaerularia *I*: 633.
Sphärolithen *IV*: 632, 633,
IV: 641.
Sphenoidalneurosen *II*: 316.
Sphincter ani *III*: 477.
— antri pylorici *III*: 410.
— bulbi duodeni *III*: 436,
III: 1219.
— cardiae *III*: 360, 436;
XVI/1: 894.
— ileocoecalis *III*: 458.
—, Magen, Innervation
III: 436.
— Oddi *XVI/1*: 895, 908.
— papillae (Henle), Niere
IV: 805.
— pupillae *XII/1*: 176, 197.
— vesicae, Ejakulation und
XIV/1: 771.
— —, Harnblasenverschluß
und *IV*: 859.
Sphygmogramm *VII/2*: 1239.
Spiegelfetischismus
XIV/1: 892.
Spiegelkontrastapparat
XII/1: 479.
Spiegelschrift *XV/2*: 1502.
Spiegelsprache *XV/2*: 1426.
Spina bifida, Ursachen
XIV/1: 1079.
Spinale Organismen *X*: 153ff.
XV/1: 143.

Spinalflüssigkeit s. unter Li-
quor cerebrospinalis.
Spinalganglien, Funktion
X: 39.
—, Rückenmark *X*: 868.
—, Vasokonstriktoren der
Niere und *IV*: 362.
Spinalparalyse, spastische
X: 162.
Spinnen, Außenverdauer
III: 59.
—, chemischer Sinn *XI*: 229.
—, Gangart *XV/1*: 290.
—, Gifte *XIII*: 126.
—, Scheren *XIII*: 51.
—, Stridulationsorgane
XV/2: 1231.
Spinnenknechte, Autotomie
XIII: 268.
Spirallockengallen, Pflanzen
XIV/2: 1205.
Spiralreflex, tonischer
XVII: 706.
Spiritismus *XVII*: 674.
Spiritus nitro-aereus *II*: 190.
Spirochaeta pallida, im Liquor
X: 1221.
Spirochäten, Quecksilber-
festigkeit *XIII*: 843.
Spirochätenlipoide *XIII*: 502.
Spirographische Kurve
II: 86, 87.
Spirographishämin
XVIII: 154.
Spirometerwerte *II*: 338.
Spiroptera-Carcinom, Magen
XIV/2: 1534.
Spiroptera sanguinolenta,
Hund *VII/2*: 1813.
Spitzenstoß, Herz
VII/1: 221ff.
Splanchnicus, Blutdrucksteige-
rung *VII/2*: 1330ff.,
XVII/2: 1349.
—, Diabetes insipidus
XVII: 301.
—, Herz und *VII/1*: 490.
—, Magen *III*: 431ff.
—, Niere *IV*: 353;
XVIII: 96.
—, Pankreas *XVI/1*: 643.
Splanchnomegalie
VII/1: 353.
—, Hypophysenerkrankung
XVI/1: 433.
Splanchnomikrie, hypophy-
säre Kachexie *XVI/1*: 443.
Splenektomie, Lymphdrüsen-
veränderungen *VI/2*: 1054.
Splenomegalien *VI/2*: 918.
Spongien, Färbung
XIII: 203.
—, Kanalsystem *VII/1*: 5.
—, Rheotropismus *XI*: 81.
—, Stoffwechsel *V*: 431.

(Spongien), Tangorezeptoren *XI*: 69.
Spongioplasma *IX*: 150.
Spongosterin *III*: 197; *V*: 431.
Spontanhypnosen *XVII*: 674.
Spontantumor, Transplantat und *XIV/2*: 1575.
Sporangium, Polypodiaceen *VIII/1*: 95.
Sporen *XIV/1*: 11.
Sporenschlauch, Ascus *VIII/1*: 98.
Sporocyste *I*: 655.
Sporogonie *XIV/1*: 28.
Sporophyt *XIV/1*: 76, 94.
Sport, Stoffwechsel *XVI/1*: 969.
Sprachcharakter, Änderung *XV/2*: 1426.
Sprache, BROCAsche Windung *X*: 769.
—, Darstellungsfunktion *X*: 792.
—, Denken und *XV/2*: 1437.
—, Händigkeit und *XV/2*: 1442.
—, Hemisphären und *X*: 767.
—, immanente Vernunft *XVII*: 638.
—, innere *XV/2*: 1439, 1517.
—, Lokalisation im Gehirn *X*: 759; s. auch Sprachzentrum.
—, Motorisch-Aphasischer *XV/2*: 1431.
—, Pathologie *XV/2*: 1443.
—, Puerilismus in der *XV/2*: 1426, 1432.
—, Schwerhöriger *XV/2*: 1381.
—, Stammganglien *X*: 346, *X*: 374, 766.
—, Striatum und *X*: 374.
— des Traumes *XVII*: 625, *XVII*: 629, 637, 638.
Sprachentwicklung, Kind *XV/2*: 1421.
Spracherinnerungen *X*: 758, 783.
Sprachfeld *XV/2*: 1421, 1515.
Sprachlaute *XV/2*: 1329, *XV/2*: 1332ff.
Sprachreflex *XV/2*: 1422.
Sprachregion *X*: 759.
Sprachsext, BEZOLDS *XV/2*: 1415, 1434, 1512.
Sprachstörungen, Depeschenstil *XV/2*: 1425.
—, dysarthrische *XVII*: 1178.
—, Kleinhirnkranke *X*: 268, *X*: 346.
—, Lokalisation der Herde und *X*: 768.

(Sprachstörungen), Selbstbeobachtungen von Aphasischen *XV/2*: 1449.
—, Wechsel der Intensität *XV/2*: 1449.
Sprachtaubheit *XV/2*: 1477.
Sprachverständnis *X*: 762, *X*: 778; *XV/2*: 1433.
Sprachzentrum *X*: 759ff.; s. auch Sprechzentrum.
Sprechen, Denken und *XV/2*: 1436.
Sprechstimme, Tonhöhe *XV/2*: 1319.
Sprechzentrum, Papageien *XV/2*: 1246.
Springen, Mensch *XV/1*: 228.
Spritzgurke (Ecballium elaterium) *VIII/1*: 99.
Spritzvorgang, buccopharyngealer *III*: 356.
Sprossen, thermotropische Reaktionen *XI*: 170.
Sproßpilze, Wiederherstellung *XIV/1*: 1121.
Sprung, Mechanik *XV/1*: 228.
Sprungbereitschaft, Labyrinthreflex *XI*: 883; *XV/1*: 48.
Sprunghöhe *XV/1*: 229.
Sprungweite *XV/1*: 229.
—, Heuschrecke, Känguruh *XV/1*: 231.
Spumoid, heteromorphes *V*: 1252.
Sputum, autolytisches Enzym *V*: 730.
Squalen, Stoffwechselverhalten *V*: 997.
Stäbchen, Auge *XII/1*: 571ff.
—, —, Außenglieder, Funktion *XII/1*: 544.
—, —, Dämmerungstiere *XII/2*: 718.
—, —, Kontraktion *XII/1*: 277ff.
—, —, Rand *XII/2*: 1526.
—, —, stäbchenfreier Bezirk, Größe *XII/2*: 1520ff.
Stäbchendoppelbrechung, kolloide Systeme *I*: 207.
—, Muskel *VIII/1*: 118, 535.
Stäbchenmischkörper, kolloides System *I*: 208.
Stäbchensehen *XII/1*: 576; *XII/2*: 1533.
Stäbchenseher, Zapfenblindheit *XII/1* 693.
Stäbchenzellen, Glia *IX*: 499.
Stabilisierungsmoment kolloider Systeme *I*: 181.
Stabilitätsbedingungen kolloider Systeme *I*: 187.

Stachelhäuter, Schutz- und Angriffseinrichtungen *XIII*: 95.
Stacheln, Protozoen *XIII*: 4.
Stammganglien, Leitungswege *X*: 337.
—, Physiologie u. Pathologie *X*: 318ff.
—, Sprachstörungen und *X*: 346, 374, 766.
Stammzellen, lymphoide *VI/2*: 754.
Stammzelleukämien *VI/2*: 737.
Stand, aufrechter *XV/1*: 184, *XV/1*: 196.
Standardarbeit zur Funktionsprüfung *XV/1*: 571.
Standsicherheit, Körper *XI*: 966.
STANNIUSsche Ligatur *VII/1*: 404, 533.
Stapediuskrampf (Ohr) *XI*: 464.
Stapesfixation, Otosklerose *XI*: 444.
Staphylokokken, Immunität *XIII*: 522.
—, Phenol- und Sublimatgewöhnung *XIII*: 846.
—, Resistenz gegen *V*: 1232.
Star *XII/1*: 191ff.
—, Operationen, Blausehen nach *XII/1*: 523.
— s. auch Katarakt.
Stärke, Abbau, diastat. *III*: 154.
—, — zu Trisaccharid *III*: 143.
—, beriberierzeugend *V*: 1203.
—, Glykogen und *III*: 932.
—, Kot *IV*: 705.
—, Verdauung im Pansen *III*: 984.
—, — im Pferdemagen *III*: 972.
—, — im Schweinemagen *III*: 977.
—, Zuckerblätter und, Pflanzen *V*: 602.
Starre, kataleptische *XVII*: 693.
—, mimische *X*: 343.
Starrelage *XVII*: 705.
Starrezentrum *X*: 408.
Starrkrampfreflex *XV/2*: 1054; *XVII*: 690ff., *XVII*: 702.
Startfieber, Blutdrucksteigerung *VII/2*: 1361.
Stase *VII/2*: 1626ff.
—, Dauer der, Körperlage, und *VII/2*: 1437.
—, Entstehung *VII/2*: 1634.

(Stase), Entzündung
XIII: 297.
—, experimentelle, Lösung
VII/2: 1640.
—, Folgen VII/2: 1640.
—, reflektorische Entstehung
VII/2: 1642.
—, weiße VII/2: 1643, 1684.
Stasefistelsymptom, Amylni-
tritprobe (Labyrinth-
erkrankungen) XV/1: 387.
Statik, Atemorgane II: 92.
—, physiologische
XV/1: 182ff.
Stationärer Metabolismus
I: 261.
Statische Arbeit, Ermüdung
XV/1: 584, 784.
— —, Tonus XV/1: 828.
— Organe I: 303; XI: 767ff.,
XI: 791, 797, 868, 909,
XI: 985, 1002.
— —, Pflanzen XI: 1020f.
Statischer Sinn XI: 911.
Statische Zentren der Oblon-
gata X: 177.
Statisches Gleichgewicht (Be-
wegungslehre) VIII/1: 620.
Statoblasten, Bryozoen
XIV/1: 3, 42.
Statocysten, Cephalopoden
XI: 773.
—, Echinodermen XI: 772.
Statokineten XI: 968.
Statolithen, Bogengangsappa-
rat XI: 909; XVIII: 300.
—, Ctenophoren XI: 771.
—, exogene XI: 773.
—, —, Crustacen XI: 775.
—, magnetische XI: 794.
—, Mensch, Funktion
XVIII: 302.
—, Pflanzen XI: 1020.
Statolithenstärke XI: 1021.
Statoreceptoren XI: 767; s.
unter statische Organe.
Statoreflexe, Krebse
XV/1: 92.
Statotonus X: 297.
Status degenerativus
XVII: 1073.
— hypoplasticus XIV/1: 424;
XVII: 1094.
— thymicolymphaticus
VI/1: 55; VI/2: 835, 1090;
XVI/1: 388; XVII: 826,
XVII: 1094, 1096;
XVIII: 423.
— —, Blutlymphocyten
XVI/1: 767.
— —, Diagnose XVI/1: 396.
— —, Häufigkeit
XVI/1: 397.
Staub, Entzündungserreger
XIII: 370.

Staubfäden, kontraktile
VIII/1: 99.
Staubfang, Nase II: 160.
Staubgehalt, Atmosphäre
II: 516.
Staubinhalation II: 515ff.
Staubinhalationskrankheiten
II: 523.
—, Therapie u. Prophylaxe
II: 539.
Staubmetastasen II: 523.
Staubzellen II: 518.
Staupeverblödung, Hund
X: 1256.
Stauropus fagi XV/1: 88.
Stauung, Muskelchemismus
und XVI/2: 1363, 1368.
Stauungsgallenblase III: 511;
IV: 601.
Stauungshyperämie
VII/2: 1796.
—, Resistenz bei XIII: 576.
Stauungslunge II: 97.
Stauungsmastitis
XIV/1: 665.
Stauungsniere (Stauungs-
schrumpfniere), Patholo-
gie IV: 579.
Stauungsödem XVI/2: 1346;
XVII: 262.
Stauungspapille, Venenpuls-
beobachtung XII/2: 1391.
—, Wasserhaushalt des Auges
und XII/2: 1388ff.
Stauungsprobe, RUMPEL-
LEEDEsche VI/1: 417.
Steady state XV/1: 771, 774,
XV/1: 789; XVI/2: 1378.
Steapsinogen, Pankreassaft
XVI/1: 907.
Stearinsäure, Harn IV: 284.
Steatogenes, elektrische Or-
gane von VIII/2: 895.
Stechapparate I: 642.
—, Nahrungsaufnahme
III: 57.
Stechborsten, Insekten
XIII: 66.
Stehbereitschaft XV/2: 1053,
XV/2: 1176.
Stehen, aufrechtes XV/1: 196.
Stehen, Energieverbrauch
XV/1: 829.
—, Erholungsgeschwindig-
keit beim XV/1: 762.
—, Vögel XV/1: 266.
—, Zentralnervensystem und
XV/2: 1176.
Stehreflexe enthirnter Tiere
X: 407.
Steigarbeit XV/1: 549.
Steigbügel, Fixation (Ohr)
XI: 443.
Steigungsstuhl, Versuche im,
beim Fliegen XV/1: 364.

STEINACHscher Versuch an
Wirbeltieren IX: 149.
Steinbildung, experimentelle
IV: 592, 673, 680; s. auch
unter Gallensteine, Harn-
steine.
—, Kindesalter IV: 666.
—, physikalische Chemie
IV: 673.
Steinkerne, Allgemeines
IV: 621ff.
—, Entstehung IV: 674.
Stellarganglion, Tintenfische
XIII: 207.
Stellasterin III: 196.
Stellreflexe XV/1: 31ff., 65ff.
—, Ausschaltung und deren
Folgen XV/1: 83.
— enthirnter Tiere X: 407;
X: 451.
—, Hautreceptoren XI: 818;
XV/1: 122ff.
—, Hypnose, tierische und
XV/1: 155.
—, kompensatorische Augen-
stellungen XV/1: 59.
—, Labyrinthausschaltung
XV/1: 71ff., 101ff.
—, labyrinthäre XI: 791, 858,
XI: 896; XV/1: 55ff.,
XV/1: 101ff.
—, menschliche Pathologie u.
X: 287, 988.
—, nervöser Abbau und
XVI/1: 1067.
—, optische XI: 858;
XV/1: 68, 78, 115ff.
—, Rheotaxis (Rheotropis-
mus) bei Fischen u. Am-
phibien und XVI/1: 136f.
—, Schwimmblase und
XV/1: 140.
—, tonische XI: 791;
XV/1: 55ff.
—, Zentralnervensystem und
XV/1: 143ff.
—, Zusammenwirkung
XV/1: 65ff., 156ff.
Stellungen, asymmetrische,
Mechanismus des mensch-
lichen Körpers
XVI/1: 198.
Stellungsbewegungen, N. ru-
ber, Reizung des X: 486.
Stellungsdrehung, Geburts-
mechanismus XIV/1: 594.
Stemmwirkung, Beine
XV/1: 241.
Stengelquerschnitt, Pflanzen-
strom VIII/2: 762.
STENONsche Gänge, Ligatur
XVI/1: 566.
Stenopäische Belichtung,
Strahlengang bei
XII/1: 240.

Stenopäisches Loch
XII/1: 238.
Stenose, Atmungsorgane
II: 116, 117, 120, 301, 334.
—, —, Dyspnoe durch II: 276.
—, Pulmonalarterie
VII/1: 131.
—, Trachea II: 301.
Stenosendyspnoe XVIII: 14.
Stenosenperistaltik III: 415.
Stenotherm XVII: 399.
Stenothermie I: 394.
STENSONscher Versuch
V: 1288.
Sterben XVII: 717ff., 753ff.
Sterblichkeit, Beruf
XVII: 765.
—, Industrie und Landwirt-
schaft XV/1: 528.
—, Männer und Frauen
XV/1: 529.
—, Stadt und Land
XV/1: 528.
Sterblichkeitsstatistik
XVII: 769.
Stereoeffekt, PULFRICH
XII/1: 371; XII/2: 913ff.
XII/2: 1586, 1587.
Stereogleichheit, Minimal-
feldgleichheit XII/1: 690.
Stereogleichung XII/2: 1586.
Stereognose X: 728.
Stereogrammetrie XII/2: 933.
Stereohelligkeit XII/2: 1586.
Stereokomparator XII/2: 932.
Stereophotographie
XII/2: 932.
Stereophotometrie
XII/1: 701.
Stereotelemetrie XII/2: 933.
Stereoskopie XII/2: 834ff.
—, Analyse XII/2: 929ff.
—, angeborene Grundlage
XII/2: 998.
—, Augenbewegungen
XII/2: 939, 994, 998.
—, Bedingungen
XII/2: 936ff.
—, Bildschärfe XII/2: 938.
—, monokulare Tiefenausle-
gung XII/2: 947.
—, Nachbilder XII/2: 936,
XII/2: 939.
—, Netzhautregion
XII/2: 941, 998.
—, optische Wahrnehmung
und XII/2: 1250.
—, Ordnungs- u. Malwerte
XII/2: 943ff.
—, Präsentationszeit
XII/2: 936.
—, Pseudoskopie XII/2: 954.
—, Querdisparation
XII/2: 997, 998.
—, Sehschärfe XII/2: 940.

(Stereoskopie), Seitenneigung
und XII/2: 936.
—, Täuschungen (Pseudosko-
pie) XII/2: 940.
—, Tiefenlokalisation und
Querdisparation
XII/2: 984, 914, 929ff.
—, Unterschiedsempfindlich-
keit XII/2: 940.
Stereotaxis XI: 68;
XVIII: 271.
Stereotropismus XI: 68;
XVIII: 271.
Sterilisierung, hormonale des
weibl. Körpers XIV/1: 399
Sterilität, Dünndarm III: 994.
—, weibl. Körper XIV/1: 459.
Sterine III: 183.
Sternalschmerz, Aortenskle-
rose VII/1: 398.
Sternschwanken, Ursache
XII/2: 1057.
Sternzellen, Leber III: 629;
VI/2: 856.
Steuerung, gleitende im ner-
vösen Geschehen
XV/2: 1215.
Stethoskop VII/1: 271.
Stiboreceptoren I: 303.
Stichempfindungen XI: 183.
Stichkanaldrainage X: 1185.
Stickoxydhämoglobin
VI/1: 161.
Stickoxydul II: 509.
—, Bildung bei elektrischer
Entladung VIII/2: 994.
Stickoxydulmethode (Schlag-
volumen des Herzens)
XVI/2: 1298.
Stickstoff, Ansatz V: 28ff.;
XVI/1: 979; XVII: 534.
—, —, Pflanzenfresser, Am-
moniumacetat- und As-
paraginwirkung V: 120.
—, Assimilation, Bakterien
V: 991.
—, —, Pflanze, grüne
V: 990.
—, Aufnahme, Atmung
II: 195.
—, —, Pflanzen V: 361, 990.
—, Ausscheidung durch At-
mung II: 195.
—, —, Harn V: 86, 94, 589.
—, —, Hypophysengaben
und IV: 414.
—, —, körperliche Arbeit
XV/1: 793.
—, —, Kot IV: 692; V: 86,
V: 91ff.
—, —, Lichtbeeinflussung der
XVII: 325, 337.
—, —, minimale V: 86ff.
—, —, —, Kreatinin und
V: 110.

(Stickstoff, Ausscheidung),
niederer Tiere V: 428ff.
—, —, Speichel XVIII: 70.
—, —, Superposition der
Stundenkurven V: 32.
—, Bedarf und körperliche
Arbeit XVI/1: 985.
—, — des Menschen
XVI/1: 977.
—, Bilanz im Boden
V: 991.
—, —, positive V: 30.
—, Blut VI/1: 523ff.
—, Faeces, Gehalt an
IV: 692; V: 91ff.
—, Fraktionen s. Stickstoff-
Substanzen.
—, Futter V: 49.
—, Gleichgewicht V: 12, 30ff.,
V: 85ff.; XVI/1: 978.
—, —, Carcinom V: 108.
—, —, Diabetes mellitus
V: 108.
—, —, Eiweißzufuhr, paren-
terale, und V: 108.
—, —, Hypothyreoidismus
V: 108.
—, —, minimales V: 12, 29,
V: 85ff.
—, —, —, Caloriendeckung
V: 87.
—, —, —, Eiweißkörper und
V: 95.
—, —, —, Untersuchungs-
methoden V: 86.
—, Kreislauf in der Natur
I: 724.
—-Minimum V: 12, 29, 86ff.
—, Muskulatur, Verteilung in
der VIII/1: 465.
—, Schweiß, Gehalt an
IV: 731; V: 33.
—, Spannung, alveolare
II: 209.
—-Substanzen, Blut, Pan-
kreasdiabetes
XVI/1: 578.
—, —, — nach Insulin
XVI/1: 615ff.
—, Umsatz V: 28ff., 84ff.,
V: 114ff., 671ff., 1210;
XVI/1: 244.
—, —, Höhenklima
XVII: 534.
—, —, Nerven IX: 401.
—, —, Temperaturkollaps
und V: 295.
—, —, Zentralnervensystem
IX: 587, 592.
—, Verdauungssekrete, Ge-
halt an XVI/1: 924.
—-Verlust, Ernährung, ein-
seitige, und V: 141.
Stickstoffatmung, Herzerwei-
terung VII/1: 358.

Stielmuskel, Peritrichen
VIII/1: 34.
Stiftchensäume, Sehzellen
XII/1: 4.
Stigmastanol *III*: 200.
Stigmasterin *III*: 199.
Stigmatisation, vegetative
XVI/1: 1025;
XVI/2: 1790.
Stigmatisierte *XIV/1*: 888.
Stigmatoskopie, subjektive
XII/1: 111.
Stigmen, Insekten *II*: 18.
STILE-CHAUFFARDsches Syn-
drom *XVII*: 1053.
Stillen *XIV/1*: 641ff., 784,
XIV/1: 804.
Stimmapparat, pathologische
Physiologie *II*: 324;
X: 246, 253;
XV/2: 1350ff.
Stimmapparate
XV/2: 1223ff., 1255ff.
Stimmbandreflexe *XI*: 749.
Stimmbänder *XV/2*: 1258.
— s. auch Stimmlippen.
Stimmbruch *XV/2*: 1319,
XV/2: 1360ff.;
XVII: 785, 811.
Stimme *XV/2*: 1223ff.,
XV/2: 1255ff.
—, Bauchredner *XV/2*: 1357.
—, Bildung *XV/2*: 1301ff.
—, Energie der *I*: 243.
—, Flatterstimme
XV/2: 1376.
—, Genauigkeit *XV/2*: 1326.
—, Geschlecht und
XV/2: 1360.
—, inspiratorische
XV/2: 1366.
— ohne Kehlkopf
XV/2: 1378.
—, Klang *XV/2*: 1321ff.
—, —, Kehlkopfmuskelläh-
mung und *X*: 246, 253;
XV/2: 1372ff.
—, —, Resonanzänderung
und *XV/2*: 1350ff.
—, Klimakterium und Grei-
senalter *XV/2*: 1365.
—, Menstruation und
XV/2: 1365.
—, pathologische
XV/2: 1350ff.
—, —, bei Kleinhirnläsion
X: 246.
—, —, bei Lobus anterior-
Zerstörung *X*: 253.
—, Recurrensstimme (Diplo-
phonie) *XV/2*: 1375.
—, Schwangerschaft und
XV/2: 1366.
— Schwerhöriger
XV/2: 1381.

(Stimme), Stimmlippenresek-
tion und *XV/2*: 1377.
—, Umfang der menschlichen
XV/2: 1317.
Stimmeinsatz *XV/2*: 1315.
Stimmfremitus *XV/2*: 1358.
Stimmgabel von GRADENIGO
XI: 555.
Stimmlaute, Analyse, physi-
kalische *XV/2*: 1387.
Stimmlippen s. auch Stimm-
bänder.
—, Bewegungen der
XV/2: 1302.
—, —, perverse *II*: 180.
—, Intermediärstellung
XV/2: 1374.
—, Kadaverstellung
XV/2: 1264, 1374.
—, Länge und Spannung
XV/2: 1277.
—, Resektion und Stimme
XV/2: 1377.
—, Stroboskopie *XV/2*: 1310.
—, Zwischenstellung
XV/2: 1374.
Stimmlippenton *XV/2*: 1356.
Stimmritze, Verengerung der
XV/2: 1276.
—, Weite *XV/2*: 1264.
Stimmregister *XV/2*: 1321.
Stimmumfang, Säuger
XV/2: 1318.
Stimmungsproportion (Kon-
stitution) *XVII*: 1129.
Stimmwechsel s. Stimmbruch.
Stimuline *XIII*: 816.
Stirnhirn *X*: 813ff.
—, Aufmerksamkeit und
X: 513.
—, Denken, abstraktes und
X: 513.
—, Funktion *X*: 820, 836.
—, Gesamtfunktion des Ge-
hirnes und *X*: 835.
—, Kleinhirn und *X*: 818.
—, Psyche und *X*: 825, 826.
—, Stammganglien und
X: 823, 824.
Stirnhirnläsion *X*: 666.
—, Symptome *X*: 815, 823,
X: 824.
—, Vorbeizeigen bei
XV/1: 438.
Stirnhirnpol, vorderer
XV/1: 439.
Stirnnasenpfeiler *III*: 301.
Stirnreflex, Otolithen und
XI: 840.
Stockbildung *I*: 611.
STOKESsches Reagens
VI/1: 90.
STOKEsche Lehre der Lokali-
sation psychischer Vor-
gänge *X*: 658.

Stoffanhäufung, Restitution
durch *XIV/1*: 1137.
Stoffe, lebensnotwendige
I: 327.
Stoffhaushalt der Gewässer
I: 709.
Stofftransport durch Darm-
zellen *IV*: 171.
Stoffwechsel *V*: 1ff.
—, Adrenalinwirkung auf
XVI/1: 523.
—, Alter und *XVI/1*: 952;
XVII: 831.
—, anabolischer *XIII*: 231.
—, Anämien *V*: 264.
—, anhepatischer *V*: 953.
—, anoxydativer *V*: 399ff.
—, Arbeit und *V*: 144, 150;
XV/1: 738; *XVI/1*: 967.
—, —, geistige und *IX*: 524;
XVI/1: 967.
—, Arbeitsleistung beim Gang
XVI/1: 217.
—, Außentemperatur bei
Warmblütern u. *V*: 156.
—, Bäderwirkung auf
XVII: 453ff.
—, Berufsarbeit *XVI/1*: 968.
—, Bienen *V*: 448.
—, Bilanz *V*: 3ff.
—, Blutdruck *VII/2*: 1302.
—, Chloride im *XVI/2*: 1518,
XVI/2: 1524.
—, Chlorose *V*: 264.
—, Diabetes mellitus
V: 558ff.
—, Eiweiß *V*: 671.
—, Eiweißdiät *V*: 28, 49ff.,
V: 53.
—, elektrisches Organ
VIII/2: 921.
—, Elektrizität auf den
VIII/2: 941, 946.
—, Elektrolyte *XVII*: 196.
—, embryonaler
XIV/1: 1050.
—, — Zellen *X*: 1154.
—, energetischer *XVII*: 197.
—, Entwicklung des Hühner-
eies und *V*: 461.
— der Erde *I*: 702.
—, Ernährung und *V*: 28ff.,
V: 55, 212, 312.
—, —, anormale *V*: 212.
—, —, einseitige *V*: 28, 65.
—, —, normale *V*: 81, 127.
—, Erregung und *I*: 307.
—, Fette *V*: 606.
—, Fieber *V*: 283.
—, Froschlarven *V*: 460.
—, Frühgeborene *V*: 169.
—, Gasvergiftung u. *II*: 506,
II: 510.
—, Geschlecht und
XVI/1: 952, 961.

(Stoffwechsel), Geschwulstzelle *XIV/2*: 1437.
—, Gewicht u. *XVI/1*: 950.
—, Gifte, tierische und *XIII*: 171.
—, Gravidität *XIV/1*: 475.
—, Greisenalter *XVI/1*: 932; *XVII*: 821.
—, Größe und *V*: 154, 302, *V*: 379.
—, Hemmung *V*: 862.
—, hepatolineale Krankheiten und *V*: 275.
—, Herz *VII/1*: 689, 690.
—, Herzkranke *XVI/2*: 1350.
—, Herz-Lungen-Präparat *XVI/1*: 594.
—, Hunger und Unterernährung *V*: 4, 113, 225.
—, Hyperthyreose s. Stoffwechsel, Schilddrüse.
—, Hypnose *XVII*: 683.
—, Infektionen, afebrile *V*: 295.
—, —, Inkubationszeit *V*: 298.
—, innere Sekretion *V*: 198; *XVI/1*: 101ff., 300ff., *XVI/1*: 523ff., 585ff.
—, Insekten *V*: 442.
—, intermediärer, Chlorid *XVI/2*: 1524.
—, —, körperfremde Substanzen im *V*: 998.
—, —, der einzelnen Nährstoffe *V*: 467ff.
—, —, Säugling *III*: 1329.
—, Ionenreihe *I*: 519.
—, Kaltblüter *V*: 452ff.
—, —, Jahresschwankungen *V*: 457.
—, —, Temperaturabhängigkeit *V*: 155.
—, Kastration, respiratorischer *XIV/1*: 682.
—, Kategorien *V*: 673.
—, Keimdrüse *XVI/1*: 952, *XVI/1*: 954, 961, 963.
—, Kinder *III*: 1294; *XVI/1*: 953.
—, Klimawirkung, physiologische *XVI/1*: 963; *XVII*: 498ff., 520, 533.
—, Kohlehydrate *V*: 569.
—, Kohlehydraternährung, einseitige, und *V*: 65.
—, Kretinismus *XVI/1*: 266.
—, Lichtbeeinflussung *XVII*: 323, 336.
—, Meer *I*: 709.
—, Menopause, respiratorischer *XIV/1*: 682.
—, Metamorphose der Insekten *V*: 443ff.

(Stoffwechsel), Methodik zur Untersuchung *V*: 3.
—, Muskelarbeit *V*: 144, 150; *XVI/1*: 967.
—, Muskulatur, Giftwirkung auf *V*: 305.
—, Nahrung, gemischte *V*: 81, 127.
—, Nahrungsaufnahme und *XVI/1*: 955.
—, Nahrungszufuhr und *V*: 28ff., 55, 212ff., 312, *V*: 404.
—, Nerveneinfluß, vegetativer *X*: 1166.
—, Nervenfunktion *IX*: 381.
—, Nervensystem *IX*: 365; *XVIII*: 246.
—, Oberfläche und *V*: 154, *V*: 164, 379, 382; *XVI/1*: 950.
—, Organe, überlebende, tierische *V*: 262.
—, Organisation und *V*: 379.
—, Parasiten *I*: 642.
—, Pathologie *V*: 260ff.
—, Pflanzen *V*: 328ff.
—, —, autotropher *V*: 328.
—, Pflanzenfresser *V*: 113ff.
—, Pharmakologie *V*: 301.
—, Physiologie, vergleichende *V*: 377.
—, Produkte, s. Stoffwechselprodukte.
—, psychische Vorgänge *V*: 199ff.; *XVI/1*: 960.
—, Reaktionslage *XVII*: 196.
—, Regulation *XVI/1*: 596; *XVI/2*: 1691ff.
—, —, Zentren *X*: 1059; *XVI/1*: 596, 960, 1050; *XVI/2*: 1792; *XVII*: 57.
—, Regulationsmechanismen, nervöse *XVI/1*: 596.
—, respiratorischer, Menopause bzw. Kastration *XIV/1*: 682.
—, Ruhezustände niederer Tiere *V*: 405.
—, Säugetiere *V*: 461ff.
—, Säugling *III*: 1294.
—, Schilddrüse und *XVI/1*: 742, 953.
—, Schlaf *XVII*: 567.
—, Schwangerschaft *XIV/1*: 475.
—, Seeklima *XVII*: 543.
—, Stammganglien *X*: 338.
—, stationärer *I*: 261.
—, Sport und *XVI/1*: 969.
—, Störungen s. Stoffwechselstörungen.
—, Strahlenwirkung *XVII*: 383.

(Stoffwechsel), Temperaturabhängigkeit *V*: 154, *V*: 407ff.; *XVII*: 99, 402.
—, Thymus *XVI/1*: 666.
—, Tonus s. Tonus, Stoffwechsel.
—, Überernährung *V*: 4.
—, Unterernährung *V*: 4, *V*: 113, 225.
—, vergleichend *V*: 377.
—, Versuche, Methodik, allgemeine *V*: 3ff.
—, Vitamin-B-Einfluß *V*: 1209.
—, Vitamine *V*: 15.
—, Vögel *V*: 461—466ff.
—, Wachstum und *V*: 4.
—, Winterschlaf *V*: 616.
—, Wirbelloser *V*: 430—452.
—, Zelle, Abfallprodukte des *XIII*: 263; *XVII*: 736.
—, Zwischenhirneinfluß *XVII*: 55.
Stoffwechselendprodukte, stickstoffhaltige *IV*: 538.
Stoffwechselprodukte, Echinodermen *IV*: 582.
—, Gefäßwirkung *VII/2*: 1543, 1555; *XVI/2*: 1242.
—, Kreislauf, lokaler *VII/2*: 1543.
—, toxische, Ohr *XI*: 738.
—, Wachstumsbeeinflussung *XIII*: 263; *XVII*: 736.
Stoffwechselstörung, Arteriosklerose *VII/1*: 1106.
—, diabetische *V*: 558ff.
Stoffwechselstörungen, Dystrophien *V*: 1245.
—, familiäre *V*: 876.
Stoffwechselversuche, Methodik, allgemeine *V*: 3ff.
Stoffwechseluntersuchungen, Ergebnisse *XVI/2*: 1566.
Stoffwechselzentrum *X*: 1059; *XVI/1*: 596, 960, 1050; *XVI/2*: 1792; *XVII*: 57.
Stöhnen *XV/2*: 1386.
STOKES-ADAMsche Krankheit s. unter ADAM-STOKESscher Symptomenkomplex.
Stolo prolifer *XIV/1*: 91.
Stolonen, Mehrzelliger *XIV/1*: 39.
Stolonisation *XIV/1*: 39.
Stomach stagger *III*: 1102.
Stomata, Lymphkapillaren *VI/2*: 927.
—, Pflanzen *II*: 540.
Stomatitis pseudomembranacea *V*: 1298.
—, Speichelfluß *III*: 1106.
Storch, Klappern *XV/2*: 1250.

STORCHsche Reaktion
XIV/1: 648.
Stoß, doppelarmiger, Arbeits-
leistung bei *XV/1*: 551.
—, horizontaler, Energie-
verbrauch beim *XV/1*: 550.
Stovain, Lokalanästhesie
IX: 439ff.
Strabismus *XII/2*: 1095ff.
— s. auch unter Schielen.
Strahlen, korpuskuläre *I*: 304.
—, kurzwellige, Atmungs-
regulation und
XVI/1: 1131.
—, mitogenetische
XIV/1: 923; *XVI/1*: 846.
—, Physiologie der
XVII: 305ff., 343ff.,
XVII: 392ff.
— (α, β, γ) radioaktiver Sub-
stanzen *I*: 241, 303, 304,
I: 306, 387; *XVII*: 344ff.
— (β), Radium, Nerven-
wirkung *IX*: 205.
—, Röntgen- usw. s. auch
Radiumstrahlen, Rönt-
genstrahlen.
—, — —, Empfindlichkeit
von Geweben gegen
XVII: 359ff.
—, — —, Erbschädigung
XVII: 947.
—, — —, Gefäßnerven und
XVII: 367.
—, — —, katalytische Pro-
zesse als Wirkung von
XVII: 352.
—, ultrarote *I*: 282.
Strahlende Energie *I*: 242.
Strahlung, biologische
XVIII: 284.
—, Klimawirkung
XVII: 526, 534, 541.
—, mitogenetische
XVIII: 284.
Strahlungshypothese des
Riechens *XI*: 256.
Stramoniumzigaretten
II: 483.
Strand, Klimawirkung
XVII: 508.
STRASBURGERS Methode der
Bakterienwägung
IV: 708.
Stratosphäre, Klima
XVII: 465.
Strecke, letzte gemeinsame
IX: 753, 761;
XV/2: 1054, 1422.
Streckendiskrepanzen, Auge
XII/1: 845ff.
Streckkrämpfe, Strychnin-
wirkung *X*: 1034.
Streckreflex, Arme *X*: 1003.
—, Bein *X*: 993.

(Streckreflex), gekreuzter
X: 999; *XV/1*: 37.
—, Umkehr des *XV/2*: 1052.
Streckreflexsynergie (spa-
stische Lähmung) *X*: 906,
X: 975, 984.
Strecktonus, reflektorischer
X: 67.
Streckungswachstum, Pflan-
zen *VIII/1*: 75, 82.
Streifenhügel s. unter
Striatum.
Streptipteren *I*: 631.
Streptokokken, Allergie
XIII: 809.
—, Immunität gegen
XIII: 522.
—, Phenol- und Sublimat-
gewöhnung der *XIII*:846.
—, Resistenz, Kapselbildung
XIII: 526.
Striatum, Entwicklung
X: 324.
—, Erkrankungen *X*: 351ff.,
X: 364; *XVII*: 810.
—, Experimente am *X*: 385.
—, extrapyramidales moto-
risches System *X*: 338.
—, Funktion *X*: 376.
—, —, vegetative *X*: 393.
—, Herde im, bei fokalen Er-
krankungen *X*: 364.
—, HUNTINGTONsche Krank-
heit, Atrophie des *X*: 354.
—, Morphologie *X*: 329.
—, Verletzung des, und Mus-
keltonus *IX*: 729.
—, Vögel *X*: 327, 392.
—, VOGTsche Krankheit,
Striatumsyndrom *X*: 355,
X: 374; *XVII*: 781.
—, WILSONsche Krankheit
X: 352.
Striatumsyndrom *X*: 355,
X: 374; *XVII*: 781.
Strickleiternervensystem,
Anneliden *IX*: 823.
Stridor *II*: 301, 329, 334, 360.
Stridulationsorgane,
Arachnoideen *XV/2*:1229.
—, Coleopteren *XV/2*: 1229.
—, Crustaceen *XV/2*: 1229.
—, Hymenopteren usw.
XV/2: 1229.
—, Insekten *XV/2*: 1229.
—, Lepidopteren *XV/2*:1229.
—, Myriapoden *XV/2*: 1229.
—, Nahrungsaufnahme
III: 29.
—, Orthopteren *XVI2*: 1229.
—, Wanzen *XV/2*: 1239.
—, Zikaden *XV/2*: 1240.
Stroboskopische Bewegung,
TALBOTHsche Verschmel-
zung *XII/2*: 1174.

Strom, elektrischer, Erzeu-
gung im elektrischen Or-
gan *VIII/2*: 921.
Stroma, Entzündung und
XIII: 338.
—, immunisierende Potenz
XIII: 336.
—, Niere *IV*: 221.
Stromarbeit, Herz
VII/2: 896ff.
Stromatolyse, Blutkörper-
chen *VI/1*: 583.
Strombahn, Nase *II*: 154.
Strombahnen, Blut, Gesamt-
querschnitt *VII/2*: 1215.
Strombreite, Strömungs-
geschwindigkeit und
VII/2: 906, 915.
—, venöse und arterielle
Bahn (vergleichend)
VII/2: 928.
Stromdichte, elektrische,
Elektrisation und
VIII/2: 960.
—, —, Elektrokution und
VIII/2: 969.
—, —, Kleinlebewesen
VIII/2: 933.
—. —, Nervenerregbarkeit,
Maß *IX*: 275.
Stromdichtigkeitsschwan-
kungsgeschwindigkeit
(Reizwirkung) *IX*: 185.
Strommarke, elektrische,
Durchströmung der Haut
VIII/2: 976;
XVIII: 236.
Stromstöße, elektrische, be-
liebig geformte, Wirkung
IX: 271ff.
—, —, rechteckige, Wirkung
IX: 249ff.
—, —, Widerstand des Kör-
pers *VIII/2*: 664.
Stromtheorie, Erregungs-
leitung s. unter Kern-
leitertheorie.
—, nachfolgende Bilder
XII/2: 1487.
Stromuhren, Blut
VII/2: 1164ff., 1208;
XVI/2: 1168.
Strömung, Blut, Gefäße als
aktive Förderer der
VII/2: 1071ff.
—, —, Herz *VII/1*: 247.
—, —, Hydrodynamik
VII/2: 911ff.
—, —, Varicen *FII/2*: 1150.
—, Geräusche in Gefäßen
VII/2: 912.
—, Hydrodynamik
VII/2: 889ff., 899.
—, Kapillaren *VII/2*: 1121;
XVI/2: 1404.

Strömungsdoppelbrechung, kolloide Systeme *I*: 200.
Strömungsgeschwindigkeit, Blut *VII/2*: 904ff., 1182, *VII/2*: 1205ff., 1217.
—, —, Arterien und Venen (vergleichend) *VII/2*: 929.
—, —, Diabetes mellitus *VII/2*: 1220.
—, —, Größe *VII/2*: 1216.
—, —, Koeffizienten *VII/2*: 1213.
—, —, Kreislaufszeit *VII/2*: 1218.
—, —, kritische *VII/2*: 900, *VII/2*: 912.
—, —, Meßmethode *VII/2*: 1207.
—, —, Schlaf *XVII*: 566.
—, Hydrodynamik *VII/2*: 889ff., 899.
—, —, peripherische *XVI/2*: 1399.
—, —, Querschnittsverteilung der Gefäße und *VII/2*: 915.
—, —, Stromvolumen und *VII/2*: 895.
—, Luft, in den Atemwegen *II*: 92.
Strömungsgesetz, Poiseulle *VII/2*: 901, 911, 914.
Stromvolumen, Blut *VII/2*: 895, 1205.
—, —, Regulierung *XVI/2*: 1235.
Stromweg, Blut *VII/2*: 1206.
Stromzeit, Blut *VII/2*: 1205.
Strongylus armatus *VII/2*: 1804.
Stylopisierung *XVIII*: 338.
Suboccipitalstich *X*: 170.
Subsekretion, Magen *III*: 1155.
Substantia ferruginea, Atmung und *II*: 255.
— nigra, Funktion *X*: 338, *X*: 376, 402; *XI*: 730.
— —, Morphologie *X*: 333.
— reticularis rhombencephalica *X*: 408.
Substanztonus, Muskeln *IX*: 714.
Substitutionstherapie, Keimdrüsenextrakte *XIV/1*: 357ff.
Substitutionsversuche, Hypophysen *XVI/1*: 457.
Succinimid *V*: 1010.
Succussio Hippokratis *II*: 285, 304.
Suchbahnen, Vipern (Nahrungserwerb) *XV/2*: 973.
Suchten, Cocainismus usw. *XIV/1*: 791.

Sucre virtuel *VI/1*: 294.
Suctorien, Tentakel *III*: 14.
Suggestibilität *XIV/1*: 785; *XVII*: 688.
Suggestion *XVII*: 669ff., *XVII*: 688.
—, Hörstörung *XI*: 748.
—, posthypnotisch *XVII*: 681.
—, Reaktionszeit *X*: 531.
Sukzessive Induktion, Sherrington *X*: 277; *XV/1*: 17.
Sukzessivkontrast, Geruchssinn *XII/1*: 473, 483, 546.
—, Geschmackssinn *XI*: 373.
Sukzessivschwelle, Tastsinn *XI*: 116.
Sukzessivstadium der Bewegung *XII/2*: 1172.
Sulfate, Ätherschwefelsäurebildung *V*: 1038.
—, Harn *IV*: 249.
Sulfatdiurese *IV*: 399.
Sulfatreduktion durch Organismen *I*: 732.
Sulfhämoglobin *VI/1*: 162.
Sulfhämoglobinurie *VI/1*: 163.
Sulfide, Stoffwechselverhalten *V*: 1046.
Sulfite, Ätherschwefelsäurebildung *V*: 1038.
Sulfonal *V*: 1013; *XVII*: 620.
Sulfone, Stoffwechselverhalten *V*: 1013.
Sulfosäuren, Stoffwechselverhalten *V*: 1013.
Summation binokularer Eindrücke *XII/2*: 922.
—, Erregungen *IX*: 633ff.
—, Erstickung des Nerven *IX*: 376.
—, Nerv, Erscheinungen der *IX*: 210.
—, Nervmuskelpräparat und *VIII/1*: 307.
—, Reflexzuckungen *IX*: 698.
—, Reize *I*: 313.
Summationstheorie, Schmerz *XI*: 185.
Summationstöne *XI*: 579.
Summationszeit, Reizstärke und *IX*: 666.
Strömungsströme, bioelektrische *VIII/2*: 766.
Strömungstheorie Báránys, Vestibularapparat *XI*: 851, 866.
Strontium, allgemeine Wirkung *I*: 504.
—, Ausscheidung, Darm *IV*: 695.
Strontiumsalze, Knochenbildung und *V*: 1188.

Strudelwürmer, Autotomie *XIII*: 275.
Struktur, Wirkung der Narkotica und *I*: 48.
—, Zelle *XIV/2*: 1247.
Strukturen, Abbau, Gewebezüchtung *XIV/1*: 972.
—, pathologische, Bildung durch Tuberkelbacillen *XIV/1*: 981.
Strukturfarbe *XIII*: 240.
Strukturgifte *I*: 46.
Strukturkatalyse, Glykose *I*: 33.
Struma diffusa *XVI/1*: 324.
— — basedowiana *XVI/1*: 329.
— — colloides macrofollicularis *XVI/1*: 328.
— — microfollicularis *XVI/1*: 328.
—, eisenharte *XVI/1*: 325.
—, Knotenstruma *XVI/1*: 329.
— maligna *XVI/1*: 341.
—, Neugeborene *XVI/1*: 340.
— nodosa (Adenom) *XVI/1*: 324.
—, parenchymatöse Funktion *XVI/1*: 326.
Strychnin, Crustaceen *IX*: 616.
—, Erregbarkeitssteigerung *IX*: 616.
—, Gaswechsel des isolierten Froschrückenmarks *IX*: 545.
—, Gewöhnung beim Warmblüter an *XIII*: 874.
—, Großhirn *X*: 437, 444, *X*: 448.
—, —, Methode zur Reizung des *X*: 429.
—, Krämpfe, Temperatur des Rückenmarks und *IX*: 608.
—, Ohr *XI*: 735.
—, Rückenmark *IX*: 545; *X*: 1032.
—, Streckkrämpfe *X*: 1034.
Strychnintetanus *VIII/2*: 728; *IX*: 709; *X*: 1032.
Strychninvergiftung, elektrische Organe *VIII/2*: 911.
—, Hyperglykämie bei *VI/1*: 298.
—, Säurebildung im Zentralnervensystem *IX*: 564.
Stufengesetz Rickers, entzündungserregende Reize *XIII*: 302.
Stufenscheibe, Machsche *XII/1*: 297.

Stufentheorie, Farbensinn
XII/1: 571.
— (WUNDT) XII/1: 548, 571.
Stuhl IV: 681ff., 696ff.
—, Flora, Säugling
III: 1006ff.
—, Säugling, aktuelle Re-
aktion des III: 1012.
—, —, Farbe III: 1320.
— s. auch Faeces sowie Kot.
Stummheit (psychogene)
XI: 749.
STURMsches Conoid, Strahlen-
gang im XII/1: 107.
Stutenmilch XIV/1: 645, 658.
Stützapparat, Krankheiten
im Alter XVII: 852.
Stützgerüsttheorie,
KOLTZOFF IX: 151.
Stütztonus XVIII: 266.
Stützreaktion, Gang
XV/1: 208.
— (MAGNUS) X: 941.
—, negative und positive
X: 915; XV/1: 33, 36.
Stylopisierung XIV/1: 777.
Subacidität, Magen
III: 1144.
Subarachnoidale Blutungen
VII/2: 1404.
Subarachnoidalraum X:1182.
Subcommissuralorgan
XVI/1: 497, 509.
Subcorticale motorische
Aphasie X: 763, 770.
Subitaneier XIV/1: 57, 80.
Subjektive Geräusche
XI: 630, 647, 656.
Subjektivismus, Farbensinn
XII/1: 296.
Sublimat, Resorption durch
die Haut IV: 129.
—, Resorptionsbeeinflussung
des Darmes IV: 103.
Sublimatfestigkeit, Kokken
XIII: 846.
—, Protozoen XIII: 840.
Submaxillaris s. auch unter
Speicheldrüsen.
—, histologisch III: 573.
—, insulinartig wirkende Sub-
stanz in der XVI/1: 567.
—, Kulturen nach CHAMPY
XIV/1: 985.
Submaxillarsekretion,
Wiederkauakt und
III: 388.
Summation, Zentralnerven-
system IX: 633ff.
Summationszeit IX: 666.
Summen XV/2: 1385.
Summierung, Vererbung
XVII: 993.
Summitates Sabinae, Erblin-
dung nach XII/2: 827.

Superacidität, Magen
III: 1139ff.
Superfökundation
XIV/1: 458.
Superfötation XIV/1: 458.
Supermineralisation, Säug-
ling XVI/2: 1553, 1562.
Superovarie XIV/1: 459.
Superpositionsaugen
XII/1: 64.
Supersekretion, Magen
III: 1123, 1154.
Supravitalfärbung, Auge
XII/2: 1330.
Suspensoide, Diffusion
III: 234.
Süßschmecken s. unter Ge-
schmack, süßer.
Süßwassertiere, osmotischer
Druck XVII: 150ff.
Syalophagia III: 1155.
SYDERRHAMS Chorea X: 361.
Symbionten I: 689.
—, Übertragung bei der Fort-
pflanzung I: 683.
Symbiose I: 668.
—, Bakterien I: 677;
VIII/2: 1064, 1076.
—, Einsiedlerkrebse und Ak-
tinien I: 687.
—, endocellulare
XIV/2: 1202.
—, Formen, verschiedene
XIII: 519.
—, Gleichgewichtszustand
I: 668.
—, Leuchtbakterien
VIII/2: 1064, 1076.
—, lymphoepitheliale
XVI/1: 27.
—, Orchideen I: 677.
—, Pilze I: 679.
—, Tiere, niedere mit Algen
I: 671.
Sympathektomie
XVI/2: 1755.
—, periarterielle VII/2:1500;
XIV/1: 1185.
—, perineurale X: 1167.
Sympathicoadrenales System
XVI/2: 1733, 1759.
Sympathicotonie X: 1148;
XVII: 327.
Sympathicus X: 1048ff.
—, Aktionsströme
VIII/2: 754.
—, Atmung II: 254.
—, Auge, Erregung
XII/1: 212.
—, —, Lähmung nach Ab-
kühlung des Mittelohres
XI: 889.
—, —, Tonus XII/1: 200.
—, Calciumwirkung iden-
tisch mit XVI/2: 1785.

(Sympathicus), chromaffines
System XVI/2: 1733,
XVI/2: 1759.
—, Degeneration der peri-
pheren Neurone des
XII/1: 203.
—, Erregbarkeit peripherer
Nerven IX: 664.
—, Farbwechsel XIII: 228.
—, Klimawirkung
XVII: 502.
—, Magen III: 425, 429, 434.
—, Muskelstoffwechsel
XVI/2: 1699.
—, Muskeltonus VIII/1: 215.
—, Nervenkreuzung im
XV/2: 1103.
—, Nervennetzwerk
XVI/2: 1738.
—, Neuronenlehre
XVI/2: 1736.
—, Parasympathicus, Syner-
gismus XVI/2: 1747.
—, Pharmakologie X: 1096ff.
—, Reflexe X: 1011.
—, Regeneration und
XVI/1: 802.
—, Speichelsekretion
III: 829, 1115.
—, Stoffwechsel X: 1168;
XVI/2: 1697ff.
—, trophische Einflüsse
X: 1107.
—. Zwerchfelltonus II: 236.
Sympathicusspeichel
III: 829, 1115.
Sympathicusstoff
XVI/2: 1771.
Sympathicuszucker X: 1131.
Sympathomimetica, Uterus
XIV/1: 526.
Symplasmen, Zellwachstum
und XIV/1: 926.
Symptome, nervöse, biolo-
gische Reaktion X: 636,
X: 681.
—, —, Feststellung, Methodik
X: 626.
—, —, Lokalisation X: 625.
—, psychogene XIV/1: 795.
—, vasovegetative XI: 978.
Symptomenkomplex, adipo-
sogenitaler und Hypotha-
lamusschädigung
XVI/1: 419.
—, amyodynamischer X:350.
—, amyostatischer IX: 713;
X: 350.
—, carotaler (invers anaphy-
laktischer Versuch)
XIII: 757.
—, Entzündung XIII: 352.
—, FROINscher X: 1210.
—, hypercalcämischer
XVI/2: 1591.

(Symptomenkomplex). hypoglykämischer *XVI/1*: 88, *XVI/1*: 588, 590, 605ff.
—, infudibulärer *XVII*: 607.
—, striärer *X*: 355, 374.
—, striopallidärer *XVII*: 781.
Synapsen *IX*: 753, 777.
Synapsenhypothese *IX*: 784; *XV/2*: 1049
Synapsenlähmung *XII/1*: 222.
Synapsis, Chromosomen *XIV/1*: 328.
Synästhesie *XI*: 61.
Syncholie, Syncholica, Begriff *IV*: 771.
Syncytiallehre, autonomes Nervensystem *XVI/2*: 1739.
Syndrom s. Symptomenkomplex.
Synergien, muskuläre, Doppelauge *XII/2*: 1048, *XII/2*: 1072.
—, —, Einzelauge *XII/2*: 1010, 1037ff., *XII/2*: 1044.

Synergisten, Nervenwirkung *XVI/2*: 1758.
Synkinesien *X*: 681, 701.
Synkope *XV/1*: 481.
Synöken *I*: 630.
Synovialis *XVII*: 796.
Synthalin, Froschmetamorphose *XVI/1*: 717.
Synthesiologie HEIDENHAINS *XIV/1*: 935.
Synzytien, Zellwachstum *XIV/1*: 926.
Syphilis, Krebsbildung und *XIV/2*: 1555.
—, Mamma *XIV/1*: 666.
—, Meta-, Pathogenese *XIII*: 501.
—, Mißbildungsursache *XIV/1*: 1067.
—, Nekrose und *V*: 1299.
—, Nervensystem *X*: 1218.
—, Wassermann-Reagine, lokale Entstehung *XIII*: 637.
Syphilisimmunität *XVIII*: 329.
Syphilisinfektion, Panimmunität, Reinfektion bei *XIII*: 598.

Syphilisvirus, Resistenz gegen *XIII*: 549.
Syringomyelie *X*: 851.
—, Schluckstörung *III*: 368.
Syrinxmuskulatur, Innervierung *XV/2*: 1245.
Systemerkrankung, pluriglanduläre *XIV/1*: 690.
—, Zentralnervensystem, Histologie *IX*: 505.
Systole, Herz, antiperistaltische *VII/1*: 27.
—, —, Dauer *VII/1*: 418; *XV/1*: 716.
—, —, — bei körperlicher Arbeit *XV/2*: 902.
—, —, Dynamik *VII/1*: 248.
—, —, Verkürzung *VII/1*: 418; *VII/2*: 1306.
Systolischer Rückstand *VII/1*: 355.
— Tonus *VII/1*: 378, 380.
Systrophe, Chloroplasten *XII/1*: 59.
Syzygiologie *XVII*: 780, *XVII*: 897.
SZYSZKOWSKISche Adsorptionsisotherme *I*: 122.

T

Tabakamblyopie *XII/2*: 817, *XII/2*: 1615.
Tabakrauchen, Rhodangehalt des Speichels *III*: 832.
Tabes dorsalis *II*: 434; *X*: 478, 1218; *XI*: 640, *XI*: 645.
— —, Adaptationsstörung, Atropinwirkung bei *XII/1*: 209.
— —, Krisen, Blutdrucksteigerung *VII/2*: 1326.
Tâches laiteuses *VI/2*: 1000.
Tachistoskop *XII/2*: 1170.
Tachistoskopische Untersuchungen *XII/2*: 797.
Tachogramm, Herzkammerbasis *VII/1*: 239.
Tachographie *VII/2*: 1174, *VII/2*: 1209.
Tachykardie *VII/1*: 600; *XVI/2*: 1293; *XVIII*: 185.
—, Blutdruck *VII/2*: 1307.
—, Kohlensäurewirkung auf *XVIII*: 183.
—, paroxysmale *VII/2*: 1191, *VII/2*: 1307, 1829; *XVI/1*: 1028.
—, Schilddrüsenwirkung *XVI/1*: 1024 ; *XVI/2*: 1219. *XVIII*: 414.

Tachypnoe *II*: 264, 272, 362; *XVII*: 543.
—, hysterische *II*: 256.
—, Pharmaka auf *II*: 274.
Tachysystolie, Theorie *VII/1*: 678.
Taenia echinococcus *I*: 633.
— saginata *I*: 633.
— solium *I*: 633.
Tagblindheit *XII/2*: 1595.
Tagesäquivalenz, Auge *XII/2*: 1579.
Tageslicht, Zusammensetzung *XII/1*: 343.
Tageslichtreizung, tonische Nachwirkung der *XII/2*: 1590.
Tageslichtverstimmung *XII/1*: 454ff.
—, Farbentonverteilung, spektrale *XII/1*: 450.
—, Kardinalpunkte *XII/1*: 342, 450.
—, Nachbildfarbe *XII/1*: 475.
Tagesrhythmus, Pflanzen *XVII*: 659ff.; *XVIII*: 448.
—, Tier und Mensch *XVII*: 527, 645ff.
Tagesschlaf, Pflanzen *XII/1*: 42.

Tagessehen *XII/1*: 545, 679ff., *XII/2*: 1499ff.
—, Helligkeitsverteilung, spektrale *XII/1*: 368, *XII/1*: 552.
Tagesvögel, Wärmeregulation *XVII*: 16.
Tagtiere, Elektroretinogramm der *XII/2*: 1432.
Taktschlagen (s. auch FREUSBERGSches Phänomen am Rückenmarkstier) *X*: 407, *X*: 416.
TALBOTSches Gesetz *XI*: 242; *XII/1*: 433ff.; *XII/2*: 1177, 1444.
— —, Pflanzen (Phototropismus) *XII/1*: 49, 52.
Talgdrüsen *IV*: 711.
Talgsekretion *IV*: 710ff.
Talklima *XVII*: 492.
Tandem *XIV/1*: 1104.
Tangoreceptoren *I*: 303; *XI*: 68ff., 84ff., 94ff.; *XV/1*: 93; s. auch unter Tastsinn.
—, Mensch *XI*: 94ff.
—, Pflanzen *XI*: 84ff.
—, Reizfläche *XI*: 99.
—, Richtungsschwelle *XI*: 116.
—, Tiere *XI*: 68ff.; *XVIII*: 271.

Tannin, Stoffwechselverhalten V: 1021, 1039.
—, Wirkung auf Kolloide I: 181.
Tanzenten XI: 864.
Tapetenbilder $XII/2$: 974; $XV/2$: 1010.
Tapetum, Arthropoden $XII/1$: 715.
Tapioka (Beriberigift) V: 1203.
TARCHANOFFsches Phänomen $VIII/2$: 775.
Tardigraden, Kriechen $XV/1$: 283.
Tardität, Puls $VII/2$: 1236.
Tartronsäure, Stoffwechselverhalten V: 1004.
Taschenklappen, Herz $VII/1$: 164.
Tastlähmung X: 727.
Tastorgane s. unter Tangoreceptoren.
Tastraum, Sehraum und $XII/2$: 868.
Tastschwindel XI: 922; $XV/1$: 383, 462, 466, 499.
Tastsinn X: 728; XI: 68ff., XI: 84ff., 94ff.
—, Blinde $XII/2$: 811.
—, Sinneseinrichtung XI: 128.
—, Störungen X: 246, 727, X: 841.
Taube, Akkommodationslehre, vergleichende $XII/1$: 165.
—, Beriberi V: 1204.
—, Orientierung $XV/2$: 916ff.
Taubheit s. auch Schwerhörigkeit XI: 619ff., 744ff.
—, Kretinen XI: 640; $XVI/1$: 269.
—, Nachweis XI: 561.
—, psychogene XI: 748.
—, Stimme und Sprache bei $XV/2$: 1381.
Taubstumme, Aubertphänomen $XII/2$: 880.
—, Gegenrollung der Augen bei Neigung $XII/2$: 1077.
—, Stimme und Sprache $XII/2$: 1382.
—, subjektive $XII/2$: 1077.
—, Vertikale $XII/2$: 880.
Taubstummheit XI: 648; XVII: 748, 1061.
Taucherlähmung $XV/1$: 371.
Tauchvögel, Atmung II: 28, II: 34.
Taurin III: 228.
Taurocholsäure III: 1442.
Täuschungen, optische $XII/2$: 885, 1249.

Tausendfüßler, Stridulationsorgane $XV/2$: 1232.
TAWARAscher Knoten $VII/1$: 538.
Taxie s. unter Chemotaxis, Galvanotaxis usw.
Taylorsystem $XV/1$: 525, $XV/1$: 649ff.
Tectum X: 200.
Teerfarbstoffe, Ausscheidung durch Harn IV: 695.
Teerkachexie, Geschwulstbildung und $XIV/2$: 1622, $XIV/2$: 1726.
Teerkrebs, experimentell $XIV/2$: 1604—22.
Teerwirkung, Haut $XIV/2$: 1617.
Teilorgane, inkretorische $XVI/1$: 53.
Teiltöne eines Klanges, Phase der XI: 671.
Teilung, Einzellige, multiple $XIV/1$: 11.
—, —, Verjüngung und XVII: 723.
—, Mehrzellige $XIV/1$: 31.
Teilungsfaktor, Löslichkeit I: 425, 536, 537.
Teilungshormone XVII: 741.
Teilungskoeffizient, Ionen, bioelektrische Ketten $VIII/2$: 1009, 1027.
Teilungsversuch $XII/2$: 846, $XII/2$: 886, 908.
—, Hemianopiker $XII/2$: 887.
Teilwirkungsgrade (Umsatz bei körperl. Arbeit) $XV/1$: 823.
Telegrammstil X: 472, 787, X: 823.
Telegraphendrahtreaktion, Vögel XI: 844; $XV/1$: 131, $XV/1$: 334.
Teleostier Hauptinseln (Pankreas) alkoholische Extrakte $XVI/1$: 561.
—, osmotischer Druck $XVII/$: 149.
Telephonistenschwerhörigkeit XI: 638.
Teleröntgenographie, Herz $VII/1$: 315.
Teleskopaugen $XII/1$: 716; $XII/2$: 1160.
Tellur, Ausscheidung durch den Darm IV: 694.
Tellurverbindungen V: 642, V: 1046.
Telodendrium IX: 118.
Telotaxis (Fixierreaktion) $XII/1$: 21ff.
Temperamentsvererbung XVII: 1119, 1121.

Temperatur, äußere, Erregbarkeit, vegetative $XVI/2$: 1788.
—, Blutmenge und $XVI/2$: 1319.
—, elektrisches Organ, reflektorische Entladungsfrequenz $VIII/2$: 905.
—, Entwicklung und V: 411ff.; $XVI/1$: 816ff.
—, Erholungsgeschwindigkeit (Arbeitsphysiologie) $XV/1$: 768.
—, Farbwechsel XIII: 220; $XVI/1$: 829.
—, Flimmerbewegung $VIII/1$: 54.
—, Geschlechtsverhältnis bei Fröschen $XVI/1$: 826.
—, Giftwirkung und I: 553.
—, Harn XVII: 11.
—, Herz V: 408; $VII/1$: 38, $VII/1$: 480ff.; IX: 556.
—, Herzkammer, Zeitvolumen $VII/2$: 1198.
—, Hodensack $XIV/1$: 697.
—, inkretorische Drüsen $XVI/1$: 666, 827.
—, Klimafaktor, physikalischer XVII: 479.
—, Klimawirkung XVII: 499ff., 535, 665.
—, Körper- XVII: 10ff., XVII: 86ff., 100; s. auch Körpertemperatur.
—, Lebensbedingung I: 382.
—, Lichtentwicklung $VIII/2$: 1068, 1079.
—, Lichtwirkung und XVII: 308, 318.
—, Narkose und I: 540.
—, Nervensystem, peripheres IX: 203, 243, 368, 385.
—, —, zentrales IX: 317, IX: 329, 552, 597.
—, Nierentätigkeit IV: 363.
—, Oberflächenspannung der Systeme flüssig-flüssig I: 109.
—, Organentwicklung $XVI/1$: 824.
—, Pigmentierung XIII: 220; $XVI/1$: 829.
—, Reifeteilungen $XVI/1$: 834.
—, Schilddrüse $XVI/1$: 666, $XVI/1$: 827.
—, Schweißsekretion, und IV: 725.
—, Seeigelgastrula, Empfindlichkeit gegen $XVI/1$: 823.
—, Stickstoffausscheidung, minimale V: 91.

(Temperatur), Stoffwechsel
I: 299, 384; *V*: 407ff.;
IX: 385, 517, 539, 597;
XVI/1: 816, 820, 963;
XVII: 99.
—, —, pflanzlicher *V*: 365.
—, Thymus *XVI/1*: 666, 827.
—, Verdauung *XVI/1*: 916.
—, Vererbungsexperimente
XIV/1: 246; *XVI/1*: 824,
XVI/1: 828; *XVII*: 909.
—, Wachstumsgeschwindig-
keit *XVI/1*: 816ff.
—, Zell- und Kerngröße von
Larven bei verschiedener
XVI/1: 821.
Temperaturempfindung siehe
auch Temperatursinn.
—, *XI*: 142ff.; *XVII*: 481,
XVII: 487.
—, Kontrasterscheinung
XI: 156.
—, Nachdauer *XI*: 156.
—, perverse *XI*: 163.
—, Simultankontrast *XI*: 159.
—, zeitliche Unterschieds-
empfindlichkeit *XI*: 147.
Temperaturgrenzen, physio-
logische *I*: 393, 399.
Temperaturkoeffizient siehe
auch unter R-G-T-Regel.
—, *I*: 299, 384; *V*: 407.
—, Entwicklungsvorgänge
V: 411ff.; *XVI/1*: 819ff.
—, Gärungsgeschwindigkeit
I: 64.
—, Herztätigkeit *V*: 408;
IX: 556.
—, Hirngaswechsel *IX*: 552.
—, Kolloidzustandsverän-
derungen *I*: 109; *V*: 414.
—, Nervenleitung *IX*: 203,
IX: 243.
—, Oxydationen *I*: 64.
Temperaturmodifikation
XIV/1: 246; *XVI/1*: 824,
XVI/1: 828; *XVII*: 909.
Temperaturoptimum, Le-
bensbedingung *I*: 393.
—, Stoffwechsel *V*: 413.
—, Verdauungsenzyme
wechselwarmer Tiere
III: 98.
—, Winterschlaf *XVII*: 110.
Temperaturorgel *XI*: 177.
Temperaturortssinn *XI*: 147.
Temperaturpunkte *XI*: 132.
Temperaturregulation s. un-
ter Wärmeregulation.
Temperaturreize, Bad
XVII: 447.
—, Fernwirkung der *XI*: 143.
—, Gefäßreaktion, konsen-
suelle (DASTRE-MORAT-
sches Gesetz) *XVI/2*: 1168.

(Temperaturreize), mechano-
sensible Nerven und
XI: 139.
—, Pflanzen *XI*: 165.
—, Reaktionszeit *X*: 549;
XI: 152.
Temperaturschädigung,
Mechanismus *I*: 391.
Temperaturschmerz *XI*: 145.
Temperatursinn s. auch Tem-
peraturempfindung.
—, *XI*: 131ff., 165ff., 173ff.;
XVIII: 276.
—, Adaptation *XI*: 155.
—, Hyperästhesie der
XI: 163.
—, Kaltblüter *XVIII*: 278.
—, Nervenregeneration und
XI: 160.
—, Pathologie *XI*: 161ff.
—, Reizbedingungen
XI: 140.
—, Reizfläche *XI*: 134.
—, Theorie *XI*: 153ff.
—, Unterschiedsempfindlich-
keit *XVIII*: 278.
—, Verbreitung *XI*: 148.
—, WEBER-FECHNERsches
Gesetz *XVIII*: 278.
Temperaturunterschieds-
empfindlichkeit *XI*: 146.
Temps utile *IX*: 264.
Tenesmus *III*: 1098.
Tensor tympani *XI*: 421.
— —, Tenotomie *XI*: 445.
Tensorreflex *XI*: 426, 427.
Tentakel, Suctorien *III*: 14.
Teppichversuch MACH
XV/1: 468.
Teratogenie *XIV/1*: 1074.
Teratoide, experimentelle
XIV/2: 1578ff.
Teratologie *XIV/1*: 1058ff.
Teratome *XIV/1*: 457.
Terminationsperiode, terato-
genetische *XIV/1*: 916,
XIV/1: 1061.
Termiten, Autotomie
XIII: 269.
—, Hochbauten *XIII*: 86.
—, Pilzzucht *I*: 688.
—, Staatenbildung *I*: 614.
Termitoxenia, Zwittrigkeit
XIV/1: 294.
Terpene *V*: 1029.
—, Uteruswirkung
XIV/1: 545.
Tertiärneigung, Listinggesetz
XII/2: 952.
Teslaströme, physiologische
Wirkung *IX*: 273.
Testes, Hypophysenvorder-
lappen *XVI/1*: 675.
—, Schilddrüsendarreichung
XVI/1: 670.

Testiglandol *XIV/1*: 387.
Testleistungen, Bewertung
der *XV/1*: 690.
Testovarien *XIV/1*: 872.
Tetanie *III*: 1421;
XVI/1: 346ff.;
XVI/2: 1587ff., 1595ff.;
XVII: 826.
—, Adrenalinverabreichung
XVI/1: 686.
—, Alkalose *III*: 1425;
XVI/2: 1589.
—, Calcium bei *I*: 521.
—, Chlor- und Phosphor-
ausscheidung
XVI/2: 1532.
—, Dimethylguanidin-
vergiftung *III*: 1423.
—, Entstehungsmechanis-
mus, physiologischer
XVI/1: 354.
—, gastrische *III*: 1424;
XVI/1: 350.
—, Glykogenumsatz des Zen-
tralnervensystems
IX: 573.
—, Harnreaktion
XVI/1: 1147.
—, Hypophyse *XVI/1*: 679.
—, Kalkgehalt des Blutes
XVI/2: 1600.
—, Kataraktbildung bei
Tieren mit *XVI/1*: 350.
—, Kindesalter *III*: 1421.
—, latente, Winterschläfer
XVII: 131.
—, Myxödem *XVI/1*: 667.
—, Nebennierenexstirpation
XVI/1: 685.
—, parathyreopriva
XVI/1: 348ff.;
XVI/2: 1587ff.
—, Pathogenese *XVI/2*: 1595.
—, Schilddrüsenverabrei-
chung *XVI/1*: 667.
—, Serumkalk, ultrafiltrier-
barer *XVI/2*: 1601.
—, Thymus *III*: 1423;
XVI/1: 683.
Tetanus, Herz *VII/1*: 557.
—, oscillierender *VII/1*: 56.
—, superponierter, Skelet-
muskel *VIII/1*: 207.
— uteri *XIV/1*: 540.
—, Wundstarrkrampf, cere-
braler *X*: 1038.
— — dolorosus *IX*: 621;
X: 1038.
—, —, Immunität
XIII: 519.
—, —, Infektion *XIII*: 516.
—, —, jactatorius *IX*: 621;
X: 1038.
—, —, Schluckstörung
III: 368.

Tetanusantitoxin, Resistenz
durch *XIII*: 531.
Tetanusstarre, Gesamt-
muskulatur *VIII/1*: 205.
—, Striatum und *IX*: 729.
Tetanustoxin, Liquor
X: 1217.
—, Resistenz wegen Recep-
torenmangel *XIII*: 543.
—, Schmerzfasererregung
IX: 621.
—, Zentralnervensystem
X: 448, 1037.
Tetraacetylfructose, hypo-
glykämischer Shock und
XVI/1: 609.
Tetrabromphenolphthalein
IV: 781.
Tetrachlorkohlenstoff, Stoff-
wechselverhalten *V*: 1007.
Tetrachlorphenolphthalein
IV: 781.
Tetrachlor- und Tetrabrom-
verbindungen *VI/1*: 178.
Tetrajodphenolphthalein
IV: 781.
Tetralin *V*: 1015.
Tetraplegie *X*: 1003.
Tetraploide Gigasformen
XVII: 945.
Thalamus, Entwicklungs-
geschichte *X*: 326, 340.
—, Experimente am *X*: 309,
X: 395ff.; *XI*: 893.
—, Funktion *X*: 383.
—, Morphologie *X*: 332.
Thalamusläsion, Schmerzen
bei *X*: 369.
—, Sensibilitätsstörungen
X: 368.
Thalamussyndrom *X*: 351.
Thebain, Darmwirkung
III: 538.
—, Lokalanästhesie durch
IX: 445.
Thecazellen *XIV/1*: 418;
XVI/1: 62f.
Thelykariotische Bastarde
XVII: 998.
Theobromin *V*: 1012.
Theophyllin *V*: 1012;
XVII: 292, 294.
Thermoäquale Menschen
XVII: 399.
Thermodynamik, elektrisches
Organ *VIII/2*: 921.
—, Hauptgesetz, zweites
I: 244.
—, Muskel *VIII/1*: 500ff.
Thermodynamische Aktivi-
tät (Definition) *VI/2*: 601.
Thermodynamisches Poten-
tial *I*: 255.
Thermoelement, Messung der
Muskelwärme *VIII/1*: 502.

Thermoerethische Menschen
XVII: 399.
Thermoinäquale Menschen
XVII: 399.
Thermolabilität, Komple-
mentfunktion *XIII*: 421.
Thermonastie, Pflanze
XI: 165.
Thermophon *XI*: 536.
Thermoreceptoren *I*: 303;
XI: 131ff., 165ff., 173ff.
Thermoregulation s. unter
Wärmeregulation.
Thermostabile Menschen
XVII: 399.
Thermostromuhr
XVI/2: 1168; *XVIII*: 193.
Thermotaxis, Pflanzen
XI: 171.
—, Tiere *I*: 298; *XI*: 173;
XVIII: 280.
Thermotherapie *XVII*: 439.
Thermotorpide Menschen
XVII: 399.
Thermotropismus, Pflanze
XI: 165.
Thesaurierung, Mineralstoffe
XVI/2: 1510.
—, Pflanze *V*: 330.
Thigmotaxis *VIII/1*: 60, 63;
XI: 68, 71, 1043;
XIV/1: 116; *XVIII*: 271.
Thigmotropismus *XI*: 68;
XVI/1: 816.
Thioacetole *V*: 1012.
Thioäther *V*: 1012.
Thiodiglykolsäure *V*: 1013.
Thioglykolsäure *V*: 1013.
Thiokohlensäuren *V*: 1013.
Thiomilchsäure *V*: 1013.
Thiopentose, Hefe *III*: 120.
Thiophenaldehyd *V*: 1030.
Thiophensäure *V*: 1040.
Thiosulfat *V*: 1046.
Thiosulfatbakterien *I*: 732;
XVI/2: 1677.
THOMSEN-FRIEDENREICH,
Phänomen von (biolo-
gische Spezifität)
XIII: 495.
THOMSENsche Krankheit,
Aktionsströme
VIII/2: 728.
Thorakograph *XV/1*: 198.
Thorakoplastik *II*: 106, 450.
Thorax, Altersumbau
XVII: 815.
—, Atmung und *II*: 37ff.,
II: 384ff.
—, Minutenvolumen und
XVI/1: 1310.
Thoraxkonstruktionsmethode
II: 339.
Thorium X, Ausscheidung
durch Darm *IV*: 694.

Thrombasthenie, hereditäre
VI/1: 397; *XVIII*: 159.
Thromben, Schlagader
VII/2: 1760.
Thrombin, Bildung von,
hämophiles Blut
VI/1: 422.
—, Darstellung *VI/1*: 342;
XVIII: 158.
—, Koagulation *VI/1*: 331.
—, Serum von Kretins, Ge-
halt des *VI/1*: 411.
—, —, Wertbestimmung
VI/1: 378.
Thrombo-Embolie
VII/2: 1784.
Thromboblasten *VI/2*: 766.
Thrombocyten s. auch Blut-
plättchen.
—, *VI/1*: 67ff.; *VI/2*: 817;
VII/2: 1742ff.
Thrombocytopenie s. Trom-
bopenie.
Thrombokinase *VI/1*: 73,
VI/1: 308.
Thrombolyse *VI/1*: 356.
Thrombometrie *VI/1*: 368.
Thrombopenie *VI/1*: 71, 396,
VI/1: 429.
—, essentielle *VI/1*: 434;
VI/2: 908.
—, symptomatische
VI/1: 429.
Thrombose *VII/2*: 1726ff.,
VII/2: 1804.
—, Alter *VII/2*: 1760;
XVII: 855.
—, Anaemia perniciosa
VII/2: 1749.
—, Aneurysmen und
VII/2: 1151, 1763.
—, Arteriosklerose
VII/2: 1122, 1767.
—, Asepsis *VII/2*: 1761.
—, Blutgerinnung und
VII/2: 1757; *XVIII*: 168.
—, Blutkrankheiten
VII/2: 1772.
—, Blutungszeit *VI/1*: 414.
—, Blutveränderung
VII/2: 1762, 1771ff.
—, Chlorose *VII/2*: 1749.
—, Disposition *VII/2*: 1782.
—, Entstehung
VII/2: 1754ff., 1778.
—, Gefäßtransplantation
VII/2: 1777.
—, Gefäßwandschädigung
VII/2: 1151, 1763.
—, Gewebszerfallprodukte
VII/2: 1776.
—, Infektion *VII/2*: 1773.
—, Kinder *VII/2*: 1760.
—, Operationen und
VII/2: 1760.

(Thrombose), Sclerostomum bidentatum *VII/2*: 1806.
Thrombozym *VI/1*: 308.
Thrombus, Entstehung *VII/2*: 1779.
—, Morphologie *VI/1*: 313; *VII/2*: 1727.
Thymus *XVI/1*: 366 ff.; *XVIII*: 471.
—, Akromegalie *XVI/1*: 680.
—, Anatomie *XVI/1*: 22, 366.
—, Aplasie bei Eisenentziehung *XVI/2*: 1671.
—, Atemhindernis *II*: 420.
—, Basedow *XVI/1*: 665.
—, Blutbildung *XVI/1*: 386.
—, Diurese *XVI/1*: 666.
—, Entwicklung der *XVI/1*: 22, 366.
—, Exstirpation *XVI/1*: 373, *XVI/1*: 683, 764; *XVI/2*: 1482; *XVIII*: 421.
—, Extrakte, Gefäßwirkung der Leber *VII/2*: 1022; *XVIII*: 422.
—, Fütterungsversuche *V*: 460; *XVI/1*: 28, 765.
—, Gewicht der *XVI/1*: 369.
—, hormonale Korrelation *XVI/1*: 664, 680ff., 699, *XVI/1*: 768.
—, Hyperfunktion *XVIII*: 423.
—, Hyperplasie *XVI/1*: 388.
—, Hypofunktion *XVIII*: 422.
—, Involution *XVI/1*: 23, *XVI/1*: 369; *XVII*: 805, *XVII*: 826.
—, Keimdrüsen *XIV/1*: 778; *XVI/1*: 683, 767.
—, Kind *III*: 1348.
—, lymphatisches System *VI/2*: 1015, 1024; *XVI/1*: 388.
—, morphogenetische Wirkung *XVI/1*: 763ff.
—, Persistenz der *XVI/1*: 685.
—, Pubertät *XVI/1*: 683.
—, Regeneration *XVI/1*: 372.
—, Stoffwechsel *V*: 460; *XVI/1*: 386, 683; *XVIII*: 421.
—, Vögel *VI/2*: 1014; *XVI/1*: 765.
—, Winterschläfer *XVII*: 127.
Thymusextrakte, Adrenalinwirkung und *XVI/1*: 684.
Thymuslymphocyten *VI/2*: 1025.
Thymusnucleinsäure *V*: 1064ff.; *XVIII*: 121.
Thymustod *XVI/1*: 388.

Thyreoglobulin, organspezifische Wirkung *XIII*: 502.
Thyreoidea s. unter Schilddrüse.
Thyreoidin, Blutadrenalingehalt *XVI/1*: 671.
—, calorigene Wirkung von *XVI/1*: 644.
—, Erholungsgeschwindigkeit, Arbeitsphysiologie *XVI/1*: 767.
—, Wasserstoffwechsel *XVI/1*: 668; *XVII*: 202, *XVII*: 234.
Thyreotoxikose, Pupillenreaktion *XII/1*: 231.
—, Utilisation *XVI/2*: 1324.
—, Zuckerstoffwechsel *XVI/1*: 122, 667.
Thyreotoxin, Auge *XII/1*: 219.
Thyroxin *XVI/1*: 74ff.
—, Diurese *VI/1*: 238.
—, Dosierung *XVI/1*: 273.
—, Gesetz des Minimums *XVI/1*: 970.
—, Leber *XVI/2*: 1699.
—, Wirbellose *XVI/1*: 706ff.
Tic *X*: 345.
Tiefbauten, Metazoen *XIII*: 84.
Tiefenauslegung, Inversion und *XII/2*: 993.
—, Naheeinstellung *XII/2*: 948.
—, nichtstereoskopische *XII/2*: 947ff., 955.
—, unokulare *XII/2*: 886.
Tiefenlokalisation s. auch Stereoskopie.
—, egozentrische *XII/2*: 974; *XV/2*: 1009.
—, Stereoskopie *XII/2*: 894, *XII/2*: 914, 929ff.
Tiefenschätzung, seitliche Augenstellung und *XII/2*: 1156.
Tiefenschmerz *XI*: 189.
Tiefensensibilität *X*: 34, 299.
—, Atmung und *II*: 254.
Tiefenwarnehmung, binokulare, s. Stereoskopie.
Tiefseefische, Auge *XII/1*: 715.
Tierverdauende Pflanzen, Systematisches über *III*: 102.
Tigroidsubstanz *X*: 778.
Tintenfische, Autotomie *XIII*: 273.
—, Kriechbewegung *XV/1*: 288.
—, Pigment *XIII*: 205, 208.

(Tintenfische), Schwimmbewegungen *XV/1*: 317.
Titration der Indicatorlösung (Magenacidität) *III*: 1134.
Titrationskurve, Puffermaß *XVI/2*: 1383.
Tixotropie *I*: 164, 199.
Tod *XVII*: 717ff., 752ff.; *XVIII*: 466.
—, Gefäße, Verhalten der *VII/2*: 1154.
—, Hirnvolumen und Eintritt des *X*: 109.
—, Kurzwellenfeld *XVIII*: 231.
—, Pigmentbildung und *XIII*: 263.
—, Statistik s. Sterblichkeit.
Todesschweiß *IV*: 758.
Tokogenie *XIV/1*: 2.
Tollwurm, Lyssa, Zungenspitze der Fleischfresser *III*: 1054.
Toluolsulfosäureverbindungen *V*: 1028.
Ton *XI*: 563ff.
Tondistanz, psychologisch *XI*: 707.
Tonhöhe, Empfindung *XVIII*: 295.
— (psychologisch) *XI*: 707, *XI*: 752.
—, Reaktionszeit *X*: 551.
— schwebender Töne *XI*: 576.
—, Sprechstimme *XV/2*: 1319.
Tonigkeit *XI*: 711.
—, Unterschiedsempfindlichkeit *XI*: 712.
Tonreihe, kontinuierliche (BEZOLD-EDELMANN) *XI*: 554.
Tonsillen *II*: 167, 324; *VI/2*: 1019; *XVI/1*: 27; *XVII*: 431.
Tonus *VIII*: 192ff.; *IX*: 711ff., 743ff.; *XVIII*: 265.
—, Augen und *XII/1*: 25.
—, Augenmuskeln und Wahrnehmung von Bewegung *XII/2*: 1195.
—, chemischer *IX*: 739.
—, contractiler *VIII*: 198.
—, Dickdarm *III*: 455.
—, Elektrophysiologie *XV/2*: 1209.
—, Gefäße *VII/1*: 32; *VII/2*: 1329, 1584.
—, Gehirneinfluß *IX*: 825.
—, Herzmuskel *VII/1*: 368, *VII/1*: 370, 371, 374, 377, *VII/1*: 378, 382, 383, 384; *XVI/2*: 1182.

(Tonus), induzierter *X*: 653.
—, Innervation, periphere *IX*: 735.
—, —, reflektorische *IX*: 719ff.
—, —, zentrale *IX*: 723ff.; *X*: 1170.
—, Kleinhirn und *X*: 248, *X*: 274, 299, 315.
—, kreisender *XV/2*: 1204, *XV/2*: 1209.
—, Labyrintheinfluß *X*: 653; *XI*: 839, 912; *XV/1*: 74.
—, Magen *III*: 405, 419; *XVI/1*: 891, 898.
—, Muskelatrophie, arthrogene und *VIII/1*: 575.
—, Muskelstoffwechsel *VIII/1*: 213.
—, Muskulatur *IV*: 853; *VIII/1*: 192ff.; *IX*: 803; *XVII*: 837.
—, —, Aktionsströme bei *VIII/1*: 198, 206, 229.
—, Oesophagus *III*: 356.
—, Pathologie *X*: 340.
—, plastischer *VIII*: 198; *IX*: 712, 776; *X*: 63.
—, Schlaf und *XVII*: 607.
—, Stoffwechsel des *V*: 210; *VIII/1*: 213; *IX*: 715; *XV/1*: 830.
—, Verdauungskanal *III*: 356, 405, 419, *III*: 455; *XVI/1*: 891, *XVI/1*: 894, 898.
Tonusfang *IX*: 743; *XV/2*: 1207, 1214.
Tonusmuskeln *IV*: 853; *IX*: 743ff.; *XVII*: 705.
Tonussteigerung, paradoxe Phänomene *X*: 341.
Tonustal *IX*: 756; *XV/2*: 1148, 1181, 1207, *XV/2*: 1214, 1218.
Tonuszentren *IX*: 723ff., *IX*: 751; *X*: 1170.
Tonverwandtschaft *XI*: 714.
Torpedo, elektrisches Organ *VIII/2*: 884.
Torpidineen, Zitterrochen *VIII/2*: 878.
Torpor *XVII*: 108.
Torsionsdystonie *X*: 348, 354.
Torticollis *X*: 345.
Torulin *V*: 1213.
Totalfarbenblindheit *XII/1*: 377, 444, 492.
Totalhoropter *XII/2*: 902.
Totalkapazität, Atemvolumen *II*: 83; *XV/2*: 847ff.
Totenflecke *VII/2*: 1155.

Totenstarre *VIII/1*: 245, 256, *VIII/1*: 272; *XVII*: 885.
—, Herz *VII/1*: 366; *VII/2*: 1156.
—, kataleptische *VIII/1*: 258.
—, Lösung der *VIII/1*: 139.
—, Milchsäurebildung *VIII/1*: 375.
Totstellreflex *IX*: 625; *XVII*: 690, 702, 706.
—, Bedeutung desselben *XVII*: 707.
—, Phasmiden *XVII*: 704.
— (Thanatose) *XVII*: 703.
Totwasser *II*: 299.
Toxic adenoma *XVI/1*: 330.
Toxikologie s. betreffendes Organ, z. B. Niere, Toxikologie.
Toxin-Antitoxin-Gemisch, immunisierte Tiere, Reaktion auf *XIII*: 455.
Toxine, Antigenfunktion *XIII*: 411, 418, 453, 514.
—, Lichtwirkung auf *XVII*: 338.
—, Resistenz und vitaminfreie Ernährung *XIII*: 571.
Toxolecithide und tierische Gifte *XIII*: 182.
Trab, Pferd *XV/1*: 249.
Trabecula septomarginalis *VII/1*: 130.
Traberkrankheit der Schafe *X*: 1265.
Trachea *II*: 25, 325, 474.
—, Innervation der Muskularis der *II*: 238.
—, Säbelscheiden- *XVII*: 799.
Trachealatmen *II*: 286.
Trachealfistel *II*: 332.
Trachealstenose *II*: 331; *XVI/1*: 294.
Tracheaten, Gefäßapparat *VII/1*: 24.
Tracheensystem *II*: 8, 18.
Tracheobronchialbaum *II*: 184, 186.
Tracheobronchoskopie *II*: 185, 327, 333.
Trachymedusen, statische Organe der *XI*: 769.
Tractus frontopontinus *IX*: 733.
— olivospinalis *X*: 336.
— peduncularis transversus, Säuger *X*: 214.
— rubro-olivaris *X*: 336.
— —-spinalis *X*: 309, 335, *X*: 337; *XV/2*: 1130.
— spino-olivaris *X*: 196.
— tecto spinalis *X*: 201.

Tragfläche, Vogel *XV/1*: 331.
Trägheitshebel (HILL) *VIII/1*: 526.
Trägheitskraftvektoren, Hauptphasen des *XVI/1*: 210.
Trägheitsmomente, Gliedmaßen *VIII/1*: 622, 637.
Training *XV/1*: 699ff., *XV/1*: 779ff.; *XVII*: 529.
—, nervöses *XV/1*: 618.
—, Pulsfrequenz *VII/1*: 508.
Traktionsdivertikel *III*: 371.
Tränen *XII/2*: 1284ff.
—, Ableitung der *XII/2*: 1299ff.
—, Absonderung *II*: 315; *X*: 191; *XI*: 464; *XII/2*: 1295ff.
—, —, Zentrum *XII/2*: 1298; *XVI/1*: 1050.
Tränendrüse, Anatomie *XII/2*: 1283.
—, Innervation *X*: 1077; *XII/2*: 1287.
Tränengang *II*: 160; *XII/2*: 1295ff.
Transfert, Hörstörungen *XI*: 744, 751.
Transformation, Simultankontrast und *XII/1*: 493.
—, Sinnesorgane *XI*: 9.
Transformationstheorie *XII/1*: 457.
Auge *XII/1*: 457.
Transfusion s. unter Bluttransfusion.
Translationsenergie *XVII*: 351.
Transmineralisation, Nahrung und *XVI/2*: 1544.
Transmissionskoeffizient (Röntgenstrahlen) *XVII*: 466.
Transmissionsreflexe *IX*: 788.
Transpiration, Pflanze *V*: 330, 354; *VI/2*: 1110ff., *VI/2*: 1126; *XVII*: 668.
Transplantat, Bau *XIV/1*: 244.
Transplantation *XIV/1*: 241ff., 251ff., *XIV/1*: 1097ff., 1130ff., *XIV/1*: 1170ff.
—, alloplastische *XIV/1*: 1097.
—, Armanlage *XIV/1*: 1102.
—, autophore *XIV/1*: 1110.
—, Blutgefäße *VII/2*: 1140; *XIV/1*: 1186; *XVI/1*: 876.
—, Blutgruppe, Bedeutung bei der *XIII*: 487.
—, Cutis *XIV/1*: 1175.

(Transplantation),Drüsen mit
 innerer Sekretion
 XIV/1:241,251,733,1189;
 XVI/1: 457, 558.
—, Einzellige und
 XIV/1: 1098.
—, Eizelle *XIV/2*: 1230.
—, Embryonalzellen
 XIV/2: 1394, 1516.
—, Epidermis *XIV/1*: 1173.
—, Ergebnisse *XIV/1*: 1191.
—, Fettgewebe *XIV/1*: 1179.
—, funktionelle *XIV/1*:1108.
—, Geschwulstbildung
 XIV/2: 1577.
—, Geschwulstzellen, andere
 Rasse *XIV/2*: 1370ff.,
 XIV/2: 1588, 1598, 1721,
 XIV/2: 1723, 1739, 1740.
—, Gewebe *XIV/1*: 1170ff.
—, Gewebslappen, gestielte
 XIV/1: 1187.
—, Gewebszellen, Folgen
 XIV/2: 1511, 1516.
—, Gewebszüchtung
 XIV/1: 994.
—, Gliedmaßenanlagen
 XV/2: 1117.
—, Hypophyse *XVI/1*: 457.
—, innervierte *XIV/1*: 1103.
—, Keimbezirk *XIV/2*: 1248.
—, Keimdrüse *XIV/1*: 241ff.,
 XIV/1: 251ff., 733, 1191;
 XVIII: 343.
—, Keimzellen *XIV/2*: 1223.
—, Knochengewebe
 XIV/1: 1180.
—, Knorpel *XIV/1*: 1178.
—, Muskeln *VIII/1*: 555.
—, Nomenklatur *XIV/1*:252,
 XIV/1: 1098.
—, Organe *XIV/1*: 1188.
—, Pankreas *XIV/1*: 1191;
 XVI/1: 558.
—, reverse *XIV/1*: 1104.
—, Schilddrüsengewebe
 XIV/1: 1189.
—, Vitalfarbstoffe und
 XIV/1: 1183.
Transversalsyndrom, spi-
 nales *X*: 895.
Transvestiten *XIV/1*: 788;
 XVII: 1176.
Traube-Hering-Wellen
 VII/2: 1287; *X*: 105.
Traubesche Regel *I*: 118,
 I: 120, 124, 437.
Traube-Wielandsche Glei-
 chung *I*: 56.
Traubenzucker s. Glucose.
Traum *XIV/1*: 888;
 XVII: 576, 622ff., 672;
 XVIII: 448.
—, Sprache *XVII*: 625, 629,
 XVII: 637, 638.

(Traum), Tiere *XVII*: 626.
Trauma, Arteriosklerose und
 VII/2: 1115.
—, Geschwulstbildung
 XIV/2: 1553, 1556, 1624.
—, Herzschädigung
 VII/2: 1824.
—, Mißbildungen
 XIV/1: 1063.
—, Perikarditis *VII/2*: 1824.
—, Schwerhörigkeit *XI*: 645.
Traumatotropismus *XI*: 84.
Traumdeutung *XIV/1*: 885;
 XVII: 623, 641.
Träume, hypnagoge
 XVII: 627.
Traumeindrücke, Realitäts-
 charakter *XVII*: 630.
Treibstoffe, Narkose *I*: 542.
Tremolo, Stimme *XV/2*:1369.
Tremometer (Christians)
 XV/1: 684.
Tremor, Basalganglien-
 kranke *X*: 346.
—, Fliegen *XV/1*: 378.
—, Wilsonsche Krankheit
 X: 352.
Trendelenburgsche Ope-
 ration, Erfolge der
 VII/2: 1895.
Trendelenburgsches Ab-
 kühlungsverfahren *X*:256.
— Myelotom *X*: 250.
— Phänomen *VII/2*: 1455,
 VII/2: 1468.
Trephone *VI/1*: 61.
—, Geschwülste *XIV/2*:1373,
 XIV/2: 1431—34, 1544,
 XIV/2: 1603, 1707.
Treppe (Boroditch) *I*: 313.
—, Herz, Evertebraten
 VII/1: 42.
—, Leitfähigkeit, Herz
 VII/1: 578.
—, Medusen *VII/1*: 43.
—, Nerv *IX*: 210.
Treppensteigen, Energie-
 verbrauch *XV/1*: 549.
Trialismus, Blutzellen
 VI/2: 734, 787.
Tribzudeau, Gesetz von
 XVII: 368.
Tricepsreflex *X*: 891, 1010.
Trichinen *I*: 636.
Trichinose, Myositis bei
 VIII/1: 577.
Trichlororethan, Stoff-
 wechselverhalten *V*:1007.
Trichocysten, Autotomie
 XIII: 274.
Trichome *I*: 691.
Trichonymphiden *I*: 649.
Trichromaten, anomale
 XII/1: 357, 361, 591;
 XII/2: 1511.

(Trichromaten, anomale),
 Eichung *XII/2*: 1560.
—, —, Kontrastleistung
 XII/1: 492.
—, normale *XII/2*: 1512.
—, —, Eichung
 XII/2: 1544ff., 1554.
Trichterbrust *II*: 398.
Trichterhormon, Herz
 VII/1: 538.
Triebe *XIV/1*: 191ff., 822ff.;
 XVI/1: 1060ff.
Trigeminus, Cornea, Trophik
 X: 1172.
—, Farbwechsel und
 XIII: 228.
—, Kreislauf und *VII/2*:1570.
—, Nasenreflex *II*: 145.
—, Nasensekretion *II*: 313.
—, Sensibilität *X*: 186.
—, Trophik *X*: 1156.
Trigeminuswurzel, abstei-
 gende *X*: 186.
Trigonellin *V*: 1030.
Trikuspidalis, Valvula
 VII/1: 173.
—, Stenose *XVIII*: 178.
Triller, Hörtheorie *XI*: 682.
Trimerie *XVII*: 923.
Trinken von Flüssigkeit,
 Blutdruck *VII/2*: 1311.
—, Schluckakt *III*: 355.
Trinkversuch *XVII*: 185.
Trinkwasserinfektion
 XVI/1: 311, 890.
Trinucleotide *V*: 1062.
Triolein in der Milch
 XIV/1: 649.
Trional *XVII*: 620.
Trionalvergiftung, Blut-
 farbstoffe *VI/1*: 191.
Triphenylessigsäure *V*: 1022.
Triphenylpropionsäure
 V: 1025.
Trisaccharide, Chemie
 XVIII: 29.
Tritanomalie *XII/1*: 518;
 XII/2: 1515.
Tritanopie *XII/1*: 517.
Triton, Bastarde *XVII*: 997.
—, Regeneration *X*: 1153;
 XVI/1: 801.
Trochlearis, Schädigung bei
 Mittelohrerkrankungen
 XI: 465.
Trockenheit, Farbwechsel
 und *XIII*: 197.
—, Klimawirkungen
 XVII: 506, 535.
Trockenkost *XVII*: 183.
Trockenstarre *I*: 372;
 XVII: 713, 746.
Troikartmanometer
 VII/1: 239.
Trommelfell *XI*: 411ff.

(Trommelfell), Anomalien
  XI: 439.
—, Einziehung *II*: 319;
  XI: 426.
—, Perforationen, trauma-
  tische *XI*: 451.
—, Schallschwingungen, Auf-
  nahme der *XI*: 415.
—, Schwingungen des *XI*: 415.
Trommelfellmikroskop
  XI: 413.
Trommelfellruptur *XI*: 439.
Trommelfellspanner *XI*: 421.
TRÖMNERS Fingerreflex
  X: 981.
Tropacocain *IX*: 439ff.
Tropasäure *V*: 1025.
Tropenklima *XVII*: 550.
Trophik, Blutgefäße und
  X: 1156.
—, embryonales Gewebe
  X: 1151.
—, Funktion und *X*: 1159.
—, Hypnose *XVII*: 684.
—, motorisches Neuron
  X: 1170.
—, Muskulatur *X*: 1170.
—, Nervensystem *X*: 1149ff.
—, sensibles Neuron und
  X: 1172ff.
—, Stoffwechsel und *X*: 1150.
Trophocöltheorie *VII/1*: 9.
Trophoneurosen *V*: 1284;
  VII/2: 1580, 1590.
Trophoplasten, funktionelle
  Bedeutung *I*: 587.
Tropin *V*: 1033.
Tropine, Bakteriotropine,
  Hämo-, Cytotropine
  XIII: 822.
Tropismen, Reflexumkehr
  und *XV/2*: 1205.
—, Wachstumskorrelation
  und *XIV/1*: 911.
Tropismus s. die entspre-
  chenden Zusammen-
  setzungen, z. B. Geo-
  tropismus, Phototropis-
  mus.
Tropohormone, Phototropis-
  mus, Pflanzen *XII/1*: 54.
Troposphäre *XVII*: 465.
Tropotaxis *XII/1*: 21ff.
Trübungsfaktor, Klima
  XVII: 466.
Trypaflavin, allgemeine
  Wirkung *I*: 578.
Trypanosomen *I*: 633.
—, Gewöhnung an Gifte
  XIII: 839.
—, Liquor *X*: 1221.
—, Resistenz gegen
  XIII: 553, 567, 569.
—, Virulenz *XIII*: 521, 522,
  XIII: 525, 526.

Trypsin, Spezifität
  III: 949.
—, Vorkommen *III*: 951.
Trypsinogen, Pankreassaft
  XVI/1: 907.
Tryptophan, Bedarf an
  V: 1153; *XVI/1*: 970.
Tryptophanreaktion
  III: 1194.
Tuba Eustachii *II*: 319;
  XI/: 420, 440.
Tube, Ovarium, Menopause
  und *XIV/1*: 672.
Tuber cinereum *X*: 332, 1060;
  XVI/1: 424; *XVII*: 53,
  XVII: 54, 77.
Tuberculocyten *XIII*: 798.
Tuberculum acusticum
  X: 181.
— articulare, Kiefergelenk
  III: 305, 320.
— septi (Nase) *II*: 315.
Tuberkelbacillen, Antigene
  XIII: 803.
—, Milch *XIV/1*: 653.
Tuberkulin, Allergie
  XIII: 799ff.
—, Schweißhemmung und
  IV: 767.
—, Seeklima *XVII*: 546.
—, Wasserhaushalt und
  XVII: 234.
Tuberkuloproteine, Reaktion
  auf Injektion von
  XIII: 796.
Tuberkulose, Atemapparat
  und *II*: 76, 408, 417.
—, Kropf und *XVI/1*: 312.
—, Mißbildungen und
  XIV/1: 1067.
—, Nekrose und *V*: 1299.
—, Primäraffekt *II*: 325.
—, Resistenz *V*: 1232;
  XIII: 542, 547.
—, — von Tieren
  XIII: 564.
—, Seeklima *XVI/1*: 548.
—, Staubinhalation und
  II: 533.
—, Sterblichkeit *XV/1*: 529,
  XV/1: 531.
—, Verlauf der *XIII*: 532.
—, Virulenz *XIII*: 523.
Tubuli contorti, Hoden
  XIV/1: 700.
— recti, Hoden *XIV/1*: 701.
Tubulus *IV*: 455.
Tubulusdiurese *IV*: 399, 529.
Tubulusurin, Gewinnung
  von *IV*: 459.
Tularämie, Resistenz gegen
  XIII: 548.
Tumoren s. auch Geschwülste.
—, Altersdisposition
  XVII: 849.

(Tumoren), Basenbildner der
  XVI/2: 1501.
—, Cholesteringehalt im Blut
  XIII: 571.
—, Gewebezüchtung
  XVIII: 384.
—, Kaliumwert von
  XVI/2: 1501.
—, Reimplantation, Re-
  sistenz gegen *XIII*: 540.
—, Stoffwechsel *V*: 277, 534.
Tunicaten s. auch Ascidien.
—, Exkretion *IV*: 584.
—, Gefäßsystem *VII/1*: 19.
—, Herz *VII/1*: 46.
Turbellarien, Darm *III*: 43.
—, Flimmerbewegung der
  VIII/1: 63.
—, Kriechen der *XV/1*: 274.
—, Verdauung *III*: 71.
Turgescenz, Pflanze
  V: 331; *VIII/2*: 874.
Turgor, Pflanzen *VIII/1*: 97;
  XI: 240.
Turgorkrümmungen, Pflanze
  XI: 1016; *XII/1*: 37, 41.
TÜRKsche Reizungsformen
  VI/1: 66; *VI/2*: 711.
Turmschädel *XVII*: 1142.
Tutocain, Lokalanästhesie
  IX: 439ff.
TYNDALL-Licht *I*: 202.
Typhus abdominalis, Hy-
  pinose bei *VI/1*: 258.
—, Schutzimpfung
  XIII: 572.
—, Schwerhörigkeit *XI*: 650.
Typhusbacillen, Antikörper
  gegen *XIII*: 586.
—, Gewöhnung an Gifte
  XIII: 845.
—, Milch *XIV/1*: 653.
—, Virulenz *XIII*: 520, 527,
  XIII: 529.
Typus, asthenischer und
  athletischer *XVII*: 1146,
  XVII: 1153, 1176, 1179.
— cerebralis *XVII*: 1081.
— digestivus *XVII*: 1080.
— inversus *XVII*: 568, 793.
— muscularis *XVII*: 1080.
— pyknischer *XVII*: 1153.
— respiratorius
  XVII: 1079.
Tyramin, Darmwirkung
  III: 531.
—, Gefäßwirkung, Atem-
  apparat *VII/2*: 1004.
Tyrosin, Blut *V*: 875;
  XVII: 325.
—, Harn *V*: 680.
Tyrosinase *V*: 866, 879;
  XVI/1: 841.
Tyrosine, isomere *V*: 1024.
Tyrosol *V*: 1016, 1020.

U

Überdruckatmung,Blutdruck *VII/2*: 1358.
Überempfindlichkeit, allergische *XIII*: 643ff., 650ff., *XIII*: 767ff.
— gegen Wärme, Blutdruck *VII/2*: 1376.
Überernährung, Säugling *III*: 1374, 1386.
Übergangseiweiß *V*: 5.
Überlastungskontraktionen, Muskel *VIII/1*: 148.
Überleitungszeit, Nerv und Muskel *VIII/1*: 302, 304.
—, zentrale *IX*: 688.
Überleitungsstörungen, Herz *VII/1*: 31, 633ff.
—, —, Digitaliswirkung *VII/1*: 806.
—, —, Haustiere *VII/2*: 1831.
Übermaximale Zuckungen, Herz. Evertebraten *VII/1*: 41.
Übersichtigkeit *XII/2*: 115ff.
Übertragungsstoff, sympathische Wirkung *XVI/2*: 1769, 1771, 1773.
Übertraining *XV/1*: 714.
Überventilation s. Hyperventilation.
UEXKÜLLS Lehre *IX*: 741; *X*: 1009; *XV/2*: 1147.
Ulcus *III*: 1165ff.
—, Behandlung *III*: 1190.
—, Beschwerden *III*: 1173.
— carcinoma *III*: 1189.
—, juxtapylorisches *III*: 1167.
—, Komplikationen *III*: 1187.
—, MECKELsches Divertikel *III*: 1186.
—, Motilität des Magens *III*: 414, 1173.
—, Pathogenese *III*: 1174ff.; *VII/2*: 1642; *X*: 194; *XVI/1*: 1038.
—, Penetration des *III*: 1169.
— pepticum *IV*: 1076, 1233.
—, Perforation *III*: 1188.
—, Prädilektionsstellen *III*: 1168.
—, Röntgenbefund *III*: 1169.
—, Schmerztypen *III*: 1174.
—, Sekretion bei *III*: 1172.
—, Speichelsekretion *XVIII*: 69.
—, tryptisches *III*: 1131.
—, Verlauf *III*: 1189.
Ultimum moriens *VII/1*: 532.
Ultrafiltertheorie, Vitalfärbung *I*: 447.

(Ultrafiltertheorie), Wasserhaushalt *XVII*: 170.
Ultrafiltration, Auge *XII/2*: 1343, 1369.
—, Calcium im Blut *XVI/2*: 1449.
Ultrarote Strahlen, Pigment und *XIII*: 258.
Ultrastruktur, Zelle *I*: 584.
Ultraviolette Strahlen, Auge *XII/1*: 318f., 386, 710f., *XII/1*: 717, 724.
— —, Hautpermeabilität *IV*: 142.
— —, Klimawirkung *XVII*: 516ff., 527, 535, *XVII*: 552, 556.
— —, Kohlensäurespannung alveoläre *II*: 209.
— —, Pigment und *XIII*: 223, 258.
ultravisibles Virus *XVIII*: 386.
Umdrehungsversuch, SCHULTZEscher *XVI/1*: 811.
Umkehr, Reflexe *IX*: 755ff.; *XV/2*: 1052; s. auch unter Reflexe.
Umkehrreflex *XV/2*: 1082; *XVII*: 692, 711.
Umklammerungsreflex *VIII/1*: 205; *VIII/2*: 730; *X*: 45, 1007; *XIV/1*: 230, *XIV/1*: 372.
Umlagerung, sterokinetische *I*: 29.
Umlaufzeit, Blut *VII/2*: 1205, 1206.
Umsatz s. Gesamtumsatz und Stoffwechsel.
Umschwungsempfindung *XI*: 924.
Umstellung, nervöse (Plastizität) *XV/2*: 1063ff., *XV/2*: 1133ff., 1184, 1186. *XVIII*: 399.
Umstimmung, Auge, s. Auge.
Umstimmungen, intrazentrale *IX*: 642.
Umwallungsgallen (Pflanzen) *XIV/2*: 1204.
Umwegsleistungen *X*: 633, *X*: 687.
Umwelt s. auch Klimawirkung.
Umzüchtungsperioden *XVII*: 963.
Undurchlässigkeit, Ionensieb- und Diphasentheorie *VIII/1*: 1000.
Unfall, Disposition und Psychoanalyse *XV/1*: 693.

(Unfall), elektrischer *VIII/2*: 972, 977, 978.
Unfallneurosen, Reaktionszeit und *X*: 594.
Unfallrate *XV/1*: 542.
Unfallverhütung (Psychologie der körperlichen Arbeit) *XV/1*: 692.
Unisegmentalvorgänge *X*: 163.
Universalaktinometer *XVII*: 468.
Unsterblichkeit *XIV/1*: 2; *XVII*: 718, 723, 725, 741, *XVII*: 747, 749.
Unterbrechungsschwebungen *XI*: 681.
Unterbrechungston *XI*: 596.
Unterernährung, Brustkind *III*: 1368.
—, Energieumsatz bei *V*: 226.
—, Stoffwechsel bei *V*: 113.
—, Wasserhaushalt *XVII*: 200.
Unterformanten, Vokale *XV/2*: 1412.
Untergewichtige *XV/1*: 734.
Unterkiefer *III*: 298ff., 343.
Unterkieferschneidezahn, Nervus alveolaris inferior und Wachstum des *XVI/1*: 805.
Unterkühlung, Wärmeregulation *XVII*: 99.
Unterscheidbarkeit rechts- und linksäugiger Eindrücke *XII/1*: 927.
Unterscheidungsfähigkeit, Auge, zeitliche und räumliche *XII/2*: 1500.
Unterscheidungsreaktionszeiten *X*: 571.
Unterschiedsempfindlichkeit, Auge, Adaptationszustand *XII/1*: 391.
—, —, Farbentüchtiger für Farbentöne *XII/1*: 337.
—, —, farbige Lichter *XII/1*: 392.
—, —, für farblose Lichter *XII/1*: 387ff.
—, —, Horopter und *XII/2*: 899.
—, —, Lichtstärke und *XII/1*: 389.
—, —, Sättigungsstufen und Nuancen *XII/1*: 349.
—, —, stereoskopische *XII/2*: 899.
—, —, sterische *XII/2*: 940.
—, —, unokulare und binokulare *XII/2*: 922.

(Unterschiedsempfindlich-
keit, Auge), WEBERsches
Gesetz *XII/2*: 1501.
Unterschiedsschwellen s. ent-
sprechendes Sinnesorgan,
z. B. Gehörsinn, Ge-
schmackssinn, Drucksinn.
Unterstützungstonus, Skelet-
muskel *VIII/1*: 208.
Unterstützungszuckung,
Herz *VII/1*: 238.
Untertemperatur *XVII*: 98,
XVII: 111, 823.
Uracil *V*: 1011.
Urämie *IV*: 556ff.; *V*: 274;
VI/1: 249.
—, Pseudo- *VII/2*: 1405.
Uraminosäuren *V*: 814, 1010.
—, Harn *IV*: 259.
Uran, Lichtkatalysator
XVII: 341.
Uratsteine *IV*: 668.
Urbahnen HENSENS *IX*: 137.
Urease *V*: 817.
—, Pflanzen *V*: 993.
Uredineen *I*: 659.
Ureter *IV*: 804ff.
—, Antiperistaltik *IV*: 814,
IV: 816ff.
—, Druck *IV*: 318, 335, 813.
—, Entleerung *IV*: 810, 813,
IV: 819.
—, Mucosafalten *IV*: 806.
—, Pharmakologie des
IV: 815.
—, Peristaltik *IV*: 809ff.
—, Sensibilität *IV*: 819.
Ureteratonie *IV*: 817.
Ureterverschluß *XVIII*: 95.
Urethan *XVII*: 616.
—, Kreislaufwirkung
VII/2: 1064.
—, Lokalanästhesie durch
IX: 445.
—, Narkose *IX*: 548.
—, Zuckerumsatz des iso-
lierten Rückenmarks
IX: 569.
Urfarben *XII/1*: 303, 336,
XII/1: 338, 347, 359, 397.
Urfarbenlichter, Bestimmung
XII/2: 1539, 1541.

Urgeschlechtzellen, primäre
XIV/1: 702.
Uricämie, Leberexstirpation
IV: 800.
Urin s. unter Harn.
Urnahrung *III*: 25.
Uro-Koproporphyrine
VI/1: 166, 183.
Urobilin, Darm *IV*: 788, 789;
VI/1: 222.
—, Galle *III*: 881, 900;
IV: 789.
—, Harn *IV*: 303; *VI/1*: 222.
Urobilinogen, Bestimmung
IV: 304; *VI/1*: 223.
—, Entstehung *IV*: 789;
VI/1: 167.
—, Galle *III*: 900.
—, Harn *IV*: 303.
Urocaninsäure *V*: 1033.
Urochloralsäure *V*: 1036.
Urodelenlarven, Schilddrü-
senwirkung *XVI/1*: 745.
—, Thymuswirkung
XVI/1: 764.
Uromastix *XVII*: 5.
Uroporphyrin, Harn
IV: 305; *VI/1*: 181.
Urorosein, Blutserum
IV: 545.
Ursachenbegriff *XIV/2*: 1214.
Ursamenzellen *XIV/1*: 49.
Ursolasthma *XIII*: 784.
Ursoldermatitis *XIII*: 784.
Ursprungsreize *VII/1*: 565.
Urticaria factitia *XIII*: 745.
—, Genese *XIII*: 780.
—, Idiosynkrasie *XIII*: 768.
Urticariaquaddel *XIII*: 365.
Uspulum *I*: 355.
URY, Verfahren von
IV: 682.
Usur, fettige *VII/2*: 1094.
Uterus, Altersveränderungen
XVII: 803.
—, Bewegungen
XIV/1: 504ff.
—, Erregbarkeit während der
Schwangerschaft
XIV/1: 464.
—, Geburtsmechanismus
XIV/1: 583ff.

(Uterus), Hypophysen-
extrakte *X*: 1137;
XIV/1: 539;
XVI/1: 678, 681.
—, Innervation *XIV/1*: 524.
—, Insulin *XVI/1*: 681.
—, Kastrationsfolgen
XIV/1: 505.
—, Menopause *XIV/1*: 673.
—, Myome und Kropf
XVI/1: 345.
—, Nebenniere *XIV/1*: 526;
XVI/1: 678.
—, Pharmakologie
XIV/1: 501ff.
—, —, Artunterschiede in der
Reaktionsweise
XIV/1: 527.
—, —, Bewegungen
XIV/1: 503ff., 526ff.
—, —, Gefäße *XIV/1*: 528,
XIV/1: 549ff.
—, —, Schleimhaut
XIV/1: 551ff.
—, —, Wertbestimmung,
biologische am *XIV/1*: 539.
—, Reflexe *VII/1*: 501.
—, Resorptionsleistung des
XIV/1: 553.
—, Ruptur *XIV/1*: 601.
—, Schwangerschaftsverän-
derung *XIV/1*: 461ff.
—, Sekretionsleistung
XIV/1: 552.
—, Volksmittel *XIV/1*: 542.
—, Wachstum, Hypophyse
XIV/1: 551.
—, —, Schwangerenblut
XIV/1: 514.
Uterusatrophie, Hypo-
physektomie und
XVI/1: 422.
Uterusblut *XIV/1*: 552.
Utilisation, Sauerstoff-
ausnutzung bei Kreislauf-
störungen *XVI/2*: 1313,
XVI/2: 1322ff.
Utricularia, tierverdauende
Pflanze *III*: 105.
Utriculus maculae *XI*: 1009,
XI: 1011, 1014.
Uzara, Darmwirkung *X*: 1121.

V

Vaccination, Immunität
durch *XIII*: 511.
—, postvaccinale Encepha-
litis *XIII*: 537, 578.
—, Reaktion des Organis-
mus *XIII*: 649.
Vaccinetherapie, Ohr
XI: 735.
Vaginalpropf *XIV/1*: 756.

Vaginismus *XIV/1*: 805, 895,
XIV/1: 897.
Vagosympathicus, Herz-
aktion, Reizung
VII/1: 419.
Vagotonie *III*: 1142;
X: 1068, 1148;
XVI/1: 666, 1020, 1024;
XVI/2: 1712.

Vagus, Apnoe *II*: 281;
IX: 656.
—, Brechakt *III*: 443.
—, Drehreizung und
IX: 954.
—, Herz, Bradykardie
VII/1: 600.
—, —, Circus movement
VII/1: 683.

(Vagus, Herz), Elektrokardiogramm *VIII/2*: 809; *XVI/2*: 1269.
—, —, Kalisalzwirkung *VII/1*: 381, 732.
—, —, Nicotinwirkung *VII/1*: 775.
—, —, pharmakologische Beeinflussung *VII/1*: 784.
—, —, Pulsfrequenz *VII/1*: 411, 455.
—, —, Reizwirkung *VII/1*: 373, 419, 599.
—, —, Vorhofflimmern *VII/1*: 672 ff.
—, Herztonus *VII/1*: 379.
—, humorale Wirkung *XVIII*: 180.
—, K.-H.-Stoffwechsel *XVI/2*: 1696, 1703 ff.
—, Magenbewegung *III*: 425, 429, 435.
—, Magendrüsen *III*: 627.
—, Magengeschwürerzeugung *III*: 1170.
—, Nierenfunktion *IV*: 358; *XVIII*: 97.
—, Oesophagus *III*: 361.
—, Reflexe auf die Eingeweide *X*: 194.
—, Schwangerschaft und Erregbarkeit des *XIV/1*: 565.
—, Stoffwechselwirkung des *XVI/1*: 1691 ff., 1703 ff., *XVI/1*: 1712.
—, trophische Störung nach Durchschneidung des *X*: 1173.
Vagusdruckversuch *VII/1*: 599; *XVI/1*: 1029.
Vagusdurchschneidung *X*: 1173; *XVI/2*: 1755.
Vaguskern, Herzschlag *X*: 176.
—, visceromotorischer *X*: 194.
Vagusneurose *XVI/1*: 1020.
Vaguspneumonie *VII/2*: 1585; *XVI/1*: 1048.
Vagusstoff *XV/2*: 1059; *XVI/1*: 1022; *XVI/2*: 1774.
Vakuole *III*: 1 ff.
—, pulsierende *XIII*: 6; *XVII*: 152.
—, —, Zellsaft aus *XVI/2*: 1422.
Vakuolenhaut *III*: 11, 16, 21.
Vakuolenschleim *III*: 17.
Valenzen s. auch Weißvalenzen.
—, farbige *XII/1*: 339, 340, *XII/1*: 341, 366, 384, 417.
—, optische Summierung *XII/1*: 395, 404, 409, 567.

Valenzkurven *XII/1*: 339, *XII/1*: 384, 449, 453, 554, *XII/1*: 557, 580, 582, 583, *XII/1*: 587, 592.
VALSALVAscher Versuch, Blutdruck *VII/2*: 1360.
— —, röntgenologische Beobachtungen beim *VII/2*: 1181.
— —, Schlagvolumen *VII/2*: 1181.
Valvula Bauhini, Insuffizienz *III*: 504.
— Eustachii *VII/1*: 168.
— Thebesii *VII/1*: 168.
— Vieussenii *VII/1*: 169.
Vampyrellen, Nahrungswahl *III*: 8.
Vanadium, allgemeine Wirkung *I*: 503.
Vanadiumchromogen der Tunicaten *V*: 440.
VAN'T HOFFsche Regel s. RGT-Regel.
Varanus arenarius *XVII*: 5.
Variation s. auch Erbmasse *I*: 694.
Variationsbewegung bei Pflanzen *XI*: 240, 248; *XVII*: 661.
Variationskurve, Auge *XII/2*: 1513.
Variationstöne *XI*: 596.
Varicen, Aneurysmen und *VII/2*: 1133 ff.
—, Entstehung und Venenklappen *VII/2*: 1453 ff.
—, Haustiere *VII/2*: 1811.
Varicocele, Blutbewegung *VII/2*: 1464.
Variolation, Immunität durch *XIII*: 511.
Vas deferens, Exstirpation, Zwischenzellen des Hodens *XIV/1*: 728.
— —, Ligatur *XVII*: 743.
— prominens *XI*: 485.
Vasa serosa *VII/2*: 1713.
Vaselin, Resorption durch die Haut *IV*: 135.
Vasodilatin *III*: 745.
Vasokonstriktion s. Gefäßkontraktion.
Vasomotoren *VII/2*: 934 ff.
—, Blutregulierung und *XV/1*: 373; *XVI/2*: 1318.
—, Entzündung und *XIII*: 295.
—, Gehirn *VII/2*: 949.
—, Kranzgefäße *VII/2*: 950.
—, Lunge *VII/2*: 950.
—, Nase *II*: 311, 374.
—, Niere *IV*: 346.
—, Parese *VII/1*: 313; *VII/2*: 1408, 1427.

(Vasomotoren), Reize *VII/1*: 488.
Vasomotorenzentrum *VII/2*: 938 ff.; *X*: 176, *X*: 1058; *XVI/2*: 1243, *XVI/2*: 1257, 1330, 1333; *XVII*: 62.
Vasomotorische Nerven, Nachweis *VII/2*: 945.
— Reaktion, Prüfung durch Wärmestrahlung der Stirn *XVI/2*: 1280.
— Störungen, Arteriosklerose *VII/2*: 1114.
— —, Menopause (Kastration) *XIV/1*: 683.
Vasoneurose *VII/2*: 1387.
Vasopressin *XVI/2*: 1222, *XVI/2*: 1258.
VATER-PACINIsche Körperchen *XI*: 79, 125.
Vaterschaft, Blutgruppenbestimmung *XIII*: 485; *XVIII*: 320.
Vaucheriatypus, Chloroplastenlagerung *XII/1*: 58.
Vegetarianismus *XVI/1*: 1003; *XVI/2*: 1520.
Vegetationspunkte, Neubildung *XIV/2*: 1199.
Vegetative Correlation, allgemeine Darstellung *XVI/2*: 1819 ff.
— Endapparate, correlative Bedeutung des Zustandes der *XVI/2*: 1776 ff.
— Funktionen, psychische Beeinflussung *XVI/2*: 1283, 1817.
— —, Segmentlokalisation *X*: 150.
— Realisierung *XVI/2*: 1283, *XVI/2*: 1812.
— Sensibilität *X*: 1070 ff.; *XVI/2*: 1806 ff.
— Stigmatisation *XVI/2*: 1025, 1790.
— Zentren, correlative Bedeutung *XVI/2*: 1741, *XVI/2*: 1791.
Vegetativer Pol *XIV/1*: 58.
Vegetatives Nervensystem s. auch Nervensystem, autonomes; Autonomes Nervensystem; Sympathicus, Vagus *X*: 1048 ff.; *XVI/1*: 1019 ff.; *XVI/2*: 1729 ff., 1816.
— —, correlative Funktionen des *XVI/1*: 961; *XVI/2*: 1694 ff., 1729 ff.
— —, Pathologie, funktionelle *XVI/1*: 1019 ff.

Vegetatives Nervensystem),
  Schilddrüse *XVI/1*: 226.
— —, Stoffwechsel
  XVI/1: 961; *XVI/2*: 1606,
  XVI/2: 1694ff., 1729ff.
Vektionen, Bewegungs-
  wahrnehmung *XI*: 921;
  XV/1: 447.
Vena arteriosa *VII/1*: 64.
Venen *VII/1*: 76;
  VII/2: 870ff., 1154ff.,
  VII/2: 1512.
—, Adrenalin *VII/2*: 985;
  X: 1104.
—, Altersveränderung
  XVII: 798.
—, Blutregulierung
  VII/2: 935.
—, Blutstrom, aktive För-
  derung in den
  VII/1: 1075; *VII/2*: 1087,
  VII/2: 1440.
—, degenerative Verän-
  derungen *VII/2*: 1467.
—, Druckablauf in den gro-
  ßen *VII/2*: 244.
—, Entzündung *VII/2*: 1466.
—, Kollaps, Verhalten wäh-
  rend des *XVI/2*: 1331.
—, nervöse Versorgung
  VII/2: 1512.
—, Niere *IV*: 225.
—, Penis *XIV/1*: 765.
—, postmortales Verhalten
  VII/2: 1154ff.
—, Saugwirkung *VII/2*: 1445.
—, Tonus der *VII/2*: 1513;
  XVI/1: 1310.
—, Vorhöfe, Absperrvorrich-
  tungen zwischen den
  VII/1: 168.
—, Wasseraustausch
  VII/2: 1515.
Venenanästhesie *IX*: 435.
Venenblut, Herzfehler
  XVI/2: 1364/2.
Venendruck *VII/2*: 1295,
  VII/2: 1407.
—, Auge *XII/2*: 1337.
—, Bad *XVII*: 445.
—, Bauchkompression
  VII/2: 1317.
—, DONDERscher Druck
  VII/2: 1407.
—, Gravidität *VII/2*: 1460.
—, Harnmenge *IV*: 312.
—, Herzinsuffizienz
  VII/2: 1407.
—, Herzschlagfrequenz
  VII/1: 490.
—, hydrostatischer Druck
  und *VII/2*: 1430, 1438.
—, Messung *VII/1*: 357.
—, VALSAVAscher Versuch
  VII/2: 1360.

Venenherzen, Fledermaus-
  flügel *VII/1*: 33;
  VII/2: 1075, 1440.
Venenklappen *VII/1*:   30;
  VII/2: 870, 1440ff.
—, Fledermausflügel
  VII/2: 1440.
—, hydrostatischer Druck
  VII/2: 1445, 1464.
—, Insuffizienz *VII/2*: 1455.
—, Muskelaktion und
  VII/2: 1447.
—, Regenwurm *VII/2*: 1443.
—, Schwund *VII/2*:   1442,
  VII/2: 1456.
—, Varicen und *VII/2*: 1453.
Venenpuls,   Stauungspapille
  XII/1: 1391.
Venensperre *VI/2*: 946;
  VII/2: 1516.
Venenwand, pathologisch-
  anatomische Verän-
  derungen, Varicenbildung
  VII/2: 1455.
Venodilatatoren *VII/2*: 956.
Venomotoren *VII/2*: 955.
Ventilation, Arbeit und
  XV/2: 850ff.
—, Erholungsgeschwindig-
  keit *XV/1*: 573, 756, 763.
Ventilationseinrichtung,
  Atmung *II*: 16.
Ventilationssauerstoff, Aus-
  nutzung bei Herzkranken
  XV/1: 576.
Ventilstenose, Kehlkopf
  II: 330.
Ventricular escape
  VII/1: 651.
Ventrikel,   Herz,   s.   unter
  Herzkammer.
Ventrikelependym *X*: 1195.
Ventrikelliquor *X*: 1222.
Ventrikelpunktion, Gehirn
  X: 1187.
Ventrikulographie *X*: 1183.
VERAGUTHsches Phänomen
  VIII/2: 776.
Veratrin, elektrisches Organ
  VIII/2: 913.
—, Herzwirkungen
  VII/2: 794.
—, Muskelkontraktur
  IX: 736.
—, Muskelwirkung
  VIII/1:   208,   272,   511;
  VIII/2: 719.
—, Nervenstrom
  VIII/2: 751.
Verbale Paraphasie
  XVI/2: 1455.
Verbalsuggestion *XVII*: 674,
  XVII: 676.
Verblutung, Dyspnoe bei
  II: 270.

Verbrauchskurve, HILL
  XVI/1: 753.
Verbrennung, Blutmenge
  XVI/2: 1343.
—, elektrische *VIII/2*: 862,
  VIII/2: 976.
—, lokale *VIII/2*: 962, 976;
  XVII: 407ff.
Verbrennungsmittel *I*: 44ff.
Verbrennungsorte, Zelle
  I: 48.
Verbrennungswärme *V*: 134ff.
—, Energetisches *I*: 43.
—, Harn *V*: 135.
—, Milchsäure *I*: 31.
—, Nahrungsstoffe, orga-
  nische *V*: 24.
—, Zucker *I*: 31.
Verbrennungswasser
  XVII: 183.
Verdauung *III*: 1ff.;
  XVI/1: 885ff.;
  XVIII: 441ff.
—, Alter und *XVII*:   799,
  XVII: 817, 850.
—, Chloridwerte des Blutes
  XVI/2: 1425.
—, elektrische Beeinflussung
  VIII/2: 941.
—, extraplasmatische
  III: 24ff.
—, Fermente s. unter Fer-
  mente.
—, Gefäßweite *XVI/1*: 922.
—, Gifte, tierische und
  XIII: 171.
—, intraplasmatische
  III: 65, 77ff; *XIII*: 818;
  XVIII: 21.
—, Pathologie,   Darmdrüsen
  III: 1240.
—, —, Galle *III*: 1264ff.
—, —, Kindesalter
  III: 1293ff.
—, —, Magen *III*: 1118ff.,
  III: 1159ff., 1199ff.
—, —, Pankreas *III*: 1252ff.
—, —, Speicheldrüse
  III: 1105ff.
—, —, vergleichend
  III: 1045ff.
—, Phagocytose *III*: 65;
  XIII: 818; *XVIII*: 21.
—, Säugling *III*: 1001.
—, Temperatur und
  XVI/1: 916.
—, vergleichende Physiologie
  I: 675; *III*: 3ff., 15ff.,
  III: 24ff., 102ff.;
  XVIII: 21.
Verdauungsdrüsen, Anatomie
  funktionelle *III*: 547ff.;
  XVIII: 54.
—, Pharmakologie
  III: 1429ff.; *XVIII*: 72.

(Verdauungsdrüsen), Sekretgewinnung *III*: 682ff.
—, Tätigkeit, sekretorische *III*: 689ff.; *XVI/1*: 900ff.; *XVIII*: 26.
Verdauungskanal s. Darm, Magen usw. und *XVI/1*: 885ff.
Verdauungsleukocytose *VI/1* 54; *VI/2*: 702.
Verdauungslipämie *V*: 1107.
Verdauungsphagocytose *IV*: 167.
Verdauungssäfte, Eigenschaften und Zusammensetzung *III*: 689ff., 819ff. *III*: 876ff.; *XVI/1*: 900ff.
Verdrängung, psychische *XIV/1*: 792, 838.
Verdünnungsreaktion, Niere *IV*: 389, 528.
Verdünnungssekretion, Magen *III*: 851, 1126, *III*: 1138; *XVI/1*: 897.
Verdunstung, Klimafaktor *XVII*: 535.
Vererbung *XIII*: 252; *XVI/1*: 825, 835; *XVII*: 901ff., 990ff.; *XVIII*: 469.
—, additive Eigenschaften *XVII*: 1038.
—, Anaphylaxie *XIII*: 715.
—, Blutgruppenmerkmale *XIII*: 484.
—, Diphtherieimmunität *XIII*: 488.
— erworbener Eigenschaften *XIII*:221;*XIV/2*:1224ff.; *XIV/2*:1231;*XVI/1*:750 *XVII*: 951, 952, 953, 954, *XVII*: 955, 960, 965, 967, *XVII*: 1042.
—, Geschwülste *XIV/2*:1699.
—, Kern, durch *XIV/2*:1225; *XVII*: 979, 990ff.
—, Langlebigkeit und *XVII*: 776.
—, Mongolenfleck *XIII*: 257.
—, Pigment des Menschen *XIII*: 252, 257.
—, Plastosomentheorie der *I*: 605.
—, Protoplasma, durch *XIV/2*: 1225; *XVII*: 937ff.
—, rezessiver Gang der *XVII*: 916, 971, 1152, *XVII*: 1156, 1180.
—, seelische Anlagen *XVII*: 988.
—, Umweltwirkung *XVII*: 907, 961, 983.
Verfettung, dyskrasische *V*: 1273.

Vergiftung s. auch Intoxikation.
—, Farbigsehen nach *XII/1*: 532.
—, Leberverfettung bei *V*: 623.
—, Mollusken, durch *XIII*: 125.
Vergleichende Pathologie, Geschwülste bei Pflanzen *XIV/2*: 1195ff.
— —, Kreislauforgane *VII/2*: 1803.
— —, Zentralnervensystem *X*: 1232ff.
— Physiologie, Altern *XVII*: 717.
— —, Atmung *II*: 1ff.
— —, Augenbewegungen *XII/2*: 1113.
— —, Blutkreislauf *VII/1*: 3ff.
— —, Fortpflanzung *XIV/1*: 1ff.
— —, Geruchssinn *XI*: 203ff.
— —, Immobilisation *XVII*: 690ff.
— —, Körperstellung *XV/1*: 29ff., 85ff., 97ff.
— —, Nervensystem *IX*: 805ff.; *XV/2*: 1175.
— —, Nieren *IV*: 183ff., *IV*: 581ff.
— —, Ohr *XI*: 754ff.
— —, Orientierung *XV/2*: 909.
— —, Ortsbewegung *XV/1*: 236ff.
— —, Photoreceptoren *XII/1*: 3ff., 17ff., 36ff., *XII/1*: 60ff.
— —, Regeneration *XIV/1*: 1080ff., 1114ff., *XIV/1*: 1141ff.
— —, Resorption *IV*: 167ff.
— —, Schutz- und Angriffswaffen *XIII*: 1ff.
— —, Statocysten *XI*: 791ff., 797ff., 868ff.
— —, Stimme *XV/2*: 1223.
— —, Stoffwechsel *V*: 377ff.
— —, Tagesrhythmen *XVII*: 644, 659.
— —, Tangoreceptoren *XI*: 68ff., 84ff.
— —, Thermoreceptoren *XI*: 165ff., 173ff.
— —, Verdauung *III*: 3ff., *III*: 15ff., 24ff., 102ff.
Verjüngung *XVII*: 723, *XVII*: 740ff., 777ff.; *XVIII*: 363.
—, Teilung und *XIV/1*: 35.

Verkalkung (Ossifikation) *XVI/2*: 1626ff.
Verkalkungen, Analysen von *XVI/2*: 1502.
Verkalkungszonen, Rachitis *XVI/2*: 1486.
Verknöcherung s. Ossifikation.
Verkürzungsreflex, Bein *X*: 654, 993.
Verlängerung des Lebens *XVII*: 740ff., 777ff.
Verlängerungsreflex, Bein *X*: 993.
Verletzungsstrom, Muskel *VIII/2*: 704ff.
Vermes s. Würmer.
Vernarbung, höhere Tiere und Mensch *XIV/1*: 1158.
Vernichtungsfaktor *XVII*: 761, 763.
Veronal *XVII*: 617.
—, Kreislaufwirkung *VII/2*: 1064.
—, Miosis *XII/1*: 227.
—, Sehgift *XII/2*: 830.
Verpflanzung s. unter Transplantation.
Verschiebungsleukocytose *VI/1*: 57; *VI/2*: 702, 812.
Verschlucken *III*: 367, 1050.
Verschmelzungsfrequenz, Auge *XII/1*: 435ff.; *XII/2*: 923, 1191.
—, Augenströme *XII/2*:1487.
Verschmelzungstypen *XVII*: 1121.
Verstimmung, farbige *XII/1*: 447ff., 552.
—, —, Kardinalpunkte *XII/1*: 342.
—, —, Nachbildfarbe *XII/1*: 475.
—, —, Sehstoffe *XII/1*: 583
—, —, Simultankonstrast *XII/1*: 486.
Vertebra-prominens-Reflex *XV/1*: 56.
Verteidigungsreflexe *IX*:824; *X*: 1001; *XVII*: 690ff.
Verteidigungswaffen *XIII*: 1ff.
Verteilungsleukocytose *VI/1*: 57; *VI/2*: 702, 812.
Verteilungssatz, MAXWELL-BOLTZMANN *I*: 93.
—, NERNST *VIII/2*: 1001.
Verteilungsquotient, Permeabilität *I*: 425.
Verticibasalität *XI V/1*:1123.
Vertiges périphériques *XV/1*: 477.
Vertikaldivergenz, Augen *XI*: 811, 812, 833, 901, *XI*: 903, 946, 1011.

Vertikalbewegungsempfindung *XI*: 921, 955, 970, *XI*: 980; *XV/1*: 389, 434; *XV/2*: 1012.
Vertikalkanäle, Erregbarkeit bei Stirnhirnstörungen *XV/1*: 440.
Vertikalkooperation, Augen *XII/2*: 1011ff., 1075.
Vertikalnystagmus *XV/1*: 436.
Vertikalschielen (HERTWIG-MAGENDIE) *XI*: 833; *XII/2*: 1082.
Vertikometer *XI*: 923.
Vertretbarkeit biogener Elemente *I*: 329.
„Vervielfältigung" der Objekte (Bewegungsvorgänge) *XII/2*: 1191.
Verwachsung, Doppelmißbildung *XIV/1*: 1071, *XIV/1*: 1099.
—, Pflanzen *XIV/1*: 1129, *XIV/1*: 1131.
Verwandtenehen *XVII*: 918, *XVII*: 973.
Verwandtschaftsreaktionen *XIII*: 475.
Verwechslungsgerüche *XI*: 281.
Verweilsondenmethode, Magen *III*: 1120; *XVIII*: 62.
Verwendungsstoffwechsel (Mineralstoffe) *XVI/2*: 1510.
Verwitterung, Gesteine *I*: 704.
Vesiculae haematicae valvulares, Haustiere *VII/2*: 1815.
Vesiculäratmen *II*: 291.
Vesiculase *XIV/1*: 759.
Vestibularapparat s. auch Bogengangsapparat, Labyrinth *X*: 216, 239, 317; *XI*: 909ff., 985ff., *XI*: 1002ff.; *XII/2*: 1143, *XII/2*: 1145; *XVIII*: 296, 300.
—, Chronaxie *XVIII*: 309.
—, Erkrankungen *XV/1*: 382ff., 411ff., *XV/1*: 442ff.
—, Fliegen des Menschen und *XV/1*: 374.
—, galvanische Reizung *XI*: 979, 983.
—, Haltungsreaktion *XV/1*: 411.
—, Prüfung *XV/1*: 386.
—, vergleichend *XI*: 767ff., *XI*: 791ff., 797ff., *XI*: 868ff.

Vestibularapparat, Verletzungen *XI*: 840, 864.
Vestibularis s. auch Nervus vestibularis.
—, Dehnungsreflex der Muskeln *X*: 944.
Vestibularisstamm *XV/1*: 413.
—, Erkrankungen *XV/1*: 414.
Vestibularkerne *X*: 296.
Vestibulartisch (GRAHE) *XI*: 958.
Vestibulum nasi *II*: 313.
Vibracularien *I*: 611.
Vibrationsempfindungen *XI*: 107, 703, 718.
Vibrato, Stimme *XV/2*: 1371.
Vibrissae, Vögel *XI*: 79.
Vicinitätsregel *XVII*: 1107.
VICQ D'AZYRscher Streifen *X*: 730.
Vierfarbentheorien, Farbensinn *XII/1*: 566.
Vierfüßler, Gangarten der *XV/1*: 262.
Vierhügelregion *X*: 200, 336, *X*: 337.
Vierhügeltumoren, Schwindel bei *XV/1*: 487.
Vierlinge, eineiige *XIV/1*: 1072.
VIETH-MÜLLER-Kreis *XII/2*: 902ff., 912, 987.
Viferral *VII/2*: 1063; *XVII*: 615.
Violettblindheit (Tritanopie) *XII/1*: 517.
Vipern, Suchbahnen, Nahrungserwerb *XV/2*: 973.
VIRCHOWsche Kalkmetastase *XVI/2*: 1626.
Virilismen *XIV/1*: 788.
Virulenz, Infektionserreger *XIII*: 518ff.; *XVIII*: 331.
Virulenzabschwächung, Restspirochäten durch Arsenpräparate *XIII*: 598.
Virulenzsteigerung, Geschwulstzelle (Transplantation) *XIV/2*: 1741.
—, Krankheitserreger (Vitaminmangel) *XIII*: 570.
Virus, ultravisibles *XVIII*: 386.
Visceralreflexe, tonische *IX*: 722.
Viscosität, Blut *VI/1*: 419, *VI/1*: 619ff., 641.
—, —, Polycythämie *VII/2*: 1310; *XVII*: 531.
—, —, Schilddrüsenmangel *XVI/1*: 255.

(Viscosität, Blut), Schlagvolumen und *VII/2*: 1187.
—, —, Strömungsgeschwindigkeit *VII/2*: 913.
—, Kammerwasser, Auge *XII/2*: 1375.
— kolloider Systeme *I*: 168, *I*: 174.
— — —, isoelektrischer Punkt und *I*: 186.
— — —, Koagulation und *I*: 197.
—, Muskel, glatter *XVIII*: 216.
—, —, quergestreifter *XVIII*: 213.
—, Pigmentzellenplasma *XIII*: 194.
—. Proteine *III*: 241.
—, Serum und Plasma *VI/1*: 623, 630ff.
Viscositätsfaktor *VI/1*: 628; *XVII*: 266.
Viscositätskoeffizient, Kolloide *I*: 168.
Visierlinien, Begriff *XII/2*: 851, 863, 912, *XII/2*: 1003.
Visualisiertes Denken *XVII*: 678.
Visuo-psychic Area *X*: 731.
Vita minima *XVII*: 746.
Vitalfärbung *III*: 556, 569.
—, Adsorption *I*: 451.
—, Auge *XII/2*: 1325.
—, Gefäße *VII/2*: 1113.
—, Lipoidtheorie der *I*: 442.
—, Narkose *I*: 448.
—, Sperma *XIV/1*: 166.
—, Wundgewebe *XIV/1*: 1159.
—, Zwischenzellen *XIV/1*: 717.
Vitalismus *I*: 17; *XVII*: 961, *XVII*: 962, 964.
Vitalkapazität *II*: 83, 340.
—, Arbeit und *XV/1*: 727, *XV/1*: 783; *XV/2*: 849.
—, Fliegen *XV/1*: 375.
—, Körperstellungen und *XV/2*: 847.
Vitamin *V*: 124, 1143ff.; *XVI/1*: 994ff.; *XVII*: 326; *XVIII*: 126ff.
— A *V*: 1170, 1191, 1195; *XII/2*: 1605; *XVI/1*: 998; *XVIII*: 126, 127.
— —, Kalk-Phosphathaushalt *XVI/2*: 1639.
— —, Steinbildung *IV*: 506.
— B *V*: 1201, 1216; *XVIII*: 126, 130, 133.
—, Bakterien *III*: 1042; *XVI/1*: 995.

(Vitamin), Bildung *V*: 1165; *XVI/1*: 995.
— C *V*: 1218; *XVIII*: 134.
— —, Mineralbestand des Körpers *XVI/2*: 1487, *XVI/2*: 1639.
— D *III*: 1418; *V*: 1180, *V*: 1194, 1198; *XVIII*: 126, 135.
— —, Erdalkali-Phosphatstoffwechsel *XVI/2*: 1462, *XVI/2*: 1609.
— —, Heringsfett *XVI/1*: 997.
— E *V*: 1231; *XVIII*: 126, 138.
—, Geschwulstbildung *XIV/2*: 1706, 1429.
— H (Hautfaktor) *XVIII*: 140.
—, Herzernährung *VII/2*: 1177.
—, Nahrung *V*: 1148; *XVI/1*: 1001.
—, Resistenz des Körpers und *V*: 1232; *XIII*: 566.
—, Schilddrüse u. *XVI/1*:216.
—, Schwangerschaftstoxikosen *XIV/1*: 559.
—, Stoffwechsel u. *IX*: 1223.
—, Synergismus *V*: 1233.
—, Vorkommen *V*: 1191, *V*: 1216, 1224, 1239; *XV/1*: 6.
—, wachstumförderndes *V*: 1148, 1229; *XVIII*: 126, 140.
— X *V*: 1231.
Vitamine, fettlösliche (A, D) *V*: 1170.
—, wasserlösliche *V*: 1201; *XVIII*: 126, 130.
Vitaminhunger *V*: 1232.
Vitaminmangel *V*: 1162; *XVIII*: 141.
Vitelline *III*: 272.
Vitium cordis s. Herzfehler.
Vividiffusion *V*: 676.
Vögel, Akkomodationslehre, vergleichende *XII/1*: 164.
—, Atmung *II*: 20, 34.
—, Augenbewegungen *XII/2*: 1127.
—, Blutdruck *VII/2*: 1299.
—, Farben *XIII*: 237ff.
—, Flug *XV/1*: 325ff.
—, Geschlechtsmerkmale *XVI/1*: 790.
—, Körpertemperatur *XVII*: 11.
—, Magen und Darmkanal *III*: 50.
—, Mittelohr *XI*: 432.
—, Nahrungsaufnahme *III*: 42.

(Vögel), osmotischer Druck *XVII*: 151.
—, Schilddrüsenwirkung, morphogenetische *XVI/1*: 750.
—, Schlingakt *III*: 1050.
—, Schutz- und Angriffseinrichtungen *XIII*: 72.
—, Stehen der *XV/1*: 266.
—, Stimmapparat *XV/2*: 1243ff.
—, Tangoreceptoren *XI*: 79.
—, Thymusfunktion bei *XVI/1*: 765.
—, Vertebralapparat *XVIII*: 296.
—, Wandergeschwindigkeiten der *XV/1*: 345.
—, Zehenbeuger *XVIII/1*: 268.
Vogelberiberi *V*: 1212.
Vogelflug *XV/1*: 325ff.
Vogelzug *XV/1*: 345; *XV/2*: 1020.
Vogtsche Krankheit (Endogene Krankheitsprozesse) *X*: 355.
Vokaldreieck *XI*: 710.
Vokale *XV/2*: 1332ff., 1356, *XV/2*: 1404.
Vokalformanten *XI*: 710; *XV/2*: 1411.
Vokalität *XI*: 709.
Volksernährung *XVI/1*: 983.
Volumbologramm (nach Sahli) *VII/2*: 1233.
Volumbolograph (Hedinger) *VII/2*: 1234.
Volumbolometrie nach Sahli *VII/2*: 1226, 1429.
Volumelastizität der Arterien *VII/2*: 871.
Volumen pulmonum auctum *II*: 400.
Volumenergie *I*: 238, 242.
Volumpuls *VII/2*: 1224ff.
Voluntal *V*: 1007; *XVII*: 616.
Volutin *V*: 420.
Volvocaceen, Cönobienbildung bei *XII/1*: 43.
Volvox, Phototaxis *XII/1*:43, *XII/1*: 47, 48.
Vorbeizeigen *XVIII*: 303.
—, Augenstellung *XI*: 946.
—, Báránys Zeigeversuch *XI*: 941.
—, Drehreizung *XI*: 942.
—, galvanische Reizung *XI*: 983.
—, kalorische Reizung *XI*: 977.
—, Kleinhirn *X*: 256, 257, *X*: 258, 259, 281, 282, 283,

X: 284, 288, 301, 302, 306, *X*: 307, 316; *XV/1*: 430.
(Vorbeizeigen), Kopfstellung *XI*: 945.
—, Labyrinthreizung *XV/1*: 397.
—, Prüfung *XV/1*: 384.
—, psychische Einflüsse? *XI*: 947.
—, sensible Reize *XI*: 944.
—, Zentrum *XI*: 947.
Vorbiß *III*: 315.
Vorderkammer, Auge, Größe *XII/1*: 86; *XII/2*: 1323.
Vorderkammerpunktion (Auge) *XII/2*: 1321.
Vorderlappen s. unter Hypophyse, Vorderlappen.
Vorflutniere, frühes Kindesalter *III*: 1342.
Vorhof, Herz, Druckablauf *VII/1*: 239.
—, —, Eg., Abweichungen im *VIII/2*: 839.
—, —, Erregungsablauf *VII/1*: 589.
—, —, Tonus *VII/1*: 445.
—, —, Vagus und Ekg. *VIII/2*: 809.
Vorhofapparat, Ohr, s. a. Otolithenapparat und Vestibularapparat *XI*: 840, *XI*: 864; *XV/1*: 386.
Vorhöfe der Nase *II*: 129.
Vorhofflattern *VII/1*: 645; *VIII/2*: 840.
—, Haustiere *VII/2*: 1830.
Vorhofflimmern *VII/2*:1192; *VIII/2*: 842, 976.
—, Haustiere *VII/2*: 1830.
Vorhofkammerverbindung (anatomisch) *VII/1*: 101.
Vorhofzacke (Ekg.) *VIII/2*: 831.
Vorkammerzacke (Ekg.) *VIII/2*: 794.
Vorkern *XIV/1*: 125; *XVII*: 1003.
Vorkondensationsstadium *XVII*: 465.
Vorlustmechanismus *XIV/1*: 838.
Vormagen, Herbivoren, Flora des *III*: 970, 978, *III*: 980.
—, pathologische Erscheinung *III*: 374.
—, Wiederkäuer, Mechanik *III*: 385.
—, —, Störungen *III*: 1062.
—, —, Vorgänge *III*: 980.
Vormilch *XIV/1*: 629.
Vorniere, Amphibienlarven *IV*: 214.

Vorratseiweiß V: 5, 39; $XVI/1$: 980.

Vorschwimmaugenbewegung der Fische $XII/2$: 1122, $XII/2$: 1157.

Vorsignale, Reaktionszeit X: 554.

Vorstellung, Körper, vom eigenen $XV/2$: 998, 1003.

(Vorstellung), Traum XVII: 635.

Vorstellungen, überwertige und Gehörsempfindung XI: 746.

Vorstellungsraum I: 2.

Vortizellen, Koloniebildung I: 611.

—, Selbstverstümmelung XIII: 274.

Vorzugsmilch $XIV/1$: 653.

Voyeurs, Perversionen des $XIV/1$: 893.

Vulkanismus, Kohlensäure liefernder Faktor I: 721.

VULPIAN-HEIDENHAIN sches Phänomen IX: 740.

Vuzin muriat., Lokalanästhesie durch IX: 441 ff.

W

Wabentheorie, Protoplasmastruktur IX: 101.

Wachdenken, Traum und XVII: 640.

Wachse III: 166.

Wachsmotten I: 648.

Wachstum $VIII/1$: 72 ff.; $XIV/1$: 903 ff.; $XVI/1$: 697, 807; XVIII: 427.

—, Algen $VIII/1$: 78.

—, Altern XIII: 263; XVII: 758.

—, Eisenstoffwechsel $XVI/2$: 1671.

—, elektrische Beeinflussung $VIII/2$: 939 ff.

—, funktionelles $XVI/1$: 881.

—, geotropes $VIII/1$: 90; XI: 1025.

—, Geschwülste $XIV/2$:1362, $XIV/2$: 1388, 1731, 1735.

—, Gewebezüchtung $XIV/1$: 960.

—, histiotypisches $XIV/1$: 975.

—, Hypophysenvorderlappen wirkung auf Ratten $XVI/1$: 461.

—, Lichtbeeinflussung $XII/1$: 35; $XVI/1$: 835.

—, Metamorphosehemmung und $XVI/1$: 427.

—, Muskelarbeit und $XV/1$: 732.

—, Nahrungseinfluß auf das $XVI/1$: 865.

—, Organe $XIV/1$: 935.

—, Pathologie $XIV/1$: 903 ff.

—, periodisches XVII: 666.

—, Pflanzen V: 346, 367; $VIII/1$: 72 ff.; XI: 240; $XII/1$: 37.

—, Pigmentbildung XIII: 254, 263.

—, Pilze $VIII/1$: 78.

—, Regeneration und $XIV/1$: 913.

—, Regulation $XVI/1$: 697, $XVI/1$: 807; XVIII: 427.

—, Reifung und $XIV/1$: 907.

(Wachstum), Salze als Baustoffe für $XVI/1$: 862.

—, Schilddrüse $XVI/1$: 99.

—, Schilddrüsenbehandlung und $XVI/1$: 276.

—, Stillstand V: 1150, 1161, V: 1173; $XIV/1$: 106, $XIV/1$: 905, 913.

—, Stoffwechsel V: 4, 128, V: 167.

—, Strahlen $XIV/1$: 921; $XVI/1$: 835.

—, Temperatur $VIII/1$: 88; $XVI/1$: 816, 819.

—, Thymektomie $XVI/1$:376.

—, Umwelt $XVI/1$: 807; XVII: 527.

—, Vererbung gewisser Anomalien XVII: 1064.

—, Vitamin B V: 1205; XVIII: 126, 130, 133,140.

—, Warmblütergewebe $XIV/1$: 964.

—, Wasserhaushalt XVII: 198.

—, Zelle XI: 240; $XIV/1$: 917.

Wachstumsabschluß $XIV/1$: 917.

Wachstumsalter, Wärmeproduktion V: 170, 196.

Wachstumsbewegung, Pflanzen $VIII/1$: 72 ff.; XI: 240; $XII/1$: 37.

Wachstumsdauer $XIV/1$: 934.

Wachstumsdefizit $XVI/1$: 866.

Wachstumsfaktoren bei Pflanzen, Wirkungsgesetz der (MITSCHERLICH) V: 348.

Wachstumsformel (ROBERTSON) V: 367; $VIII/1$: 80.

Wachstumsgeschwindigkeit, Kindesalter III: 1302.

—, Milchasche $XVI/1$: 864.

—, Pflanzen V: 367; $VIII/1$: 79 ff.

—, Temperatur und $VIII/1$: 88; $XVI/1$: 816, $XVI/1$: 819.

Wachstumshemmungen, Pflanzen $XIV/1$: 1136.

Wachstumshormon $XVI/1$: 462.

Wachstumshypertrophie, Herz $VII/1$: 343.

Wachstumskeule, Nervenfortsatz IX: 136.

Wachstumskolben, peripherer Nerven IX: 309.

Wachstumskonstante I: 339; V: 367; $VIII/1$: 80.

Wachstumskorrelationen $XIV/1$: 937.

Wachstumsmöglichkeiten $XIV/1$: 960.

Wachstumsöl $XIV/1$: 511.

Wachstumsreize $XIV/1$: 918.

Wachstumsstoffwechsel V: 140; X: 1154.

Wachstumstrieb $XIV/1$: 918; $XVI/1$: 866.

Wachstumszone der Hoden $XIV/1$: 49.

Wachzentrum XVII: 612.

Wadenkrampf, Aktionsströme bei $VIII/2$: 728.

Wahl-Reaktion, Reaktionszeit X: 531, 590.

Wahn, erotomanischer $XIV/1$: 801.

Wahrnehmung, Begriff XI: 8.

—, Grenzen der XI: 18.

—, Lokalisation im Großhirn X: 659.

—, optische, s. a. optische Wahrnehmung $XII/2$: 1116 ff., 1215 ff.

—, Vorstellung und $XV/2$: 999.

Wahrnehmungswelt, Konstanz $XII/2$: 1501.

WALDEYERscher Rachenring II: 323.

Waldklima XVII: 493.

Walfische, Nahrungsaufnahme III: 31.

WALLERsche Degeneration IX: 286, 336.

WALLERsches Gesetz IX: 287, 301; XI: 655.

Wallung, fliegende Hitze
XIV/1: 684.
Walrat, Wachs III: 169.
Wanddruck, arterieller
VII/2: 1258.
— pflanzlicher Zellen
VIII/1: 97.
—, Volumbolometrie
VII/2: 1226.
Wanderhoropter XII/2: 987.
Wandermagen, jahreszeit-
liche der Tiere
XVII: 658.
Wanderungsfähigkeit, Ge-
schwulstzelle
XIV/2: 1363, 1734.
Wanderzellen, Farbzellen
XIII: 194.
Wandfasern, Herz VII/1:101.
Wandpotentiale, Ametalle
I: 524.
Wandspannung, Gefäße, all-
gemeine physiologische
VII/2: 891.
—, Herz, Pulsfrequenz,
Evertebraten VII/1: 38.
Wandstärke der Arterien, all-
gemeine physiologische
VII/2: 866.
Wandsubstanz, Oberflächen-
ladung I: 167.
Wandzellen, capillare Be-
wegung VI/2: 953.
Wangenfettpfropf III: 297.
Wangenschleimhaut,
Schmerzempfindlichkeit
XI: 184.
Wanzen, Gifte XIII: 135.
—, Stridulationsorgane
XV/2: 1239.
WARBURGS Theorie I: 39.
Warmbad-Treiben I: 546.
Warmblüter, Arsengewöh-
nung XIII: 850.
—, Morphingewöhnung
XIII: 855, 860.
—, Phosphorgewöhnung
XIII: 854.
Warmblütermuskel, Abküh-
lungsreaktion VIII/1:567,
VIII/1: 615.
—, Sauerstoffverbrauch und
Kohlensäureproduktion
VIII/1: 482.
Wärme I: 237; XVII: 392ff.,
XVII: 520.
—, Atmung II: 32, 252, 272;
XVII: 9, 43, 395.
—, Energiewert I: 244.
—, Farbwechsel XIII: 229.
—, Neugeborene XVII: 400.
—, Pigmentierung
XIII: 198.
—, Spermiogenese, Beeinfluß-
barkeit durch XVI/1:824.

(Wärme)-Sterilisation
XVI/1: 824.
—, Stoffwechsel und
XVII: 402.
—, therapeutische Verwen-
dung XVII: 435ff.
Wärmeabgabe XVII: 28,550.
—, Fieber V: 287; XVII: 88.
—, Herzfehler XVI/2: 1392.
—, Mensch V: 155.
— der Niere durch das Blut
IV: 330.
„Wärmebett" (Wärme-
therapie) XVII: 441.
Wärmebewegung in der Haut
XI: 154.
Wärmebildung s. Wärme-
produktion.
Wärmebildungskonstante
V: 170.
Wärmeempfindung XI: 140.
—, paradoxe XI: 138.
—, perverse XI: 139, 164.
Wärmeenergie I: 92, 237, 242.
Wärmeentziehung, kalte
Bäder XVII: 453.
Wärmefortleitungstheorie,
Ohr XI: 974.
Wärmehaushalt, Adrenalin-
wirkung X: 1115;
XVII: 72.
—, Bäderwirkung
XVII: 453.
—, Gasvergiftung II: 510.
—, Greisenalter XVII: 821,
XVII: 823.
—, Tropenklima XVII: 551.
Wärmehyperalgesie XI: 163.
Wärmelähmung I: 299;
IX: 204, 376, 519, 618.
Wärmelehre, physikalische
XVII: 436.
Wärmenarkose I: 532, 545;
IX: 612, 618; XVIII: 3.
Wärmenerven XI: 135.
—, Entzündung und
XIII: 363.
Wärmepolypnoe II: 32, 252,
II: 272; XVII: 9, 43, 395.
Wärmeproduktion, Fieber
V: 284.
—, Herz VII/1: 689, 703.
—, Insulin XVI/1: 653.
—, Kaltblüter XVII: 7.
—, Kälteabwehr durch ver-
mehrte V: 156;
XVII: 395.
—, Leber, Pharmokologie
III: 1457.
— leuchtender Organismen
VIII/2: 1081.
—, Lichtbeeinflussung
XVII: 324.
—, Nerven IX: 191, 406;
XVIII: 264.

(Wärmeproduktion), Pflan-
zen V: 340.
—, Schilddrüsenfunktion und
XVI/1: 243.
—, Skeletmuskel
VIII/1: 500ff.
—, Wachstumsalter V: 170,
V: 196.
—, Zellen, lebender I: 64.
—, Zentralnervensystem
IX: 605.
Wärmepunkte XI: 131, 140.
—, Reizschwelle XI: 131.
Wärmeregulation V: 156;
X: 394, 399, 414;
XVI/1: 961; XVII: 3ff.,
XVII: 395.
—, Alter XVII: 832.
—, Baden V: 163;
XVII: 453ff.
—, Bekleidung V: 159.
—, chemische XVI/1: 950,
XVI/1: 964, 966;
XVII: 18, 26, 499.
—, Fieber V: 161;
XVII: 87ff.
—, Grenzen XVII: 83ff.
—, humorale Einwirkung auf
die XVII: 92.
—, individuelle Unterschiede
XVII: 398ff.
—, Kaltblüter V: 414.
—, Muskelarbeit
XVI/1: 964.
—, Nagetiere, junge, und
XVII: 9.
—, nervöse Beeinflussung
V: 160.
—, nervöser Mechanismus
der XVII: 46.
—, Neugeborener XVII: 9.
—, Ontogenese XVII: 8.
—, Pathologie XVII: 86ff.
—, Pharmakologie
XVII: 86ff.
—, physikalische
XVI/1: 1058ff.;
XVII: 28, 396.
—, Schilddrüse und
XVI/1: 225.
—, vasomotorische XVII:31.
—, Vögel, junge, und
XVII: 9.
—, Warmblüter I: 618;
V: 417.
—, Winterschlaf XVII: 132.
—, zentrale Innervation der
XVII: 52.
Wärmeregulationszentrum s.
Wärmezentrum.
Wärmereiz I: 296.
Wärmeschlaf XVII: 604.
Wärmeschmerz XI: 190.
Wärmestarre I: 297;
XVII: 745.

(Wärmestarre), glatte Muskeln *VIII/1*: 256.
—, Reflexerregbarkeit *I*: 532.
—, Skeletmuskeln *VIII/1*: 251, 376.
Wärmesteigerung, Fettsüchtige *V*: 256.
Wärmestich *XVI/1*: 1059; *XVII*: 22, 47, 95.
Wärmestrahlung *I*: 303; *XVII*: 436, 516.
Wärmetachypnoe *II*: 32, 252, *II*: 272; *XIII*: 9, 43, *XIII*: 395.
—, Pharmaka *II*: 274.
Wärmetheorem (NERNST) *I*: 250.
Wärmezentrum *X*: 394, 399, *X*: 414; *XVII*: 57.
—, Fieber und *XVII*: 89.
—, Giftwirkung auf das *XVII*: 95.
—, Reizung durch Wärme *XVII*: 49, 50.
—, sympathisches *X*: 1125.
—, Tiere *XIII*: 725.
—, Zentrenlehre und *XV/2*: 1176.
Warnreflex *XVII*: 703, 711.
Warnstellung *XVII*: 703.
Warzenfortsatzoperationen, Schädigungen durch *XI*: 466.
Warzenhofdrüsen *XIV/1*: 606.
Warzenhütchen *XIV/1*: 638.
Wasser, Bedeutung *I*: 365; *XVII*: 137ff.
—, Diuretikum *IV*: 395; *XVII*: 232.
—, Entwicklungsfaktor *XVI/1*: 852ff.
—, katalytische Wirksamkeit *XVII*: 140.
—, Kreislauf in der Natur *I*: 714.
—, Resorption durch dieHaut *IV*: 121.
Wasserabgabe *XVII*: 36, 42, *XVIII*: 138, 179, 183, 394, *XVII*: 183, 505.
—, Pflanzen *V*: 330, 345, 373.
Wasseraufnahme *XVII*: 179, *XVII*: 506.
— ermüdeter Muskeln *VIII/1*: 138.
—, feste Nahrung und *XVII*: 158.
—, Pflanzen *V*: 330, 345; *VI/2*: 1114; *XVII*: 668; *XVIII*: 449.
Wasseraustausch, Blut und Gewebe *XVII*: 173.
—, Ionenwanderung *XVI/1*: 1093.

(Wasseraustausch), Venen *VII/2*: 1515.
Wasseravidität der Gewebe *XVII*: 189.
Wasserbauten, Metazoen *XIII*: 84.
Wasserbewegung im Körper, Bedeutung von K zu Na für die *XVI/2*: 1549.
Wasserbilanz s. auch Wasserhaushalt *V*: 15; *XVII*: 223ff.
—, negative *XVII*: 226ff.
—, Pflanzen *V*: 332.
—, positive *XVII*: 251ff.
Wasserbindung, Froschhaut *IV*: 121.
—, Gewebe *XVII*: 173.
Wasserdampf, Inhalation *II*: 483.
—, Kondensation, physikal. Klimafaktor *XVII*: 488.
Wasserdampfabgabe, Mensch *V*: 161; *XVII*: 36, 138, *XVII*: 394.
Wasserdampfsättigung in Nase *II*: 159.
Wasserdepot *XVII*: 159.
—, Diabetes insipidus *XVII*: 297.
—, Pflanzen *V*: 332.
Wasserdipole *XVII*: 140.
Wasserdiuresen *IV*: 395; *XVII*: 232.
Wasserdruck, Bad *XVII*: 474.
—, Farbwechsel *XIII*: 229.
Wasserdruckheber, Wirkungen *I*: 375.
Wasserdurchfluß, Amphibien *XVII*: 154.
Wasserfehler *XVII*: 97.
Wassergefäßsystem *VII/1*: 5.
Wassergehalt, Blut des Menschen *VI/1*: 236.
—, Entwicklungsstadien und *V*: 21.
—, Gewebe *XVII*: 166.
—, Herz *XVI/2*: 1408.
—, Körper *XVII*: 163.
—, Leber nach Insulin *XVI/1*: 637.
—, Muskulatur *V*: 21; *XVI/1*: 637.
—, Nervensubstanz *IX*: 64.
—, Neugeborener *III*: 1342; *XVII*: 163.
—, Organismen *XVII*: 139, *XVII*: 163.
—, Pflanzen *V*: 330.
—, —, tägliche Schwankungen *VI/2*: 1114.
—, Plasma und Serum *VI/1*: 236.

(Wassergehalt), Säugling *III*: 1342; *XVII*: 163.
—, Speisen *XVII*: 179.
—, Starlinsen *XII/1*: 193.
—, Stuhl beim Säugling *III*: 1320.
Wasserhaushalt *I*: 365ff.; *VI/1*: 237ff.; *XVII*: 137ff., *XVII*: 161ff., 223ff., *XVII*: 287ff.; *XVIII*: 443.
—, Auge *XII/2*: 1320ff., *XII/2*: 1366.
—, Diabetes insipidus *XVII*: 287.
—, — mellitus *V*: 590; *XVI/1*: 636, 638; *XVII*: 277.
—, Durst *XVII*: 226.
—, Energiestoffwechsel *XVII*: 197.
—, Fieber *XVII*: 273.
—, hormonale Einflüsse *XVI/1*: 668; *XVII*: 215.
—, Hunger *XVII*: 275.
—, Hypophyse *XVI/1*: 424; *XVII*: 279, 287ff.
—, Kindesalter *III*: 1341.
—, Leber und *IV*: 799.
—, nervöse Einflüsse *XVII*: 215.
—, Nierenerkrankung *XVII*: 280.
—, Pathologie u. Pharmakologie *XVII*: 223ff.
—, Pflanzen *V*: 330, 353; *VI/2*: 995, 1110.
—, Regulationsstörungen, vegetative *XVI/1*: 1052.
—, Salzstoffwechsel *XVII*: 191.
—, Schilddrüse *XVI/1*: 139, *XVI/1*: 668; *XVII*: 278.
—, Theorie *XVII*: 219.
—, Tuberkulose *XVII*: 273.
—, vergleichend *XVII*: 137ff.
—, Zelle und Gewebe *XVII*: 166.
—, Zirkulationsstörungen *XVII*: 285.
Wasserlöslichkeit, Hautresorption, Bedeutung der, für die *IV*: 119.
—, Narkose und *I*: 536, 545.
Wasserlungen *II*: 11, 13; *VII/1*: 7.
WASSERMANNsche Reaktion, Liquor *X*: 1215.
Wasserpflanzen, Kiemenorgane *II*: 542.
Wasserretention, *IV*: 551; *XVII*: 251ff.
Wassersättigung des Bodens *VI/2*: 1115.

Wasserspirochäten, Pathogenität *XIII*: 521.
Wasserstich *X*: 194; *XVI/2*: 152; *XVII*: 216.
Wasserstoff, Exspirationsluft *II*: 197.
—, Labilität *I*: 40.
Wasserstoffacceptor *I*: 39, 44.
Wasserstoffaktivierung *I*: 39.
Wasserstoffexponent *XVI/1*: 1073.
—, Atmung *II*: 344.
—, Blut *XVI/1*: 1077.
— natürlicher Wässer *I*: 381.
Wasserstoffionen, Abcesse *XIV/1*: 1153.
—, Darmbewegungen *III*: 527.
—, Herz, Erregbarkeit *VII/1*: 818.
—, —, Erregungsleitung *VII/1*: 803.
—, Gefäßwirkung *VII/2*: 1403, 1555; *X/2*: 1233.
—, Muskeln, glatte *VIII/1*: 295.
—, Potentialentstehung im Gewebe und die Wirkung der *I*: 527.
Wasserstoffionenkonzentration *I*: 320, 530; *XVI/1*: 1072ff.
—, Ätzkraft der Säuren *XIII*: 371.
—, Acidose, diabetische *V*: 660.
—, Blut *VI/1*: 296, 499, 601; *XVI/1*: 1106; *XVI/2*: 1389.
—, —, Arbeit, körperliche u. *XV/2*: 840.
—, —, Maß der Pufferung *XVI/1*: 1083, 1399.
—, Blutdruck und *XVI/1*: 1157.
—, Dickdarmsaft *IV*: 693.
—, Fermentwirkung *I*: 81.
—, Gefäßwirkung *VII/2*: 1403, *VII/2*: 1555; *XVI/2*: 1233.
—, Gewebszüchtung *XIV/1*: 965, 999.
—, Herzreizbildung *VII/1*: 751.
—, Kammerwasser *XII/1*: 195.
—, Mageninhalt *III*: 1134.
—, Magensaft *III*: 736; *XVII*: 818.
—, Messung im Blut *VI/1*: 614.
—, —, CO$_2$ und *VI/1*: 607, *VI/1*: 608.

(Wasserstoffionenkonzentration, Messung), Gaskette, Anwendung *VI/1*: 605.
—, —, Indikatorenmethode *VI/1*: 608.
—, Muskelstarre *VIII/1*: 223.
—, pflanzlicher Nährlösungen *V*: 364.
—, Proteine und *III*: 239.
—, Regulierung *XVI/1*: 1071.
—, Speichel *III*: 692.
—, Wasserhaushalt des Auges *XII/2*: 1366.
—, Wundheilung *XIV/1*: 1153.
Wasserstoffsuperoxyd, Protoplasmagift *I*: 569.
Wasserstoffwechsel s. auch Wasserhaushalt *XVII*: 137ff.
Wasserstoffzahl *XVI/1*: 1073.
— (H'), (Atmung) *II*: 344.
—, Schweiß *IV*: 729.
—, Resorption und *IV*: 170.
Wasserverarmung *XV/1*: 726.
Wasserverdunstung *V*: 101; *XVII*: 36, 138, 394.
Wasserverlust, Hunger *XVII*: 199.
—, extracellulärer *XVI/2*: 1513.
— durch Darm *XVII*: 229.
—, Muskel, Theorie *VIII/1*: 140.
Wasserversuch *XVII*: 185.
water-soluble B factor *V*: 1203.
WEBER-FECHNERsches Gesetz *I*: 289; *V*: 348; *XI*: 28.
——— —, Gesichtssinn *XII/2*: 1445.
——— —, Opticusströme *XII/2*: 1445, 1473, 1477.
——— —, Pflanzen *V*: 348; *XI*: 86, 242, 1019; *XII/1*: 49, 52.
——— —, Reaktionszeit *X*: 543.
——— —, Tangoreceptoren *XI*: 113, 121.
——— —, Temperatursinn *XI*: 147; *XVIII*: 278.
WEBERscher Versuch *XI*: 558.
Weberspinne, Raumorientierung *XV/2*: 1034, 1036.
Weckreiz, Winterschläfer *XVII*: 111.
Wechselbegattung *XIV/1*: 56, *XIV/1*: 295.
Wechselgelenk, Pferd *XV/1*: 242.
Wechselgewebe *XIV/1*: 917.
Wechseljahre s. Klimakterium.

Wechselströme, Leitungswiderstand des Körpers *VIII/2*: 672.
—, Nervenwirkung der *IX*: 271.
—, niederfrequente Wirkung *VIII/2*: 928, 956.
Wechselstrommessungen an Tieren *VIII/2*: 675.
Wechselwirkung der Sehfelder *XII/2*: 746, 916, 925.
WEDENSKY-Phänomen (Muskel) *VIII/1*: 305; *IX*: 210, *IX*: 431, 648ff.
Wehenmittel *XIV/1*: 502.
Wehenpause, Herz *VII/2*: 1427.
Wehenschmerz *XI*: 197.
Wehenschwäche *XIV/1*: 603.
Wehentätigkeit in Narkose *XIV/1*: 548.
Weichtiere s. unter Mollusken.
WEIGERTsches Gesetz *XIII*: 605, 632; *XIV/1*: 946.
WEILsche Krankheit, latente Infektion bei *XIII*: 537.
— —, Resistenz der Rezidivstämme der *XIII*: 527.
— —, Stadium der Latenz bei *XIII*: 603.
Wein, Gärung *XVI/1*: 940.
Weinen *XII/2*: 1295; *XV/2*: 1380.
Weinsäuren, Stoffwechselverhalten *V*: 1005.
Weißempfindung *XII/1*: 296ff.
—, Dreikomponenten *XII/1*: 562.
—, photochemische Deutung *XII/1*: 547.
Weißlichkeitsdifferenz *XII/2*: 1538.
Weißorgan, Inkret *XVI/1*: 705.
Weißvalenz *XII/1*: 310, 332, *XII/1*: 349, 366, 378, 580, *XII/1*: 710.
—, Adaptationszustand und Netzhautregion *XII/1*: 380, 382, 397, 398, *XII/1*: 445, 569, 580.
—, Simultankontrast *XII/1*: 485.
—, spektrale Verteilung beim Dämmerungssehen *XII/1*: 332.
—, — — beim Tagessehen *XII/1*: 384.
Weißvalenzkurven, Sehpurpur und Sehstoffe *XII/1*: 333, 339, 384, *XII/1*: 453, 577, 580, 582.
Weizen, B-Vitamin *V*: 1203.

Weizeneiweiß *V*: 847.
Wellen, elektromagnetische
I: 301, 303.
Wellenlänge, Licht, Farben-
töne und *XII/1*: 334.
—, —, Sehschärfe
XII/1: 371.
—, —, Unterschiedsempfind-
lichkeit *XII/1*: 337.
—, mitogenetische Strahlen
XVI/1: 846.
Wellenschlag *XVII*: 542.
Wellensirene, Prüfung der
Vokalkurven *XV/2*: 1408.
Wenckebachsches Muskel-
bündel *VII/1*: 108.
Wenckebachsche Periode
VII/1: 639.
Wernickesche Aphasie
X: 779; *XV/2*: 1506.
— Stelle *X*: 716.
Wernickes Lehre *X*: 621,
X: 657.
Wertigkeit, biologische, s. bio-
logische Wertigkeit.
—, funktionelle, der Leistun-
gen *X*: 636..
—, Ionen *I*: 189.
Wespen, Geschmackssinn
XI: 227.
Westphal-Edingerscher
Kern *XII/1*: 183.
Wetter, allgemeine Klima-
wirkung *XVII*: 504, 526.
—, Krankheit und Allgemei-
nes *XVII*: 403—407, 473.
Wetterfrigorimeter
XVII: 398.
Wettflüge von Brieftauben
XV/2: 918.
Wettlaufen, Weltrekorde
XV/1: 223.
Wettstreit der Sehfelder
XII/2: 920, 1234.
— im Zentralnervensystem
XV/2: 1193.
Wheatstone-Panum-Grenz-
fall *XII/2*: 940, 942ff.
Widerstand, Blutkreislauf
VII/2: 904, 906, 922, 1470.
—, elektrischer, Allgemeines
VIII/2: 668.
—, — Nerv. *VIII/2*: 678,
VIII/2: 702.
—, —, Nerven, Änderungen
des *IX*: 228.
—, — Organe *VIII/2*: 918.
—, Gefäße, allg. physiol.
VII/2: 901, 1284.
—, —, arterielle, Schlagvolu-
men und *VII/2*: 1178.
—, —, Optimum
VII/2: 1321.
—, hydrodynamischer (Theo-
rie) *VII/2*: 896.

(Widerstand), passiv-chemi-
scher *I*: 264.
Widerstandsfähigkeit, Algen-
symbiose und Erhöhung
der *I*: 674.
—, alternder Organismus und
Krankheiten *XVII*: 840.
— eines Organismus *I*: 369.
Wiederbildung, Regeneration
bei Pflanzen
XIV/1: 1115.
Wiederkäuer *III*: 379, 980ff.;
XVI/1: 940; *XVIII*: 36.
—, Pathologie der Magen-
verdauung bei *III*: 1060,
III: 1066.
Wielandsche Theorie *I*: 40.
Wienersche Mischkörper
I: 227.
Wildiersscher Bios *V*: 1216.
Willensfreiheit *IX*: 44.
Willkürbewegung, isolierte,
Pyramidenbahnsyndrom
und Verlust *X*: 903.
Willkürhandlung *IX*: 43;
X: 135.
Willkürhemmungen *IX*: 659.
Willkürkontraktionen
IX: 657.
Wilsonsche Krankheit
X: 352.
— —, Muskeltonus *IX*: 728.
Wimpern, Schutzapparat des
Auges *XII/2*: 1274.
Wimperzelle *XVIII/1*: 41.
Wind, Klimawirkung
XVII: 474ff., 507ff., 542.
Windenergie, Ausnutzung
XV/1: 338.
Winkelrinne, Reizung von
Nerven *IX*: 276.
Winkelprofil *XVII*: 1138.
Wintereier *XIV/1*: 57, 80.
Winterknospung, Bryozoen
XIV/1: 40.
Winterschlaf *XVII*: 105ff.
—, Atmung *II*: 283.
—, Calciummangel
XVII: 131.
—, Immobilisation und
XVII: 713.
—, Immunitätsvorgänge
XIII: 606.
—, latentes Leben *XVII*: 745.
—, Nahrungsverbrauch
XVI/1: 963.
—, Organferment, ereptisches
V: 726.
—, Schilddrüse *XVII*: 116.
—, Stoffwechsel *V*: 419, 425.
—, Wasserhaushalt
XVII: 138.
Winterschlafdrüse *V*: 1133.
Wintersteins Theorie, At-
mungsregulation *II*: 243.

Wintrichscher Schallwechsel
II: 288.
Wirbelbildung in Gefäßen
VII/2: 912.
Wirbellose, Akkomodations-
lehre *XII/1*: 172.
—, Blutbewegung *VII/1*: 3.
—, Fortbewegung auf dem
Boden *XV/1*: 271.
—, Hormone *XVI/1*: 703.
—, Hypophysensubstanz auf
XVI/1: 461.
—, Keimdrüsentransplanta-
tion *XVIII*: 338.
—, Nervensystem *IX*: 805.
—, optische Sinnesbreite
XII/1: 319.
—, Thyroxineinfluß
XVI/1: 706.
—, Verdauung *III*: 24.
—, Verdauungssäfte
III: 77.
—, Zentralnervensystem
IX: 464.
Wirbelsäule, Autotomie und
Bau *XIII*: 271.
—, Beweglichkeit
XV/1: 193, 200.
—, Druckverteilung
XV/1: 193.
—, Neugeborener
XVI/1: 813.
—, Versteifung *II*: 414.
Wirbelsäulenexstirpation, Ge-
nitalien und *XVI/1*: 680.
Wirbeltiere, Augenbewegun-
gen, Vergleichendes
XII/2: 1119.
—, Autotomie *XIII*: 269.
—, Blutdruck bei den poiki-
lothermen *VII/2*: 1298.
—, Galvanotaxis *XI*: 1046.
—, Gehörsinn der höheren
XI: 433.
—, Gifte der *XIII*: 145.
—, Schwimmen *XV/1*: 295.
—, statische Organe *XI*: 777.
—, Stimmen *XV/2*: 1240.
—, Stoffwechsel *V*: 452, 461.
—, Thermotaxis *XI*: 178.
—, Zentralnervensystem
IX: 467.
Wirkungsgrad, Arbeit, Eig-
nungsprüfung und
XV/1: 568.
—, —, körperliche, Arbeits-
dauer und *XV/1*: 773.
—, —, —, Erkrankungen
XV/1: 827.
—, —, —, Ermüdungseinfluß
XV/1: 853, 825.
—, —, —, Höhenklimaeinfluß
XV/1: 825.
—, —, —, optimaler
XV/1: 827.

(Wirkungsgrad), Muskeln, beim Gang *XV/1*: 216.
—, Oxydationen *I*: 67.
—, Thermodynamik *I*: 247.
Wirkungsorte, Fermente *I*: 71.
Wirkwiderstand *VIII/2*: 673, *VIII/2*: 676.
Wirrzöpfe, Pflanzen *XIV/2*: 1196.
Wirtswechsel *I*: 633.
Wischreflex, Frosch *X*: 165, *X*: 654.
Wismut, allgemeine Wirkung *I*: 504.
—, Ausscheidung durch den Darm *IV*: 694.
Wismutfestigkeit, Spirochäten *XIII*: 843.
Witzelsucht Stirnhirnkranker *X*: 832.
Wohlgeschmackskomplex *XVI/1*: 887.
Wohnbauten, Metazoen *XIII*: 83.
Wohngemeinschaften *I*: 630.
Wohnräume, feuchte (allgem. Klimawirkungen) *XVII*: 507.
Wolfsrachen *XVII*: 1070.
Wortbilder *X*: 660.
Wortblindheit, isolierte mit Agraphie *X*: 811.
—, Leseschwäche *XV/2*: 1489.
Worthörzentrum *X*: 758.
Wortklangzentrum *XI*: 662.
Wortlautverständnis *X*: 719.
Wortsinnverständnis *X*: 779.
Wortsinnzentrum *X*: 758.

Wortstummheit s. Aphasie *X*: 763; *XV/2*: 1416;
Worttaubheit *X*: 758, 775; *XI*: 663; *XV/2*: 1474.
Worttaubheitsregion *X*: 790.
Wuchsstoffe *XVI/1*: 867.
—, Pflanzen *XVIII*: 283.
—, phototropische Reizleitungen *IX*: 19.
—, spezifische, Geschwülste *XIV/2*: 1431—1434, 1544, *XIV/2*: 1373, 1603, 1707.
Wulst, idiomuskulärer *VIII/1*: 168.
Wundantisepsis *XIV/1*: 1163.
Wundernetz *VII/1*: 78.
Wundgewebe, Pflanzen *XIV/2*: 1199.
Wundheilung *XIV/1*: 1141 ff.
—, Arten der *XIV/1*: 1159 ff.
—, Gewebszerfall bei der *XIV/1*: 1143.
—, spezifische Regeneration und *XIV/1*: 1164.
—, Stoffwechsel *XIV/1*: 1145, 1152.
Wundhormone *XI*: 91; *XIV/1*: 910, 921, 1138; *XVII*: 357, 740; *XVIII*: 287.
Wundpharmakotherapie *XIV/1*: 1162.
Wundreiz *XIV/:1* 1136.
Wundreizbarkeit, Pflanzen *XI*: 90.
Wundshock *X*: 123.
—, Herzschlagfrequenz *VII/1*: 517.
Wundsekret *XIV/1*: 1152.

Wundvernarbung *XIV/1*: 1158.
Würgreflex *II*: 170; *X*: 1005.
Wurm, Kleinhirn, Läsionen *X*: 251, 254, 269, 312.
Wurmaneurysma, Pferd *VII/2*: 1806.
Würmer, Autotomie *XIII*: 275.
—, Chemoreceptoren *XI*: 235.
—, Gifte der *XIII*: 118.
—, Körperflüssigkeiten *XVII*: 141.
—, osmotischer Druck *XVII*: 148, 152.
—, Rheotaxis *XI*: 81.
—, Rückengefäß *VII/2*: 1075.
—, Stoffwechsel *V*: 435.
—, Tastreizbarkeit *XI*: 70.
—, Thermotaxis *XI*: 175.
—, Verdauung *III*: 74.
Wurzelausscheidung, Pflanzen *V*: 373.
Wurzelbakterien, Stickstoffbindende *I*: 678.
Wurzeldruck, Pflanzen *VI/2*: 1120.
Wurzelhaut, Zähne *III*: 307.
Wurzeln, Pflanzen *VI/2*: 1116.
—, Rückenmark *X*: 29 ff.
—, —, Durchschneidung *X*: 476.
Wurzelreflexe *X*: 38.
Wurzelwachstum *VIII/1*: 78.
Wüsteneidechse *XVII*: 5.
Wüstenklima *XVII*: 493, *XVII*: 558.

X

Xanthinsteine *IV*: 670.
Xanthobilirubinsäure (Blutfarbstoff) *VI/1*: 201.
Xanthomatose *V*: 1137; *XVI/1*: 445.
„Xanthometrie" *XII/1*: 190.
Xanthomzellen *V*: 1137.
Xanthoporphinogene *VI/1*: 174.

Xanthoproteinreaktion *V*: 1254.
Xanthopsie, medikamentöse *XII/2*: 833.
Xantinoxydase *I*: 45.
Xeroderma pigmentosum *XIII*: 261; *XIV/2*: 1559, *XIV/2*: 1693.
Xeromorphismus *V*: 332.
Xerophthalmie *V*: 1173, 1175.

Xerophytenproblem *VI/2*: 1125.
Xerose, Bitotflecken bei *XII/2*: 1604.
Xerosis conjunctivae *XII/2*: 1603.
— hemeralopica *XII/2*: 1603.
Xylenole als Protoplasmagifte *I*: 577.

Y

Y-Chromosome *XVII*: 931, *XVII*: 934.
Yoghurt (Ernährung) *XVI/1*: 1007.

Yohimbin, Gefäße der Leber *VII/2*: 1022.
YOUNG-HELMHOLTZsche Dreifarbentheorie *XII/1*: 549; *XII/2*: 1537.

Z

Zähigkeit s. Viscosität.
Zähigkeitskoeffizient *I*: 168.
Zählkammermethoden, Blut-
untersuchung *VI/2*: 721.
Zählstörung *X*: 750;
XV/2: 1503.
Zahnachsenneigung *III*: 304.
Zahnbeläge, vergl. physiol.
III: 1053.
Zahnbogenkurve *III*: 304,
III: 310.
Zahncaries *III*: 1052;
XVI/1: 245, 260.
Zähne *III*: 307ff.
—, Alter, Verlust der
XVII: 729.
—, Artikulation *III*: 315.
—, Belastung *III*: 341, 346.
—, Einordnung beim Durch-
brechen *III*: 323.
Zahnersatz, künstlicher
III: 346.
Zahnhöcker, Verkehrslinien
III: 318.
Zahnhöckerstellung, Artiku-
lation und *III*: 322.
Zahnreihen, Klaffen beim
mahlenden Kauen
III: 325, 331.
—, Pferde *III*: 1048.
Zahnschmelz, Apatitstruktur
im *XVI/2*: 1481.
Zahnstellung *III*: 299, 302,
III: 318, 342.
Zahnwalfische, Darm *III*: 45.
Zangenbiß *III*: 308, 317.
Zapfen, Farbenempfindlich-
keit der *XII/2*: 771.
—, Fovea *XII/2*: 770.
—, Funktion *XII/1*: 571ff.
—, grüne *XII/1*: 278.
—, Kontraktion der
XII/1: 271ff.
—, Reizleitung durch
XII/2: 774.
—, Reizung eines einzelnen
XII/2: 771.
—, vergleichende Physiologie
XII/1: 726.
—, Zahl *XII/2*: 774.
Zapfenblindheit *XII/1*: 693.
Zapfenbrett nach DELAGE
(Lageempfindung)
XI: 956.
Zapfenoptogramm *XII/1*: 275.
Zapfenschwelle *XII/1*: 698.
Zapfensehen *XII/2*: 1533.
Zecken, Thermotatis
XI: 176.
Zehenbeuger, Vögel.
XV/1: 268.
Zehenstand, Statik
VIII/1: 642.

Zehenreflexe *X*: 994;
XI: 883.
Zeigestörung, Kleinhirn-
erkrankungen
XV/1: 429.
Zeigeversuch *X*: 301;
XV/2: 1005.
—, Bogengangsapparat
XI: 944.
—, kalorische Reizung
XI: 977.
Zein *III*: 274.
Zeit, Bestimmtheitscharakter
XI: 48.
—, Kategorie der *XVII*: 640.
Zeitfehler, Sinnesphysiologie
XI: 16.
Zeitgestalt *I*: 14, 700.
— der Reize *X*: 49.
Zeithoropter *XII/2*: 912ff.
Zeitlupe, Bewegungsregistrie-
rung durch *XII/1*: 441;
XV/1: 648.
Zeitmarkier-Reflex *IX*: 657.
Zeitsinn *XI*: 48.
Zeittheorie der akustischen
Richtungswahrnehmung
XI: 612.
Zeitvolumen, Herz, s. auch
Minutenvolumen
VII/2: 1161ff.;
XVIII: 198.
Zellafter, Cytopyge *III*: 20.
Zellarbeit, Energielieferung
und *I*: 65.
Zellatmung *II*: 2.
—, Licht und CO-Hemmung
der *VI/1*: 142.
Zellauswanderung, Gewebs-
züchtung *XIV/1*: 968.
Zellbrut, entzündl. Gewebe
XIII: 325.
Zelldiagnosen, Gewebszüch-
tung *XIV/1*: 981.
Zelleinschlußeiweiß *V*: 39.
Zellelimination, permucöse
VI/2: 1017, 1019.
Zellembolie *VII/2*: 1789.
Zellen *I*: 580ff.
—, Absorption für Strahlen
XIII: 208.
—, Altern der *XVII*: 726,
XVII: 730, 732.
—, Artspezifität *I*: 588, 605;
XIV/1: 1050;
XIV/2: 1243.
—, Brennstoffe *I*: 60.
—, chromaffine (Hypophyse)
XVI/1: 45.
—, Differenzierung
XVII: 725.
—, —, Ontogenese
XIV/1: 1014.

(Zellen, Differenzierung) in
vitro *XIV/1*: 972.
—, embryonale, Lebenseigen-
schaften *X*: 1153.
—, Empfindlichkeit gegen
Körpersäfte anderer Spe-
zies und anderer Klassen
XIV/1: 998.
—, Ernährung *X*: 1154.
—, Ersatz *XVII*: 729, 738,
XVII: 750.
—, Funktionseisen in
XVI/2: 1644.
—, Größe, physiologische
Grenzen der *I*: 622.
—, —, Temperaturbeeinflus-
sung *XVI/1*: 820.
—, —, Wachstum und
XIV/1: 930, 933.
—, — u. Zahl *XVII*: 729.
—, Leben, Gewebezüchtung
XIV/1: 966, 999.
—, Leistungen *I*: 44.
—, Liquor *X*: 1209, 1217.
—, lymphatische *XIII*: 325.
—, Osmose *I*: 408;
XVII: 668.
—, Paraplasma *I*: 582.
—, Phagocytose, beteiligte
Formen *XIII*: 829.
—, phäochrome (Hypophyse)
XVI/1: 43.
—, Phylogenese *I*: 581.
—, Protoplasma *I*: 582.
—, Reaktion des Inneren von
XVI/1: 1105.
—, samenbildende
XIV/1: 708.
—, Säugetiere, Formenunter-
schiede *XIV/1*: 995.
—, Strukturen *I*: 46, 580ff.;
XIV/2: 1247;
XVII: 172.
—, Totipotenz *XIV/1*: 1074.
—, Ultrastruktur *I*: 584.
—, Umwelt, wäßrige *I*: 504.
—, vasoformative (RANVIER)
VI/2: 733.
—, Wachstum, funktionelles
XIV/1: 1010.
—, Zahl und Lebensdauer
XVII: 728.
—, —, Vermehrung
XIV/1: 1040.
—, —, Zellkonstanz, be-
stimmte *XVII*: 728.
—, Züchtung *XIV/1*: 956ff.
Zellenstaat *I*: 610.
Zellerkrankung, „akute"
IX: 490.
Zellfett *V*: 621.
Zellgift, Wirkung *I*: 551.
Zellgrenzen *I*: 259.

Zellgruppen, Gruppenmerkmale *XIII*: 488.
Zellkern s. Kern.
Zellkonstanz *XIV/1*: 1012; *XVII*: 728.
Zellkörperverfall *XVII*: 730.
Zell-lipoide Erweichung *I*:545.
Zellmembran, Durchlässigkeit *I*: 504, 528; *XII/1*: 654; *XIV*: 358.
Zellmißbildungen *XIV/2*: 1333.
Zellnahrungsstoffe *I*: 27.
Zellneubildung, Grundsubstanz und *XIII*: 325.
Zellpermeabilität, Insulineinfluß *XVI/1*: 654.
Zellpotential, allgemeines *VI/1*: 656.
Zellsaft aus Vakuolen *XVI/2*: 1442.
Zellschlur. ꜩ Flagellaten *III*: 9.
Zellstoffwechsel, Entzündungen *XIII*: 319.
—, Reaktionsregulation und *XVI/1*: 1150.
Zellstruktur s. Zellen, Struktur.
Zellteilung *XIV/1*: 904.
—, Gewebszüchtungen *XIV/1*: 966, 979.
—, Lichtwirkung *XVII*: 234, *XVII*: 312.
—, parthenogenetische *XVII*: 358.
—, Plasmaströmung *VIII/1*: 28.
Zellteilungsenergie, äußere Faktoren und *VIII/1*: 82.
Zellteilungshormone *XVII*: 357.
Zelltod, Gewebezüchtung *XIV/1*: 996.
Zellturgor, Zellulosehaut und *I*: 408.
Zellvermehrung, Liquor *X*: 1217.
Zellwandbildungen *XIV/1*: 1117.
Zellzerfall, Fibrinogenvermehrung und *VI/1*: 257.
—, immunisierende Wirkung *XVII*: 355.
Zellzerfallshormone *XVII*: 356.
Zentrale Überleitungszeiten *IX*: 688.
Zentrales Elementargitter *IX*: 125.
— Feld, Kampf der Erregungen um das *XV/2*: 1192.
— Höhlengrau *X*: 221.
Zentralgefäße, Auge, K. W.-Abfuhr zu *XII/2*: 1345.

Zentralisation, höhere Organismen *I*: 615.
—, Pflanzenreich *I*: 619.
Zentralnervensystem *IX*: 461ff.; *X*: 131ff.
—, Abnutzungspigmente *IX*: 487.
—, Alter *XVII*: 809.
—, Bahnung *IX*: 633ff.
—, chemische Vorgänge, Hypothesen über *XV/2*: 2110.
—, Entzündungen *IX*: 511; *X*: 1248.
—, Erkrankungen *IX*: 505, *IX*: 511; *X*: 850, 1248, *X*: 1265.
—, — bei Tieren *X*: 1232.
—, erregende Mittel *X*: 1018.
—, Farbwechsel und *XIII*: 229.
—, Gasvergiftung *II*: 506.
—, Glykogen- u. Zerebrosid-Gehalt (Jahreszeit und Geschlecht) *IX*: 574; *XVIII*: 262.
—, Glykogenumsatz *IX*: 574.
—, Hemmung *IX*: 645.
—, histologischer Aufbau *IX*: 461ff.
—, Irreziprozität *IX*: 626.
—, lähmende Substanzen *X*: 1038.
—, Nierenfunktion *IV*: 340.
—, Pharmakologie *IX*:612ff.; *X*: 1018, 1096.
—, Refraktärphase *IX*: 623.
—, Reiznachwirkung *IX*: 622.
—, Stoffwechsel *IX*: 515ff.
—, Störungen, funktionelle *X*: 1265.
—, —, herdförmige *X*: 850.
—, Struktur *IX*: 475.
—, Summation *IX*: 633.
—, sympathisches, Pharmakologie *X*: 1096.
—, Systemerkrankungen des *IX*: 505.
—, Wärmebildung im *IX*: 605.
—, Wettstreit der Erregungen im *XV:/2* 1193.
Zentralorgane, Anpassungsfähigkeit nervöser *IX*: 325.
—, histologische Besonderheiten nervöser *IX*: 461.
—, niederer Tiere, Gaswechsel der nervösen *IX*: 555.
Zentralskotom *XII/1*: 577; *XII/2*: 1532.
Zentralvenenpuls *XII/2*: 1338, 1339.

Zentralwindung, hintere, elektrische Reizung *X*: 712.
—, —, Erregbarkeit *X*: 445.
—, —, Zerstörung *X*: 472, *X*: 478.
—, vordere, elektrische Reizung *X*: 697.
—, —, Zerstörung *X*: 469.
Zentralzapfen, Bukett der *XII/2*: 770.
—, sehpurpurhaltige *XII/2*: 1532.
Zentren, Abbau der *XV/2*: 1176, 1180.
—, Alles-oder-nichts-Gesetz *IX*: 776ff.
—, autonome *XVI/2*: 1800.
—, correlative Bedeutung *XVI/2*: 1794.
—, corticale und psychische Erregung *XVI/2*: 1800.
—, elektrisches Organ *VIII/2*: 916.
—, Erregbarkeit, autonomer *XVI/2*: 1800.
—, Erregung *XVI/2*: 1794, *XVI/2*: 1796.
—, koordinierte Tätigkeit der *X*: 164.
—, Kreislaufregulation *XVI/2*: 1164, 1283, 1792.
—, Labyrinthreflexe *XI*:904.
—, Leitung mit Decrement *IX*: 775.
—, Schluckakt *III*: 365.
—, Speichel- und Tränensekretion *XVI/1*: 1050.
—, Stoffwechselregulation *XVI/2*: 1792.
—, Theorien der Funktion *IX*: 771, 777; *XV/2*: 1184ff.
—, vasomotorische *VII/2*: 938, 941.
—, vegetative *X*: 1068; *XVI/2*: 1741, 1791.
—, Vorbeizeigen *XI*: 947.
Zentrenlehre, Erweiterung, klassische, der *XV/2*:1058.
—, Grundvorstellungen *XV/2*: 1184; *XVIII*:401.
—, Kritik *XV/2*: 1047, 1175.
Zentrifugalkraft, Flugzeug u. Wirkung *XV/1*: 465, *XV/1*: 466.
—, Geotropismus *XI*: 1017.
—, Vertikalempfindung *XI*: 923.
Zerfallsprodukte, Regeneration und *XIV/1*: 1145.
Zerstäubungsgrad *II*: 483.
Zerstreuungskreis *XII/1*: 484, 500.
—, Einheit *XII/2*: 809.
Zertation *XVII*: 927.

Ziegen, anaphylaktischer
Shock *XIII*: 731.
Ziegenmeckern, Atemgeräu-
sche *II*: 300.
Ziegenmilch *XIV/1*: 645, 658.
Zikaden, Stimmapparat
XV/2: 1228.
—, Stridulationsorgane
XV/2: 1240.
Zimmer, Klimawirkungen
XVII: 536, 559.
Zimmertemperatur, gewöhn-
liche, Kältetod *XVII*: 423.
Zink, Blut (Rind)
XVI/2: 1475.
Zinn, allgemeine Wirkung
I: 503.
—, Ausscheidung durch
Darm *IV*: 695.
Zirbeldrüse *XVI/1*: 493ff.
—, Extrakte *XVI/1*: 505.
—, Funktion, experimentelle
Untersuchung *XVI/1*: 501.
—, —, klinische Untersuchun-
gen *XVI/1*: 497.
—, Geschlechtsapparat und
XVI/1: 498.
—, Geschwulst, Entwick-
lungsstörungen bei
XVI/1: 784.
—, —, sexuelle Frühreife
XVI/1: 497.
—, Nerven *XVI/1*: 496.
—, Reizung, elektrische, der
XVI/1: 507.
—, Sekretionswege
XVI/1: 496.
—, Verfütterung von Sub-
stanz der *XVI/1*: 508.
Zirkularbewegungen
XV/2: 982ff.
Zirkularduktion (passive Ro-
tationen) *XI*: 803, 841.
Zirkularspasmen, Ulcus
III: 1173.
Zirkulation, Atmung und *II*: 9.
—, Bäderwirkung *XVII*: 448.
—, Rindenreizung und
X: 466.
Zirkulationsapparat, Lei-
stungsfähigkeit *VII/1*: 27.
—, Schilddrüsenmangel und
XVI/1: 256.
—, technologisch betrachtet
VII/1: 21.
—, vergleichend *VII/1*: 1ff.
—, Zweckmäßigkeit *VII/1*: 21.
Zirkulationsstörungen, Öde-
me und *XVII*: 285.
Zirkulationszentren
XVI/2: 1164, 1283, 1792.
Zirkulierende Körperflüssig-
keit *XVII*: 164.
Zirkumvallation *III*: 5.
Zirpen, Grillen *XV/2*: 1235.

(Zirpen), Heuschrecken
XV/2: 1232.
Zischen, Atmung *II*: 302.
Zisternenliquor, Pituitrin-
gehalt nach Euphyllin-
Gaben *IV*: 418.
Zisternenpunktion *X*: 1186.
Zitronensäure, Stoffwechsel-
verhalten *V*: 1005.
Zitterfische, Geschichtliches
VIII/2: 876.
—, Phylogenese *VIII/2*: 915.
—, Spannung ihres Schlages
VIII/2: 878.
Zitterfischschlag, Richtung
des *VIII/2*: 917.
Zitterlaute *XV/2*: 1349.
Zittern, Alter *XVII*: 832.
—, Kleinhirnschädigung,
halbseitige *X*: 269, 275,
X: 298, 313.
—, physiologisches
XV/1: 602.
Zitzenbildung *XIV/1*: 605.
Zivilisationsobstipation
XVI/1: 934.
ZÖLLNER-Täuschung
XII/2: 886, 1265.
ZONDEK-ASCHHEIMscher Test
XVI/1: 470.
Zone, Großhirn, motorische,
Typographie *X*: 460.
—, —, sensorische, Abtragung
X: 517.
Zonen, HEADsche *X*: 153.
Zonentheorie, Farbensinn
XII/1: 564, 591.
Zoöen, Thermotaxis *XI*: 176.
Zona arcuata *XI*: 486, 488.
— pectinata *XI*: 486, 488.
Zoochlorellen *I*: 671; *II*: 11.
Zoosporen *XIV/1*: 45.
Zoosterine *III*: 183.
Zooxanthellen *I*: 671.
ZOTH-PREGL-Effekt
XIV/1: 379.
Zotten, Darm *III*: 7, 661.
Züchtungsgewebe
XIV/1: 956.
Zuchtwahl, geschlechtliche
bei Vögeln *XIII*: 201.
Zucker, Abgabe aus Blut in
Gewebe *V*: 475.
—, aktive, Nomenklatur
III: 131.
—, Ammoniakbildung im
Zentralnervensystem und
Zufuhr von *IX*: 600.
—, Ausscheidung durch
Niere *IV*: 403, 480;
XVI/1: 597, 599.
—, Bestimmung, quanti-
tative *III*: 158.
—, Bildung aus Eiweiß
V: 520, 847.

(Zucker, Bildung aus Eiweiß),
pankreas-diabetisches
Tier *XVI/1*: 593.
—, — — Fett *V*: 526, 611,
V: 616, 657; *XVI/1*: 579.
—, — — Fettsäuren *V*: 499.
—, — in Leber *XVI/1*: 593.
—, Blut nach Insulin
XVI/1: 611, 628.
—, — und Kammer-
wasser *XII/2*: 1359.
—, —, Konzentration im,
und Umsatzgeschwindig-
keit von *XVI/1*: 594, 598.
—, Chemie *III*: 113ff.
—, Erregbarkeit des Nerven,
und Zufuhr *IX*: 398.
—, Essigsäure-Halogen-
wasserstoffeste *III*: 121.
—, Fettbildung aus
XVI/1: 621.
—, freier *XVI/1*: 574, 611,
XVI/1: 612.
—, —, Zusammensetzung
des *XVI/1*: 572.
—, Gaswechsel des Zentral-
nervensystems *IX*: 560.
—, gebundener *XVI/1*: 610.
—, —, bei experimentellem
und menschlichem Dia-
betes *XVI/1*: 574.
—, —, Fraktionen
XVI/1: 573.
—, — und freier
XVI/1: 572.
—, — — Leberglykogen
XVI/1: 573.
—, Gewebe nach Insulin
XVI/1: 611.
—, Hydrazinderivate
III: 122.
—, hypoglykämische Sym-
ptome, Beseitigung durch
XVI/1: 609.
—, Infusion, intravenöse,
Wirkung *VI/1*: 298;
XVI/2: 1523.
—, Insulin *XVI/1*: 611ff.
—, isomere Formen *III*: 114.
—, körpereigener *V*: 479.
—, Leber, Gehalt an freiem
nach Insulin *XVI/1*: 612.
—, Lebervenenblut
XVI/1: 625.
—, Methylierung *III*: 119.
—, — zwecks Struktur-
aufklärung *III*: 140.
—, Mineralstoffwechsel beim
Gesunden nach Zufuhr
von *XVI/1*: 635.
—, Muskel, Gehalt an freiem,
nach Insulin *XVI/1*: 611.
—, Nierenschwellenwerte für
IV: 480; *XVI/1*: 597/599.
—, Nomenklatur *III*: 114.

(Zucker), Oxydation s. Zuk-
keroxydation.
— - Phosphorsäure-Ester
V: 1059.
—, Reduktion zu Alkoholen
III: 124.
—, Resorption durch Haut
IV: 131.
—, stickstoffhaltiger
III: 146.
—, Strukturbezeichnung, ra-
tionelle III: 119.
—, Synthese III: 128.
—, Verbrennung, s. Zucker-
umsatz.
—, Verbrennungswärme
I: 31.
—, Verteilung zwischen
Plasma und Blutkörper-
chen durch Insulin
XVI/1: 611.
—, Zersetzungsgeschwindig-
keit bei Pankreasdiabetes
XVI/1: 589.
Zuckeranhydride III: 143.
Zuckerdiurese IV: 403, 480;
XVI/1: 597ff.
Zuckerfieber, Säugling
III: 1401.
Zuckerinjektionen, intra-
venöse VI/1: 298;
XVI/2: 1523.
Zuckerkrankheiten s. Dia-
betes mellitus.
Zuckerlösungen, isotonische,
Muskelnarkose durch
VIII/1: 324.
Zuckeroxydation s. auch
Zuckerumsatz.
—, Glykogenbildung
XVI/1: 652.
—, Insulin und XVI/1: 619.
—, Zentralnervensystem
IX: 578.
Zuckeroxydationsgeschwin-
digkeit XVI/1: 585, 590,
XVI/1: 594, 597, 598.
—, Insulin und XVI/1: 621.
Zuckerphosphorsäuren
III: 119.
Zuckersäure, Stoffwechsel-
verhalten V: 1006.
Zuckerstar XII/1: 191.
Zuckerstich V: 546; X: 194.
—, Adrenalin X: 1114.
—, Hypothalamus
XVI/2: 1695.
—, K.-H.-Stoffwechsel
XVI/2: 1695.
Zuckertoleranz, Morbus
Addisonii XVI/1: 657, 692.
—, Schilddrüseninsuffizienz
XVI/1: 657/667.
Zuckerumsatz s. auch Zucker-
oxydation.

(Zuckerumsatz), apankreati-
sches Tier XVI/1: 588.
—, Diabetes, Geschwindig-
keit des XVI/1: 585.
—, diabetischer Organismus
XVI/1: 585.
—, Herz VII/1: 699.
—, Hunger XVI/1: 599.
—, Leberausschaltung
XVI/1: 587.
—, Nerv IX: 397.
—, Regulation, nervöse
X: 1089.
—, Zentralnervensystem
IX: 568.
Zuckerumsatzgeschwindig-
XVI/1: 594, 596, 599.
Zuckervakuum, Insulindosen,
toxische XVI/1: 616.
Zuckung, fibrilläre, Skelett-
muskel VII/1: 54;
VIII/1: 273, 330.
—, paradoxe IX: 247.
—, thermische des Muskels
VIII/1: 253.
Zuckungsformel, Umkehr bei
Entartungsreaktion
VIII/1: 602.
Zuckungsgesetz, elektro-
diagnostisches IX: 345.
—, Herz VII/1: 238.
—, Pflüger I: 295; IX: 230,
IX: 245, 345.
Zuckungsträgheit, Muskel
VIII/1: 596, 614ff.
Zufallslehre XVII: 958.
Zufallsparallelinduktion
XVI/1: 835.
Zug, horizontaler, Arbeits-
physiologie XV/1: 551.
Zugarbeit, horizontale im
Sitzen XV/1: 581.
Zungenatrophie III: 1054.
Zungenbein III: 297.
Zungenbeinmuskeln
III: 297.
Zungenbelag, vgl. physio-
logisch III: 1053.
Zungenbewegung, Mechanik
VIII/1: 650.
Zungendruck II: 322.
Zungendrüsen, Frosch
III: 567.
—, Reptilien III: 571.
Zungenkieferreflex IX: 638,
IX: 640, 641, 698.
Zungenklappen, Herz
VII/1: 164.
Zungenpfeife, Kehlkopf
XV/2: 1307.
Zungenrückengeschwür vgl.
physiologisches III: 1054.
Zustandsgleichungen, all-
gemeine Energetik des
Lebens I: 274.

Zustandsviscosität, Defini-
tion VI/1: 629.
Zuwendungsreaktion, moto-
rische Reaktion X: 293.
Zuwendungstendenz X: 287.
Zwangsbewegungen X: 295.
Zwangserscheinungen Cere-
bellarkranker X: 295.
Zwangsgreifen X: 1002.
Zwangshandlung, Reaktions-
zeit X: 531.
Zwangslachen, WILSONsche
Krankheit X: 352.
Zwangslagen, Atmung
II: 371.
Zwangsnagen, Apomorphin
auf d. Corpora striata
X: 390.
Zwangsneurosen XIV/1: 797;
XVII: 1169.
—, Algolagnie XIV/1: 888.
Zwangsvorgänge XIV/1: 795.
Zwangsvorstellungen
XIV/1: 799, 800.
Zwangsweinen, WILSONsche
Krankheit X: 352.
Zweckmäßigkeit, fremd-
dienliche I: 691.
Zweienzymtheorie der Amy-
lase III: 936.
Zweigeschlechtlichkeit, Keim-
drüsenanlage bei Wirbel-
tieren XVI/1: 787.
Zweihandprüfer XV/1: 683.
Zweihäusigkeit XIV/1: 53.
Zweineuronenlehre
XVI/2: 1736.
Zweiphasenwirkung der
Hormone XVI/1: 661.
Zweitaktgalopp, angeblicher,
der Tiere XV/1: 254, 259.
Zweizimmerversuch, KATZ
XII/1: 628ff.
Zweizipfelversuch, KÜHNE-
scher X: 1062.
Zwerchfell, anatomisch II: 53.
—, Atemmuskel II: 60.
—, Brechakt III: 444.
—, Entspannung II: 67.
—, Gewölbeform II: 105.
—, herzsystolisches Zucken
II: 366.
—, Körperlage II: 107.
—, „Ruhe" II: 365.
—, Wiederkauen, Rolle beim
III: 389.
Zwerchfellatmung, Säugling
III: 1321.
Zwerchfellatrophie II: 449.
Zwerchfellbewegung, para-
doxe II: 365.
—, pseudoparadoxe II: 346.
Zwerchfellbewegungen,
Seitenlagerung II: 364.
Zwerchfelldruck II: 317.

Zwerchfellage, Abdominaldruck und *II*: 106.
Zwerchfellähmung, künstliche *II*: 448.
Zwerchfellphänomene
(SITTENsches) *II*: 105.
Zwerchfelltätigkeit, aktive
II: 89.
Zwerchfellzug *II*: 322.
Zwergmännchen *XIV/1*: 297.
Zwergwuchs *XIV/1*: 934,
XIV/1: 1013, 1073;
XVI/1: 438; *XVII*: 729,
XVII: 863, 1049.
—, Genitalentwicklung
XVI/1: 439.
—, Hirndrucksymptome
XVI/1: 440.
—, hypophysärer
XVI/1: 427, 780.
—, Hypophysektomie
XVI/2: 777.
—, Kretinismus *XVI/1*: 264.
—, Nanosomia *XIV/1*: 1073;
XVI/1: 438.
—, renaler *XVI/2*: 1625.
—, thyreogener *XVI/1*: 240.
Zwillinge, eineiige
XVII: 1046.
Zwillingsforschung
XVII: 977, 978.
Zwischendrüse, Keimorgane
XVI/1: 58.
Zwischenelektrolytketten
(BAUER) *VIII/2*: 1034.
— (CREMER) *VIII/2*: 1030.
Zwischenhirn, Hypophyse
XVI/2: 1743.
Zwischenfeld, optische Ermüdung *XII/2*: 1187.
Zwischenflüssigkeit (Wasserhaushalt) *XVII*: 166.
Zwischenhirn *XVII*: 52, 608.
—, Diabetes insipidus
XVII: 300.
—, Entwicklungsgeschichte
X: 322.
—, Schlaf *XVII*: 594.
—, vegetative Zentren des
X: 322, 394.

Zwischenhirnanteile *X*: 331.
Zwischenhirnbasis (Wärmeregulation) *XVII*: 53.
Zwischenhirnpolyurie
IV: 342.
Zwischenhirnstich, Wärmeregulation *XVII*: 100.
Zwischenhirntiere *X*: 399.
Zwischenlappen s. a. Hypophyse *XVI/1*: 406/414.
Zwischenstationen, ganglionäre *XVI/2*: 1748.
Zwischenstufenlehre, sexuelle
XIV/1: 776, 781.
Zwischenwirbelscheiden, Entzündung beim Hunde
X: 1259.
Zwischenwirt *I*: 658.
Zwischenzellen, extraglanduläre *XVI/1*: 65.
—, extratestikuläre
XVI/1: 65.
—, Hoden *XIV/1*: 713ff.;
XVI/1: 59.
—, —, Alkoholwirkung
XIV/1: 738.
—, —, Altersveränderungen
XIV/1: 720.
—, —, Amphibien
XIV/1: 721.
—, —, Bau *XVI/1*: 59.
—, —, Entgiftungstheorie
XIV/1: 740.
—, —, experimentelle Beeinflussung der
XIV/1: 728.
—, —, Fische *XIV/1*: 721.
—, —, Gesamtorganismus
und *XIV/1*: 735.
—, —, Geschlechtsmerkmale
sekundäre und
XVI/1: 792, 793.
—, —, Herkunft
XIV/1: 717.
—, —, lichtbrechende Kugeln *XIV/1*: 717.
—, —, Mengenberechnung
des *XIV/1*: 719.
—, —, Nebenhoden
XIV/1: 747.

(Zwischenzellen, Hoden), reiskornähnliche Körperchen
XIV/1: 716.
—, —, Reptilien
XIV/1: 723.
—, —, resorptiv-sekretorische Tätigkeit der
XIV/1: 740.
—, —, Röntgenbestrahlung,
Einwirkung der
XIV/1: 731.
—, —, Säugetiere
XIV/1: 724.
—, —, Transplantation
XIV/1: 733.
—, —, trophische Hilfsorgane *XIV/1*: 739.
—, —, Veränderungen im
Individualleben
XIV/1: 719.
—, —, vgl. physiologisch-
anatomische Ergebnisse
über *XIV/1*: 721.
—, —, Vitalfärbung
XIV/1: 717.
—, —, Vögel *XIV/1*: 723.
—, —, Wärmewirkung
XIV/1: 738.
Zwitter s. a. Hermaphroditismus *XIV/1*: 51, 53, 54,
XIV/1: 55, 242, 293, 872.
Zwölffingerdarm
s. Duodenum.
Zygote *XIV/1*: 1062.
Zykloid *XVII*: 1128.
Zyklopenauge s. Doppelauge.
Zyklose, Plasmaströmung bei
Ciliaten *III*: 16.
Zyklothyme Varianten
XVII: 1130.
Zyklushormon *XVI/1*: 92.
Zylindroide, Kolloidfällung
und *IV*: 595.
Zymase, Hemmungskörper
I: 58.
Zymogen-Emulgierungs-
Adsorptionstheorie
III: 919.
Zynipiden *XIV/2*: 1201.